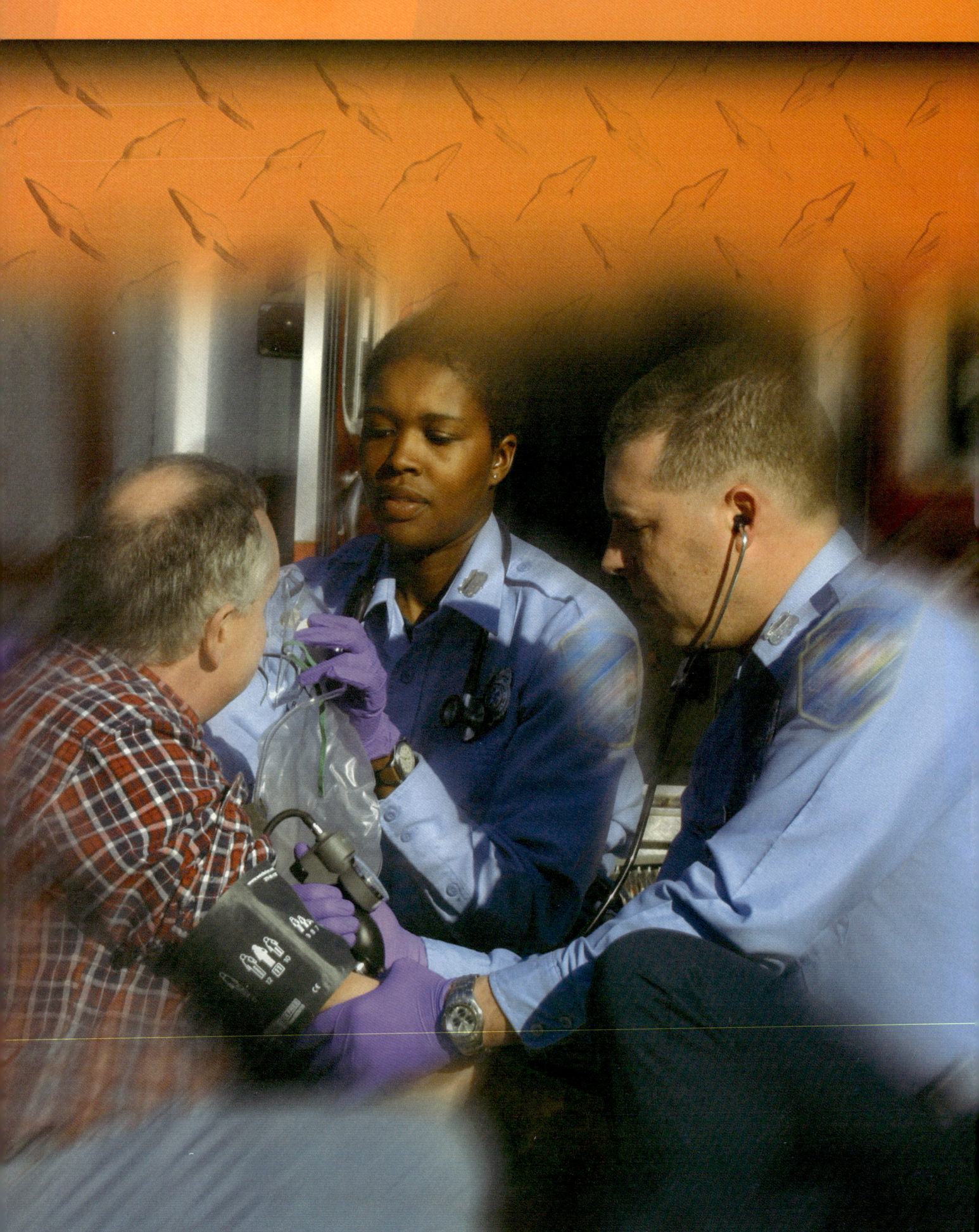

Los cuidados de urgencias

y el transporte de los enfermos y los heridos

Novena edición

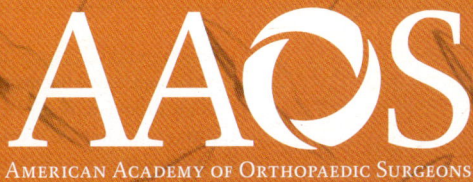
AMERICAN ACADEMY OF ORTHOPAEDIC SURGEONS

Editor de la serie:
Andrew N. Pollak, MD, FAAOS

Editor de la edición en español:
TUM A Iván Villarreal
TUM I Leonardo Aceves

Editor de la edición en inglés:
Benjamin Gulli, MD
Les Chatelain, BS, MS
Chris Stratford, BS, RN, BCEN, TUM I

JONES AND BARTLETT PUBLISHERS
Sudbury, Massachusetts
BOSTON   TORONTO   LONDON   SINGAPORE

Jones and Bartlett Publishers

World Headquarters
Jones and Bartlett Publishers
40 Tall Pine Drive, Sudbury, MA 01776
978-443-5000
info@jbpub.com
www.jbpub.com

Jones and Bartlett Publishers Canada
6339 Ormindale Way
Mississauga, ON L5V 1J2
Canada

Jones and Bartlett Publishers International
Barb House, Barb Mews
London W6 7PA
United Kingdom

Los libros y productos de Jones and Bartlett están disponibles en la mayoría de las librerías y sitios de venta de libros en línea. Para contactar directamente a Jones and Bartlett Publishers, llame al 800-832-0034, fax 978-443-8000, o visite nuestra página web www.jbpub.com.

Descuentos importantes por compra en volumen de las publicaciones de Jones and Bartlett se otorgan a corporaciones, asociaciones de profesionistas, y otras organizaciones calificadas. Para más detalles e información acerca de los descuentos específicos, contacte al departamento de ventas especiales de Jones and Bartlett en las direcciones citadas en esta página o envíe un correo electrónico a specialsales@jbpub.com.

AAOS
AMERICAN ACADEMY OF ORTHOPAEDIC SURGEONS

Editorial Credits
Chief Education Officer: Mark W. Wieting
Director, Department of Publications: Marilyn L. Fox, PhD
Managing Editor: Barbara A. Scotese
Associate Senior Editor: Gayle Murray

Board of Directors, 2009-2010
Joseph D. Zuckerman, MD
President
John J. Callaghan, MD
First Vice President
Daniel J. Berry, MD
Second Vice President
Frederick M. Azar, MD
Treasurer
Thomas C. Barber, MD
Richard J. Barry, MD
Leesa M. Galatz, MD
M. Bradford Henley, MD, MBA
Michael L. Parks, MD
E. Anthony Rankin, MD
William J. Robb, III, MD
Michael F. Schafer, MD
David D. Teuscher, MD
Paul Tornetta III, MD
G. Zachary Wilhoit, MS, MBA
Karen L. Hackett, FACHE, CAE (*Ex-Officio*)

Production Credits

Chief Executive Officer: Clayton E. Jones
Chief Operating Officer: Donald W. Jones, Jr.
President, Higher Education and Professional
 Publishing: Robert W. Holland, Jr.
V.P., Sales and Marketing: William J. Kane
V.P., Production and Design: Anne Spencer
V.P., Manufacturing and Inventory Control: Therese Connell
Publisher, Public Safety: Kimberly Brophy
Managing Editor: Carol E. Brewer

Production Editor: Jenny Corriveau
Text Design: Anne Spencer, Kristin Ohlin
Composition: Graphic World
Illustrations: Graphic World, Inc., Imagineering, Rolin Graphics
Cover Design: Scott Moden
Photo Research: Kimberly Potvin
Cover Printing: Imago
Text Printing and Binding: Imago

Copyright © 2011 by the American Academy of Orthopaedic Surgeons

TODOS LOS DERECHOS RESERVADOS. Ninguna parte del material protegido por esta advertencia de copyright puede reproducirse o utilizarse en cualquier forma ni por cualquier medio, electrónico o mecánico, incluidos fotocopiado, grabación electrónica, o por cualesquiera otros sistemas de recuperación y almacenamiento, sin permiso escrito del propietario de los derechos de autor.

Los procedimientos y protocolos en este libro están basados en la mayoría de las recomendaciones actuales de fuentes médicas responsables. Sin embargo, la American Academy of Orthopaedic Surgeons, y el Editor, no garantizan ni asumen responsabilidad alguna por la exactitud, suficiencia, o integridad de cada información o recomendaciones. Otras medidas de seguridad adicionales pueden requerirse en circunstancias particulares.

Este libro se diseñó sólo como una guía de procedimientos apropiados para suministrar atención de urgencia a pacientes enfermos o lesionados. No es una exposición de los estándares de cuidados requeridos en cualquier situación particular, porque las circunstancias y condiciones físicas del paciente pueden variar ampliamente de una emergencia a otra. Tampoco se intentó que fuera de ningún modo asesoría al personal de urgencias en relación con autoridad legal para desarrollar las actividades o procedimientos expuestos. Tales determinaciones locales deberían hacerse sólo con la ayuda de Consejo legal.

Nota: Los pacientes descritos en "Situación de urgencia", "Autoevaluación", y "Qué evaluar" a lo largo del texto son ficticios.

ISBN: 978-0-7637-8970-1

Traducido, editado y formado, con autorización de Jones and Bartlett Publishers, por:

Intersistemas, S.A. de C.V.
Aguiar y Seijas 75
Lomas de Chapultepec
11000, México, D.F.
Tel.: (5255) 5520 2073
Fax: (5255) 5540 3764
intersistemas@intersistemas.com.mx
www.intersistemas.com.mx

6048

Printed in Malaysia
14 13 12 11 10   10 9 8 7 6 5 4 3 2 1

Contenido abreviado

Sección 1: Curso para técnico en urgencias médicas básico (TUM-Básico) 1

CAPÍTULO 1	Introducción a los cuidados médicos de urgencias	2
CAPÍTULO 2	El bienestar de los TUMB-B	22
CAPÍTULO 3	Temas médicos, legales y éticos	70
CAPÍTULO 4	El cuerpo humano	90
CAPÍTULO 5	Signos vitales de base e historial SAMPLE	144
CAPÍTULO 6	Levantamiento y movilización de pacientes	168

Sección 2: Vía aérea 208

CAPÍTULO 7	Vía aérea	210

Sección 3: Evaluación del paciente 256

CAPÍTULO 8	Evaluación del paciente	258
CAPÍTULO 9	Comunicaciones y documentación	314

Sección 4: Emergencias médicas 340

CAPÍTULO 10	Farmacología general	342
CAPÍTULO 11	Emergencias respiratorias	364
CAPÍTULO 12	Emergencias cardiovasculares	398
CAPÍTULO 13	Emergencias neurológicas	438
CAPÍTULO 14	El abdomen agudo	464
CAPÍTULO 15	Emergencias diabéticas	480
CAPÍTULO 16	Reacciones alérgicas y envenenamiento por picadura de insectos	498
CAPÍTULO 17	Intoxicaciones y envenenamientos	516
CAPÍTULO 18	Emergencias ambientales	542
CAPÍTULO 19	Emergencias de la conducta	582
CAPÍTULO 20	Emergencias obstétricas y ginecológicas	598

Sección 5: Trauma 628

CAPÍTULO 21	Cinemática del trauma	630
CAPÍTULO 22	Hemorragia	648
CAPÍTULO 23	Estado de choque	676
CAPÍTULO 24	Lesiones de los tejidos blandos	696
CAPÍTULO 25	Lesiones de los ojos	734
CAPÍTULO 26	Lesiones de la cara y el cuello	756
CAPÍTULO 27	Lesiones del tórax	776
CAPÍTULO 28	Lesiones del abdomen y órganos genitales	796
CAPÍTULO 29	Cuidado musculoesquelético	818
CAPÍTULO 30	Lesiones de la cabeza y la columna vertebral	870

Sección 6: Poblaciones especiales 912

CAPÍTULO 31	Emergencias pediátricas	914
CAPÍTULO 32	Evaluación y manejo pediátricos	940
CAPÍTULO 33	Emergencias geriátricas	984
CAPÍTULO 34	Evaluación y manejo geriátricos	1002

Sección 7: Operaciones..1020

CAPÍTULO 35	Operaciones en ambulancia	1022
CAPÍTULO 36	Obtención de acceso	1056
CAPÍTULO 37	Operaciones especiales	1072

Sección 8: Técnicas de SVA 1098

CAPÍTULO 38	Asistencia con la terapia intravenosa	1100
APÉNDICE A	Repaso de SVB	A-2
Índice		I-2
Créditos adicionales		C-2

Contenido

Inducción a la Cruz Roja 1-2
   Introducción 1-3
   Historia del Movimiento
      Internacional de la Cruz Roja
      y de la Media Luna Roja 1-3
   Derecho Internacional
      Humanitario 1-5
   Emblemas 1-7
   Organización y estructura
      del Movimiento Internacional
      de la Cruz Roja y de la
      Media Luna Roja 1-9
   Principios fundamentales
      del Movimiento Internacional
      de la Cruz Roja y de la Media
      Luna Roja 1-12
   Acuerdo de Sevilla 1-13
   Historia de la Cruz Roja
      Mexicana 1-15
   Organización y estructura
      de la Sociedad Nacional
      de la Cruz Roja Mexicana 1-17
   Red humanitaria nacional 1-19
   Anexos 1-25

Acceso más seguro 1-28
   Introducción 1-29
   Movimiento Internacional
      de la Cruz Roja y de la
      Media Luna Roja 1-29

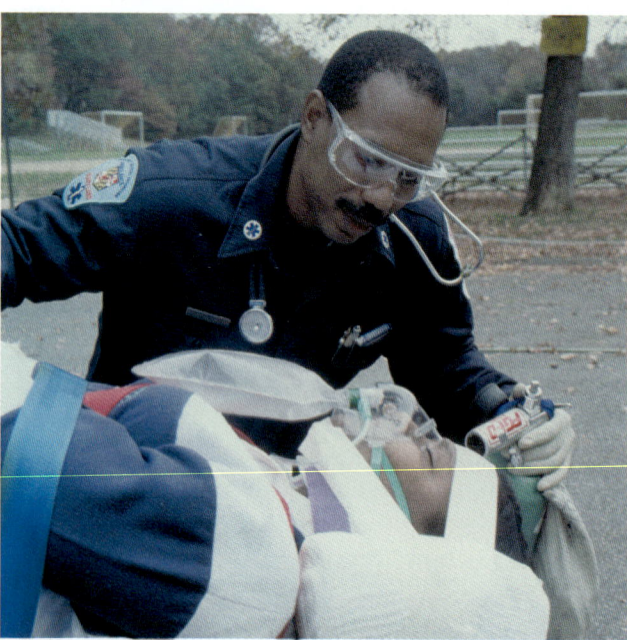

Sección 1: Curso para técnico en urgencias médicas básico (TUM-B) 1

CAPÍTULO 1   **Introducción a los cuidados médicos de urgencias** 2
   **Introducción a los cuidados médicos
      de urgencias** 4
   Descripción del curso 4
   **Entrenamiento del TUM-B:
      enfoque y requisitos** 5
   Requisitos de certificación 6
   **Panorama del sistema de Servicios
      Médicos de Urgencias** 6
      Historia del SMU 6
   Niveles de entrenamiento 8
      Soporte vital básico público y auxilio
         inmediato 8
      Primeros respondientes (socorristas) 9
      TUM-Básico 9
      TUM-Intermedio 10
      TUM-Paramédico (avanzado) 10
   Componentes del sistema de SMU .. 11
      Acceso 11
      Administración y política 12
      Dirección médica y control 12
      Control de calidad y mejoramiento 12
      Otra contribución del médico 13
      Regulación 13
      Equipo 13
      La ambulancia 13
      Transporte a centros de especialidad 14
      Transporte entre entidades de atención ... 14
      Trabajando con el personal del hospital .. 15
      Trabajando con agencias de seguridad
         pública 15
      Entrenamiento 15
      Proporcionar una secuencia ininterrumpida
         coordinada de atención 16
   **Funciones y responsabilidades
      que desempeña el TUM-B** 16
      Atributos profesionales 16
   Educación continua 17
   Resumen 19

CAPÍTULO 2   **El bienestar de los TUM-B** .. 22
   El bienestar de los TUM-B 24
   **Aspectos emocionales
      de los cuidados de urgencia** 24

Muerte y morir 24
  El proceso de duelo 25
  ¿Qué puede hacer el TUM-B? 26
  Trato con el paciente y los miembros
      de la familia 26
  Cuidado inicial del paciente moribundo,
      críticamente enfermo, o lesionado 27
    Ansiedad 27
    Dolor y temor 27
    Ira y hostilidad 27
    Depresión 28
    Dependencia 28
    Culpabilidad 28
    Problemas de salud mental 28
    Recibir malas noticias no relacionadas 29
**Cuidados de los pacientes crítica-
    mente enfermos y lesionados** 28
  Evite los comentarios tristes y severos 29
  Oriente al paciente 29
  Sea honesto 29
  Rechazo de los cuidados iniciales 29
  Permita la esperanza 29
  Localice y notifique a la familia 30
  Niños lesionados y críticamente enfermos 30
  Tratar con la muerte de un niño 30
  Ayudar a la familia 30
Situaciones estresantes 30
  Situaciones inciertas 32
**Signos de advertencia de estrés
    y ambiente de trabajo** 32
    Estrés y nutrición 33
    Sesión del incidente de estrés crítico (SIEC) ... 34
    Manejo del estrés 35
      Cambios en el estilo de vida 35
      Nutrición 36
      Ejercicio y relajación 36
      Equilibrar trabajo, familia y salud 36
Temas del sitio de trabajo 37
  Diversidad cultural en el trabajo 38
  Su eficacia como TUM-B 38
  Evitar el acoso sexual 39
  Abuso de sustancias 40
**Seguridad de la escena y protección
    personal** 41
Enfermedades contagiosas 42
  Vías de transmisión 42
Reducción del riesgo y prevención ... 42
  Precauciones universales y aislamiento
      de sustancias corporales 42
  Lavado apropiado de manos 44
  Guantes y protección ocular 44
  Batas y mascarillas 45
  Mascarillas, respiradores y dispositivos
      de barrera 46
  Disposición apropiada de materiales
      cortantes 47
  Responsabilidades del empleador 47

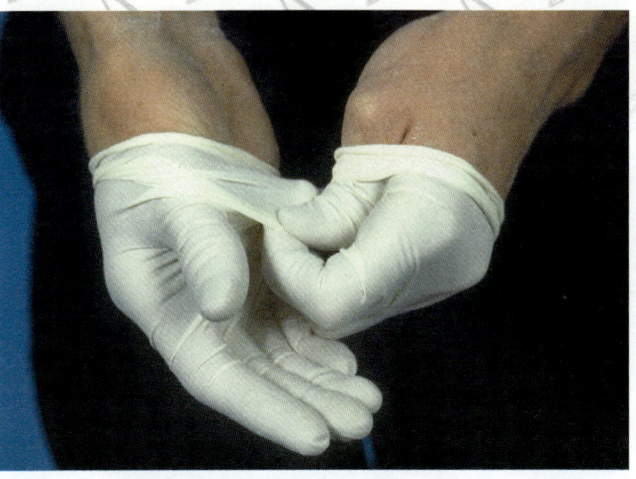

  Equipo protector personal 48
  Exposición al plan de control 48
Inmunidad 48
  Inmunizaciones 49
Deber de actuar 50
**Algunas enfermedades en especial
    preocupantes** 51
    Herpes simple 51
    Infección por VIH 51
    Hepatitis 51
    Meningitis 52
    Tuberculosis 53
    Otras enfermedades preocupantes 54
      Sífilis 54
      Tos ferina 55
      Nuevas enfermedades reconocidas 55
**Tratamiento general
    posexposición** 55
**Establecer un control regular
    de la infección** 55
Peligros en la escena 57
  Materiales peligrosos 57
  Electricidad 58
    Cables de energía 58
    Rayos 59
  Incendios 59
**Ropa protectora: prevención
    de la lesión** 60
  Ropa para el clima frío 60
  Equipo de protección contra incendios 61
  Guantes 62
  Cascos 62
  Botas 62
  Protección de los ojos 63
  Protección del oído 63
  Protección de la piel 63
  Blindaje del cuerpo 63
Situaciones violentas 63
**Urgencias relacionadas con
    el comportamiento** 64

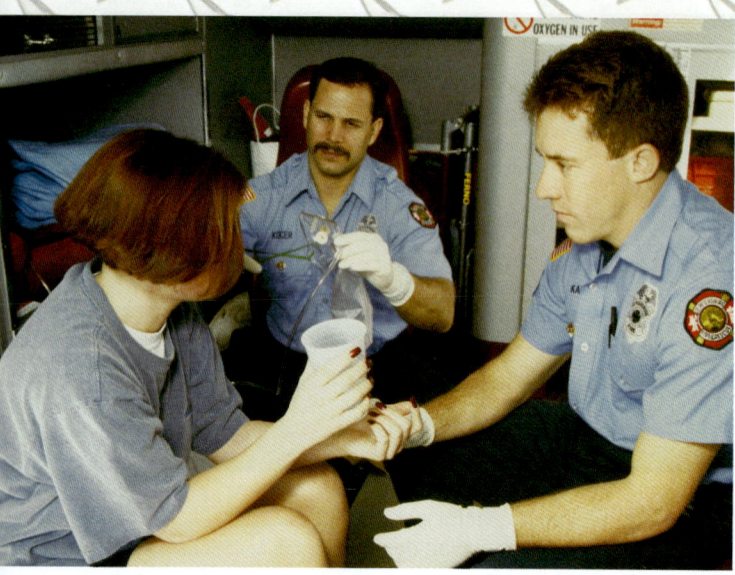

Resumen 66

CAPÍTULO 3 Temas médicos, legales y éticos 70
Temas médicos, legales y éticos 72
Campo de la práctica......................72
Estándar de cuidado 72
   Estándares impuestos por costumbre local....72
   Estándares impuestos por la ley......................73
   Estándares profesionales o institucionales...73
   Estándares impuestos por los estados............74
      Acta de prácticas médicas 74
      Certificación 74
Deber de actuar 74
Negligencia 74
Impericia 75
Abandono 75
Consentimiento 75
   Consentimiento expresado 75
   Consentimiento implícito 76
   Menores y consentimiento................................76
   Adultos mentalmente incompetentes..............77
   Restricción forzada..77
Asalto y agresión 78
El derecho de rehusar tratamiento ...78
Leyes del buen samaritano e inmunidad..................................79
Directivas por adelantado 79
   Responsabilidades éticas 80
Confidencialidad 80
Registros e informes 82
Requisitos especiales de los informes........................82
   Abuso de niños, personas mayores y otros 82
   Lesión durante la comisión de un delito...........82
   Lesiones relacionadas con drogas 82
   Alumbramiento..82
   Otros requisitos para informar 82
   Escena de una investigación.............................82
   El paciente que ha fallecido 83
Signos físicos de muerte 83
   Pérdida de la vida...83
   Signos presuntivos de muerte 84
   Signos definitivos de muerte 84
   Casos del examinador médico..........................85
Situaciones especiales 85
   Donadores de órganos 85
   Insignia de identificación médica 85
Resumen 86

CAPÍTULO 4 El cuerpo humano 90
El cuerpo humano 92
Anatomía topográfica 92
   Los planos del cuerpo..92
      Anterior y posterior...92
      Línea media o sagital.......................................92
      Línea medioclavicular o parasagital..............92
      Línea medioaxilar..92
   Términos de dirección.......................................92
      Derecha e izquierda...92
      Superior e inferior..93
      Lateral y medial 93
      Proximal y distal 93
      Superficial y profundo......................................93
      Ventral y dorsal 93
      Palmar y plantar 93
      Ápice...93
   Términos de movimiento 93
   Otros términos de dirección 94
   Posiciones anatómicas 94
      Prona y supina 94
      Posición de Fowler 95
      Posición de Trendelenburg 95
      Posición de choque 96
El sistema esquelético 96
   El cráneo 96
   El cuello 97
   Columna vertebral 98
   Tórax 99
      Características anteriores 99
      Características posteriores 100
      Diafragma 100
      Órganos y estructuras vasculares 100
      Puntos de referencia anatómicos 101
   Abdomen 102
      Órganos y estructuras vasculares 102
      Puntos de referencia anatómicos 103
   Pelvis 104
      Características anteriores 104
      Características posteriores 105
   Extremidad inferior 105
      Muslo 105
      Rodilla 105
      Pierna 105
      Tobillo y pie 105

Extremidad superior 106
  Cintura escapular 106
  Brazo 107
  Antebrazo 107
  Muñeca y mano 107
  Articulaciones 108
El sistema musculoesquelético **108**
  Músculo esquelético 108
Músculo liso **110**
Músculo cardiaco **111**
Aparato respiratorio **111**
  Vía aérea superior 111
  Vía aérea inferior 112
  Pulmones 113
  Diafragma 113
  Fisiología respiratoria....................... 114
    Intercambio de oxígeno y dióxido
      de carbono 115
    Control de la respiración 115
    Características de la respiración normal.... 116
    Patrones respiratorios inadecuados
      en adultos 117
Aparato circulatorio **118**
  Corazón 118
    Cómo trabaja el corazón 119
    Latido normal del corazón 120
    Sistema eléctrico de conducción 120
    Arterias 121
    Capilares 123
    Venas 123
    Bazo 123
    Componentes de la sangre............123
    Fisiología del aparato circulatorio.................123
      Circulación normal en los adultos 124
      Circulación inadecuada en adultos 125
Sistema nervioso........................ **125**
  Sistema nervioso central 125
    Órganos y estructuras vasculares 125
    Encéfalo 125
    Médula espinal 126
    Interneuronas 127
  Sistema nervioso periférico 127
    Nervios sensitivos 128
    Nervios motores 128
Piel **128**
  Funciones de la piel.......................129
  Anatomía de la piel........................129
Sistema endocrino..................... **130**
Aparato digestivo **131**
  Cómo trabaja la digestión...............131
  Anatomía del aparato digestivo......................131
    Boca 131
    Glándulas salivales.....................131
    Orofaringe 131
    Esófago 131
    Estómago 133
    Páncreas 133
    Hígado 133

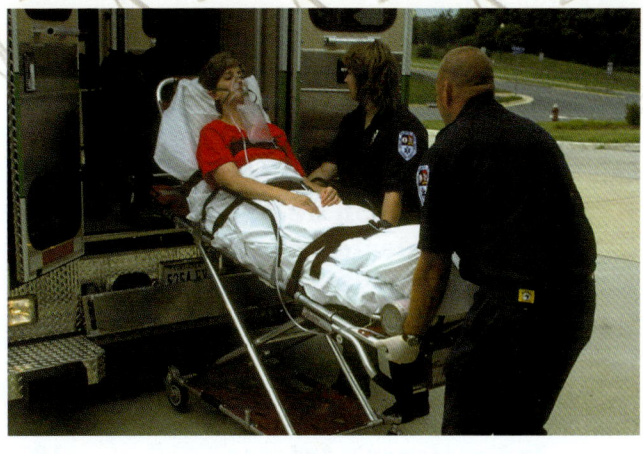

    Conductos biliares.............................133
    Intestino delgado..............................133
    Intestino grueso................................133
    Apéndice 134
    Recto 134
Aparato urinario **134**
Aparato genital......................... **135**
  Aparato reproductor masculino y órganos..... 135
  Aparato reproductor femenino y órganos 135
Resumen **138**

CAPÍTULO 5 **Signos vitales de base
e historial SAMPLE** **144**
  **Signos vitales de base e historial
  SAMPLE** **146**
  **Cómo reunir información clave
  del paciente** **146**
  Molestia principal...................... **147**
  Obtención del historial SAMPLE.... **148**
    OPQRST 148
  Signos vitales de base **149**
    Respiraciones 149
      Frecuencia 150
      Calidad 150
      Profundidad 152
      Oximetría de pulso 152
    Pulso 153
      Frecuencia 154
      Fuerza 154
      Regularidad 154
    Piel 154
      Color 154
      Temperatura 155
      Humedad 155
    Llenado capilar 155
    Tensión arterial 156
      Equipo para la medición de la tensión
        arterial 157
      Auscultación 158
      Palpación 158
      Tensión arterial normal 160
    Nivel de conciencia 160

Pupilas 161
Reevaluación de los signos vitales 162
Resumen 164

CAPÍTULO 6 Levantamiento y movilización de pacientes ... 168
Levantamiento y movilización de pacientes 170
Mover y dar posición al paciente .. 170
Mecánica corporal 171
   Repaso de anatomía 171
Distribución del peso 174
Indicaciones y órdenes 180
   Indicaciones adicionales para levantar y cargar 180
Principios para alcanzar y jalar en forma segura 182
Consideraciones generales 184
Movimientos de urgencia 184
Movimientos urgentes 186
   Técnica de extracción rápida 186
Movimientos no urgentes 190
   Levantamiento directo del piso......................191
   Levantamiento de extremidades 191
   Movimiento de transferencia....................192
     Acarreo directo......................................192
     Método de arrastre con sábana.............193
     Otros arrastres 193
Geriatría 196
Bariatría 196
Equipo para la movilización de pacientes 197
   Camilla con ruedas para ambulancia 197
     Características 197
     Movilización de la camilla 199
   Camillas marinas/plegables 200
   Camillas flexibles 201
   Camillas rígidas 201
   Camillas tipo canastilla 202
   Camilla desarmable o de palas o telescópica... 203
   Sillas para escaleras 203
   Mantenimiento 203
   Descontaminación 203
Resumen 204

Sección 2: Vía aérea 208

CAPÍTULO 7 Vía aérea 210
Vía aérea 214
Anatomía del aparato respiratorio 214
   Estructura de la vía aérea 214
   Estructuras de la respiración 214
   Inspiración 216
   Espiración 216
Fisiología del aparato respiratorio 217
   Intercambio de oxígeno y dióxido de carbono 218
   Control de la respiración 218
   Hipoxia 219
Evaluación del paciente 221
   Reconocimiento de la respiración adecuada 221
   Reconocimiento de la respiración inadecuada 221
Abertura de la vía aérea 222
   Maniobra de inclinación de cabeza-levantamiento de mentón 224
   Maniobra de tracción mandibular 225
Elementos adjuntos básicos de la vía aérea 225
   Vía aérea orofaríngea 226
   Vía aérea nasofaríngea 227
Aspiración 230
   Equipo de aspiración 230
   Técnicas de aspiración 231
Mantenimiento de la vía aérea 233
Oxígeno suplementario 234
   Equipo de oxígeno suplementario 234
     Cilindros de oxígeno 234
     Consideraciones de seguridad 235
     Sistema de indicación con agujas 235
     Reguladores de presión 236
     Humidificación 236
     Flujómetros 237
   Procedimientos de operación 237
   Riesgos del oxígeno suplementario 238
Equipo de entrega de oxígeno 239
   Mascarilla no recirculante 239
   Cánula nasal..240

Ventilación asistida y artificial..... 240
    Ventilación de boca a boca y de boca a mascarilla 241
    Dispositivo BVM 243
        Componentes 244
        Técnica 244
    Dispositivos de ventilación de flujo restringido operados por oxígeno 246
        Componentes 247

Consideraciones especiales 247
    Distensión gástrica 247
    Estomas y tubos de traqueostomía 248

Obstrucción de la vía aérea por un cuerpo extraño 248
    Reconocimiento 249
    Atención médica de urgencia en la obstrucción de la vía aérea por un cuerpo extraño 250
    Prótesis dentales 251
    Hemorragia facial 251

Resumen 252

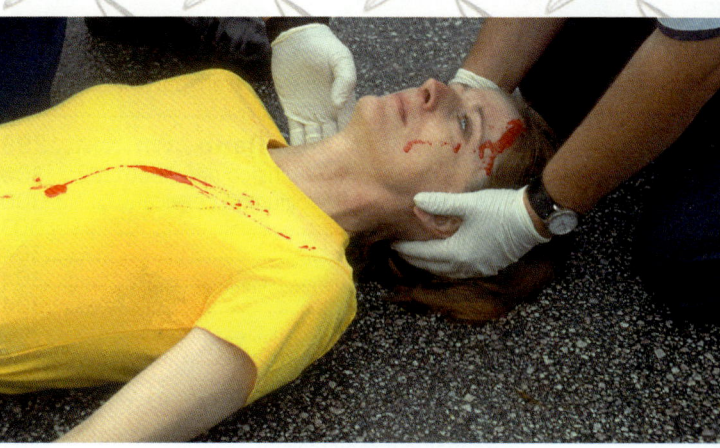

Sección 3: Evaluación del paciente — 256

CAPÍTULO 8 Evaluación del paciente .. 258

Acerca de este capítulo 263
    Evaluación del paciente 263

Evaluación de la escena 265
    Aislamiento de sustancias corporales 265
    Seguridad de la escena 265
        Protección personal 266
        Hacer segura una escena insegura 266
    Considere el mecanismo de la lesión/naturaleza de la enfermedad 267
        Mecanismo de la lesión 267
        Naturaleza de la enfermedad 267
        La importancia de ML y NE 268
        Determine el número de pacientes 268
    Considere recursos adicionales 269
    Considerar la inmovilización de la columna cervical 269

Evaluación inicial 271
    Impresión general 271
        Preséntese y pida permiso para tratarlo 271
        Obtenga consentimiento para atender al paciente 271
        Determine la molestia principal 272
    Evalúe el estado mental 274
    Evalúe la vía aérea 275
        Pacientes conscientes 275
        Pacientes inconscientes 275
        Consideraciones de la columna vertebral . 275
    Evalúe la respiración 276
    Evalúe la circulación 277
        Evalúe el pulso 277
        Evalúe y controle hemorragia externa 278
        Evalúe la perfusión 278
    Identifique prioridades de los pacientes y tome decisiones sobre transporte 279

Historia y examen físico enfocados 283
    Examen médico rápido 283
    Examen físico enfocado 284
    Técnicas del examen físico 289
        Cabeza, cuello y columna cervical 289
        Ruidos torácicos y campos pulmonares 289
        Abdomen 290
        Pelvis 290
        Extremidades 291
        Parte posterior del cuerpo 291
    Pasos en una historia y un examen físico enfocados 291

Historia y examen físico enfocados 293
    Pacientes traumatizados con un ML significativo 293
        Evaluación rápida del traumatismo 293
        Línea basal de los signos vitales 293
        Historia SAMPLE 293
        Reevaluar la decisión de transporte 293
    Pacientes traumatizados sin un ML significativo 293
        Evaluación enfocada de pacientes traumatizados basada en la molestia principal 293
        Línea basal de los signos vitales 293
        Historial SAMPLE 293
        Reevaluar la decisión de transporte 293

Historia y examen físico enfocados 295
    Pacientes médicos conscientes 295
    Historia de la enfermedad 295
    Historial SAMPLE 295
    Evaluación enfocada de pacientes médicos basada en la molestia principal 295
    Línea basal de los signos vitales 296
    Reevaluar la decisión de transporte 296
    Pacientes médicos que son inconscientes ... 296
    Evaluación médica rápida 296

Línea basal de los signos vitales 296
Historial SAMPLE.. 296
Reevaluar la decisión de transporte 297
Intentándolo juntos... 297

Examen físico detallado 299
Practique el examen físico detallado............. 300
  Cabeza, cuello y columna cervical................ 300
  Tórax.. 303
  Abdomen... 304
  Pelvis.. 304
  Extremidades.. 304
  Espalda.. 304
Reevalúe los signos vitales 304

Evaluación en curso 307
Repita la evaluación inicial............................... 307
Reevalúe y registre signos vitales................... 307
Repita la evaluación enfocada 307
Verifique intervenciones 308

Resumen 310

CAPÍTULO 9 Comunicaciones y documentación 314

Comunicaciones y documentación 316

Sistemas y equipo de comunicaciones 316
Radios de la estación base 316
Radios móviles y portátiles 317
Sistemas de bases repetidoras 317
Equipo digital.. 318
Teléfonos celulares 318
Otro equipo de comunicaciones 318

Radiocomunicaciones 319
Responder a la escena 320
Comunicación con dirección médica y hospitales 321
  Entrega del informe del paciente 322
  Papel desempeñado por dirección médica... 322
  Llamada a dirección médica 323
  Información sobre situaciones especiales 324
Procedimientos y protocolos estándar 324
Requerimientos de los informes 324
Mantenimiento del equipo de radio 325

Comunicaciones verbales 326
Comunicaciones con otros profesionales en cuidados de la salud 326
Comunicación con pacientes 327
Comunicación con pacientes de edad avanzada... 328
Comunicación con niños.................................. 330
Comunicación con pacientes con deterioro de la audición 330
Comunicación con pacientes con deterioro visual 331
Comunicación con pacientes que no hablan el idioma local............................. 331

Comunicaciones escritas y documentación 332
Reunión de datos... 332
Formato de Registro de Atención Prehospitalaria.. 332
Tipos de formatos 333
Errores del informe.. 335

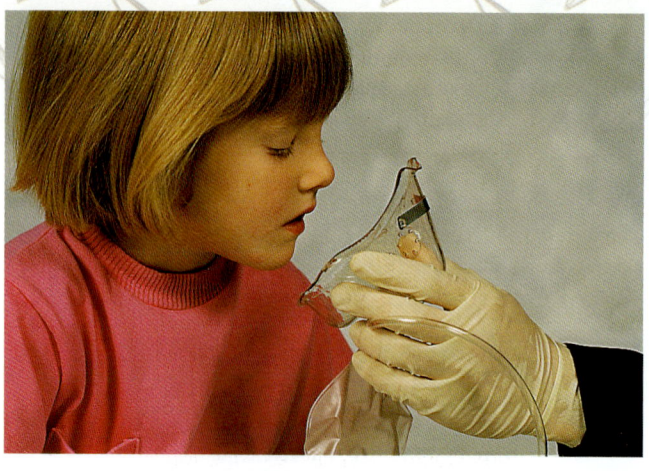

Documentación de rechazo de cuidados 335
Situaciones especiales de los informes.......... 336

Resumen 338

Sección 4: Emergencias médicas 340

CAPÍTULO 10 Farmacología general ... 342

Farmacología general................. 344

Cómo funcionan los medicamentos 344
Nombres de medicamentos 344
Vías de administración...................................... 345

Presentaciones de los medicamentos 346
Tabletas y cápsulas.. 347
Soluciones y suspensiones............................... 347
Inhaladores de dosis medida (IDM) 348
Medicamentos tópicos 348
Medicamentos transcutáneos 348
Geles... 349
Gases para inhalación 349

Medicamentos llevados en una unidad del SMU............. 350
Oxígeno 350
Carbón activado 350
Glucosa oral 351
Ácido acetilsalicílico.. 351
Epinefrina.. 351
Administración de la epinefrina por inyección.. 351

Asistencia a pacientes para la autoadministración de medicamentos 354
Epinefrina.. 354
Inhaladores de dosis medida (IDM) 354
  Administración de epinefrina por IDM 354
Nitroglicerina.. 355
  Administración de nitroglicerina en tabletas.. 355

Administración de nitroglicerina
en spray con dosis medida 355
**Pasos generales
en la administración
de medicamentos**.................... **356**
Medicamentos del paciente **357**
Resumen **361**

CAPÍTULO 11 Emergencias respiratorias 364
Emergencias respiratorias **366**
Estructura y función pulmonares .. **366**
Causas de la disnea **368**
   Infección de la vía aérea superior
     o inferior 368
   Edema pulmonar agudo 369
   Enfermedad pulmonar obstructiva crónica .. 369
   Asma..372
   Neumotórax espontáneo 373
   Reacciones anafilácticas 374
   Fiebre del heno 374
   Efusiones pleurales 374
   Obstrucción mecánica de la vía aérea........... 374
   Embolia pulmonar 375
   Síndrome de hiperventilación 376
**Evaluación del paciente
en dificultad respiratoria** **377**
   Evaluación de la escena 377
   Evaluación inicial 378
     Impresión general 378
     Vía aérea y respiración 378
     Circulación 379
     Decisión de transporte 379
   Historial y examen físico enfocados 380
     Historial SAMPLE 380
     Examen físico enfocado 381
     Signos vitales iniciales 382
     Intervenciones 384
     Examen físico detallado 384
     Evaluación continua 384
     Comunicaciones y documentación 384

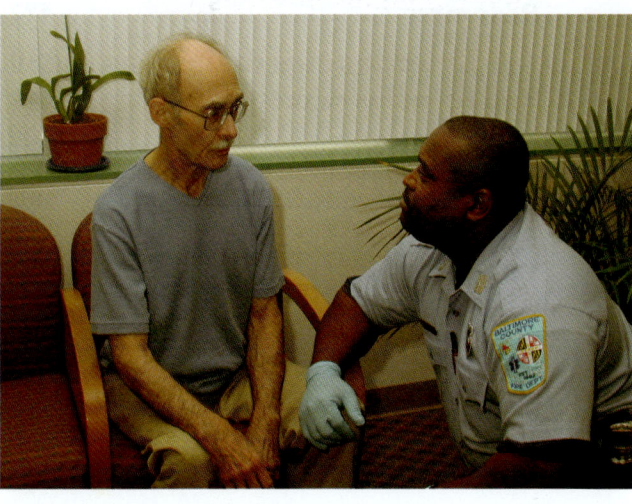

**Atención de urgencia
de las emergencias
respiratorias** **385**
   Oxígeno suplementario 385
   Inhaladores de prescripción 385
   Administración de un inhalador
     de dosis medidas 386
**Tratamiento de padecimientos
específicos**.............................. **388**
   Infección de la vía aérea superior
     o inferior 388
   Edema pulmonar agudo 389
   Enfermedad pulmonar obstructiva crónica....389
   Neumotórax espontáneo 389
   Asma...389
   Efusiones pleurales 390
   Obstrucción de la vía aérea superior.............390
   Embolia pulmonar 390
   Hiperventilación..391
Resumen **394**

CAPÍTULO 12 Emergencias cardiovasculares 398
Emergencias cardiovasculares **402**
Estructura y función cardiaca **402**
   Circulación 402
Compromiso cardiaco **404**
   Ateroesclerosis..404
   Angina de pecho 408
   Ataque cardiaco...408
   Signos y síntomas de ataque cardiaco.........408
   El dolor de un ataque cardiaco....................409
   Señales físicas de IAM y compromiso
     cardiaco 409
   Consecuencias del ataque cardiaco.............409
   Muerte súbita 409
   Choque cardiogénico 410
   Insuficiencia cardiaca congestiva.................. 410
**Evaluación del paciente con dolor
torácico** **412**
   Evaluación de la escena 412
   Evaluación inicial 413
     Impresión general....................................413
     Vía aérea y respiración 413
     Circulación 413
     Decisión de traslado 413
   Historial y examen físico enfocados 414
     Historial SAMPLE 414
     Examen físico enfocado 414
     Signos vitales iniciales 414
     Comunicación 415
     Intervenciones 415
     Examen físico detallado......................... 416
     Evaluación continua 416
     Comunicación y documentación............. 418
Cirugías cardiacas y marcapasos .. **418**
   Desfibriladores cardiacos automáticos
     implantables.. 419
Paro cardiaco **419**
   Desfibrilación automática externa 420
   Razones para una desfibrilación temprana .. 421

Integración de DAE y RCP 422
  Mantenimiento del DAE 422
  Dirección médica 423
 **Atención de emergencia para
  el paro cardiaco** 424
  Preparación 424
  Para efectuar la desfibrilación 426
   Después de las descargas del DAE 427
   Paro cardiaco durante el transporte 427
   Coordinación con el SVA 427
 Resumen 434

CAPÍTULO 13 Emergencias neurológicas 438
 Emergencias neurológicas 440
 Estructura y función cerebrales 440
 **Causas comunes de trastornos
  cerebrales** 441
 Evento vascular cerebral 442
  Tipos de EVC 442
   Evento vascular cerebral hemorrágico 442
   Evento vascular cerebral isquémico 442
   Ataque isquémico transitorio 443
  Signos y síntomas de EVC 444
   Problemas en el hemisferio izquierdo 444
   Problemas del hemisferio derecho 444
   Sangrado en el cerebro 444
   Otras afecciones 444
  Evaluación de un paciente de EVC 445
  Evaluación de la escena 445
  Evaluación inicial 445
   Impresión general 445
   Vía aérea y respiración 445
   Circulación 446
   Decisión de transporte 446
  Historial y examen físico enfocados 446
   Historial SAMPLE 447
   Examen físico enfocado (pacientes que
    responden) 448
   Signos vitales iniciales 448
  Intervenciones 449
  Examen físico detallado 449
  Evaluación continua 449
   Comunicación y documentación 449
  Atención definitiva para el paciente
   que ha tenido un EVC 449
 Convulsiones 450
  Tipos de convulsiones 450
  Signos y síntomas 451
  Causas de las convulsiones 451
  La importancia de reconocer las
   convulsiones 452
  El estado postictal 452
  Evaluación del paciente de convulsión 453
  Evaluación de la escena 453
  Evaluación inicial 453
   Impresión general 453
   Vía aérea, respiración y circulación 453
   Decisiones de transporte 454
  Historial y examen físico enfocados 454
   Historial SAMPLE 455

   Examen físico enfocado (pacientes
    médicos que responden) 455
   Signos vitales iniciales 455
  Intervenciones 455
  Examen físico detallado 455
  Evaluación continua 455
   Comunicación y documentación 456
  Atención definitiva del paciente que ha
   sufrido una convulsión 456
 Estado mental alterado 456
  Causas del estado mental alterado 457
   Hipoglucemia 457
   Otras causas de estado mental alterado ... 457
  Evaluación de un paciente con estado
   mental alterado 458
 Resumen 461

CAPÍTULO 14 El abdomen agudo 464
 El abdomen agudo 466
 Anatomía del abdomen 466
 Causas del dolor abdominal 466
  Sistema digestivo 466
  Sistema urinario 468
  Útero y ovarios 468
  Otros sistemas de órganos 469
 **Signos y síntomas del abdomen
  agudo** 470
 **Evaluación del paciente
  con abdomen agudo** 471
  Evaluación de la escena 471
  Evaluación inicial 471
   Impresión general 471
   Vía aérea, respiración y circulación 471
   Decisión de transporte 471
  Historial y examen físico enfocados 471
   Historial SAMPLE 472
   Examen físico enfocado 472
   Signos vitales iniciales 472
  Intervenciones 473
  Examen físico detallado 473
  Evaluación continua 473
   Comunicación y documentación 474
 Atención de emergencia 474
 Resumen 477

CAPÍTULO 15 Emergencias diabéticas .. 480
 Emergencias diabéticas 482
 Diabetes 482
  Definición de diabetes 482
  Tipos de diabetes 482
  El papel de la glucosa y la insulina 483
  Hiperglucemia e hipoglucemia 484
   Coma diabético 485
   Choque insulínico 485
 **Evaluación del paciente
  diabético** 487
  Evaluación de la escena 487
  Evaluación inicial 487
   Impresión general 487

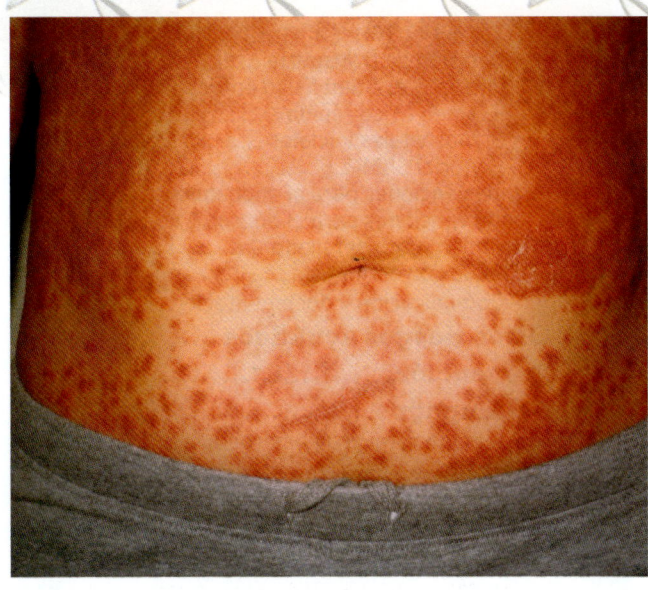

    Vía aérea y respiración 487
    Circulación 487
    Decisión de transporte 487
  Historial y examen físico enfocados 487
    Historial SAMPLE 488
    Examen físico enfocado 488
    Signos vitales iniciales 488
    Intervenciones 488
    Examen físico detallado 489
    Evaluación continua 490
    Comunicación y documentación 490

Atención de urgencia para emergencias diabéticas 490
  Administración de glucosa oral 490

Complicaciones de la diabetes 492
  Complicaciones médicas 492

Problemas asociados 492
  Convulsiones 492
  Estado mental alterado 492
  Alcoholismo 493
  Relación con el cuidado de la vía aérea 493

Resumen 495

CAPÍTULO 16 Reacciones alérgicas y envenenamiento por picadura de insectos 498

Reacciones alérgicas 500
  Picaduras de insectos 501
  Reacción anafiláctica a las picaduras 503

Evaluación de un paciente con reacción alérgica 503
  Evaluación de la escena 503
  Evaluación inicial 503
    Impresión general 503
    Vía aérea y respiración 503
    Circulación 504
    Decisión de transporte 505
  Historial y examen físico enfocados 505
    Historial SAMPLE 505
    Examen físico enfocado 505
    Signos vitales iniciales 506
    Intervenciones 506
    Examen físico detallado 506
    Evaluación continua 506
    Comunicación y documentación 507

Atención médica de emergencia . 507
Resumen 514

CAPÍTULO 17 Intoxicaciones y envenenamientos 516

Intoxicaciones y envenenamientos 518

Identificación del paciente y del veneno 518

Cómo entran los venenos al cuerpo 519
  Venenos inhalados 520
  Venenos de absorción o de contacto con superficies 521
  Venenos ingeridos 522
  Venenos inyectados 523

Evaluación del paciente envenenado 524
  Evaluación de la escena 524
  Evaluación inicial 525
    Impresión general 525
    Vía aérea y respiración 525
    Circulación 525
    Decisión de transporte 525
  Historial y examen físico enfocados 525
    Historial SAMPLE 526
    Examen físico enfocado 526
    Signos vitales iniciales 526
    Intervenciones 526
    Examen físico detallado 526
    Evaluación continua 527
    Comunicación y documentación 527

Atención médica de urgencia 527

Venenos específicos 527
  Alcohol 528
  Opiáceos 529
  Fármacos sedantes-hipnóticos 530
  Abuso de inhalantes 530
  Simpaticomiméticos 531
  Marihuana 532
  Alucinógenos 532
  Agentes anticolinérgicos 532
  Agentes colinérgicos 533
  Fármacos misceláneos 533

Envenenamiento por comida 534
Envenenamiento con plantas 535
Resumen 539

CAPÍTULO 18 Emergencias ambientales 542

Emergencias ambientales 544
Factores que afectan la exposición 544
Exposición al frío 545

Hipotermia 545	Vía aérea, respiración y circulación 565
Signos y síntomas 546	Decisión de transporte 566

Evaluación de lesiones por frío 547
- Evaluación de la escena 547
- Evaluación inicial 548
  - Impresión general 548
  - Vía aérea y respiración 548
  - Circulación 548
  - Decisión de transporte 548
- Historial y examen físico enfocados 548
  - Historial SAMPLE 549
  - Examen físico enfocado 549
  - Signos vitales iniciales 549
  - Intervenciones 549
- Examen físico detallado 550
- Evaluación continua 550
  - Comunicación y documentación 550

Manejo de la exposición al frío en una persona enferma o lesionada 550
- Lesiones locales por frío 550
  - Sabañones y pie de inmersión 551
  - Congelamiento 551
  - Atención médica de urgencia y lesión local por frío 552
- La exposición al frío y el TUM-B 553

Exposición al calor 553
- Calambres por calor 554
- Agotamiento por calor 554

Evaluación de las lesiones por calor 557
- Evaluación de la escena 557
- Evaluación inicial 558
  - Impresión general 558
  - Vía aérea, respiración y circulación 558
  - Decisión de transporte 558
- Historial y examen físico enfocados 558
  - Historial SAMPLE 558
  - Examen físico enfocado 559
  - Signos vitales iniciales 559
- Intervenciones 559
- Examen físico detallado 559
- Evaluación continua 559
  - Comunicación y documentación 559

Ahogamiento y casi ahogamiento ... 559
- Lesiones espinales en los incidentes de sumersión 560
- Técnicas de recuperación 562
- Esfuerzos de reanimación 562

Emergencias de buceo 562
- Emergencias del descenso 562
- Emergencias en el fondo 564
- Emergencias del ascenso 564
  - Embolia gaseosa 564
  - Enfermedad por descompresión 564

Evaluación de las emergencias de ahogamiento y buceo 565
- Evaluación de la escena 565
- Evaluación inicial 565
  - Impresión general 565
- Historial y examen físico enfocados 566
  - Examen físico rápido 566
  - Signos vitales iniciales 566
  - Historial SAMPLE 566
- Intervenciones para el ahogamiento 566
- Intervenciones para el buceo 566
- Examen físico detallado 567
- Evaluación continua 567
  - Comunicación y documentación 567

Otros riesgos acuáticos 567
Prevención 567
Relámpagos 568
- Atención médica de emergencia 568

Mordeduras y picaduras de animales 569
- Mordeduras de araña 569
  - Araña viuda negra 569
  - Araña reclusa parda 569
- Mordeduras de víbora 570
  - Víbora de fosa 570
  - Serpientes coralillo 573
- Picaduras de alacrán 573
- Mordeduras de garrapata 573

Lesiones debidas a animales marinos 574
Resumen 579

CAPÍTULO 19 Emergencias de la conducta 582

Emergencias de la conducta 584
Mito y realidad 584
Definición de emergencias de la conducta y psiquiátricas ... 584
La magnitud de los problemas de salud mental 585
- Patología: causas de las emergencias de la conducta 585
- Método seguro para una emergencia de la conducta 586

Evaluación de una emergencia de la conducta 586
- Evaluación de la escena 586
- Evaluación inicial 587
  - Impresión general 587
  - Vía aérea, respiración y circulación 587
  - Decisión de traslado 587
- Historial y examen físico enfocados 587
  - Historial SAMPLE 588
  - Examen físico enfocado 588
  - Signos vitales iniciales 589
- Intervenciones 589
- Examen físico detallado 589
- Evaluación continua 589
  - Comunicación y documentación 590

Suicidio 590
Consideraciones medicolegales ... 591

Consentimiento 591
Autoridad legal limitada 591
Restricción 592

El paciente potencialmente violento 594

Resumen 596

CAPÍTULO 20 Emergencias obstétricas y ginecológicas 598

Emergencias ginecológicas y obstétricas 600

Anatomía del sistema reproductor femenino 600

Etapas del parto 602

Emergencias antes del nacimiento 602

Evaluación 604
Evaluación de la escena 604
Evaluación inicial 604
Impresión general 604
Vía aérea, respiración y circulación 604
Decisión de transporte 604
Historial y examen físico enfocados 605
Historial SAMPLE 605
Examen físico enfocado 605
Signos vitales iniciales 605
Intervenciones 606
Examen físico detallado 606
Evaluación continua 606
Comunicación y documentación 606

Atención de emergencia 606
Preparación para el parto 606
Posición de la paciente 607
Preparación del campo para el parto 608
Nacimiento del bebé 608
Nacimiento de la cabeza 609
Saco amniótico sin romper 611
Cordón umbilical en torno al cuello 611
Nacimiento del cuerpo 611
Atención posparto 612
Alumbramiento de la placenta 613

Evaluación y reanimación neonatales 613

Emergencias por partos anormales o complicados 616
Nacimiento de nalgas 616
Presentaciones raras 617
Sangrado excesivo 618
Espina bífida 619
Aborto (malparto) 619
Parto múltiple 620
Asistencia en el nacimiento de un bebé de madre adicta 620
Asistencia en el nacimiento de un bebé de madre diabética 620
Bebé prematuro 621
Muerte fetal 622
Parto sin materiales estériles 622

Emergencias ginecológicas 622

Resumen 625

Sección 5: Trauma 628

CAPÍTULO 21 Cinemática del trauma .. 630

Cinemática del trauma 632
Mecanismo de lesión 632
Trauma penetrante y contuso 633
Perfiles del mecanismo de lesión ... 633
Trauma contuso 634
Trauma contuso: choques vehiculares 633
Choque frontal 637
Choque por alcance 638
Choque lateral 639
Choque por volcadura 639
Choques rotacionales 641
Atropellamiento 641

Caídas 641
Trauma penetrante 642
Anatomía y fisiología 643
Traumatismo craneoencefálico 643
Lesiones del cuello y la garganta 644
Trauma torácico 644
Lesiones abdominales 645

Resumen 646

CAPÍTULO 22 Hemorragia 648

Hemorragia 650

Anatomía y fisiología del aparato cardiovascular 650
El corazón 650

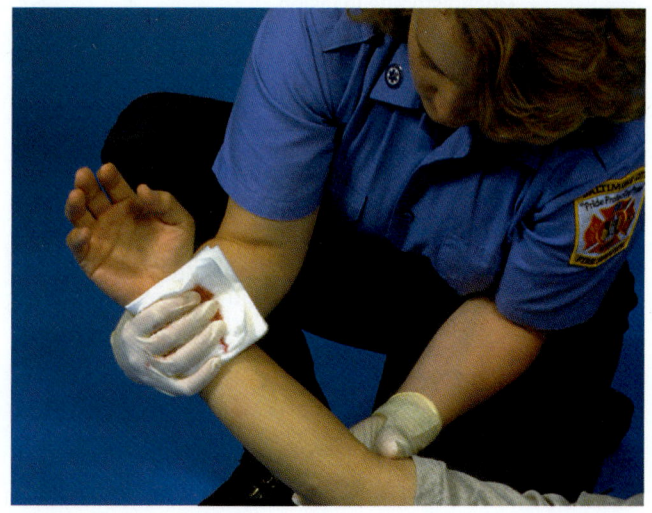

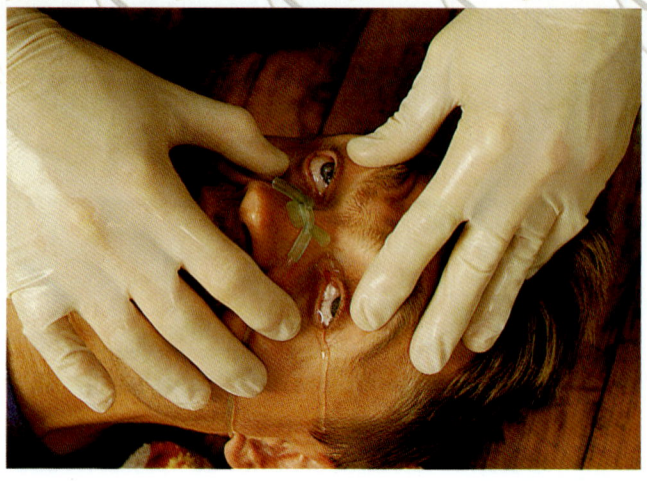

    Vasos sanguíneos y sangre 650

Fisiopatología y perfusión 652
Hemorragia externa 654
    Importancia de la hemorragia 654
    Características de la hemorragia 655
    Evaluación del paciente 656
    Evaluación de la escena 656
    Evaluación inicial 656
        Impresión general 656
        Vía aérea y respiración 657
        Circulación 657
        Decisión de traslado 657
    Historial y examen físico enfocados 657
        Examen físico rápido contra examen
          físico enfocado 657
        Signos vitales iniciales 658
        Historial SAMPLE 658
    Intervenciones 658
    Examen físico detallado 658
    Evaluación continua 659
        Comunicación y documentación 659
    Cuidados médicos de urgencias 659
        Métodos básicos 659
        Técnicas especiales 660
    Hemorragia de nariz, oído y boca 663

Hemorragia interna 666
    Mecanismo de la lesión 667
    Naturaleza de la enfermedad 668
    Signos y síntomas 668
    Valoración del paciente 669
    Evaluación de la escena 669
    Evaluación inicial 669
        Impresión general 669
        Vía aérea y respiración 669
        Circulación 669
        Decisión de transporte 669
    Historial y examen físico enfocados 669
        Examen físico rápido contra examen
          físico enfocado 669
    Intervenciones 670
    Examen físico detallado 670
    Evaluación continua 670
        Comunicación y documentación 670
    Cuidados médicos de urgencias 670
Resumen 674

CAPÍTULO 23 Estado de choque.......... 676
Estado de choque 678
Perfusión 678
Causas del choque 680
    Causas cardiovasculares del choque 680
        Falla de la bomba 680
        Función vascular deficiente 681
        Insuficiencia del contenido 682
        Insuficiencia vascular y del contenido
          combinada 682
    Causas no cardiovasculares del choque 682
        Insuficiencia respiratoria 682
        Choque anafiláctico 683
        Choque psicógeno (crisis
          neuroconversiva) 683

Progresión del estado de choque .. 683
Valoración del estado de choque .. 684
    Evaluación de la escena 684
    Evaluación inicial 685
        Impresión general 685
        Vía aérea y respiración 685
        Circulación 685
        Decisión de transporte 685
    Historial y examen físico enfocados 685
        Examen físico rápido o enfocado 685
        Signos vitales iniciales 686
        Historial SAMPLE 686
    Intervenciones 686
    Examen físico detallado 686
    Evaluación continua 686
        Comunicación y documentación 686

Cuidados médicos de urgencias ... 686
    Tratamiento del choque cardiógeno 688
    Tratamiento del choque neurogénico 690
    Tratamiento del choque hipovolémico 690
    Tratamiento del choque séptico 690
    Tratamiento de la insuficiencia respiratoria .. 691
    Tratamiento del choque anafiláctico 691
    Tratamiento del choque psicógeno 691

Resumen 694

CAPÍTULO 24 Lesiones de los tejidos blandos.......................... 696
Lesiones de los tejidos blandos 698
Anatomía y función de la piel 698
    Anatomía de la piel 698
    Funciones de la piel.......................................698

Tipos de lesiones de tejidos blandos 699
Lesiones cerradas 699
    Evaluación de las lesiones cerradas 701
    Evaluación de la escena................................. 701
    Evaluación inicial 701
        Impresión general 701
        Vía aérea y respiración 701
        Circulación 701
        Decisión de transporte 702
    Historial y examen físico enfocados 702
        Examen físico enfocado 702
        Examen físico rápido 702

Signos vitales iniciales....................702
Historial SAMPLE...........................702
Intervenciones.....................................702
Examen físico detallado......................703
Evaluación continua............................703
Comunicación y documentación ...703
Cuidados médicos de urgencia 703

Lesiones abiertas **703**
Evaluación de las lesiones abiertas............707
Evaluación de la escena......................707
Evaluación inicial.................................708
Impresión general 708
Vía aérea y respiración 708
Circulación 708
Decisión de transporte 708
Historial y examen físico enfocados.........709
Examen físico enfocado 709
Examen físico rápido 709
Signos vitales iniciales....................709
Historial SAMPLE...........................709
Intervenciones.....................................709
Examen físico detallado......................709
Evaluación continua............................710
Comunicación y documentación ...710
Cuidados médicos de urgencia 710

Heridas abdominales..................**711**
Objetos empalados **711**
Amputaciones **713**
Lesiones del cuello....................**714**
Quemaduras **714**
Gravedad de la quemadura.................714
Profundidad 715
Extensión 716
Valoración de las quemaduras 716
Evaluación de la escena......................716
Evaluación inicial.................................718
Impresión general 718
Vía aérea y respiración 718
Circulación 719
Decisión de transporte 719
Historial y examen físico enfocados.........719
Examen físico rápido o enfocado..................719
Signos vitales iniciales e
Historial SAMPLE...........................719

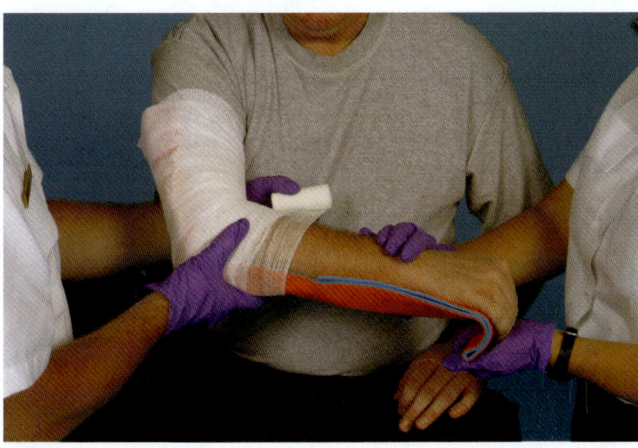

Intervenciones......................................719
Examen físico detallado 720
Evaluación continua............................720
Comunicación y documentación ...720
Cuidados médicos de urgencia 720

Quemaduras químicas **722**
Quemaduras eléctricas 723
Mordeduras **725**
Mordeduras de animales pequeños y rabia ..725
Mordeduras humanas.........................726
Apósitos y vendajes **726**
Apósitos estériles 727
Vendajes 727
Resumen **731**

CAPÍTULO 25 Lesiones de los ojos **734**
Lesiones de los ojos....................**736**
Anatomía y fisiología del ojo **736**
**Evaluación de las lesiones
de los ojos** **737**
Evaluación de la escena......................737
Evaluación inicial................................738
Impresión general 738
Vía aérea, respiración y circulación ...738
Decisión de transporte 739
Historial y examen físico enfocados..............739
Examen físico rápido 739
Examen físico enfocado 739
Signos vitales iniciales....................739
Historial SAMPLE...........................739
Intervenciones.....................................739
Examen físico detallado......................740
Evaluación continua............................740
Comunicación y documentación ...740
Cuidados de urgencias **740**
Cuerpos extraños 740
Quemaduras del ojo 744
Quemaduras químicas 744
Quemaduras térmicas 744
Quemaduras por luz 745
Laceraciones 745
Traumatismo contuso 747
**Lesiones de los ojos después
de una lesión de la cabeza** **748**
**Lentes de contacto y ojos
artificiales** **749**
Resumen **753**

**CAPÍTULO 26 Lesiones de la cara
y el cuello** **756**
Lesiones de la cara y el cuello......**758**
**Anatomía de la cabeza
y el cuello** **758**
Lesiones de la cara 759
Lesiones de los tejidos blandos 760
**Evaluación de las lesiones
de la cara y el cuello** **760**
Evaluación de la escena......................760

  Evaluación inicial 761
   Impresión general 761
   Vía aérea y respiración 761
   Circulación 762
   Decisión de transporte 762
  Historial y examen físico enfocados 762
   Examen físico enfocado contra
    evaluación rápida del traumatismo 762
   Signos vitales iniciales 762
   Historial SAMPLE 763
  Intervenciones 763
  Examen físico detallado 763
  Evaluación continua 763
   Comunicación y documentación 763
 Cuidados de urgencias 764
 Lesiones específicas 765
  Lesiones de la nariz 765
  Lesiones del oído 766
  Fracturas faciales 766
  Lesiones del cuello 767
   Lesiones contusas 768
   Heridas penetrantes 769
 Resumen 773

CAPÍTULO 27 Lesiones del tórax......... 776
 Lesiones del tórax 778
 Anatomía y fisiología del tórax 778
 Mecánica de la ventilación 779
 Lesiones del tórax 779
  Signos y síntomas 780
 Evaluación de las lesiones
  del tórax 781
  Evaluación de la escena 781
  Evaluación inicial 782
   Impresión general 782
   Vía aérea y respiración 782
   Circulación 782
   Decisión de transporte 782
  Historial y examen físico enfocados 783
   Examen físico rápido contra examen
    físico enfocado 783
   Signos vitales iniciales 783
   Historial SAMPLE 783
  Intervenciones 783
  Examen físico detallado 783
  Evaluación continua 784
   Comunicación y documentación 784
 Complicaciones de las lesiones
  del tórax 784
  Neumotórax 784
   Neumotórax espontáneo 786
   Neumotórax a tensión 786
  Hemotórax 786
  Fracturas de las costillas 787
  Tórax inestable (flácido) 787
 Otras lesiones del tórax.............. 788
  Contusión pulmonar 788
  Asfixia traumática 788
  Lesión contusa del miocardio 789
  Taponamiento cardiaco 789
  Laceración de los grandes vasos 789
 Resumen 793

CAPÍTULO 28 Lesiones del abdomen y órganos genitales............ 796
 Lesiones del abdomen
  y órganos genitales 798
 Anatomía del abdomen 798
 Lesiones del abdomen 798
  Signos y síntomas 799
 Tipos de lesiones abdominales..... 800
  Heridas abdominales contusas 800
  Lesiones por cinturones de seguridad
   y bolsas de aire 801
  Lesiones abdominales penetrantes 801
  Evisceración abdominal 802
 Evaluación de las lesiones
  abdominales 803
  Evaluación de la escena 803
  Evaluación inicial 804
   Impresión general 804
   Vía aérea y respiración 804
   Circulación 805
   Decisión de transporte 805
  Historial y examen físico enfocados 805
   Examen físico rápido de un ML
    significativo 805
   Examen físico enfocado para un ML
    no significativo 806
   Signos vitales iniciales 806
   Historial SAMPLE 806
  Intervenciones 806
  Examen físico detallado 806
  Evaluación continua 806
   Comunicación y documentación 807
 Anatomía del aparato
  genitourinario 807
 Lesiones del aparato
  genitourinario 808
  Lesiones del riñón 808
  Lesiones de la vejiga urinaria 809
  Lesiones de los órganos genitales
   masculinos externos 809
  Lesiones de los órganos genitales
   femeninos 810
   Órganos genitales femeninos internos 810
   Órganos genitales femeninos externos 811
  Hemorragia rectal 811
 Asalto sexual 811
 Resumen 815

CAPÍTULO 29 Cuidado musculoesquelético........... 818
 Cuidado musculoesquelético 820
 Anatomía y fisiología del aparato
  musculoesquelético 820
  Músculos 820
  Esqueleto 821
 Lesiones musculoesqueléticas 822

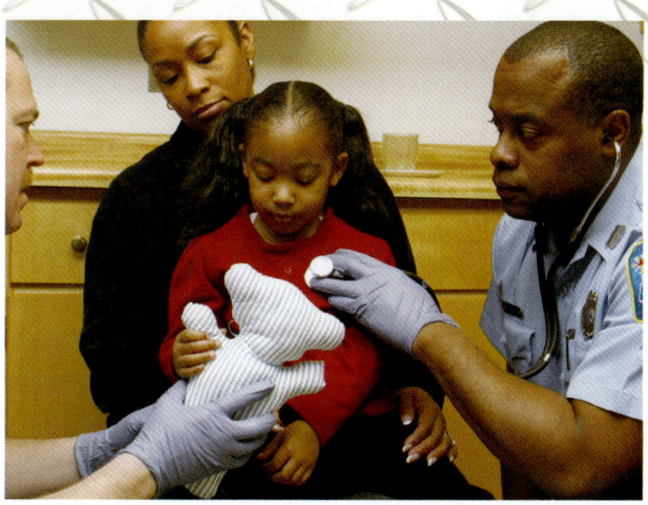

Mecanismo de la lesión	823
Fracturas	824
Deformidad	825
Hipersensibilidad	825
Defensa	825
Edema	825
Contusiones	826
Crepitación	826
Movimiento falso	826
Fragmentos expuestos	826
Dolor	826
Articulación trabada	827
Dislocaciones (luxaciones)	827
Esguinces	828
Síndrome compartimental	828

Evaluación de la gravedad de la lesión 829

Evaluación de las lesiones musculoesqueléticas 829

- Evaluación de la escena 830
- Evaluación inicial 830
  - Impresión general 830
  - Vía aérea y respiración 830
  - Circulación 830
  - Decisión de transporte 831
- Historial y examen físico enfocados 831
  - Examen físico rápido contra examen de traumatismo significativo 831
  - Examen físico enfocado para traumatismo no significativo 832
  - Signos vitales iniciales 832
  - Historial SAMPLE 834
- Intervenciones 835
- Examen físico detallado 835
- Evaluación continua 835
- Comunicación y documentación 835

Cuidados médicos de urgencia 835
- Enferulamiento 836
  - Principios generales de la ferulación 836
  - Principios generales de la ferulación con tracción en línea 838
  - Férulas rígidas 838
  - Férulas formables 840
  - Férulas de tracción 841
- Riesgos de la ferulación inapropiada 845
- Transportación 846

Lesiones musculoesqueléticas específicas 847
- Lesiones de la clavícula y la escápula 847
- Dislocación del hombro 849
- Fractura del húmero 850
- Lesiones del codo 851
  - Fractura del húmero distal 851
  - Dislocación del codo 851
  - Esguince de la articulación del codo 852
  - Fractura del olécranon del cúbito 852
  - Fractura de la cabeza radial 852
  - Cuidados de las lesiones del codo 852
- Fracturas del antebrazo 853
- Lesiones de la muñeca y la mano 854
- Fracturas de la pelvis 854
- Dislocación de la cadera 856
- Fracturas del fémur proximal 858
- Fracturas del cuerpo femoral 858
- Lesiones de los ligamentos de la rodilla 859
- Dislocación de la rodilla 860
- Fracturas alrededor de la rodilla 860
- Dislocación de la rótula 860
- Lesiones de la tibia y el peroné 861
- Lesiones del tobillo 861
- Lesiones del pie 862

Resumen 866

CAPÍTULO 30 Lesiones de la cabeza y la columna vertebral 870

Lesiones de la cabeza y la columna vertebral 872

Anatomía y fisiología del sistema nervioso 872
- Sistema nervioso central 872
- Coberturas protectoras 872
- Sistema nervioso periférico 874
- Cómo funciona el sistema nervioso 874

Anatomía y fisiología del sistema esquelético 875

Lesiones de la cabeza 877
- Laceraciones del cuero cabelludo 877
- Fractura del cráneo 877
- Lesiones del encéfalo 878
  - Concusión 878
  - Contusión 879
  - Hemorragia intracraneal 879
- Otras lesiones encefálicas 879
- Complicaciones de la lesión de la cabeza 880
- Signos y síntomas de la lesión de la cabeza 880

Lesiones de la columna vertebral . 880

Evaluación de las lesiones de la cabeza y de la columna vertebral 880
- Evaluación de la escena 881
- Evaluación inicial 881
  - Impresión general 881
  - Vía aérea y respiración 882
  - Circulación 883
  - Decisión de transporte 883

Historial y examen físico enfocados 883
   Examen físico rápido para trauma significativo 884
   Examen físico enfocado para trauma no significativo 884
   Signos vitales iniciales 886
   Historial SAMPLE 886
  Intervenciones 886
   Examen físico detallado 887
   Evaluación continua 887
    Comunicación y documentación 887

Cuidados médicos de urgencias de las lesiones de la columna vertebral 888
  Tratamiento de las vía aérea 888
  Estabilización de la columna cervical 889

Cuidados médicos de urgencias de las lesiones de la cabeza 890
  Manejo de las vía aérea 890
  Circulación 891

Preparación para el transporte 891
  Pacientes supinos 891
  Pacientes sentados 893
  Pacientes de pie 896
  Dispositivos de inmovilización 898
   Collarines cervicales 898
   Camillas rígidas cortas 898
   Camillas rígidas largas 900

Retiro del casco 900
  Método preferido 902
  Método alternativo 902

Resumen 908

Sección 6: Poblaciones especiales 912

CAPÍTULO 31 Emergencias pediátricas 914
Pediatría 916
Anatomía y fisiología 916
Crecimiento y desarrollo 918
  El lactante 918
  Infante de uno a tres años 918
  El niño en edad preescolar 919
  El niño en edad escolar 920
  Adolescentes 920

Asuntos familiares 921
Emergencias pediátricas 921
  Deshidratación 921
  Fiebre 921
  Meningitis 922
  Convulsiones 923
   Convulsiones febriles 923
  Envenenamiento 924

Trauma pediátrico 924
  Diferencias físicas 924
  Diferencias psicológicas 925
  Patrones de lesión 925
   Colisiones automovilísticas 925
   Actividades deportivas 925

Lesiones en sistemas corporales específicos 925
  Lesiones en cabeza 925
  Lesiones en el tórax 925
  Lesiones abdominales 926
  Lesiones en las extremidades 926
  Otras consideraciones 927
   Pantalón neumático antichoque 927
  Quemaduras 927
  Lesiones por inmersión 927

Abuso infantil 928
  Signos de abuso 928
   Moretones 929
   Quemaduras 929
   Fracturas 929
   Síndrome del bebé sacudido 929
   Descuido 929
  Síntomas y otros indicadores de abuso 929
  Abuso sexual 929

Síndrome de muerte súbita infantil 930
  Evaluación y manejo 930
  Comunicación y apoyo para la familia 930
  Evaluación de la escena 931
  Suceso aparentemente mortal 932
  Muerte de un niño 932

Lactantes y niños con necesidades especiales 933
  Tubos de traqueostomía 934
  Respiradores artificiales 934
  Líneas IV centrales 935
  Tubos de gastrostomía 935
  Derivaciones 935

Resumen 936

CAPÍTULO 32 Evaluación y manejo pediátricos 940
Evaluación y manejo pediátricos 942
  Evaluación de la escena 942
  Evaluación inicial 942
  Impresión general 942
  Triángulo de evaluación pediátrica 942
   Apariencia 943
   Trabajo respiratorio 943
   Circulación hacia la piel 943
  Vía aérea, respiración y circulación 944
   Evaluación de la vía aérea 944
   Evaluación respiratoria 945
   Evaluación circulatoria 946
  Decisión de transporte 946
   Transporte 947
   Fase de transición 947
  Historial y examen físico enfocados 947
  Examen físico enfocado 948
  Examen físico rápido 948
  Signos vitales pediátricos 948

Historial SAMPLE.................................949
Examen físico detallado 950
Evaluación continua 950
La vía aérea pediátrica 950
Posicionamiento de la vía aérea 950
Adjuntos de vía aérea 951
Cánula orofaríngea 951
Cánula nasofaríngea 952
Asistencia de la ventilación y oxigenación....954
Dispositivos de administración de oxígeno 955
Mascarilla no recirculante 955
Técnica de paso de gas 956
Cánula nasal...................................956
Dispositivo de BVM........................956
Ventilación de BVM de un rescatista.........958
Ventilación de BVM de dos rescatistas.....958
Obstrucción de vía aérea............. 959
Signos y síntomas.................................959
Atención médica de urgencia 959
Manejo de la obstrucción de la vía aérea en un niño 960
Manejo de la obstrucción de la vía aérea en un lactante 962
Reanimación neonatal 963
Esfuerzos adicionales de reanimación...........964
Repaso del apoyo vital básico 965
Determinación de la responsividad.................966
Vía aérea 966
Técnica de inclinación de cabeza-levantamiento de mentón.............967
Maniobra de tracción mandibular.............967
Respiración 968
Circulación 968
Uso de DAE en niños...........................970
Paro cardiopulmonar................. 971
Traumatismo pediátrico.............. 971
Inmovilización 971
Manejo de lesiones pediátricas 975
Emergencias médicas pediátricas 975
Emergencias respiratorias 975
Signos y síntomas 975
Atención médica de urgencia 976
Estado de choque 976
Convulsiones 977
Convulsiones febriles......................978
Atención médica de urgencia 978
Deshidratación 978
Resumen 980

CAPÍTULO 33 Emergencias geriátricas 984
Geriatría 986
La comunicación y el adulto mayor 986
Técnicas de comunicación 986
El diamante GEMS 987
Causas principales de muerte 988

Cambios fisiológicos que acompañan la edad 988
Tejidos blandos: piel y tejido celular subcutáneo..........................988
Órganos de los sentidos 989
Sistema respiratorio 989
Sistema cardiovascular.......................989
Sistema renal......................................990
Sistema nervioso................................990
Sistema musculoesquelético 990
Sistema gastrointestinal.....................990
Polifarmacia 991
Impacto del envejecimiento sobre el traumatismo 991
Caídas y traumatismo 991
Impacto del envejecimiento en las urgencias médicas 992
Síncope 992
Síndromes coronarios 992
Abdomen agudo 993
Estado mental alterado 994
Impacto del envejecimiento en las emergencias psiquiátricas 995
Depresión 995
Suicidio 995
Directivas de avance 995
Abuso de personas mayores......... 996
Evaluación del abuso de personas mayores 997
Signos de abuso físico 998
Resumen 999

CAPÍTULO 34 Evaluación y manejo geriátricos...................... 1002
Evaluación y manejo geriátricos .. 1004
Evaluación de un paciente mayor . 1004
Evaluación de la escena....................1004
Evaluación inicial...............................1004
Impresión general 1004
Vía aérea, respiración y circulación 1005
Decisión de transporte 1005
Historial y examen físico enfocados 1005

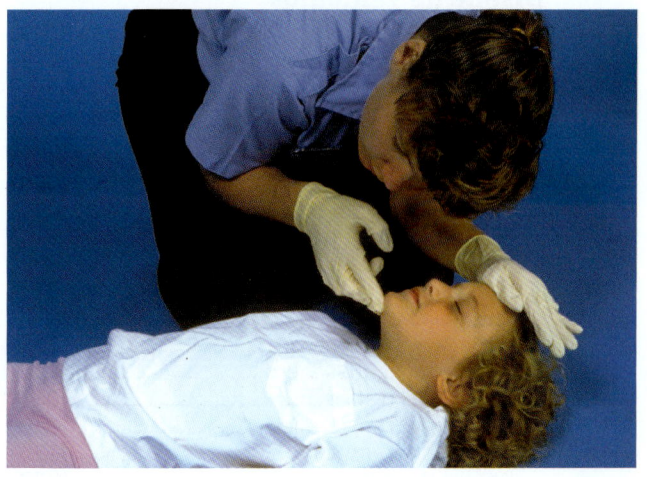

Historial SAMPLE 1005
Comunicación con un paciente
  geriátrico 1005
Uso de medicamentos 1006
Examen físico enfocado 1007
Examen físico rápido 1007
Signos vitales iniciales................1007
Examen físico detallado 1008
Evaluación continua........................1008

**Quejas comunes de pacientes
geriátricos 1008**

Traumatismo geriátrico 1008
Mecanismo de la lesión 1008
Evaluación del traumatismo 1008
Lesiones en columna vertebral 1009
Lesiones en la cabeza 1010
Lesiones en pelvis 1012
Fracturas de cadera 1012

**Emergencias médicas
geriátricas 1013**
Emergencias cardiovasculares 1013
Falta de aire 1015
Síncope 1015
Estado mental alterado 1015
Abdomen agudo 1015
Sepsis y enfermedades infecciosas ...1015

**Respuesta para instituciones
de asistencia y cuidados
especializados 1015**

Resumen 1017

Sección 7: Operaciones 1020

CAPÍTULO 35 Operaciones en ambulancia 1022
Operaciones en ambulancia 1024
**Diseño de vehículos
de emergencia 1024**
**Fases de la llamada de una
ambulancia....................... 1027**
Fase de preparación 1027
Equipo médico 1028
Equipo de seguridad y operaciones...............1033
Personal 1034
Inspecciones cotidianas 1034
Precauciones de seguridad 1035
La fase de envío 1035
En camino a la escena 1036
Llegada a la escena 1036
Estacionamiento seguro 1036
Control del tráfico 1037
La fase de transferencia..................1038
La fase de transporte 1038
La fase de entrega 1038

En camino a la delegación y/o base 1039
La fase posterior al servicio 1039

**Técnicas de conducción
defensiva de ambulancias 1040**
Características del conductor 1040
Prácticas de manejo seguro 1041
 Aviso al conductor 1041
 El margen de seguridad 1042
 El problema de la velocidad excesiva 1043
 Reconocimiento del síndrome
 de la sirena 1044
 Tamaño vehicular y cálculo de la
 distancia 1044
 Posicionamiento en el camino y forma
 de tomar las curvas 1044
Clima y condiciones del camino 1044
Leyes y reglamentos 1045

Operaciones médicas aéreas 1047
Operaciones de evacuación aeromédica
  en helicóptero 1048
Para llamar a la ambulancia aérea 1048
Establecimiento de una zona de aterrizaje 1049
Seguridad de la zona de aterrizaje
y transferencia de pacientes 1049
Consideraciones especiales 1051
 Aterrizajes nocturnos 1051
 Aterrizaje sobre superficies disparejas 1051
 Ambulancias aéreas con incidentes
 de materiales peligrosos 1051

Resumen 1052

CAPÍTULO 36 Obtención de acceso 1056
Obtención de acceso 1058
Seguridad 1058
**Sistemas de seguridad
vehicular 1058**
Fundamentos para la extracción.. 1059
Preparación 1059
En camino a la escena 1059
Llegada y evaluación de la escena 1059
Control de riesgos 1060
Operaciones de apoyo 1061
Obtención de acceso 1061
 Acceso simple.........................1062
 Acceso complejo......................1062
Cuidados de urgencia 1063
Liberar 1063
Liberación y transferencia 1064
Terminación 1065

**Situaciones de rescate
especializado 1065**
Situaciones de rescate técnico 1065
Búsqueda y rescate de una persona
  extraviada 1066
Rescate en zanjas 1066
Apoyo médico táctico de urgencia ...1067
Fuegos estructurales 1068

Resumen 1069

CAPÍTULO 37 Operaciones especiales 1072
Operaciones especiales 1074

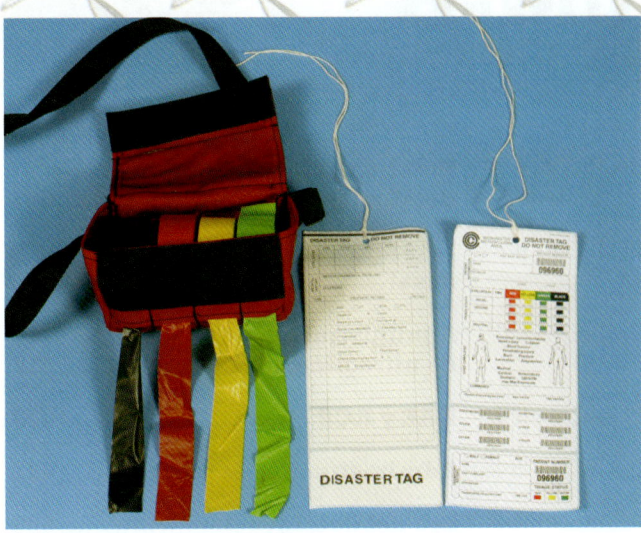

Sistemas de comando de incidentes	**1074**
Componentes y estructura de un sistema de comando de incidentes	1074
Incidentes con víctimas masivas	**1079**
Selección (*triage*)	1080
Prioridades de la selección (*triage*)	1081
Procedimientos de selección	1081
Manejo de desastres	**1084**
Introducción a materiales peligrosos	**1084**
Identificación de materiales peligrosos	1087
Operaciones de HazMat en la escena	1088
Clasificación de los materiales peligrosos	1089
Nivel de toxicidad	1089
Cuidados de los pacientes en un incidente con materiales peligrosos	1090
Cuidados especiales	1091
Recursos	1091
Mecánica de operación	1092
Nivel de equipo protector personal	1093
Resumen	**1094**

Sección 8: Técnicas SVA 1098

CAPÍTULO 38 Asistencia con la terapia intravenosa 1100

Introducción	**1102**
Técnicas y administración IV	**1102**
Armar el equipo	1102
Elección de una solución IV	1102
Elección de un equipo de venoclisis	1103
Preparación de la venoclisis	1104
Catéteres	1104
Aseguramiento de la línea	1106
Sitios y técnicas alternativas de IV	**1106**
Posibles complicaciones de la terapia IV	**1108**
Reacciones locales en el sitio IV	1108
Infiltración	1108
Flebitis	1108
Oclusión	1108
Irritación venosa	1108
Hematoma	1109
Complicaciones sistémicas	1109
Reacciones alérgicas	1109
Embolia gaseosa	1110
Corte del catéter	1110
Sobrecarga circulatoria	1110
Reacciones vasovagales	1110
Tratamiento de problemas	**1111**
Consideraciones específicas a la edad	**1111**
Terapia IV para pacientes pediátricos	1111
Terapia IV para pacientes geriátricos	1112
Resumen	**1113**

APÉNDICE A Repaso de SVB	**A-2**
Índice	**I-2**
Créditos de las fotografías	**C-2**

Destrezas del TUM-B

DESTREZAS 2-1	Técnicas apropiadas para quitarse los guantes 46	DESTREZAS 8-3	Práctica del examen físico detallado 301
DESTREZAS 5-1	Obtención de la tensión arterial por auscultación o palpación ... 159	DESTREZAS 11-1	Inserción de una vía aérea nasal............................. 388
DESTREZAS 6-1	Realización de una elevación con fuerza 174	DESTREZAS 12-1	Administración de nitroglicerina 417
DESTREZAS 6-2	Realización de carga en posición de diamante 176	DESTREZAS 12-2	DAE y RCP 428
DESTREZAS 6-3	Realización de la técnica de cargar con una mano 177	DESTREZAS 15-1	Administración de glucosa 491
DESTREZAS 6-4	Cargar un paciente por escaleras 178	DESTREZAS 16-1	Uso del autoinyector 509
DESTREZAS 6-5	Uso de una silla para escaleras 181	DESTREZAS 16-2	Uso del AnaKit 510
DESTREZAS 6-6	Práctica de la técnica de extracción rápida 188	DESTREZAS 18-1	Tratamiento de un paciente con agotamiento por calor 556
DESTREZAS 6-7	Levantamiento de extremidades 192	DESTREZAS 18-2	Estabilización de una posible lesión espinal en el agua 563
DESTREZAS 6-8	Uso de una camilla tipo palas ... 194	DESTREZAS 20-1	Nacimiento del bebé 610
DESTREZAS 6-9	Cargar una camilla a una ambulancia 199	DESTREZAS 20-2	Aplicación de compresiones de pecho a un neonato............. 617
DESTREZAS 7-1	Posicionamiento de un paciente inconsciente 224	DESTREZAS 22-1	Control de la hemorragia externa............................... 661
DESTREZAS 7-2	Inserción de una vía aérea oral 228	DESTREZAS 22-2	Aplicación de un pantalón neumático antichoque (PNA).... 664
DESTREZAS 7-3	Inserción de una vía aérea oral con una rotación de 90° 229	DESTREZAS 22-3	Aplicación de un torniquete 665
DESTREZAS 7-4	Inserción de una vía aérea nasal.............................. 230	DESTREZAS 22-4	Control de la epistaxis 667
DESTREZAS 7-5	Aspiración de la vía aérea de un paciente 233	DESTREZAS 23-1	Tratamiento del estado de choque 687
DESTREZAS 7-6	Colocación de un cilindro de oxígeno en servicio 239	DESTREZAS 24-1	Control de la hemorragia de una lesión de tejidos blandos ... 711
DESTREZAS 7-7	Practique la ventilación de boca a mascarilla 243	DESTREZAS 24-2	Estabilización de un objeto empalado 713
DESTREZAS 8-1	Práctica de un examen físico rápido 285	DESTREZAS 24-3	Cuidados de las quemaduras ... 721
		DESTREZAS 25-1	Extracción de un cuerpo extraño debajo del párpado superior 743
DESTREZAS 8-2	Examen físico enfocado 287	DESTREZAS 25-2	Estabilización de un objeto extraño impactado en el ojo 745
		DESTREZAS 26-1	Control de la hemorragia de una lesión del cuello........... 770

DESTREZAS 29-1	Evaluación del estado neurovascular 833		DESTREZAS 30-6	Retiro de un casco 903
DESTREZAS 29-2	Cuidado de las lesiones musculoesqueléticas 837		DESTREZAS 32-1	Posicionamiento de la vía aérea en un niño 951
DESTREZAS 29-3	Aplicación de una férula rígida 839		DESTREZAS 32-2	Inserción de una cánula orofaríngea en un niño 953
DESTREZAS 29-4	Aplicación de una férula de aire con cierre 841		DESTREZAS 32-3	Inserción de una cánula nasofaríngea en un niño 954
DESTREZAS 29-5	Aplicación de una férula de aire sin cierre 842		DESTREZAS 32-4	Ventilación de BVM de un rescatista en un niño.............. 957
DESTREZAS 29-6	Aplicación de una férula de vacío 843		DESTREZAS 32-5	Retirar una obstrucción por cuerpo extraño en un niño inconsciente 961
DESTREZAS 29-7	Aplicación de una férula de tracción de Hare 844		DESTREZAS 32-6	Realización de compresiones en el tórax de un lactante......... 969
DESTREZAS 29-8	Aplicación de una férula de tracción de Sager 846		DESTREZAS 32-7	Cómo realizar RCP en un niño 970
DESTREZAS 29-9	Ferulación de la mano y muñeca 855		DESTREZAS 32-8	Inmovilización de un niño 972
DESTREZAS 30-1	Práctica de estabilización manual en línea 889		DESTREZAS 32-9	Inmovilización de un lactante en un asiento para automóvil ... 973
DESTREZAS 30-2	Inmovilización de un paciente a una camilla rígida larga 892		DESTREZAS 32-10	Inmovilización de un lactante fuera de un asiento para automóvil..... 974
DESTREZAS 30-3	Inmovilización de un paciente encontrado sentado 895		DESTREZAS 34-1	Inmovilización de un paciente xifótico sobre una camilla rígida larga......... 1012
DESTREZAS 30-4	Inmovilización de un paciente encontrado de pie 897		DESTREZAS 34-2	Cómo entablillar una fractura de cadera 1014
DESTREZAS 30-5	Colocación de un collar cervical 899		DESTREZAS 38-1	Perforación de la bolsa 1105

Recursos didácticos

La *American Academy of Orthopaedic Surgeons* se complacen en presentar la obra *Los cuidados de urgencias y el transporte de los enfermos y los heridos, novena edición*, un sistema moderno de enseñanza-aprendizaje integrado, el cual combina un contenido actualizado con características dinámicas, tecnología interactiva y recursos tanto para el instructor como para el estudiante.

Los cuidados de urgencias y el transporte de los enfermos y los heridos, novena edición, cubre a conciencia los objetivos del Currículum Nacional Estándar del TUM-B del DOT, al tiempo que también incluye un acervo de mejorías para enriquecer la educación del TUM-B.

Recursos de los capítulos

El texto es la esencia del sistema de enseñanza - aprendizaje con características que refuerzan y amplían la información relevante y, además, que ésta se recuerde de inmediato. Estas características incluyen:

Objetivos de capítulo
Se proporcionan objetivos curriculares nacionales estándar y objetivos no curriculares adicionales, para cada capítulo, con referencias de páginas

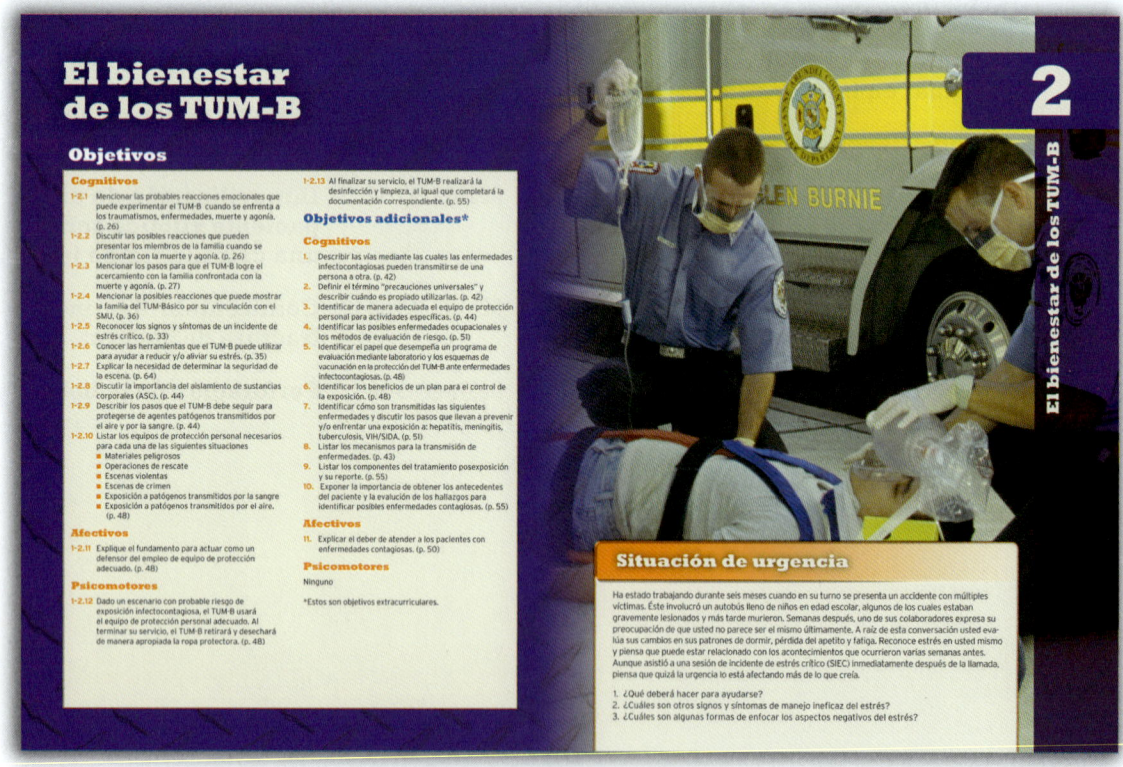

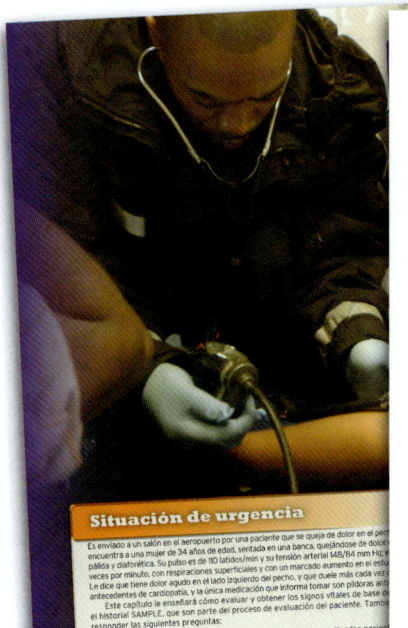

Situación de urgencia

Cada capítulo contiene el estudio de un caso progresivo para que los estudiantes comiencen a pensar sobre lo que podrían hacer si se encuentran ante un caso similar en el campo.

El estudio del caso introduce pacientes, y sigue su evolución desde la notificación de la emergencia hasta el ingreso del paciente al departamento de urgencias. El caso se vuelve progresivamente más detallado al presentarse nuevo material.

Esta parte es un instrumento útil de aprendizaje que estimula las destrezas del pensamiento crítico. Un resumen del caso de estudio concluye el capítulo.

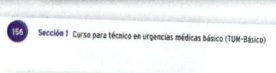

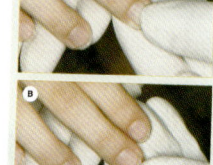

xxx Recursos didácticos

Destrezas
Proporciona explicaciones escritas y resúmenes visuales, paso a paso, de destrezas y procedimientos importantes.

Recursos didácticos

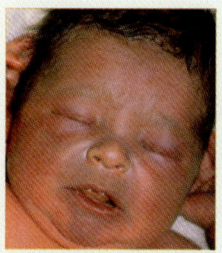

Vocabulario vital
Los términos del vocabulario son identificados fácilmente y se definen dentro del contexto. Una lista amplia es parte de cada capítulo.

Qué documentar
Se proporciona asesoría sobre cómo documentar el cuidado del paciente, y se resaltan las situaciones en las cuales la documentación es especialmente crucial.

Recursos didácticos

Tips para el TUM-B
Se suministra asesoría de maestros del ramo.

Seguridad del TUM-B
Refuerza acciones de seguridad tanto para el TUM-B como para el paciente.

Recursos didácticos · xxxiii

Necesidades pediátricas
Resalta temas y procedimientos específicos en los pacientes pediátricos.

Necesidades geriátricas
Resalta asuntos y procedimientos específicos en los pacientes geriátricos.

Recursos didácticos

Cuadros que resumen la valoración y los cuidados de urgencia

Cada capítulo médico y de traumatismos concluye con dos cuadros, uno resume el proceso de valoración y el otro los cuidados de urgencias en relación con los temas expuestos en el capítulo.

Evaluación y cuidados de urgencia

Dificultades respiratorias

Evaluación de la escena	El aislamiento de sustancias corporales debe incluir como mínimo guantes y protección ocular. Verifique la seguridad de la escena y determine Naturaleza de la Enfermedad/Mecanismo de la lesión. Considere el número de pacientes, la necesidad de ayuda adicional y la estabilización de la columna vertebral.
Evaluación inicial	
■ Impresión general	Determine la prioridad de la atención con base en el entorno y en la queja principal del paciente. Determine el nivel de conciencia y encuentre/trate cualquier amenaza inmediata para la vida.
■ Vía aérea	Asegure la vía aérea del paciente.
■ Respiración	Evalúe la profundidad y la frecuencia respiratorias y proporcione ventilaciones según se necesite. Ausculte y anote los sonidos respiratorios, mientras proporciona oxígeno con flujo elevado.
■ Circulación	Determine la calidad y velocidad del pulso; observe el color de la piel, la temperatura y condición. Si está estable/no hay peligro para la vida, proceda con el historial y el examen físico enfocados. Si está inestable/hay posible peligro para la vida, proceda con la transportación rápida.
■ Decisión de transporte	Si está estable/no hay peligro para la vida, proceda con el historial y el examen físico enfocados. Si está inestable/hay posible peligro para la vida, proceda con la transportación rápida.
Historial y examen físico enfocados	NOTA: El orden de los pasos en el historial y el examen físico enfocados difiere dependiendo de que el paciente esté consciente o inconsciente. El orden a continuación es para un paciente consciente. Para un paciente inconsciente, efectúe un examen físico rápido, obtenga los signos vitales y el historial.
■ Historial SAMPLE	Realice el SAMPLE y OPQRST pertinentes. Asegúrese de preguntar si se realizaron intervenciones y cuáles fueron antes de su llegada, cuántas y a qué hora.
■ Examen físico enfocado	Lleve a cabo un examen físico enfocado, basándose en la apariencia física del paciente, cianosis, trabajo respiratorio, posición de trípode, plegamiento de labios, uso de músculos accesorios, sonidos pulmonares adventicios, sibilancia y edema pedal.
■ Signos vitales iniciales	Tome los signos vitales, observe color/temperatura de la piel lo mismo que el nivel de conciencia del paciente. Use oximetría de pulso si está disponible.
■ Intervenciones	Apoye al paciente con oxígeno, ventilaciones de presión positiva, adjuntos, posicionamiento adecuado y asistencia con los medicamentos de acuerdo con el protocolo local. Es posible que muchas de estas intervenciones deban ser efectuadas antes, en la evaluación inicial.
Examen físico detallado	Considere un examen físico detallado si el tiempo y la situación lo permiten.
Evaluación continua	Repita la evaluación inicial y la enfocada, y reevalúe las intervenciones realizadas. Reevalúe signos vitales cada cinco minutos en el paciente inestable, o cuando emplee un inhalador. Para el paciente estable o que no emplea inhaladores, reevalúe los signos vitales cada 15 minutos. Tranquilice y calme al paciente.
■ Comunicaciones y documentación	Comuníquese con dirección médica si hay cualquier cambio en el nivel de conciencia o dificultad para respirar. De acuerdo con el protocolo local, comuníquese con dirección médica antes de dar asistencia con cualquier medicamento prescrito. Documente cualquier cambio, la hora y cualquier orden de dirección médica.

Evaluación y cuidados de urgencia

NOTA: aunque los siguientes pasos poseen amplia aceptación, asegúrese de consultar y seguir su protocolo local.

Dificultad respiratoria	Asma	Infección de vía aérea superior o inferior
Administre oxígeno colocando una mascarilla no recirculante al paciente y proporcionando oxígeno con una velocidad de 10 a 15 L/min. Para cualquier paciente con dificultad respiratoria, utilice el posicionamiento, los adjuntos de vía aérea (cánulas orofaríngeas o nasofaríngeas), o ventilación de presión positiva según se indique.	Administre oxígeno. Permita que el paciente permanezca sentado en posición erecta. Succione grandes cantidades de moco. Ayude al paciente a autoadministrarse un inhalador de dosis medidas: 1. Obtenga orden de dirección médica. 2. Verifique la fecha de expiración y si el paciente ha tomado otras dosis. 3. Asegúrese de que el inhalador se encuentra a temperatura ambiente o más caliente. 4. Agite el inhalador vigorosamente varias veces. 5. Retire la mascarilla de oxígeno. Indique al paciente que exhale con profundidad. 6. Instruya al paciente para que presione el inhalador e inhale. Indique al paciente que sostenga la respiración tanto tiempo como le sea cómodo. 7. Reaplique el oxígeno.	Proporcione oxígeno en flujo total a través de la mascarilla no recirculante a 15 L/min. Si se prescribe un inhalador al paciente, adminístrelo de acuerdo con el protocolo local. Documente el tiempo y efecto en el paciente con cada aplicación. Coloque en posición cómoda y proporcione transporte con prontitud.

Edema pulmonar agudo	Enfermedad pulmonar obstructiva crónica	Neumotórax espontáneo
Administre oxígeno al 100% y succione cualquier secreción de la vía aérea según se requiera. Coloque en posición cómoda y proporcione soporte respiratorio según se requiera. Transporte con prontitud.	Proporcione oxígeno en flujo total a través de la mascarilla no recirculante a 15 L/min. Si se prescribe un inhalador al paciente, adminístrelo de acuerdo con el protocolo local. Documente el tiempo y efecto en el paciente con cada aplicación. Coloque en posición cómoda y proporcione transporte con prontitud.	Proporcione oxígeno suplementario y coloque en posición cómoda. Transporte con prontitud. Apoye la vía aérea, respiración y circulación según sea necesario.

Efusiones pleurales	Obstrucción de vía aérea superior	Embolia pulmonar	Hiperventilación
Proporcione oxígeno con alta velocidad de flujo a 15 L/min y coloque en una posición cómoda. Apoye la vía aérea, la respiración y circulación según sea necesario. Transporte con prontitud.	Para obstrucciones parciales o completas de vía aérea por cuerpos extraños, libere vía aérea de acuerdo con los lineamientos de SVB, aplique oxígeno con flujo total a 15 L/min según se requiera, y transporte con prontitud.	Libere la vía aérea y proporcione oxígeno en flujo total a 15 L/min. Coloque en posición cómoda y proporcione transporte con rapidez. Provea apoyo de ventilación según se requiera y esté preparado para un paro cardiaco.	Proporcione oxígeno en flujo total a 15 L/min e instruya en forma calmada para reducir el ritmo de las respiraciones. Complete una evaluación inicial y un historial y examen físico enfocados. Transporte con prontitud para la evaluación.

Recursos didácticos xxxv

Resumen

Las actividades del final de capítulo refuerzan conceptos importantes y mejoran la comprensión de los estudiantes.

Listo para repaso resume minuciosamente el contenido del capítulo.

El **Vocabulario vital** proporciona términos y definiciones claves del capítulo

La **Autoevaluación** promueve el pensamiento crítico por medio del uso de estudio de casos, y proporciona instructores con puntos de discusión para presentación en el salón de clases.

En **Qué evaluar** se abordan temas culturales, sociales, éticos y legales, mediante estudio de casos.

Agradecimientos

La American Academy of Orthopaedic Surgeons les gustaría agradecer a los colaboradores y revisores de *Los cuidados de urgencias y el transporte de los enfermos y los heridos, novena edición*.

Consejo Editorial

Andrew N. Pollak, MD, FAAOS
  Medical Director, Baltimore County Fire Department
  Associate Professor, University of Maryland School of Medicine
  Baltimore, Maryland

Benjamin Gulli, MD
  Northwest Orthopaedic Surgeons
  Robbinsdale, Minnesota

Les Chatelain, BS, MS
  University of Utah
  Health Promotion and Education Dept.
  EMS Program
  Salt Lake City, Utah

Chris Stratford, BS, RN, BCEN, EMT-I
  University of Utah
  Health Promotion and Education Dept.
  EMS Program
  Salt Lake City, Utah

Editor de la versión en español
  DPC, TUM A Iván Villarreal Hurtado

Director médico de la versión en español
  Dr. Felipe Vega Rivera

Coordinadora de revisión de la versión en español
  Dra. Martha Angélica Hernández Oseguera

Revisores

Dra. Martha Angélica Hernández Oseguera
Dra. María del Rosario Niebla Fuentes
Dra. María Amparo Pérez Monsiváis
Dra. Erika Panqui Jiménez
Dr. Felipe Vega Rivera
Dr. Oscar Mejía Gutiérrez
Dr. Justo Baltazar Martínez Pérez
Dr. Manuel Edmundo Caballero Mexia
Dr. Miguel Ángel Castañeda
Dr. Néstor López Hernández
Dr. Sergio Rojas Rodríguez
Dr. René Omar Pérez Cuevas
Dr. Edgar Herrera Bastida
Dra. Xóchitl Padua García
TUM B Anna Sommer Larraza
TUM B Jorge Luis Tobías Rodríguez
TUM B. Luis Guillermo Nevárez Aranda
TUM B. Juan Guillermo García Haj
TUM B José Adrián Rodríguez Valenzuela
TUM B Roberto Padilla Cortes
TUM B Fernando Romo Celis
TUM I Víctor Manuel Figueroa Corchado
TUM I Gabriel Hernández Míreles Carbajal
TUM I Omar Jesús Viveros Aguilar
TUM I Roberto Hernández Islas
TUM I Leonardo Aceves Rivero
TUM A Arturo García López
TUM A Iván Villarreal Hurtado
Lic. Mauricio Romero Herrera
Lic. Ricardo Velázquez Sánchez

Curso para técnico en urgencias médicas básico (TUM-Básico)

Sección 1

1	Introducción a los cuidados médicos de urgencias	2
2	El bienestar de los TUM-B	22
3	Temas médicos, legales y éticos	70
4	El cuerpo humano	90
5	Signos vitales de base e historial SAMPLE	144
6	Levantamiento y movilización de pacientes	168

Introducción a los cuidados médicos de urgencias

Objetivos

Cognitivos

1-1.1 Definir sistemas de Servicios Médicos de Urgencia (SMU). (p. 4)

1-1.2 Diferenciar las funciones y responsabilidades que desempeña el TUM-básico de otros proveedores de salud prehospitalarios. (p. 4)

1-1.3 Describir las funciones y responsabilidades relacionados con el personal de seguridad. (p. 16)

1-1.4 Exponer las funciones y responsabilidades del TUM-básico hacia la seguridad del equipo, el paciente y los espectadores. (p. 17)

1-1.5 Definir el mejoramiento de la calidad en la atención prehospitalaria y exponer la función que desempeña el TUM-básico en el proceso. (p. 13)

1-1.6 Definir la función de dirección médica y exponer la función que desempeña el TUM-básico en el proceso. (p. 12)

1-1.7 Declarar los estatutos y regulaciones en su estado referentes al SMU. (p. 12)

Afectivos

1-1.8 Valorar las áreas de actitud y conducta personal del TUM-básico. (p. 16)

1-1.9 Caracterizar los métodos usados para acceder al sistema SMU en su comunidad. (p. 11)

Psicomotores

Ninguno

1

Introducción a los cuidados médicos de urgencias

Situación de urgencia

Usted es un TUM-Básico certificado recientemente. Usted y su compañero, un paramédico, son enviados a un posible ataque cardiaco en el número 200 de la avenida 12ª Sur. Al entrar a la ambulancia, el radio-operador anuncia "RCP en progreso". Está entusiasmado al pensar en el trabajo de su primer paro cardiaco. En ruta al sitio, usted y su compañero comentan el papel que desempeñará, para asistirse mutuamente en practicar desfibrilación, manejo de la vía aérea, acceso intravenoso y terapias farmacológicas. Se siente listo para afrontar todas las tareas que el paramédico ha puesto a su cargo y confiado de que al trabajar como un miembro del equipo puede ayudar a salvar la vida del enfermo.

Este capítulo le introducirá a la profesión de SMU (Servicios Médicos de Urgencia). Examinará los papeles y responsabilidades, seguridad, mejoramiento de la calidad, dirección médica y temas legales de los SMU. Le ayudará responder las siguientes preguntas:

1. ¿Cómo define una "urgencia real"?
2. En el esquema general de medicina prehospitalaria, ¿cuáles son los papeles y responsabilidades primarios que debe desempeñar un TUM-B?

Introducción a los cuidados médicos de urgencias

Este libro ha sido diseñado para servir como un texto y recurso primario para el curso del técnico de urgencias médicas básico (TUM-Básico). Este capítulo describe el contenido y los objetivos del curso del TUM-Básico. También expone lo que se esperará de usted durante el curso, y qué otros requisitos deberá cubrir para licenciarse y certificarse como un TUM-Básico en la mayoría de los estados. Aprenderá lo referente a las diferencias entre el adiestramiento en primeros auxilios, una Secretaría de Comunicaciones y Transportes (SCT), un curso de entrenamiento del primer respondiente, y el entrenamiento de un TUM-Básico, un TUM-Intermedio y un TUM-Paramédico.

Los servicios médicos de urgencias (SMU) son un sistema. Se exponen cuidadosamente los componentes clave de este sistema y cómo influyen y afectan al TUM-Básico (TUM-B), y su entrega de cuidados de urgencias. Luego, se componen por la Administración, la Dirección Médica, el Control de Calidad y la Regulación de los servicios de SMU. El capítulo termina con una exposición detallada de los papeles y responsabilidades que desempeña el TUM-B, como un profesional de atención de la salud.

Descripción del curso

Está por entrar a un campo excitante. Los **Servicios Médicos de Urgencias (SMU)** consisten en un equipo de profesionales de la salud, los cuales, en cada área de su jurisdicción, son responsables del enfermo o lesionado y le proporcionan cuidados de urgencia y transporte (Figura 1-1 ▶). Cada servicio de urgencias es parte del sistema de SMU que proporciona los múltiples componentes variados prehospitalarios y de hospital requeridos para otorgar los cuidados médicos de urgencia apropiados. Los estándares de atención prehospitalaria de urgencia y los individuos que la proporcionan son gobernados por las leyes nacionales de salud, y por lo general están regulados por la oficina estatal de salud.

Los individuos que proporcionan los cuidados de urgencias en el campo están entrenados y, con excepción de los médicos licenciados o certificados, deben ser **técnicos de urgencias médicas (TUM)** certificados por una institución reconocida por las autoridades de educación y de salud, como es el caso de Cruz Roja Mexicana. Diferentes estados se referirán a la autoridad que se le ha

Figura 1-1 Como un TUM-B será parte de un equipo más grande que responde a una diversidad de llamadas y proporciona una amplia gama de cuidados prehospitalarios de urgencia.

otorgado para actuar como un TUM-B como licenciatura, certificación o credencialización. Para los propósitos de este texto, se usará el término *certificación*.

En la mayor parte de los estados de la República Mexicana, los TUM cursan tres niveles de entrenamiento y certificación: TUM-Básico, TUM-Intermedio y TUM-Paramédico (al que se le conoce en nuestro país como TUM-Avanzado). Un **TUM-Básico (TUM-B)** está entrenado en destrezas de cuidados básicos de urgencia que incluyen el soporte vital básico con desfibrilación automatizada externa, uso de recursos adjuntos básicos para la vía aérea y asistencia a los pacientes con ciertas medicaciones prescritas por el médico tratante o bajo la indicación de la dirección médica. Un **TUM-Intermedio (TUM-I)** está preparado en aspectos específicos de soporte vital avanzado, incluyendo **terapia intravenosa (IV),** manejo avanzado de la vía aérea y monitoreo cardiaco. Un **TUM-Paramédico (TUM-P)** posee un entrenamiento extenso en soporte de vida avanzado que incluye terapia intravenosa (IV), farmacología y otras destrezas de evaluación y tratamiento avanzadas.

Los requisitos de entrenamiento del TUM en cada uno de sus grados están dictados en la NOM (Norma Oficial Mexicana) 237 de la SSA (Secretaría de Salud), por lo que este programa que usted está cursando cumple y excede las especificaciones de la norma. Después de haber completado con éxito el curso de Soporte Básico de Vida/Reanimación Cardiopulmonar (SBV/RCP) para proveedores de cuidados de salud, y cubierto otros requisitos de su institución de entrenamiento, está listo para tomar el curso de TUM-B. Como cualquier curso introductorio, éste cubre una gran cantidad de información e introduce muchas destrezas. Todo lo que aprenda en el curso será importante para su habilidad al proporcionar cuidados de urgencia de alta calidad una vez que esté certificado y listo para practicar. Además, el conocimiento, la comprensión y las destrezas que adquiera en el curso de TUM-B servirán como base del conocimiento y el entrenamiento que recibirá en años futuros.

Este libro de texto cubre el material y las destrezas que están identificadas en el Currículo Estándar Nacional de la Norma Oficial Mexicana 237 de la Secretaría de Salud y Asistencia para el TUM-Básico. Además del contenido central requerido, incluye información adicional que le ayudará a comprender y aplicar el material y las destrezas que están incluidos en el nivel de TUM-B. Su instructor le asignará materiales de lectura. Es necesario que complete las lecturas asignadas antes de cada clase. Su éxito en este curso dependerá de ello.

En clase, el instructor repasará las partes clave de las lecturas asignadas, las esclarecerá y expandirá. También responderá a cualquier pregunta y aclarará los puntos que usted u otros encuentren confusos (Figura 1-2 ▼). No comprenderá, ni se beneficiará por completo de la presentación y las discusiones del salón de clases, a menos que lea con cuidado el material asignado y tome notas antes de acudir a clase. También necesitará tomar apuntes adicionales en la clase (Cuadro 1-1 ▶).

El curso de TUM-B incluirá cuatro tipos de actividades de aprendizaje:

1. Las **asignaciones de lectura** del libro de texto, las presentaciones y discusiones realizadas en clase, le proporcionarán la base necesaria de conocimiento.
2. Las **demostraciones paso a paso** le enseñarán destrezas manuales que necesitará practicar repetidas veces en grupos pequeños de talleres supervisados.
3. El **resumen en hojas de destrezas** le ayudará a memorizar la secuencia de pasos en habilidades complejas que contienen abundantes pasos o variaciones, en forma tal que pueda realizar la destreza sin cometer errores u omisiones.
4. Las **presentaciones de casos y escenarios** usados en clase le ayudarán a aprender cómo aplicar a situaciones que encontrará en el campo el conocimiento y las destrezas adquiridos en clase.

> **CUADRO 1-1 Tips de estudio para el uso de este libro de texto**
>
> ■ Complete de manera diligente y cuidadosa cada asignación.
> ■ Lea el libro de texto como tal, no como un periódico, una revista o una novela.
> ■ Lea cada capítulo varias veces y subraye los puntos clave. ¡Tome notas!
> ■ Pida a su instructor aclarar cualquier pregunta que anote en su lectura o en la clase.
> ■ Tome notas adicionales cuando el material asignado se distribuya en la clase.
> ■ Recuerde: la única pregunta absurda es la que el estudiante tiene y no hace.

Entrenamiento del TUM-B: enfoque y requisitos

El entrenamiento del TUM-B está dividido en tres categorías principales. La primera y más importante se enfoca en los eventos que ponen en peligro la vida, o que la ponen en riesgo potencial. Para enfrentar estas situaciones, aprenderá cómo realizar lo siguiente:

■ Evaluar la escena y la situación
■ Confirmar que la escena sea segura
■ Practicar una evaluación inicial del paciente
■ Obtener una historia de este episodio y un historial médico pasado pertinente
■ Identificar lesiones o trastornos que pongan en peligro la vida
■ Establecer y mantener una vía aérea abierta con control de la columna cervical
■ Proporcionar ventilación adecuada
■ Tratar trastornos que comprometan la ventilación
■ Proporcionar oxígeno suplementario a alto flujo
■ Practicar reanimación cardiopulmonar (RCP)
■ Practicar desfibrilación automática o semiautomática externa

Figura 1-2 En el salón de clase aprenderá destrezas, tanto didácticas como prácticas, que lo prepararán para varios tipos de llamadas.

- Controlar hemorragia externa
- Reconocer y tratar el estado de choque
- Atender a sus pacientes en una urgencia médica aguda que ponga en peligro la vida
- Asistir a los pacientes a tomar ciertos medicamentos que lleven consigo y que su médico haya prescrito para un episodio agudo
- Identificar y preparar con rapidez, o "preparar para su traslado" a los pacientes (posicionándolos, cubriéndolos o asegurándolos) para la iniciación rápida del transporte, cuando sea necesario
- Levantar con frecuencia cargas pesadas con la técnica apropiada para evitar lesiones

La segunda categoría de entrenamiento cubre trastornos que, aunque no son una amenaza para la vida, son componentes clave de cuidados de urgencias o son necesarios para prevenir daño adicional antes de que el paciente se movilice. Aprenderá a hacer lo siguiente:

- Identificar a pacientes en los cuales deben tomarse precauciones de la columna vertebral e inmovilizarlos de manera apropiada
- Curar y vendar las heridas
- Inmovilizar extremidades lesionadas
- Atender quemaduras
- Atender casos de envenenamiento
- Identificar y atender un parto natural
- Evaluar y atender a un recién nacido
- Tratar a pacientes con problemas de comportamiento o psicológicos
- Hacer frente al estrés psicológico de pacientes, familiares, sus compañeros TUM-B, y usted mismo

La tercera categoría cubre temas importantes que se relacionan con su habilidad para proporcionar cuidado en urgencias. Desarrollará las siguientes destrezas relacionadas:

- Comprensión de la función y las responsabilidades desempeñados por el TUM-B
- Comprensión de sus protocolos de servicio y órdenes de la dirección médica
- Comprensión de problemas éticos y medicolegales
- Uso del vehículo de urgencias y conducción defensiva
- Uso del equipo que lleva la ambulancia
- Verificación y abastecimiento de la ambulancia
- Comunicación con pacientes y otras personas en la escena
- Uso del radio o teléfono celular y comunicación con el radio-operador o control médico
- Dar por radio un informe preciso acerca del paciente y obtener una dirección médica directa
- Dar un informe verbal completo en la terminología médica adecuada para el TUM-B cuando se transfiera el cuidado del paciente al hospital
- Preparar la documentación apropiada y completar el informe del caso del paciente
- Trabajar con otros respondientes en la escena de un accidente vehicular
- Cooperar con las operaciones de rescates especiales, heridos masivos e incidentes en los que haya materiales peligrosos

Requisitos de certificación

Para ser reconocido y practicar como un TUM-B debe cumplir varios requisitos. Usted debe preguntar a su instructor, escuela, o contactar su oficina de SMU, para conocer los requisitos. Por lo general el criterio para ser certificado y empleado como un TUM incluirá lo siguiente:

- Diploma de preparatoria o equivalente
- Prueba de inmunización contra ciertas enfermedades contagiosas
- Éxito en el cumplimiento de un curso de proveedor de salud SVB/RCP reconocido
- Éxito en el cumplimiento de un curso de TUM-B que cumpla con las guías de competencias profesionales del TUM-B mencionadas en la NOM-237 de la Secretaría de Salud.
- Demostrar que puede cubrir el criterio mental y físico necesario para ser capaz de practicar en forma segura y apropiada las tareas y funciones en el papel definido de un TUM-B
- Cumplimiento con otras provisiones estatales y locales, así como del empleador

En la mayoría de los estados, a los individuos que han sido convictos por haber manejado bajo influencia del alcohol u otras drogas, o por ciertos delitos, se les negará la certificación como TUM-B.

Los estados pueden excluir de certificación a personas con un historial de problemas de salud que puedan hacer peligrosa la práctica de sus tareas de TUM-B, tanto para sí mismos, como para otros.

Panorama del sistema de Servicios Médicos de Urgencias

Historia del SMU

Como TUM-B, usted estará uniéndose a una larga tradición de personas que han proporcionado cuidados médicos de urgencia. Con el uso temprano de vehículos motores en actividades de guerra, se organizaron escuadrones de ambulancias que partieron al extranjero para proporcionar cuidados a los heridos en la Primera Guerra Mundial. En la Segunda Guerra Mundial, los militares entrenaron equipos de hombres para proporcionar cuidados en el campo y traer las bajas a estaciones de ayuda con personal de enfermeras y médicos. En el conflicto de Corea, esto evolucionó al médico del campo y a la evacuación rápida en helicóptero a unidades móviles cercanas del Hospital Quirúrgico del Ejército, donde se proporcionó intervención quirúrgica inmediata. Muchos adelantos en el cuidado inmediato de pacientes traumatizados fueron resultado de experiencias en los casos de los conflictos de Corea y Vietnam.

Por desgracia, los cuidados de urgencia de los lesionados y enfermos en casa no habían progresado a un nivel similar. No muy tarde, a principios de la década de los 60's, el servicio de urgencias de ambulancia y cuidados varió mucho a lo largo de Estados Unidos de Norteamérica. En algunos lugares se disponía de escuadrones bien entrenados en primeros auxilios avanzados que tenían ambulancias modernas bien equipadas. En algunas áreas urbanas se tenían servicios de ambulancia basados en hospitales con internos y médicos principiantes. En muchos lugares, el único servicio de urgencias y de ambulancia era proporcionado por la funeraria local, usando una carroza fúnebre que podía convertirse para transportar una camilla y utilizarse como ambulancia. En otros sitios, la policía o el departamento de bomberos empleaban una camioneta que llevaba una camilla y un maletín de primeros auxilios. En la mayor parte de los casos estaban provistas de un chofer y un asistente que tenía cierto entrenamiento básico en primeros auxilios. En las pocas áreas en las que se disponía de una ambulancia comercial para transportar al enfermo, por lo general se tenía un personal similar y servía principalmente como un medio para transportar el paciente al hospital.

Muchas comunidades no tenían un modo formal para cuidados prehospitalarios de urgencia ni transportación. Las personas lesionadas recibían primeros auxilios básicos por la policía o personal de bomberos en la escena del acontecimiento, y eran transportadas al hospital en un automóvil de la policía o de un funcionario de bomberos. Como costumbre, los pacientes con una enfermedad aguda eran transportados al hospital por un pariente o un vecino, y eran recibidos por el médico de la familia o médicos en servicio en el hospital, quienes los evaluaban y enviaban a especialistas y personal de la sala de operaciones, cuando era necesario. Con excepción de los grandes centros urbanos, la mayor parte de los hospitales no tenía el personal de los departamentos de urgencias a lo que estamos acostumbrados en la actualidad.

El SMU, como lo conocemos hoy, tuvo sus orígenes en 1966 con la publicación en inglés de "*Muerte e incapacidad accidental: la enfermedad descuidada de la sociedad moderna*". Este informe, preparado de manera conjunta por los Comités sobre Traumatismos y Choque de la Academia Nacional de Ciencias/Consejo Nacional de Investigación, reveló al público y al Congreso estadounidense la grave inadecuación de la atención y el transporte prehospitalarios de urgencias en muchas áreas. En el informe se recomendaron varios puntos clave, algunos de los cuales se presentan a continuación:

- Elaboración de cursos nacionales de instrucción para cuidados y transporte prehospitalarios de urgencias por el personal de bomberos, policía, rescate y ambulancia
- Publicación de libros de texto aceptados nacionalmente, y auxiliares de entrenamiento para estos cursos
- Recomendación de directrices federales para el diseño de ambulancias y el equipo que llevan
- Creación y adopción de políticas y regulaciones generales referentes a los servicios de ambulancias, y calificación y supervisión del personal de ambulancias en cada estado
- Adopción por cada municipio (o distrito o condado) de medios para suministrar los cuidados prehospitalarios de urgencias y la transportación necesarios dentro de su jurisdicción
- Establecimiento de departamentos de urgencias de hospital con médicos, enfermeras y otro personal que esté entrenado en reanimación y atención inmediata de sujetos gravemente lesionados y enfermos

Como resultado, el Congreso estadounidense ordenó que dos agencias federales atendieran estos temas. La Administración Nacional de Seguridad en el Tráfico en Carreteras (NHTSA) y el Departamento de Transporte (DOT), a través del Acta de Seguridad en Carreteras de 1966, y el Departamento de Salud y Servicios Humanos, por medio del Acta Médica de Urgencias de 1973, crearon fuentes y programas de financiamiento para mejorar los sistemas de cuidados prehospitalarios de urgencias.

A principios de la década de 1970, la DOT desarrolló y publicó el primer Currículo Nacional Estándar para actuar como directriz para el entrenamiento de los TUM. Para dar soporte al curso de TUM, la Academia Estadounidense de Cirujanos Ortopedistas preparó y publicó en 1971 el primer libro de texto en inglés de TUM: *Cuidados de urgencias y transportación de los enfermos y lesionados*, llamado a menudo el Libro naranja. El libro de texto que está leyendo es la novena edición de esa publicación en inglés y la primera en español. Durante la década de 1970, siguiendo las directrices recomendadas, cada estado de la Unión Americana desarrolló la legislación necesaria, y el sistema SMU se expandió a través de Estados Unidos. Durante el mismo periodo, la medicina de urgencias se convirtió en una especialidad médica reconocida, y los departamentos de urgencias, con el personal completo que conocemos en la actualidad, se convirtieron en el estándar aceptado de cuidados.

A finales de la década de 1970 y principios de la de 1980, el DOT desarrolló un Currículo Nacional Estándar recomendado para el entrenamiento de paramédicos, e identificó parte del curso para servir como entrenamiento básico de los TUM.

Hacia 1980, se ha establecido SMU en toda la nación americana. Se basó en los dos cambios clave siguientes:

- La introducción de legislación que hizo responsabilidad de cada municipalidad, ciudad o condado, proporcionar cuidados prehospitalarios de urgencias apropiados y transportación dentro de sus límites
- El establecimiento de estándares reconocidos y regulados para el entrenamiento del personal de las ambulancias y el equipo requerido en ellas

Estos cambios aseguraron que, sin importar el sitio donde un individuo se lesione o se encuentre gravemente enfermo, recibirá cuidados de urgencia oportunos y apropiados, así como transporte al hospital. Durante la década de 1980 muchas áreas mejoraron el Currículo Nacional Estándar adicionando TUM con niveles más elevados de entrenamiento que podían proporcionar componentes clave en los cuidados del soporte vital avanzado (SVA) (procedimientos avanzados para salvar la vida). La disponibilidad de paramédicos (TUM-P) y SVA en llamadas que requieren o se benefician de cuidados avanzados, ha crecido con regularidad en años recientes. Además, con la evolución en entrenamiento y tecnología, ahora los TUM-B y los TUM-I pueden realizar varias destrezas avanzadas en el campo, antes reservadas para el TUM-P.

La forma en la cual los sistemas de SMU trabajan, puede diferir dependiendo del área geográfica y la población servida.

En México, en 1910, la Cruz Roja Mexicana inicia sus actividades formales. Dentro de sus funciones más representativas se encontraba la asistencia de heridos y enfermos por voluntarios de la institución a bordo de ambulancias, mismos que en la mayoría de los casos no contaban con una preparación formal en cuidados médicos de urgencias. A mediados de los años 60 se consolida la primera Escuela Nacional de Socorristas que preparaba a los voluntarios del servicio de ambulancias en técnicas avanzadas de primeros auxilios siendo éste el primer precedente de la atención prehospitalaria profesional en nuestro país.

No es sino hasta principios de los años 80 que los doctores Álvaro Zamudio y Alejandro Grife Coromina, Jefe de Urgencias y Jefe de Terapia Intensiva respectivamente del entonces hospital de la Cruz Roja Mexicana en la Ciudad de México (hoy Centro de Trauma de la CRM) observaron que mas del 15% de los fallecimientos en el lugar del accidente o de la urgencia podrían haber tenido un mejor pronóstico si hubiesen recibido atención médica de urgencia de manera profesional en el campo prehospitalario. Esto generó el diseño y aplicación del primer grupo piloto de lo que entonces se llamó Técnicos en Emergencias Medicas (hoy TUM).

Este grupo de nuevos profesionales en el campo de las urgencias médicas fue graduado el 8 de diciembre de 1981, grupo compuesto por 34 voluntarios que iniciaron la revolución en el campo prehospitalario en México.

En la actualidad la CRM cuenta con la Escuela Nacional de Técnicos en Urgencias Médicas con representación nacional que forma un promedio de 1 500 TUM-B anualmente.

Niveles de entrenamiento

La certificación de los TUM es una función estatal sujeta a las leyes y reglamentos nacionales en la localidad donde practica el TUM.

Los programas de certificación y recertificación deben de cumplir con las disposiciones de las normas y reglamentos oficiales en materia de salud y educación. Este programa de entrenamiento de TUM-B que usted llevará cumple con las disposiciones oficiales. Asimismo, es importante que usted sepa que una vez concluido su entrenamiento deberá recertificarse cada dos años de conformidad con los programas y parámetros que la ENTUM desarrolle para tal fin; recuerde que estar recertificado es un requisito indispensable para ejercer su profesión.

Soporte vital básico público y auxilio inmediato

Con el desarrollo del SMU y el crecimiento de la conciencia de la necesidad de disponer de cuidados de urgencias inmediatos, millones de personas civiles han sido entrenadas en SVB/RCP. Además de la reanimación cardiopulmonar (RCP) muchos individuos han seguido cursos de primeros auxilios que incluyen control de hemorragias y otras destrezas simples que pueden ser requeridas para proporcionar cuidados esenciales inmediatos. Estos cursos están diseñados para entrenar individuos, en forma tal que aquéllos en su área de trabajo, profesores, entrenadores deportivos al igual que proveedores de atención de niños, entre otros, puedan proporcionar los cuidados críticos necesarios en los minutos anteriores a la llegada del TUM u otros respondientes que acudan a la escena.

Además, muchos individuos, como aquellos que acompañan con regularidad a grupos en viajes de campamentos o están en otras situaciones en las cuales la llegada del TUM se puede retrasar debido a la lejanía de la ubicación, están entrenados en primeros auxilios avanzados. Este curso incluye SVB así como el cuidado adicional y preparación del paciente esenciales que puedan ser necesarios hasta que sea posible obtener la ayuda de rescatadores y TUM en un lugar remoto.

Uno de los desarrollos recientes más dramático en los cuidados prehospitalarios de urgencia es el uso de un <u>desfibrilador automático externo (DAE)</u>. Estos notables dispositivos, algunos de los cuales no son más grandes que un teléfono celular, detectan arritmias cardiacas tratables que ponen en peligro la vida (fibrilación y taquicardia ventriculares) y entregan al paciente la cantidad apropiada de choque eléctrico. Diseñados para ser usados por personas civiles, ahora están incluidos en cada nivel del entrenamiento de urgencias prehospitalarias.

Figura 1-3 Los primeros respondientes, como oficiales que hacen cumplir la ley, están entrenados para proporcionar soporte vital básico inmediato hasta que llega el TUM a la escena.

Primeros respondientes (socorristas)

Al no poder asegurar la presencia de una persona que esté entrenada para iniciar SVB u otros cuidados urgentes, el SMU incluye cuidados inmediatos por <u>primeros respondientes</u>, como oficiales de la ley, bomberos, guardabosques, guardavidas u otros rescatadores organizados, que con frecuencia acuden a la escena antes que la ambulancia o el TUM **Figura 1-3**. El currículo del primer respondiente está diseñado para proporcionar a esos individuos el entrenamiento necesario para iniciar cuidados inmediatos y luego asistir a los TUM a su llegada. También familiariza al estudiante con los procedimientos, equipo y técnicas de preparación de pacientes para su transporte, que los TUM pueden usar y con los cuales el primer respondiente puede ser llamado para asistir.

Además de los primeros respondientes profesionales, los TUM encuentran con frecuencia una diversidad de personas en la escena que están deseosas de ayudar. Encontrará buenos samaritanos entrenados en primeros auxilios y RCP, médicos y enfermeras, al igual que otros sujetos bien intencionados con o sin entrenamiento previo. Identificados y utilizados de manera apropiada, estos individuos pueden proporcionarle una asistencia valiosa cuando tiene pocos recursos. En otras ocasiones pueden interferir en las operaciones e incluso enfrentar problemas o peligro. Su tarea consistirá en hacer una evaluación inicial de la escena para identificar a las diversas personas e instrumentar los intentos bien intencionados de asistir.

TUM-Básico

El curso de TUM-B requiere un mínimo de 110 horas e incluye los conocimientos y destrezas esenciales para proporcionar cuidados básicos de urgencia en el campo. El curso también sirve como base sobre la cual se construyen conocimientos y destrezas en entrenamiento del TUM Intermedio y del TUM Paramédico (avanzado). Al llegar a la escena del acontecimiento, usted y cualquier otro TUM que haya respondido, deben responsabilizarse de la valoración y los cuidados del paciente, seguido por su preparación para su envío y transporte al servicio de urgencias, si esto es lo apro-

Situación de urgencia — Parte 2

Al llegar a la escena y entrar al camino de la cochera, usted advierte el vehículo de un oficial de policía y una camioneta con una luz roja giratoria en el techo usado por respondientes del departamento de bomberos voluntarios. Cuando entra en la casa con su compañero, encuentra a un oficial de policía y un bombero a cada lado del paciente. El oficial manifiesta que llegó primero a la escena e inició RCP de inmediato. Después que llegó el bombero, aplicó un DAE al paciente y administró tres choques con buen resultado, y ahora el paciente tiene pulso carótideo.

3. ¿Cuáles son las preocupaciones inmediatas referentes al cuidado del paciente y cuáles son sus responsabilidades generales como TUM-B?

piado. Con el desarrollo continuo del SMU, la definición de lo que es básico y lo que es avanzado está siempre en constante movimiento. Tal es el ejemplo en el que se agregaron a este nivel destrezas selectas consideradas antes como avanzadas. Estas destrezas incluyen la desfibrilación automática externa, Figura 1-4, y la asistencia a pacientes con el uso de medicamentos prescritos por sus médicos como nitroglicerina, epinefrina e inhaladores con dosis medidas. Destrezas y procedimientos adicionales están siendo evaluados de forma continua para ser incluidos en la esfera de acción de práctica del TUM-B (expuesto en el Capítulo 3). Por ejemplo, el uso de la aspirina para el ataque cardiaco, epinefrina autoinyectable (EpiPens) y terapia IV al entrenamiento del TUM. Por esta razón, es necesario mantenerse actualizado con los desarrollos en el sistema de SMU. Recuerde, el entrenamiento no aprueba la administración de estos medicamentos sin la autorización de la dirección médica.

TUM-Intermedio

El curso y entrenamiento del TUM-Intermedio (TUM-I) está diseñado para agregar destrezas y conocimientos en aspectos específicos de SVA a individuos que han sido entrenados y tienen experiencia en proporcionar cuidados de urgencias como TUM-B. Estas destrezas adicionales incluyen terapia IV, interpretación de arritmias cardiacas y desfibrilación manual, intubación endotraqueal y, en muchos casos, el conocimiento y destrezas necesarios para administrar ciertos medicamentos. Al final depende del director médico determinar el tipo de cuidados para este nivel de entrenamiento y ordenar estas acciones de forma verbal o por escrito (protocolos).

TUM-Paramédico (avanzado)

En nuestro país tradicionalmente se había llamado paramédicos a los prestadores de atención prehospitalaria en cualquier nivel (se les llamaba paramédicos básicos, intermedios y avanzados). Sin embargo, con la elaboración de leyes y normas actuales se hace la homologación del término de Paramédico a Técnico en Urgencias Médicas Básico, intermedio; sólo se referirá al TUM Avanzado como Paramédico. El TUM-Paramédico (TUM-P o TUM-A) ha completado un curso extendido de entrenamiento que aumenta de manera significativa su conocimiento y maestría en destrezas básicas, y cubre una amplia gama de destrezas de SVA con base en la guía de competencias profesionales para el TUM de la NOM 237 Figura 1-5. Este curso varía de 800 a más de 1 500 h divididas por lo general en salones de clase y entrenamiento de internado.

Las destrezas que se enseñan en el curso de TUM-P incluyen lo siguiente:
- Monitoreo de electrocardiograma e interpretación de ritmos cardiacos
- Soporte vital cardiaco avanzado (ACLS, por sus siglas en inglés)
- Desfibrilación manual y marcapaso cardiaco externo
- Intubación endotraqueal y nasotraqueal
- Cricotiroidotomía con aguja
- Descompresión de neumotórax a tensión con aguja
- Terapia IV

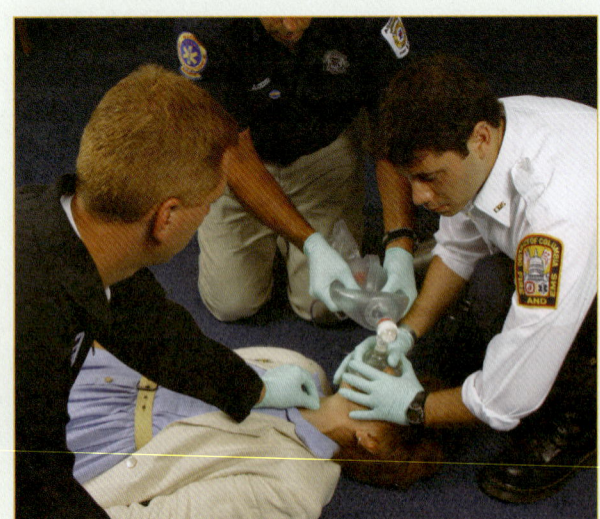

Figura 1-4 Los TUM-B están entrenados para usar vía aérea adjunta.

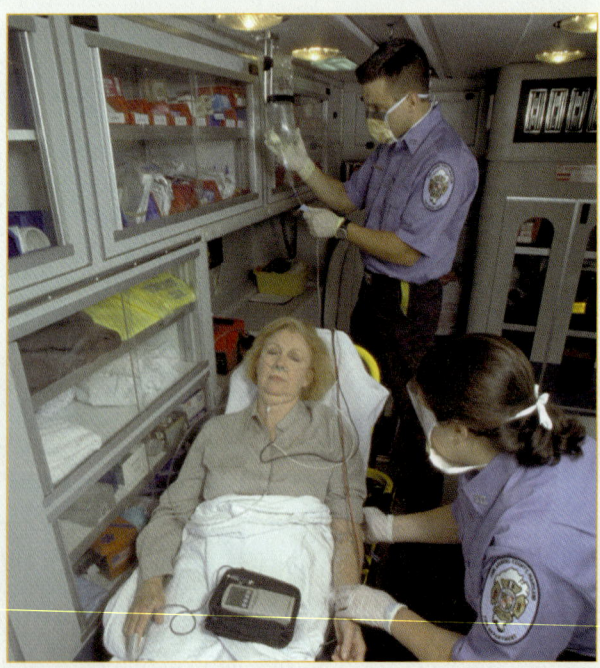

Figura 1-5 El entrenamiento avanzado cubre una gama amplia de destrezas de SVA.

- Farmacología avanzada: cálculos de fármacos y administración de medicamentos

Componentes del sistema de SMU

Acceso

Es esencial lograr un acceso fácil para ayudar al necesitado en una situación de urgencia. En la mayor parte del país está al alcance un centro de comunicaciones de urgencias que envía policía, rescate y unidades de SMU marcando 066. En el centro de comunicación, despachadores entrenados obtienen la información necesaria de quien llama y siguiendo los protocolos de envío remite al personal de ambulancia y otro equipo y respondientes que puedan ser necesarios **Figura 1-6**. En nuestro país existe un número nacional único para urgencias médicas, 065, el cual es un sistema troncalizado que enlaza la llamada al centro de comunicaciones de la Cruz Roja más cercana, el cual es atendido por personal en su mayoría TUM, el cual asiste telefónicamente al usuario mientras las unidades del SMU arriban a la escena.

En un sistema 065 avanzado, la dirección del teléfono de donde se hace la llamada se exhibe en una pantalla. La conexión se congela hasta que el despachador hace el envío, en forma tal que si quien llama es incapaz de hablar, su ubicación permanece exhibida. Sin embargo, muchos teléfonos celulares aún no tienen esa capacidad. En algunas áreas, en lugar del 065, puede usarse un número especial de urgencias publicado para llamar al SMU. Entrenar al público sobre cómo llamar a la unidad de SMU es parte importante de la educación pública de cada servicio de SMU. Hoy en día están disponibles sistemas mejorados de 065 para teléfonos celulares que identifican no sólo el número del cual se está situando la llamada de urgencia, sino también las coordenadas exactas del teléfono en el momento en que se realiza. Estos sistemas usan la tecnología de un sistema de posicionamiento global (GPS, por sus siglas en inglés). Como se requieren tanto teléfonos celulares capaces de transmitir una señal GPS, como un sistema con capacidad de recibirla, esta tecnología requerirá muchos años para implementarse.

Se ha creado un sistema llamado **Despacho Médico de Urgencia (DMU)** para ayudar a los despachadores a proporcionar a quienes llaman instrucciones vitales para ayudarlos a enfrentar una urgencia médica hasta que llegue el equipo de SMU. Los despachadores disponen de entrenamiento y material escrito para ayudar a proporcionar instrucciones pertinentes a los que llaman. El sistema también los ayuda a seleccionar de manera apropiada unidades con recursos para responder a una solicitud de asistencia. Es un deber del despachador transmitir de forma oportuna toda la información pertinente y disponible al equipo responsable. No obstante, tenga en mente que la tecnología actual no permite que él "vea" lo que en realidad está sucediendo en la escena y es frecuente que encuentre una realidad muy diferente a la de la información del despachador.

En la mayor parte de las municipalidades, el SMU pertenece al departamento de bomberos, en otras al departamento de policía o de un servicio de seguridad independiente, público o privado. En algunas áreas, un contratista puede proporcionar un servicio de SVB o SVA. En otras áreas el SVA es proporcionado por paramédicos que pertenecen a un hospital o que pueden cubrir varios pueblos en una región; sin embargo, en nuestro país es la Cruz Roja Mexicana el principal proveedor de servicios prehospitalarios.

Con frecuencia se están generando nuevas tecnologías que puedan asistir a los respondientes en la localización de sus pacientes. Como se describió antes, los teléfonos celulares pueden enlazarse con unidades de GPS para exhibir su ubicación. Los escuadrones de rescate pueden transmitir su posición al despacho y éste puede radiar la ubicación de una llamada a un mapa digital en movimiento, al escuadrón, completo, con direcciones paso a paso. Las bases de datos médicos pueden cuestionarse y la información del paciente descargarse directamente en la computadora del TUM, o cargarse de la laptop del TUM a la base de datos. La rapidez de los avances tecnológicos en comunicaciones hace que el servicio más reciente pronto sea obsoleto, por lo cual se requieren entrenamiento y educación para mantener actualizado el conocimiento del TUM.

Figura 1-6 Los radio-operadores entrenados obtienen información referente a la llamada y luego envían respondientes a la escena, según sea necesario.

Administración y política

Cada servicio del SMU opera en un <u>área de servicio primario (ASP)</u>, también conocida como área de cobertura, la cual se encarga de la provisión de cuidados prehospitalarios de urgencia y del transporte de los enfermos y lesionados al hospital.

Los servicios de SMU suelen ser administrados por un coordinador local. Las operaciones diarias y la dirección general del servicio son proporcionados por un jefe de guardia o jefe de turno nombrado y varios otros oficiales subordinados. Para proporcionar directrices claras, la mayor parte de los servicios tiene políticas y procedimientos operativos escritos. Cuando usted se une a un servicio, se esperará que los lea y siga.

Dirección médica y control

Cada sistema del SMU tiene a un médico como <u>Director Médico</u> que autoriza a los TUM en el servicio para proporcionar cuidados médicos en el campo. El cuidado apropiado para cada lesión, trastorno o enfermedad que encontrará en el campo lo determina el director médico y está plasmado en un conjunto de órdenes y protocolos escritos, en vigencia. Estos últimos están descritos en una amplia directriz que delinea el campo de acción en la práctica del TUM. Las órdenes vigentes forman parte de los protocolos y proyectan lo que requiere el TUM en caso de un malestar o trastorno específico.

El director médico proporciona el enlace permanente entre la comunidad médica, los hospitales y los TUM en servicio. Si surgen problemas de tratamiento o deben considerarse diferentes procedimientos, éstos se refieren al director médico para su decisión y acción. Para asegurar que se cubren todos los estándares de entrenamiento, el director médico determina y aprueba la educación y el entrenamiento continuos que son requeridos de cada TUM en el servicio, y aprueba cualquiera que los individuos obtengan en otro lugar.

La <u>dirección médica</u> puede ser, fuera de línea (indirecta) o en línea (directa), según sea autorizado por el director médico. La dirección médica directa consiste en direcciones dadas por teléfono o radio de manera directa por el director médico o un médico designado. La dirección médica puede ser transferida por el médico designado; no tiene que ser transferida por el propio médico. El control médico indirecto consiste en órdenes vigentes, entrenamiento y supervisión autorizados por el director médico. Cada TUM debe conocer y seguir los protocolos desarrollados por su director médico.

Los protocolos del servicio también identificarán a un médico de SMU, por lo general en un hospital local, con quien puede ponerse en contacto por radio o teléfono para dirección médica durante una llamada. Éste es un tipo de dirección médica directa en línea. En algunas llamadas, una vez que una unidad ha iniciado cualquier cuidado inmediato urgente y da su informe por radio, el médico de control en línea puede confirmar o modificar el plan de tratamiento propuesto, o prescribir cualquier otra orden adicional que el TUM-B debe seguir para ese paciente. El punto al cual el TUM-B debe dar su informe u obtener dirección médica en línea variará.

Control de calidad y mejoramiento

El director médico es responsable de mantener el <u>control de calidad</u>, asegurando que todos los miembros del personal que están implicados en los cuidados de los pacientes, cumplan los estándares de cuidados médicos apropiados en cada llamada. Para proporcionar el control de calidad necesario, el director médico y el resto del personal implicado repasan los informes de casos de los pacientes, auditan los registros administrativos y encuestan a los pacientes.

El <u>Mejoramiento Continuo de Calidad (MCC)</u> es un sistema de revisiones y auditorías continuas internas y externas de todos los aspectos de una llamada del SMU. Para proporcionar MCC, se realizan reuniones periódicas de revisión en curso, en las cuales todos los que están implicados en el cuidado del paciente repasan los informes corrientes, y luego exponen cualquier área de los cuidados que parece necesitar cambios o mejoras. También se

---

Situación de urgencia — Parte 3

Con el trabajo de equipo logrado entre usted, el oficial de policía, el bombero y el paramédico, se ha establecido con éxito el ritmo cardiaco, el paciente ha sido intubado y se ha establecido una IV para administrar medicamentos esenciales. Al ir preparando al paciente para transporte llega un miembro de la familia, y parece estar confusa y muy alterada por lo que ve. Explica que su padre la llamó quejándose de dolor de pecho, por lo que le dijo que reposara mientras ella llamaba a urgencias.

4. ¿Cómo puede ayudarla y qué debe hacer o decir?

discute la retroalimentación positiva. Si parece que un problema fue repetido por un TUM o un equipo, el director médico discutirá los detalles con los individuos implicados. El proceso de MCC está diseñado para identificar áreas de mejoramiento y, de ser necesario, asignar entrenamiento reparador o llevar a cabo alguna otra actividad educacional. El director médico también es responsable de asegurar que haya disponible una educación continua apropiada.

La información y las destrezas en los cuidados médicos de urgencias cambian de forma constante. Es necesario refrescar el entrenamiento o educación continua, pues surgen nuevas modalidades de cuidados, equipamiento y comprensión de enfermedades y traumatismos críticos. De igual manera, cuando usted no ha usado un procedimiento particular durante algún tiempo, puede ocurrir un deterioro de la destreza. Por tanto, su director médico puede establecer un programa de tratamiento para corregir esa deficiencia. Por ejemplo, el médico de un departamento de urgencias notó que a pesar de sus evaluaciones, muchos TUM-B estaban pasando inadvertidas un gran número de fracturas cerradas de huesos largos, dando por resultado un cuidado prehospitalario deficiente. Una auditoría subsecuente de llamadas condujo a un repaso y sesión de reentrenamiento para evaluación y cuidados de fracturas. Este mismo proceso se puede aplicar a la RCP o cualquier otro tipo de destreza que no usa con frecuencia. Asegurar que sus destrezas y conocimientos sean actuales es uno de los compromisos continuos de un TUM.

Otra contribución del médico

El SMU es una extensión de los cuidados médicos de urgencias proporcionados en un departamento de urgencias por médicos y otros especialistas que otorgan cuidados definitivos en el hospital. Además de la supervisión que proporcionan el director médico y los médicos de la dirección médica en línea, su entrenamiento y prácticas se basan en la contribución de muchas asociaciones de especialidades profesionales a niveles nacional, estatal y local.

Como un TUM-B, usted es parte de una secuencia profesional ininterrumpida de cuidados proporcionados a pacientes que con frecuencia tienen trastornos que ponen en peligro sus vidas. Los médicos están en la cima de esta pirámide profesional continua. Muchos de ellos, expertos en las especialidades de la medicina de urgencia, traumatología, ortopedia, cardiología, anestesiología, radiología y otras disciplinas médicas, participan en el trabajo continuo del SMU. Los esfuerzos de estos grupos, a menudo por medio de asociaciones, como la Academia Americana de Cirujanos Ortopedistas, el Colegio Americano de Médicos de Urgencias, el Colegio Americano de Cirujanos y la Asociación Nacional de Médicos del SMU, incluyen investigación, establecimiento de estándares para reforzar la calidad, educación continua y publicaciones.

Regulación

Si bien cada sistema del SMU local, su director médico y programas de entrenamiento tiene su propia amplitud, entrenamiento, protocolos y prácticas, deben ajustarse a la legislación, reglas, regulaciones, protocolos y directrices nacionales emitidas por la Dirección Médica Nacional y la Coordinación Nacional de la ENTUM. Las Coordinaciones Estatales de Capacitación y Socorros son las responsables de autorizar, auditar y regular todos los servicios del SMU, entrenamiento de instituciones, cursos, instructores, y proveedores de cuidados de salud dentro del estado bajo la autorización y supervisión directa de las Coordinaciones Nacionales de Socorros y de la ENTUM.

Equipo

Como TUM-B, usará una amplia gama de equipo de urgencias diferente. Durante el curso de TUM-B será introducido a una variedad de aparatos y dispositivos que puede necesitar en una llamada, y cómo usarlos. También aprenderá cuándo está indicado el uso de cada uno y cuándo no, lo que significa que su uso pueda no ser benéfico o causar daño. Aunque el uso de diferentes modelos y marcas de un dispositivo dado seguirá los mismos principios y métodos genéricos, existen ciertas variaciones y particularidades de un modelo a otro. Cuando se una a un servicio, deberá verificar cada pieza clave antes de acudir a cumplir su deber para asegurar que está en su lugar asignado, funcionando de manera apropiada, y que está familiarizado con el modelo específico que lleva su ambulancia.

La ambulancia

Uno de los requisitos indispensables para ser operador de ambulancia es ser TUM. Por tanto, debe estar familiarizado con las calles en su área de cobertura o sector. Antes de entrar en servicio, deberá verificar todo el equipo y los suministros, así como el equipo de comunicación que lleva la ambulancia, y asegurar que ésta esté llena de combustible, tenga suficiente aceite, y que las llantas estén en buenas condiciones y apropiadamente infladas (Figura 1-7). También debe probar cada uno de los controles del conductor y cada unidad integrada, al igual que el control en el compartimiento del paciente. Si no ha conducido esa ambulancia específica antes, es una buena idea sacarla y familiarizarse con ella antes de responder a una llamada. El mantenimiento y el manejo seguro de la ambulancia se exponen en detalle en el Capítulo 35.

Transporte a centros de especialidad

Además de los departamentos de urgencia de hospital, muchos sistemas de SMU incluyen centros que se especializan en tipos específicos de cuidados como traumatismos, quemaduras, envenenamientos o trastornos psiquiátricos, o tipos específicos de pacientes como niños y ancianos. Ciertos centros de especialidad mantienen personal de cirujanos y otros especialistas de planta. Otras instalaciones deben hacer llamados a equipos quirúrgicos, cirujanos u otros especialistas fuera del hospital. Por lo general, sólo unos cuantos hospitales en una región están designados como centros de especialidad. El tiempo de transporte a un centro de especialidad puede ser un poco más prolongado que al de un departamento de urgencias, pero los pacientes recibirán tratamiento definitivo más rápido. Debe conocer la ubicación de esos centros en su área cuando, de acuerdo con el protocolo, deba transportar directamente al paciente a uno de ellos. A veces, será preferible el transporte aeromédico. Deben considerarse muchos factores cuando se llame para un transporte aeromédico: clima, tiempo, áreas de aterrizaje, capacidades del personal de vuelo frente al de tierra, entre otros. En estos casos los protocolos locales, regionales y estatales, así como la experiencia y el conocimiento de los recursos disponibles, guiarán su decisión.

Figura 1-7 Asegurar que la ambulancia está abastecida de combustible es parte de la responsabilidad de un TUM-B.

Transportes entre entidades de atención

Muchos servicios de SMU proporcionan transporte entre instalaciones para pacientes no ambulatorios o con padecimientos médicos tanto agudos como crónicos, que requieren monitoreo médico. Esto puede incluir la transferencia de pacientes de ida y vuelta a los hospitales, servicios de lactancia calificados, asilos y residencias de retiro, o aun su residencia particular.

Durante el transporte en ambulancia, la salud y el bienestar del paciente son responsabilidad de los TUM. Éstos deben obtener la historia clínica del paciente, su malestar principal, los signos vitales más recientes y proporcionar una valoración en curso del paciente. En ciertas circunstancias, dependiendo de los protocolos locales, una enfermera, médico, terapeuta respiratorio o equipo médico, acompañarán al paciente. Esto es en particular verdadero cuando el paciente requiere cuidados que exceden el campo de acción de la práctica del TUM.

Situación de urgencia — Parte 4

Sin demorar el transporte del paciente, explica brevemente al miembro de la familia que a su llegada su padre no estaba despierto, no respiraba y no tenía pulso. Le explica que ha ayudado a que su corazón comience a latir de nuevo, están respirando por él, pero aún está inconsciente, que se está haciendo todo por ayudarlo hasta que llegue al hospital y los médicos se encarguen de su atención. Ella parece estar confortada por sus palabras amables y proceder profesional y pide trasladarse con usted al hospital. La ubica al frente de la ambulancia y la ayuda con su cinturón de seguridad. El bombero voluntario está entrenado para manejar vehículos de urgencias y ofrece conducirlos al hospital. El paramédico solicita su ayuda en el compartimiento del paciente.

5. ¿Cuáles son algunas consideraciones para tener éxito en el tratamiento del paciente durante el transporte?

Trabajando con el personal del hospital

Algunos trabajadores de seguridad pública tienen entrenamiento de SMU. Como un TUM-B, debe familiarizarse con los papeles y responsabilidades que desempeñan estas agencias. El personal de ciertas agencias está mejor preparado que usted para realizar ciertas funciones. Por ejemplo, los empleados de una compañía de servicios eléctricos (Figura 1-8). Esta experiencia le ayudará a comprender cómo sus cuidados afectan la recuperación del paciente y enfatizará la importancia y los beneficios de los cuidados prehospitalarios apropiados. También le mostrará las consecuencias de las demoras, los cuidados inadecuados y el pobre criterio.

No es probable que médicos, enfermeras y otros profesionales médicos lo acompañen en el campo con regularidad para proporcionar instrucciones personales sobre la marcha. Sin embargo, puede consultar con el personal médico apropiado usando radio a través de procedimientos de control médico establecidos.

En el departamento de urgencias, el personal del hospital lo puede entrenar mostrándole técnicas de evaluación y tratamiento en los pacientes. Un médico o una enfermera puede actuar como instructor sobre temas médicos en su programa de entrenamiento. A través de estas experiencias, se sentirá más cómodo usando términos médicos, interpretando signos y síntomas de los pacientes, y aplicando destrezas en el tratamiento del paciente.

Con frecuencia el personal del hospital muestra buena disposición para ayudarlo a mejorar sus destrezas y eficiencia durante su carrera. Es posible que algunos médicos y enfermeras hayan completado el currículo del TUM como parte de su entrenamiento formal. El mejor cuidado del paciente ocurre cuando todos los proveedores de cuidados tienen una relación estrecha entre ellos. Esto les dará la oportunidad de discutir problemas mutuos y beneficiarse con las experiencias de unos y otros.

Trabajando con agencias de seguridad pública

Algunos trabajadores de seguridad pública tienen entrenamiento del SMU. Como un TUM-B, debe familiarizarse con las funciones y responsabilidades que desempeñan estas agencias. El personal de ciertas agencias está mejor preparado que usted para realizar ciertas funciones. Por ejemplo, los empleados de una compañía de servicios eléctricos están mejor equipados que usted o su compañero para controlar líneas caídas. El personal que hace cumplir la ley es más capaz de controlar escenas violentas y el tráfico, mientras que usted y su compañero están mejor capacitados para proporcionar cuidados de urgencias. El manejo eficaz del escenario y del paciente dará por resultado que trabajen juntos y reconozcan que cada persona

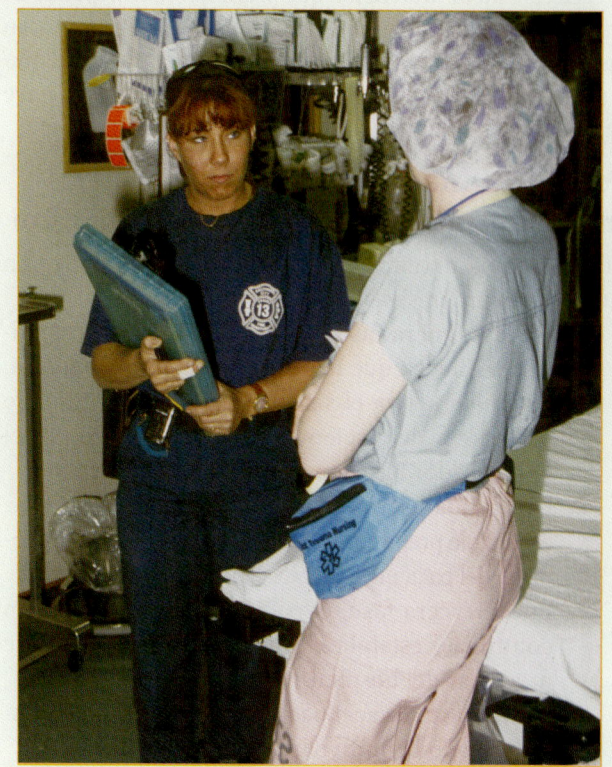

Figura 1-8 Como TUM-B interactuará con personal del hospital.

tiene talento especial y un trabajo que realizar. Recuerde que el mejor y más eficiente cuidado del paciente se logra por medio de la cooperación entre agencias.

Entrenamiento

Su entrenamiento será dirigido por muchos educadores del SMU con buenos conocimientos. En la mayoría de los estados, los instructores que son responsables de coordinar y enseñar los cursos de TUM-B y de educación continua, son aprobados y certificados por la ENTUM. Para ser certificado en algunos estados, un instructor debe tener extenso entrenamiento médico y educacional, y enseñar durante un periodo designado mientras es observado y supervisado por un instructor experimentado.

La mayor parte del entrenamiento en SVA es proporcionado en un plantel previamente autorizado por la ENTUM así como en el ambiente de un hospital. En estos cursos, muchas de las clases y sesiones de grupos serán presentadas por el director médico u otros médicos, enfermeras e instructores de TUM. En las sesiones clínicas en las que se obtiene práctica supervisada en el servicio de urgencias u otros servicios internos del hospital, los estudiantes también son supervisados directamente por médicos y enfermeras.

La calidad de la atención que proporcionará depende de su habilidad y la calidad de su entrenamiento. Por tanto, su instructor, así como muchos otros individuos que ayudaron y participaron en su entrenamiento, son miembros clave del equipo de cuidados de urgencias.

Proporcionar una secuencia ininterrumpida coordinada de atención

El cuidado de urgencias de los pacientes se realiza en cuatro fases progresivas:

1. **En la primera fase,** el paciente o los espectadores reconocen que hay una situación de urgencia, y alguien activa el sistema del SMU. El cuidado preliminar del paciente es proporcionado por el despachador hasta que el SMU llega.
2. **La segunda fase** consiste en la evaluación del paciente, el cuidado prehospitalario inicial, la preparación apropiada del paciente y el transporte seguro al hospital.
3. **En la tercera fase,** el paciente recibe evaluación continua y estabilización en el departamento de urgencias del hospital.
4. **En la cuarta fase,** el paciente recibe el cuidado especializado definitivo que necesita.

Estas cuatro fases deben proporcionarse de acuerdo con una secuencia ininterrumpida coordinada de cuidados para llevar a un nivel máximo la supervivencia y reducir el sufrimiento del paciente al igual que los efectos adversos duraderos. El sistema de SMU está diseñado para producir tal esfuerzo coordinado entre los servicios locales de SMU, el personal del departamento de urgencias y el personal médico que proporciona el cuidado definitivo.

Funciones y responsabilidades que desempeña el TUM-B

Como TUM-B, será el primer profesional de cuidados de la salud que evaluará y tratará a su paciente; como tal, tiene ciertas funciones y responsabilidades que desempeñar (Cuadro 1-2). Con frecuencia la recuperación de un paciente es consecuencia de los cuidados que el TUM-B le proporcionó en el campo y de su habilidad para identificar a pacientes que necesitan ser transportados de inmediato.

Atributos profesionales

Como TUM-B, ya sea a sueldo o voluntario, es un profesional de atención de la salud. Parte de su responsabilidad es asegurar que el cuidado del paciente tenga una alta prioridad sin poner en peligro su propia seguridad ni la de otros. Otra parte de su responsabilidad hacia usted mismo, otros TUM, el paciente y otros profesionales de cuidados de la salud, es mantener un aspecto y un comportamiento profesional en todo momento. La apariencia, incluyendo los uniformes, el largo del cabello y los tatuajes, suelen ser regulados por las políticas de la institución (Figura 1-9). Su actitud y conducta deben reflejar que tiene conocimientos y que está sinceramente dedicado a servir a cualquier persona que esté lesionada o en una urgencia médica aguda. La apariencia y modo de ser ayudan a crear confianza y calman la ansiedad del paciente. Se esperará que actúe bajo presión con compostura y confianza en sí mismo. Pacientes y familiares que están bajo tensión deben ser tratados con comprensión, respeto y compasión.

La mayor parte de los pacientes lo tratarán con respeto y aprecio, pero algunos no lo harán así. Algunos pacientes no cooperan, son exigentes, desagradables, ingratos y abusivos verbalmente. No debe emitir juicios y controle sus instintos a reaccionar de forma negativa ante tal conducta. Recuerde que cuando los individuos están heridos, enfermos, bajo tensión, asustados, abatidos, bajo la influencia de alcohol o drogas, o se sienten amenazados, a menudo reaccionan con una conducta inapropiada, aun ante quienes están tratando de ayudarlos y atenderlos. Todo paciente, sin importar su actitud, merece compasión, respeto y los mejores cuidados que le pueda proporcionar siempre en apego a nuestros principios fundamentales.

Una gran parte de los individuos en este país puede obtener cuidados médicos regulares apropiados y cuando enferman están rodeados por familiares y amigos que los atenderán. Sin embargo, cuando es llamado a una casa para atender un problema médico que claramente no es

Situación de urgencia — Parte 5

Minutos después llega al hospital. Usted y su compañero continuaron estabilizando al paciente, reevaluando la vía aérea para confirmar la colocación apropiada del tubo, estableciendo una infusión continua de medicamentos antiarrítmicos y monitoreando de manera continua el ritmo cardiaco. Una semana después, se entera de que el paciente ha tenido una recuperación impresionante y ha sido dado de alta del hospital. Después él y su hija lo visitan a usted y a los otros respondientes para expresar su agradecimiento con golosinas hechas en casa que disfrutarán todos.

CUADRO 1-2 Funciones y responsabilidades que desempeña el TUM-B

- Asegurar su propia seguridad y la de su compañero TUM-B, el paciente y otros en la escena
- Localizar y manejar en forma segura a la escena
- Definir la escena y la situación
- Evaluar con rapidez el estado neurológico, respiratorio y circulatorio general del paciente
- Proporcionar cualquier intervención esencial inmediata
- Practicar una evaluación minuciosa y precisa del paciente
- Obtener una historia SAMPLE expandida
- Alcanzar una impresión clínica y proporcionar un cuidado pronto, eficiente, prioritario con base en su evaluación
- Comunicarse de forma efectiva con el paciente y advertirle sobre cualquier procedimiento que realice
- Interactuar de manera apropiada y comunicarse con el personal de rescate, de bomberos y respondientes que ejecutan la ley en la escena
- Identificar pacientes que requieren una atención y preparación rápida e iniciar el traslado sin demora
- Identificar pacientes que no necesitan cuidados de urgencia rápidos y se beneficiarán con una evaluación detallada adicional y atención antes que se movilicen y transporten
- Preparar al paciente de manera apropiada para su traslado
- Levantar en forma segura al paciente de su localización inicial a la ambulancia
- Proporcionar un transporte seguro y apropiado al departamento de urgencias del hospital u otro sitio asignado
- Dar el informe de radio necesario al centro de control médico, centro regulador de las urgencias médicas o al servicio de urgencias receptor del hospital
- Proporcionar una evaluación o tratamiento adicional camino al hospital
- Monitorear al paciente y verificar sus signos vitales rumbo al hospital
- Documentar todos los hallazgos y cuidados del paciente en el informe del caso
- Bajar al paciente de la ambulancia en forma segura y después de dar un informe verbal apropiado, transferir el cuidado del paciente al personal del departamento de urgencias
- Salvaguardar los derechos del paciente

Figura 1-9 A. Una apariencia y una actitud profesional ayudan a crear confianza y calmar la ansiedad del paciente. **B.** Una apariencia no profesional puede promover desconfianza.

una urgencia, recuerde que para algunos individuos llamar a una ambulancia y ser transportado al servicio de urgencias es la única forma de obtener atención médica.

Como un TUM-B nuevo, recibirá una amplia asesoría y entrenamiento de los TUM-B más experimentados con los que trabaja. Algunos expresarán un menosprecio insensible sobre algunos tipos de pacientes. No debe dejarse influir por las actitudes no profesionales de estos individuos, sin importar qué tan experimentados y diestros puedan parecer.

Como un profesional de cuidados de la salud y una extensión de la atención del médico, usted está comprometido con la confidencialidad del paciente. No debe discutir sus hallazgos ni revelaciones hechas por el paciente con persona alguna, excepto con quienes están tratando al paciente o según lo requiera la ley, con las agencias de seguridad publica (policía) u otras agencias sociales; asimismo, evitará cuestionar al paciente sobre aspectos personales, de actividades, u otra información que no sea sobre la salud del mismo. Cuando discuta una llamada con otros debe tener cuidado de evitar cualquier información que pueda revelar el nombre o la identidad de los pacientes que ha tratado. Tenga cuidado de no incurrir en chismes sobre llamadas y pacientes con otros, aun en su propia casa.

Educación continua

Una vez que ya no tiene el ambiente estructurado de aprendizaje que le proporciona su curso de entrenamiento inicial, debe asumir la responsabilidad de dirigir su propio estudio y aprendizaje. Como un TUM-B, se le pedirá asistir a cierto número de horas de educación continua aprobada para TUM-B cada año para mantener, actualizar y expandir su conocimiento y destrezas. En muchos servicios, las horas requeridas son proporcionadas por el oficial de entrenamiento y el director médico. Además, la mayor parte de los programas de educación del SMU y hospitales ofrecen varias oportunidades de educación continua regular en cada región. También puede asistir a conferencias estatales y nacionales del SMU para actualizarse en temas locales, estatales y nacionales que afectan al SMU, así como los cursos institucionales de actualización. Como hay muchos niveles de certificación, debe asegurarse de que la educación continua que reciba está aprobada y enfocada para el TUM-B. El que tome ventaja de estas oportunidades depende de usted. Si decide permanecer como un TUM-B o alcanzar un nivel más alto de entrenamiento y certificación, la clave para ser un buen TUM y proporcionar cuidados de alta calidad es su compromiso de aprender continuamente e incrementar siempre el conocimiento y las destrezas.

Los TUM poseen conocimientos y destrezas especiales para atender pacientes en situaciones de urgencia. La autoridad que le es delegada para atender pacientes es muy especial. El mantenimiento de su conocimiento y destrezas es una responsabilidad sustancial. El conocimiento y las destrezas que son aprendidos en cualquier profesión se deterioran cuando no se usan en forma continua. Considere la RCP. Si no ha usado estas destrezas desde su entrenamiento inicial, es probable que practique la RCP en forma inferior a lo deseable. La educación continua y los cursos de actualización son una forma de mantener sus conocimientos y destrezas.

Situación de urgencia — Resumen

Una urgencia puede definirse como un evento o una situación que requiere intervención inmediata para minimizar o prevenir un daño grave o la muerte. Como TUM-B, sus papeles primarios implican proporcionar medidas básicas de soporte de la vida, manteniendo un estado de alerta para responder y trabajar como un miembro del equipo.

Este escenario demuestra los beneficios de un sistema de respuesta enlazada y la importancia de cada eslabón en la cadena de supervivencia. Sus responsabilidades generales como TUM-B serán realizar las destrezas dentro de la esfera de acción de su práctica, y asistir a su compañero en SVA con medidas avanzadas de acuerdo con sus protocolos locales.

Los miembros de la familia del paciente necesitan su compasión y soporte. Debe comunicar de forma clara lo que ha sucedido, evitando eufemismos o lenguaje técnico. Alcanzar un equilibrio entre las necesidades del paciente y las de un miembro de la familia puede ser difícil cuando es confrontado con todas sus responsabilidades durante un paro cardiaco o una situación de extrema urgencia. Asegúrese de que reciban el apoyo que necesitan, ya sea que proceda de usted, otros miembros de la familia, amigos, consejeros o del clero.

El trabajo en equipo es esencial para salvar vidas. Cada persona y agencia implicada en la respuesta a la enfermedad o lesión contribuye al cuidado del paciente y a los resultados globales del evento (el paciente o miembro de la familia que reconoce la urgencia, el radio-operador que contesta la llamada, reúne la información necesaria y lo dirige a los recursos médicos apropiados, los oficiales de policía y los bomberos, que con frecuencia llegan primero a la escena y los TUM que estabilizan al paciente y lo trasladan al hospital). La velocidad y eficiencia de las intervenciones proporcionadas por estas personas tiene, en la mayor parte de los casos, una gran consecuencia directa sobre la recuperación del paciente.

Resumen

Listo para repaso

- SMU es el sistema que proporciona los cuidados médicos de urgencias necesarios para las personas que han sido lesionadas o tienen una urgencia médica aguda. Cuando el radio-operador en el centro de comunicaciones de urgencias del 065 recibe una llamada para cuidados de urgencia, envía a la escena a la ambulancia y cualquier unidad de bomberos, rescate o policía que pueda necesitarse.

- La ambulancia del SMU tiene personal de TUM que ha sido entrenado en el nivel TUM-Básico, TUM-Intermedio o TUM-Paramédico (avanzado), de acuerdo con los estándares nacionales recomendados y ha sido certificado/licenciado por el Estado y por la institución.

- Después que los TUM se forman un criterio del escenario y evalúan al paciente, proporcionan los cuidados de urgencias que se indican con base en sus hallazgos y ordenados por su director médico en las órdenes y protocolos en vigencia, o por el médico que está promoviendo dirección médica en línea.

- Los TUM "preparan" entonces al paciente y proporcionan transporte al hospital más cercano o servicio de cuidados especializados designado (p. ej., centro de trauma, hospital pediátrico), para una evaluación adicional y estabilización en el departamento de urgencias y, después de su admisión, atención quirúrgica o médica definitiva.

- El curso de TUM-B que está tomando en la actualidad le presentará la información y las destrezas que necesitará para pasar los exámenes requeridos para la certificación y comenzar a funcionar como un TUM-B en el campo. Le proporcionará el entrenamiento que necesita para actuar como un TUM-B y servirá como el fundamento esencial sobre el cual puede avanzar su entrenamiento y destreza.

- Las claves esenciales para ser un buen TUM-B incluyen:
  - Compasión, comprensión y motivación para reducir el sufrimiento, el dolor y la mortalidad en quienes están lesionados o agudamente enfermos
  - Deseo de proporcionar a cada paciente los mejores cuidados posibles
  - Compromiso para obtener el conocimiento y las destrezas que requiere esta actividad
  - Actuar en apego a los siete principios fundamentales institucionales

- Una vez que haya completado con éxito este curso y certificado como un TUM-B, entrará en la siguiente fase de su entrenamiento. Cuando se una al servicio del SMU, su primera tarea será aprender los protocolos médicos y procedimientos operativos. También tendrá que aprender dónde se mantiene cada pieza de equipo en la ambulancia y familiarizarse con la forma en que trabaja el equipo.

- Con su experiencia y la guía proporcionada por el jefe de su equipo y los otros TUM-B experimentados con quienes trabaja, ganará una maestría creciente de las destrezas que ha aprendido en el curso y aprenderá cómo aplicar su conocimiento y destrezas en las diversas situaciones que se encuentran en el campo.

- Una vez que ha completado el curso, deberá asumir responsabilidad en la dirección de su propio estudio por medio de la educación continua proporcionada por el oficial de entrenamiento de su servicio y el director médico o mediante otras oportunidades que estén disponibles. Su compromiso de continuar aprendiendo es la clave de ser un buen TUM.

Vocabulario vital

área de servicio primario (ASP) Área designada en la cual el TUM es responsable de la provisión de cuidados prehospitalarios de urgencia y transportación al hospital.

control de calidad Responsabilidad del director médico de asegurar que se cubren los estándares apropiados de cuidados médicos por los TUM-B en cada llamada.

desfibrilador automático externo (DAE) Dispositivo que detecta arritmias que ponen en peligro la vida (fibrilación ventricular y taquicardia ventricular) y entrega al paciente el choque eléctrico apropiado.

Resumen continuación...

despacho médico de urgencia (DMU) Sistema que asiste a los despachadores en la selección de unidades apropiadas para responder a una llamada particular de asistencia, y que proporciona a quienes llaman instrucciones vitales hasta la llegada de los equipos de SMU.

dirección médica Instrucciones del médico que se dan directamente por radio o teléfono celular (en línea/directo) o indirectamente por protocolo/directrices (fuera de línea), según sean autorizadas por el director médico del programa de servicio.

director médico Médico que autoriza o delega al TUM la autoridad de proporcionar cuidados médicos al paciente en el campo.

Mejoramiento continuo de calidad (MCC) Sistema de repasos internos y externos y auditorías de todos los aspectos del sistema del SMU.

primeros respondientes Los primeros individuos entrenados, como oficiales de policía, bomberos, salvavidas, u otros rescatadores, en llegar a la escena de una urgencia para proporcionar asistencia médica inicial.

servicios médicos de urgencia (SMU) Sistema multidisciplinario que representa los esfuerzos combinados de varios profesionales y agencias para proporcionar cuidados prehospitalarios de urgencia a los enfermos y lesionados.

soporte vital avanzado (SVA) Procedimientos avanzados para salvar la vida, algunos de los cuales están siendo proporcionados por el TUM-B.

técnico de urgencias médicas (TUM) Profesional médico entrenado y certificado/licenciado por la institución para proporcionar soporte de vida de urgencia antes que, o con proveedores médicos más avanzados.

terapia intravenosa (IV) Entrega de soluciones parenterales y/o medicación directamente en la vena.

TUM-Paramédico (TUM-P) TUM que tiene un entrenamiento extensivo en soporte vital avanzado, que incluye terapia IV (intravenosa), farmacología, monitoreo cardiaco y otras evaluaciones y destrezas de tratamiento avanzadas.

TUM-Básico (TUM-B) TUM entrenado en soporte vital básico, que incluye desfibrilación automática externa, uso de un recurso adjunto definitivo de la vía aérea, y asistir a los pacientes con ciertas medicaciones.

TUM-Intermedio (TUM-I) TUM entrenado en aspectos específicos del soporte vital avanzado, como terapia IV (intravenosa), interpretación de ritmos cardiacos y desfibrilación, e intubación endotraqueal.

Qué evaluar

Usted ha trabajado como un TUM-B en la misma área por muchos años y conoce a los "llamadores frecuentes". Es enviado a atender a un hombre caído a las tres de la mañana. Ya ha estado en varias llamadas esa noche y acaba de regresar a la cama. Al llegar a la escena reconoce de inmediato al paciente como un borracho local. Huele a alcohol y está acostado en el prado del frente de la casa de alguien. Su compañero está alterado porque transportó a este hombre al hospital hace dos días. Él llama para obtener una respuesta de la policía y comienza a sacudir y gritar al hombre para que se despierte o irá a pedir a la policía que lo arreste por abusar del sistema de urgencias.

¿Cómo trataría usted a este paciente? ¿Lo liberaría para custodia de la policía? ¿Cómo se siente ante la conducta de su compañero hacia el paciente, y cómo lo manejaría?

Temas: Actitudes y conductas personales, Interacción profesional, Reconocimiento de urgencias médicas potenciales.

Autoevaluación

Usted es un nuevo TUM-B certificado. Hoy es su primer día de servicio voluntario en una ocupada delegación de Cruz Roja Mexicana en el servicio de ambulancias. Tuvo varias llamadas y se está enfrentando a muchas situaciones nuevas. Responda las siguientes preguntas y discútalas con su instructor.

1. ¿Cuál de las siguientes NO es considerada una destreza del TUM-B?
   A. Desfibrilación automática externa (DAE)
   B. Terapia intravenosa
   C. Inserción de combitubo
   D. Asistir a pacientes con el uso de nitroglicerina prescrita

2. Está siendo entrenado con el uso de combitubo. Sin embargo, sus protocolos locales indican que sólo un paramédico puede insertar el dispositivo. Está en la escena de un paro cardiaco y el paciente necesita una vía aérea con rapidez, pero usted está esperando a que un paramédico llegue en otra ambulancia. Está ansioso de insertar el combitubo. ¿Qué debe hacer?
   A. Llamar al control médico y preguntar qué debe hacer.
   B. Esperar a que el paramédico llegue, ya que está por encima del campo de acción de su práctica.
   C. Sólo hágalo si sabe que nadie lo sabrá.
   D. Inserte el combitubo para practicar sus destrezas.

3. ¿Quién es médicamente responsable de establecer órdenes fijas y protocolos?
   A. Secretaría de Comunicaciones y Transportes
   B. Director médico
   C. Director de SMU
   D. Médicos del Departamento de Urgencias

4. ¿Cuál de las siguientes es la destreza más importante para un TUM-B?
   A. Conocimiento de los protocolos
   B. Conocimiento de la ubicación y capacidades de los hospitales locales
   C. Habilidad para trabajar con otros proveedores de cuidados de la salud
   D. Todo lo indicado arriba

5. ¿Cuál de las siguientes afirmaciones es verdadera?
   A. El entrenamiento de TUM-B enseña a los proveedores de cuidados de la salud todo lo que necesitan saber.
   B. La principal parte de ser un TUM-B es realizar destrezas; la comunicación debe dejarse a otros proveedores de cuidados de la salud, como el personal de la sala de urgencias.
   C. La educación continua es vital para el éxito de los sistemas de SMU pues la medicina y la tecnología están cambiando de manera constante.
   D. Una ambulancia es considerada sólo como un medio para transportar a las personas que están teniendo una urgencia "real".

Preguntas desafiantes

6. ¿Por qué es importante tener mejoramiento continuo de calidad en un sistema de SMU?

7. ¿Qué significa el cuidado apropiado del paciente para el TUM-B?

El bienestar de los TUM-B

Objetivos

Cognitivos

1-2.1 Mencionar las probables reacciones emocionales que puede experimentar el TUM-B cuando se enfrenta a los traumatismos, enfermedades, muerte y agonía. (p. 26)

1-2.2 Discutir las posibles reacciones que pueden presentar los miembros de la familia cuando se confrontan con la muerte y agonía. (p. 26)

1-2.3 Mencionar los pasos para que el TUM-B logre el acercamiento con la familia confrontada con la muerte y agonía. (p. 27)

1-2.4 Mencionar la posibles reacciones que puede mostrar la familia del TUM-Básico por su vinculación con el SMU. (p. 36)

1-2.5 Reconocer los signos y síntomas de un incidente de estrés crítico. (p. 33)

1-2.6 Conocer las herramientas que el TUM-B puede utilizar para ayudar a reducir y/o aliviar su estrés. (p. 35)

1-2.7 Explicar la necesidad de determinar la seguridad de la escena. (p. 64)

1-2.8 Discutir la importancia del aislamiento de sustancias corporales (ASC). (p. 44)

1-2.9 Describir los pasos que el TUM-B debe seguir para protegerse de agentes patógenos transmitidos por el aire y por la sangre. (p. 44)

1-2.10 Listar los equipos de protección personal necesarios para cada una de las siguientes situaciones
- Materiales peligrosos
- Operaciones de rescate
- Escenas violentas
- Escenas de crimen
- Exposición a patógenos transmitidos por la sangre
- Exposición a patógenos transmitidos por el aire. (p. 48)

Afectivos

1-2.11 Explique el fundamento para actuar como un defensor del empleo de equipo de protección adecuado. (p. 48)

Psicomotores

1-2.12 Dado un escenario con probable riesgo de exposición infectocontagiosa, el TUM-B usará el equipo de protección personal adecuado. Al terminar su servicio, el TUM-B retirará y desechará de manera apropiada la ropa protectora. (p. 48)

1-2.13 Al finalizar su servicio, el TUM-B realizará la desinfección y limpieza, al igual que completará la documentación correspondiente. (p. 55)

Objetivos adicionales*

Cognitivos

1. Describir las vías mediante las cuales las enfermedades infectocontagiosas pueden transmitirse de una persona a otra. (p. 42)
2. Definir el término "precauciones universales" y describir cuándo es propiado utilizarlas. (p. 42)
3. Identificar de manera adecuada el equipo de protección personal para actividades específicas. (p. 44)
4. Identificar las posibles enfermedades ocupacionales y los métodos de evaluación de riesgo. (p. 51)
5. Identificar el papel que desempeña un programa de evaluación mediante laboratorio y los esquemas de vacunación en la protección del TUM-B ante enfermedades infectocontagiosas. (p. 48)
6. Identificar los beneficios de un plan para el control de la exposición. (p. 48)
7. Identificar cómo son transmitidas las siguientes enfermedades y discutir los pasos que llevan a prevenir y/o enfrentar una exposición a: hepatitis, meningitis, tuberculosis, VIH/SIDA. (p. 51)
8. Listar los mecanismos para la transmisión de enfermedades. (p. 43)
9. Listar los componentes del tratamiento posexposición y su reporte. (p. 55)
10. Exponer la importancia de obtener los antecedentes del paciente y la evaluación de los hallazgos para identificar posibles enfermedades contagiosas. (p. 55)

Afectivos

11. Explicar el deber de atender a los pacientes con enfermedades contagiosas. (p. 50)

Psicomotores

Ninguno

*Estos son objetivos extracurriculares.

2

El bienestar de los TUM-B

Situación de urgencia

Ha estado trabajando durante seis meses cuando en su turno se presenta un accidente con múltiples víctimas. Éste involucró un autobús lleno de niños en edad escolar, algunos de los cuales estaban gravemente lesionados y más tarde murieron. Semanas después, uno de sus colaboradores expresa su preocupación de que usted no parece ser el mismo últimamente. A raíz de esta conversación usted evalúa sus cambios en sus patrones de dormir, pérdida del apetito y fatiga. Reconoce estrés en usted mismo y piensa que puede estar relacionado con los acontecimientos que ocurrieron varias semanas antes. Aunque asistió a una sesión de incidente de estrés crítico (SIEC) inmediatamente después de la llamada, piensa que quizá la urgencia lo está afectando más de lo que creía.

1. ¿Qué deberá hacer para ayudarse?
2. ¿Cuáles son otros signos y síntomas de manejo ineficaz del estrés?
3. ¿Cuáles son algunas formas de enfocar los aspectos negativos del estrés?

El bienestar de los TUM-B

Hay un proverbio antiguo, "Médico, cúrate a ti mismo". Como proveedores de cuidados para la salud, los médicos tienen que cuidarse a sí mismos –en todos los aspectos– para poder atender a otros. Un médico enfermo no está en condiciones de proporcionar la atención para la que fue entrenado. Esto aplica a todos los proveedores de cuidados para la salud, y va más allá de sólo temas físicos. En la atención de los individuos críticamente enfermos o lesionados hay muchos factores y situaciones que pueden interferir con la capacidad de los TUM-B para atender al paciente.

La salud, la seguridad y el bienestar personal del TUM-B son vitales para una operación del SMU. Como parte de su entrenamiento él aprenderá a reconocer posibles riesgos y a protegerse de ellos. Estos riesgos varían considerablemente y van desde el descuido personal hasta amenazas ambientales causadas por seres humanos contra su salud y seguridad. También aprenderá lo referente al estrés físico y mental que debe afrontar como resultado de atender a los enfermos y lesionados. La agonía y la muerte lo desafían a enfrentarse a la debilidad humana y a las emociones de los sobrevivientes.

El bienestar emocional del TUM-B y el del paciente están entrelazados, en especial en rescates de alto estrés. Este capítulo se refiere la atención del bienestar de los pacientes y su propia atención.

Es importante permanecer calmado para actuar eficazmente cuando es confrontado con eventos horrendos, enfermedades que ponen en peligro la vida o lesiones. Se necesita un tipo especial de autocontrol para responder de manera eficiente y eficaz al sufrimiento de los demás. Este autocontrol se adquiere por medio de lo siguiente:

- Entrenamiento apropiado
- Experiencia continua en afrontar todos los tipos de sufrimiento físico y mental
- Desarrollo de estrategias sanas para enfrentar el estrés del trabajo
- Dedicación para servir a la humanidad

Aspectos emocionales de los cuidados de urgencia

En ocasiones, aún los proveedores de cuidados para la salud más experimentados tienen dificultad para superar reacciones personales y proceder sin titubeos. Los pacientes tienen que ser retirados de situaciones que amenazan la vida. Necesitan otorgarse medidas de soporte vital para aquellos que están gravemente lesionados. Usted también puede ser llamado para recuperar restos humanos en accidentes de carretera, desastres de aeronaves, o explosiones Figura 2-1. En todas estas situaciones debe estar calmado y actuar en forma responsable como un miembro del equipo de cuidados médicos de urgencia. También debe considerar que, aunque sus emociones personales deben mantenerse bajo control, estos son sentimientos normales; todo TUM-B debe afrontar tales situaciones que experimenta durante los servicios de urgencia. La lucha por permanecer calmado en presencia de esas desagradables circunstancias contribuye al estrés emocional del trabajo.

Muerte y morir

Las expectativas de vida han aumentado de manera dramática; cerca de dos terceras partes de las muertes ocurren en personas de 65 años o más. Hoy, sesenta por ciento de todas las muertes se atribuyen a cardiopatías. Los traumatismos son la principal causa de muerte en edades que oscilan entre el año de edad y hasta los 45 años (WHO, 2002). Es probable que la muerte de hoy ocurra en forma súbita, o después de una enfermedad terminal prolongada. El ambiente de la muerte ha cambiado desde los primeros días en países como Estados Unidos; sucede con menos frecuencia en la casa. El sitio de la muerte es otro lugar —en el hospital, en un orfanato, en el lugar de trabajo o en la carretera. Por esta razón estamos menos familiarizados con la muerte que nuestros ancestros. En Estados Unidos, por ejemplo, se tiende a negar la muerte. Las enfermedades pueden ser más prolongadas, y mucho más alejadas de la vida diaria. El apoyo de la vida con sistemas de soporte vital y falta de contacto con el paciente puede suprimir de la conciencia la experiencia total del fallecimiento en la mayoría de las personas. La movilidad de los integrantes de la familia hace menos probable el apoyo familiar en el momento que se produce la muerte.

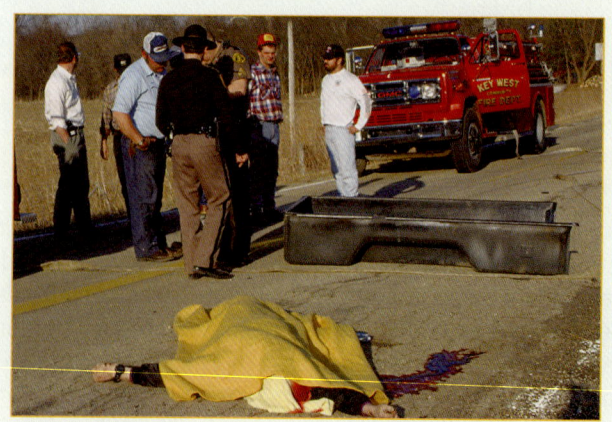

Figura 2-1 Como TUM-B tendrá que encargarse del levantamiento de los cuerpos en algunos casos extraordinarios.

La muerte en tiempos más tempranos en los Estados Unidos era parte de la vida cotidiana, esperada y aceptada. Las expectativas de vida eran breves (comparadas con las actuales), las tasas de mortalidad (relación del número de muertes con un tamaño dado de población) eran altas, y el parto era peligroso, resultando, a menudo, en la muerte de la madre y del bebé Figura 2-2 . Las dificultades de la época, tanto naturales como las causadas por el hombre, eran grandes. Los niños y los adultos morían de enfermedades, lesiones y traumatismos de guerra. La mayoría de la gente había experimentado la muerte de alguna persona cercana. No había funerarias; el duelo se realizaba en la casa en un ambiente familiar. La presencia de un cadáver era algo natural.

Usted puede tener una experiencia personal dolorosa con la muerte. Sin importar la frecuencia con la cual responda a las llamadas de urgencias, la muerte es algo que todo TUM-B enfrentará alguna vez. Para algunos de ellos esto puede ser poco frecuente. Otros, en localidades urbanas, pueden ver la muerte más a menudo como consecuencia de accidentes automovilísticos, sobredosis de drogas, suicidios u homicidios. Algunos TUM-B pueden tener que enfrentar el caso de un accidente aéreo o con materiales peligrosos con múltiples heridos. En todos estos casos, aferrarse a sus pensamientos y comprender la muerte no sólo es importante, sino también ayuda al brindar cuidados médicos de emergencia.

El proceso de duelo

Todos los que trabajan como TUM-B experimentarán este pesar. Esta sección expone cómo manejar la pena del paciente y cómo afrontar su propio duelo que puede ser el resultado de una llamada difícil.

La muerte de un ser humano es uno de los eventos más difíciles de aceptar por otro ser humano. Si el sobreviviente es un pariente, o un amigo cercano del fallecido, es aún más difícil. Las respuestas emocionales a la pérdida de un ser querido o de un amigo, son apropiadas y deben esperarse. De hecho, se espera que se sienta con-

Figura 2-2 La mortalidad infantil era frecuente en Estados Unidos hasta el siglo anterior. En muchos países aún lo es.

movido por la muerte de un paciente. Los sentimientos y las emociones son parte del proceso de duelo. Todos experimentamos estos sentimientos después de una situación estresante que nos causa dolor personal.

En 1969, la doctora Elisabeth Kubler-Ross publicó una investigación que revelaba que las personas pasan por varias etapas de duelo:

1. **Negación.** Rechazo para aceptar diagnóstico o cuidados, peticiones irrealizables de milagros, o falta persistente para comprender la razón por la cual no hay mejoría.
2. **Ira, hostilidad.** Proyección de malas noticias al entorno y comúnmente en todas direcciones, a veces al azar. La persona se desordena. Alguien debe ser culpable y debe castigarse a quienes son responsables. Esta suele ser una fase desagradable.
3. **Negociación.** Intento para lograr un premio por buena conducta o promesa de cambio en el estilo de vida "Prometo ser un paciente perfecto, si sólo puedo vivir hasta el evento "x".
4. **Depresión.** Expresión abierta de pesar, furia internalizada, impotencia, deseo de morir. Rara vez implica amenazas suicidas, retraimiento completo o aban-

Situación de urgencia — Parte 2

Usted decide que se justifica otra discusión del IMV. Su agencia ofrece un programa de asistencia al empleado gratuito para sus trabajadores. Este servicio discreto proporciona asesoría para proveedores de urgencias. También decide buscar a un entrenador de cultura física para comenzar un programa de levantamiento de pesas y entrenamiento aeróbico.

4. ¿Cuáles son otros métodos comprobados para manejar eficazmente el estrés?
5. ¿Cómo puede el estrés deficientemente manejado afectar el funcionamiento de su trabajo y la antigüedad total de su carrera?

dono mucho antes de que la enfermedad parezca ser terminal. El paciente generalmente es callado.

5. **Aceptación.** El simple "sí". La aceptación crece de la convicción del paciente de que se ha hecho todo lo posible y está listo para morir.

Las etapas pueden suceder una tras otra, ocurrir de manera simultánea o una persona puede saltar hacia adelante y hacia atrás entre ellas. Las etapas pueden durar diferente tiempo.

Incluso cuando el evento (muerte) aún no ha sucedido, el paciente sabe que ocurrirá y no tiene control sobre el proceso. El paciente morirá esté listo o no para ello. Además, estar listo para morir no significa que el paciente estará contento por morir. Podrá encontrar situaciones en las que el paciente está cerca de morir, y necesitará dar confianza y cuidado emocional.

¿Qué puede hacer el TUM-B?

Mientras los pacientes y los espectadores están apesadumbrados, puede ayudar en la situación y hacer sugerencias simples. Pregunte si hay algo que pueda hacer que sea de ayuda, como llamar a un pariente o ministro religioso. Proporcione un soporte suave y cuidadoso. Es importante reforzar la realidad de la situación. Esto se puede lograr simplemente diciendo a la persona apesadumbrada, "siento mucho su pérdida". No es importante que tenga un apunte bien escrito, ya que no será probable que recuerden sus palabras o consolación exactas. Ser honesto y sincero es importante.

Algunas declaraciones tienden a ser trilladas y otras sugieren alguna clase de línea plateada detrás de las nubes. Aunque tengan la intención de hacer que la persona se sienta mejor sobre la situación, también se pueden ver como un intento para disminuir el pesar de la persona. La persona que sufre necesita ser reconocida. Declaraciones como éstas, también pueden indicar nuestra incapacidad para comprender la profunda tristeza de la pena porque no hemos experimentado ese tipo de pérdida. Si no ha experimentado una muerte, es correcto decirlo así, y no pretender que se ha sufrido.

Los intentos para alejar la tristeza muy rápido no son buenos. Si no sabe cómo se siente en realidad una persona, no debe decirlo. La gente se puede ofender por respuestas que dan consejos o explicaciones sobre la muerte **Cuadro 2-1**. Declaraciones como "Oh, no debería sentirse así" son juzgadoras. Si juzga lo que la persona apesadumbrada está sintiendo, es probable que ésta deje de hablarle. No hay razón alguna para que la persona que sufre no sienta lo que está sintiendo. Recuerde que la furia es una etapa del duelo y puede dirigirse a usted. La furia parece ser irracional para todos, menos para la persona en tal trance. Es necesaria una actitud profesional.

Las declaraciones y los comentarios que sugieren acción por su parte en general son útiles. Estas declaraciones implican un sentido de comprensión; se centran en los sentimientos de la persona que sufre. No es necesario llegar a una discusión extensa. Todo lo que necesita es ser sincero y decir. "Lo siento mucho, sólo quiero decir que usted sabe que estoy pensando en usted". Lo que las personas en realidad aprecian es a alguien que las escuche. Simplemente pregunte, "¿Le gustaría hablar sobre cómo o qué está sintiendo?" Luego, acepte la respuesta.

Trato con el paciente y los miembros de la familia

No hay una forma correcta o incorrecta de sufrir. Cada persona experimentará sufrimiento y responderá a éste a su manera. Los miembros de la familia pueden expresar enojo, ira y desesperación. Muchas personas serán racionales y cooperadoras. Usualmente sus preocupaciones serán aliviadas con su eficiente manera calmada. Sus acciones y palabras, aun un simple toque, pueden comunicar cuidado. Aunque siempre debe tratar a las personas con respeto y dignidad, use un cuidado especial con pacientes moribundos y sus familias. Preocúpese sobre su intimidad y sus deseos, y déjeles saber que toma seriamente sus preocupaciones. Sin embargo, es mejor ser honesto con los pacientes y sus familias; no les dé falsas esperanzas.

Situación de urgencia — Parte 3

Ha estado viendo a su asesor durante casi un mes, y ocupado en un programa moderado de ejercicio regular. También ha cambiado lentamente sus hábitos de comidas y se está sintiendo mucho más energizado; parece que ha retornado a la normalidad. Su asesor le ha dado algunos tips sobre cómo reconocer el estrés tempranamente y cómo usar técnicas reductoras del estrés en su vida diaria.

6. ¿Cuáles son los factores reductores del estrés además del ejercicio y hábitos sanos de alimentación?

Cuidado inicial del paciente moribundo, críticamente enfermo, o lesionado

Los individuos que están en proceso de morir como resultado de un traumatismo, una urgencia médica aguda, o una enfermedad terminal, se sentirán amenazados. Esa amenaza puede estar relacionada con su preocupación sobre su sobrevivencia. Estas preocupaciones pueden implicar sentimientos de desamparo, incapacidad, dolor y separación (Cuadro 2-2 ▶).

Ansiedad

La ansiedad es una respuesta a la anticipación de peligro; con frecuencia su origen es desconocido, pero en el caso de los pacientes gravemente lesionados o enfermos, la causa suele ser reconocible. Lo que puede aumentar la ansiedad son los elementos desconocidos de la situación común. Los pacientes pueden preguntar lo siguiente:

- ¿Qué me pasará?
- ¿Qué está haciendo?
- ¿Lo haré yo?
- ¿Cuáles serán mis incapacidades?

Los pacientes que están ansiosos pueden tener los siguientes signos y síntomas:

- Trastorno emocional
- Piel diaforética y fría
- Respiración rápida (hiperventilación)
- Pulso rápido (taquicárdico)
- Inquietud
- Tensión
- Temor
- Temblores (trémulo)

Para el paciente ansioso el tiempo parece estar extendido; los segundos parecen minutos, y los minutos, horas. La ansiedad nunca es útil para él, y puede causar un daño fisiológico real. Es su trabajo hacer todo lo posible para reducir la ansiedad de su paciente y ayudarlo a afrontar lo que puede ser la experiencia más terrible en su vida.

Dolor y temor

El dolor y el temor están muy estrechamente relacionados. El dolor con frecuencia se asocia con enfermedad o traumatismo. El temor, en general, se piensa en relación con el dolor que llegará y el resultado del daño. Con frecuencia es útil estimular a los pacientes a expresar sus dolores y sus temores, porque esto inicia el proceso de ajuste al dolor y aceptación de los cuidados médicos de urgencia que puedan ser necesarios. Algunos individuos tienen dificultad en admitir abiertamente su temor. Éste puede expresarse con pesadillas, retraimiento, tensión, inquietud, "mariposas" en el estómago, o nerviosismo. En algunos casos se puede expresar como furia.

A menudo estamos tentados a minimizar el dolor y temor de los pacientes. Es más fácil decirle al paciente con un accidente cerebrovascular, "Va a estar bien", que "Estoy seguro de que está en verdad asustado por no poder hablar, pero debe saber que estamos haciendo todo lo posible por ayudarlo". Tener contacto visual con su paciente y un apretón de manos, con frecuencia puede ayudar más para alejar el temor, que las palabras más elocuentes.

Ira y hostilidad

La ira puede expresarse con una conducta muy demandante y exigente. A menudo, esto puede estar relacionado con el temor y la ansiedad de los cuidados médicos de urgencia

---

CUADRO 2-1 Responder al duelo

No diga...

Dele tiempo, las cosas mejorarán.
No debe cuestionar la voluntad de Dios.
Debe seguir con su vida.
Debe continuar avanzando.
Siempre puede tener otro hijo.
Los vivos deben seguir adelante.
Sé cómo se siente.

Intente en su lugar...

Lo siento.
Es natural estar enojado.
Debe ser difícil de aceptar.
Debe serle doloroso.
Dígame lo que siente.
Si desea llorar, está bien.
La gente realmente quería a...

CUADRO 2-2 Preocupaciones del paciente moribundo, críticamente enfermo o lesionado

- Ansiedad
- Dolor y temor
- Ira y hostilidad
- Depresión
- Dependencia
- Culpabilidad
- Problemas de salud mental
- Recibir malas noticias no relacionadas

que se están administrando. A veces, el temor es tan agudo que el paciente quiere expresar ira contra usted, u otros, pero es incapaz de hacerlo por el factor de dependencia. Si encuentra que es el blanco de la ira del paciente, asegúrese de que está seguro; no tome a título personal la ira o los insultos. Sea tolerante y no se vuelva defensivo.

La ira también se puede expresar físicamente, y usted puede ser el blanco de la agresión. Si el paciente o un pariente se altera tanto emocionalmente, al grado de atacar físicamente, o si piensa que esto puede suceder, retírese de la situación. Tal hostilidad debe contenerse. Si no es posible brindar la atención médica de urgencia bajo esas circunstancias, se requiere la intervención de autoridades que impongan la ley.

Depresión

La depresión es una respuesta fisiológica y psicológica natural a la enfermedad, en especial si ésta es prolongada, debilitante o terminal. Si la depresión es una tristeza temporal o una depresión clínica prolongada, es poco, naturalmente, lo que el TUM puede hacer para aliviar el dolor de la depresión durante el breve tiempo en que el paciente es tratado y transportado. Lo mejor que puede hacerse en el tratamiento y transporte de un paciente que experimenta depresión es ser compasivo, apoyarlo y no juzgarlo.

Dependencia

Usualmente la dependencia toma más tiempo para desarrollarse que la breve relación en el SMU. Cuando se brinda atención médica de urgencia a un individuo puede crearse una sensación de dependencia. Es posible que los individuos colocados en esta situación se sientan desvalidos y se vuelvan resentidos. El resentimiento puede hacer surgir sentimientos de inferioridad, vergüenza, o debilidad.

Culpabilidad

Muchos pacientes que se están muriendo, sus familias, o sus cuidadores, pueden sentirse culpables por lo que les ha pasado. De manera ocasional, miembros de la familia o quiénes los han cuidado por un largo tiempo, o ambos, pueden sentir un cierto grado de alivio cuando una enfermedad prolongada por fin termina. Ese alivio puede convertirse más adelante en sentimiento de culpabilidad. Sin embargo, la mayor parte de las veces nadie puede explicar esos sentimientos. El sentimiento de culpa puede ser muy grande; a veces puede dar por resultado una demora en la búsqueda de atención médica. De nuevo, la comprensión de las emociones complejas, que a menudo se vienen a la cabeza durante tiempos de urgencia y estrés, puede ayudar a encarar algunas de las intensas, y con frecuencia aparentemente caprichosas conductas, que encontrará en esta profesión.

Problemas de salud mental

Como TUM, será llamado a tratar y transportar pacientes con problemas de salud mental. Estos problemas pueden ser la causa del sufrimiento del paciente, o pueden ser causados por el estrés de la enfermedad física o lesión. En el paciente moribundo se pueden desarrollar problemas de salud mental como desorientación, confusión o delirios. En estos casos, el paciente puede exhibir un comportamiento inconsistente con los patrones normales de pensamiento, sentimiento, o actuación. Las características comunes de tal conducta pueden incluir lo siguiente:

- Pérdida de contacto con la realidad.
- Distorsión de la percepción —los pacientes pueden tener dificultades en juzgar factores comunes tales como el tiempo, la distancia y las relaciones.
- Regresión —los pacientes pueden regresar a una etapa anterior de su desarrollo, frecuentemente a la lactancia o la infancia.
- Disminución de los controles de impulsos y deseos básicos —los pacientes pueden actuar en sus urgencias sin ser capaces de ejercer el criterio normal esperado de los adultos. Por ejemplo, se pueden poner violentos o inapropiadamente afectuosos.
- Contenido mental anormal, incluyendo delirios y alucinaciones.

El curso normal de morir puede causar que un paciente se vea desorientado. En algunas situaciones prolongadas se puede producir un deterioro generalizado de la personalidad.

Recibir malas noticias no relacionadas

Es posible que un paciente que está en una condición crítica o se está muriendo no quiera oír malas noticias no relacionadas, como la muerte de alguna otra persona cercana a él. Estas noticias pueden deprimirlo o provocar que pierda la esperanza.

Cuidados de los pacientes críticamente enfermos y lesionados

Los pacientes necesitan conocer quién es usted y qué está haciendo. Dígale que lo está atendiendo de sus necesidades inmediatas, y que por el momento éstas son la primera preocupación Figura 2-3 ▶. Tan pronto como sea posible, explíquele lo que está sucediendo. Las sensaciones de confusión, ansiedad y otros signos de desamparo disminuirán si mantiene al paciente informado desde un principio.

Evite los comentarios tristes y severos

Los TUM, personal de seguridad, familiares y espectadores, deben evitar hacer comentarios sobre el estado del paciente. Comentarios como "esto es malo" o "la pierna está muy lesionada y pienso que la perderemos" son inapropiados ya que pueden alterar al paciente, aumentar su ansiedad, y comprometer posibles respuestas de recuperación. Esto es en especial verdadero en el paciente que es capaz de oír pero no puede responder.

Oriente al paciente

En una situación de urgencia es de esperar que el paciente esté desorientado. El aura de dicha situación —luces, sirenas, olores, y personas extrañas— es intensa. Es posible que el impacto y efecto de las lesiones hagan que el paciente esté confundido e inestable. Es importante orientarlo en su entorno Figura 2-4 ▶. Use comentarios breves y concisos como "Señor Sánchez, usted ha tenido un accidente, y ahora estoy inmovilizando su brazo. Soy Juan Domínguez técnico en urgencias médicas de la Cruz Roja Mexicana; lo estoy atendiendo".

Sea honesto

Al acercarse a cualquier paciente, usted debe decidir con cada uno de ellos cuánto puede entender y aceptar. Debe ser honesto sin angustiarlo evitando darle información innecesaria o que no podría entender. Sólo explique lo que está haciendo y permita que el paciente sea parte de la ayuda que le está dando; esto puede aliviar los sentimientos de desamparo y de ira.

Rechazo de los cuidados iniciales

En ocasiones es posible que el paciente pueda rechazar la atención médica de urgencia e insista en solicitar que no le haga nada, o le deje en paz. En estos casos, es importante advertirle al paciente sobre la gravedad de su situación sin causar una alarma inadecuada. Decir, "todo estará bien" cuando es obvio que esa no es la situación, es mentirle al paciente. En general los pacientes gravemente enfermos o lesionados saben que están en problemas.

Permita la esperanza

En los traumatismos y trastornos médicos agudos es posible que los pacientes pregunten si van a morir. Puede sentir que le faltan palabras. También puede saber, con base en experiencias pasadas, o en función de la gravedad de la situación, que el pronóstico es adverso. Pero no le corresponde decir al paciente que está muriendo. Afirmaciones como "No sé si vaya a morir; luchemos juntos" o "No me voy a rendir, usted no se rinda tampoco" son útiles; transmiten una sensación de confianza y esperanza, y permiten al paciente saber que usted está haciendo todo lo posible para salvarle la vida. Si queda la más ligera posibilidad de esperanza, transmita el mensaje en su actitud y en las afirmaciones que hace al paciente.

Figura 2-3 Haga saber al paciente inmediatamente que está ahí para ayudar.

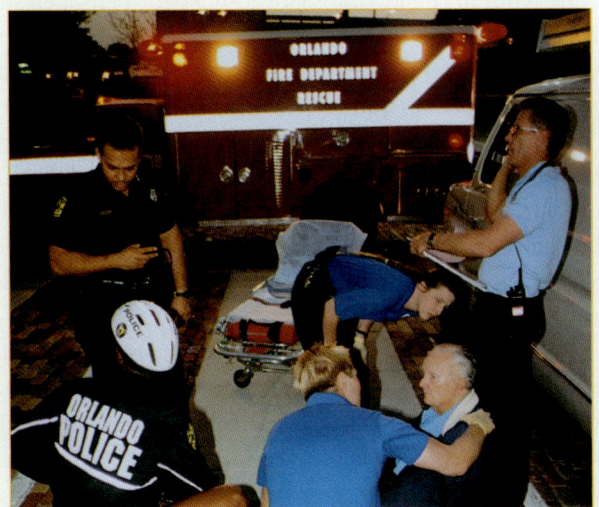

Figura 2-4 El aura de una situación de urgencia puede ser confusa y atemorizante para el paciente. Asegúrese de explicarle lo que ha sucedido.

Localice y notifique a la familia

Muchos pacientes estarán consternados y le piden que avise a su familia u otras personas cercanas a ellos. Los pacientes lo pueden ayudar, o no, a hacer esto. Debe asegurarse de que la persona adecuada y responsable haga un esfuerzo para localizar a las personas deseadas. Asegurar al paciente que alguien hará esto puede ser una parte significativa de su atención.

Niños lesionados y críticamente enfermos

Los niños lesionados y críticamente enfermos, que tienen trastornos que ponen en peligro la vida, deben ser tratados como cualquier paciente respecto a la evaluación de la vía aérea, la ventilación y la circulación (ABC). Al proporcionarse la atención médica de urgencia, deben ser consideradas las variaciones respecto a la estatura, peso y tamaño. Dado el aumento en la tensión y la naturaleza de la escena de la emergencia con pacientes pediátricos involucrados, es importante que un familiar o adulto responsable acompañe al niño para aliviar la ansiedad y ayudar en su atención conforme sea requerido.

Tratar con la muerte de un niño

La muerte de un niño es una situación trágica y temida. No es inusitado pensar en el hecho de que el niño muerto o moribundo tiene mucho más por hacer, y debería tener muchos años por vivir. En nuestra sociedad, asumimos que sólo las personas mayores mueren. Los niños mueren con menos frecuencia ahora que en el pasado, por lo cual la mayor parte de las personas no están preparadas sobre lo que sentirán cuando éstos fallezcan. Puede pensar en sus propios hijos, y aquellos que conoce, como sobrinos, sobrinas, nietos, y niños de amigos cercanos. Y puede pensar "¿por qué este niño, que tiene sólo cinco años, debe morir?

Afrontar la muerte de un niño como si se tratara de su propia muerte le ayudará a resolver los difíciles cuestionamientos. Pero, aun así, no es un tema fácil de abordar. En especial para la familia. Como TUM-B, usted experimentará estrés al estar involucrado en anunciar la muerte de un niño.

Una de sus responsabilidades puede ser ayudar a la familia en el periodo inmediato después de la muerte. Como un TUM-B, hasta que se disponga de una ayuda más definitiva y profesional, puede estar en una mejor posición para ayudar a que la familia comience a afrontar su pérdida. La forma en la cual la familia se enfrente a la pérdida de un niño afectará su estabilidad y resistencia. Usted puede ayudar a la familia a través de este periodo de pesar, y alertarla sobre los servicios de asesoría y soporte que están disponibles.

Ayudar a la familia

Si el niño está muerto, el reconocimiento del hecho es importante. Esto debe hacerse en un sitio privado, incluso si es dentro de una ambulancia. Con frecuencia, los padres no pueden creer que la muerte sea real, aun si se han preparado para ello, como en el caso de una enfermedad terminal, como la leucemia. Las reacciones varían, pero la impresión, la incredulidad y la negación son comunes. Algunos padres muestran pocas emociones con las noticias iniciales.

Si es posible o adecuado, encuentre un lugar en el cual la madre y el padre puedan abrazar al niño. Esto es importante en el proceso de duelo de los padres; ayuda a disminuir la sensación de incredulidad y hace que la muerte sea real. Aun si los padres no piden ver al niño, debe decirles que pueden hacerlo. Su decisión de permitir que los padres vean al niño puede requerir cierta discreción. Por ejemplo, en el caso de una muerte traumática en la cual hay lesiones significativas, esa decisión puede retrasarse. La demora puede implicar disponer de servicios de apoyo, o entrar en contacto con el médico de la familia, u otros que puedan ayudar a los padres a través de esta difícil situación. Esto puede representar, por ejemplo, preparar a los padres para lo que verán, y los cambios causados por la rigidez cadavérica o la asfixia.

A veces no necesita decir mucho. De hecho, en ocasiones el silencio es más reconfortante que las palabras. Puede expresar su pesar. No sobrecargue a los padres con abundante información; en ese punto no pueden manejarla. Comunicación no verbal, como sostener una mano o tocar un hombro, también es valiosa. Deje que las acciones de la familia le sirvan de orientación sobre lo que es apropiado. Es importante estimular a los padres a hablar de sus sentimientos.

Situaciones estresantes

Muchas situaciones, como las escenas de incidentes con múltiples víctimas, choques graves de automóviles, excavaciones en cavernas, incendios, traumatismos de lactantes y niños, amputaciones, abuso de un lactante/niño/cónyuge o de una persona mayor, y muerte de un colega u otro personal de seguridad pública, serán estresantes para las personas implicadas. Durante esas situaciones, debe tener un cuidado extremo tanto en sus palabras como en sus acciones. Sea cuidadoso en presentar en la escena una conducta profesional tanto en palabras como en acciones. Palabras que no parecen ser importantes, o que se dicen en tono de broma, pueden lastimar a alguna persona. Las conversaciones en la escena deben ser profesionales. No debe decir, "Todo estará bien" o "No hay nada de qué preocuparse". Una persona que está atrapada en un auto colisionado, con dolor de la cabeza a los pies, y preocupada por un ser querido, sabe que no todo está bien. Lo que dará seguridad a su paciente es su calma y la aproximación cuidadosa a la situación de urgencia. Sea usted un TUM recién egresado o todo un veterano, los pacientes esperan que traiga una cierta sensación de orden y estabilidad al terrorífico caos que los ha englobado súbitamente. Explique de manera breve su plan de acción para asistir al paciente en la crisis. Informe a éste que necesita su ayuda y el apoyo de los miembros de la familia o espectadores para llevarlo a cabo.

La forma en la cual el paciente reacciona a la lesión o la enfermedad suele estar influida por ciertas características de personalidad. Algunos pacientes se ponen altamente emotivos sobre lo que parece ser un problema menor. Otros pueden mostrar poca emoción, o ninguna, incluso después de heridas o enfermedades graves. Muchos otros factores influyen sobre cómo reacciona un paciente al estrés de un incidente de los SMU. Entre estos factores se encuentran:

- Situación socioeconómica
- Temor al personal médico
- Alcohol o abuso de sustancias
- Antecedentes: enfermedades crónicas
- Trastornos mentales
- Reacción al medicamento
- Edad
- Estado nutricional
- Sentimientos de culpa
- Experiencias pasadas con enfermedades o lesiones

No esperamos que siempre sepa por qué un paciente está teniendo una respuesta emocional inusitada. Sin embargo, puede evaluar rápida y calmadamente las acciones del paciente, la familia y los espectadores. Esta evaluación le ayudará a ganar la confianza y cooperación de todos los que están en la escena. Además, debe usar un tono de voz profesional y mostrar cortesía, junto con preocupación sincera y actuar eficiente. Estas simples consideraciones lo llevarán a aliviar la preocupación, el temor y la inseguridad; todo ello inspirará confianza y cooperación. La compasión es importante, pero debe ser cuidadoso. Su criterio profesional tiene prioridad sobre su compasión. Por ejemplo, suponga que un niño gritando, sin lesiones obvias que pongan en peligro la vida, está cubierto con la sangre de otro paciente. Este niño asustado atrae su compasión y capta su atención. Mientras tanto, un adulto cercano está inconsciente, no respira, puede morir por falta de atención.

Los pacientes deben tener la oportunidad de expresar sus temores y preocupaciones. Usted puede aliviar con facilidad esas preocupaciones en la escena. En general, estos pacientes están preocupados por la seguridad y el bienestar de las otras personas que están implicadas en el accidente, y sobre el daño o la pérdida de propiedades personales. Sus respuestas deben ser discretas y diplomáticas, proporcionando tranquilidad cuando sea apropiado. Si un ser amado ha muerto, o está gravemente lesionado, usted debe esperar, si es posible, hasta que el ministro religioso o el personal del servicio de urgencias pueda dar la noticia al paciente. Ellos deberán proporcionar el soporte psicológico que este último pueda necesitar.

Algunos pacientes, en especial los niños y las personas de edad avanzada, suelen estar aterrados o sentirse rechazados cuando son separados de los miembros de su familia por el personal uniformado del SMU. Otros podrían no desear que miembros de la familia compartan su estrés, vean sus lesiones o sean testigos de su dolor.

En general es mejor si los padres acuden con sus hijos y familiares para acompañar a los pacientes ancianos.

También deben ser respetadas las costumbres y necesidades religiosas del paciente. Algunas personas se asirán a medallas o amuletos religiosos, en especial ante cualquier intento de quitárselos. Otras expresarán un fuerte deseo de un consejo religioso, bautismo o los santos óleos si la muerte está cerca. Debe tratar de adecuarse a estas peticiones. Algunas personas tienen convicciones religiosas que se oponen fuertemente al uso de medicaciones, sangre, y productos hematológicos. Si conoce esa información, es imperativo que lo comunique al siguiente nivel de atención. Recuerde siempre apegarse a los principios fundamentales de la institución.

En el caso de una muerte, debe manejar el cuerpo con respeto y dignidad. Debe estar expuesto el menor tiempo posible. Conozca las regulaciones y protocolos locales sobre el movimiento de un cadáver o su cambio de posición, sobre todo si está en una posible escena de crimen. Aun en estas situaciones deben aplicarse las técnicas de reanimación cardiopulmonar (RCP) y brindar el tratamiento apropiado, a menos que haya signos obvios de muerte.

Tips para el TUM-B

Ya sea un TUM nuevo o todo un veterano, los pacientes esperan que usted traiga cierto sentido de orden y estabilidad al terrible caos que los ha abrazado recientemente.

> **Tips para el TUM-B**
>
> Las consideraciones tranquilizantes inspirarán confianza y cooperación. La compasión es importante, pero debe ser cuidadoso de que no lo motive a proporcionar cuidados inapropiados. Su criterio profesional tiene prioridad sobre la compasión.

> **Tips para el TUM-B**
>
> Si no está seguro, equivóquese hacia el lado de la precaución; obtenga el consentimiento del paciente, y transpórtelo a un servicio médico.

Situaciones inciertas

Habrá ocasiones en las cuales no está seguro de que exista una verdadera urgencia médica. Cuando esto ocurra informe a la dirección medica y/o al Centro Regulador de las Urgencias Médicas sobre la necesidad de transportar. Si no puede comunicarse con ellos, siempre es mejor transportar al paciente. Por razones tanto éticas como médico-legales, un médico debe examinar a todos los pacientes que son trasladados, y juzgar el grado de necesidad médica.

También debe darse cuenta de que la mayoría de los síntomas menores pueden ser signos tempranos de enfermedades o lesiones graves. Los síntomas de muchas enfermedades pueden ser similares a los del abuso de sustancias, crisis conversivas u otros trastornos. Debe aceptar las molestias del paciente y proporcionar un cuidado apropiado hasta que sea capaz de transferirlo a un nivel más alto (p.ej., paramédico, enfermera, o médico). Sus protocolos locales dirigirán sus acciones en estas situaciones. Si no está seguro, equivóquese hacia el lado de la precaución; adquiera el consentimiento del paciente y transpórtelo a un servicio médico.

Signos de advertencia de estrés y ambiente de trabajo

Ser TUM es un trabajo de alto estrés. La comprensión de las causas del estrés y el conocimiento de cómo tratarlas es crítico en la función de su trabajo, salud, y relaciones interpersonales. Para evitar que el estrés afecte de manera negativa su vida, tiene que entender qué es, sus efectos fisiológicos, qué puede hacer para minimizar esos efectos, y cómo enfrentarlo desde lo emocional.

El estrés es el resultado de factores estresantes sobre su bienestar físico y mental. Dichos factores incluyen situaciones o condiciones emocionales, físicas o ambientales que pueden causar una variedad de respuestas emocionales, físicas y psicológicas. La respuesta del cuerpo al estrés se inicia con una señal de alarma seguida por una etapa de reacción y resistencia, y luego recuperación o, si el estrés es prolongado, agotamiento. Esta respuesta en tres etapas se conoce como <u>síndrome general de adaptación</u>.

Las respuestas fisiológicas incluyen la interacción de los sistemas nervioso y endócrino, dando como resultado respuestas físicas y químicas. Esto se conoce comúnmente como la respuesta de lucha o huida. El estrés positivo, como el ejercicio, así como las formas negativas de éste, el trabajo en turnos, largas horas, o la frustración de perder a un paciente, tienen las mismas manifestaciones fisiológicas. Éstas incluyen a las siguientes:

- Aumento de frecuencia respiratoria y cardiaca
- Aumento de la tensión arterial
- Dilatación de los vasos venosos cercanos a la superficie de la piel (causa piel fría, pegajosa)
- Dilatación de las pupilas
- Tensión muscular
- Aumento en los niveles de glucosa
- Diaforesis
- Disminución del flujo sanguíneo al tracto gastrointestinal

El estrés también puede tener síntomas físicos como fatiga, cambios en el apetito, problemas gastrointestinales, o cefaleas; puede causar insomnio o hipersomnia, irritabilidad, incapacidad para la concentración e hiperactividad o hipoactividad. Además, el estrés se puede manifestar en reacciones psicológicas, tales como temor, conducta lerda o no responsiva, depresión, culpabilidad, hipersensibilidad, furia, irritabilidad y frustración. Con frecuencia, los estilos de vida rápidos de la actualidad se agregan a estos efectos, al no permitir que una persona repose y se recupere después de periodos de estrés. Se ha probado que el estrés prolongado o excesivo es un fuerte contribuyente a las cardiopatías, hipertensión, cáncer, alcoholismo y depresión.

Muchas personas son objeto de estrés acumulativo, por lo cual factores estresantes insignificantes se acumulan en un problema más grande relacionado con estrés. En el ambiente de los servicios médicos de urgencia (SMU, policía, bomberos), los factores estresantes también pueden ser súbitos y más graves. Algunos eventos son inusitadamente estresantes o emocionales, aun para los estándares de los servicios de urgencia. Estos factores estresantes agudos, intensos, dan por resultado lo que se ha conocido como incidente de estrés crítico. Los eventos que pueden desencadenar un incidente de estrés crítico incluyen los siguientes:

- Incidentes con múltiples víctimas
- Lesión grave o muerte traumática de un niño
- Colisión provocada por un proveedor de servicios médicos de urgencia cuando responde o vuelve de un servicio, que resulta en lesiones
- Muerte o lesión grave de un compañero de trabajo en cumplimiento del deber

El <u>trastorno de estrés postraumático (TEPT)</u> puede aparecer después de que una persona ha experimentado un evento psicológicamente perturbador. Se caracteriza por la repetición de la experiencia del evento y la respuesta exagerada al estímulo que lo evocó. El TEPT se conoce a veces como la "enfermedad del veterano de Vietnam" por su clasificación como un trastorno mental después del conflicto de Vietnam. Las situaciones estresantes en el SMU son a veces psicológicamente agobiantes. Algunos de los síntomas incluyen depresión, reacciones de asombro, fenómenos de visión de imágenes pasadas (*flashback*), y episodios disociativos (p.ej., amnesia del evento).

Se ha desarrollado un proceso llamado <u>tratamiento del estrés del incidente crítico (TEIC)</u> para atender situaciones de estrés agudo y disminuir de manera significativa la posibilidad de que se desarrolle el TEPT después de tal incidente ▶ **Figura 2-5** ▶. El proceso confronta teóricamente las respuestas al incidente crítico y las desactiva, dirigiendo al personal de los servicios de urgencia hacia un equilibrio físico y mental. El TEIC puede ocurrir formalmente, como un resumen para los que estuvieron en la escena. En esas situaciones, equipos de TEIC de pares y profesionales de la salud mental entrenados, pueden facilitar esto. Además, puede ocurrir un TEIC en una escena en curso en las siguientes circunstancias:

- Cuando el personal es evaluado sobre signos y síntomas de sufrimiento cuando está en reposo
- Antes de reingresar a la escena
- Durante una desmovilización de la escena en la cual el personal es educado en relación con los signos del estrés del incidente crítico y recibe un periodo de receso para relajarse antes de partir

La forma más común de TEIC es la desactivación de los pares, cuando un grupo discute de manera informal eventos que experimentaron juntos.

Estrés y nutrición

Cualquiera puede responder a un estrés físico súbito por un corto plazo. Si el estrés se prolonga, en especial si la acción física no es una respuesta permitida, el cuerpo

Figura 2-5 A veces se emplea el tratamiento del estrés del incidente crítico para ayudar a los proveedores de cuidados de salud a aliviar el estrés.

puede agotar rápidamente sus reservas. Esto puede dejarlo agotado de sus nutrientes, debilitado, y más susceptible a la enfermedad.

Las tres fuentes de energía del cuerpo —carbohidratos, grasas y proteínas— son consumidas en cantidades crecientes durante el estrés, en particular si hay implicada una actividad física. La fuente más rápida de energía es la glucosa, tomada del glucógeno almacenado en el hígado. Sin embargo, este abastecimiento dura menos de un día. La proteína, tomada sobre todo de los músculos, es una fuente, a largo plazo, de combustible. Los tejidos pueden usar grasa para obtener energía. El cuerpo también conserva agua durante periodos de estrés. Para hacer esto, retiene sodio intercambiándolo, y perdiendo potasio por el riñón. Otros nutrientes que son susceptibles al agotamiento son las vitaminas y los minerales, que no son almacenados en el cuerpo en cantidades considerables. Éstas incluyen a las vitaminas hidrosolubles B y C, y la mayor parte de los minerales.

Seguridad del TUM-B

Los compañeros frecuentemente notan, antes que un supervisor, un cambio en el comportamiento o actitud. Esto es en especial verdadero en el caso del SMU, donde se forman relaciones estrechas entre personas que trabajan juntas, y comparten cuartos, comidas e interacción social. Esto puede permitirle ayudar a alguien antes que su funcionamiento en el trabajo se afecte en forma negativa.

Como proveedores de cuidados de salud del SMU, no tenemos control de qué factores estresantes afrontaremos en cualquier día. En consecuencia, el estrés, en una forma u otra, es una parte inevitable de nuestras vidas. Así como uno estudiaría para un examen, vestiría de manera apropiada para un día de esquiar en nieve, o se entrenaría para un evento deportivo, se debe preparar físicamente al cuerpo para el estrés. El acondicionamiento físico y la nutrición apropiada son dos variables sobre las cuales tenemos control absoluto. Sólo con suficiente actividad los músculos crecerán y retendrán proteína. Los huesos no acumularán calcio de manera pasiva: en respuesta al estrés físico del ejercicio almacena calcio y se vuelven más densos, más fuertes. Las comidas regulares bien equilibradas son necesarias para proporcionar los nutrientes que se necesitan para mantener su cuerpo con combustible **Figura 2-6**. Pueden ser necesarias las presentaciones de vitaminas y minerales que proporcionan una mezcla equilibrada de todos los nutrientes para complementar una dieta menos que perfectamente equilibrada.

Sesión del incidente de estrés crítico (SIEC)

Puede ser llamado a una situación tan terrible en la que encuentre difícil responder como fue entrenado. Puede tener una respuesta negativa, inmediata o retrasada, al incidente. No se avergüence por esos sentimientos; casi todos los que responden a ellas han tenido la misma reacción en un momento u otro. Si se siente agobiado retroceda y pida apoyos adicionales. Recuerde que si tiene esos sentimientos de cuando en cuando, su compañero y otros miembros del equipo pueden tenerlos también. Ponga atención en los otros miembros de su equipo. Confirme que están bajo control y actuando de manera apropiada durante un desastre mayor.

Después de una situación estresante o un desastre, puede haber una caída de ánimo emocional, la cual con frecuencia es pasada por alto. Sin embargo, puede ser más importante para atender que la respuesta del contacto inicial. La sesión del incidente de estrés crítico es una forma de atender esta

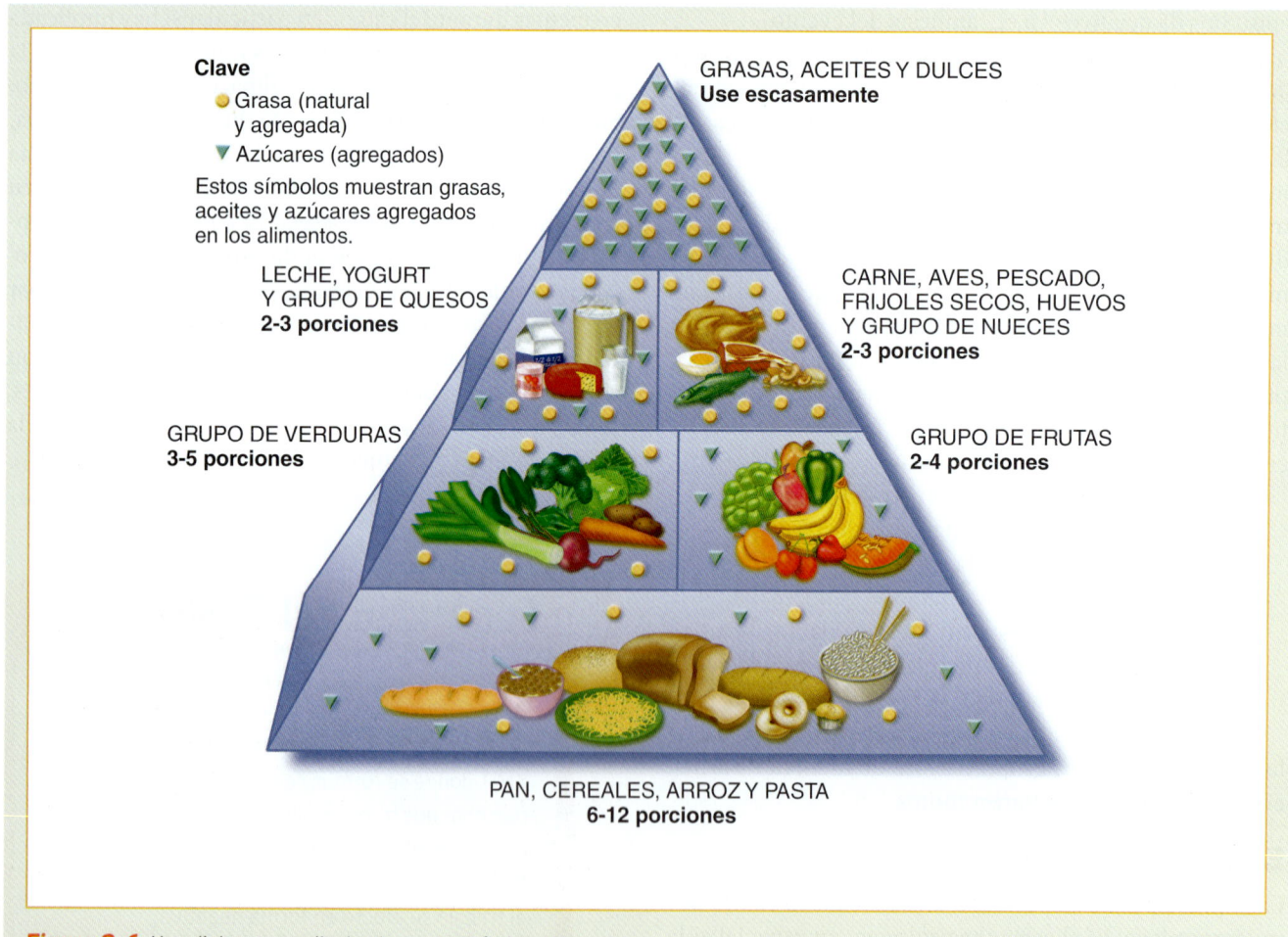

Figura 2-6 Una dieta sana es ilustrada por la pirámide alimenticia.

fase de caída de ánimo emocional. Un incidente crítico es cualquier evento que causa ansiedad y estrés mental a los trabajadores de urgencias. La sesión del incidente de estrés crítico (SIEC) es un programa en el cual se discuten incidentes relacionados con el trabajo que son gravemente estresantes. Estas discusiones se conducen en estricta confidencialidad con otros trabajadores de urgencias que están entrenados en el SIEC. El propósito del SIEC es aliviar ansiedades y estrés personal y de grupo. Aunque ahora se ha utilizado extensamente por muchos años, nunca ha sido demostrado que el SIEC sea eficaz: de hecho, varios estudios recientes indican que puede, en realidad, aumentar el sufrimiento del proveedor y producir peores resultados.

Los equipos de SIEC consisten en pares y profesionales de la salud mental. Usualmente las reuniones se realizan dentro de un plazo de 42 a 72 horas después de un incidente mayor. Las reuniones de SIEC pueden necesitar ser repetidas posteriormente.

Los programas de SIEC pueden ser programados en cualquier parte del país. En general, los equipos de SIEC pueden ser localizados con llamar, para asistencia, al directorio telefónico del área, y solicitar al número del SAPTEL (Sistema de Apoyo Psicológico Telefónico) el cual cuenta con un número de larga distancia nacional sin costo, 01800-4727835.

CUADRO 2-3 Estrategias para manejar el estrés

Cambiar o eliminar factores estresantes.

Cambiar compañeros para evitar una personalidad negativa u hostil.

Cambiar horas de trabajo.

Reducir tiempo extra.

Cambiar de actitud respecto al factor estresante.

No obsesionarse por situaciones frustrantes como alcohólicos recurrentes y transferencias a sanatorios particulares.

Enfocarse en proporcionar cuidados de buena calidad.

Intentar adoptar un aspecto más relajado, filosófico.

Expandir el sistema de soporte social más allá de los colaboradores.

Sostener amistades e intereses fuera de los servicios de urgencias.

Minimizar la respuesta física al estrés empleando técnicas que incluyen:
- Una respiración profunda para asegurar una respuesta airada
- Estiramientos periódicos
- Respiración lenta y profunda
- Ejercicio físico regular
- Relajación muscular progresiva

Manejo del estrés

Hay muchos métodos para manejar el estrés. Algunos son positivos y sanos, otros son perjudiciales o destructivos. Hoy en día se consumen más de 20 toneladas de ácido acetilsalicílico por día, y los médicos prescriben relajantes musculares, tranquilizantes y sedantes, más de 90 millones de veces por año. Aunque estos medicamentos tienen prescripciones correctas, no hacen cosa alguna para combatir el estrés que pueden causar los problemas médicos descritos previamente.

El término "manejo del estrés" se refiere a las prácticas que han mostrado aliviar o eliminar las reacciones de estrés. Pueden implicar cambiar unos cuantos hábitos, cambiar su actitud, y perseverancia (Cuadro 2-3).

Un indicio sobre el manejo del estrés procede del hecho de que no es el propio evento, sino la reacción del individuo, lo que determina cómo forzará los recursos del cuerpo. Recuerde que estrés se define como cualquier cosa que se perciba como una amenaza para su equilibrio. El estrés es una innegable e inevitable parte de la vida diaria. Comprendiendo cómo lo afecta fisiológica, física y psicológicamente, puede manejarlo con más éxito.

Dar soporte a los pacientes en situaciones de urgencia es difícil. Es estresante para ellos, pero también para usted, que es vulnerable a todo el estrés que va con su profesión. Es importante que reconozca los signos del estrés en forma tal que éste no interfiera con su trabajo o su vida privada, incluyendo su vida familiar. Los signos y síntomas del estrés pueden no ser obvios al principio. Más bien es posible que sean sutiles y no estén presentes todo el tiempo (Cuadro 2-4).

Las siguientes secciones proporcionan algunas sugerencias sobre cómo hacer frente al estrés. Algunas de ellas pueden ser útiles para prevenir problemas. Otras, pueden ayudar a resolver problemas en caso de que se presenten.

Cambios en el estilo de vida

Su bienestar es de capital importancia para las operaciones eficaces del SMU. La eficacia y eficiencia con las que hace su trabajo dependen de su habilidad para estar en buena forma y evitar el riesgo de una lesión personal. El agotamiento es un estado de fatiga crónica y frustración que resulta de acumular estrés con el tiempo. Para evitar el agotamiento necesita estar en buena condición física y mental. Esté consciente de los peligros potenciales en los rescates y la atención médica de urgencia. También debe aprender cómo evitar o prevenir lesiones o enfermedades.

CUADRO 2-4 Signos de advertencia de estrés

Irritabilidad hacia colaboradores, familiares y amigos
Incapacidad para concentrarse
Dificultad para dormir, sueño creciente, o pesadillas
Ansiedad
Indecisión
Sentimiento de culpa
Pérdida del apetito (trastornos gastrointestinales)
Pérdida de interés en actividades sexuales
Aislamiento
Pérdida de interés en el trabajo
Aumento en el consumo de alcohol
Farmacodependencia

Tips para el TUM-B

Cuidar a los pacientes puede ser muy gratificante; sin embargo, también puede ser considerablemente estresante. Reconocer el estrés es una parte clave de afrontarlo con éxito y de mantener una actitud mental sana.

Encontrará situaciones que desearía poder cambiar: niños abusados, pacientes ancianos descuidados, alcohólicos y otras condiciones perturbadoras. Debe encontrar un equilibrio entre hacer lo que puede por estos pacientes y protegerse del agotamiento o completa insensibilidad. No obstante, a veces tendrá la oportunidad de ayudar informando un caso de abuso, de acuerdo con el protocolo local, o incluso exhibiendo una actitud de afecto. Aun estas cosas pueden hacer una profunda diferencia en las vidas de sus pacientes.

Nutrición

Para funcionar de manera eficiente debe comer alimentos nutritivos. Los alimentos son el combustible que hace correr al cuerpo. El ejercicio físico y el estrés que forman parte de su trabajo requieren un alto gasto de energía. Si no tiene lista una fuente de combustible, su funcionamiento puede ser menos que satisfactorio. Esto puede ser peligroso para usted, su compañero y su paciente. Por tanto, es importante que aprenda y siga las reglas de una buena nutrición.

Los dulces y las bebidas gaseosas contienen azúcar. Estos alimentos se absorben rápidamente y se convierten en combustible para el cuerpo. Pero los azúcares simples también estimulan la producción de insulina por el cuerpo, la cual reduce los niveles de glucosa en la sangre. En algunas personas, comer abundante azúcar puede en realidad dar por resultado niveles más bajos de energía.

Los carbohidratos complejos siguen a los azúcares simples en su capacidad para producir energía. Los carbohidratos complejos, como la pasta, el arroz, y las verduras, están entre las fuentes más seguras y confiables para la producción de energía a largo plazo. Sin embargo, algunos carbohidratos tardan horas para convertirse en un combustible utilizable por el cuerpo.

Las grasas también se convierten con facilidad en energía, pero comer demasiada grasa puede conducir a obesidad, cardiopatía, y otros problemas de salud a largo plazo. Las proteínas de la carne, pescado, pollo, frijoles y queso tardan varias horas para convertirse en energía.

Lleve consigo un abasto individual de alimento de alta energía para ayudar a mantener sus niveles. Figura 2-7 ▶. Después de una comida abundante, la sangre que es necesaria para el proceso digestivo no está disponible para otras actividades.

También debe asegurarse de que mantiene una ingestión adecuada de agua Figura 2-8 ▶. La hidratación es importante para el correcto funcionamiento. Los líquidos pueden ser fácilmente recuperados bebiendo cualquier líquido no alcohólico, no cafeinado. El agua es, en general, el mejor líquido disponible. El cuerpo la absorbe más rápido que cualquier otro. Evite líquidos que contengan altos niveles de azúcar. Éstos pueden, de hecho, hacer más lenta la velocidad de absorción de líquido por el cuerpo, y causar malestar abdominal. Una señal de hidratación adecuada es la micción frecuente. La micción infrecuente o la orina que tiene un color amarillo oscuro indican deshidratación.

Ejercicio y relajación

Un programa regular de ejercicio aumentará los beneficios de mantener una buena nutrición. Cuando está en buena condición física puede manejar el estrés más fácilmente. Un programa regular de ejercicio aumentará su fuerza y resistencia Figura 2-9 ▶. Es posible que desee practicar técnicas de relajación, meditación e imaginación visual.

Equilibrar trabajo, familia y salud

Como TUM-B, con frecuencia será llamado a asistir al enfermo y lesionado a cualquier hora del día o de la noche. Por desgracia no hay rima o razón alguna en el mo-

Figura 2-7 Lleve un abasto de alimento de alta energía consigo para que pueda mantener sus niveles de energía.

Figura 2-9 Un programa regular de ejercicio aumentará su fuerza y resistencia.

Figura 2-8 Mantenga una ingestión de líquido adecuada bebiendo abundante agua u otro líquido no alcohólico, libre de cafeína.

mento de la enfermedad, lesión, o transferencia entre los servicios. Los TUM-B voluntarios a menudo pueden ser llamados lejos de su familia o amigos durante actividades sociales. Es posible que se requiera que los trabajadores de turnos estén separados de sus seres queridos por periodos prolongados. Nunca debe permitir que su trabajo interfiera excesivamente con sus necesidades. Encuentre un equilibrio entre el trabajo y la familia; se lo debe a sí mismo y a ellos. Es importante asegurar que dispone del tiempo que necesita para relajarse con su familia y amigos.

También es importante darse cuenta de que es posible que colegas del trabajo, familia y amigos, con frecuencia no puedan comprender el estrés causado por responder a las llamadas del SMU. Como resultado de una "mala llamada" puede suceder que no se sienta bien como para salir al cine o asistir a un evento que ha sido planeado por algún tiempo. En estas situaciones, un equipo de incidente de estrés crítico, o sesiones de información conducidas por la unidad del TUM del programa de apoyo al empleado, pueden asistirlo en la solución de esos problemas.

Cuando sea posible, cambie su programación para darse un tiempo de descanso. Si su SMU le permite moverse de delegación a delegación, promueva su rotación para reducir o variar el volumen de llamadas. Tome vacaciones para favorecer su buena salud, en forma tal que sea capaz de responder de manera adecuada la siguiente vez que sea requerido. Si en algún punto siente que el estrés del trabajo es más de lo que puede manejar, busque ayuda. Quizá quiera exponer su estrés informalmente con su familia o colegas del trabajo; la ayuda de un equipo más experimentado puede ser invaluable. También podrá desear obtener ayuda de consejeros pares, u otros profesionales. La búsqueda de ayuda no lo hace ver débil ante los ojos de otros. Más bien, muestra que está en control de su vida.

Temas del sitio de trabajo

Como la sociedad sigue volviéndose más y más diversa culturalmente, es posible que algunos grupos que antes estaban satisfechos en aceptar y participar en la corriente principal de las tradiciones culturales, busquen ahora afirmar, preservar, y nutrir sus diferencias. Al ser más variada culturalmente nuestra sociedad, también lo hacen los sitios de trabajo de los SMU. Habrá desafíos mientras sigan ocurriendo estos cambios. Si tiene problema al trabajar con algún grupo en particular, debe manifestarlo antes de terminar su entrenamiento de TUM-B. Se requieren TUM-B que proporcionen a todos los pacientes un estándar de calidad igual y, además, sean capaces de trabajar eficiente y eficazmente con otros profesionales de la atención médica de urgencias con una diversidad de orígenes.

Diversidad cultural en el trabajo

Cada individuo es diferente, y usted debe comunicarse con sus compañeros de trabajo y pacientes en una forma que sea sensible a las necesidades de todos ellos **Figura 2-10**). Vea a la diversidad cultural como un recurso, y obtenga el mayor beneficio de las diferencias entre las personas del SMU, permitiendo así que proporcionen cuidados óptimos al paciente. Al volverse más diversa culturalmente la seguridad pública del sitio de trabajo, pueden ocurrir cambios que podrían considerarse perturbadores. Es posible construir la fuerza de su grupo de trabajo mediante el uso de la diversidad.

Durante muchos años, los SMU y la seguridad pública han sido dominados por hombres, aunque en menor grado que los departamentos de policía y bomberos, debido a la implicación tradicional de enfermeras en el SMU. Esta tendencia continúa declinando; más mujeres y minorías están trabajando en seguridad pública. El TUM-B proactivo entiende los beneficios de usar la diversidad cultural para mejorar los cuidados del paciente, y espera trabajar junto con personas de diferentes orígenes, y aceptar sus diferencias.

Figura 2-10 Comuníquese con sus compañeros de trabajo en una forma que sea sensible y respetuosa de diferencias individuales.

Como una rama de la seguridad pública, el SMU no ha existido tanto como los departamentos de la ley y de bomberos. Por tanto, puede haber menos resistencia a la diversidad en el SMU que en otras áreas de seguridad pública. Dependiendo de su experiencia de trabajo, usted puede haber trabajado, o no, con personas de orígenes, actitudes, creencias y valores diversos.

En comparación con sitios de trabajo tradicionales, el SMU puede parecer un caos. Las personas que trabajan en una oficina o unidad de manufactura pueden razonablemente esperar ir al trabajo todos los días, ver a las mismas personas, y realizar básicamente las mismas tareas. En el trabajo de SMU y seguridad pública, usted está expuesto a gente en crisis. Esta exposición exhibe las características y cualidades que sus compañeros y colaboradores usan para manejar su estrés. Es posible que los compañeros de trabajo en sitios de trabajo tradicionales no tengan la disposición de mostrar su propio punto de vista a otros. La SIEC después de la llamada ayudará en este proceso.

La diversidad cultural en el SMU permite que los TUM-B disfruten los beneficios de acentuar las destrezas de una gran cantidad de gente. Cuando acepta a sus compañeros de trabajo como individuos, se elimina la necesidad de integrarlos a papeles de actuación rígidos. Para ser más sensible a los temas de diversidad cultural, debe primero tener conciencia de sus propios antecedentes culturales. Pregúntese, "¿Cuáles son mis propias impresiones respecto a raza, color, religión y etnicidad?". Como la cultura no está restringida a diferentes nacionalidades, también debe considerar la edad, limitaciones, sexo, orientación sexual, estado conyugal, experiencia de trabajo y educación.

En deportes usted juega a las fortalezas de su equipo. Por ejemplo, en futbol las líneas ofensivas tienen un lado rápido y un lado fuerte, y recurren hacia uno de los lados dependiendo de la situación. Como parte de un equipo eficaz de TUM, puede hacer parte de su equipo de cultura actuar contando con las fortalezas de su grupo. Esto puede ser difícil de realizar, pero una vez que inicia el proceso, los beneficios, en términos de mejoramiento de los cuidados del paciente, son inmensurables.

Su eficacia como TUM-B

Para ser un TUM-B eficaz, necesita descubrir las diferentes necesidades culturales de sus compañeros de trabajo, así como las de sus pacientes y sus familias. Aunque no es realista esperar que los TUM-B se conviertan en expertos en las diversas culturas, con conocimientos sobre todas las etnicidades, debe aprender cómo relacionarse de manera eficaz.

El trabajo de equipo es esencial en salud pública y en SMU. Para poder trabajar con eficacia como un equipo, necesita comunicarse para encarar una diversidad de temas culturales.

Como un profesional de cuidados de la salud, debe intentar desempeñar un papel de modelo para nuevos TUM-B, mostrándoles el valor de la diversidad. Si está trabajando con un compañero de trabajo o con un paciente de un grupo cultural particular, sea cuidadoso sobre cualquier opinión que se haya formado respecto a ese grupo. No asuma que hay una barrera de lenguaje, y no pretenda justificarse diciendo, "Algunos de mis mejores amigos …". Existen legítimas diferencias en que algunas culturas responden al estrés. Por ejemplo, debe estar preparado para aceptar que personas con diferentes culturas respondan en forma distinta a la muerte de un ser querido.

Cuando está trabajando con pacientes, o es llamado al hospital por radio, es posible que otros TUM-B sean sensibles a la forma en que trata a pacientes de su grupo cultural. Por tanto, cuando se refiera a los pacientes debe usar una terminología apropiada. Evite usar términos como "inválido", "deformado", "sordo", "embotado", "loco", y "retardado", cuando se refiera a pacientes. Aun la palabra "impedido" tiene una connotación negativa. En su lugar use el término "incapacitado", y describa la incapacidad específica.

Quizás quiera considerar tomar cursos de entrenamiento en múltiples lenguas. Esto no sólo será útil para comunicarse con sus compañeros de trabajo; ayudará a mejorar la comunicación con sus pacientes y lo sensibilizará a la riqueza cultural de las personas que están usando ese lenguaje.

Aun la percepción de discriminación puede debilitar la moral y la motivación, y afectar negativamente el objetivo del SMU. Por tanto, para lograr los beneficios de la diversidad cultural en el sitio de trabajo del SMU, los TUM-B deben comprender cómo comunicarse eficazmente con colaboradores de diversos orígenes.

Evitar el acoso sexual

El acoso sexual es una petición, no recibida con agrado, de favores sexuales, u otra conducta verbal o física, no bienvenida, de naturaleza sexual, cuando se impone como una condición de empleo, sometiendo o rechazando, es una condición para una decisión de empleo, o cuando tal conducta interfiere con la actuación o crea un ambiente hostil u ofensivo, o ambas cosas.

Existen dos tipos de acoso sexual: quid pro quo (el acosador pide favores sexuales en intercambio de alguna otra cosa, como una promoción) y un ambiente de trabajo hostil (bromas, manoseos, miradas maliciosas, peticiones de citas, hablar sobre partes del cuerpo). En la actualidad, setenta por ciento del acoso sexual se considera como trabajo en ambiente hostil. Recuerde, no importa cuál haya sido la intención del acosador ni quién fue, lo importante es la percepción de la otra persona, y cuál es el efecto que tiene sobre ella. Durante muchos años, no era excepcional entrar a una estación de bomberos y ver carteles, calendarios, o caricaturas sexualmente sugerentes, y escuchar chistes o comentarios sexuales. Esta situación está cambiando debido a que no es una práctica profesional aceptable.

Como los TUM-B y otros profesionales de seguridad pública dependen unos de otros, es en especial importante intentar fomentar relaciones no antagónicas con los colaboradores. La mayor parte de los servicios de SMU y estaciones de bomberos disponen de arreglos en diferentes cuartos con literas para mujeres y hombres. Si éste no es el caso en su servicio, debe discutirlo con su superior y hablar abiertamente con sus colaboradores del sexo opuesto para permitirles intimidad.

Si usted está preocupado por una conducta particular, puede ser útil hacerse las siguientes preguntas: "¿Haría esto frente a mi cónyuge, otra persona significativa, o mis

---

Situación de urgencia — Parte 4

A lo largo de varios meses de usar técnicas reductoras del estrés, como las descritas arriba, usted siente que su vida personal y profesional se ha vuelto más sana. Las relaciones con la familia y los amigos son más positivas, y su actividad en el trabajo ha aumentado. Se siente más capaz de reconocer el estrés en usted mismo, en sus colaboradores, y en sus pacientes. Sus cuidados médicos se dirigen ahora al paciente total, a sus necesidades tanto físicas como emocionales. Reconoce que aunque no es un terapeuta licenciado, decir una palabra amable, reconocer los sentimientos, y dirigir a los pacientes a un consejero profesional, cuando es necesario, resulta positivo en su calidad de vida.

7. ¿Qué recursos locales utilizaría para el cuidado total del paciente? Por ejemplo, ¿conoce, o se ha reunido con representantes de agencias sobre envejecimiento y cuidados a largo plazo, en su área?

padres?". "¿Querría exponer a miembros de mi familia a esta conducta?". "¿Desearía ver mi conducta videograbada y exhibida en las noticias esta noche?".

Si ha sido acosada, debe informarlo de inmediato a su supervisor, y conservar notas de lo sucedido, y de lo que fue dicho. Debe confrontar al acosador si se siente cómoda al hacerlo; no obstante, esto puede no ser para todos. Si se le pide una cita, diga "No estoy interesada". Si algunos comentarios o manoseos la ofenden, diga "Por favor no me diga o haga eso; me ofende".

Abuso de sustancias

En el pasado, parte del ritual del servicio de bomberos era regresar a la estación después del incendio, limpiar y mantener el equipo, y comentar la llamada. En algunas locaciones no era raro tomar algunas cervezas. El SMU hoy es muy diferente del servicio de ambulancias de hace 20 años.

El uso de drogas y alcohol en el sitio de trabajo causa aumento en accidentes y tensión entre los trabajadores pero, lo que es más importante, puede llevar a decisiones de tratamiento deficientes. El personal del SMU que usa o abusa de sustancias, como el alcohol o la mariguana, tiene más probabilidades de tener problemas con sus hábitos de trabajo, y como resultado sus licencias de conducir pueden ser revocadas. Es posible que estén ausentes del trabajo más que otros compañeros. Si el uso o abuso ha sucedido horas antes de empezar su turno, puede disminuirse su capacidad para proporcionar atención médica de urgencia a causa del deterioro mental o físico. Debido a la gravedad del abuso de las sustancias, muchos sistemas de SMU requieren ahora que su personal se someta a pruebas aleatorias sobre el uso de drogas ilegales. Como los trabajadores de seguridad pública dependen tanto de sus compañeros de trabajo para su propia seguridad, es aún más importante que se encuentren formas para tratar este problema.

Como TUM-B, usted será testigo de primera mano de los tremendos efectos de la violencia, los traumatismos y la enfermedad. Más allá de las SIEC, los miembros de la comunidad de seguridad pública tienen una forma de cubrirse entre ellos. Es importante comprender que la conducta problemática usualmente empeora antes de mejorar. Por desgracia la imagen estereotipada del alcohólico o adicto en el arroyo, o en una parte urbana de la población, con frecuencia ciega al personal de SMU sobre la existencia de un problema de drogas o alcohol de un compañero de trabajo. No todas las personas con un problema de abuso de sustancias corresponden al estereotipo.

Como miembro del equipo del SMU usted es responsable de responder a las necesidades de atención médica de la comunidad. Los riesgos en el sitio de trabajo del SMU son múltiples. Si usted, o alguno de los miembros de su equipo, tiene un problema de alcohol o alguna otra droga, estos riesgos aumentan. Además, el uso de drogas que ocurre fuera del trabajo no necesariamente reduce el riesgo. Aunque varía de estado a estado, un arresto relacionado con drogas o alcohol, da por resultado la revocación de algunos, o todos, los privilegios de conducir, y aun la pérdida de certificación de TUM. Debido al enorme riesgo potencial, es crítico que los TUM-B busquen ayuda o encuentren una forma de confrontar a su pareja o compañero de trabajo, aun cuando habrá una considerable presión para permitir que la conducta continúe. Los adictos y los alcohólicos desarrollan una gran destreza para cubrir su conducta; usted aun puede decidir no incomodar a su colega porque siente que ha tomado demasiadas llamadas difíciles últimamente y necesita descargar la presión. No permita que esto suceda. Tiene que encontrar una forma de confrontar a una persona que tiene un problema de abuso de sustancias. A causa del tremendo riesgo que representa para los pacientes, el público, y otros miembros del equipo, tiene un legítimo derecho de confrontar a los colaboradores con problemas de drogas y alcohol.

Cuando confronte a un compañero de trabajo con un problema potencial de drogas o alcohol, aclárele que si el problema es personal, es responsabilidad de él resolverlo. Usted tiene el poder para ayudarlo. En muchos sitios de trabajo con frecuencia los colaboradores observan un cambio en la conducta o actitud de sus compañeros, antes de que lo perciba el supervisor. Esto sucede mucho en el caso del SMU por la estrecha relación entre las personas que trabajan en la ambulancia por las múltiples horas en que comparten cuartos, comidas e interacción social mientras esperan la siguiente llamada. Esto puede permitirle ayudar a alguna persona antes de que su funcionamiento en el trabajo sea afectado de manera negativa.

Para ayudar a reducir el potencial uso de drogas y alcohol en el sitio de trabajo, los TUM-B pueden aprender lo referente al alcohol y otras drogas. Más allá de seguir la política de la institución, ellos pueden concordar en lo que

> **Seguridad del TUM-B**
>
> El abuso de sustancias no sólo reduce la capacidad del proveedor del SMU para proporcionar cuidados al paciente, también compromete la seguridad de él y de otros miembros del equipo. Ignorar un problema de abuso de sustancias lo sitúa a usted, y a aquellos con los que trabaja, en gran riesgo.

constituye una conducta inaceptable. El mejor momento para confrontar estos temas suele ser después de una llamada. La gerencia establece el tono de estos temas, pero los TUM-B más antiguos pueden recalcar a los más nuevos que el abuso de drogas y alcohol no serán tolerados.

En un ambiente de manufactura u oficina, el supervisor refiere a los empleados con problemas a programas de asistencia para el empleado (PAE). Las operaciones del SMU no se prestan fácilmente a los PAE. La operaciones pueden estar esparcidas geográficamente, con supervisión mínima y horas de trabajo irregulares. Las llamadas pueden variar de una llamada relativamente simple de cinco minutos, a incidentes complejos de desastres masivos, que duran varias horas. Sus compañeros pueden cambiar regularmente, y como dependen tanto unos de otros para su seguridad, habrá presión para no mover las cosas. No está acusando a alguien, puede estar salvando su vida. Su compañero de trabajo puede ser un gran TUM-B, pero si tiene problemas de abuso de sustancias no resueltos, el riesgo para sus compañeros TUM-B y sus pacientes es demasiado grande. La ocurrencia de un incidente relacionado con abuso de sustancias durante una llamada, puede aumentar dramáticamente la carga de trabajo para los respondientes de urgencias, cuando acuden a asistirlo. La intervención temprana es la mejor forma para asegurar un sitio de trabajo seguro, libre de alcohol y drogas.

Seguridad de la escena y protección personal

La seguridad personal de todos los implicados en una situación de urgencia es muy importante. De hecho, lo es tanto que se han dado grandes pasos para que la preservación de la seguridad personal sea automática. Un segundo accidente en la escena o una lesión a usted o a su compañero, crea más problemas, retrasa los cuidados médicos de urgencia para los pacientes, aumenta la carga de otros TUM-B, y puede resultar en una lesión innecesaria, o la muerte.

Debe comenzar protegiéndose tan pronto como es enviado al servicio. Antes de salir para el sitio del incidente, empiece preparándose tanto mental como físicamente. Rumbo a la escena, asegúrese de usar los cinturones y dispositivos de seguridad para los hombros, y manténgalos colocados en todo momento, a menos que el paciente lo haga imposible (Figura 2-11). Muchas unidades del SMU tienen políticas obligatorias de cinturones de seguridad para el conductor en todo momento, para los TUM-B durante el tránsito a la escena, y para cualquier persona que acompañe al paciente.

Protegerse en la escena es también muy importante. Un segundo accidente puede dañarlo a usted y a su compañero, agregarle otra lesión al paciente y a los de la ambulancia. La escena debe estar bien señalizada (Figura 2-12). Si los ejecutores de la ley aún no lo han hecho, debe asegurarse de que se coloquen los dispositivos de advertencia a una distancia suficiente de la escena. Esto alertará a los automovilistas que vengan de ambas direcciones de que se ha producido un choque. Debe estacionar la ambulancia a una distancia segura, pero conveniente, de la escena. Antes de intentar acceder a los pacientes que están atrapados en el vehículo, verifique la estabilidad del mismo y luego tome todas las medidas para asegurarlo.

Figura 2-11 Use cinturones de seguridad y tirantes de hombro rumbo a la escena.

Figura 2-12 Asegúrese de que la escena del choque esté bien marcada para prevenir un segundo choque que pueda dañar la ambulancia o causarle una lesión a usted, a su compañero, o al paciente.

Figura 2-13 Use emblemas o ropa reflejante para ayudarlo a ser más visible en la noche y mejorar su seguridad en la oscuridad.

No columpie ni empuje el auto para ver si puede moverse. Esto puede hacer que el auto se voltee y se vaya chocando a una zanja. Si está incierto sobre la seguridad en la escena del choque, espere que individuos apropiadamente entrenados lleguen antes de acercarse.

Cuando se trabaja de noche debe tener luz abundante. La iluminación deficiente aumenta el riesgo de lesión, tanto para usted como para el paciente. También da por resultado pobres cuidados médicos de urgencia. Los emblemas o ropas reflejantes ayudan a hacerlo más visible en la noche y disminuyen su riesgo de lesión Figura 2-13.

Enfermedades contagiosas

Como TUM-B será llamado para tratar y transportar pacientes con una diversidad de enfermedades contagiosas e infecciosas. La mayoría de estas enfermedades son mucho más difíciles de adquirirse de lo que se cree comúnmente. Además, se dispone de muchas inmunizaciones, técnicas protectoras y dispositivos que pueden minimizar el riesgo de infección del proveedor de cuidados de la salud. Cuando se usan estas medidas protectoras, el riesgo de que éste contraiga una enfermedad contagiosa grave es insignificante.

Vías de transmisión

Aunque las infecciones son el resultado de una invasión anormal de espacios y tejidos corporales por microorganismos, diferentes gérmenes usan distintos medios de ataque. Nos referimos a esto como mecanismos de transmisión.

Tips para el TUM-B

Infeccioso, contagioso o transmisible

Muchas personas confunden los términos "infeccioso" y "contagioso". De hecho, todas las enfermedades contagiosas son infecciosas, pero sólo algunas enfermedades infecciosas son contagiosas. Las enfermedades infecciosas que no son contagiosas, como la neumonía, causada por la bacteria *pneumococcus*, no se transmitirán directamente de una persona a otra. Sin embargo, las enfermedades infecciosas que son contagiosas, como la del virus de la hepatitis B, se pueden transmitir entre personas.

Una infección es una invasión anormal de un huésped, o tejido huésped, por organismos, como bacterias, virus o parásitos. Un patógeno es un microorganismo capaz de causar enfermedad en un huésped. Un huésped es, simplemente, el organismo o individuo que es invadido.

Una enfermedad infecciosa es causada por una infección. Por ejemplo, la enfermedad de Lyme es una enfermedad infecciosa causada por la bacteria *Borrelia burgdorferi*, que vive en las garrapatas del venado; sin embargo, no es contagiosa. De nuevo, una enfermedad contagiosa o transmisible se puede transmitir de una persona a otra. La única forma de adquirir la enfermedad de Lyme es ser mordido por una garrapata de venado.

La transmisión es la forma en la que se propaga un agente infeccioso. Hay tres tipos de transmisión: directa, indirecta y por vía aérea. La transmisión indirecta puede ser transportada por un vehículo o un vector. En este contexto, "vehículo" significa un objeto inanimado, mientras que "vector" quiere decir un objeto vivo. Las gotitas y el polvo son los tipos de transmisión aérea Cuadro 2-5.

Reducción del riesgo y prevención

Precauciones universales y aislamiento de sustancias corporales

En Estados Unidos la Occupational Safety and Health Admnistration (OSHA) y en México la Secretaría del Trabajo y Previsión Social (STPS) y la Secretaría de

CUADRO 2-5 Mecanismos de transmisión de enfermedades infecciosas

En este cuadro (Datos tomados de Benenson AS (ed): *Control of Communicable Diseases in Man*, 15th edition, Washington,DC, Asociación Estadounidense de Salud Pública, 1990) se presentan las vías de transmisión y algunos ejemplos. Recuerde, aunque algunos gérmenes con frecuencia causan enfermedad después de la transmisión, es mucho más probable que la transmisión a un huésped susceptible cause una infección asintomática y colonización.

Vía	Descripciones	Fuente	Ejemplos
PRECAUCIONES UNIVERSALES			
Directa	Contacto ya sea directo con la persona o gotitas esparcidas (p.ej., al estornudar o toser)	Contacto ordinario	Sarampión, paperas, varicela, meningitis bacteriana, influenza, difteria, herpes simple
		Contacto sexual	Sífilis, gonorrea, infección por VIH, hepatitis B, herpes simple
Indirecta			
Trasmitida por vehículo	Esparcido por objetos inanimados (p.ej., alimentos, agujas, ropa, sangre transfundida)	Alimentos o agua	Hepatitis A, B, C, salmonella, *Shigella*, poliomielitis
		Sangre	Infección por VIH
		Otros	Sarampión, tétanos
Trasmitida por vehículo			
Mecánica	Simple transporte por insectos. El vector simplemente lleva los gérmenes.	Moscas domésticas	*Shigella*
Biológica	Transmisión por insecto en el cual el germen vive y crece.	Garrapatas	Enfermedad de Lyme, fiebre manchada de las montañas rocosas
		Mosquitos	Paludismo, encefalitis equina
PRECAUCIONES DE ENFERMEDADES TRANSMITIDAS POR EL AIRE			
Trasmitidas por el aire			
Núcleos de gotitas	Residuos después de evaporación parcial de gotitas. Los gérmenes pueden permanecer viables, y las gotitas permanecer suspendidas por periodos prolongados		*Mycobacterium tuberculosis*, varicela
Polvo	Pequeñas partículas de polvo del suelo pueden transportar esporas de hongos y quedarse en el aire por periodos prolongados		Histoplasma, *Coccidioides*, *Mycobacterium avium-intracellulare*

Salud (SSA) elaboran y publican directrices referentes a la reducción de riesgos en el sitio de trabajo; también es responsable de ejecutar estas directrices. La STPS y la SSA requiere que todos los TUM-B así como todos los profesionales de la salud sean entrenados en el manejo de microbios patógenos de la sangre y en aproximarse a los pacientes que puedan tener una enfermedad contagiosa o infecciosa. El entrenamiento debe ser acerca de varios temas, como precauciones con la sangre y líquidos corporales, precauciones contra la transmisión por vía aérea, y contra la contaminación.

Como los trabajadores en cuidados de la salud están expuestos a tantos tipos diferentes de infecciones, la SSA y la STPS diseñaron un conjunto de **precauciones universales** para que estos trabajadores las usen en el tratamiento de pacientes. Estas medidas protectoras están diseñadas para prevenir a los trabajadores de entrar en contacto con microorganismos transportados por pacientes. El **contacto directo** es la exposición o transmisión de una enfermedad contagiosa de una persona a otra, por contacto físico. La gonorrea es un ejemplo de una enfermedad transmitida por contacto directo (sexual). La **exposición** es el contacto con sangre, líquidos corporales, tejidos, o gotitas conducidas por el aire, por contacto directo o indirecto. El contacto indirecto es la exposición o transmisión de una enfermedad de una persona a otra por contacto con un objeto contaminado. Los catarros comunes son probablemente propagados en esta forma.

El objetivo de las precauciones universales es interrumpir la transmisión de microorganismos con lo que disminuirá la probabilidad de que entre en contacto con ellos. Las precauciones universales no lo son en el sentido de que ayuden a protegerlo contra todas las enfermedades infecciosas. En vez de esto, la palabra "universal" significa recordarle que emplee precauciones en todas las situaciones en que tiene contacto directo con el paciente. Es imposible decir si un individuo está libre de una enfermedad contagiosa, aun si parece estar sano. Por tanto, siempre debe tomar precauciones.

También puede reducir su riesgo de exposición siguiendo precauciones de aislamiento de sustancias corporales (ASC). El ASC es el concepto preferido de control de la infección. ASC difiere de las precauciones universales en que está diseñado para considerar a todos los líquidos corporales como potencialmente infecciosos. Al observar las precauciones universales, asume que sólo la sangre y ciertos líquidos corporales tienen un riesgo de transmisión de hepatitis B y del virus de inmunodeficiencia humana (VIH). En 1988, el CDC (Centro de Control y Prevención de Enfermedades de Estados Unidos) retiró muchos líquidos corporales como sudor, lágrimas, saliva, orina, heces, vómito, secreciones nasales y esputo, de la categoría del riesgo, a menos que estos líquidos contengan sangre visible. Sin embargo, en la oscuridad puede no serle posible ver sangre alguna. Por tanto, SMU sigue el concepto ASC en vez de confiar en las precauciones universales.

Hemos aprendido que las enfermedades infecciosas son transmitidas por vía directa, indirecta, o por el aire. Las vías comunes por las cuales la enfermedad puede propagarse en los hospitales incluyen a las siguientes:

- Sangre o salpicadura de líquido
- Contaminación de una superficie
- Exposición a piquete de aguja
- Contaminación bucal por lavado de manos inapropiado

Lavado apropiado de manos

El lavado de manos apropiado es, quizás, una de las formas simples, y sin embargo, más eficaces, de controlar la transmisión de enfermedades. Debe lavarse siempre las manos antes y después de entrar en contacto con un paciente, independientemente de que use guantes. Mientras más tiempo permanezcan los microorganismos con usted, mayores serán las probabilidades de que pasen a través de sus barreras. Aunque el agua y el jabón no sean protectores en todos los casos, en ocasiones su uso proporciona una excelente protección contra transmisión ulterior de su piel a otros.

Si no se dispone de agua corriente, puede usar sustitutos de lavado de manos sin agua Figura 2-14 ▼. Cuando use un sustituto sin agua en el campo, asegúrese de lavarse las manos al regresar al hospital.

El procedimiento apropiado para lavarse las manos es como sigue:

1. Use jabón y agua caliente.
2. Friccione sus manos juntas por cuando menos 10 a 15 segundos para formar espuma. Ponga atención particular en sus uñas.
3. Enjuague sus manos y séquelas con toalla de papel.
4. Use la toalla de papel para cerrar la llave.

Guantes y protección ocular

Los guantes y la protección de los ojos son el estándar mínimo en el cuidado de todos los pacientes, cuando hay posibilidad de exposición a sangre o líquidos corporales. Los guantes, tanto de vinilo como de látex, proporcionan protección adecuada. Su delegación puede preferir un tipo de guante sobre otro, o puede escogerlo usted mismo. Debe evaluar cada situación y escoger el guante que funcione mejor. (Algunos individuos son alérgicos al látex; si sospecha que usted lo es consulte a su supervisor.) Es posible que los guantes de vinilo sean mejores para exámenes regulares y los de látex sean más adecuados para procedimientos invasivos. Nunca use guantes de vinilo o látex para labores de limpieza. Cambie los guantes de látex si

Figura 2-14 Cuando no disponga de agua corriente, use una solución para lavarse las manos sin agua. Asegúrese de lavarlas con jabón una vez que llegue al hospital.

han sido expuestos a aceite de motores, gasolina, o cualquier producto con base de petróleo. No use vaselina con guantes de látex. Cuando haya una hemorragia sustancial use guantes dobles; también puede hacerlo si estará expuesto a volúmenes grandes de otros líquidos corporales. Asegúrese de cambiarse los guantes al pasar de paciente a paciente. Para limpieza y desinfección de la unidad debe usar guantes de servicio de uso pesado (Figura 2-15 ▼). *Nunca debe usar guantes ligeros de vinilo o látex para limpieza.*

Quitarse los guantes de látex o vinilo requiere una técnica metódica para evitar contaminarse con los materiales de los que los guantes lo han protegido (Destrezas 2-1 ▶).

1. **Comience quitándose parcialmente un guante.** Con la otra mano enguantada, pellizque el primer guante por la muñeca —asegurándose de tocar sólo el exterior del primer guante— y comience enrollándolo hacia atrás fuera de la mano, con el interior hacia afuera. Deje expuesto el exterior de los dedos en ese primer guante (**Paso 1**).
2. **Use los dedos de la primera mano,** aún en el guante, para pellizcar la muñeca del segundo guante y comience a tirar de él, enrollándolo, de dentro a afuera, hacia la punta de los dedos como hizo con el primer guante (**Paso 2**).
3. **Continúe tirando del primer guante** hasta que pueda liberar la segunda mano (**Paso 3**).
4. **Con su segunda mano, ahora sin guante,** prenda el interior expuesto del primer guante y tire de él liberando la primera mano, y sobre el ahora libre segundo guante. Asegúrese de tocar sólo superficies interiores limpias con su mano sin guante (**Paso 4**).

Los guantes son el tipo más común de <u>equipo protector personal (EPP).</u> En muchas operaciones de rescate de SMU también debe proteger de lesiones sus manos y muñecas. Puede usar guantes de cuero a prueba de punciones, con guantes de látex por debajo. Esta combinación le permitirá el uso libre de sus manos con la protección agregada de sangre y líquidos corporales. Recuerde que los guantes de látex o vinilo se consideran desechos médicos y deben eliminarse de manera apropiada. Los guantes de cuero deben tratarse como material contaminado hasta que pueden descontaminarse de forma adecuada.

La protección de los ojos es importante en caso de salpicaduras de sangre hacia los ojos (Figura 2-16 ▼). Si esta es una posibilidad, usar gafas (goggles) es su mayor protección. Sin embargo, no necesita usarlas si usa anteojos de prescripción, los cuales son aceptables para protección de los ojos, pero debe agregar aletas laterales removibles cuando esté de servicio. Los lentes de contacto no se consideran protectores oculares.

Batas y mascarillas

Ocasionalmente puede necesitar usar una mascarilla y una bata; ambas proporcionan protección en caso de una salpicadura extensa de sangre. Las batas se pueden usar en situaciones del tipo del parto de un bebé en el campo o un traumatismo mayor. No obstante, usar una bata puede no ser muy práctico en muchas situaciones. De hecho, en algunos casos, una bata puede constituir un riesgo de lesión. Es probable que su delegacion tenga una política referente a las batas; asegúrese de conocerla. Hay momentos en los cuales un cambio de uniforme es preferible

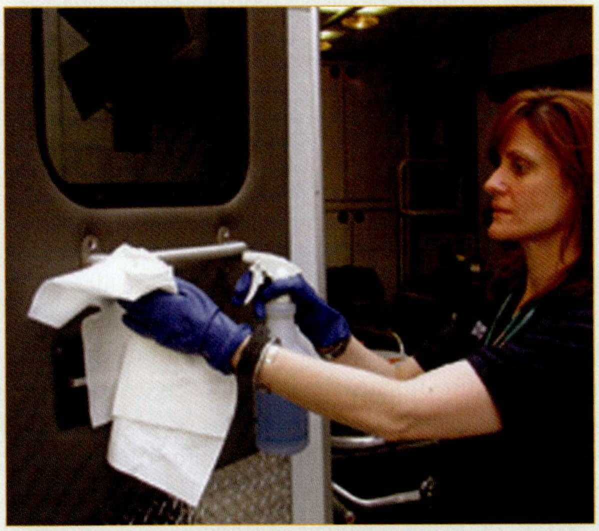

Figura 2-15 Use guantes de trabajo pesado para lavar la unidad. Nunca debe usar guantes ligeros de látex o vinilo para esa limpieza.

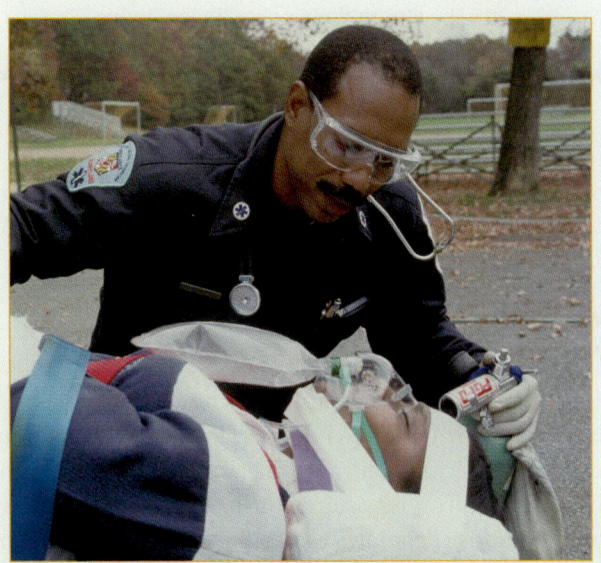

Figura 2-16 Use protección para los ojos para prevenir que una salpicadura de sangre le caiga en los ojos.

Destrezas 2-1

Técnicas apropiadas para quitarse los guantes

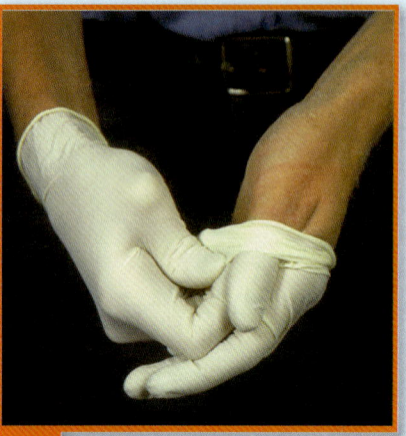

1 Quítese parcialmente el primer guante pellizcando en la muñeca. Tenga cuidado de tocar sólo el exterior del guante.

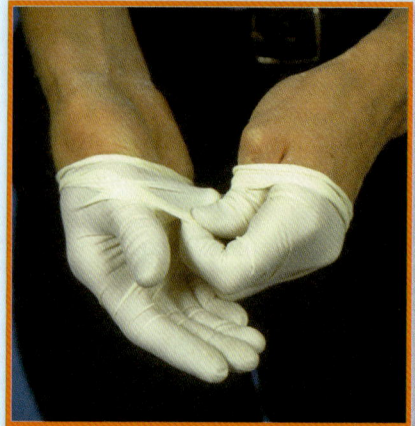

2 Quítese el segundo guante pellizcando el exterior con la mano parcialmente enguantada.

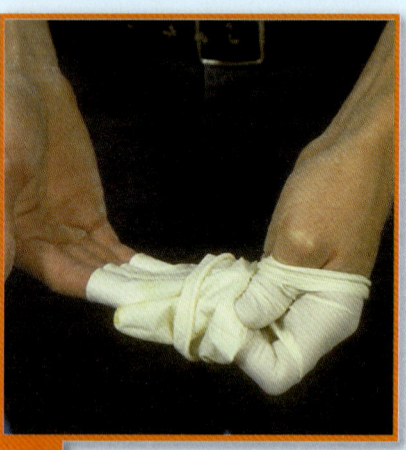

3 Tire el segundo guante de adentro hacia afuera de la punta de los dedos.

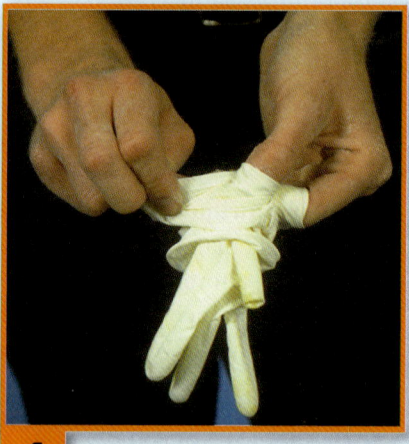

4 Sujete ambos guantes con su mano libre tocando sólo las superficies interiores limpias.

---

ya que intentar eliminar contaminantes con limpieza es difícil, y a veces imposible, sin limpieza y desinfección profesional, o eliminando totalmente el uniforme.

Mascarillas, respiradores y dispositivos de barrera

El uso de mascarillas es un tema complejo, en especial en vista de los requisitos de la STPS y el CDC referentes a la protección contra la tuberculosis. Debe usar una mascarilla quirúrgica estándar si la salpicadura con sangre o líquidos corporales es una posibilidad. Si sospecha que un paciente tiene una enfermedad transmitida por el aire, debe colocarle una mascarilla. Sin embargo, si sospecha que él tiene tuberculosis, colóquele una mascarilla quirúrgica, y un respirador de Partículas de Aire de Alta Eficiencia (HEPA) **Figura 2-17**. Si el paciente necesita oxígeno, colóquele una mascarilla no recirculante en lugar de la mascarilla quirúrgica y fije el flujo de aire de 10 a 15 L/min. En este caso no coloque el respirador HEPA en el paciente; es innecesario e incómodo. Una simple mascarilla quirúrgica reducirá el riesgo de transmisión de microorganismos del paciente al aire. El uso del respirador HEPA debe cumplir con los estándares de la STPS, que indican que el pelo facial, como las patillas largas o el bigote, impedirá un ajuste apropiado.

Aunque no hay casos documentados de transmisión de enfermedad a rescatadores como resultado de practicar reanimación de boca a boca sin protección a un

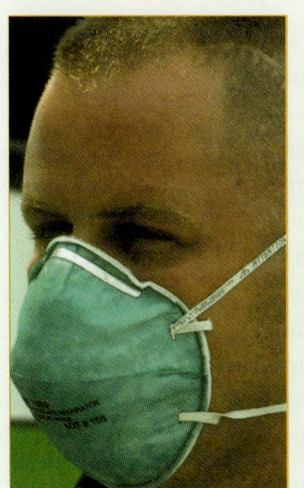
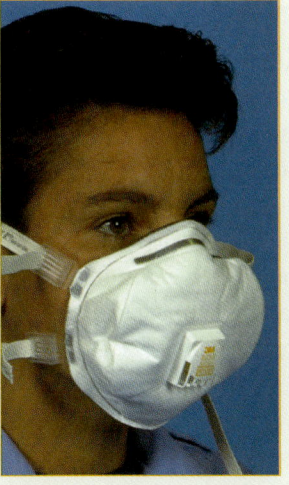

Figura 2-17 Use un respirador HEPA si trata a un paciente que se sospecha tiene tuberculosis.

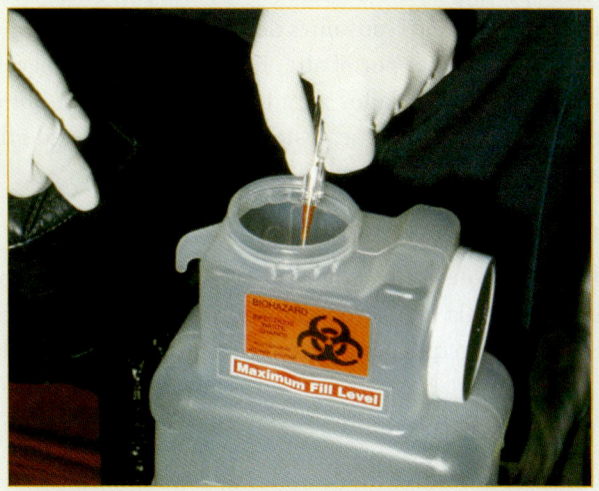

Figura 2-19 Disponga apropiadamente de materiales cortantes en un contenedor cerrado, rígido y marcado.

paciente con infección, debe usar una mascarilla con bolsa reservorio o un dispositivo bolsa-válvula-mascarilla (BVM) (Figura 2-18 ▼). La reanimación de boca a boca raramente es necesaria en una situación de trabajo.

Recuerde que las superficies exteriores de estos elementos se consideran contaminadas después de haber sido expuestas al paciente. Debe asegurarse de que guantes, mascarillas, batas, y todos los demás elementos que han sido expuestos al proceso infeccioso o a la sangre sean eliminados apropiadamente, de acuerdo con las directrices locales (manejo de RPBI, consignados en la norma oficial mexicana correspondiente). Si se pica con una aguja, le cayó sangre o algún líquido corporal en el ojo, o tiene algún tipo de contacto con líquidos corporales del paciente, informe de inmediato el incidente a su supervisor.

Disposición apropiada de materiales cortantes

Sea cuidadoso cuando manipule agujas, bisturís, y otros materiales afilados. La propagación de VIH y hepatitis en servicios de atención médica suele ser relacionada con el manejo descuidado de materiales cortantes.

- No vuelva a tapar, rompa o doble agujas. Aun los individuos más cuidadosos se pueden pinchar accidentalmente.
- Elimine en contenedores rígidos cerrados y aprobados todos los elementos afilados que han estado en contacto con secreciones humanas (Figura 2-19 ▲).

Responsabilidades del empleador

Su empleador no puede garantizar un ambiente 100% libre de riesgo. Tomar el riesgo de exposición, o adquisición de una enfermedad contagiosa, es parte de su trabajo. Usted tiene derecho de saber las enfermedades que pueden representarle un riesgo. Recuerde que su riesgo de infección no es muy alto; sin embargo, las regulaciones de la STPS, en especial para agencias privadas y federales, requieren que a todos los empleados se les ofrezca en el sitio de trabajo un ambiente que reduzca el riesgo de exposición. Nótese que en algunos estados que tienen sus propios planes de la STPS, los empleados estatales y municipales también deben ser cubiertos.

Además de las directrices de OSHA, otras directrices y estándares, incluyendo las del CDC y las del Control Estándar de la Infección 1581 de la Agencia Nacional de Protección de Incendios (NFPA) están dirigidas a reducir

Figura 2-18 Son necesarios dispositivos de barrera como una mascarilla de bolsa, para proporcionar ventilaciones artificiales.

el riego por exposición a microorganismos patógenos en la sangre (organismos causantes de enfermedad) y enfermedades transmitidas por el aire. Estas agencias establecen un estándar de cuidados para todo el personal de bomberos y SMU, y aplica, sea usted un empleado pagado de tiempo completo o un voluntario.

Equipo protector personal

El equipo protector personal (EPP) es un equipo que bloquea la entrada de microorganismos al cuerpo. La STPS, SSA y OSHA requieren que tenga disponible el siguiente equipo:

- Guantes de vinilo y látex
- Guantes de uso pesado de trabajo para limpieza
- Gafas protectoras
- Mascarillas (incluyendo respirador HEPA)
- Batas de cobertura
- Dispositivos para asistencia respiratoria

El EPP apropiado para cada tarea es seleccionado de acuerdo con la forma en la cual una enfermedad contagiosa se transmite. Por ejemplo, la transmisión de una enfermedad propagada por el aire se bloquea con una mascarilla. La sangre que salpica en un ojo puede prevenirse usando una protección ocular.

Se deben seguir las recomendaciones para el uso de EPP; sin embargo, STPS, SSA y OSHA reconocen que hay tres tiempos en los cuales los procedimientos no se pueden realizar. Hay una declaración de "excepción" en la regulación de OSHA que establece que cuando cree que tomar el tiempo para usar EPP retrasará la entrega de cuidados al paciente, o planteará un riesgo para su seguridad, puede elegir no usarlo. El riesgo a la seguridad personal se refiere a la probabilidad de ser atacado por una persona o un animal, no a la preocupación sobre adquirir una enfermedad contagiosa. Si elige no usar EPP, podría tener que justificar esta acción. Es su responsabilidad seguir las reglas en una forma razonable, prudente.

Exposición al plan de control

La prevención es la mejor forma de prevenir la exposición, por lo tanto siga sus protocolos para el Aislamiento a Sustancias Corporales para reducir estos riesgos; sin embargo y a pesar de estas precauciones si usted o su compañero sufren de exposición accidental contacte a su dirección médica y/o dé aviso al personal del hospital receptor del paciente para que se le incluya en el plan de control de la exposición que dicta de manera nacional la SSA Cuadro 2-6.

Inmunidad

Aun si los gérmenes lo alcanzan, pueden no infectarlo. Por ejemplo, puede ser inmune, o resistente a aquellos microorganismos en particular. La inmunidad es un factor de orden mayor en la determinación de cuáles huéspedes se enfermarán de cuáles microorganismos Cuadro 2-7. Una forma de lograr inmunidad contra muchas enfermedades es ser inmunizado, o vacunado, contra ellas. Las vacunaciones casi han eliminado algunas enfermedades de la infancia, como el sarampión y la poliomielitis.

Otra forma en la cual el cuerpo se vuelve inmune a una enfermedad, es recuperarse de una infección de ese microbio. Después, el organismo reconoce y rechaza al microorganismo cuando aparece de nuevo. Una vez expuestos, los individuos sanos desarrollarán inmunidad para toda la vida a muchos microbios comunes. Por ejemplo, una persona que contrae y se infecta con el virus de hepatitis A puede enfermarse por varias semanas, pero como se desarrollará inmunidad, no tendrá que preocuparse por tener la enfermedad de nuevo. Sin embargo, a veces la inmunidad es sólo parcial. La inmunidad parcial protege contra nuevas infecciones, pero es posible que los microbios de la primera enfermedad que permanecen en el cuerpo, sean de nuevo capaces de causar la misma enfermedad cuando el cuerpo está estresado o tiene algún deterioro en su sistema inmunitario. Por ejemplo, la tuberculosis puede causar una infección leve, inadvertida, antes de que el cuerpo forme una inmunidad parcial. Si la infección nunca se trata, es posible que sea reactivada cuando la inmunidad se debilita; no obstante, esos individuos están protegidos contra una nueva infección de otra persona.

Los seres humanos parecen incapaces de construir una respuesta inmunitaria eficaz contra algunas infecciones, como la infección por VIH, que es una infección por el virus de inmunodeficiencia humana que puede evolucionar al síndrome de inmunodeficiencia adquirida (SIDA).

Aunque la inmunización contra hepatitis A no es requerida por la STPS, quizá se quiera vacunar como una medida preventiva. La vacunación contra la hepatitis A no es necesaria si ya tuvo esta en enfermedad en el pasado. Todas estas vacunas son eficaces y raramente causan efectos adversos. Muchas comunidades requieren que demuestre que está actualizado con sus inmunizaciones.

Recuerde que los microbios que no causan síntomas en una persona pueden provocar enfermedades graves en otra.

CUADRO 2-6 Componentes de un plan de control de la exposición

Determinación de la exposición

- Determina quién está en riesgo de contacto corriente con sangre y otros líquidos corporales
- Crea una lista de tareas que plantean un riesgo por contacto con sangre y otros líquidos corporales
- Incluye equipo de protección personal (EPP) requerido por la STPS

Educación y entrenamiento

- Explica por qué es requerido un individuo calificado para responder preguntas sobre enfermedades contagiosas y control de la infección, más que basarse en materiales de entrenamiento empacados
- Incluye la disponibilidad de un instructor capaz de entrenar al TUM en lo referente a patógenos transmitidos por la sangre y aquéllos transmitidos por el aire, como las hepatitis B y C, VIH, sífilis, y tuberculosis
- Asegura que el instructor proporciona educación apropiada, que es el mejor medio para corregir muchos mitos que rodean a estos temas

Programa de vacuna de hepatitis

- Explica la vacuna ofrecida, su seguridad y eficacia, mantenimiento de registros, y seguimiento
- Se refiere a la necesidad de obtener títulos de anticuerpos posteriores a la vacuna para identificar individuos que no responden a la serie de vacunación de tres dosis

Equipo de protección personal (EPP)

- Lista el EPP ofrecido y por qué fue seleccionado
- Lista cuánto equipo está disponible y dónde obtener EPP adicional
- Declara qué tipo de EPP debe usarse en cada procedimiento con riesgo

Prácticas de limpieza y desinfección

- Describe cómo cuidar y mantener vehículos y equipo
- Identifica dónde y cuándo se debe realizar la limpieza, cómo debe hacerse, qué EPP debe usarse y cuál solución de limpieza se debe usar
- Se refiere a la colección, almacenamiento y disposición de deshechos médicos

Prueba cutánea de tuberculina/Prueba de acceso

- Se refiere a qué tan frecuentemente se deben practicar los empleados la prueba cutánea
- Se refiere a qué tan frecuentemente se deben practicar los empleados la prueba de acceso para determinar el tamaño apropiado de la mascarilla para proteger de tuberculosis al TUM
- Se refiere a todos los asuntos relacionados con las mascarillas respiradoras HEPA

Tratamiento posexposición

- Identifica a quién notificar cuando haya ocurrido una exposición, qué formularios llenar, a dónde acudir para tratamiento, y qué tratamiento se dará

Consentimiento a la vigilancia

- Se refiera a la forma en que el servicio o delegación evalúa el consentimiento del empleado con cada aspecto del plan
- Asegura que los empleados comprendan lo que han de hacer y por qué es importante
- Declara que la falta de consentimiento debe documentarse
- Indica qué acción disciplinaria debe tomarse en presencia de una falta de consentimiento continua

Mantenimiento de registros

- Señala todos los registros que se mantendrán, qué tan confidencialmente se conservarán, y cuándo se pueden evaluar los registros, y por quién

Inmunizaciones

Como TUM-B, está en riesgo de adquirir una enfermedad infecciosa o contagiosa. El uso de medidas protectoras puede minimizar el riesgo. Usted es responsable de su protección.

La prevención se inicia manteniendo su salud personal. Deben requerirse exámenes anuales de salud para todo el personal de SMU. Es preciso registrar un historial de todas las infecciones de su infancia, y mantenerla archivada. Las enfermedades infecciosas de la infancia incluyen varicela, paperas, sarampión, rubéola y tos ferina. Si no ha tenido alguna de estas enfermedades debe inmunizarse.

La SSA y la STPS han elaborado requisitos de protección de gérmenes patógenos transmitidos por la sangre, como los virus se hepatitis B y de la inmunodeficiencia humana. Debe haber un programa de inmunización en su SMU. Las inmunizaciones se deben mantener actualizadas y registradas en su expediente; las recomendadas incluyen las siguientes:

- Reforzamientos de tétanos-difteria (cada 10 años)
- Vacuna contra sarampión, paperas, rubéola
- Vacuna contra influenza (anualmente)
- Vacuna contra hepatitis B

CUADRO 2-7 Inmunidad a las enfermedades infecciosas

Tipo de inmunidad	Características	Ejemplos	Comentarios
Para toda la vida	La enfermedad no recurrirá.	Sarampión Paperas Poliomielitis Rubéola Hepatitis A Hepatitis B	La vacunación o la infección proporcionan inmunidad a largo plazo contra una nueva infección. Se requiere una vacuna viva sólo para sarampión.
Parcial	Es improbable que la persona que se ha recuperado de la primera infección tenga una nueva infección por otra persona, pero puede desarrollar enfermedad por gérmenes de la infección inicial que permanecen latentes.	Varicela Tuberculosis	La infección proporciona inmunidad al paciente, para toda la vida, de adquirir una nueva infección; pero la enfermedad original puede recurrir, o puede recurrir en forma diferente. En el caso de la varicela, que es causada por el virus del herpes zóster, puede recurrir una infección años después, bajo la forma de herpes.
Ninguna	La exposición no protege de reinfección. La infección puede desgastar la resistencia del paciente.	Gonorrea Sífilis Infección por VIH	No hay vacuna disponible. Las infecciones repetidas son comunes. Por ejemplo, hay un tratamiento eficaz inmediato de la gonorrea, y los gérmenes pueden ser erradicados; sin embargo, la reinfección es probable si continúan las prácticas de alto riesgo (p.ej., sexo no protegido). En la sífilis y la infección por VIH, la falta de inmunidad permite que los gérmenes continúen causando daño dentro del huésped.

Debe hacerse una prueba cutánea de tuberculosis antes de iniciar su trabajo como TUM-B. El propósito de la prueba es identificar a cualquier persona que haya sido expuesta a tuberculosis en el pasado. La prueba se debe repetir cada año.

Si sabe que transportará a un paciente que tiene una enfermedad contagiosa tiene una ventaja definitiva. Este es el momento en que su historial de salud será valioso. Si ya tuvo la enfermedad, o ha sido vacunado, no está en riesgo alguno. Sin embargo, no siempre sabrá si un paciente tiene una enfermedad contagiosa. Por tanto, deberá seguir siempre las precauciones de ASC si hay posibilidad de exposición a sangre u otros líquidos corporales.

Deber de actuar

No puede negar la atención a un paciente en el cual sospecha la presencia de una enfermedad contagiosa, aun si cree que representa un riesgo para su seguridad. Negar asistencia a tal paciente se considera abandono, que es un asunto legal y éticamente grave, que puede dar lugar a acciones, tanto civiles como criminales, en contra de usted. Puede considerarse un rompimiento del deber (situación en la cual un TUM-B no actúa dentro del estándar esperado y razonable de atención). Además del rompimiento del deber, puede considerársele negligente si están presentes los siguientes factores:

- Prudencia (actuar razonablemente en la forma que una persona con entrenamiento similar lo haría)
- Deber (hubo un deber de actuar)
- Daños (dañar física o psicológicamente a un paciente)
- Causa (causa y efecto razonable — tener un deber abusándolo y perjudicando a otro individuo)

Negar el cuidado a un paciente en el cual sospecha una enfermedad contagiosa también se puede considerar discriminación de acuerdo con el Acta de Incapacidades Estadounidenses (ADA), especialmente cuando están implicados un departamento o una agencia como SMU.

Debe comprender el proceso de la enfermedad y los factores necesarios para ponerlo en riesgo porque su respuesta a ellos a veces tiene consecuencias legales.

Algunas enfermedades en especial preocupantes

Herpes simple

El <u>herpes simple</u> es una cepa común de virus portada por seres humanos. El ochenta por ciento de los individuos portadores de este virus son asintomáticos, pero las infecciones sintomáticas pueden ser graves, y están en aumento, en especial en individuos inmunodeprimidos. La principal forma de infección es por contacto personal cercano, por lo cual las precauciones universales son suficientes para prevenir la propagación a los proveedores de cuidados de la salud, o procedente de ellos.

Infección por VIH

La exposición al virus que causa el SIDA es el riesgo de infección más temido por los TUM. Es esta posibilidad la que condujo al desarrollo de las precauciones universales y de ASC. No hay vacuna alguna que proteja contra la infección por VIH, y a pesar del gran progreso en los tratamientos médicos, el SIDA aún es mortal. Por fortuna no es transmitido fácilmente en su ambiente de trabajo. Por ejemplo, es mucho menos contagioso que la hepatitis B. La infección por VIH es un peligro potencial sólo cuando se deposita en una membrana mucosa o directamente en la corriente sanguínea. Esto puede ocurrir por contacto sexual o exposición a sangre, lo que significa que su riesgo de infección está limitado a la exposición de la sangre o líquidos corporales de un paciente infectado. La exposición puede ocurrir en las siguientes formas:

- La sangre del paciente es salpicada o rociada en sus ojos, nariz o boca, o en una herida o cortadura abierta, aunque sea diminuta; aun una abertura microscópica en la piel es una invitación para infección con un virus.
- Tiene en las manos sangre del paciente infectado y luego se toca los ojos, la nariz, la boca, una herida o un corte abierto.
- Se punciona la piel con una aguja usada para inyectar al paciente. Su riesgo por una única inyección, aun con una aguja hueca, es pequeño, probablemente menor de 1 en 1,000. Sin embargo, esta es, con mucho, la forma más peligrosa de exposición.
- Vidrios rotos en el choque de un automóvil, u otro incidente, pueden penetrar su guante (y piel), que ya ha sido cubierto por sangre de un paciente infectado.

Muchos pacientes que están infectados con VIH no muestran síntomas. Esta es la razón por la cual el gobierno requiere que los proveedores de cuidados de la salud usen ciertos tipos de guantes en todo momento en que sea probable que entren en contacto con secreciones o sangre de cualquier paciente. Siempre debe ponerse el tipo apropiado de guantes antes de salir de la ambulancia para atender a un paciente. Además, debe tener mucho cuidado cuando manipule o deseche agujas y bisturís, en forma tal que otros no se expongan inadvertidamente a ellos. Por último, siempre que esté en un trabajo debe cubrir cualesquier heridas abiertas que tenga.

Si tiene alguna razón para pensar que sangre o secreciones hayan entrado en su sistema, en especial por inoculación de sangre del paciente, debe buscar asesoría médica de inmediato. Si sabe que el paciente está infectado con VIH, su médico puede sugerir un tratamiento inmediato para intentar prevenir que se infecte. Sin embargo, si el paciente es un candidato improbable de infección por VIH, su médico puede recomendar que usted y su paciente se hagan pruebas antes de someterse a terapia. Conforme los científicos aprenden más sobre la infección por VIH, las pruebas y el tratamiento cambian. Por tanto, es importante que vea de inmediato a su médico (o al médico designado en su programa) en cualquier situación en la que crea que está potencialmente expuesto a una enfermedad contagiosa. Conozca la política de su sistema y considere lo que haría en el caso de exposición.

Hepatitis

El término <u>hepatitis</u> se refiere a una inflamación (y con frecuencia infección) del hígado. La hepatitis causa fiebre, pérdida del apetito, ictericia y fatiga. Puede ser causada por varios virus y toxinas diferentes. No hay forma segura de decir que un paciente con hepatitis tiene una forma contagiosa de la enfermedad, o que no la tiene. El ▶ Cuadro 2-8 ◀ muestra las características de diferentes tipos de hepatitis, con las cuales puede evaluar su riesgo de exposición. La hepatitis A puede ser transmitida sólo por un paciente que tiene la infección, mientras que la hepatitis B y la C también pueden ser transmitidas por portadores a largo plazo, que no tienen signos de la enfermedad. Un <u>portador</u> es una persona (o animal) en el cual un organismo infeccioso ha tomado residencia permanente y que puede, o no, causar una enfermedad activa. Es posible que los portadores nunca sepan que alojan el organismo; sin embargo, pueden infectar a otros individuos.

La hepatitis A es transmitida de manera oral, sólo por contaminación oral o fecal. Esto significa que por lo general debe comer o beber algo que está contaminado con el virus. La <u>contaminación</u> es la presencia de un organismo

CUADRO 2-8 Características de la hepatitis

Tipo	Vía de infección	Periodo de incubación *(tiempo anterior a que los signos síntomas clínicos aparezcan, pero la infección aún puede transmitirse)*	Enfermedad aguda *(cuando el paciente suele parecer enfermo)*
Viral (infecciosa)			
Hepatitis A	Fecal-oral, alimentos infectados	2 a 6 semanas	Los signos tempranos de todas las hepatitis virales incluyen pérdida del apetito, vómitos, fiebre, fatiga, faringitis, tos, y dolor muscular y articular. Varias semanas después, ictericia (ojos y piel amarillos), y presenta dolor abdominal en el cuadrante superior derecho.
Hepatitis B	Sangre, saliva, orina, contacto sexual, leche materna	4 a 12 semanas	
Hepatitis C	Sangre, contacto sexual	2 a 10 semanas	
Hepatitis D	Sangre, contacto sexual	4 a 12 semanas	
Inducida por tóxicos			
Medicación, fármacos, alcohol	Inhalación, exposición de piel o mucosas, ingestión oral, o administración IV	Dentro de una hora a días después de la exposición	La intensidad de la enfermedad depende de la cantidad del agente absorbido y duración de la exposición.

infeccioso sobre o dentro de un objeto. Los organismos que pueden causar hepatitis B y C se transmiten a través de vehículos distintos a los alimentos o el agua. Por ejemplo, estos organismos pueden penetrar la sangre mediante una transfusión o piquete de aguja contaminada con sangre infectada, lo que pone a los proveedores de cuidados de la salud en un alto riesgo de contraer hepatitis B, que es la forma más contagiosa y virulenta. La <u>virulencia</u> es la fuerza o habilidad de un organismo patógeno para producir enfermedad. La hepatitis B es, con mucho, más contagiosa que el VIH. Por esta razón, la vacuna de hepatitis B es altamente recomendada para los TUM. Por desgracia no todos los individuos que son vacunados desarrollan inmunidad inmediata al virus. A veces, pero no siempre, una dosis adicional proporcionará inmunidad. Debe someterse a pruebas después de la vacunación (título) para determinar su estado inmunitario.

Si es pinchado con una aguja o lesionado en alguna otra forma, mientras atiende a un paciente que puede tener hepatitis, vea a su médico de inmediato.

Meningitis

La <u>meningitis</u> es una inflamación de las coberturas meníngeas del encéfalo y médula espinal. Los pacientes con meningitis tendrán signos y síntomas del tipo de fiebre, cefalea, rigidez del cuello y alteración el estado mental. Es una enfermedad infecciosa poco común pero muy atemorizante. La meningitis puede ser causada por virus o bacterias, la mayor parte de los cuales no son contagiosos. Sin embargo, una forma, la meningitis meningocócica, es altamente contagiosa. La bacteria meningococo coloniza la nariz y garganta humanas, y sólo raramente causa una infección aguda. Cuando lo hace, puede ser mortal. Con frecuencia los pacientes con este tipo de infección tienen manchas rojas en la piel; sin embargo, muchos pacientes con formas de meningitis que no son contagiosas también tienen manchas rojas.

Como sólo pruebas de laboratorio pueden determinar las formas diferentes de meningitis, debe usar las precauciones universales y seguir las precauciones de ASC con cualquier paciente en el que sospeche que tiene meningitis. Los guan-

Infección crónica (el paciente puede ya no tener signos de enfermedad persistente)	¿Vacuna disponible?	Tratamiento	Comentarios
No existe un trastorno crónico.	Sí	Ninguno	Enfermedad leve, muere aproximadamente 2% de los pacientes. Después de la infección aguda el paciente tiene inmunidad para toda la vida.
La infección crónica afecta hasta 10% de los pacientes, y hasta 90% de los recién nacidos que tienen la enfermedad.	Sí	Sí, pero deficiente	Hasta 30% de los pacientes pueden volverse portadores crónicos. Los pacientes pueden estar asintomáticos y sin signos de enfermedad hepática, pero pueden infectar a otros. Aproximadamente de 1 a 2% de los pacientes mueren.
La infección crónica afecta a 90% de los pacientes.	No	Sí, pero deficiente	Se desarrolla cirrosis hepática en 50% de los pacientes con hepatitis C crónica; la infección crónica aumenta el riesgo de cáncer del hígado.
La infección crónica es muy común.	No	Ninguno	Ocurre sólo en pacientes con una infección activa de hepatitis B. Puede desarrollarse una enfermedad fulminante en 20% de los pacientes
Algunas sustancias químicas pueden iniciar una respuesta inflamatoria que continúa causando daño mucho tiempo después de que esta sustancia está fuera del cuerpo.	No	Detenga la exposición. En pacientes con sobredosis por acetaminofén, ciertos fármacos pueden contrarrestar la lesión del hígado si se dan de manera oportuna.	Este tipo de hepatitis no es contagioso. Los pacientes con hepatitis inducida por toxinas pueden tener daño hepático, como ictericia. No toda exposición a toxinas causará lesión del hígado.

tes y mascarillas prevendrán de manera considerable que las secreciones del paciente penetren en su nariz y boca. De nuevo, el riesgo es reducido, aun si el microorganismo es transmitido. Por esta razón las vacunas, que están disponibles para la mayor parte de los meningococos, raramente se usan. No hay tratamientos eficaces para esta enfermedad.

Después de tratar a un paciente con meningitis debe entrar en contacto con su empresa y el representante de salud. La meningitis es una enfermedad que debe reportarse y dar aviso a las autoridades de salud, para poder iniciar el tratamiento profiláctico adecuado.

Tuberculosis

La mayor parte de los pacientes infectados con *Mycobacterium tuberculosis* (el bacilo de la tuberculosis) se encuentra bien la mayor parte del tiempo. Si la enfermedad afecta los huesos o el riñón, el paciente es sólo un poco contagioso. Sin embargo, la **tuberculosis** es una enfermedad micobacteriana que usualmente ataca los pulmones. La enfermedad que ocurre poco después de la infección se llama tuberculosis primaria. Excepto en lactantes, esta infección no suele ser grave. Después de la infección primaria, el bacilo de la tuberculosis se vuelve latente, inactivo, por el sistema inmunitario del paciente. Sin embargo, aun después de varias décadas de permanecer latente, el germen se puede reactivar. La tuberculosis reactiva es común y puede ser mucho más difícil de tratar, en especial debido a que un gran número de cepas de tuberculosis se han vuelto resistentes a la mayoría de los antibióticos.

Aunque con frecuencia la tuberculosis es difícil de distinguir de otras enfermedades, los pacientes que representan el más alto riesgo casi invariablemente tienen tos. Por tanto, por razones de su seguridad, debe considerar que la tuberculosis respiratoria es la única forma contagiosa, ya que es la única que puede propagarse por transmisión aérea. Las gotitas que se producen con la tos no son el problema real, sino los núcleos de las gotitas, que son los restos de las gotitas cuando el exceso de agua se ha evaporado. Estas partículas son lo suficientemente diminutas para ser del todo invisibles, y pueden permanecer suspendidas en el aire por un tiempo prolongado. De hecho, mientras estén protegidas de la luz ultravioleta pueden permanecer vivas por décadas. Por tanto, usted puede estar en riesgo simplemente por entrar a un cuarto cerrado que el paciente haya dejado tiempo atrás. Las partículas del tamaño de los núcleos de las gotitas no son detenidas por las mascarillas quirúrgicas regulares. Inhaladas, son transportadas directamente a los alvéolos de los pulmones donde la bacteria comienza a proliferar.

¿Por qué la tuberculosis no es más común que esto? Después de todo no existe una protección absoluta de la infección con el bacilo tuberculoso. Cualquier persona que respira está en riesgo, y la vacuna para la tuberculosis, llamada BCG, sólo se usa raramente. Sin embargo, bajo circunstancias normales, el mecanismo de transmisión usado por *M. tuberculosis* no es muy eficiente. El aire infectado es diluido con facilidad con aire no infectado, y el *M. tuberculosis* es uno de los gérmenes que, típicamente, no causa enfermedad en un nuevo huésped. De hecho, muchos pacientes con tuberculosis no transmiten la infección ni siquiera a miembros de su familia. No obstante, en ambientes aglomerados, con poca ventilación, la enfermedad se propaga más fácilmente.

Si está expuesto a un paciente en el que se encuentra que tiene tuberculosis, recibirá una prueba cutánea de tuberculina. Esta simple prueba determina si una persona ha sido infectada con *M. tuberculosis*. Un resultado positivo significa que la exposición ha ocurrido; no quiere decir que la persona tiene tuberculosis activa. Se requieren cuando menos seis semanas para que la bacteria aparezca en la prueba de laboratorio. Por tanto, si realiza una prueba dentro de unas cuantas semanas posteriores a la exposición y los resultados son positivos, esto significa que ha adquirido la infección de alguna otra persona. Tal vez nunca identificará el origen pues la mayoría de las transmisiones ocurre silenciosamente. Esta es la razón por la cual los trabajadores en cuidados de la salud se someten con regularidad a pruebas cutáneas de tuberculina. Si la infección se encuentra antes que el individuo se enferme, la terapia preventiva es casi 100% eficaz. Usualmente una dosis diaria de isoniacida prevendrá el desarrollo de infección activa.

Otras enfermedades preocupantes

Sífilis

Aunque se piensa comúnmente que la sífilis es una enfermedad transmitida sexualmente, también es una enfermedad transmitida por la sangre. Hay un pequeño riesgo de transmisión por medio de una lesión por piquete de una aguja contaminada o contacto directo de sangre a sangre.

Tos ferina

La tos ferina, llamada también pertussis, es una enfermedad transmitida por el aire, causada por bacterias que afectan principalmente a niños menores de seis años de edad. Los signos y síntomas incluyen fiebre, y un sonido como estertor, que ocurre cuando el paciente intenta inhalar después de un ataque de tos.

La mejor forma de prevenir la exposición es tratar de colocar una mascarilla en el paciente y otra en usted mismo.

Nuevas enfermedades reconocidas

Se han comunicado nuevas enfermedades, como las causadas por Hantavirus o *Escherichia coli*, enteropatógena. Estas enfermedades no se transmiten de persona a per-

---

◆ Necesidades geriátricas

Toda persona tiene defensas contra la enfermedad, pero el proceso de envejecimiento puede plantear una amenaza a nuestros mecanismos de defensa natural contra microorganismos invasores. Nuestras defensas físicas se debilitan al envejecer. El adelgazamiento de la piel y la pérdida del soporte de colágeno, junto con una reducción en el número de vasos sanguíneos, puede permitir que bacterias o virus penetren al cuerpo con menor resistencia. El aparato respiratorio no puede atrapar y eliminar bacterias y virus en las vías respiratorias como lo hacía antes. Al final, el aparato gastrointestinal permite una penetración más fácil de bacterias y virus a través del intestino. No sólo nuestras barreras físicas a la penetración se debilitan; nuestro sistema inmunitario se deteriora, y los organismos invasores no son tan fácilmente identificables como anormales. Los agentes infecciosos pueden establecerse en el paciente de edad avanzada con mucha mayor facilidad debido a las defensas reducidas.

Cuando transporte a una persona de edad avanzada, protéjala del ambiente, pues los extremos de calor o frío pueden reducir aún más las defensas del cuerpo. Si usted tiene gripe o influenza, use precauciones respiratorias, incluyendo una mascarilla para que el paciente no se exponga a los virus. Si su paciente tiene gripe o influenza, protéjase usted. Sin embargo, recuerde que su sistema inmunitario es probablemente mucho más fuerte que el del paciente.

sona, sino más bien son transportadas por un vehículo, como un alimento, o un vector, como los roedores. Aún cuando no es una enfermedad descubierta recientemente, el virus del Occidente del Nilo recién ha causado cierta preocupación. El vector de este virus es el mosquito, y afecta a seres humanos y pájaros. El virus es localizado por pruebas realizadas en pájaros en los que se sospecha que la muerte fue causada por el virus. Estas enfermedades no son contagiosas, y no le representan un riesgo durante el cuidado del paciente.

Otro virus que ha causado una gran preocupación es mejor conocido como causante del Síndrome Respiratorio Agudo Grave SARS. El SARS es una infección viral grave, que es potencialmente una amenaza para la vida, causado por una familia de virus descubierta recientemente, mejor conocida como la segunda causa más común del catarro. El SARS suele iniciarse con síntomas similares a los del catarro nasal, que pueden evolucionar a neumonía, insuficiencia respiratoria y, en algunos casos, la muerte. La cepa del virus de SARS probablemente se esparció de la provincia de Guangdong, en el sur de China, a Hong Kong, Singapur, y Taiwan. Canadá ha tenido un brote significativo en el área de Toronto. Se piensa que el SARS se transmite primariamente por contacto cercano de persona a persona. La mayor parte de los casos ha implicado a personas que vivieron o atendieron a una persona con SARS, o que se expusieron a secreciones contaminadas de un paciente con SARS.

Hace poco, organismos resistentes a múltiples antibióticos han sido sujetos a escrutinio por los medios. Estos organismos deben considerarse tan contagiosos como otros organismos menos resistentes del mismo tipo. Aplican las mismas precauciones.

Tratamiento general posexposición

En muchos casos no sabrá que un paciente tiene una enfermedad transmitida por el aire o por la sangre, y usted puede estar expuesto sin saberlo. Las leyes de salud requieren que el hospital notifique al oficial designado (médico, jurisdiccional o epidemiológico), de su delegación, que es el médico en el departamento encargado de la responsabilidad de manejar temas de exposición y control de la infección, dentro de las 48 horas posteriores a que el hospital identifique la enfermedad del paciente. En el caso de una posible exposición, debe existir un protocolo en el lugar para obtener información de su hospital local u otro recurso médico. Debe ser seleccionado

> **Qué documentar**
>
> La capacidad de su servicio de SMU para darle soporte en caso de exposición a una enfermedad contagiosa depende de su comprensión sobre cómo la exposición puede ocurrir y su informe inmediato de exposición a materiales potencialmente infecciosos. Haga notas de inmediato para asegurar que recuerde toda la información pertinente, e informe de inmediato después de la respuesta siguiendo las directrices de su servicio.

y recibir información sobre la necesidad de seguimiento. El tratamiento depende de la enfermedad. Su oficial designado lo asistirá con la información necesaria.

Si experimenta una lesión por piquete de aguja, o cualquier otra exposición a sangre no protegida, debe informarlo al oficial designado de su departamento, tan pronto como sea posible y completar un informe del incidente. El oficial designado puede entrar en contacto con el hospital para información; el hospital tiene 48 horas para informar de regreso al oficial designado. Dependiendo de las leyes estatales, y de su posibilidad, deben hacerse pruebas del paciente, seguidas de pruebas basales en usted.

Como hay muchas enfermedades en las cuales no hay signos visibles de infección, su protección depende del uso de EPP o un pronto informe de la exposición, o ambas cosas. Familiarícese con los protocolos de posexposición descritos en el plan de control de la exposición de su delegación.

Establecer un control regular de la infección

Control de la infección, procedimientos para reducir la infección en pacientes y personal de cuidados de la salud; debe ser una parte importante de sus actividades regulares diarias. Siga estos pasos para afrontar situaciones potenciales de exposición:

1. **En ruta a la escena**, asegúrese de que todo el equipo está fuera y disponible.
2. **Al llegar**, asegúrese de que la escena es segura para entrar, luego haga una rápida evaluación visual del paciente, vea si hay sangre.
3. **Seleccione el EPP apropiado** de acuerdo con las tareas que es probable que realice.

Asegúrese de limpiar de manera regular la ambulancia después de cada servicio, y diario en la base. La limpieza es un parte esencial de la prevención y control de las enfermedades contagiosas, y retirará de las superficies los organismos que puedan quedar en la unidad.

Debe limpiar su unidad tan pronto como sea posible, en forma tal que pueda regresar al servicio. Atienda las áreas de alto contacto, incluyendo las superficies que hayan estado en contacto directo con la sangre o líquidos corporales del paciente, o superficies que haya tocado mientras atendía al paciente, después de haber estado en contacto con su sangre o líquidos corporales.

Siempre que sea posible la limpieza se debe hacer en el hospital. Si limpia la unidad de vuelta a la estación, asegúrese de que tiene designada un área con buena ventilación.

Ponga los desechos médicos en bolsas y deshágase de ellas, siempre que sea posible, en una bolsa roja en el hospital. Cualquier equipo contaminado que se queda con el paciente en el hospital debe ser limpiado por personal del hospital, o puesto en bolsas para transporte y limpieza en la estación.

Limpie la unidad con agua y jabón. Después de limpiarla, desinféctela con blanqueador de cloro en dilución en agua a 1:0. También se puede usar alcohol isopropílico para desinfectar, así como un desinfectante, aprobado por el hospital, que es eficaz contra *M. tuberculosis*. Use la solución desinfectante en una cubeta o en un contenedor de pistola para aspersión. Ponga atención en las direcciones del desinfectante. Algunos necesitan permanecer sobre la superficie unos cuantos minutos para poder actuar. Las diluciones de blanqueador y alcohol no se deben usar en superficies blandas porque pueden corroer o decolorar ciertas telas, cueros, vinilo, y otros materiales sintéticos. Note que los guantes del tipo para exámenes no son apropiados para limpieza y desinfección. Estas tareas requieren guantes más pesados.

Retire la ropa contaminada y colóquela en una bolsa apropiada para su manejo. Es posible que cada hospital tenga un sistema diferente para manejar la ropa contaminada; debe consultar los protocolos hospitalarios Figura 2-20.

Consulte la normatividad vigente sobre desechos médicos. La disposición del desecho infeccioso, como agujas, materiales filosos, vendajes muy sucios, está contemplada en la Norma Oficial Mexicana NOM-087-ECOL-SSA1-2002, protección ambiental-salud ambiental-residuos peligrosos biológico-infecciosos-clasificación y especificaciones de manejo.

Peligros en la escena

En el curso de su carrera se expondrá a muchos riesgos. Algunas situaciones pondrán en peligro su vida. En esos casos, usted debe estar debidamente protegido, o evitar por completo el riesgo.

Figura 2-20 Los lienzos contaminados se deben colocar apropiadamente en bolsas y disponerse de ellos de acuerdo con sus protocolos locales.

4. **Cámbiese de guantes y lávese las manos** entre diferentes pacientes; no demore innecesariamente el tratamiento por el uso del EPP poniendo por ello en riesgo a los pacientes. Quítese los guantes y otro equipo después de estar en contacto con el paciente, a menos que esté en el compartimiento de éste. Recuerde que siempre es necesario un buen lavado de manos.

5. **Limite el número de personas** implicadas en el cuidado del paciente cuando haya múltiples lesiones y una cantidad sustancial de sangre en la escena.

6. **Si su compañero es expuesto** mientras proporciona atención, intente relevarlo por otro tan pronto como sea posible, de forma que pueda procurar atención. Notifíquelo al oficial designado e informe el incidente. Esto también ayuda a mantener la confidencialidad.

Figura 2-21 Los letreros de seguridad de los materiales peligrosos se marcan con etiquetas coloreadas con forma de diamante.

Materiales peligrosos

Su seguridad es la consideración más importante en un incidente con material peligroso. Al llegar, debe primero intentar leer las etiquetas y los números de identificación. Todos los materiales peligrosos deben ser marcados con letreros de seguridad, aunque eso no siempre se hace. Estos letreros están señalados con etiquetas coloreadas con formas de diamante (Figura 2-21 ▲). Aunque es importante que obtenga información de los letreros, no debe acercarse nunca a cualquier objeto marcado con un letrero.

Es útil llevar binoculares en la ambulancia para poder leer los letreros a una distancia segura. Se llamará a un equipo especialmente entrenado y equipado en materiales peligrosos para manejar la disposición de los materiales y el retiro de los pacientes. Usted no deberá comenzar a atender a los pacientes hasta que hayan sido retirados de la escena y estén descontaminados, o la escena sea segura para su ingreso.

La *Guía de Respuesta en Caso de Emergencia* del Sistema de Emergencias en Transporte para la Industria Química (SETIQ) es un importante recurso (Figura 2-22 ▶). Lista los materiales más peligrosos y los procedimientos apro-

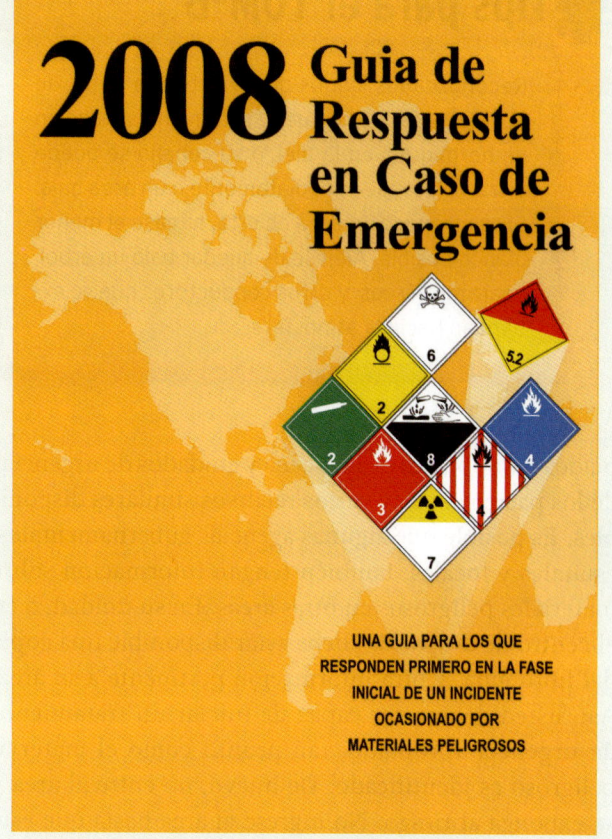

Figura 2-22 La *Guía de Respuesta en Caso de Emergencia* del SETIQ incluye muchos materiales peligrosos y los procedimientos apropiados para control de la escena y cuidado de los pacientes.

Seguridad del TUM-B

Los TUM-B experimentados están conscientes de los peligros potenciales que pueden estar presentes cuando acuden a la escena. A veces, estas situaciones pueden ser peligrosas para usted y su grupo. La mejor protección cuando hay peligros presentes es el pronto reconocimiento de que el peligro existe.

CUADRO 2-9 Niveles de toxicidad de materiales peligrosos*

Nivel	Riesgo	Protección necesaria
0	Poco o ningún riesgo	Ninguna
1	Levemente peligroso	Sólo en equipos de respiración autónoma (traje nivel C)
2	Levemente peligroso	Sólo en equipos de respiración autónoma (traje nivel C)
3	Extremadamente peligroso	Protección completa, con piel no expuesta (traje nivel A o B)
4	Exposición mínima causa la muerte	Equipo especial HazMat (traje nivel A)

*Para más información sobre clasificación de materiales peligrosos, véase capítulo 37.

> ### ✳ Tips para el TUM-B
>
> Reconozca los signos de advertencia antes de que caiga un rayo. Puede sentir una sensación de hormigueo en la piel, o su cabello se puede erizar. Muévase inmediatamente a un área baja. Si es atrapado en área abierta, hágase el menor blanco posible. Aléjese de quedar bajo un árbol, aparatos aéreos, y otros conductores que se extiendan hacia la atmósfera.

piados para control de la escena y cuidados de urgencias de los pacientes. Hay varios recursos similares disponibles. Es posible que algunas agencias gubernamentales, estatales y locales, también tengan información sobre materiales peligrosos en otras áreas. En su unidad, o en el centro de despacho, debe estar disponible una copia del libro guía, y otra información pertinente a su área. Así, usted deberá ser capaz de iniciar un tratamiento de urgencia apropiado, tan pronto como el material peligroso es identificado. De nuevo, no entre al área y se exponga al riesgo. No ingrese al área hasta que esté completamente seguro de que no se ha producido derramamiento alguno de material peligroso.

Los materiales peligrosos se clasifican de acuerdo con los niveles de toxicidad, los cuales indican el nivel de protección requerido. Los niveles de toxicidad —0, 1, 2, 3, 4— miden el riesgo que la sustancia representa para un individuo. Mientras mayor es el número, más alta es la toxicidad y mayor la necesidad de protección (Cuadro 2-9 ◀). Es importante recordar que usted es el mayor riesgo en situaciones de materiales peligrosos. No entre a la escena a menos que sea segura.

Electricidad

El choque eléctrico puede ser producido por fuentes creadas por el hombre (cables de energía) o por fuentes naturales (rayos). Independientemente de la fuente, debe evaluar el riesgo para el paciente, y para usted, antes de iniciar el cuidado del paciente.

Cables de energía

La cantidad de corriente implicada afecta de manera considerable el nivel de riesgo para producir una lesión. Su compañía local de energía puede ayudarlo a proporcionar entrenamiento para evaluar los riesgos en urgencias eléctricas. Su personal puede también enseñarlo a tratar con cables de energía una vez que se han establecido los riesgos. No debe tocar cables de energía caídos. Tratar con cables de energía excede el entrenamiento del campo de acción del TUM-B. Sin embargo, debe marcar como área sin acceso una zona de peligro alrededor de los cables caídos.

Los cables energizados, o "vivos", en especial los de alto voltaje, se comportan en formas impredecibles. Usted necesita un buen entrenamiento para tener la capacidad de manejar el equipo usado en urgencias eléctricas. El equipo tiene también necesidades específicas de almacenamiento y requiere limpieza cuidadosa. La suciedad y otros contaminantes pueden hacer a este equipo inutilizable o peligroso.

En la escena de un accidente de automóvil, los cables de energía sobre la tierra y de grado inferior pueden volverse peligrosos. Los cables rotos por encima suelen ser un peligro visible. Debe ser cuidadoso aun cuando no observe chispas saliendo de los cables; no siempre se ven chispas presentes en los cables. El área alrededor de los cables de energía caídos es siempre una zona de peligro y ésta se extiende bastante más allá de la escena inmediata del accidente.

Use postes de uso variado como señales para establecer el perímetro de la zona de peligro; esta zona debe ser un área restringida. Recuerde, la zona de seguridad es un espacio de distancia del poste de energía. Sólo se permiten personal de urgencias, equipo y vehículos dentro de esta área. No se acerque a cables de energía caídos, ni toque

Figura 2-23 Use un casco hecho de un material no conductor eléctrico certificado, y asegúrese de que la cinta para el mentón (barbiquejo) esté firmemente ajustada.

cosa alguna que haya estado en contacto con ellos, hasta que personal calificado haya concluido que no existe un riesgo de lesión por electricidad. Esto puede significar que no pueda acceder a una víctima gravemente lesionada de un accidente automovilístico, aunque pueda verla y hablarle.

Si debe entrar a este tipo de situación, asegúrese de usar el equipo protector adecuado de acuerdo con el tipo de accidente. Se requieren casi siempre un casco y equipo protector contra incendios Figura 2-23, aunque puede no contar con un equipo protector contra incendios para los peligros de la electricidad. Puede necesitarse otro equipo protector. En la sección de ropa protectora se estudia más detalladamente sobre el equipo para apagar y los cascos.

Rayos

Los rayos son un fenómeno natural complejo. No es sensato que piense "el rayo nunca cae dos veces en el mismo lugar". Si permanecen las condiciones apropiadas, puede que un rayo caiga en la misma área.

Los rayos son una amenaza en dos formas: por un rayo directo o a través de una corriente por tierra. Después de que descarga un rayo, la corriente se drena a lo largo de la tierra siguiendo la vía más conductora. Aunque debe apartarse de los lugares altos para evitar un rayo directo, o ser lesionado por una corriente en la tierra, permanezca fuera de zanjas de drenaje, áreas húmedas, depresiones menores, o ropas mojadas. Si está implicado en una operación de rescate, es posible que necesite retrasarla hasta que la tormenta haya pasado. Reconozca los signos de advertencia inmediatamente antes de que caiga un rayo. Al cargarse su entorno, es posible que sienta una sensación de cosquilleo en la piel, o que su cabello se erice. En esta situación puede ser inminente un rayo. Muévase de inmediato al área más baja posible.

Si es sorprendido en terreno abierto, intente convertirse en el menor blanco posible de un rayo directo o corriente por la tierra. Para evitar ser alcanzado por el rayo inicial, aléjese de proyecciones del terreno, como un árbol aislado. Deje caer todo el equipo, en especial objetos metálicos que se proyecten fuera de su cuerpo. Evite las cercas y objetos de metal; éstos pueden transmitir corriente del sitio inicial del golpe del rayo por una distancia larga. Colóquese en cuclillas; esta posición expone sólo sus pies a la corriente de la tierra. Si se sienta, tanto los pies como el trasero están expuestos. Coloque bajo sus pies algún objeto no conductor, como una cobija. Entre a su auto o a su unidad, de ser posible, pues los vehículos lo protegerán de los rayos.

Figura 2-24 Debe ser entrenado en el uso de equipos de respiración autónoma y tenerlo disponible si es posible que trabaje cerca de escenas de incendios.

Incendios

Con frecuencia será llamado a la escena de un incendio. Por tanto, debe entender alguna información básica sobre el fuego. Hay cinco riesgos comunes en los incendios:

1. Humo
2. Deficiencia de oxígeno
3. Altas temperaturas en el ambiente
4. Gases tóxicos
5. Colapso de un edificio
6. Equipo

El humo está constituido por partículas de brea y carbón que irritan el aparato respiratorio en contacto. Las partículas de humo son atrapadas en las vías respiratorias superiores, pero muchas partículas menores penetran en los pulmones. Algunas no sólo irritan las vías respiratorias, sino además pueden ser mortíferas. Antes de entrar a la escena usted debe estar entrenado para usar apropiadamente el equipo para apagar, protección adecuada de las vías respiratorias, como un aparato de respiración autocontenido o un dispositivo de corto plazo desechable, y para seguir los protocolos locales sobre incendios Figura 2-24.

El fuego consume oxígeno, en particular en un espacio cerrado, como un cuarto, donde puede consumir la mayor parte del oxígeno disponible. Por esta razón a cualquier persona se le hará difícil respirar en ese espacio. Las altas temperaturas del ambiente en un incendio pueden causar quemaduras térmicas y daño al aparato respiratorio, y el aire que es calentado por encima de 49 °C (120 °F) puede lesionar este aparato.

Un incendio típico de edificio emite varios gases tóxicos, que incluyen al monóxido de carbono y al dióxido de carbono. El monóxido de carbono es un gas incoloro, inodoro, que cada año es causante de más muertes en incendios que cualquier otro producto intermediario de la combustión; se combina con la hemoglobina en sus glóbulos rojos cerca de 200 veces más rápido que el oxígeno, y bloquea la capacidad de la hemoglobina de transportar oxígeno a sus tejidos corporales. El dióxido de carbono es también un gas incoloro e inodoro, cuya exposición causa aumento de las respiraciones, mareos y sudor. Respirar concentraciones de dióxido de carbono superiores de 10 a 12% producirá la muerte en unos cuantos minutos.

Durante un incendio, y después de éste, siempre existe la posibilidad de que se colapse parte de un edificio, o el edificio entero, a menudo sin signos de advertencia. Como proveedor de cuidados de la salud del SMU, nunca debe entrar a un edificio ardiendo sin un aparato apropiado para respirar y la aprobación del comandante del incidente y el oficial de seguridad en la escena. La entrada precipitada a una estructura en llamas puede causar graves lesiones, e incluso la muerte. Una vez en el interior de un edificio ardiendo, está sujeto a un ambiente hostil, no controlado. Los incendios no son selectivos con sus víctimas. Debe usted ser sumamente cuidadoso siempre que esté cerca de una estructura que está quemándose, o una en la que el fuego acaba de quedar bajo control. En cualquier escena de incendio siga las instrucciones del comandante del incidente y del oficial de seguridad, y nunca realice una tarea (o sea, entrar a una estructura ardiendo e iniciar una búsqueda y rescate) a menos que haya sido apropiadamente entrenado para eso.

El combustible de los vehículos que han sido implicados en choques también son un riesgo. Aunque rara vez sucede, cualquier fuga de combustible de automóvil puede arder en las condiciones apropiadas. Si ve o huele un escape de combustible, o si hay personas atrapadas en el interior del vehículo, debe coordinar protección inmediata contra el fuego. La gasolina y otros líquidos de los autos son considerados materiales peligrosos.

Asegúrese de que está protegido de manera apropiada si hay, o ha habido, fuego en el automóvil. Use protección respiratoria y térmica adecuadas, pues el humo de un vehículo en fuego contiene muchos productos tóxicos intermediarios. El uso de ropa protectora apropiada en una escena de un choque puede reducir el riesgo de lesión. Evite usar oxígeno en un vehículo que está en llamas, con rescoldos o dejando escapar combustible, o cerca de él.

Ropa protectora: prevención de la lesión

El uso de ropa protectora y otros aparejos apropiados es crítico para su seguridad personal. Familiarícese con el equipo protector del que dispone, y entonces sabrá qué ropa y aparejos son necesarios para el trabajo. También podrá adaptar o cambiar renglones, al cambiarse la situación y el ambiente. Recuerde que la ropa y los aparejos sólo son seguros cuando están en buenas condiciones; es su responsabilidad inspeccionarlos. Aprenda a reconocer cuando el uso y el desgaste pueden hacer inseguro su equipo. Asegúrese de inspeccionar el equipo antes de usarlo, aun si debe hacerlo en la escena.

La ropa que debe usarse para rescate debe ser la apropiada para la actividad y las condiciones del ambiente en que éste se realizará. Por ejemplo, el equipo de protección contra incendios puede ser demasiado restrictivo para trabajar en un sitio confinado. En toda situación que implique sangre o líquidos corporales, o ambas cosas, asegúrese de usar las precauciones de ASC. Debe protegerse, y al paciente, usando guantes y protección para los ojos, así como cualquier ropa protectora adicional que pueda necesitar. Los abrigos del SMU deben proporcionar una barrera contra líquidos corporales si se compraron después de 1998.

Ropa para el clima frío

Cuando se vista para el clima frío debe usar varias capas de ropa, pues las capas múltiples proporcionan una protección mucho mejor que una capa gruesa simple; tiene más flexibilidad para controlar la temperatura de su cuerpo, al poder agregar o retirar una capa. También puede perder una buena cantidad de calor si no usa sombrero. La protección del clima frío debe consistir de cuando menos tres de las siguientes capas:

1. **Una capa delgada** (a veces llamada capa transporte) junto a su piel. Esa capa quita humedad a su piel manteniéndolo seco y caliente. La ropa interior de propilpropileno y material de poliéster actúa bien. La lana es la mejor fibra. El objetivo consiste en mantener la humedad fuera de la piel.
2. **Una capa media térmica** de material más grueso para aislamiento. La lana ha sido el material prefe-

Figura 2-25 El equipo de protección contra incendios, o chaquetón, es ropa protectora diseñada para combatir el fuego.

Figura 2-26 Los guantes de bombero protegen sus manos y muñecas del calor, frío y lesiones.

rido para calor, pero materiales más nuevos, como la fibra de poliéster, también se usan comúnmente.

3. **Una capa exterior** que resistirá los vientos fríos y las condiciones húmedas, como la lluvia, aguanieve, o nieve. Las dos capas exteriores deben tener cremallera para ventilar alguna cantidad de calor corporal si se acalora demasiado.

Cuando elija ropa para protegerse del clima, ponga atención al tipo de material usado. El algodón debe evitarse en los ambientes fríos húmedos, pues tiende a absorber la humedad, causando enfriamiento por ésta. Por ejemplo, si usa pantalones de algodón y camina sobre pasto húmedo, el algodón absorbe la humedad del pasto, lo cual lo enfriará en clima frío. Sin embargo, el algodón es apropiado en climas calientes y secos porque absorbe humedad y retira calor del cuerpo.

Como una capa exterior en clima frío, puede considerar el nailon recubierto con plástico, pues proporciona una buena protección a prueba de agua. Sin embargo, también puede retener el calor del cuerpo y la transpiración que lo hace estar húmedo por dentro y por fuera. Nuevos materiales menos herméticos permiten que la transpiración y un poco de calor escapen, mientras el material conserva su resistencia al agua. Siempre que haya una posibilidad de incendio evite materiales sintéticos inflamables o fundibles.

Equipo de protección contra incendios

El equipo de protección contra incendios es un término del servicio de bomberos para la ropa protectora que es diseñada para usarse en ambientes de incendios Figura 2-25 ◀. El equipo proporciona cierta protección. Usa diferentes capas de tela u otro material para dar protección del calor o fuego, para reducir el traumatismo por impacto o cortaduras, y para mantener al agua fuera del contacto con el cuerpo. Como muchas ropas protectoras, el equipo protector contra incendios agrega peso y reduce los límites de movimiento hasta cierto grado.

Las telas del exterior aumentan la protección de lesiones y abrasiones; también actúan como una barrera a las altas temperaturas externas. En el clima frío se recomienda una capa interior térmica aislada de material, que ayuda a retener el calor del cuerpo.

El saco para aislar, o chaquetón, proporciona protección mínima de choque eléctrico, pero lo protege del calor, posibles llamaradas, y chispas flotantes. La abertura del frente del saco debe estar ajustada, y el saco debe usarse con el cuello ajustado hasta arriba, y cerrado al frente para proteger el cuello y la parte superior del pecho. El ajuste apropiado es importante para que se pueda mover libremente.

Figura 2-27 Un casco con protección lateral para impacto y una cinta para el mentón, no se moverá si es golpeado con un objeto.

Figura 2-28 Las botas deben cubrir sus tobillos dejando fuera piedras, desechos, y nieve. Son preferidas las botas con puntas de acero.

Guantes

Los guantes de bombero le proporcionarán la mejor protección del calor, frío y lesiones Figura 2-26. Sin embargo, estos guantes reducen la destreza manual. Además, no lo protegerán de peligros eléctricos. En situaciones de rescate debe ser capaz de usar sus manos libremente para operar las herramientas de rescate, proporcionar cuidados al paciente, y realizar otras actividades. Los guantes de cuero a prueba de piquetes, con guantes de látex debajo, le permitirán el libre uso de sus manos, con la protección agregada, tanto de lesiones como de líquidos corporales. La sección de enfermedades contagiosas en este capítulo discute el uso de guantes de látex para la prevención de exposición infecciosa.

Cascos

Debe usted usar un casco en todo momento mientras está trabajando en una zona de caídas. Ésta es un área donde es posible que haya objetos que están cayendo. El casco debe proporcionar protección de impactos de arriba y laterales; también debe tener un barbiquejo seguro Figura 2-27. Con frecuencia los objetos caen uno tras otro, y si el barbiquejo no está bien ajustado, el primer objeto que caiga puede tirarle el casco, lo cual deja la cabeza desprotegida mientras sigue cayendo el resto de los objetos.

Los cascos del tipo de construcción no son adecuados para situaciones de rescate; ofrecen protección mínima al impacto y tienen barbiquejos inadecuados. Los cascos modernos para bomberos ofrecen protección contra el impacto. Sin embargo, el reborde que se proyecta en la nuca puede interferir en una situación de rescate. En tiempo frío puede perder una cantidad considerable de calor corporal si no está usando un sombrero. Un sombrero aislado, hecho de lana o un material sintético, puede bajarse por adelante, sobre la cara y la base del cráneo, para reducir la pérdida de calor en clima extremadamente frío.

En situaciones que pueden implicar un riesgo eléctrico siempre debe llevar un casco con barbiquejo y escudo facial. La corteza del casco debe estar hecha de material no conductor. El barbiquejo no debe estirarse y, de hecho, debe ajustarse firmemente en forma que el casco quede en su sitio si usted es derribado, o un cable de energía golpea su cabeza. También debe poder cerrarse trabando el escudo facial en el casco. Esto protegerá su cara de cables de energía y chispas flotantes. Un casco estándar de bombero debe cubrir todas estas necesidades.

Botas

Las botas deben proteger sus pies. Deben ser resistentes al agua, estar bien ajustadas, y ser flexibles, en forma tal que pueda caminar distancias largas cómodamente. Si va a estar trabajando en ambientes exteriores, debe elegir botas que cubran y protejan sus tobillos, dejando fuera piedras, desechos y nieve; son preferibles las botas con puntas de acero Figura 2-28. En tiempo de frío, sus botas deben también protegerlo del frío. El cuero es uno de los mejores materiales para las botas. Sin embargo, otros materiales, como el PTFE (Politetrafluroetileno) Gore-Tex®, repelente al agua, son también muy buenos. Las suelas de sus botas deben proporcionar tracción. Las suelas tipo Lug pueden retenerse bien en nieve, pero se vuelven resbaladizas cuando se aterronan con lodo.

El ajuste de botas y zapatos es extremadamente importante, porque una pequeña incomodidad puede evolucionar a una lesión incapacitante. Si sus pies se deslizan dentro de sus botas puede desarrollar ampollas dolorosas. Sin embargo, asegurese de que tiene suficiente espacio para mover los dedos de los pies.

Las botas deben ser resistentes a las punciones, proteger los dedos de los pies, y proporcionar soporte a los pies. Puede ser difícil lograr un buen ajuste con botas de bomberos, por lo que puede necesitarse usar inserciones o plantillas para lograr un ajuste cómodo. Asegúrese de que las partes superiores de sus botas están selladas para evitar que lluvia, nieve, vidrios y otros materiales entren en ellas. La humedad aumenta la formación de ampollas; la lana o los calcetines absorbentes evitan que se humedezcan los pies.

Los calcetines mantendrán sus pies calientes y le proporcionarán cierto acolchonamiento al caminar. En tiempo frío son preferibles dos pares de calcetines que un par grueso. Un calcetín delgado junto al pie ayuda a absorber el sudor hacia un calcetón exterior más grueso. Esto tiende a mantener sus pies más calientes, más secos, y en general más cómodos. Cuando compre nuevos zapatos o botas mantenga estos puntos en mente.

Protección de los ojos

El ojo humano es muy frágil, y puede haber pérdida permanente de la vista incluso con lesiones muy pequeñas. Debe usted proteger sus ojos de sangre y otros líquidos corporales, objetos extraños, plantas, insectos, y restos de la extracción de vehículos accidentados. Puede usar anteojos con escudos laterales durante los cuidados regulares del paciente. (La sección de enfermedades contagiosas en este capítulo cubre la protección de los ojos en caso de salpicadura de líquidos corporales.)

Sin embargo, cuando se están usando herramientas para la liberación y extracción vehicular, debe usar un escudo facial o gafas (goggles). En estos casos, los anteojos de prescripción no proporcionan una protección adecuada. En presencia de nieve o arena blanca, en especial en grandes altitudes, debe proteger sus ojos de la exposición a rayos ultravioleta. Anteojos o gafas especialmente diseñados pueden proporcionar esto. Además, su protección de los ojos debe ser adaptable al clima y a las demandas físicas de la tarea. Es importante que tenga visión clara en todo momento.

Protección del oído

La exposición a ruidos intensos por periodos prolongados puede causar pérdida de la audición. Cierto equipo, como los helicópteros, algunas herramientas para liberación y extracción de vehículos accidentados, y sirenas, producen niveles altos de ruido. El uso de tapones para los oídos de hule espuma blando, de tipo industrial, suele proporcionar una protección adecuada.

Figura 2-29 Varias agencias pueden responder a grandes disturbios. Es importante conocer quién está en comando y quién dará órdenes.

Protección de la piel

Su piel necesita protegerse contra quemaduras de sol mientras trabaja en ambientes exteriores. La exposición prolongada al sol aumenta la posibilidad de cáncer de la piel. Aunque puede considerarse una simple molestia, la quemadura solar es un tipo de quemadura. En áreas de reflexión, como la arena, el agua, y la nieve, su riesgo de quemadura solar aumenta. Proteja su piel aplicando una pantalla solar con una actividad mínima de SPF 15.

Blindaje del cuerpo

Aunque la política de la mayoría de los TUM-B instruye que ellos simplemente deben evitar implicarse en balaceras, los respondientes del SMU en algunas áreas usan blindaje del cuerpo (chalecos a prueba de balas) por protección personal. Existen varios tipos de blindajes del cuerpo. Varían desde extremadamente ligeros y flexibles a pesados y voluminosos. Los chalecos más ligeros no detienen balas de gran calibre. Sin embargo, ofrecen mayor flexibilidad, y son preferidos por la mayor parte del personal de los ejecutores de la ley. Los chalecos ligeros usualmente se usan bajo una camisa o saco de uniforme. Los chalecos más grandes, más pesados, son usados encima del uniforme.

Situaciones violentas

Su salud y la de su equipo son de gran importancia. Disturbios públicos, conflictos domésticos y escenas de crimen, en especial las que implican pandillas, pueden crear muchos peligros al personal del SMU. Las reuniones grandes de personas hostiles, o potencialmente hostiles, también son peligrosas. Varias agencias responderán a disturbios civiles grandes. En esos casos, es importante que conozca quién está en comando y estará dando órdenes (Figura 2-29). Sin embargo, usted y su compañero pueden estar ocupados en sus propios asuntos cuando un grupo de personas parece crecer y volverse cada vez más hostil. En estos casos debe llamar inmediatamente a las autoridades, si no se encuentran presentes. Puede ser que tenga que esperar la llegada de las autoridades policiacas antes de que pueda acercarse en forma segura al paciente.

Recuerde que, con su compañero, debe estar protegido de los peligros de la escena, antes que pueda proporcionar cuidados al paciente. La imposición de la ley debe asegurar que la escena es segura antes que, junto con su compañero, ingrese a ella. La escena de un crimen a menudo plantea problemas potenciales para el personal de SMU. Si el perpetrador está aún en alguna parte de la escena, puede reaparecer y amenazarlos a ustedes, o intentar herir más al paciente que está tratando. Los espectadores que están intentando ser útiles pueden interferir con los cuidados de urgencia. Los miembros de la familia pueden estar muy perturbados y no entender lo que está haciendo, cuando intenta inmovilizar una extremidad lesionada, y el paciente grita que lo está lastimando. En estos casos asegúrese de que tiene la asistencia adecuada de la agencia de seguridad pública apropiada.

En ocasiones, los TUM-B estarán en la escena cuando una situación peligrosa está sucediendo, como en un caso de rehenes o revuelta. En estas situaciones puede ser necesario que el personal de SMU esté protegido de proyectiles, como balas, botellas o piedras. Ordinariamente las autoridades proporcionarán encubrimiento o cobertura al personal que está implicado en la respuesta al incidente. El **encubrimiento y la cobertura** implican el uso táctico de una barrera impenetrable para protección. Los TUM-B no deben estar colocados en una posición que ponga en peligro sus vidas o su seguridad durante esos incidentes. No dependa de otra persona para su seguridad.

Recuerde que su seguridad personal es de extrema importancia. Es necesario que comprenda ampliamente los riesgos de cada ambiente al que ingresa. Siempre que esté en duda sobre su seguridad, no se ponga en riesgo. Nunca entre a un ambiente inestable, como una balacera, una riña, una situación de rehenes, o un tumulto. Por tanto, como parte de su estudio de la escena, evalúela en relación con su potencial de violencia; si mayor violencia es una posibilidad, solicite recursos adicionales. No hacer esto puede colocarlo, con su compañero, en grave riesgo. Cuando sea apropiado, permita que la autoridad asegure la escena antes de acercarse; ella tiene la experiencia y la destreza necesarias para controlar estas situaciones.

También es importante recordar que si cree que un evento es una escena de crimen, debe mantener la cadena de evidencias. Dicho en forma breve, asegúrese de que no perturba la escena del crimen, a menos que sea absolutamente necesario para el cuidado del paciente.

Urgencias relacionadas con el comportamiento

La categoría de "urgencias relacionadas con el comportamiento" cubre una gama amplia de situaciones. Esta frase, que todo abarca, incluye urgencias que no tienen claramente una causa física y que dan por resultado una conducta aberrante. Con frecuencia, la causa termina siendo física; la hipoglucemia, traumatismos de la cabeza, hipoxia, e ingestión de tóxicos, pueden causar alteración del estado mental. Los pacientes con enfermedades psiquiátricas, como ciertos trastornos bipolares y esquizofrenia, pueden tener alterado el conjunto de funciones sensitivas o exhibir una conducta anormal.

Aunque la mayor parte de las urgencias relacionadas con el comportamiento no constituye una amenaza para el TUM, aún existe una amenaza potencial para el paciente o el rescatador, y debe tenerse precaución.

Aunque el capítulo 16 expone con mayor profundidad lo referente a las urgencias relacionadas con el comportamiento, considere estas preguntas al evaluar al paciente en términos de urgencia relacionada con el comportamiento, o psiquiátrica, que puede conducir a una reacción violenta del paciente:

- ¿Cómo le contesta el paciente? ¿Sus preguntas son respondidas en forma apropiada? ¿El vocabulario y expresiones del paciente son lo que esperaría bajo las circunstancias?
- ¿Está el paciente retraído o alejado? ¿El paciente es hostil o amigable? ¿Excesivamente amigable?
- ¿Entiende el paciente por qué está usted ahí?
- ¿Cómo está vestido el paciente? ¿La vestimenta es apropiada para el tiempo del año y la ocasión? ¿La ropa está limpia? ¿Sucia?
- ¿El paciente se presenta relajado, rígido, o reservado? ¿Los movimientos del paciente son coordinados o espasmódicos y torpes? ¿Hay hiperactividad? ¿Los movimientos del paciente tienen un propósito, por ejemplo, al vestirse? ¿Sus acciones son sin rumbo, como sentarse y mecerse de adelante hacia atrás en una silla?
- ¿El paciente se ha dañado a sí mismo? ¿Hay daño al entorno?

- ¿Cuáles son las expresiones faciales del paciente? ¿Son suaves o insulsas, o son expresivas? ¿El paciente muestra alegría, temor o furia a estímulos apropiados? Si es así, ¿hasta qué grado?

Puede no ser posible que reúna toda la información que sugieren las preguntas. A veces, un paciente que está experimentando una urgencia relacionada con el comportamiento, no responderá en absoluto. En estos casos, las expresiones faciales del paciente, pulso y respiraciones, lágrimas, sudor y sonrojo, pueden ser indicadores significativos de su estado emocional.

Los siguientes determinantes principales de violencia, aunque no intentan incluir a todos ellos, son de valor para el TUM-B:

- **Historia.** ¿El paciente ha exhibido antes conducta hostil, demasiado agresiva, o violenta? Esta información debe ser solicitada por el personal del SMU en la escena, o pedida al personal de la autoridad, familia, registros previos del SMU, o información de hospital.
- **Postura.** ¿Cómo se sienta o está de pie esta persona? ¿El paciente parece estar tenso, rígido, o sentado en el borde de la cama, silla, o donde esté posicionado? La observación de aumento de la tensión por la postura física es, con frecuencia, un signo de hostilidad.
- **Actividad vocal.** ¿Cuál es la naturaleza del lenguaje que está usando el paciente? Los patrones de lenguaje en voz muy alta, obsceno, errático y extraño, suelen indicar desorden emocional. El paciente que está conversando en lenguaje tranquilo, ordenado, no es tan probable que ataque a otros, como el paciente que está vociferando y gritando.
- **Actividad física.** Quizás uno de los factores más demostrativos que buscar es la actividad motora de una persona que está pasando por una crisis de ansiedad relacionada con el comportamiento. El paciente que está dando pasos cortos, no se puede sentar quieto o está exhibiendo protección de sus límites de espacio, requiere una observación cuidadosa. La agitación es un signo pronóstico para observar con gran cuidado y escrutinio.

Otros factores que se deben tomar en consideración por violencia potencial incluyen los siguientes:

- Control deficiente de los impulsos
- La tríada de conducta: delincuencia, pelea y temperamento incontrolable
- Inestabilidad de la estructura familiar, incapacidad de conservar un trabajo regular
- Tatuajes, como aquéllos con identificación de pandillas o afirmaciones como "nacido para matar" o "nacido para perder"
- Farmacodependencia
- Trastorno funcional (si el paciente dice que está escuchando voces que le pidan matar ¡créanle!)
- Depresión que explica 20% de los ataques violentos
- Enfermedad diagnosticada, como trastorno bipolar

Situación de urgencia — Resumen

Su habilidad para reducir y canalizar las consecuencias negativas del estrés lo ha hecho una persona y un respondiente de urgencias más sano. Con mayor flexibilidad en caso de estrés, tiene un sistema inmunitario más fuerte, y con poca frecuencia sufre de enfermedades o lesiones. Ha notado que los respondientes que continúan proporcionando cuidados después de 10 o más años parecen tener estilos de vida y hábitos similares, y se siente estimulado por que esas elecciones lo asistirán a lo largo de su carrera. Hay tantos beneficios en su nuevo estilo de vida que no se puede imaginar premiándose con menos que eso.

Resumen

Listo para repaso

- Los TUM-B encontrarán muertos, pacientes muriendo, y las familias y amigos de los que han muerto.
- Cuando se manifiestan signos de estrés, como fatiga, ansiedad, furia, sentimientos de desesperanza, inutilidad, o culpabilidad, y otros indicadores, pueden generarse problemas relacionados con el comportamiento.
- El reconocimiento de los signos de estrés es importante para todos los TUM-B.
- Todo encuentro con el paciente debe considerarse potencialmente peligroso. Es esencial que tome todas las precauciones disponibles para minimizar el riesgo de los peligros de la escena y enfermedades infecciosas y contagiosas.
- Las enfermedades infecciosas pueden transmitirse en una de cuatro formas: transmisión directa, transmitida por vehículo, transmitida por vector, y transmitida por el aire.
- Aun si está expuesto a una enfermedad infecciosa, su riesgo de enfermarse es reducido.
- La posibilidad de que una enfermedad infecciosa ocurra, o no, depende de varios factores, que incluyen la cantidad y tipo del organismo infeccioso y su resistencia a esa infección.
- Puede seguir varios pasos para protegerse contra la exposición de enfermedades infecciosas, que incluyen:
  - mantenerse al día con las vacunas recomendadas
  - usar precauciones universales
  - seguir las precauciones de ASC en todo momento
  - manipular todas las agujas y otros objetos afilados con gran cuidado
- Como frecuentemente es difícil saber cuáles pacientes tienen enfermedades infecciosas, debe evitar el contacto directo con la sangre y líquidos corporales de todos sus pacientes.
- Si piensa que ha sido expuesto a una enfermedad infecciosa, vea de inmediato a su médico (o al médico designado por su empleador).
- Cinco enfermedades de especial preocupación son:
  - Infección por VIH
  - Hepatitis B
  - Meningitis
  - Tuberculosis
  - SARS
- Debe saber qué hacer si es expuesto a una enfermedad transmitida por el aire o por la sangre. El oficial designado de su delegación será capaz de ayudarlo a seguir el protocolo establecido en su área.
- El control de la infección debe ser una parte importante de su actividad regular diaria. Asegúrese de seguir los pasos apropiados cuando enfrente situaciones de exposición potencial.
- Los peligros de la escena incluyen la exposición potencial a:
  - materiales peligrosos
  - electricidad
  - fuego
- En un incidente con material peligroso, su seguridad es la consideración más importante. Nunca se acerque a un objeto etiquetado con un letrero de materiales peligrosos. Use binoculares para leer los letreros a una distancia segura.
- No empiece a atender a los pacientes hasta que sean retirados de la escena, y hayan sido descontaminados por el equipo de materiales peligrosos, o la escena se haya hecho segura para que pueda entrar.
  - El choque eléctrico puede ser producido por cables de energía o por rayos.
- Hay cinco peligros comunes en un incendio:
  - Humo
  - Deficiencia de oxígeno
  - Temperaturas altas del ambiente
  - Gases tóxicos
  - Colapso de un edificio
- Situaciones violentas tales como disturbios civiles, disputas domésticas y escenas de crimen, pueden crear muchos peligros para el personal del SMU.
- Si advierte potencial de violencia durante un estudio de la escena, pida recursos adicionales.

Vocabulario vital

agotamiento Estado de fatiga crónica y frustración que es el resultado de sumar estrés a través del tiempo.

aislamiento de sustancias corporales (ASC) Concepto y práctica del control de infección que asume que todos los líquidos del cuerpo son potencialmente infecciosos.

contacto directo Exposición o transmisión de una enfermedad contagiosa de una persona a otra por contacto físico.

contacto indirecto Exposición o transmisión de enfermedad de una persona a otra por contacto con un objeto inanimado (vehículo).

contaminación Presencia de organismos infecciosos sobre o dentro de objetos, como apósitos, agua, alimentos, agujas, heridas, o cuerpo de un paciente.

control de la infección Procedimientos para reducir la transmisión de la infección entre los pacientes y el personal de cuidados de la salud.

encubrimiento y la cobertura Uso táctico de una barrera impenetrable para ocultar personal de SMU y protegerlo de proyectiles (p.ej., balas, botellas, piedras).

enfermedad contagiosa Enfermedad infecciosa que puede transmitirse de una persona a otra.

enfermedad infecciosa Enfermedad causada por infección, en contraste con una causada por genes defectuosos, perturbaciones metabólicas u hormonales, traumatismos, o alguna otra cosa.

enfermedad transmisible Cualquier enfermedad que puede propagarse de persona a persona, o de animal a persona.

equipo protector personal (EPP) Equipo protector que la STPS requiere que esté disponible para el TUM. En caso de riesgo infeccioso el EPP bloquea la entrada de un organismo al cuerpo.

exposición Situación en la cual una persona ha tenido un contacto con sangre, líquidos corporales, tejidos o partículas transportadas por el aire, en forma tal que sugiere que se puede producir la transmisión de la enfermedad.

hepatitis Inflamación del hígado, usualmente causada por una infección viral, que produce fiebre, pérdida del apetito, ictericia, fatiga, y alteración funcional del hígado.

herpes simple Infecciones causadas por los herpesvirus 1 y 2, caracterizada por pequeñas ampollas, cuya localización depende del tipo de virus. El tipo 2 produce ampollas en el área genital, mientras que el tipo 1 causa ampollas en áreas no genitales.

huésped Organismo que es atacado por el agente infeccioso.

infección Invasión anormal de un huésped, o tejido del huésped, por organismos, como las bacterias, virus o parásitos, con o sin signos de síntomas de la enfermedad.

infección por VIH Virus de inmunodeficiencia humana (VIH). El virus puede causar el síndrome de inmunodeficiencia adquirida (SIDA).

meningitis Infección de las cubiertas meníngeas del encéfalo y la médula espinal; suele ser causada por un virus o una bacteria.

oficial designado Individuo en la delegación que está encargado de la responsabilidad de manejar exposiciones y temas de control de la infección.

patógeno Microorganismo que es capaz de causar enfermedad a un huésped susceptible.

plan de control de la exposición Plan amplio que ayuda a los empleados a disminuir el riesgo de exposición a enfermedades contagiosas, o de adquirirlas.

portador Animal o persona que está infectado y transmite una enfermedad infecciosa, pero puede no exhibir signos o síntomas de ella; conocido también como vector.

precauciones universales Medidas protectoras que han sido desarrolladas tradicionalmente por los Centros de Control y Prevención de enfermedades (CDC) para usarse con objetos, sangre, líquidos corporales, u otros riesgos potenciales de enfermedades contagiosas.

SARS (síndrome respiratorio agudo grave) Infección viral que pone potencialmente en peligro la vida; suele comenzar con síntomas comunes de gripe.

Secretaría del Trabajo y Previsión Social (STPS) La agencia reguladora federal mexicana de consentimiento que elabora, publica y pone en vigencia directrices concernientes a la seguridad en los sitios de trabajo.

sesión del incidente de estrés crítico (SIEC) Discusión confidencial de un grupo de pares sobre un incidente intensamente estresante, que suele ocurrir dentro de un plazo de 24 a 72 horas del incidente.

síndrome general de adaptación Respuesta del cuerpo de tres etapas al estrés. Primero, el estrés causa el desencadenamiento de una respuesta del cuerpo, seguida por la etapa de reacción y resistencia, y luego recuperación, o si el estrés es prolongado, agotamiento.

transmisión Forma en la cual el agente infeccioso se propaga: por contacto, aérea, por vehículos, o por vectores.

trastorno de estrés postraumático (TEPT) Reacción de estrés retrasada a un incidente previo. Esta reacción retrasada es, con frecuencia, el resultado de uno o más asuntos no resueltos, concernientes al incidente.

tratamiento del estrés del incidente crítico (TEIC) Proceso que confronta las respuestas de incidentes críticos y las desactiva, dirigiendo los servicios de urgencias hacia un equilibrio físico y emocional.

tuberculosis Enfermedad bacteriana crónica causada por *Mycobacterium tuberculosis* que suele afectar los pulmones, pero también otros órganos, como el encéfalo y el riñón.

virulencia Fuerza o habilidad de un germen patógeno de producir enfermedad.

Qué evaluar

Le ha sido asignado un nuevo compañero y es el comienzo del primer turno juntos. Su nuevo compañero es un TUM-B muy experimentado, con más de 15 años en el trabajo. La ambulancia ha sido verificada fuera y está lista para servicio. Al responder a la primera llamada del día su compañero no se ajusta el cinturón de seguridad. Le dice que esté usted alerta porque él está trabajando un turno extra y no ha dormido mucho los últimos días. Su esposa perdió el empleo hace unos cuantos meses y él ha estado tomando tantas horas extra como puede. El despacho le informa que hay una disputa doméstica en curso y que se escuchó un balazo. Su compañero reconoce la dirección porque ha estado en esa casa ya dos veces en esta semana. Al irse poniendo los guantes le da un par a su compañero, quien se los pone, y dice, "no estaremos transportando a ningunos pacientes. Estoy harto de tratar con esos dos. Nada que hagamos ayudará". Usted considera la necesidad del respeto al paciente, respeto hacia su compañero, procedimientos de seguridad, y de precauciones de aislamiento a sustancias corporales. ¿Qué debería hacer?

Temas: Deber de actuar, Control de infección, Agotamiento, Respeto a los pacientes.

Autoevaluación

Esto es para lo que fue entrenado. Es su primer turno. Después de haber sido presentado a su nuevo compañero, verifica el buen estado de la ambulancia y se prepara para la primera llamada. El radio suena y se anuncia su primera llamada "Ambulancia uno. Responda al informe de un hombre caído".

Al llegar se pone los guantes y la protección de los ojos y camina hacia el paciente. Encuentra a un hombre mayor que yace en el piso con un grupo de personas rodeándolo. Hay espectadores que permanecen en la escena. El policía asegura que la escena es segura. El paciente le dice que ha estado bebiendo cerveza todo el día y quiere ir al hospital. Está muy sucio y huele a vómito y cerveza agria. Su compañero le pide que lleve al paciente a la ambulancia para hacer una evaluación más detallada.

1. La protección personal empieza:
   A. después de ver al paciente.
   B. tan pronto como usted es enviado al servicio.
   C. al comienzo de su turno.
   D. si hay presente una cantidad grande de sangre.

2. Al usar protección en los ojos y ponerse los guantes, para reducir el contacto con los líquidos corporales mientras trata al paciente, usted está practicando:
   A. aislamiento a sustancias corporales.
   B. sentido común.
   C. prácticas de ejecución del protocolo.
   D. precauciones universales.

3. El SMU es un trabajo de alto estrés. En la mayoría de los casos el TUM-B enfrentará el estrés por medio de:
   A. asegurar la confidencialidad absoluta en el cuidado del paciente.
   B. usar el síndrome general de adaptación.
   C. bromear sobre qué tan estresado está.
   D. mantener todo en su interior.

4. El TUM-B debe aprender cómo manejar las llamadas estresantes para prevenir la fatiga crónica asociada con:
   A. agotamiento.
   B. desesperanza.
   C. sesión del incidente de estrés crítico.
   D. cambios múltiples en asignaciones.

5. Esta llamada requiere que el TUM-B se comunique con el paciente, espectadores, y su compañero, en una forma que sea:
   A. enérgica y directa.
   B. en voz alta y clara.
   C. en voz baja y suavemente.
   D. sensible a las necesidades de cada uno.

6. Cuando esté tratando a este paciente recibe líquido corporal en los brazos. Este contacto se llama:
   A. desastre.
   B. exposición.
   C. accidente.
   D. incidente.

7. Si se pone en contacto con materiales potencialmente infecciosos debe seguir su:
   A. plan federal de evaluación.
   B. política y procedimientos personales.
   C. asesoría del supervisor.
   D. plan de control de la exposición de la Institución.

Preguntas desafiantes

8. Explique el proceso de duelo como es definido por Kubler-Ross.
9. ¿Cómo debe responder y tratar el TUM-B al niño críticamente lesionado?
10. Defina los cuatro principales vehículos transmisores de enfermedad.
11. ¿Cuál es el deber del TUM-B en lo referente al tratamiento de los pacientes con enfermedades graves?

Temas médicos, legales y éticos

Objetivos

Cognitivos

1-3.1 Describir la extensión de la práctica del TUM-B. (p. 72)
1-3.2 Discutir el aspecto legal en México de las órdenes de no reanimación (ONR) [directivas avanzadas] y previsiones locales y estatales referentes a la aplicación de los protocolos del SMU. (p. 79)
1-3.3 Definir consentimiento y exponer los métodos para obtenerlo. (p. 75)
1-3.4 Diferenciar entre consentimiento expreso e implícito. (p. 75)
1-3.5 Explicar el papel desempeñado por el consentimiento de menores e incapaces para proporcionar cuidados. (p. 76)
1-3.6 Discutir las implicaciones que tiene para el TUM-B el rechazo del paciente al transporte. (p. 77)
1-3.7 Discutir los temas de abandono, negligencia, impericia, lesiones y sus implicaciones para el TUM-B. (p. 74)
1-3.8 Expresar las condiciones necesarias para que el TUM-B tenga el deber de actuar. (p. 74)
1-3.9 Explicar la importancia, necesidad y legalidad de la confidencialidad del paciente. (p. 81)
1-3.10 Discutir las consideraciones del TUM-B en temas de recuperación de órganos. (p. 85)
1-3.11 Diferenciar las acciones que debe tomar un TUM-B para asistir en la preservación de una escena donde se presume se cometió un delito. (p. 82)
1-3.12 Expresar las condiciones que requiere un TUM-B para notificar a los oficiales encargados de aplicar la ley. (p. 82)

Afectivos

1-3.13 Explicar el papel desempeñado por el SMU y el TUM-B en referencia a las indicaciones de no reanimación. (p. 80)
1-3.14 Explicar el fundamento de las necesidades, los beneficios y el uso de directivas por adelantado. (p. 79)
1-3.15 Explicar el fundamento de grados variables de ONR. (p. 80)

Psicomotores

Ninguno

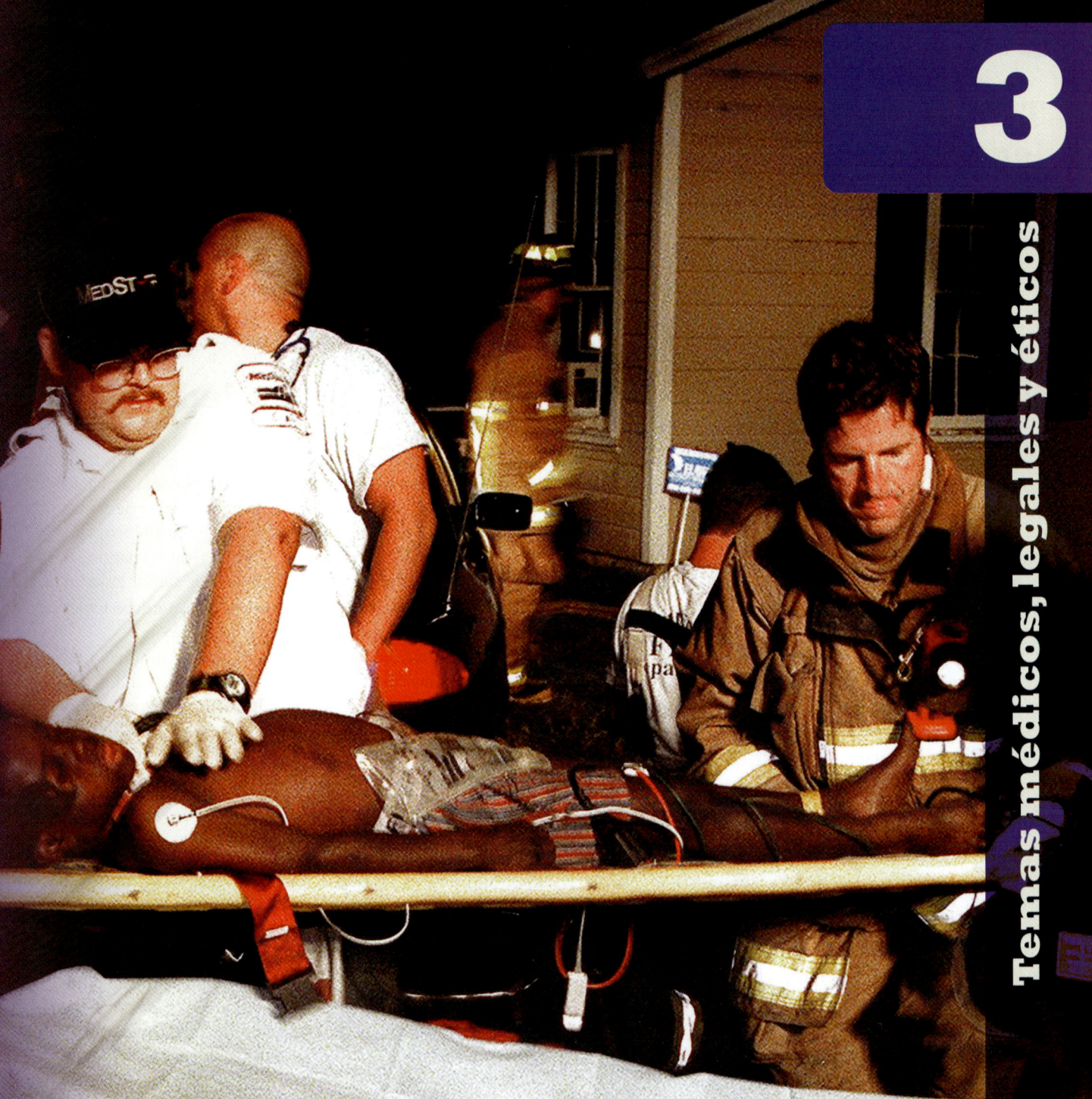

3

Temas médicos, legales y éticos

Situación de urgencia

Es enviado a Plaza de la Constitución 1500 porque hay un varón confuso desconocido. Al llegar, usted y su compañero encuentran a un policía intentando calmar a un hombre de 32 años de edad que está un tanto confuso y muy agitado. Cuando él lo ve, dice que no desea su ayuda y le pide que se vaya inmediatamente. Nota una caja de jeringas en la cocina. ¿Qué debe hacer?

Como un TUM, su trabajo lo colocará con regularidad en situaciones que se relacionan con la vida y la muerte, la ética y la ley, el orden y el caos. La forma en que las controle determinará, en gran parte, el tipo de profesional en cuidados de la salud en que se convertirá. Este capítulo presentará los procesos legales básicos asociados con la medicina prehospitalaria junto con varias consideraciones éticas.

1. ¿Por qué es necesario adherirse a los principios de confidencialidad del paciente?
2. ¿Cuál es la diferencia entre el consentimiento con información y el consentimiento implícito, y por qué es tan importante obtener el consentimiento del paciente?

Temas médicos, legales y éticos

Un principio básico de los cuidados de urgencias es no causar más daño. Cualquier proveedor de cuidados de la salud que actúa de buena fe y de acuerdo con un estándar de cuidado apropiado, suele evitar repercusiones legales relacionados a su actuar. Proporcionar cuidados médicos de urgencias en un sistema organizado es un fenómeno reciente. Los **cuidados de urgencias médicas**, o atención o tratamientos inmediatos con frecuencia son proporcionados por un TUM-B, que puede ser el primer eslabón en la cadena de cuidados prehospitalarios. A medida que el alcance y la naturaleza de los cuidados de urgencias médicas se vuelvan más complejos y ampliamente disponibles, sin duda aumentará la cantidad de cuestiones legales que implicarán a participantes de los sistemas del SMU. Proporcionar cuidados médicos de urgencias competentes conforme a los estándares de cuidados enseñados, basados en evidencia científica plasmada en protocolos autorizados, lo ayudará a evitar acciones legales tanto civiles como penales. Considere las siguientes situaciones:

- Están transportando a un paciente y cuando cargan la camilla a la ambulancia, su compañero resbala, la camilla golpea al piso y el paciente se lesiona.
- Está comenzando a tratar a un niño y el padre le ordena detenerse.

¿Qué debe hacer? Aun cuando los cuidados médicos de urgencias estén proporcionados de manera apropiada, hay ocasiones en las que puede ser acusado por un paciente que busca obtener alivio, a menudo con una recompensa monetaria, del dolor y sufrimiento. O puede ejercerse una acción administrativa o laboral como la suspensión del certificado de TUM-B o la inhabilitación para ejercer como personal de salud por fallar en las regulaciones locales, estatales o federales relativas a trabajadores del SMU que perciben un salario del erario público. Por esta razón, es necesario que comprenda varios aspectos legales de los cuidados de urgencias.

También debe considerar asuntos éticos. Como TUM-B, ¿debe detenerse y tratar a pacientes implicados en un choque cuando está en ruta hacia otra llamada de urgencia? ¿Debe iniciar una RCP en un paciente que, de acuerdo con su familia, tiene un cáncer terminal? ¿Debe darse información por teléfono al abogado de un paciente?

Campo de la práctica

El alcance de la práctica que, con frecuencia es definido por el Estado, como ocurre con la Guía de Competencias del TUM-B emitida por la Secretaría de Salud Federal detalla los alcances y objetivos de la capacitación del TUM-B, así como los cuidados que usted es capaz de proporcionar a un paciente. Su director médico define más a fondo el alcance de la práctica desarrollando protocolos y órdenes permanentes. Le otorga autorización legal para proporcionar cuidados al paciente por medio de comunicación telefónica o por radio (en línea) u órdenes o protocolos en vigencia (fuera de la línea).

Usted y otro personal del SMU tienen la responsabilidad de proporcionar cuidados médicos apropiados y consistentes al paciente e informar problemas, como un posible riesgo o exposición a una enfermedad infecciosa, a su director médico de inmediato.

Estándar de cuidado

La ley requiere que usted actúe o se comporte hacia otros individuos en una forma segura, definible, sin importar la actividad implicada. Bajo ciertas circunstancias, tiene el deber de actuar o no actuar. En términos generales, debe estar preocupado sobre la seguridad y bienestar de otras personas cuando su conducta o actividades tienen el potencial de causar lesión o daño a otros **Figura 3-1**. La manera en la que debe actuar o comportarse se llama un **estándar de cuidado**.

El estándar de cuidado se establece de muchas formas, entre ellas están la costumbre local, los códigos penales estatales, los reglamentos administrativos, así como las leyes locales o federales en materia de salud. Además, estándares profesionales o institucionales tienen presencia en determinar la adecuación de su conducta.

Estándares impuestos por costumbre local

El estándar de cuidado es la forma en la cual una persona razonablemente prudente con entrenamiento y experiencia similar, actuaría bajo circunstancias, equipo y sitio semejantes. Por ejemplo, la conducta de un TUM-B que se desarrolla en un servicio de ambulancias de nuestra institución será juzgada en comparación con la conducta esperada de otro TUM-B de servicios de ambulancia comparables. Estos estándares se basan a menudo en protocolos aceptados localmente.

Como TUM-B no estará sujeto al mismo estándar de cuidado de los médicos u otros individuos más capacitados. Además, su conducta debe juzgarse teniendo en cuenta la situación de urgencia dada, tomando en consideración los siguientes factores:

- Confusión general en la escena de la urgencia
- Las necesidades de otros pacientes
- El tipo de equipo disponible

En este contexto y de acuerdo con lo establecido en el artículo 72 del Reglamento de Prestación de Servicios de Atención Médica de la Ley General de Salud, se entiende por **urgencia**, "todo problema médico-quirúrgico agudo, que ponga en peligro la vida, un órgano o una función y que requiera atención inmediata" **Figura 3-2**.

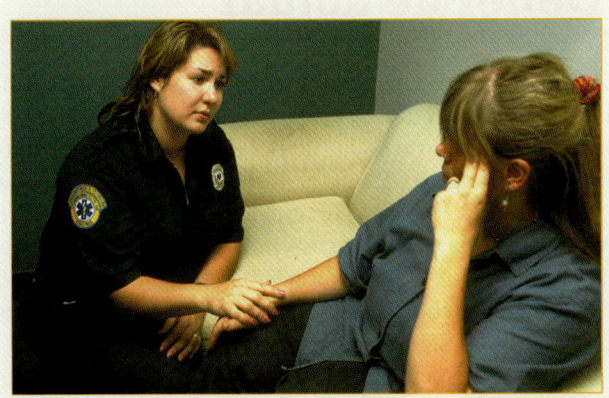

Figura 3-1 Actúe o compórtese con otros en forma tal que muestre su preocupación sobre su seguridad y bienestar.

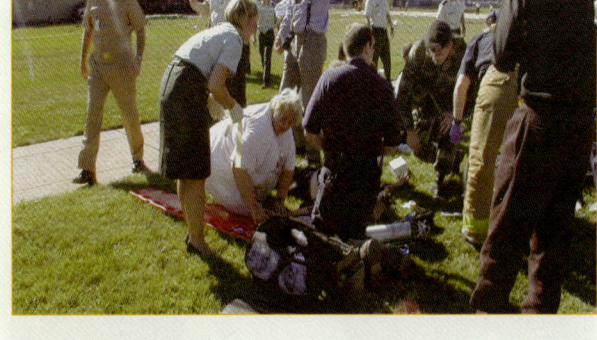

Figura 3-2 Una urgencia es una situación grave que surge de manera súbita, amenaza la vida o el bienestar de uno o más individuos, y requiere intervención inmediata.

Asimismo, la Guía de Competencias Profesionales del Técnico en Urgencias Médicas publicada por la Secretaría de Salud Federal define a la atención médica prehospitalaria como "la otorgada en casos de urgencias desde el primer contacto con el paciente, con el fin de brindarle las medidas necesarias para la sobrevivencia o estabilización orgánica hasta la llegada y entrega a un centro de hospitalización".

Estándares impuestos por la ley

Pueden estar impuestos estándares de cuidados médicos de urgencia por leyes estatales o municipales de salud, así como códigos administrativos. En muchas jurisdicciones se dice que la violación de uno de estos estándares presupone negligencia o impericia. Por tanto, se debe familiarizar con los estándares legales particulares que puedan existir en su estado. En muchos estados, esto puede tomar la forma de protocolos de tratamiento publicados por una Secretaría de Salud Estatal u Oficina Municipal de Salubridad.

Estándares profesionales o institucionales

Además de los impuestos por la ley, los estándares profesionales o institucionales pueden admitirse como evidencia por parte de la autoridad para determinar la adecuación de la conducta de un TUM. Los estándares profesionales incluyen recomendaciones publicadas por organizaciones y sociedades que están implicadas en cuidados médicos de urgencia; también incluyen reglas y procedimientos específicos del servicio del SMU, servicio de ambulancia u organización en la cual usted está fijo.

Dos notas de precaución: en primer lugar, debe familiarizarse con los estándares de su organización. En segundo lugar, si está implicado en formular estándares para una institución particular, éstos deben ser razonables, basados en evidencia científica actual y sobre todo realistas, en forma tal que no impongan una carga excesiva en los TUM. Proporcionar el mejor cuidado médico de urgencia debe ser el objetivo de todo TUM, pero no es realista tener estándares institucionales que demanden los mejores cuidados si se carece de las herramientas tecnológicas que permitan alcanzar esos objetivos.

Le pueden ser impuestos muchos estándares de cuidados. Las regulaciones de la Secretaría de Salud Federal y de cada estado suelen determinar el alcance y el nivel de entrenamiento. Decisiones de tribunales han dado por resultado jurisprudencia que define el actuar de una parte del personal médico relacionado con la atención de pacientes, sin embargo en el ámbito prehospitalario los alcances aún son limitados en cuestión de dichas resoluciones. Los estándares de cuidado también están impuestos por estándares profesionales, como el de la Asociación Estadounidense del Corazón para soporte vital básico (SVB) y reanimación cardiopulmonar (RCP) **Figura 3-3**. El cuidado ordinario es un estándar mínimo de cuidados. En general, se espera que quienquiera que ofrezca asistencia ejercerá un cuidado razonable y actuará con prudencia. Si usted actúa de forma razonable de acuerdo con el estándar aceptado, el riesgo de una repercusión legal de su actuar o no actuar se reduce. Si aplica las prácticas estándar en que ha sido entrenado, es probable que pueda evitar este riesgo. Por ejemplo, varias organizaciones han definido estándares para practicar RCP. Si usted se desvía de éstos, puede estar expuesto a un proceso civil, y posiblemente penal. Además, las comisiones de salud estatales o federales reguladoras que supervisan las operaciones del SMU pueden coadyuvar en la sanción al personal de SMU por desviarse del estándar de cuidado.

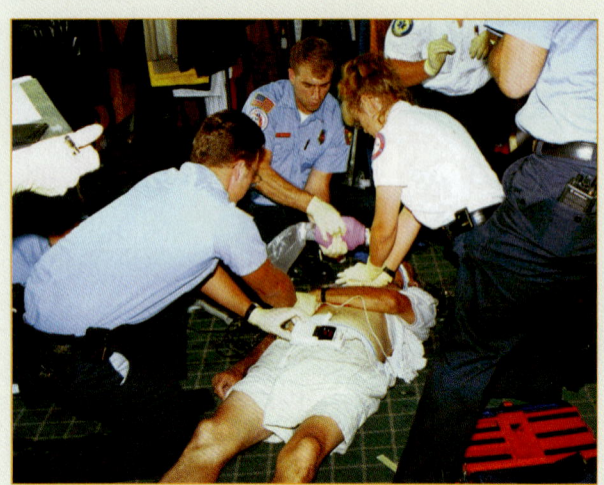

Figura 3-3 Se le imponen muchos estándares de cuidados, como aquellos para practicar SVB y RCP.

Estándares impuestos por los estados

Acta de prácticas médicas

El personal del SMU requiere certificación de conformidad con lo dispuesto por el artículo 79 de la Ley General de Salud, ya que un TUM-B es considerado como un profesional del área de la salud. La práctica de la medicina se define como el diagnóstico y tratamiento de trastornos o enfermedades. Los TUM-B, y otros en la cadena de cuidados prehospitalarios, afirman la necesidad del soporte de vida e inicio de los cuidados. Por tanto, el estándar de los cuidados se debe mantener dentro del campo de las provisiones y requisitos de certificación en el país emitidos por la Secretaría de Salud Federal.

Certificación

Algunos estados proporcionan certificación, licenciatura o credencialización a individuos que practican cuidados de urgencias médicas. La <u>certificación</u> es el proceso mediante el cual un individuo, institución o programa es evaluado y reconocido por cubrir ciertos estándares predeterminados para asegurar cuidados seguros y éticos del paciente, con base en los criterios establecidos por la autoridad educativa estatal o federal. Es este factor, es decir, el certificado de estudios que emite la Secretaría de Educación Pública lo que valida el nivel de capacitación del TUM y manifiesta a través de un documento oficial ante las autoridades judiciales y de salud la competencia de la persona que lo ostenta. Una vez certificado, está obligado a cumplir con los estándares que son reconocidos en el ámbito nacional por la Secretaría de Educación Pública así como por las autoridades locales o federales en materia de salud. Debe asegurar que su certificación o licenciatura permanezca vigente; sus destrezas deben mantenerse actualizadas.

Deber de actuar

El <u>deber de actuar</u> es la responsabilidad de un individuo de proporcionar cuidados al paciente. La responsabilidad procede del estatuto o la función. En México, los códigos penales de cada estado establecen la obligación de ayudar a una persona en estado de indefensión, sin embargo, el grado de ayuda que se le provea estará determinado por el riesgo que significa también para nuestra seguridad. Puede haber deber de actuar en ciertas circunstancias, incluyendo las siguientes:

- Usted está encargado de respuesta médica de urgencia.
- Su servicio o política de la institución establece que debe asistir en una urgencia siempre y cuando se cumplan determinadas condiciones de seguridad que deben ser otorgadas por las autoridades de seguridad pública local o federal.

Una vez que su ambulancia responde a una llamada o comienza un tratamiento, tiene el deber legal de actuar. Es importante señalar lo que ocurre si está fuera de servicio y se encuentra con un choque, puede estar legalmente obligado a asistir pacientes, sin embargo la ayuda que se otorgue será proporcional a los recursos que se tienen al alcance y sobre todo, siempre y cuando la seguridad de la escena lo permita. Verifique con su autoridad local en materia penal y de salud para estar del todo informado sobre las leyes que gobiernan sus acciones estando fuera de servicio.

Negligencia

La <u>negligencia</u> es la falla al proporcionar los mismos cuidados que una persona con entrenamiento similar proporcionaría. Es una desviación del estándar de cuidado aceptado que puede dar por resultado una lesión adicional al paciente. Se establece también como la situación en la que el TUM-B no cumple con la obligación de emplear en forma adecuada los medios necesarios para atender a un paciente, es decir, cuando tiene los conocimientos y recursos necesarios para hacerlo y no los utiliza por descuido u omisión. La determinación de negligencia se basa en los siguientes cuatro factores:

1. **Deber de actuar.** Es responsabilidad del TUM-B actuar de forma razonable dentro de los estándares de su entrenamiento.
2. **Incumplimiento del deber.** Hay una omisión del deber cuando el TUM-B no actúa dentro del estándar de cuidado esperado y razonable.
3. **Daños o lesión.** Hay daños cuando un paciente es física o psicológicamente perjudicado en alguna forma apreciable.
4. **Causa.** Debe haber una causa y efecto razonable. Un ejemplo es cuando se cae un paciente durante su levantamiento, provocándole una fractura de

la pierna. Si una persona tiene un deber y abusa de él, causando un perjuicio a otro individuo, el TUM-B, la institución y/o el director médico pueden ser denunciados penalmente por un caso que involucre negligencia.

Se deben presentar los cuatro factores para determinar negligencia.

Impericia

De igual manera cuando al atender a un paciente el TUM no posee los conocimientos técnicos y científicos que su preparación académica exige, se comete impericia. Este aspecto puede ser ejemplificado con el personal que asume actividades de proveedor de atención médica prehospitalaria sin contar con la capacitación y entrenamiento adecuados, independientemente de incurrir en otros delitos como es la usurpación de funciones.

La mejor defensa contra los casos de negligencia e impericia es mostrar competencia y actitud profesionales, otorgando consistentemente un alto estándar de atención y documentando de manera correcta y completa los aspectos que se vieron involucrados en la atención del paciente, independientemente de que en el caso de presentarse un asunto penal, se ofrezcan de manera pertinente ante la autoridad investigadora los documentos que avalan la existencia de protocolos respaldados y reconocidos por la dirección médica.

Abandono

El abandono es la finalización unilateral de los cuidados por un TUM-B sin el consentimiento del paciente, sin hacer provisiones para que un profesional médico con destrezas del mismo nivel o más altas, continúe los cuidados o sin que exista una causa justificada que haga que el TUM-B deba dejar de prestar la atención al paciente. Como TUM-B, una vez que ha comenzado los cuidados ha asumido un deber que no puede detener hasta que una persona competente asuma la responsabilidad. No realizar ese deber expone al paciente a un daño y es una base para una acusación penal. El abandono es, legal y éticamente, un asunto grave que conlleva acciones tanto civiles como penales contra un TUM.

Por ejemplo, suponga que llega a la escena del accidente de un automóvil y comienza a atender a dos pacientes lesionados. Un transeúnte le dice que más adelante en el camino hay un accidente entre dos autos en el cual hay cinco personas lesionadas. Usted encarga a este individuo el cuidado de los dos pacientes lesionados y acude al otro accidente. Puede haberse producido un abandono porque no pasó el cuidado de los pacientes a una persona con un nivel de destrezas igual o más alto que el suyo. Considere las siguientes preguntas generales cuando se enfrente a tomar una decisión como ésta:

> **Tips para el TUM-B**
>
> Las llamadas que incluyen rechazos a los cuidados están entre las litigadas con mayor frecuencia. Asegúrese de que su paciente es competente para rehusar los cuidados y está completamente informado de sus posibles consecuencias. Actúe siempre en el mejor interés del paciente y resista la tentación de obtener un rechazo por su conveniencia.

- ¿Qué problemas pueden surgir por sus acciones?
- ¿Cómo puede empeorar la condición del paciente si usted se va?
- ¿El paciente necesita cuidados?
- ¿Está descuidando su deber con su paciente?
- ¿La persona que asume los cuidados está entrenada cuando menos a su mismo nivel?
- ¿Está abandonando al paciente si deja la escena?
- ¿Está violando un estándar de cuidado?
- ¿Está actuando con prudencia?
- ¿Existe un peligro potencial en el lugar que lo orilla a abandonar el área?

Consentimiento

Antes de que el cuidado de atención médica prehospitalaria sea aplicado, el paciente tiene que ser enterado de su situación, de las medidas de soporte básico que serán aplicadas, de los riesgos asociados y sus consecuencias. En la mayor parte de las circunstancias se requiere consentimiento de todo adulto consciente, mentalmente competente, antes de que puedan iniciarse los cuidados. Una persona que recibe atención debe dar autorización o consentimiento para el tratamiento. Si una persona está en control de sus acciones aunque esté lesionada, y rechaza los cuidados, usted puede no atender al paciente. De hecho, hacerlo puede dar lugar a una acción, tanto penal como civil, delitos tales como robo o lesiones. El consentimiento debe ser expreso o implícito y puede implicar los cuidados a un menor o a un paciente mentalmente incompetente.

Consentimiento expresado

El consentimiento expresado (o consentimiento real) es el tipo de autorización en la cual el paciente habla o reconoce que desea que le proporcione cuidados o transporte. Debe ser un consentimiento informado, lo que significa que se han comunicado al paciente los riesgos potencia-

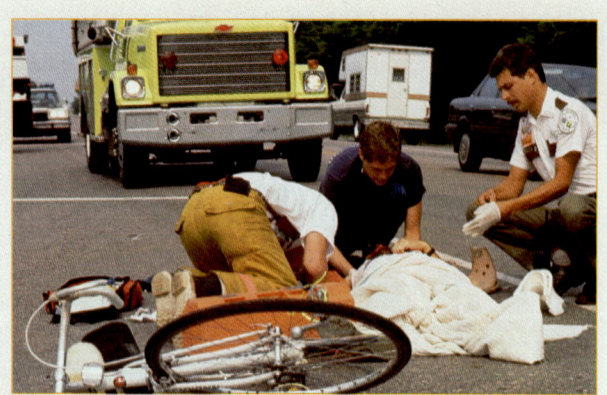

Figura 3-4 Cuando existe una grave amenaza para la vida o un miembro, y el paciente está inconsciente o es incapaz de dar consentimiento, la ley asume que él daría consentimiento para sus cuidados y transporte al hospital.

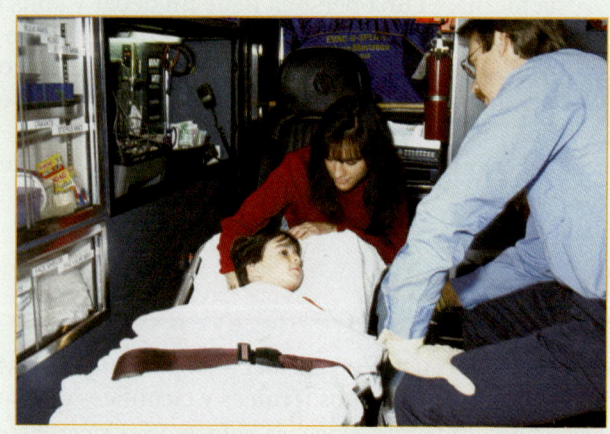

Figura 3-5 La ley requiere que un progenitor o custodio legal dé consentimiento para el tratamiento y transporte de un menor. No obstante, nunca debe de retener cuidados que puedan salvar la vida.

les, beneficios y alternativas al tratamiento, y ha aceptado el procedimiento. La base legal de esta doctrina se basa en la suposición de que el paciente tiene el derecho de determinar lo que se hará con su cuerpo. Éste debe tener edad legal y ser capaz de tomar una decisión racional.

Un paciente puede estar de acuerdo con ciertos cuidados médicos de urgencias, pero no con otra atención. Por ejemplo, un paciente puede consentir que se le retire de un auto, pero rehusar atención adicional. Una persona lesionada puede estar de acuerdo en recibir cuidados de urgencias en su hogar, pero rechazar ser transportada a un servicio médico. El consentimiento con información es válido si se da de forma oral; sin embargo, esto puede ser difícil de probar. Hacer que el paciente firme un formulario de consentimiento no elimina su responsabilidad de informar por completo al paciente. Un testigo puede ser útil como prueba más adelante, y la documentación del consentimiento siempre es recomendable y fundamental.

Consentimiento implícito

Cuando una persona está inconsciente y es incapaz de dar autorización o existe una grave amenaza para la vida o un miembro, la ley asume que el paciente consentiría en recibir la atención y el transporte a un servicio médico (Figura 3-4 ▲). Esto se llama <u>consentimiento implícito</u> y está limitado a situaciones de urgencias que amenazan la vida. Es apropiado cuando el paciente está inconsciente, delirante, no responde como resultado del uso de alcohol, trauma en cráneo, enfermedades metabólicas o drogas, o en otra forma es incapaz de dar un consentimiento expresado. Sin embargo, muchas cosas pueden ser confusas sobre lo que representa una "grave amenaza para la vida o un miembro". Es probable que los procedimientos legales giren alrededor de esta cuestión. Esto se convierte en una resolución con aspectos médico-legales involucrados, que debe ser apoyado por los mejores esfuerzos del TUM-B para obtener consenti-

miento <u>medicolegal</u> es un término que se refiere a la relación que guardan aspectos, principios y normatividad establecida en la medicina y en conjunto de normas jurídicas de la federación, estado o municipio, incluyendo criterios relacionados con la medicina forense. En la mayor parte de los casos la ley permite que el cónyuge, un pariente cercano o familiar directo dé consentimiento por una persona lesionada que es incapaz de darlo. También puede estar implícito el rechazo a su ofrecimiento de dar cuidados de urgencias. Por ejemplo, la acción de un paciente de retirar su brazo del entablillado puede ser una indicación de rechazo al consentimiento. De nuevo, es trascendental documentar estas circunstancias y la respuesta así como registrar testigos.

Menores y consentimiento

Como es posible que un menor no tenga el discernimiento, la madurez o el criterio para dar un consentimiento válido, la ley requiere que un progenitor o tutor legal otorgue el consentimiento para el tratamiento y el transporte (Figura 3-5 ▲). Sin embargo, hay situaciones en que un menor puede dar un consentimiento válido para recibir cuidados médicos, como es el caso de menores emancipados casados o menores embarazadas, siendo tratados como adultos para los propósitos de consentir el tratamiento médico. Usted debe obtener consentimiento de un progenitor o tutor legal siempre que sea posible; sin embargo, si existe una verdadera urgencia y no están disponibles los padres o el tutor legal, el consentimiento para tratar al menor es implícito, igual que con un adulto. Nunca debe negar cuidados que salven la vida, sin embargo la recomendación en estos casos es notificar de forma inmediata a su central de comunicaciones la situación que se está presentado para que quede asentada la decisión de iniciar el tratamiento, así como el traslado del paciente. De igual manera puede apoyarse en la solicitud de oficiales de cumplimiento de la ley en el lugar, con el fin

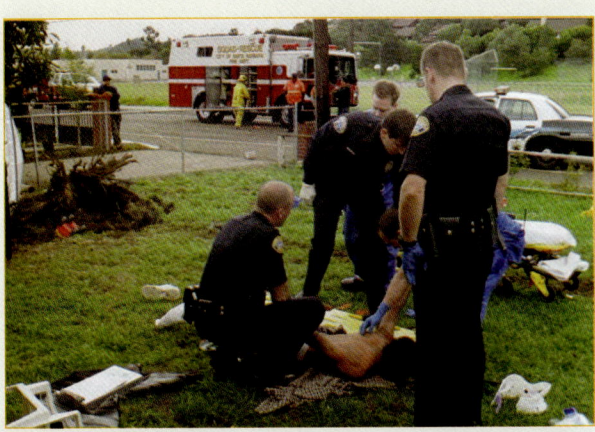

Figura 3-6 Asegúrese de que conoce las leyes locales sobre la restricción forzada de un paciente. Así como el hecho de que las autoridades locales de salud y de justicia se encuentran informadas sobre la aplicabilidad del protocolo de restricción de paciente.

de que sirvan también como testigos de las acciones que está llevando a cabo, considerando que lo anterior no debe ser una causa para retrasar el tratamiento o el traslado.

Adultos mentalmente incompetentes

Asistir a pacientes que están mentalmente enfermos, en crisis de comportamiento (psicológica), bajo la influencia de drogas o alcohol, o con retraso del desarrollo es complicado. Un paciente adulto que es mentalmente incompetente no es capaz de dar un consentimiento con información. Desde una perspectiva legal, esta situación es similar a la que implica a los menores. Debe obtenerse consentimiento para cuidados de urgencia de alguna persona que sea legalmente responsable, como un guardián o un custodio. Sin embargo, en muchos casos tal autorización no se obtendrá con facilidad. Muchos estados tienen estatutos de custodia protectora permitiendo que tal persona sea llevada, bajo autoridad ejecutora de la ley, a un servicio médico. Conozca las provisiones en su área. Recuerde que cuando hay una urgencia que pone en peligro la vida, puede asumir que existe un consentimiento implícito.

Restricción forzada

La <u>restricción forzada</u> es el acto de evitar físicamente que un individuo realice alguna acción física. Puede requerirse la restricción forzada de un individuo perturbado mentalmente antes que puedan prestarse cuidados de urgencias. Si piensa que un paciente se lesionará a sí mismo o a otros, se puede tomar la determinación para poder restringirlo. Sin embargo, debe consultar con dirección médica en línea o fuera de línea, dependiendo del protocolo local, para obtener autorización para restringir o contactar a las autoridades que tienen la facultad para restringir personas. En algunos estados sólo un oficial ejecutor de la ley puede restringir por fuerza a un individuo (Figura 3-6 ◀). Debe estar claramente informado sobre las leyes locales. Restringir sin autoridad lo expone a sanciones civiles y penales. Sólo debe usarse en circunstancias de riesgo para usted u otros.

Su servicio debe tener protocolos definidos con claridad para enfrentar situaciones que impliquen restricción y que además sean conocidos por la autoridad local en materia de salud, así como por los oficiales encargados de hacer cumplir la ley. Después de que se aplican restricciones, no deben retirarse de la ruta a menos que representen un riesgo para el paciente, aun cuando el paciente prometa que se comportará bien.

Recuerde que si el paciente está consciente y la situación no es urgente, se requiere consentimiento. Los adultos que parecen estar en control de sus sentidos no deben ser forzados a someterse a cuidados ni transportación. No se requiere que los adultos tomen decisiones "correctas" ni que estén de acuerdo con el consejo médico.

Situación de urgencia — Parte 2

Decide inspeccionar la casa en busca de indicaciones de cualquier condición médica mientras el policía y su compañero hablan con el hombre. Busca en el refrigerador y ve frascos de insulina. En la sala, informa discretamente al paramédico de la presencia de insulina en el refrigerador. El paramédico le pregunta al paciente si es diabético, y él responde "sí, pero eso no es asunto de nadie" y le tira un golpe. El policía tira al piso al paciente, y junto con su compañero confirma que su nivel de azúcar en la sangre es de 20 mg/dL. Ayuda a su compañero a establecer una IV y a administrar dextrosa.

3. En este caso, ¿la restricción del paciente se considera agresión?
4. Si hubiera dejado la escena como le pidió el paciente, ¿de qué serían acusados usted y su compañero?

Asalto y agresión

Asalto se define como situar de manera ilegal a una persona en un estado de temor de un daño corporal inmediato. Amenazar con restringir a un paciente que no quiere ser transportado se puede considerar asalto. Agresión es tocar ilegalmente a una persona; esto incluye proporcionar cuidados de urgencias sin consentimiento. Pueden surgir problemas legales graves en situaciones en las cuales un paciente no ha dado consentimiento para el tratamiento. Puede considerarse agresión si aplica una férula a una fractura de la pierna sospechada o usa un Epi-Pen en un paciente sin su consentimiento. El paciente puede tener bases para demandarlo por delitos como lesiones o de tipo sexual, o ambos. Para protegerse de esos cargos, debe asegurarse de obtener consentimiento expresado o que la situación permita un consentimiento implícito. Consulte a su director médico si tiene preguntas o dudas sobre una situación específica.

El derecho de rehusar tratamiento

Los adultos mentalmente competentes tienen derecho de rehusar o retirarse del tratamiento en cualquier momento. Sin embargo, estos pacientes le presentan un dilema. ¿Debe proporcionar cuidados contra su voluntad y arriesgarse a ser acusado de agresión? ¿Los debe dejar solos? Si lo hace, corre el riesgo de ser acusado de negligencia o abandono si el padecimiento empeora.

Si un paciente rehúsa el tratamiento o el transporte, debe asegurarse de que comprende o es informado acerca de los riesgos potenciales, beneficios, tratamientos y alternativas al tratamiento. También debe informarle por completo las consecuencias de rechazar el tratamiento y estimularlo a hacer preguntas. Recuerde que los adultos competentes que rehúsan tipos específicos de tratamiento por razones religiosas, por lo general tienen un derecho legal para hacerlo. Documente el rechazo y obtenga la firma de un testigo, de preferencia un miembro de la familia del paciente, para protegerse más adelante.

Cuando un paciente rehúsa el tratamiento, usted debe valorar si la condición mental del mismo está deteriorada. Si el paciente que rehúsa el tratamiento está delirante o confundido, no puede asumir que el rechazo es un rechazo informado. En caso de duda, siempre es mejor proceder al tratamiento y auxiliarse de la presencia de testigos. Proporcionar un tratamiento es una posición mucho más justificable que dejar de hacerlo. No tratar a un paciente se puede considerar negligencia. No se ponga en peligro por prestar cuidados. Utilice la asistencia de autoridades para garantizar su propia seguridad en estos casos y que además dichas autoridades policiacas sean también testigos de las acciones que lleva a cabo.

Qué documentar

Cuando un paciente rehúsa tratamiento o transporte, protéjase con un minucioso informe de cuidados del paciente y un formulario de rechazo oficial. Haga que el paciente firme el formulario, documente en el informe del caso del paciente lo que ha hecho para asegurar un rechazo con información, y señale la implicación de dirección médica. Procure la presencia de testigos que constaten el rechazo de tratamiento por parte del paciente.

También puede enfrentarse a una situación en la cual un progenitor rehúsa permitir el tratamiento de un niño enfermo o lesionado. En esta situación, debe considerar la consecuencia emocional de la urgencia en el criterio del progenitor. En la mayor parte de los casos, se suele resolver la situación con paciencia y persuasión calmada. También puede necesitar la ayuda de otros, como su supervisor, dirección médica o autoridades policiacas. En algunos estados, los proveedores de servicios de salud pueden ser requeridos legalmente a informar esas situaciones al organismo apropiado como negligencia a menores. Los TUM-B deben llamar a oficiales de los órganos encargados de hace cumplir la ley para documentar de forma adicional la necesidad de tratamiento y transporte. Esto puede ser también el caso con adultos de edad avanzada, pacientes en servicios de atención, u otras situaciones de custodios de cuidados. Los TUM-B deben estar familiarizados y adherirse a las leyes locales y estatales referentes al informe obligatorio de sospecha de abuso y/o negligencia.

Habrá ocasiones en las que no sea capaz de persuadir al paciente, guardián, custodio o progenitor de un menor o un paciente mentalmente incompetente a proceder con el tratamiento. En este caso, obtenga contacto por radio con el médico de la sala de urgencias para persuadir aun más al paciente a buscar atención médica y documentar mejor el rechazo. Si el paciente se niega, debe obtener la firma del individuo que rehúsa el tratamiento en un formulario oficial de liberación que acredita el rechazo. La documentación adicional puede incluir una declaración del paciente, escrita por él mismo si es posible, sobre la razón por la cual no desea cuidados prehospitalarios ni transportación. Debe asegurarse de documentar cualquier hallazgo en la evaluación y los cuidados de urgencias que proporcionó. También debe obtener la firma de un testigo, procure que sea un oficial de los cuerpos policiacos a quien se les recomienda solicitar su presencia en la escena para que tomen conocimiento de las acciones y persuasión que se está tratando de llevar a cabo. Mantenga el rechazo con el informe corriente y el de la atención del paciente. Además del propio formulario de liberación, escriba una nota sobre el rechazo en el informe de atención al paciente. Si el paciente rehúsa firmar el formulario de liberación, informe a la dirección médica y documente minuciosamente la situación de rechazo. Informe a control médico, y siga sus protocolos locales con referencia a la situación.

Leyes del buen samaritano e inmunidad

En Estados Unidos de América la mayoría de los estados ha adoptado las Leyes del buen samaritano, que se basan en el principio del derecho consuetudinario de que cuando alguien ayuda a otra persona no debe ser culpable de errores u omisiones cometidos al proporcionar cuidados de urgencia de buena fe. Sin embargo, las leyes del buen samaritano no lo protegen de una demanda. Sólo unas cuantas provisiones estatutarias proporcionan inmunidad de una demanda y por lo general están reservadas para los gobiernos. Las leyes del buen samaritano proporcionan una defensa afirmativa si es demandado por prestar cuidados, pero no lo protegen de su responsabilidad o por no proporcionar cuidados apropiados, ni corresponden a actos fuera del campo de los cuidados. Estas leyes no protegen a persona alguna de negligencia injustificable, notable o voluntaria (p. ej., la falta de ejercer un cuidado debido). Sin embargo, en México no existe como tal una ley del buen samaritano ya que la legislación penal y de salud no señala como tal un apartado específico sobre dicho aspecto, sin embargo, las leyes penales de los estados sí mencionan en un aspecto general la obligación que toda persona tiene de prestar ayuda a un herido o enfermo. El aspecto legal a analizar en este ámbito es que cada estado tiene sus propias leyes penales, así como regulaciones locales de salud que determinan de manera diferente los aspectos que debe cumplir el personal de salud que presta servicios de atención médica prehospitalaria.

Las leyes en México, que varían de estado a estado, no conceden inmunidad cuando se causa lesión o daño por una franca negligencia o mala conducta premeditada.

En México se requiere un mayor trabajo legislativo para que se adopten leyes específicas que garanticen privilegios especiales al personal de SMU, autorizándolos a realizar ciertos procedimientos médicos, así como la concesión de inmunidad parcial al TUM, médicos y enfermeras, que dan instrucciones sobre urgencias al personal del SMU por radio u otras formas de comunicación. Consulte a su director médico para obtener más información sobre las leyes en su área.

Directivas por adelantado

Una indicación para proceder tiene que ser acompañada usualmente por instrucciones escritas por un médico (verificar el protocolo local). Resulta parte de la revisión de estos pacientes el hecho de solicitar los documentos o el expediente médico con el que fue dado de alta del hospital que lo trató (alta por máximo beneficio, significa que como última opción de la institución de salud que le atiende proporciona un alta médica no debida a su mejoría o a la obtención de su estado de salud, sino como beneficio para el paciente de finalizar su enfermedad, ya sea por su cronicidad o por ser de carácter terminal en compañía de las personas que el desee y no internado en una sala hospitalaria) y señala el padecimiento y grado de avance de la enfermedad, así como las medidas que deben de tomarse con ese paciente cuando su situación empeora, el consejo es verificar ese contenido, tomar los datos del médico tratante para establecerlo en el documento de atención (FRAP) y obtener información de los familiares que se encuentren en el lugar. En otras ocasiones, usted y su compañero pueden responder a una llamada en la cual un paciente está muriendo a causa de una enfermedad. Cuando llega a la escena, puede encontrar que los miembros de la familia no quieren que intente reanimar al paciente. Sin una documentación válida escrita por un médico, como una directiva por adelantado, este tipo de petición lo coloca en una posición muy difícil.

> ### Tips para el TUM-B
>
> **Juramento del TUM**
>
> "Prometo que como un Técnico de Urgencias Médicas, honraré las leyes físicas y judiciales de Dios y el hombre. Seguiré el régimen que, de acuerdo con mi habilidad y criterio, considere para beneficio de mis pacientes, y me abstendré de lo que sea perjudicial y malicioso, ni tampoco sugeriré tal asesoría. En cuanto hogar ingrese, entraré sólo para el beneficio del enfermo o lesionado, nunca revelando lo que vea o escuche en las vidas de hombres a menos que lo requiera la ley.
>
> También compartiré mi conocimiento médico con aquellos que puedan beneficiarse con lo que he aprendido. Serviré desinteresada y continuamente con el propósito de ayudar a hacer un mundo mejor para toda la humanidad.
>
> Mientras continúe manteniendo este juramento sin violarlo, séame permitido disfrutar la vida, practicar el arte, respetado por todos los hombres en todo momento. Si infringiera o violara este juramento, sea lo contrario mi destino. Lo juro por Dios."
>
> Escrito por Charles B. Gillespie, MD
> Adoptado por la Asociación Nacional de Técnicos de Urgencias Médicas, 1978.

Un paciente <u>competente</u> es capaz de tomar decisiones racionales sobre su bienestar. Una <u>directiva por adelantado</u> es un documento escrito por un médico calificado que especifica cuidados médicos que una persona quisiera que se le administraran en caso de que se volviera incapaz de tomar decisiones médicas (incompetente, como en un coma). Existen varios tipos de directivas por adelantado. No todas son indicaciones para detener cuidados. Por ejemplo, una orden de cuidados de apoyo es una directiva por adelantado que especifica los cuidados que debe recibir una persona en el caso de que se vuelva incompetente.

En este aspecto es necesario señalar que la Orden de No Reanimación (ONR) no se encuentra regulada en los protocolos de atención prehospitalaria en México. Primero, por su naturaleza, ya que en una situación prehospitalaria se cuenta con poca información de la persona y su enfermedad o padecimiento a diferencia de un ambiente institucional, como en un asilo u hospital, donde los prestadores de cuidados médicos están prevenidos sobre esto y conocen al médico que está tratando al paciente y que firma las indicaciones médicas. Además, muchas indicaciones para proceder requieren que más de un médico verifique la condición del paciente que está siendo tratado, un requisito que puede ser difícil de cumplir en el campo, aún si la indicación para proceder es localizada. Finalmente, el tiempo tomado para verificar una indicación para proceder puede quitar preciosos momentos al intentar salvar la vida del paciente.

Algunos factores que deben ser considerados para apoyar las acciones que se van a brindar a un paciente que se encuentra en las anteriores condiciones son:
- Establecer con claridad el problema o problemas médicos del paciente
- Ser firmadas por el paciente o su tutor legal
- Ser firmadas por uno o más médicos

Cada servicio de ambulancia, en consulta con su director médico y asesor legal, debe desarrollar un protocolo para seguirlo en estas circunstancias.

Debido a la colocación en una residencia terminal de ancianos y a los programas de hospicio y salud en el hogar, enfrentará esta situación con frecuencia. Las guías específicas varían de estado a estado, pero las siguientes cuatro declaraciones pueden considerarse como directrices generales:

1. **Los pacientes tienen el derecho de rechazar el tratamiento,** incluyendo esfuerzos de reanimación, siempre que sean capaces de comunicar sus deseos.
2. **Se requiere una orden escrita por un médico** para que las altas por máximo beneficio sean válidas en el servicio de cuidados de la salud.
3. **Debe revisar de manera periódica** los protocolos estatales y locales, y la legislación referente a las directivas por adelantado.
4. **Cuando esté en duda** o no haya órdenes escritas presentes, tiene la obligación de reanimar.

Responsabilidades éticas

Un código de ética es una lista de conducta ideal. El "Código de Ética" para el TUM fue emitido en Estados Unidos de América por la Asociación Nacional de Técnicos en Emergencias Médicas (NAEMT) en 1978. Básicamente, si el bienestar del paciente es puesto sobre todas las cosas cuando se le provee atención médica, raramente se cometerá un acto no ético.

Además de los deberes legales, los TUM tienen ciertas responsabilidades éticas como proveedores de cuidados de la salud. Estas responsabilidades son hacia sí mismos, sus compañeros de trabajo, el público y el paciente. La ética está relacionada con la acción, la conducta, el motivo o carácter y cómo se relacionan con las responsabilidades

Situación de urgencia — Parte 3

Unos cuantos minutos después de la administración de dextrosa, el paciente es capaz de responder apropiadamente cuando se le pregunta sobre su persona, el lugar, tiempo y evento, pero aún se ve alterado. Le dice que no irá al hospital y le pide que retire el IV de inmediato. Usted le explica que había tenido un nivel muy bajo de glucosa, o azúcar en la sangre, y que por esa razón se inició la IV. Le dice que sería una buena idea que acudiera al hospital para ser evaluado, en caso de que necesitara hacer ajustes a sus dosis de insulina. Dice no de nuevo. Al retirar la IV el paramédico le recuerda ingerir una comida abundante en carbohidratos, como un sándwich de jalea y mantequilla de cacahuate, para evitar tener de nuevo una caída de su nivel de glucosa. El paciente dice que no necesita consejos de persona alguna.

5. ¿Puede continuar restringiendo a este paciente y/o transportarlo al hospital?
6. ¿Cuáles son otras consideraciones que se deben hacer antes de que, junto con su compañero, abandone la escena?

de los TUM. Desde un punto de vista del SMU, la ética está asociada con lo que la profesión de los proveedores de salud del SMU considera una conducta apropiada y digna. Tratar a un paciente de manera ética, significa hacerlo conforme a los estándares profesionales de conducta. El código de ética del TUM, disponible en la red NAEMT, detalla las expectativas de los TUM.

¿Cómo puede asegurarse de que está actuando de forma ética, en especial con todas las decisiones que toma en el campo (Cuadro 3-1 ▶)?

Debe cubrir sus responsabilidades legales y éticas mientras atiende las necesidades físicas y emocionales de sus pacientes, que varían dependiendo de la situación.

Una responsabilidad incuestionable es informar con honestidad. La honestidad absoluta en los informes es esencial. Debe proporcionar una relación completa de los eventos y los detalles de todos los cuidados del paciente y deberes profesionales. Los registros precisos también son importantes para las actividades de mejoramiento de la calidad.

> **CUADRO 3-1 Tomar una decisión ética**
>
> 1. Considere todas las opciones disponibles y las consecuencias de cada una de ellas.
> 2. ¿Qué decisiones ha tomado referentes a una situación similar? ¿Este tipo de problema refleja una regla o una política? ¿Puede aplicar una regla o política existente? Esto emplea el concepto de **precedente**.
> 3. ¿Cómo lo afectaría esta acción si estuviera usted a un miembro de su familia en su lugar? Esta es una forma de la Regla de Oro.
> 4. ¿Se sentiría cómodo con que todos los proveedores de cuidados prehospitalarios aplicaran esta acción en todas las circunstancias similares?
> 5. ¿Puede dar una buena explicación de su acción a:
>   - sus compañeros?
>   - el público?
>   - su supervisor?
> 6. ¿Cómo las consecuencias de su decisión derivarán el mayor beneficio en vista de todas las alternativas? Esta es la prueba de utilidad.

Confidencialidad

La comunicación entre usted y el paciente se considera confidencial y por lo general no puede ser revelada sin autorización o una orden judicial. La información confidencial incluye el historial del paciente, la evaluación de los hallazgos y el tratamiento proporcionado. No puede revelar información referente al diagnóstico, tratamiento o estado mental o físico del paciente, sin consentimiento; si lo hace, puede ser culpable de romper la confidencialidad.

En ciertas situaciones puede revelar información confidencial a individuos designados. En la mayor parte de los estados los registros pueden ser liberados cuando se presenta una citación legal o el paciente firma una liberación escrita. Éste debe estar mentalmente competente y comprender por completo la naturaleza de la liberación.

Otro medio para revelar información es con una liberación automática, que no requiere un formulario escrito. Este tipo de liberación le permite compartir información con otros proveedores de cuidados de la salud para que puedan continuar los cuidados del paciente.

Con relación a la atención de servicios en que se presume la comisión de delitos de abuso sexual no necesita una liberación escrita del paciente atendido para comunicar información sobre esto a las autoridades apropiadas.

La ley tiene el efecto de limitar de manera dramática la capacidad de los proveedores de cuidados de la salud del SMU para obtener información de seguimiento de los pacientes que ellos tratan, incluyendo información que serviría para mejorar su propio conocimiento de trastornos médicos, o ayudarlos a comprender el grado al que hayan podido estar expuestos a una enfermedad contagiosa, como resultado de un encuentro con el paciente.

La mayor parte de la información sobre la salud personal está protegida y no puede ser liberada sin permiso del paciente. Si no está seguro, no proporcione información alguna a ninguna persona que no esté ya implicada de forma directa en el cuidado del paciente. De acuerdo con políticas específicas, se requiere que cada servicio del SMU tenga un manual y un oficial de consentimiento que pueda responder preguntas. Puede esperar recibir entrenamiento adicional sobre cómo esta acta impacta su institución para dar una respuesta específica y el adecuado control de la confidencialidad de la información del paciente. Familiarícese con las leyes de su estado referentes a la intimidad del paciente.

> **✳ Tips para el TUM-B**
>
> Cuando revise una historia de un paciente que sospecha que ha sido abusado, puede obtener información más precisa si su compañero entrevista por separado a sus padres o encargados de cuidados. Por lo general los pacientes abusados son renuentes a hablar abiertamente frente a sus abusadores.

Registros e informes

El gobierno ha formulado una política con regulaciones y estatutos de salud para proteger a los individuos. Debido a que algunos están en una posición de observar y reunir información sobre enfermedades, lesiones y eventos de urgencias, puede imponerse la obligación de recopilar tal información y comunicarla a ciertas oficinas de gobierno federales o locales. Incluso si no existe tal requisito, debe compilar un registro completo y preciso de todos los incidentes en los cuales entra en contacto con pacientes enfermos o lesionados. La mayoría de los expertos médicos y legales creen que un registro completo y preciso de un incidente médico de urgencias es una importante salvaguarda contra complicaciones legales. La ausencia de un registro o uno sustancialmente incompleto, puede significar que tiene que testificar sobre los eventos, sus hallazgos y sus acciones, basándose sólo en su memoria, lo cual puede ser por completo inadecuado y embarazoso ante un agresivo interrogatorio.

Los aspectos legales que deben cuidarse ante el llenado del formato escrito de atención y registro de un paciente son:

- **Si una acción o un procedimiento** no es registrado en el informe escrito no se realizó.
- **Un informe incompleto o desordenado** es evidencia de cuidados médicos de urgencias incompletos o inexpertos.

Puede evitar estas dos suposiciones potencialmente peligrosas, compilando y manteniendo informes y registros precisos de todos los eventos y pacientes. Los informes de cuidados del paciente también ayudan al sistema de SMU a evaluar la actuación individual del proveedor de servicios de salud. Estos informes son parte integral de la mayor parte de los programas de aseguramiento de la calidad.

Requisitos especiales de los informes

Abuso de niños, personas mayores y otros

Los estados de la República Mexicana, así como la propia Federación han promulgado leyes contra la corrupción de menores de dieciocho años de edad o de personas que no tienen la capacidad para comprender el significado del hecho o de personas que no tienen capacidad para resistirlo y algunos han agregado otros grupos protegidos como la población de edad avanzada y los adultos "en riesgo". La mayoría de los estados establecen para ciertos individuos, que van desde médicos hasta cualquier persona, la obligación de informar. Usted debe estar consciente de los requisitos de la ley en su estado. Tales estatutos conceden con frecuencia inmunidad de acusaciones por difamación, calumnia o daño moral contra el individuo que está obligado a informar, aun cuando después se demuestre que los informes fueron infundados, siempre que éstos hayan sido hechos de buena fe y basados en las impresiones diagnósticas encontradas por el TUM-B.

Lesión durante la comisión de un delito

Bajo el nombre de lesión se comprende no sólo las heridas, escoriaciones, contusiones, fracturas, dislocaciones, quemaduras, sino toda alteración en la salud y cualquier otro daño que deja huella material en el cuerpo humano, si esos efectos son producidos por una causa externa.

Muchos estados tienen leyes que requieren el informe de cualquier lesión que haya ocurrido probablemente durante la comisión de un delito, de acuerdo con la definición establecida en el artículo 7 del Código Penal Federal, se entiende por delito "El acto u omisión que sancionan las leyes penales". De nuevo, debe estar familiarizado con los requisitos legales de su estado.

Lesiones relacionadas con drogas

De acuerdo con el artículo 193 del Código Penal Federal se consideran narcóticos a los estupefacientes, psicotrópicos y demás sustancias o vegetales que determinen la Ley General de Salud, los convenios y tratados internacionales de observancia obligatoria en México y los que señalen las demás disposiciones legales aplicables en la materia.

En algunos casos, las lesiones relacionadas con drogas deben informarse. Estos requisitos pueden afectar al TUM-B. Una vez más, debe estar familiarizado con los requisitos legales en su estado.

Alumbramiento

Muchos estados requieren que la persona que atienda un parto vivo en cualquier lugar, aparte de un servicio médico licenciado, informe el nacimiento. Como antes, debe estar familiarizado con los requisitos legales en su estado.

Otros requisitos para informar

Otros requisitos para informar pueden incluir intentos de suicidio, mordeduras de perros, ciertas enfermedades contagiosas, robos y delitos contra la libertad y el normal desarrollo psicosexual.

La mayoría de las instituciones del SMU requieren que todas las exposiciones a enfermedades infecciosas sean comunicadas. Se le puede pedir que transporte ciertos pacientes restringidos, lo que también es necesario informar. Cada una de estas situaciones puede presentar problemas legales significativos. Debe aprender los protocolos locales referentes a estas situaciones.

Escena de una investigación

Si en una escena de urgencias hay indicios de que puede haberse cometido un delito, debe informarlo de inmediato al despachador, en forma tal que pueda responder la

CUADRO 3-2 Signos presuntivos de muerte

- Falta de respuesta a estímulos dolorosos
- Falta de pulso carótideo o latido del corazón
- Ausencia de campos pulmonares
- Ausencia de reflejos tendinoso profundos o corneales
- Ausencia de movimientos oculares
- Ausencia de presión arterial sistólica
- Cianosis profunda
- Disminución de la temperatura corporal

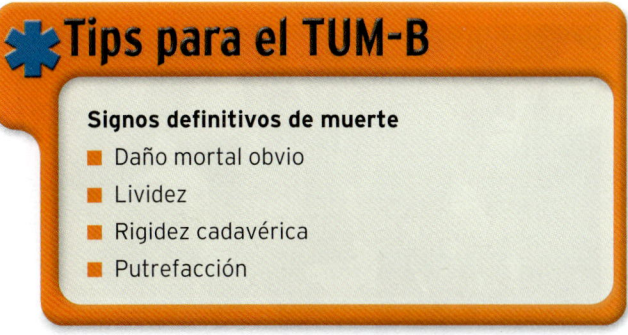

Tips para el TUM-B

Signos definitivos de muerte
- Daño mortal obvio
- Lividez
- Rigidez cadavérica
- Putrefacción

autoridad policiaca. Tales circunstancias no deben detenerlo de proporcionar al paciente cuidados médicos de urgencia que salven vidas; sin embargo, su seguridad es prioritaria, por lo cual debe verificar que la escena ofrece seguridad para entrar en ella. En ocasiones tendrá que transportar al paciente al hospital antes de que lleguen las autoridades. Mientras se están proporcionando los cuidados médicos de urgencias, debe ser cuidadoso de no perturbar la escena de investigación más de lo absolutamente necesario. Deben tomarse notas que procuren mayor información al informe escrito y de cualquier arma u otros objetos que puedan ser valiosos para los oficiales investigadores. De ser posible, no haga cortes a través de los agujeros en la ropa que fueron causados por armas blancas o heridas por armas de fuego. Debe consultar de manera periódica con autoridades locales y estar consciente de sus acciones sobre la actividad que deba hacer en la escena de investigación. Es mejor si estas directrices se pueden establecer por protocolo.

El paciente que ha fallecido

En México, los TUM no tienen la autoridad para certificar la declaración de muerte de un paciente. Si hay alguna probabilidad de que exista vida o de que el paciente pueda reanimarse, debe hacer todo esfuerzo posible para salvar al paciente en la escena y durante el transporte. Sin embargo, a veces la muerte es obvia. Si una víctima está claramente muerta y la escena de la urgencia puede ser el lugar donde se cometió el crimen, no mueva el cuerpo ni altere la escena.

Signos físicos de muerte

La determinación de la causa de la muerte es responsabilidad de un médico. Hay signos de muerte tanto definitivos como presuntivos o probables. La muerte se define como la ausencia de función circulatoria y respiratoria. La ley General de Salud en los artículos 343 y 344 señala los momentos en que ocurre la pérdida de la vida y la muerte cerebral, lo anterior sin dejar a un lado el contenido de las legislaciones estatales que en materia de salud existen y que deben ser consultadas por el TUM-B para un mayor conocimiento del ámbito jurídico que lo regula.

Pérdida de la vida

Artículo 343.- Para efectos de este Título, la pérdida de la vida ocurre cuando:
I. Se presente la muerte cerebral, o
II. Se presenten los siguientes signos de muerte:
a. La ausencia completa y permanente de conciencia;
b. La ausencia permanente de respiración espontánea;
c. La ausencia de los reflejos del tallo cerebral, y
d. El paro cardiaco irreversible.

Artículo 344.- La muerte cerebral se presenta cuando existen los siguientes signos:
I. Pérdida permanente e irreversible de conciencia y de respuesta a estímulos sensoriales;
II. Ausencia de automatismo respiratorio, y
III. Evidencia de daño irreversible del tallo cerebral, manifestado por arreflexia pupilar, ausencia de movimientos oculares en pruebas vestibulares y ausencia de respuesta a estímulos nociceptivos.

Se deberá descartar que dichos signos sean producto de intoxicación aguda por narcóticos, sedantes, barbitúricos o sustancias neurotrópicas.

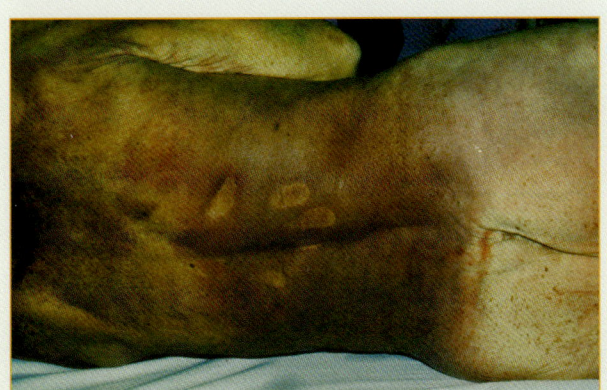

Figura 3-7 La lividez dependiente es un signo obvio de muerte causada por alteración de la coloración de la piel por acumulación de la sangre en las partes más bajas del cuerpo.

Figura 3-8 Cuando un traumatismo es un factor, o la muerte una situación delictuosa sospechada, se requiere la intervención de los servicios periciales y el servicio médico forense.

Los signos señalados en las fracciones anteriores deberán corroborarse por cualquiera de las siguientes pruebas:
I. Angiografía cerebral bilateral que demuestre ausencia de circulación cerebral, o
II. Electroencefalograma que demuestre ausencia total de actividad eléctrica cerebral en dos ocasiones diferentes con espacio de cinco horas.

Se han adoptado provisiones de "muerte cerebral"; éstas se refieren al cese irreversible de todas las funciones del cerebro y el tronco encefálico. Con frecuencia surgen preguntas sobre si se debe iniciar soporte vital básico. En ausencia de órdenes del médico, la regla general es: si el cuerpo aún está caliente e intacto, iniciar cuidados médicos de urgencias. Una excepción a ésta son las urgencias con temperatura fría (hipotermia). La hipotermia es un enfriamiento general del cuerpo en el cual la temperatura corporal interna se vuelve anormalmente baja: 35 °C. Se considera un trastorno grave y a menudo es mortal. A 30 °C el cerebro puede sobrevivir sin perfusión por cerca de 10 minutos. Cuando la temperatura central cae a 28 °C, el paciente está en grave peligro; sin embargo, algunos individuos han sobrevivido a incidentes hipotérmicos con temperaturas tan bajas como de 18 °C. En casos de hipotermia el paciente no debe considerarse muerto hasta que la orden médica sea emitida, por tal virtud, es de suma importancia establecer y conocer los protocolos especiales para la atención de pacientes adultos y pediátricos que sufren hipotermia para determinar las acciones médicas a realizar.

Signos presuntivos de muerte

La mayor parte de las autoridades medicolegales considerará adecuados los signos presuntivos de muerte listados en el Cuadro 3-2, en particular cuando se presentan después de un traumatismo grave u ocurran en las etapas terminales de enfermedades de larga duración como cáncer, u otras enfermedades prolongadas. Estos signos no serían adecuados en casos de muerte súbita a causa de hipotermia, envenenamiento agudo o paro cardiaco. Usualmente en estos casos se necesita alguna combinación de los signos para declarar la muerte, no sólo uno de ellos.

Figura 3-9 El paciente puede llevar consigo una tarjeta de donante o una licencia de conducir que indique que desea ser un donador de órganos.

Signos definitivos de muerte

Los signos definitivos o conclusivos de muerte que son obvios y claros aun para personas no médicos, son los siguientes:

- Daño mortal obvio, como el cuerpo fragmentado (decapitación)
- Lividez: asentamiento de la sangre en el punto más bajo del cuerpo, causando cambios en la coloración de la piel Figura 3-7. Las superficies del cuerpo en contacto con superficies firmes pueden aparecer blancas, pues la sangre no puede acumularse en capilares en contacto directo con superficies firmes. No confundir la lividez con cianosis, moteo o magulladuras por traumatismo.
- Rigidez cadavérica (rigor mortis), la rigidez de los músculos del cuerpo causada por alteraciones químicas dentro del tejido muscular. Se desarrolla primero en la cara y en la mandíbula, extendiéndose de manera gradual hacia abajo hasta que el cuerpo está completamente rígido. La velocidad de iniciación es afec-

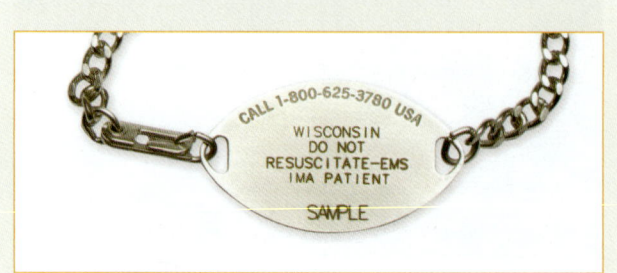

Figura 3-10 El paciente puede llevar consigo una tarjeta de identificación médica o usar un brazalete o collar que pueda indicar un trastorno médico grave.

tada por la capacidad del cuerpo de perder calor a su entorno. Un cuerpo delgado pierde calor más rápido que un cuerpo gordo. Un cuerpo sobre el piso de mosaico frío pierde calor con mayor rapidez que un cuerpo envuelto en cobijas en la cama. La rigidez cadavérica ocurre en algún momento entre 2 y 4 horas después de la muerte.
- Putrefacción (descomposición de los tejidos del cuerpo). Fenómeno cadavérico cuya presencia marca la desaparición de la rigidez y que depende de las condiciones de temperatura.

Casos del examinador médico

La implicación del servicio médico forense (SEMEFO) y de los servicios periciales en algunos estados depende de la naturaleza y la escena de la muerte. En la mayor parte de los estados, cuando un traumatismo es un factor, o la muerte implica una sospecha de situaciones delictuosas o excepcionales, como ahorcamiento o envenenamiento, debe notificarse al médico forense Figura 3-8. Cuando los servicios periciales o el médico forense asumen la responsabilidad de la escena, esa responsabilidad excede a la de todos los otros en la escena, incluyendo a la familia. Los siguientes se pueden considerar casos del médico forense:

- Cuando la persona está muerta al llegar (DOA) (a veces referida como muerte en la escena [DOS])
- Muerte sin cuidados médicos previos, o cuando el médico es incapaz de establecer la causa de la muerte
- Suicidio (autodestrucción)
- Muerte violenta
- Envenenamiento, conocido o sospechado
- Muerte como resultado de accidentes
- Sospecha de un acto delictuoso.

Si se han iniciado cuidados médicos de urgencias, mantenga notas minuciosas sobre lo que se ha hecho o encontrado. Estos registros pueden ser útiles en una investigación subsecuente.

En estos casos, no hay una razón urgente para mover el cuerpo. La única acción inmediata que se requiere de usted es cubrir el cuerpo y evitar que se perturbe. El protocolo local determinará su acción final en estos casos.

Situaciones especiales

Donadores de órganos

Puede ser llamado a una escena que implica a un donador potencial de órganos, que es un individuo que ha expresado su deseo de donar órganos. El consentimiento para donar órganos es voluntario y conocido. Éste es evidenciado ya sea por una tarjeta de donador o una licencia de conducción que indica que el individuo desea ser un donador Figura 3-9. Tal vez necesite consultar con dirección médica cuando se enfrente a esta situación.

Debe tratar a un donador potencial de órganos de la misma forma que trataría a cualquier otro paciente que necesita tratamiento. El hecho de que el individuo sea un donador potencial no significa que no se deban usar todos los medios necesarios para mantenerlo vivo. Los órganos que con frecuencia son donados, como el riñón, corazón o hígado, necesitan oxígeno en todo momento, o se dañarán y serán inútiles.

Recuerde que su prioridad es salvar la vida del paciente. Podrá encontrar donadores potenciales de órganos en situaciones de incidentes con víctimas masivas. El donador potencial de órganos debe ser seleccionado de acuerdo con prioridades entre otros pacientes, y asignado a una categoría; es posible que tenga una prioridad más baja que otros pacientes lesionados de menor gravedad.

Asegúrese de aprender cuáles son los protocolos referentes a estas situaciones en su área. Es posible que los donadores de órganos no se puedan mantener de manera apropiada en un incidente con víctimas masivas. Aunque es desafortunado, en este caso no puede evitarse el deterioro de los órganos.

Insignia de identificación médica

Muchos pacientes llevan consigo identificación e información médica importante (alerta médica), a menudo bajo la forma de un brazalete, collar o tarjeta que identificará si el paciente tiene alergias, diabetes, epilepsia o alguna otra enfermedad grave Figura 3-10. Esta información le es útil para evaluar y tratar al paciente.

Situación de urgencia — Resumen

Es importante actuar a favor del interés del paciente. Los adultos tienen el derecho de rehusar el tratamiento si están completamente alertas y orientados. Si están impedidos por trastornos médicos o medicaciones, usted puede atenderlos bajo las reglas del consentimiento implícito. A los que necesitan ayuda, están alertas y rechazan el tratamiento y/o el transporte, debe explicarles las consecuencias de su decisión. Exprese su preocupación genuina por su bienestar y por los efectos potenciales de no recibir la atención médica necesaria. Con frecuencia, tan sólo con expresar esas preocupaciones los pacientes pueden cambiar de idea y estar de acuerdo en recibir atención médica.

Resumen

Listo para repaso

- A medida que el alcance y la naturaleza de los cuidados de urgencias médicas se vuelvan más complejos y ampliamente disponibles, sin duda aumentará la litigación implicando a participantes en los servicios médicos de urgencias. El alcance de la práctica define los cuidados que es capaz de proporcionar al paciente y en su mayor parte por lo común están definidos por la ley; el director médico define aún más el alcance de la práctica.

- El estándar de la práctica es la forma en la cual debe actuar o comportarse mientras trata a pacientes enfermos o lesionados. Algunos estándares son impuestos por normatividad local, la ley e instituciones oficiales de salud.

- Un deber de actuar es la responsabilidad de un individuo de proporcionar cuidados al paciente. Si está fuera de servicio o de su jurisdicción, es posible que su deber legal de actuar sea hasta donde sus recursos le permitan.

- Negligencia es la falla al proporcionar los mismos cuidados que una persona con entrenamiento similar proporcionaría. La determinación de negligencia se basa en el deber, rompimiento del deber, daños y lesiones.

- El abandono es la terminación de los cuidados sin el consentimiento del paciente y sin hacer previsiones para la transferencia de la atención a un profesional médico con destrezas iguales o superiores a las suyas. El abandono es legal y éticamente un acto muy grave.

- Debe tener consentimiento del paciente antes de iniciar los cuidados. Un paciente consciente, que puede tomar una decisión racional, será capaz de dar un consentimiento expresado. Éste debe ser también un consentimiento con información.

- Cuando un paciente está inconsciente e incapaz de dar consentimiento, la ley asume un consentimiento implícito. Debe tratar de obtener el consentimiento de un progenitor o tutor de un menor siempre que sea posible y considerar la presencia de testigos.

- Nunca debe negar cuidados que salven vidas, a menos que existan condiciones que pongan en riesgo la propia vida del TUM-B.

- Peligro se define como poner de forma ilegal a una persona en una situación donde sienta temor de daño inmediato sin su consentimiento. Agresión es tocar ilegalmente a una persona; esto incluye proporcionar cuidados de urgencia sin consentimiento. Para protegerse de estos cargos, asegúrese de obtener un consentimiento expresado siempre que sea posible.

- Los pacientes mentalmente competentes tienen el derecho de rehusar el tratamiento. En estos casos, debe asegurarse de que el paciente firme un formulario de rechazo y de que su institución conserve una copia.

- En México las leyes de buen samaritano no existen expresamente plasmadas en el marco legal, sin embargo los códigos penales de los estados incluyen un apartado sobre la obligación que se tiene de asistir a una persona que requiera ayuda.

- Una directiva por adelantado es un documento escrito que especifica el tratamiento médico en caso de que un paciente mentalmente competente se vuelva incapaz de tomar decisiones.

- Las ONR no están previstas en el marco legal del país ni en los protocolos de atención prehospitalaria en México. Su servicio de ambulancia debe tener protocolos establecidos que prevean los casos de reanimación prolongada o de pacientes en fase terminal.

- La comunicación entre usted y el paciente es confidencial, y no debe revelarse sin autorización del paciente o una orden judicial.

- Los registros documentales e informes son importantes; asegúrese de compilar un registro completo y preciso de cada incidente. Los tribunales consideran que una acción o un procedimiento que no fue registrado en el informe escrito no se realizó, y un informe incompleto o desordenado se considera evidencia de cuidados médicos incompletos o inexpertos.

- Debe saber cuáles son los requisitos especiales de los informes que implican abuso de niños, adultos mayores y otros; lesiones relacionadas con delitos, drogas y parto.

- Asegúrese de revisar si los pacientes llevan consigo algún tipo de información sobre identificación médica. Si no toma en cuenta esta información puede causarle un perjuicio al paciente.

Vocabulario vital

abandono Terminación unilateral de los cuidados por el TUM-B sin el consentimiento del paciente, y sin hacer provisiones para transferir los cuidados a otro profesional médico con destrezas del mismo nivel, o más altas.

agresión Tocar a un paciente o proporcionar cuidados de urgencias, sin consentimiento.

asalto Situar de manera ilegal en un estado de temor de un daño corporal inmediato.

certificación Proceso en el cual una persona, una institución, o un programa, es evaluado y reconocido por haber cubierto ciertos estándares predeterminados para proporcionar cuidados seguros y éticos basados en evidencia científica. Dicha certificación en México es otorgada por la autoridad educativa.

competente Capaz de tomar decisiones racionales sobre su bienestar personal.

consentimiento Permiso para suministrar cuidados.

consentimiento expresado Tipo de consentimiento en el cual el paciente manifiesta su autorización para la provisión de cuidados o transporte; esto puede ser también a través de un movimiento muscular positivo que produce un cambio en el mundo exterior.

consentimiento implícito Tipo de consentimiento en el cual un paciente que es incapaz de dar consentimiento recibe tratamiento bajo la suposición legal de que así lo desearía.

consentimiento informado Permiso para el tratamiento otorgado por un paciente competente, después que se han explicado los riesgos potenciales, beneficios, y alternativas al tratamiento.

cuidados de urgencias médicas Cuidado o tratamiento inmediato.

deber de actuar Término medicolegal que se refiere a cierto personal que, por estatuto o función, tienen la responsabilidad de proporcionar cuidados.

directiva por adelantado Documento escrito que especifica el tratamiento médico de un paciente competente, en caso de que el paciente se vuelva incapaz de tomar decisiones.

estándar de cuidado Niveles de cuidados de urgencia, escritos, aceptados y fundamentados en entrenamiento y la profesión; escritos por organizaciones legales o profesionales, en forma que los pacientes no estén expuestos a riesgo o daño no razonables.

Leyes del buen samaritano Provisiones estatutarias, promulgadas por muchos estados, destinadas a proteger a los ciudadanos de responsabilidad por errores u omisiones al proporcionar cuidados médicos de urgencia de buena fe, a menos que sean por descuido o decidida negligencia. Dichas leyes son de uso común en Canadá y Estados Unidos de América.

lividez Asentamiento de la sangre en la parte más baja del cuerpo, causando cambio en la coloración de la piel que se encuentra en contacto con una superficie.

medicolegal Término que se refiere a los aspectos jurídicos que involucran a las leyes penales o civiles y la medicina forense.

negligencia Omisión de proporcionar los mismos cuidados que proporcionaría una persona con entrenamiento similar.

precedente Basa la acción actual en lecciones, reglas o directrices derivadas de experiencias similares previas.

putrefacción Descomposición de tejidos corporales.

restricción forzada Acto de limitar físicamente a un individuo de cualquier acción física con conocimiento de la dirección médica y de los oficiales encargados de hacer cumplir la ley.

rigidez cadavérica Endurecimiento del cuerpo; un signo definitivo de muerte.

urgencia Situación grave, como una lesión o enfermedad, que amenaza la vida o bienestar de una persona, o grupo de personas, y requiere intervención inmediata.

Autoevaluación

Acaba de llegar a un accidente de vehículo motor (AVM) grave y encuentra a un paciente lesionado de forma crítica. Al acercarse al vehículo busca posibles peligros en la escena. El paciente es un hombre joven que parece estar inconsciente. Tiene problemas para respirar y está sangrando de la cabeza. Su compañero también ha explorado la escena y confirma que usted tiene un solo paciente.

Mueve al paciente en forma segura a la ambulancia para una mayor evaluación, tratamiento, y transporte al centro de traumatismos. Su evaluación le dice que el paciente tiene una lesión grave en la cabeza. En ruta al hospital el paciente se vuelve agitado y combativo. En esta situación, los protocolos de su institución le permiten restringirlo, tanto para la protección del paciente como para la suya. Informa al hospital por radio, y el centro de traumatismos espera su llegada en cinco minutos.

1. Al aceptar la posición con el servicio de ambulancia y responder a la urgencia, su responsabilidad para tratar pacientes se llama:
   A. cláusula contractual.
   B. deber de actuar.
   C. derecho de trabajar.
   D. ética de trabajo.

2. Cuando llega al centro de trauma, el cuidado del paciente se transfiere al personal. Dejar a un paciente sin rendir un informe y asegurar la continuidad del cuidado se llama:
   A. abandono.
   B. asalto.
   C. punto de vista tardío.
   D. falta de supervisión.

3. Antes de que pueda proporcionarle cuidados al paciente, debe:
   A. obtener aprobación de dirección médica.
   B. obtener permiso o consentimiento.
   C. repasar el protocolo de tratamiento.
   D. iniciar el informe del paciente.

4. El tratamiento de los paciente que están conscientes y son mentalmente competentes, es proporcionado bajo:
   A. reglas y regulaciones del departamento.
   B. consentimiento expresado o con información.
   C. estatutos y ordenanzas del estado.
   D. la declaración de derechos del paciente.

5. La determinación para tratar pacientes inconscientes o con graves amenazas para la vida, se considera:
   A. consentimiento implícito.
   B. política normal.
   C. formato regular.
   D. consentimiento estándar.

6. Las restricciones forzosas aplicadas al paciente antes mencionado sirvieron el propósito de:
   A. forzar al paciente a comportarse de forma ordenada.
   B. ayudar a tratar al paciente.
   C. mantener más limpia la ambulancia.
   D. proteger al paciente de lesionarse a sí mismo.

7. Después de completar su informe escrito sobre el paciente, un reportero local le pide una copia. Esto violaría:
   A. la política federal.
   B. los estándares locales.
   C. la confidencialidad del paciente.
   D. leyes sobre informes escritos.

8. Si trata al paciente sin obtener su consentimiento, podría ser acusado de:
   A. lesiones y atentar contra la integridad de la persona.
   B. conspiración.
   C. fraude.
   D. secuestro.

Preguntas desafiantes

9. Explique la función que desempeña el adecuado registro o informe hecho por el TUM-B al atender un servicio de urgencia.

10. ¿Cuál es la responsabilidad ética del TUM-B como un proveedor de cuidados de la salud?

11. Explique las situaciones especiales que debe informar un TUM-B.

Qué evaluar

Usted ha sido enviado a un incidente en el cual un automóvil atropelló a un hombre. Al llegar a la escena y observar por posibles peligros, el oficial en la escena le informa que el automóvil se ha ido pero el peatón está presente.

Se acerca al paciente y se presenta. Él le dice en seguida que su cuello y espalda no le duelen. Hay sangre que fluye de forma moderada de dos cortes (laceraciones) grandes de su cabeza. Continúa la evaluación y encuentra a su paciente muy ansioso, y también quejándose de dolor en las piernas. Con base en sus hallazgos, piensa que el paciente debe ser transportado al Centro de Trauma para recibir tratamiento. El paciente afirma, "estoy bien", y rehúsa ir con usted. Solicita la asistencia del oficial para ayudar a convencerlo de dejarse llevar en ambulancia.

Temas: Deber de actuar, Abandono, Negligencia, Consentimiento del paciente, Derecho de rechazo del tratamiento del paciente y Transporte.

El cuerpo humano

Objetivos

Cognitivos

1-4.1 Identificar y localizar en el cuerpo los siguientes términos topográficos: medial, lateral, proximal, distal, superior, inferior, anterior, posterior, línea media, derecha e izquierda, medioclavicular, bilateral y medioaxilar. (p. 92)

1-4.2 Describir la anatomía y función de los siguientes aparatos o sistemas corporales: respiratorio, circulatorio, musculoesquelético, nervioso y endocrino. (pp. 108, 111, 118, 125, 130)

Afectivos
Ninguno

Psicomotores
Ninguno

4

El cuerpo humano

Situación de urgencia

Es enviado al número 340 de Tulipanes para atender a un hombre de 45 años de edad que se queja de dolor de espalda. Al llegar, encuentra a un hombre alerta y orientado que es incapaz de permanecer quieto y parece tener dolor intenso. Declara que cree que se hirió la espalda, pero no sabe cómo. Afirma que "éste es el peor dolor que he sentido en mi vida". Cuando le pregunta dónde duele, señala la parte inferior derecha de la espalda.

1. ¿Por qué es importante conocer la anatomía del cuerpo humano para determinar las fuentes potenciales de dolor?

El cuerpo humano

Como TUM-B es importante que tenga conocimientos de anatomía humana. Aun cuando no hará diagnósticos, ayudará al personal del hospital si proporciona información empleando términos médicos correctos. Todos los TUM-B deben estar familiarizados con el lenguaje de anatomía topográfica. Al usar los términos médicos apropiados podrá comunicar información correcta con la menor confusión posible.

Usar anatomía topográfica es, en realidad, como utilizar un mapa de carreteras. Los términos a los que se hace mención en este capítulo le ayudarán a identificar los puntos de referencia topográficos (es decir, en la superficie) del cuerpo. Estos puntos de referencia se emplean como guías para localizar estructuras internas situadas por debajo de ellos. Estos términos también hacen referencia a los nombres de las regiones del cuerpo y la forma en la cual sus localizaciones son descritas con base en las relaciones existentes entre ellas.

Anatomía topográfica

La superficie del cuerpo tiene muchas características visibles que sirven como guías o puntos de referencia de las estructuras situadas por debajo de ellas. Usted debe ser capaz de identificar los puntos de referencia del cuerpo —su anatomía topográfica— para realizar una evaluación precisa. Comprender la terminología también es importante para que pueda describir correctamente los hallazgos en el paciente a su equipo, a otros proveedores de SVA, y al personal del hospital.

Aprender los términos detallados en este capítulo hará más fácil su trabajo de TUM-B, ya que podrá identificar de manera correcta las estructuras durante la evaluación y al reportar sus hallazgos. El personal del hospital usará estos términos al hacer preguntas sobre un paciente. Por tanto, es necesario que los conozca y aprenda cómo usarlos.

Los términos utilizados para describir la anatomía topográfica se aplican al cuerpo cuando está en posición anatómica. Ésta es una posición de referencia, en la cual el paciente se encuentra de pie frente a usted, con la cabeza y los ojos mirando hacia delante, con los brazos a los lados y con las palmas hacia el frente.

Los planos del cuerpo

Los planos anatómicos son superficies planas imaginarias que resultan de trazar líneas rectas que pasan a través de las partes del cuerpo y lo dividen (Cuadro 4-1 ▶). Estos planos le ayudan a identificar la posición de las estructuras internas, y a comprender la relación de un órgano en relación con otro.

Anterior y posterior

Anterior o ventral se refiere a la superficie frontal del cuerpo, el lado frente a usted en la posición anatómica. Posterior o dorsal se refiere a la superficie de atrás del paciente, o al lado alejado de usted. El plano frontal o coronal divide al cuerpo u órgano en una porción anterior y otra posterior.

Línea media o sagital

Una línea vertical iniciada en la parte media de la frente, que pasa por la nariz y el ombligo hasta el piso, se llama línea media del cuerpo. Esta línea imaginaria divide al cuerpo en dos mitades, que son imágenes en espejo o iguales. La nariz, el mentón, el ombligo, y la columna vertebral son ejemplos de estructuras de la línea media.

Línea medioclavicular o parasagital

La línea medioclavicular es una línea imaginaria, trazada verticalmente, a través de la porción media de la clavícula y paralela a la línea media. Por ejemplo, los pezones se encuentran en la línea medioclavicular a cada lado del cuerpo.

Línea medioaxilar

La línea medioaxilar es una línea imaginaria vertical que pasa a través de la parte media de la axila, paralela a la línea media.

Términos de dirección

En esta sección se introducen términos que indican dirección y distancia con relación a la línea media (Figura 4-1 ▶ Cuadro 4-2 ▶).

Derecha e izquierda

Los términos "derecha" e "izquierda" se refieren a los lados derecho e izquierdo del paciente, no a los de usted. El plano sagital divide al cuerpo o a un órgano en un lado derecho y otro izquierdo.

CUADRO 4-1 Puntos de referencia para términos de dirección	
Término	Definición
Línea media	Línea vertical imaginaria trazada a través de la nariz y el ombligo
Medioclavicular	Línea que se traza desde la mitad de la clavícula, paralela a la línea media
Medioaxilar	Línea que se traza desde la mitad de la axila, paralela a la línea media

Superior e inferior

La parte <u>superior</u> (cefálica) del cuerpo, o de cualquiera de sus partes, es la porción más cercana a la cabeza. La parte más cercana a los pies es la porción <u>inferior</u> (podálica) Estos términos también se usan para describir la relación de una estructura con otra. Por ejemplo, la rodilla es superior al pie e inferior a la pelvis. El plano transversal u horizontal divide al cuerpo en una mitad superior y otra inferior.

Lateral y medial

Las partes del cuerpo que se encuentran más alejadas de la línea media se llaman estructuras <u>laterales</u> (externas). Las partes el cuerpo que están más cercanas a la línea media se llaman estructuras <u>mediales</u> (internas). Por ejemplo, la rodilla tiene una superficie medial (interna) y lateral (externa).

Proximal y distal

Los términos "proximal" y "distal" se usan para describir la relación entre dos estructuras de una extremidad. <u>Proximal</u> describe estructuras que están más cercanas a la unión de la extremidad con el tronco. <u>Distal</u> describe estructuras que están más alejadas del tronco, o más cercanas al extremo libre del miembro. Por ejemplo, el codo es distal al hombro pero proximal a la muñeca y la mano.

Superficial y profundo

<u>Superficial</u> significa más próximo a la piel, en la superficie corporal o cercano a ella. <u>Profundo</u> significa alejado de la superficie del cuerpo.

Ventral y dorsal

Ventral se refiere al lado del vientre, o la superficie anterior del cuerpo. Dorsal se refiere al lado vertebral del cuerpo, o superficie posterior, incluyendo la parte posterior de la mano. Estos términos se usan con menos frecuencia que anterior y posterior.

Palmar y plantar

La región frontal de la mano se conoce como palma o superficie <u>palmar</u> La base del pie se refiere como superficie <u>plantar</u>.

Ápice

El <u>ápice (en plural ápex)</u> es el extremo superior o punta de una estructura, por ejemplo, el vértice del corazón es la punta de los ventrículos, en el lado izquierdo del pecho.

Términos de movimiento

Los siguientes términos se relacionan con el movimiento:

Figura 4-2 ▶

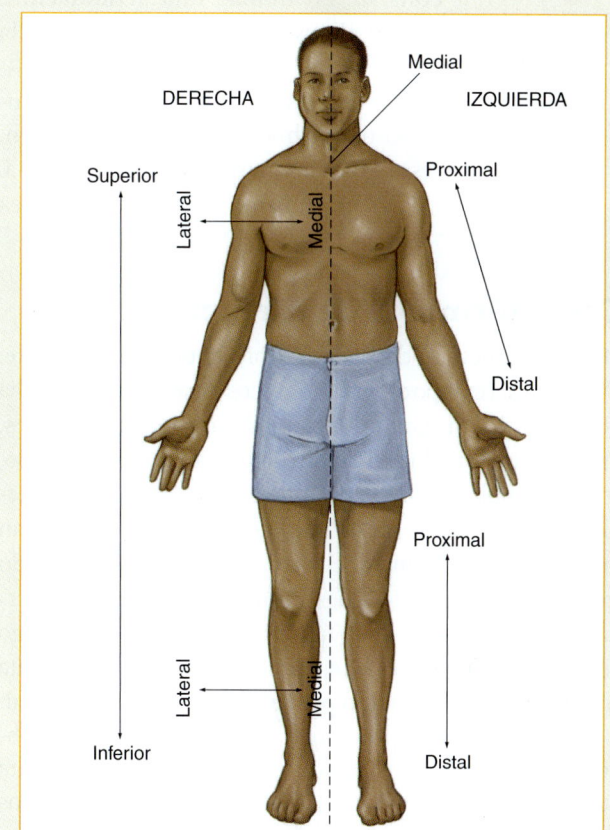

Figura 4-1 Términos de dirección que indican distancia y dirección con relación a la línea media.

CUADRO 4-2 Términos de dirección

Término	Definición
Anterior	Al frente
Posterior	Atrás
Derecha	Derecha del paciente
Izquierda	Izquierda del paciente
Lateral	Alejándose de la línea media
Medial	Acercándose a la línea media
Superior (cefálico o craneal)	Cercano a la cabeza, hacia la parte más elevada del cuerpo
Inferior (caudal o podálico)	Lejano a la cabeza, hacia la parte más baja del cuerpo
Proximal	Más cercano a la línea media (en una extremidad, más cerca del tronco)
Distal	Más alejado de la línea media (en una extremidad, más lejos del tronco)
Dorsal	Al mismo lado de la columna o en la parte posterior del cuerpo
Ventral	Al mismo lado del abdomen o en la parte anterior del cuerpo
Palmar	La región frontal de la mano
Plantar	La base del pie

- **Flexión** consiste en doblar una articulación. Disminución en el ángulo entre los huesos de la articulación.
- **Extensión** enderezar una articulación o incrementar el ángulo entre los huesos de una articulación.
- **Aducción** es un movimiento hacia la línea media.
- **Abducción** es un movimiento alejándose de la línea media.

Otros términos de dirección

Muchas estructuras del cuerpo se presentan bilateralmente. Una parte del cuerpo que está en ambos lados de la línea media es **bilateral**. Por ejemplo, los ojos, orejas, manos y pies. Esto es también el caso de estructuras dentro del cuerpo, como los pulmones y los riñones. Se dice que las estructuras que están sólo en un lado del cuerpo se denominan unilaterales. Por ejemplo, el bazo está únicamente del lado izquierdo del cuerpo y el hígado en el lado derecho. Los términos unilateral y bilateral también se pueden referir a algo que ocurre en un lado; por ejemplo, el dolor que se presenta en un solo lado del cuerpo puede llamarse dolor unilateral.

Como parte del proceso de evaluación palpará el abdomen e informará sus hallazgos. Por tanto, es importante que sea capaz de describir la localización de los órganos abdominales y pélvicos, dividiendo en áreas más pequeñas al abdomen. La forma de dividir en secciones la cavidad abdominal es por **cuadrantes**. Imagine dos líneas (una horizontal y otra vertical) que se entrecruzan en el ombligo dividiendo al abdomen en cuatro áreas iguales (Figura 4-3). Estas áreas se conocen como el cuadrante superior derecho (CSD), el cuadrante superior izquierdo (CSI), el cuadrante inferior derecho (CID) y el cuadrante inferior izquierdo (CII). Recuerde que aquí también, derecha e izquierda se refieren a la derecha e izquierda del paciente, no a las de usted. El otro método consiste en trazar dos líneas horizontales y dos verticales a la cavidad, dividiéndolo en nueve regiones: hipocondrio derecho, epigastrio, hipocondrio izquierdo, flanco derecho, región umbilical o mesogastrio, flanco izquierdo, fosa ilíaca derecha, hipogastrio y fosa ilíaca izquierda.

Es importante aprender todos estos términos y conceptos en forma tal que pueda describir la localización de cualquier lesión o evaluación de hallazgos. Cuando use estos términos de manera apropiada todo el otro personal médico que atiende al paciente sabrá de inmediato dónde buscar y qué esperar.

Posiciones anatómicas

Empleará estos términos para describir la posición en la que encuentra al paciente o al decidir su traslado al departamento de urgencias (Figura 4-4).

Prona y supina

Estos términos describen la posición del cuerpo. El cuerpo está en **posición prona** cuando yace con la cara hacia abajo; el cuerpo está en **posición supina** cuando yace con la cara hacia arriba.

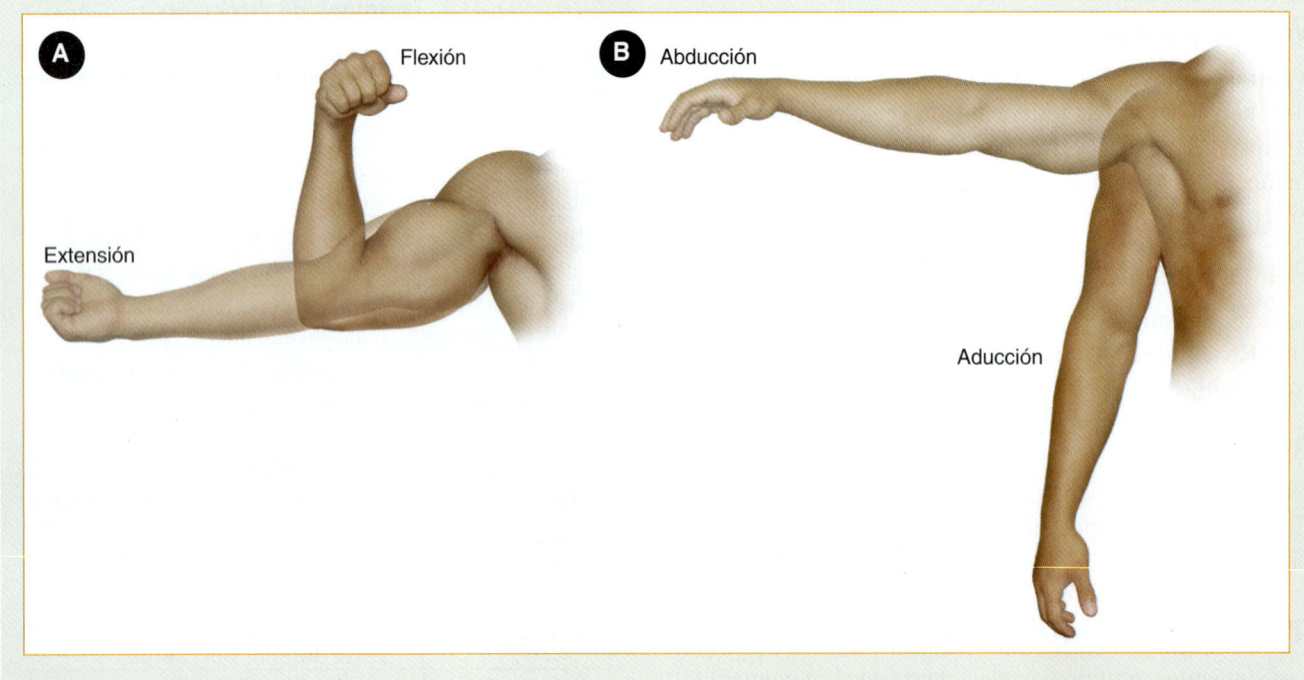

Figura 4-2 **A.** Flexión y extensión. **B.** Abducción y aducción.

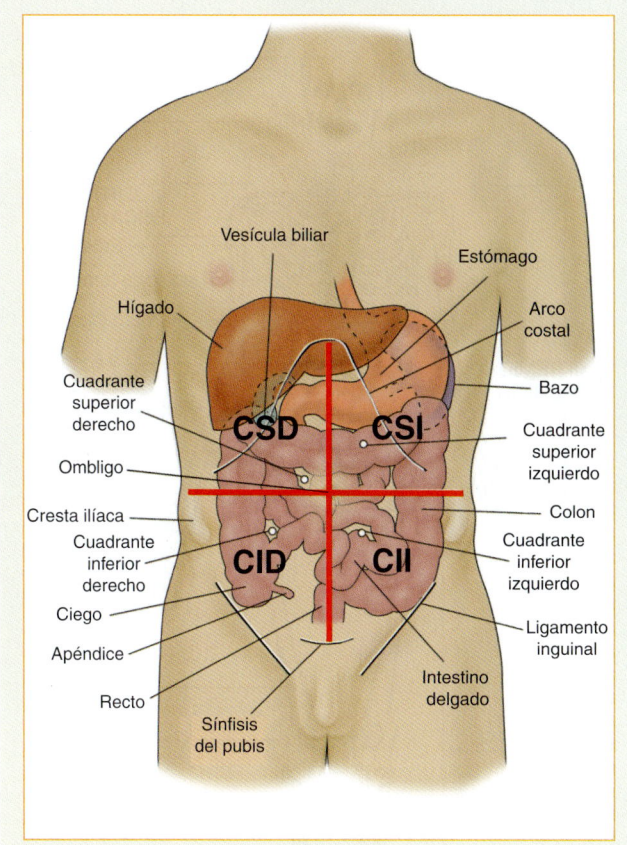

Figura 4-3 El abdomen está dividido en cuatro cuadrantes.

Posición de Fowler

La posición de Fowler fue llamada así en reconocimiento al doctor George R. Fowler, cirujano estadounidense, a finales del siglo XIX. El doctor Fowler colocó a sus pacientes en una posición semisentados, con la cabeza elevada, para ayudarlos a respirar más fácilmente y controlar la vía aérea. Por tanto, se dice que está en <u>posición de Fowler</u> un paciente que está sentado con las rodillas en ligera flexión.

Posición de Trendelenburg

La posición de Trendelenburg fue llamada así en honor al cirujano alemán, Friedrich Trendelenburg, a finales del siglo XX. El doctor Trendelenburg con frecuencia colocaba a sus pacientes en posición supina, con una inclinación de 45° que permitía a los pies quedar ubicados a un nivel más alto que la cabeza, manteniendo la sangre circulando hacia el centro del cuerpo. La <u>posición de Trendelenburg</u> es aquella en la cual el cuerpo está sobre la férula espinal o la camilla en inclinación, lo que origina que los pies queden elevados de 15 a 30 cm (de 6 a 12").

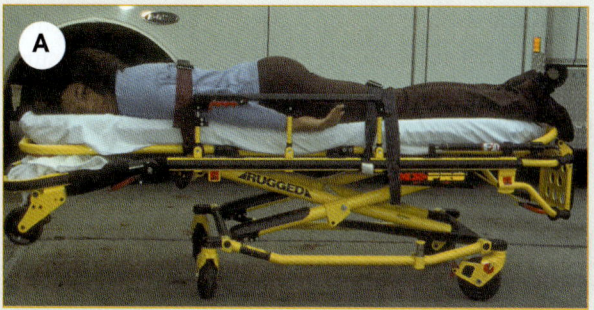
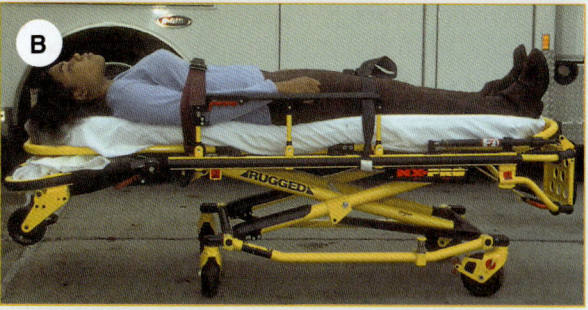
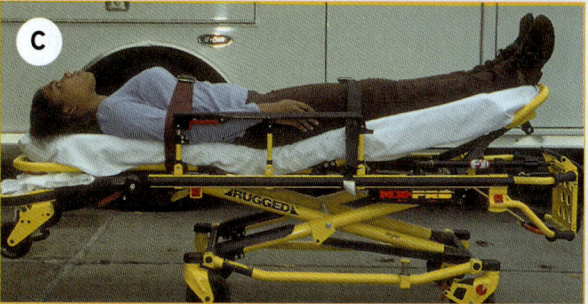
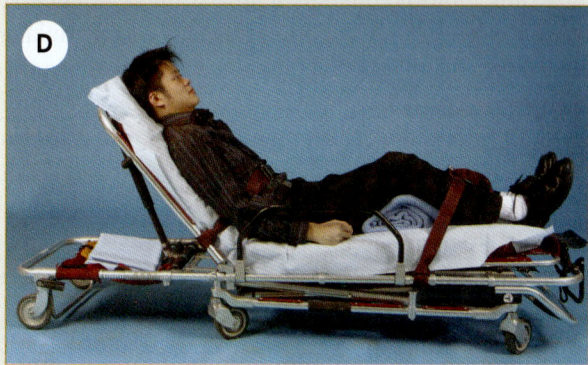
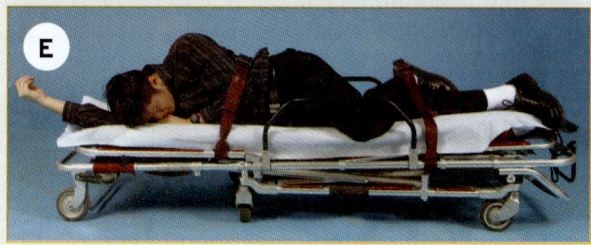

Figura 4-4 **A.** Prona. **B.** Supina. **C.** Posición de choque (de Trendelenburg modificada). **D.** Posición de Fowler. **E.** Posición de recuperación.

Posición de choque

En la posición de choque, o posición de Trendelenburg modificada, la cabeza y el torso están en posición supina con las extremidades inferiores elevadas de 15 a 30 cm (de 6 a 12"). Esto ayuda a incrementar el flujo sanguíneo a la cabeza.

El sistema esquelético

El esqueleto nos da una forma humana reconocible y protege nuestros órganos vitales internos Figura 4-5 . El encéfalo está situado dentro del cráneo. El corazón, los pulmones, y los grandes vasos están protegidos por el tórax, que es parte del torso. Gran parte del hígado y el bazo están protegidos por las costillas inferiores. La médula espinal está contenida dentro del conducto óseo vertebral, formado por las vértebras.

Los 206 huesos del esqueleto proporcionan un armazón para la fijación de los músculos. El esqueleto también está diseñado para permitir el movimiento del cuerpo. Los huesos se ponen en contacto entre sí en las articulaciones donde, con ayuda de músculos, el cuerpo se puede flexionar y mover.

El cráneo

El cráneo está formado por huesos gruesos, que se fusionan entre sí para formar una cubierta, por encima de los ojos y oídos, que sostiene y protege el encéfalo Figura 4-6 . El encéfalo se conecta con la médula espinal a través de una abertura grande en la base del cráneo (el agujero occipital o agujero magno). La médula espinal está constituida por prácticamente todos los nervios que conducen mensajes entre el encéfalo y el resto del cuerpo.

La parte más posterior del cráneo se llama occipital. A cada lado del cráneo, las porciones laterales se llaman regiones temporales. Entre las regiones temporales y el occipital están las regiones parietales. La frente se conoce como región frontal. Inmediatamente por delante del oído, en la región temporal, puede sentir el pulso de la arteria temporal superficial. La gruesa piel que cubre el cráneo y que usualmente tiene cabello se llama cuero cabelludo.

La cara está constituida por los ojos, oídos, nariz, boca y mejillas. Seis huesos: el hueso nasal, los dos maxilares superiores (mandíbula superior), los dos malares (huesos de las mejillas) y la mandíbula (maxilar inferior) son los huesos mayores de la cara.

La órbita (cuenca del ojo) está formada por dos huesos faciales, el maxilar superior y el malar. La órbita también incluye al hueso frontal del cráneo. Juntos, estos huesos forman un reborde firme que sobresale alrededor del ojo

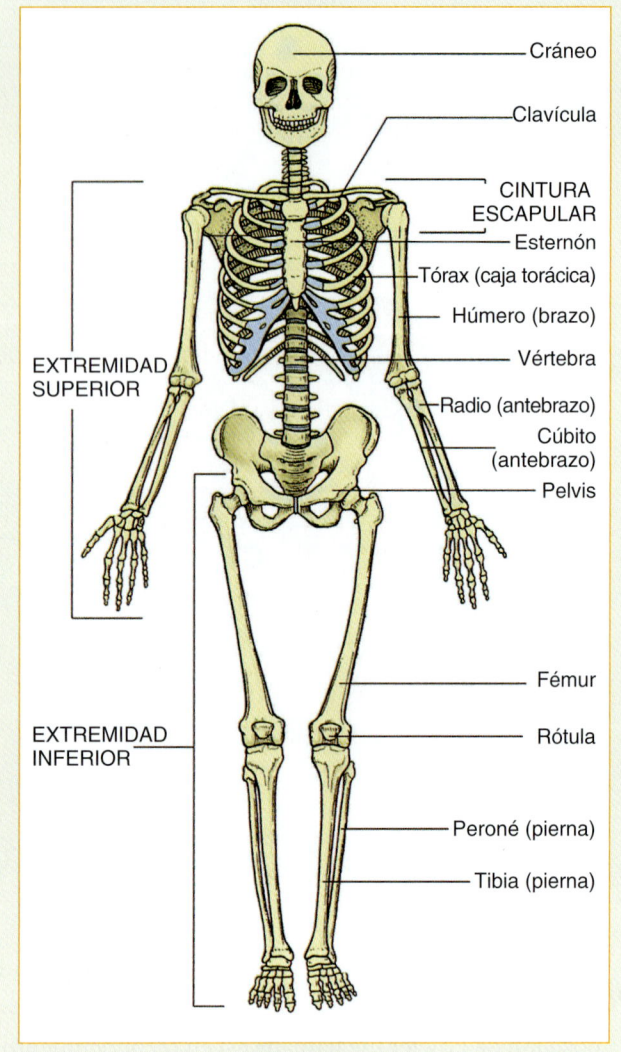

Figura 4-5 Los 206 huesos del esqueleto nos dan forma, protegen nuestros órganos vitales y nos permiten movernos.

para protegerlo. Si ve la cara por un lado puede observar que el globo ocular está atrás, dentro de la órbita. El hueso nasal es muy corto, porque la mayor parte de la nariz está formada por cartílago flexible. De hecho, sólo el tercio proximal de la nariz, el puente nasal, está formado por hueso. A diferencia de la nariz, la porción externa del oído está formada totalmente por cartílago recubierto por piel. La parte externa visible del oído se llama oreja. Los lóbulos de la oreja son partes carnosas en la parte inferior de cada oreja. A unos 3 cm por detrás de la abertura externa del oído se encuentra una masa ósea prominente en la base el cráneo llamada apófisis mastoides.

Los maxilares superiores contienen los dientes superiores y forman el paladar duro (techo de la boca). La mandíbula es el único hueso facial móvil que tiene una

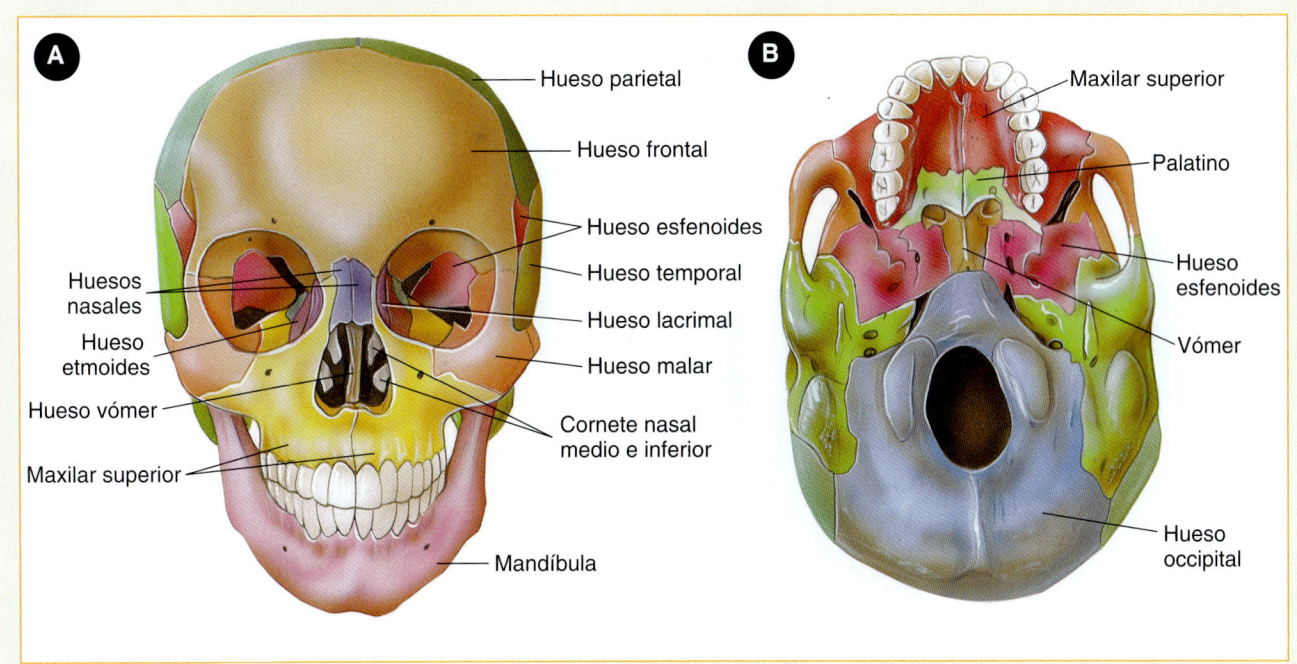

Figura 4-6 El cráneo. **A.** Vista frontal. **B.** vista de la base.

articulación (articulación temporomandibular) donde se une al hueso temporal del cráneo, justo enfrente de cada oído.

El cuello

El cuello contiene muchas estructuras importantes. Es soportado por la columna cervical, o las 7 primeras vértebras de la columna vertebral (C1 a C7). La médula espinal sale del agujero occipital y se ubica en el conducto formado por las vértebras. La parte superior del esófago y la tráquea están situadas en la línea media del cuello. Las arterias carótidas se pueden encontrar a cada lado de la tráquea, junto con las venas yugulares y varios nervios.

Pueden palparse y verse varios puntos de referencia en el cuello (Figura 4-7 ▶). El más obvio, es la firme prominencia en el centro de la superficie anterior, conocida como la manzana de Adán. Específicamente, esta prominencia es la parte superior del cartílago tiroides. Es más prominente en hombres que en mujeres. La otra, la porción más baja, es el cartílago cricoides, un reborde de cartílago inferior al tiroides, que es un tanto más difícil de palpar. Entre el cartílago tiroides y el cricoides, en la línea media del cuello, hay una depresión blanda, la membrana cricotiroidea. Ésta es una delgada lámina de tejido conjuntivo (fascia) que une a los dos cartílagos. La membrana cricotiroidea está cubierta en este punto sólo por la piel.

Situación de urgencia — Parte 2

Determina que es muy probable que el origen del dolor del paciente sea su riñón derecho. El interrogatorio adicional de su historial médico se inclina hacia un riesgo aumentado de cálculos renales. El paramédico concuerda con su evaluación, inicia un acceso IV, y administra morfina de acuerdo con el protocolo local.

2. ¿Dónde están localizados los riñones en el cuerpo? ¿Hay otros órganos en la misma área?
3. Dada la localización de los riñones, y otros componentes de las vías urinarias, ¿qué otras molestias puede expresar este paciente?

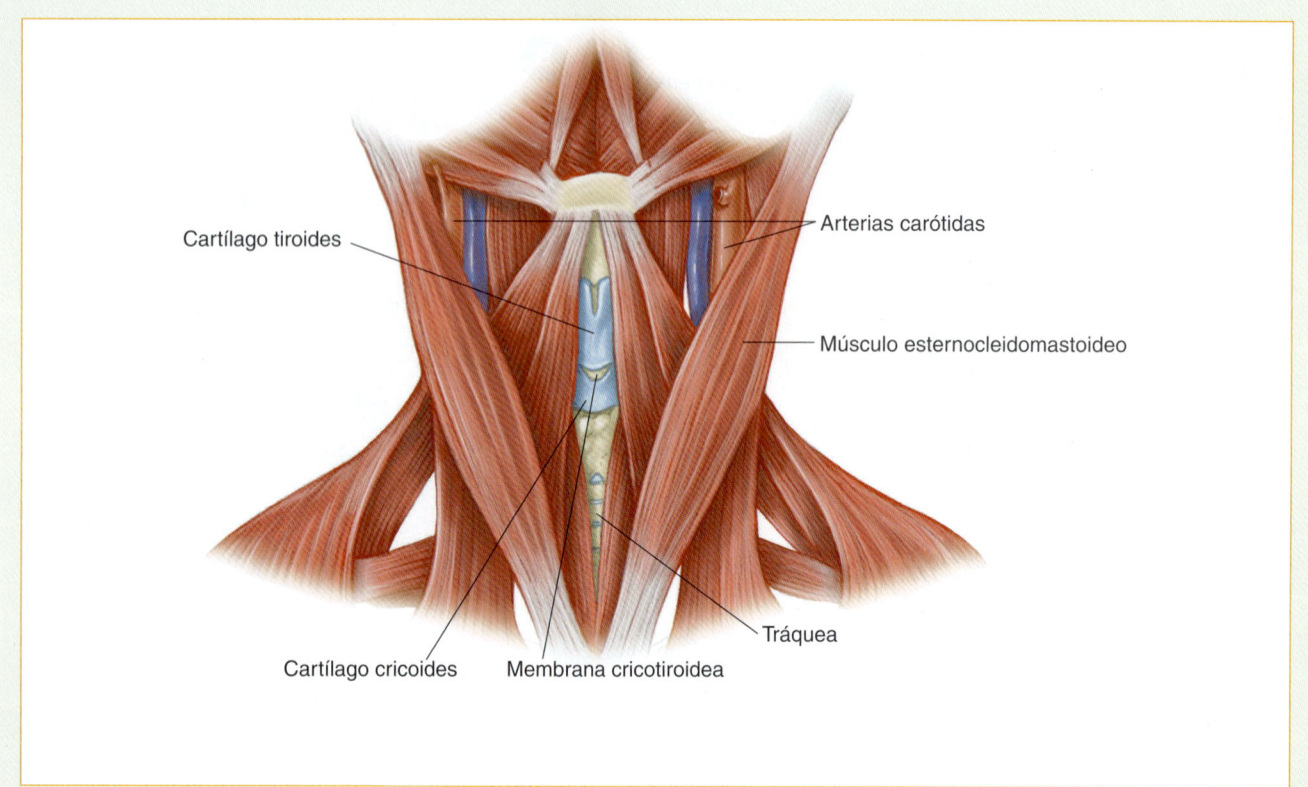

Figura 4-7 Las principales estructuras del cuello incluyen la tráquea, junto con numerosos vasos sanguíneos, músculos y nervios.

En la porción inferior a la laringe, son palpables, en la línea media anterior, varios rebordes firmes adicionales. Estos rebordes son los anillos de cartílago de la tráquea, la cual conecta la laringe con la principal vía aérea hacia los pulmones (los bronquios). A cada lado de la parte inferior de la laringe, y en la parte superior de la tráquea, está situada la glándula tiroides. A menos que esté crecida, ordinariamente esta glándula no es palpable.

Las pulsaciones de las arterias carótidas son palpables en un surco, cerca de 1.5 cm (media pulgada) lateral a la laringe. Situadas inmediatamente adyacentes a estas arterias, pero no palpables, están las venas yugulares internas y varios nervios importantes. Lateralmente a estos vasos y nervios están los músculos esternocleidomastoideos, que permiten los movimientos de la cabeza. Estos músculos se originan en las apófisis mastoides del cráneo y se insertan en el borde medial de cada clavícula y el esternón, en la base del cuello. Durante eventos con dificultad respiratoria puede ser exagerado el uso de estos músculos.

Una serie de prominencias óseas se aprecian posteriormente, en la línea media del cuello. Son las apófisis espinosas de las vértebras del cuello. Las apófisis espinosas cervicales de las vértebras más bajas son más prominentes y más fácilmente palpables cuando el cuello está flexionado o inclinado hacia adelante. En la base del cuello, posteriormente, la apófisis espinosa más prominente es la de la séptima vértebra cervical Figura 4-8 .

Columna vertebral

La columna vertebral es la estructura central de soporte del cuerpo; está constituida por 33 huesos, cada uno llamado vértebra. Las vértebras reciben su nombre de acuerdo con la sección de la columna vertebral en la que estén situadas, y son numeradas de arriba abajo Figura 4-9 . De arriba hacia abajo la columna vertebral se divide en cinco secciones:

- Columna cervical. Las primeras siete vértebras (C1 a C7), que están situadas en el cuello, forman la columna cervical. El cráneo descansa sobre la primera vértebra cervical (atlas), y se articula con ésta.
- Columna torácica. Las siguientes 12 vértebras forman la columna torácica. Un par de costillas están fijas a cada una de las vértebras torácicas.
- Columna lumbar. Las siguientes cinco vértebras forman la columna lumbar.

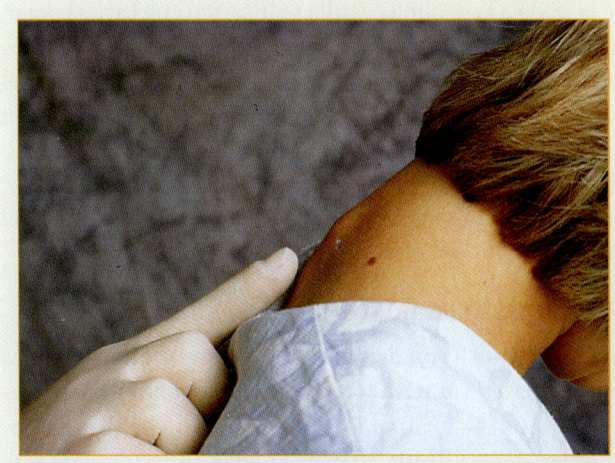

Figura 4-8 La más prominente de las vértebras cervicales es la C7.

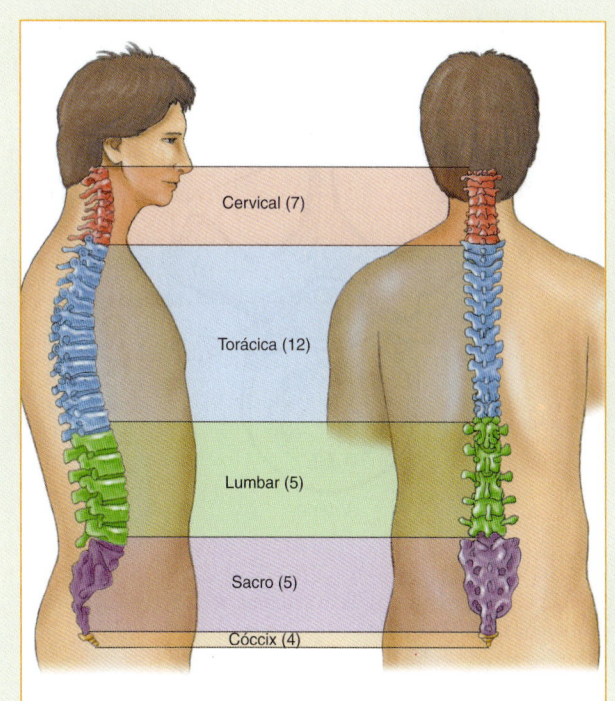

Figura 4-9 La columna vertebral está constituida por 33 huesos divididos en cinco secciones.

- Sacro. Las cinco vértebras sacras están fusionadas juntas, formando un hueso llamado sacro. El sacro se une a los huesos ilíacos de la pelvis con fuertes ligamentos en las articulaciones sacroilíacas para formar la pelvis.
- Cóccix. Las últimas cuatro vértebras, también fusionadas, forman el cóccix, o hueso de la cola.

La médula espinal es una extensión del encéfalo, compuesta por prácticamente todos los nervios que conducen mensajes entre el encéfalo y el resto del cuerpo. Sale por un amplio orificio de la base del cráneo llamado agujero occipital, y está contenida dentro de las vértebras y protegida por ellas. La columna vertebral está prácticamente rodeada por músculos. Sin embargo, las apófisis espinosas posteriores de cada vértebra se pueden sentir inmediatamente por debajo de la piel, en la línea media de la espalda. La apófisis espinosa más prominente, y más fácilmente palpable, es la de la séptima vértebra cervical, en la base el cuello.

La parte anterior de cada vértebra es un bloque sólido redondo de hueso, llamado cuerpo. La parte posterior de cada vértebra forma un arco óseo. Esta serie de anillos apilados, una vértebra sobre otra, forma un conducto, a lo largo de la columna, llamado conducto vertebral. Los huesos del conducto vertebral encierran y protegen a la médula espinal Figura 4-10 ▶. Se ramifican nervios de la médula espinal (raquídeos o espinales), y salen del conducto vertebral entre cada dos vértebras formando los nervios motores y sensitivos del cuerpo.

Las vértebras están conectadas por ligamentos, y entre cada dos vértebras hay un colchón, llamado disco intervertebral. Estos ligamentos y discos permiten ciertos movimientos, en forma tal que el tronco se puede inclinar hacia adelante (flexión) y hacia atrás (extensión); permiten la rotación y el movimiento lateral. Sin embargo, también limitan los movimientos de las vértebras en forma tal que la médula espinal no sea lesionada. Una lesión de la columna vertebral puede dañar parte de la médula espinal, y sus nervios pueden no estar protegidos por las vértebras. Por tanto, hasta que la lesión se estabilice, debe tener una extrema precaución al atender al paciente para prevenir una lesión de la médula espinal.

Tórax

El tórax es la cavidad que contiene al corazón, los pulmones, el esófago, y los grandes vasos (la aorta y dos venas cavas). Está formado por 12 vértebras torácicas (T1 a T12), y sus 12 pares de costillas. Las clavículas están situadas en los límites superiores del tórax, al frente, y se articulan posteriormente con las escápulas (omóplatos), donde se inserta el tejido muscular de la pared torácica. El límite inferior del tórax es el diafragma, el cual separa al tórax del abdomen.

Características anteriores

Las dimensiones del tórax están definidas por la caja torácica (caja ósea y costillas), y sus anexos Figura 4-11A ▶. En la parte anterior, en la línea media del tórax, está el esternón.

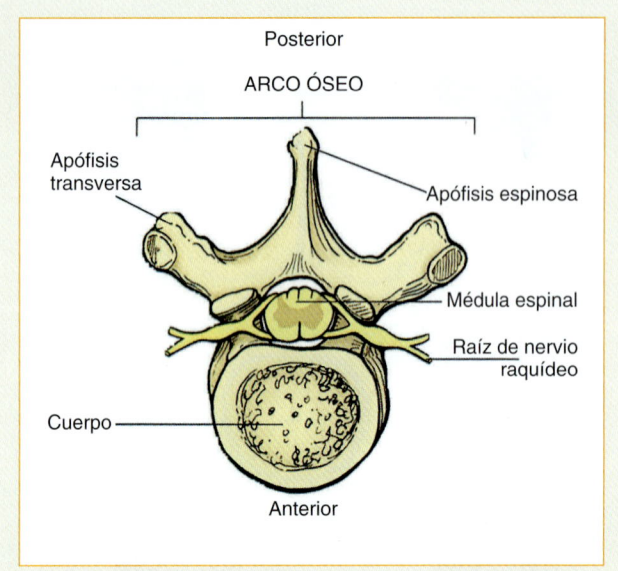

Figura 4-10 Los huesos de la columna vertebral encierran y protegen la médula espinal.

De la sexta a la décima costilla se insertan en el arco costal, que es un puente de cartílago que conecta los extremos de las costillas sexta a décima con la porción inferior del esternón. Las costillas undécima y duodécima se llaman costillas flotantes, porque no se fijan al esternón por medio del arco costal. El cartílago costal es fácilmente palpable, y representa un límite entre el borde inferior del tórax y el borde superior del abdomen.

Características posteriores

En la pared posterior del tórax, las escápulas están situadas sobre la pared torácica y rodeadas por grandes músculos Figura 4-11B. Cuando el paciente está de pie, o sentado, las dos escápulas deben quedar aproximadamente al mismo nivel, con sus puntas inferiores más o menos al nivel de la séptima vértebra torácica. En la parte inferior del tórax, a cada lado, se forma un ángulo, llamado ángulo costovertebral por la unión de la columna vertebral con la décima costilla. Los riñones están situados profundamente por debajo de los músculos de la espalda en el ángulo costovertebral.

Diafragma

EL diafragma es una cúpula muscular que forma el límite inferior del tórax, separándolo de la cavidad abdominal. Figura 4-12. Su contracción, junto con la de los músculos de la pared torácica, contribuye a facilitar la entrada de aire al interior de los pulmones. Se fija anteriormente al arco costal; posteriormente lo hace a las vértebras lumbares. El diafragma no puede verse ni palparse.

Órganos y estructuras vasculares

Dentro de la caja torácica, las estructuras más grandes son el corazón y los pulmones Figura 4-13. El corazón está situado inmediatamente detrás del esternón. Se extiende de la segunda a la sexta costilla anteriormente y de la quinta a la octava vértebra torácica posteriormente. El borde inferior del corazón se extiende hacia el lado izquierdo del tórax. Los corazones enfermos pueden ser más grandes o más pequeños. Los vasos sanguíneos mayores que van al

El borde superior del esternón forma la escotadura yugular u horquilla supraesternal, fácilmente palpable. El esternón tiene tres componentes: el manubrio, el cuerpo y el apéndice xifoides. La extensión superior del esternón se llama manubrio. El cuerpo constituye el resto del esternón, excepto una punta cartilaginosa estrecha en la parte inferior, que se llama apéndice xifoides. La unión del manubrio y el cuerpo forma un reborde prominente del esternón llamado ángulo esternal o de Louis el cual está situado al nivel donde la segunda costilla se fija al esternón; proporciona un punto de referencia constante y confiable en la pared anterior del tórax.

En la línea media de la parte superior de la espalda pueden palparse las apófisis espinosas de las 12 vértebras torácicas. Doce pares de costillas en cada lado, forman pequeñas articulaciones con sus respectivas vértebras torácicas y se extienden alrededor y hacia el frente, para formar las paredes de la caja torácica. Las cinco costillas superiores se conectan con el esternón por medio de un cartílago costal.

Situación de urgencia   Parte 3

El paciente puede ahora sentarse relativamente más tranquilo y parece estar más cómodo. Usted siente que su conocimiento de anatomía humana le ayudó a determinar el origen de este dolor.

4. Si no está familiarizado con la anatomía humana ¿cómo este desconocimiento puede afectar significativamente la calidad y oportunidad de cuidar a su paciente?

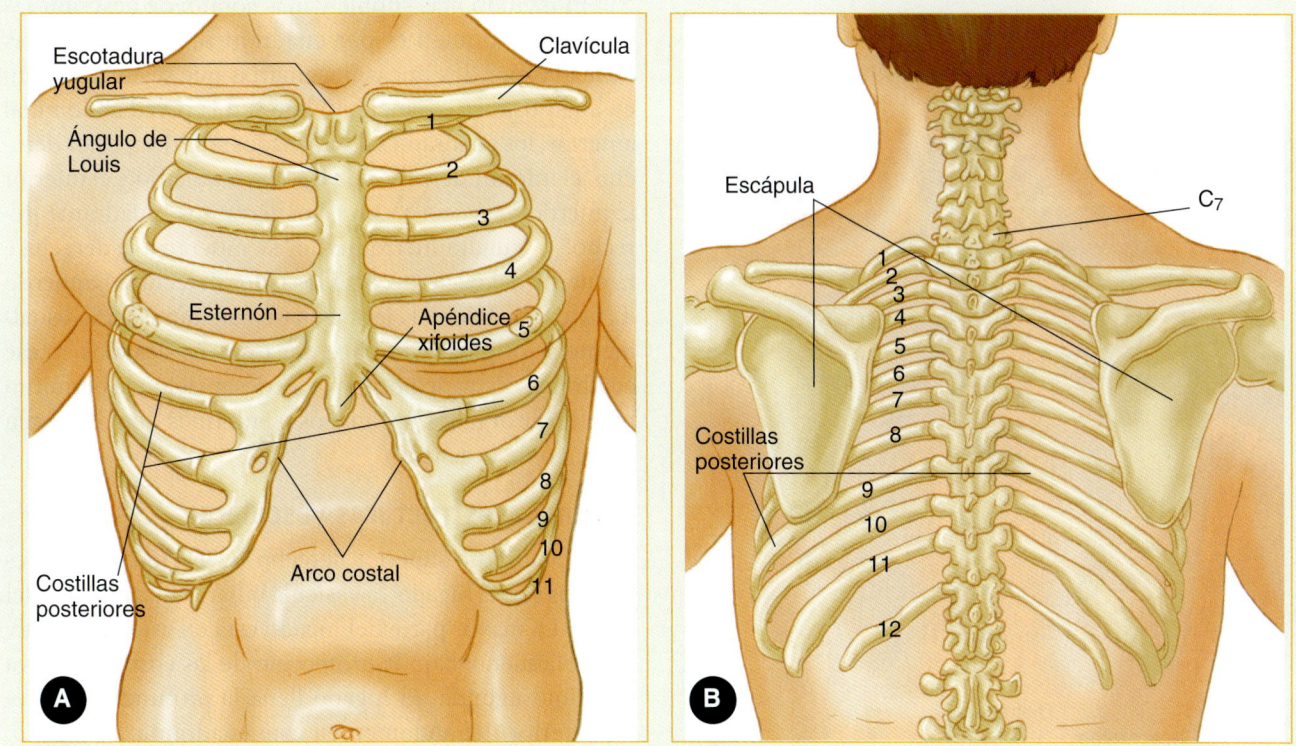

Figura 4-11 **A.** La cara anterior del tórax incluye los siguientes puntos de referencia óseos: la clavícula, el esternón, el apéndice xifoides, el ángulo de Louis y las costillas anteriores. **B.** La cara posterior del tórax incluye los siguientes puntos de referencia óseos: las vértebras torácicas y las costillas posteriores.

corazón o salen de él también están situados en la cavidad torácica. Del lado derecho de la columna vertebral, las venas cavas superior e inferior conducen sangre al corazón.

Inmediatamente por debajo del manubrio del esternón, el cayado de la aorta y la arteria pulmonar salen del corazón. El cayado de la aorta pasa a la izquierda y está situado a lo largo del lado izquierdo de la columna vertebral al descender al interior del abdomen. El esófago está situado detrás de los grandes vasos, y directamente sobre la parte anterior de la columna vertebral, al pasar del tórax al interior de la cavidad abdominal.

Todo el espacio dentro del tórax que no está ocupado por el corazón, los grandes vasos y el esófago, es ocupado por los pulmones, los cuales se extienden anteriormente hacia abajo a la superficie del diafragma, a nivel del apéndice xifoides. En la parte posterior se extienden más aún inferiormente, a la superficie del diafragma, a nivel de la 12a. vértebra torácica.

Puntos de referencia anatómicos

Los principales puntos de referencia palpables en el tórax obviamente son las costillas. En su mayoría se pueden sentir fácilmente, con excepción de la primera que está escondida por debajo y detrás de la clavícula. Los puntos de referencia anatómicos son como sigue:

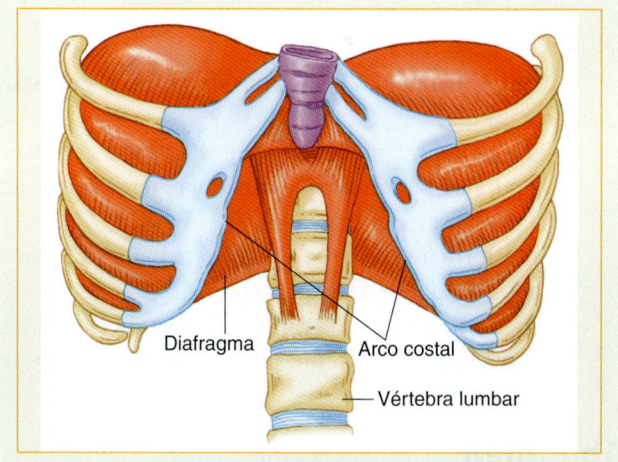

Figura 4-12 El diafragma forma la superficie inferior del tórax, separando el tórax de la cavidad abdominal.

- Entre cada costilla está el espacio intercostal. Estos espacios pueden localizarse palpando la escotadura yugular y moviéndose lateralmente (el primer espacio intercostal). Contando los espacios sucesivos entre las costillas nos dan el segundo, tercero, y así sucesivamente.

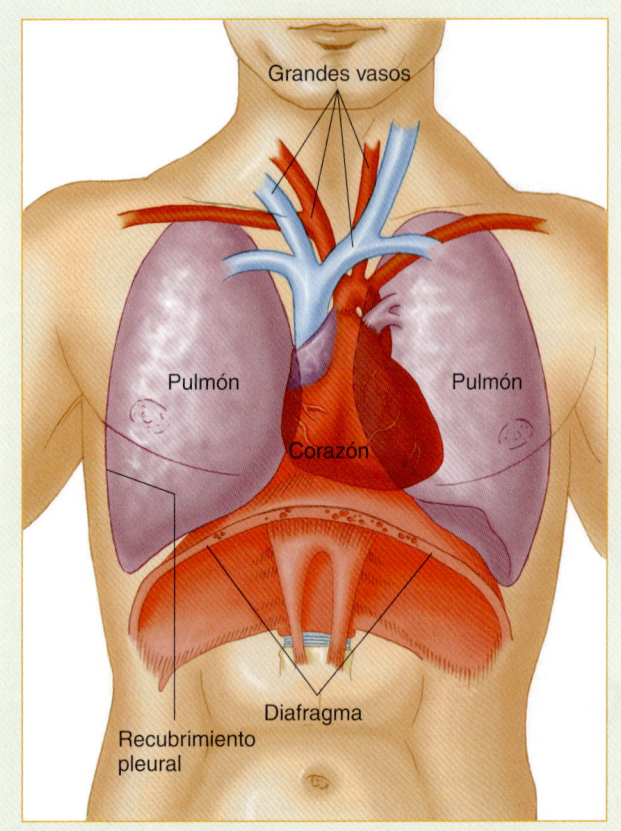

Figura 4-13 La vista anterior del tórax muestra las posiciones relativas de los principales órganos debajo de la superficie.

El método más simple y más común de describir las áreas del abdomen es por cuadrantes, las cuatro áreas formadas por dos líneas imaginarias que se entrecruzan, en ángulos rectos, en el ombligo. En la pared abdominal anterior, los cuadrantes así formados son el superior derecho, el inferior derecho, el superior izquierdo y el inferior izquierdo Figura 4-15 ▶. Los términos "cuadrante derecho" y "cuadrante izquierdo" se refieren a la derecha e izquierda del paciente, no a los lados derecho e izquierdo de usted. El dolor o la lesión en un cuadrante dado, usualmente se origina, o implica, los órganos situados en ese cuadrante. Este medio simple de designación le permitirá identificar órganos lesionados o enfermos que requieren atención de urgencia.

Órganos y estructuras vasculares

En el cuadrante superior derecho (CSD) los principales órganos son el hígado, la vesícula biliar, y una porción del colon. La mayor parte del hígado está en este cuadrante, casi totalmente bajo la protección de las costillas octava a décimosegunda. El hígado llena la profundidad anteroposterior del abdomen en este cuadrante. Por tanto, las lesiones en esta área con frecuencia se asocian con lesiones en el hígado.

En el cuadrante superior izquierdo (CSI), los principales órganos son el estómago, el bazo, y una porción del colon. El bazo está casi totalmente bajo la protección de la parte izquierda de la caja torácica, mientras que el estómago puede extenderse bien hacia el cuadrante inferior derecho cuando está lleno. El bazo está situado en la parte lateral y posterior de este cuadrante, bajo el diafragma, e inmediatamente frente a las costillas novena a undécima. Con frecuencia el bazo es lesionado, en especial cuando estas costillas son fracturadas.

El cuadrante inferior derecho (CID) contiene dos porciones del intestino grueso: el ciego, la primera porción a la cual se abre el intestino (íleon), y el colon ascendente. El apéndice es una pequeña estructura tubular que nace del borde inferior del ciego. La apendicitis es la causa más frecuente de sensibilidad y dolor en esta región. En el cuadrante inferior izquierdo están situadas las porciones descendente y sigmoides del colon.

Varios órganos están situados en más de un cuadrante. El intestino delgado, por ejemplo, ocupa la parte central del abdomen, alrededor del ombligo, y partes de él están en los cuatro cuadrantes. El páncreas está situado inmediatamente por detrás de la cavidad abdominal y en la pared abdominal posterior, en ambos cuadrantes superiores. El intestino grueso también atraviesa el abdomen, comenzando en el CID y terminando en el CII, pasa por los cuatro cuadrantes. La vejiga urinaria está situada in-

- Ambas clavículas y el esternón pueden palparse fácilmente.
- La escotadura yugular u horquilla supraesternal es la porción superior del esternón. Lateral a ella está el primer espacio intercostal.
- Inferiormente, el arco costal es palpable a ambos lados de la pared torácica anterior.
- En la línea media, la punta del apéndice xifoides es blanda y fácilmente palpable como punto de referencia.

Abdomen

El abdomen es la segunda cavidad más grande del cuerpo; contiene los principales órganos de digestión y excreción. El diafragma separa la cavidad torácica de la abdominal. Las partes anterior y posterior de las paredes abdominales musculares gruesas crean los límites de este espacio. El abdomen está separado de la parte inferior de la pelvis por un plano imaginario que se extiende de la sínfisis del pubis a través del sacro Figura 4-14 ▶. Muchos órganos están situados en el abdomen y la pelvis, dependiendo de la postura del paciente.

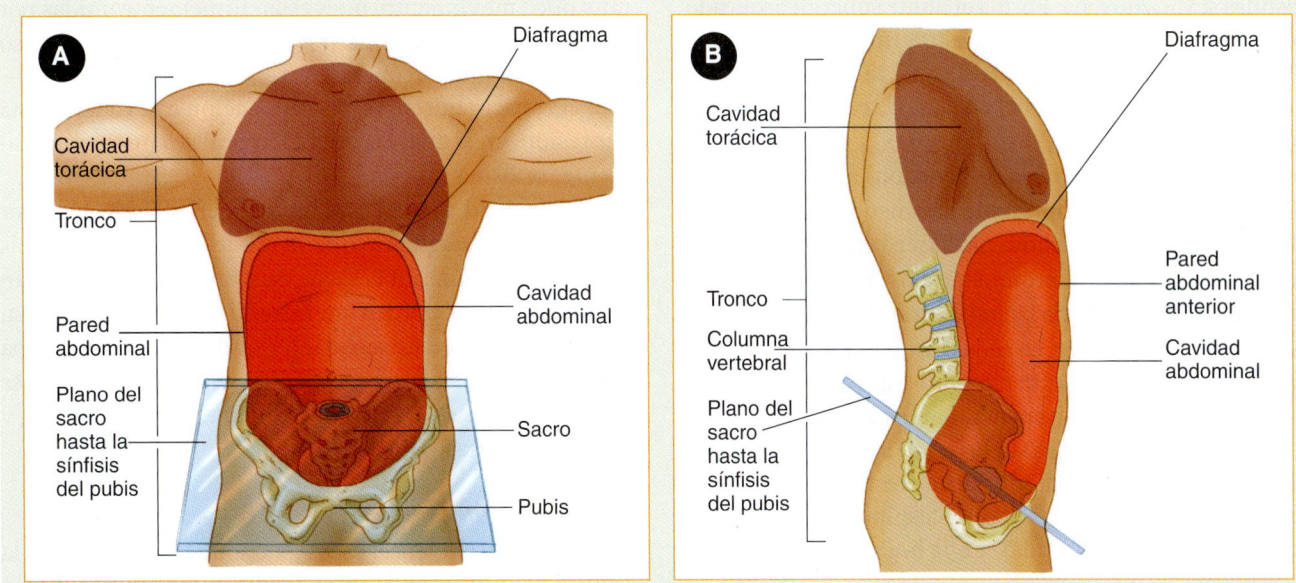

Figura 4-14 Los límites del abdomen son las paredes anterior y posterior de la cavidad abdominal, el diafragma, y un plano imaginario de la sínfisis del pubis al sacro **A.** Vista anterior. **B.** Vista posterior.

mediatamente por detrás de la sínfisis del pubis en la parte media del abdomen y, por tanto, está en ambos cuadrantes inferiores, y también en la pelvis.

Los riñones y el páncreas se llaman órganos <u>retroperitoneales</u> porque están situados atrás de la cavidad abdominal (Figura 4-16). Están por encima del nivel del ombligo, extendiéndose desde la undécima costilla hasta la tercera vértebra lumbar, en cada lado. Tienen una longitud aproximada de 12 cm, y están situados justo por delante del ángulo costovertebral.

Puntos de referencia anatómicos

Los principales puntos de referencia del abdomen son el arco costal, el ombligo, las espinas ilíacas anteriores y superiores, la cresta ilíaca y el ombligo. El arco costal, como se señaló antes, son los cartílagos fusionados de las

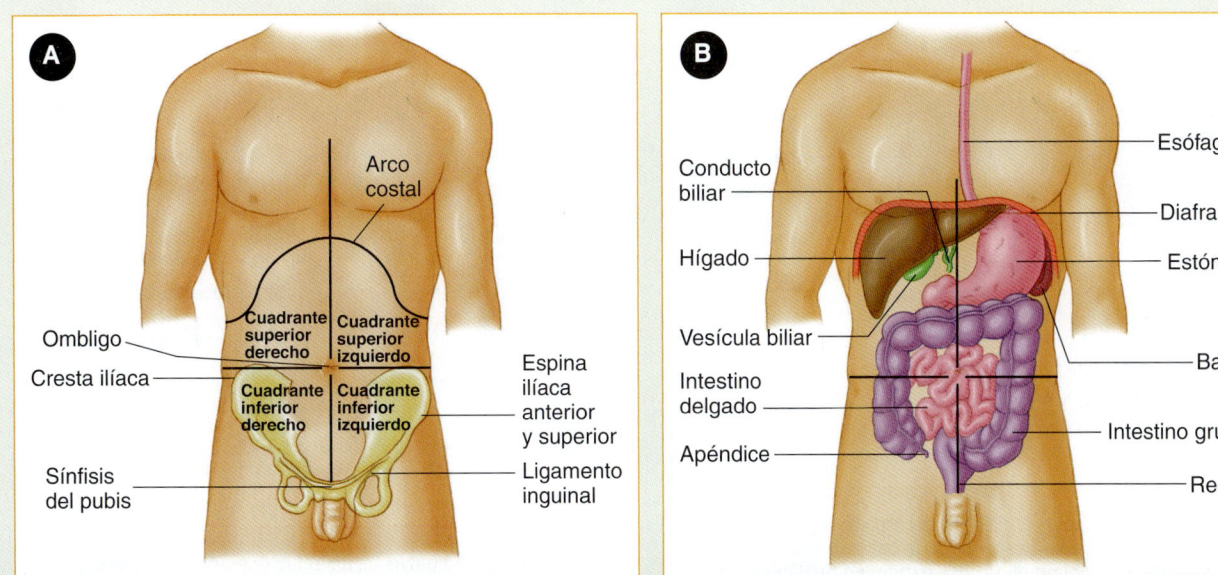

Figura 4-15 A. En el abdomen los cuadrantes son el sistema más fácil para identificar áreas. También se muestran puntos de referencia mayores. **B.** Muchos de los órganos del abdomen están situados en más de un cuadrante.

costillas sexta a novena. Forma el límite superior arqueado del abdomen. El ombligo, una estructura constante, está en el mismo plano horizontal de la cuarta vértebra lumbar y el borde superior de la cresta ilíaca, el reborde del hueso pélvico. Las espinas ilíacas anteriores y superiores son las prominencias óseas de la pelvis (ílion) al frente de cada lado del abdomen inferior, inmediatamente por debajo del plano del ombligo. En la línea media, en la porción más baja del abdomen, está otra prominencia ósea dura, la sínfisis del pubis. Entre el borde lateral de la sínfisis del pubis y la espina anterior superior, en cada lado, puede palpar el ligamento inguinal, que se extiende entre estas dos estructuras. Debajo del ligamento se encuentran los vasos femorales.

Posteriormente no se suele referir a cuadrantes abdominales. La porción posterior de la cresta ilíaca se puede palpar, como también las apófisis espinosas de las cinco vértebras lumbares (L1 a L5) en la línea media.

Pelvis

La pelvis es un anillo óseo cerrado constituido por tres huesos: el sacro y los dos huesos pélvicos Figura 4-17. En gran parte cada hueso pélvico está formado por la fusión de tres huesos separados. Estos tres huesos se llaman ílion, isquion y pubis y se juntan en tres articulaciones: las dos articulaciones sacroilíacas posteriores y la sínfisis púbica anterior en la línea media. Las tres articulaciones permiten muy poco movimiento, pues están firmemente unidas por fuertes ligamentos. En la porción lateral de cada hueso pélvico —donde se unen los tres componentes óseos— está el espacio que sirve de articulación a la cadera. Esta depresión, en la cual la cabeza femoral se ajusta cómodamente, se llama acetábulo.

La cavidad pélvica está limitada en la parte superior por un plano imaginario que va desde la sínfisis del pubis hasta la parte superior el sacro. Sus paredes laterales están formadas por los bordes interiores de hueso pélvico, y su límite inferior es el estrecho inferior de la pelvis, una capa de músculos con aberturas para las vías gastrointestinales (el recto), el aparato reproductor femenino (la vagina), y las vías urinarias (la uretra).

Características anteriores

Los puntos de referencia óseos anteriores de la pelvis son la sínfisis del pubis, en la línea media, y las espinas ilíacas anteriores y superiores. El ligamento inguinal se fija a estas dos prominencias óseas y puede palparse en una persona delgada. En un punto apenas distal a la línea media, en el ligamento inguinal, puede palparse la arteria femoral al penetrar al muslo. De la espina ilíaca anterior y superior, el ílion se extiende lateral y posteriormente para formar el reborde de la pelvis. Este borde óseo se conoce como cresta ilíaca, o ala de la pelvis.

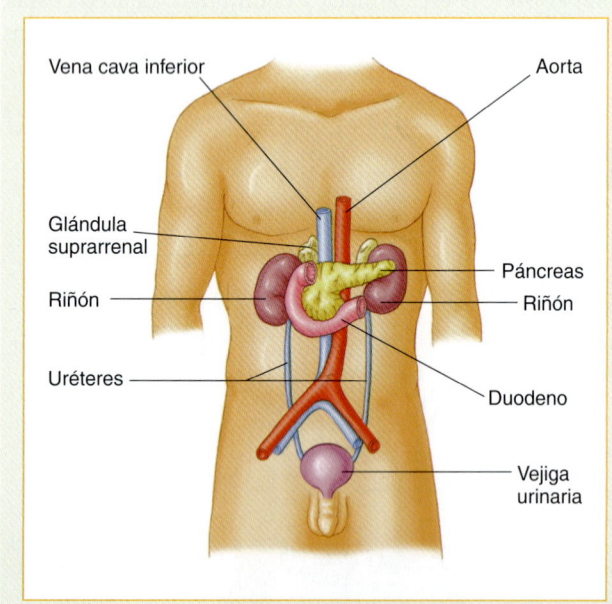

Figura 4-16 Los órganos principales del espacio retroperitoneal están situados en la parte posterior de la cavidad abdominal, por encima del nivel del ombligo, y se extienden desde la undécima costilla hasta la tercera vértebra lumbar. Note que la vejiga urinaria, la vena cava inferior y la aorta también están en este plano.

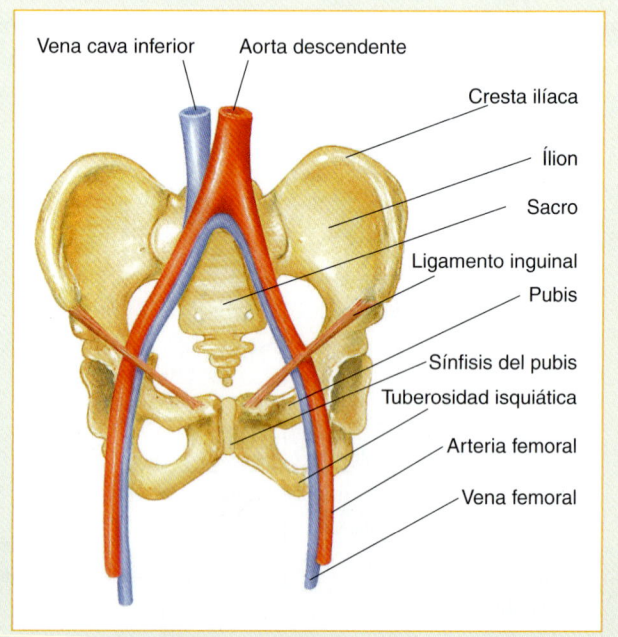

Figura 4-17 La pelvis es un anillo óseo cerrado constituido por el sacro, ílion, isquion y huesos púbicos.

Características posteriores

La pelvis aparece plana en su punto posterior, y en el tercio medio puede palparse el hueso sacro. Inmediatamente lateral al sacro, en cada lado, está una articulación con la porción ilíaca del hueso pélvico (articulación sacroilíaca). En posición sentada, se siente fácilmente una prominencia ósea en la parte media de cada nalga. Estas prominencias son las tuberosidades isquiáticas. El nervio ciático, que es el nervio mayor de la extremidad inferior, está en un punto apenas lateral a la tuberosidad, al entrar al muslo.

Extremidad inferior

Las partes principales de la extremidad inferior son el muslo, la pierna y el pie Figura 4-18 . Tres articulaciones conectan las partes de la extremidad inferior: la cadera, la rodilla y el tobillo. La articulación entre el muslo y la pelvis se llama cadera. La articulación entre el muslo y la pierna es la rodilla. La articulación entre la pierna y el pie es el tobillo.

Muslo

En la porción lateral y proximal del muslo, inmediatamente por debajo de la articulación de la cadera, está una prominencia ósea llamada trocánter mayor. Esta prominencia es a veces llamada "hueso de la cadera". Al examinar al paciente siempre debe comparar la posición del trocánter mayor con el del otro lado, como una guía de lesión o deformidad de la cadera.

El fémur (hueso del muslo) es el más largo, y uno de los huesos más fuertes en el cuerpo. La cabeza femoral (en la parte superior del fémur) forma la articulación de la cadera con el acetábulo de la pelvis. Esta articulación esferoidea o enartrosis permite realizar flexión, extensión, y movimiento hacia la línea media (aducción) o hacia afuera de ésta (abducción). Permite también rotación interna y externa de todo el miembro inferior. El cuerpo del fémur está rodeado por músculos grandes (el cuádriceps adelante, y el grupo del bíceps femoral, semitendinoso, y semimembranoso atrás). Inmediatamente por encima de la rodilla se pueden palpar los cóndilos medial y lateral del fémur.

Rodilla

Entre el muslo y la pierna está la articulación más grande del cuerpo: la rodilla. La rodilla es en esencia una articulación en bisagra o ginglimo que permite sólo flexión y extensión entre el fémur y la tibia proximal. La aducción, abducción y rotación de la rodilla son limitadas por ligamentos complejos que son muy susceptibles a una lesión. Por delante de la rodilla está un hueso especializado, la rótula o patela, que está situada dentro del tendón del cuádriceps y protege, al frente, contra una posible lesión de la rodilla.

Pierna

La pierna está situada entre la rodilla y la articulación del tobillo, y está constituida por la tibia y el peroné. La tibia (hueso de la espinilla) es el hueso más grande, y está situado enfrente de la pierna. Puede palpar la longitud total de la tibia en la superficie anterior de la pierna, justamente debajo de la piel. El peroné se encuentra lateral a la pierna. Puede palpar la cabeza del peroné en la cara lateral de la articulación de la rodilla. Su extremo distal forma el maléolo lateral de la articulación del tobillo.

Tobillo y pie

El tobillo es una articulación en bisagra que permite flexión y extensión del pie sobre la pierna Figura 4-19 . El extremo de la tibia forma el maléolo medial, y el del peroné el maléolo lateral. Estas dos prominencias óseas forman la cuenca de la articulación del tobillo. Ambas son puntos de

Situación de urgencia — Parte 4

Llega al hospital y escucha al paramédico proporcionar información al médico del departamento de urgencias sobre la presentación inicial del paciente. Explica que aunque la principal molestia lo pudo haber conducido a un diagnóstico diferencial incorrecto, su conocimiento de anatomía lo ayudó para brindar el cuidado apropiado al paciente. El médico parece haber ganado cierta confianza en sus conocimientos y destrezas.

5. Cuando habla con otros profesionales en cuidados de la salud, ¿cómo puede su conocimiento de anatomía y uso correcto de terminología afectar la opinión acerca de usted, su agencia y los servicios profesionales de emergencia en general?

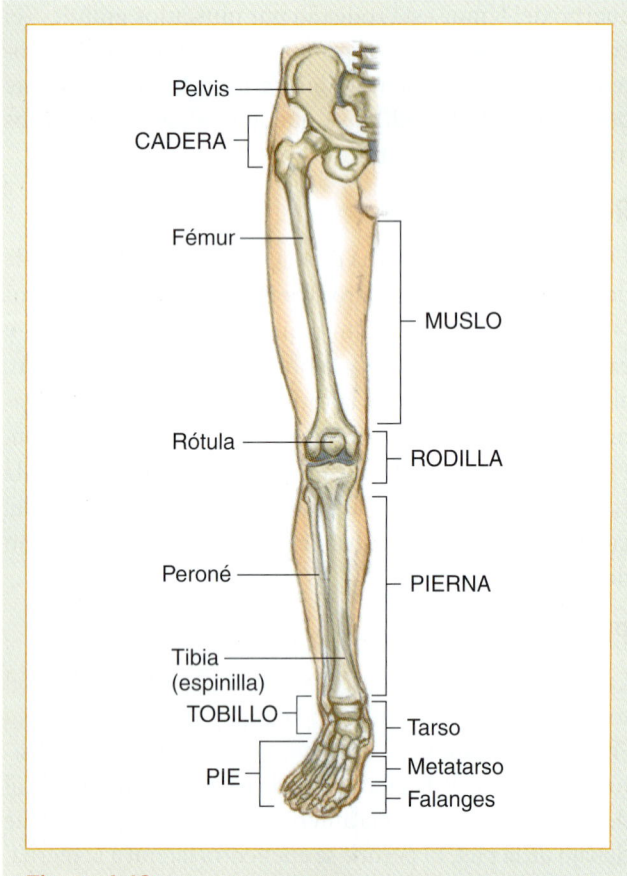

Figura 4-18 Las partes principales de la extremidad inferior incluyen el muslo, la pierna y el pie. Las principales partes de la pierna incluyen la tibia y el peroné.

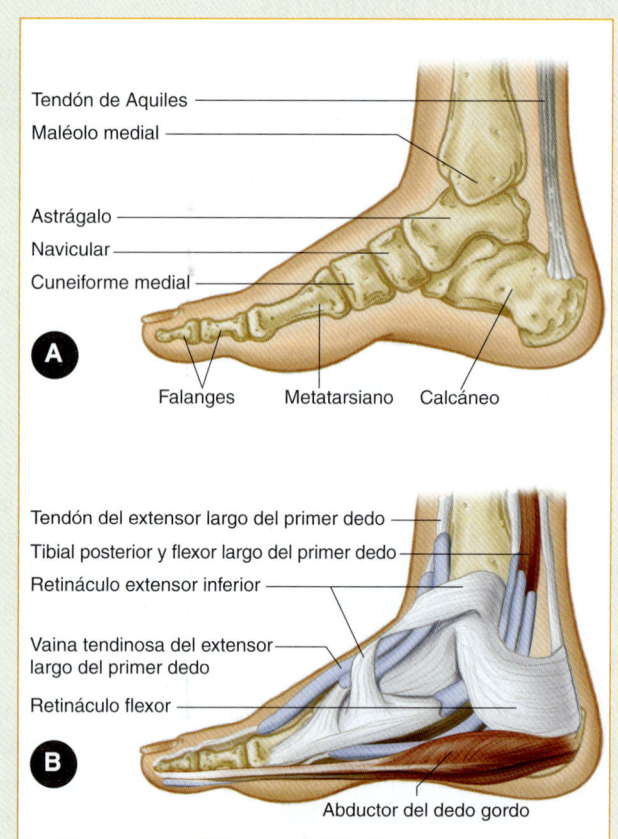

Figura 4-19 A. Los puntos de referencia superficiales del pie y el tobillo incluyen al maléolo medial, el calcáneo y las falanges. **B.** Tejidos blandos del tobillo.

referencia de la articulación del tobillo y se palpan con facilidad. El pie contiene siete huesos tarsianos; el astrágalo es uno de los más grandes; el calcáneo, que forma la prominencia del talón, es el otro hueso tarsiano grande. El tendón de Aquiles se inserta en la parte posterior del calcáneo. Cinco huesos metatarsianos forman la sustancia del pie. Los cinco dedos del pie están formados por 14 falanges, dos en el primer dedo y tres en cada uno de los dedos siguientes.

Extremidad superior

La extremidad superior se extiende desde la cintura escapular hasta la punta de los dedos de las manos, y está constituida por el brazo, el antebrazo, la mano y los dedos. El brazo se extiende desde el hombro hasta el codo, el antebrazo desde el codo hasta la muñeca, y la mano desde la muñeca hasta la punta de los dedos.

Cintura escapular

La porción proximal de la extremidad se llama **cintura escapular** y consiste en tres huesos: la clavícula, la escápula y el húmero (Figura 4-20 ▶). La cintura escapular es el punto en el cual la extremidad superior se fija al tronco. La extremidad superior puede moverse por medio de una amplia gama de movimientos, permitiendo que el brazo se coloque en casi cualquier posición. Este movimiento ocurre en las tres articulaciones dentro de la cintura escapular: la articulación esternoclavicular, la articulación acromioclavicular (A/C) y la articulación glenohumeral. Además, la escápula puede girar en el tórax proporcionando rangos adicionales de movimientos. Sólo ocurren ligeros movimientos en las articulaciones esternoclavicular y A/C. El arreglo de bola y cuenca de la articulación glenohumeral (articulación esferoidea) permite gran libertad de movimientos en casi todas las direcciones.

La clavícula es un hueso largo, delgado, que está situado justo debajo de la piel y proporciona soporte a la extremidad superior. La clavícula es palpable en toda su extensión, desde el esternón hasta su fijación a la escápula. Su extremo medial está fijo por ligamentos muy fuertes al manubrio del esternón, formando la articulación esternoclavicular. Su extremo lateral forma una articulación con el acromion de la escápula para crear la articulación A/C.

La escápula es un hueso grande, plano, triangular, que está situado sobre la pared posterior del tórax, y rodeado de músculos grandes. Debido a estos músculos, sólo son palpables partes pequeñas de este hueso. La escápula tiene dos regiones con nombres especiales que forman articulaciones con la clavícula y el húmero. El acromion en la parte anterior forma parte de la articulación A/C. La fosa glenoidea se une con la cabeza humeral formando la articulación glenohumeral. La espina escapular y el borde medial se pueden ver y palpar en la parte posterior. En acromion forma el borde redondeado de la cintura escapular. Puede sentirlo moviendo su dedo a lo largo de la clavícula y a través de la articulación A/C.

Brazo

El hueso que da soporte al brazo es el húmero. Su cuerpo largo y derecho actúa como una palanca eficaz para levantar cosas pesadas. Como sucede en el muslo, hay pocos puntos de referencia en el brazo, porque está cubierto de grandes músculos: el bíceps en el frente y el tríceps atrás. La cabeza del húmero está cubierta por músculos que forman la prominencia redondeada de la cintura escapular lateralmente. El extremo distal se articula, tanto con el radio como con el cúbito, en la articulación del codo (Figura 4-21).

El húmero se junta con el radio y el cúbito formando el codo, que es una articulación en bisagra relativamente simple. Puede verla con facilidad y sentir tres prominencias en la parte de atrás del codo: los cóndilos medial y lateral del húmero, y el olécranon del cúbito.

Antebrazo

El antebrazo está formado por el radio y el cúbito. El cúbito es más grande en la porción proximal del antebrazo mientras que el radio es más grande en su porción distal. El olécranon del cúbito forma la mayor parte de la articulación del codo. Se puede palpar la totalidad del cuerpo cubital, desde la punta del olécranon distalmente, porque está situado debajo de la piel del antebrazo. El radio está cubierto por músculos y no se puede palpar, excepto en el tercio inferior del antebrazo, donde aumenta de tamaño para formar una porción mayor en la articulación de la muñeca. El radio gira sobre el cúbito, lo que permite que la palma de la mano gire hacia arriba y hacia abajo. En la muñeca, los extremos del radio y del cúbito (las apófisis estiloides) están directamente debajo de la piel y se pueden palpar con facilidad. La apófisis estiloides del radio es un poco más larga que la apófisis estiloides del cúbito. El radio se ubica lateral al antebrazo o del lado del pulgar, y el cúbito en el lado medial o del meñique.

Muñeca y mano

La muñeca es una articulación condílea, formada por los extremos del radio y cúbito, y varios huesos pequeños de la muñeca (Figura 4-22). Hay ocho huesos en la muñeca, llamados huesos carpianos. Extendiéndose de los huesos carpianos hay cinco metacarpianos, que sirven como base para cada uno de los cinco dedos. La articulación carpometacarpiana (articulación del pulgar) es un articulación en silla de montar que permite que el pulgar gire y le permite la flexión y extensión. Las otras articulaciones en la mano son simples articulaciones en bisagra.

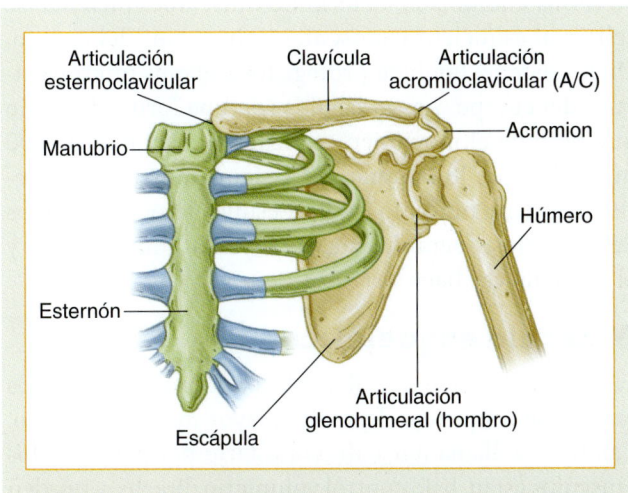

Figura 4-20 Los huesos de la cintura escapular incluyen la clavícula, la escápula y el húmero.

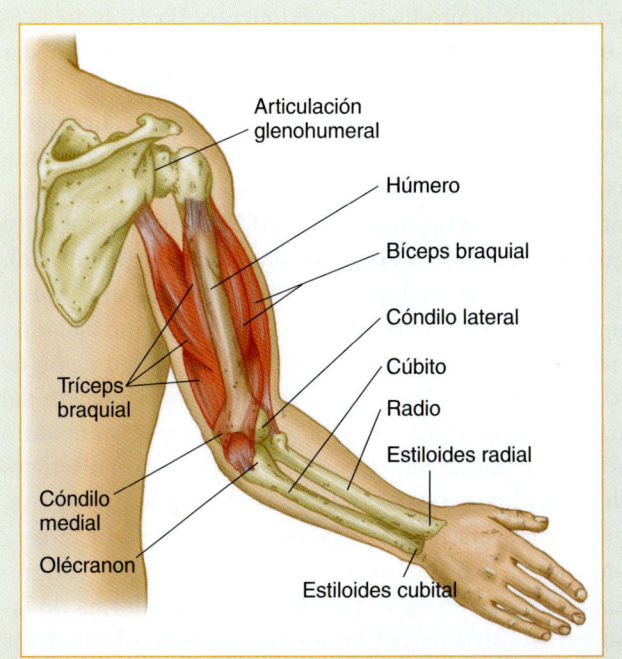

Figura 4-21 Los principales huesos en el brazo y el antebrazo incluyen el húmero, el radio y cúbito.

En el pulgar hay dos huesos después del metacarpiano, las falanges proximal y distal. Los cuatro dedos restantes son, nombrados en orden, el índice, medio, anular y meñique. Cada uno de ellos tiene tres falanges.

Articulaciones

Siempre que se ponen en contacto dos huesos se forma una **articulación**. Una articulación está constituida por los extremos de los huesos que la forman, y el tejido conectivo y conjuntivo que la rodean (Figura 4-23 ▶). La mayor parte de las articulaciones del cuerpo reciben el nombre combinando los dos huesos que la forman. Por ejemplo, la articulación esternoclavicular es la articulación entre el esternón y la clavícula. La mayoría de las articulaciones permiten movimientos —por ejemplo, la rodilla, la cadera, o el codo— mientras que algunas fusionan huesos entre sí en las uniones, formando una estructura ósea sólida, inmóvil. Por ejemplo, el cráneo está compuesto por varios huesos que se fusionan al crecer un niño. Un lactante, cuyos huesos aún no se fusionan, tiene fontanelas (áreas blandas) entre los huesos. Las fontanelas se cierran al fusionarse entre sí los huesos del lactante. Algunas articulaciones tienen movimientos ligeros, limitados, en los cuales los extremos de los huesos se mantienen juntos por tejido fibroso. Esas articulaciones se llaman sínfisis.

Los extremos de los huesos de una articulación se mantienen unidos por un saco fibroso llamado **cápsula articular**. En ciertos puntos alrededor de la circunferencia de la articulación, la cápsula es laxa y delgada en forma tal que pueda producirse movimiento. En otras áreas es sumamente gruesa y resiste el estiramiento o doblez. Estas bandas de tejido duro, grueso, se llaman **ligamentos**. Una articulación, como la sacroilíaca, que está prácticamente rodeada por ligamentos gruesos y duros, tendrá poco movimiento, mientras que una articulación como la del hombro, con pocos ligamentos, será libre de moverse en casi cualquier dirección (y, como resultado, tenderá a luxarse).

El grado al cual una articulación puede moverse es determinado por el grado al cual los ligamentos mantienen juntos los huesos y también por la configuración de los extremos de los propios huesos. La articulación del hombro es de bola y cuenca (esferoidea); permite tanto rotación como flexión (Figura 4-24 ▶). Las articulaciones de los dedos, codo y rodilla, son **articulaciones en bisagra**, con movimiento restringido a un plano (Figura 4-25 ▶); sólo se pueden **flexionar** (doblar) y **extender** (enderezar). La rotación no es posible debido a la forma de las superficies articulares y los fuertes ligamentos restrictivos en ambos lados de la articulación. Por tanto, aunque la cantidad de movimiento varía de articulación a articulación, todas ellas tienen un límite más allá del cual no

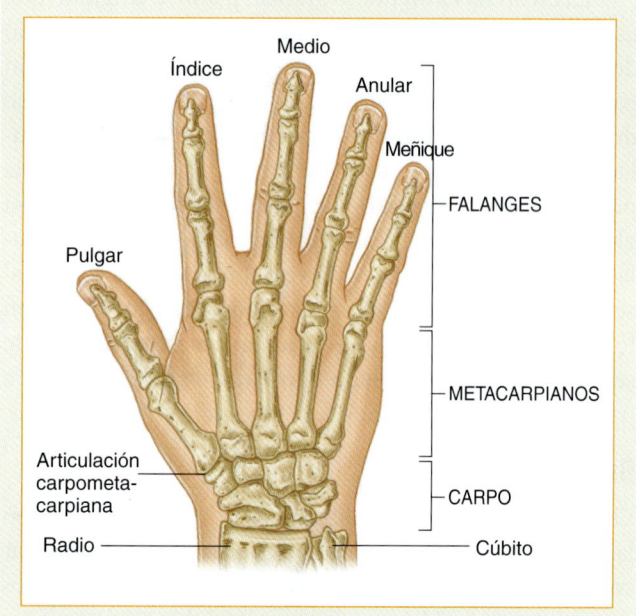

Figura 4-22 Los principales huesos de la muñeca y la mano incluyen a los carpo, los metacarpo y las falanges.

puede producirse movimiento. Los huesos que forman la articulación se romperán o la cápsula y los ligamentos de soporte se destruirán.

El sistema musculoesquelético

El cuerpo humano es un sistema bien diseñado cuya forma, postura erecta y movimiento son proporcionados por el **sistema musculoesquelético**. Como lo sugiere su forma combinada, el término musculoesquelético se refiere al esqueleto y músculos voluntarios del cuerpo. Dicho sistema también protege los órganos internos vitales del cuerpo. Los músculos son una forma de tejido que permite el movimiento el cuerpo. Hay más de 600 músculos que lo integran. El sistema musculoesquelético contiene músculo de tipo esquelético. Otros tipos de músculos, fuera de éste, incluyen al músculo liso y al músculo cardiaco (Figura 4-26 ▶).

Músculo esquelético

El **músculo esquelético**, llamado así porque está fijo a los huesos del esqueleto, forma la mayor masa del cuerpo. También se llama **músculo voluntario** porque todos los músculos están bajo control voluntario directo, y pueden ser estimulados para contraerse y relajarse a voluntad. El músculo esquelético se conoce también como **músculo**

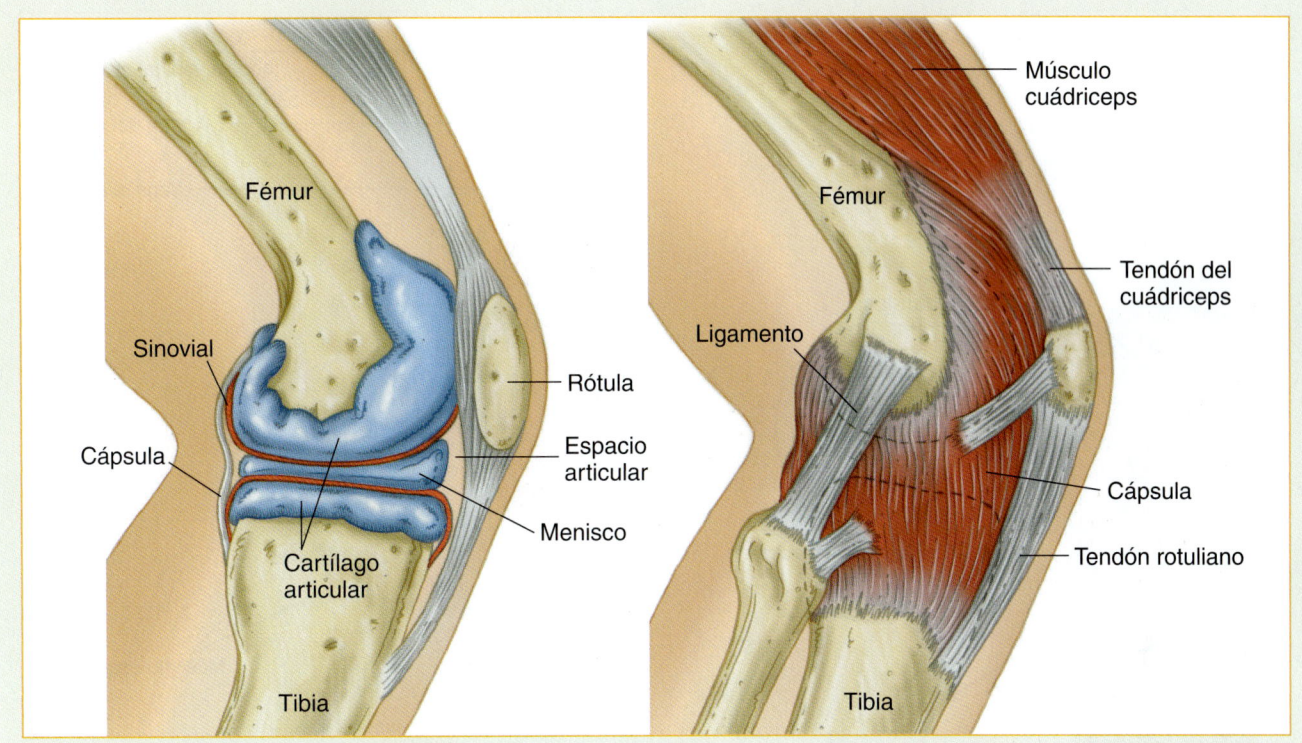

Figura 4-23 Una articulación consiste en la porción distal y proximal de los huesos, la cápsula articular fibrosa y ligamentos. El grado al cual se puede mover una articulación es determinado por la forma en la cual los ligamentos sostienen los extremos de los huesos, y por la configuración de los propios huesos.

estriado, porque cuando se observa bajo el microscopio presenta bandas características (estriaciones). El movimiento del cuerpo, como saludar o caminar, es el resultado de la contracción o relajación del músculo esquelético. De ordinario, un movimiento específico es el resultado de que varios músculos se contraigan y relajen de manera simultánea.

Todos los músculos esqueléticos tienen arterias, venas y nervios (Figura 4-27 ▶). La sangre arterial conduce oxígeno y nutrientes al músculo, y las venas llevan productos de desecho de la contracción muscular. Los músculos no pueden funcionar sin el continuo abastecimiento de oxígeno y nutrientes y el retiro de los productos de desecho. Los calambres musculares son el resultado de que se transporta una cantidad insuficiente de oxígeno y nutrientes al músculo, o cuando los productos de desecho se acumulan y no son retirados.

Los músculos esqueléticos están bajo control directo del sistema nervioso y responden a una orden del cerebro para mover una parte específica del cuerpo. Determinados nervios pasan directamente del cerebro a la médula espinal, donde se conectan con otros nervios, y pasan a cada músculo esquelético. Se conducen impulsos eléctricos de las células en el cerebro y médula espinal a cada músculo,

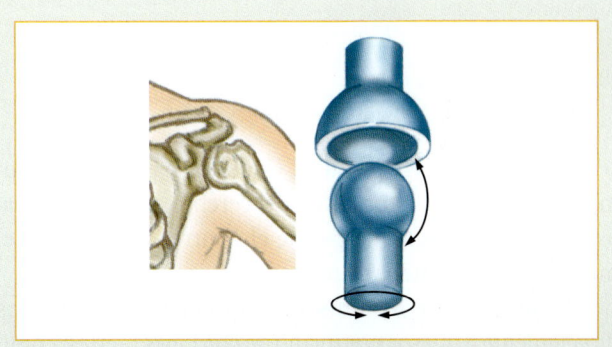

Figura 4-24 El hombro es una articulación esferoidea.

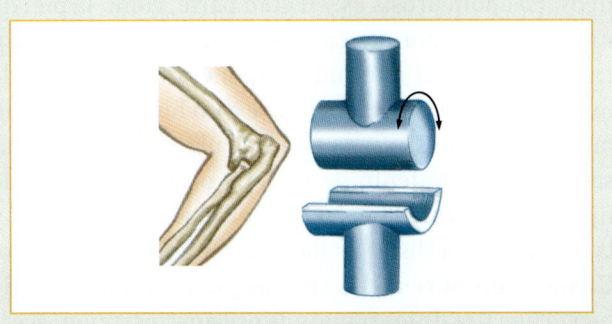

Figura 4-25 Las articulaciones del codo son articulaciones en bisagra que permiten movimiento en un solo plano.

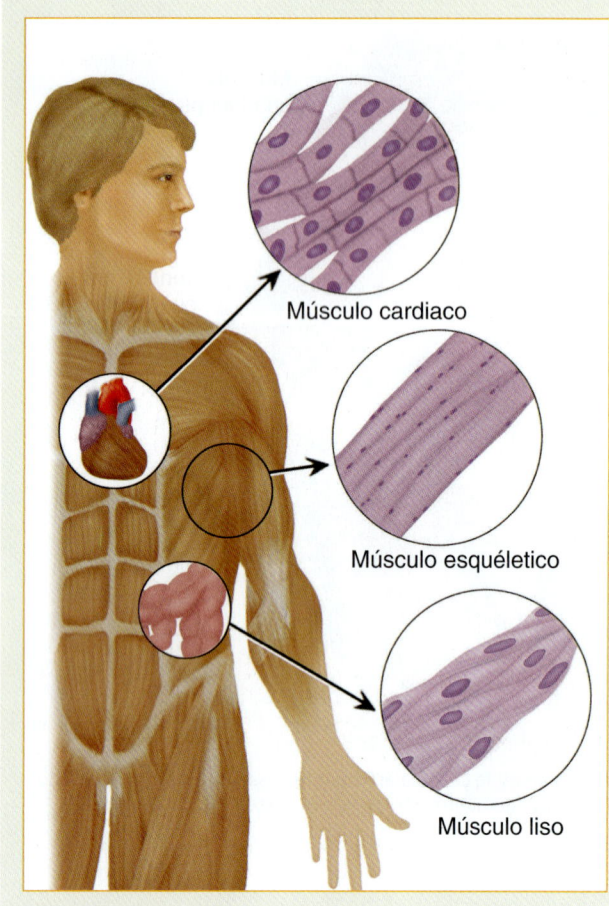

Figura 4-26 Los tres tipos de músculo son esquelético, liso y cardiaco.

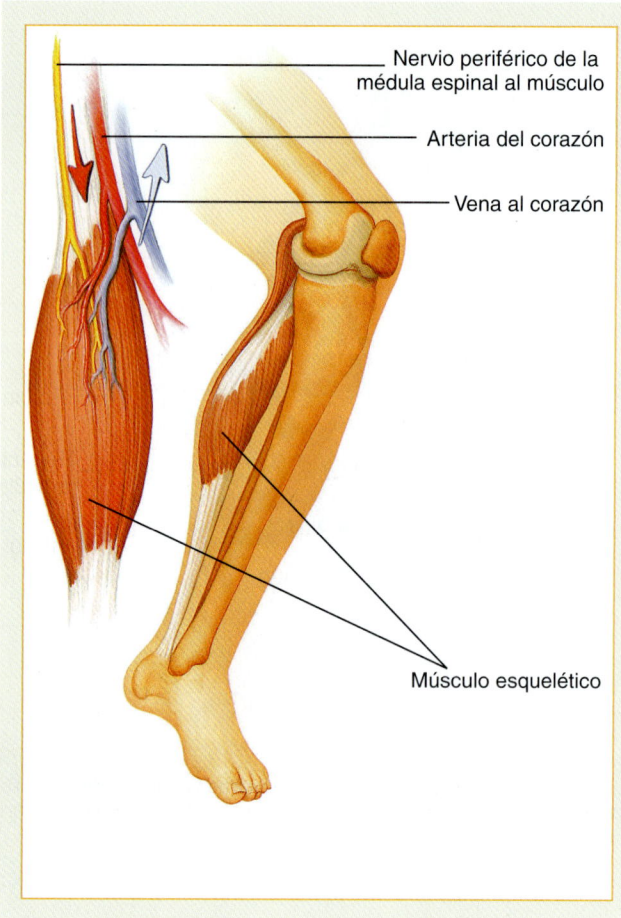

Figura 4-27 Todos los músculos esqueléticos tienen arterias, venas y nervios.

señalándole que se contraiga. Cuando se pierde esta comunicación normal por lesión del cerebro, médula espinal o nervios periféricos, se pierde el control voluntario del músculo, y éste queda paralizado.

La mayoría de los músculos esqueléticos están fijos directamente a huesos por medio de cordones fuertes, como cuerdas de tejido fibroso llamados tendones, que continúan la aponeurosis que recubre todos los músculos esqueléticos. La aponeurosis es, en gran parte, como la piel de una salchicha, porque encierra al tejido muscular. En cada extremo del músculo la aponeurosis se extiende más allá del músculo para fijarse a un hueso. La unidad musculotendinosa cruza una articulación y es responsable del movimiento de ésta. El punto proximal de fijación de la unidad musculotendinosa es su origen, y la fijación ósea distal se llama inserción del músculo. Cuando un músculo se contrae, se crea una línea de fuerza que tira de los puntos de origen e inserción, acercándolos (Figura 4-28 ▶). Este movimiento se produce en el sitio de articulación entre dos huesos.

Músculo liso

El **músculo liso** realiza gran parte del trabajo automático del cuerpo; por tanto, también se llama **músculo involuntario**. El músculo liso se encuentra en las paredes de la mayoría de las estructuras tubulares del cuerpo, como las vías gastrointestinales, las vías urinarias, los vasos sanguíneos y los bronquios de los pulmones. Su aspecto es liso. La contracción y relajación del músculo liso impulsa o controla el contenido de estas estructuras a lo largo de su trayecto. Por ejemplo, la contracción y relajación rítmica de los músculos lisos de la pared del intestino propulsa el alimento ingerido, y el músculo liso en las paredes de los vasos sanguíneos puede alterar su diámetro para controlar la cantidad de sangre que fluye a través de él (Figura 4-29 ▶).

El músculo liso responde sólo a estímulos primitivos como el estiramiento, el calor, o la necesidad de eliminar desechos. Un individuo no puede ejercer control voluntario alguno sobre este tipo de músculo.

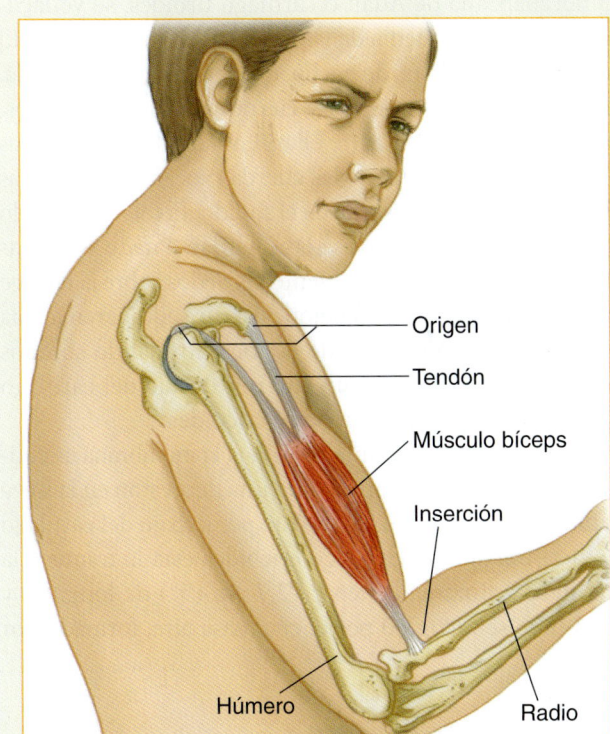

Figura 4-28 El músculo bíceps causa flexión del codo cuando se contrae. Note los puntos de origen e inserción del tendón. Al contraerse y acortarse el músculo, se tiran estos puntos acercándose y se produce movimiento en la articulación del codo.

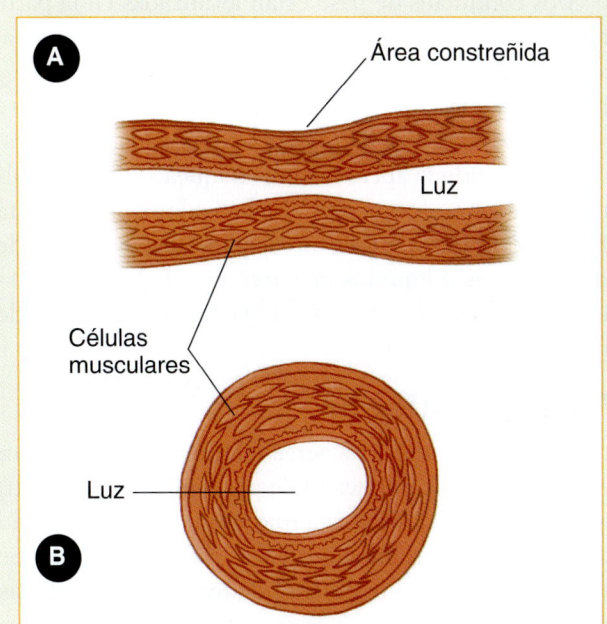

Figura 4-29 A. El músculo liso recubre las paredes de las estructuras tubulares del cuerpo. **B.** La contracción de los músculos disminuye el diámetro de la estructura, y la relajación permite que el diámetro aumente.

Músculo cardiaco

El corazón es un músculo grande constituido por un par de bombas de fuerza desigual; debe funcionar continuamente desde el nacimiento hasta la muerte. Es un músculo involuntario, especialmente adaptado, con un riego sanguíneo muy rico y su propio sistema eléctrico, lo cual lo hace diferente del músculo esquelético y el músculo liso. Otra diferencia es que el músculo cardiaco tiene la propiedad de "automaticidad", lo que significa que puede establecer su propio ritmo sin influencia del encéfalo. Esta propiedad es singular para el músculo cardiaco, el cual puede tolerar una interrupción de su riego sanguíneo por sólo unos cuantos segundos. Requiere un abasto continuo de oxígeno y glucosa para su funcionamiento normal. Debido a su estructura y función especial, el músculo cardiaco se sitúa en una categoría separada.

Aparato respiratorio

El aparato respiratorio consiste en todas las estructuras del cuerpo que contribuyen a la respiración, o proceso de respirar **Figura 4-30 ▶**). Incluye nariz, boca, garganta, laringe, tráquea, bronquios y bronquiolos, que son las vías respiratorias o vía aérea. El aparato incluye también a los pulmones, donde el oxígeno pasa a la sangre y el dióxido de carbono es retirado de ella para ser espirado. Al final, el aparato respiratorio incluye al diafragma, los músculos de la pared torácica, y los músculos accesorios de la respiración, que permiten los movimientos respiratorios normales. En este texto, el término "vía aérea" suele referirse a la vía aérea superior o el pasaje por encima de la laringe (caja de la voz).

La función del aparato respiratorio consiste en proveer al cuerpo de oxígeno y eliminar dióxido de carbono. El intercambio de oxígeno y dióxido de carbono se realiza en los pulmones y en los tejidos. Es un proceso complejo que ocurre de manera automática, a menos que la vía aérea o los pulmones se enfermen o lesionen.

Vía aérea superior

Las estructuras de la vía aérea superior están situadas anteriormente y en la línea media. La vía aérea superior incluye a la nariz y la boca, las cuales conducen a la orofaringe (garganta). Los orificios nasales conducen a la nasofaringe (por encima del techo de la boca, o paladar blando), y la boca a la orofaringe. Las vías nasales y la nasofaringe calientan, filtran y humedecen el aire cuando respiramos. El aire entra a la boca más rápida y directamente y, como resultado, está menos húmedo que el aire que penetra por la nariz.

Dos conductos de paso están localizadas en la parte baja de la laringe: el esófago, por detrás, y la tráquea al frente. Los alimentos y los líquidos entran a la faringe y pasan al esófago, que los conduce al estómago. El aire y otros gases entran a la tráquea y pasan a los pulmones.

Protegiendo la abertura de la tráquea existe una válvula delgada, en forma de hoja, llamada epiglotis. Esta válvula permite el paso de aire a la tráquea, pero impide que alimentos o líquidos penetren en ella bajo circunstancias normales. El aire pasa de la epiglotis al interior de la laringe y la tráquea.

Vía aérea inferior

La primera parte de la vía aérea inferior es la laringe, un arreglo un tanto complicado de pequeños huesos, cartílago, músculos y las dos cuerdas vocales. La laringe no tolera material extraño alguno, sea sólido o líquido. Se producirá un episodio violento de tos y espasmo de las cuerdas vocales por contacto con sólidos o líquidos.

La manzana de Adán o cartílago tiroides, se ve fácilmente en la línea media de la parte frontal de la laringe. El cartílago tiroides está, de hecho, en la parte anterior de ella. Diminutos músculos abren y cierran las cuerdas vocales, y controlan la tensión entre ellas. Los sonidos son creados al forzarse aire a través de las cuerdas vocales haciéndolas vibrar. Estas vibraciones hacen el sonido. El tono del sonido cambia al abrirse y cerrarse las cuerdas. Puede sentir las vibraciones si coloca suavemente los dedos sobre la laringe al hablar o cantar. Las vibraciones de aire adquieren forma por la lengua y músculos de la boca, formando sonidos comprensibles. Inmediatamente por debajo del cartílago tiroides está el palpable cartílago cricoides.

Entre estas dos prominencias está la membrana cricotiroidea, que se puede sentir como una depresión en la línea media del cuello, inmediatamente por debajo del cartílago tiroides. Debajo del cartílago cricoides está la tráquea, la cual tiene aproximadamente 12.7 cm (5") de longitud y es un tubo semirrígido por el cual pasa aire, formado por

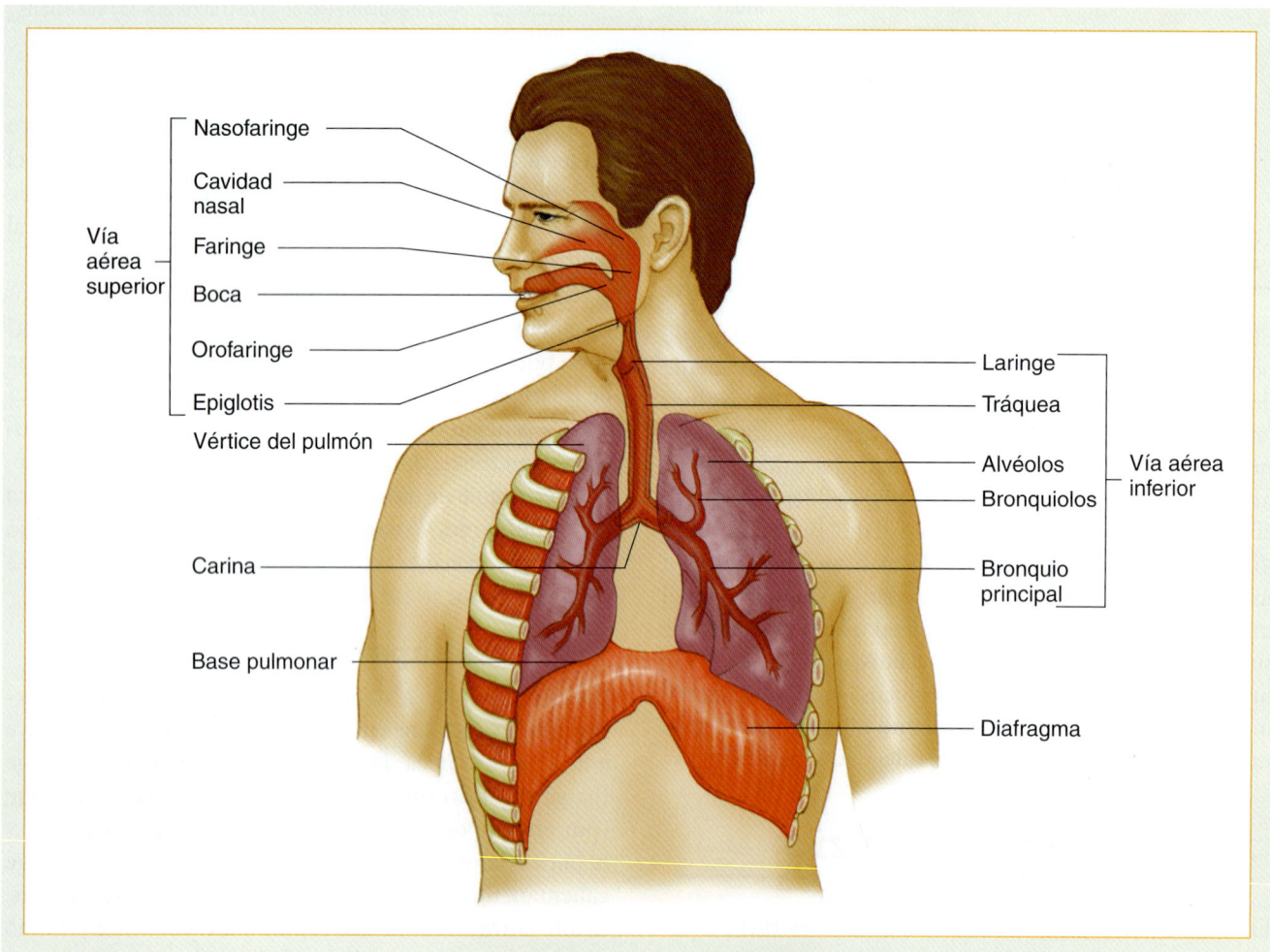

Figura 4-30 El aparato respiratorio incluye todas las estructuras del cuerpo que contribuyen al proceso de la respiración.

anillos de cartílago que están abiertos en su porción posterior. Esto permite que los alimentos pasen por el esófago, que está situado detrás de ella. Los anillos de cartílago evitan que la tráquea se colapse cuando entra y sale aire de los pulmones. La tráquea termina en la carina y se divide en tubos más pequeños. Estos tubos son los bronquios principales derecho e izquierdo, los cuales entran a los pulmones. Cada bronquio principal se ramifica de inmediato en bronquiolos cada vez más pequeños. Dentro del pulmón derecho se forman tres bronquios mayores, en el izquierdo hay sólo dos. Cada bronquio proporciona aire a un lóbulo del pulmón.

Pulmones

La tráquea, las arterias y venas que van y vienen del corazón, y los ligamentos pulmonares mantienen a los dos pulmones en su sitio dentro del tórax. Cada pulmón está dividido en lóbulos. El pulmón derecho tiene tres lóbulos: los lóbulos superior, medio e inferior. El pulmón izquierdo tiene un lóbulo superior y uno inferior. Cada lóbulo está dividido adicionalmente en segmentos, Además, dentro de cada pulmón, el bronquio principal se divide gradualmente hasta que termina en vía aérea muy fina llamada bronquiolo. Los bronquiolos terminan en cerca de 700 millones de sacos, parecidos a uvas, llamados <u>alvéolos</u> (Figura 4-31 ▶). En ellos se realiza el intercambio de oxígeno y dióxido de carbono. Las paredes de los alvéolos contienen una red de diminutos vasos sanguíneos (capilares pulmonares) que transportan el dióxido de carbono del cuerpo a los pulmones y el oxígeno de los pulmones al cuerpo.

Los pulmones no pueden expandirse y contraerse por sí solos porque no tienen músculos. No obstante, existe un mecanismo muy definido para asegurar que sigan los movimientos del tórax, y se expandan y contraigan con él. Cada pulmón está cubierto por una capa de tejido muy lisa, brillante, llamada <u>pleura</u> (Figura 4-32 ▶). Otra capa de pleura recubre el interior de la cavidad torácica. Las dos capas se llaman: pleura parietal (recubrimiento de la pared torácica) y pleura visceral (cubre al pulmón).

Entre la pleura parietal y la visceral está el <u>espacio pleural</u>, espacio "potencial" más que real, en el sentido usual, porque normalmente estas capas están en contacto muy cercano; de hecho, las dos capas están selladas estrechamente entre sí por una delgada película de líquido. Cuando la pared torácica se expande, el pulmón es tirado con ella y se expande por la fuerza ejercida a través de estas superficies pleurales en contacto estrecho. Normalmente el espacio pleural es muy pequeño y contiene sólo la delgada película de líquido pleural, mientras que el pulmón llena enteramente su cavidad torácica.

Diafragma

El diafragma es único en su género, debido a sus características de músculo, tanto voluntario (esquelético) como involuntario (liso). Es un músculo en forma de cúpula que divide al tórax del abdomen, y es perforado por los grandes vasos y el esófago (Figura 4-33 ▶). Bajo el microscopio, presenta estriaciones como el músculo esquelético. Además, está fijo al arco costal y a las vértebras lumbares, como otros músculos esqueléticos. Por tanto, en muchas formas se ve como un músculo voluntario; sin embargo, no tenemos un control voluntario completo sobre su función.

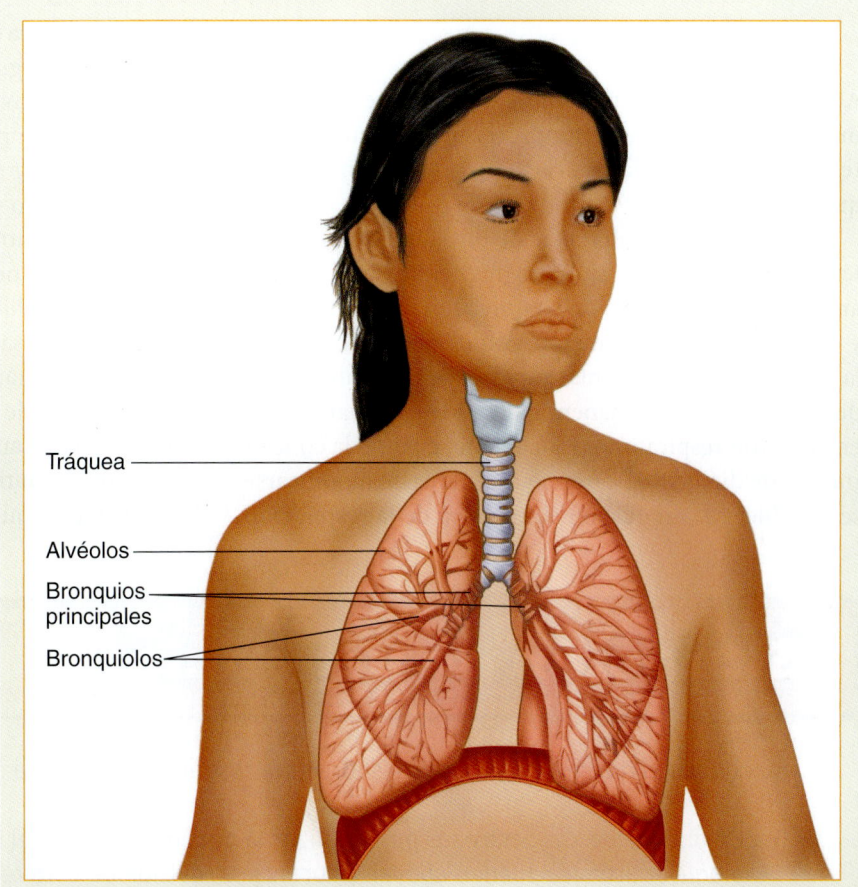

Figura 4-31 Los pulmones contienen millones de sacos de aire (alvéolos), que están situados en los extremos de los conductos tubulares.

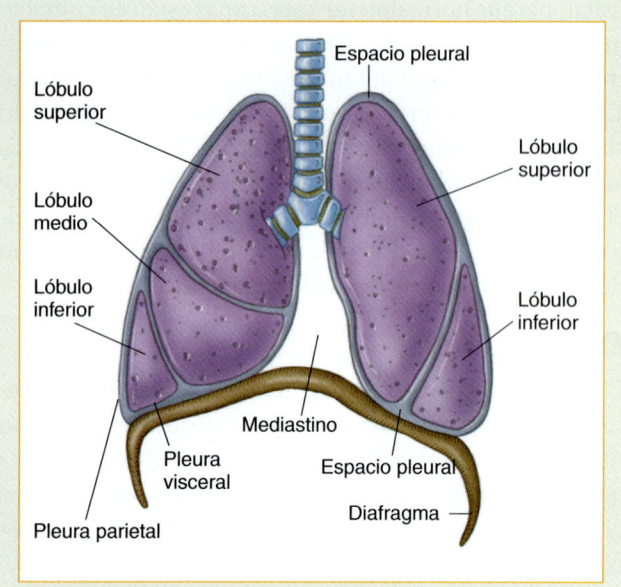

Figura 4-32 El recubrimiento pleural de la pared torácica y que recubre a los pulmones es una parte esencial del mecanismo de respiración. El espacio pleural no es un espacio real sino hasta que es ocupado por sangre o aire en su interior causando que sus superficies se separen.

Por tanto, aunque el diafragma se vea como un músculo esquelético voluntario, y esté fijo al esqueleto, se comporta, en su mayor parte, como un músculo involuntario.

Durante la inspiración, el diafragma y los músculos intercostales se contraen. Cuando el diafragma se contrae, desciende ligeramente y aumenta el tamaño de la caja torácica de arriba a abajo. Cuando los músculos intercostales se contraen elevan las costillas, hacia arriba y hacia afuera. Estas acciones se combinan para aumentar el diámetro de la cavidad torácica en todas sus dimensiones. La presión dentro de la cavidad cae, y el aire se precipita al interior de los pulmones.

Durante la espiración, el diafragma y los músculos intercostales se relajan. A diferencia de la inspiración, la espiración no requiere normalmente un esfuerzo respiratorio. Al relajarse estos músculos, disminuyen todas las dimensiones del tórax, y las costillas y los músculos adoptan una posición normal de reposo. Cuando el volumen de la cavidad torácica disminuye, el aire en los pulmones es comprimido a un espacio menor, y empujado hacia afuera a través de la tráquea.

Fisiología respiratoria

Cada célula viva del cuerpo requiere un suministro regular de oxígeno. Algunas células necesitan un abastecimiento constante de oxígeno para sobrevivir; por ejemplo, las del corazón se pueden dañar si el abasto de oxígeno se interrumpe por más de unos cuantos segundos. Las células del encéfalo y las del sistema nervioso pueden morir después de cuatro a seis minutos sin oxígeno. Las células del encéfalo y nerviosas nunca pueden reemplazarse. Se producen cambios permanentes en el cuerpo, como daño encefálico, causados por falta de oxígeno. Otras células del cuerpo no son tan vitalmente dependientes de un suministro constante de oxígeno; pueden tolerar periodos cortos sin oxígeno y aún sobrevivir. Normalmente, el aire que respiramos contiene 21% de oxígeno y 78% de nitrógeno. Cantidades pequeñas de otros gases forman el 1% restante.

Actúa como un músculo voluntario siempre que iniciamos una respiración profunda, tosemos o retenemos la respiración. Controlamos estas variaciones en la forma que respiramos.

Sin embargo, a diferencia de otros músculos esqueléticos o voluntarios, el diafragma realiza una función automática. La respiración continúa mientras dormimos, y en cualquier otro momento. Aunque podemos retener la respiración, respirar más rápido o lentamente, no podemos continuar de manera indefinida estas variaciones en el patrón respiratorio. Finalmente, cuando la concentración de dióxido de carbono está cerca de modificarse, se restablece la regulación automática de la respiración.

Situación de urgencia — Parte 5

Su compañero completa el reporte sobre esta respuesta y lo revisa con usted.

6. ¿En qué forma sus destrezas para realizar la documentación y el empleo correcto de la terminología anatómica pueden apoyarlo durante la revisión de esta respuesta?

Intercambio de oxígeno y dióxido de carbono

Al desplazarse la sangre a través del cuerpo, está entrega su oxígeno y nutrientes a varios tejidos y células. El oxígeno pasa de la sangre a los tejidos a través de los capilares. En el proceso inverso, el dióxido de carbono y los desechos pasan, a través de los capilares, a la sangre (Figura 4-34 ▶).

Cada vez que respiramos, los alvéolos reciben un suministro de aire rico en oxígeno. El oxígeno pasa, entonces, a una fina red de capilares pulmonares, que está en estrecho contacto con los alvéolos. De hecho, los capilares en los pulmones están situados en las paredes de los alvéolos. Las paredes de los capilares y de los alvéolos son extremadamente delgadas. Por tanto, el aire en los alvéolos y la sangre de los capilares están separados por dos capas muy delgadas de tejido (membrana alveolo-capilar).

El oxígeno y el dióxido de carbono pasan rápidamente a través de capas delgadas de tejido por medio de difusión (proceso conocido como hematosis). La difusión es un proceso pasivo en el cual se mueven moléculas de una concentración más alta a un área de menor concentración. Por ejemplo, un gas, como el sulfuro de hidrógeno (huevo podrido), se mueve de un área de alta concentración por movimiento espontáneo, hasta que el olor llena el cuarto. Hay más moléculas de oxígeno en el alvéolo que en la sangre y, por tanto, las moléculas de oxígeno se mueven del alvéolo a la sangre. Como hay más moléculas de dióxido de carbono en la sangre que en el alvéolo, el dióxido de carbono se mueve de la sangre al alvéolo.

La sangre no usa todo el oxígeno inspirado al pasar por el cuerpo. El aire espirado contiene 16% de oxígeno y de 3 a 5% de dióxido de carbono; el resto es nitrógeno (Figura 4-36 ▶). Este 16% de concentración de oxígeno es adecuado para dar soporte a la ventilación artificial. Por tanto, si proporciona ventilaciones artificiales a un paciente que no está respirando, ese paciente está recibiendo una concentración de 16% de oxígeno con cada ventilación.

Control de la respiración

El encéfalo —o más específicamente, un área del tallo cerebral— controla la respiración. Esta área es una de las partes más protegidas del sistema nervioso, situada profundamente en el cráneo. Los nervios en esta área actúan como sensores del nivel de dióxido de carbono en la sangre. El encéfalo controla automáticamente la respiración si los niveles de dióxido de carbono u oxígeno son demasiado altos o demasiado bajos. De hecho, los

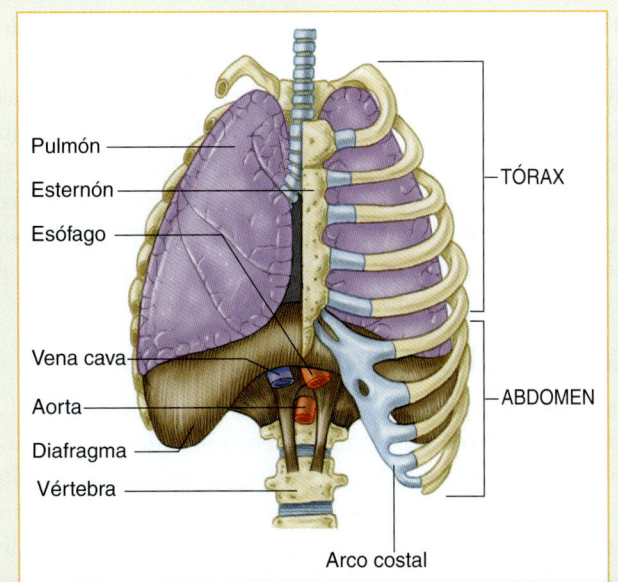

Figura 4-33 El diafragma con forma de cúpula divide al tórax del abdomen. Está perforado por los grandes vasos y el esófago.

> ### ⚠ Necesidades pediátricas
>
> La anatomía del aparato respiratorio de los niños es proporcionalmente menor y menos rígida que en el adulto (Figura 4-35 ▶). La nariz y boca de un niño son mucho menores que las de los adultos. La laringe, el cartílago cricoides y la tráquea son menores, más blandos y también más flexibles. Esto hace que la mecánica de la respiración sea mucho más delicada. La faringe de un niño es también más pequeña y con menos curva. La lengua ocupa proporcionalmente más espacio en la boca de un niño que en el adulto.
>
> Estas diferencias anatómicas son importantes para su evaluación y tratamiento. Por ejemplo, la laringe más pequeña del niño permite que se obstruya más fácilmente. La pared torácica en los niños es más blanda. Por tanto, ellos dependen mucho más del diafragma para respirar. Usted notará que el abdomen se mueve arriba y abajo consistentemente con cada respiración, en especial en un lactante. Los lactantes menores de un mes no saben cómo respirar por la boca. Mientras más pequeño es el niño mayor es la cabeza en proporción al tronco. Esto afectará la forma en la que atenderá una sospecha de lesión vertebral. Por tanto, al evaluar y tratar a un lactante o a un niño, debe ser cuidadoso en considerar estas diferencias.

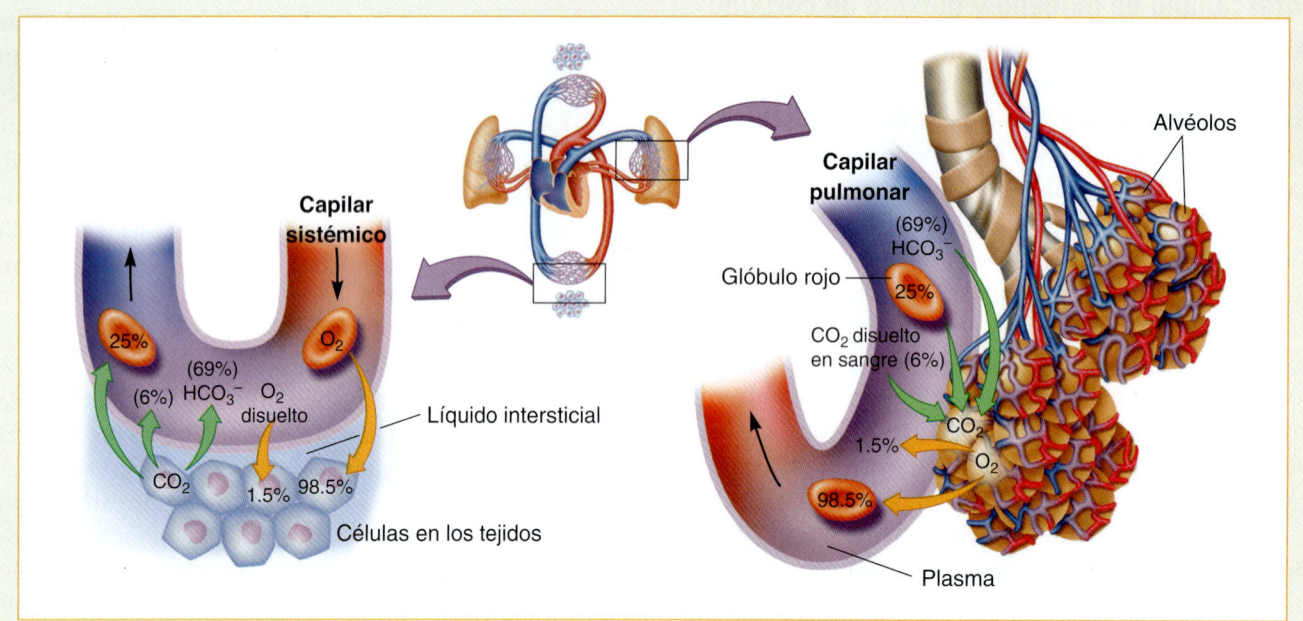

Figura 4-34 En los capilares de los pulmones el oxígeno pasa de la sangre a las células de los tejidos, y el dióxido de carbono y los desechos de las células pasan de los tejidos a la sangre.

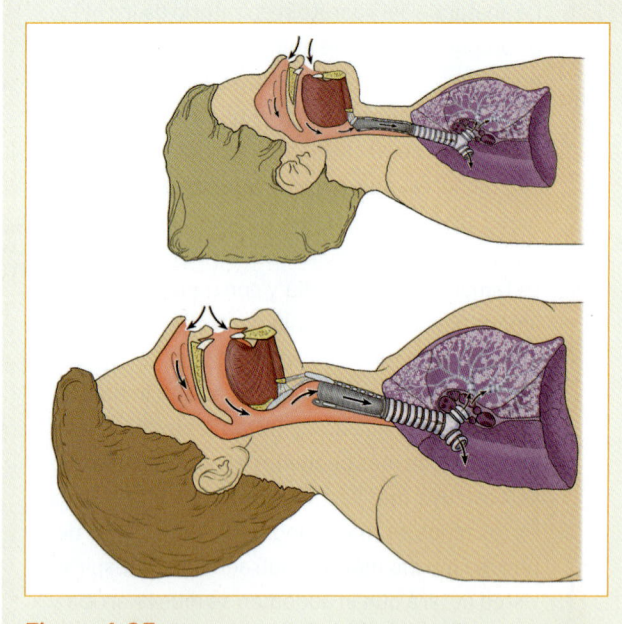

Figura 4-35 El aparato respiratorio de un niño es proporcionalmente menor y menos rígido que el de un adulto.

ajustes se pueden hacer en sólo una respiración. Por estas razones, una persona no puede retener la respiración indefinidamente, o respirar rápida y profundamente en forma indefinida.

Cuando el nivel de dióxido de carbono se vuelve muy alto, el tallo cerebral envía impulsos hacia abajo, a la médula espinal, que causan que el diafragma y los músculos intercostales se contraigan. Esto aumenta nuestra respiración, o respiraciones. Mientras más alto sea el nivel de dióxido de carbono en la sangre mayor es el impulso para causar respiración. Una vez que los niveles de dióxido de carbono se vuelven aceptables disminuye la intensidad y frecuencia de la respiración

Tenemos también un "sistema de reserva" para control de la respiración, se llama <u>impulso hipóxico</u>. Cuando los niveles de oxígeno caen, este sistema también estimulará la respiración. Existen áreas en el encéfalo, las paredes de la aorta, y las arterias carótidas, que actúan como sensores de oxígeno. Estos sensores se satisfacen fácilmente con niveles mínimos de oxígeno en la sangre arterial. Por tanto, nuestro sistema de reserva, el impulso hipóxico, es mucho menos sensible y menos potente que los sensores de dióxido de carbono en el tallo cerebral.

Características de la respiración normal

Un patrón respiratorio "normal" es como un sistema de fuelles. La respiración normal debe presentarse como fácil, no laboriosa. Como un fuelle que se usa moviendo aire para iniciar una hoguera, la respiración debe ser un flujo suave de aire, desplazándose hacia dentro y fuera de los pulmones. La respiración normal tiene las siguientes características:

- Una frecuencia y profundidad normal (volumen de ventilación pulmonar)

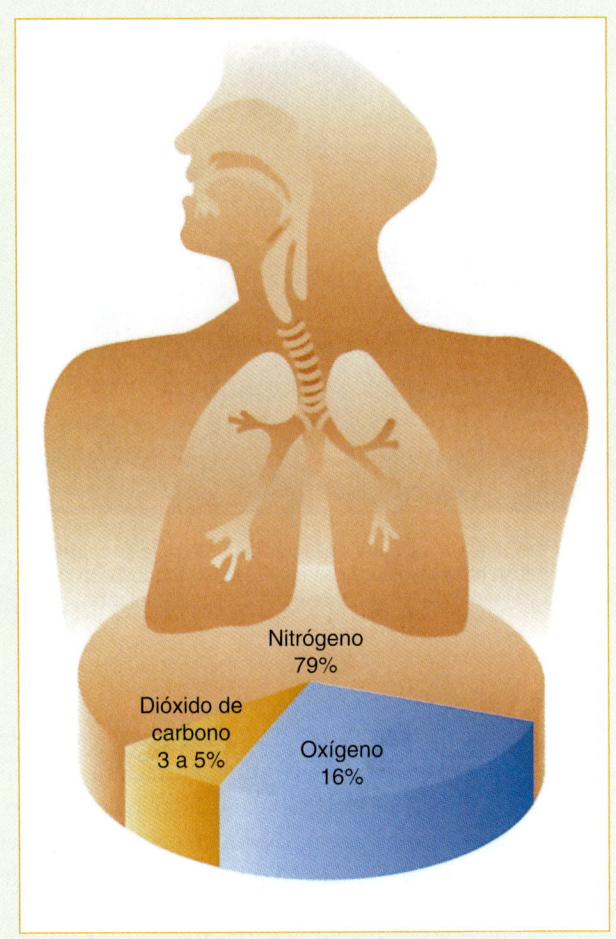

Figura 4-36 Los componentes del aire espirado incluyen oxígeno, dióxido de carbono y nitrógeno.

> ### Necesidades pediátricas
>
> Los patrones respiratorios en los niños y los lactantes son en esencia los mismos que en los adultos. Sin embargo, los niños y los lactantes respiran más rápido que los adultos. Un lactante que está respirando de manera normal tendrá una frecuencia de 25 a 50 respiraciones por minuto. Un niño, respirará con una frecuencia de 15 a 30 respiraciones por minuto. Como los adultos, los niños y lactantes que están respirando normalmente tendrán una inspiración y espiración suave y regular, campos pulmonares iguales, y elevaciones y descensos regulares en los movimientos de ambos lados del tórax.
>
> Los problemas respiratorios de los niños y los lactantes con frecuencia se presentan en la misma forma que en los adultos. Datos de aumento en las respiraciones, un patrón respiratorio irregular, campos pulmonares desiguales y expansión desigual del tórax, indican problemas respiratorios tanto en adultos como en niños y lactantes. Otros signos de que un niño o un lactante no está respirando normalmente, incluyen los siguientes:
>
> - Retracciones musculares, provocadas por el trabajo excesivo de los músculos del tórax y del cuello en un intento de mejorar la respiración
> - Aleteo nasal en los niños, observado por la dilatación de las fosas nasales durante su respiración
> - Respiraciones en sube y baja en lactantes, caracterizada por la contracción de manera alternada, de los músculos del tórax y abdominales, similar a un sube y baja
>
> La espiración se vuelve activa cuando los niños y los lactantes tienen dificultad para respirar. Normalmente, la inspiración sola es la parte muscular activa de la respiración, como se describió antes. Sin embargo, con respiración laboriosa, tanto la inspiración como la espiración son un fuerte trabajo. Con la respiración laboriosa la espiración no es pasiva. En vez de esto, el aire es forzado fuera de los pulmones durante la espiración, y a menudo el niño empieza a resollar. Este tipo de respiración laboriosa incluye el uso de los músculos accesorios de la respiración.

- Un ritmo o patrón de inspiración y espiración regular
- Buenos campos pulmonares audibles en ambos lados del tórax
- Movimiento regular en ascenso y descenso en ambos lados del tórax
- Movimiento del abdomen

Patrones respiratorios inadecuados en adultos

Un adulto que está despierto, alerta y hablándole, no tiene problemas inmediatos en la vía aérea o respiración. Sin embargo, debe mantener oxígeno suplementario a mano para asistir en la respiración en caso de que sea necesario. Un adulto que no está respirando bien, parecerá que está trabajando arduamente para respirar. Este tipo de patrón respiratorio se llama respiración laboriosa y ésta requiere esfuerzo y puede implicar los músculos accesorios. La persona puede también estar respirando, ya sea muy lentamente (menos de 8 respiraciones/min) o muy rápidamente (más de 24 respiraciones/min). Un adulto que está respirando normalmente tendrá de 12 a 20 respiraciones por minuto Cuadro 4-3.

Con un patrón respiratorio normal los músculos accesorios no se están usando. Con respiración inadecuada, una persona, en especial un niño, puede usar los músculos accesorios del tórax, cuello y abdomen. Otros signos de que una persona no está respirando de manera normal incluyen los siguientes:

- Retracciones musculares arriba de las clavículas (supraclaviculares), entre las costillas (tiraje intercostal) y debajo del apéndice xifoides (retracción xifoidea), especialmente en niños
- Piel pálida o cianótica (azul)
- Piel fría, húmeda (pegajosa)
- Posición en trípié Figura 4-37 (posición en la cual el paciente está inclinado hacia el frente con los dos brazos estirados hacia delante y apoyados sobre alguna superficie).

Un paciente puede parecer que respira después de que se ha parado el corazón. Estas respiraciones jadeantes ocasionales se llaman respiraciones agónicas y ocurren cuando el centro respiratorio en el encéfalo continúa enviando señales a los músculos respiratorios. Estas respiraciones no son adecuadas porque son lentas y generalmente superficiales. Debe asistir la ventilación de pacientes con respiraciones agónicas.

Aparato circulatorio

El aparato circulatorio es una red compleja de tubos conectados, que incluye arterias, arteriolas, capilares, vénulas y venas Figura 4-38. El aparato circulatorio está enteramente cerrado, con capilares conectando las arterias y venas. Hay dos circulaciones en el cuerpo: la circulación sistémica o mayor y la circulación en los pulmones o menor. La circulación sistémica, en el circuito del cuerpo, transporta sangre rica en oxígeno desde el ventrículo izquierdo, a través del cuerpo, y de retorno a

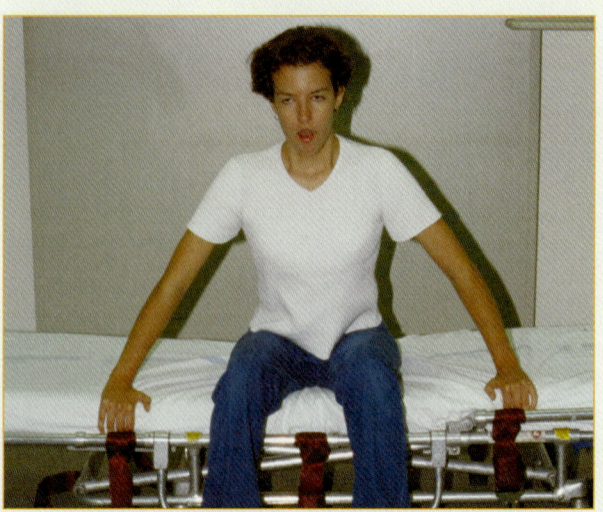

Figura 4-37 Un paciente en la posición de trípié se sentará inclinándose hacia adelante con los brazos estirados, con la cabeza y el mentón ligeramente echados hacia adelante.

la aurícula derecha. En la circulación sistémica, al pasar la sangre a través de los tejidos y órganos, entrega su oxígeno y nutrientes y absorbe desecho celular y dióxido de carbono. Los desechos celulares son eliminados en pasos a través del hígado y riñones. La circulación pulmonar, el circuito de los pulmones, transporta sangre pobre en oxígeno del ventrículo derecho, a través de los pulmones y de vuelta a la aurícula izquierda. En la circulación pulmonar, al pasar la sangre a través de los pulmones, se refresca con oxígeno y se deshace del dióxido de carbono.

Corazón

El corazón es un órgano muscular hueco con un tamaño aproximado al de un puño de adulto. Está formado por un tejido singular adaptado llamado músculo cardiaco o miocardio y en realidad trabaja como un par de bombas, de las cuales la izquierda posee mayor masa muscular. Una pared llamada tabique o *septum* divide al corazón en una porción derecha y una izquierda. Cada lado del corazón está dividido, a su vez en una cámara superior (aurícula) y una cámara inferior (ventrículo).

El corazón es un músculo involuntario. Como tal, está bajo control del sistema nervioso autónomo. Sin embargo, tiene su propio sistema eléctrico y continúa funcionando aun sin el control del sistema nervioso. Es diferente a los músculos esqueléticos y lisos en su requerimiento de abastecimiento continuo de oxígeno y nutrientes.

El corazón debe funcionar continuamente desde el nacimiento hasta la muerte, y ha desarrollado adaptaciones especiales para cubrir las necesidades de su función

CUADRO 4-3 Límites de frecuencia respiratoria normal	
Adultos	12 a 20 respiraciones/minuto
Niños	15 a 30 respiraciones/minuto
Lactantes	25 a 50 respiraciones/minuto

Nota: Estos datos son para el Currículo Nacional Estándar TUM-B US DOT 1994. Los rangos presentados en otros cursos pueden variar.

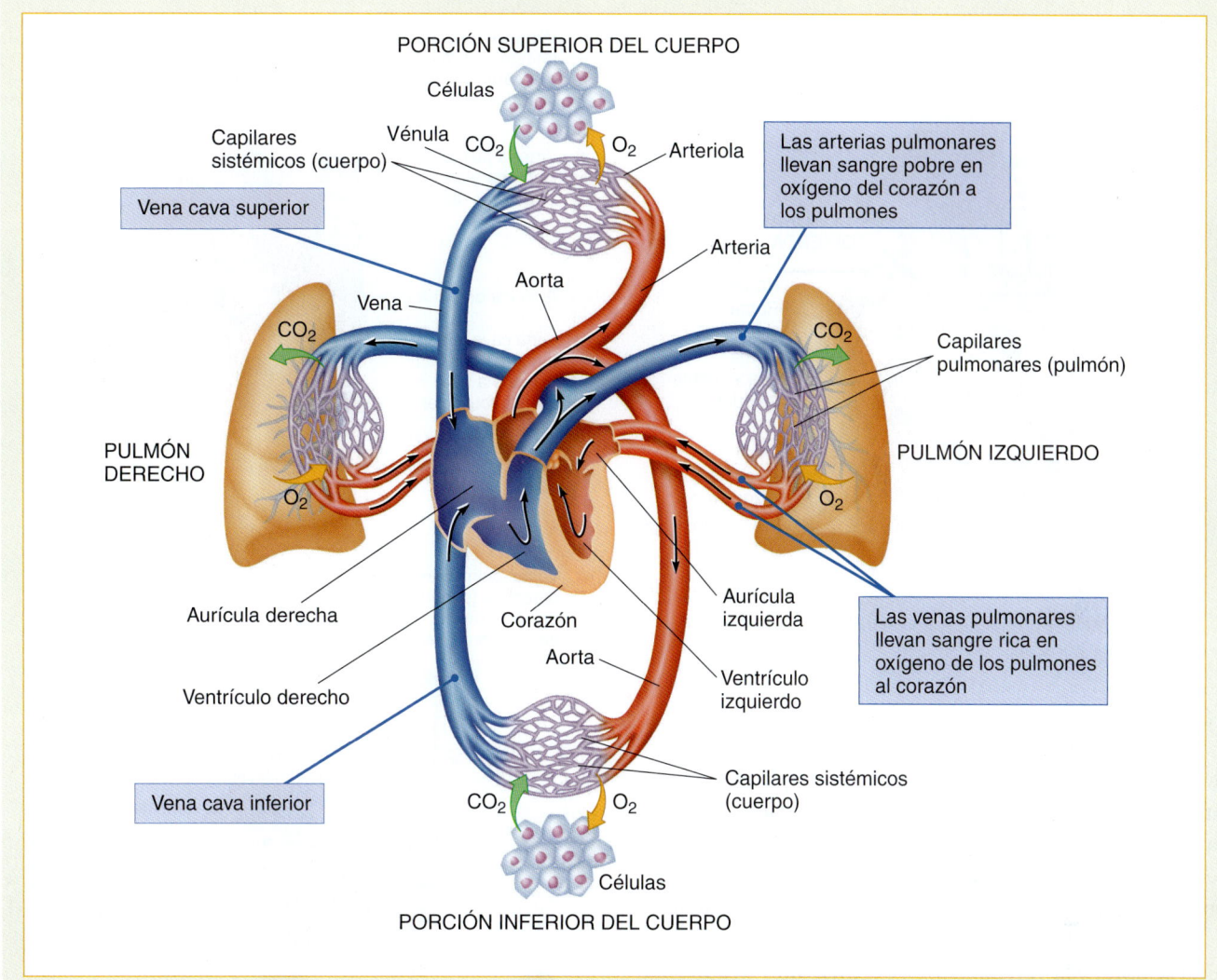

Figura 4-38 El aparato circulatorio incluye el corazón, arterias, venas y capilares interconectados. Los capilares son los vasos más pequeños y conectan las vénulas y las arteriolas. En el centro del aparato, y proporcionando su fuerza de impulso, está el corazón. La sangre circula por todo el cuerpo bajo presión generada por los dos lados del corazón.

continua. Puede tolerar una interrupción grave de su propio riego sanguíneo por sólo muy pocos segundos, antes de que se desarrollen signos de ataque cardiaco. Por tanto, su riego sanguíneo es tan rico y bien distribuido como es posible.

Cómo trabaja el corazón

El corazón recibe la primera distribución de sangre de la aorta. Las dos arterias coronarias principales tienen sus aberturas inmediatamente por encima de la válvula aórtica, al comienzo de la aorta, donde la presión es más alta (Figura 4-39 ▶).

El lado derecho del corazón recibe sangre de las venas del cuerpo (Figura 4-40A ▶). La sangre de las venas cavas superior e inferior desemboca en la aurícula derecha, y luego pasa a través de la válvula tricúspide para llenar el ventrículo derecho. Después que se llena el ventrículo derecho, la válvula tricúspide se cierra para prevenir el reflujo después de que el ventrículo derecho se contrae. La contracción del ventrículo derecho hace que la sangre fluya a la arteria pulmonar y a la circulación pulmonar.

El lado izquierdo del corazón recibe la sangre oxigenada de los pulmones en la aurícula izquierda, a través de las <u>venas pulmonares</u>, de donde pasa, por la válvula mitral, al interior del ventrículo izquierdo (Figura 4-40B ▶). La contracción de ésta, la más muscular de las bombas, impulsa la sangre al interior de la aorta, y luego a las arterias del cuerpo.

La salida de cada una de las cuatro cámaras es gobernada por una válvula unidireccional. Las válvulas previenen el reflujo de sangre y la mantienen en movimiento, a través

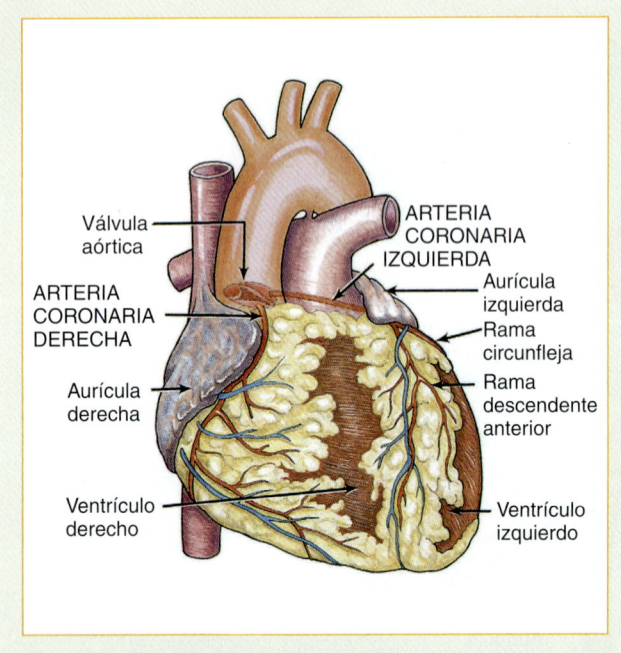

Figura 4-39 Las dos arterias coronarias principales suministran sangre al corazón.

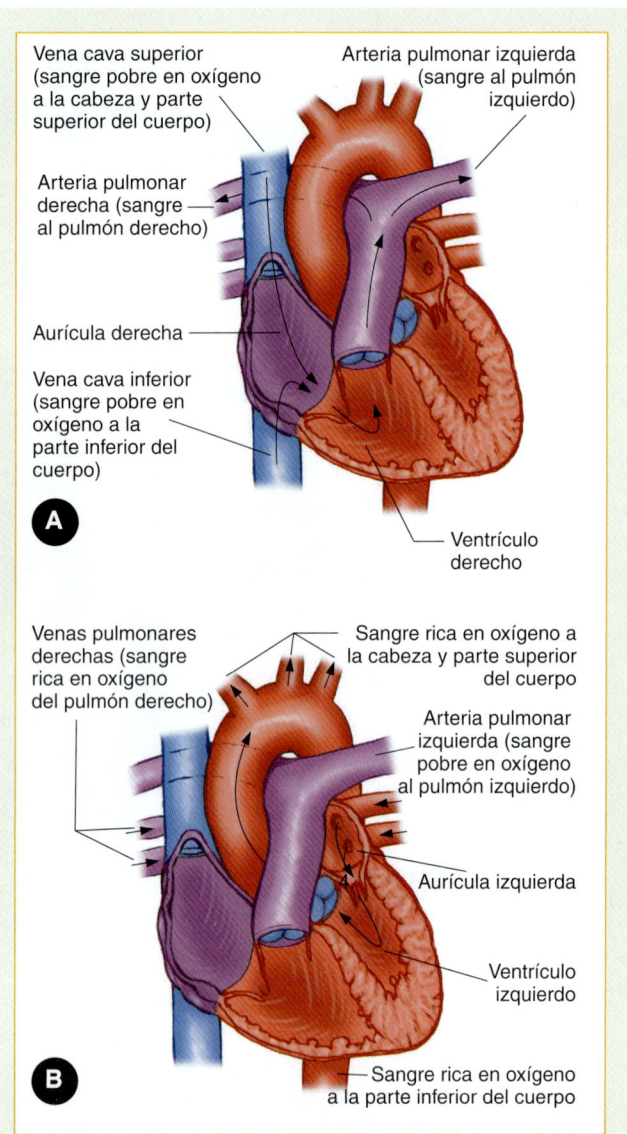

Figura 4-40 A. El lado derecho, o lado de menor presión del corazón, bombea sangre del cuerpo a través de los pulmones. **B.** El lado izquierdo, o lado de la presión más alta del corazón, bombea sangre rica en oxígeno al resto del cuerpo.

del aparato circulatorio, en la dirección apropiada. Cuando una válvula que controla el llenado de una cámara del corazón se abre, la otra válvula que permite su vaciamiento se cierra, y viceversa. Normalmente, la sangre se mueve en una sola dirección a través de la totalidad del sistema.

Cuando un ventrículo se contrae, la válvula de la arteria se abre, y la válvula entre el ventrículo y la aurícula se cierra. La sangre es forzada del ventrículo al interior de la arteria pulmonar, o hacia la aorta. Al final de la contracción el ventrículo se relaja. La presión de regreso hace que la válvula de la arteria se cierre, y la válvula de ingreso al ventrículo se abre al relajarse el ventrículo. La sangre fluye, entonces, de la aurícula al ventrículo. Cuando el ventrículo es estimulado para contraerse el ciclo se repite.

Latido normal del corazón

En el adulto normal, el latido del corazón puede variar de 50 a 180 latidos/min, dependiendo del nivel de actividad. Un atleta muy bien acondicionado puede tener una <u>frecuencia cardiaca (pulso)</u> en reposo de 50 a 60 latidos/min. Durante el ejercicio vigoroso la frecuencia cardiaca puede aumentar normalmente a un nivel tan alto como de 180 latidos/min. La frecuencia cardiaca usual del adulto en reposo es entre 60 y 110 latidos/min (Cuadro 4-4 ▶). En cada latido se expulsan de 70 a 80 mL de sangre del corazón adulto. En un minuto, el volumen total de 5 a 6 L circula a través de todos los vasos.

Sistema eléctrico de conducción

Una red de tejido especializado, que es capaz de conducir corriente eléctrica, pasa a través de todo el corazón (Figura 4-41 ▶). El flujo de corriente eléctrica a través de esta red causa contracciones suaves y coordinadas. Estas contracciones producen la acción de bombeo del corazón. Cada contracción mecánica del corazón se asocia con dos procesos eléctricos. El primero es la despolarización, durante el cual la carga eléctrica en la superficie de la célula muscular cambia de positiva a negativa. El segundo es la repolarización, durante el cual el corazón retorna a su estado de reposo, y la carga positiva es restaurada en la superficie.

CUADRO 4-4	Frecuencia cardiaca normal
Adultos	60 a 100 latidos/minuto
Niños	70 a 150 latidos/minuto
Lactantes	100 a 160 latidos/minuto

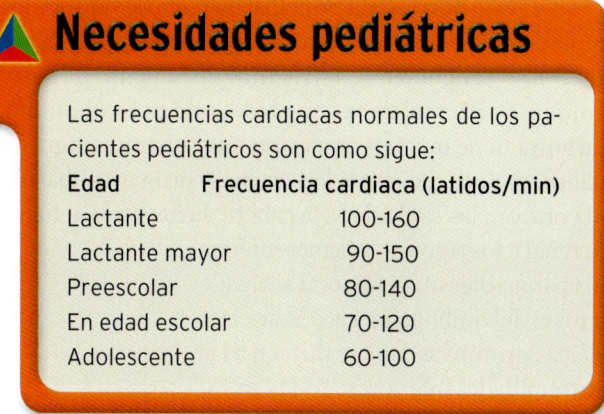

Cuando el corazón trabaja normalmente, el impulso eléctrico comienza en la parte superior de la aurícula en el nodo sinoauricular o sinusal (SA), luego viaja al nodo auriculoventricular (AV), y se mueve por el haz de Hiss (fascículo común, rama derecha y rama izquierda) para continuar hacia las fibras de Purkinje en los ventrículos. Este movimiento produce un flujo suave de electricidad a través del corazón que despolariza al músculo y produce una contracción mecánica coordinada. El sistema eléctrico del corazón se perturba si parte del corazón tiene un suministro deficiente de oxígeno, es lesionado, o muere. Como resultado, es posible que el corazón no pueda continuar latiendo de manera apropiada. La tensión arterial disminuye y el paciente puede perder la conciencia.

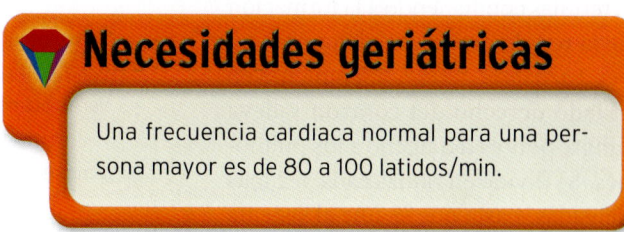

Arterias

Las arterias conducen sangre a todos los tejidos (Figura 4-42). Se ramifican en arterias más pequeñas y luego en arteriolas. Éstas, a su vez, se ramifican en una vasta red de capilares. Las pared de una arteria está formada por tejido muscular circular fino. Algunas arterias están hechas por músculo circular fino y tejido elástico.

Las arterias se contraen para compensar la pérdida de volumen sanguíneo y también para aumentar la tensión arterial. La sangre se suministra a los tejidos según sus necesidades. Por ejemplo, el aparato digestivo es abastecido con más sangre después de que se ingiere una comida. Los músculos de las piernas son más intensamente suministrados cuando se trota. Algunos tejidos necesitan un abastecimiento constante de sangre, en especial el corazón, los riñones y el encéfalo. Otros tejidos, como los músculos en las extremidades, la piel y el intestino, pueden funcionar con menos sangre cuando están en reposo. Las arterias tienen la capacidad de utilizar circulación colateral, y aun pueden originar nuevos vasos sanguíneos. Por ejemplo, durante la oclusión total, o casi total, de una arteria coronaria, la perfusión del miocardio isquémico —miocardio que no ha recibido suficiente oxígeno para funcionar apropiadamente— ocurre por medio de la circulación colateral: conductos que interconectan a las arterias coronarias. Las colaterales preexistentes son estructuras de paredes delgadas que varían de diámetro de 20 a 200 micrómetros. La oclusión coronaria aguda no produce infarto, en absoluto, en individuos con una red bien desarrollada de colaterales, mientras que los individuos que carecen de tal red de colaterales desarrollan de forma rápida y completa infartos con una oclusión coronaria aguda.

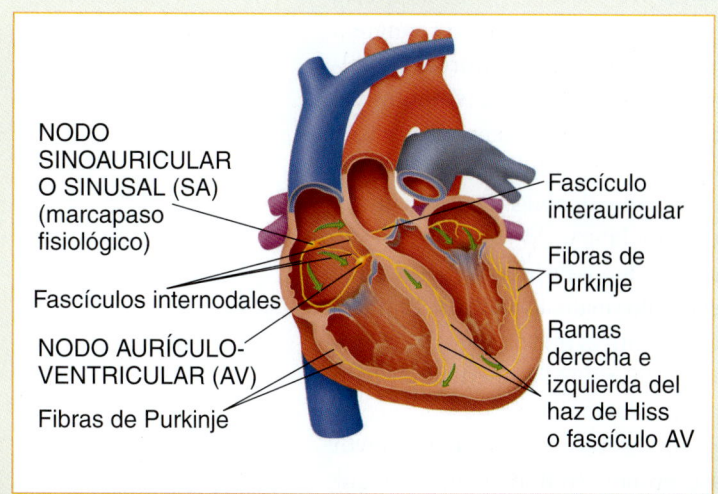

Figura 4-41 Una corriente eléctrica fluye a través del corazón para producir su acción de bombeo.

La <u>aorta</u> es la arteria principal que sale de ventrículo izquierdo del corazón; conduce sangre oxigenada al cuerpo. Este vaso sanguíneo se encuentra justamente frente a la columna vertebral en las cavidades torácica y abdominal. La aorta tiene muchas ramas que suministran sangre a órganos vitales del cuerpo. Las arterias coronarias abastecen al corazón, las carótidas a la cabeza, la hepática al hígado, la renal a los riñones, y la mesentérica al aparato digestivo. La aorta se divide a nivel del ombligo en las dos arterias ilíacas primitivas, que se dirigen a las extremidades inferiores. Todas las ramas de la aorta se vuelven finalmente arteriolas conduciendo a la formación de la red de capilares del cuerpo.

La <u>arteria pulmonar</u> comienza en el lado derecho del corazón y lleva sangre pobre en oxígeno a los pulmones. Se divide en ramas cada vez más delgadas, hasta que se une al sistema capilar pulmonar localizado en las paredes delgadas de los alvéolos.

La <u>arteria carótida</u> es la mayor arteria que suministra sangre a la cabeza y al encéfalo. Las arterias carótidas están situadas a ambos lados del cuello. Puede sentir fácilmente el pulso carotídeo si coloca los dedos en la parte anterolateral del cuello. Como la arteria carótida está cercana al corazón, puede sentir el pulso, aun cuando el pulso de las extremidades distales sea demasiado débil para percibirse.

La <u>arteria femoral</u> es la arteria más grande que suministra sangre a las extremidades inferiores. Es palpable en la ingle. Se divide a nivel de la rodilla y abastece sangre a la pierna. En los tobillos, dos de estas ramas son palpables. Puede sentir el pulso en la <u>arteria tibial posterior</u>, que está detrás de la eminencia medial del tobillo (maléolo medial). También puede sentir el pulso en la <u>arteria dorsal del pie</u>, sobre la superficie anterior del pie (dorso del pie).

La <u>arteria braquial</u> es el mayor vaso en la extremidad superior que provee sangre al brazo. Se divide en dos ramas principales inmediatamente debajo del codo. Esta es la arteria que se usa para cuantificar la tensión arterial, empleando un manguito para tensión arterial y un estetoscopio.

La <u>arteria radial</u> es la principal arteria del antebrazo, y es palpable en la muñeca, del lado del pulgar (lado radial). La <u>arteria cubital</u> también es palpable en la muñeca en el lado opuesto (lado cubital, en la base del dedo meñique),

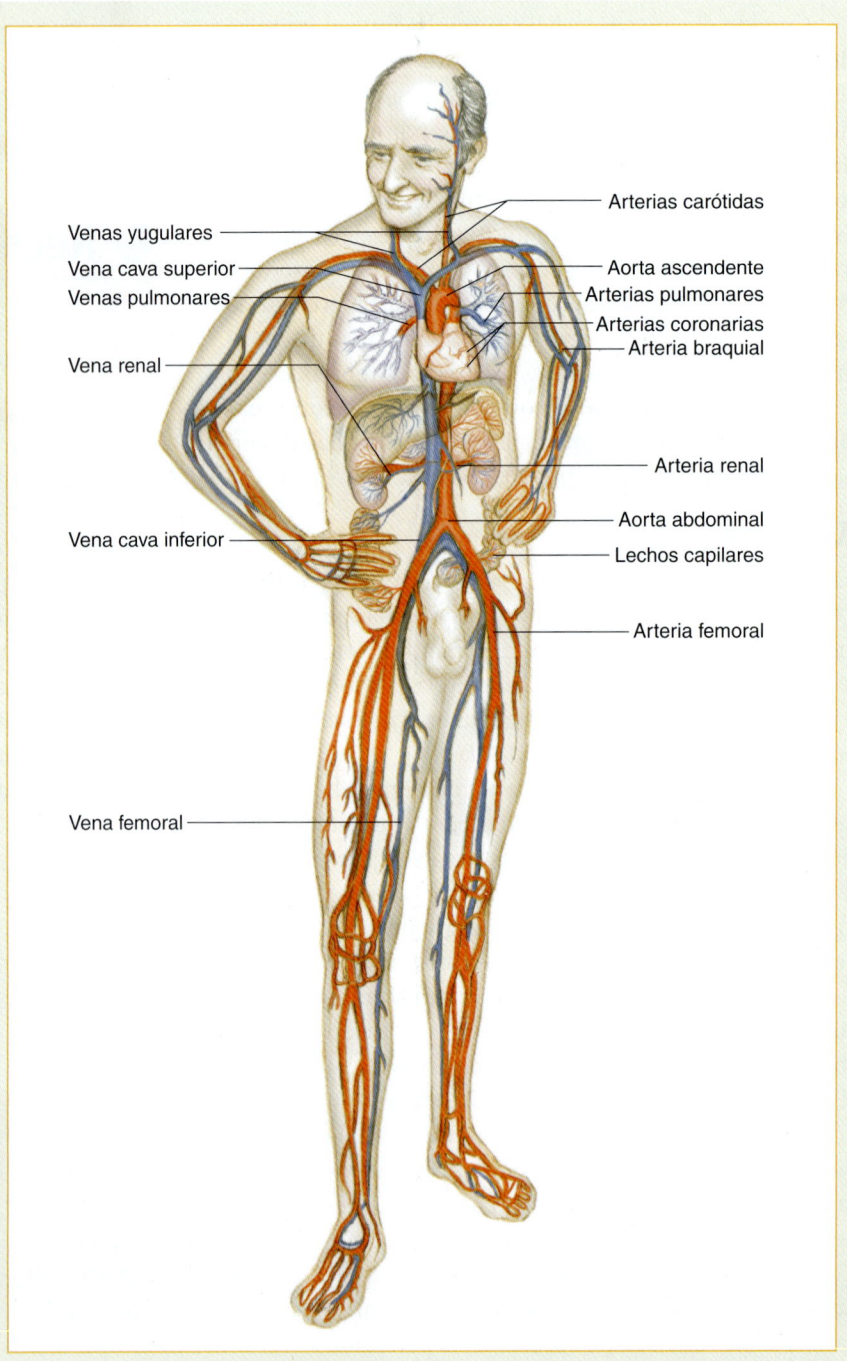

Figura 4-42 Las principales arterias suministran sangre a una vasta red de arterias menores y arteriolas. Las vénulas entregan sangre pobre en oxígeno a las venas que retornan la sangre al corazón.

aunque su pulso no es tan fuerte. Estas dos arterias suministran sangre a la mano.

Las arterias se ramifican en arterias menores y luego en arteriolas. Las arteriolas son las ramas más pequeñas de una arteria que conducen a la vasta red de capilares.

Capilares

En el cuerpo hay millones de células y de capilares. Los capilares son finas divisiones terminales del sistema arterial, que permiten establecer contacto entre la sangre y las células de los tejidos. Oxígeno y otros nutrientes pasan de las células sanguíneas y el plasma en los capilares a las células en los diferentes tejidos a través de la muy delgada pared del capilar. El dióxido de carbono, y otros productos de desecho metabólico, pasan, en dirección inversa, de las células a la sangre para ser eliminados. La sangre en las arterias tiene un color rojo brillante característico, debido a su hemoglobina que es rica en oxígeno. La sangre en las venas es de color rojo azulado oscuro, porque ha pasado a través de la red capilar y ha entregado su oxígeno a las células. Los capilares se conectan directamente, en un extremo, con las arteriolas que regulan el flujo, y en otro, con las vénulas.

Venas

Una vez que la sangre pobre en oxígeno pasa a través de la red de capilares, se desplaza a las vénulas, que son las ramas más pequeñas de las venas. La sangre retorna al corazón a través de una red de venas cada vez más grandes (véase figura 4-42). Las venas tienen paredes mucho más delgadas que las arterias, y en general diámetros mayores. Las venas se van volviendo cada vez más grandes, y finalmente forman dos vasos principales, los cuales son parte de los grandes vasos y están situados en la línea media, inmediatamente frente a la columna vertebral, conducen sangre de todo el cuerpo y la colectan, justo antes de que entre al corazón. Como no hay "flujo" de sangre después de los capilares, la sangre venosa es movida por gravedad y contracción de grandes músculos, y el flujo es gobernado por válvulas dentro de las venas.

La vena cava superior conduce sangre que regresa de la cabeza, el cuello, los hombros, y las extremidades superiores. La sangre del abdomen, pelvis y extremidades inferiores pasa a través de la vena cava inferior. Las venas cavas superior e inferior se unen en la aurícula derecha del corazón. El ventrículo derecho recibe sangre de la aurícula derecha y la bombea a los pulmones, a través de la arteria pulmonar.

Bazo

El bazo es un órgano sólido situado debajo de la caja torácica, en el cuadrante superior izquierdo del abdomen. El bazo es particularmente susceptible a la lesión por traumatismo contuso, porque está formado por tejido delicado, y está situado directamente por debajo de las costillas inferiores, más flexibles, con muy poco tejido para protegerlo; por tanto, es uno de los órganos lesionados más frecuentemente en un traumatismo contuso. Como el bazo está muy vascularizado, la lesión puede causar una grave hemorragia interna. En algunos casos el bazo comienza a sangrar uno o dos días después del traumatismo, lo que se conoce como "ruptura tardía" y "fractura con hemorragia tardía". Debe sospecharse ruptura tardía del bazo cuando se desarrolla dolor abdominal y signos de hemorragia interna, dentro de un plazo de unos cuantos días después de un traumatismo contuso. Prácticamente toda la sangre del cuerpo pasa por el bazo, donde se filtra. Son retiradas las células sanguíneas desgastadas, sustancias extrañas y bacterias.

Componentes de la sangre

La sangre es un líquido rojo espeso, complejo, formado por plasma, glóbulos rojos llamados eritrocitos, glóbulos blancos llamados leucocitos, y plaquetas Figura 4-43 ▶.

- El plasma es un líquido amarillo pegajoso, que transporta las células sanguíneas y nutrimentos. También transporta material de desecho a los órganos de excreción. Contiene la mayor parte de los compuestos necesarios para formar un coágulo.
- Las moléculas de hemoglobina que contienen hierro en los glóbulos rojos (eritrocitos) dan color a la sangre y transportan oxígeno. Constituyen cerca de 45% de la sangre.
- Los glóbulos blancos (leucocitos) desempeñan su papel en los mecanismos inmunitarios y de defensa contra la infección.
- Las plaquetas son diminutos elementos, con forma de discos, que son mucho menores que las células anteriores. Son esenciales en la formación inicial del coágulo, el mecanismo que detiene la hemorragia.

La sangre bajo presión saldrá de manera intermitente de una arteria y es de color rojo brillante. De una vena, fluirá como una corriente regular y es de color rojo azulado oscuro. De los capilares, fluirá de muchos puntos diminutos individuales. La coagulación toma de seis a diez minutos.

Fisiología del aparato circulatorio

El pulso, que es palpado muy fácilmente en el cuello, la muñeca, o la ingle, es generado por el potente bombeo de sangre fuera del ventrículo izquierdo y al interior de las principales arterias. Está presente en la totalidad del sistema arterial. Puede sentirse con más facilidad donde las grandes arterias están cercanas a la piel (Figura 4-44). Los pulsos centrales son el pulso de la arteria carótida, que puede sentirse en la porción superior del cuello, y el pulso femoral, que se percibe en la ingle. Los pulsos periféricos son el pulso de la arteria radial, que se puede sentir en la muñeca, en la base del pulgar, y el pulso de la arteria braquial, que se siente en la cara medial del brazo, en un punto intermedio entre el codo y el hombro; el pulso de la arteria tibial posterior, en la parte posterior del maléolo medial, y el pulso de la arteria dorsal del pie, en la parte superior del pie.

La **tensión arterial (TA)** es la presión que ejerce la sangre contra las paredes de las arterias al pasar a través de ellas. Cuando se contrae el músculo cardiaco del ventrículo izquierdo, bombea sangre del ventrículo a la aorta. Esta fase de contracción muscular se llama **sístole**. Cuando el músculo del ventrículo se relaja, éste se llena de sangre; esta fase se llama **diástole**. La potente expulsión pulsátil de sangre del ventrículo izquierdo a la aorta es transmitida, a lo largo de las arterias, como una onda de presión pulsátil. La onda de presión mantiene a la sangre moviéndose por todo el cuerpo. Los puntos altos y bajos de la onda se pueden medir con un esfigmomanómetro (manguito de tensión arterial), y se expresan numéricamente en milímetros de mercurio (mm Hg). El punto alto se llama tensión arterial sistólica (medida al estarse contrayendo el músculo cardiaco); el punto bajo se llama tensión arterial diastólica (medida cuando el músculo del corazón está en su fase de relajación).

El adulto promedio tiene aproximadamente 6 L de sangre en el sistema vascular. Los niños tienen menos, de 2 a 3 L, dependiendo de su edad y su tamaño. Los lactantes tienen sólo cerca de 300 mL. La pérdida de una cantidad de sangre que puede ser insignificante para un adulto puede ser mortal para un lactante.

Circulación normal en los adultos

En todas las personas sanas, el aparato circulatorio se ajusta y reajusta automáticamente, en forma constante, de manera que 100% de la capacidad de las arterias, venas y capilares mantenga 100% de la sangre en ese momento. Nunca están todos los vasos completamente dilatados o constreñidos. El tamaño de las arterias y venas es controlado por el sistema nervioso, de acuerdo con la cantidad de sangre disponible, y muchos otros factores, para mantener la tensión arterial normal en todo momento. Bajo la condición de tensión arterial normal, con un sistema que puede contener justamente 100% de la sangre disponible, todas las partes del sistema tendrán un abasto adecuado de sangre, todo el tiempo.

La **perfusión** es la circulación de sangre dentro de un órgano o tejido, en cantidades adecuadas para cubrir las necesidades de las células. La sangre entra a un órgano o tejido a través de las arterias y sale de ellos por las venas (Figura 4-45).

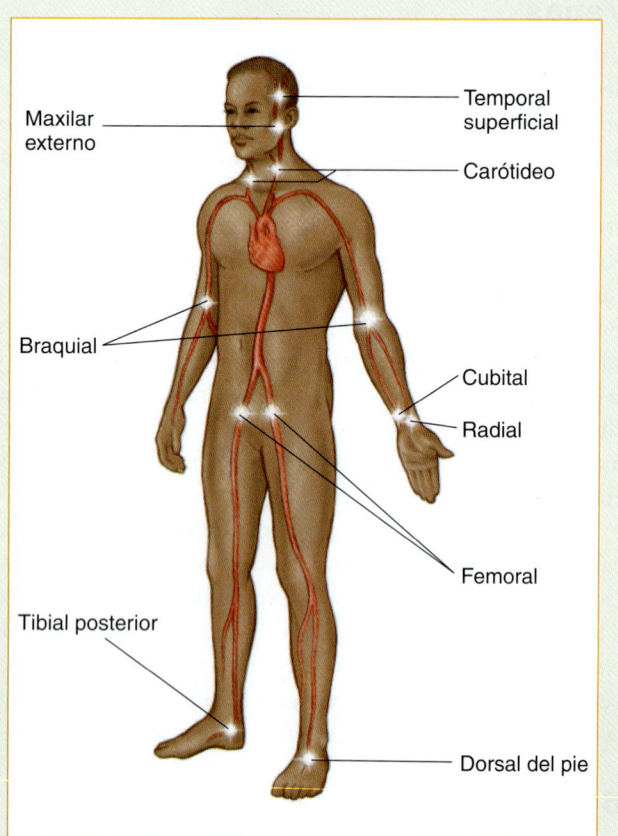

Figura 4-44 Los pulsos centrales y periféricos se pueden sentir donde las grandes arterias se encuentran cercanas a la piel.

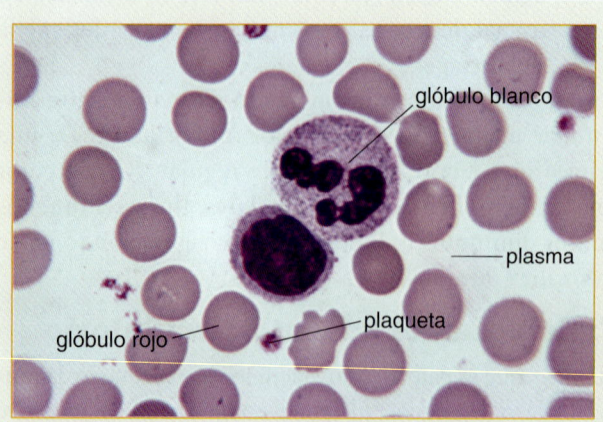

Figura 4-43 Los componentes de la sangre incluyen glóbulos rojos, glóbulos blancos, plaquetas y plasma.

La pérdida de tensión arterial normal indica que la sangre ya no está circulando eficientemente a cada órgano del cuerpo. (No obstante, "una tensión arterial adecuada" no indica que está alcanzando todas las partes del cuerpo.) Existen muchas razones para la pérdida de tensión arterial y el resultado en cada caso es el mismo: órganos, tejidos y células ya no están adecuadamente perfundidos, o abastecidos con oxígeno y alimento, y los productos de desecho se pueden acumular. Bajo estas condiciones, células, tejidos u órganos enteros pueden morir. El estado de una circulación inadecuada, cuando afecta a la totalidad del cuerpo, se llama choque o hipoperfusión.

Circulación inadecuada en adultos

Cuando un paciente pierde una cantidad pequeña de sangre, las arterias, las venas y el corazón se ajustan automáticamente a la nueva disminución de volumen. El ajuste se produce como un esfuerzo para mantener una presión adecuada en todo el aparato circulatorio y, en esa forma, mantener la circulación para cada órgano. Este ajuste se produce muy rápido después de la pérdida, por lo general en cuestión de minutos. Específicamente, los vasos se constriñen para ofrecer una menor superficie para el volumen reducido de sangre, para poder llenarlo.

Sistema nervioso

El sistema nervioso controla prácticamente todas las actividades del cuerpo, tanto voluntarias como involuntarias. El sistema nervioso somático es la parte del sistema nervioso que regula actividades sobre las cuales hay control voluntario. Esas actividades incluyen caminar, hablar y escribir. El sistema nervioso autónomo controla las múltiples funciones que ocurren sin control voluntario. Estas actividades incluyen funciones corporales como la digestión, dilatación y constricción de los vasos sanguíneos, sudoración, y todas las otras acciones involuntarias que son necesarias para las funciones básicas del cuerpo. Anatómicamente, el sistema nervioso se divide en dos partes: el sistema nervioso central y el sistema nervioso periférico. Por tanto, el sistema nervioso, como un todo, se puede dividir anatómicamente en los sistemas nerviosos central y periférico, y funcionalmente en componentes somático (voluntario) y autónomo (involuntario).

Sistema nervioso central

El sistema nervioso central (SNC) está constituido por el encéfalo y la médula espinal. Desde un punto de vista práctico, el sistema nervioso central se puede considerar la parte del sistema nervioso que está cubierta y protegida

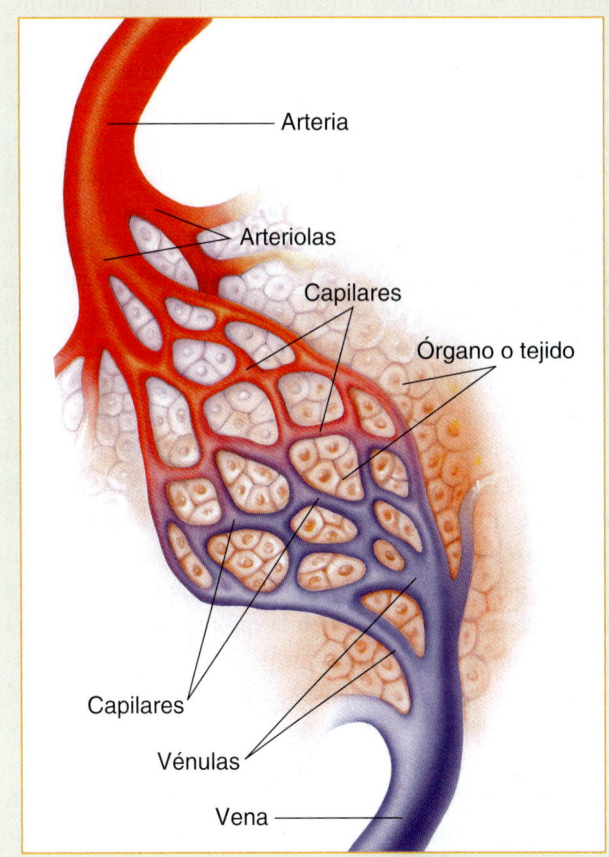

Figura 4-45 La sangre entra a un órgano o tejido a través de arterias y sale a través de venas. Este proceso, llamado perfusión, proporciona un flujo adecuado de sangre al tejido para cubrir las necesidades de las células.

por huesos. El encéfalo está cubierto por el cráneo y la médula espinal por la columna vertebral. Las partes principales de la mayoría de las células nerviosas (el núcleo y el cuerpo celular) están dentro del sistema nervioso central. El encéfalo y la médula espinal están bañados en líquido cefalorraquídeo, que sirve de amortiguación y para filtrar impurezas y toxinas.

Órganos y estructuras vasculares

La cabeza es el centro de comando primario del cuerpo; contiene el encéfalo, el tallo cerebral y el comienzo de la médula espinal, todos bañados por el líquido cefalorraquídeo. El encéfalo requiere un suministro constante de oxígeno y nutrientes, que son proporcionados por arterias y venas.

Encéfalo
El encéfalo es el órgano controlador del cuerpo. Es el centro de la conciencia. Es causal de todas nuestras actividades corporales voluntarias, la percepción de nuestro

entorno, y el control de nuestras reacciones al ambiente. Además, el encéfalo nos permite experimentar todos los finos matices del pensamiento y los sentimientos que nos hacen individuos. El encéfalo se subdivide en varias áreas, todas las cuales tienen funciones específicas. Tres divisiones principales del encéfalo son: el cerebro, el cerebelo y el tronco encefálico (tallo cerebral) Figura 4-46 ▼.

El <u>cerebro</u>, que es la parte más grande del encéfalo y a veces llamado "la materia gris", constituye cerca de tres cuartas partes del volumen del encéfalo y está, a su vez, compuesto por cuatro lóbulos: frontal, parietal, temporal y occipital. El cerebro de un lado controla las actividades del lado opuesto del cuerpo. Cada lóbulo del cerebro es causante de una función específica. Por ejemplo, un grupo de células cerebrales en el lóbulo frontal origina la actividad de todos los músculos voluntarios del cuerpo. Las células cerebrales en esta área generan impulsos que son enviados a lo largo de fibras nerviosas que se extienden a partir de cada célula a la médula espinal; otra área, en el lóbulo parietal, tiene células que reciben impulsos sensitivos de los nervios periféricos del cuerpo. Otras partes del cerebro suscitan otras funciones corporales. Por ejemplo, la región occipital, en la parte posterior del cerebro, recibe impulsos visuales de los ojos; otras áreas controlan la audición, el equilibrio y el habla. Otras partes del cerebro determinan las emociones y otras características de la personalidad de un individuo.

El <u>cerebelo</u>, que está colocado debajo de la gran masa de tejido cerebral, es llamado a veces "pequeño cerebro". La principal función de esta área es coordinar las diversas actividades del encéfalo, particularmente los movimientos corporales. Sin el cerebelo, actividades musculares muy especializadas, como escribir o coser, serían imposibles.

El <u>tronco encefálico (tallo cerebral)</u> recibe ese nombre porque el encéfalo parece estar sentado en esa porción del sistema nervioso central, como un árbol se asienta en su tronco. El tronco encefálico (tallo cerebral) es la parte más primitiva del sistema nervioso central. Está situado profundamente en el cráneo, y es la parte mejor protegida del sistema nervioso central. El tronco encefálico (tallo cerebral) es el centro de control de casi todas las funciones corporales, que son absolutamente necesarias para la vida. Las células de esta parte del encéfalo controlan las funciones cardiacas, respiratorias, y otras funciones básicas del cuerpo.

El encéfalo tiene muchas otras áreas anatómicas, todas la cuales tienen funciones específicas e importantes; recibe una vasta cantidad de información del ambiente, la selecciona y ordena, y dirige al cuerpo para responder apropiadamente. Muchas de las respuestas implican acción muscular voluntaria; otras son automáticas e involuntarias.

Líquido cefalorraquídeo

El líquido cefalorraquídeo (LCR) baña al encéfalo y la médula espinal, y sirve para proteger esas estructuras y filtrar impurezas y toxinas. Para el TUM, un hallazgo significativo en un traumatismo, indicador de fractura del cráneo, es la salida de líquido cefalorraquídeo a través de los oídos.

Circulación de la cabeza

El encéfalo requiere un flujo constante de sangre oxigenada para dar soporte a la función encefálica. La sangre es suministrada a la cabeza a través de las arterias carótidas, que pueden palparse en ambos lados del cuello. La sangre desoxigenada drena de la cabeza por medio de las venas yugulares internas y externas.

Médula espinal

La médula espinal es la otra estructura del sistema nervioso central Figura 4-47 ▶. Como el encéfalo, la médula espinal contiene los cuerpos de células nerviosas,

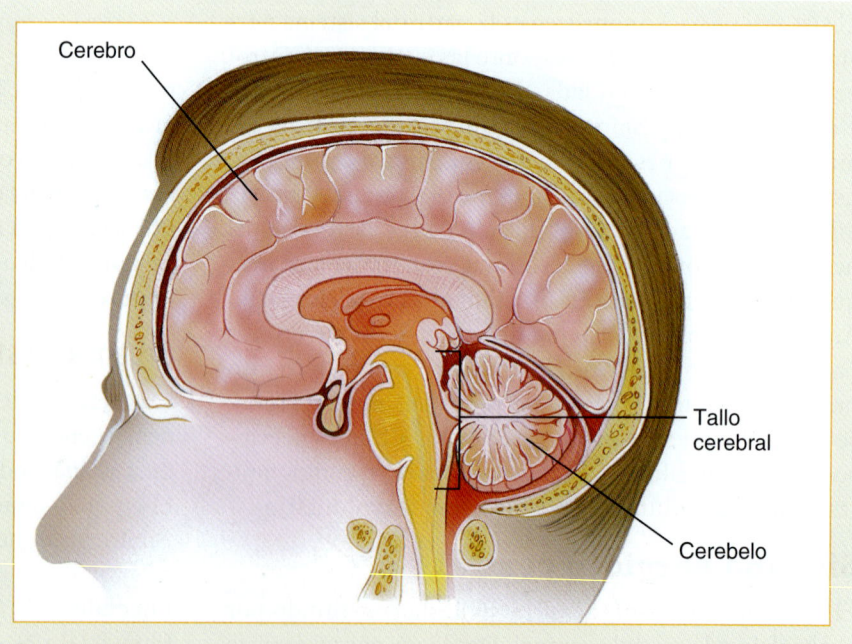

Figura 4-46 El encéfalo está situado, bien protegido, dentro del cráneo. Sus principales subdivisiones son el cerebro, el cerebelo y el tallo cerebral.

pero su mayor porción está constituida por fibras nerviosas que se extienden desde las células del encéfalo. Estas fibras nerviosas transmiten información de y hasta el encéfalo. Todas las fibras se reúnen, inmediatamente por debajo del tronco encefálico (tallo cerebral), formando la médula espinal. La médula espinal sale a través de una gran abertura en la base del cráneo llamada agujero occipital. Está encerrada dentro del conducto vertebral por donde se dirige hacia abajo, hasta el nivel de la segunda vértebra lumbar. El conducto vertebral, o raquídeo, está formado de vértebras, apiladas una sobre otra. Cada vértebra rodea a la médula espinal y, juntas, forman el conducto vertebral óseo.

La función principal de la médula espinal consiste en transmitir mensajes entre el encéfalo y el cuerpo. Estos mensajes pasan a lo largo de las fibras nerviosas como impulsos eléctricos, como pasan los mensajes a lo largo de un cable telefónico. Las fibras nerviosas están arregladas, en haces específicos, dentro de la médula espinal, para conducir los mensajes de un área específica del cuerpo al encéfalo, y de retorno.

Interneuronas

Dentro del encéfalo y la médula espinal están situadas células con fibras cortas que conectan a los nervios sensitivos con los nervios motores. En la médula espinal conectan directamente a los nervios sensitivos y motores, pasando por alto al encéfalo. Estos nervios conectores (interneuronas) permiten que impulsos sensitivos y motores se transmitan de un nervio a otro dentro del sistema nervioso central.

Las interneuronas en la médula espinal completan un arco reflejo, entre los nervios sensitivos y motores de los miembros. Un estímulo irritante al nervio sensitivo, como el calor, se transmitirá del nervio sensitivo, a través de las interneuronas, directo al nervio motor. Esto estimulará al nervio sensitivo, y el músculo responde de manera rápida retirando al miembro del estímulo irritante, aun antes de que esta información pueda ser transmitida al encéfalo. Cuando un médico da un pequeño golpe a su rodilla está probando si su reflejo está intacto.

Sistema nervioso periférico

Muchas de las células del sistema nervioso central tienen fibras que se extienden del cuerpo celular hacia afuera, a través de aberturas del hueso que cubre el conducto vertebral, formando un cable de fibras nerviosas que enlazan al sistema nervioso central con los diversos órganos el cuerpo. Estos cables de fibras nerviosas forman el sistema nervioso periférico. Los tres principales tipos de nervios son los nervios sensitivos, los nervios motores, y las interneuronas. Los nervios sensitivos conducen información

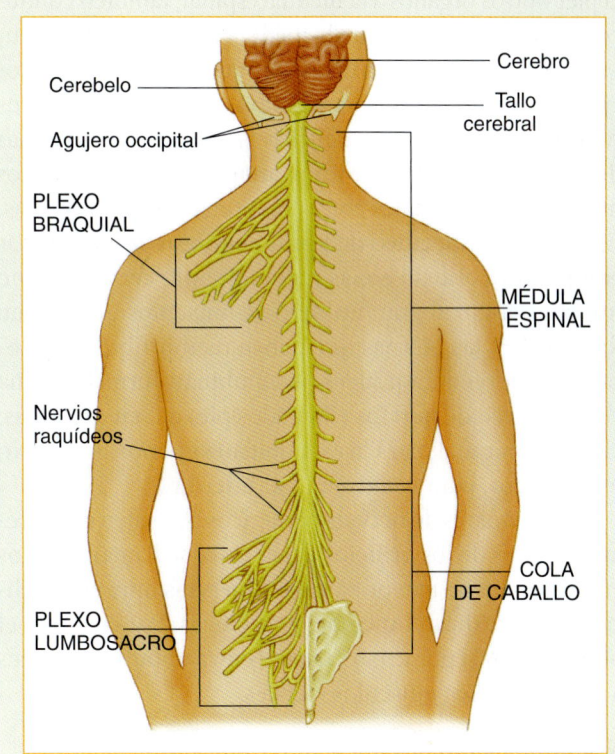

Figura 4-47 La médula espinal es una continuación del tallo encefálico. Sale del cráneo por el agujero occipital y se extiende hacia abajo hasta el nivel de la segunda vértebra lumbar.

del cuerpo al sistema nervioso central; los nervios motores la conducen del sistema nervioso central a los músculos del cuerpo.

El sistema nervioso periférico está formado por 31 pares de nervios periféricos, llamados nervios raquídeos o espinales, y 12 pares de nervios llamados craneales. De cada nivel vertebral, desde la primera cervical a la quinta sacra, de cada lado del cuerpo, un nervio raquídeo sale del conducto vertebral y pasa a través del agujero de conjunción o foramen intervertebral de cada una de las vértebras. El nervio raquídeo está constituido por fibras nerviosas de células nerviosas que se originan dentro de la médula espinal. Las fibras nerviosas conducen impulsos sensitivos de

> **Qué documentar**
>
> Utilizar la terminología anatómica correcta en su reporte de atención del paciente mejora la atención al mismo al hacer que éste sea más útil para el personal del hospital, y favorece su imagen profesional como un TUM-B.

la piel y otros órganos a la médula espinal; también conducen impulsos motores de la médula espinal a los músculos que están presentes en ese segmento del cuerpo. Por ejemplo, entre la séptima y octava costillas, los nervios raquídeos llevan fibras sensitivas de la piel entre esas dos costillas, y también fibras motoras para inervar los músculos intercostales entre la séptima y octava costillas. Este arreglo específico de fibras nerviosas se vuelve más complejo y confuso en las regiones tanto cervical como lumbar debido al gran número de músculos que hay en los brazos y las piernas que deben recibir fibras nerviosas. Los nervios raquídeos se combinan formando una compleja red de nervios (llamados plexos) en dos áreas: el plexo braquial, para la extremidad superior, y el plexo lumbosacro, para la extremidad inferior.

Los 12 pares de nervios periféricos que salen del encéfalo a través de los orificios del cráneo, se llaman nervios craneales. En su mayor parte, son nervios muy especializados que realizan funciones específicas. Por ejemplo, el nervio facial (séptimo par craneal) envía impulsos motores a muchos de los músculos faciales.

Nervios sensitivos

Los nervios sensitivos del cuerpo son muy complejos. Hay muchos tipos de nervios sensitivos en el cuerpo. Un tipo forma la retina del ojo; otros producen la audición y los mecanismos de equilibrio en el oído. Otras células sensitivas están localizadas dentro de la piel, los músculos, articulaciones, pulmones, y otros órganos del cuerpo. Cuando una célula sensitiva es estimulada, transmite su propio mensaje especial al encéfalo. Existen nervios sensitivos especiales para detectar calor, frío, posición, movimiento, presión, dolor, equilibrio, luz, gusto y olfato, así como otras sensaciones. Hay terminaciones nerviosas especializadas para cada célula, en forma tal que perciba sólo un tipo de sensación y transmita sólo un mensaje.

Los impulsos sensitivos proporcionan constantemente información al encéfalo, sobre lo que están haciendo las diferentes partes de nuestro cuerpo con relación a nuestro entorno. Por tanto, el encéfalo nos hace conscientes del entorno que nos rodea de manera continua. Los nervios craneales envían sensaciones directamente al encéfalo. Las sensaciones visuales (lo que vemos) alcanzan al encéfalo directamente a través del nervio óptico (el segundo par craneal) en cada ojo. Las terminaciones nerviosas del nervio óptico están situadas en la retina del ojo; son estimuladas por la luz, y los impulsos son conducidos a lo largo del nervio que pasa a través de un orificio, en el fondo de la órbita del ojo, a la porción occipital del cerebro.

Cuando son estimuladas las terminaciones nerviosas sensitivas en las extremidades, los impulsos son transmitidos a lo largo de un nervio periférico a la médula espinal. El cuerpo celular del nervio periférico está situado en la médula espinal. El impulso es, entonces, transmitido de ese cuerpo celular a otra terminación nerviosa en la médula espinal. A continuación, el estímulo es enviado hacia arriba, por la médula espinal, al área sensitiva en el lóbulo parietal del cerebro, donde la información sensitiva puede ser interpretada y el encéfalo toma la acción apropiada.

Nervios motores

Cada músculo del cuerpo tiene su propio nervio motor. El cuerpo celular de cada nervio motor está situado en la médula espinal, y una fibra del cuerpo celular se extiende como parte del nervio periférico a su músculo específico. Los impulsos eléctricos que son producidos por el cuerpo celular en la médula espinal son transmitidos a lo largo del nervio motor al músculo, y provocan que se contraiga. El cuerpo celular en la médula espinal es estimulado por un impulso producido en la franja motora de la corteza cerebral. Este impulso es transmitido a lo largo de la médula espinal al cuerpo celular del nervio motor.

Piel

La piel es el órgano más grande del cuerpo, donde actúa con tres funciones principales: proteger al cuerpo del ambiente, regular la temperatura del cuerpo, y transmitir información del ambiente al encéfalo.

Las funciones protectoras de la piel son múltiples. Más de 70% del cuerpo está formado por agua. El agua contiene un delicado equilibrio de sustancias en solución. La piel es impermeable y actúa manteniendo intacto este equilibrio interno de la solución. La piel también protege al cuerpo de la invasión de organismos infecciosos: bacterias, virus y hongos. Estos organismos están en todas partes y se encuentran por lo regular en la superficie de la piel, y profundamente en sus surcos y glándulas. Sin embargo, nunca penetran a la piel a menos que esté rota o lesionada; por tanto, la piel proporciona una protección constante contra invasores externos.

La energía en el cuerpo es derivada del **metabolismo** (reacciones químicas) que debe realizarse dentro de límites muy estrechos de temperatura. Si la temperatura del cuerpo es demasiado baja, estas acciones no se pueden realizar, el metabolismo cesa y el cuerpo muere. Si la temperatura se vuelve demasiado alta, el metabolismo basal aumenta. Las temperaturas peligrosamente altas, que producen un metabolismo basal muy alto, pueden causar daños permanentes en los tejidos, y muerte.

Funciones de la piel

El principal órgano regulador de la temperatura es la piel. Los vasos sanguíneos de la piel se constriñen cuando el cuerpo está en un ambiente frío, y se dilatan cuando está en un ambiente caliente. En un ambiente frío, la constricción de los vasos sanguíneos desvía la sangre, alejándola de la piel, para disminuir la cantidad de calor irradiado de la superficie corporal. Cuando el ambiente exterior es caliente los vasos de la piel se dilatan, la piel se vuelve rubicunda o roja, y se irradia calor de la superficie corporal.

Además, en el ambiente cálido, las glándulas sudoríparas secretan sudor a la superficie de la piel. La evaporación del sudor requiere energía, la cual, como calor corporal, es tomada del cuerpo durante el proceso de evaporación, lo que hace que la temperatura del cuerpo baje. La transpiración sola no reduce la temperatura corporal; debe también producirse evaporación del sudor.

La información sobre el ambiente es enviada al encéfalo por un rico abastecimiento de nervios sensitivos que se originan en la piel. Las terminaciones nerviosas que están situadas en la piel están adaptadas para percibir y transmitir información sobre calor, frío, presión externa y posición del cuerpo en el espacio; la piel reconoce, así, cualquier cambio en el ambiente. La piel reacciona también a la presión, el dolor, y los estímulos placenteros.

Anatomía de la piel

La piel se divide en dos partes, la epidermis superficial compuesta por varias capas de células, y la dermis más profunda, que contiene las estructuras especializadas de la piel. Por debajo de la piel está situada la capa de tejido subcutáneo (Figura 4-48 ▶). Las células de la epidermis están selladas formando una cobertura impermeable protectora para el cuerpo.

La **epidermis** está, de hecho, compuesta por varias capas de células. En la base de la epidermis está la capa germinal, que produce continuamente nuevas células que suben de manera gradual a la superficie. En su trayecto a la superficie estas células mueren y forman la cobertura impermeable. Las células epidérmicas se mantienen juntas, firmemente unidas, por una sustancia oleosa llamada sebo, que es secretada por las **glándulas sebáceas** de la dermis. Las células más exteriores de la epidermis son constantemente descamadas, y reemplazadas por nuevas células producidas por la capa germinal. Las células más profundas en la capa germinal contienen también gránulos de pigmento que (junto con los vasos sanguíneos situados en la dermis) producen el color de la piel.

La epidermis varía de espesor en diferentes áreas del cuerpo. En las plantas de los pies, la espalda y el cuero cabelludo, es sumamente gruesa, pero en algunas otras áreas del cuerpo la epidermis tiene sólo dos o tres capas de células de espesor.

La parte más profunda de la piel, la **dermis**, está separada de la epidermis por la capa de células germinales. Dentro de la piel están situadas muchas de las estructuras especiales de la piel: glándulas sudoríparas, glándulas sebáceas, folículos pilosos, vasos sanguíneos y terminaciones nerviosas especializadas,

Las **glándulas sudoríparas** producen sudor para enfriamiento del cuerpo. El sudor es descargado sobre la superficie de la piel a través de poros pequeños, o conductos, que pasan a través de la epidermis hasta la superficie de la piel. Las glándulas sebáceas producen sebo, el material aceitoso que sella las células epidérmicas. Las glándulas sebáceas están situadas junto a los folículos pilosos, y secretan sebo a lo largo de este folículo a la superficie de la piel. Además de proporcionar impermeabilidad a la piel, el sebo la mantiene flexible, por lo que no se agrieta.

Los **folículos pilosos** son los órganos pequeños que producen pelo. Hay un folículo por cada pelo, conectado con una glándula sebácea, y también por un diminuto músculo. El músculo tira del pelo a una posición erecta cuando el individuo tiene frío o está asustado. Todo el pelo crece continuamente, y es cortado o desgastado, y eliminado por la ropa.

Los vasos sanguíneos que proporcionan nutrientes y oxígeno a la piel están situados en la dermis. Ramas pequeñas se extienden hasta la capa germinal; no hay vasos sanguíneos en la epidermis. También está presente en la dermis una red compleja de terminaciones nerviosas especializadas que son sensibles a los estímulos ambientales; responden a estos estímulos y envían impulsos, junto con los nervios, al encéfalo.

Debajo de la piel, y fijo a ésta, se encuentra el **tejido subcutáneo**, el cual está constituido en gran parte por grasa. Ésta actúa como un aislante del cuerpo y como un reservorio para almacenamiento de energía. La cantidad de tejido subcutáneo varía de manera considerable en diferentes individuos. Por debajo del tejido subcutáneo están los músculos y el esqueleto.

La piel cubre toda la superficie externa del cuerpo. Los diversos orificios (aberturas del cuerpo) —incluyendo boca, nariz, ano, y vagina— no están cubiertos por piel. Los orificios están recubiertos por **membranas mucosas**, las cuales son muy similares a la piel pues proporcionan una barrera protectora contra la invasión bacteriana. Las membranas mucosas difieren de la piel en que secretan **moco**, una sustancia acuosa que lubrica las aberturas. Por tanto, las membranas mucosas son húmedas, mientras que

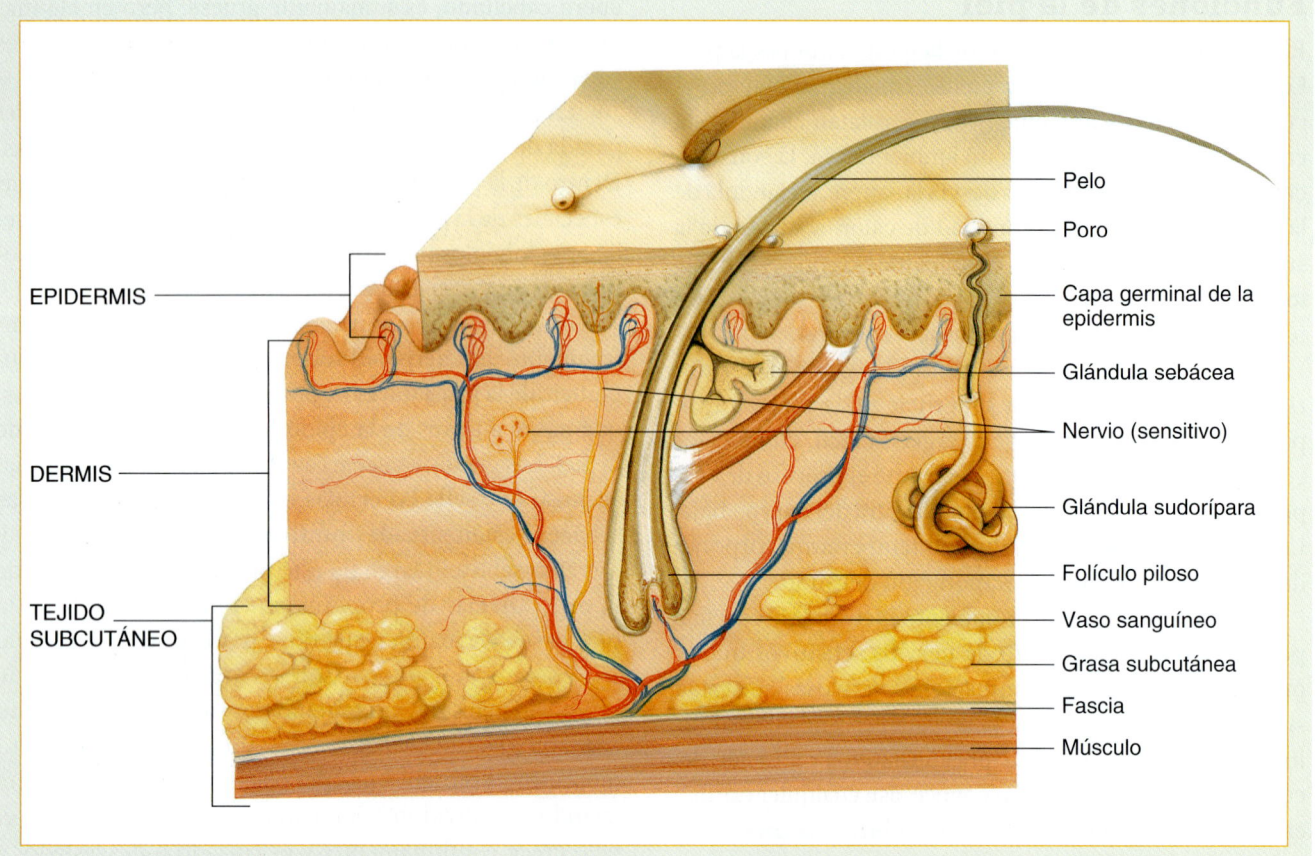

Figura 4-48 La piel tiene dos capas principales: la epidermis y la dermis. Debajo de la dermis está una capa de tejido subcutáneo.

la piel es seca. Una membrana mucosa recubre la totalidad de las vías gastrointestinales, de la boca al ano.

Sistema endocrino

El encéfalo controla el cuerpo por medio del sistema nervioso y del sistema endocrino. Este último es un sistema complejo de mensaje y control, que integra muchas funciones del cuerpo. Libera sustancias llamadas hormonas, ya sea para órganos blanco, o al torrente circulatorio (Figura 4-49 ▶). La adrenalina y la insulina son ejemplos de hormonas. Cada glándula endocrina produce una o más hormonas. Cada hormona tiene un efecto específico sobre algún órgano, tejido, o proceso (Cuadro 4-5 ▶). El encéfalo controla la liberación de hormonas a través de las glándulas endocrinas. Las hormonas pueden tener efectos tanto estimulantes como inhibidores sobre los órganos y sistemas del cuerpo. Por ejemplo, cuando estamos asustados, el encéfalo estimula a las glándulas suprarrenales, por medio de una hormona, para liberar adrenalina (epinefrina); la liberación de adrenalina aumenta nuestra tensión arterial y frecuencia cardiaca. Este aumento, que se produce como resultado, disminuye la cantidad de hormona liberada por la glándula suprarrenal. El encéfalo reduce, entonces, la cantidad de estimulación a la suprarrenal. Así, se logra un nuevo estado de niveles elevados para mantener el estado de alerta. Este ciclo se conoce como asa de retroalimentación, y ayuda a mantener a los sistemas del cuerpo y función en equilibrio (Figura 4-50 ▶).

Los excesos o deficiencias de hormonas causan varias enfermedades. Con las enfermedades endocrinas, funciones específicas del cuerpo aumentan, disminuyen o están ausentes. La diabetes mellitus es un problema común. Como la producción de la hormona insulina es deficiente, el cuerpo es incapaz de usar la glucosa normalmente. Esta enfermedad también lesiona los pequeños vasos sanguíneos del cuerpo. El daño de los tejidos que se produce como resultado es tanto una parte de la diabetes como de la dificultad en la regulación de la cantidad de glucosa en la sangre.

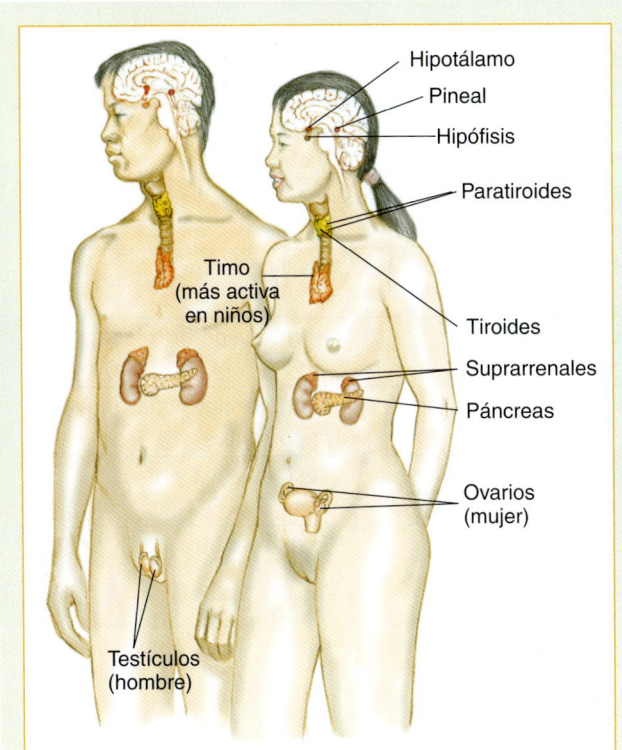

Figura 4-49 El sistema endocrino controla la liberación de hormonas en el cuerpo.

Aparato digestivo

El aparato digestivo está constituido por las vías gastrointestinales (estómago e intestinos), boca, glándulas salivales, faringe, esófago, hígado, vesícula biliar, páncreas, recto y ano. La función de este aparato es la digestión: la transformación de los alimentos que nutren a las células del cuerpo.

Cómo trabaja la digestión

La digestión de un alimento, desde que se pone en la boca hasta que sus compuestos esenciales son extraídos y llevados por el aparato circulatorio, para nutrir a todas las células del cuerpo, es un proceso químico complicado. En sucesión, diferentes secreciones, principalmente enzimas, son agregadas al alimento por las glándulas salivales, el estómago, el hígado, el páncreas y el intestino delgado para convertir el alimento en azúcares básicos, ácidos grasos y aminoácidos. Estos productos básicos de la digestión son transportados a través de la pared del intestino y llevados, a través de la vena porta, al hígado. En el hígado, los productos son transformados adicionalmente y almacenados, o transportados al corazón a través de venas que drenan al hígado. El corazón, entonces, bombea la sangre con estos nutrientes a través de todas las arterias, y luego a los capilares donde los nutrientes pasan a través de su pared para nutrir células individuales.

En la actividad normal, sin ingestión de alimento o líquido alguno, se secretan diariamente entre 8 y 10 L de líquido a las vías gastrointestinales. Este líquido procede de las glándulas salivales, estómago, hígado, páncreas e intestino delgado. En un adulto normal, se entrega a las vías gastrointestinales, como líquido, cerca de 7% del peso corporal. Si se presentan vómitos o diarreas significativos por más de 2 o 3 días, el paciente perderá una cantidad muy importante de líquidos y se enfermará gravemente.

Anatomía del aparato digestivo

Boca

La boca consiste en los labios, mejillas, encías, dientes y lengua. Una membrana mucosa recubre la boca. El techo de la boca está formado por los paladares, duro y blando. El paladar duro es una placa ósea situada anteriormente; el paladar blando es un pliegue de membrana mucosa y músculo, que se extiende, posteriormente, desde el paladar duro a la garganta. El paladar blando está diseñado para mantener dentro de la boca el alimento mientras es masticado y ayuda a iniciar la deglución.

Glándulas salivales

Hay dos glándulas salivales localizadas bajo la lengua, una a cada lado del maxilar inferior, y una a cada lado de la mejilla. Producen cerca de 1.5 L de saliva cada día. La saliva es aproximadamente 28% agua, el 2% restante está constituido por moco, sales y compuestos orgánicos. La saliva actúa como un ligador de los elementos masticados que se están deglutiendo, y como lubricante dentro de la boca.

Orofaringe

La orofaringe es una estructura tubular de aproximadamente 5.7 cm de longitud, que se extiende, de manera vertical, desde la parte posterior de la boca hasta el esófago y la tráquea. Un movimiento automático de la faringe durante la deglución eleva la laringe para permitir que se cierre la epiglotis sobre ella, en forma tal que los líquidos y sólidos pasen al esófago, lejos de la tráquea.

Esófago

El esófago es un tubo colapsable de cerca de 25.4 cm de longitud que se extiende desde el extremo de la faringe hasta el estómago, y está situado justo por delante de la columna

CUADRO 4-5 Glándulas endocrinas

Glándula	Localización	Función	Hormonas producidas
Suprarrenal	Riñones	Regula el sodio, la glucosa y función sexual	Adrenalina (epinefrina) y otras
Ovario	Pelvis femenina (2 glándulas)	Regula la función sexual, características y reproducción	Estrógenos y otras
Páncreas	Espacio retroperitoneal	Regula el metabolismo de la glucosa y otras funciones	Insulina y otras
Paratiroides	Cuello (atrás y junto al tiroides) (3-5 glándulas)	Regula el calcio del suero	Hormona paratiroidea
Hipófisis	Base del cráneo	Regula todas las otras glándulas endocrinas	Múltiples hormonas muy importantes
Testículos	Escroto (2 glándulas)	Regula función sexual, características y reproducción	Testosterona y otras
Tiroides	Cuello (sobre la laringe)	Regula metabolismo	Tiroxina y otra

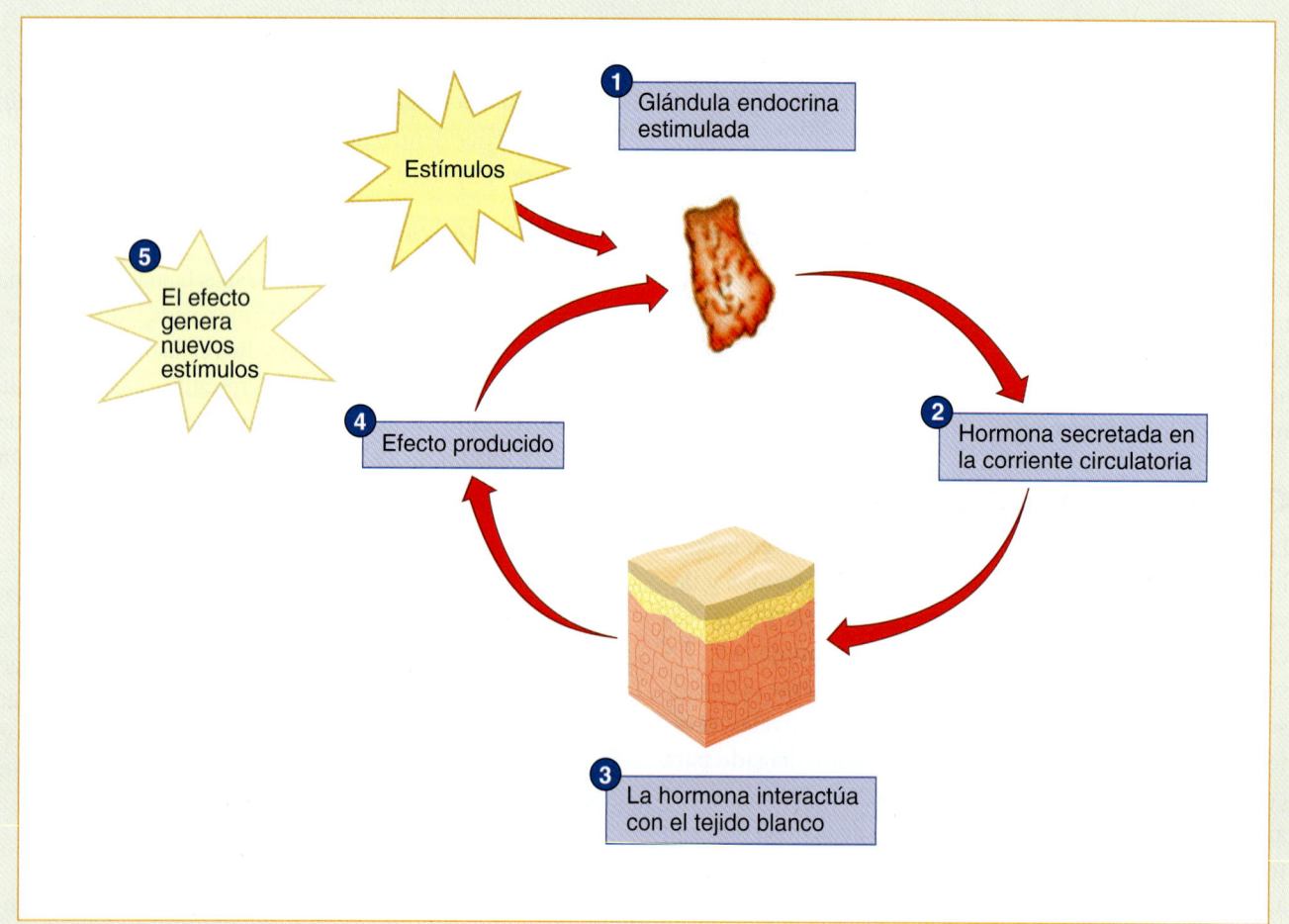

Figura 4-50 El sistema endocrino está estrechamente controlado por asas de retroalimentación primarias y secundarias para mantener los sistemas del cuerpo en equilibrio.

vertebral en el tórax. Las contracciones del músculo de la pared del esófago propulsan los alimentos hasta el estómago. Los líquidos pasarán con muy poca asistencia.

Estómago

El estómago es un órgano hueco situado en el cuadrante superior izquierdo de la cavidad abdominal, en gran parte protegido por las costillas inferiores izquierdas. Las contracciones musculares en la pared del estómago y el jugo gástrico, que contiene abundante moco, convierten los alimentos ingeridos en una masa semisólida, considerablemente mezclada. El estómago produce aproximadamente 1.5 L de jugo gástrico al día para este proceso. La principal función del estómago consiste en recibir alimentos en grandes cantidades, de manera intermitente, almacenarlos, y propiciar su movimiento al intestino delgado en cantidades pequeñas, reguladas. En un lapso de 1 a 3 horas, la masa semisólida, derivada de una comida, es propulsada por contracción muscular al duodeno, la primera parte del intestino delgado.

Páncreas

El páncreas es un órgano sólido, plano, situado por debajo y por detrás del hígado, y atrás del peritoneo. Está firmemente fijo en su posición, muy profundo dentro del abdomen, y no se lesiona con facilidad. Contiene dos tipos de glándulas. Un conjunto de glándulas secreta cerca de 2 L de jugo pancreático al día, el cual contiene muchas enzimas que ayudan a la digestión de grasa, almidón, y proteína. El jugo pancreático fluye directamente al duodeno a través de conductos pancreáticos. La otra glándula son los islotes de Langerhans, que producen insulina, la cual regula la cantidad de glucosa en la sangre.

Hígado

El hígado es un órgano sólido, grande, que ocupa la mayor parte del área inmediatamente por debajo del diafragma, en el cuadrante superior derecho, y además se extiende hasta el cuadrante superior izquierdo. Es el órgano sólido más grande en el abdomen, y tiene varias funciones. Las sustancias venenosas producidas por la digestión son llevadas al hígado, donde se vuelven inocuas. En este lugar se forman factores que son necesarios para la coagulación de la sangre y para la formación del plasma normal. El hígado produce entre 0.5 y 1 L de bilis al día, para asistir en la digestión normal de la grasa. El hígado es el órgano principal para el almacenamiento de glucosa o almidón, para uso inmediato por el cuerpo para obtener energía. También produce muchos de los factores que ayudan en la regulación apropiada de las respuestas inmunitarias. Desde el punto de vista anatómico, el hígado es una masa grande de vasos y células sanguíneas, empacadas juntas, apretadamente. Es frágil y, por su tamaño, es lesionado con relativa facilidad. El flujo sanguíneo en el hígado es alto debido a que toda la sangre que es bombeada a las vías gastrointestinales pasa al hígado, a través de la vena porta, antes de retornar al corazón. Además, el hígado tiene un generoso abastecimiento de sangre por sí mismo. De ordinario, aproximadamente 25% del gasto cardiaco de sangre (1.5 L) pasa a través del hígado cada minuto

Conductos biliares

El hígado está conectado con el intestino por los conductos biliares. La vesícula biliar es una bolsa protuberante de los conductos biliares, que actúa como un reservorio y órgano de concentración para la bilis producida en el hígado. Juntos, el conducto hepático común, el conducto cístico y la vesícula forman el sistema biliar. La vesícula descarga bilis almacenada y concentrada dentro del duodeno, a través del colédoco. La presencia de alimento en el duodeno desencadena una contracción de la vesícula biliar para vaciarla. La vesícula biliar contiene usualmente cerca de 60 a 90 mL de bilis.

Intestino delgado

El intestino delgado es el mayor órgano hueco del abdomen. Las células que recubren el intestino producen enzimas y moco para ayudar a la digestión. Las enzimas del intestino delgado y el páncreas realizan el proceso final de la digestión. Más de 90% de los productos de la digestión (aminoácidos, ácidos grasos, y azúcares simples), junto con agua, vitaminas ingeridas y minerales, se absorben a través de la pared del extremo inferior del intestino delgado al interior de venas, para ser transportados al hígado. El intestino delgado está formado por el duodeno, el yeyuno y el íleon. El duodeno, que tiene una longitud aproximada de 30.5 cm, es la parte del intestino delgado que recibe alimentos del estómago. En este sitio, los alimentos son mezclados con secreciones del páncreas y el hígado para una digestión ulterior. La bilis, producida por el hígado y almacenada en la vesícula biliar, es vaciada, según lo necesario, al interior del duodeno. Es de color verduzco negro, pero por medio de cambios durante la digestión, da a las heces su color marrón característico. Su principal función es participar en la digestión de las grasas. El yeyuno y el íleon, juntos, miden más de seis metros en promedio, constituyendo el resto del intestino delgado.

Intestino grueso

El intestino grueso, otro órgano hueco, se extiende desde el íleon hasta el ano. Sus cuatro regiones principales son el ciego, el colon, el recto y el canal anal. Con longitud aproximada de 1.5 m y diámetro de 6.5 cm, rodea el borde exterior del abdomen, alrededor del intestino delgado. La principal función del colon, que es la porción del intestino grueso que se extiende desde el ciego hasta el recto, consiste en absorber de 5 a 10% de los últimos alimentos digeridos, y agua del intestino, para formar heces sólidas firmes, que son almacenadas en el recto y expulsadas al exterior a través del ano.

Apéndice

El apéndice (o apéndice vermiforme) es una estructura tubular enrollada de 8 cm de largo que se halla unida al interior del ciego, en el cuadrante inferior derecho del abdomen. Puede obstruirse con facilidad y, como resultado, inflamarse e infectarse. La apendicitis, que es el término de esta inflamación, es una de las principales causas de trastornos abdominales graves.

Recto

El extremo más inferior del colon es el recto. Es un órgano hueco que está adaptado para almacenar temporalmente cierta cantidad de heces hasta que son expulsadas. En su extremo terminal está el ano, un canal de 2 a 3 cm recubierto con piel. El recto y el ano disponen de una serie compleja de músculos circulares, llamados esfínteres, que controlan, tanto voluntaria como involuntariamente, el escape de líquidos, gases y sólidos, de las vías gastrointestinales.

Aparato urinario

El aparato urinario controla la descarga de ciertos materiales de desecho filtrados por los riñones; en él, los riñones son órganos sólidos mientras que los uréteres, la vejiga urinaria y la uretra son órganos huecos (Figura 4-51 ▶). Ordinariamente consideramos a los aparatos urinario y reproductor juntos, porque comparten muchos órganos.

El cuerpo tiene dos riñones, que están situados en la pared muscular posterior del abdomen, por detrás del peritoneo, en el espacio retroperitoneal. Estos órganos limpian la sangre de productos de desecho tóxicos, y controlan el equilibrio de agua y sodio. El flujo sanguíneo a los riñones es alto; cerca de 20% del gasto cardiaco pasa cada minuto a través de ellos. Grandes vasos comunican directamente los riñones a la aorta y vena cava inferior. Productos de desecho y agua son constantemente filtrados de la sangre formando la orina. Los riñones concentran de manera continua esta orina filtrada, reabsorbiendo el agua al pasar por un sistema de tubos especializados en su interior. Los tubos se ensanchan al final para formar la pelvis renal, un área de colección con forma de cono, que conecta al uréter y al riñón. Normalmente, cada riñón drena su orina al uréter, a través del cual la orina llega a la vejiga urinaria.

El uréter pasa de la pelvis renal de cada riñón, a lo largo de la superficie de la pared abdominal posterior, por detrás del peritoneo, para drenar en la vejiga urinaria. Los uréteres son tubos musculares pequeños que miden entre 25 y 30 cm de largo y su diámetro fluctúa entre 1 y 10 mm. En estos tubos ocurre peristaltismo, una contracción del músculo liso, como onda, para mover la orina hacia la vejiga.

La vejiga urinaria está localizada inmediatamente por detrás de la sínfisis del pubis, en la cavidad pélvica, y está

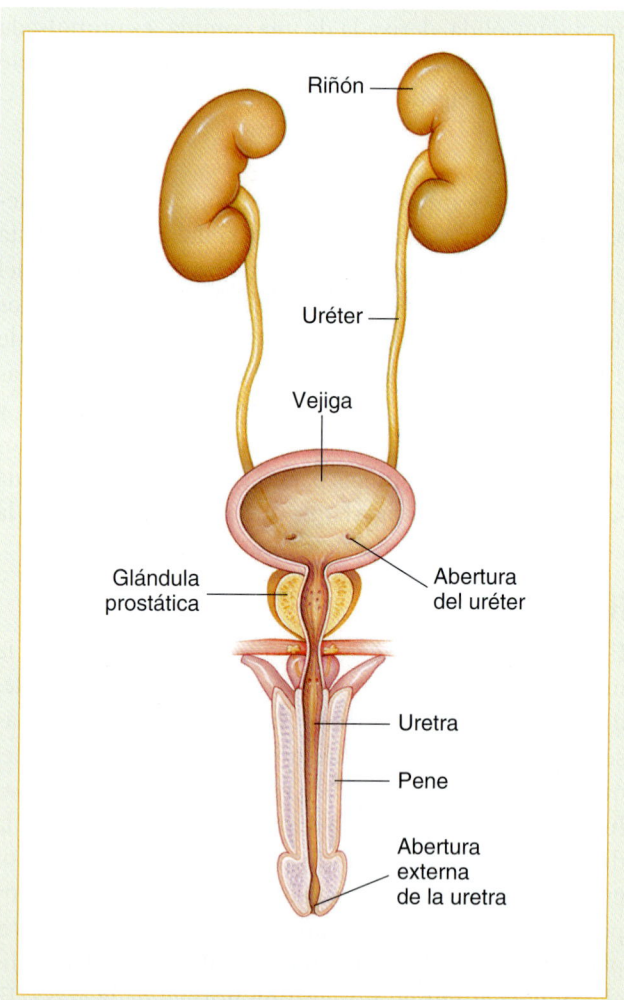

Figura 4-51 El aparato urinario está situado en el espacio retroperitoneal detrás de los órganos del aparato digestivo. El aparato urinario incluye en hombres y mujeres a los riñones, uréteres, y uretra. El diagrama muestra el aparato urinario masculino.

formada por músculo liso, recubierta por una membrana especializada. Los dos uréteres penetran posteriormente en su base, a ambos lados. La vejiga se vacía al exterior del cuerpo a través de la uretra. En el hombre, la uretra pasa de la base anterior de la vejiga a través del pene. En la mujer, la uretra se abre por delante de la vagina. El adulto normal produce de 1.5 a 2 L de orina cada día. Este desecho es extraído y concentrado de 1 500 L de sangre que circulan por los riñones diariamente.

Aparato genital

El aparato genital controla los procesos reproductivos mediante los cuales la vida es creada. Los órganos genitales masculinos, con excepción de la próstata y las vesículas seminales, están situados fuera de la cavidad pélvica. Los órganos genitales femeninos, con excepción del clítoris y los labios, están contenidos por completo en la pelvis. Los órganos reproductores masculinos y femeninos tienen ciertas semejanzas y, como es natural, diferencias básicas. Permiten la producción de espermatozoides y óvulos, y hormonas apropiadas, y el acto del coito y la reproducción.

Aparato reproductor masculino y órganos

El aparato reproductor masculino está constituido por los testículos, epidídimo, conductos deferentes, vesículas seminales, glándula prostática, uretra y pene (Figura 4-52). Cada testículo contiene células y conductos especializados; algunas de las cuales producen hormonas masculinas y otras desarrollan espermatozoides. Las hormonas se absorben de los testículos directamente al torrente sanguíneo. Los conductos deferentes son conductos que se desplazan de los testículos, hacia arriba, debajo de la piel de la pared abdominal, por una distancia corta; pasan entonces a través de una abertura a la cavidad abdominal y a la próstata, para conectarse con la uretra. Los conductos deferentes transportan los espermatozoides de los testículos a la uretra. Las vesículas seminales son pequeños sacos de almacenamiento de líquido seminal: también se vacían en la uretra, a nivel de la próstata.

El semen, se forma por el líquido seminal y los espermatozoides, que son llevados por cada conducto deferente para mezclarse con líquido de las vesículas seminales y de la próstata. La próstata rodea a la uretra cuando emerge de la vejiga urinaria. Los líquidos de la próstata y las vesículas seminales se mezclan durante el acto sexual. Durante el coito, mecanismos especiales en el sistema nervioso evitan el paso de orina a la uretra. Sólo líquido seminal, líquido prostático y espermatozoides, pasan del pene al interior de la vagina durante la eyaculación.

El pene contiene un tipo especial de tejido llamado tejido eréctil, el cual está sumamente vascularizado, y cuando está lleno de sangre hace que el pene se distienda en un estado de erección. Al llenarse los vasos bajo presión del aparato circulatorio, el pene se convierte en un órgano grande, rígido, que puede penetrar en la vagina. Ciertas lesiones de la médula espinal pueden causar una erección continua y dolorosa llamada priapismo.

Aparato reproductor femenino y órganos

Los órganos reproductores femeninos incluyen a los ovarios, trompas de Falopio, útero, cuello uterino, y vagina (Figura 4-53). Los ovarios, como los testículos, producen hormonas sexuales y células especializadas para la reproducción. Las hormonas sexuales femeninas son absorbidas directamente a la corriente circulatoria. Un óvulo especializado madura y es liberado regularmente durante los años reproductivos de la mujer adulta. Los ovarios liberan un óvulo maduro cada 28 días, aproximadamente, el cual se desplaza a través de la trompa de Falopio al útero.

Las trompas de Falopio se conectan con el útero y transportan el óvulo al interior de su cavidad. El útero es un órgano hueco en forma de pera, con paredes musculares. La estrecha abertura del útero a la vagina es el cuello uterino o cérvix. La vagina (canal del parto) es un tubo muscular distensible que conecta al útero con la vulva (los órganos genitales externos femeninos). La vagina recibe al pene durante el acto sexual, cuando se deposita esperma en ella. Los espermatozoides en el semen pueden pasar al útero y fecundar un óvulo, produciendo un embarazo. La vagina también canaliza el flujo menstrual del útero al exterior del cuerpo.

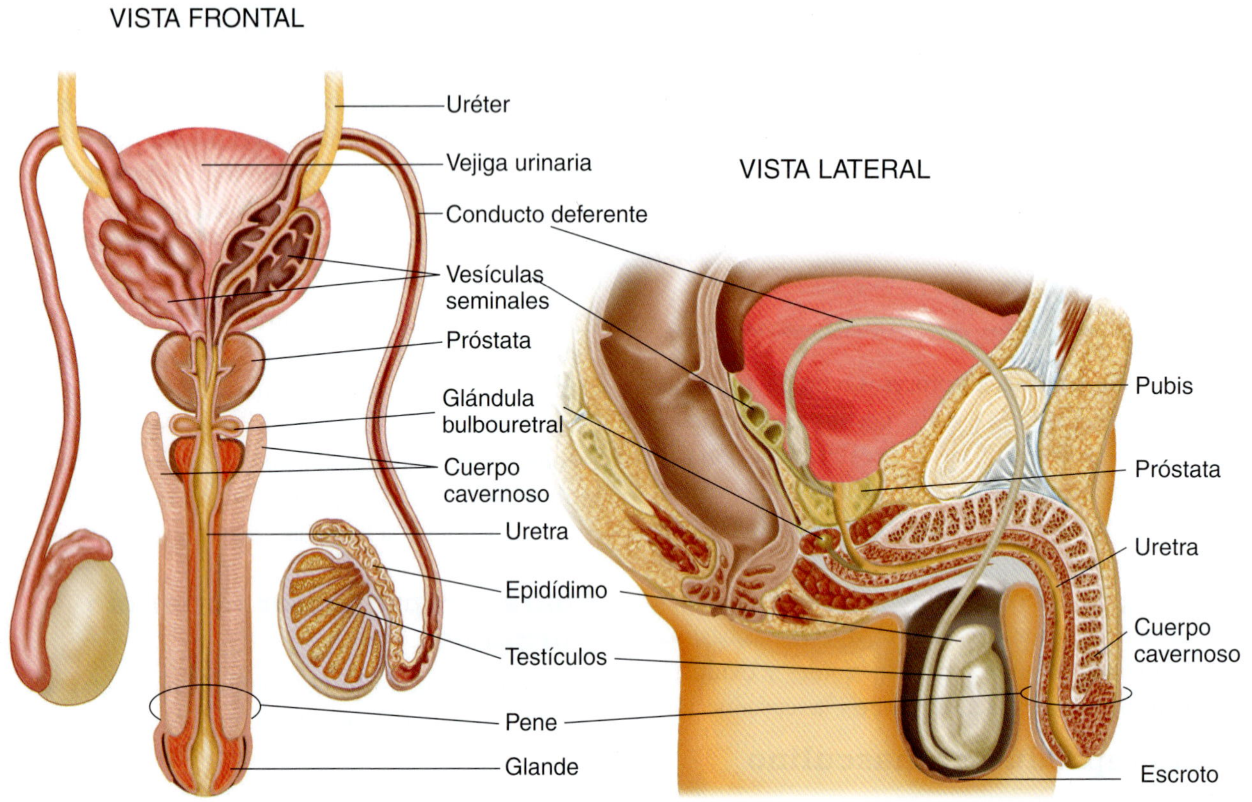

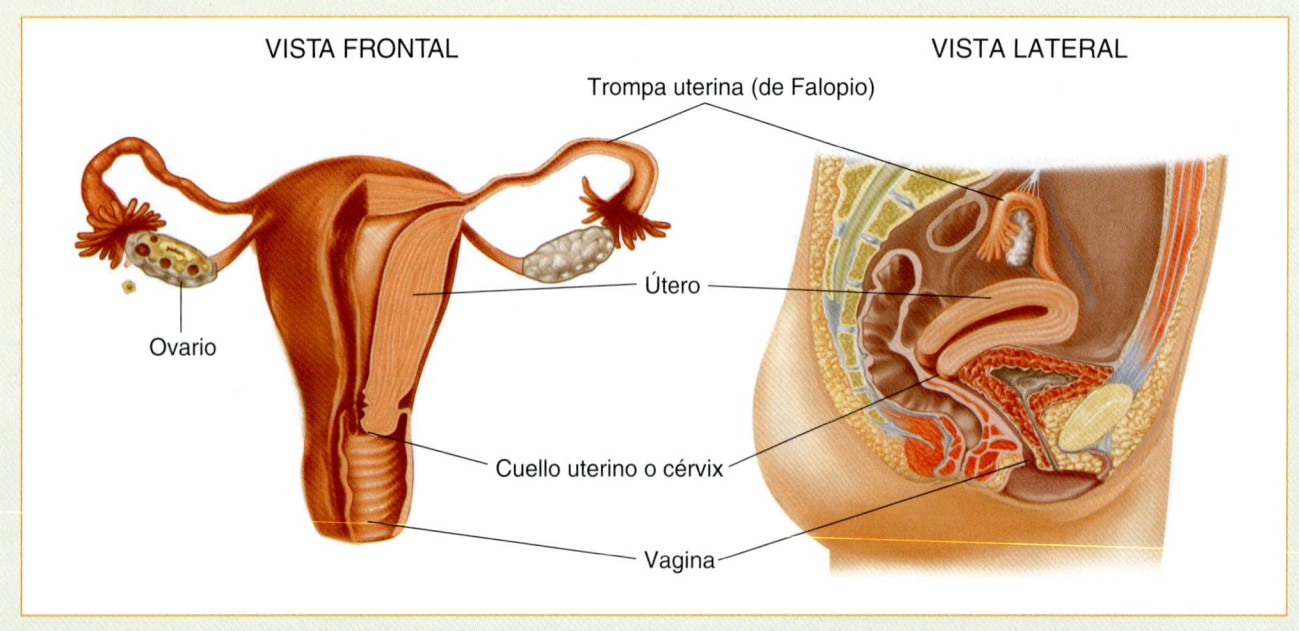

Figura 4-52 El aparato reproductor masculino consta de testículos, conductos deferentes, vesículas seminales, glándula prostática, uretra y pene.

Figura 4-53 El aparato reproductor femenino consta de los ovarios, trompas de Falopio, útero, cuello uterino y vagina.

Situación de urgencia — Resumen

Tener una comprensión de la anatomía humana puede ayudarlo para determinar el origen de la enfermedad y la lesión del paciente y, por tanto, puede afectar la calidad del cuidado del paciente. Al emplear terminología anatómica correcta, su comunicación con otros profesionales del área de la salud será clara, y además ayudará en la continuidad de la atención. Incluir este nivel de profesionalismo en sus reportes puede contribuir a mejorar su imagen profesional: un proveedor de servicios de emergencia con conocimiento y capacidad.

Resumen

Listo para repaso

- Para realizar su trabajo como TUM-B, debe tener un conocimiento de la anatomía humana, en forma tal que pueda comunicarse con el personal del hospital y otros proveedores de la salud.
- Usted debe ser capaz de identificar puntos de referencia superficiales del cuerpo y saber qué está por debajo de la piel, de manera que pueda hacer una evaluación precisa.
- El personal del hospital usará términos médicos para hacer preguntas sobre un paciente; por tanto, es importante, para el bienestar del mismo, que los aprenda y pueda usarlos correctamente.

Vocabulario vital

abdomen Cavidad del cuerpo que contiene los principales órganos de la digestión y excreción. Está situado debajo del diafragma y por encima de la pelvis.

abducción Movimiento del miembro alejándose de la línea media.

acetábulo Depresión en la parte lateral de la pelvis donde se unen sus tres componentes óseos, en la cual se articula la cabeza femoral.

aducción Movimiento del miembro hacia la línea media.

agujero occipital Abertura grande en la base del cráneo a través de la cual se conecta el encéfalo con la médula espinal.

alvéolos Sacos de aire en los pulmones donde se realiza el intercambio de oxígeno y dióxido de carbono.

anatomía topográfica Puntos de referencia del cuerpo que sirven como guías a las estructuras situadas por debajo de ellos.

ángulo costovertebral Ángulo que está formado por la unión de la columna vertebral y la décima costilla.

ángulo de Louis Borde del esternón situado al nivel donde se fija la segunda costilla al esternón; proporciona un constante y confiable punto de referencia óseo en la parte anterior de la pared torácica.

anterior Superficie de enfrente del cuerpo; el lado que está frente a usted en la posición anatómica estándar.

aorta La principal arteria que sale del lado izquierdo del corazón y lleva sangre oxigenada al cuerpo.

aparato circulatorio Red de tubos conectados que incluye las arterias, arteriolas, capilares, vénulas, y venas, que mueven sangre, oxígeno, nutrientes, dióxido de carbono, y desechos celulares a través del cuerpo; impulsados por una bomba (el corazón).

aparato genital Aparato reproductor del hombre y la mujer.

aparato musculoesquelético Huesos y músculos voluntarios del cuerpo.

aparato respiratorio Todas las estructuras del cuerpo que contribuyen al proceso de la respiración, constituido por la vía aérea superior e inferior.

aparato urinario Órganos que controlan la descarga de ciertos materiales de desecho filtrados de la sangre y excretados como orina.

apéndice Estructura tubular pequeña que está fija al borde inferior del ciego en el cuadrante inferior derecho del abdomen.

apéndice xifoides La punta inferior cartilaginosa estrecha del esternón.

ápice (vértice) Extremidad en punta de una estructura cónica.

apófisis mastoides Masa ósea prominente en la base del cráneo, detrás del oído.

arco costal Puente de cartílago que conecta los extremos de la sexta y décima costillas con la parte baja del esternón.

arteria braquial El vaso más grande de la extremidad superior que suministra sangre al brazo.

arteria carótida La mayor arteria que suministra sangre a la cabeza y al encéfalo.

arteria cubital Una de las mayores arterias del antebrazo; puede palparse en la muñeca en el lado cubital (en la base del dedo meñique).

arteria dorsal del pie Arteria en la superficie anterior del pie, entre el primer y segundo metatarsianos.

arteria femoral Arteria principal del muslo, una continuación de la arteria ilíaca externa. Suministra sangre a la parte inferior de la pared abdominal, órganos genitales externos, y piernas. Puede palparse en el área de la ingle.

arteria pulmonar La arteria que se dirige del ventrículo derecho a los pulmones; lleva sangre pobre en oxígeno.

arteria radial La arteria mayor del antebrazo; es palpable en la muñeca del lado del pulgar.

arteria tibial posterior La arteria posterior al maléolo medial; suministra sangre al pie.

arteriola La rama más pequeña de una arteria que conduce a la vasta red de capilares.

articulación Sitio donde se ponen en contacto dos huesos.

articulación carpometacarpiana Articulación entre la muñeca y los huesos metacarpianos; la articulación del pulgar.

articulación esferoidea Unión que permite la rotación interna y externa, así como agacharse.

articulación temporomandibular Articulación donde la mandíbula se une al hueso temporal del cráneo, justo frente a cada oído.

articulaciones en bisagra Articulaciones que pueden flexionarse y extenderse pero no pueden girar; restringen el movimiento a un plano.

aurícula Cámara superior del corazón.

bíceps Músculo grande que cubre la parte frontal del húmero.

bilateral Parte del cuerpo que se encuentra en ambos lados de la línea media.

cabeza femoral Extremo proximal del fémur que se articula con el acetábulo para formar la articulación de la cadera.

caja torácica El tórax o caja torácica.

capilares Finas divisiones terminales del sistema arterial que permiten el contacto entre células del cuerpo con el plasma y los glóbulos rojos.

cápsula articular Saco fibroso que recubre una articulación.

cartílago costal Puente de cartílago que conecta los extremos de las sextas a décimas costillas con la porción inferior del esternón.

cartílago cricoides Puente firme de cartílago que forma la parte inferior de la laringe.

cartílago tiroides Una prominencia firme de cartílago que forma la parte superior de la laringe; la manzana de Adán.

cerebelo Una de las tres subdivisiones del encéfalo, llamado a veces el "pequeño cerebro"; coordina varias actividades, en particular los movimientos finos del cuerpo.

cerebro La parte más grande de las tres subdivisiones del encéfalo, está formado por varios lóbulos que controlan el movimiento, audición, equilibrio, habla, percepción visual, emociones y personalidad.

ciego La primera parte del intestino grueso, en la cual se abre el íleon.

cintura escapular Porción proximal de la extremidad superior, formada por la clavícula, la escápula y el húmero.

clavícula Hueso en forma de S, localizado en la parte anterior del tórax, lateral al esternón y medial a la escápula.

cóccix Las últimas cuatro vértebras de la columna vertebral; el hueso de la cola.

columna cervical Porción de la columna vertebral que consiste en las primeras siete vértebras localizadas en el cuello.

columna lumbar Parte inferior de la espalda, formada por las cinco vértebras más bajas no fusionadas.

columna torácica Las 12 vértebras situadas entre las vértebras cervicales y las vértebras lumbares. Un par de costillas se fija a cada una de las vértebras torácicas.

conductos biliares Conductos que conducen bilis entre el hígado y el intestino.

conductos deferentes Conducto espermáticos de los testículos; llamados también *vas deferens*.

corazón Órgano muscular hueco que recibe sangre de las venas y la propulsa a las arterias.

costillas flotantes La onceava y doceava costillas, que no se fijan al esternón por medio de los cartílagos costales

cráneo Área de la cabeza por encima de los ojos y los oídos; el cráneo contiene al encéfalo.

cresta ilíaca El reborde, o ala, del hueso pélvico.

cuadrantes Forma de describir las áreas de la cavidad abdominal. Imagine dos líneas entrecruzándose en el ombligo, dividiendo al abdomen en cuatro áreas iguales.

cúbito El hueso de la cara interna del antebrazo en el lado opuesto al pulgar.

cuero cabelludo La piel gruesa que cubre el cráneo, usualmente tiene pelo.

dermis Capa interna de la piel que contiene los folículos pilosos, glándulas sudoríparas, terminaciones nerviosas y vasos sanguíneos.

diafragma Cúpula muscular que forma la superficie inferior del tórax, separando la cavidad torácica de la cavidad abdominal. La contracción del diafragma (y de los músculos de la pared del tórax) ingresa aire a los pulmones. Su relajación permite que se expulse aire de los pulmones.

diástole Relajación, o periodo de relajamiento, del corazón, en especial de los ventrículos.

digestión Transformación de los alimentos que nutren las células individuales del cuerpo.

distal Estructuras que están más alejadas del tronco o más cercanas al extremo libre de la extremidad.

dorsal Superficie posterior del cuerpo, incluyendo la parte de atrás de la mano.

encéfalo Órgano de control del cuerpo y centro de la conciencia; sus funciones incluyen percepción, control de reacciones al ambiente, respuestas emocionales, y discernimiento.

enzimas Catalizadores proteínicos diseñados para acelerar la velocidad de reacciones bioquímicas específicas.

epidermis Capa exterior de la piel que está formada por células que se han sellado entre sí formando una cubierta protectora, a prueba de agua, para el cuerpo.

epiglotis Válvula delgada, con forma de hoja, que permite que pase aire a la tráquea, pero evita que entren alimentos o líquidos.

escápula (omóplato) Hueso plano del hombro.

esófago Tubo colapsable que se extiende desde la faringe al estómago; las contracciones del músculo en la pared del esófago propulsan a los alimentos y líquidos hasta el estómago.

espacio pleural Espacio potencial entre la pleura parietal y la pleura visceral. Se describe como "potencial" porque bajo condiciones normales no hay separación entre ellas.

espinas ilíacas anteriores y superiores Prominencias óseas de la pelvis (ílion) localizadas de forma anterolateral e inferior al abdomen, justo por debajo del plano del ombligo.

esqueleto Armazón que nos da una forma reconocible; también diseñado para permitir movimientos del cuerpo y protección a órganos vitales.

esternón Hueso localizado en la parte anterior y medial del tórax.

Resumen continuación...

extender Enderezar.

extensión Enderezamiento de una articulación.

fascia Lámina o banda de tejido conjuntivo fibroso fuerte; está situada profundamente debajo de la piel, y forma una capa exterior para los músculos.

fémur El hueso del muslo; el más largo y uno de los huesos más fuertes del cuerpo.

flexión Doblar una articulación.

flexionarse Doblarse.

folículos pilosos Pequeños sacos en la piel que producen pelo.

frecuencia cardiaca (pulso) La onda de presión que es creada por la contracción del corazón y la eyección de la sangre al salir del ventrículo izquierdo hacia el interior de las principales arterias.

glándulas salivales Glándulas que producen saliva para mantener húmeda a la boca y faringe.

glándulas sebáceas Glándulas que producen una sustancia aceitosa llamada sebo, que descarga a lo largo de los pelos.

glándulas sudoríparas Glándulas que secretan sudor; situadas en la dermis.

glóbulos blancos Células sanguíneas que desempeñan su papel en los mecanismos inmunitarios y de defensa del cuerpo contra la infección; llamados también leucocitos.

glóbulos rojos Células que llevan oxígeno a los tejidos del cuerpo; llamados también eritrocitos.

hígado Órgano grande, sólido, situado en el cuadrante superior derecho, inmediatamente por debajo del diafragma; produce bilis, almacena glucosa para uso inmediato por el cuerpo, y produce muchas sustancias que ayudan a regular respuestas inmunitarias.

húmero El hueso de soporte del brazo.

ílion Uno de los tres huesos que se fusionan para formar el anillo pélvico.

impulso hipóxico "Sistema de reserva" para control de la respiración; detecta caídas en el nivel de oxígeno de la sangre.

inferior La parte del cuerpo, o cualquier parte del cuerpo, más cercana a los pies.

intestino delgado Porción del tubo digestivo situada entre el estómago y el ciego, dividido en duodeno, yeyuno e íleon.

intestino grueso Porción del tubo digestivo que rodea el abdomen y se ubica alrededor del intestino delgado, dividido en ciego, colon y recto. Ayuda a regular el agua y eliminar los desechos sólidos.

isquion Uno de los tres huesos que se fusionan para formar el anillo pélvico.

lateral Partes del cuerpo situadas más alejadas de la línea media.

ligamento Banda de tejido fibroso que conecta hueso con hueso. Soporta y endereza una articulación.

ligamento inguinal Ligamento fibroso, duro, que se extiende entre el borde lateral de la sínfisis del pubis y la espina ilíaca anterior y superior.

línea media Línea imaginaria vertical trazada a través de la parte media de la frente, que pasa por la nariz y el ombligo hasta el piso.

línea medioaxilar Línea imaginaria vertical trazada a través de la parte media de la axila, paralela a la línea media.

línea medioclavicular Línea imaginaria vertical trazada a través de la parte media de la clavícula y paralela a la línea media.

malares Huesos cuadrangulares de las mejillas, que se articulan con el hueso frontal, los maxilares superiores, la apófisis cigomática del hueso temporal y las alas mayores del hueso esfenoides.

mandíbula El hueso maxilar inferior.

manubrio Porción superior del esternón.

manzana de Adán Prominencia firme en la parte superior de la laringe formada por el cartílago tiroides. Es más prominente en hombres que en mujeres.

maxilares superiores Huesos superiores de la mandíbula que asisten en la formación de la órbita, la cavidad nasal y el paladar, y alojan a los dientes superiores.

medial Partes del cuerpo que están situadas más cerca de la línea media.

médula espinal Extensión del encéfalo de la cual emergen prácticamente todos los nervios que conducen mensajes entre el encéfalo y el resto del cuerpo. Está situada y protegida por el conducto vertebral.

membrana cricotiroidea Lámina delgada de fascia que conecta los cartílagos tiroides y cricoides que forman la laringe.

membranas mucosas Recubrimiento de las cavidades corporales y pasajes que comunican, directa o indirectamente, con el ambiente exterior.

metabolismo Suma de todos los procesos físicos y químicos de los organismos vivos; el proceso por medio del cual se dispone de la energía para los usos del organismo.

miocardio El músculo del corazón.

moco La secreción opaca, pegajosa, de las membranas mucosas que lubrica las cavidades del cuerpo.

músculo esquelético Músculo que está fijo a los huesos y suele cruzar cuando menos una articulación; músculo estriado o voluntario.

músculo estriado Músculo que tiene franjas características o estriaciones, bajo el microscopio; músculo voluntario o esquelético.

músculo involuntario Músculo sobre el cual una persona no tiene control consciente. Se encuentra en muchos sistemas de regulación automática del cuerpo.

músculo liso Músculo involuntario no estriado; constituye la masa principal del intestino delgado, y está presente en casi todo órgano hueco para regular la actividad automática.

músculo voluntario Músculo que está bajo control voluntario del encéfalo y puede contraerse o relajarse a voluntad; músculo esquelético o estriado.

músculos esternocleidomastoideos Músculos a cada lado del cuello que permiten los movimientos de la cabeza.

nasofaringe Parte de la faringe que está situada por encima del nivel del techo de la boca, o paladar blando.

nervios conectores Nervios que conectan los nervios sensitivos y motores en la médula espinal.

nervios motores Nervios que conducen información del sistema nervioso central a los músculos del cuerpo.

nervios sensitivos Nervios que conducen las sensaciones de tacto, gusto, calor, frío, dolor, u otras modalidades del cuerpo al sistema nervioso central.

occipital Hueso localizado en la parte posterior del cráneo.

órbita La cuenca del ojo, formada por los maxilares superiores y el malar.

oreja La parte exterior, visible, del oído.

orofaringe Estructura tubular que se extiende verticalmente desde la parte posterior de la boca al esófago y la tráquea.

ovario Glándula femenina que produce hormonas sexuales y óvulos.

palmar La región frontal de la mano.

páncreas Órgano plano, sólido, que está situado debajo del hígado y el estómago; es la fuente principal de enzimas digestivas y produce la hormona insulina.

pelvis renal Área colectora en forma de cono que conecta el uréter y el riñón.

perfusión Circulación de sangre oxigenada dentro de un órgano o tejido, en cantidades adecuadas para cubrir las necesidades corrientes de las células.

peristaltismo Contracción de músculo liso, como en una onda, mediante la cual los uréteres, y otras estructuras tubulares, propulsan sus contenidos.

plantar La parte más baja del pie.

plaquetas Elementos diminutos, en forma de discos, que son mucho menores que las células sanguíneas; son esenciales en la formación inicial de un coágulo de sangre, el mecanismo que detiene una hemorragia.

plasma Líquido amarillo, pegajoso, que lleva a las células sanguíneas y nutrientes, y transporta material de desecho a los órganos de excreción.

pleura Membrana serosa que cubre los pulmones y recubre la cavidad torácica, generando entre ambas un espacio potencial conocido como espacio pleural.

posición anatómica Posición de referencia en la cual el paciente está de pie con la vista al frente, con los brazos a los lados y las palmas de las manos hacia el frente.

posición de choque Posición en la que la cabeza y el torso (tronco) están colocados en posición supina, con las extremidades inferiores elevadas de 15 a 30 cm (6 a 12"). Esto ayuda a incrementar el flujo sanguíneo al encéfalo; también conocida como posición de Trendelenburg modificada.

posición de Fowler Posición en la cual el paciente está sentado con las rodillas ligeramente flexionadas.

posición de Trendelenburg Posición en la cual el cuerpo en posición supina y en inclinación de 45° deja la cabeza más abajo que los pies.

posición prona Posición en la cual el cuerpo yace con la cara hacia abajo.

posición supina Posición en la cual el cuerpo yace con la cara hacia arriba.

posterior La superficie de atrás del cuerpo; el lado alejado de usted en la posición anatómica estándar.

priapismo Erección continua y dolorosa del pene causada por ciertas lesiones medulares y algunas enfermedades.

profundo Hacia el interior del cuerpo y alejado de la piel.

próstata Glándula pequeña que rodea la uretra masculina en la base de la vejiga urinaria; secreta un líquido que es parte del líquido eyaculatorio.

proximal Estructuras que están más cercanas al tronco.

pubis Uno de los tres huesos que se fusionan para formar el anillo pélvico.

pulso La onda de presión creada al contraerse el corazón y forzar la sangre fuera del ventrículo izquierdo a las arterias.

radio El hueso del antebrazo localizado en su cara lateral.

recto Parte distal y más baja del colon.

regiones parietales Áreas entre las regiones temporales y occipital del cráneo.

regiones temporales Porciones laterales del cráneo.

respiraciones agónicas Respiración lenta, entrecortada, que se aprecia en pacientes moribundos.

retroperitoneal Parte posterior de la cavidad abdominal.

riñones Dos órganos retroperitoneales que excretan los productos terminales del metabolismo como orina, y regulan el contenido de agua y sodio del cuerpo.

rótula Hueso especializado situado dentro del tendón del músculo cuádriceps.

sacro Uno de los tres huesos (sacro y los dos huesos pélvicos) que forman el anillo pélvico; consiste en cinco vértebras sacras fusionadas.

semen Líquido seminal eyaculado del pene y que contiene espermatozoides.

sínfisis del pubis Prominencia ósea dura que se encuentra en la línea media en la parte más baja del abdomen.

sistema endocrino Sistema complejo de mensaje y control que integra muchas funciones corporales, incluyendo la liberación de hormonas.

sistema musculoesquelético Huesos y músculos voluntarios del cuerpo.

Resumen continuación...

sistema nervioso   Sistema que controla virtualmente todas las actividades del cuerpo, tanto voluntarias como involuntarias.

sistema nervioso autónomo   Parte del sistema nervioso que regula funciones, como la digestión y la sudoración, que no se controlan de manera voluntaria.

sistema nervioso central (SNC)   El encéfalo y la médula espinal.

sistema nervioso periférico   La parte del sistema nervioso que consiste en 31 pares de nervios raquídeos y 12 pares de nervios craneales. Estos nervios periféricos pueden ser sensitivos, motores o conectores.

sistema nervioso somático   Parte del sistema nervioso que regula actividades sobre las cuales hay control voluntario.

sístole   Contracción, o periodo de contracción, del corazón, especialmente de los ventrículos.

superficial   Más cercano a la piel, o en ella.

superior   La parte del cuerpo, o cualquier parte del cuerpo, más cercana a la cabeza.

tejido subcutáneo   Tejido, formado en gran parte por grasa, situado inmediatamente por debajo de la dermis, y actúa como un aislante del cuerpo.

tensión arterial (TA)   Presión que ejerce la sangre contra las paredes de las arterias al pasar a través de ellas.

testículo   Glándula genital masculina que contiene células especializadas que producen hormonas y espermatozoides.

tibia   El hueso de la espinilla, el mayor de los dos huesos de la pierna.

tórax   Cavidad del pecho que contiene al corazón, pulmones, esófago, y los grandes vasos (aorta y las dos venas cavas).

torso   El tronco sin la cabeza ni extremidades.

tráquea   Estructura tubular principal para el paso del aire a los pulmones.

tríceps   El músculo en la parte posterior del brazo.

trocánter mayor   Prominencia ósea en la porción proximal y lateral del muslo, inmediatamente por debajo de la articulación de la cadera.

trompa de Falopio   Tubo largo y delgado que se extiende desde el útero a la región del ovario del mismo lado, a través de la cual pasa el óvulo del ovario al útero.

tronco encefálico o tallo cerebral   El área del encéfalo entre la médula espinal y el cerebro, rodeados por el cerebelo; controla funciones que son necesarias para la vida, como la respiración.

uréter   Tubo pequeño hueco que conduce orina de los riñones a la vejiga urinaria.

uretra   Conducto que conduce la orina de la vejiga urinaria al exterior del cuerpo.

vagina   Tubo muscular distensible que conecta al útero con la vulva (los órganos genitales externos femeninos); llamada también canal de nacimiento.

vejiga urinaria   Saco situado detrás de la sínfisis del pubis, formado por músculo liso, que colecta y almacena orina.

vena cava inferior   Una de las dos venas más grandes del cuerpo; transporta sangre de las extremidades inferiores y de los órganos pélvicos y abdominales, al interior del corazón.

vena cava superior   Una de las dos venas más grandes del cuerpo; lleva sangre de las extremidades superiores, cabeza, cuello, y tórax, al interior del corazón.

venas pulmonares   Las cuatro venas que retornan la sangre oxigenada de los pulmones a la aurícula izquierda del corazón.

ventral   Superficie anterior del cuerpo.

ventrículos   Cavidades inferiores del corazón.

vértebras   Los 33 huesos que forman la columna vertebral.

vértebras lumbares   Vértebras de la columna lumbar.

vesícula biliar   Saco en la superficie inferior del hígado que colecta bilis del hígado y la descarga al interior del duodeno por medio del colédoco.

vesículas seminales   Sacos de almacenamiento de espermatozoides y líquido seminal; se vacían en la uretra y la próstata.

Qué evaluar

Está respondiendo a un choque de un vehículo en el que están involucradas dos personas. Encuentra a una mujer de 30 años de edad con su hijo de 5 años. Ambos tienen problemas de vía aérea que deben tratarse eficazmente. Al llegar, ya fuera del vehículo accidentado, usted está encargado de la vía aérea del niño.

¿Cuáles son las mayores diferencias entre la vía aérea del adulto y las del niño? ¿Cuál es la relación entre el tamaño de la cabeza del niño, comparado con el resto del cuerpo? ¿Cuál es la forma correcta para ayudar a posicionar la vía aérea en un paciente pediátrico?

Está ahora dando respiraciones al niño. Nota que el estómago se está moviendo mucho más que el pecho.

¿Qué debe hacer? ¿Cuál es la frecuencia respiratoria normal para un niño de esta edad y qué tan rápido debe ventilarlo? ¿A qué edad comienzan los niños a respirar por la nariz?

Temas: Diferencias anatómicas entre adultos y niños.

Autoevaluación

Es usted enviado a atender un paciente con múltiples heridas de arma blanca. Las autoridades han asegurado el área. Al llegar encuentra a un hombre que yace en el piso.

1. El paciente yace sobre su estómago. ¿Cómo se llama esta posición?

   A. Supina
   B. Prona
   C. de Fowler
   D. Choque

2. El paciente tiene una herida de arma blanca sobre la región anterior, en la cara lateral derecha, distal a la caja torácica. ¿Dónde está localizada la lesión?

   A. Pecho
   B. Cuadrante inferior izquierdo CII
   C. Cuadrante superior derecho CSD
   D. Lado derecho del cuello

3. El paciente presenta sangrado grave a través de la herida. ¿Cuál órgano probablemente está lesionado?

   A. Hígado
   B. Bazo
   C. Páncreas
   D. Intestino delgado

4. El paciente tiene otra herida de arma blanca en la porción anterior, medial a la cadera izquierda, proximal al muslo. ¿Dónde está localizada esta herida?

   A. Rodilla
   B. Cuadrante inferior derecho CID
   C. Glúteos
   D. Ingle

5. ¿Qué arteria está localizada cerca de la herida?

   A. Braquial
   B. Femoral
   C. Dorsal del pie
   D. Carótida

6. Usted está entrenado para realizar compresiones torácicas. Necesita encontrar la saliente ósea en el extremo distal del esternón. ¿Cómo se llama ese punto de referencia?

   A. Apéndice xifoides
   B. Arco costal
   C. Ángulo de Louis
   D. Escotadura yugular

7. Todas las arterias conducen sangre oxigenada y todas las venas sangre desoxigenada. ¿Qué combinación de arteria y vena es la excepción de esta regla?

   A. Aorta y vena cava
   B. Arteria y vena renal
   C. Arteria carótida y vena yugular
   D. Arteria y vena pulmonar

8. ¿Cuál órgano ayuda en el metabolismo y para regular la temperatura?

   A. Riñones
   B. Piel
   C. Hígado
   D. Páncreas

Preguntas desafiantes

9. Describa las vías de conducción eléctrica del corazón, y cómo se relaciona con la tensión arterial de una persona.

10. El cerebro controla el sistema nervioso central. ¿Qué tipo de problemas tendrían las personas si tuvieran una lesión, como ataque cerebral o ACV en el cerebro, cerebelo, y tallo cerebral?

Signos vitales de base e historial SAMPLE

Objetivos

Cognitivos

1-5.1 Identificar los componentes de los signos vitales. (p. 149)
1-5.2 Describir los métodos para obtener una frecuencia respiratoria. (p. 150)
1-5.3 Identificar los atributos que se deben obtener cuando se evalúa la respiración. (p. 149)
1-5.4 Diferenciar entre respiraciones superficiales, laboriosas y ruidosas. (p. 150)
1-5.5 Describir los métodos para obtener una frecuencia de pulso. (p. 153)
1-5.6 Identificar los datos obtenidos cuando se evalúa el pulso de un paciente. (p. 153)
1-5.7 Diferenciar entre un pulso fuerte, débil, regular e irregular. (p. 154)
1-5.8 Describir los métodos para evaluar el color de la piel, la temperatura, y el llenado capilar en lactantes y niños. (p. 154)
1-5.9 Identificar el color normal y anormal de la piel, (p. 154)
1-5.10 Diferenciar entre los colores pálido, azul (cianótico), rojo (rubicundez) y amarillo (ictericia) de la piel. (p. 154)
1-5.11 Identificar la temperatura normal y anormal de la piel. (p. 155)
1-5.12 Diferenciar entre la temperaturas caliente, fresca y fría de la piel. (p. 155)
1-5.13 Identificar las condiciones normales y anormales de la piel. (p. 155)
1-5.14 Identificar el llenado capilar normal y anormal en lactantes y niños. (p. 155)
1-5.15 Describir los métodos para evaluar las pupilas. (p. 161)
1-5.16 Identificar el tamaño normal y anormal de la pupila. (p. 161)
1-5.17 Diferenciar entre el tamaño de la pupila dilatada (midriasis) y constreñida (miótica). (p. 161)
1-5.18 Diferenciar entre pupilas reactivas y no reactivas, y entre pupilas iguales y desiguales. (p. 161)
1-5.19 Describir los métodos para evaluar la tensión arterial. (p. 157)
1-5.20 Definir presión sistólica. (p. 157)
1-5.21 Definir presión diastólica. (p. 157)
1-5.22 Explicar la diferencia entre auscultación y palpación para obtener una tensión arterial. (p. 158)
1-5.23 Identificar los componentes del historial SAMPLE. (p. 148)
1-5.24 Diferenciar entre un signo y un síntoma. (p. 147)
1-5.25 Declarar la importancia de reportar y registrar correctamente los signos vitales de base. (p. 149)
1-5.26 Exponer la necesidad de buscar una alerta médica adicional. (p. 149)

Afectivos

1-5.27 Explicar la razón de conocer los signos vitales de base. (p. 149)
1-5.28 Reconocer y responder a los sentimientos que experimentan los pacientes durante la evaluación. (p. 150)
1-5.29 Defender la necesidad de obtener y registrar un conjunto adecuado de signos vitales. (p. 149)
1-5.30 Explicar el razonamiento para registrar conjuntos adicionales de signos vitales. (pp. 149, 150)
1-5.31 Explicar la importancia de obtener un historial SAMPLE. (p. 148)

Psicomotores

1-5.32 Demostrar las destrezas implicadas en la evaluación de la respiración. (p. 149)
1-5.33 Demostrar las destrezas asociadas con la obtención del pulso. (p. 153)
1-5.34 Demostrar las destrezas asociadas con la evaluación del color, la temperatura, y llenado capilar en lactantes y niños. (p. 154)
1-5.35 Demostrar las destrezas asociadas con la evaluación de las pupilas. (p. 161)
1-5.36 Demostrar las destrezas asociadas con la obtención de la tensión arterial. (p. 157)
1-5.37 Demostrar las destrezas que deben aplicarse para obtener información de un paciente, familiar, o espectador de la escena. (p. 149)

Objetivos adicionales *

Cognitivos

Ninguno

Afectivos

1. Explicar las bases racionales para aplicar la oximetría de pulso. (p. 152)

Psicomotores

Ninguno

*Estos son objetivos extracurriculares.

5

Signos vitales de base e historial SAMPLE

Situación de urgencia

Es enviado a un salón en el aeropuerto por una paciente que se queja de dolor en el pecho. Al llegar encuentra a una mujer de 34 años de edad, sentada en una banca, quejándose de dolor en el tórax. Está pálida y diaforética. Su pulso es de 110 latidos/min y su tensión arterial 148/84 mm Hg; está respirando 24 veces por minuto, con respiraciones superficiales y con un marcado aumento en el esfuerzo respiratorio. Le dice que tiene dolor agudo en el lado izquierdo del pecho, y que duele más cada vez que inspira. Niega antecedentes de cardiopatía, y la única medicación que informa tomar son píldoras anticonceptivas.

Este capítulo le enseñará cómo evaluar y obtener los signos vitales de base de un paciente y el historial SAMPLE, que son parte del proceso de evaluación del paciente. También le ayudará a responder las siguientes preguntas:

1. ¿Por qué son necesarios los signos vitales seriados cuando se atienden pacientes gravemente enfermos o lesionados?
2. ¿Cómo el historial SAMPLE que usted obtiene puede ser de valor para el personal del departamento de urgencias en el hospital receptor?

Signos vitales de base e historial SAMPLE

Como TUM-B debe practicar una rápida, pero minuciosa, evaluación para identificar las necesidades de los pacientes y proporcionar la atención médica de urgencia apropiada. La evaluación del paciente incluye muchos pasos y es la destreza más compleja que aprenderá en el curso de TUM-B. Para hacer más fácil la tarea, es útil identificar y discutir los componentes y datos clave para la evaluación del paciente, antes de aprender el proceso total.

Al comenzar su evaluación, debe reunir y registrar alguna información clave sobre el paciente; también necesitará obtener y evaluar los signos vitales del mismo. Las lesiones, las enfermedades, o los síntomas que condujeron a la llamada al 065, y la historia de lo que ocurrió antes, y desde que se hizo la llamada, son piezas clave de información que deberá obtener haciendo una serie de preguntas. Debe aprender también sobre el historial médico del paciente y su salud en general. Lleve consigo el equipo necesario para evaluar y atender al paciente.

Este capítulo comienza definiendo la molestia principal y los signos y síntomas. Explica luego información específica sobre el paciente que usted necesita obtener al iniciar la evaluación, y por qué la necesita. También describe cada uno de los signos vitales y proporciona una explicación, paso a paso, de cómo obtenerlos. Se exponen los signos vitales normales y anormales. El capítulo incluye una descripción del historial SAMPLE. Tenga presente que aunque la Currícula Nacional Estándar de la NOM 237 separa los signos vitales de base del historial SAMPLE en el examen del paciente, son todas una parte integral del proceso general de evaluación del paciente. Se presentan tempranamente en su entrenamiento para permitirle disponer de una gran cantidad de tiempo para practicar estas destrezas antes de aprender la evaluación completa del paciente.

Cómo reunir información clave del paciente

Durante la evaluación, estará usando una variedad de sus sentidos, y unos cuantos instrumentos médicos básicos, para obtener información sobre su paciente. Necesitará saber qué preguntas hacer y cómo hacerlas ▶ Figura 5-1 ▶. Mediante su capacidad deductiva, será capaz de interpretar el significado y las implicaciones de la información que ha reunido. Cuando evalúe al paciente tendrá que ver, escuchar, sentir y pensar.

Necesitará obtener el nombre del paciente para que pueda dirigirse a él de manera apropiada. El TUM-B siempre debe presentarse él mismo y a su compañero a su paciente. A menos que el paciente sea un amigo cercano o pariente suyo, debe dirigirse a él o ella, como señor, señora o señorita, siguiendo con su nombre. Puede preguntarle al paciente cómo quiere que se dirija a él. A menudo, parientes o miembros del personal de una residencia, o un servicio de cuidados, se dirigen a pacientes geriátricos con sus nombres de pila. No debe usted usarlo de modo familiar.

Si el nombre es difícil de pronunciar, puede decir simplemente "señor" o "señora" para presentar una manera respetuosa y profesional.

Debe intentar dirigirse a los niños por su nombre de pila, en especial con el que se les llama comúnmente, como "Pepe" o "Mary". Incluso los recién nacidos o lactantes mayores, que aun cuando no responden de manera verbal, pueden reconocer su nombre y estar menos ansiosos cuando lo escuchan.

Si un paciente que no está acompañado es incapaz de darle su nombre, debe buscar en su cartera o bolsa su licencia de conducir, o cualquier otra pieza de informa-

Figura 5-1 Debe saber cómo reunir información sobre el paciente utilizando sus sentidos y haciendo preguntas clave.

> **Tips para el TUM-B**
>
> Escriba el nombre del paciente para ayudarse a recordarlo.

ción que le indique el nombre de su paciente. Al mismo tiempo, debe buscar alguna identificación de hospital o tarjeta de alerta. Siempre busque la identificación del paciente en presencia de otro TUM o autoridad en la escena. Intente tener acceso a información del paciente digitalmente, por ejemplo Global MED-NET y el Vademecum. Estas tecnologías permitirán a los proveedores de salud del SMU obtener historias y medicaciones, de una base de datos central, mientras examinan a sus pacientes.

La edad y el sexo son también consideraciones importantes en la evaluación de un paciente. Algunos trastornos y enfermedades se encuentran de manera predominante en pacientes más jóvenes; otras, sólo en pacientes mayores. Ciertas consideraciones son predominantes en determinado grupo de edad en hombres, pero en un diferente grupo de edad en mujeres. Algunas predominan más en un sexo, y otras son exclusivas de pacientes masculinos o femeninos. Además, los límites normales de algunos de los signos vitales serán diferentes en distintos grupos de edad: niños, adultos y pacientes mayores.

Molestia principal

La razón para una llamada al 065 es información vital; es llamada la <u>molestia principal</u> del paciente. En la definición más literal, las molestias principales son los signos y síntomas mayores que el paciente informa cuando se le pregunta: ¿cuál parece ser el problema? o ¿qué está mal? Un paciente que responde "me duele el pecho", está estableciendo su molestia principal; lo que usted observa también debe ser considerado para determinarla. Si la respuesta del paciente demuestra que está teniendo una dificultad para respirar significativa, "dificultad para respirar" debe incluirse en la molestia principal, como si el paciente la hubiera expresado verbalmente. En algunos protocolos, una molestia principal también incluye cualquier lesión franca aparente.

Los problemas o sensaciones que los pacientes le comunican, como "me siento mareado", "me duele la pierna", o "Ah, eso duele mucho", se llaman <u>síntomas</u> (Figura 5-2A ▶). Éstos no pueden ser sentidos ni observados por otros; la intensidad de los síntomas es subjetiva porque se basa en la interpretación y tolerancia del paciente. Los <u>signos</u> son situaciones objetivas que pueden verse, escucharse, sentirse, olerse o medirse, por usted u otros (Figura 5-2B ▼). Las heridas, hemorragias externas, deformidades notables, respiraciones y pulso son signos.

Los signos y síntomas que ocurrieron antes de su llegada, como mareos que causaron una pérdida de la conciencia, pueden ser informados por el paciente u otros testigos en la escena. Como los signos y síntomas son esenciales para la comprensión de la secuencia de eventos, y pueden incluir signos que ya no están presentes, son parte importante del historial del paciente. Siempre debe informar cómo o cuándo, o ambas cosas, empezaron los signos y los síntomas. Esta información es importante ya que el desarrollo de los signos y síntomas con frecuencia difiere, dependiendo de la situación.

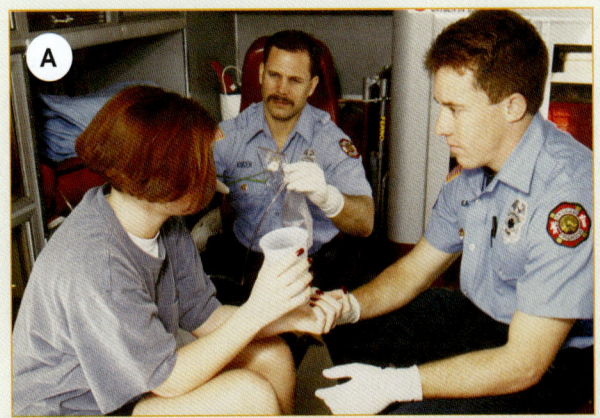

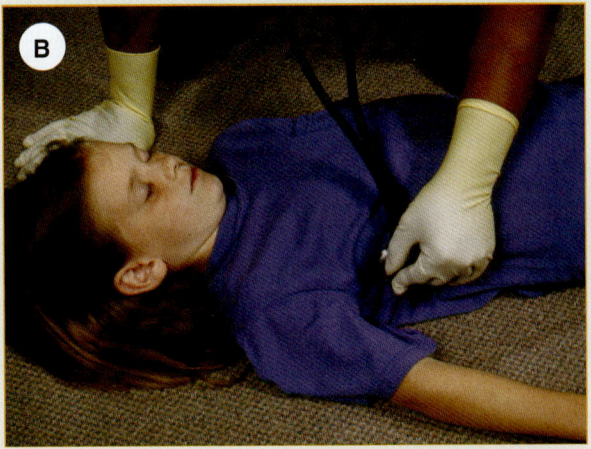

Figura 5-2 A. Un síntoma es un trastorno subjetivo que el paciente percibe y le comunica. **B.** Un signo es un trastorno objetivo del paciente que puede observar.

Tips para el TUM-B

Obtención de la frecuencia de respiraciones o del pulso

Cuando obtenga la frecuencia de respiraciones o del pulso de un paciente, cuente el número de respiraciones o latidos en 30 segundos y multiplique por 2. Este método produce una cifra significativamente más confiable que la que obtendría si contara por 15 segundos y multiplicara por 4. Con cualquiera de los métodos el resultado siempre será un número par.

Obtención del historial SAMPLE

Una vez que ha estabilizado todas las amenazas inmediatas para la vida, iniciado la atención de urgencia, y está listo para examinar adicionalmente al paciente, debe tratar de obtener una breve historia, o <u>historial SAMPLE</u>. Como parte de la evaluación de cada paciente debe hacer las siguientes preguntas usando la mnemotecnia SAMPLE (formada por las siglas en inglés de las siguientes palabras) como una guía:

- **S**ignos y **S**íntomas del episodio: ¿Qué signos y síntomas ocurrieron en el comienzo del incidente? ¿El paciente informa la presencia de dolor?
- **A**lergias: ¿El paciente es alérgico a algún medicamento, alimento, animales, u otra sustancia? ¿Qué reacciones tuvo a alguno de ellos? Si el paciente no tiene alergias conocidas, debe anotarlo en el informe corriente como "sin alergias conocidas" o interrogadas y negadas.
- **M**edicamentos: ¿Qué medicamentos le fueron prescritos al paciente? ¿Con cuánta frecuencia se supone que él lo tome? ¿Qué medicamentos de prescripción, de venta libre o herbolarios, ha tomado durante las últimas 12 horas? ¿Cuánto se tomó, y cuándo?
- Historia **P**asada Pertinente o Padecimentos Previos: ¿Tiene el paciente un historial de situaciones de tipo médico, quirúrgico o traumático? ¿Ha tenido una enfermedad, o lesión, caída o golpe recientes en la cabeza? En el caso de las mujeres, interrogar sobre la fecha de la última menstruación
- **L**unch o alimento: ¿Cuándo comió o bebió el paciente por última vez? ¿Qué comió o bebió, y en qué cantidad? ¿Tomó el paciente algunas drogas o bebió alcohol? ¿Ha habido cualquier otra ingesta en las últimas cuatro horas?
- **E**ventos que condujeron a la enfermedad o la lesión: ¿Cuáles son los eventos clave que condujeron a este incidente? ¿Qué ocurrió entre el inicio del incidente y su llegada a la escena? ¿Qué estaba haciendo el paciente cuando se inició la enfermedad? ¿Qué estaba haciendo el paciente cuando ocurrió esta lesión?

OPQRST

Otro recurso mnemotécnico que puede ser muy útil para recordar las preguntas que debe hacer en la obtención de la historia del paciente es <u>OPQRST</u> (formada por las siglas en inglés de las siguientes palabras). Esto puede ser especialmente útil cuando está evaluando un posible ataque cardiaco.

O = **O**nset (Inicio), o sea, ¿cuándo empezó este problema y qué lo causó?

Situación de urgencia — Parte 2

Al estar preparando el traslado de la paciente al hospital, ella menciona que cada vez le es más difícil respirar. Sus respiraciones aumentan a 34/min, y son superficiales y jadeantes. Aun con oxígeno a flujo alto, con una mascarilla con bolsa reservorio no recirculante, su saturación de oxígeno es de sólo 90% y su llenado capilar es de cuatro segundos. Está extremadamente ansiosa y le cuesta mucho trabajo sentarse y permanecer quieta.

3. ¿Hay algo en su repetición de examen de los signos vitales que pueda ayudar a determinar la causa de su sufrimiento?
4. ¿Cuáles son sus prioridades para el tratamiento?

P = **P**rovocación o **P**aliación, o sea, ¿algo lo hace sentir mejor?, ¿qué lo empeora?

Q = **Q**uality (Calidad), es decir, ¿cómo es el dolor? ¿puede describir su molestia?, ¿es constante, intermitente, opresivo, lacerante?

R = **R**egión/Irradiación: ¿dónde duele?, ¿se mueve el dolor a alguna parte?

S = **S**everidad: En una escala de 1–10, siendo 1 sin dolor y 10 el máximo nivel de dolor, ¿qué calificación le pondría?

T = **T**iempo: ¿cuánto tiempo ha tenido el dolor? ha sido constante, o va y viene? A menudo respondido bajo "O" (Onset), inicio.

Con práctica podrá obtener, registrar, y comunicar una historia completa. Asegúrese de preguntar estos datos al paciente y las personas cercanas a él: familiares, cuidadores, amigos, espectadores. Si el paciente está inconsciente, busque una tarjeta de identificación médica en la cartera o bolsa del paciente. Siempre busque esa identificación en presencia de otro TUM o una autoridad en la escena.

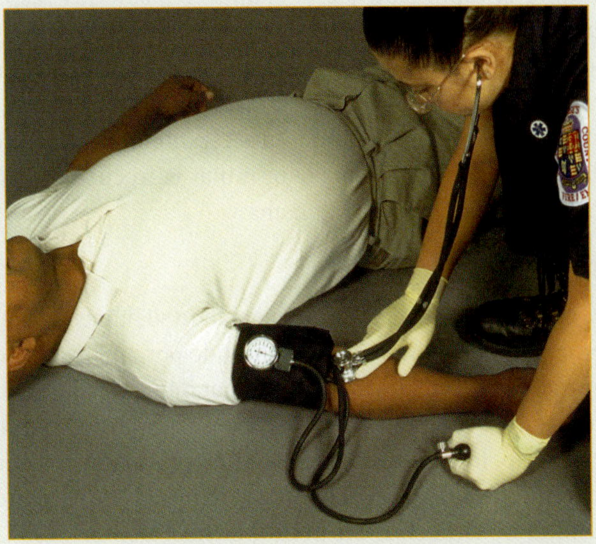

Figura 5-3 Los signos vitales de base son datos clave que se usan para establecer el estado inicial del paciente.

Signos vitales de base

El examen inicial es una evaluación rápida del estado general del paciente para identificar cualquier trastorno que pongan en peligro inminente la vida. El encéfalo y otros órganos vitales requieren oxígeno constante. Problemas significativos con la respiración y la circulación se consideran trastornos que amenazan la vida. Un problema o déficit en uno de los demás sistemas o funciones vitales afectará de manera progresiva y se reflejará en cambios en los aparatos respiratorio, circulatorio y el sistema nervioso. Por tanto, el estado de estos sistemas sirve como directriz para valorar y medir el estado general del paciente.

Los signos vitales son claves que se usan para evaluar el estado del paciente. El primer conjunto de signos vitales que obtenga se llama signos vitales de base. Reevaluando periódicamente los signos vitales y comparando los resultados con el conjunto de datos obtenidos inicialmente, podrá identificar cualquier tendencia en el estado el paciente, en particular cuando está empeorando **Figura 5-3**.

Como los indicadores clave incluyen una medición cuantitativa (numérica) objetiva, usted siempre incluirá las respiraciones, pulso y tensión arterial, cuando tome y valore los signos vitales. Otras indicaciones clave del estado de los aparatos respiratorio, circulatorio y el sistema nervioso, incluidos en los signos vitales de base, son los siguientes:

- Temperatura y condición de la piel en los adultos
- Llenado capilar en los niños
- Reacción pupilar
- Nivel de conciencia

Respiraciones

Se dice que un paciente que está respirando sin asistencia tiene respiraciones espontáneas o respiración espontánea. Cada respiración completa incluye dos fases distintas: inspiración y espiración. Durante la inspiración (inhalación) el tórax se eleva y expande hacia afuera, arrastrando el aire al interior de los pulmones. Durante la espiración (exhalación) el tórax retorna a su posición original, liberando aire, con un nivel incrementado de dióxido de carbono, fuera de los pulmones. La inspiración y la espiración se producen en una relación de 1:3; la fase de inhalación activa dura la tercera parte de la cantidad de tiempo que la fase pasiva de la espiración.

Respirar es un proceso continuo, en el cual cada respiración sigue a la anterior sin interrupción notable. La respiración es normalmente un proceso automático autónomo que ocurre sin pensamiento consciente, esfuerzo visible, sonidos notables, o dolor. Evaluará la respiración observando el tórax del paciente elevarse y descender, sintiendo el aire a través de la boca y nariz durante la espiración y escuchando los sonidos respiratorios con un estetoscopio sobre cada hemitórax. La elevación del pecho y los sonidos respiratorios deben ser iguales en ambos lados. Un paciente consciente que está hablando tiene respiraciones espontáneas. Cuando evalúe la respiración debe determinar la frecuencia, calidad y profundidad de la misma.

Frecuencia

Las respiraciones se determinan contando su número en un periodo de 30 segundos y multiplicando por 2; el resultado equivale al número de respiraciones por minuto. Para lograr precisión, debe contar cada espiración en el mismo punto de su ciclo, lo cual se hace más fácilmente contando cada elevación máxima del pecho. Aunque puede ver el punto máximo de elevación del pecho, es más fácil colocar la mano en el pecho del paciente y sentirlo. Sin embargo, esté alerta de que un paciente consciente, que sabe que está evaluando su respiración, con frecuencia hará a un lado la frecuencia y profundidad automáticas, respirando más lenta y más profundamente. Para evitar que esto suceda debe verificar las respiraciones en un paciente consciente, alerta, sin que éste se dé cuenta de lo que está evaluando. Esto se puede hacer fácilmente tomando primero un pulso radial y luego, sin soltar la muñeca, o sugiriendo algún otro cambio, contar las elevaciones del pecho que ve, o siente, al subir y bajar el antebrazo del paciente con el movimiento del pecho (Figura 5-4 ◀). Si el paciente tose, bosteza, suspira o habla, durante el periodo de 30 segundos, debe esperar unos cuantos, y empezar de nuevo. El (Cuadro 5-1 ▲) muestra los límites normales de las frecuencias respiratorias de pacientes que están en reposo.

CUADRO 5-1 Límites normales de las respiraciones

Edad	Límites, respiraciones/min
Adultos	12 a 20
Niños	15 a 30
Lactantes	25 a 50

Nota: Estos límites son por el Currículo Nacional Estándar de TUM-Básico de US DOT 1944. Los límites presentados en otros cursos pueden variar.

Calidad

Puede determinar la calidad o características de las respiraciones al estar contándolas. El (Cuadro 5-2 ▼) muestra cuatro formas en las que se puede describir la calidad.

Ritmo

Mientras cuenta las respiraciones del paciente también debe notar el ritmo. Si el momento en que una elevación del tórax en su punto máximo alcanza al siguiente, es razonable-

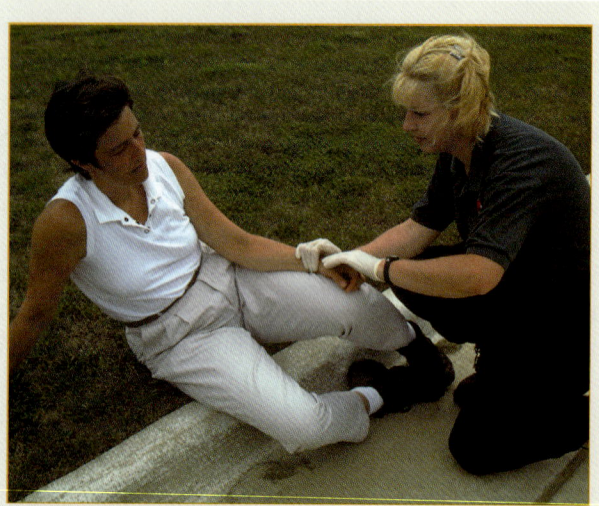

Figura 5-4 Evalúe las respiraciones en un paciente consciente tomando primero el pulso radial y luego, sin dejar la muñeca del paciente, cuente la elevación y descenso del tórax por 30 segundos.

CUADRO 5-2 Características de las respiraciones

Normal	La respiración no es ni superficial ni profunda Igual elevación y descenso del pecho No hay uso de músculos accesorios
Superficial	Disminución del movimiento de la pared torácica y abdominal
Laboriosa	Aumento del esfuerzo respiratorio Uso de músculos accesorios Posible jadeo Posible dilatación de los orificios nasales Retracciones supraclaviculares e intercostales en lactantes y niños
Ruidosa	Aumento en el sonido de la respiración, incluyendo ronquidos, sibilancias, gorgoteos, graznidos, gruñidos y estridor

mente constante, las respiraciones se consideran regulares. Si las respiraciones varían o cambian frecuentemente, se consideran irregulares. Cuando registre lo signos vitales, esté seguro de anotar si las respiraciones del paciente fueron regulares o irregulares.

Esfuerzo

Normalmente, respirar es un proceso que se realiza sin esfuerzo, que no afecta el habla, la postura o la posición. El habla es un buen indicador de que un paciente consciente esté teniendo dificultades para respirar. Un paciente que puede hablar de manera suave, sin pausas extra no usuales, está respirando normalmente. Sin embargo, el paciente que puede hablar sólo una palabra cada vez, o debe detenerse cada dos o tres palabras para respirar, está teniendo dificultades significativas para respirar. Los pacientes que están teniendo notables dificultades para respirar asumirán instintivamente una postura en la cual es más fácil para ellos respirar. Hay dos posturas comunes que indican que el paciente está intentando aumentar el flujo de aire. La primera se llama **posición de tripié**. En esta posición un paciente se sienta inclinándose hacia adelante sobre sus brazos estirados, con la cabeza y el mentón impulsados ligeramente hacia adelante, y tiene disnea como para requerir un esfuerzo consciente significativo. El segundo se ve más comúnmente en niños: la **posición de olfateo**. El paciente se sienta erecto con la cabeza y el mentón proyectados ligeramente hacia el frente, y parece estar olfateando **Figura 5-5 ▶**.

La respiración que se vuelve cada vez más difícil requiere aumentar el esfuerzo. Cuando puede ver ese

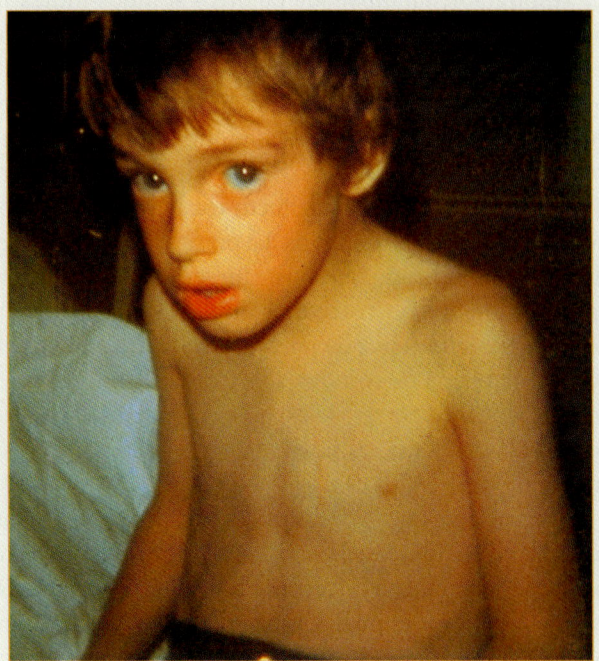

Figura 5-5 Un paciente en la posición de olfateo se sienta erecto, con la cabeza y el cuello inclinados ligeramente al frente.

esfuerzo, la respiración del paciente se describe como **respiración laboriosa**.

Al inicio, la respiración laboriosa se caracteriza por la posición del paciente, concentración en respirar, y el esfuerzo aumentado y profundidad de cada respiración. Al volverse más laboriosa, se usan los músculos accesorios en el tórax y en el cuello, y el paciente puede hacer sonidos, como gruñidos, con cada respiración. En los lactantes y niños pequeños, la dilatación de los orificios nasales y las retracciones supraclaviculares e intercostales (depresiones sobre las clavículas y en los espacios entre las costillas) se asocian comúnmente con la respiración laboriosa. A veces el paciente puede estar jadeante.

Los lactantes y niños pequeños continuarán teniendo respiración laboriosa por un periodo sostenido, entonces se agotarán y no tendrán más la fuerza necesaria para mantener la respiración. En los lactantes y niños pequeños el paro cardiaco es generalmente causado por paro respiratorio.

Respiración ruidosa

La respiración normal es silenciosa o, en un ambiente muy quieto, acompañada sólo por los sonidos del movimiento de aire de la boca y la nariz. A través de un estetoscopio, los campos pulmonares normales incluyen sólo el sonido del movimiento del aire por los bronquios, acompañados por un soplo suave, de tono bajo.

⚠ Necesidades pediátricas

La elevación del pecho en un niño es menos manifiesta que en un adulto. Sin embargo, el abdomen de un niño pequeño se mueve más con cada respiración que el de un adulto. Coloque sus manos en el margen exterior de la parte anterior e inferior del tórax para sentir el movimiento de la pared torácica y abdominal, y determine si la profundidad es normal, superficial o está aumentada. En un paciente de cualquier edad, es difícil medir la profundidad de la espiración con el movimiento del pecho, note, en vez de esto, la cantidad de aire que siente que es espirado con cada respiración.

La respiración acompañada de otros sonidos indica un problema respiratorio significativo. Cuando la vía aérea es obstruida de manera parcial por un cuerpo extraño o inflamación o edema, podrá escuchar un <u>estridor</u>, un ruido como graznido áspero, de tono alto. Si puede escuchar burbujeo o gorgoteo, el paciente probablemente tiene líquido en la vía aérea. Puede escuchar otros ruidos, como sibilancias o ronquidos. La presencia de cualquiera de estos ruidos indica que existe un serio problema respiratorio. Con una obstrucción completa de la vía aérea el paciente no será capaz de mover aire alguno, y no podrá toser o hablar. Los sonidos son causados por el movimiento de aire a través de espacios pequeños o líquido. Si no escucha nada, es posible que el paciente no esté moviendo aire en absoluto.

Un paciente que expectora esputo espeso (flemas, material de los pulmones), amarillento o verdoso, muy probablemente tiene una infección respiratoria avanzada. Un paciente con una lesión del tórax puede expectorar sangre o un esputo espumoso blanco o rosado. Un paciente con insuficiencia cardiaca congestiva también puede expectorar un esputo espumoso. La presencia de cualquier sustancia, independientemente de su causa, indica que existe un problema cardiovascular y respiratorio urgente, y potencialmente crítico. El trastorno del paciente se puede deteriorar al grado de que ya no pueda respirar más.

Profundidad

La cantidad de aire que el paciente está intercambiando depende tanto de la frecuencia como del <u>volumen corriente o tidal</u>, o cantidad de aire que es intercambiado con cada respiración. La profundidad de la respiración determina si el volumen corriente es normal, menos que normal, o más que normal. Las respiraciones son descritas como superficiales, cuando el movimiento de la pared del tórax, y el aire que siente que es espirado con cada respiración es menor al normal. Se producen respiraciones profundas cuando el movimiento del pecho y el aire espirado son significativamente mayores que lo normal. Debe anotar cuando las respiraciones del paciente son superficiales o profundas; sin embargo, no es necesario que registre una profundidad normal de la respiración.

Oximetría de pulso

La <u>oximetría de pulso</u> (pulsioximetría) es un instrumento reciente de valoración usado para evaluar la eficacia de la oxigenación. El oxímetro de pulso es un dispositivo fotoeléctrico que mide la saturación del eritrocito por la hemoglobina (la porción que contiene hierro del glóbulo rojo a la cual se fija el oxígeno) en los lechos capilares **Figura 5-6** ◀. Las partes que constituyen al oxímetro de pulso incluyen un monitor y una sonda sensora. La sonda sensora se fija a un dedo o al lóbulo de la oreja. La fuente de luz debe tener un acceso no obstruido a un lecho capilar, por lo cual se debe quitar el esmalte de uñas. Los resultados aparecen como un porcentaje en la pantalla. Normalmente, los valores de la oximetría de pulso en aire ambiente variarán dependiendo de la altitud, con la mayoría entre 95 y 100%.

El objetivo de la terapia con oxígeno consiste en aumentar la saturación de oxígeno a niveles normales. Este dispositivo es un instrumento útil de valoración para determinar la eficacia de la oxigenoterapia, terapia broncodilatadora y el uso del dispositivo bolsa-válvula-mascarilla (o BVM), en ciertos trastornos. Sin embargo, la oximetría de pulso no reemplaza a las buenas destrezas de evaluación, y no debe indicar ni limitar la administración de oxígeno a cualquier paciente que se queje de dificultad respiratoria, independientemente del valor de la oximetría de pulso.

Como el dispositivo supone perfusión y un número de glóbulo rojos adecuados, cualquier situación que cause <u>vasoconstricción</u> (estrechamiento de un vaso sanguíneo, como en la hipoperfusión o extremidades frías) o pérdida de glóbulos rojos (como en hemorragia o anemia), dará por resultado lecturas imprecisas o engañosas.

El oxímetro de pulso es una herramienta útil, siempre que los TUM-B recuerden que el dispositivo es sólo un instrumento, no un sustituto de una buena evaluación. El dispositivo debe ser empleado en presencia de hipoperfusión o anemia conocida, si se ha producido intoxicación por monóxido de carbono o exposición a otros inhalantes tóxicos, o ante bajas temperaturas de las extremidades del paciente.

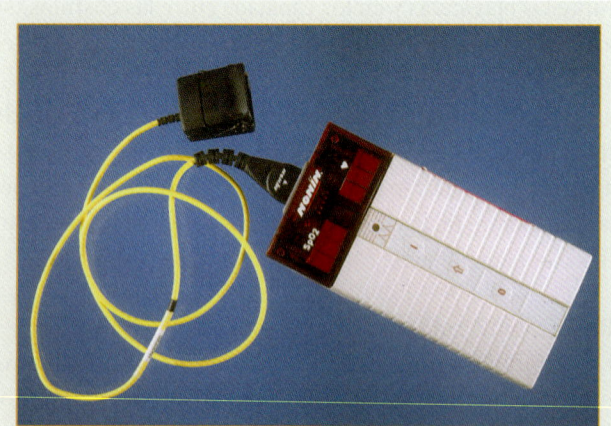

Figura 5-6 El oxímetro de pulso es un dispositivo que mide la saturación de oxígeno en la sangre, reportándolo como un porcentaje.

Es esencial recordar que raramente un signo o síntoma revela el estado del paciente o el problema de fondo. Más bien, es la combinación de muchos signos y síntomas lo que revela el problema, o el trastorno del paciente. Por tanto, es esencial tener una comprensión básica de la causas y la forma de presentarse las urgencias médicas para saber lo que se debe buscar.

Por ejemplo, un paciente con dolor torácico puede estar teniendo un ataque cardiaco. También puede haber recibido un traumatismo en el tórax, una infección pulmonar, una embolia pulmonar, o una simple distensión muscular. Si describe su dolor como aplastante, irradiado hacia el brazo izquierdo y arriba hasta su mandíbula, está pálido y empapado de sudor; el episodio empezó cuando estaba podando el jardín, tiene antecedentes de operación de derivación coronaria, y trae nitroglicerina en el bolsillo, su evaluación se inclinará hacia un infarto agudo al miocardio. Por tanto, es esencial reunir toda la información necesaria para interpretarla en conjunto.

Pulso

Con cada latido cardiaco los ventrículos se contraen, expulsando la sangre del corazón, e impulsándola al interior de las arterias. El **pulso** es la onda de presión que ocurre con cada latido cardiaco y causa una oleada en la sangre que circula por las arterias; se siente más fácilmente en un punto en el que la arteria se encuentra cercana a la superficie y puede presionarse con suavidad sobre un hueso u órgano sólido. Para palpar (sentir) el pulso, una sus dedos índice y medio y colóquelos sobre un punto de pulso, presionando con suavidad contra la arteria hasta que sienta pulsaciones intermitentes. A veces puede ser necesario deslizar los dedos un poco, a cada lado, y presionar de nuevo hasta sentir el pulso. Cuando palpe un pulso no permita que su pulgar toque al paciente, pues si lo hace puede confundir la fuerte circulación pulsátil en su pulgar con el pulso del paciente.

En pacientes concientes mayores de un año de edad debe palpar el pulso radial en la muñeca (Figura 5-7A); en uno inconsciente, de más de un año, debe palpar el pulso carotídeo en el cuello (Figura 5-7B). Cuando palpe el pulso carotídeo, debe colocar las puntas de sus dedos índice y medio a lo largo de la arteria carótida, en el surco entre la tráquea y el músculo del cuello. Tenga cuidado cuando palpe el pulso de la arteria carótida en un paciente consciente, en especial en uno de mayor edad. Sólo debe usarse una presión suave en un lado del cuello. Nunca presione las arterias en los dos lados al mismo tiempo, ya que puede reducir la circulación de sangre al encéfalo.

En los lactantes, los pulsos, tanto radial como carotídeo son difíciles de localizar. Debido a la tráquea blanda e inmadura de los lactantes no se recomienda palpar el pulso

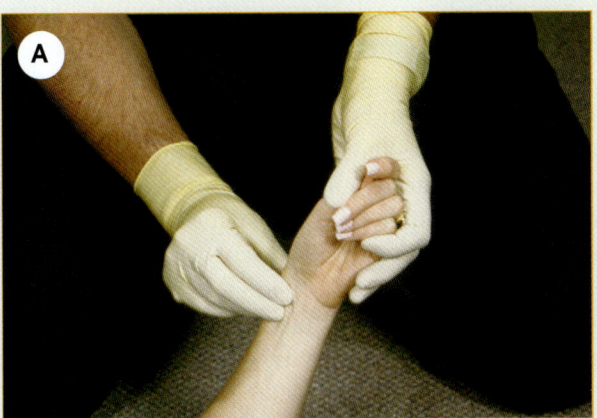
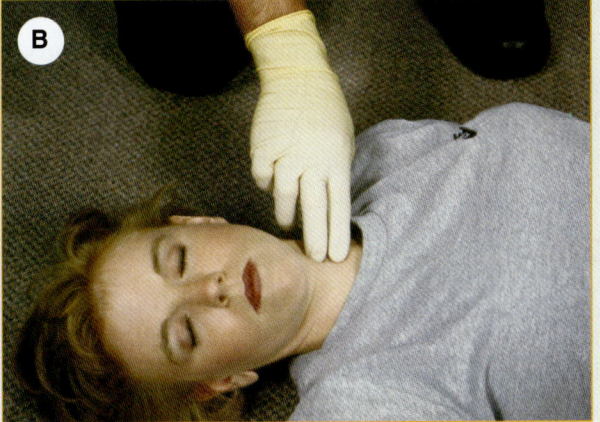

Figura 5-7 **A.** Para palpar el pulso radial, coloque las puntas de sus primeros dos dedos sobre la arteria radial, presionando levemente hasta que se sientan las pulsaciones intermitentes. **B.** Para palpar el pulso carotídeo, coloque las puntas de sus primeros dos dedos sobre la arteria carótida, presionando levemente hasta que se sientan pulsaciones intermitentes.

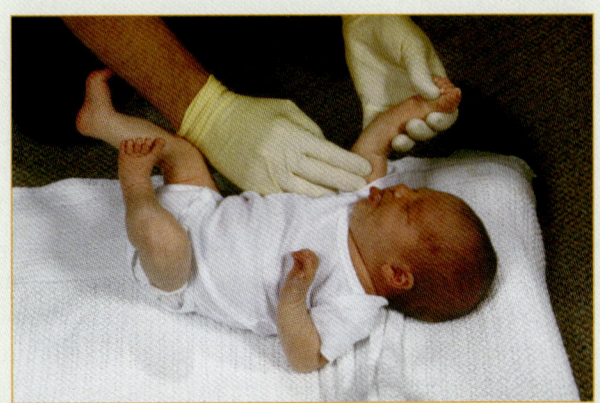

Figura 5-8 Para palpar la arteria braquial en un lactante, presione firmemente a lo largo del surco del brazo en su cara interna.

CUADRO 5-3 Límites normales de las frecuencias de pulso	
Edad	Límites, latidos/min
Adultos	60 a 100
Niños	75 a 150
Lactantes	100 a 160

carotídeo en ellos. En niños menores de un año de edad, palpe el pulso braquial, localizado en el área medial (lado de abajo) del brazo (Figura 5-8 ◄). Con el lactante en posición supina, puede acceder el pulso braquial elevando el brazo sobre la cabeza del lactante. Como la mayoría de los lactantes tiene brazos rechonchos, necesita presionar firmemente las puntas de sus dedos a lo largo de la arteria braquial, que está situada paralelamente al eje longitudinal del brazo, para poder palpar el pulso.

Su primera consideración al tomar un pulso es determinar si el paciente tiene un pulso palpable, o no tiene pulso. Cuando tome un pulso debe valorar e informar su frecuencia, fuerza y regularidad.

Frecuencia

Para obtener el pulso en la mayoría de los pacientes, debe contar el número de pulsaciones que siente en un periodo de 30 segundos, y luego multiplicar por 2. Un pulso que es débil y difícil de palpar, irregular, o extremadamente lento, debe palparse y contarse por un minuto completo.

La frecuencia del pulso se cuenta como latidos por minuto, por lo que no es necesario decir o escribir "latidos por minuto" después del número.

La frecuencia del pulso en la mayor parte de los adultos (en reposo) promedia alrededor de 72 latidos/min. No obstante, la frecuencia del pulso puede variar significativamente de persona a persona. En el atleta bien condicionado, o en un individuo que toma medicamentos, como betabloqueadores, la frecuencia del pulso puede ser considerablemente menor. Una frecuencia del pulso entre 60 y 100 latidos/min puede ser considerada normal en adultos. La frecuencia del pulso en los niños es generalmente más alta. El (Cuadro 5-3 ▲) muestra los límites normales de las frecuencias del pulso.

Al valorar la frecuencia del pulso en un adulto, una frecuencia mayor de 100 latidos/min se describe como **taquicardia** y una menor de 60 latidos/min, como **bradicardia**.

Fuerza

Siempre debe comunicar la fuerza del pulso cuando informe o registre el pulso. El pulso es generalmente palpado en las arterias radial o carótida en adultos, y en la arteria braquial en lactantes, porque es normalmente fuerte y fácilmente palpable en esos sitios. Por tanto, si el pulso se siente con fuerza normal, debe describirse como fuerte. Debe describir a un pulso más fuerte que lo normal como "saltón" y uno que es débil, y difícil de percibir, como "débil" o "filiforme". Con un poco de experiencia podrá hacer fácilmente las distinciones necesarias.

Regularidad

Cuando valore la calidad del pulso también debe determinar si es regular o irregular. Cuando el intervalo entre cada contracción ventricular es corto el pulso es rápido, y cuando es más largo, el pulso es más lento. Independientemente de cuál sea la frecuencia, el intervalo entre cada contracción debe ser el mismo, y el pulso que resulta debe ocurrir como un ritmo regular constante. Debe notar y documentar este ritmo como regular.

El ritmo se considera irregular si el corazón tiene periódicamente un latido prematuro o tardío, o si se pierde un latido. Algunos individuos tienen de manera crónica un ritmo irregular; sin embargo, si se encuentra un ritmo irregular en un individuo con signos y síntomas sugestivos de un problema cardiovascular, es probable que el paciente necesite una evaluación y soporte vital cardiaco avanzado. Por tanto, dependiendo de sus protocolos, debe solicitar apoyo del soporte vital avanzado (SVA), o iniciar un pronto transporte para su atención definitiva.

Piel

El estado de la piel del paciente puede decirle mucho sobre la circulación periférica y perfusión, niveles de oxígeno de la sangre, y temperatura corporal. Cuando examine la condición de la piel de un paciente, debe evaluar su color, temperatura y humedad.

Color

Examinar la piel le ayuda a determinar lo adecuado de la **perfusión**, que es la circulación de sangre dentro de un órgano o tejido. Una adecuada perfusión cubre las necesidades de las células, mientras que una perfusión inadecuada causará que mueran células y tejidos.

Muchos vasos sanguíneos están situados cerca de la superficie de la piel, cuyo color es determinado por la sangre circulante dentro de estos vasos, así como por la cantidad y tipo de pigmento que está presente en la piel. La sangre es

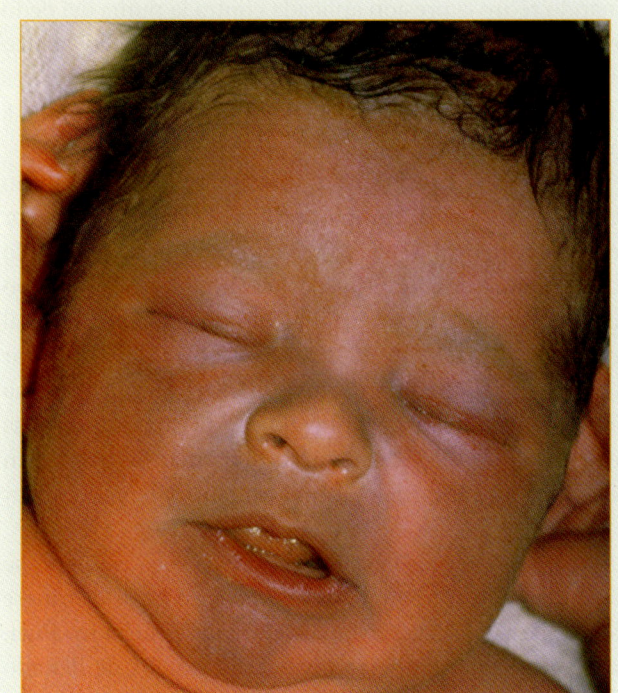

Figura 5-9 El aumento en la tensión arterial puede hacer que la piel esté brillante y roja.

roja cuando está saturada de manera adecuada con oxígeno. Como resultado, la piel en individuos poco pigmentados es rosada. La pigmentación en la mayor parte de los individuos no ocultará cambios en el color subyacente de la piel, al margen de la raza del sujeto. En los pacientes con piel intensamente pigmentada, cambios en el color pueden ser aparentes en sólo ciertas áreas, como los lechos ungueales, las membranas mucosas en la boca, los labios, caras internas de brazos y palmas (que ordinariamente son menos pigmentados), y las conjuntivas oculares. La <u>conjuntiva</u> es una membrana delicada que recubre los párpados y la superficie expuesta del ojo. Además, deben examinarse las palmas y las plantas en lactantes y niños.

La circulación periférica deficiente hará que la piel aparezca pálida, blanca, ceniza o gris, tal vez con un aspecto traslúcido, céreo, como una vela blanca. La piel anormalmente fría, o congelada, también puede presentarse en esta forma. Cuando la sangre no está apropiadamente saturada con oxígeno aparece azulada. Por tanto, en un paciente con intercambio insuficiente de aire, y bajos niveles de oxígeno en la sangre, los labios, membranas mucosas, lechos ungueales, y piel sobre los vasos, aparecen azules o grises. Este trastorno se llama <u>cianosis</u>.

La tensión arterial alta puede hacer que la piel esté anormalmente encendida y roja (Figura 5-9 ▲). En algunos pacientes con tensión arterial extremadamente alta, todos los vasos visibles estarán tan llenos que la piel parecerá ser de color rojizo oscuro amoratado. Un paciente con una fiebre significativa, golpe de calor, quemadura solar, quemaduras térmicas leves, u otros trastornos, en los cuales el cuerpo es incapaz de disipar el calor de manera apropiada, también parecerán tener la piel roja.

Los cambios en el color de la piel también puede ser el resultado de enfermedades crónicas. Las enfermedades o disfunciones del hígado pueden causar <u>ictericia</u>, dando por resultado que la piel y la esclerótica del paciente se vuelvan amarillas. La <u>esclerótica</u> es la porción normalmente blanca del ojo, y puede mostrar cambios de color, aun antes de que sea visible el cambio de color en la piel.

Temperatura

En general, la piel es moderadamente caliente al tocarse. Cuando el paciente tiene una fiebre significante, quemadura solar o hipertermia, la piel se siente muy caliente al tocarla. La piel se sentirá fresca cuando el paciente está en estado de choque temprano, hipotermia leve, o tiene perfusión inadecuada. La piel se sentirá fría cuando el paciente está en choque profundo, tiene hipotermia, o congelación. La temperatura del cuerpo se mide normalmente en el hospital con un termómetro.

Humedad

La piel seca es normal. La piel que es húmeda (llamada a menudo diaforética), o en exceso seca y caliente, sugiere un problema. En las etapas iniciales del choque la piel se volverá un poco húmeda. La piel que es sólo levemente húmeda, pero no está cubierta de manera extensa por sudor, se describe como viscosa, mojada o húmeda. Cuando la piel está bañada en sudor, como después de un ejercicio extenuante, o cuando el paciente está en choque, se describe como mojada o <u>diaforética</u>.

Como el color, la temperatura y la humedad de la piel son con frecuencia signos relacionados, debe considerarlos juntos. Cuando registre o informe su evaluación sobre la piel, debe describir primero el color, luego la temperatura y, finalmente, si la piel está seca, húmeda o mojada. Por ejemplo, debe decir o escribir, "Piel: pálida, fría y viscosa".

Llenado capilar

El <u>llenado capilar</u> se examina para evaluar la capacidad del aparato circulatorio para restaurar la sangre al sistema capilar. Cuando se evalúa en una extremidad no lesionada, el llenado capilar puede reflejar la perfusión del paciente. Sin embargo, debe tenerse presente que el tiempo de llenado

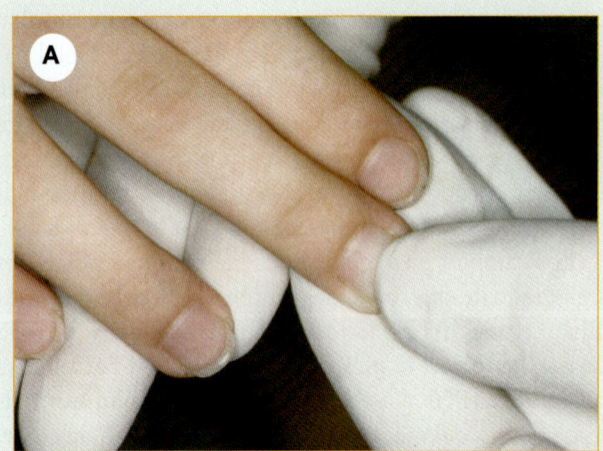

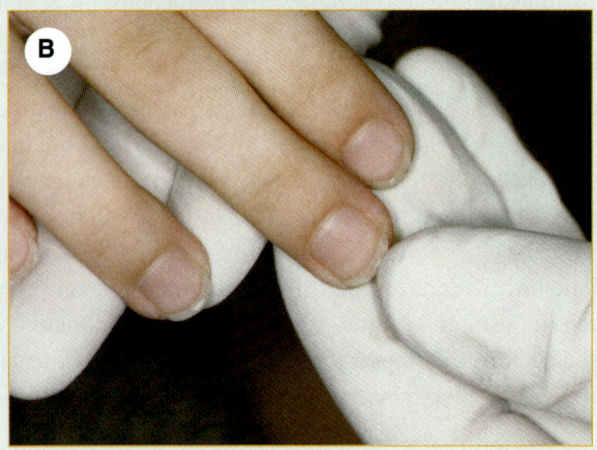

Figura 5-10 A. Para probar el llenado capilar, comprima suavemente la punta del dedo hasta que se ponga blanco. **B.** Libere la punta del dedo y cuente hasta que retorne a su color rosa normal.

capilar puede ser afectado por la temperatura corporal, posición, trastornos médicos preexistentes, y medicaciones del paciente. Para probar el llenado capilar, coloque su pulgar sobre la uña el paciente, con los dedos debajo del dedo del paciente, y presione suavemente (Figura 5-10A). La sangre será forzada fuera de los capilares en el lecho ungueal.

Cuando retire la presión aplicada contra la punta del dedo del paciente, el lecho ungueal permanecerá pálido y blanco por un breve periodo. Al llenarse de nuevo los capilares subyacentes con sangre el lecho ungueal será restaurado a su color rosado normal.

El llenado capilar debe ser pronto, y el color del lecho de la uña, rosado. Con una perfusión adecuada, el color del lecho ungueal debe ser restaurado a su color rosado normal dentro de un lapso de dos segundos, o en el tiempo que toma decir "llenado capilar" a una velocidad normal del habla (Figura 5-10B). Debe informar y documentar el llenado capilar como normal, < 2. Debe sospechar una circulación deficiente cuando el llenado capilar toma más de dos segundos, o el lecho ungueal permanece pálido. En este caso, debe informar y documentar un llenado capilar retardado, > 2.

Un color azuloso puede indicar que los capilares se están llenando con sangre de las venas en lugar de sangre oxigenada de las arterias, lo que hace la prueba inválida. También debe considerar inválida la prueba de llenado capilar si el paciente está, o ha estado, expuesto a un ambiente frío, o si es de edad avanzada. En ambas situaciones el llenado capilar retardado puede ser normal.

Al valorar el llenado capilar en lactantes mayores y niños menores de seis años, presione en en el lecho ungueal y determine cuánto tiempo tarda en regresa a su color rosado. En recién nacidos y lactantes menores presione en la frente, en la barbilla o el esternón para determinar el tiempo de llenado capilar. Como con los adultos, el llenado capilar normal toma menos de dos segundos. Sin embargo, como indicador de estado cardiovascular es mucho más confiable en niños que en adultos y debe registrarse para todos los pacientes pediátricos.

Tensión arterial

Es necesaria una tensión arterial adecuada para mantener una circulación y perfusión apropiadas en las células de los órganos vitales. La tensión arterial (TA) es la presión

Situación de urgencia — Parte 3

Al estar transportando a su paciente al hospital, ella se torna cada vez más confusa. Su frecuencia respiratoria disminuye a 16 respiraciones/min, su pulso se reduce a 60 latidos/min, y su tensión arterial es 120/64 mm Hg. Se ve menos ansiosa y parece estar relajándose.

5. ¿Está mejorando el estado de su paciente?
6. ¿Qué significan estos cambios en los signos vitales? ¿Debe cambiar sus prioridades en el tratamiento?

de la sangre circulante contra las paredes de las arterias. Una disminución en la tensión arterial puede indicar una de las siguientes situaciones:

- Pérdida de sangre o de sus componentes líquidos
- Pérdida de tono vascular y suficiente vasoconstricción arterial para mantener la presión necesaria, aun sin una pérdida real de sangre o líquidos
- Un problema de bombeo cardiaco

Cuando se presenta cualquiera de estas situaciones, y da por resultado una caída en la circulación, se activan los mecanismos de compensación del cuerpo: la frecuencia cardiaca aumenta y las arterias se constriñen. La tensión arterial normal se mantiene, y al disminuir el flujo sanguíneo a la piel y extremidades, el volumen de sangre disponible se redirige de manera temporal a los órganos vitales para que permanezcan adecuadamente perfundidos. Sin embargo, al progresar el choque y no poderse mantener más los mecanismos de compensación, la tensión arterial caerá. La disminución de la tensión arterial es un signo tardío del estado de choque, e indica que la fase crítica descompensada ha comenzado. Cualquier paciente con una tensión arterial disminuida, en grado muy manifiesto, tiene una presión inadecuada para mantener una perfusión correcta de todos los órganos vitales y necesita que su tensión arterial y perfusión se restauren de inmediato a un nivel normal.

Cuando la tensión arterial se eleva, los mecanismos compensadores del cuerpo actúan para reducirla. Algunas personas tienen tensión arterial alta por estrechamiento progresivo de las arterias, que se produce con la edad, y durante un episodio agudo su tensión arterial puede aumentar a niveles aún más altos. Las lesiones de la cabeza, y otros trastornos, pueden causar aumentos de la tensión arterial a niveles muy elevados. La tensión arterial anormalmente alta puede producir una rotura, u otra lesión crítica, en el sistema arterial.

Debe medir la tensión arterial en todos los pacientes mayores de tres años.

La tensión arterial contiene dos componentes clave separados: la presión sistólica y la presión diastólica. La <u>presión sistólica</u> es la presión aumentada y trasmitida a lo largo de la arteria con cada contracción (sístole) de los ventrículos y la onda de pulso que produce. La <u>presión diastólica</u> es la presión residual que permanece en las arterias durante la fase de relajación del ciclo del corazón (diástole), cuando el ventrículo izquierdo está en reposo. La presión sistólica representa la máxima presión a la que se somete una arteria, y la presión diastólica, la cantidad mínima de presión que está siempre presente en las arterias.

Los medidores de tensión arterial iniciales contenían una columna de mercurio y una escala lineal graduada

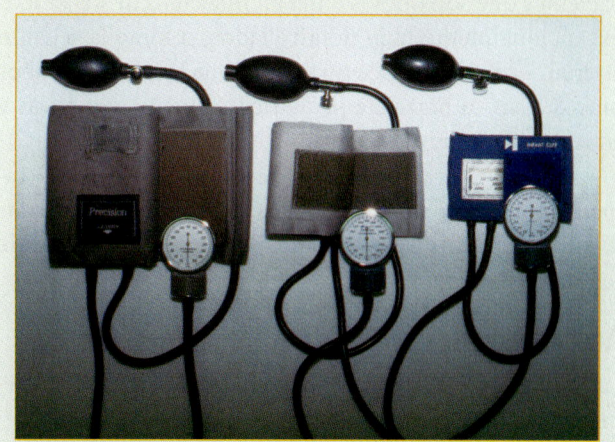

Figura 5-11 Tres tamaños de brazaletes para la toma de tensión arterial: muslo, adulto y pediátrico.

en milímetros. Aun cuando se usan ahora distintos medidores, la tensión arterial aún se mide en milímetros de mercurio (mm Hg). La tensión arterial se informa como una fracción en forma de presión sistólica sobre presión diastólica. Por tanto, si la presión sistólica de un paciente es 120 y la presión diastólica es 78, la registraría como "TA 120/78 mm Hg", y lo haría verbalmente como la "TA es de 120 sobre 78".

Equipo para la medición de la tensión arterial

Cuando mida la tensión arterial usará un esfigmomanómetro (manguito de tensión arterial) para aplicar presión contra arteria. El esfigmomanómetro tiene los siguientes componentes:

- Un brazalete exterior ancho para ajustarse alrededor de la totalidad del brazo o pierna
- Un cámara ancha inflable cosida a una porción del brazalete
- Una perilla para insuflar, con una válvula unidireccional que permite que entre aire, y una válvula de paso que se puede cerrar o que, cuando está abierta, permitirá que el aire se libere del brazalete a una velocidad controlada.
- Un manómetro calibrado en milímetros de mercurio, que indica la presión que existe en el brazalete que está siendo aplicado contra la arteria.

La mayoría de los proveedores tiene cuando menos tres tamaños de brazaletes para la tensión arterial: para adulto, muslo y pediátrico **Figura 5-11**. El brazalete de tamaño normal está diseñado para cubrir alrededor del brazo de 1 a 1.5 veces incluyendo dos terceras partes de la longitud entre la axila y el pliegue del codo, en la mayor parte de los adultos. Utilice un brazalete de muslo en pacientes que son obesos o tienen músculos de los brazos excepcionalmente bien desarrollados, o tome la tensión arterial del muslo en pacientes que tienen lesiones en ambos brazos. Use un brazalete pediátrico pequeño con niños y adultos pequeños.

Debe asegurarse de seleccionar el brazalete de tamaño apropiado. Uno demasiado pequeño puede dar lugar a lecturas falsamente altas; uno demasiado grande puede causar lecturas falsamente bajas.

Auscultación

La <u>auscultación</u> es el método de escuchar los sonidos del interior del cuerpo con un estetoscopio. Usualmente medirá la tensión arterial por auscultación (Destrezas 5-1 ▶). Siga estos pasos:

1. **Con el brazo extendido del paciente** con la palma hacia arriba, coloque el brazalete en forma tal que quede a través del brazo, y esté situado con su borde distal cerca de 2.5 cm (1 pulgada) por encima del pliegue, en el lado interno del codo del paciente. Asegure que el centro de la cámara inflable, que suele ser señalado por una flecha en el brazalete, quede sobre la arteria braquial. A continuación, envuelva los extremos en forma tal que el brazalete rodee el brazo ajustada, pero no apretadamente. Fije el brazalete con el velcro que está fijo a éste, asegurando que pase su mano sobre la totalidad del área para que queden bien fijos. Una vez que el brazalete ha sido apropiadamente ajustado alrededor del brazo, éste debe mantenerse más o menos al mismo nivel que el corazón (**Paso 1**).
2. **Palpe la arteria braquial** (en la fosa antecubital de la cara anterior del codo) para determinar dónde colocar el estetoscopio (**Paso 2**).
3. **Coloque el diafragma del estetoscopio sobre la arteria**, y sosténgalo firmemente contra la arteria con los dedos de su mano no dominante. Sujete la perilla en la palma de su otra mano, y la válvula de paso entre sus dedos pulgar e índice (**Paso 3**).
4. **Cierre la válvula de manera firme, y presione la perilla** hasta que no escuche más los sonidos del pulso. Continúe bombeando para aumentar la presión del manguito 20 mm Hg adicionales. Luego, gire con lentitud la válvula, abriéndola hasta que el aire se escape de manera regular y vea descender lentamente la aguja. Observe la aguja y escuche con atención. Anote la presión sistólica en la lectura en que los "taps" o "tomps" de las ondas del pulso pueden escucharse con claridad por primera vez. Al continuar reduciéndose en forma progresiva la presión del brazalete, los sonidos del pulso continuarán por un tiempo, y luego desaparecen súbitamente. Observe la presión diastólica en la lectura del manómetro en el punto donde los sonidos desaparecieron (**Paso 4**).
5. Tan pronto como los sonidos del pulso se detienen, **abra la válvula y libere el aire restante rápidamente**. Una vez que ha terminado de medir la tensión arterial, debe anotar sus hallazgos y la hora en la cual se tomó la tensión arterial. La tensión arterial con más frecuencia se mide con auscultación, con el paciente en posición sentado o en semiFowler. Asegúrese de anotar si se usó un método o una posición diferente. En ocasiones, cuando la tensión arterial de un paciente es muy baja, continuará escuchando sonidos de pulso, desde la lectura en la cual los inició hasta que la aguja ha alcanzado 0. Cuando esto sucede, debe registrar la presión diastólica como "0", o "totalmente hasta abajo", para indicar que se escuchó hasta que la aguja del manómetro leyó 0 (**Paso 5**).

Palpación

Es posible que el método de auscultación sea muy difícil, o imposible, en un ambiente muy ruidoso, conduciendo a lecturas imprecisas. En estos casos debe usarse el método de palpación, que es el examen por tacto, que no depende de su capacidad para escuchar sonidos (Destrezas 5-1, Paso 6 ▶).

Para medir la tensión arterial por palpación, fije el brazalete de tamaño apropiado alrededor del brazo del paciente en la forma que ha sido descrito. Con su mano no dominante palpe el pulso radial en el mismo brazo que colocó el brazalete, sin mover las puntas de sus dedos una vez que lo ha localizado, hasta que haya terminado de tomar la tensión arterial. Mientras sostiene la perilla con su otra mano, cierre la válvula de paso e infle lentamente hasta que el pulso desaparece, y luego infle otros

Tips para el TUM-B

Registre las lecturas de tensión arterial. Anote el brazo en el que la tomó y la posición del paciente si fue otra que sentado o en Fowler. En una tensión arterial tomada por palpación puede abreviar: "120/P."

Capítulo 5 Signos vitales de base e historial SAMPLE

Obtención de la tensión arterial por auscultación o palpación

Destrezas 5-1

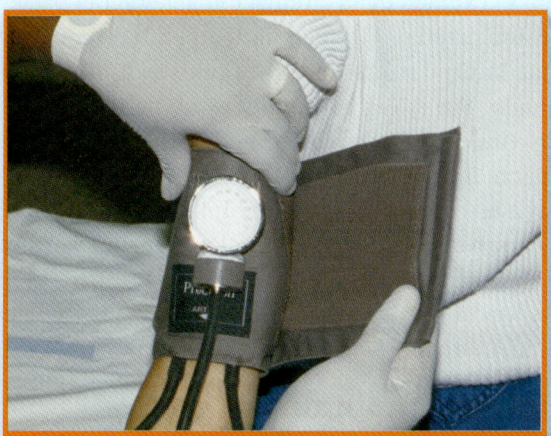

1 Aplicar el brazalete asegurando que no se ajuste demasiado.

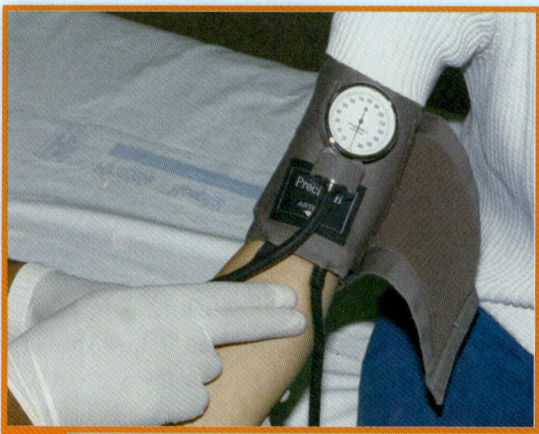

2 Palpar la arteria braquial.

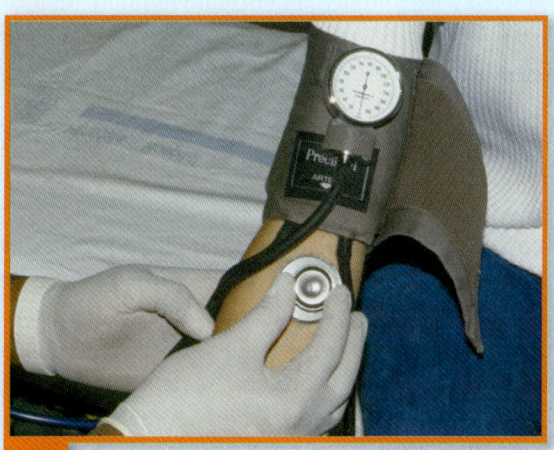

3 Colocar el estetoscopio sobre la arteria braquial, y tomar la perilla y la válvula de paso.

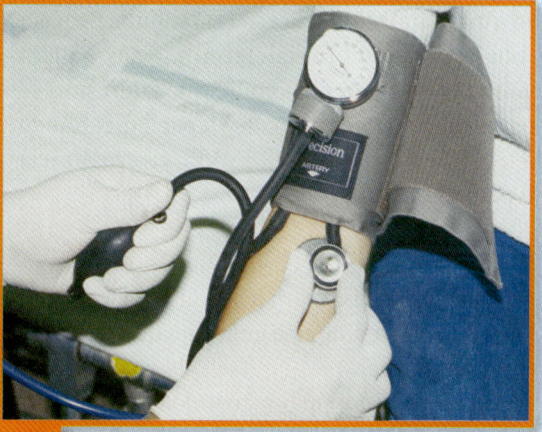

4 Cierre la válvula, y bombee hasta 20 mm Hg por encima del punto en el que dejó de oír los sonidos del pulso. Note las presiones sistólica y diastólica al escapar el aire lentamente.

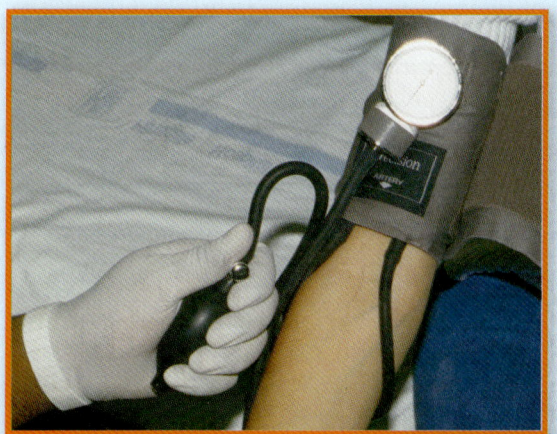

5 Abra la válvula y libere rápidamente el aire restante.

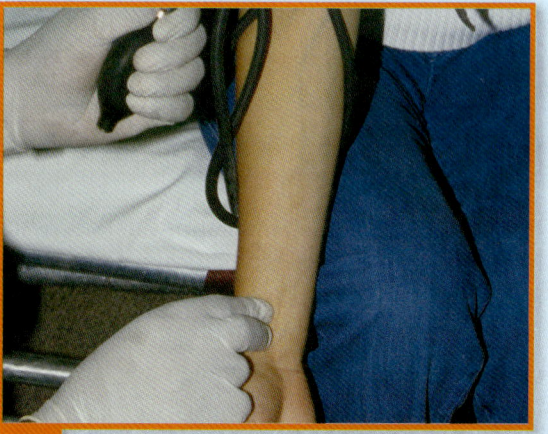

6 Cuando use el método de palpación, debe colocar las puntas de sus dedos sobre la arteria radial en forma tal que pueda percibir el pulso radial.

CUADRO 5-4 Límites normales de la tensión arterial

Edad	Límites, mm Hg
Adultos	90 a 140 (sistólica)
Niños (edades 1 a 8 años)	80 a 110 (sistólica)
Lactantes (recién nacidos a un año de edad)	50 a 95 (sistólica)

30 mm Hg más. Al inflarse la cámara del brazalete ya no sentirá más el pulso bajo las puntas de sus dedos. Abra la válvula de paso, en forma tal que el aire escape, y observe cuidadosamente el manómetro. Cuando sienta de nuevo el pulso radial bajo la punta de sus dedos, debe anotar la lectura del manómetro como la presión sistólica del paciente. No podrá determinar la presión diastólica con este método. A continuación, abra más la válvula de paso y desinfle por completo el brazalete. Anote sus hallazgos, incluyendo la hora, mencionando que la presión se tomó por palpación. En el reporte de su paciente, puede registrar la tensión arterial como "120/P" y verbalizarla como "120 palpada."

Tensión arterial normal

Los niveles de tensión arterial varían con la edad y el sexo. El Cuadro 5-4 sirve como una guía para de los límites de tensión arterial normal.

Un paciente tiene hipotensión cuando la tensión arterial es más baja que el límite normal, e hipertensión cuando es más alta que el límite normal.

Típicamente, atenderá niños menos frecuentemente que adultos; por tanto, puede ser que no recuerde los límites normales de los diferentes grupos de edad. Es posible que quiera llevar consigo una tabla que liste los límites normales de tensión arterial y otros signos vitales.

En el examen de la circulación general del paciente, la tensión arterial, el pulso, la temperatura de la piel y el llenado capilar, no deben evaluarse en un miembro lesionado. Sin embargo, una vez que ha obtenido esos signos vitales de un miembro no lesionado, quizá desee comparar la temperatura distal de la piel, calidad del pulso distal o tiempo de llenado capilar, o ambas cosas, en el miembro lesionado, con los valores encontrados en el lado no lesionado. Esta información es útil para evaluar si una lesión puede haber comprometido la circulación en el miembro afectado.

Nivel de conciencia

El nivel de conciencia (NDC) del paciente se considera un signo vital, porque puede decir mucho sobre su estado neurológico y psicológico. El encéfalo requiere un abastecimiento constante de oxígeno y glucosa para funcionar de manera adecuada. Una alteración del nivel de conciencia puede ser una de las primeras indicaciones de hipoxia. En la evaluación inicial necesita descubrir sólo el nivel de conciencia, determinando si el paciente está despierto y alerta con un nivel de conciencia no alterado, consciente pero con un nivel de conciencia alterado, o inconsciente.

Al evaluar un paciente, debe determinar lo adecuado de su respuesta, de acuerdo con qué tan bien demuestra la comprensión y actividad mental, no qué tan bien refleja su propia definición de una conducta socialmente aceptable.

Cuando un paciente está consciente con un nivel alterado de conciencia, esto puede indicar que hay una perfusión y oxigenación inadecuadas, o un problema químico o neurológico que está afectando de manera adversa al encéfalo y su función. Un nivel de conciencia alterado

Situación de urgencia   Parte 4

Al llegar a la entrada de ambulancias del hospital, su paciente se encuentra inconsciente y con apnea. Usted coloca una cánula orofaríngea y comienza a ventilar con un dispositivo bolsa-válvula-mascarilla. Ella es intubada en el departamento de urgencias y permanece dos semanas en la unidad de cuidados intensivos con un diagnóstico de embolia pulmonar aguda.

7. ¿Qué indicios estuvieron disponibles para usted en la escena, antecedentes, signos, síntomas, evaluación continua y signos vitales, que hayan podido ayudarle a determinar qué había de malo en su paciente?
8. ¿La trató de manera apropiada?
9. ¿Si se hubiera dado cuenta de la causa de su trastorno habría alterado su tratamiento?

Tips para el TUM-B

Escala AVDI

La escala <u>AVDI</u> es un método rápido para evaluar el nivel de conciencia de un paciente, con el uso de los cuatro términos de la siguiente mnemotecnia (por sus siglas en inglés):

A = **A**lerta
V = Responde al estímulo **V**erbal
D = Responde al estímulo **D**oloroso
I = **I**nconsciente

Debe determinar si el paciente está despierto y alerta. Un paciente despierto y alerta está orientado respecto a persona, lugar, tiempo, y mecanismo de la lesión o historia del trastorno presente. Un paciente que no está despierto y alerta, pero que es despertado y responde a su voz abriendo los ojos, quejándose, hablando, o moviéndose, es reactivo a estímulos verbales. Un paciente que no responde a su voz normal al hablar, pero responde cuando habla fuerte, responde a estímulos verbales intensos. Asegúrese de anotar cómo respondió el paciente. Golpee con sus dedos repetidamente a un paciente con deterioro de la audición. Si el paciente responde, anote que éste tiene un deterioro de la audición, pero responde cuando es golpeado ligeramente.

Para determinar si un paciente que no responde a un estímulo verbal responderá a un estímulo doloroso, debe pellizcar, suave pero firmemente, la piel

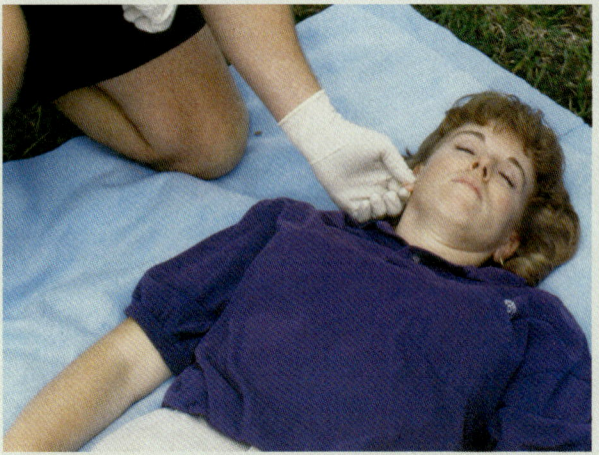

Figura 5-12 Para determinar si un paciente responderá a un estímulo doloroso, debe pellizcar suave, pero firmemente, la piel del paciente. Puede hacer esto en el cuello o en el lóbulo.

del paciente (Figura 5-12). Un paciente que se queja, o se retrae, está respondiendo a un estímulo doloroso. Asegúrese de anotar el tipo y localización, y cómo respondió el paciente. Además, tenga cuidado con el paciente con sospecha de lesión cervical o de la columna vertebral.

Si el paciente no responde a un estímulo doloroso en un lado, intente producir una respuesta en el otro lado. Anote que el paciente que permanece flácido sin movimiento ni hacer sonido alguno, sin indicación de deterioro de la audición, es no responsivo.

---

en un paciente consciente también puede ser causado por medicamentos, drogas, alcohol, o envenenamiento.

Su evaluación de un paciente que al llegar lo encuentra inconsciente, debe centrarse en identificar problemas de la vía aérea, respiración y circulación, que amenazan la vida, y luego identificar otro tipo de atención que el paciente pueda necesitar. La inconciencia sostenida debe advertirle que puede existir un problema o déficit crítico respiratorio, circulatorio o del sistema nervioso central, y debe asumir que el paciente tiene una lesión potencialmente crítica, o un trastorno que amenaza la vida. Por tanto, después de evaluar con rapidez al paciente y proporcionarle el tratamiento inicial requerido, debe prepararlo para realizar el traslado rápido al hospital.

Pupilas

El diámetro y la respuesta a la luz de las pupilas reflejan el estado de la perfusión, oxigenación, y condición del encéfalo del individuo. La pupila es una abertura en el centro del iris (porción pigmentada del ojo). Las pupilas son normalmente redondas y más o menos de igual tamaño, y actúan como diafragmas ópticos, ajustando su tamaño de acuerdo con la luz disponible. Con luz normal en la habitación, la pupila parece tener un tamaño medio, pero con menos luz las pupilas se dilatan, permitiendo que entre más luz al ojo, haciendo posible que se vea, aun con luz débil. Con niveles altos de luz, o cuando se introduce súbitamente una luz brillante, las pupilas se constriñen instantáneamente permitiendo que entre menos luz, y protegiendo de daño a los sensibles receptores en su interior (Figura 5-13A). Cuando una luz más brillante estimula el ojo (o niveles más altos de luz entran en sólo un ojo), ambas pupilas deben contraerse por igual al tamaño apropiado para que la pupila reciba la menor cantidad de luz.

En ausencia de toda luz, las pupilas se relajarán y dilatarán por completo (Figura 5-13B). Cuando se introduce luz, cada ojo envía señales sensitivas al encéfalo

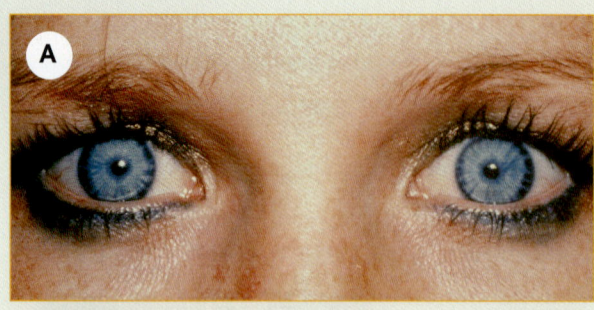
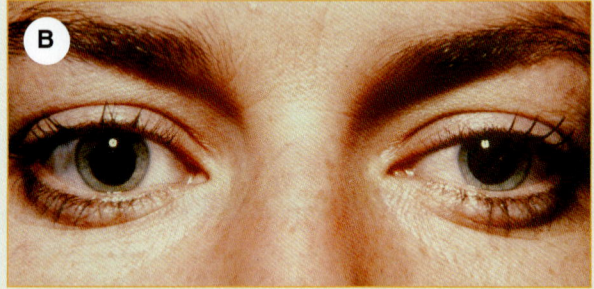
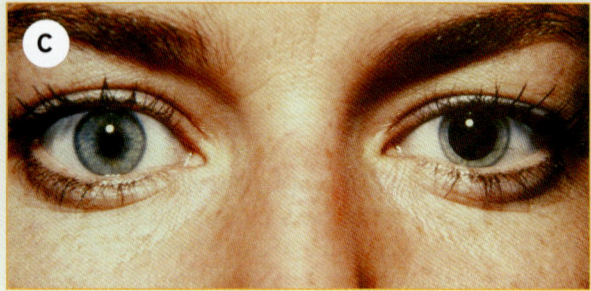

Figura 5-13 **A.** Pupilas mióticas. **B.** Pupilas midriáticas. **C.** Pupilas anisocóricas.

indicando el nivel de luz que está recibiendo. El tamaño de la pupila es regulado por una serie de comandos motores que envía el encéfalo de manera automática, a través de los nervios motores oculares, a cada ojo, causando que las pupilas se constriñan al mismo tamaño y de forma apropiada. Normalmente el tamaño de las pupilas cambia instantáneamente a cualquier cambio en el nivel de la luz.

Debe asumir que el paciente tiene una función encefálica alterada, como resultado de la depresión o lesión en el sistema nervioso central, cuando las pupilas reaccionan en una de las formas siguientes:

- Se quedan fijas sin reacción alguna a la luz
- Se dilatan con el estímulo de una luz brillante y se constriñen cuando la luz se retira
- Reaccionan con lentitud
- Se vuelven de tamaño desigual (Figura 5-13C)
- Se vuelven de tamaño desigual cuando se introduce o retira una luz brillante de un ojo

La depresión del encéfalo se puede producir por las siguientes situaciones:

- Lesión del encéfalo o el tronco encefálico
- Traumatismo o evento vascular cerebral
- Oxigenación o perfusión inadecuadas
- Drogas o toxinas (agentes depresivos del sistema nervioso central)

Los opiáceos, que son una categoría de agentes depresivos del sistema nervioso central hacen que las pupilas se contraigan en un grado tan significativo que se vuelven tan pequeñas como para ser descritas como puntiformes. La presión intracraneal, a consecuencia de una hemorragia, puede causar una presión sobre el nervio motor ocular en un lado, e impida el movimiento de las pupilas. Cuando esto sucede, el ojo no recibe más órdenes para constreñirse y las pupilas se quedan completamente dilatadas y fijas. Esto se describe como una pupila midriática y arrefléxica.

Las pupilas pueden estar dilatadas (midriáticas), desiguales (anisocóricas), como consecuencia de la aplicación de un medicamento en uno o ambos ojos, o no reaccionar de manera apropiada.

Las letras PIRRL sirven como una guía útil para evaluar las pupilas. Se refieren a lo siguiente:

P = Pupilas
I = Iguales
R = Redondas
R = Reactivas
L = a la luz

En el caso de pacientes con pupilas normales, puede informar "las pupilas son iguales, redondas, y de tamaño regular, y reaccionan apropiadamente a la luz" o " pupilas = PIRRL". Describa cualquier hallazgo anormal usando la forma más larga, como "Las pupilas son iguales (isocóricas) y redondas, la pupila izquierda está fija (arrefléxica) y dilatada (midriática), la pupila derecha es de tamaño regular y reacciona a la luz".

Reevaluación de los signos vitales

Los signos vitales que obtiene sirven para dos funciones importantes. Los primeros datos registrados establecen la medición inicial de los sistemas neurológico, respiratorio y cardiovascular, y de la calidad de la perfusión y oxigenación del encéfalo y otros órganos vitales. Los signos vitales iniciales sirven como una línea de base clave.

Durante todo el tiempo que dure la atención al paciente, debe vigilar sus signos vitales para detectar posibles cambios sobre sus hallazgos iniciales. Debe reevaluar y registrar signos vitales cuando menos cada 15 minutos en un paciente estable, y cada cinco minutos en un paciente inestable. También debe reevaluar y registrar los signos vitales después de todas las intervenciones médicas. Esta evaluación comparativa y constante es un indicador importante para saber si sus intervenciones han restaurado las funciones vitales del paciente a un grado aceptable, o cuando menos han evitado un deterioro adicional. La reevaluación también indica si debe considerar una intervención más agresiva cuando el deterioro persiste.

Situación de urgencia — Resumen

Con frecuencia, los medicamentos de un paciente y la molestia principal, proporcionan indicios valiosos sobre el trastorno subyacente. Esta información lo ayudará considerablemente a comprender el origen y la gravedad de su estado. Es posible que no pueda obtener información del historial clínico del paciente, ya sea porque no hay una historia clínica significativa, o porque él es incapaz de decírsela.

Las mujeres de 35 años de edad, o mayores, que están tomando píldoras anticonceptivas y fuman cigarrillos, están en un riesgo alto de experimentar embolias. Familiarizarse con los medicamentos prescritos comúnmente, o de venta libre, puede proporcionar información importante sobre los antecedentes médicos del paciente. Algunos pacientes no sabrán por qué están tomando ciertos medicamentos, por lo que le será útil tener una guía de bolsillo sobre medicamentos, para una rápida y fácil referencia. Ser capaz de seleccionar por medio de los hallazgos de la propia escena la urgencia, de las quejas del paciente, y de sus signos y síntomas, e historial médico, lo ayudará a comprender la causa del problema de su paciente y permitirá que tome decisiones apropiadas y oportunas, sobre su cuidado.

Resumen

Listo para repaso

- Siempre que sea llamado a la escena por una enfermedad o lesión, debe identificar la molestia principal del paciente.
- Su valoración debe incluir la evaluación rápida del estado general e identificar cualquier lesión o trastornos que pongan en peligro su vida.
- Los signos vitales de base son los signos clave que usará para evaluar el estado general del paciente.
- Estará examinando las respiraciones, pulso, piel, tensión arterial, nivel de conciencia, y pupilas del paciente.
- Después de que ha evaluado inicialmente al paciente, y obtenido los signos vitales, debe reevaluarlo por posibles cambios sobre los hallazgos iniciales.
- Además de determinar la molestia principal y evaluar el estado general del paciente, debe intentar obtener un historial SAMPLE del paciente, o de los espectadores.
- Haciendo varias peguntas importantes será capaz de determinar los signos y síntomas, alergias, medicamentos, antecedentes previos, último alimento ingerido por el paciente, y los eventos que condujeron al incidente.

Vocabulario vital

auscultación Método para escuchar los sonidos dentro de un órgano con ayuda de un estetoscopio.

AVDI Método para evaluar el nivel de conciencia determinando si el paciente está despierto y alerta, responde o no a estímulos verbales o dolor; se usa sobre todo en la etapa temprana de la evaluación.

bradicardia Frecuencia cardiaca lenta, menor de 60 latidos/min.

cianosis Un color gris azulado que es causado por niveles reducidos de oxígeno en la sangre.

conjuntiva La delicada membrana que recubre los párpados y cubre la superficie expuesta del ojo.

diaforética Sudoración profusa.

esclerótica La porción blanca del ojo.

estridor Ruido inspiratorio áspero, de tono alto, como graznido, como el sonido que se escucha frecuentemente en la obstrucción aguda de la laringe (vía aérea superior).

hipertensión Presión arterial que es más alta que los límites normales.

hipotensión Presión arterial que es más baja que los límites normales.

historial SAMPLE Breve historia del trastorno de un paciente para determinar signos y síntomas, alergias, medicaciones, padecimientos previos, último alimento, y eventos que condujeron a la lesión o enfermedad.

ictericia Color amarillo de la piel o la esclerótica causado por un enfermedad o disfunción del hígado.

llenado capilar Capacidad del aparato circulatorio para restaurar la sangre al sistema capilar.

molestia principal La razón por la cual el paciente pidió ayuda. También, la respuesta a preguntas como "¿Qué está mal?" o ¿"Qué sucedió"?

OPQRST Abreviatura de los términos clave en inglés usados en la evaluación de los signos y síntomas de un paciente. O (onset, inicio) P (provocación o paliación), Q (quality, calidad), R (región/irradiación) S (severity, intensidad), y T (timing, tiempo o duración de las molestias).

oximetría de pulso Instrumento de evaluación que mide la saturación de hemoglobina en los lechos capilares.

perfusión Circulación de la sangre dentro de un órgano o tejido.

posición de olfateo Posición extremadamente erecta, en la cual la cabeza y mentón del paciente están echados un poco hacia adelante.

posición de tripié Posición erecta en la cual el paciente se inclina hacia adelante apoyado en los dos brazos, los cuales se encuentran estirados hacia el frente, e impulsa la cabeza y el mentón hacia adelante.

presión diastólica La presión que permanece en las arterias durante la fase de relajación del ciclo cardiaco (diástole), cuando el ventrículo está en reposo.

presión sistólica Presión incrementada a lo largo de una arteria con cada contracción (sístole) de los ventrículos.

pulso Onda de presión que se produce en cada latido del corazón y causa un desplazamiento de la sangre en las arterias.

respiración laboriosa Respiración que requiere un aumento de esfuerzo visible; caracterizado por gruñidos, estridor, y uso de músculos accesorios.

respiraciones espontáneas Respiración de un paciente que ocurre sin asistencia.

signos Hallazgos objetivos que se pueden ver, escuchar, sentir, oler o medir.

signos vitales Signos clave que se usan para evaluar la condición general del paciente, que incluyen respiraciones, pulso, presión arterial, nivel de conciencia, y características de la piel.

síntomas Hallazgos subjetivos que el paciente percibe, pero que sólo pueden ser identificados por él mismo.

taquicardia Ritmo cardiaco rápido, más de 100 latidos/min.

tensión arterial (TA) La presión de la sangre circulante contra las paredes de las arterias.

vasoconstricción Estrechamiento de un vaso sanguíneo.

volumen corriente o tidal Cantidad de aire que es intercambiada con cada respiración (inspiración y espiración).

Qué evaluar

Responde a la llamada sobre un hombre que estaba cortando el pasto en su jardín, alrededor del mediodía de un día caliente de agosto. Al llegar, encuentra a un hombre de 54 años de edad, que se queja de dolor en el pecho y mareos. Usted inicia una historial SAMPLE mientras su compañero obtiene los signos vitales de base. El paciente declara que tiene dolor en el pecho, que irradia al brazo izquierdo, y que se siente con náusea; se ve pálido y diaforético. El dolor no se provoca con la palpación. El paciente no tiene alergias, y toma nitroglicerina porque cursa con angina. Afirma que no ha comido ese día, y sólo tomó una taza de café esa mañana.

Sus signos vitales de base incluyen tensión arterial de 168/92, frecuencia de pulso de 180 latidos/minuto, y respiraciones de 20/min. Mueve a su paciente a un área fresca y su color retorna a lo normal. Su compañero reevalúa sus signos vitales, indicando que la tensión arterial del paciente es 152/88, su pulso 120 latidos/min, y respiraciones 20/min.

¿Cuál es la molestia principal del paciente? ¿Cuáles, de los anteriores, fueron signos y cuáles síntomas? ¿Qué es lo más preocupante de sus signos vitales? ¿Está mejorando el estado del paciente?

Temas: Reconocer una urgencia, Importancia de obtener un historial SAMPLE.

Autoevaluación

La ambulancia 40 es enviada a una urgencia desconocida en un restaurante local de mariscos. Le tomará, con su compañero TUM-B, cinco minutos para llegar al sitio. Después de ponerse su equipo de protección personal, y comprobar que la escena sea segura, entra al restaurante y encuentra a un anciano moribundo.

1. El primer conjunto de signos vitales que obtiene se llama:
   A. molestia principal.
   B. signos vitales de base.
   C. historia clínica.
   D. historial SAMPLE.

2. Durante la evaluación observa que el paciente está inconsciente y no responde. Abre la vía aérea usando una maniobra de inclinación de cabeza: elevación del mentón, y nota que el paciente está respirando de manera espontánea. La frecuencia respiratoria normal de un adulto es:
   A. 15 a 30 respiraciones/min.
   B. 6 a 12 respiraciones/min.
   C. 12 a 20 respiraciones/min.
   D. 25 a 50 respiraciones/min.

3. Al examinar el pulso radial del paciente, nota que es de 50 latidos/min, fuerte y regular. Una frecuencia superior a 100 latidos/min se llama:
   A. taquipnea.
   B. bradicardia.
   C. bradipnea.
   D. taquicardia.

4. El paciente comienza a recuperar la conciencia y menciona que estaba comiendo su almuerzo cuando comenzó a "sentirse mareado" y cayó al piso. La declaración del paciente es conocida como:
   A. historia del trastorno actual.
   B. intensidad de la enfermedad.
   C. molestia principal.
   D. historial médico pasado.

5. Llega a la escena de una urgencia desconocida y encuentra al paciente sentado en la posición de tripié. ¿Qué indica esto?

   A. Tensión arterial baja
   B. Dificultad respiratoria
   C. Convulsión
   D. Bajo nivel de glucosa (azúcar) en la sangre

Preguntas desafiantes

6. Llega y encuentra a un niño de dos años de edad angustiado. La madre del niño indica que él no está comiendo normalmente. Toma el pulso y encuentra que es de 200 latidos/min e irregular. ¿Cuál es su reacción a la frecuencia del pulso? ¿Dónde palparía el pulso en este paciente?

7. Necesita evaluar los signos vitales de un lactante de un año de edad. ¿Cuál es la mejor forma de evaluar la perfusión de un lactante?

Levantamiento y movilización de pacientes

Objetivos

Cognitivos

1-6.1 Definir la mecánica corporal. (p. 171)
1-6.2 Discutir las guías y medidas de seguridad que deben seguirse para movilizar a un paciente. (pp. 170, 174)
1-6.3 Describir cómo realizar el levantamiento seguro de los carros camilla y los distintos tipos de tablas y camillas. (p. 173)
1-6.4 Describir las pautas y medidas de seguridad para el traslado de los pacientes, el equipo, o ambas cosas. (pp. 175, 180)
1-6.5 Exponer las técnicas de traslado con una sola mano. (p. 176)
1-6.6 Describir los procedimientos correctos y seguros para mover al paciente por medio de escaleras. (p. 177, 180)
1-6.7 Establecer las guías para lograr su aplicación. (p. 180)
1-6.8 Describir los movimientos necesarios para hacer el rodamiento del paciente. (p. 183)
1-6.9 Establecer las pautas al empujar y jalar. (p. 182)
1-6.10 Discutir las consideraciones generales de la movilización de los pacientes. (p. 184)
1-6.11 Mencionar tres situaciones que puedan requerir un movimiento de urgencia. (p. 184)
1-6.12 Identificar los siguientes equipos para la movilización de pacientes:
- Carro camilla
- Camilla tipo marina
- Silla para escaleras
- Camilla desarmable o de palas
- Férula espinal o tabla larga
- Camilla tipo canastilla
- Camilla flexible tipo SKED (p. 197)

Afectivos

1-6.13 Explicar los fundamentos para realizar de manera adecuada el levantamiento y movilización de los pacientes. (p. 170)

Psicomotores

1-6.14 Trabajar con su compañero para preparar cada uno de los siguientes dispositivos para ser utilizado en la transferencia del paciente al dispositivo, colocarlo en la posición correcta sobre éste, llevarlo sobre el dispositivo hacia la ambulancia y colocar al paciente dentro de ella:
- Carro camilla
- Camilla tipo marina
- Silla para escaleras
- Camilla desarmable o de palas
- Férula espinal o tabla larga
- Camilla tipo canastilla
- Camilla flexible (p. 197)

1-6.15 Trabajar con un compañero; el TUM-B demostrará las técnicas para la movilización de un paciente desde el carro camilla a la camilla del hospital. (p. 182)

6

Levantamiento y movilización de pacientes

Situación de urgencia

Es enviado a un accidente automovilístico, le reportan un auto que chocó con un poste. Al llegar encuentra a una sola paciente, mujer de 54 años de edad que se queja de dolor en el cuello. Hay pocos daños en la parte frontal del vehículo. La paciente estaba usando el cinturón de seguridad y la bolsa de aire se desplegó. Niega tener otra lesión, y una evaluación rápida de trauma revela que no hay otras lesiones.

1. ¿Cuáles son las prioridades de su tratamiento?
2. ¿Qué recursos puede solicitar?

Levantamiento y movilización de pacientes

En el transcurso de un servicio tendrá que mover al paciente varias veces para proporcionarle los cuidados de emergencia en la escena y durante su traslado a la sala de urgencias. Con frecuencia tendrá que llevarlo a una posición o sitio diferente. Una vez que lo haya examinado, y brindado la atención requerida, usted y su equipo tendrán que llevarlo al carro camilla y/o a la férula espinal. Entonces, debe acercarlo a la ambulancia estacionada y subirlo al interior de ella. Después de llegar al hospital debe bajar al paciente, aproximarlo al sitio donde será atendido, y transferirlo del carro camilla a la camilla del área de urgencias. Para evitar que el paciente, usted mismo, o sus compañeros se lesionen, deberán aprender a moverlo de manera correcta, usando la mecánica corporal y fuerza de prensión apropiadas. Para poder mover a un paciente de manera segura y apropiadamente, en las diversas situaciones que encontrará en la escena, deberá aprender cómo realizar arrastres y levantamientos de cuerpos, mover con rapidez a un paciente de un auto a la camilla, ayudarlo de la silla o cama a la camilla, y levantarlo del piso a la camilla. Además, tendrá que mover a un paciente de la cama a la camilla, y cargarlo para subir o bajar escaleras. Usted y su equipo deberán saber cómo colocar a un paciente con sospecha de lesión en la columna vertebral sobre una férula espinal, y empaquetar pacientes, con o sin sospecha de lesión vertebral. En ocasiones, tendrá que mover, con su equipo, a un paciente que es muy pesado, o llevar a un paciente a través de una vereda o de un terreno accidentado. Necesitará conocer las técnicas especiales para bajar y subir el carro camilla, y transferir al paciente de la camilla a la mesa de exploración o camilla en la sala de urgencias.

Levantar y cargar son procesos dinámicos. Para asegurar que ningún individuo cargue súbitamente un peso que pueda resultar peligroso, y reducir el riesgo de lesión de un TUM-B, o del paciente, cada uno de los rescatadores debe saber dónde colocarse y cómo dar y recibir las órdenes para realizar el levantamiento, en forma tal que todos los individuos implicados actúen de manera simultánea. También necesitará saber cómo preparar los dispositivos para movilizar a los pacientes, como un carro camilla, la silla para escaleras, la férula espinal, camilla desarmable o de palas, o la camilla flexible, y cuándo y cómo usarlos. Este capítulo revisa las técnicas para realizar el levantamiento, la movilización y técnicas de agarre, así como los principios para mover a los pacientes, incluyendo los movimientos de emergencia y los no urgentes. Además, se expondrán en detalle los distintos tipos de equipo y posiciones de los pacientes.

Mover y dar posición al paciente

Cada vez que tenga que mover a un paciente, deberá tener especial cuidado para que ni usted ni su equipo o él resulten lesionados. El empaquetamiento y manejo del paciente son habilidades técnicas que aprenderá y perfeccionará por medio de la práctica y la capacitación.

Se requiere capacitación y práctica para usar todo el equipo descrito en este capítulo. Debe dominar las destrezas necesarias para su uso, y comprender las ventajas y limitaciones de cada dispositivo. Practique con frecuencia cada técnica con su equipo, en forma tal que para cuando tenga que mover a un paciente, pueda realizar el movimiento de forma rápida, segura y eficiente. Después de cada ejercicio debe evaluar, junto con su equipo, qué tan apropiada fue la técnica que usó, así como su habilidad técnica para realizarla. También debe asegurarse de dar el mantenimiento requerido al equipo, de acuerdo con las instrucciones del fabricante. Usar equipo limpio, en buenas condiciones, es sólo una parte de brindar cuidados de calidad al paciente.

Después de entregar al paciente en el departamento de urgencias, debe empezar, junto con su equipo, a prepararse para la siguiente llamada. Repase los puntos positivos sobre el traslado. Discuta los cambios que mejorarían el siguiente servicio que se les presente. En este proceso de repaso y evaluación identificará lo siguiente:

- Procedimientos que requieren más práctica
- Equipo que necesita limpiarse o repararse
- Destrezas que necesita repasar o adquirir

Lo más importante es el hecho de que este análisis crítico lo ayuda, junto con su equipo, a volverse un mejor TUM-B, más confiable y diestro.

Ciertos trastornos del paciente, como una lesión craneal, estado de choque, lesión de la columna vertebral, o embarazo, requieren técnicas especiales de levantamiento y movilización. Los pacientes con dolor torácico, o que tienen dificultades para respirar, deben sentarse en una posición cómoda, siempre que no estén hipotensos. Los pacientes con sospecha de lesión en columna vertebral deben inmovilizarse en posición supina sobre una férula espinal. Aquellos que están en estado de choque deben colocarse y trasladarse en una posición de Trendelenburg modificada, o supina con las piernas elevadas de 15 a 30 cm (6 a 12"). Las mujeres embarazadas que pueden cursar con hipotensión ortostática deben colocarse y trasladarse sobre su lado izquierdo (decúbito lateral izquierdo). Coloque a un paciente inconsciente, sin que se sospeche lesión en columna, en la posición de recuperación girándolo sobre su costado sin retorcer el cuerpo. Trasladar a un paciente con náuseas o vomitando en una posición cómoda, asegurándose que usted se encuentra colocado en una posición apropiada para manejar su vía aérea.

Mecánica corporal

Repaso de anatomía

La cintura escapular descansa sobre la caja torácica, y la soportan las vértebras situadas por debajo de ella. Los brazos están conectados con la cintura escapular y cuelgan de ella. Cuando la persona está de pie, las vértebras sobre las que recae su peso se encuentran colocadas unas sobre otras, y alineadas sobre el sacro, el cual es tanto la base mecánica que soporta dicho peso como la parte posterior fusionada de la cintura pélvica.

Cuando la persona está de pie, el peso de cualquier cosa que sea levantada y acarreada se refleja en la cintura escapular, la columna vertebral debajo de ella, la pelvis, y luego las piernas (Figura 6-1 ▶). Al cargar, si la cintura escapular está alineada sobre la pelvis, y las manos se mantienen cercanas a las piernas, la fuerza que es ejercida contra la columna vertebral se trasmite en una línea, esencialmente derecha, hacia abajo de las vértebras, sobre la columna. Por tanto, si se mantiene la espalda recta, se produce muy poco esfuerzo sobre los músculos y ligamentos que mantienen la columna alineada, y puede levantarse un peso significativo, y cargar sin lesionar la espalda (Figura 6-2 ▶). Sin embargo, puede lesionarse la espalda si el peso se levanta con la espalda curva o, aun si está vertical, si se inclina mucho hacia adelante, sobre la cadera. Con la espalda en cualquiera de estas posiciones, la cintura escapular está situada por delante de la pelvis, y la fuerza para cargar se ejerce sobre todo, en forma lateral, sobre la columna, y no hacia abajo. Cuando esto sucede, el peso es soportado por los músculos de la espalda y los ligamentos, que van desde la base del cráneo hasta la pelvis, manteniendo alineada la columna vertebral, en vez de hacerlo sobre cada vértebra y disco que descansan alineados hacia abajo. Además, la parte superior de la columna vertebral y el torso actúan como una palanca, en forma tal que la fuerza ejercida contra los músculos y ligamentos de las regiones lumbar y sacra, como resultado de la ventaja mecánica producida, es muchas veces más que el peso combinado de la parte superior del cuerpo y el objeto que está levantando. Por tanto, la primera regla clave al cargar es mantener siempre la espalda en posición recta y levantar sin girar y manteniendo los brazos lo más cercano al torso.

Cuando levante un peso, siempre debe separar las piernas de 38 a 40 cm y colocar los pies en forma tal que su centro de gravedad esté apropiadamente equilibrado entre ambos. Luego, con la espalda recta, baje la parte superior del cuerpo flexionando las piernas. Una vez que ha sujetado de manera apropiada al paciente o la camilla, y hecho los ajustes necesarios en la colocación de sus pies, levante al paciente elevando la parte superior de su cuerpo y brazos, y extendiendo sus piernas, hasta que quede de nuevo de pie (Figura 6-3 ▶). Como los músculos de las piernas se ejercitan caminando, subiendo escaleras, o corriendo, están bien desarrollados y son extremadamente fuertes. Por tanto, la forma más segura para cargar es levantarse haciendo fuerza sobre las piernas flexionadas, que se encuentran colocadas de manera apropiada. Este método es llamado correctamente __levantamiento con fuerza__, el cual

Situación de urgencia — Parte 2

Su compañero entra por la parte posterior del automóvil y sostiene la cabeza del paciente, para minimizar la posibilidad de una lesión de la columna cervical. Cualquier movimiento hace que su paciente se queje de dolor intenso en su cuello y parte inferior de la espalda. Se queja de hormigueo en las manos.

3. ¿Cuál es la mejor forma de sacar a esta paciente del vehículo? ¿Hay dispositivos que puedan ayudarlo?

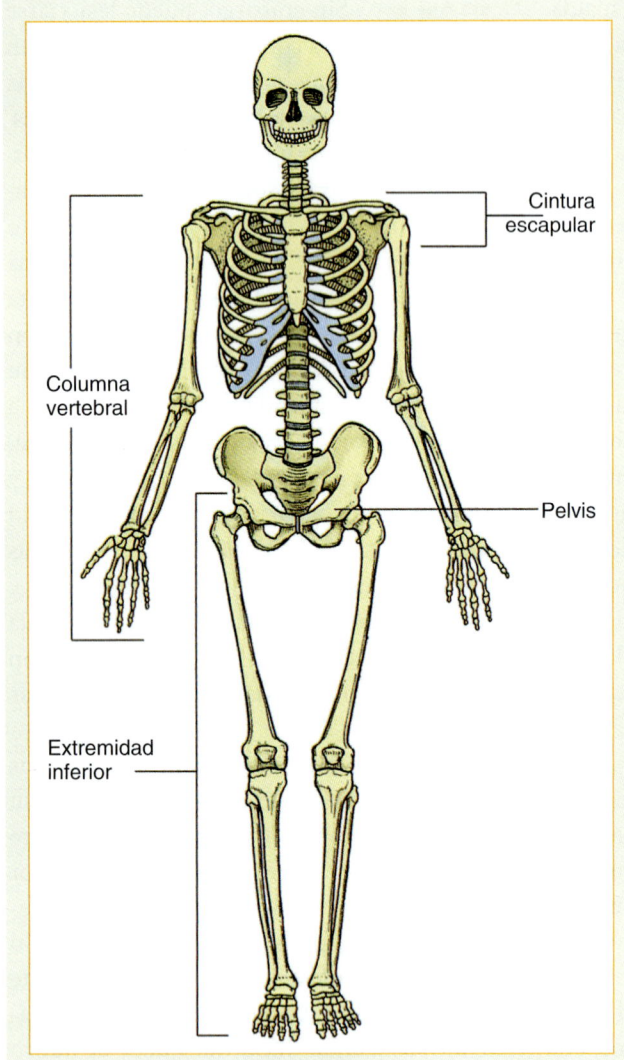

Figura 6-1 Cuando se encuentra de pie, el peso de cualquier cosa que levante y cargue en sus manos es soportado por la cintura escapular, la columna vertebral, la pelvis y las piernas.

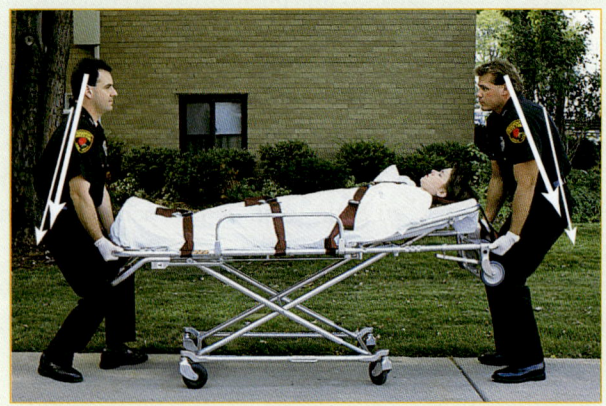

Figura 6-2 Si su cuerpo está alineado de manera apropiada al cargar, la línea de fuerza ejercida contra la columna vertebral se produce en línea recta y hacia abajo de las vértebras. De esta manera las vértebras soportan el peso.

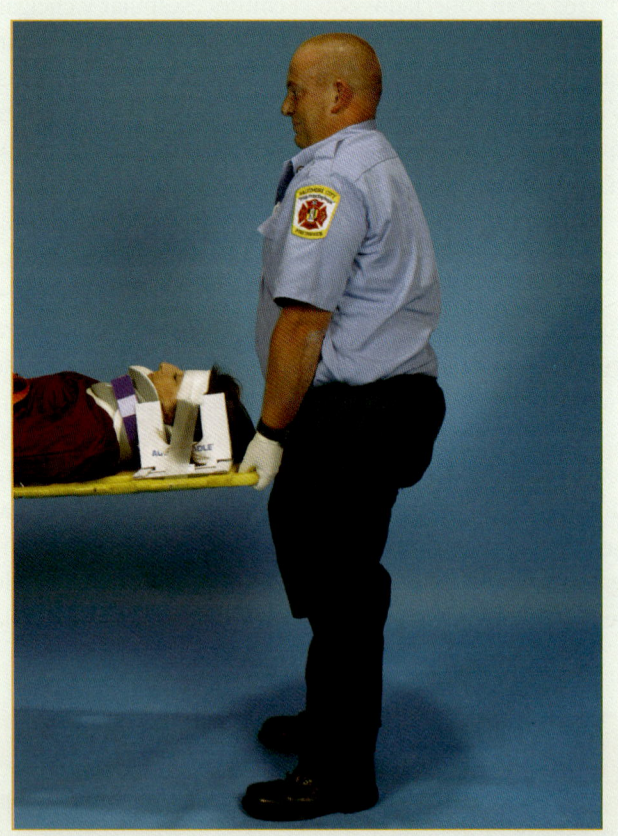

Figura 6-3 Extienda sus piernas y levante.

es también útil para los individuos que tienen rodillas o muslos débiles.

Aunque se mantenga la espalda recta, la misma fuerza mal distribuida a través de la columna vertebral, y el aumento de tensión contra la parte inferior de la espalda, van a ocurrir si carga un objeto pesado manteniendo los brazos estirados hacia adelante, en forma tal que las manos estén significativamente por delante del plano definido por la parte frontal del torso. Por tanto, nunca debe levantar a un paciente, u otro objeto pesado, cuando sus brazos requieran ser extendidos a cualquier distancia significativa por delante de su torso o cara. Siempre que esté levantando o acarreando a un paciente, asegúrese de mantener sus brazos lo más cercano a la parte anterior del torso (el torso anterior y líneas imaginarias extendidas verticalmente hacia arriba y hacia abajo). Mantenga siempre el peso que está levantando tan cerca de su cuerpo como sea posible.

También deben evitarse las fuerzas laterales a través de la columna vertebral y el palanqueo lateral contra la parte inferior de la espalda. Si levanta un peso sólo con un brazo, o con los brazos extendidos más de un lado que del otro, se ejercerá más fuerza contra un lado de la cintura escapular que contra el otro, causando que la fuerza se ejerza de manera lateral a través de la columna vertebral. Para prevenir esto, mantenga los brazos separados aproximadamente a la misma distancia, como cuando cuelgan a cada lado del cuerpo, con el peso distribuido por igual y apropiadamente centrado entre ellos. Si el peso no está equilibrado entre ambos brazos, o bien centrado entre los hombros, cuando está preparado para levantar, gire su cuerpo o muévalo a la izquierda o derecha, o ambas cosas, hasta que el peso esté equilibrado y centrado. Para levantar en forma segura y producir el máximo levantamiento con fuerza, debe atender los siguientes pasos (Destrezas 6-1 ▶).

1. **Mantenga su espalda en su posición vertical** y use sus músculos abdominales para afianzarla en una ligera curva hacia adentro.
2. **Separe sus piernas de 38-40 cm**, (15") y flexiónelas para bajar su torso y brazos.
3. **Con sus brazos extendidos a cada lado del cuerpo**, sujete el carro camilla o la férula espinal (tabla larga) con sus manos, tomándola con las palmas hacia arriba, y justo frente al plano descrito para el torso anterior y línea imaginarias que se extienden de éste hasta el suelo.
4. **Asegure su colocación y posición** hasta que el peso esté equilibrado y centrado entre ambos brazos. (**Paso 1**).
5. **Reposicione sus pies** según sea necesario, de forma que estén separados entre 38-40 cm (15") con uno ligeramente adelantado y girado, para que el centro de gravedad esté bien equilibrado entre ellos. Asegúrese de apoyar las dos piernas, mantener planos los pies y distribuir su peso en los talones, o ligeramente atrás. (**Paso 2**).
6. **Con los brazos extendidos hacia abajo**, levántese extendiendo las piernas hasta que esté por completo de pie. Asegúrese de que su espalda está rígida y que la parte superior de su cuerpo se eleve antes que su cadera (**Paso 3**).

Invierta estos pasos siempre que esté bajando la camilla. Siempre recuerde evitar flexionar la columna o la cintura o girar mientras está de pie.

Su seguridad, así como la de otros TUM-B y la del paciente, depende del uso apropiado de la técnica para cargar, tener y mantener una sujeción apropiada, cuando levante y movilice a un paciente. Si no tiene una prensión adecuada de la camilla o del paciente durante el levantamiento, no será capaz de cargar la parte correspondiente del peso, y hay una mayor probabilidad de que pierda su agarre con una o ambas manos. Si temporalmente pierde su agarre, con una o ambas manos, la posición y distribución de la camilla cambia de manera súbita, y los otros miembros el equipo deben alcanzar con rapidez una distancia segura para evitar tirar al paciente. Como resultado, puede generarse una fuerza lateral excesiva a través de la columna vertebral de cada uno, causando lesión de la parte baja de la espalda.

Debe usar la <u>prensión con fuerza</u> para obtener la fuerza máxima de sus manos, siempre que está cargando a un paciente (Figura 6-4 ▼). El brazo y la mano tienen su mayor fuerza de levantamiento con las palmas hacia arriba. Sin embargo, es la postura en la que más puede lesionarse si el peso que levante le hace lesionarse y puede comprometer la estabilidad que le da la prensión de fuerza. Es recomendable tomar la camilla o férula espinal con la empuñadura de la mano hacia usted. Esto disminuirá ciertamente la fuerza, pero le dará más seguridad y estabilidad. Siempre que agarre una camilla o una férula espinal, sus manos deben estar separadas cuando menos 25 cm (10"). Debe, entonces, adelantar la mano hasta que el pulgar impida una mayor inserción y la agarradera cilíndrica se ajuste con firmeza en el pliegue de la palma curvada. Asegure sus dedos apretadamente en la parte superior de la agarradera. Todos sus dedos deben estar en el mismo ángulo. Para tener la fuerza de prensión apropiada, asegúrese de que la parte inferior de la agarradera está por completo apoyada sobre su palma curvada, con sólo los dedos y el pulgar evitando que sea jalada lateralmente, o hacia arriba, fuera de la palma.

Si debe levantar aún más el objeto, una vez que lo ha levantado extendiendo sus piernas, podrá llevarlo más

Figura 6-4 Para desarrollar el agarre con fuerza, sujete los extremos del carro camilla con las palmas hacia arriba y los pulgares extendidos también hacia arriba. Asegúrese de que sus manos están separadas alrededor de 25 cm (10") y de que todos sus dedos estén en el mismo ángulo. La parte inferior del marco debe estar completamente soportado por las palmas de sus manos.

Destrezas 6-1

Realización de una elevación con fuerza

1 Contraiga su espalda en una curva vertical hacia el interior. Separe y flexione sus piernas. Sujete la camilla rígida con las palmas hacia arriba y justo enfrente de usted. Equilibre y centre el peso entre sus brazos.

2 Posicione sus pies, asegure el objeto y distribuya el peso.

3 Extienda sus piernas y levante manteniendo su espalda rígida.

---

arriba usando sus bíceps para flexionar los brazos, mientras mantiene la fuerza de prensión y el peso soportado en las manos. Nunca debe asir una camilla o férula espinal con la palma de la mano hacia abajo sobre la agarradera, a menos que esté parado ante el extremo frontal de la misma, con la espalda a la camilla, como cuando realiza una carga en posición de diamante. Al levantar con la palma hacia abajo el peso es soportado por los dedos en vez de la palma. Esta orientación de la mano coloca la punta de los dedos y el pulgar bajo la agarradera. Si el peso los obliga a separarse se perderá el agarre.

Cuando levante con una sábana o cobija a un paciente, debe colocarlo en la parte central de la sábana y enrollar apretadamente el exceso de tela a cada lado. Esto produce una agarradera cilíndrica que proporciona una forma segura para sujetar la tela **Figura 6-5**.

Cuando levante en forma directa a un paciente, debe sujetarlo apretadamente sobre un lugar y de forma que le asegure que no perderá el agarre sobre él.

Distribución del peso

Siempre que sea posible, para mover al paciente debe usar un dispositivo que pueda rodar. Sin embargo, en caso de que no se disponga de él, debe asegurarse de que comprenda y siga ciertas directrices para llevar a un paciente en una camilla. El **Cuadro 6-1** muestra los pasos.

Si el paciente está en posición supina sobre una tabla larga, o está acostado, o en posición semisentada, en la camilla, su peso no está distribuido igual entre los dos extremos del dispositivo. Entre 68 y 78% del peso corporal de un paciente en posición horizontal está a la altura del torso. Por tanto, más peso del paciente descansa en la mitad de la cabecera del dispositivo, que en la mitad de los pies.

Un paciente en una férula espinal o camilla debe levantarse y cargarse por cuatro rescatadores con la **carga en posición de diamante**, con un TUM-B en el extremo de

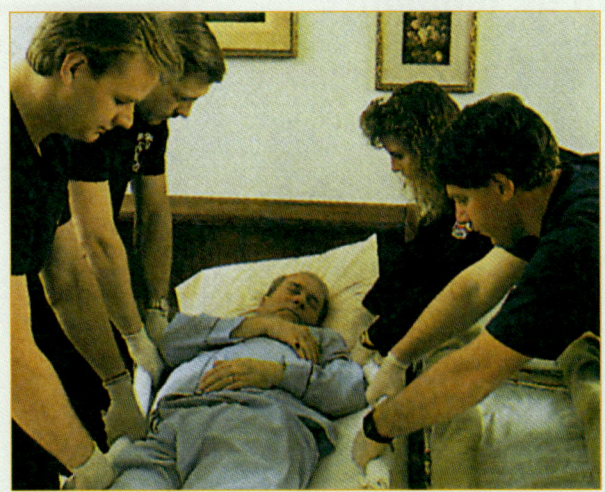

Figura 6-5 Cuando levante a un paciente en una sábana, debe colocarlo al centro de la misma y enrollar apretadamente el exceso de tela sobre sus costados. Esto permite una sujeción cilíndrica, segura y fuerte para agarrar la tela.

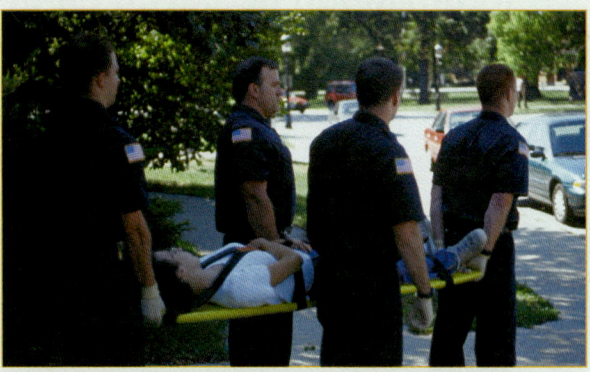

Figura 6-6 Para cargar en figura de diamante (o en cruz) requiere cuatro rescatadores, uno al lado de la cabeza en la férula espinal, uno en el extremo de los pies y uno a cada lado del torso del paciente.

la cabeza, uno en los pies, y una a cada lado del torso del paciente (Figura 6-6 ▲). Siga estos pasos para practicar la carga en posición de diamante (Destrezas 6-2 ▶):

1. Para equilibrar mejor el peso, el TUM-B a cada lado debe colocarse en forma tal que pueda sujetar la férula espinal o la camilla con la mano adyacente al borde distal de la pelvis del paciente y la otra en la parte media del tórax. **Los cuatro suben el dispositivo con el frente hacia el paciente (Paso 1).**
2. **Una vez que el dispositivo ha sido levantado**, el TUM-B en el extremo de los pies gira para ver al frente (**Paso 2**).
3. **El TUM-B de cada lado** debe sujetar la férula espinal o la camilla, con la mano en el extremo de la cabeza (**Paso 3**).
4. **Los TUM-B en los lados giran hacia los pies del paciente.** Los cuatro deben ver en la misma dirección y caminarán hacia adelante mientras sujeten al paciente (**Paso 4**).

CUADRO 6-1 Pasos para cargar a un paciente a una camilla

- Asegure que conoce o puede averiguar el peso que se va a levantar y las limitaciones del equipo.
- Coordine sus movimientos con los de los otros miembros del equipo comunicándose constantemente con ellos.
- No gire su cuerpo cuando está cargando a un paciente.
- Mantenga el peso que está cargando tan cerca de su cuerpo como le sea posible manteniendo su espalda en posición recta.
- Asegúrese de flexionar a nivel de la cadera, no de la cintura, y flexionar las rodillas, asegurando, al mismo tiempo, que no está hiperextendiendo su espalda inclinándose hacia atrás a nivel de la cintura.

Situación de urgencia — Parte 3

Decide que la mejor forma de mover a esta paciente es usando un dispositivo de extracción tipo chaleco. Coloca cuidadosamente el dispositivo y aplica las cintas. Mientras tanto, los bomberos han colocado la camilla cerca del vehículo, con la camilla rígida lista para aceptar a la paciente.

4. ¿Cuál es la mejor forma para mover a la paciente del vehículo a la camilla? ¿Cuántos rescatadores serían ideales para realizar esta maniobra?

Destrezas 6-2

Realización de carga en posición de diamante

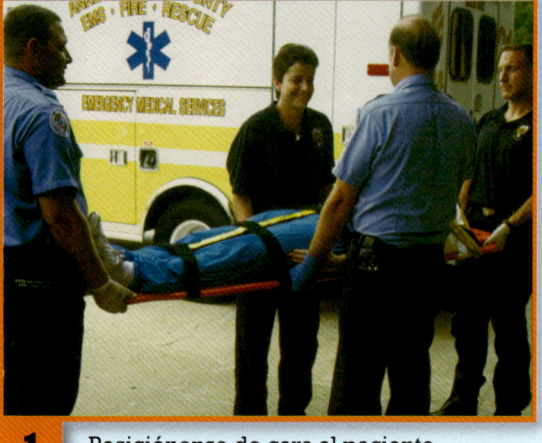
1 Posiciónense de cara al paciente.

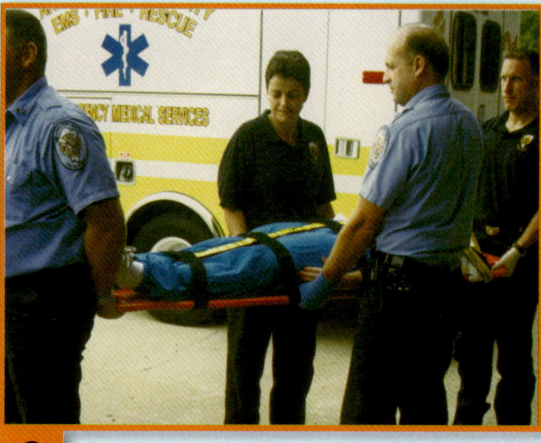
2 Después de que el paciente ha sido levantado, el TUM-B en los pies gira hacia adelante.

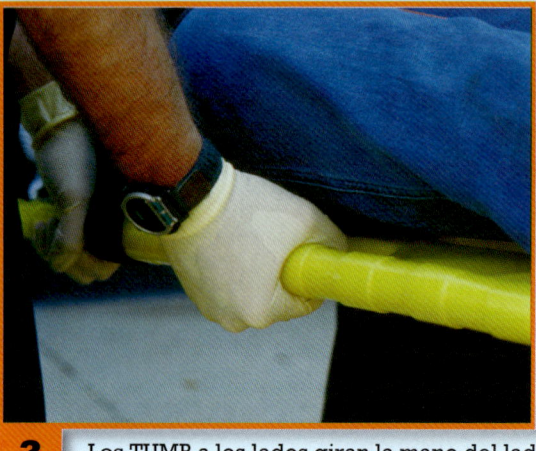
3 Los TUMB a los lados giran la mano del lado de la cabeza, con las palmas hacia abajo, y sueltan la otra.

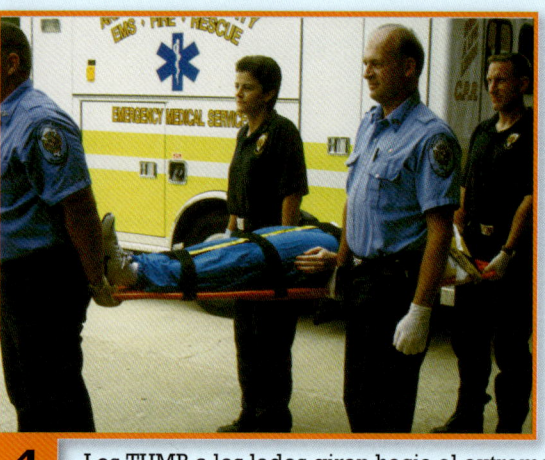
4 Los TUMB a los lados giran hacia el extremo de los pies.

Un paciente en una férula espinal o una camilla debe ser llevado con los pies por delante para colocar la carga más ligera en el TUM-B que se encuentra a los pies del paciente, el cual, para caminar hacia adelante, debe girar y sujetar las agarraderas dando la espalda al dispositivo. Llevar al paciente con los pies al frente también permitirá al paciente consciente ver la dirección del movimiento.

Es importante que, con su equipo, use las técnicas correctas para levantar una camilla. También debe asegurar que los miembros de su equipo tengan aproximadamente la misma estatura y fuerza.

Un método para levantar y mover a un paciente sobre una férula espinal, es la técnica de cargar con una mano (Destrezas 6-3 ▶). Con esta técnica, cuatro o más TUM-B usan una mano cada uno, para soportar la férula espinal, de forma que puedan ver hacia adelante al caminar. Estos son los pasos:

1. **Antes de levantar la férula espinal**, asegúrese de que hay cuando menos dos TUM-B en cada lado de la misma, enfrentados entre sí, y usando ambas manos (**Paso 1**).
2. **Suban la férula espinal** a la posición de cargar usando técnicas correctas de levantamiento, incluyendo la posición recta de la espalda (**Paso 2**).
3. Una vez que han subido la férula espinal a esta posición, con sus compañeros, **giren hacia la dirección a la que estarán caminando**, y cambien para quedar con una mano (**paso 3**).

Realización de la técnica de cargar con una mano

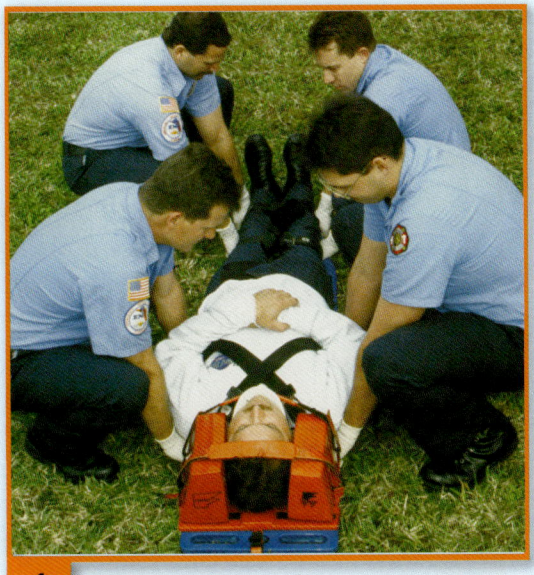

1 Pónganse frente a frente y usen ambas manos.

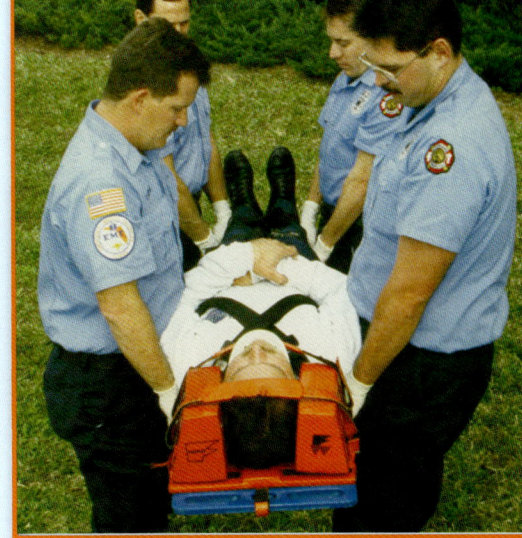

2 Levanten la camilla rígida a la altura adecuada para cargar.

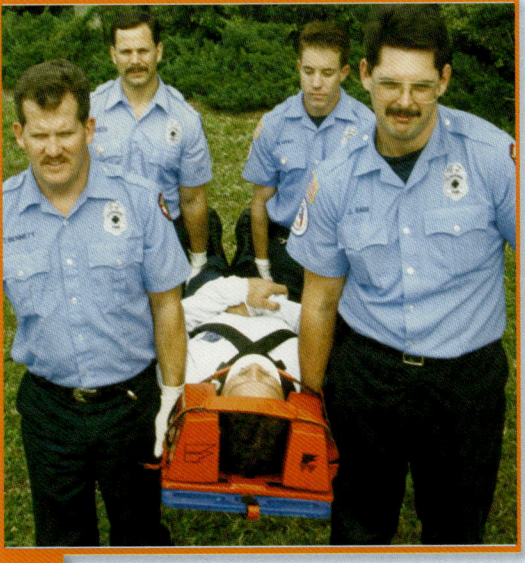

3 Giren hacia la dirección a la que caminarán y cambien a usar una mano.

Asegúrese de subir y cargar la férula espinal con su espalda recta. Si necesita inclinarse a cualquiera de los lados para compensar un desequilibrio de peso, probablemente ha excedido su límite de peso. Si esto sucede, puede ser necesario que agregue ayudantes o reevalúe la carga, o podrán lesionarse todos, o dejar caer al paciente.

Cuando deba mover a un paciente hacia arriba o abajo de escaleras, o a través de una inclinación pronunciada, use una silla para escalera, de ser posible. Cuando deba utilizar una tabla larga o camilla, confirme que el paciente esté asegurado al dispositivo, en forma tal que no pueda deslizarse de manera significativa cuando la camilla esté inclinada (**Destrezas 6-4** ▶):

1. **Coloque una cinta** que pase apretadamente a través de la parte superior del torso y de cada axila, pero

Destrezas 6-4: Cargar un paciente por escaleras

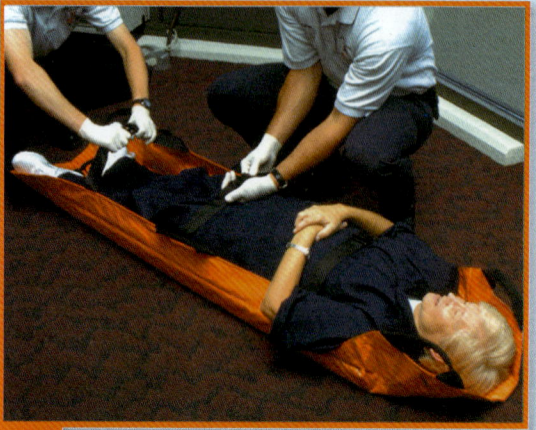

1 Sujete al paciente con firmeza, asegure que una cinta cruce sobre su torso, bajo los brazos, y esté fijo a las agarraderas para prevenir que el paciente se deslice.

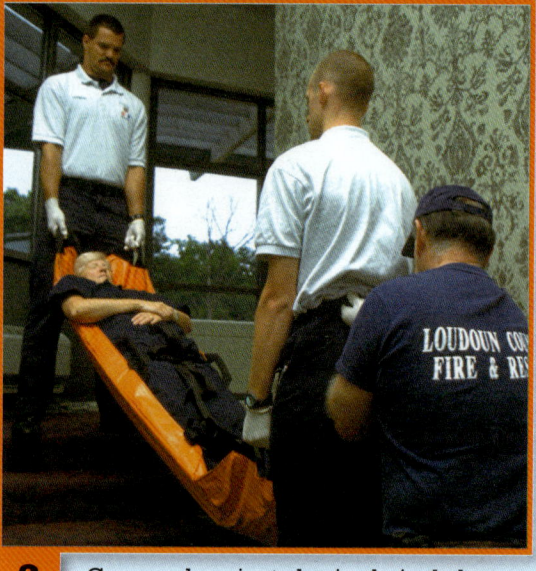

2 Cargue al paciente hacia abajo de las escalera con el extremo de los pies primero y la cabeza elevada.

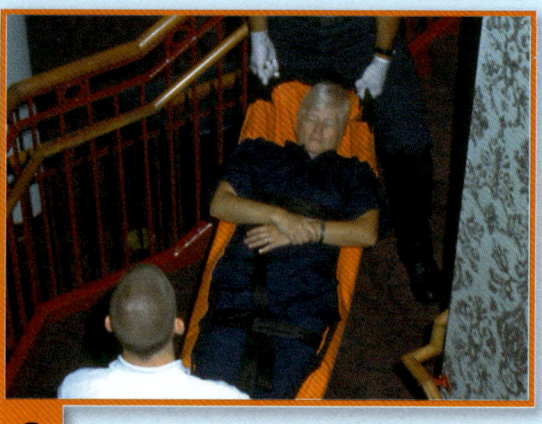

3 Cargue con la cabeza primero al subir escaleras, manteniéndola siempre elevada.

Tips para el TUM-B

Como las técnicas de levantamiento y movilización requieren un líder para coordinar y dirigir el proceso, ahorraría tiempo y prevendría confusión establecer prácticas informales o procedimientos formales que digan a todos los miembros del equipo –por adelantado– quién estará a cargo de esas actividades.

no sobre los brazos, para mantener al paciente en su sitio, pero dejándole los brazos libres. La cinta se fija a las agarraderas en ambos lados de la férula espinal para que el paciente no se deslice hacia abajo. Fije al paciente con firmeza a la férula espinal (**Paso 1**).

2. **Cuando baja al paciente por escaleras**, o en una zona inclinada, asegúrese de que la férula espinal o la camilla se lleve con los pies al frente, en forma tal que el extremo de la cabeza esté más elevado que el de los pies. La cinta impedirá que el paciente se deslice hacia abajo, o fuera de la férula espinal (**Paso 2**).

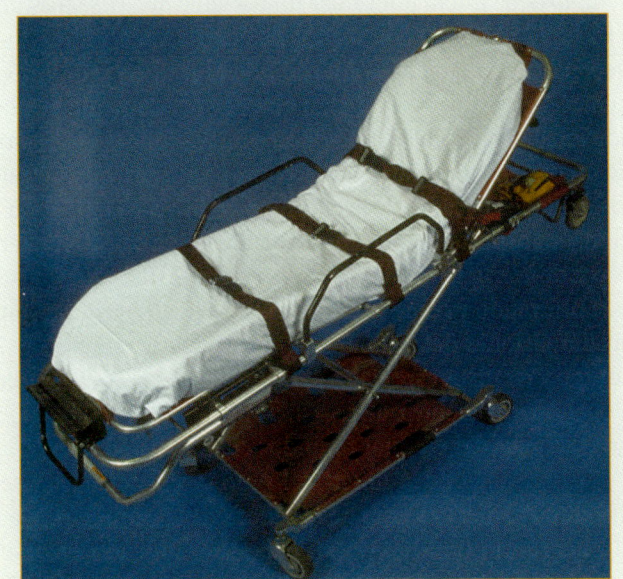

Figura 6-7 El carro camilla de la ambulancia está especialmente diseñado para rodar sobre el piso.

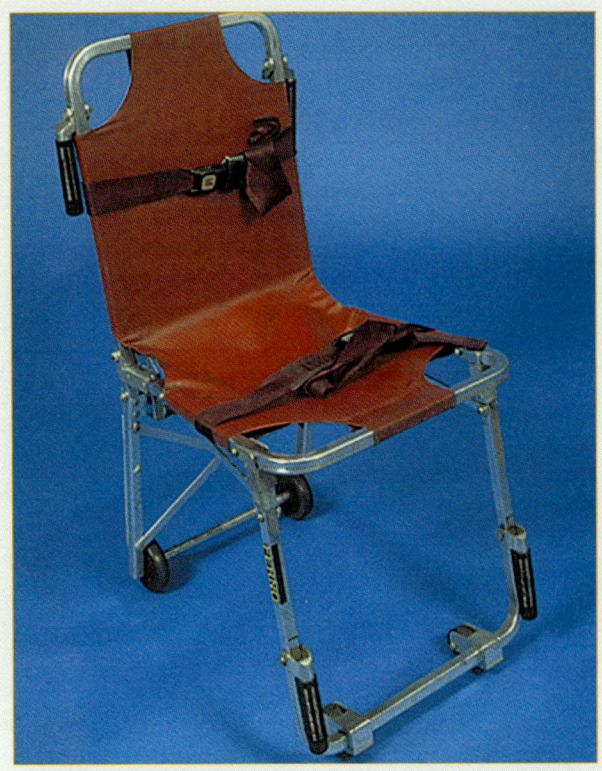

Figura 6-8 Puede usarse una silla con ruedas para escaleras para llevar a un paciente consciente por las escaleras.

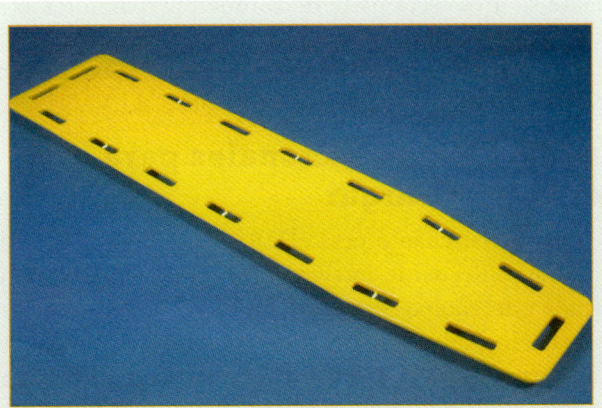

Figura 6-9 Se usa una camilla rígida o férula espinal para trasladar a los pacientes que deben colocarse en posición supina o ser inmovilizados.

3. **Cuando sube al paciente por escaleras**, o en ascenso sobre una pendiente, debe ir primero el extremo elevado de la cabeza de la férula espinal o la camilla (**Paso 3**).

Es más práctico poner a los rescatadores más altos en los pies de la camilla cuando se mueva al paciente hacia arriba o abajo de las escaleras. Esto disminuye el esfuerzo de los rescatadores y el movimiento del paciente al cargarlo.

El <u>carro camilla</u>, que está diseñado especialmente para moverse sobre el piso, pesa entre 18 y 31 kg (40 y 70 libras), dependiendo de su diseño y características (**Figura 6-7**). Como a su peso debe agregarse el del paciente, en general no se lleva a través de escaleras, o a sitios donde el paciente deba ser trasladado a lo largo de una distancia significativa. Se prefiere mover a un paciente deslizándolo, usando un carro camilla u otro dispositivo rodante, cuando la situación lo permite, y ayuda a prevenir lesiones por el desplazamiento. Cuando el paciente se encuentre en la planta alta, deje el carro camilla en la planta baja, preparado para colocar al paciente. Debe, entonces, utilizar una silla con ruedas o una camilla rígida para bajarlo por la escalera. Ambos dispositivos son considerablemente más ligeros que el carro camilla, y pueden usarse para bajar a un paciente al carro camilla que espera. Utilice una <u>silla para escaleras</u> para bajar a un paciente consciente, si su estado le permite colocarlo sentado (**Figura 6-8**). Una vez que se ha llegado al nivel del carro camilla, transfiera al paciente de la silla para escaleras a la camilla. Cuando el paciente está en paro cardiaco debe movilizarse acostado, o inmovilizarse, asegurado a la camilla rígida. Una <u>camilla rígida</u> es un dispositivo que proporciona soporte a los pacientes en los que se sospecha lesiones de la cadera, pelvis, columna vertebral, o de las extremidades inferiores, también es llamada férula espinal o vertebral, tabla de traumatismos, o tabla larga (**Figura 6-9**). Puede colocar al paciente en la camilla rígida bajando las escaleras y dejándolo en el carro camilla ya preparado. Una vez que alcance el carro camilla, coloque tanto la camilla como al paciente sobre él, y fíjelos con cinturones o cintas adicionales.

Indicaciones y órdenes

Para levantar y trasladar a un paciente en forma segura, debe, con su equipo, anticipar y comprender cada movimiento, el cual debe ser realizado en forma coordinada. El líder del equipo debe indicar dónde debe colocarse cada miembro del equipo y describir rápidamente la secuencia de pasos que se realizarán para asegurar que el equipo conozca lo que se espera de ellos antes de que se inicie el levantamiento. Si debe levantar y movilizar al paciente por etapas separadas, el líder primero debe dar un repaso abreviado de las etapas, seguido por una explicación más detallada de cada etapa, antes de que se realice.

Las órdenes que iniciarán el levantamiento o movilización, o cualquier cambio significativo en ellos, deben darse en dos partes: una orden preparatoria y una de ejecución. Por ejemplo, si el líder del equipo dice "Todo listo para levantar. ¡LEVANTAR!", el "Todo listo para levantar" llamará su atención, identificará quién debe actuar, y los preparará para actuar; la declaración "¡LEVANTAR!" indicará el momento exacto de la ejecución. Las órdenes de ejecución deben ser dadas con voz fuerte. A menudo es útil una cuenta regresiva cuando necesita levantar a un paciente. Para evitar confusión en el uso de una cuenta regresiva, siempre aclare si "tres" será parte de la orden preparatoria, o si servirá como la orden de ejecución. Puede decir, "Vamos a levantar a las tres, Una-dos-¡TRES!" o "Voy a contar hasta tres y luego vamos a levantar. Una-dos-tres-¡LEVANTAR!"

Indicaciones adicionales para levantar y cargar

Debe calcular cuánto pesa el paciente antes de intentar levantarlo. Recuerde agregar el peso del dispositivo empleado y del equipo cuando calcule el peso. Comúnmente, los pacientes adultos pesan entre 60 y 70 kg. Si usa la técnica correcta, usted, junto con otro TUM-B, podrá levantar este peso en forma segura. Dependiendo de su fuerza individual, junto con otro TUM-B, podrá levantar en forma segura a un paciente aún más pesado. Sin embargo, como es considerablemente más seguro hacer un levantamiento con cuatro personas, debe intentar usar cuatro rescatadores siempre que los recursos disponibles lo permitan. Debe saber cuánto puede levantar, cómoda y seguramente, y no intentar levantar un peso proporcional (la parte del peso que cargará) que exceda esta cantidad. Si encuentra que levantar al paciente lo coloca en posición de hacer un esfuerzo excesivo, haga que se detenga el levantamiento y se baje al paciente. Debe obtener ayuda adicional antes de intentar de nuevo el levantamiento del paciente.

No debe intentar levantar un paciente que pese más de 113 kg (250 libras) con menos de cuatro rescatadores, independientemente de su fuerza individual. Los protocolos deben incluir un método para obtener rápidamente ayuda adicional para levantar y movilizar a tal paciente o, en el caso de un paciente con paro cardiaco, proporcionar y mantener los cuidados necesarios en el campo, y durante la movilización y transporte del paciente. Además, debe conocer, o ser capaz de averiguar las limitaciones en el peso del equipo que está utilizando y cómo manejar a los pacientes que excedan las limitaciones del peso. En general se requieren técnicas, equipo y recursos especiales para movilizar a la ambulancia a cualquier paciente que pese más de 140 kg (300 libras). Los recursos deben estar reunidos cuando usted llega.

Como más de la mitad del peso de los pacientes se distribuye en el extremo de la cabeza de la camilla rígida, el más fuerte de los TUM-B debe ser colocado en ese extremo del dispositivo. Aun con cuatro o más TUM-B levantando al paciente, el esfuerzo del TUM-B que carga el extremo de la cabeza será mayor cuando intenten pasar por un área estrecha o de escaleras. Al cargar a un paciente hacia arriba o hacia abajo de las escaleras, se distribuirá un peso proporcionalmente mayor al TUM-B que está cargando el extremo de los pies cuando la camilla se angula por la inclinación. Debe anticipar esto y, en estos casos, asegúrese de que los dos TUM-B más fuertes están colocados en los extremos de la cabeza y a los pies de la férula espinal. Debido a la inclinación de las escaleras, si uno de los dos TUM-B es más alto que el otro, será más fácil si el más bajo de los dos está en el extremo de la cabeza y el más alto en el de los pies.

La dinámica implicada en cargar a un paciente hacia abajo de las escaleras, o por cualquier distancia significativa, no le permitirá cargar tanto peso proporcional como puede, para levantar en forma segura o soportar al paciente durante una movilización a una camilla cercana. Por tanto, si siente que se está acercando a su máxima capacidad de levantamiento, y está moviendo al paciente a una camilla, no debe intentar levantarlo y trasladarlo una distancia significativa, ni bajar un nivel de las escaleras. Puede intentar de nuevo levantar y cargar al paciente después de haber disminuido la cantidad de peso proporcional cambiando su posición en el dispositivo, o de que otros en el equipo hayan obtenido ayuda adicional.

Siempre que sea posible debe intentar usar una silla para escaleras en lugar de una camilla, para bajar a los pacientes por las escaleras. Siga estos pasos **Destrezas 6-5 ▶**.

1. **Asegure al paciente a la silla de escaleras con cintas o cinturones.** Como mínimo, use un cinto en la cintura y otro alrededor del pecho. Además debe usar algún método para asegurar los brazos y las manos,

Uso de una silla para escaleras

Destrezas 6-5

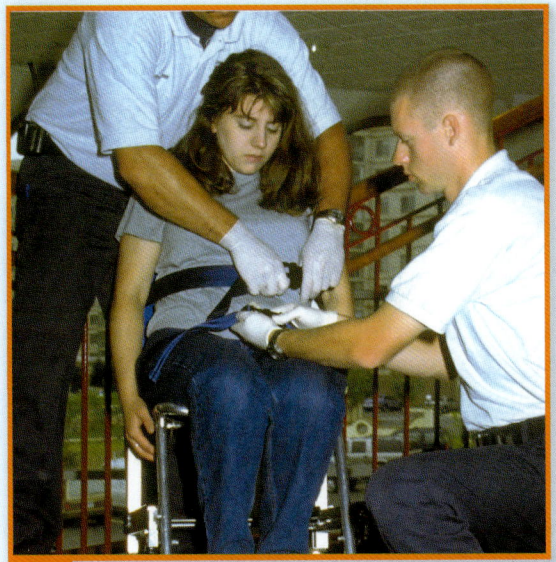

1 Posicione y asegure al paciente en la silla con las cintas.

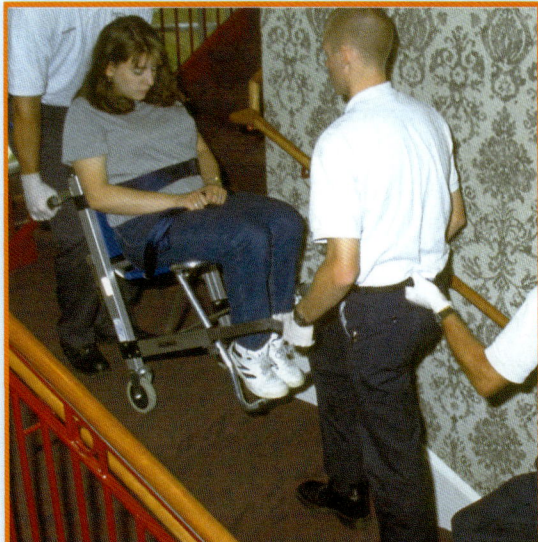

2 Tomen todos sus lugares en la cabeza y pies de la silla.

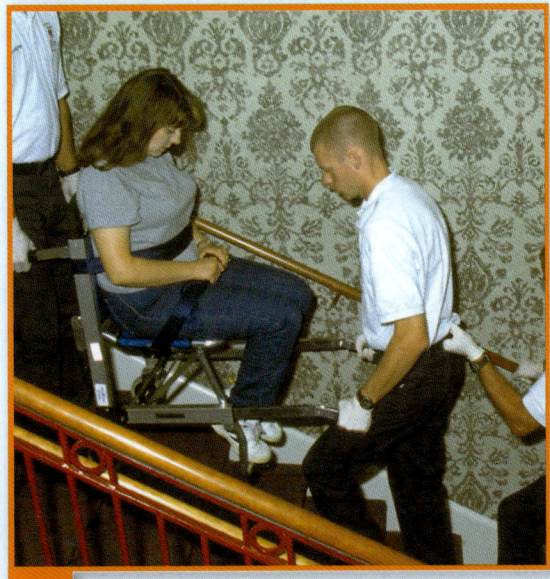

3 Un tercer rescatador "apoya" al rescatador que acarrea los pies.

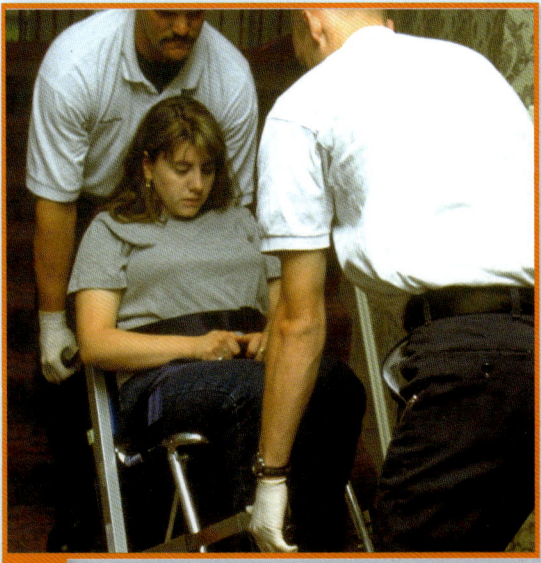

4 Baje la silla para rodarla en los descansos o para transferirlo a la camilla.

para que el paciente no intente coger alguna cosa afuera y rompa el equilibrio del equipo que lo carga. Puede pedirle al paciente que cruce los brazos sobre el pecho (**Paso 1**).

2. **Los rescatadores se sitúan alrededor del paciente** sentado en la silla: uno en la cabeza y uno en los pies. El rescatador en la cabeza da direcciones para coordinar el levantamiento y el traslado (**Paso 2**).

3. **Un tercer rescatador precede a los dos que cargan la silla** para abrir puertas, verlos en las escaleras, etc. En desplazamientos largos, el tercer respondedor puede también turnarse con el equipo, para proporcionar descansos a los otros dos (**Paso 3**).

4. **Cuando lleguen a los descansos entre los pisos** y otros intervalos planos, baje la silla al piso y ruédela en vez de cargarla. Cuando llegue al nivel en el que

la camilla espera, ruede la silla a una posición junto a la camilla en preparación para la transferencia del paciente (**Paso 4**).

Como con otros movimientos, recuerde siempre mantener la espalda en posición rígida y flexionar la cadera, no la cintura. También debe flexionar las rodillas y mantener el peso del paciente en sus brazos tan cerca de su cuerpo como sea posible. Girar el cuerpo cuando cargue o mueva a un paciente aumentará el riesgo de lesión. Intente evitar cualquier levantamiento o carga innecesaria del paciente. Si un giro del tronco, o arrastre del cuerpo no perjudica o pone en riesgo al paciente, use uno para mover al paciente a la camilla.

Principios para alcanzar y jalar en forma segura

Cuando usa un arrastre de cuerpo para mover a un paciente, aplican los mismos principios y mecánica del cuerpo básicos que cuando levanta y carga. Su espalda siempre debe estar recta y firme, no curva ni flexionada lateralmente, y debe evitar cualquier giro para que la columna vertebral mantenga su alineamiento normal. Cuando desee alcanzar algo más arriba evite hiperextender su espalda. Cuando está jalando a un paciente que está en el suelo, siempre debe arrodillarse para minimizar la distancia a la que se tiene que agachar (**Figura 6-10A**). Para mantener su alcance dentro de la distancia recomendada, extiéndase hacia adelante y sujete al paciente, en forma tal que sus codos estén justo adelante del torso anterior (**Figura 6-10B**). Cuando está jalando a un paciente que tiene una estatura diferente que la de usted, flexione sus rodillas hasta que su cadera esté justo por debajo de la altura del plano, a través del cual estará jalando de él. Durante el arrastre, debe extender sus brazos no más de 38 a 50 cm (15 a 20") frente a su torso. Reposicione sus pies (o rodillas si está arrodillado), para que la fuerza para jalar esté igualmente equilibrada entre ambos brazos y centrada entre ellos (**Figura 6-10C**). Tire del paciente flexionando lentamente sus brazos. Cuando ya no puede jalar más porque sus brazos han alcanzado el frente de su torso, pare y retroceda otros 38 a 50 cm (15 a 20"). Entonces, cuando esté posicionado de manera apropiada, repita los pasos. Debe alternar entre tirar del paciente flexionando sus brazos y luego reposicionándose, de forma que sus brazos estén nuevamente extendidos, con sus manos unos 38 cm (15") delante de su torso. Realizar movimientos simultáneos entre usted y él evitará empujones inconvenientes del paciente y la probabilidad de que se produzca una fuerza no prevista a través de su columna vertebral. También debe intentar prevenir lesionarse evitando situaciones que impliquen esfuerzos enérgicos que duren más de un minuto.

Si debe tirar de un paciente a través de una cama, deberá arrodillarse sobre ésta para evitar alcanzar más allá de la distancia recomendada. Luego, siga los pasos descritos hasta que el paciente esté a 38 a 50 cm (15 a 20") del borde de la cama (ver Figura 6-10). Puede, después, completar la tracción, estando de pie al lado de la cama. Más que jalar del paciente por su ropa, use para este propósito la sábana o cobija bajo el paciente. Puede enrollar la sábana bajo el paciente hasta que sea 15 cm (6") más ancha que el paciente. Tire de la sábana enrollada suave y regularmente para deslizar al paciente al lado de la cama.

A menos que el paciente esté en una camilla rígida, transfiéralo de la camilla a la cama en la sala de urgencias o el cuarto del paciente del hospital, con un arrastre del cuerpo. Con la camilla a la misma altura de la cama, y sostenida fuertemente con su lado, usted y otro TUM-B deben arrodillarse en la cama del hospital y, en la forma antes descrita, jalar del paciente en incrementos regulares hasta que esté centrado apropiadamente en la cama. Cuando transfiera al paciente a una mesa de exámenes estrecha, en vez de arrodillarse en la mesa, en general

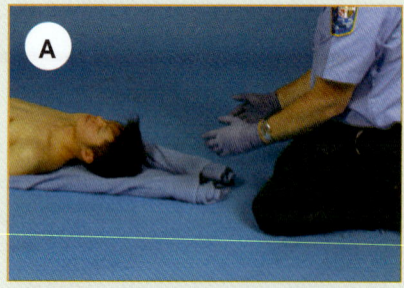 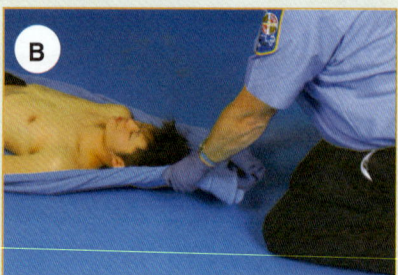 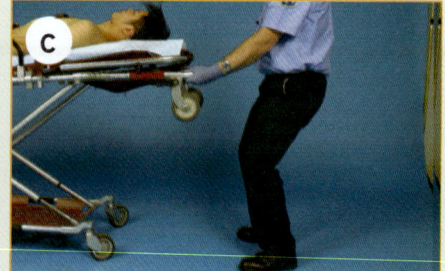

Figura 6-10 Sujetando y jalando con seguridad. **A.** Arrodíllese para jalar a un paciente que está sobre el piso. **B.** Cuando tire, sus codos deben estar extendidos justo un poco más allá del tronco. **C.** Flexione sus rodillas para jalar a un paciente que se encuentra a una altura diferente que la suya. Coloque sus pies o rodillas para equilibrar TUM fuerza al jalar.

puede tirar del paciente estando de pie en el lado opuesto de la mesa. Puede ser necesaria una tercera persona para sujetar los dos lados de la cabeza, para mover al paciente en forma segura.

A veces, durante el arrastre de un cuerpo, es posible que, junto con otro TUM-B, tenga que tirar del paciente con uno de ustedes de cada lado. Será necesario que altere la técnica usual para jalar al paciente, prevenir tirar de lado y producir un palanqueo lateral adverso contra la parte inferior de su espalda. Debe posicionarse arrodillándose justo más allá del hombro del paciente, de frente hacia su ingle Figura 6-11A. Extendiendo un brazo y enfrente de su pecho, puede sujetar la axila y, con el otro brazo extendido al frente y al lado del torso, el cinturón del paciente. Luego, elevando sus codos y flexionando sus brazos, puede tirar del paciente con la línea de fuerza al menor ángulo posible Figura 6-11B.

En general, cuando se lateraliza en bloque a un paciente, tendrá que alcanzar más allá de 45 cm (18") Figura 6-12. Para minimizar esta distancia, arrodíllese tan cerca del lado del paciente como sea posible, dejando sólo suficiente espacio para que sus rodillas no eviten que el paciente sea girado. Cuando se incline hacia adelante mantenga su espalda recta e inclínese sólo de la cadera. Asegúrese de usar los músculos de su hombro para ayudar con el giro. Para minimizar el tiempo que está en esta posición, y para soportar el peso del paciente, gire al paciente sin detenerse hasta que descanse sobre su costado. Algunos expertos del SMU consideran que durante la lateralización, debe jalar del paciente más que empujarlo. Los protocolos locales guiarán su capacitación en esta área. Jalar hacia usted hará que sus piernas eviten que el paciente gire por completo, o lo haga más allá de la distancia intentada.

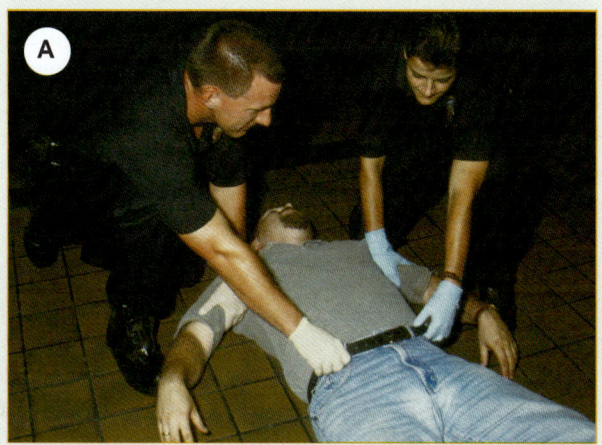

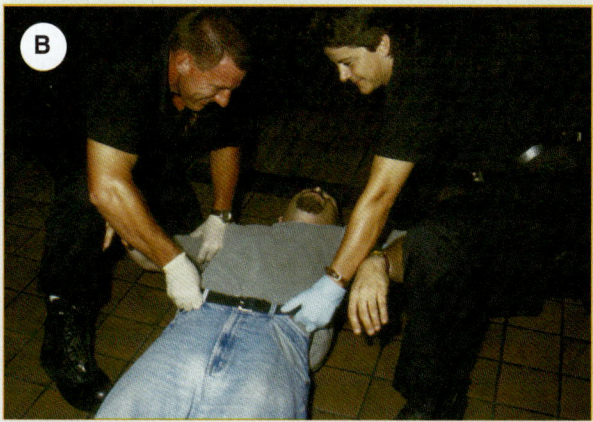

Figura 6-11 Arrastre de un cuerpo con un TUM-B a cada lado del paciente. **A.** Coloque su rodilla más allá del hombro del paciente mirando hacia su ingle. Extienda el brazo (proximal al paciente) por encima y frente al tórax y sujételo de una axila. Extienda su otro brazo por encima del tórax del paciente, y sujete su cinturón. **B.** Eleve sus codos y flexione sus brazos para jalar al paciente.

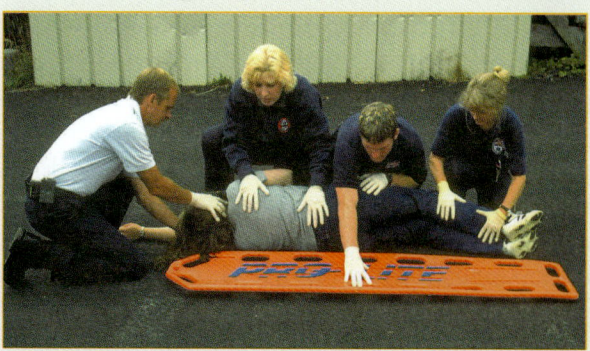

Figura 6-12 Cuando coloque a un paciente en una camilla rígida, gírelo sobre uno de sus costados. Arrodíllese tan cerca del paciente como sea posible, dejando sólo un espacio para que sus rodillas no eviten que gire el paciente. Inclínese hacia adelante manteniendo su espalda derecha y apoyándose sólo en la cadera. Use los músculos de sus hombros para ayudar con el giro.

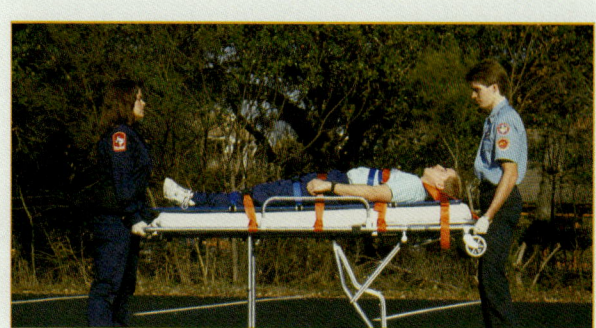

Figura 6-13 Empuje la camilla por el extremo de la cabeza. Si está guiando la camilla desde el extremo de los pies, asegúrese que sus brazos estén cerca de su cuerpo, sea cuidadoso para evitar aumentar la distancia hiperextendiendo su espalda; ésta debe estar rígida, derecha y sin giros.

Cuando esté empujando el carro camilla, asegure de que esté arriba (Figura 6-13). Empuje la camilla desde su extremo de la cabeza. Si está guiándola del extremo de los pies, asegúrese de que sus brazos estén junto a su cuerpo, y tenga cuidado en evitar alcanzar una distancia mayor detrás o hiperextender su espalda. Su espalda debe estar rígida, derecha y sin movimientos laterales. Mientras está caminando y guiando la camilla, inclínese un poco hacia adelante sobre la cadera. Al caminar, sus piernas son impulsadas hacia atrás con los pies sobre el piso, su pelvis se mueve hacia adelante, y el movimiento de la pelvis es transferido a la camilla por medio de su torso recto y brazos firmemente sujetos. Debe intentar mantenerse en línea con la dirección del empuje, a través del centro de su cuerpo, flexionando sus rodillas.

Un segundo TUM-B debe guiar el extremo de la cabeza y asistirlo empujando con sus brazos sostenidos con los codos flexionados, de forma que las manos estén a cerca de 30 a 38 cm (12 a 15") frente al torso. Para proteger sus codos de lesiones, nunca debe empujar un objeto con los brazos por completo extendidos en una línea recta y los codos rígidos. Cuando empuja con el codo flexionado pero firmemente sostenido, los fuertes músculos del brazo sirven para absorber choques si las ruedas, o el extremo de los pies de la camilla chocan con un obstáculo que haga que su avance sea más lento o se detenga súbitamente. Debe asegurarse de que empuja desde un área de su cuerpo que está entre la cintura y el hombro. Si el peso que está empujando está más bajo que su cintura, debe empujar en una posición de rodillas. Tenga cuidado de no empujar o jalar de una posición sobre la cabeza.

Consideraciones generales

La movilización de un paciente normalmente debe hacerse en forma ordenada, planeada y no precipitada. Este enfoque lo protegerá a usted y a su paciente de lesiones adicionales, y reduce el riesgo de empeorar la condición del paciente cuando es movilizado. Como mínimo, en la mayor parte de las llamadas tendrá que levantar y cargar al paciente al carro camilla, mover la camilla y el paciente a la ambulancia, y cargar la camilla dentro de ésta.

Con frecuencia tendrá que incluir varios pasos adicionales para colocar al paciente en una camilla rígida o bajarlo por las escaleras, o ambas cosas. El reposicionamiento suele requerir bajar la camilla rígida al piso y levantarlo de nuevo, cuando todos los TUM-B están en los sitios apropiados. Si está cargando al paciente en una silla para escaleras, el siguiente paso ocurre cuando ha descendido las escaleras y ha alcanzado la camilla. En ese punto, tendrá que asistir o levantar al paciente de la silla de las escaleras a la camilla.

Debe planear cuidadosamente, y escoger los métodos que implican el menor número de levantamientos y movilizaciones. Recuerde considerar siempre si hay una opción que causará menos esfuerzo para usted y otros TUM-B.

Movimientos de urgencia

Debe usar un **movimiento de urgencia** para movilizar a un paciente, antes de que se proporcione la evaluación y cuidados iniciales, cuando hay algún peligro potencial, y usted y su paciente se deben mover a un lugar seguro para evitar un posible daño grave, o la muerte. La presencia de fuego, explosivos, o materiales peligrosos, y su incapacidad para proteger a los pacientes de otros riesgos o lograr el acceso a otros que necesitan cuidados para salvar su vida dentro de un vehículo son situaciones en la que debe usar un movimiento de urgencia.

La única situación en que debe usar un movimiento de urgencia es cuando no puede evaluar de manera apropiada al paciente, o proporcionar cuidados críticos de urgencias inmediatos, debido a la posición o localización del paciente.

Si está solo, y el peligro en la escena hace necesario que use un movimiento de urgencia, al margen de las lesiones del paciente, debe usar un arrastre para tirar de éste de acuerdo con el eje del cuerpo. Esto ayudará a mantener la columna vertebral en línea tanto como sea posible. Cuando realiza un movimiento de urgencia, una de sus principales preocupaciones es el peligro de agravar una lesión vertebral existente. Recuerde que es imposible

---

Situación de urgencia — Parte 4

Al llevar al paciente hacia la ambulancia se queja de que el chaleco de extracción está demasiado apretado y le hace difícil respirar.

5. ¿Qué debe hacer?

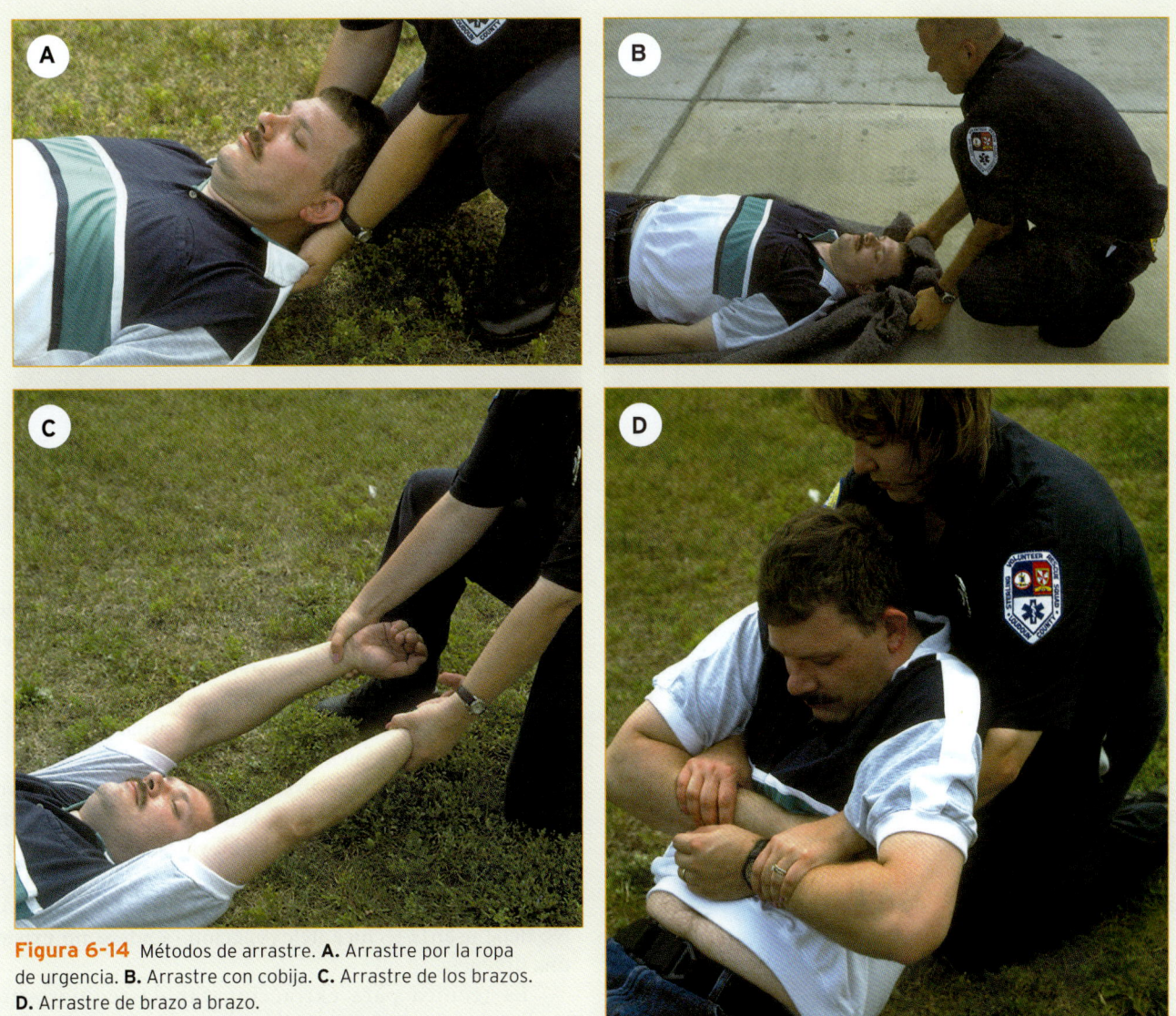

Figura 6-14 Métodos de arrastre. **A.** Arrastre por la ropa de urgencia. **B.** Arrastre con cobija. **C.** Arrastre de los brazos. **D.** Arrastre de brazo a brazo.

retirar a un paciente rápidamente de un vehículo, proporcionando tanta protección a la columna vertebral como lo haría usando un dispositivo de inmovilización. Sin embargo, si sigue ciertas directrices durante el movimiento, en general puede movilizar a un paciente de una situación amenazadora para la vida sin causarle lesiones adicionales. Puede mover a un paciente sobre su espalda a lo largo del piso o el suelo, usando uno de los métodos siguientes:

- Jale de la ropa del paciente por el área del cuello y hombro Figura 6-14A.
- Coloque al paciente en una cobija, abrigo, u otro artículo del que se pueda jalar Figura 6-14B.
- Gire los brazos del paciente en forma que queden paralelos al piso, por arriba de su cabeza, sujete sus muñecas, y con los brazos elevados sobre el suelo arrastre al paciente Figura 6-14C.
- Coloque sus brazos bajo los hombros el paciente y a través de la axilas y, sujetando los brazos del paciente, arrástrelo hacia atrás Figura 6-14D.

Si está solo y debe retirar a un paciente inconsciente de un auto, primero debe mover los pies para que estén libres de los pedales y contra el asiento. A continuación, gire al paciente para que quede con la espalda hacia la puerta abierta del automóvil. Acto siguiente, coloque sus brazos a través de las axilas y soporte la cabeza del paciente contra su cuerpo Figura 6-15A. Mientras soporta el peso del paciente, arrástrelo del asiento. Si las piernas y pies están libres, podrá arrastrar rápidamente al paciente a un sitio seguro continuando este método Figura 6-15B. Si las piernas y pies no se liberan con facilidad, puede bajar lentamente al paciente hasta que esté recostado sobre la

Figura 6-15 Técnica para sacar a una víctima inconsciente de un automóvil por una persona. **A.** Agarre al paciente por debajo de los brazos. **B.** Jale del paciente en posición supina.

espalda junto al automóvil, liberar las piernas del vehículo y, como se describió antes, usar un arrastre a través del eje largo del cuerpo para mover al paciente a una distancia segura del vehículo.

Debe usar técnicas de una persona para mover a un paciente sólo si existe un peligro que amenaza la vida inmediatamente, o si está solo, debido a que por la naturaleza de la escena y el peligro, su compañero está moviendo a un segundo paciente de manera simultánea. En la Figura 6-16 se muestran arrastres, acarreos y levantamientos por un rescatador.

Movimientos urgentes

Puede ser necesario realizar un movimiento urgente para mover a un paciente que presenta conciencia alterada, ventilación inadecuada, o en estado de choque (hipoperfusión). En una condición meteorológica extrema también puede ser necesario realizar un movimiento urgente. En algunos casos, los pacientes deben ser movidos urgentemente de la localización o posición en que se encuentran. Cuando un paciente que está sentado en un automóvil o camión debe ser movido en forma urgente, debe usar la técnica de extracción rápida.

Técnica de extracción rápida

La camilla rígida larga, la corta y los accesorios tipo chaleco son conocidos como dispositivos de inmovilización. Normalmente usaría un chaleco de extracción o un dispositivo llamado férula media cervical para inmovilizar a un paciente sentado, con sospecha de una lesión de la columna vertebral, antes de sacarlo del automóvil. Sin embargo, el uso de cualquiera de estos dispositivos requiere entre 6 y 8 minutos, y en algunos casos aún más. Mediante el uso, en su lugar, de la técnica de extracción rápida, el paciente se puede mover de estar sentado en el automóvil a yacer supino en una camilla rígida en un minuto, o menos. El Cuadro 6-2 describe las situaciones en las que debe usar la técnica de extracción rápida.

En esos casos, se contraindica la demora que ocurre con la aplicación del chaleco o la media tabla cervical. Sin embargo, el soporte manual y la inmovilización que proporciona cuando usa la técnica de extracción rápida, produce un mayor riesgo de movimiento de la columna vertebral. No debe usar la técnica de extracción rápida si no existe una urgencia.

La técnica para extracción rápida requiere un equipo de tres TUM-B que tengan conocimiento y hayan practicado el procedimiento. Debe dar los siguientes pasos cuando use la técnica de extracción rápida Destrezas 6-6 :

CUADRO 6-2 Situaciones ante las cuales se utiliza la técnica de extracción rápida

- El vehículo o la escena son inseguros.
- El paciente no puede ser examinado de manera apropiada antes de sacarlo del auto.
- El paciente necesita una atención inmediata que requiere una posición supina.
- El estado del paciente requiere un traslado inmediato al hospital.
- El paciente bloquea el acceso del TUM-B a otro paciente gravemente lesionado.

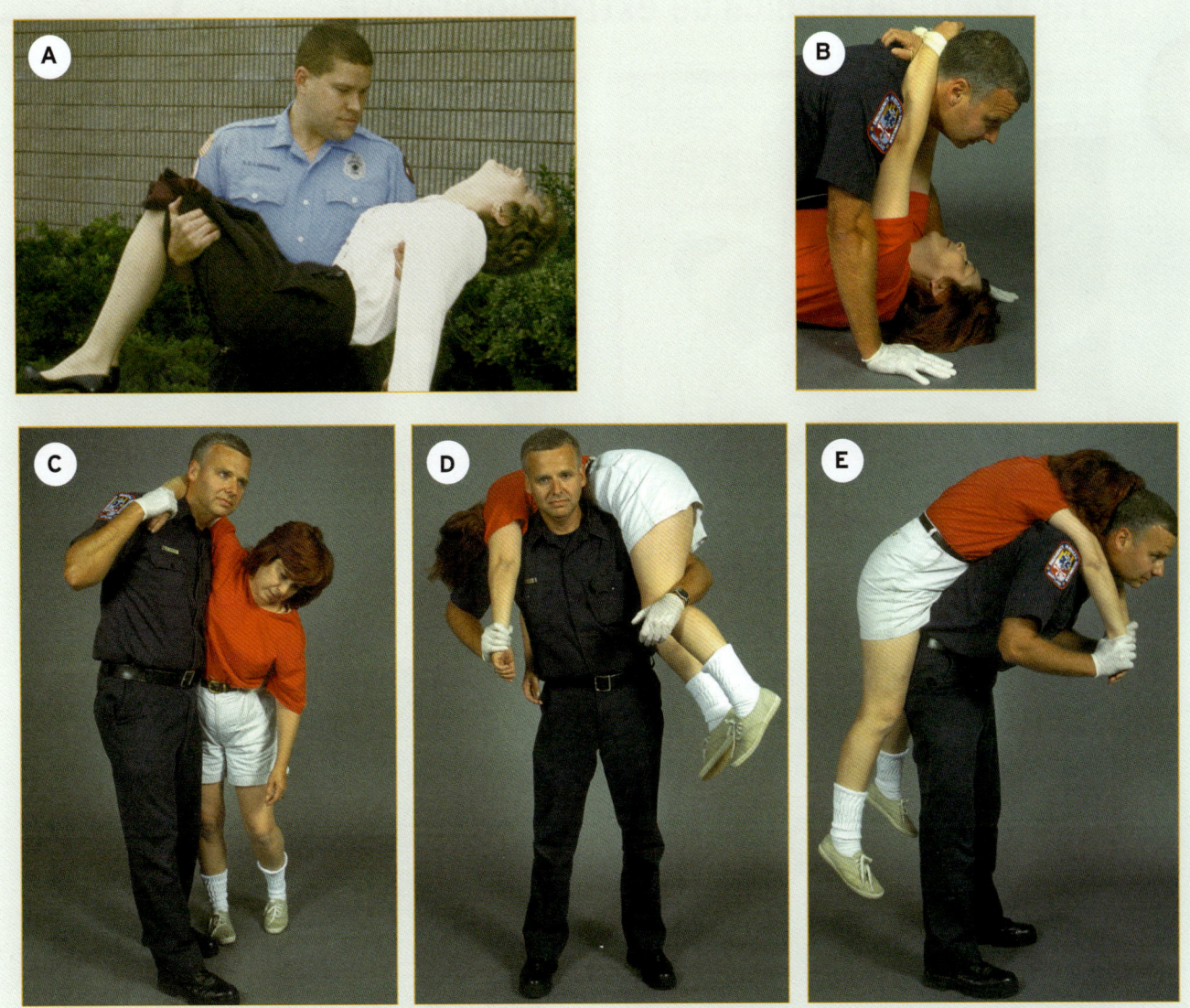

Figura 6-16 Arrastres, acarreos y levantamientos por un rescatador. **A.** Cuna anterior. **B.** Arrastre de bombero. **C.** Asistencia para caminar por una sola persona. **D.** Acarreo de bombero. **E.** Sobre la espalda.

1. **El primer TUM-B aplica el soporte manual** de la cabeza y columna cervical, por atrás. Puede aplicarse soporte del lado, si es necesario, alcanzando a través de la puerta del lado del conductor (**Paso 1**).
2. **El segundo TUM-B actúa como líder del equipo** y, como tal, da órdenes hasta que el paciente está en posición supina sobre la camilla rígida. Como el segundo TUM-B levanta y gira el torso del paciente, debe ser físicamente capaz de moverlo. El segundo TUM-B trabaja desde la puerta del lado del conductor. Si el primer TUM-B también está trabajando desde esa puerta, el segundo TUM-B debe estar cerca de las bisagras de la puerta hacia el frente del vehículo. El segundo TUM-B aplica un dispositivo de inmovilización cervical y puede realizar la evaluación inicial (**Paso 2**).
3. **El segundo TUM-B proporciona soporte continuo** al torso del paciente hasta que está colocado en posición supina en la camilla rígida. Una vez que el segundo TUM-B toma control del torso, usualmente con apoyo de los brazos, por ninguna razón debe dejar al paciente. En general una posición cruzada de pecho-hombro funciona bien, pero usted debe saber cuál método es mejor en su caso para cualquier paciente dado. Debe recordar que no puede simplemente alcanzar al paciente dentro el auto y sujetarlo; esto giraría el torso del paciente. Usted debe girarlo como una unidad.

Destrezas 6-6

Práctica de la técnica de extracción rápida

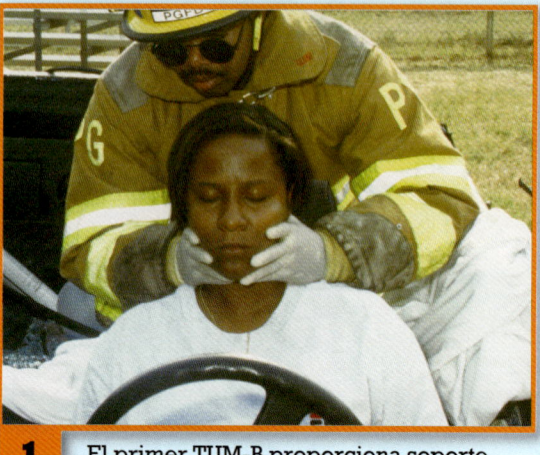

1 El primer TUM-B proporciona soporte manual alineando la cabeza y columna cervical.

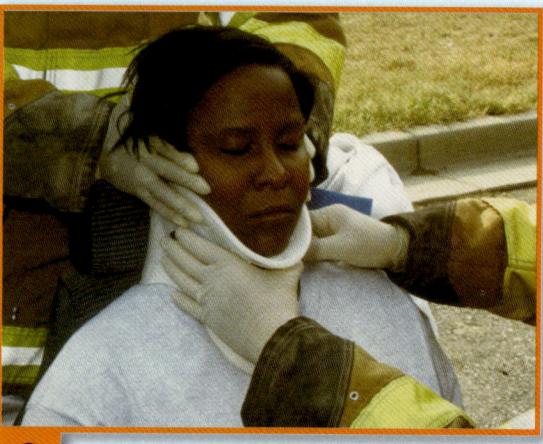

2 El segundo TUM-B da órdenes, coloca un collar cervical, y realiza el examen inicial.

3 El tercer TUM-B soporta el torso.
El tercer TUM-B libera las piernas del paciente de los pedales y las junta sin mover la pelvis ni la columna vertebral.

4 El segundo y tercer TUM-B giran al paciente como una unidad en varios movimientos cortos coordinados. El primer TUM-B (sustituido por el cuarto TUM-B o un espectador, según se necesite) soporta la cabeza y el cuello durante la rotación (y pasos posteriores).

4. **El tercer TUM-B trabaja desde enfrente del asiento del pasajero** y es responsable de girar las piernas y pies del paciente al mover el torso, asegurando que esté libre de los pedales y cualquier otra obstrucción. Con cuidado, el tercer TUM-B debe mover primero la pierna más cercana del paciente, lateralmente, sin rotar la pelvis ni la parte inferior de la columna vertebral. La pelvis y la columna vertebral giran sólo cuando el tercer TUM-B mueve la segunda pierna en el siguiente paso. Mover la pierna más cercana tempranamente hace mucho más fácil mover la segunda pierna junto con el resto del cuerpo. Después de que el tercer TUM-B mueve las piernas juntas, deben moverse como una unidad (**Paso 3**).

Estos primeros cuatro pasos de la técnica de extracción rápida dirigen al equipo a sus posiciones y responsabilidades iniciales. El primer TUM-B aplica soporte manual inmovilizando la cabeza y cuello. El segundo TUM-B da órdenes y so-

5 El primer (o cuarto) TUM-B coloca la camilla rígida en el asiento contra la nalgas del paciente.

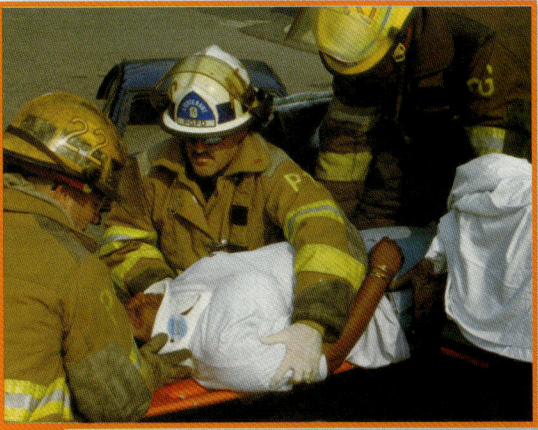

6 El tercer TUM-B se mueve hacia una posición eficaz deslizando al paciente. El segundo y tercer TUM-B deslizan al paciente a lo largo de la camilla rígida en movimientos coordinados de 20 a 30 cm (12") hasta que la cadera descanse sobre la camilla rígida.

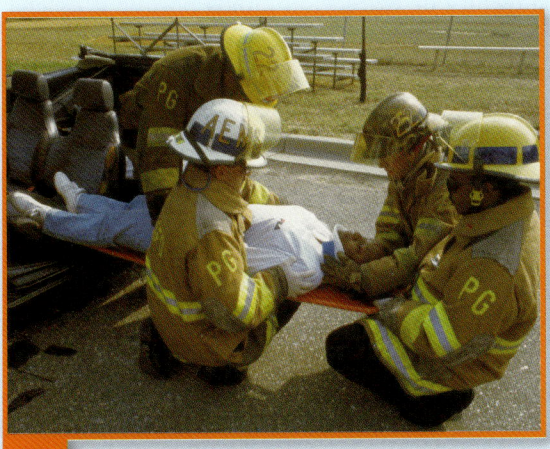

7 El tercer TUM-B se sale del vehículo, se mueve a la camilla rígida, opuesto al segundo TUM-B, y continúan deslizando al paciente hasta que esté completamente sobre ésta.

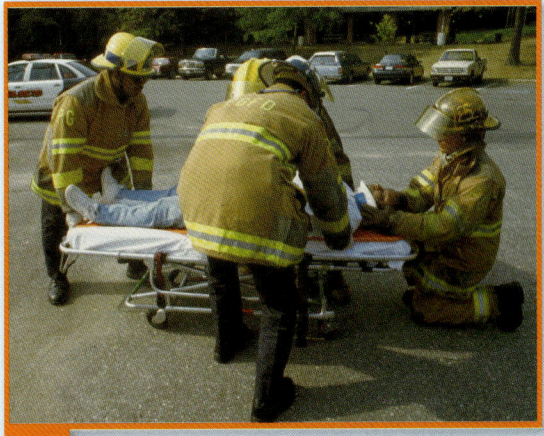

8 El primer (o cuarto) TUM-B continúa estabilizando la cabeza y el cuello, mientras el segundo y tercer TUM-B sacan al paciente alejándolo del vehículo.

porta el torso. El tercer TUM-B mueve y soporta las piernas del paciente. El equipo está ahora listo para movilizar al paciente.

5. **El paciente es girado 90°** en forma tal que la espalda enfrente la puerta del conductor y los pies estén en el asiento del pasajero. Ese movimiento coordinado se realiza en tres o cuatro "ocho giros" cortos, rápidos. El segundo TUM-B dirige cada giro rápido diciendo, "Listo, giro" o "Listo, mueve". Deben cambiarse las posiciones de las manos con cada giro.

6. **En la mayor parte de los casos el primer TUM-B estará trabajando desde el asiento de atrás.** En algún punto, ya sea porque el poste de la puerta estorba o porque no puede alcanzar más desde el asiento trasero, el primer TUM-B no podrá seguir la rotación del torso. En ese momento, el tercer TUM-B debe asumir temporalmente el soporte manual de la cabeza y cuello hasta que el primer TUM-B recupera el control de la cabeza desde afuera del vehículo. Si está

presente un cuarto TUM-B, éste permanece junto al segundo TUM-B. El cuarto TUM-B toma control de la cabeza y el cuello desde el exterior sin implicar al tercer TUM-B. Tan pronto como se ha hecho el cambio puede continuar la rotación (**Paso 4**).

7. **Una vez que el paciente ha sido rotado por completo**, la camilla rígida debe colocarse contra las nalgas del paciente sobre el asiento. No intente pasar la camilla rígida como una cuña debajo del paciente. Si sólo hay presentes tres TUM-B, asegúrese de que la camilla esté al alcance de un brazo de la puerta del conductor antes del movimiento, de forma que pueda jalarse la camilla al sitio apropiado cuando sea necesario. En estos casos, el extremo alejado de la camilla rígida puede dejarse sobre el piso. Cuando se dispone de un cuarto TUM-B, el primer TUM-B sale del asiento posterior del auto, coloca la camilla rígida contra las nalgas del paciente, y mantiene presión hacia el vehículo desde el extremo alejado de la camilla rígida. (Nota: Cuando la abertura de la puerta lo permite, algunos TUM-B prefieren insertar la camilla rígida en el asiento del automóvil antes de que el paciente sea girado.)

8. **Tan pronto como el paciente es girado** y está colocado en la camilla rígida, el segundo y el tercer TUM-B lo bajan a la camilla rígida soportando la cabeza y el torso, en forma que se mantenga una alineación. El primer TUM-B sujeta la camilla rígida hasta que el paciente es asegurado (**Paso 5**).

9. **A continuación, el tercer TUM-B debe moverse a través del asiento de enfrente** para estar a la altura de la cadera del paciente. Si el tercer TUM-B permanece en las rodillas o los pies del paciente, será ineficaz para ayudar a mover el cuerpo. Las rodillas y los pies siguen a la cadera.

10. **El cuarto TUM-B mantiene soporte manual alineado** de la cabeza y ahora se encarga de dar las órdenes. Si no hay un cuarto TUM-B presente, puede pedir a un voluntario que lo ayude. El segundo TUM-B mantiene la dirección del movimiento de salida. El segundo TUM-B permanece con la espalda hacia la puerta enfrentando la parte de atrás del vehículo. La camilla debe estar inmediatamente frente al tercer TUM-B. El segundo TUM-B sujeta los hombros o axilas del paciente. Luego, bajo órdenes, el segundo y el tercer TUM-B deslizan al paciente de 17 a 25 cm (8 a 12") a lo largo de la camilla rígida, repitiendo este deslizamiento hasta que la cadera esté firmemente apoyada sobre la camilla (**Paso 6**).

11. **En ese momento, el tercer TUM-B se sale del vehículo** y se mueve al lado opuesto de la camilla, a nivel del segundo TUM-B. El tercer TUM-B toma ahora el control de los hombros y el segundo TUM-B retrocede para tomar control de la cadera. Bajo órdenes, estos dos TUM-B mueven al paciente a lo largo de la camilla, en deslizamientos de 17 a 25 cm (8 a 12"), hasta que está por completo colocado en la camilla rígida (**Paso 7**).

12. **El primer (o cuarto) TUM-B continúa manteniendo el soporte manual alineado** de la cabeza. El segundo y el tercer TUM-B toman ahora su lado de la férula espinal, y luego lo cargan, llevándolo lejos del vehículo hacia la camilla cercana (**Paso 8**).

En algunos casos, podrá descansar el extremo de la cabeza de la camilla rígida sobre la camilla mientras el paciente se coloca en ella. En otros, no lo hará. Una vez que la camilla rígida y el paciente han sido colocados en la camilla, debe iniciar inmediatamente su atención. Si usó la técnica de extracción rápida porque la escena era peligrosa, usted y se equipo deben mover inmediatamente la camilla a una distancia segura, alejada del vehículo, antes de evaluar y tratar al paciente.

Los pasos para la extracción rápida deben considerarse un procedimiento general que puede ser adaptado de acuerdo con las necesidades. Los modelos de autos de dos puertas difieren de los de cuatro puertas. Los automóviles más grandes difieren de los compactos más pequeños, los "pick ups", camiones y los sedanes de gran tamaño y los vehículos de cuatro velocidades. Tratará a un adulto grande y pesado en forma diferente de un adulto pequeño o a un niño. Cada situación será distinta, un auto diferente, un paciente diferente, y un equipo diferente. La cantidad de sus recursos y habilidad para adaptarse son elementos necesarios para realizar con éxito la técnica de extracción rápida.

Movimientos no urgentes

Cuando tanto la escena como el paciente están estables, debe planear cuidadosamente cómo movilizarlo. Si la movilización de su paciente es precipitada, o no está bien planeada, puede dar por resultado incomodidades o lesiones para el paciente, usted, y su equipo. Antes de intentar cualquier movilización, el líder del equipo debe estar seguro de que hay suficiente personal, que cualquier obstáculo ha sido identificado o retirado, que el equipo necesario está disponible, y el procedimiento y el camino a seguir han sido claramente identificados y discutidos.

En situaciones que no son urgentes puede elegir, con su grupo, uno de varios métodos para levantar y cargar a un paciente. Se presentan aquí tres métodos generales, que pueden servir como base para su plan. Puede adaptar estos procedimientos para cubrir sus necesidades, con base en cada caso.

Levantamiento directo del piso

El levantamiento directo del piso se usa para pacientes sin sospecha de lesión vertebral, que se encuentran en posición supina sobre el suelo. Debe usar este levantamiento cuando tiene que elevar y cargar al paciente a alguna distancia para colocarlo en la camilla. Si encuentra al paciente en posición semiprona, o en decúbito lateral, primero debe girarlo sobre su espalda. De manera ideal, el levantamiento directo del piso debe ser realizado por tres TUM-B, aunque puede hacerse con sólo dos. Este levantamiento se realiza como sigue:

1. **Colóquense en línea a un lado del paciente** con el primer TUM-B en la cabeza del paciente, el segundo TUM-B en su cintura, y el tercero en sus pies. Todos los TUM-B se hincan sobre una rodilla, preferentemente la del mismo lado (Figura 6-17A).
2. **Los brazos del paciente deben colocarse** sobre su pecho, de ser posible.
3. **El primer TUM-B coloca un brazo bajo el cuello y hombros del paciente,** y sostiene su cabeza.
4. **El segundo TUM-B coloca una mano bajo la cintura del paciente,** y la otra bajo las rodillas.
5. **El tercer TUM-B coloca un brazo debajo de las rodillas** del paciente y el otro debajo del tobillo.
6. **Bajo una orden, el equipo eleva al paciente** a la altura de la rodilla mientras cada TUM-B descansa el brazo sobre su rodilla (Figura 6-17B).
7. **Como equipo, y bajo una señal,** cada TUM-B gira al paciente hacia su pecho. Nuevamente, y bajo una señal, el equipo se pone de pie y lleva al paciente a la camilla (Figura 6-17C).
8. **Los pasos se invierten** para bajar al paciente.

Levantamiento de extremidades

El levantamiento de extremidades también se puede usar en pacientes sin sospecha de lesiones de extremidades o columna vertebral, que están en posición supina o sentados. Este levantamiento puede ser en especial útil cuando el paciente está en un espacio muy estrecho o no hay suficiente lugar para que el paciente y un equipo de TUM-B estén de pie, unos junto a otros.

La comunicación es la clave del éxito con este levantamiento. Usted y su compañero deben coordinar sus movimientos bajo órdenes verbales directas. Debe realizar el levantamiento de extremidad como sigue (Destrezas 6-7):

1. **El primer TUM-B se arrodilla detrás de la cabeza del paciente** mientras que el segundo TUM-B se arrodilla en los pies del paciente. Los dos TUM-B están frente a frente.
2. **Las manos del paciente deben estar** cruzadas sobre su pecho.
3. **El primer TUM-B coloca una mano** bajo cada una de las axilas del paciente. El primer TUM-B sujeta las muñecas del paciente y tira de la parte superior del torso hasta que el paciente queda sentado (**Paso 1**).
4. **El segundo TUM-B se mueve a una posición** entre las piernas del paciente, con la cara en la misma dirección que la cara del paciente, y desliza sus manos bajo las rodillas del paciente (**Paso 2**).

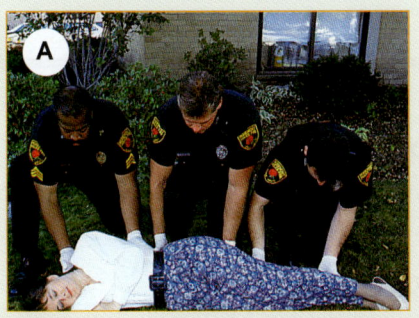 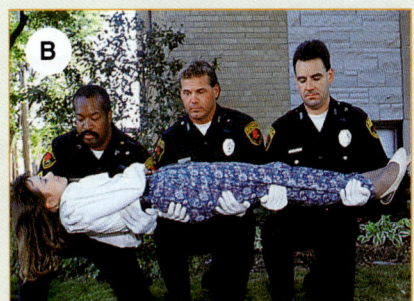 

Figura 6-17 Levantamiento directo del piso. **A.** Colocados en una línea a un lado del paciente con un TUM-B en la cabeza, uno en la cintura y uno en sus rodillas. Coloque los brazos del paciente sobre el pecho. **B.** A una indicación, subir al paciente a la altura de las rodillas. **C.** A la orden, girar al paciente hacia sus tórax, luego, de pie, llevar al paciente a la camilla.

Destrezas 6-7

Levantamiento de extremidades

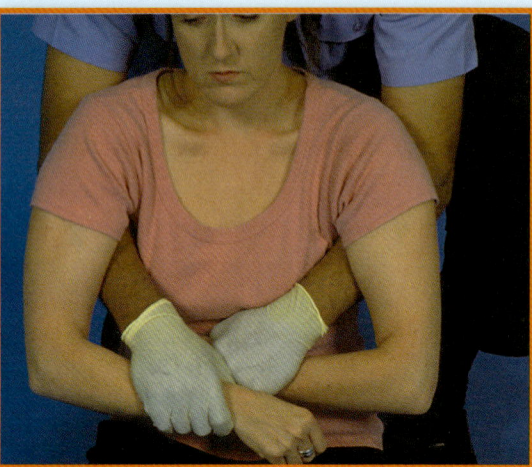

1 Las manos el paciente su cruzan sobre el pecho. El primer TUM-B sujeta las muñecas o antebrazos del paciente y tira de él a una posición sentado.

2 Cuando el paciente está sentado, el primer TUM-B pasa sus brazos a través de las axilas del paciente y sujeta los antebrazos o muñecas opuestos del paciente. El segundo TUM-B se arrodilla entre las piernas, con la cara en la misma dirección del paciente, y coloca sus manos bajo las rodillas.

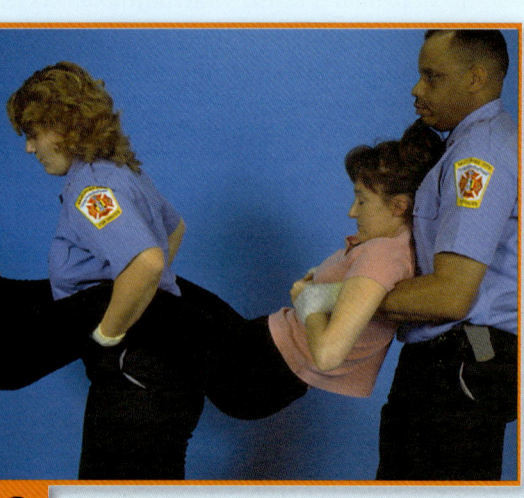

3 Ambos TUM-B, bajo una orden, elevan al paciente y comienzan a moverlo.

5. Al dar la orden el TUM-B en la cabeza, ambos se ponen completamente de pie y mueven al paciente a la camilla (**Paso 3**).

Tendrá menor posibilidad de lesionarse si se flexiona a nivel de la cadera y rodillas y usa sus piernas para el levantamiento. Sin embargo, este método de levantamiento aumenta la presión sobre el pecho del paciente, por lo que puede estar incómodo en esta posición.

Movimientos de transferencia

Existen varias formas de transferir al paciente de una cama a la camilla.

Acarreo directo

Transfiera a un paciente de una cama a la camilla usando el método de acarreo directo **Figura 6-18**. Posicione la camilla paralelamente a la cama, con la cabecera de la camilla a los pies de la cama. Asegure que prepara la camilla

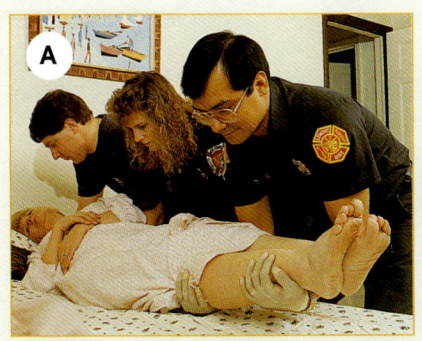 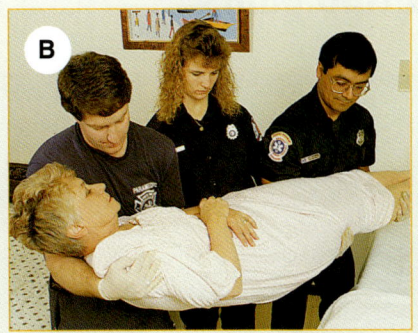 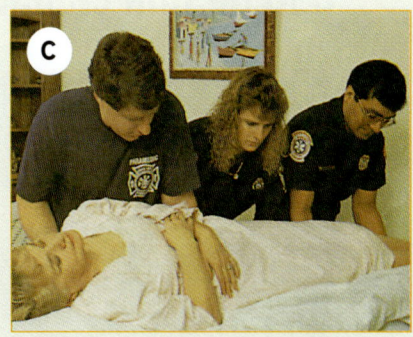

Figura 6-18 Método directo para cargar. **A.** Coloque la camilla paralela a la cama con los pies del paciente hacia el pie de la camilla. Asegure la camilla para evitar que se mueva. **B.** Levante al paciente en forma suave y coordinada. Camine despacio con el paciente y colóquelo sobre la camilla. **C.** Lentamente y con suavidad descienda al paciente a la camilla.

abriendo los cinturones y quitando cualquier otra cosa de ella. Tanto usted como su compañero deben estar de frente al paciente, de pie entre la cama y la camilla. Debe deslizar una mano bajo el cuello del paciente y sujetar su hombro. Su compañero debe deslizar su mano bajo la cadera del paciente y elevarla ligeramente. Entonces usted debe deslizar su otro brazo bajo la espalda del paciente, y su compañero colocar ambos brazos debajo de la cadera y pantorrillas del paciente. Deslice al paciente hasta el borde de la cama, levántelo y acérquelo hacia su pecho. Junto con su compañero, debe girar a la camilla y colocar al paciente suavemente en ella. Este movimiento se puede hacer con más facilidad con tres proveedores (como se ilustra).

Método de arrastre con sábana

Para mover a un paciente a una camilla use el método de arrastre con sábana. Coloque la camilla junto a la cama asegurando que quede a la misma altura, que la barandilla está abajo y los cinturones abiertos. Asegúrese de sostener la camilla para evitar que se mueva. Afloje la sábana inferior debajo del paciente o gírelo en bloque a una cobija (Figura 6-19A ▼). Alcance a través de la camilla la sábana o cobija y sujétela fuertemente a nivel de la cabeza, el pecho, la cadera y las rodillas (Figura 6-19B ▼). Deslice suavemente al paciente a la camilla (Figura 6-19C ▼).

Otros arrastres

Otros arrastres son realizados en la siguiente forma:

- Coloque una camilla rígida junto al paciente y, después de lateralizar en bloque al paciente, deslícelo hacia ella, sujételo y levante y lleve la camilla rígida a la camilla cercana previamente preparada.
- Inserte las mitades de una camilla desarmable o de palas a cada lado del paciente, y junte las dos mitades. Levante y traslade al paciente a la camilla cercana ya preparada. Siga los pasos señalados en las (Destrezas 6-8 ▶). (Note que también puede lateralizar en bloque al paciente a una camilla desarmable ya armada.)

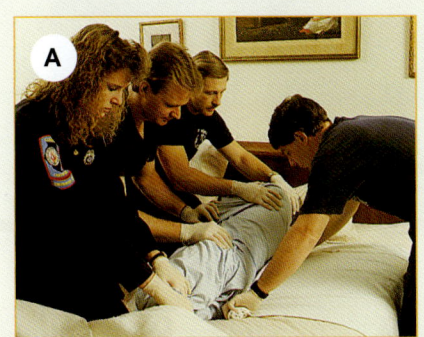 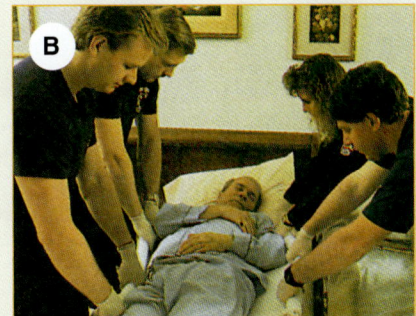 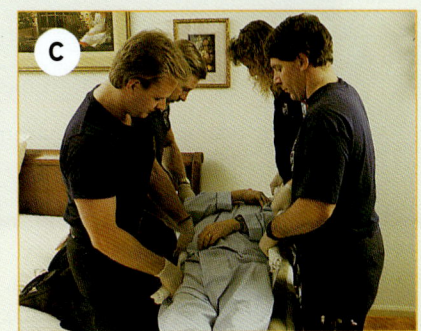

Figura 6-19 Método de arrastre con sábana. **A.** Gire en bloque al paciente, a una sábana o cobija. **B.** Coloque la camilla paralela a la cama. Tire con suavidad del paciente al borde de la cama. **C.** Transfiera al paciente a la camilla.

Destrezas 6-8

Uso de una camilla tipo palas

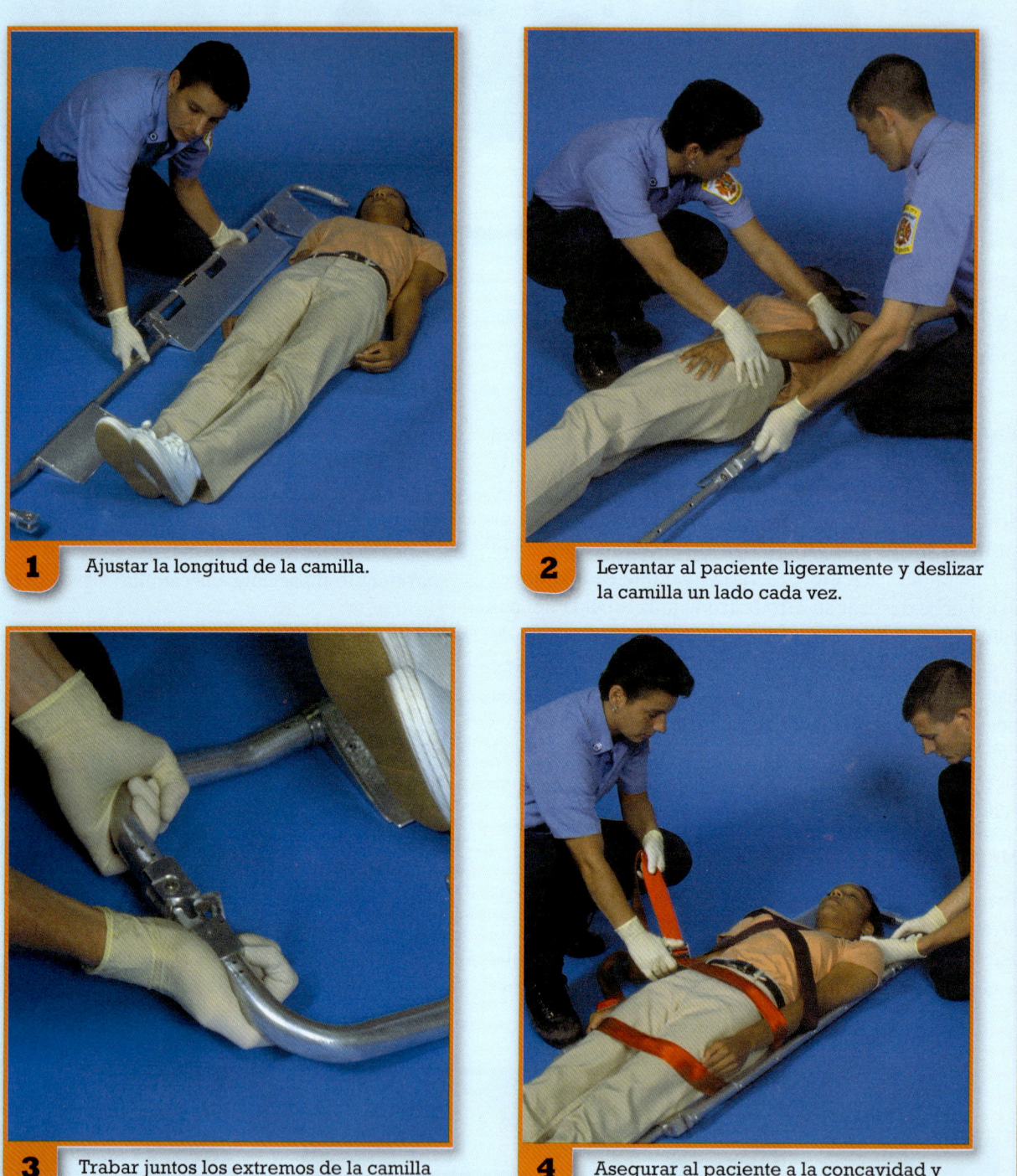

1 Ajustar la longitud de la camilla.

2 Levantar al paciente ligeramente y deslizar la camilla un lado cada vez.

3 Trabar juntos los extremos de la camilla evitando pellizcar.

4 Asegurar al paciente a la concavidad y transferirlo a la camilla.

1. **Con una camilla de palas desarmada**, mida la longitud de la camilla y ajuste la longitud apropiada (**Paso 1**).

2. **Posicione la camilla, un lado cada vez.** Un TUM-B levanta el lado del paciente ligeramente tirando de la cadera y brazo más lejanos, mien-

Capítulo 6 Levantamiento y movilización de pacientes

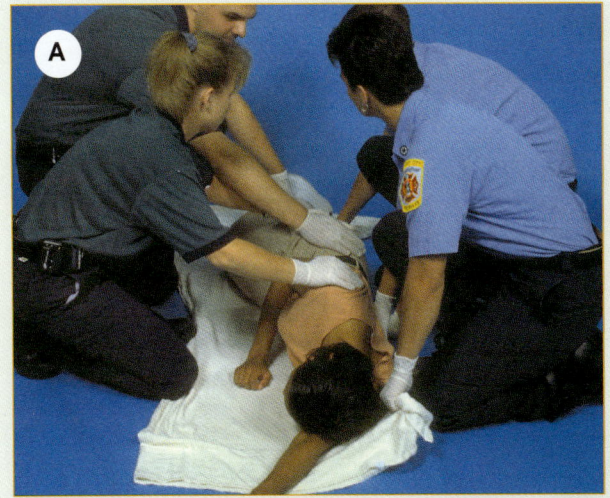

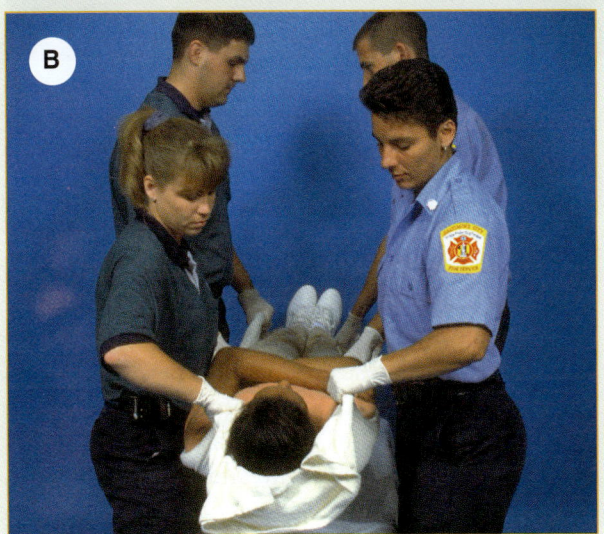

Figura 6-20 Girando al paciente sobre el piso. **A.** Ruede en bloque al paciente a una cobija. **B.** Levante la cobija y transfiera al paciente a la camilla.

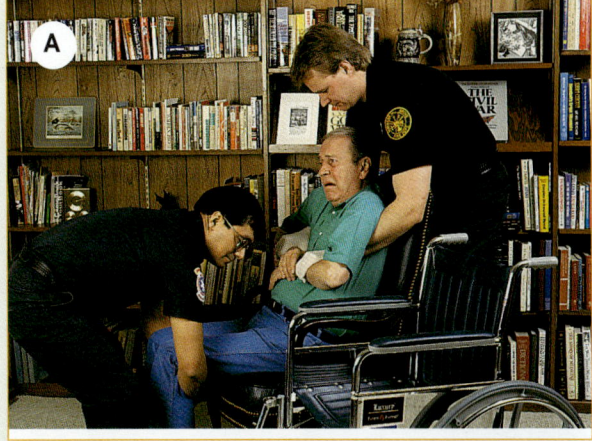

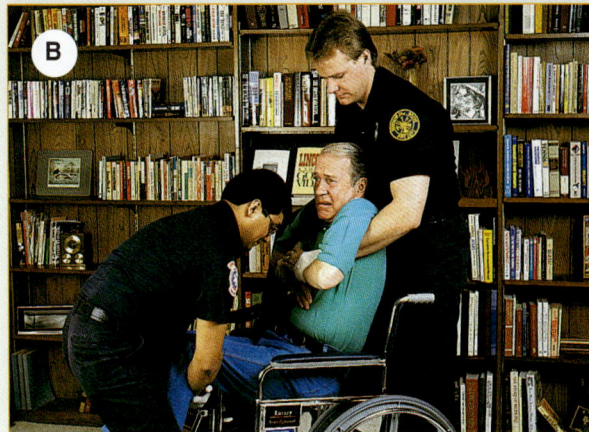

Figura 6-21 Moviendo un paciente de una silla a una silla de ruedas. **A.** Deslice sus manos a través de las axilas del paciente y sujete los antebrazos cruzados del paciente. El segundo TUM-B sujeta las piernas del paciente a la altura de las rodillas. **B.** Levanten gentilmente al paciente sobre la silla de ruedas con el seguro colocado.

tras el otro TUM-B desliza la camilla a su lugar (**Paso 2**).
3. **Junte y asegure los extremos de la camilla** uniendo sus mecanismos de cierre, uno cada vez, y continúe elevando al paciente para evitar pellizcarlo (**Paso 3**).
4. **Aplique y ajuste los cinturones o cintas** para asegurar al paciente en la camilla desarmable antes de transferirlo (**Paso 4**).

- Asista a un paciente consciente al borde de la cama y, colocando sus piernas sobre el lado, ayúdelo a que se siente. Mueva la camilla en forma tal que el extremo de sus pies toque la cama cerca del paciente. Ayude al paciente a pararse y girar, en forma que pueda sentarse en el centro de la camilla. Levante las piernas del paciente y gírelas a la camilla mientras su compañero baja el tronco a la camilla.

Para evitar el esfuerzo de levantar y cargar innecesariamente, debe usar el método de arrastre de sábana o ayudar al paciente consciente hasta la camilla, siempre que sea posible.

Para movilizar a un paciente del piso a la camilla debe usar uno de los siguientes métodos:

- Levante y cargue al paciente a la camilla ya preparada usando un acarreo directo de cuerpo.
- Use la lateralización en bloque o el arrastre a través del eje corporal para colocar al paciente en la camilla rígida.

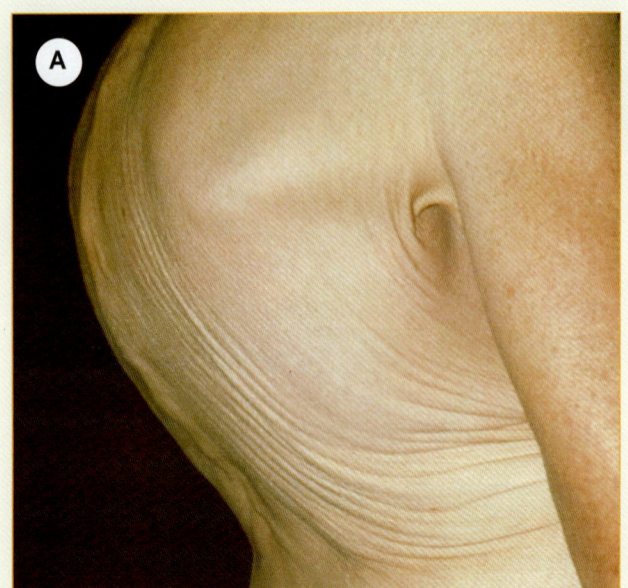
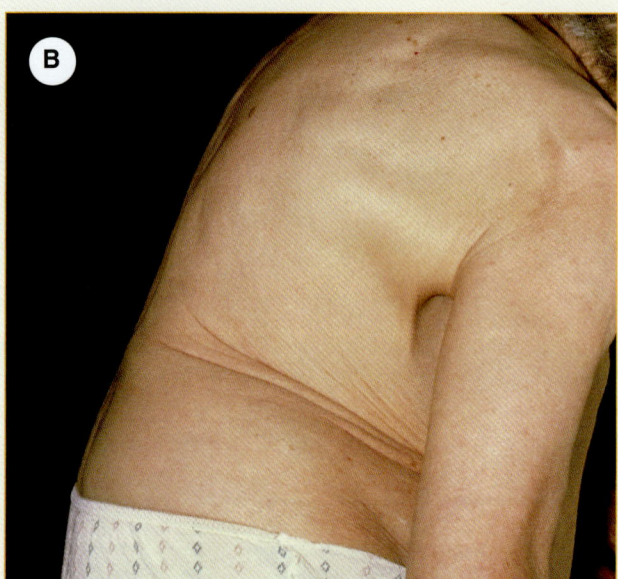

Figura 6-22 A. Cifosis. B. Escoliosis.

- Use una camilla desarmable o de palas.
- Gire en bloque al paciente hacia una cobija, centrándolo en ella y enrollando el exceso de material en cada lado Figura 6-20A. Levante al paciente por la cobija, y colóquelo en su camilla cercana Figura 6-20B.

Si un paciente está sentado en una silla y no pueda moverlo, transfiéralo de la silla a una silla de ruedas Figura 6-21.

Geriatría

La mayoría de los pacientes transportados por el SMU son geriátricos. En muchos pacientes de edad avanzada, el temor de las enfermedades e incapacidades está siempre presente, y un viaje de urgencia al hospital puede ser una experiencia terrorífica y desorientadora. Además, hay cambios fisiológicos que ocurren con el envejecimiento que requieren atención especial de su parte, como TUM-B.

1. Cambios esqueléticos: huesos frágiles (osteoporosis), rigidez y curvaturas vertebrales (cifosis y lordosis) Figura 6-22, presentan desafíos en el acondicionamiento y movilización de pacientes mayores. Muchos pacientes no pueden estar en posición supina sobre una camilla rígida sin que se causen lesiones adicionales, como fracturas, úlceras por presión, y lesiones de la piel. Deben tenerse cuidados especiales y creatividad durante la inmovilización de estos pacientes. Por ejemplo, es posible que un paciente con una curvatura en la espalda tenga que ser colocado de lado e inmovilizado en su lugar, con rollos de toallas o cobijas, para prevenir la exacerbación de sus lesiones. Asegúrese de consultar su protocolo local y dirección médica sobre formas alternativas para inmovilizar a estos pacientes.
2. Temor: Un acercamiento simpático y compasivo puede llegar muy lejos para calmar los temores naturales que experimentan muchos pacientes de edad avanzada cuando interactúan con proveedores del área de la salud. Manejarse despacio, explicar y anticipar, pueden ayudar mucho para lograr cooperación y quitar parte de la ansiedad de los preparativos y traslado de su paciente anciano. Imagine qué tan atemorizante puede ser estar amarrado a una camilla y llevado abajo de las escaleras, para un individuo que vive en constante temor de caídas y huesos rotos.

Bariatría

México representa el segundo lugar en sobrepeso y obesidad. Tiene el primer lugar en obesidad infantil.

Según expertos del Instituto Mexicano del Seguro Social (IMSS) esta situación "es alarmante" debido a la deficiencia en la nutrición y la falta de actividad física que afecta a todas las edades.

Según datos del Instituto Nacional de Salud Pública actualmente más de 70 millones de mexicanos tienen problemas de sobrepeso u obesidad.

Más de cuatro millones de niños de entre cinco y 11 años, y más de cinco millones de jóvenes y adolescentes sufren también estos trastornos.

El sobrepeso en la población ha crecido de tal forma que se ha creado un nuevo campo de la medicina para el cuidado de los obesos. La bariatría es la rama de la medicina ocupada del tratamiento (prevención o control) de la obesidad y enfermedades relacionadas. Viene de las palabras griegas *baros*, peso y *iatreia*, tratamiento médico. Como hay una correlación directa entre el grado de obesidad y la frecuencia y gravedad de problemas de salud, mientras más obeso sea el paciente mayor es la probabilidad de que necesite tratamiento de urgencia y traslado. Este problema está alcanzando un costo creciente en la salud y funcionamiento de los TUM-B, pues las lesiones de la espalda constituyen el mayor número de días de trabajo perdidos e incapacidad, tanto temporal como permanente.

A pesar de que los fabricantes de camillas y equipo para ambulancias están produciendo equipo con capacidades mayores, esto no considera el peligro para los usuarios de ese equipo. Aunque los manufactureros europeos de ambulancias instalan regularmente elevadores en sus unidades, éstos no son tan comunes en México ni en otros países.

Equipo para la movilización de pacientes

Camilla con ruedas para ambulancia

El carro camilla, catre, o "gurney", es el artefacto usado más comúnmente para movilizar y transportar pacientes. Sólo cuando debe transportar dos pacientes en la misma ambulancia, debe ser necesario acomodar a un paciente en una camilla plegable o una camilla rígida colocada en el asiento lateral en la ambulancia.

La mayoría de los pacientes se colocan directamente en la camilla. Sin embargo, necesitará colocar y asegurar sobre una camilla rígida a los pacientes con una posible lesión vertebral o traumatismo multisistémico. Los pacientes que necesitan RCP, o deben bajarse o subirse por las escaleras, estando en posición supina, deben colocarse sobre una camilla rígida. Ésta y el paciente son, entonces, asegurados a la camilla.

Puede usar una silla para escaleras para cargar a un paciente que puede tolerar estar sentado bajando un piso a una camilla preparada que está esperando en el piso inferior; debe, entonces, transferir al paciente de la silla a la camilla.

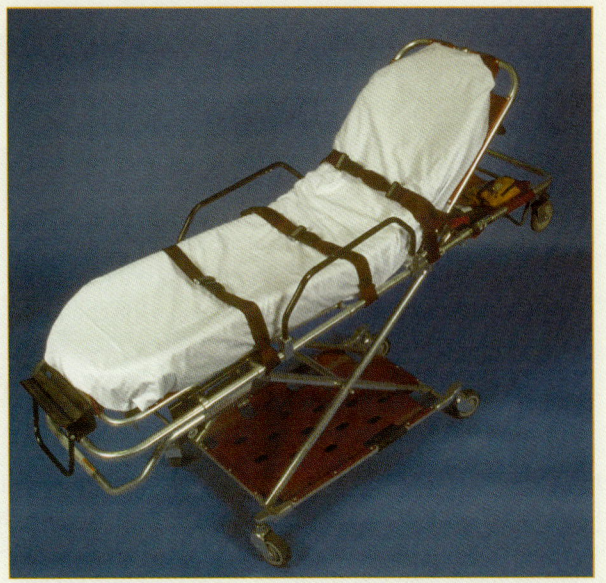

Figura 6-23 Un carro camilla de una ambulancia.

En la mayor parte de los casos es mejor que empuje desde la cabeza de la camilla mientras su compañero guía la porción de los pies. Cuando la camilla debe cargarse, es mejor disponer de cuatro rescatadores para hacerlo. Hay más estabilidad al cargar cuatro personas, y éste requiere menos fuerza. Un TUM-B debe estar posicionado en cada esquina de la camilla para proporcionar una elevación regular. Cargar entre cuatro personas es mucho más seguro si la camilla se debe mover sobre terreno irregular. Si sólo se dispone de dos rescatadores, o si el espacio limitado sólo permitirá cupo para dos TUM-B para cargar una camilla, hay riesgo de que ésta se desequilibre. En la carga por dos personas, los dos TUM-B deben estar frente a frente, con uno en el extremo de la cabeza de la camilla y el otro en el del pie. Con esta técnica, un TUM-B tendrá que caminar hacia atrás.

Características

La camilla moderna está disponible en varios modelos, que pueden incluir diferentes características **Figura 6-23**. Antes de acudir a una llamada, debe estar familiarizado por completo con las características específicas de la camilla que lleva su ambulancia. Debe saber dónde están los controles para ajustar y cerrar cada detalle, y cómo funcionan.

La camilla tiene un extremo de cabeza y un extremo de pie específicos. Tiene un armazón principal tubular de metal, rectangular, horizontal, fuerte, a la cual se fijan todas sus partes. La camilla puede ser jalada, empujada y levantada sólo por el bastidor de su armazón principal y sus agarraderas, que están fijas a dicho armazón específicamente para este propósito.

En la mayor parte de los modelos se fija un segundo armazón tubular, hecho de tres secciones, dentro o por

> ### Qué documentar
>
> Realice un reporte minucioso del paciente incluyendo detalles sobre cómo movió al paciente. Por ejemplo, "Paciente movido a la camilla con levantamiento con arrastre con sábana."
>
> Esté familiarizado con los términos del posicionamiento anatómico que aprendió en el Capítulo 4, de Fowler, Trendelenburg, de choque, y úselos en su informe.

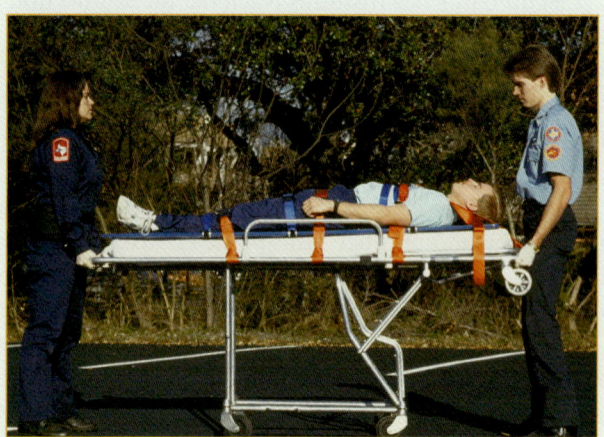

Figura 6-24 Asegúrese de sujetar el carro camilla cuando está elevado, en forma tal que aun si el paciente se mueve el carro camilla no se incline.

encima del armazón principal. Una placa metálica está asegurada a cada una de sus tres secciones, entre sus lados. Esta placa sirve como la plataforma sobre la cual se soportan el colchón y el paciente. La sección de la cabeza va desde el extremo de la cabeza hasta cerca del centro de la camilla, donde estará la cadera del paciente. Bisagras en el área donde estará la cadera permitirán que el extremo de la cabeza se eleve y la espalda se posicione en cualquier ángulo deseado, desde plano hasta completamente erecto. El extremo de la cabeza de la camilla está diseñado para elevarse o moverse hacia abajo sólo cuando un control inclinado (disparador o gatillo) sea liberado de manera intencional. En otras ocasiones, la parte posterior permanecerá cerrada en la posición en la que se colocó. El armazón y las placas situadas de la cadera al extremo del pie de la camilla se dividen en dos secciones con bisagras. Estas secciones se pueden conectar en forma tal que el extremo del pie se pueda doblar hacia las rodillas, haciendo que el armazón y las placas se flexionen, hacia arriba o hacia abajo, para elevarlas como se desee. Esta característica no se encuentra en todos los modelos.

Un barandal retráctil se fija a lo largo de la porción central del armazón principal de la camilla, y se baja, cuando se coloca al paciente en la camilla. Una vez que el paciente ha sido colocado apropiadamente en la camilla, se eleva la barandilla y se traba en posición perpendicular a la superficie de la camilla. La barandilla se puede bajar sólo si el seguro se libera.

El lado inferior del armazón principal de la camilla está soportado por el aterrizador o estribo que tiene un armazón rectangular horizontal más pequeño y cuatro tiradores en el fondo. Dicho aterrizador está diseñado para que el carro camilla se pueda ajustar a cualquier altura, desde 30 cm (12") por encima del piso, que es la altura deseada cuando la camilla se asegura en la ambulancia, hasta 80 a 90 cm (32 a 36") por encima del piso, que es la altura ideal cuando la camilla es empujada. Como puede colocar la camilla a cualquier altura, entre su altura más baja y su altura completamente extendida, puede posicionarse a la misma altura de cualquier cama o mesa de exploración, para permitir que el paciente se deslice de una a otra. Esto le permite transferir al paciente sin necesidad de un levantamiento adicional. Los controles para plegar el aterrizador están diseñados para que la camilla permanezca asegurada a la altura presente, cuando los gatillos no están siendo activados. Como una característica adicional de seguridad, en la mayor parte de las camillas

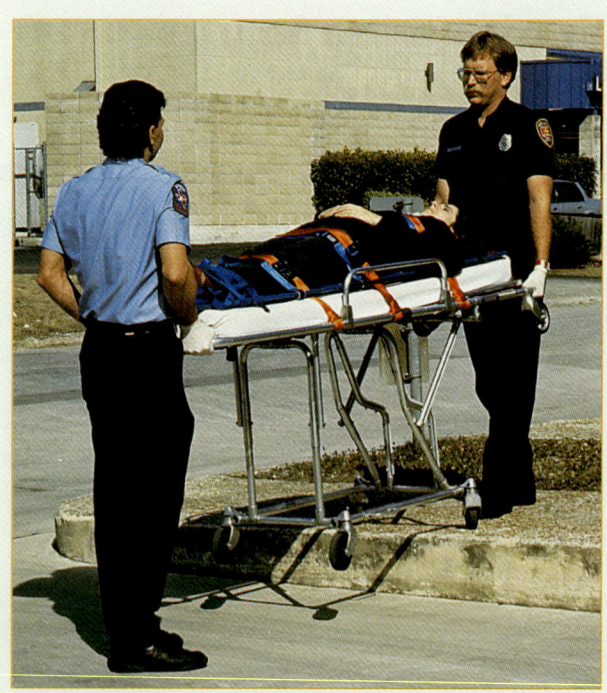

Figura 6-25 No necesita retraer el seguro de la camilla cuando la sube en una esquina, sobre un solo escalón u obstáculo de altura similar.

Destrezas 6-9: Cargar una camilla a una ambulancia

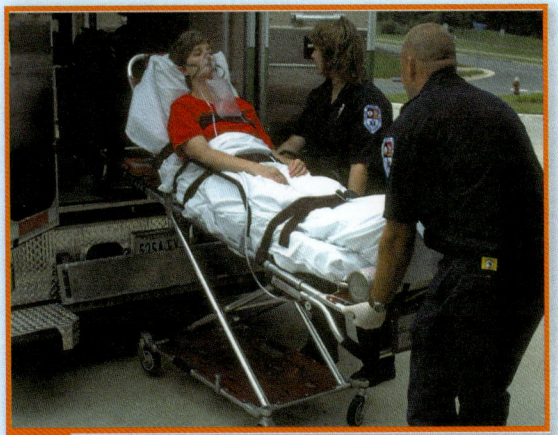

1 Incline hacia arriba el lado de la cabeza de la camilla y colóquela en el compartimiento de la ambulancia con las ruedas en el piso.

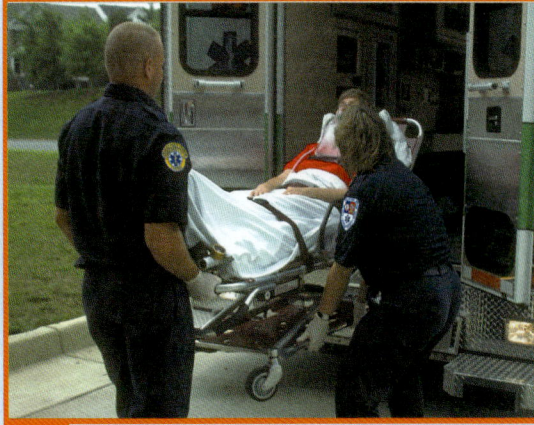

2 El segundo rescatador, al lado de la camilla, libera el cierre del aterrizador, y lo levanta.

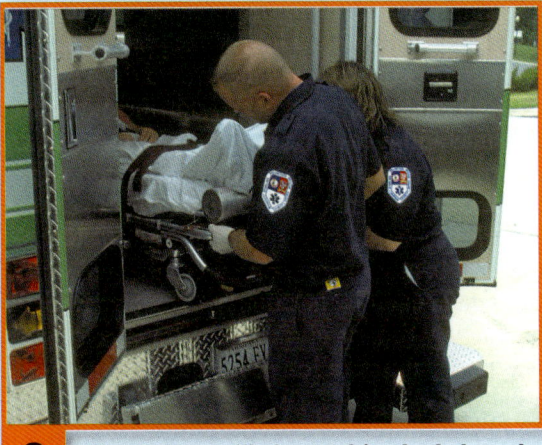

3 Ruede la camilla hasta el fondo de la ambulancia.

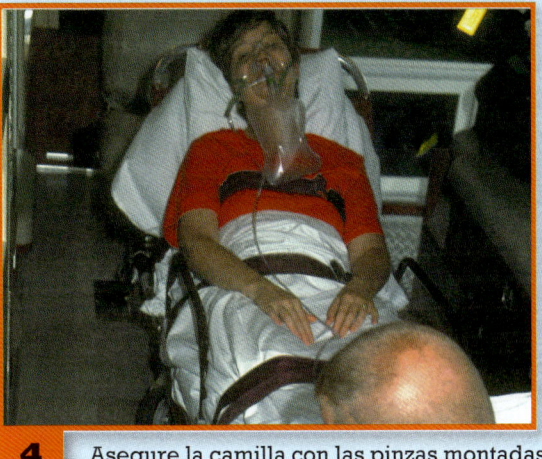

4 Asegure la camilla con las pinzas montadas en la ambulancia.

el armazón principal debe estar ligeramente elevado para que el aterrizador no pese mientras se pliega, aun si se tira el control. Por tanto, si se tira accidentalmente de la agarradera, la camilla elevada no caerá súbitamente. Los controles para subir y bajar la mayoría de las camillas están situados en el extremo del pie, a uno o ambos lados. Junto con su compañero, ambos deben usar la mecánica apropiada de elevación al subir el carro camilla.

El colchón en una camilla debe ser resistente a fluidos para que no absorba ningún tipo de material potencialmente infeccioso, incluyendo agua, sangre u otros fluidos.

Movilización de la camilla

Siempre que un paciente ha sido colocado en una camilla, un TUM-B debe sostener el armazón principal para asegurarse de que no pueda moverse. Cuando la camilla está elevada, el armazón principal y el paciente se extienden considerablemente más lejos de las ruedas, en los extremos, tanto de la cabeza como del pie, de la camilla. Por tanto, siempre que un paciente está en una camilla elevada, debe asegurarse de que se sujete con firmeza con dos manos, en todo momento, en forma tal que aun si el paciente se mueve, la camilla no pueda ladearse **Figura 6-24**.

Si la camilla cargada debe llevarse escaleras abajo, asegúrese de retraer primero el aterrizador, aunque esto no es necesario si la camilla debe levantarse en una esquina, un solo escalón, o un obstáculo de altura similar **Figura 6-25**. Recuerde que si el paciente debe ser llevado por escaleras, hacia arriba o abajo de un piso completo, debe preparar la camilla y dejarla al pie de las escaleras. Use una camilla rígida o una silla para escaleras para subir o bajar al paciente a la camilla que espera.

Estos son los pasos para cargar la camilla en la ambulancia **Destrezas 6-9**:

1. Incline hacia arriba el extremo de la cabeza del armazón principal y colóquelo en el compartimiento del paciente, con las ruedas apoyadas sobre el piso de la ambulancia. Las dos ruedas adicionales que se extienden inmediatamente por debajo del extremo de la cabeza están fijas al armazón principal y permitirán este movimiento (**Paso 1**).
2. **Con el peso del paciente soportado** por estas dos ruedas del extremo de la cabeza y el TUM-B en el extremo del pie de la camilla, muévase al lado del armazón principal y libere el cierre o seguro del aterrizador, para elevarlo a su posición retraída completa. Las ruedas del aterrizador y las dos en el extremo de la cabeza del armazón principal estarán ahora al mismo nivel (**Paso 2**).
3. **Simplemente haga rodar** la camilla el resto de la distancia hasta el fondo de la ambulancia, donde descansará en sus seis ruedas (**Paso 3**).
4. **Asegure la camilla** en la ambulancia a las dos fuertes pinzas que se ajustan alrededor del aterrizador, cuando la camilla es empujada a ellas. Las pinzas están situadas en un riel en el piso o al lado del compartimiento del paciente (**Paso 4**).

Figura 6-26 Una camilla marina.

Las pinzas sujetarán la camilla en su sitio hasta que sea liberada en el hospital. Puede controlar y liberar las pinzas con una simple manija, colocada en forma que pueda activarla cuando esté de pie en el piso ante las puertas traseras abiertas de la ambulancia, cuando se baja la camilla. La camilla está diseñada para rodar en superficies planas regulares. Si el paciente debe ser movilizado sobre un prado u otra superficie irregular, deberá levantar y cargar la camilla sobre el terreno. Un poste para soluciones IV está fijo a muchas camillas. El poste de IV se puede desplegar o extender por encima del armazón principal, y sostener una bolsa de IV sobre el paciente mientras mueve la camilla a la ambulancia. Algunos carro-camillas incluyen un soporte para monitor electrocardiográfico (ECG) o un desfibrilador automático externo (DAE), y una unidad portátil de oxígeno. Si el modelo que usa no incluye estos elementos, tendrá que asegurar la unidad portátil de oxígeno y el monitor de ECG o DAE a la superficie superior del colchón de la camilla, a los pies del paciente.

Las ruedas extra debajo del extremo de la cabeza del armazón principal de la camilla no están incluidas en otros modelos más antiguos de carro camilla, o de menor costo. Estas camillas no son autocargables. Cuando llega a la parte posterior de la ambulancia con una de estas camillas, debe bajarla hasta que su aterrizador esté en su posición retraída más baja y luego, con su compañero, ambos a cada lado de la camilla, levantarla a la altura del piso de la ambulancia y rodarla al riel que la traba en su sitio. El **Cuadro 6-3** muestra los pasos que debe seguir para cargar el carro camilla.

Camillas marinas/plegables

Una camilla marina es una camilla con un armazón tubular de metal rectangular fuerte, con tela rígida estirada a través de él (**Figura 6-26**). Las camillas marinas no tienen un segundo armazón de posiciones múltiples ni aterrizadores ajustables. Algunos modelos tienen dos ruedas que se pliegan hacia abajo cerca de 10.2 cm (4"), por debajo del extremo del pie del armazón, y patas de longitud similar que se pliegan por debajo del extremo de la cabeza, en cada lado. Las ruedas facilitan la movilización de la camilla cargada. Las patas no se deben usar como agarraderas.

Algunas camillas marinas se pueden plegar en dos partes a través del centro, en forma tal que la camilla tiene sólo la mitad de su tamaño usual durante su almacenamiento. Muchas ambulancias llevan una camilla marina para usarla si un paciente está en un área que es difícil de alcanzar con un carro camilla o debe transportarse un segundo paciente sobre el asiento lateral (chaise longue) de la ambulancia.

CUADRO 6-3 Pasos para cargar la camilla a la ambulancia

- Asegurar que hay suficiente fuerza para levantar.
- Seguir las instrucciones del fabricante sobre el uso seguro y apropiado de la camilla.
- Verificar que la camilla y el paciente estén por completo asegurados antes de moverse a la ambulancia.

Figura 6-27 Una camilla flexible.

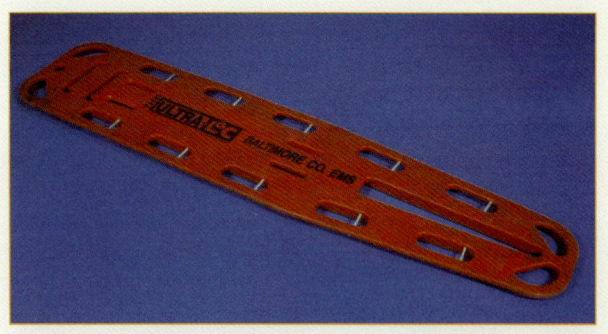

Figura 6-28 Una camilla rígida larga o férula espinal.

Una camilla marina pesa mucho menos que una camilla con ruedas y no tiene un aterrizador voluminoso. Sin embargo, como la mayoría de los modelos no tienen ruedas, junto con su compañero deben soportar todo el peso del paciente, y cualquier equipo, junto con el peso de la camilla.

Camillas flexibles

Existen disponibles varios tipos de camillas flexibles, como las camillas SKED, Reeves, o Navy, y pueden enrollarse transversalmente, ya sea al ancho de la camilla o, en caso de la SKED, de su longitud, en forma tal que se vuelve un paquete tubular para almacenamiento y acarreo Figura 6-27. Es un dispositivo útil cuándo debe cargar el equipo a través de una distancia considerable, desde el sitio más cercano al cual la ambulancia puede ubicarse. Una camilla flexible forma una camilla rígida que se conforma alrededor de los lados del paciente, y no se extiende más allá de ellos. Cuando estas camillas se extienden, son en particular útiles cuando debe retirar a un paciente de un espacio confinado, o a través de uno así. La camilla SKED también se puede usar si el paciente debe ser amarrado o con cuerdas.

La camilla flexible es la más incómoda de todos los dispositivos; sin embargo, proporciona un soporte e inmovilización excelentes. La camilla puede bajarse con una cuerda o deslizarse debajo de un piso de escaleras, descansándola en la parte delantera de cada escalón.

Camillas rígidas

Las camillas rígidas son largas, planas, hechas de material rígido rectangular Figura 6-28; fueron hechas originalmente de madera, pero ahora se hacen también de otros materiales, sobre todo plásticos. Se usan para cargar pacientes, así como para inmovilizar a los pacientes con sospecha de lesión vertebral u otro traumatismo múltiple. Se usan para movilizar pacientes hacia fuera de lugares difíciles. Su longitud es de 1.8 a 2 m (6 a 7 pies), y se usan comúnmente en pacientes que se encuentran acostados. En forma paralela a los lados y en sus extremos, hay varios agujeros grandes a una distancia aproximada de 1 a 2 cm (de media a 1") del borde exterior. Estos agujeros forman agarraderas o asideros en forma tal que la camilla rígida se puede sujetar, levantar y cargar con facilidad. Las agarraderas y los agujeros adyacentes también permiten que se usen cintas o cinturones para asegurar e inmovilizar al paciente y asegurar la camilla rígida, por cada lado y el extremo, en cualquier lugar necesario.

Durante muchos años las camillas rígidas fueron hechas de madera marina terciada gruesa, cuya superficie estaba sellada con poliuretano, o algún otro barniz

Situación de urgencia — Parte 5

Una vez que ha asegurado a su paciente a la camilla rígida, puede aflojar las cintas del dispositivo de extracción. Acolchona con toallas lo mejor que pueda debajo de la paciente. Se queja de dolor de espalda y afloja las cintas de las piernas, usted coloca una cobija debajo de las rodillas para lograr una posición neutra, y tensa de nuevo las cintas. En el departamento de urgencias es examinada por el médico y se ordenan radiografías. Finalmente, es dada de alta con diagnóstico de contractura muscular.

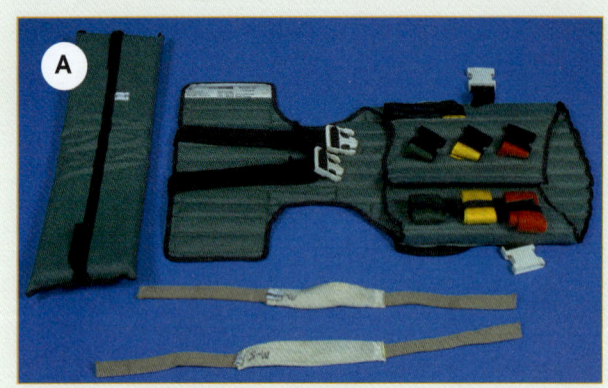

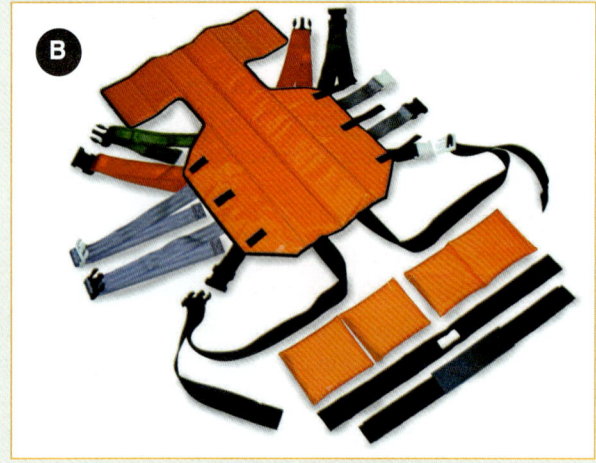

Figura 6-29 Dispositivos cortos de inmovilización tipo chaleco. **A.** SKED. **B.** Camilla rígida tipo Oregón.

Figura 6-30 Una camilla tipo canastilla.

Camillas tipo canastilla

Deberá usar una camilla tipo canastilla, llamada frecuentemente litera Stokes, para cargar a un paciente a través de un terreno irregular, desde un lugar remoto, que es inaccesible para la ambulancia u otro vehículo Figura 6-30. Si sospecha que el paciente tiene una lesión vertebral, primero debe inmovilizarlo en una camilla rígida y luego colocar esa camilla en una camilla de canasta. Una vez que ha alcanzado la ambulancia y rodado el carro camilla, puede retirar al paciente y la camilla rígida de la camilla de canasta, y colocarlo en el carro camilla.

Las camillas tipo canastilla están hechas de material plástico con un armazón de aluminio, o tienen un armazón completo de acero que está conectado con una red de alambre entretejido. La camilla tipo canastilla es muy incómoda para el paciente, a menos que el alambre esté acolchonado. Puede usarse cualquier tipo para cargar a un paciente a través de campos, terreno áspero, o senderos, o en un tobogán, bote, o vehículo para todo terreno. Las camillas tipo canastilla rodean y soportan al paciente y, sin embargo, permiten que el agua drene por sus agujeros en la base. No todas las camillas tipo canastilla están

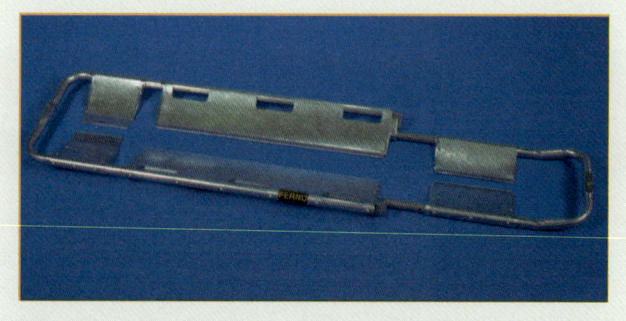

Figura 6-31 Una camilla desarmable o de palas.

marino. En algunos sitios aún se usan camillas rígidas de madera. Si se usan camillas rígidas de madera, debe seguir procedimientos de control de infecciones antes que las pueda usar de nuevo. Donde ya no se usan más camillas rígidas de madera, generalmente han sido almacenadas en forma que estarán disponibles de nuevo, en caso de ocurrir una situación con víctimas múltiples. Las camillas más nuevas están hechas de material plástico que no absorberá sangre ni otras sustancias infecciosas.

Puede usar una camilla plástica o camilla corta, o media camilla o media cervical, para inmovilizar el torso, la cabeza y el cuello de un paciente sentado, con sospecha de lesión vertebral, hasta que lo pueda inmovilizar en una camilla larga. Las camillas rígidas cortas tienen una longitud de 1 a 1.2 m (3 a 4 pies). La camilla rígida corta de madera original ha sido, en general, reemplazado por un dispositivo tipo chaleco, que está diseñado específicamente para inmovilizar al paciente hasta que es movido, de una posición sentado a supino, sobre una camilla rígida Figura 6-29. Los dispositivos tipo chaleco son más fáciles de usar que la camilla rígida de madera.

recomendadas o son apropiadas para cada uno de estos usos en rescate especializado. El tipo y modelo de esta camilla aceptada para rescates especializados deben ser determinados por los individuos con capacitación especial adicional.

Camilla desarmable o de palas o telescópica

La camilla desarmable o de palas, está diseñada para separarse en dos o cuatro piezas (Figura 6-31). Estas secciones se ajustan alrededor del paciente que yace en el piso u otra superficie relativamente plana. Las partes se reconectan, y el paciente es levantado y colocado en una camilla rígida larga o camilla. Una camilla tipo palas puede usarse para pacientes que han sido atropellados por un vehículo de motor. Otros usos de esta camilla incluyen a los pacientes con lesiones de la cadera, pacientes con múltiples lesiones, pacientes de edad avanzada con huesos frágiles, y al bajar a los pacientes por las escaleras.

Esta camilla es eficiente; sin embargo, deben estar libres ambos lados del paciente. Además, debe poner especial atención en el área de cierre debajo del paciente para evitar que se atrapen ropa, piel, u otros objetos. Como es el caso con la camilla rígida larga, debe asegurar y estabilizar por completo al paciente antes de movilizarlo; sin embargo, no puede deslizarla bajo el eje longitudinal del cuerpo del paciente. Estas camillas son estrechas, bien construidas y compactas, y tienen características excelentes de soporte del cuerpo. Con su equipo, todos deben practicar con una camilla tipo palas para estar listos para usarla con un paciente.

Sillas para escaleras

Las sillas para escaleras son sillas plegables con armazón de aluminio, con tela estirada a través del armazón para formar el asiento y el respaldo (Figura 6-32). Tienen cuatro agarraderas plegables para ayudarlo a sujetar sus extremos de la cabeza y pies, mientras sube o baja las escaleras de un piso, y deben tener ruedas de caucho en la parte de atrás, con bisagras adelante para que puedan rodar por el piso y gi-

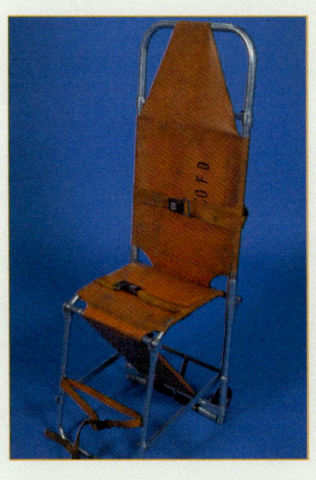

Figura 6-32 Una silla para escaleras.

rar. Las sillas para escaleras sirven como un recurso adjunto para movilizar a un paciente hacia arriba y abajo de escaleras, donde espera un carro camilla preparado. Puede rodar la silla sobre el piso hasta llegar a la caja de la escalera, luego cargarla (en vez de rodarla y dar tumbos) hacia arriba o abajo de las escaleras. Una vez que alcanza la planta baja, la puede rodar a la camilla que espera, y ayudar o levantar al paciente.

Mantenimiento

Asegúrese de seguir las instrucciones del fabricante para el mantenimiento, inspección, reparación y actualización de cualquier dispositivo que use para manejo del paciente.

Descontaminación

Es esencial que descontamine su equipo después de usarlo, por su propia seguridad y la del personal que usa el equipo más adelante, y la seguridad de sus pacientes. Así como esperamos que una cama de hospital sea desinfectada después del último paciente, también es así con nuestra camilla y otro equipo de transporte. Conozca y siga sus procedimientos operativos estándares locales para desinfectar el equipo después de cada llamada.

Situación de urgencia — Resumen

Como con cualquier paciente implicado en una lesión traumática, siempre debe considerarse la estabilización de la columna cervical. Es común que el dolor, el hormigueo y las molestias comiencen después que el choque inicial, por el incidente, ha cedido. Tenga esto presente cuando un paciente le diga que no siente dolor en el cuello o la espalda, y antes de retirar la estabilización de la columna cervical. Su objetivo es siempre proporcionar cuidados al paciente para su mayor beneficio. Conozca cómo opera su equipo y mantenga buena comunicación con su paciente para asegurar que permanece cómodo.

Resumen

Listo para repaso

- La primera regla clave es mantener siempre la espalda en posición vertical y levantar sin girar. Puede levantar y cargar un peso significativo sin lesionarse siempre que su espalda esté en la posición recta apropiada.
- El levantamiento con fuerza es la más segura y poderosa forma de levantar.
- Su seguridad, la de su equipo, y la del paciente, dependen del uso apropiado de las técnicas de levantamiento y del mantenimiento de una prensión apropiada, cuando levanta o carga a un paciente.
- Empujar es mejor que jalar.
- Si no tiene una prensión apropiada, no podrá cargar su parte proporcional del peso, o puede perder su prensión con una o dos manos, y posiblemente causar una lesión en la espada baja de uno o más TUM-B.
- Siempre es mejor movilizar al paciente en un dispositivo que pueda rodar. Sin embargo, si no se dispone de un dispositivo con ruedas, debe comprender y seguir ciertas reglas para cargar a un paciente en una camilla.
- Debe coordinar constantemente sus movimientos con los de los otros miembros del equipo, y asegurar que se comunica con ellos.
- Cuando levante una camilla, debe asegurar que usted, y su equipo, usan técnicas de levantamiento correctas.
- Usted y su equipo deben tener estatura y fuerza similar.
- Si debe cargar una camilla rígida o camilla hacia arriba o abajo de escaleras, u otra inclinación, confirme que el paciente esté asegurado al dispositivo para prevenir un deslizamiento.
- Asegúrese de cargar la camilla rígida o extremo del pie de la camilla primero, en forma que la cabeza del paciente esté más elevada que los pies.
- Las indicaciones y órdenes son parte importante del levantamiento y movilización seguros.
- Usted y su equipo deben anticipar y comprender cada movimiento, y ejecutarlo en forma coordinada.
- El líder del equipo es responsable de coordinar los movimientos.
- Debe intentar usar cuatro rescatadores siempre que los recursos lo permitan.
- También debe saber cuánto puede levantar de manera cómoda y segura, y no intentar levantar más de esa cantidad.
- Obtenga rápido más ayuda para levantar y cargar un peso que es mayor de lo que es capaz de levantar.
- La misma mecánica corporal básica aplica para alcanzar y jalar de algo que para levantar y cargar.
- Mantenga la espalda rígida y vertical cuando alcance algo por encima de su cabeza.
- Normalmente debe movilizar a un paciente con movimientos no urgentes, en forma ordenada, planeada y no precipitada, seleccionando métodos que impliquen la menor cantidad de movilizaciones.
- A veces, debe usar un movimiento urgente si el paciente presenta conciencia alterada, ventilación inadecuada o choque, o en condiciones meteorológicas extremas.
- El carro camilla es el dispositivo más comúnmente usado para mover y transportar pacientes.
- Otros dispositivos usados para levantar y cargar pacientes incluyen camillas marinas, camillas flexibles, camillas rígidas, camillas tipo canastilla (camilla de Stokes), camillas tipo palas y sillas para escaleras.
- Siempre que esté moviendo a un paciente debe tener un cuidado especial para que ni usted, su equipo ni el paciente se lesionen.
- Usted aprenderá las destrezas técnicas para la preparación y manejo del paciente previos a su traslado por medio de práctica y capacitación.
- También se requiere entrenamiento y práctica para usar todo el equipo que tiene disponible.
- Debe practicar con frecuencia cada técnica con su equipo para que sea capaz de realizar el movimiento rápida, segura y eficientemente.

Vocabulario vital

camilla desarmable Camilla diseñada para dividirse en dos o cuatro secciones que pueden ajustarse alrededor del paciente que yace sobre el piso, u otra superficie relativamente plana; llamada también tipo palas.

camilla flexible dispositivo rígido para cargar, cuando se afirman alrededor de un paciente, pero que puede plegarse o enrollarse cuando no se usa.

camilla marina Camilla con un armazón metálico tubular rectangular fuerte, con tela rígida estirada a través de éste.

camilla rígida Dispositivo que se usa para dar soporte a un paciente en el que sospecha una lesión de la cadera, pélvica, vertebral o de extremidad inferior. Llamado también férula vertebral, tabla para traumatismos o tabla larga.

camilla tipo canastilla Camilla rígida usada en rescates, que rodea y da soporte al paciente, aunque permite que escurra el agua a través de los agujeros en la base. Llamada también de Stokes.

carga en posición de diamante Técnica para cargar en la cual un TUM-B está situado en el extremo de la cabeza, uno en el del pie, y uno a cada lado el paciente; cada uno de los dos TUM-B a los lados usa una mano para soportar la camilla, en forma tal que todos ellos pueden mirar hacia la dirección a la que caminan.

carro camilla Camilla especialmente diseñada para que puede rodar sobre el piso. Un dispositivo plegable situado por debajo permite que se suba a la ambulancia.

levantamiento de extremidades Técnica de levantamiento para pacientes que están en posición supina o sentados, sin sospecha de lesiones de las extremidades o columna vertebral.

levantamiento con fuerza Técnica de levantamiento en el cual la espalda de los TUM-B se mantiene recta, con las piernas flexionadas, y el paciente es levantado cuando los TUM-B extienden las piernas elevando la parte superior del cuerpo y los brazos.

levantamiento directo del piso Técnica de levantamiento que se usa en los pacientes que se encuentran sobre el suelo en posición supina, sin sospecha de lesión vertebral.

movimiento de urgencia Movimiento en el cual el paciente es arrastrado o jalado de una escena peligrosa antes de que se realice la evaluación y cuidados iniciales.

prensión con fuerza Técnica en la cual la camilla o la férula espinal se sujetan, colocando cada mano bajo la agarradera con la palma hacia arriba y el pulgar extendido, dando un soporte completo debajo de la misma sobre la palma curvada, con los dedos y el pulgar.

silla para escaleras Dispositivo ligero, plegable, que se usa para subir y bajar escaleras con un paciente sentado consciente

técnica de extracción rápida Técnica para mover a un paciente de posición sentado dentro de un vehículo, a posición supina sobre una férula espinal, en menos de un minuto, cuando las condiciones no permiten una inmovilización estándar.

Qué evaluar

Ha sido enviado a un asilo de ancianos. Al llegar encuentra a una mujer de 88 años de edad, en posición supina sobre el piso. La paciente indica que se cayó de la cama y que le duele la cadera. Está acostada entre la cama y la pared con muy poco espacio entre ambas. La cadera de la paciente está obviamente deformada y ella se queja de un dolor moderado.

¿Cuál sería la mejor forma de mover a esta paciente? ¿Cuáles serían buenas formas de estabilizar la cadera de la paciente antes de moverla?

Temas: Trabajando con pacientes geriátricos. Desafiando situaciones de levantamiento y movilización.

Autoevaluación

Es enviado a una emergencia médica a las 3 a.m. El paciente está en la alcoba de un departamento en el tercer piso. No hay elevador y el paciente pesa 150 kg.

1. Después de un examen determina que no hay una enfermedad que ponga en peligro la vida de inmediato, pero el transporte al hospital es necesario. Está en la escena con su compañero. ¿Qué sería apropiado considerar antes de pensar en mover al paciente?
   A. La posibilidad de necesitar fuerza de hombres adicional
   B. Discutir un medio seguro para sacar al paciente
   C. Determinar qué equipo será necesario
   D. Todo lo indicado en A, B y C

2. El paciente yace en el piso con dolor en la zona de la cadera. Moverlo causa dolor. ¿Cuál sería el mejor método para levantar al paciente?
   A. Una camilla rígida
   B. Una silla para escalera
   C. Una camilla tipo palas
   D. Un levantamiento de extremidades

3. ¿Qué consideraría importante cuando esté levantando a este paciente?
   A. Mantener su espalda recta durante el levantamiento
   B. Mantener sus pierna separadas cerca de 38 cm (15")
   C. Mantener las palmas hacia arriba
   D. Todo lo anterior

4. La silla de escaleras se usa frecuentemente para bajar pacientes por las escaleras. ¿Cuál es el trabajo de la tercera persona?
   A. Cargar el equipo
   B. Guiar a la persona que camina para atrás bajando la escaleras
   C. Sostener al paciente
   D. Correr hacia adelante y preparar la camilla

5. ¿Cuál de las siguientes técnicas sería más eficaz en sitios estrechos?
   A. Levantamiento de extremidades
   B. Acarreo de bombero
   C. Levantamiento directo del piso
   D. No cargar, dejar a que el paciente camine

6. ¿Cuál de las siguientes NO son situaciones para usar la técnica de extracción rápida?
   A. El vehículo o la escena, o ambos, son inseguros
   B. El paciente no puede examinarse antes de sacarlo del auto
   C. Hay humo saliendo de la bolsa de aire
   D. El estado del paciente requiere transporte inmediato al hospital

7. ¿Cuántos TUM-B son necesarios para practicar una extracción rápida?
   A. Uno
   B. Dos
   C. Cuatro
   D. Tantos como sea necesario para hacerlo en forma segura

Preguntas desafiantes

8. ¿Por qué es importante no girar su cuerpo mientras realiza un levantamiento, y mantener las manos cerca del cuerpo?

9. Está trabajando en un nuevo empleo y le duele la espalda al levantar un objeto pesado el primer día. No siente que se lastimó de manera grave y mantiene el asunto para usted mismo pues no quiere causar un problema. ¿Cuáles son las posibles implicaciones de esta decisión?

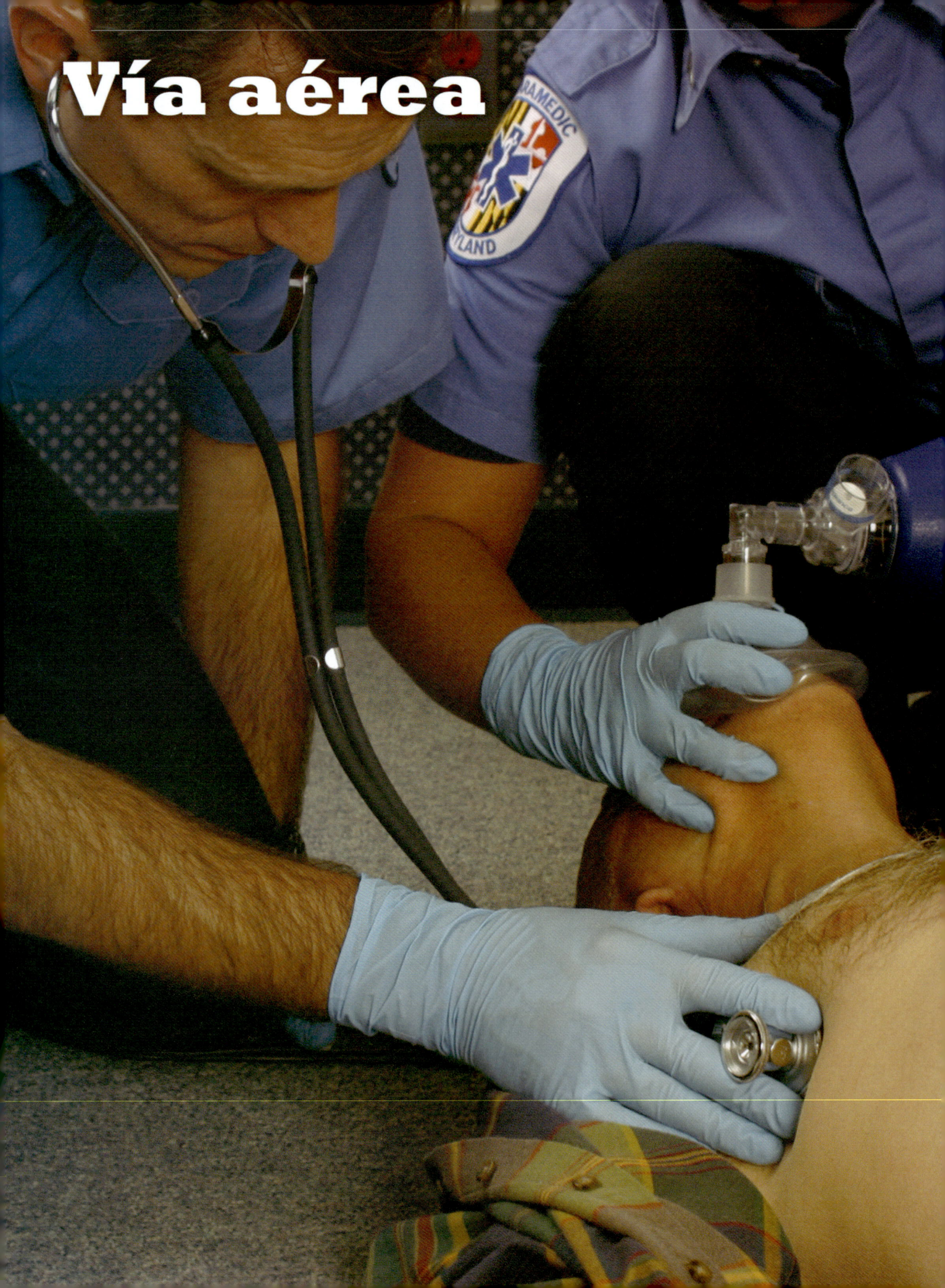
Vía aérea

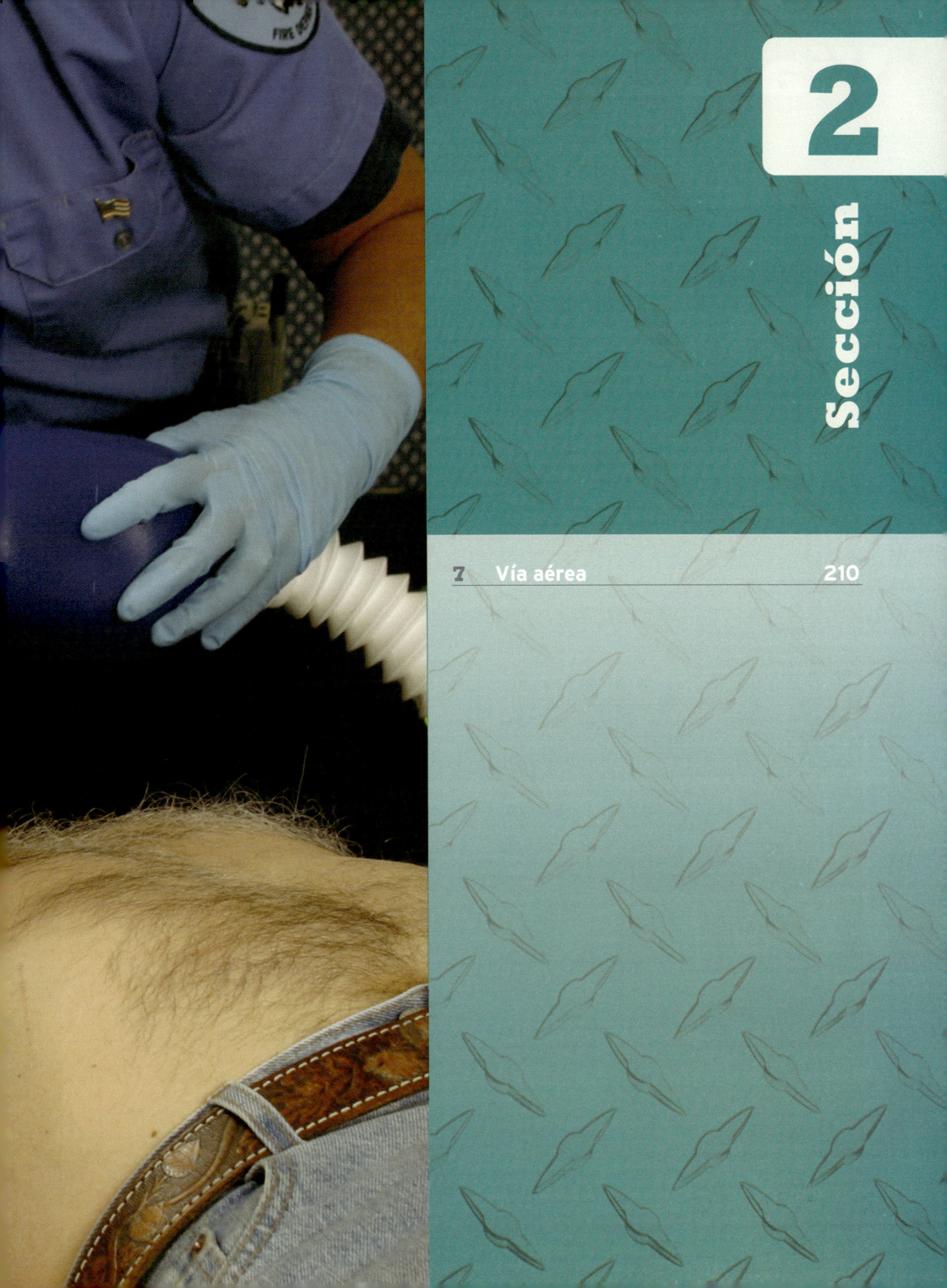

Sección 2

7 Vía aérea 210

Vía aérea

Objetivos

Cognitivos

2-1.1 Nombre y señale las estructuras principales del aparato respiratorio en un diagrama. (p. 214)
2-1.2 Liste los signos de una respiración adecuada. (p. 221)
2-1.3 Liste los signos de una respiración inadecuada. (p. 221)
2-1.4 Describa los pasos a seguir en la realización de la maniobra de inclinación de cabeza-levantamiento de mentón. (p. 224)
2-1.5 Señale el mecanismo de las lesiones sobre la abertura de la vía aérea. (p. 223)
2-1.6 Describa los pasos a seguir en la realización de la maniobra de tracción mandibular. (p. 225)
2-1.7 Exponga la importancia de tener una unidad de aspiración para uso inmediato cuando proporcione atención de urgencia. (p. 231)
2-1.8 Describa las técnicas de aspiración. (p. 232)
2-1.9 Describa cómo ventilar artificialmente a un paciente con una mascarilla de bolsa. (p. 242)
2-1.10 Describa los pasos en la realización de la destreza de ventilar artificialmente a un paciente con un dispositivo de bolsa-válvula-mascarilla con el uso de la maniobra de tracción mandibular. (p. 242)
2-1.11 Liste las partes del sistema de bolsa-válvula-mascarilla. (p. 244)
2-1.12 Describa los pasos a seguir en la ejecución de la destreza de ventilar artificialmente a un paciente con un dispositivo de bolsa-válvula-mascarilla, por uno o dos rescatadores. (p. 245)
2-1.13 Describa los signos de una ventilación adecuada con el uso del dispositivo de bolsa-válvula-mascarilla. (p. 247)
2-1.14 Describa los signos de una ventilación inadecuada con el uso del dispositivo de bolsa-válvula-mascarilla. (pp. 246, 247)
2-1.15 Describa los pasos en la ventilación de un paciente con un dispositivo de ventilación con flujo restringido operado con oxígeno. (p. 247)
2-1.16 Liste los pasos en la realización de las acciones que se toman cuando se proporcionan ventilación artificial de boca a boca y de boca a estoma. (p. 242)
2-1.17 Describa cómo se mide e inserta una cánula orofaríngea (oral). (p. 227)
2-1.18 Describa cómo se mide e inserta una cánula nasofaríngea (nasal). (p. 228)
2-1.19 Describa los componentes de un sistema de entrega de oxígeno. (p. 235)
2-1.20 Identifique una mascarilla no recirculante y describa los requerimientos de flujo de oxígeno necesarios para su uso. (p. 240)
2-1.21 Describa las indicaciones para el uso de una cánula nasal frente a una mascarilla no recirculante. (p. 241)
2-1.22 Identifique una cánula nasal y describa los requerimientos de flujo de oxígeno necesarios para su uso. (p. 241)

Afectivos

2-1.23 Explique el fundamento de las destrezas del soporte básico de vida, ventilación artificial y protectoras de la vía aérea, que tienen prioridad sobre la mayoría de las otras destrezas del soporte básico de vida. (p. 214)
2-1.24 Explique el fundamento de proporcionar oxigenación adecuada por medio de concentraciones altas inspiradas de oxígeno a los pacientes que, en el pasado, puedan haber recibido concentraciones bajas. (p. 246)

Psicomotores

2-1.25 Describa los pasos a seguir en la realización de la maniobra de inclinación de cabeza-levantamiento de mentón. (p. 224)
2-1.26 Describa los pasos a seguir en la realización de la maniobra de tracción mandibular. (p. 225)
2-1.27 Describa las técnicas de aspiración. (p. 232)
2-1.28 Demuestre los pasos a seguir para proporcionar ventilación artificial de boca a boca con aislamiento de sustancia corporal (escudos de barrera). (p. 242)
2-1.29 Describa cómo ventilar artificialmente a un paciente con una mascarilla de bolsillo. (p. 242)
2-1.30 Demuestre la ensambladura de la unidad bolsa-válvula-mascarilla. (p. 244)
2-1.31 Describa los pasos a seguir en la realización de la destreza de ventilar artificialmente a un paciente con un dispositivo de bolsa-válvula-mascarilla, por uno o dos rescatadores. (p. 245)
2-1.32 Describa los pasos a seguir en la realización de la destreza de ventilar artificialmente a un paciente con un dispositivo de bolsa-válvula-mascarilla con el uso de la maniobra de tracción mandibular. (p. 245)
2-1.33 Describa los pasos a seguir en la ventilación de un paciente con un dispositivo de ventilación con flujo restringido operado con oxígeno. (p. 247)
2-1.34 Demostrar cómo ventilar artificialmente a un paciente con estoma. (p. 248)
2-1.35 Demostrar cómo insertar una cánula orofaríngea (oral). (p. 227)
2-1.36 Demostrar cómo insertar una cánula nasofaríngea (nasal). (p. 228)
2-1.37 Demostrar la operación correcta de los tanques y reguladores de oxígeno. (p. 238)
2-1.38 Identifique el uso de una mascarilla no recirculante y describa los requerimientos de flujo de oxígeno necesarios para su uso. (p. 240)
2-1.39 Demuestre el uso de una cánula nasal y describa los requerimientos de flujo necesarios para su uso. (p. 241)
2-1.40 Demuestre cómo ventilar artificialmente a los pacientes lactante y niño. (p. 242)

2-1.41 Demuestre la administración de oxígeno para los pacientes lactante y niño. (p. 244)

Objetivos adicionales*

Cognitivos

1. Describa cómo practicar la maniobra de Sellick (presión cricoidea). (p. 246)

Afectivos

2. Explique el fundamento de la aplicación de la presión cricoidea. (p. 246)

Psicomotores

3. Demuestre la forma de practicar la maniobra de Sellick (presión cricoidea). (p. 247)

*Estos son objetivos no curriculares.

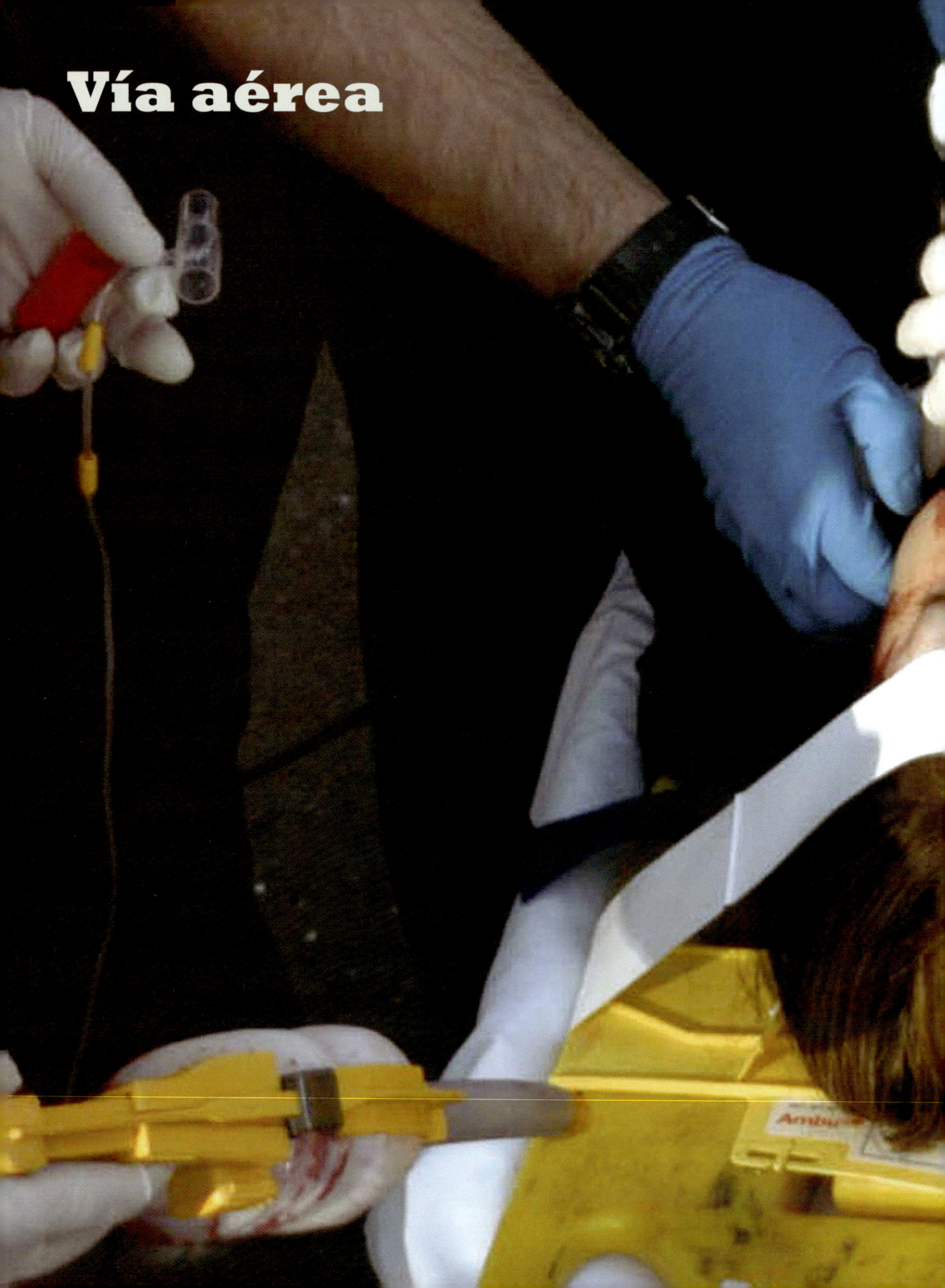

Vía aérea

7

Vía aérea

Situación de urgencia

Afuera es un día caluroso de verano, la temperatura es leve y hay pronóstico de lluvia. Usted está sentado con su compañero cuando llega la llamada "Ambulancia 2, acudir al vestíbulo del Hotel Plaza para atender a un hombre con dificultad respiratoria".

Aproximadamente una de cada cuatro llamadas del SMU es sobre la vía aérea o relacionada con la respiración. Este capítulo lo ayudará a prepararse para estas llamadas que se reciben con frecuencia y le ayudarán a dar respuesta a las siguientes preguntas:

1. ¿Por qué es importante mantener la vía aérea del paciente y asegurar una respiración adecuada en todo momento?
2. ¿Qué tan frecuentemente debe evaluar el estado de la vía aérea del paciente y su capacidad para respirar?
3. ¿Qué consecuencia tendrán la evaluación y tratamiento inapropiados de la vía aérea y respiración del paciente, sobre la atención total del paciente?

Vía aérea

El paso simple más importante en el cuidado de un paciente consiste en asegurar que puede respirar de forma adecuada. El paciente que no puede respirar eficazmente no está entregando oxígeno a las células y tejidos del cuerpo, las cuales requieren un abastecimiento constante de oxígeno para sobrevivir. En cuestión de segundos de privación de oxígeno, es posible que órganos vitales, como el corazón y el encéfalo, no funcionen normalmente.

El oxígeno alcanza las células y tejidos del cuerpo mediante dos procesos separados, pero relacionados: respiración y circulación. Al inspirar, el oxígeno se desplaza de la atmósfera al interior de nuestros pulmones, y luego pasa de los sacos de aire de los pulmones al interior de los capilares para oxigenar la sangre. Al mismo tiempo, el dióxido de carbono, producido por las células en los tejidos del cuerpo, se traslada de la sangre al interior de los sacos de aire. La sangre, enriquecida con oxígeno, se desplaza a través del cuerpo por la acción de bombeo del corazón. El dióxido de carbono abandona, entonces, nuestros cuerpos cuando espiramos.

Como un TUM-B, usted debe ser capaz de localizar las partes del aparato respiratorio, comprender cómo actúa el aparato, y tener la capacidad de reconocer cuáles son los pacientes que están respirando de forma adecuada, y cuáles lo hacen de manera inadecuada. Esto le permitirá determinar cómo tratar mejor a sus pacientes.

Este capítulo repasará la anatomía y fisiología del aparato respiratorio, o sea, las partes del aparato y cómo funciona. Luego describirá cómo evaluar a los pacientes rápidamente y determinar, en forma cuidadosa, el estado de su vía aérea y su respiración. Se describen de manera detallada el equipo, procedimientos y directrices que necesitará para tratar la vía aérea y la respiración. Aprenderá varias formas para abrir la vía aérea del paciente, así como técnicas específicas para extraer objetos o líquidos extraños que puedan estar bloqueando la vía aérea. Como puede ser peligroso el empleo del equipo de tratamiento de la vía aérea si se usa en forma inapropiada, el capítulo expondrá minuciosamente los recursos adjuntos de la vía aérea, dispositivos de oxigenoterapia, y métodos de ventilación artificial.

Anatomía del aparato respiratorio

El aparato respiratorio está constituido por todas las estructuras del cuerpo que nos ayudan a respirar, o ventilar Figura 7-1 . Las estructuras que nos ayudan a ventilar incluyen al diafragma, los músculos de la pared torácica, los músculos accesorios de la respiración, y los nervios del encéfalo y médula espinal para esos músculos. La ventilación es el intercambio de aire entre los pulmones y el ambiente. El diafragma y los músculos de la pared torácica son causantes del aumento y depresión regulares del pecho que acompañan a la respiración normal.

Estructuras de la vía aérea

La vía aérea está dividida en vía aérea superior e inferior. La vía aérea superior consiste en la nariz, boca, garganta (faringe), y una estructura llamada epiglotis. La epiglotis es una estructura en forma de hoja, situada en la parte superior de la laringe, que evita que alimentos y líquidos penetren a la laringe durante la deglución. La porción de garganta situada por detrás de la nariz se llama rinofaringe; la porción detrás de la boca es la orofaringe.

La vía aérea inferior está constituida por la laringe, tráquea, bronquios principales, bronquiolos (bronquios más pequeños) y alvéolos.

La vía aérea inferior comienza con la laringe (caja de la voz, cuerdas vocales). El cartílago cricoides es un anillo cartilaginoso firme, que forma la parte inferior de la laringe. La tráquea está conectada con la laringe. Los bronquios principales y los bronquiolos se ramifican de la tráquea, extendiéndose al interior de cada pulmón. Finalmente los bronquiolos terminan en los alvéolos. Los alvéolos son sacos pequeños en los cuales se produce el intercambio efectivo de oxígeno y dióxido de carbono.

El tórax (caja torácica) contiene a los pulmones, uno a cada lado Figura 7-2 . Los pulmones penden libremente dentro de la cavidad torácica. Entre los pulmones existe un espacio llamado mediastino, que está rodeado de tejido conjuntivo áspero. Este espacio contiene al corazón, los grandes vasos, el esófago, la tráquea, los bronquios principales, y muchos nervios. El mediastino separa eficazmente el espacio del pulmón derecho del espacio del pulmón izquierdo. Los límites del tórax son la caja torácica, anterior, superior y posterior, y en la parte inferior, el diafragma.

Estructuras de la respiración

El diafragma es un músculo esquelético porque está fijo a los arcos costales y a las vértebras. Se considera un músculo especializado, debido a que funciona como un músculo voluntario y un músculo involuntario. Actúa como un músculo voluntario siempre que hacemos una respiración profunda, tosemos, o retenemos nuestra respiración —todas las acciones que somos capaces de controlar. Sin embargo, a diferencia de otros músculos esqueléticos o voluntarios, el diafragma también realiza una función automática. La respiración continúa cuando dormimos, y en todos los otros momentos. Aun cuando podemos retener la respiración, o respirar tempo-

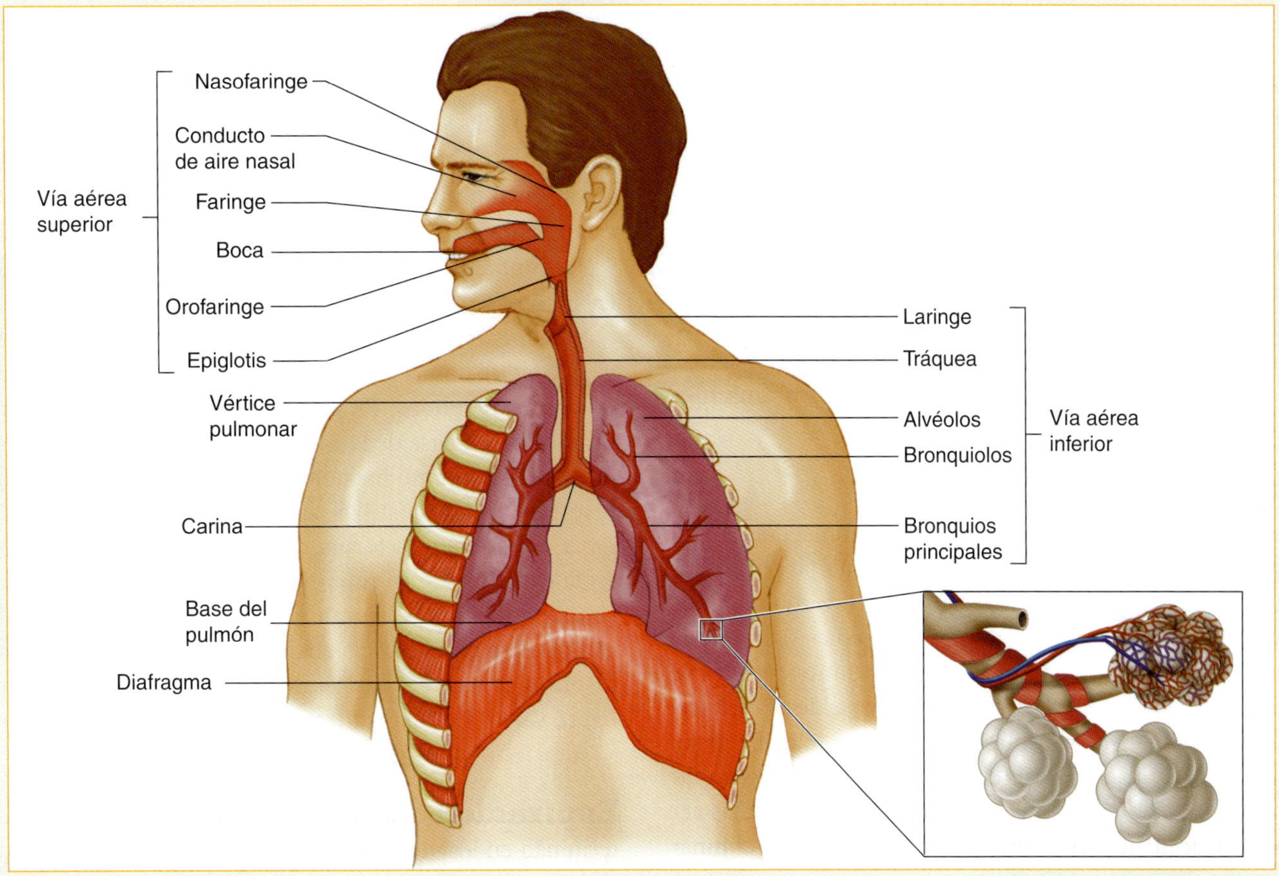

Capítulo 7 Vía aérea

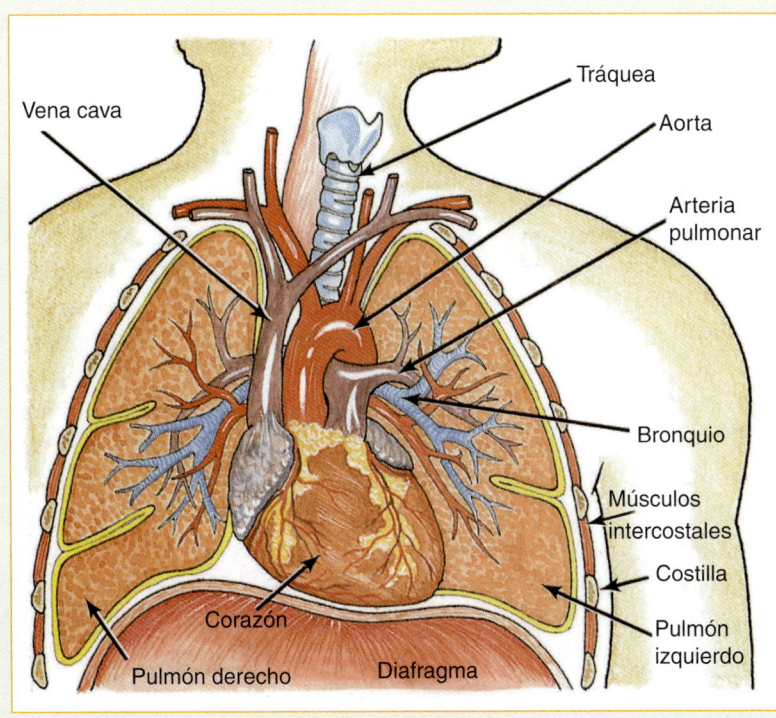

Figura 7-1 La vía aérea superior e inferior contiene las estructuras del cuerpo que nos ayudan a respirar. La vía aérea superior es la nariz, boca, garganta y epiglotis.

Figura 7-2 La caja torácica contiene importantes estructuras para la respiración, que incluyen a los pulmones, el corazón, los grandes vasos (la vena cava y la aorta), la tráquea y los bronquios principales.

ralmente más rápida o más lentamente, no podemos continuar haciendo estas variaciones en la respiración en forma indefinida. Cuando la concentración de dióxido de carbono aumenta en la sangre, se restablece la regulación automática de la respiración bajo el control del tronco encefálico.

Los pulmones, debido a que carecen de tejido muscular, no pueden moverse por sí mismos. Necesitan la ayuda de otras estructuras para poderse expandir y contraer, mientras inspiramos y espiramos. Por tanto, la capacidad de los pulmones para funcionar adecuadamente depende del movimiento del tórax y estructuras de soporte. Estas estructuras incluyen al tórax, la caja torácica (pecho), el diafragma, los músculos intercostales, y los músculos accesorios de la respiración.

Inspiración

La parte muscular activa de la respiración se llama **inspiración**. Al inspirar, el aire penetra al cuerpo por la tráquea. Este aire se desplaza hacia adentro y afuera de los pulmones, llenando y vaciando los alvéolos. Durante la inspiración, el diafragma y los músculos intercostales se contraen. Cuando el diafragma se contrae, se desplaza hacia abajo ligeramente y aumenta la caja torácica de arriba abajo. Cuando los músculos intercostales se contraen elevan las costillas hacia arriba y afuera. Cuando inspiramos, las acciones combinadas de estas estructuras aumentan el tórax en todas direcciones. Haga una respiración profunda para ver cómo se expande su tórax.

La presión del aire fuera del cuerpo, llamada presión atmosférica, es normalmente más alta que la presión del aire dentro del tórax. Al inspirar y expandirse la caja torácica, la presión del aire dentro del tórax disminuye, creando un ligero vacío. Éste tira aire al interior a través de la tráquea, causando el llenado de los pulmones. Cuando la presión del aire exterior iguala a la presión del aire interior, el aire detiene su movimiento. Gases, como el oxígeno, se desplazarán de un área de alta presión a un área de presión más baja, hasta que las presiones se igualen. En este punto, el aire deja de moverse y dejamos de inhalar. El **volumen de ventilación pulmonar**, una medición de la profundidad de la respiración, es la cantidad de aire, en mililitros (mL), que se mueve hacia el interior o exterior de los pulmones, durante una respiración simple. El volumen de ventilación pulmonar promedio de un hombre es aproximadamente de 500 mL. El **volumen minuto** es la cantidad de aire movido a través de los pulmones en un minuto, y se calcula multiplicando el volumen de ventilación pulmonar y la frecuencia respiratoria. Por tanto, si un paciente está respirando a una frecuencia de 12 respiraciones/min, y tiene un volumen de ventilación pulmonar de 500 mL por respiración, su volumen minuto sería 6 000 mL (6 L). Es importante notar que las variaciones en el volumen de ventilación pulmonar, frecuencia respiratoria, o ambas, afectarán al volumen minuto. Por ejemplo, si un paciente está respirando a una frecuencia de 12 respiraciones/min, pero su volumen de ventilación pulmonar es reducido (respiración superficial), el volumen minuto disminuirá. Asimismo, si un paciente está respirando a una frecuencia de 12 respiraciones/min y su volumen de ventilación pulmonar está aumentado (respiración profunda), el volumen minuto aumentará.

Puede ayudarlo a comprender esto si piensa en la caja torácica como una campana de vidrio en la cual hay globos suspendidos. En este ejemplo, los globos son los pulmones. La base de la campana es el diafragma, que se mueve ligeramente hacia arriba y hacia abajo con cada respiración. Las costillas, que son los lados de la campana, mantienen la forma del tórax. La única abertura en la campana es un tubo pequeño en la parte superior, similar a la tráquea. Durante la inspiración, la base de la campana se mueve hacia abajo levemente, causando una disminución en la presión de la campana y creando un ligero vacío. Como resultado, los globos se llenan de aire **Figura 7-3**.

Espiración

A diferencia de la inspiración, por lo regular la **espiración** no requiere esfuerzo muscular; por tanto, es un proceso pasivo. Durante la espiración, el diafragma y los músculos intercostales se relajan. En respuesta, el tórax disminuye en tamaño, y las costillas y músculos toman una posición normal de reposo. Cuando se reduce el tamaño de la caja torácica, el aire en los pulmones es comprimido en un menor espacio. La presión del aire dentro del tórax se vuelve, entonces, más alta que la presión exterior, y el aire es impulsado hacia afuera, a través de la tráquea.

Volvamos al ejemplo de la campana. Durante la espiración, la base de la campana (el diafragma) se mueve hacia arriba, retornando a su posición normal de reposo. Este movimiento aumenta la presión dentro de la campana. Con el aumento en la presión, los lados de la campana se contraen, y los globos se vacían.

Se debe recordar que el aire alcanzará los pulmones sólo si se desplaza a través de la tráquea. Es por esto, que la depuración y mantenimiento de una vía aérea abierta es tan importante. Depurar la vía aérea significa retirar material, tejidos o líquidos obstructivos de la nariz, boca o garganta. Mantenimiento de la vía aérea quiere decir mantener **permeable** la vía aérea, en forma tal que el aire pueda entrar y salir libremente de los pulmones **Figura 7-4**.

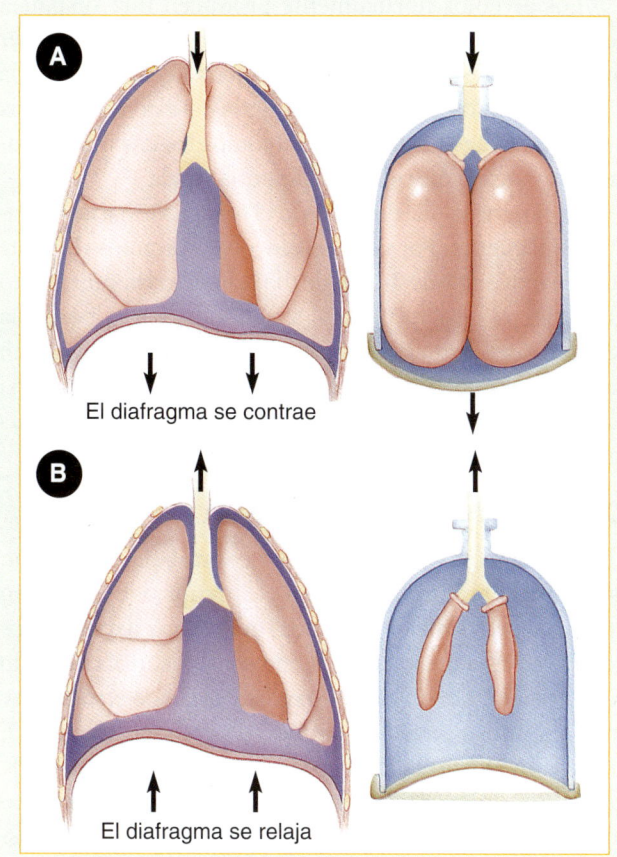

Figura 7-3 Los mecanismos de la respiración se pueden ilustrar con el uso de una campana de vidrio. **A.** Inspiración y expansión del tórax, anatómica (izquierda) y de la campana de vidrio (derecha). **B.** Espiración y contracción del tórax, anatómica (izquierda) y de la campana de vidrio (derecha).

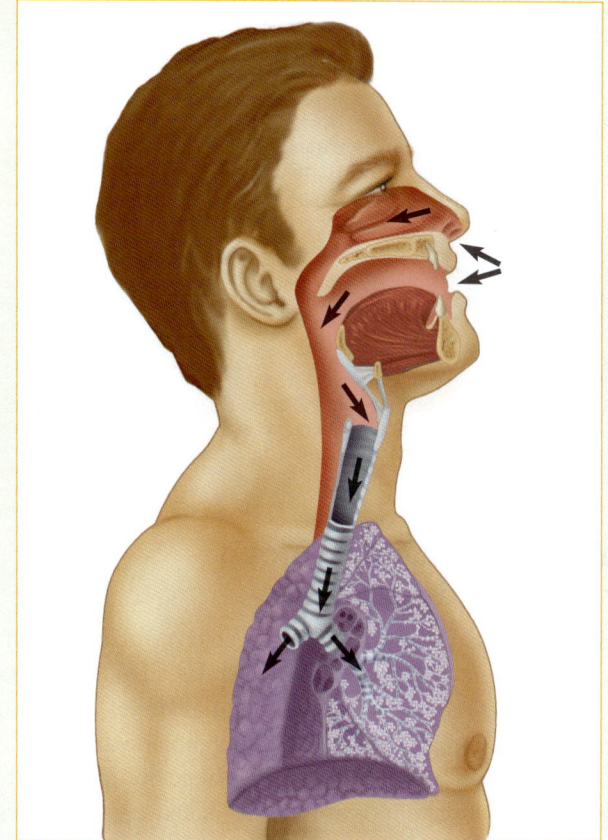

Figura 7-4 El aire alcanza a los pulmones sólo si se desplaza por la tráquea. Mantenimiento de la vía aérea significa mantenerla permeable en forma tal que el aire pueda entrar y salir de los pulmones libremente.

El aire también puede pasar al interior de la cavidad torácica a través de una abertura anormal en la garganta o pared torácica, como resultado de un traumatismo, permaneciendo fuera de los bronquios sin alcanzar jamás los alvéolos. En el capítulo 27, Lesiones torácicas, aprenderá cómo reconocer y tratar estos peligrosos trastornos.

Fisiología del aparato respiratorio

Todas las células vivientes necesitan energía para sobrevivir. Las células toman energía de nutrimentos a través de una serie de procesos químicos. El nombre dado a estos procesos como un todo, es **metabolismo**. Durante el metabolismo, cada célula combina nutrientes y oxígeno, y produce energía y productos de desecho, principalmente agua y dióxido de carbono.

Cada célula viva en el cuerpo requiere el abastecimiento de oxígeno y un medio regular para deshacerse de desechos (dióxido de carbono). El cuerpo los proporciona por medio de la respiración. Algunas células necesitan un suministro constante de oxígeno para sobrevivir; otras células del cuerpo pueden tolerar periodos cortos sin oxígeno, y aún sobrevivir. Por ejemplo, después de cuatro a seis minutos sin oxígeno, las células del encéfalo y las células en el sistema nervioso pueden ser grave o permanentemente dañadas, e incluso morir **Figura 7-5** ▶. Las células muertas del encéfalo nunca pueden reemplazarse. Sin embargo, las células en el riñón pueden permanecer sin oxígeno por 45 minutos o más, y todavía sobrevivir. Ésta es la razón por la cual es posible realizar los trasplantes de ciertos órganos.

Normalmente, el aire que respiramos contiene 21% de oxígeno y 78% de nitrógeno. Cantidades pequeñas de otros gases constituyen 1% restante.

Figura 7-5 Las células necesitan una provisión constante de oxígeno para sobrevivir. Algunas células pueden ser dañadas grave o permanentemente después de 4 a 6 minutos sin oxígeno.

Intercambio de oxígeno y dióxido de carbono

Al desplazarse la sangre a través del cuerpo abastece oxígeno y nutrientes a varios tejidos y células. El oxígeno pasa de la sangre en las arterias a las células de los tejidos, a través de los capilares, mientras que el dióxido de carbono y los desechos celulares pasan en dirección opuesta: de las células en los tejidos al interior de las venas, a través de los capilares Figura 7-6.

Cada vez que inspiramos, los alvéolos reciben un abastecimiento de aire rico en oxígeno. Los alvéolos están rodeados por una red de capilares pulmonares diminutos. Estos capilares están, de hecho, situados en las paredes de los alvéolos. Esto significa que el aire en los alvéolos y la sangre en los capilares, están separados por sólo dos capas muy delgadas de tejido. Cada vez que espiramos, el dióxido de carbono de la corriente circulatoria se desplaza a través de las mismas dos capas de tejido a los alvéolos, y es expulsado a la atmósfera.

El oxígeno y el dióxido de carbono pasan rápidamente a través de las paredes de los alvéolos y de los capilares por medio de difusión. La **difusión** es un proceso pasivo en el cual las moléculas se desplazan de un área de concentración más alta a un área de concentración más baja. Por ejemplo, una cocina entera puede oler como un huevo podrido porque las moléculas del gas sulfuro de hidrógeno se han movido espontáneamente de un área de alta concentración cercana al huevo para llenar la totalidad del espacio. Las moléculas de oxígeno se mueven de los alvéolos al interior de la sangre porque hay menos moléculas de oxígeno en los capilares pulmonares. En igual forma, las moléculas de dióxido de carbono se mueven de la sangre al interior de los alvéolos porque hay menos moléculas de dióxido de carbono en los alvéolos Figura 7-7.

Los alvéolos normalmente producen una sustancia química llamada agente tensoactivo, que ayuda a mantener abiertos los alvéolos. Al mantenerse los alvéolos abiertos, la difusión es más eficiente. Cualquier elemento que elimina o destruye al agente tensoactivo (como el agua en el ahogamiento) causará dificultad respiratoria aguda.

La sangre no distribuye todo el oxígeno inhalado al pasar por el cuerpo. Por tanto, el aire que espiramos contiene 16% de oxígeno y de 3 a 5% de dióxido de carbono; el resto es nitrógeno Figura 7-8. Cuando usted proporciona ventilaciones artificiales con una mascarilla de bolsa a un paciente que no está respirando, éste está recibiendo una concentración de 16% de oxígeno con cada una de sus respiraciones espiradas.

Control de la respiración

El área del tronco encefálico que controla la respiración está situada profundamente en el interior del cráneo, en una de las partes mejor protegidas del sistema nervioso. Los nervios en esta área actúan como sensores, reaccionando principalmente al nivel de dióxido de carbono en la sangre arterial. Si los niveles de dióxido de carbono se vuelven demasiado altos o demasiado bajos, el encéfalo ajusta de manera automática la respiración de acuerdo con esto. Lo anterior sucede con mucha rapidez, después de cada respiración. De nuevo, ésta es la razón por la cual usted no puede retener indefinidamente la respiración, o respirar

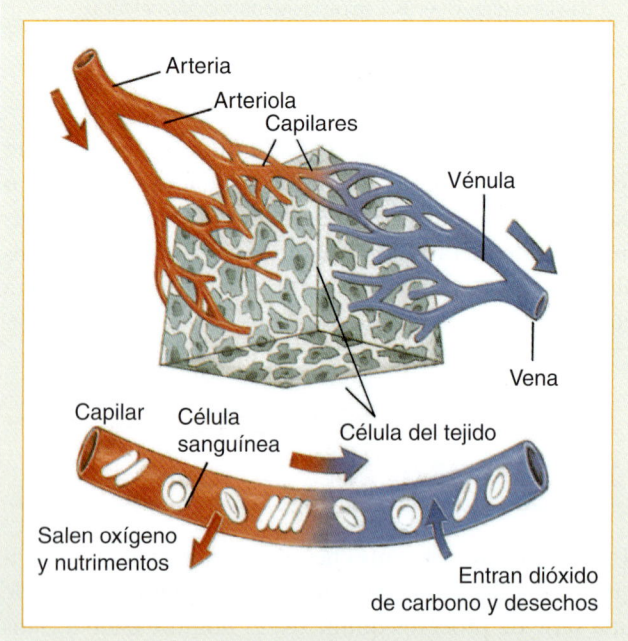

Figura 7-6 El oxígeno fluye de la sangre en las arterias a las células de los tejidos a través de capilares. El dióxido de carbono pasa de las células de los tejidos a través de capilares al interior de las venas.

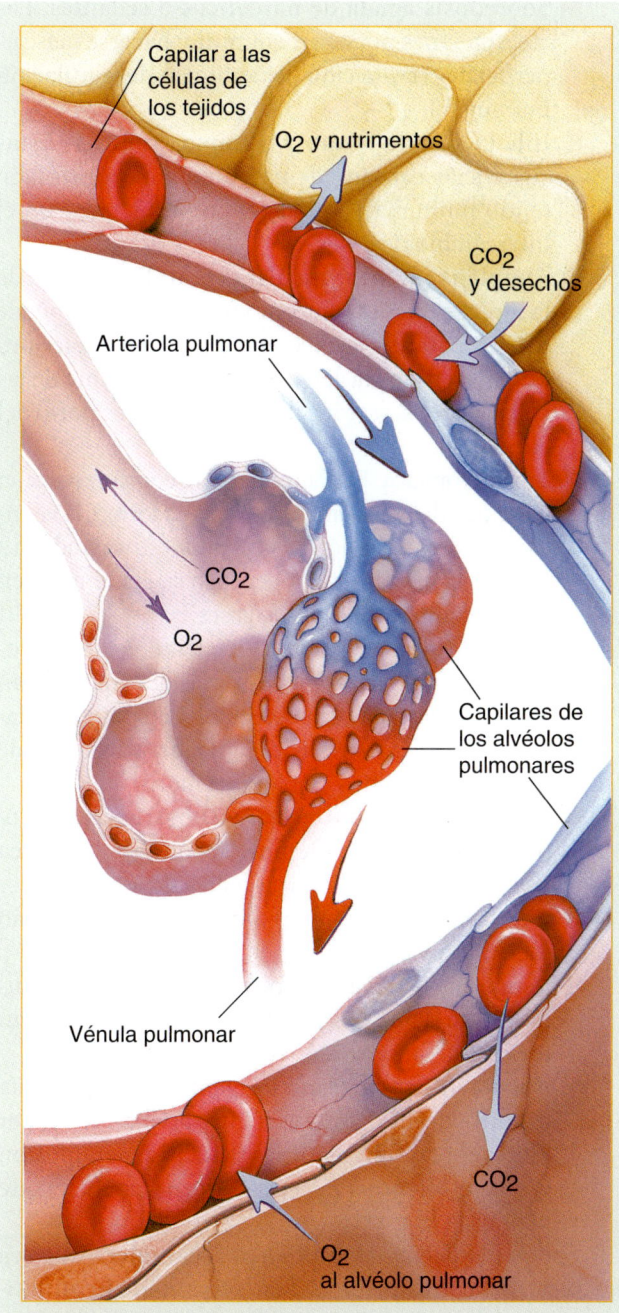

Figura 7-7 Con la difusión, las moléculas de oxígeno se mueven de los alvéolos al interior de la sangre, porque hay menos moléculas de oxígeno en la sangre. De forma similar, las moléculas de dióxido de carbono se difunden de la sangre al interior de los alvéolos porque hay menos moléculas de dióxido de carbono en los alvéolos.

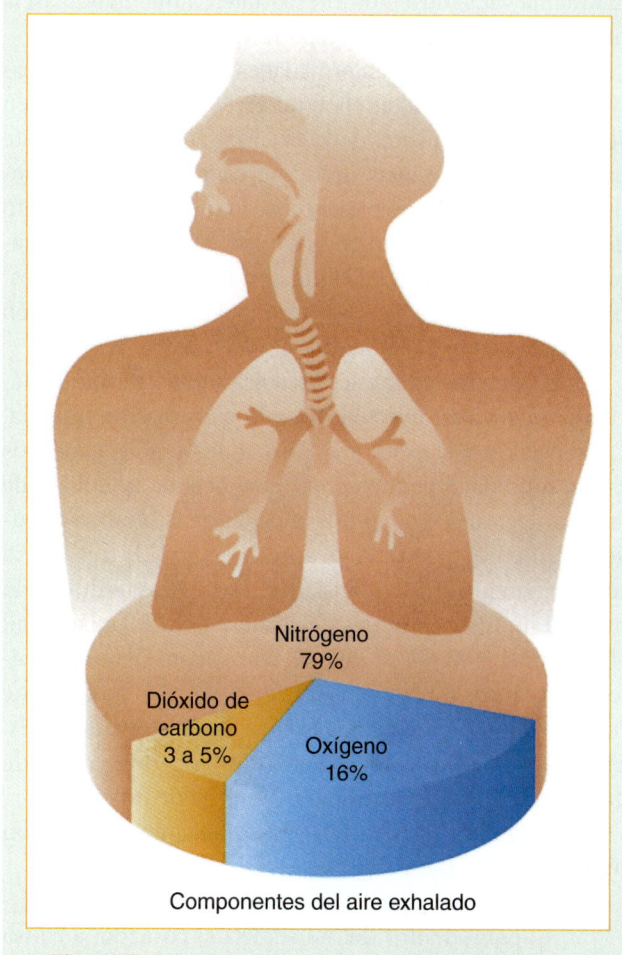

Figura 7-8 El aire espirado contiene 16% de oxígeno y de 3 a 5% de dióxido de carbono; 79% es nitrógeno.

rápida y profundamente por un tiempo prolongado. En una persona sana este estímulo para respirar se conoce como impulso respiratorio primario.

Cuando el nivel de dióxido de carbono se eleva demasiado, el tronco encefálico envía impulsos a la médula espinal que causan contracción del diafragma y los músculos intercostales. Esto aumenta nuestra respiración, o respiraciones. Mientras más alto sea el nivel de dióxido de carbono en la sangre, mayor es el impulso para respirar. Una vez que el dióxido de carbono retorna a un nivel aceptable, disminuye la fuerza y frecuencia de las respiraciones.

Hipoxia

La hipoxia es un trastorno extremadamente peligroso, en el cual los tejidos y células del cuerpo no tienen suficiente oxígeno; a menos que se revierta, los pacientes pueden morir en cuestión de momentos. La hipoxia se desarrolla rápidamente en los órganos vitales de pacientes que no están respirando o que están respirando de forma inadecuada. La respiración inadecuada significa que la persona no puede llevar suficiente aire a los pulmones, con cada respiración, para cubrir las necesidades metabólicas del cuerpo. La hipoxia puede tener un profundo efecto sobre la respiración. Si el encéfalo siente que no hay suficiente oxígeno en la sangre, enviará mensajes a través de la médula espinal, al diafragma y los músculos intercostales, aumentando así la profundidad y frecuencia respiratorias del paciente.

Los pacientes con enfermedades respiratorias crónicas (p. ej., enfisema), mantienen un nivel bajo de oxígeno en su sangre, y los sensores del encéfalo se acostumbran a este bajo nivel. A diferencia de las personas sanas, cuyo impulso respiratorio primario a consecuencia del incremento del dióxido de carbono en la sangre, el impulso respiratorio primario de un paciente con una enfermedad respiratoria crónica es causa de un nivel bajo de oxígeno en la sangre, trastorno llamado <u>impulso hipóxico</u>.

Los pacientes que están respirando en forma inadecuada mostrarán diversos signos y síntomas de hipoxia. La iniciación y el grado de daño de los tejidos causados por la hipoxia dependen con frecuencia de la calidad de las ventilaciones. Los signos iniciales de la hipoxia incluyen inquietud, irritabilidad, aprensión, rápida frecuencia cardiaca (taquicardia), y ansiedad. Los signos tardíos de la hipoxia incluyen cambios del estado mental, pulso débil (filiforme), y cianosis. Los pacientes conscientes manifestarán quejas de falta de aire (<u>disnea</u>), y es posible que no sean capaces de hablar usando oraciones completas. El mejor momento para administrar oxígeno es antes de que aparezca cualquier signo o síntoma de hipoxia.

Los siguientes trastornos se asocian comúnmente con hipoxia:

- **Ataque cardiaco (infarto de miocardio)**. La <u>isquemia</u> dentro del músculo del corazón, a causa de infarto de miocardio, se presenta cuando existe una circulación inadecuada de la sangre que transporta oxígeno a los tejidos del corazón. El corazón debilitado bombea, entonces, sangre oxigenada al resto del cuerpo con menor eficiencia, dando como resultado hipoxia sistémica.
- **Edema pulmonar**. Se acumula líquido en los pulmones, lo que hace que el intercambio de oxígeno y bióxido de carbono en los alvéolos sea menos eficiente.
- **Sobredosis aguda de narcóticos o sedantes**. Las respiraciones pueden disminuir y hacerse más superficiales (reducción del volumen de ventilación pulmonar).
- **Inhalación de humo y/o humos tóxicos**. Estas sustancias causan edema pulmonar y destruyen tejido pulmonar, produciendo problemas con el intercambio de gases.
- **Apoplejía (evento vascular cerebral)**. La causa de la hipoxia en un evento vascular cerebral se puede deber a parálisis facial que conduce a un deterioro potencial de la vía aérea o control deficiente de las respiraciones, si se afecta el centro respiratorio del encéfalo.
- **Lesión torácica**. El dolor interfiere con la expansión completa del tórax limitando, en esa forma, la ventilación eficaz. La lesión de los pulmones secundaria a la contusión pulmonar puede, en sí, evitar también el intercambio eficiente de gases.
- **Choque (hipoperfusión)**. Frecuentemente se produce choque como resultado de lesiones que afectan al aparato circulatorio. Cuando el aparato circulatorio falla en la entrega de cantidades adecuadas de oxígeno, los tejidos empiezan a morir.
- **Enfermedades pulmonares obstructivas crónicas (EPOC; por ejemplo, bronquitis crónica y enfisema)**. La irritación crónica de los pulmones y vía aérea causa lesiones alveolares e intercambio ineficiente de gases.
- **Asma**. El estrechamiento de la vía aérea y la acumulación de moco causan que se atrape aire y un ineficiente intercambio de gases.
- **Nacimiento prematuro**. El agente tensoactivo está disminuido en algunos lactantes prematuros y, por tanto, el parto prematuro se asocia a menudo con hipoxia. Mientras más prematuro sea el lactante peor es la hipoxia.

Todos los pacientes hipóxicos, cualquiera que sea la causa de su trastorno, deben ser tratados con oxí-

Situación de urgencia — Parte 2

De camino al hotel considera las posibles causas de la dificultad respiratoria de su paciente. ¿Podría ser un ataque asmático o un ataque cardiaco? ¿Puede haber algún tipo de traumatismo que le impida respirar bien? Usted está satisfecho de haber verificado minuciosamente el equipo respiratorio y los cilindros de oxígeno antes de abandonar la estación esa mañana. Se está poniendo los guantes de hule.

4. ¿Cuáles son las causas específicas de la dificultad respiratoria? ¿Cuáles son graves y cuáles no lo son?
5. ¿Qué tipo de equipo anticipa necesitar para tratar a un paciente con dificultad en la respiración?

geno suplementario de alto flujo. El método de la entrega de oxígeno será variable, dependiendo de la intensidad de la hipoxia y lo adecuada que sea la respiración.

Evaluación del paciente

Reconocimiento de la respiración adecuada

Con anterioridad, comparamos la respiración con una campana de vidrio con una base móvil. También puede pensar en un patrón respiratorio normal como un sistema de fuelle. La respiración se debe presentar como fácil, no difícil. Como se usa un fuelle para mover aire e iniciar una hoguera, la respiración debe ser un flujo suave de aire que se desplaza al interior y exterior de los pulmones. Como regla general, a menos que se evalúen directamente la vía aérea del paciente, usted no debe tener la capacidad de ver o escuchar a un paciente respirar. Los signos de la respiración normal (adecuada) de los pacientes adultos son los siguientes:

- Frecuencia respiratoria normal (entre 12 y 20 respiraciones/min) en adultos
- Patrón regular de inspiración y espiración
- Campos pulmonares claros e iguales en ambos lados del tórax (bilaterales)
- Elevación y descenso regular e igual del pecho (expansión torácica)
- Profundidad adecuada de la respiración (volumen de la ventilación pulmonar)

Reconocimiento de la respiración inadecuada

Un adulto que está despierto, alerta y hablándole, por lo general no tiene problemas inmediatos de la vía aérea, ni de la respiración. Sin embargo, usted siempre debe tener oxígeno suplementario y un dispositivo de bolsa-válvula-mascarilla (BVM) o mascarilla de bolsa a la mano, para ayudar con la respiración, en caso de que se vuelva necesario. Un adulto que está respirando normalmente tendrá respiraciones con una frecuencia de 12 a 20 respiraciones/min Cuadro 7-1. El paciente adulto que está respirando más lentamente (menos de 12 respiraciones/min), o con mayor rapidez (más de 20 respiraciones/min) que lo normal, debe ser evaluado en lo referente a la profundidad de sus respiraciones. Es posible que un paciente con profundidad superficial de la respiración (volumen de la ventilación pulmonar reducido) requiera ventilaciones asistidas, aunque su frecuencia respiratoria esté dentro de límites normales.

Puede parecer que un paciente con respiración inadecuada hace un gran esfuerzo para respirar. Este tipo de respiración se llama respiración esforzada. Requiere esfuerzo y puede implicar, especialmente en niños, el uso de músculos accesorios. Los músculos accesorios son músculos secundarios de la respiración. Incluyen a músculos del cuello (esternocleidomastoideo), músculos pectorales mayores del tórax, y a los músculos abdominales Figura 7-9. Estos músculos no se usan durante la respiración normal. En los capítulos 31 y 32 puede encontrarse más información sobre el reconocimiento de la respiración esforzada y la dificultad respiratoria en niños. Los signos de la respiración inadecuada de los pacientes adultos son como sigue:

CUADRO 7-1 Límites normales de la frecuencia respiratoria

Adultos	12 a 20 respiraciones/min
Niños	15 a 30 respiraciones/min
Lactantes	25 a 50 respiraciones/min

Nota: Estos límites son de acuerdo con el US DOT 1994 *EMT-Basic National Standard Curriculum*. Los límites que se presentan en otros cursos pueden variar.

Situación de urgencia — Parte 3

Al llegar al hotel es saludado por el personal de seguridad, quien le informa que el hombre estaba en una conferencia, cuando súbitamente se empezó a quejar de dificultad para respirar, y confusión. Luego se desmayó en su asiento. El funcionario de seguridad del hotel le informa que los conserjes lo han movido cuidadosamente al pasillo, y están intentando mantener su vía aérea abierta. Al entrar en la habitación nota que la sesión de la conferencia está en un receso, por lo cual hay pocas personas en el entorno y no hay riesgos inmediatos. Sólo ve a un paciente grande, que parece no responder. Pide a su compañero que llame a una unidad de soporte vital avanzado (SVA).

6. ¿Cómo le ayuda el testimonio de los primeros informantes a prepararse para su paciente?
7. Aunque ésta puede ser una situación obvia, ¿cuáles son algunos riesgos potenciales?

> ### Qué documentar
>
> El estado respiratorio de un paciente es tan importante que debe notarse al principio de su informe de radio, después del estado mental. Cualquiera de los cambios durante el tratamiento o transporte debe ser informado al hospital receptor. El estado respiratorio, junto con cualquier cambio, debe ser claramente documentado en su informe de atención del paciente.

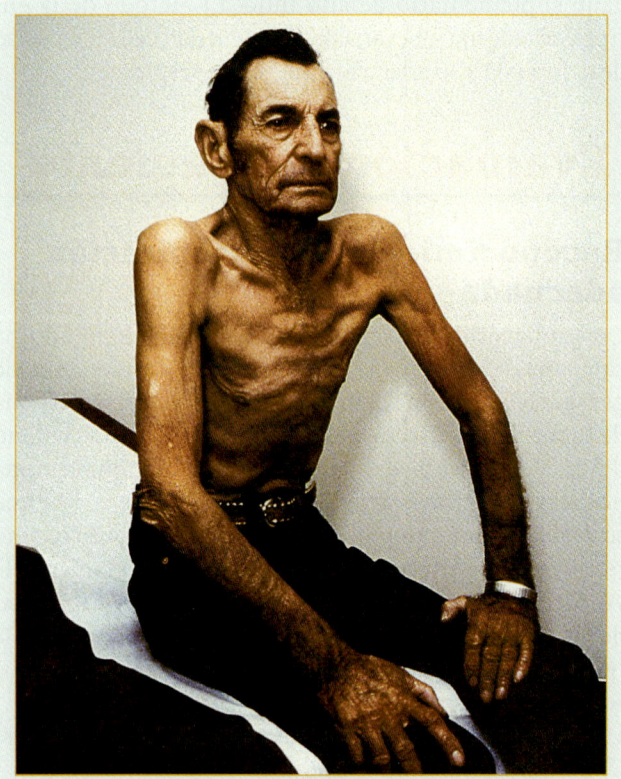

Figura 7-9 Los músculos accesorios de la respiración se usan cuando un paciente tiene dificultad para respirar, pero no durante la respiración normal. Estos músculos incluyen al esternocleidomastoideo, pectoral mayor y músculos abdominales.

- Frecuencia respiratoria menor de 12 respiraciones/min o mayor de 20 respiraciones/min, en presencia de disnea
- Ritmo irregular, como cuando un paciente realiza una serie de respiraciones profundas seguidas por periodos de apnea
- Los campos pulmonares auscultados están disminuidos, ausentes, o son ruidosos
- Reducción en el flujo de aire espirado en la nariz y boca
- Expansión torácica desigual o inadecuada, que da por resultado un volumen de ventilación pulmonar reducido
- Aumento en el esfuerzo de respirar: uso de músculos accesorios
- Respiración superficial (volumen de ventilación pulmonar reducido)
- La piel es pálida, cianótica (azul), fría, o húmeda (pegajosa)
- Tiro en la piel alrededor de las costillas o sobre las clavículas, durante la inspiración (retracciones)

Debe estar consciente de que puede parecer que un paciente está respirando después de que su corazón se ha detenido. Estas respiraciones ocasionales, jadeantes, se llaman respiraciones agónicas. Se presentan cuando el centro respiratorio en el encéfalo continúa enviando señales a los músculos respiratorios. Estas respiraciones no son adecuadas porque son esfuerzos respiratorios jadeantes, infrecuentes. Será necesario que proporcione ventilaciones artificiales a los pacientes con respiraciones agónicas.

Es posible que algunos pacientes tengan patrones respiratorios irregulares que están relacionados con una enfermedad específica. Por ejemplo, con frecuencia se ven respiraciones de Cheyne-Stokes en pacientes con un evento vascular cerebral o con lesiones intensas de la cabeza (Figura 7-10). Las respiraciones de Cheyne-Stokes son un patrón respiratorio irregular, en el cual el paciente respira con frecuencia y profundidad respiratoria crecientes, que son continuadas por un periodo de apnea o falta de respiración espontánea, seguido nuevamente por un patrón de frecuencia y profundidad respiratoria creciente. Las lesiones graves de la cabeza también pueden causar cambios en la frecuencia respiratoria normal y en los patrones de la respiración. El resultado puede ser la presencia de respiraciones ineficaces que pueden tener, o no, un patrón identificable (respiraciones atáxicas).

Los pacientes con respiración inadecuada tienen un volumen minuto inadecuado, y necesitan ser tratados de inmediato. Esto se reconoce con mayor facilidad en los pacientes que son incapaces de hablar usando oraciones completas cuando están en reposo, o que tienen una frecuencia respiratoria rápida o lenta, las cuales pueden dar por resultado una reducción del volumen de ventilación pulmonar. La atención médica de urgencia incluye tratamiento de la vía aérea, oxígeno suplementario, y soporte de la ventilación.

Abertura de la vía aérea

La atención médica de urgencia se inicia asegurando una vía aérea abierta. Los primeros pasos de su evaluación inicial son el estado de la vía aérea y la respiración del

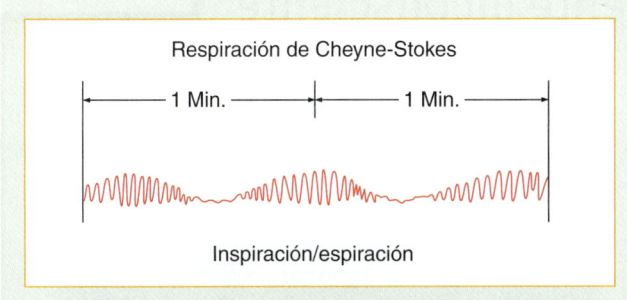

Figura 7-10 La respiración de Cheyne-Stokes muestra respiraciones irregulares seguidas por un periodo de apnea.

paciente, por una muy buena razón: a menos que usted pueda abrir y mantener una vía aérea permeable de inmediato, no puede proporcionar una atención eficaz al paciente. Independientemente del estado del paciente, la vía aérea debe permanecer permeable en todo momento.

Cuando responde a un llamado y encuentra a un paciente inconsciente, usted necesita determinar inmediatamente si el paciente tiene una vía aérea permeable y si la respiración es adecuada. El paciente debe estar en posición supina para abrir con mayor eficacia la vía aérea y evaluar la respiración. Sin embargo, si su paciente está en una posición que retarda su colocación en posición supina (p. ej., atrapado en el vehículo accidentado), la vía aérea del paciente se debe abrir y evaluar en la posición en que lo encuentre. Si su paciente está en posición prona (tendido con la cara hacia abajo), debe reposicionarlo para permitir la evaluación de la vía aérea y la respiración, e iniciar la RCP, en caso de que sea necesaria. El paciente debe girarse como una unidad, en forma tal que la cabeza, cuello y columna vertebral se muevan juntas, sin torcerse (Destrezas 7-1 ▶). Los pacientes inconscientes, en especial cuando no hay testigos que puedan descartar un traumatismo, deben moverse como una unidad debido al potencial de una lesión raquídea.

1. **Arrodíllese junto al paciente.** Haga que su compañero se arrodille suficientemente lejos, en forma tal que el paciente, cuando se ruede hacia usted, no llegue a reposar sobre su cuerpo. Coloque sus manos detrás de la cabeza y cuello del paciente para proporcionar una estabilización de la columna cervical en línea, mientras su compañero endereza las piernas del paciente (**Paso 1**).
2. **Haga que su compañero** coloque sus manos en el hombro y cadera lejanos del paciente (**Paso 2**).
3. **Al hacer la cuenta** para controlar el movimiento, haga que su compañero vire al paciente hacia usted, tirando del hombro y cadera lejanos. Controle la cabeza y cuello en forma tal que se muevan como una unidad con el resto del torso. En esta forma, la cabeza y el cuello quedan en el mismo plano vertical que la espalda. Este movimiento simple minimiza el agravamiento de cualquier lesión potencial de la médula espinal. En este punto, debe aplicar un collar cervical. Coloque los brazos del paciente a su lado (**Paso 3**).
4. **Una vez que el paciente está posicionado**, mantenga una vía aérea permeable y verifique la respiración (**Paso 4**).

En un paciente inconsciente, la obstrucción más común de la vía aérea es su propia lengua, la cual cae hacia atrás, al interior de la garganta, cuando se relajan los músculos de la garganta y la lengua (Figura 7-11 ▶). Las dentaduras postizas (puentes dentales), sangre, vómito, alimentos y otros cuerpos extraños, también pueden crear una obstrucción de la vía aérea. Por tanto, siempre debe estar preparado para ayudar a despejar y mantener una vía aérea permeable (abierta).

Situación de urgencia — Parte 4

Cuando usted se arrodilla de inmediato ante el paciente, los conserjes se hacen a un lado. Confirma con ellos que el paciente, de hecho, no se cayó de su asiento, pero que ellos lo levantaron cuidadosamente sin lastimarlo. Abre entonces su vía aérea usando una técnica de inclinación de cabeza-levantamiento de mentón, y escucha la respiración. Escucha respiraciones roncantes, que persisten después de ajustar la posición de su cabeza. Decide usar una vía aérea para mantener alejada su lengua.

8. ¿Cuál es el método más apropiado para abrir la vía aérea de un paciente que no responde, cuando está considerando una dolencia principal de dificultad de respirar?
9. ¿Cómo le ayudan los campos pulmonares a evaluar el estado de la vía aérea del paciente?

Destrezas 7-1

Posicionamiento de un paciente inconsciente

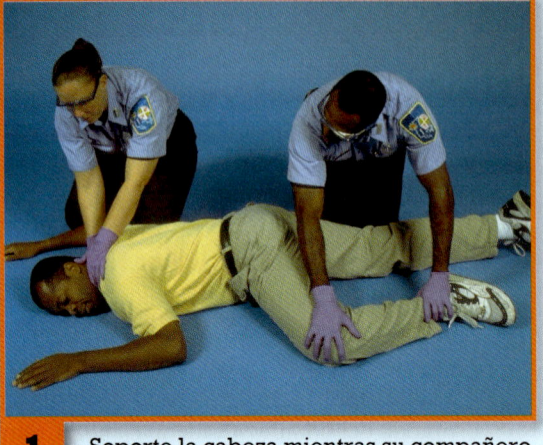

1 Soporte la cabeza mientras su compañero endereza las piernas del paciente.

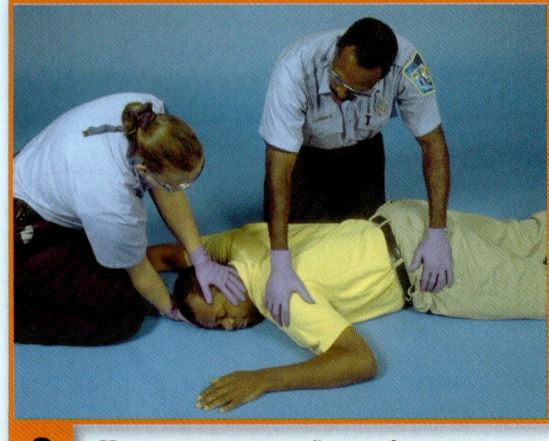

2 Haga que su compañero coloque su mano sobre el hombro y cadera alejados de él.

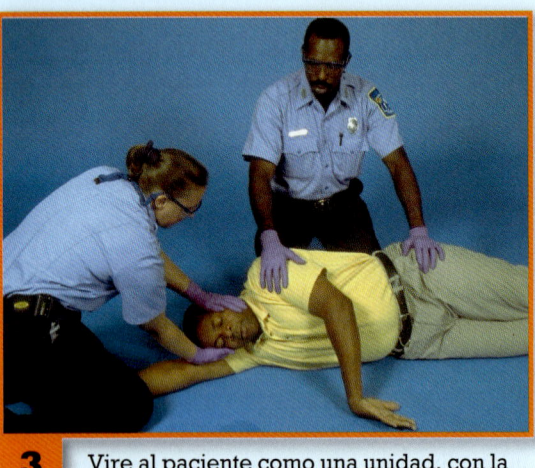

3 Vire al paciente como una unidad, con la persona en la cabeza declarando la cuenta para empezar a moverlo.

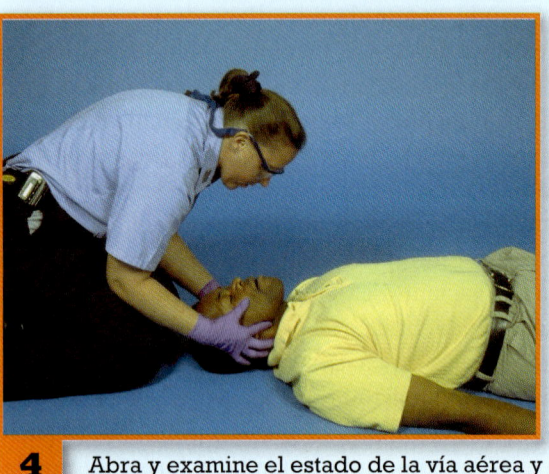

4 Abra y examine el estado de la vía aérea y respiración del paciente.

Maniobra de inclinación de cabeza-levantamiento de mentón

La abertura de la vía aérea para liberar una obstrucción con frecuencia se puede realizar rápida y fácilmente, inclinando simplemente la cabeza del paciente hacia atrás y elevando el mentón, lo que se conoce como <u>maniobra de inclinación de cabeza-levantamiento de mentón</u>. En los pacientes que no han sufrido un traumatismo, a veces esta simple maniobra es todo lo que se necesita para que el paciente restablezca la respiración.

Para realizar la maniobra de inclinación de cabeza-levantamiento de mentón, siga estos pasos:

1. Con el paciente en posición supina, colóquese junto a la cabeza del paciente.
2. Coloque una mano en la frente del paciente, y aplique una presión firme hacia atrás con la palma de su mano, para inclinar hacia atrás la cabeza del paciente. Esta extensión del cuello moverá la lengua hacia adelante, alejándola de la parte de atrás de la garganta, y despejando la vía aérea, si la lengua la está bloqueando.
3. Coloque la punta de los dedos de su otra mano bajo la mandíbula, cerca de la parte ósea del mentón. No comprima los tejidos blandos debajo del mentón pues puede bloquear la vía aérea.
4. Eleve el mentón hacia arriba, moviendo la mandíbula completa con el mentón, ayudando a inclinar la cabeza hacia atrás. No use su pulgar para elevar el mentón. Elévelo hasta que los dientes queden casi juntos, pero evite cerrar la boca completamente. Continúe sosteniendo la frente para mantener la inclinación de la cabeza hacia atrás

Figura 7-12 ▶.

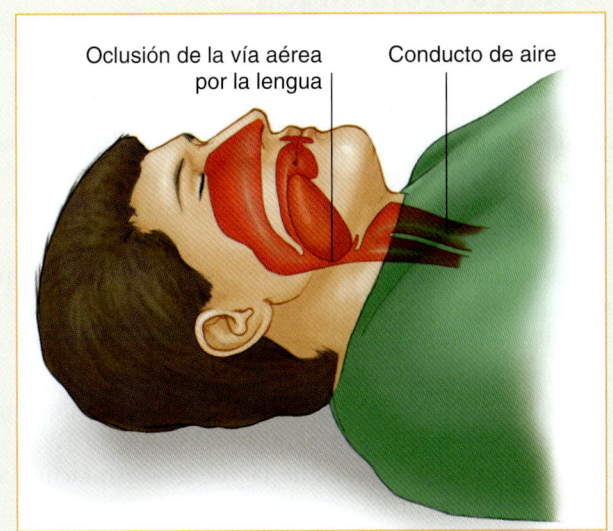

Figura 7-11 La obstrucción más común de la vía aérea es la propia lengua del paciente que cae hacia atrás al interior de la garganta, cuando los músculos de la garganta y la lengua se relajan.

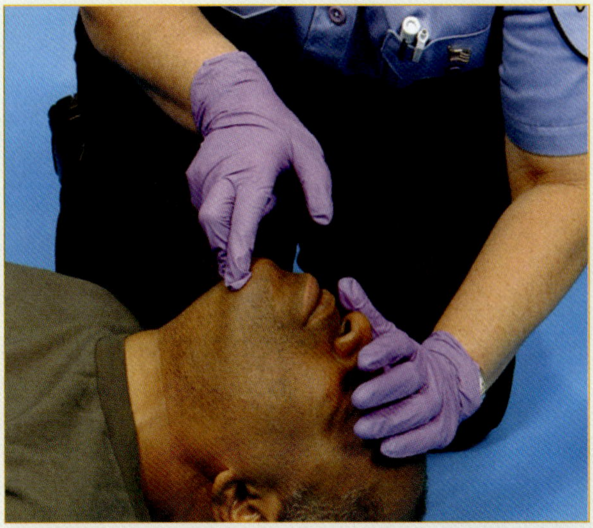

Figura 7-12 La maniobra de inclinación de cabeza-levantamiento de mentón es una técnica simple para la abertura de la vía aérea en un paciente sin sospecha de lesión de la columna cervical.

Maniobra de tracción mandibular

La maniobra de inclinación de cabeza-levantamiento de mentón abrirá la vía aérea en la mayoría de los pacientes. Si sospecha una lesión de la columna cervical, use la maniobra de tracción mandibular. La **maniobra de tracción mandibular** es una técnica para abrir la vía aérea colocando los dedos por detrás del ángulo mandibular y elevando la mandíbula hacia arriba. Puede sellar fácilmente una mascarilla sobre la boca mientras practica la maniobra de tracción mandibular. Éste es el método de elección para los pacientes cuando hay sospecha de lesión de la columna cervical. Para una exposición más detallada de este tipo de lesiones, véase el capítulo 30, Lesiones de la cabeza y columna vertebral.

Practique la maniobra de tracción mandibular en un adulto en la siguiente forma **Figura 7-13** ▶:

1. **Arrodíllese arriba de la cabeza del paciente.** Coloque sus dedos detrás de los ángulos de la mandíbula, y muévala hacia arriba. Use los pulgares para ayudar a colocar la mandíbula en forma tal que permita la respiración a través de la boca y la nariz.
2. La maniobra completada debe abrir la vía aérea, con la boca ligeramente abierta y la mandíbula proyectada hacia adelante.

Debe notarse que si la maniobra de tracción mandibular no abre de forma adecuada la vía aérea, debe practicar cuidadosamente la maniobra de inclinación de cabeza-levantamiento de mentón. La vía aérea del paciente debe estar permeable, independientemente de la situación. Una vez que la vía aérea se ha abierto, el paciente puede comenzar a respirar por sí mismo. Evalúe si ha retornado la respiración usando la técnica de mirar, escuchar y sentir **Figura 7-14** ▶. Esta técnica debe requerir cuando menos cinco segundos, pero no más de 10 segundos.

Si el paciente tiene una obstrucción grave de la vía aérea no habrá movimiento de aire. Sin embargo, es posible que vea al pecho y abdomen elevarse y descender considerablemente, con los intentos frenéticos del paciente por respirar. Esta es la razón por la cual la presencia de movimientos torácicos, por sí sola, no indica que haya respiración. El movimiento regular de la pared torácica indica que existe un esfuerzo respiratorio. Con frecuencia es difícil observar el movimiento abdominal y del pecho en un paciente completamente vestido. Usted puede ver poco movimiento del pecho, si es que se ve alguno, aun con respiración normal. Esto es particularmente cierto en algunos pacientes con enfermedades pulmonares crónicas. Si usa el procedimiento de tres partes —mirar, escuchar y sentir— y descubre que no hay movimiento de aire, debe iniciar ventilación artificial inmediatamente.

Elementos adjuntos básicos de la vía aérea

La función primaria de un elemento adjunto de la vía aérea consiste en prevenir la obstrucción de la vía aérea superior por la lengua, y permitir el paso de aire y oxígeno a los pulmones.

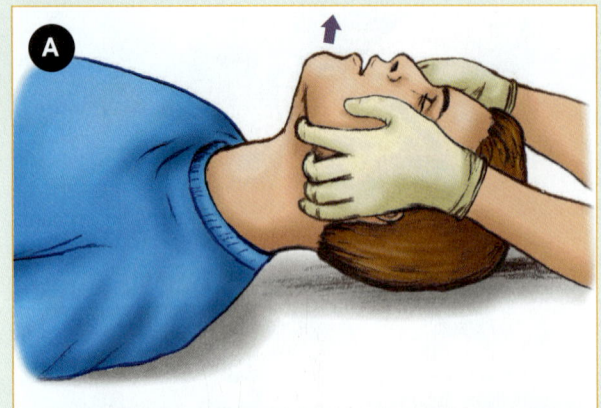

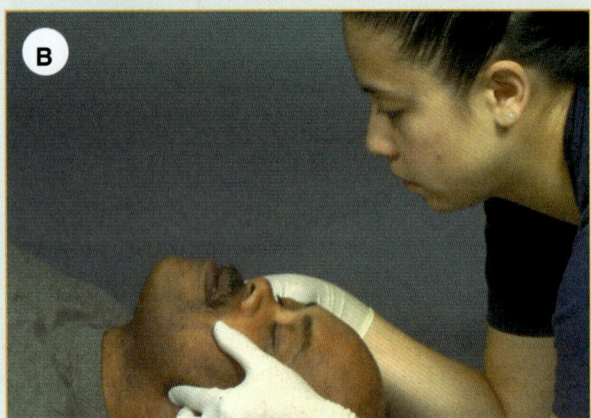

Figura 7-13 Práctica de la maniobra de tracción mandibular. **A.** Arrodillado arriba de la cabeza del paciente, coloque sus dedos detrás de los ángulos de la mandíbula, y desplace la mandíbula hacia arriba. Use sus pulgares para mantener la posición de la mandíbula. **B.** La maniobra completa debe verse así.

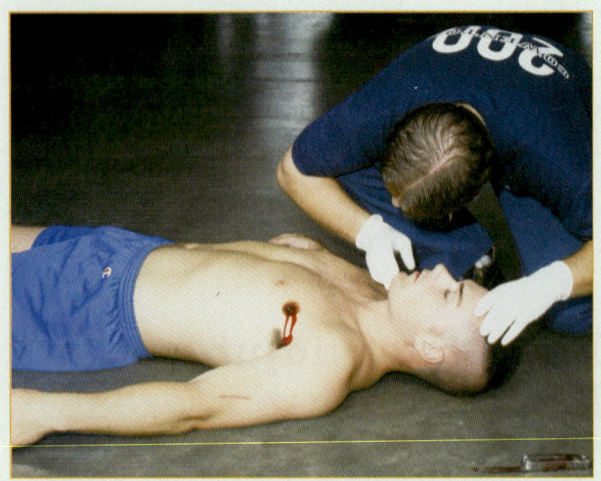

Figura 7-14 La técnica de mirar, escuchar y sentir, se usa para evaluar si la respiración ha retornado espontáneamente.

Vía aérea orofaríngea

Una vía aérea orofaríngea (oral) tiene dos propósitos. El primero es evitar que la lengua bloquee la vía aérea superior. El segundo consiste en hacer más fácil la aspiración de la orofaringe, en caso de que sea necesario hacerla. La aspiración se puede realizar a través de una abertura por debajo del centro o a lo largo de alguno de los lados de la vía aérea orofaríngea (Figura 7-15 ▶).

Las indicaciones de la vía aérea orofaríngea incluyen las siguientes:

- Pacientes inconscientes sin un reflejo nauseoso (respirando o apneico)
- Cualquier paciente apneico que es ventilado con un dispositivo BVM

Las contraindicaciones de la vía aérea orofaríngea incluyen las siguientes:

- Pacientes conscientes
- Cualquier paciente (consciente o inconsciente) que tiene un reflejo nauseoso intacto

El reflejo nauseoso es un mecanismo reflejo protector que evita que alimentos y otras partículas penetren a la vía aérea. Si intenta introducir una vía aérea oral en un paciente con reflejo nauseoso, el resultado puede ser vómito o un espasmo de las cuerdas vocales. Si un paciente nausea ("arquea") mientras está intentando aplicar una vía aérea oral, retírela de inmediato y esté preparado para aspirar la orofaringe, por si acaso se produce vómito. Una vía aérea oral es también una forma eficaz y segura para ayudar a mantener la vía aérea de un paciente con una posible lesión medular. El uso de una vía aérea oral puede hacer que maniobras manuales de la vía aérea, como la de inclinación de cabeza-levantamiento de mentón y tracción mandibular, sean más fáciles de mantener; sin embargo, con frecuencia las maniobras manuales serán aún necesarias para asegurar que la vía aérea permanezca permeable.

Debe comprender claramente cuándo y cómo se usa este dispositivo. Si la vía aérea es demasiado grande, puede, de hecho, empujar la lengua hacia atrás al interior de la faringe, y bloquear la vía aérea. Por lo contrario, una vía aérea que es demasiado pequeña puede bloquear directamente la vía aérea en igual forma que cualquier otra obstrucción por cuerpo extraño. Deben efectuarse los siguientes pasos cuando se inserte una vía aérea orofaríngea (Destrezas 7-2 ▶):

1. **Para seleccionar el tamaño apropiado**, mida desde el lóbulo de la oreja o el ángulo de la mandíbula del paciente, hasta la comisura de la boca en el lado de la cara (**Paso 1**).
2. **Abra la boca del paciente** con la técnica de los dedos cruzados. Sostenga la vía aérea con la parte superior hacia abajo con su otra mano. Insértela

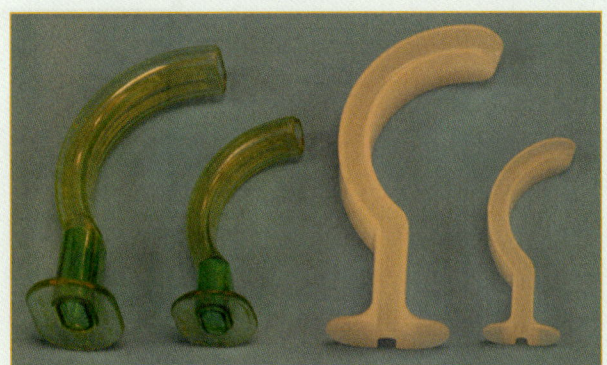

Figura 7-15 La vía aérea oral se usa en pacientes inconscientes que no tienen reflejo nauseoso. Evita que la lengua bloquee la vía aérea y hace más fácil la aspiración de la vía aérea.

con su punta dirigida hacia el techo de la boca, y deslícela hasta que toque el techo de la boca (**Paso 2**).
3. **Gire la vía aérea 180°. Cuando está insertado apropiadamente**, el dispositivo descansará en la boca con la curvatura siguiendo el contorno de la vía aérea. El reborde debe descansar sobre los labios o dientes, con la abertura del otro extremo al interior de la faringe (**Paso 3**).

Tenga cuidado de evitar que se lesione el paladar duro (techo de la boca) al insertar la vía aérea. La tosquedad puede causar hemorragia, la cual puede agravar los problemas de la vía aérea, o aun causar vómitos.

Si se le presentan dificultades cuando inserta la vía aérea bucal, puede usarse el siguiente método alternativo (**Destrezas 7-3** ▶):

1. **Use un abatelenguas** para deprimir la lengua, asegurando que ésta permanezca hacia adelante (**Paso 1**).

> **Necesidades pediátricas**
>
> En los niños, el método alternativo de insertar una vía aérea oral, usando una barra para morder y sujetar la lengua mientras se inserta la vía aérea es el único método aceptable. Como la vía aérea de los niños está subdesarrollada, la rotación de la vía aérea orofaríngea en la parte posterior de la faringe puede causar daños. Para mayor exposición sobre la vía aérea pediátrica véase el capítulo 31.

> **Necesidades geriátricas**
>
> Cuando trate la vía aérea de un paciente de edad avanzada, debe estar consciente de la presencia de dentaduras postizas u otras prótesis dentales. Si las prótesis están firmemente ajustadas y permiten un tratamiento eficaz de la vía aérea, deben dejarse en su lugar. Sin embargo, si las prótesis están flojas deben retirarse para evitar una obstrucción potencial de la vía aérea.

2. **Inserte la vía aérea de lado** desde la esquina de la boca, hasta que el reborde alcance los dientes (**Paso 2**).
3. **Gire el dispositivo oral** a un ángulo de 90°, retirando el abatelenguas mientras ejerce una presión suave de la vía aérea hacia atrás, hasta que descanse firmemente en su lugar, contra los labios y dientes (**Paso 3**).

En algunos casos, un paciente puede volverse responsivo y recuperar el reflejo nauseoso después que usted ha insertado una vía aérea oral. Si esto sucede, retire suavemente la vía aérea tirando de ella, siguiendo la curvatura normal de la boca y la garganta. Esté preparado en caso de que se presente vómito. Disponga de aspiración y vire a su paciente, como un todo, a un lado para permitir que drene al exterior cualquier líquido.

Vía aérea nasofaríngea

Una <u>vía aérea nasofaríngea</u> suele usarse cuando un paciente tiene un reflejo nauseoso intacto y no es capaz de mantener su vía aérea de forma espontánea (**Figura 7-16** ▶). Los pacientes con un estado mental alterado, o que acaban de tener un acceso convulsivo, también se pueden beneficiar con este tipo de dispositivo. Si un paciente ha sufrido un traumatismo intenso en la cabeza o en la cara, debe usted consultar con el control médico antes de insertar una vía aérea nasofaríngea. Debe tenerse un cuidado extremo con estos pacientes traumatizados. Si la vía aérea se empuja accidentalmente a través del orificio causado por una fractura de la base del cráneo, puede penetrar a través de éste y al interior del encéfalo.

Este tipo de vía aérea suele tolerarse mejor por los pacientes que tienen un reflejo nauseoso intacto. No es tan probable que cause vómitos como la vía aérea orofaríngea. Antes de insertarse debe cubrirse bien el dispositivo con un lubricante hidrosoluble. Esté consciente de que puede producirse una pequeña hemorragia, aun cuando el dispositivo se inserte apropiadamente. Sin embargo, la vía aérea nunca debe colocarse en su sitio de manera forzada.

Destrezas 7-2

Inserción de una vía aérea oral

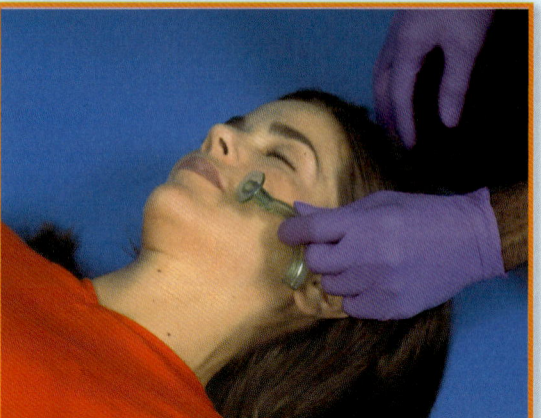

1 Determine el tamaño de la vía aérea midiendo del lóbulo de la oreja del paciente a la comisura de la boca.

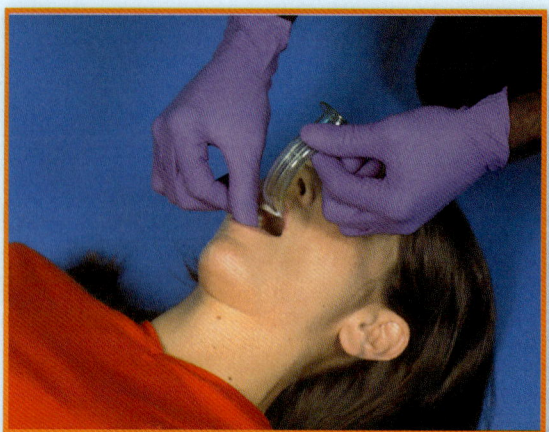

2 Abra la boca del paciente con la técnica de dedos cruzados. Mantenga la vía aérea de arriba hacia abajo con la otra mano. Inserte la vía aérea con la punta hacia el techo de la boca y deslícela hasta que lo toque.

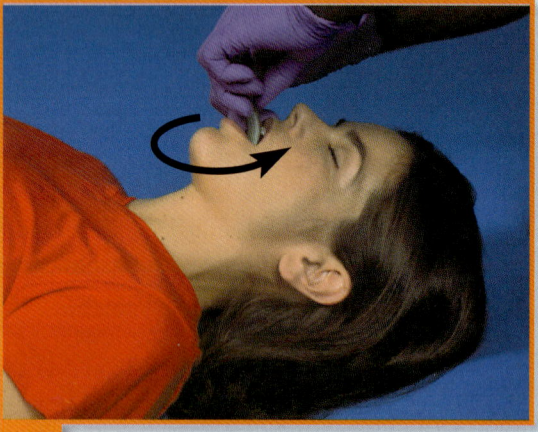

3 Gire la vía aérea 180°. Insértela hasta que el reborde descanse en los labios y dientes del paciente. En esta posición la vía aérea mantendrá la lengua hacia adelante.

Las indicaciones de la vía aérea nasofaríngea incluyen las siguientes:

- Pacientes semiconscientes o inconscientes con un reflejo nauseoso intacto
- Pacientes que, de otra manera, no tolerarían una vía aérea orofaríngea

Las contraindicaciones de la vía aérea nasofaríngea incluyen las siguientes:

- Lesión intensa de la cabeza con drenaje de sangre por la nariz
- Antecedentes de huesos nasales fracturados

Siga estos pasos para asegurar la colocación correcta de la vía aérea nasofaríngea (**Destrezas 7-4**):

1. **Antes de insertar la vía aérea,** asegúrese de que ha seleccionado el tamaño apropiado: mida desde la punta de la nariz del paciente hasta el lóbulo de la oreja. En casi todos los individuos un orificio nasal es más grande que el otro (**Paso 1**).

2. **La vía aérea debe colocarse** en el orificio nasal mayor, con la curvatura del dispositivo siguiendo la curva del piso de la nariz. Si usa el orificio nasal derecho, el bisel debe quedar frente al tabique (**Paso 2**). Si usa el izquierdo, inserte el dispositivo con la punta de la vía aérea orientada hacia arriba, lo cual permitirá que el bisel enfrente al tabique.

Inserción de una vía aérea oral con una rotación de 90°

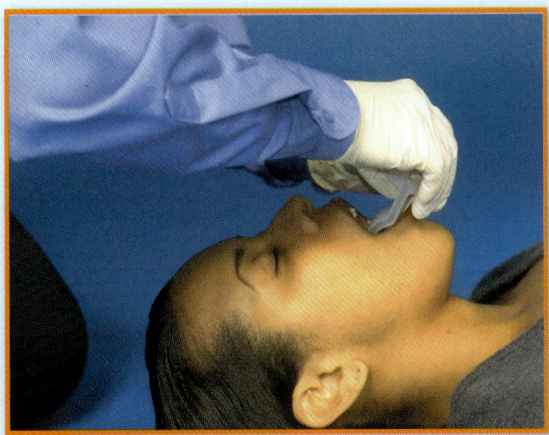

1 Deprima la lengua en forma tal que permanezca hacia adelante.

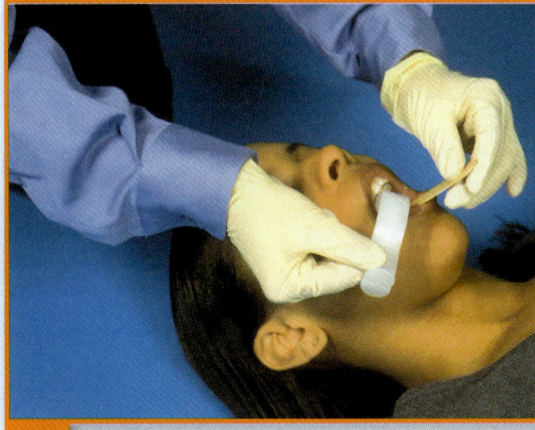

2 Inserte la vía aérea de lado desde la comisura de la boca, hasta que el reborde alcance los dientes.

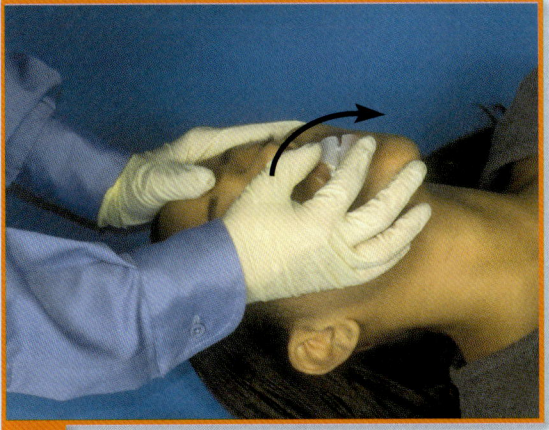

3 Gire la vía aérea oral a un ángulo de 90°. Retire la barra para mordedura ejerciendo presión suave hacia atrás sobre el dispositivo, hasta que descanse firmemente en su sitio contra los labios y dientes.

3. **Adelante la vía aérea suavemente** (**Paso 3**). Si usa el orificio nasal izquierdo, inserte el dispositivo hasta que encuentre resistencia. A continuación, gire la vía aérea 180° a la posición. Esta rotación no se requiere cuando se usa el orificio nasal derecho.
4. **Cuando está completamente insertado**, el reborde descansa contra el orificio nasal. El otro extremo del dispositivo se abre al interior de la faringe (**Paso 4**).

Si el paciente se vuelve intolerante a la vía aérea nasal es posible que tenga que retirarla. Tire suavemente del dispositivo de la cavidad nasal. Deben seguirse precauciones similares cuando se retire la vía aérea oral.

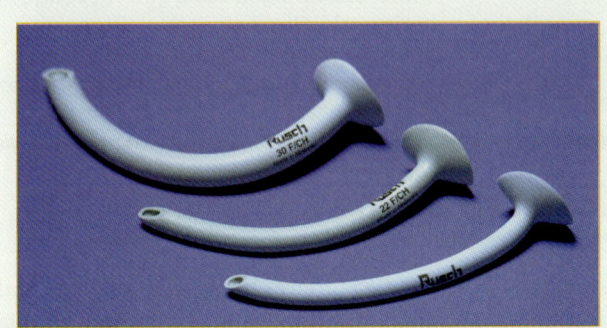

Figura 7-16 La vía aérea nasal es mejor tolerada que una oral por los pacientes que tienen un reflejo nauseoso intacto.

Destrezas 7-4: Inserción de una vía aérea nasal

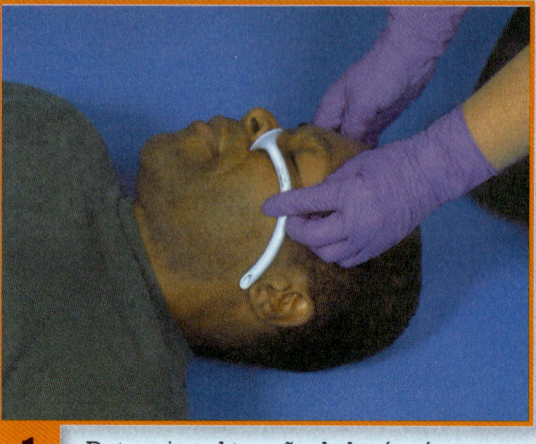

1. Determine el tamaño de la vía aérea midiendo de la punta de la nariz hasta el lóbulo de la oreja del paciente. Recubra la punta con un lubricante hidrosoluble.

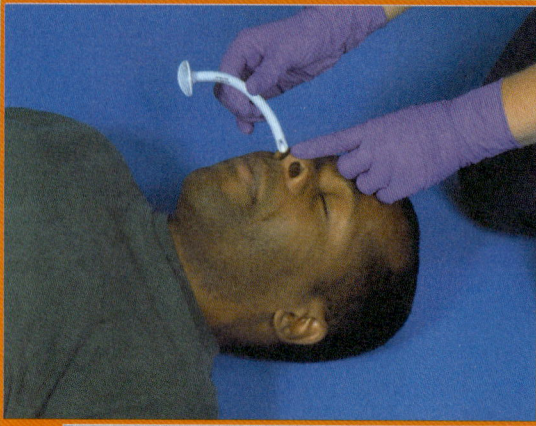

2. Inserte la vía aérea lubricada en el orificio nasal más grande, con la curvatura siguiendo el piso de las fosas nasales. Si usa el orificio nasal derecho, el bisel debe enfrentar al tabique. Si usa el orificio nasal izquierdo, inserte el dispositivo con la punta de la vía aérea orientada hacia arriba, lo que permitirá que el bisel enfrente al tabique.

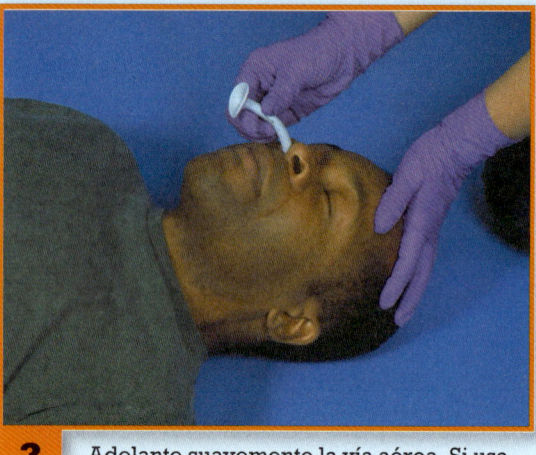

3. Adelante suavemente la vía aérea. Si usa el orificio nasal izquierdo, inserte la vía aérea nasofaríngea hasta que encuentre resistencia. Gire entonces el dispositivo 180° a su posición. Esta rotación no se requiere si se usa el orificio nasal derecho.

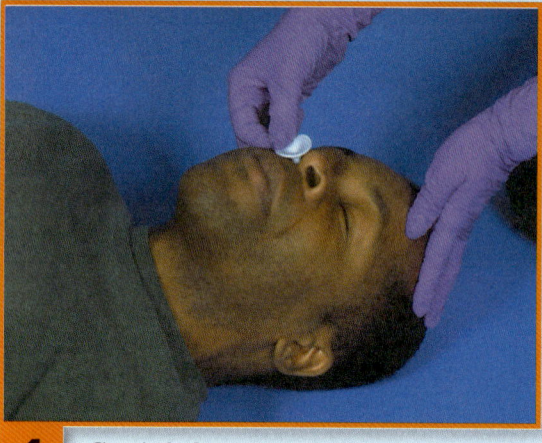

4. Continúe hasta que el reborde descanse contra la piel. Si siente alguna resistencia u obstrucción, retire la vía aérea e insértela en el otro orificio nasal.

Aspiración

Usted debe mantener la vía aérea despejadas en forma tal que se pueda ventilar apropiadamente al paciente. Si la vía aérea no está depurada, se forzarán líquidos y secreciones al interior de los pulmones causando, posiblemente, una obstrucción completa de la vía aérea. Por tanto, la aspiración es su siguiente prioridad. Si tiene alguna duda sobre la situación, recuerde esta regla: ¡Si escucha gorgoteo, el paciente necesita aspiración!

Equipo de aspiración

Para la reanimación es esencial el equipo de aspiración, ya sea portátil, manual, o fijo (montado) **Figura 7-17**. Una unidad de aspiración portátil debe proporcionar suficiente presión de vacío y flujo que permita la aspiración de boca y

Seguridad del TUM-B

Debe usar mascarilla y lentes protectores siempre que el tratamiento de la vía aérea implique aspiración. Los líquidos corporales se pueden aerolizar, y fácilmente puede producirse exposición a las mucosas de su boca, nariz y ojos.

nariz de manera eficiente. Las unidades de aspiración operadas manualmente con cámaras desechables, son confiables, eficaces y relativamente baratas. Una unidad fija de aspiración debe generar un flujo de aire de más de 40 L/min, y un vacío de más de 300 mm Hg, cuando el tubo está pinzado.

Una unidad de aspiración, portátil o fija, debe adecuarse con lo siguiente:

- Tubería de calibre amplio, pared gruesa, que no se retuerza
- Puntas de aspiración faríngea rígidas, de material plástico, llamadas **puntas de amígdala** o puntas de Yankauer
- Catéteres de material plástico no rígidos, llamados catéteres French o de punta de silbato
- Frasco de colección irrompible, desechable
- Un abastecimiento de agua para enjuagar las puntas

Un **catéter de aspiración** es un dispositivo cilíndrico hueco, que se usa para extraer líquidos de la vía aérea del paciente. El catéter con punta de amígdala es el mejor tipo de catéter para aspirar la orofaringe en adultos, y es preferido para lactantes y niños. Las puntas de material plástico tienen un diámetro grande y son rígidas, por lo cual no se colapsan (Figura 7-18 ▶). Las puntas con un contorno curvo permiten una colocación rápida y fácil en la orofaringe. Los catéteres blandos no rígidos, de material plástico, a veces llamados catéteres French o de punta de silbato, se usan para aspiración de la nariz y secreciones en la parte de atrás de la boca, y en situaciones en las que no se puede usar un catéter rígido, como para un paciente con **estoma** (Figura 7-19 ▶). Por ejemplo, un catéter rígido podría romper un diente del paciente, mientras que un catéter flexible se puede insertar a lo largo de las mejillas sin lesionar. Antes de que inserte cualquier catéter, asegúrese de medirlo para usar el tamaño apropiado. Use la misma técnica que emplearía cuando hace la medición para una vía aérea orofaríngea. Tenga cuidado de no tocar la parte posterior de la vía aérea con un catéter de aspiración; esto puede activar el reflejo nauseoso, causar vómito, y aumentar la posibilidad de **aspiración**.

Técnicas de aspiración

Debe inspeccionar regularmente su equipo de aspiración para asegurarse de que está en la condición de trabajo adecuada. Active la aspiración, pince la tubería, y asegúrese de que la unidad genera un vacío mayor de 300 mm Hg. Verifique que una unidad cargada con baterías tiene baterías funcionando. Asegure que su equipo de aspiración está en la cabeza del paciente y es fácilmente accesible. Efectúe los siguientes pasos generales para operar la unidad de aspiración:

1. Verifique la unidad para comprobar el ensamble de todas sus partes.
2. Active la unidad de aspiración y pruebe para asegurar una presión de vacío mayor de 300 mm Hg.
3. Seleccione y fije el catéter de aspiración apropiado a la tubería.

Situación de urgencia — Parte 5

Varios minutos después de insertar la vía aérea oral, su paciente empieza a nausear y vomita. Usted retira inmediatamente la cánula orofaríngea y vira al paciente de lado. Cuando éste termina de vomitar, limpia los desechos grandes de su cara y boca. Su compañero le ha preparado la aspiración portátil. Al reevaluar la respiración y vía aérea del paciente, escucha ahora ruidos de gorgoteo. Toma un catéter de punta rígida, activa el aparato de aspiración, y abre la boca del paciente con la técnica de dedos cruzados. Después de medir la profundidad del catéter contra la cara del paciente, inserta el catéter en la boca y comienza a contar los segundos de aspiración. Después de 10 segundos la boca está libre de líquidos y el gorgoteo se ha suspendido.

10. ¿Qué tan importante es reevaluar las intervenciones que usa para tratar a su paciente?
11. Si su catéter de aspiración no retira los desechos grandes, ¿cómo debe retirarlos?

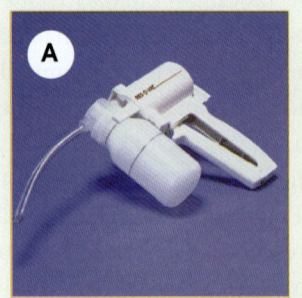
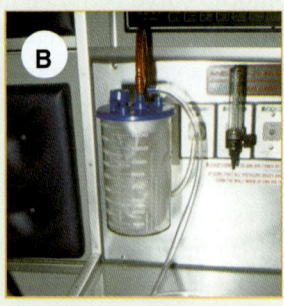
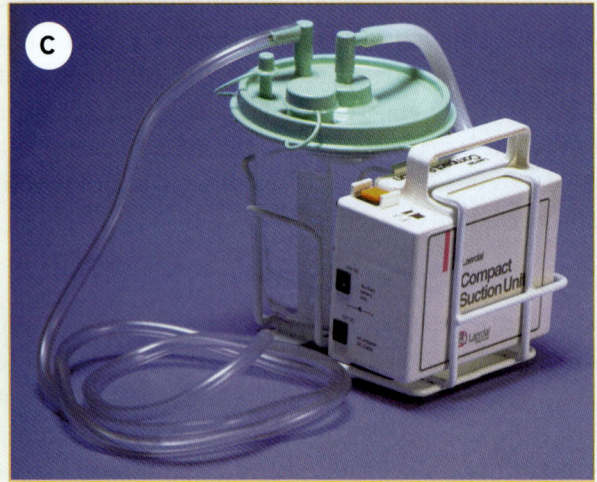

Figura 7-17 El equipo de aspiración es esencial para la reanimación. **A.** Unidad operada manualmente. **B.** Unidad fija. **C.** Unidad portátil.

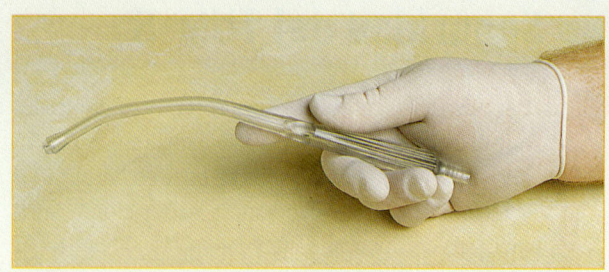

Figura 7-18 Los catéteres con punta de amígdala son los mejores para aspirar porque tienen puntas de diámetro amplio y son rígidas.

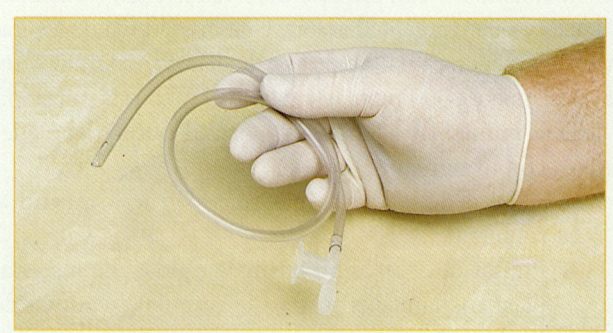

Figura 7-19 Los catéteres French o con punta de silbato se usan en situaciones en las cuales los catéteres rígidos no pueden utilizarse, como con un paciente que tiene un estoma, pacientes cuyos dientes están apretados, o cuando es necesaria la aspiración de la nariz.

Nunca aspire la boca o nariz por más de 15 segundos cada vez en pacientes adultos, 10 segundos en niños, y 5 segundos en lactantes. La aspiración retira oxígeno de la vía aérea junto con el material obstructivo, y puede producir hipoxia como resultado. Enjuague con agua el catéter y la tubería para evitar el taponamiento del tubo con vómito seco u otras secreciones. Repita la aspiración sólo cuando el paciente haya sido adecuadamente ventilado y reoxigenado.

Debe tener una precaución extrema cuando aspire a un paciente consciente o semiconsciente. Coloque la punta del catéter sólo tan lejos como lo pueda aún observar. Esté consciente de que la aspiración puede inducir vómito en estos pacientes.

Para aspirar apropiadamente a un paciente (**Destrezas 7-5** ▶):

1. **Active la unidad de aspiración ensamblada** (**Paso 1**).
2. **Mida el catéter** para corregir la profundidad, midiendo al catéter desde la comisura de la boca del paciente hasta el borde del lóbulo de la oreja, o ángulo de la mandíbula (**Paso 2**).
3. **Abra la boca del paciente** usando la técnica de dedos cruzados o elevación de lengua-mandíbula, e inserte la punta del catéter a la profundidad medida (**Paso 3**).
4. **Inserte el catéter a la profundidad premedida y aplique aspiración** con un movimiento circular al retirar el catéter. No aspire a un adulto por más de 15 segundos (**Paso 4**).

En ocasiones, es posible que un paciente tenga secreciones o vómito que no pueden aspirarse rápida y fácilmente, y algunas unidades de aspiración no pueden retirar eficazmente objetos sólidos como dientes, cuerpos extraños, y alimentos. En estos casos, debe retirar el catéter de la boca del paciente, girar al paciente como un todo hacia un lado, y entonces despejar con cuidado la boca con el dedo enguantado. Un paciente que requiere ventilación asistida también puede producir secreciones espumosas tan rápidamente como puede aspirarlas de la vía aérea. En esta situación, debe aspirar la vía aérea del paciente por 15 segundos (menos tiempo en lactantes y niños), y luego ventilar al paciente por dos minutos. Este patrón alterno de aspiración y ventilación debe continuar hasta que todas las secreciones hayan sido eliminadas de la vía aérea del

Aspiración de la vía aérea de un paciente

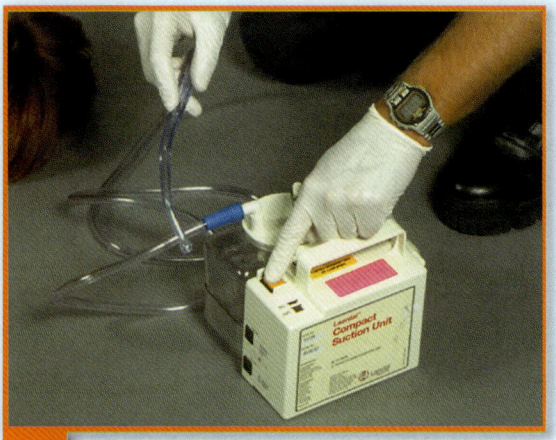

1 Asegúrese de que la unidad de aspiración esté correctamente ensamblada, y actívela.

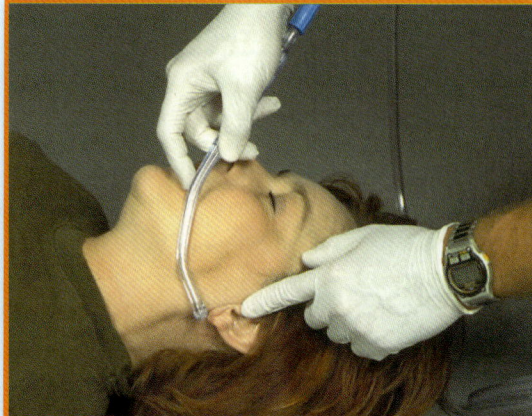

2 Mida el catéter desde la comisura de la boca hasta el lóbulo de la oreja o ángulo de la mandíbula.

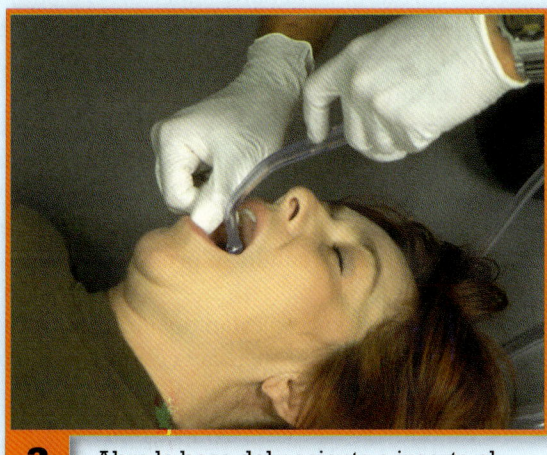

3 Abra la boca del paciente e inserte el catéter a la profundidad medida.

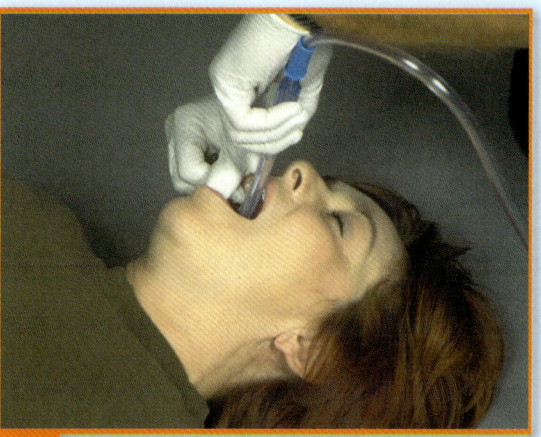

4 Aplique la aspiración en un movimiento circular al retirar el catéter. No aspire a un adulto por más de 15 segundos.

paciente. La ventilación continua no es apropiada si hay vómito u otras partículas presentes en la vía aérea.

Debe limpiar y descontaminar su equipo de aspiración después de cada uso, de acuerdo con las directrices del fabricante. Coloque todo el equipo de aspiración desechable (como catéter, tubería de aspiración) en una bolsa de riesgo biológico.

Mantenimiento de la vía aérea

La posición de recuperación se emplea para ayudar a mantener la vía aérea en un paciente que no está lesionado y está respirando por sí solo, con una frecuencia respiratoria normal y volumen de ventilación pulmonar adecuado (profundidad de la respiración) **Figura 7-20**. Efectúe los siguientes pasos para poner al paciente en posición de recuperación sobre el lado izquierdo:

1. Vire al paciente al lado izquierdo en forma tal que la cabeza, hombros y torso se muevan al mismo tiempo, sin retorcimiento.
2. Coloque el brazo izquierdo del paciente extendido y la mano derecha bajo su mejilla.

Una vez que los pacientes han restablecido la respiración espontánea, después de ser reanimados, la posición de recuperación prevendrá la aspiración de vómito. Sin embargo, esta posición no es apropiada para los pacientes con sospecha de traumatismo raquídeo, ni es adecuada para

Tips para el TUM-B

Límites de tiempo de aspiración

Adulto	15 segundos
Niño	10 segundos
Lactante	5 segundos

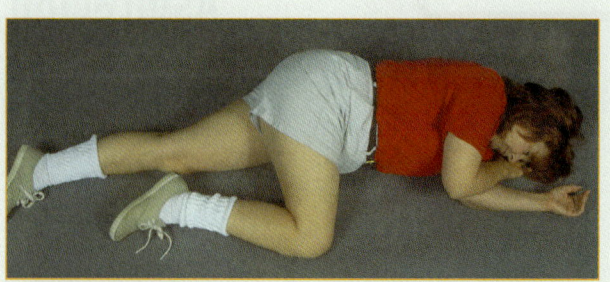

Figura 7-20 En la posición de recuperación, el paciente es girado a uno de sus lados.

los que están inconscientes y requieren asistencia de la ventilación. Debe cambiar de posición a tales pacientes para proporcionar un acceso adecuado a la vía aérea mientras se mantiene una inmovilización vertebral apropiada.

Oxígeno suplementario

Siempre debe tener oxígeno suplementario para los pacientes que son hipóxicos, debido a que no están obteniendo suficiente oxígeno para los tejidos y células del cuerpo.

Algunos tejidos y órganos, como el corazón, sistema nervioso central, pulmones, riñones e hígado, necesitan un suministro constante de oxígeno para funcionar normalmente. **Nunca retenga oxígeno de un paciente que puede beneficiarse con éste, en especial si debe proporcionar ventilaciones asistidas.**

Cuando ventile a cualquier paciente en paro cardiaco o respiratorio, siempre debe usar oxígeno suplementario a alta concentración.

Equipo de oxígeno suplementario

Además de tener conocimiento sobre cuándo y cómo proporcionar oxígeno suplementario, debe comprender cómo se almacena el oxígeno y los diversos riesgos relacionados con su uso.

Cilindros de oxígeno

El oxígeno que proporcionará a los pacientes suele suministrarse como gas comprimido en cilindros verdes, sin costuras, de acero o aluminio. Algunos cilindros pueden ser de color plata o cromo, con un área verde alrededor de la válvula surtidora en la parte superior. Los cilindros más nuevos suelen estar construidos, frecuentemente, con aluminio ligero o acero centrifugado; los cilindros más viejos son mucho más pesados.

Verifique para asegurar que el cilindro esté rotulado para uso médico. Debe buscar letras y números estampados en el metal del cuello del cilindro (Figura 7-21 ▶). Son de particular importancia los estampados de mes y año, los cuales indican cuándo se probó el cilindro por última vez.

Los cilindros de oxígeno están disponibles en varios tamaños. Los dos tamaños que usará con mayor frecuencia son los cilindros D (o súper D) y M (Figura 7-22 ▶). El cilindro D (o súper D) puede ser trasladado de su unidad al paciente. El tanque M permanece a bordo de su unidad como un tanque principal de abastecimiento. Otros tamaños que verá son A, E, G, H y K (Cuadro 7-2 ▶). La duración del tiempo en que puede usar un cilindro depende de la presión en el cilindro y en la velocidad del

Situación de urgencia   Parte 6

Ahora que aspirando ha despejado la vía aérea de su paciente, lo coloca en posición de recuperación y continúa su evaluación de los ABC. Encuentra respiración presente y adecuada. Hay un pulso y no se encuentra evidencia de hemorragia. Los resultados del historial clínico y examen médico específicos son normales, excepto por una lectura baja de 88% en el oxímetro de pulso. Coloca a su paciente una mascarilla no recirculante a 15 L/min, y lo prepara para transporte al hospital. Hay informes de que la unidad SVA está demorada en el tráfico debido a una construcción.

12. Este paciente necesita oxígeno. ¿Qué tipo de pacientes no deben recibir oxígeno?
13. Con anterioridad en su evaluación pidió ayuda adicional, pero ahora la ayuda está demorada. ¿Cómo cambia eso sus decisiones inmediatas hacia el cuidado del paciente?

Figura 7-21 Los tanques de oxígeno para uso médico tendrán una serie de letras y números estampados en el metal del cuello del cilindro.

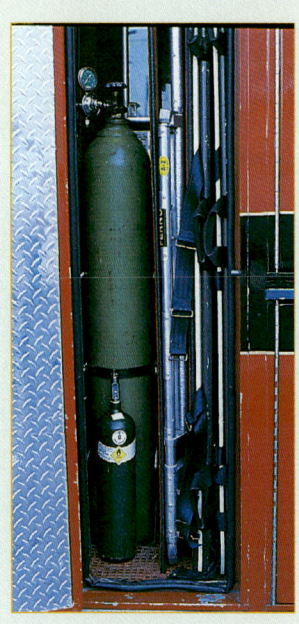

Figura 7-22 Los cilindros que se encuentran con mayor frecuencia en la ambulancia son los cilindros tamaños D (o súper D) y M.

flujo. En el Cuadro 7-3 ▶ se muestra un método para calcular la duración del cilindro.

Consideraciones de seguridad

Los cilindros de gas comprimido deben ser manipulados cuidadosamente, puesto que su contenido está bajo presión. Los cilindros están dotados de reguladores de presión para asegurar que los pacientes reciban la cantidad y tipo de gas correctos. Asegúrese de que el regulador de presión correcto esté firmemente fijo antes de que transporte los cilindros. Una punción o agujero en el tanque puede hacer que el cilindro se convierta en un proyectil mortal. No manipule un cilindro sólo por el ensamble del cuello. Los cilindros deben afianzarse con soportes cuando están almacenados en la ambulancia. Los cilindros de oxígeno que se están usando durante el transporte deben posicionarse y asegurarse para evitar que el tanque se caiga y prevenir daños en la unión válvula-calibrador.

Sistema de indicación con agujas

La industria de gases comprimidos ha establecido un <u>sistema de indicación con agujas</u> para los cilindros portátiles, para prevenir que un regulador de oxígeno sea conectado a un cilindro de dióxido de carbono, un regulador de dióxido de carbono a un cilindro de oxígeno, y así sucesivamente. Al prepararse para administrar oxígeno, verifique que los orificios de las agujas se ajusten exactamente a las agujas correspondientes en el regulador.

El sistema de indicación con agujas presenta una serie de agujas en una horquilla, las cuales deben corresponder con los orificios de la válvula surtidora. La disposición de las agujas y los orificios varían para gases diferentes, de acuerdo con estándares nacionales aceptados Figura 7-23 ▶. Otros gases que son suplidos en cilindros portátiles, como el acetileno, el dióxido de carbono y el nitrógeno, usan reguladores y flujómetros que son similares a los usados con oxígeno. Cada cilindro de un gas específico tiene un patrón dado y un número dado de agujas. Estas medidas de seguridad hacen imposible fijar un cilindro de óxido nitroso a un cilindro de oxígeno. El regulador de oxígeno no corresponderá.

Las válvulas de salida de los cilindros de oxígeno portátiles están diseñadas para aceptar calibradores reductores de presión de tipo horquilla, que corresponden con el sistema de indicación con aguja Figura 7-24 ▶. El

CUADRO 7-2 Tamaños de cilindros llevados en la ambulancia

Tamaño	Volumen, L
D	350
Súper D	500
E	625
M	3 000
G	5 300
H, A, K	6 900

> **CUADRO 7-3** Cilindros de oxígeno: duración del flujo
>
> **Fórmula**
>
> $$\frac{(\text{Calibración de la presión en psi} - \text{la presión residual segura}) \times \text{constante}}{\text{Velocidad del flujo en L/min}} = \text{duración del flujo en minutos}$$
>
> PRESIÓN RESIDUAL SEGURA = 200 psi
> CONSTANTE DEL CILINDRO
>
> D = 0.16   G = 2.41
> E = 0.28   H = 3.14
> M = 1.56   K = 3.14
>
> Determine la vida de un cilindro M que tiene una presión de 2 000 psi y una velocidad de flujo de 10 L/min.
>
> $$\frac{(2\,000 - 200) \times 1.56}{10} = \frac{2\,808}{10} = 281 \text{ min, o 4 h 41 min}$$
>
> Nota: psi indica libras por pulgada cuadrada (lb/pulg^2).

sistema de seguridad de los cilindros grandes se conoce como <u>Sistema Estándar Estadounidense (*American Standard System*)</u>. En este sistema, los cilindros de oxígeno están equipados con válvulas de salida de gas con roscas. Los tamaños interiores y exteriores roscados de estos puntos de salida varían, dependiendo del gas en el cilindro. El cilindro no aceptará una válvula reguladora a menos que esté roscada apropiadamente para corresponder con ese regulador. El propósito de estos dispositivos de seguridad es el mismo que en el sistema de indicación con agujas: prevenir la conexión accidental de un regulador con un cilindro equivocado.

Reguladores de presión

La presión del gas en un cilindro de oxígeno lleno es de aproximadamente 2 000 psi (lb/pulg^2). Esto es demasiada presión para que sea segura o útil para sus propósitos. Los reguladores de presión la reducen a un rango más útil, por lo general de 40 a 70 psi. La mayor parte de los reguladores en uso en la actualidad reducen la presión a un grado simple, aunque existen reguladores de grados múltiples. Un regulador de dos grados reducirá la presión primero a 700 psi y luego a 40 y 70 psi.

Después de que la presión se reduce a un nivel con el que se puede trabajar, la fijación definitiva para la entrega del gas al paciente suele ser una de las siguientes:

- Un ajuste hembra de conexión rápida que aceptará un conector macho de conexión rápida, de una manguera de presión, o respirador, o reanimador
- Un flujómetro que permitirá la liberación regulada de gas medido en litros por minuto

Humidificación

Algunos sistemas SMU proporcionan oxígeno humidificado a los pacientes durante el transporte (Figura 7-25). Sin embargo, éste suele ser indicado sólo para tratamientos con oxígeno por un tiempo prolongado. No se considera que el oxígeno seco sea perjudicial para uso en un plazo corto. Por tanto, muchos sistemas SMU no usan oxígeno humidificado en situaciones prehospitalarias. Refiérase siempre al control médico o protocolos locales para obtener directrices sobre temas que impliquen tratamiento del paciente.

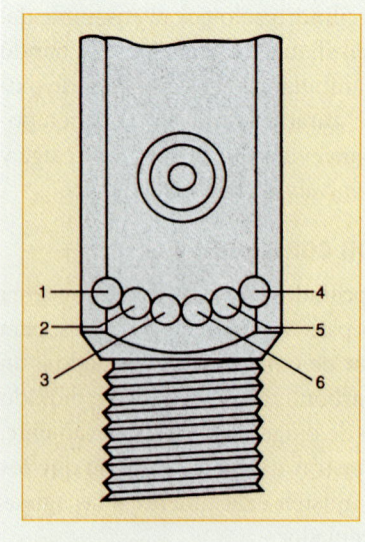

Figura 7-23 Localización de los orificios del sistema de indicación con agujas al frente de la válvula de un cilindro. Cada cilindro de un gas específico tiene un patrón y número de agujas determinados.

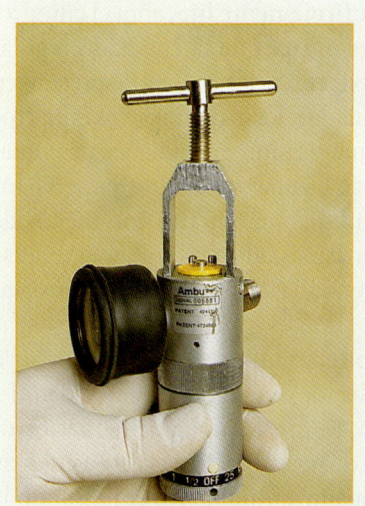

Figura 7-24 Se usa un calibrador reductor de presión tipo horquilla con un cilindro de oxígeno portátil.

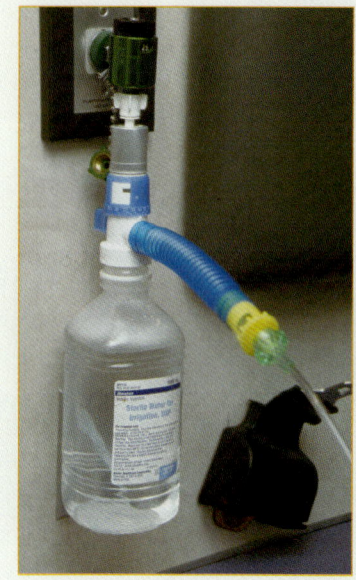

Figura 7-25 Administrar oxígeno humidificado puede ser preferible con tiempos de transporte prolongados. Sin embargo, el uso de este tipo de sistema de entrega de oxígeno no es universal en todos los sistemas SMU.

Flujómetros

Los flujómetros suelen estar fijos permanentemente a los reguladores de presión en el equipo de urgencias médicas. Los dos tipos de flujómetros que se usan comúnmente son flujómetros compensados por presión y flujómetros calibrados Bourdon.

Un flujómetro compensado por presión incorpora una bola flotante dentro de un tubo calibrado con reducción gradual de su calibre. El flujo de gas es controlado por una válvula de aguja situada por delante de la bola flotante. Este tipo de flujómetro es afectado por la gravedad y debe mantenerse siempre en posición vertical para lograr una lectura precisa **Figura 7-26**.

Con frecuencia se usa un flujómetro calibrado Bourdon ya que no es afectado por la gravedad y puede usarse en cualquier posición **Figura 7-27**. Es realmente un calibrador de presión que está graduado para registrar la velocidad del flujo. La principal desventaja de este flujómetro es que no compensa la contrapresión. Por tanto, suele registrar una velocidad de flujo más alta cuando hay alguna obstrucción al gas circulante.

Procedimientos de operación

Antes de poner en servicio un cilindro **Destrezas 7-6**:

1. **Inspeccione el cilindro** y sus marcas. Si el cilindro fue llenado comercialmente, tendrá un sello plástico alrededor de la válvula surtidora que cubre la abertura en la válvula. Retire el sello e inspeccione la abertura asegurándose de que esté libre de suciedad y otros desechos. La válvula surtidora no debe estar sellada ni cubierta con cinta adhesiva, o algunas sustancias basadas en petróleo. Éstas pueden contaminar al oxígeno y contribuir a la combustión espontánea cuando se mezclan con el oxígeno a presión.

Produzca un "chasquido" en el cilindro abriéndolo lentamente y cerrándolo de nuevo, para asegurarse de que no penetren en el flujo de oxígeno partículas de suciedad y otros posibles contaminantes. Nunca ponga el cilindro de frente a usted o ante otros cuando produzca el chasquido en el cilindro. Abra el tanque fijando una llave de tanque a la válvula y girando la válvula en sentido contrario a las manecillas del reloj. Debe poder escuchar claramente la precipitación del oxígeno al salir del tanque. Cierre el tanque girando la válvula en el sentido de las manecillas del reloj (**Paso 1**).

Figura 7-26 El flujómetro compensado por presión contiene una bola flotante que sube o baja, de acuerdo con el flujo de gas dentro del tubo. Debe mantenerse en posición vertical para lograr una lectura precisa.

Figura 7-27 La graverdad no afecta al flujómetro calibrador Bourdon y puede usarse en cualquier posición.

2. **Fije el regulador/flujómetro** a la válvula surtidora después de depurar la abertura. A un lado de la válvula surtidora encontrará tres orificios. El mayor, en la parte superior, es la verdadera abertura a través de la cual fluye el oxígeno. Los dos orificios más pequeños situados abajo no se extienden al interior del tanque, proporcionan estabilidad al regulador. Siguiendo el diseño del sistema de indicación con agujas, estos dos orificios están situados en posiciones que son singulares y específicas para los cilindros de oxígeno.

    Por encima de las agujas en el interior del cuello, está la entrada real a través de la cual el oxígeno fluye del cilindro al regulador. Un anillo-O de metal o plástico está colocado alrededor de la entrada de oxígeno para optimizar el sello a prueba de aire del cuello del regulador y la válvula surtidora (**Paso 2**).

3. **Coloque el collar regulador** sobre la válvula del cilindro, con la abertura y las agujas de indicación con agujas al lado de la válvula surtidora que tiene los tres orificios. Abra el tornillo del cierre lo suficiente para permitir que el cuello se ajuste libremente sobre la válvula surtidora. Mueva el regulador en forma tal que la abertura del oxígeno y las agujas se ajusten en los orificios correctos de la válvula surtidora. El tornillo de cierre del lado opuesto debe estar alineado con la depresión del hoyuelo. Al sostener el regulador firmemente contra la válvula surtidora, apriete el tornillo de cierre hasta que el regulador esté firmemente fijo al cilindro. En este punto, usted no deberá ver espacios abiertos entre los lados de la válvula surtidora y las paredes interiores del cuello (**Paso 3**).

4. **Con el regulador firmemente fijo**, abra el cilindro, verifique posibles escapes de la conexión regulador-cilindro de oxígeno, y lea el nivel de presión en el calibrador regulador. La mayoría de los cilindros portátiles tiene una presión máxima de aproximadamente 2 000 psi. La mayor parte de los servicios de SMU considera que un cilindro con menos de 500 a 1 000 psi es demasiado bajo para mantenerse en servicio. Aprenda las políticas de su departamento, y sígalas.

    El flujómetro tendrá un segundo calibrador o un cuadrante selector que indica la velocidad del flujo de oxígeno. Se usan ampliamente varios tipos populares de dispositivos. Fije el dispositivo de oxígeno seleccionado al flujómetro conectando la tubería universal de oxígeno a la boquilla del "árbol de navidad" en el flujómetro. La mayoría de los dispositivos de entrega de oxígeno viene con esta tubería permanentemente fija. Este no es el caso con algunas mascarillas de oxígeno. Debe agregar esta tubería en el dispositivo de entrega de oxígeno si no viene adjunta (**Paso 4**).

Abra el flujómetro a la velocidad de flujo deseada. Las velocidades del flujo variarán con base en el dispositivo de entrega del gas empleado. Recuerde que debe estar completamente familiarizado con el equipo antes de intentar usarlo en un paciente. Una vez que el oxígeno está fluyendo a la velocidad deseada, aplique el dispositivo de oxígeno al paciente y haga los ajustes necesarios. Vigile la respuesta del paciente al oxígeno y al dispositivo del oxígeno, y repita la verificación del calibrador regulador periódicamente para asegurar que hay suficiente oxígeno en el cilindro. Desconecte la tubería de la boquilla del flujómetro y desactive la válvula del cilindro cuando el tratamiento esté completo o cuando el paciente haya sido transferido al hospital y esté usando el sistema de oxígeno del hospital. En unos cuantos segundos cesará el sonido del flujo de oxígeno de la boquilla. Esto indica que todo el oxígeno presurizado se ha retirado del flujómetro. Desactive el flujómetro. El calibrador en el regulador debe indicar cero con la válvula del tanque cerrada. Esto confirma que no ha quedado presión por encima de la válvula surtidora. Siempre que haya una lectura de presión, no es seguro retirar el regulador de la válvula surtidora.

Riesgos del oxígeno suplementario

El oxígeno no arde ni explota, no obstante da soporte a la combustión. Mientras más oxígeno hay alrededor, más rápido es el proceso de combustión. Una pequeña chispa, aun de un cigarrillo encendido, puede convertirse en una

Destrezas 7-6: Colocación de un cilindro de oxígeno en servicio

1 Usando una llave de tuercas, gire lentamente la válvula en sentido contrario a las manecillas del reloj para que el cilindro produzca un "chasquido".

2 Fije el regulador/flujómetro a la válvula surtidora usando los dos orificios de indicación, y asegúrese de que la arandela esté colocada sobre el agujero mayor.

3 Alinee el regulador en forma tal que las agujas se ajusten cómodamente en los orificios correctos en la válvula surtidora, y apriete el regulador con la mano.

4 Fije la tubería conectora del oxígeno al flujómetro.

llama en una atmósfera rica en oxígeno. Por tanto, debe apartarse del área cualquier posible fuente de fuego mientras se usa oxígeno. Asegúrese de que el área esté bien ventilada, especialmente en localizaciones industriales en las que pueden existir sustancias peligrosas, y en las que se generan chispas con facilidad. Sea extremadamente cauteloso en ambientes cerrados en los cuales se esté administrando oxígeno, ya que un ambiente rico en oxígeno aumenta la posibilidad de un incendio. Un espectador que esté fumando o generando chispas durante la liberación de un vehículo accidentado son posibles fuentes de ignición. Nunca deje un cilindro parado sin atención, puede caerse, lesionar al paciente o dañar el equipo.

Equipo de entrega de oxígeno

En general, el equipo de entrega de oxígeno que se usa en el campo debe limitarse a mascarillas no recirculantes, dispositivos BVM y cánulas nasales, dependiendo del protocolo local. Sin embargo, puede encontrar otros dispositivos durante transportes entre servicios médicos.

Mascarilla no recirculante

La mascarilla no recirculante es la forma preferida de administrar oxígeno en los servicios de hospitales a pacientes que están respirando adecuadamente, pero hay

> **Seguridad del TUM-B**
>
> Abra lentamente el tanque de oxígeno después de fijar el regulador, y verifique posibles escapes. Recuerde que aunque el oxígeno en sí no es combustible, da soporte a la combustión, y cualquier fuente de ignición puede causar un incendio o una explosión en un ambiente rico en oxígeno, especialmente si el oxígeno está siendo liberado con demasiada rapidez del cilindro en ese momento, o si el sello entre el regulador y el cilindro no es seguro.

> **Tips para el TUM-B**
>
> **Dispositivos de entrega de oxígeno**
>
> | Dispositivo | Velocidad de flujo | Oxígeno entregado |
> |---|---|---|
> | Cánula nasal | 1 a 6 L/min | 24 a 44% |
> | Mascarilla no recirculante | 10 a 15 L/min | Hasta 90% |
> | Dispositivo BVM con reservorio | 15 L/min -abundante | Casi 100% |

sospecha de que tengan hipoxia, o presentan signos de hipoxia. Con un buen sellado de mascarilla a la cara, es capaz de proporcionar hasta 90% de oxígeno inspirado.

La mascarilla no recirculante es un sistema de combinación de mascarilla y bolsa reservorio. El oxígeno llena una bolsa reservorio que está fija a la mascarilla por una válvula unidireccional. El sistema se llama mascarilla no recirculante porque el aire exhalado se escapa a través de entradas de válvulas, como aletas, en las áreas de las mejillas de la mascarilla (Figura 7-28). Estas válvulas impiden que el paciente recircule los gases exhalados.

En este sistema debe asegurarse de que la bolsa reservorio esté llena antes de que se coloque la mascarilla en el paciente. Ajuste la velocidad del flujo en forma tal de que la bolsa no esté completamente colapsada cuando el paciente inhala, a cerca de dos terceras partes de su volumen, o 10 a 15 L/min. Con lactantes y niños use una mascarilla no recirculante pediátrica, que tiene una bolsa reservorio más pequeña, pues inhalan un menor volumen.

Cánula nasal

Una <u>cánula nasal</u> entrega oxígeno a través de dos pequeñas puntas cónicas tubulares que se ajustan en las ventanas de la nariz del paciente (Figura 7-29). Este dispositivo puede proporcionar de 24 a 44% de oxígeno inspirado cuando el flujómetro se fija a 1 a 6 L/min. Para comodidad del paciente con la cánula nasal, no se recomiendan velocidades de flujo superiores a 6 L/min.

La cánula nasal entrega oxígeno seco directamente a los orificios nasales lo cual, a lo largo de periodos prolongados, puede causar resequedad o irritar la mucosa que recubre las fosas nasales. Por tanto, cuando anticipe un tiempo de traslado prolongado, debe considerar el empleo de humidificación.

La cánula nasal es de uso limitado en casos de cuidados prehospitalarios. Por ejemplo, un paciente que respira por la boca, o que tiene una obstrucción nasal, obtendrá poco o ningún beneficio con una cánula nasal. Si hay sospecha que un paciente pueda tener hipoxia, siempre intente dar oxígeno en flujo alto con el uso de una mascarilla no recirculante, animándolo, cuanto sea necesario. Si un paciente no tolera una mascarilla no recirculante, tendrá que usar una cánula nasal, la cual algunos pacientes encuentran más cómoda. Como siempre, una buena evaluación de su paciente guiará su decisión.

Ventilación asistida y artificial

Obviamente, un paciente que no está respirando necesita ventilación artificial y 100% de oxígeno suplementario. Los pacientes que se encuentren respirando inadecuadamente, como los que están respirando demasiado rápido

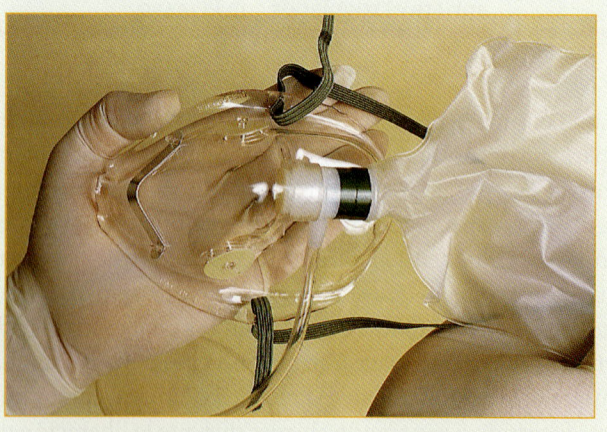

Figura 7-28 La mascarilla no recirculante tiene válvulas de entrada en forma de aletas en las áreas de las mejillas, para evitar que el paciente recircule los gases espirados.

o demasiado lento, con volumen de ventilación pulmonar reducida, son incapaces de hablar usando oraciones completas, o tienen un patrón respiratorio irregular, también requerirán ventilación artificial para ayudarlos a mantener un volumen minuto adecuado. Tenga presente que la respiración rápida, superficial, puede ser tan peligrosa como la respiración muy lenta. La respiración superficial rápida mueve el aire principalmente en la vía aérea más grande (espacio de aire muerto) y no permite un intercambio de aire y bióxido de carbono en los alvéolos. Los pacientes con respiración inadecuada requieren ventilaciones asistidas con alguna forma de ventilación con presión positiva. Recuerde seguir las precauciones de Aislamiento de Sustancia Corporal (ASC), según sea necesario, cuando trate la vía aérea del paciente.

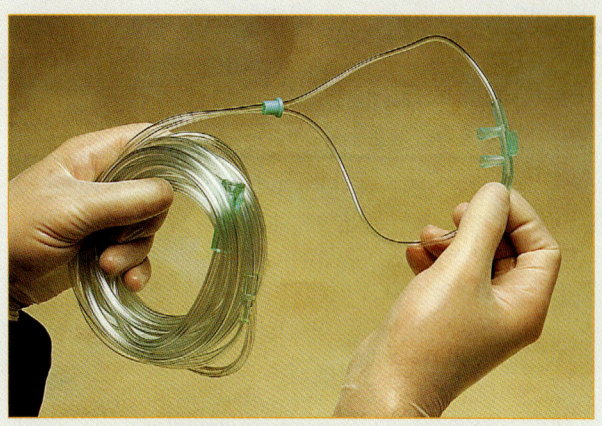

Figura 7-29 La cánula nasal entrega oxígeno de forma directa a través de los orificios de la nariz.

Una vez que determine que un paciente no está respirando, o lo hace inadecuadamente, debe iniciar de inmediato la ventilación artificial. Los métodos que puede usar un TUM-B incluyen la técnica de boca a mascarilla, un dispositivo BVM de una o dos personas, y un dispositivo de ventilación de flujo restringido operado por oxígeno.

La ventilación con el dispositivo de ventilación de flujo restringido operado por oxígeno no se realiza comúnmente, debido a que la mayor parte de las ambulancias no cuentan con él. Además, no puede usarse con todos los tipos de pacientes, especialmente en niños.

Ventilación de boca a boca y de boca a mascarilla

Como aprendió en su curso de RCP, las ventilaciones de boca a boca ahora se practican, por lo regular, con un dispositivo de barrera como una mascarilla o escudo facial. Un <u>dispositivo de barrera</u> es un elemento preventivo que está constituido por una barrera de material plástico colocada en la cara de un paciente, con una válvula unidireccional para prevenir el reflujo de secreciones, vómito o gases. Los dispositivos de barrera proporcionan un ASC adecuada **Figura 7-30** ▶. Las ventilaciones de boca a boca sin un dispositivo de barrera, sólo deben proporcionarse en circunstancias extremas. La práctica de ventilaciones de boca a mascarilla con una mascarilla de bolsa, con una válvula unidireccional, es uno de los métodos más seguros de ventilación para prevenir una posible transmisión de enfermedad.

Una mascarilla con una vía de entrada de oxígeno suministra oxígeno durante la ventilación de boca a mascarilla para completar el aire de sus propios pulmones; recuerde que el aire que usted exhala contiene 16% de oxígeno. Sin embargo, con el sistema de boca a mascarilla, el paciente recibe el beneficio adicional de enriquecimiento significativo de oxígeno con el aire inspirado. Además,

Situación de urgencia — Parte 7

A pesar de la oxigenoterapia, el estado de su paciente se ha deteriorado. Está más cianótico y tiene respiraciones poco profundas. Usted inserta una vía aérea nasofaríngea y comienza a asistir sus ventilaciones a una respiración cada cinco segundos con un dispositivo BVM fijo a 100% de oxígeno suplementario. El paciente no resiste sus intentos de ventilar, y su pecho se eleva y desciende con cada ventilación. Tolera la cánula nasofaríngea sin problema alguno. Se reciben informes de que los paramédicos llegarán en cinco minutos.

14. ¿Se necesita una vía aérea adjunta para proporcionar ventilación asistida con una BVM? ¿Cómo ayuda esta vía aérea adjunta?
15. El estado del paciente se está deteriorando y usted ha iniciado ventilaciones, una cada cinco segundos. ¿Es esto suficiente? ¿Cómo sabe si sus ventilaciones son eficaces?

Tips para el TUM-B

Métodos de ventilación
(Listados en orden de preferencia)

- De boca a mascarilla con válvula unidireccional
- Dispositivo BVM con dos personas, reservorio de oxígeno y oxígeno suplementario
- Dispositivo de ventilación de flujo restringido, operado con oxígeno (ventilador disparado manualmente)
- Dispositivo BVM con una persona, reservorio de oxígeno y oxígeno suplementario

Nota: este orden de preferencia ha sido establecido porque la investigación ha mostrado que el personal que ventila pacientes infrecuentemente tiene gran dificultad en mantener un sellado adecuado entre la mascarilla y la cara del paciente.

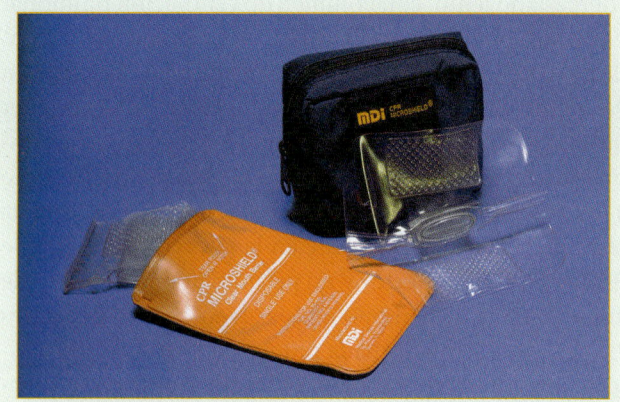

Figura 7-30 Los dispositivos de barrera, como un escudo plástico o mascarilla de bolsa con una válvula unidireccional, proporcionan ASC adecuada.

este sistema libera sus dos manos para ayudarlo a lograr un mejor sello entre la mascarilla y la cara, entregando así un volumen de ventilación pulmonar adecuado.

La mascarilla puede tener una forma de triángulo o dona (rosca), con el vértice (parte superior) situado a través del puente de la nariz. La base (parte inferior) de la mascarilla se coloca en el surco entre el labio inferior y el mentón. En el centro de la mascarilla hay una chimenea con un conector de 15 mm.

Siga estos pasos para usar la ventilación de boca a mascarilla (**Destrezas 7-7** ▶):

1. **Arrodíllese sobre la cabeza del paciente.** Abra la vía aérea usando la maniobra de inclinación de cabeza-levantamiento de mentón o la de tracción mandibular, si está indicada. Inserte una vía aérea oral o nasal para ayudar a mantener la permeabilidad de la vía aérea. Conecte la válvula unidireccional a la mascarilla de la cara. Coloque la mascarilla sobre la cara del paciente. Asegúrese de que la parte superior esté sobre el puente de la nariz y la base situada en el surco entre el labio inferior y el mentón. Sujete la mascarilla en posición colocando sus pulgares sobre la parte superior de la mascarilla y sus dedos índices sobre la mitad de la base. Prenda la mandíbula con los tres dedos restantes en cada mano. Haga un sello a prueba de aire tirando de la mandíbula al interior de la mascarilla. Mantenga un tiro hacia arriba y hacia adelante sobre la mandíbula con sus dedos, para mantener abierta la vía aérea. Este método de afirmar la mascarilla a la cara del paciente se conoce como el método de pinzamiento EC (**Paso 1**).
2. **Haga una inspiración profunda y espire** a través de la entrada abierta de la válvula unidireccional, hasta que note una elevación visible del pecho (**Paso 2**).
3. **Retire su boca**, y observe el pecho del paciente para ver que desciende durante la exhalación pasiva (**Paso 3**).

Usted sabe que está proporcionando ventilación adecuada si ve que el pecho del paciente se eleva adecuadamente y no encuentra resistencia al ventilar. También debe oír y sentir el escape de aire al espirar el paciente. Asegúrese de que está suministrando el número correcto de respiraciones por minuto para la edad del paciente.

Para incrementar la concentración de oxígeno, conecte el oxígeno a flujo alto a 15 L/min, a través de la válvula de entrada de la mascarilla. Esto cuando se combina con su aire espirado entregará aproximadamente 55% de oxígeno al paciente. Cada respiración se debe dar durante un periodo de un segundo —apenas suficiente para producir una elevación visible del pecho— ya sea que adjunte oxígeno

Tips para el TUM-B

Velocidades de ventilación*

Adulto	1 respiración por 5 a 6 segundos
Niño	1 respiración por 3 a 5 segundos
Lactante	1 respiración por 3 a 5 segundos

*Para pacientes apneicos con pulso.

Destrezas 7-7

Practique la ventilación de boca a mascarilla

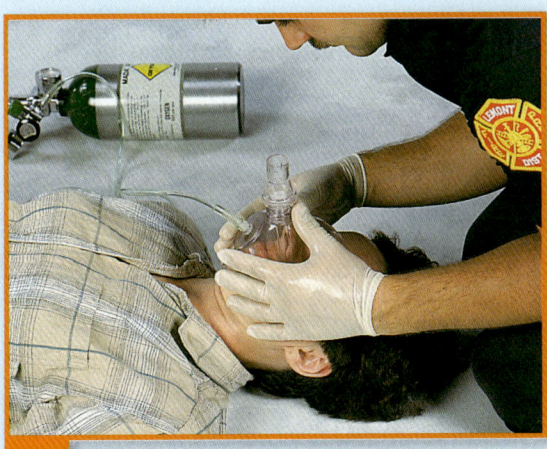

1 Una vez que la cabeza del paciente se ha posicionado correctamente y se ha insertado un dispositivo adjunto, coloque la mascarilla sobre la cara del paciente. Selle la mascarilla a la cara usando ambas manos (pinzamiento EC).

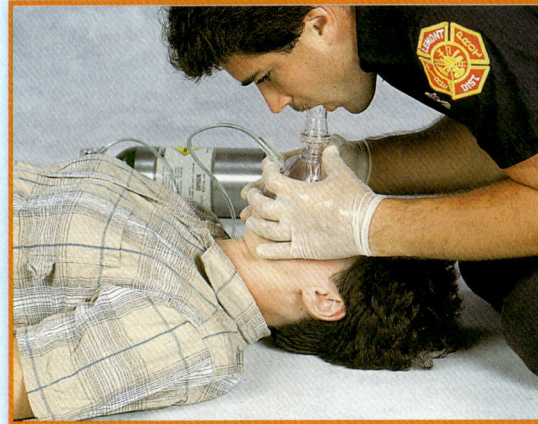

2 Respire en la válvula unidireccional hasta que note una elevación visible del pecho.

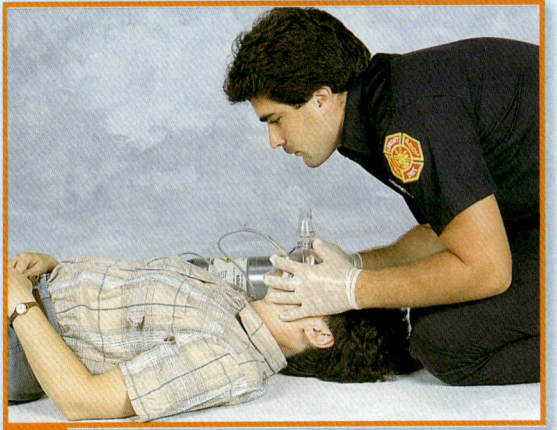

3 Retire su boca y observe descender el pecho del paciente durante la espiración.

---

suplementario a la mascarilla, o no sea así. En la mayoría de los adultos la entrega de un volumen de ventilación respiratoria de 500 a 600 mL (6 a 7 mL/kg) producirá un ascenso visible del pecho.

Dispositivo BVM

Con una velocidad de flujo de oxígeno de 15 L/min y un sellado adecuado de mascarilla a cara, un <u>dispositivo de bolsa-válvula-mascarilla (BVM)</u> con un reservorio de oxígeno, puede entregar cerca de 100% de oxígeno **Figura 7-31**. La mayor parte de los dispositivos BVM en el mercado actual incluyen modificaciones o accesorios (reservorios) que permiten que las entregas de oxígeno se acerquen a 100%. Sin embargo, el dispositivo sólo puede entregar tanto volumen como pueda exprimirse fuera de la bolsa con la mano. El dispositivo BVM proporciona menos volumen de ventilación respiratoria que la ventilación boca a mascarilla; sin embargo, entrega una concentración mucho más alta de oxígeno. El dispositivo BVM es el método más común usado para ventilar pacientes en el campo. Un TUM-B experimentado será capaz de suplir volúmenes de ventilación respiratoria adecuados con un dispositivo BVM. Asegúrese de practicar varias veces en maniquíes de ventilación antes de usar el dispositivo BVM en un paciente. Si tiene dificultad para ventilar adecuadamente a un paciente con un dispositivo BVM, debe cambiar de inmediato a un método alterno de ventilación, como la ventilación boca a mascarilla.

Un dispositivo BVM debe usarse cuando necesite entregar altas concentraciones de oxígeno a pacientes que no están ventilando de forma adecuada. El dispositivo también se usa en pacientes con paro respiratorio, paro cardiopulmonar e insuficiencia respiratoria. El dispositivo BVM puede usarse con o sin oxígeno. Sin embargo, para asegurar la concentración más alta de oxígeno, usted debe adjuntar oxígeno suplementario y un reservorio. Debe usar una vía aérea oral o nasal adjunta en conjunción con el dispositivo BVM.

Componentes

Todos los dispositivos BVM de adultos deben tener los siguientes componentes:

- Una bolsa autorrellenable desechable
- Ninguna válvula de disparo, o si una está presente, la capacidad para inhabilitar la válvula de disparo
- Una válvula de salida que es una válvula verdadera para evitar la recirculación
- Un reservorio de oxígeno que permita la entrega de oxígeno en alta concentración
- Un sistema de entrada unidireccional, no atascamiento, que proporcione una entrada de flujo de oxígeno a un máximo de 15 L/min con añadiduras estándar de 15/22 mm para conexión de mascarilla facial y tubo endotraqueal (u otro elemento adjunto de vía aérea avanzada)
- Una mascarilla facial transparente
- Capacidad para actuar bajo condiciones ambientales extremas, incluyendo calor o frío extremos

El volumen total en la bolsa de un dispositivo BVM de adulto suele ser de 1 200 a 1 600 mL. La bolsa pediátrica contiene de 500 a 700 mL, y la bolsa de lactante, de 150 a 240 mL.

Tips para el TUM-B

Capacidades de volumen del dispositivo BVM

Tamaño	Cantidad, mL
Adulto	1 200 a 1 600
Pediátrico	500 a 700
Lactante	150 a 240

El volumen de aire (oxígeno) que debe entregar al paciente se basa en una observación clave, la elevación visible del pecho. Cuando use un dispositivo BVM, ya sea que tenga adjunto o no oxígeno suplementario, debe entregar cada ventilación durante un segundo —apenas suficiente para producir una elevación visible del pecho— a la velocidad apropiada. Las ventilaciones que se entregan de forma demasiado forzada o con demasiada rapidez, pueden dar por resultado dos efectos negativos: distensión gástrica (y los riesgos relacionados de vómito y aspiración) y disminución del retorno de sangre al corazón, secundario a aumento de la presión intratorácica.

Como se notó antes, un volumen de ventilación pulmonar entregado de 500 a 600 mL (6 a 7 mL/kg) por ventilación asistida, producirá una elevación visible del pecho en la mayoría de los adultos. Sin embargo, como no es posible para el TUM-B medir en forma precisa los volúmenes de ventilación pulmonar en mililitros por kilogramo en cada paciente ventilado en el campo, la clave consiste en observar las elevaciones y descensos del pecho, dejando que estas observaciones definan la cantidad apropiada de volumen para entregar.

Técnica

Siempre que sea posible, usted y su compañero deben trabajar juntos para proporcionar ventilación con el dispositivo BVM. Un TUM-B puede mantener un buen sellado de la mascarilla facial afianzándola a la cara del paciente con ambas manos, mientras que el otro TUM-B exprime la bolsa. La ventilación con el uso de un dispositivo BVM es una destreza desafiante, puede ser muy difícil para un TUM-B mantener un sellado apropiado (entre la mascarilla y la cara con una mano) y estár exprimiendo la bolsa de forma correcta para entregar un volumen adecuado al paciente. Puede ser difícil mantener esta destreza si no se tienen muchas oportunidades de practicar. La ventilación eficaz con un dispositivo BVM

Figura 7-31 El dispositivo BVM con un reservorio de oxígeno puede entregar cerca de 100% de oxígeno si se logra un buen sellado entre la boca y la mascarilla, y si se usa oxígeno suplementario.

practicada por una persona, requiere una experiencia considerable. Además, la práctica de esta destreza depende de tener suficiente personal para realizar otras acciones que deben hacerse al mismo tiempo, como compresiones del tórax, colocar la camilla en su lugar o ayudar a movilizar al paciente.

Siga estos pasos para usar la técnica del dispositivo BVM con dos personas:

1. Arrodíllese encima de la cabeza del paciente. De ser posible, su compañero debe estar al lado de la cabeza para exprimir la bolsa mientras usted sujeta un sello entre la mascarilla y la cara del paciente con dos manos.
2. Mantenga el cuello del paciente en posición extendida a menos que sospeche una lesión de la columna cervical. En ese caso, debe inmovilizar la cabeza y cuello del paciente y usar la maniobra de tracción mandibular. Haga que su compañero sujete la cabeza o, si está solo, use las rodillas para inmovilizarla.
3. Abra la boca del paciente y aspire cuanto sea necesario. Inserte una vía aérea orofaríngea o nasofaríngea para mantener una vía aérea abierta.
4. Seleccione el tamaño apropiado de mascarilla.
5. Coloque la mascarilla en la cara del paciente. Asegúrese de que la parte superior está sobre el puente de la nariz y la parte inferior en el surco entre el labio inferior y el mentón. Si la mascarilla tiene un manguito redondo grande alrededor de la abertura de ventilación, centre la abertura sobre la boca del paciente. Si es necesario, infle el collar para obtener un mejor ajuste y sellado a la cara.
6. Sujete la mascarilla en posición colocando los pulgares sobre la parte superior de la mascarilla y los dedos índices sobre la mitad inferior.
7. Eleve la mandíbula hacia la mascarilla con los tres dedos restantes de su mano. Esto ayudará a mantener una vía aérea abierta. Asegúrese de no prender la parte carnosa del cuello, pues puede comprimir estructuras y crear una obstrucción de la vía aérea. Si piensa que el paciente puede tener una lesión vertebral, asegúrese de que su compañero inmoviliza la columna cervical al mover la mandíbula.
8. Conecte la bolsa de la mascarilla, si aún no lo ha hecho.
9. Sujete la mascarilla en su lugar mientras su compañero exprime la bolsa con dos manos hasta que el pecho se eleva visiblemente Figura 7-32 . Si hay sospecha de lesión vertebral, estabilice la cabeza y cuello del paciente con sus antebrazos mientras mantiene un sellado adecuado de mascarilla a la cara con sus manos. Continúe exprimiendo la bolsa cada 5 a 6 segundos en adultos y una vez cada 3 a 5 segundos en lactantes y niños. Entregue cada respiración durante un segundo, justo lo suficiente para producir una elevación visible del pecho.
10. Si está solo, afirme su dedo índice sobre la parte inferior de la mascarilla, su pulgar sobre la parte superior de la mascarilla, y use los dedos restantes para tirar de la mandíbula hacia la mascarilla. Esto se conoce como el pinzamiento C y mantendrá un sellado eficaz de cara a mascarilla Figura 7-33 . Use la maniobra de inclinación de cabeza-levantamiento de mentón para asegurar que el cuello esté extendido. Si hay sospecha de lesión raquídea, estabilice la cabeza del paciente en una posición en línea neutra con sus rodillas, mientras tira la mandíbula del paciente hacia el interior de la mascarilla. Exprima la bolsa rítmicamente una vez cada 5 a 6 segundos en adultos y cada 3 a 5 segundos en lactantes y niños. Entregue cada ventilación durante un periodo de un segundo, justo lo suficiente para producir una elevación visible del pecho.

Cuando se usa el dispositivo para asistir ventilaciones de un paciente que está respirando con demasiada lentitud (hipoventilación) con volumen de ventilación pulmonar reducido, debe exprimir la bolsa mientras el paciente intenta inspirar. Entonces, durante las siguientes 5 a 10 respiraciones, ajuste lentamente la velocidad y el volumen de ventilación pulmonar entregado hasta que se alcance el volumen minuto adecuado.

Para asistir las ventilaciones de un paciente que está respirando con demasiada rapidez (hiperventilando) con volumen de ventilación pulmonar reducido, debe primero explicar el procedimiento al paciente, si está coherente. Inicialmente asista las respiraciones a la velocidad a la cual el paciente haya estado respirando, exprimiendo la bolsa cada vez que el paciente inspire. A continuación, por las siguientes 5 a 10 respiraciones, ajuste lentamente la velocidad y el volumen de ventilación pulmonar entregado hasta que se alcance el volumen minuto adecuado.

Si está asistiendo ventilaciones con un dispositivo BVM, debe valorar la eficacia de sus ventilaciones entregadas. Sabrá que la ventilación artificial no es adecuada si el pecho del paciente no se eleva y desciende con cada ventilación, la velocidad a la que está ventilando es demasiado lenta o demasiado rápida, o la frecuencia cardiaca no retorna a lo normal. Si el pecho del paciente no se eleva y desciende, puede ser necesario que reposicione la cabeza, use una vía aérea adjunta, o use la **maniobra de Sellick** llamada también **presión cricoidea**. Sin embargo, nótese que la maniobra de Sellick está contraindicada en un paciente que está vomitando activamente, pues puede causar rotura esofágica.

Cuando se usa un dispositivo BVM, o cualquier otro dispositivo de ventilación, esté alerta por una posible distensión gástrica, o llenar el estómago con aire. Para prevenir o aliviar la distensión debe hacer lo siguiente: 1) asegurar que la vía aérea esté apropiadamente posicionada, 2) ventilar al paciente a la velocidad apropiada, y 3) ventilar al paciente con el volumen apropiado. Si además se dispone de un rescatador adicional, use la maniobra de Sellick Figura 7-34 . Para realizar la maniobra de Sellick haga que un rescatador adicional aplique presión cricoidea al paciente con el pulgar y el índice a los lados del cartílago cricoides (en el borde inferior de la laringe) y presionando hacia abajo. Al ocluirse el esófago esto, 1) inhibirá el flujo de aire al interior del estómago, disminuyendo así la distensión gástrica y; 2) reducirá la probabilidad de aspiración al ayudar al bloqueo de regurgitación del contenido gástrico del esófago. La presión cricoidea debe practicarse sólo en pacientes inconscientes.

Si el estómago del paciente parece estar distendiéndose, debe reposicionar la cabeza y usar presión cricoidea. En un paciente con posible lesión raquídea, debe reposicionar la mandíbula, más que la cabeza (es decir, usar la tracción mandibular). Si se está escapando demasiado aire por debajo de la mascarilla, reposicione la mascarilla para lograr un mejor sellado. Si el pecho del paciente aún no se eleva y desciende después de haber hecho estas correcciones, verifique la posibilidad de una obstrucción de la vía aérea. Si hay obstrucción, debe intentar realizar ventilaciones con el uso de un método alterno, como la técnica de boca a mascarilla.

Las técnicas avanzadas de vía aérea son beneficiosas cuando es difícil mantener un buen sellado, el paciente tiene una lesión de la columna cervical, o el estado del paciente lo justifica.

El dispositivo BVM también se puede usar junto con el tubo endotraqueal, o con otros dispositivos de vía aérea avanzados, como el combitubo esofágico-traqueal, la vía aérea luminal faringotraqueal, y la vía aérea de mascarilla laríngea.

Dispositivos de ventilación de flujo restringido operados por oxígeno

Otro método para proporcionar ventilación artificial es con dispositivos de ventilación de flujo restringido operados por oxígeno Figura 7-35 . Estos dispositivos están ampliamente disponibles, y se han usado en SMU durante varios años. Sin embargo, hallazgos recientes sugieren que no deben usarse en forma regular debido a la alta incidencia de distensión gástrica y posibles daños

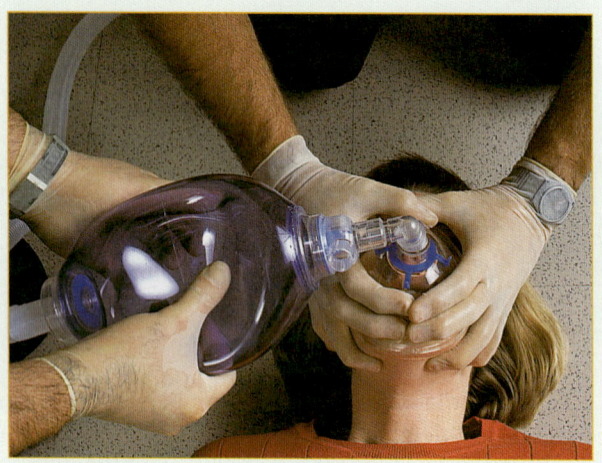

Figura 7-32 Con el dispositivo de ventilación BVM con dos personas, debe sujetar la mascarilla en su sitio mientras su compañero exprime la bolsa con dos manos hasta que se eleva el pecho del paciente.

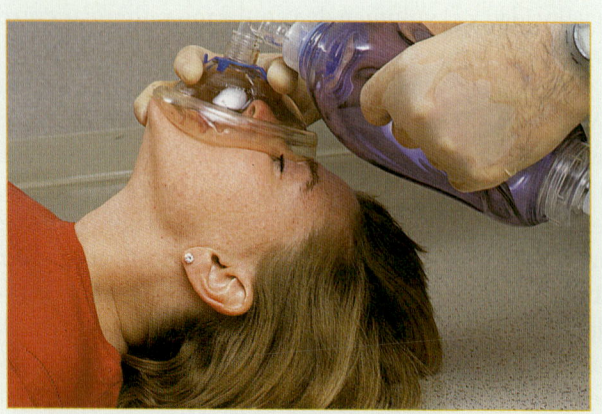

Figura 7-33 Mantenga el sellado de la mascarilla a la cara usando el pinzamiento C si debe ventilar solo.

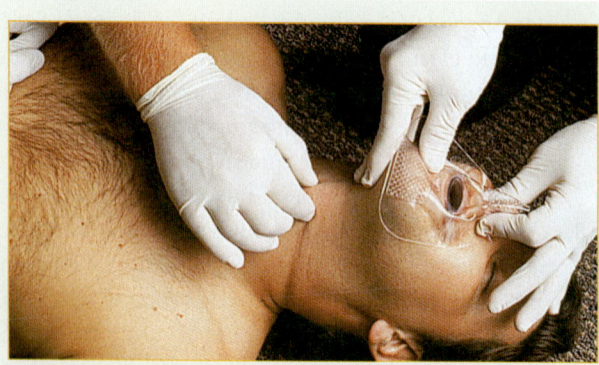

Figura 7-34 La maniobra de Sellick, llamada también presión cricoidea, ayudará a prevenir o aliviar la distensión gástrica cuando se están realizando ventilaciones artificiales.

> **Tips para el TUM-B**
>
> **Indicaciones de que la ventilación es adecuada**
>
> Elevación y descenso igual y visible del pecho con ventilación
>
> Ventilaciones entregadas a la velocidad apropiada
> - 10 a 12 respiraciones/min para adultos*
> - 12 a 20 respiraciones/min para lactantes y niños*
>
> La frecuencia cardiaca retorna a límites normales
>
> **Indicaciones de que la ventilación es inadecuada**
>
> Elevación y descenso del pecho mínimo o inexistente
>
> Ventilaciones entregadas demasiado rápido o demasiado lento para la edad del paciente
>
> La frecuencia cardiaca no retorna a límites normales
>
> *En pacientes apneicos con pulso.

a estructuras dentro de la cavidad torácica. Los dispositivos de flujo restringido operados por oxígeno no deben usarse en lactantes y niños o en pacientes con EPOC o sospecha de lesiones de la columna cervical o del tórax. La presión cricoidea se debe mantener siempre que se usen dispositivos de ventilación de flujo restringido operados por oxígeno para ventilar a un paciente. Esto ayudará a disminuir la distensión gástrica, que es la complicación más común y significativa del dispositivo.

Componentes

Los dispositivos de ventilación de flujo restringido operados por oxígeno deben tener los siguientes componentes:

- Una velocidad máxima de flujo de 100% de oxígeno hasta de 40 L/min
- Una válvula de seguridad de liberación de presión inspiratoria que se abra a cerca de 60 cm de agua y ventile cualquier volumen restante de la atmósfera o detenga el flujo de oxígeno
- Una alarma audible que suene siempre que usted exceda la presión de la válvula de alivio
- La capacidad de operar satisfactoriamente bajo condiciones ambientales normales y variables
- Un disparador (o palanca) colocado en forma tal que sus dos manos puedan permanecer sobre la mascarilla proporcionando un sellado a prueba de aire mientras se apoya e inclina la cabeza del paciente y se mantiene la mandíbula elevada

El aprendizaje del uso correcto de estos dispositivos requiere un entrenamiento apropiado y práctica considerable. Como con los dispositivos BVM, debe asegurarse de que haya un sellado eficaz entre la cara del paciente y la mascarilla. La cantidad de presión que es necesaria para ventilar a un paciente de manera adecuada variará de acuerdo al tamaño del paciente, su volumen pulmonar, y el estado de los pulmones. Un paciente con EPOC necesitará una mayor presión para recibir un volumen adecuado de la que sería necesaria para un paciente con pulmones normales. Las presiones que son demasiado altas pueden causar un neumotórax. No se recomiendan los dispositivos de ventilación de flujo restringido operados por oxígeno para uso en pacientes con EPOC o sospecha de lesiones de la columna cervical o del tórax, ni en lactantes y niños. Siga siempre los protocolos locales cuidadosamente cuando use estos dispositivos.

Consideraciones especiales

Distensión gástrica

La distensión gástrica ocurre cuando la ventilación artificial llena el estómago con aire. Aunque afecta más comúnmente a los niños, también afecta a los adultos. Es más probable que se produzca distensión gástrica cuando ventila al paciente con demasiada fuerza o con demasiada frecuencia con un dispositivo BVM o mascarilla de bolsa, o cuando la vía aérea está obstruida como resultado de un cuerpo extraño o posición inapropiada de la cabeza. Por esta razón, debe proporcionar respiraciones lentas,

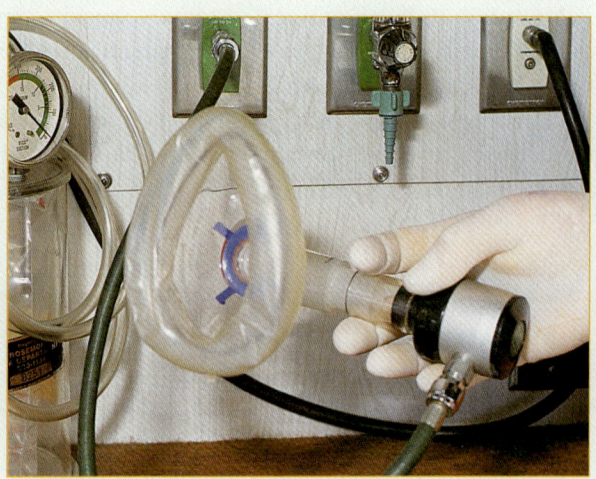

Figura 7-35 El dispositivo de ventilación con flujo restringido operado por oxígeno puede proporcionar hasta 100% de oxígeno.

suaves durante un segundo, cuando ventile a adultos, niños y lactantes. La distensión gástrica leve no es motivo de preocupación; sin embargo, la distensión intensa es peligrosa porque puede causar vómito y aumentar el riesgo de aspiración durante la RCP. La distensión gástrica también puede reducir de forma significativa el volumen pulmonar al elevar el diafragma, especialmente en lactantes y niños. La distensión gástrica es una complicación común asociada con el uso de dispositivos de ventilación de flujo restringido operados por oxígeno, razón clave por la cual este dispositivo no es altamente recomendable.

Si el estómago del paciente se distiende como resultado de rescate de la respiración, debe volver a verificar y reposicionar la vía aérea, aplicar presión cricoidea, y observar la elevación y descenso de la pared torácica al realizar el rescate respiratorio. Continúe con respiraciones lentas de rescate sin intentar expulsar el contenido estomacal. Si no se puede lograr una ventilación adecuada debido a la distensión gástrica, alivie inmediatamente la presión del estómago aplicando presión sobre la parte superior del abdomen. La aplicación de presión sobre la parte superior del abdomen probablemente producirá vómito; por tanto, si se producen vómitos, vire de lado todo el cuerpo del paciente, aspire y/o limpie la boca con su mano enguantada, y regrese al paciente a posición supina, en forma tal que pueda continuar con las respiraciones de rescate.

Estomas y tubos de traqueostomía

También puede ser necesario usar el dispositivo de ventilación BVM en pacientes que se han sometido a una laringectomía (extirpación quirúrgica de la laringe). Estos pacientes tienen un estoma traqueal permanente (abertura del cuello que comunica la tráquea directamente con la piel) **Figura 7-36**. Este tipo de estoma, conocido como traqueostomía, es una abertura en el centro de la parte frontal y base del cuello. Muchos pacientes que se han sometido a una traqueostomía tendrán otras aberturas en el cuello, de acuerdo con el tipo de operación practicada. Usted debe ignorar cualquier abertura, excepto el estoma traqueal en la línea media. La abertura en la línea media es la única que puede usarse para ingresar aire a los pulmones del paciente.

No se requieren las maniobras de cabeza inclinada-mentón elevado ni tracción mandibular para ventilar a un paciente con estoma. Si el paciente tiene un tubo de traqueostomía, debe ventilarlo a través del tubo con un dispositivo BVM (el adaptador estándar 22/15 en el dispositivo BVM corresponderá con el tubo en el estoma traqueal) y oxígeno a 100% fijo directamente al BVM. Si el paciente tiene un estoma y no hay un tubo colocado en el sitio, use una mascarilla de lactante o niño, con su dispositivo BVM para hacer un sello sobre el estoma. Selle la boca y nariz del paciente con una mano para evitar que escape aire a través de la vía aérea superior cuando ventile a través del estoma. Libere el sello de boca y nariz del paciente para la espiración. Esto permite que el aire se espire a través de la vía aérea superior.

Si es incapaz de ventilar a un paciente que tiene un estoma, intente aspirar el estoma y la boca con un catéter French o de punta blanda, antes de dar al paciente ventilación artificial a través de la boca y nariz. Si sella el estoma durante la ventilación de boca a boca, puede mejorar la habilidad para ventilar o puede ayudar a despejar cualquier obstrucción.

Obstrucción de la vía aérea por un cuerpo extraño

Un cuerpo extraño que bloquea completamente la vía aérea es una verdadera urgencia que causará la muerte si no se trata de inmediato. En un adulto, la obstrucción súbita de la vía aérea por un cuerpo extraño suele ocurrir durante una comida. En un niño sucede mientras come, juega con juguetes pequeños o gatea por la casa. Un niño sano que tiene una dificultad súbita para respirar, probablemente ha aspirado un objeto extraño.

Situación de urgencia — Parte 8

Después de aproximadamente dos minutos de ventilación asistida, la cianosis del paciente se ha resuelto y su nivel de conciencia ha mejorado. Usted continúa las ventilaciones para mantener un volumen de ventilación pulmonar adecuado y se reúne con los paramédicos que intuban al paciente y lo asisten en el transporte del paciente al hospital, donde se diagnostica con un evento vascular cerebral. Después de una estancia de dos días en el hospital, el paciente es dado de alta a un servicio de atención adicional para recuperación continuada.

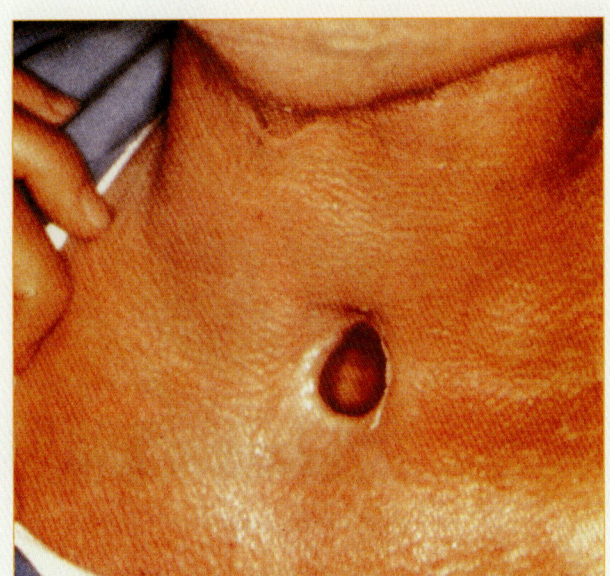

Figura 7-36 Por lo general un estoma traqueal está situado en la línea media del cuello. La abertura de la línea media es la única que puede usarse para entregar oxígeno a los pulmones del paciente.

La causa más frecuente de obstrución de la vía aérea en un paciente inconsciente es la lengua, que se relaja y cae hacia atrás al interior de la garganta. Existen otras causas de obstrucción de la vía aérea que no implican cuerpos extraños en ellas. Éstas incluyen hinchazón (por infección o reacciones alérgicas agudas) y traumatismos (daño hístico por lesiones). En la obstrucción de la vía aérea por trastornos médicos como infección y reacciones alérgicas agudas, los intentos repetidos para depurar la vía aérea, como si fuera un cuerpo extraño, no tendrán éxito y serán potencialmente peligrosos. Estos pacientes requieren atención médica de urgencia para su trastorno; por tanto, su traslado rápido al hospital es importante.

Reconocimiento

El reconocimiento temprano de la obstrucción de la vía aérea es crucial para que el TUM-B sea capaz de proporcionar atención médica de urgencia en forma eficaz. La obstrucción por un cuerpo extraño puede dar como resultado una **obstrucción leve de la vía aérea** o una **obstrucción grave de la vía aérea**.

Los pacientes con una obstrucción leve de la vía aérea (vía aérea parcialmente obstruida) son aún capaces de intercambiar aire, pero presentarán varios grados de dificultad respiratoria. Debe tenerse mucho cuidado para evitar que una obstrucción leve de la vía aérea se convierta en una obstrucción grave.

Con una obstrucción leve de la vía aérea, el paciente puede toser esforzadamente, aunque pueden escucharse sibilancias entre los episodios de tos. Mientras el paciente pueda respirar, toser esforzadamente, o hablar, usted no debe interferir con los esfuerzos del paciente de expulsar el objeto extraño. Continúe vigilando de cerca al paciente y estimúlelo a seguir tosiendo. No se indica presionar el abdomen en los pacientes con una obstrucción leve de la vía aérea. Además, los esfuerzos para retirar manualmente el objeto pueden forzarlo a descender aún más en la vía aérea y causar una obstrucción grave. Reevalúe continuamente el estado del paciente, y esté preparado para proporcionar un tratamiento inmediato en caso de que la obstrucción leve se vuelva una obstrucción grave.

Los pacientes con una obstrucción grave de la vía aérea (vía aérea completamente obstruida) no pueden respirar, hablar ni toser. Un signo seguro de una obstrucción grave es la incapacidad súbita de hablar o toser, inmediatamente después de comer. La persona puede apretar o agarrar su garganta (signo universal de angustia), comienza a ponerse cianótico, y hace intentos frenéticos por respirar **Figura 7-37**. Hay poco o ningún movimiento de aire. Pregunte al paciente consciente, "¿se está sofocando?" Si el paciente indica con una seña que "sí", proporcione tratamiento inmediato. Si la obstrucción no se libera rápidamente, la cantidad de oxígeno en la sangre del paciente disminuirá de forma dramática. Si no se trata, el paciente se pondrá inconsciente y morirá.

Algunos pacientes con una obstrucción grave de la vía aérea estarán inconscientes durante su valoración inicial. Es posible que usted no sepa que una obstrucción de la vía aérea es la causa de su trastorno. Hay muchas otras causas de inconsciencia y dificultad respiratoria, que incluyen al evento vascular cerebral, ataque cardiaco, traumatismo, accesos convulsivos, y sobredosis de fármacos. Por tanto, una evaluación completa y minuciosa del paciente realizada por usted, es clave para proporcionar una atención médica de urgencia apropiada.

Cualquier persona que se encuentre inconsciente debe tratarse como si tuviera un deterioro de la vía aérea. Primero debe abrirse la vía aérea, evaluar la respiración, y proporcionar respiración artificial si el paciente no está respirando, o respira inadecuadamente **Figura 7-38**. Si posterior a la apertura de la vía aérea es incapaz de ventilar al paciente después de dos intentos (el pecho no se eleva visiblemente), o siente resistencia cuando ventila, considere la posibilidad de una obstrucción de la vía aérea. La resistencia a la ventilación también se puede deber a adaptabilidad pulmonar deficiente. La **adaptabilidad** es la capacidad de los alvéolos de expandirse cuando se toma aire durante la inspiración; la adaptabilidad pulmonar deficiente

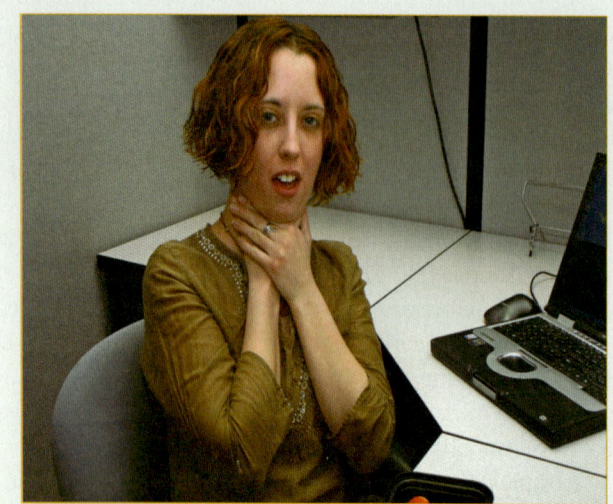

Figura 7-37 El signo universal de sofocación es una persona que se agarra la garganta y tiene dificultad para respirar.

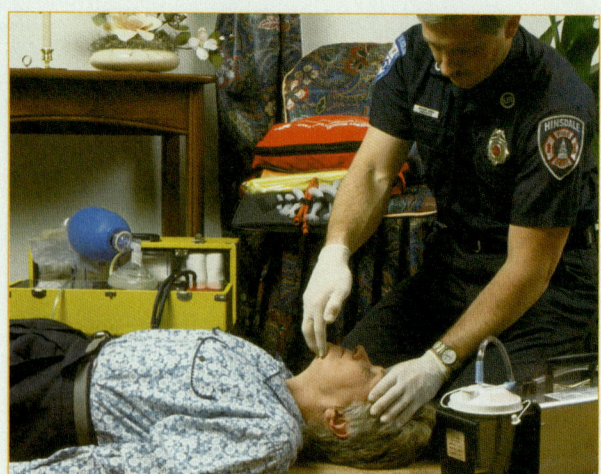

Figura 7-38 La afirmación y mantenimiento de la vía aérea, así como asegurar una respiración adecuada, son los pasos más importantes en la atención de un paciente inconsciente.

es la incapacidad de los alvéolos de expandirse completamente durante la inspiración.

Atención médica de urgencia en la obstrucción de la vía aérea por un cuerpo extraño

Practique la maniobra de inclinación de cabeza-levantamiento de mentón para despejar una obstrucción que haya sido causada por el relajamiento hacia atrás de los músculos de la lengua y garganta, hacia el interior de la vía aérea, en cualquier persona que se encuentre inconsciente, no esté respirando, o esté respirando inadecuadamente, y no haya sospecha de que tenga un traumatismo vertebral. Si hay sospecha de un traumatismo vertebral, debe abrir la vía aérea con una maniobra de tracción mandibular. Recuerde, si la maniobra de tracción mandibular no abre adecuadamente la vía aérea, practique cuidadosamente la maniobra de inclinación de cabeza-levantamiento de mentón, aun cuando haya sospecha de traumatismo vertebral; la vía aérea debe permanecer abierta. Debe despejar, hacia adelante y afuera, los fragmentos grandes de alimentos vomitados, moco, prótesis dentales flojas, o coágulos de sangre presentes en la boca, si son visibles, con su dedo índice enguantado. No realice barridos a ciegas con el dedo en paciente alguno; esto puede forzar a que un objeto obstructor se adelante más aún en la vía aérea. Cuando esté disponible, debe emplearse la aspiración para mantener libre una vía aérea.

La maniobra de Heimlich (presiones abdominales) es el método más eficaz para desalojar y forzar un objeto hacia fuera de la vía aérea de un adulto, o un niño consciente. El aire residual, que siempre está presente en los pulmones, se comprime hacia arriba y se usa para expulsar el objeto. Practique la maniobra de Heimlich en el adulto o niño consciente con una obstrucción grave de la vía aérea, hasta que el objeto se expulse o el paciente pierda la conciencia.

Si el paciente pierde la conciencia, colóquelo sobre el piso en posición supina, y abra la vía aérea. Observe la boca, retire cualquier objeto que esté visible, e intente ventilar al paciente. Si el intento inicial para ventilarlo no produce una elevación visible de su pecho, reposicione la cabeza del paciente e intente ventilar de nuevo. Si ambas respiraciones no producen una elevación visible del pecho, haga compresiones del pecho. Si es incapaz de aliviar la obstrucción con sus intentos iniciales, inicie un transporte rápido y continúe con sus esfuerzos para aliviarla con compresiones

> ### Tips para el TUM-B
>
> **Posibles causas de obstrucción de la vía aérea**
>
> Relajación de la lengua en un paciente inconsciente
> Vómito aspirado (contenido del estómago)
> Objetos extraños: alimento, juguetes pequeños, prótesis dentales
> Coágulos sanguíneos, fragmentos de hueso, o tejido dañado después de una lesión
> Hinchazón de la vía aérea infección, reacción alérgica

del pecho, abriendo la vía aérea y viendo al interior de la boca, e intente ventilar en camino al hospital.

Los pacientes con una obstrucción leve de la vía aérea que están intercambiando cantidades adecuadas de aire, deben ser vigilados de cerca con relación a posibles signos de deterioro de su estado (tos ineficaz, disminución del nivel de conciencia, cianosis). Si el paciente es incapaz de eliminar la obstrucción y permanece consciente con una tos eficaz, permita que asuma la posición que le sea más cómoda. Proporcione oxígeno suplementario y transporte al hospital.

Prótesis dentales

Muchas prótesis dentales pueden causar una obstrucción de la vía aérea. Si una prótesis dental, como una corona o un puente, dientes postizos, o aun un fragmento de prótesis, se quedan flojos, debe retirarlos manualmente antes de proporcionar las ventilaciones. El retiro manual simple puede aliviar la obstrucción y permitir que el paciente respire por sí solo.

Suele ser más fácil proporcionar un dispositivo BVM o ventilación de boca a mascarilla, cuando las prótesis dentales permanecen colocadas en su sitio. Dejando las prótesis dentales en su lugar proporciona más "estructura" a la cara y generalmente le ayudará a proporcionar un buen sellado de mascarilla a cara, entregando así un volumen de ventilación adecuado. Sin embargo, las prótesis dentales flojas hacen mucho más difícil practicar ventilación artificial por cualquier método, y pueden obstruir fácilmente la vía aérea. Por tanto, deben retirarse las dentaduras y prótesis dentales que no están colocadas firmemente en su lugar. Las dentaduras y prótesis dentales pueden quedar flojas o estar completamente fuera de su sitio durante un accidente, o cuando está suministrando los cuidados. Reevalúe periódicamente la vía aérea del paciente para asegurar que los dispositivos están firmemente colocados en su lugar.

Hemorragia facial

Los problemas de la vía aérea pueden ser particularmente desafiantes en los pacientes con lesiones faciales graves **Figura 7-39**. Como el riego sanguíneo facial es tan rico, las lesiones de la cara suelen producir hinchazón intensa de los tejidos y hemorragia en la vía aérea. Controle la hemorragia con presión directa y aspiración, tanto como sea necesario. Las lesiones faciales se exponen en detalle en el capítulo 26.

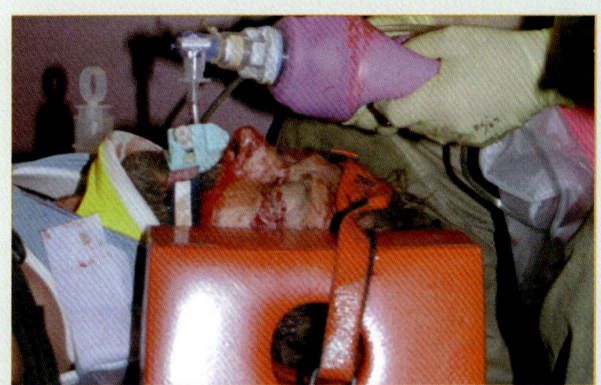

Figura 7-39 Los problemas de la vía aérea pueden ser especialmente desafiantes en los pacientes con lesiones graves de la cara.

Situación de urgencia — Resumen

Muchos factores contribuyen a los problemas respiratorios. Algunos son tan simples como las alergias estacionales y las reacciones alérgicas. Otros factores son más complejos, como los traumatismos, el evento vascular cerebral, o una exposición industrial. A veces la situación puede ser diferente en la escena de lo que se informó en la primer llamada de la Central de Urgencias. Mantener la mente abierta a todas las posibilidades lo ayudará a prepararse mejor. Pocas situaciones requerirán más equipo que un problema grave con la vía aérea o la respiración. Inspeccione su equipo con frecuencia, en forma tal que esté preparado para usarlo cuando sea necesario.

Pueden existir muchos riesgos en una llamada. En particular, debe ser cauteloso ante olores poco usuales, y a la implicación de muchas personas. La información de individuos presentes en la escena puede ayudarlo a permanecer seguro y comprender mejor la situación. La evaluación y tratamiento de los problemas de la vía aérea y la respiración siempre empieza asegurando una vía aérea adecuada. Cuando se proporciona tratamiento, es necesaria la reevaluación cuidadosa para asegurar que el tratamiento ha sido eficaz. Usted debe ser capaz de decidir lo que es eficaz y lo que no lo es. En la mayor parte de las situaciones los pacientes deben recibir oxígeno, aunque no parezca ser necesario.

Resumen

Listo para repaso

- El término "vía aérea" suele significar la vía aérea superior, que incluyen las estructuras respiratorias situadas por encima de las cuerdas vocales. Depuración de la vía aérea, significa retirar material obstructivo; mantenimiento de la vía aérea quiere decir conservarla abierta.

- La respiración adecuada de un adulto es de una frecuencia normal de 12 a 20 respiraciones/min, un patrón regular de inspiración y espiración, profundidad adecuada, sonidos pulmonares claros e iguales bilateralmente, y elevación y descenso del pecho regulares e iguales.

- La respiración inadecuada de un adulto es de una frecuencia menor a 12 respiraciones/min o mayor de 20 respiraciones/min, respiración poco profunda (volumen de ventilación pulmonar reducido), un patrón irregular de inspiración y espiración, y sonidos pulmonares disminuidos, ausentes o ruidosos.

- Los pacientes que están respirando de manera inadecuada muestran signos de hipoxia, trastorno peligroso en el cual los tejidos y células del cuerpo no tienen suficiente oxígeno.

- Los pacientes con respiración inadecuada necesitan ser tratados inmediatamente. La urgencia médica incluye tratamiento de la vía aérea, oxígeno suplementario, y soporte de la ventilación.

- Las técnicas básicas para la abertura de la vía aérea incluyen la maniobra de inclinación de cabeza-levantamiento de mentón o, si se sospecha un traumatismo, la maniobra de tracción mandibular.

- Un elemento adjunto básico de la vía aérea es la vía aérea orofaríngea u oral, que evita que la lengua bloquee la vía aérea en pacientes inconscientes sin un reflejo nauseoso. Si la vía aérea oral no es de tamaño apropiado o si se inserta incorrectamente, puede de hecho, causar una obstrucción.

- Otro elemento adjunto básico de la vía aérea es la vía aérea nasofaríngea o nasal, que suele usarse con pacientes que tienen un reflejo nauseoso y se tolera mejor que la vía aérea oral.

- La aspiración es la prioridad siguiente después de la abertura de la vía aérea. Los catéteres rígidos de punta de amígdala son los mejores catéteres para usar cuando se aspira la faringe; los catéteres blandos de material plástico se emplean para aspiración de la nariz y de secreciones líquidas en la parte posterior de la boca.

- La posición de recuperación se usa para ayudar a mantener permeable la vía aérea en pacientes con lesiones traumáticas que están inconscientes y respirando normalmente.

- Debe proporcionar ventilaciones artificiales con oxígeno suplementario de inmediato a pacientes que no están respirando por sí mismos. Es posible que los pacientes con respiración inadecuada también puedan requerir ventilaciones artificiales para mantener un volumen de ventilación pulmonar eficaz.

- Manipule con cuidado los cilindros de gas comprimido; su contenido está bajo presión. Asegúrese siempre de que el regulador de presión correcto está vigorosamente fijo antes de transportar un cilindro. El sistema de indicación con agujas contiene una serie de agujas en una horquilla, que deben corresponder con los orificios en la válvula surtidora del cilindro de gas. Los reguladores de presión reducen la presión de gas en un cilindro de oxígeno a un nivel entre 40 y 70 psi. Los flujómetros compensados por presión y los flujómetros calibrados Bourdon permiten la liberación regulada de gas, medida en litros por minuto.

- Cuando la oxigenoterapia se completa, desconecte la tubería de la toma del flujómetro, cierre la válvula del cilindro, y luego cierre el flujómetro. Mientras haya una lectura de presión en el calibrador, no es seguro retirar el regulador de la válvula surtidora. Mantenga alejada del área cualquier fuente de ignición mientras haya oxígeno en uso.

- Las cánulas nasales y las mascarillas no recirculantes se usan con mayor frecuencia para entregar oxígeno en el campo. La mascarilla no recirculante es el dispositivo de entrega de elección para suministrar oxígeno suplementario a pacientes que están respirando adecuadamente, pero en los que se sospecha hipoxia, o muestran signos de este trastorno. Con una velocidad de flujo fija a 15 L/min, y la bolsa reservorio preinflada, la mascarilla no recirculante puede proporcionar más de 90% de oxígeno inspirado. Si el paciente no va a tolerar una mascarilla no recirculante, aplique una cánula nasal.

- Los métodos para proporcionar ventilación artificial incluyen ventilación de boca a mascarilla, ventilación BVM con dos personas, dispositivo de ventilación con flujo restringido operado por oxígeno y la ventilación BVM con una persona. El dispositivo de ventilación con flujo restringido operado por oxígeno no está recomendado por la mayor parte de los estándares. Combinada con su propia respiración espirada, la ventilación de boca a mascarilla dará a su paciente hasta 55% de oxígeno; un dispositivo BVM con un reservorio de oxígeno, y oxígeno suplementario, puede entregar cerca de 100% de oxígeno.

- Cuando esté proporcionando ventilación artificial, recuerde que la ventilación demasiado forzada puede causar distensión gástrica. Las respiraciones suaves, ligeras, durante la ventilación artificial y el uso de presión cricoidea, pueden ayudar a prevenir la distensión gástrica. Los pacientes que tienen un estoma traqueal o un tubo de traqueostomía necesitan ser ventilados a través del tubo o el estoma.

- La obstrucción de la vía aérea por un cuerpo extraño se presenta durante una comida en un adulto o mientras un niño está comiendo, jugando con objetos pequeños, o cuando está gateando por la casa. Mientras más pronto reconozca una obstrucción de la vía aérea mejor será el pronóstico. Debe aprender a reconocer la diferencia entre la obstrucción de la vía aérea por un objeto extraño y la causada por un trastorno médico.

- Las obstrucciones de la vía aérea por un cuerpo extraño se clasifican en leves y graves. Los pacientes con una obstrucción leve de la vía aérea son capaces de mover cantidades adecuadas de aire, y deben dejarse por sí solos. Los pacientes con una obstrucción grave de la vía aérea no pueden mover aire en absoluto, y requieren tratamiento inmediato. Realice la maniobra de Heimlich en adultos y niños conscientes con una obstrucción grave de la vía aérea. Si el paciente se vuelve inconsciente, abra la vía aérea, y vea el interior de la boca (no realice barridos a ciegas con el dedo), intente ventilar al paciente y haga compresiones del tórax, si las ventilaciones no tienen éxito.

- Verifique la posible presencia de prótesis dentales sueltas antes de la ventilación asistida. Las prótesis sueltas deben retirarse para prevenir que obstruyan la vía aérea. Las prótesis fijas firmemente deben dejarse en su sitio.

Vocabulario vital

adaptabilidad La capacidad de expandirse de los alvéolos cuando se atrae aire durante la inspiración.
apnea Un periodo de falta de respiración.
aspiración La extracción de vómito u otro material extraño del interior de los pulmones.
bilateral Una parte o trastorno del cuerpo que aparece a ambos lados de la línea media.
cánula nasal Dispositivo surtidor de oxígeno el cual fluye a través de dos puntas cónicas pequeñas, como tubos, que se ajustan en los orificios nasales del paciente; entrega de 24 a 44% de oxígeno suplementario, dependiendo de la frecuencia de flujo.
catéter de aspiración Un dispositivo hueco, cilíndrico, usado para retirar líquido de la vía aérea del paciente.
difusión Proceso en el cual se mueven moléculas de un área de concentración más alta a un área de concentración más baja.
disnea Dificultad en la respiración.
dispositivo de barrera Un elemento protector, como una mascarilla de bolsa con una válvula, que limita la exposición a los líquidos corporales del paciente.
dispositivo de bolsa-válvula-mascarilla (BVM) Un dispositivo con una válvula unidireccional y una mascarilla facial fija a una bolsa de ventilación; cuando se fija a un reservorio y es conectado a oxígeno, entrega más de 90% de oxígeno suplementario.
distensión gástrica Trastorno en el cual se llena de aire el estómago, a menudo como resultado de volumen y presión altos durante la ventilación artificial.
espiración La parte pasiva del proceso respiratorio en la cual el diafragma y los músculos intercostales fuerzan aire fuera de los pulmones.
estoma Una abertura quirúrgica a través de la piel y al interior de un órgano u otra estructura; un estoma del cuello comunica la tráquea directamente con la piel.
hipoxia Trastorno peligroso en el cual los tejidos y células del cuerpo no tienen suficiente oxígeno.
impulso hipóxico Trastorno en el cual niveles crónicamente bajos de oxígeno en la sangre estimulan el impulso respiratorio; se ve en pacientes con enfermedades pulmonares crónicas.
inspiración La parte muscular activa de la respiración que atrae aire al interior de vía aérea y pulmones.
isquemia Una falta de oxígeno que priva a los tejidos de nutrimentos necesarios generando muerte de los tejidos.
maniobra de inclinación de cabeza-levantamiento de mentón Una combinación de dos movimientos para abrir la vía aérea inclinando la cabeza hacia atrás y elevando el mentón; no se usa en pacientes traumatizados.
maniobra de tracción mandibular Técnica para abrir la vía aérea colocando los dedos detrás del ángulo de la mandíbula y llevándola hacia adelante; se usa en pacientes que pueden tener una lesión de la columna cervical.

Resumen continuación...

maniobra de Sellick Técnica que se usa para prevenir distensión gástrica, en la cual se aplica presión sobre el cartílago cricoides; también se conoce como presión cricoidea.

mascarilla no recirculante Un sistema de combinación de mascarilla y bolsa reservorio que es la forma preferida de administrar oxígeno prehospitalariamente; entrega hasta 90% de oxígeno inspirado y previene la inhalación de aire espirado (dióxido de carbono).

metabolismo El proceso bioquímico que da por resultado la producción de energía de los nutrimentos en el interior de las células.

neumotórax Una acumulación parcial o completa de aire en el espacio pleural.

obstrucción grave de la vía aérea Ocurre cuando un cuerpo extraño obstruye por completo la vía aérea. El paciente no puede respirar, hablar o toser.

obstrucción leve de la vía aérea Ocurre cuando un cuerpo extraño obstruye parcialmente la vía aérea del paciente. El paciente es capaz de mover cantidades adecuadas de aire, pero además experimenta cierto grado de dificultad respiratoria.

permeable Abierto, libre de obstrucción.

posición de recuperación Una posición de decúbito lateral para mantener una vía aérea despejada en pacientes inconscientes sin lesiones, que respiran adecuadamente.

presión cricoidea Presión sobre el cartílago cricoides; aplicada para ocluir el esófago con el propósito de inhibir la distensión gástrica y la regurgitación de vómito en el paciente inconsciente.

puntas de amígdala Puntas de aspiración grandes, semirrígidas, recomendadas para aspiración de la faringe; llamadas también puntas de Yankauer.

reflejo nauseoso Un mecanismo reflejo normal que causa náusea; activado al tocarse el paladar blando o la parte posterior de la garganta.

respiraciones agónicas Respiraciones jadeantes ocasionales, que ocurren después de que el corazón se ha parado.

respiraciones atáxicas Respiraciones irregulares, ineficaces, que pueden tener o no, un patrón identificable.

respiración esforzada Respiración que requiere un esfuerzo superior al normal; puede ser más lenta o más rápida que lo normal, y por lo general requiere el uso de músculos accesorios.

retracciones Movimientos en los cuales la piel se deprime alrededor de las costillas durante la inspiración.

Sistema Estándar Estadounidense Un sistema de seguridad para los cilindros de oxígeno, diseñado para prevenir la fijación accidental de un regulador a un cilindro que contenga el tipo de gas equivocado.

sistema de indicación con agujas Sistema establecido en los cilindros portátiles para asegurar que un regulador no se conecte con un cilindro que contenga un tipo equivocado de gas.

ventilación Intercambio de aire entre los pulmones y el ambiente, espontáneamente por el paciente o con asistencia de otra persona, como un TUM-B.

vía aérea orofaríngea (oral) Vía aérea adjunta insertada en la boca para evitar que la lengua bloquee la vía aérea superior y facilitar la aspiración de la vía aérea.

vía aérea nasofaríngea (nasal) Vía aérea adjunta insertada en el orificio nasal de un paciente consciente que es incapaz de mantener la permeabilidad de una vía aérea de forma independiente.

vía aérea La vía aérea superior o la vía de paso por encima de la laringe, que incluye a la nariz, boca y garganta.

volumen minuto El volumen de aire movido a través de los pulmones en un minuto; calculado por la multiplicación del volumen de ventilación pulmonar por la frecuencia respiratoria.

volumen de ventilación pulmonar La cantidad de aire que se mueve hacia adentro y hacia afuera de los pulmones durante una respiración.

Qué evaluar

Usted ha sido llamado a la residencia de ancianos local para atender a un hombre mayor que es "difícil de despertar". Llega a la residencia de ancianos cerca de cinco minutos después de la primera llamada y encuentra al paciente acostado en cama, en posición supina, con oxígeno que fluye a 2 L/min, a través de una cánula nasal. La enfermera afirma que el paciente estaba bien al atardecer del día anterior, pero que no pudieron despertarlo esa mañana. Declararon que tiene un historial de EPOC y neumonía reciente. El paciente tiene respiraciones borboteantes poco profundas, con una frecuencia de 8 respiraciones/min. Usted también nota cianosis alrededor de los labios. Mientras ensambla su unidad de aspiración, su compañero coloca al paciente un oxímetro de pulso.

¿Por qué debe colocarse a este paciente un oxímetro de pulso? ¿Por qué es necesaria la aspiración en este paciente? ¿Cómo trataría la vía aérea y la respiración de este paciente? ¿Cambiaría la posición de este paciente?

Temas: Oxigenación; Presión cricoidea; Potencial de abuso del anciano.

Autoevaluación

Llega usted a la escena de un paro cardiaco y encuentra que algunos testigos han iniciado la RCP. Se hace cargo del paciente y su evaluación revela un hombre de 50 años de edad que está apneico.

1. Los testigos manifiestan que no estaba respirando por cerca de tres minutos cuando iniciaron la RCP. ¿Qué indica este plazo sobre el estado del paciente?
   A. Irritabilidad cardiaca
   B. Daño cerebral improbable
   C. Daño cerebral probable
   D. Daño cerebral muy probable

2. Al evaluarlo, encuentra que el paciente tiene respiraciones jadeantes, ocasionales. Este trastorno se llama:
   A. Respiraciones de Cheyne-Stokes
   B. Retracciones
   C. Respiraciones agónicas
   D. Respiraciones de Kussmaul

3. Decide abrir la vía aérea del paciente. Usted no tiene el historial de los acontecimientos que condujeron hasta el punto de paro cardiaco. ¿Cuál es el método de abertura de la vía aérea preferido?
   A. Inclinación de cabeza-levantamiento de mentón
   B. Tracción mandibular
   C. Vía aérea nasal
   D. Nada de lo indicado en A, B y C

4. Inicia ventilando al paciente con un dispositivo BVM. ¿Qué es importante recordar durante la ventilación?
   A. Exprimir la bolsa lentamente; no forzar aire
   B. Proporcionar un buen sellado con la mascarilla
   C. Ser consciente de la velocidad a la que se está ventilando el paciente
   D. Nada de lo indicado en A, B y C

5. ¿Aproximadamente cuánto oxígeno está siendo entregado al paciente con el uso de RCP?
   A. 21%
   B. 16%
   C. 40%
   D. 0%

6. La RCP ha causado cierto grado de distensión gástrica, y está preocupado por una posible aspiración. ¿Cuál es el mejor método para proteger la vía aérea del paciente?
   A. Presión cricoidea
   B. Maniobra de Sellick
   C. Posición de recuperación
   D. A y B solamente

7. Decide colocar una vía aérea oral. ¿Cómo mide el tamaño de la vía aérea?
   A. Del lóbulo de la oreja del paciente a la comisura de los labios
   B. De la nariz del paciente al ángulo mandibular
   C. De la comisura de los labios al ángulo mandibular
   D. De la comisura de los labios a la punta de la lengua

8. Nota acumulación de líquido en la vía aérea del paciente y decide aspirarlo. ¿Qué de lo siguiente NO es correcto cuando se proporciona aspiración en un paciente adulto?
   A. Aspirar al retraer el catéter
   B. Insertar la punta en la base de la lengua
   C. No aspirar por más de 15 segundos
   D. Repetir inmediatamente después de la aspiración inicial, si es necesario

Preguntas desafiantes

9. ¿Cuáles son las indicaciones de que la ventilación artificial es inadecuada?

10. Está ventilando a un paciente traumatizado con un dispositivo BVM y la ventilación está volviéndose más y más ineficaz. ¿Cuáles son las posibles causas de esta situación?

11. Tiene un cilindro D con 1 500 psi, y un paciente que necesita 15 L/min. ¿Cuánto durará su tanque?

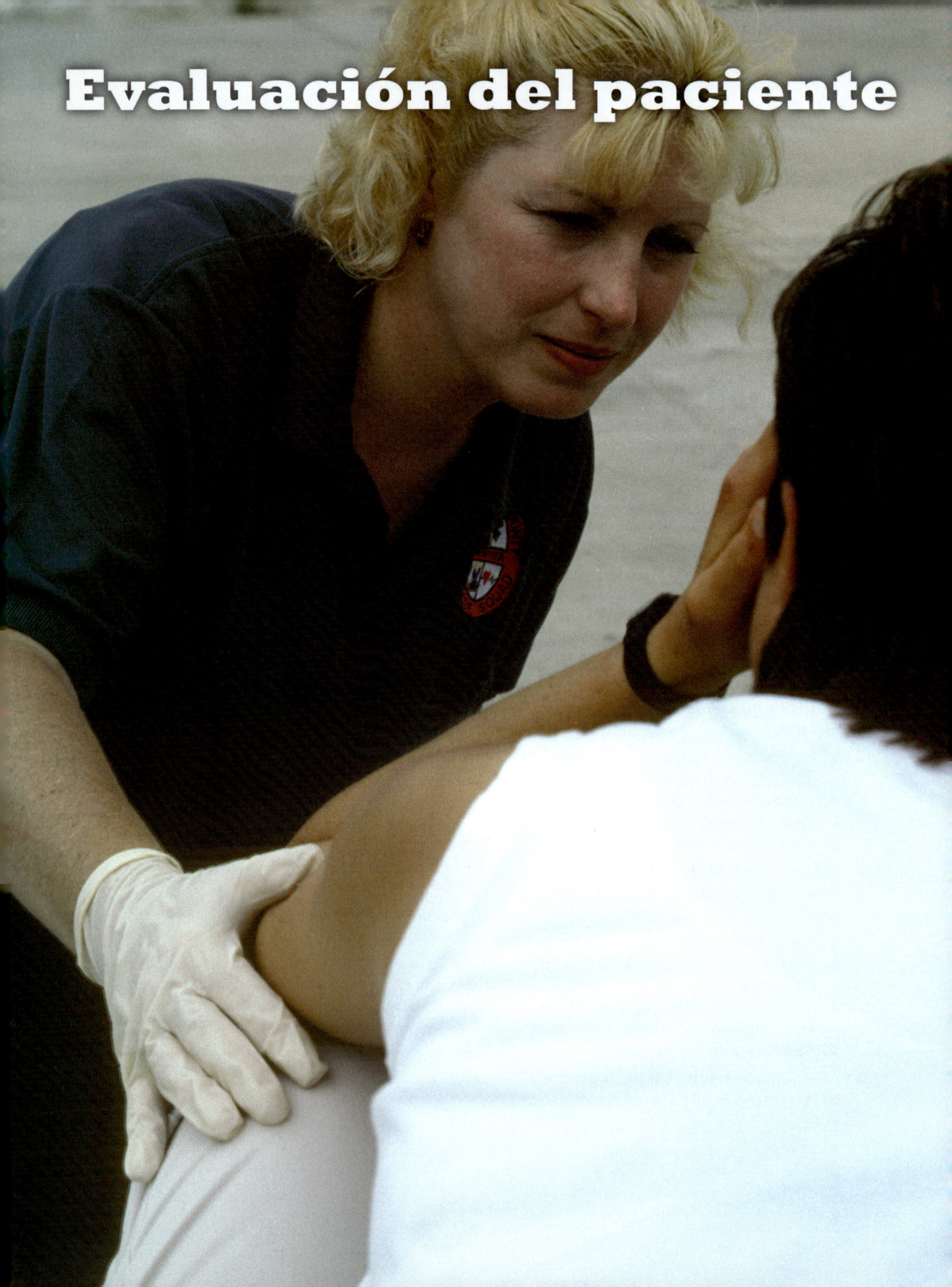

Evaluación del paciente

Sección 3

| 8 | Evaluación del paciente | 258 |
| 9 | Comunicación y documentación | 314 |

Evaluación del paciente

Objetivos

Evaluación de la escena

Cognitivos

- 3-1.1 Reconocer riesgos/peligros potenciales. (p. 265)
- 3-1.2 Describir peligros comunes que se encuentran en la escena de un traumatismo y un paciente médico. (p. 266)
- 3-1.3 Determinar si la escena es segura para entrar. (p. 265)
- 3-1.4 Discutir los mecanismos comunes de la lesión/naturaleza de la enfermedad. (p. 267)
- 3-1.5 Discutir la razón de identificar el número total de pacientes en la escena. (p. 268)
- 3-1.6 Explicar la razón de identificar la necesidad de ayuda o asistencia adicional. (p. 268)

Afectivos

- 3-1.7 Explicar el fundamento de que los miembros del equipo evalúen la seguridad de la escena antes de entrar. (p. 266)
- 3-1.8 Servir como un modelo para otros explicando cómo las situaciones del paciente afectan su evaluación de los mecanismos de la lesión o naturaleza de la enfermedad. (p. 268)

Psicomotor

- 3-1.9 Observar varios escenarios e identificar peligros potenciales. (p. 266)

Evaluación inicial

Cognitivos

- 3-2.1 Resumir las razones para formarse una impresión general del paciente. (p. 271)
- 3-2.2 Exponer métodos para evaluar un estado mental alterado. (p. 274)
- 3-2.3 Diferenciar entre evaluar el estado mental alterado en el paciente adulto, niño o lactante. (p. 275)
- 3-2.4 Exponer los métodos para evaluar la vía aérea en el paciente adulto, niño o lactante. (p. 275)
- 3-2.5 Expresar las razones del tratamiento de la columna cervical una vez que se ha determinado que es un paciente traumatizado. (p. 275)
- 3-2.6 Describir métodos usados para determinar si un paciente está respirando. (p. 276)
- 3-2.7 Expresar qué cuidado se debe proporcionar al paciente adulto, niño o lactante con respiración adecuada. (p. 276)
- 3-2.8 Expresar qué cuidado se debe proporcionar al paciente adulto, niño o lactante sin respiración adecuada. (p. 277)
- 3-2.9 Diferenciar a un paciente con respiración adecuada e inadecuada. (p. 276)
- 3-2.10 Distinguir entre los métodos para evaluar la respiración en el paciente adulto, niño o lactante. (p. 276)
- 3-2.11 Comparar los métodos para proporcionar cuidados de la vía aérea al paciente adulto, niño o lactante. (p. 277)
- 3-2.12 Describir los métodos usados para obtener el pulso. (p. 277)
- 3-2.13 Diferenciar entre la obtención del pulso en un paciente adulto, niño o lactante. (p. 277)
- 3-2.14 Exponer la necesidad de evaluar al paciente por hemorragia externa. (p. 278)
- 3-2.15 Describir los hallazgos normales y anormales cuando se examina el color de la piel. (p. 278)
- 3-2.16 Describir los hallazgos normales y anormales cuando se examina la temperatura de la piel. (p. 278)
- 3-2.17 Describir los hallazgos normales y anormales cuando se examina el estado de la piel. (p. 278)
- 3-2.18 Describir los hallazgos normales y anormales cuando se evalúa el llenado capilar de la piel en el paciente niño y lactante. (p. 279)
- 3-2.19 Explicar las razones para dar prioridad a un paciente para cuidados y transporte. (p. 279)

Afectivos

- 3-2.20 Explicar la importancia de formarse una impresión general del paciente. (p. 271)
- 3-2.21 Explicar el valor de realizar una evaluación inicial. (p. 271)

Psicomotores

- 3-2.22 Demostrar las técnicas para evaluar el estado mental (p. 274)
- 3-2.23 Demostrar las técnicas para evaluar la vía aérea. (p. 275)
- 3-2.24 Demostrar las técnicas para evaluar si el paciente está respirando. (p. 276)
- 3-2.25 Demostrar las técnicas para evaluar si el paciente tiene un pulso. (p. 277)
- 3-2.26 Demostrar las técnicas para evaluar al paciente de hemorragia externa. (p. 278)
- 3-2.27 Demostrar las técnicas para evaluar el color, la temperatura, el estado y el llenado capilar (lactantes y niños solamente). (p. 278)
- 3-2.28 Demostrar la habilidad de establecer prioridades en los pacientes. (p. 279)

Historia y examen físico enfocados: pacientes traumatizados

Cognitivos

- 3-3.1 Exponer las razones para reconsiderar el mecanismo de la lesión. (p. 293)

3-3.2 Exponer las razones para practicar una evaluación rápida de trauma. (p. 293)

3-3.3 Citar ejemplos, y explicar por qué los pacientes deben recibir una evaluación rápida de trauma. (p. 293)

3-3.4 Describir las áreas incluidas en la evaluación rápida de trauma y exponer por qué deben ser evaluados. (p. 284)

3-3.5 Diferenciar cuándo la evaluación rápida puede ser alterada para proporcionar cuidados del paciente. (p. 293)

3-3.6 Exponer la razón para realizar una historia y examen físico enfocados. (p. 283)

Afectivos

3-3.7 Reconocer y respetar los sentimientos que los pacientes puedan experimentar durante la evaluación. (p. 27)

Psicomotor

3-3.8 Demostrar la evaluación rápida de trauma que debe hacerse para evaluar a un paciente con base en el mecanismo de la lesión. (p. 293)

Historia y examen físico enfocados: pacientes médicos

Cognitivos

3-4.1 Describir las necesidades singulares para evaluar a un individuo con una molestia específica especial sin historial previo conocido. (p. 295)

3-4.2 Diferenciar entre la historia clínica y el examen físico que se practican a pacientes conscientes sin historial previo conocido y pacientes conscientes con un historial previo conocido. (p. 295)

3-4.3 Describir las necesidades de evaluar a un individuo inconsciente. (p. 296)

3-4.4 Diferenciar entre la evaluación que es realizada a un paciente inconsciente, o que tiene un estado mental alterado, y otros pacientes médicos que requieren evaluación. (p. 295)

Afectivo

3-4.5 Atender los sentimientos que estos pacientes pueden estar experimentando. (p. 295)

Psicomotores

3-4.6 Demostrar las destrezas que en cuidados se deben usar para asistir a un paciente consciente sin historial conocido. (p. 295)

3-4.7 Demostrar las destrezas que en cuidados se deben usar para asistir a un paciente inconsciente, o tiene un estado mental alterado. (p. 296)

Examen físico detallado

Cognitivos

3-5.1 Exponer los componentes del examen físico detallado. (p. 299)

3-5.2 Exponer las áreas del cuerpo que son evaluadas durante el examen físico detallado. (p. 300)

3-5.3 Explicar qué cuidado adicional se debe proporcionar cuando se practica el examen físico detallado. (p. 300)

3-5.4 Distinguir entre el examen físico detallado que se practica en un paciente traumatizado y en el de un paciente médico. (p. 299)

Afectivo

3-5.5 Explicar la razón fundamental sobre los sentimientos que estos pacientes pueden estar experimentando. (p. 299)

Psicomotor

3-5.6 Demostrar las destrezas que están implicadas en la práctica de un examen físico detallado. (p. 300)

Evaluación en curso

Cognitivos

3-6.1 Exponer la razón de repetir la evaluación inicial como parte de la evaluación en curso. (p. 307)

3-6.2 Describir los componentes de la evaluación en curso. (p. 307)

3-6.3 Describir la tendencia de los componentes de la evaluación. (p. 307)

Afectivos

3-6.4 Explicar el valor de practicar una evaluación en curso. (p. 307)

3-6.5 Explicar el valor de practicar una evaluación en curso. (p. 307)

3-6.6 Explicar el valor de la tendencia de los componentes de la evaluación para otros profesionales de la salud que asumen los cuidados el paciente. (p. 307)

Psicomotor

3-6.7 Demostrar las destrezas implicadas en la práctica de la evaluación en curso. (p. 307)

Evaluación del paciente

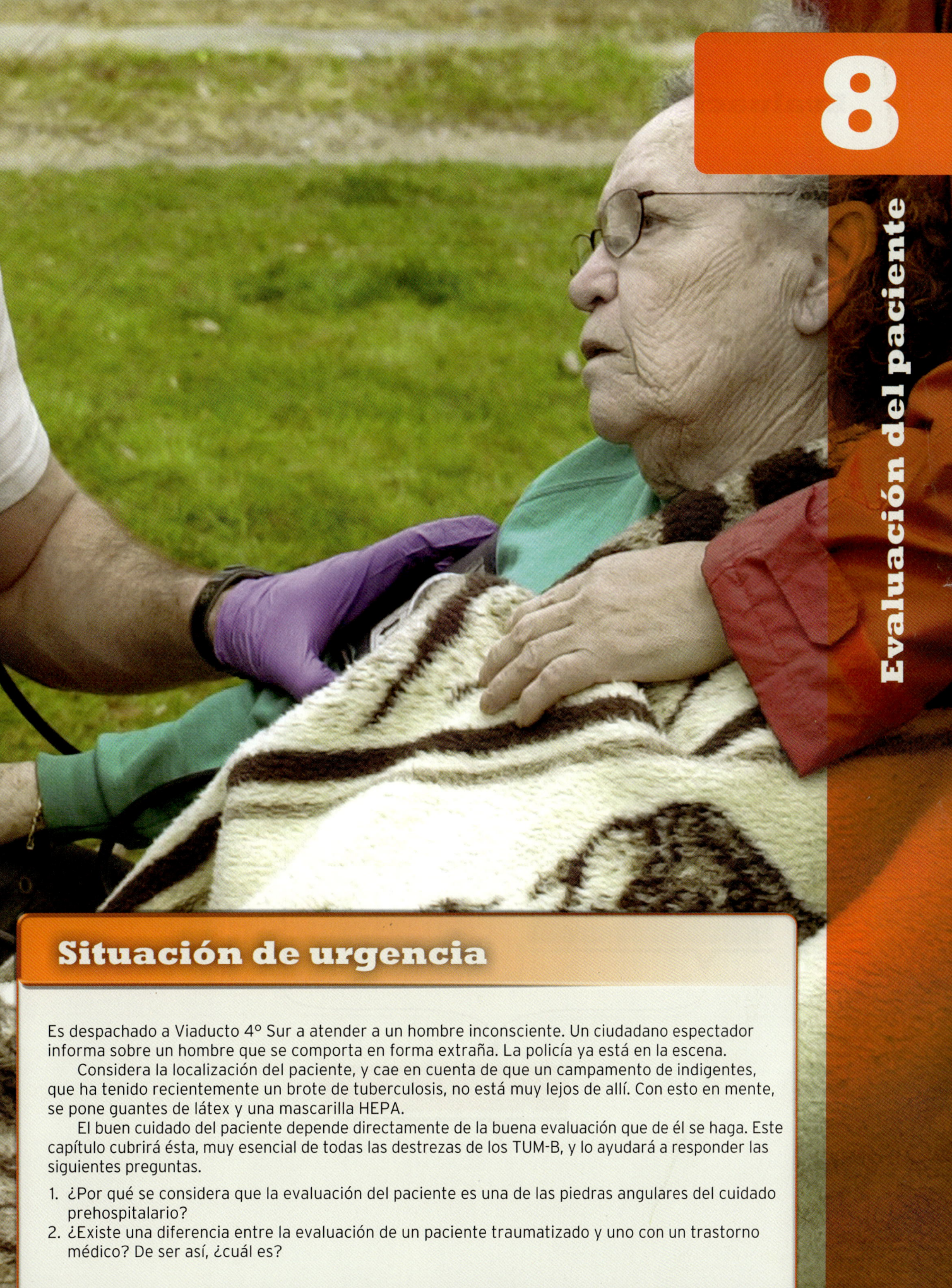

8

Evaluación del paciente

Situación de urgencia

Es despachado a Viaducto 4° Sur a atender a un hombre inconsciente. Un ciudadano espectador informa sobre un hombre que se comporta en forma extraña. La policía ya está en la escena.

Considera la localización del paciente, y cae en cuenta de que un campamento de indigentes, que ha tenido recientemente un brote de tuberculosis, no está muy lejos de allí. Con esto en mente, se pone guantes de látex y una mascarilla HEPA.

El buen cuidado del paciente depende directamente de la buena evaluación que de él se haga. Este capítulo cubrirá ésta, muy esencial de todas las destrezas de los TUM-B, y lo ayudará a responder las siguientes preguntas.

1. ¿Por qué se considera que la evaluación del paciente es una de las piedras angulares del cuidado prehospitalario?
2. ¿Existe una diferencia entre la evaluación de un paciente traumatizado y uno con un trastorno médico? De ser así, ¿cuál es?

Evaluación del paciente

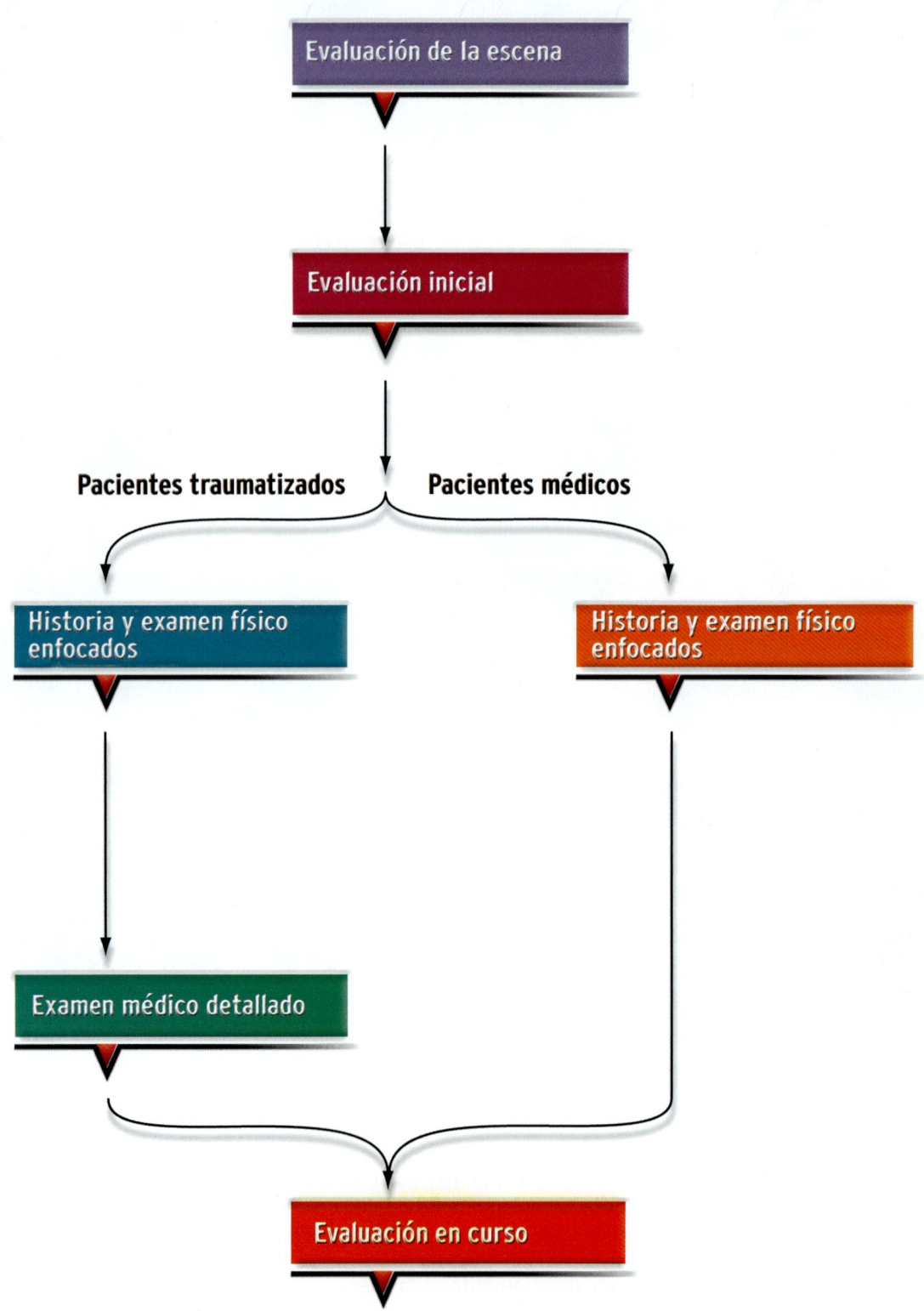

Acerca de este capítulo

Este capítulo proporcionará un acercamiento claro y amplio a la evaluación del paciente. Se ha desarrollado un diagrama de flujo para dar una referencia visual rápida, para dirigirlo a través del proceso de evaluación. Este capítulo se ha dividido en seis secciones, cada una está codificada con color y numerada para su fácil referencia. El flujograma de evaluación del paciente está repetido en cada sección para mostrarle, "en un vistazo", dónde se encuentra en lo referente al proceso de evaluación del paciente.

Se ha puesto un cuidado especial en reflejar el Currículo Nacional Estándar del TUM-B actual basado en las guías de competencias profesionales del TUM de la NOM 237 y en estándares internacionales de entrenamiento de TUM, sin embargo, el mejoramiento de la información lo preparará para su trabajo en el campo. También encontrará las necesidades de evaluación del paciente especial, de pacientes pediátricos, en el capítulo 32, y del paciente geriátrico, en el capítulo 34.

Evaluación del paciente

Desde un punto de vista práctico, el cuidado de urgencias prehospitalario es, simplemente, una serie de decisiones sobre tratamiento y transporte. El proceso que guía la toma de decisiones en el SMU se basa en sus hallazgos en la evaluación de su paciente. Para que tome buenas decisiones sobre cómo proporcionar cuidados más eficazmente a su paciente debe ser capaz de realizar una rigurosa y precisa evaluación del individuo. El proceso de evaluación del paciente incluye los siguientes componentes:

- Evalúe la escena para identificar amenazas a la seguridad, y prepárese para la llamada.
- Identifique las amenazas iniciales para la vida del paciente, y trátelas/identifique trastornos que amenacen la vida, y trátelos.
- Practique un examen físico del paciente buscando signos de enfermedad o lesiones.
- Obtenga los signos vitales para determinar cómo está tolerando el paciente el problema.
- Reúna historia que pueda ayudarlo a explicar los hallazgos físicos y los signos vitales anormales.
- Prepare al paciente para el transporte y evalúelo continuamente por posibles cambios de su estado.

Evaluación del paciente

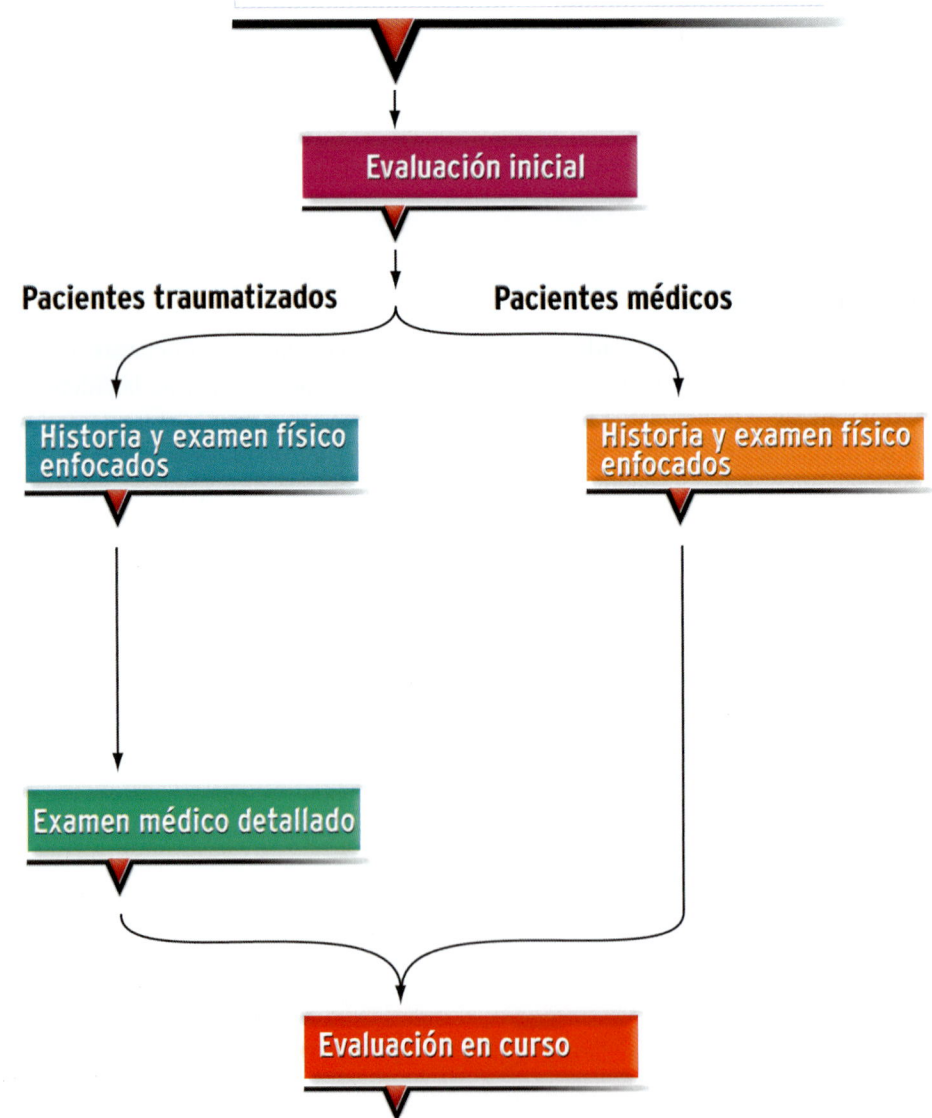

Evaluación de la escena

Cuando es alertado sobre una llamada de urgencias, su radio-operador lo proveerá de alguna información básica sobre la situación que requiere su asistencia. Su evaluación de la escena empieza aquí. La evaluación de la escena es la forma cómo usted se prepara para una situación específica. Desde el momento en que es llamado para acción, hasta que finalmente llega a su paciente, debe considerar una diversidad de cosas que tendrán una consecuencia en la forma que comenzará el cuidado de su paciente. La evaluación de la escena incluye el despacho de información, y debe combinarse con la inspección de la escena para ayudarlo a identificar peligros de la misma, preocupaciones sobre seguridad, mecanismos de la lesión, naturaleza de la enfermedad, y el número de pacientes que puede tener, así como los recursos adicionales que pueda necesitar para cuidar segura y eficazmente al paciente.

Aislamiento de sustancias corporales

En cada llamada de urgencias, necesitará usar equipo protector personal (EPP), porque este material reducirá su riesgo personal de lesiones o enfermedad. El tipo de EPP que usará dependerá, en gran parte, de sus responsabilidades de trabajo como TUM. Por ejemplo, los bomberos usarán equipo protector contra incendios para protegerse de lesiones. Los técnicos que manejan sustancias peligrosas usarán EPP más elaborado. Como un respondiente médico, responsable primariamente del cuidado del paciente, necesitará usar precauciones de aislamiento de sustancias corporales (ASC). Esta es la forma más eficaz para reducir su riesgo de exposición a sustancias potencialmente infecciosas. El concepto de ASC asume que todos los líquidos corporales plantean un riesgo potencial de infección, exista o no, una infección conocida.

Debe usar precauciones de ASC cuando sale de la ambulancia y antes de entrar en la escena. Si no ha tomado las apropiadas precauciones de ASC cuando se acerca por primera vez al paciente, es posible que la excitación de la llamada pueda causar que empiece a proporcionar cuidados sin la protección apropiada (Figura 8-1 ▶). Siempre se indican guantes protectores, cubrebocas y protección de los ojos. Deben usarse googles y mascarilla cuando puedan esparcirse sangre o líquidos en el aire por toser o salpicaduras. Las mascarillas lo protegerán de algunas enfermedades transmitidas por el aire.

Es posible que el uso de ASC, incluyendo guantes, batas, mascarillas y protección de los ojos, sea dictado por su protocolo local. Si una situación requiere EPP adicional, debe estar apropiadamente entrenado en el uso de EPP en esas situaciones específicas. Si no está entrenado en forma apropiada, no debe acercarse a la escena, y debe solicitar ayuda adicional.

Seguridad de la escena

Cada escena puede causar potencialmente lesiones a usted, sus pacientes o espectadores. Al acercarse a la escena necesitará evaluar peligros potenciales o (reales) latentes. La información proporcionada por el radio-operador

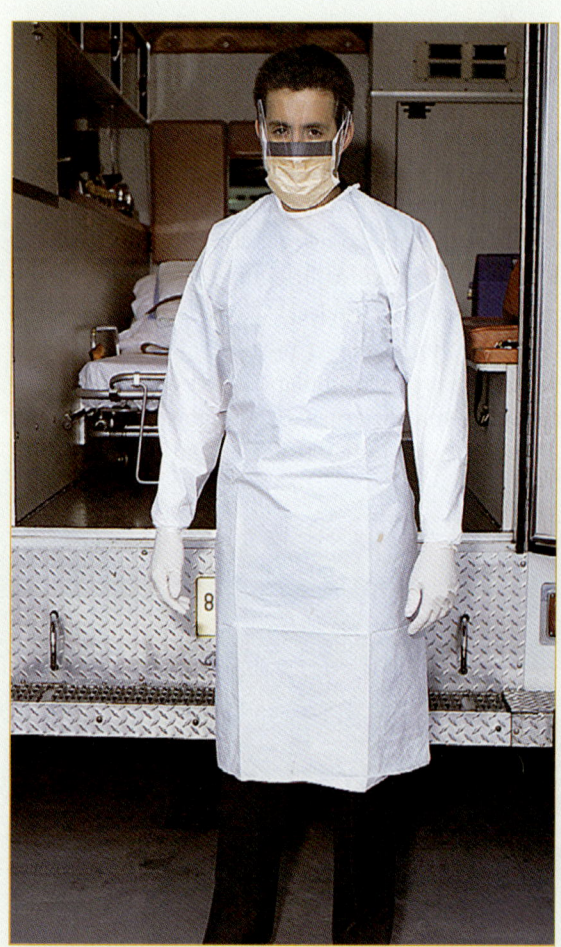

Figura 8-1 El equipo protector apropiado es vital cuando es llamado a una escena en la que puede estar expuesto a sangre u otros líquidos corporales.

puede ayudar a determinar peligros potenciales. Por ejemplo, una llamada a un sitio industrial puede tener implicación de sustancias químicas, o en una residencia privada puede haber animales que representen un peligro. Debe estar abierto a muchos riesgos posibles, que van desde derrames de materiales peligrosos complejos a césped resbaloso. Si se lesiona en la escena no será capaz de proporcionar ayuda apropiada a su paciente; de hecho, puede privar de recursos importantes a sus pacientes originales.

Protección personal

Asegurar su protección personal empieza buscando posibles peligros al acercarse a la escena, antes de salir de la ambulancia (Figura 8-2 ▼):

- Afluencia de tráfico
- Superficies inestables (p. ej., áreas mojadas o congeladas, grava suelta, pendientes)
- Escapes de líquidos y humos (p. ej., gasolina, combustible diesel, ácido de batería, líquidos de transmisión)
- Postes rotos y cables eléctricos derribados
- Espectadores agraviados u hostiles, con potencial de violencia
- Humo o fuego
- Materiales posiblemente peligrosos o tóxicos (p. ej., propano, cloruro de hidrógeno)
- Escenas de choques o rescate con elementos inestables, como vehículos inseguros (poniendo particular atención a carteles)
- Escenas de violencia y crimen

Debe considerar a su ambulancia como un sitio seguro para tratar a sus pacientes. Estacione su unidad en un lugar que le proporcione a usted, y a su compañero,

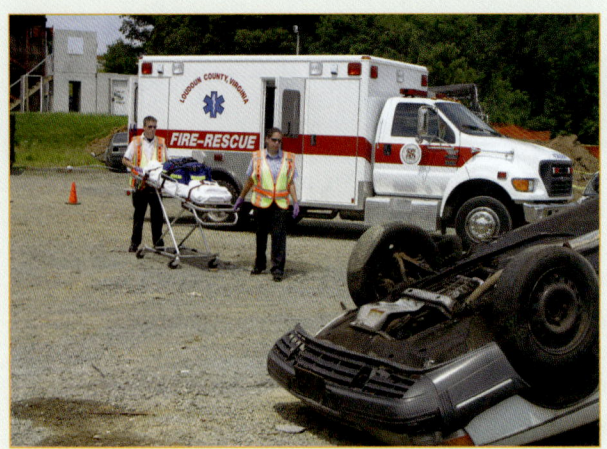

Figura 8-3 Estacione su unidad en un lugar que sea seguro, y sin embargo permita un rápido acceso al paciente y su equipo. Si las autoridades están ya en la escena, asegúrese de contactarlos primero.

la mayor seguridad, pero permita su acceso rápido a su paciente y equipo (Figura 8-3 ▲). Con frecuencia, éste no es enfrente de la escena. En muchos casos, autoridades o personal de bomberos estarán en la escena antes de que llegue. Si éste es el caso, trate de hablar con ellos antes de entrar a la escena, para asegurar que es segura. Si ésta es una escena potencial de crimen, siga el protocolo antes de entrar. Al ingresar deténgase brevemente, y tome una nota mental de dónde está la víctima, dónde está el arma, si es apropiado, y la presencia de objetos no usuales, y su localización. La documentación cuidadosa de estos hechos puede ser útil más adelante, si se le pide que testifique en el caso, pero su preocupación principal debe ser su propia seguridad. Pida al representante de la autoridad que lo acompañe si la víctima es un sospechoso de un crimen.

Hacer segura una escena insegura

Ocasionalmente, usted y su compañero no serán capaces de entrar a la escena con seguridad. Si el peligro presenta un gran riesgo para su salud y seguridad, debe solicitar la asistencia apropiada. No entre hasta que un rescatador profesional (o sea, bomberos, trabajadores de servicios, o equipo de manejo de materiales peligrosos) haya hecho segura la escena. En otras ocasiones, puede entrar a una escena que parece segura y luego se vuelve insegura. Si tiene el entrenamiento apropiado y EPP para hacer la escena segura, debe hacerla segura. Si no es así, deslíguese de ella, con su paciente, lo más pronto posible, protegiéndolo de lesiones lo mejor que pueda. Recuerde que su seguridad y la de su equipo están primero. Otras escenas pueden tener un potencial de riesgo que, como un TUM-B, es capaz de manejar con su entrenamiento. Recuerde que los peligros

Figura 8-2 Antes de salir de su unidad esté seguro de evaluar la escena por cualquier posible peligro.

Seguridad del TUM-B

Evaluar la seguridad de la escena antes de entrar, puede ser la forma simple más importante en la cual los respondientes de urgencias pueden atender su propio bienestar. Situaciones sutiles o peligro inminente no reconocido pueden ser muy amenazadores y no notarlos una vez que ha desviado su atención a la evaluación y el cuidado del paciente. La evaluación inicial de la escena con frecuencia le permite distinguir entre una escena segura y una que puede salirse de control de manera peligrosa sin previa advertencia.

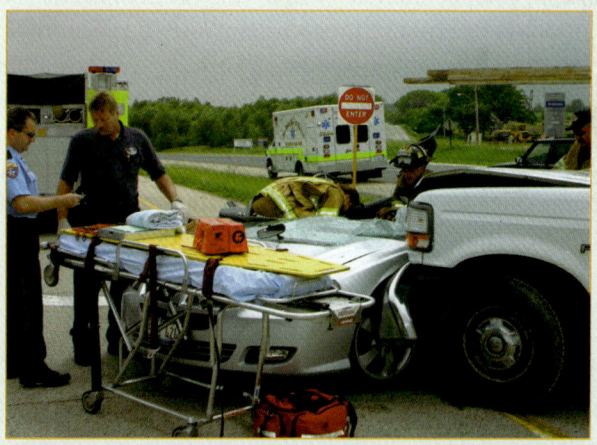

Figura 8-4 Con lesiones traumáticas, el paciente ha estado expuesto a alguna fuerza o energía que da lugar a una lesión, o aun tal vez la muerte. Puede aprender mucho simplemente viendo la escena y determinando el mecanismo de la lesión.

no tienen que ser situaciones dramáticas, sino que pueden ser tan simples, como un agujero en el piso o líquido de transmisión derramado. Evalúe cuidadosamente la escena y solicite ayuda específica para manejar las amenazas de la escena (p. ej., autoridades ejecutoras de la ley, personal de incendios, y equipos de manejo de materiales peligrosos).

Considere el mecanismo de la lesión/naturaleza de la enfermedad

La información del radio-operador le guiará en la dirección del problema del paciente. Puede ser un problema traumático que implica un mecanismo de lesión (ML) o un problema médico basado en la naturaleza de la enfermedad (NE) **Figura 8-4**.

Mecanismo de la lesión

Como TUM-B, será llamado a choques de vehículos motores, u otras situaciones en las cuales los pacientes hayan sufrido lesiones traumáticas que amenazan la vida. Para atenderlos apropiadamente, debe comprender cómo ocurrieron las lesiones traumáticas, o el *mecanismo de la lesión (ML)*. Con una lesión traumática, el cuerpo ha sido expuesto a alguna fuerza o energía que ha dado por resultado una lesión temporal, permanente, o aun la muerte.

Como puede esperar, ciertas partes del cuerpo se lesionan más fácilmente que otras. El encéfalo y la médula espinal son muy frágiles y fáciles de lesionar. Afortunadamente están protegidos por el cráneo, las vértebras, y varias capas de tejidos blandos. Los ojos son también fácilmente lesionados. Fuerzas, aun pequeñas, sobre el ojo, pueden dar lugar a una lesión grave. Los huesos y ciertos órganos son más fuertes y pueden absorber pequeñas fuerzas sin que se produzcan lesiones. El resultado neto de esta información,

es que puede usar el mecanismo de la lesión como un tipo de guía para predecir el potencial de una lesión grave, evaluando tres factores: la cantidad de fuerza aplicada al cuerpo, la duración del tiempo en que fue aplicada, y las áreas del cuerpo que están implicadas.

Con frecuencia escuchará los términos "traumatismo contuso" y "traumatismo penetrante". Con el traumatismo contuso, la fuerza de la lesión ocurre sobre un área extensa, y usualmente la piel no se rompe. Sin embargo, los tejidos y órganos debajo del área del impacto pueden estar dañados. Con el traumatismo penetrante, la fuerza de la lesión ocurre en un pequeño punto de contacto entre la piel y el objeto. El objeto perfora la piel y crea una herida abierta que conlleva un alto potencial de infección. La gravedad de la lesión depende de las características del objeto penetrante, la cantidad de fuerza o energía, y la parte del cuerpo afectada.

Naturaleza de la enfermedad

Como TUM-B, atenderá a muchos pacientes médicos así como a pacientes traumatizados. En los pacientes traumatizados examine el mecanismo de la lesión como parte de su evaluación de la escena. En los pacientes médicos, debe examinar la *naturaleza de la enfermedad (NE)*. Existen semejanzas entre el mecanismo de la lesión y la naturaleza de la enfermedad. Ambos requieren la búsqueda de indicios sobre cómo ocurrió el incidente. Debe esforzarse en determinar el tipo de enfermedad, que con frecuencia se describe mejor como la molestia principal del paciente: la razón por la cual se llamó al TUM. Para determinar rápidamente la naturaleza de la enfermedad, hable sobre el problema con el paciente, la familia, o espectadores. Pero al mismo tiempo, use sus sentidos para explorar la escena, en búsqueda de indicios referentes al posible problema. Podrá ver frascos abiertos o derramados de medicamentos, sustancias venenosas, o condiciones de vida insalubres. Puede haber un olor poco común, o fuerte, como el de pintura fresca en un cuarto cerrado. Puede escuchar un ruido silbante, como el de una fuga del sistema de gas en el hogar. Mantenga en mente esas observaciones de la escena al comenzar a evaluar al paciente.

La importancia de ML y NE

Considerar previamente el ML o la NE, tiene valor en la preparación de los cuidados de su paciente, por ejemplo, cuando empieza a reunir equipo de la unidad para tratarlo, ¿qué tomaría para un paciente de edad avanzada que se queja de dolor en el pecho? ¿Cómo diferenciaría el equipamiento del usado para un peatón golpeado por un vehículo? La apariencia de la escena también puede guiarlo en su preparación. Otros mecanismos de lesión pueden incluir choques de vehículos motores, asaltos, y heridas con armas punzocortantes o arma de fuego. Ejemplos de naturalezas de la enfermedad incluyen crisis convulsivas, ataques cardiacos, problemas diabéticos, y envenenamientos. Los miembros de la familia, espectadores, o aun miembros de la autoridad, pueden también proporcionar información sobre problemas traumáticos o médicos, para ayudarlo a prepararse al acercarse al paciente.

Durante su evaluación prehospitalaria puede estar tentado a categorizar a su paciente, inmediatamente, como un paciente traumatizado o médico. Recuerde, las bases fundamentales de una buena evaluación de un paciente son las mismas, a pesar de los aspectos singulares de los cuidados de traumatismos y médicos. Si se encuentra a un paciente en la parte inferior de una escalera ¿se cayó de la escalera, se golpeó la cabeza, y quedó inconsciente? o ¿bajó la escalera y luego perdió la conciencia? Al principio en la evaluación puede ser difícil identificar, con absoluta certeza, si el problema es de origen traumático o médico. Aunque es necesaria una evaluación adicional para llegar a una conclusión, la consideración del ML o la NE tempranamente, lo ayudará a prepararse para el resto de su evaluación.

Determine el número de pacientes

Como parte de la evaluación de la escena, es esencial que identifique, en forma precisa, el número total de pacientes. Esta evaluación es importante para determinar su necesidad de recursos adicionales, como los del departamento de bomberos, grupos de rescate especializados, o un equipo de materiales peligrosos (HazMat, por sus siglas en inglés). Cuando hay múltiples pacientes debe

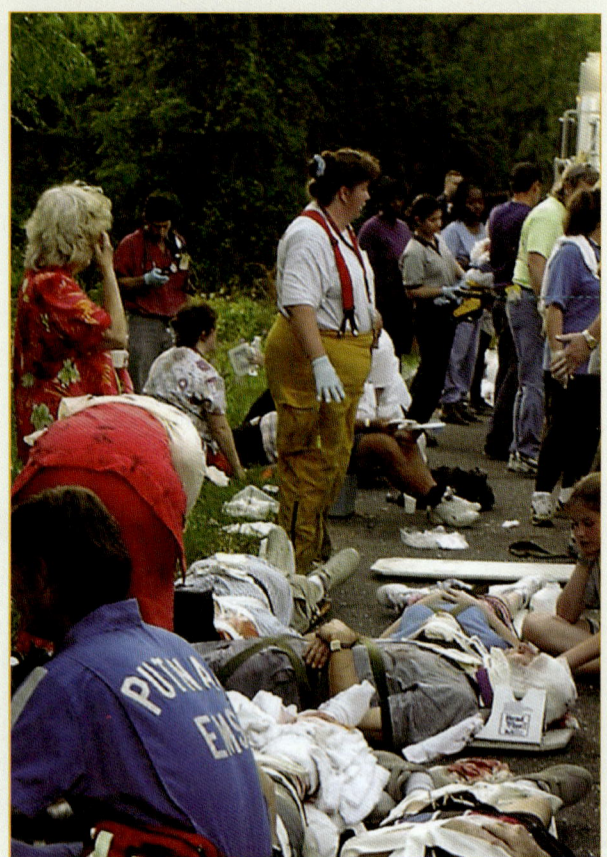

Figura 8-5 Con pacientes múltiples debe establecer un comando de incidente, pedir recursos adicionales, y luego empezar la selección por prioridades (triage).

establecer un comando de incidente, solicitar unidades adicionales, y luego iniciar la selección de pacientes por prioridades **Figura 8-5**. La **selección por prioridades (triage)** es el proceso de distribuir a los pacientes en grupos, con base en la gravedad del estado de cada uno de ellos. Una vez que los pacientes se han agrupado de acuerdo con su gravedad, puede empezar a establecer prioridades de tratamiento y transporte. Para practicar la selección por prioridades debe asignarse a un TUM-B, usualmente el más experimentado. Este procedimiento lo ayudará a distribuir su personal, equipamiento, y recursos, para proporcionar a cada uno los cuidados más eficaces en la atención de un paciente. Cuando hay presente un número grande de pacientes, o si las necesidades del paciente son mayores que sus recursos disponibles, debe poner en acción el plan de víctimas masivas, con base en sus protocolos locales. Debe estar familiarizado con el Sistema de Comando de Incidentes y comprender sus protocolos locales, referentes a las responsabilidades del establecimiento y transferencia del comando de incidente.

Considere recursos adicionales

Algunas situaciones traumáticas o médicas pueden, simplemente, requerir más ambulancias, mientras otras pueden tener necesidades de ayuda adicional específica. Para algunos pacientes pueden ser necesarias sólo las unidades de Soporte Vital Básico (SVB); sin embargo, debe solicitarse Soporte Vital Avanzado (SVA) en caso de pacientes con lesiones graves o problemas médicos complejos, dependiendo de los recursos disponibles en los protocolos locales. El SVA puede ser proporcionado por TUM-I o TUM-P, dependiendo de cómo está establecido el sistema de SMU. El soporte médico aéreo es otro buen recurso de SVA. Siga sus protocolos locales para solicitar recursos de SVA.

Además de la supresión de incendios, frecuentemente se dispone de muchos otros recursos por medio del departamento de bomberos y/o nuestras unidades de rescate urbano, incluyendo rescate vertical, manejo de materiales peligrosos, extracción compleja de choques de vehículos motores, rescate del agua, y otros tipos como rescate en aguas rápidas. Los equipos de búsqueda y rescate en alta montaña pueden ser útiles para encontrar, empaquetar y transportar pacientes a través de largas distancias, o terreno poco común. También se pueden necesitar autoridades para controlar el tráfico o intervenir en situaciones de violencia doméstica.

Debe preguntarse a sí mismo lo siguiente:
- ¿Cuántos pacientes hay?
- ¿Cuál es la naturaleza de su trastorno?
- ¿Quién contacto al SMU?
- ¿La escena plantea una amenaza para usted, su paciente, u otros?

Conocer la forma en la cual está organizado el SMU le ayudará a determinar qué recursos adicionales pueden requerirse. Mientras más pronto se identifiquen esos recursos, más pronto se pueden solicitar.

Considerar la inmovilización de la columna cervical

Si se sospecha una lesión, considere la inmovilización temprana de la columna cervical. Este es un paso importante, mover a un paciente sin inmovilización de columna cervical apropiada puede tener graves implicaciones, como una parálisis para el resto de la vida. Cuando haya incertidumbre sobre si la inmovilización de columna cervical es necesaria, equivóquese del lado de la precaución, e inmovilice al paciente.

Situación de urgencia — Parte 2

Al llegar ve a un paciente inconsciente acostado al lado de la carretera. Un policía está parado cerca del paciente. Informa que un trabajador de servicios vio al hombre tropezar, sentarse y perder el sentido. Al acercarse al paciente, usted nota a un hombre desgreñado, de aproximadamente 40 años de edad. Hay cerca un carrito de supermercado lleno de basura. El paciente no hace intento alguno de moverse y no hace ruidos aparte de ronquidos al respirar. Tiene pulso radial que es fuerte. No hay hemorragias obvias ni signos de traumatismos. Decide trasladar al paciente a la ambulancia y continuar su evaluación camino al hospital.

3. ¿Qué información se puede obtener con un estudio breve de la escena antes de recibir al paciente?
4. ¿Puede identificar problemas que ponen en peligro la vida simplemente preguntando al paciente lo que sucedió?

Evaluación del paciente

Evaluación de la escena

Evaluación inicial

Acérquese y fórmese una impresión general
Evalúe el estado mental
Evalúe la vía aérea
Evalúe la respiración
Evalúe la circulación
Identifique pacientes prioritarios y tome decisiones de transporte

Pacientes traumatizados → Historia y examen físico enfocados

Pacientes médicos → Historia y examen físico enfocados

Examen médico detallado

Evaluación en curso

Evaluación inicial

Durante la evaluación de la escena haga uso de la información del despacho, y su propia evaluación de la escena, para comenzar a determinar qué sucedió. También evalúe las amenazas potenciales y latentes, cómo protegerse y proteger a su equipo, y si necesita recursos adicionales. Estos pasos son críticos en la iniciación de los cuidados del paciente. Sin embargo, su verdadera evaluación del paciente comienza cuando se presenta. La evaluación inicial tiene un objetivo simple, crítico, de toda la importancia: identificar e iniciar el tratamiento de las amenazas para la vida, potenciales y latentes. La información concerniente a situaciones que ponen en peligro la vida se puede obtener por el aspecto visual del paciente, cómo las molestias del paciente se relacionan con el ML o la NE actuales, y problemas obvios con la vía aérea, respiración y circulación (ABC). En todos los casos, su evaluación de los ABC determinará el grado de su tratamiento en la escena. Siempre dé prioridad a los ABC para asegurar un tratamiento que salve la vida.

Impresión general

Cada vez que conoce a una persona nueva se forma una impresión inicial de ella. La impresión general de su paciente es similar, pero ayuda a concentrar su atención en problemas que amenazan la vida Figura 8-6 ▶. Esta impresión general incluye observar algunos detalles, como la edad, sexo, raza, porción de mortificación, y aspecto general. Puede anticipar diferentes problemas dependiendo de la edad, sexo y raza. Por ejemplo, es posible que una mujer que se queja de dolor abdominal tenga complicaciones más graves que un hombre con las mismas molestias, debido a la complejidad del aparato reproductor femenino.

Piense que su impresión general equivale a una evaluación visual, en la que reúne información al acercarse al paciente Figura 8-7 ▶. Al hacerlo, asegúrese de que el paciente lo vea llegar para evitar sorprenderlo, o que el paciente gire el cuerpo para verlo, con la posibilidad de empeorar cualquier lesión. Note la posición del paciente, y si se está moviendo o está quieto. Tome nota de los olores que sugieran riesgos químicos, o humo. Cuando alcanza al paciente póngase en una posición más baja, de ser posible, frente a él para mostrarle respeto y ayudarlo a sentirse cómodo y menos amenazado

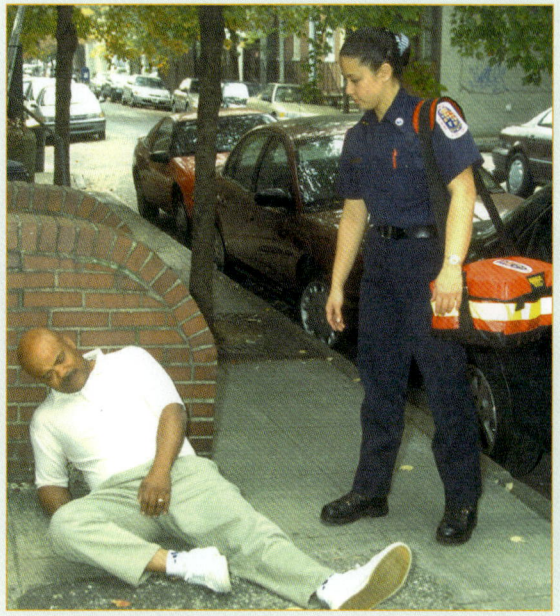

Figura 8-6 Al acercarse al paciente fórmese una impresión general sobre su estado.

al iniciar su evaluación. La impresión general continúa durante su presentación e interrogatorio sobre sus molestias. Por ejemplo, pueden dirigirlo a una herida de una pierna, o demostrar un problema de la vía aérea que crea ruidos anormales cuando respira. Si se encuentra un problema que amenaza la vida debe tratarse inmediatamente.

Preséntese y pida permiso para tratarlo

Preséntese al paciente, y otras personas, diciéndoles quién es y lo que está haciendo. Por ejemplo: "¡hola!, me llamo José Suárez, soy un TUM básico de la Cruz Roja Mexicana, y estoy aquí para ayudarlo". Después de presentarse, pregunte al paciente su nombre, y cómo desea que lo llame. Además, debe dejar que el paciente sepa cómo quiere que se le llame, por ejemplo: "¡hola!, soy Arturo Ruiz, llámeme Arturo". Usar el nombre del paciente frecuentemente reducirá su ansiedad por estar enfermo o lesionado.

Obtenga consentimiento para atender al paciente

Obtenga consentimiento para cuidar a la persona, como se expone en el capítulo 3. Es posible que el paciente consciente permita que lo atienda, sin que necesite preguntar de manera específica si puede ayudarlo. En otras ocasiones es necesario preguntar formalmente, "¿puedo ver su pierna?", ¡parece estar lesionada!, y advertirle al paciente que para observarla y revisarla es necesario hacer contacto físico y que también debe pedir y obtener autorización para tocarlo. Especialmente con el sexo femenino debe tener esta precaución. Esta comunicación establece una relación formal entre usted y el paciente, y puede reducir la ansiedad y ganar cooperación cuando atienda a pacientes más jóvenes. El tratamiento de pacientes inconscientes se basa en consentimiento implícito, asumiendo que si estuvieran conscientes consentirían ser atendidos con los cuidados de urgencias. Sin embargo, si el paciente despierta, debe explicarle quién es, qué está haciendo, y por qué lo está haciendo.

Determine la molestia principal

Ahora que han pasado las presentaciones y tiene el permiso del paciente para ayudar, debe determinar la <u>molestia principal</u>. Esto se puede hacer simplemente preguntando, "¿qué pasó?" o "¿cómo puedo ayudarlo?". La molestia principal es la cosa más seria que preocupa al paciente, y suele expresarse en sus propias palabras (síntomas); sin embargo, puede ser algo observable por el TUM-B (signos). En los pacientes inconscientes, la molestia principal se expresa frecuentemente como "inconsciente". Tenga presente la posibilidad de que la molestia principal expresada por el paciente puede no ser lo más grave que tiene; sin embargo es un buen sitio para comenzar. Por ejemplo, un paciente con dificultad para respirar por un trastorno respiratorio crónico puede quejarse de problemas en la pierna por perfusión deficiente. Su responsabilidad consiste en determinar qué es lo más importante, el problema de la pierna o la dificultad para respirar. La molestia principal le da un punto de referencia para empezar durante su proceso de evaluación.

Como TUM-B será llamado para tratar un número casi infinito de problemas diferentes. La molestia principal le ayudará a reducir la información del ML o la NE reunida en la evaluación de la escena. Puede intentar determinar si el paciente cayó de la escalera o de desmayó, preguntándole al mismo. La evaluación de la forma en la cual una persona de lesionó nos puede alertar sobre las posibles lesiones que el paciente tenga. Si se sospecha de una lesión potencial de columna debe inmovilizar manualmente la cabeza del paciente. No es fácil determinar si un paciente es de naturaleza médica o traumática, hasta que ha completado una evaluación más profunda. Esto no le debe impedir inmovilizar a cualquier paciente con sospecha de lesión de columna. En muchas ocasiones coexisten las situaciones clínicas y traumáticas en el mismo paciente.

Por esta razón, debe diferenciar si se trata de un paciente con algún padecimiento medico o traumático. El proceso de evaluación le debe estimular a diferenciar estos aspectos, ya que al iniciar la evaluación se asume que los pacientes pueden tener padecimientos médicos o traumáticos en su

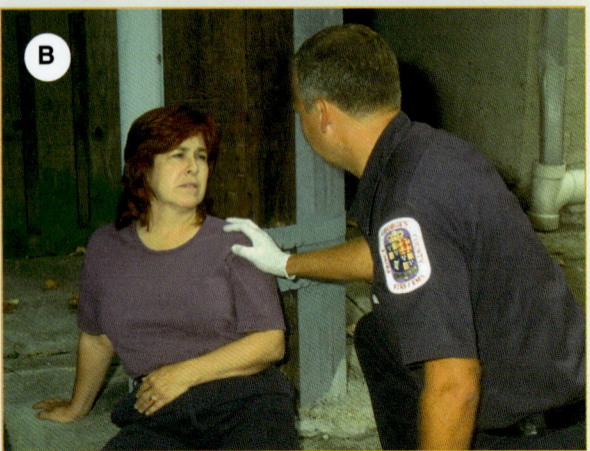

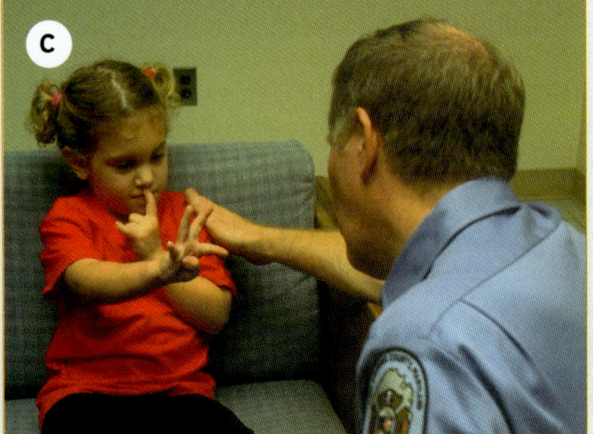

Figura 8-7 **A.** Observe al paciente para formarse una impresión general. **B.** Evalúe el estado mental del paciente. **C.** Evalúe el estado mental de un niño.

Tips para el TUM-B

La gente llama al 065 durante algunos de los momentos más difíciles de sus vidas. En ciertos casos, llaman debido a una enfermedad o lesión graves. En otras, ellos, o sus familias, están atemorizados, agobiados, o son incapaces de enfrentar otro problema más pequeño. Los pacientes con frecuencia están fatigados, enfermos, asustados, y tristes, y sus familias a menudo comparten algunos de estos sentimientos. Al margen de la naturaleza exacta de la llamada, los pacientes, familias y espectadores esperan que les lleve comodidad, control, y solución a estos problemas emocionales y físicos.

En muchas formas, las destrezas de comunicación son tan, o más, importantes que la eficiencia técnica. Cada paso en el proceso de la evaluación puede ser impedido por una comunicación deficiente, y cada uno puede ser favorecido por una buena comunicación con su paciente y la familia. Se presentan aquí algunos tips que pueden mejorar enormemente sus destrezas de comunicación durante el proceso de la evaluación:

1. Haga todo lo que pueda, rápidamente, para que usted y su paciente estén cómodos. Los pacientes se sienten incómodos en comunicarse con alguien que está sobre ellos, dando pasos cortos o mirando a otra parte. Cuando el tiempo lo permita, siéntese o colóquese cerca del paciente, o ambas cosas, preséntese, y pregúntele su nombre. Esta simple acción le indica al paciente que usted está dispuesto a darse tiempo para hablar; abre canales de comunicación. Al mismo tiempo, sea consciente del espacio personal del paciente. No se mueva muy rápido. Pregunte al paciente si hay algo que pueda hacer para que se sienta más cómodo. Los gestos de atención y el buen lenguaje corporal son una demostración visible de su cuidado y preocupación.

2. Escuche de manera activa al paciente. En muchas ocasiones él podrá decirle lo que tiene mal, si está prestándole atención y escuchando en verdad. Puede usar varias destrezas para escuchar activamente, incluyendo inclinarse hacia el paciente, tomando notas selectivas, y repitiendo en forma periódica puntos importantes al paciente para asegurar que comprendió bien. Escuchar con atención es a menudo más difícil de lo que parece, pues las escenas con frecuencia son ruidosas y caóticas, y estará recibiendo información del paciente, la familia, su compañero, y otro TUM, o individuos de bomberos o autoridades en la escena. Intente hacerlos a un lado por unos cuantos minutos para poder escuchar de verdad al paciente; dará grandes dividendos.

3. Haga contacto visual con la persona con la que está hablando. Este contacto indica que está escuchando, por lo cual es más probable que el paciente se abra. Un beneficio adicional es que verá expresiones faciales que, en algunos casos, comunican con más claridad que las palabras del paciente. Por ejemplo, puede ver un gesto de dolor o alejamiento de ojos que indica avergonzamiento. Note que ciertas culturas se sienten incómodas, u ofendidas, por el contacto visual directo. Asegúrese de estar familiarizado con los antecedentes culturales de los ciudadanos en su área.

4. Base sus preguntas iniciales en las molestias del paciente. A nadie le gusta ser "sólo otro paciente". Pero eso es lo que comunica, si siempre hace las mismas preguntas a cada paciente, independientemente de la molestia. Si hace preguntas sobre el seguro médico mientras el paciente está intentando hablarle sobre su dolor, está comunicando que no está en realidad interesado en el problema. Hable sobre el problema del paciente primero, luego haga preguntas sobre papeleo.

5. Antes de iniciar el tratamiento, deténgase por un momento y resuma mentalmente lo que ha aprendido y lo que va a hacer, y luego dígalo al paciente. Al proporcionar información necesaria al paciente y familia, ayuda a aliviar la ansiedad y el temor. Esto les dará la oportunidad de darle información adicional si alguna ha pasado inadvertida.

Debe pasar su carrera completa en el SMU refinando sus destrezas de evaluación del paciente, puesto que son la piedra angular del cuidado prehospitalario de alta calidad. Una evaluación deficiente siempre acaba en un cuidado subestándar del paciente. Asegúrese de enfocar parte de su energía en mejorar el proceso de comunicación. Facilitará a sus pacientes el sentirse cómodos con usted, lo que los ayudará a dar respuestas directas y honestas a sus preguntas. Como resultado, obtendrá una mejor evaluación en menos tiempo.

entorno. Es más seguro y sencillo acercarse al paciente y evaluar su padecimiento actual, que suponer que el paciente está enfermo o lesionado sin un soporte específico.

Una forma de evaluar el "gran cuadro" es obtener una impresión general del paciente antes de centrarse en preocupaciones específicas.

Evalúe el estado mental

La evaluación del estado mental de una persona es una buena forma de evaluar la función encefálica. Muchos trastornos, médicos o traumáticos, pueden alterar la función encefálica y, por tanto, el estado de conciencia del paciente. Aprenderá más sobre estos trastornos al progresar a través del curso de TUM-B. Los estados mental y de conciencia se pueden evaluar en sólo unos cuantos segundos usando dos pruebas separadas; la capacidad de respuesta y la orientación.

Una prueba de capacidad de respuesta usa la escala AVDI para evaluar cómo responde el paciente a estímulos externos, incluyendo estímulos verbales (sonido) y estímulos dolorosos (como un ligero apretón en el lóbulo de la oreja). La escala AVDI se basa en los siguientes criterios:

- **Alerta.** Los ojos el paciente se abren espontáneamente cuando usted se acerca, y parece estar consciente de usted y responsivo al ambiente. El paciente parece seguir órdenes y sus ojos localizan visualmente personas y objetos.
- **Respuesta a estímulos Verbales.** Los ojos del paciente no se abren espontáneamente. Sin embargo, sí se abren a estímulos verbales, y el paciente es capaz de responder, en forma un tanto significativa, cuando se le habla.
- **Respuesta al Dolor.** El paciente no responde a sus preguntas, pero se mueve o llora en respuesta a estímulos dolorosos. Existen métodos apropiados o inapropiados para aplicar estímulos dolorosos con base en muchas preferencias personales (Figura 8-8). Tenga presente que es posible que algunos métodos no den un resultado preciso en presencia de una lesión de la médula espinal.
- **Inconsciente.** El paciente no responde espontáneamente a sus preguntas, o a estímulos verbales, o dolorosos. Estos pacientes usualmente no tienen un reflejo tusígeno ni nauseoso, y carecen de capacidad para proteger su vía aérea. Si está en duda sobre si su paciente está verdaderamente inconsciente, asuma lo peor y trátelo apropiadamente.

En un paciente que está alerta y responde a estímulos verbales, a continuación debe evaluar la orientación. La orientación prueba el estado mental verificando la memoria y habilidad para pensar del paciente. La prueba más común evalúa la habilidad del paciente para recordar cuatro cosas:

- **Persona.** El paciente es capaz de recordar su nombre.
- **Lugar.** El paciente es capaz de identificar su localización actual.
- **Tiempo.** El paciente es capaz de decirle el año, mes y fecha aproximada, actuales.
- **Evento.** El paciente es capaz de describir lo que sucedió (el ML o la NE).

Estas preguntas no fueron seleccionadas al azar. Evalúan memoria a largo plazo (persona y lugar, si el paciente está en su casa), memoria intermedia (lugar y tiempo cuando se le pregunta el año o mes), y memoria a corto plazo (tiempo, cuando se pregunta fecha aproximada y evento). Si el pa-

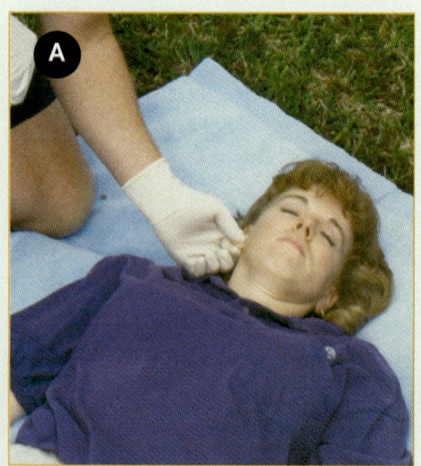
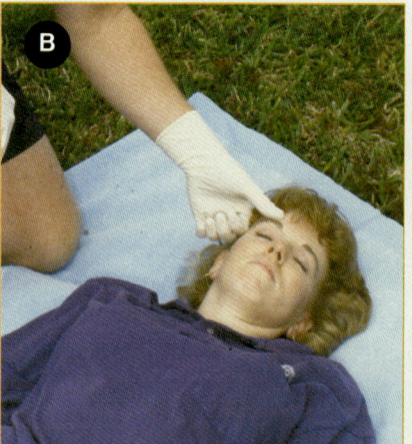
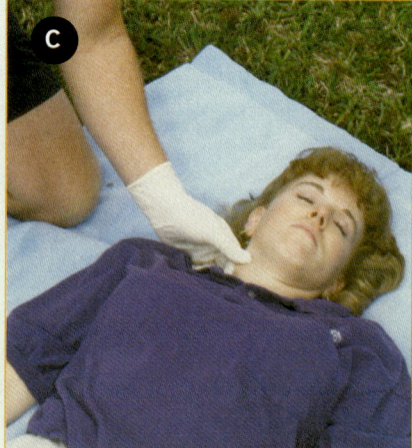

Figura 8-8 **A.** Pellizque suave, pero firmemente, el lóbulo de la oreja del paciente. **B.** Presione hacia abajo el hueso situado encima del ojo. **C.** Pellizque los músculos del cuello.

Necesidades pediátricas

Puede ser difícil evaluar el estado mental en niños. En primer lugar, determine si el niño está alerta. Aun los lactantes deben estar alertas ante su presencia, y deben seguirlo con sus ojos (proceso llamado "localización"). Pregunte al progenitor si el niño se está comportando normalmente, en particular en lo que se refiere a estar alerta. La mayoría de los niños mayores de dos años deben saber su nombre, y los de sus padres y hermanos. Evalúe el estado mental en los niños en edad escolar, preguntando sobre días festivos, actividades recientes en la escuela, o nombres de profesores.

ciente conoce estos hechos, se dice que el paciente está "alerta y completamente orientado", o "alerta y orientado en persona, lugar, tiempo y espacio". Si el paciente no conoce estos hechos, se considera menos que completamente orientado.

Un estado mental alterado, cualquiera aparte de alerta, puede ser causado por diversos trastornos, incluyendo traumatismo de la cabeza, hipoxemia, hipoglucemia, evento vascular cerebral, problemas cardiacos, o farmacodependencia. Si un paciente tiene un estado mental alterado, debe completar rápidamente la evaluación inicial, proporcionar oxígeno suplementario a flujo alto, considerar inmovilización vertebral, si se sospecha traumatismo, e iniciar transporte. Se requiere soporte de ABC y reevaluar continuamente, por posibles cambios en el estado del paciente.

Evalúe la vía aérea

Al moverse a través de los pasos de la evaluación inicial, siempre debe estar alerta de los signos de deterioro respiratorio u obstrucción de la vía aérea. Independientemente de la causa, una obstrucción de la vía aérea, parcial o completa, dará por resultado un flujo de aire inadecuado, o ausente, hacia adentro y afuera de los pulmones. Para prevenir daño permanente al encéfalo, el corazón y los pulmones, y aun la muerte, debe determinar si la vía aérea está abierta (permeable) y es adecuada.

Pacientes conscientes

Los pacientes de cualquier edad, que están hablando o llorando, tienen la vía aérea abierta. Sin embargo, observar y escuchar cómo hablan los pacientes, particularmente aquéllos con problemas respiratorios, pueden proporcionar indicios importantes sobre qué tan adecuada es su vía aérea y el estado de su respiración. Por ejemplo, los ruidos de estridor sugieren una vía aérea parcialmente ocluida a causa de inflamación. Los ruidos como graznidos, de tono alto, pueden indicar una obstrucción parcial de la vía aérea por un cuerpo extraño. Un paciente consciente que no puede hablar o llorar, probablemente tiene una obstrucción completa de la vía aérea.

Si identifica un problema de la vía aérea, detenga el proceso de evaluación y obtenga una vía aérea permeable. Esto puede ser tan simple como colocar el paciente para que el aire se mueva dentro y fuera más fácil, o tan complejo como comprimir el abdomen para expulsar de la vía aérea un cuerpo extraño. Aunque los problemas de la vía aérea y los de la respiración no son lo mismo, sus signos y síntomas a menudo se superponen. Si el paciente tiene signos de dificultad respiratoria, o no respira, debe tomar de inmediato las medidas correctivas apropiadas utilizando las técnicas de manejo de las vías respiratorias.

Pacientes inconscientes

Con un paciente inconsciente, o un paciente con disminución de conciencia, debe examinar inmediatamente la permeabilidad de la vía aérea. Si es clara, puede continuar con su evaluación. Si la vía aérea no es clara, su siguiente prioridad es abrirla. Una obstrucción de la vía aérea en un paciente inconsciente se debe más comúnmente a relajación de los músculos de la lengua, lo que permite que la lengua caiga a la parte posterior de la garganta. Prótesis dentales, coágulos de sangre, vómito, moco, alimentos, u otros objetos extraños también pueden producir una obstrucción. Los signos de una obstrucción de la vía aérea en un paciente inconsciente incluyen los siguientes:

- Traumatismo obvio, sangre, u otra obstrucción.
- Respiración ruidosa, como ronquido, burbujeo, gorgoteo, graznido, u otros ruidos anormales (la respiración normal es silenciosa).
- Respiración extremadamente superficial o ausente (las obstrucciones de la vía aérea pueden deteriorar la respiración).

Si la vía aérea no es permeable, debe abrirlas usando las maniobras de inclinación de cabeza-levantamiento de mentón o de tracción mandibular, cuanto sea necesario, y usar un auxiliar de la vía aérea, tanto como sea necesario. El cuerpo no tendrá el oxígeno necesario para sobrevivir si la vía aérea no se trata rápida y eficientemente. Recuerde que el posicionamiento de la vía aérea depende de la edad y el tamaño del paciente.

Consideraciones de la columna vertebral

El tratamiento de la vía aérea puede ser complicado por la presencia de una lesión de la columna vertebral. Los pacientes traumatizados, tanto conscientes como inconscientes, deben inmovilizarse para proteger su columna vertebral. Sin embargo, los pacientes médicos, tanto conscientes como inconscientes, pueden haber sufrido caídas y tener una lesión potencial de la columna vertebral. Es importante que considere precauciones de la columna vertebral durante la evaluación de la escena y evalúe el ML o la NE cuando determine la molestia principal. Cuando trate el estado de la vía aérea de un paciente, debe decidir si necesita proteger la columna vertebral. Si no tiene certeza de que exista una lesión de la columna vertebral, aun después de interrogar a un paciente consciente, asuma lo peor y estabilice la columna vertebral. El tratamiento de la vía aérea y la inmovilización de la columna vertebral deben practicarse de manera simultánea.

Es posible que los pacientes inconscientes, o que responden a estímulos verbales, no sean capaces de proteger su vía aérea. Si ha examinado la escena, y tiene información confiable de testigos que indican que un paciente no tiene una lesión de la columna vertebral, puede considerar colocar al paciente en posición de recuperación, o recostado de lado, tan pronto como sea posible. En esta posición sus secreciones drenarán fuera de la boca del paciente en vez de hacerlo a la vía aérea, donde pueden ser peligrosas. Siga su protocolo local para determinar quién tiene potencial de una lesión de la columna vertebral, y quién puede considerarse "claro".

Evalúe la respiración

El estado de la respiración de un paciente está directamente relacionado con lo adecuada que sea su vía aérea. Asegúrese de que la vía aérea de su paciente están abiertas, y de que su respiración está presente y es adecuada. Debe administrarse oxígeno a los pacientes que están teniendo dificultades respiratorias, y también a aquellos que están respirando adecuadamente, mientras que las ventilaciones con presión positiva se deben practicar en pacientes que son apneicos, o en los que están respirando muy lento o de manera superficial.

Al examinar la respiración de un paciente, vea, escuche y sienta la presencia de respiración, y luego evalúe su profundidad. La frecuencia respiratoria del adulto varía ampliamente, y es de 12 a 20 respiraciones por minuto. Los niños respiran a frecuencias aún más altas, sin embargo, tomar el tiempo para contar respiraciones puede distraerlo de evaluar problemas que ponen más en peligro la vida. Con la práctica debe ser capaz de estimar la frecuencia, y notar si es demasiado rápida o demasiado lenta. A veces puede ser importante realmente contar el número de respiraciones en su evaluación inicial. Recuerde, el objetivo de su evaluación inicial es identificar y tratar problemas de la vía aérea, respiratorios y circulatorios, tan pronto como sea posible. La medición exacta de los signos vitales, se logra en otra parte de la evaluación, una vez que el tiempo y las amenazas a la vida dejan de ser un tema principal.

Observe qué tanto esfuerzo le cuesta al paciente respirar. Usualmente las respiraciones normales no son superficiales ni excesivamente profundas. Las respiraciones superficiales se pueden identificar por el pequeño movimiento de la pared del pecho (volumen de ventilación pulmonar reducido); las respiraciones profundas causan una elevación y descenso considerables de la pared del pecho. La presencia de retracciones, o el uso de **músculos accesorios** de la respiración, también son una consideración de respiración inadecuada. La **dilatación de los orificios nasales** y la respiración en sube y baja en los pacientes

> ### Tips para el TUM-B
>
> Se producen millares de muertes por año a causa de obstrucción de la vía aérea después de intoxicación aguda por alcohol o sobredosis de drogas. En general estos pacientes vomitan estando acostados sobre la espalda y no pueden proteger su vía aérea debido al nivel intensamente disminuido de conciencia. Nunca deje sin atención a una persona que se ha desmayado. Si ésta no puede ser vigilada continuamente, colóquela en posición prona, o de lado, no supina.

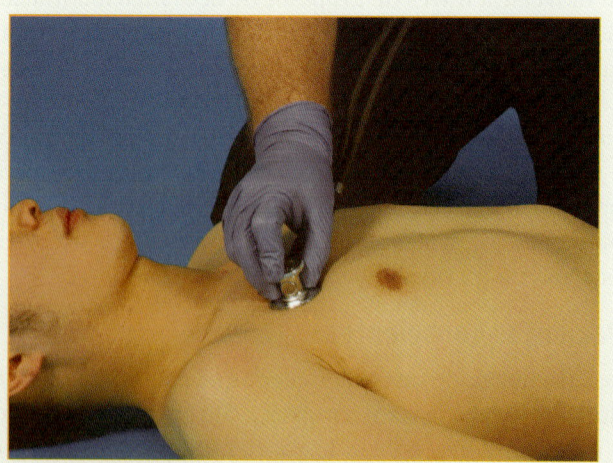

Figura 8-9 Escuche los campos pulmonares en lados opuestos del tórax del paciente.

pediátricos también indican una respiración inadecuada. Un paciente que sólo puede hablar dos o tres palabras, sin hacer una pausa para tomar aire, trastorno llamado **disnea de dos a tres palabras,** tiene un problema serio de la respiración. Al evaluar la respiración del paciente siempre debe hacerse las siguientes preguntas:

- ¿El paciente parece estarse sofocando?
- ¿La frecuencia respiratoria es demasiado rápida o demasiado lenta?
- ¿Las respiraciones de paciente son superficiales o profundas?
- ¿Está cianótico (azul) el paciente?
- ¿Escucha ruidos anormales cuando ausculta los pulmones?
- ¿Está moviendo aire el paciente hacia adentro y hacia afuera de los pulmones en ambos lados?

Puede ser útil escuchar los **campos pulmonares** en cada lado del tórax del paciente en la evaluación inicial **Figura 8-9**. Esto puede ayudar a identificar la suficiencia del movimiento de aire en ambos pulmones. Coloque el tambor del estetoscopio sobre la piel de la parte superior del tórax, a nivel de la línea medioclavicular, así como el cuarto espacio intercostal, línea media clavicular y escuche por una o dos respiraciones. Repítalo en el lado opuesto. Los campos pulmonares reducidos o ausentes, y la disminución del movimiento de ascenso y descenso en un lado del tórax, indican una respiración inadecuada.

Si un paciente parece desarrollar dificultad respiratoria después de su evaluación inicial, debe inmediatamente reevaluar la vía aérea. Si ésta se encuentra abierta y la respiración está presente y es adecuada, debe considerar colocar al paciente bajo oxígeno suplementario. Si la respiración está presente y es inadecuada, debido a que las respiraciones son demasiado rápidas (más de 24 respiraciones/min), demasiado superficiales, o demasiado lentas (menos de 8 respiraciones/ min), debe tratar al paciente con oxígeno suplementario, y considerar proporcionar ventilaciones con presión positiva con un dispositivo de vía aérea adjunta. Recuerde que lo que es crítico es el intercambio de aire, no el número de respiraciones.

Cualquier paciente con disminución del nivel de conciencia, dificultad respiratoria, o pobre color de piel, debe recibir oxígeno en flujo alto. Si no hay riesgo de lesión vertebral, el paciente debe permanecer en una posición cómoda que soporte la respiración, la que es usualmente sentándose con las piernas colgando, o aun una posición alta de Fowler (sentado con un ángulo de casi 90°). En cualquier paciente con una posible lesión vertebral debe inmovilizar la columna cervical, asegurando que las respiraciones no estén comprometidas.

El oxígeno se debe entregar a los pacientes con el uso de una mascarilla no recirculante a 15 L/min. Cualquier paciente que se identifique con problemas potenciales de la vía aérea o respiratorios debe recibir oxígeno suplementario y ser observado por posible respiración inadecuada. ¡Nunca retrase en ningún paciente la administración de oxígeno en la escena!

Evalúe la circulación

Evaluar la circulación permite determinar qué tan bien está circulando la sangre a los órganos principales, con incluyendo el encéfalo, pulmones, corazón, riñones y el resto del cuerpo. Una diversidad de problemas puede interferir con la circulación, incluyendo la pérdida de sangre, choque, y trastornos que afectan al corazón y a los grandes vasos. La circulación se evalúa con la frecuencia y calidad del pulso, identificando hemorragia externa y examinando la piel.

Evalúe el pulso

Nuestro primer objetivo al evaluar la circulación es determinar si el pulso del paciente está presente y es adecuado. Examine el pulso sintiendo la arteria radial en el extremo

---

Necesidades pediátricas

Puede sentir el pulso de un niño en la arteria carótida como en un adulto. Sin embargo, palpar el pulso de un lactante puede presentar un problema. Como con frecuencia el cuello de un lactante es muy corto y gordo, y a menudo su pulso es rápido, puede tener dificultades para encontrar el pulso carotídeo. Por lo tanto, en los lactantes menores de un año debe palpar la arteria braquial para medir el pulso. Las frecuencias normales del pulso en los niños se presentan en el **Cuadro 8-1**.

CUADRO 8-1 Frecuencias de pulsos normales en lactantes y niños

Edad	Límites (latidos/min)
Lactante: 1 mes a 1 año	100 a 160
Lactante mayor: 1 a 3 años	90 a 150
Edad preescolar: 3 a 6 años	80 a 140
Edad escolar: 6 a 12 años	70 a 120
Adolescente: 12 a 18 años	60 a 100

distal del antebrazo; si no se puede sentir el pulso en la arteria radial, examine la arteria carótida en el cuello. Si no puede **palpar** el pulso en un paciente inconsciente, comience reanimación cardiopulmonar (RCP). Si dispone de un desfibrilador automático externo (DAE), fíjelo y siga las indicaciones de la voz, de acuerdo con su protocolo local. El DAE está indicado para uso en pacientes médicos que tienen cuando menos ocho años de edad y pesan más de 25 kilos, y que han sido evaluados como inconscientes, apneicos y sin pulso. Un DAE, con cojinetes pediátricos especiales, está indicado para uso en pacientes médicos pediátricos entre 1 y 7 años de edad que se han encontrado inconscientes, apneicos y sin pulso.

Si el paciente tiene un pulso pero no está respirando, proporcione ventilaciones a una frecuencia de cuando menos 12 respiraciones/min para adultos y cuando menos 20 respiraciones/minuto para un lactante o niño. Continúe examinando el pulso para evaluar la eficacia de sus ventilaciones. Si en algún punto el pulso se pierde, inicie RCP y aplique el DAE, si se indica. La ausencia aparente de un pulso en un paciente consciente no es causado por un paro cardiaco. Por tanto nunca inicie RCP ni use un DAE en un paciente consciente.

Después de definir que un pulso está presente, determine sus características. Esto se realiza evaluando la frecuencia, ritmo y fuerza del pulso. En un adulto, la frecuencia del pulso normal, en reposo, debe ser entre 60 y 80 latidos/minuto, y puede ser de hasta 100 latidos/min en pacientes geriátricos. En pediatría, en general, mientras menor es el paciente más rápida es la frecuencia el pulso. El número preciso de pulsaciones por minuto no es tan importante como obtener una sensación de que la frecuencia es demasiado lenta, está en límites normales, o es demasiado rápida. Con práctica podrá desarrollar la sensación de percibir la frecuencia del pulso sin contar las pulsaciones; esto lo ayudará a mejorar su evaluación inicial, y le permitirá enfocar su atención en encontrar problemas que pongan potencialmente en peligro la vida. Un pulso que es demasiado lento o demasiado rápido, puede cambiar decisiones relacionadas con el transporte de su paciente. El pulso debe sentirse fácilmente en la arteria radial o en la arteria carótida, y tener un patrón regular. Si es difícil de sentir, o es irregular, es posible que el paciente tenga problemas con su aparato circulatorio que puedan necesitar una evaluación adicional más adelante en su valoración.

Evalúe y controle hemorragia externa

El siguiente paso consiste en identificar cualquier hemorragia externa mayor. En algunos casos, la pérdida de sangre puede ser muy rápida y dar lugar, prontamente, a choque, o aun a la muerte. Por tanto, este paso exige su atención inmediata tan pronto como se ha estabilizado la vía aérea y respiración del paciente.

Los signos de pérdida de sangre incluyen hemorragia activa de heridas o evidencia de sangrado, como sangre en las ropas o cerca del paciente, o ambas cosas. La hemorragia intensa de una vena grande puede caracterizarse por un flujo regular de sangre, mientras que la hemorragia de una arteria se caracteriza por un flujo intermitente, en chorros de sangre. Cuando evalúe a un paciente inconsciente, busque sangre, recorriendo rápida y suavemente con sus manos enguantadas de la cabeza a los pies, haciendo pausas, periódicamente, para ver si sus guantes están manchados con sangre.

Controlar la hemorragia externa con relativa frecuencia es muy simple. Presión directa inicial con su mano enguantada y, poco después, un vendaje estéril sobre la herida, controlarán la hemorragia en la mayor parte de los casos. Esta presión directa detiene la hemorragia y ayuda a la sangre a **coagularse**, o formar un coágulo naturalmente. Con mucha frecuencia, la hemorragia se puede controlar de manera adecuada usando presión directa, junto con elevación de la extremidad, si la hemorragia es de los brazos o piernas. Cuando la presión directa y la elevación no tienen éxito, puede aplicare presión directamente sobre puntos de presión arteriales.

Evalúe la perfusión

La evaluación de la piel es una de las formas más importantes y más fácilmente accesibles para evaluar la circulación. Un aparato circulatorio que funciona de manera normal perfundirá la piel con sangre oxigenada. Una deficiencia de perfusión, o hipoperfusión, dará por resultado hipoxia del encéfalo, pulmones, corazón y riñones. En la mayor parte de las situaciones la hipoperfusión es causada por choque. El grado de hipoperfusión, y cuánto dura, determinará si el paciente sufrirá daños permanentes relacionados con la hipoxia. La perfusión se evalúa examinando el color, temperatura y humedad de la piel.

Color

El color de la piel depende de la pigmentación, el nivel de oxígeno en la sangre, y la cantidad de sangre circulante por los vasos de la piel. Por esta razón, el color de la piel es un instrumento valioso de evaluación. El color de la piel de personas levemente pigmentadas es rosado. La piel intensamente pigmentada ocultará los cambios de color de la piel causados por lesiones o enfermedad. Por tanto, debe buscar cambios de color en áreas de la piel menos pigmentadas: los lechos ungueales, la **esclerótica** (lo blanco del ojo), la **conjuntiva** (recubrimiento del párpado), y las membranas mucosas de la boca. El color normal de la piel, particularmente de las conjuntivas y las membranas mucosas de la boca, es rosado. Los colores de la piel que deben alertarlo sobre posibles problemas médicos incluyen cianosis (azul), sonrojado (rojo), pálido (blanco), e ictericia (amarillo). La cianosis y la palidez de la piel indican una falta de perfusión.

Temperatura

La piel tiene muchas funciones. Ayuda a contener el agua del cuerpo, actúa como aislamiento y protección de la infección, y también desempeña un papel en la regulación de la temperatura corporal, al cambiar la cantidad de sangre que circula a través de la superficie de la piel. Con una perfusión deficiente, el cuerpo retira sangre de la superficie de la piel y la deriva al centro del cuerpo. El resultado es piel fría, pálida, viscosa: lo que indica, en su evaluación inicial, hipoperfusión y función inadecuada del aparato circulatorio.

Estado

Evaluar el estado de la piel es en realidad evaluar la presencia de humedad en la piel. La piel es normalmente caliente y húmeda. La piel que es fresca o fría, húmeda o viscosa, sugiere choque (hipoperfusión). De nuevo, estas características son hallazgos importantes en su evaluación inicial, porque la hipoperfusión puede llevar a graves consecuencias si el tratamiento se retrasa, o ignora.

Llenado capilar

Otra forma de evaluar la perfusión es verificar el llenado capilar. Este método es más preciso en niños menores de seis años. Aunque el llenado capilar es una forma rápida y muy general de evaluar la perfusión, es importante recordar que otros trastornos, no relacionados con la circulación del cuerpo, también pueden hacer más lento el llenado capilar. Estos trastornos incluyen, pero no se limitan a ellos, la edad del paciente, así como la exposición a un ambiente frío (hipotermia), tejido congelado (congelación) y vasoconstricción. Las lesiones en los huesos y músculos de las extremidades pueden causar deterioro circulatorio local dando lugar a hipoperfusión de una extremidad más que hipoperfusión del cuerpo en general.

Identifique prioridades de los pacientes y tome decisiones sobre transporte

Al completar su evaluación inicial tiene que tomar algunas decisiones sobre los cuidados del paciente. Debe haber identificado e iniciado el tratamiento de las lesiones y enfermedades que ponen en peligro la vida. Ahora,

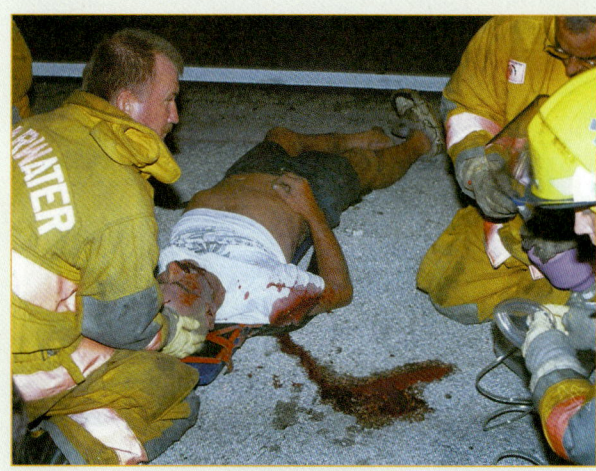

Figura 8-10 Identificación de pacientes prioritarios.

debe identificar el estado de prioridad de su paciente (**Figura 8-10**). ¿Consideraría a su paciente como una alta prioridad, o una prioridad mediana o baja, para transporte? La designación de prioridad se usa para determinar si su paciente necesita transporte inmediato o tolerará unos cuantos minutos más en la escena. Los individuos con cualquiera de estos trastornos son ejemplos de pacientes con alta prioridad, y deben ser transportados inmediatamente:

- Dificultad para respirar
- Pobre impresión general
- Inconsciente sin reflejos nauseoso o tusígeno
- Dolor de pecho intenso, sobre todo cuando la presión arterial sistólica es menor de 100 mm Hg
- Piel pálida, u otros signos de perfusión deficiente
- Parto complicado
- Hemorragia incontrolable
- Consciente, pero incapaz de seguir órdenes
- Dolor intenso en cualquier parte del cuerpo
- Incapacidad de mover cualquier parte del cuerpo.

Un paciente de alta prioridad debe ser transportado tan rápidamente como sea posible. La decisión de transportarlo se debe tomar en este punto de la evaluación, e iniciarse las preparaciones para su acondicionamiento y transporte. Sin embargo, la carga física del paciente a la camilla, y dejar la escena, puede ocurrir poco después de esta decisión. Por ejemplo, en un paciente con un traumatismo significativo, el reconocimiento de la necesidad de una consulta quirúrgica en el hospital, para corregir los problemas del paciente será importante. Sin embargo, puede necesitar tomar de 60 a 90 segundos para identificar las lesiones que deben ser protegidas durante el acondicionamiento y carga para el transporte. Proteger la

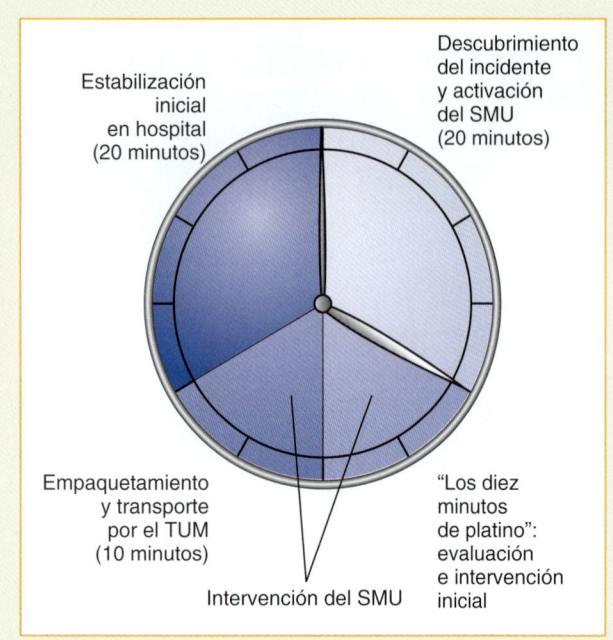

Figura 8-11 La hora dorada es el tiempo durante el cual el tratamiento del choque o lesiones traumáticas es más crítico y el potencial de supervivencia es mejor.

columna vertebral del paciente e identificar las extremidades fracturadas son parte integral de su acondicionamiento para el transporte. Estas lesiones pueden hacerse peores si descuida evaluarlas y tratarlas, antes de mover al paciente.

Es fundamental, la necesidad de reconocer el momento oportuno de transporte de los pacientes traumatizados graves. Se le ha denominado la **hora dorada**. Esto se refiere al tiempo que transcurre desde la lesión hasta el tratamiento definitivo, durante el cual debe ocurrir el tratamiento del choque y las lesiones traumáticas, porque el potencial de supervivencia es el mejor **Figura 8-11**. Después de los primeros 60 minutos, el cuerpo tiene dificultades crecientes para compensar el choque y las lesiones traumáticas.

Por esta razón, debe tardar, tan poco tiempo como sea posible, en la escena, con pacientes que han sufrido un traumatismo, significativo o grave. La meta es evaluar, estabilizar, empaquetar, e iniciar el transporte al sitio adecuado dentro de un lapso de 10 minutos después de arribar a la escena, siempre que sea posible (una extracción difícil o compleja limitará obviamente las posibilidades).

Algunos pacientes se beneficiarán permaneciendo en la escena y recibiendo cuidados continuos. Por ejemplo, es posible que un paciente de edad avanzada con dolor de pecho sea mejor atendido en la escena, siendo administrado con nitroglicerina y esperando un vehículo SVA siempre que ésta esté disponible para apoyarlo, en vez de un transporte inmediato. El SVA debe ser llamado a la escena, si no es que ya viene en camino, y dependiendo de la distancia del viaje, puede encontrarse mientras se transporta al paciente grave. Si el SVA se retrasa, o está alejado, coordinar un punto de reunión puede ser una mejor decisión para su paciente de alta prioridad. En caso de no contar con unidades de SVA en su comunidad deberá iniciar su transporte tan pronto le sea posible, posterior a su evaluación e intervenciones urgentes. Su decisión de permanecer en la escena o transportarse inmediatamente se basará en el estado de su paciente, la disponibilidad de ayuda más avanzada, la distancia que debe transportar, y sus protocolos locales.

La correcta identificación de los pacientes de alta prioridad es el principal aspecto de la evaluación inicial, y contribuye a mejorar el pronóstico del paciente. Aunque el tratamiento inicial es importante, es esencial recordar que el transporte inmediato es una de las claves para la supervivencia del paciente de alta prioridad. El transporte se debe iniciar tan pronto como sea posible.

Posteriormente se obtiene la historia y examen físico enfocados, basado en la evaluación y se determina si el padecimiento de urgencia del paciente es de índole médica, traumática o de ambas.

Situación de urgencia — Parte 3

Después de evaluar al paciente por dificultad respiratoria, que mejoró después de aplicar una cánula nasofaríngea, se eleva al paciente a la camilla usando un levantamiento de extremidades, y se acondiciona para transporte al hospital local. En camino, realiza un examen físico rápido, buscando una explicación del estado inconsciente del hombre, y no encuentra cosa alguna que explique la situación, excepto que huele a alcohol. Un conjunto de signos vitales revela una tensión arterial de 142/96 mm Hg, en posición supina, un pulso débil regular de 88 latidos/min, y respiraciones superficiales, laboriosas, de 24/min. Su piel es rosada, caliente y seca, con un tiempo de llenado capilar normal. Ha sido difícil obtener la historia porque está inconsciente. Sin embargo, en el bolsillo del paciente se encontró una prescripción de Librium (medicamento para la ansiedad y tratamiento de la abstinencia de alcohol) escrita en la clínica de indigentes.

6. ¿Cómo la molestia principal del paciente guía su evaluación?
7. ¿Cuáles son los indicios importantes para enfocar cuando evalúa a su paciente? ¿Cómo identifica estos indicios?

Sección 3 Evaluación del paciente

Evaluación del paciente

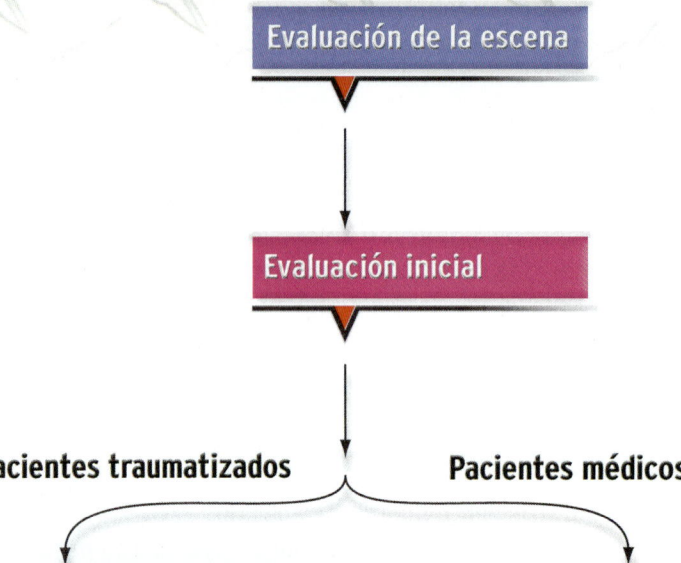

Pacientes traumatizados	Pacientes médicos
Historia y examen físico enfocados	**Historia y examen físico enfocados**
Reconsiderar el mecanismo de la lesión	**Evaluar la respuesta**

Pacientes traumatizados — Historia y examen físico enfocados

Con mecanismo de la lesión significativo	Sin mecanismo de la lesión significativo
Evaluación rápida del traumatismo	Evaluación médica enfocada basada en la molestia principal
Línea basal de los signos vitales	Línea basal de los signos vitales
Historial SAMPLE	Historial SAMPLE
Reevaluar decisión de transporte	Reevaluar decisión de transporte

Pacientes médicos — Historia y examen físico enfocados

Responsivo	Inconsciente
Historia de la enfermedad	Evaluación médica rápida
Historial SAMPLE	Línea basal de los signos vitales
Evaluación médica enfocada basada en la molestia principal	Historial SAMPLE
Línea basal de los signos vitales	Reevaluar decisión de transporte
Reevaluar decisión de transporte	

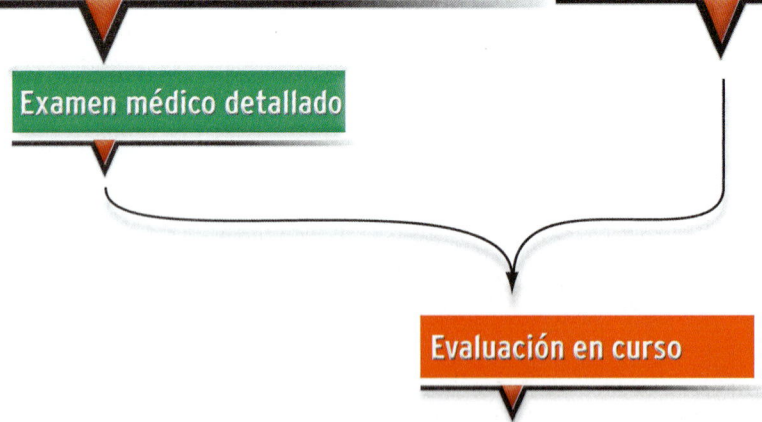

Historia y examen físico enfocados

Tiene ahora información de la evaluación de la escena y de la evaluación inicial. Éstos le han proporcionado información valiosa sobre la escena y permitido prepararse para atender a su paciente. Ha estabilizado trastornos que ponen en peligro la vida, quizá proporcionado inmovilización vertebral, e iniciado transporte. ¿Cómo continúa ahora? Su paciente puede tener, casi literalmente, uno o más de un millón de diferentes problemas. ¿Cómo identifica, establece prioridades, y trata esta variedad de problemas potenciales?

La historia y el examen físico enfocados lo ayudarán a identificar problemas específicos. Se basa en la molestia principal del paciente (lo que le sucedió a este paciente), y tiene los siguientes objetivos:

- Comprender las circunstancias específicas que rodean a la molestia principal. ¿Qué factores clave se asociaron con el evento? ¿El mecanismo de la lesión puso al paciente en alto riesgo de lesiones graves?
- Obtener mediciones objetivas del trastorno del paciente. ¿Estas medidas validan la gravedad del trastorno del paciente? ¿Qué tan bien está el paciente enfrentando su lesión o enfermedad?
- Dirigir examen físico adicional. ¿Qué indicios físicos nos ayudan a identificar problemas?

La historia y el examen físico enfocados tienen tres componentes para alcanzar los objetivos: una evaluación de la historia clínica del paciente, obtención de los signos vitales del paciente, y practicar un examen físico basado en la molestia del paciente, o, en el caso de un paciente crítico, el ML o la NE. Usted ha aprendido previamente cómo medir los signos vitales de base y cómo interrogar a los pacientes sobre su historial médico pasado.

Para muchos TUM-B, tomar la historia del paciente es una serie confusa de preguntas que parecen tener poca o ninguna relación con la necesidad de ayuda del paciente. Esto empeora con pacientes que han tenido muchos problemas médicos; tomar su historia consume tiempo, y puede producir poca, o ninguna, información que es útil para usted. Sin embargo, éste no necesita ser el caso. La historia del paciente puede ayudar a relacionar los hallazgos del examen físico y los signos vitales. Al estar más familiarizado con la historia y el examen físico enfocados aplicado a pacientes médicos y traumáticos, comprenderá mayormente la forma de interrogar a los pacientes y obtener un historial SAMPLE (historia médica general usando la nemotecnia SAMPLE) y una historia enfocada de problemas específicos, con el uso de la mnemotecnia OPQRST. La historia SAMPLE y OPQRST se exponen en detalle en el capítulo 5.

Los signos vitales de base proporciona información útil sobre las funciones generales de los órganos internos del paciente. Será una parte importante de su evaluación, si su paciente parece tener problemas relacionados con pérdida de sangre, circulación, o respiración. En otros pacientes, puede simplemente documentar a los signos vitales de base. Si el estado del paciente es estable, puede reevaluar los signos vitales cada 15 minutos hasta llegar a la sala de urgencias; si es inestable, debe reevaluarlos, en un mínimo de cada cinco minutos, o tan frecuentemente como lo permita la situación, buscando tendencias en el estado del paciente, y tratar por choque.

No se confíe falsamente por signos vitales aparentemente normales. El cuerpo tiene asombrosas habilidades para compensar lesiones o enfermedades graves, en especial en niños y adultos jóvenes. Aun pacientes con trastornos médicos o traumáticos graves, pueden presentar al inicio signos vitales muy normales. Sin embargo, el cuerpo finalmente pierde su habilidad para compensar (choque descompensado), y los signos vitales se pueden deteriorar con rapidez, en especial en niños. De hecho, esta tendencia de los signos vitales de caer rápidamente al descompensarse el paciente, es la razón por la cual es importante verificar en repetidas ocasiones y registrar los signos vitales. Tratar a un paciente por choque antes de que aparezcan sus signos obvios puede ayudar a reducir los efectos generales del choque descompensado y, por tanto, aumentar potencialmente la tasa de supervivencia de su paciente.

Existen dos tipos de exámenes físicos practicados en esta parte de la evaluación: un examen físico rápido y un examen físico enfocado. Cualquiera de ellos se realiza en un paciente médico o traumatizado, dependiendo de las circunstancias que rodearon su enfermedad o traumatismo.

Examen médico rápido

Un examen médico rápido es un examen rápido, de cabeza a pies, para identificar **D**eformidades, **C**ontusiones, **A**brasiones, **P**unciones/penetraciones, quemaduras (**B**urns), **L**aceraciones o edema (**S**welling), **T** sensibilidad al tacto, **I**nestabilidad **C**repitación entre otros signos. Esto se puede recordar con la mnemotecnia <u>DCAP-BLS-TIC</u> (referente a los términos en inglés). Este examen se realiza tan rápido como de 60 a 90 segundos. El objetivo de un examen rápido, es identificar rápidamente el potencial de lesiones ocultas, o causas identificables que no haya sido fácil encontrar en la evaluación inicial. De ordinario se practica en un paciente traumatizado con un ML significativo o un paciente médico inconsciente (Destrezas 8-1▶).

1. Examine la cabeza buscando y sintiendo DCAP-BLS-TIC (**Paso 1**).
2. Examine el cuello buscando y sintiendo DCAP-BLS-TIC, distención venosa yugular (DVY), desviación traqueal, sensibilidad al Tacto, Inestabilidad y Crepitación (TIC) (**Paso 2A**). En pacientes traumatizados debe aplicar un dispositivo de inmovilización de la columna cervical (**Paso 2B**).
3. Examine el tórax buscando y sintiendo DCAPP movimientos paradójicos-BLS, y TIC. También debe escuchar los campos pulmonares en ápices y en bases en ambos lados del tórax del paciente (**Paso 3**).
4. Examine el abdomen buscando y sintiendo DCAP-BLS, rigidez (firme o blando), y distensión en los cuatro cuadrantes (**Paso 4**).
5. Examine la pelvis buscando y sintiendo DCAP-BLS-TIC. Si no hay dolor, comprima suavemente la pelvis hacia abajo y hacia adentro para buscar si no hay lesión en la sínfisis del pubis (**Paso 5**).
6. Examine las cuatro extremidades buscando y sintiendo DCAP-BLS y TIC. Examine también, bilateralmente, **P**ulsos distales, función **M**otora y función **S**ensorial (PMS) (**Paso 6**).
7. Examine la espalda y las nalgas buscando y sintiendo DCAP-BLS-TIC. En todos los pacientes traumatizados debe establecer una estabilización en línea de la columna vertebral, mientras gira al paciente a un lado en un movimiento (**Paso 7**).

Examen físico enfocado

Un examen físico enfocado usa técnicas específicas de valoración para evaluar la molestia principal del paciente. El examen se enfoca generalmente en la localización o sistema corporal relacionados con la molestia principal. Por ejemplo, en una persona que se queja de cefalea, debe evaluar cuidadosamente la cabeza o el sistema neurológico, o ambos. Un paciente con una laceración en un brazo puede necesitar sólo un examen del brazo. El objetivo de una evaluación enfocada consiste en enfocar su atención en el problema inmediato. Suele practicarse en un paciente traumatizado sin un mecanismo de la lesión significativo, o en un paciente médico consciente. (Destrezas 8-2▶) resume pasos potenciales en un examen físico enfocado (sólo se harán los pasos pertinentes al paciente particular):

1. **Cabeza, cuello y columna cervical**. Inspeccione por posibles anormalidades de la cabeza, cuello y columna cervical. Palpe delicadamente la cabeza y parte de atrás del cuello (nuca) en busca de dolor, deformidad, hipersensibilidad, crepitación, y hemorragia (**Paso 1**). Pregunte a un paciente consciente si siente algún dolor o hipersensibilidad. Examine el cuello por signos de traumatismo, edema, o hemorragia. Palpe el cuello por enfisema subcutáneo, así como por cualquier abultamiento o masas anormales (**Paso 2**). En los pacientes en los que no hay sospecha de lesión vertebral, puede investigar por posibles venas pronunciadas o distendidas, con el paciente sentado en un ángulo de 45° y si la tráquea se encuentra alineada.
2. **Ruidos torácicos y campos pulmonares**. Inspeccione, vea y palpe el área del pecho por posibles lesiones o signos de traumatismo, incluyendo contusiones, hipersensibilidad, o edema (**Paso 3**). Observe ambos lados del pecho elevarse y descender juntos con la respiración normal. Observe por posibles signos de respiración anormal, incluyendo retracciones o movimientos paradójicos. Palpe para sentir crepitación, y el pecho por enfisema subcutáneo. Ausculte los campos pulmonares tanto en ápices y bases.
3. **Abdomen**. Inspeccione el abdomen por lesiones, contusiones y hemorragia obvias (**Paso 4**). Palpe tanto la parte anterior como posterior del abdomen, evaluando hipersensibilidad y hemorragia.
4. **Pelvis**. Inspeccione por signos obvios de lesiones, hemorragia o deformidad (**Paso 5**). Si el paciente no manifiesta dolor, oprima suavemente hacia abajo y hacia adentro sobre la sínfisis del pubis.
5. **Extremidades**. Inspeccione por posibles cortaduras, contusiones, edema, lesiones obvias, y hemorragia (**Paso 6**). Palpe a lo largo de cada extremidad buscando deformidades. Verifique pulsos y función motora y sensitiva.
   - **Pulse**: Verifique los pulsos distales del pie (arteria dorsal del pie o tibial posterior) y de las muñecas (arteria radial). Verifique también la circulación. Evalúe el color y la temperatura de la piel en manos y pies.

Capítulo 8 Evaluación del paciente 285

Práctica de un examen físico rápido

Destrezas 8-1

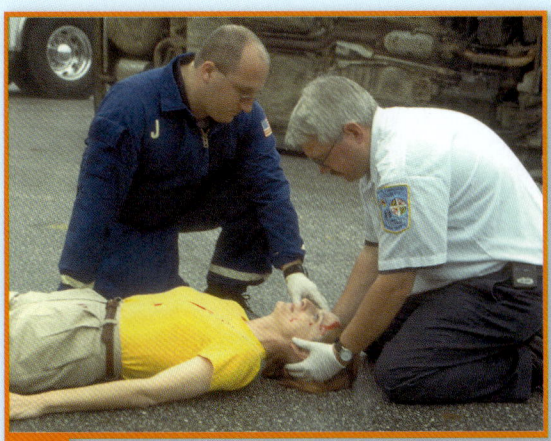

1 Examine la cabeza. Haga que su compañero mantenga estabilización en línea.

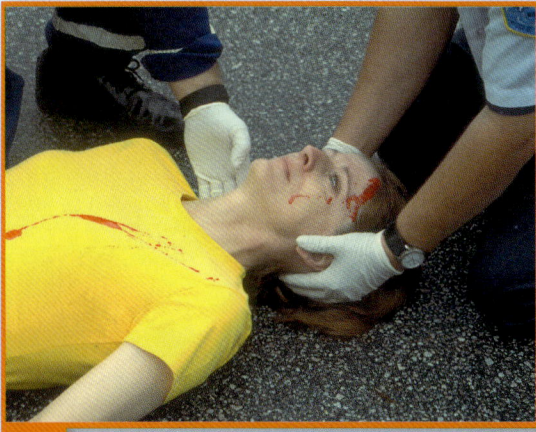

2a Examine el cuello.

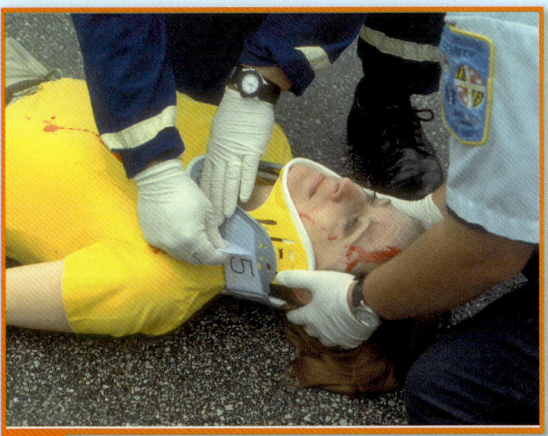

2b Coloque un dispositivo de inmovilización de la columna cervical en los pacientes traumatizados.

3 Examine el tórax. Escuche los campos pulmonares en ambos lados del pecho.

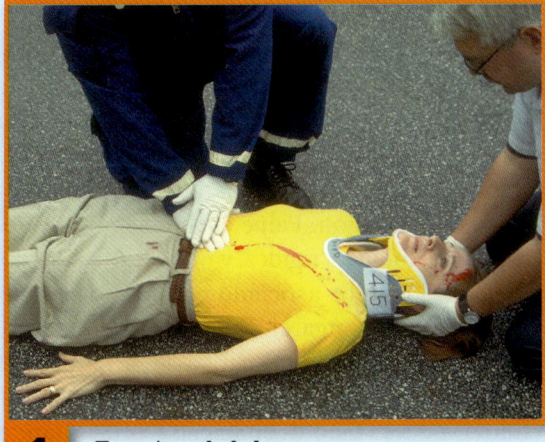

4 Examine el abdomen.

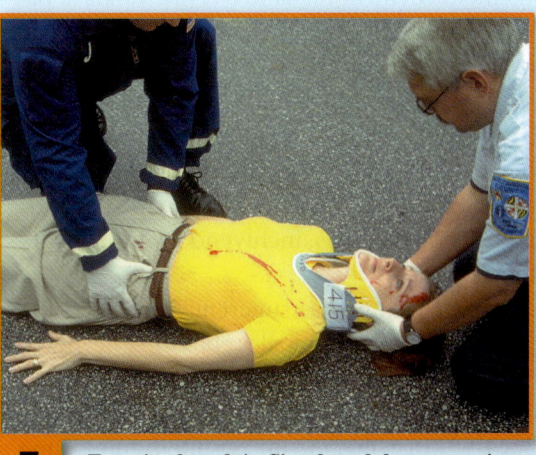

5 Examine la pelvis. Si no hay dolor, comprima suavemente la pelvis hacia arriba y hacia adentro buscando hipersensibilidad o inestabilidad.

Continúa.

Destrezas 8-1

Práctica de un examen físico rápido continuación

6 Examine las cuatro extremidades. Evalúe pulso, función motora y sensitiva.

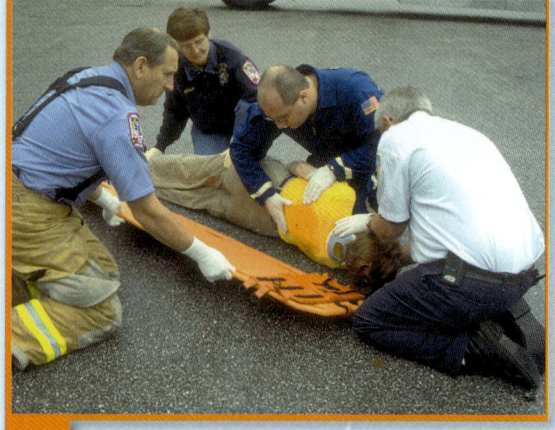

7 Examine la espalda. En los pacientes traumatizados, vire al paciente en un movimiento.

- **Función motora:** Pida al paciente que mueva rápidamente sus dedos de manos y pies.
- **Función sensitiva:** Evalúe la función sensitiva en la extremidad pidiendo al paciente que cierre los ojos. Oprima suavemente o puncione suavemente un dedo de la mano o el pie, y pida al paciente que identifique lo que está usted haciendo.

6. **Parte posterior del cuerpo.** Palpe la espalda buscando hipersensibilidad, deformidades o heridas abiertas (**Paso 7**). Palpe cuidadosamente la columna vertebral, del cuello a la pelvis, por posible hipersensibilidad o deformidades, y busque debajo de la ropa lesiones obvias, incluyendo contusiones y hemorragias.

Se presentan aquí algunas sugerencias sobre cómo evaluar algunas molestias principales comunes. Recuerde que también estará evaluando la historia y los signos vitales con cada una de ellas.

- **Dolor de tórax.** Busque un posible traumatismo del pecho y ausculte por campos pulmonares. La obtención de un pulso, presión arterial, y frecuencia respiratoria, y el examen de la piel, son buenas formas para determinar qué tan bien están funcionando los aparatos cardiovascular y respiratorio.
- **Falta de aire.** Busque signos de posible obstrucción de la vía aérea, así como traumatismo del cuello o pecho. Escuche cuidadosamente los campos pulmonares, notando anormalidades. Mida la frecuencia respiratoria, la elevación y descenso del pecho (para volumen de ventilación pulmonar), y esfuerzo. Como la localización de esta molestia es el pecho, evalúe cuidadosamente el pulso, tensión arterial, y estado de la piel.
- **Dolor abdominal.** Busque traumatismo del abdomen, o distensión. Palpe el abdomen por posible hipersensibilidad, rigidez, y <u>protección</u> abdominal.
- **Cualquier dolor asociado con huesos o articulaciones.** Exponga el sitio y examine al pulso, funciones motora y sensitiva adyacentes al área afectada, y debajo de ella. Evalúe los límites de movimiento. Esto debe hacerse preguntando al paciente cuánto puede mover la extremidad o la articulación. Nunca fuerce una articulación dolorosa a moverse.

Examen físico enfocado

Destrezas 8-2

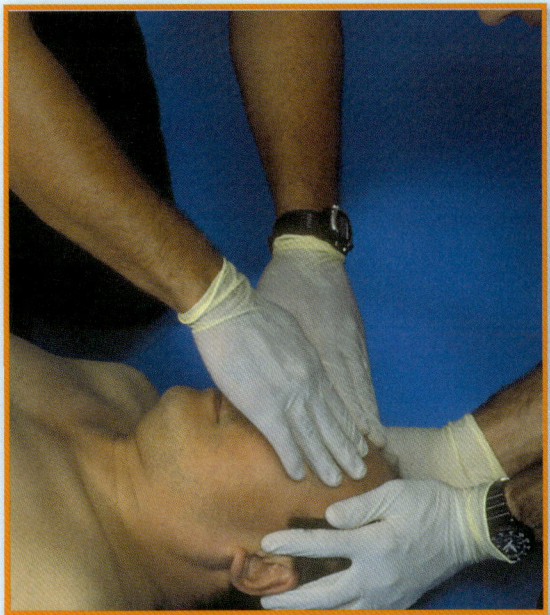

1 Palpe suavemente la cabeza buscando dolor, deformidad, hipersensibilidad, crepitación y hemorragia.

Pregunte a un paciente responsivo si siente algún dolor o hipersensibilidad.

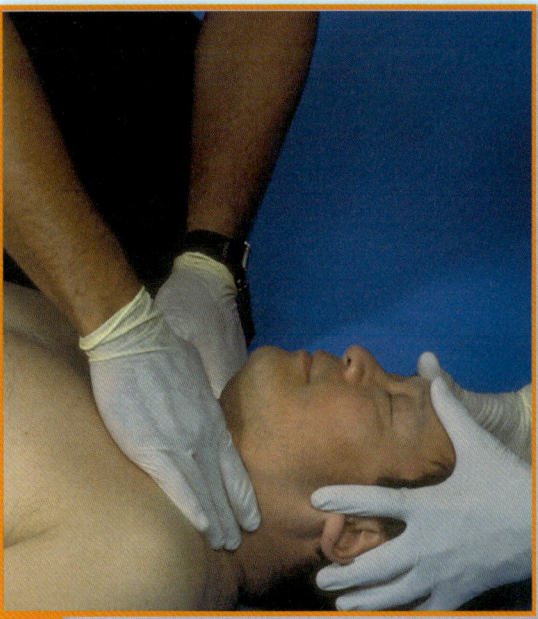

2 Palpe suavemente la parte posterior del cuello (nuca).

Pregunte a un paciente responsivo si siente algún dolor o hipersensibilidad.

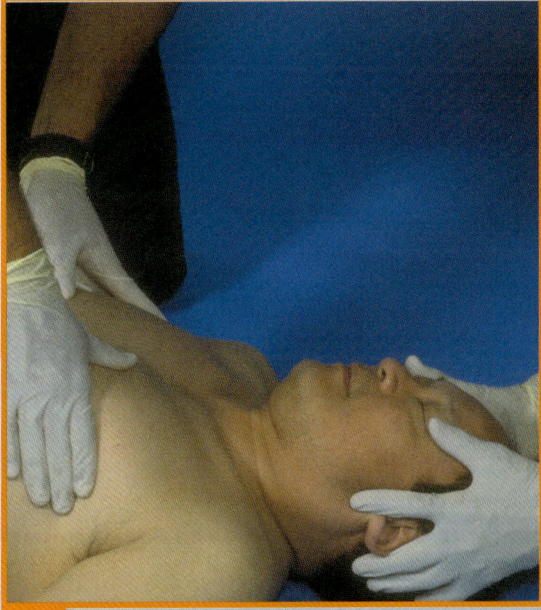

3 Inspeccione, visualice, y palpe el área del pecho buscando lesiones o signos de traumatismo.

Ausculte los campos pulmonares.

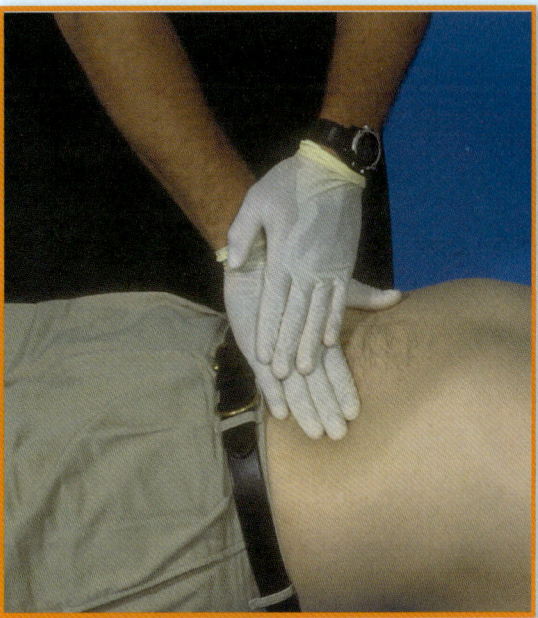

4 Palpe el abdomen evaluando hipersensibilidad y hemorragia.

Continúa.

Destrezas 8-2

Examen físico enfocado continuación

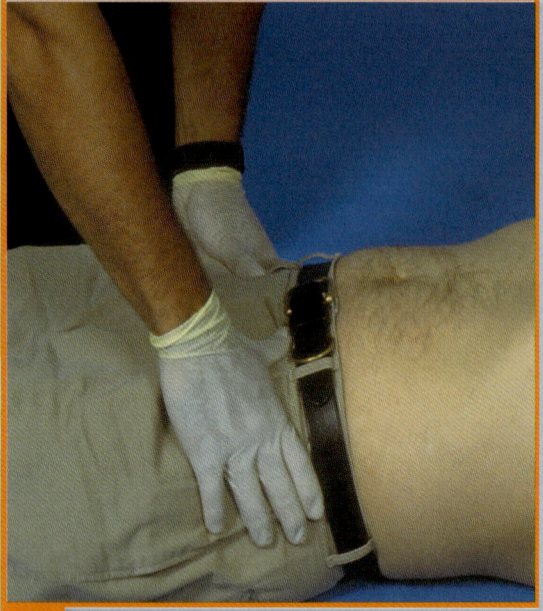

5 Inspeccione la pelvis en búsqueda de signos obvios de lesión, hemorragia, o deformidad.

Si el paciente manifiesta ausencia de dolor, presione suavemente hacia abajo y hacia adentro sobre los huesos pélvicos.

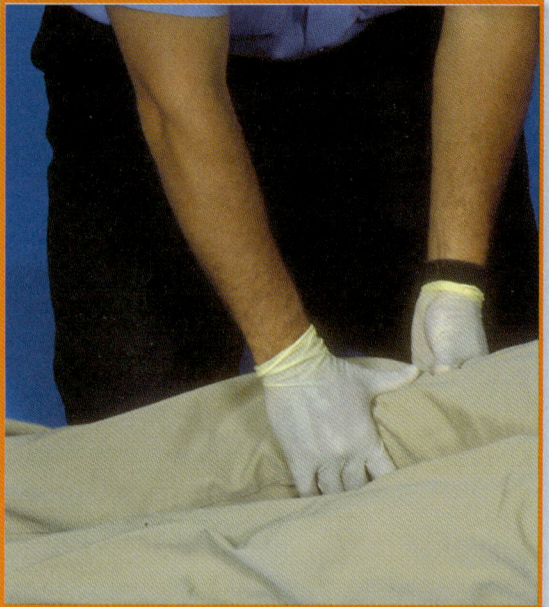

6 Inspeccione las extremidades por posibles cortaduras, contusiones, edema, lesiones obvias, y hemorragia.

Palpe a lo largo de cada extremidad buscando deformidades. Verifique los pulsos y la función motora y sensitiva.

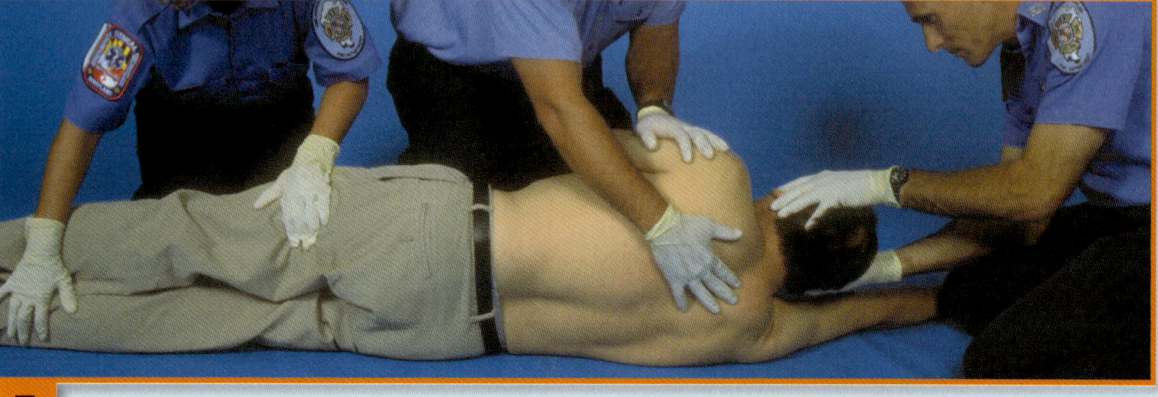

7 Palpe la espalda buscando hipersensibilidad, deformidad o heridas abiertas.

Palpe cuidadosamente la columna vertebral, del cuello a la pelvis, por hipersensibilidad o deformidad.

Busque debajo de la ropa obvias lesiones, incluyendo contusiones y hemorragia.

- **Mareos**. Evalúe el nivel de conciencia y orientación para determinar la habilidad del paciente para pensar. Evalúe el habla en lo referente a claridad. Inspeccione la cabeza por posible traumatismo. Los cambios en el pulso, presión arterial y piel pueden indicar hipoperfusión del encéfalo.

Técnicas del examen físico

El tipo de examen físico que practica se basa en las necesidades de su paciente, pero pueden usarse muchas de las siguientes técnicas de evaluación:

- **Inspección**. Es la observación del paciente en búsqueda de anormalidades. Por ejemplo, el edema de una extremidad inferior puede indicar una lesión aguda o una enfermedad crónica.
- **Palpación**: Es el proceso de búsqueda de anormalidades del paciente mediante el tacto. Puede ser superficial o profunda, y lo ayudará a identificar el sitio de dolor.
- **Auscultación**. Forma de evaluación mediante la audición de los sonidos corporales mediante el estetoscopio. Por ejemplo, cuando se mide la tensión arterial a un paciente, escucha el flujo de sangre contra la arteria braquial con el tambor del estetoscopio. Esta es auscultación de la tensión arterial.
- **Percusión**. Proceso por medio del cual se identifican sonidos timpánico (aire) o matidez (líquido) al percutir sobre una cavidad corporal determinada. Por ejemplo en el abdomen la cámara gástrica con aire suena timpánica y el hígado mate.

DCAP-BLS, TIC lo ayudará a recordar lo que debe buscar cuando inspecciona y palpa regiones corporales.

Parte integral de su examen físico es comparar hallazgos de un lado del cuerpo con el otro lado, cuando es posible. Por ejemplo, si un tobillo parece estar hinchado, vea el otro. Si un hombro se siente "fuera de la articulación" sienta el otro para comparar. Cuando escuche los campos pulmonares, escuche ambos lados del pecho. En ocasiones puede ser útil usar su nariz en su examen físico. Los olores pueden indicar alguna cosa, desde infecciones, hasta ciertos padecimientos médicos, hasta amenazas a la seguridad de la escena.

Las siguientes son directrices sobre cómo y qué evaluar durante un examen físico. Puede haber ocasiones en que evalúa todas estas áreas rápidamente (examen médico o de traumatismos rápidos); puede haber otras en que evalúa sólo una o dos áreas, pero en gran detalle (examen médico o de traumatismos focalizado).

Cabeza, cuello y columna cervical

Inspeccione en búsqueda de anormalidades en la cabeza, cuello y columna cervical. Palpe cuidadosamente la cabeza y parte posterior del cuello, buscando la posible presencia de cualquier dolor, deformidad, hipersensibilidad, crepitación o hemorragia. La <u>crepitación</u> es la sensación de rechinidos o fragmentación que se percibe, o escucha, cuando dos extremos de huesos rotos se frotan entre sí. Pregunte a un paciente consciente si siente algún dolor o hipersensibilidad. A continuación, examine el cuello por signos de traumatismo, edema o hemorragia. Palpe el cuello buscando signos de traumatismo, como deformidades, abultamientos, edema, contusiones, o hemorragia, sí como los sonidos crepitantes, producidos por burbujas de aire debajo de la piel, conocidos también como <u>enfisema subcutáneo</u>. Es en particular importante examinar el cuello antes de cubrirlo con un collar cervical. Además, en los pacientes en los que no se sospecha una lesión de la columna vertebral, inspeccione la presencia de venas yugulares pronunciadas o distendidas, con el paciente sentado en un ángulo de 45°. Este es un hallazgo normal en una persona acostada; sin embargo, la distención venosa yugular en un paciente que está sentado sugiere un problema con el retorno de sangre al corazón. Informe y registre sus hallazgos cuidadosamente. No se mueva al siguiente paso hasta que tenga la seguridad de que la vía aérea está segura, y ha iniciado, o continuado, una inmovilización vertebral.

Ruidos torácicos y campos pulmonares

A continuación, inspeccione vea y palpe sobre el área del pecho en búsqueda de lesiones o signos de traumatismo, incluyendo contusiones, hipersensibilidad o edema. Vea que ambos lados del pecho se elevan y descienden juntos con respiración normal. Observe por signos de respiración anormal que incluyen <u>retracciones</u> (cuando la piel es retraída alrededor de las costillas durante la inspiración) o los <u>movimientos paradójicos</u> (cuando una sección del pecho desciende en la inspiración y se eleva con la espiración).

Las retracciones indican que el paciente tiene algún trastorno médico que está impidiendo el flujo de aire hacia adentro y afuera de los pulmones. Los movimientos paradójicos se asocian con una fractura de varias costillas (tórax batiente) que causa que una sección del tórax se mueva independientemente del resto de la pared torácica. Sienta la crepitación ósea de los huesos cuando el paciente respira. La crepitación con frecuencia se asocia con fracturas de las costillas. Palpe el pecho buscando enfisema subcutáneo, en especial en casos de traumatismo contuso intenso del tórax.

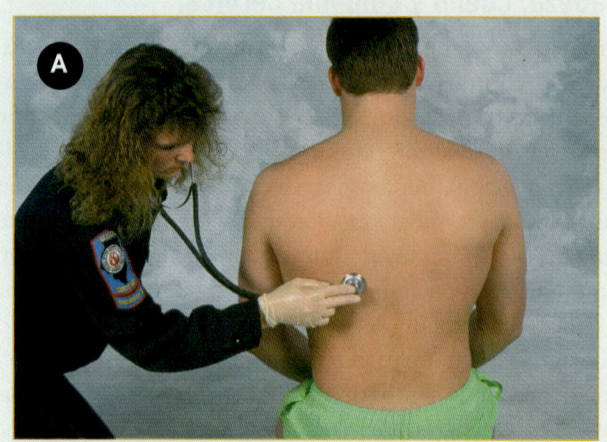

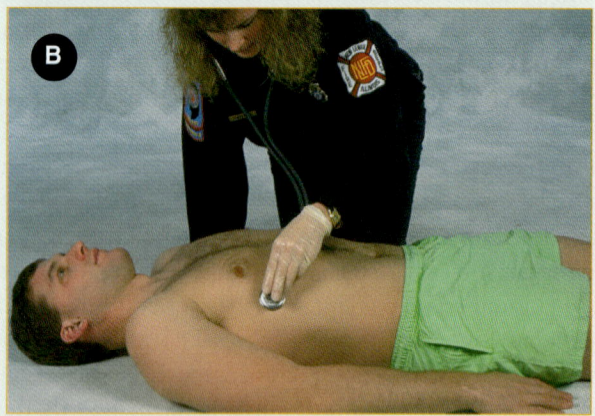

Figura 8-12 **A.** Escuche los campos pulmonares sobre la espalda, si es posible, sobre los vértices, las base y la principal vía aérea. **B.** Si el paciente está inmovilizado, o en posición supina, escuche por el frente.

Si el paciente manifiesta dificultad para respirar, o tiene evidencia de traumatismo del tórax, ausculte los campos pulmonares. Esto lo ayuda a valorar el movimiento de aire hacia adentro y afuera de los pulmones. Para auscultar necesita un estetoscopio. Asegúrese de colocar las olivas en dirección hacia adelante de los orificios auditivos. La posición del paciente determinará la forma en que usted procederá a verificar la respiración. Aquí se presenta cómo y dónde escuchar.

- En primer lugar, recuerde que casi siempre puede escuchar los campos pulmonares del paciente mejor por su espalda. Por tanto, si su espalda es accesible, escuche en ese lugar. Si ha inmovilizado al paciente, o si está en posición supina, escuche por la parte del frente y las bases en el costado lateral Figura 8-12.
- Ausculte sobre la parte superior de los pulmones (vértices), y sobre la vía aérea mayor (líneas medioclavicular y medioaxilar).
- Levante la ropa o deslice en estetoscopio por debajo de ella. Cuando escucha sobre la ropa, escuchará principalmente el sonido del estetoscopio deslizándose sobre la tela, pues los campos pulmonares se confunden por la ropa.
- Coloque el diafragma del estetoscopio firmemente contra la piel para escuchar los ruidos respiratorios.

¿Qué está escuchando? El objetivo es oír y documentar la presencia o ausencia de campos pulmonares en las regiones descritas. Es importante comparar un lado con el otro. Si cree que la respiración es anormal, evalúela de nuevo y asegúrese después de estar recibiendo oxígeno y de ser necesario asistido con ventilaciones.

Abdomen

Inspeccione el abdomen por cualquier lesión obvia, contusiones, y hemorragia. Asegúrese de palpar tanto el frente como la parte de atrás del abdomen, examinando por la posible presencia de hipersensibilidad y hemorragia. Al palpar el abdomen use términos como "firme", "blando", o "distendido" (hinchado), para informar sus hallazgos. Si el paciente está despierto y alerta, pregúntele sobre dolor mientras realiza el examen. No palpe lesiones obvias de tejidos blandos, y tenga cuidado de no palpar con demasiada firmeza.

Pelvis

Inspeccione buscando signos obvios de lesión, hemorragia o deformidad. Si el paciente no manifiesta dolor, presione suavemente, hacia abajo y hacia adentro, los huesos de la pelvis. No columpie la pelvis, pues ese movimiento puede causar que se mueva una columna vertebral inestable. Si siente algún movimiento o crepitación, o el paciente manifiesta dolor o hipersensibilidad, puede estar presente una lesión grave. Las lesiones de la piel, y abdomen circundante, pueden sangrar profusamente, por lo que debe continuar vigilando el color de la piel y los signos vitales del paciente, y asegurarse de dar oxígeno suplementario para minimizar los efectos del choque.

Extremidades

Inspeccione en búsqueda de cortaduras, contusiones, edema, lesiones obvias y hemorragia. Luego, palpe a lo largo de cada extremidad por posibles deformidades. Pregunte al paciente si siente alguna hipersensibilidad o dolor. Al estar examinando al paciente, verifique los pulsos y las funciones motora y sensitiva:

- **Pulso:** Verifique los pulsos distales en el pie (arteria dorsal del pie o tibial posterior) y en la muñeca (arteria radial); verifique también la circulación. Evalúe el color de la piel en las manos o pies, ¿Es normal? ¿Cómo se compara con el color de la piel de las otras extremidades? La piel pálida o cianótica puede indicar circulación deficiente en esa extremidad.
- **Función motora:** Pídale al paciente que mueva los dedos de manos o pies. La incapacidad para mover una sola extremidad puede ser el resultado de una lesión de un hueso, músculo o nervio. La incapacidad para mover varias extremidades puede ser un signo de anormalidad encefálica o lesión de la médula espinal. Verifique qué precauciones vertebrales se han tomado.
- **Función sensitiva:** Evalúe la función sensitiva en la extremidad pidiendo al paciente que cierre los ojos. Aplaste suavemente o pinche un dedo de la mano o el pie, y pídale que identifique lo que está haciendo. La incapacidad de sentir una sensación en la extremidad puede indicar la lesión de un nervio local. La incapacidad para sentir en varias extremidades puede ser un signo de lesión de la médula espinal. Asegure que ha iniciado, o está manteniendo, inmovilización vertebral, o ambas cosas.

Parte posterior del cuerpo

Palpe la espalda para sentir hipersensibilidad, alguna deformidad y heridas abiertas. Si está colocando al paciente en una superficie rígida, es particularmente importante que verifique la espalda antes de laterizarlo en bloque, y antes de colocarlo en la férula espinal larga. Mantenga la columna vertebral en línea en todo momento mientras lateriza en bloque al paciente hacia su lado. Palpe con cuidado la columna vertebral, desde el cuello hasta la pelvis, por hipersensibilidad o deformidad, y vea por debajo de la ropa del paciente en busca de lesiones obvias, incluyendo contusiones y hemorragias.

Pasos en una historia y el examen físico enfocados

En este punto de la evaluación, la historia y el examen físico enfocados lo guían a tomar acciones que estabilizaran, o aliviarán, los problemas del paciente. Siempre tendrá tres componentes: los signos vitales de base, historial SAMPLE, y examen físico rápido o enfocado. El examen físico le dirá lo que está pasando fuera del cuerpo, los signos vitales lo que está pasando dentro del cuerpo, y la historia ayudará a que tengan ambos sentido sobre su evaluación y tratamiento. El orden en el cual realizará estos tres componentes dependerá de que su paciente sea un paciente traumático o médico. El orden depende también del tipo de traumatismo o el tipo de paciente médico que encuentre.

Las siguientes cuatro secciones describen cómo practicar la historia y el examen físico enfocados en cuatro tipos de pacientes: traumatizado con un ML significativo, traumatizado sin un ML significativo, pacientes médicos responsivos, y pacientes médicos inconscientes.

Evaluación del paciente

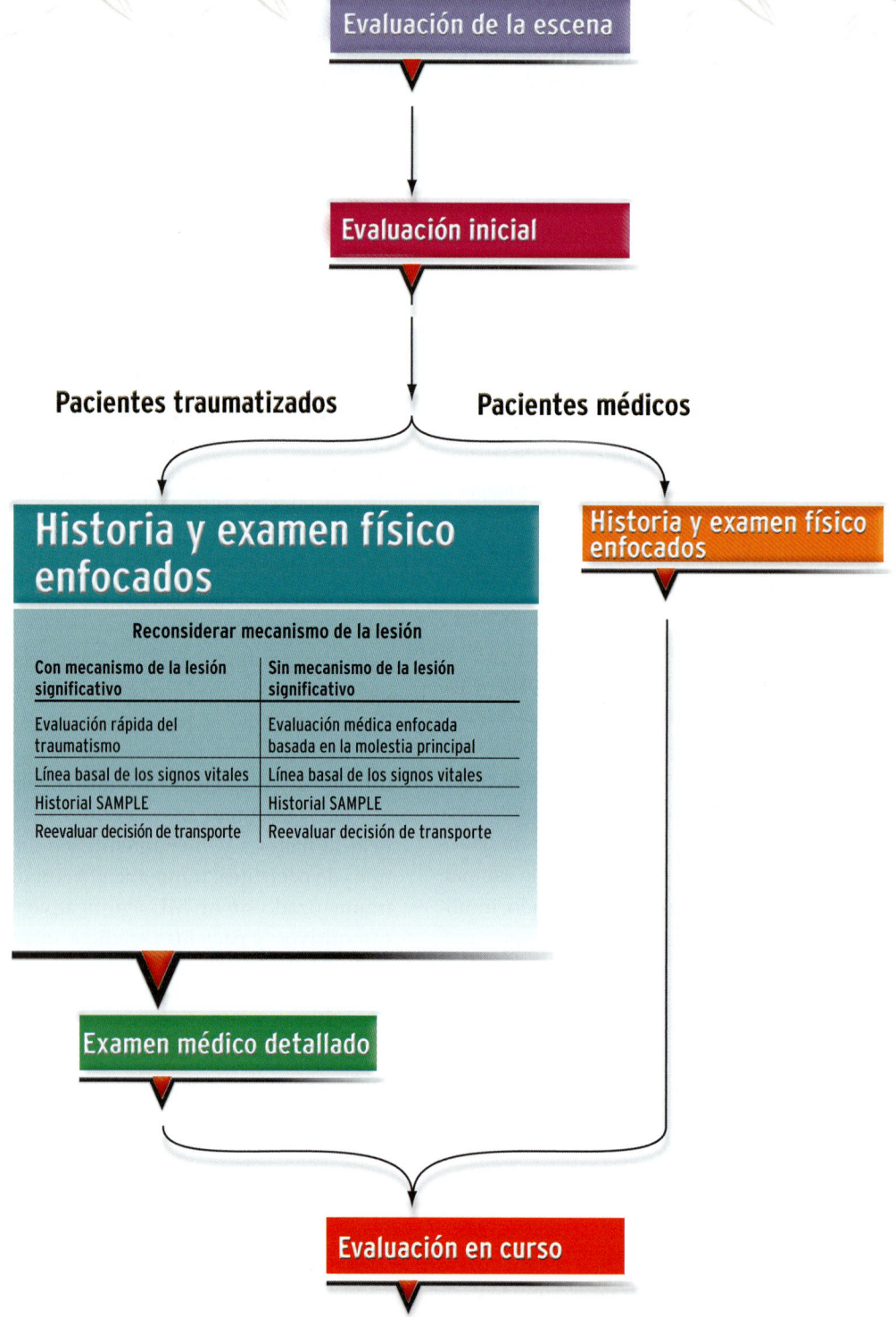

Historia y examen físico enfocados

Pacientes traumatizados con un ML significativo

En este punto en el proceso de evaluación, debe reconsiderar el ML para asegurar que no ha perdido información importante. La comprensión del ML le ayuda a entender la gravedad potencial del problema del paciente y proporciona información valiosa al personal del hospital. Recuerde que los mecanismos de lesión para adultos y niños pueden incluir lo siguiente:

- Expulsión de un vehículo
- Muerte de otro ocupante del vehículo
- Cualquier caída de una altura igual, o mayor, que la altura del paciente, en especial si la cabeza golpea una superficie firme primero, o simultáneamente con el torso
- Volcadura de vehículo
- Colisión en vehículo a alta velocidad
- Colisión vehículo-peatón
- Choque en motocicleta o bicicleta
- Estado mental alterado, o inconsciente después del traumatismo
- Traumatismo penetrante en la cabeza, tórax o abdomen

Evaluación rápida del traumatismo

En un paciente traumatizado con un ML significativo, debe iniciar una evaluación rápida del traumatismo. Tomar de 60 a 90 segundos para identificar lesiones, tanto ocultas como obvias, lo ayudará en dos formas. En primer lugar, puede identificar, y luego tratar, amenazas para la vida ocultas, que no fueron aparentes en la evaluación inicial. En segundo lugar, sabrá mejor cómo preparar al paciente para su acondicionamiento y rápido transporte. Recuerde, el examen físico rápido le dice lo que está pasando fuera del cuerpo. Revise destrezas 8-1 para obtener los pasos en un examen físico rápido.

Línea basal de los signos vitales

Después que el examen físico rápido se completó, obtenga los signos vitales de base. Un buen conjunto de signos vitales será útil al continuar vigilando cambios en el estado del paciente. Estos signos pueden obtenerse en la ambulancia, si es necesario un transporte rápido.

Historial SAMPLE

En el paciente traumatizado con un ML significativo, la historia del paciente no es tan importante como practicar un examen físico rápido, u obtener signos vitales; sin embargo, no debe ignorarse. Muchos de estos pacientes están conscientes y son capaces de proporcionar alguna historia. Debe obtenerse un historial SAMPLE en caso de que el paciente se vuelva inconsciente y sea incapaz de proporcionar al departamento de urgencias esta importante información. Si su paciente está inconsciente, continúe reuniendo historia de testigos, espectadores, o del ambiente. Esta información puede proporcionar indicios importantes para el médico del departamento de urgencias.

Reevaluar la decisión de transporte

Si el transporte aún no está en camino, considere transportar al paciente en este momento.

Pacientes traumatizados sin un ML significativo

Evaluación enfocada de pacientes traumatizados basada en la molestia principal

Después de evaluar el ML de su paciente traumatizado, usted determina que éste ha sufrido un traumatismo menor, por ejemplo, el esguince de un tobillo o una laceración en el brazo. En este caso, un examen físico enfocado sobre la lesión específica será apropiado. Si su paciente tiene múltiples molestias, por ejemplo, dolor del cuello, del tobillo, y una laceración en el brazo, es posible que deba practicar un examen físico enfocado en cada una de estas áreas. Además, sospeche otras lesiones.

Línea basal de los signos vitales

Después de evaluar cada una de las molestias del paciente, obtenga su pulso, respiraciones y tensión arterial, evalúe sus pupilas y piel, incluyendo el tiempo de llenado capilar. Estos signos vitales servirán como una referencia basal durante el transporte.

Historial SAMPLE

Debe obtener un historial SAMPLE para determinar si un problema médico pudo haber causado el traumatismo. La mnemotecnia OPQRST se usa para evaluar trastornos, como el dolor de pecho y las cefaleas; sin embargo, también puede usarse para evaluar el dolor de tobillo u hombro relacionado con traumatismo.

Reevaluar la decisión de transporte

Si el transporte aún no se está realizando considere transportar al paciente en este momento.

Evaluación del paciente

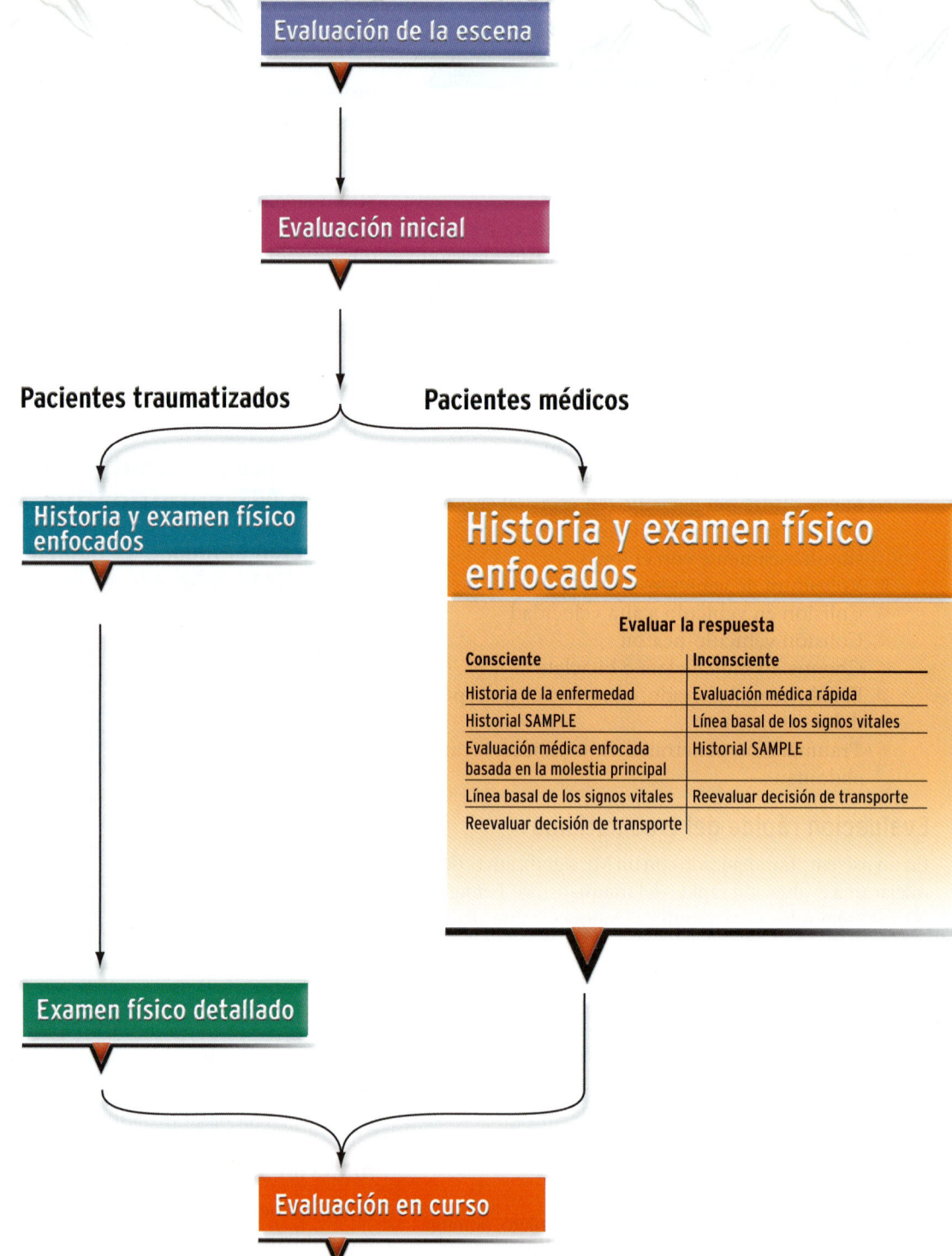

Historia y examen físico enfocados

Pacientes médicos conscientes

Historia de la enfermedad

La respuesta del paciente a sus preguntas sobre la molestia principal conduce su evaluación de la historia de la enfermedad presente (historia enfocada) y examen físico en el paciente médico (Figura 8-13). De ser posible, tome tiempo para sentarse y ayudar al paciente a sentirse cómodo. Ahora es el momento de escuchar y conocer mejor el trastorno del paciente. Tenga cuidado de no saltar a conclusiones referentes a la molestia principal, debido a lo que ha visto o escuchado sobre el paciente. En muchos casos la molestia principal puede no ser obvia; puede ser aun diferente a la que el radio operador comunicó. Cuando esto suceda, permanezca flexible. Evalúe y trate el problema del paciente más que simplemente dar respuesta al informe del despacho. No obstante, la molestia principal lo ayudará a enfocar su historia y el examen físico. Si el paciente no puede decirle cuál es el problema, debido quizás a una barrera de lenguaje, estado mental alterado, o dificultad respiratoria intensa, puede hacer preguntas a un miembro de la familia, espectador sobre la historia del paciente, o sacar conclusiones sobre su evaluación de la escena y acciones del paciente. Sin embargo, recuerde que la información de un paciente es mucho más valiosa. Debe intentar, cuando sea posible, hablar directamente con él.

Historial SAMPLE

Evalúe tantos signos y síntomas, como sea posible, en su historial SAMPLE. Por ejemplo, un hombre de 50 años de edad con dolor de pecho y mareos, puede estar teniendo un ataque cardiaco. La misma persona con dolor de pecho y tos, en vez de mareos, puede estar teniendo un ataque asmático. Mientras más signos y síntomas pueda ser capaz de obtener, será mejor. Al estar escuchando al paciente, quizá desee tomar algunas notas breves para ayudar a su memoria y asistir con la documentación después de la visita. Debe intentar registrar la molestia principal en las propias palabras de unos cuantos de sus pacientes. Asegúrese de notar si su información procede de alguna otra persona y no del paciente.

Evaluación enfocada de pacientes médicos basada en la molestia principal

Ahora que ha evaluado la molestia principal con el uso de OPQRST, y ha obtenido una minuciosa historia SAMPLE, debe practicar un examen físico enfocado. La clave de este examen es enfatizar las prioridades que ha aprendido durante la historia. Sea lógico e investigue problemas que identificó durante la evalua-

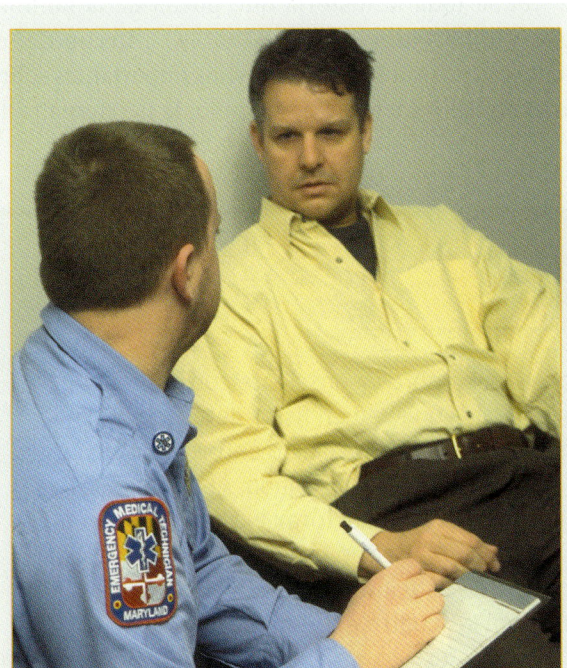

Figura 8-13 La respuesta inicial del paciente a la pregunta ¿qué anda mal? es la molestia principal.

Qué documentar

Su documentación de cualquier molestia de dolor debe incluir una descripción de las palabras del paciente, así como sus hallazgos de otras preguntas de OPQRST. Registre en detalle todas las quejas de dolor. No todos los síntomas de dolor son "clásicos"; la descripción exacta puede ayudar al personal del hospital a establecer el diagnóstico en un caso que no es típico.

ción e historia inicial. Como se expuso anteriormente, puede enfocarse en la región del problema o el sistema fisiológico implicado. Por ejemplo, si la historia del paciente sugiere un ataque cardiaco, quizá quiera también explorar el pecho del paciente, por posibles indicaciones de traumatismo, y escuchar los campos pulmonares.

Línea basal de los signos vitales

Aunque los signos vitales se obtienen en último lugar en la historia enfocada y examen físico de un paciente médico consciente, son importantes para establecer una línea basal sobre como el paciente está compensando lo referente a la molestia principal. En los problemas relacionados con los aparatos cardiovascular y respiratorio, los signos vitales serán también parte de su examen enfocado.

Reevaluar la decisión de transporte

Si el transporte aún no se está realizando considere transportar al paciente en este momento.

Pacientes médicos que están inconscientes

Evaluación médica rápida

Acaba de terminar la evaluación inicial de un paciente médico inconsciente, y ha comenzado el tratamiento de cualquier problema que pone en peligro la vida. Como un paciente inconsciente no es capaz de proporcionar información, debe practicar un examen médico rápido. En 60 a 90 segundos evalúa al paciente de la cabeza a los pies, buscando problemas y posibles amenazas para la vida que puedan estar escondidas.

Figura 8-14 Si el paciente está inconsciente, intente recibir de la familia o espectadores una historia pertinente o información sobre el paciente.

Línea basal de los signos vitales

Después de practicar un examen físico rápido, debe evaluar los signos vitales para determinar si el individuo está tolerando bien el estado inconsciente, y establecer una línea basal para su evaluación continua.

Historial SAMPLE

Mientras está acondicionando al paciente para el transporte, reúna toda la historia que pueda de la familia, testigos y espectadores **Figura 8-14**. Recuerde, el ambiente puede proporcionar indicios importantes sobre el trastorno del paciente. Por ejemplo, la parafernalia de

---

Situación de urgencia — Parte 4

En camino, contacta al hospital y da un informe de radio sobre un hombre inconsciente con sospecha de estar intoxicado, y posiblemente con tuberculosis. Luego practica un examen físico detallado buscando más indicios sobre la situación del problema presente del hombre. Nota cierto enrojecimiento en las conjuntivas de ambos ojos, pero no un traumatismo de la cabeza o cuero cabelludo. Al auscultar el pecho escucha ruidos pulmonares disminuidos en la parte inferior derecha del tórax y crepitaciones en la parte inferior izquierda del pecho. Nota sobre su camisa lo que puede ser un esputo sanguinolento. Su abdomen es blando, pero parece levemente distendido. La pelvis está intacta sin evidencia de traumatismo en las extremidades o espalda. Hay pulsos presentes en las cuatro extremidades.

8 ¿Las lesiones del paciente son siempre claras?
9 Si la causa de la inconsciencia no es clara, ¿qué haría?

> ### Tips para el TUM-B
>
> **Molestias principales comunes y exámenes físicos enfocados**
>
> - **Dolor de tórax:** Examine la piel, el pulso, y la tensión arterial. Busque evidencia de traumatismo del pecho, escuche los campos pulmonares, y palpe el tórax.
> - **Dolor abdominal:** Examine la piel, el pulso, y la tensión arterial. Busque evidencia de traumatismo del abdomen, y pálpelo para identificar posibles puntos hipersensibles.
> - **Falta de aire:** Examine la piel, el pulso, la tensión arterial, y frecuencia y profundidad de la respiración. Evalúe por posible obstrucción de la vía aérea. Escuche cuidadosamente los campos pulmonares.
> - **Mareos:** Examine la piel, el pulso, la tensión arterial y la adecuación de las respiraciones. Vigile cuidadosamente el estado de conciencia y orientación. Explore la cabeza por signos posibles de traumatismo.
> - **Cualquier dolor asociado con huesos y articulaciones:** Examine la piel, el pulso, el movimiento y la sensibilidad adyacente y distal al área afectada.

medicamentos que incluye jeringas, puede indicar que se ha producido una sobredosis. Un dispositivo de identificación médica (p. ej., pulseras, placa para cuello, etc.) también puede proporcionar historia médica importante. También pueden usarse las etiquetas de medicamentos del paciente para ayudar a determinar el tipo de enfermedad que padece.

Reevaluar la decisión de transporte

Si el transporte aún no se está realizando, considere transportar al paciente en este momento.

Intentándolo juntos

La historia y examen físico enfocados son el paso más complejo en el proceso de evaluación. Su examen se basa en la posibilidad de que su paciente haya experimentado un traumatismo o se haya enfermado. También se basa en si el traumatismo es significativo y si el paciente está consciente o inconsciente. Sin embargo, todos los pacientes, independientemente del tipo de lesión, requieren el siguiente examen: un examen físico enfocado o rápido, parámetros basales de los signos vitales, e historial SAMPLE.

Evaluación del paciente

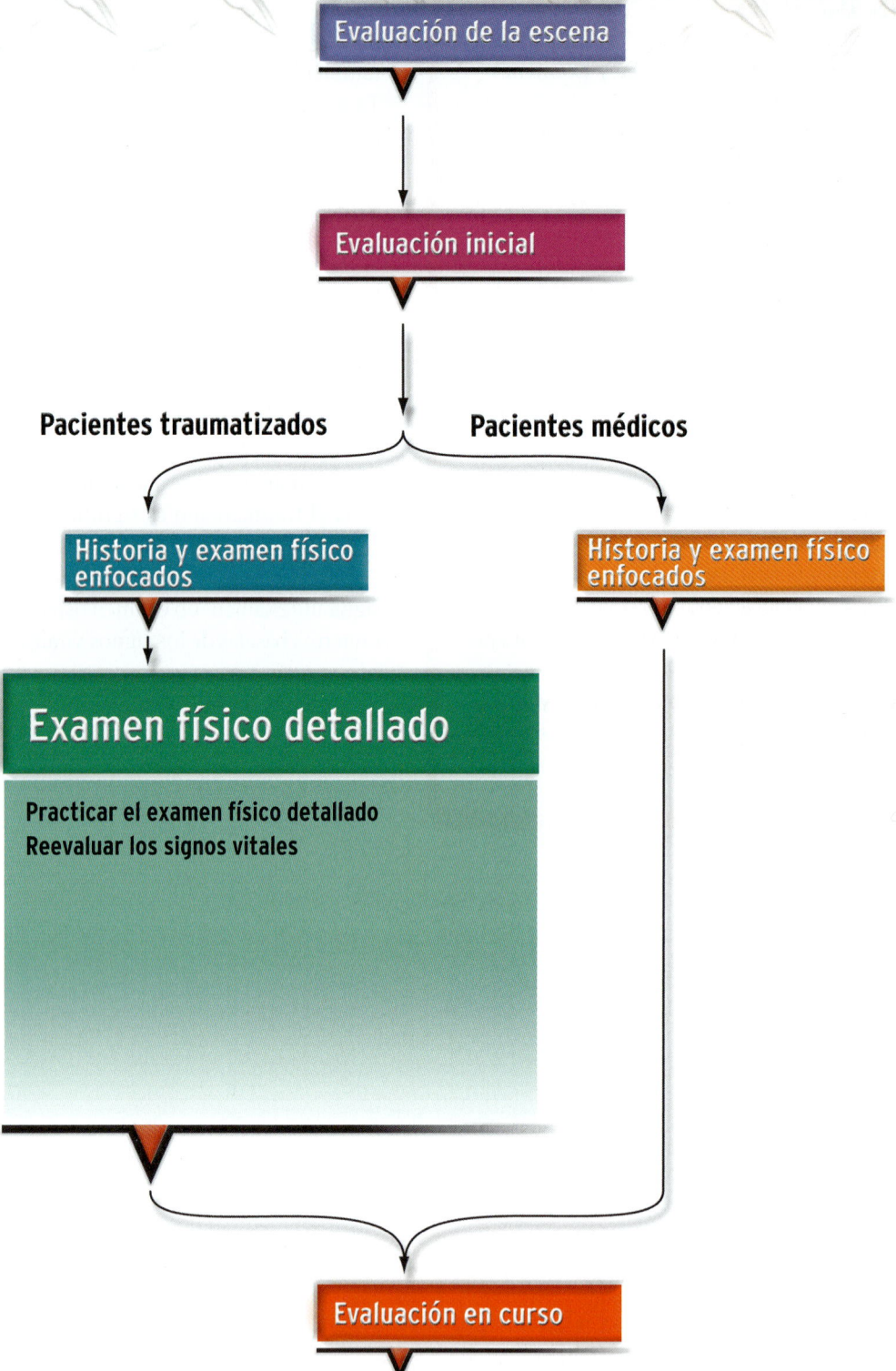

Examen físico detallado

Recuerde que el proceso de evaluación comenzó con anticipación y preparación para riesgos, cuando recibió la información del despacho y realizó la evaluación de la escena. Luego, llevó a cabo la evaluación inicial, en la cual identificó y trató trastornos que ponen en peligro la vida. Cuando el traumatismo fue un factor, también realizó inmovilización de columna vertebral. También proporcionó transporte si su paciente tenía un trastorno que ponía obviamente en peligro su vida. Cuando se indicó, siguió la evaluación inicial reuniendo historia, tomando cuando menos un juego de signos vitales, y practicando un examen físico enfocado, basado en la molestia principal del paciente.

En este punto, en la mayoría de los casos ya está en camino al hospital. Si está aún en la escena es porque su paciente no tiene un trastorno que pone en peligro la vida, y no ha encontrado la causa de sus molestias. En el caso de un paciente traumatizado, con un mecanismo de la lesión significativo, está en camino al hospital, pero aún tiene preguntas sin responder. En cualquiera de los casos, éste es el momento para realizar un examen físico detallado. El objetivo de este examen es identificar problemas que fueron identificados en la historia y examen físico enfocados, y, posiblemente, la causa de las molestias que no fueron identificadas durante la historia y examen físico enfocados. En la mayoría de los casos, es el paciente traumatizado, a quien se le realiza un examen físico detallado en ruta, por haber tenido un mecanismo de lesión significativo, teniendo prioridad el traslado al hospital que el examen detallado en la escena. El examen detallado puede ayudar también, a lograr una mejor comprensión de sus pacientes médicos, pero nunca debe retrasar el transporte, y es practicado cada vez con más frecuencia camino al hospital.

Para alcanzar los objetivos del **examen físico detallado**, debe hacer y responder una pregunta sencilla: "¿qué problemas adicionales se pueden identificar mediante un examen físico detallado?". El examen físico detallado le proporcionará más información sobre la naturaleza del problema del paciente. Dependiendo de lo que se sepa, debe estar preparado para lo siguiente:

- Retornar a la evaluación inicial si se identifica un trastorno que pone en peligro la vida. (Esto es improbable tan tardíamente en el examen, pero siempre es posible. Recuerde, permanezca enfocado en los ABC.)
- Practicar inmovilización de columna vertebral si se identifican dolor de cuello o espalda, o anormalidad en la sensibilidad o el movimiento. (De nuevo, esto es improbable tan tardíamente en el examen.)
- Modifique cualquier medicación que esté en curso, con base en cualquier información nueva.
- Proporcione tratamiento para los problemas que fueron identificados durante el examen detallado.
- Proporcione transporte a un servicio apropiado, o solicite un apoyo de SVA.

El examen físico detallado es una forma más profunda de indagar auxiliándose de la historia y examen físico realizado en su evaluación. El paciente, y su problema específico determinarán la necesidad de este examen. En algunos de sus paciente no será posible realizar un examen físico detallado, obligado por la limitación del tiempo y la prioridad, o en casos menos graves por la pertinencia y en casos muy escasos por falta de necesidad.

La mayor parte de los pacientes que tienen problemas aislados pueden tratarse adecuadamente, más temprano en el proceso de evaluación. Usted identificará el problema y lo tratará, haciendo que sea innecesario un examen físico más detallado de todo el cuerpo. Si practica un examen físico detallado en estos pacientes, será para explorar adicionalmente lo que ha aprendido, durante la etapa de historia y examen físico enfocados de su evaluación.

Unos cuantos pacientes tendrán trastornos que ponen en peligro la vida, que fueron identificados durante la evaluación inicial. Podrá usar todo su tiempo con estos pacientes, estabilizando los ABC, lo que significa que nunca tendrá la posibilidad de realizar gran parte de una historia y examen físico enfocados, y menos un examen físico detallado.

Realizará un examen detallado sólo en pacientes estables, con problemas que no pueden identificarse antes en el proceso de evaluación del paciente. En algunos casos, esta porción identifica sólo problemas menores, oscuros, o aislados, que fue la razón por la cual no se identificaron con anterioridad. Al margen de la situación exacta, el examen físico detallado suele practicarse durante el camino al hospital para ahorrar tiempo.

Practique el examen físico detallado

En este lugar, organizado por regiones del cuerpo, se presentan algunas evaluaciones adicionales que quizá desee practicar durante el examen detallado. Al evaluar cada región inspeccione y palpe, para encontrar evidencia de lesión, usando la mnemotecnia "DCAP-BLS-TIC". Siga los pasos en (Destrezas 8-3 ▶).

1. Observe la cara por posibles laceraciones, contusiones o deformaciones obvias (**Paso 1**).
2. Inspeccione el área alrededor de los ojos y los párpados (**Paso 2**).
3. Examine los ojos por enrojecimiento y por lentes de contacto (**Paso 3**).
4. Vea detrás de las orejas por equimosis (signo de Battle) (**Paso 4**).
5. Use la lámpara de bolsillo para buscar drenaje de líquido cefalorraquídeo o sangre en los oídos (**Paso 5**).
6. Busque contusiones y laceraciones en la cabeza. Palpe por hipersensibilidad, depresiones del cráneo y deformidades (**Paso 6**).
7. Palpe los huesos malares por hipersensibilidad e inestabilidad (**Paso 7**).
8. Palpe los maxilares superiores (**Paso 8**).
9. Palpe la mandíbula (**Paso 9**).
10. Examine la boca y la nariz por presencia de cianosis, cuerpos extraños (incluyendo dientes flojos o prótesis dentales), hemorragia, laceraciones, o deformidades (**Paso 10**).
11. Verifique olores no usuales en el aliento del paciente (**Paso 11**).
12. Observe el cuello por laceraciones, contusiones o deformidades obvias (**Paso 12**).
13. Palpe la frente y la nuca por posibles hipersensibilidad y deformidad (**Step 13**).
14. Busque venas yugulares distendidas. Note que las venas del cuello distendidas no son necesariamente significativas en un paciente que está acostado (**Paso 14**).
15. Observe el pecho por signos obvios de lesión, antes de iniciar la palpación. Asegúrese de observar el movimiento del pecho con las respiraciones (**Paso 15**).
16. Palpe suavemente sobre las costillas para producir hipersensibilidad. Evite presionar sobre contusiones o fracturas obvias (**Paso 16**).
17. Escuche los campos pulmonares sobre las líneas medio clavicular y medio axilar (**Paso 17**).
18. Escuche también las bases y vértices de los pulmones (**Paso 18**).
19. Observe el abdomen y la pelvis por laceraciones, contusiones y deformidades obvias (**Paso 19**).
20. Palpe suavemente el abdomen buscando hipersensibilidad. Si el abdomen está excepcionalmente tenso, debe describir al abdomen como rígido (**Paso 20**).
21. Comprima suavemente la pelvis por los lados y examine posible hipersensibilidad (**Paso 21**).
22. Presione suavemente las crestas ilíaca para provocar inestabilidad, hipersensibilidad, o crepitación (**Paso 22**).
23. Inspeccione las cuatro extremidades buscando laceraciones, contusiones, edema, deformidades, y etiquetas o brazaletes de alerta médica (**Paso 23**).
24. Examine la espalda por posible hipersensibilidad o deformidades. Recuerde, si sospecha una lesión de la médula espinal, use precauciones al virar como un tronco al paciente (**Paso 24**).

Cabeza, cuello y columna cervical

Un examen detallado de estas áreas puede incluir examinar con cuidado cabeza, cara, cuero cabelludo, nariz y boca, por posibles abrasiones, laceraciones, y contusiones. Examine los ojos y párpados, verificando enrojecimiento y lentes de contacto. Use una lámpara de bolsillo para determinar si las pupilas son iguales y reactivas, y busque cualquier drenaje de líquido o sangre, en particular alrededor de los oídos y nariz. Verifique también la posible presencia de cuerpos extraños o sangre en la cámara anterior del ojo. Busque contusiones o alteraciones en el color alrededor de los ojos (ojos de mapache) o detrás de las orejas (signo de Battle); estos signos pueden estar asociados con traumatismo de la cabeza.

A continuación, palpe suave, pero firmemente, alrededor de la cara, cuero cabelludo, ojos, oídos y nariz, buscando hipersensibilidad, deformidad o inestabilidad. La hipersensibilidad, o el movimiento anormal de los huesos, con frecuencia señalan una lesión grave, y el paciente puede estar en riesgo de obstrucción de las vías respiratorias superiores. Vigile cuidadosamente la vía aérea en estos pacientes. Acto seguido, vea dentro de la boca. Dientes flojos o rotos, o un objeto extraño, pueden bloquear la vía aérea; es mucho más seguro si usa un bloqueador de mordidas. También debe buscar laceraciones, edema, hemorragias, y cualquier alteración en el color de la boca y la lengua. Perciba el aliento del paciente; cualquier olor no usual, como un fuerte olor a alcohol, o un olor afrutado del aliento, debe ser informado y registrado.

Palpe la parte anterior y posterior del cuello por posibles hipersensibilidad y deformidad. La sensación de crepitación o chasquido, no distinta a la de palpar las burbujas

Capítulo 8 Evaluación del paciente 301

Práctica del examen físico detallado

Destrezas 8-3

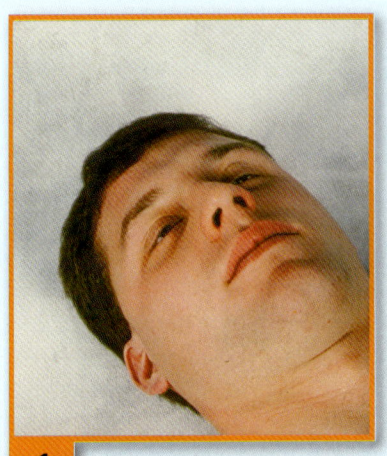
1 Observe la cara.

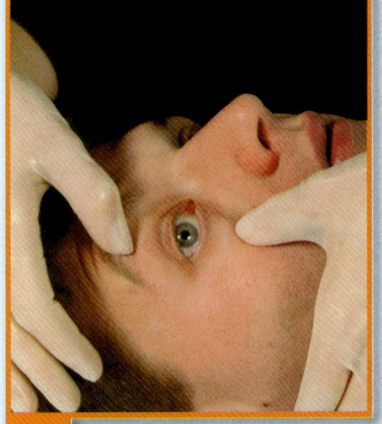
2 Inspeccione el área alrededor de los ojos y párpados.

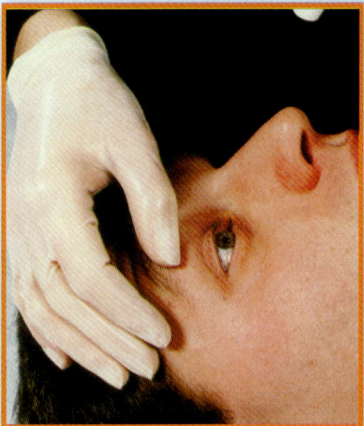
3 Examine los ojos por enrojecimiento y lentes de contacto. Verifique la función de las pupilas.

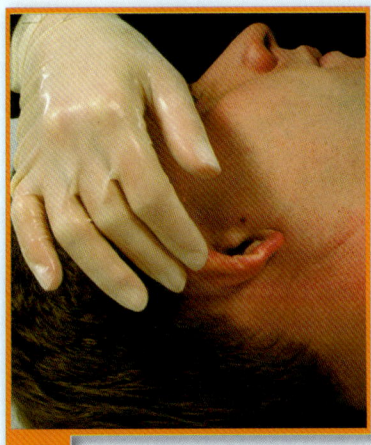
4 Vea detrás de las orejas buscando el signo de Battle.

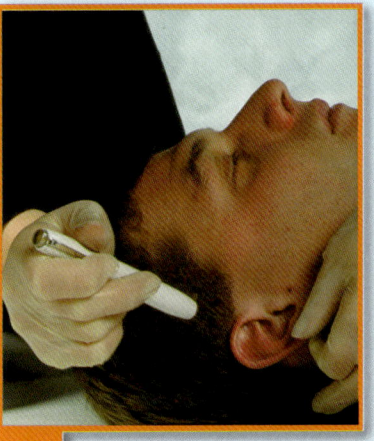
5 Verifique los oídos por posible drenaje de líquidos o sangre.

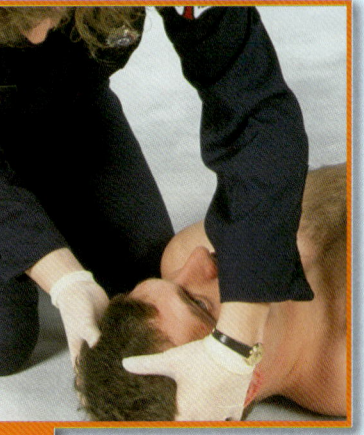
6 Observe y palpe la cabeza.

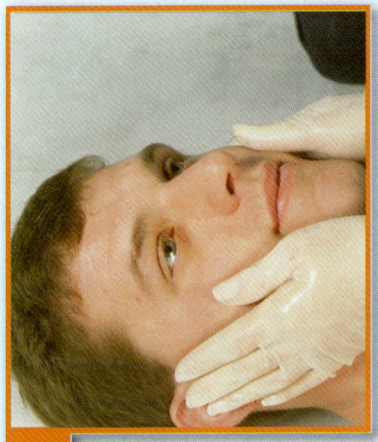
7 Palpe los malares.

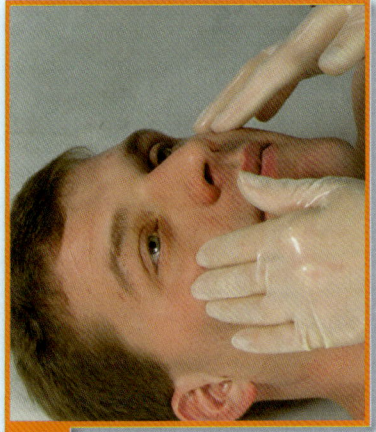
8 Palpe los maxilares superiores.

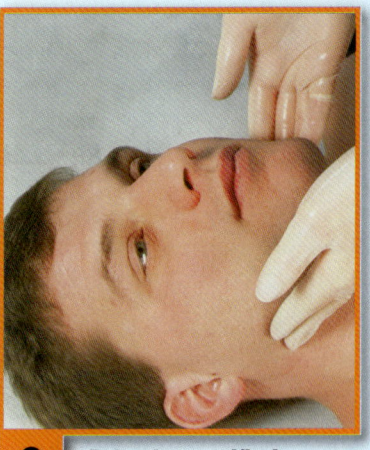
9 Palpe la mandíbula.

Continúa

Sección 3 Evaluación del paciente

Destrezas 8-3

Práctica del examen físico detallado continuación

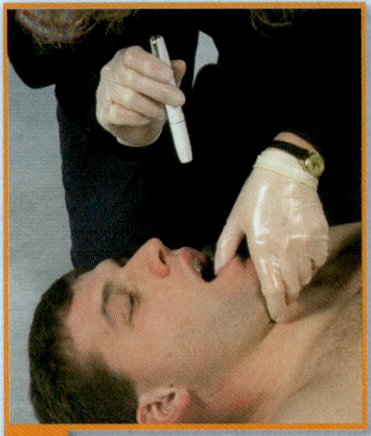
10 Examine la boca y la nariz.

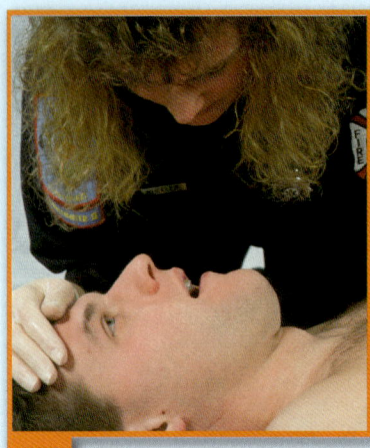
11 Verifique posibles olores no usuales del aliento.

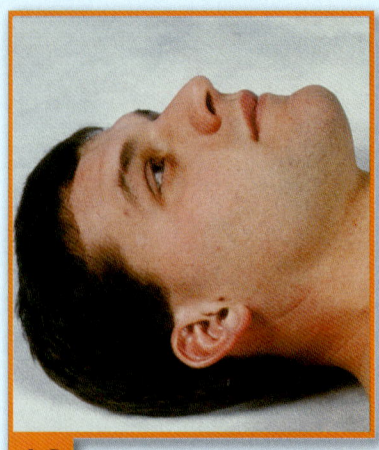
12 Inspeccione el cuello.

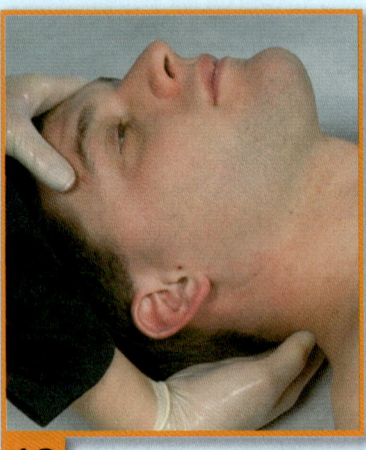
13 Palpe la parte de adelante y atrás del cuello.

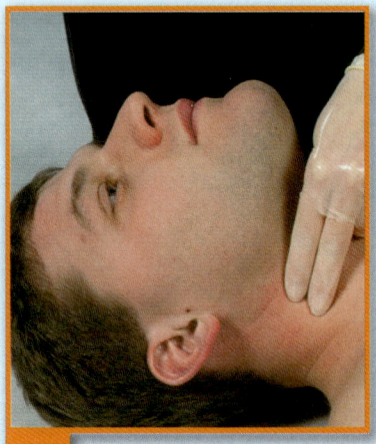
14 Observe por posible distensión de la vena yugular.

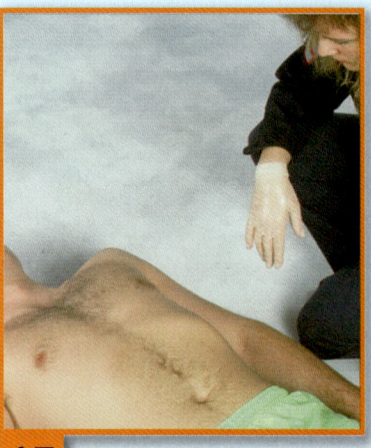
15 Inspeccione el pecho y observe los movimientos respiratorios.

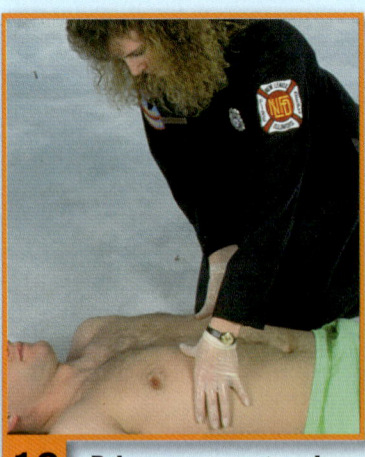
16 Palpe suavemente sobre las costillas.

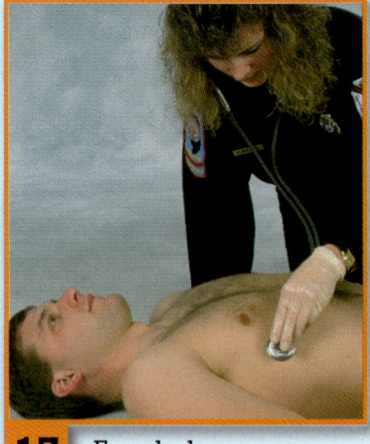
17 Escuche los campos pulmonares anteriores (medioaxilares, medioclaviculares).

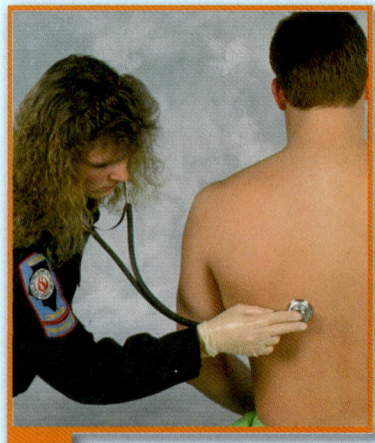
18 Escuche los campos pulmonares posteriores (bases, vértices).

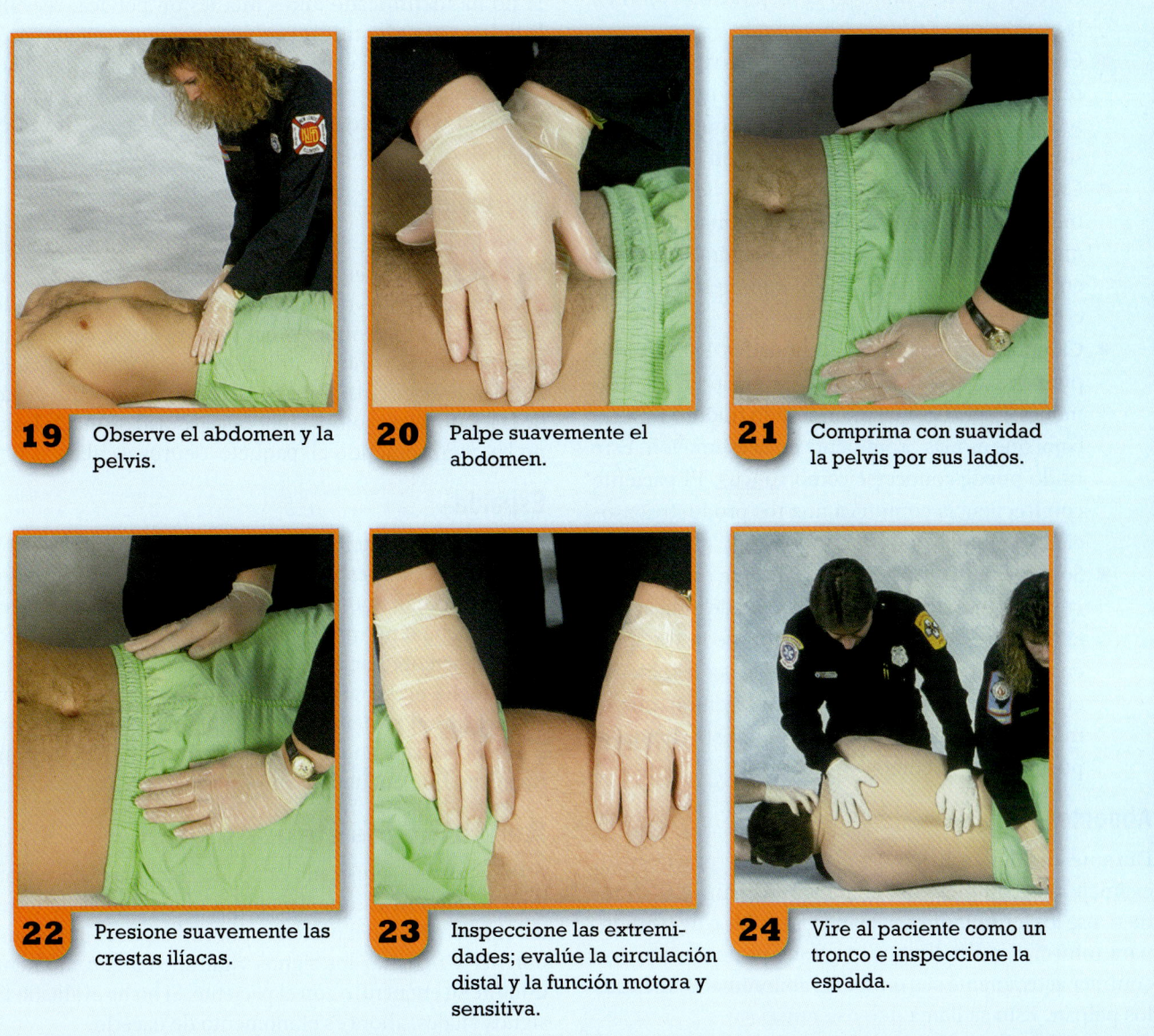

19 Observe el abdomen y la pelvis.
20 Palpe suavemente el abdomen.
21 Comprima con suavidad la pelvis por sus lados.
22 Presione suavemente las crestas ilíacas.
23 Inspeccione las extremidades; evalúe la circulación distal y la función motora y sensitiva.
24 Vire al paciente como un tronco e inspeccione la espalda.

de un material de empaque con burbujas, se llama enfisema subcutáneo, e indica escape de aire al espacio debajo de la piel. De ordinario, esto indica que el paciente tiene un neumotórax o se ha lesionado la laringe o la tráquea. Busque también venas yugulares distendidas, lo que es normal en personas que están acostadas; sin embargo, su presencia en un paciente que está sentado sugiere algún tipo de insuficiencia.

Tórax

Durante todo el transcurso del proceso de evaluación del paciente, debe vigilar su respiración. Si no lo ha hecho ya, debe palpar cuidadosamente el pecho del paciente buscando percibir crepitaciones, como sucede con una rotura de la vía aérea, neumotórax, o fractura de costillas; además, evalúe el movimiento de la pared torácica durante la respiración. Los movimientos paradójicos de la pared torácica significan que su paciente tiene un tórax batiente y puede necesitar oxígeno suplementario o ventilación asistida, o ambas cosas. Quizá también deseará practicar una evaluación más detallada de los campos pulmonares del paciente. Escuchando a los pulmones en los vértices en las líneas medio claviculares bilateralmente, en las bases, en las líneas medio axilares bilateralmente, verifique los campos pulmonares. Puede ser posible que identifique uno de los siguientes:

- Campos pulmonares normales. Estos ruidos son claros y quietos, tanto en la inspiración como en la espiración.
- Campos pulmonares silbantes. Estos ruidos sugieren una obstrucción de la vía aérea inferior. Los sonidos silbantes son chillidos de tono alto, que son más prominentes en la espiración.
- Campos pulmonares húmedos. Estos ruidos suelen indicar insuficiencia cardiaca. Crepitaciones húmedas, usualmente tanto en la inspiración como en la espiración, se conocen como estertores, o crepitaciones,
- Campos pulmonares congestionados. Estos ruidos pueden sugerir la presencia de moco en los pulmones. Espere escuchar un sonido ruidoso de tono bajo, que es más prominente en la espiración. Este ruido puede conocerse como roncus. El paciente con frecuencia comunica una tos productiva asociada con este ruido.
- Sonido como graznido. Este ruido se escucha frecuentemente sin estetoscopio, y puede indicar que el paciente tiene una obstrucción de la vía aérea en el cuello, o parte superior del tórax. Espere escuchar un ruido metálico, como graznido, que es más prominente en la inspiración. Este sonido se puede conocer como estridor.

Abdomen

Durante el examen físico detallado, puede practicar un examen más completo del abdomen. Al palpar el abdomen, use los términos firme, blando, sensible o distendido, para informar sus hallazgos. Algunos pacientes pueden contraer activamente sus músculos abdominales mientras los palpan. Esto se llama defensa muscular.

Pelvis

Si no ha identificado antes una lesión pélvica, reevalúe la pelvis para identificar problemas. Si un paciente no se queja de dolor en la pelvis, presiónela con suavidad hacia abajo para evaluar posible dolor, hipersensibilidad, inestabilidad y crepitación, todos los cuales pueden indicar una pelvis fracturada o el potencial de choque.

Extremidades

Si no lo ha hecho ya, debe examinar cuidadosamente las extremidades en relación a posibles signos de traumatismos, de nuevo usando el método DCAP-BLS-TIC. También debe examinar la circulación distal, sensación o movimiento. Si ya ha identificado una lesión, la evaluación regular de la circulación, sensación y movimiento debajo de la lesión, le permitirá tener la seguridad de que la lesión no ha comprometido el paquete neurovascular.

Espalda

Durante la evaluación rápida, si se realizó, debe haber visto y palpado la espalda del paciente con relación a signos de traumatismo, en especial cerca de la columna vertebral. Debe tener precauciones con la columna cuando vire al paciente hacia su lado en busca de lesiones en la espalda. La presencia de deformidades o dolor vertebral sugiere que el paciente requiere inmovilización vertebral si aún no lo ha hecho. Busque y documente cualquier otro trastorno que encuentre en la espalda.

Reevalúe los signos vitales

A veces estará demasiado ocupado estableciendo y manteniendo los ABC, que no tendrá oportunidad de tomar los signos vitales del paciente. Sin embargo, es importante obtener y registrar los signos vitales, en algún momento durante su encuentro con el paciente. Si no ha evaluado los signos vitales, ahora es el momento de hacerlo.

Situación de urgencia — Parte 5

Antes de llegar al hospital, reevalúa los signos vitales y nota que están significativamente alterados en su conjunto. El paciente está volviéndose más consciente, respondiendo a estímulos dolorosos cuando presiona el lecho ungueal con su pluma. Continúa tolerando la cánula nasal sin problemas; sin embargo, tiene una tos ocasional.

10. ¿Cómo registraría esta falta de cambios en el estado del paciente y en los signos vitales?
11. ¿Qué tan frecuentemente debe evaluar los signos vitales en este paciente?
12. ¿Qué evaluación adicional conduciría durante los siguientes pocos minutos hasta su llegada al hospital?

Evaluación del paciente

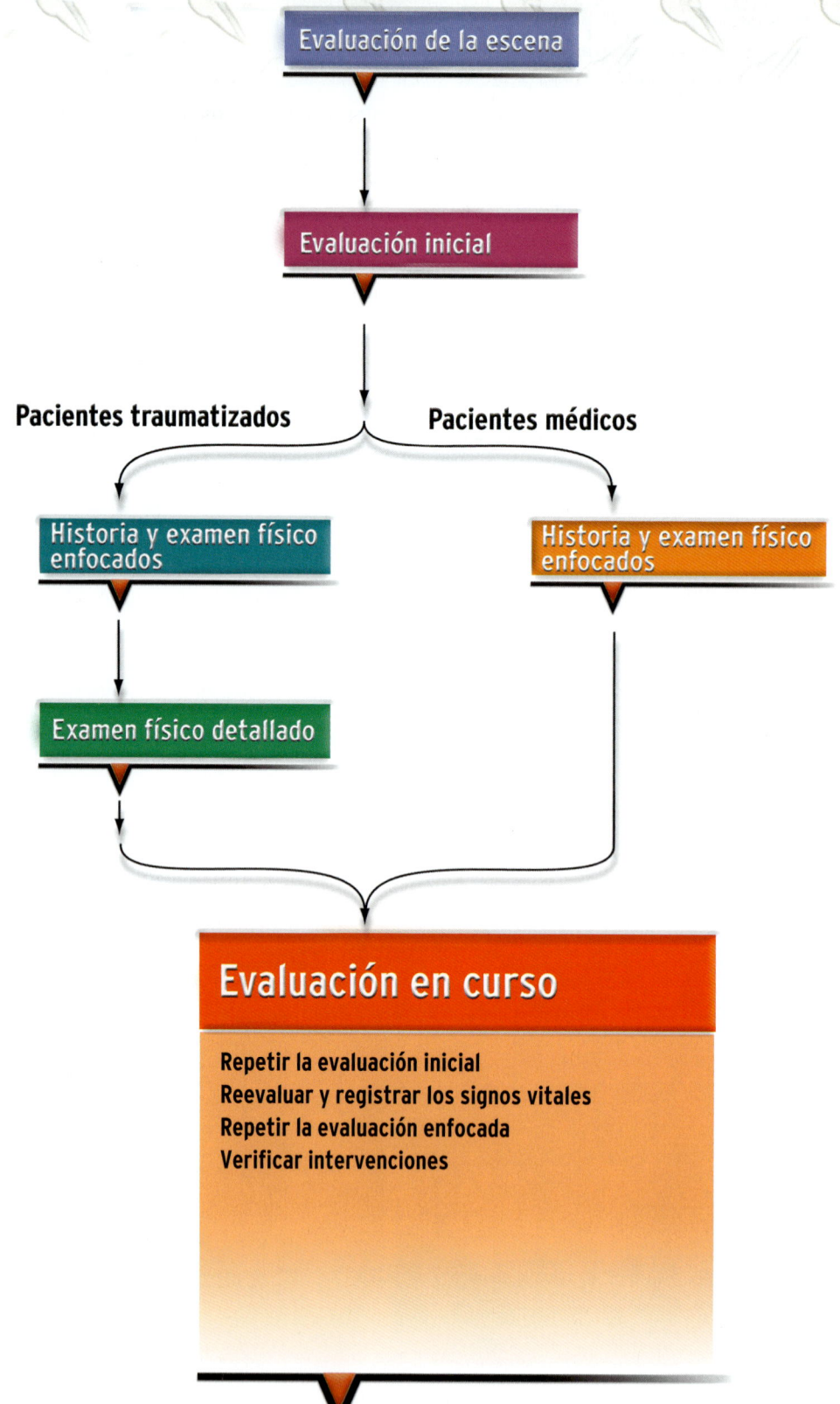

Evaluación en curso

A diferencia del examen físico detallado, la evaluación en curso se realiza en todos los pacientes durante el transporte. Su propósito es preguntar y responder lo siguiente:

- ¿El tratamiento está mejorando el estado del paciente?
- ¿Se ha mejorado un problema ya identificado? ¿Empeorado?
- ¿Cuál es la naturaleza de cualquier nuevo problema identificado?

La evaluación en curso lo ayuda a vigilar cambios en el estado del paciente. Si los cambios son mejorías, simplemente continúe el tratamiento que está administrando. Sin embargo, en algunas ocasiones el estado del paciente se deteriorará. Cuando esto sucede, debe estar preparado para modificar el tratamiento, según sea apropiado, y luego empezar un nuevo tratamiento con base en el problema identificado.

El procedimiento en la evaluación en curso es simplemente repetir la evaluación inicial y la evaluación enfocada, y verificar los pasos de intervención que corresponden a los problemas que está tratando. Estos pasos deben ser repetidos y registrados cada 15 minutos en un paciente inestable Figura 8-15. Recuerde usar su criterio cuando se programan las evaluaciones en curso. Es posible que algunos pacientes requieran evaluaciones más frecuentes.

Los pasos para la evaluación en curso son como sigue:

1. Repita la evaluación inicial
   - Reevalúe el estado mental.
   - Mantenga una vía aérea abierta.
   - Vigile la respiración del paciente.
   - Reevalúe la frecuencia y calidad del pulso.
   - Vigile el color y temperatura de la piel.
   - Restablezca las prioridades del paciente.
2. Reevalúe y registre los signos vitales.
3. Repita su evaluación enfocada referente a la molestia y lesiones del paciente, incluyendo preguntas sobre la historia del paciente.
4. Verifique intervenciones.
   - Asegure adecuación de entrega de oxígeno/ventilación artificial
   - Asegure el manejo de hemorragias
   - Asegure la adecuación de otras intervenciones

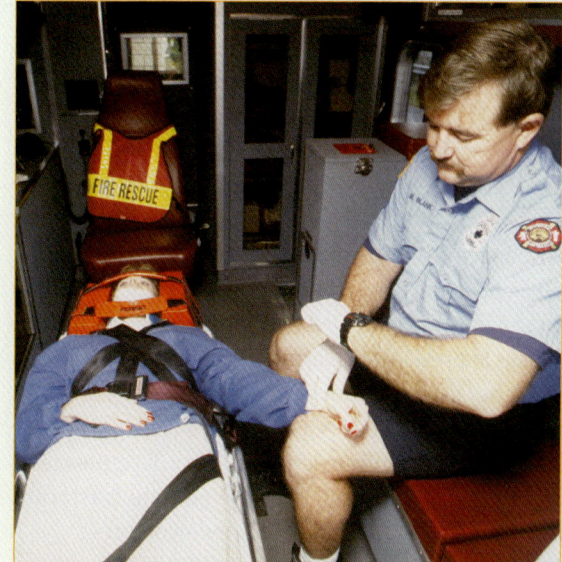

Figura 8-15 Durante la evaluación en curso, repita su evaluación inicial, verifique signos vitales e intervenciones cada cinco minutos si el paciente está inestable, y cada 15 minutos si está estable.

Repita la evaluación inicial

El primer paso es repetir la evaluación inicial. Si ha estado tratando los ABC, necesita continuar vigilando esas funciones esenciales. Es particularmente importante reevaluar el estado mental; los cambios pueden ser sutiles al inicio, y luego declinar con rapidez.

Reevalúe cualquier problema que haya estado tratando; el color de la piel del paciente, la herida, o cualquier cosa para la cual haya iniciado un tratamiento. Si el estado del paciente permanece estable, estupendo. Pero es posible que descubra que necesita cambiar un apósito, tensar un tirante, o aumentar el oxígeno. Hágalo ahora.

Reevalúe y registre signos vitales

Asegure que los signos vitales no han cambiado. Registre ese hecho para que su documentación sea precisa y completa. Si los signos vitales han cambiado, evalúe lo que puede haber pasado y aplique las intervenciones apropiadas.

Repita la evaluación enfocada

Mientras transporta al paciente, recuerde preguntarle sobre su molestia principal. ¿El dolor de pecho está mejorando o empeorando? ¿El dolor de la pierna está mejorando con

Tips para el TUM-B

Podrá notar a veces que TUM-B experimentados y paramédicos al parecer tienen un "sexto sentido" cuando se trata de algunos pacientes. Parecen ser capaces de reconocer problemas graves, aun antes de completar su evaluación inicial. La intuición clínica es una de las características del TUM experto, que usted puede desarrollar a lo largo de su carrera, si pone atención y permanece minucioso y diligente en sus evaluaciones. Sin embargo, el concepto de "sexto sentido" es distinto al concepto de "improvisación". Debe tener certeza de que sus impresiones y evaluaciones del paciente reflejan exámenes estructurados y apropiadamente minuciosos, en oposición a impresiones formadas de manera precipitada, basadas en información limitada y desorganizada. Lo último puede causar que pase por alto trastornos importantes y se forme impresiones incorrectas.

Los aspectos de la intuición clínica incluyen lo siguiente:

- Habilidad para reconocer patrones. Los TUM intuitivos reconocen de inmediato patrones clínicos que han visto antes. Por ejemplo, puede reconocer inmediatamente que un paciente pálido, diaforético, se ve como otro paciente que vio en un choque grave.
- Comprensión del sentido común. TUM-S experimentados, intuitivos, que usan su conocimiento y experiencia, también usan sentido común en su evaluación y tratamiento. Por ejemplo, se limitan a empezar RCP en un paciente consciente que apenas responde, aunque no puedan sentir el pulso.
- Habilidad de sentir lo que es importante. Los buenos TUM saben cómo identificar problemas que son verdaderamente importantes. Evitan la tendencia de perderse en problemas sin importancia, y permanecen enfocados en los verdaderamente importantes. Por ejemplo, una laceración en la frente no los distraerá del problema cardiaco grave que causó una caída.
- Deliberar racionalmente. Los buenos TUM usan su intuición para ayudarse a tomar decisiones, pero siempre la moderan preguntando "¿qué tal si estoy equivocado?". Por ejemplo, un paciente que estuvo en choque de un vehículo motor grave que no tiene molestias, y parece estar normal, está probablemente bien. Un TUM-B experimentado puede creer que el paciente no tiene lesiones graves, y probablemente no requiere inmovilización vertebral. Sin embargo, la respuesta a ¿qué tal si estoy equivocado? Podría ser "Desastroso: lesión permanente de la médula espinal y parálisis". El TUM-B experimentado decide inmovilizar.

¿Cómo puede mejorar sus propios poderes intuitivos? En primer lugar, necesita cierta experiencia. La verdad es que no se volverá intuitivo sino hasta que se haya implicado en el cuidado de pacientes por cierto tiempo, y haya evaluado y tratado a varios pacientes.

Siguiendo un procedimiento sistemático al evaluar pacientes, usando su intuición y sentido común, y escuchando cuidadosamente al paciente, aprenderá a tomar buenas decisiones sobre el tratamiento y transporte de los muchos pacientes que atenderá durante su carrera.

el tratamiento, o está casi igual? Si le pidió previamente calificar sus síntomas en una escala de 1 a 10, pídale actualizar su calificación para comparar.

Verifique intervenciones

Reevalúe las intervenciones que inició. Tómese un momento para asegurar que la vía aérea aún está abierta, la hemorragia se ha controlado, el oxígeno aún fluye, y los tirantes de la camilla rígida todavía están tensos. Con frecuencia las cosas cambian en el ambiente no controlado del hospital, por lo cual es un buen momento para asegurar que sus tratamientos aún "trabajan" en la forma que lo intentó.

Situación de urgencia — Resumen

Este fue un paciente desafiante por la falta de información proporcionada por él. Aunque pareció ser un paciente médico y no uno traumatizado, con frecuencia es difícil. Pudo haber sido golpeado por un auto, o haberse caído golpeándose la cabeza, o haber sufrido una fractura. Además, cualquier historia obtenida de un paciente con el estado de conciencia alterado no debe considerarse confiable. Los pacientes no tienen que ser exclusivamente traumatizados o médicos.

En los casos en los cuales el paciente no puede decir lo que anda mal, usted debe buscar la presencia de una molestia principal, como una obvia hemorragia o deformidad (DCAP-BLS-TIC). La inconsciencia, aunque no es un problema médico en sí, puede ser el problema principal. El examen físico enfocado, examen físico detallado, y evaluación en curso, deben ayudarlo a identificar su causa. El examen físico detallado en este caso atendería primariamente al sistema nervioso central, pero también deben evaluarse el aparato digestivo y el circulatorio. Esto significa que el examen físico detallado tendrá que extenderse a varias áreas del cuerpo. Recuerde no retrasar el transporte del paciente para completar su evaluación. La mayor parte de la evaluación se practicará durante el transporte.

Sección 3 Evaluación del paciente

Resumen

Listo para repaso

- El proceso de evaluación empieza con la evaluación de la escena, que identifica peligros reales o potenciales. No se debe acercar a los pacientes sino hasta que estos peligros han sido atendidos, en forma tal que se elimine o minimice el riesgo tanto para el TUM, como para el paciente o pacientes.

- La evaluación inicial se realiza en todos los pacientes. Identifica los trastornos de la vía aérea, respiración y circulación (ABC) que ponen en peligro la vida. Cualquier amenaza para la vida debe tratarse antes de moverse al siguiente paso en la evaluación.

- La historia y el examen físico enfocados incluyen signos vitales, historia del paciente, y un examen físico. El tipo de examen físico, rápido o enfocado, y el orden de estos componentes, depende de que su paciente sea un paciente traumatizado o médico.

- El examen físico detallado es realizado en un grupo seleccionado de pacientes. Ayuda a comprender más problemas que fueron identificados durante el examen enfocado, y también puede usarse para evaluar problemas que no pueden identificarse usando dicho examen. El examen físico detallado debe practicarse en camino al hospital.

- La evaluación en curso también se practica en todos los pacientes. Le da la oportunidad de reevaluar problemas que están siendo tratados, y verificar de nuevo tratamientos para tener la seguridad de que están siendo realizados correctamente. La información de la evaluación en curso se puede usar para cambiar planes de tratamiento.

- El proceso de evaluación es sistemático y dinámico. Todos los pacientes serán evaluados usando estos mismos pasos. Sin embargo, como la historia y el examen físico enfocados centrarán su atención en los problemas principales del paciente, cada evaluación que realice será un poco diferente, dependiendo de las necesidades del paciente. El resultado será un proceso que le permitirá identificar y tratar rápidamente las necesidades de todos los pacientes relacionados, médicos y traumáticos, de una forma en que se cubran las necesidades particulares.

Vocabulario vital

aislamiento de sustancias corporales (ASC) Concepto de control de la infección y práctica que asume que todos los líquidos corporales son potencialmente infecciosos.

AVDI Método para evaluar el estado de conciencia de un paciente, se determina si el paciente está despierto y alerta, responsivo a estímulos verbales o dolor, o inconsciente; se usa principalmente en la evaluación inicial.

campos pulmonares Indicación de movimiento de aire en los pulmones, evaluada usualmente con un estetoscopio.

capacidad de respuesta La forma en la cual el paciente responde a estímulos externos, incluyendo estímulos verbales (sonido), estímulos táctiles (toque), y estímulos dolorosos.

cianosis Color gris azulado de la piel que es causado por reducción de los niveles de oxígeno en la sangre.

coagular Formar un coágulo para tapar una abertura en un vaso sanguíneo lesionado y parar la hemorragia.

congelación Daño en los tejidos como resultado de la exposición al frío; partes del cuerpo congeladas, o parcialmente congeladas.

conjuntiva La delicada membrana que recubre los párpados y cubre la superficie expuesta del ojo.

crepitación Sensación chirriante y de pulimiento causada por extremos de huesos o articulaciones fracturados que se frotan entre sí; también de burbujas debajo de la piel que producen un sonido crepitante o sensación crujiente.

DCAP-BLS-TIC Una mnemotecnia de términos en inglés para evaluar en cada área del cuerpo en relación a D (Deformities, deformidades), C (Contusions, contusiones), A (Abrasions, abrasiones), P (Punctures/penetrations, punciones, penetraciones), B (burns, quemaduras), L (lacerations, laceraciones) y S (swelling, edema). T (Tenderness, sensibilidad al tacto), I (Inestability, inestabilidad), C (Crepitation, crepitación)

defensa muscular contracción activa de los músculos abdominales que pueden realizar algunos pacientes mientras los palpan.

dilatación de los orificios nasales Indica obstrucción de la vía aérea.

disnea de dos a tres palabras Un problema respiratorio grave en el cual el paciente puede hablar sólo dos o tres palabras si hacer una pausa para respirar.

enfisema subcutáneo Presencia de aire en los tejidos blandos que causa una sensación crepitante característica a la palpación.

esclerótica La porción blanca del ojo; la capa exterior dura que protege a la capa interior delicada y sensible a la luz.

estertores Ruidos crepitantes, rechinantes, en la respiración, que indican la presencia de líquido en los espacios de aire de los pulmones; llamadas también crepitaciones.

estridor Un ruido respiratorio áspero, de tono agudo, que se escucha frecuentemente en la obstrucción laríngea aguda (vía aérea superior); puede sonar como un graznido y ser audible sin un estetoscopio.

evaluación de la escena Evaluación rápida de la escena y su entorno, realizada para proporcionar información sobre su seguridad y el mecanismo de la lesión o naturaleza de la enfermedad, antes de ingresar e iniciar la atención del paciente.

evaluación en curso La parte del proceso de evaluación en la cual los problemas son reevaluados y se valoran las respuestas al tratamiento.

evaluación inicial Parte del proceso de evaluación que lo ayuda a identificar cualesquiera trastornos que, inmediata o potencialmente, sean una amenaza para la vida, en forma que pueda iniciar cuidados para salvar la vida.

examen físico detallado La parte del proceso de evaluación en la cual se realiza un examen detallado de área por área, en pacientes cuyos problemas no pueden identificarse fácilmente, o cuando se necesita información más específica sobre problemas identificados en la historia clínica y examen físico enfocados.

hipotermia Situación en la cual la temperatura interna del cuerpo cae por debajo de 95 °F (35 °C) después de la exposición a un ambiente frío.

historia clínica y examen físico enfocados La parte del proceso de evaluación en la cual las molestias principales del paciente, o cualesquiera problemas que son inmediatamente evidentes, se evalúan más y en forma más específica.

historial (o historia) SAMPLE Acróstico con las iniciales en inglés de un historia breve, clave del trastorno de un paciente, para determinar: S (signos/síntomas), A (alergias), M (medicaciones), P (historial pasado pertinente) L (Lunch última ingestión), y E (eventos relacionados a la enfermedad/lesión).

hora dorada Tiempo que transcurre entre la lesión hasta el cuidado definitivo. Es cuando debe producirse el tratamiento del choque o las lesiones traumáticas, porque el potencial de supervivencia está en su mejor momento.

ictericia Color amarillo de la piel que se ve en pacientes con enfermedad o disfunción del hígado.

impresión general Impresión inicial total que determina la prioridad de los cuidados del paciente; se basa en el entorno del paciente, el mecanismo de la lesión, signos y síntomas, y la molestia principal.

llenado capilar Prueba que evalúa la función del sistema circulatorio distal exprimiendo (blanqueando) sangre de un área, como el lecho ungueal, y observando la velocidad de su retorno después de retirar la presión.

mecanismo de la lesión (ML) La forma en la que se produce una lesión traumática; las fuerzas que actúan sobre el cuerpo para causar daño.

molestia principal La razón por la cual el paciente pidió ayuda, también la respuesta del paciente a preguntas como "¿qué anda mal?" o "¿qué sucedió?".

movimiento paradójico El movimiento de la sección de la pared torácica que está separada en un tórax batiente; el movimiento es exactamente el opuesto al movimiento normal durante la respiración (o sea, hacia adentro durante la inspiración y hacia afuera en la espiración).

músculos accesorios Los músculos secundarios de la respiración.

naturaleza de la enfermedad (NE) El tipo general de enfermedad que experimenta el paciente.

OPQRST Acróstico con las iniciales en inglés de las seis preguntas sobre el dolor: Iniciación, factores provocadores, calidad, radiación, gravedad, y tiempo.

orientación Estado mental de un paciente medido por memoria de la persona (nombre), lugar (sitio actual), tiempo (año, mes y fecha aproximada en curso), y evento (qué sucedió).

palpar Estimar tocando.

protección Contracciones involuntarias de músculos (espasmo) de la pared abdominal en un esfuerzo para proteger el abdomen inflamado; un signo de peritonitis.

retracciones Movimientos en los cuales la piel se deprime entre las costillas en la inspiración.

roncus Campos pulmonares ásperos, graves, que se escuchan en pacientes con moco crónico en la vía aérea superior.

selección por prioridades (triage) El proceso de establecer prioridades de tratamiento y transporte de acuerdo con la gravedad de la lesión y necesidad de atención médica.

Qué evaluar

Usted ha sido despachado a una llamada médica en el lado Oriente de la ciudad. El área es conocida por actividades de drogas ilegales, pandillas e indigentes. El paciente está en una casa pequeña que parece estar en malas condiciones. Al subir por los rotos peldaños de madera, tiene que usar una lámpara porque la casa no tiene energía eléctrica. La casa está muy sucia y tiene pocos muebles. Su paciente es una mujer de edad avanzada que ha estado encamada por varios días, y está muy enferma. La paciente ha sido incapaz de levantarse para usar el baño o la regadera por tres días. ¿La presentación de la paciente afectará cómo completaría su evaluación? ¿Qué factores pueden contribuir a esta condición de la paciente? ¿La paciente sería tratada en forma diferente en un vecindario opulento?

Temas: Respeto del paciente. Ética y profesionalismo. Evaluación apropiada del paciente. Posible abandono o abuso de pacientes mayores.

Autoevaluación

Ha sido despachado a un informe de un hombre que ha caído de un edificio alto. Debido al tipo de llamada, se ha asegurado que la unidad de rescate ha sido despachada para asistirlo en cualquier situación de rescate. Al llegar a la escena, encuentra al equipo de la unidad del rescate y le informan que se trata de un solo paciente.

Éste cayó de una altura de ocho metros sobre una superficie de tierra cuando trabajaba en la construcción de un techo. El paciente está muy pálido y no se mueve. Al acercarse, lo escucha quejándose. Ve fracturas obvias de su tibia izquierda (pierna) y sangre que fluye del sitio lesionado. También ve sangre fluyendo de su nariz y oídos. El primer respondiente de la unidad de rescate le informa los siguientes signos vitales: tensión arterial, 90/60 mm Hg, frecuencia del pulso 130 latidos/min, débil y rápido, y respiraciones, 24/min, y superficiales.

1. Las precauciones de aislamiento de sustancias corporales, apropiadas para esta llamada, probablemente incluirían una bata y:

    A. Una mascarilla facial y guantes de caucho.
    B. Guantes y protección ocular.
    C. Un casco y pantalones de mezclilla.
    D. Botas con puntas de acero.

2. Para comprender mejor qué lesiones traumáticas sospecharía en este paciente, necesitaría determinar ____ del paciente.

    A. La historia médica.
    B. El mecanismo de la lesión.
    C. Experiencias pasadas.
    D. La última ingestión.

3. Cuando se acerca por primera vez al paciente puede determinar rápidamente posibles lesiones que ponen en peligro la vida:

    A. Haciendo muchas preguntas detalladas.
    B. Completando una evaluación en curso.
    C. Formándose una impresión general.
    D. Realizando la evaluación de la escena.

4. El paciente no contesta al hablarle y sólo responde con quejidos cada vez que lo toca. Con base en la escala AVDI, este paciente:

    A. Es completamente inconsciente.
    B. Está alerta y orientado.
    C. Puede estar confundido.
    D. Responde sólo con estimulación dolorosa.

5. Después de determinar el estado de conciencia del paciente, debe evaluar y tratar inmediatamente cualquier lesión relacionada con:

    A. La vía aérea, respiración y circulación.
    B. Cualquier problema médico pasado.
    C. La cara y el cuello.
    D. Los brazos y piernas.

6. Sobre la base del aspecto general, estado de conciencia, palidez de la piel, signos vitales y mecanismo de la lesión del paciente, lo identificaría como:

   A. Una prioridad desafiante.
   B. Una alta prioridad.
   C. Una prioridad intermedia.
   D. Una baja prioridad.

7. Para cubrir el objetivo de la hora dorada de tratamiento, no debe tardar más de:

   A. 5 minutos en la escena.
   B. 10 minutos en la escena.
   C. 30 minutos en la escena.
   D. 1 hora en la escena.

8. Después de completar la evaluación inicial en este paciente, debe considerar una historia y examen físico enfocados que consiste en:

   A. Una evaluación rápida del traumatismo, línea basal de los signos vitales, y una historia SAMPLE.
   B. Una mirada rápida de la cabeza a los pies.
   C. Verificar el peso y la estatura del paciente.
   D. Escuchar los sonidos pulmonares.

Preguntas desafiantes

9. Explique OPQRST según aplica a la molestia principal de un paciente médico.

10. Explique la diferencia entre la evaluación rápida de traumatismos y la evaluación enfocada de traumatismos.

11. Explique los pasos para completar un examen físico detallado.

12. Explique el proceso de evaluación en curso, incluyendo cuándo, por qué, y qué tan frecuentemente sería completado

Comunicaciones y documentación

Objetivos

Cognitivos

3-7.1 Listar los métodos apropiados para iniciar y terminar una llamada de radio. (p. 325)

3-7.2 Indicar la secuencia apropiada para la entrega de información al paciente. (p. 322)

3-7.3 Explicar la importancia de la comunicación eficaz de información del paciente en el informe verbal. (p. 326)

3-7.4 Identificar los componentes esenciales del informe verbal. (p. 326)

3-7.5 Describir los atributos para la eficacia y eficiencia crecientes de las comunicaciones verbales. (p. 326)

3-7.6 Indicar los aspectos legales por considerar en la comunicación verbal. (p. 326)

3-7.7 Exponer las destrezas de comunicación que deben usarse para interactuar con el paciente. (p. 327)

3-7.8 Exponer las destrezas de comunicación que deben usarse para interactuar con la familia, los espectadores e individuos de otras agencias mientras se proporcionan cuidados a los pacientes y con personal del hospital, y la diferencia entre las destrezas usadas para interactuar con el paciente y las usadas para interactuar con otros. (pp. 326, 327)

3-7.9 Listar los procedimientos correctos de radio en las siguientes fases de una llamada típica:

- A la escena
- En la escena
- Al servicio
- En el servicio
- A la estación
- En la estación (p. 325)

3-8.1 Explicar los componentes del informe escrito y listar la información que debe ser incluida en éste (p. 334)

3-8.2 Identificar las secciones del informe escrito. (p. 332)

3-8.3 Describir qué información se requiere en cada sección del informe de cuidados prehospitalarios y cómo se debe ingresar. (pp. 332, 333)

3-8.4 Definir las consideraciones especiales concernientes al rechazo del paciente. (p. 335)

3-8.5 Describir las implicaciones legales asociadas con el informe escrito. (p. 333)

3-8.6 Exponer todos los requerimientos de registros e informes estatales y/o locales. (p. 333)

Afectivos

3-7.10 Explicar el fundamento de proporcionar comunicaciones de radio e informes de pacientes eficaces y eficientes. (p. 322)

3-8.7 Explicar el fundamento de la documentación del cuidado del paciente. (p. 316)

3-8.8 Explicar el fundamento de la reunión de datos para en sistema de SMU. (p. 322)

3-8.9 Explicar el fundamento de usar la terminología médica de forma correcta. (p. 335)

Psicomotores

3-7.11 Realizar una transmisión de radio simulada, organizada y concisa. (p. 325)

3-7.12 Realizar un informe de paciente organizado y conciso que debe entregar al personal de un servicio receptor. (p. 326)

3-7.13 Realizar un informe breve y organizado que debe entregar a un proveedor de SVA llegando a una escena de incidente en el cual el TUM-B ya estaba proporcionando cuidados. (p. 332)

3-8.11 Practicar para completar un informe de cuidados prehospitalarios. (pp. 332, 333)

9

Comunicaciones y documentación

Situación de urgencia

Su unidad de SVB es despachada a un hogar por una mujer de edad avanzada que se ha caído. Llega a la escena y es recibido por una trabajadora del asilo que encontró a la paciente en la tina del baño. Al entrar al baño, la paciente de 86 años de edad está sentada en la tina sin agua; su espalda descansa sobre el grifo. Está pálida y fría al tacto, se queja de dolor en la cadera y en la espalda y de tener frío. Dice que se levantó como a las 3 de la madrugada para ir al baño, tropezó y cayó en el interior de la tina. Se reacomodó a la posición sentada actual y no pudo moverse más después de eso. Califica su dolor de la espalda en 8 y el de la cadera en 10, en una escala de 1 a 10.

1. ¿Cuáles son las razones primarias que da un informe de radio previo a la llegada al hospital receptor?
2. ¿Existen ventajas/desventajas al usar un informe de cuidados del paciente de estilo narrativo en lugar de uno con formato de "llene la casilla"?

Comunicaciones y documentación

La comunicación eficaz es un componente esencial de los cuidados prehospitalarios. Las comunicaciones por radio y teléfono lo enlazan a usted y a su equipo con otros miembros de comunidades del SMU, bomberos y autoridades implementadoras de la ley. Este enlace permite que todo el equipo trabaje en conjunto con mayor eficacia y proporciona seguridad y protección para cada miembro del equipo. Debe saber lo que su sistema puede o no hacer y ser apto para usarlo eficiente y eficazmente, al igual que ser capaz de enviar informes precisos y exactos sobre la escena, el estado del paciente y el tratamiento que le proporciona.

Las destrezas de comunicaciones verbales son de vital importancia para los TUM-B. Sus habilidades verbales le permitirán reunir información de los pacientes y los espectadores. También harán posible que coordine de forma eficaz la variedad de respondientes que con frecuencia están presentes en la escena. Las comunicaciones verbales excelentes son también parte integral de la transferencia del cuidado del paciente a las enfermeras y médicos del hospital. Es necesario que posea buenas habilidades para escuchar a fin de evitar comprender íntegramente la naturaleza de la escena y el problema del paciente. Además, debe ser capaz de organizar sus pensamientos para verbalizar con rapidez y precisión instrucciones para los pacientes, espectadores, y otros respondientes. Por último, debe ser apto para organizar y resumir los aspectos importantes de la presentación y tratamiento del paciente cuando informe al personal del hospital.

El Formato de Registro de Atención Prehospitalaria (FRAP) es la parte de la interacción del paciente con el TUM-B que se convierte en un elemento de su expediente clínico permanente. Sirve para muchos propósitos, que incluyen la muestra de que los cuidados suministrados fueron apropiados y dentro del campo y práctica de los proveedores de salud implicados. La documentación también proporciona una oportunidad para comunicar la historia del paciente a otras personas que puedan participar en la atención de éste en el futuro. Los informes adecuados y los registros precisos aseguran la continuidad del cuidado del paciente. Los registros completos del paciente también garantizan la transferencia apropiada de la responsabilidad, cumplen con los requerimientos de los departamentos de salud y agencias ejecutoras de la ley, y cubren por completo las necesidades administrativas de su organización. Los deberes de informar y mantener registros son un aspecto esencial del cuidado del paciente, aunque son efectuados sólo después de que el estado de éste se ha estabilizado. La documentación en el campo impulsa tanto el financiamiento como la investigación del SMU. Los cinturones de seguridad son un ejemplo primordial. Los estudios han demostrado que el uso del cinturón de seguridad reduce 50% la probabilidad de muerte en un accidente automotor, por lo que se ha hecho una necesidad la educación vial para reducir esta tasa de mortalidad.

Este capítulo describe las destrezas que necesita tener para ser un comunicador eficaz. Se inicia identificando los tipos de equipo que se utilizan, junto con los procedimientos y protocolos estándares de la operación de radio. A continuación se describe el papel que desempeña la Secretaría de Comunicaciones y Transportes (SCT) en el SMU. El capítulo concluye con la exposición de una diversidad de métodos eficaces de comunicaciones verbales y directrices para la documentación escrita apropiada de la atención del paciente.

Sistemas y equipo de comunicaciones

Como TUM-B debe estar familiarizado con las comunicaciones bidireccionales de radio y tener conocimiento del trabajo de los radios móviles y manuales portátiles que son usados en su unidad. También debe saber cuándo usarlos y conocer los códigos fonéticos y de radiocomunicación (claves) de nuestra institución.

Radios de la estación base

El radio operador suele comunicarse con las unidades en el campo transmitiendo mediante un radio fijo de la **estación base** que es controlado por el Centro de Comunicaciones (CECOM). Una estación base es cualquier equipo (hardware) de radio que contiene un transmisor y un receptor localizado en un lugar fijo. La estación base puede ser usada en un solo lugar por un operador que habla a un micrófono conectado directamente al equipo. También actúa de manera remota por medio de líneas telefónicas o por radio desde un centro de comunicación. Las estaciones base pueden incluir centros de despacho, estaciones de bomberos, bases de ambulancias u hospitales.

Un radio bidireccional (dos vías) consiste en dos unidades (sistema dúplex): un transmisor y un receptor. Algunas estaciones base pueden tener más de un transmisor o de un receptor, o de ambos. También pueden estar equipadas con un transmisor de canales múltiples y varios canales receptores simples. Un **canal** es una frecuencia (o frecuencias asignadas) que se usa para conducir voz y/o datos de comunicaciones; en el caso de Cruz Roja Mexicana, la SCT asignó 10 frecuencias de radio en la banda VHF. Sin importar el número de transmisores y receptores, son llamados comúnmente radios base o estaciones. Las estaciones base suelen tener más potencia (a menudo 100 watts, o más) y sistemas de antenas más altos, más eficientes que los radios móviles o portátiles. Estos rangos más amplios de transmisión permiten que el operador de la estación base se comunique con las unidades en el campo y otras estaciones a distancias mucho mayores.

El radio base debe estar físicamente cerca de su antena. Por ello, el gabinete de la estación base y el equipo se encuentran con frecuencia en el techo de un edificio alto o en la base de una torre de antena. El operador de la estación base puede estar a kilómetros de distancia de un centro de despacho u hospital, comunicándose con la estación base de radio por líneas dedicadas o enlaces especiales de radio. Una línea enrutada está siempre abierta o bajo el control de individuos en ambos extremos. Este tipo de línea es activada tan pronto como levanta el receptor y no pueden tener acceso a ella por usuarios externos.

Radios móviles y portátiles

En la ambulancia usará tanto radios móviles como portátiles para comunicarse con el radio operador y/o dirección médica. Con frecuencia una ambulancia tendrá más de un radio, cada uno con frecuencia diferente Figura 9-1 . Un radio puede ser usado para comunicarse con el Centro de Comunicaciones (CECOM). Un segundo radio se usa para comunicar información del paciente a dirección médica y/o al Centro Regulador de Urgencias Médicas (CRUM).

Un radio móvil se instala en un vehículo y suele operar a una potencia más baja que una estación base. La mayoría de los radios de muy alta frecuencia (VHF, very high frequency) opera con 100 watts de potencia. Los teléfonos celulares operan con una potencia de 3 watts o menos. Las antenas móviles están mucho más cercanas al piso que las antenas de las estaciones base, por lo cual las comunicaciones de una unidad están por lo general limitadas de 15 a 20 km sobre terreno promedio.

Los radios portátiles son dispositivos manuales, sujetados con las manos, que operan con 1 a 5 watts de potencia. Debido a que el radio se puede sostener en la mano cuando está en uso, a menudo la antena no es más alta que la estatura del TUM que lo está usando. El alcance de la transmisión de un radio portátil es más limitado que los de un radio móvil o una estación base. Los radios portátiles

Figura 9-1 Algunas ambulancias tienen más de un radio móvil para permitir comunicaciones con hospitales, jurisdicciones de ayuda mutua y otras agencias.

son esenciales para ayudar a coordinar las actividades del SMU en la escena en un incidente con múltiples víctimas. También son útiles cuando se está fuera de la ambulancia y se necesita comunicarse con el CECOM, otra unidad o dirección médica Figura 9-2 .

Sistemas de bases repetidoras

Una repetidora es una estación base especial que recibe mensajes y señales en una frecuencia y luego las retransmite en una segunda frecuencia (sistema dúplex). Como la repetidora es una estación base (con una antena grande), tiene la capacidad de recibir señales de poder más bajo, como las de un radio portátil desde una distancia muy lejana. La señal es luego retransmitida con toda la potencia de la estación base Figura 9-3 . Los sistemas del SMU que usan repetidoras por lo general tienen comunicaciones de sistema amplio notables y son capaces de obtener la mejor señal de radios portátiles. También hay repetidoras móviles

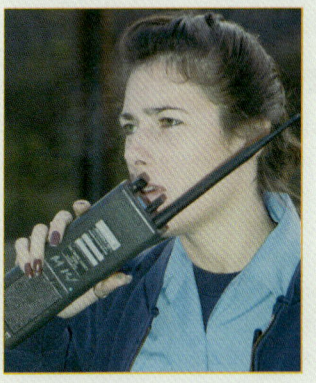

Figura 9-2 Un radio portátil es esencial si necesita comunicarse con el radio operador o dirección médica cuando está alejado de la ambulancia.

Figura 9-3 Un mensaje es enviado del centro de control por línea de tierra al transmisor. La onda portadora de radio es recogida por la repetidora para retransmitir a unidades que están afuera. El tráfico de radio de retorno es captado por la repetidora y retransmitido al centro de control.

que se pueden encontrar en ambulancias o colocadas en varios sitios alrededor del área del sistema del SMU.

Equipo digital

Aunque la mayoría de las personas piensan en comunicaciones de voces cuando piensan en radios bidireccionales, las señales digitales también son parte de las comunicaciones del SMU. Algunos sistemas del SMU usan **telemetría** para enviar un electrocardiograma de la unidad al hospital. Con telemetrías las señales electrónicas son convertidas en señales codificadas audibles. Estas señales pueden luego ser transmitidas por radio o teléfono a un receptor en el hospital con un descodificador. Éste convierte las señales de vuelta a impulsos electrónicos que pueden ser exhibidos en una pantalla o impresos. Otro ejemplo de telemetría es un mensaje fax.

Las señales digitales también se usan en algunos sistemas de radiolocalizadores y tonos de alerta ya que transmiten más rápido que las palabras habladas y permiten disponer de más elecciones y flexibilidad.

Teléfonos celulares

Mientras los despachadores se comunican con unidades en el campo transmitiendo mediante una estación base de radio fija, es común que los TUM lo hagan con los servicios receptores por **teléfono celular**. Estos teléfonos son simplemente radios portátiles de baja potencia que comunican por medio de una serie de estaciones receptoras intercomunicadas llamadas "células" (de ahí el nombre celular). Las células están enlazadas con un sistema de computación complejo y conectadas con la red telefónica.

Muchos sistemas celulares proporcionan equipo y tiempo aire a servicios del SMU a bajo o ningún costo como un servicio público. A menudo el público puede llamar al 065 o a otros números de urgencias en un teléfono celular sin cargo. Sin embargo, este fácil acceso puede dar por resultado sobrecarga y enredo de sistemas celulares en casos de situaciones de desastre o víctimas masivas.

Al igual que todos los sistemas basados en repetidoras, el teléfono celular es inútil si el equipo falla, pierde potencia o es dañado por situaciones meteorológicas graves u otras circunstancias. Como todos los sistemas de voz por radio, los teléfonos celulares pueden ser escuchados inadvertidamente por instrumentos exploradores ("escáneres"). Un **escáner** es un receptor de radio que busca o "explora" por medio de varias frecuencias hasta que se completa el mensaje. Aunque los teléfonos celulares son más privados que la mayoría de otras formas de comunicaciones por radio, aún pueden ser escuchados en forma no privada. Por tanto, siempre debe ser cuidadoso para respetar de manera apropiada la confidencialidad del paciente y hablar de manera profesional cada vez que usa cualquier forma de sistema de comunicación del SMU.

Otro equipo de comunicaciones

Las ambulancias y otras unidades de campo por lo general están equipadas con un sistema externo de llamado público. Éste puede ser parte de una sirena o de un radio móvil. La intercomunicación entre la cabina y el compartimiento del paciente también puede ser parte del radio móvil. Estos componentes no involucran la onda de transmisión del radio, pero usted debe comprender cómo trabaja y practicar usándolo antes de que en realidad lo necesite.

El sistema del SMU puede usar una diversidad de equipos de radio bidireccionales. Algunos sistemas operan equipo VHF en el modo **simplex** (oprima para hablar, suelte para escuchar). En este modo, pueden producirse radiocomunicaciones en cualquiera de las dos direcciones, pero no en ambas de manera simultánea. Cuando una persona transmite, la otra puede sólo recibir y luego debe esperar hasta que la otra persona termine antes de que pueda responder. Otro sistema conduce comunicaciones **dúplex** (hablar-escuchar simultáneamente) en frecuencias UHF y además usan teléfonos celulares. En el modo dúplex completo los radios pueden transmitir y recibir comunicaciones en un canal de forma simultánea. Esto se llama a veces "un par de frecuencias" (**sistema troncalizado**). En nuestro país, en algunas poblaciones se cuenta con un sistema de comunicación con alto grado de encriptación de comunicaciones llamado MATRA, el cual es proporcionado por los gobiernos locales.

Algunos sistemas del SMU se basan en líneas dedicadas (también llamadas líneas enrutadas) como enlaces de control de sus estaciones y antenas situados remotamente. Otros sistemas están configurados de forma más simple y no requieren enlaces de control fuera del sitio. Sin importar el tipo de equipo que se use, todos los sistemas de comunicación del SMU tienen ciertas limitaciones básicas. Por tanto, debe conocer lo que su equipo puede o no hacer.

Su habilidad para comunicarse de manera eficaz con otras unidades o dirección médica depende de qué tan bien pueda "responder" el radio más débil. Los radios y repetidoras de estación base a menudo tienen mayor potencia y antenas más altas que las unidades móviles y portátiles. Esta potencia aumentada afecta sus comunicaciones en dos formas. En primer lugar, sus señales son escuchadas y comprendidas desde una distancia mucho mayor que la señal producida por una unidad móvil. En segundo lugar, sus señales son recibidas con claridad desde una distancia mucho más grande de lo que es posible con una unidad móvil o portátil. Recuerde, cuando está en la escena puede ser capaz de escuchar claramente al despachador u hospital en su radio, pero puede no ser escuchado o comprendido cuando transmite.

Cambios aun pequeños en su localización pueden afectar de forma significativa la calidad de su transmisión. Recuerde además que la ubicación de la antena es críticamente importante para una transmisión clara. Una aeronave comercial volando a 37 000 pies de altura puede transmitir y recibir señales a lo largo de centenares de kilómetros y sin embargo sus radios tienen sólo unos cuantos watts de potencia. La "potencia" procede de su antena de 37 000 pies de altura.

A veces puede ser capaz de comunicarse con una estación base, pero no podrá escuchar o transmitir a otra unidad móvil que está comunicándose también con esa base. Las estaciones repetidoras eliminan ese problema: permiten que dos unidades móviles o portátiles que no se puedan alcanzar directamente se comuniquen por medio de una repetidora, usando su mayor potencia y antena.

El éxito de las comunicaciones depende de la eficiencia de su equipo. Una antena o un micrófono deteriorados con frecuencia evita comunicaciones de alta calidad. Verifique la condición y el estado de su equipo al inicio de cada turno, y luego corrija o informe cualquier problema.

Radiocomunicaciones

Todas las operaciones de radio en México, incluyendo las del SMU, están reguladas por la **Secretaría de Comunicaciones y Transportes (SCT)**. La SCT tiene jurisdicción sobre servicios de teléfonos y telégrafos interestatales e internacionales y comunicaciones por satélite, los cuales pueden incluir actividad del SMU.

Algunas de las responsabilidades de la SCT relacionadas con el SMU son:

1. **Asignar frecuencias de radio específicas para uso de proveedores del SMU.** Las comunicaciones modernas del SMU comenzaron en 1974. En ese tiempo, la SCT asignó 10 canales en la banda VHF para ser usados por proveedores de cuidados de la salud del SMU. Sin embargo, estas frecuencias VHF debían ser compartidas con otros usos de "urgencias especiales", como desastres.
2. **Autorización de estaciones base y asignación de señales de llamadas de radio apropiadas para esas estaciones.** Una autorización de la SCT es por lo general emitida por cinco años, después de los cuales debe ser renovada. Cada autorización de la SCT es concedida sólo para un grupo operativo específico. A menudo, la longitud y latitud (localizaciones) de la antena y la dirección de la estación base, determinan las señales de las llamadas.
3. **Homologaciones de equipo y especificaciones de operación para el equipo usado por los proveedores de cuidados de la salud del SMU.** Antes de que pueda autorizarse, cada pieza de equipo de radio debe ser sometida por su fabricante a las normas internacionales para aceptación de tipo, basada en especificaciones y regulaciones operatorias establecidas.

4. **Establecimiento de limitaciones para rendimiento de potencia del transmisor.** La SCT regula la potencia de las transmisiones para reducir la interferencia de radio entre sistemas de comunicaciones vecinos.
5. **Normatización de las operaciones de radio.** Esto significa hacer verificaciones aleatorias en el campo para ayudar a asegurar el cumplimiento de las reglas y regulaciones de la SCT.

Responder a la escena

Los sistemas de operación del SMU pueden operar en varias frecuencias diferentes y pueden usar distintas bandas de frecuencia. Algunos sistemas del SMU pueden aun usar diferentes radios para propósitos distintos. Sin embargo, todos los sistemas del SMU dependen de la destreza del radio operador. Éste recibe la primera llamada al 065. Usted es parte del equipo que responde a las llamadas una vez que el radio operador le notifica a su unidad de una urgencia.

El radio operador tiene varias responsabilidades importantes durante la fase de alerta y el despacho de las comunicaciones del SMU. El radio operador debe hacer lo siguiente:

- Seleccionar y asignar apropiadamente prioridad a cada llamada (de acuerdo con protocolos predeterminados).
- Seleccionar y alertar a la unidad o las unidades apropiadas de respuesta del SMU.
- Despachar y dirigir la unidad o las unidades de respuesta del SMU a la localización correcta.
- Coordinar la respuesta de la unidad o unidades del SMU con otros servicios de seguridad pública hasta que concluye el incidente.
- Proporcionar instrucciones médicas de urgencia al que llama por teléfono para que pueda iniciarse un cuidado especial (p. ej., RCP) antes que llegue el TUM (de acuerdo con protocolos predeterminados).

Cuando llega la primera llamada al 065, el radio-operador debe tratar de juzgar la importancia relativa de empezar la respuesta apropiada del SMU usando protocolos de despacho médico de urgencia. En primer lugar, el despachador debe ubicar la localización exacta del paciente y la naturaleza y gravedad del problema. Pide el número del teléfono de quien llama, edad y nombre del paciente, y otra información, puntos de referencia para localizar el lugar según lo dirija el protocolo local. Luego, se necesita obtener alguna descripción de la escena, como el número de pacientes o riesgos ambientales especiales.

Con base en esta información, el radio operador asignará la unidad o las unidades de respuesta del SMU apropiadas, basado en protocolos locales para determinar el nivel y tipo de respuesta, y lo siguiente:

- El radio operador determinará la naturaleza y gravedad del problema (muchos sistemas de despachos de urgencias determinarán esto de manera automática, con base en respuestas de quien llama, a una serie de preguntas definidas).
- El tiempo aproximado de respuesta a la escena.
- El nivel de entrenamiento (primer respondiente, SVB, SVA) de unidad o unidades de respuesta del SMU disponibles.
- La necesidad de unidades del SMU adicionales, supresión de incendios, rescate, un equipo de materiales peligrosos, soporte médico aéreo o autoridades ejecutoras de la ley.

El siguiente paso del despachador consiste en alertar a la unidad o las unidades de respuesta del SMU apropiadas (**Figura 9-4**). Alertar a esas unidades puede efectuarse de diversas formas. Puede usarse el sistema de radio del despacho para contactar unidades que ya están en servicio y vigilar el canal. También pueden usarse líneas dedicadas (líneas enrutadas) entre el centro de control y la estación del SMU.

El radio operador también puede llamar por radiolocalizadores a personal del SMU. Los radiolocalizadores se usan con frecuencia en operaciones del SMU para alertar al personal en servicio y fuera de él. El <u>voceo</u> implica el uso de un tono codificado o señal digital de radio y una voz o mensaje exhibido que es transmitido a radiolocalizadores (bípers) o radios monitores de escritorio. Las

---

Situación de urgencia — Parte 2

Deben emplearse muchas formas diferentes de comunicación cuando se trabaja en el campo. Como responsable de "enviar" la información debe tomar en cuenta la posibilidad de que muchos de aquellos que la reciben tengan dificultad en comprender sus instrucciones y/o peticiones. La mujer que está atendiendo ha calificado su dolor.

3. ¿En qué formas anticipa que los niveles de dolor y ansiedad afectarán su habilidad para comprender o cumplir con sus instrucciones?
4. ¿Qué puede hacer para minimizar el potencial de comunicaciones erróneas?

señales de bípers pueden enviarse para alertar a cierto personal o ser señales generales que activarán a todos los radiolocalizadores del SMU. Los bípers y los radios monitores son convenientes porque suelen ser silenciosos hasta que se recibe su código específico de voceo, así como de teléfonos celulares, mensajes de texto o radio teléfonos como una herramienta adicional para que el radio operador despache la urgencia. El personal alertado contacta al despachador para confirmar el mensaje y recibir detalles sobre sus asignaciones.

Una vez que el personal del SMU es alertado, debe ser despachado y enviado al incidente en forma apropiada. Cada sistema del SMU debe usar un procedimiento estándar de despacho. El radio operador debe dar a la unidad o las unidades que responden la información siguiente:

- La naturaleza y gravedad de la lesión, enfermedad o incidente
- La ubicación exacta del incidente
- El número de pacientes
- Respuestas de otras agencias de seguridad pública
- Direcciones o asesorías especiales, condiciones de carreteras o tráfico adversas, informes meteorológicos graves o riesgos potenciales en la escena
- Puntos de referencia en el lugar (parque, gasolinera, etc.)
- La hora en la que la unidad o las unidades son despachados

Su unidad debe confirmar al radio operador que ha recibido la información y que está en camino a la escena. El protocolo local dictará si es trabajo del radio operador o de su unidad notificar a otras agencias de seguridad pública que está respondiendo a una urgencia. En algunas áreas también se notifica a la sala de urgencias más cercana al lugar de la llamada siempre que una ambulancia responde a una llamada.

Durante su respuesta al radio operador debe comunicar cualquier problema. También debe informarle cuando ha llegado a la escena. El informe de arribo debe incluir cualquier detalle obvio que vea durante la evaluación de la escena. Por ejemplo, puede decir "CECOM , la unidad de SVB número 2 está en la escena en el número 3010 de la calle 27, casa azul sobre la calle principal de la colonia". Esta información es particularmente útil cuando unidades adicionales están respondiendo a la misma escena.

Todas las radiocomunicaciones durante el despacho, así como en otras fases de las operaciones, deben ser breves y comprensibles. Aunque hablar en lenguaje simple es una buena opción, muchas áreas encuentran que el uso de códigos son más cortos y más simples para comunicaciones regulares. El desarrollo y uso de tales códigos requiere una estricta disciplina. Cuando se usan de forma

Figura 9-4 Será asignado a la escena por el radio operador.

inapropiada o no son comprendidos, los códigos crean confusión más que claridad. Por lo anterior es muy importante que usted se vaya familiarizando con los códigos de radiocomunicación (claves) de nuestra institución.

Comunicación con dirección médica y hospitales

La principal razón de la radiocomunicación es facilitar la comunicación con la dirección médica (y el hospital). La dirección médica puede estar situada en el hospital receptor, otro servicio o, a veces, en otra ciudad o estado. Sin embargo, debe consultar con dirección médica para notificar al hospital la regulación de un paciente, solicitar asesoría de la dirección médica o avisar al hospital sobre situaciones especiales.

Es importante planear y organizar su radiocomunicación antes de oprimir el botón para transmitir. Recuerde, un informe conciso y bien organizado es el mejor método para describir, en forma precisa y minuciosa, al paciente y su estado médico a los proveedores de cuidados de la salud que lo recibirán. También demuestra su competencia y profesionalismo ante los ojos de todos los que escuchan su informe. Las radiocomunicaciones bien organizadas con el hospital generarán confianza en los médicos y enfermeras del servicio receptor, así como en otros que están escuchando. Además, el paciente y su familia estarán reconfortados por su organización y habilidad para comunicarse con claridad. Un informe por radio bien presentado lo pone en control de la información, que es donde quiere estar.

La notificación al hospital es el tipo más común de comunicación entre usted y el hospital. El propósito de estas llamadas es notificar al servicio receptor sobre la molestia y estado del paciente Figura 9-5 ▶ . Sobre la base de esta información, el hospital es capaz de preparar personal y equipo de forma apropiada para recibir al paciente.

Entrega del informe del paciente

El informe del paciente debe seguir un formato estándar establecido por su sistema de SMU; incluye comúnmente los siguientes siete elementos:

1. **La identificación de su unidad y nivel de servicios.** Ejemplo: "La unidad de SVB número 29 de Cruz Roja Mexicana a:".
2. **El hospital receptor o centro regulador.** Ejemplo: "al Centro de Trauma de Cruz Roja en Polanco" de acuerdo con los protocolos locales.
3. **Edad y sexo del paciente.** Ejemplo: "nos encontramos con una paciente femenina de 86 años". El nombre de la paciente no debe darse por radio porque puede ser escuchado por extraños. Esto sería violación de la intimidad de la paciente.
4. **La molestia principal del paciente o su percepción del problema y de su gravedad.** Ejemplo: "la paciente refiere dolor intenso en la pelvis el cual se irradia hacia la espalda".
5. **Un breve historial del problema presente del paciente, naturaleza de la enfermedad y/o mecanismo de lesión.** Ejemplo: "la paciente sufrió una caída de su propio plano de sustentación dentro de su tina de baño aproximadamente a las 3 de la madrugada sin capacidad de movilización posterior al evento". También debe incluirse otra información en su historial que puede ser pertinente sobre el problema presente, como: "la paciente es diabética tipo I y se administra 10 unidades de insulina".
6. **Un informe breve sobre hallazgos físicos.** Este informe debe incluir el nivel de conciencia, el aspecto general de la paciente, anormalidades pertinentes notadas y signos vitales. Ejemplo: "la paciente está alerta y orientada, tiene piel de color pálido y está fría al tacto. Notamos crepitación en la cintura pélvica. Su tensión arterial es de 112 sobre 84, el pulso es 72 y las respiraciones 14".
7. **Un resumen de los cuidados administrados y cualquier respuesta del paciente.** Ejemplo: "la hemos inmovilizado en una camilla rígida. Aún tiene pulso, función motora y sensibilidad distalmente en las cuatro extremidades, oxígeno suplementario y monitoreo de signos vitales".
8. **Solicitud de indicaciones adicionales de la dirección medica, nivel y nombre del TUM a cargo de la atención:** Ejemplo: "solicito indicaciones para iniciar una línea I.V., valora el TUM-B Juan González".
9. **Una vez recibidas las indicaciones de la dirección médica, el hospital y médico receptor responderá en forma de eco las indicaciones recibidas así como su tiempo de arribo al hospital receptor.** Ejemplo: "enterado que se inicie una línea I.V. de solución fisiológica, recibe en el Centro de Trauma de Cruz Roja el Dr. Felipe Vega, tiempo estimado de arribo de 10 minutos, quedamos pendientes.

Asegúrese de comunicar toda la información del paciente en forma objetiva, precisa y profesional. Personas con "escáners" están escuchando. Puede ser fácilmente demandado por difamación si describe a un paciente en una forma que lesione su reputación.

Papel desempeñado por dirección médica

La entrega del SMU involucra un conjunto impresionante de valoraciones, estabilización y tratamientos. En algunos casos, ayudará a pacientes a tomar sus medicamentos. Los TUM intermedios y avanzados exceden ese nivel al iniciar terapia medicamentosa basada en los signos de presentación del paciente. Por razones lógicas, éticas y legales, la entrega de tales cuidados complejos se debe efectuar en asociación con médicos. Por esta razón, todo sistema de SMU necesita la opinión y participación de médicos. Uno o más médicos, incluyendo su sistema o director médico del departamento, proporcionarán dirección médica a su sistema del SMU. Dicha dirección es tanto fuera de línea (indirecta) como en línea (directa),

Figura 9-5 Dar el informe de paciente, debe hacerse en forma objetiva, precisa y profesional.

según sea autorizado por el director médico. La dirección médica guía el tratamiento de pacientes en el sistema por medio de protocolos, órdenes y asesoría directas, y repaso posterior a la llamada.

Dependiendo de cómo están escritos los protocolos, podrá llamar a dirección médica para recibir órdenes directas (permiso) para administrar ciertos tratamientos, determinar el destino del transporte de los pacientes o para que se le permita detener el tratamiento y/o no transportar al paciente. En estos casos, el radio o el teléfono celular proporcionan un enlace vital entre usted y la experiencia disponible mediante el médico base.

Para mantener este enlace 24 horas al día, siete días a la semana, la dirección médica debe estar siempre disponible por radio en el hospital o en una unidad móvil o portátil cuando usted llama (Figura 9-6). En la mayor parte de las áreas, la dirección médica es proporcionada por médicos que trabajan en el hospital receptor. Sin embargo, se han desarrollado muchas variaciones a lo largo del país. Por ejemplo, algunas unidades del SMU reciben dirección médica de un hospital aunque estén llevando al paciente a otro. En otras áreas, la dirección médica puede provenir de un centro regulador establecido, o aun de un médico individual que sea responsable del SMU en su delegación. Sin importar el diseño de su sistema, su enlace con dirección médica es vital para mantener la alta calidad de cuidados que su paciente requiere y merece.

Llamada a dirección médica

Puede usar el radio en su unidad o un radio portátil para llamar a dirección médica; también puede usarse un teléfono celular. En cualquier caso, debe usar un canal que

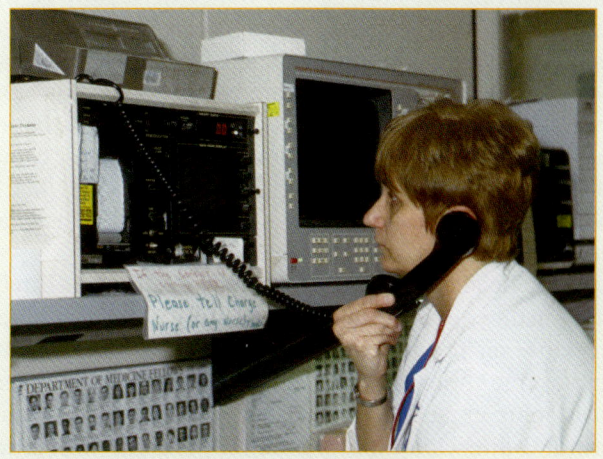

Figura 9-6 Dirección médica debe ser fácilmente asequible en el radio en el hospital.

Tips para el TUM-B

En algunos sistemas de SMU los TUM-B dividen de manera sistemática los deberes en una respuesta entre el cuidado del paciente y el informe por radio. Deben comunicarse muy de cerca entre ellos para hacer que esto funcione. En realidad ambos TUM-B están un tanto implicados en cada papel, pero la división parcial de responsabilidades puede ser eficiente y eficaz. Esta respuesta es muy común en sistemas que emplea dirección médica en línea extensa.

Situación de urgencia — Parte 3

Usted proporciona el siguiente informe al hospital:

"Centro de Trauma de Cruz Roja en Polanco de la unidad de SVB número 29"

"Estamos en camino a su servicio con una mujer de 86 años de edad que se cayó en el interior de su tina de baño a las 3 de esta madrugada, donde permaneció hasta las 10 de la mañana. La paciente está consciente y alerta, y se queja de estar intensamente fría y de tener dolor en la cadera y parte media de la espalda, donde estuvo recargada sobre el grifo de la tina. La paciente está alerta y orientada; su piel es pálida y fría al tacto. Notamos crepitaciones en la cintura pélvica. Su presión arterial es de 112 sobre 84, el pulso es 72 y las respiraciones 14.

La hemos inmovilizado a una camilla rígida. Aún tiene pulso, función motora y sensitiva distalmente en las cuatro extremidades. Tiene un historial de diabetes. Nuestro TEA es de 10 min. ¿Tiene alguna pregunta u órdenes para nosotros?

5. ¿Qué preguntas anticipa que el personal del departamento de urgencias pueda realizar?
6. Debido al historial de diabetes de la paciente, ¿qué otro factor puede ser importante en los cuidados? ¿Cómo afecta esta enfermedad la percepción del dolor de la paciente?

esté relativamente libre de otro tráfico de radio y de interferencias. Existen varias formas de acceso a control en canales de ambulancia-a-hospital. En algunos sistemas del SMU, el radio operador monitorea y asigna dirección médica clara y apropiada. Otros sistemas del SMU se basan en operaciones de comunicaciones especializadas, como el Centro Regulador de las Urgencias Medicas (CRUM), o centros de coordinación de recursos, para vigilar y asignar los canales de dirección médica.

Debido al gran número de llamadas del SMU a dirección médica, su informe por radio debe estar bien organizado y ser preciso, y debe contener sólo información importante. Además, como necesita direcciones específicas sobre el cuidado del paciente, la información que brinde a dirección médica debe ser concreta. Recuerde, el médico en el otro extremo basa sus instrucciones en la información que usted le proporciona.

Nunca debe usar códigos cuando se comunique con dirección médica a menos que los protocolos locales así lo indiquen. Debe usar terminología médica apropiada cuando dé su informe. Nunca asuma que dirección médica sabrá lo que significa un "5 de 27" o un "Clave 28". La mayoría de los sistemas de dirección médica manejan muchas agencias del SMU diferentes y es muy probable que no conozcan los códigos o señales especiales de su unidad.

Para asegurar una comprensión completa, una vez que recibe una orden de dirección médica debe repetirla de vuelta palabra por palabra y luego recibir confirmación. Ya sea que el médico dé una orden de medicación o un tratamiento específico o niegue una petición de un tratamiento particular, debe repetir la orden de vuelta, palabra por palabra. Este intercambio, como un "eco", ayuda a eliminar confusión y la posibilidad del cuidado deficiente del paciente. Las órdenes que no son claras o parecen inapropiadas o incorrectas deben ser cuestionadas. No siga ciegamente una orden que le parezca que no tiene sentido. Es posible que el médico haya entendido mal o haya perdido parte de su informe. En ese caso, puede no ser capaz de responder a las necesidades del paciente en forma apropiada.

Información sobre situaciones especiales

Dependiendo de los procedimientos de su sistema, puede iniciar comunicación con uno o más hospitales para avisarles de una llamada o situación extraordinaria. Por ejemplo, un hospital rural pequeño puede ser más capaz para responder a un choque en la carretera con múltiples víctimas si es notificado cuando la ambulancia está respondiendo al inicio. En el otro extremo, debe notificarse al sistema completo del hospital de cualquier desastre, como un accidente aéreo o choque de ferrocarril, tan pronto como sea posible para permitir la activación del sistema de llamado del personal. Estas situaciones especiales también pueden incluir situaciones de MatPel (materiales peligrosos), rescates en progreso, incidentes con múltiples víctimas o cualquier otra situación que pueda requerir preparación especial por parte del hospital. En algunas áreas pueden designarse frecuencia y ayuda mutua en incidentes con víctimas masivas, de forma que las agencias respondedoras puedan comunicarse entre sí en una frecuencia común.

Cuando notifique al hospital u hospitales sobre cualquier situación especial, tenga presente lo siguiente: mientras más temprana es la notificación, es mejor. Debe pedir hablar con la enfermera o el médico encargados, pues es la persona más capaz de movilizar los recursos necesarios para responder. Además, siempre que sea posible, dé un estimado del número de individuos que pueden ser transportados al servicio. Asegúrese de identificar cualquier trastorno del paciente o los pacientes, que pueda requerir ayudas especiales, como quemaduras o exposición a sustancias peligrosas, para asistir al hospital en la preparación. En muchos casos, la notificación al hospital es parte de un desastre más grande o un plan de MatPel. Siga el plan de su sistema.

Procedimientos y protocolos estándar

Debe usar su sistema de radiocomunicaciones con eficacia desde el momento en que acusa el recibo de una llamada hasta que completa su turno. Los procedimientos estándar de operación del radio están diseñados para disminuir el número de mensajes interpretados de manera errónea, para mantener breves las transmisiones y para desarrollar una disciplina eficaz en el radio. Los protocolos estándar de comunicaciones por radio lo ayudan, así como al radio operador, a comunicar de forma apropiada **Cuadro 9-1 ▶**. Los protocolos deben incluir directrices especificando un formato preferido para transmitir mensajes, definiciones de palabras clave y procedimientos para solución de problemas comunes en las radiocomunicaciones.

Requerimientos de los informes

El uso apropiado del sistema de comunicaciones del SMU lo ayudará a realizar su trabajo con mayor eficacia. Desde el acuse de recibo de la llamada hasta que sea liberado de la urgencia médica usará radiocomunicaciones. Debe informar al CECOM cuando menos seis veces durante su turno:

Tips para el TUM-B

Las órdenes que no son claras o parecen ser inapropiadas o incorrectas deben cuestionarse. No siga ciegamente una orden que le parezca que no tiene sentido.

CUADRO 9-1 Directrices para la radiocomunicación eficaz

1. **Monitoree el canal antes de transmitir** para evitar interferir con otro tráfico de radio.
2. **Planee su mensaje antes de oprimir el botón de transmitir.** Esto mantendrá sus transmisiones breves y precisas. Debe usar un formato estándar para sus transmisiones.
3. **Oprima el botón empujar-para-hablar en el radio (PTT)**, y luego espere por un segundo antes de iniciar su mensaje. De otra forma, puede cortar la primera parte de su mensaje antes de que el transmisor trabaje con potencia completa.
4. **Sujete el micrófono de 5 a 7 cm de su boca.** Hable con claridad, pero nunca grite en el micrófono. Hable a una velocidad moderada, comprensible, de preferencia con una voz clara y regular.
5. **Identifique a la persona o unidad a la que está llamando.** Identifique tanto a su unidad como el emisor como a la unidad receptora, según sea apropiado. Rara vez trabajará solo, por tanto diga "nosotros" en vez de "yo" cuando se describa.
6. **Acuse recibo de una transmisión tan pronto como pueda** diciendo "adelante" o lo que sea común en su área. Cuando termina debe decir "enterado y pendiente" o lo que se use comúnmente en su área. Si no puede tomar un mensaje largo, diga "pendiente" hasta que esté listo.
7. **Use lenguaje simple.** Evite frases sin significado ("sea advertido"), jerga o códigos complejos. Evite palabras que sean difíciles de oír, como "sí" y "no". Use "afirmativo" y "negativo".
8. **Mantenga breve su mensaje.** Si su mensaje toma más de 30 s para enviarse, haga una pausa después de 30 s y diga "¿quedó enterado?". La otra parte puede entonces pedir esclarecimiento si es necesario. Además, alguna otra persona con tráfico de urgencia puede intervenir, si es necesario.
9. **Evite vocalizar emociones negativas**, como ira o irritación, cuando transmita. Se asume la cortesía, lo que hace innecesario decir "por favor" o "gracias", que desperdicia tiempo de aire. Escuche otras comunicaciones en su sistema para tener una buena idea de frases comunes y sus usos.
10. **Cuando transmita un número con dos o más dígitos, diga primero el número completo** y luego cada dígito por separado. Por ejemplo diga "sesentaisiete", seguido por "seis, siete".
11. **No use lenguaje ofensivo por radio.** Es una violación de las reglas de la SCT y puede dar lugar a multas sustanciales e incluso a pérdida de la licencia de radio de su organización.
12. **Use las frecuencias del SMU para comunicaciones del SMU.** No use estas frecuencias para otro tipo de comunicaciones.
13. **Reduzca el ruido de fondo tanto como sea posible.** Aléjese del viento, motores ruidosos o instrumentos. Cierre la ventanilla si está en una ambulancia en movimiento. De ser posible, apague la sirena durante las transmisiones de radio.
14. **Esté seguro de que otros radios de la misma frecuencia estén apagados o con el volumen disminuido** para evitar retroalimentación.

---

1. Para acusar recibo de la información del despacho y para confirmar que está respondiendo a la escena
2. Para anunciar su arribo a la escena
3. Para anunciar que está dejando la escena y está en camino al hospital receptor. (En este punto, debe declarar el número de pacientes que están siendo transportados, su tiempo estimado de llegada al hospital y estatus de ejecución.)
4. Para anunciar su arribo al hospital o servicio
5. Para anunciar que está liberado del incidente u hospital y disponible para otra asignación
6. Para anunciar su llegada de vuelta a su delegación u otra localización y anunciar que queda fuera del aire por finalización de sus actividades.

Mientras está en camino de ida y regreso de la escena, debe informar al despachador cualquier peligro especial o condiciones de la carretera que puedan afectar a otras unidades que estén respondiendo. Informe cualquier retraso no usual, como bloqueos del camino o construcción. Una vez que está en la escena, puede solicitar asistencia adicional del SMU u otra asistencia pública y luego ayudar a coordinar sus respuestas.

Durante el transporte debe reevaluar de manera periódica los signos vitales del paciente y la respuesta a los cuidados proporcionados. Debe informar de inmediato cualquier cambio significativo en el estado el paciente, en especial si parece empeorar. Dirección médica puede dar nuevas órdenes y prepararse para recibir al paciente.

Mantenimiento del equipo de radio

Como todo equipo del SMU, el sistema de radio debe someterse a servicio por personal apropiadamente entrenado y equipado. Recuerde que el radio es su línea de vida a otras agencias de seguridad pública (que funcionan para protegerlo), así como a dirección médica, y debe funcionar bajo situaciones de urgencia. El equipo de radio que está operando de forma adecuada debe someterse a servicio cuando menos una vez al año. Cualquier equipo que no está funcionando de manera apropiada debe ser retirado de inmediato de servicio y enviado para reparación.

A veces el equipo de radio dejará de trabajar durante una corrida. Su sistema de SMU debe tener varios planes y opciones de reserva. El objetivo de un plan de reserva es asegurar que puede mantener contacto cuando no funcionan los procedimientos habituales. Existe un número considerable de opciones.

El plan de reserva más simple se basa en <u>órdenes en efecto</u> estándar. Las órdenes en efecto son documentos escritos que han sido firmados por el director médico del sistema del SMU. Estas órdenes detallan direcciones, permisos y a veces prohibiciones específicas referentes a los cuidados del paciente. Por su propia naturaleza, las órdenes en efecto no requieren comunicación directa con dirección médica. Cuando se siguen en forma apropiada, las órdenes en efecto o los protocolos formales, tienen la misma autoridad y estado legal que las órdenes dadas por radio. Existen, en un grado u otro, en cada sistema del SMU y pueden aplicarse a todos los niveles de los proveedores de salud del SMU.

Comunicaciones verbales

Como un TUM-B, debe dominar muchas destrezas de comunicaciones, incluyendo operaciones de radio y comunicaciones escritas. Las comunicaciones verbales con el paciente, la familia y el resto del equipo de atención de la salud son una parte esencial de los cuidados de alta calidad del paciente. Y como un TUM-B debe ser capaz de encontrar cuáles son las necesidades del paciente, y luego comunicarlas a otros. Nunca debe olvidar que es un enlace vital entre el paciente y todo el resto del equipo de atención de la salud.

Comunicaciones con otros profesionales en cuidados de la salud

El SMU es el primer paso de lo que a menudo es una larga y complicada serie de fases de tratamiento. La comunicación eficaz entre el TUM-B y los profesionales en cuidados de la salud en el servicio receptor es una piedra angular fundamental de los cuidados del paciente eficientes, eficaces y apropiados.

Sus responsabilidades de informar no terminan cuando llega al hospital; de hecho, apenas han comenzado. La transferencia de los cuidados ocurre oficialmente

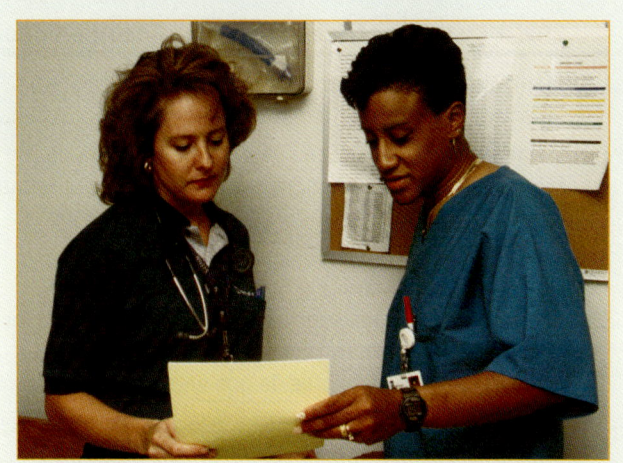

Figura 9-7 Una vez que llega al hospital, un miembro del personal tomará de usted la responsabilidad del paciente.

durante su informe oral al hospital, no como resultado de su informe por radio en el camino. Una vez que arriba al hospital, un miembro del personal de este tomará responsabilidad del paciente **Figura 9-7**. Dependiendo del hospital y del estado del paciente, el entrenamiento de la persona que se hace cargo varía. Sin embargo, sólo puede transferir el cuidado de su paciente a alguna persona que tenga, cuando menos, su nivel de entrenamiento. Una vez que un miembro del personal del hospital está listo para tomar la responsabilidad del paciente, debe proporcionarle un informe oral formal del estado del paciente.

Dar un informe es una parte prolongada y bien documentada de la transferencia del cuidado del paciente de un proveedor de cuidados de la salud a otro. Por lo general su informe oral es dado al mismo tiempo que el miembro del personal está haciendo algo para el paciente. Por ejemplo, una enfermera o un médico pueden estar viendo al paciente, comenzando la evaluación o ayudándolo a pasar al paciente de la camilla a la mesa de examen. Por tanto, debe proporcionar información importante en forma precisa y completa. Los siguientes seis componentes deben incluirse en el informe oral:

1. **El nombre del paciente** (si lo conoce) y la molestia principal, naturaleza de la enfermedad o mecanismo de la lesión. Ejemplo: "Esta es la Sra. Gómez. Se despertó cerca de las 3 de la madrugada, tropezó y cayó en la tina de baño después de usar el cuarto de baño".
2. **Información más detallada** de la que dio en su informe de radio. Por ejemplo: "la paciente niega haber perdido la conciencia, no hay historial de evento vascular cerebral, ICT o deterioro cardiaco, pero tiene sensación de pequeños mareos cuando se pone de pie".

3. **Cualquier antecedente importante** que no haya sido ya dado. Por ejemplo: "La Sra. Gómez vive sola. Fue incapaz de salirse de la tina y fue encontrada por una trabajadora del asilo a las 10 esta mañana. Sospechamos hipotermia pues tuvo una temperatura central de 35 °C".
4. **La respuesta de la paciente al tratamiento** administrado en el camino. En especial es importante informar cualquier cambio en el paciente o en el tratamiento indicado desde su informe por radio. Ejemplo: "Se inició oxígeno por mascarilla no recirculante a 15 L/min. Aunque se sospechaba dolor de espalda leve por haber estado recargada sobre el grifo de la tina de baño por 7 h, se le puso en chaleco K.E.D., tanto por razones precautorias como de su liberación. Las compresas calientes envueltas en toallas de mano la ayudaron a calentarse".
5. **Los signos vitales evaluados** durante el transporte y después del informe por radio. Por ejemplo: "Sus vitales fueron 112/84, pulso 72, respiraciones 14, y la temperatura corporal central fue 35 durante el transporte. Por lo general no han cambiado desde entonces, excepto que la temperatura es 36".
6. **Cualquier otra información** que haya reunido que no fue lo suficiente importante para informarse antes. Debe incluirse información que fue reunida durante el transporte, cualquier medicamento del paciente que haya traído y otros detalles sobre el paciente proporcionados por miembros de la familia o amigos. Por ejemplo: "La Sra. López, la trabajadora del asilo, ha contactado a la familia de la Sra. Gómez y nos ha seguido para responder cualquier pregunta".

Comunicación con pacientes

Sus destrezas en comunicación se pondrán a prueba cuando se comunique con pacientes y/o familiares en situaciones de urgencia. Recuerde que quien está enfermo o lesionado está asustado y es posible que no comprenda lo que le está diciendo o haciendo. Por tanto, sus gestos, movimientos del cuerpo y actitud hacia el paciente son críticamente importantes para ganar la confianza, tanto del paciente como de su familia. Estas diez reglas de oro le ayudarán a calmar y dar seguridad a sus pacientes:

1. **Haga y mantenga contacto visual** con su paciente en todo momento. Dé al paciente su atención completa, lo que permitirá que él sepa que es su principal prioridad. Vea al paciente directamente a los ojos para <u>ganar su confianza</u>. El establecimiento de una relación armónica es la construcción de una relación de confianza con su paciente. Esto hará mucho más fácil su trabajo de cuidado para el paciente tanto para usted como para él.
2. **Use el nombre apropiado del paciente** cuando lo conoce. Pregunte al paciente cómo quiere que lo llame. Evite usar términos como "linda" o "querida". Use el nombre de pila del paciente sólo si se trata de un niño, o si el paciente le pide que lo haga así. Más bien, use un título de cortesía, como "Sr. Sánchez", "Sra. Rodríguez" o "Srita. Gutiérrez". Si no sabe el nombre del paciente refiérase a él o ella, como señor o señora.
3. **Diga la verdad al paciente.** Aun si tiene que decir algo muy desagradable, decir la verdad es mejor que mentir. Esto último destruirá la confianza del paciente en usted y disminuirá su propia confianza. Puede no decir siempre todo al paciente, pero si éste o su familia hacen una pregunta específica, debe responderla con la verdad. Una pregunta directa merece una respuesta directa. Si no sabe la respuesta a la pregunta del paciente dígalo así. Por ejemplo, un paciente puede preguntar: "¿Estoy teniendo un ataque cardiaco?" "No lo sé" es una respuesta adecuada.
4. **Use un lenguaje que el paciente pueda comprender.** No hable por encima o por debajo al paciente en forma alguna. Evite usar términos médicos que el paciente pueda no comprender. Por ejemplo, pregunte al paciente si tiene un historial de "problemas del corazón". Esto usualmente dará por resultado información más precisa que si pregunta sobre "episodios previos de infarto de miocardio" o una "historia de miocardiopatía".
5. **Sea cuidadoso de lo que dice del paciente a otros.** Un paciente puede escuchar sólo parte de lo que se dice. Como resultado, puede malinterpretar gravemente lo que se dijo (y recordarlo por un tiempo prolongado). Por tanto, asuma que el paciente puede oír cada palabra que dice, aun si habla con otros, e incluso si el paciente parece estar inconsciente o ser no responsivo.
6. **Esté consciente de su lenguaje corporal** (Figura 9-8▶). La comunicación no verbal es muy importante para tratar con pacientes. En situaciones estresantes es posible que el paciente interprete de forma errónea sus gestos y movimientos. Sea en particular cuidadoso de no parecer amenazante. En vez de esto, colóquese en un nivel más bajo que el paciente cuando sea práctico hacerlo. Recuerde que siempre debe conducirse en forma calmada y profesional.
7. **Hable siempre lenta, clara y distintivamente.** Ponga atención al tono de su voz.
8. **Si el paciente tiene un deterioro de la audición hable con claridad** y vea la cara de la persona para que pueda leerle los labios. No levante la voz a una persona con deterioro de la audición. Gritar no hará

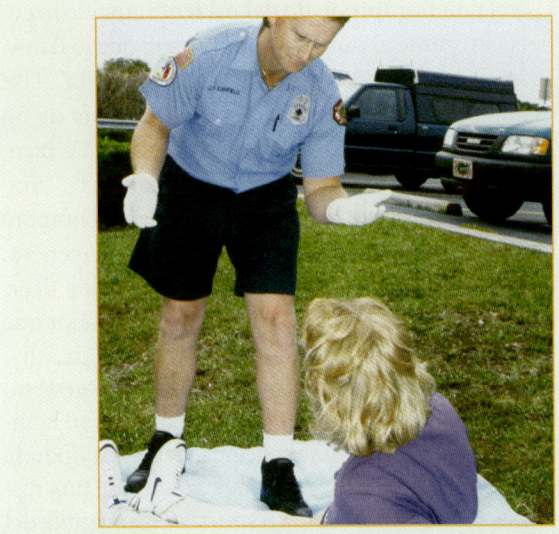

Figura 9-8 Cuide su lenguaje corporal pues los pacientes pueden malinterpretar sus gestos, movimientos y postura.

que sea más fácil que el paciente lo comprenda. En vez de esto puede atemorizarlo y hacer aún más difícil que el paciente le entienda. Nunca asuma que un paciente de edad avanzada tiene un deterioro de la audición o es, por otra parte, incapaz de comprenderlo. Además, nunca use "lenguaje de niños" con pacientes ancianos, o con cualquier otro paciente, aparte de los niños.

9. **Dé tiempo para que el paciente responda a sus preguntas.** No apure al paciente a menos que haya un peligro inmediato. Es posible que las personas enfermas o lesionadas no estén pensando con claridad y puedan necesitar tiempo para responder aun preguntas simples. Esto es en particular verdadero cuando se tratan pacientes ancianos.

10. **Actúe y hable en forma calmada y confidente** mientras atiende al paciente, y asegúrese de atender sus dolores y necesidades. Intente hacer que el paciente esté físicamente cómodo y relajado; descubra si está más cómodo sentado que acostado. ¿Tiene frío o calor? ¿Desea tener cerca a un amigo o familiar?

Los pacientes literalmente colocan sus vidas en sus manos. Merecen saber que puede proporcionarles cuidados médicos y que está preocupado por su bienestar.

Comunicación con pacientes de edad avanzada

De acuerdo con los datos del Consejo Nacional de Población (CONAPO), casi 5.4 millones de individuos son mayores de 65 años de edad, y se proyecta que para el año 2050 la población geriátrica será superior a 27.8 millones. Es posible que la edad real de una persona no sea el factor más importante para que sea geriátrica. Es más importante determinar su edad funcional. Ésta se relaciona con la capacidad de la persona para funcionar en las actividades de la vida diaria, el estado mental de la persona y su patrón de actividad.

Como un proveedor de cuidados de la salud del SMU, cuando entra en la escena para atender a una persona de edad avanzada, se le está pidiendo asumir el control. Ha sido llamado porque una persona necesita ayuda. Lo que dice y cómo lo dice tiene un impacto sobre la percepción del paciente de la llamada. Debe presentarse como competente, confidente y preocupado. Debe encargarse de la situación, pero hacerlo con compasión. Está ahí para escuchar y luego actuar sobre lo que aprende. No limite su evaluación al problema obvio. Con frecuencia, los pacientes de edad avanzada que expresan que no están bien, o que están excesivamente preocupados sobre su salud o estado general, están en riesgo de presentar una declinación grave en su estado físico, emocional o psicológico. El **Cuadro 9-2** proporciona directrices para entrevistar a un paciente de edad avanzada.

La mayoría de las personas de edad avanzada piensa con claridad, le puede dar un historial médico claro y puede responder a sus preguntas Figura 9-9. No asuma que un paciente de edad avanzada es senil o confuso. Recuerde, sin embargo, que comunicarse con algunos pacientes de edad avanzada puede ser muy difícil. Algunos pueden ser hostiles, irritables y/o confusos. No asuma que esta es la conducta normal de un paciente mayor. Estos signos pueden ser causados por una simple carencia de oxígeno (hipoxia), lesión encefálica incluyendo un evento vascular cerebral (EVC), sobredosis no intencional de fármacos o aun hipovolemia. Nunca atribuya un estado mental alterado simplemente a "vejez". Otras personas pueden tener dificultad para oírlo o verlo. Cuando es llamado para atender a tal paciente necesita paciencia y comprensión considerables. Piense en el paciente como abuelo o abuela de alguien, o incluso como usted mismo cuando alcance esa edad.

Acérquese al paciente de edad avanzada lenta y calmadamente. Conceda suficiente tiempo para que responda a sus preguntas. Observe posibles signos de confusión, ansiedad o deterioro de la audición o de la vista. El paciente debe sentirse confiado de que usted está encargado y que se está haciendo todo lo posible por él.

Con frecuencia estos pacientes no sienten mucho dolor. Es posible que una persona de edad avanzada que ha sufrido una caída o una lesión no comunique dolor. Además, es posible que los pacientes de edad avanzada no estén completamente conscientes de cambios importantes en otros sistemas corporales. Como resultado, vigile de cerca cambios objetivos, —no importando que tan sutiles sean— en su estado. Cambios aun menores en la respiración o el estado mental pueden señalar problemas mayores.

CUADRO 9-2 Entrevista con un paciente de edad avanzada

En general, cuando se entrevista a un paciente de edad avanzada deben emplearse las siguientes técnicas:

- Identifíquese. No asuma que un paciente de edad avanzada sepa quién es usted.
- Esté consciente de cómo se presenta. La frustración y la impaciencia pueden reflejarse por medio del lenguaje corporal.
- Vea directamente al paciente.
- Hable de forma lenta y clara.
- Explique lo que va a hacer antes de hacerlo. Use términos simples para explicar el uso de equipo y procedimientos médicos, evitando términos médicos y jerga.
- Escuche las respuestas que le da el paciente.
- Muestre respeto al paciente. Refiérase a éste como Sr., Sra. o Srita.
- No hable sobre el paciente en su presencia; hacerlo así da la impresión de que el paciente no tiene elección alguna sobre su atención médica. Esto es fácil de olvidar cuando el paciente tiene deterioro de los procesos cognitivos (pensamiento) o tiene dificultades para comunicarse.
- ¡Sea paciente!

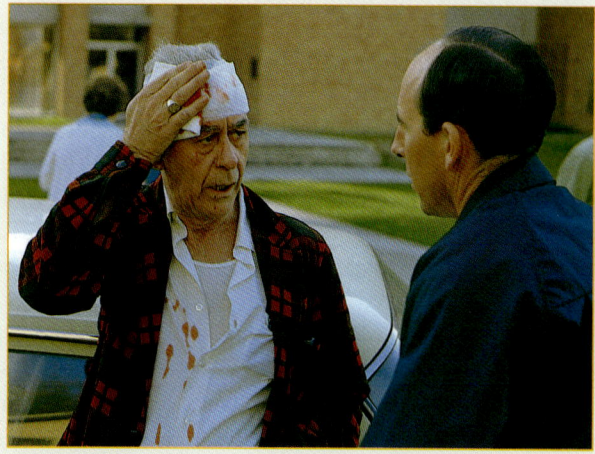

Figura 9-9 Necesita mucha compasión y paciencia cuando atiende pacientes de edad avanzada. No asuma que el paciente es senil o está confuso.

Siempre que sea posible (lo que es más frecuente de lo que pensaría), dé al paciente algún tiempo para empacar unos cuantos artículos personales antes de salir para el hospital. Asegure tener empacados audífonos, anteojos o prótesis dentales antes de salir; hará a los pacientes mucho más placentera la estancia en el hospital. Debe documentar en el informe de cuidados prehospitalarios que estos artículos acompañaron al paciente al hospital y fueron entregados a una persona específica en el departamento de urgencias.

Comunicación con niños

Cualquier persona que se encuentra en una situación de urgencia se asusta hasta cierto grado. Sin embargo, es probable que el temor sea más intenso y más obvio en niños. Éstos pueden asustarse por su uniforme, la ambulancia y el número de personas que se ha reunido súbitamente. Aun un niño que dice poco puede estar muy consciente de todo lo que está ocurriendo.

Los objetos y caras familiares ayudarán a reducir este miedo. Deje que un niño mantenga un juguete favorito, una muñeca o cobija de seguridad para darle cierto sentido de

Situación de urgencia — Parte 4

Aunque la paciente está en dolor extremo, le debe explicar con detenimiento todos los procedimientos que efectúa durante su cuidado, lo que ayuda a reducir su ansiedad. También ofrece tranquilidad decir que su ansiedad es de esperarse. Hace contacto directo con los ojos al referirse a su claustrofobia por estar inmovilizada y por temor de caerse de la camilla. Cuando no está realizando procedimientos médicos, tome tiempo para sujetarle la mano, le deja saber qué tan lejos está el hospital y le explica lo que debe esperar de los médicos y enfermeras cuando llegue.

La paciente le dice que no puede permanecer un minuto más en la camilla rígida y le pregunta por cuánto tiempo debe continuar atada. Usted está inseguro.

7. ¿Cómo debe responderle?
8. ¿Alguna vez se justifica malinformar al paciente para reducir su ansiedad de forma temporal?

control y comodidad. También es útil tener a un miembro de la familia cerca. Cuando es práctico, debido a la condición del niño, a menudo es útil dejar que uno de sus padres, o un amigo adulto, cargue al niño durante su evaluación y tratamiento. Sin embargo, debe asegurar que esta persona no alterará al niño. A veces, los miembros adultos de la familia no son útiles porque se alteran demasiado por lo que está sucediendo. Un progenitor o pariente muy ansioso puede empeorar la situación. Tenga cuidado en la selección del adulto apropiado para desempeñar este papel.

Los niños pueden ver fácilmente las mentiras y engaños, por lo cual siempre debe ser honesto con ellos. Asegúrese de explicar al niño una y otra vez qué y por qué ciertas cosas están sucediendo. Si el tratamiento va a doler, como aplicar una férula, dígaselo al niño por adelantado. Dígale además que el dolor no durará mucho tiempo y que lo ayudará a "mejorar".

En lo referente al pudor, los niños y niñas pequeños a menudo se avergüenzan si tienen que desvestirse, o ser desvestidos, enfrente de personas extrañas. Con frecuencia esta ansiedad se intensifica durante la adolescencia. Cuando una herida o sitio de lesión tiene que exponerse trate de hacerlo sin la presencia de extraños. De nuevo, es extremadamente importante decirle al niño lo que está haciendo y por qué lo está haciendo.

Debe hablarle al niño en forma profesional, pero amigable. Él debe sentirse tranquilo al saber que está ahí para ayudarlo en cualquier forma que sea posible. Mantenga contacto visual con el niño como lo haría con un adulto y déjele saber que lo está ayudando y que le debe tener confianza Figura 9-10 . Es útil colocarse al nivel del niño para que no parezca estar muy por encima de él.

Comunicación con pacientes con deterioro de la audición

Los pacientes que tienen deterioro de la audición o son sordos no suelen estar apenados o avergonzados por su trastorno. Con frecuencia, es la gente alrededor de las personas con deterioro de la audición o sordera la que tiene problemas con la situación. Recuerde que debe ser capaz de comunicarse con los pacientes con deterioro de la audición para poder proporcionar cuidados que son necesarios y aun que salvan vidas.

La mayoría de los pacientes con deterioro de la audición tienen una inteligencia normal. Por lo general pueden comprender lo que está sucediendo a su alrededor, siempre que tenga éxito en comunicarse con ellos. La mayor parte de los pacientes con este trastorno puede leer los labios hasta cierto grado. Por tanto, debe situarse de forma que el paciente pueda ver sus labios. Muchos pacientes con deterioro de la audición tienen audífonos para ayudarlos a comunicarse. Tenga cuidado

Figura 9-10 Mantenga contacto visual con un niño y déjele saber que está ahí para ayudarlo y que puede confiar en usted.

de que no se pierda el audífono durante un accidente o caída. No sólo son extremadamente costosos sino que con frecuencia facilitan la comunicación. Estos dispositivos pueden ser olvidados si el paciente está confundido o enfermo. Busque alrededor, o pregunte al paciente o la familia sobre un audífono.

Recuerde los siguientes cinco pasos para comunicarse de manera eficaz con pacientes con deterioro de la audición:

1. Tenga disponible un papel y una pluma. En esta forma puede escribir preguntas y el paciente escribir respuestas, en caso necesario. Asegúrese de escribir en letras de molde en forma tal que su escritura no sea una barrera en la comunicación.
2. Si el paciente puede leer labios, mírelo directamente y hable de forma lenta y con claridad. No cubra su boca ni murmure. Si es de noche o está oscuro, considere iluminar su cara con una linterna.
3. Nunca grite.
4. Asegúrese de escuchar con atención, haga preguntas cortas y dé respuestas cortas. Recuerde que aunque muchos pacientes con deterioro de la audición pueden hablar claramente, algunos no pueden hacerlo.
5. Aprenda algunas frases simples en lenguaje de signos. Por ejemplo, saber los signos de "enfermo", "herido" y "ayuda" puede ser útil si no puede comunicarse en otra forma Figura 9-11 .

Comunicación con pacientes con deterioro visual

Como los pacientes con deterioro de la audición, los pacientes con deterioro de la vista y los pacientes ciegos ya han aceptado y aprendido bastante sobre su discapacidad. Naturalmente, no todos los pacientes con deterioro de la vista están totalmente ciegos; muchos pueden percibir luz y oscuridad, y pueden ver sombras o movimiento. Pregunte al paciente si no puede ver en absoluto. Recuerde además que, como sucede con otros pacientes que también tienen discapacidades, debe esperar que los pacientes con deterioro de la vista tengan inteligencia normal.

Al comenzar a atender a un paciente con deterioro de la vista, explique de forma detallada todo lo que está haciendo. Asegúrese de permanecer en contacto físico con el paciente al comenzar a atenderlo. Afirme su mano con suavidad sobre el hombro o brazo del paciente. Trate de evitar movimientos súbitos. Si el paciente puede caminar a la ambulancia, coloque su mano en su brazo, teniendo cuidado en no precipitarse. Transporte al hospital con el paciente cualquier ayuda para su movilización, como un bastón. Una persona con deterioro visual puede tener un perro guía. Los perros guía se identifican con facilidad por sus arreos especiales (Figura 9-12 ▶). Están entrenados para no dejar a sus amos y a no responder a extraños. Un paciente con deterioro de la visión que está consciente puede decirle lo necesario sobre el perro y darle instrucciones sobre su cuidado. Si las circunstancias lo permiten, lleve al perro guía al hospital con el paciente. Si el perro debe quedarse, debe hacer arreglos para su cuidado.

Comunicación con pacientes que no hablan el idioma local

Como parte de la historia enfocada y el examen físico, debe obtener una historia clínica del paciente. No puede pasar por alto este paso sólo porque el paciente no habla el idioma local. La mayor parte de los pacientes que no hablan el idioma local con fluidez puede conocer ciertas palabras o frases importantes.

Su primer paso es saber qué tanto puede hablar su paciente. Use preguntas cortas y simples siempre que sea posible. Evite términos médicos difíciles. Puede ayudar a los pacientes a comprenderlo mejor señalando partes del cuerpo al hacer las preguntas.

En muchas áreas de México, como las zonas turísticas en donde hay una importante presencia de extranjeros o en las comunidades rurales donde se hablan dialectos se dificulta comunicarse en español. Su trabajo será mucho más fácil si aprende algunas palabras y frases comunes en su lengua, en especial términos médicos. Existen tarjetas de bolsillo que

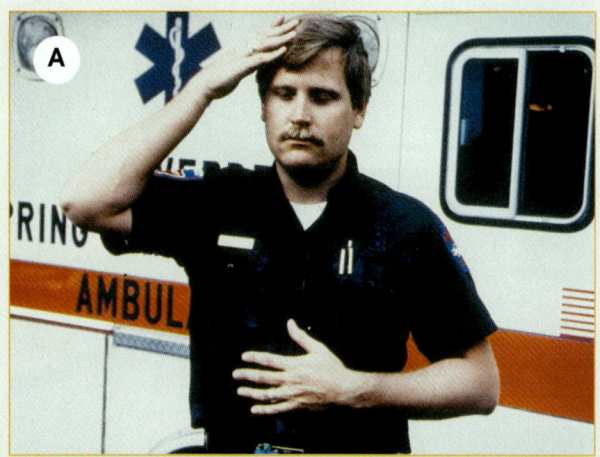

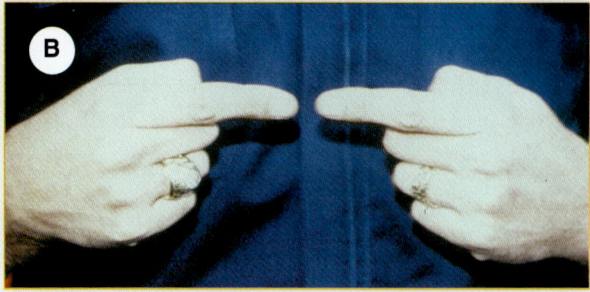

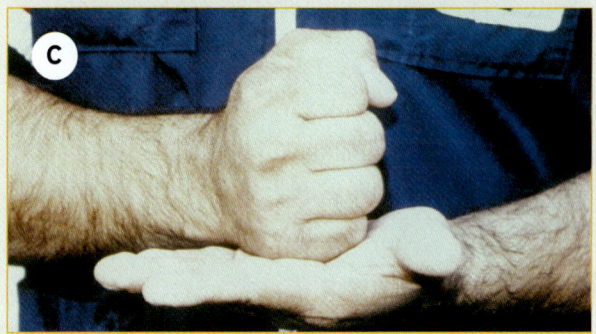

Figura 9-11 Aprenda frases simples en lenguaje de señas. **A.** Enfermo. **B.** Herido. **C.** Ayuda.

muestran la pronunciación de estos términos. Si el paciente no habla español en absoluto, encuentre un miembro de la familia o un amigo que actúe como un intérprete

Comunicaciones escritas y documentación

Junto con su informe por radio e informe verbal, también debe completar un informe escrito formal (FRAP) sobre el paciente antes de abandonar el hospital. Puede ser capaz de escribirlo camino al hospital, si el viaje es prolongado y el paciente necesita mínimo cuidado. Por lo general terminará el informe escrito después de haber transfe-

Figura 9-12 Un perro guía se identifica con facilidad por sus arreos especiales.

rido el cuidado del paciente a un miembro del personal del hospital. Asegúrese de dejar el informe en el hospital antes de salir.

Reunión de datos

La información que reúne durante una llamada se convierte en parte del expediente médico del paciente. El FRAP ingresa a una base de datos nacional que ha reunido información de cuidados prehospitalarios con propósitos de investigación desde febrero del 2004. EL sistema del FRAP ha identificado puntos de datos necesarios para permitir comunicación y comparación de corridas del SMU entre agencias, regiones y estados. El conjunto mínimo de datos incluye tanto componentes narrativos como casillas de verificación Figura 9-13 ▶ . Un ejemplo de información reunida en un FRAP incluye:

- Molestia principal
- Nivel de consciencia (AVDI) o estado mental
- Tensión arterial sistólica en pacientes mayores de tres años de edad
- Llenado capilar de pacientes menores de seis años
- Color y temperatura de la piel
- Pulso
- Respiraciones y esfuerzo

Ejemplos de información administrativa reunidos en un RCP:

- El tiempo en que el incidente se informó
- El tiempo en que la unidad del SMU fue notificada
- El tiempo en que la unidad del SMU arribó a la escena
- El tiempo en que la unidad del SMU dejó la escena
- El tiempo en que la unidad del SMU arribó al hospital receptor
- El tiempo en que su unidad quedó disponible

Usted comenzará a reunir la información del paciente tan pronto como llega con él. Continúe reuniendo información al proporcionar cuidados hasta que llega al hospital.

El Cuadro 9-3 ▶ proporciona directrices sobre cómo escribir la porción narrativa de su informe. Ya sea que haya completado una evaluación médica o de traumatismo, el procedimiento basado en ésta sigue cada paso de la evaluación o evaluaciones, como una guía para la escritura narrativa.

Formato de Registro de Atención Prehospitalaria

Los FRAP ayudan a asegurar una eficiente continuidad en el cuidado del paciente. Este informe describe la naturaleza de las lesiones o enfermedad del paciente en la escena y el tratamiento que proporcionó. Aunque es posible que este informe no se lea de inmediato en el hospital, puede ser referido más adelante para información importante. El informe de cuidados prehospitalarios sirve para las siguientes seis funciones:

1. Continuidad del cuidado
2. Documentación legal
3. Educación
4. Administrativa
5. Registro esencial de investigación
6. Evaluación y mejoramiento continuo de la calidad

Un buen FRAP documenta la atención que fue proporcionada y el estado del paciente al arribar a la escena. Los datos en el informe también prueban que ha suministrado un cuidado apropiado. En algunos casos también muestra que ha manejado de manera correcta situaciones no usuales o poco comunes. En este informe se incluye información tanto objetiva como subjetiva. Es crítico que documente todo en la forma más clara posible. En caso de que alguna vez sea llamado para dar testimonio referente al cuidado del paciente, usted y su informe de cuidados prehospitalarios serán utilizados para presentar evidencia. Como su aspecto personal, su informe de cuidados prehospitalarios refleja una imagen profesional o no profesional. Un documento bien escrito, nítido y conciso —incluyendo buena ortografía y gramática— reflejará buen cuidado del paciente. Considere el uso del viejo adagio "si no lo escribió no sucedió" o "si su informe se ve desaliñado, el cuidado del paciente también fue desaliñado".

Estos informes también proporcionan valiosa información administrativa. Por ejemplo, el informe permite relacionar el material ocupado en el servicio. También puede ser usado para valorar tiempos de respuesta, uso de equipo y otras áreas de responsabilidad administrativa.

Pueden obtenerse datos del FRAP para analizar causas, gravedad y tipos de enfermedades o lesiones que requieren cuidados de urgencias médicas. Estos informes también se pueden usar en un programa continuo para la evaluación de la calidad de los cuidados del paciente. Todos los registros son revisados de forma periódica por su sistema. El propósito de este repaso es asegurarse de que se haya cubierto el criterio de la selección prioritaria (triage) y/u otros criterios de cuidados prehospitalarios.

Hay muchos requerimientos en un FRAP (Cuadro 9-4 ▶). Con frecuencia éstos varían en cada jurisdicción, principalmente porque muchas agencias obtienen información de ellos. Aunque no hay un formato aceptado de manera universal, ciertos puntos de datos (componentes uniformes del informe de cuidados prehospitalarios) son comunes en muchos informes. Por ejemplo, alrededor de 5% de las llamadas del SMU nacional implican pacientes pediátricos. De ese 5%, 80% sufrirá dificultad respiratoria. Esa información es invaluable y, reunida, forma puntos de datos uniformes.

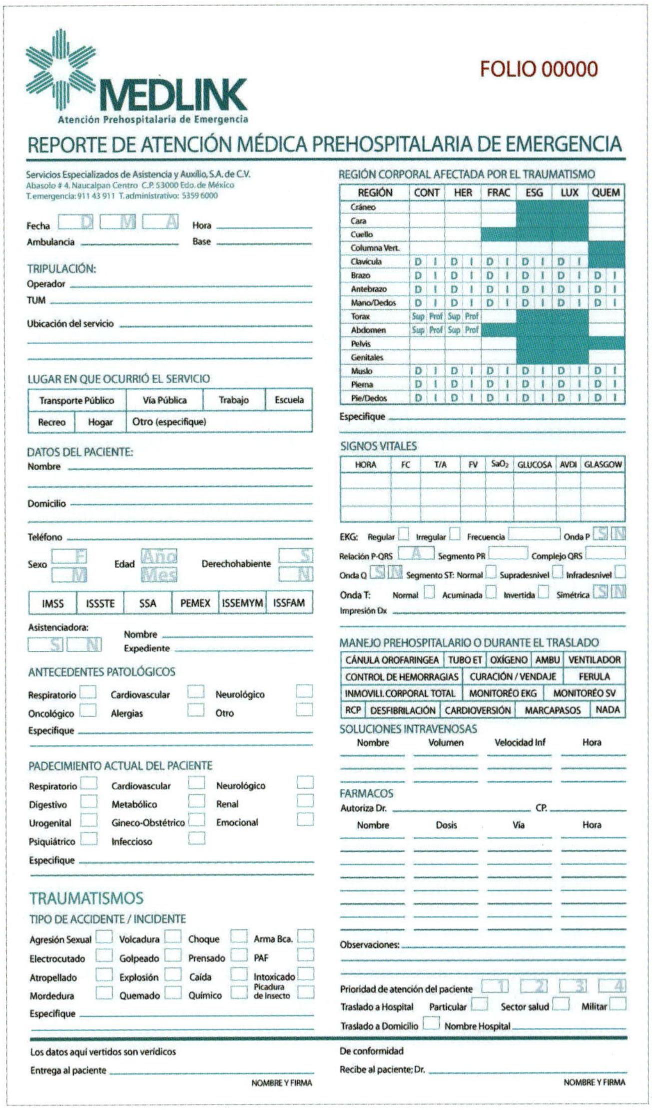
MEDLINK
Atención Prehospitalaria de Emergencia
FOLIO 00000
REPORTE DE ATENCIÓN MÉDICA PREHOSPITALARIA DE EMERGENCIA
Servicios Especializados de Asistencia y Auxilio, S.A. de C.V.
Abasolo # 4. Naucalpan Centro C.P. 53000 Edo. de México
T. emergencia: 911 43 911 T. administrativo: 5359 6000
Fecha D M A Hora
Ambulancia Base
TRIPULACIÓN:
Operador
TUM
Ubicación del servicio
LUGAR EN QUE OCURRIÓ EL SERVICIO
Transporte Público | Vía Pública | Trabajo | Escuela
Recreo | Hogar | Otro (especifique)
DATOS DEL PACIENTE:
Nombre
Domicilio
Teléfono
Sexo F M Edad Año Mes Derechohabiente S N
IMSS | ISSSTE | SSA | PEMEX | ISSEMYM | ISSFAM
Asistenciadora: S N Nombre Expediente
ANTECEDENTES PATOLÓGICOS
Respiratorio Cardiovascular Neurológico
Oncológico Alergias Otro
Especifique
PADECIMIENTO ACTUAL DEL PACIENTE
Respiratorio Cardiovascular Neurológico
Digestivo Metabólico Renal
Urogenital Gineco-Obstétrico Emocional
Psiquiátrico Infeccioso
Especifique
TRAUMATISMOS
TIPO DE ACCIDENTE / INCIDENTE
Agresión Sexual Volcadura Choque Arma Bca.
Electrocutado Golpeado Prensado PAF
Atropellado Explosión Caída Intoxicado
Mordedura Quemado Químico Picadura de Insecto
Especifique
Los datos aquí vertidos son verídicos
Entrega al paciente
NOMBRE Y FIRMA

REGIÓN CORPORAL AFECTADA POR EL TRAUMATISMO

REGIÓN	CONT		HER		FRAC		ESG		LUX		QUEM	
Cráneo												
Cara												
Cuello												
Columna Vert.												
Clavícula	D	I	D	I	D	I	D	I	D	I		
Brazo	D	I	D	I	D	I	D	I	D	I	D	I
Antebrazo	D	I	D	I	D	I	D	I	D	I	D	I
Mano/Dedos	D	I	D	I	D	I	D	I	D	I	D	I
Torax	Sup	Prof	Sup	Prof								
Abdomen	Sup	Prof	Sup	Prof								
Pelvis												
Genitales												
Muslo	D	I	D	I	D	I	D	I	D	I	D	I
Pierna	D	I	D	I	D	I	D	I	D	I	D	I
Pie/Dedos	D	I	D	I	D	I	D	I	D	I	D	I

Especifique
SIGNOS VITALES

HORA	FC	T/A	FV	SaO_2	GLUCOSA	AVDI	GLASGOW

EKG: Regular Irregular Frecuencia Onda P S N
Relación P-QRS A Segmento PR Complejo QRS
Onda Q S N Segmento ST: Normal Supradesnivel Infradesnivel
Onda T: Normal Acuminada Invertida Simétrica S N
Impresión Dx
MANEJO PREHOSPITALARIO O DURANTE EL TRASLADO
CÁNULA OROFARINGEA | TUBO ET | OXÍGENO | AMBU | VENTILADOR
CONTROL DE HEMORRAGIAS | CURACIÓN / VENDAJE | FERULA
INMOVILI. CORPORAL TOTAL | MONITORÉO EKG | MONITORÉO SV
RCP | DESFIBRILACIÓN | CARDIOVERSIÓN | MARCAPASOS | NADA
SOLUCIONES INTRAVENOSAS
Nombre Volumen Velocidad Inf Hora
FARMACOS
Autoriza Dr. CP.
Nombre Dosis Vía Hora
Observaciones:
Prioridad de atención del paciente 1 2 3 4
Traslado a Hospital Particular Sector salud Militar
Traslado a Domicilio Nombre Hospital
De conformidad
Recibe al paciente; Dr.
NOMBRE Y FIRMA

Figura 9-13 El conjunto mínimo de datos incluye tanto información del paciente como administrativa.

Tipos de formatos

Es muy probable que use uno de dos tipos de formatos. El primero es el formato escrito tradicional, con casillas de verificación y una sección narrativa. El segundo tipo es una versión computada en la cual llena la información usando una computadora portátil o un dispositivo similar.

Si su servicio usa formatos escritos, asegúrese de llenar por completo las casillas y evite hacer marcas erráticas en la hoja. Asegúrese de que está familiarizado con los procedimientos específicos para reunir, registrar y comunicar la información en su área.

Si debe completar una sección narrativa, esté seguro de describir lo que ve y lo que hace. Asegure incluir hallazgos negativos significativos y observaciones importantes sobre la escena. No registre sus conclusiones sobre el incidente. Por ejemplo, puede decir "el paciente admite haber bebido hoy". Esta es una clara descripción que no hace juicio alguno sobre el estado del paciente. Sin embargo, un informe que dice "el paciente estaba borracho" hace una conclusión sobre el estado del paciente. También evite los códigos de radio y use sólo abreviaturas estándar. Cuando la información es de naturaleza sensitiva note la fuente de está.

CUADRO 9-3 Cómo escribir un informe*

ASC	¿Se iniciaron precauciones de ASC extraordinarias? Si así fue, ¿qué precauciones se usaron y por qué?
Seguridad de la escena	¿Hizo la escena segura? Si así fue, ¿qué hizo y por qué lo hizo? ¿Hubo alguna demora en el cuidado del paciente?
NE/ML	Sólo declárelo.
Número de pacientes	Regístrelo sólo cuando más de un paciente esté presente; "Este paciente es 2 de 3".
Ayuda adicional	¿Pidió ayuda? Si así fue, especifique por qué, a qué hora, y a cuál hora llegó la ayuda. ¿Se retrasó el transporte?
Columna cervical	Cite qué precauciones de la columna cervical se iniciaron. Quizá quiera incluir por qué; "Debido al ML significativo...".
Impresión general	Simplemente regístrela si no está ya documentada en el FRAP.
Nivel de conciencia	Asegúrese de informar el NDC, cualquier cambio en el NDC y en qué momento ocurrieron los cambios.
Molestia principal	Note y cite declaraciones pertinentes hechas por el paciente o espectadores, o ambos. Esto incluye cualquier negación pertinente; "el px niega dolor de pecho...".
Amenazas para la vida	Liste todas las intervenciones y cómo respondió el paciente; "Ventilaciones asistidas con O_2 (15 LPM) 20 RPM sin cambio en el NDC".
ABC	Documente lo que encontró y, de nuevo, cualquier intervención efectuada.
Oxígeno	Registre si se usó O_2, cómo se aplicó y cuánto se administró.
Evaluación enfocada, rápida o detallada	Declare el tipo de evaluación usado y cualquier hallazgo pertinente: "el examen físico detallado reveló pupilas desiguales, crepitación en costillas derechas, una aparente fractura cerrada de la tibia izquierda".
SAMPLE/OPQRST	Note y cite cualquier respuesta pertinente.
Signos vitales iniciales	Su servicio puede querer que registre los signos vitales en el informe narrativo así como en otros lugares del FRAP.
Dirección médica	Cite cualquier órden dada por dirección médica y quién la dio.
Tratamiento de lesiones secundarias/tratamiento de choque	Informe todas las intervenciones del paciente, a qué hora fueron completadas y cómo respondió el paciente.

*Fuente: Datos proporcionados por Jay C. Keefauver.
NDC = nivel de conciencia, LPM = latidos por minuto, ROM = respiraciones por minuto.

CUADRO 9-4 Muestra de componentes uniformes del Formato de Registro de Atención Prehospitalaria (FRAP)

- Nombre, sexo, fecha de nacimiento y dirección del paciente
- Despachado como
- Molestia principal
- Ubicación del paciente cuando se vio por primera vez (incluyendo detalles específicos, en especial si el incidente es un choque de automóvil o se sospecha actividad criminal)
- Rescate y tratamiento dados antes de su llegada
- Signos y síntomas encontrados durante su evaluación del problema
- Cuidados y tratamiento dados en el sitio y durante el transporte
- Signos vitales iniciales
- Cambios en la historia SAMPLE en los signos vitales y estado
- Fecha de la llamada
- Hora de la llamada
- Ubicación de la llamada
- Hora del despacho
- Hora de arribo a la escena
- Hora de salida de la escena
- Hora de llegada al hospital
- Información del seguro del paciente
- Nombres y/o números de certificación de los TUM-B que respondieron a la llamada
- Nombre del hospital base implicado en la corrida
- Tipo de despacho a la escena: urgencia o rutina

Tips para el TUM-B

Las leyes actuales de salud establecieron reglas y regulaciones obligatorias sobre la intimidad del paciente para salvaguardar la confidencialidad de éste. Proporciona guías sobre los tipos de información que están protegidos, la responsabilidad de los proveedores de cuidados de la salud referente a esa protección y las penalidades por violar dicha protección.

La mayor parte de la información de salud personal está protegida y no debe liberarse sin el permiso del paciente. Si no está seguro, no dé información a persona alguna, fuera de los implicados directamente en el cuidado del paciente. Asegúrese de que está consciente de todas las políticas y procedimientos que rigen su agencia particular.

Tips para el TUM-B

Se ha proporcionado una lista de palabras médicas que con frecuencia son deletreadas de forma incorrecta, junto con abreviaturas apropiadas, en el libro de trabajo acompañante.

Esté seguro de deletrear las palabras de forma correcta, en especial los términos médicos.

Si no conoce la ortografía de una palabra en particular, averigüe cómo se escribe o use otra palabra. Además, asegúrese de registrar el tiempo con todos los hallazgos de la evaluación y todas las intervenciones/tratamientos.

Recuerde que el formato del informe en sí, y toda la información incluida, se consideran documentos confidenciales. Esté seguro de que está familiarizado con las leyes locales y estatales concernientes a la confidencialidad. Todos los formatos prehospitalarios deben ser manejados con cuidado y almacenados en forma apropiada un vez que se han completado. Después de haber terminado el informe distribuya las copias a los sitios apropiados, de acuerdo con el protocolo local y estatal. En la mayor parte de los casos una copia del informe permanece en el hospital y se convertirá en parte del expediente del paciente.

Errores del informe

Todos cometen errores. Si deja algo fuera de un informe o registra información de forma incorrecta, no intente ocultarlo. Más bien escriba lo que sucedió y lo que no sucedió, y los pasos que se dieron para corregir la situación. Falsificar información en el informe prehospitalario puede dar lugar a suspensión y/o revocación de su certificación/licencia. Más importante, la falsificación de información da por resultado cuidados deficientes al paciente ya que otros proveedores de cuidados de salud tienen una falsa impresión de los hallazgos de la evaluación o del tratamiento dado. Documente sólo los signos vitales que en realidad se tomaron. Si no da oxígeno al paciente no indique que lo hizo.

Si descubre un error al estar escribiendo su informe, trace una línea horizontal a lo largo del error, ponga sus iniciales y escriba la información correcta junto a ella (Figura 9-14). No intente borrar o cubrir el error con líquido corrector. Esto puede interpretarse como intento de ocultar un error.

Si se descubre un error después de presentar su informe, trace una línea sobre el error, de preferencia con tinta de color diferente; ponga sus iniciales y la fecha. Asegúrese de agregar una nota con la información correcta. Si deja fuera información accidentalmente, agregue una nota con la información correcta, la fecha y sus iniciales.

Cuando no tiene tiempo suficiente para completar su informe antes de la siguiente llamada, tendrá que llenarlo después.

Documentación de rechazo de cuidados

El rechazo de cuidados es un origen común de litigación en el SMU. La documentación minuciosa es crucial. Los pacientes adultos competentes tienen el derecho de rechazar el tratamiento; de hecho, deben dar permiso de forma explícita para el tratamiento que proporciona el SMU o cualquier otro proveedor de cuidados de la salud. Antes de abandonar la escena trate de persuadir al paciente de acudir al hospital, y consulte a la dirección médica como está indicado por el protocolo local. También asegúrese de que el paciente es capaz de tomar una decisión racional, informada y no bajo la influencia del alcohol u otras drogas o los efectos de la enfermedad o la lesión. Explique al paciente por qué es importante que sea examinado por un médico en el hospital. También explique qué le puede suceder si no es examinado por un médico. Si el paciente aún rehúsa hacerlo, sugiera otros medios para que el paciente obtenga cuidados apropiados. Explique que está dispuesto a volver. Si el paciente aún lo rechaza, documente cualquier hallazgo y cuidado de urgencias administrado, y luego haga que el paciente firme un formulario de rechazo (Figura 9-15). También debe hacer que un miembro de la familia, agente de la policía o espectador firme como tes-

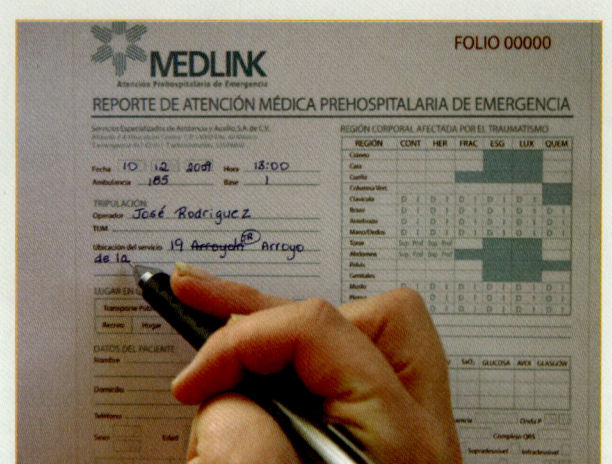

Figura 9-14 Si comete un error al escribir su informe, la forma correcta de corregirlo es trazar una línea horizontal sobre el error, anotar sus iniciales y escribir junto a él la información correcta.

tigo. Si el paciente rehúsa firmar el formulario de rechazo, haga que un miembro de la familia, agente de policía o espectador firme el formulario verificando que el paciente rehusó firmarlo.

Esté seguro de completar el informe prehospitalario incluyendo los hallazgos de la evaluación del paciente. Necesita documentar el consejo que le dio por los riesgos asociados con el rechazo de cuidados. Comunique información clínica, como nivel de conciencia (NDC), que sugieran competencia de la persona para rehusar la atención. Note comentarios pertinentes y cualquier asesoría médica dada al paciente por radio o teléfono por un médico o dirección médica. También incluya una descripción de los cuidados que desearía proporcionar al paciente.

Situaciones especiales de los informes

En algunos casos puede ser requerido a registrar informes especiales con autoridades apropiadas, es por esto que el FRAP contiene una copia para el Ministerio Publico. Éstos pueden incluir incidentes que implican heridas por armas de fuego, mordedura de perros, ciertas enfermedades infecciosas o sospecha de abuso físico, sexual o de sustancias. Aprenda sus requerimientos locales sobre el informe de estos incidentes; no informarlos puede tener consecuencias legales. Es importante que el informe sea preciso, objetivo y que se presente de manera oportuna. Recuerde también conservar una copia para sus propios registros.

Otra situación de informe especial es un incidente con múltiples víctimas (IMV). El plan local de IMV debe tener algún medio para registrar temporalmente información médica importante (como una etiqueta de selección prioritaria —triage— que puede usarse luego para completar el formato). El estándar para completar el formato de un IMV no es el mismo que para una llamada típica. Su plan local debe tener directrices específicas.

Situación de urgencia — Resumen

Siente que ha ayudado en el cuidado de esta paciente atendiendo su dolor y sus temores durante la llamada. Ignorar o no validar los sentimientos del paciente puede tener un impacto negativo en el éxito general de su atención. Comprender cómo el dolor y el temor pueden anublar el pensamiento de un paciente puede ayudarlo a saber cuándo ajustar su tono de voz para dar tranquilidad y hablar más lentamente y simplificar sus oraciones para comunicarse con mayor eficacia.

No mienta a los pacientes ni fabrique respuestas a sus preguntas cuando en realidad no conoce la respuesta.

Capítulo 9 Comunicaciones y documentación

DESCARGO DE RESPONSABILIDAD CUANDO EL PACIENTE NO ACEPTA RECIBIR TERAPIA INTRAVENOSA

Por la presente certifico que yo, el/la abajo firmante, _____, he
                                                       Nombre del paciente

rechazado recibir terapia intravenosa. Reconozco que me han informado acerca del resiego que esto puede conllevar y por el presente documento eximo a las personas que me proporcionen servicios médicos de urgencia, al médico y al hospital consultado de toda responsabilidad relacionada a los posibles efectos adversos que puedan surgir como resultado de esta acción.

Testigos _____   Firmado _____
                                              Nombre del paciente o familiar más cercano

Testigos _____   Firmado _____
                                              Parentesco

DESCARGO DE RESPONSABILIDAD CUANDO EL PACIENTE RECHAZA SERVICIOS

Por la presente certifico que yo, el/la abajo firmante, _____, he
                                                       Nombre del paciente

rechazado los servicios que los proveedores de servicios médicos de urgencia me han ofrecido. Reconozco que me han informado acerca del resiego que esto puede conllevar y por el presente documento eximo a las personas que me proporcionen servicios médicos de urgencia, al médico y al hospital consultado de toda responsabilidad relacionada a los posibles efectos adversos que puedan surgir como resultado de esta acción.

Testigos _____   Firmado _____
                                              Nombre del paciente o familiar más cercano

Testigos _____   Firmado _____
                                              Parentesco

DESCARGO DE RESPONSABILIDAD CUANDO EL PACIENTE RECHAZA SERVICIOS PERO ACEPTA TRANSPORTE

Por la presente certifico que yo, el/la abajo firmante, _____, he
                                                       Nombre del paciente

rechazado_____. Reconozco que me han informado acerca del resiego que esto puede conllevar y por el presente documento eximo a las personas que me proporcionen servicios médicos de urgencia, al médico y al hospital consultado de toda responsabilidad relacionada a los posibles efectos adversos que puedan surgir como resultado de esta acción. Sin embargo, sí acepto transporte a un centro médico.

Testigos _____   Firmado _____
                                              Nombre del paciente o familiar más cercano

Testigos _____   Firmado _____
                                              Parentesco

Figura 9-15 Un paciente adulto competente tiene el derecho de rehusar el tratamiento médico, y debe firmar un formulario de rechazo.

Resumen

Listo para repaso

- Las destrezas de comunicación excelentes son cruciales para transmitir información pertinente al hospital antes de arribar.
- La comunicación por radio y teléfono lo enlaza a usted y su equipo con otros miembros del SMU, bomberos y comunidades de implementación de la ley. Esto permite a todo su equipo trabajar juntos con mayor eficacia.
- Es su trabajo conocer lo que puede o no manejar su sistema de comunicación. Debe ser capaz de comunicarse de manera eficaz enviando informes precisos y exactos sobre la escena, el estado del paciente y el tratamiento que proporciona.
- Existen muchas formas diferentes de comunicación que un TUM-B debe conocer y ser capaz de utilizar. En primer lugar, debe estar familiarizado con radiocomunicaciones bidireccionales y tener conocimiento del manejo de radios móviles y portátiles manuales. Debe saber cuándo usarlos y qué tipo de información puede transmitir.
- Recuerde que las líneas de comunicación no siempre son exclusivas; por tanto, debe hablar en forma profesional en todo momento.
- Además de comunicaciones por radio y orales con el personal del hospital, el TUM-B debe tener excelentes destrezas de comunicación de persona a persona. Debe ser capaz de interactuar con el paciente y cualquier miembro de la familia, amigos o espectadores.
- Es importante que recuerde que es posible que las personas que están enfermas o lesionadas no comprendan lo que está diciendo o haciendo. Por tanto, su lenguaje corporal y actitud son muy importantes para ganar la confianza, tanto del paciente como de la familia. Debe tener un cuidado especial con algunos individuos como los niños, pacientes geriátricos, con deterioro auditivo o visual y con los pacientes que no hablan el idioma del país en que se encuentran.
- Junto con sus informes por radio y oral, también debe completar un informe escrito formal (FRAP) sobre el paciente antes de salir del hospital. Esta es una parte vital en el suministro de cuidados de urgencias médicas y asegura la continuidad de la atención del paciente. Esta información garantiza la transferencia apropiada de la responsabilidad, cumple con los requerimientos de los departamentos de salud y agencias ejecutoras de la ley, y cubre sus necesidades administrativas.
- Los deberes de informar y conservar registros son esenciales, pero nunca deben realizarse antes que el cuidado de los pacientes.

Vocabulario vital

canal   Una frecuencia o frecuencias asignadas que se usan para conducir voz o datos de comunicaciones, o ambas cosas.

dúplex   La capacidad para transmitir y recibir simultáneamente.

estación base   Cualquier estación de radio que contiene un transmisor y un receptor que está situado en un sitio fijo.

escáner   Un radio receptor que busca o explora (escanea), por medio de varias frecuencias, hasta que el mensaje se completa; el proceso es luego repetido.

ganar confianza   Ver al paciente directamente a los ojos.

línea enrutada   Línea telefónica especial que se usa para comunicaciones específicas de punto a punto.

órdenes en efecto   Documentos escritos, firmados por el director médico del sistema SMU, que describen las direcciones, permisos y a veces prohibiciones, específicas, referentes a los cuidados del paciente; llamados también protocolos.

repetidora   Una estación base de radio que recibe mensajes y señales en una frecuencia, y luego los retransmite inmediatamente a una segunda frecuencia.

Secretaría de Comunicaciones y Transportes   La agencia federal que tiene jurisdicción sobre servicios telefónicos y telegráficos, y comunicaciones satelitales, dentro del estado e internacionalmente, todas las cuales pueden implicar el uso de SMU.

simplex   Radio de frecuencia simple; pueden producirse transmisiones en cualquiera de las direcciones, pero no simultáneamente en ambas; cuando un individuo transmite el otro sólo puede recibir, y quien transmite no puede recibir.

sistema troncalizado   Cuando los radios pueden transmitir y recibir comunicaciones en un canal de forma simultánea.

teléfono celular   Radio portátil de baja potencia que se comunica por medio de series interconectadas de estaciones repetidoras llamadas células.

telemetría   Proceso en el cual señales electrónicas se convierten en señales codificadas audibles que luego pueden ser transmitidas por radio o teléfono a un receptor en el hospital con un descodificador.

VHF (muy alta frecuencia)   Radio frecuencias entre 30 y 300 MHz. El espectro VHF se divide adicionalmente en bandas "alta" y "baja".

voceo   El uso de una señal de radio y una voz, o mensaje digital, que se transmite a voceadores (bípers) o radios monitores de escritorio.

Autoevaluación

Está enseñando a algunos voluntarios nuevos lo referente al sistema de comunicación de su delegación. Responda las siguientes preguntas.

1. ¿Qué tan lejos de su boca desea sujetar el radio cuando habla?
   A. 2 a 3 cm
   B. 5 a 7 cm
   C. 3 a 4 cm
   D. Más de 3 cm

2. ¿De cuáles de las siguientes actividades es responsable la Secretaría de Comunicaciones y Transportes (SCT)?
   A. Asignar radiofrecuencias para el SMU
   B. Establecer limitaciones para la potencia de transmisión
   C. Vigilar las operaciones de radio
   D. Todo lo indicado en A, B y C

3. Una estación de radio base especial que recibe mensajes y señales en una frecuencia y luego retransmite de forma automática en una segunda frecuencia se llama:
   A. Repetidora
   B. Escáner
   C. Dúplex
   D. Capacitador de flujo

Está transportando a un paciente que es diabético. Éste se administró su insulina pero no comió y su nivel de glucosa en la sangre es bajo. Está alerta, pero confuso. Su piel es fría y húmeda, y sus signos vitales incluyen una presión arterial de 110/66 mm Hg, un pulso de 82 latidos/min, y respiraciones de 16/min no laboriosas.

4. No puede contactar a dirección médica y procede a tratar al paciente con glucosa oral de acuerdo con el protocolo. ¿Qué le permite proporcionar la atención dada?
   A. Órdenes en efecto
   B. Regla de nueves
   C. Procedimientos operatorios estándar
   D. Su código de ética

5. Estabilizó al paciente y están en camino a la sala de urgencias. ¿Cuál de los siguientes informes sería el mejor para dar?
   A. Estamos en camino con un hombre diabético de 45 años de edad. Lo atendimos y estaremos allá en 5 minutos.
   B. Estamos en camino con un hombre diabético de 45 años de edad con un historial de DM TI. El paciente (px) tomó su insulina hoy sin comer. Encontramos al px confuso con una glucosa de 40 mg/dL. Administramos glucosa oral con el efecto deseado. Px está A/O x 3. Signos vitales TA 120/80, pulso 80, respiraciones 12. Tenemos un TEA de 5 minutos.
   C. Estamos en camino con un hombre de 45 años de edad que es diabético. Los signos vitales son estables. El px está mejor en este momento. TEA 5 minutos.
   D. Estamos en camino con un hombre de 45 años de edad con una historia de diabetes. La glucosa de la sangre del px estaba baja y se administró glucosa oral y el px está estable. TEA 5 minutos.

Preguntas desafiantes

6. Responde a una escena donde varios espectadores fueron testigos de que una mujer tomó lo que pareció ser un frasco completo de Tylenol. Encuentra un frasco vacío de píldoras. La paciente niega haber tomado el medicamento y rehúsa el tratamiento. La paciente está A/O x 3. ¿Cómo manejará a esta paciente?

7. Llega a la escena de un problema desconocido. El departamento de bomberos ha estado en la escena por 10 min e informa que el paciente está sólo durmiendo. En su evaluación encuentra que el paciente está apneico con pulsos débiles. Reanima al paciente con RCP y lo transporta al hospital. ¿Cómo documenta esta llamada?

Qué evaluar

Responde a la escena de un homicidio. La policía ha asegurado el lugar y necesita que examine al sujeto. Encuentra a un hombre joven que yace sobre el piso con la cara hacia abajo. Su piel está moteada. Se ha establecido la rigidez cadavérica. Tiene varias marcas en la parte posterior del cuello. Bajo instrucción de dirección médica se declara al paciente fallecido en la escena.

¿Qué precauciones debe tomar al ir a la escena? ¿Cómo debe documentar la escena en su informe?

Temas: Informe y documentación eficaces del paciente; Reunión de datos de la escena del crimen.

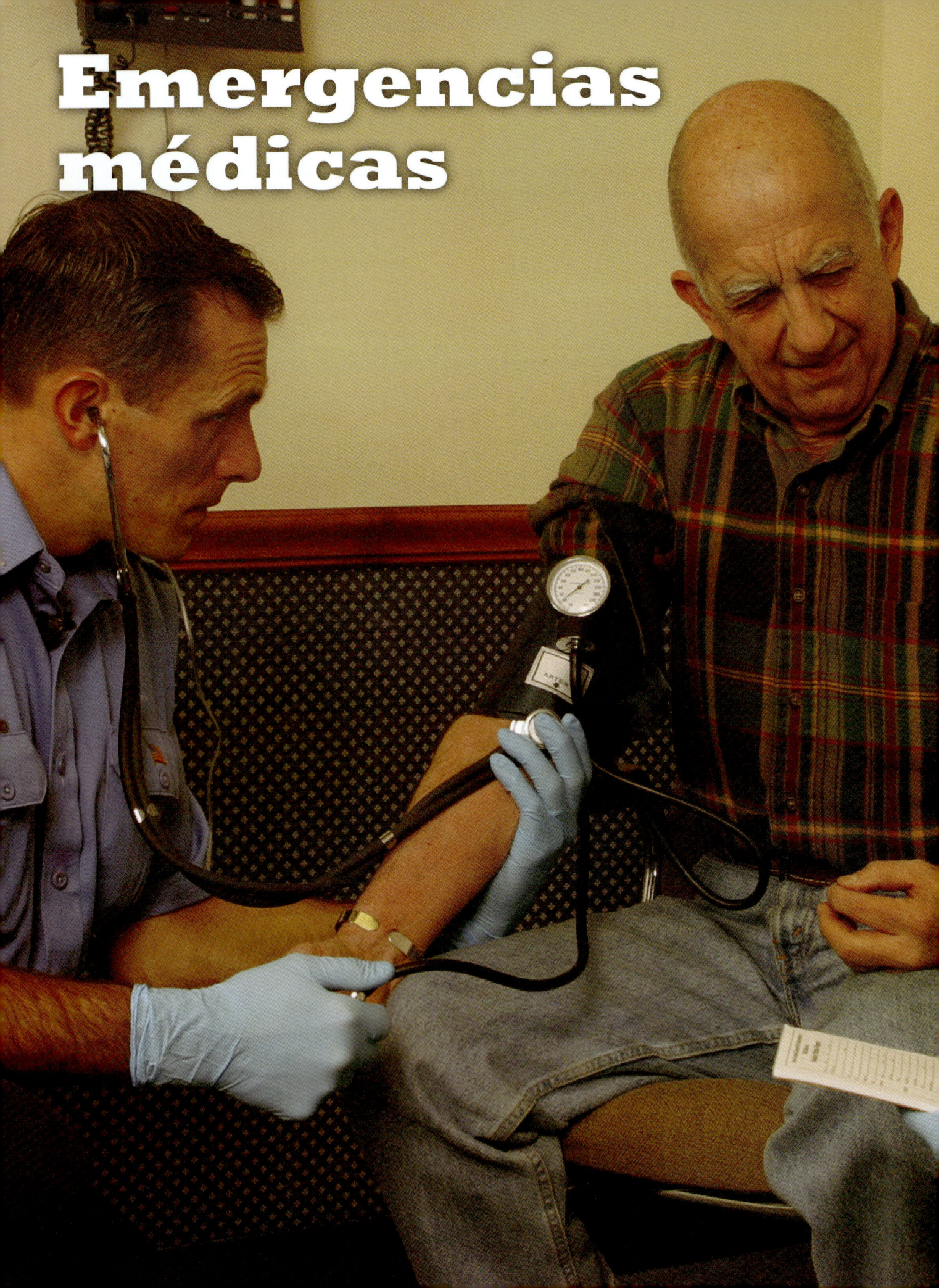

Emergencias médicas

Sección 4

10	**Farmacología general**	**342**
11	**Emergencias respiratorias**	**364**
12	**Emergencias cardiovasculares**	**398**
13	**Emergencias neurológicas**	**438**
14	**El abdomen agudo**	**464**
15	**Emergencias diabéticas**	**480**
16	**Reacciones alérgicas y envenamiento por picadura de insectos**	**498**
17	**Intoxicaciones y envenenamientos**	**516**
18	**Emergencias ambientales**	**542**
19	**Emergencias de la conducta**	**582**
20	**Emergencias obstétricas y ginecológicas**	**598**

Farmacología general

Objetivos

Cognitivos

4-1.1 Identificar cuáles medicamentos serán llevados en la unidad. (p. 350)

4-1.2 Identificar por nombre genérico los medicamentos que se llevan en la unidad. (p. 350)

4-1.3 Identificar los medicamentos en cuya administración los TUM-B pueden ayudar al paciente. (p. 354)

4-1.4 Identificar por nombre genérico los medicamentos con los cuales el TUM-B puede asistir al paciente. (p. 354)

4-1.5 Discutir las presentaciones en las cuales pueden encontrarse los medicamentos. (p. 346)

Afectivos

4-1.6 Explicar los fundamentos para la administración de medicamentos. (p. 344)

Psicomotor

4-1.7 Demostrar los pasos generales para ayudar al paciente en la autoadministración de medicamentos. (p. 354)

4-1.8 Leer las etiquetas y revisar cada tipo de medicamento. (p. 356)

10

Farmacología general

Situación de urgencia

Usted y su compañero TUM-B son enviados al campo de golf local para atender a un paciente que se queja de dolor precordial. A su llegada, se encuentran con un hombre de 62 años que se lleva la mano al pecho mientras permanece sentado. Está consciente, alerta y orientado. No muestra señal alguna de dificultad respiratoria, pero refiere que tiene un dolor insoportable en el centro del pecho. El dolor es diferente al de un episodio previo. Mientras su compañero le aplica oxígeno a flujo alto con una mascarilla con bolsa reservorio no recirculante, usted continúa interrogando al paciente.

1. ¿Por qué el oxígeno sería un tratamiento apropiado?
2. ¿Cuál sería su siguiente paso?

Farmacología general

Administrar medicamentos es un asunto serio. Si se emplea de manera adecuada, un medicamento puede aliviar el dolor y mejorar el bienestar del paciente. No obstante, si se emplea de modo inapropiado, puede causar daño e incluso la muerte. Como TUM-B será responsable de administrar ciertos medicamentos a los pacientes y ayudarlos en la autoadministración de otros. Preguntará a los pacientes acerca de sus medicamentos y alergias, e informará acerca de estos factores al personal del hospital. Actuar sin entender cómo funcionan los medicamentos es poner a los pacientes y a sí mismo en peligro.

Este capítulo describe las diversas presentaciones de los medicamentos, las vías en que pueden administrarse y cómo funcionan. A continuación, se analizan con detalle cada uno de los siete tipos de medicamentos que, pidiendo autorización a la dirección médica, puede administrar a los pacientes o ayudarles a que ellos mismos se los administren. También explica cuándo es peligroso aplicar dichos medicamentos.

Cómo funcionan los medicamentos

La **farmacología** es la ciencia de los fármacos, incluye sus ingredientes, preparaciones, usos y acciones en el organismo. Aunque los términos "fármaco" y "medicamento" se usan con frecuencia de manera intercambiable, el término fármaco puede hacer pensar a algunas personas en narcóticos o sustancias ilegales. Por esta razón, debe usar la palabra "medicamento", en especial cuando entreviste a los pacientes y sus familias. En términos generales, un medicamento es una sustancia química que se usa para tratar o prevenir enfermedades o aliviar el dolor. En México, la Ley General de Salud en el capítulo IV artículo 221 define:

"**I. Medicamentos**: Toda substancia o mezcla de substancias de origen natural o sintético que tenga efecto terapéutico, preventivo o rehabilitatorio, que se presente en forma farmacéutica y se identifique como tal por su actividad farmacológica, características físicas, químicas y biológicas" y "**II. Fármaco**: Toda substancia natural, sintética o biotecnológica que tenga alguna actividad farmacológica y que se identifique por sus propiedades físicas, químicas o acciones biológicas, que no se presente en forma farmacéutica y que reúna condiciones para ser empleada como medicamento o ingrediente de un medicamento.

La **dosis** es la cantidad de medicamento que se administra. Ésta depende del peso y la edad del paciente; adultos y niños reciben cantidades diferentes del mismo medicamento. También depende de la acción deseada del medicamento. La **acción** es el efecto terapéutico que se espera tenga el medicamento en el cuerpo. Por ejemplo, la nitroglicerina relaja las paredes de los vasos sanguíneos y puede dilatar las arterias. Esto incrementa el flujo sanguíneo y, por tanto, la provisión de oxígeno hacia el músculo cardiaco. De esta manera, la nitroglicerina alivia el dolor opresivo que se presenta con la afección cardiaca denominada angina. En consecuencia, la nitroglicerina está indicada para el dolor precordial asociado con angina. Las **indicaciones** son las razones o condiciones por las cuales se administra un medicamento determinado.

Hay ocasiones en las que no se debe administrar un medicamento al paciente, aún si está indicado para su padecimiento. Tales situaciones se denominan **contraindicaciones**. Un medicamento está contraindicado cuando es posible que dañe al paciente o que no tenga efectos positivos sobre la afección de éste. Por ejemplo, administrar carbón activado está indicado cuando un paciente ha ingerido veneno. Casi siempre, el carbón activado, disuelto en forma previa con agua, se emplea para evitar que el cuerpo absorba un veneno. No obstante, el carbón activado estaría contraindicado si el paciente estuviera inconsciente y fuera incapaz de deglutir.

Los **efectos secundarios** son cualquiera de las acciones de un medicamento que no sean las deseadas. Éstos pueden ocurrir incluso cuando el medicamento se aplica de manera adecuada. Por ejemplo, administrar epinefrina a un paciente que presenta una reacción alérgica grave puede dilatar sus bronquiolos y reducir la sibilancia. No obstante, dos efectos secundarios de la epinefrina son la estimulación cardiaca y la constricción de las arterias, lo cual podría elevar la frecuencia cardiaca y la tensión arterial del paciente. Estos efectos secundarios son predecibles, otros no lo son.

Nombres de medicamentos

Por lo general, los medicamentos poseen dos tipos de nombres: genérico y comercial o distintivo (de conformidad con lo establecido en México por la Ley General de Salud, en su artículo 225). El **nombre genérico** de un medicamento (como ibuprofeno) es casi siempre el nombre original que se le dio o el que recibió de su fabricante original. El nombre genérico no se escribe con mayúsculas. En ocasiones, un medicamento se cita con mayor frecuencia por su nombre genérico que con el comercial. Por ejemplo, puede escuchar que se usa más comúnmente el término "nitroglicerina" que los nombres comerciales Anglix y Nitrodisc o Nitrodur. Todos los medicamentos autorizados para su empleo en México son regulados y registrados por la Secretaría de Salud mediante la Farmacopea de los Estados Unidos Mexicanos (FEUM), la cual es revisada y actualizada de forma regular (9a. edición vigente actualmente, 2008).

El nombre comercial es el nombre de marca que un fabricante da al medicamento, como Tylenol o Lasix. Como nombre propio, el nombre comercial comienza con mayúscula. Los nombres comerciales se emplean en todos los aspectos de nuestra vida diaria, no sólo en los medicamentos. Los ejemplos bien conocidos incluyen la gelatina Jell-O, las venditas adhesivas Curitas y el chocolate Hershey. Un medicamento puede tener varios nombres comerciales, dependiendo de cuántas compañías lo fabrican. Advil, Quadrax, Tabalon 400 y Motrin son todos nombres comerciales para el medicamento genérico ibuprofeno. En ocasiones, el nombre comercial también se designa con un símbolo de registrado® en superíndice, esto es, Advil®.

Los medicamentos pueden ser de prescripción o que no requieren receta (MQNR). Los medicamentos prescritos son distribuidos a los pacientes sólo por los farmacéuticos, de acuerdo con la prescripción o receta de un médico. Los MQNR pueden adquirirse directamente en una farmacia o en otro establecimiento que no sea farmacia (Artículo 226 de la Ley General de Salud en México) sin prescripción. En años recientes, el número de medicamentos de prescripción que están a la disposición como MQNR ha aumentado de manera dramática.

Es posible que tenga contacto con pacientes que han usado drogas "callejeras" como heroína o cocaína. Las drogas callejeras poseen actividad farmacológica y causarán un efecto.

Vías de administración

La absorción es el proceso por el cual los medicamentos viajan por medio de los tejidos del cuerpo hasta que llegan al torrente sanguíneo. Con frecuencia, la velocidad a la cual el medicamento se absorbe hacia el torrente sanguíneo depende de su vía de administración. El Cuadro 10-1 ▶ señala las vías más comunes de administración.

- Inyección intravenosa (IV). Intravenoso significa en el interior de la vena. Los medicamentos que necesitan entrar de inmediato al torrente sanguíneo pueden inyectarse en forma directa en la vena. Esta es la manera más rápida de administrar una sustancia química, pero la vía IV no puede emplearse para todos los compuestos. Por ejemplo, el ácido acetilsalicílico, el oxígeno y el carbón no pueden aplicarse por vía intravenosa.
- Oral. Muchos medicamentos se toman por la boca, o VO, y llegan al torrente sanguíneo mediante el sistema digestivo. El proceso con frecuencia toma hasta una hora.

CUADRO 10-1 Vías de administración y velocidad de absorción

Vía	Velocidad
Intravenosa	Inmediata
Intraósea	Inmediata
Inhalación	Rápida
Rectal	Rápida
Sublingual	Rápida
Intramuscular	Moderada
Subcutánea	Lenta
Ingestión	Lenta
Transcutánea	Lenta

- Sublingual (SL). Sublingual significa "bajo la lengua". Los medicamentos que se aplican por esta vía, como las tabletas de nitroglicerina, se colocan la mucosa oral bajo la lengua y se absorben en el torrente sanguíneo en minutos. Esta vía es más rápida que la oral y protege a los medicamentos de las sustancias del sistema digestivo, como los ácidos que pueden debilitarlos o inactivarlos.
- Inyección intramuscular (IM). Intramuscular significa "en el interior del músculo". Por lo general los medicamentos que se administran por inyección IM se absorben con rapidez porque los músculos poseen muchos vasos sanguíneos. No obstante, no todos los medicamentos pueden administrarse por esta vía. Las desventajas con las inyecciones IM incluyen daño en el tejido muscular y absorción no homogénea y poco confiable, sobre todo en las personas con reducción de la perfusión tisular o que están en estado de choque.
- Intraósea (IO). Intraóseo significa "dentro del hueso". Los medicamentos que se aplican por esta vía alcanzan el torrente sanguíneo por medio de la médula ósea. Administrar un medicamento por vía intraósea, al interior de la médula, requiere perforar con una aguja la capa externa del hueso. Debido a que esto es puede ser doloroso, la vía IO se usa casi siempre en pacientes que están inconscientes como resultado de un paro cardiaco o en estado de choque grave. Por lo general, la vía IO se emplea en niños que presentan menos sitios IV disponibles (o de difícil acceso).
- Inyección subcutánea (SC). Subcutáneo significa "debajo de la piel". La inyección SC se aplica en el tejido entre la piel y el músculo. Debido a que hay

> ### Seguridad del TUM-B
>
> Cuando se retira una aguja de la piel de un paciente después de aplicar una inyección, se considera que ésta está contaminada con fluidos potencialmente infecciosos. Maneje los objetos "punzocortantes" de acuerdo con esto y deséchelos de inmediato siguiendo los lineamientos de su servicio para prevenir la exposición a residuos peligrosos biológico-infecciosos (RPBI).

menos sangre aquí que en los músculos, los medicamentos que se administran por esta vía por lo general se absorben con mayor lentitud y su efecto es más prolongado. La inyección SC es una manera útil de administrar medicamentos que no se pueden tomar por vía oral, siempre y cuando no irriten ni dañen al tejido. Las inyecciones diarias de insulina para pacientes con diabetes se administran por vía SC, lo mismo que algunas formas de epinefrina. (Subcutáneo en ocasiones se abrevia como SQ o sub-Q.)

- <u>Transcutáneo</u>. Transcutáneo significa "a través de la piel". Algunos medicamentos, como la nicotina en parches que usan las personas que intentan dejar de fumar, pueden absorberse por medio de la piel. En ocasiones, un medicamento que viene en otra presentación se administra por vía transcutánea para lograr un efecto más prolongado. Un ejemplo es un parche adhesivo que contiene nitroglicerina.
- <u>Inhalación</u>. Algunos medicamentos son inhalados hacia el interior de los pulmones, de modo que puedan absorberse en el torrente sanguíneo con mayor rapidez. Otros son inhalados para que actúen en los pulmones. En general, la inhalación ayuda a minimizar los efectos del medicamento en otros tejidos del cuerpo. Estos medicamentos vienen en forma de aerosoles, polvos finos y spray.
- <u>Vía rectal (VR)</u>. Esto significa por el recto. Esta vía es empleada con frecuencia en los niños debido a que es de fácil administración y con absorción más confiable. (Es común que los niños regurgiten parte de o todo el medicamento.) Por razones semejantes, muchos medicamentos que se usan para náusea y vómito se presentan en forma de supositorios rectales. Algunos anticonvulsivos se administran por vía rectal cuando es imposible aplicarlos por vía intravenosa. La VR también se usa para administrar algunos medicamentos cuando el paciente no puede deglutir o está inconsciente.

El (Cuadro 10-2 ▼) presenta las palabras que se emplean para las vías de administración de medicamentos, junto con sus significados.

Presentaciones de los medicamentos

La presentación de los medicamentos por lo general determina la vía de administración. Por ejemplo, una tableta o un spray no pueden aplicarse por medio de una aguja. El fabricante elige la presentación para asegurar la vía de administración adecuada, el tiempo para su liberación en el torrente sanguíneo y sus efectos sobre los órganos o tejidos donde actuará. Como TUM-B, deberá familiarizarse con las siete presentaciones de los medicamentos.

CUADRO 10-2 Vías de administración: palabras y sus significados

Esta palabra...	Proviene del latín...	Y significa...
Inhalación	*inhalatio* (introducir aire en los pulmones)	inhalar o aspirar
Intramuscular (IM)	*intra* (dentro de) y *muscularis* (el músculo)	en el músculo
Intraóseo (IO)	*intra* (dentro de) y *osse* (hueso)	en el hueso
Intravenoso (IV)	*intra* (dentro de) y *venosus* (de las venas)	en la vena
Per os (VO)	*per* (por) y *os* (boca)	por la boca
Per rectum (PR)	*per* (por) y *rectum* (recto)	por el recto
Subcutáneo (SC)	*sub* (debajo) y *cutis* (piel)	debajo de la piel
Sublingual (SL)	*sub* (debajo) y *lingua* (lengua)	debajo de la lengua
Transcutáneo	*trans* (a través) y *cutis* (piel)	a través de la piel

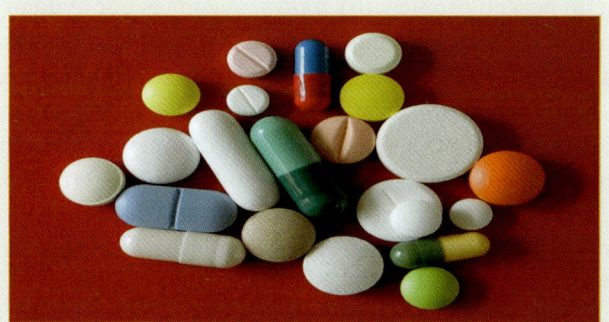

Figura 10-1 Es típico que tabletas y cápsulas sean de administración oral y que alcancen el torrente sanguíneo por medio del tracto digestivo.

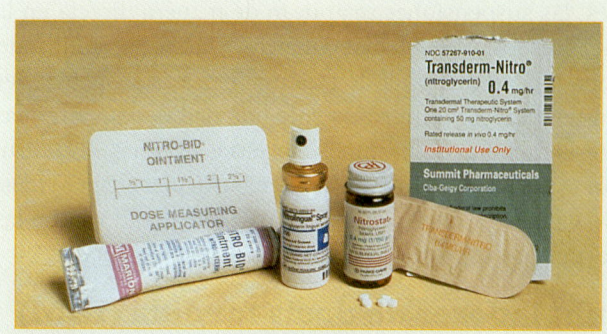

Figura 10-2 La nitroglicerina, que se prescribe para el dolor precordial, con frecuencia se administra por vía sublingual (SL) en forma de spray o de una tableta.

Tabletas y cápsulas

La mayoría de los medicamentos que se administran por vía oral a los pacientes adultos se encuentran en forma de tabletas o cápsulas (Figura 10-1). Las cápsulas son cubiertas de gelatina rellenas con medicamentos pulverizados o líquidos. Si la cápsula contiene líquido, por lo general está sellada y es blanda. Si la cápsula contiene polvo, casi siempre es posible abrirla. En las tabletas, el medicamento se comprime bajo alta presión. Es frecuente que las tabletas contengan otros materiales que se mezclan con el medicamento.

Algunas tabletas se diseñan para disolverse con gran rapidez en pequeñas cantidades de líquido de manera que puedan administrarse por vía sublingual y absorberse con rapidez. Un ejemplo es la tableta SL de nitroglicerina que se usa para tratar el dolor precordial en pacientes con padecimientos cardiacos. Estos medicamentos son de especial utilidad en situaciones de emergencia. Por lo general, un medicamento que debe deglutirse es menos útil en una emergencia porque el tracto digestivo proporciona una vía más lenta para su acción. Por ejemplo, un medicamento oral para el dolor es menos útil que uno intravenoso cuando se requiere aliviar el síntoma en minutos.

Soluciones y suspensiones

Una solución es una mezcla líquida de una o más sustancias que no pueden separarse mediante filtración o sedimentación. Las soluciones pueden administrarse casi por cualquier vía. Cuando se emplea la vía oral, es posible que las soluciones se absorban con bastante rapidez, puesto que el medicamento ya está disuelto. Por ejemplo, es posible que necesite ayuda en la administración sublingual de un spray de nitroglicerina (Figura 10-2). Muchas soluciones pueden aplicarse como inyección IV, IM o SC. Si un paciente presenta una reacción alérgica grave, puede ayudarlo a administrarse una solución de epinefrina por medio de un autoinyector.

Muchas sustancias no se disuelven bien en líquidos. Algunas de ellas pueden molerse para formar finas partículas y distribuirse de manera homogénea en un líquido posterior a agitación o mezclado. Este tipo de mezcla se denomina suspensión. Un ejemplo es el carbón activado, el cual puede administrarse a los pacientes que han tomado sobredosis de ciertos medicamentos o ingerido algún veneno.

Las suspensiones se separan si se dejan en reposo o se filtran. Es muy importante agitar o mezclar una suspensión antes de administrarla para asegurar que el paciente reciba la cantidad adecuada de medicamento. Por ejemplo, si tiene niños, es posible que haya tenido que agitar una suspensión de antibiótico oral antes de administrárselo.

Las suspensiones por lo general se administran por vía oral, pero en ocasiones se aplican por el recto. En ocasio-

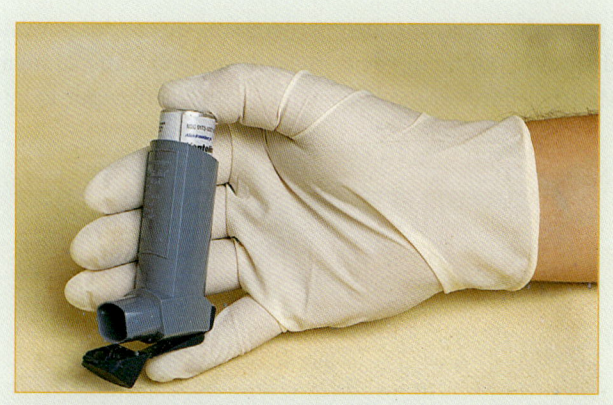

Figura 10-3 Algunos medicamentos son introducidos en el interior de los pulmones por medio de un inhalador de dosis medida, de manera que puedan absorberse con mayor rapidez hacia el torrente sanguíneo.

nes, las suspensiones se aplican de manera directa en la piel para tratar problemas cutáneos. Quizás haya utilizado solución de calamina de esta manera. Las suspensiones inyectables se administran sólo por vía IM o SC. Algunas presentaciones de hormonas o ciertas vacunas se aplican por estas vías debido a que poseen partículas suspendidas. No es posible administrarlas por vía IV debido a que las partículas suspendidas no permanecen en solución.

Inhaladores de dosis medida (IDM)

Si los líquidos o sólidos se fragmentan en gotas o partículas lo bastante pequeñas, es posible inhalarlos. Un inhalador de dosis medida (IDM) es un envase miniatura de spray que se usa para dirigir tales sustancias a la boca y hacia el interior de los pulmones Figura 10-3. Un IDM administra la misma cantidad de medicamento cada vez que se le utiliza. Dado que un medicamento inhalado casi siempre está en suspensión en un propelente, el IDM debe agitarse vigorosamente antes de ser administrado. Es frecuente el uso de IDM en pacientes con enfermedades respiratorias como asma y enfisema.

Medicamentos tópicos

Lociones, cremas y ungüentos son medicamentos tópicos, es decir, se aplican en la superficie de la piel y sólo afectan esa área. Las lociones contienen la mayor cantidad de agua que los ungüentos. Debido a esto las lociones se absorben con mayor rapidez, mientras que los ungüentos lo hacen más lentamente. La loción de calamina es un ejemplo de loción médica. La crema de hidrocortisona, empleada para reducir el prurito, es un ejemplo de crema médica que también puede administrarse en forma de ungüento. La neosporina es un ejemplo de ungüento utilizada en primeros auxilios.

Medicamentos transcutáneos

Los medicamentos transcutáneos son diseñados para su absorción por medio de la piel o de manera transcutánea. Medicamentos como la pasta de nitroglicerina por lo general poseen propiedades o presentaciones que ayudan a dilatar los vasos sanguíneos en la piel y, por tanto, aceleran la absorción hacia el torrente sanguíneo. En contraste con la mayoría de los medicamentos tópicos, que actúan directamente en el sitio de aplicación, los medicamentos transdérmicos por lo general presentan efectos sistémicos (en todo el cuerpo). Una advertencia: si toca este tipo de medicamentos con la piel desnuda mientras los administra, los absorberá con la misma facilidad que el paciente.

Una presentación novedosa para estos medicamentos es el parche adhesivo. Los parches se adhieren a la piel y permiten la absorción homogénea de un medicamento durante muchas horas Figura 10-4. Hay medicamentos de prescripción y MQNR que vienen en esta presentación. Son ejemplos comunes la nitroglicerina, nicotina, algunos analgésicos y ciertos anticonceptivos orales.

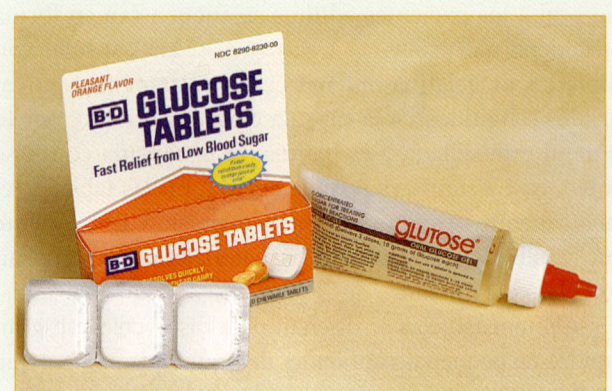

Figura 10-5 La glucosa oral, empleada en emergencias de pacientes diabéticos, se encuentra disponible en países como Estados Unidos en forma de gel, tabletas o de la forma antes descrita.

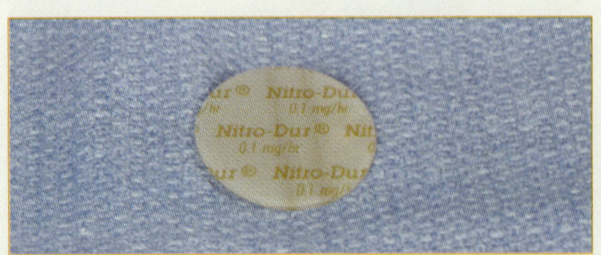

Figura 10-4 Algunos medicamentos son transcutáneos, esto es, se administran por medio de la piel, como el parche de nitroglicerina que se muestra en la foto.

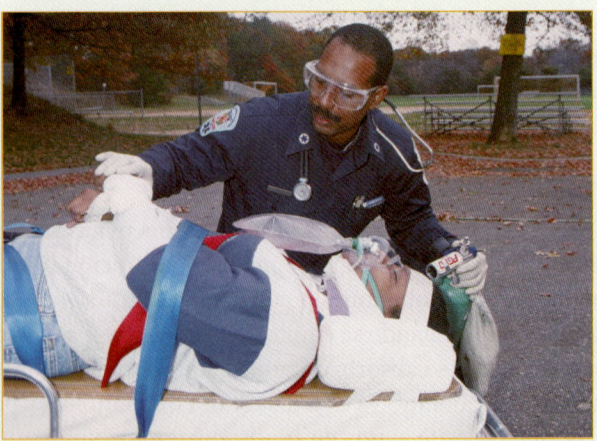

Figura 10-6 El oxígeno es un medicamento potente que usted puede administrar por medio de una mascarilla con bolsa reservorio no recirculante.

Qué documentar

Al registrar sobre el empleo de oxígeno, se incluye la velocidad del flujo en litros/minuto, el tiempo durante el cual se administró y el tipo de dispositivo empleado. Por ejemplo, "Mascarilla con bolsa reservorio no recirculante a 15 L/min". Notifique también la respuesta del paciente a su administración.

Tips para el TUM-B

Conozca estos medicamentos

Bajo la dirección médica local, y en conformidad con los establecido en la Norma Oficial Mexicana NOM-237-SSA1-2004, Regulación de los servicios de salud y atención prehospitalaria de las urgencias médicas de la Secretaría de Salud, un TUM-B está autorizado para administrar o ayudar a los pacientes a autoadministrarse los siguientes medicamentos. Tenga presente que esta lista puede expandirse de conformidad con los protocolos vigentes en cada institución, para que incluya medicamentos adicionales y otras vías de administración.

Es posible que le pidan que administre estos medicamentos:
- Oxígeno
- Carbón activado (en México no hay preparado. Lo hay en tabletas para ingestión VO de 250 mg cada una)
- Glucosa oral

Puede ayudar al paciente a autoadministrarse estos medicamentos:
- Ácido acetilsalicílico
- Epinefrina subcutánea
- Inhaladores de dosis medida
- Nitroglicerina

No obstante, podrá administrar o ayudar a la autoadministración de estos medicamentos sólo bajo las siguientes condiciones:
- Si un médico legalmente autorizado (cuenta con cédula profesional) le da la orden directa de administrar un fármaco o los protocolos médicos locales bajo los cuales trabaja se lo permiten o ambas circunstancias lo autorizan. Algunos protocolos locales excluyen uno o más de los medicamentos que se indican arriba.
- Los protocolos médicos locales autorizados por el responsable sanitario, bajo los cuales trabaja, incluyen indicaciones vigentes sobre el uso de un medicamento en situaciones definidas. Es imperativo que NO administre ni ayude a los pacientes a autoaplicarse ningún otro medicamento bajo ninguna circunstancia.

Geles

Un **gel** es una sustancia semilíquida que se administra por vía oral en forma de cápsulas o por medio de tubos plásticos. Por lo general, los geles poseen la consistencia de pastas o cremas, pero son transparentes. "Gelatinoso" significa espeso y pegajoso, como la gelatina. De acuerdo con sus protocolos médicos locales vigentes, como TUM-B puede administrar glucosa oral en forma de gel, miel, e incluso soluciones glucosadas al 5 y 10% a un paciente diabético (Figura 10-5 ◄).

Gases para inhalación

Los medicamentos gaseosos no son sólidos ni líquidos y casi siempre se administran en quirófano. El medicamento más común que se aplica en forma de gas fuera de la sala de operaciones es el oxígeno. Quizá no piense en este último como un medicamento porque está en todas partes y todos lo empleamos. No obstante, en su forma concentrada, es un medicamento potente que posee efectos sistémicos, es decir, actúa en todo el cuerpo (Figura 10-6 ◄). Por lo general administrará el oxígeno mediante una mascarilla con bolsa reservorio no recirculante o, en otras ocasiones, por una cánula nasal, también denominadas puntas nasales.

Situación de urgencia — Parte 2

Al llevar a cabo la historia enfocada al problema específico, observa que el dolor inició aproximadamente 10 minutos antes de su llegada. El dolor aumentó al caminar de regreso al carro de golf y no ha mejorado desde que se sentó. El dolor de tipo opresivo está localizado en el centro del tórax, por debajo del esternón, pero el paciente también refiere una ligera molestia en su hombro izquierdo. En una escala del 1 al 10, su dolor es de 9. El paciente señala que le diagnosticaron angina de pecho hace tres años. Ésta es la primera vez en más de ocho meses en que ha presentado dolor precordial. No tiene alergias y toma nitroglicerina cuando es necesario. Su última ingesta de alimentos fue un sándwich de atún hace aproximadamente una hora y estuvo jugando golf por un lapso de 45 minutos.

3. ¿De qué manera el obtener antecedentes sobre el síntoma específico le ayuda a proporcionar un tratamiento apropiado al paciente?
4. ¿Qué información adicional requiere para avanzar en el tratamiento?

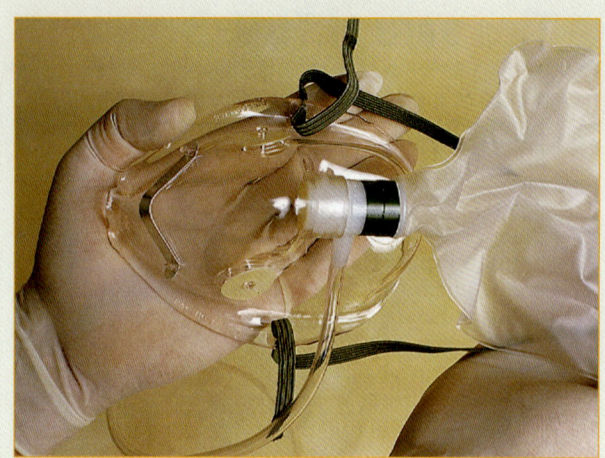

Figura 10-7 La mascarilla con bolsa reservorio no recirculante es el método de elección preferido para administrar oxígeno debido a que proporciona hasta 90% de oxígeno inspirado.

Medicamentos llevados en una unidad del SMU

Los cinco medicamentos que pueden llevarse en la unidad del SMU son: oxígeno, glucosa oral, carbón activado, ácido acetilsalicílico y epinefrina. Cuando son empleados con inteligencia, cada uno puede ser una herramienta poderosa. Tenga en mente sin embargo que, de conformidad con lo establecido en la NOM-237-SSA1-2004, Regulación de los servicios de salud, atención prehospitalaria de las urgencias médicas puede administrar estos medicamentos siempre y cuando se encuentren incluidos en los protocolos médicos vigentes, avalados por la autoridad médica o el responsable sanitario (fuera de línea) del servicio de ambulancias o bajo una indicación directa hecha por una médico (en línea) legalmente autorizado para ejercer la profesión —con cédula profesional—.

Oxígeno

Todas las células necesitan <u>oxígeno</u> para funcionar de manera adecuada. En especial el corazón y el cerebro no pueden funcionar durante mucho tiempo si disminuyen los niveles de oxígeno, razón por la cual se eligió el oxígeno como medicamento a bordo de las unidades del SMU. Si un paciente no respira o tiene problemas para llevar aire a sus pulmones, debe administrarle oxígeno suplementario. En general, puede administrar oxígeno por medio de mascarillas con bolsa reservorio no recirculante a 10-15 L/min (o mediante de una cánula nasal a 2-6 L/min si el paciente no tolera la mascarilla). Sin embargo, si el paciente no respira, también deberá proporcionarle ventilación asistida, de modo que tendrá que emplear un

Figura 10-8 El carbón activado es una suspensión o tabletas que en ocasiones se emplean para pacientes que tomaron una sobredosis de medicamento o que ingirieron veneno.

dispositivo bolsa-válvula-mascarilla. El oxígeno por lo general se administra a 15 L/min con esta técnica.

Fuera del hospital, la mascarilla con bolsa reservorio no recirculante es el método preferido para administrar oxígeno a los pacientes que presentan dificultad respiratoria significativas o estado de choque. Con un buen sello entre la mascarilla y la boca, ésta puede proporcionar hasta 90% de oxígeno inspirado **Figura 10-7**. Con una cánula nasal, el oxígeno fluye por dos puntas de tubo que se introducen en las narinas del paciente. Este dispositivo puede proporcionar hasta 44% del oxígeno inspirado si el medidor de flujo se ajusta a 6 L/min.

Recuerde que aunque el oxígeno mismo no se quema, permite que otras cosas ardan. Si hay oxígeno adicional en el aire, los objetos se quemarán con mayor facilidad. Así que asegúrese de que no haya flamas, cigarrillos encendidos o chispas en el área donde se utilice el oxígeno.

Carbón activado

Muchas emergencias por envenenamiento implican sobredosis de medicamentos tomados por vía oral. Muchos fármacos se unen con el carbón activado, lo cual impide que éstos se absorban en el organismo. <u>Adsorción</u> significa unirse o adherirse a una superficie, mientras que absorción es el proceso por el cual los medicamentos viajan por los tejidos hasta que llegan al torrente sanguíneo. El carbón activado se muele hasta obtener un polvo muy fino para proporcionar la mayor área de superficie posible para la unión. Es probable que lleve consigo, en la unidad del SMU, un envase con una suspensión previamente mezclada de polvo de carbón activado en agua, si está permitido por el protocolo local (Figura 10-8 ◀).

La unión entre el fármaco y el carbón no es permanente. Dado que el medicamento puede liberarse y absorberse en el torrente sanguíneo si el carbón activado permanece en el sistema digestivo, el carbón con frecuencia está en suspensión con otro medicamento llamado sorbitol (un azúcar complejo). Esta suspensión posee un efecto laxante que ocasiona que la mezcla entera, incluido el fármaco, pasen con rapidez al sistema digestivo.

El carbón activado se administra por vía oral. Aunque el sorbitol endulza la suspensión, el carbón activado le da un aspecto poco atractivo. Por esta razón, deberá usar un envase no transparente y pedir al paciente que lo beba con un popote.

Glucosa oral

La glucosa es un azúcar que nuestras células emplean como combustible. Aunque algunas células pueden utilizar otros azúcares, las neuronas deben recibir glucosa. Si el nivel de glucosa en la sangre disminuye demasiado, la persona puede perder la conciencia e incluso morir.

El término médico para un nivel de glucosa sanguíneo bajo en extremo es hipoglucemia, que puede ser producto de un exceso de insulina, la cual se toma para controlar los niveles de glucosa. Los pacientes con diabetes que usan insulina con regularidad comprenden los efectos de este fármaco en el cuerpo. La glucosa oral que se lleva en la unidad del SMU puede contrarrestar los efectos de la hipoglucemia (nivel de glucosa anormalmente bajo) del mismo modo que un caramelo o una bebida dulce, pero con mayor rapidez. Esto se debe a que el azúcar de mesa normal (sacarosa) y el azúcar de la fruta (fructosa) son azúcares complejos que deben degradarse antes de absorberse. La glucosa es un azúcar simple que se absorbe con facilidad en el torrente sanguíneo.

El personal de los hospitales y los paramédicos pueden administrar glucosa con una línea IV. Como TUM-B puede aplicar glucosa sólo por vía oral. Ésta se encuentra disponible como un gel diseñado para extenderse sobre la mucosas entre las mejillas y encías; no obstante, la absorción mediante esta vía no es tan rápida como con la inyección. Dado que el paciente puede estar consciente en un momento e inconsciente al siguiente, debe tener gran cuidado cuando administre glucosa oral. Nunca administre medicamentos orales a un paciente inconsciente o que sea incapaz de deglutir o proteger sus vías respiratorias.

Ácido acetilsalicílico

El ácido acetilsalicílico o ASA es un antipirético (reduce la fiebre), analgésico (disminuye el dolor) y antiinflamatorio (reduce la inflamación), además de inhibir la agregación de las plaquetas (antiagregante plaquetario). Esta última propiedad lo convierte en uno de los medicamentos de mayor uso en la actualidad. Debido a que las investigaciones han demostrado que la agregación plaquetaria, bajo ciertas condiciones de las arterias coronarias, es una de las causas directas de ataque cardiaco, es frecuente que pacientes con riesgo de cardiopatía coronaria a menudo tengan prescrito una o dos tabletas de ASA pediátrico al día. Durante un probable ataque cardiaco el ASA puede salvar una vida.

Las contraindicaciones para el ácido acetilsalicílico incluyen hipersensibilidad conocida hacia él, daño hepático preexistente, trastornos de coagulación y asma. Dada la asociación de este fármaco con el síndrome de Reye, no debe administrarse a niños durante episodios de fiebre causado por enfermedades.

Epinefrina

La epinefrina es la principal hormona utilizada para controlar la respuesta corporal de pelea o huída. Se libera dentro del cuerpo cuando hay un estrés repentino, tal como el que existe en el ejercicio o cuando el paciente es asustado. Debido a que las glándulas suprarrenales o adrenales secretan la epinefrina, también se conoce como adrenalina. La epinefrina tiene diversos efectos en los distintos tejidos y es empleado como medicamento en diferentes formas. Generalmente, la epinefrina puede aumentar la frecuencia cardiaca, la tensión arterial y dilatar las vías pulmonares. En consecuencia, puede aliviar problemas respiratorios ocasionados por espasmo bronquial comunes en el asma y las reacciones alérgicas. En una persona que está cerca del choque anafiláctico como resultado de una reacción alérgica, la epinefrina también puede ayudar a mantener la presión sanguínea del paciente.

Este fármaco posee las siguientes características:

- Las glándulas suprarrenales o adrenales lo secretan de manera natural
- Broncodilatación
- Vasocronstricción, lo cual ocasiona un incremento en la tensión arterial
- Aumenta la frecuencia cardiaca y la tensión arterial

Administración de la epinefrina por inyección

En la actualidad, algunos estados y el SMU autorizan que los TUM-B utilicen epinefrina para tratar la anafilaxia letal. En ciertos individuos, el veneno de insectos y otros alergenos ocasionan que el cuerpo libere histamina, la cual reduce la tensión arterial al dilatar los vasos sanguíneos y

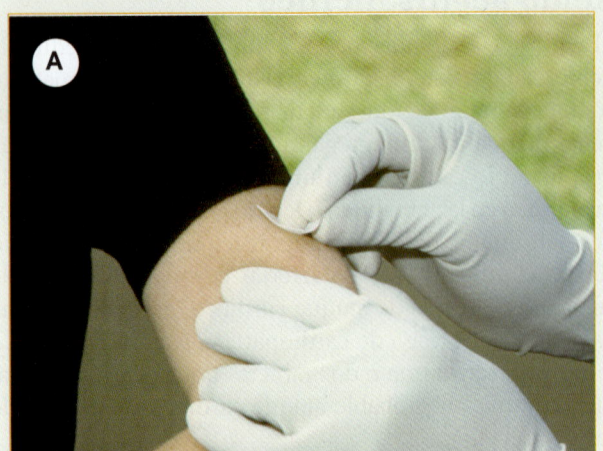

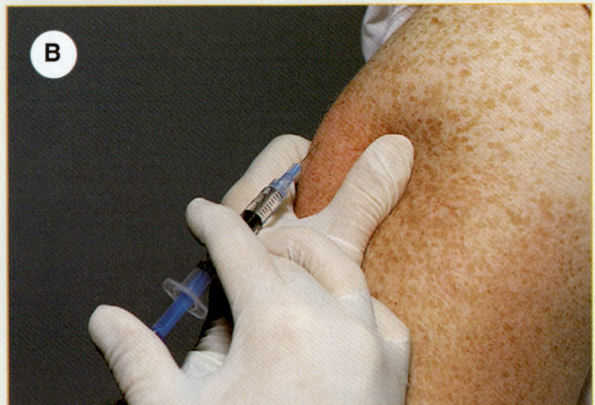

Figura 10-9 Aplicación de una inyección SC o IM. **A.** Limpie la piel. **B.** Inserte la aguja, luego jale el émbolo ligeramente hacia atrás.

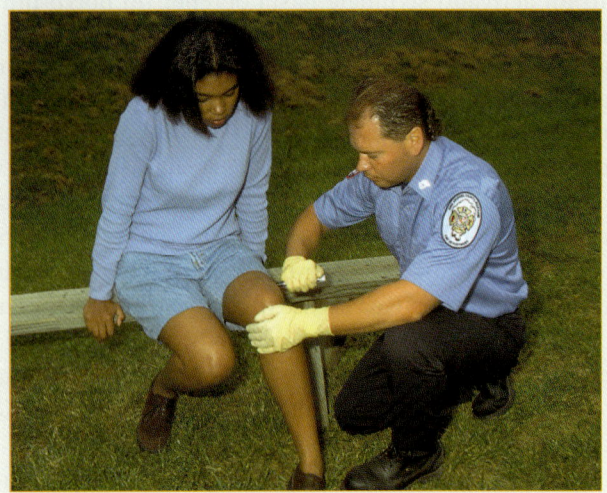

Figura 10-10 Para administrar una dosis preestablecida de epinefrina se puede emplear un autoinyector *EpiPen* (presentación más común en Estados Unidos).

Qué documentar

La forma adecuada para registrar el empleo de un medicamento incluye el nombre de éste, la dosis y la vía utilizados, los signos vitales antes y después de la administración. Por ejemplo:

10:30 AM—signos vitales: pulso 88 latidos/min; respiraciones 18 respiraciones/min; tensión arterial, 125/68 mm Hg, nitroglicerina 0.4 mg SL

10:35 AM—signos vitales: pulso 80 latidos/min; respiraciones 18 respiraciones/min; tensión arterial 124/60 mm Hg

---

permitir que haya fugas en ellos. Asimismo, la liberación de histamina puede ocasionar sibilancia debido a espasmos bronquiales y aumento de tamaño de los tejidos en la vía aérea (edema), lo cual puede dificultar la respiración del paciente. La epinefrina actúa como un antídoto específico para la histamina, al contrarrestar ambos efectos dañinos. Constriñe los vasos sanguíneos, lo cual permite que aumente la tensión arterial y reduce el edema. En los pulmones, tiene el efecto opuesto: dilata los conductos aéreos, de manera que disminuya la resistencia del flujo de aire. También puede esperar que la frecuencia cardiaca del paciente aumente después de administrar la epinefrina. Puede ser entrenado para administrar inyecciones SC e IM de epinefrina, dependiendo de su protocolo local. Recuerde que una inyección SC deposita la epinefrina en el tejido localizado entre la piel y el músculo. Por tanto, casi siempre es útil levantar un poco la piel para alejarla del músculo. La jeringa que se emplea para inyecciones SC posee una aguja corta y delgada, casi siempre de ½' y ⅝' de largo. La jeringa para uso IM posee una aguja más larga y gruesa que mide entre 1' y 1 ½' de largo, de manera que pueda llegar hasta el músculo.

Siga estos pasos para la aplicación SC e IM. Antes de aplicar la inyección, prepare la piel con un antiséptico apropiado **Figura 10-9A**. Inserte la aguja en la piel (o el músculo). Para una inyección SC, levante la piel al tiempo que inserta la aguja en un ángulo de 45°. Luego, jale el émbolo de la jeringa ligeramente hacia atrás antes de inyectar el medicamento **Figura 10-9B**.

Verifique que no entre sangre en la jeringa. En caso de que esto suceda, es que por accidente colocó la aguja en un pequeño vaso sanguíneo y necesitará retirarla y volver a iniciar el proceso, utilizando otra aguja.

Si no entra sangre en la jeringa al jalar el émbolo, presiónelo para inyectar el medicamento. Una vez que haya insertado la aguja en la piel del paciente, ésta se contamina con posibles virus y otros agentes infecciosos. Deben tomarse precauciones apropiadas para desecharla.

Necesidades geriátricas

Es frecuente que los pacientes geriátricos tomen muchos medicamentos. También es posible que guarden fármacos que hayan quedado de padecimientos médicos anteriores. Haga todo lo posible por identificar cuáles medicamentos son los de uso actual y los padecimientos para los cuales fueron prescritos. Pida a los familiares que le ayuden a distinguir los fármacos de uso actual de los que corresponden a tratamientos anteriores o revise las fechas de caducidad de las etiquetas. Haga una lista de todos los medicamentos de uso actual del paciente o lleve consigo los fármacos a la sala de urgencias.

Los pacientes geriátricos pueden confundirse respecto a su régimen de medicamentos. La incertidumbre acerca de que puedan haberse saltado una dosis puede provocar que repitan el medicamento, lo cual posiblemente los lleve a la sobredosis. Si piensa que éste es el caso, llame a su dirección médica.

Recuerde que los medicamentos pueden interactuar entre sí y crear reacciones que suelen ser adversas. Aunque un medicamento pueda estar indicado para un padecimiento especial, puede contraindicarse en presencia de otro fármaco. Por ejemplo, si el paciente toma propranolol (Inderali, medicamento para el corazón) y presenta un episodio agudo de disnea, cualquier fármaco para el tratamiento del asma puede inactivarse por acción de éste.

Aunque los medicamentos ayudan a las personas a recuperarse de padecimientos agudos y controlar las enfermedades crónicas, pueden suponer problemas serios para los pacientes geriátricos. Deberá distinguir entre los medicamentos de uso actual de los empleados anteriormente; sospechar sobredosis accidentales contra las intencionales y estar preparado para posibles interacciones medicamentosas letales. Documente cualquier hallazgo e infórmelo a la dirección médica.

Necesidades pediátricas

Los niños no son adultos pequeños, en especial en lo que se refiere a la administración de medicamentos. El método para los niños difiere del de los adultos. Primero, las dosis de los medicamentos son diferentes. En ocasiones son menores, pero otras, sin embargo, pueden ser mayores. Esto tiene que ver con la manera en que los niños metabolizan los fármacos. La mayoría de los medicamentos de asistencia se proporcionarán en dosis menores. Como ejemplo, analicemos la epinefrina. La dosis para un adulto es de 0.3 a 0.5 mg, pero para un niño es de 0.2 a 0.3 mg. La técnica para su administración también es diferente, ya que ésta se aplica en la cara lateral del muslo en el adulto y en el niño se administra en la cara anterior o lateral del muslo. El sitio de aplicación de la inyección tiene que ver con el desarrollo de los vasos sanguíneos y la masa muscular en el muslo. Así que, para evitar tocar un vaso sanguíneo y asegurar que aplica la inyección en el músculo, lo mismo que la distribución apropiada del medicamento, es importante usar la cara anterior o lateral del muslo en los lactantes y niños pequeños. Es posible que los niños carezcan de la coordinación necesaria para emplear un IDM. Será más fácil si se añade un dispositivo espaciador al inhalador para asegurar que el niño reciba el beneficio total del medicamento. El último factor y el más importante en la administración de medicamentos en niños es el afectivo. Los niños no presentan los mismos aspectos cognitivos y emocionales que los adultos. Por tanto, es posible que requiera un poco más de tiempo y esfuerzo para explicar cada procedimiento. También debe poner su mayor interés en decirle a los niños la verdad, es muy importante ganar su confianza en el poco tiempo que tiene para relacionarse con él.

También es posible administrar epinefrina con un autoinyector, el cual provee de manera automática una cantidad previamente ajustada del medicamento, esta presentación es más común en Estados Unidos (Figura 10-10◄). Asegúrese de familiarizarse con los procedimientos para emplear el autoinyector en su unidad. El procedimiento general es el siguiente:

1. Sujete la unidad con la punta hacia abajo
2. Coloque su mano empuñando el dispositivo.
3. Con la otra mano quite la tapa de activación.
4. Sostenga la punta cerca de la cara externa del muslo del paciente.
5. Presione con firmeza la punta en la cara externa del muslo de manera que el dispositivo se encuentre perpendicular (en un ángulo de 90°) respecto al muslo. No permita que la unidad rebote.
6. Sostenga con firmeza el dispositivo contra el muslo durante varios segundos.

Sin importar el método que utilice, la epinefrina ocasiona una sensación de ardor en el sitio de aplicación y la frecuencia cardiaca aumentará después de administrarse.

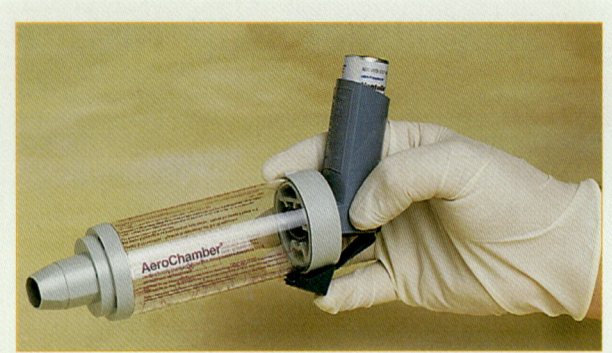

Figura 10-11 Algunos inhaladores cuentan con dispositivos espaciadores para dirigir mejor el medicamento en spray.

Asistencia a pacientes para la autoadministración de medicamentos

Los tres medicamentos de prescripción que puede ayudar a los pacientes a autoadministrarse son epinefrina, los IDM y la nitroglicerina. Estos medicamentos, recetados por los médicos para que los pacientes se los autoadministren, presentan riesgos y beneficios, y debe conocerlos.

Epinefrina

Ya leyó la información general sobre la epinefrina y su empleo por parte de los TUM-B para la anafilaxa. Algunos servicios no permiten que los TUM-B lleven consigo epinefrina, pero sí les permiten ayudar a los pacientes en la administración de su propia epinefrina en reacciones anafilácticas que amenazan la vida. Además, es frecuente que los TUM-B estén autorizados a ayudar a los pacientes en la administración de la epinefrina por medio de sus propios IDM para el broncoespasmo.

Inhaladores de dosis medida (IDM)

En ocasiones, un padecimiento respiratorio como el asma no es lo bastante grave para requerir el uso de epinefrina. En tales casos, los pacientes pueden usar uno de los "primos" de este fármaco que están dirigidos de manera más específica a los pulmones. Estos medicamentos se administran con un IDM, el cual requiere mucha coordinación, algo que puede ser difícil cuando una persona presenta problemas para respirar. Es posible que el paciente dirija y rocíe de manera apropiada en el justo momento en que inhale, sin embargo, la mayor parte del medicamento termina en su paladar. Un adaptador, denominado "espaciador", que se ajusta sobre el inhalador como una manga, puede emplearse para evitar dirigir en forma equivocada el spray **Figura 10-11**. El inhalador encaja en la abertura del extremo de la cámara del espaciador y la boquilla se ajusta al otro extremo. El paciente dispara la dosis prescrita en el interior de la cámara y luego inhala y exhala repetidamente por medio de la boquilla hasta inhalar por completo el medicamento.

Puede disparar el spray presionando el envase hacia el interior del adaptador justo en el momento en que el paciente comienza a inhalar. Si no se obtiene mejoría, espere alrededor de tres minutos y repita este procedimiento de acuerdo con la prescripción de IDM del paciente. Ante todo, es importante asegurar que el paciente inhale todo el medicamento en un solo intento.

Administración de epinefrina por IDM

El asma, también conocido como "enfermedad reactiva de las vías respiratorias", puede ser una afección letal. Por tanto, algunos pacientes emplean inhaladores de epinefrina para aliviar con rapidez los espasmos bronquiales. Dado que la epinefrina tiende a aumentar la frecuencia cardiaca y la tensión arterial, la mayoría de los pacientes con asma emplean ciertos primos químicos de la epinefrina que producen menos efectos secundarios. Orciprenalina (Alupent) y salbutamol (Ventolin o Zibil) funcionan mejor en los

Situación de urgencia — Parte 3

Mientras su compañero obtiene los signos vitales iniciales, usted continúa recopilando información de su paciente. Este último le entrega un pequeño pastillero plateado que contiene lo que él asegura es su nitroglicerina. No encuentra información alguna sobre la prescripción ni el paciente en este envase. Su paciente le dice que tomó una pastilla en cuanto se inició el dolor, pero que no sintió ningún alivio. Los signos vitales indican un pulso regular de 124 latidos/min y respiración de 18 respiraciones/min; tensión arterial de 136/80 mm Hg y sonidos respiratorios claros en ambos hemitórax. Sus pupilas son iguales, redondas y reaccionan a la luz.

5. ¿Qué relevancia tiene la tensión arterial de 136/80 mm Hg con respecto al uso de nitroglicerina?
6. ¿Sería apropiada una dosis adicional de nitroglicerina en esta situación?

espasmos bronquiales y con menos efectos en el sistema cardiovascular. Administre dosis repetidas previa autorización de la dirección médica o si se encuentran autorizados por protocolos locales, o por ambos.

Nitroglicerina

Muchos pacientes con padecimientos cardiacos llevan consigo alguna presentación de nitroglicerina de acción rápida para aliviar el dolor anginoso. La nitroglicerina es la misma sustancia que el TNT (trinitrotolueno), lo cual es la razón por la que se emplea el término "nitro" en la medicina y en la industria de los explosivos. Las presentaciones de nitroglicerina que empleará se han estabilizado de manera que no sean explosivas.

Si alguna vez ha corrido durante un largo periodo, es probable que recuerde que sus músculos desarrollaron una sensación dolorosa, de pesadez y ardor. Esto se debe a que la demanda de oxígeno en los músculos excedió a la provisión de éste. Cuando el músculo cardiaco desarrolla un dolor semejante, se denomina angina de pecho. La causa es la misma: falta de oxígeno, en este caso por un bloqueo o estrechamiento de los vasos sanguíneos que perfunden al corazón. En ocasiones, la causa es un espasmo en estos vasos sanguíneos. A diferencia del corredor con dolor en las piernas, el músculo cardiaco no puede detenerse y descansar hasta que pase la molestia.

El objetivo de la nitroglicerina es aumentar el flujo sanguíneo por liberación del vasoespasmo o al causar que las arterias se dilaten. El fármaco lo logra al relajar las paredes musculares de las arterias y venas coronarias. La nitroglicerina también relaja las venas en todo el cuerpo, lo que disminuye el retorno venoso al corazón, reduciendo su carga de trabajo. No obstante, debido a lo anterior, es importante que siempre valore la tensión arterial del paciente antes de administrar nitroglicerina. Si la tensión arterial sistólica es menor de 100 mm Hg, la nitroglicerina puede tener el efecto adverso de reducir el flujo sanguíneo a los vasos coronarios. Incluso un paciente con la tensión arterial adecuada debe sentarse o recostarse con la cabeza elevada antes de tomarlo. Si el paciente está de pie, puede desvanecerse como consecuencia de la reducción del flujo sanguíneo al cerebro en el momento en que comienza a actuar el fármaco. Si ocurre una reducción significativa en la tensión arterial del paciente (15 a 20 mm Hg) y éste refiere sentirse mareado o mal de forma repentina, haga que se recueste con las piernas elevadas.

Durante un ataque cardiaco (infarto agudo al miocardio o IM) se forma un coágulo en una arteria coronaria estrecha, lo cual bloquea el flujo sanguíneo hacia una sección del músculo cardiaco. Si el bloqueo no se elimina a tiempo, esa sección del corazón morirá. Si la nitroglicerina ya no proporciona alivio a una persona en la que anteriormente sí funcionaba, es probable que el individuo esté sufriendo un IM en lugar de un ataque anginoso. En consecuencia, es importante preguntar al paciente cuánta nitroglicerina ha empleado en el pasado para aliviar el dolor precordial y cuánta ha tomado para este episodio, incluidos los parches de nitroglicerina. Notifique siempre estos datos a la dirección médica. Recuerde, no es posible administrar este medicamento sin autorización de la dirección médica o en ausencia de los protocolos vigentes.

El medicamento sildenafil (Viagra) puede tener interacciones potencialmente fatales con la nitroglicerina. Pregunte a su paciente si ha empleado sildenafil en las 24 horas anteriores. Informe esto a la dirección médica.

La nitroglicerina tiene los siguientes efectos:
- Relaja las paredes musculares de las arterias y venas coronarias
- Disminuye el retorno venoso al corazón
- Disminuye la tensión arterial
- Relaja las venas en todo el cuerpo (vasodilatador)
- Con frecuencia provoca cefalea ligera después de su administración

Administración de nitroglicerina en tabletas

La nitroglicerina por lo general se administra por vía SL. El paciente coloca una pequeña tableta bajo su lengua, donde se disuelve. La tableta provoca una ligera sensación de hormigueo o ardor. Si la nitroglicerina pierde este efecto, es posible que se haya disipado su potencia debido al envejecimiento o a un almacenamiento inadecuado. Asegúrese de revisar la fecha de caducidad del frasco.

Las tabletas sublinguales de nitroglicerina deben almacenarse en su envase original de vidrio con la tapa bien cerrada. Observe que lo que parece algodón en el frasco de hecho es rayón. Si se colocara algodón en el frasco, éste podría absorber nitroglicerina, lo cual reduciría la potencia de las tabletas. De igual manera, otros fármacos que se coloquen en el frasco pueden restarle su efecto a la misma. La exposición a la luz, calor o aire también puede degradar la fuerza del medicamento. Si nota cualquier dato de almacenamiento inadecuado, asegúrese de incluir esa información en los antecedentes médicos del paciente.

Administración de nitroglicerina en spray con dosis medida

Algunos pacientes que toman nitroglicerina emplean un spray de dosis medida, el cual deposita el fármaco sobre o debajo de la lengua. Cada disparo es equivalente a una tableta. Para asegurar una dosificación directa y apropiada en la parte distal de la lengua no emplee un espaciador al administrar nitroglicerina por esta vía.

Ya sea que utilice tabletas o spray, deberá esperar cinco minutos para evaluar la respuesta antes de repetir la dosis. Vigile de cerca los signos vitales del paciente, en particular la tensión arterial. Repita las dosis de acuerdo con la indicación de la dirección médica, el protocolo local, o ambos.

Pasos generales en la administración de medicamentos

Como TUM-B debe familiarizarse con los cinco pasos indicados para administrar cualquier medicamento a un paciente:

1. **Obtener la autorización de la dirección médica.** Deberán darle esta orden de manera directa, por medio de la dirección médica en línea por teléfono o radio. O puede ser indirecta, mediante los protocolos que contienen órdenes vigentes, autorizadas por el responsable sanitario para la administración de ciertos medicamentos. Por ejemplo, su SMU puede usar un protocolo que describe la manera en que el director médico desea que maneje a un paciente que presenta dificultad respiratoria. Parte de este protocolo puede incluir el empleo de una mascarilla con bolsa reservorio no recirculante para proporcionar oxígeno a dicho paciente a 15 L/min. Puede hacer esto sin llamar a la dirección médica en línea si el paciente cumple con los criterios del protocolo.
2. **Verificar el fármaco y la prescripción adecuados.** Recibió y confirmó la orden para proporcionar el medicamento y determinó que el paciente es aún candidato para este fármaco. Debe asegurarse de que el medicamento que está a punto de administrar sea el correcto. Lea con cuidado la etiqueta. Si es el medicamento del paciente, el frasco debe mostrar el nombre comercial o genérico. Si tiene cualquier pregunta, comuníquese en línea con la dirección médica. Verifique que el fármaco pertenezca al paciente y no a un amigo o pariente. Nunca debe administrar al paciente un medicamento prescrito para otra persona.
3. **Verifique la presentación, dosis y vía de administración del fármaco.** Confirmó su orden y verificó que el medicamento es el correcto para administrarlo. Ahora debe corroborar que la presentación del medicamento, su dosis y vía concuerdan con la orden que recibió. Por ejemplo, suponga que le piden administrar al paciente una tableta sublingual de nitroglicerina. El frasco de tabletas de nitroglicerina del paciente está vacío, pero tiene otro frasco del mismo medicamento. Debe deglutirlas cuatro veces al día. El fármaco es el mismo, pero la presentación, dosis y vía de administración son diferentes de la orden que recibió. No deberá sustituir las cápsulas con las tabletas sin indicaciones específicas de la dirección médica.
4. **Revise la fecha de caducidad y la condición del medicamento.** El último paso antes de administrar un fármaco es asegurarse de que la fecha de caducidad continúa vigente. Tanto los medicamentos de prescripción como de MQNR deberán tener una fecha de caducidad en sus etiquetas, revíselas. Si no logra encontrar fecha alguna, deberá examinar el fármaco con detenimiento. Además, si encuentra decoloración, turbidez o partículas suspendidas en un medicamento líquido, no lo utilice. Si un paciente con asma le da un IDM y su fecha de caducidad está borrosa, no lo utilice.
5. **Reevalúe los signos vitales,** en especial la frecuencia cardiaca y la tensión arterial, por lo menos cada cinco minutos o antes si la condición del paciente así lo amerita.
6. **Documente.** Recuerde la regla del SMU: el trabajo no ha terminado hasta que se termina el papeleo. Una vez que se administran los medicamentos, debe anotar sus efectos y la respuesta del paciente. Esto incluye la hora a la que administró el medicamento

Situación de urgencia — Parte 4

Le es imposible verificar la información proporcionada por el paciente acerca de la nitroglicerina para administrar una dosis adicional. Llama solicitando apoyo adicional con soporte vital avanzado. Mientras está en camino esta unidad, prepara al paciente para su transporte. Se asegura de que continúe recibiendo flujos altos de oxígeno y que esté en una posición cómoda. Reevalúa sus signos vitales cada tres a cinco minutos.

7. ¿Qué información es necesaria para considerar administrar una dosis adicional de nitroglicerina?

Tips para el TUM-B

Pasos generales para administrar un fármaco
1. Obtenga la autorización de la dirección médica.
2. Verifique que el fármaco y la indicación sean adecuados.
3. Confirme la presentación, dosis y vía de administración
4. Revise la fecha de caducidad y la condición del fármaco.
5. Reevalúe los signos vitales, en especial frecuencia cardiaca y tensión arterial, cada cinco minutos o a medida que cambie la condición del paciente.
6. Registre todos los datos.

Necesidades geriátricas

La polifarmacia es un término que se refiere al uso de múltiples medicamentos por una sola persona. No es raro encontrar en la actualidad a pacientes, en especial adultos mayores, que de forma cotidiana y regular toman muchos medicamentos. Comúnmente, los regímenes de prescripción pueden ser complejos y confusos. Es posible que varios médicos hayan prescrito los fármacos. Asimismo, la persona puede estar tomando medicamentos sin receta y remedios a base de hierbas. A esto añada la posibilidad de alteraciones en la memoria y confusión, potenciales sobredosis, subdosis y las interacciones medicamentosas adversas aumentarán de manera exponencial.

y su nombre, dosis y vía de administración. La condición del paciente, ¿mejoró, empeoró o no hubo cambio? ¿Hubo algún efecto secundario? La segunda regla del SMU dice: "Si no lo anotó, no sucedió". Si en cualquier momento se pusiera en duda su desempeño, los formatos de registro de su institución serán su mejor defensa.

Además de obtener la autorización para administrar un medicamento, debe corroborar la orden en línea, lo cual significa que deberá repetirle a la dirección médica el nombre del medicamento, la dosis a administrar y la vía de administración. Verificar la indicación le ayudará a reducir las probabilidades de cometer un error en la administración de los medicamentos.

A continuación, deberá reconfirmar que el paciente puede tolerar el medicamento. Por ejemplo, suponga que recibió y verificó la orden de proporcionar una tableta sublingual de nitroglicerina a un paciente con una afección cardiaca. Sin embargo, mientras recibía la orden, el paciente comenzó a sudar de manera más profusa y disminuyó su capacidad de respuesta. Una nueva lectura de su tensión arterial registra 80/60 mm Hg. Utilizando su conocimiento sobre la nitroglicerina, decide no administrar el medicamento. En lugar de ello, notifica a la dirección médica sobre los cambios en la condición del paciente y pide indicaciones adicionales.

Por último, si el paciente presenta dolor precordial "justo como mi otro ataque cardiaco" debe aplicarle oxígeno, pero tendrá que llamar a la dirección médica o seguir los protocolos vigentes antes de ayudar al paciente en la autoadministración de nitroglicerina. Conocer, comprender y respetar los protocolos locales bajo los cuales trabaja es absolutamente esencial.

Medicamentos del paciente

Parte de la evaluación del paciente incluye investigar qué medicamentos toma. Tal información puede proporcionarle datos vitales sobre la condición del paciente que le guiarán en su tratamiento o serán de extrema utilidad para el médico del servicio de urgencias. Con frecuencia, conocer los medicamentos que toma un paciente puede ser la única manera de determinar los padecimientos crónicos o subyacentes que éste tiene, sobre todo cuando la persona es incapaz de relatar sus antecedentes médicos. Es posible que el paciente no responda, esté confundido, no tenga conocimiento de su historial médico, no coopere o sea incapaz de comunicarse. Descubrir lo que toma el paciente y llevar consigo los fármacos o una lista de ellos a la sala de urgencias puede ser crucial para evaluar sus necesidades.

Además de los fármacos de prescripción, es frecuente que los pacientes tomen medicamentos sin receta MQNR y remedios herbolarios. Muchas veces, no consideran a estas sustancias como "medicamentos" y no le informarán sobre ellas a menos que les pregunte de manera específica. Aún así, pueden ser tan potentes como los fármacos de prescripción y presentar interacciones y efectos sobre la salud del paciente y su condición que son de igual importancia. Asegúrese de preguntar de modo específico sobre estos fármacos. El Cuadro 10-3 presenta una lista sobre los 100 medicamentos más utilizados y su indicaciones.

Por naturaleza, los pacientes se muestran renuentes a hablar sobre cualquier fármaco ilegal que puedan haber consumido o acerca de las sobredosis de medicamentos. Es importante preguntar, puede tranquilizarlos indicándoles que su único interés al preguntar es proporcionarles el tratamiento adecuado.

CUADRO 10-3 Medicamentos comúnmente prescritos

Categoría	Nombre del fármaco - genérico (comercial)	Descripción
Antihipertensivos	<ul><li>atenolol (Tenormin, Blotex)</li><li>furosemida (Lasix)</li><li>hidroclorotiazida HCTZ (Rofucal)</li><li>Triamtereno/hidroclorotiazida (Kaldrene)</li><li>quinapril (Acupril)</li><li>ramipril (Altace, Tritace, Intemipril)</li><li>valsartán (Diovan)</li><li>amlodipino/benacepril (Amlipril)</li><li>losartán (Cozaar, Lopred)</li><li>valsartán/HCTZ (Co-Diovan)</li><li>benazepril (Lotensin)</li><li>clonidina (Catapresan, Epiclodina)</li><li>losartán/HCTZ (Hyzaar)</li></ul>	Reduce la tensión arterial al disminuir el volumen sanguíneo, afectando al corazón o dilatando los vasos sanguíneos.
Otros medicamentos cardiacos	<ul><li>atorvastatina (Lipitor)</li><li>amlodipino (Norvas)</li><li>lisinopril (Prinivil, Zestril)</li><li>metoprolol (Lopresor, Seloken Zok)</li><li>simvastatina (Zeid, Simplaqor)</li><li>pravastatina (Pravacol)</li><li>clopidogrel (Plavix, Iscover)</li><li>cloruro de potasio (Kaliolite, Kelefusin)</li><li>warfarina (Coumadin)</li><li>verapamilo (Cronovera, Dilacoran)</li><li>digoxina (Lanoxin)</li><li>diltiazem (Angiotrofin, Tilazem)</li><li>fenofibrato (Controlip, Lipidil)</li></ul>	Reduce la tensión arterial, disminuye el trabajo del corazón, incrementa la fuerza del latido cardiaco (inotrópico positivo) o disminuye el colesterol (grasa) en la sangre. Algunos de estos fármacos también se emplean para aliviar el dolor cardiaco.
Medicamentos para alteraciones respiratorias	<ul><li>salbutamol (Ventolin)</li><li>cetirizina (Zyrtec, Reactine)</li><li>fexofenadina (Allegra)</li><li>montelukast (Singulair)</li><li>salmeterol/fluticasona (Seretide Diskus)</li><li>fluticasona (Flixonase, Flixotide)</li><li>mometasona (Elomet, Rinelon, Uniclar)</li><li>fexofenadina/seudoefedrina (Allegra D)</li><li>ipropionato de fluticasona (Flixonase aqua)</li><li>ipratropio/albuterol (Combivent)</li></ul>	Mejorar el flujo de entrada y salida de aire a los pulmones o disminuyen las secreciones en el tracto respiratorio. Algunos de estos medicamentos se emplean para el control de los síntomas alérgicos como estornudos y ojos llorosos.

CUADRO 10-3 Medicamentos comúnmente prescritos (continúa)

Categoría	Nombre del fármaco – genérico (comercial)	Descripción
Analgésicos	- dieinhidromorfona (Liberaxim) - propoxifeno (Dextropropoxifeno) - Ibuprofeno (Advil, Days, Motrin, Quadrax) celecoxib (Celebrex) - acetaminofén/codeína (Tylex CD, Datril CD) - valdecoxib (Valdure, Bextranaproxeno (Dafloxen, Febrax, Tandax) - oxicodona/APAP (Plexicodim) - oxicodona (Oxycontin, Endocodil) - rofecoxib (Vioxx); retirado del mercado, pero es posible que algunos pacientes tengan este medicamento debido a prescripciones previas	Disminuyen el dolor. Algunos son narcóticos o sustancias controladas y tienen riesgo de crear adicción. Otros disminuyen la fiebre y son antiinflamatorios.
Medicamentos para la conducta	- alprazolam (Tafil, Neupax, Alzam) - sertralina (Zoloft, Artruline, Serolux) - zolpidem (Nocte, Stilnox) - fluoxetina (Prozac, Fluoxac) - venlafaxina (Effexor y Effexor SR) - lorazepam (Ativan) - citalopram (Seropram, Xylorane) - bupropión (Butrem SBK) - paroxetina (Paxil, Aropax) - escitalopram (Lexapro) - amitriptilina (Anapsique, Tryptanol) - risperidona (Risperdal) - olanzapina (Zyprexa) - metilfenidato XR (Concerta, Ritalin)	Este grupo incluye sedantes, medicamentos para dormir y fármacos para combatir la depresión u otras condiciones mentales. Las sustancias derivadas del bupropión (Butrek SBK 12) son también usadas para ayudar a las personas a dejar de fumar.
Medicamentos endocrinos	- levotiroxina (Eutirox, Tiroidine) - estrógenos conjugados (Premarin, Terapova) - norgestimato/etinil estradiol (Ovral 21) - glipicida (Minodiab) - norelgestromin/etinil estradiol (Evra) - rosiglitazona (Avandia) - pioglitazona (Actos, Zactos) - gliburida (Glibenclamida) metformina (Dabex, Predial) - glimepirida (Amaryl, Glupropan) - gliburida/metformina (Glucovance)	Incluyen terapias de remplazo hormonal (tiroides o estrógenos), anticonceptivos y aquellos indicados para el control de los niveles de glucosa en sangre.

Continúa.

CUADRO 10-3 Algunos medicamentos de prescripción común (continúa)

Categoría	Nombre del fármaco – genérico (comercial)	Descripción
Antibióticos, antibacterianos y antimicóticos	■ azitromicina (Azitrocin) ■ amoxicilina (Amicil) ■ cefalexina (Ceporex, Servicef) ■ amoxicilina/clavulanato (Riclasip) ■ levofloxacina (Levaquin, Elequine, Tavanic) ■ fluconazol (Diflucan, Flucoxan) ■ penicilina VK (Anapenil, Pen-Vi-K) ■ ciprofloxacina (Ciproflox) ■ sulfametoxazol/trimetoprim (Bactrim, Septrim, Maxtrim)	Combaten infecciones bacterianas o micóticas.
Medicamentos gastrointestinales	■ lansoprazol (Ogastro, Ulpax) ■ esomeprazol (Nexium) ■ pantoprazol (Pantozol, Zurcal) ■ ranitidina (Ranisen, Azantac, Acloral) ■ omeprazol (Losec) ■ rabeprazol (Pariet)	Disminuyen la producción de ácidos en el tracto gastrointestinal y permiten que las úlceras mejoren. También pueden emplearse para evitar la pirosis (sensación de ardor en la garganta y parte superior del pecho).
Otros medicamentos	■ alendronato (Fosfacid) ■ prednisona (Meticorten) ■ gabapentina (Neurontin) ■ clonacepam (Rivotril) ■ sildenafil (Viagra) ■ tamsulosina (Asoflon, Secotex) ■ ciclobenzaprina (Yuredol) ■ raloxifeno (Evista) ■ risedronato (Seralis) ■ latanoprost (Xalatan)	alendronato, raloxifeno y risedronato se usan para prevenir la osteoporosis (descalcificación ósea) en mujeres postmenopáusicas. prednisona es empleada en asma, reacciones alérgicas, artritis grave, cáncer y otros padecimientos. gabapentina se emplea para tratar convulsiones o dolor de tipo neurológico (nervios). clonacepam previene las convulsiones. sildenafil ayuda en la disfunción eréctil (reducción de la excitación sexual masculina) ciclobenzaprina se utiliza para relajar o disminuir los espasmos musculares. tamsulosina se emplea para ayudar a los adultos mayores con hipertrofia prostática para iniciar y mantener el flujo de orina. latanoprost usado en glaucoma (incremento de la presión intraocular).

Nota: dentro de cada grupo, los fármacos están ordenados del más al menos común. *Fuente de los datos*: rx.list.com. Consultada el 29 de noviembre 2004.

Situación de urgencia — Resumen

Cuando administra o asiste en la administración de cualquier medicamento, es imperativo que siga ciertos pasos. Debe:

1. Obtener la autorización de la dirección médica.
2. Verificar que está administrando el medicamento y la prescripción adecuados.
3. Verificar la presentación, la dosis y la vía de administración.
4. Revisar la fecha de caducidad y la condición del fármaco.
5. Reevaluar los signos vitales, en especial la frecuencia cardiaca y la tensión arterial cada tres a cinco minutos o cuando lo amerite la condición del paciente.

Resumen

Listo para repaso

- Los medicamentos aparecen en varias presentaciones: tabletas y cápsulas, soluciones y suspensiones, inhaladores de dosis medidas, tópicos, transdérmicos, geles y gases.
- Los medicamentos pueden administrarse mediante nueve vías: parenterales, intravenosa, intramuscular o subcutánea; por vía oral, sublingual, intraósea, transcutánea; por inhalación y por el recto.
- En todas, excepto en la vía intravenosa, el medicamento se absorbe hacia el torrente sanguíneo por medio de los diversos tejidos del cuerpo. Estas vías de administración con frecuencia determinan la velocidad a la que se presenta el efecto del medicamento
- Típicamente, se llevan tres medicamentos en la unidad del SMU: oxígeno, glucosa oral y carbón activado. De acuerdo con lo establecido por el responsable sanitario y/o los protocolos vigentes en su institución, pueden ser agregados otros medicamentes como el ácido acetilsalicílico y la epinefrina.
- Hay dos medicamentos adicionales en los que puede ayudar al paciente en su autoadministración: inhaladores de dosis medida y nitroglicerina. Recuerde, sin embargo, que los medicamentos pueden cambiar de acuerdo con el protocolo local vigente.
- La administración de cualquier medicamento requiere la autorización de la dirección médica, ya sea por órdenes directas proporcionadas en línea (radio o teléfono) u órdenes vigentes que son parte de los protocolos locales.
- Hay seis pasos que deben seguirse en la administración de cualquier medicamento, cuatro de los cuales ocurren antes de administrar el fármaco: obtenga la autorización de la dirección médica, verifique que el medicamento sea el adecuado, verifique la dosis, vía de administración y revise su fecha de caducidad. El quinto paso consiste en reevaluar los signos vitales, y el sexto en documentar con precisión antecedentes, evaluación, tratamiento y respuesta del paciente.

Vocabulario vital

absorción Proceso por el cual los medicamentos viajan por medio de los tejidos del cuerpo hasta llegar al torrente sanguíneo.

acción Efecto terapéutico de un medicamento.

ácido acetilsalicíclio (aspirina o ASA) Medicamento antipirético (reduce la fiebre), analgésico (disminuye el dolor), antiinflamatorio (reduce la inflamación) e inhibidor potente de la agregación de plaquetas (antiagregante plaquetario).

adsorción Proceso de unirse o adherirse a una superficie.

carbón activado Medicamento oral que atrapa y absorbe las toxinas ingeridas en el tracto gastrointestinal como tratamiento en algunos envenenamientos y sobredosis de medicamentos. El carbón se muele hasta formar un polvo muy fino que proporciona la mayor área de superficie posible para unir los medicamentos que se tomaron por vía oral; se lleva en la unidad del SMU.

contraindicaciones Condiciones que hacen que un medicamento o tratamiento en particular sean inadecuados, por ejemplo, un padecimiento en el cual un medicamento no debe administrarse porque no ayudaría e incluso podría dañar al paciente.

dosis Cantidad de medicamento que se administra con relación a la talla y edad del paciente.

efectos secundarios Cualquier efecto de un medicamento ajeno al deseado.

epinefrina Medicamento que incrementa la frecuencia cardiaca y la tensión arterial, pero también mejora problemas respiratorios al reducir el tono muscular del árbol bronquial.

farmacología Rama de la medicina que se encarga del estudio de las propiedades y los efectos de los medicamentos.

gel Sustancia semilíquida que se administra por vía oral en forma de cápsulas o por medio de tubos de plástico.

glucosa oral Azúcar simple que se absorbe con facilidad en el torrente sanguíneo; se lleva en la unidad del SMU.

hipoglucemia Nivel anormalmente bajo de glucosa en sangre.

indicaciones Usos terapéuticos para un medicamento específico.

Resumen continuación...

inhalación Inspirar un gas hacia el interior de los pulmones; una vía de administración de medicamentos.

inhalador de dosis medida (IDM) Bote miniatura de spray con el cual pueden inhalarse gotitas o partículas de medicamento.

intraóseo (IO) En el interior del hueso; una vía de administración de fármacos.

inyección intramuscular (IM) Inyección aplicada en un músculo; una vía de administración de medicamentos.

inyección intravenosa (IV) Inyección que se aplica directamente en una vena; una vía de administración de medicamentos.

inyección subcutánea (SC) Inyección que se aplica en el tejido entre la piel y el músculo; vía de administración de medicamentos.

medicamentos de prescripción Los fármacos que sólo los farmacéuticos distribuyen a los pacientes de acuerdo con la orden de un médico (receta).

medicamentos que no requieren receta (MQNR) Son fármacos que pueden adquirirse de manera directa sin prescripción para el paciente.

medicamentos tópicos Lociones, cremas y ungüentos que se aplican en la superficie de la piel y afectan sólo esa área, una vía de aplicación de medicamentos.

medicamentos transdérmicos Fármacos diseñados para absorberse por medio de la piel (transcutáneamente).

nitroglicerina Medicamento que incrementa la perfusión cardiaca al causar que las arterias se dilaten; debe tener la autorización de la dirección médica para ayudar al paciente a autoadministrárselo.

nombre comercial Nombre de marca que le da el fabricante a un fármaco; se escribe con mayúscula.

nombre genérico Nombre químico original de un medicamento (en contraste con uno de sus "nombres comerciales"); este nombre se escribe en minúsculas.

oral Por la boca; una vía de administración de medicamentos.

oxígeno Gas que necesitan todas las células para el metabolismo; corazón y cerebro, en especial, no pueden funcionar sin él.

polifarmacia El uso de múltiples medicamentos tomados de manera regular.

solución Mezcla líquida que no puede separarse por filtración ni al dejar la mezcla en reposo.

sublingual (SL) Debajo de la lengua; vía de administración de medicamentos.

suspensión Mezcla de partículas molidas que se distribuyen de manera homogénea en un líquido, pero que no se disuelven.

transcutáneo Por medio de la piel; una vía de administración de medicamentos con efecto sistémico.

Vía oral (VO) Por medio de la boca; una vía de administración de medicamento; lo mismo que oral.

Vía rectal (VR) Por medio del recto; una vía de administración de fármacos.

Qué evaluar

Le envían a atender a un paciente que refiere dificultad para respirar. A su llegada, se encuentra con un hombre de 24 años, el cual le indica que tuvo un "resfriado fuerte" y que no puede dejar de toser. Señala que le duele el pecho cada vez que inhala. Usted obtiene su historial SAMPLE y se entera de lo siguiente: el paciente no tiene alergias ni antecedentes médicos, excepto un resfriado. No le han prescrito medicamentos, pero ha estado empleando todo el día un inhalador de dosis medida que le dio un amigo. Su tensión arterial es de 126/80 mm Hg, su pulso es de 78 latidos/min y su frecuencia respiratoria es de 20 respiraciones/min. El paciente se rehúsa a ser transportado y pide otro inhalador.

¿Qué puede estar sucediendo con este paciente? ¿Qué podría decirle para convencerlo de aceptar la atención de emergencia?

Temas: Mal uso de medicamentos prescritos; Precauciones y ASC; Rechazo del tratamiento por parte el paciente.

Autoevaluación

Ha sido un turno tranquilo. En el momento que está terminando sus tareas en la estación, suena la alarma. "Responda, ambulancia tres: problema respiratorio en la Calle Mariposa 1431". Su compañero localiza la llamada en el mapa y salen de inmediato. Al llegar, usted y su compañero se ponen su equipo de protección personal y se acercan con cuidado a la casa. La escena parece ser segura.

Los recibe el paciente, un hombre de 28 años acompañado de su madre. El paciente parece ansioso. Usted realiza la evaluación inicial. El paciente está pálido y es obvio que le falta el aire. También observa manchas rojas hinchadas en sus brazos. Comienza por administrarle oxígeno a flujo alto y continúa la evaluación. La madre del paciente le informa que su hijo tiene antecedentes de reacciones alérgicas graves y se le prescribió epinefrina subcutánea. Su evaluación le proporciona los siguientes signos vitales: frecuencia cardiaca de 124 latidos/min, 24 respiraciones/min y con dificultad, tensión arterial de 100/68 mm Hg y una oximetría de pulso de 90%. A la auscultación se encuentra con sibilancias en ambos hemitórax. Además, el paciente le informa que siente que "la garganta se le está cerrando".

1. El primer paso para asistir al paciente con su medicamento es:
   A. solicitar el permiso de la familia.
   B. colocar al paciente en la ambulancia.
   C. obtener la autorización de la dirección médica.
   D. llamar al doctor del paciente.

2. La epinefrina puede administrarse mediante el uso de una EpiPen o:
   A. por vía oral.
   B. por inyecciones SC/IM.
   C. pastillas.
   D. inyección intercardiaca.

3. Después de administrar cualquier medicamento al paciente, debe reevaluar la condición de éste para determinar si el medicamento está funcionando y:
   A. esperar y ver.
   B. llamar a radiocontrol para registrar los tiempos.
   C. acompañar caminando al paciente a la ambulancia.
   D. documentar toda la información pertinente.

4. En algunas situaciones los medicamentos no deben administrarse a un paciente si hay:
   A. una contraindicación.
   B. una situación que no es urgente.
   C. escasez de medicamento.
   D. retraso en el transporte del paciente.

5. Cuando se usa la epinefrina para tratar la anafilaxia (reacción alérgica grave), la frecuencia cardiaca del paciente aumenta debido a:
   A. efectos secundarios del medicamento.
   B. incremento en la tensión arterial.
   C. elevación de la temperatura corporal del paciente.
   D. defectos en el medicamento.

6. En un esfuerzo por protegerlo a usted y a su compañero de las enfermedades infecciosas, la jeringa debe colocarse de inmediato en:
   A. un depósito de basura.
   B. una lata de café.
   C. un contenedor para objetos punzocortantes.
   D. la caja en la cual venía.

7. El método de elección para administrar oxígeno a este paciente sería:
   A. método de blow-by.
   B. mascarilla con bolsa reservorio no recirculante.
   C. mascarilla pediátrica simple.
   D. cánula nasal.

8. El efecto deseado de la epinefrina ayudará a este paciente a:
   A. acelerar la frecuencia respiratoria.
   B. cambiar el tejido linfático.
   C. dilatar los conductos hacia los pulmones.
   D. disminuir la frecuencia cardiaca.

Preguntas desafiantes

9. ¿Cuáles son las diferentes vías para administrar los medicamentos y cómo difieren?

10. Indique los nombres y usos de los cinco medicamentos principales que pueden llevarse en la unidad del SMU.

11. ¿Qué es la "polifarmacia" y en quién es más común encontrarla?

12. ¿Cuál es la importancia de la glucosa (azúcar) en el cuerpo y cómo puede el TUM-B ayudar en caso de una hipoglucemia.

Emergencias respiratorias

Objetivos

Cognitivos

- **4-2.1** Indicar la estructura y función del sistema respiratorio. (p. 366)
- **4-2.2** Señalar los signos y síntomas de un paciente con dificultad respiratoria. (p. 367)
- **4-2.3** Describir la atención médica de emergencia para el paciente con dificultad respiratoria. (p. 384)
- **4-2.4** Reconocer la necesidad de la dirección médica para asistir en la atención médica de emergencia del paciente con dificultades respiratorias. (p. 385)
- **4-2.5** Especificar la atención médica de emergencia del paciente con dificultad respiratoria. (p. 384)
- **4-2.6** Establecer la relación entre manejo de vía aérea y el paciente con dificultad respiratoria. (p. 384)
- **4-2.7** Señalar los signos de intercambio adecuado de aire. (p. 367)
- **4-2.8** Referir el nombre genérico, la presentación de medicamentos, dosis, acción de la administración, indicaciones y contraindicaciones del inhalador prescrito. (pp. 381, 385)
- **4-2.9** Distinguir entre la atención médica de emergencia del paciente lactante, niño y adulto con dificultad respiratoria basado en las diferencias anatómicas existentes entre cada uno de ellos. (p. 387)
- **4-2.10** Diferenciar entre la obstrucción de la vía aérea superior y la enfermedad en vía aérea inferior en los pacientes lactantes e infantiles. (p. 369).

Afectivos

- **4-2.11** Defender los regímenes de tratamiento del TUM-B para diversas emergencias respiratorias. (p. 398)
- **4-2.12** Explicar la razón para administrar el inhalador. (p. 385)

Psicomotores

- **4-2.13** Demostrar la atención médica de emergencia para las dificultades respiratorias. (p. 384)
- **4-2.14** Efectuar los pasos para facilitar el uso de un inhalador. (p. 386).

11

Emergencias respiratorias

Situación de urgencia

Su compañero TUM-B y usted deben acudir al 1465 de la avenida Reforma para atender a una mujer de 33 años con dificultad para respirar. Llega al edificio de oficinas y lo recibe de inmediato un hombre que parece muy alterado y se identifica como compañero de trabajo de la paciente. A medida que lo sigue a través de un laberinto de cubículos, el hombre le informa que la paciente ha tenido problemas respiratorios antes, pero que nunca había estado tan mal. Le conduce hasta una mujer que está de pie con los brazos estirados sobre el escritorio frente a ella y con un inhalador de dosis medidas en su mano derecha. Usted se presenta y ella reconoce su presencia asintiendo con la cabeza. Cuando le pregunta cuál es el problema, ella sólo logra responderle con dos palabras: "imposible respirar" y usted alcanza a escuchar los silbidos de su respiración sin emplear el estetoscopio.

Usted es una unidad de SVB, pero, dada la naturaleza de la llamada, también enviaron una unidad de SVA de modo simultáneo. Aunque los paramédicos están en camino, es típico que tarden más de 20 minutos en llegar a donde se encuentra.

1. ¿Qué tan significativa es la respuesta de la paciente a su pregunta y por qué?
2. ¿Qué debe hacer a continuación? ¿Debe transportar a la paciente o esperar a que llegue SVA a la escena?

Emergencias respiratorias

La sensación de que falta aire o de que se tiene dificultad para respirar (disnea) es una queja que encontrará con frecuencia. Es un síntoma de muchas enfermedades diferentes, desde un resfriado común y asma hasta la insuficiencia cardiaca o la embolia pulmonar. Incluso en el medio hospitalario, para los médicos es difícil determinar la causa de la disnea. Varios padecimientos pueden contribuir de forma simultánea dando como consecuencia la disnea del paciente, algunos tan graves que pueden llevar a la muerte. No obstante, a pesar de no tener un diagnóstico definitivo, es posible salvaguardar su vida.

Este capítulo explica de forma elemental la fisiología pulmonar. También explica las causas que impiden la función adecuada y que originan la disnea, entre ellos, edema pulmonar, enfermedad pulmonar obstructiva crónica y asma.

Aprenderá los signos y síntomas de cada padecimiento. Debe tener presente la variedad de padecimientos médicos al realizar el historial. La información que reúna ayudará a decidir el tratamiento adecuado, el cual puede diferir dependiendo de la causa de la disnea.

Recuerde, la sensación de falta de aire puede ser aterradora, sin importar su causa. Como TUM-B debe estar preparado para tratar no sólo los síntomas y el problema subyacente, sino la ansiedad que esto produce.

Estructura y función pulmonares

El sistema respiratorio consta de todas las estructuras del organismo que contribuyen al proceso respiratorio. Las estructuras anatómicas importantes incluyen la vía aérea superior e inferior, los pulmones y el diafragma Figura 11-1. El aire entra al conducto aéreo superior a través de nariz y boca donde es filtrado, calentado y humedecido generando turbulencia, recorriendo la trayectoria hacia las vías respiratorias inferiores y una vez que abre la epiglotis pasando hacia la tráquea. Luego pasa por los bronquios hacia los espacios aéreos, llamados alvéolos, donde se lleva a cabo la hematosis, intercambiándose dióxido de carbono y oxígeno.

La función principal de los pulmones es la oxigenación de la sangre, así como la eliminación de sustancias orgánicas mediante la respiración, consistente en el intercambio de oxígeno y dióxido de carbono. Los dos procesos que ocurren durante la respiración, también conocida como mecánica ventilatoria, son inspiración, el acto de aspirar o inhalar y la espiración, el acto de espirar o exhalar. Durante la respiración se oxigena la sangre y se elimina el dióxido de carbono de ella. Este intercambio de gases denominado hematosis, tiene lugar con rapidez en los pulmones normales al nivel de los alvéolos Figura 11-2. Los alvéolos son microscópicos sacos de aire de paredes delgadas que yacen contra los capilares pulmonares. Oxígeno y dióxido de carbono deben de pasar con libertad entre los alvéolos y los capilares. El oxígeno que entra a los alvéolos desde la inhalación pasa a través de diminutos pasajes en la pared alveolar hacia los capilares, los cuales llevan el oxígeno al corazón. Este último bombea el oxígeno al organismo. El dióxido de carbono y las sustancias de desecho producidas por las células del cuerpo regresan a los pulmones por la sangre que circula a través y alrededor de los espacios alveolares. El dióxido de carbono difunde de regreso hacia los alvéolos y viaja hacia arriba por el árbol bronquial y hacia fuera por la vía aérea superior durante la exhalación Figura 11-3. De nuevo, el dióxido de carbono se "intercambia" por oxígeno, el cual viaja justo en la dirección opuesta (durante la inhalación).

El tallo cerebral a la altura del bulbo raquídeo o centro respiratorio detecta el nivel de dióxido de carbono en la sangre arterial. El nivel de dióxido de carbono que baña el tallo cerebral estimula a una persona sana a respirar. Si el nivel se reduce mucho, disminuye la actividad del centro respiratorio y la persona respira automáticamente con una frecuencia menor y con menos profundidad. Como resultado, se espira menos dióxido de carbono, lo cual permite que los niveles de dióxido de carbono en la sangre regresen a la normalidad: entre 35 y 45 mm Hg. Si el nivel de dióxido de carbono en la sangre arterial se eleva por arriba de lo normal, se produce hipercapnia y el paciente respira con mayor rapidez y profundidad. Cuando se lleva más aire fresco (sin dióxido de carbono) a los alvéolos, una mayor cantidad de dióxido de carbono se difunde hacia fuera del torrente sanguíneo, lo cual reduce su nivel.

Las siguientes son las características de la respiración adecuada:

- Frecuencia y profundidad normales
- Patrón regular de inhalación y exhalación
- Sonidos respiratorios buenos y audibles en ambos lados del pecho
- Movimiento regular y simétrico de elevación y descenso en ambos lados del pecho
- Piel rosada, tibia y seca

Los siguientes son signos de respiración inadecuada:

- Frecuencia respiratoria menor de 12 respiraciones/min o mayor de 20 respiraciones/min
- Expansión desigual del pecho
- Reducción de los sonidos respiratorios en uno o en ambos lados del pecho

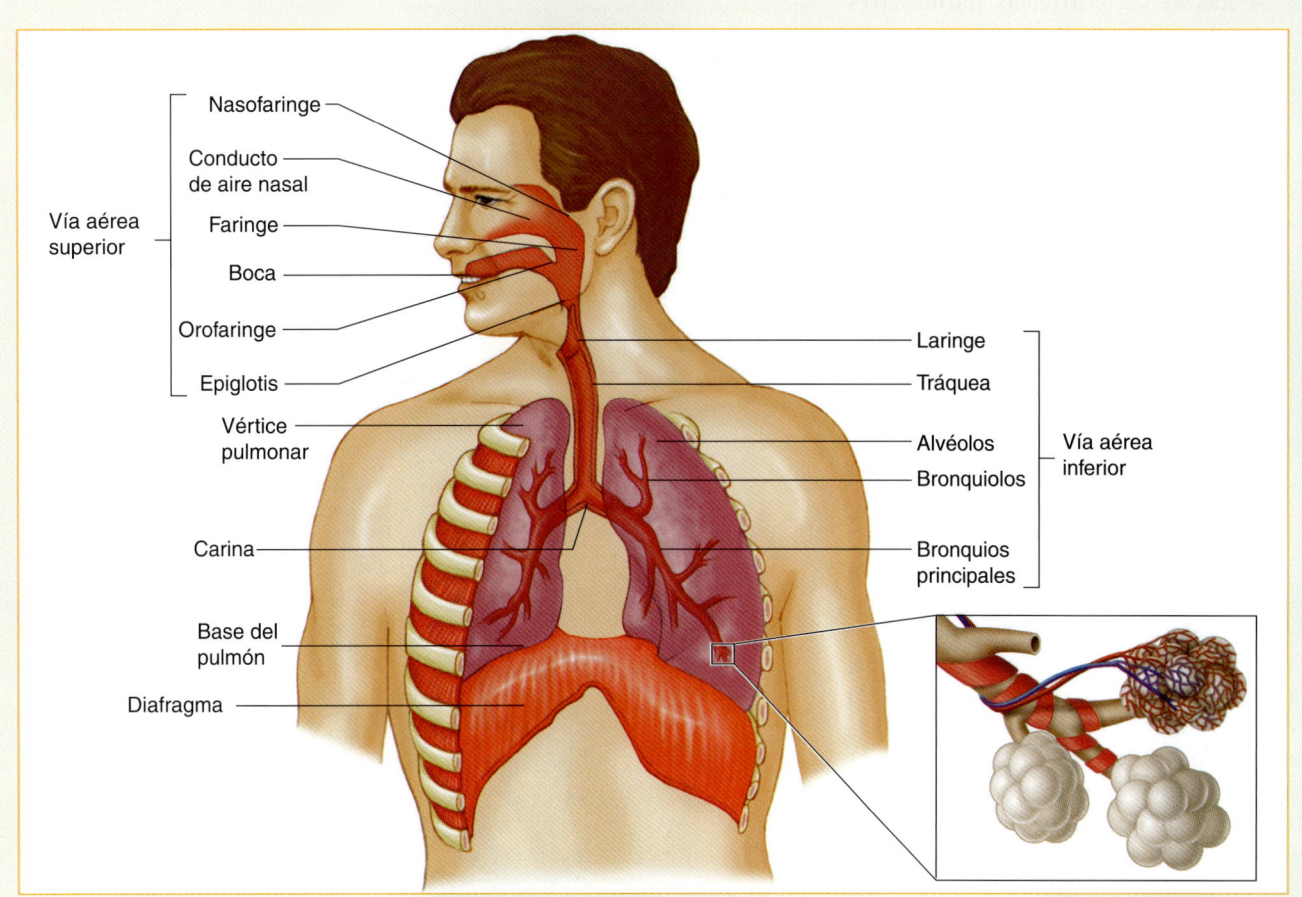

Figura 11-1 La vía aérea superior incluye boca, nariz, faringe y laringe. La vía aérea inferior incluye tráquea, bronquios mayores y otros conductos aéreos dentro de los pulmones.

- Retracciones musculares sobre las clavículas, entre las costillas y por debajo de la caja torácica, en especial en niños
- Piel pálida o cianótica
- Piel fría, húmeda (pegajosa)
- Respiraciones poco profundas o irregulares
- Labios fruncidos
- Ensanchamiento de la nariz

El nivel de dióxido de carbono en la sangre arterial puede elevarse debido a numerosas razones. El proceso de exhalación puede dañarse como resultado de diversos tipos de enfermedad pulmonar. Asimismo, el cuerpo también puede producir un exceso de dióxido de carbono, ya sea en forma temporal o crónica, dependiendo de la enfermedad o anormalidad.

Si, durante un periodo de años, los niveles de dióxido de carbono arterial se elevan despacio hasta un nivel anormalmente alto y permanecen ahí, el centro respiratorio en el cerebro, que detecta los niveles de dióxido de carbono y controla la respiración, puede trabajar con menor eficiencia. La falla de este centro para responder con normalidad a la elevación en los niveles arteriales de dióxido de carbono se denomina **retención de dióxido de carbono**. Si el padecimiento es grave, la respiración se detendrá a menos que haya un segundo impulsor, llamado **estímulo hipóxico**, para estimular el centro respiratorio. Por fortuna, un segundo estímulo ayuda en los pacientes con niveles elevados crónicos de dióxido de carbono en sangre: un nivel bajo de oxígeno en la sangre, el cual hace que el centro respiratorio responda y estimule la respiración. Si el nivel arterial de oxígeno se eleva entonces, lo cual sucede cuando al paciente se administra oxígeno suplementario, ya no hay ningún estímulo para respirar, se pierden ambos, el impulso de dióxido de carbono elevado y el de baja cantidad de oxígeno. Es frecuente que los pacientes con enfermedades pulmonares crónicas tengan un nivel crónicamente alto de dióxido de carbono en la sangre. Por tanto, administrar demasiado oxígeno a estos pacientes de hecho puede deprimir, o detener por completo, las respiraciones.

En la mayoría de los trastornos pulmonares, existe una o más de las siguientes situaciones:

- Las venas y arterias pulmonares presentan obstrucciones por líquido, infecciones o espacios de aire colapsados que impiden la absorción de oxígeno o liberación de dióxido de carbono.
- Los alvéolos están dañados y no pueden transportar los gases de manera adecuada a través de sus paredes.
- Los conductos de aire están obstruidos por espasmos musculares, moco o paredes débiles y flojas de la vía aérea.
- El flujo sanguíneo a los pulmones está obstruido por coágulos.
- El espacio pleural está lleno con aire o exceso de líquido, de manera que los pulmones ya no pueden expandirse de modo adecuado.

Todas estas condiciones evitan el intercambio adecuado de oxígeno y dióxido de carbono. Además, los propios vasos sanguíneos pulmonares pueden tener anormalidades que interfieren con el flujo sanguíneo y, en consecuencia, con la transferencia de gases.

Causas de la disnea

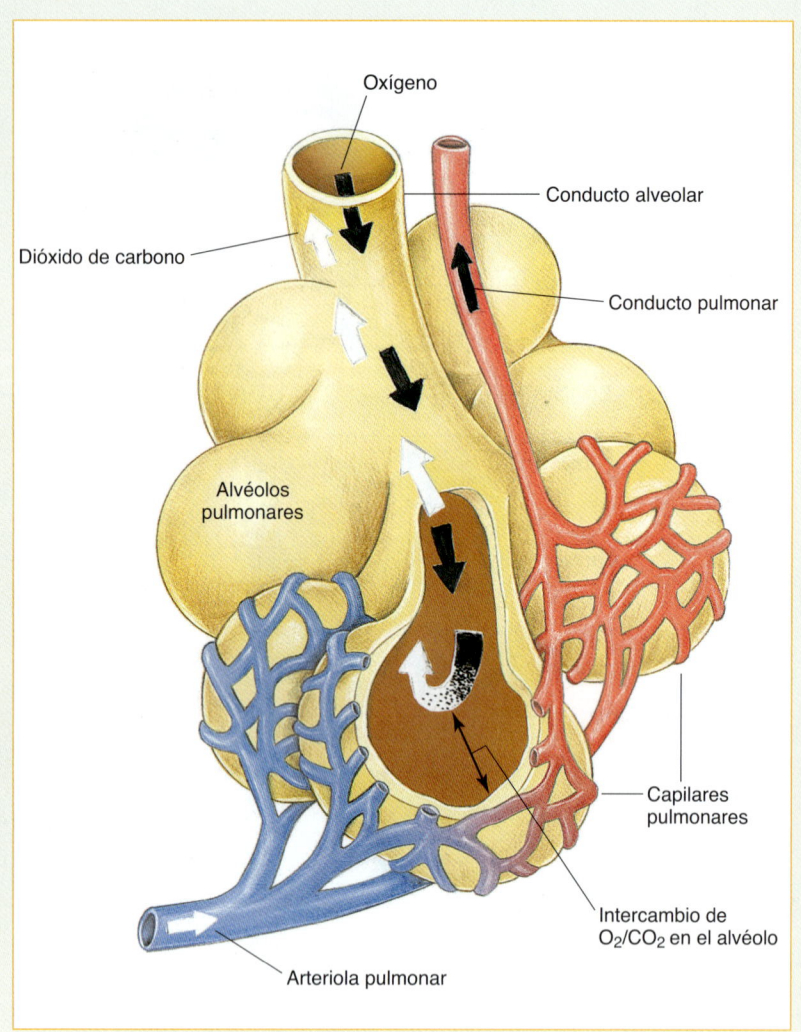

Figura 11-2 Vista ampliada de un alvéolo (saco de aire) que muestra dónde se realiza el intercambio de oxígeno y dióxido de carbono entre el aire en el saco y la sangre en los capilares pulmonares.

La disnea es la falta de aire o dificultad para respirar. Muchos problemas médicos diferentes pueden ocasionarla. Tenga en mente que si el problema es grave y se priva al cerebro de oxígeno, es posible que el paciente no esté lo bastante alerta para quejarse por la falta de aire. Casi siempre el estado mental alterado es un signo de hipoxia cerebral.

Es frecuente que los pacientes desarrollen dificultades respiratorias o hipoxia con los siguientes padecimientos médicos:
- Infecciones graves en vía aérea superior o inferior
- Edema pulmonar agudo
- Enfermedad pulmonar obstructiva crónica (EPOC)
- Neumotórax espontáneo
- Asma o reacciones alérgicas
- Efusión (derrame) pleural
- Crisis convulsivas prolongadas
- Obstrucción de vía aérea
- Embolia pulmonar
- Hiperventilación, hipoventilación
- Dolor grave, sobre todo en el pecho

Infección de vía aérea superior o inferior

Las enfermedades infecciosas que causan disnea pueden afectar todas las partes de la vía aérea. Algunas causan molestias leves. Otras obstruyen la vía aérea hasta el punto que los pacientes requieren una gama completa de apoyo respiratorio. En general, el problema es siempre alguna forma de obstrucción, ya sea en el flujo de aire en los conductos principales (por resfriados, difteria, epiglotitis y crup), o en el intercambio de gases entre alvéolos y capilares (neumonía). El **Cuadro 11-1** muestra las enfermedades infecciosas que están asociadas con cierto grado de disnea.

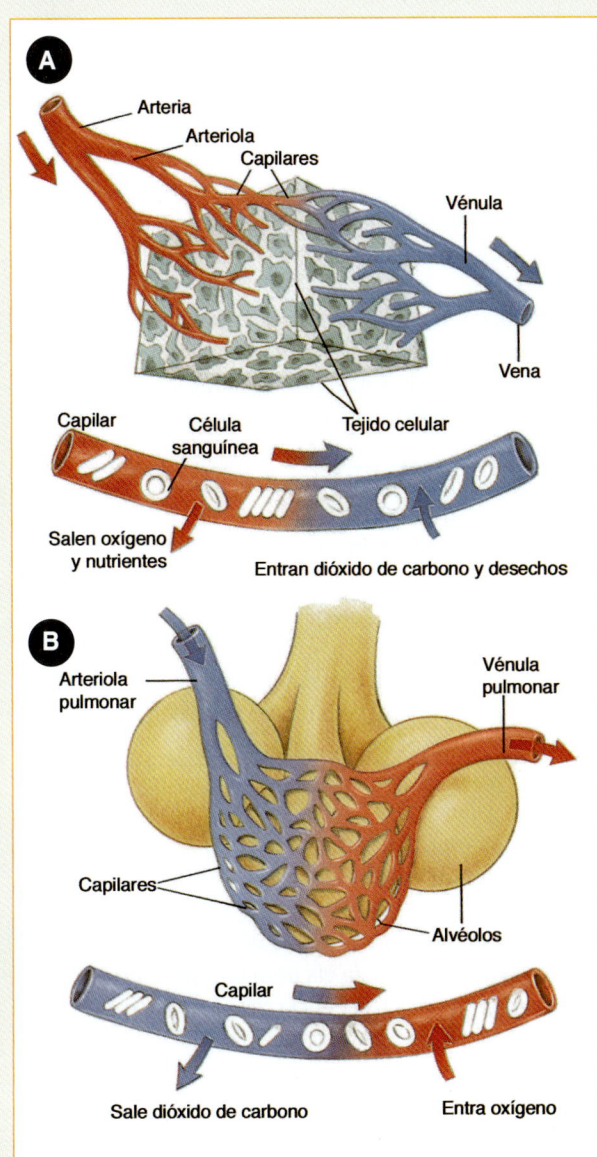

Figura 11-3 El intercambio de oxígeno y dióxido de carbono en la respiración. **A.** El oxígeno pasa de la sangre a través de los capilares hasta las células del tejido. El dióxido de carbono pasa de las células hacia los capilares y a la sangre. **B.** En los pulmones, la sangre toma el oxígeno y cede el dióxido de carbono.

Seguridad del TUM-B

Si sospecha que el paciente padece una enfermedad que se transmite por el aire, colóquele una mascarilla de cirujano (o una mascarilla no recirculante, si es necesario). Cuando tenga razones específicas para sospechar tuberculosis, haga esto y también utilice un respirador HEPA usted mismo. En el capítulo 2 encontrará un análisis detallado sobre las precauciones para evitar la transmisión de enfermedades.

Edema pulmonar agudo

En ocasiones, el músculo cardiaco está tan dañado después de un ataque cardiaco u otra enfermedad que no puede hacer circular la sangre en forma adecuada. En estos casos, el lado izquierdo del corazón no puede sacar la sangre del pulmón con la misma rapidez con la cual la provee el lado derecho. Como resultado, se acumulan líquidos dentro de los alvéolos lo mismo que en el tejido pulmonar entre los alvéolos y los capilares pulmonares. Esta acumulación de líquido en el espacio entre los alvéolos y los capilares pulmonares, llamada <u>edema pulmonar</u>, puede desarrollarse con rapidez después de un ataque cardiaco mayor. Al separar físicamente a los alvéolos de los vasos capilares pulmonares, el edema interfiere con el intercambio de dióxido de carbono y oxígeno (Figura 11-4 ▶). No queda suficiente espacio en el pulmón para realizar respiraciones lentas y profundas. El paciente por lo general experimenta disnea con respiraciones rápidas y poco profundas. En los casos más graves, usted observará un esputo espumoso y rosado en nariz y boca.

En la mayoría de los casos, los pacientes presentan antecedentes prolongados de insuficiencia cardiaca congestiva crónica que puede mantenerse bajo control con medicamentos. Sin embargo, puede ocurrir un inicio agudo si el paciente deja de tomar el medicamento, consume alimentos demasiado salados o presenta una enfermedad estresante, un nuevo ataque cardiaco o tiene ritmo cardiaco anormal. El edema pulmonar es una de las causas más comunes de admisión hospitalaria en las salas de urgencias. No es raro que un paciente presente episodios repetidos.

Algunos pacientes que presentan edema pulmonar no tienen enfermedad cardiaca. Los envenenamientos debidos a la inhalación de grandes cantidades de humo o vapores de sustancias químicas tóxicas pueden producir edema pulmonar, lo mismo que las lesiones traumáticas del pecho. En estos casos, el líquido se junta en los alvéolos y el tejido pulmonar como respuesta al daño en los tejidos pulmonar y bronquial.

Enfermedad pulmonar obstructiva crónica

La <u>enfermedad pulmonar obstructiva crónica (EPOC)</u> es un padecimiento pulmonar común que afecta de 10 a 20% de la población adulta de Estados Unidos. Es el final de un proceso lento, que a lo largo de varios años resulta en la disrupción de vía aérea, alvéolos y vasos sanguíneos pulmonares. El proceso mismo puede ser el resultado de daño directo en pulmones y vía aérea debido a infecciones repetidas o inhalación de agentes tóxicos como gases y partículas industriales, pero con gran frecuencia es el resultado de fumar cigarrillos. Aunque es bien sabido que el tabaco es una causa directa de cáncer pulmonar, su papel

CUADRO 11-1 Enfermedades infecciosas asociadas con disnea

Enfermedad	Características
Bronquitis	■ Inflamación aguda o crónica del pulmón que podría dañar el tejido pulmonar, por lo general asociada con tos y producción de esputo y, dependiendo de su causa, en ocasiones, fiebre. ■ El líquido también se acumula en los tejidos pulmonares normales circundantes, lo cual separa a los alvéolos de sus capilares. (En ocasiones, el líquido también puede acumularse en el espacio de la pleura.) ■ Se daña la capacidad pulmonar para intercambiar oxígeno y dióxido de carbono. ■ El patrón respiratorio en la bronquitis no indica obstrucción de vía aérea mayor, pero el paciente puede presentar taquipnea, un aumento en la frecuencia respiratoria, lo cual es un intento por compensar la cantidad reducida de tejido pulmonar normal y la acumulación de líquido.
Resfriado común	■ Una infección viral por lo general asociada con el hinchamiento de las membranas mucosas nasales y con la producción de líquido en senos y nariz. ■ La disnea no es grave, los pacientes se quejan de "congestión" o dificultad para respirar a través de la nariz.
Difteria	■ Aunque bien controlada en la década pasada, aún es muy contagiosa y grave cuando se presenta. ■ La enfermedad causa la formación de un recubrimiento con una membrana diftérica en la faringe que está compuesta de desechos, células inflamatorias y moco. Esta membrana puede obstruir de manera rápida y grave el paso de aire hacia la laringe.
Neumonía	■ Infección aguda bacteriana o viral del pulmón que daña el tejido pulmonar, por lo general asociada con fiebre, tos y producción de esputo. ■ El líquido también se acumula en el tejido pulmonar normal circundante, separando los alvéolos de sus capilares. (En ocasiones, el líquido también puede acumularse en el espacio pleural.) ■ Se daña la capacidad del pulmón para intercambiar oxígeno y dióxido de carbono. ■ El patrón respiratorio en la neumonía no indica obstrucción de vía aérea mayor, pero el paciente puede presentar taquipnea, un incremento en la frecuencia respiratoria, el cual es un intento por compensar la cantidad reducida de tejido pulmonar normal y la acumulación de líquido.
Epiglotitis Figura 11-5 ▶	■ Una infección bacteriana de la epiglotis que puede producir hinchamiento grave de la "solapa" que cubre la laringe. ■ En niños de edad preescolar y escolar especialmente, la epiglotis puede hincharse hasta tener dos o tres veces su tamaño normal. ■ La vía aérea puede quedar casi obstruida por completo, en ocasiones de manera casi repentina. ■ Puede escucharse un estridor (un sonido áspero, agudo, de ladrido ronco continuo al inspirar) en la etapa tardía del desarrollo de la obstrucción de vía aérea. ■ La epiglotitis aguda en el adulto se caracteriza por un dolor grave en la garganta. ■ La enfermedad es ahora mucho más rara de lo que era hace 20 años debido a la vacuna que ayuda a prevenir la mayoría de los casos.
Croup (laringotraqueo-bronquitis) Figura 11-6 ▶	■ Inflamación e hinchamiento de toda la vía aérea -faringe, laringe y tráquea- que es típica en niños entre las edades de seis meses a tres años. ■ Los signos comunes de crup (laringotraqueobronquitis) son estridor y tos de ladrido de foca, lo cual señala un estrechamiento significativo de los pasajes aéreos de la tráquea que puede progresar a obstrucción significativa. ■ El crup con frecuencia responde bien a la administración de oxígeno humidificado.
Síndrome Respiratorio Agudo Grave (SARS)	■ Virus que ha causado preocupación importante. El SARS es una infección viral seria y potencialmente mortal ocasionada por una familia de virus descubierta en fecha reciente y que se conoce como la segunda causa más frecuente del resfriado común. El SARS por lo general se inicia con síntomas de tipo influenza, los cuales pueden avanzar a neumonía, insuficiencia respiratoria y, en algunos casos, la muerte. Se cree que el SARS se transmite principalmente por contacto estrecho de persona a persona.

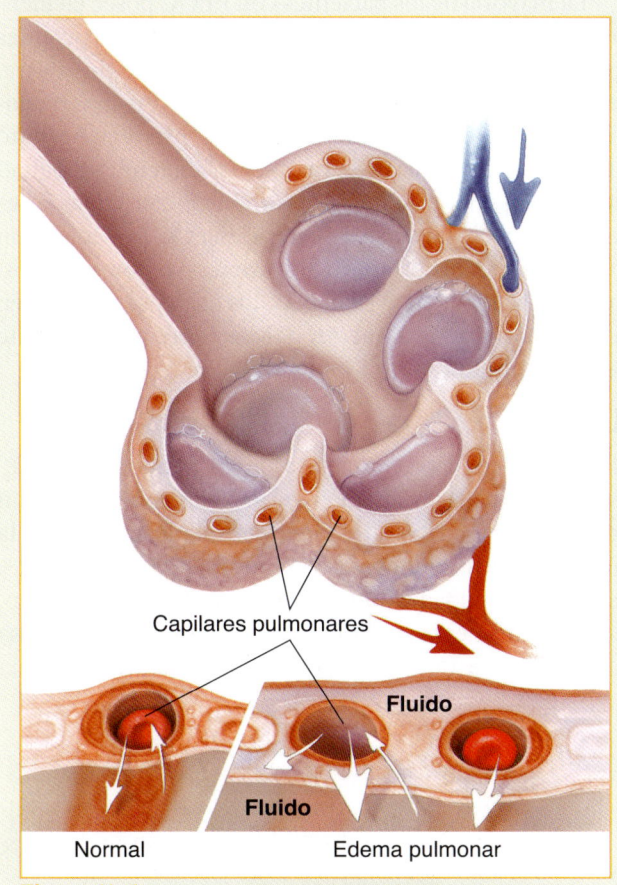

Figura 11-4 En el edema pulmonar, el líquido llena los alvéolos y separa a los capilares de la pared alveolar, interfiriendo con el intercambio de oxígeno y dióxido de carbono.

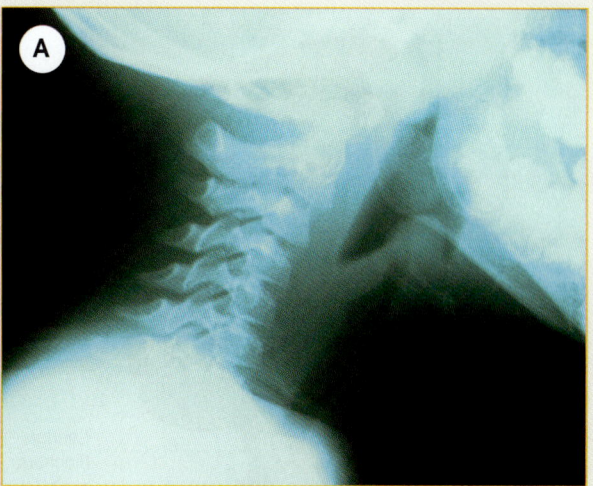

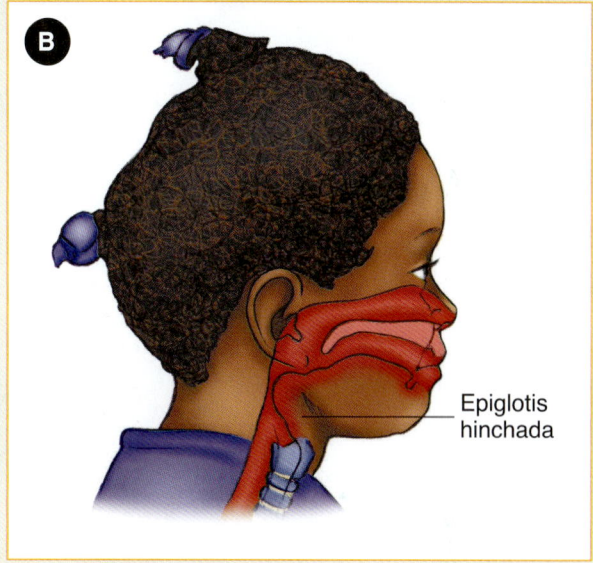

Figura 11-5 Epiglotitis aguda. **A.** La epiglotitis se produce por una infección bacteriana que resulta en un hinchamiento grave de la epiglotis. **B.** La epiglotis se hincha de manera masiva y obstruye por completo la vía aérea.

en el desarrollo de EPOC es todavía más significativo y no se le ha dado la difusión adecuada.

El humo del tabaco es por sí mismo un irritante bronquial y puede crear **bronquitis crónica**, una irritación continua de tráquea y bronquios.

Con la bronquitis se produce de manera constante un exceso de moco, el cual obstruye vía aérea pequeña y alvéolos. Se destruyen las células protectoras y los mecanismos pulmonares que eliminan las partículas extrañas, lo cual debilita aún más la vía aérea. Los problemas crónicos de oxigenación también pueden conducir a insuficiencia del lado derecho del corazón y retención de líquidos, como edema en las extremidades inferiores.

La neumonía se desarrolla con facilidad cuando los pasajes se obstruyen de manera persistente. En última instancia, los episodios repetidos de irritación y neumonía ocasionan cicatrización pulmonar y cierta dilatación de los alvéolos obstruidos, lo cual conduce a EPOC ▶ **Figura 11-7** ▶.

Otro tipo de EPOC se denomina **enfisema**, el cual consiste en la pérdida del material elástico en torno a los espacios aéreos como resultado del estiramiento crónico de los alvéolos cuando la inflamación en los conductos respiratorios obstruye la expulsión fácil de los gases. Fumar también puede destruir directamente la elasticidad del tejido pulmonar. En forma normal, los pulmones actúan como un globo esponjoso que se infla; una vez que se inflan, se retraerán de modo natural debido a su naturaleza elástica, expulsando el gas con rapidez. No obstante, cuando se obstruyen de manera continua o cuando la elasticidad del "globo" se reduce, el aire ya no se expulsa con rapidez y con el tiempo las paredes de los alvéolos se destruyen y dejan grandes "hoyos" en el pulmón que semejan una gran bolsa de aire o cavidad. Este padecimiento se denomina enfisema.

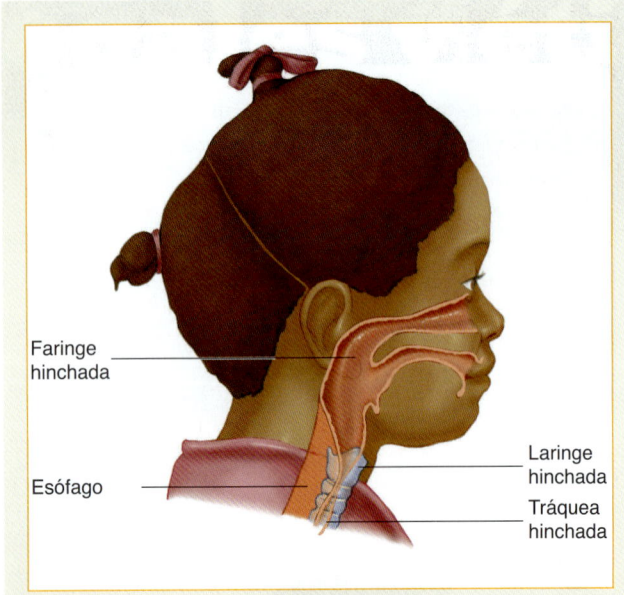

Figura 11-6 El crup produce el hinchamiento de toda la vía aérea: faringe, laringe y tráquea.

La mayoría de los pacientes con EPOC posee elementos de ambos, bronquitis y enfisema. Algunos pacientes tendrán más elementos de una afección que de la otra; pocos tendrán sólo enfisema o bronquitis. En consecuencia, la mayoría de pacientes con EPOC producirá esputo y tendrá tos en forma crónica, además de tener dificultad para expulsar el aire de sus pulmones, con largas fases de espiración y sibilancia. Estos pacientes se presentan con sonidos respiratorios anormales como estertores agudos, crepitación, ronquera y sibilancia, los cuales se analizan en la sección sobre evaluación del paciente más adelante en este capítulo.

Asma

El <u>asma</u> es un espasmo agudo de las pequeñas vías aéreas denominadas bronquiolos, asociadas con producción extensa de moco y con edema del recubrimiento de la mucosa de los conductos respiratorios (Figura 11-8 ▶). Es una enfermedad común pero grave, que, por ejemplo, afecta a cerca de seis millones de estadounidenses y causa la muerte de 4 000 a 5 000 de ellos cada año. El asma

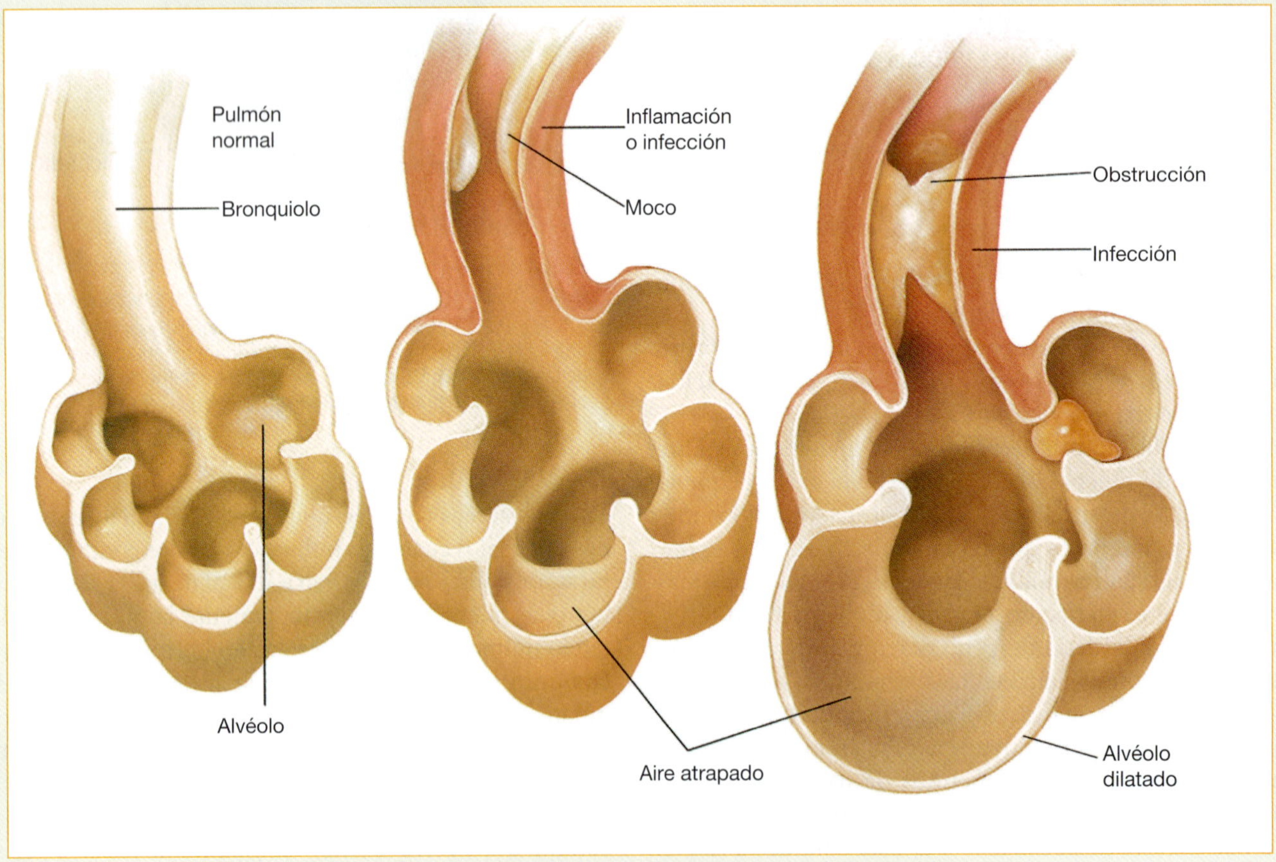

Figura 11-7 Los episodios repetidos de irritación e inflamación en los alvéolos resultan en obstrucción, cicatrización y cierta dilatación del saco alveolar característico de la EPOC.

produce un sonido sibilante característico a medida que los pacientes intentan exhalar a través de pasajes aéreos obstruidos en forma parcial. Estos mismos pasajes se abren con facilidad durante la inspiración. En otras palabras, cuando los pacientes inhalan, la respiración parece relativamente normal; la sibilancia se aprecia casi siempre cuando exhalan. Esta sibilancia puede ser tan fuerte que es posible escucharla sin estetoscopio. En otros casos, la vía aérea está tan bloqueada que no se escucha movimiento de aire. En casos graves, el trabajo real de la exhalación es muy agotador, y es posible que se desarrollen cianosis o paro respiratorio, o ambos, incluso en un lapso de minutos.

El asma afecta a pacientes de todas las edades y por lo general es el resultado de una reacción alérgica hacia una sustancia inhalada, ingerida o inyectada.

Observe que la sustancia en sí misma no es la causa de la reacción alérgica, sino que es más bien una respuesta exagerada del sistema inmune del cuerpo hacia dicha sustancia lo que causa la reacción. No obstante, en algunos casos no hay sustancia identificable, o alergeno, que dispare el sistema inmune del cuerpo. Casi todo puede considerarse como un **alergeno**. Una respuesta alérgica a ciertos alimentos o hacia algún otro alergeno puede producir un ataque agudo de asma. Entre los ataques, los pacientes pueden respirar con normalidad. En su forma más grave, una reacción alérgica puede producir anafilaxis, e incluso un choque anafiláctico. Esto, a su vez, puede ocasionar dificultad respiratoria lo bastante grave para que produzca el coma y la muerte. Los ataques de asma también pueden ser producto de estrés emocional grave, del ejercicio o de infecciones respiratorias.

La mayoría de los pacientes con asma conocen sus síntomas y saben cuando es inminente un ataque. Es típico que traigan consigo o tengan en casa un medicamento apropiado. Deberá escuchar con cuidado lo que le digan estos pacientes; con frecuencia saben con exactitud lo que necesitan.

Neumotórax espontáneo

Normalmente, la presión del "vacío" en el espacio pleural mantiene al pulmón expandido (inflado). Cuando la superficie del pulmón se daña, sin embargo, el aire escapa hacia la cavidad pleural y se pierde la presión negativa del vacío; la elasticidad natural del tejido pulmonar hace que el pulmón se colapse. La acumulación de aire en el espacio pleural, que puede ser leve o grave, se denomina **neumotórax** (Figura 11-9 ▼). El neumotórax casi siempre es producto de un traumatismo, pero también puede producirse debido a ciertos padecimientos sin presencia de lesiones. En estos pacientes, el trastorno se llama neumotórax "espontáneo".

El neumotórax espontáneo puede darse en pacientes con ciertas infecciones pulmonares crónicas o en personas jóvenes nacidas con áreas débiles en los pulmones. Los pacientes con enfisema y asma se encuentran en alto riesgo de neumotórax espontáneo cuando una porción debilitada del pulmón se rompe, con frecuencia al toser. Un paciente con neumotórax espontáneo pasa a ser disneico (con falta de aire) y puede quejarse de **dolor pleurítico en el pecho**, un dolor agudo y punzante en un lado que empeora durante la inspiración y espiración, o con cierto movimiento de la pared del pecho. Al auscultar (escuchar) en el pecho con un estetoscopio, es posible en ocasiones

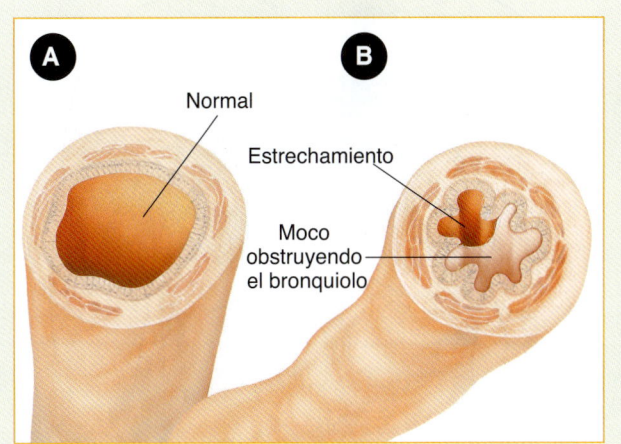

Figura 11-8 El asma es un espasmo agudo de los bronquiolos. **A.** Corte transversal de un bronquiolo normal. **B.** El bronquiolo en espasmo; un tapón mucoso se forma y obstruye parcialmente el bronquiolo.

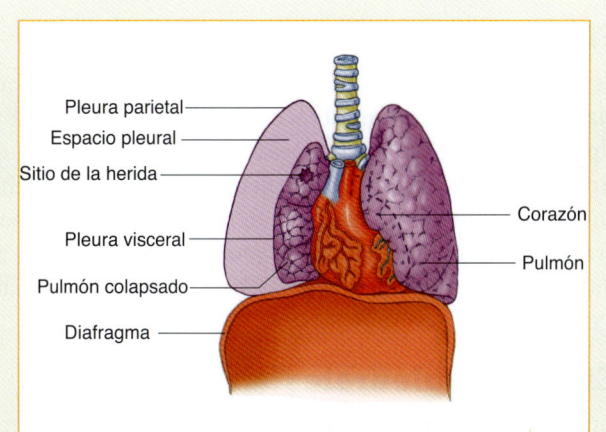

Figura 11-9 El neumotórax ocurre cuando escapa aire hacia el espacio pleural desde una abertura en la pared del tórax o en la superficie pulmonar. El pulmón se colapsa cuando el aire llena el espacio pleural y las dos superficies de la pleura ya no están en contacto.

detectar que los sonidos respiratorios están ausentes o reducidos del lado afectado. Sin embargo, los sonidos respiratorios alterados son muy difíciles de detectar en un paciente con enfisema grave. El neumotórax espontáneo puede ser la causa de disnea repentina en un paciente con enfisema subyacente.

Reacciones anafilácticas

Los pacientes que no padecen asma de todas maneras pueden presentar reacciones alérgicas graves. Un alergeno, una sustancia a la cual es sensible la persona, puede ocasionar una reacción alérgica o incluso anafilaxis, una reacción que se caracteriza por edema de la vía aérea y dilatación de los vasos sanguíneos de todo el cuerpo, lo cual puede disminuir la tensión arterial de manera significativa. La anafilaxis puede estar asociada con prurito (comezón) en todo el cuerpo y los mismos signos y síntomas del asma. La vía aérea puede edematizarse tanto que los problemas respiratorios progresarán desde una dificultad extrema para respirar hasta la obstrucción total de la vía aérea en un lapso de algunos minutos. La mayoría de las reacciones anafilácticas ocurren dentro de un lapso de 30 minutos después de la exposición al alergeno, el cual puede ser desde la ingestión de ciertas nueces hasta la administración de una inyección de penicilina. Para algunos pacientes, el episodio de anafilaxis puede representar la primera vez que se dan cuenta de que tienen una reacción hacia cierta sustancia. Por tanto, es posible que no sepan qué causó el edema ni la reacción alérgica. En otros casos, quizá el paciente conozca al alergeno, pero no esté consciente del momento de la exposición a éste. En casos graves, la epinefrina es el tratamiento de elección. Oxígeno y antihistamínicos también son útiles. Como siempre, dirección médica deberá guiar la terapia apropiada.

Fiebre del heno

Éste es un problema mucho más leve y común de alergia. Es producto de una reacción alérgica al polen. En algunas áreas del país donde está presente el polen en el aire a lo largo de todo el año, la fiebre del heno es casi una enfermedad universal. En general, no produce problemas graves de urgencia, aunque sí genera dificultades en el tracto respiratorio superior, como congestión, goteo nasal, y estornudos.

Efusiones pleurales

Una **efusión pleural** es la acumulación de líquido fuera del pulmón en uno o ambos lados del pecho; al comprimir uno o ambos pulmones, provoca disnea Figura 11-10 . Este líquido puede acumularse en grandes cantidades como respuesta a cualquier irritación, infección, insuficiencia cardiaca congestiva o cáncer. Aunque puede acumularse de manera paulatina, en lapsos de días o incluso semanas, es frecuente que los pacientes informen que su disnea apareció de repente. Las efusiones pleurales deben considerarse como un diagnóstico contribuyente en cualquier paciente con cáncer pulmonar y falta de aire.

Cuando se escucha con un estetoscopio en el pecho del paciente con disnea resultante de efusiones pleurales, escuchará reducción de los sonidos respiratorios en la región del pecho donde el líquido alejó el pulmón de la pared del pecho. Estos pacientes con frecuencia se sienten mejor cuando están sentados en posición erecta. No obstante, en realidad nada aliviará sus síntomas, excepto la eliminación del fluido, la cual debe llevar a cabo un médico en el hospital.

Obstrucción mecánica de vía aérea

Como TUM-B, siempre debe estar consciente de la posibilidad de que un paciente con disnea puede tener una obstrucción mecánica de vía aérea y estar preparado para tratarlo con rapidez. En personas semiconscientes o inconscientes, la obstrucción puede ser el resultado de aspiración de vómito o de un objeto extraño

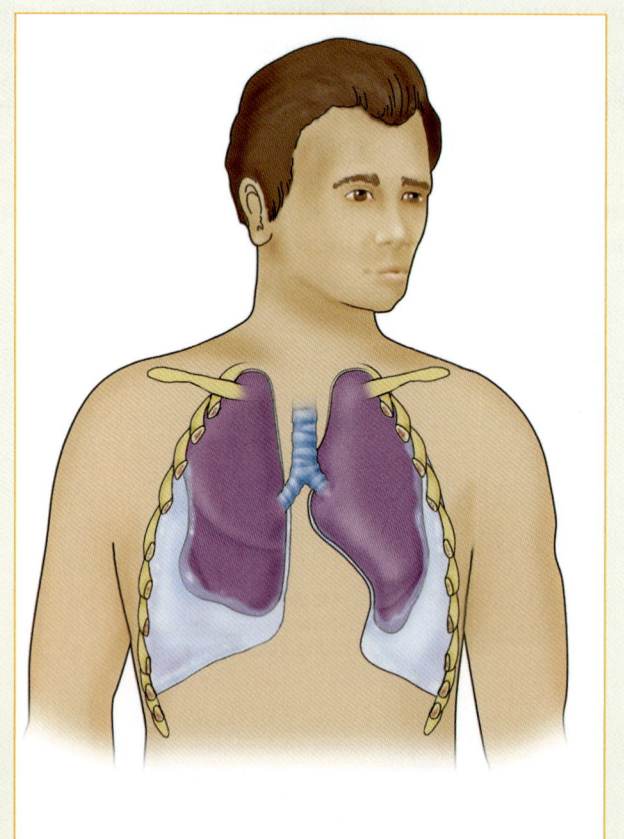

Figura 11-10 Con la efusión pleural el líquido puede acumularse en grandes volúmenes en uno o en ambos lados, lo cual comprime los pulmones y causa disnea.

Figura 11-11A), o de una posición de la cabeza que provoca la obstrucción con la lengua Figura 11-11B). Abrir la vía respiratoria con la maniobra de inclinación de cabeza-levantamiento de mentón puede resolver el problema. Debe efectuar esta maniobra sólo hasta que haya descartado una lesión en cabeza o cuello. Si la simple apertura de la vía aérea no corrige el problema, deberá evaluar la vía respiratoria superior en busca de la obstrucción.

Considere siempre primero la obstrucción de vía aérea superior debido a un cuerpo extraño en pacientes que estaban comiendo justo antes de que les faltara aire. Lo mismo se aplica para niños pequeños, en especial para los bebés que gatean, los cuales pueden deglutir un pequeño objeto y asfixiarse con él.

Embolia pulmonar

Un émbolo es cualquier cosa en el sistema circulatorio que se mueva desde su punto de origen hasta un sitio distante y se aloje ahí, obstruyendo el flujo sanguíneo en esa área. Más allá del punto de obstrucción, la circulación puede cortarse por completo o por lo menos reducirse de modo marcado, lo cual puede producir un padecimiento grave y mortal. Los émbolos pueden ser fragmentos de coágulos sanguíneos en una arteria o vena que se desprenden y viajan por el torrente sanguíneo. También pueden ser cuerpos extraños que entran a la circulación, como una bala o una burbuja de aire.

Una embolia pulmonar es el paso de un coágulo sanguíneo formado en la vena, por lo general en piernas o pelvis, que se desprende y circula por el sistema venoso. El coágulo grande pasa a través del lado derecho del corazón y a la arteria pulmonar, donde se aloja, reduciendo de manera significativa el flujo sanguíneo Figura 11-12). Aunque el pulmón participa de manera activa en la inhalación y exhalación de aire, no tiene lugar ningún intercambio de dióxido de carbono en las áreas de flujo sanguíneo bloqueado porque no hay circulación efectiva. En esta circunstancia, el nivel de dióxido de carbono arterial por lo general se eleva, y el nivel de oxígeno puede caer lo suficiente para causar cianosis. Más importante aún, los coágulos sanguíneos pueden inhibir la circulación y provocar disnea significativa.

Los émbolos pulmonares pueden producirse como resultado de daño en el recubrimiento de los vasos, una tendencia de la sangre a coagularse con rapidez desusada o, con mayor frecuencia, debido al flujo sanguíneo lento en una extremidad inferior. El flujo sanguíneo lento en las piernas por lo general se origina debido al reposo en cama crónico, el cual puede conducir al colapso de las venas. Los pacientes cuyas piernas están inmovilizadas después de una fractura o por cirugía reciente se encuentran en riesgo de émbolos pulmonares durante días o semanas después del incidente. Es raro que los émbolos pulmonares se originen en personas activas y sanas.

Aunque son bastante comunes, las embolias pulmonares son difíciles de diagnosticar. Ocurren cerca de 235 000 veces por año en México. Diez por ciento son fatales de inmediato, pero la mayoría de las veces el paciente nunca las nota. Los signos y síntomas, cuando se presentan, incluyen lo siguiente:

- Disnea
- Dolor de pecho agudo
- Hemoptisis (toser sangre)
- Cianosis
- Taquipnea
- Grados variables de hipoxia

Si el émbolo es lo bastante grande, la obstrucción completa y repentina de la salida del flujo sanguíneo del lado derecho del corazón puede producir la muerte súbita.

Síndrome de hiperventilación

Cuando se presenta disnea en un paciente sin anormalidades pulmonares, se denomina síndrome de hiperven-

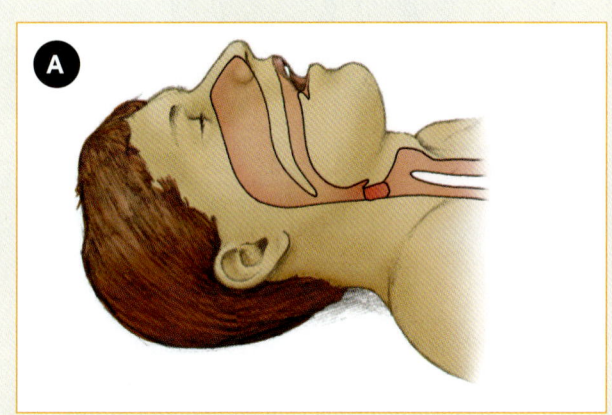
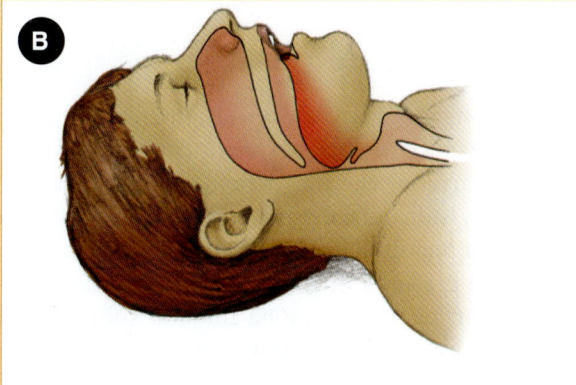

Figura 11-11 A. La obstrucción por un cuerpo extraño ocurre cuando un objeto, como alimentos, se aloja en la vía aérea. B. También ocurre una obstrucción mecánica cuando la cabeza no está en posición correcta, lo cual causa que la lengua caiga hacia atrás en la garganta.

Necesidades geriátricas

A medida que uno envejece, los procesos normales de envejecimiento alteran el sistema respiratorio y la capacidad para intercambiar oxígeno y dióxido de carbono. Si el paciente es fumador, los procesos patológicos del enfisema o la bronquitis crónica pueden acelerar o empeorar estos cambios.

Diversas modificaciones ocurren al envejecer. La pared del tórax, incluidos músculos y costillas, se vuelve menos resistente. Además, bronquios y bronquiolos pierden su masa o tono muscular, y los sacos de aire (alvéolos) se vuelven más rígidos y pierden capacidad de recuperación (de relajarse y vaciarse) al exhalar. Si la pared del pecho, incluidos músculos y costillas, es más débil o menos flexible, la cavidad del pecho no puede expandirse con tanta facilidad, y la cantidad total de aire que se permite entrar en los pulmones se reducirá. Con la recuperación reducida de los pulmones, los alvéolos pueden distenderse con el aire que queda atrapado dentro de ellos. Si es necesario que ventile al paciente geriátrico apneico (que no respira), notará que es más difícil debido al incremento en la resistencia del pecho y la vía aérea lo mismo que un funcionamiento reducido de los pulmones.

El paciente geriátrico se encuentra en mayor riesgo de neumonía o de un empeoramiento del asma o de la EPOC, si la vía aérea ha perdido masa o tono muscular. Es posible que no expulse las secreciones de la vía aérea, lo cual permite que se desarrolle pulmonía.

El resultado de los cambios normales del envejecimiento es una reducción de la cantidad total de aire que los pulmones pueden contener, que el aire quede atrapado en alvéolos demasiado estirados y un aumento en la resistencia al flujo de aire hacia dentro y fuera de los pulmones. En última instancia, todos estos cambios causan la reducción del intercambio de oxígeno/dióxido de carbono en el sistema respiratorio, con una disminución de la provisión de oxígeno para las células. Asegúrese de considerar los cambios por la edad que afectan al sistema respiratorio, y proporcione ventilación adecuada y oxigenación de acuerdo con las necesidades del paciente. Es posible que el paciente geriátrico requiera apoyo por ventilación para condiciones que, en el adulto más joven, el mismo sistema respiratorio resuelve con facilidad. Las personas mayores de 65 años tienen especial tendencia a padecer problemas respiratorios, ya sea por evento cerebral vascular oculto (no obvio), enfermedad pulmonar o cardiovascular o ciertos fármacos.

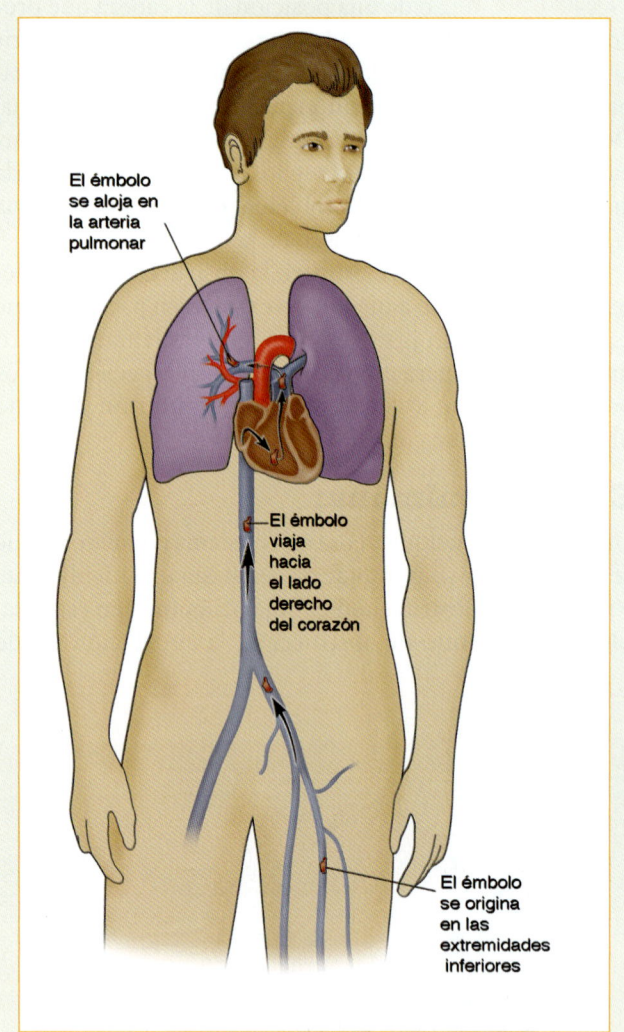

Figura 11-12 Un émbolo pulmonar es un coágulo sanguíneo de una vena que se desprende, circula por el sistema venoso y se mueve a través del lado derecho del corazón hacia una arteria pulmonar. Aquí puede alojarse y obstruir de manera importante el flujo sanguíneo.

tilación. La **hiperventilación** se define como respirar en exceso hasta el punto en que el nivel de dióxido de carbono arterial cae por debajo de lo normal. Esto puede ser un indicador de una enfermedad importante y mortal. Por ejemplo, es probable que un paciente con diabetes que presenta niveles muy elevados de glucosa en sangre, un paciente que ha tomado sobredosis de aspirina o uno con infección grave presente hiperventilación. En estas personas, la respiración rápida y profunda es el intento del cuerpo por permanecer vivo. El organismo trata de compensar la acidosis, la acumulación de exceso de ácido en sangre o en los tejidos que resulta de la enfermedad primaria. Dado que el dióxido de carbono mezclado con agua en el torrente sanguíneo puede incrementar la acidez de la sangre, reducir el nivel de dióxido de carbono ayuda a contrarrestar los otros ácidos.

De igual manera, en una persona sana en los demás aspectos, la acidez de la sangre puede reducirse respirando en exceso, ya que ésta "sopla contra" el exceso de dióxido de carbono. El resultado es una falta relativa de ácidos. El problema resultante, la alcalosis, es la acumulación de un exceso de base (falta de ácidos) en los líquidos corporales.

La alcalosis es la causa de muchos de los síntomas asociados con el síndrome de hiperventilación, entre ellos ansiedad, mareos, adormecimiento y hormigueo en manos y pies e incluso unas sensación de disnea a pesar de la respiración rápida. Aunque la hiperventilación puede ser la respuesta a la enfermedad y a la acumulación de ácidos, el síndrome de hiperventilación no es lo mismo. En lugar de esto, dicho síndrome ocurre en ausencia de otros problemas físicos. No obstante, es muy común durante el estrés psicológico y afecta a cerca de 10% de la población en un momento u otro. Las respiraciones de una persona que presenta síndrome de hiperventilación pueden ser tan aceleradas que superen las 40 respiraciones poco profundas/min o tan reducidas que sólo sean 20 respiraciones/min.

No debe decidir si la hiperventilación es producto de una enfermedad mortal o de un ataque de pánico cuando se encuentre fuera del hospital. Todos los pacientes que hiperventilen deben recibir oxígeno suplementario y ser transportados al hospital, donde los médicos harán esa decisión médica.

Evaluación del paciente en dificultad respiratoria

La evaluación del paciente en dificultad respiratoria debe ser un proceso tranquilo y sistemático. Estos pacientes por lo general se muestran muy ansiosos y pueden ser personas muy enfermas y difíciles.

Evaluación de la escena

Su primer pensamiento como TUM-B debe ser considerar las precauciones de aislamiento de sustancias corporales (ASC). Lo mínimo necesario para la atención de pacientes con dificultad respiratoria es el empleo de guantes. Sus precauciones no terminan ahí, ya que el paciente podría tener una infección respiratoria que podría contagiarse a través de esputo o partículas en el aire. Si sospecha que el paciente padece una enfermedad respiratoria, entonces debe emplear máscara, anteojos de seguridad o careta.

La seguridad en la escena puede ser tan simple como asegurar un acceso hasta el paciente y considerar la forma de levantarlo y moverlo. Quizá deba tomar en cuenta que la emergencia respiratoria podría ser producto de una sustancia tóxica que fue inhalada, absorbida o ingerida.

Una vez que haya determinado que la escena es segura, necesitará considerar la naturaleza de la enfermedad o del mecanismo de lesión, y si hay necesidad de establecer el

Situación de urgencia — Parte 2

Dada la presentación inicial de la paciente, usted elige reunirse de inmediato con el SVA. Mientras le aplica oxígeno en altos flujos y la ayuda a sentarse en la camilla, su compañero revisa con rapidez el pulso y la tensión arterial por palpación. Al llevar la camilla hacia la ambulancia, nota que su frecuencia respiratoria es de 42 respiraciones/min y aplica un oxímetro de pulso, el cual da la lectura de 90%. Cuando le pregunta cuántas veces ha utilizado su inhalador, ella levanta dos dedos.

3. Como TUM-B, puede asistir a la paciente con su propio IDM prescrito. ¿Por qué es importante anotar qué medicamento hay en el envase?
4. ¿Por qué puede ser difícil para la paciente emplear de manera adecuada el IDM en esta situación?
5. ¿Qué métodos pueden emplearse para ayudar con estas dificultades y proporcionar una mejor oportunidad para que funcione el fármaco?

uso de precauciones de inmovilización de la columna vertebral. Luego, determine cuántos pacientes hay, y si requiere recursos adicionales. Con frecuencia, en situaciones donde hay múltiples personas con disnea, deberá considerar la posibilidad de la existencia de algún material tóxico liberado en el aire.

Evaluación inicial

Impresión general

Al acercarse y comenzar a interactuar con el paciente necesitará obtener una impresión general o inicial de éste. ¿Parece estar tranquilo? ¿Está ansioso o inquieto? ¿Parece apático y cansado? Esta impresión inicial le ayudará a decidir si la condición del paciente es estable o inestable. Una condición estable no se deteriorará durante el tratamiento y transporte, como es el caso de un paciente que ha tenido neumonía durante tres días y se transporta al hospital para recibir antibióticos intravenosos. Una condición inestable se deteriora durante el tratamiento y transporte, como por ejemplo un paciente con picadura de abeja y que presenta dificultad creciente para respirar.

Al mismo tiempo determinará el nivel de conciencia de un paciente. Por medio de la AVDI, decidirá si el paciente está alerta, responde al estímulo verbal o doloroso, o si no responde. Si el paciente está alerta o responde al estímulo verbal, el cerebro aún recibe oxígeno. Si el paciente responde a estímulos dolorosos o no responde, es posible que el cerebro no se esté oxigenando bien y es probable un problema en la vía aérea o en los pulmones. Si el paciente está alerta o responde al estímulo verbal, ¿cuál es su queja principal? En segundos, usted podrá determinar si hay amenazas inmediatas para la vida.

Vía aérea y respiración

Evalúe la vía aérea. ¿Es patente? ¿Es adecuada? El aire debe fluir hacia dentro y hacia fuera del pecho con facilidad para ser considerado patente y adecuado. Si se escuchan sonidos tipo ronquido en un paciente que no responde, reposicione la vía aérea e inserte un conducto aéreo oral o nasal si es necesario para mantener la vía respiratoria. Si escucha sonidos tipo estridor, coloque al paciente de manera que pueda respirar con facilidad. Si se escuchan sonidos de borboteo es necesaria la succión.

Si la vía aérea es adecuada o patente, evalúe a continuación la respiración de su paciente. ¿Está respirando? ¿Lo hace de modo adecuado? Si el paciente no respira, proporcione dos ventilaciones de inmediato. Al ventilar, necesitará evaluar si sus ventilaciones son lo bastante adecuadas para cubrir las necesidades de oxígeno de su paciente.

1. ¿Entra el aire?
2. ¿Se expande el pecho con cada respiración?
3. ¿Baja el pecho después de cada respiración?
4. ¿Es la frecuencia adecuada para la edad de su paciente?

Si la respuesta a cualquiera de estas preguntas es "no", algo está mal. Intente reposicionar al paciente e inserte un conducto aéreo oral para evitar que la lengua bloquee la vía respiratoria. Reposicione la cabeza del paciente. Reevalúe la posición de su mano y del sello de la mascarilla facial. Reduzca o acelere su frecuencia respiratoria. Consulte el capítulo 7 para repasar las técnicas de ventilación de presión positiva. Recuerde que deberá continuar vigilando la vía respiratoria para determinar si hay líquido, secreciones o cualquier otro problema evaluar si la respiración del paciente es adecuada.

Si el paciente respira, asegúrese de que la respiración sea adecuada. ¿Se eleva y desciende el pecho de modo apropiado? ¿Cuál es el color, la temperatura y condición de la piel del paciente? ¿Son trabajosas las respiraciones del paciente? Si éste puede decir sólo una o dos palabras antes de tener que tratar de tomar aire, se considera que las ventilaciones son trabajosas. ¿Utiliza el paciente músculos accesorios para asistir al esfuerzo respiratorio? Si el esfuerzo respiratorio es inadecuado, deberá proporcionar la intervención necesaria. Si el paciente presenta dificultad respiratoria, colóquelo en una posición que facilite una mejor respiración y comience a administrar oxígeno a 15 L/min a través de una mascarilla no recirculante. Si el paciente presenta profundidad inadecuada en la respiración o la frecuencia es muy baja, es posible que las ventilaciones deban ser asistidas por un

> **Tips para el TUM-B**
>
> Los sonidos respiratorios adventicios son los que se escuchan por auscultación en pulmones anormales. Éstos pueden incluir sibilancia, estertores, ronquera, gorgoteo, ronquidos, crepitación y estridor. Ser capaz de escuchar y distinguir diferentes tipos de sonidos respiratorios puede proporcionarle indicios importantes respecto a lo que está mal con su paciente. La única manera de desarrollar su capacidad para identificar sonidos respiratorios es a través de la práctica. Pregunte a su instructor si puede trabajar junto con un médico, una enfermera o un terapeuta respiratorio en el hospital para ayudarse a desarrollar esta experiencia.

CUADRO 11-2 Signos y síntomas de respiración inadecuada

- El paciente se queja de dificultad para respirar.
- El paciente presenta un estado mental alterado asociado con respiración superficial o lenta.
- El paciente parece ansioso o inquieto. Esto puede suceder si el cerebro no está obteniendo suficiente oxígeno para sus necesidades.
- La frecuencia respiratoria del paciente es demasiado rápida (más de 20 respiraciones/min).
- La frecuencia respiratoria del paciente es muy lenta (las respiraciones son menos de 12 por minuto), quizá deba asistir las ventilaciones con un dispositivo BMV.
- La frecuencia cardiaca del paciente es demasiado rápida (mayor de 100 latidos/min).
- El ritmo respiratorio del paciente es irregular. Dado que el cerebro controla la respiración, un ritmo respiratorio irregular puede indicar lesiones en la cabeza. En este caso, es probable que el paciente no responda.
- La piel del paciente se ve pálida y azul (cianótica). La lengua, bases de las uñas y el interior de los labios son buenos lugares para buscar cianosis. Todos estos sitios cuentan con una buena cantidad de vasos sanguíneos y piel delgada, lo cual hace que la cianosis sea más evidente.
- Las conjuntivas se ven pálidas. Quizás el paciente presenta falta de aire debido a que no hay suficientes eritrocitos para llevar oxígeno a los tejidos.
- El paciente presenta sibilancia, gorgoteo, ronquidos, estridor o graznidos. Los sonidos adventicios pueden asociarse con muchos tipos de problemas respiratorios.
- El paciente no puede articular sino unas cuantas palabras entre una y otra respiración. Pregunte al paciente algo como: "¿Cómo va?". Si el paciente no puede hablar en absoluto, es probable que presente una emergencia respiratoria que requerirá atención inmediata.
- El paciente está empleando músculos accesorios para ayudar a la respiración. Si el paciente sólo emplea el diafragma para respirar, sospeche daño en los nervios que llevan las órdenes de respiración a los músculos del pecho; es posible que el diafragma reciba el mandato de respirar, pero, debido a daño en médula espinal, los músculos del pecho no lo reciben.
- El paciente tose en forma excesiva, lo cual podría significar que tiene cualquier cosa, desde una infección leve del tracto respiratorio superior hasta fiebre del heno o neumonía, asma o insuficiencia cardiaca.
- El paciente está sentado, inclinado hacia delante con las palmas apoyadas en la cama o los brazos de la silla. Esto se denomina la posición de trípode, porque la espalda del paciente y ambos brazos colaboran para sostener la parte superior del cuerpo. Esta posición proporciona al diafragma el mayor espacio para funcionar y ayuda al paciente a usar músculos accesorios para asistir a la respiración. Por lo general es buena idea dejar que el paciente permanezca en la posición que le sea más cómoda.
- El pecho tiene forma de barril. En ciertas enfermedades pulmonares crónicas, dado que el aire se ha quedado atrapado de manera paulatina y continua dentro del pulmón en cantidades cada vez mayores, la distancia desde el frente a la espalda aumenta hasta casi igualar la distancia de un lado a otro del pecho. El tórax de tonel puede indicar un largo historial de problemas respiratorios.

---

dispositivo BVM. El **Cuadro 11-2** muestra los indicios que le ayudarán a determinar la dificultad respiratoria.

Circulación

Si su paciente respira, tendrá pulso; no obstante, evaluar que el pulso sea adecuado puede indicarle el estado respiratorio del paciente. Si la frecuencia es normal, es muy probable que el paciente esté recibiendo suficiente oxígeno para sostener la vida. Si la velocidad del pulso es demasiado rápida o muy lenta, es posible que no esté recibiendo suficiente oxígeno. Evaluar la circulación del paciente incluye una evaluación del choque y el sangrado. La dificultad respiratoria en un paciente podría deberse a una falta de eritrocitos para transportar el oxígeno. Esta pérdida de perfusión puede provenir de anemia crónica, una herida, sangrado interno o simplemente de un choque que supere la capacidad del cuerpo para contrarrestar la enfermedad. Revise de nuevo todo: ¿está conectado el recipiente de oxígeno a la máscara? ¿Está abierto el oxígeno? ¿Es adecuada la velocidad de flujo (10 a 15 L/min)? ¿Hay un bueno sello en la máscara? ¿Se eleva y baja el pecho con cada respiración? ¿Está bloqueada la vía aérea con vómito o con la lengua? Controle cualquier sangrado sin importar cuán leve sea y trate a su paciente para choque.

Decisión de transporte

El último paso en la evaluación inicial es tomar la decisión del transporte. Si la condición del paciente es estable y no hay amenazas para su vida, puede decidir realizar un historial centrado y un examen físico en la escena. Si la condición del paciente es inestable y hay una posible amenaza para la vida, proceda a un transporte rápido. Esto significa que mantendrá corto el tiempo en la escena y proporcionará sólo intervenciones de salvamento de la vida en ese punto. Lleve a cabo un historial concentrado y un examen físico camino al hospital.

Historial y examen físico enfocados

Una vez que complete su evaluación inicial, puede o no encontrarse camino al hospital dependiendo de la gravedad del paciente. De cualquier forma, una vez que se ha ocupado de las amenazas inmediatas para la vida, tendrá tiempo para concentrarse en por qué el paciente presenta disnea.

Inicie el siguiente paso de su evaluación, el historial y examen físico enfocados, por medio de preguntas sobre antecedentes respecto a la enfermedad actual. Utilice SAMPLE y OPQRST como guía al preguntar.

Historial SAMPLE

En el caso de los pacientes con dificultad respiratoria, los familiares o testigos pueden responder muchas de las preguntas SAMPLE. Limite el número de preguntas a las más pertinentes; un paciente con dificultad respiratoria no necesita gastar aire adicional en responder preguntas. Para ayudar a determinar la causa del problema de su paciente, conviértase en detective. Busque medicamentos, brazaletes de alerta médica, condiciones ambientales y otras pistas sobre la posible causa del problema. Cada parte del historial SAMPLE puede darle indicios. Por ejemplo, digamos que olvida preguntar sobre alergias, sólo para enterarse después de que su paciente presenta una alergia grave a la caspa de gato y que su hijo de ocho años había estado jugando con un gato poco antes de que se presentara el problema. Habría pasado por alto información importante y que quizá salvaría una vida.

Pida al paciente que describa el problema. Comience por una pregunta abierta en extremo: "¿Qué podría decirme sobre su respiración?" Ponga mucha atención a OPQRST: en qué momento se inició el problema (origen), qué empeora la dificultad respiratoria (provocación), cómo se siente la respiración (calidad), y si la molestia se desplaza (radiación). ¿Qué tanto problema tiene el paciente (gravedad)? ¿Es el problema continuo o intermitente (tiempo)? Si es intermitente, ¿con qué frecuencia ocurre y cuánto dura?

Averigüe qué ha hecho el paciente respecto al problema respiratorio. ¿Utiliza un inhalador de prescripción? Si es así, ¿cuándo fue la última vez que lo empleó? ¿Cuántas dosis ha tomado? ¿Usa el paciente más de un inhalador? Asegúrese de registrar el nombre de cada inhalador y cuándo se usó.

Las diferentes quejas respiratorias ofrecen diferentes pistas y retos. Los pacientes con padecimientos crónicos pueden tener periodos largos en los cuales son capaces de llevar vidas relativamente normales, pero en ocasiones sus afecciones se empeoran de manera aguda. Es aquí cuando lo llamarán y es importante que pueda determinar el estado basal de su paciente, en otras palabras, su condición usual, y lo que es diferente en este momento que le hizo llamarlo. Por ejemplo, los pacientes con EPOC (enfisema y bronquitis crónica) no pueden manejar bien las infecciones pulmonares, ya que el daño existente en vía aérea los incapacita para expulsar el moco o esputo producido por la infección. La obstrucción crónica de la vía aérea inferior impide respirar con la suficiente profundidad para limpiar los pulmones. Poco a poco, cae el nivel de oxígeno arterial. Si ocurre una nueva infección de los pulmones en un paciente con EPOC, es posible que el nivel de oxígeno arterial caiga con rapidez. En unos cuantos pacientes, el nivel de dióxido de carbono puede elevarse lo bastante

Situación de urgencia — Parte 3

Está preparado para instruir a la paciente sobre el uso de su IDM y también puede ayudarle colocando un espaciador en el extremo de su dispositivo. El espaciador permite que el medicamento permanezca suspendido y que la paciente respire con mayor normalidad y aproveche mejor la dosis entera del medicamento.

A continuación, le pregunta si cree que se puede autoadministrar otra dosis de su albuterol. Ella asiente con la cabeza. Después de colocar el espaciador, le pasa el IDM. Le hace indicaciones y la tranquiliza durante toda la administración siguiente de albuterol. Observa que el uso de músculos accesorios continúa mientras la paciente respira.

6. ¿Qué indica el uso de músculos accesorios?

para causar adormecimiento. Estos pacientes requieren apoyo respiratorio y administración cuidadosa de oxígeno.

Es común que el paciente con EPOC se presente con un largo historial de disnea con un incremento repentino en la falta de aire. Rara vez hay antecedentes de dolor en el pecho. Con mayor frecuencia, el paciente recordará haber tenido un "resfriado de pecho" reciente con fiebre, una incapacidad para expulsar el moco o un incremento repentino en el esputo. Si el paciente es capaz de expulsar el esputo, éste será espeso y con frecuencia verde o amarillo. La tensión arterial de pacientes con EPOC es normal, no obstante, el pulso es rápido y en ocasiones irregular. Ponga particular atención a las respiraciones. Pueden ser rápidas o muy lentas.

Los pacientes con asma pueden presentar diferentes "detonadores", causas distintas para los ataques agudos. Éstos incluyen alergenos, frío, ejercicio, estrés, infección y no cumplimiento de la farmacoterapia. Es importante tratar de determinar qué pudo haber disparado el ataque de modo que sea posible tratarlo de modo adecuado. Por ejemplo, es probable que un ataque de asma que ocurrió mientras su paciente estaba trotando en el frío no responda a los antihistamínicos, mientras que uno provocado por una reacción al polen quizá sí lo haría.

Los pacientes con insuficiencia cardiaca congestiva (ICC) con frecuencia recorren una fina línea entre la compensación de su capacidad cardiaca reducida y la descompensación. Muchos toman diversos medicamentos, que casi siempre incluyen diuréticos ("píldoras de agua") y fármacos para la tensión arterial. La creación del historial deberá incluir la obtención de una lista de sus medicamentos y prestar atención especial a los sucesos que condujeron al problema presente. Su historial SAMPLE y OPQRST será muy útil para ayudar al médico del departamento de urgencias a planear un curso de tratamiento.

Examen físico enfocado

Los pacientes con EPOC por lo general son mayores de 50 años, siempre presentarán antecedentes de problemas pulmonares recurrentes y casi siempre han fumado cigarrillos durante largo tiempo; pueden quejarse de tensión en el pecho y fatiga constante. Dado que el aire ha estado atrapado de manera paulatina y continua en sus pulmones en cantidades crecientes, es frecuente que su tórax tenga apariencia de barril Figura 11-13▶. Si escucha el pecho con un estetoscopio, escuchará sonidos respiratorios anormales. Estos pueden incluir crepitación, que consiste en sonidos de crujidos y cascabeleo que por lo general se asocian con líquido en los pulmones, pero que en este caso se relaciona con cicatrización crónica de la vía aérea pequeña; roncantes, que son ruidos graves y roncos ocasionados por el moco en vía aérea superior y sibilancia, un sonido de silbido agudo o crujiente, que

Tips para el TUM-B

Algunos estados autorizan a los TUM-B a administrar inhaladores o a asistir a los pacientes en la autoadministración de sus inhaladores. Con este incremento en el alcance de la práctica llega un aumento en la responsabilidad de conocer los nombres, dosis, indicaciones, contraindicaciones, efectos secundarios y precauciones de los numerosos inhaladores disponibles para una diversidad de padecimientos. Los pacientes en ocasiones no conocen la diferencia entre sus inhaladores "de rescate" (medicamentos de eficacia inmediata, como albuterol) y sus inhaladores de mantenimiento (como los corticoesteroides, que carecen de efecto inmediato). Es esencial, entonces, ¡que usted sí la conozca!

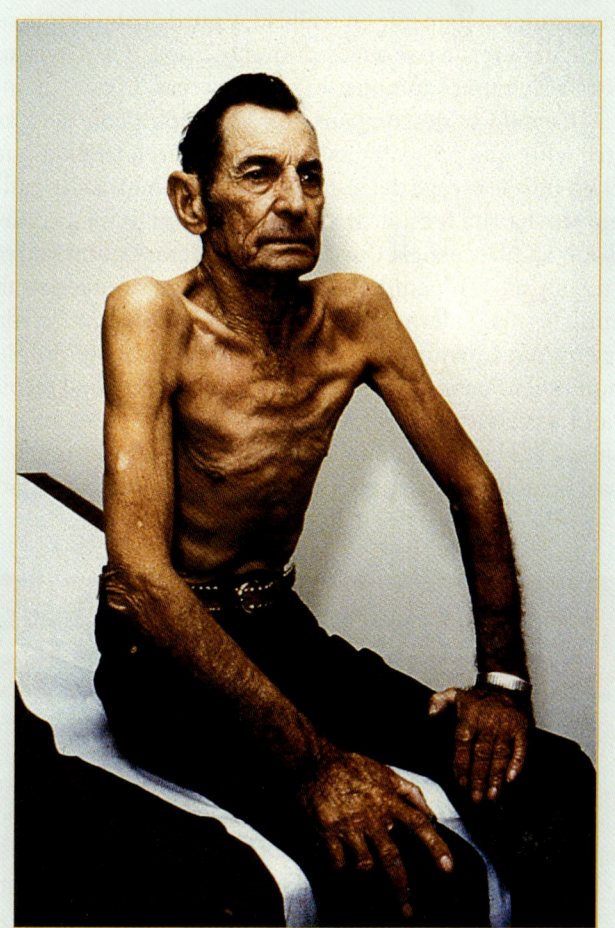

Figura 11-13 Es típico que un paciente con EPOC tenga tórax en forma de barril y emplee músculos accesorios y los labios contraídos para respirar. Note, asimismo, que el paciente está sentado en la posición de trípode.

casi siempre se escucha al exhalar, pero en ocasiones se escucha tanto al exhalar como al inhalar, o sólo en la inhalación. Debido a grandes bolsas de aire enfisematosas y flujo de aire disminuido, los sonidos de respiración son difíciles de escuchar y pueden detectarse sólo en la parte más superior de la espalda. Es frecuente que los pacientes con EPOC exhalen a través de los labios plegados en un intento inconsciente por mantener las presiones de la vía aérea.

Además de los signos de necesidad de aire presentes en todos los pacientes con dificultad respiratoria, como posición de trípode, respiración rápida y uso de músculos accesorios, es frecuente que la restricción de la vía aérea pequeña inferior en pacientes con asma cause sibilancia. Es posible que los pacientes tengan una fase espiratoria prolongada de respiración al intentar exhalar el aire atrapado de sus pulmones. En casos graves, es probable que de hecho no escuche la sibilancia debido a un flujo insuficiente de aire. A medida que su paciente se agote del esfuerzo para respirar y caigan los niveles de oxígeno, las frecuencias respiratoria y cardiaca pueden disminuir súbitamente en realidad, y puede parecer que su paciente se relajó o se quedó dormido. Estos signos indican paro respiratorio inminente, y debe actuar de inmediato.

Cuando se descompensan los pacientes con ICC, es frecuente que presenten edema pulmonar, a medida que el líquido se escapa del sistema circulatorio hacia los pulmones. La alta tensión arterial y el bajo rendimiento cardiaco con frecuencia disparan estos edemas pulmonares "relámpago" (repentinos). Estos pacientes se encuentran entre los más enfermos, asustados y aterradores que pueda encontrar. Literalmente se están ahogando en su propio líquido. Además de los signos clásicos de dificultad respiratoria, pueden presentar esputo rosado y espumoso que sale de sus bocas. Tendrán ruidos pulmonares adventicios, casi siempre semejantes a un sonido húmedo (crepitar, estertores, ronquidos) pero en ocasiones seco (sibilancia). Sus piernas y pies pueden estar hinchados (edema pedal) debido a la salida de líquido de su sistema.

A veces no es posible determinar en forma rápida y definitiva qué causa la dificultad respiratoria del paciente. El joven de 20 años en un día de campo que desarrolla con rapidez dificultad para respirar y ronchas después de que lo pica una abeja ofrece un cuadro diagnóstico claro. La mujer mayor que recibe 12 medicamentos en un asilo, tiene tos y falta de aire creciente que se desarrolló durante una semana produce más perplejidad. Mantenga la mente abierta y reúna un historial tan completo como sea posible y lleve a cabo un examen médico enfocado. Recuerde que éste, además de proporcionarle pistas para ayudar a sus pacientes, le permitirá obtener información vital para el médico que sólo estará disponible en la escena.

Signos vitales iniciales

Además del pulso, las respiraciones y la tensión arterial, otros signos como el color de la piel, el relleno capilar, nivel de conciencia y la medición del dolor son esenciales para evaluar al paciente respiratorio. Es esencial examinar el cuadro clínico completo cuando se evalúa al paciente con dificultad respiratoria y no permanecer fijo en un solo signo vital o síntoma. Esta evaluación inicial de los signos vitales puede emplearse después para determinar las tendencias. Por ejemplo, su paciente puede presentarse con frecuencia respiratoria rápida para compensar insuficiencia cardiaca. Después de administrarle oxígeno, una reducción en la frecuencia respiratoria hacia la normalidad puede indicar que el paciente está mejorando. Por otra parte, puede indicar que su paciente se está descompensando, ya no es capaz de mantener el esfuerzo de la respiración rápida y puede deteriorarse con rapidez. Analizar todo el cua-

Situación de urgencia   Parte 4

Notifica a la unidad de paramédicos sobre la situación de la paciente y sus signos vitales cuando comienza a notar un cambio en ella. Durante los siguientes minutos, parece estar muy cansada y no está tan alerta como hace un rato. Observa que la sibilancia es menos audible, su frecuencia respiratoria disminuye y sus manos y boca comienzan a estar cianóticas. Pide a su compañero que notifique a los paramédicos sobre este cambio al tiempo que comienza a asistir la respiración de la paciente con un dispositivo BVM conectado a oxígeno de flujo elevado, teniendo gran cuidado de no forzar el aire al interior de sus pulmones.

7. Dado que la cianosis comienza a aparecer en sus dedos, ¿qué le indica esto sobre su oxigenación?

Necesidades geriátricas

La mayoría de los pacientes geriátricos toman medicamentos, en ocasiones muchos de ellos, para tratar diversas afecciones que son parte del proceso de envejecimiento. Algunos de estos fármacos amortiguarán las reacciones normales del organismo hacia el estrés y a los mecanismos que usa el cuerpo para compensar el compromiso respiratorio y la hipoxia. Por ejemplo, los bloqueadores beta, empleados para una diversidad de padecimientos, evitan que el corazón se acelere y que las venas se constriñan para compensar por una pérdida de tensión arterial o de oxigenación. Tenga esto en mente cuando evalúe los signos vitales en pacientes geriátricos.

---

dro clínico, incluida la correlación de los signos vitales con su historial y los resultados del examen físico le ayudará a tomar la determinación. En un inicio, los pacientes compensan la insuficiencia respiratoria mediante el aumento de las frecuencias respiratoria y cardiaca. Si son capaces de mantener la oxigenación adecuada, podrán mantener su nivel de conciencia, color de piel y tiempo de relleno capilar. La tensión arterial variará con el estado y la condición inicial del paciente. Con frecuencia es elevada en el edema pulmonar debido a la insuficiencia cardiaca congestiva.

El cerebro necesita una provisión constante y adecuada de oxígeno para funcionar con normalidad. Cuando caigan los niveles de oxígeno, notará un nivel alterado de conciencia. Esto puede manifestarse como confusión, falta de coordinación, conducta extraña o incluso combatividad. El cambio en el afecto o el nivel de conciencia es uno de los signos tempranos de advertencia de deficiencia respiratoria.

Cuando hay una cantidad inadecuada de oxígeno en la sangre, el cuerpo intenta derivar la sangre de las extremidades al tronco tratando de mantener a los órganos vitales, incluido el cerebro, en funcionamiento. Esto produce palidez en la piel y retraso del relleno capilar en manos y pies. El llenado capilar que toma más de dos segundos se considera retardado. Sienta la temperatura de la piel y busque cambios de color tanto en las extremidades como en el centro del tronco. La cianosis es un signo ominoso que requiere intervención inmediata y agresiva.

La oximetría de pulso es una herramienta eficaz de diagnóstico cuando se usa junto con experiencia, buenas habilidades de evaluación y juicio clínico. Los oxímetros de pulso miden el porcentaje de hemoglobina que satura el oxígeno. En pacientes con niveles normales de hemoglobina, la oximetría de pulso puede ser una herramienta importante al evaluar la oxigenación. Para usar la oximetría de pulso de modo apropiado es importante que sea capaz de evaluar la calidad de la lectura y de correlacionarla con la condición del paciente.

Hay diversas manufacturas y modelos de oxímetros de pulso con diferentes características e indicaciones. Cualquiera que sea el modelo, todos tienen alguna manera de evaluar la forma de onda del pulso, o calidad de la señal, lo mismo que el porcentaje de hemoglobina saturada con oxígeno. Algunos oxímetros cuentan con una luz de color, otros tienen una gráfica de barras. Sin importar el sistema que emplee su unidad, deberá asegurarse de que recibe una forma de onda clara, fuerte y regular que corresponde al pulso del paciente y una lectura numérica consistente. Si los valores de las lecturas brincan, ignore los resultados. Asimismo, correlacione la lectura con la condición clínica del paciente. Es dudoso que un paciente con ICC en dificultad respiratoria grave pueda mantener una lectura de oximetría de pulso de 98%, o que un paciente consciente, alerta y activo con buen color de piel pueda mantenerse con una lectura de 80%.

Si obtiene una buena lectura consistente con la condición de su paciente, el oxímetro de pulso puede ayudarle a determinar la gravedad del componente respiratorio del problema del paciente, y si la lectura aumenta o disminuye en forma constante, puede darle indicios de la mejoría o del deterioro del estatus respiratorio, con frecuencia incluso antes a su manifestación en la apariencia del paciente o en los signos vitales.

Sólo recuerde que el oxímetro de pulso es una herramienta útil en manos de un practicante hábil. De igual forma, puede resultar peligroso en manos de una persona inexperta. La oximetría de pulso, que se usa junto con el juicio clínico razonado, puede resultar útil en conjunto con el resto de sus habilidades de evaluación.

Es importante estar consciente de las condiciones que pueden desviar los resultados del oxímetro de pulso. La luz brillante, la piel con pigmentación oscura y el esmalte de uñas pueden causar errores. Recuerde que sólo mide el porcentaje de hemoglobina saturada con oxígeno. Por lo tanto, un paciente con bajo porcentaje de hemoglobina, como un paciente anémico o hipovolémico, puede tener una saturación de oxígeno de 100%. Esto significa que la hemoglobina está saturada, pero la lectura no indica que el nivel de hemoglobina en el torrente sanguíneo no es suficiente para sostener la función orgánica. Otras condiciones que pueden ocasionar lecturas falsas son la enfermedad de células falciformes y el envenenamiento con monóxido de carbono.

Intervenciones

Ahora que completó el historial y el examen físico enfocados y que reunió una gran cantidad de información sobre su paciente con dificultades respiratorias, es tiempo de proporcionar intervenciones para esos problemas que encontró que no son una amenaza inmediata para la vida. Sus intervenciones pueden basarse en órdenes vigentes o en aquellas que recibió al pedir instrucciones específicas al hospital. Recuerde, las intervenciones para las amenazas inmediatas para la vida deberán completarse en la evaluación inicial y no deberán requerir una comunicación previa con el hospital. Las intervenciones para problemas respiratorios incluyen:

- Oxígeno a través de una mascarilla no recirculante a 15 L/min
- Ventilación con presión positiva por medio de una mascarilla con bolsa, o con un dispositivo de flujo restringido impulsado por oxígeno
- Técnicas de manejo de vía aérea como el uso de una vía respiratoria orofaríngea o nasofaríngea, de succión o de posicionamiento de vía aérea.
- Posicionar al paciente en una posición elevada de Fowler o en una de su elección para facilitar la respiración
- Medicamentos respiratorios como Inhaladores de Dosis Medida (IDM) u otros

Algunas de estas intervenciones se efectuaron en la evaluación inicial según se requirió para tratar las amenazas inmediatas para la vida. Otras se usaron para dar apoyo en los problemas respiratorios hasta que se pueda proporcionar atención definitiva en el hospital. Algunas de sus intervenciones pueden corregir el problema. Recuerde documentar su evaluación, incluidos todos los fármacos que administró.

Examen físico detallado

En las emergencias respiratorias, como en cualquier otra emergencia, sólo debe proceder al examen físico detallado una vez que se han identificado y tratado todas las amenazas para la vida. Si está ocupado con el tratamiento de vía aérea o de problemas respiratorios, es posible que no tenga la oportunidad de proceder a un examen físico detallado previo a la llegada al departamento de urgencias. Esto es de esperarse. Nunca comprometa la evaluación y el tratamiento de la vía aérea y de los problemas respiratorios con el fin de realizar el examen físico detallado.

No obstante, tenga en mente que puede haber muchas piezas adicionales para el rompecabezas de la evaluación y el tratamiento que quizá sean reveladas en el examen físico detallado. Por ejemplo, es posible que al tratar a un paciente con dificultad respiratoria aguda que respira 40 veces por minuto con sibilancia audible, no esté seguro de que el paciente presente ICC o un ataque de asma. El examen físico detallado puede proporcionarle ciertos indicios, como una tensión arterial consistentemente elevada y edema pedio, lo cual le indicaría que tiene ICC.

Evaluación continua

Es necesario vigilar de cerca a los pacientes con falta de aire. Repita su evaluación inicial. ¿Ha habido algún cambio en la condición del paciente? Tome los signos vitales por lo menos cada cinco minutos a un paciente inestable o después de que éste utilice un inhalador, o en ambos casos. Si la condición del paciente es estable y no existen amenazas para la vida, deberán obtenerse los signos vitales por lo menos cada 15 minutos. Realice una reevaluación enfocada del sistema respiratorio. Pregunte al paciente si el tratamiento hizo alguna diferencia. Observe el pecho del paciente para reconocer si aún está utilizando músculos accesorios al respirar. Escuche el patrón de habla del paciente. Tenga en mente que éste puede empeorar en lugar de mejorar, y prepárese para dar ventilación asistida con un dispositivo BVM.

Después de ayudar al paciente con el tratamiento del inhalador, transpórtelo al departamento de urgencias. Mientras va en camino, continúe con la evaluación de la respiración del paciente. Intente hablar para tranquilizarlo y continúe aplicando oxígeno suplementario.

Comunicaciones y documentación

Comuníquese con dirección médica cada vez que haya un cambio en el nivel de conciencia o en la dificultad para respirar. De acuerdo con el protocolo local, comuníquese con dirección médica antes de dar asistencia con cualquier medicamento de prescripción. Asegúrese de documentar cualquier cambio (y el momento en que ocurrió), y cualquier orden girada por dirección médica.

Tips para el TUM-B

Nunca comprometa la evaluación y el tratamiento de la vía aérea o los problemas respiratorios para realizar un examen físico detallado.

Atención de urgencia de las emergencias respiratorias

Cuando tome los signos vitales iniciales de una persona con disnea, deberá poner especial atención a la respiración. Siempre hable en tono tranquilizador y asuma una actitud de interés y profesionalidad para calmar al paciente, quien probablemente estará muy asustado. Por lo general administrará oxígeno. Tenga cuidado en vigilar las respiraciones del paciente al hacerlo. Reevalúe las respiraciones y la respuesta del paciente al oxígeno de modo repetido, por lo menos cada cinco minutos, hasta llegar al departamento de urgencias. En una persona con nivel crónicamente alto de dióxido de carbono (p. ej., ciertos pacientes con EPOC), esto es crítico porque el oxígeno suplementario puede causar una elevación rápida en el nivel de oxígeno arterial. Esto, a su vez, puede abolir el estímulo respiratorio secundario con oxígeno y causar paro respiratorio.

No retenga el oxígeno por temor de deprimir o detener la respiración en un paciente con EPOC que necesite oxígeno. La frecuencia respiratoria reducida después de la administración de oxígeno no necesariamente significa que el paciente ya no lo requiera: es posible que incluso necesite más. Si las respiraciones se hacen más lentas y el paciente pierde la conciencia, deberá asistir la respiración con un BVM.

Oxígeno suplementario

Si un paciente se queja de dificultad para respirar, deberá administrarle oxígeno suplementario durante el historial y el análisis físico enfocados si no se hizo durante la evaluación inicial. En general, no es necesario preocuparse acerca de administrar demasiado oxígeno. Coloque una mascarilla no recirculante en el paciente y proporcione oxígeno con una tasa de 10 a 15 L/min (suficiente para mantener la bolsa del reservorio) si la persona presenta dificultad grave para respirar.

Como se señaló antes, hay cierta preocupación acerca de la supresión del "impulso" hipóxico para respirar en algunos pacientes con EPOC. A menos que estos pacientes no respondan, se sugiere un método más conservador. En pacientes que hayan padecido EPOC durante un tiempo prolongado y tengan probable retención de dióxido de carbono, la administración de oxígeno en flujo lento (2 L/min) es un buen punto inicial, con ajustes a 3 L/min, luego 4 L/min, etcétera, hasta que los síntomas mejoren (por ejemplo, el paciente presenta menos disnea o un mejor estado mental). Cuando tenga dudas, es preferible errar por el lado de más oxígeno y vigilar al paciente de cerca.

Inhaladores de prescripción

Es muy probable que los pacientes que piden ayudan debido a dificultades para respirar hayan tenido el mismo problema antes. Es posible que cuenten con medicamentos de prescripción que se administren mediante un inhalador. Si es así, quizá pueda ayudarlos a que lo usen. Consulte a dirección médica, o siga las recomendaciones vigentes. Recuerde informar el tipo de fármaco del que se trata, cuándo realizó la última inhalación el paciente, cuántas bocanadas tomó por vez y qué señala la etiqueta respecto a las dosis. Si dirección médica o las recomendaciones vigentes lo permiten, puede ayudar al paciente a autoadministrarse el medicamento. Asegúrese de que el inhalador pertenezca al paciente, que contenga el medicamento correcto, la fecha de caducidad y se administre la dosis correcta. Administre dosis repetidas del medicamento si no se ha excedido la dosis máxima y si el paciente aún presenta falta de aire.

Algunos de los fármacos de uso más común para la falta de aire se denominan agonistas beta inhalados, y dilatan los conductos respiratorios. Proventil, Ventolin, Alupent, Metaprel y Brethine son nombres comerciales típicos. El nombre genérico de Proventil y Ventolin es salbutamol; el de Alupent y Metaprel es metaproterenol, y para Brethine es terbutalina. La mayoría de estos fármacos relajan los músculos que rodean a los bronquiolos en los pulmones, lo cual conduce a la expansión (dilatación) de los conductos y a un paso más fácil del aire. Véase el Cuadro 11-3, donde aparece una lista de medicamentos que se emplean para los síntomas agudos y otros para los síntomas crónicos. Los que se utilizan para los síntomas agudos están diseñados para dar al paciente alivio rápido de los síntomas si la afección es reversible. Los medicamentos para síntomas crónicos se administran como medida preventiva o como dosis de mantenimiento. Los fármacos para uso crónico proporcionarán poco alivio de los síntomas agudos. Los efectos secundarios comunes de los inhaladores empleados para la falta de aire aguda son: aumento en la aceleración del pulso, nerviosismo y temblor muscular.

> **Qué documentar**
>
> Después de ayudar con la administración de un tratamiento con inhalador, documente otro juego de signos vitales además de la respuesta del paciente al tratamiento. Asegúrese de incluir los sonidos pulmonares.

CUADRO 11-3 Medicamentos respiratorios inhalados

Medicamento		Indicaciones			Uso: agudo vs. crónico	
Nombre genérico	Nombre comercial	Asma	Bronquitis	EPOC	Agudo	Crónico
Albuterol	Proventil, Ventolin, Volmax	Sí	Sí	Sí	Sí	No
Propionato de beclometasona	Beclovent	Sí	No	No	No	Sí
Cromolín sódico	Intal	Sí	No	No	No	Sí
Propionato de fluticasona	Flovent	Sí	No	No	No	Sí
Propionato de fluticasona, xinafoato de salmeterol	Advair Discos	Sí	No	No	No	Sí
Bromuro de ipratropo	Atrovent	Sí	Sí	Sí	Sí	No
Sulfato de metaproterenol	Alupent	Sí	Sí	Sí	Sí	No
Montelukast sódico	Singulair	Sí	No	No	No	Sí
Xinafoato de salmeterol	Serevent	Sí	Sí	Sí	No	Sí

Si el paciente tiene un IDM, lea la etiqueta con cuidado para asegurarse de que el medicamento es para falta de aire y que, de hecho, fue recetado por un médico (Figura 11-14 ▼). Cuando tenga dudas, consulte a dirección médica.

Antes de ayudar a un paciente a autoadministrarse cualquier medicamento con un IDM, asegúrese de que el fármaco esté indicado, es decir, que el paciente tiene signos y síntomas de falta de aire. Por último, verifique que no haya contraindicaciones para su uso, como las siguientes:

- El paciente es incapaz de ayudar a coordinar la inhalación oprimiendo el gatillo, quizá debido a que se encuentra demasiado confundido.
- El inhalador no fue prescrito para este paciente.
- No obtuvo permiso de dirección médica o de protocolo local.
- El paciente ya había llegado a la dosis máxima prescrita antes de su llegada.

Administración de un inhalador de dosis medidas

Para ayudar a un paciente a que se autoadministre medicamento de un inhalador siga estos pasos (Destrezas 11-1 ▶):

Tips para el TUM-B

Se emplea un dispositivo espaciador para facilitar la administración de IDM. Por lo general es un tubo transparente y hueco que se une al IDM. Cuando este último se va a usar, se une en un extremo del espaciador. El inhalador se oprime, lo cual libera el medicamento en el espaciador. A continuación, el paciente coloca su boca en el otro extremo del espaciador e inhala el fármaco. El uso del espaciador elimina la necesidad de coordinar el movimiento de oprimir el inhalador al mismo tiempo en que el paciente inhala. Algunos IDM poseen un espaciador integrado al inhalador.

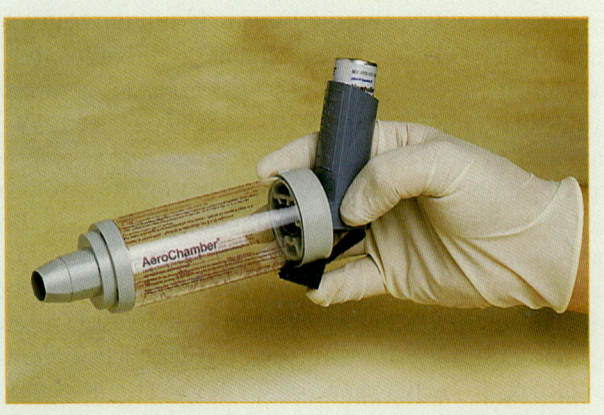

Figura 11-14 Algunos inhaladores cuentan con dispositivos espaciadores para dirigir mejor el medicamento nebulizado.

Necesidades pediátricas

El asma es una enfermedad común en la infancia. Cuando evalúe a un paciente pediátrico, busque si hay retracción de la piel sobre el esternón y entre las costillas. Es típico que sea más fácil ver la retracción en los niños que en los adultos. La cianosis es un signo tardío en los niños. Tenga en mente que la tos no tiene que ser una señal de resfriado; podría indicar neumonía o asma. Incluso si no escucha mucha sibilancia, la presencia de una tos puede indicar que hay cierto grado de enfermedad reactiva en vía aérea o que se está presentando un ataque agudo de asma.

La atención de urgencia para un niño con falta de aire es la misma que se emplea para un adulto, incluido el uso de oxígeno suplementario. No obstante, muchos niños pequeños no tolerarán (o pueden rehusarse a utilizar) la mascarilla. En lugar de luchar con el niño, proporcione oxígeno por paso de gas sosteniendo la mascarilla frente a la cara del niño o pida a uno de los padres que lo haga (**Figura 11-15** ▶). Muchos niños con asma también contarán con IDM manuales de prescrip-

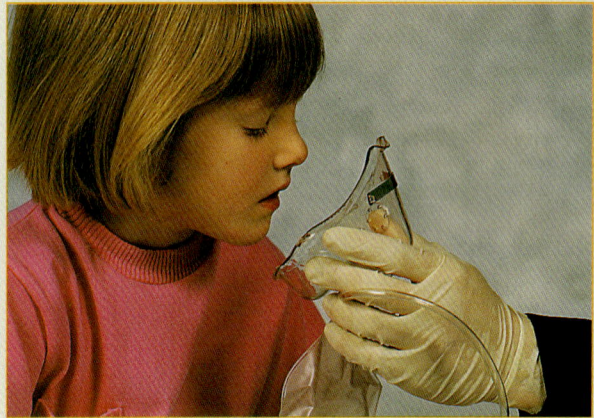

Figura 11-15 Dado que los niños pueden rehusarse a emplear la mascarilla de oxígeno, quizá deba sostener dicha mascarilla frente a la cara del niño. Si el niño aún se resiste pida ayuda a los padres.

ción. Utilice estos inhaladores de la misma manera que lo haría con un adulto. Los pacientes pediátricos tienen mayor probabilidad de usar espaciadores para asistir en el uso de inhaladores.

---

1. **Obtenga una orden** de dirección médica o del protocolo local.
2. **Verifique que cuenta con el medicamento adecuado,** el paciente correcto y la vía apropiada.
3. **Asegúrese de que el paciente está lo bastante alerta** para usar el inhalador.
4. **Verifique la fecha de caducidad** del inhalador.
5. **Verifique si el paciente** ya ha tomado otras dosis.
6. **Asegúrese de que el inhalador** esté a temperatura ambiente o más caliente (**Paso 1**).
7. **Agite el inhalador** vigorosamente varias veces.
8. **Deje de administrar oxígeno suplementario** y retire cualquier mascarilla de la cara del paciente.

Situación de urgencia — Parte 5

Se reúne con el SVA. El paramédico le indica que mantenga la ventilación. Usted le informa que la oximetría de la paciente es ahora de 72% con ventilaciones por BVM. Mueve a la paciente a la unidad de SVA donde otro paramédico los espera, preparado para la intubación endotraqueal.

Con la paciente semiconsciente y el reflejo nauseoso intacto, un paramédico inicia un tratamiento nebulizado de albuterol a través de su dispositivo BVM, mientras que el otro inicia la administración IV de una serie de fármacos. La paciente se retuerce y luego queda flácida. El paramédico le permite continuar ventilando a la paciente y luego le pide que mueva el dispositivo BVM de manera que puedan intubarla. La intubación tiene éxito y unos minutos después del procedimiento, nota que la lectura de oximetría de la paciente mejora de manera importante.

8. Si la intubación no hubiera tenido éxito, ¿qué habría hecho?
9. ¿Qué aspectos son importantes de anotar para documentar esta llamada?

Destrezas 11-1

Inserción de una vía aérea nasal

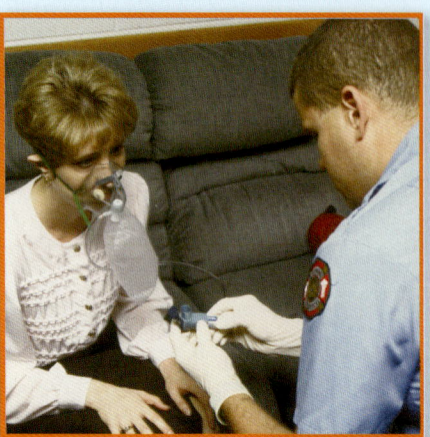

1 Asegúrese de que el inhalador está a temperatura ambiente o más caliente.

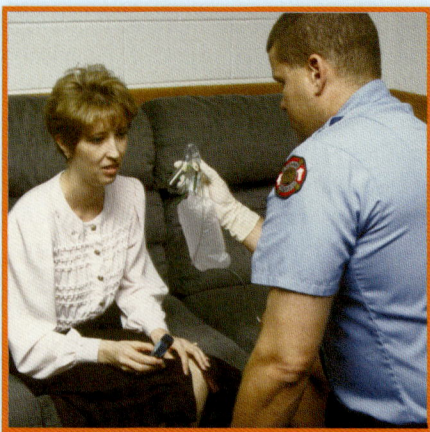

2 Retire la mascarilla de oxígeno.
Entregue el inhalador al paciente e indíquele cómo respirar y sellar los labios.

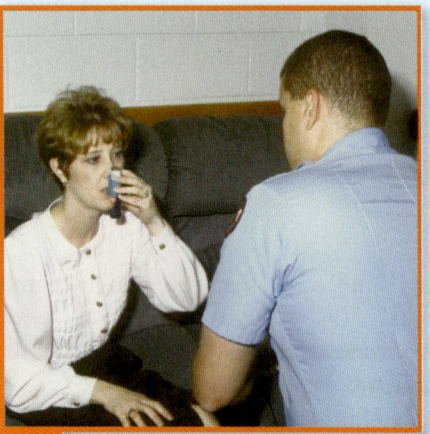

3 Indique al paciente que presione el inhalador e inhale.
Dé instrucciones para que sostenga la respiración.

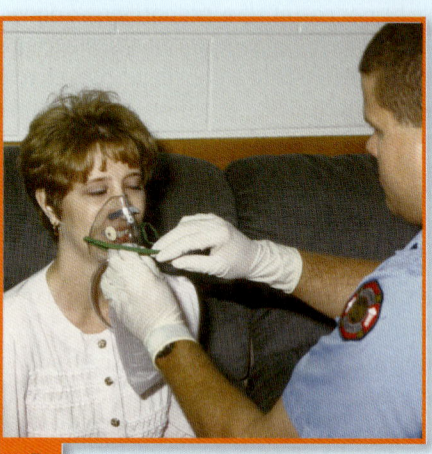

4 Reaplique el oxígeno.
Después de unas cuantas respiraciones, haga que el paciente repita la dosis si las órdenes/el protocolo lo permiten.

9. **Pida al paciente que exhale** profundamente y que, antes de inhalar, coloque sus labios en torno de la boquilla del inhalador (**Paso 2**).
10. **Haga que el paciente** oprima el inhalador manual al comenzar a inhalar profundamente.
11. **Indique al paciente** que sostenga la respiración tanto tiempo como le sea cómodo para ayudar al cuerpo a absorber el medicamento (**Paso 3**).
12. **Continúe con la administración** de oxígeno suplementario.
13. **Permita que el paciente respire** unas cuantas veces, luego repita la segunda dosis de acuerdo con las indicaciones de dirección médica o del protocolo local (**Paso 4**).

Tratamiento de padecimientos específicos

Infección de vía aérea superior o inferior

La disnea asociada con infecciones agudas es bastante común. Con excepción de los pacientes con neumonía, bronquitis aguda o epiglotitis, rara vez es grave. La congestión aguda y mala ventilación de un resfriado común rara vez requieren atención de emergencia. Sin duda, la

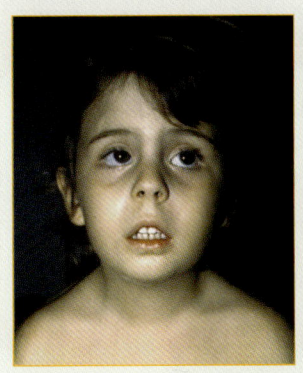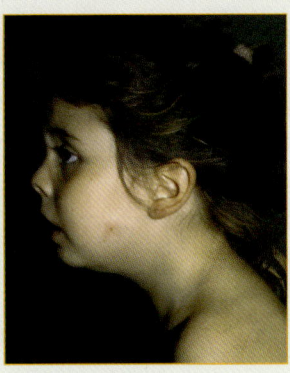

Figura 11-16 Un niño con epiglotitis puede encontrarse más cómodo si se mantiene sentado e inclinado hacia el frente.

mayoría de las personas con resfriados se tratan con medicamentos sin receta. No obstante, los individuos con un resfriado común que presentan problemas subyacentes como asma o insuficiencia cardiaca suelen presentar un empeoramiento de su estado como resultado del estrés adicional de la infección. Además, los medicamentos para el resfriado también pueden producir efectos secundarios estresantes, como agitación, incremento en la frecuencia cardiaca y aumento de la presión sanguínea.

Para pacientes con infecciones en las vía aérea superior y disnea, administre oxígeno humidificado (si está disponible). No intente succionar la vía respiratoria ni colocar una cánula orofaríngea en un paciente en el cual sospeche epiglotitis. Estas maniobras pueden causar espasmo y obstrucción completa de vía aérea. Transporte al paciente con rapidez al hospital; permita que se siente en la posición más cómoda para él. Para alguien con epiglotitis, ésta por lo general consiste en sentarse erecto y agachado hacia delante en la "posición de olfateo" Figura 11-16 ▲). Obligar a un paciente con epiglotitis a permanecer en posición supina puede ocasionar la obstrucción de vía aérea superior que podría provocar la muerte.

La disnea en la pulmonía no es producto de la obstrucción de vía aérea superior, sino de la pérdida de volumen pulmonar efectivo y de la necesidad de un intercambio más rápido de aire. Aquí, de nueva cuenta, el problema no se resolverá mediante el uso de vía aérea artificial, pero mejorará con la producción de oxígeno.

Edema pulmonar agudo

La disnea causada por edema pulmonar agudo puede asociarse con enfermedad cardiaca o daño pulmonar directo. En ambos casos, administre 100% de oxígeno y, si es necesario, succione con cuidado cualquier secreción de la vía aérea. Proporcione un transporte rápido al departamento de urgencias. La mejor posición para el paciente consciente que presenta infarto de miocardio o lesión pulmonar directa es aquélla en la cual sea más fácil respirar. Por lo general ésta es permanecer sentado. En raras ocasiones requerirá emplear una vía aérea artificial porque no existe problema alguno de obstrucción de vía aérea superior. No obstante, un paciente inconsciente con edema pulmonar agudo requerirá apoyo respiratorio total, incluida la ventilación de vía aérea con presión positiva con oxígeno y succión.

Enfermedad pulmonar obstructiva crónica

Los pacientes con EPOC pueden estar semiconscientes o inconscientes debido a **hipoxia**, una condición en la cual las células y los tejidos del cuerpo no obtienen suficiente oxígeno, o debido a retención de dióxido de carbono. Puede parecer que se encuentran bajo dificultad respiratoria y/o cianóticos. Es posible que sus labios aparezcan contraídos y que empleen músculos accesorios para respirar, incluidos los de cuello y hombros.

Proporcione apoyo con el propio inhalador prescrito al paciente si es que lo hay. Con frecuencia, un paciente con EPOC hará uso excesivo del inhalador; esté alerta en caso de efectos secundarios. Transporte a los pacientes con EPOC lo más pronto posible al departamento de urgencias, permitiéndoles permanecer sentados si esto es lo más cómodo. Para los pacientes con EPOC con frecuencia resulta difícil respirar cuando están acostados.

Neumotórax espontáneo

Los pacientes con neumotórax espontáneo pueden presentar dificultad respiratoria grave, o no presentar sufrimiento alguno y quejarse sólo de dolor pleurítico en el pecho. Proporcióneles oxígeno suplementario y pronto transporte al hospital. Lo mismo que la mayoría de los pacientes disneicos, aquéllos con neumotórax espontáneo por lo general se encuentran más cómodos sentados. Vigile con cuidado al paciente, y manténgase alerta en caso de cualquier deterioro repentino en el estado respiratorio. Esté listo para apoyar la vía respiratoria, asistir la respiración y proporcionar apoyo cardiopulmonar total si es necesario.

Asma

Muchos problemas pulmonares se denominan de manera incorrecta como "asma"; por tanto, su evaluación del paciente es crítica. Un paciente que en verdad padece asma tendrá un historial de episodios repetidos de falta de aire repentina en los cuales tendrá dificultades para exhalar. Confirme si el paciente es capaz de respirar con normalidad en otros momentos. Si es posible, pida a los miembros de su familia que describan el asma del paciente. Incluso si sólo identifican la sibilancia como un problema, tenga en mente que algunas formas de insuficiencia cardiaca, de aspiración de cuerpos extraños, inhalación de vapores tóxicos o reacciones alérgicas pueden ocasionar sibilancia.

Al evaluar los signos vitales del paciente, observe que la velocidad del pulso será normal o elevada, la presión sanguínea puede estar algo elevada y las respiraciones aumentarán. Asista al paciente con su inhalador prescrito, si lo hay. Administre oxígeno y permita al paciente permanecer sentado y erecto, lo cual facilita la respiración. Tranquilícelo, tensión y ansiedad empeoran los ataques de asma.

Pregunte cuándo y cómo se iniciaron los síntomas. A medida que atiende al paciente, prepárese para succionar grandes cantidades de moco de la boca y para administrar oxígeno. Si succiona, no retenga el oxígeno por más de 15 segundos en los pacientes adultos, cinco en un lactante y 10 en un niño. Deje pasar un tiempo para la oxigenación entre uno y otro intento de succión. Si el paciente está inconsciente, es posible que tenga que proporcionar cuidado de la vía aérea.

Si el paciente lleva consigo medicamentos, como un inhalador para ataques de asma, puede ayudarlo con su administración, de acuerdo con lo indicado en el protocolo local. Incluso los pacientes que emplean su inhalador pueden empeorar. Es necesario que reevalúe la respiración con frecuencia y que esté preparado para asistir las ventilaciones en casos graves. Si debe ayudar con la respiración a un paciente que presenta un ataque de asma, emplee respiraciones suaves y lentas. Recuerde, el problema en el asma es sacar el aire de los pulmones, no introducirlo. Resista la tentación de apretar la bolsa con fuerza y rapidez. Asista siempre las ventilaciones como último recurso, y luego proporcione sólo cerca de 10 a 12 respiraciones superficiales/min.

Un ataque de asma prolongado que no se alivia puede avanzar hasta una condición conocida como estado asmático. Es posible que el paciente esté asustado, tratando de manera desesperada de respirar, al tiempo que usa todos los músculos accesorios. El estado asmático es una verdadera emergencia, y el paciente debe recibir oxígeno y ser transportado de inmediato al departamento de urgencias.

El esfuerzo para respirar durante un ataque de asma es muy cansado, y es probable que el paciente esté exhausto para cuando usted llegue. Es posible que un paciente agotado haya dejado de sentirse ansioso o incluso haya dejado de luchar por respirar. Este paciente no está en recuperación, se encuentra en una etapa muy crítica y es probable que deje de respirar. El tratamiento agresivo de la vía aérea, la administración de oxígeno y el transporte rápido son esenciales en esta situación. Deberá considerarse el apoyo soporte vital avanzado. Siga el protocolo local.

> **Tips para el TUM-B**
>
> Cuando uno de los TUM-B está preparando el oxígeno, el segundo debe tratar de indicar al paciente con asma o EPOC para que utilice la respiración de "labios plegados". El incremento en la presión inversa ayudará al flujo de aire a través de los bronquiolos angostados.

Efusiones pleurales

El tratamiento de las efusiones pleurales consiste en eliminar el líquido acumulado fuera del pulmón, lo cual debe estar a cargo de un médico en un medio hospitalario. No obstante, debe proporcionar oxígeno y otras medidas de apoyo de rutina a tales pacientes.

Obstrucción de vía aérea superior

Si el paciente es un niño pequeño o alguien que comió justo antes de que se desarrollara la disnea, es posible que asuma que el problema es un cuerpo extraño inhalado o aspirado. Si el paciente tiene suficiente edad para hablar pero no puede emitir sonido alguno, la causa probable es la obstrucción de vía aérea superior.

La obstrucción de vía aérea superior puede ser parcial o completa. Si su paciente es capaz de hablar y respirar, la acción más adecuada puede ser proporcionarle oxígeno suplementario y transportarlo con cuidado al hospital en una posición cómoda. Mientras el paciente sea capaz de obtener suficiente oxígeno, evite hacer cualquier cosa que pudiera convertir una obstrucción parcial de vía aérea en una obstrucción completa.

No hay condición más inmediatamente riesgosa para la vida que la obstrucción total de la vía aérea. El cuerpo extraño que la causa debe eliminarse antes de que cualquier otra acción pueda resultar efectiva.

Primero es necesario abrir la vía aérea superior del paciente de acuerdo con los lineamientos de SVB. Luego, independientemente de que tenga éxito, administre oxígeno suplementario y transporte al paciente con prontitud al departamento de urgencias.

Embolia pulmonar

Dado que es posible que una cantidad considerable de tejido pulmonar no esté funcionando, es obligatorio aplicar oxígeno a un paciente con embolia pulmonar. Coloque al paciente en una posición cómoda, por lo general sentado, y asístalo en la respiración según se requiera. La hemoptisis, si se presenta, por lo general no es grave, pero si hay sangre en la vía aérea, ésta debe eliminarse. Es posible que el paciente presente una frecuencia cardiaca inusualmente rápida y quizás irregular. Transporte al paciente al departamento de urgencias con prontitud. Tenga en mente que los émbolos pulmonares pueden causar paro cardiaco.

Hiperventilación

Cuando responda a un paciente que presente hiperventilación, complete una evaluación inicial y antecedentes del evento. ¿Tiene dolor en el pecho el paciente? ¿Hay antecedentes de problemas cardiacos o diabetes? Siempre deberá suponer que hay un problema subyacente grave, incluso si sospecha que tal problema es el estrés. No haga que el paciente respire en una bolsa de papel, aunque se crea que ésta es la técnica tradicional para manejar el síndrome de hiperventilación. En teoría, respirar en una bolsa de papel hace que el paciente inhale el dióxido de carbono que exhaló, lo cual permite que el nivel sanguíneo de dióxido de carbono regrese a la normalidad. De hecho, si el paciente está hiperventilando debido a un problema médico grave, esta maniobra empeoraría las cosas. Respirar en una bolsa puede hacer que un paciente con enfermedad pulmonar subyacente presente hipoxia grave. En lugar de ello, el tratamiento debe consistir en tranquilizar al paciente en una forma calmada y profesional, proporcionar oxígeno suplementario y proveer un transporte rápido al departamento de urgencias. Los pacientes que hiperventilan deben evaluarse en un medio hospitalario.

Situación de urgencia — Resumen

Todas las llamadas implican la evaluación de los ABC del paciente. La evaluación correcta y el tratamiento sirven como base de la atención en el SMU. Conocer las capacidades de su campo de práctica, ser capaz de anticipar los posibles cambios en la condición del paciente, y pedir la asistencia de los proveedores de SVA cuando se requiera puede constituir la diferencia entre la vida y la muerte.

Evaluación y cuidados de urgencia

	Dificultades respiratorias
Evaluación de la escena	El aislamiento de sustancias corporales debe incluir como mínimo guantes y protección ocular. Verifique la seguridad de la escena y determine Naturaleza de la Enfermedad/Mecanismo de la lesión. Considere el número de pacientes, la necesidad de ayuda adicional y la estabilización de la columna vertebral.
Evaluación inicial	
■ Impresión general	Determine la prioridad de la atención con base en el entorno y en la queja principal del paciente. Determine el nivel de conciencia y encuentre/trate cualquier amenaza inmediata para la vida.
■ Vía aérea	Asegure la vía aérea del paciente.
■ Respiración	Evalúe la profundidad y la frecuencia respiratorias y proporcione ventilaciones según se necesite. Ausculte y anote los sonidos respiratorios, mientras proporciona oxígeno con flujo elevado.
■ Circulación	Determine la calidad y velocidad del pulso; observe el color de la piel, la temperatura y condición. Si está estable/no hay peligro para la vida, proceda con el historial y el examen físico enfocados. Si está inestable/hay posible peligro para la vida, proceda con la transportación rápida.
■ Decisión de transporte	Si está estable/no hay peligro para la vida, proceda con el historial y el examen físico enfocados. Si está inestable/hay posible peligro para la vida, proceda con la transportación rápida.
Historial y examen físico enfocados	*NOTA: El orden de los pasos en el historial y el examen físico enfocados difiere dependiendo de que el paciente esté consciente o inconsciente. El orden a continuación es para un paciente consciente. Para una paciente inconsciente, efectúe un examen físico rápido, obtenga los signos vitales y el historial.*
■ Historial SAMPLE	Realice el SAMPLE y OPQRST pertinentes. Asegúrese de preguntar si se realizaron intervenciones y cuáles fueron antes de su llegada, cuántas y a qué hora.
■ Examen físico enfocado	Lleve a cabo un examen físico enfocado, basándose en la apariencia física del paciente, cianosis, trabajo respiratorio, posición de trípode, plegamiento de labios, uso de músculos accesorios, sonidos pulmonares adventicios, sibilancia y edema pedal.
■ Signos vitales iniciales	Tome los signos vitales, observe color/temperatura de la piel lo mismo que el nivel de conciencia del paciente. Use oximetría de pulso si está disponible.
■ Intervenciones	Apoye al paciente con oxígeno, ventilaciones de presión positiva, adjuntos, posicionamiento adecuado y asistencia con los medicamentos de acuerdo con el protocolo local. Es posible que muchas de estas intervenciones deban ser efectuadas antes, en la evaluación inicial.
Examen físico detallado	Considere un examen físico detallado si el tiempo y la situación lo permiten.
Evaluación continua	Repita la evaluación inicial y la enfocada, y reevalúe las intervenciones realizadas. Reevalúe signos vitales cada cinco minutos en el paciente inestable, o cuando emplee un inhalador. Para el paciente estable o que no emplea inhaladores, reevalúe los signos vitales cada 15 minutos. Tranquilice y calme al paciente.
■ Comunicaciones y documentación	Comuníquese con dirección médica si hay cualquier cambio en el nivel de conciencia o dificultad para respirar. De acuerdo con el protocolo local, comuníquese con dirección médica antes de dar asistencia con cualquier medicamento prescrito. Documente cualquier cambio, la hora y cualquier orden de dirección médica.

NOTA: aunque los siguientes pasos poseen amplia aceptación, asegúrese de consultar y seguir su protocolo local.

Evaluación y cuidados de urgencia

Dificultad respiratoria

Administre oxígeno colocando una mascarilla no recirculante al paciente y proporcionando oxígeno con una velocidad de 10 a 15 L/min.

Para cualquier paciente con dificultad respiratoria, utilice el posicionamiento, los adjuntos de vía aérea (cánulas orofaríngeas o nasofaríngeas), o ventilación de presión positiva según se indique.

Asma

Administre oxígeno. Permita que el paciente permanezca sentado en posición erecta.

Succione grandes cantidades de moco.

Ayude al paciente a autoadministrarse un inhalador de dosis medidas:

1. Obtenga orden de dirección médica.
2. Verifique la fecha de expiración y si el paciente ha tomado otras dosis.
3. Asegúrese de que el inhalador se encuentra a temperatura ambiente o más caliente.
4. Agite el inhalador vigorosamente varias veces.
5. Retire la mascarilla de oxígeno. Indique al paciente que exhale con profundidad.
6. Instruya al paciente para que presione el inhalador e inhale. Indique al paciente que sostenga la respiración tanto tiempo como le sea cómodo.
7. Reaplique el oxígeno.

Infección de vía aérea superior o inferior

Proporcione oxígeno en flujo total a través de la mascarilla no recirculante a 15 L/min.

Si se prescribe un inhalador al paciente, adminístrelo de acuerdo con el protocolo local. Documente el tiempo y efecto en el paciente con cada aplicación.

Coloque en posición cómoda y proporcione transporte con prontitud.

Edema pulmonar agudo

Administre oxígeno al 100% y succione cualquier secreción de la vía aérea según se requiera.

Coloque en posición cómoda y proporcione soporte respiratorio según se requiera. Transporte con prontitud.

Enfermedad pulmonar obstructiva crónica

Proporcione oxígeno en flujo total a través de la mascarilla no recirculante a 15 L/min.

Si se prescribe un inhalador al paciente, adminístrelo de acuerdo con el protocolo local. Documente el tiempo y efecto en el paciente con cada aplicación.

Coloque en posición cómoda y proporcione transporte con prontitud.

Neumotórax espontáneo

Proporcione oxígeno suplementario y coloque en posición cómoda.

Transporte con prontitud. Apoye la vía aérea, respiración y circulación según sea necesario.

Efusiones pleurales

Proporcione oxígeno con alta velocidad de flujo a 15 L/min y coloque en una posición cómoda. Apoye la vía aérea, la respiración y circulación según sea necesario.

Transporte con prontitud.

Obstrucción de vía aérea superior

Para obstrucciones parciales o completas de vía aérea por cuerpos extraños, libere vía aérea de acuerdo con los lineamientos de SVB, aplique oxígeno con flujo total a 15 L/min según se requiera, y transporte con prontitud.

Embolia pulmonar

Libere la vía aérea y proporcione oxígeno en flujo total a 15 L/min. Coloque en posición cómoda y proporcione transporte con rapidez. Provea apoyo de ventilación según se requiera y esté preparado para un paro cardiaco.

Hiperventilación

Proporcione oxígeno en flujo total a 15 L/min e instruya en forma calmada para reducir el ritmo de las respiraciones. Complete una evaluación inicial y un historial y examen físico enfocados. Transporte con prontitud para la evaluación.

Resumen

Listo para repaso

- La disnea es una queja común que puede ser producto de numerosos problemas médicos, incluidas infecciones en vía aérea superior e inferior, edema pulmonar agudo, enfermedad pulmonar obstructiva crónica, neumotórax espontáneo, asma o reacciones alérgicas, efusiones pleurales, obstrucción mecánica de la vía aérea, embolia pulmonar e hiperventilación.

- Cada uno de estos trastornos pulmonares interfiere de una manera u otra con el intercambio de oxígeno y dióxido de carbono que tiene lugar durante la respiración. Esta interferencia puede ser en forma de daño a los alvéolos, separación de éstos de los vasos pulmonares debido a líquido o infección, obstrucción de los pasajes aéreos o aire o exceso de líquido en el espacio pleural.

- Los pacientes con enfermedades pulmonares prolongadas con frecuencia presentan niveles crónicos elevados de dióxido de carbono en sangre; en algunos casos, dar demasiado oxígeno a estos pacientes puede deprimir o detener la respiración. No obstante, el uso juicioso de oxígeno casi siempre es una prioridad importante en pacientes con disnea.

- Los signos y síntomas de dificultad respiratoria incluyen sonidos poco usuales al respirar, entre ellos sibilancia, estridor, estertores y ronquera; aleteo nasal, respiración con contracción de labios; cianosis, incapacidad de hablar, uso de músculos accesorios para respirar y posición de trípode al sentarse, lo cual permite que el diafragma cuente con mayor espacio para funcionar.

- En el tratamiento de la disnea, es importante tranquilizar al paciente y proporcionarle oxígeno suplementario. Recuerde mantener al paciente en una posición cómoda para respirar, por lo general sentado y erecto.

- Si el paciente no respira, emplee un dispositivo BVM para asistir la respiración. Si el paciente respira de modo inadecuado, aplique oxígeno a través de una mascarilla no recirculante con el flujo de oxígeno ajustado de 10 a 15 L/min.

- A continuación, realice un historial y examen físico enfocados, e incluya signos vitales. Si el paciente cuenta con un inhalador prescrito o un autoinyector de epinefrina, consulte con dirección médica para asistirlo en su uso, o siga las órdenes vigentes si autorizan esto.

- Luego transporte al paciente al hospital, vigilando su condición durante el camino. Hablar con el paciente es una buena manera de vigilar un problema respiratorio.

- Recuerde, es posible que un paciente que respira con rapidez no esté obteniendo suficiente oxígeno como resultado de la dificultad respiratoria debido a diversos problemas, entre ellos neumonía o embolia pulmonar; el intento de "soplar" más dióxido de carbono es para compensar la acidosis ocasionada por un veneno, una infección grave o un nivel elevado de glucosa sanguínea; o una reacción de estrés.

- En todos los casos, el rápido reconocimiento del problema, la administración del oxígeno y el rápido transporte son esenciales.

Vocabulario vital

alergeno Sustancia que causa una reacción alérgica.

asma Enfermedad de los pulmones en la cual el espasmo muscular en los pequeños conductos respiratorios y la producción de grandes cantidades de moco con edema del recubrimiento de la vía aérea da como resultado la constricción de la vía aérea.

bronquitis Inflamación aguda o crónica del pulmón que podría dañar el tejido pulmonar; por lo general asociada con tos y producción de esputo.

bronquitis crónica Irritación de los conductos pulmonares principales, ya sea por enfermedad infecciosa o por irritantes como el humo.

crepitación Sonidos respiratorios como crujidos y cascabeleo que señalan la presencia de líquido en los espacios aéreos de los pulmones.

croup (laringotraqueobronquitis) Enfermedad infecciosa del sistema respiratorio superior que puede causar una obstrucción parcial de la vía aérea y se caracteriza por una tos semejante a un ladrido que por lo general se observa en los niños.

difteria Enfermedad infecciosa en la cual se forma una membrana que recubre la faringe; este recubrimiento puede obstruir gravemente el paso de aire hacia la laringe.

disnea Falta de aire o dificultad para respirar.

dolor pleurítico en el pecho Dolor agudo y punzante en el pecho que empeora con la respiración profunda u otros movimientos de la pared del tórax; con frecuencia es producto de una inflamación o irritación de la pleura.

edema pulmonar   Acumulación de líquido en los pulmones, por lo general como resultado de la insuficiencia cardiaca congestiva.

efusión pleural   Acumulación de líquido entre el pulmón y la pared del tórax que puede comprimir al pulmón.

embolia pulmonar   Coágulo sanguíneo que se desprende de una vena grande y viaja a través de los vasos, causando la obstrucción del flujo sanguíneo.

émbolo   Un coágulo sanguíneo u otra sustancia en el sistema circulatorio que viaje hacia un vaso sanguíneo donde causa un bloqueo.

enfermedad pulmonar obstructiva crónica (EPOC)   Un proceso lento de dilatación y disrupción de la vía aérea y los alvéolos, causado por una obstrucción bronquial crónica.

enfisema   Enfermedad pulmonar en la cual se presenta dilatación extrema y la destrucción final de los alvéolos pulmonares con un intercambio pobre de oxígeno y dióxido de carbono; es una forma de la enfermedad pulmonar crónica obstructiva (EPOC).

epiglotitis   Enfermedad infecciosa en la cual la epiglotis se inflama y agranda y puede causar obstrucción de la vía aérea superior.

estímulo hipóxico   Sistema de apoyo para controlar las respiraciones cuando caen los niveles de oxígeno.

estridor   Sonido áspero, agudo, semejante a un ladrido, que se produce al inspirar y se escucha con frecuencia en la obstrucción laríngea aguda (vía aérea superior).

hiperventilación   Respiración rápida o profunda que reduce los niveles de dióxido de carbono por debajo de lo normal.

hipoxia   Padecimiento en el cual las células y los tejidos del cuerpo carecen de suficiente oxígeno.

neumonía   Enfermedad infecciosa pulmonar que daña el tejido del pulmón.

neumotórax   Acumulación parcial o completa de aire en el espacio pleural.

resfriado común   Infección viral que por lo general se asocia con el hinchamiento de las membranas mucosas nasales y la producción de líquido de los senos y la nariz.

retención de dióxido de carbono   Padecimiento caracterizado por un nivel crónico elevado de dióxido de carbono en la sangre, en el cual el centro respiratorio ya no responde a los niveles sanguíneos altos de este compuesto.

roncantes   Sonidos roncos de la respiración en pacientes con moco crónico en la vía aérea.

sibilancia   Sonido respiratorio agudo, semejante a un silbido, que se escucha en forma característica al expirar en los pacientes con asma o EPOC.

síndrome respiratorio agudo grave (SARS)   Infección viral potencialmente mortal que casi siempre se inicia con síntomas de tipo influenza.

Qué evaluar

Es una noche fría y húmeda y lo acaban de enviar al hogar de un hombre mayor con dificultades respiratorias. Al llegar, se encuentra con un hombre de 78 años con dificultad respiratoria leve a moderada. Éste le informa que ha vivido con cierta falta de aire todos los días durante los últimos cinco años; sin embargo, ésta ha empeorado en las últimas horas. Usted observa que hay diversos medicamentos sobre una mesa y la casa está muy desordenada. Averigua que el hombre vive solo y parece estar desnutrido. Cuando completa su historial SAMPLE, su paciente señala que no toma sus comidas con regularidad ni sus medicamentos de acuerdo con las indicaciones. Se da cuenta de que el paciente debe ser transportado al departamento de urgencias, pero el hombre se rehúsa. Dice que quiere permanecer en casa y morir.

¿Qué puede decirle para animar a su paciente para que acepte la atención de emergencia? ¿Qué importancia tiene la condición de la casa?

Temas: Necesidad de transportar a los pacientes para tratamiento de emergencia y rechazo del tratamiento; No cumplimiento de los pacientes con los medicamentos de prescripción; Depresión y personas mayores.

Autoevaluación

Los envían a una residencia en busca de un hombre que presenta falta de aire. A su llegada, los guían hacia una recámara donde encuentran a un hombre mayor sentado en los pies de la cama. Desde el otro lado de la habitación, nota que el paciente está inclinado hacia delante y es obvio que tiene dificultades para respirar. Se ve pálido y el contorno de sus labios es azulado (cianótico). Apenas es capaz de hablar, pero el paciente les informa que tuvo un grave episodio de tos hace 20 minutos. Fue entonces cuando comenzó de repente una grave falta de aire.

Su compañero le aplica oxígeno al paciente y obtiene los siguientes signos vitales: pulso, 120 latidos/min y débil; tensión arterial, 100/70 mm Hg, y respiraciones 28/min y trabajosa. El paciente le informa que le diagnosticaron EPOC y que ha tenido asma durante los últimos tres años.

1. El término empleado para describir la dificultad del paciente para respirar se llama:

    A. shorting alveolar.
    B. bradipnea.
    C. disnea.
    D. depreclación de oxígeno.

2. Cuando escucha los sonidos pulmonares de su paciente, esperaría:

    A. ausencia o reducción de los sonidos pulmonares en un lado.
    B. sonidos pulmonares iguales.
    C. ningún sonido pulmonar desusado.
    D. sibilancia en la parte superior de los pulmones.

3. El episodio de tos del paciente, su color pálido azulado y sus signos vitales, son todos signos y síntomas de:

    A. un resfriado grave o influenza.
    B. una reacción a fármacos.
    C. respiración inadecuada.
    D. enfermedad cardiovascular.

4. Es muy probable que este paciente sufra de:

    A. una vía aérea obstruida.
    B. asma.
    C. bronquitis.
    D. neumotórax espontáneo.

5. El mejor método para administrarle oxígeno a este paciente sería:

    A. una mascarilla no recirculante a 10 a 15 L/min.
    B. método de paso de gas a 20 L/min.
    C. cánula nasal a 8 a 10 L/min.
    D. a través de tubos de conexión.

6. La mejor posición para transportar a este paciente sería:

   A. boca abajo.
   B. acostado (supina).
   C. sobre su costado (lateral).
   D. Sentado.

7. Durante la reevaluación del paciente nota un deterioro importante del estado respiratorio de éste. Debe estar preparado para:

   A. asistir a la respiración del paciente con un dispositivo BVM.
   B. llamar a dirección médica.
   C. pasar al paciente a un espaldar.
   D. suspender o reducir el oxígeno.

Preguntas desafiantes

8. ¿Por qué son los pacientes geriátricos los de mayor riesgo de problemas respiratorios graves?

9. ¿Qué causa la epiglotitis y por qué es ésta una emergencia verdadera?

10. La enfermedad pulmonar obstructiva crónica (EPOC) afecta de 10 a 20% de la población adulta. Describa dos procesos de EPOC y cómo difieren.

11. ¿Cómo afecta las respiraciones la retención de dióxido de carbono en la sangre?

Emergencias cardiovasculares

Objetivos

Cognitivos

4-3.1 Describir la estructura y función del sistema cardiovascular. (p. 402)

4-3.2 Describir la atención médica de emergencia para el paciente que presenta dolor precordial (p. 415)

4-3.3 Señalar las indicaciones para la desfibrilación automática externa (DAE). (p. 419)

4-3.4 Señalar las contraindicaciones para la desfibrilación automática externa (DAE). (p. 421)

4-3.5 Definir el papel del TUM-B en el sistema de atención cardiovascular de urgencia. (p. 402)

4-3.6 Explicar la importancia de considerar la edad y el peso en la desfibrilación (p. 420).

4-3.7 Discutir la posición más cómoda para los pacientes con diferentes emergencias cardiacas. (p. 411).

4-3.8 Establecer la relación entre el manejo de la vía aérea y el paciente con compromiso cardiovascular. (p. 411)

4-3.9 Predecir la relación entre el paciente que presenta compromiso cardiovascular y el soporte vital básico. (p. 410)

4-3.10 Discutir los fundamentos de la desfibrilación temprana. (p. 422)

4-3.11 Explicar la justificación para la desfibrilación temprana. (p. 422)

4-3.12 Explicar que no todos los pacientes con dolor precordial terminan con paro cardiaco ni necesitan conectarse a un desfibrilador automático externo. (p. 421)

4-3.13 Explicar la importancia de la intervención del SVCA prehospitalario si está disponible. (p. 430)

4-3.14 Explicar la importancia del traslado urgente a instalaciones con Soporte Vital Cardiaco Avanzado si éste no está disponible en el medio prehospitalario. (p. 430)

4-3.15 Discutir los diversos tipos de desfibriladores automáticos externos. (p. 420)

4-3.16 Diferenciar entre el desfibrilador totalmente automático y el semiautomático. (p. 421)

4-3.17 Discutir los procedimientos que deben tomarse en consideración para la operación estándar de los diversos tipos de desfibriladores automáticos externos. (p. 421)

4-3.18 Establecer las razones para asegurar que el paciente se encuentra en apnea y no tiene pulso cuando se usa un desfibrilador automático externo. (p. 421)

4-3.19 Discutir las circunstancias que pueden resultar en descargas inapropiadas. (p. 421)

4-3.20 Explicar las consideraciones para la interrupción de la RCP cuando se utiliza un desfibrilador automático externo. (p. 430)

4-3.21 Analizar las ventajas y desventajas de los desfibriladores automáticos externos. (p. 421)

4-3.22 Resumir la velocidad de operación de la desfibrilación automática externa. (p. 421)

4-3.23 Analizar el uso de la desfibrilación remota mediante parches adhesivos. (p. 421)

4-3.24 Discutir las consideraciones especiales para la vigilancia del ritmo. (p. 421)

4-3.25 Indicar los pasos en la operación del desfibrilador automático externo. (p. 426)

4-3.26 Discutir el protocolo de atención que debería usarse para proporcionar cuidados a un paciente con fibrilación ventricular persistente y sin SVCA disponible. (p. 427)

4-3.27 Analizar el protocolo de atención que debe usarse para proporcionar atención a un paciente con fibrilación ventricular recurrente y sin SVCA disponible (p. 427)

4-3.28 Diferenciar entre la atención proporcionada por un rescatador y por varios rescatadores con un desfibrilador automático externo. (p. 426)

4-3.29 Explique la razón para que los pulsos no se verifiquen entre descargas con un desfibrilador automático externo. (p. 423)

4-3.30 Analizar la importancia de coordinar a los proveedores entrenados de SVCA con personal que utiliza desfibriladores automáticos externos. (p. 427)

4-3.31 Discutir la importancia de la atención posterior a la reanimación. (p. 427)

4-3.32 Señalar los componentes de la atención posterior a la reanimación. (p. 427)

4-3.33 Explique la importancia de la práctica frecuente con el desfibrilador automático externo. (p. 424)

4-3.34 Discutir la necesidad de llenar el documento Desfibrilador Automático Externo: Lista inspección. (p. 425)

4-3.35 Analizar el papel de la *American Heart Association* (AHA) en el uso de la desfibrilación automática externa. (p. 402)

4-3.36 Explicar el papel que juega la dirección médica en el uso de la desfibrilación automática externa. (p. 424)

4-3.37 Indicar las razones por las cuales una revisión de caso se debería realizar después del uso del desfibrilador automático externo. (p. 424)

4-3.38 Analizar los componentes que deberían incluirse en una revisión de caso. (p. 424)

4-3.39 Analizar el objetivo del mejoramiento de la calidad en la desfibrilación automática externa. (p. 424)

4-3.40 Reconocer la necesidad de contar con protocolos por parte de la dirección médica para la atención médica de urgencia del paciente con dolor torácico (p. 415)

4-3.41 Señalar las indicaciones para el uso de nitroglicerina (p. 415)

4-3.42 Establecer las contraindicaciones y los efectos secundarios para el uso de nitroglicerina. (p. 415)

4-3.43 Definir la función de todos los controles de un desfibrilador automático externo y describir la documentación de los eventos y el mantenimiento de los desfibriladores de batería. (p. 420)

Afectivos

4-3.44 Destacar la importancia de las razones para obtener entrenamiento inicial en desfibrilación automática externa y la importancia de la capacitación continua. (p. 424)

4-3.45 Destacar la razón para el mantenimiento de los desfibriladores automáticos externos. (p. 423)

4-3.46 Explicar la justificación para administrar nitroglicerina a un paciente con dolor o molestias en el pecho. (p. 416)

Psicomotores

4-3.47 Demostrar la evaluación y la atención médica de emergencia de un paciente que sufre molestias/dolor precordial. (p. 413)

4-3.48 Demostrar la aplicación y la operación del desfibrilador automático externo. (p. 426)

4-3.49 Demostrar el mantenimiento de un desfibrilador automático externo. (p. 423)

4-3.50 Demostrar la evaluación y la documentación de la respuesta del paciente al desfibrilador automático externo. (p. 426)

4-3.51 Demostrar las habilidades necesarias para completar el documento Desfibrilador Automático Externo: Lista de inspección. (p. 425)

4-3.52 Realizar los pasos para facilitar el uso de nitroglicerina para molestias o dolor en el tórax. (p. 416)

4-3.53 Demostrar la evaluación y la documentación de la respuesta del paciente a la nitroglicerina. (p. 416)

4-3.54 Practicar el llenado de un informe de atención prehospitalaria para pacientes con emergencias cardiacas. (p. 418)

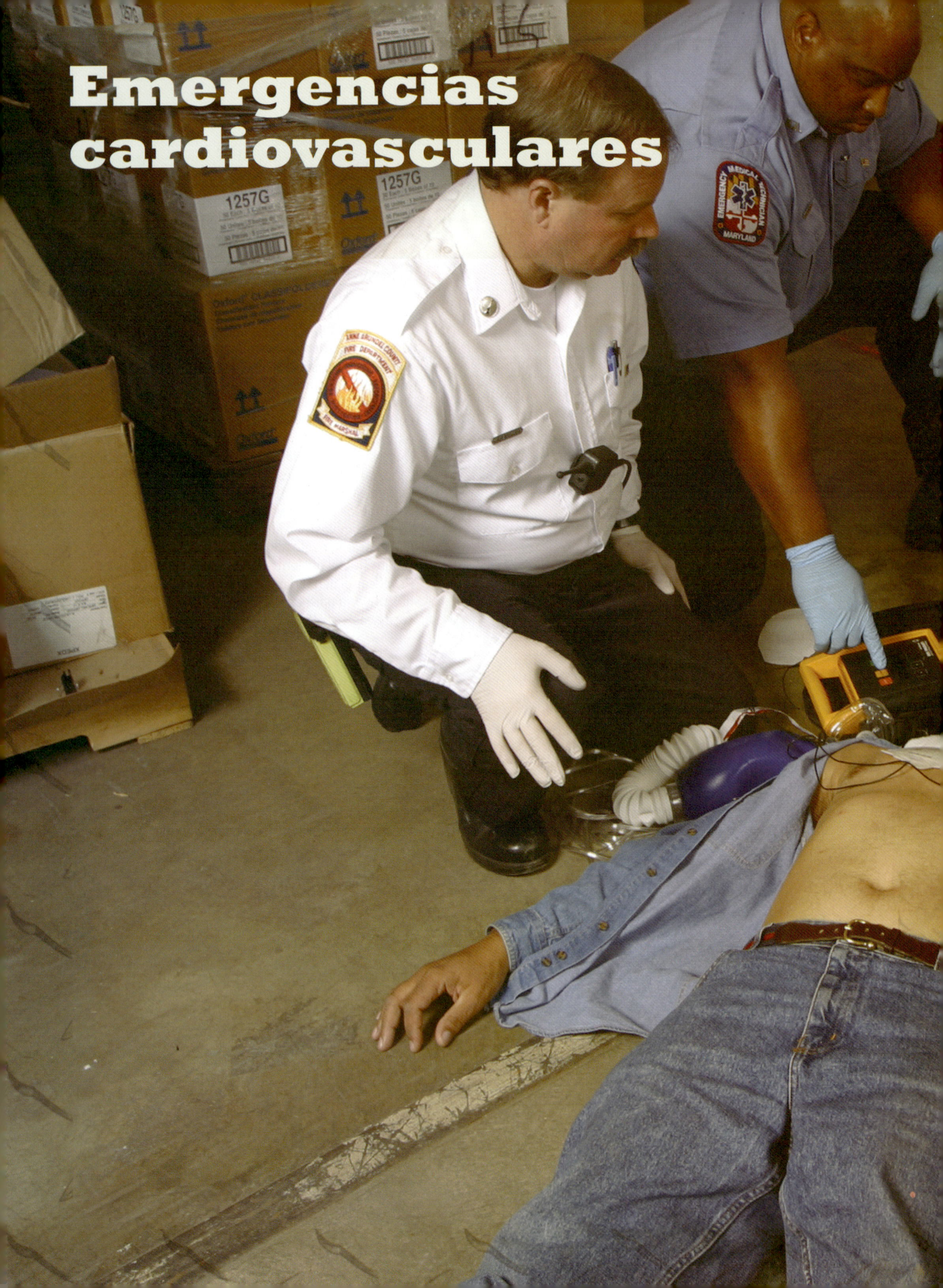
Emergencias cardiovasculares

12

Emergencias cardiovasculares

Situación de urgencia

Es un TUM-B voluntario que vive en un área rural. Se encuentra en su trabajo de tiempo completo cuando se activa su localizador. La central solicita a su delegación para que responda un llamado en el 403 de la calle Lázaro Cárdenas, donde se encuentra un hombre de 65 años que se queja de dolor torácico grave. La dirección es a dos cuadras de donde usted se encuentra y responde directamente al llamado con su equipo personal. Al mismo tiempo se envía un equipo de soporte vital avanzado desde un sitio que se encuentra a 10 o 15 min de distancia.

Llega a la residencia privada y encuentra a un hombre mayor en su sala, que está sentado y se sujeta el pecho. Cuando se presenta, el paciente dice: "¡este es el peor dolor que he tenido en mi vida!". Él le informa que tuvo un ataque cardiaco hace un par de años y que piensa que su nitroglicerina está en su recámara pero que no se sentía lo bastante bien como para ir por ella. Un compañero TUM-B llega con el equipo SMU de su delegación, incluido un DAE. Usted le pide que busque la nitroglicerina del paciente mientras le aplica oxígeno a flujo alto y toma sus signos vitales.

1. ¿Qué otros signos y síntomas podría encontrar en un paciente que está sufriendo un ataque cardiaco?
2. Como TUM-B podría asistir al paciente con su nitroglicerina de prescripción. ¿Qué debe saber antes de administrar cualquier medicamento, y qué debe saber de manera específica antes de ayudar a un paciente a tomar nitroglicerina?

Emergencias cardiovasculares

La *American Heart Association* informa que la enfermedad cardiovascular (ECV) cobró 521 159 vidas en México en 2007. Esto representa que la primera causa de mortalidad general en la población mexicana es la enfermedad cardiovascular desde mediados de los años setenta hasta la actualidad.

Es importante que los proveedores de SMU comprendan que muchas muertes ocasionadas por ECV ocurren debido a problemas que podrían haberse evitado si las personas hubieran llevado estilos de vida más saludables y por medio del acceso a una mejor tecnología médica. Es posible ayudar a reducir este número de muertes mediante de una conciencia pública, acceso oportuno, mayor número de civiles capacitados en RCP y con desfibrilación automática de acceso público, reconociendo la necesidad de contar con servicios de soporte vital avanzado.

Este capítulo tiene el propósito de dar una descripción breve del corazón y de cómo funciona. Después, se analizarán las relaciones entre el dolor torácico y la enfermedad cardiaca isquémica. Explica cómo reconocer y tratar el infarto agudo al miocardio (ataque cardiaco clásico) y las complicaciones de muerte súbita, choque cardiogénico e insuficiencia cardiaca congestiva. Describe la utilidad de la nitroglicerina. La última parte del capítulo está dedicada al uso y mantenimiento adecuado del desfibrilador automático externo (DAE).

Estructura y función cardiaca

El corazón es un órgano relativamente simple con una función compleja que consiste en bombear sangre para proporcionar eritrocitos ricos en oxígeno a los tejidos del cuerpo. El corazón está dividido en dos lados (izquierdo y derecho) por una pared llamada septum. Cada lado del corazón cuenta con una <u>aurícula</u> o cámara superior para recibir la sangre que llega y un <u>ventrículo</u>, o cámara inferior, para bombear la sangre que sale (Figura 12-1 ▶). La sangre sale de cada una de las cuatro cámaras del corazón por una válvula unidireccional. Estas válvulas mantienen el flujo sanguíneo en la dirección correcta mediante el sistema circulatorio. La <u>aorta</u>, arteria principal del cuerpo, recibe la sangre expulsada del ventrículo izquierdo y la dirige hacia todas las demás arterias de manera que puedan llevar sangre a los tejidos del cuerpo.

El lado derecho del corazón recibe sangre con bajo contenido de oxígeno (desoxigenada) de las venas del cuerpo (Figura 12-2A ▶). La sangre entra a la aurícula

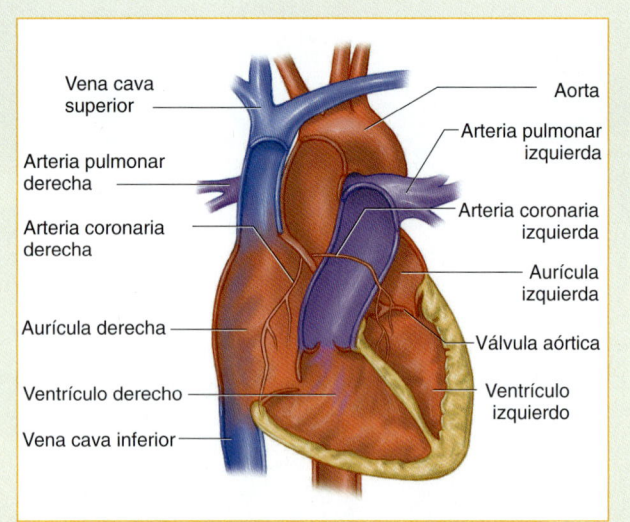

Figura 12-1 El corazón es un músculo con cuatro cámaras que bombea sangre hacia todas las partes del cuerpo.

derecha desde la vena cava, la cual a continuación llena el ventrículo derecho. Después de la contracción del ventrículo derecho, la sangre fluye hacia la arteria pulmonar y la circulación pulmonar, donde se oxigena. El lado izquierdo del corazón recibe sangre rica en oxígeno (oxigenada) de los pulmones por medio de las venas pulmonares (Figura 12-2B ▶). La sangre entra a la aurícula izquierda y luego pasa al ventrículo izquierdo. Este lado del corazón tiene una mayor masa muscular que el otro porque debe bombear sangre hacia la aorta y todas las demás arterias del cuerpo.

El corazón contiene además del tejido muscular. Un sistema eléctrico, que se distribuye por todo el corazón, controla el ritmo cardiaco y permite a las aurículas y los ventrículos trabajar juntos (Figura 12-3 ▶). Los impulsos eléctricos normales se inician en el nodo del seno auricular o sinusal (NSA), justo arriba de las aurículas. Los impulsos viajan a través de ambas aurículas, haciendo que éstas se contraigan. Entre las aurículas y los ventrículos, los impulsos cruzan sobre un puente de tejido eléctrico especial llamado nodo auriculo-ventricular (AV). Aquí la señal se hace más lenta, sufre un retraso de una a dos décimas de segundo para dar tiempo a que la sangre pase de las aurículas a los ventrículos. Luego los impulsos salen del nodo AV y se extienden por ambos ventrículos, lo cual hace que las células musculares ventriculares se contraigan.

Circulación

Para llevar a cabo esta función de bombeo de la sangre, el <u>miocardio</u>, o músculo cardiaco, debe contar con un suministro continuo de oxígeno y nutrientes. Durante periodos

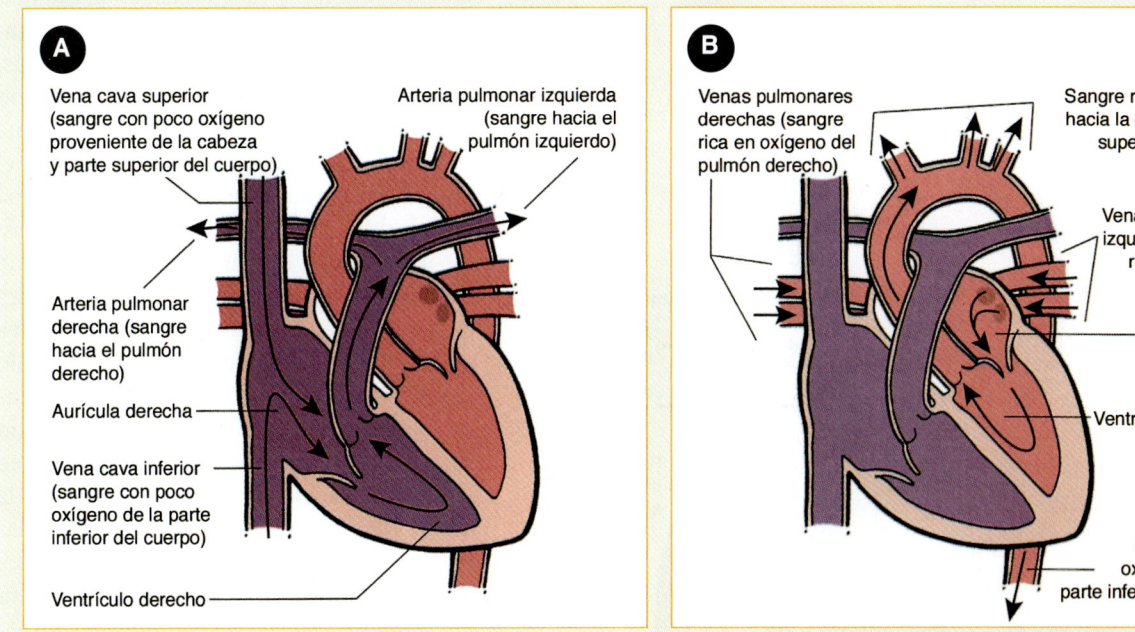

Figura 12-2 **A.** El lado derecho del corazón recibe de las venas sangre con bajo contenido de oxígeno. **B.** El lado izquierdo del corazón recibe de los pulmones sangre rica en oxígeno a través de las venas pulmonares.

de esfuerzo físico o estrés, el miocardio requiere más oxígeno, así que el corazón debe incrementar su perfusión. En el corazón normal, el incremento en la necesidad de sangre se cubre con facilidad mediante la **distensión**, o ensanchamiento de las **arterias coronarias**, incrementándose el flujo sanguíneo. Las arterias coronarias son los vasos sanguíneos que nutren de sangre al músculo cardiaco (Figura 12-4 ▶). Se originan en la primera parte de la aorta, justo por arriba de la **válvula aórtica**. La arteria coronaria derecha provee de sangre al ventrículo derecho y, en la mayoría de las personas, la parte del fondo, o pared inferior, del ventrículo izquierdo. La arteria coronaria izquierda se divide en dos ramas principales, las cuales alimentan al ventrículo izquierdo.

Dos arterias principales que se ramifican de la aorta superior proveen de sangre a la cabeza y los brazos (Figura 12-5 ▶). Las arterias carótidas derecha e izquierda llevan sangre a la cabeza y el cerebro. Las arterias subclavias (bajo las clavículas) proveen de sangre a las extremidades superiores. Cuando la arteria subclavia entra a cada brazo, se convierte en la arteria braquial, el vaso principal que irriga a cada brazo. Justo debajo del codo, la arteria braquial se divide en dos ramas principales: las arterias radial y ulnar o cubital, que llevan sangre hacia las manos.

Al nivel del ombligo, la aorta descendente se divide en dos ramas principales llamadas arterias iliacas derecha e izquierda, que llevan sangre a ingles, pelvis y piernas. Cuando las arterias iliacas entran a las piernas por las ingles, se convierten en las arterias femorales derecha e izquierda. Al nivel de la rodilla, la arteria femoral se divide en arteria tibial **anterior** y **posterior** y en la arteria peronea, que lleva sangre a los pies.

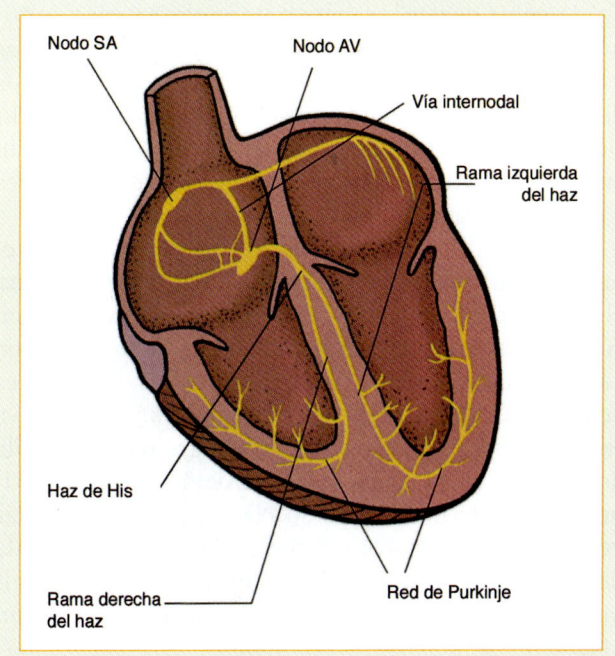

Figura 12-3 El sistema de conducción eléctrico del corazón controla la mayoría de los aspectos del ritmo cardiaco y permite que las cuatro cámaras funcionen en conjunto.

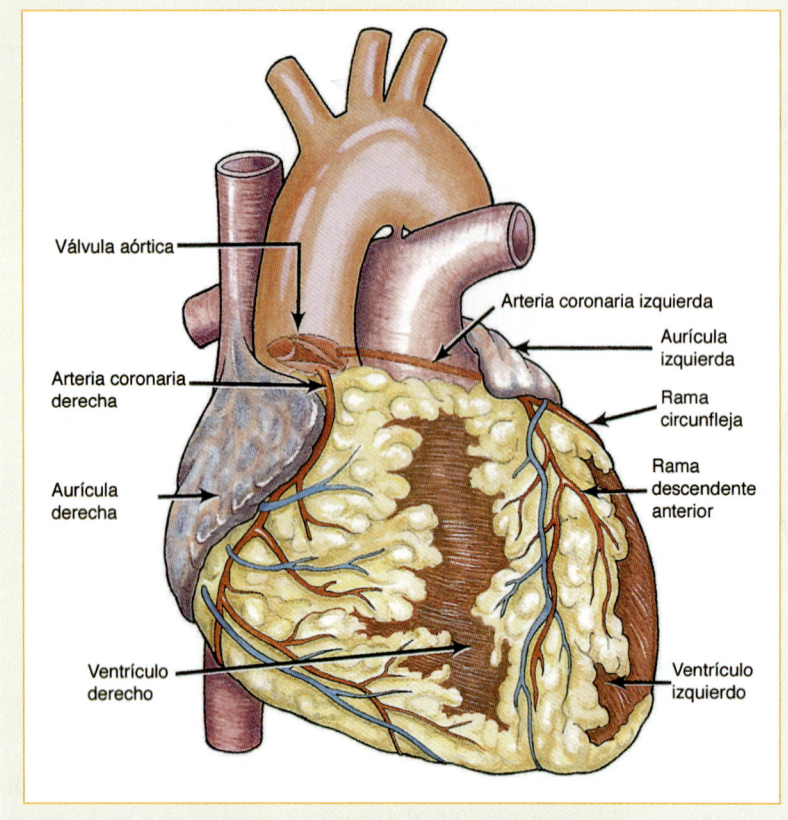

Figura 12-4 Las arterias coronarias proveen de sangre al corazón.

Después de que la sangre viaja por las arterias, continúa hacia vasos más y más pequeños, llamados arteriolas y capilares. Los capilares son pequeños vasos sanguíneos de cerca de una célula de grosor que conectan las arteriolas con las vénulas. Los capilares, que se encuentran en todo el cuerpo, permiten el intercambio de nutrientes y desechos a nivel celular.

Las vénulas son las ramas más pequeñas de las venas. Después de viajar por los capilares, la sangre entra al sistema de las venas, comenzando con las vénulas en su camino de regreso al corazón. Las venas se hacen cada vez más grandes y llegan a formar las dos grandes venas cavas, la superior y la inferior. La superior lleva sangre de la cabeza y los brazos de regreso a la aurícula derecha. La inferior lleva sangre del abdomen, los riñones y las piernas de regreso a la aurícula derecha. Las venas cavas superior e inferior se unen en la aurícula derecha del corazón, donde la sangre se devuelve finalmente a la circulación pulmonar para su oxigenación (Figura 12-6 ▶).

La sangre consta de diversos tipos de células y líquidos (Figura 12-7 ▶). Los eritrocitos son los más numerosos y proporcionan a la sangre su color; llevan oxígeno a los tejidos del cuerpo y luego recogen el dióxido de carbono. Los leucocitos de mayor tamaño ayudan a combatir las infecciones. Las plaquetas, que ayudan a la coagulación sanguínea, son mucho más pequeñas que los eritrocitos o leucocitos. El plasma es el líquido en el cual flotan las células. Es una mezcla de agua, sales, nutrientes y proteínas.

La tensión arterial es la presión que ejerce la sangre circulante contra las paredes de las arterias. La tensión arterial sistólica es la máxima presión ejercida por el ventrículo izquierdo al contraerse. Cuando este ventrículo se relaja, la tensión arterial cae. Cuando se cierra la válvula aórtica, el flujo sanguíneo se detiene. La tensión arterial diastólica es la que se ejerce contra las paredes de las arterias mientras el ventrículo izquierdo está en reposo. Recuerde que el número superior en una lectura de tensión arterial es la presión sistólica y el inferior es la presión diastólica o de reposo.

Compromiso cardiaco

El dolor o la molestia en el tórax relacionados con el corazón por lo general se derivan de una afección llamada isquemia o insuficiencia de oxígeno. Si hay un bloqueo parcial o total del flujo sanguíneo en las arterias coronarias, el tejido cardiaco no recibe suficiente riego sanguíneo y por lo tanto tampoco suficiente oxígeno ni nutrientes.

El tejido pronto comienza a sufrir por falta de irrigación y, si el flujo de sangre no se restaura, muere finalmente. La enfermedad cardiaca isquémica, entonces, es la muerte que implica una reducción en el flujo sanguíneo a una o más porciones del músculo cardiaco.

Ateroesclerosis

Con gran frecuencia, el bajo flujo sanguíneo hacia el tejido cardiaco es consecuencia de la ateroesclerosis en arterias coronarias. La ateroesclerosis es un trastorno en el cual el calcio y un material graso llamado colesterol se acumulan y forman una placa dentro de la paredes de los vasos sanguíneos, obstruyendo el flujo e interfiriendo con su capacidad de dilatarse o contraerse (Figura 12-8 ▶). Con el tiempo, la ateroesclerosis puede incluso causar oclusión o bloqueo completos de una arteria coronaria. La ateroesclerosis por lo general también afecta a otras arterias del cuerpo.

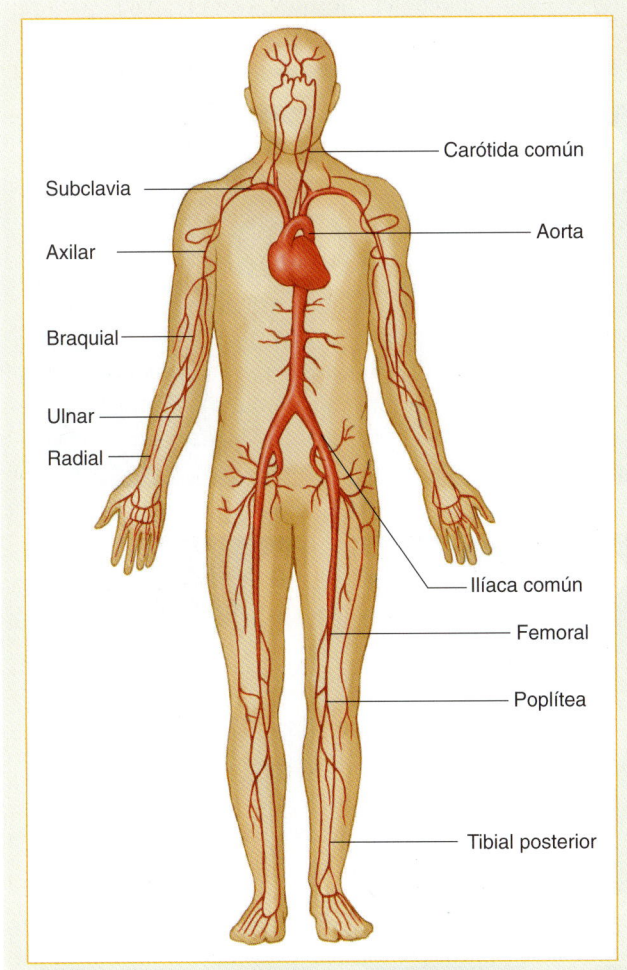

Figura 12-5 Las arterias principales del cuerpo llevan sangre rica en oxígeno a todas las partes del organismo.

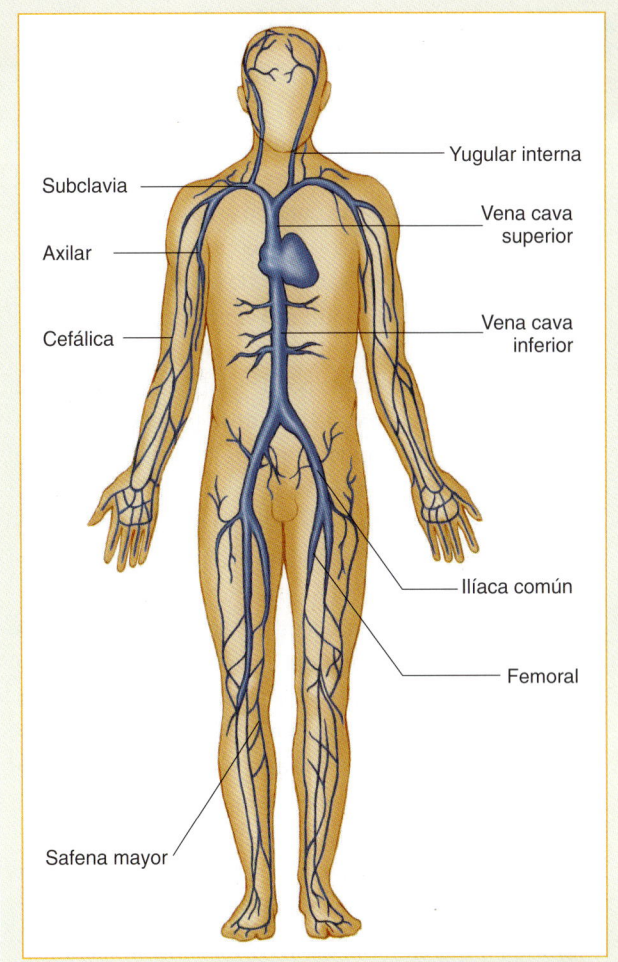

Figura 12-6 Las venas llevan la sangre del cuerpo de regreso al corazón, el cual la bombea a través de los pulmones para su oxigenación.

El problema se inicia cuando el primer depósito de colesterol se forma en el interior de una arteria. Esto puede suceder durante la adolescencia. A medida que una persona envejece, se deposita más de este material graso; la <u>luz</u> o el diámetro interior de la arteria disminuye. A medida que crecen los depósitos de colesterol, también se pueden formar depósitos de calcio. La pared interna de la arteria, que por lo general es lisa y elástica, se vuelve rugosa y quebradiza con estas placas ateroescleróticas. El daño a las arterias coronarias puede volverse tan extenso que éstas no logren soportar un incremento en el flujo sanguíneo en los momentos de mayor necesidad.

Por razones que aún no se comprenden del todo, una placa quebradiza en ocasiones desarrolla una grieta, lo cual expone el interior de la pared ateroesclerótica. Al actuar como un vaso sanguíneo rasgado, el borde rugoso de la grieta activa el sistema de coagulación, de la misma

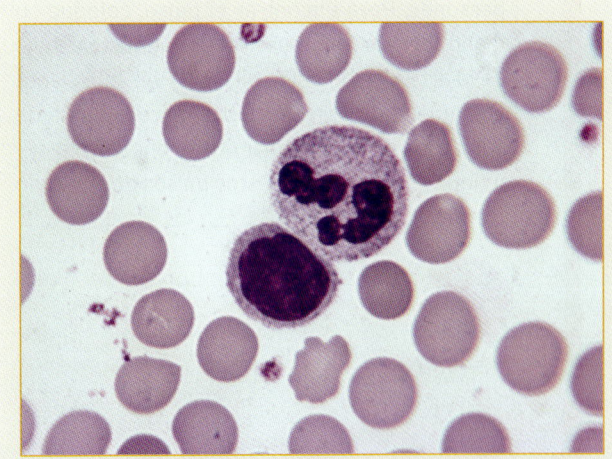

Figura 12-7 La sangre consta de varios tipos de líquidos y células, entre ellas hay eritrocitos, leucocitos y plaquetas.

Tips para el TUM-B

Pulso

Cuando el ventrículo izquierdo se contrae, lanza una potente onda de sangre por medio de las arterias. Es posible sentir esa onda en áreas donde la arteria yace sobre un hueso y está cerca de la superficie de la piel. Esta onda de sangre es lo que se conoce como el pulso. Los siguientes son lugares comunes donde se siente el pulso (Figura 12-9):

- El pulso carotídeo puede sentirse en el cuello, a dos dedos de cada lado de la manzana de Adán (cartílago tiroideo), y debe tomarse en el lado más cercano al TUM-B.
- El pulso femoral puede sentirse en la ingle, justo en el pliegue que separa el abdomen inferior de la pierna.
- El pulso braquial puede sentirse en la parte media de la cara frontal del codo, justo en el nivel de la articulación. Éste es el pulso que uno escucha cuando toma la tensión arterial. Las pulsaciones también pueden palparse en la parte media del brazo, entre el codo y la axila.
- El pulso radial puede sentirse en el lado del pulgar en la muñeca, más o menos a un dedo por arriba de la línea de la articulación.
- El pulso tibial posterior puede sentirse en el interior del tobillo, justo detrás del maléolo medio. Este último es la protuberancia ósea al final de la tibia.
- El pulso del dorso del pie puede sentirse en la parte superior del pie. Esta arteria no se encuentra exactamente en el mismo lugar en todas las personas. Para encontrar el pulso, coloque su mano sobre la parte superior del pie, justo debajo de la articulación del tobillo. Una vez que sienta algo que podría ser un pulso, utilice la punta de sus dedos para confirmar que lo encontró.

Practique la búsqueda de estos pulsos en sí mismo y en amigos y familiares.

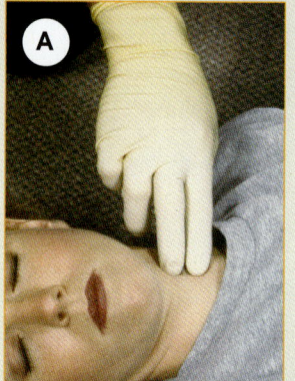
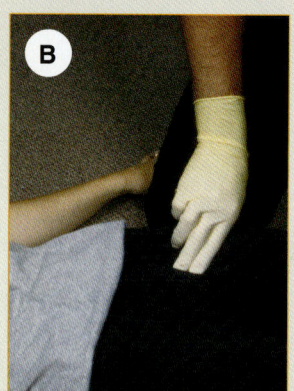
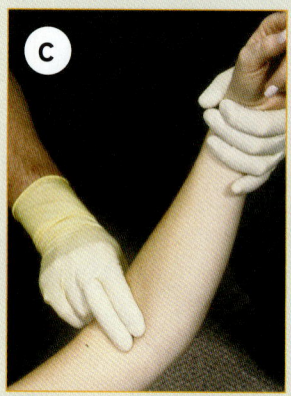
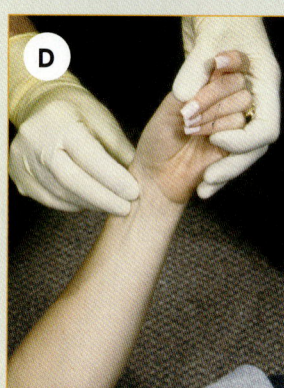
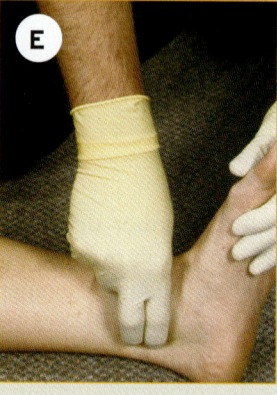
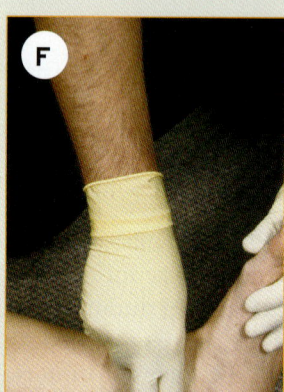

Figura 12-9. Puntos comunes del pulso.
- **A.** El pulso carotídeo se toma en el cuello.
- **B.** El pulso femoral se siente en el área de la ingle.
- **C.** El pulso braquial se puede sentir en la cara interna de la parte superior del brazo.
- **D.** El pulso radial se puede sentir en el lado del pulgar de la muñeca.
- **E.** El pulso tibial posterior puede sentirse en el interior del tobillo.
- **F.** El pulso del dorso del pie puede sentirse en la parte superior del pie.

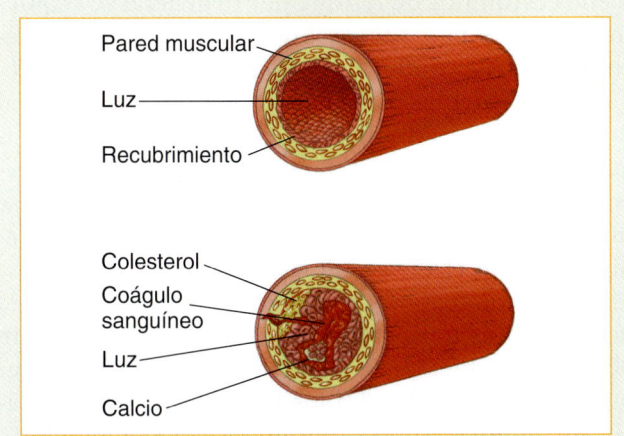

Figura 12-8 En la ateroesclerosis se acumulan calcio y colesterol en las paredes internas de los vasos sanguíneos, lo cual causa obstrucción del flujo sanguíneo hacia el corazón.

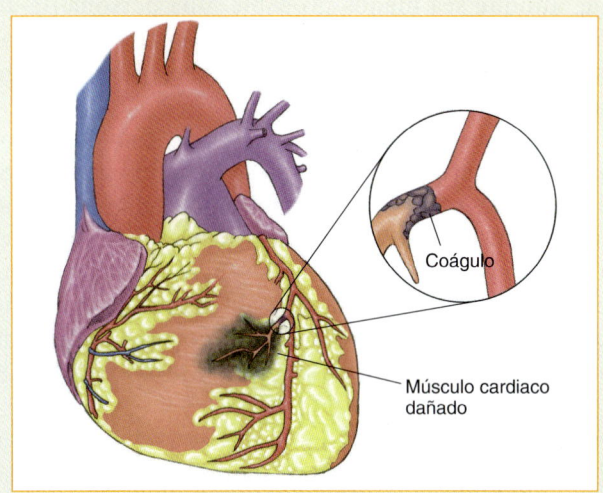

Figura 12-10 El infarto agudo al miocardio (ataque cardiaco) ocurre cuando un coágulo evita que la sangre fluya a un área del músculo cardiaco. Si no se trata, puede provocar la muerte del tejido cardiaco.

manera que sucede cuando una lesión causa sangrado. No obstante, en esta situación el coágulo sanguíneo resultante bloqueará de manera parcial o completa la luz de la arteria. Los tejidos que se encuentran después de la parte bloqueada por el coágulo sufrirán por disminución de su irrigación y por lo tanto de oxígeno. Si el flujo sanguíneo se reanuda en un tiempo corto, los tejidos isquémicos se recuperarán. Sin embargo, si pasa demasiado tiempo antes de que se reanude el flujo sanguíneo, los tejidos morirán. Esta secuencia de sucesos se conoce como un <u>infarto agudo al miocardio (IAM)</u>, un ataque clásico del corazón (Figura 12-10 ▶). <u>Infarto</u> significa la muerte del tejido. La misma secuencia puede causar también la muerte celular en otros órganos, como el cerebro. La muerte del músculo cardiaco puede conducir a una disminución grave de la capacidad para bombear del corazón o a un <u>paro cardiaco.</u>

En Estados Unidos, la cardiopatía coronaria es la causa número uno de muerte tanto para hombres como para mujeres. La incidencia máxima de enfermedad cardiaca ocurre entre las edades de 40 a 70 años, pero también puede afectar a adolescentes o personas de 90 años. Debe mantenerse alerta ante la posibilidad de

Situación de urgencia — Parte 2

Inicie su historial y examen físico enfocados con un cuestionario para el paciente por medio de la mnemotecnia OPQRST. Averigüe que:

- El paciente estaba sentado, mirando televisión, cuando empezó el dolor de pecho (inicio-O)
- Nada mejora ni empeora el dolor del pecho, incluida la respiración y la posición del cuerpo (provoca-P)
- El paciente describe el dolor como pesado y opresivo (calidad-Q)
- El dolor se irradia desde el lado izquierdo del pecho hacia su brazo izquierdo y hacia su mandíbula (irradia-R)
- 10/10 (gravedad-S)
- El dolor se inició justo antes de que llamara a urgencias y ha sido constante (tiempo-T)

Busque la presencia de parches de medicamento o de cicatrices que indiquen cirugías previas del corazón o si existe un marcapaso o un desfibrilador cardiacos. No encuentra nada. Los signos vitales del paciente son tensión arterial de 160/98 mm Hg, un pulso de 110 latidos/min, respiraciones regulares de 24 respiraciones/min y una lectura de oximetría de 99% (94% originalmente en el aire de la habitación).

3. ¿Qué otra regla mnemotécnica es útil para obtener el resto de la información necesaria y que no se cubre con el OPQRST?

que, aunque sea menos probable, una persona de 26 años con dolor precordial pueda, de hecho, presentar un ataque cardiaco, en especial si presenta un riesgo mayor del acostumbrado.

Los factores que colocan a una persona en mayor riesgo de infarto de miocardio se denominan factores de riesgo. Los principales factores modificables son tabaquismo, tensión arterial elevada, niveles altos de colesterol, nivel elevado de glucosa en sangre (diabetes), falta de ejercicio y estrés. Los factores de riesgo mayor que no pueden modificarse son edad, antecedentes familiares de cardiopatía coronaria aterosclerótica y sexo masculino.

Angina de pecho

El dolor torácico no siempre significa que la persona está sufriendo un IAM. Cuando los tejidos cardiacos no reciben suficiente oxígeno durante un periodo breve, el dolor se denomina angina de pecho, angina o angor. Aunque la angina puede resultar de un espasmo arterial, casi siempre es un síntoma de cardiopatía coronaria aterosclerótica. La angina ocurre cuando la demanda de oxígeno del corazón excede a su aporte, casi siempre durante periodos de estrés físico o emocional, cuando el corazón aumenta su trabajo. Una gran comida o el temor repentino también pueden desatar un ataque. Cuando el incremento en la demanda de oxígeno desaparece (p. ej., la persona deja de ejercitarse), es típico que el dolor desaparezca.

El dolor anginoso se describe típicamente como una opresión o aplastamiento en la región precordial, o "como si alguien se parara sobre mi pecho". Por lo general se siente en la parte central de éste, debajo del esternón. Sin embargo, puede irradiar hacia mandíbula, brazos (con frecuencia al izquierdo), media espalda o epigastrio (la región media superior del abdomen). El dolor por lo general dura de 3 a 8 min, rara vez más de 15. Puede asociarse con disnea, náusea o diaforesis. Desaparece pronto con reposo, oxígeno suplementario o nitroglicerina, los cuales siempre incrementan la provisión de oxígeno hacia el corazón. Aunque la angina de pecho es aterradora, no significa que las células del corazón están muriendo, ni conduce por lo general a la muerte ni a daño cardiaco permanente. No obstante, es una advertencia que ambos, usted y su paciente, deben tomar en serio. Incluso con la angina, dado que la provisión de sangre hacia el corazón disminuye, el sistema eléctrico de éste puede verse comprometido y la persona se encontrará en riesgo de problemas significativos del ritmo cardiaco.

La angina puede clasificarse en "estable" e "inestable". La angina inestable se caracteriza por un dolor torácico de origen coronario que se presenta como respuesta a una cantidad cada vez menor de ejercicio o menos estímulos de los que por lo general se requieren para producir angina. Si no se trata, ésta con frecuencia puede conducir al infarto agudo al miocardio. La angina estable se caracteriza por dolor precordial de origen coronario que se alivia o mejora con cosas que por lo general el paciente ya identifica, como reposo o tomar nitroglicerina. El SMU por lo general se involucra cuando la angina estable se vuelve inestable, como en el caso en que un paciente cuyo dolor mejoraba con reposo y una tableta de nitroglicerina, al no disminuir, toma tres tabletas de nitroglicerina sin observarse cambios. Tenga en mente que puede ser muy difícil, incluso para los médicos en los hospitales, distinguir entre el dolor de angina y el de infarto agudo al miocardio. Por tanto, siempre deberá tratar a los pacientes que presentan dolor torácico como si tuvieran infarto agudo al miocardio.

Ataque cardiaco

Como se ha visto, el dolor en el IAM señala la muerte celular en el área del corazón donde está obstruido el flujo sanguíneo. Una vez que mueren, las células no pueden recuperarse. En lugar de ello, se convertirán con el tiempo en tejido cicatrizal y constituirán una carga para el corazón al latir. A esto se debe que sea tan importante la atención oportuna cuando se trata de un ataque cardiaco. Entre más pronto pueda eliminarse un bloqueo, morirá una cantidad menor de células. Cerca de 30 min después de que se corta el flujo sanguíneo, algunas células del músculo cardiaco comienzan a morir. Después de 2 h, hasta cerca de la mitad de las células en el área pueden estar muertas; en la mayoría de los casos, después de 4 a 6 h, más de 90% estará muerto. Sin embargo, en muchos casos abrir la arteria coronaria ya sea con medicamentos "que rompen coágulos" (trombolíticos) o angioplastia (apertura mecánica de la arteria) puede evitar el daño al músculo cardiaco si se hace dentro de la primera hora después del inicio de los síntomas. Por tanto, son esenciales el tratamiento inmediato y el traslado a la sala de urgencias.

Un IAM tiene mayor probabilidad de ocurrir en el ventrículo izquierdo, que es de mayor tamaño y sus paredes son más gruesas, por lo que requiere más sangre y oxígeno que en el ventrículo derecho.

Signos y síntomas de ataque cardiaco

Un paciente con ataque cardiaco puede presentar cualquiera de los siguientes signos y síntomas:

- Inicio repentino de debilidad, náusea y sudoración sin causa evidente
- Dolor/molestia/presión en el tórax que con frecuencia es aplastante u opresivo y que no cambia con cada respiración

- Dolor/molestia/presión en mandíbula, brazos, espalda, abdomen o cuello
- Arritmia repentina con síncope (desmayo)
- Falta de aire o disnea
- Edema pulmonar
- Muerte súbita

El dolor de un ataque cardiaco

El dolor de un IAM se puede diferenciar del dolor de angina en tres formas:

- **Puede o no estar causado por un esfuerzo excesivo**, pero puede ocurrir en cualquier momento; en ocasiones, cuando la persona está sentada tranquilamente o durmiendo.
- **No se resuelve en unos minutos**, sino que puede durar entre 30 min y varias horas.
- **Puede o no aliviarse con reposo** o nitroglicerina.

Observe que no todos los pacientes que presentan un IAM sufren dolor o lo reconocen cuando ocurre. De hecho, cerca de un tercio de pacientes nunca buscan atención médica. Esto puede atribuirse, en parte, al hecho de que las personas temen morir y no desean enfrentar la posibilidad de que sus síntomas pueden ser graves (negación cardiaca). Es probable que los hombres adultos-jóvenes, en particular, minimicen sus síntomas. No obstante, algunos pacientes, sobre todo personas mayores, mujeres o aquellos con diabetes, no presentan dolor durante el IAM, sino que sufren otros trastornos comunes asociados con la isquemia que se analizó antes. Otros pueden sentir sólo una molestia leve y llamarlo "indigestión". No es raro que la única queja, en especial en mujeres mayores, sea la fatiga.

Por tanto, cuando le llamen a una escena donde la queja principal sea dolor torácico, realice una evaluación minuciosa, sin importar lo que diga el paciente. Cualquier queja de molestias en el tórax es un asunto grave. De hecho, lo mejor que puede hacer es asumir lo peor.

Señales físicas de IAM y compromiso cardiaco

Las señales físicas de un IAM varían de acuerdo con la extensión y gravedad del daño en el músculo cardiaco. Son comunes las siguientes:

- **Pulso.** Por lo general la velocidad del pulso aumenta como respuesta normal al dolor, estrés, temor o una lesión real en el miocardio. Dado que las arritmias son comunes en el IAM, es posible que detecte una irregularidad en el pulso.
- **Tensión arterial.** Ésta puede caer como resultado de una disminución del rendimiento cardiaco y la reducción de la capacidad del ventrículo izquierdo para bombear. No obstante, la mayoría de los pacientes con IAM tendrán una tensión arterial normal o, más probablemente, tensión arterial elevada.
- **Respiración.** Las respiraciones por lo general son normales a menos que el paciente tenga insuficiencia cardiaca congestiva. En ese caso, las respiraciones pueden volverse rápidas y con dificultad.
- **Apariencia general.** El paciente con frecuencia parece asustado. Puede haber náusea, vómito y sudoración fría. Es común que la piel tenga aspecto cenizo debido al mal funcionamiento cardiaco y a la pérdida de **perfusión**, o flujo de sangre en el tejido. En ocasiones, la piel tendrá una coloración gris-azul, llamada cianosis; éste es el resultado de la mala oxigenación de la sangre circulante.
- **Estado mental.** Los pacientes con IAM en ocasiones presentan una sensación de muerte inminente. Si un paciente le dice: "Creo que voy a morir", preste atención.

Consecuencias del ataque cardiaco

El ataque cardiaco puede tener tres consecuencias graves:
- Muerte súbita
- Choque cardiogénico
- Insuficiencia cardiaca congestiva

Muerte súbita

Cerca de 40% de los pacientes con IAM no llegará al hospital. La muerte súbita es por lo general el resultado del paro cardiaco, en el cual el corazón no logra generar un flujo de sangre efectivo. Aunque no es posible sentir el pulso en alguien que presenta paro cardiaco, es posible que el corazón aún se contraiga, aunque de manera errática. El corazón está usando energía sin bombear. Tal anormalidad del ritmo cardiaco es una **arritmia** ventricular, conocida como fibrilación ventricular.

Una diversidad de otras arritmias letales y no letales pueden seguir al IAM, por lo general dentro de la primera hora. En la mayoría de los casos, ocurren contracciones ventriculares prematuras (CVP) o contracciones adicionales en el ventrículo dañado. Las CVP por sí mismas

> **Qué documentar**
>
> Documentar con exactitud cómo describe un paciente la molestia en el tórax, en las propias palabras del paciente, es un fuente valiosa de información para el personal hospitalario. Recuerde el OPQRST.

pueden ser inofensivas y son comunes entre personas sanas, tanto como en las enfermas. Otras arritmias pueden ser mucho más peligrosas. Éstas incluyen las siguientes (Figura 12-11 ▼):

- **Taquicardia**. Latidos rápidos del corazón, 100 latidos/min o más
- **Bradicardia**. Latido deshabituadamente lento del corazón, 60 latidos/min o menos.
- **Taquicardia ventricular (TV)**. Ritmo cardiaco rápido, por lo general a una frecuencia de 150 a 200 latidos/min. La actividad eléctrica se inicia en el ventrículo en lugar de la aurícula. Este ritmo por lo general no permite el tiempo adecuado entre cada latido para que el ventrículo izquierdo se llene con sangre. En consecuencia, la tensión arterial del paciente puede disminuir y es posible que pierda el pulso por completo. Asimismo, el paciente puede sentirse débil o aturdido o incluso puede quedar inconsciente. En algunos casos, el dolor torácico existente puede empeorar o puede aparecer un dolor que no estaba ahí antes de que se iniciara la arritmia. La mayoría de los casos de TV serán sostenidos y pueden deteriorarse para producir fibrilación ventricular.
- **Fibrilación ventricular**. Contracción desorganizada e ineficaz de los ventrículos. No se bombea sangre en el cuerpo, y el paciente por lo general pierde la conciencia en segundos. La única manera de tratar esta arritmia es desfibrilar el corazón. **Desfibrilar** significa aplicarle una descarga al corazón, con una corriente eléctrica especializada, en un intento por detener la contracción caótica y desorganizada de las células del miocardio y permitirles iniciar de nuevo en forma sincronizada para restaurar el latido rítmico normal. La desfibrilación tiene gran éxito en términos de salvar la vida si se aplica dentro de los primeros minutos del paro súbito. Si no hay un desfibrilador disponible de inmediato, debe iniciarse la RCP hasta que llegue el desfibrilador. Incluso si la RCP se inicia justo en el momento del colapso, las probabilidades de supervivencia disminuyen 10% cada minuto hasta que se logra la desfibrilación.

Si no se corrige, la taquicardia ventricular inestable o la fibrilación ventricular conducirán con el tiempo a la **asistolia**, la ausencia de toda actividad eléctrica en el corazón. Sin la RCP, esto puede ocurrir en minutos. Dado que refleja un largo periodo de isquemia, casi todos los pacientes que encuentre en asistolia morirán.

Choque cardiogénico

El choque es un concepto simple, pero muy pocas personas sin capacitación médica lo entienden en verdad. Por esa razón, el Capítulo 23 está dedicado al análisis del choque. El estudio del choque en este capítulo se limita a aquel asociado con problemas cardiacos; sin embargo, muchos otros problemas médicos también pueden causar choque.

Para un TUM-B, el choque también es un concepto crítico. Está presente cuando los tejidos del cuerpo no obtienen suficiente oxígeno, lo cual causa que los órganos no funcionen bien. En el **choque cardiogénico**, con frecuencia ocasionado por un ataque cardiaco, el problema es que el corazón carece de suficiente potencia para hacer pasar el volumen apropiado de sangre hacia el sistema circulatorio. El choque cardiogénico puede ocurrir de inmediato o tomar hasta 24 h después del inicio del IAM. Los diversos signos y síntomas del choque cardiogénico son producto del funcionamiento inadecuado de los órganos del cuerpo. Su reto es identificar el choque en sus etapas iniciales, cuando el tratamiento tiene mucho mayor éxito.

Insuficiencia cardiaca congestiva

La insuficiencia cardiaca ocurre cuando el músculo ventricular del corazón está tan dañado que ya no puede

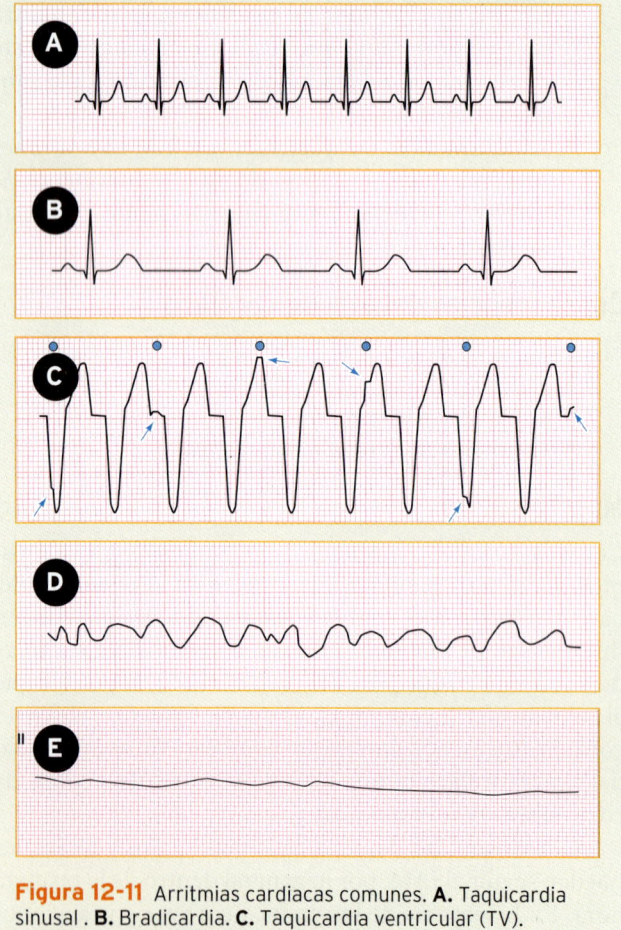

Figura 12-11 Arritmias cardiacas comunes. **A.** Taquicardia sinusal. **B.** Bradicardia. **C.** Taquicardia ventricular (TV). **D.** Fibrilación ventricular (FV). **E.** Asistolia

Tips para el TUM-B

Choque

Signos y síntomas

- Uno de los primero signos de choque es ansiedad e inquietud a medida que el cerebro comienza a sentir la falta de oxígeno. El paciente puede quejarse de "falta de aire". Piense en la posibilidad de choque cuando el paciente diga que no puede respirar. Es obvio que el paciente puede respirar, ya que es capaz de hablar; sin embargo, el cerebro del paciente percibe que no obtiene suficiente oxígeno.
- A medida que el choque continúa, el cuerpo intenta enviar sangre a los órganos más importantes, como cerebro y corazón, alejándolo de los órganos menos importantes, como la piel. Por tanto, es posible observar piel pálida y pegajosa en los pacientes con choque.
- A medida que el choque empeora, el cuerpo intentará compensarlo mediante el incremento de la cantidad de sangre que bombea el corazón. Por tanto, el pulso será más rápido de lo normal. En el choque grave, la frecuencia cardiaca por lo general, pero no siempre, es mayor de 120 latidos/min.
- El choque también puede caracterizarse por respiración rápida y superficial, náusea y vómito, y una reducción de la temperatura corporal.
- Por último, a medida que el corazón y otros órganos comienzan a funcionar mal, la tensión arterial caerá por debajo de lo normal. Una tensión arterial sistólica menor de 90 mm Hg es fácil de reconocer, pero es un hallazgo tardío que indica un choque descompensado. No asuma que el choque no está presente porque la tensión arterial es normal (choque compensado).

Tratamiento de pacientes con choque cardiogénico

Siga estos pasos cuando trate a pacientes con signos y síntomas de choque:

1. Coloque al paciente en posición cómoda. La mayoría de los pacientes con insuficiencia cardiaca estarán más cómodos en posición semiFowler; no obstante, aquéllos con tensión arterial baja quizá no toleren una posición semisentada. Es posible que estos pacientes estén más cómodos y alerta en posición supina.
2. Administre el oxígeno a altas concentraciones y altos flujos.
3. Asista las ventilaciones según se requiera.
4. Cubra al paciente con sábanas/cobijas según esté indicado para preservar el calor corporal. Asegúrese de cubrir la cabeza en clima frío.
5. Proporcione pronto el traslado al departamento de urgencias.

Insuficiencia cardiaca congestiva

Signos y síntomas

- Al paciente le parece más fácil respirar cuando está sentado. Cuando el paciente está recostado regresa más sangre al ventrículo derecho y los pulmones, lo cual ocasiona mayor congestión pulmonar.
- Con frecuencia, el paciente está ligeramente o muy agitado.
- Puede haber o no haber dolor precordial.
- Es frecuente que el paciente presente distensión de las venas del cuello que no se colapsan incluso cuando el paciente está sentado.
- Es posible que el paciente presente edema en tobillos debido a estasis venosa (regreso de líquido).
- Por lo general, el paciente tendrá hipertensión arterial, frecuencia cardiaca rápida y respiraciones aceleradas.
- Generalmente, el paciente empleará músculos accesorios de cuello y costillas para respirar, lo cual reflejará el esfuerzo adicional de su respiración.
- El líquido alrededor de la vía aérea inferior puede producir un tipo de crujido (estertores), que se oyen mejor al auscultar en cada lado del tórax del paciente, cerca de la parte media de la espalda. En la insuficiencia cardiaca congestiva grave estos sonidos suaves se pueden escuchar incluso en la parte superior del pulmón.

Una vez que se desarrolla la insuficiencia cardiaca congestiva, puede tratarse pero no curarse. El uso regular de medicamentos puede aliviar los síntomas. No obstante, es frecuente que estos pacientes vuelvan a enfermar y con frecuencia son hospitalizados. Cerca de la mitad de ellos morirá en un lapso de cinco años después de iniciados los síntomas.

Tratamiento de la ICC

Trate al paciente con insuficiencia cardiaca congestiva de la misma manera en que trata al que presenta dolor torácico:

1. Mida los signos vitales, vigile la frecuencia cardiaca y proporcione oxígeno con una mascarilla con bolsa reservorio no recirculante con un flujo de oxígeno de 10 a 15 L/min.
2. Permita al paciente permanecer sentado o en posición Fowler o semiFowler
3. Tranquilice al paciente. Muchas personas con ICC se muestran bastante ansiosas porque no pueden respirar.
4. Los pacientes que han tenido problemas con la ICC antes, por lo general tendrán medicamentos específicos para su tratamiento. Reúna estos fármacos y llévelos consigo al hospital.
5. La nitroglicerina puede ser valiosa si la tensión arterial sistólica del paciente es superior a 100 mm Hg. Si el paciente tiene prescrita la nitroglicerina y la dirección médica o el protocolo local de atención lo aconsejan, la puede administrar por vía sublingual.
6. El pronto traslado a la sala de urgencias es fundamental.

contener el flujo sanguíneo que llega de regreso a las aurículas. La insuficiencia cardiaca congestiva (ICC) puede ocurrir en cualquier momento después del infarto agudo al miocardio, daño de válvulas cardiacas o la permanencia de hipertensión arterial, pero por lo general sucede entre las primeras horas o los primeros días después de un ataque cardiaco.

Del mismo modo que la función de bombeo del ventrículo izquierdo puede dañarse por la cardiopatía coronaria, también puede afectarse por enfermedad en las válvulas cardiacas o la hipertensión crónica. En cualquiera de estos casos, cuando el músculo ya no puede contraerse con eficacia, el corazón intenta otras maneras de mantener el gasto cardiaco adecuado. Ocurren dos cambios específicos en la función del corazón: la frecuencia cardiaca aumenta y el ventrículo izquierdo crece en un esfuerzo por aumentar la cantidad de sangre que bombea por minuto.

Cuando estas adaptaciones ya no pueden compensar la reducción en el funcionamiento del corazón, se desarrolla finalmente la insuficiencia cardiaca congestiva. Se llama insuficiencia cardiaca "congestiva" porque los pulmones se congestionan con líquido una vez que el corazón deja de bombear la sangre con eficiencia. La sangre tiende a regresar hacia las venas pulmonares, lo cual incrementa la presión en los capilares pulmonares. Cuando la presión en los capilares excede un cierto nivel, el líquido (en su mayor parte agua) pasa a través de las paredes de los capilares y hacia los alvéolos. Esta condición se denomina edema pulmonar. Puede ocurrir de repente, como en el IAM, o despacio, a lo largo de meses, como en la insuficiencia cardiaca congestiva. En ocasiones, los pacientes con un inicio agudo de ICC desarrollarán edema pulmonar grave, en el cual el paciente presenta espectoraciones de color rosado y de consistencia espumosa, y disnea grave.

Si se daña el lado derecho del corazón, el líquido se acumula en el cuerpo y es común que se manifieste en pies y piernas. La acumulación de líquido en la parte del cuerpo más cercana al suelo se llama edema dependiente. La hinchazón causa relativamente pocos síntomas además de incomodidad. No obstante, el edema crónico dependiente puede indicar enfermedad cardiaca subyacente incluso en ausencia de dolor u otros síntomas.

Evaluación del paciente con dolor torácico

Mientras va en camino, considere las precauciones mínimas y máximas de ASC que se requerirán. Éstas pueden ser tan simples como guantes para el paciente con dolor precordial o todas las precauciones ASC para el paciente en paro cardiaco. Recuerde, la condición del paciente puede cambiar con rapidez respecto al momento en que le envían en su búsqueda.

Evaluación de la escena

No baje la guardia en las llamadas médicas. Asegúrese siempre de que la escena sea segura para usted, su compañero, el paciente y los testigos. A medida que se acerque a la escena, determine la naturaleza de la enfermedad y cuántos pacientes hay. Esta información puede obtenerse de testigos en la escena, primeros contactos o del paciente. De acuerdo con la naturaleza de la llamada y con un primer vistazo a su paciente, determine si necesitará recursos adicionales para asistir en el traslado

---

Situación de urgencia — Parte 3

Su compañero entra a la habitación con un frasco de nitroglicerina. Es importante conocer las 5 C's antes de ayudar a administrar cualquier fármaco —Correcto fármaco, Correcta dosis, Correcto horario, Correcta vía y Correcto paciente— y debe conocer de manera específica que la tensión arterial sistólica del paciente es mayor de 100 mm Hg antes de administrar nitroglicerina. También debe conocer las indicaciones, contraindicaciones y los efectos secundarios de los medicamentos de los que ayuda con la administración.

Su compañero examina la nitroglicerina, obtiene autorización de la dirección médica y luego asiste al paciente con su administración.

4. ¿Qué otras técnicas puede emplear para asistir al paciente?

del paciente. Si está en un sistema de respuesta por niveles, solicite que envíen al personal conveniente de acuerdo con el tipo y grado de emergencia (TUM nivel intermedio o avanzado) al sitio donde se encuentra. Deberá evaluar la escena con rapidez para determinar si se requiere estabilización de la columna vertebral.

Evaluación inicial

Impresión general

La evaluación de todos los pacientes comienza al determinar si el paciente presenta respuesta o no. Si no responde, evalúe ABC y determine si es necesario el uso del desfibrilador automático externo (DAE), el cual se analiza en la sección sobre paro cardiaco más adelante en este capítulo. Por lo general, el DAE debe aplicarse si el paciente carece de pulso, no respira (apnea) y no responde.

Si el paciente responde, comience por preguntar su molestia principal. Recuerde que muchos pacientes experimentan cosas diferentes cuando sufren un IAM. Las quejas principales de dolor o molestia en el tórax, falta de aire o mareo deben tomarse en serio. Muchos pacientes que sospechan que algo está mal se muestran ansiosos y quizá con un sentido de muerte inminente. Actúe de manera profesional, tenga calma. Hable con el paciente con un tono normal de voz que no sea demasiado alto ni muy suave. Informe al paciente que personas capacitadas, entre ellas usted, están presentes para proporcionarle atención y que pronto será trasladado al hospital. Recuerde que algunos pacientes pueden actuar de manera tranquila, mientras que otros pueden ser demandantes. La mayoría de los pacientes, sin embargo, aún se encuentran asustados. Su actitud profesional puede ser el único factor de importancia primordial para lograr la cooperación del paciente y ayudarle con este hecho. Es frecuente que los pacientes tengan una idea clara acerca de lo que sucede, así que no mienta ni ofrezca consuelo falso. Si le preguntan, "¿tengo un ataque cardiaco?" puede decir: "No estoy totalmente seguro, pero en caso de que así sea, lo estamos atendiendo. Le vamos a ayudar ahora aplicando oxígeno y lo llevaremos al hospital. Está en buenas manos".

Vía aérea y respiración

A menos que el paciente no responda, lo más probable es que la vía aérea esté permeable. Los individuos que responden deben ser capaces de mantener su propia vía aérea, pero algunos episodios de compromiso cardiaco pueden producir mareo o incluso episodios de desmayo. Si cualquiera de estos ocurre, piense en la posibilidad de lesiones en columna debidas a una caída. Evalúe y trate al paciente según sea apropiado.

Evalúe la respiración del paciente para determinar la cantidad adecuada de oxígeno a proporcionar a un corazón enfermo. Algunos pacientes refieren disnea aunque no haya signos obvios de insuficiencia respiratoria. En cualquier situación, aplique oxígeno con una mascarilla no recirculante con bolsa reservorio de 10 a 15 L/min. Si el paciente no respira o lo hace en forma inadecuada, asegure las ventilaciones de manera adecuada con un dispositivo BVM y oxígeno al 100%.

Circulación

Evalúe la circulación del paciente. Determine la frecuencia y calidad de su pulso. ¿Es regular o irregular el pulso del paciente? ¿Es demasiado lento o rápido? Si encuentra anormalidades en el pulso, debe ser más cuidadoso. Evalúe la condición, la temperatura y el color de la piel del paciente, lo mismo que el tiempo de llenado capilar. Los cambios en la perfusión pueden indicar compromiso cardiaco más grave. Inicie el tratamiento para el choque cardiogénico de manera temprana para reducir la carga de trabajo para el corazón. Coloque al paciente en una posición cómoda, por lo general sentado y bien apoyado o en posición semiFowler. Informe a la persona que se le está proporcionando el tratamiento adecuado para su condición con el fin de reducir su ansiedad. ¿Hay algún sangrado mayor que necesite controlar? Si es así, utilice la presión directa para controlar el sangrado o aplique vendajes apropiados.

Decisión de traslado

Haga una decisión de traslado. ¿Es necesario transportar con rapidez al paciente? ¿Amenaza la condición del paciente su vida o es lo bastante estable para permitir realizar el historial y examen físico enfocados en la escena? Hablando en general, la mayoría de los pacientes con dolor torácico deben transportarse de inmediato. Si deben emplearse las luces y la sirena se determina dependiendo de cada paciente y del tiempo estimado de transporte. No obstante, como regla general, los pacientes con problemas cardiacos deben transportarse de la manera más gentil y disminuyendo el estrés que sea posible. Se ahorra muy poco tiempo cuando se emplean las luces y la sirena, pero puede hacer mucho para calmar a su paciente y reducir la liberación de adrenalina que daña el corazón, con palabras tranquilizantes y creando un viaje al hospital que sea lo más agradable posible. Trate de impedir que el paciente se agote, se esfuerce o camine. Si es necesario, levante al paciente con cuidado.

Su decisión sobre a dónde transportar al paciente dependerá de su protocolo local. Los pacientes por lo general deben trasladarse a la institución apropiada más cercana. Si su servicio corresponde a un hospital determinado, la decisión de transporte es sencilla. En áreas urbanas más grandes, puede haber varios hospitales dentro de las áreas de servicio. Algunos directores médicos han escrito protocolos que requieren que los pacientes en los que se sospechan emergencias cardiacas sean trasladados a centros médicos con ciertas capacidades, como angioplastia de urgencia. Otros requieren que el paciente sea trasladado a la instalación más cercana para su estabilización antes de enviarlo a un hospital especializado. Asegúrese de conocer su protocolo local.

Historial y examen físico enfocados

Historial SAMPLE

Para un paciente clínico consciente, comience por tomar un historial breve de la persona. Los amigos y familiares que están presentes con frecuencia poseen información útil. Pregúnteles lo siguiente:

- ¿Ha tenido el paciente un ataque cardiaco antes?
- ¿Se le ha informado al paciente que tiene problemas del corazón?
- ¿Hay riesgos para cardiopatía coronaria, como tabaquismo, hipertensión arterial o un estilo de vida con estrés elevado?

El historial SAMPLE proporciona información básica del historial médico general del paciente. Deseará determinar tantos signos y síntomas como le sea posible. Por ejemplo, puede determinar que el paciente posee dolor precordial en reposo o ausencia de dolor torácico con la respiración o ciertos movimientos. Entre más signos y síntomas posee un paciente, más fácil será identificar un problema particular. Además, pregunte si el paciente ha tenido el mismo dolor antes. Si es así, pregunte: "¿Toma algún medicamento para el dolor?". Si el paciente ha tenido un ataque cardiaco o angor antes, pregunte si el dolor es semejante.

Asegúrese de incluir las preguntas OPQRST cuando obtenga los síntomas como parte del historial SAMPLE. Usar el OPQRST le ayuda a comprender los detalles de las quejas específicas, como el dolor precordial (**Cuadro 12-1**). Incluso cuando un paciente puede no ser capaz de exponer su condición médica exacta, conocer los fármacos que toma puede darle indicios importantes. Por ejemplo, es posible que un paciente diga que tiene "problemas del corazón". Se da cuenta que está tomando furosemida (Lasix), digoxina y amiodarona. La furosemida es un diurético, la digoxina incrementa la fuerza de las contracciones cardiacas y la amiodarona controla ciertos tipos de arritmias. Estos fármacos con frecuencia se prescriben juntos para pacientes con insuficiencia cardiaca congestiva y pueden alertarlo para que evalúe con cuidado los sonidos y la congestión pulmonar e incremente la cantidad de oxígeno que está aplicando.

Examen físico enfocado

Preste especial atención al sistema cardiovascular, pero también revise el sistema respiratorio. ¿Qué tan bien funciona el corazón? Evalúe color, temperatura y condición de la piel. ¿Está fría o húmeda? ¿Cómo se ven las membranas mucosas? ¿Rosadas, cenizas o cianóticas? ¿Son claros los sonidos pulmonares? ¿Están distendidas las venas del cuello?

Signos vitales iniciales

Tome y anote los signos vitales del paciente. Mientras obtiene el historial SAMPLE, pida a su compañero que tome los signos vitales iniciales del paciente, incluidos pulso, tensión arterial y respiraciones. Debe obtener lecturas

Situación de urgencia — Parte 4

Comunica el estado mental, la edad, queja principal, historial del ataque cardiaco, los signos vitales y su tratamiento a la unidad SVA que viene en camino. Su tiempo estimado de llegada al hospital es de aproximadamente 10 min. Dado que el paciente no presenta paro cardiaco, mantiene el DAE cerca pero no lo aplica.

Confirma que el paciente no es alérgico al ácido acetilsalicílico y administra dos tabletas de 80 mg de ácido acetilsalicílico infantil, después de verificar que el medicamento no ha caducado. Le indica al paciente que las mastique y degluta.

5. ¿Qué puede hacer para preparar la llegada de los paramédicos?

> **CUADRO 12-1 Regla mnemotécnica OPQRST para evaluar el dolor**
>
> - **Origen (O).** Determine la hora a la que comenzó la molestia que motivó la llamada de auxilio.
> - **Provocación (P).** Pregunte qué empeora el dolor o la molestia. ¿Es la posición? ¿Empeora al respirar profundo o cuando le tocan el pecho?
> - **Calidad (Quality, Q).** Pregunte qué tipo de dolor es. Deje que el paciente emplee sus propias palabras para describir qué sucede. Intente evitar proporcionar al paciente sólo una opción. No pregunte: "¿Se siente como si tuviera un elefante sentado sobre su pecho?". Mejor pida: "Dígame cómo se siente el dolor". Si el paciente no puede responder una pregunta de extremo abierto, proporcione una lista de alternativas. "Hay muchos tipos diferentes de dolor, ¿es su dolor más como una pesadez, opresión, ardor, desgarramiento, dolor sordo, punzante o como agujas?".
> - **Irradiación (Radiation, R).** Pregunte si el dolor viaja a otra parte del cuerpo.
> - **Severidad (Severity, S).** Pida al paciente que proporcione un valor al dolor en una escala simple. Con frecuencia, se usa una escala de 0 a 10, en la cual 0 representa ausencia de dolor y 10 el peor dolor imaginable. No utilice la respuesta del paciente para determinar si el dolor tiene una causa grave. En lugar de ello, utilícela para determinar si el dolor ha mejorado o empeorado. Después de unos minutos de oxígeno o de la administración de una pastilla de nitroglicerina, pregunte al paciente que califique de nuevo el dolor.
> - **Tiempo (T).** Averigüe cuánto tiempo dura el dolor cuándo se presenta y si ha sido intermitente o continuo.

para ambas presiones arteriales: sistólica y diastólica. Si está disponible, use oximetría de pulso. Anote la hora a la que se tomen los signos vitales.

Comunicación

Alerte al departamento de urgencia acerca del estado de su paciente y el tiempo estimado de arribo. Informe a la dirección médica y al hospital por medio un radio o un teléfono celular mientras se encuentra en camino. Incluya información sobre el historial del paciente, sus signos vitales, la repetición de dichos signos, los medicamentos que está tomando y cualquier tratamiento que le esté aplicando. Describa la condición del paciente al personal de la sala de urgencia a su llegada.

Intervenciones

De acuerdo con el protocolo local, prepárese para administrar ácido acetilsalicílico (ASA) infantil y asista para administrar la nitroglicerina en dado caso de que ya haya sido prescrita. Revise la condición de los medicamentos y su fecha de caducidad. Asegúrese de ponerse guantes antes de manejar las tabletas sublinguales de nitroglicerina.

Administre ácido acetilsalicílico de acuerdo con el protocolo local. Utilice tabletas masticables (Disprina Junior tab. de 81mg.; Cardioprotec tab. 40 mg). La dosis recomendada con frecuencia es de 160 a 320 mg. El ácido acetilsalicílico evita que se formen coágulos o que éstos crezcan.

Después de obtener autorización de la dirección médica, ayude al paciente a tomar su nitroglicerina ya prescrita. Este fármaco actúa en la mayoría de los pacientes en un lapso de 5 min para aliviar el dolor de tipo anginoso. La mayoría de los pacientes a los que se prescribe nitroglicerina llevan consigo una provisión de ella. Anglix es un nombre comercial de la nitroglicerina. Los pacientes colocan una dosis de nitroglicerina bajo su lengua siempre que presentan un episodio de angina que no desaparece de inmediato con el reposo. Si el dolor aún está presente después de 5 min, es común que los médicos les indiquen que tomen una segunda dosis. Si no funciona, se indica a la mayoría de los pacientes que tomen una tercera dosis y luego llamen al SMU. Si el paciente no se ha tomado las tres dosis, puede ayudar a administrar el medicamento, si su protocolo local lo autoriza.

La nitroglicerina se encuentra en diferentes presentaciones, como una pastilla blanca pequeña, que se coloca sublingualmente (bajo la lengua) y; como parche transdérmico que se aplica en el pecho Figura 12-12 ▶. En cualquier forma, el efecto es el mismo. La nitroglicerina relaja el músculo de las paredes de los vasos sanguíneos, dilata las arterias coronarias, incrementa el flujo sanguíneo y el suministro de oxígeno al músculo cardiaco, reduciendo la carga de trabajo para el corazón. La nitroglicerina también dilata los vasos sanguíneos en otras partes del cuerpo y puede provocar hipotensión y/o cefalea intensa. Otros efectos secundarios incluyen cambios en la frecuencia cardiaca del paciente, entre ellos, taquicardia y bradicardia. Por esta razón, debe tomar la presión sanguínea del paciente 5 min después de cada dosis. Si la presión sistólica sanguínea es menor de 100 mm Hg, no administre otra dosis. Otras contraindicaciones incluyen la presencia de lesiones en cabeza, uso de fármacos para disfunción eréctil (sildenafil –Viagra–) dentro de las 24 a 48 h anteriores, y que la dosis máxima prescrita ya se haya administrado (por lo general tres dosis).

Tenga en mente que la nitroglicerina perderá su potencia con el tiempo, en especial si se expone a la luz (es por eso que se proporciona en un frasco ámbar). Los pacientes que la toman rara vez pueden llevar el frasco en su bolsa durante meses. Es posible que pierda su potencia incluso antes de la fecha de caducidad. Cuando la tableta de nitroglicerina

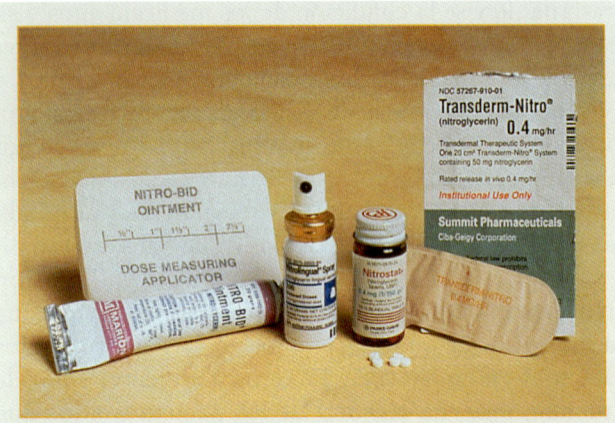

Figura 12-12 La nitroglicerina que se emplea para tratar el IAM viene en varias presentaciones, entre ellas, tabletas y parches para la piel.

pierde su potencia, es posible que los pacientes no perciban la sensación de efervescencia cuando la tableta se coloca bajo su lengua, y quizá no experimenten la sensación normal de ardor y dolor de cabeza que acompañan con frecuencia la administración de este fármaco. Observe que la efervescencia sólo ocurre con una tableta potente.

Para asistir sin peligro a un paciente con su nitroglicerina, siga los pasos que a continuación se señalan (Destrezas 12-1 ▶):

1. **Obtenga la autorización de la dirección médica**, ya sea en línea o con el protocolo fuera de línea.
2. **Tome la tensión arterial del paciente.** Continúe con la administración de la nitroglicerina sólo si la tensión arterial sistólica es mayor de 100 mm Hg (**Paso 1**).
3. Verifique que cuenta con el **medicamento, el paciente y la vía de administración adecuados.** Verifique la fecha de caducidad.
4. **Pregunte al paciente** sobre la última dosis que ha tomado y sobre sus efectos. Asegúrese de que el paciente comprende la vía de administración. **Prepárese para hacer que el paciente se recueste** para evitar desmayos si la nitroglicerina reduce de manera sustancial la tensión arterial de éste (el paciente se marea o se siente débil) (**Paso 2**).
5. Pida al paciente que levante la lengua. **Coloque la tableta** (utilizando guantes) o haga que el mismo paciente lo haga. Pida a este último que mantenga la boca cerrada con la tableta bajo la lengua hasta que ésta se disuelva o absorba. Advierta al paciente que no debe masticar ni deglutir la tableta (**Paso 3**).
6. **Revise de nuevo la tensión arterial** en 5 min. Anote el medicamento y la hora de administración. Reevalúe las características del dolor precordial y anote la respuesta al fármaco. Si el dolor torácico persiste y el paciente aún presenta presión sistólica mayor de 100 mm Hg, repita la dosis cada 5 min de acuerdo con lo autorizado por la dirección médica. En general, se administra un máximo de tres dosis para cualquier episodio individual de dolor precordial (**Paso 4**).

Reevalúe su decisión de traslado. Traslade al paciente. Llevar a este último con prontitud y oportunidad al departamento de urgencias es crítico, de manera que puedan iniciarse tratamientos, como medicamentos anticoagulantes o angioplastía, lo más pronto posible después de iniciado el ataque. Si el paciente no cuenta con nitroglicerina prescrita, continúe con su evaluación enfocada y prepárese para el traslado. Asegúrese de que este proceso no consuma demasiado tiempo. No retrase el traslado por asistir la administración de nitroglicerina. El medicamento puede proporcionarse en el camino.

Examen físico detallado

Si es necesario, efectúe un examen físico detallado para obtener información adicional acerca de la condición del paciente y las intervenciones necesarias. Si tiene tiempo, puede hablar con el paciente acerca de los factores de riesgo para la enfermedad cardiaca como nivel de colesterol, tabaquismo, niveles de actividad y antecedentes familiares de alguna enfermedad cardiaca. No reúna esta información a menos que la condición de su paciente sea estable y todo lo demás ya se haya hecho.

Evaluación continua

Repita su evaluación inicial verificando si la condición del paciente mejoró o si se está deteriorando. Los signos vitales deberán reevaluarse por lo menos cada 5 min o a medida que ocurran cambios significativos en la condición del paciente.

Es esencial vigilar de cerca al paciente en el que se sospecha IAM dado que el paro cardiaco repentino siempre es un riesgo. Si ocurre el paro cardiaco, debe estar listo para iniciar la desfibrilación automática o la RCP de inmediato. Si está disponible un DAE al instante, utilícelo, si no, realice la RCP hasta que se obtenga el DAE.

Administración de nitroglicerina

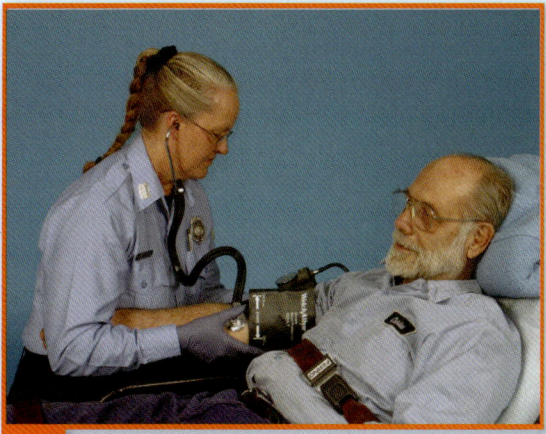

1. Obtenga la autorización de la dirección médica, ya sea en línea o del protocolo establecido.

Tome la tensión arterial del paciente.

Administre nitroglicerina sólo si la tensión arterial sistólica es mayor de 100 mm Hg.

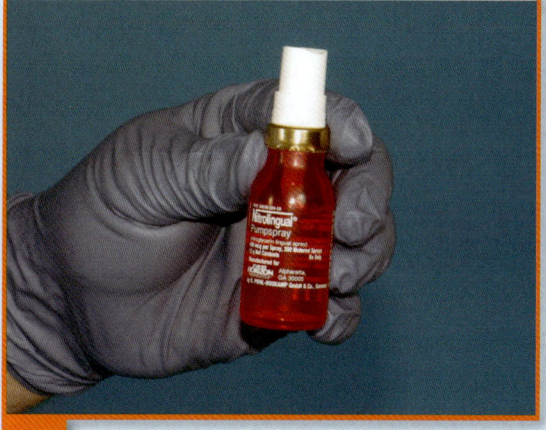

2. Revise el medicamento y la fecha de caducidad.

Pregunte al paciente cuándo tomó la última dosis y qué efectos tuvo. Asegúrese de que el paciente comprende la vía de administración.

Prepárese para hacer que el paciente se recueste para prevenir un desmayo.

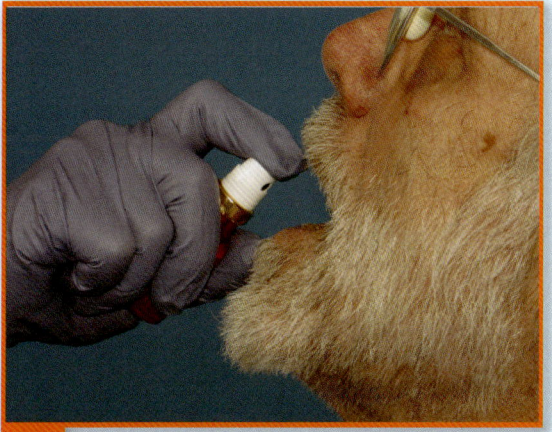

3. Pida al paciente que levante la lengua.

Coloque la tableta debajo de la lengua (no olvide usar guantes) o haga que el paciente se autoadministre el fármaco.

Pida al paciente que mantenga la boca cerrada con la tableta bajo la lengua hasta que ésta se disuelva y absorba. Advierta al paciente que no mastique ni degluta la tableta.

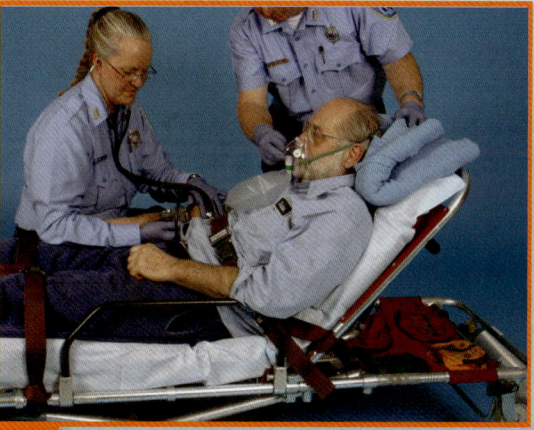

4. Vuelva a revisar la presión en un lapso de 5 min. Anote cada medicamento y la hora de su administración. Reevalúe el dolor precordial y repita el tratamiento según se requiera.

Reevalúe sus intervenciones. Es importante continuar con las reevaluaciones con el fin de ver si están ayudando y si la condición del paciente mejora. Reevalúe los signos vitales después de administrar medicamentos. La reevaluación también determinará si están indicadas o contraindicadas intervenciones adicionales.

Comunicación y documentación

Es importante documentar su evaluación del paciente. Debe registrar las intervenciones realizadas. Todas las intervenciones deben iniciarse de acuerdo con el protocolo. Si la intervención requirió una orden de la dirección médica, documente el fármaco solicitado y si se proporcionó la autorización o no. Debe estar claro en su registro que el paciente fue reevaluado de manera adecuada después de cualquier intervención. La respuesta del paciente a la intervención y la hora a la que ésta se realizó también debe anotarse. Una vez que complete su documentación, obtenga la firma del médico que ayudó con la dirección en línea (si así lo requiere el protocolo local) que muestre la aprobación de la administración de los medicamentos.

Cirugías cardiacas y marcapasos

Durante los últimos 20 años se efectuaron cientos de miles de cirugías a corazón abierto para derivar segmentos dañados de arterias coronarias. En un injerto de derivación de arteria coronaria (CABG), un vaso sanguíneo del pecho o de la pierna se sutura directamente desde la aorta a una arteria coronaria más allá del punto de obstrucción. Es posible que otros pacientes se hayan sometido a un procedimiento llamado angioplastía coronaria transluminal percutánea (ACTP), cuyo objetivo es dilatar, más que derivar, la arteria coronaria. En este procedimiento, que por lo general se llama angioplastía o angioplastía de globo, un globo diminuto se une al extremo de un tubo largo y delgado. El tubo se introduce a través de la piel en una arteria grande, por lo general en la ingle, y luego se hace pasar hasta la coronaria que se ha estrechado, utilizando radiografías como guía. Una vez que se coloca el globo en posición dentro de la arteria coronaria, éste se infla. A continuación, se desinfla el globo y el tubo se retira del cuerpo. En ocasiones se coloca una malla metálica denominada *stent* dentro de la arteria, ya sea en lugar de o después del globo. El *stent* se deja permanentemente en el sitio para evitar que la arteria se ocluya de nuevo.

Es muy probable que un paciente que haya sufrido un IAM o angina se haya sometido a uno de estos procedimientos. Los pacientes a los que se ha aplicado un injerto de derivación tendrán una larga cicatriz de cirugía en el tórax debido a la operación. Los pacientes sometidos a angioplastia o *stent* en arterias coronarias por lo general no la presentarán. No obstante, es

---

Situación de urgencia — Parte 5

Escucha la llegada de los paramédicos (TUM Avanzados) y los recibe en la puerta. Les proporciona los valores más recientes de signos vitales, explica que administró un total de dos tabletas de nitroglicerina junto con el ácido acetilsalicílico y ahora su dolor torácico es 4/10. Ayuda al paramédico a colocar al paciente en la camilla, donde éste lleva a cabo un ECG de 12 derivaciones mientras su compañero prepara una solución IV en la ambulancia.

Mientras el monitor imprime los resultados del ECG, usted y el paramédico comienzan a mover al paciente hacia la ambulancia. Éste le pregunta si lo acompañaría durante el traslado. Su compañero le da al paramédico una bolsa de supermercado que contiene los frascos de medicamentos del paciente. Tan pronto como el paciente se encuentra dentro de la ambulancia, el paramédico le indica a su compañero que está listo para partir. En el camino, obtiene otra serie de signos vitales, mientras el paramédico inicia la IV.

6. Dado que la tensión arterial sistólica aún es mayor de 100 mm Hg, ¿cuántas tabletas adicionales de nitroglicerina puede esperar que administre el paramédico?
7. ¿Qué otras formas del medicamento pueden administrarse en lugar de la tableta, y qué problemas puede encontrar al examinar/usar la nitroglicerina del paciente en el campo?

posible que las nuevas técnicas quirúrgicas de "ojo de cerradura" no produzcan una cicatriz grande. No debe suponer que un paciente con una cicatriz pequeña no ha sido sometido a cirugía de derivación. El dolor precordial del paciente que se haya sometido a cualquiera de estos procedimientos deberá tratarse de la misma manera que en pacientes que no hayan tenido ninguna cirugía cardiaca. En cualquier caso, el dolor en el pecho de un paciente que se haya sometido a cualquier procedimiento se trata justo de la misma manera que el dolor en el pecho en un paciente que no lo haya hecho. Efectúe todas las tareas descritas y traslade al paciente con prontitud al servicio de urgencias del hospital. Si se requiere RCP, llévala a cabo de la manera acostumbrada, sin importar la cicatriz en el pecho del paciente. De igual manera, si está indicado, deberá usarse también un DAE.

Muchas personas con enfermedad del corazón en Estados Unidos presentan marcapasos para mantener un ritmo y una frecuencia cardiaca adecuados. Estos dispositivos se colocan cuando el sistema de control eléctrico del corazón está tan dañado que no puede funcionar de modo adecuado. Estos dispositivos de baterías proporcionan un impulso eléctrico por medio de alambres que están en contacto directo con el miocardio. La unidad generadora por lo general se coloca debajo de un músculo o debajo de la piel; es típico que se parezca a una pequeña moneda de plata bajo la piel en la parte superior del pecho (Figura 12-13 ▶).

Normalmente, no es necesario que se preocupe por problemas con los marcapasos. Gracias a la tecnología moderna, una unidad implantada no requerirá reemplazo o recarga de baterías durante años. Los alambres están bien protegidos y rara vez se rompen. En el pasado los marcapasos en ocasiones fallaban cuando un paciente se acercaba demasiado a una fuente de radiación eléctrica, como un horno de microondas, pero éste ya no es el caso. Todo paciente con marcapasos debe estar consciente de las precauciones, si las hay, que debe tener para mantener su funcionamiento adecuado.

Si el marcapasos no funciona de modo apropiado, como cuando se gasta la batería, el paciente puede presentar síncope, mareos o debilidad debido a una frecuencia cardiaca demasiado lenta. De ordinario, el pulso será menor de 60 latidos/min debido a que el corazón está latiendo sin la regulación del marcapasos o de su propio sistema eléctrico, el cual puede estar dañado. En estas circunstancias, el corazón tiende a asumir un ritmo lento fijo que no es lo bastante rápido para permitir que el paciente funcione de manera normal. Deberá transportar con rapidez al departamento de urgencias a los pacientes con marcapasos que funcionen mal, ya que la reparación del problema podría requerir cirugía. Cuando se usa un DAE,

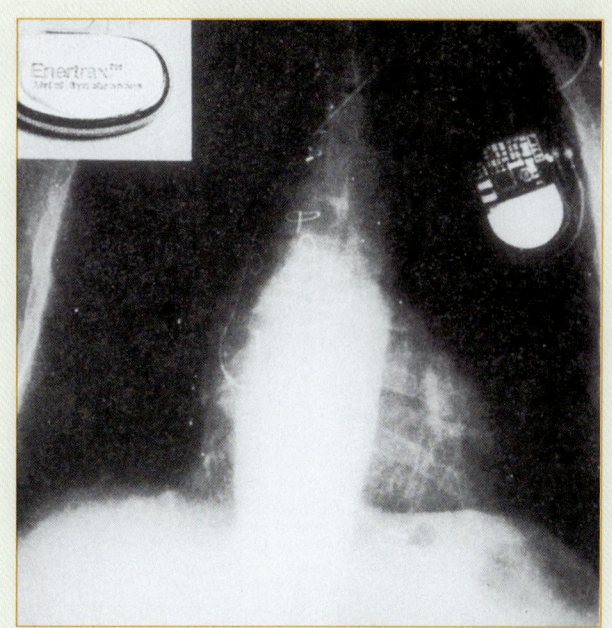

Figura 12-13 Un marcapasos, que típicamente se inserta debajo de la piel en la parte superior del tórax, proporciona un impulso eléctrico para regular el ritmo cardiaco.

no deberá colocar los parches directamente sobre el marcapasos. Esto asegurará un mejor flujo de la electricidad en el cuerpo del paciente.

Desfibriladores cardiacos automáticos implantables

Cada vez se colocan más desfibriladores cardiacos automáticos implantables (DCAI) en pacientes que sobreviven a paros cardiacos por fibrilación ventricular. Algunos pacientes que se encuentran en riesgo particularmente alto de paro cardiaco también los reciben. Estos dispositivos se unen en forma directa al corazón y pueden prolongar la vida de ciertos pacientes. Los dispositivos vigilan de modo continuo el ritmo cardiaco y aplican descargas según se requiera. Sin importar si un paciente que presenta IAM posee un DCAI, deberá tratarlo como todos los pacientes con IAM. El tratamiento deberá incluir realizar RCP y el uso de DAE si el paciente sufre paro cardiaco. En general, la electricidad de un DCAI es tan baja que no tendrá efecto sobre los rescatadores y, por tanto, no debe preocuparle (Figura 12-14 ▶).

Paro cardiaco

Es la suspensión completa de la actividad cardiaca, ya sea eléctrica, mecánica o ambas. Está indicado en el campo

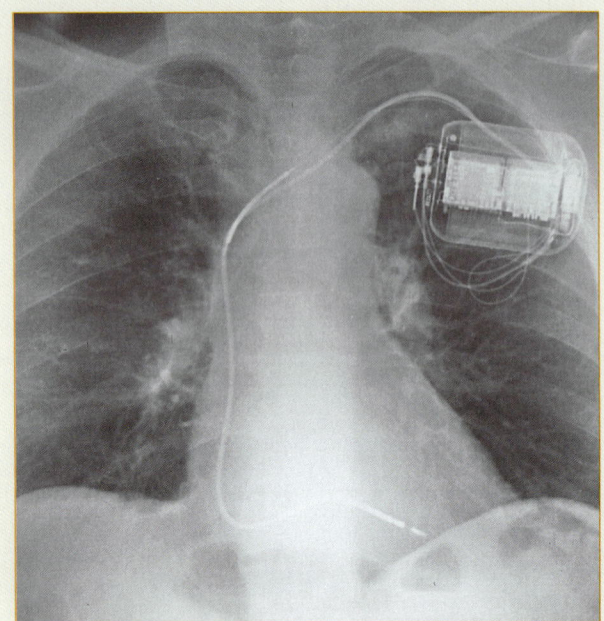

Figura 12-14 Un DCAI que se conecta directamente al corazón vigila el ritmo cardiaco y administra descargas según se requiera. La electricidad del DCAI es tan baja que carece de efecto sobre los rescatadores.

> ### ⚠ Necesidades pediátricas
>
> Los problemas cardiacos en la infancia son raros y por lo general congénitos, lo cual significa que el paciente nació con el problema. En general, el protocolo de atención con estos pacientes debe ser el mismo que para un adulto. Debe intentar tranquilizar al paciente. Si es posible, administre oxígeno. Si el paciente no desea usar una mascarilla, haga que uno de los padres sostenga el oxígeno frente a la cara del niño.
>
> El paro cardiaco en niños pequeños es menos común que en niños más grandes y por lo general es producto de problemas respiratorios. Con niños de uno a ocho años de edad, está indicado un DAE ajustado para trabajar en niños. Estos DAE poseen alta especificidad para reconocer los ritmos pediátricos susceptibles de descarga, y son capaces de reducir la cantidad de energía que se proporciona por medio de los parches durante la descarga. Si el DAE pediátrico no está disponible, deberán usarse el DAE y los parches para adultos en niños entre uno y ocho años. Los adolescentes, que pueden presentar en ocasiones un paro cardiaco relacionado con un problema del corazón, pueden beneficiarse con el DAE.

por la ausencia de pulso carotídeo. Hasta la aparición de la RCP y la desfibrilación externa en la década de 1960, el paro cardiaco era casi siempre un evento terminal. Ahora, aunque todavía es poco frecuente que un paciente sobreviva el paro cardiaco sin daño neurológico, se han logrado grandes avances en la ciencia de la reanimación en los últimos 40 años.

Desfibrilación automática externa

Al final de la década de 1970 e inicio de 1980, los científicos desarrollaron una pequeña computadora que podía analizar las señales eléctricas del corazón y determinar cuándo tenía lugar la fibrilación ventricular. Este desarrollo, junto con una mejor tecnología de las baterías, hizo posible el desfibrilador automático portátil —un dispositivo que puede administrar de manera automática un choque eléctrico al corazón cuando se requiera.

Las máquinas DAE vienen en diferentes modelos con propiedades distintas (Figura 12-15▶). Todas ellas requieren un cierto grado de interacción del operador, comenzando con la aplicación de los parches y la activación de la máquina. El operador también debe oprimir un botón para aplicar la descarga eléctrica, sin importar el modelo. Muchos DAE incorporan un sintetizador de voz computarizado para indicarle al TUM qué hacer en función con el análisis del DAE. Algunos tienen un botón que le indica a la computadora que analice el ritmo eléctrico del corazón; otros modelos inician el análisis tan pronto son encendidos y colocados los parches. Aunque la mayoría de los DAE son semiautomáticos, es común emplear el término desfibrilador automático externo (DAE) como término genérico para describir a todos estos dispositivos. Quedan muy pocos DAE reales; todos los fabricantes sólo producen desfibriladores semiautomáticos externos.

Los DAE también vienen equipados para brindar una descarga de corriente monofásica o bifásica. Monofásico significa enviar la energía en una dirección, de negativo a positivo. La forma actual de corriente de onda bifásica fluye en ambas direcciones, positiva y negativa. Este flujo bidireccional de la corriente refleja el hecho de que la corriente va en una dirección y luego se invierte el flujo en la dirección opuesta. La ventaja de la onda bifásica es que produce una desfibrilación más eficiente y puede requerir un ajuste de menor energía. El ajuste de energía para la fibrilación ventricular en un equipo monofásico es de 360 joules para la primera descarga y todas las descargas subsiguientes a ella. Con la tecnología bifásica, la energía puede ajustarse a 120 joules para la primera descarga y todas las descargas subsiguientes a esa, o puede iniciar a

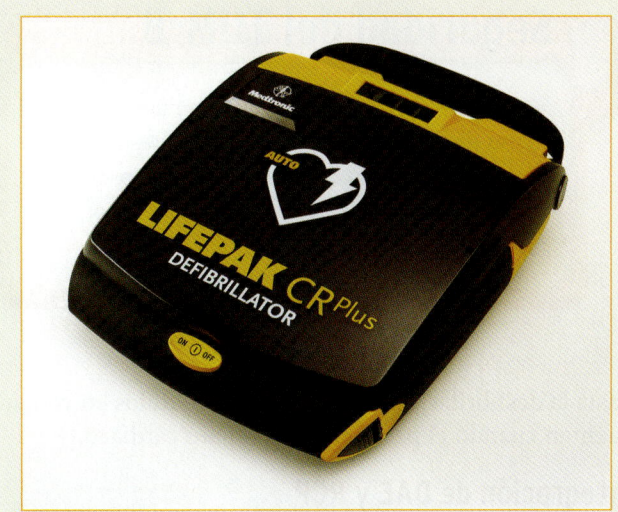

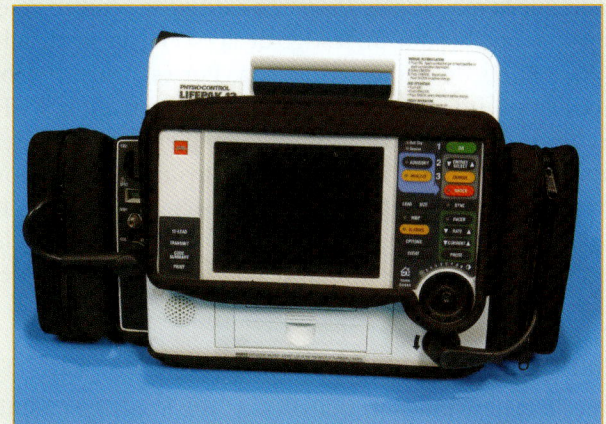

Figura 12-15 Los DAE varían en diseño, propiedades y operación.

120 joules para la primera descarga y luego aumentar a 200 joules en las descargas subsiguientes. El ajuste óptimo de energía para el DAE bifásico aún está bajo estudio y en la actualidad la literatura no apoya recomendación alguna para ninguno de ellos. La computadora dentro del DAE está programada de manera especial para reconocer ritmos que requieren desfibrilación para corregirlos. Los DAE son en extremo precisos. Sería muy raro que el DAE recomendara una descarga cuando ésta no se requiriera, y rara vez no la recomiendan cuando se necesita. En consecuencia, si el DAE recomienda una descarga, usted puede creer que está indicada.

Cuando ocurre un error, por lo general es la culpa del operador. La equivocación más común es carecer de una batería cargada. Para evitar este problema, muchas compañías de desfibriladores han fabricado máquinas más "inteligentes" que advierten al operador que la batería tiene pocas probabilidades de funcionar adecuadamente. No obstante, algunos de los modelos más viejos no poseen esta característica. Debe revisar el DAE a diario y probar la batería con la frecuencia que recomiende el fabricante.

Otro error ocurre cuando se aplica el DAE a un paciente en movimiento. La computadora puede ser incapaz de diferenciar entre señales eléctricas del corazón y las de los músculos de brazos y pecho que están en movimiento. La manera de evitar este error es aplicar el DAE sólo en personas sin pulso y que no responden y alejarse del paciente (no lo toque) durante el análisis o la descarga.

Un tercer error puede ocurrir cuando el DAE se aplica en un paciente que responde y presenta frecuencia cardiaca acelerada. La mayoría de las computadoras identifican un ritmo regular con mayor rapidez que 150 o 180 latidos/min como taquicardia ventricular, a la cual debe aplicarse una descarga. No obstante, en ocasiones, un paciente presenta otra frecuencia cardiaca que no debe recibir descarga, pero que es lo bastante rápida como para confundir a la computadora. De nuevo, para evitar este problema, debe aplicar el DAE sólo a pacientes que no responden ni presentan pulso.

La desfibrilación automática externa ofrece al TUM-B diversas ventajas. Primero, desde luego, la máquina es rápida y administra el tratamiento más importante para el paciente en fibrilación ventricular: una descarga eléctrica. Se puede aplicar dentro del primer minuto de la llegada del TUM al lado del paciente. Segundo, encontrará que el uso del DAE es más fácil que realizar RCP. Los proveedores de SVCA no tienen que estar en la escena para proporcionar esta atención definitiva.

Los DAE actuales ofrecen dos ventajas más. La descarga puede administrarse mediante parches adhesivos del desfibrilador, los cuales son más seguros para el operador que las paletas. Asimismo, el área del parche es mayor que el de las paletas, lo cual significa que la transmisión de electricidad es más eficiente. Por lo general, hay imágenes en los parches para indicarle en qué parte del tórax del paciente deben colocarse.

No todos los pacientes con paro cardiaco requieren una descarga eléctrica. Aunque todos los pacientes con paro cardiaco deberían analizarse con un DAE, algunos no tienen ritmos que requieren descarga (es decir, actividad eléctrica sin pulso y asistolia). La asistolia (línea isoeléctrica) indica que no queda actividad eléctrica. La actividad eléctrica sin pulso por lo general se refiere a un estado de paro cardiaco a pesar de un complejo eléctrico organizado. La RCP debe iniciarse tan pronto como sea posible.

Razones para una desfibrilación temprana

Pocos pacientes que presentan paro cardiaco repentino fuera de un hospital sobreviven a menos que tenga lugar una rápida secuencia de sucesos. La cadena de sobrevivencia es una manera de describir la secuencia ideal de sucesos que pueden tener lugar cuando tal paro ocurre.

Los cuatro eslabones de la cadena de sobrevivencia son los siguientes (Figura 12-16):

- Reconocimiento de los signos de alerta tempranos y activación inmediata del SMU
- RCP inmediata de un testigo
- Desfibrilación temprana
- Soporte vital cardiaco avanzado

Si falta cualquiera de los eslabones de la cadena, el paciente tiene mayores probabilidades de morir. Por ejemplo, pocos pacientes se benefician de la desfibrilación cuando transcurren más de 10 min antes de la administración de la primera descarga o si no se realiza RCP en los primeros 2 a 3 min. Si todos los eslabones de la cadena son fuertes, el paciente presenta la mejor oportunidad posible de sobrevivir. El eslabón más determinante para la supervivencia es el tercero —la desfibrilación temprana.

La RCP ayuda a los pacientes con paro cardiaco debido a que prolonga el periodo durante el cual la desfibrilación puede ser eficaz. La desfibrilación rápida ha resucitado con éxito a muchos pacientes con paro cardiaco por fibrilación ventricular. No obstante, la desfibrilación trabaja mejor si tiene lugar dentro de los 2 min siguientes al inicio del paro cardiaco. Para lograr mejores tasas de supervivencia entre las víctimas de paro cardiaco, muchas comunidades están explorando la idea de que los primeros contactos no tradicionales deben capacitarse para administrar desfibrilación temprana. Estas personas incluyen a oficiales de policía, personal de seguridad, salvavidas, trabajadores de mantenimiento y sobrecargos de vuelo. Como TUM-B, deberá apoyar estos esfuerzos para acortar el tiempo transcurrido hasta la desfibrilación. Recuerde, los segundos en verdad cuentan cuando el paciente está en paro cardiaco.

Seguridad del TUM-B

Cuando despeje el espacio cercano del paciente antes de una descarga de DAE, asegúrese de que nadie esté tocando al paciente, incluida la camilla u otro mobiliario si el paciente no está sobre el piso o la tierra.

Integración de DAE y RCP

Dado que la mayoría de los paros cardiacos ocurren en el hogar, es posible que un testigo de la escena haya iniciado la RCP antes de que usted llegara. Por esta razón, debe saber cómo integrar el DAE en la secuencia de la RCP. Recuerde que el DAE no es muy complejo; quizá no sea capaz de distinguir otros movimientos de la fibrilación ventricular. Por tanto, no toque al paciente mientras el DAE está analizando el ritmo cardiaco y administrando descargas. Suspenda la RCP y deje que el DAE simplemente haga su trabajo.

Mantenimiento del DAE

Una de las misiones principales de un TUM-B es administrar una descarga eléctrica a un paciente en fibrilación ventricular. Para lograr esta misión, necesita contar con un DAE en funcionamiento. Debe familiarizarse con los

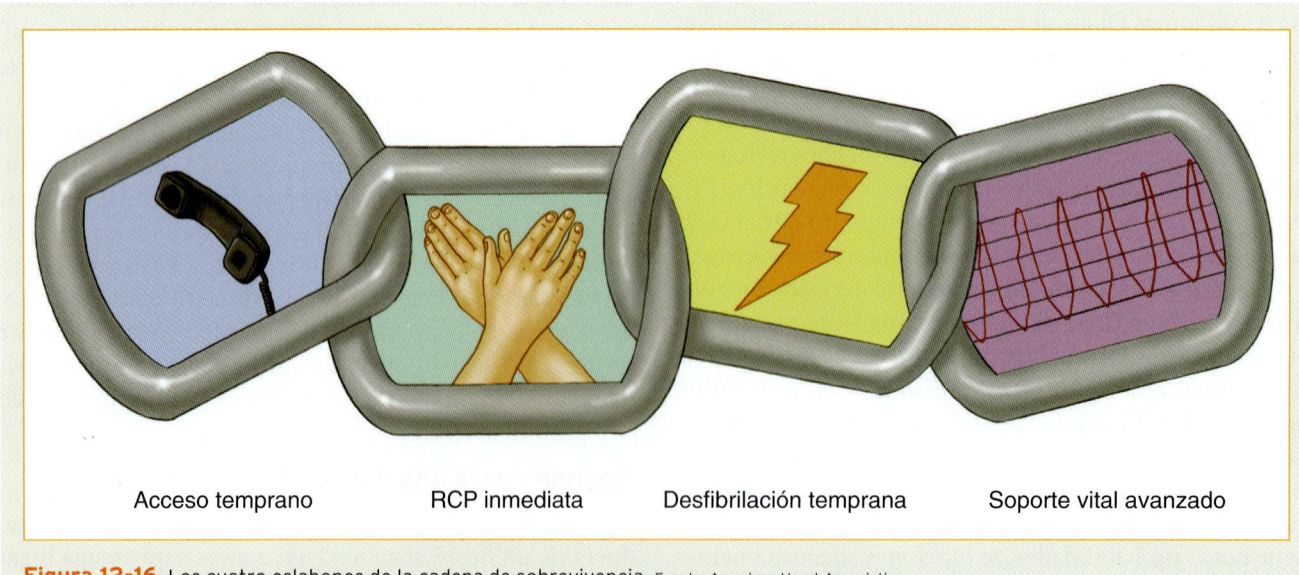

Figura 12-16 Los cuatro eslabones de la cadena de sobrevivencia. *Fuente:* American Heart Association.

procedimientos de mantenimiento requeridos para la marca de DAE que emplea su servicio. Lea el manual del operador. Si su desfibrilador no funciona en la escena, alguien deseará saber qué salió mal. Esta persona puede ser su coordinador operativo, su director médico, el reportero del periódico local o el abogado de la familia. Se le pedirá que compruebe que mantenía el desfibrilador en buenas condiciones y que acudió a cualquier servicio en las mejores condiciones posibles.

El principal riesgo legal al usar el DAE es no lograr administrar una descarga cuando ésta era necesaria. La razón más común para esta falla es que la batería no funcionó, por lo general debido a que no recibió el mantenimiento adecuado. Otro problema es el error del operador. Esto significa no oprimir los botones para analizar o dar descarga cuando la máquina le indica que lo haga o que no le aplique el DAE a un paciente en paro cardiaco. Desde luego, el DAE es como cualquier artículo de fabricación: puede fallar, aunque es raro. En forma ideal, encontrará cualquiera de estas fallas mientras realiza mantenimiento de rutina, no cuando atienda a un paciente con paro cardiaco. Revise su equipo, incluido el DAE, al inicio de cada turno. Pida al fabricante listas de los aspectos que deban revisarse a diario, por semana o con menor frecuencia Figura 12-17 ▶.

Si se presenta una falla en el DAE mientras atiende a un paciente, deberá informar sobre el problema al fabricante y, en su caso, a la Secretaría de Salud en México. Asegúrese de seguir los procedimientos apropiados del SMU para notificar a estas organizaciones.

Dirección médica

La desfibrilación cardiaca es un procedimiento médico. Aunque los DAE han simplificado en gran medida el proceso de administrar descargas eléctricas, aún se obtiene un beneficio al contar con la participación de un médico. El director médico de su servicio deberá ayudarle a aprender a usar el DAE. Por lo menos, deberá aprobar el protocolo

Necesidades geriátricas

Lo mismo que otros sistemas corporales, el cardiovascular sufre cambios al envejecer. El corazón, como otros órganos principales, mostrará los efectos del envejecimiento. A medida que se reducen la masa y el tono muscular del corazón, la cantidad de sangre que se bombea con cada latido disminuye. La capacidad residual (de reserva) cardiaca también se reduce; por tanto, cuando los órganos vitales requieren flujo sanguíneo adicional, el corazón no puede satisfacer la necesidad. Cuando se reduce el flujo sanguíneo hacia los tejidos, los órganos sufren. Si el flujo sanguíneo hacia el cerebro es inadecuado, el paciente puede quejarse de debilidad, fatiga o mareo y podría desarrollar síncope (desmayo).

La potencia del músculo cardiaco puede fallar. El corazón funciona con electricidad y posee su propio sistema eléctrico. Bajo condiciones normales, los impulsos eléctricos viajan a través del corazón, lo cual resulta en la contracción del músculo cardiaco y el bombeo de sangre en las cámaras del corazón. Con el tiempo, el sistema eléctrico puede deteriorarse, lo cual causa que se debilite la contracción cardiaca o, si se ve afectado el flujo sanguíneo hacia el músculo cardiaco, que se produzcan latidos adicionales. Al reducirse la fuerza de la contracción, el latido cardiaco es más débil y se reduce el flujo sanguíneo hacia los tejidos. Si se producen latidos adicionales, el ritmo cardiaco del paciente será irregular. Aunque algunos ritmos cardiacos irregulares son aceptables, otros pueden ser mortales.

Las arterias también se ven afectadas por la edad. Puede desarrollarse arteriosclerosis (endurecimiento de las arterias), lo cual afecta la perfusión de los tejidos. Hay un incremento en la probabilidad de ataque cardiaco o evento cerebral vascular debido a la reducción del flujo sanguíneo o la formación de placas (aterosclerosis) en las arterias estrechadas.

Los pacientes con diabetes pueden presentar una reducción en la circulación en manos y pies; esto hace que los pulsos periféricos sean más difíciles de detectar, y también pone a manos y pies en riesgo particular de desarrollar infecciones o ulceraciones.

En algunos pacientes mayores con angina o IAM, en particular los diabéticos, está ausente el dolor precordial y el cuadro clínico puede confundirse con otros padecimientos no cardiacos.

El envejecimiento afecta el sistema cardiovascular. Debe estar consciente de los cambios, con la intención de determinar lo que es normal, lo que no lo es y aquello que es crónico en el paciente, en oposición a lo que es una condición aguda. En ocasiones, el debilitamiento del músculo cardiaco, el deterioro de su sistema eléctrico y el endurecimiento de las arterias dificultan la tarea de evaluar y atender al paciente mayor.

escrito que seguirá al atender a los pacientes en paro cardiaco. En la mayoría de los estados no se considera que se ha terminado con éxito la capacitación para el uso del DAE en un curso de TUM-B si las leyes, reglamentos estatales y la autoridad de la dirección médica local no lo aprueban.

Deberá realizar una revisión de cada incidente en el cual emplee el DAE. Después de regresar del hospital o de la escena, siéntese con el resto del equipo y analicen lo que sucedió. Esta discusión ayudará a todos los miembros del equipo a aprender de cada situación. Revise tales sucesos por medio de un informe escrito, cualquier grabación de audio del dispositivo, y los módulos de memoria de estado sólido del dispositivo y sus cintas de grabación magnética, si se aplica.

El director médico o el responsable sanitario de su servicio también deben efectuar una revisión del incidente. El mejoramiento de la calidad incluye a las personas que usan los DAE y los administradores responsables del sistema de SMU. Esta revisión debe concentrarse en el intervalo del tiempo para la aplicación de la desfibrilación, esto es, el tiempo que transcurrió desde la llamada hasta la aplicación de la descarga. Pocos sistemas alcanzarán el objetivo ideal: administrar la descarga a 100% de los pacientes dentro del minuto siguiente a la llamada. No obstante, todos los sistemas trabajan de manera continua en el mejoramiento de la atención al paciente. Por lo general la capacitación contínua obligatoria con revisión de competencias en la destreza es requisito para los proveedores de SMU, y la evaluación de competencias se realiza cada tres a seis meses para el TUM-B.

Atención de emergencia para el paro cardiaco

Preparación

En camino hacia la escena, prepárese para seguir las precauciones de ASC. Al llegar al sitio, asegúrese de que usted y su compañero no corren peligro al entrar en dicha escena. Si el reporte de despacho le informa sobre un paciente que no responde, al cual se le está aplicando RCP, es probable que el DAE sea una de las primeras piezas de equipo que tomará de la ambulancia. Como operador del DAE, es responsable de asegurarse que la descarga no dañe a nadie, incluido usted mismo. La desfibrilación remota empleando parches le permite alejarse de manera segura del paciente. Siempre y cuando coloque los parches en la posición correcta y se asegure de que nadie esté tocando al paciente, debe estar a salvo. No desfibrile a un paciente que se encuentra en el agua. Además de que hay cierto peligro para el TUM-B si también está en el agua, hay otro problema: la electricidad sigue el camino de menor resistencia. En lugar de viajar entre los parches y a través del corazón del paciente, se difundirá en el agua. Por tanto, el corazón no recibirá suficiente electricidad para causar desfibrilación. Puede desfibrilar a un paciente empapado, pero intente primero secar su pecho. No desfibrile a alguien que esté tocando metal que otros más estén tocando, y retire con cuidado el parche de nitroglicerina del pe-

Situación de urgencia — Parte 6

El paciente evalúa ahora su dolor como 3/10. Mientras usted obtiene otra serie de signos vitales, el paramédico se comunica por radio al hospital y actualiza la información sobre el paciente. Le proporciona la lectura de tensión arterial al paramédico quien, durante la comunicación por radio, administra otra dosis de nitroglicerina sublingual. Después del informe le pide que complete el examen físico de pies a cabeza mientras él envía por fax el ECG de 12 derivaciones al hospital receptor y prepara medicación analgésica para administrarla.

El paramédico toma de nuevo la tensión arterial y le pide al paciente que evalúe su dolor, y éste contesta que no ha cambiado. El paramédico confirma entonces que el paciente no es alérgico a la medicación analgésica y administra una dosis por medio de la línea IV. Para el momento en que llegan al hospital, el dolor del paciente ha desaparecido.

8. Como TUM-B, ¿por qué es importante en extremo obtener signos vitales precisos?
9. ¿Cómo puede afectar una lectura imprecisa de la tensión arterial la atención del paciente, en especial en este tipo de casos?

DESFIBRILADOR AUTOMÁTICO EXTERNO
Lista de inspección

No. de serie _____ **Fecha** _____ **Hora** _____

No. de modelo _____ **Inspeccionado por** _____

Factor	Pasa	No pasa

Exterior/cables:
- No hay nada almacenado sobre la unidad
- Estuche intacto y limpio
- Exterior/Pantalla LCD limpia y sin dañar
- Cables/conectores limpios y sin dañar
- Cables conectados en forma segura a la unidad

Baterías:
- El cargador de la unidad está conectado y opera bien (si aplica)
- Batería totalmente cargada en la unidad
- Batería de repuesto totalmente cargada
- Cargador de la batería de repuesto conectada y operativa (si aplica)
- Fecha de caducidad válida en ambas baterías

Accesorios:
- Dos juegos de electrodos
- Electrodos en paquetes sellados con fechas de caducidad válidas
- Rasuradora o rastrillo
- Toalla de mano
- Toallitas con alcohol
- Memoria/dispositivo para grabación de voz – módulo, tarjeta, microcaset
- Desactivador manual – módulo, llave (si aplica)
- Papel de impresión (si aplica)

Operación:
- Autoevaluación de la unidad por recomendaciones del fabricante/instrucciones
  - Pantalla (si aplica)
  - Indicadores visuales
  - Indicadores verbales
  - Impresora (si aplica)
- Conectar DAE a estimulador/evaluador:
  - Reconoce ritmo susceptible de descarga
  - Carga el nivel correcto de energía dentro de las especificaciones del fabricante
  - Administra carga
  - Reconoce ritmos no susceptibles de descarga
  - El sistema de desactivación manual funciona (si aplica)

Firma:

Figura 12-17 Muestra de una lista de inspección para el DAE.

cho del paciente y limpie el área con una toalla seca antes de la desfibrilación para evitar que el parche se queme. Con frecuencia es útil rasurar el pecho de los pacientes velludos antes de colocar los parches para aumentar la conductividad. Asegúrese de consultar los protocolos locales para asuntos como la colocación de parches y la preparación del sitio de éstos.

Determine la naturaleza de la enfermedad y/o el mecanismo de la lesión. Si el incidente implica traumatismo, realice la estabilización de la columna al comenzar la evaluación inicial. ¿Hay un solo paciente? Si está en un sistema por niveles y el paciente se encuentra en paro cardiaco, solicite asistencia del SVCA.

Para efectuar la desfibrilación

Si presencia el paro cardiaco de un paciente, inicie la RCP y conecte el DAE lo más pronto posible. No obstante, si no presenció el paro cardiaco del paciente, en especial si el intervalo desde la llamada hasta su llegada es mayor de 5 min, deberá realizar un ciclo (30 compresiones por 2 insuflaciones 5 veces), cerca de 2 minutos, de RCP antes de aplicar el DAE. La razón para esto es que el corazón tiene más probabilidades de responder a la desfibrilación dentro de los primeros pocos minutos del inicio de la fibrilación ventricular. No obstante, si se prolonga el intervalo del paro se acumulan productos de desecho del metabolismo dentro del corazón, la energía almacenada se desgasta con gran rapidez y se reduce la probabilidad de éxito de la desfibrilación. Por tanto, un periodo de 2 min de RCP antes de aplicar la DAE en pacientes con paro cardiaco prolongado (> 5 min) pueden "arrancar la bomba" restaurando de este modo el oxígeno en el corazón, eliminando los productos de desecho metabólicos y aumentando la probabilidad de tener éxito con la desfibrilación. Los pasos para emplear el DAE que aparecen a continuación se muestran en las **Destrezas 12-2**:

1. **Suspenda la RCP si se está realizando.** Evalúe el nivel de respuesta. Si el paciente responde, no aplique el DAE.
2. Si el paciente no responde, evalúe la respiración. Si no respira o lo hace en forma agónica (respiración lenta y jadeante), **aplique dos ventilaciones** (de 1 s cada una) empleando BVM o una mascarilla de bolsillo y luego revise si hay pulso (**Paso 1**).
3. Si no hay pulso y hay retraso para obtener el DAE, **haga que su compañero inicie o continúe con la RCP.**
4. Si dispone de inmediato de un DAE, **prepare los parches DAE.**
5. Encienda el DAE (**Paso 2**).
6. Retire la ropa del área del pecho del paciente. Aplique los parches en el pecho: uno justo a la derecha del esternón debajo del hueso del cuello (clavícula), el otro en la parte izquierda inferior del pecho con la punta del parche de 5.0 a 7.5 cm debajo de la axila. Asegúrese de que los parches estén conectados a los cables del paciente (y que los parches están conectados al DAE en algunos modelos).
7. **Suspenda la RCP** (**Paso 3**)
8. **Indique en voz alta "aléjense del paciente"**, y asegúrese de que nadie lo esté tocando.
9. **Oprima el botón para analizar**, si lo hay.
10. **Espere a que la computadora** del DAE determine si está presente un ritmo que requiera descarga.
11. Si no se recomienda la descarga, realice un ciclo (cerca de 2 min) de RCP y luego reevalúe el pulso del paciente y reanalice el ritmo cardiaco. Si se aconseja una descarga, asegúrese de que nadie esté tocando al paciente. Cuando el paciente y el área a su alrededor estén despejados, **oprima el botón de descarga.**
12. Después de administrar la descarga, **realice de inmediato la RCP**, iniciando con compresiones torácicas.
13. Después de un ciclo (aproximadamente 2 min) de RCP, **reevalúe el pulso del paciente y reanalice su ritmo cardiaco.**
14. **Si el DAE recomienda una descarga**, despeje al paciente, oprima el botón de descarga y reanude de inmediato la RCP (**Paso 4**).
15. Si no se recomienda la descarga, **determine si hay pulso** (por lo menos 5 s, pero no más de 10).
16. Si el paciente tiene pulso, **determine si hay respiración** (por lo menos 5, pero no más de 10 s).
17. Si el paciente respira en forma adecuada, administre oxígeno por medio de una mascarilla con bolsa reservorio no recirculante a 15 litros por minuto y traslade. Si el paciente no respira de manera adecuada, utilice los dispositivos necesarios para el manejo de la vía aérea y el posicionamiento manual adecuado de la cabeza para mantener una vía aérea permeable. Proporcione ventilación asistida (10 a 12 ventilaciones /min) con oxígeno al 100% y traslade (**Paso 5**).
18. Si el paciente carece de pulso, realice un ciclo (cerca de 2 min) de RCP.
19. Reúna información adicional acerca del evento del paro.
20. Después de 2 min de RCP, reevalúe el pulso del paciente y reanalice el ritmo cardiaco.
21. Si es necesario, repita el ciclo de una descarga y 2 min de RCP hasta que llegue el SVA.
22. Transporte y comuníquese con la dirección médica según lo requiera (**Paso 6**).

Si el DAE no recomienda descargas y el paciente posee pulso, revise su respiración. Si respira de manera adecuada, administre oxígeno al 100% mediante una mascarilla con bolsa reservorio no recirculante y traslade. Si el paciente no respira en forma adecuada, proporcione ventilación asistida con un BVM o una mascarilla de bolsillo conectada con oxígeno al 100% y traslade. Asegúrese de que se empleen técnicas adecuadas para vía aérea en todo momento.

Si el paciente carece de pulso, realice un ciclo (cerca de 2 min) de RCP comenzando con compresiones de pecho. Después de 2 min de RCP, reevalúe el pulso del paciente y reanalice su ritmo cardiaco. Si el DAE recomienda la descarga, administre una seguida de inmediato por RCP comenzando con compresiones del pecho. Repita estos pasos si es necesario.

Si el paciente carece de pulso y el DAE no recomienda descarga, realice un ciclo (cerca de 2 min) de RCP comenzando con compresiones de pecho. Después de 2 min de RCP, reevalúe el pulso del paciente y reanalice el ritmo cardiaco del paciente. Si no se aconseja descarga alguna, continúe con la RCP. Traslade al paciente y comuníquese con la dirección médica según se requiera.

Después de las descargas del DAE

La atención del paciente después de que el DAE administra una descarga depende de su localización y del sistema de SMU; por tanto, deberá seguir sus protocolos locales. Después de completar el protocolo del DAE, es probable que alguna de las siguientes circunstancias se aplique al paciente:

- Recuperación del pulso
- No hay pulso y el DAE indica que no se recomienda la descarga
- No hay pulso y el DAE indica que se recomienda la descarga

Los pacientes que no logran recuperar el pulso en la escena del paro cardiaco por lo general no sobreviven.

Si un servicio de SVA no acude a la escena y sus protocolos locales lo aprueban, puede iniciar el traslado cuando se presente una de las siguientes circunstancias:

- El paciente recupera el pulso
- Se administran máximo tres descargas
- El dispositivo proporciona tres mensajes consecutivos (separados por 2 min de RCP) de que no se recomienda la descarga

Si traslada a un paciente mientras realiza la RCP, deberá planear el manejo del paciente en la ambulancia. Lo ideal será que dos TUM-B se encuentren en el compartimiento del paciente mientras un tercero conduce. Puede proporcionar descargas adicionales en la escena o en el camino con la aprobación de la dirección médica. Tenga en mente que los DAE no pueden analizar el ritmo mientras el vehículo está en movimiento. Tampoco es seguro desfibrilar en una ambulancia en movimiento. Por tanto, deberá esperar a un alto total si se requieren más descargas. Asegúrese de memorizar el protocolo de su servicio de SMU (Figura 12-18).

Paro cardiaco durante el transporte

Si viaja hacia el hospital con un paciente inconsciente, revise el pulso por lo menos cada 30 s. Si no hay pulso, siga los pasos que se indican a continuación:

1. Detenga el vehículo.
2. Si el DAE no está disponible de inmediato, lleve a cabo la RCP hasta que lo esté.
3. Analice el ritmo.
4. Aplique la descarga, si está indicado.
5. Continúe con la reanimación de acuerdo con su protocolo local.

Si está en camino con un paciente adulto consciente que presenta dolor precordial y pierde la conciencia, realice los siguientes pasos:

1. Determine si hay pulso.
2. Detenga el vehículo.
3. Si el DAE no está disponible de inmediato, realice RCP hasta que lo esté.
4. Analice el ritmo.
5. Aplique una descarga, si está indicado.
6. Inicie las compresiones y continúe con la reanimación de acuerdo con su protocolo local, incluido el traslado del paciente.

Coordinación con el SVA

El tiempo hasta la desfibrilación es crítico para la supervivencia después de un paro cardiaco. Como un TUM-B equipado con un DAE, cuenta con la principal herramienta que un paciente crítico con fibrilación ventricular más necesita. Más aún, es muy difícil dañar a alguien con un DAE. En consecuencia, si cuenta con este aparato, no espere a que llegue el personal avanzado para administrar una descarga. Esperar podría parecer una buena idea. No lo es. Es desperdiciar la mejor oportunidad de supervivencia de la persona.

Si el paciente no responde y carece de pulso, aplique el DAE y oprima el botón de análisis (si lo hay) lo más pronto que pueda. Notifique al personal del SVA después de reconocer un paro cardiaco, pero no retrase la desfibrilación. Después de que el personal avanzado llegue a la escena, deberá interaccionar con ellos de acuerdo con sus protocolos locales.

Destrezas 12-2

DAE y RCP

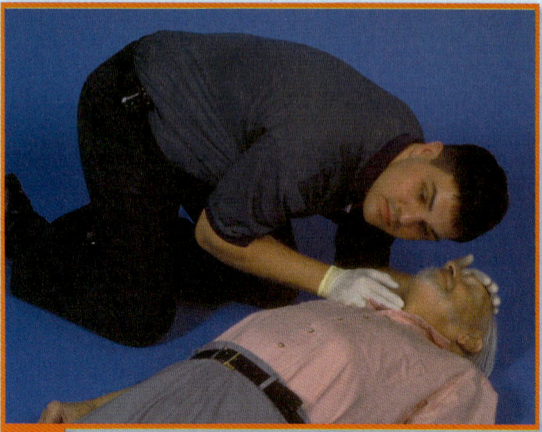

1 Detenga la RCP si la está realizando.
Evalúe si hay respuesta.
Revise la respiración y el pulso
Si no hay respuesta ni respiración, administre dos ventilaciones y revise el pulso.

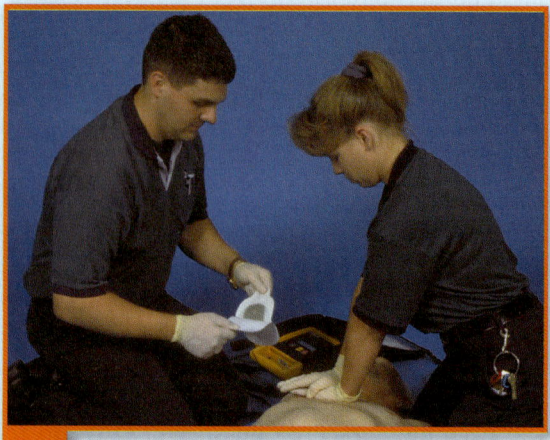

2 Si no hay pulso, inicie la RCP.
Prepare los parches del DAE.
Encienda el DAE.

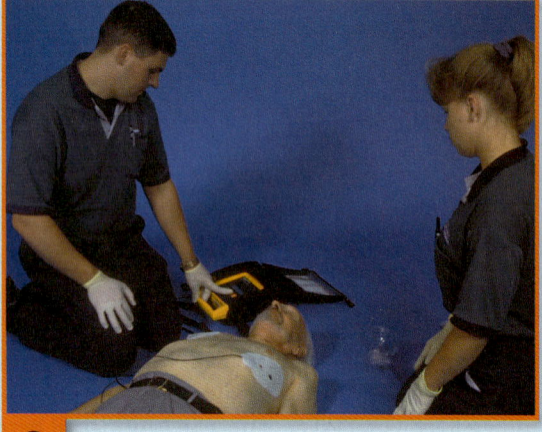

3 Aplique los parches del DAE.
Detenga la RCP

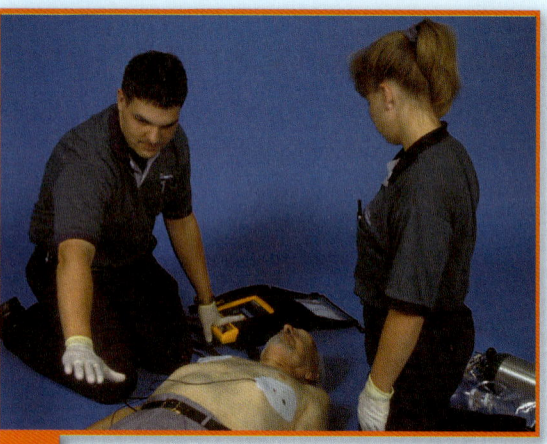

4 Despeje el área del paciente en forma verbal y visual.
Si hay un botón de análisis, oprímalo.
Espere a que el DAE analice el ritmo.
Si no se recomienda la descarga, realice RCP durante 2 min y evalúe de nuevo.
Si se recomienda la descarga, confirme que el área está despejada y apriete el botón de descarga.
Realice de inmediato la RCP durante 2 min después de aplicar la descarga.

Capítulo 12 Emergencias cardiovasculares 429

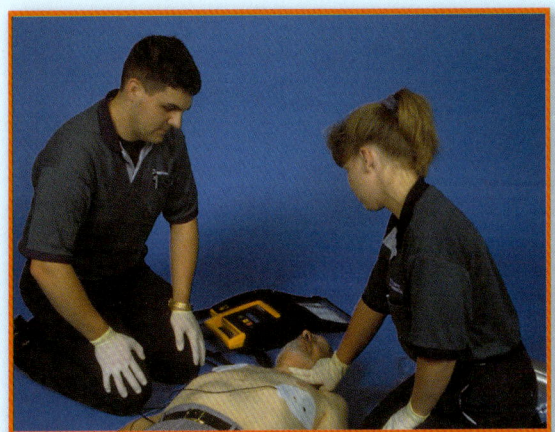

5 Si no se recomienda la descarga, revise el pulso.

Si hay pulso, revise la respiración.

Si hay respiración adecuada, administre oxígeno y transporte. Si la respiración no es apropiada, proporcione ventilación artificial y transporte.

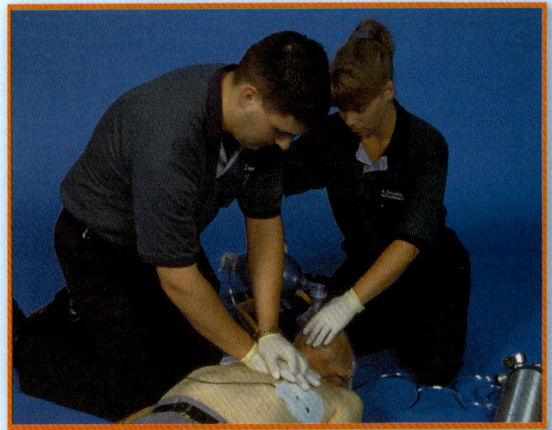

6 Si no hay pulso, realice 2 min de RCP.

Reúna información adicional sobre el evento del paro.

Después de 2 min de RCP, reevalúe el pulso y reanalice el ritmo cardiaco.

Si es necesario, repita el ciclo de una descarga y 2 min de RCP hasta que llegue el SVA.

Traslado y comuníquese con la dirección médica según se requiera.

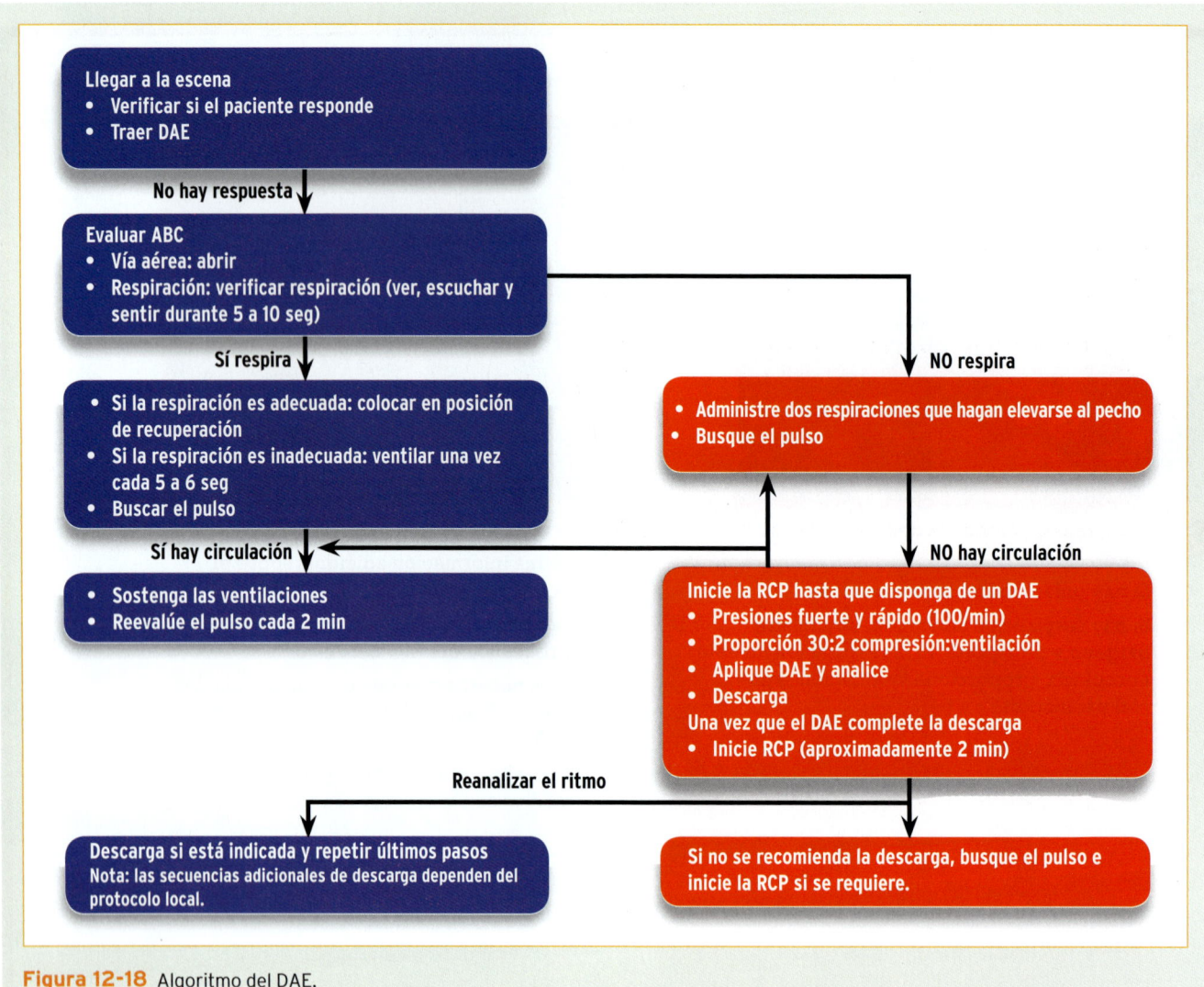

Figura 12-18 Algoritmo del DAE.

Tips para el TUM-B

Tips para la operación del DAE

- Un TUM-B opera el desfibrilador mientras que el otro realiza la RCP.
- Primero se lleva a cabo la desfibrilación. No aplique oxígeno ni haga nada que retrase el análisis del ritmo o la desfibrilación.
- Familiarícese con el aparato de DAE que emplee su SMU.
- Evite todo contacto con el paciente durante el análisis del ritmo.
- Indique, "aléjense del paciente" antes de la descarga. Otra frase popular es: "Fuera yo, fuera tu, fuera todo" antes de administrar las descargas.
- En los modelos de DAE donde se aplique, verifique las baterías al inicio de su turno; lleve una batería cargada adicional con su DAE.
- El DAE puede usarse sin peligro en pacientes mayores de un año. Cuando emplee el aparato en pacientes de entre uno y ocho años, utilice parches de desfibrilación de tamaño pediátrico y un sistema atenuador de la dosis (reductor de energía). No obstante, si no cuenta con esto, emplee un DAE para adultos.
- El mantenimiento de la vía aérea y de la ventilación son de importancia primordial.

Situación de urgencia — Resumen

Las determinaciones imprecisas de la tensión arterial pueden afectar de modo significativo las opciones y decisiones que deben realizarse respecto a la atención del paciente. Por ejemplo, si se administra nitroglicerina debido a una lectura poco precisa de la tensión arterial, se podrían presentar efectos dañinos sobre el paciente o empeorar su condición. Nunca haga estimaciones de la lectura. Pida ayuda a su compañero si esto fuera necesario.

Este escenario demuestra el impacto que puede tener como TUM-B en los primeros minutos de una llamada. Sus conocimientos y acciones pueden constituir la diferencia entre evitar que el paciente sufra una discapacidad permanente o la muerte como resultado de una situación que amenaza la vida, como un ataque cardiaco. Trabajar como equipo con el SVA y comprender las necesidades de estos proveedores también puede ayudar en la calidad general del cuidado del paciente. La transición de proveedores SVB a proveedores SVA a un médico del departamento de urgencias debe ser impecable. Con conocimiento y trabajo de equipo, todos los niveles de proveedores se conjuntan para proporcionar al paciente la mejor atención posible.

Sección 4 Emergencias Médicas

Evaluación y cuidados de urgencia

	Dolor torácico	Paro cardiaco
Evaluación de la escena	Usar ASC. Cerciórese de que la escena sea segura. Determine la causa de la urgencia por medio del paciente o de los testigos. Solicite recursos adicionales si los necesita. Determine si se requiere estabilización de la columna.	Use ASC. Compruebe la seguridad de la escena. Lleve el DAE. Determine la Naturaleza de la Enfermedad o el Mecanismo de la Lesión. Determine si se requiere estabilizar la columna vertebral.
Evaluación inicial ■ Impresión general ■ Vía aérea ■ Respiración ■ Circulación ■ Decisión de traslado	Determine si el paciente responde. Si lo hace, pregunte por su queja principal. Si no es así, evalúe ABC. Si el paciente perdió la conciencia y quizá sufrió una caída, considere la estabilización de la columna. Asegure que la vía aérea esté permeable. Si el paciente presenta falta de aire o dificultad para respirar, proporcione oxígeno con una mascarilla con bolsa reservorio no recirculante a 10-15 L/min. Si el paciente no respira, proporcione ventilaciones con un dispositivo BVM y oxígeno al 100%. Evalúe el pulso y la piel. Coloque al paciente en una posición cómoda. Tranquilícelo. Traslade de inmediato a los pacientes con dolor torácico en una forma gentil, que calme el estrés.	Determine el NDC del paciente y su queja principal. Si el paciente no responde ni tiene pulso, prepare para desfibrilar. Verifique la seguridad de la escena, no desfibrile a un paciente que esté dentro del agua.
Historial y examen físico enfocados	NOTA: el orden de los pasos en un historial y examen físico enfocados varían dependiendo de que el paciente esté consciente o inconsciente. El orden a continuación es para un paciente consciente. Si está inconsciente, realice un examen físico rápido, obtenga los signos vitales y obtenga el historial.	
■ Historial SAMPLE ■ Examen físico enfocado ■ Signos vitales iniciales ■ Comunicación ■ Intervenciones	Si el paciente está consciente, tome un historial SAMPLE breve y haga las preguntas OPQRST. En forma específica, pregunte si el paciente: ■ ha tenido un ataque cardiaco antes ■ tiene problemas cardiacos ■ presenta factores de riesgo: tabaquismo, hipertensión arterial, estrés elevado ■ toma medicamentos Realice un examen físico enfocado, concentrándose en los sistemas cardiovascular y respiratorio. Evalúe el color, la temperatura y la condición de la piel. ¿Hay cianosis? ¿Están distendidas las venas del cuello? Revise las membranas mucosas. Tome los signos vitales, incluyendo la tensión arterial. Coloque el oxímetro de pulso si está disponible. Informe a la dirección médica y al hospital; siga las instrucciones de la dirección médica. Dependiendo del protocolo local, administre aspirina infantil y asista con la administración de nitroglicerina en caso de que el paciente ya la tenga prescrita. Obtenga permiso de la dirección médica antes de asistir la administración.	No aplicable a un paciente con paro cardiaco. Véase el resumen del procedimiento para el DAE en la tabla de atención de urgencia en la página opuesta.
Examen físico detallado	Si el tiempo lo permite y el paciente está estable, realice un examen físico detallado y pregunte al paciente acerca de factores de riesgo para una enfermedad cardiaca. .	No aplicable a un paciente con paro cardiaco. Véase el resumen del procedimiento para el DAE en la tabla de atención de urgencia en la página opuesta.
Evaluación continua ■ Comunicación y documentación	Vigile al paciente muy de cerca. Reevalúe los signos vitales cada 5 min o a medida que cambie la condición del paciente. Reevalúe las intervenciones. Si ocurre un paro cardiaco, inicie la desfibrilación o la RCP de inmediato. Registre las intervenciones. Obtenga la firma del doctor que brindó dirección médica en línea si se requiere.	Después de la desfibrilación, revise el pulso por lo menos cada 30 s. Si no hay pulso, realice de nuevo la desfibrilación y/o la RCP.

Capítulo 12 Emergencias cardiovasculares

NOTA: aunque los siguientes pasos tienen amplia aceptación, asegúrese de consultar y seguir su protocolo local.

Dolor torácico

De acuerdo con el protocolo local, prepárese para administrar ácido acetilsalicílico infantil y asista con la nitroglicerina si es que ya ha sido prescrita. Verifique las condiciones del medicamento y su fecha de caducidad.

Ácido acetilsalicílico
Administre de acuerdo con el protocolo local y bajo la supervisión de la dirección médica.

Nitroglicerina
1. Obtenga autorización de la dirección médica
2. Tome la tensión arterial del paciente. Continúe sólo si la tensión arterial sistólica es mayor de 100 mm Hg.
3. Verifique que cuenta con el medicamento, el paciente y la vía de administración adecuados.
4. Pregunte al paciente sobre la dosis y los efectos. Asegúrese de que el paciente comprende la vía de administración. Prepárese para hacer que el paciente se recueste para evitar un desmayo.
5. Pida al paciente que levante la lengua. Coloque la tableta, bajo la lengua. Pida a este último que mantenga la boca cerrada con la tableta bajo la lengua hasta que ésta se disuelva o absorba.
6. Revise de nuevo la tensión arterial en 5 min. Anote el medicamento y la hora de administración. Si el dolor precordial persiste y la presión sistólica aún es mayor de 100 mm Hg, repita la dosis cada 5 min de acuerdo con lo autorizado por la dirección médica.

Reevalúe la decisión de transporte. No retrase este último para asistir con la administración de nitroglicerina.

Paro cardiaco

Desfibrilación
Para un paro cardiaco del cual no haya sido testigo:
1. Suspenda la RCP si se está realizando. Evalúe el nivel de respuesta. Si el paciente responde, no aplique el DAE.
2. Si no responde, no hay pulso y no respira, realice un ciclo (cerca de 2 min) de RCP.
3. Prepárese para usar el DAE. Prenda la unidad de DAE.
4. Retire la ropa del área del pecho del paciente si no lo ha hecho aún. Aplique los parches en el tórax: uno a la derecha del esternón justo debajo de la clavícula, el otro en la parte izquierda inferior del tórax (con la punta del parche de 2 a 3" debajo de la axila).
5. Suspenda la RCP, asegúrese de que nadie esté tocando al paciente e indique en voz alta "Aléjense".
6. Oprima el botón para analizar, si lo hay, y espere a que la unidad del DAE haga el análisis.
7. Si no se recomienda la descarga, realice RCP por 2 min y luego reevalúe el pulso del paciente y analice el ritmo cardiaco. Si se aconseja una descarga, asegúrese de que nadie esté tocando al paciente. Cuando el paciente y el área a su alrededor estén despejados, oprima el botón de descarga. Una vez aplicada la descarga, reinicie de inmediato la RCP comenzando con compresiones torácicas.
8. Después de 2 min de RCP, revise el pulso y el ritmo cardiaco. Si el paciente tiene pulso, evalúe su respiración. Si ésta es adecuada, proporcione oxígeno mediante una mascarilla con bolsa reservorio no recirculante a 15L/min y traslade. Si el paciente no respira de manera adecuada, aplique ventilación asistida (10 a 12 ventilaciones/min) con oxígeno al 100% y traslade.
9. Si el paciente carece de pulso, efectúe 2 min de RCP, comenzando con compresiones torácicas.
10. Después de 2 min de RCP, revise el pulso y analice el ritmo cardiaco (según se aplique).
11. Si es necesario, repita el ciclo de administración de una descarga y aplicación de 2 min de RCP hasta que llegue el SVA.
12. Traslade al paciente y comuníquese con la dirección médica según se requiera.

Nota: si no presenció el paro cardiaco del paciente, en especial si el intervalo desde la llamada hasta su llegada es mayor de 5 min, realice un ciclo (cerca de 2 min) de RCP y luego aplique el DAE. Siga los protocolos locales acerca del paro cardiaco presenciado *vs.* no presenciado y respecto al DAE.

Evaluación y cuidados de urgencia

Resumen

Listo para repaso

- El corazón está dividido en dos por la mitad, derecho e izquierdo, cada uno con una cámara superior llamada aurícula y otra inferior denominada ventrículo.

- La mayor de las cuatro válvulas del corazón que mantienen la sangre en movimiento por medio del sistema circulatorio en la dirección adecuada es la válvula aórtica, la cual se encuentra entre el ventrículo izquierdo y la aorta, la arteria principal del cuerpo.

- El sistema eléctrico del corazón controla la frecuencia cardiaca y ayuda a aurículas y ventrículos a trabajar juntos.

- Durante periodos de esfuerzo físico o estrés, el miocardio requiere más oxígeno. Éste se proporciona mediante la dilatación de las arterias coronarias, las cuales aumentan el flujo sanguíneo.

- Los lugares comunes para sentir el pulso incluyen carótida y arterias femoral, braquial, radial, tibial posterior y dorsal del pie.

- La disminución del flujo sanguíneo hacia el corazón por lo general es producto de la aterosclerosis en arterias coronarias, una enfermedad en la cual placas de colesterol se acumulan dentro de los vasos sanguíneos hasta llegar a bloquearlos.

- En ocasiones, una placa quebradiza se agrieta, lo cual hace que se forme un coágulo. El tejido cardiaco que se encuentra por debajo de la obstrucción sufre por falta de irrigación y por lo tanto de oxígeno y, en un lapso de 30 min, comenzará a morir. Esto se denomina infarto agudo al miocardio (IAM) o ataque cardiaco.

- Los tejidos del corazón que no reciben suficiente oxígeno pero que no están muriendo pueden ocasionar un dolor llamado angina. El dolor por IAM es diferente del ocasionado por angina en cuanto a que puede llegar en cualquier momento, no sólo con el esfuerzo; dura varias horas, en lugar de algunos momentos y no se alivia con el reposo ni con nitroglicerina.

- Además del dolor de opresión en el pecho, los signos de IAM incluyen inicio repentino de debilidad, náusea y sudoración, arritmia repentina, edema pulmonar e incluso muerte súbita.

- Los ataques cardiacos pueden tener tres consecuencias graves: una es la muerte súbita, por lo general el resultado de paro cardiaco ocasionado por ritmos cardiacos anormales llamados arritmias. Éstos incluyen taquicardia, bradicardia, taquicardia ventricular y, en forma más común, fibrilación ventricular.

- La segunda consecuencia es el choque cardiogénico. Los síntomas incluyen inquietud, ansiedad, diaforesis, frecuencia de pulso mayor de lo normal y presión sanguínea menor de la normal. Los pacientes con estos síntomas deben recibir oxígeno, ventilación asistida si se requiere y un traslado inmediato.

- La tercera consecuencia del IAM es una insuficiencia cardiaca congestiva, en la cual el tejido cardiaco dañado ya no puede contraerse con eficacia suficiente para bombear sangre mediante el sistema. Los pulmones se congestionan con líquidos, la respiración se vuelve difícil, incrementa la frecuencia cardiaca y crece el ventrículo izquierdo.

- Los signos incluyen hinchazón en los tobillos debido a edema dependiente, tensión arterial elevada, frecuencia cardiaca y respiraciones aceleradas, estertores y en ocasiones esputo y disnea por edema pulmonar.

- Trate al paciente con ICC como lo haría con un paciente con dolor en el pecho. Vigile los signos vitales del paciente. Proporcione oxígeno al paciente por medio de una mascarilla con bolsa reservorio no recirculante. Permita al paciente permanecer sentado o en posición semiFowler.

- Al tratar a los pacientes con dolor de pecho, obtenga un historial SAMPLE, basado en la mnemotecnia OPQRST para evaluar el dolor, medir y registrar los signos vitales, asegurar que el paciente se encuentra en posición cómoda, por lo general medio reclinado o medio sentado, administrar la nitroglicerina que ya tiene prescrita y oxígeno, traslade al paciente, informando a la dirección médica cuando lo inicie.

- Si el paciente no responde, puede llevar a cabo lo siguiente, de acuerdo con la edad y peso del paciente, y con el protocolo local:
  - Adulto o niño mayor de ocho años que pesa por lo menos 25 kg y que no responden, realizar desfibrilación automática externa.
  - Niño menor de ocho años que no responde y pesa menos de 25 kg, realizar desfibrilación automática externa con parches pediátricos especiales si el protocolo lo permite.
  - Lactante que no responde, iniciar RCP.

- El DAE requiere que el operador aplique los parches, active la unidad, siga las indicaciones del DAE y oprima el botón de la descarga de acuerdo a dichas indicaciones. La computadora dentro del DAE reconoce los ritmos que requieren descargas y no se equivocará.

- Los tres errores más comunes al usar ciertos DAE son olvidar mantener la batería de la máquina cargada, aplicar DAE a un paciente que está en movimiento, agitándose o que se está transportando, y aplicar DAE a un paciente que responde y presenta frecuencia cardiaca rápida.

- No toque al paciente mientras el DAE analiza el ritmo cardiaco o al aplicar la descarga.

- La RCP eficaz y la desfibrilación oportuna con DAE son intervenciones críticas para la supervivencia del paciente con paro cardiaco. Si presencia el paro cardiaco del paciente inicie la RCP y aplique el DAE tan pronto como esté disponible. Si no presenció el paro cardiaco del paciente, realice un ciclo (cerca de 2 min) de RCP y luego aplique el DAE.

- Si un servicio de soporte vital avanzado (SVA) acude a la escena, permanezca donde está y continúe con la RCP y la desfibrilación según se requiera. Si el SVA no responde, deberá iniciar el traslado si el paciente recupera el pulso, si ya proporcionó máximo tres descargas, o si el DAE proporciona tres mensajes consecutivos (separados por 2 min de RCP) de que no se recomienda la descarga. Siga sus protocolos locales acerca del momento apropiado para trasladar al paciente.

- Si un paciente inconsciente presenta pulso pero lo pierde durante el traslado deberá detener el vehículo, reanalizar el ritmo y, o desfibrilar de nuevo o iniciar la RCP según se requiera.

- La cadena de sobrevivencia, que consta de la secuencia de eventos que deben suceder para que un paciente con paro cardiaco tenga las mayores probabilidades de supervivencia, incluye el reconocimiento de los signos de alerta tempranos y la activación inmediata del SMU, RCP inmediata por parte de los testigos, desfibrilación precoz y atención médica avanzada oportuna. Los segundos cuentan en cada etapa.

Vocabulario vital

angina de pecho Molestia transitoria (de corta duración) en el pecho ocasionada por un bloqueo parcial o temporal del flujo sanguíneo hacia el músculo cardiaco.

anterior Superficie delantera del cuerpo; el lado frente a uno en la posición anatómica estándar.

aorta La arteria principal, misma que recibe sangre del ventrículo izquierdo y la lleva a todas las demás arterias que llevan sangre a los tejidos del cuerpo.

arritmia Un ritmo cardiaco irregular o anormal.

arterias coronarias Vasos sanguíneos que llevan sangre y nutrientes al músculo cardiaco.

asistolia Ausencia total de actividad eléctrica cardiaca.

ateroesclerosis Un trastorno en el cual colesterol y calcio se acumulan dentro de las paredes de los vasos sanguíneos, lo cual lleva con el tiempo al bloqueo parcial o completo del flujo sanguíneo.

aurícula Una de las dos (derecha e izquierda) cámaras superiores del corazón. La aurícula derecha recibe sangre de la vena cava y la dirige al ventrículo derecho. La aurícula izquierda recibe sangre de las venas pulmonares y la lleva al ventrículo izquierdo.

bradicardia Frecuencia cardiaca lenta, menos de 60 latidos/min.

choque cardiogénico Un estado en el cual no llega suficiente oxígeno a los tejidos corporales, ocasionado por una salida reducida de sangre del corazón. Puede ser una complicación grave de un infarto de miocardio agudo y grande, lo mismo que de otras afecciones.

desfibrilar Darle una descarga a un corazón en fibrilación por medio de corriente eléctrica especializada en un intento por restaurar un latido rítmico normal.

distensión Ensanchamiento de una estructura tubular como una arteria coronaria.

edema dependiente Hinchazón en la parte del cuerpo más cercana al suelo, ocasionada por la acumulación de líquido en los tejidos: un posible signo de insuficiencia cardiaca congestiva (ICC).

fibrilación ventricular Contracción desorganizada e ineficaz de los ventrículos, que resulta en la ausencia de flujo sanguíneo y en un estado de paro cardiaco.

infarto Muerte de un tejido corporal, por lo general ocasionado por interrupción de su provisión de sangre.

infarto agudo al miocardio (IAM) Ataque del corazón; muerte del músculo cardiaco después de la obstrucción del flujo sanguíneo hacia éste. Agudo en este contexto significa "nuevo" o "que sucede justo en este instante".

inferior Parte del cuerpo, o cualquier parte corporal, cercana a los pies.

insuficiencia cardiaca congestiva (ICC) Padecimiento en el cual el corazón pierde parte de su capacidad para bombear sangre con eficacia, casi siempre como resultado de daño al músculo cardiaco que resulta por lo general en una entrada excesiva de líquido hacia los pulmones.

isquemia Disminución del aporte sanguíneo a una región del cuerpo como consecuencia de una obstrucción parcial o total del flujo sanguíneo, la cual priva a los tejidos de los nutrientes y del oxígeno necesario; es potencialmente reversible porque no se da un daño permanente siempre y cuando sea tratada en los primeros minutos.

luz El diámetro interno de una arteria o cualquier otra estructura hueca.

miocardio Músculo del corazón.

oclusión Bloqueo, por lo general de una estructura tubular, como un vaso sanguíneo.

paro cardiaco Un estado en el cual el corazón deja de generar un flujo sanguíneo efectivo y detectable; los pulsos no son palpables en el paro cardiaco, incluso si la actividad muscular y eléctrica continúan en el corazón.

perfusión Flujo sanguíneo por medio de los tejidos y vasos del organismo.

posterior Superficie posterior del cuerpo; el lado alejado de uno en la posición anatómica estándar.

Resumen continuación...

síncope Pérdida súbita y momentánea del estado de conciencia causado por una disminución del flujo sanguíneo cerebral

superior Parte del cuerpo, o cualquier parte corporal, cercana a la cabeza.

taquicardia Ritmo rápido del corazón, más de 100 latidos/min.

taquicardia ventricular (TV) Ritmo cardiaco rápido en el cual el impulso eléctrico comienza en el ventrículo (en lugar de la aurícula), lo cual puede producir un flujo sanguíneo inadecuado y con el tiempo deteriorarse hasta paro cardiaco.

válvula aórtica La válvula de un solo sentido que se encuentra entre el ventrículo izquierdo y la aorta, impide que la sangre fluya de regreso al ventrículo izquierdo después de que éste expulsa la sangre hacia la aorta. Una de las cuatro válvulas del corazón.

ventrículo Una de las dos cámaras inferiores (derecha e izquierda) del corazón. El ventrículo izquierdo recibe sangre de la aurícula izquierda (cámara superior) y la conduce a la aorta. El ventrículo derecho recibe sangre de la aurícula derecha y la bombea hacia la aorta pulmonar.

Qué evaluar

Se les envía para responder a un llamado de una paciente con dolor precordial. Al llegar, encuentra a la paciente sentada en una silla. Está pálida y le falta un poco de aire. Completa el historial SAMPLE y encuentra que la paciente tiene antecedentes de hipertensión e ICC, y tuvo un ataque cardiaco hace cinco años. Toma nitroglicerina e hidroclorotiazida para su tensión arterial. El inicio de los síntomas se prolongó durante la semana pasada. La paciente ha tomado su nitroglicerina de acuerdo con la prescripción y su dolor torácico ha mejorado.

Usted completa un examen físico detallado y detecta estertores en sus pulmones. Sus tobillos están muy hinchados. Recomienda que se le transporte al hospital para darle tratamiento. La paciente se rehúsa y quiere permanecer en su casa.

¿Qué debe decirle a la paciente? Si éste rechaza el tratamiento, ¿cómo debe documentarlo?

Temas: Convencer a los pacientes de la necesidad del tratamiento. El derecho a rechazarlo; Defensa del paciente; Asistencia de la dirección médica.

Autoevaluación

Lo envían a la alcaldía reportando un hombre enfermo. Mientras va en camino, la central le proporciona más información: el paciente tiene 67 años, está en la oficina del alcalde y es probable que tenga un ataque cardiaco.

Al entrar en la oficina del alcalde, ve a un hombre mayor sentado en una silla. Está pálido, sudoroso y parece faltarle el aire. Se presenta y el paciente responde: "Siento como si fuera a morir". Le dice que tiene un dolor "punzante" en el pecho que pasa por su brazo izquierdo. El dolor se inició 15 min antes mientras trabajaba en su escritorio. El paciente presenta un pulso de 90 latidos/min y es irregular; su tensión arterial es de 180/100 mm Hg y tiene 22 respiraciones/min. Le señala, además, que se sometió a cirugía de corazón abierto dos años antes y que toma nitroglicerina para angina y Lopressor (tartrato de metoprolol) para tensión arterial alta.

1. La apariencia general del paciente, el historial SAMPLE y sus signos vitales le conducen a pensar que este paciente presenta un:
   - A. infarto agudo de miocardio (IAM).
   - B. ataque de asma.
   - C. paro cardiaco.
   - D. episodio psicológico.

2. Dado que el dolor en el pecho del paciente ha durado más de 15 min, puede descartar:
   - A. angina de pecho.
   - B. taponamiento cardiaco.
   - C. muerte súbita.
   - D. EPOC.

3. El TUM-B puede asistir al paciente con el fármaco para el corazón llamado:
   - A. dopamina.
   - B. nitroglicerina.
   - C. penicilina.
   - D. enalapril.

4. La aterosclerosis puede llegar a producir:
   - A. lesiones por presión.
   - B. dolores de cabeza.
   - C. enfermedad pulmonar.
   - D. bloqueo u oclusión de la arteria coronaria.

5. Un bloqueo grave de una arteria coronaria que anula la capacidad del corazón para bombear se llama:
   - A. choque cardiogénico.
   - B. insuficiencia cardiaca.
   - C. disminucion del volumen de eyección
   - D. paro cardiaco.

6. La mala apariencia de este paciente se debe a la falta de circulación cardiaca y a:
   - A. las bajas temperaturas.
   - B. la mala condición de su piel.
   - C. la pérdida de perfusión (choque).
   - D. sus antecedentes médicos.

7. Los IAM (ataques cardiacos) no siempre conducen a muerte súbita. El paciente también puede sufrir choque cardiogénico y:
   - A. mini eventos cerebrales vasculares.
   - B. insuficiencia cardiaca congestiva (ICC).
   - C. miopatía neurogénica.
   - D. abscesos pulmonares.

8. Una anormalidad en el ritmo cardiaco del paciente se llama:
   - A. arritmia cardiaca.
   - B. disfunción cardiaca.
   - C. ataque cardiaco.
   - D. suspensión cardiaca.

Preguntas desafiantes

9. Explíque las diferencias entre el dolor por IAM y el debido a angina de pecho.

10. Indique el flujo de sangre a través del sistema cardiovascular a partir de la aurícula derecha.

11. ¿Cuáles son los signos y síntomas de la insuficiencia cardiaca congestiva (ICC) y cuál es su tratamiento?

12. ¿Cuáles son las indicaciones para el uso y los pasos en el empleo de un DAE?

Emergencias neurológicas

Objetivos*

Cognitivos

1. Describir las causas del evento vascular cerebral, incluidos los dos tipos de éste y las tres condiciones que causan bloqueos. (p. 442)
2. Detallar la secuencia de sucesos que ocurren durante un EVC. (p. 443)
3. Obtener e interpretar los signos vitales clave en el paciente de EVC, incluido el momento en que se iniciaron los síntomas. (p. 448)
4. Señalar la razón por la cual el EVC debe tratarse dentro de las primeras tres a seis horas. (p. 446)
5. Identificar los signos y síntomas de un EVC. (p. 444)
6. Especificar la relevancia de un ataque isquémico transitorio (TIA). (p. 443)
7. Definir las convulsiones, incluidos los dos tipos principales de éstas. (p. 450)
8. Describir las partes de una convulsión. (p. 451)
9. Señalar las posibles causas de convulsión. (p. 451)
10. Explicar la importancia de reconocer las convulsiones. (p. 452)
11. Describir las características del estado postconvulsivo. (p. 452)
12. Definir el estado mental alterado. (p. 456)
13. Indicar las posibles causas del estado mental alterado. (p. 457)

Afectivos

14. Explicar la importancia de la tolerancia y la paciencia cuando se atiende a un paciente que sufrió un EVC, convulsiones o que presenta un estado mental alterado. (p. 456)

Psicomotores

15. Especificar los pasos en la atención médica de urgencia para el paciente que sufrió un EVC. (p. 445)
16. Exponer las pruebas para afasia, paresia facial y debilidad motora. (p. 448)
17. Demostrar los pasos de la atención médica de emergencia para el paciente que tiene una convulsión. (pp. 453, 455)
18. Demostrar los pasos de la atención médica de emergencia para el paciente que presenta estado mental alterado. (p. 448)

*Todos estos objetivos son extracurriculares.

13

Emergencias neurológicas

Situación de urgencia

Usted y su compañero acuden a un llamado en el 1201 de la calle Cazadores, departamento F, en busca de un hombre de 70 años con dolor de cabeza grave y un nivel de conciencia reducido. Al llegar, encuentran al paciente sentado en la cocina con su esposa de pie junto a él. Cuando se presenta y le pregunta qué le pasa, el hombre lo mira sin expresión en la cara y usted observa que el paciente babea del lado derecho de la boca. La esposa dice: "Hace unos minutos, me dijo que le dolía mucho la cabeza. Cuando regresé del baño con unas pastillas de ibuprofeno, traté de darle un vaso de agua, pero éste se le cayó de la mano. No sé qué le pasa".

1. ¿Qué sospecha que le sucede al paciente?
2. ¿Qué otros signos y síntomas esperaría en este caso y qué pruebas emplearía para corroborar sus sospechas?

Emergencias neurológicas

El evento vascular cerebral (EVC) es la tercera causa principal de muerte en Estados Unidos, después de las enfermedades cardiacas y el cáncer. En los últimos años, se ha presentado una revolución en el tratamiento de este padecimiento. Los médicos, neurólogos y neurocirujanos de urgencias pueden ayudar a algunos pacientes con EVC agudo a evitar las consecuencias más devastadoras de esta enfermedad, siempre y cuando estos pacientes lleguen al hospital a tiempo para que los tratamientos resulten eficaces.

Las convulsiones y la alteración del estado mental también pueden ocurrir cuando hay un trastorno cerebral. Pueden ser el resultado de una lesión reciente o antigua en la cabeza, de un tumor cerebral, un problema metabólico o simplemente por predisposición genética. Su capacidad para reconocer cuando ocurre una convulsión es crítica para el paciente, ya que le ayuda a dirigir el tratamiento apropiado.

Es común que se presente el estado mental alterado (EMA) en pacientes con una amplia gama de problemas médicos. Aunque es tentador, no debe hacer suposiciones acerca de la causa del EMA, porque puede haber muchas causas posibles, algunas obvias y otras no: intoxicación, lesión en la cabeza, hipoxia, EVC, alteraciones metabólicas y muchas más. Desde luego, el tratamiento también varía de manera extensa. Los pacientes con EMA presentan un reto particular y su manejo puede ser difícil y en ocasiones frustrante. Su profesionalismo es esencial en estas situaciones.

Este capítulo describe la estructura y función del cerebro y las causas más comunes de trastorno cerebral, incluido EVC, convulsiones y EMA. Luego analiza los signos y síntomas de cada condición.

Aprenderá cómo acercarse y evaluar a un paciente con un problema cerebral y por qué el facilitar un transporte a una instalación médica apropiada es tan importante. El manejo apropiado de cada uno se analiza en el contexto de cada emergencia.

Estructura y función cerebrales

El cerebro es la computadora del cuerpo. Controla la respiración, el habla y todas las demás funciones corporales. Todos sus pensamientos, recuerdos, deseos y necesidades residen en el cerebro. Las diferentes partes del cerebro efectúan distintas funciones. Por ejemplo, algunas reciben mensajes de los sentidos, incluidos vista, oído, gusto, olfato y tacto; otros controlan los músculos y el movimiento, mientras que otros controlan la formación del habla.

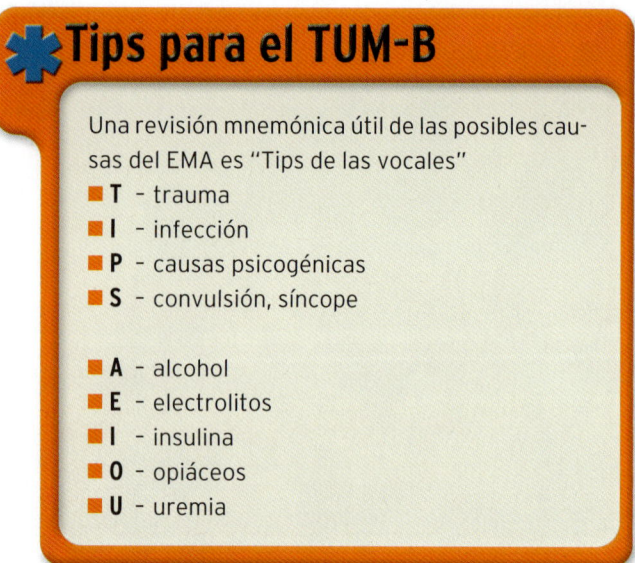

Tips para el TUM-B

Una revisión mnemónica útil de las posibles causas del EMA es "Tips de las vocales"
- **T** - trauma
- **I** - infección
- **P** - causas psicogénicas
- **S** - convulsión, síncope

- **A** - alcohol
- **E** - electrolitos
- **I** - insulina
- **O** - opiáceos
- **U** - uremia

El encéfalo está dividido en tres partes principales: tallo cerebral, cerebelo y la parte más grande, el cerebro **Figura 13-1**. El tallo cerebral controla las funciones más básicas del cuerpo, como respiración, tensión arterial, deglución y constricción de la pupila. Justo detrás del tallo cerebral, el cerebelo controla la coordinación muscular y corporal. En él se coordinan tareas complejas que incluyen a muchos músculos, como pararse sobre un pie sin caer, caminar, escribir, recoger una moneda o tocar el piano.

El cerebro, localizado sobre el cerebelo, se divide en su parte media en los hemisferios cerebrales derecho e izquierdo. Cada hemisferio controla actividades del lado opuesto del cuerpo. La parte frontal del cerebro controla la emoción, el pensamiento, juicio y raciocinio, y la parte media o parietal controla la sensibilidad y el tacto. La parte posterior u occipital del cerebro procesa la vista, la parte temporal o lateral controla la audición. En la mayoría de las personas, el habla se controla en la parte izquierda del cerebro cerca de la parte media del encéfalo. La célula funcional del cerebro es la neurona que se comunica con las demás a través de estímulos eléctricos, denominándose sinapsis. Tiene tres porciones: las dendritas, el cuerpo y el axón.

La sangre llega al cerebro por cuatro arterias principales: la arteria cerebral media, la cerebral anterior, la cerebral posterior, y la basilar.

Todos los mensajes que viajan de y hacia el cerebro lo hacen a lo largo de los nervios, que son miles de axones. Doce nervios craneales corren directamente desde el cerebro a diversas partes de la cabeza, como ojos, oídos, nariz y cara. Todo el resto de los axones se unen en la médula espinal y salen del cerebro a través de un gran

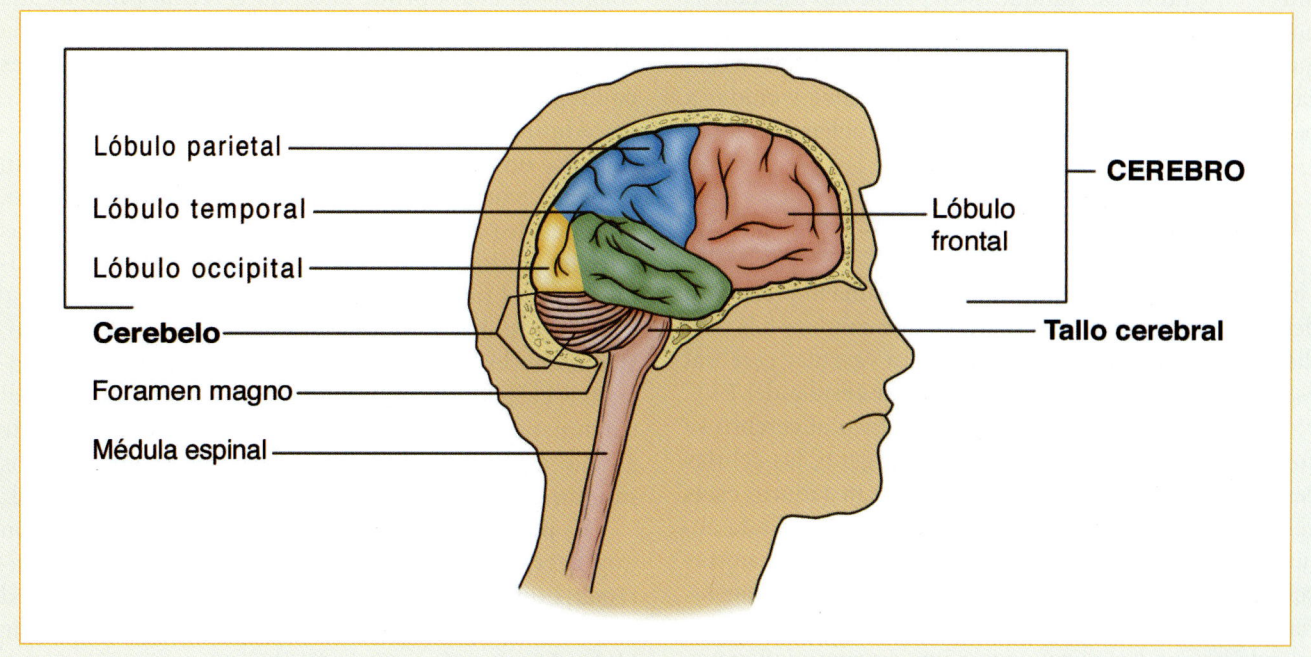

Figura 13-1 El cerebro se encuentra bien protegido dentro del cráneo. Sus partes principales son cerebro, cerebelo y tallo cerebral.

orificio en la base del cráneo denominada foramen magno (Figura 13-2 ▶). En cada vértebra del cuello y la espalda se ramifican dos nervios de la médula espinal, llamados nervios espinales, que llevan señales de y hacia el cuerpo y se encuentran divididos en 8 cervicales, 12 torácicos, 5 lumbares, 5 sacros y 2 o 3 coxxígeos.

Causas comunes de trastornos cerebrales

Muchos trastornos diferentes pueden ocasionar disfunción cerebral y otros síntomas neurológicos, y afectar el nivel de conciencia, el habla o el control de los músculos voluntarios. Como regla general, si el problema cerebral es producto principal de trastornos cardiacos y pulmonares, el cerebro en su totalidad se verá afectado. Por ejemplo, sin flujo sanguíneo alguno (paro cardiaco), el paciente caerá en <u>coma</u> y puede presentar daño cerebral en un lapso de minutos, incluso si la RCP se realiza de inmediato. No obstante, si el problema primario está en el cerebro, como resultado de una mala provisión de sangre a la parte media del hemisferio cerebral izquierdo, es posible que el paciente no sea capaz de mover partes del lado derecho del cuerpo. Éstas podrían ser el brazo o la pierna derechos o los músculos faciales. Los niveles bajos de oxígeno en el torrente sanguíneo, debido a la enfermedad pulmonar, por ejemplo, afectarán al cerebro entero, lo cual con frecuencia produce ansiedad, inquietud y confusión.

El EVC es una causa común de trastorno cerebral potencialmente tratable. Otras afecciones cerebrales incluyen

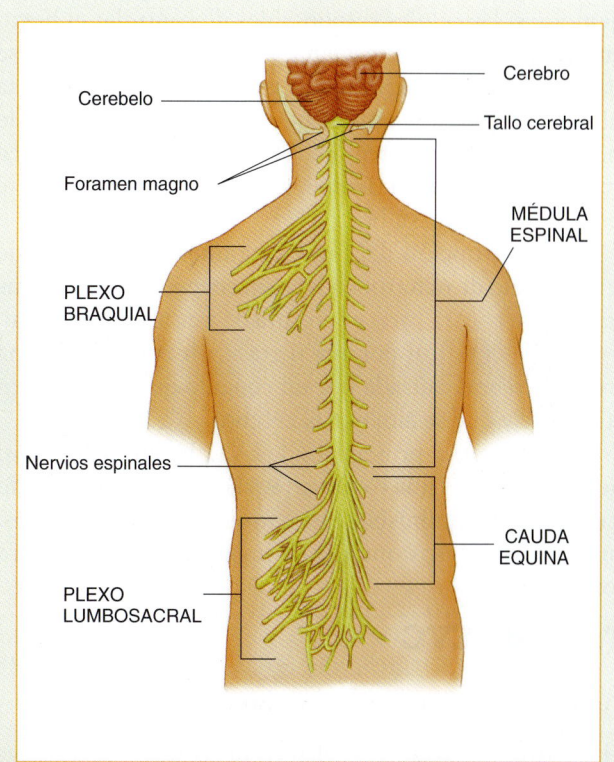

Figura 13-2 La médula espinal es la continuación del tallo cerebral. Sale del cráneo por el foramen magno y se extiende hacia abajo hasta el nivel de la segunda vertebral lumbar.

infección y tumores. Aunque estos problemas específicos no se cubren aquí, se analizan las convulsiones o el EMA que con frecuencia los acompañan. La información en este capítulo le ayudará a entender, comunicarse y cuidar a pacientes que han sufrido algún tipo de problema cerebral.

Evento vascular cerebral

Un evento vascular cerebral (EVC) es una interrupción del flujo sanguíneo hacia el cerebro que conduce a la pérdida de la función cerebral. El evento vascular cerebral es la pérdida de la función cerebral que resulta del EVC y ocurre cuando parte del flujo sanguíneo al cerebro se suspende bruscamente. Al faltar el oxígeno, las células cerebrales dejan de funcionar y comienzan a morir; estas células muertas se llaman células infartadas. En la actualidad, la ciencia médica tiene poco que ofrecer a estas células una vez que mueren. No obstante, puede tomar varias horas o más para que ocurra la muerte celular, incluso cuando parece que se presentará una discapacidad grave. Asimismo, en algunos casos, es posible que la obstrucción sea parcial y un pequeño flujo de sangre llegue aún hasta el área afectada del cerebro. Es posible que esta sangre proporcione suficiente oxígeno para mantener vitalidad en las células, pero no lo bastante para dejarlas funcionar de modo adecuado y realizar sus tareas específicas. Por ejemplo, si las células responsables de controlar el brazo carecen de oxígeno, el paciente será incapaz de mover ese brazo. Las células cerebrales desarrollarán isquemia, una falta de oxígeno que impide que las células funcionen de modo adecuado. Si se reanuda el flujo sanguíneo normal a esa zona del cerebro a tiempo, es probable que el paciente recupere el uso de su brazo.

La interrupción del flujo sanguíneo cerebral puede ser producto de una trombosis, un coágulo en las arterias cerebrales; rotura arterial, rotura de una arteria cerebral, o embolia cerebral por aire o grasa, obstrucción de una arteria cerebral causada por un coágulo que se formó en otra parte y que se alojó en el cerebro.

Hay dos tipos principales de EVC: hemorrágico (casi siempre debido a una rotura arterial) e isquémico (debido a embolia o trombosis). Sus síntomas son los mismos, aunque los sucesos que tienen lugar dentro del cerebro son diferentes.

Tipos de EVC

Evento vascular cerebral hemorrágico

El evento vascular cerebral hemorrágico constituye cerca de 10% de todos los eventos vasculares cerebrales y ocurre como resultado de un sangrado en el interior del encéfalo. La sangre liberada forma entonces un coágulo, el cual oprime al tejido cerebral junto a éste. Cuando ese tejido se comprime, la sangre oxigenada no logra entrar en esa zona y las células circundantes comienzan a morir.

Algunos pacientes con hipertensión (tensión arterial alta) no tratada pueden, con el estrés o mediante un esfuerzo excesivo, presentar un evento hemorrágico. Después de padecer hipertensión por muchos años, las paredes de los vasos sanguíneos cerebrales se debilitan y con el tiempo uno de esos vasos puede romperse y la sangre acumularse en conjunto con el cerebro, aumentando la presión dentro del cráneo. Las hemorragias cerebrales con frecuencia son fatales, aunque el tratamiento adecuado de la hipertensión arterial puede ayudar a prevenir este daño a largo plazo en los vasos sanguíneos, y reducir así la morbilidad y mortalidad.

Es posible que algunas personas hayan nacido con una alteración en la morfología arterial, llamada *aneurisma*, que es una dilatación o abultamiento de la pared de la arteria, debilitándose y adoptando una forma de globo. Muchos de estos individuos tienen un inicio repentino de un "mal dolor de cabeza". Este dolor se debe a la irritación que causa la sangre en el tejido cerebral después de que el vaso se dilata y se rompe. Cuando un aneurisma se rompe, la sangre se acumula en un espacio llamado espacio subaracnoideo. Por lo tanto a esta hemorragia cerebral se le denomina hemorragia subaracnoidea. Los pacientes con este tipo de EVC sufren un dolor de cabeza repentino y grave, que típicamente describen como el peor dolor de cabeza de su vida. Si el paciente busca atención médica de inmediato, es posible que los cirujanos puedan reparar el aneurisma; no obstante, lo mismo que otras hemorragias cerebrales, éstas con frecuencia son fatales.

Evento vascular cerebral isquémico

Cuando se corta el flujo sanguíneo hacia una parte específica del cerebro debido a un bloqueo en el interior de un vaso sanguíneo, el resultado es un evento cerebral vascular isquémico. Esto puede deberse a una trombosis o a una embolia por aire o grasa que bloquea el flujo sanguíneo. Lo mismo que con la cardiopatía coronaria, la ateroesclerosis en los vasos sanguíneos es con frecuencia la causa. La ateroesclerosis es un trastorno en el cual se acumulan calcio y colesterol, formando placas en el interior de las paredes de los vasos. Dicha placa puede obstruir el flujo sanguíneo e interferir con la capacidad de éstos para dilatarse. Con el tiempo, la ateroesclerosis puede causar oclusión completa (bloqueo) de una arteria (Figura 13-3). En otros casos, una placa ateroesclerótica en la arteria carótida en el cuello se rompe. Se forma un coágulo sanguíneo sobre la grieta en la placa y, en ocasiones, crece lo bastante para bloquear por completo todo flujo sanguíneo a través de esa arteria. Privadas de oxígeno, las partes del cerebro que aprovisionaba la arteria dejan de funcionar. Los pacientes con estos eventos vasculares cerebrales isquémicos presentan síntomas dramáticos, incluida la pérdida del movimiento en la parte opuesta del cuerpo.

Incluso si el bloqueo en la arteria carótida no es completo, pequeñas trozos del coágulo pueden formar trombos (desprenderse y viajar con el torrente sanguíneo) hacia partes profundas de cerebro, corazón o pulmones. Si este trombo termina en el cerebro, se alojará en una rama de un vaso sanguíneo. Esta trombosis cerebral bloquea entonces el flujo sanguíneo (Figura 13-4 ▼). Dependiendo de la localización del coágulo alojado, el paciente puede presentar una variedad de síntomas, desde ninguno hasta parálisis completa dependiendo de las arterias cerebrales afectadas.

Ataque isquémico transitorio

En algunos pacientes, los procesos normales en el cuerpo desbaratarán el coágulo sanguíneo o se presentan espasmos o contracciones de los vasos en el cerebro. Cuando eso sucede con rapidez, el flujo sanguíneo se restaura hacia el área afectada y el paciente recupera el uso de la parte corporal afectada; sin embargo, esto con frecuencia indica que el paciente presenta una condición grave que puede resultar fatal. Cuando los síntomas del EVC desaparecen por sí solos en menos de 24 horas, el evento se llama <u>isquemia cerebral transitoria (ICT)</u>. Algunos pacientes los llaman micro trombosis cerebrales.

Aunque la mayoría de los pacientes con ICT se recuperan, cada ICT es una emergencia. Puede ser un signo de advertencia de que está a punto de ocurrir un derrame cerebral más grande y permanente. Por esta razón, todos los pacientes con nuevas ICT deben ser

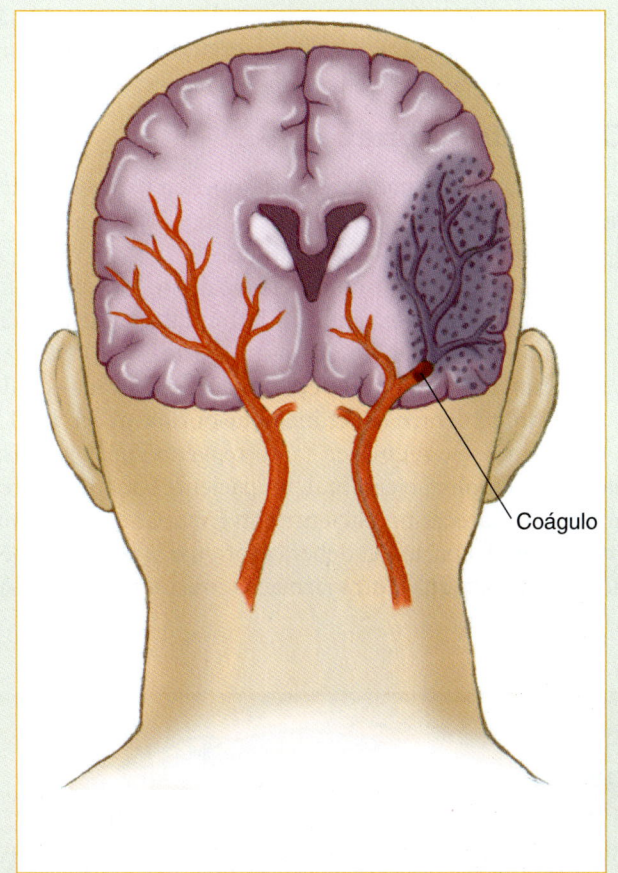

Figura 13-3 La aterosclerosis puede dañar la pared de una arteria cerebral y producir un estrechamiento o un coágulo, o ambos. Cuando el vaso se estrecha o se bloquea por completo, es posible que se suspenda el flujo sanguíneo a esa parte del cerebro, y las células comienzan a morir debido a la falta de oxigenación adecuada.

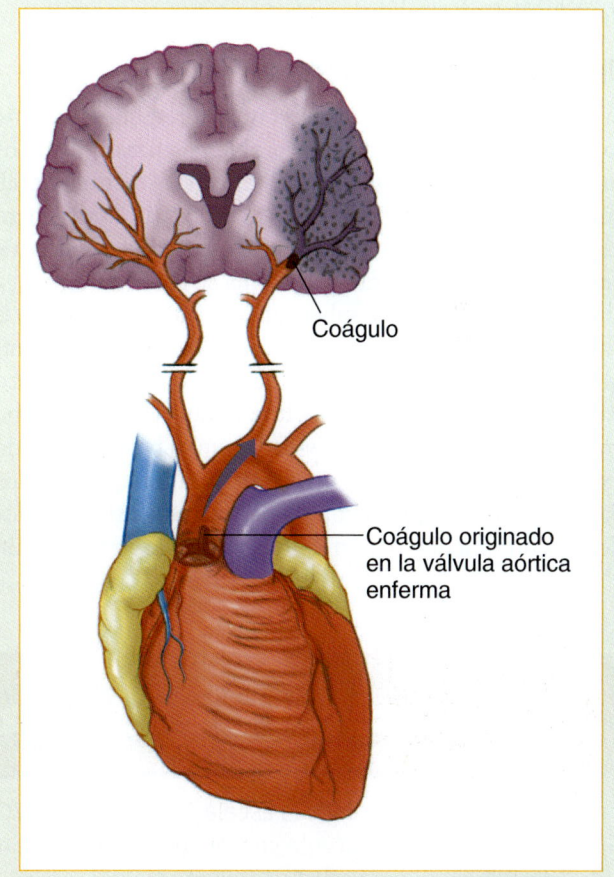

Figura 13-4 Un émbolo, un coágulo sanguíneo que por lo general se forma en una válvula cardiaca enferma, puede viajar a través del sistema vascular corporal, alojarse en una arteria cerebral, y ocasionar un evento vascular cerebral.

evaluados por un médico para determinar si pueden tomarse medidas preventivas.

Signos y síntomas de EVC

Problemas en el hemisferio izquierdo

Si se ve afectado el hemisferio cerebral izquierdo, es posible que el paciente pueda presentar un trastorno del habla llamado <u>afasia</u>, incapacidad de producir y comprender el habla. Los problemas de este tipo pueden variar de modo extenso. Algunos pacientes tendrán problemas para comprender el habla, pero se expresarán con claridad. Esta afección se denomina <u>afasia receptiva</u>. Puede detectar este problema si pregunta al paciente algo como "¿qué día es hoy?". En respuesta, el paciente con afasia podría decir: "verde". El habla es clara, pero no tiene sentido. Otros pacientes serán capaces de comprender la pregunta pero no podrán producir los sonidos adecuados para responder. Sólo surgirán gruñidos u otros sonidos incomprensibles. Estos pacientes padecen <u>afasia expresiva</u>. Los derrames cerebrales que afectan el lado izquierdo del cerebro también pueden ocasionar parálisis del lado derecho del cuerpo.

Problemas del hemisferio derecho

Si el hemisferio cerebral derecho no recibe suficiente sangre, los pacientes tendrán problemas para mover los músculos del lado izquierdo del cuerpo. Por lo general, comprenderán el lenguaje y serán capaces de hablar, pero es probable que no se comprendan sus palabras porque arrastrarán la lengua. Este problema se llama <u>disartria</u>.

Resulta interesante saber que los pacientes con EVC en el hemisferio derecho no están conscientes por completo de su problema. Si les pide que levanten su brazo izquierdo y no logran hacerlo, levantarán el brazo derecho en su lugar. Parecen haber olvidado que su brazo izquierdo existe siquiera. Este síntoma se denomina apraxia. Los pacientes con un problema que afecta la parte posterior del cerebro pueden perder ciertas partes de su visión. En general, esto es difícil de detectar en el campo debido a la capacidad del paciente para compensar sin esfuerzo consciente. No obstante, deberá estar consciente de la posibilidad. Intente sentarse o estar de pie en el lado bueno del paciente, porque es posible que éste no logre ver las cosas de su lado "malo".

El problema de la apraxia hace que muchos pacientes que presentan grandes EVC se retrasen para buscar ayuda. Es posible que estos eventos no sean dolorosos. En consecuencia, puede suceder que un paciente no se dé cuenta de que hay un problema hasta que un familiar o amigo señala que parte del cuerpo del paciente no trabaja en forma correcta.

Sangrado en el cerebro

Los pacientes que presentan sangrado en el cerebro, conocido también como hemorragia cerebral, pueden presentar tensión arterial muy alta o aneurismas cerebrales. Con frecuencia, la tensión arterial alta es la causa del sangrado, pero muchas veces es una respuesta al mismo: el cerebro eleva la tensión arterial en un intento de llevar más oxígeno a sus partes lesionadas por la hinchazón o edema. Con gran frecuencia, la tensión arterial regresará a la normalidad o puede caer en gran medida por sí sola.

Otras afecciones

Los tres siguientes padecimientos pueden parecer un derrame cerebral:

- Hipoglucemia
- Un <u>estado postictal</u> (periodo después de una convulsión que dura entre 5 y 30 minutos; caracterizado por respiraciones trabajosas y cierto grado de EMA)
- Sangrado subdural o epidural (una acumulación de sangre dentro del cráneo que oprime al cerebro)

Dado que se requieren tanto oxígeno como glucosa para el metabolismo cerebral, un paciente con hipoglucemia puede parecer un paciente con EVC. Con una buena evaluación del paciente, deberá averiguar si éste es diabético y toma insulina u otro fármaco reductor de la glucosa.

Situación de urgencia — Parte 2

Utiliza una porción de la escala Cincinnati de EVC al pedirle al paciente que sonría. Parece comprenderlo e intenta sonreír, pero el lado derecho de su cara permanece flácido. Sabe que el tiempo es crítico en casos de EVC, y usted y su compañero asisten al paciente y lo colocan erecto en la camilla, ligeramente apoyado en su lado afectado. Al obtener con rapidez una toma de signos vitales iniciales, su compañero le aplica oxígeno en flujo elevado.

3. ¿Qué otros tipos de trastornos o afecciones pueden semejar el evento vascular cerebral?
4. ¿Pueden tratarse todos los eventos vasculares cerebrales con medicamentos que disuelvan coágulos?

Un paciente que sufrió una convulsión puede parecer un paciente que está sufriendo un EVC. Esto con frecuencia se denomina como el estado postictal. No obstante, en la mayoría de los casos, un paciente con una convulsión se recuperará con rapidez, en unos minutos.

Los sangrados subdural y epidural por lo general ocurren como resultado de un traumatismo. La dura es un recubrimiento como cuero que envuelve al cerebro, junto al cráneo. Una fractura cerca de las sienes puede hacer que una arteria (meníngea media) sangre sobre la dura, lo cual causa presión al cerebro Figura 13-5A ▼. El inicio de este sangrado *epidural* por lo general es muy rápido después de la lesión y el diagnóstico debe realizarse en forma rápida o el paciente fallecerá. En otros casos, las venas justo debajo de la dura pueden romperse y sangrar, y se denomina como sangrado subdural Figura 13-5B ▼. El inicio ocurre más despacio, en ocasiones durante un periodo de varios días semanas o meses.

El inicio de signos y síntomas de tipo EVC puede ser sutil; es posible que ni siquiera recuerde la lesión original.

Evaluación de un paciente de EVC

La evaluación de un paciente en el que se sospecha EVC es semejante a la de un paciente que se presenta con otros problemas. Mantenga su método organizado y siga una rutina familiar. Esto le ayudará a que evite olvidar pasos y le permitirá organizar su información.

Evaluación de la escena

Los eventos vasculares cerebrales se presentan de diferentes maneras. Los despachadores de la central no están capacitados para diagnosticar problemas particulares, sino para reconocer un conjunto de condiciones específicas. Dado que el derrame cerebral puede presentarse de muchas maneras, los signos y síntomas pueden confundirse con facilidad con otros padecimientos, en especial por teléfono. Tenga en mente la información que la central le proporcione, pero también considere otras posibilidades como traumatismo y otras afecciones que pueden semejar un EVC. Por ejemplo, tanto la hipoglucemia asociada con diabetes como las convulsiones debidas a otras causas se pueden presentar con síntomas similares a los de un EVC. Si esta llamada hubiera descrito a pacientes múltiples, sería más probable que el incidente implicara traumatismo o materiales peligrosos en lugar de una enfermedad.

No se distraiga con la gravedad de la situación ni con los familiares asustados que deseen que se apresure. Determine primero si hay amenazas para su seguridad y siga las precauciones de ASC. La mayoría de las llamadas que involucran al EMA requieren respaldo o intercepción del SVA si está disponible. Pida ayuda en forma oportuna.

Evaluación inicial

Impresión general

Revise los ABC del paciente y atienda los problemas inmediatos. Los problemas con los ABC se encuentran en un inicio preguntando al paciente: "¿qué le pasa?" o "¿en qué le podemos ayudar?". La queja principal le guiará hacia lo que más le preocupa al paciente. Para aquellos que están sufriendo un derrame cerebral, la queja principal puede ser muy variable y suele incluir confusión, dificultad para hablar o falta de respuesta. Determinar el nivel de conciencia del paciente debe ser lo primero en la lista de acciones de evaluación para cualquiera con un EMA. La capacidad de respuesta de los pacientes que no están despiertos ni alerta debe determinarse con rapidez por medio de la escala AVDI.

Vía aérea y respiración

Los EVC afectan de muchas formas el funcionamiento del organismo. Es posible que los pacientes tengan dificultad para deglutir y que estén en riesgo de asfixiarse con su propia saliva. Evalúe la vía aérea de un paciente que no responde para asegurarse de que es patente y de que permanecerá así Figura 13-6 ▶. Si el paciente requiere asistencia para mantener la vía, considere una cánula orofaríngea o nasofaríngea con base en el estado de conciencia y la presencia del reflejo nauseoso. Proporcione succión y coloque al paciente para evitar la aspiración. Si determina que el paciente no puede proteger su propia vía aérea, colóquelo en la posición de recuperación y ayuda a evitar que las secreciones entren a la vía aérea. Succione según se requiera.

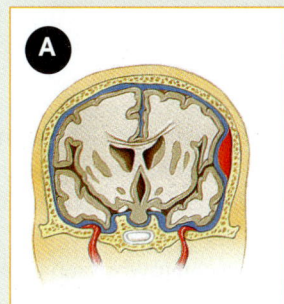
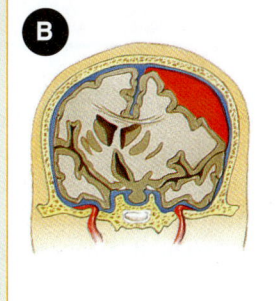

Figura 13-5 Un traumatismo en la cabeza puede producir sangrado intracraneal. **A.** El sangrado en el exterior de la duramadre y bajo el cráneo es epidural. **B.** El sangrado debajo de la duramadre, pero fuera del cerebro es subdural.

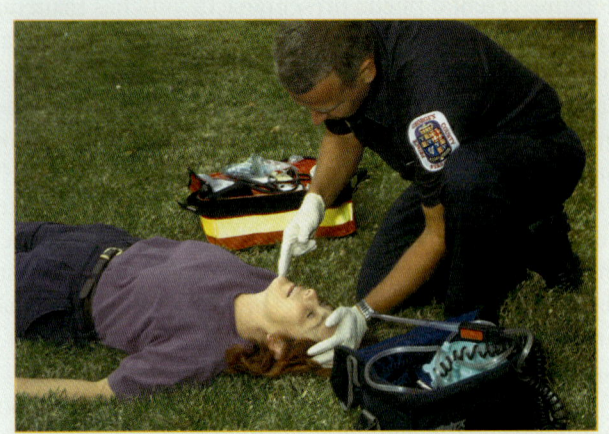

Figura 13-6 Asegurar y mantener la vía aérea en una paciente inconsciente es crítico; además, asegúrese de tener un aparato de succión a mano, en caso de que el paciente vomite.

Figura 13-7 Un paciente que ha sufrido un EVC debe colocarse con el lado paralizado hacia abajo y bien protegido con acojinamiento. Eleve la cabeza cerca de 15 cm (6").

Aunque es posible que en las primeras fases de su evaluación inicial no tenga suficiente información para identificar la causa exacta del EMA, deberá evaluar la respiración del paciente. ¿Está la frecuencia dentro de los parámetros normales? ¿Está usando músculos accesorios el paciente? Al llevar a cabo la evaluación inicial, administre oxígeno suplementario. Si es necesario, proporcione ventilación asistida.

Circulación

Su evaluación de la circulación del paciente debe iniciarse con la revisión del pulso si la persona no responde. Si no encuentra el pulso, comience de inmediato la RCP y conecte un DAE. Si el paciente responde, determine si el pulso es rápido o lento, débil o fuerte. ¿Está en choque el paciente? La administración de oxígeno es útil para limitar los efectos de la hipoperfusión hacia el cerebro. Tenga cuidado de no elevar en forma agresiva los brazos y piernas de un paciente para tratar el choque. Esto incrementa la sangre en el cerebro y puede agravar la hemorragia. Conozca y siga su protocolo local. Evalúe al paciente con rapidez respecto a sangrado externo con base en la queja principal. Es poco probable que su paciente haya sufrido un traumatismo, pero debe considerar la posibilidad y evaluar de modo apropiado.

Decisión de transporte

Hay evidencia controversial acerca de que las nuevas terapias, como los trombolíticos (disolventes de coágulos), pueden revertir los síntomas de EVC e incluso detener el evento si se administran de una a dos horas después del inicio de los síntomas. Es posible que estas terapias no funcionen para todos los pacientes y tampoco pueden administrarse a los pacientes con EVC con sangrado (hemorrágicos). Dado que el personal hospitalario hará estas decisiones de tratamiento continuo, deberá proceder bajo la suposición de que aún puede salvar un área del cerebro. Entre más pronto inicie el tratamiento, mejor será el pronóstico para el paciente.

Pase tan poco tiempo en la escena como la sea posible. Recuerde que el EVC es una emergencia. Puede haber tratamiento disponible para el paciente en el hospital, y un transporte rápido es esencial para maximizar las posibilidades de recuperación. Coloque al paciente de un lado, con el lado paralizado hacia abajo y bien protegido con acojinamiento **Figura 13-7**. Esto ayudará a prevenir la aspiración de secreciones en pacientes que no pueden deglutir bien y a proteger su vía aérea. Si utiliza la posición de recuperación o la supina izquierda, la cabeza del paciente deberá elevarse 15 cm para maximizar el drenaje de secreciones. Las extremidades paralizadas del paciente requerirán protección. Recuerde que el paciente no puede moverse si un brazo o una mano quedan atrapados en la puerta mientras lo transportan. Calme y dé seguridad al paciente durante el transporte.

Historial y examen físico enfocados

Una vez que haya concluido su evaluación inicial y atendido las amenazas a la existencia, proceda al siguiente paso en el proceso de evaluación del paciente: el historial y examen físico enfocados.

Si el paciente no responde, inicie con un examen físico rápido y luego obtenga los signos vitales iniciales y el historial SAMPLE. El orden de los pasos en el proceso de evaluación es diferente para un paciente que no responde que para otro que responde. Una situación en la cual los pacientes no responden como resultado de un EMA es mucho más grave que cuando los pacientes están alertas pero confusos.

Buscar explicaciones con rapidez (trauma, marbete de enfermedad, marcas de huellas) para su EMA puede ayudar a identificar la causa y, por tanto, guiarle hacia un tratamiento apropiado con mayor rapidez. Cuando su examen físico esté completo, siga adelante para obtener los signos vitales y el historial del paciente.

En un paciente médico que responde, comience con el historial SAMPLE, preste especial atención a cualquier información que pueda explicar un EMA. Realice un examen neurológico como examen físico enfocado, y obtenga los signos vitales iniciales del paciente.

Historial SAMPLE

Si el paciente respira y responde, obtenga un historial SAMPLE. También intente hablar con parientes y amigos que puedan explicar los sucesos que condujeron al EMA (Figura 13-8), recuerde que el tiempo es crítico y haga un esfuerzo especial para determinar el último instante exacto en que el paciente parecía encontrarse en estado normal. Esto ayudará a los médicos en el departamento de urgencias a comprender si es seguro iniciar ciertos tratamientos que deben aplicarse dentro de las primeras horas después del inicio de los síntomas. Es posible que usted sea la única persona del equipo médico de urgencias que tenga oportunidad de hablar con los testigos presenciales para obtener esta información crítica. Muchas veces, es posible que sólo logre averiguar que el paciente parecía normal cuando se retiró a dormir la noche anterior. Observe que en tales casos, la hora en que el paciente parecía estar en estado normal por última vez fue a la hora de dormir, no cuando despertó con los síntomas. Reúna o haga una lista de todos los medicamentos que el paciente haya tomado. Cuando sea posible, determine las alergias y la última ingesta oral del paciente. Esta información puede resultar de utilidad si el paciente requiere cirugía para una hemorragia cerebral.

Aunque un paciente que sufrió un EVC puede parecer estar inconsciente o ser incapaz de hablar, es posible que éste aún pueda escuchar y comprender lo que sucede. En consecuencia, evite todo tipo de comentarios innecesarios o inadecuados. Intente comunicarse con el paciente buscando indicios de que éste puede comprenderlo, como una mirada, movimiento o presión de la mano, un esfuerzo por hablar o asentir con la cabeza. Establecer una comunicación efectiva puede ayudarle a calmar al paciente y reduce el temor que acompaña la incapacidad de comunicarse (Figura 13-9). Intente tener en mente que el paciente acaba de sufrir un evento potencialmente mortal y que la ansiedad, frustración y vergüenza pueden inhibir la comunicación con usted.

Tips para el TUM-B

Evaluar e iniciar el tratamiento de un paciente con EMA puede mantener a un equipo de dos personas muy ocupado, en particular porque obtener el historial con frecuencia implica entrevistar a otros. A pesar del número de pendientes, por lo menos uno de los TUM-B necesita vigilar de cerca al paciente en busca de signos de compromiso, para evitar los riesgos físicos por caída o de otros riesgos creados por el compromiso mental del paciente.

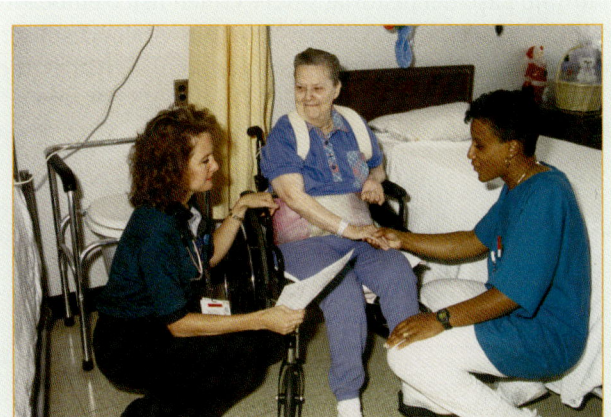

Figura 13-8 Intente hablar con los miembros de la familia o los testigos que puedan haber visto lo que sucedió. Asimismo, pueden ser capaces de informarle la hora en que el paciente parecía normal por última vez.

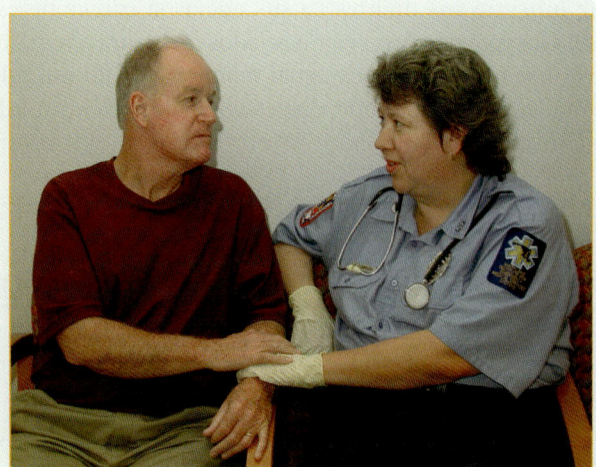

Figura 13-9 Haga un esfuerzo especial por establecer comunicación con un paciente que pueda haber sufrido un evento vascular cerebral. Busque indicios de que el paciente lo comprenda, como miradas, parpadeos, apretón de manos, esfuerzo por hablar o asentir con la cabeza.

CUADRO 13-1 Escala de EVC de Cincinnati

Prueba	Normal	Anormal
Paresia cerebral (Pedir al paciente que muestre los dientes o sonría.)	Ambos lados de la cara se mueven igualmente bien.	Un lado de la cara no se mueve tan bien como el otro.
Debilidad en brazos (Pedir al paciente que cierre los ojos, extienda los brazos al frente con las palmas hacia arriba.)	Ambos brazos se mueven de igual manera, o ambos brazos no se mueven.	Un brazo no se mueve, o un brazo desciende más que el otro.
Habla (Pedir al paciente que diga: "El cielo es azul en Cincinnati".)	El paciente usa las palabras correctas con claridad.	El paciente parece tener la lengua pastosa, emplea palabras inadecuadas o no logra hablar.

Examen físico enfocado (pacientes que responden)

Debe realizar, como su examen físico enfocado, por lo menos tres pruebas físicas clave en pacientes en los que sospecha la presencia de un derrame cerebral: evalúe el habla, movimiento facial y movimiento de brazos. Si cualquiera de estos tres es anormal, es posible que el paciente esté sufriendo un derrame cerebral.

Muchos SMU utilizan la escala de EVC de Cincinnati, la cual evalúa el habla, la asimetría facial y la movilización de los brazos. El examen entero está identificado en el Cuadro 13-1.

Para valorar el habla, bastará con pedir al paciente que repita una frase simple como "el cielo es azul en Cincinnati". Si el paciente hace esto en forma correcta, sabrá que puede hacer ambas cosas, comprender y emitir el habla. Si el paciente no logra repetir la frase, el problema puede estar en una de las dos funciones: comprender o producir el habla.

Para evaluar el movimiento facial, pida al paciente que muestre sus dientes (o sus encías si carece de éstos). Observe para ver si ambos lados de la cara alrededor de la boca se mueven de igual manera. Si sólo un lado se mueve bien, sabrá que algo está mal con el control de los músculos del otro lado.

Para evaluar el movimiento de los brazos, pida al paciente que los extienda frente a su cuerpo, con las palmas hacia el cielo, con los ojos cerrados y sin moverse. Observe, durante los siguientes 10 segundos, las manos del paciente. Si ve que un lado se desplaza hacia el suelo, sabrá que ese lado está débil. Si ambos brazos se mantienen arriba y no se mueven sabrá que ambos lados del cerebro funcionan.

Si ambos brazos se mueven hacia el suelo, en realidad no habrá obtenido ninguna información. Quizás el paciente no entendió sus instrucciones. Intente hacer de nuevo la prueba de los brazos, pero esta vez coloque usted mismo los brazos del paciente en la posición adecuada. Otra posibilidad a considerar es que el paciente tenga problemas no relacionados con un EVC. Es probable que ésta sea la respuesta si ambos lados del cerebro no funcionan de manera apropiada.

Todos los pacientes víctimas de un EMA, incluidos aquellos que posiblemente hayan sufrido un EVC, también deben someterse a una escala Glasgow del coma (EGC, por sus siglas), que se calcula en el Cuadro 13-2.

Signos vitales iniciales

El último paso del historial y del examen físico enfocados es obtener un conjunto inicial de signos vitales. Esto será importante para compararlo con los signos vitales obte-

CUADRO 13-2 Escala Glasgow del coma

Apertura ocular		Mejor respuesta verbal		Mejor respuesta motora	
Espontánea	4	Conversación orientada	5	Obedece órdenes	6
En respuesta al habla	3	Conversación confusa	4	Localiza el dolor	5
En respuesta al dolor	2	Palabras inapropiadas	3	Se retrae con el dolor	4
Ninguna	1	Sonidos incomprensibles	2	Flexión anormal	3
		Ninguna	1	Extensión anormal	2
				Ninguna	1

Puntuación: 14 a 15 disfunción leve
Puntuación: 11 a 13 disfunción moderada a grave
Puntuación: 10 o menos, es disfunción grave

nidos en la evaluación continua. Durante las situaciones graves, la gran cantidad de presión debida al sangrado en el cerebro puede hacer más lento el pulso y provocar que la respiración sea errática. La tensión arterial por lo general es alta para compensar la mala perfusión cerebral. Los cambios en el tamaño, la reactividad y simetría de las pupilas serán poco comunes, pero cuando están presentes indican sangrado grave y presión sobre el cerebro.

Intervenciones

La causa del EMA de muchos pacientes puede ser desconocida, incluso después de la llegada al hospital. Esto complica la aplicación de una atención definitiva en el medio prehospitalario. La mayoría de sus intervenciones se basarán en los resultados de la evaluación. Por ejemplo, si el nivel de glucosa sanguínea es bajo y existe sudoración "fría" abundante, puede administrar glucosa oral de acuerdo con el protocolo, o si un paciente no responde, quizá necesite colocarlo en la posición de recuperación para proteger la vía aérea. Su mejor tratamiento en estas situaciones es efectuar una evaluación a conciencia y mantener los ABC. Administre oxígeno de alto flujo a través de una mascarilla no recirculante o por técnica de paso de gas.

Examen físico detallado

Deberá efectuarse un examen detallado concienzudo cuando el tiempo y las condiciones lo permitan. El examen físico detallado incluye inspección, palpaciones y auscultación para identificar DCAP-BLS-TIC en todas las áreas del cuerpo. Dado que este examen es concienzudo y toma tiempo, no se realiza con frecuencia cuando se requiere atención para tratar de manera continua los ABC. Debe hacerse todo esfuerzo necesario para completar este examen, en especial cuando los pacientes no responden y son incapaces de indicarle sus síntomas. Sin un examen físico detallado, los problemas sutiles u ocultos pueden pasar desapercibidos. Debido a la sensibilidad al tiempo de las opciones de tratamiento, esto por lo general se lleva a cabo durante el transporte al hospital. No retrase el transporte para realizar esto en la escena.

Evaluación continua

Ésta debe concentrarse en tres objetivos principales: reevaluación de los ABC, intervenciones y signos vitales. Los pacientes que han sufrido un EVC pueden perder la vía aérea o dejar de respirar sin advertencia. Es posible que se requieran múltiples intervenciones para estos pacientes. La eficacia de adjuntos de vías áreas, ventilaciones de presión positiva

> **Qué documentar**
>
> Información clave a documentar para un paciente de EVC:
> - Hora de inicio de los signos y síntomas
> - Resultados de la escala Glasgow del coma
> - Resultados de la escala Cincinnati de evento vascular cerebral
> - Cambios observados al reevaluar
>
> El momento de inicio es crítico porque ayuda a determinar si el paciente de EVC es candidato de tratamiento con fármacos para disolver coágulos.

y otros tratamientos sólo puede determinarse a través de la observación inmediata y continua después de proporcionar la intervención. Si algo no funciona, pruebe otra cosa.

Ya ha establecido sus signos vitales iniciales en su evaluación, lo mismo que una puntuación en la escala Glasgow del coma. Ahora es tiempo de comparar la información inicial con la actualizada. Cualquier cambio puede indicar si el tratamiento es eficaz. Observe con cuidado si hay cambios en el pulso, la tensión arterial, las respiraciones y la puntuación EGC.

Comunicación y documentación

Después de iniciar el transporte, deberá basarse en la información que haya obtenido lo más pronto posible. Notifique al personal de la instalación que los recibirá que es posible que su paciente haya tenido un EVC, de modo que dicho personal puede prepararse para evaluar y tratar a la persona sin retrasos. Asegúrese de incluir la hora en que se vio al paciente por última vez en estado normal, los resultados de su examen neurológico y la hora en que espera llegar al hospital.

Una de las piezas clave de información para documentar es la hora de inicio de los signos y síntomas del paciente. Si el diagnóstico del médico es de evento vascular cerebral isquémico, el tiempo de inicio de los síntomas es crítico para determinar si el paciente es candidato para tratamiento con fármacos que disuelvan los coágulos. También es importante documentar los resultados de la escala Glasgow del coma, junto con cualquier cambio observado durante la reevaluación. Documente el manejo de vía aérea y las intervenciones efectuadas, incluida la posición en la cual se colocó al paciente.

Atención definitiva para el paciente que ha tenido un EVC

Para la mayoría de los pacientes en los que se sospecha un evento vascular cerebral, los médicos del departamento de urgencias necesitarán determinar si hay sangrado en el cerebro. Si no lo hay, es posible que la persona sea candidata para recibir medicamentos que ayuden a romper el coágulo sanguíneo o ayudar a las células cerebrales a sobrevivir con la

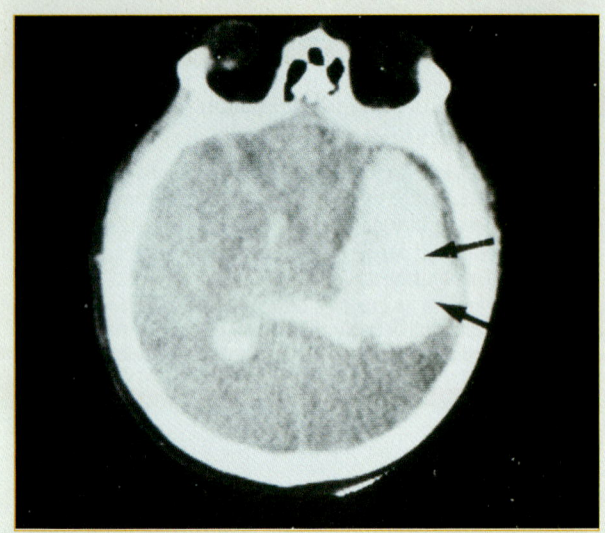

Figura 13-10 Escaneo de tomografía computarizada de un aneurisma cerebral roto. El área clara indica la hemorragia dentro del tejido cerebral (flechas).

> **CUADRO 13-3 Tips para el cuidado del paciente**
>
> - Los pacientes que sufren isquemia cerebral transitoria (ICT) pueden presentar la mayoría de los mismos signos y síntomas de los pacientes con derrame cerebral. Estos signos y síntomas pueden durar desde minutos hasta 24 horas. En consecuencia, los signos de EVC que observe a su llegada pueden desaparecer de manera paulatina. Los pacientes que parecen haber sufrido un ICT deberán ser transportados para una mayor evaluación.
> - Coloque la extremidad afectada o paralizada del paciente en una posición segura durante el movimiento y transporte de la persona.
> - Algunos pacientes que han sufrido EVC pueden ser incapaces de comunicarse, pero con frecuencia comprenden lo que se dice a su alrededor. Tenga en mente esta posibilidad.
> - Deben usarse nuevas terapias para EVC tan pronto como sea posible después de iniciados los síntomas. Minimice el tiempo en la escena y notifique al hospital receptor tan pronto le sea posible.

reducción en la cantidad de oxígeno. La única manera confiable de saber si hay sangrado es con un tipo especial de estudio denominado tomografía computada (TC). Por lo general es fácil ver la sangre en el rastreo de TC (Figura 13-10 ▲).

No todos los hospitales cuentan con un estudio de TC. En algunos lugares no se dispone de él las 24 horas del día y en otros no existe disponibilidad de personal para su manejo. Es por ello que resulta de vital importancia que reconozca los signos y síntomas del EVC. Si el personal del departamento de urgencias sabe que está transportando a un paciente con un posible EVC, es posible que puedan llamar al técnico de TC antes incluso de su llegada, o quizá decidan retrasar el rastreo de TC de otro paciente que presente un problema menos crítico. Tenga en mente que la mayoría de los tratamientos deben iniciarse lo más pronto posible (Cuadro 13-3 ▶). Poca utilidad tienen los tratamientos específicos cuando se inician en más de tres a seis horas después de iniciado el evento vascular cerebral. Incluso si han pasado tres horas, la rápida acción es esencial. Algunos SMU designan hospitales específicos para los pacientes de este padecimiento. Tales instituciones cuentan con técnicos de escaneo TC, radiólogos y neurocirujanos que están de guardia las 24 horas.

Convulsiones

Tipos de convulsiones

Una <u>ataque convulsivo</u> (o convulsión) es una alteración temporal de la conducta o conciencia y se caracteriza típicamente por inconciencia y movimientos espasmódicos generalizados y graves porun mal funcionamiento cerebral de todos los músculos corporales que duran varios minutos o más. Este tipo de trastorno por lo general

---

Situación de urgencia — Parte 3

Su compañero le dice que iniciará la IV en el camino. Usted ayuda a la esposa del paciente a subir a la ambulancia e inicia de inmediato el transporte empleando luces y sirena. Habla con el paciente y su esposa acerca del uso de estos últimos, y hace su mejor esfuerzo por atender sus preocupaciones sobre el ruido y la conducción segura del vehículo. Escucha que el paramédico efectúa el resto de la escala para EVC.

5. ¿Qué incluiría esto?

se denomina convulsión generalizada o *gran mal*. En otros casos, la convulsión puede estar simplemente caracterizada por un breve lapso de pérdida en la conciencia sin pérdida de la compostura en el cual el paciente parece mirar al vacío sin responderle a nadie. Otras características pueden ser el chasqueo de labios, parpadeo de los ojos o convulsiones aisladas o contracciones del cuerpo. Es típico que este tipo de convulsión, denominada crisis de ausencia o de *petit mal*, ocurra en niños de cuatro a 12 años de edad.

Signos y síntomas

Algunas convulsiones ocurren sólo en un lado del cuerpo (convulsiones parciales simples). Otras se inician en un lado y avanzan poco a poco hasta una convulsión generalizada que afecta al cuerpo entero (convulsiones simples que se generalizan). La mayoría de las personas con convulsiones de toda la vida o crónicas toleran estos eventos bastante bien sin complicaciones, pero en algunas situaciones las convulsiones pueden señalar padecimientos mortales.

Con frecuencia un paciente puede haber presentado una advertencia previa al evento, la cual se denomina aura como dolor abdominal o dolor de cabeza. La convulsión se caracteriza por la pérdida repentina de conciencia, movimiento y tono musculares caóticos, y apnea. Es posible que el paciente también experimente una fase tónica, que por lo general dura apenas unos segundos, en la cual habrá un periodo de actividad de tono muscular extensor, mordedura de lengua o incontinencia vesical o intestinal. Durante la fase tónica-clónica, es posible que el paciente presente movimiento bilateral caracterizado por rigidez y relajación musculares que por lo general duran de uno a tres minutos. Durante toda la fase tónica-clónica, el paciente exhibe taquicardia, hiperventilación y salivación intensa. La mayoría de las convulsiones duran de tres a cinco minutos y están seguidas por un largo periodo (cinco a 30 minutos o más) llamado estado postictal, en el cual el paciente no responde al inicio y recupera poco a poco la conciencia. El estado postictal se acaba cuando el paciente recupera un nivel completo de conciencia. De manera paulatina, en la mayoría de los casos, el paciente comenzará a recuperarse y despertará, pero se verá aturdido, confundido y fatigado. En contraste, una convulsión de *petit mal* puede durar apenas una fracción de minuto, después de lo cual el paciente se recupera de inmediato con sólo un breve espacio sin memoria del evento.

Las convulsiones que se repiten con lapsos de minutos sin recuperación de la conciencia o que duran más de 30 minutos se definen como estado epiléptico, y también se conocen como convulsiones recurrentes. Por razones obvias, las convulsiones recurrentes deben considerarse como situaciones potencialmente mortales en las cuales los pacientes requieren atención médica de emergencia.

Causas de las convulsiones

Algunos trastornos convulsivos, como la epilepsia, son congénitos, lo cual significa que el paciente nació con el padecimiento. Otros tipos de convulsiones pueden deberse a fiebres elevadas, problemas estructurales cerebrales o problemas metabólicos o químicos en el cuerpo (Cuadro 13-4 ▼). Las convulsiones epilépticas por lo general pueden controlarse con medicamentos como fenitoína (Dilantin o Epamin), fenobarbital o carbamacepina (Tegretol). Los pacientes con epilepsia con frecuencia tendrán convulsiones si dejan de tomar sus medicamentos o si no toman la dosis prescrita sobre una base regular.

Las convulsiones también pueden ser producto de un área anormal en el cerebro, como un tumor benigno o canceroso e infecciones (absceso cerebral), o tejido cicatricial de algún tipo de lesión. Se dice que estas convulsiones poseen una causa estructural; en otros casos, las convulsiones son metabólicas. Las convulsiones de causa metabólica pueden resultar de niveles anormales de electrolitos en sangre (p. ej., niveles extremadamente bajos de sodio), hipoglucemia (niveles bajos de glucosa en sangre), venenos, sobredosis de drogas o abstinencia repentina de uso rutinario de grandes cantidades de alcohol o sedantes, o incluso debido a fármacos de prescripción. La fenitoína, un fármaco que se emplea para controlar convulsiones, puede ocasionar convulsiones por sí mismo si la persona toma un exceso del medicamento.

Las convulsiones también pueden ser producto de fiebres altas repentinas, sobre todo en niños. Tales eventos, conocidos como convulsiones febriles por lo general son agobiantes para los padres que las observan, pero por lo general los niños las toleran bien. Aun así, es necesario transportar a un niño que haya tenido una convulsión febril, ya que su condición debe ser evaluada en el hospital.

CUADRO 13-4 Causas comunes de las convulsiones

Tipo	Causa
Epiléptica	De origen congénito
Estructurales	Tumor (benigno o canceroso)
	Infección (absceso cerebral)
	Tejido cicatricial por lesiones
	Traumatismo en cabeza
	EVC
Metabólicas	Hipoxia
	Química sanguínea anormal
	Hipoglucemia
	Envenenamiento
	Sobredosis de fármacos
	Abstinencia repentina de alcohol o de medicamentos
Febriles	Fiebre elevada repentina

El hecho de que puede ocurrir una segunda convulsión es muy preocupante, y si ésta ocurre, el paciente requiere rápida evaluación en un hospital para identificar las posibles causas, como infecciones serias dentro del cerebro o los tejidos que lo cubren.

La importancia de reconocer las convulsiones

Independientemente del tipo de convulsión, es importante que reconozca cuándo ocurre una de ellas o si ya ocurrió. Asimismo, debe determinar si el episodio difiere de cualquier otro anterior. Por ejemplo, si la convulsión previa ocurrió en sólo un lado del cuerpo y dicha convulsión ocurre en todo el cuerpo, es posible que exista algún problema nuevo o adicional. Además de reconocer que la actividad convulsiva ha ocurrido o que es posible que algo nuevo esté ocurriendo, o ambas cosas, también debe reconocer el estado postictal lo mismo que las complicaciones de las convulsiones.

Dado que la mayoría de estas últimas implican espasmos musculares rigurosos, los músculos emplean mucho oxígeno. Esta demanda excesiva consume oxígeno que la circulación proporcionaba para funciones vitales del cuerpo. Como resultado, hay una acumulación de ácidos en el torrente sanguíneo, y el paciente puede padecer cianosis (labios, lengua y piel azulados) debido a la falta de oxígeno porque el paciente no ventila. Con frecuencia, las convulsiones mismas impiden al paciente respirar con normalidad, lo cual empeora el problema. En el paciente con diabetes, los valores de glucosa sanguínea pueden caer debido a la contracción muscular excesiva de una convulsión. Vigile los niveles de glucosa sanguínea de cerca después de que un paciente con diabetes presente una convulsión.

Reconocer la actividad convulsiva también significa examinar otros problemas asociados con el ataque. Por ejemplo, es posible que el paciente haya caído durante el episodio convulsivo y se haya dañado alguna parte del cuerpo; la lesión en cabeza es la posibilidad más grave. Es probable que los pacientes con convulsiones generalizadas puedan presentar **incontinencia**, lo cual significa que suelen perder el control intestinal y vesical. Por tanto, un indicio de que los pacientes que no responden o están confundidos pueden haber tenido una convulsión es encontrar que se orinaron en su ropa. Aunque la incontinencia es posible con otros padecimientos médicos, la incontinencia repentina es un signo de alta probabilidad de que ocurrió una convulsión. Cuando tales pacientes recuperan sus facultades, es natural que se avergüencen de esta pérdida temporal de control. Haga lo posible por minimizar esta molestia cubriendo al paciente y asegurándole que la incontinencia es parte de la pérdida de control que acompaña a una convulsión.

El estado postictal

Una vez que se detiene la convulsión, los músculos del paciente se relajan, y se tornan casi fláccidos, o flojos, y la respiración se vuelve trabajosa (rápida y profunda) en un intento por compensar la acumulación de ácidos en el torrente sanguíneo. Al respirar más rápida y profundamente, el cuerpo puede equilibrar la acidez en la sangre. Con la normalización de la circulación y el funcionamiento hepático, los ácidos desaparecen en minutos, y el paciente comenzará a respirar con mayor normalidad. Por intuición, entre más largas y fuertes sean las convulsiones, mayor tiempo requerirá el desequilibrio para corregirse. De igual manera, las convulsiones más largas y graves producirán una falta de respuesta y confusión postictales más prolongadas. Una vez que el paciente recupera un nivel normal de conciencia, orientado típicamente a la persona, el lugar y el tiempo, el estado postictal habrá terminado.

En algunas situaciones, el estado postictal puede caracterizarse por **hemiparesis**, o debilidad de un lado del cuerpo semejante a un EVC que se denomina fenómeno de Todd. A diferencia del evento cerebrovascular típico, la hemiparesis hipóxica se resuelve pronto por sí sola. En forma más común, el estado postictal se caracteriza por letargo y confusión hasta el punto que el paciente puede ser combativo y parecer enojado. Debe estar preparado para estas circunstancias, tanto en su método para controlar la escena, como en su tratamiento de los síntomas del paciente. Si la condición del paciente no mejora, debe considerar otros problemas subyacentes posibles, incluidas hipoglucemia o infección.

Qué documentar

La evaluación de un paciente que ha tenido una convulsión depende en gran medida de los informes sobre el patrón convulsivo y de los cambios en ese patrón. Registre la información pertinente acerca de la convulsión en términos de curación, áreas de movimiento corporal y posibles factores detonadores. Esto requiere entrevistas eficaces de los testigos disponibles, familiares o cuidadores.

Seguridad del TUM-B

Esté pendiente de los pacientes que pueden comportarse en forma violenta durante la fase postictal. Aunque la mayoría de los pacientes que han tenido una convulsión no implican amenaza alguna para los TUM-B, los signos de abuso de alcohol o fármacos deberán alertarlo sobre el potencial de conducta peligrosa.

Figura 13-11 Puede suceder que a su llegada encuentre en fase postictal a un paciente que sufrió una convulsión. Si éste es el caso, pregunte a los familiares o testigos que verifiquen que la convulsión ya pasó y cómo se desarrolló ésta.

Evaluación del paciente de convulsión

Es típico que le llamen a atender a un paciente que haya sufrido una convulsión porque alguien fue testigo de ésta. No obstante, también es posible que le llamen para atender a un paciente que no responde cuando encuentran a éste en un estado postictal **Figura 13-11** . En otras situaciones, es posible que le llamen para que atienda a un paciente que presenta la convulsión en ese momento y que se encuentre con que la persona padece algún otro problema médico, como un paro cardiaco o un problema psicológico. Por tanto, la evaluación concienzuda es clave porque la información reunida en la escena puede ser de extrema importancia para el personal hospitalario que pronto deberá atender al paciente.

En la mayoría de los casos, algunas veces llegará después de que ha ocurrido la convulsión, ya que ésta sólo dura unos minutos. Para el momento en que alguien reconoce el problema, pide ayuda y recibe respuesta, el paciente por lo general se encuentra en estado postictal. En consecuencia, debe reunir tanta información de la familia o de los testigos como sea posible para verificar que una convulsión ha ocurrido y para obtener una descripción de la manera en que se desarrolló.

Evaluación de la escena

Es frecuente que los despachadores reciban información de la persona que llama acerca de la convulsión. Incluso si esta persona nunca antes había visto una convulsión, la descripción de ésta o de los espasmos, con frecuencia indica que está teniendo lugar un ataque convulsivo. Aunque ésta puede ser la naturaleza obvia de una enfermedad reportada por testigos, aún puede estar presente un mecanismo de lesión. Considere la necesidad de tener precauciones con la espina dorsal con base en la información de la central y su evaluación de la escena en cuanto a su método con el paciente. Asegúrese de que la escena es segura y emplee protección de ASC apropiada. Como mínimo, debe usar guantes y protección ocular, por lo general no se requiere SVA para una convulsión simple, pero, cuando complicaciones como trauma grave o convulsiones prolongadas están presentes, se requiere SVA.

Evaluación inicial

Impresión general

La mayoría de las convulsiones sólo duran un máximo de unos minutos. A medida que se familiarice con su paciente y observe el nivel de conciencia deberá ser capaz de decir si el paciente aún está en estado convulsivo. A menos que esté estacionado del otro lado de la calle de donde se encuentra el paciente y tiene un tiempo de llegada de un minuto o menos, la mayoría de las convulsiones habrán terminado para el momento en que llegue a la escena. Si el paciente aún está en convulsión en el momento de su llegada, la condición potencialmente fatal del estado epiléptico puede estar presente. Si el paciente se encuentra en la etapa postictal de la convulsión, es posible que no responda o que comience a ganar conciencia del entorno. Utilice la escala AVDI para determinar qué tan bien mejora su paciente a través de la etapa postictal.

Vía aérea, respiración y circulación

Lo mismo que con cualquier otra situación, deberá concentrarse en los ABC del paciente a su llegada. El uso de una cánula nasal será bien tolerado, una cánula orofaríngea puede ser bastante difícil de insertar mientras el paciente se encuentra en estado convulsivo. Puede suceder que el paciente haya estado comiendo o masticando chicle en el momento de la convulsión, y puede haber una obstrucción por objeto extraño. Es posible que los testigos hayan intentado introducir objetos en la boca del paciente "para ayudarle a respirar mejor", aunque esta práctica no se recomienda. Evalúe la ventilación del paciente. Incluso si la ventilación es adecuada, coloque al paciente bajo oxígeno de flujo elevado a 15 L/min a través de una mascarilla no recirculante. Las convulsiones gastarán oxígeno con rapidez y harán que los pacientes sufran hipoxia. Deberá confirmarse que la respiración y circulación son normales o se tratará según se requiera. De nuevo, en el estado postictal inmediato después de una convulsión mayor, deberá anticipar respiraciones profundas y la frecuencia cardiaca acelerada debido al estrés de las convulsiones graves. No obstante, ambas, respiración y frecuencia cardiaca, deberían comenzar a reducirse hasta ser normales después de varios minutos. Si no es así, podría sospechar problemas más allá de la sola convulsión.

Decisiones de transporte

Es difícil preparar a un paciente en estado convulsivo para su transporte. Dado que la mayoría de las convulsiones terminan en un lapso de cuatro o cinco minutos, puede tratar los ABC mientras espera a que termine la convulsión antes de intentar la preparación.

Necesidades geriátricas

Con el tiempo, el cerebro se deteriorará y encogerá como parte del proceso normal de envejecimiento. Esto puede incrementar el riesgo de lesiones de cabeza debido a fuerzas menores, dado que el cerebro puede impactarse con mayor facilidad dentro del interior del cráneo (**lesión cerebral de golpe/contragolpe,** que se analiza en el capítulo 21), y dado que las venas que conectan al cerebro con la dura se estiran. La masa encefálica reducida también puede disminuir el estado y las capacidades mentales del paciente. Un cerebro más pequeño puede afectar la función de la memoria y, con fallas en la memoria a corto plazo, el paciente geriátrico puede hacer las mismas preguntas o semejantes repetidamente.

Cuando lo llamen para atender a un paciente geriátrico con EMA, considere la posibilidad de EVC o de una isquemia cerebral transitoria (ICT). En una escena de colisión de un vehículo motorizado que implique a un conductor mayor, considere el EVC o el ICT como el factor precipitante de dicha colisión. Manténgase alerta respecto al estado mental alterado o las respuestas desusadas de las pupilas (es decir, constricción bajo poca luz o desigualdad).

Cuidado con los dolores de cabeza. Aunque los pacientes geriátricos sufren dolores por tensión, éstos son mucho menos frecuentes en la población mayor. Deberá considerar cualquier cefalea como potencialmente grave.

Lo mismo que con la población general, las personas mayores también presentan convulsiones. Recuerde que éstas no son siempre producto de la epilepsia. Deberá considerar y evaluar la posibilidad de sobredosis de fármacos, evento vascular cerebral, lesión en cabeza o infección en sistema nervioso central. El estado epiléptico en un paciente geriátrico puede tener efectos nocivos como hipoxia, frecuencia cardiaca irregular, hipotensión, temperaturas corporales elevadas, niveles bajos de glucosa y, si el paciente vomita, aspiración.

Recuerde que el paciente geriátrico se encuentra en mayor peligro de enfermedades y lesiones del sistema nervioso central, incluidos lesión cerebral, ICT, EVC y convulsiones. No se sorprenda si encuentra una lesión grave en cabeza por algo que consideraría un simple chichón en la cabeza.

Asegúrese de que antes de preparar al paciente lo haya evaluado respecto a un traumatismo y que haya tomado las precauciones apropiadas con la columna vertebral si está indicado. Es esencial proteger al paciente de su entorno antes, durante y después del transporte. Nunca intente restringir a un paciente que está en estado convulsivo activo, pues podría lesionarse debido al movimiento tónico-clónico. Utilice materiales suaves para el acojinamiento y aparte cualquier objeto que pueda dañar a su paciente.

No todos los pacientes que han tenido convulsiones desean ser transportados. Por lo general es en el mejor interés del paciente que lo evalúe un médico en el departamento de urgencias después de una convulsión. Su objetivo es alentar al paciente para que lo examine un médico de dicho departamento. Si el paciente se rehúsa a ser transportado, deberá estar preparado para discutir la situación con el personal hospitalario a través del radio antes de dejar ir al paciente. Considere lo siguiente si una persona en estado postictal rechaza el traslado:

- ¿El paciente está alerta y completamente orientado después de una convulsión (EGC de 15)?
- ¿No revela su evaluación indicación alguna de traumatismo o complicaciones debidas a la convulsión?
- ¿Había tenido el paciente una convulsión anterior?
- ¿Era la convulsión del tipo "acostumbrado" en todos los aspectos (duración actividad, recuperación)?
- ¿Está el paciente bajo tratamiento farmacológico en la actualidad y se somete a evaluaciones médicas regulares?

Si la respuesta a todas estas preguntas es afirmativa, considere aceptar que el paciente rechace el traslado si éste puede quedar bajo vigilancia y a cargo de una persona responsable. Si cualquiera de las preguntas tiene un "no" por respuesta, aliente con empeño al paciente a aceptar el transporte y la evaluación. Siga sus protocolos locales sobre dejar libre a un paciente que rechaza la atención.

Historial y examen físico enfocados

Si su paciente no responde en el estado postictal no podrá obtener el historial. Lo mismo que con otros pacientes médicos que no responden, lleve a cabo un examen físico rápido, revisando con prontitud a la persona de pies a cabeza en busca de un traumatismo obvio o de explicaciones para la convulsión. A continuación podrán obtenerse los signos vitales a medida que el paciente recupere la conciencia.

Si el paciente ya responde a las preguntas y demuestra un estado adecuado de conciencia, comience con un historial SAMPLE, luego, efectúe un examen físico enfocado en busca de lesiones y después obtenga los signos vitales.

Historial SAMPLE

Deberá obtener un historial SAMPLE en el cual se incluyan antecedentes de convulsiones si el paciente los tiene, en cuyo caso es importante averiguar cuál es la forma típica de presentación de éstas y si el nuevo episodio difiere en alguna forma de los anteriores. También deberá preguntar qué medicamentos ha estado tomando el paciente. Si este último toma fenitoína y fenobarbital, es muy probable que tenga problemas crónicos. Es posible que resultara que el paciente se terminó el medicamento o dejó de tomarlo por un tiempo. Los pacientes con historial tanto de convulsiones como de diabetes pueden emplear toda la glucosa de su cuerpo para alimentar a la convulsión. Estos pacientes deberán ser evaluados por los proveedores de SVA lo más pronto posible para determinar sus niveles de glucosa sanguínea. Si éstos son bajos, deberá administrarse de inmediato glucosa IV, ya que el estado de conciencia será demasiado bajo para administrar glucosa oral.

Si el paciente carece de historial de convulsiones y ahora presenta un episodio repentino, deberá sospecharse un padecimiento grave, como tumor cerebral, sangrado intracraneal o infección seria. La evaluación es también el momento de determinar si el paciente toma medicamentos que reducen la glucosa en sangre, como insulina, o agentes hipoglucémicos orales. En otras situaciones, es posible que desee investigar acerca del uso de fármacos o sobre la exposición a venenos.

Examen físico enfocado (pacientes médicos que responden)

Podrá obtener la puntuación de la escala Glasgow del coma mientras concentra su evaluación sobre el estado mental del paciente. Otras áreas donde deberá concentrarse son el habla y la capacidad para pensar. En un inicio, la persona tendrá un concepto nebuloso y confuso de los hechos, pero esto mejorará con el tiempo.

Signos vitales iniciales

Durante la mayoría de las convulsiones activas es imposible evaluar los signos vitales y ésta no es la prioridad cuando un paciente está convulsionando activamente. A menos que la situación sea desusada, los signos vitales en el paciente convulsivo postictal serán casi normales. Obtenga frecuencia, ritmo y calidad del pulso; tensión arterial; color, temperatura y condición de la piel, y tamaño y reactividad de pupilas. Si la persona presenta antecedentes diabéticos y le es posible realizar una prueba de glucosa por punción de un dedo, esto deberá incluirse en los signos vitales. Compare los signos vitales iniciales con los obtenidos en la evaluación continua.

Intervenciones

Las convulsiones por lo general están limitadas en cuanto a su duración. La mayoría no requerirán mucha intervención porque habrán terminado para el momento en que usted llegue. En el caso de personas que se encuentran en convulsión activa, deberá protegerlas contra daños, mantener una vía aérea libre realizando la succión según se requiera y proporcionando oxígeno con la mayor rapidez posible. Trate cualquier traumatismo que encuentre como lo haría con cualquier otro paciente.

Para pacientes que continúan en el episodio convulsivo, como en el estado epiléptico, succione la vía aérea de acuerdo con el protocolo, proporcione ventilaciones con presión positiva y transporte con rapidez al hospital. Si tiene la opción de reunirse con el SVA, deberá hacerlo, ya que los proveedores de este servicio cuentan con medicamentos que pueden detener una convulsión prolongada.

Examen físico detallado

Una vez que la evaluación inicial se completa, que se haya tratado cualquier peligro para la existencia y que el historial y examen físico enfocados le hayan proporcionado un mejor cuadro de la condición del paciente a través de sus antecedentes, de un examen neurológico enfocado y sus signos vitales, puede considerar llevar a cabo un examen físico detallado. Deberá revisar al paciente en busca de lesiones, incluidas laceraciones en cabeza y lengua, dislocación de hombros o fracturas en extremidades. Asimismo, evalúe al paciente respecto a debilidad o pérdida de la sensación en un lado del cuerpo. El examen físico detallado de un paciente que sufrió un ataque y está ahora alerta puede no ser tan importante como otras partes de la evaluación. Si el tiempo lo permite, deberá efectuarse un examen detallado que puede revelar otros problemas o explicaciones de la condición del paciente.

Evaluación continua

Si se presenta otra convulsión, observe si ésta se inicia en una parte focal del cuerpo (es decir, un brazo o una pierna) y luego avanza al resto de éste. Lo más importante: evalúe los ABC del paciente, sus signos vitales y su estado mental. Vigile cada pocos minutos el estado mental del paciente para verificar una mejoría progresiva. Revise para confirmar si las intervenciones han proporcionado los beneficios que desea. Por ejemplo, ¿aún se necesita la cánula nasal?

Comunicación y documentación

Informe y registre sus resultados de la evaluación inicial y las intervenciones realizadas. Proporcione una descripción del episodio e incluya los comentarios de los testigos, en especial si presenciaron la convulsión del paciente. Documente el inicio y duración del episodio. ¿Notó el paciente, o expresó haber notado, el aura? Registre cualquier evidencia de trauma y de las intervenciones efectuadas. Documente si ésta es la primera convulsión del paciente o si éste presenta antecedentes de ataques. Si el paciente posee un historial de actividad convulsiva, ¿con qué frecuencia se presentan los episodios y, tiene algún antecedente de estado epiléptico? Cuando documente sus intervenciones, registre la hora en que se efectuó la intervención y las reevaluaciones continuas.

Atención definitiva del paciente que ha sufrido una convulsión

En la mayoría de las situaciones, los pacientes que han tenido una convulsión requieren una evaluación definitiva y tratamiento en un hospital. Incluso un paciente con antecedentes de epilepsia crónica que está controlado con medicamentos puede presentar una convulsión ocasional, la cual se denomina de modo común convulsión intratratamiento. Estos pacientes también deben llevarse al hospital para su observación. Ahí se revisan los niveles sanguíneos de los fármacos para asegurar que los pacientes reciban la dosis correcta. Desde luego, quienes acaban de tener su primera convulsión o aquellos con convulsiones crónicas que tuvieron un episodio "diferente" requieren exámenes inmediatos para descartar afecciones letales. A menos que el paciente tenga antecedentes bien establecidos de convulsiones y esté totalmente alerta y orientado, se aconseja de manera enfática administrar oxígeno suplementario, no sólo para proporcionar oxígeno adicional, sino también para prevenir la posibilidad de un episodio recurrente si hay un componente hipóxico respecto al origen de la convulsión.

Dependiendo de los protocolos locales, deberá evaluar y tratar al paciente para una posible hipoglucemia (diabético con EMA que toma insulina o agentes orales que reducen los niveles de glucosa oral). Si hay sospecha de traumatismo, proporcione inmovilización de la columna. Con convulsiones recurrentes, proteja al paciente de lesiones adicionales y maneje la vía aérea una vez que cese la convulsión.

Si está tratando a un niño en el cual sospecha la presencia de una convulsión febril, deberá intentar reducir la temperatura despojándolo de su ropa y enfriándolo con agua tibia, en particular en torno a cabeza y cuello, y luego abanicando las áreas húmedas. Tenga cuidado de no hacer tiritar al paciente, pues esto aumentará la temperatura.

Si el paciente estuvo expuesto a una toxina o veneno, deberá retirar con cuidado la fuente si es posible. Deberá tener disponible de inmediato la succión en caso de que un paciente con un estado reducido de conciencia comience a vomitar.

En todos los casos, deberá mostrar paciencia y tolerancia con estos pacientes, ya que es probable que muchos de ellos estén confundidos y, en ocasiones, asustados. Muchos pacientes que presentan convulsiones se sienten frustrados con su condición y pueden rechazar el transporte. Se requieren amabilidad y conducta profesional para ayudar a convencer al paciente de que el transporte es necesario para la atención definitiva.

Estado mental alterado

Además del EVC, el tipo más común de emergencia neurológica que encontrará es el EMA. En términos simples, EMA significa que el paciente no piensa con claridad o es imposible despertarlo. En algunas circunstancias la persona estará inconsciente Figura 13-12 ; en otras, es posible que esté alerta, pero confundida. La gama de problemas es extensa, y las causas son muchas, incluidos problemas como hipoglucemia, hipoxemia, intoxicación, sobredosis de fármacos, lesión no reconocida en cabeza, infección cerebral, anormalidades en la temperatura corporal y padecimientos como tumores cerebrales, trastornos glandulares y sobredosis/envenenamientos.

Situación de urgencia — Parte 4

Escucha que el paramédico le pide al paciente que extienda sus brazos al frente con los ojos cerrados y las palmas hacia arriba. Luego le pide al paciente que repita una oración sencilla. Los resultados en ambas tareas indican con mayor fuerza que existe un derrame cerebral. El paramédico le asigna a este paciente una escala Glasgow del coma y obtiene otra toma de signos vitales.

6. ¿Qué habría visto el paramédico si el resto de las pruebas indicaran un EVC?
7. Si los síntomas del paciente comenzaran a resolverse, ¿podría este padecimiento denominarse EVC?

Figura 13-12 Un paciente con estado mental alterado puede estar inconsciente en algunos casos; en otros, el paciente puede estar alerta pero confundido.

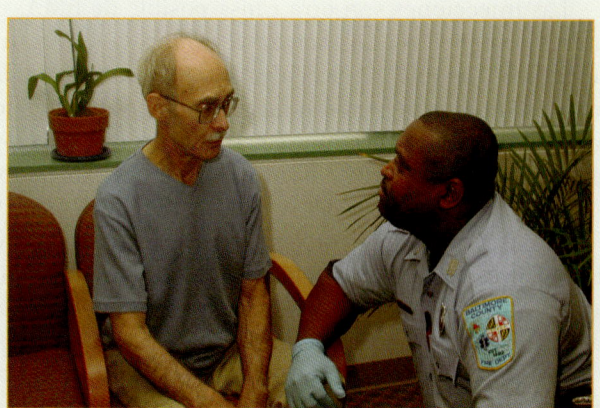

Figura 13-13 Durante su evaluación de un paciente con un nivel alterado o reducido de conciencia, considere la posibilidad de hipotermia.

Causas del estado mental alterado

Hipoglucemia

El cuadro clínico de los pacientes con EMA debido a hipoglucemia es muy complejo. Éstos pueden presentar signos y síntomas que semejen EVC y convulsiones. Dado que se requieren tanto oxígeno como glucosa para la función cerebral, la hipoglucemia puede semejar condiciones en el cerebro como aquéllas asociadas con el evento vascular cerebral. La diferencia principal, sin embargo, es que un paciente que haya sufrido un EVC puede estar alerta e intentar comunicarse de manera normal, mientras que uno con hipoglucemia casi siempre presenta un estado de conciencia alterado o reducido **Figura 13-13**.

Los pacientes con hipoglucemia comúnmente, pero no siempre, toman medicamentos que reducen los niveles de glucosa sanguínea. En consecuencia, si el paciente parece tener signos y síntomas de EVC y EMA, deberá informar esto a dirección médica y tratar al paciente en concordancia. Revise e informe sobre los medicamentos, pero recuerde que no todos los pacientes con diabetes toman insulina u otros fármacos para reducir sus niveles de glucosa sanguínea. Recuerde, asimismo, que los pacientes con un nivel disminuido de conciencia no deberán recibir nada por vía oral. De nueva cuenta, los protocolos locales deberán guiar sus acciones.

Los pacientes con hipoglucemia también pueden presentar sudoración profusa, "fría" y pegajosa (diaforesis), convulsiones, y es posible que llegue a la escena para encontrar a un paciente en estado postictal: confundido y desorientado o incapaz de responder. Es probable que el estado mental de un paciente que acaba de sufrir una convulsión mejore; no obstante, en un paciente con hipoglucemia muy posiblemente éste no mejorará, incluso después de varios minutos. Por tanto, deberá considerar la posibilidad de hipoglucemia en un paciente que tuvo una convulsión, en especial si el nivel de glucosa sanguínea resulta menor al normal.

De igual modo, deberá considerar la hipoglucemia en un paciente que presenta EMA después de una lesión como colisión de un vehículo motorizado, incluso cuando exista la posibilidad de una lesión en la cabeza del acompañante. Como con cualquier otro paciente, deberá buscar brazaletes de identificación médica o fármacos que puedan confirmar sus sospechas.

Otras causas de estado mental alterado

El EMA puede ocurrir como resultado de la hipoglucemia, pero también hay muchas otras posibilidades, entre ellas una lesión no reconocida en cabeza o intoxicación grave con alcohol. Sus consideraciones sobre otras posibilidades resultan importantes dado que un paciente con EMA puede mostrarse combativo y rechazar el tratamiento y transporte. Deberá estar preparado para enfrentar encuentros con pacientes difíciles y seguir los protocolos locales para el manejo de estas situaciones, reconociendo la probabilidad de problemas subyacentes graves.

En la mayoría de los casos, es muy posible que un paciente que parece intoxicado lo esté; no obstante, deberá considerar también otros problemas. Los individuos con alcoholismo crónico pueden presentar anormalidades en el funcionamiento hepático y en sus sistemas de coagulación sanguínea e inmunológico, lo cual puede predisponerlos a sangrado intracraneal, infecciones cerebrales y del torrente sanguíneo e hipoglucemia.

Los problemas y complicaciones psicológicos debido a medicamentos también son causas posibles de EMA. Una persona que parece tener un problema psicológico también puede tener un padecimiento médico subyacente.

Las infecciones son otra causa posible de EMA, en particular aquellas que abarcan el cerebro y el torrente sanguíneo. Las infecciones en estas zonas pueden ser letales y requieren atención inmediata. Es posible que los pacientes no demuestren los signos típicos de infección, como fiebre, en particular si son muy jóvenes o ancianos, o presentan deficiencias del sistema inmune.

El EMA también puede ser resultado de una sobredosis de fármacos o de envenenamientos, en consecuencia, deberá vigilar a los pacientes de cerca en caso de problemas cardiacos y respiratorios adjuntos.

Así pues, la presentación del EMA varía de modo extenso de una simple confusión al coma. Sin importar la causa, deberá considerar que el EMA es una emergencia que requiere atención inmediata incluso cuando parece que puede ser tan solo el producto de una intoxicación alcohólica o de una colisión de autos o una caída sin importancia.

Evaluación de un paciente con estado mental alterado

El proceso de evaluación para pacientes con EMA es el mismo que para pacientes con posible EVC y convulsión, con excepción de algunas diferencias. La diferencia más significativa entre el EMA y otras emergencias es que su paciente no puede indicarle de modo confiable lo que le pasa, y es posible que haya más de una causa. Por tanto, estar alerta durante su evaluación continua es esencial, tanto para descubrir posibles causas de la condición de su paciente como para dar seguimiento a los cambios o el deterioro de dicha condición. La rápida transportación es necesaria, con vigilancia estrecha de los signos vitales en el camino y atención cuidadosa de la vía aérea, colocando al paciente en una posición que evite la aspiración y mantenga la comodidad.

Necesidades pediátricas

Los niños pueden presentar EMA ocasionado por evento vascular cerebral, convulsiones, niveles elevados o bajos de glucosa sanguínea, infección (meningitis), envenenamiento o tumores. Los eventos vasculares cerebrales casi siempre son producto de defectos congénitos en vasos sanguíneos. Los eventos vasculares cerebrales isquémicos pueden deberse a trastornos como la anemia de células falciformes. No obstante, es posible que los niños que presentan hemorragia subaracnoidea no tengan un aneurisma de baya, sino quizás un problema congénito en los vasos sanguíneos cerebrales. Los niños con anemia de células falciformes se encuentran en riesgo particularmente alto de evento vascular cerebral isquémico. Trate el evento vascular cerebral y el EMA en niños de la misma manera que lo haría con los adultos.

Como se mencionó antes en este capítulo, se pueden producir convulsiones como resultado de fiebres altas repentinas, sobre todo en niños. Recuerde que, aunque las convulsiones febriles son por lo general bien toleradas por los niños, debe transportar a dichos pacientes al hospital. La posibilidad de una segunda convulsión hace que dicho transporte sea obligatorio, de manera que si otros problemas se desarrollan, el niño se encuentre en el hospital y pueda recibir atención inmediata y definitiva.

Si sospecha que un paciente con EMA presenta hipoglucemia y tiene la capacidad para evaluarlo, deberá hacerlo y tratarlo de acuerdo con el protocolo local. Además, estos pacientes requieren vigilancia estrecha, en particular de la vía aérea, en camino al hospital.

Situación de urgencia — Resumen

Una evaluación apropiada y la obtención de un historial le ayudarán a descartar otras afecciones posibles que semejan EVC y ayudarán al paciente a recibir atención apropiada y oportuna. Prevenir lesiones adicionales o debilidad o adormecimiento de las extremidades es esencial, y cuando está presente la afasia, su tranquilidad y paciencia reducirán parte de la ansiedad del paciente. Utilice otras formas de comunicación permitiendo a los pacientes escribir con el lado no afectado, parpadear o apretar su mano para responder las preguntas.

Por desgracia, el tratamiento fuera del hospital para los EVC se limita a medidas de apoyo. El tiempo es crítico para estos pacientes. La prevención y el reconocimiento juegan un papel vital en la minimización de la muerte y la discapacidad permanente en estos casos. La educación del público general sobre los signos y síntomas del derrame cerebral es en extremo importante para evitar retrasos y proporcionar atención médica esencial. Puede iniciar un programa en su comunidad diseñado para incrementar la conciencia respecto al EVC y los ICT que aumentará el reconocimiento oportuno y la activación rápida del sistema de respuesta a urgencias.

Capítulo 13 Emergencias neurológicas

Evaluación y cuidados de urgencia

	Evento vascular cerebral	**Convulsión**	**Estado mental alterado**
Evaluación de la escena	Las precauciones de aislamiento de sustancias corporales deben incluir al menos guantes y protección ocular. Cuide la seguridad de la escena y determine el ML/NE. Considere el número de pacientes, la necesidad de ayuda adicional/SVA, y la estabilización de columna vertebral.	Las precauciones de aislamiento de sustancias corporales deben incluir al menos guantes y protección ocular. Verifique la seguridad de la escena y determine el NE/ML. Considere el número de pacientes, la necesidad de ayuda adicional, y la estabilización de columna vertebral.	Las precauciones de aislamiento de sustancias corporales deben incluir al menos guantes y protección ocular. Refuerce la seguridad de la escena y determine el NE/ML. Considere el número de pacientes, la necesidad de ayuda adicional, y la estabilización de columna vertebral.
Evaluación inicial			
■ Impresión general	Determine el nivel de conciencia y detecte y trate cualquier amenaza inmediata para la existencia. Determine la prioridad de la atención con base en el entorno y la queja principal del paciente.	Determine el nivel de conciencia y detecte y trate cualquier amenaza inmediata para la existencia. Si la convulsión aún está ocurriendo a su llegada, es posible que esté teniendo lugar el estado epiléptico letal. Llame al SVA.	Determine la prioridad para la atención con base en el entorno y en la queja principal del paciente. Determine el nivel de conciencia y detecte y trate cualquier amenaza inmediata para la existencia.
■ Vía aérea	Asegure que la vía aérea sea patente, coloque en la posición de recuperación y succione según se requiera.	Limpie la boca del paciente y asegure su vía aérea. Emplee adjuntos de vía aérea de acuerdo con el protocolo local.	Asegure que la vía aérea sea patente y coloque en la posición de recuperación según se requiera.
■ Respiración	Proporcione oxígeno de alto flujo a 15 L/min. Evalúe la profundidad y frecuencia del ciclo respiratorio y proporcione soporte de ventilación según se requiera.	Evalúe la profundidad y frecuencia del ciclo respiratorio y proporcione soporte de ventilación según se requiera. Proporcione oxígeno de alto flujo a 15 L/min.	Evalúe la profundidad y frecuencia del ciclo respiratorio y proporcione soporte de ventilación según se requiera. Ausculte y observe los ruidos respiratorios. Proporcione oxígeno de alto flujo a 15 L/min.
■ Circulación	Evalúe la frecuencia y calidad del pulso, observe color, temperatura y condición de la piel y trate de acuerdo con esto.	Evalúe la frecuencia y calidad del pulso; observe color, temperatura y condición de la piel.	Evalúe la frecuencia y calidad del pulso; observe color, temperatura y condición de la piel.
■ Decisión de transporte	Transporte rápido a centro de atención para EVC si está disponible.	Transporte de acuerdo con la evaluación y los lineamientos locales.	Transporte con rapidez de acuerdo con la evaluación inicial.
Historial y examen físico enfocados	*NOTA: el orden de los pasos en el historial y el examen físico enfocados difiere dependiendo de que el paciente esté o no consciente. El orden a continuación es para un paciente consciente. Para pacientes inconscientes, realice un examen físico rápido, obtenga signos vitales y el historial.*		
■ Historial SAMPLE	Haga las preguntas SAMPLE y OPQRST pertinentes. Asegúrese de preguntar si y qué intervenciones se realizaron antes de su llegada, cuántas y a qué hora. Verifique la hora en que el paciente parecía normal por última vez.	Haga las preguntas SAMPLE y OPQRST pertinentes. ¿Cómo ocurren típicamente las convulsiones y fue ésta diferente de la norma? ¿Ha cumplido el paciente con sus medicamentos?	Haga las preguntas SAMPLE y OPQRST pertinentes. Asegúrese de preguntar si y qué intervenciones se realizaron antes de su llegada, cuántas y a qué hora.
■ Examen físico enfocado	Efectúe un examen neurológico enfocado mediante la escala Cincinnati de EVC o la escala Glasgow del coma, o ambas.	Realice un examen físico enfocado para EMA, habla y capacidad para pensar. Determine el nivel de glucosa en sangre y la puntuación de la escala Glasgow del coma.	Realice un examen físico enfocado para EMA, habla y capacidad para pensar. Determine el nivel de glucosa en sangre y la puntuación de la escala Glasgow del coma.
■ Signos vitales iniciales	Tome los signos vitales, anote el color y la temperatura de la piel, lo mismo que el nivel de conciencia del paciente. Use oximetría de pulso si cuenta con ella.	Tome los signos vitales, anote el color y temperatura de la piel, lo mismo que el nivel de conciencia del paciente, además del tamaño y la reactividad de la pupila. Use oximetría de pulso si cuenta con ella.	Tome los signos vitales, anote el color y temperatura de la piel, lo mismo que el nivel de conciencia del paciente. Use oximetría de pulso si cuenta con ella.

Evaluación y cuidados de urgencia

	Evento vascular cerebral	**Convulsión**	**Estado mental alterado**
■ Intervenciones	Apoye al paciente según se requiera. Considere el uso de oxígeno, ventilaciones con presión positiva, adjuntos de vías áreas y posicionamiento adecuado del paciente.	Proteja al paciente del daño, mantenga limpia la vía aérea mediante succión según se requiera, y proporcione oxígeno con la mayor rapidez posible. Trate cualquier lesión por trauma que encuentre. Para los pacientes que continúan convulsionando, succione la vía aérea de acuerdo con el protocolo, proporcione ventilaciones de presión positiva y transporte rápido al hospital.	Apoye al paciente según se requiera. Considere el uso de oxígeno, ventilaciones con presión positiva, adjuntos de vías áreas y posicionamiento adecuado del paciente. Trate el nivel bajo de glucosa de acuerdo con el protocolo local.
Examen físico detallado	Complete un examen físico detallado.	Complete un examen físico detallado.	Complete un examen físico detallado.
Evaluación continua	Repita la evaluación inicial, la evaluación enfocada y reevalúe las intervenciones realizadas. Reevalúe los signos vitales y la puntuación de la escala Glasgow del coma cada cinco minutos para el paciente inestable, cada 15 para el paciente estable. Tranquilice al paciente.	Repita la evaluación inicial, la evaluación enfocada y reevalúe las intervenciones realizadas. Reevalúe los signos vitales cada cinco minutos para el paciente inestable, cada 15 para el paciente estable.	Repita la evaluación inicial, la evaluación enfocada y reevalúe las intervenciones realizadas. Reevalúe los signos vitales y la puntuación de la escala Glasgow del coma cada cinco minutos para el paciente inestable, cada 15 para el paciente estable. Tranquilice al paciente.
■ Comunicación y documentación	Comuníquese con dirección médica con un informe por radio que proporcione información sobre la condición del paciente y acerca del último momento en que éste parecía normal. Retransmita cualquier cambio en el nivel de conciencia o dificultad para respirar. Asegúrese de documentar cualquier cambio, la hora en que sucedió y los resultados de la escala Cincinnati de EVC o de la escala Glasgow del coma.	Informe y registre los datos obtenidos. Documente el inicio y la duración de la convulsión, anotando la hora de cada intervención efectuada, la respuesta del paciente y las reevaluaciones continuas.	Informe y registre los datos obtenidos. Documente cada intervención efectuada, la respuesta del paciente y las reevaluaciones continuas.

NOTA: aunque los siguientes pasos tienen amplia aceptación, asegúrese de consultar y seguir su protocolo local.

Evento vascular cerebral	**Convulsión**	**Estado mental alterado**

Escala Cincinnati para EVC
1. Pida al paciente que le muestre los dientes o que sonría para determinar la paresia facial.
2. Pida al paciente que cierre los ojos y que sostenga ambos brazos frente a él con las palmas hacia arriba para medir la debilidad de éstos.
3. Pida al paciente que diga: "El cielo es azul en Cincinnati", para evaluar el habla.
	Escala Glasgow del coma
	Apertura ocular
	  Espontánea 4
	  Responde al habla 3
	  Responde al dolor 2
	  Ninguna 1
	
	Mejor respuesta verbal
	  Conversación orientada 5
	  Conversación confusa 4
	  Palabras inapropiadas 3
	  Sonidos incomprensibles 2
	  Ninguna 1
	
	Mejor respuesta motora
	  Obedece órdenes 6
	  Localiza el dolor 5
	  Se retrae con el dolor 4
	  Flexión anormal 3
	  Extensión anormal 2
	  Ninguna 1
	
	Sume los puntos totales seleccionados de las tres categorías para determinar la puntuación en la escala Glasgow del coma del paciente
		Utilice la escala Cincinnati para EVC o la escala Glasgow del coma para ayudar en su evaluación.

Resumen

Listo para repaso

- El cerebro, la parte más grande del cerebro, está dividido en los hemisferios derecho e izquierdo, y cada uno controla el lado opuesto del cuerpo.
- Las diferentes partes del cerebro controlan distintas funciones. La parte frontal del cerebro controla emociones, pensamiento, juicio y raciocinio; la parte media o parietal controla sensibilidad y tacto; la parte posterior u occipital del cerebro está relacionada con la visión, en la parte izquierda del cerebro, cerca de su parte media, se controla el habla.
- Muchos trastornos diferentes pueden causar síntomas neurológicos cerebrales o de otro tipo. Como regla general, si el problema se encuentra de manera principal en el cerebro, sólo parte de éste se verá afectada.
- El evento vascular cerebral es un trastorno significativo en el encéfalo porque es común y potencialmente tratable.
- Las convulsiones y el EMA también son comunes, y debe aprender a reconocer los signos y síntomas de cada uno.
- Otras causas de disfunción neurológica incluyen coma, infecciones y tumores.
- El EVC se presenta cuando parte del flujo sanguíneo hacia el cerebro se interrumpe de repente; en unos minutos las células cerebrales comienzan a morir.
- Los signos y síntomas del EVC incluyen afasia receptiva o expresiva, disartria, debilidad o adormecimientos musculares en un lado, paresia facial y, en ocasiones, hipertensión arterial.
- Siempre deberá hacer por lo menos tres pruebas neurológicas en pacientes en los que sospeche un EVC: haga pruebas del habla, movimiento facial y de los brazos.
- En una isquemia cerebral transitoria (ICT), los procesos corporales normales degradan el coágulo sanguíneo o cede el espasmo arterial, lo cual restaura el flujo sanguíneo y termina con los síntomas en menos de 24 horas. No obstante, los pacientes con ICT se encuentran en riesgo elevado de un evento vascular cerebral permanente.
- Dado que los tratamientos actuales deben aplicarse en un lapso de tres a seis horas (y de preferencia en las primeras dos horas) del inicio de los síntomas para tener eficacia máxima, deberá proporcionar transporte con prontitud.
- Siempre notifique al hospital lo más pronto posible que llevará un paciente de posible EVC, de manera que el personal de ahí pueda prepararse para evaluar y tratar al paciente sin retrasos.
- Las convulsiones se caracterizan por la inconsciencia y por la presentación de espasmos en todo o parte del cuerpo.
- Hay tipos de convulsiones que debe aprender a reconocer: generalizadas, de ausencia y febriles.
- La mayoría de las convulsiones duran de tres a cinco minutos y van seguidas de un estado postictal en el cual es posible que el paciente no responda, presenta respiración trabajosa y hemiparesis o que pierda el control de sus esfínteres.
- Es importante que reconozca los signos y síntomas de las convulsiones, de manera que pueda proporcionar información al personal de urgencias mientras transporta al paciente.
- El EMA es un problema neurológico común que encontrará como TUM-B. Los signos y síntomas varían de manera extensa, lo mismo que las causas de este padecimiento.
- Entre las causas más comunes están: hipoglucemia, intoxicación, sobredosis de fármacos y envenenamiento.
- Al evaluar al paciente con EMA no asuma siempre que hay una intoxicación; la hipoglucemia es una causa igualmente probable. Están indicados el transporte rápido con vigilancia estrecha de los signos vitales en el camino.

Vocabulario vital

afasia Incapacidad de comprender y producir el habla.

afasia expresiva Trastorno del habla en el cual una persona puede comprender lo que se dice, pero que no puede producir los sonidos correctos para poder hablar adecuadamente.

afasia receptiva Trastorno del habla en el cual una persona tiene problemas para comprender el habla, pero es capaz de hablar con claridad.

ataque convulsivo Actividad muscular descoordinada y generalizada que se asocia con la pérdida de la conciencia; una convulsión.

ateroesclerosis Trastorno en el cual colesterol y calcio se acumulan dentro de las paredes de los vasos sanguíneos formando placa, lo cual lleva con el tiempo al bloqueo parcial o completo del flujo sanguíneo, la placa de este tipo también puede convertirse en un sitio donde se pueden formar coágulos sanguíneos, desprenderse y embolizar en otra parte en la circulación.

aura Sensación que se experimenta antes de un ataque, sirve como signo de advertencia de que está a punto de ocurrir un ataque.

células infartadas Células del cerebro que mueren como resultado de una pérdida de flujo sanguíneo hacia el cerebro.

coma Estado de inconsciencia profunda del cual uno no puede ser despertado.

Resumen continuación...

convulsión generalizada   Aquélla caracterizada por contracciones graves de todos los músculos del cuerpo, que puede durar varios minutos o más; también conocida como convulsión de gran mal.

convulsiones febriles   Aquellas que resultan de fiebres elevadas repentinas, sobre todo en niños.

crisis de ausencia   Ataque que puede caracterizarse por un breve lapso de pérdida de atención en el cual el paciente puede mirarlo y no responder ("estar en la Luna"). También conocido como ataque de *petit mal*.

disartria   Incapacidad de pronunciar las palabras con claridad, con frecuencia debida a la pérdida de los nervios o neuronas que controlan los pequeños músculos de la laringe.

embolia cerebral   Obstrucción de una arteria cerebral ocasionada por un coágulo que se formó en alguna otra parte del cuerpo y viajó al cerebro.

estado epiléptico   Padecimiento en el cual las convulsiones se repiten separadas por lapsos de unos minutos, o que duran más de 30 minutos.

estado postictal   Periodo siguiente a una convulsión que dura entre cinco y 30 minutos, caracterizado por respiración dificultosa y cierto grado de estado mental alterado.

evento vascular cerebral (EVC)   Pérdida de la función cerebral en ciertas neuronas que no reciben suficiente oxígeno durante un EVC. Por lo general el producto de una obstrucción de los vasos sanguíneos cerebrales que proporcionan oxígeno a esas neuronas.

evento vascular cerebral hemorrágico   Uno de los dos tipos principales de accidente cerebrovascular; ocurre como resultado del sangrado dentro del cerebro.

evento vascular cerebral isquémico   Uno de los dos tipos principales de accidente cerebrovascular que ocurre cuando el flujo sanguíneo hacia una parte particular del cerebro queda aislada por bloqueo (p. ej., un coágulo) dentro de un vaso sanguíneo.

fase tónica-clónica   Un tipo de convulsión que presenta movimiento rítmico de adelante hacia atrás de una extremidad y rigidez corporal.

hemiparesis   Debilidad de un lado del cuerpo.

hipoglucemia   Afección caracterizada por niveles bajos de glucosa en sangre.

incontinencia   Pérdida de control del intestino y la vejiga debido a una convulsión generalizada.

isquemia cerebral transitoria (ICT)   Una afección cerebral en la cual las neuronas dejan de funcionar de manera temporal debido a falta de oxígeno suficiente, lo cual causa síntomas de tipo apopléjico que se resuelven por completo en un lapso de 24 horas después de iniciarse.

isquemia   Falta de oxígeno en las células del cerebro que provoca que éstas no funcionen de modo apropiado.

lesión cerebral de golpe/contragolpe   Lesión encefálica que ocurre cuando se aplica fuerza a la cabeza y la transmisión de energía a través del tejido cerebral ocasiona lesiones en el lado opuesto al golpe original.

rotura arterial   Rompimiento de una arteria cerebral que puede contribuir a la interrupción del flujo sanguíneo cerebral.

trombosis   Obstrucción de las arterias cerebrales que puede resultar en la interrupción del flujo sanguíneo cerebral y el EVC subsiguiente.

Qué evaluar

Le envían a una institución de asistencia. Lo reciben miembros del personal que le informan que el paciente parece haber tenido un EVC en algún momento durante la noche, también le informan que presenta antecedentes de ICT, pero ha sido capaz de cuidarse a sí mismo con ayuda mínima. Entra a la habitación del paciente y se encuentra con un hombre mayor con paresia facial derecha evidente. Es obvio, por su expresión facial, que está alterado. Su compañero comienza a tomar los signos vitales mientras usted le pregunta qué sucedió. El hombre intenta hablar, pero sólo emite sonidos ininteligibles. Entonces, el paciente le sujeta el brazo y comienza a llorar.

¿Qué puede hacer para determinar el momento de inicio de los síntomas?

Temas: Importancia de la tolerancia y la paciencia; Cuando se trata a pacientes con evento vascular cerebral; Uso de métodos alternativos de comunicación; Tratamiento completo del paciente.

Autoevaluación

Los envían al 550 de la calle Arboledas, al centro local para adultos mayores, en busca de una mujer que se queja de un fuerte dolor de cabeza. A su llegada, encuentra a una mujer mayor sentada en una silla, que se queja y sostiene su cabeza entre sus manos. Cuando le pregunta qué le pasa, ella le dice que de repente comenzó a dolerle terriblemente la cabeza y que no puede ni siquiera ver bien.

Mientras habla con la paciente y aplica oxígeno en flujo elevado, su compañero obtiene el siguiente juego de signos vitales: pulso 100 latidos/min e irregular; tensión arterial 198/110 mm Hg, y 36 respiraciones/min con volumen de ventilación adecuado.

1. ¿Qué emergencia médica es posible que presente la paciente?

   A. Convulsión
   B. Hipotensión
   C. Hiperglucemia
   D. Evento vascular cerebral

2. Cuando le pregunta sobre sus antecedentes médicos, ¿qué padecimiento es el que **MÁS** le preocuparía?

   A. Convulsiones
   B. Tensión arterial alta
   C. Enfisema
   D. Anemia

3. Si tuviera que sustituir a la mujer mayor de este caso con una mujer joven y sana, ¿cuál sería la causa probable de su dolor de cabeza?

   A. Tumor cerebral
   B. Infección
   C. Hipoglucemia
   D. Aneurisma

4. La queja principal en los casos de derrame cerebral hemorrágico: "¡Éste es el peor dolor de cabeza de mi vida!" se debe a:

   A. Constricción de vasos sanguíneos
   B. Dilatación de vasos sanguíneos
   C. Irritación del tejido cerebral
   D. Falta de oxígeno

5. ¿Qué pruebas físicas incluiría en su evaluación de una mujer mayor en este caso?

   A. Del habla
   B. De paresia facial
   C. De debilidad en brazos
   D. Todas las anteriores

6. Qué prueba debe realizar con todos los pacientes con estado mental alterado, incluidos los posibles casos de EVC?

   A. Escala Cincinnati de EVC
   B. AVDI
   C. Escala Glasgow del coma
   D. B y C

Preguntas desafiantes

7. ¿Qué padecimiento sufren los pacientes de EVC que presentan problemas para comprender el habla, pero pueden hablar con claridad?

8. ¿Por qué es importante notificar al hospital cuando transporta un paciente de posible EVC?

9. ¿Debe tratar a los ICT con algo menos grave que los EVC?

10. ¿Qué emergencias médicas comunes pueden semejar EVC?

El abdomen agudo

Objetivos*

Cognitivos

1. Definir el término "abdomen agudo". (p. 466)
2. Identificar los signos y síntomas del abdomen agudo y la necesidad del transporte inmediato de pacientes con estos síntomas. (pp. 470, 471)
3. Definir el concepto de "dolor referido". (p. 466)
4. Describir las áreas afectadas del dolor referido que se observan con las causas comunes del abdomen agudo. (pp. 467, 469)
5. Explicar que el dolor abdominal puede generarse en otros sistemas corporales. (p. 469)

Afectivos

Ninguno

Psicomotores

6. Realizar una evaluación rápida y suave del abdomen. (p. 471)

*Todos estos objetivos son extracurriculares.

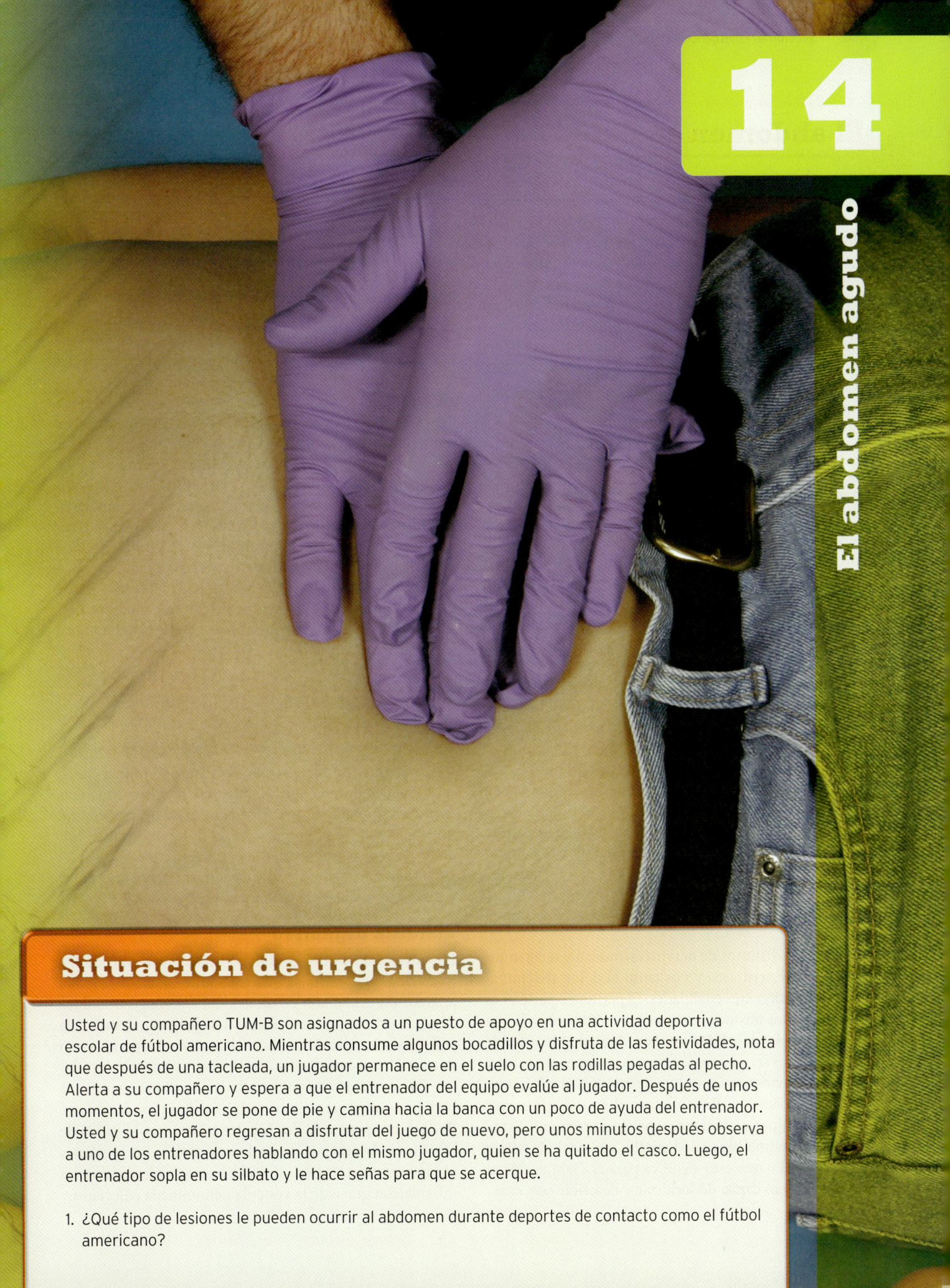

14

El abdomen agudo

Situación de urgencia

Usted y su compañero TUM-B son asignados a un puesto de apoyo en una actividad deportiva escolar de fútbol americano. Mientras consume algunos bocadillos y disfruta de las festividades, nota que después de una tacleada, un jugador permanece en el suelo con las rodillas pegadas al pecho. Alerta a su compañero y espera a que el entrenador del equipo evalúe al jugador. Después de unos momentos, el jugador se pone de pie y camina hacia la banca con un poco de ayuda del entrenador. Usted y su compañero regresan a disfrutar del juego de nuevo, pero unos minutos después observa a uno de los entrenadores hablando con el mismo jugador, quien se ha quitado el casco. Luego, el entrenador sopla en su silbato y le hace señas para que se acerque.

1. ¿Qué tipo de lesiones le pueden ocurrir al abdomen durante deportes de contacto como el fútbol americano?

El abdomen agudo

El dolor abdominal es una queja común, pero la causa con frecuencia es difícil de identificar, incluso para un médico. Como TUM-B, no necesita determinar la causa exacta del dolor abdominal agudo. Basta con que sea capaz de identificar un problema mortal y que actúe con rapidez como respuesta. Recuerde, el paciente siente dolor y es probable que también sienta ansiedad, lo cual requerirá todas sus capacidades de evaluación rápida y apoyo emocional.

Este capítulo comienza por explicar la anatomía del abdomen. A continuación, describe los signos y síntomas del abdomen agudo y explica cómo examinar el abdomen. Luego, discute las diferentes causas de abdomen agudo y la atención médica de urgencia adecuada.

Anatomía del abdomen

La cavidad abdominal contiene los órganos sólidos y huecos que constituyen los sistemas gastrointestinal, genital y urinario (Figura 14-1); está recubierta por una membrana denominada peritoneo. El peritoneo parietal recubre la cavidad abdominal y el peritoneo visceral recubre a los propios órganos. En forma normal, la cavidad peritoneal contiene una pequeña cantidad de líquido peritoneal que baña y lubrica los órganos. Cualquier material extraño, como sangre, pus, bilis, jugos gástricos, jugo pancreático o líquido amniótico, puede ocasionar una irritación del peritoneo llamada peritonitis. Técnicamente, los órganos como riñones, ovarios y páncreas son retroperitoneales (detrás del peritoneo) (Figura 14-2). No obstante, dado que yacen junto al peritoneo, pueden causar dolor abdominal.

El abdomen agudo es un término médico, se refiere al inicio repentino del dolor abdominal, por lo general asociado con problemas graves, progresivos, que requieren atención médica. Casi siempre se desarrollará peritonitis si el abdomen agudo no se trata, y puede ser mortal.

Dos tipos distintos de nervios estimulan y reciben información del peritoneo y por tanto el dolor abdominal puede tener diferentes cualidades. El peritoneo parietal es inervado por los mismos nervios de la médula espinal que abastecen la piel del abdomen, por tanto, puede percibir casi las mismas sensaciones: dolor, tacto, presión, calor y frío. Estos nervios sensitivos pueden identificar y localizar el punto de irritación. En contraste, el peritoneo visceral está inervado por el sistema nervioso autónomo. Estos nervios tienen una capacidad mucho menor de localizar la sensación. Lo que esto significa para el TUM es que el paciente no será capaz de localizar y describir con exactitud dónde está el dolor o la lesión. El peritoneo visceral se estimula cuando la distensión o contracción de los órganos huecos o vísceras huecas activan a los receptores de estiramiento que existen en la pared de los mismos. Esta sensación con frecuencia se interpreta como un cólico, un dolor grave e intermitente como un retortijón. Otras sensaciones dolorosas que ocurren debido a un peritoneo visceral irritado pueden percibirse en un punto distante en la superficie del cuerpo, como la parte trasera del hombro, o se describen como dolor profundo. Este fenómeno se denomina dolor referido.

El dolor referido es el resultado de las conexiones entre los dos sistemas nerviosos separados del cuerpo. La médula espinal abastece de nervios sensitivos a la piel y los músculos; estos nervios se denominan sistema nervioso somático. El sistema nervioso autónomo controla los órganos abdominales y los vasos sanguíneos. Los nervios que conectan a estos dos sistemas causan que los estímulos a los nervios autónomos se perciban como estimulación de los nervios sensitivos espinales. Por ejemplo, la colecistitis aguda (inflamación de la vesícula biliar) puede ocasionar dolor en el hombro derecho porque los nervios autónomos que abastecen la vesícula biliar yacen cerca de la médula espinal al mismo nivel anatómico que los nervios sensitivos espinales que abastecen la piel del hombro (Figura 14-3).

Causas del dolor abdominal

Casi cualquier problema con un órgano abdominal puede ocasionar abdomen agudo. Algunas de las causas más comunes se analizan aquí. Dado que el peritoneo visceral por lo general se irrita primero, el dolor abdominal inicial tiende a ser vago y mal localizado. A medida que el peritoneo parietal se irrita, el dolor se vuelve más grave y puede localizarse de manera más específica.

Sistema digestivo

Las ulceraciones del aparato digestivo son uno de los problemas abdominales más frecuentes. Las úlceras del aparato digestivo son erosiones del estómago o el duodeno, la primera parte del intestino delgado, debido a la actividad excesiva de los jugos digestivos. La perforación de una úlcera causa peritonitis grave y abdomen agudo.

La vesícula biliar es una bolsa de almacenamiento para jugos digestivos como la bilis y desechos hepáticos. Pueden formarse cálculos biliares y bloquear la salida de bilis desde la vesícula, lo cual causa dolor. En ocasiones el bloqueo pasará, pero si no lo hace, puede conducir a inflamación grave de la vesícula denominada colecistitis.

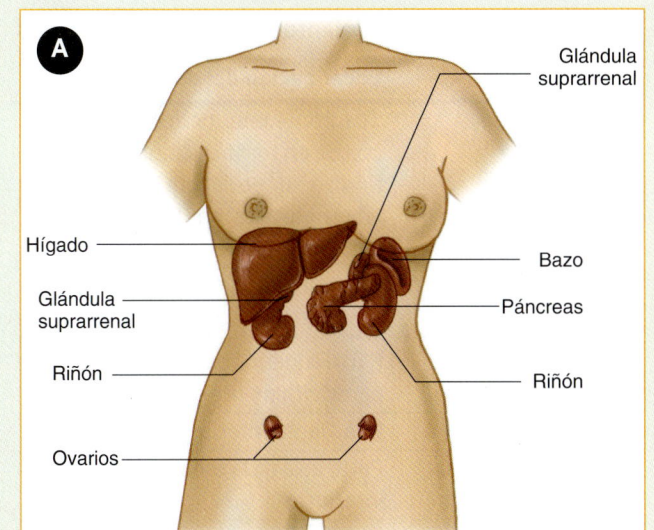
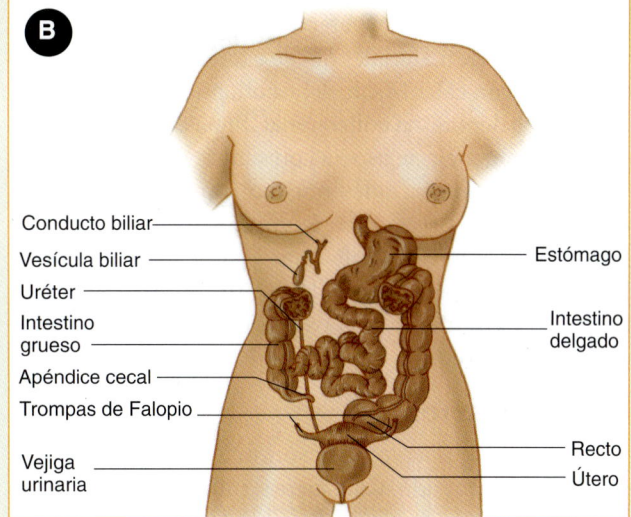

Figura 14-1 Órganos sólidos y huecos del abdomen. **A.** Los órganos sólidos incluyen hígado, bazo, riñones y ovarios (en las mujeres). **B.** Los órganos huecos incluyen estómago, vesícula biliar, intestinos delgado y grueso, y vejiga.

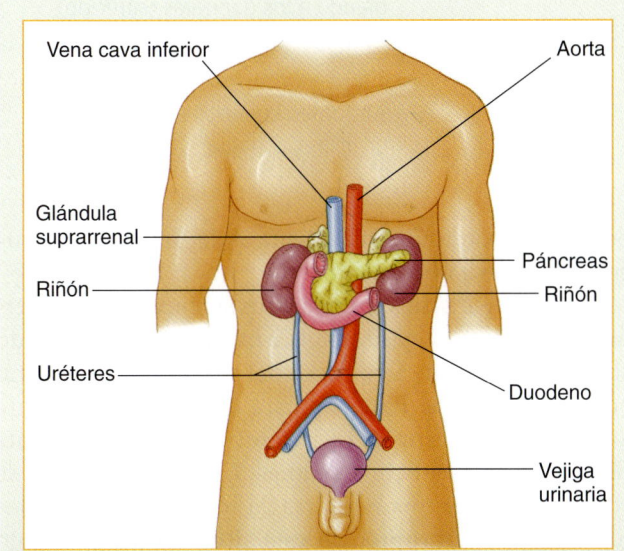

Figura 14-2 Los órganos principales del espacio retroperitoneal incluyen las estructuras genitourinarias, el páncreas y los grandes vasos.

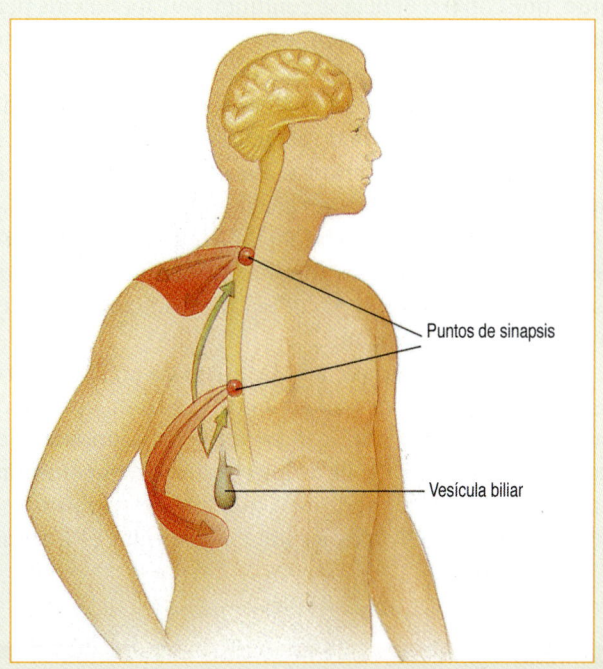

Figura 14-3 La colecistitis aguda ocasiona dolor referido en el hombro lo mismo que en el abdomen.

El páncreas forma jugos digestivos y también es fuente de insulina. La inflamación del páncreas se denomina **pancreatitis**, la cual puede ser producto de un cálculo biliar que obstruya los conductos, abuso del alcohol y otras enfermedades. Dado que el páncreas es retroperitoneal, el dolor con frecuencia se refiere a la parte posterior.

El apéndice cecal es una pequeña prolongación cerrada del intestino grueso. La inflamación o infección del apéndice es una causa frecuente de abdomen agudo.

La diverticulitis es una inflamación de pequeñas bolsas que se forman en el intestino grueso. Dichas bolsas pueden bloquearse e infectarse, lo cual conduce a dolor, perforación y peritonitis grave. Las emergencias abdominales más comunes, en los sitios más comunes de dolor directo y referido, se muestran en el Cuadro 14-1.

Sistema urinario

Los riñones pueden verse afectados por cálculos que se forman a partir de materiales que se excretan normalmente en la orina. Si un cálculo sale del riñón, puede causar dolor grave, que se denomina cólico renal. El paso de un cálculo renal con frecuencia se asocia con sangre en la orina.

Las infecciones renales pueden causar dolor grave, con frecuencia en un costado. Es común que estos pacientes aparenten estar muy enfermos, con fiebre elevada. La infección en la vejiga es llamada **cistitis**, es más frecuente en especial en mujeres. Los pacientes con cistitis por lo general tienen dolor en la parte baja del abdomen.

Útero y ovarios

Los problemas ginecológicos son una causa común de dolor abdominal agudo. Considere siempre que una mujer con dolor abdominal grave y sensibilidad puede tener un problema relacionado con sus ovarios, trompas de Falopio o útero.

Los dolores abdominales también pueden relacionarse con el ciclo menstrual normal. Un dolor abdominal común, que con frecuencia se confunde con apendicitis pero de bastante corta duración, es el llamado *mittelschmerz* (término alemán que significa dolor debido a la ovulación). Está asociado con la liberación de un óvulo del ovario, que ocurre de modo característico a mitad del ciclo menstrual, entre los periodos menstruales. El mittelschmerz también puede estar relacionado con sensibilidad en la parte inferior del abdomen. Algunas mujeres presentan cólicos dolorosos durante su periodo menstrual. En algunas, la molestia puede ser incapacitante y el flujo menstrual muy abundante.

Una causa común de abdomen agudo en las mujeres es la *enfermedad pélvica inflamatoria* (EPI), una infección en las trompas de Falopio y los tejidos circundantes de la pelvis. Con la EPI, el dolor agudo y la sensibilidad en la parte baja del abdomen pueden ser intensos e ir acompañados de fiebre elevada. Si sospecha EPI, transporte con prontitud a la paciente al departamento de urgencias para su tratamiento.

Entre 1 y 2% de los embarazos son ectópicos. El término *embarazo ectópico* significa que un óvulo fertilizado se implantó en un área fuera del útero, por lo general en una trompa de Falopio. Esta última es lo bastante amplia para permitir el crecimiento del feto y la placenta por más de seis a ocho semanas. Cuando la trompa se rompe, produce una hemorragia interna masiva y dolor abdominal abrupto. En esta situación, el abdomen

CUADRO 14-1 Padecimientos abdominales comunes

Condición	Localización del dolor
Apendicitis	Cuadrante inferior derecho (directo); en torno al ombligo (diferido); dolor de rebote (que se siente un rebote al retirar la palpación) bruscamente
Colecistitis	Cuadrante superior derecho (directo); hombro derecho (referido)
Úlcera gastrointestinal	Parte superior del abdomen o parte alta de la espalda
Diverticulitis	Cuadrante inferior izquierdo
Aneurisma aórtico (rotura o disección)	Parte baja de la espalda y cuadrantes inferiores
Cistitis (inflamación de la vejiga urinaria)	Hipogastrio o abdomen inferior (retropúbico)
Infección renal	Ángulo costovertebral
Cálculo renal	Flancos derecho o izquierdo; irradiando a los genitales (referido)
Inflamación pélvica (en mujeres)	Ambos cuadrantes inferiores
Pancreatitis	Abdomen superior (ambos cuadrantes), espalda

Situación de urgencia — Parte 2

Cuando se presenta y le pregunta al paciente qué sucedió, él explica que le sacaron el aire en la última tacleada cuando el casco de otro jugador "le pegó en la panza". Dice que ahora le duele el estómago y tiene náuseas. Dada esta descripción de los eventos y los comentarios del entrenador acerca de la evaluación inicial, usted piensa que ésta es una lesión aislada en el abdomen.

2. ¿Cuál podría ser la causa del dolor y qué otros signos y síntomas podría esperar que tuviera el paciente?

Necesidades geriátricas

Los pacientes geriátricos tienen la misma susceptibilidad al abdomen agudo que los adultos más jóvenes. No obstante, los signos y síntomas en pacientes geriátricos podrían ser diferentes. Dado a la sensación alterada de dolor, es posible que los pacientes geriátricos con abdomen agudo no sientan ninguna molestia o pueden describir la molestia como leve, incluso en condiciones graves.

Dado que los pacientes mayores presentan menor regulación y respuesta de la temperatura corporal, puede suceder que el paciente con abdomen agudo, incluida la peritonitis, no presente fiebre. No obstante, si la fiebre está presente, puede ser mínima.

Debido a la respuesta al abdomen agudo del paciente mayor, es posible un retraso en la identificación del problema y en la búsqueda de asistencia médica, lo cual coloca al paciente bajo riesgo de sufrir complicaciones. Deberá preguntar sobre los antecedentes médicos de la persona, en especial sobre enfermedades recientes, para identificar una posible afección. Pregunte sobre molestias abdominales, la última vez en que el paciente tuvo un movimiento intestinal, si estaba estreñido o tenía diarrea, pregunte sobre la última vez en que el paciente ingirió alimentos, y si no ha vomitado. Descartar la apendicitis, obstrucción intestinal o rotura intestinal puede acelerar el tratamiento adecuado y la recuperación.

---

agudo puede estar asociado con el inicio del choque hipovolémico. Esta combinación evoluciona en una situación de urgencia que requiere transporte inmediato al hospital.

Otros sistemas de órganos

La aorta se encuentra justo detrás del peritoneo inmediatamente por delante de la columna vertebral. En personas mayores, la pared de la aorta en ocasiones desarrolla áreas débiles que producen un abultamiento, lo que forma un **aneurisma**. Es posible sentir una masa pulsante en el abdomen. El desarrollo de un aneurisma rara vez se asocia con síntomas porque ocurre despacio, pero si el aneurisma se rompe, puede ocurrir una hemorragia masiva y con ella los signos de irritación peritoneal aguda. Asimismo, el paciente también puede presentar dolor grave en la región lumbar, dado que el acúmulo masivo de sangre por la hemorragia distiende el peritoneo y lo separa del retroperitoneo. El dolor también puede estar asociado con la presión de la sangre sobre la columna vertebral misma.

En tales casos, el sangrado conduce con rapidez a un choque profundo. De nuevo, la asociación de signos y síntomas abdominales con el choque requiere transporte rápido. Dado que ésta es una situación frágil donde hay una arteria grande y con fuga de sangre, evite la palpación innecesaria o vigorosa del abdomen y recuerde manejar al paciente con cuidado durante el transporte.

La neumonía, en especial en las partes inferiores del pulmón, pueden causar íleo (es decir parálisis intestinal) y dolor abdominal. En este caso, el problema está en una cavidad corporal adyacente, pero la intensa respuesta inflamatoria puede afectar el abdomen. Trate y transporte a este paciente como lo haría con cualquier persona con dolor abdominal.

Una **hernia** es la proyección de un órgano o tejido a través de un agujero en la pared del cuerpo que cubre su sitio normal. Casi cualquier órgano o tejido del cuerpo se herniará a través de las membranas que lo cubren en ciertas circunstancias. Las hernias pueden formarse como resultado de lo siguiente:

- Un defecto congénito, como alrededor del ombligo
- Una herida quirúrgica que no logró sanar de modo adecuado
- Alguna debilidad natural en un área, como en la ingle

Las hernias no siempre producen una masa o protuberancia que pueda notar el paciente. En ocasiones, la masa desaparecerá hacia el interior de la cavidad corporal a la cual pertenece. En este caso, se dice que la hernia es reducible o reductible. Si la masa no puede empujarse de regreso dentro del cuerpo, se dice que está encarcelada. Observe, sin embargo, que nunca deberá intentar empujar la masa de regreso al cuerpo.

Las hernias reducibles implican poco riesgo para el paciente; algunas personas viven con ellas por años. Cuando se trata de una hernia encarcelada, sin embargo, puede suceder que el tejido circundante oprima en exceso su contenido, comprometiendo con el tiempo la provisión de sangre. Esta situación, denominada **estrangulamiento**, es una emergencia médica grave. Se requiere operación inmediata para eliminar cualquier tejido muerto y reparar la hernia.

Los siguientes signos y síntomas indican un problema serio de hernia:

- La declaración clara de que una masa que era reducible ya no se puede devolver al interior del cuerpo
- Dolor en el sitio de la hernia
- Sensibilidad cuando se palpa la hernia
- Coloración roja o azul en la piel sobre la hernia

Cualquiera de estos signos y síntomas es una indicación de transporte rápido al departamento de emergencias.

Signos y síntomas del abdomen agudo

El dolor y la sensibilidad son el síntoma y signo más comunes de abdomen agudo. El dolor puede localizarse de manera precisa o ser difuso y variar en su gravedad. El dolor localizado proporciona un indicio respecto al órgano o el área problemáticos. La sensibilidad puede ser mínima o tan grande que el paciente no le permitirá tocar el abdomen.

Es típico que la peritonitis ocasione **íleo**, o parálisis de las contracciones musculares que normalmente impulsan el material a través del intestino (peristalsis). El gas y las heces retenidos, a su vez, pueden ocasionar distensión abdominal. En la presencia de tal parálisis, nada que ingiera puede pasar de manera normal y salir del estómago a través del intestino. La única manera en que el estómago puede vaciarse, por tanto, es por **emesis** o vómito. Por esta razón, la peritonitis casi siempre está asociada con náusea o vómito, casi siempre en ese orden. Estas quejas no señalan una causa particular, ya que pueden acompañar casi cualquier tipo de enfermedad o lesión gastrointestinal.

Para medir el grado de la distensión, tan sólo observe el abdomen del paciente. La distensión se inicia poco después de que cesan las contracciones intestinales. El pulso y la presión arterial pueden cambiar de modo significativo o no hacerlo en absoluto. Estos datos por lo general reflejan la gravedad del proceso, su duración, y la cantidad de líquido que pasó hacia el intestino.

De igual modo, la **anorexia**, la pérdida de hambre o el apetito, es un síntoma inespecífico. Ésta también es una queja universal en la enfermedad o lesión gastrointestinal y abdominal. De hecho, si el paciente no padece anorexia, es posible que la situación no sea tan seria como parecería en otro caso.

La peritonitis está asociada con la pérdida de líquidos corporales hacia la cavidad abdominal. La pérdida de líquido por lo general resulta de desplazamientos anormales de líquido del torrente sanguíneo hacia los tejidos corporales. El desplazamiento de líquido reduce el volumen de sangre circulante y puede conducir a una reducción de la presión sanguínea o incluso al choque. Este último es una condición de perfusión inadecuada debido al colapso del sistema cardiovascular, como se analiza en detalle en el capítulo 23. Es posible que el paciente presente signos vitales normales o que, si la peritonitis ha avanzado más, sufra taquicardia e hipotensión. Cuando la peritonitis va acompañada por hemorragia, los signos de choque son mucho más evidentes.

La fiebre puede estar presente o no, de acuerdo con la causa de la peritonitis. Los pacientes con **diverticulitis** (una inflamación de pequeños sacos en el colon) o **colecistitis** pueden sufrir una elevación sustancial de la temperatura. Sin embargo, los pacientes con **apendicitis** aguda pueden tener una temperatura dentro de los límites normales hasta que se rompe el apéndice y comienza a formarse un absceso.

Otro signo de abdomen agudo es la tensión de los músculos abdominales sobre el área irritada. En algunos casos, los músculos de la pared abdominal se vuelven rígidos en un esfuerzo involuntario por proteger el abdomen de irritación adicional. Este espasmo muscular, denominado resistencia muscular involuntaria (**defensa**), se puede observar en problemas mayores como una úlcera perforada o pancreatitis. En algunas situaciones, los pacientes sólo se sienten cómodos cuando se recuestan en una posición determinada, lo cual tiende a relajar los músculos adyacentes al órgano inflamado y por tanto se reduce el dolor. En consecuencia, la posición del pa-

---

Situación de urgencia — Parte 3

Usted observa la piel del paciente, pero, dado que tuvo actividad física reciente, le resulta difícil obtener información definitiva de los signos de su piel. Palpa el pulso radial y encuentra que es regular y lleno a un ritmo de 130 latidos/min. Lo ayuda con cuidado a colocarse en la camilla y le sugiere que tome la posición que le parezca más cómoda.

Sus quejas concuerdan con su preocupación inicial, y le pregunta si tiene dolor en alguna otra parte del cuerpo. Le contesta que, mientras hablaba con usted, le comenzó a doler el hombro izquierdo. Usted reconoce que es una emergencia que amenaza potencialmente la vida y lo transporta de inmediato.

3. ¿Qué otros padecimientos habrían hecho que esta lesión tuviera mayor probabilidad de ocurrir?

ciente puede proporcionar un indicio importante. Por ejemplo, un paciente con apendicitis puede subir su rodilla derecha. Un paciente con pancreatitis puede "enroscarse" sobre un costado.

Recuerde, el paciente con peritonitis por lo general tiene dolor abdominal, incluso cuando está acostado y quieto. Es posible que el paciente esté quieto pero que tenga dificultad para respirar y realice respiraciones rápidas y poco profundas debido al dolor. Casi siempre encontrará sensibilidad al realizar la palpación del abdomen o cuando el paciente se mueva. El grado de dolor y sensibilidad por lo general se relaciona de modo directo con la gravedad de la inflamación peritoneal.

Evaluación del paciente con abdomen agudo

Evaluación de la escena

Confirme que la escena sea segura. El abdomen agudo puede ser el resultado de la violencia, como un traumatismo con un objeto romo o punzante. Considere la necesidad de apoyo por el equipo de soporte vital avanzado. Observe la escena de cerca y entreviste a los testigos o a los familiares si la causa no es obvia. Puede haber muchos indicios presentes que sólo el TUM-B podrá informar.

Evaluación inicial

Impresión general

Acérquese al paciente y pregúntele sobre su queja principal. Una descripción del problema actual en las propias palabras del paciente deberá ayudarle a identificar por dónde comenzar. Si la queja principal indica un problema que ponga en peligro la vida, evalúe y trate de inmediato. Si la queja principal es un problema menor, deberá esperar hasta que haya tenido oportunidad de evaluar y tratar cualquier amenaza potencial para la vida. Deberá incluir el nivel de conciencia del paciente determinado por medio de la escala AVDI en su impresión general.

Vía aérea, respiración y circulación

Asegúrese de que la vía aérea del paciente esté libre y de que las respiraciones sean adecuadas. Administre oxígeno al paciente; es común que el volumen respiratorio del paciente sea inadecuado debido a una respiración superficial, ya que las respiraciones profundas ocasionan dolor significativo.

Cuando evalúe la circulación del paciente, recuerde evaluar respecto a un sangrado mayor. La velocidad y calidad del pulso, lo mismo que la condición de la piel, pueden indicar choque. Este último puede ser hipovolémico o debido a una infección grave. Si está presente una evidencia de choque (perfusión inadecuada), las intervenciones deberán incluir oxígeno a flujo alto, elevar las piernas de 15 a 30 cm o en una posición cómoda, y mantener al paciente caliente. Asegúrese de proporcionar tratamiento oportuno y un transporte rápido y sin sobresaltos para el paciente: no retrase el transporte.

Decisión de transporte

Ciertos pacientes deben transportarse con rapidez, esto incluye a los pacientes con problemas en su vía aérea, su respiración o circulación, incluidos los problemas con el pulso y la perfusión, y los pacientes en los que sospeche sangrado interno. Dentro del grupo que deberá preparar con rapidez y transportar con prontitud están los pacientes que le proporcionen una impresión general mala, en especial los pacientes pediátricos y geriátricos.

Historial y examen físico enfocados

Los signos y síntomas de un abdomen agudo señalan una emergencia médica o quirúrgica grave. Los síntomas de un abdomen agudo pueden presentarse de repente o empeorar de manera progresiva.

La siguiente es una lista de revisión de los signos y síntomas comunes de irritación o inflamación del peritoneo, que podrá usar para determinar si el paciente presenta abdomen agudo:

- Dolor abdominal local o difuso, o sensibilidad o ambos
- Un paciente quieto que se protege el abdomen
- Respiración rápida y superficial
- Dolor referido (distante)
- Anorexia, náusea, vómito
- Abdomen tenso, con frecuencia distendido
- Estreñimiento o diarrea sanguinolenta
- Taquicardia
- Hipotensión
- Fiebre
- Sensibilidad de rebote (puede ser sensible cuando se aplica presión directa, pero muy doloroso cuando se libera la presión)

Historial SAMPLE

Utilice OPQRST para preguntar al paciente qué mejora o empeora el dolor:

- **O** = **O**rigen, es decir, ¿cuándo se inició el problema y qué lo ocasionó?
- **P** = **P**rovocación o **P**aliación, esto es, ¿hay algo que provoque o mejore el dolor?
- **Q** = **Q**uality, **C**alidad, es decir, ¿cómo es el dolor? ¿Agudo, sordo, aplastante, desgarrador, punzante o ardoroso?
- **R** = **R**egión/**R**adiación, es decir, ¿dónde le duele? ¿Se mueve el dolor hacia alguna parte?
- **S** = **S**everidad (gravedad), esto es, en una escala de 0 a 10, ¿cómo calificaría su dolor?
- **T** = **T**iempo, es decir, ¿es constante el dolor o viene y va? ¿Cuánto tiempo ha tenido el dolor? (Esto con frecuencia se responde en "O", origen.)

Observe la posición en la cual se encuentra el paciente. Comúnmente, éste tendrá las rodillas lo más cerca de su pecho que le sea posible, lo cual le ayudará a aliviar el dolor asociado con el abdomen agudo. Pida al paciente que localice dónde está el dolor y que le informe si éste se irradia hacia alguna otra región corporal. Utilice una escala de dolor y pida al paciente que evalúe el dolor que siente de acuerdo con dicha escala (p. ej., "En una escala de 0 a 10, donde 0 significa ausencia de dolor y 10 el peor dolor que haya sentido en su vida, ¿cómo calificaría este dolor?"). Pregunte al paciente si el dolor ha sido constante o intermitente. Es importante determinar si ésta es una urgencia médica o está relacionada con un traumatismo. Por tanto, deberá preguntar al paciente sobre cualquier trauma reciente. También es importante determinar si el paciente ingirió alguna sustancia que pudiera ser la causa del abdomen agudo. Es posible que esto no afecte las intervenciones que realizaría, pero ayudará al médico a determinar la causa.

No proporcione al paciente nada por vía oral. Los alimentos o líquidos sólo empeorarían muchos de los síntomas, ya que la parálisis intestinal evitará que éstos puedan pasar del estómago. La presencia de alimentos en este último hará que cualquier intervención quirúrgica de emergencia sea más peligrosa.

Examen físico enfocado

La información reunida en la parte del historial de su evaluación puede emplearse como guía en su examen físico enfocado del abdomen. Use los siguientes pasos para evaluar el abdomen:

1. Explique al paciente lo que está a punto de hacer.
2. Coloque al paciente en posición supina con las piernas encogidas y las rodillas flexionadas para relajar los músculos abdominales, a menos que haya cualquier traumatismo, en cuyo caso el paciente permanecerá supino y estabilizado.
3. Determine si el paciente está inquieto o calmado, si el movimiento le causa dolor o si están presentes la distensión o cualquier anormalidad obvia.
4. Palpe los cuatro cuadrantes del abdomen con suavidad para determinar si tiene resistencia involuntaria (protegido) o es blando y sin resistencia a la palpación Figura 14-4. El cuadrante en donde se presume sea la causa del dolor deberá palparse hasta el último ya que si se palpa primero el área con dolor, es posible que el paciente se proteja contra cualquier examen adicional, lo cual dificulta la evaluación.
5. Determine si el paciente puede relajar la pared abdominal en forma voluntaria.
6. Determine si el abdomen muestra sensibilidad cuando se palpa.

Aunque este examen proporcionará mucha información, no deberá prolongarse. El médico hará un examen mucho más detallado en el hospital. Recuerde ser muy cuidadoso cuando palpe el abdomen. En ocasiones, un órgano dentro del abdomen estará crecido y será muy frágil, y la palpación vigorosa puede ocasionar daño adicional.

Signos vitales iniciales

Evalúe los signos vitales del paciente para determinar si hay una ventilación adecuada o choque. Una frecuencia respiratoria elevada con pulso y presión arterial normales puede indicar que el paciente es incapaz de ventilar de manera adecuada debido al dolor que esto le causa. La elevación de la frecuencia respiratoria y del pulso con signos de choque como palidez y diaforesis, pueden

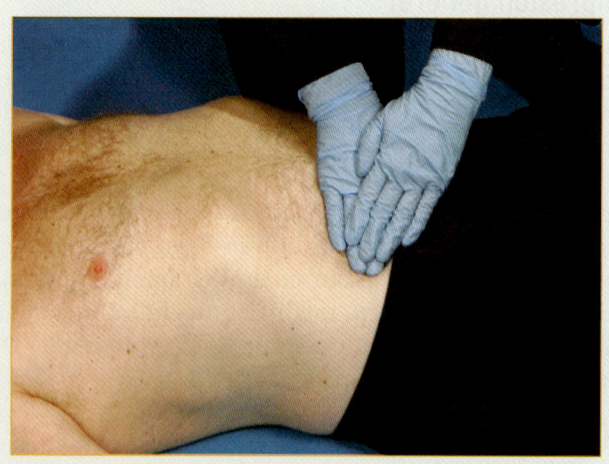

Figura 14-4 Verifique si hay sensibilidad o rigidez por medio de una palpación suave del abdomen.

Qué documentar

Un abdomen agudo por lo general indica peritonitis, en la cual los signos generalizados pueden convertirse en un reto para determinar con exactitud dónde se encuentra el problema, incluso para los médicos. Conocer bien los pasos de evaluación abdominal y registrar sus resultados en detalle, son factores iniciales importantes en el proceso que conduce al diagnóstico.

indicar choque séptico o hipovolémico. Recuerde, la presión arterial es el último signo vital que disminuye. Una vez que su paciente se vuelve hipotenso, el choque es grave.

Intervenciones

Las quejas abdominales pueden variar desde problemas muy simples hasta otros muy complejos. Gran parte del tratamiento dependerá de los signos y síntomas que encuentre durante su evaluación. Por ejemplo, las alteraciones en la respiración pueden aliviarse con oxígeno. Además de la atención sintomática, la mayoría de los pacientes con dolor abdominal se beneficiarán de un buen apoyo psicológico y una posición adecuada. Si un paciente está en choque, quizá necesite colocarlo en una posición de choque modificada o posición de Trendelenburg. Muchos preferirán permanecer sobre su costado o en posición fetal. Es posible que otros pacientes requieran estar sentados para respirar con mayor facilidad. Tener calma y ser profesional le brindará al paciente la seguridad de estar siendo atendido.

Examen físico detallado

Las causas de abdomen agudo con frecuencia son complicadas o inespecíficas e identificar claramente la causa de dolor puede ser difícil. Aunque no es su responsabilidad hacer un diagnóstico preciso, existe la posibilidad de identificar la causa probable de dolor con un examen más detallado, incluido el historial clínico. El tiempo y la experiencia le guiarán para lograr un examen detallado que proporcione información útil. La decisión de realizar un examen físico detallado no deberá retrasar el transporte e incluso puede omitirse de acuerdo con la distancia a recorrer y la gravedad de la condición del paciente.

Evaluación continua

Dado que con frecuencia es difícil determinar la causa de una urgencia por abdomen agudo, se vuelve en extremo

Situación de urgencia — Parte 4

Le pregunta al paciente si tuvo mononucleosis en fecha reciente. Parece sorprendido con su pregunta y confirma una historia reciente de "mono". Le explica que no informó a su entrenador porque temía que no lo dejaran jugar en el "gran partido de hoy".

Un bombero fuera de servicio del departamento local, quien también estaba viendo el juego de fútbol, nota la conmoción en las laterales del campo y se acerca a ustedes. Se ofrece para llevarlos junto con su compañero al hospital. Al iniciar el transporte, los equipos toman tiempo fuera y se envía otra ambulancia a la escena para cubrir el resto del juego.

Usted aplica oxígeno a alto flujo para obtener una presión arterial mientras su compañero prepara un acceso intravenoso. Observa que su presión arterial es de 96/64 mm Hg, las respiraciones son de 36/min, y su oximetría de pulso es 95% y recibe 15 L/min a través de una mascarilla no recirculante. Se queja de sentirse mareado y lo coloca en la posición de choque, además de cubrirlo con una cobija. El paciente permanece despierto y alerta durante el transporte; se queja de dolor abdominal severo durante toda la llamada.

4. ¿Qué tipo de hospital receptor sería el más apropiado para este paciente?
5. ¿Cuáles son los elementos críticos del informe que transmitirá al hospital receptor y por qué?

importante reevaluar a su paciente con frecuencia para determinar si su condición ha cambiado. Recuerde que la condición de un paciente con abdomen agudo puede cambiar con rapidez e inestabilizarse.

Un paciente en choque o con cualquier padecimiento que ponga en riesgo su vida deberá ser transportado sin retraso, y diferirá el historial y examen físico enfocado para en cuanto sea posible. No obstante, no olvide obtener en cuanto sea posible información sobre las causas posibles. No dude en pedir apoyo del equipo de soporte vital avanzado o intercepción si la condición de su paciente se deteriora durante el transporte.

Por lo general, los pacientes con abdomen agudo se sentirán más cómodos recostados sobre un costado con las rodillas encogidas. Ésta también es una buena posición para evitar la broncoaspiración en caso de que vomiten. El estado de choque debido a una hemorragia en el abdomen, ocurrirá con mayor frecuencia en situaciones traumáticas que en las enfermedades agudas. Anticipe el desarrollo del choque. Es evidente que los pacientes con condiciones no traumáticas tienen problemas que evitan que el sistema circulatorio cubra las necesidades de oxigenación del cuerpo. Esta hipoperfusión puede ocurrir debido a infecciones, envenenamientos, vómito y diarrea crónica, sangrado gastrointestinal y otras incontables causas. En muchas de estas situaciones médicas, el choque avanza con mayor lentitud, pero puede ser igualmente peligroso. Trate al paciente con estado de choque aunque los signos de éste no sean evidentes.

Comunicación y documentación

Comuníquese con su hospital receptor lo más pronto posible si la condición del paciente es grave para permitir que el personal hospitalario solicite los recursos necesarios para tratar a la persona a su llegada. Envíe toda la información relevante al médico o la enfermera receptores, y documente con cuidado los datos en el informe sobre el caso de su paciente.

Atención de emergencia

Aunque los TUM-B no pueden tratar las causas del abdomen agudo, puede realizar pasos para proporcionar consuelo y reducir los efectos del choque tranquilizando al paciente y haciendo que se sienta cómodo. Posicione a los pacientes que están vomitando de manera que mantengan la vía aérea patente. Contenga el vómito para evitar la diseminación de infecciones (por medio de una bolsa roja para biológicos peligrosos). Las bacterias y virus transportados por el aire que se producen al vomitar pueden contagiar a otros con facilidad. Asegúrese de usar guantes, protección ocular y una mascarilla para evitar inhalar estos organismos infecciosos. Una vez que haya entregado el paciente al personal hospitalario, limpie la ambulancia y cualquier equipo que haya usado. No olvide lavar sus manos aunque haya empleado guantes.

Proporcionar al paciente oxígeno a bajo flujo con frecuencia reduce la náusea. Si el paciente tiene problemas para respirar, son más apropiadas las altas concentraciones de oxígeno. Eleve las piernas del paciente para facilitar el flujo sanguíneo al centro del cuerpo y mejorar la circulación. Afloje la ropa apretada y transporte con cuidado en una posición cómoda. Las causas de las enfermedades abdominales agudas por lo general no amenazan la existencia, aunque los pacientes se sienten como si fueran a morir. Deberá reevaluar de manera constante la condición de su paciente en busca de signos de deterioro.

Situación de urgencia — Resumen

El dolor abdominal agudo puede ser producto de muchas causas diferentes. Por ejemplo, un traumatismo en el abdomen puede causar daño en diversos órganos sólidos y huecos. El traumatismo en el bazo puede ocasionar una situación inmediata de amenaza para la vida. Si el bazo sufre lesión, ocurrirá sangrado significativo dentro del abdomen, el cual producirá choque con rapidez. Comprender los signos y síntomas de casos como un bazo lesionado le dará una mejor oportunidad de determinar el origen del dolor del paciente.

Comprender los efectos de la infección en el bazo es útil en este escenario. El bazo produce más leucocitos como respuesta a la mononucleosis, lo cual causa que se agrande y lo hace más susceptible a lesiones durante un impacto importante en el abdomen.

El uso de técnicas de interrogatorio adecuadas, supervisar la escena y llevar a cabo una evaluación física concienzuda son componentes esenciales para comprender el origen y la gravedad de la condición del paciente. Si no es capaz de determinar con seguridad el origen de la queja principal del paciente, evalúe vía aérea, respiración y circulación, proporcione oxígeno a flujo elevado, trate el estado de choque según se requiera y transporte con prontitud.

Evaluación y cuidados de urgencia

El abdomen agudo

Evaluación de la escena	Las precauciones para el aislamiento de sustancias corporales deberán incluir por lo menos guantes y protección ocular. Asegure que la escena no es peligrosa y determine NE/ML. Considere el número de pacientes, la necesidad de ayuda adicional/soporte vital avanzado y estabilización de columna vertebral.
Evaluación inicial	
■ Impresión general	Determine la prioridad de la atención con base en el entorno y la queja principal del paciente. Determine el nivel de conciencia y encuentre y trate cualquier amenaza inmediata para la vida.
■ Vía aérea	Asegure la vía aérea del paciente.
■ Respiración	Evalúe la profundidad y frecuencia respiratorias y proporcione ventilaciones según se requiera. Ausculte y determine los sonidos respiratorios, proporcionando oxígeno a flujo alto.
■ Circulación	Evalúe la velocidad y calidad del pulso, observe el color, temperatura y condición de la piel y trate de acuerdo con esto. Evalúe en busca de sangrado mayor.
■ Decisión de transporte	Transporte con prontitud.
Historial y examen físico enfocado	NOTA: el orden de los pasos en el historial y examen físico enfocados difiere de acuerdo con el estado de conciencia del paciente. El orden a continuación es para un paciente consciente. Si la persona está inconsciente, efectúe un examen físico rápido, obtenga los signos vitales y el historial.
■ Historial SAMPLE	Observe la posición en la que encontró a un paciente. Realice preguntas SAMPLE y OPQRST pertinentes a la persona. Asegúrese de preguntar qué intervenciones se realizaron antes de su llegada, cuántas y a qué hora.
■ Examen físico enfocado	Efectúe un examen físico enfocado en el abdomen agudo mediante la observación del paciente y la palpación de los cuatro cuadrantes, para determinar si el paciente puede relajar la pared del abdomen de modo voluntario o si ésta presenta resistencia o sensibilidad incrementada con la palpación. *[Véase el cuadro de atención de emergencia.]*
■ Signos vitales iniciales	Tome los signos vitales, anote el color y temperatura de la piel, lo mismo que el estado de conciencia del paciente. Utilice oximetría de pulso si está disponible.
■ Intervenciones	Apoye al paciente según se requiera. Considere el uso de oxígeno, ventilaciones de presión positiva, adjuntos de vía aérea y una posición adecuada de la persona.
Examen físico detallado	Complete un examen físico detallado.
Evaluación continua	Repita la evaluación inicial y la enfocada, y reevalúe las intervenciones realizadas. Reevalúe los signos vitales cada cinco minutos para el paciente inestable, cada 15 para el paciente estable. Trate el estado de choque y tranquilice al paciente.
■ Comunicación y documentación	Informe y registre sus resultados. Documente cada intervención efectuada, la respuesta del paciente y las reevaluaciones continuas.

NOTA: aunque los siguientes pasos tienen amplia aceptación, asegúrese de consultar y seguir su protocolo local.

Abdomen agudo

Manejo general

1. Explique al paciente lo que está a punto de hacer.
2. Coloque al paciente en posición supina con las piernas y rodillas flexionadas a menos que sospeche que haya un traumatismo.
3. Determine si el paciente está inquieto o quieto, si el movimiento causa dolor o si está presente cualquier distensión o posición característica, o una anormalidad obvia.
4. Palpe los cuatro cuadrantes del abdomen.
5. Determine si el paciente puede relajar la pared abdominal de manera voluntaria.
6. Determine si el abdomen presenta sensibilidad cuando lo palpa.

Resumen

Listo para repaso

- El abdomen agudo es una emergencia médica que requiere transporte rápido pero cuidadoso.
- El dolor, la sensibilidad incrementada y la distensión abdominal asociadas con un abdomen agudo son signos de peritonitis, la cual puede ser producto de cualquier padecimiento que permita que pus, sangre, heces, orina, jugos gástricos, contenidos intestinales, bilis, jugos pancreáticos, líquido amniótico u otro material extraño entre en contacto o esté adyacente al peritoneo.
- Además de la enfermedad o la lesión abdominal, los problemas en el sistema gastrointestinal, genital y urinario también pueden causar peritonitis.
- Apendicitis, úlcera perforada, colecistitis y diverticulitis son causas comunes de abdomen agudo; la hernia estrangulada es otra.
- Los signos y síntomas de abdomen agudo incluyen dolor, náusea, vómito y abdomen rígido y/o distendido.
- Es común que el dolor se perciba directamente sobre el área inflamada del peritoneo, o puede referirse a otra parte del cuerpo. El dolor referido se produce debido a las conexiones entre los dos sistemas nerviosos diferentes que inervan al peritoneo parietal y al visceral.
- Sus prioridades más importantes son evaluar vía aérea, respiración y circulación, y después aplicar oxígeno. Luego, obtener un historial médicos pertinente mediante la mnemotecnia OPQRST.
- Tome los signos vitales y palpe con cuidado el abdomen. La presencia de sensibilidad abdominal incrementada confirmará la necesidad de transporte rápido al departamento de urgencias.
- No administre al paciente con abdomen agudo nada por vía oral. Lo más probable es que el intestino esté paralizado, lo cual hace imposible que los alimentos pasen del estómago.
- Deberá transportar sin retrasos al paciente en choque o con cualquier otro padecimiento que ponga en peligro la vida. Pida apoyo del equipo de soporte vital avanzado si la condición del paciente se deteriora durante el transporte.

Resumen continuación...

Vocabulario vital

abdomen agudo Trastorno de inicio repentino con dolor abdominal, que casi siempre indica peritonitis; es necesario el tratamiento médico o quirúrgico inmediato.

aneurisma Abultamiento de una parte de una arteria, que resulta del debilitamiento de la pared arterial.

anorexia Falta de apetito por la comida.

apendicitis Inflamación del apéndice cecal o vermiforme.

cistitis Inflamación de la vejiga urinaria.

colecistitis Inflamación de la vesícula biliar.

cólico Dolor abdominal agudo e intermitente.

defensa Contracción muscular involuntaria de la pared abdominal, un esfuerzo por proteger el abdomen con afectación de alguno de sus órganos.

diverticulitis Formación de pequeñas bolsas protuberantes en los anillos intestinales en las áreas débiles de las paredes musculares, lo cual crea molestias abdominales.

dolor referido Dolor que se siente en un área del cuerpo distinta a la zona donde se localiza la causa de este.

emesis Vómito.

estrangulamiento Obstrucción completa de la circulación sanguínea en un órgano dado como resultado de la compresión o el atrapamiento; situación de emergencia que ocasiona la muerte del tejido.

hernia Proyección hacia fuera de un asa de un órgano (como una porción de intestino) o tejido (como grasa) a través de una abertura anormal en el cuerpo.

íleo Parálisis intestinal derivada de cualquiera de varias causas; detiene las contracciones que mueven el material a través del intestino (peristalsis).

pancreatitis Inflamación del páncreas.

peritoneo Membrana que recubre la cavidad abdominal (peritoneo parietal) y cubre los órganos abdominales (peritoneo visceral).

peritonitis Inflamación del peritoneo.

úlceras Erosiones del recubrimiento estomacal o intestinal.

Qué evaluar

Lo envían al 1313 de la calle Ejército Nacional en busca de una mujer con dolor abdominal grave. Lo recibe en la puerta la madre de la paciente. Está muy alterada y preocupada por su hija. Al entrar en la residencia encuentra a una adolescente acostada en el piso en posición fetal con un bote de basura junto a ella. Antes de que pueda iniciar su evaluación, la madre de la paciente lo sujeta y pregunta una y otra vez: "¿Qué le pasa a mi hija?".

Mientras intenta calmar a la madre y le hace preguntas sobre el historial médico de su hija, su compañero administra oxígeno de flujo elevado y evalúa los signos vitales de la paciente.

¿Qué debe preguntar sobre cualquier paciente femenino en edad fértil? ¿Cómo puede hacer preguntas delicadas de manera que tenga probabilidades de que el paciente las responda con veracidad?

Temas: Obtener el historial médico del paciente en forma discreta; Manejo de asuntos delicados; Dolor abdominal en mujeres.

Autoevaluación

Los envían al reclusorio local en busca de un hombre que se queja de dolor abdominal. Mientras estaciona su ambulancia, un oficial correccional le informa que el paciente se ha estado quejando de dolor abdominal desde el día anterior. En ese momento son las 2:30 A.M., y dice que el dolor empeoró mucho de repente.

Después de recorrer las instalaciones, llega por fin a donde está el paciente. Éste se encuentra acostado en su cama, con una rodilla pegada a su abdomen. Se ve pálido y se siente caliente al tacto. Le dice que le duele el estómago. Aunque no ha comido, ha sentido la necesidad de vomitar varias veces. Su compañero le aplica oxígeno de alto flujo y obtiene los signos vitales mientras usted palpa con cuidado el abdomen del paciente. Encuentra que el hombre tiene sensibilidad en todo el abdomen, pero en especial en el cuadrante derecho inferior. Sus signos vitales cuando está acostado son los siguientes: pulso 140 latidos/min y débil; presión arterial, 108/60 mm Hg y 42 respiraciones/minuto y superficiales.

1. ¿Qué padecimiento describe **CON MAYOR PRECISIÓN** el estado actual del paciente?
   A. Diverticulitis
   B. Colecistitis
   C. Apendicitis
   D. Gastritis

2. El dolor que se siente en otras áreas del cuerpo se llama:
   A. Dolor que viaja.
   B. Dolor visceral.
   C. Dolor referido.
   D. Ninguno de los anteriores.

3. ¿En dónde es probable que alguien con un problema como el de este paciente sienta dolor además del cuadrante inferior derecho?
   A. Alrededor del ombligo
   B. Entre los omóplatos
   C. En el cuello
   D. En la mandíbula

4. ¿Qué término describe a los espasmos musculares que semejan una tabla en el abdomen?
   A. Protección
   B. Sensibilidad de rebote
   C. Sensibilidad puntual
   D. Cólico

5. ¿En qué posición esperaría encontrar a este paciente?
   A. Con la rodilla derecha flexionada hacia el pecho
   B. En posición supina
   C. En posición prona
   D. Sobre su lado izquierdo

6. El dolor extremo asociado con la liberación de presión directa sobre el abdomen se denomina:
   A. Protección.
   B. Sensibilidad puntual.
   C. Cólico.
   D. Sensibilidad de rebote.

Preguntas desafiantes

7. Su paciente con abdomen agudo le pide varias veces que le dé un poco de agua. ¿Se la proporciona?

8. ¿Cómo puede afectar el traslado en la ambulancia la intensidad de dolor del paciente con peritonitis?

9. Cuando evalúa al paciente con abdomen agudo, ¿cómo debe examinar su abdomen?

10. ¿Por qué es importante que anote la posición del cuerpo en su evaluación?

11. ¿Por qué es importante evitar que el paciente con abdomen agudo reciba analgésicos antes de llegar al hospital?

Emergencias diabéticas

Objetivos

Cognitivos

4.4.1 Identificar al paciente que toma medicamentos para diabetes que tiene el estado mental alterado y las implicaciones de un historial de diabetes. (p. 488)

4-4.2 Establecer los pasos en la atención médica de urgencia del paciente que toma medicamentos para diabetes que tiene el estado mental alterado y un historial de diabetes. (p. 487)

4-4.3 Exponer la relación entre el manejo de vía aérea y el paciente con estado mental alterado. (p. 487)

4-4.4 Detallar nombres genéricos y comerciales, presentaciones, dosis, administración, acción y contraindicaciones de la glucosa oral. (p. 490)

4-4.5 Evaluar la necesidad de dirección médica en la atención de urgencia del paciente diabético. (p. 488)

Afectivos

4-4.6 Explicar el razonamiento para administrar glucosa oral. (p. 489)

Psicomotores

4-4.7 Describir los pasos en la atención médica de emergencia para los pacientes que toman medicamentos para diabetes que tiene el estado mental alterado y antecedentes diabéticos. (p. 488)

4-4.8 Referir los pasos en la administración de glucosa oral. (p. 491)

4-4.9 Demostrar la evaluación y documentación de la respuesta del paciente a la glucosa oral. (p. 492)

4-4.10 Especificar cómo completar un informe de atención prehospitalaria para pacientes con emergencias diabéticas. (p. 490)

Objetivo adicional*

1. Demostrar los pasos en el uso de un glucómetro. (p. 484)

*Todos estos objetivos son extracurriculares.

15

Emergencias diabéticas

Situación de urgencia

Los envían al 1700 de la Vía Plaza en busca de un hombre de 43 años que "suda profusamente y actúa de modo extraño". A su llegada, un oficial de policía los conduce hasta un hombre que está sentado en el suelo y se mece hacia delante y atrás. El policía les informa que tuvo que hacer que el hombre se orillara junto al camino por serpentear entre el tráfico. En un principio pensó que el hombre estaba ebrio, pero ahora le preocupa que pueda ser un problema médico. Cuando se acerca al paciente, se presenta y le pregunta qué le sucede, éste dice: "Necesito ir a casa". Cuando le hace otras preguntas, como su nombre y la fecha, el contesta de nuevo: "Necesito ir a casa". Observa que el hombre está pálido, sudoroso y que sus manos tiemblan.

1. ¿Qué padecimientos semejan un nivel reducido de conciencia que podría confundirse con intoxicación por alcohol?

Emergencias diabéticas

La diabetes es una enfermedad muy común, que afecta a cerca de 6% de la población. Es un trastorno del metabolismo de la glucosa o dificultad para metabolizar carbohidratos, grasas y proteínas. Sin tratamiento, los niveles de glucosa sanguínea se vuelven demasiado altos y pueden causar coma y muerte. Si se tratan de manera apropiada, la mayoría de las personas con diabetes pueden llevar una vida relativamente normal. No obstante, la diabetes puede tener muchas complicaciones graves que afectan la duración y calidad de vida, entre ellas, ceguera, enfermedad cardiovascular e insuficiencia renal. Asimismo, el tratamiento para reducir los niveles elevados de glucosa puede ir muy lejos y ocasionar un estado de hipoglucemia (nivel bajo de glucosa en sangre) que pone en riesgo la vida. Por tanto, como TUM-B, necesita conocer los signos y síntomas de un nivel de glucosa sanguínea demasiado alto o demasiado bajo, de manera que pueda administrar el tratamiento adecuado para salvar la vida del paciente.

Este capítulo explica dos tipos de diabetes y cómo se controlan, incluido el papel de glucosa e insulina. Aprenderá cómo distinguir entre hiperglucemia e hipoglucemia, las cuales con frecuencia se parecen entre sí. El capítulo analiza cómo identificar y tratar las emergencias diabéticas en el medio prehospitalario. Las complicaciones, como convulsiones, estado mental alterado y ataque cardiaco, también se analizan de manera breve.

Diabetes

Definición de diabetes

En forma literal, la palabra "diabetes" significa "lo que pasa a través". En el lenguaje médico, se refiere a un trastorno metabólico en el cual la capacidad del cuerpo para metabolizar carbohidratos simples (glucosa) está afectada. Se caracteriza por la producción de grandes cantidades de orina que contiene glucosa, una sed significativa y deterioro de las funciones corporales. La **glucosa** o dextrosa, es uno de los azúcares básicos del cuerpo y, junto con el oxígeno, es el combustible principal para el metabolismo celular.

El problema central en la diabetes es la falta de acción eficaz de la **insulina**, una hormona que de modo normal se produce por la porción endocrina del páncreas que permite a la glucosa entrar a las células. Una **hormona** es una sustancia química producida por una glándula que posee efectos reguladores especiales sobre otros órganos y tejidos del organismo. Sin la insulina, las células comienzan a "morir de hambre" debido a que se requiere la insulina, como una llave, para dejar entrar a la glucosa en las células.

El nombre completo de la diabetes es **diabetes mellitus**, lo cual significa "diabetes dulce". Esto se refiere a la presencia de glucosa (azúcar) en la orina. La diabetes mellitus se considera un trastorno metabólico en el cual el cuerpo no puede metabolizar la glucosa, casi siempre debido a la falta de insulina; el resultado es la eliminación de la glucosa en la orina. La *diabetes insípida*, un padecimiento raro, implica también la producción excesiva de orina, pero la hormona faltante es la que regula la reabsorción del líquido urinario. En este libro, el término "diabetes" siempre se refiere a la diabetes mellitus.

Si no se trata, la diabetes conduce al desgaste de los tejidos corporales y a la muerte. Incluso con atención médica, algunos pacientes con formas en particular agresivas de diabetes morirán relativamente jóvenes por una o más complicaciones de la enfermedad. La mayoría de los pacientes diabéticos, sin embargo, viven un tiempo de vida normal, pero deben estar dispuestos a ajustar sus vidas a las exigencias de la enfermedad, en especial sus hábitos alimenticios y actividades.

Tipos de diabetes

La diabetes es una enfermedad con dos tipos de inicio definidos. Puede volverse evidente cuando el paciente es niño o desarrollarse más tarde en la vida, por lo general cuando el paciente está en la mediana edad.

En la **diabetes tipo 1** la mayoría de los pacientes no producen insulina en absoluto, son dependientes de insulina (DMID, aunque la asociación Americana de Diabetes la denomina Diabetes Requeriente de Insulina o tipo 1) Requieren de por vida inyecciones diarias de insulina sintética complementaria para controlar la glucosa sanguínea. Este tipo por lo general afecta a niños en lugar de adultos, por lo cual en el pasado se denominaba "diabetes juvenil". No obstante, puede en muchos casos, desarrollarse más adelante en la vida. Los pacientes con diabetes tipo 1 tienen mayor probabilidad de presentar problemas metabólicos y daño en órganos, como ceguera, enfermedad cardiaca, insuficiencia renal y padecimientos neurológicos.

En la **diabetes tipo 2**, que por lo general aparece más adelante en la vida, los pacientes producen cantidades inadecuadas de insulina, o es posible que produzcan una cantidad suficiente de la hormona, pero ésta no funciona con eficacia. Aunque algunos pacientes con diabetes no dependiente de insulina (DMNID, la Asociación Americana de Diabetes la denomina no Requeriente de Insulina o tipo 2) pueden requerir insulina complementaria, los pacientes pueden tratarse con dieta, ejercicio y medicamentos orales no insulínicos (agentes hipoglucemiantes), como clorpropamida (Diabinase), tolbutamida (Orinase), glibenclamida (en Estados Unidos se le llama gliburida, Euglucon), glipizida (Glucotrol), metformina (Glucophage) y rosiglitazona (Avandia). Estos medicamentos estimulan al páncreas para que produzca más insulina y por tanto reducen los niveles de glucosa en sangre. En algunos casos, estos medicamentos pueden conducir a hipoglucemia, en particular cuando la actividad del paciente y los niveles de ejercicio son demasiado vigorosos o excesivos. Los pacientes con hipoglucemia presentan un nivel anormalmente bajo de glucosa en sangre. La diabetes no dependiente de insulina solía llamarse diabetes adulta o de la madurez. De nuevo, algunos pacientes con diabetes tipo 2 pueden, de hecho, requerir insulina.

Los dos tipos de diabetes presentan la misma gravedad, aunque la no dependiente de insulina es más fácil de regular. Ambos pueden afectar muchos tejidos y funciones además del mecanismo regulador de la glucosa y requieren manejo médico de por vida. La diabetes tipo 1 se considera como un problema autoinmune, en el cual el cuerpo se vuelve agresivo contra las células productoras de insulina de la porción endocrina del páncreas y literalmente las destruye. La gravedad de las complicaciones diabéticas se relaciona con la magnitud del nivel promedio de glucosa en sangre y con la edad en que se inicia la diabetes.

El papel de la glucosa y la insulina

La glucosa es la fuente principal de energía para el cuerpo y todas las células necesitan que ésta funcione de modo adecuado. Algunas células no funcionarán en absoluto sin glucosa. Una provisión constante de glucosa es tan importante como el oxígeno para el cerebro. Sin glucosa, o con niveles muy bajos de ella, las células cerebrales sufren con rapidez daño permanente. Con la excepción del cerebro, se requiere la insulina para permitir que la glucosa entre a cada célula del cuerpo para servir de combustible en sus funciones. Por esta razón, se dice que la insulina es una "llave celular" ▶ Figura 15-1 ▶.

Sin insulina, la glucosa de la comida permanece en la sangre y se eleva poco a poco hasta niveles en extremo elevados. Esta afección se conoce como hiperglucemia. Una vez que los niveles de glucosa alcanzan los 200 mg/dL o más, o el doble de la cantidad acostumbrada (lo normal es 80 a 120 mg/dL), la glucosa excesiva se excreta a través de los riñones. Este proceso requiere una gran cantidad de agua. La pérdida de agua en cantidades tan grandes causa los síntomas clásicos de la diabetes sin controlar, las tres "P":

- **Poliuria**: micción frecuente y abundante
- **Polidipsia**: beber líquido con frecuencia para satisfacer una sed continua (secundaria a la pérdida de tanta agua corporal)
- **Polifagia**: comer en exceso como resultado del "hambre" celular; sólo se ve de manera ocasional

Sin glucosa para proporcionar energía para las células, el cuerpo puede recurrir a otras fuentes de combustible. La más abundante es la grasa. Por desgracia, cuando la grasa se usa como una fuente inmediata de energía, se forman las sustancias llamadas *cetonas* y *ácidos grasos* como productos de desecho, y es difícil para el cuerpo excretarlos. A medida que se acumulan en sangre y tejidos, ciertas cetonas pueden producir una situación grave llamada **acidosis**. La forma en que se presenta en la diabetes no controlada se llama **cetoacidosis diabética (CAD)**, en la cual se produce la acumulación de ciertos ácidos cuando la insulina no está disponible para el cuerpo. Los signos y síntomas de la cetoacidosis diabética incluyen vómito,

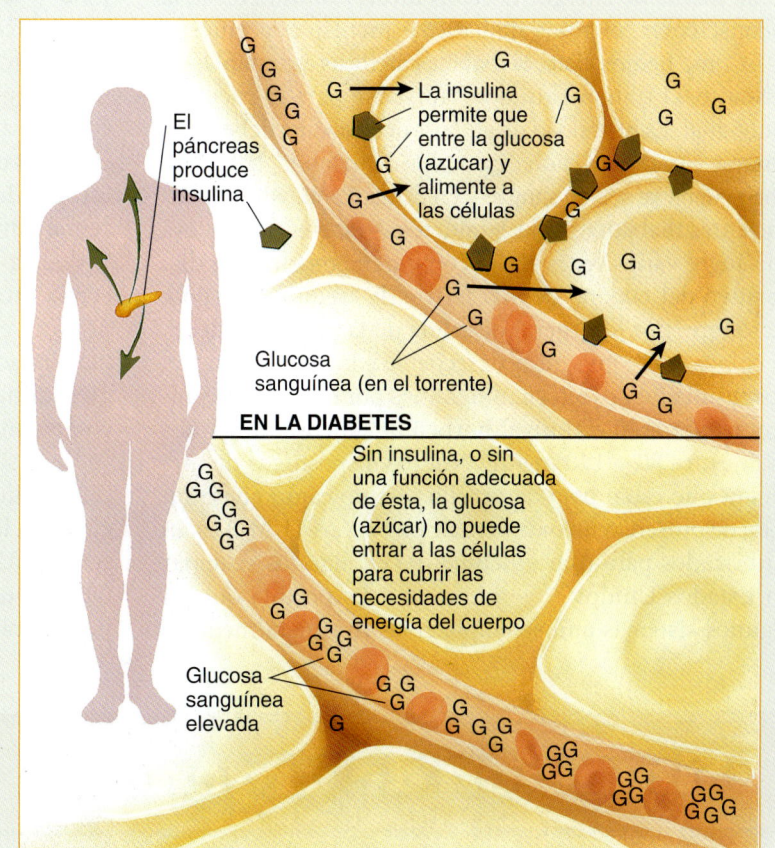

Figura 15-1 La diabetes se define como la carencia de insulina o su ineficacia. Sin la insulina, las células comienzan a "morir de hambre" porque esta sustancia es necesaria para permitir la entrada de glucosa que nutre a las células.

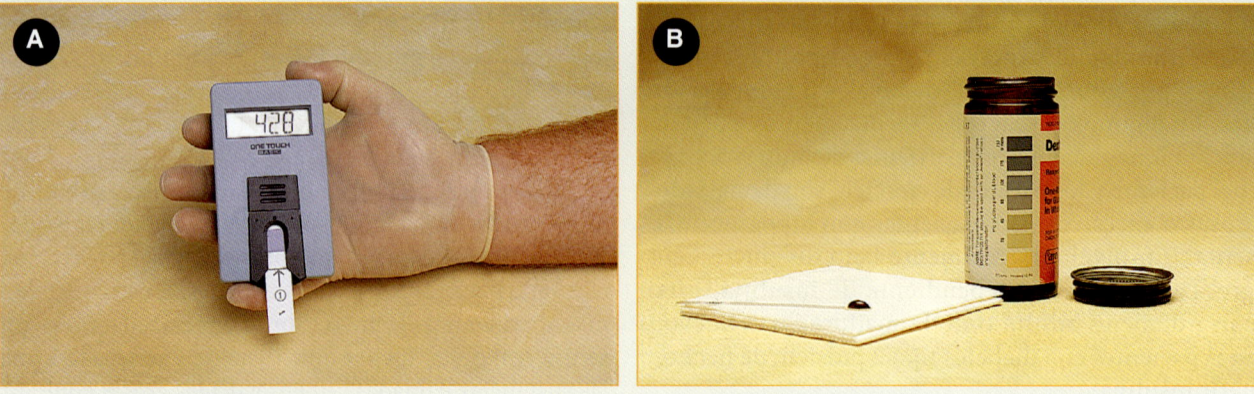

Figura 15-2 A. El equipo de autovigilancia de la glucosa sanguínea con medidor digital es un dispositivo que emplean los diabéticos en casa y los TUM-B en algunas zonas. **B.** Tiras para medir la glucosa en una gota de sangre.

dolor abdominal y un tipo de respiración rápida y profunda llamada *respiraciones de Kussmaul*. Cuando los niveles de ácido en el cuerpo se elevan demasiado, las células individuales dejarán de funcionar. Si el paciente no recibe cantidades adecuadas de líquido e insulina para revertir el mecanismo de las grasas y restaurar el uso de la glucosa como fuente de energía, la cetoacidosis avanzará hasta la inconsciencia, el coma diabético e incluso a la muerte.

Como hemos visto, la diabetes mellitus es tratable; no obstante, el tratamiento debe ajustarse para el paciente individual. La necesidad de glucosa del paciente debe equilibrarse con la provisión disponible de insulina, haciendo una prueba ya sea en sangre o en orina. La mayoría de los pacientes diabéticos tipo 1 miden sus niveles de glucosa en sangre varias veces al día con un glucómetro, un dispositivo del tamaño de una tarjeta de crédito. Una gota de sangre, por lo general obtenida de la punta del dedo, se coloca sobre un sensor desechable y la máquina lo lee. Los resultados se leen en miligramos por decilitro de sangre; recuerde que el nivel normal de glucosa sanguínea es de entre 80 y 120 mg/dL. Nuevos dispositivos de medición que están bajo desarrollo se emplearán como un reloj de pulsera o un oxímetro de pulso. Los TUM-B están autorizados para usar glucómetros en algunos sistemas en Estados Unidos (Figura 15-2A ▲). Es posible que en algunos sistemas aún se empleen las tiras para medir la glucosa, en las cuales se coloca una gota de sangre sobre una tira de papel que cambia de color (Figura 15-2B ▲). Éstas no proporcionan la precisión de los glucómetros por lo que sus lecturas deben realizarse e interpretarse con precaución.

Hiperglucemia e hipoglucemia

Dos padecimientos diferentes pueden conducir a una emergencia diabética: hiperglucemia e hipoglucemia. La <u>hiperglucemia</u> es un estado en el cual el nivel de glucosa en sangre está por arriba de lo normal. La <u>hipoglucemia</u> es un estado en el cual el nivel de glucosa en sangre está por debajo de lo normal. La hiperglucemia o hipoglucemia extremas pueden conducir a emergencias diabéticas (Figura 15-3 ▶). La cetoacidosis resulta de la hiperglucemia prolongada y muy elevada. El coma diabético se produce entonces cuando la cetoacidosis no se trata de manera adecuada. La hipoglucemia, por otra parte, progresará hasta la ausencia de respuesta y, finalmente, al choque insulínico.

Los signos y síntomas de hipoglucemia e hiperglucemia pueden ser muy semejantes (Cuadro 15-1 ▶). Por ejemplo, la apariencia de tambaleo e intoxicación o la ausencia total de respuesta son signos y síntomas de ambas. Observe que su evaluación de estas posibles emergencias no deberá impedirle proporcionar atención y transporte

---

Situación de urgencia — Parte 2

Mientras su compañero aplica el oxígeno y toma los signos vitales del paciente, usted prepara el glucómetro.

2. ¿Cuál es una de las maneras más simples de discernir entre hipo e hiperglucemia?
3. ¿Qué otros indicadores pueden ayudarle a determinar si el paciente es diabético?

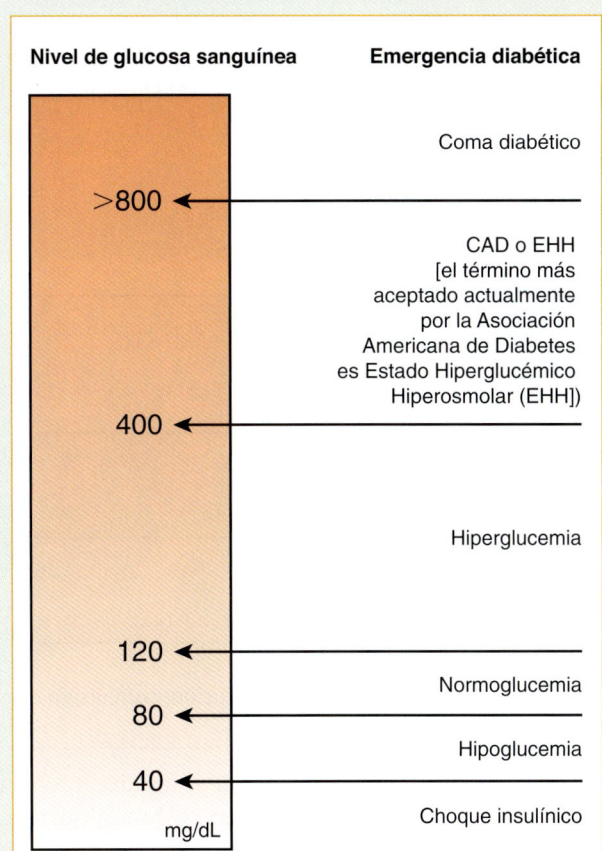

Figura 15-3 Las dos urgencias diabéticas más comunes, cetoacidosis y choque insulínico, se desarrollan cuando el paciente tiene demasiada o muy poca glucosa en sangre, respectivamente.

oportunos, como se detalla en este capítulo. No obstante, en tales emergencias, entre más pronto se reúnan los indicios, mejor para el paciente. Con información específica acerca del tipo de emergencia, puede ayudar al hospital a preparar la atención oportuna y eficaz para el paciente.

Coma diabético

El coma diabético es un estado de inconsciencia que resulta de varios problemas, incluida cetoacidosis, deshidratación debido a la micción excesiva e hiperglucemia. Demasiada glucosa en sangre por sí misma no siempre causa el coma diabético, pero en algunas ocasiones puede conducir a éste.

El coma diabético puede ocurrir en el paciente que no está bajo tratamiento médico, que toma insuficiente insulina o que come verdaderamente en exceso, o en aquél sometido a algún tipo de estrés que puede incluir infección, enfermedad, agotamiento, fatiga o alcoholismo. Por lo general, la cetoacidosis se desarrolla a lo largo de un periodo que dura de horas a días. Incluso puede llegar a encontrarse al paciente comatoso con los siguientes signos físicos:

- Respiraciones de Kussmaul
- Deshidratación, indicada por piel seca y caliente y por hundimiento ocular
- Un aroma dulce o afrutado (acetona) en el aliento, ocasionado por los desusados productos de desecho en la sangre (cetonas)
- Pulso acelerado
- Presión arterial normal o ligeramente baja
- Grados variables de falta de respuesta

Choque insulínico

En el choque insulínico el problema es la hipoglucemia, glucosa insuficiente en sangre. Cuando los niveles de glucosa permanecen elevados, la glucosa se extrae con rapidez de la sangre para alimentar a las células. Si los niveles de glucosa disminuyen demasiado, puede haber una cantidad insuficiente para alimentar el cerebro. Si la glucosa sanguínea permanece baja, puede presentarse con rapidez un daño cerebral permanente.

El choque insulínico ocurre cuando el paciente efectuó alguno de los siguientes pasos:

- Tomó demasiada insulina
- Tomó una dosis regular de insulina, pero no ha ingerido suficiente alimento
- Realizó una cantidad anormal de actividad o ejercicio vigoroso y empleó toda la glucosa disponible

El choque insulínico también puede ocurrir después de que el paciente vomita una comida después de tomar una dosis regular de insulina. En ocasiones, el choque insulínico puede ocurrir sin un factor predisponente identificable.

Los niños con diabetes pueden implicar un problema particular de manejo. Primero, sus altos niveles de actividad significan que pueden emplear la glucosa circulante con mayor rapidez que los adultos, incluso después de una inyección normal de insulina. Segundo, no siempre se alimentan de la manera correcta ni a sus horas. Como resultado, puede desarrollarse el choque insulínico con más frecuencia y gravedad en niños que en adultos.

El choque insulínico se desarrolla con mucha mayor rapidez que el coma diabético. En algunos casos, puede ocurrir en un lapso de minutos. La hipoglucemia puede asociarse con los siguientes signos y síntomas:

- Respiraciones normales o rápidas
- Piel pálida, húmeda (pegajosa)
- Diaforesis (sudoración)
- Mareo, dolor de cabeza
- Pulso rápido
- Presión arterial normal a baja
- Estado mental alterado (conducta agresiva, confusa, letárgica o anormal)

CUADRO 15-1 Características de las emergencias diabéticas

	Hiperglucemia	Hipoglucemia
Historial		
Ingesta de comida	Excesiva	Insuficiente
Dosis de insulina	Insuficiente	Excesiva
Inicio	Paulatino (horas a días)	Rápida, en minutos
Piel	Caliente y seca	Pálida y húmeda
Infección	Común	Rara
Tracto gastrointestinal		
Sed	Intenso	Ausente
Hambre	Ausente	Intensa
Vómito	Común	Raro
Sistema respiratorio		
Respiración	Rápida, profunda (respiraciones de Kussmaul)	Normal o rápida
Olor del aliento	Dulce, afrutado	Normal
Sistema cardiovascular		
Tensión arterial	Normal a baja	Baja
Pulso	Normal o rápido	Rápido
Sistema nervioso		
Conciencia	Inquietud, casi en coma	Irritabilidad, confusión, convulsión o coma
Orina		
Azúcar	Presente	Ausente
Acetona	Presente	Ausente
Tratamiento		
Respuesta	Paulatina, dentro de 6 a 12 h después del tratamiento médico	Inmediatamente después de la administración de glucosa

- Comportamiento ansioso o combativo
- Hambre
- Convulsión, desmayo o coma
- Debilidad de un lado del cuerpo (puede semejar evento vascular cerebral)

Ambos extremos del coma diabético y del choque insulínico producen inconsciencia y en algunos casos la muerte. Pero requieren un tratamiento muy diferente. El coma diabético es un padecimiento metabólico complejo que por lo general se desarrolla a lo largo del tiempo y afecta a todos los tejidos del cuerpo. La corrección de este trastorno puede tomar muchas horas en un medio hospitalario bien controlado. El choque insulínico, sin embargo, es un padecimiento agudo que puede desarrollarse con rapidez. Un paciente con diabetes que tomó su dosis estándar de insulina y no comió en el almuerzo puede estar en choque insulínico antes de la cena. Esta condición puede revertirse justo con la misma rapidez

Situación de urgencia — Parte 3

Mientras acomoda su equipo, su compañero le informa que el paciente trae consigo una placa de alerta médica que indica que es diabético dependiente de insulina.

4. ¿Cuáles son algunas consideraciones importantes que debe tomar en cuenta cuando efectúe una evaluación de cabeza a pies sobre un paciente con diabetes tipo 1, y cómo pueden los resultados de dicha evaluación afectar la atención que proporcione?

si se administra glucosa al paciente. Sin esa glucosa, sin embargo, el paciente sufrirá daño cerebral permanente. Los minutos cuentan.

La mayoría de los diabéticos comprenden y manejan bien su enfermedad. Aun así, ocurren emergencias. Además del coma diabético y del choque insulínico, los pacientes con diabetes pueden tener ataques cardiacos "silenciosos" o sin dolor, una posibilidad que siempre deberá considerar. El único síntoma puede ser que "no se sienta tan bien".

Evaluación del paciente diabético

Evaluación de la escena

Aunque el informe de la central puede ser de un paciente con estado mental alterado, manténgase alerta ante la posibilidad de que pueda haber ocurrido un traumatismo debido a un incidente médico. Las precauciones ASC deberán consistir de guantes y protector ocular como mínimo. Recuerde evaluar cada situación con rapidez y asegurarse de que el equipo ASC está disponible.

No baje la guardia ni siquiera ante lo que parezca ser una llamada de rutina. Evalúe la seguridad de la escena cuando llegue a ésta y al acercarse al paciente. Recuerde que los pacientes diabéticos con frecuencia emplean jeringas para administrarse insulina. Es posible que pueda puncionarse con una aguja usada que no se desechó de la manera apropiada. Las jeringas de insulina en la mesa de noche, los frascos de insulina en el refrigerador, un plato de comida o un vaso de jugo de naranja son indicios importantes que pueden ayudarle a decidir lo que quizá le suceda al paciente. Interrogue a los testigos acerca de los eventos de esta situación al acercarse. Determine si éste es su único paciente, la naturaleza de la enfermedad y si hay un traumatismo implicado. Decida si necesitará recursos adicionales. Efectúe estabilización de columna vertebral si es necesario.

Evaluación inicial

Impresión general

Fórmese una impresión general del paciente: ¿parece ansioso, inquieto o indiferente? ¿Se muestra apático o irritable? ¿Interactúa con su entorno de manera apropiada? Estas observaciones iniciales pueden ayudarle a sospechar valores altos o bajos de glucosa. Determine el nivel de conciencia del paciente. Si está consciente, ¿cuál es su queja principal? Si un posible paciente diabético no responde, llame de inmediato al equipo de soporte vital avanzado.

Vía aérea y respiración

A medida que forma su impresión general, evalúe la vía aérea del paciente y su respiración. Los pacientes que muestran signos de respiración inadecuada o estado mental alterado deberán recibir oxígeno a flujo elevado de 10 a 15 L/min a través de una mascarilla no recirculante. Un paciente en coma diabético con hiperglucemia puede tener respiraciones rápidas y profundas (de Kussmaul) y aliento dulce, afrutado. Un paciente con choque insulínico en estado hipoglucémico tendrá respiraciones normales a rápidas. Si el paciente no respira o lo hace con dificultad, abra la vía aérea, administre oxígeno y asista con las ventilaciones. Vigile de manera continua la vía aérea mientras proporciona los cuidados.

Circulación

Una vez que haya evaluado la vía aérea y la respiración y haya efectuado las intervenciones necesarias, determine el estado circulatorio del paciente. Una persona con piel seca y caliente indica coma diabético, mientras que un paciente con piel húmeda y pálida indica choque insulínico. El paciente con este problema tendrá pulso rápido y débil.

Decisión de transporte

La decisión de transportar dependerá del estado de conciencia del paciente y de su capacidad para deglutir. Los pacientes con un estado mental alterado y capacidad deficiente para deglutir deberán ser transportados con prontitud. Los pacientes que tienen capacidad para deglutir y están lo bastante conscientes para mantener su propia vía aérea pueden ser evaluados con mayor profundidad en la escena y recibir un tratamiento que dependerá de la dirección médica.

Historial y examen físico enfocados

Primero evalúe de cabeza a pies con un examen físico rápido a los pacientes médicos que no responden. Es posible que la persona haya sufrido un traumatismo resultante de los cambios en el estado de conciencia o un mareo. A continuación, obtenga los signos vitales del paciente y evalúe sus antecedentes. Recuerde que el entorno, los testigos y los símbolos de identificación médica como collares o brazaletes pueden proporcionar indicios importantes sobre la condición del paciente.

Los pacientes que responden son capaces de proporcionar sus antecedentes médicos para ayudarle a identificar una causa de su estado mental alterado. En seguida, realice un examen físico enfocado y obtenga los signos vitales iniciales del paciente.

Historial SAMPLE

Haga las siguientes preguntas al paciente diabético comprobado además de obtener un historial SAMPLE:

- ¿Toma insulina o cualquier pastilla que reduzca su azúcar sanguíneo?
- ¿Tomó hoy su dosis acostumbrada de insulina o pastillas?
- ¿Ha comido de manera normal hoy?
- ¿Tuvo hoy alguna enfermedad o una cantidad anormal de actividad o estrés?

Si el paciente ha comido, pero no ha tomado insulina, tiene mayor probabilidad de que se desarrolle una cetoacidosis diabética. Si el paciente tomó insulina, pero no ha comido, es más probable que el problema sea choque insulínico. Un paciente diabético con frecuencia sabrá lo que le pasa. Si el paciente no piensa ni habla con claridad (o si está inconsciente), hágale las mismas preguntas a un familiar o un testigo.

Cuando evalúe a un paciente que podría tener diabetes, verifique para ver si cuenta con un símbolo de identificación para emergencias médicas –una tarjeta en la cartera, un collar o brazalete– o pregunte al paciente o a un familiar. Recuerde, sin embargo, que aunque una persona sea diabética, es posible que la diabetes no sea la causa del problema actual. Un ataque cardiaco, un evento vascular cerebral u otra emergencia médica pueden ser la causa. Por esto, deberá siempre realizar una evaluación concienzuda y cuidadosa, prestando atención a los ABC. Informe a la dirección médica que está en la escena de una emergencia diabética.

Examen físico enfocado

Cuando se sospecha que hay un problema relacionado con diabetes, el examen físico enfocado deberá concentrarse en el estado mental del paciente y en su capacidad para deglutir y en proteger la vía aérea. Obtenga la puntuación en la escala Glasgow del coma para determinar el estado mental del paciente. En otros casos, signos físicos como temblores, cólicos abdominales, vómito, un aliento afrutado o sequedad en boca le guiarán en la determinación del estado hipo o hiperglucémico del paciente.

Signos vitales iniciales

Obtenga los signos vitales completos, incluida la medición del nivel de glucosa en sangre del paciente por medio de un glucómetro o tiras de prueba si cuenta con éstas. En la hipoglucemia las respiraciones son de normales a rápidas, el pulso es débil y rápido, y es típico que la piel esté pálida, húmeda y pegajosa con tensión arterial baja. En la hiperglucemia, las respiraciones son profundas y rápidas, el pulso es rápido y se acerca a una frecuencia normal a rápida y la piel es caliente y seca con tensión arterial normal. En ocasiones la tensión arterial puede ser baja. Es fácil identificar signos vitales anormales cuando sabemos que el nivel de glucosa en sangre es demasiado alto o bajo. Recuerde, el paciente puede tener signos vitales anormales y un valor normal de glucosa. Cuando éste es el caso, algo más puede ser la causa del estado mental alterado del paciente, del vómito o de otros problemas.

Intervenciones

Si su paciente está consciente y es capaz de deglutir sin riesgo de aspiración, deberá alentarlo para que beba jugo o leche u otros líquidos que contengan azúcar. Si se lo permite el protocolo local, también deberá administrar un gel de azúcar altamente concentrado, el cual administrará entre la mejilla y las encías del paciente y se aplicará por medio de un abatelenguas. Por lo general el paciente recobrará un poco más el estado alerta en cuestión de minutos.

Si su paciente está inconsciente, o si hay cualquier riesgo de aspiración, necesitará glucosa IV, la cual no está autorizado a administrar. Su responsabilidad es proporcionar transporte rápido al hospital, donde se dará la atención adecuada. Si trabaja en un sistema por niveles, los TUM intermedios y avanzados son capaces de iniciar un acceso intravenoso y administrar glucosa por esa vía.

Si no hay nadie más presente y sabe que el paciente inconsciente tiene diabetes, deberá emplear su conocimiento de los signos y síntomas para decidir si el problema es coma diabético o choque insulínico. Recuerde, sin embargo, que esta evaluación no deberá impedirle proporcionar con prontitud tratamiento y transporte. La prioridad será la respiración del paciente: respiraciones profundas, tipo suspiro en el coma diabético y respiraciones normales o rápidas en el choque insulínico. El paciente diabético que está inconsciente y presenta convulsiones tiene mayor probabilidad de estar en choque insulínico.

> **Tips para el TUM-B**
>
> Antes de administrar a un paciente consciente cualquier bebida o de proporcionarle glucosa instantánea, deberá asegurarse de que no hay peligro de aspiración. Una regla práctica: si el paciente puede levantar el vaso o apretar el tubo de gel de glucosa hacia el interior de su boca, entonces es probable que no exista peligro de aspiración. ¡Obsérvelo con cuidado!

Tenga en mente que cualquier paciente inconsciente puede presentar diabetes aún no diagnosticada. En pacientes con estado mental alterado, cabe la posibilidad de determinar esto fuera del hospital si cuenta con el equipo apropiado para medir los niveles de glucosa en sangre. Sin este conocimiento crítico, trate al paciente como lo haría con cualquier otro individuo inconsciente. Proporcione atención médica de urgencia, en particular manejo de vía aérea, y proporcione transporte rápido. En el departamento de urgencias, la diabetes y sus complicaciones pueden diagnosticarse con rapidez.

Un paciente en choque insulínico (inicio rápido de estado mental alterado, hipoglucemia) requiere glucosa de inmediato, y un paciente en coma diabético (acidosis, deshidratación, hiperglucemia) necesita insulina y terapia IV con líquidos. Estos pacientes requieren transporte rápido al hospital para recibir atención médica adecuada.

Para el paciente consciente con choque insulínico, los protocolos por lo general recomiendan glucosa oral, ya que este azúcar por lo general revertirá la reacción en unos minutos. No tema administrar demasiada glucosa. El problema por lo general no se resolverá con tan solo un sorbo de jugo. Con frecuencia se requiere una barra entera de chocolate o un vaso entero de jugo endulzado. No proporcione bebidas sin azúcar ni endulzadas con sacarina u otros compuestos edulcorantes sintéticos, ya que estos tendrán poco o ningún efecto. Recuerde que incluso si el paciente responde después de recibir glucosa, aún puede requerir algún tratamiento adicional. Por tanto, deberá transportarlo al hospital lo más pronto posible.

Cuando haya cualquier duda respecto al hecho de que un paciente inconsciente con diabetes entre en choque insulínico o coma diabético, la mayoría de los protocolos indicarán que se debe administrar glucosa, aun cuando es posible que el paciente tenga cetoacidosis diabética. Los choques insulínicos sin tratar resultarán en la pérdida de la conciencia y pueden ocasionara con rapidez daño cerebral importante o la muerte. La condición de un paciente en choque insulínico es mucho más crítica y posee mucha mayor probabilidad de causar problemas permanentes cuando se compara con la de un paciente con cetoacidosis diabética. Más aún, la cantidad de azúcar que se administra típicamente al paciente con choque insulínico tiene pocas probabilidades de hacer que un paciente con cetoacidosis diabética empeore de modo significativo. Si tiene dudas, consulte a la dirección médica.

Examen físico detallado

Como en cualquier llamada, deberá efectuar un examen físico detallado cuando el tiempo lo permita. Con pacientes inconscientes o con estado mental alterado, deberá jugar al detective y buscar problemas o lesiones que no sean obvios, dado que el paciente no es capaz de comunicarlos. Aunque el estado mental alterado puede ser producto de un nivel de glucosa demasiado alto o bajo, es posible que el paciente haya sufrido un traumatismo u otro problema metabólico. También otros agentes pueden ocasionar un estado mental alterado, como intoxicación, envenenamiento o lesiones en la cabeza. Un examen físico cuidadoso puede proporcionarle información esencial para la atención adecuada del paciente

Seguridad del TUM-B

El manejo de problemas relacionados con la diabetes y el estado mental alterado implica un riesgo muy bajo para el TUM-B, ya que la exposición a líquidos corporales es en general muy limitada. No obstante, algunos pacientes pueden llegar a estar confundidos e incluso agresivos en ocasiones. Siga las precauciones de ASC, como lo haría con cualquier paciente. Use siempre guantes y lave sus manos con cuidado después de obtener y verificar una muestra de sangre o efectuar técnicas en vía aérea.

Necesidades geriátricas

Podría encontrar un paciente geriátrico que tenga diabetes sin diagnosticar. Estos pacientes informan que no se han sentido bien durante un tiempo pero que no han consultado al médico. Un paciente con diabetes sin diagnosticar o que esté en negación o ignore las recomendaciones de su médico, puede llamar a urgencias cuando los signos y síntomas se vuelvan molestos. Heridas que no sanan, ceguera, insuficiencia renal y otras complicaciones, están asociadas con la diabetes mal controlada o sin controlar. Como TUM-B, es posible que sea el primero en reconocer y sugerir el tratamiento médico a un paciente geriátrico que de otra manera podría ignorar su padecimiento. Es importante que reconozca los signos y síntomas de diabetes.

Evaluación continua

Es importante reevaluar al paciente diabético con frecuencia para determinar los cambios. ¿Hay alguna mejoría en el estado mental del paciente? ¿Aún mantiene adecuadamente los ABC? ¿Cómo ha respondido el paciente a las intervenciones realizadas? ¿En qué medida debe modificar o ajustar las intervenciones? En muchos pacientes con diabetes notará una mejoría marcada con el tratamiento apropiado. Documente cada evaluación, sus resultados, la hora en que realizó las intervenciones y cualquier cambio en la condición del paciente. Base su administración de glucosa en lecturas seriadas si tiene acceso a un glucómetro. Si no cuenta con él, el deterioro en el estado de conciencia le indica la necesidad de proporcionar más glucosa. De nueva cuenta, el uso de glucómetros y la administración de glucosa se basarán en sus protocolos de servicio y en las órdenes vigentes.

Comunicación y documentación

Determinar si el nivel de glucosa es demasiado elevado o bajo en un paciente con diabetes conocida puede ser difícil cuando los signos y síntomas son confusos y carece de un modo de medir el valor real de glucosa sanguínea. En estas situaciones, lleve a cabo una evaluación a fondo y comuníquese al hospital para que éste le ayude a aclarar los signos y síntomas. El hospital deberá ser un recurso de apoyo que le ayude a resolver situaciones y le proporcione orientación sobre cómo tratar al paciente.

Su informe es el único documento legal con el que cuenta para constatar que se proporcionó la atención adecuada. Documente con claridad los resultados de su evaluación y la base de su tratamiento. Los pacientes que rechacen el transporte debido a que los "curó" con la glucosa oral, deberán recibir aprobación del hospital a través del radio e incluso otra documentación más complicada.

Siga sus protocolos locales para los pacientes que rechazan el tratamiento o el transporte.

Atención de urgencia para emergencias diabéticas

Administración de glucosa oral

La glucosa oral es un gel comercial que se disuelve cuando se coloca en la boca Figura 15-4. Un tubo tipo pasta de dientes de gel equivale a una dosis. Los nombres comerciales para el gel incluyen Glutose e Insta-Glucose en Estados Unidos. El gel de glucosa actúa para aumentar los niveles de glucosa sanguínea del paciente. Si su sistema lo autoriza, deberá administrar gel de glucosa a cualquier paciente con estado reducido de conciencia con antecedentes diabéticos. Las únicas contraindicaciones para la glucosa son la incapacidad para deglutir o la inconsciencia, debido a que puede ocurrir la aspiración (hacia la vía aérea) de la sustancia. La glucosa oral por sí misma carece de efectos

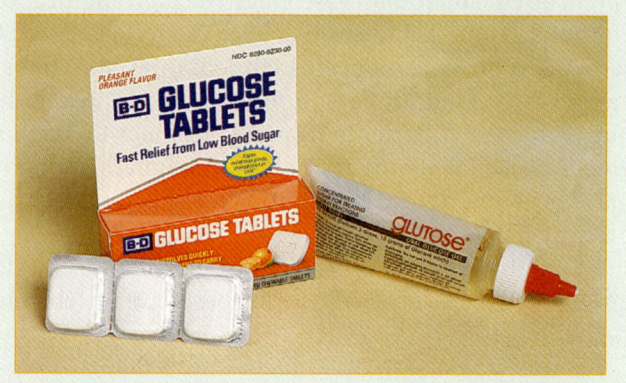

Figura 15-4 La glucosa oral se puede conseguir de manera comercial en forma de gel y de tabletas. Un tubo de gel equivale a una dosis.

Situación de urgencia — Parte 4

No encuentra una bomba de insulina durante su evaluación, pero el nivel de glucosa sanguínea del paciente es de 45 mg/dL. Anticipando una lectura baja de glucosa sanguínea, ya había preparado el tubo de glucosa oral. Este paciente, aunque confundido, está lo bastante alerta para deglutir y autoadministrarse el tubo entero de glucosa de acuerdo con sus instrucciones.

5. Si este paciente no estuviera lo bastante alerta para autoadministrarse la glucosa, ¿cómo lo manejaría?

Administración de glucosa

Destrezas 15-1

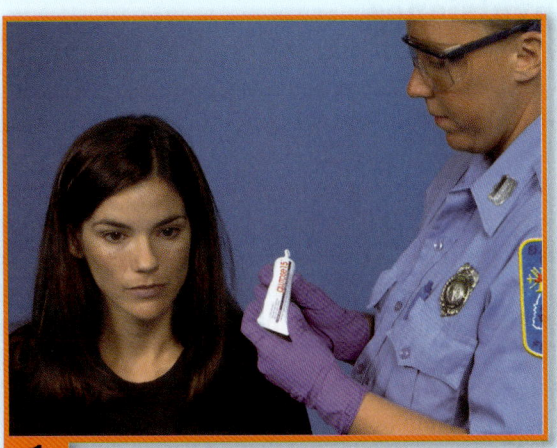

1 Asegúrese de que el tubo de la glucosa está intacto y no ha caducado.

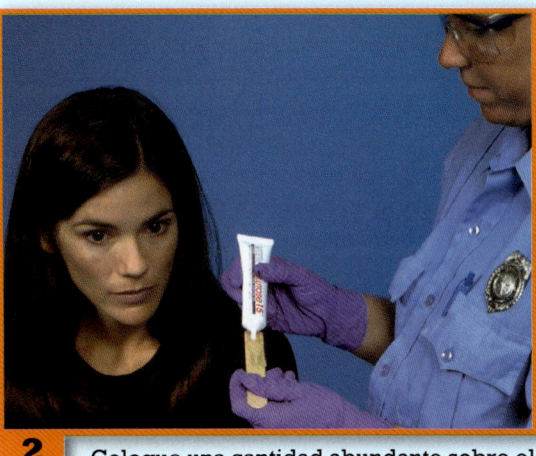

2 Coloque una cantidad abundante sobre el tercio inferior de un abatelenguas.

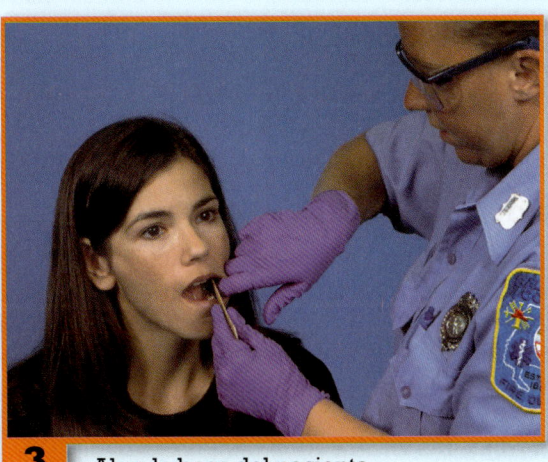

3 Abra la boca del paciente.
Coloque el abatelenguas sobre las membranas mucosas entre la mejilla y la lengua, con el gel del lado de la mejilla.
Repita hasta haber utilizado todo el tubo.

---

secundarios si se administra de manera adecuada; no obstante, el riesgo de aspiración en un paciente que carece del reflejo nauseoso puede ser peligroso. Un paciente consciente (incluso confundido) que en realidad no necesita glucosa no será dañado por ésta. Por tanto, no dude en administrarla bajo estas circunstancias.

Como siempre, asegúrese de usar guantes antes de colocar cualquier cosa en la boca del paciente. Una vez que haya confirmado que el paciente está consciente y es capaz de deglutir, y que le hayan dado una orden en línea o fuera de línea, siga estos pasos para administrar la glucosa oral (**Destrezas 15-1 ▲**):

1. **Examine el tubo** para asegurarse de que no está abierto ni roto. Verifique la fecha de caducidad (**Paso 1**)
2. **Coloque una cantidad abundante** sobre el tercio inferior de un abatelenguas (**Paso 2**).
3. **Abra la boca del paciente.**
4. **Coloque el abatelenguas** sobre las membranas mucosas entre la mejilla y la lengua, con el gel del lado de la mejilla (**Paso 3**). Una vez que el gel se

disuelve, o si el paciente pierde la conciencia o presenta una convulsión, retire el abate lenguas. Repita hasta utilizar todo el tubo. Observe que el paciente no debe deglutir la glucosa, ya que ésta actúa con mayor rapidez cuando de disuelve en la boca.

Reevalúe la condición del paciente con regularidad después de administrar glucosa, incluso si ve mejoría rápida. Esté pendiente de problemas en vía aérea, pérdida repentina de la conciencia o convulsiones. Proporcione transporte rápido al hospital; no lo retrase sólo para administrar glucosa oral adicional.

Complicaciones de la diabetes

Complicaciones médicas

La diabetes es un padecimiento sistémico que afecta todos los tejidos del cuerpo, en especial riñones, ojos, arterias pequeñas y nervios periféricos. En consecuencia, es probable que le llamen para tratar pacientes con una diversidad de complicaciones de la diabetes, como enfermedad cardiaca, trastornos visuales, insuficiencia renal, evento vascular cerebral y úlceras o infecciones en pies o dedos de los pies. Con la excepción del ataque cardiaco y el evento vascular cerebral, la mayoría de las complicaciones no serán una emergencia aguda. Considerando que la diabetes es un riesgo mayor para la enfermedad cardiovascular, siempre deberá sospechar que las personas diabéticas presentan el potencial para ataque cardiaco, en particular los pacientes mayores, incluso cuando no se presentan con síntomas clásicos como dolor de pecho.

Problemas asociados

Las afecciones asociadas con diabetes incluyen convulsiones, estado mental alterado y problemas en vía aérea. Recuerde considerar las urgencias diabéticas en pacientes que se presenten con estas emergencias.

Convulsiones

Aunque éstas rara vez son mortales, deberá considerarlas muy graves, incluso en pacientes con historial de convulsiones crónicas. Las convulsiones, breves o prolongadas, pueden ser producto de fiebre, infecciones, envenenamiento, hipoglucemia, traumatismo o reducción del nivel de oxígeno. Asimismo, pueden ser idiopáticas (de causa desconocida) en los niños. Aunque las convulsiones breves no son dañinas, pueden indicar padecimientos más peligrosos y potencialmente mortales. Dado que las convulsiones pueden ser producto de una lesión en cabeza, considere el trauma como una causa. En el paciente diabético, también deberá considerar la hipoglucemia.

La atención médica de urgencia de las convulsiones incluye asegurar que la vía aérea esté libre y en colocar al paciente sobre su costado si no hay posibilidad de traumatismo cervical o espinal. No intente colocar nada en la boca del paciente (es decir, un abatelenguas o una cánula oral). Asegúrese de tener un equipo de succión listo en caso de que el paciente vomite. Proporcione respiración artificial si el paciente está cianótico o si su respiración parece inadecuada, y transporte con rapidez.

Estado mental alterado

Aunque éste es con frecuencia producto de las complicaciones diabéticas, también hay una serie de afecciones que lo causan, entre ellas envenenamiento, parte del estado posconvulsivo, infección, lesión en cabeza y niveles reducidos de oxígeno. En la diabetes, el estado mental alterado puede ser producto de hipoglucemia o cetoacidosis.

Inicie la atención médica de urgencia del estado mental alterado asegurándose de que la vía aérea está libre. Prepárese para proporcionar ventilación artificial y succión en caso de que el paciente vomite, y proporcione transporte rápido.

Situación de urgencia — Parte 5

A medida que el paciente se siente más alerta, le indica que conducía hacia su casa para ir a comer, porque se dio cuenta de que su nivel de glucosa estaba cayendo. Después de unos minutos, está alerta por completo y se rehúsa a que lo transporten al hospital. Le recuerda que tome alimentos ricos en carbohidratos lo más pronto posible, y un amigo que acudió a la escena acepta llevarlo a su casa y prepararle una comida sustanciosa.

6. ¿Es adecuado dejar que este paciente regrese a casa? ¿Qué haría antes de dejar ir al paciente?

Alcoholismo

En ocasiones se piensa que los pacientes con choque insulínico o coma diabético están intoxicados, en especial si su condición ocasionó una colisión de vehículos de motor u otro incidente. Confinado por la policía en "el bote de ebrios", un paciente diabético se encuentra en riesgo. En tales situaciones, un brazalete o collar, o una tarjeta de identificación médica para emergencias puede ayudar a salvar la vida del paciente. Con frecuencia, sólo una prueba de glucosa sanguínea realizada en la escena o en el departamento de urgencias identificará el problema real. En algunos sistemas de emergencias médicas, se le capacitará y permitirá realizar la prueba de glucosa en la escena. De lo contrario, siempre deberá sospechar hipoglucemia en cualquier paciente con estado mental alterado.

Desde luego, la diabetes y el alcoholismo pueden coexistir en un paciente, pero debe permanecer alerta a la semejanza en síntomas de la intoxicación aguda por alcohol y las emergencias diabéticas. De igual modo, la hipoglucemia y la lesión en cabeza pueden coexistir, y deberá considerar la posibilidad incluso cuando la lesión en cabeza sea obvia.

Relación con el cuidado de vía aérea

Los pacientes con estado mental alterado, en particular aquellos que son difíciles de despertar, se encuentran en riesgo de perder su reflejo nauseoso. Cuando dicho reflejo no funciona, los pacientes no pueden rechazar los materiales extraños de su boca (incluido el vómito), y sus lenguas con frecuencia se relajarán y obstruirán la vía aérea. En consecuencia, deberá vigilar con cuidado la vía aérea en pacientes con hipoglucemia, coma diabético o una complicación diabética como evento vascular cerebral o convulsión. Coloque al paciente acostado en posición lateral y asegúrese de que la succión está inmediatamente disponible.

Situación de urgencia — Resumen

Las llamadas relacionadas con emergencias diabéticas, en especial con choque insulínico, son unas de las respuestas más comunes que encontrará en el campo. La hipoglucemia puede ocasionar una miríada de respuestas de conducta incluidas, pero no limitadas a confusión, irritabilidad, ansiedad y combatividad. Uno de los factores más simples para determinar si el paciente tiene hipo o hiperglucemia es el inicio. La hipoglucemia por lo general se manifiesta con gran rapidez (en minutos), mientras que la hiperglucemia puede tomar días o semanas para desarrollarse. Es común que la gente que tiene padecimientos graves como diabetes use placas de alerta médica, casi siempre un brazalete o collar. Es posible que lleven consigo bombas de insulina diseñadas para proporcionar una infusión continua de insulina, lo cual ocasiona que los niveles de glucosa sanguínea sigan disminuyendo. Algunas bombas son obvias y se llevan sobre la cadera, mientras que otras son semejantes a un bíper y pueden llevarse con mayor discreción en el interior de un zapato o una bota.

También es importante señalar que algunas respuestas que implican traumatismo (como colisiones de vehículos de motor) pueden ocurrir como resultado de un problema médico. Si no logra encontrar una explicación razonable para un accidente, caída u otra lesión, comience a pensar en la presencia de un padecimiento como hipoglucemia, evento vascular cerebral, ataque cardiaco o convulsión.

Evaluación y cuidados de urgencia

Emergencias diabéticas

Evaluación de la escena	Las precauciones para el aislamiento de sustancias corporales (ASC) deberán incluir por lo menos guantes y protección ocular. Asegure que la escena no es peligrosa y determine NE/ML. Considere el número de pacientes, la necesidad de ayuda adicional/SVA y estabilización de columna vertebral.
Evaluación inicial	
■ Impresión general	Determine el nivel de conciencia y encuentre y trate cualquier amenaza inmediata para la vida. Determine la prioridad de la atención con base en el entorno y la queja principal del paciente.
■ Vía aérea	Asegure la vía aérea del paciente.
■ Respiración	Proporcione oxígeno a flujo alto a 15 L/min. Evalúe la profundidad y frecuencia respiratorias y proporcione ventilaciones según se requiera.
■ Circulación	Evalúe la velocidad y calidad del pulso; observe el color, temperatura y condición de la piel y trate de acuerdo con esto. Determine si hay sangrado y controle si amenaza la vida del paciente.
■ Decisión de transporte	Transporte con prontitud.
Historial y examen físico enfocado	*NOTA: el orden de los pasos en el historial y examen físico enfocados difiere de acuerdo con el estado de conciencia del paciente. El orden a continuación es para un paciente consciente. Si la persona está inconsciente, efectúe un examen físico rápido, obtenga los signos vitales y el historial.*
■ Historial SAMPLE	Realice preguntas SAMPLE y OPQRST pertinentes a la persona. Asegúrese de preguntar qué intervenciones se realizaron antes de su llegada, cuántas fueron y a qué hora.
■ Examen físico enfocado	Efectúe un examen físico enfocado y verifique si el paciente ha tomado cualquier pastilla para diabetes. ¿Ha cumplido el paciente con su dieta y sus medicamentos? Pregunte sobre cualquier enfermedad, actividad física excesiva o estrés recientes. Determine el nivel de glucosa en sangre y la puntuación en la escala Glasgow del coma.
■ Signos vitales iniciales	Tome los signos vitales, anote el color y temperatura de la piel, lo mismo que el nivel de conciencia del paciente. Utilice oximetría de pulso si está disponible
■ Intervenciones	Es posible administrar líquidos con alto contenido de glucosa o un gel de glucosa muy concentrada, de acuerdo con los protocolos, a un paciente consciente capaz de deglutir.
Examen físico detallado	Complete un examen físico detallado.
Evaluación continua	Repita la evaluación inicial y la enfocada, y reevalúe las intervenciones realizadas. Reevalúe los signos vitales y los niveles de glucosa sanguínea cada 5 min para el paciente inestable y cada 15 para el paciente estable. Tranquilice al paciente.
■ Comunicación y documentación	Comuníquese con la dirección médica con un informe por radio, para señalar la condición del paciente y los niveles de glucosa en sangre. Avise sobre cualquier cambio en el nivel de conciencia o si hay dificultad para respirar. Asegúrese de documentar cualquier cambio, la hora en que se presentó éste y las lecturas de glucosa en sangre.

NOTA: aunque los siguientes pasos tienen amplia aceptación, asegúrese de consultar y seguir su protocolo local.

Emergencias diabéticas

Administración de glucosa
1. Examine el tubo para asegurarse de que no está abierto ni roto. Verifique la fecha de caducidad.
2. Coloque una cantidad abundante sobre el tercio inferior de un abatelenguas
3. Abra la boca del paciente. Coloque el abatelenguas sobre las membranas mucosas entre la mejilla y la lengua, con el gel del lado de la mejilla.

Resumen

Listo para repaso

- La diabetes es un trastorno del metabolismo de la glucosa o una dificultad para metabolizar carbohidratos, grasas y proteínas.
- La diabetes se caracteriza por una producción excesiva de orina y la sed resultante de esto, junto con el deterioro de los tejidos corporales.
- Hay dos tipos de diabetes: la tipo 1 o dependiente de insulina, que por lo general se inicia en la infancia y requiere de insulina diaria para controlar la glucosa en sangre. La diabetes tipo 2 o no dependiente de insulina, que casi siempre se desarrolla en la edad media y con frecuencia puede controlarse por medio de la dieta y de medicamentos orales.
- Ambos tipos de diabetes son enfermedades sistémicas que afectan en especial riñones, ojos, arterias pequeñas y nervios periféricos.
- Los pacientes diabéticos presentan complicaciones crónicas que los ponen en riesgo de otras enfermedades como ataque cardiaco, evento vascular cerebral e infecciones. Sin embargo, con gran frecuencia, es posible que le llamen para que trate las complicaciones agudas del desequilibrio en la glucosa sanguínea. Éstas incluyen hiperglucemia (niveles elevados de glucosa en sangre) e hipoglucemia (niveles bajos de glucosa en sangre).
- Es común que los síntomas de glucosa incluyan confusión, respiraciones rápidas, piel pálida y húmeda, diaforesis, mareo, desmayos e incluso coma y convulsiones. Este padecimiento, denominado choque insulínico, se puede revertir con rapidez mediante la administración de glucosa o azúcar. No obstante, sin tratamiento, puede ocurrir daño cerebral permanente o hasta la muerte.
- La hiperglucemia por lo general se asocia con deshidratación y cetoacidosis. Puede provocar el coma diabético, marcado por respiraciones rápidas (con frecuencia profundas), piel caliente y seca, y pulso débil, además de un aroma afrutado en el aliento. La hiperglucemia debe tratarse en el hospital, por medio de insulina y líquidos IV.
- Dado que el nivel de glucosa sanguínea demasiado alto o bajo puede producir un estado mental alterado, deberá realizar un historial y una evaluación concienzudos del paciente. Cuando no pueda determinar la naturaleza del problema, lo mejor será tratar al paciente por hipoglucemia.
- Esté preparado para administrar glucosa oral a un paciente consciente que esté confundido o presente un nivel ligeramente reducido de conciencia, sin embargo, no administre glucosa oral al paciente inconsciente o incapaz de deglutir de modo adecuado o de proteger su vía aérea.
- Recuerde, en todos los casos, proporcionar atención médica de urgencia y transporte lo más pronto posible es su responsabilidad principal.

Vocabulario vital

acidosis Condición patológica que resulta de la acumulación de ácidos en el cuerpo.

cetoacidosis diabética (CAD) Forma de acidosis en la diabetes sin controlar en la cual se acumulan ciertos ácidos cuando no está disponible la insulina.

choque insulínico Estado mental alterado o de inconsciencia en un paciente con diabetes, producto de hipoglucemia significativa; por lo general el resultado de un exceso de ejercicio o de falta de alimento después de una dosis de rutina de insulina.

coma diabético Pérdida de la conciencia debida a la deshidratación, niveles muy altos de glucosa sanguínea y acidosis en la diabetes.

diabetes mellitus Trastorno metabólico en el cual es deficiente la capacidad de metabolizar carbohidratos (azúcares), por lo general debido a la carencia de insulina.

diabetes tipo 1 La clase de enfermedad diabética que por lo general se inicia en la infancia y requiere de insulina para su tratamiento y control adecuados.

diabetes tipo 2 La clase de enfermedad diabética que casi siempre se inicia más adelante en la vida y que con frecuencia puede controlarse a través de la dieta y de medicamentos orales.

glucosa Uno de los azúcares básicos; es el combustible principal, junto con el oxígeno, para el metabolismo celular.

hiperglucemia Nivel anormalmente alto de glucosa en sangre.

hipoglucemia Nivel anormalmente bajo de glucosa en sangre.

hormona Sustancia química que regula la actividad de órganos y tejidos, es producida por una glándula.

insulina Hormona producida por los islotes de Langerhans (la porción endócrina del páncreas) que permite que la glucosa en sangre entre a las células del cuerpo; su forma sintética se utiliza para tratar y controlar la diabetes mellitus.

polidipsia Sed excesiva que persiste por largos periodos a pesar de la ingesta razonable de líquidos; con frecuencia el resultado de la micción excesiva.

Resumen continuación...

polifagia Comer en exceso en la diabetes, la incapacidad de emplear la glucosa de modo adecuado puede ocasionar la sensación de hambre.

poliuria Producción de un volumen anormalmente elevado de orina en un periodo dado; en diabetes, esto puede resultar de la pérdida de glucosa por la orina.

respiraciones de Kussmaul Respiraciones profundas y rápidas, casi siempre resultantes de una acumulación de ciertos ácidos cuando no hay insulina disponible en el cuerpo.

Qué evaluar

Recibe una llamada de la estación local de policía para examinar a un paciente que está bajo arresto. A su llegada, un oficial le señala que el paciente fue arrestado por conducir en estado de ebriedad. El arresto se realizó 2 h antes, sin embargo, en los últimos 10 min el paciente comenzó a actuar de manera "extraña".

¿Qué afección médica podría estar sufriendo este paciente? ¿Cómo puede determinar cuál de estas posibles condiciones es la causa?

Temas: Trabajar con otro personal de seguridad pública; Realizar una evaluación concienzuda en todos los pacientes; Posibles causas de estado mental alterado; Consentimiento y rechazo.

Autoevaluación

Se encuentra frente a su delegación terminando de dar el mantenimiento diario a su ambulancia cuando un auto se orilla enfrente. La conductora le grita por la ventana: "¡Por favor, ayude a mi esposo, se siente muy mal!". Logra observar a un hombre encorvado en el asiento trasero. Puede escuchar sus fuertes y roncas respiraciones. Completa su impresión general. Trasladan al paciente a una camilla y realiza una evaluación inicial. Abre su vía aérea y coloca una cánula orofaríngea. La frecuencia respiratoria es de 40 respiraciones/min y muy profunda (respiraciones de Kussmaul). Al colocarle la mascarilla no recirculante, también nota que el aliento del paciente despide un fuerte olor a acetona con cada exhalación. El pulso es muy rápido y continuo a 110 latidos/min.

Mientras su compañero completa un examen médico rápido, usted obtiene el historial SAMPLE de la esposa del paciente. El hombre tiene antecedentes de diabetes mellitus y no se ha sentido bien durante los últimos cinco días. Se dirigían hacia una cita programada con su médico cuando el paciente empeoró. La Información adicional confirma que el paciente se inyecta insulina dos veces al día. Dado que el paciente no se sentía bien, es posible que se haya saltado algunas dosis. Usted llama al equipo de soporte vital avanzado para que lo apoye y prepara al paciente para su transporte.

1. La evaluación le hace pensar que el paciente presenta:
   A. deshidratación.
   B. coma diabético.
   C. compensación de azúcar.
   D. sufrimiento por glucosa.

2. Cuando revise el nivel de glucosa en este paciente, el glucómetro podría indicar:
   A. hiperglucemia.
   B. hipoglucemia.
   C. hipertensión.
   D. hipotensión.

3. Sin glucosa en las células para producir energía, el cuerpo emplea los ácidos grasos para hacerlo, por tanto, se genera una afección peligrosa denominada:
   A. edema celular (hinchazón).
   B. cetoacidosis diabética (CAD).
   C. alcalosis metabólica.
   D. sobrecarga de azúcar.

4. El cuerpo produce una hormona para ayudar a mover la glucosa del torrente sanguíneo a las células. Esta hormona se llama:
   A. adrenalina.
   B. insulina.
   C. hormona del crecimiento.
   D. hormona antidiurética.

5. La diabetes adulta, que con frecuencia se trata con dieta, ejercicio y medicamentos, se clasifica como:
   A. diabetes juvenil.
   B. no grave.
   C. diabetes tipo 1.
   D. diabetes tipo 2.

6. Cuando se lee un glucómetro, los valores normales de glucosa son:
   A. 18 a 20 mg/dL.
   B. 550 a 650 mg/dL.
   C. 80 a 120 mg/dL.
   D. 900 a 2 000 mg/dL.

7. Un paciente con diabetes que ha tomado demasiada insulina o no ha comido lo suficiente puede presentar:
   A. choque insulínico.
   B. hiperglucemia.
   C. hipotensión.
   D. coma diabético.

8. El choque insulínico puede corregirse con rapidez si se le administra al paciente:
   A. epinefrina.
   B. glucosa.
   C. oxígeno.
   D. agua

Preguntas desafiantes

9. ¿Qué preguntas se le harían al paciente diabético al responder el historial SAMPLE?

10. ¿Cuáles son los tres pasos para administrar glucosa al paciente diabético?

11. La diabetes con frecuencia conduce a un estado mental alterado, ¿cuáles son algunas de las causas del estado mental alterado?

12. ¿Cuáles son las complicaciones médicas de la diabetes?

Reacciones alérgicas y envenenamiento por picadura de insectos

Objetivos

Cognitivos

4.5.1 Reconocer al paciente que presenta una reacción alérgica. (p. 500)

4-5.2 Describir la atención médica de emergencia del paciente con reacción alérgica. (p. 507)

4-5.3 Establecer la relación entre el paciente con reacción alérgica y el manejo de vía aérea. (p. 504)

4-5.4 Describir los mecanismos de la respuesta alérgica y las implicaciones para el cuidado de vía aérea. (p. 504)

4-5.5 Establecer los nombres genéricos y comerciales, las presentaciones, dosis, administración, acción y contraindicaciones para el autoinyector de epinefrina. (p. 505)

4-5.6 Evaluar la necesidad de dirección médica en la atención de urgencia del paciente con una reacción alérgica. (p. 507)

4-5.7 Diferenciar entre la categoría general de los pacientes que presentan una reacción alérgica y aquellos que tienen una reacción alérgica y que requieren atención médica inmediata, incluido el uso al instante de un autoinyector de epinefrina. (p. 506)

Afectivos

4-5.8 Explicar el razonamiento para la administración de epinefrina con la utilización de un autoinyector. (p. 507)

Psicomotores

4-5.9 Demostrar la atención médica de emergencia del paciente que presenta una reacción alérgica. (p. 507)

4-5.10 Demostrar el uso de un autoinyector de epinefrina. (p. 507)

4-5.11 Demostrar la evaluación y documentación de la respuesta de un paciente a una inyección de epinefrina. (p. 507)

4-5.12 Demostrar la forma adecuada para desechar el equipo. (p. 508)

4-5.13 Demostrar cómo se llena un informe de atención prehospitalario para pacientes con emergencias alérgicas. (p. 507)

16

Reacciones alérgicas y envenenamiento por picadura de insectos

Situación de urgencia

Los envían al Parque Pioneros, un área recreativa donde es frecuente que los residentes hagan días de campo y disfruten de actividades al aire libre, en especial durante los meses de primavera y verano. La naturaleza de la llamada es "una posible reacción alérgica" en un hombre de 25 años.

Cuando llegan encuentran una multitud de testigos que lo llaman desesperadamente. Al moverse entre la gente, ve a un hombre sentado en el piso. Parece estar muy angustiado y tiene ronchas en todo el pecho y los brazos. En oraciones fragmentadas, le explica que estaba jugando al disco volador cuando algo lo picó en la espalda. También le dice que le cuesta trabajo respirar y que se siente muy mareado. Nota que su respiración es muy trabajosa y percibe la presencia de sibilancia.

1. ¿Cómo puede discernir entre una reacción alérgica leve o moderada y la anafilaxia?
2. En el supuesto de que esta persona presente una reacción alérgica grave, ¿qué esperaría que indicaran sus signos vitales? Dada la condición de la emergencia, ¿llamaría a otros recursos?

Reacciones alérgicas

Cada año en México muere un número importante de personas por reacciones alérgicas. Al enfrentar las emergencias relacionadas con alergias, deberá estar consciente de la posibilidad de obstrucción aguda de vía aérea y colapso cardiovascular y estar preparado para tratar estas complicaciones letales. También deberá ser capaz de distinguir entre la respuesta usual del cuerpo ante una picadura o mordedura, y una reacción alérgica, la cual puede requerir epinefrina. Su capacidad para reconocer y manejar los muchos signos y síntomas de las reacciones alérgicas puede ser lo único que se interponga entre la vida de un paciente y la muerte inminente.

Este capítulo describe las cinco categorías de estímulos que pueden provocar las reacciones alérgicas. Aprenderá qué debe buscar en la evaluación de pacientes que puedan tener una reacción alérgica y cómo atenderlos, incluida la administración de epinefrina. A continuación, el capítulo describe las picaduras de insectos.

En contra de lo que muchas personas pueden pensar, una **reacción alérgica**, una respuesta inmune exagerada a cualquier sustancia, no es producto directo de un estímulo externo, como una mordedura o picadura, sino que es una reacción del sistema inmune del cuerpo, el cual libera sustancias químicas para combatir el estímulo. Entre estas sustancias se encuentran las **histaminas** y **leucotrienos**. Una reacción alérgica puede ser leve y local, e implicar ronchas, comezón o sensibilidad, o puede ser grave y sistémica, y producir choque y falla respiratoria.

La **anafilaxia** es una reacción alérgica extrema que por lo general amenaza la vida y es típico que afecte múltiples sistemas de órganos. En los casos graves, la anafilaxia puede producir la muerte con rapidez. Dos de los signos más comunes de anafilaxia son la **sibilancia**, una respiración aguda como un silbido que por lo general resulta del broncoespasmo y que es típica de la expiración, y **urticaria** muy extendida o ronchas. La urticaria consiste en pequeñas áreas de comezón o ardor generalizados que aparecen como múltiples áreas rojas y elevadas sobre la piel (Figura 16-1 ▶).

Dadas la persona y determinadas circunstancias, casi cualquier sustancia puede disparar el sistema inmune del cuerpo y ocasionar reacciones alérgicas: picaduras de animales, alimentos, guantes de látex y muchas otras sustancias pueden ser **alergenos**. No obstante, los alergenos más comunes caen en las cinco categorías generales descritas a continuación:

- **Picaduras y mordeduras de insectos.** Cuando un insecto muerde a una persona e inyecta su veneno con la mordedura, el acto se llama **inoculación** o, de manera más común, picadura. La picadura de una abeja, avispa, hormiga, avispa alemana o avispón, puede causar una reacción grave con la rapidez de un medicamento inyectado. La reacción puede ser local y ocasionar inflamación y comezón en el tejido circundante, o puede ser sistémica, y afectar a todo el cuerpo. Tal reacción general del cuerpo podría considerarse una reacción anafiláctica.

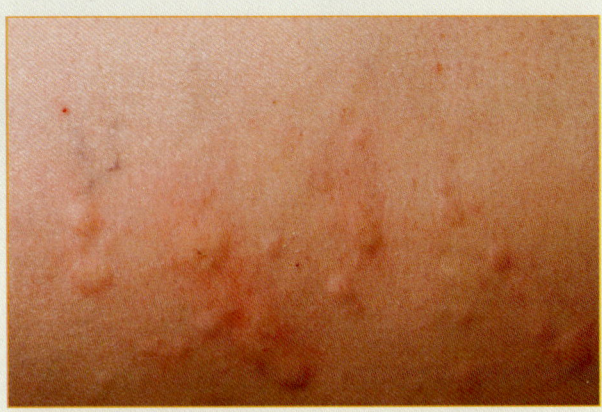

Figura 16-1 1 Después de una picadura, es posible que aparezca urticaria o ronchas. La urticaria se caracteriza por múltiples áreas pequeñas y elevadas sobre la piel, y puede ser uno de los signos de advertencia de una reacción anafiláctica inminente.

- **Medicamentos.** Los medicamentos inyectados, como la penicilina, pueden causar una reacción alérgica inmediata (en un lapso de 30 min) y grave (Figura 16-2 ▶). No obstante, las reacciones a los medicamentos orales, como la penicilina oral, pueden ser más lentas (más de 30 min), pero de igual gravedad. El hecho de que una persona haya tomado una medicina una vez sin presentar una reacción alérgica no garantiza que no la presentará la próxima vez.
- **Plantas.** Las personas que inhalan polvos, polen u otros materiales vegetales a los cuales son sensibles pueden presentar una reacción alérgica rápida y grave.
- **Comida.** Ingerir ciertos alimentos, como mariscos o nueces, puede producir una reacción relativamente lenta (más de 30 min) que aún puede ser bastante grave. La persona puede no estar consciente de la exposición o del agente incitador.
- **Sustancias químicas.** Ciertos compuestos, maquillajes, jabones, el látex y otras sustancias diversas pueden ocasionar reacciones alérgicas graves.

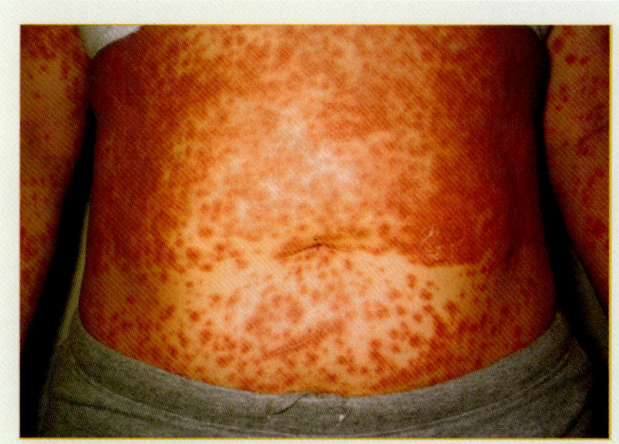

Figura 16-2 Una reacción alérgica grave a un medicamento.

Picaduras de insectos

Hay más de 100 000 especies de abejas, avispas y avispones. Las muertes debidas a reacciones anafilácticas por picaduras de insectos superan en gran medida a las muertes debidas a picaduras de víboras. El aguijón de la mayoría de las abejas, avispas, avispas alemanas y los avispones es una espina hueca pequeña que se proyecta desde el abdomen. El veneno puede inyectarse a través de esta espina directamente hasta la piel. El aguijón de la abeja posee púas, de manera que ésta no puede retraerlo (Figura 16-3A). En consecuencia, la abeja deja parte de su abdomen incrustado con el aguijón y muere poco después de alejarse. Avispas y avispones no tienen esta limitación, y pueden picar en forma repetida (Figura 16-3B). Dado que estos insectos por lo general se alejan volando después de picar, con frecuencia es imposible identificar cuál especie fue responsable de la lesión.

Algunas hormigas, en especial las rojas de fuego (*Formicoidea*, Figura 16-4A), también muerden de manera repetida, e inyectan con frecuencia una **toxina** o veneno particularmente irritante en los sitios de la mordedura. No es raro que un paciente presente múltiples mordeduras de hormiga, por lo general en pies y piernas, en un lapso muy corto (Figura 16-4B).

Los signos y síntomas de las picaduras o mordeduras de insectos incluyen dolor repentino, edematización, calor localizado y enrojecimiento de la piel en personas con piel clara, en especial en el sitio de la lesión. Puede haber comezón y en ocasiones un **verdugón**, el cual constituye una zona elevada, hinchada y bien definida de la piel (Figura 16-5). No hay tratamiento específico para

Figura 16-3 La mayoría de los insectos con aguijón inyectan veneno a través de una pequeña espina hueca que se proyecta desde su abdomen. **A.** El aguijón de la abeja posee púas y no puede retirarse una vez que este insecto pica a una persona. **B.** El aguijón de la avispa carece de púas, lo cual significa que puede picar repetidamente.

 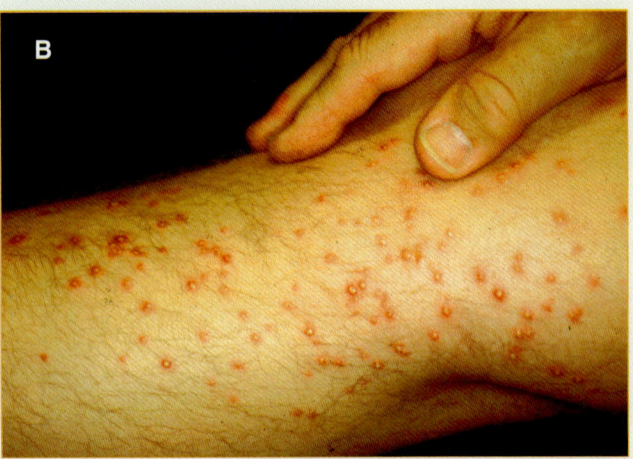

Figura 16-4 **A.** Hormiga roja de fuego. **B.** Las hormigas de fuego inyectan una toxina irritante en sitios múltiples. Las mordeduras por lo general se encuentran en pies y piernas, y aparecen como múltiples pústulas rojas y elevadas.

estas lesiones, aunque aplicar hielo en ocasiones hace que sean menos irritantes. La edematización asociada con una mordedura de insecto puede ser dramática y en ocasiones aterradora para los pacientes. Sin embargo, estas manifestaciones locales por lo general no son graves.

Dado que el aguijón de la abeja permanece en la herida, puede seguir inyectando veneno hasta por 20 min después de que la abeja se alejó volando. Al atender a un paciente al cual picó una abeja, deberá intentar retirar con cuidado el aguijón y el músculo unido a éste raspando la piel con el borde de un objeto afilado y rígido, como una tarjeta de crédito (**Figura 16-6** ▶). En general, no deberá usar pinzas o fórceps, porque al apretar el aguijón se puede provocar que éste inyecte más veneno en la herida. Lave con cuidado el área con agua y jabón o con un antiséptico suave. Intente retirar cualquier joyería de la zona antes de que se inicie la hinchazón. Coloque el sitio de la inyección un poco más abajo que el nivel del corazón y aplique hielo o paquetes fríos en el área, pero no directamente sobre la piel, para ayudar a aliviar el dolor y hacer más lenta la absorción de la toxina. Manténgase alerta para el caso de que se presente vómito o cualquier signo de choque o de reacción alérgica y no administre nada por vía oral al paciente. Coloque a la persona en posición de

Situación de urgencia — Parte 2

Solicita de inmediato ayuda de soporte vital avanzado (SVA) mientras prepara la EpiPen. Espera encontrar signos vitales que indiquen un aumento en el contenido vascular (hipotensión) y los intentos del corazón por compensar ese mayor contenido (taquicardia). También espera ver una disminución subsiguiente de oxígeno secundario a la inflamación de la vía aérea y los problemas con la circulación.

Su compañero toma los signos vitales iniciales e informa que la tensión arterial del paciente es 94/56 mm Hg, el pulso es de 130 latidos/min, las respiraciones son de 42/min y la lectura del pulso por oximetría es de 90%. Le explica al paciente que necesita administrar epinefrina para revertir los efectos de la picadura de insecto. Le señala que la inyección puede doler, pero que no debe alejarse de ella. Coloca su rodilla a lo largo de la parte interior de la pierna del paciente para evitar que se mueva, y administra la EpiPen. Su compañero le administra al paciente oxígeno de flujo elevado y retira el aguijón raspándolo con un abatelenguas. Luego acuesta al paciente y coloca sus pies en alto sobre la bolsa de vía aérea.

3. En algunos lugares de Estados Unidos, los TUM-B cuentan con AnaKits que contienen epinefrina de múltiples dosis y antihistamínicos que pueden administrar por vía oral. ¿Es una EpiPen una presentación de dosis múltiples?

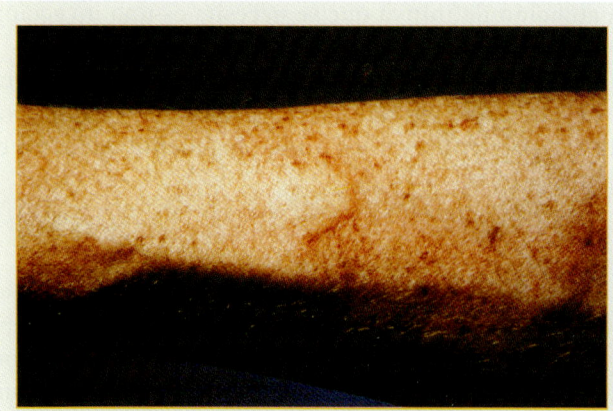

Figura 16-5 Un verdugón es una elevación blancuzca y firme de la piel que ocurre después de una picadura o mordedura de insecto.

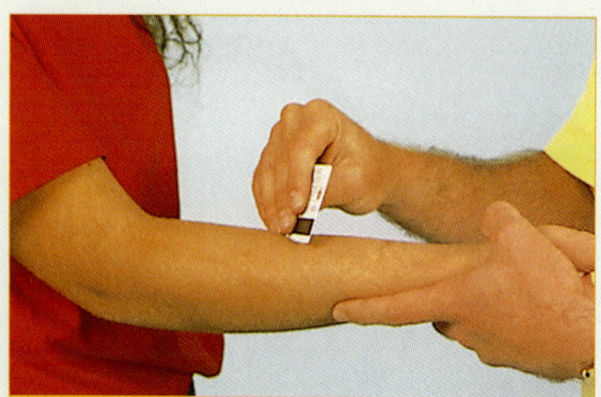

Figura 16-6 Para eliminar el aguijón de una abeja, raspe con cuidado la piel con el borde de un objeto afilado, firme y rígido, como una tarjeta de crédito.

choque y administre oxígeno si es necesario. Vigile los signos vitales del paciente y esté preparado para proporcionar apoyo adicional si se requiere.

Reacción anafiláctica a las picaduras

Cerca de 5% de las personas son alérgicas al veneno de abeja, avispón y avispa alemana. Este tipo de alergia, que causa cerca de 200 muertes por año, puede ocasionar reacciones muy graves, incluida anafilaxia. Los pacientes pueden presentar comezón y ardor generalizados, urticaria extendida, verdugones, inflamación en torno a labios y lengua, broncoespasmo y sibilancia, tensión en el pecho y tos, disnea, ansiedad, dolores abdominales e hipotensión. Algunas veces se presenta falla respiratoria.

Si no se trata, esta reacción anafiláctica puede proceder con rapidez hasta la muerte. De hecho, más de dos tercios de los pacientes que mueren por anafilaxia lo hacen dentro de la primera media hora, así que la velocidad de parte del TUM-B es esencial.

Evaluación de un paciente con reacción alérgica

Evaluación de la escena

El medio en el que se encuentra el paciente o la actividad que estaba realizando pueden indicar la fuente de la reacción, como picadura o mordedura de insecto, alergia a la comida en un restaurante o un nuevo medicamento.

Un problema respiratorio sobre el cual informó la central puede ser una reacción alérgica. Si muchas personas se ven afectadas, podría ser un veneno inhalado o un atentado terrorista. Al acercarse al paciente, observe que no haya amenazas para usted o su compañero y determine el número de pacientes en la escena. Guantes y protección ocular deberán ser las precauciones ASC mínimas. Es mejor llamar más pronto que tarde para solicitar apoyo adicional.

Evaluación inicial

Impresión general

Las reacciones alérgicas pueden presentarse como dificultad respiratoria o problemas cardiovasculares en forma de un estado de choque. Los pacientes que sufren una reacción alérgica grave con frecuencia estarán muy ansiosos y sentirán como si fueran a morir. Si en su primera impresión le parece que la persona está ansiosa y presenta sufrimiento, llame al SVA para pedir apoyo si está disponible. Algunos pacientes con alergias graves conocidas a las picaduras de insectos, ciertos medicamentos u otras sustancias, usan una placa de identificación médica **Figura 16-7**. Si están conscientes, proporcionarán esta información e identificación cuando les pregunte sobre su queja principal. Algunos incluso podrán iniciar el autotratamiento con sus propios medicamentos. Si no responden, evalúe y trate de inmediato su vía aérea, su respiración y circulación.

Vía aérea y respiración

La forma más grave de las reacciones alérgicas, la anafilaxia, puede causar la rápida edematización de la vía aérea superior. Quizá sólo tenga unos minutos

Figura 16-7 Algunos pacientes que padecen alergias graves a las picaduras de abeja, ciertos medicamentos u otras sustancias con frecuencia emplean una placa de identificación médica.

para evaluar la vía aérea y proporcionar medidas que salvarán la vida a la persona; no obstante, no todas las reacciones alérgicas son de tipo anafiláctico. Trabaje con rapidez para evaluar al paciente y determinar la gravedad de los síntomas. Coloque al paciente consciente en posición de trípode inclinado hacia delante. Esto le ayudará a facilitar la entrada del aire en los pulmones y puede permitir que el paciente se relaje. Escuche con prontitud los pulmones a cada lado del pecho. Si escucha sibilancia, significará que la vía aérea inferior también se está cerrando, lo cual impedirá la entrada del oxígeno al sistema circulatorio. No dude en iniciar la terapia con oxígeno de flujo elevado. Quizá tenga que ayudar con ventilaciones si el paciente presenta una reacción alérgica grave. Esto se puede hacer con un paciente con respuesta parcial o ausente. Las ventilaciones de presión positiva que proporcione forzarán aire a través de la edematización en la garganta y hacia los pulmones mientras está en espera de un tratamiento más definitivo. En situaciones graves como ésta, la atención definitiva que se necesita es una inyección de epinefrina.

Si es necesario, esté preparado a usar procedimientos estándar de vía aérea y ventilación por presión positiva de acuerdo con los principios identificados en el capítulo 7.

Circulación

Aunque las quejas respiratorias son las más comunes, es posible que algunos pacientes en anafilaxia no se presenten con síntomas respiratorios graves, sino sobre todo con signos y síntomas de dificultades circulatorias. Palpar un pulso radial ayudará a identificar cómo responde el sistema circulatorio a la reacción. Si el paciente no responde y carece de pulso, inicie el soporte vital básico o emplee un desfibrilador automático externo si es necesario. Evalúe en busca de frecuencia cardiaca rápida, piel pálida, húmeda y fresca y tiempos de llenado capilar retardados que indican hipoperfusión. Su tratamiento inicial para el choque debe incluir oxígeno, colocar al paciente en posición de choque y mantener la temperatura del cuerpo normal. El tratamiento definitivo para el choque anafiláctico es la epinefrina. El traumatismo es poco probable en las reacciones alérgicas, pero si éste ocurrió, aplique vendajes en todas las partes sangrantes y tome precauciones con la columna vertebral cuando sea apropiado.

Decisión de transporte

Proporcione siempre rápido transporte para cualquier paciente que pueda estar sufriendo una reacción alérgica. Lleve consigo todos los medicamentos y autoinyectores que el paciente tenga con él en ese momento. Tome decisiones de transporte basadas en los resultados de la evaluación inicial. Si el paciente presenta signos de dificultad respiratoria o choque, trate estos problemas y transporte; si está calmado y no tiene signos de dificultad respiratoria o choque después del contacto con una sustancia que causa una reacción alérgica, continúe con el historial y el examen físico enfocados.

Situación de urgencia — Parte 3

Unos momentos después de que administró la EpiPen, observa que el paciente respira con más facilidad. Su tensión arterial y los valores de la oximetría de pulso se elevaron, y las cuentas de pulso y respiratorias se redujeron. Los paramédicos llegan en ese momento.

4. ¿Qué tratamiento esperaría que proporcionaran?

Historial y examen físico enfocados

Realice un historial y un examen físico enfocados. Si la reacción alérgica dejó al paciente incapacitado para responder, realice un examen físico rápido para determinar si hay traumatismo oculto u otros problemas y luego obtenga los signos vitales y el historial.

Si el paciente responde, comience por obtener el historial SAMPLE y haga preguntas específicas para la reacción alérgica. Averigüe qué intervenciones se han completado. Determine si el paciente posee cualquier medicamento prescrito o precargado para reacciones alérgicas. Después de obtener el historial necesario, realice un examen físico enfocado para buscar aguijones de abeja o contacto con químicos y otras indicaciones de una reacción. Termine por obtener un juego completo de signos vitales.

Historial SAMPLE

Obtenga un historial SAMPLE. Las preguntas que debe realizar con relación al paciente de reacción alérgica pueden incluir las siguientes:

- **Síntomas:** los síntomas respiratorios son los que causan los mayores problemas porque la condición del paciente puede deteriorarse rápidamente de dificultades respiratorias a paro respiratorio. Otros síntomas pueden incluir comezón, erupción, ronchas, palidez, marcas de mordeduras o piquetes, incremento en el tiempo de llenado capilar o alteración del estado mental.
- **Alergias:** los pacientes susceptibles pueden presentar antecedentes de una alergia específica implicada en este caso o de otras alergias.
- **Medicamentos:** los pacientes que han tenido reacciones alérgicas graves en el pasado pueden traer consigo un autoinyector de epinefrina o antihistamínicos, como clorofenarimina (se encuentra en un AnaKit) o difenhidramina (Benadryl). Los pacientes susceptibles también pueden traer consigo inhaladores con broncodilatadores, como albuterol o medicamentos para alergia.
- **Historial médico pasado:** pregunte sobre reacciones alérgicas previas, asma y hospitalizaciones.
- **Última ingesta oral:** averiguar qué y a qué hora comió por última vez, su paciente puede ayudarle a determinar la causa de la reacción. Por ejemplo, cacahuates, chocolate y mariscos pueden ser alergenos potentes.
- **Eventos:** averigüe todo lo posible acerca de lo que estaba haciendo el paciente y a qué se expuso antes del inicio de los síntomas. Esta información puede ser esencial para un tratamiento eficaz.

Examen físico enfocado

El examen físico enfocado puede ayudar a dirigir el tratamiento. Como en todas las emergencias, su evaluación del paciente que sufre una reacción alérgica debe incluir evaluaciones del sistema respiratorio y circulatorio, de su estado mental y de la piel. Evalúe en busca de alteración del estado mental, el cual puede ser el resultado de hipoxia o de choque sistémico. Examine a conciencia la respiración, incluido un aumento del trabajo respiratorio, uso de músculos accesorios, oscilación de la cabeza, posición de trípié, dilatación de narinas y gruñidos. Ausculte con cuidado, tanto tráquea como tórax.

La sibilancia se presenta debido al estrechamiento de los conductos aéreos, lo cual se debe sobre todo a la contracción de los músculos en torno a los bronquiolos debido a la reacción contra el alergeno. La exhalación, que normalmente es la parte pasiva y relajada de la respiración, se vuelve más difícil a medida que el paciente intenta toser para expulsar las secreciones o mover el aire a través de la vía aérea constreñida. El líquido en los conductos aéreos, junto con los bronquios constreñidos, produce el sonido sibilante. Respirar se vuelve más difícil con rapidez, y es posible que el paciente incluso deje de hacerlo. La dificultad respiratoria prolongada puede causar una frecuencia cardiaca acelerada (taquicardia), un estado de choque e incluso la muerte. El **estridor**, un sonido inspiratorio agudo, ocurre cuando se edematisa la vía aérea superior (cerca de las cuerdas vocales y la garganta) cierra la vía aérea y puede con el tiempo conducir a la obstrucción total de la vía aérea.

Recuerde, la presencia de la hipoperfusión (estado de choque) o dificultad respiratoria, indica que el paciente presenta una reacción alérgica lo bastante grave para morir. Los signos y síntomas comunes de una reacción alérgica aparecen en el Cuadro 16-1.

Evalúe con cuidado la piel en busca de inflamación, erupción, ronchas o signos de la fuente de la reacción: mordeduras, picaduras o marcas de contacto. Una erupción que se extiende con rapidez puede ser preocupante porque suele indicar una reacción sistémica. La piel roja y caliente también puede indicar una reacción sistémica ya que los vasos sanguíneos pierden su actividad para constreñirse y la sangre se mueve hacia las extremidades. Si esta reacción continúa, el cuerpo tendrá dificultad para proveer de sangre y oxígeno a los órganos vitales, y uno de los primeros signos será el estado mental alterado, ya que los órganos están privados de oxígeno y glucosa.

> **CUADRO 16-1 Signos y síntomas comunes de la reacción alérgica**
>
> **Sistema respiratorio**
> - Estornudos o comezón y flujo nasal (inicialmente)
> - Tensión en el pecho o la garganta
> - Tos seca irritante y persistente
> - Ronquera
> - Respiraciones que se vuelven rápidas, trabajosas o ruidosas
> - Sibilancia y/o estridor
>
> **Sistema circulatorio**
> - Reducción de la tensión arterial por dilatación de los vasos sanguíneos
> - Aceleración del pulso (en un inicio)
> - Piel pálida y mareo al fallar el sistema vascular
> - Pérdida de la conciencia y coma
>
> **Piel**
> - Rubor, comezón o ardor en la piel, en especial sobre la cara y la parte superior del pecho
> - Urticaria sobre un área extensa del cuerpo, tanto interna como externa
> - Edematización, en especial en cara, cuello, manos, pies y/o lengua
> - Edematización y cianosis o palidez en torno a los labios
> - Sensación de calor y hormigueo en cara, boca, pecho, pies y manos
>
> **Otros signos**
> - Ansiedad; un sentido de desgracia inminente
> - Dolores abdominales
> - Dolor de cabeza
> - Ojos irritados y lagrimosos
> - Reducción del estado mental

Signos vitales iniciales

Los signos vitales ayudan a determinar si el cuerpo está compensando el estrés. Evalúe los signos vitales iniciales, incluido pulso, respiraciones, tensión arterial, piel y pupilas. La respiración rápida y trabajosa indica obstrucción de vía aérea. Las frecuencias respiratoria y cardiaca rápidas pueden indicar dificultad respiratoria o choque sistémico. El pulso rápido y la hipotensión son signos ominosos, que indican colapso vascular sistémico y un estado de choque. Los signos en piel pueden ser un indicador poco confiable de hipoperfusión debido a las erupciones y la hinchazón.

Intervenciones

Con el fin de tratar las reacciones alérgicas, deberá identificar primero qué tan grave es el estado del paciente. Algunas reacciones alérgicas producirán signos y síntomas graves en cuestión de minutos y pueden amenazar la vida de éste. Otras tendrán un inicio más lento y causarán trastornos menos graves. Se requiere epinefrina y apoyo de ventilación para las reacciones graves. Es posible que las reacciones más leves, sin dificultades respiratorias o cardiovasculares sólo requieran atención de apoyo, como oxígeno. En cualquiera de estas situaciones, deberá administrar oxígeno de alto flujo, elevar los pies del paciente y preservar la temperatura corporal. Deberá transportar al paciente a una institución médica para su evaluación adicional.

Examen físico detallado

Considere efectuar un examen físico detallado si el paciente se presenta con antecedentes o quejas confusos, si el tiempo de transporte es largo, o si hay necesidad de aclarar resultados de partes iniciales de la evaluación. Un examen físico detallado también podrá proporcionar información importante en los pacientes que no responden. En reacciones graves, el examen físico detallado puede omitirse cuando debe invertirse tiempo en el manejo de los ABC o cuando las distancias de transporte son cortas.

Evaluación continua

El paciente que sufre una posible reacción alérgica debe vigilarse de cerca debido a que el deterioro de la condición del paciente puede ser rápido y fatal. Debe darse atención especial a cualquier signo de compromiso de la vía aérea, incluido el aumento del trabajo respiratorio, el estridor o la sibilancia. El nivel de ansiedad del paciente deberá vigilarse ya que un aumento en éste es un buen indicador de que es posible que la reacción esté avanzando. Asimismo, observe la piel en busca de signos de estado de choque, incluidos la palidez y diaforesis, lo mismo que rubor debido al colapso vascular. Los signos vitales en serie son importantes para evaluar el estado de su paciente. Cualquier aumento en la frecuencia respiratoria o cardiaca, o reducción de la tensión arterial deberá anotarse. Si administra epinefrina, ¿cuál es el efecto? ¿Ha mejorado el estado del paciente? ¿Necesita considerar una segunda dosis? Quizá deba aplicar más de una inyección de epinefrina si observa que el estado mental del paciente empeora, aumenta su dificultad respiratoria o se reduce la tensión arterial. Asegúrese de consultar primero con dirección médica. Los autoinyectores actuales sólo proporcionan una dosis, y un paciente que requiera más de una dosis deberá contar con más de un inyector. Deberá tomar los signos vitales de cualquier paciente en condición crítica por lo menos cada cinco minutos.

Comunicación y documentación

Cuándo comunicarse con dirección médica depende de los resultados de su evaluación y la urgencia de la atención requerida. En algunas reacciones alérgicas, puede emplear las órdenes vigentes para administrar epinefrina incluso antes de llamar a dirección médica. En otros momentos, la reacción puede ser menos grave y puede preguntarse si el paciente requiere la inyección de epinefrina, dirección médica será de gran ayuda en esta última situación. Siga sus protocolos locales, los cuales pueden guiarlo en la provisión de atención que salve la vida sin necesidad de comunicarse con dirección médica.

Su documentación no sólo debe incluir los signos y síntomas que encuentre durante su evaluación, también debe indicar con claridad por qué eligió proporcionar la atención administrada. Si alguien cuestionara sus procedimientos, la documentación mostrará el razonamiento para sus acciones. Lleve una documentación completa e incluya en ella no sólo los resultados de la evaluación, sino también la respuesta del paciente hacia su tratamiento.

Atención médica de emergencia

Si el paciente parece presentar una reacción alérgica (o anafiláctica) grave, deberá administrar SVB de inmediato y proporcionar pronto transporte al hospital. Quizá desee solicitar respaldo del SVA si trabaja en un sistema de respuesta por niveles. Además de proporcionar oxígeno, deberá estar preparado para mantener la vía aérea o proporcionar RCP. Se ha pensado que colocar hielo sobre la lesión retrasa la absorción de la toxina y disminuye la hinchazón, pero si los paquetes de hielo se colocan directamente sobre la piel pueden congelarla y causar más daño. Lo mismo que cualquier intento por reducir la inflamación con hielo, deberá tener cuidado de no exagerar con éste. En algunas zonas, es posible que esté autorizado para administrar epinefrina o para ayudar al paciente con la administración de ésta.

El cuerpo produce **epinefrina** de manera normal, y esta sustancia actúa con rapidez para acelerar el pulso y elevar la tensión arterial mediante la constricción de los vasos sanguíneos. En ocasiones, el cuerpo no produce suficiente epinefrina, en cuyo caso, ésta se administra para compensar la respuesta lenta del cuerpo en una reacción grave. La epinefrina también inhibe la reacción alérgica y dilata los bronquiolos. Todos los equipos para tratar piquetes de abeja deben contener una jeringa ya preparada de epinefrina lista para la inyección intramuscular junto con instrucciones para su uso. Su sistema de SMU puede o no autorizarlo para ayudar a los pacientes a autoadministrarse epinefrina para combatir las reacciones alérgicas o la anafilaxia. En algunos lugares, el director médico puede autorizarlo a llevar consigo un autoinyector de epinefrina (EpiPen) o para asistir a los pacientes que tienen su propio EpiPen. El sistema adulto administra 0.3 mg de epinefrina a través de un sistema automático de aguja y jeringa; el sistema para lactantes y niños administra 0.15 mg (Figura 16-8A).

Tips para el TUM-B

Mientras un TUM-B prepara el oxígeno, el otro deberá ayudar al paciente para colocarlo en una posición cómoda, en general con cabeza y hombros elevados. Estas medidas ayudarán a la perfusión hacia el cerebro, al mismo tiempo que reducirán el esfuerzo respiratorio. Si el paciente muestra signos o síntomas de choque, eleve sus pies.

Situación de urgencia — Parte 4

Ayuda a los paramédicos a transportar al paciente a la ambulancia. Ahí observa que uno de ellos ya se preparó para iniciar líquidos intravenosos, administrar Benadryl y dar un tratamiento respiratorio.

5. ¿Qué puede sucederle a un paciente en anafilaxia si se retrasa la administración de epinefrina?

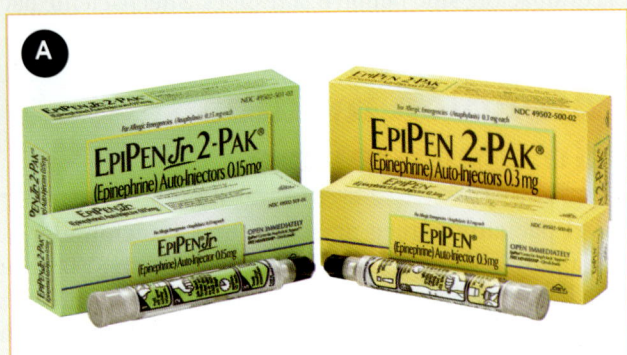
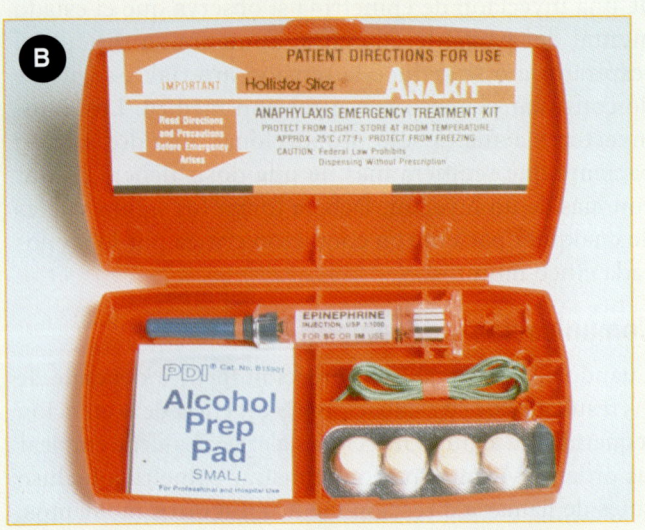

Figura 16-8 Los pacientes que sufren reacciones alérgicas graves con frecuencia llevan consigo su propia epinefrina, la cual viene predosificada en un autoinyector o una jeringa estándar. **A.** Autoinyectores EpiPen. **B.** AnaKit con jeringa de epinefrina.

Si el paciente es capaz de usar el autoinyector por sí solo, su papel se limita a ayudarle. Para usar, o para ayudar al paciente a que utilice el autoinyector, primero deberá recibir una orden directa de dirección médica o seguir los protocolos locales o las órdenes vigentes. Siga las precauciones ASC, y asegúrese de que el medicamento se le haya prescrito de manera específica para ese paciente. Si no es así, no administre el medicamento; informe a dirección médica y proporcione transporte inmediato. Por último, asegúrese de que el medicamento no esté decolorado y que la fecha de caducidad no haya pasado.

Una vez que haya hecho esto, siga los pasos en **Destrezas 16-1** ▶ para usar un autoinyector.

1. **Retire la tapa de seguridad** del autoinyector y, si es posible, limpie el muslo del paciente con alcohol o algún otro antiséptico. No obstante, no retrase la administración del fármaco (**Paso 1**).
2. **Coloque la punta del autoinyector** contra la parte lateral del muslo del paciente, a la altura del tercio medio del muslo (**Paso 2**).
3. **Empuje el inyector con firmeza** contra el muslo hasta que se active. Mantenga una presión uniforme para evitar el rebote del resorte en la jeringa y que la aguja sea expulsada del sitio de inyección demasiado pronto. Sostenga el inyector en su sitio hasta que se inyecte el fármaco (10 segundos) (**Paso 3**).
4. **Retire el inyector** del muslo del paciente y deséchelo en el recipiente adecuado de materiales peligrosos.
5. **Anote el tiempo y la dosis** de la inyección en su hoja de registro.
6. **Reevalúe y registre** los signos vitales del paciente después de usar el autoinyector.

Si el paciente sabe que padece una alergia, es posible que traiga consigo un equipo comercial para picaduras de abeja (AnaKit) que contiene una jeringa estándar de epinefrina para la inyección intramuscular **Figura 16-8B** ▲. Si va a administrar esta epinefrina, realice las mismas preparaciones que efectuaría para el autoinyector: obtenga

Tips para el TUM-B

Si su director médico al igual que los protocolos lo permiten, y su paciente cuenta con un inhalador y un autoinyector de epinefrina, un TUM-B puede ayudar a administrar el inhalador mientras el otro aplica la epinefrina.

Qué documentar

Las reacciones alérgicas y las respuestas a piquetes y mordeduras pueden progresar con rapidez hasta amenazar la vida. Con una buena atención, los signos y síntomas graves pueden ceder justo con la misma rapidez. Es importante realizar un examen de sistemas múltiples y documentar sus resultados antes y después del tratamiento. Proporcione atención particular a los signos respiratorios y circulatorios, y al funcionamiento mental.

Capítulo 16 Reacciones alérgicas y envenenamiento por picadura de insectos

Uso del autoinyector

Destrezas 16-1

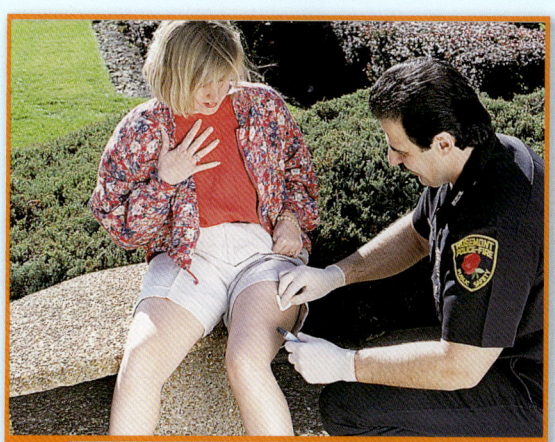

1 Retire la tapa de seguridad del inyector, y limpie rápidamente el muslo con antiséptico.

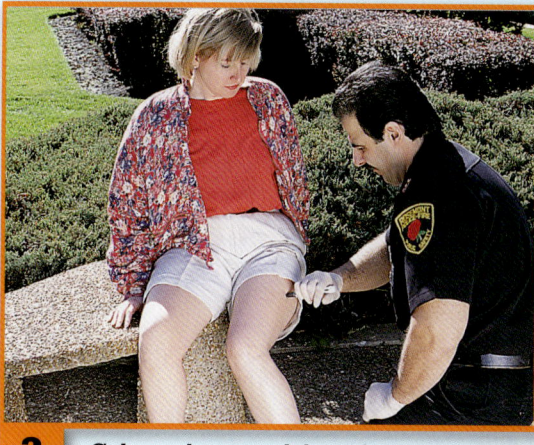

2 Coloque la punta del autoinyector contra la parte lateral del muslo.

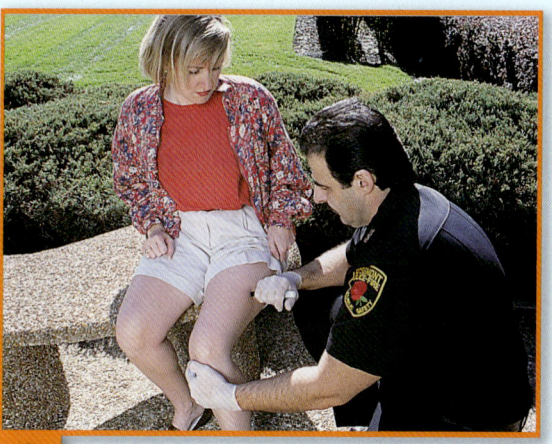

3 Empuje el autoinyector con firmeza contra el muslo, y sosténgalo en el sitio hasta que se haya inyectado todo el medicamento.

una orden, tome las precauciones ASC y asegúrese de que el medicamento es del paciente, no esté decolorado y la fecha de caducidad no haya pasado. Siga los pasos en **Destrezas 16-2** para administrar epinefrina de un AnaKit:

1. **Prepare el sitio de inyección** con una toallita con alcohol u otro antiséptico, si hay tiempo. Retire la cubierta de la aguja (**Paso 1**).
2. **Sostenga la jeringa en posición recta** de manera que cualquier aire en su interior suba a la base de la aguja. Retire el aire y presione el émbolo hasta que se detenga (**Paso 2**).
3. **Gire el émbolo** un cuarto de vuelta (**Paso 3**).
4. **Inserte la aguja con rapidez**, recta en el sitio de inyección, con la bastante profundidad para colocar la punta de la aguja en el músculo, por debajo de la piel y la grasa subcutánea (**Paso 4**).
5. **Mantenga la jeringa firme** y empuje el émbolo hasta que se detenga, para asegurarse de que inyectó todo el medicamento (**Paso 5**).
6. **Haga que el paciente mastique y degluta las tabletas de antihistamínicos** del equipo (**Paso 6**).
7. Si cuenta con o puede **preparar una compresa fría**, aplíquela en el sitio de la picadura para reducir la hinchazón y minimizar la cantidad de veneno que entra a la circulación (**Paso 7**).

Uso del AnaKit

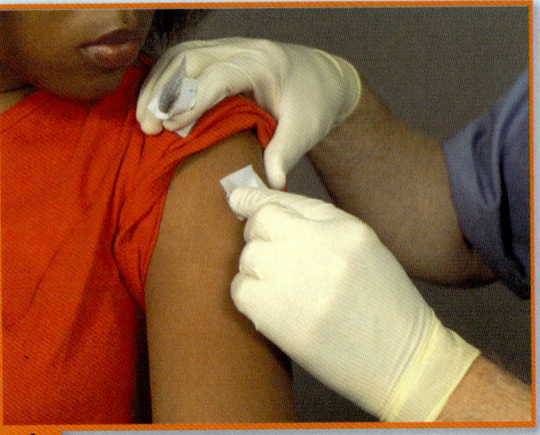

1 Prepare el sitio de inyección con antiséptico, y retire la cubierta de la aguja.

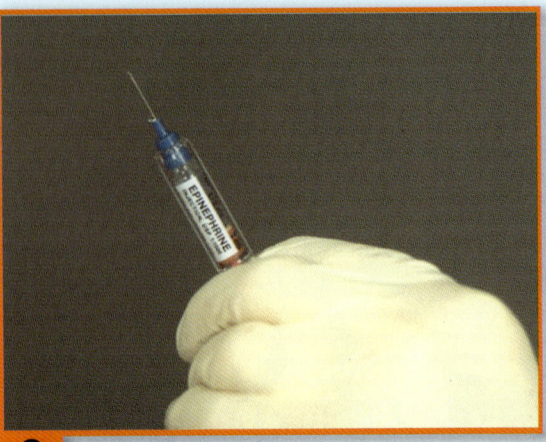

2 Sostenga la jeringa erecta y use con cuidado el émbolo para eliminar el aire.

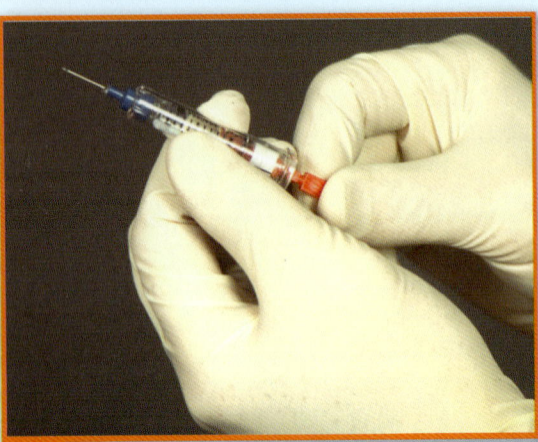

3 Gire el émbolo un cuarto de vuelta.

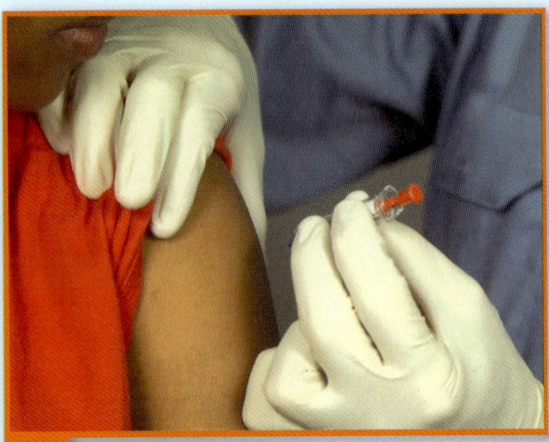

4 Inserte con rapidez la aguja en el músculo.

Capítulo 16 Reacciones alérgicas y envenenamiento por picadura de insectos 511

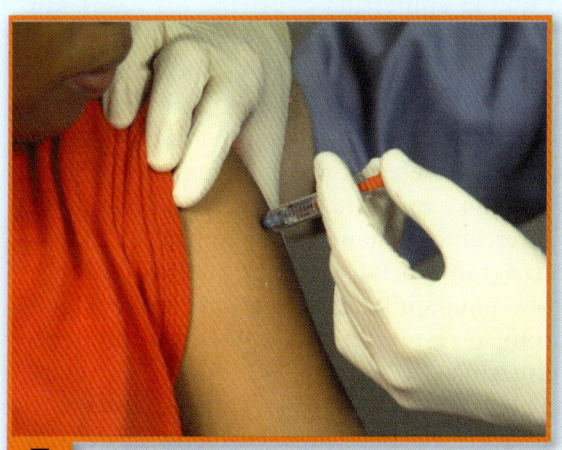

5 Sostenga la jeringa con firmeza y empuje el émbolo hasta que se detenga.

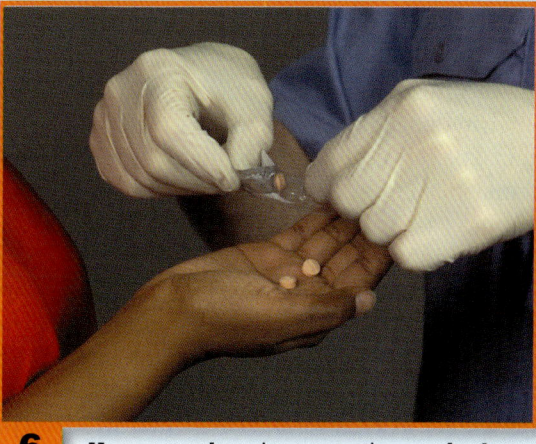

6 Haga que el paciente mastique y degluta las tabletas de antihistamínicos que proporciona el equipo.

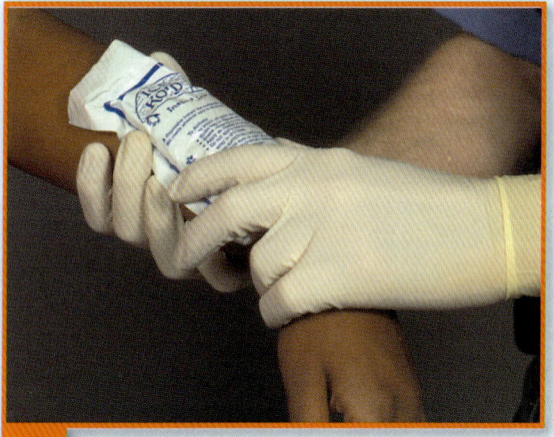

7 Si está disponible, aplique una compresa fría en el sitio de la picadura.

La jeringa del AnaKit contiene una segunda inyección si ésta se requiere.

Otros equipos contra picadura de abeja contienen algunos antihistamínicos orales o intramusculares, agentes que bloquean el efecto de la histamina. Éstos trabajan con relativa lentitud, en unos minutos o hasta en una hora. Dado que la epinefrina puede tener efecto en 1 min, ésta es la forma principal de salvar la vida de alguien que tiene una reacción anafiláctica grave.

En algunas zonas, las tripulaciones de TUM-B pueden administrar epinefrina para la anafilaxia. Siga sus protocolos locales o las indicaciones de dirección médica, pero por lo general inyectará 0.3 a 0.5 mL de solución de epinefrina 1:1 000 a un adulto que pese más de 50 kg por vía intramuscular o subcutánea con intervalos de 5 a 15 min, según se requiera. Por lo general no se administran más de dos inyecciones. Las dosis para niños varían dentro de un intervalo de 0.1 a 0.3 mL, de acuerdo con el peso del paciente. Tenga en mente que el medicamento puede ocasionar taquicardia significativa, lo mismo que un aumento en la ansiedad o el nerviosismo, y palpitaciones.

Dado que la epinefrina constriñe los vasos sanguíneos, puede causar una elevación significativa de la tensión arterial del paciente. Otros efectos secundarios incluyen taquicardia, palidez, mareo, dolor de pecho, dolor de cabeza, náusea y vómito. Es posible que todos estos efectos provoquen que el paciente se sienta ansioso o excitado. Estos efectos secundarios valen el intercambio cuando la epinefrina se emplea en una situación mortal. Observe que los pacientes que no presentan sibilancia o que carecen de signos de compromiso respiratorio o hipotensión no deben recibir epinefrina.

Complete la atención de emergencia señalada antes para este paciente, y proporcione transporte rápido, vigilando de cerca y con frecuencia los signos vitales. Recuerde que todos los pacientes con posible anafilaxia deben recibir oxígeno de flujo y concentración elevados.

Situación de urgencia — Resumen

La anafilaxia, en términos sencillos, es el intento del cuerpo por liberarse de un alergeno que percibe como dañino. Esta sustancia que normalmente es benigna (como polen o una picadura de insecto), hace que el cuerpo genere camas capilares con fugas (el intento del cuerpo por eliminar el alergeno del torrente sanguíneo) e inflamación de la vía aérea (el intento del cuerpo por evitar una exposición adicional de la vía aérea a esta sustancia). Lo que el cuerpo hace para ayudar a protegerse a sí mismo, en este caso en realidad causa un gran daño.

Las reacciones alérgicas leves a moderadas de hecho son localizadas. No abarcan a todos los sistemas del cuerpo. En una reacción leve a moderada, podría esperar ver los ojos irritados y lacrimosos, flujo nasal, estornudos y, quizá, ronchas. Aunque estos signos y síntomas son incómodos, no causan efectos dañinos en los sistemas respiratorio y cardiovascular.

En casos de anafilaxia, el retraso en la administración de la epinefrina puede costar la vida del paciente. Debe reconocer de inmediato la situación, saber cómo administrar de manera correcta la epinefrina y hacerlo a tiempo. Debe familiarizarse con los protocolos locales, porque muchos difieren. Algunas áreas poseen órdenes vigentes para los TUM-B para administrar EpiPens cuando se espera anafilaxia (historial de eventos con hipotensión y dificultad respiratoria), mientras que otras localidades requieren que los TUM-B obtengan permiso a través de la dirección médico en línea.

Puede evitar los retrasos si hace lo siguiente:
- Estar preparado y revisar su material cada mañana para determinar si se requieren fármacos o equipo.
- Familiarizarse con sus aparatos y la localización del equipo antes de acudir a los llamados.
- Conocer los protocolos locales y capacitarse con frecuencia para las emergencias médicas como ésta para mantener su eficiencia.
- Conozca su área para reducir el tiempo de respuesta. (Consulte siempre su mapa a menos que esté 100% seguro de la localización.)

Todas estas preparaciones pueden tener un impacto significativo en la calidad y oportunidad de su respuesta y su atención del paciente.

Capítulo 16 Reacciones alérgicas y envenenamiento por picadura de insectos

Evaluación y cuidados de urgencia

Reacciones alérgicas

Evaluación de la escena	Las precauciones de aislamiento de sustancias corporales deben incluir un mínimo de guantes y protección ocular. Confirme la seguridad de la escena y determine NE/ML. Considere el número de pacientes, la necesidad de ayuda adicional/SVA y la estabilización de columna vertebral.
Evaluación inicial	
■ Impresión general	Determine el nivel de conciencia y encuentre y trate cualquier amenaza inmediata para la vida. Determine la prioridad de la atención con base en la queja principal del paciente. Si la persona parece ansiosa o teme la muerte, pida la ayuda del SVA.
■ Vía aérea	Asegure la vía aérea del paciente.
■ Respiración	Proporcione oxígeno de alto flujo a 15 L/min. Si es posible, coloque al paciente en posición de trípode y evalúe la profundidad y frecuencia del ciclo respiratorio, además de proporcionar apoyo de ventilación según se requiera.
■ Circulación	Evalúe la frecuencia del pulso y su calidad; observe el color, temperatura y condición de la piel y trate de acuerdo con ello.
■ Decisión de transporte	Transporte con prontitud.
Historial y examen físico enfocado	NOTA: el orden de los pasos en el historial y el examen físico enfocados difiere de acuerdo con el estado de conciencia del paciente. El orden a continuación es para un paciente consciente. En caso de que la persona esté inconsciente, efectúe un rápido examen físico, obtenga los signos vitales y el historial.
■ Historial SAMPLE	Haga preguntas SAMPLE y determine si el paciente cuenta con un autoinyector/inhalador bajo prescripción. Asegúrese de preguntar si y qué intervenciones se realizaron antes de su llegada, cuántas se efectuaron y a qué hora.
■ Examen físico enfocado	Efectúe un examen físico enfocado que se base en el impulso respiratorio, la ventilación adecuada y lo apropiado, además de la eficacia, del sistema circulatorio, además del estado mental del paciente.
■ Signos vitales iniciales	Tome los signos vitales, observe el color y temperatura de la piel, lo mismo que el nivel de conciencia del paciente. Utilice la oximetría de pulso si está disponible.
■ Intervenciones	Apoye al paciente según se requiera. Considere el uso de oxígeno, ventilaciones de presión positiva, adjuntos y posicionamiento adecuado del paciente. Asista con el uso de autoinyectores o inhaladores según lo defina el protocolo local.
Examen físico detallado	Complete un examen físico detallado.
Evaluación continua	Repita la evaluación inicial y la evaluación enfocada, y reevalúe las intervenciones efectuadas. Reevalúe los signos vitales cada 5 min para el paciente inestable y cada 15 para el estable. Observe y trate al paciente según se requiera.
■ Comunicación y documentación	Comuníquese con control médico con un informe por radio, proporcione información sobre la condición del paciente. Retransmita cualquier cambio significativo, incluido el nivel de conciencia o la dificultad para respirar. Asegúrese de documentar cualquier cambio, la hora en que sucedió y cualquier intervención realizada.

NOTA: aunque los pasos a continuación tienen amplia aceptación, asegúrese de consultar y seguir su protocolo local.

Reacciones alérgicas

Uso del autoinyector
1. Retire la tapa de seguridad del inyector, y limpie rápidamente el muslo con antiséptico.
2. Coloque la punta del autoinyector contra la parte lateral del muslo.
3. Empuje el autoinyector con firmeza contra el muslo, y sosténgalo en el sitio hasta que se haya inyectado todo el medicamento (10 s).

Uso de AnaKit
1. Prepare el sitio de inyección con antiséptico, y retire la cubierta de la aguja.
2. Sostenga la jeringa erecta y use con cuidado el émbolo para eliminar el aire.
3. Gire el émbolo un cuarto de vuelta.
4. Inserte con rapidez la aguja en el músculo.
5. Sostenga la jeringa con firmeza y empuje el émbolo hasta que se detenga.
6. Haga que el paciente mastique y deglute las tabletas de antihistamínicos que proporciona el equipo.
7. Si está disponible, aplique una compresa fría en el sitio de la picadura.

Resumen
Listo para repaso

- Una reacción alérgica es una respuesta hacia las sustancias químicas que libera el cuerpo para combatir ciertos estímulos, llamados alergenos.
- Las reacciones alérgicas ocurren con mayor frecuencia en respuesta a cinco categorías de estímulos: picaduras y mordeduras de insectos, medicamentos, alimentos, vegetales y sustancias químicas.
- La reacción puede ser leve y local, incluir comezón, enrojecimiento y sensibilidad, o puede ser grave y sistémica e incluir un estado de choque e insuficiencia respiratoria.
- La anafilaxia es una reacción alérgica montada por sistemas múltiples de órganos, la cual debe tratarse con epinefrina.
- La sibilancia y los verdugones en la piel pueden ser signos de anafilaxia.
- Las personas que saben que son alérgicas al veneno de abeja, avispón, avispa alemana o avispas, con frecuencia llevan consigo un equipo contra picadura de abeja que contienen epinefrina en un autoinyector. Puede ayudar a administrar este medicamento en esta presentación con autorización de dirección médica.
- Todos los pacientes con posible anafilaxia requieren oxígeno.
- Al evaluar una persona con posible reacción alérgica, debe observar si existe rubor, comezón e hinchamiento de la piel, ronchas, sibilancia y estridor, una tos persistente, disminución de la tensión arterial, pulso débil, mareo, dolor abdominal y dolor de cabeza.
- Proporcione siempre transporte rápido a un hospital para cualquier paciente que presente una reacción alérgica. Recuerde que los signos y síntomas pueden empeorar con rapidez. Vigile con cuidado los signos vitales del paciente durante el traslado, en especial en busca de compromiso de vía aérea.

Vocabulario vital

alergenos   Sustancias que causan una reacción alérgica.

anafilaxia   Reacción alérgica sistémica extrema, y quizá mortal, que puede incluir choque y paro respiratorio.

epinefrina   Sustancia producida por el cuerpo (comúnmente llamada adrenalina), y medicamento producido por compañías farmacéuticas; incrementa la velocidad del pulso y la presión sanguínea, es el fármaco de elección para una reacción anafiláctica.

estridor   Un sonido respiratorio estridente y agudo, que por lo general se escucha durante la inspiración, que es producto del bloqueo parcial o estrechamiento de la vía respiratoria superior.

histaminas   Sustancias liberadas por el sistema inmune en las reacciones alérgicas, que causan muchos de los síntomas de anafilaxia.

inoculación   El acto de inyectar veneno.

leucotrienos   Sustancias químicas que contribuyen a la anafilaxis; liberadas por el sistema inmune en las reacciones alérgicas.

reacción alérgica   Respuesta inmune exagerada del cuerpo hacia un agente interno o de superficie.

sibilancia   Un sonido agudo, como silbido, que se produce al respirar, por lo general producto de la constricción de los conductos menores de los pulmones y que se produce típicamente al exhalar.

toxina   Veneno o sustancia dañina.

urticaria   Pequeñas manchas (o ronchas) con comezón generalizada o ardor, o ambos, que aparecen como múltiples áreas elevadas en la piel; sarpullido.

verdugón (o roncha)   Un área elevada, hinchada y bien definida de la piel que resulta de una picadura de insecto o una reacción alérgica.

Qué evaluar

La central de radio recibe una llamada de una niñera del 129 de la calle Juárez para informar sobre un niño "enfermo". Responde a la llamada y llega en unos minutos. Un oficial llega justo antes que ustedes y les indica hacia un lugar en la parte trasera de la casa.

El paciente es un niño de cuatro años que está sentado en una silla y llorando. La niñera le dice que los niños estaban jugando en el jardín trasero cuando el niño comenzó a llorar, y que observó varias hormigas en ambas piernas del paciente. Después de llamar a urgencias, la niñera eliminó todas las hormigas.

El niño llora, pero no parece tener ninguna molestia inmediata. Completa la evaluación inicial y la evaluación médica enfocada y no encuentra motivos inmediatos de preocupación. Cuando completa el examen físico detallado encuentra varias mordeduras de hormiga. Ambas piernas están muy rojas y edematizadas en torno a las mordeduras. La niñera le informa que el paciente no tiene problemas médicos, no toma medicamentos y no tiene alergias conocidas. Los signos vitales incluyen una frecuencia del pulso de 110 latidos/min y relleno capilar regular menor de 2 s, además de una frecuencia respiratoria de 30 respiraciones/min y sin esfuerzo. Los padres no regresarán en varias horas y la niñera no quiere que transporten al niño.

¿Puede abandonar la escena? ¿Hay algo más que necesite hacer antes de irse?

Temas: Comunicación con los niños; Protección y tratamiento de pacientes pediátricos; Consentimiento implícito.

Autoevaluación

Ambulancia 5 responde y se dirige al 5710 de Av. Colorado Este debido a un informe sobre una paciente con problemas para respirar. Se dirigen a la escena. Al llegar, los recibe un joven que está parado en la banqueta y los conduce con la paciente. Al moverse hacia el frente de la casa, el hijo de la paciente les dice que su mamá "tiene algún tipo de reacción".

La paciente es una mujer de 40 años que está sentada en una silla y que parece tener dificultades respiratorias moderadas. Su piel se ve pálida. Completa una evaluación inicial y obtiene la siguiente información. La vía aérea está abierta, pero la paciente le dice que piensa que su garganta se está cerrando. La frecuencia respiratoria es de 24 respiraciones/min y disneica (trabajosa). La frecuencia del pulso es de 100 latidos/min y regular. Le administran oxígeno a la paciente por medio de una mascarilla no recirculante ajustada de 10 a 15 L/min.

Efectúa una evaluación médica rápida y obtiene los signos vitales y el historial SAMPLE. La paciente le dice que es alérgica a las picaduras de abeja y que es probable que una le haya picado. Le prescribieron EpiPen, pero tiene miedo de usarla. Cuando evalúa los sonidos pulmonares de la paciente, escucha sibilancia en todos los lóbulos y los brazos de la paciente están cubiertos con urticaria (ronchas).

1. Cuando trate reacciones alérgicas agudas, deberá estar consciente de la posibilidad de colapso cardiovascular y:
   A. obstrucción aguda de vía aérea.
   B. sangrado mayor interno.
   C. problemas neurológicos.
   D. daño en la piel y pérdida del cabello.

2. De acuerdo con su evaluación, esta paciente presenta y debe ser tratada para:
   A. adicciones.
   B. anafilaxia.
   C. arterioesclerosis.
   D. ataxia.

3. Además de la administración de oxígeno y de un transporte rápido, el tratamiento de esta paciente puede incluir:
   A. obtener signos vitales cada 20 min.
   B. colocar hielo alrededor de brazos y piernas.
   C. elevar la cabeza o los pies.
   D. administración de epinefrina.

4. La dosis para adultos de epinefrina para el tratamiento de anafilaxia es de:
   A. 0.3 mg.
   B. 300 mg.
   C. 30 mg.
   D. 1 mg.

5. Cuando utilice la EpiPen, retire la tapa de seguridad, coloque el autoinyector contra la parte media del muslo de la paciente y:
   A. empuje con firmeza contra el muslo y sosténgala en su lugar.
   B. jale el disparador principal.
   C. sujete con un vendaje.
   D. encienda el interruptor.

6. El aguijón de una abeja puede permanecer en la piel y provocar:
   A. infección en la piel.
   B. parálisis de la extremidad.
   C. mayor inyección del veneno.
   D. una decoloración.

7. Después de un piquete, el aguijón todavía puede estar en el paciente. Puede retirarlo por medio de:
   A. succión con una jeringa.
   B. una pequeña incisión con un cuchillo.
   C. el uso de pinzas o fórceps.
   D. el raspado de la piel con un objeto rígido como una tarjeta de crédito.

8. La irritación que provoca el aguijón se reduce si coloca:
   A. al paciente acostado boca arriba.
   B. un vendaje sobre el aguijón.
   C. hielo sobre el área implicada.
   D. una banda de constricción debajo del aguijón.

Preguntas desafiantes

9. ¿Cuáles son las cinco categorías de estímulos que provocan reacciones alérgicas?

10. ¿Cuál es la diferencia entre reacción alérgica y una respuesta a una mordedura o picadura?

11. ¿Cuáles son los signos y síntomas comunes de una reacción alérgica con relación a los sistemas respiratorio, circulatorio y la piel?

12. ¿Cómo funciona la sustancia epinefrina en el cuerpo para tratar la anafilaxia?

Intoxicaciones y envenenamientos

Objetivos

Cognitivos

4.6.1 Señalar las diferentes maneras en que el veneno entra al cuerpo. (p. 520)
4-6.2 Indicar los signos y síntomas asociados con el envenenamiento. (pp. 519, 521)
4-6.3 Analizar la atención médica de urgencia para el paciente con posible sobredosis. (p. 530)
4-6.4 Describir los pasos en la atención médica de urgencia para pacientes con sospecha de envenenamiento. (p. 522)
4-6.5 Establecer la relación entre el paciente que sufre envenenamiento o sobredosis y el manejo de vía aérea. (p. 525)
4-6.6 Establecer los nombres genéricos y comerciales, las indicaciones, contraindicaciones, presentaciones, dosis, la administración, acción, los efectos secundarios y las estrategias de reevaluación del carbón activado. (p. 527)
4-6.7 Reconocer la necesidad de la dirección médica en la atención del paciente con envenenamiento o sobredosis. (pp. 519, 527)

Afectivos

4-6.8 Explicar el razonamiento para administrar carbón activado. (p. 523)
4-6.9 Explicar el razonamiento para contactar a la dirección médica al inicio del manejo prehospitalario del paciente con envenenamiento o sobredosis. (p. 519)

Psicomotores

4-6.10 Demostrar los pasos en la atención médica de urgencia para el paciente con posible sobredosis. (p. 530)
4-6.11 Demostrar los pasos en la atención médica de urgencia para el paciente con posible envenenamiento. (p. 527)
4-6.12 Realizar los pasos necesarios requeridos para proporcionar carbón activado a un paciente. (p. 527)
4-6.13 Demostrar la evaluación y documentación de la respuesta del paciente. (p. 527)
4-6.14 Demostrar la forma correcta de desechar el equipo para la administración de carbón activado. (p. 527)
4-6.15 Demostrar cómo se completa un informe sobre la atención prehospitalaria de pacientes con una urgencia por envenenamiento/sobredosis. (p. 527)

17

Intoxicaciones y envenenamientos

Situación de urgencia

La central lo envía a usted y su compañero a la guardería infantil local debido a un envenenamiento accidental. La directora del centro los recibe en la puerta del frente y les informa que uno de los niños ingirió un producto de limpieza. Cuando entran en el edificio escuchan llanto y gritos histéricos. Se encuentran con una niña de tres años de edad, que obviamente se siente mal, sentada en el regazo de su maestra.

1. ¿Qué precauciones de ASC debería considerar al tratar a esta paciente?
2. ¿Qué tipo de signos y síntomas va a buscar?

Intoxicaciones y envenenamientos

Día a día toda persona entra en contacto con cosas potencialmente venenosas. Esto no es sorprendente si se considera que casi cualquier sustancia puede ser un veneno en ciertas circunstancias. Diferentes dosis pueden convertir incluso un remedio en un tóxico. Considere el ácido acetilsalicílico (aspirina asa). Cuando se toma en las dosis recomendadas, es un analgésico seguro y eficaz. No obstante, demasiado ácido acetilsalicílico puede ocasionar la muerte.

El envenenamiento agudo afecta a cerca de cinco millones de niños y adultos cada año. El envenenamiento crónico, con frecuencia producto del abuso de medicamentos y otras sustancias, incluidos tabaco y alcohol, es mucho más común. Por fortuna, las muertes debidas a envenenamiento son bastante raras. Las tasas de mortalidad por envenenamiento en niños se han reducido de manera continua desde la década de 1960, cuando se introdujeron las tapas de seguridad para los frascos y recipientes con medicamentos. Las muertes debidas a envenenamiento en adultos, sin embargo, han aumentado, la mayoría como resultado del abuso de drogas.

En este capítulo, el término "envenenado" incluye envenenamientos agudos y crónicos. Como TUM-B, debe reconocer que los pacientes con cualquiera de estos tipos de problemas pueden presentar diversas manifestaciones. Aunque el TUM-B no puede detener un problema de abuso crónico de sustancias, puede ser capaz de evitar la muerte debido a los efectos agudos del tóxico.

Este capítulo analiza cómo identificar a un paciente envenenado y cómo reunir indicios sobre el veneno. Describe las diferentes maneras en que se introduce el veneno en el cuerpo. Luego discute los signos, síntomas y tratamiento de venenos específicos, incluidos sedantes y **opiáceos** (medicamentos con acciones semejantes a las de la morfina). También se analizan los envenenamientos con alimentos y plantas.

Identificación del paciente y del veneno

Un **veneno** es cualquier sustancia cuya acción química puede dañar las estructuras corporales o afectar las funciones orgánicas. El veneno puede introducirse en el cuerpo por una gran diversidad de medios. Los venenos actúan mediante la modificación del metabolismo normal de las células o por medio de su destrucción; mismos que pueden actuar de manera aguda, como en una sobredosis de heroína, o en forma crónica, como el abuso durante años de alcohol o de otra sustancia. El **abuso de sustancias** es el mal uso de cualquier sustancia para producir un efecto deseado (por ejemplo, la intoxicación con cocaína).

Su responsabilidad primaria con el paciente envenenado es reconocer que ocurrió un envenenamiento. Tenga en mente que cantidades muy pequeñas de algunos venenos pueden causar daño considerable o la muerte. Si tiene incluso la más ligera sospecha de que un paciente tomó una sustancia tóxica, deberá notificar a la dirección médica e iniciar el tratamiento de urgencia de inmediato. La discusión de asuntos relacionados con el suicidio se cubrirá en el capítulo de emergencias de comportamiento.

Los síntomas y signos del envenenamiento varían de acuerdo con el agente específico, como se muestra en el **Cuadro 17-1**. Algunos venenos hacen que el pulso se acelere, mientras que otros lo hacen más lento; algunos provocan que las pupilas se dilaten, otros que se constriñan. Si la respiración está deprimida o es difícil, puede ocurrir cianosis. Algunos compuestos químicos irritarán o quemarán la piel o las membranas mucosas, lo cual causará quemaduras o flictenas (ampollas). La presencia de tales lesiones en la boca sugiere fuertemente la **ingestión** (deglución) de un veneno, como sosa. Si es posible, considere preguntar al paciente lo siguiente:

- ¿Qué sustancia tomó?
- ¿Cuándo la tomó (o se expuso a ella)?
- ¿Cuánto ingirió?
- ¿Qué medidas ha tomado?
- ¿Cuánto pesa?
- ¿Última toma de alimentos?

Intente determinar la naturaleza del veneno. Los objetos en la escena pueden proporcionar indicios: un frasco, una aguja o jeringa abandonados, pastillas dispersas, sustancias químicas, incluso una planta caída o dañada. Los restos cercanos de cualquier alimento o bebida también pueden ser importantes. Coloque cualquier material sospechoso en una bolsa de plástico y llévelo al hospital junto con cualquier frasco que encuentre.

Los frascos pueden proporcionar información crítica. Además del nombre y la concentración del fármaco, la etiqueta de un frasco de pastillas puede indicar ingredientes específicos, número de pastillas que había originalmente en el frasco, el nombre del fabricante y la dosis prescrita. Esta información puede ayudar a los médicos del departamento de urgencias a determinar cuánto se ha ingerido y qué tratamiento específico puede requerirse. Para ciertos envenenamientos por comida, el envase del alimento que indica el nombre y localización del fabricante o vendedor puede ser de igual importancia para salvar la vida del paciente y quizá de otras personas.

Si el paciente vomita, examine el contenido en busca de fragmentos de pastillas. Anote cualquier cosa inusual que observe. Puede colectar el material, llamado

CUADRO 17-1 Toxidromos: signos y síntomas típicos de sobredosis de fármacos específicos

Fármacos	Signos y Síntomas
Opiáceos (ejemplos: sobredosis de heroína, oxicodona)	■ Hipoventilación o paro respiratorio ■ Pupilas de punta de alfiler ■ Sedación o coma ■ Hipotensión
Simpaticomiméticos (ejemplos: epinefrina, albuterol, cocaína, metanfetamina)	■ Hipertensión ■ Taquicardia ■ Pupilas dilatadas ■ Agitación o convulsiones ■ Hipertermia
Sedantes-hipnóticos (ejemplos: diacepam [Valium], secobarbital [Seconal], flunitracepam [Rohypnol])	■ Arrastra la lengua al hablar ■ Sedación o coma ■ Hipoventilación ■ Hipotensión
Anticolinérgicos (ejemplos: atropina, datura)	■ Taquicardia ■ Hipertermia ■ Hipertensión ■ Pupilas dilatadas ■ Piel y membranas mucosas secas ■ Sedación, agitación, convulsiones, coma o delirio ■ Reducción de sonidos intestinales
Colinérgicos (ejemplos: cimetidina, pilocarpina, gas nervioso)	■ Exceso de defecación o micción ■ Fasciculación muscular ■ Pupilas de punta de alfiler ■ Lagrimeo o salivación excesivos ■ Compromiso de vía aérea ■ Náusea o vómito

Tips para el TUM-B

Centros de control de venenos

Hay varios cientos de centros de control de venenos en México. El número telefónico de su centro local de control de venenos suele encontrarse en la segunda de forros de su directorio local. El personal de todos los centros tiene acceso a la información acerca de los medicamentos, sustancias químicas y compuestos de uso común que podrían ser venenosos. Conocen el tratamiento de urgencia adecuado para cada uno, incluido el antídoto, si lo hay. Un antídoto es una sustancia que contrarrestará los efectos de un veneno particular.

Si cree que un paciente está envenenado, deberá proporcionar de inmediato a la dirección médica toda la información relevante: cuándo ocurrió el envenenamiento, una descripción del posible veneno, incluida la cantidad implicada, y la estatura, el peso y la edad del paciente. Si es necesario, dirección médica puede comunicarse con el centro de control de venenos y reenviarle instrucciones específicas al TUM-B.

Un toxicólogo médico es un doctor que se especializa en el cuidado de pacientes intoxicados. En ocasiones, su dirección médica puede referir a un paciente que cumple con ciertos criterios de envenenamiento a uno de estos centros en lugar del hospital más cercano.

El TUM-B y su centro de dirección médica deben conocer el número telefónico de su centro de control de venenos estatal y tenerlo a mano en caso de que se enfrenten a un caso inesperado de envenenamiento.

vómito, en una bolsa de plástico de manera que pueda analizarse en el hospital.

Cómo entran los venenos al cuerpo

La atención de urgencia para un paciente envenenado puede incluir una gama de acciones, desde tranquilizar a un paciente ansioso hasta instituir la RCP. Con gran frecuencia no incluirá la administración de un antídoto específico porque la mayoría de estos venenos carecen de uno. En general el tratamiento más importante para el envenenamiento es diluir y/o eliminar de manera física al agente venenoso. Cómo haga esto dependerá en primer lugar de la manera en que el veneno entra al cuerpo del paciente. En esencia, las cuatro vías a considerar son las siguientes:

■ Inhalación Figura 17-1A ▶
■ Absorción (contacto de superficie) Figura 17-1B ▶
■ Ingestión Figura 17-1C ▶
■ Inyección Figura 17-1D ▶

La inyección con frecuencia puede ser la manera más preocupante de envenenamiento. Es posible administrar oxígeno a un paciente que inhaló un veneno, y puede administrarle carbón activado a alguien que ingirió el tóxico. Puede mojar la piel con agua y lavar los ojos de quien ha tenido contacto con veneno; sin embargo, es difícil eliminar o diluir lo venenos inyectados, un hecho que provoca que estos casos sean especialmente urgentes. Por otra parte, todas las vías de envenenamiento pueden ser mortales, y se debe pensar que cada una equivale en gravedad.

Consulte siempre con la dirección médica antes de proceder con el tratamiento de cualquier víctima de envenenamiento.

Venenos inhalados

Los pacientes que han inhalado sustancias tóxicas, incluidos gas natural, ciertos pesticidas, monóxido de carbono, cloro u otros gases, deben ser transferidos de inmediato a donde haya aire fresco Figura 17-2 . Dependiendo del tiempo de exposición, pueden requerir oxígeno suplementario. Emplee siempre aparatos de respiración autocontenida para protegerse a sí mismo contra los vapores venenosos. Si no cuenta con capacitación específica en el uso del aparato o con equipo disponible ajustado a su persona, difiera a personal con la capacitación y el equipo adecuados la exposición a medios peligrosos donde están presentes toxinas de inhalación. Es posible que los pacientes deban ser descontaminados por personal con capacitación especial después de ser retirados de un medio tóxico. No podrá administrar atención de urgencia hasta que se haya realizado este paso y que el veneno no pueda contaminarlo.

Algunos venenos inhalados, como el monóxido de carbono, son inodoros y producen hipoxia grave sin dañar o siquiera irritar los pulmones. Otros, como el cloro, son muy irritantes y ocasionan obstrucción de vía aérea y edema pulmonar. El paciente puede informar que tiene los siguientes signos y síntomas: ardor en ojos, dolor de garganta, tos, dolor de pecho, ronquera, sibilancia, dificultad respiratoria, mareo, confusión, dolor de cabeza o estridor en los casos graves. Asimismo, el paciente puede presentar convulsiones o estado mental

Figura 17-1 Hay cuatro rutas mediante las cuales puede entrar al cuerpo un veneno. **A.** Inhalación. **B.** Absorción (superficie de contacto). **C.** Ingestión. **D.** Inyección.

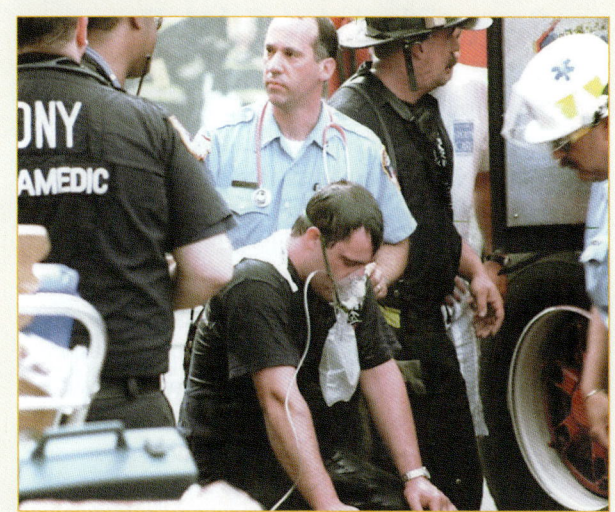

Figura 17-2 Los pacientes que han inhalado venenos necesitan oxígeno suplementario y pronto transporte al departamento de urgencias.

alterado. Algunos agentes inhalados ocasionan daño progresivo en pulmones, incluso una vez que el paciente ha sido rescatado de la exposición directa es posible que el daño no sea evidente durante algunas horas. Mientras tanto, pueden requerirse de dos a tres días, o hasta más, de terapia intensiva para reestablecer la función pulmonar normal. Por esta razón, todos los pacientes que han inhalado veneno requieren transporte inmediato al departamento de urgencias. Esté preparado para emplear oxígeno suplementario por medio de una mascarilla con reservorio no recirculante y/o soporte de ventilación con un dispositivo de bolsa-válvula-mascarilla (BVM) si es necesario. Asegúrese de que está disponible una unidad de aspiración en caso de que el paciente vomite. Lo mismo que con otros envenenamientos, resulta útil que lleve consigo envases, frascos y etiquetas cuando transporte al paciente al hospital.

Venenos de absorción o de contacto con superficies

Los venenos que entran en contacto con la superficie del cuerpo pueden afectar al paciente de muchas maneras. Las sustancias corrosivas dañarán la piel, las membranas mucosas o los ojos y causarán quemaduras químicas, erupciones reveladoras o lesiones. Los ácidos, álcalis y algunos productos del petróleo (hidrocarburos) son muy destructivos. Otras sustancias se absorben en el torrente sanguíneo por medio de la piel y poseen efectos sistémicos, justo como los medicamentos o drogas que se toman por las vías oral e inyectada. Otras sustancias, como la hiedra o el cedro venenosos pueden causar tan solo una erupción con comezón sin ser peligrosos para la salud. Es importante, por tanto, distinguir entre quemaduras por contacto y la absorción por contacto.

Los signos y síntomas del veneno absorbido incluyen un historial de exposición, líquido o polvo sobre la piel del paciente, quemaduras, comezón, irritación, enrojecimiento de la piel en personas de piel clara u olores típicos de la sustancia.

El tratamiento de urgencia para el envenenamiento clásico por contacto incluye los dos pasos siguientes:

1. Evite contaminarse a sí mismo o a otros.
2. Retire la sustancia corrosiva o irritante del paciente lo más rápido posible.

Retire toda la ropa que se haya contaminado con veneno o sustancias irritantes, cepille a conciencia para quitar cualquier sustancia química seca, enjuague la piel con agua corriente y luego lávela con agua y jabón. Cuando se ha derramado una gran cantidad de material sobre el paciente, "inundar" la parte afectada por lo menos 20 min puede ser el tratamiento más rápido y

Seguridad del TUM-B

La seguridad de la escena debe ser su preocupación primaria cuando recibe una llamada sobre un incidente de inhalación. Siempre que haya más de un paciente y no exista evidencia del mecanismo de la lesión, tenga sospechas. Los vapores tóxicos pueden ser inodoros e incoloros. Si la sustancia está en la atmósfera, ésta también afectará a los rescatadores lo mismo que a las víctimas. Un TUM-B incapacitado no le ayuda a nadie. Tenga sospechas de que hay vapores venenosos cuando encuentre pacientes con cambios en el nivel de conciencia, en especial en un sitio industrial o en un espacio encerrado.

Seguridad del TUM-B

La absorción de sustancias tóxicas a través de la piel es un problema común en la agricultura y manufactura. La mayoría de los disolventes y "cidas" –como insecticidas, herbicidas y pesticidas– son tóxicos y pueden absorberse con facilidad por medio de la piel.

eficaz. Si el paciente presenta un agente químico en los ojos, deberá irrigarlos con rapidez y a conciencia, por lo menos de 5 a 10 min, si se trata de sustancias ácidas, y de 15 a 20 min si son álcalis. Para evitar contaminar el otro ojo mientras hace la irrigación, asegúrese de que el líquido corra del puente de la nariz hacia afuera Figura 17-3 ▼ . La operación debe iniciarse en la escena y continuar durante el transporte.

Muchas quemaduras químicas ocurren en medios industriales, donde están disponibles regaderas y protocolos específicos para el manejo de quemaduras superficiales. Si lo llaman para acudir a un escenario de este tipo, por lo general habrá personas capacitadas para apoyarlo. No pierda tiempo tratando de neutralizar sustancias sobre la piel con sustancias químicas adicionales. Esto puede ser, de hecho, más dañino. En lugar de ello, lave la sustancia de inmediato con abundante agua. Obtenga las hojas de datos sobre seguridad del material, si están disponibles, y llévelas consigo al transportar al paciente.

La única ocasión en la cual no debe irrigar el área de contacto con agua es cuando un veneno reacciona de modo violento con agua, como es el caso del fósforo o el sodio elemental. Estas sustancias se incendian cuando entran en contacto con el agua. En lugar de lo anterior, cepille el material para retirarlo del paciente, elimine las ropas contaminadas y aplique un apósito seco en el área de la quemadura. Asegúrese de usar guantes y ropa de protección adecuados.

Proporcione pronto transporte al departamento de urgencias para una atención definitiva. En el camino, continúe con la irrigación y proporcione oxígeno si es posible.

Seguridad del TUM-B

Para minimizar la contaminación de un paciente que estuvo en contacto con una sustancia peligrosa, un TUM-B debe mantenerse totalmente protegido y asistir al paciente. Este TUM-B se considera "contaminado". El otro TUM-B debe mantenerse aparte y tener el menor contacto posible, para ser capaz de proporcionar lo que es necesario y conducir sin contaminar el equipo y el frente del vehículo. No aspire vapores ni polvo. No tenga contacto con la sustancia o descarga ni deje que estas lleguen a otros mientras retira las ropas y enjuaga la piel del paciente.

Venenos ingeridos

Cerca de 80% de los envenenamientos se producen por vía oral (ingestión). Los venenos orales incluyen líquidos, limpiadores domésticos, alimentos contaminados, plantas y, en la mayoría de los casos, fármacos. Ingerir veneno por lo general es accidental en niños y, a excepción de alimentos contaminados, deliberado en adultos. El envenenamiento con plantas es común entre los niños, quienes gustan de explorar y con frecuencia muerden las hojas de diversos arbustos o plantas.

Su objetivo como TUM-B es eliminar con rapidez la mayor cantidad de veneno posible del tracto gastrointestinal. Para la mayoría de las víctimas de envenenamiento este tratamiento de urgencia es suficiente.

En el pasado se usaba jarabe de ipecacuana para causar vómito, pero ahora se recomienda sólo en unas cuantas situaciones en las cuales el riesgo de perder la conciencia es claramente bajo. Dado que el jarabe de ipecacuana induce el vómito, las personas que han ingerido sustancias que pueden ocasionar la reducción del estado alerta, podrían llegar a vomitar e inhalar el vómito hacia los pulmones al perder la conciencia.

Como resultado, el jarabe de ipecacuana por lo general no se lleva en las ambulancias. Hoy día, muchos sistemas SMU le permiten llevar carbón activado en su unidad. Los proveedores no deben administrar carbón activado a un paciente a menos que se los indique control de venenos o dirección médica. El carbón activado viene como una suspensión que se une al veneno en el estómago y lo saca del sistema. Por tanto, es más eficaz y seguro que el jarabe de ipecacuana. Dado que el carbón activado es un líquido negro que mancha, es posible que tenga que convencer al paciente para lograr que lo beba; intente administrarlo en un vaso con tapa con pajilla Figura 17-4 ▶ . Recuerde,

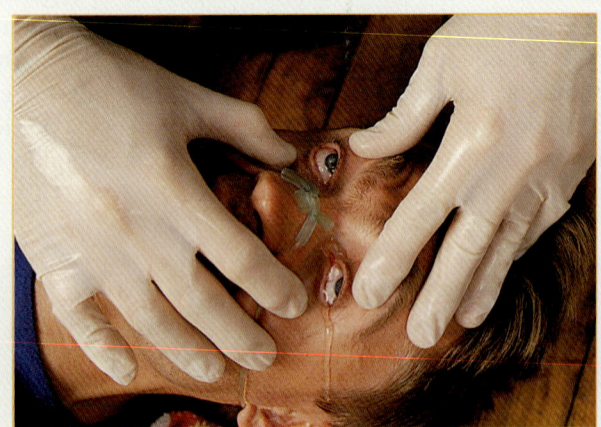

Figura 17-3 Si el agente químico se encuentra en los ojos del paciente, irríguelos con la mayor rapidez posible y con abundante agua, asegurándose de que el líquido de irrigación corra desde el tabique de la nariz hacia fuera. (Use una cánula nasal como se muestra en la imagen.)

> **Seguridad del TUM-B**
>
> Tenga en mente que algunos compuestos químicos reaccionan con agua. Aunque por lo general pequeñas cantidades pueden enjuagarse sin peligro con abundante agua, las cantidades mayores de tales químicos pueden generar vapores tóxicos o explotar cuando se mojan. Asegúrese de revisar las advertencias y carteles relevantes.

> **Tips para el TUM-B**
>
> Mientras un TUM-B explica lo que es el carbón, el otro puede preparar una bolsa grande de basura para que cubra la ropa del paciente como un babero. Esto ayudará a contener la solución de carbón si el paciente vomita.

nunca debe forzar este (ni ningún otro) líquido hacia el interior de la boca de un paciente.

Aunque cada veneno producirá un conjunto específico de síntomas y signos, siempre deberá evaluar la vía aérea, la respiración y circulación (ABC) de todo paciente envenenado. Muchos pacientes han muerto como resultado de problemas con los ABC que podrían haberse manejado con facilidad. Esté preparado para proporcionar soporte agresivo de ventilación y RCP a un paciente que haya ingerido un opiáceo, un sedante o barbitúrico, cada uno de los cuales puede causar depresión del sistema nervioso central (SNC) y respiración lenta. Siempre que el envenenamiento esté implicado, deberá proporcionar pronto transporte al departamento de urgencias. Es posible que el paciente necesite apoyo IV y otros tratamientos que sólo se pueden dar en el hospital. Si trabaja en un sistema por niveles, el apoyo del SVA también puede ser apropiado, porque es frecuente que estos proveedores también lleven consigo y estén autorizados para administrar medicamentos y terapias adicionales.

Venenos inyectados

El envenenamiento por inyección con frecuencia es el resultado del abuso de fármacos como heroína o cocaína 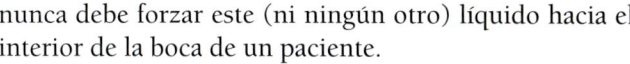. Al contrario de lo que piensan los detectives de la televisión, los únicos que tienen la probabilidad de haber inyectado a un paciente con veneno son los insectos y animales.

Los signos y síntomas de envenenamiento por inyección pueden tener una multitud de presentaciones, incluidas debilidad, mareo, fiebre, escalofríos y falta de respuesta, o el paciente puede excitarse con facilidad.

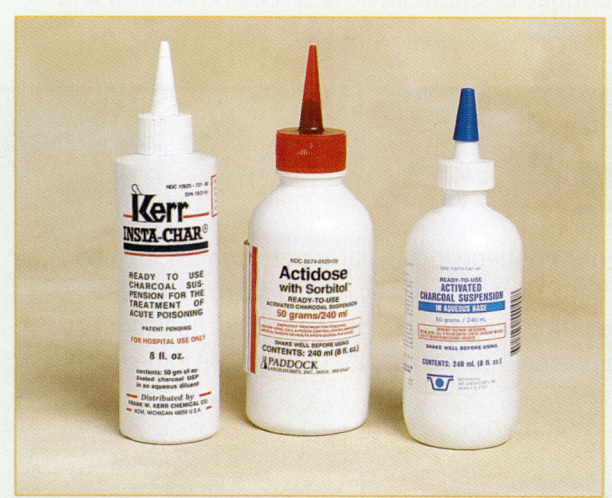

Figura 17-4 El carbón activado viene como una suspensión premezclada que debe administrar, si el protocolo local lo permite, en un vaso cubierto con pajilla.

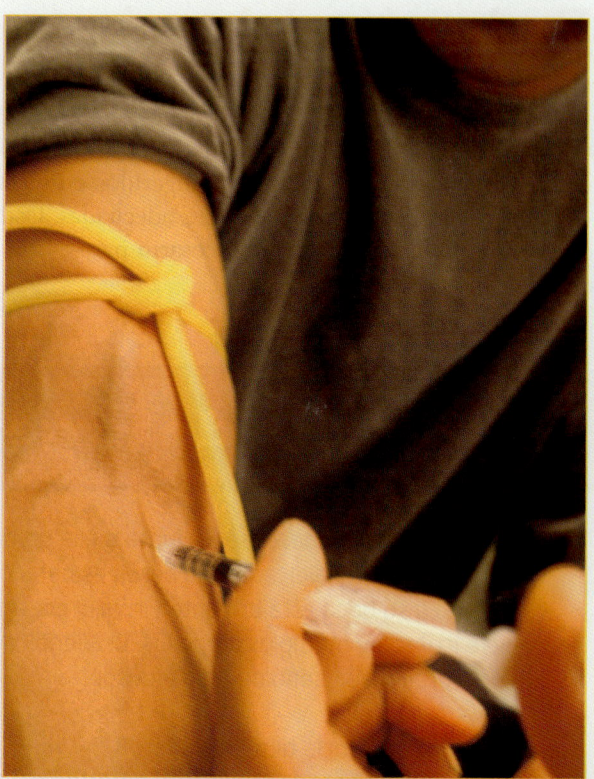

Figura 17-5 Los venenos inyectados son imposibles de diluir o eliminar del cuerpo en el campo; por tanto, el pronto transporte a la sala de urgencias es crítico.

Qué documentar

Tome tiempo en la escena para hacer anotaciones a conciencia y legibles acerca de la naturaleza del envenenamiento. Podrá entonces indicar con rapidez el tipo y cantidad de sustancia y la vía de exposición en sus informes por radio, verbales y escritos. Las notas claras que pueden entregarse a su llegada también serán apreciadas por el ocupado personal del hospital.

En general, los venenos inyectados son imposibles de diluir o eliminar porque casi siempre se absorben con rapidez en el cuerpo o causan una intensa destrucción del tejido local. Si sospecha que ocurrió una absorción rápida, vigile la vía aérea del paciente, proporcione oxígeno de flujo elevado y manténgase alerta en caso de náusea y vómito. Elimine anillos, relojes y brazaletes de las áreas en torno al sitio de inyección si hay hinchamiento. El rápido transporte al departamento de urgencias es esencial. Lleve todos los envases, frascos y etiquetas junto con el paciente al hospital.

Evaluación del paciente envenenado

Debido al riesgo de posible contaminación cruzada por venenos que pueden ser inhalados, ingeridos e inyectados, debe tomar las precauciones ASC adecuadas. Use el equipo de protección personal necesario para evitar la contaminación.

Evaluación de la escena

Esta es una situación en la cual es de gran valor un despachador bien capacitado, que con el conjunto de protocolos apropiado y excelentes habilidades de interrogación puede obtener importante información concerniente a la llamada por envenenamiento que ayudará a anticipar la protección adecuada necesaria para reforzar la seguridad. El despachador puede ser capaz de obtener información acerca del número de pacientes involucrados, si se requieren recursos adicionales y si está implicado un traumatismo. Si esta información no se obtiene antes de su llegada, deberá tomar tiempo para reforzar la seguridad y determinar la naturaleza de la enfermedad, el número de pacientes implicados, la necesidad de recursos adicionales y si se requiere la estabilización de la columna vertebral.

A medida que se acerque a la escena, deberá buscar indicios que pudieran indicar la sustancia y/o veneno implicados.

- ¿Hay frascos de medicamentos tirados alrededor del paciente y la escena? Si es así, ¿falta algún medicamento que pudiera indicar sobredosis?
- ¿Hay botellas de bebidas alcohólicas presentes?
- ¿Hay jeringas u otra parafernalia para drogas en la escena?
- ¿Hay un olor desagradable o extraño en el cuarto? Si es así, ¿es segura la escena? Ésta también podría ser una indicación sobre un veneno inhalado.

Un olor sospechoso y/o la parafernalia para drogas podrían indicar la presencia de un laboratorio de fármacos. Este tipo de laboratorios pueden ser muy volátiles, así que verifique la seguridad de la escena **Figura 17-6**.

Situación de urgencia — Parte 2

Al acercarse a la niña, observa junto a ella un basurero que contiene lo que parece ser vómito. La niña está consciente y alerta. Su vía aérea es patente y presenta 34 respiraciones trabajosas/min. El área en torno a su boca está brillante y roja, y presenta graves ampollas. Dentro de su boca encuentra tejido rojo e irritado y múltiples ampollas. El aliento de la niña presenta un fuerte olor químico. De inmediato le proporciona oxígeno de flujo elevado.

3. ¿Qué importancia tiene el vómito?
4. ¿Qué debe hacer con el vómito antes de dejar la escena?
5. ¿Consideraría el uso de carbón activado en el tratamiento de esta paciente?
6. ¿Cuál es el número telefónico de su centro de control de venenos local o estatal?

Figura 17-6 Un laboratorio capaz de producir grandes cantidades de metanfetaminas.

Realizar la evaluación de la escena ayudará a reforzar la seguridad, determinar las acciones apropiadas que necesita tomar y asegurar que la atención del paciente se inicie con éxito.

Evaluación inicial

Impresión general

Al obtener una impresión general del paciente, su queja principal, amenazas aparentes a la vida y nivel de conciencia, está tratando de determinar la gravedad de la condición del paciente. Con el abuso de sustancias y el envenenamiento, no se engañe al pensar que un paciente consciente, alerta y orientado se encuentra en condición estable y que no hay amenazas evidentes para su existencia. Es posible que tenga una cantidad dañina o incluso letal de veneno en su sistema que no ha tenido tiempo de producir reacciones generalizadas. Una evaluación inicial que revela a un paciente con signos de dificultades y/o estado mental alterado le proporciona una confirmación temprana de que una sustancia venenosa está causando reacciones sistémicas.

Vía aérea y respiración

Asegúrese con rapidez de que el paciente tenga una vía aérea abierta y ventilación adecuada. No dude en iniciar la terapia de oxígeno para la persona. Si el paciente no responde a estímulos dolorosos, necesitará considerar la inserción de una vía aérea adjunta para asegurar que la vía aérea esté abierta. Tenga la succión disponible, estos pacientes son susceptibles al vómito. Es posible que también tenga que asistir a las ventilaciones del paciente con un dispositivo BVM debido a las sustancias que actúan como depresivos. A medida que evalúe y maneje la vía aérea y la respiración del paciente, deberá considerar la posibilidad de una lesión en médula espinal. Las precauciones con la columna vertebral en un paciente que no responde deben iniciarse cuando se abre la vía aérea en un inicio y mantenerse cuando se requieran ventilaciones con presión positiva.

Circulación

Una vez que evalúe la vía aérea así como la respiración y realice intervenciones apropiadas, determine el estado circulatorio del paciente. Encontrará variaciones en el estado circulatorio de acuerdo con la sustancia implicada. Evalúe el pulso y la condición de la piel. Algunos venenos son estimulantes y otros son depresivos. Algunos venenos causarán vasoconstricción, y otros vasodilatación. Aunque el sangrado puede no ser obvio, las alteraciones en la conciencia pueden haber contribuido a traumatismo y sangrado.

Decisión de transporte

Los pacientes con alteraciones obvias en los ABC o aquellos de los que tenga una mala impresión general deberán considerarse para transporte inmediato. Un retraso en la escena para evaluar y tratar a los pacientes rara vez está indicado. Algunos medios industriales pueden contar con estaciones específicas de descontaminación y con antídotos en el sitio mismo. La mayoría de las veces, el equipo de respuesta industrial ya habrá iniciado la descontaminación y la administración de antídotos antes de su llegada, y no deberán retrasar el transporte rápido. Considere la descontaminación antes del transporte de acuerdo con el veneno al cual se expuso el paciente. Esto sería necesario si un paciente sigue emitiendo vapores o el personal de tratamiento tiene la posibilidad de exponerse en el espacio de la ambulancia durante el transporte. Esto posee especial importancia cuando se transportan pacientes expuestos en un helicóptero.

Historial y examen físico enfocados

Una vez atendidas las amenazas a la existencia iniciales, es posible comenzar el siguiente paso de su evaluación: el historial y examen físico enfocados. En la mayoría de los casos, esto puede efectuarse en la ambulancia camino al hospital. Si no hay traumatismo implicado y si el paciente permanece sin responder después de su evaluación inicial, comience con un examen físico rápido para determinar si hay problemas ocultos o indicaciones de envenenamiento o exposición a una sustancia química. Luego, continúe con los signos vitales y reúna el mayor historial SAMPLE que le sea posible.

Si su paciente responde y puede contestar preguntas, comience con una evaluación de la exposición y del historial SAMPLE. Esto lo guiará en un examen físico enfocado del área expuesta o de los problemas más preocupantes. A continuación, realice un juego completo de signos vitales iniciales. En estas situaciones el historial lo guiará hacia el tema sobre el cual debe concentrarse mientras continúa con la evaluación de las quejas del paciente; el examen físico enfocado ayuda a explicar lo que sucede dentro del cuerpo del paciente. Estas tres evaluaciones le proporcionarán dirección en las intervenciones que puede requerir su paciente.

Historial SAMPLE

Como parte del historial SAMPLE, deberá hacer las siguientes preguntas:

- ¿Cuál es la sustancia implicada? Si la conoce estará mejor capacitado para tener acceso a un recurso apropiado, como el centro de control de venenos, para determinar las dosis letales, el tiempo que transcurre antes de que se inicien los efectos dañinos, los efectos de la sustancia a niveles tóxicos y las intervenciones apropiadas.
- ¿Cuándo ingirió o se expuso a la sustancia el paciente? Esto le permitirá saber cómo se iniciarán los efectos dañinos. Asimismo, le permitirá saber al médico de urgencias qué efectos dañinos pueden revertirse y cuáles no, debido al tiempo durante el cual el paciente ha estado expuesto a la sustancia.
- ¿Cuánto ingirió el paciente o cuál fue el nivel de exposición? Con esta información, el centro de control de venenos será capaz de informarle si el paciente recibió una dosis dañina o letal.
- ¿Durante qué periodo tomó el paciente la sustancia? ¿Ingirió el paciente la sustancia de una sola vez o durante minutos u horas?
- ¿Ha realizado el paciente o algún testigo cualquier intervención en la persona? ¿Ayudó la intervención? La intervención del paciente puede ocasionar más complicaciones. El médico de urgencias también deberá conocer esta información para poder ajustar las intervenciones de acuerdo con ello.
- ¿Cuánto pesa el paciente? Si está indicado el carbón activado, necesitará determinar la dosis sobre la base del peso del paciente. El antídoto o agente neutralizante administrado por el médico de urgencias también puede basarse en el peso del paciente. Para el examen físico, evalúe los sistemas orgánicos afectados y proporcione especial atención a los sistemas respiratorio y cardiovascular.

Examen físico enfocado

Deberá concentrarse en el área del cuerpo o la vía de exposición. Por ejemplo, si una persona ingirió un tóxico, inspeccione la boca en busca de indicaciones de envenenamiento. ¿Hay quemaduras debidas a sustancias cáusticas? ¿Hay fragmentos? Si la piel de la persona entró en contacto con un tóxico, ¿hay una erupción o quemaduras? ¿Qué tan grande es el área afectada? Si ocurrió exposición respiratoria, ausculte los pulmones. ¿Hay buen movimiento de aire hacia dentro y hacia fuera? ¿Escucha cualquier sibilancia o estertor? Gran parte de las cosas en las cuales se concentraría en su examen físico se basan en la ruta de exposición y en el fármaco o sustancia particular a la cual se expuso el paciente. Tome el tiempo para familiarizarse con los efectos de las clases generales de medicamentos y sustancias químicas hasta que conozca los tóxicos específicos y comunes.

Signos vitales esenciales

Un juego completo de signos vitales iniciales es una herramienta importante para determinar cómo va evolucionando el paciente. Muchos venenos y tóxicos no tienen indicaciones externas de la gravedad de la exposición. Las alteraciones en nivel de conciencia, pulso, respiraciones, presión arterial y piel son indicadores más sensibles de que algo grave ocurre.

Intervenciones

El tratamiento que proporciona a los pacientes envenenados depende en gran medida de la sustancia a la que se expusieron y cómo, además de otros signos y síntomas que encuentre en su evaluación. Apoyar los ABC es de gran importancia. Algunos venenos pueden diluirse con facilidad o descontaminarse antes de su transporte. Diluya las exposiciones debidas al aire con oxígeno, elimine las exposiciones por contacto con una cantidad copiosa de agua, a menos que esto esté contraindicado, y considere el uso de carbono activado para venenos ingeridos. Comuníquese con la dirección médica o con su centro de control de venenos para discutir las opciones de tratamiento para venenos particulares.

Examen físico detallado

Con frecuencia un examen detallado proporcionará información adicional sobre la exposición que sufrió el paciente. Una revisión general de todos los sistemas corporales puede ayudar a identificar los problemas sistémicos. Esta revisión debe realizarse, por lo menos, en pacientes con quemaduras químicas extensas u otros traumatismos significativos y en otros pacientes que no respondan. El manejo de los ABC debe ser la evaluación prioritaria y el objetivo del tratamiento. Estas intervenciones deben preceder a un examen físico detallado.

Evaluación continua

La condición de los pacientes expuestos a venenos podría cambiar de pronto y sin advertencia. Deberá reevaluar de modo continuo que los ABC del paciente sean adecuados. Repita los signos vitales y compárelos con el conjunto de valores iniciales obtenidos antes en la evaluación. Analice la eficacia de las intervenciones que proporcionó. Si su evaluación ha generado la información necesaria sobre la sustancia tóxica, puede ser capaz de anticipar cambios en la condición del paciente. Si este último consumió una dosis dañina o letal de sustancia venenosa, deberá repetir la evaluación de los signos vitales cada 5 min o constantemente, según sea necesario. Si el paciente se encuentra estable y no hay amenazas para la vida, reevalúe cada 15 min. Si el veneno o el nivel de exposición (p. ej., el número y tipo de pastillas que tomó) se desconocen, la reevaluación de cuidados es obligatoria y frecuente.

Comunicación y documentación

Una vez que haya completado su historial y examen físico enfocados, incluidos los signos vitales iniciales, comuníquese con dirección médica para solicitar las intervenciones necesarias. Notifique al hospital toda la información que tenga acerca del veneno o la sustancia con la cual tuvo contacto el paciente. Si está disponible una hoja de datos de seguridad de un material en un medio laboral, llévela consigo. Si no está disponible, pida a la compañía que se la envíe por fax al hospital receptor mientras se encuentra en camino. Esto ayudará a identificar y tener a la disposición intervenciones específicas y posibles antídotos.

Atención médica de urgencia

La descontaminación externa es importante. Retire las tabletas o fragmentos de ellas de la boca del paciente y lave o cepille el veneno de la piel del paciente. El tratamiento se concentra en el apoyo: evaluar y mantener los ABC del paciente, asegurándose de vigilar su respiración.

En algunos casos, administrará carbón activado a los pacientes que hayan ingerido veneno, si lo aprueba dirección médica o el protocolo local. El carbón no está indicado para pacientes que hayan ingerido un ácido, un álcali o un producto de petróleo; que presenten un nivel reducido de conciencia y no puedan proteger su vía aérea o que sean incapaces de tragar.

Recuerde que el carbón activado adsorbe, o se pega, a muchos venenos comunes ingeridos, lo cual evita que el tóxico (veneno) se absorba en el cuerpo por medio de estómago o intestinos. Si el protocolo local lo permite, es muy probable que traiga consigo botellas de plástico con la suspensión ya preparada, cada una hasta con 50 g de carbón activado. Algunos nombres comerciales comunes para la forma de suspensión son InstaChar, Acidose y Carbotural. La dosis usual para un adulto o niño es de 1 g de carbón activado por kilogramo de peso corporal. La dosis promedio para adultos es 25 a 50 g, y la dosis pediátrica acostumbrada es 12.5 a 25 g.

Antes de darle carbón a un paciente, obtenga la aprobación de dirección médica. A continuación, agite la botella con fuerza para mezclar la suspensión. El medicamento tiene un aspecto de lodo, así que lo mejor es cubrir la parte externa del envase de manera que el líquido no sea visible, y pida al paciente que lo beba con una pajilla. Quizá necesite persuadir al paciente para que lo beba, en particular si éste es un niño, pero nunca fuerce a nadie. Si el paciente tarda mucho en beber la mezcla tendrá que agitar el frasco con frecuencia para mantener el medicamento mezclado. Una vez que el paciente termina, deseche el envase con el cual administró el carbón. Asegúrese de anotar la hora cuando administró el carbón activado.

El efecto secundario principal de ingerir carbón activado son las heces negras. Si el paciente ingirió un veneno que ocasiona náusea, es posible que vomite después de tomar el carbón activado y tendrá que repetir la dosis. Al reevaluar al paciente, manténgase preparado para que haya vómito, náusea y posibles problemas de vía aérea.

Venenos específicos

Con el tiempo, una persona que hace mal uso de una sustancia de manera periódica puede requerir cantidades crecientes de ella para lograr el mismo resultado. Esto se llama una tolerancia creciente a la sustancia. Una persona con una adicción posee un deseo o una necesidad avasalladores de seguir usando el agente, a cualquier costo, con una tendencia a aumentar la dosis. Esto no sucede sólo con las drogas clásicas de abuso, como la cocaína. Es posible abusar casi de cualquier sustancia, incluidos laxantes, descongestionantes nasales, vitaminas y alimentos.

La importancia de la conciencia de la seguridad y de las precauciones de ASC al atender víctimas de abuso de drogas no puede enfatizarse lo suficiente. Los adictos a sustancias conocidas presentan una incidencia bastante alta de infecciones graves sin diagnosticar, entre ellas el virus de la inmunodeficiencia humana y el de la hepatitis. Estos pacientes, cuando están intoxicados, pueden morder, escupir, golpear o dañarlo de alguna otra forma, lo cual causa que uno entre en contacto con su sangre y otros líquidos corporales. Asegúrese de usar siempre equipo protector adecuado. Un método calmado y profesional puede controlar situaciones aterradoras, pero tenga en mente como prioridad su propia seguridad y la de sus compañeros. Espere lo inesperado y recuerde: el usuario de drogas, no la droga misma, puede implicar la mayor amenaza.

Alcohol

La droga de mayor abuso en Estados Unidos es el alcohol (Figura 17-7). Afecta a personas de todas clases y mata a más de 200 000 por año. Más de 40% de todas las muertes o lesiones en accidentes de tráfico, 67% de los asesinatos y 33% de los suicidios están relacionados con el alcohol, el cual afecta la capacidad de pensar y funcionar de modo racional. El alcoholismo es uno de los más grandes problemas de salud nacional, junto con las enfermedades cardiacas, el cáncer y el derrame cerebral.

El alcohol es un potente depresor del SNC. Es un **sedante**, una sustancia que reduce la actividad y la excitación, y un **hipnótico**, lo cual significa que induce el sueño. En general, el alcohol reduce el sentido de alerta, hace más lentos los reflejos y reduce el tiempo de reacción. También puede ocasionar conducta agresiva e inapropiada y la falta de coordinación. No obstante, una persona que parece intoxicada también puede presentar otros problemas médicos. Busque señales de trauma en cabeza, reacciones tóxicas o diabetes sin controlar. La ingestión aguda grave de alcohol puede ocasionar hipoglucemia, la cual puede contribuir a los síntomas. Por lo menos, debe asumir que todos los pacientes intoxicados presentan una sobredosis de fármacos y requieren ser examinados a conciencia por un médico. En la mayoría de los estados, tales pacientes no pueden rechazar el transporte de manera legal.

Figura 17-7 La intoxicación con alcohol ocasiona un estado mental alterado, reflejos lentos y retraso en el tiempo de reacción.

El alcohol potencia a muchos otros fármacos y es común que no sea la única droga que se haya ingerido. Los fármacos que no requieren receta, incluidos antihistamínicos y medicamentos para la dieta, ocasionan serios problemas cuando se combinan con alcohol.

Si un paciente muestra signos de depresión grave del SNC, deberá proporcionarle apoyo respiratorio. No obstante, esto puede ser difícil, dado que la depresión del sistema respiratorio también puede ocasionar **emesis** o vómito. Este último puede tener mucha fuerza o incluso ser sanguinolento (**hematemesis**) dado que las grandes cantidades de alcohol irritan el estómago. El sangrado interno también deberá considerarse si el paciente parece estar en choque (hipoperfusión) debido a que la sangre podría no coagular de manera eficiente en un paciente con historial prolongado de abuso del alcohol.

Un paciente que se encuentra en abstinencia del alcohol puede presentar alucinaciones aterradoras o **delirium**

Situación de urgencia — Parte 3

Al interrogar a la maestra, descubre que su paciente ingirió limpiador CLR. El incidente tuvo lugar cerca de 5 minutos antes de su llegada. La paciente comenzó a vomitar casi de inmediato después de la ingestión. Mientras sigue evaluando a su paciente y reúne información adicional, su compañero llama al centro de control de venenos y a dirección médica para solicitar apoyo adicional. La etiqueta del CLR señala que no se induzca el vómito sino que se beba un vaso de agua seguido de un vaso de leche y llamar de inmediato a un médico.

7. ¿Proporcionaría el tratamiento indicado en la botella?
8. ¿Qué información adicional necesita conocer sobre el incidente para proporcionar el tratamiento adecuado?

tremens (DT), un síndrome que se caracteriza por inquietud, fiebre, sudoración, desorientación, agitación e incluso convulsiones. Estos padecimientos pueden desarrollarse si los pacientes ya no cuentan con su fuente cotidiana de alcohol. Las alucinaciones alcohólicas vienen y van. Un paciente que en otros aspectos tiene un estado mental bastante claro, puede ver formas o figuras fantásticas o escuchar voces extrañas. Tales alucinaciones auditivas y visuales con frecuencia preceden a los DT, que son complicaciones mucho más graves.

Cerca de uno a siete días después de que una persona deja de beber, o cuando los niveles de consumo se reducen de repente, es posible que se desarrollen los DT. Los pacientes pueden presentar uno o más de los siguientes signos y síntomas:

- Agitación
- Fiebre
- Sudoración
- Confusión y/o desorientación
- Ilusiones y/o alucinaciones
- Convulsiones

Proporcione pronto transporte para estos pacientes una vez que haya completado su evaluación y administrado la atención necesaria. Una persona que presenta alucinaciones o DT está enferma en extremo. Si se desarrollan convulsiones, trátelas como lo haría con cualquier otro estado convulsivo. No deberá sujetar al paciente, aunque sí puede protegerlo para que no se dañe a sí mismo. Administre oxígeno al paciente y vigile con cuidado en caso de que vomite. Es posible que se desarrolle hipovolemia debido a la sudoración, pérdida de líquidos, ingesta insuficiente de éstos o vómito asociado con DT. Si observa signos de choque hipovolémico, eleve ligeramente los pies del paciente, limpie la vía aérea y vuelva la cabeza hacia un lado para minimizar la probabilidad de aspiración durante el transporte. Es posible que estos pacientes no respondan de manera adecuada a las sugerencias o a la conversación, con frecuencia están confundidos y asustados. Por tanto, su acercamiento deberá ser tranquilo y relajado. Tranquilice al paciente y proporcione apoyo emocional.

Opiáceos

Los fármacos para aliviar el dolor llamados analgésicos opiáceos reciben su nombre del opio de las semillas de amapola, de donde se originan heroína, codeína y morfina. En la lista de fármacos de abuso frecuente, se les ha unido un sinnúmero de opiáceos sintéticos originados en el laboratorio. Éstos incluyen meperidina (Demerol), hidromorfona (Dilaudid), propoxifeno (Darvon), oxicodona (Percocet), clorhidrato de oxidocona (OxyContin), hidrocodona (Vicodin) y metadona (Cuadro 17-2). La mayoría de estos fármacos poseen usos médicos legítimos.

Con excepción de la heroína, la cual es ilegal en Estados Unidos, muchos adictos han comenzado a usar varios de los opiáceos con una prescripción médica apropiada.

Estos agentes son depresores del SNC y pueden causar depresión respiratoria grave. No obstante, cuando se administran por vía intravenosa, producen un "*high*" o "patada" característicos. La tolerancia se desarrolla con rapidez, así que es posible que algunos usuarios requieran dosis masivas para sentir lo mismo. En general, los problemas médicos de urgencia relacionados con los opiáceos son producto de la depresión respiratoria, incluido un volumen reducido de aire inspirado y disminución de las respiraciones. Es típico que los pacientes aparezcan sedados, cianóticos y con pupilas de punta de alfiler.

El tratamiento incluye apoyar la vía aérea y la respiración. Puede tratar de despertar a los pacientes hablándoles con voz muy alta o sacudiéndolos con suavidad. Abra siempre la vía aérea, administre oxígeno suplementario y prepárese para el vómito. Se cree que muchos remedios caseros revierten la depresión respiratoria asociada con la sobredosis de heroína, entre ellos aplicar hielo en las ingles o forzar a la persona a beber leche. Nada de esto funciona, y con frecuencia se trata de factores que complican el cuadro clínico. No obstante, debe estar consciente de que es posible que los amigos del paciente hayan intentado métodos inadecuados de reanimación. El único antídoto eficaz para revertir los síntomas y signos de sobredosis de opiáceos son ciertos antagonistas de narcóticos, como naloxona (Narcan). Los pacientes responderán en un lapso de 2 min a la naloxona IV. Por lo general, los paramédicos o los médicos del departamento de urgencias la administran.

CUADRO 17-2 Fármacos opiáceos comunes

Butorfanol (Stadol)

Codeína

Derivados de fentanil ("Blanco de China")

Heroína

Hidrocodona (Hycodan)

Hidromorfona (Dilaudid)

Meperidina (Demerol)

Metadona (Dolophine)

Morfina

Oxicodona (Percodan)

Clorhidrato de oxicodona (OxyContin)

Pentazocina (Talwin)

Propoxifeno (Darvon)

Fármacos sedantes-hipnóticos

Barbitúricos y benzodiacepinas han sido parte de la medicina legítima por largo tiempo. Son fáciles de obtener y relativamente baratos. Las personas en ocasiones solicitan prescripciones de los mismos hipnóticos a diferentes médicos o de diferentes sedantes-hipnóticos. Estos fármacos son depresores del SNC y alteran el nivel de conciencia con efectos semejantes a los del alcohol, de manera que el paciente puede parecer somnoliento, tranquilo o intoxicado Cuadro 17-3 ▼. Por sí mismos, estos fármacos no alivian el dolor, ni producen una "patada" específica, aunque los usuarios con frecuencia toman alcohol o un opiáceo al mismo tiempo, para reforzar los efectos.

En general, estos agentes se toman por vía oral. Sin embargo, de manera ocasional, los contenidos de las cápsulas se suspenden o disuelven en agua y se inyectan para producir un estado relativamente repentino de tranquilidad y satisfacción. El uso IV de fármacos sedantes-hipnóticos induce tolerancia con rapidez, de manera que la persona requiere dosis cada vez más grandes. Tendrá menor probabilidad de que le llamen para tratar una sobredosis aguda en alguien que abusa de manera crónica estos fármacos; no obstante, es posible que le llamen a la escena de un intento de suicidio en el cual un paciente haya tomado cantidades mayores de estos fármacos. En estas situaciones la persona tendrá una marcada depresión respiratoria y puede estar en coma.

Los fármacos sedantes-hipnóticos también pueden administrarse a personas indefensas como bebida "noqueadora". En fechas más recientes, se ha abusado de fármacos como flunitrazepam (Rohypnol) como "drogas de violación en citas", lo cual causa que una persona indefensa sea sedada e incluso quede inconsciente, para luego despertar confundida e incapaz de recordar lo que sucedió.

En general, el tratamiento para los pacientes que han tomado sobredosis de sedantes-hipnóticos y que presentan depresión respiratoria, consiste en liberar la vía aérea, proporcionar ventilación de asistencia y transportar con prontitud. Administre oxígeno suplementario y esté preparado para asistir en la ventilación. Puede estimular a la persona hablando con voz muy alta o sacudiéndola con suavidad; recuerde estar pendiente del vómito.

Hay un antídoto para la sobredosis aguda con benzodiacepinas. Se llama flumazenil y se administra por vía intravenosa. Aunque esta sustancia revertirá la sedación y la depresión respiratoria de los sedantes-hipnóticos de benzodiacepinas, no tendrá efecto sobre los signos y síntomas de la sobredosis debida a alcohol etílico o barbitúricos. Casi siempre, flumazenil se administra en el hospital después de la evaluación del médico. A medida que se hace más común el uso de drogas múltiples, encontrará mayor dificultad para determinar qué agentes tomaron los pacientes. El mejor método es tratar cualquier lesión o enfermedad obvia, teniendo en mente que el uso de fármacos puede complicar el cuadro y hacer necesario el apoyo vital total. Concéntrese en los ABC, sobre todo en la posibilidad de problemas de vía aérea (relajación de la lengua, la cual causa obstrucción), vómito, depresión respiratoria y, en los casos graves, de paro cardiaco.

Abuso de inhalantes

Muchos de los inhalantes de abuso producen varios de los efectos en SNC que causan otros sedantes-hipnóticos, pero estos agentes se inhalan en lugar de ingerirse o inyectarse. Algunos de los agentes más comunes incluyen acetona, tolueno, xileno y hexano, los cuales se encuentran en pegamentos, compuestos de limpieza, thinner para pintura y barnices. De igual manera, se abusa de la gasolina y diversos hidrocarburos halogenados, como freón, que se usan como propelentes en *sprays* de aerosol. Ninguno de estos inhalantes es un medicamento. Dado que estos son productos que pueden comprarse en tlapalerías, es común que adolescentes que buscan un efecto semejante al del alcohol abusen de ellos. La dosis eficaz y la letal están muy cercanas, lo cual los hace en extremo peligrosos. Su

CUADRO 17-3 Ejemplos de fármacos sedantes-hipnóticos

Barbitúricos	Benzodiacepinas	Otros
Amobarbital (Amytal)	Alprazolam (Xanax)	Carisoprodol (Soma)
Butabarbital (Butisol)	Clordiacepóxido (Librium)	Hidrato de cloral ("Mickey Finn")
Pentobarbital (Nembutal)	Diacepam (Valium)	Ciclobenzaprina (Flexeril)
Phenobarbital (Luminal)	Flunitracepam (Rohypnol)	Etclorvinol (Placidyl)
Secobarbital (Seconal)	Loracepam (Ativan)	Alcohol etílico (alcohol potable)
	Oxacepam (Serax)	Glutetimida (Doriden)
	Temacepam (Restoril)	Inhalantes hidrocarbonatos
		Alcohol isopropílico (alcohol para fricciones)
		Meprobamato (Equagesic)

bajo costo y disponibilidad los convierte en favoritos de niños y experimentadores curiosos. Por desgracia, ésta es con frecuencia una combinación letal.

Utilice siempre atención especial para tratar a un paciente que empleó inhalantes. Sus efectos varían desde somnolencia leve hasta coma, pero a diferencia de la mayoría de los sedantes-hipnóticos, estos agentes con frecuencia pueden causar convulsiones. Asimismo, los disolventes halogenados de hidrocarburos pueden hacer que el corazón sea hipersensible a la propia adrenalina del paciente, lo cual coloca a la persona en alto riesgo de muerte cardiaca repentina debida a fibrilación ventricular; incluso la acción de caminar puede liberar suficiente adrenalina para ocasionar una arritmia ventricular fatal. Debe evitar que tales pacientes luchen con usted o que se esfuercen de alguna manera. Proporcione oxígeno adicional y emplee una camilla para mover al paciente. El transporte inmediato al hospital es esencial; vigile los signos vitales durante el camino.

Simpaticomiméticos

Los simpaticomiméticos son estimulantes del SNC que con frecuencia causan hipertensión, taquicardia y dilatación de pupilas. Un **estimulante** es un agente que produce un estado excitado. Es común que anfetamina y metanfetamina ("hielo") se consuman por vía oral. Las personas que abusan de estos agentes también suelen inyectárselos. Es típico que se tomen para que el usuario "se sienta bien", mejore su desempeño en alguna tarea, suprima el apetito o evite la somnolencia. Con la misma facilidad, pueden producir irritabilidad, ansiedad, falta de concentración o convulsiones. Otros ejemplos comunes incluyen fentermina y sulfato de anfetamina (Bencedrina). Cafeína, teofilina y fenilpropanolamina (un descongestionante nasal) son todos simpaticomiméticos leves. En ciertas áreas de Estados Unidos también se abusa con frecuencia de las llamadas drogas de diseño, como Éxtasis y Eva.

Las drogas simpaticomiméticas usualmente se llaman "aceleradores" Cuadro 17-4 ▶. Cualquiera que emplee estos agentes puede presentar conducta desorganizada, inquietud y en ocasiones ansiedad o un gran temor. Son comunes la paranoia y las fantasías con el abuso de simpaticomiméticos.

La cocaína, también llamada coca, el *crack*, cristal, polvo de oro, la nieve, roca, *free-base* y *lady*, se pueden tomar en un sinnúmero de formas diferentes. Es clásico que se inhalen por la nariz y se absorban mediante la mucosa nasal, lo cual daña el tejido, causa sangrado nasal y, por último, destruye el tabique de la nariz. También pueden inyectarse por vía intravenosa o subcutánea (*skin-popping*). La cocaína puede absorberse por medio de todas las membranas mucosas e incluso por la piel. En cualquier forma, los efectos inmediatos de una dosis dada dura menos de una hora.

Otro método para abusar de la cocaína es fumándola. El *crack* es cocaína pura. Se funde a 34 °C (93 °F) y se evapora a una temperatura ligeramente mayor. En consecuencia, el *crack* se puede fumar con relativa facilidad. De esta manera llega a la red de capilares de los pulmones y se absorbe hacia el cuerpo en segundos. El flujo inmediato de sangre del corazón acelera la llegada del fármaco al cerebro, de manera que su efecto se siente de inmediato. El *crack* fumado produce la forma más rápida de absorción y, por tanto, el efecto más potente.

La cocaína es una de las sustancias conocidas con mayor capacidad para crear adicción. Sus efectos inmediatos incluyen excitación y euforia. La sobredosis aguda de cocaína es una urgencia genuina porque los pacientes se encuentran en alto riesgo de sufrir convulsiones y arritmias cardiacas. El abuso crónico de cocaína puede ocasionar alucinaciones; los pacientes con "bichos de cocaína" piensan que tienen insectos que les salen de la piel.

Al cuidar a pacientes envenenados con cualquiera de los simpaticomiméticos tenga en mente que su extrema agitación puede conducir a taquicardia e hipertensión. Asimismo, los pacientes pueden estar paranoicos, lo cual colocará al TUM-B y a otros proveedores de cuidados de la salud en peligro. Deberá haber oficiales de policía en la escena para restringir al paciente, si es necesario. No deje al paciente sin supervisión o vigilancia durante el transporte.

CUADRO 17-4 Nombres callejeros para las anfetaminas

Nombre callejero	Nombre del fármaco
Adán	3,4-Metilendioximetanfetamina (MDMA)
Bennies	Anfetaminas
Crank	Cocaína con *crack*, heroína, anfetamina, metanfetamina, metcatinona
DOM	4-Metil-2,5-dimetoxianfetamina
Éxtasis	MDMA
Eva	MDMA
Fen-phen	Fentermina
Águila dorada	4-Metiltioanfetamina
Hielo	Cocaína, cocaína con *crack*, metanfetamina para fumar, metanfetamina, MDMA, fenciclidina (PCP)
MDA	Metacualona
Meth	Metanfetamina
Speed	Cocaína con *crack*, anfetamina, metanfetamina
STP	PCP
Aceleradores	Anfetaminas

Todos estos pacientes requieren pronto transporte a la sala de urgencias debido a su riesgo de convulsiones, arritmias cardiacas y evento vascular cerebral. Es posible que encuentre presiones arteriales hasta de 250/150 mm Hg. Administre oxígeno suplementario y esté listo para proporcionar succión. Si su paciente ya presenta una convulsión, deberá protegerlo para que no se dañe a sí mismo.

Marihuana

En todo el mundo se abusa de la planta de cáñamo en florecimiento, *Cannabis sativa*, llamada marihuana. Se calcula que cerca de 20 millones de personas emplean marihuana a diario en Estados Unidos. Inhalar humo de esta planta de un cigarrillo o pipa produce euforia, relajación y somnolencia. También afecta la memoria a corto plazo y la capacidad de realizar pensamientos y trabajos complejos. En algunas personas, la euforia progresa a la depresión y confusión. Es común una percepción alterada del tiempo, y pueden presentarse ansiedad y pánico. Con dosis muy altas, los pacientes presentan alucinaciones.

Una persona que ha estado usando marihuana rara vez requiere transporte al hospital. Las excepciones pueden incluir a alguien que sufre alucinaciones, está muy ansioso o paranoide. Sin embargo, debe estar consciente de que la marihuana con frecuencia se usa como vehículo para introducir otros fármacos al cuerpo. Por ejemplo, puede estar cubierta con *crack* o PCP, también conocido como "polvo de ángel".

Alucinógenos

Los alucinógenos alteran las percepciones sensoriales de una persona (Cuadro 17-5). El alucinógeno clásico es la dietilamida de ácido lisérgico (LSD). El abuso de otro alucinógeno, el PCP o polvo de ángel, es relativamente raro entre los adultos jóvenes. Fenciclidina es un anestésico disociativo que se sintetiza con facilidad y es muy potente. Su eficacia por vía oral, nasal, pulmonar e IV hace que sea fácil añadirlo a otras drogas callejeras. Es peligroso porque causa cambios de conducta en los cuales las personas con frecuencia se dañan a sí mismas.

Todos estos agentes ocasionan alucinaciones visuales, intensifican la visión y el oído, y por lo general separan al usuario de la realidad. Éste, desde luego, espera que el estado sensorial alterado será agradable. No obstante, es común que sea aterrador. En algún punto encontrará pacientes que estén teniendo un "mal viaje". Por lo general presentarán hipertensión, taquicardia, ansiedad y quizá paranoia.

Muchos alucinógenos tienen propiedades simpaticomiméticas. Desde luego, su atención para un paciente con una mala reacción a un agente alucinógeno es la misma que para el paciente que tomó un simpaticomimético. Emplee un método calmado y profesional, y proporcione apoyo emocional. No emplee la restricción a menos que usted o el paciente se encuentren en peligro de lesionarse, siempre dentro de los lineamientos especificados por las autoridades locales. Estos pacientes pueden presentar de repente alucinaciones o percepciones extrañas, así que deberá observarlos con cuidado durante todo el transporte. Nunca deje sin supervisión o vigilancia a un paciente que haya tomado un alucinógeno. Proporcione una buena cantidad de actitudes para tranquilizarlo y solicite la asistencia del SVA.

Agentes anticolinérgicos

El cuadro clásico de una persona que tomó un exceso de fármacos colinérgicos es "caliente como liebre, ciego como murciélago, seco como hueso, rojo como betabel y loco como el sombrerero". Estos son medicamentos que poseen propiedades que, entre otros efectos, bloquean los nervios parasimpáticos. Son fármacos comunes con efectos anticolinérgicos significativos: atropina, difenhidramina (Benadryl), la datura (estramonio o toloache) y ciertos antidepresivos tricíclicos. Con excepción de la datura, estos medicamentos por lo general no son drogas de abuso, pero se pueden tomar como sobredosis intencional. Encontrará que con frecuencia es difícil distinguir entre una sobredosis de anticolinérgico y una de simpaticomimético. Ambos grupos de pacientes pueden estar agitados y taquicárdicos y presentar las pupilas dilatadas. Una vez que se diagnostica un envenenamiento con anticolinérgico puro, el personal del departamento de urgencias podrá tratar al paciente con fisostigmina IV, de acuerdo con la gravedad de la situación.

A medida que antidepresivos nuevos, menos peligrosos, como fluoxetina (Prozac) y sertralina (Zoloft) llenan el mercado, podrá encontrar menos sobredosis de antidepresivos cíclicos como amitriptilina (Elavil) e imipramina (Tofranil). Además de sus efectos anticolinérgicos, una

CUADRO 17-5 Alucinógenos de abuso común

Bufotenina (piel de sapo)
Dimetiltriptamina (DMT)
Hachís
Datura
LSD
Marihuana
Mezcalina
Semillas de la virgen
Hongos
Nuez moscada
PCP
Psilocibina (hongos)

sobredosis de antidepresivos tricíclicos puede ocasionar efectos más graves y letales. Esto se debe a que el fármaco puede bloquear el sistema de conducción eléctrica en el corazón, lo cual provoca arritmias cardiacas letales. Los pacientes con sobredosis aguda de antidepresivos tricíclicos deben ser transportados de inmediato al departamento de urgencias; pueden pasar de parecer "normales" al estado convulsivo y la muerte en 30 min. Las convulsiones y arritmias cardiacas ocasionadas por sobredosis grave con antidepresivos tricíclicos pueden tratarse mejor en el hospital con bicarbonato de sodio IV. Si trabaja en un sistema por niveles deberá considerar pedir el respaldo del SVA cuando esté en camino hacia la escena.

Agentes colinérgicos

Los "gases nerviosos" diseñados para la guerra química son agentes colinérgicos. Tales agentes sobreestimulan las funciones corporales normales que están bajo el control de los nervios parasimpáticos, lo cual da como resultado salivación, secreción mucosa, micción, llanto y frecuencia cardiaca anormal. Es poco probable que encuentre gas nervioso; sin embargo, es posible que lo llamen para atender a pacientes que se expusieron a alguno de los insecticidas organofosforados o a ciertos hongos silvestres, los cuales también contienen agentes colinérgicos. Los signos y síntomas del envenenamiento con fármacos colinérgicos son fáciles de recordar debido al mnemónico DOMBELS:

- Defecar
- Orinar
- Miosis (constricción de las pupilas)
- Broncorrea (descarga de moco de los pulmones)
- Emesis
- Lagrimeo
- Salivación

De manera alternativa, puede emplear el mnemónico SLODIGEC:

- Salivación
- Lagrimeo
- Orina
- Defecación
- Irritación GI (gastrointestinal)
- Emesis
- Constricción ocular

En los envenenamientos los pacientes presentarán cantidades excesivas de estas funciones normales y secreciones corporales. Además, los pacientes pueden presentar bradicardia o taquicardia.

La consideración más importante al atender a un paciente que se expuso a un insecticida organofosforado o a cualquier otro agente colinérgico es que el propio TUM-B evite la exposición. Dado que tales agentes pueden pegarse a la ropa del paciente y a su piel, la descontaminación puede ser la prioridad sobre el transporte inmediato al departamento de urgencias. El personal hospitalario o los paramédicos pueden usar el fármaco anticolinérgico atropina para secar las secreciones de los pacientes. Mientras tanto, sus prioridades después de la descontaminación consisten en reducir las secreciones en la boca y tráquea que amenazan con sofocar al paciente y proporcionarle apoyo de vía aérea. De acuerdo con su protocolo de SMU local, esto podrá tratarse como una situación de MatPel (materiales peligrosos).

Fármacos misceláneos

Aunque no es tan común como lo era hace 30 años, el envenenamiento con ácido acetilsalicílico sigue siendo un problema potencialmente mortal. Ingerir un exceso de tabletas de ácido acetilsalicílico, de manera aguda o crónica, puede resultar en náusea, vómito, hiperventilación y un zumbido en los oídos. Los pacientes con este problema frecuentemente se muestran ansiosos, confundidos, taquipnéicos, hipertérmicos y en peligro de tener convulsiones. Deben ser transportados con rapidez al hospital.

La sobredosis de acetaminofén también es muy común, quizá debido a que este fármaco se puede obtener en tantas presentaciones diferentes, como el Tylenol. La buena noticia es que el acetaminofén por lo general no es muy tóxico. Un paciente sano podría ingerir 140 mg de acetaminofén por cada kilogramo de peso corporal sin tener efectos adversos graves. La mala noticia es que los síntomas de sobredosis por lo general no aparecen sino hasta que es demasiado tarde. Por ejemplo, la insuficiencia hepática masiva puede no ser evidente durante toda una semana, y es posible que los pacientes no proporcionen la información adecuada para un diagnóstico correcto. Por esta razón, reunir información en la escena es muy importante. Si encuentra un frasco vacío de acetaminofén, es probable que salve la vida del paciente. Si se administra de manera lo bastante oportuna (antes de que ocurra la insuficiencia hepática), un antídoto específico puede evitar el daño en hígado.

Tenga cuidado extremo al manejar un niño que haya ingerido de manera no intencional una sustancia venenosa. Aunque tales incidentes por lo general no conducen a la muerte, los miembros de la familia pueden estar desesperados, y su actitud profesional puede ayudar a calmar la tensión. Recuerde, sin embargo, que un solo trago de algunas sustancias puede matar a un niño Cuadro 17-6.

Algunos alcoholes, incluido el metílico y el etileno glicol, son todavía más tóxicos que el etílico (el alcohol potable). Aunque es posible que un alcohólico crónico que no logre obtener el alcohol etílico lo puede usar como sustituto, es más frecuente que los ingiera alguien que intenta suicidarse. En cualquier caso, el transporte inmediato al departamento de urgencias es esencial. El alcohol metílico se encuentra en los productos de gas seco y

CUADRO 17-6 Venenos fatales de ingestión

Benzocaína
Antagonistas del canal de calcio (verapamil, nifedipino, diltiacem)
Alcanfor
Cloroquina
Disolventes de hidrocarburos
Lomotil
Metanol y etileno glicol
Metilsalicilato (aceite de gaulteria)
Fenotiacinas (toracina)
Quinina
Teofilina
Antidepresivos tricíclicos (amitriptilina [Etavil], imipramina [Tofranil], nortriptilina [Pamelor])
Visina

CUADRO 17-7 Fuentes comunes de envenenamiento por alimentos

Bacillus cereus
Campylobacter
Toxina de *clostridium botulinum*
Clostridium perfringens
Cryptosporidium
Enterococcus
Escherichia coli
Giardia lamblia
Rotavirus
Salmonella
Shigella
Toxina estafilocócica
Vibrio parahaemolyticus
Yersinia enterocolitica

---

el Sterno: el etileno glicol se encuentra en algunos productos anticongelantes. Ambos causan una sensación de "ebriedad". Si no se tratan, ambos causarán taquipnea grave, ceguera (alcohol metílico), insuficiencia renal (etileno glicol) y, al final, la muerte. Incluso el alcohol etílico (el alcohol potable típico), puede detener la respiración de una persona si se toma en dosis excesivas o demasiado rápido, en particular en niños.

Envenenamiento por comida

El término "envenenamiento ptomaíno" se creó en 1870 para indicar el envenenamiento por una clase de sustancia química que se encuentra en la comida en putrefacción. Aún se encuentra en la actualidad en muchos reportajes sobre envenenamiento por alimentos. Este tipo de envenenamiento casi siempre se produce por consumir comida contaminada con bacterias. La comida puede parecer perfectamente buena, con poca o ninguna degradación u olor que sugiera peligro.

Hay dos tipos principales de envenenamiento por comida. En uno de ellos, el propio organismo causa enfermedad, en el otro el organismo causa toxinas que provocan la enfermedad (Cuadro 17-7 ▲). Una toxina es un veneno o sustancia dañina producida por bacterias, animales o plantas.

Un organismo que produce efectos directos de envenenamiento por comida es la bacteria de *Salmonella*. El padecimiento llamado salmonelosis se caracteriza por síntomas gastrointestinales graves dentro de las 72 horas siguientes a la ingestión, entre ellos náusea, vómito, dolor abdominal y diarrea. Además, los pacientes con salmonelosis pueden adquirir la enfermedad sistémica con fiebre

---

Situación de urgencia — Parte 4

Su compañero logra comunicarse con el centro de control de venenos, el cual recomienda administrar agua a la paciente para ayudar a diluir la sustancia química. Dirección médica está de acuerdo.
La respiración de la paciente comienza a hacerse más lenta. Respira ahora con una frecuencia de 22 respiraciones/min. Su pulso es de 90 latidos/min y débil. La presión arterial es de 60 por palpación. Su llanto ha cedido y ahora comienza a entrar en letargo y ya no responde a los estímulos verbales. La central confirma que el SVA está en camino y llegará a la escena aproximadamente en 2 minutos.

9. Dado el cambio en el estado mental de su paciente, ¿intentaría administrarle agua de acuerdo con las indicaciones?
10. ¿Qué tratamiento adicional proporcionaría?

y debilidad generalizada. Algunas personas son portadoras de ciertas bacterias; aunque es posible que ellas mismas no se enfermen, puede suceder que transmitan enfermedades, en particular si trabajan en la industria de servicios alimentarios. Por lo general, un cocimiento apropiado mata las bacterias y la limpieza adecuada en la cocina evita la contaminación de alimentos sin cocinar.

La causa más común de envenenamiento por alimentos es la ingestión de toxinas potentes producidas por bacterias, casi siempre en sobras. La bacteria *Staphylococcus*, una de las causas más frecuentes, crece con rapidez y produce toxinas en alimentos que se prepararon con anticipación y se guardaron por demasiado tiempo, incluso en el refrigerador. Los platillos preparados con mayonesa, cuando se mantienen bajo refrigeración a temperatura inadecuada, son vehículos comunes para el desarrollo de toxinas estafilocócicas. Por lo general, el envenenamiento de alimentos por estafilococos da como resultado síntomas gastrointestinales repentinos, incluidos náusea, vómito y diarrea. Aunque los marcos de tiempo pueden variar de una persona a otra, estos síntomas por lo general pueden comenzar dentro de las 2 a 3 horas siguientes a la ingestión o hasta después de 8 a 12 horas.

La forma más grave de ingestión de toxinas es el botulismo. Esta enfermedad con frecuencia fatal resulta por lo general de comer alimentos enlatados de manera inadecuada, en los cuales han crecido las esporas de bacterias *Clostridium* y producido sus toxinas. Los síntomas del botulismo son neurológicos: visión borrosa, debilidad y dificultad para hablar y respirar. Los síntomas pueden desarrollarse en un lapso tan largo como cuatro días después de la ingestión o tan pronto como en las primeras 24 horas.

En general, no deberá tratar de determinar la causa específica de los problemas gastrointestinales agudos. Después de todo, el vómito grave puede ser un signo de envenenamiento autolimitante con alimentos, una obstrucción intestinal que requiere cirugía, u otro veneno, como cobre, arsénico, zinc, cadmio o escombrotoxina (veneno de pescado), o por hongos *Clitocybe* o *Inocybe*. En lugar de ello, deberá reunir la mayor cantidad de información posible del paciente y transportarlo con prontitud al hospital. Cuando dos o más personas en un grupo presentan la misma enfermedad, deberá llevar consigo muestras de los alimentos sospechosos. En casos avanzados de botulismo, aplique soporte vital básico.

Envenenamiento con plantas

Cada año ocurren varios miles de casos de envenenamientos debidos a plantas, algunos de ellos graves. Muchas plantas domésticas son venenosas cuando se ingieren, como pueden hacerlo los niños que gustan de chupar

Necesidades geriátricas

En una sobredosis o envenenamiento accidentales un paciente geriátrico puede haberse confundido acerca de su régimen farmacológico. Es posible que haya olvidado que ya había tomado el medicamento y repitió las dosis varias veces, o que el paciente haya olvidado las indicaciones del médico respecto a que descartara el medicamento restante y que haya ingerido su medicamento actual y el viejo, lo cual resulta un aumento en los efectos de una interacción indeseable entre medicamentos.

Es posible también que el paciente geriátrico haya tomado la sobredosis de manera intencional en un intento de suicidio. Se sabe que los pacientes geriátricos ingieren sustancias domésticas comunes como insecticidas, acetaminofén, ácido acetilsalicílico o sustancias cáusticas en un intento por quitarse la vida. Esté alerta para detectar cualquier indicio de una sobredosis o envenenamiento intencionales, aunque el paciente puede negar su propósito de suicidarse.

Al considerar cualquier envenenamiento, recuerde las bases. Debido al proceso de envejecimiento, la absorción de venenos puede cambiar. Por ejemplo, el retraso en la movilidad estomacal puede retrasar la absorción de los venenos ingeridos, lo cual limita los efectos sistémicos, pero puede dar como resultado un mayor daño en el estómago.

Si un ciudadano mayor inhala veneno, incluso en cantidades diminutas, el daño pulmonar puede ser grave. Considere la reducción en la capacidad pulmonar y la capacidad de intercambiar oxígeno y dióxido de carbono en los pulmones de un paciente mayor. La función pulmonar podría empeorar hasta niveles potencialmente fatales con la inhalación de cantidades pequeñísimas de veneno.

Para los venenos que se absorben por la piel o se inyectan en ella, la reducción de la circulación hacia este órgano puede disminuir o retrasar la absorción en el cuerpo. Busque un aumento de la reacción o irritación en un sitio de la piel.

En un paciente geriátrico es posible que el hígado no sea capaz de metabolizar el veneno con eficacia o puede suceder que los riñones no logren excretar el tóxico con la misma rapidez. En cualquier caso, el fármaco o veneno permanece en el cuerpo durante un periodo más prolongado, lo cual causa daño adicional en los tejidos. Cuando un medicamento no se metaboliza o excreta con la misma rapidez que antes, el fármaco podría acumularse hasta niveles tóxicos y, con el tiempo, volverse fatal en dosis menores que las empleadas en una persona joven.

Figura 17-8 Las toxinas en estas plantas venenosas comunes con frecuencia se ingieren o se absorben a través de la piel.
A. Diefembaquia. **B.** Muérdago **C.** Ricino **D.** Dulcamara. **E.** Digitalis. **F.** Azalea. **G.** Datura. **H.** Acantos. **I.** Tintilla. **J.** Regaliz africano **K.** Hiedra venenosa. **L.** Roble venenoso. **M.** Hedera venenosa

CUADRO 17-8 Plantas tóxicas comunes

Nombre científico	Nombre común
Abrus precatorius	Regaliz africano
Especie Cicuta	Cicuta
Colchicum autumnales	Azafrán otoñal
Conium maculatum	Cicuta venenosa
Convallaria majalis	Lirio del valle
Especie Datura	Datura
Dieffenbachia	Diefembaquia
Digitalis purpurea	Dedalera
Nerium oleander	Adelfa
Nicotiana glauca	Tabaco de árbol
Phoradendron	Muérdago
Phytolacca americana	Tintilla
Rhododendron	Rododendro o azalea
Ricinos communis	Ricino
Solarium nigrum	Dulcamara
Especie Zygadenus	Acantos

las hojas (Cuadro 17-8 ◀). Algunos vegetales venenosos ocasionan irritación local de la piel, otros pueden afectar el sistema circulatorio, el tracto gastrointestinal o el SNC. Es imposible que memorice la totalidad de plantas y venenos, sin mencionar los efectos (Figura 17-8 ▲). Puede y debe hacer lo siguiente:

1. Evalúe la vía aérea y los signos vitales del paciente.
2. Notifique al centro de control de venenos regional para pedir ayuda en la identificación de la planta.
3. Lleve consigo la planta al departamento de urgencias.
4. Proporcione transporte rápido.

La irritación de la piel y/o las membranas mucosas es un problema con la planta doméstica común llamada diefembaquia, que semeja las "orejas de elefante". Cuando se mastica, una sola hoja puede irritar el recubrimiento de la vía aérea superior lo bastante para ocasionar dificultades para deglutir, respirar y hablar. Por esta razón, la diefembaquia se ha llamado "caña muda". En circunstan-

cias raras, la vía aérea se puede bloquear por completo. El tratamiento médico de urgencia del envenenamiento por diefembaquia incluye mantener abierta la vía aérea, administrar oxígeno y transportar al paciente con rapidez al hospital para darle soporte respiratorio. Deberá continuar evaluando al paciente en busca de dificultades en vía aérea durante todo el viaje. Si es necesario, proporcione ventilación por presión positiva.

Situación de urgencia — Resumen

Como con cualquier paciente, su evaluación puede significar la diferencia entre la vida y la muerte. En una situación como ésta es imperativo que evalúe los ABC y los signos vitales, vigilando de modo continuo en espera de cualquier cambio. Comuníquese al centro de control de venenos y a dirección médica de inmediato. Recuerde, sólo dirección médica puede proporcionar la órden que necesita para tratar a un paciente.

Sección 4 Emergencias médicas

Evaluación y cuidados de urgencia

Abuso de sustancias y envenenamiento

Evaluación de la escena
Las precauciones de aislamiento de sustancias corporales deben incluir un mínimo de guantes y protección ocular. Confirme la seguridad de la escena y determine NE/ML. Considere el número de pacientes, la necesidad de ayuda adicional/SVA y la estabilización de columna vertebral.

Evaluación inicial

- **Impresión general**
Determine el nivel de conciencia, encuentre y trate cualquier amenaza inmediata para la vida. Determine la prioridad de la atención con base en la queja principal del paciente.

- **Vía aérea**
Asegure la vía aérea del paciente.

- **Respiración**
Proporcione oxígeno de alto flujo a 15 L/min. Evalúe la profundidad y la frecuencia respiratorias y proporcione ventilación según se requiera.

- **Circulación**
Evalúe la frecuencia del pulso y su calidad; observe el color, temperatura y condición de la piel y trate de acuerdo con ello. Determine si hay sangrado y controle si éste amenaza la existencia.

- **Decisión de Transporte**
Considere la descontaminación antes del transporte rápido.

Historial y examen físico enfocados
NOTA: el orden de los pasos en el historial y el examen enfocados difiere de acuerdo con el estado de consciencia del paciente. El orden siguiente es para un paciente consciente. En caso de que esté inconsciente la persona, efectúe un rápido examen físico, obtenga los signos vitales y el historial.

- **Historial SAMPLE**
Haga preguntas SAMPLE y las preguntas OPQRST pertinentes. Asegúrese de preguntar qué intervenciones se realizaron antes de su llegada, si las hubo, cuántas se efectuaron y a qué hora.

- **Examen físico enfocado**
Efectúe un examen físico enfocado sobre los sistemas corporales afectados y cualquier área involucrada.

- **Signos vitales iniciales**
Tome los signos vitales, observe el color y temperatura de la piel, lo mismo que el nivel de conciencia del paciente. Utilice la oximetría de pulso si está disponible.

- **Intervenciones**
Apoye al paciente según se requiera. Considere el uso de oxígeno, ventilaciones de presión positiva, adjuntos y posicionamiento adecuado del paciente.

Examen físico detallado
Considere un examen físico detallado.

Evaluación continua
Repita la evaluación inicial y la evaluación enfocada, y reevalúe las intervenciones efectuadas. Reevalúe los signos vitales cada 5 min para el paciente inestable y cada 15 para el estable. Observe y trate al paciente según se requiera.

- **Comunicación y documentación**
Comuníquese con dirección médica con un informe por radio, proporcione información sobre la condición del paciente, el agente de exposición y la cantidad ingerida o de contacto. Retransmita cualquier cambio significativo, incluido el nivel de conciencia o la dificultad para respirar. Comuníquese con el centro de control de venenos regional para que le den información según determine el protocolo local. Documente cualquier cambio, la hora en que sucedió y cualquier intervención realizada.

NOTA: aunque los pasos a continuación tienen amplia aceptación, asegúrese de consultar y seguir su protocolo local.

Intoxicación y envenenamiento

Manejo general

1. Pida a rescatistas entrenados que retiren al paciente de cualquier medio tóxico.
2. Establezca y mantenga la vía aérea, succionando según se requiera. Proporcione oxígeno de flujo elevado.
3. Obtenga el historial SAMPLE y los signos vitales. Determine qué fármacos se emplearon.
4. Solicite el SVA cuando esté disponible.
5. Lleve consigo todos los frascos, envases y etiquetas de venenos al hospital receptor.

Para pacientes que tomaron alucinógenos, proporcione transporte de manera tranquila y rápida.

Para los agentes colinérgicos es crítico tomar suficientes precauciones de aislamiento de sustancias corporales.

Para pacientes con envenenamiento con plantas, notifique al centro de control de venenos regional para pedir ayuda en la identificación de la planta.

Para pacientes con envenenamiento por alimentos, si hay más de dos pacientes con la misma enfermedad, transporte la comida sospechosa de ser responsable de la intoxicación.

Administre carbón activado para ingestiones venenosas de acuerdo con el protocolo local. Siga estos pasos:

1. No lo administre si el paciente presenta estado mental alterado, ingirió ácidos o álcalis o es incapaz de deglutir.
2. Obtenga la orden de dirección médica o siga el protocolo.
3. Agite el envase.
4. Coloque en un vaso con pajilla y pida al paciente que beba 12.5 a 25 g (para lactantes y niños) o de 25 a 50 g (para adultos).

Resumen

Listo para repaso

- Los venenos actúan de manera aguda o crónica para destruir o dañar las células corporales.

- Si cree que es posible que un paciente haya tomado una sustancia venenosa, deberá notificar a dirección médica e iniciar el tratamiento de urgencia de inmediato.
  - Éste puede incluir la administración de un antídoto, por lo general en el hospital, si dicho antídoto existe.
  - Esto también implica reunir cualquier evidencia sobre el tipo de veneno que se empleó y llevarlo al hospital; diluir y eliminar de manera física el agente venenoso; proporcionar apoyo respiratorio y transportar al paciente con prontitud al hospital.

- Un veneno puede introducirse al cuerpo en una de cuatro formas:
  - Ingestión
  - Inhalación
  - Inyección
  - Contacto de superficie (absorción)

- Cerca de 80% de los envenenamientos son por ingestión de plantas, alimentos contaminados y la mayoría de los fármacos. En general, deberá emplearse carbón activado con estos pacientes.

- En el caso de los venenos por contacto superficial, asegúrese de evitar contaminarse. Deberá eliminar todas las sustancias y ropas contaminadas del paciente y enjuagar la parte afectada con abundante agua.

- Traslade a los pacientes que inhalaron tóxicos a una zona de aire limpio; esté preparado para usar oxígeno suplementario mediante una mascarilla no recirculante y/o por soporte de ventilación por medio de un dispositivo BVM.

- Es posible que algunos pacientes requieran SVB, en especial aquellos en los que el veneno fue inyectado, lo cual casi siempre es un acto deliberado.

- Las personas que abusan de sustancias pueden desarrollar tolerancia hacia ellas o una adicción. Utilice siempre precauciones ASC cuando atienda víctimas de abuso de fármacos. Además de alcohol y marihuana, se pueden considerar siete categorías de drogas de abuso:
  - Analgésicos opiáceos
  - Sedantes-hipnóticos
  - Inhalantes
  - Simpaticomiméticos
  - Alucinógenos
  - Anticolinérgicos
  - Colinérgicos

- Lo mismo que el alcohol, los fármacos de las primeras tres categorías deprimen el SNC y pueden ocasionar depresión respiratoria. En tales casos puede apoyar la vía aérea y estar preparado en caso de que el paciente vomite.

- Tenga especial cuidado con los pacientes que hayan empleado inhalantes, porque estos fármacos pueden ocasionar convulsiones o muerte súbita.

- Los simpaticomiméticos, incluida la cocaína, estimulan el SNC, lo cual causa hipertensión, taquicardia, convulsiones y dilatación de la pupila. Los pacientes que han tomado estos fármacos pueden mostrarse paranoicos, lo mismo que muchos pacientes que pueden haber tomado alucinógenos.

- Los medicamentos anticolinérgicos, que con frecuencia se usan en los intentos de suicidio, pueden hacer que una persona presente calor y sequedad en piel, ceguera, rubor de la cara y desequilibrio mental. Una sobredosis de antidepresivos tricíclicos puede producir arritmias cardiacas.

- Los síntomas de los medicamentos colinérgicos, los cuales incluyen insecticidas organofosforados, pueden recordarse por la regla mnemónica DOMBELS, por defecación y orina excesivas, miosis, broncorrea, emesis, lagrimeo y salivación; o SLODIGEC, para salivación, lagrimeo, orina, defecación, irritación GI (gastrointestinal), emesis y constricción ocular.

- Dos tipos principales de envenenamientos por comida ocasionan síntomas gastrointestinales:
  - En un tipo, las bacterias de la comida ocasionan de manera directa la enfermedad, como la salmonelosis; en el otro, bacterias como *Staphylococcus* producen toxinas potentes, con frecuencia en sobras de comida.
  - La forma más grave de ingestión de toxinas es la del botulismo, la cual puede producir los primeros síntomas neurológicos hasta cuatro días después de la ingestión.

- El envenenamiento por plantas puede afectar el sistema circulatorio, el tracto gastrointestinal y el SNC. Algunas plantas, como la diefembaquia, irritan la piel y las membranas mucosas, e incluso algunas veces ocasionan obstrucción de la vía aérea.

Resumen continuación...

Vocabulario vital

abuso de sustancias El mal uso de cualquier sustancia para producir un efecto deseado.

adicción Estado de obsesión avasalladora o necesidad física de mantener el uso de una droga o agente.

alucinógenos Agentes que producen percepciones falsas en cualquiera de los cinco sentidos.

antídoto Sustancia que se usa para neutralizar o contrarrestar un veneno.

***Delirium tremens* (DT)** Síndrome de abstinencia grave que se observa en alcohólicos a los cuales se priva de alcohol etílico; se caracteriza por inquietud, fiebre, sudoración, desorientación, agitación y convulsiones; puede ser fatal si no se trata.

emesis Vómito.

estimulante Agente que produce un estado excitado.

hematemesis Vómito de sangre.

hipnótico Un efecto o agente inductor del sueño.

ingestión Deglutir, tomar una sustancia por la boca.

opiáceos Cualquier fármaco o agente con acciones semejantes a los de la morfina.

sedante Sustancia que reduce la actividad y la excitación.

tolerancia Necesidad de incrementar la cantidad de un fármaco para obtener el mismo efecto.

tóxico Sustancia de naturaleza química que al ingresar al organismo actúa sobre sistemas biológicos definidos causando alteraciones morfológicas, funcionales o bioquímicas que se van a traducir en enfermedad e inclusive la muerte.

veneno Sustancia de origen botánico o secreción de animal que al ingresar al organismo actúa sobre sistemas biológicos definidos causando alteraciones morfológicas, funcionales o bioquímicas que se van a traducir en enfermedad e inclusive la muerte.

vómito Material vomitado.

Qué evaluar

Los envían al 600 de la calle Independencia, departamento 617, debido a un problema médico desconocido. Se trata de un edificio seguro y tiene ciertos retrasos para lograr el acceso. Después de que han pasado 10 minutos el gerente les permite la entrada al edificio; él también tiene una llave para el departamento 617. Al entrar al departamento, los recibe una niña. Ésta les dice que su hermano de tres años "se tomó las píldoras para la espalda de mamá". Mientras usted evalúa al niño, su compañero encuentra frascos de pastillas vacíos. Una es de hidroxicodona y la otra es de prinaciclobenza. Sabe que el primer medicamento es Vicodin, un analgésico opiáceo, y reconoce el nombre de otro fármaco, pero no puede recordar cuáles son sus efectos. Su compañero le dice que piensa que es importante saber los efectos de ambos medicamentos antes de llamar a dirección médica y de solicitar la administración de carbón activado. Luego le dice que va a traer su guía de campo, la cual está en la ambulancia.

¿Debe esperar a que su compañero traiga su guía de campo?

¿Es necesario identificar ambos medicamentos antes de llamar al hospital como él sugiere?

Temas: Importancia de administrar carbón activado; Importancia de comunicarse con dirección médica a tiempo cuando se manejan pacientes de sobredosis o envenenamiento.

Autoevaluación

Los envían al 1808 de la calle Becerra para atender un intento de suicidio. Cuando responde, la radio operadora le informa que su paciente es una adolescente de 17 años quien le dijo a una amiga por teléfono que quería morir y se tomó un puñado de pastillas.

Cuando entra al edificio encuentra una adolescente en una de las habitaciones. Está acostada en la cama, escondida bajo las cobijas y llora. Cuando se identifica, ésta le dice que se vaya. Nota que hay una botella de Tylenol caída sobre el buró. Su compañero no logra en un inicio aplicar oxígeno ni evaluar los signos vitales porque la chica no los deja acercarse.

1. ¿Cuál es su primera preocupación respecto a esta llamada?

    A. Identificar la sustancia
    B. Administrar carbón
    C. Inducir el vómito
    D. La seguridad de la escena

2. ¿Qué reacción tardía puede ocurrir como resultado de una sobredosis de acetaminofén?

    A. Insuficiencia cardiaca
    B. Insuficiencia pulmonar
    C. Insuficiencia hepática
    D. Insuficiencia renal

3. El carbón activado se considera

    A. una solución
    B. una suspensión
    C. ni A ni B
    D. ambas, A y B

4. ¿Cuál es la dosis de carbón activado acostumbrada para adultos?

    A. 25 a 50 mg
    B. 12.5 a 25 mg
    C. 25 a 50 g
    D. 12.5 a 25 g

5. ¿Cuál es la dosis de carbón activado acostumbrada para niños?

    A. 25 a 50 mg
    B. 12.5 a 25 mg
    C. 25 a 50 g
    D. 12.5 a 25 g

6. El carbón activado está contraindicado en:

    A. la ingestión de ácidos, álcalis y productos de petróleo
    B. paciente con LOC reducida
    C. pacientes incapaces de deglutir
    D. todo lo anterior

Preguntas desafiantes

7. ¿Qué problemas preve con relación a la información de la central?

8. ¿Cómo puede el estado emocional de un paciente afectar la atención de su paciente?

9. ¿Puede un paciente que tomó una sobredosis intencional rechazar la atención?

10. ¿Cómo debería manejar los aspectos emocionales de un paciente suicida?

Emergencias ambientales

Objetivos

Cognitivos

4.7.1 Describir las diversas maneras en las que el cuerpo pierde calor. (p. 545)
4-7.2 Indicar los signos y síntomas de la exposición al frío. (p. 546)
4-7.3 Explicar los pasos para proporcionar atención médica de urgencia a un paciente expuesto al frío. (p. 549)
4-7.4 Indicar los signos y síntomas de la exposición al calor. (pp. 555, 557)
4-7.5 Explicar los pasos para proporcionar atención de emergencia a un paciente expuesto al calor. (pp. 555, 557)
4-7.6 Reconocer los signos y síntomas de las emergencias relacionadas con agua. (p. 560)
4-7.7 Describir las complicaciones del casi ahogamiento. (p. 562)
4-7.8 Discutir la atención médica de emergencia de mordeduras y picaduras. (p. 572)

Afectivos

Ninguno

Psicomotores

4-7.9 Demostrar la evaluación y la atención médica de urgencia de un paciente con exposición al frío. (pp. 548, 549)
4-7.10 Demostrar la evaluación y la atención médica de urgencia de un paciente con exposición al calor. (pp. 555, 558)
4-7.11 Demostrar la evaluación y atención médica de urgencia de un paciente casi ahogado. (p. 565)
4-7.12 Demostrar cómo se realiza un informe sobre atención prehospitalaria de un paciente con emergencias ambientales. (pp. 550, 567)

18

Emergencias ambientales

Situación de urgencia

A las 3:12 P.M., lo envían junto con su compañero al Parque de Casas Móviles de Valle Verde en busca de una persona enferma. Cuando llega a la casa móvil, ve a una mujer mayor parada frente a la entrada y ella los llama con la mano. Al acercarse, la mujer les informa que apenas llegó a casa y que encontró a su marido en el sofá, pero no respondía de manera adecuada. Al entrar en la casa, observa que hace mucho calor y que parece no haber ventilación alguna. Encuentran a un hombre mayor acostado en el sofá. Está consciente, pero desorientado. Su vía respiratoria es patente y presenta 22 respiraciones/min. Su respiración parece ser muy superficial. Su piel está roja, caliente y seca al tacto.

1. ¿Qué le dice la condición de la residencia sobre el problema de su paciente?
2. ¿Qué le dice su índice de sospecha acerca del color y la condición de la piel de su paciente?

Emergencias ambientales

Tanto el calor como el frío pueden agobiar los mecanismos del cuerpo para regular la temperatura, incluida la sudoración y la radiación del calor corporal hacia la atmósfera. Una diversidad de emergencias médicas pueden derivarse de la exposición al frío o al calor, en particular para los niños, personas mayores, enfermos crónicos y adultos jóvenes que se esfuerzan demasiado. También hay una gama de emergencias médicas que se derivan de la diversión en medios acuáticos, y éstas en ocasiones pueden complicarse debido al frío. Tales emergencias incluyen lesiones localizadas y enfermedades sistémicas. Como TUM-B, puede salvar vidas al reconocer y responder de manera adecuada a estas emergencias, la mayoría de las cuales requieren un pronto tratamiento en el hospital.

Este capítulo describe cómo regula el cuerpo la temperatura central, y las maneras en las cuales se pierde calor corporal hacia el medio. Luego analiza las diversas formas de emergencias relacionadas con calor, frío y agua, incluida la forma de diagnosticar y tratar la hipotermia, la congelación, la hipertermia y las lesiones por clavados. El capítulo concluye con una discusión sobre mordidas y picaduras.

Factores que afectan la exposición

Un sinnúmero de factores afectarán la forma en que una persona trata con un medio caliente o frío. Éstos pueden usarse, desde luego, como estrategias de prevención para aquellos que trabajan o juegan en temperaturas ambientales extremas. También pueden ser de utilidad durante la evaluación de sus pacientes para determinar qué tan preparados estaban para un medio frío o caliente. Un explorador preparado para una caminata veraniega en el calor en las laderas de una montaña se presentará y responderá al tratamiento de manera diferente que un viajero perdido en un automóvil caliente debido a que el radiador hirvió.

1. **Condición física.** Los pacientes que ya están enfermos, o en mala condición física no serán capaces de tolerar temperaturas extremas tan bien como aquellos cuyos sistemas cardiovascular, metabólico y nervioso funcionan bien. Un atleta bien entrenado tiene mucho mejor desempeño y tiene menor probabilidad de sufrir lesiones o enfermar que el "guerrero de fin de semana" que no está bien entrenado. Incrementar su actividad generará más calor cuando salga al frío, pero también producirá más calor cuando éste no se necesita, como cuando camina sobre un camino de asfalto caliente porque se le terminó la gasolina.

2. **Edad.** Las personas que se encuentran en los extremos de la edad tienen mayor probabilidad de sufrir enfermedad debido a las temperaturas. Los lactantes presentan mala termorregulación al nacer y carecen de la capacidad de tiritar y generar calor cuando se necesita, hasta alrededor de los 12 o 18 meses de edad. Su mayor área de superficie y masa menor contribuye a una mayor pérdida y ganancia de calor. Cuando uno tiene frío, se pone un suéter, es posible que un niño pequeño no piense en hacer esto o que tenga dificultades para buscar y ponerse dicha prenda. En el otro extremo del espectro de la edad, los adultos mayores pierden tejidos subcutáneos, lo cual reduce la cantidad de aislamiento que poseen. La mala circulación contribuye a un incremento en la pérdida y ganancia de calor en cualquiera de los dos medios. A esto se debe que las personas mayores con frecuencia empleen capas adicionales de ropa. Los medicamentos que toman las personas mayores también pueden afectar el termostato de sus cuerpos, lo cual los coloca en mayor riesgo de tener problemas por frío o calor.

3. **Nutrición e hidratación.** Se necesitan calorías para que su metabolismo funcione. Mantenerse bien hidratado proporciona agua como catalizador para gran parte de dicho metabolismo. Una disminución en cualquiera de estos dos factores agravará ambos, el estrés por calor y por frío. Las calorías proporcionan combustible para quemar, lo cual crea calor durante el frío, y el agua proporciona sudor para la evaporación y para eliminar calor. El uso de alcohol puede incrementar la pérdida de líquido y colocar al paciente en gran riesgo de tener problemas relacionados con la temperatura.

4. **Condiciones ambientales.** Las condiciones como temperatura del aire, niveles de humedad y viento pueden complicar o mejorar las situaciones ambientales. Todos damos la bienvenida a una brisa fresca cuando hace calor afuera, pero un viento frío en temporadas con temperaturas bajas puede ser incómodo. Los extremos de temperatura y humedad no son necesarios para producir lesiones por frío o calor. Muchos casos de hipotermia ocurren a temperaturas entre -1.11 y 10 °C. La mayoría de los casos por insolación ocurren cuando la temperatura es de 26 °C y la humedad es de 80%. Asegúrese de examinar la temperatura ambiental de su paciente. Los pacientes mayores pueden reducir la temperatura de la calefacción en el invierno u olvidar el uso del aire acondicionado debido a preocupaciones económicas. Es posible que algunas personas no abran las ventanas durante una ola de calor debido a que tienen miedo de los ladrones. Cuando evalúe la condición de su paciente, considere el entorno y si éste está preparado para esa

situación. Esto puede ayudarle en sus decisiones de tratamiento y darle una idea de cómo responderá el paciente a sus cuidados.

Exposición al frío

La temperatura corporal normal debe mantenerse dentro de un intervalo muy estrecho para que la química del cuerpo funcione con eficiencia. Si el cuerpo o cualquier parte de éste, se exponen a medios fríos, estos mecanismos pueden verse avasallados. La exposición al frío puede ocasionar lesiones a partes individuales del cuerpo, como pies, manos, orejas, nariz o al cuerpo como un todo. Cuando cae la temperatura de todo el cuerpo, la condición se llama hipotermia.

Dado que el calor siempre viaja de un sitio más caliente a otro más frío, el cuerpo tenderá a perder calor hacia el medio. El organismo puede perder calor de las cinco maneras siguientes:

- Conducción. Es la transferencia directa de calor de una parte del cuerpo a un objeto más frío por contacto directo, como cuando una mano caliente toca un metal frío o hielo, o se sumerge en agua con una temperatura menor de 37 °C. El calor pasa de modo directo del cuerpo al objeto más frío. El calor también puede ganarse si la sustancia que se toca está caliente. A esto se debe que se les aconseje a las personas con problemas médicos crónicos que limiten su tiempo de estancia en tinas calientes.
- Convección. Ocurre cuando se transfiere calor al aire circulante, como cuando el aire caliente se mueve a través de la superficie del cuerpo. Una persona que está de pie a la intemperie en el ventoso clima del invierno, si trae ropa delgada, pierde calor hacia el medio ambiente sobre todo por convección. Una persona puede ganar calor si el aire que toca a su cuerpo es más caliente que su temperatura corporal, como en los desiertos o los medios industriales como una fundidora, pero es más común ver una ganancia rápida de calor en los spas y en las tinas de agua caliente donde la temperatura del agua puede estar muy por arriba de la corporal.
- Evaporación. Ésta es la conversión de cualquier líquido en un gas, un proceso que requiere energía o calor. La evaporación es el mecanismo natural por el cual el sudor enfría el cuerpo. A esto se debe que los nadadores cuando salen del agua sientan una sensación de frío al evaporarse el agua que moja su cuerpo. Las personas que se ejercitan de manera vigorosa en un medio fresco pueden sentirse calientes en un principio, pero más tarde, al evaporarse su sudor, pueden sentir un frío excesivo. Deben tomarse medidas para mantener a una persona seca si ésta tiene mucho frío.
- Radiación. Es la transferencia de calor por energía radiante, la cual es un tipo de luz invisible que transfiere calor. El cuerpo puede perder calor por radiación, como cuando una persona está de pie en un cuarto frío. También puede ganarse calor por radiación, por ejemplo, cuando una persona está cerca de una fogata.
- Respiración. Ésta hace que el cuerpo pierda calor cuando exhala el aire caliente de sus pulmones hacia la atmósfera e inhala aire más frío. En los climas calientes, la temperatura del aire puede estar bastante por arriba de la temperatura corporal, lo cual ocasiona que una persona gane calor con cada inhalación.

La velocidad y la cantidad de pérdida del calor corporal pueden modificarse de tres maneras:

1. **Aumento o reducción de la producción de calor.** Una manera para que el cuerpo aumente su producción de calor es incrementar la tasa del metabolismo de sus células, como ocurre al tiritar. Es frecuente que las personas tengan la urgencia natural de moverse con fuerza cuando tienen frío. Si tienen calor, desean reducir su actividad, lo cual reduce la producción de calor.
2. **Moverse a un área donde la pérdida de calor disminuya o aumente.** La manera más obvia de reducir la pérdida de calor debida a la radiación o convección es salir del medio frío y buscar abrigo del viento. Tan sólo cubrir la cabeza minimizará la pérdida de calor por radiación hasta en 70%. Lo mismo se aplica para un paciente que tiene demasiado calor. Tan sólo moverlo a la sombra puede reducir la temperatura ambiente en 10 grados o más. Si no logra mover a la persona, cree la sombra y el movimiento del aire mediante un abanico.
3. **Usar ropa aislante, la cual ayuda a reducir la pérdida de calor de diversas maneras.** Los aislantes, como ciertos materiales específicos o el aire seco y quieto, no conducen calor. En consecuencia, las capas de ropa que atrapan el aire proporcionan un buen aislamiento, como la lana, las plumas y las telas sintéticas con pequeñas bolsas de aire atrapado. La ropa protectora también atrapa la transpiración y evita la evaporación. El sudor sin evaporación no permitirá el enfriamiento. Para fomentar la pérdida de calor, afloje o retire la ropa, en particular en torno a cabeza y cuello.

Hipotermia

En forma literal, hipotermia significa "temperatura baja". Ésta se diagnostica cuando la temperatura central del cuerpo —la temperatura de corazón, pulmones y órganos vitales— cae por debajo de los 35 °C. El cuerpo por lo general puede tolerar una caída de algunos grados en la temperatura central. No obstante, por debajo de este punto crítico, el cuerpo pierde la capacidad de regular su temperatura y de generar calor corporal. Comienza entonces la pérdida progresiva del calor corporal.

Para protegerse a sí mismo contra la pérdida de calor, es normal que el cuerpo constriña los vasos sanguíneos de la piel, esto resulta en la apariencia característica de labios y/o yemas de los dedos azulados. Como precaución secundaria contra la pérdida de calor, el cuerpo tiende a crear calor adicional al tiritar, lo cual consiste en el movimiento activo de muchos músculos para generar calor. Al empeorar la exposición al calor y avasallarse estos mecanismos, muchas funciones corporales comienzan a hacerse más lentas. Con el tiempo, el funcionamiento de órganos clave como el corazón, comienzan a disminuir. Si no se trata, esto puede conducir a la muerte.

La hipotermia puede desarrollarse ya sea despacio, como cuando alguien se sumerge en agua fría o de manera más paulatina, como cuando la persona se expone a un medio frío durante varias horas o más. La temperatura no tiene que estar por debajo del punto de congelamiento para que ocurra la hipotermia. En invierno, las personas indigentes y aquellas cuyos hogares carecen de calefacción pueden desarrollar hipotermia a temperaturas mayores. Incluso en verano, los nadadores que permanecen en el agua durante largo rato se encuentran en riesgo de hipotermia. Como todas las lesiones relacionadas con frío y calor, la hipotermia es más común entre pacientes geriátricos, pediátricos y personas enfermas, quienes tienen menor capacidad de ajustarse a las temperaturas extremas. La hipotermia también es común entre las personas muy jóvenes, quienes son incapaces de ponerse ropas para protegerse del frío. Los lactantes y niños son pequeños, con un área de superficie relativamente grande y tienen menos grasa corporal que la mayoría de los adultos. Asimismo, debido a su poca masa muscular, es posible que los niños no sean capaces de tiritar con la misma eficacia que los adultos, y los lactantes no tiritan en absoluto.

Los pacientes con lesiones o enfermos, como es el caso de quemaduras, choque, lesiones en cabeza, eventos vasculares cerebrales infección generalizada, lesiones de médula espinal, diabetes e hipoglucemia, son más susceptibles a la hipotermia, lo mismo que los pacientes que han tomado ciertos fármacos o venenos.

Signos y síntomas

Los signos y síntomas de la hipotermia por lo general se vuelven cada vez más graves a medida que cae la temperatura central. La hipotermia por lo general avanza a través de cuatro etapas generales, como se muestra en el Cuadro 18-1 ▼. Aunque no hay distinción clara entre las etapas, los diferentes signos y síntomas de cada una le ayudarán a estimar la gravedad del problema. Cuando evalúe a un paciente en el campo, podrá distinguir entre la hipotermia leve y la grave.

Para evaluar la temperatura general de un paciente, jale hacia abajo su guante y coloque el reverso de su mano sobre la piel del abdomen del paciente Figura 18-1 ▶. Si la piel se siente fría, es probable que el paciente presente una emergencia generalizada por frío. Si trabaja en un entorno frío, puede llevar consigo un termómetro para hipotermia, el cual registra temperaturas bajas del centro corporal Figura 18-2 ▶; debe insertarse en el recto para tener una lectura precisa. Observe que los termómetros regulares no registrarán la temperatura de un paciente con hipotermia significativa. La hipotermia leve se presenta cuando la temperatura del centro corporal está entre 32 y 35 °C. El paciente por lo general está alerta y tiritando en un intento por generar más calor a través de la actividad muscular. El paciente puede brincar de arriba abajo y azotar sus pies. La frecuencia del pulso y la respiratoria por lo general son aceleradas. La piel en las personas blancas puede aparecer rojiza, pero con el tiempo se verá

CUADRO 18-1 Características de la hipotermia sistémica

Temperatura central	32 a 35 °C	32° a 33 °C	27 a 31 °C	<27 °C
Signos y síntomas	Tiritar, estampar los pies	Pérdida de coordinación, rigidez muscular	Coma	Muerte aparente
Respuesta cardiorrespiratoria	Vasos sanguíneos constreñidos, respiración rápida	Respiraciones y pulso lentos	Pulso débil, arritmias, respiraciones muy lentas	Paro cardiaco
Nivel de conciencia	Retraimiento	Confuso, letárgico, somnoliento	No responde	No responde

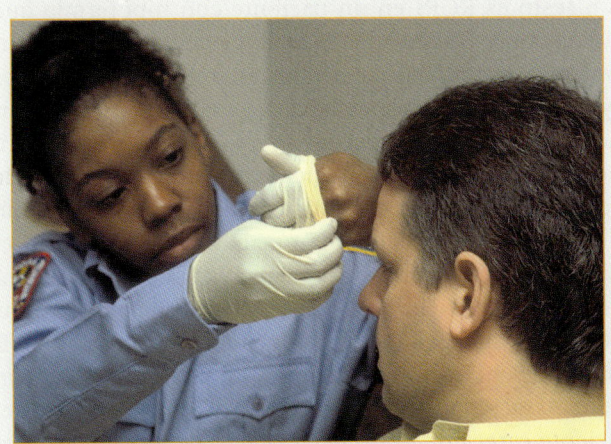

Figura 18-1 Para evaluar la temperatura del paciente, jale su guante hacia atrás y coloque el dorso de su mano sobre la piel de la persona.

pálida, luego cianótica. Como se señaló antes, los individuos en un medio frío pueden presentar labios y yemas de los dedos azulados debido a la constricción de los vasos sanguíneos de la piel que intentan retener calor.

Se presenta una hipotermia más grave cuando la temperatura del centro del cuerpo es menor de 32 °C. El temblor se detiene, y la actividad muscular disminuye. En un inicio, la actividad fina de músculos pequeños, como el movimiento coordinado de los dedos se detiene. Con el tiempo, a medida que cae más la temperatura se detiene toda actividad muscular.

A medida que la temperatura del centro se reduce hacia los 29 °C, el paciente entra en letargo, y por lo general pierde el interés en continuar su lucha contra el frío. El nivel de conciencia se reduce y el paciente puede intentar quitarse la ropa. Luego, sigue la mala coordinación y la pérdida de la memoria, junto con la reducción o una pérdida total de la sensación del tacto, cambios del estado de ánimo y deficiencia del juicio. El paciente se vuelve menos comunicativo, presenta rigidez muscular o articular y, por tanto, tiene problemas para hablar. Al pasar el tiempo, los músculos se ponen rígidos y el paciente comienza a verse tieso o rígido.

Si la temperatura cae hasta los 27 °C, los signos vitales se hacen más lentos, el pulso se debilita y las respiraciones se hacen de lentas a superficiales o desaparecen.

A una temperatura del centro menor de 27 °C, toda actividad cardiorrespiratoria puede cesar, la reacción de pupilas es lenta y el paciente puede parecer muerto.

Nunca suponga que un paciente frío y sin pulso está muerto. Los pacientes pueden sobrevivir incluso la hipotermia grave si se aplican las medidas de emergencia adecuadas.

Evaluación de lesiones por frío

El manejo de la hipotermia en el campo, sin importar la gravedad de la exposición, consiste en estabilizar los ABC y prevenir una pérdida adicional de calor.

Evaluación de la escena

Como siempre, su evaluación de la escena comienza por la información proporcionada por la central. Dicha información le ayuda a considerar el ML o NE y a prepararse para problemas que su paciente pueda tener. Observe las condiciones ambientales. La temperatura del aire, el enfriamiento por el viento y si el ambiente es húmedo o seco,

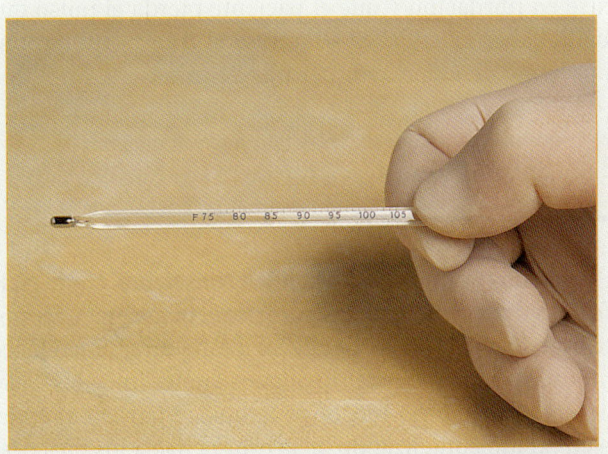

Figura 18-2 Un termómetro rectal especial para hipotermia registra temperaturas muy por debajo de las de un termómetro regular.

> **Qué documentar**
>
> Registrar los resultados específicos de su evaluación inicial es de particular valor en los pacientes hipotérmicos. Si hay dudas acerca de iniciar la RCP, anote dónde tomó el pulso y por cuánto tiempo. También anote la temperatura corporal inicial y dónde la tomó. Estos puntos serán importantes para el personal hospitalario y ayudarán a protegerlo si en algún momento surgen problemas medicolegales.

son aspectos importantes de la evaluación de la escena que muy probablemente afectarán al paciente.

Verifique que la escena sea segura para ustedes y otras personas que respondan al llamado. Identifique los posibles riesgos para la seguridad, como pasto húmedo, lodo o calles congeladas. Considere los riesgos especiales, como avalanchas. Los medios fríos pueden presentar problemas especiales tanto para el TUM-B como para su paciente. Emplee las precauciones adecuadas de ASC y considere el número de pacientes que puede tener. Solicite ayuda adicional, como un equipo de búsqueda y rescate, lo más pronto posible.

Evaluación inicial

Impresión general

En una emergencia por frío, la queja principal de su paciente puede ser sólo la de tener frío o puede haber una complicación adicional debido a un problema médico o de traumatismo. Determine si existe una amenaza para la vida y, si la hay, trátela. Si la queja principal es tan sólo el tener frío, evalúe con rapidez qué tan frío está el paciente. Esto se hace sintiendo la piel del abdomen del paciente. Esta área del cuerpo está por lo general bien protegida y aislada, y le dará una idea general de la temperatura en el centro del cuerpo.

El estado mental de su paciente por lo general indicará su nivel de dolor. Evalúelo con rapidez por medio de la escala AVDI. Un estado mental alterado se relaciona con la intensidad del problema de frío.

Vía aérea y respiración

Su evaluación de los ABC deberá tomar en cuenta los cambios fisiológicos que ocurren como resultado de la hipotermia. Asegúrese de que el paciente cuente con una vía aérea y respiración adecuadas. Considere tomar precauciones sobre la columna vertebral, sobre la base de su evaluación de la escena y la queja principal. Si la respiración de su paciente es lenta o superficial, es posible que se requieran ventilaciones BVM. Si está disponible oxígeno entibiado y humidificado, será el preferencial porque ayuda a calentar al paciente de dentro hacia fuera. El oxígeno adicional, incluso si no está tibio ni húmedo, para los pacientes fríos con respiración adecuada puede ayudar con la perfusión de los tejidos fríos.

Circulación

Si no logra sentir un pulso radial, palpe con suavidad en busca de un pulso carotídeo y espere durante 30 ó 45 s antes de decidir que el paciente carece de pulso. Los médicos no están de acuerdo acerca de la sabiduría de realizar SVB (esto es RCP) en un paciente con hipotermia que parece carecer de pulso. Tal paciente de hecho puede encontrarse en una especie de "hielera metabólica" y haber logrado un equilibrio metabólico que el SVB puede alterar. Incluso una frecuencia del pulso de 1 o 2 latidos/min indica actividad cardiaca, y cualquier actividad cardiaca puede recuperarse de modo espontáneo una vez que se calienta el centro del cuerpo. No obstante, hay evidencia de que el SVB, cuando se efectúa de la manera correcta, aumentará el flujo sanguíneo hacia las partes críticas del cuerpo. Por esta razón, algunas autoridades recomiendan iniciar el SVB en un paciente con hipotermia y sin pulso. La *American Heart Association* recomienda que se inicie la RCP si el paciente carece de pulso detectable o de respiración. De nueva cuenta, para un paciente con hipotermia, esto puede requerir una revisión prolongada del pulso.

La perfusión se verá comprometida sobre la base del grado de frío que sufra el paciente. Su evaluación de la piel no será útil para determinar si hay choque. Asuma que éste está presente y trate de acuerdo con ello. El sangrado puede ser difícil de detectar debido a la lentitud de la circulación y a las ropas gruesas. Si la evaluación de la escena, el ML o la queja principal sugieren que es posible que haya sangrado, búsquelo.

Decisión de transporte

Incluso los grados leves de hipotermia pueden tener consecuencias y complicaciones graves. Éstas incluyen arritmia cardiaca y anormalidades de la coagulación sanguínea. Por tanto, todos los pacientes con hipotermia deben ser transportados de inmediato para su evaluación y tratamiento. Evalúe la escena en busca de la manera más segura de sacar con rapidez a su paciente del entorno frío. Al preparar a su paciente para el transporte, trabaje con rapidez, de manera segura y con suavidad. El manejo brusco del paciente hipotérmico puede causar que un corazón frío y lento entre en fibrilación y que el paciente pierda el pulso que pueda haber existido. Si se retrasa el transporte, proteja al paciente de una mayor pérdida de calor.

Historial y examen físico enfocados

Si la persona es un paciente médico consciente, como en la mayoría de las emergencias por frío, deberá comenzar por crear un historial SAMPLE, llevar a cabo un examen físico enfocado y luego obtener los signos vitales iniciales. Si su paciente médico no responde, empiece por un examen físico rápido comenzando de la cabeza hacia los pies para buscar problemas ocultos y determinar cualquier área del cuerpo que pueda estar congelada. A continuación, obtenga los signos vitales iniciales y un historial SAMPLE.

Historial SAMPLE

Obtener el historial del paciente en estas situaciones puede ser difícil, pero debe intentarse. Si es posible, obtenga información sobre el tiempo que su paciente ha estado expuesto al medio frío, ya sea del paciente o de testigos. Las exposiciones pueden ser agudas o crónicas. Su historial SAMPLE puede proporcionar información importante que afecte ambas cosas, su tratamiento en el campo y el que recibirá el paciente en el hospital. Los medicamentos que su paciente haya tomado y los problemas médicos subyacentes pueden tener un impacto en la manera en que el frío afecta su metabolismo. La última ingesta oral del paciente y lo que éste estaba haciendo antes de la exposición ayudarán a determinar la gravedad del problema de frío.

Examen físico enfocado

Su examen físico enfocado debe concentrarse en la gravedad de la hipotermia, en evaluar las áreas del cuerpo afectadas directamente por la exposición al frío y el grado del daño. ¿Está frío todo el cuerpo (hipotermia) o sólo partes de él (congelación)? Estas determinaciones tendrán consecuencias importantes para sus decisiones de tratamiento. Por ejemplo, tiritar constituye un mecanismo protector para producir más calor debido a que el cuerpo está frío. Cuando el temblor se detiene y el paciente permanece en un medio frío, la emergencia por frío es más grave.

Signos vitales iniciales

Tenga en mente que los signos vitales pueden alterarse por los efectos de la hipotermia y ser un indicador de su gravedad. La respiración puede ser lenta y superficial, lo cual produce bajos niveles de oxígeno en el cuerpo. La baja tensión arterial y el pulso lento también indican hipotermia moderada a grave. Evalúe con cuidado a su paciente en busca de cambios en el estado mental.

Determine la temperatura central del cuerpo por medio de un termómetro con base en el protocolo local. Se requiere un termómetro especial para temperaturas bajas para medir la temperatura del paciente hipotérmico, lo cual por lo general se hace en el recto. Un paciente con hipotermia moderada tendrá una temperatura central menor de 32 °C.

Intervenciones

En la mayoría de los casos, deberá sacar al paciente del medio frío para prevenir una mayor pérdida de calor. Para evitar mayor daño a los pies, no permita que el paciente camine. Retire cualquier prenda mojada y coloque cobijas secas sobre y por debajo del paciente **Figura 18-3**. Asegúrese siempre de manejar al paciente con suavidad, de manera que no le cause ningún dolor ni lesiones adicionales en la piel. No aplique masaje en las extremidades. No permita que el paciente coma, tome ningún estimulante, como café, té o refresco de cola, ni que fume o masque tabaco.

Puede administrarle al paciente oxígeno tibio y humidificado si no lo ha hecho aún como parte de la evaluación inicial. Comience con un recalentamiento pasivo, el cual incluye envolver al paciente en cobijas y encender la calefacción del compartimento para pacientes de la ambulancia.

Si el paciente está alerta y responde de la manera adecuada, la hipotermia es leve, y puede iniciar el recalentamiento activo, el cual incluye envolver al paciente en cobijas y aplicar cojines calientes o bolsas de agua caliente en ingles, axilas y la región cervical. Encienda la calefacción en un punto alto en el compartimento de pacientes de la ambulancia.

Debe intentar minimizar una pérdida adicional de calor corporal, en especial si no puede llegar con rapidez al hospital. No obstante, cuando el paciente presenta hipotermia moderada a grave, nunca deberá tratar de recalentar al paciente de manera activa (colocar fuentes de calor sobre o dentro del cuerpo). Un recalentamiento demasiado rápido puede causar una arritmia cardiaca fatal que requerirá desfibrilación por esta razón, el recalentamiento debe realizarse en el hospital. Su objetivo es prevenir una pérdida adicional de calor. Saque a su paciente de inmediato del medio frío y colóquelo en la ambulancia, donde encenderá la calefacción. Si no puede sacar al paciente del frío de inmediato, aléjelo del viento y del contacto con cualquier objeto que pueda extraer el calor del cuerpo. Coloque una cubierta protectora sobre el paciente

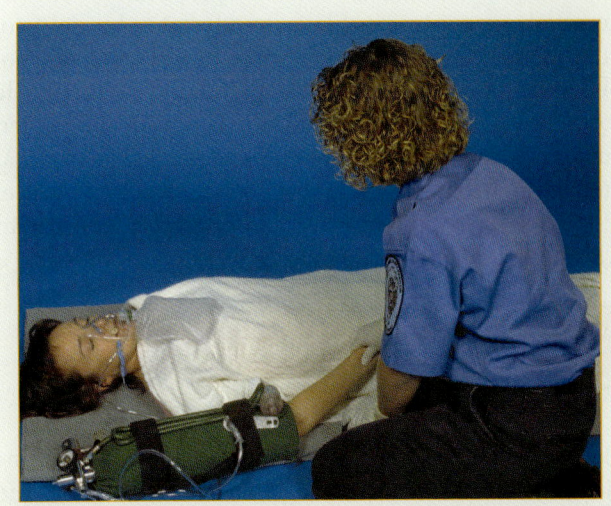

Figura 18-3 Coloque cobijas sobre y debajo del paciente con hipotermia; administre oxígeno caliente y humidificado; evalúe el pulso antes de considerar la RCP.

y recuerde que la mayor cantidad de calor se pierde en torno de la cabeza y el cuello.

Si el paciente está alerta y tiritando, puede asumir que la hipotermia es relativamente leve. Si es posible, puede administrar líquidos calientes por vía oral en este caso, suponiendo que el paciente puede deglutir sin problemas. Retire todas las ropas mojadas y cubra al paciente con una cobija. Notifique al hospital sobre el estado del paciente de manera que el personal pueda prepararse para iniciar el recalentamiento tan pronto como ustedes lleguen.

Cuando el paciente no tirita y se encuentra en letargo, es probable que exista una hipotermia moderada a grave. Retire la ropa mojada y proteja al paciente del frío y el viento con cobijas en un medio más caliente.

Si se encuentra en un área donde la hipotermia es un problema común, deberá contar con protocolos específicos para enfrentar esta situación. En cualquier caso, consulte con dirección médica. Recuerde que esto se complica en una situación de trauma, en particular si existe la posibilidad de una lesión en columna. Por ejemplo, en áreas rurales donde el tiempo de transporte es más prolongado, el paciente puede haber estado expuesto al frío después de haber sido expulsado del vehículo y haber estado esperando por largo tiempo. Es importante tener en mente todo lo que está mal con el paciente cuando lo trate y haga decisiones sobre el transporte.

Examen físico detallado

Su examen físico detallado debe estar encaminado a determinar el grado y alcance de la lesión por frío, lo mismo que cualquier otra lesión o afección que pueda no haberse detectado en un inicio. El efecto adormecedor del frío, tanto sobre el cerebro como sobre el resto del cuerpo, puede afectar la capacidad de su paciente para informarle sobre otras lesiones o enfermedades. Por tanto, un examen cuidadoso del cuerpo entero de su paciente, con especial atención a la temperatura, textura y turgencia de la piel le ayudarán a evitar perder indicios importantes respecto a la condición de la persona.

Evaluación continua

Mantenga una vigilancia estrecha sobre el nivel de conciencia de su paciente y sus signos vitales. A medida que se recalienta el cuerpo, la redistribución repentina de líquidos y la liberación de sustancias acumuladas puede tener efectos dañinos, incluidas las arritmias cardiacas. Manténgase atento y vigile a su paciente de cerca, incluso si su condición parece estar mejorando.

Comunicación y documentación

Comunique toda la información que haya reunido a la institución receptora. Las condiciones que encontró en la escena, la ropa que llevaba su paciente y la información reunida de los testigos pueden ser esenciales en la evaluación y tratamiento de su paciente en el hospital. No sólo documente el estado físico de su paciente, sino también la condición de la escena y registre con cuidado los cambios en el estado mental durante el tratamiento y transporte.

Manejo de la exposición al frío en una persona enferma o lesionada

Todos los pacientes que presentan lesiones graves se encuentran en riesgo de hipotermia. Tenga esto en mente cuando evalúe a un paciente con lesiones múltiples.

Una persona enferma o lesionada que ha estado atrapada en un medio frío puede presentar hipotermia o tener ya un problema relacionado con la exposición al frío. Tal persona es más susceptible que un individuo sano a las lesiones por frío. Siga con rapidez los siguientes pasos para evitar un mayor daño por el frío:

1. **Retire la ropa mojada** y mantenga seco al paciente.
2. **Prevenga la pérdida de calor por conducción.** Aleje al paciente de cualquier superficie mojada o fría, como el armazón de un automóvil.
3. **Aísle las partes del cuerpo expuestas**, en especial la cabeza, envolviéndolas en una cobija o en cualquier otro material seco y voluminoso disponible.
4. **Evite la pérdida de calor por convección** erigiendo una barrera contra el viento en torno al paciente.
5. **Retire al paciente** del medio frío con la mayor prontitud posible.

Sin importar la naturaleza o gravedad de la lesión por frío, recuerde que incluso un paciente que no responde puede ser capaz de escucharlo. Algunos pacientes han escuchado que ya los había dado por muertos alguien que había olvidado el refrán: "Nadie está muerto hasta que está caliente y muerto". Si lleva consigo un DAE, deberá considerar la desfibrilación. Aunque este ritmo cardiaco es poco probable en pacientes con hipotermia, puede ocurrir en pacientes que se recalientan con demasiada rapidez.

Lesiones locales por frío

La mayoría de las lesiones por frío se limitan a las partes expuestas del cuerpo. Las extremidades, en particular los pies, y las orejas, la nariz y cara expuestas, son especialmente vulnerables a las lesiones por frío Figura 18-4. Cuando las partes expuestas del cuerpo se enfrían mucho pero no se congelan, la condición se llama sabañón o pie de inmersión (pie de trinchera). Cuando las partes se congelan, la lesión se llama **congelamiento**.

Debe tratar de averiguar la duración de la exposición, la temperatura a la cual se expuso la parte del cuerpo, y la velocidad del viento durante dicha exposición. Estos son factores importantes para determinar la gravedad de una lesión local por frío. También deberá investigar un sinnúmero de factores subyacentes:

- Exposición al agua
- Aislamiento inadecuado del frío o el viento
- Circulación restringida debido a ropa o calzado apretados o enfermedad circulatoria
- Fatiga
- Mala nutrición
- Abuso de alcohol o drogas
- Hipotermia
- Diabetes
- Enfermedad cardiovascular
- Edad avanzada

En la hipotermia, la sangre se desvía de las extremidades en un intento por mantener la temperatura del centro del cuerpo. Esta desviación de la sangre incrementa el riesgo de lesiones locales por frío en extremidades, orejas, nariz y cara. Por tanto, el paciente con hipotermia también debe evaluarse en busca de congelación u otras lesiones locales por frío. Lo inverso también se aplica. Debe recordar que ambos tipos de exposición al frío, local o sistémica pueden ocurrir en el mismo paciente.

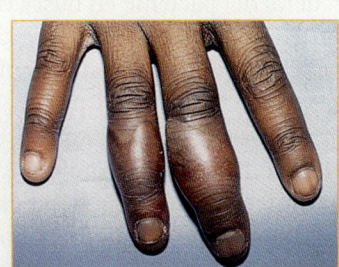
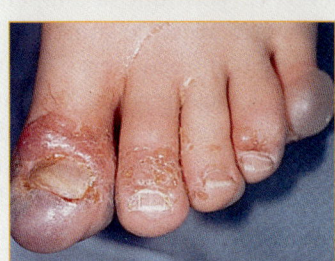
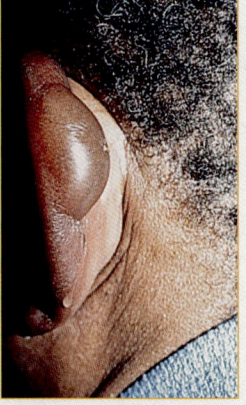

Figura 18-4 Las extremidades y las orejas, la nariz y cara son particularmente susceptibles al congelamiento.

Sabañones y pie de inmersión

Después de una exposición prolongada al frío, la piel puede estar congelada aunque los tejidos más profundos no se ven afectados. Este problema, que con frecuencia afecta orejas, nariz y dedos, se llama sabañón. Dado que los sabañones por lo general no son dolorosos, es frecuente que el paciente no se dé cuenta de que presenta una lesión por frío. El pie de inmersión, también llamado pie de trinchera, ocurre después de la exposición prolongada al agua fría. Es particularmente común en campistas o cazadores que permanecen durante largo tiempo de pie en un río o lago. En ambos casos, con sabañones y pie de inmersión, la piel se ve pálida (blanqueada) y se siente fría al tacto; el color normal no regresa después de la palpación de la piel. En algunos casos, la piel del pie estará arrugada, pero también puede permanecer suave. El paciente se queja de la pérdida de sensación y percepción en el área lesionada.

Como en todos los demás casos de hipotermia, el tratamiento de emergencia de estas lesiones por frío locales menos graves consiste en alejar al paciente del ambiente frío y mojado, pero también en recalentar la parte afectada. Con los sabañones, el contacto con un objeto caliente puede ser lo único necesario; puede emplear sus manos, su aliento o el propio cuerpo del paciente. Durante el recalentamiento, con frecuencia se sentirá hormigueo en la parte afectada, además de que se pondrá roja en las personas con piel clara. Para el pie de inmersión, retire el calzado y los calcetines, y recaliente el pie poco a poco, protegiéndolo de mayor exposición al frío.

Congelamiento

Ésta es la lesión local más grave por exposición al frío, porque los tejidos de hecho se congelan. El congelamiento daña de manera permanente las células, aunque no se conoce el mecanismo exacto por el cual ocurre el daño. La presencia de cristales de hielo dentro de las células también puede ocasionar daño físico. El cambio en el contenido de agua de las células, de igual modo, puede ocasionar cambios críticos en la concentración de electrolitos, lo cual produce cambios permanentes en la química de la célula. Cuando el hielo se descongela, ocurren todavía más cambios en la célula, los cuales provocan daño permanente o muerte celular, llamada gangrena Figura 18-5. Si se presenta la gangrena, el tejido muerto debe eliminarse por operación, en ocasiones mediante la amputación. Después de un daño menos grave, la parte expuesta se inflamará, será sensible al tacto y no tolerará la exposición al frío.

La congelación puede identificarse por la sensación dura y helada de los tejidos afectados. La mayoría de las partes congeladas son duras y cerosas Figura 18-6. La parte lesionada se siente de firme a congelada cuando se toca con suavidad. Si el congelamiento sólo alcanza la profundidad de la piel, esa parte tendrá la textura del cuero o se sentirá gruesa, no dura y congelada por completo. Pueden estar presentes ampollas e hinchazón. En las personas de piel clara con una lesión profunda que se descongeló por completo o en parte, la piel puede aparecer roja con manchas amoratadas y blancas, o puede estar moteada y cianótica.

Lo mismo que con las quemaduras, la profundidad del daño en la piel variará. Con la congelación superficial, sólo la piel está congelada; si la congelación es profunda, los tejidos más profundos también estarán congelados. Quizá no sea capaz de diferenciar la congelación superficial de la profunda en el campo. Incluso un cirujano experimentado en un medio hospitalario no será capaz de diferenciarlas hasta que hayan transcurrido varios días.

Atención médica de urgencia y lesión local por frío

El tratamiento de emergencia de las lesiones locales por frío en el campo debe incluir los siguientes pasos:

1. **Aleje al paciente** de una mayor exposición al frío.
2. **Trate con cuidado la parte lesionada** y protéjala de lesiones adicionales.
3. **Administre oxígeno**, si es que no lo había hecho ya como parte de la evaluación inicial.
4. **Retire cualquier ropa mojada o apretada** que haya sobre la parte lesionada.

Con una lesión temprana o superficial, como los sabañones o el pie de inmersión, coloque una férula en la extremidad y cúbrala sin apretar con un vendaje seco y estéril. Nunca frote los tejidos lesionados con nada, ya que esto provoca mayor daño. No reexponga la lesión al frío.

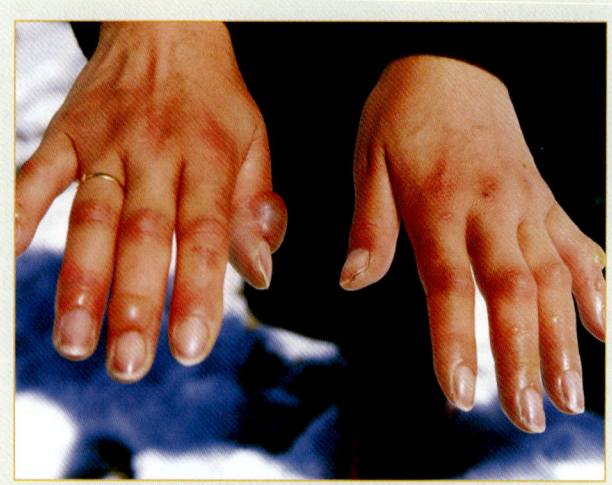

Figura 18-6 Las partes congeladas se sienten duras y, por lo general, cerosas al tacto.

Con una lesión tardía o profunda por frío, como el congelamiento, asegúrese de retirar cualquier pieza de joyería de la parte lesionada y cubra la lesión con una venda seca y estéril sin apretar. No rompa las ampollas ni frote o aplique masaje en el área. No aplique calor ni recaliente la parte. A diferencia de los sabañones y del pie de trinchera, el recalentamiento de la extremidad congelada se logra mejor bajo circunstancias controladas en la sala de urgencias. Puede causar una gran cantidad de daño adicional a tejidos frágiles al intentar recalentar una parte congelada. Nunca aplique algo tibio o caliente, como el escape de un motor de ambulancia o peor, una flama abierta. No permita que el paciente se ponga de pie ni camine sobre un pie congelado.

Evalúe la condición general del paciente en busca de los signos o síntomas de hipotermia sistémica. Apoye las funciones vitales según se requiera, y transporte al paciente con prontitud al hospital.

Si no está disponible una pronta atención en el hospital y dirección médica le indica que comience a recalentar en el campo, emplee un baño de agua caliente. Sumerja la parte congelada en agua con una temperatura entre 38 y 44.5 °C. Verifique la temperatura del agua con un termómetro antes de sumergir la extremidad y vuelva a revisarla con frecuencia durante el proceso de recalentamiento. La temperatura del agua nunca debe exceder los 44.5 °C. Mueva el agua de modo continuo. Mantenga la parte congelada en el agua hasta que ésta se sienta caliente y la sensación haya regresado a la piel. Envuelva el área con vendas secas y estériles, colocándolas también entre los dedos lesionados de manos y pies. Espere que el paciente se queje de un dolor muy fuerte.

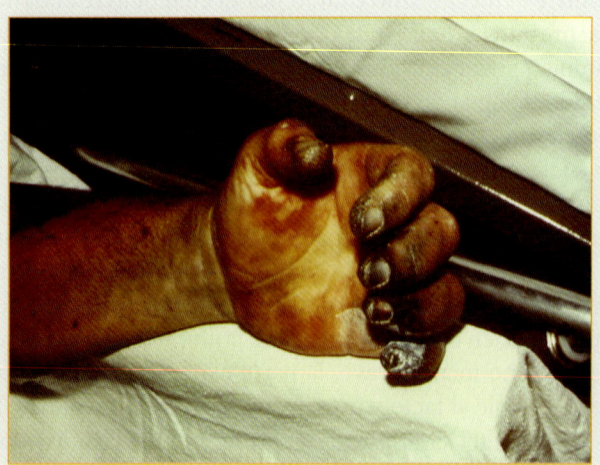

Figura 18-5 La gangrena, o muerte celular permanente, puede ocurrir cuando el tejido se congela y ocurren ciertos cambios químicos en las células.

Nunca intente recalentar si hay cualquier probabilidad de que la parte pueda congelarse de nuevo antes de que el paciente llegue al hospital. Algunas de las consecuencias más graves del congelamiento, incluidas gangrena y amputación, han ocurrido cuando las partes se descongelaron y luego se congelaron de nuevo.

Cubra la parte congelada con vendas de algodón suaves, acojinadas y estériles. Si se formaron ampollas, no las rompa. Recuerde, no puede predecir con precisión el resultado de un caso de congelamiento al inicio de su curso. Incluso partes del cuerpo que parecen gangrenosas pueden recuperarse después del tratamiento adecuado de emergencia y en el hospital.

La exposición al frío y el TUM-B

Como TUM-B también se encuentra en riesgo de hipotermia si trabaja en un medio frío. Si las operaciones de búsqueda y rescate en el clima frío son una posibilidad en sus áreas asignadas, deberá recibir entrenamiento de supervivencia y consejos precautorios. Tenga en mente las condiciones climáticas existentes y potenciales, y manténgase al tanto de los cambios que se pronostican para la zona. Asegúrese de contar con la ropa adecuada y úsela siempre que sea apropiado. Asimismo, su vehículo deberá estar equipado de manera conveniente y recibir mantenimiento para clima frío. No puede ayudar a los demás si no se protege a sí mismo. ¡Nunca se permita convertirse en una víctima!

Exposición al calor

La temperatura normal del cuerpo es de aproximadamente 37 °C. Complicados mecanismos reguladores mantienen esta temperatura interna constante, sin importar la **temperatura ambiente**, la temperatura del medio circundante. En un medio caliente o durante la actividad física vigorosa, cuando el propio cuerpo produce un exceso de calor, el cuerpo intentará liberarse del exceso de calor. Hay varias maneras de hacer esto. Las dos más eficientes son por sudoración (y evaporación del sudor) y por dilatación de los vasos sanguíneos de la piel, lo cual lleva sangre a la superficie de la piel para aumentar la velocidad de la radiación de calor. Además, desde luego, la persona que se sobrecalienta puede quitarse la ropa e intentar encontrar un medio más fresco.

Normalmente los mecanismos reguladores del calor en el cuerpo funcionan muy bien y las personas son capaces de tolerar cambios significativos de temperatura. Cuando el cuerpo se expone a más energía calorífica de la que pierde o genera más de la que puede perder, se produce la **hipertermia**, la cual es la temperatura elevada del centro del cuerpo, por lo general 38.3 °C o más.

Cuando se avasallan los mecanismos corporales para reducir el calor corporal y el cuerpo es incapaz de tolerar el calor excesivo, se desarrolla la enfermedad. La temperatura elevada del aire puede reducir la capacidad del cuerpo para perder calor por radiación; la humedad elevada reduce la capacidad de perder calor a través de la evaporación. Otro factor contribuyente es el ejercicio vigoroso, durante el cual el cuerpo puede perder más de 1 L de sudor por hora, lo cual provoca pérdida de líquido y electrolitos. La enfermedad debida a la exposición al calor puede tomar una de las siguientes tres formas:

- Calambres por calor
- Agotamiento por calor
- Insolación

Las tres formas de enfermedad por calor pueden presentarse en el mismo paciente, dado que el agotamiento por calor sin tratar puede progresar hasta la insolación, la cual es una emergencia que puede ser letal.

Las personas bajo mayor riesgo de sufrir enfermedades por calor son niños, pacientes geriátricos, con enfermedad cardiaca, EPOC, diabetes, deshidratación, obesidad y

---

Situación de urgencia — Parte 2

Mientras su compañero aplica oxígeno de flujo elevado a través de una mascarilla no recirculante, solicita el apoyo del SVA. Una evaluación adicional muestra un pulso rápido y desorganizado, tensión arterial baja, pupilas demasiado lentas para reaccionar y una temperatura de 40 °C. No detecta signos de lesiones traumáticas. Retira las ropas y joyería apretadas. Con la ayuda de su compañero, traslada al paciente fuera del medio caliente y al interior de la ambulancia.

3. Una vez que se encuentran en la ambulancia, ¿qué tratamiento especial necesitará su paciente?
4. ¿Qué tan grave es esta emergencia?

> ### Seguridad del TUM-B
>
> Mantenerse hidratado mientras está de servicio es muy importante, en especial durante periodos de actividad pesada en el calor. Beba por lo menos 3 L de agua al día y más cuando el esfuerzo o el calor estén implicados. El color de la orina (por lo general es más oscuro con la deshidratación) y la frecuencia de la micción se correlacionan de modo directo con la cantidad de líquidos del cuerpo.

aquéllos con movilidad limitada. Las personas mayores, recién nacidos y lactantes presentan mala termorregulación. Los recién nacidos y lactantes con frecuencia usan demasiada ropa. El alcohol y ciertos medicamentos, incluidos los fármacos que deshidratan el cuerpo o reducen la capacidad de éste para sudar, también hacen que una persona sea más susceptible a la enfermedad por calor. Cuando se trata a alguien por esta última, obtenga siempre su historial farmacológico.

Calambres por calor

Los calambres por calor son espasmos musculares dolorosos que ocurren después del ejercicio vigoroso. No sólo se presentan cuando hace calor en el exterior. Pueden observarse en los obreros industriales e incluso en los atletas con buena condición física. No se ha comprendido del todo la causa exacta de los calambres por calor. Sabemos que el sudor producido durante el ejercicio extenuante, en particular en un medio caliente, causa un cambio en el equilibrio de electrolitos o sales del cuerpo. El resultado puede ser la pérdida de electrolitos esenciales de las células. Asimismo, la deshidratación puede jugar también un papel en el desarrollo de calambres musculares. Se pueden perder grandes cantidades de agua del cuerpo como resultado de la sudoración excesiva. Esta pérdida de agua puede afectar músculos que están bajo estrés y hacer que se produzcan espasmos en ellos.

Los calambres por calor por lo general ocurren en los músculos de las piernas o abdominales. Cuando se ven afectados los músculos abdominales, el dolor y el espasmo muscular puede ser tan grave que el paciente parece tener un problema abdominal grave. Si un paciente con un inicio repentino de dolor abdominal se ha estado ejercitando de manera vigorosa en un medio caliente, deberá sospechar calambres por calor.

Siga los pasos a continuación para tratar los calambres por calor en el campo **Figura 18-7**:

1. **Retire al paciente** del medio caliente, incluida la luz solar, una fuente de ganancia de calor radiante. Afloje cualquier ropa ajustada.
2. **Haga reposar los músculos con espasmo.** Haga que el paciente se siente o acueste hasta que cedan los calambres.
3. **Reemplace los líquidos por vía oral.** Utilice agua o una solución electrolítica balanceada como Gatorade diluida (a media potencia). En la mayoría de los casos, el agua simple es lo más útil. No administre tabletas de sal ni soluciones con alta concentración de sales. El paciente ya cuenta con la cantidad adecuada de electrolitos circulantes; es tan sólo que no están distribuidos de la manera adecuada. Con el descanso y el reemplazo de líquidos apropiados, el cuerpo ajustará la distribución de electrolitos, y los calambres desaparecerán.

Si los calambres no desaparecen después de estas medidas, transporte al paciente al hospital. Si no está seguro de que sean calambres por calor o hay algo fuera de lo normal, comuníquese con dirección médica o transporte al hospital. Una vez que desaparezcan los calambres, el paciente puede reanudar su actividad. Por ejemplo, un atleta puede volver a jugar una vez que los calambres desaparecen. No obstante, la sudoración abundante puede hacer que reaparezcan los calambres. La hidratación tomando suficiente agua es la mejor estrategia preventiva y de tratamiento.

Agotamiento por calor

El agotamiento por calor, también llamado, postración o colapso por calor, es la enfermedad grave más común

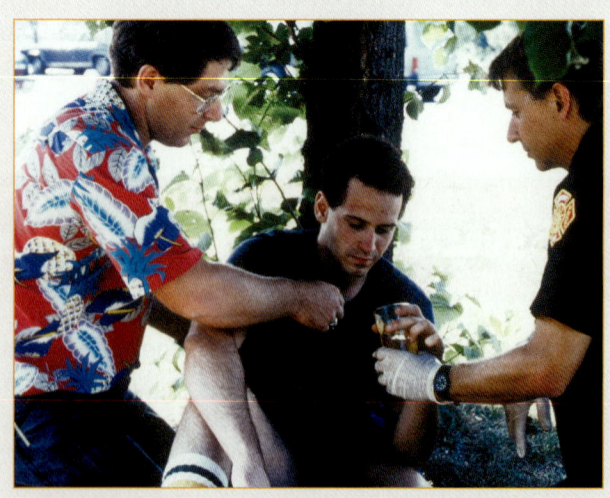

Figura 18-7 Un paciente con calambres por calor debe trasladarse a un medio fresco cuando comience su evaluación y tratamiento.

producida por el calor. La exposición al calor, el estrés y la fatiga son causas del agotamiento por calor, el cual se debe a hipovolemia como resultado de la pérdida de electrolitos y agua debido a una sudoración excesiva. Para que la sudoración sea un mecanismo eficaz de enfriamiento, el sudor debe ser capaz de evaporarse del cuerpo. De otra manera, el cuerpo continuará su producción de sudor, con una mayor pérdida de agua. Las personas paradas bajo el sol caliente, y en particular aquellas que usan varias capas de ropa, como los fanáticos del fútbol o los asistentes a un desfile, pueden sudar de manera profusa, pero su cuerpo se refrescará poco. La humedad elevada también reducirá la cantidad de evaporación que puede ocurrir. Las personas que trabajan o se esfuerzan en áreas mal ventiladas no logran eliminar calor a través de la convección. En consecuencia, las personas que trabajan o se ejercitan vigorosamente y aquellas que usan ropa muy gruesa en un medio caliente, húmedo o mal ventilado presentan particular susceptibilidad al agotamiento por calor.

Los signos y síntomas del agotamiento por calor y aquéllos asociados con hipovolemia son los siguientes:

- Mareo, debilidad o desmayo acompañados de náusea o dolor de cabeza
- Inicio mientras se trabaja duro o se ejercita en un medio caliente, húmedo o mal ventilado y con sudoración abundante
- Inicio, incluso en el reposo, en personas mayores o lactantes en medios calientes, húmedos y mal ventilados o que permanecen largo tiempo en medios calientes o húmedos. Los individuos no aclimatados al medio también pueden presentar este inicio en el reposo
- Piel fría, húmeda y pegajosa con palidez ceniza
- Lengua seca y sed
- Signos vitales normales, aunque el pulso es con frecuencia rápido y la tensión arterial diastólica puede ser baja
- Temperatura corporal normal o ligeramente elevada; en raras ocasiones, tan alta como 40 °C.

Para tratar al paciente, siga los pasos en las **Destrezas 18-1** ▶:

1. **Retire las capas excesivas de ropa**, en particular alrededor de la cabeza y el cuello (**Paso 1**).
2. **Aleje al paciente con rapidez** del medio caliente, de preferencia hacia la parte trasera de la ambulancia con aire acondicionado. Si está a la intemperie, aléjelo del sol.
3. **Administre oxígeno al paciente** si es que no hizo esto antes como parte de la evaluación inicial.
4. **Aliente al paciente para que se recueste** y eleve las piernas (posición supina). Afloje cualquier prenda apretada y abanique al paciente para que se enfríe (**Paso 2**).
5. **Si el paciente está alerta por completo**, aliéntelo para que se siente y beba despacio hasta 1 L de agua, siempre y cuando no sienta náusea. Nunca fuerce a un paciente que no esté por completo alerta a deglutir líquidos ni permita que lo haga en posición supina, porque la persona podría aspirar el líquido hacia sus pulmones (**Paso 3**).

Si el paciente siente náuseas, transpórtelo sobre su costado para evitar la aspiración.

En la mayoría de los casos, estas medidas revertirán los síntomas, lo cual hará que el paciente se sienta mejor en 30 min, pero deberá prepararse para trans-

Situación de urgencia — Parte 3

Una vez en la ambulancia, ajusta el aire acondicionado a máxima potencia. Retira las ropas restantes de su paciente. Aplica paquetes fríos en cuello, ingles y axilas del paciente. La esposa de éste le proporciona información adicional. Señala que su esposo trabajó en el jardín cerca de 2 h y luego regresó quejándose de que tenía calor y se sentía algo mareado. Ella le dijo que se sentara a la mesa de la cocina y que comiera un emparedado que le había preparado. Fue a casa del vecino durante unos minutos y, cuando regresó, encontró a su esposo acostado en el sofá balbuceando incoherencias. De inmediato llamó a urgencias. Luego les informa que él es alérgico a la leche y los gatos, y que toma furosemida (Lasix) dos veces al día y un medicamento para hipertensión arterial, pero no está segura del nombre del medicamento. Le diagnosticaron hipertensión arterial al marido hace cuatro años. Ha estado relativamente sano durante los últimos años.

5. ¿Qué importancia tiene el medicamento del paciente en su condición actual?
6. ¿Qué padecimiento médico sospecharía?

Destrezas 18-1

Tratamiento de un paciente con agotamiento por calor

1 Retire las capas excesivas de ropa.

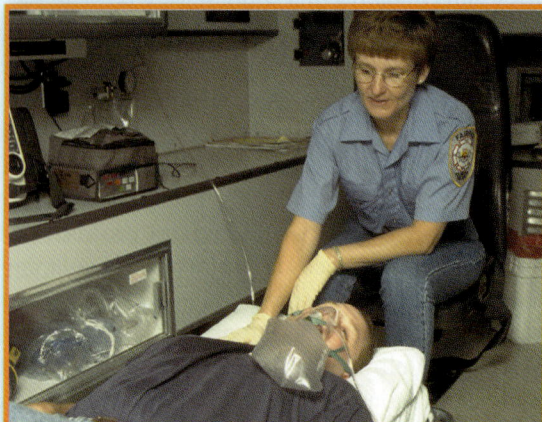

2 Aleje al paciente a un medio más fresco. Administre oxígeno y colóquelo en posición supina. Eleve las piernas y abanique al paciente.

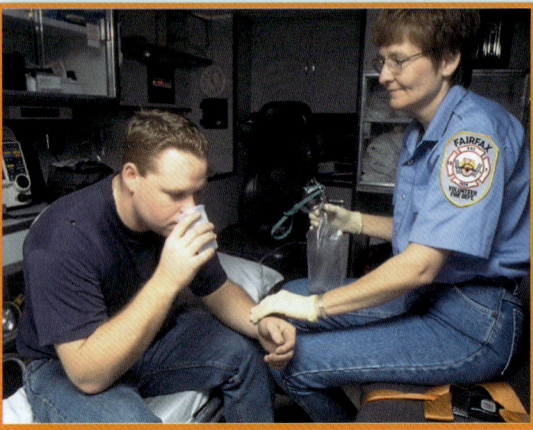

3 Si el paciente está alerta por completo, proporcione agua por vía oral.

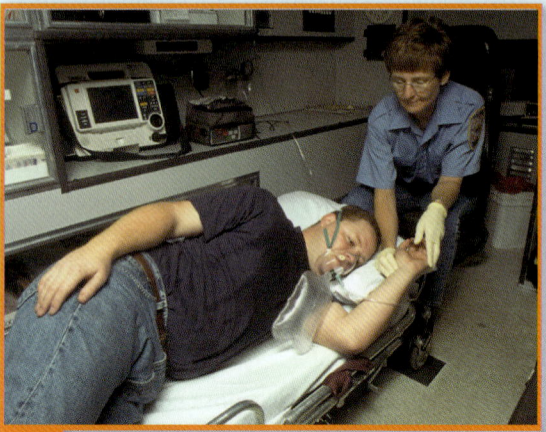

4 Si se produce náusea, transporte al paciente acostado de lado.

portarlo al hospital para un tratamiento más agresivo, como terapia IV con líquidos y vigilancia estrecha, en especial en las siguientes circunstancias:
- Los síntomas no mejoran con rapidez.
- El nivel de conciencia disminuye.
- La temperatura permanece elevada.
- La persona es muy joven, mayor o posee cualquier padecimiento subyacente, como diabetes o enfermedad cardiovascular.

6. **Transporte al paciente apoyado sobre su costado** si piensa que el paciente tiene náusea y está a punto de vomitar, pero asegúrese de que la persona esté bien sujeta (**Paso 4**).

La <u>insolación</u> es la enfermedad menos común pero más grave ocasionada por la exposición al calor, ocurre cuando el cuerpo se somete a más calor del que puede manejar y se avasallan los mecanismos normales para liberarse del calor excesivo. Entonces, la temperatura corporal se eleva con rapidez hasta un nivel en el cual se destruyen tejidos. La insolación sin tratar siempre produce la muerte.

La insolación puede desarrollarse en los pacientes durante la actividad física vigorosa o cuando se encuentran a la intemperie o en un espacio cerrado, mal ventilado y húmedo. También ocurre durante olas de calor entre personas (en particular pacientes geriátricos) que viven en edificios sin aire acondicionado o con mala ventilación. Así mismo puede desarrollarse en niños que se dejan solos encerrados en un auto durante un día caliente.

Muchos pacientes con insolación presentan piel caliente, seca y rojiza debido a que su mecanismo de sudoración fue avasallado. No obstante, al inicio en el curso de la insolación, la piel puede estar húmeda o mojada. Tenga en mente que un paciente puede presentar insolación aun cuando esté sudando. La temperatura corporal sube con rapidez en pacientes con insolación. Puede alcanzar 41 °C o más. A medida que se eleva la temperatura del centro del cuerpo, decae el nivel de conciencia de la persona.

Con frecuencia, el primer signo de insolación es un cambio en la conducta. No obstante, a continuación el paciente deja de responder con rapidez. Al inicio el pulso es acelerado y fuerte, pero a medida que aumenta la falta de respuesta del paciente, el pulso se debilita y la tensión arterial cae.

La recuperación de la insolación depende de la prontitud con la cual se administre el tratamiento, por lo que debe ser capaz de identificar a estos pacientes con rapidez. El tratamiento de emergencia tiene un objetivo: reducir la temperatura corporal por cualquier medio disponible. Siga los pasos a continuación cuando trate a un paciente con insolación:

1. **Aleje al paciente** del medio caliente y colóquelo en la ambulancia.
2. **Ajuste el aire acondicionado** al enfriamiento máximo.
3. **Retire la ropa del paciente.**
4. **Administre oxígeno al paciente** si no hizo esto como parte de la evaluación inicial.
5. **Aplique paquetes fríos** en cuello, ingles y axilas del paciente (Figura 18-8).
6. **Cubra al paciente** con toallas o sábanas mojadas, o rocíelo con agua fría y abaníquelo para evaporar con rapidez la humedad de la piel.
7. **Abanique al paciente de manera agresiva y repetida** humedeciendo o sin humedecer la piel.
8. **Proporcione transporte inmediato** al hospital.
9. **Notifique al hospital** lo más pronto posible de manera que el personal pueda prepararse para tratar al paciente de inmediato a su llegada.

Evaluación de las lesiones por calor

Evaluación de la escena

Como parte de su valoración de la escena, efectúe una evaluación del entorno. ¿Qué tanto calor hace afuera? ¿Qué tan caliente está la habitación donde está su paciente?

Necesidades geriátricas

A medida que envejece, el cuerpo puede perder la capacidad de responder al medio ambiente. Los adultos mayores sufren cambios en su capacidad para compensar temperaturas ambientales altas o bajas. Por ejemplo, si la temperatura ambiente se eleva de 29.5 a 34.5 °C, es posible que el adulto mayor no reconozca el cambio ni sea capaz de compensarlo. Por tanto, a menos que una persona esté acostumbrada al calor, puede desarrollarse insolación con relativa rapidez.

Tiritar, un efecto común de la hipotermia, es el intento del cuerpo de mantener el calor. No obstante, debido a la reducción en la masa o el tono musculares, puede suceder que el paciente geriátrico con hipotermia no tiemble. Más aún, una reducción en la masa y la grasa corporales significa que hay menos aislamiento y protección para el frío. Dado que la respuesta alterada del cuerpo a la pérdida de calor y su incapacidad de ganarlo, es posible que el proveedor de cuidados de salud no sospeche ni informe sobre la hipotermia. Al atender al paciente geriátrico en climas fríos, asegúrese de protegerlo contra la pérdida de calor indeseable. Cubra todas las áreas expuestas con cobijas holgadas. Preste particular atención a la protección de la cabeza del paciente, ya que la pérdida de calor de cabeza y cuello es sustancial.

Debido a la reducción de la circulación en la piel, la pérdida de calor por conducción, convección y radiación es significativamente menor. Asimismo, el proceso de envejecimiento altera la capacidad para sudar del paciente, por tanto, la pérdida de calor a través de evaporación se reduce. Dado que el paciente mayor no puede dispersar el calor con eficiencia, puede desarrollarse la insolación clásica con rapidez. Es típico que el adulto mayor no pase por una etapa inicial de agotamiento por calor. Durante el verano, deberá estar en extremo consciente del potencial para la insolación y de los factores que pueden predisponer a un paciente a las enfermedades por calor. Los factores que incrementan la posibilidad de la insolación incluyen medicamentos, diabetes, abuso del alcohol, desnutrición, parkinsonismo, hipertiroidismo y obesidad.

Ambas, hipo e hipertermia, pueden aparecer en los pacientes mayores en medios ambientales sutiles. Es común que aparezcan estos problemas, por ejemplo, cuando las preocupaciones por los costos resultan en mantener apagada la calefacción en invierno o el aire acondicionado en clima caliente. Pueden desarrollarse emergencias térmicas durante un periodo largo en personas mayores dentro de estos medios en interiores urbanos que pueden no parecerle incómodos al TUM-B.

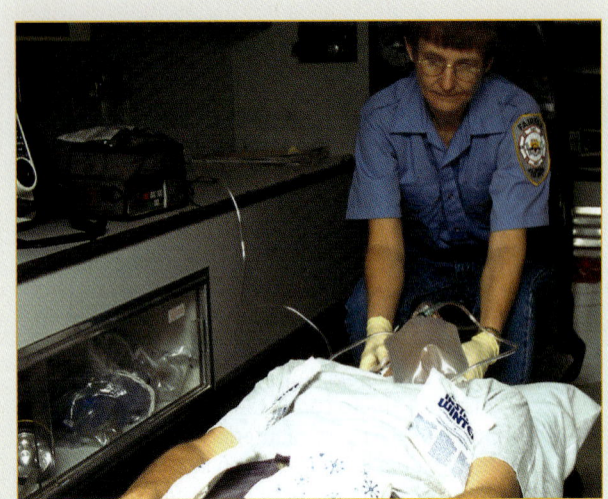

Figura 18-8 Como parte del tratamiento para insolación, administre oxígeno y coloque paquetes fríos en el cuello, las ingles y axilas del paciente.

¿Qué tan bien está tolerando el calor el paciente? La central puede hacer la llamada inicial como si se tratara de un problema médico o de traumatismo. Puede suceder que la enfermedad por calor sea sólo secundaria. Acérquese a la escena buscando riesgos lo mismo que indicios sobre lo que puede haber causado el problema de su paciente. Si anticipa que permanecerá largo tiempo en la escena, protéjase contra el calor. Emplee las precauciones ASC adecuadas, incluidos guantes y protección ocular. Es posible que las camisas de manga larga y los pantalones largos no sean cómodos en el clima caliente, sin embargo, pueden protegerlo si se salpica con sangre u otros líquidos. Considere si requiere apoyo del SVA. Es probable que deban administrarse líquidos IV.

Evaluación inicial

Impresión general

Al acercarse al paciente, observe cómo interactúa éste con usted y con el entorno. Esto le ayudará a identificar el grado de dificultad del paciente. Preséntese y pregunte sobre su queja principal. La enfermedad por calor puede ser el problema primario o tan solo un factor que agrave un problema médico o por trauma. Recuerde, la exposición prolongada al calor puede provocar estrés al corazón y provocar un ataque cardiaco. Emplee esta interacción inicial como guía en la evaluación de amenazas inmediatas para la vida y los problemas relacionados. Evite tener sólo un punto de vista.

Evalúe el estado mental del paciente por medio de la escala AVDI. La insolación es una emergencia verdaderamente letal. La gravedad de la condición de su paciente puede identificarse recabando indicios acerca de su estado mental. Entre más alterado se encuentre éste, mayor será el problema por calor.

Vía aérea, respiración y circulación

Evalúe los ABC del paciente y trate cualquier problema que detecte que amenace la vida. A menos que el paciente no responda, la vía aérea debe ser patente. No obstante, en algunos problemas por calor pueden presentarse náusea y vómito. Coloque al paciente para proteger la vía aérea según se requiera. Si el paciente no responde, tenga cuidado con la manera en que abre su vía aérea, considere las precauciones para la columna vertebral. La respiración será rápida de acuerdo con la temperatura central del paciente, pero deberá ser adecuada en otros aspectos. Proporcionar oxígeno a la persona ayudará con la perfusión de los tejidos corporales y puede reducir la náusea. Si su paciente no responde, inserte una vía aérea y proporcione ventilaciones BVM de acuerdo con el protocolo.

La circulación se evalúa mediante la palpación de un pulso. Si es adecuada, evalúe la perfusión del paciente y determine si hay sangrado. La piel caliente, seca o húmeda con aspecto rojizo puede indicar una temperatura corporal central elevada. Trate al paciente de modo agresivo para el choque, retirándolo del calor y colocándolo de manera que mejore su circulación. Si hay sangrado, aplique vendajes de acuerdo con el protocolo.

Decisión de transporte

Si su paciente presenta cualquier signo de insolación (alta temperatura, piel roja y seca, estado mental alterado, taquicardia, mala perfusión), transpórtelo de inmediato.

Historial y examen físico enfocados

Si su paciente no responde, efectúe un examen físico rápido de pies a cabeza en busca de problemas para explicar lo que está mal. Obtenga los signos vitales para poder comprender qué tan grave es el problema y compile cualquier historial disponible preguntando a familiares y testigos, además de buscar alguna identificación médica. Si el paciente está consciente, comience por crear el historial, luego realice un examen físico enfocado y tome los signos vitales.

Historial SAMPLE

Obtenga el historial SAMPLE y busque cualquier actividad, padecimiento o medicamento que pueda predisponer al paciente a la deshidratación o a problemas relacionados con el calor. Los pacientes con ingesta oral inadecuada, o que toman diuréticos, pueden tener dificultades para tolerar la exposición al calor. Muchos fármacos psiquiátricos que se emplean en pacientes geriátricos afectan su capacidad para tolerar el calor. Haga un interrogatorio concienzudo. Determine la exposición de su paciente al calor y la humedad, y sus actividades previas al inicio de los síntomas.

Examen físico enfocado

La exposición al calor posee efectos significativos sobre metabolismo, músculos y sistema cardiovascular. Evalúe al paciente en busca de calambres musculares o confusión. Examine el estado mental del paciente y la temperatura y humedad de su piel. Tome la temperatura del paciente.

Signos vitales iniciales

Los pacientes hipertérmicos presentarán taquicardia y taquipnea. Mientras mantengan una tensión arterial normal, sus cuerpos compensarán la pérdida de líquidos. Cuando comience a decaer la tensión arterial, significará que ya no son capaces de compensar la pérdida de líquidos y que entrarán en choque. Mida la temperatura de su paciente con un termómetro, de acuerdo con el protocolo. Su evaluación de la piel del paciente ayudará a determinar qué tan serio es el problema de salud. Por ejemplo, en el agotamiento por calor, la temperatura de la piel puede ser normal o incluso fresca, húmeda y pegajosa, sin embargo, en la insolación, la piel está caliente.

Intervenciones

Retire a su paciente lo más pronto posible del medio caliente. Los pacientes con calambres o agotamiento por calor por lo general responden bien al enfriamiento pasivo y los líquidos orales. En ocasiones, requerirán también rehidratación IV. Los pacientes con síntomas de insolación deben transportarse de inmediato y enfriarse en forma activa. Cubra a su paciente con una sábana y empápela con agua. Encienda el aire acondicionado de la ambulancia a máxima potencia. Coloque paquetes fríos en las ingles y axilas del paciente. Emplee la convección para eliminar calor con un abanico.

Examen físico detallado

Efectúe un examen físico detallado si las circunstancias y el tiempo lo permiten. Preste especial atención a la temperatura de la piel del paciente, su **turgencia** y humedad. Efectúe un examen neurológico cuidadoso.

La turgencia de la piel es la capacidad de ésta para resistir la deformación. Se evalúa pellizcando con suavidad la piel de la frente o del dorso de la mano. En forma normal, la piel se aplanará con rapidez. En la deshidratación, con una mala turgencia de la piel, ésta permanecerá levantada.

Evaluación continua

Observe con cuidado la condición de su paciente en busca de deterioro. Cualquier reducción en el nivel de conciencia es un mal signo. Revise los signos vitales del paciente por lo menos cada 5 min. Evalúe la eficacia de sus intervenciones. Tenga cuidado de no ocasionar temblores cuando enfríe a un paciente con problemas por calor. Tiritar genera más calor y puede ocurrir cuando el enfriamiento no se vigila con cuidado.

Comunicación y documentación

Informe de modo oportuno al personal de la institución receptora que su paciente presenta insolación porque es posible que se requieran recursos adicionales. Documente en su informe las condiciones climáticas y las actividades previas a la emergencia.

Ahogamiento y casi ahogamiento

El **ahogamiento** es la muerte debido a asfixia después de sumergirse en agua; el **casi ahogamiento** se define como la supervivencia, por lo menos temporal (24 h), después de asfixiarse en agua. El ahogamiento es con frecuencia el último en un ciclo de eventos ocasionados por pánico en el agua (Figura 18-9). Puede sucederle a cualquiera que se hunda en el agua incluso por un periodo corto. Al esforzarse por alcanzar la superficie o la orilla, esa persona se fatiga o agota, lo cual hace que se hunda todavía más. No obstante, una persona puede ahogarse en cubetas, charcos, tinas y otros lugares donde la víctima no está sumergida por completo. Los niños pequeños pueden ahogarse en apenas unos centímetros de agua si se dejan sin supervisión.

La inhalación de cantidades muy pequeñas de agua dulce o salada puede irritar muy gravemente la laringe y hacer que los músculos de laringe y las cuerdas vocales entren en espasmo, llamado **laringoespasmo**. La persona promedio presenta esta reacción en grado leve cuando inhala una pequeña cantidad de líquido y el paciente tose y parece estarse ahogando durante algunos segundos. Éste es el intento del cuerpo por autopreservarse el laringoespasmo evita que entre más agua a los pulmones.

No obstante, en casos graves, como la inmersión en agua, los pulmones no pueden ventilarse debido a que está presente un laringoespasmo significativo. En lugar de esto ocurre una hipoxia progresiva hasta que el paciente queda inconsciente. En este punto, el espasmo se relaja y hace posible la respiración de rescate. Desde luego, si el paciente no se ha rescatado del agua, es posible que inhale profundamente y que más agua entre a los pulmones. En 85 a 90% de los casos, cantidades significativas de agua entran a los pulmones de la víctima de ahogamiento.

Lesiones espinales en los incidentes de sumersión

Los incidentes de sumersión pueden complicarse por fracturas de columna y lesiones en médula espinal. Deberá suponer que existen lesiones espinales con las siguientes condiciones:

- La sumersión resultó de un accidente al tirarse un clavado o de una caída.
- El paciente está inconsciente y no hay información disponible para descartar la posibilidad de un mecanismo que causara lesión en cuello.
- El paciente está consciente, pero se queja de debilidad, parálisis o adormecimiento en brazos o piernas.
- Sospecha la posibilidad de lesión espinal a pesar de lo que dicen los testigos.

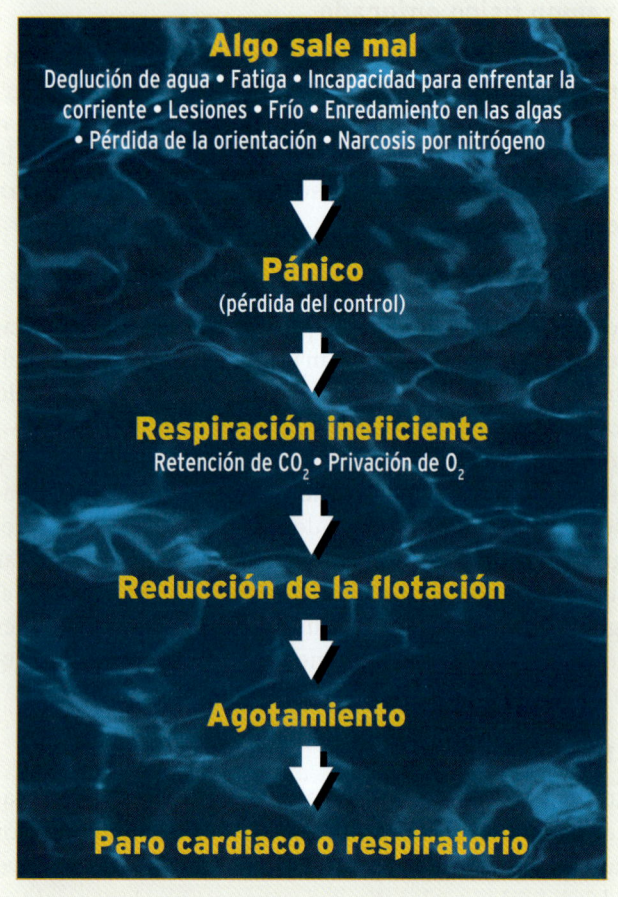

Figura 18-9 El pánico en el agua con frecuencia conduce al ahogamiento.

Seguridad del TUM-B

Es posible que el paciente que presenta casi ahogamiento en agua fría pueda requerir más atención que la que pueden proporcionarle dos TUM-B. El manejo de vía aérea y las necesidades de ventilación pueden hacer que se dificulte eliminar toda la ropa mojada, tratar la hipotermia o efectuar una evaluación adicional a menos que esté disponible ayuda capacitada adicional. En este tipo de respuesta, considere solicitar apoyo antes de llegar a la escena.

Situación de urgencia — Parte 4

Su compañero le informa que la unidad SVA se retrasó y no llegará a la escena sino en 25 minutos. Considera la condición actual de su paciente y opta por transportar de inmediato y encontrarse con la unidad del SVA en el camino. Prepara a su paciente para transportarlo. Mientras van en camino, eleva las piernas del paciente y lo cubre con una sábana mojada y comienza a abanicarlo, reevaluando de manera continua su vía aérea, respiración, circulación y capacidad de respuesta. Notifica al personal hospitalario sobre la condición de su paciente y continúa con el transporte rápido.

7. ¿Cuáles son las posibles ramificaciones de reducir demasiado rápido la temperatura de un paciente con hipertermia o disminuir demasiado dicha temperatura?

Seguridad del TUM-B

Deberá verificar que no hay peligro para el personal de rescate antes de poder iniciar sus operaciones. Si el paciente está consciente y aún se encuentra en el agua, deberá realizar un rescate en ese medio. El dicho: "Alcance, lance y reme y sólo entonces avance", resume la regla básica del rescate en agua. Primero, trate de alcanzar al paciente **Figura 18-10 A**. Si eso no funciona, lance al paciente una cuerda, un salvavidas o cualquier objeto flotante disponible **Figura 18-10 B**. Por ejemplo, una llanta inflada de refacción, con rin y todo, flotará lo bastante bien para sostener a dos personas en el agua. En seguida, use una lancha si dispone de una **Figura 18-10 C**. No intente un rescate a nado, a menos que esté capacitado y tenga experiencia en las técnicas adecuadas **Figura 18-10 D**. Incluso en este caso, deberá usar siempre un casco y un dispositivo personal de flotación **Figura 18-11**. Demasiadas personas bien intencionadas se han convertido en víctimas mientras intentan realizar un rescate a nado. En climas fríos o en medios de agua fría, la hipotermia rápida también es una preocupación para los rescatistas. Esté preparado para esta posible eventualidad.

Si trabaja en una zona recreativa cerca de lagos, ríos o del océano, deberá contar con un plan preprogramado para el rescate acuático. Este plan deberá incluir el acceso a y la cooperación con el personal local capacitado y experimentado en el rescate acuático; este personal deberá ayudar a desarrollar el protocolo para el rescate acuático. Dado que el éxito en cualquier rescate acuático depende de la rapidez con la cual se retire al paciente del agua y se le aplique ventilación, asegúrese de tener siempre acceso inmediato a dispositivos personales de flotación y a otro equipo de rescate.

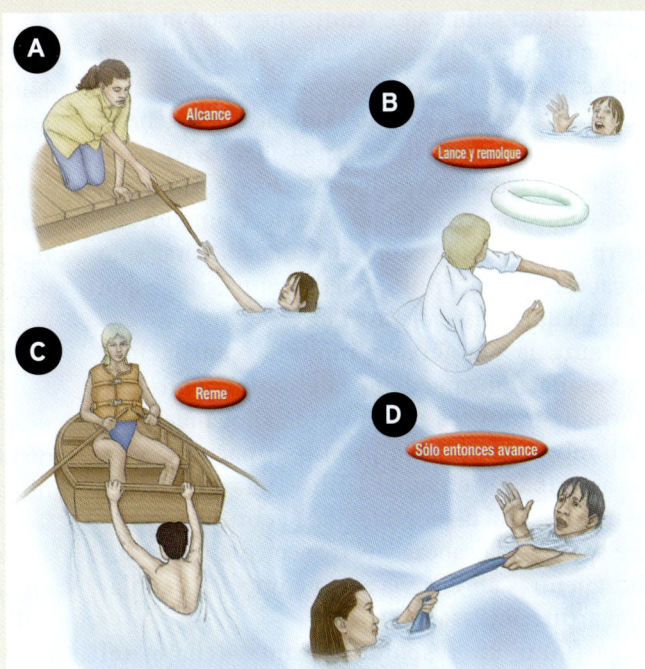

Figura 18-10 Reglas básicas del rescate acuático. **A.** Trate de llegar a la persona desde la orilla. Si no es posible alcanzarla, acérquese en el agua. **B.** Si está disponible un objeto flotante, láncelo a la persona. **C.** Use un bote si hay uno disponible. **D.** Si debe nadar hasta la persona, use una toalla o una tabla para que ésta se sujete de ella. No deje que la persona se sujete de usted.

Figura 18-11 Cuando efectúe un rescate acuático, deberá usar equipo protector personal adecuado, incluido un dispositivo personal de flotación.

La mayoría de las lesiones espinales en incidentes por clavados afectan la médula cervical. Cuando haya sospecha de lesión espinal deberá proteger al cuello de lesiones adicionales. Esto significa que tendrá que estabilizar la posible lesión mientras el paciente aún se encuentre en el agua. Siga los pasos en **Destrezas 18-2**:

1. **Voltee al paciente a posición supina.** Por lo general se requieren dos rescatistas para voltear al paciente sin peligro, aunque en algunos casos bastará con uno. Gire siempre la mitad completa superior del cuerpo del paciente como una unidad. Girar sólo la cabeza, por ejemplo, puede agravar la lesión en la médula cervical (**Paso 1**).
2. **Restaure la vía aérea e inicie la ventilación.** La ventilación inmediata es el tratamiento primario de todos los pacientes de ahogamiento o casi ahogamiento, tan pronto el paciente esté boca arriba en el agua. Utilice una mascarilla de bolsa si está disponible. Pida al otro rescatista que sostenga la cabeza y el tronco como una unidad mientras abre la vía aérea e inicia la ventilación artificial (**Paso 2**).
3. **Haga flotar un respaldo flotante debajo del paciente** mientras continúa con la ventilación (**Paso 3**).
4. **Asegure el tronco y la cabeza al respaldo** para eliminar el movimiento en la columna cervical. No saque al paciente del agua hasta que haya terminado esta operación (**Paso 4**).
5. **Retire al paciente del agua, sobre el respaldo** (**Paso 5**).
6. **Cubra al paciente con una cobija.** Administre oxígeno si el paciente respira de manera espontánea. Inicie la RCP si no hay pulso. La compresión cardiaca eficaz o la RCP son en extremo difíciles de realizar si el paciente aún está en el agua (**Paso 6**).

Técnicas de recuperación

En ocasiones, es posible que le llamen a la escena de un ahogamiento y que se encuentre que el paciente no está flotando ni es visible en el agua. Un esfuerzo de rescate organizado en estas circunstancias requiere de personal con experiencia en técnicas de rescate y en el manejo del equipo, incluido el tubo de respiración, la mascarilla y el equipo de buceo. El equipo **scuba** (que significa aparato autocontenido de respiración subacuática por sus siglas en inglés) es un sistema que lleva aire a la boca y los pulmones a presiones atmosféricas que aumentan con la profundidad del buceo.

Como último recurso, cuando los procedimientos estándar para la recuperación fracasan, es posible que tenga que usar una asidera de hierro o un gancho grande para dragar el fondo en busca de la víctima. Aunque el gancho podría dañar de gravedad al paciente, puede ser la única manera eficaz de traerlo a la superficie para realizar los esfuerzos de reanimación.

Esfuerzos de reanimación

Nunca deberá darse por vencido sin dar reanimación a una víctima de ahogamiento en agua fría. Cuando una persona está sumergida en agua que está más fría que la temperatura corporal, el calor pasará del cuerpo al agua. La hipotermia resultante puede proteger a los órganos vitales de la falta de oxígeno. Asimismo, la exposición al agua fría en ocasiones activará ciertos reflejos primitivos, que pueden preservar las funciones corporales vitales por periodos prolongados.

En un caso, una niña de 2 ½ años de edad se recuperó después de estar inmersa en agua fría durante por lo menos 66 minutos. Continúe con los esfuerzos completos de reanimación hasta que el paciente se recupere o un médico lo declare muerto.

Asimismo, siempre que una persona se clava o brinca en agua muy fría, el **reflejo de buceo**, la reducción de la frecuencia cardiaca ocasionada por la sumersión en agua fría, puede causar **bradicardia** inmediata, un ritmo cardiaco lento. La pérdida de la conciencia y el ahogamiento pueden seguir a esta reacción. No obstante, la persona puede ser capaz de sobrevivir por un largo periodo bajo el agua, gracias a la reducción de la tasa metabólica asociada con la hipotermia. Por esta razón, debe continuar con los esfuerzos totales de reanimación sin importar el tiempo que el paciente haya estado sumergido.

Emergencias de buceo

Las lesiones más graves relacionadas con el agua están asociadas con el buceo, con o sin equipo scuba. Algunos de estos problemas se relacionan con la naturaleza del buceo; otros son el resultado del pánico. Éste último no está restringido a la persona que le tiene miedo al agua, también le sucede a los buzos y nadadores experimentados.

En Estados Unidos hay más de 3 000 000 buzos scuba deportistas, y se entrenan cerca de 200 000 buzos nuevos por año. Los problemas médicos relacionados con las técnicas y el equipo de buceo scuba van en aumento. Estos problemas se separan en tres fases del buceo: descenso, fondo y ascenso.

Emergencias del descenso

Estos problemas por lo general se deben al aumento repentino de presión en el cuerpo a medida que la persona se sumerge más en el agua. Algunas cavidades corporales no pueden ajustarse al aumento en la presión externa del agua; el resultado es un dolor grave. Las áreas afectadas de

Capítulo 18 Emergencias ambientales

Estabilización de una posible lesión espinal en el agua

1 Voltee al paciente a posición supina girando la mitad completa superior del cuerpo del paciente como una unidad.

2 Tan pronto voltee al paciente, inicie la ventilación artificial mediante el método de boca a boca o con una mascarilla de bolsa.

3 Haga flotar un respaldo flotante debajo del paciente.

4 Asegure el paciente al respaldo.

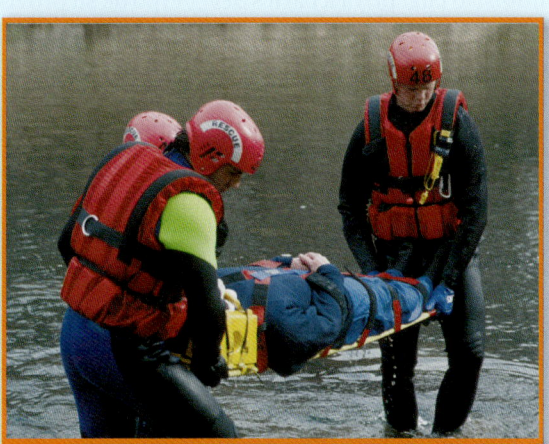

5 Rescate al paciente del agua.

6 Cubra al paciente con una cobija y administre oxígeno si éste respira. Inicie la RCP si no hay respiración ni pulso.

Destrezas 18-2

manera usual son pulmones, cavidades de los senos, oído medio, dientes y área de la cara rodeada por la máscara de buceo. Por lo general, el dolor ocasionado por estos "problemas de apretamiento" fuerzan al buzo a regresar a la superficie para igualar las presiones, y el problema se resuelve por sí solo. Un buzo que se sigue quejando de dolor, en particular del oído, después de llegar a la superficie, deberá ser transportado al hospital.

Una persona con perforación de la membrana timpánica (tímpano roto) puede desarrollar un problema especial mientras bucea. Si entra agua fría al oído medio a través del tímpano roto, el buzo puede perder el equilibrio y la orientación. Entonces, la persona puede lanzarse hacia la superficie y sufrir problemas debido al ascenso.

Emergencias en el fondo

Rara vez se observan problemas relacionados con el fondo del buceo. Éstos incluyen una mezcla inadecuada de oxígeno y dióxido de carbono en el aire que respira el buzo y la entrada accidental de monóxido de carbono tóxico hacia el aparato de respiración. Ambos son el resultado de conexiones defectuosas en el equipo de buceo. Estas situaciones pueden ocasionar ahogamiento o ascenso rápido; requieren reanimación de emergencia y transporte del paciente.

Emergencias del ascenso

La mayoría de las lesiones graves asociadas con el buceo se relacionan con el ascenso desde el fondo y se denominan problemas del ascenso. Estas emergencias por lo general requieren reanimación agresiva. Dos emergencias médicas particularmente peligrosas son la embolia gaseosa y la enfermedad por descompresión (también llamada "trancazo").

Embolia gaseosa

La emergencia más peligrosa y más común en el buceo scuba es la embolia gaseosa, un padecimiento que implica la formación de burbujas de aire en los vasos sanguíneos. La embolia gaseosa puede ocurrir en una sumersión tan poco profunda como 1.80 m. El problema se inicia cuando el buzo sostiene la respiración durante un ascenso rápido. La presión de aire en los pulmones permanece en un nivel elevado mientras que la presión externa sobre el tórax disminuye. Como resultado, el aire dentro de los pulmones se expande con rapidez, lo cual causa que los alvéolos de los pulmones se rompan. El aire liberado con la rotura puede ocasionar las siguientes lesiones:

- El aire puede entrar al espacio de la pleura y comprimir los pulmones (un neumotórax).
- El aire puede entrar al mediastino (el espacio dentro del tórax que contiene el corazón y los grandes vasos), lo cual ocasiona un trastorno llamado neumomediastino.
- El aire puede entrar al torrente sanguíneo y crear burbujas de aire en los vasos llamados émbolos gaseosos.

Ambos, neumotórax y neumomediastino producen dolor y disnea grave. Un émbolo gaseoso actuará como un tapón y evitará el flujo normal de sangre y oxígeno hacia una parte específica del cuerpo. El cerebro y la médula espinal son los órganos más gravemente afectados por la embolia gaseosa, porque requieren una provisión constante de oxígeno.

Los siguientes son posibles signos y síntomas de embolismo gaseoso:

- Manchado (moteado de la piel)
- Espuma (con frecuencia rosada o sanguinolenta) en nariz y boca
- Dolor grave en músculos, articulaciones o abdomen
- Disnea y/o dolor de pecho
- Mareo, náusea, vómito
- Disfasia (dificultad para hablar)
- Problemas de la visión
- Parálisis y/o coma
- Pulso irregular e incluso paro cardiaco

Enfermedad por descompresión

La enfermedad por descompresión, llamada en forma común trancazo, ocurre cuando burbujas de gas, en especial nitrógeno, obstruyen los vasos sanguíneos. Este problema es el resultado de un ascenso demasiado rápido de una sumersión. Durante el buceo, el nitrógeno de la respiración se disuelve en la sangre y los tejidos debido a que se encuentra bajo presión. Cuando el buzo asciende, la presión externa se reduce, y el nitrógeno disuelto forma pequeñas burbujas dentro de esos tejidos. Estas burbujas pueden conducir a problemas semejantes a los que ocurren en una embolia gaseosa (bloqueo de los vasos sanguíneos diminutos, lo cual priva a partes del cuerpo de su provisión normal de sangre), pero el dolor grave en ciertos tejidos o espacios del cuerpo es el problema más común.

El síntoma más notorio es dolor abdominal y/o articular, tan fuerte, que el paciente literalmente parece haber sentido un "trancazo" o se dobla. Existen cuadros de buceo y computadoras disponibles para indicar la velocidad de ascenso adecuada de una inmersión, incluido el número y duración de las pausas que un buzo debe hacer en su camino a la superficie. No obstante, incluso los buzos que se mantienen dentro de estos límites pueden sufrir el trancazo.

Incluso después de una "sumersión segura", puede presentarse la enfermedad por sumersión al subir en auto a una montaña o volar en un avión no presurizado que sube con demasiada rapidez a una gran altura. Sin embargo, el riesgo de esto disminuye después de 24 a 48 horas. El problema es justo el mismo que el ascenso de una inmersión profunda: una reducción repentina de la presión externa en el cuerpo y la liberación del nitrógeno disuelto de la sangre que forma burbujas de gas dentro de los vasos sanguíneos.

Quizás encuentre difícil diferenciar entre la embolia gaseosa y la enfermedad por descompresión. Como regla general, la embolia gaseosa ocurre inmediatamente después de regresar a la superficie, mientras que es posible que los síntomas de la enfermedad por descompresión no se presenten durante varias horas. El tratamiento de emergencia es el mismo en ambos casos. Consta de SVB seguido de recompresión en una cámara hiperbárica, una cámara o un cuarto pequeño que está presurizado a más de la presión atmosférica (Figura 18-12 ▼). El tratamiento de recompresión permite que las burbujas de gas se disuelvan en la sangre y equilibra las presiones dentro y fuera de los pulmones. Una vez que dichas presiones están equilibradas, puede lograrse la descompresión paulatina bajo condiciones controladas para evitar que se vuelvan a formar burbujas.

Evaluación de las emergencias de ahogamiento y buceo

Evaluación de la escena

Al manejar emergencias por agua, sus precauciones de ASC deben incluir guantes y protección ocular como mínimo. Es posible que se requiera una mascarilla si es necesario el manejo agresivo de vía aérea. Revise si hay riesgos para su personal. Nunca conduzca a través de agua en movimiento, una pequeña cantidad puede empujar al vehículo. Utilice precauciones extremas cuando maneje a través de agua en calma. Nunca intente un rescate acuático sin la capacitación y el equipo apropiados. Si su paciente aún se encuentra en el agua, busque la manera más adecuada y segura de rescatarlo. Esto puede requerir ayuda adicional de equipos de búsqueda y rescate o equipo especial para sacar a la víctima. Deberá considerar el traumatismo y la estabilización de columna cuando la escena sea un sitio recreativo. Verifique si hay pacientes adicionales con base en el lugar y la forma en que ocurrió el problema.

Evaluación inicial

Impresión general

Utilice su evaluación de la queja principal del paciente para orientarse en su valoración de amenazas para la existencia y determine si son necesarias precauciones para la columna vertebral. Ponga especial atención al dolor en el pecho, la disnea y las quejas relacionados con cambios sensoriales cuando sospeche una emergencia de clavados o buceo. Determine su nivel de conciencia mediante la escala AVDI. Considere el posible uso de alcohol y sus efectos sobre el nivel de conciencia del paciente.

Vía aérea, respiración y circulación

Deberá emplear las medidas acostumbradas de SVB para cualquier paciente que encuentre en o que se haya lesionado en el agua. Comience por abrir la vía aérea y evaluar la respiración en pacientes que no respondan. Utilice un adjunto de vía aérea para facilitar las ventilaciones BVM según se requiera. Succione de acuerdo con el protocolo si el paciente vomita o presenta secreciones rosadas y espumosas en la vía aérea Proporcione ventilaciones BVM si la respiración es inadecuada. Verifique el pulso, puede ser difícil encontrarlo debido a la constricción de los vasos sanguíneos periféricos y por una frecuencia cardiaca baja. No obstante, si el pulso es indetectable, inicie la RCP de acuerdo con los lineamientos SVB.

Si el paciente no responde, proporcione oxígeno de flujo elevado con una mascarilla no recirculante y posicione al paciente para proteger la vía aérea de aspiración en caso de vómito. Evalúe al paciente para determinar si hay perfusión adecuada y trate para choque mediante el mantenimiento de la temperatura corporal normal y el mejoramiento de la circulación a través de la posición. Si la queja principal sugiere traumatismo, evalúe para sangrado y trate de acuerdo con esto.

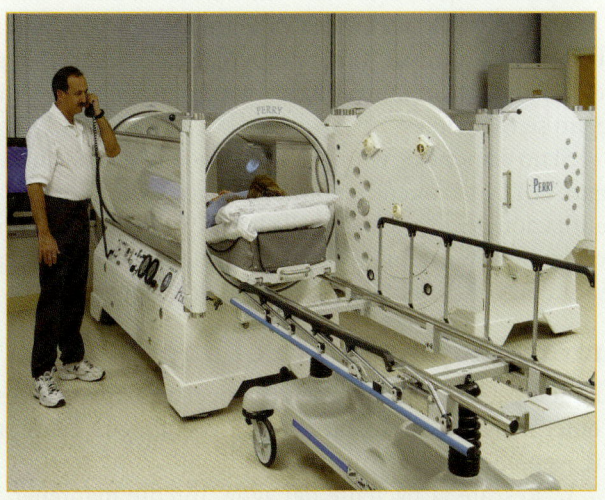

Figura 18-12 Las cámaras hiperbáricas, que por lo general constan de una habitación pequeña, se presurizan a una presión mayor de la atmosférica y se usan en el tratamiento de la enfermedad por descompresión y de la embolia gaseosa.

Decisión de transporte

Incluso si la reanimación en el campo parece tener total éxito, deberá transportar siempre al hospital a los pacientes de casi ahogamiento. La inhalación de cualquier cantidad de líquido puede conducir a complicaciones tardías que duran días o semanas. Los pacientes con enfermedad por descompresión y embolia gaseosa deben tratarse en una cámara de recompresión. Si vive en una zona con actividad de buceo, contará con protocolos de transporte relacionados con esto. Por lo general, el paciente se estabilizará en el departamento de urgencias más cercano. Realice todas las intervenciones en el camino.

Historial y examen físico enfocados

Si un paciente de ahogamiento responde, evalúe primero su historial. Sobre la base de la queja principal y el historial obtenido, efectúe un examen físico enfocado. Esto deberá incluir un examen concienzudo de los pulmones del paciente, incluidos los sonidos respiratorios. Por último, obtenga los signos vitales. Es típico que las situaciones graves de ahogamiento produzcan un paciente que no responde. Es importante iniciar con un examen físico rápido en estas situaciones para buscar amenazas ocultas para la vida y posible traumatismo, incluso si no sospecha que éste exista. Una vez que realice un examen de la cabeza a los pies, obtenga los signos vitales iniciales del paciente y un historial SAMPLE.

Examen físico rápido

Efectúe un examen físico rápido de los pacientes médicos que no respondan. Busque signos de traumatismo o complicaciones por el ahogamiento. Deberá revisar de pies a cabeza a un buzo con problemas en busca del "trancazo" o de una embolia gaseosa. Concéntrese en detectar dolor articular y abdominal. Determine si su paciente recibe ventilación y oxigenación adecuadas y verifique si hay signos de hipotermia. Complete una escala Glasgow del coma para evaluar el estado neurológico y el pensamiento del paciente.

Signos vitales iniciales

Los signos vitales son buenos indicadores de la eficacia con la que el paciente está tolerando los efectos del ahogamiento o de las complicaciones del buceo. Verifique la velocidad del pulso del paciente, su calidad y su ritmo. Es posible que el pulso y la tensión arterial sean difíciles de palpar en el paciente hipotérmico. Revise con cuidado en busca de ambos, pulsos periférico y central, y escuche en el pecho en busca de latidos cardiacos si el pulso es débil. Revise la frecuencia, calidad y ritmo respiratorios. Evalúe y documente el tamaño de las pupilas y su reactividad.

Historial SAMPLE

Obtenga un historial SAMPLE con atención especial al tiempo que la víctima de ahogamiento permaneció bajo el agua o el tiempo de inicio de los síntomas con relación a su última sumersión. Anote cualquier actividad física, el consumo de alcohol o drogas y otros padecimientos médicos. Todo esto puede tener algún efecto sobre la emergencia de buceo o ahogamiento. En las emergencias de buceo, es importante determinar los parámetros de buceo en su historial, incluidos profundidad, tiempo, y actividad de buceo previa.

Intervenciones para el ahogamiento

El tratamiento se inicia con el rescate y la salida del agua. Cuando sea necesaria, la ventilación artificial deberá iniciarse tan pronto como sea posible, incluso antes de que la víctima sea rescatada del agua. Al mismo tiempo, deberá tener cuidado de estabilizar y proteger la columna vertebral del paciente cuando haya ocurrido una caída desde lo alto o un clavado (o si éstas son posibilidades cuando no cuente con la información). Las lesiones asociadas en las cervicales son posibles, en especial en accidentes de clavados. Si el paciente no tiene una posible lesión en columna, puede voltearlo con rapidez hacia el lado izquierdo y permitir el drenado de la vía aérea superior. Observe que el agua no drenará de los pulmones. Si hay evidencia de obstrucción de la vía aérea superior por material extraño, retire dicho material de manera manual, o, si es posible, mediante la succión. Si es necesario, utilice presiones abdominales bruscas, seguidas por ventilaciones asistidas. Administre oxígeno si no lo hizo como parte de la evaluación inicial, ya sea con una mascarilla para los pacientes que respiran de manera espontánea o vía un dispositivo BVM para los que requieran ventilación asistida.

Asegúrese de mantener caliente al paciente, en especial después de la inmersión en agua fría. Asegúrese de que se proporcionen cobijas y protección del medio según se requiera.

Si no dispone de equipo de ventilación, pero sí de oxígeno, el TUM-B puede respirar el oxígeno y proporcionar ventilación de boca a mascarilla hasta que llegue el equipo de rescate. En este método, el aire que el TUM-B expire tendrá mayor contenido porcentual de oxígeno.

Intervenciones para el buceo

Al tratar pacientes en los que se sospecha embolia gaseosa o enfermedad por descompresión, deberá seguir estos pasos aceptados de tratamiento:

1. Rescate al paciente del agua. Intente mantener al paciente calmado.
2. Inicie el SVB y administre oxígeno.
3. Coloque al paciente en posición recostada del lado izquierdo con la cabeza abajo.

4. Proporcione transporte rápido a la instalación más cercana de recompresión para su tratamiento.

Las lesiones debidas a la enfermedad por descompresión por lo general son reversibles con el tratamiento adecuado. No obstante, si las burbujas bloquean vasos sanguíneos críticos que irrigan al cerebro o a la médula espinal, puede producirse daño permanente en sistema nervioso central. Por tanto, la clave en el manejo de urgencia de estos problemas graves de ascenso es reconocer que existe una emergencia y tratarla lo más pronto posible. Administre oxígeno y transporte con prontitud.

Examen físico detallado

Si el tiempo y el personal lo permiten, complete un examen físico detallado en camino al hospital. Un examen cuidadoso de la cabeza a los pies puede revelar lesiones adicionales no observables en un inicio. Examine al paciente en busca de compromiso respiratorio, circulatorio y neurológico. Un examen cuidadoso de las funciones circulatoria, sensorial y motora distales será útil para evaluar el alcance de la lesión. Examine los pulsos periféricos, el color y manchado de la piel, si hay comezón, dolor o parestesias (adormecimiento y hormigueo).

Evaluación continua

La condición de los pacientes que han sufrido casi ahogamiento puede deteriorarse con rapidez debido a lesiones pulmonares, movimiento de los líquidos en el cuerpo, hipoxia cerebral e hipotermia. Los pacientes con embolia aérea o enfermedad por descompresión pueden descompensarse con rapidez. Evalúe el estado mental de su paciente y determine los signos vitales por lo menos cada 5 min, poniendo especial atención a la respiración y los sonidos respiratorios.

Comunicación y documentación

Documente las circunstancias del ahogamiento y el rescate del agua. El personal de la institución receptora necesitará saber el tiempo que estuvo sumergido el paciente, la temperatura y claridad del agua, y si hay posibilidad de lesión en cervicales.

Asimismo, el personal de la institución receptora necesitará un perfil completo del buceo con el fin de tratar de manera adecuada a su paciente. Esto puede obtenerlo de una bitácora de buceo o de los compañeros buzos del paciente. Las pequeñas computadoras para buceo se han convertido en equipo estándar para la mayoría de los buzos, y éstas registran información sobre las sumersiones en curso tanto como de las anteriores. Asegúrese de llevar la computadora al hospital junto con el paciente. Si es posible, lleve todo el equipo de buceo al hospital. Éste será útil para determinar la causa del accidente. Asegúrese de documentar la disposición de dicho equipo.

Otros riesgos acuáticos

Debe prestar estrecha atención a la temperatura corporal de una persona que rescató del agua fría. Trate la hipotermia provocada por la inmersión en agua fría de la misma manera que trata la hipotermia ocasionada por exposición al frío. Evite una pérdida adicional de calor debido al contacto con el suelo, la camilla o el aire, y transporte al paciente con prontitud.

Una persona que nade en agua poco profunda puede presentar síncope por detención de la respiración, una pérdida de la conciencia ocasionada por la reducción del estímulo para la respiración. Esto les sucede a los nadadores que inhalan y exhalan con rapidez y profundidad antes de entrar al agua en un esfuerzo por expandir su capacidad para permanecer bajo el agua. Aunque esto incrementa el nivel de oxígeno, la hiperventilación reduce el nivel de dióxido de carbono. Dado que un nivel elevado de dióxido de carbono en la sangre es el estimulante más fuerte para la respiración, es posible que el nadador no sienta la necesidad de respirar incluso después de agotar todo el oxígeno en sus pulmones. El tratamiento de emergencia para el síncope respiratorio es el mismo que el empleado para ahogamiento o casi ahogamiento.

Las lesiones ocasionadas por motores de lanchas, rocas afiladas, esquís acuáticos o animales marinos peligrosos pueden complicarse con la inmersión en agua fría. En estos casos, rescate al paciente del agua teniendo cuidado de proteger su columna vertebral y administre oxígeno. Aplique vendas y férulas si está indicado y vigile de cerca al paciente en busca de cualquier signo de lesiones por inmersión o frío.

Deberá tener en mente que un niño implicado en un ahogamiento o casi ahogamiento puede ser víctima de abuso o descuido infantil. Aunque esto puede ser difícil de probar, tales incidentes deberán manejarse de acuerdo con las reglas establecidas para sospechas de abuso infantil.

Prevención

Las precauciones adecuadas pueden evitar la mayoría de los incidentes por inmersión. Cada año, muchos niños pequeños se ahogan en las albercas residenciales. Todas las albercas deberán estar rodeadas por una cerca de por lo menos 1.80 m, con las tablas separadas no más de

7.5 cm y contar con puertas con cerradura y seguro automáticos. El problema más común es la falta de supervisión de parte de los adultos, incluso cuando ésta falla tan sólo por unos segundos. La mitad de los ahogamientos de adolescentes y adultos está asociada con el uso de alcohol. Como profesional del cuidado de la salud, deberá participar en los esfuerzos de educación pública para que la gente tome conciencia de los riesgos en las albercas y la recreación acuática.

Relámpagos

De acuerdo con el National Weather Service, cada año se producen cerca de 25 millones de relámpagos que se descargan de una nube al suelo en Estados Unidos. En promedio, los relámpagos matan entre 60 y 70 personas por año en aquel país de acuerdo con los casos documentados. Aunque las lesiones por rayos documentadas en Estados Unidos suman un promedio de 300 por año, es probable que las lesiones de este tipo sin documentar sean mucho mayores; en México no se tiene el registro exacto de muertes por estos fenómenos meteorológicos. Los rayos son la tercera causa más común de muerte debido a fenómenos ambientales aislados.

La energía asociada con los rayos comprende una corriente directa (DC) de hasta 200 000 amp y un potencial de 100 millones de volts o más. Las temperaturas generadas por los rayos varían entre 11 000 y 33 000 °C.

La mayoría de las muertes y lesiones ocasionadas por los rayos ocurren durante los meses de verano, cuando las personas disfrutan de actividades al aire libre, a pesar de que una tormenta se avecine. Aquellos que reciben más comúnmente las descargas eléctricas incluyen personas en lanchas, nadadores y golfistas; cualquier tipo de actividad que exponga a la persona a una gran área abierta incrementa el riesgo de sufrir la descarga de un relámpago.

El hecho de que el rayo cause una lesión o la muerte, o no lo haga, depende de que la persona se encuentre en el camino de la descarga eléctrica. La corriente asociada con la descarga del rayo viaja a lo largo de la tierra. Aunque algunas víctimas sufren lesiones o mueren por una descarga directa del rayo, muchas sufren el daño debido a que estaban de pie cerca de un objeto sobre el cual cayó la descarga, como un árbol (efecto de salpicadura).

Los sistemas cardiovascular y nervioso son los que se lesionan de manera más común durante la descarga de un rayo; por tanto, el paro cardiaco o respiratorio son las causas más comunes de muertes relacionadas con este fenómeno. El daño tisular ocasionado por el rayo es diferente al que causan otras lesiones relacionadas con electricidad (p. ej., lesiones por cables de alta tensión). Esto se debe a que el camino del daño en tejido por lo general se presenta sobre la piel, más que a través de ella. Asimismo, dado que la duración del relámpago es corta, las quemaduras en la piel por lo general son superficiales; las quemaduras de espesor total (de tercer grado) son raras. Las lesiones por relámpagos se clasifican como leves, moderadas o graves:

- **Leves:** pérdida de la conciencia, amnesia, confusión, hormigueo y otros signos y síntomas inespecíficos. Las quemaduras, si las hay, son por lo general superficiales.
- **Moderadas:** convulsiones, paro respiratorio, paro cardiaco (asístole) que se resuelve de modo espontáneo, y quemaduras superficiales.
- **Graves:** paro cardiopulmonar. Debido a la tardanza en la reanimación, con frecuencia por la localización remota, muchos de estos pacientes no sobreviven.

Atención médica de emergencia

Lo mismo que con cualquier respuesta a una escena, la prioridad es la seguridad de los TUM-B. Tome medidas para protegerse de que lo alcance un rayo, en especial si la tormenta eléctrica aún está en curso. En contra de la creencia popular, el rayo puede, y lo hace, caer en un mismo lugar. Traslade al paciente a un sitio seguro, de preferencia en un área cubierta.

Si se encuentra en una zona abierta y no dispone de refugio adecuado, es importante reconocer los signos de una saeta de relámpago inminente y tomar acción inmediata para protegerse a sí mismo. Si de repente siente una sensación de hormigueo y sus cabellos se paran de punta, significa que el área a su alrededor se cargó, un signo seguro de descarga inminente. Colóquese en posición fetal y acuéstese en el piso, conviértase en el blanco más pequeño posible. Si está cerca de un árbol o de otro objeto alto, aléjese de este lo más pronto posible, de preferencia a un área baja. Los rayos tienen afinidad por los objetos que sobresalen del suelo (es decir, árboles, cercas, edificios).

El proceso de relevo para víctimas múltiples de la descarga de un rayo es diferente del método convencional de clasificación utilizado durante un incidente con múltiples víctimas. Cuando una persona recibe la descarga de un relámpago, el paro respiratorio o cardiaco, si ocurre, por lo general es inmediato.

Las personas que están conscientes después de que les cae un rayo tienen muchas menos probabilidades de desarrollar paro respiratorio o cardiaco tardío; la mayoría de estas víctimas sobrevivirán. En consecuencia, deberá concentrar sus esfuerzos en las personas con paro respiratorio o cardiaco. Este proceso, denominado **clasificación inversa**, difiere de la clasificación tradicional, donde tales pacientes de ordinario se considerarían como fallecidos.

La atención de emergencia para una lesión por relámpago es la misma que se aplica en otras lesiones eléctricas

Seguridad del TUM-B

Concentre sus esfuerzos en las víctimas de la descarga de un relámpago que parezcan "muertas". Muchos de estos pacientes pueden reanimarse con éxito.

Figura 18-13 La araña viuda negra se distingue por su color negro brillante y por una marca naranja rojiza en forma de reloj de arena en el abdomen.

graves. Debido al choque masivo por la DC ocasionado por el rayo, el paciente sufre espasmos musculares masivos (tetania), los cuales pueden producir fracturas de los huesos largos y de las vértebras. Por tanto, estabilice en forma manual la cabeza del paciente en una posición neural alineada y abra la vía aérea con la maniobra de empuje de mandíbula. Si el paciente se encuentra en paro respiratorio, pero tiene pulso, inicie de inmediato las ventilaciones BVM con oxígeno al 100%. Si el paciente tiene paro cardiaco, conecte un DAE lo más pronto posible y proporcione desfibrilación inmediata si está indicada. Si hay sangrado grave, contrólelo de inmediato.

Proporcione estabilización espinal total y transporte al paciente a la instalación adecuada más cercana. Si no se requieren RCP ni ventilaciones, atienda otras lesiones (esto es, entablille fracturas, vende quemaduras) y proporcione vigilancia continua durante el camino al hospital.

Mordeduras y picaduras de animales

Esta sección habla sobre las mordidas y picaduras de arañas, víboras, escorpiones y garrapatas, y lesiones por animales marinos. Las picaduras de insectos se estudian en el capítulo 16 y las mordeduras de perro y humano se estudian en el 24.

Mordeduras de araña

Las arañas son numerosas y están extendidas en México. Muchas especies de araña muerden, sin embargo, sólo dos, la viuda negra hembra y la reclusa parda son capaces de aplicar mordeduras graves, incluso mortales. Cuando atienda a un paciente que presente algún tipo de mordedura, manténgase alerta ante la posibilidad de que la araña aún pueda estar cerca, aunque no es probable. Recuerde que la seguridad del TUM-B es de importancia primordial.

Araña viuda negra

La araña hembra de la viuda negra (*Latrodectus*) es bastante grande, mide cerca de 4 cm de largo con las patas extendidas. Por lo general es negra y presenta una marca roja naranja distintiva en forma de reloj de arena en su abdomen **Figura 18-13**. La hembra es más grande y tóxica que el macho. Las arañas viuda negra, en México, se encuentran en todos los estados con excepción de las zonas frías. Prefieren lugares secos y oscuros en torno a los edificios, en pilas de madera y entre escombros.

La mordedura de la viuda negra en ocasiones se pasa por alto. Si el sitio de dicha mordedura se adormece de inmediato, es posible que el paciente ni siquiera recuerde que fue mordido. No obstante, la mayoría de las mordeduras de esta araña causan dolor y síntomas localizados, entre ellos espasmos musculares muy dolorosos. En ciertos casos, una mordedura en el abdomen ocasiona espasmos musculares tan graves que puede pensarse que el paciente presenta abdomen agudo, quizá peritonitis. El peligro principal con este tipo de mordedura, sin embargo, es que el veneno de la viuda negra es tóxico para el tejido nervioso (neurotóxico). Otros síntomas sistémicos incluyen mareo, sudoración, náusea, vómito y erupciones. La tensión en el pecho y la dificultad para respirar se desarrollan en un lapso de 24 h, lo mismo que calambres graves, con rigidez tipo tabla en los músculos abdominales. En general, estos signos y síntomas ceden en 48 horas.

Si es necesario, un médico puede administrar un **antídoto** específico, esto es, un suero que contenga anticuerpos que contrarresten el veneno, pero debido a una alta incidencia de éstos, su uso está reservado para las mordeduras muy graves, para personas mayores o muy débiles, y para niños menores de cinco años. Los graves espasmos musculares por lo general se tratan en el hospital con benzodiacepinas IV como diacepam (Valium) o loracepam (Ativan). En general, el tratamiento de emergencia para una mordedura de viuda negra consta de SVB para el paciente con dificultad respiratoria. Con mucha mayor frecuencia, el paciente sólo requerirá alivio para el dolor. Transporte al paciente al departamento de urgencias con la mayor prontitud posible para que reciba tratamiento tanto para el dolor como para la rigidez muscular. Si es posible, lleve consigo a la araña.

Araña reclusa parda

La araña reclusa parda (*Loxosceles*) es de color café opaco y, al medir 2 cm, es más pequeña que la viuda negra **Figura 18-14**. Su cuerpo corto y velludo posee una marca en forma de violín, de color café a amarillo, sobre su dorso. Aunque la araña reclusa parda vive sobre todo en las partes sur y central del país, puede encontrarse en todo el territorio nacional. La araña recibe este nombre del hecho de que tiende a vivir en áreas oscuras, en las esquinas de edificios viejos y abandonados, bajo las piedras y pilas de madera. En áreas más frescas, se muda al interior de armarios, cajones, sótanos y pilas de ropa vieja.

En contraste con el veneno de la viuda negra, el de la reclusa parda no es neuro sino citotóxico; esto es, ocasiona daño grave en el tejido local. Es típico que la mordedura no sea dolorosa en un inicio, pero que lo sea en unas horas. El área se hincha y se vuelve sensible, desarrolla un centro pálido, moteado y cianótico, y quizás una pequeña ampolla Figura 18-15 ▼. Durante los siguientes días, se formará una costra de piel muerta, grasa y desechos que se incrustará en la piel y producirá una gran úlcera que puede no sanar a menos que se trate con prontitud. Transporte a los pacientes con tales síntomas lo más pronto posible.

Las mordeduras de araña reclusa parda rara vez ocasionan signos y síntomas sistémicos. Cuando lo hacen, el tratamiento inicial es SVB y transporte al departamento de urgencias. De nuevo, será de utilidad que logre identificar la araña y la lleve al hospital con el paciente.

Mordeduras de víbora

Las mordeduras de víbora son un problema mundial. Más de 300 000 lesiones de mordedura de víbora ocurren cada año, incluidas de 30 000 a 40 000 muertes. El mayor número de fallecimientos ocurren en el sureste de Asia e India (25 000 a 30 000) y en América del Sur (3 000 a 4 000). En Estados Unidos, se reportan cada año 40 000 a 50 000 mordeduras de víbora, con cerca de 7 000 producidas por serpientes venenosas. No obstante, las muertes por dichas mordeduras en ese país son raras en extremo, cerca de quince al año para todo el país.

De las cerca de 115 especies diferentes de víboras en Estados Unidos, sólo 19 son venenosas. Éstas incluyen la víbora de cascabel (*Crotalus*), la mocasín o cabeza de cobre (*Agkitrodon contortrix*), mocasín tropical o acuática (*Agkistrodon piscivorus*) y las coralillo (*Micrurus y Micruroides*) Figura 18-16 ▶. Por lo menos una de estas especies venenosas se encuentra en cada estado con excepción de Alaska, Hawai y Maine, en México se encuentran en los estados tropicales. Como regla general, estas criaturas son tímidas. Por lo general no muerden a menos que se les provoque o se les lastime por accidente, y cuando alguien las pisa. Hay algunas excepciones para estas reglas. Las mocasín acuáticas con frecuencia son agresivas, y las cascabel pueden ser provocadas con facilidad. Las coralillo, en contraste, sólo muerden cuando alguien las manipula.

Recuerde, casi en cualquier momento en que atienda a un paciente con mordedura de víbora, otra serpiente puede encontrarse en el área y crear una segunda víctima: usted. Por tanto, tenga extremo cuidado con estas llamadas y asegúrese de usar el equipo protector adecuado para el área.

En general, sólo un tercio de las mordeduras de serpiente resultan en lesiones locales o sistémicas importantes. Con frecuencia, el envenenamiento no ocurre porque la serpiente mordió hace poco a otro animal y agotó su provisión de veneno por el momento.

Con excepción de la coralillo, las serpientes venenosas nativas de América poseen colmillos huecos en el paladar que inyectan el veneno desde dos sacos en la parte posterior de la cabeza. La apariencia clásica de la mordedura de serpiente venenosa, por tanto, es de dos heridas pequeñas de punción, casi siempre separadas cerca de 1.5 cm (1/2") con manchado, hinchazón y dolor en torno a ellas Figura 18-17 ▶. Las serpientes no venenosas también pueden morder, dejando casi siempre una marca en forma de herradura. No obstante, algunas víboras venenosas tienen dientes además de colmillos, lo cual hace imposible decir qué clase es responsable de un juego determinado de marcas de dientes. Por otra parte, las marcas de colmillos son un indicador claro de mordedura de víbora venenosa.

Víbora de fosa

Las serpientes de cascabel, las cabeza de cobre o mocasín y la mocasín acuática son todas víboras de fosa, con cabezas en forma de triángulo y planas Figura 18-18 ▶. Toman su nombre de las pequeñas fosas colocadas justo detrás de cada orificio nasal y frente a cada ojo. La fosa es un órgano sensor de calor que permite a la serpiente atacar con precisión cualquier objetivo caliente, en especial en la oscuridad, cuando no puede ver a través de sus pupilas en forma de hendidura vertical.

Figura 18-14 La araña reclusa parda es de color café opaco y presenta una marca oscura en forma de violín en el dorso.

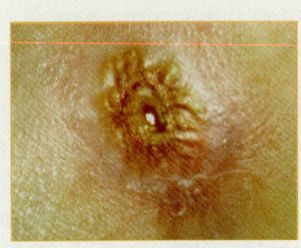

Figura 18-15 La mordedura de una araña reclusa parda se caracteriza por hinchamiento, sensibilidad y un centro pálido, moteado y cianótico. También puede haber pequeñas ampollas sobre la mordedura.

Figura 18-16 **A.** Víbora de cascabel. **B.** Mocasín o cabeza de cobre. **C.** Coralillo. **D.** Mocasín tropical

Los colmillos de las víboras de fosa por lo general yacen aplanados contra el techo de su boca y están articulados para proyectarse hacia delante y hacia atrás cuando la boca se abre. Cuando la serpiente muerde, la boca se abre ampliamente y los colmillos se extienden; de esta manera, éstos penetran en cualquier cosa que ataque el animal. Los colmillos de hecho son dientes huecos especiales muy semejantes a agujas hipodérmicas. Están conectados con un saco que contiene un reservorio de veneno, el cual a su vez está unido a una glándula de veneno. La propia glándula es una glándula salival adaptada, la cual produce enzimas que digieren y destruyen el tejido. El propósito primario del veneno es matar animales pequeños e iniciar el proceso digestivo antes de devorarlos.

La forma más común de víbora de fosa es la de cascabel. Varias especies diferentes de este reptil se pueden identificar por el cascabel en la cola. El cascabel de hecho consta de numerosas capas de piel seca que se desprendieron, pero que no lograron hacerlo del todo, y quedaron acomodados contra una pequeña protuberancia en el extremo de la cola. Las cascabel tienen muchos tonos de color, con frecuencia en patrones de diamante. Pueden llegar a medir 15 cm (6") o más de largo.

Las cabeza de cobre son más pequeñas que las cascabel, por lo general de 5 a 7 cm (2 a 3") de largo, con un

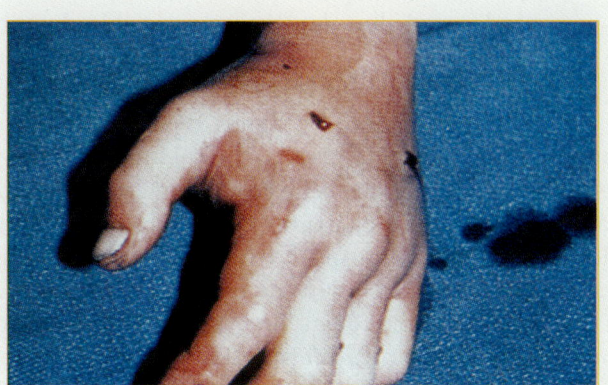

Figura 18-17 La mordedura de una víbora venenosa presenta marcas características: dos heridas pequeñas por punción separadas cerca de 1.5 cm (□ "), decoloración e hinchazón.

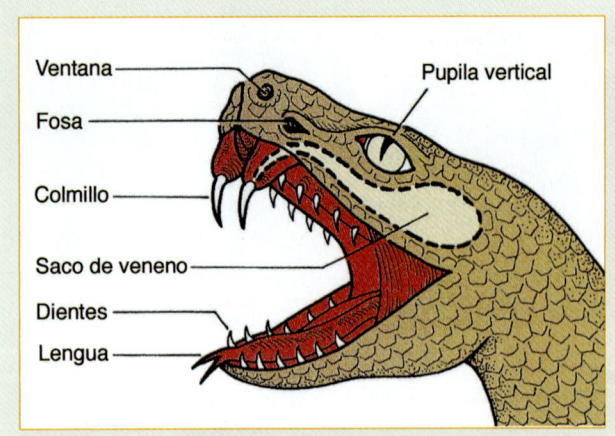

Figura 18-18 Las víboras de fosa poseen órganos pequeños que detectan el calor (fosas) localizadas al frente de sus ojos, que les permiten atacar a los objetos calientes, incluso en la oscuridad.

color rojo cobrizo cruzado con bandas marrón o rojas. Es típico que estas víboras habiten en pilas de madera o edificios abandonados, con frecuencia cercanos a zonas habitadas. Aunque son las principales responsables de las mordeduras de víbora venenosa en el este de Estados Unidos, las mordeduras de las cabezas de cobre casi nunca son fatales; sin embargo, es necesario señalar que su veneno puede destruir las extremidades.

Las mocasín tropical crecen hasta medir cerca de 10 cm (4") de largo. También llamadas mocasín acuática, estas serpientes son color verde olivo o marrón, con bandas transversales negras y con un fondo amarillo. Son serpientes acuáticas y poseen un patrón de conducta particularmente agresivo. Aunque las muertes debidas a la mordedura de estas víboras son raras, la destrucción de tejido debida al veneno puede ser grave.

Los signos de envenenamiento por una serpiente de fosa son dolor ardoroso grave en el sitio de la lesión, seguido de hinchazón y manchado azuloso (equimosis) en personas de piel clara que señala sangrado bajo la piel. Estos signos son evidentes de 5 a 10 min después de la mordedura y se extienden durante las siguientes 36 horas. Además de destruir los tejidos locales, el veneno de las víboras de fosa también puede interferir con los mecanismos de coagulación del organismo y ocasionar sangrado en varios sitios distantes. Otros signos sistémicos, que pueden o no ocurrir, incluyen debilidad, sudoración, desmayos y choque. Si el paciente no muestra signos locales una hora después de haber sido mordido, es seguro suponer que el envenenamiento no tuvo lugar. Si se presentó hinchamiento, deberá marcar sus bordes en la piel. Esto permitirá a los médicos evaluar lo que sucedió y cuándo lo hizo con mayor precisión.

En ocasiones, un paciente mordido por una serpiente se desmayará por el miedo. Por lo general el paciente recuperará la conciencia con prontitud cuando se le coloque en posición supina. No confunda un desmayo con choque. Si el choque ocurre, lo hará mucho después.

Al tratar una mordedura de una víbora de fosa, siga estos pasos para llevar al paciente al hospital de manera oportuna:

1. Tranquilice la paciente, asegúrele que las mordeduras de víbora venenosa rara vez son mortales. Coloque al paciente en posición supina y explique que mantenerse quieto reducirá la diseminación de cualquier veneno a través de su sistema.
2. Localice el área de la mordedura, límpiela con cuidado empleando agua y jabón o un antiséptico leve. **No aplique hielo en el área.**
3. Si la mordedura está en un brazo o pierna, coloque una férula para reducir el movimiento.
4. Esté alerta en caso de vómito, lo cual puede ser un signo de ansiedad más que de la propia toxina.
5. No administre nada por vía oral.
6. Si, como sucede en raras ocasiones, el paciente fue mordido en el tronco, manténgalo en posición supina e inmóvil y transporte lo más pronto posible.
7. Vigile los signos vitales del paciente y marque la piel con una pluma sobre el área hinchada, próximo a dicha hinchazón, para observar si se está extendiendo ésta.
8. Si hay cualquier signo de choque, coloque al paciente en la posición de choque para administrar oxígeno.
9. Si mataron a la serpiente, como es frecuente, asegúrese de llevarla consigo en un recipiente seguro, de manera que los médicos puedan identificarla y administrar el antídoto apropiado.
10. Notifique al hospital a donde llevará al paciente con la mordedura de víbora; si es posible, describa la víbora.
11. Transporte al paciente con rapidez al hospital.

Si el paciente no muestra signos de envenenamiento, proporcione SVB como se requiera, coloque un vendaje estéril sobre el área sospechosa, e inmovilice el sitio de la lesión. Todos los pacientes con posible mordedura de víbora deberán transportarse a la sala de urgencias, ya sea que muestren signos de envenenamiento o no. Trate la lesión como lo haría con cualquier herida por punción profunda para prevenir la infección.

Si trabaja en una zona donde se sabe que habitan serpientes venenosas, deberá conocer el protocolo para manejar sus mordeduras. También deberá conocer la dirección de la institución más cercana donde esté dispo-

Seguridad del TUM-B

La evidencia sobre la fuente exacta de una reacción alérgica o un envenenamiento por picadura o mordida de animal puede ser escasa cuando llegue, o los testigos pueden proporcionarle información equivocada. Es más posible que la causa constituya un riesgo para los que respondan y un riesgo adicional para el paciente si el TUM-B llega a conclusiones equivocadas respecto a su naturaleza. Mantenga abiertos ojos y oídos, evite hacer suposiciones sin bases e investigue las cosas que no tengan sentido del todo.

que haya quedado en la superficie de la piel. **No aplique hielo en la zona.**
3. Coloque una férula a la extremidad para minimizar su movimiento y la diseminación del veneno en el sitio.
4. Verifique los signos vitales del paciente y no deje de vigilarlos.
5. Mantenga caliente al paciente y eleve las extremidades inferiores para ayudar a evitar el choque.
6. Administre oxígeno suplementario si se necesita.
7. Transporte al paciente con prontitud a la sala de urgencias, y avise con anticipación que el paciente fue mordido por una serpiente coralillo.
8. No administre nada por vía oral al paciente.

nible el antídoto. Esto puede ser un zoológico cercano, el departamento local o estatal de salud pública o el hospital comunitario local.

Serpientes coralillo

El coralillo es un reptil pequeño con una serie de bandas brillantes rojas, amarillas y negras que rodean por completo su cuerpo. Muchas serpientes inofensivas poseen coloración semejante, pero sólo la coralillo posee bandas rojas y amarillas una junto a otra, como sugiere esta útil rima: "Rojo y amarillo matará al individuo; rojo y negro dice cero veneno".

Una rara criatura que vive en la mayoría de los estados del sur y en el suroeste, la coralillo, es pariente de la cobra. Posee colmillos diminutos e inyecta el veneno con sus dientes mediante un movimiento de masticado, dejando atrás una o más heridas de punción o tipo rasguño. Debido a que su boca y sus dientes son pequeños, y a que la expansión de su mandíbula es limitada, la coralillo por lo general muerde a sus víctimas en una parte pequeña del cuerpo, como un dedo de la mano o del pie.

El veneno de la coralillo es una toxina potente que causa parálisis del sistema nervioso. En un lapso de unas horas después de la mordedura, el paciente presentará comportamiento extraño, seguido por parálisis progresiva de los movimientos oculares y la respiración. Con frecuencia, los síntomas locales son limitados o no los hay.

El éxito en el tratamiento, ya sea de emergencia o a largo plazo, depende de la identificación positiva de la serpiente y del apoyo respiratorio. Existe un antídoto, pero la mayoría de los hospitales no cuenta con él. Por tanto, deberá notificar al hospital de la necesidad de éste lo más pronto que pueda. Los pasos para la atención de emergencia de una mordedura de coralillo son los siguientes:

1. Tranquilice al paciente y manténgalo quieto de inmediato.
2. Enjuague el área de la mordedura con 1 a 2 L de agua tibia y jabonosa para lavar cualquier veneno

Picaduras de alacrán

Los escorpiones o alacranes son arácnidos de ocho patas del grupo biológico Arácnida que poseen una glándula de veneno y una especie de aguijón (telsón) al final de su cola **Figura 18-19**. Los escorpiones son raros, viven principalmente en el centro y sur de México y en los desiertos. Con una excepción, la picadura de escorpión es por lo general dolorosa, pero no peligrosa, y causa hinchazón y manchado localizados. La excepción es el *Centruroides sculpturatus*. Aunque se encuentra de manera natural en las zonas desérticas y cálidas del país, cualquiera puede tenerlo como mascota. El veneno de esta especie particular puede producir una reacción sistémica grave que produce colapso circulatorio, incluso contracciones musculares, salivación excesiva, hipertensión, convulsiones e insuficiencia cardiaca. Existe un antídoto, pero debe ser administrado por un médico. Si lo llaman a atender a un paciente con posible picadura de *C. sculpturatus*, deberá notificar a dirección médica lo más pronto posible. Administre SVB y transporte al paciente al departamento de urgencias lo más pronto posible.

Mordeduras de garrapata

Las garrapatas, que se encuentran con frecuencia en maleza, arbustos, árboles y dunas o en otros animales, por lo general se adhieren directamente a la piel **Figura 18-20**. Apenas llegan a medir unos milímetros y pueden confundirse con

Figura 18-19 La picadura de alacrán por lo general es más dolorosa que peligrosa, y ocasiona hinchazón y decoloración localizadas.

facilidad con una peca, en especial porque su mordedura no es dolorosa. Sin duda, el peligro de las garrapatas no radica en la mordida de éstas, sino en los organismos infecciosos que transmiten. Las garrapatas por lo general son portadoras de dos enfermedades infecciosas: la fiebre manchada de las Montañas Rocallosas y la enfermedad de Lyme. Ambas se diseminan a través de la saliva de las garrapatas, cuando ésta se inyecta en el momento en que la garrapata se adhiere.

La fiebre manchada de las Montañas Rocallosas, que no está limitada a las Montañas Rocallosas, ocurre en un lapso de 7 a 10 días después de la mordedura de una garrapata infectada. Los síntomas incluyen náusea, vómito, dolor de cabeza, debilidad, parálisis y, quizá, colapso cardiorrespiratorio.

La enfermedad de Lyme ha recibido extensa publicidad. Observada por primera vez en Connecticut, ahora ya se ha informado sobre casos de esta enfermedad en 26 estados. El primer síntoma, una erupción que puede diseminarse a varias partes del cuerpo, comienza cerca de tres días después de la mordedura de una garrapata infectada. La erupción puede llegar a semejar, con el tiempo, el patrón de un tiro al blanco en un tercio de los pacientes (Figura 18-21). Después de unos días o unas semanas más, se presenta hinchazón dolorosa de las articulaciones, en particular de las rodillas. La enfermedad de Lyme puede llegar a confundirse con artritis reumatoide y, lo mismo que esa enfermedad, puede resultar en discapacidad permanente. No obstante, si se reconoce y trata de manera oportuna con antibióticos, el paciente puede recuperarse por completo.

La temporada en que las mordeduras de garrapata son más comunes es durante el verano, cuando las personas salen a pasear por los bosques con poca ropa protectora. La transmisión de la infección de la garrapata a la persona toma por lo menos 12 h, así que si lo llaman para que retire uno de estos animales, deberá proceder despacio y con cuidado. No intente sofocar a la garrapata con gasolina o vaselina, no la queme con un cerillo encendido, porque sólo quemará al paciente. En lugar de ello, emplee unas pinzas finas para sujetar a la garrapata del cuerpo y jale suavemente, pero con firmeza directo hacia arriba, de manera que la piel se levante. Sostenga esta posición hasta que la garrapata se suelte. Hay pinzas especiales para esto, pero no son necesarias. Este método por lo general eliminará a toda la garrapata. Incluso si parte del parásito permanece incrustada en la piel, la parte que contiene al organismo infeccioso ya fue eliminada. Limpie el área con desinfectante y guarde la garrapata en un frasco de vidrio, u otro recipiente, para su identificación. No maneje la garrapata con sus dedos. Proporcione cualquier atención de apoyo de urgencia y transporte al paciente al hospital.

Lesiones debidas a animales marinos

Los celenterados, incluido el coral de fuego, la fragata portuguesa (aguaviva), cubomedusa, medusa del pacífico, aguamala, anémonas marinas, el coral verdadero y el coral suave, son responsables de más envenenamientos que cualquier otro animal marino (Figura 18-22). Las células venenosas de los celenterados se llaman nematocistes, y los animales grandes pueden descargar cientos de miles de ellas. El envenenamiento causa lesiones rojizas muy dolorosas en las personas de piel clara que se extienden en línea desde el sitio de la picadura. Los síntomas sistémicos incluyen dolor de cabeza, mareo, calambres musculares y desmayos.

Para tratar una picadura de los tentáculos de una aguamala, fragata portuguesa, de anémonas, corales o hidras diversos, rescate al paciente del agua y vacíe ácido acético (vinagre) sobre el área afectada. A diferencia del agua dulce, el vinagre inactivará los nematocistes. No trate de manipular los tentáculos restantes; esto sólo causará una mayor descarga de nematocistes. Retire los tentáculos raspándolos para desprenderlos con el borde de un objeto rígido y afilado, como una tarjeta de crédito. El dolor persistente puede responder a la inmersión del área en agua caliente (43 a 46 °C) durante 30 minutos. En ocasiones muy raras, un paciente puede presentar una reacción alérgica sistémica a la picadura de uno de estos animales. Trate a este paciente para choque anafiláctico. Proporcione SVB y transporte inmediato al hospital.

Figura 18-20 Es típico que las garrapatas se adhieran directamente a la piel.

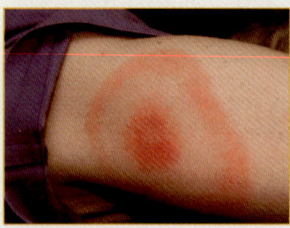

Figura 18-21 La erupción asociada con la enfermedad de Lyme posee un patrón característico de "tiro al blanco".

Las toxinas de las espinas de pastinaca, de erizo de mar o de ciertos peces espinosos como el pez león, cabracho venenoso o el pez piedra son sensibles al calor (Cuadro 18-2 ▶). Por tanto, el mejor tratamiento para tales lesiones es inmovilizar el área afectada y sumergirla en agua caliente durante 30 minutos. Esto con frecuencia proporcionara alivio dramático del dolor local. No obstante, el paciente aún debe ser transportado al departamento de urgencias porque podría desarrollarse una reacción alérgica o una infección, incluido el tétanos.

Si trabaja cerca del mar, deberá familiarizarse con la vida marina de su área. El tratamiento de emergencia de los envenenamientos comunes de celenterados consta de los siguientes pasos:

1. **Limite la descarga adicional** de nematocistes evitando el agua dulce, la arena mojada, las duchas o el manejo descuidado de los tentáculos. Mantenga al paciente en calma y reduzca el movimiento de la extremidad afectada.
2. **Inactive los nematocistes** mediante la aplicación de vinagre (puede emplear alcohol isopropílico si no dispone de vinagre, pero es posible que esto no sea tan eficaz.)
3. **Retire los tentáculos restantes** raspando con el borde de un objeto afilado y rígido como una tarjeta de crédito. No utilice su mano sin guante para retirar los tentáculos, porque puede ocurrir el autoenvenenamiento. El dolor persistente puede responder a la inmersión en agua caliente (43 a 46 °C) durante 30 minutos.
4. **Administre oxígeno en flujo elevado** y trate o prevenga el choque según se requiera.
5. **Proporcione transporte** a la sala de urgencias.

CUADRO 18-2 Envenenamientos marinos comunes

Perro marino	Caracol marino	Estrella marina
Pez dragón	Fragata portuguesa	Pastinaca
Coral de fuego	Pejegallo	Pez roca
Hidroides	Cabracho venenoso	Pez tigre
Aguamala	Anémona marina	Pez sapo
Pez león	Erizo de mar	Peje araña

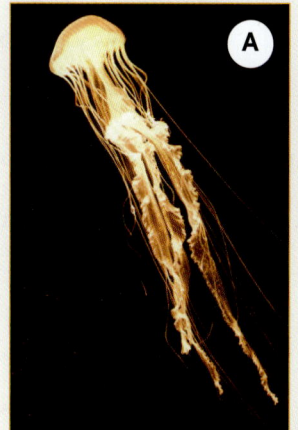
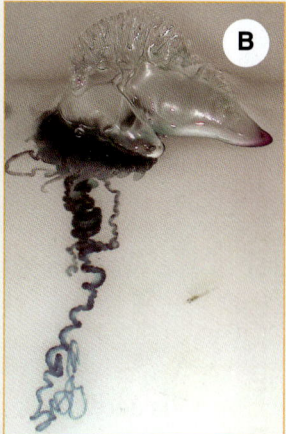

Figura 18-22 Los celenterados son responsables de muchos envenenamientos marinos. **A.** Aguamala. **B.** Fragata portuguesa. **C.** Anémona marina.

Situación de urgencia — Resumen

Asegúrese de enfriar con rapidez a un paciente hipertérmico, pero tenga cuidado de no causar hipotermia como resultado. Como con cualquier paciente, es imperativo que supervise la escena en busca de indicios. Pida apoyo cuando lo necesite. Complete una evaluación apropiada y trate de acuerdo con ello. Con una emergencia ambiental como ésta, asegúrese de retirar a su paciente del medio caliente y refrésquelo de manera agresiva. Transporte de inmediato y notifique a la agencia receptora de la condición del paciente.

Evaluación y cuidados de urgencia

	Lesiones por frío	Lesiones por calor	Lesiones por ahogamiento y buceo
Evaluación de la escena	Las precauciones de aislamiento de sustancias corporales deben incluir un mínimo de guantes y protección ocular. Verifique la seguridad de la escena y determine NE/ML. Considere el número de pacientes, la necesidad de ayuda adicional/SVA y la estabilización de columna vertebral.	Las precauciones de aislamiento de sustancias corporales deben incluir un mínimo de guantes y protección ocular. Verifique la seguridad de la escena y determine NE/ML. Considere el número de pacientes, la necesidad de ayuda adicional/SVA y la estabilización de columna vertebral.	Las precauciones de aislamiento de sustancias corporales deben incluir un mínimo de guantes y protección ocular. Confirme la seguridad de la escena y determine NE/ML. Considere el número de pacientes, la necesidad de ayuda adicional/SVA y la estabilización de columna vertebral.
Evaluación inicial			
■ Impresión general	Determine el nivel de conciencia y encuentre y trate cualquier amenaza inmediata para la vida. Determine la prioridad de la atención con base en el entorno y la queja principal del paciente.	Determine el nivel de conciencia y encuentre y trate cualquier amenaza inmediata para la vida. Determine la prioridad de la atención con base en el entorno y la queja principal del paciente.	Determine el nivel de conciencia y encuentre y trate cualquier amenaza inmediata para la vida. Determine la prioridad de la atención con base en el entorno y la queja principal del paciente.
■ Vía aérea	Asegure la vía aérea del paciente.	Asegure la vía aérea del paciente.	Asegure la vía aérea del paciente.
■ Respiración	Proporcione oxígeno de alto flujo a 15 L/min. Evalúe la profundidad y frecuencia respiratorias y proporcione ventilaciones según se requiera. Esté preparado para succionar.	Proporcione oxígeno de alto flujo a 15 L/min. Evalúe la profundidad y frecuencia respiratorias y proporcione ventilaciones según se requiera. Esté preparado para succionar.	Proporcione oxígeno de alto flujo a 15 L/min. Evalúe la profundidad y frecuencia respiratorias y proporcione ventilaciones según se requiera. Esté preparado para succionar.
■ Circulación	Evalúe el pulso durante un periodo de 30 a 45 s respecto a su frecuencia y su calidad; observe el color, temperatura y condición de la piel y trate para cualquier signo de choque. Determine si hay sangrado presente y controle si éste amenaza la vida.	Evalúe calidad y frecuencia del pulso; observe el color, temperatura y condición de la piel y trate de manera agresiva el choque. Determine si hay sangrado presente y controle si éste amenaza la vida.	Evalúe calidad y frecuencia del pulso; observe el color, temperatura y condición de la piel y trate cualquier signo de choque. Determine si hay sangrado presente y controle si éste amenaza la vida.
■ Decisión de transporte	Transporte con prontitud.	Transporte con prontitud.	Transporte con prontitud.
Historial y examen físico enfocados	NOTA: el orden de los pasos en el historial y el examen físico enfocados difiere de acuerdo con el estado de conciencia del paciente. El orden a continuación es para un paciente consciente. En caso de que esté inconsciente la persona, efectúe un rápido examen físico, obtenga los signos vitales y el historial.		
■ Historial SAMPLE	Obtenga historial SAMPLE. Asegúrese de preguntar si y qué intervenciones se realizaron antes de su llegada, cuántas fueron y a qué hora.	Obtenga historial SAMPLE. Asegúrese de preguntar si y qué intervenciones se realizaron antes de su llegada, cuántas fueron y a qué hora. Determine las actividades del paciente antes del inicio de los síntomas.	Obtenga historial SAMPLE. Determine si se consumieron alcohol o drogas recreativas. Determine cuánto tiempo permaneció sumergido el paciente y la temperatura y claridad del agua.

Evaluación y cuidados de urgencia

	Lesiones por frío	Lesiones por calor	Lesiones por ahogamiento y buceo
■ Examen físico enfocado	Efectúe un examen físico enfocado en el área afectada en busca de congelamiento. Considere la posibilidad de hipotermia.	Efectúe un examen físico enfocado sobre el impulso respiratorio, lo adecuado de la ventilación, lo adecuado y la eficacia del sistema circulatorio y el estado mental del paciente. Obtenga la temperatura corporal central.	Efectúe un examen físico enfocado sobre el impulso respiratorio, lo adecuado de la ventilación, lo adecuado y la eficacia del sistema circulatorio y el estado mental del paciente. Efectúe una evaluación rápida y obtenga la puntuación en la escala Glasgow del Coma.
■ Signos vitales iniciales	Tome los signos vitales durante 60 s, observe el color y temperatura de la piel.	Tome los signos vitales, observe el color y temperatura de la piel. Emplee oximetría de pulso si está disponible.	Tome los signos vitales, observe el color y temperatura de la piel. Evalúe el tamaño y reactividad de la pupila.
■ Intervenciones	Maneje al paciente con suavidad. Retire del medio frío y/o las ropas frías y comience a recalentar al paciente de acuerdo con el protocolo local. Apoye al paciente según lo requiera. Considere el uso de oxígeno humidificado, presión positiva, ventilaciones, adjuntos y posicionamiento adecuado.	Apoye al paciente según lo requiera. Considere el uso de oxígeno, presión positiva, ventilaciones, adjuntos y posicionamiento adecuado. Retire la ropa, cubra al paciente con una sábana mojada y encienda el aire acondicionado/abanico. Coloque paquetes fríos en las ingles y axilas del paciente. Solicite al SVA terapia de líquidos para pacientes en los que sospeche hipovolemia.	Continúe la estabilización de columna. Succione según se requiera. Considere el uso de oxígeno, presión positiva, ventilaciones, adjuntos. Asegúrese de mantener caliente al paciente.
Examen físico detallado	Realice un examen físico detallado.	Realice un examen físico detallado.	Realice un examen físico detallado.
Evaluación continua	Repita la evaluación inicial y la evaluación enfocada, y reevalúe las intervenciones efectuadas. Reevalúe los signos vitales cada 5 min para el paciente inestable y cada 15 para el estable. Observe y trate al paciente según se requiera.	Repita la evaluación inicial y la evaluación enfocada, y reevalúe las intervenciones efectuadas. Reevalúe los signos vitales cada 5 min para el paciente inestable y cada 15 para el estable. Observe y trate al paciente según se requiera.	Repita la evaluación inicial y la evaluación enfocada, y reevalúe las intervenciones efectuadas. Reevalúe los signos vitales cada 5 min para el paciente inestable y cada 15 para el estable. Observe y trate al paciente según se requiera.
■ Comunicación y documentación	Comuníquese con dirección médica con un informe por radio, proporcione información sobre la condición del paciente. Retransmita cualquier cambio significativo, incluido el nivel de conciencia o la dificultad para respirar. Observe lo que el paciente llevaba puesto y la información pertinente de los testigos. Documente cualquier cambio en la condición del paciente, la hora en que sucedió y cualquier intervención realizada.	Comuníquese con dirección médica con un informe por radio, proporcione información sobre la condición del paciente. Retransmita cualquier cambio significativo, incluido el nivel de conciencia o la dificultad para respirar. Asegúrese de documentar las condiciones climáticas y eventos que condujeron al problema. Documente cualquier cambio en la condición del paciente, la hora en que sucedió y cualquier intervención realizada.	Comuníquese con dirección médica con un informe por radio, proporcione información sobre la condición del paciente. Retransmita cualquier cambio significativo, incluido el nivel de conciencia o la dificultad para respirar. Asegúrese de documentar cualquier cambio en la condición del paciente, la hora en que sucedió y cualquier intervención realizada. Si el paciente se encontraba en una expedición de buceo, incluya la bitácora de buceo del paciente e información obtenida de sus compañeros buzos si está disponible.

Evaluación y cuidados de urgencia

NOTA: aunque los pasos a continuación tienen amplia aceptación, asegúrese de consultar y seguir su protocolo local.

Lesiones por frío

1. Retire la ropa mojada y mantenga seco al paciente.
2. Prevenga la pérdida de calor. Aleje al paciente de cualquier superficie mojada o fría.
3. Aísle las partes del cuerpo expuestas envolviéndolas en una cobija o en cualquier otro material seco y voluminoso disponible.
4. Evite la pérdida de calor por convección erigiendo una barrera contra el viento en torno al paciente.
5. Retire al paciente del medio frío con la mayor prontitud posible.

Lesiones por calor

1. Retire las capas excesivas de ropa.
2. Aleje al paciente con rapidez del medio caliente y aléjelo del sol.
3. Administre oxígeno al paciente si no lo hizo antes como parte de la evaluación inicial.
4. Aliente al paciente para que se recueste en posición supina con las piernas elevadas. Afloje cualquier prenda apretada y abanique al paciente.
5. Si el paciente está alerta, aliéntelo para que se siente y beba despacio hasta 1 L de agua, siempre y cuando no sienta náusea.
6. Transporte al paciente acostado sobre su costado izquierdo.

Lesiones de ahogamiento y buceo

1. Voltee al paciente a posición supina girando la mitad completa superior del cuerpo del paciente como una unidad.
2. Inicie la ventilación artificial mediante el método de boca a boca o con una mascarilla de bolsa.
3. Haga flotar un respaldo flotante debajo del paciente.
4. Asegure el paciente al respaldo.
5. Rescate al paciente del agua.
6. Cubra al paciente con una cobija y administre oxígeno si éste respira. Inicie la RCP si no hay respiración ni pulso.

Lesiones por relámpagos

1. Traslade al paciente a un área protegida.
2. Los pacientes que están conscientes después de ser golpeados por un rayo tienen probabilidades mucho menores de desarrollar paro cardiaco o respiratorio tardíos; la mayoría de estas víctimas sobrevivirán. Por tanto, deberá concentrar sus esfuerzos en aquellos que se encuentran en paro respiratorio o cardiaco.

Mordeduras de araña

Viuda negra
1. Proporcione SVB para los pacientes con dificultad respiratoria.
2. Transporte al paciente al departamento de urgencias tan pronto como sea posible, para tratar el dolor y la rigidez muscular.
3. Si es posible, lleve consigo la araña.

Reclusa parda
Si la mordedura causa síntomas sistémicos:
1. Proporcione SVB.
2. Transporte al departamento de urgencias.
3. Si es posible, lleve consigo la araña.

Mordeduras de víbora

1. Tranquilice al paciente y minimice el movimiento.
2. Transporte al paciente al departamento de emergencias tan pronto como sea posible. Notifique al hospital que llevará a un paciente que sufrió mordedura de víbora.
3. Si es posible, lleve consigo a la víbora.

Lesiones debidas a animales marinos

1. Limite la descarga adicional de nematocistes evitando el agua dulce, la arena mojada, las duchas o el manejo descuidado de los tentáculos. Mantenga al paciente en calma, y reduzca el movimiento de la extremidad afectada.
2. Inactive los nematocistes mediante la aplicación de vinagre.
3. Retire los tentáculos restantes raspando con el borde de un objeto afilado y rígido como una tarjeta de crédito.
4. Proporcione transporte rápido.

Resumen
Listo para repaso

- La enfermedad por frío puede ser un problema local o sistémico.

- Las lesiones locales por frío incluyen congelamiento, sabañones y pie de inmersión. El congelamiento es el más grave, porque los tejidos de hecho se congelan. Todos los pacientes con una lesión local por frío deben retirarse del medio de baja temperatura y protegerse contra exposiciones adicionales.

- Si dirección médica se lo indica, recaliente las partes congeladas por inmersión en agua a 38 a 44.5 °C.

- La clave para tratar a un paciente hipotérmico consiste en estabilizar las funciones vitales y evitar la pérdida adicional de calor. No intente recalentar a los pacientes que presentan hipotermia moderada a severa, porque presentan tendencia a desarrollar arritmias.

- No considere que un paciente está muerto hasta que esté "caliente y muerto". El protocolo local dictará si tales pacientes recibirán o no RCP o desfibrilación en el campo.

- Los mecanismos reguladores del cuerpo mantienen de modo normal la temperatura del cuerpo dentro de un intervalo muy estrecho alrededor de 37 °C. La temperatura corporal se regula por pérdida de calor hacia la atmósfera vía conducción, convección, evaporación, radiación y respiración.

- La enfermedad por calor puede tomar tres formas: calambres y agotamiento por calor, e insolación.
  - Los calambres por calor son espasmos musculares dolorosos que ocurren con el ejercicio vigoroso. El tratamiento incluye retirar al paciente del calor, dejar reposar los músculos afectados y reemplazar los líquidos perdidos.
  - El agotamiento por calor es en esencia una forma de choque hipotérmico ocasionado por la deshidratación. Los síntomas incluyen piel fría, húmeda y pegajosa, debilidad, confusión, dolor de cabeza y pulso rápido. La temperatura corporal puede ser elevada, y el paciente puede o no presentar sudoración. El tratamiento incluye retirar al paciente del calor y tratar para el choque hipovolémico leve.
  - La insolación es una emergencia que amenaza la vida, casi siempre fatal si no se trata. Los pacientes con insolación por lo general están secos y presentan altas temperaturas corporales. Los cambios en el estado mental pueden incluir coma. La reducción rápida de la temperatura corporal en el campo es crítica.

- La primera regla para la atención del ahogamiento o casi ahogamiento es asegurarse de no convertirse uno mismo en víctima. Proteja la columna vertebral cuando rescate al paciente del agua, ya que son frecuentes las lesiones en médula espinal en los ahogamientos. Tenga en mente la posibilidad de hipotermia.

- Las lesiones asociadas con el buceo scuba pueden ser obvias de inmediato o manifestarse horas después. Los pacientes con embolia gaseosa o enfermedad por descompresión pueden presentar dolor, parálisis o estado mental alterado. Esté preparado para transportar a tales pacientes a una instalación de recompresión con cámara hiperbárica.

- Las arañas venenosas incluyen a la llamada viuda negra y a la reclusa parda.

- Las serpientes venenosas incluyen a las víboras de fosa y a las coralillo.

- Una persona que ha sido mordida por víboras de fosa necesita pronto transporte. Limpie el área de la mordedura y mantenga inmóvil al paciente para retardar la difusión del veneno.

- Notifique al hospital lo más pronto posible si un paciente fue mordido por una serpiente coralillo; su veneno puede ocasionar parálisis del sistema nervioso, y la mayoría de los hospitales no cuentan con un antídoto apropiado disponible.

- Los pacientes mordidos por garrapatas pueden infectarse con fiebre manchada de las Montañas Rocallosas o enfermedad de Lyme, y deberán consultar a un médico en un lapso de un día o dos. Retire la garrapata por medio de unas pinzas, y guárdela para su identificación.

- Proporcione transporte rápido al hospital para cualquier paciente que haya sido mordido por un insecto o animal ponzoñoso. Recuerde que los signos y síntomas pueden deteriorarse con rapidez. Vigile con cuidado los signos vitales del paciente durante el traslado, en especial en busca de compromiso de vía aérea.

Resumen continuación...

Vocabulario vital

agotamiento por calor Forma de daño por calor en la cual el cuerpo pierde cantidades significativas de líquido y electrolitos debido a la sudoración profusa; también se denomina postración o colapso por calor.

ahogamiento Muerte por asfixia debida a la inmersión en agua.

antídoto Suero que contrarresta el efecto del veneno de un animal o insecto.

bradicardia Frecuencia cardiaca lenta; menos de 60 latidos/min.

calambres por calor Espasmos musculares dolorosos, por lo general asociados con actividad vigorosa en un medio caliente.

cámara hiperbárica Una cámara, por lo general una habitación pequeña, presurizada a más de la presión atmosférica.

casi-ahogamiento Supervivencia, por lo menos temporal, después de casi asfixiarse en agua.

clasificación inversa Un proceso de triage (selección) en el cual los esfuerzos se concentran en aquellos que presentan paro respiratorio y cardiaco, y diferente del triage convencional donde tales pacientes se clasificarían como fallecidos. Se utiliza en el triage de las múltiples víctimas de la descarga de un relámpago.

conducción La pérdida de calor por contacto directo (p. ej., cuando una parte del cuerpo entra en contacto con un objeto más frío).

congelamiento Daño en los tejidos como resultado de exposición al frío; partes congeladas del cuerpo.

convección Pérdida de calor corporal ocasionada por movimiento del aire (p. ej., brisa que sopla sobre el cuerpo).

electrolitos Ciertas sales y otras sustancias que se disuelven en los líquidos corporales y las células.

embolia gaseosa Burbujas de aire en los vasos sanguíneos.

enfermedad por descompresión Padecimiento doloroso que se observa en buzos que ascienden demasiado rápido, en la cual el gas, en especial el nitrógeno, forma burbujas en los vasos sanguíneos y otros tejidos; también denominada "trancazo".

evaporación Conversión del agua o de otro fluido de líquido a gas.

hipertermia Trastorno en el cual la temperatura central se eleva a 38.3 °C o más.

hipotermia Padecimiento en el cual la temperatura central del cuerpo disminuye por debajo de 35 °C después de exponerse a un medio frío.

insolación Afección que puede ser mortal debida a hipertermia grave ocasionada por la exposición a calor excesivo natural o artificial, marcada por piel caliente y seca, estado mental muy alterado y, con frecuencia, coma irreversible.

laringoespasmo Una constricción grave de laringe y las cuerdas vocales.

radiación La transferencia de calor hacia objetos más fríos en el medio a través de energía radiante, por ejemplo, calentarse ante una fogata.

reflejo de buceo Disminución del ritmo cardiaco ocasionado por la inmersión en agua fría.

respiración La pérdida de calor corporal a medida que el aire caliente en los pulmones se exhala hacia la atmósfera y se inhala aire más frío.

scuba (sistema de buceo) Sistema que lleva aire a la boca y los pulmones a diversas presiones atmosféricas, que incrementan con la profundidad de la inmersión; se usa para el aparato para respiración subacuática autocontenido.

síncope por detención de la respiración Pérdida de la conciencia ocasionada por la disminución del estímulo respiratorio.

temperatura ambiente Temperatura del medio circundante.

temperatura central Temperatura de la parte central del cuerpo (es decir, corazón, pulmones y órganos vitales).

trancazo Nombre común para la enfermedad por descompresión.

turgencia La capacidad de la piel de resistir la deformación; se evalúa pellizcando con suavidad la piel en la frente o el anverso de la mano.

Qué evaluar

Se le pide asistir en modalidad de "guardia" a una carrera muy popular de 12 km. Aunque hay atletas que compiten en la carrera, ésta está abierta para todo tipo de corredores y marchistas. Las condiciones actuales del clima incluyen una temperatura de 32 °C, la humedad es de 82% y la brisa es de 5 km. Un voluntario de la carrera le pide que se acerque y, cuando lo hace, ve a una mujer con sobrepeso de aproximadamente 42 años de edad, sentada a un lado del camino. Lleva una camisa de manga larga y pantalones ajustados. Le dice que se siente mal del estómago, está mareada y aturdida. Su piel está sudorosa y pálida y su velocidad del pulso es de 128 latidos/min.

¿Qué es probable que le suceda? ¿Qué factores han contribuido a su problema?

Temas: Aspectos contribuyentes en los problemas de termorregulación; Reconocimiento de emergencias relacionadas con el calor.

Autoevaluación

Es el fin de semana de apertura de la estación de caza de venado. Al entrar en la delegación para iniciar su turno, escucha a sus compañeros hablar sobre un cazador que probablemente se perdió en las montañas durante la noche. Momentos después, los envían a reunirse con el equipo de alta montaña que encontró al hombre perdido. Las condiciones climáticas de la noche incluyeron una temperatura mínima de 0 °C y una precipitación mixta de nieve y lluvia. En el camino, control les informa que su paciente está confundido y que arrastra las palabras al hablar. El equipo de rescate no ha logrado obtener una lectura de tensión arterial, pero informa que el paciente presenta un pulso carótideo de 46 latidos/min y 10 respiraciones/min, superficiales e irregulares.

1. Es muy probable que el paciente del caso que aparece arriba presente:
   A. hipotermia leve.
   B. hipotermia moderada.
   C. hipotermia grave.
   D. ninguna de las anteriores.

2. El tratamiento apropiado para el paciente del escenario mencionado arriba incluye:
   A. recalentamiento activo, agresivo.
   B. prevención de pérdida adicional de calor.
   C. rescate del paciente del entorno.
   D. ambas, B y C.

3. Un paciente hipotérmico que está alerta y tirita presenta:
   A. hipotermia leve.
   B. hipotermia moderada.
   C. hipotermia grave.
   D. calambres por calor.

4. El tratamiento apropiado para el paciente en la pregunta 3 incluiría:
   A. administrar líquidos calientes por vía oral.
   B. retirar toda la ropa mojada.
   C. cubrir con cobijas.
   D. todo lo anterior.

5. La pérdida de calor debida al viento es un ejemplo de:
   A. convección.
   B. radiación.
   C. conducción.
   D. evaporación.

6. El problema resultante de que las partes expuestas del cuerpo se enfríen demasiado es:
   A. sabañones.
   B. congelación.
   C. pie de inmersión.
   D. todo lo anterior.

Preguntas desafiantes

7. ¿Cómo puede contribuir el consumo de alcohol a la gravedad de la hipotermia?

8. ¿Cómo pueden afectar los padecimientos relacionados con la edad y la salud a pacientes que sufren hipotermia?

9. ¿Cómo puede distinguir entre el sabañón y el congelamiento, y por qué el congelamiento es una lesión grave?

10. Con respecto a los pacientes hipotérmicos, ¿por qué es importante saber acerca del entorno en su área de respuesta?

Emergencias de la conducta

Objetivos

Cognitivos

4.8.1 Definir las emergencias de la conducta. (p. 584)
4-8.2 Analizar los factores generales que pueden ocasionar una alteración en la conducta del paciente. (p. 586)
4-8.3 Señalar las diversas razones de las crisis psicológicas. (p. 586)
4-8.4 Analizar las características de la conducta de una persona que sugieren que el paciente está en riesgo de suicidio. (p. 590)
4-8.5 Analizar las consideraciones especiales medicolegales para el manejo de las emergencias de conducta. (p. 591)
4-8.6 Analizar las consideraciones especiales para evaluar a un paciente con problemas de conducta. (p. 586)
4-8.7 Analizar los principios generales de la conducta de un individuo que sugieren que el paciente está en riesgo de violencia. (p. 594)
4-8.8 Analizar métodos para calmar a los pacientes de emergencias de la conducta. (p. 586)

Afectivos

4-8.9 Explicar el razonamiento para aprender cómo modificar su conducta hacia el paciente con una emergencia de conducta. (p. 589)

Psicomotores

4-8.10 Demostrar la evaluación y la atención médica de emergencia del paciente que presenta una emergencia de la conducta. (p. 586)
4-8.11 Demostrar diversas técnicas para restringir los movimientos sin peligro a un paciente con un problema de la conducta. (p. 593)

19

Emergencias de la conducta

Situación de urgencia

Los envían al 213 E de Cruce del Desierto para atender un intento de suicidio. Al estacionarse junto a la casa, una joven sale corriendo por la puerta del frente y pide ayuda a gritos para su amiga. Les explica que su amiga está en la casa llorando y que amenaza con matarse.

1. ¿Cuál es su primer paso en el tratamiento?
2. ¿Debe pedir apoyo de la policía?

Emergencias de la conducta

Como TUM-B, puede esperar enfrentar con frecuencia pacientes que sufren una crisis psicológica o de la conducta. La crisis puede deberse a la situación de emergencia, a una enfermedad mental, a sustancias que alteran la mente o a muchas otras causas. Este capítulo analiza diversos tipos de emergencias de la conducta, incluidas las que implican sobredosis de alguna sustancia que genere una conducta violenta y enfermedad mental. Aprenderá cómo evaluar a una persona que presenta signos y síntomas de una emergencia de la conducta y qué tipo de atención de urgencia puede requerirse en estas situaciones. El capítulo también cubre las preocupaciones legales en el manejo con pacientes trastornados. Por último, describe cómo identificar y manejar al paciente potencialmente violento, incluido el uso de medidas restrictivas.

Mito y realidad

Todo el mundo desarrolla algunos síntomas de enfermedad mental en algún punto de la vida, pero eso no significa que todo el mundo desarrolla enfermedad mental. Personas que están perfectamente sanas pueden tener algunos de los signos y síntomas de la enfermedad mental de vez en vez. Por lo tanto, no debe saltar a la conclusión de que su mente está trastornada si se comporta de ciertas maneras que se analizan en este capítulo. Con esto en mente, tampoco debe concluir lo mismo sobre un paciente en cualquier situación dada.

El concepto erróneo más común acerca de la enfermedad mental es que si uno se siente "mal" o "deprimido", debe estar "enfermo". Esto es simplemente falso. Hay muchas razones por completo justificadas para sentirse deprimido, como un divorcio, la pérdida del trabajo y la muerte de un pariente o amigo. Para el adolescente que recién rompió con su novia de 12 meses, es del todo normal retraerse de las actividades ordinarias y sentirse "triste". Ésta es una reacción normal ante una situación de crisis. No obstante, cuando una persona se encuentra con que la depresión de la mañana del lunes le dura hasta el viernes, semana tras semanas, sin duda debe tener un problema de comportamiento.

Muchos creen que todas las personas con trastornos mentales son peligrosas, violentas o incontrolables de alguna manera. Esto es falso. Sólo un porcentaje pequeño de personas con problemas en su salud mental entran en estas categorías. Sin embargo, como TUM-B, es posible que esté expuesto a una proporción mayor de pacientes violentos. Después de todo, atiende personas que, por definición, se encuentran en una situación de emergencia; de lo contrario, es probable que no las viera. El TUM-B está ahí porque los miembros de la familia o los amigos se sintieron incapaces de manejar al paciente por sí mismos. Éste puede ser el resultado del uso o abuso de drogas o alcohol. Puede suceder que el paciente presente un largo historial de enfermedad mental y que haya reaccionado ante un evento particularmente estresante.

Aunque no puede determinar lo que causó el problema de conducta de una persona, es posible que logre predecir que la persona se volverá violenta. La capacidad de predecir violencia es una herramienta importante de evaluación para el TUM-B.

Definición de emergencias de la conducta y psiquiátricas

La **conducta** es lo que ve de la respuesta de una persona ante el medio: sus acciones. Algunas veces es obvio aquello a lo que responde una persona: si alguien la golpea, puede huir o estallar en llanto o contestar el golpe. En ocasiones es menos claro, como cuando alguien se deprime por razones muy complejas.

La mayor parte del tiempo, los individuos responden al medio de maneras razonables. En el transcurso de los años, han aprendido a adaptarse a una variedad de situaciones de la vida diaria, incluidos estrés y presiones. Esto se llama ajuste. Sin embargo, hay momentos en que el estrés es tan grande que las maneras normales para ajustarse no funcionan. Cuando esto sucede, es posible que cambie la conducta de una persona, aunque sólo sea de manera temporal. La nueva conducta puede no ser apropiada, ni "normal".

La definición de emergencia o **crisis de conducta** es cualquier reacción hacia los sucesos que interfiera con las **actividades de la vida diaria (AVD)** o que se ha vuelto inaceptable para el paciente, su familia o comunidad. Por ejemplo, cuando alguien presenta una interrupción de la rutina diaria, como bañarse, vestirse o comer, es probable que su conducta se haya vuelto un problema. Para esa persona, en ese momento, puede surgir una emergencia de la conducta. Si la interrupción de la rutina diaria tiende a recurrir de manera regular, la conducta también se convierte en un problema de salud mental. Se trata entonces de un patrón, más que de un incidente aislado.

Por ejemplo, una persona que sufre un ataque de pánico después de tener un ataque cardiaco, no tiene necesariamente una enfermedad mental. De igual manera, podría esperar que una persona a la cual despiden de su trabajo tenga cierto tipo de reacción, con frecuencia tristeza y depresión. Estos problemas son sucesos aislados y a corto plazo. No obstante, una persona que reacciona con un ataque de ira, que agrede a las personas y a la propiedad y que se mantiene en un "ataque de furia" durante una semana, ha ido más allá de lo que la sociedad considera un comportamiento apropiado o normal. Es claro que esa persona presenta una emergencia de conducta. Por lo general, si un patrón anormal o trastornado de la conducta dura por lo menos un mes, se considera como asunto de preocupación desde el punto de vista de la salud mental. Por ejemplo, la <u>depresión</u> crónica, desarrolla un sentimiento persistente de tristeza y desesperanza, puede ser síntoma de un trastorno emocional así como de un trastorno físico. Este tipo de problema a largo plazo se consideraría como un trastorno de la salud mental.

Cuando surge una emergencia psiquiátrica, el paciente puede mostrar los siguientes signos: agitación o violencia o convertirse en una amenaza para sí mismo o para otros. Esto es más grave que una emergencia de la conducta típica que ocasiona una conducta inapropiada o una conducta extraña. Una amenaza inmediata para la persona implicada o para otros en el área inmediata, incluidos familiares, amigos, testigos y TUM-B, debe considerarse una emergencia psiquiátrica. Por ejemplo, una persona podría responder a la muerte de su cónyuge con un intento de suicidio, por otra parte, aunque ésta es una alteración importante de la vida, no tiene que implicar violencia o amenaza para otras personas. Sin embargo, se considera una emergencia psiquiátrica porque pone en riesgo su vida. Estas alteraciones pueden tomar muchas formas; no todas implican violencia ni todas son emergencias psiquiátricas.

La magnitud de los problemas de salud mental

De acuerdo con El Instituto Nacional de Psiquiatría, dependiente de la Secretaría de Salud, en un momento u otro, dos de cada diez mexicanos presentan algún tipo de <u>trastorno mental</u>, alguna enfermedad con síntomas psicológicos o de la conducta que puede resultar en problemas del funcionamiento. Ésta puede ser producto de un trastorno social, psicológico, genético, físico, químico o biológico.

Patología: causas de las emergencias de la conducta

Como TUM-B, no es su responsabilidad el diagnóstico de la causa subyacente de una emergencia de la conducta o psiquiátrica. No obstante, deberá saber las dos categorías básicas de diagnóstico que usará un médico: orgánicas (físicas) y funcionales (psicológicas).

El <u>síndrome orgánico cerebral</u> es una disfunción permanente o temporal del cerebro ocasionada por una alteración en el funcionamiento físico o fisiológico de tejido cerebral. Las causas del síndrome orgánico cerebral incluyen enfermedad repentina, trauma reciente, intoxicación por fármacos o alcohol y enfermedades cerebrales, como la enfermedad de Alzheimer. El estado mental alterado debe considerarse como una característica del síndrome OC y

> ### Qué documentar
>
> Los asuntos medicolegales asociados con respuestas a las emergencias de conducta hacen mayor énfasis en la documentación concienzuda y específica. Registre los resultados detallados y objetivos que apoyen la conclusión de conducta anormal (retraimiento, no habla, llora sin control), y cite las palabras del propio paciente cuando sea apropiado, por ejemplo, "la vida ya no vale la pena" o "las voces me ordenan matar a la gente". Evite establecer juicios en sus anotaciones; éstos crean la impresión de que basó su atención en sus tendencias personales más que en las necesidades del paciente.

Situación de urgencia — Parte 2

La mujer le dice que su amiga no tiene ningún tipo de arma. Su compañero pide por radio ayuda de la policía mientras entran a la casa. Una vez dentro, encuentran a una joven adolescente sollozando sentada en un sofá. Está consciente, alerta y orientada. Su respiración es trabajosa con una frecuencia de 26 respiraciones/min. Le pregunta si sus padres están en casa y ella contesta que ambos salieron de la ciudad y que se quedará sola en casa hasta el día siguiente en la tarde, cuando regresarán sus padres. La paciente les dice que su novio llamó hace un rato y le dijo que ya no quería seguir con ella. La joven comienza a llorar de nuevo y dice que no quiere vivir si no está con él.

3. ¿Tiene consentimiento para tratar a esta paciente?
4. ¿Qué tipo de información necesita obtener de esta paciente?

puede derivarse por una hipoglucemia, hipoxia, hipoxemia en el cerebro, hipotermia, o hipertermia.

Un <u>trastorno funcional</u> es aquel en el cual la operación anormal de un órgano no puede rastrearse hasta un cambio obvio en la estructura real, o la fisiología, del órgano. Algo está funcionando mal, pero la causa principal no puede ser identificada a través del desempeño del órgano mismo. Esquizofrenia y depresión son claros ejemplos de trastornos funcionales. Puede haber una causa química o física para estos trastornos, pero no es obvia ni se ha comprendido del todo.

Estos dos tipos de trastornos pueden tener apariencias muy semejantes. Un <u>estado mental alterado</u>, o cambio en la manera en que la persona piensa o se comporta, es un indicador de enfermedades del sistema nervioso central. Un paciente que presenta comportamiento extraño de hecho puede tener una enfermedad médica aguda que sea la causa general o parcial de la conducta. Reconocer esta posibilidad puede permitirle salvar una vida.

Método seguro para una emergencia de la conducta

Todas las capacidades regulares del TUM-B: evaluar la situación la escena y la seguridad, evaluar los ABC, administrar cuidados médicos prehospitalarios, acercarse al paciente, obtener el historial SAMPLE y comunicarse con el paciente de una manera profesional mostrando seguridad y buen tono de voz, deben emplearse en emergencias de la conducta. No obstante, también entran en juego otras técnicas de manejo. No hay espacio en este capítulo para una discusión completa de estas técnicas, pero deberá seguir los lineamientos generales para establecer su seguridad en la escena de la emergencia de la conducta Cuadro 19-1.

Evaluación de una emergencia de la conducta

Evaluación de la escena

El CECOM puede proporcionarle información que sugiera una emergencia de la conducta; sin embargo, cada situación tendrá algún componente de una emergencia de este tipo. Puede tratarse de un problema médico empeorado por un asunto de la conducta, o puede ser que un

---

CUADRO 19-1 Lineamientos de seguridad para emergencias de conducta

- **Prepárese para invertir tiempo adicional.** Puede tomar más tiempo evaluar, escuchar y preparar al paciente para su traslado.
- **Tenga un plan de acción definido.** Decida qué hará cada quien. Si necesitan restringirle los movimientos al paciente, ¿cómo lo harán?
- **Identifíquese con calma.** Intente ganar la confianza del paciente. Si comienza por gritar, es probable que el paciente grite más fuerte o se excite más. Una voz tranquila y baja por lo general es una influencia calmante.
- **Sea directo.** Establezca sus intenciones y lo que espera del paciente.
- **Evalúe la escena.** Si el paciente está armado o tiene en su posesión objetos potencialmente dañinos, haga que la policía los retire antes de proporcionar la atención.
- **Permanezca con el paciente.** No deje que el paciente deje el área y tampoco salga de ella a menos que la policía pueda permanecer con el paciente. De lo contrario, es posible que el paciente pase a otra habitación y obtenga armas, se encierre en ella o tome pastillas.
- **Aliente las acciones deliberadas.** Ayude al paciente a vestirse y reúna las pertenencias adecuadas para llevarlas al hospital.
- **Exprese interés en el historial del paciente.** Deje que la persona le relate lo que sucede en sus propias palabras. No obstante, no siga el juego con alteraciones auditivas o visuales.
- **No se acerque demasiado al paciente.** Todo el mundo necesita su espacio personal. Más aún, debe asegurarse de poder moverse con rapidez si el paciente se pone violento o trata de huir. No le hable físicamente desde arriba al paciente ni lo confronte de manera directa. Agacharse con un ángulo de 45° por lo general no provoca confrontaciones, pero impide que se mueva con libertad. No permita que el paciente se sitúe entre usted y la salida.
- **Evite pelear con el paciente.** No quiere entrar en una lucha de poder. Recuerde, el paciente no responderá de manera normal, puede estar luchando con fuerzas internas sobre las cuales ninguno de los dos tiene control. Es posible que el TUM-B u otros estimulen a estas fuerzas sin saberlo. Si puede responder con comprensión al sentimiento que expresa el paciente, ya sea enojo o desesperación, es posible que logre obtener su cooperación. Si es necesario usar la fuerza, asegúrese de contar con la capacitación y ayuda adecuadas y muévase hacia el paciente con calma y firmeza segura.
- **Sea honesto y conciliador.** Si el paciente le pregunta si tiene que ir al hospital, deberá responderle: "Sí, ahí es donde puede recibir ayuda médica".
- **No juzgue.** Puede observar conductas que le desagraden. Haga a un lado esos sentimientos y concéntrese en proporcionar atención médica de urgencia.

trastorno de la conducta condujo a un traumatismo. Sin importar esto, los primeros factores a considerar son su seguridad y la respuesta del paciente al entorno. Algunas situaciones pueden ser más graves que otras y, en consecuencia, amenazar su seguridad. ¿Es la situación indebidamente peligrosa para usted y su compañero? ¿Requiere apoyo inmediato de la policía? ¿Parece típico o normal el comportamiento del paciente bajo las circunstancias? ¿Están implicados asuntos legales (escena del crimen, consentimiento, rechazo)? Por ejemplo, un paciente que acaba de sufrir un asalto tiene buenas razones de tener miedo de otras personas, incluido el TUM-B. Tome las precauciones ASC apropiadas. Solicite cualquier recurso adicional que pueda necesitar (policía, personal adicional) con anticipación. Siempre podrá pedirles que se vayan si no son necesarios. Manténgase alerta. Evite el criterio estrecho.

Evaluación inicial

Impresión general

Inicie su evaluación desde la entrada. ¿Cuál parece ser el ánimo del paciente? ¿Está calmado? ¿Agitado? ¿Alerta o somnoliento? Comience por presentarse e informe al paciente que está ahí para ayudar. Averigüe su queja principal preguntándole: "¿qué sucedió?". "¿Por qué llamó a la ambulancia" o "¿en qué le puedo ayudar?". Permita al paciente decir lo que sucedió o cómo se siente. ¿Está él alerta y orientado? Emplee la escala ADVI para determinar esto. Para medir la orientación, pregunte al paciente: "¿dónde se encuentra?" y "¿por qué está aquí?".

Evalúe los ABC.

Vía aérea, respiración y circulación

Si su paciente presenta dificultades físicas, evalúe los ABC como para cualquier otro paciente. Proporcione las intervenciones apropiadas con base en los resultados de la evaluación. Algunas situaciones de conducta implicarán compromiso de la vía aérea y respiración inadecuada secundarias a un intento de suicidio debido a la ingestión de un puñado de pastillas con alcohol. Una víctima de ataque cardiaco puede agravar las dificultades cardiacas debido a que se sienta ansiosa por la posibilidad de morir. Una persona deprimida puede cortarse las muñecas y ocasionar sangrado traumático. Casi toda situación, médica o por traumatismo, tendrá algún componente de la conducta. Tratar el problema de conducta es tan importante como atender el problema médico o traumático; sin embargo, el enfoque de la evaluación inicial es determinar y tratar las amenazas para la existencia.

Decisión de traslado

A menos que su paciente presente inestabilidad debida a un problema médico o traumatismo, prepárese para pasar tiempo con él. De acuerdo con su protocolo local, puede haber una institución específica, que cuente con la especialidad de psiquiatria, a la cual trasladar a este tipo de pacientes.

Historial y examen físico enfocados

En un paciente inconsciente con una urgencia médica, evalúe los A, B, C y comience con un examen físico rápido para buscar una razón para la ausencia de respuesta. Siga esta revisión rápida en busca de amenazas ocultas para

Situación de urgencia — Parte 3

Con tono calmado y tranquilizante, explica que desea intentar comprender por lo que está pasando y que necesita hacerle algunas preguntas y examinarla para proporcionarle la ayuda que necesita. La joven comienza a calmarse y le permite tomar sus sisgnos vitales iniciales. Su respiración se ha reducido a 20 respiraciones/min; su piel es rosada, caliente y seca, y su pulso es de 88 latidos/min. No presenta sangrado evidente y su tensión arterial es de 120/82 mm Hg. La paciente no tiene alergias conocidas y toma pastillas anticonceptivas a diario, pero ningún otro medicamento. El año pasado intentó sucidarse y se tomó un frasco entero del diazepam (Valium) de su mamá.

5. ¿Es el historial de intento de suicidio de la paciente pertinente para la situación actual?
6. ¿Cuál es el siguiente paso en el tratamiento?

la vida con un juego completo de signos vitales iniciales y luego reúna el historial SAMPLE que le sea posible, con familiares, cuidadores, enfermeras o personal a cargo del paciente.

Cuando un paciente esté consciente comience su evaluación inicial: pregunte por su historial SAMPLE, realice una evaluacion enfocada según se requiera, luego obtenga sus signos vitales iniciales. Un examen físico enfocado para un problema de conducta puede ser difícil de realizar, pero puede proporcionar indicios sobre el estado de ánimo del paciente y sus pensamientos. Algunos pacientes agradecen el contacto físico por considerarlo calmante, pero otros pueden sentirse muy amenazados. Evite tocar al paciente sin permiso; obtenga su consentimiento. De hecho, ésta es una buena práctica para todos los pacientes. La mayor parte del tiempo, en esta etapa de su evaluación, la dedicará a preguntarle al paciente sobre su historial SAMPLE.

Al intentar determinar la razón del estado del paciente, su evaluación deberá considerar tres áreas principales como posibles factores contribuyentes:

- ¿Funciona de manera adecuada el sistema nervioso central del paciente? Por ejemplo, el paciente puede presentar transtornos metabólicos, ser diabético, y en particular presentar hipoglucemia. Es posible que esté envenenado o que responda a un trauma físico de algún tipo. Cualquiera de estas situaciones podría causar que el paciente se comportara de manera inusual o irracional.
- ¿Son un factor los alucinógenos u otras drogas o el alcohol? ¿El paciente ve cosas extrañas? ¿Percibe todo distorsionado? ¿Huele alcohol en el aliento del paciente?
- ¿Están circunstancias, enfermedades o síntomas **psicogénicos** (ocasionados por factores mentales más que físicos) implicados? Éstos podrían incluir la muerte de un ser querido, depresión grave, antecedentes de enfermedad mental, amenazas de suicidio o alguna otra interrupción importante de la rutina cotidiana.

Historial SAMPLE

Un historial SAMPLE completo y cuidadoso será útil para tratar a su paciente y pasar información al personal de la institución receptora. Quizá logre generar información que no está disponible para el personal hospitalario. Pregunte de modo específico sobre signos, síntomas, medicamentos que esté tomando, enfermedades o padecimientos previos, último alimento y eventos previos, todos ellos relacionados con problemas de la conducta ▶ Cuadro 19-2 ▶.

¿Es la enfermedad de Alzheimer u otro tipo de demencia una causa posible? En pacientes geriátricos, considere el Alzheimer y demencia senil como posibles causas de una conducta anormal. En estos casos, es esencial obtener información de parientes, amigos o personal de enfermería o cuidadores. Determinar el estado mental inicial del paciente será esencial para guiar sus decisiones de tratamiento y traslado y también será de extrema utilidad para el personal del hospital.

Familiares, amigos y testigos pueden ser de gran ayuda para responder a estas preguntas. Junto con sus observaciones de la interacción con el paciente, deberán proporcionarle información suficiente para que evalúe la situación. Esta evaluación tiene dos objetivos principales: reconocer amenazas importantes para la vida y reducir el estrés de la situación lo más posible.

La **escucha reflectiva** es una técnica que usan con frecuencia los profesionales de la salud mental para obtener una visión de la forma de pensar de un paciente. Implica repetir, en forma de pregunta, lo que dijo el paciente, para alentarlo a ampliar lo que dice sobre sus ideas. Aunque con frecuencia se requiere más tiempo para ser eficaz del que se dispone en un servicio médico de urgencia, podría ser una herramienta útil para el TUM-B cuando otras técnicas fallen en obtener el historial del paciente.

Examen físico enfocado

En ocasiones, incluso un paciente que está consciente en una emergencia de la conducta o psiquiátrica no responderá en absoluto a sus preguntas. En esos casos, quizá pueda decir mucho acerca del estado emocional del paciente a partir de su expresión facial, pulso y respiración. Las lágrimas, el sudor y rubor pueden ser indicadores significativos del estado de ánimo. Asimismo, asegú-

---

CUADRO 19-2 Preguntas para evaluar una crisis de conducta

- ¿Responde el paciente de manera adecuada a sus preguntas?
- ¿Parece apropiada la conducta del paciente?
- ¿El paciente parece comprender sus preguntas y lo que sucede alrededor?
- ¿Se muestra retraído o ausente? ¿Hostil o amistoso? ¿Eufórico o deprimido?
- ¿Son el vocabulario y las expresiones del paciente lo que esperaría bajo estas circunstancias?
- ¿Parece el paciente agresivo hacia usted o hacia otros?
- ¿Está intacta la memoria del paciente? Verifique su orientación respecto a tiempo, lugar, persona y suceso. ¿Qué día, mes y año son? ¿Quién soy?
- ¿Expresa el paciente pensamientos desordenados, ilusiones o alucinaciones?

Tips para el TUM-B

Al evaluar a un paciente en una emergencia de conducta, puede ser muy útil reunir información por separado de un pariente o cuidador. Dividir el proceso de reunión del historial SAMPLE de esta manera, con frecuencia proporciona información valiosa y puede ayudar a reducir el potencial de violencia cuando hay tensión entre las personas implicadas. No se separen si el paciente se muestra amenazante o es incontrolable, a menos que se encuentre ahí personal adicional para ayudar, como la policía.

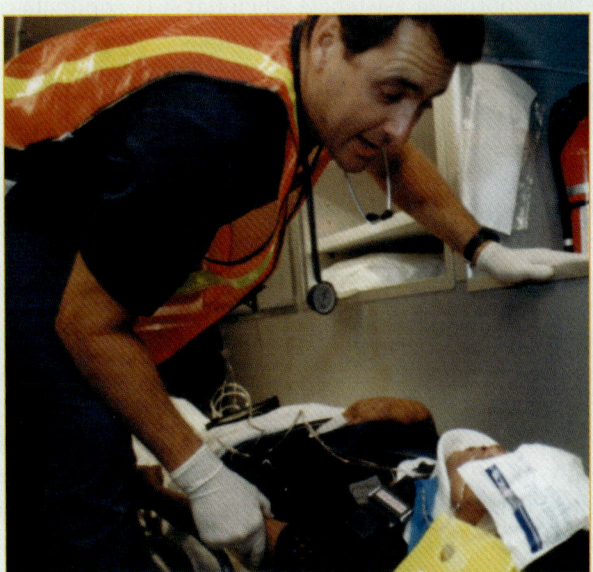

Figura 19-1 Hacer contacto visual con el paciente puede proporcionar indicios importantes acerca del estado emocional de éste.

rese de observar los ojos del paciente; un paciente con mirada ausente o rápido movimiento de los ojos puede presentar una disfunción del sistema nervioso central Figura 19-1.

Una crisis de la conducta produce un estrés tremendo sobre los mecanismos que posee una persona para enfrentar las cosas, incluidas las capacidades naturales y las aprendidas. De hecho, la persona es incapaz de responder de manera razonable a las exigencias del entorno. Este estado puede ser temporal, como en la enfermedad aguda, o de vivencia prolongada, como en la enfermedad mental compleja y crónica. En cualquier caso, la precepción de la realidad del paciente puede estar comprometida o distorsionada.

Signos vitales iniciales

Obtenga los signos vitales cuando al evaluar no se acentúe la dificultad emocional de su paciente. Haga todos los esfuerzos por evaluar la tensión arterial, respiración, el pulso, oximetría de pulso, glucosa, la piel y las pupilas. Recuerde que las emergencias de la conducta pueden producirse o precipitarse debido a problemas fisiológicos, y pueden exacerbar padecimientos preexistentes. No olvide que la persona física y la emocional son una misma.

Intervenciones

Por mucha empatía que sienta por el paciente con dificultades emocionales, con frecuencia habrá muy poco que pueda hacer por él durante el breve tiempo en el que lo tratará. Su trabajo es desactivar y controlar la situación y trasladar al paciente sin peligro al hospital. Intervenga sólo en la medida necesaria para lograr estas tareas. Sea atento y cuidadoso. Si determina que es necesario restringir los movimientos al paciente hágalo, libere la restricción sólo si es necesario para administrar cuidados al paciente e informe al familiar de todo procedimiento a realizar.

Examen físico detallado

A menos que exista un malestar físico acompañante, el examen físico detallado rara vez se requiere en un paciente con un problema de conducta y éste puede, de hecho, ser nocivo para obtener la confianza del paciente.

Evaluación continua

Nunca baje la guardia. La mayoría de los pacientes con problemas emocionales que deberá tratar y trasladar no implican un peligro para el TUM-B u otras personas de su equipo, pero es imposible determinar esto en la escena. Recuerde que muchos pacientes que presentan problemas de la conducta actuarán de manera espontánea. Esté preparado para intervenir con rapidez. Si es necesario restringirlo, reevalúe y documente la respiración, lo mismo que el pulso y la función motora y sensorial en todas las extremidades atadas cada 5 min. Es sabido que ocurren problemas respiratorios y cardiacos en pacientes agresivos que están restringidos. Cuando esté disponible, haga que le compañe personal adicional como policías o bomberos en la parte trasera de la ambulancia durante el transporte.

Esto proporciona asistencia adicional si la conducta del paciente llegara a cambiar con rapidez.

Comunicación y documentación

Cuando lleve a un paciente de emergencia de la conducta, comunique la situación del paciente a la central de comunicaciones y al hospital receptor. Muchos hospitales requieren preparación adicional para asegurar que el personal o las habitaciones adecuadas estén disponibles. Informe si requerirá medidas de restricción cuando el paciente llegue al hospital. Documente en el FRAP todo tratamiento, hallazgo y mejoría. Piense lo que va a escribir antes de hacerlo, de manera que describa con la mayor claridad posible lo que con frecuencia son escenas confusas. Dado que las emergencias de la conducta rara vez tienen signos físicos, es probable que la suya sea la única documentación sobre las dificultades del paciente. De igual manera, debido a que las emergencias de la conducta están llenas de peligros legales, documente todo lo que ocurrió durante la llamada, en particular las situaciones que requirieron de restricción de movimientos. Cuando esta última es necesaria para proteger al TUM-B o al paciente de un daño, incluya por qué y qué tipo de restricciones se usaron, pida autorización de su dirección médica, del familiar o de seguridad pública para tomar conocimiento del tratamiento Esta información es esencial si el caso se revisa por razones medicolegales.

Suicidio

El único factor más significativo que contribuye al suicidio es la depresión. Siempre que encuentre un paciente deprimido emocionalmente, deberá considerar la posibilidad de suicidio. Los factores de riesgo para el suicidio pueden variar (Cuadro 19-3▶).

Un malentendido común es que las personas que amenazan con suicidarse nunca lo hacen. Esto no es correcto. El suicidio es un grito en busca de ayuda. Amenazar con el suicidio es una indicación de que alguien está en una crisis que no puede manejar. Es necesaria la intervención inmediata.

Ya sea que el paciente presente o no alguno de estos factores de riesgo, deberá mantenerse alerta respecto a los siguientes signos de advertencia:

- ¿El paciente se muestra lloroso, triste, con desesperación profunda o desesperanza que sugieran depresión?
- ¿Evita mirar a los ojos, habla despacio o por pausas y proyecta un sentido de ausentismo, como si en realidad no estuviera ahí?
- ¿Parece incapaz de hablar sobre el futuro? Pregunte al paciente si tiene planes para las vacaciones. Las personas suicidas consideran el futuro tan poco interesante que ni siquiera piensan en él; las personas con depresión grave consideran al futuro tan dis-

---

CUADRO 19-3 Factores de riesgo para el suicidio

- Depresión, a cualquier edad
- Intento previo de suicidio (80% de los suicidios que tienen éxito han tenido por lo menos un intento previo.)
- La manifestación actual del deseo de matarse o el sentido de desesperanza; un plan específico para el suicidio
- Antecedentes familiares de suicidio
- Ser mayor de 40 años, en particular para personas solteras, viudas, divorciadas, alcohólicas o deprimidas (Los hombres en esta categoría que son mayores de 55 años presentan un riesgo especialmente alto.)
- Pérdida reciente del cónyuge, la pareja, un familiar o del sistema de apoyo
- Enfermedad crónica debilitante o diagnóstico reciente de enfermedad grave
- Las fiestas
- Crisis financiera, pérdida del trabajo, arresto policiaco, encarcelamiento o cierto tipo de vergüenza social
- Abuso de sustancias, en particular al aumentar su uso
- Hijos de un padre alcohólico
- Enfermedad mental grave
- Aniversario de la muerte de un ser querido, de la pérdida de trabajo, de bodas después de la muerte del cónyuge, etcétera
- Reunión desusada o nueva adquisición de cosas que pueden causar la muerte, como adquirir una pistola, una gran cantidad de pastillas o aumento en el uso de alcohol

---

tante que es posible que no sean capaces de pensar en él en absoluto.
- ¿Hay alguna sugerencia de suicidio? Incluso los indicios vagos no deben tomarse a la ligera, aunque se presenten como una broma. Si piensa que el suicidio es una posibilidad, no dude en hablar del tema. No "dará ideas al paciente" si le pregunta en forma directa: "¿está pensando en suicidarse?".
- ¿El paciente tiene planes específicos relacionados con la muerte? ¿Preparó en fecha reciente su testamento? ¿Ha regalado posesiones significativas o comentado con amigos cercanos lo que le gustaría que se hiciera con ellas? ¿Hizo arreglos para un servicio funerario? Estos son signos críticos de advertencia.

Considere también los siguientes factores de riesgo adicionales para el suicidio:

- ¿Hay objetos peligrosos en la mano del paciente o cerca de él (p. ej., un cuchillo filoso, vidrios, venenos, una pistola)?
- ¿Su escena es insegura (p. ej., una ventana abierta en un edificio alto, un paciente parado en un puente o ante un precipicio)?

- ¿Hay evidencia de conducta autodestructiva (p. ej., muñecas parcialmente cortadas, ingesta excesiva de alcohol o drogas)?
- ¿Existe una amenaza inminente para el paciente o para otros?
- ¿Hay un problema médico subyacente?

Recuerde, el paciente suicida también puede ser homicida. No ponga en riesgo su vida ni la de sus compañeros. Si tiene razones para creer que está en peligro, deberá obtener la intervención de la policía. Mientras tanto, intente no asustar al paciente ni despertar sus sospechas.

Consideraciones medicolegales

Los aspectos médicos y legales de la atención médica de urgencia se complican más cuando el paciente pasa por una emergencia de la conducta o psiquiátrica. No obstante, los problemas legales se reducen en gran medida con un paciente con trastornos emocionales que acepta que se le proporcione atención. Lograr la confianza del paciente, en consecuencia, es una tarea crítica para el TUM-B.

La incapacidad mental puede tomar muchas formas: inconsciencia (como resultado de hipoxia, alcohol o fármacos), estrés temporal pero grave o depresión. Una vez que haya determinado que un paciente sufre una afección de su capacidad mental, deberá decidir si requiere atención médica de emergencia inmediata. Un paciente con inestabilidad mental puede resistirse a sus intentos por proporcionarle atención. A pesar de ello, no debe dejarlo solo. Hacerlo podría resultar en daños para el paciente y expondría al TUM-B a una acción civil por abandono o negligencia. En tales situaciones, deberá solicitar al personal de la policía, o al familiar directo, enfermera o cuidador, que se encargue del paciente. Otra razón para solicitar apoyo de la policía es cuando el paciente se resiste al tratamiento; en este caso, la persona con frecuencia amenaza al TUM-B y a otros. Las personas violentas o peligrosas deben tomarse bajo custodia de la policía antes de que pueda proporcionarse la atención de emergencia.

Consentimiento

Cuando un paciente no es mentalmente competente para acceder a que se le proporcione atención médica de emergencia, la ley asume que existe un consentimiento implícito. Por ejemplo, el consentimiento de un paciente inconsciente está implícito si están en riesgo su vida o su salud. La ley se refiere a esto como la doctrina de la emergencia: el consentimiento está implícito debido a la necesidad de un tratamiento médico urgente. En una situación que no sea una amenaza inmediata para la vida, la atención médica de emergencia o el traslado pueden retrasarse hasta que se obtenga el consentimiento apropiado.

En casos que implican emergencias psiquiátricas, sin embargo, el asunto no siempre es tan claro. ¿Existe o no una emergencia que amenace la vida? Si no está seguro, deberá solicitar la asistencia del personal de policía.

Autoridad legal limitada

Como TUM-B, posee autoridad legal limitada para requerir o forzar a un paciente para someterse a la atención médica de emergencia cuando no existe una emergencia que amenace la vida. Los pacientes tienen derecho a rechazar la atención. No obstante, la mayoría de los estados cuentan con estatutos legales respecto a la atención de emergencia de las personas con enfermedad mental o afectadas por fármacos. Estas provisiones estatutarias permiten que el personal de la policía coloque a tal persona bajo custodia protectora, de manera que se le pueda proporcionar atención de emergencia. Debe familiarizarse con las leyes locales y estatales respecto a estas situaciones.

La provisión típica establece que "cualquier oficial de policía que tenga causas razonables para creer que una persona presenta enfermedad mental y es un peligro para sí

Situación de urgencia — Parte 4

La joven señala que, aunque no ha hecho nada por lastimarse a sí misma hoy, desea matarse e intentará hacerlo tan pronto tenga la oportunidad. No concibe la vida sin su novio. Mientras atiende a su paciente, llega el personal de la policía. Cuando entran a la casa, su paciente los ve y se pone histérica. Salta del sofá y corre al baño, azotando la puerta tras de sí. Se rehúsa a abrirla y sigue gritando que no quiere vivir. Temeroso de que se cause daño a sí misma, un oficial de policía tira la puerta y restringe a la paciente.

7. ¿Cuáles son sus obligaciones al tratar a esta paciente?
8. ¿Cuáles son sus opciones en el tratamiento de la paciente ahora que el personal de la policía la restringió?

Necesidades geriátricas

Conforme la población envejece, comenzará a ver más pacientes mayores de 65 años. Al responder al número creciente de pacientes geriátricos, es probable que note algunos problemas de la conducta o salud mental, entre ellos depresión, demencia y delirio. Estos cambios en el estado mental, pueden afectar su capacidad para evaluar y tratar concienzudamente a un paciente geriátrico lesionado o enfermo. Comprender las causas de la conducta alterada en los pacientes geriátricos le ayudará a atenderlos mejor.

La depresión es uno de los problemas más comunes del estado mental que verá en personas mayores. Como TUM-B, puede reconocer un problema y quizás evitar un suicidio en una persona mayor deprimida.

La depresión tiene incontables causas, algunas orgánicas, otras psicológicas y otras más culturales. Las causas orgánicas de la depresión incluyen una respuesta emocional a una enfermedad grave, como cáncer o demencia. Más aún, los medicamentos pueden inducir un sentimiento de depresión, en especial cuando interactúan con otros fármacos de prescripción. Además, los cambios en el sistema endocrino, como la menopausia, pueden generar depresión.

Con todas las causas posibles de la depresión, un adulto mayor puede sentirse indefenso y sin esperanza. Una persona deprimida puede ser combativa o tranquila. Es posible que trivialice sus problemas y que no desee ser una carga para nadie. Alguien que no encuentra salida para su situación puede optar por el sucidio. Esté alerta en busca de un gesto o de ideación suicidas, aunque puede ser que éstos no sean obvios.

Aunque la depresión puede crear problemas de conducta en los pacientes geriátricos, la demencia también produce conducta anormal. La causa más común de demencia es la demencia progresiva primaria, también conocida como mal de Alzheimer. Se estima que 10% de la población mayor de 65 años y 50% de la población mayor de 85 años padece demencia por Alzheimer. En la actualidad no hay cura para esta enfermedad.

Durante el avance de la enfermedad, el paciente puede presentar una conducta abiertamente hostil y patear, gritar, pellizcar y golpear al TUM-B a su compañero o al cuidador del paciente. Quizá necesite restringir al paciente violento, pero hágalo con gentileza y sólo hasta el punto en que se detenga la conducta violenta.

Otras causas de conducta alterada incluyen emergencias diabéticas, enfermedades relacionadas con frío o calor, envenenamiento y sobredosis, evento vascular cerebral y ataques isquémicos transitorios, e infección. Resulta interesante señalar que, aunque el mecanismo no se ha comprendido, la infección del tracto urinario y el estreñimiento pueden alterar, ambos, la conducta de una persona mayor.

Como TUM-B que responde a una llamada de auxilio, deberá aceptar la posibilidad de depresión en un paciente geriátrico. No descalifique los sentimientos del paciente ni devalúe sus emociones. Esté alerta ante cualquier actitud suicida y preste atención sobre cualquier declaración respecto a la muerte. Para obtener la cooperación del paciente, podrá lograr su ayuda al proporcionarle atención para una enfermedad aguda o una lesión. Una sonrisa y el tacto pueden lograr mucho para aliviar el temor en todos los pacientes, en especial las personas mayores.

misma o para otros o padece discapacidad grave [...] puede tomar a dicha persona bajo su custodia y llevarla o hacer que la lleven a un hospital general para que la examinen de urgencia...". De nuevo, dado que tales provisiones varían, deberá familiarizarse con las provisiones de su estado.

La regla general en la ley es que un adulto competente tiene el derecho de rechazar el tratamiento, incluso si éste implica cuidados para salvar la vida. No obstante, en casos psiquiátricos, es probable que el ministerio público o el poder judicial considerarían apropiadas sus acciones al proporcionar atención para salvar la vida, en particular si usted tiene una creencia razonable de que el paciente se dañaría a sí mismo o a otros sin su intervención. Además, un paciente que presente cualquier tipo de impedimento, ya sea enfermedad mental, afección médica o intoxicación, no puede considerarse competente para rechazar el tratamiento o el traslado. Estas situaciones se encuentran entre las más peligrosas que encontrará desde un punto de vista legal. Cuando tenga dudas, consulte a su jefe inmediato, un policía o a su direccción médica. Mantenga siempre una actitud pesimista acerca de la condición de los paciente, suponga lo peor y espere lo mejor. Equivóquese respecto a dar tratamiento y trasladado. Es mucho más fácil defenderse contra los cargos de agresión que justificar un abandono.

Restricción

Normalmente, la restricción de movimientos de un paciente debe ser ordenada por una dirección médica, un ministerio público o un oficial de policía. Si restringe a alguien sin autorización en una situación no emergente, se expone a una demanda legal o a un peligro personal. Las acciones legales en su contra pueden implicar cargos de asalto, agresión, falso apresamiento, privacion ilegal de la libertad y violación de sus derechos. Puede usar la restricción sólo para protegerse a sí mismo y a otros de daño corporal o para evitar que el paciente se dañe él mismo **Figura 19-2**. En cualquier caso, sólo puede usar fuerza razonable según se requiera para controlar al paciente, algo que las distintas leyes federales o estatales pueden definir de modo diferente. Por esta razón, siempre deberá consultar a su dirección médica y comunicarse con la policía para pedir ayuda antes de restringir los movimientos a un paciente.

De hecho, es probable que siempre deba involucrar al personal de la policía cuando lo llamen a asistir a un paciente con una crisis de la conducta o psiquiátrica grave. Ellos le proporcionarán respaldo físico para manejar al paciente y servirán como los testigos necesarios y autoridad legal para restringir al paciente. Una persona restringida por personal de la policía se encuentra bajo la custodia de ésta.

Intente siempre transportar a un paciente trastornado sin restricciones si es posible. No obstante, una vez que se haga la decisión de restringir a un paciente, deberá llevarlo a cabo con rapidez. Tenga en mente las precauciones ASC. Si el paciente escupe, coloque un tapabocas sobre su boca.

Asegúrese de contar con ayuda adecuada para restringir sin peligro a un paciente. Por lo menos cuatro personas deberán estar presentes para llevar a cabo la restricción, ya que cada una se encargará de una extremidad. Antes de comenzar, analice el plan de acción. Al prepararse para restringir los movimientos al paciente, manténgase fuera del alcance de movimiento de manos y piernas del paciente.

Para someter a un paciente trastornado, emplee la mínima fuerza necesaria. Deberá evitar actos de fuerza física que podrían lesionar al paciente. El nivel de fuerza variará de acuerdo con los siguientes factores:

- El grado de fuerza necesario para impedir al paciente lastimarse a sí mismo o a otros
- El género, talla, fuerza y estado mental de un paciente
- El tipo de conducta anormal que presenta el paciente. Sólo deberá usar dispositivos de restricción aprobados por la Secretaría de Salud de su estado o de su director médico para este propósito; las correas suaves, anchas, de cuero o tela son preferibles a las esposas que usa la policía. Recuerde que usted no es policía, sino un prestador de servicios médicos de urgencia.

Actuando al mismo tiempo, los oficiales de policía deberán asegurar las extremidades del paciente con equipo aprobado. Alguien, de preferencia usted o su compañero, deberá continuar hablándole al paciente durante el proceso. Recuerde tratar al paciente con dignidad y respeto en todo momento. Asimismo, vigile al paciente con respecto a vómito, obstrucción de vía aérea y estabilidad cardiovascular, ya que la persona no podrá valerse por sí misma. La intoxicación por drogas o alcohol puede ocasionar conducta violenta, para luego conducir también a tales problemas físicos. Nunca coloque a un paciente boca abajo, porque de esta manera es imposible vigilarlo de manera adecuada y esta posición puede inhibir la respiración de un paciente incapacitado o exhausto. Tenga cuidado de no colocar las restricciones de manera que la respiración se vea comprometida. Reevalúe la vía aérea y la respiración en forma continua. Deberá hacer revisiones frecuentes de la circulación en todas las extremidades restringidas, sin importar la posición del paciente **Figura 19-3**. Documente en su FRAP la razón para realizar la restricción y la técnica que empleó para ello. Tenga especial cuidado si un paciente combativo de repente se vuelve tranquilo y cooperativo. Éste no es el momento de relajarse, sino de asegurar la situación. Es posible que el paciente de repente se muestre otra vez combativo y lesione a alguien. Tenga en mente que puede usar fuerza razonable para defenderse contra un ataque de un paciente trastornado emocionalmente. Resulta de extrema utilidad tener (y documentar) testigos, incluso durante el transporte, para protegerse contra acusaciones falsas. Los TUM-B han sido acusados de conducta sexual inapropiada y otros tipos de abuso físico en tales circunstancias.

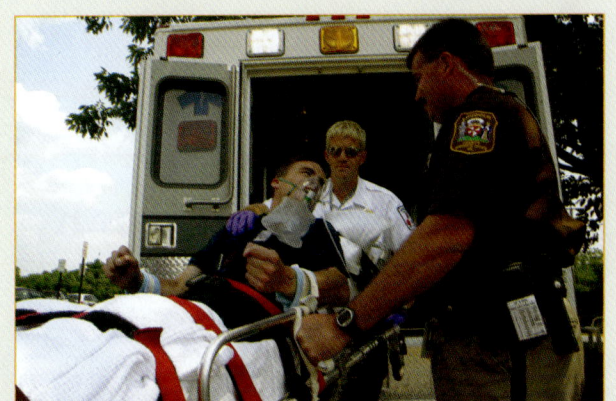

Figura 19-2 Sólo podrá usar restricciones para protegerse a sí mismo o a otros, o para evitar que un paciente se dañe a sí mismo.

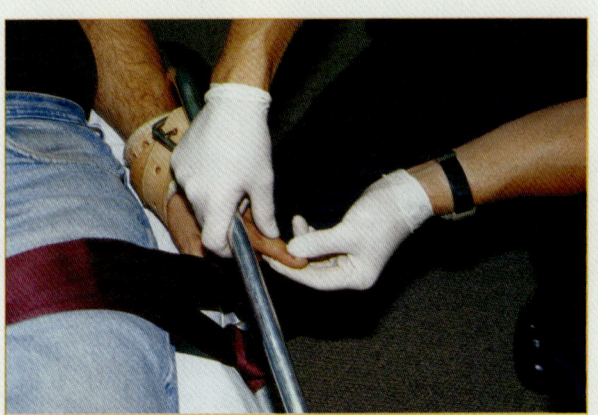

Figura 19-3 Evalúe la circulación con frecuencia mientras un paciente se encuentre restringido.

El paciente potencialmente violento

Los pacientes violentos sólo constituyen un pequeño porcentaje de los que sufren crisis de la conducta o psiquiátricas. No obstante, el potencial de que este tipo de pacientes sea violento siempre será una consideración importante para el TUM-B (Figura 19-4).

Utilice la siguiente lista de factores de riesgo para evaluar el nivel de peligro:

- **Historial.** ¿Ha mostrado antes el paciente conducta hostil, en extremo agresiva o violenta? Pregunte a las personas en la escena o solicite esta información de la policía o de los familiares.
- **Postura.** ¿Cómo está sentado o parado el paciente? ¿Está tenso, rígido o sentado en el borde de su asiento? Tal tensión física es con frecuencia una señal de advertencia de hostilidad inminente.
- **La escena.** ¿Sostiene el paciente o se encuentra cerca de objetos potencialmente letales como un cuchillo, una pistola, vidrios, un picahielo o bate (o cerca de una ventana o de una puerta de vidrio)?
- **Actividad vocal.** ¿Cómo es el lenguaje de este paciente? Los patrones de gritos, obscenidades, palabras erráticas o extrañas por lo general indican sufrimiento emocional. Alguien que emplea palabras tranquilas y ordenadas no tiene tantas probabilidades de ser agresivo como una persona que grita o chilla.
- **Actividad física.** La actividad motora de una persona bajo crisis psiquiátrica puede ser el factor más revelador de todos. Un paciente con músculos tensos, los puños apretados o mirada amenazadora, que camina de un lado a otro, que no logra sentarse y quedarse quieto, o que protege con furia su espacio personal requiere vigilancia cuidadosa. La agitación puede predecir un aumento rápido de la violencia.

Otros factores a considerar en la evaluación del potencial de violencia para un paciente, incluyen los siguientes:

- Mal control de impulsos

Figura 19-4 La posibilidad de que haya violencia es una consideración importante para el TUM-B.

- Historial de ausentismo, peleas y genio incontrolable
- Nivel socieconómico bajo, estructura familiar inestable o incapacidad de mantener un trabajo estable
- Tatuajes, en especial los que representan una identificación de pandillas o con frases como "nacido para matar" o "nacido para perder".
- Abuso de sustancias
- Depresión, la cual es responsable de 20% de los ataques violentos
- Trastorno funcional (si el paciente le dice que las voces le dicen que mate, créalo)

Tips para el TUM-B

Cuando trabaje con un paciente potencialmente hostil o violento, haga que se retire de la escena cualquier persona cuya presencia no sea necesaria, como familiares, amigos o testigos. Esto evitará que otros se lesionen o involucren.

Situación de urgencia — Resumen

Cuando atienda a un paciente con una emergencia de conducta, es imperativo que la prioridad sea la seguridad del TUM-B y de su compañero. Si hay cualquier duda, solicite el apoyo de la policía. Sea honesto y conciliador con su paciente. Es posible que permanezca más tiempo en la escena con este tipo de llamadas. Tome su tiempo, no se apresure a cargar e irse a menos que parezca ser una emergencia que amenace la existencia. Intente relacionarse con su paciente y con lo que le está sucediendo. No haga juicios. Mantenga abiertas las líneas de comunicación con todas las partes implicadas.

Capítulo 19 Emergencias de la conducta 595

Evaluación y cuidados de urgencia

Emergencias de conducta

Evaluación de la escena	Las precauciones de aislamiento de sustancias corporales deben incluir un mínimo de guantes, cubrebocas y protección ocular. Verifique la seguridad de la escena y determine NE/ML. Considere el número de pacientes, la necesidad de ayuda adicional/SVA y la estabilización de columna vertebral.
Evaluación inicial	
■ Impresión general	Comience la evaluación desde lejos. Determine el estado de conciencia y encuentre y trate cualquier amenaza inmediata para la vida. Determine la prioridad de la atención con base en la queja principal del paciente.
■ Vía aérea	Asegure la vía aérea del paciente.
■ Respiración	Proporcione oxígeno de alto flujo a 15 L/min. Evalúe la profundidad y la frecuencia respiratorias y proporcione ventilación según se requiera. Esté preparado para succionar.
■ Déficit neurológico	Evalúe la frecuencia del pulso y su calidad; observe el color, temperatura y condición de la piel y trate de acuerdo con ello. Evalúe y trate el sangrado externo. Trate cualquier signo de choque.
■ Decisión de Transporte	Transporte a la institución adecuada
Historial y examen físico enfocados	*NOTA: el orden de los pasos en el historial y el examen físico enfocados difiere de acuerdo con el estado de conciencia del paciente. El orden a continuación es para un paciente consciente. En caso de que la persona esté inconsciente, efectúe un rápido examen físico, obtenga los signos vitales y el historial.*
■ Historial SAMPLE	Obtenga el historial SAMPLE por medio de la generación de respuestas de familiares/amigos cuando sea posible.
■ Examen físico enfocado	Efectúe un examen físico enfocado en el sistema nervioso central, el uso reciente de drogas incluidos alcohol y alucinógenos, y determine si están implicadas circunstancias, síntomas o enfermedades psicogénicos.
■ Signos vitales iniciales	Tome un juego completo de signos vitales, observe el color y temperatura de la piel.
■ Intervenciones	Desactive y controle la situación y transporte con seguridad. Intervenga sólo en la medida necesaria para controlar la tarea.
Examen físico detallado	Si no sospecha lesiones físicas, puede retrasar el examen físico detallado.
Evaluación continua	Nunca baje la guardia. Repita las evaluaciones inicial y enfocada, y reevalúe las intervenciones efectuadas. Reevalúe los signos vitales cada 5 min para el paciente inestable y cada 15 para el estable. Cuando sea posible, haga que otro personal autorizado viaje en la parte posterior de la ambulancia junto con usted por seguridad.
■ Comunicación y documentación	Comuníquese con la dirección médica con un informe por radio, proporcione información sobre la condición del paciente. Retransmita cualquier cambio significativo, incluido el nivel de conciencia o la dificultad para respirar. Documente todo lo ocurrido durante la llamada, en particular las situaciones que requirieron restricción de movimientos. Incluya por qué y qué tipo de restricciones se emplearon.

NOTA: aunque los pasos a continuación tienen amplia aceptación, asegúrese de consultar y seguir su protocolo local.

Emergencias de la conducta

La tarea principal es desactivar y controlar la situación y transportar al paciente en forma segura. Los factores de riesgo para evaluar el nivel de peligro incluyen:

1. **Historial** —¿Ha mostrado antes el paciente conducta hostil, en extremo agresiva o violenta?
2. **Postura** —La tensión física es con frecuencia una señal de advertencia de hostilidad inminente.
3. **La escena** —¿El paciente sostiene o se encuentra cerca de objetos potencialmente letales?
4. **Actividad vocal** —¿Cómo es el lenguaje del paciente? Los patrones de gritos, obscenidades, palabras erráticas o extrañas por lo general indican sufrimiento emocional.
5. **Actividad física** —Un paciente con músculos tensos, los puños apretados, o mirada amenazadora, que camina de un lado a otro, que no logra sentarse y quedarse quieto, o que protege con furia su espacio personal requiere vigilancia cuidadosa. La agitación puede predecir un aumento rápido de la violencia.

Resumen

Listo para repaso

- Su mayor responsabilidad en las emergencias de la conducta es desactivar los incidentes potencialmente letales y reducir el impacto de la condición estresante sin exponerse a sí mismo a riesgos innecesarios.
- Hay numerosos signos de advertencia de la conducta violenta, incluido un historial de conducta violenta, patrones de habla con gritos erráticos, agitación y depresión.
- Una emergencia de la conducta es cualquier reacción hacia eventos que interfiere con la vida cotidiana. Una persona que ya no es capaz de responder de manera apropiada al entorno puede estar sufriendo una emergencia psiquiátrica más grave.
- Las causas subyacentes de las emergencias caen en dos categorías: síndrome orgánico cerebral y trastornos funcionales.
- Evaluar a una persona que puede estar en una crisis de la conducta implica observarla, hablar con ella y con testigos de su conducta. Busque indicadores de que los pensamientos, sentimientos y las reacciones de la persona sean inapropiados para las circunstancias.
- Considere factores contribuyentes en tres áreas: función del sistema nervioso central, uso de drogas o alcohol y circunstancias psicogénicas.
- La amenaza de suicidio requiere la intervención inmediata. La depresión es el factor de riesgo más significativo para el suicidio.
- El TUM-B tiene autoridad legal limitada para solicitar que un paciente reciba atención médica de emergencia en ausencia de circunstancias que amenacen la vida. No obstante, la mayoría de los estados poseen previsiones que permiten al personal de la policía colocar a las personas con afecciones mentales bajo custodia, de manera que les puedan proporcionar atención. Solicite apoyo de la policía siempre que le llamen a asistir a un paciente en crisis grave de la conducta y psiquiátrica.
- Consulte siempre a su dirección médica y comuníquese con el personal de policía para pedir ayuda antes de restringir los movimientos a un paciente. Si las restricciones son necesarias, use la mínima fuerza posible. Evalúe la vía aérea y la circulación con frecuencia cuando el paciente esté restringido.
- Al proporcionar atención médica de urgencia para un paciente con una emergencia de la conducta, sea directo, honesto y calmado; tenga un plan de acción definido; permanezca con el paciente en todo momento, pero no se acerque demasiado. Trate siempre a estos pacientes con respeto.

Vocabulario vital

actividades de la vida diaria (AVD) Las actividades básicas que una persona realiza de manera usual durante un día normal, como comer, vestirse y bañarse.

conducta La forma en que actúa o funciona una persona en respuesta a su medio.

crisis de conducta El punto en el cual las reacciones de una persona ante los sucesos interfieren con las actividades cotidianas; esto se convierte en una emergencia psiquiátrica cuando causa una interrupción mayor en la existencia, como un intento de suicidio.

depresión Estado de ánimo persistente de tristeza, desánimo y desesperanza; puede ser síntoma de muchos trastornos físicos y mentales diferentes, o puede ser un trastorno por sí misma.

escucha reflectiva Técnica que se emplea para ganar la comprensión clara de los pensamientos del paciente, la cual implica repetir, en forma de pregunta, lo que dice el paciente.

estado mental alterado Un cambio en la manera que una persona piensa y se comporta que podría indicar enfermedad en el sistema nervioso central o en alguna otra parte del cuerpo.

psicogénicos Síntomas de enfermedad provocados por factores mentales en oposición a físicos.

síndrome orgánico cerebral Disfunción temporal o permanente del cerebro ocasionada por una alteración en la función química o fisiológica del tejido cerebral.

trastorno funcional Un trastorno en el cual no hay razón fisiológica conocida para el funcionamiento normal de un órgano o sistema.

trastorno mental Enfermedad con síntomas psicológicos o de conducta o deficiencias en el funcionamiento, o ambos, ocasionados por una alteración social, psicológica, genética, física, química o biológica.

Autoevaluación

Recibe un llamado para acudir a la avenida Hidalgo #205 por un intento de suicidio. La policía se encuentra en la escena e informa que la situación es segura.

En la escena, se acerca con cuidado a la paciente, quien está sentada en una silla. Ve a una joven de 18 años sin lesiones evidentes. Su evaluación inicial de la paciente indica una vía aérea abierta, respiraciones normales de 18/min y pulso regular de 80 latidos/min. Al pasar a la evaluación médica enfocada, el historial SAMPLE y los signos vitales, la paciente le dice que tomó varias pastillas y que desea morir. Mientras habla tranquilamente con la paciente, la convence de que sea trasladada al hospital. Coloca a la paciente en la camilla y la transporta sin incidentes.

1. Una técnica de comunicación que se usa con frecuencia cuando se habla con pacientes que presentan una emergencia de conducta es la llamada:
   - A. control confrontacional.
   - B. plática doble.
   - C. escucha reflectiva.
   - D. scripting.

2. El factor más importante que puede conducir al suicidio es:
   - A. el enojo.
   - B. la depresión.
   - C. las personalidades múltiples.
   - D. la furia.

3. Diversos factores pueden colocar a un paciente en riesgo de suicidio. Uno de los más significativos que debe verificar es cualquier:
   - A. barrera del lenguaje.
   - B. reclamaciones múltiples del seguro de salud.
   - C. intentos previos de sucidio.
   - D. cicatrices o tatuajes.

4. Si un paciente que amenaza con suicidarse rechaza el transporte, como TUM-B necesitará:
   - A. asegurar que el paciente se comunicó con su médico.
   - B. pedir ayuda a la policía.
   - C. hacer que el paciente firme el FRAP de rechazo al tratamiento.
   - D. esperar para ver si cambia de idea.

5. El consentimiento legal para tratar a este paciente se lo otorga:
   - A. el consentimiento implícito.
   - B. las órdenes vigentes.
   - C. el protocolo.
   - D. el consentimiento discutido.

6. Sólo es posible restringir los movimientos al paciente si puede documentar que éste constituye un riesgo para sí mismo o para:
   - A. el vecindario.
   - B. la familia.
   - C. el público.
   - D. el personal del SMU.

7. Las emergencias de la conducta son producto de causas orgánicas (físicas) o:
   - A. causas abstractas.
   - B. causas funcionales (psicológicas).
   - C. causas ambientales.
   - D. causas objetivas.

8. Las causas orgánicas de las conductas de emergencia incluyen el síndrome orgánico cerebral y:
   - A. depresión.
   - B. niveles bajos de glucosa (azúcar) en sangre.
   - C. hipertensión.
   - D. esquizofrenia.

Preguntas desafiantes

9. ¿Cuáles son los lineamientos de seguridad a seguir cuando trata pacientes con emergencias de la conducta?
10. ¿Qué factores debe considerar cuando evalúe el nivel de peligro al tratar pacientes que presentan emergencias de la conducta?
11. Describa el método empleado al restringir los movimientos de pacientes violentos.

Qué evaluar

Solicitan su presencia en el parque local para apoyar al departamento de policía. Los oficiales en la escena informan sobre un hombre que está sentado en una banca y actúa de manera "extraña". La policía señala que la escena es segura por el momento.

Al llegar a la escena, ve a un hombre mayor vestido con varias capas de ropa muy sucia. El hombre murmura. Se presenta ante el paciente y él no responde. Él continúa murmurando y los oficiales le proporcionan información adicional. El paciente tiene antecedentes de esquizofrenia y la policía ha tratado con él en varias ocasiones. El paciente es indigente y con frecuencia no cumple con su tratamiento. Escolta al paciente a la ambulancia y lo transporta al departamento local de urgencias.

Temas: Indigencia y emergencias de la conducta; Seguridad durante la respuesta a las emergencias de la conducta.

Emergencias obstétricas y ginecológicas

Objetivos

Cognitivos

4.9.1 Identificar las siguientes estructuras: útero, vagina, feto, placenta, cordón umbilical, saco amniótico, perineo. (p. 600)

4-9.2 Identificar y explicar el uso de los contenidos de un paquete obstétrico. (p. 607)

4-9.3 Identificar las emergencias preparto. (p. 603)

4-9.4 Establecer indicaciones de un parto inminente. (p. 606)

4-9.5 Diferenciar la atención médica de emergencia que se proporciona a una paciente con emergencias preparto de un parto normal. (p. 604)

4-9.6 Establecer los pasos en la preparación preparto de la madre. (p. 608)

4-9.7 Establecer la relación entre aislamiento de sustancias corporales y nacimiento. (p. 603)

4-9.8 Establecer los pasos para asistir en el nacimiento. (p. 609)

4-9.9 Describir la atención del bebé cuando aparece la cabeza. (p. 609)

4-9.10 Describir cómo y cuándo cortar el cordón umbilical. (p. 612)

4-9.11 Discutir los pasos en la salida de la placenta. (p. 613)

4-9.12 Señalar los pasos en la atención médica de emergencia de la madre posparto. (p. 613)

4-9.13 Resumir los procedimientos de la reanimación neonatal. (pp. 611, 614)

4-9.14 Describir los procedimientos para los siguientes partos anormales: nacimiento de nalgas, prolapso del cordón, presentación de extremidades. (pp. 616, 618)

4-9.15 Diferenciar las consideraciones especiales de los partos múltiples. (p. 620)

4-9.16 Describir las consideraciones especiales del meconio. (pp. 605, 611)

4-9.17 Describir las consideraciones especiales de un bebé prematuro. (p. 620)

4-9.18 Discutir la atención médica de emergencia de una paciente con emergencia ginecológica. (p. 606)

Afectivos

4-9-19 Explicar el razonamiento para comprender las implicaciones de tratar a dos pacientes (madre y bebé). (pp. 612, 615)

Psicomotores

4-9.20 Demostrar los pasos para asistir en el parto cefálico normal. (p. 606)

4-9.21 Demostrar los precedimientos de cuidados necesarios para el feto cuando aparece la cabeza. (p. 609)

4-9.22 Demostrar los procedimientos neonatales para el bebé. (p. 609)

4-9.23 Demostrar los cuidados posparto para el neonato. (p. 612)

4-9.24 Demostrar cómo y cuándo cortar el cordón umbilical. (p. 612)

4-9.25 Asistir durante los pasos de salida de la placenta. (p. 613)

4-9.26 Demostrar la atención posparto de la madre. (p. 613)

4-9.27 Demostrar los procedimientos para los siguientes nacimientos anormales: sangrado vaginal, nacimiento de nalgas, prolapso del cordón, presentación de extremidades. (pp. 616, 618)

4-9.28 Demostrar los pasos de la atención médica de emergencia de la madre con sangrado excesivo. (p. 619)

4-9.29 Demostrar cómo se completa el informe de cuidados prehospitalarios para pacientes con emergencias obstétricas/ginecológicas. (p. 606)

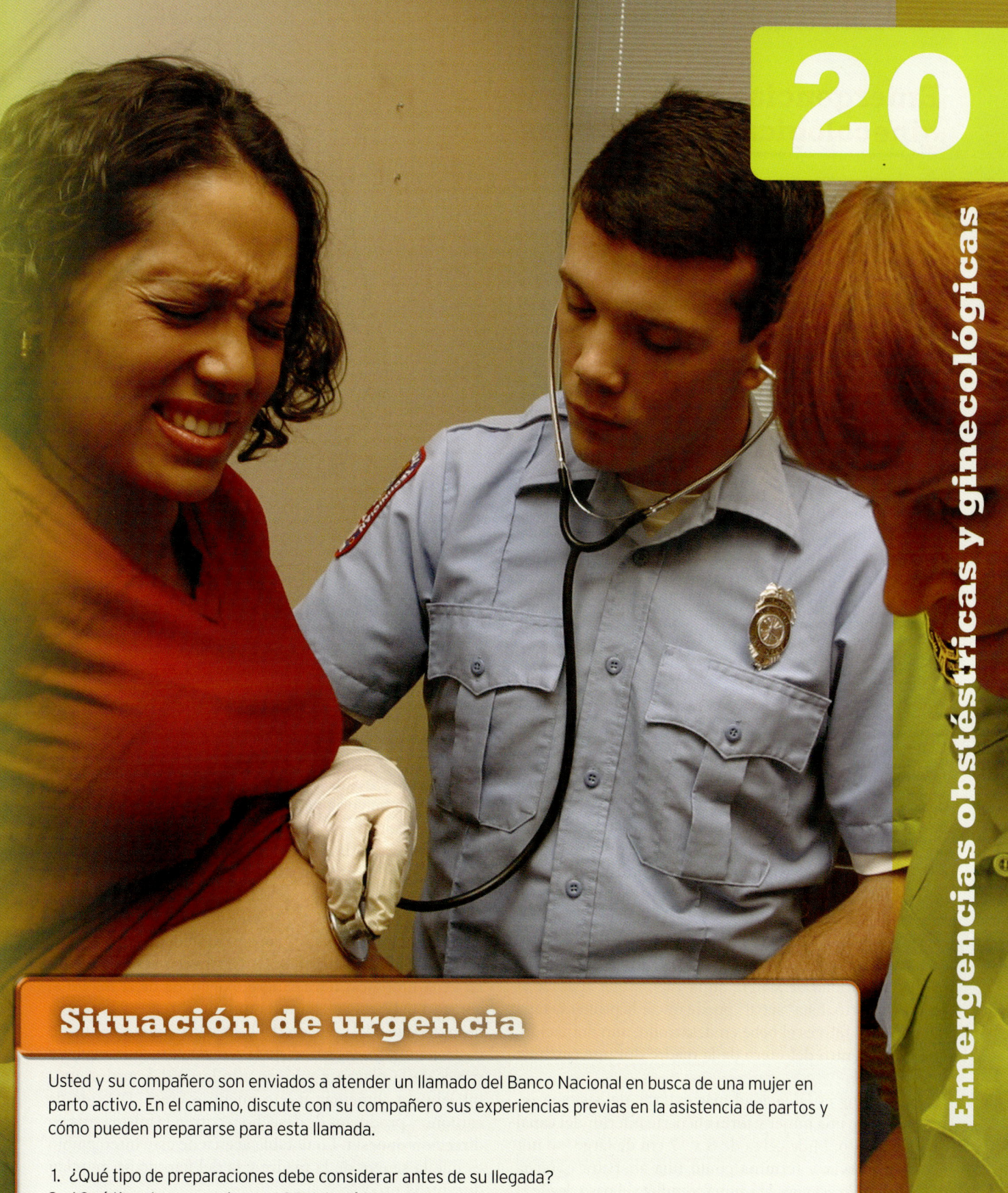

20

Emergencias obstétricas y ginecológicas

Situación de urgencia

Usted y su compañero son enviados a atender un llamado del Banco Nacional en busca de una mujer en parto activo. En el camino, discute con su compañero sus experiencias previas en la asistencia de partos y cómo pueden prepararse para esta llamada.

1. ¿Qué tipo de preparaciones debe considerar antes de su llegada?
2. ¿Qué tipo de precauciones ASC deberá tomar?

Emergencias ginecológicas y obstétricas

La mayoría de los neonatos en México nacen en un hospital, con doctores y enfermeras presentes que atienden no sólo a la madre, sino también al recién nacido. La otra parte son atendidos por parteras en casas y en condiciones precarias, sin contar con todos los medios de higiene y sin preparación para las complicaciones. En ocasiones, el proceso de nacimiento se desarrolla con mayor rapidez de lo que espera la madre, y el TUM-B se encontrará con una decisión a tomar: ¿Debe permanecer en la escena y atender el parto o transportar a la paciente al hospital? ¿Hay otros factores que afectarían esta decisión, como traumatismos, clima y distancia al hospital? Este capítulo le indicará cómo tomar esta decisión y cómo proceder si es necesario el parto en la escena. Aquí se describe el proceso normal del nacimiento y se analizan las complicaciones comunes, de manera que estará preparado para manejar los partos normales y anormales. A continuación se describe la evaluación y cuidados de un neonato. Por último, el capítulo discute las emergencias ginecológicas no relacionadas con el parto.

Anatomía del sistema reproductor femenino

El **útero** o matriz es el órgano muscular donde crece el feto (Figura 20-1 ▶). Es responsable de las contracciones durante el parto y el que ayuda a empujar al bebé por el canal de nacimiento. El **canal de nacimiento** está constituido por la vagina y el tercio inferior, o cuello del útero, denominado **cérvix**. Éste contiene un tapón mucoso que sella la abertura uterina, lo cual evita la contaminación desde el mundo exterior. Cuando el cérvix comienza a dilatarse, este tapón se desprende y sale como moco de tono rosado, que puede presentarse como **moco sanguinolento**, una pequeña cantidad de sangre en la vagina que aparece al inicio del parto. Esta "señal" puede iniciar la primera etapa del parto. El **feto** es el bebé en desarrollo, aún no nacido, que crece dentro del útero de la madre durante cerca de nueve meses.

La **vagina** es la cavidad más externa del sistema reproductor de una mujer y forma la parte inferior del canal de nacimiento. Mide cerca de 8 a 12 cm de largo, se inicia en el cérvix y termina como una abertura externa del cuerpo. En esencia, la vagina completa el paso desde el útero hacia el mundo externo para el neonato. El **perineo** es el área de la piel entre la vagina y el ano. Durante el nacimiento, a medida que el bebé se mueve por el canal de nacimiento, el perineo comenzará a abultarse de manera significativa.

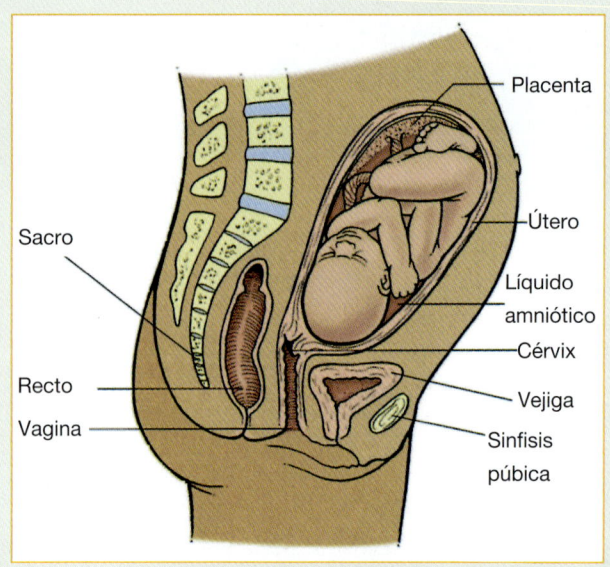

Figura 20-1 Estructuras anatómicas de la mujer embarazada.

A medida que crece el feto, éste requiere más y más nutrientes. La **placenta**, una estructura en forma de disco, se une al recubrimiento interno de la pared del útero y se conecta con el feto mediante el cordón umbilical. Normalmente no se mezcla la sangre del feto con la de la madre. La barrera placentaria (Figura 20-2 ▶) consta de dos capas de células, las cuales mantienen la circulación de la madre y el feto separadas, pero permiten que nutrientes, oxígeno, desechos, dióxido de carbono, muchas toxinas y la mayoría de los medicamentos pasen entre el feto y la madre.

Siempre que la madre toma cualquier cosa, también lo hace el bebé. Después del nacimiento, la placenta se separa del útero y es expulsada. El **cordón umbilical** es la línea de vida del neonato, al conectar a la madre del bebé a través de la placenta. El cordón umbilical contiene dos arterias y una vena. Estos vasos proveen sangre al feto. La vena umbilical lleva sangre oxigenada de la madre al corazón del bebé, y la arteria umbilical regresa la sangre desoxigenada del corazón del bebé a la madre. El oxígeno y otros nutrientes cruzan de la circulación de la madre a través de la placenta y luego a lo largo del cordón umbilical para alimentar al feto mientras crece. Dióxido de carbono y productos de desecho recorren la misma ruta en dirección opuesta. Lo notable acerca de este intercambio es que la sangre de la madre y la del feto no se mezclan durante el proceso.

El feto se desarrolla dentro de una membrana llena de líquido, como una bolsa, llamada **saco amniótico** o bolsa de aguas. Contiene entre 500 y 1000 mL de líquido amniótico, el cual ayuda a aislar y proteger al feto flotante durante su desarrollo. Liberado como un chorro cuando

Capítulo 20 Emergencias obstétricas y ginecológicas 601

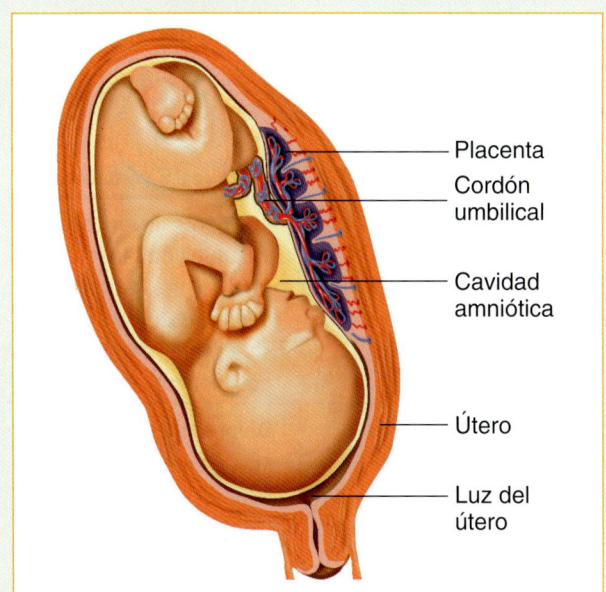

Figura 20-2 La barrera placentaria permite que nutrientes, oxígeno, desechos, dióxido de carbono, toxinas y la mayoría de los medicamentos pasen entre el feto y la madre.

Tips para el TUM-B

Predecir la fecha de nacimiento de un bebé no es una ciencia exacta. Menos de la mitad de los bebés nacen en la fecha calculada. Muchos factores influyen en cuándo nace un bebé, y ni la madre ni el el TUM-B tienen mucho control sobre esto. Un factor de confusión es la fecha en que se espera el nacimiento y "qué tan avanzado" está el embarazo. La mayoría de los modelos médicos basan la fecha del nacimiento en el primer día del último ciclo menstrual. Esto añade cerca de dos semanas al embarazo real, porque la concepción ocurrió un tiempo después de la ovulación, la cual ocurrió cerca de dos semanas después de iniciado el último ciclo menstrual. La mayoría de las mujeres poseen una idea general de esta fecha, pero es posible que las jóvenes, las que tienen ciclos muy irregulares o aquellas que no pensaron que estaban embarazadas no tengan una fecha muy precisa. Asimismo, algunas mujeres hablan sobre las semanas pasadas desde la concepción en lugar de la menstruación. El factor importante a recordar es que sean 13 o 30 semanas, no se trata de una fecha firme. Use esta información tomando en cuenta que puede no ser una fecha exacta.

el saco se rompe, por lo general al iniciarse el parto, este líquido ayuda a lubricar el canal de nacimiento y a eliminar bacterias.

Un embarazo a término dura de 36 a 40 semanas, que se cuentan a partir del primer día del último ciclo menstrual. El embarazo se divide en tres trimetres de cerca de tres meses cada uno. Los nacimientos que se dan antes de las 36 semanas se consideran prematuros. Hacia el final del tercer trimestre, la cabeza del feto desciende normalmente por la amplia entrada superior de la pelvis femenina y se coloca en posición para el nacimiento.

Etapas del parto

Hay tres etapas del parto: dilatación del cuello del útero, expulsión del bebé y salida de la placenta. La primera etapa comienza con el inicio de contracciones y termina cuando el cuello del útero se dilata por completo. Dado que el cuello tiene que estirarse hasta adelgazarse con las contracciones uterinas al punto que sea lo bastante grande para que el bebé pase a través de él hacia la vagina, la primera etapa es por lo general la más larga, y dura un promedio de 16 horas para un primer parto. Por lo general tendrá tiempo para transportar a la madre durante la primera etapa del parto.

Situación de urgencia Parte 2

Llegan al banco y el gerente los guía hasta su oficina. Encuentran a una mujer de cerca de 35 años recostada en el sofá que sostiene su abdomen y gime. Entre respiraciones trabajosas les dice que su nombre es Paty y que es cajera en el banco. Está consciente, alerta y orientada. Respira con rápidos jadeos. Su pulso es fuerte y "elástico", y su piel es pálida, húmeda y pegajosa.

3. ¿Cuál debe ser su primera acción?

El parto comienza con contracciones del útero. Otros signos de este inicio son la salida del tapón mucoso y la rotura del saco amniótico, llamada rotura de la fuente. Estos eventos pueden ocurrir antes de la primera contracción o más adelante en la primera etapa del parto. Puede suceder que las contracciones uterinas no se presenten en un inicio con intervalos regulares. La madre puede pensar que se trata de un dolor de espalda intermitente. La frecuencia e intensidad de las contracciones en el parto verdadero aumentan con el tiempo. Las contracciones uterinas se hacen más regulares y duran cerca de 30 a 60 segundos cada una. El tiempo del parto varía en gran medida. Como regla general, es más largo en una mujer *primigesta*, aquella que presenta su primer embarazo, y más corto en una mujer *multigesta*, que ha tenido embarazos previos. (Dos términos similares se refieren a los resultados de esos embarazos, una *multípara* es una mujer que ha dado a luz más de un bebé vivo, y la *primípara* es la que ha tenido un parto vivo.)

El **Cuadro 20-1** analiza cómo se puede saber que el parto está en curso. Durante el embarazo, la madre puede presentar un trabajo de parto falso, o contracciones de Braxton-Hicks, en el cual hay contracciones, pero no se trata de un parto real. En tales casos, no es necesario prepararse para un parto de emergencia, pero si se trata del parto real, es posible que deba prepararse, con base en las condiciones de la madre y en el tiempo de transporte.

La segunda etapa del parto se inicia cuando el cuello del útero se dilata por completo y termina cuando nace el bebé. Durante esta etapa, tendrá que tomar la decisión de ayudar a la madre a dar a luz en la escena o porporcionar transporte al hospital. Dado que el bebé tiene que moverse por el canal de nacimiento durante esta etapa, las contracciones uterinas por lo general están más próximas entre sí y duran más. La presión sobre el recto puede hacer que la madre sienta necesidad de evacuar u orinar. Bajo ninguna circunstancia deje que la madre se siente en el inodoro. También puede tener la urgencia incontrolable de pujar. El perineo comenzará a abultarse de modo significativo y la parte superior de la cabeza del bebé deberá comenzar a aparecer en la abertura vaginal. Esto se llama *coronación*.

La tercera etapa se inicia con el nacimiento del bebé y termina con el alumbramiento de la placenta. Esto puede tomar hasta 30 minutos. Por lo general, no transportará a la mujer embarazada durante la tercera etapa –si se encuentra en ella, es más probable que deba permanecer en la escena y realizar el parto. Es importante que siempre siga las precauciones ASC para protegerse a sí mismo, al bebé y a la madre de la exposición a líquidos corporales. Hay un alto potencial de exposición debido a los líquidos corporales liberados durante el nacimiento.

CUADRO 20-1 Signos y síntomas generales del parto

Parto falso y contracciones de Braxton-Hicks	Parto real o verdadero
Las contracciones son irregulares y su intensidad o frecuencia no aumentan. Las contracciones vienen y van.	Las contracciones, una vez que comienzan, se vuelven más fuertes y cercanas en forma consistente. El cambio de posición no las alivia.
El dolor se encuentra en el abdomen bajo. Las contracciones se inician y permanecen ahí.	Dolores y contracciones se inician en la parte baja de la espalda y "dan la vuelta" hacia el abdomen bajo.
La actividad o el cambio de posición alivian el dolor y las contracciones.	La actividad puede intensificar las contracciones. Dolor y contracciones son consistentes en cualquier posición.
Si se desprende parte del tapón mucoso, será de tono café.	El tapón mucoso será rosado o rojo y por lo general estará acompañado de moco.
Puede haber cierta fuga de líquidos, pero por lo general será orina, se encontrará en cantidades pequeñas y olerá a amoníaco.	La fuente puede haberse roto justo antes de que se iniciaran las contracciones o durante éstas y será una cantidad moderada, tendrá olor dulce y seguirá escurriendo.

Emergencias antes del nacimiento

La mayoría de las mujeres embarazadas están sanas, pero algunas pueden estar enfermas al concebir o enfermar durante el embarazo. Puede usar oxígeno sin peligro para tratar cualquier enfermedad cardiaca o pulmonar en la madre sin dañar al feto.

A medida que se acerca el momento del parto, pueden ocurrir ciertas complicaciones. Una de ellas es la *preeclampsia* o la *hipertensión inducida por el embarazo*, un padecimiento que puede desarrollarse después de la 20ª semana de gestación, casi siempre en primigrávidas. Este trastorno se caracteriza por los siguientes signos y síntomas:

- Dolor de cabeza

- Ver manchas
- Edematización de manos y pies
- Ansiedad
- Hipertensión arterial
- Sangrado uterino
- Náuseas o vómito
- Vértigo
- Dolor abdominal en barra
- Proteinuria (aumento de proteínas) en caso de contar con resultado de estudio de laboratorio

Otro trastorno es la **eclampsia**, o convulsiones que resultan de la hipertensión grave. Para tratar la eclampsia, coloque a la madre en posición acostada de lado, de preferencia el izquierdo, mantenga una vía aérea y proporcione oxígeno suplementario; si se presenta vómito, succione la vía aérea. Transporte rápidamente a la paciente embarazada con convulsiones. Como siempre, evalúe la situación y efectúe su evaluación inicial, historial y examen físico, y tome los signos vitales iniciales. Proporcione tratamiento sobre la base de los signos y síntomas.

Si la paciente presenta hipotensión, transpórtela recostada sobre su lado izquierdo. Transportar a la madre en esta posición puede evitar el **síndrome hipotensivo supino**, un problema debido a la compresión del útero grávido sobre la vena cava inferior cuando la madre se encuentra en posición supina, lo cual resulta en presión arterial baja. De hecho, transporte a la madre en esta posición y manténgala siempre que esté acostada, excepto durante el parto. Cuando se encuentre en el tercer trimestre, no deberá colocarse en posición supina.

El sangrado interno puede ser signo de un **embarazo ectópico**, que es aquel que se desarrolla fuera del útero, casi siempre en una trompa de Falopio. El embarazo ectópico se presenta en uno de cada 200 embarazos. La causa principal de muerte materna en el primer trimestre es la hemorragia interna hacia el abdomen después de la rotura de un embarazo ectópico. Por esta razón, deberá considerar la posibilidad de este tipo de embarazo en mujeres que no presentaron un ciclo menstrual y se quejan de dolor punzante repentino y casi siempre unilateral en la parte baja del abdomen. Los antecedentes de **enfermedad pélvica inflamatoria**, ligadura de trompas o embarazos ectópicos previos deberán aumentar sus sospechas de un posible embarazo ectópico.

La hemorragia vaginal ocurrida antes del parto puede ser muy grave; solicite el respaldo del SVA. En el inicio del embarazo, puede ser un signo de **aborto** espontáneo. En las últimas etapas del embarazo, la hemorragia vaginal puede indicar problemas con la placenta. En el **desprendimiento prematuro de placenta**, o *abruptio placenta*, la placenta se separa de modo prematuro de la pared del útero ▶ Figura 20-3 ▶. En la **placenta previa**, la placenta se desarrolla sobre el cuello del útero y lo cubre ▶ Figura 20-4 ▶.

Muchas mujeres que no tenían diabetes antes del embarazo la desarrollan durante éste. Esto se llama **diabetes gestacional** y en la mayoría de las mujeres ésta desaparecerá después del nacimiento del bebé. Lo mismo que la diabetes no gestacional, la madre puede controlar el nivel de glucosa en sangre por medio de la dieta y el ejercicio o puede tomar medicamentos; en algunos casos, la madre debe tomar insulina. Una madre con hiper o hipoglucemia debe atenderse de la misma manera que cualquier diabético, como se discute en el Capítulo 15. Si encuentra a una mujer embarazada con nivel de conciencia alterado, su historial deberá incluir preguntas acerca de diabetes, y deberá revisar el nivel de glucosa en sangre si los protocolos locales lo permiten. Recuerde que el parto es un trabajo difícil. Muchas madres presentan náusea antes del parto y es posible que ni siquiera hayan comido. Estos factores pueden conducir a hipoglucemia y debilidad

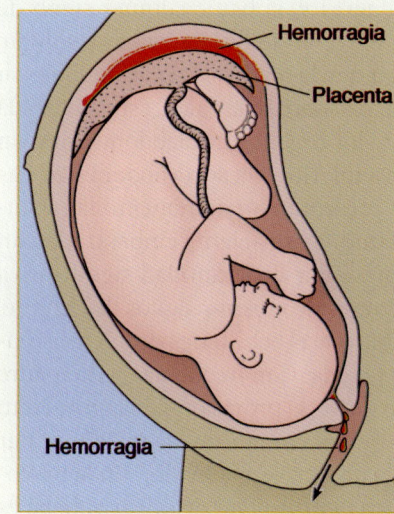

Figura 20-3
En el *abruptio placenta*, la placenta se separa de modo prematuro de la pared del útero.

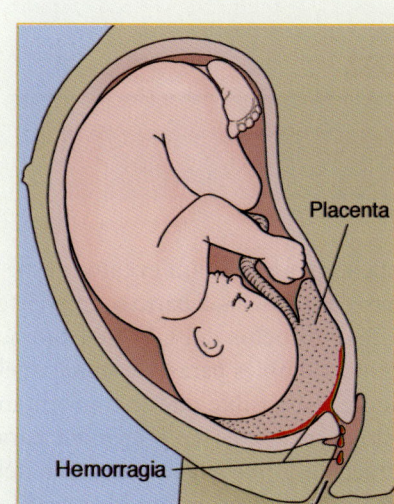

Figura 20-4
En la placenta previa, la placenta se desarrolla sobre el cérvix y lo cubre.

en la madre y el feto. Si el parto es inminente, consulte con la dirección médica. Un transporte rápido al hospital por lo general se prefiere a un nacimiento fuera de éste.

Cualquier sangrado vaginal en una mujer embarazada es un signo grave y debe tratarse con prontitud en el hospital. Si la madre muestra signos de choque, hágala acostarse sobre su lado izquierdo durante el transporte y administre oxígeno de flujo elevado. Coloque gasa estéril o una toalla sanitaria sobre la vagina y reemplácela con la frecuencia que sea necesaria. Guarde estas toallas de manera que el personal del hospital pueda estimar cuánta sangre ha perdido. También guarde cualquier tejido que pueda haber salido por la vagina. No ponga nada en el interior de esta última.

Cuando una mujer embarazada se ve implicada en una colisión vehícular, puede ocurrir hemorragia grave debido a lesiones del útero grávido. La privación resultante de oxígeno puede dañar con gravedad al feto. Evalúe con prontitud y transporte a la embarazada víctima de una colisión; apoye la vía aérea y, si hay cualquier signo de sangrado, administre oxígeno de flujo elevado y solicite el apoyo del SVA. Haga que la madre se recueste sobre su lado izquierdo en lugar de sobre su espalda, esto aliviará la presión del útero sobre los órganos intraabdominales, en especial en la vena cava inferior y la aorta abdominal. Las mujeres embarazadas presentan un incremento del volumen sanguíneo. Por tanto, una paciente embarazada con traumatismo puede presentar una cantidad significativa de pérdida sanguínea antes de mostrar signos de choque. No obstante, es probable que el bebé tenga problemas mucho antes de que esto suceda. Con frecuencia, si la madre sufrió un traumatismo grave, la provisión de sangre al feto se reduce de manera que el cuerpo pueda proporcionar una cantidad adecuada de sangre a la madre. En la mayoría de los casos, la única oportunidad de salvar al bebé es reanimar de modo adecuado a la madre.

Evaluación

Evaluación de la escena

El nacimiento de un bebé rara vez es un evento inesperado, pero hay ocasiones en las cuales el parto se convierte en una emergencia. Los protocolos del CECOM por lo general incluyen preguntas simples para determinar si el nacimiento es inminente. Es posible que le transmitan parte de esta información para ayudarle a prepararse para la situación. Las contracciones pueden ser producto del traumatismo o de afecciones médicas. Es posible que sólo sea "hora" de parir. Dado que el equilibrio de una mujer embarazada se altera debido a que lleva al feto en su cuerpo y a que hay hormonas que relajan la musculatura, deben considerarse las caídas y la estabilización de la columna.

Su primera preparación para el parto debe ser tomar las precauciones ASC adecuadas. Guantes y protección ocular deben ser el mínimo cuando se inicie el parto o cuando éste haya terminado. Si tiene tiempo de prepararse para el parto, también deberá usar mascarilla y bata.

Las amenazas acostumbradas para su seguridad estarán presentes en esta y otras situaciones médicas. No relaje sus observaciones y precauciones de seguridad porque el parto esté en proceso o la familia esté angustiada. Apresurarse no sólo podrá dañar al TUM-B sino también al bebé y a la madre. Mantenga la calma y el profesionalismo.

Evaluación inicial

Impresión general

La impresión general es una buena evaluación de un lado al otro de la habitación que deberá indicarle si la madre está en parto activo o si tiene unos minutos para determinar si el parto es inminente. La queja principal puede ser: "¡Ya viene el bebé!". Tome unos momentos para evaluar la queja principal y confirmar si el bebé ya viene o, de nuevo, si tiene algún tiempo para evaluar la situación. Cuando el traumatismo u otros problemas médicos son la situación de presentación, evalúe esto primero y luego determine el impacto de estos problemas sobre el feto. Utilice la escala AVDI (Alerta y despierta, responde al estímulo Verbal, responde al estímulo Doloroso, no responde, es decir, se encuentra Inconsiente) para determinar el nivel de conciencia.

Vía aérea, respiración y circulación

Durante un parto sin complicaciones, por lo general no son factores la vía aérea, respiración y circulación. No obstante, en una colisión de vehículos motorizados, un ataque o cualquier número de problemas médicos en una mujer embarazada pueden iniciar un parto complicado. En estas situaciones, evalúe la vía Aérea, la respiración (*Breathing*, en inglés) y la Circulación para asegurarse de que son adecuadas y trate cualquier problema de vía aérea, respiración o circulación que identifique de acuerdo con los lineamientos establecidos y el protocolo local.

Decisión de transporte

Si el nacimiento es inminente, sobre la base de los signos y síntomas que se analizan en este capítulo, prepárese para efectuar el parto en la escena. El lugar ideal para el nacimiento de un bebé es en la seguridad de la ambulancia o la privacidad del hogar de la madre. Si no están disponibles estos sitios, evalúe la escena en busca de la mejor área a utilizar si el parto es inminente. Dicha área deberá ser tibia y privada con suficiente espacio para moverse.

Si el nacimiento no es inminente, prepare a la paciente para su transporte. Las mujeres embarazadas en los dos últimos trimestres de la gestación deberán transportarse recostadas sobre su lado izquierdo cuando sea posible. Esto evitará que el peso del bebé oprima la vena cava y que se produzca el síndrome hipotensivo supino. Si sospecha que hay una lesión espinal y está indicada la estabilización de la columna, sujete a la mamá como siempre y coloque toallas o cobijas enrolladas bajo el lado derecho de la camilla para evitar el síndrome hipotensivo supino Figura 20-5.

Historial y examen físico enfocados

Si la madre está inconsciente, realice un examen físico rápido para localizar lesiones y otros problemas, luego obtenga los signos vitales y el historial más amplio que le sea posible. Gran parte de esto puede efectuarse en la ambulancia camino al hospital. Si la madre está consciente, comience por hacer preguntas para el historial, lleve a cabo un examen físico enfocado y luego obtenga los signos vitales.

Historial SAMPLE

Obtenga un historial SAMPLE. Las mujeres con antecedentes de problemas médicos y que toman medicamentos de prescripción, se embarazan de manera regular. Algunas mujeres no sufren problemas médicos que requieran fármacos hasta que se embarazan. No sólo se concentre en el historial del embarazo, sino evalúe también el historial SAMPLE. Pregunte de manera específica a la paciente acerca de la atención prenatal. Identifique cualquier complicación que pueda haber tenido durante el embarazo o que su médico haya discutido con ella acerca del parto. Éstas pueden incluir el factor Rh, el tamaño o posición del feto, o la posición y salud de la placenta. Determine la fecha esperada de nacimiento, la frecuencia de las contracciones y el historial de embarazos y partos previos, y sus complicaciones, si las hay. Determine si existe la posibilidad de que se trate de gemelos y si la madre ha tomado cualquier droga o medicamento. Si se "rompió la fuente", pregunte si el líquido era verde. El líquido verde se debe al meconio (heces del feto). La presencia del **meconio** puede indicar enfermedad en el neonato, es posible que el feto aspire el meconio durante el nacimiento. Cualquiera de estos son factores de riesgo para dificultades fetales e indican la posible necesidad de reanimación neonatal.

Examen físico enfocado

Su examen físico enfocado deberá concentrarse en el abdomen y en el nacimiento del feto. Evalúe la duración y frecuencia de las contracciones palpando el abdomen. Esto se puede hacer en una parturienta consciente o inconsciente. Compare lo que siente con lo que la mujer experimenta respecto al dolor de cada contracción. Cuando sea apropiado y de acuerdo con el protocolo local, inspeccione la abertura vaginal en busca de rotura del saco amniótico, el tapón mucoso y coronación si sospecha que es inminente el nacimiento. Asegúrese de proteger la privacidad de la mujer durante el examen. Si la mujer tiene otras quejas, como dificultad para respirar, un examen físico enfocado de su respiración puede ser importante. El punto central de este examen físico debe basarse en su queja principal y su historial.

Signos vitales iniciales

Evalúe los signos vitales iniciales, incluidos frecuencia, ritmo y calidad del latido cardiaco, y frecuencia, ritmo y calidad respiratorios; color, temperatura y condición de la piel; tiempo de relleno capilar y presión arterial. Preste especial atención a la taquicardia e hipotensión (las cuales podrían significar hemorragia o compresión de la vena cava) o hipertensión (que quizás indicaría preeclampsia). Es típico que la presión arterial de una mujer se reduzca ligeramente durante el embarazo. Compare sus resultados con las presiones arteriales previas de las visitas prenatales. La hipertensión, incluso la presión arterial ligeramente elevada, puede indicar problemas más graves.

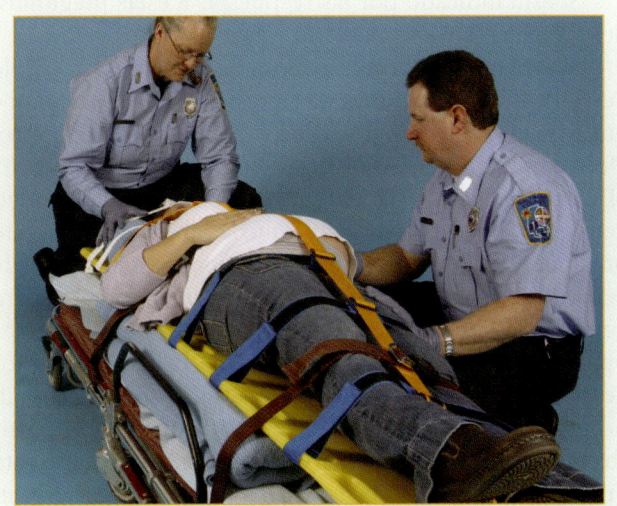

Figura 20-5 Coloque una toalla enrollada debajo del lado derecho de la camilla para evitar el síndrome hipotensivo supino en las pacientes embarazadas.

Intervenciones

Recuerde que, en la mayoría de los casos, el nacimiento es un proceso natural que no requiere su asistencia. Vea la sección "Atención de emergencia". Cuando el parto presenta complicaciones como traumatismo u otros problemas, cualquier intervención que proporcione para la mujer beneficiará al bebé. Por ejemplo, si una mujer embarazada presenta un valor bajo de oximetría de pulso, también lo hará el bebé. Administrar oxígeno a la mujer mejorará los niveles de oxígeno en el feto. Familiarícese con sus protocolos locales.

Examen físico detallado

Si el parto es inminente u otras evaluaciones o tratamientos requieren su atención, difiera el examen físico detallado.

Evaluación continua

Su evaluación continua deberá centrarse en la reevaluación de los ABC de la mujer, en particular el sangrado vaginal después del nacimiento. Repita la evaluación de los signos vitales y compare éstos con el conjunto inicial. La reevaluación frecuente de los signos vitales puede identificar la hipoperfusión de la pérdida excesiva de sangre debida al parto. Revise de nuevo intervenciones y tratamiento para determinar si fueron eficaces. ¿Se reduce el sangrado vaginal con el masaje uterino? (El masaje uterino, que se discute más adelante en este capítulo, puede emplearse para disminuir el sangrado vaginal después del parto.)

Comunicación y documentación

Si su evaluación determina que el parto es inminente, notifique al personal del hospital mientras se prepara para éste. Si el parto no se ha iniciado en un lapso de 30 min, notifique al personal del hospital que va a estar de nuevo en tránsito sin el parto. Este retraso en el parto, cuando los signos y síntomas indican un nacimiento inmediato, por lo general significa que existe un problema grave. Solicite ayuda del personal del hospital para evaluar y clasificar la situación. Asegúrese de notificar al personal en el hospital receptor de toda la información relevante de manera que pueda preparar la respuesta adecuada. Lo que les diga puede determinar si atenderán a su paciente en el departamento de urgencias o si irá directamente a la sala de partos. Documente con gran cuidado, en especial el estado del bebé. La obstetricia se encuentra entre las especialidades con más litigios en medicina; la documentación escrupulosa es esencial.

Atención de emergencia

Preparación para el parto

Considere recibir al bebé en la escena con las siguientes circunstancias:

- Cuando se puede esperar el nacimiento en unos minutos
- Cuando un desastre natural, el mal clima u otro tipo de catástrofe imposibilita su llegada al hospital

¿Cómo determina si el nacimiento ocurrirá en unos minutos? Primero, hágale a la mujer embarazada estas preguntas:

- ¿Cuánto tiempo lleva de embarazo?
- ¿Cuándo se supone que nacerá el bebé?
- ¿Es éste su primer bebé?
- ¿Tiene contracciones? ¿Cada cuánto las tiene? ¿Cuánto duran?
- ¿Se siente como si tuviera que evacuar u orinar?
- ¿Ha tenido algún manchado o sangrado?
- ¿Se le rompió la fuente?
- ¿Nació alguno de sus hijos anteriores por sección cesárea?

También considere hacer las siguientes preguntas:

- ¿Ha tenido embarazos complicados en el pasado?
- ¿Usa drogas, bebe alcohol o toma algún medicamento?
- ¿Hay alguna posibilidad de que éste sea un parto múltiple?
- ¿Espera su doctor alguna complicación?

Si está indicado por las respuestas a estas preguntas, determine si hay coronación.

Si éste no es el primer bebé de la paciente, es posible que ella pueda decirle si está a punto de dar a luz. Si dice que lo está, haga preparaciones inmediatas para el parto. De lo contrario, ¿Se siente firme en extremo su abdomen? ¿Dice que necesita evacuar u orinar o siente la necesidad de pujar? Si es así, es probable que la cabeza del bebé esté presionando el recto y que el nacimiento esté a punto de ocurrir. En este punto, deberá inspeccionar la vagina para determinar si hay coronación; si es así, el nacimiento es inminente. No toque el área vaginal hasta que esté seguro de que el nacimiento es, de hecho, inminente. En general, no toque las áreas vaginales excepto durante el parto (bajo ciertas circunstancias) y cuando su compañero esté presente. Separe las piernas de la mujer embarazada con cuidado, al tiempo que le explica que lo hace para decidir si el bebé debe nacer de inmediato o si debe transportarla al hospital para que dé a luz.

Una vez que se ha iniciado el parto, no hay manera de hacerlo más lento o detenerlo. Nunca intente sostener juntas las piernas de una mujer. Hacerlo sólo complicaría el parto. No permita que vaya al baño. En lugar de ello, asegúrele que la necesidad de tener un movimiento intestinal es normal y que significa que está a punto de parir.

Si decide atender el parto en la escena, recuerde que es el único que ayudará a la mujer durante el nacimiento. Su parte consiste en ayudar, guiar y sostener al bebé mientras nace. Recuerde las precauciones ASC en todo momento. Intente limitar las distracciones para usted y para la paciente. Deberá parecer calmado y tranquilizador al tiempo que protege el pudor de la mujer. Lo más importante, reconozca cuando la situación esté más allá de su nivel de capacitación. Si el parto es inminente y hay coronación, comuníquese con dirección médica para que decidan si atenderá el parto en la escena o deberá transportar. Cuando tenga dudas, comuníquese con dirección médica para mayor orientación. Reconozca siempre sus limitaciones y, cuando no esté seguro de lo que debe hacer, transporte al paciente incluso si el parto debe ocurrir durante el transporte.

Su vehículo de emergencia siempre deberá estar equipado con un paquete obstétrico (OB) estéril de emergencia que contenga los siguientes artículos **Figura 20-6 ▶**:

- Tijeras quirúrgicas o escalpelo
- Pinzas para cordón umbilical
- Cinta umbilical
- Una pequeña jeringa con bulbo de goma (perilla de succión)
- Toallas
- Compresas de gasa de 10 × 10 cm y/o 5 × 25 cm (4 × 4" y/o 2 × 10")
- Guantes estériles
- Cobija para bebé
- Toallas sanitarias
- Dispositivo de bolsa-válvula-mascarilla (BVM) de tamaño adecuado para neonato

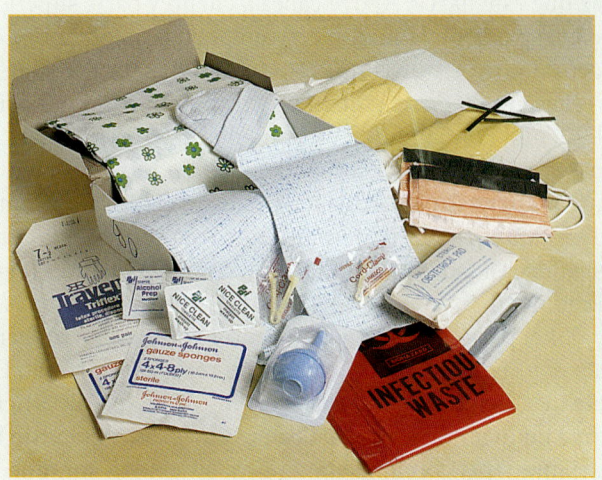

Figura 20-6 Su unidad debe contener un paquete OB estéril. En el texto encontrará una lista de los artículos que por lo general contiene este kit.

- Goggles
- Una bolsa de plástico

Recuerde evaluar la situación; efectúe su evaluación inicial, historial y examen físico enfocados; determine los signos vitales iniciales y proporcione tratamiento basado en estos signos y síntomas.

Posición de la paciente

La ropa de la paciente deberá subirse hasta su cintura o, si lleva pantalones y ropa interior, deberá retirarlos. Recuerde proteger su pudor lo más que pueda, mientras le ayuda a colocarse en una posición de semiFowler. Coloque a la paciente en una superficie firme acojinada con cobijas, sábanas dobladas o toallas. Coloque una almohada o cobijas debajo de sus caderas para elevar éstas de 6 a 15 cm (2 a 5"). En ocasiones es mejor poner una almohada debajo de una cadera para permitir a la paciente voltearse hacia un lado. Esto también puede facilitar succionar al bebé una

Situación de urgencia — Parte 3

La mujer le dice que ya pasó una semana de la fecha programada y que ha tenido contracciones durante toda la hora pasada. Le informa que se le rompió la fuente justo antes de su llegada. Éste es su cuarto embarazo y tiene tres hijos. Le dice que siente la necesidad de ir al baño. Su compañero le aplica oxígeno de flujo elevado mediante una mascarilla no recirculante y comienza a tomar el tiempo de sus contracciones.

4. ¿Es importante en esta situación la necesidad de ir al baño de su paciente? En caso afirmativo, ¿por qué?
5. ¿Qué información adicional debe obtener de su paciente?

vez que éste nazca. Apoye cabeza, cuello y parte superior de la espalda de la madre con almohadas y cobijas. Si el parto ocurre en un auto, la paciente deberá recostarse en el asiento trasero, con un pie en el suelo y el otro sobre el asiento, con la rodilla y cadera que están arriba dobladas (Figura 20-7 ▼). Éste también es un buen momento para prepararse para el bebé. ¿Dónde lo colocará? ¿Cómo lo secará? ¿Cómo lo mantendrá caliente? Planear estas necesidades facilita mucho las cosas cuando llega el momento.

Si el parto de emergencia ocurre en una casa, deberá mover a la paciente a una superficie resistente y plana. Le será más fácil trabajar con la paciente sobre una superficie firme en lugar de sobre una cama. Eleve las caderas de la paciente y proporcione apoyo para su cabeza con una o dos almohadas. Haga que mantenga sus piernas y caderas flexionadas, con los pies apoyados sobre la superficie bajo ella y sus rodillas separadas. Vigile el curso del parto de cerca en todo momento; no desea que ocurra un nacimiento abrupto, en el cual la cabeza coronada sale sin control alguno.

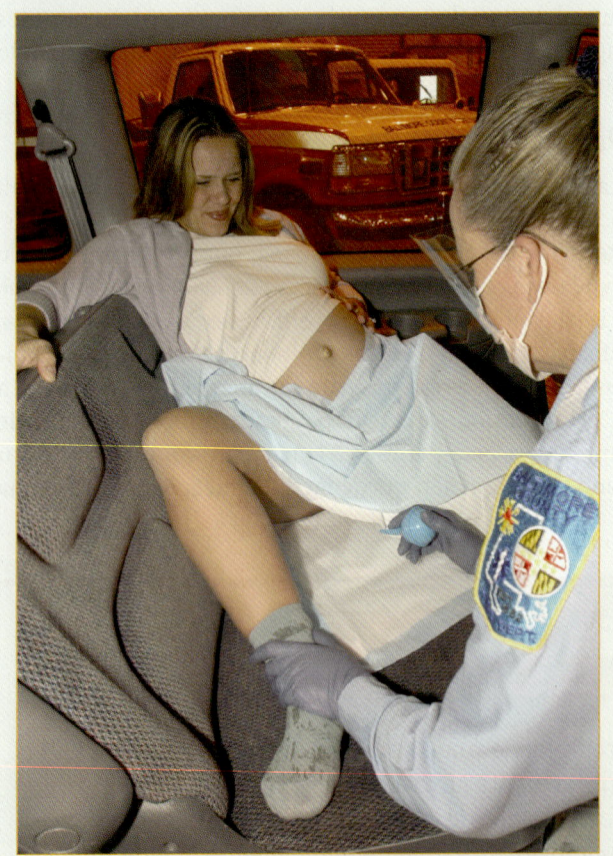

Figura 20-7 Si el alumbramiento ocurre en un automóvil, haga que la paciente se recueste en el asiento, con un pie en el suelo y otro sobre el asiento. Asegúrese de que la rodilla y cadera sobre el asiento queden flexionadas.

Preparación del campo para el parto

Siga estos pasos para preparar el área donde nacerá el bebé:

1. De acuerdo con lo que permita el tiempo, coloque toallas o sábanas en el suelo en torno al área de nacimiento para ayudar a absorber el líquido amniótico que se liberará cuando se rompa el saco amniótico (Figura 20-8A ▶). Observe que es posible que dicho saco puede haberse roto antes de su llegada. Eleve las caderas de la paciente y coloque cobijas dobladas o almohadas para que apoye su cabeza y sus hombros.
2. Abra con cuidado el paquete OB de manera que su contenido se conserve estéril.
3. Póngase guantes estériles.
4. Use las sábanas y toallas estériles del equipo OB para crear un campo estéril para el parto. Coloque una sábana o toalla bajo los glúteos de la paciente y desdóblela hacia sus pies. La otra sábana deberá cubrir su abdomen y muslos. De manera alternativa, puede usar tres sábanas: una bajo sus glúteos, otra que envuelva su espalda y cubra sus muslos, y otra que cubra su abdomen (Figura 20-8B ▶).

Nacimiento del bebé

Su compañero deberá estar a la cabecera de la paciente para confortarla, tranquilizarla y animarla durante el parto. Es posible que la paciente desee sujetar la mano de alguien. Puede gritar, llorar o no decir nada en absoluto. No es raro que las madres sientan náusea, algunas suelen vomitar. Si esto ocurre, haga que su compañero voltee la cabeza de la madre hacia un lado de manera que su boca y vía aérea pueden limpiarse de manera manual o por succión, según se requiera.

Deberá evaluar de manera continua a la madre en espera de la coronación. No permita que ocurra un nacimiento abrupto. Colóquese de manera que pueda observar la vagina en todo momento. Tome el tiempo de las contracciones de la paciente desde el inicio de una hasta el inicio de la siguiente para determinar la frecuencia de éstas. Asimismo, tome el tiempo de duración de cada contracción. Esto se hace sintiendo el abdomen de la paciente desde el momento en que se inicia la contracción (tensión en útero y abdomen) hasta el momento en que termina (relajamiento de útero y abdomen). Recuerde a la paciente que realice respiraciones cortas y rápidas durante cada contracción, pero que no haga esfuerzo. Entre contracciones, aliente a la madre para que descanse y respire profundamente por la boca.

Siga los pasos en las (Destrezas 20-1 ▶) para asistir en el parto. Estos pasos se describen con mayor detalle más adelante.

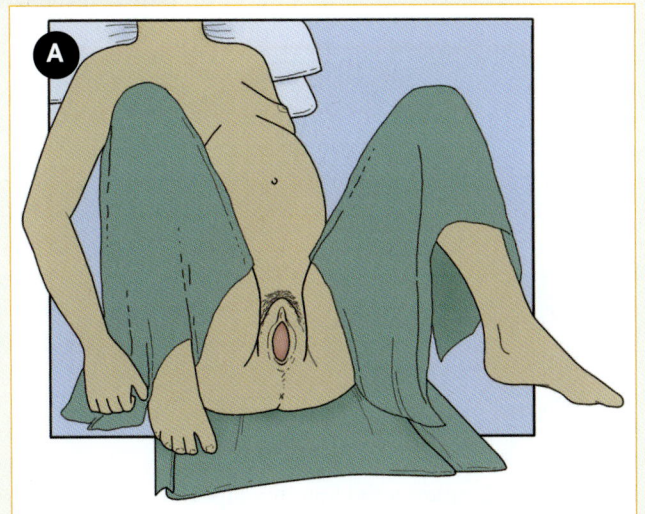 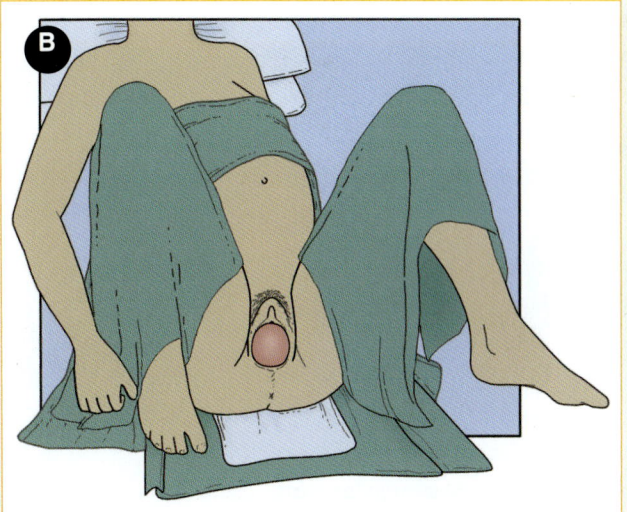

Figura 20-8 Preparación del campo para el parto. **A.** Coloque sábanas o toallas debajo de la madre y eleve las caderas de ésta. Apoye su cabeza con una o dos almohadas. **B.** Use sábanas o toallas estériles del paquete de OB para crear una campo limpio para el parto. Coloque una sábana bajo sus glúteos, cubra el abdomen con otra y envuelva la espalda con una tercera, cubriendo cada muslo con sus extremos.

1. Permita que la madre puje para que salga la cabeza. Sosténgala mientras sale y **coloque su mano enguantada sobre las partes óseas. Sienta el cuello para ver si el cordón umbilical está enredado** en torno a éste. Si lo está, levante con cuidado la cabeza del bebé sin jalar el cordón. **Succione el líquido de la boca primero y luego de las narinas.** Asegúrese de apretar la jeringa de bulbo antes de insertarla en la boca o nariz del neonato (**Paso 1**).
2. Una vez que ha salido la cabeza, se hace visible el hombro de arriba. **Guíe la cabeza hacia abajo ligeramente, si es necesario, para ayudar a que salga ese hombro** (**Paso 2**).
3. **Sostenga la cabeza y el tronco mientras salen los hombros.** Quizá necesita guiar la cabeza un poco hacia arriba para dejar salir el hombro de abajo (**Paso 3**).
4. Una vez que nace el cuerpo, maneje al nenonato con firmeza pero con suavidad. Éste se sentirá resbaloso. **Asegúrese de que el cuello del bebé se encuentra en posición de mantener la vía aérea abierta** (**Paso 4**).
5. **Coloque las pinzas en el cordón umbilical separadas entre 5 y 10 cm (2 y 4")** y cerca de cuatro dedos del cuerpo del bebé. Una vez que se encuentren firmes en su lugar, su protocolo puede dictar que corte entre las pinzas (**Paso 5**). No obstante, los protocolos locales varían respecto al momento de cortar, después del alumbramiento de la placenta o no hacerlo si hay disponible transporte inmediato. Asegúrese de conocer su protocolo local respecto al caso.
6. **La placenta sale sola**, por lo general, en un lapso de 30 minutos después del bebé. Nunca jale el extremo del cordón umbilical en un intento por acelerar el alumbramiento de la placenta (**Paso 6**).

Nacimiento de la cabeza

Observe la cabeza mientras ésta comienza a salir de la vagina, porque debe sostenerla mientras sale. Pueden requerirse dos, tres o más contracciones para que ocurra la salida de la cabeza desde el momento en que comienza a coronar. Una vez que es obvio que la cabeza va a salir cada vez más con cada contracción, deberá colocar su mano enguantada sobre las partes óseas que emergen y ejercer una presión muy suave sobre ella, al tiempo que la reduce durante las contracciones. Esto permitirá que la cabeza salga de manera homogénea y evitará que ésta y el resto del bebé de repente "salte" hacia fuera durante una contracción fuerte, con la posibilidad de causar lesiones. Quizá desee estar cerca de los pies de la paciente, de manera que se encuentre entre las piernas de ésta durante el parto. Tenga cuidado de no picar los ojos del neonato con sus dedos y de no presionar los dos puntos blandos, llamados fontanelas, en la cabeza. Una fontanela se localiza en la parte más superior de la cabeza, cerca de la frente, y otra está cerca de la parte posterior de la cabeza. El cerebro está cubierto sólo por piel y membranas en estos puntos.

Los métodos para reducir el riesgo de que se rasgue el perineo durante la labor incluyen la aplicación de presión horizontal sobre éste con una compresa estéril

Destrezas 20-1

Nacimiento del bebé

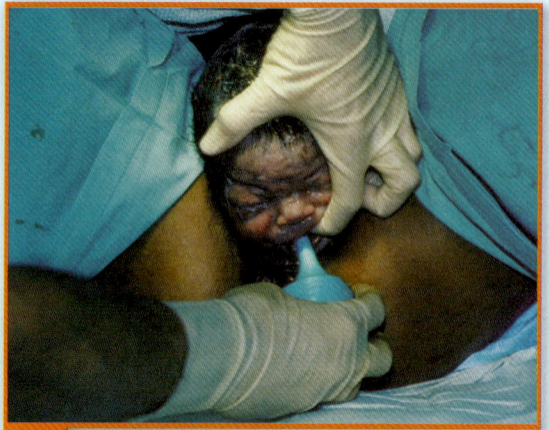

1 Sostenga las partes óseas de la cabeza con sus manos el salir ésta. Succione el líquido de la boca y luego de las narinas.

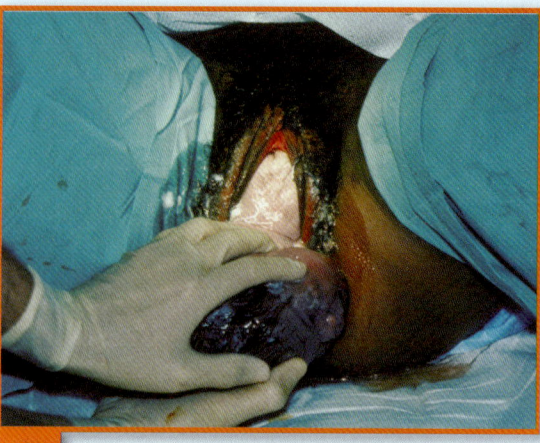

2 Al aparecer el hombro superior, guíe la cabeza ligeramente hacia abajo si es necesario, para dejar salir el hombro.

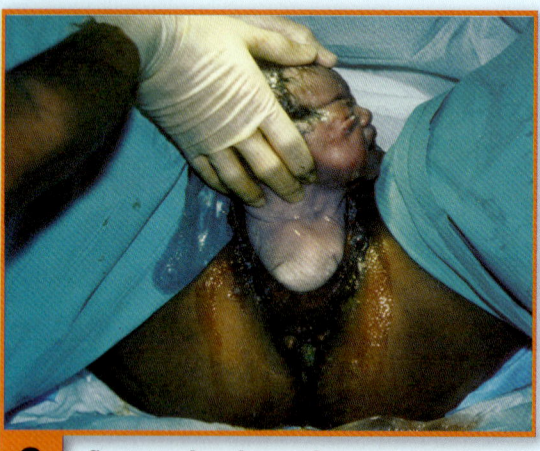

3 Sostenga la cabeza y la parte superior del cuerpo mientras sale el hombro inferior, guíe la cabeza hacia arriba si es necesario.

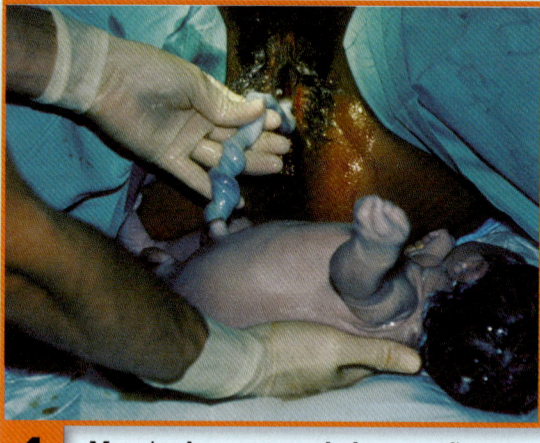

4 Maneje al neonato resbaloso con firmeza pero cuidadosamente, mientras mantiene el cuello en posición neutral para conservar la vía aérea.

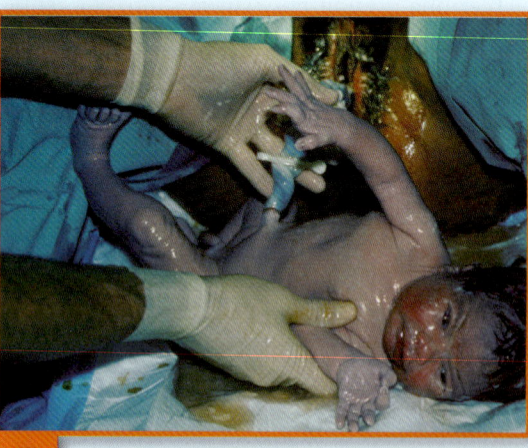

5 Coloque las pinzas en el cordón umbilical separadas de 5 a 10 cm (2 a 4") y corte entre ellas.

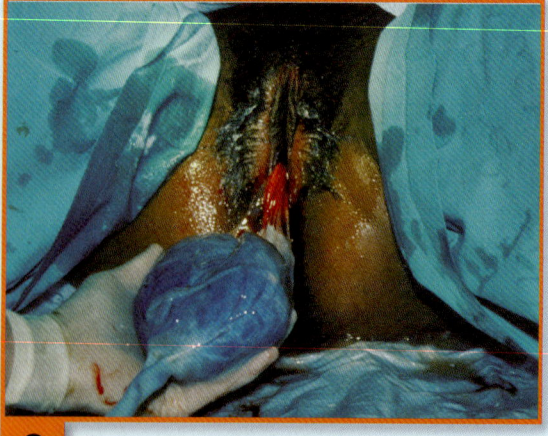

6 Deje que la placenta salga por sí sola. No jale el cordón para acelerar su expulsión.

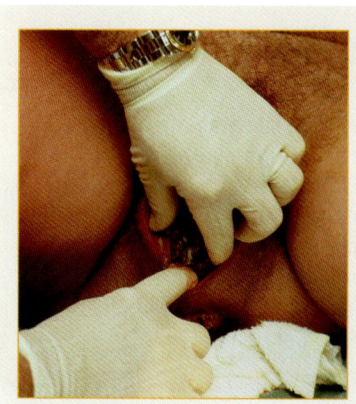

Figura 20-9 Un método para reducir el riesgo de que se rasgue el perineo durante el parto es aplicar presión suave sobre la cabeza al tiempo que se estira el perineo con cuidado.

de gasa o mediante la aplicación de presión suave en la cabeza al tiempo que se estira con cuidado el perineo (Figura 20-9 ▲). Consulte su protocolo local acerca de los métodos empleados en su área. También manténgase preparado para la posibilidad de que puedan salir heces debido a la presión sobre el recto.

Saco amniótico sin romper

Por lo general, el saco amniótico se romperá al inicio del parto. El saco puede también romperse durante las contracciones. Si el saco amniótico no se ha roto en este punto, aparecerá como un saco lleno de líquido (como un globo de agua) que emerge de la vagina. Esta situación es grave porque el saco asfixiará al bebé si no se elimina. Si no se ha roto de modo espontáneo, puede puncionarlo con una pinza, separándolo de la cara del bebé, sólo cuando la cabeza esté coronando, no antes. Al puncionar el saco, saldrá un chorro de líquido amniótico. Separe el saco puncionado de la cara del bebé al tiempo que nace la cabeza. Limpie la boca y nariz del bebé de inmediato, con una jeringa de bulbo y una compresa de gasa. Si el líquido amniótico es verdoso (manchado por meconio) en lugar de claro o huele mal, tome nota de esto en la información que turnará para dirección médica. El meconio es un signo de dos posibles problemas: un neonato deprimido o la obstrucción de vía aérea en éste. El meconio espeso puede tapar la vía aérea del recién nacido. La succión agresiva de la boca y orofaringe del bebé antes del nacimiento del cuerpo puede evitar la aspiración de meconio y las dificultades respiratorias. Una vez que nace la cabeza, por la general ésta gira hacia un lado u otro más que dirigirse derecho hacia arriba y abajo.

Cordón umbilical en torno al cuello

Tan pronto como nazca la cabeza, utilice el dedo índice de su otra mano para sentir si el cordón umbilical está enredado en torno al cuello. Esto se denomina de modo común **circular de cordón**. Un circular de cordón enredado en forma apretada en torno al cuello podría estrangular al neonato. Por tanto, debe liberarse del cuello de inmediato. Por lo general, es posible deslizar el cordón con suavidad sobre la cabeza ya nacida (o sobre el hombro, si es necesario). Si no, deberá cortarlo colocando dos pinzas separadas 5 cm (2"). sobre el ombligo y haciendo el corte entre ellas. Si el cordón está enredado más de una vez en torno al cuello, un caso raro, tendrá que colocar una pinza y hacer el corte, luego, podrá desenredar el cordón de alrededor del cuello. Maneje el cordón con gran cuidado, ya que es frágil y se desgarra con facilidad. No deje que las pinzas se desprendan hasta que haya atado los extremos del cordón. Por fortuna, el cordón por lo general no está enredado en torno del cuello del bebé ni es necesario cortarlo hasta que nace el bebé completo. No obstante, siempre debe verificar que no haya circular de cordón.

Una vez que nazca la cabeza del neonato y que se verifique que no hay circular de cordón presente, necesitará succionar el líquido amniótico de las vía aérea del bebé antes de que continúe el parto. Deberá pedir a la madre que no puje mientras realiza estos pasos, aunque su deseo de hacerlo será muy fuerte. Mientras sostiene la cabeza del neonato con una mano, succione con rapidez y eficiencia el líquido de la boca primero y luego de las narinas. Si succiona primero las narinas, puede estimular al bebé para que aspire el líquido en la boca o la faringe; dado que los lactantes respiran por la nariz, cualquier estímulo en ésta ocasionará una respuesta de boqueo. Al succionar la vía aérea, oprima completamente el bulbo de la perilla de succión antes de insertarla de 3 a 5 cm en la boca del bebé, luego libere el bulbo para succionar los líquidos y el moco con la perilla. Asegúrese de que ésta última no toque la parte posterior de la boca. Descargue el líquido en una toalla, y repita el proceso succionando en boca y narinas, dos o tres veces en cada orificio o hasta que estén limpios.

Nacimiento del cuerpo

Para el momento en que termine de succionar, lo más probable es que la madre comience a pujar de nuevo, y el hombro superior será visible en la vagina. La cabeza del bebé es la parte más grande del cuerpo. Una vez que ésta nace, el resto del neonato por lo general sale con facilidad. Sostenga la cabeza y la parte superior del cuerpo mientras salen los hombros. No jale para sacar al bebé del canal de nacimiento. Aparecerán el abdomen y las caderas, una vez que salgan, sosténgalas con la otra mano. Sujete los pies del neonato cuando salgan. Ahora el recién nacido está bien sostenido con ambas manos del TUM-B. Maneje al bebé con firmeza, pero cuidadosamente. Se sentirá resbaloso debido a una sustancia blanca, parecida al queso, llamada unto sebáceo (*vérmix caseosa*).

Tips para el TUM-B

Durante el nacimiento del bebé, deberá dividir su atención entre dos pacientes. Esto puede mantener a los dos TUM-B ocupados, incluso cuando las cosas van bien. Para asegurar que las necesidades especiales no ocasionen que descuide a un paciente, designe a un miembro de su equipo para que se ocupe principalmente de cada paciente. Pida ayuda de modo oportuno si sospecha que ambos necesitarán atención especial o si alguno necesita reanimación.

Qué documentar

Registrar el momento del nacimiento asegurará que la información esté disponible para el acta de nacimiento. Asimismo, le proporciona un punto de partida desde el cual medir los intervalos para la puntuación Apgar. Esto es todavía más importante con los nacimientos múltiples. Estará ocupado, así que considere pedir a un familiar que actúe como "medidor del tiempo".

Atención posparto

Tan pronto como nazca todo el bebé, séquelo y envuélvalo de inmediato con una cobija o una toalla y colóquelo de un lado, con la cabeza ligeramente más abajo que el resto de su cuerpo. Envuelva al bebé de manera que sólo quede expuesta su cara, asegurándose de que la parte superior de la cabeza esté cubierta. También verifique que el cuello del bebé se encuentre en posición neutra, de manera que su vía aérea permanezca abierta. Los bebés recién nacidos son muy sensibles al frío, de manera que, si es posible, deberá mantener la cobija o la toalla calientes antes de usarlas. Emplee una compresa estéril de gasa para limpiar la boca del neonato y succione de nuevo en boca y nariz. Succionar la nariz posee especial importancia porque los bebés respiran por la nariz. Si lo prefiere, puede levantar al bebé y acunarlo en su brazo al nivel de la vagina de la madre mientras hace esto, pero siempre mantenga la cabeza del nenonato ligeramente hacia abajo para evitar la aspiración. Después de succionar, mantenga al bebé al mismo nivel de la vagina de la madre hasta cortar el cordón umbilical. Si el neonato se encuentra más alto que la vagina, la sangre formará un sifón y pasará del bebé a través del cordón umbilical y de regreso a la placenta.

La temperatura corporal de un recién nacido puede caer con rapidez, así que seque y envuelva al recién nacido tan pronto como sea posible. Sólo entonces colocará las pinzas y cortará el cordón umbilical.

Una vez que nace el bebé, el cordón umbilical no tiene utilidad alguna para la madre o el neonato. La atención posparto del cordón umbilical es importante debido a que la infección se transmite con facilidad éste hacia el bebé. Utilice las dos pinzas del equipo OB y colóquelas en el cordón en algún punto entre la madre y el bebé, de preferencia a cuatro dedos del neonato. Coloque las pinzas separadas entre sí de 5 a 10 cm (2 a 4"). Una vez que estén firmes en su sitio, utilice tijeras o escalpelo estériles para cortar el cordón entre ellas, con gran cuidado. Recuerde, el cordón es frágil; si lo maneja con brusquedad, podría arrancarse del abdomen del bebé, lo cual produciría una hemorragia fatal. Una vez que coloque las pinzas, no hay necesidad de apresurarse.

Después de cortar el cordón, ate el extremo que viene del bebé. Si se trataba de un cordón nucal y lo cortó du-

Situación de urgencia — Parte 4

Le explica a su paciente la necesidad de examinarla antes de preprarla para su transporte al hospital. Mientras lo hace, ésta le dice que el día anterior, cuando acudió a consulta con su médico, tenía una dilatación de 3 cm y que perdió su tapón mucoso cerca de una hora antes. Su compañero le indica que las contracciones duran 45 segundos y que están separadas 55 segundos.

6. ¿Qué le dicen la duración de las contracciones y el intervalo que las separa?
7. ¿Qué importancia tiene la pérdida del tapón mucoso?
8. ¿En qué etapa del parto se encuentra ahora su paciente?

rante el nacimiento, éste es el momento de atarlo. No utilice hilo comunes, los cuales cortan los tejidos suaves y frágiles del cordón. Coloque un asa de la "cinta umbilical" especial en torno del cordón cerca de 3 cm más cerca del bebé que la pinza. Apriete la cinta despacio, de manera que no corte el cordón, y luego átela con firmeza mediante un nudo cuadrado. Corte los extremos de la cinta, pero no retire ninguna pinza. La parte del cordón que viene de la vagina de la madre está unida a la placenta y saldrá junto con ésta.

Para este momento, el nenonato debe tener un color rosado y debe poder respirar por sí mismo. Entréguele el bebé, envuelto en una cobija tibia, a su compañero; éste podrá vigilar al neonato y completar los cuidados iniciales. De manera alternativa, puede entregarle el bebé a la madre si ella está alerta y en condición estable, y si así lo autoriza su protocolo local. Es posible que la madre desee iniciar el amamantamiento en este punto. Debe devolver su atención a la madre y a la salida de la placenta.

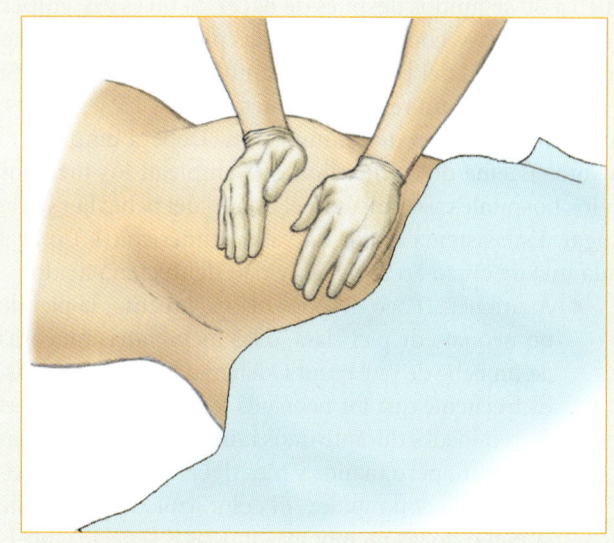

Figura 20-10 Después del nacimiento, aplique masaje en el abdomen de la madre con movimientos firmes y circulares.

Alumbramiento de la placenta

La placenta está unida al extremo del cordón umbilical que sale de la vagina de la madre. De nuevo, sólo debe dar asistencia. Lo mismo que el bebé, la placenta nace por sí sola, por lo general en un lapso de minutos después del nacimiento, aunque puede tardar hasta media hora. Nunca jale el extremo del cordón umbilical en un intento por acelerar la salida de la placenta. Podría desgarrar el cordón, la placenta o ambos, y causar una hemorragia grave, incluso mortal.

La placenta normal es redonda y mide cerca de 20 cm (7").de diámetro y 3 cm (1")de grueso. Una superficie es lisa y está recubierta con una membrana brillosa, la otra superficie es rugosa y está dividida en lóbulos. Envuelva la placenta entera y el cordón en un toalla y colóquelos en una bolsa de plástico para llevarlos al hospital. El personal de la institución los examinará para asegurarse de que haya salido la placenta entera. Si un trozo de ésta hubiera quedado dentro de la madre, podría ocasionar sangrado persistente o infección.

Después de la salida de la placenta y antes de transportarlos, coloque una compresa estéril o una toalla sanitaria sobre la vagina y estire las piernas de la madre. Puede ayudar a que el sangrado sea más lento aplicando un masaje suave en el abdomen de la madre con un movimiento firme y circular Figura 20-10 ▶. La piel abdominal estará arrugada y muy suave. Podrá sentir una masa firme, del tamaño de una toronja, en el abdomen bajo. Esto se llama fondo. A medida que aplique el masaje fúndico, el útero se contraerá y se volverá más firme. También puede colocar al bebé junto al pecho de la madre para que ésta lo amamante, lo cual estimulará la contracción del útero. Ambas cosas, el masaje del útero y hacer que el bebé estimule los pezones de la madre, causarán la producción de oxitocina, la cual es una hormona que ayudará a contraer el útero y reducirá el sangrado. Antes de llevar a la madre, a el neonato y la placenta al hospital, tome un minuto para felicitar a la madre y agradecer a todos los que le asistieron. Cuando escriba su informe médico, asegúrese de registrar la hora del nacimiento para el acta.

Por lo general ocurre cierto sangrado, casi siempre menos de 500 mL, antes de que nazca la placenta. Las siguientes son situaciones de emergencia:

- Si transcurren más de 30 min y la placenta no sale.
- Hay sangrado de más de 500 mL antes del alumbramiento de la placenta.
- Hay sangrado significativo después de la expulsión de la placenta.

Si ocurre uno o más de estos eventos, transporte a la madre y el neonato al hospital con prontitud. Coloque una compresa estéril o una toalla sanitaria sobre la vagina de la madre y colóquela en posición de choque, administre oxígeno y vigile sus signos vitales muy de cerca. Nunca introduzca nada en la vagina.

Evaluación y reanimación neonatales

Antes de manejar a un nenonato, recuerde que debe usar guantes y seguir las precauciones ASC. Tan pronto nazca el bebé, deberá completar una evaluación inicial. Por lo general un neonato comenzará a respirar de modo espontáneo en 15 a 20 segundos después de nacer. Si no es así, golpee o dé capirotazos con suavidad en las plantas de los pies, o frote la espalda del bebé para estimular la respiración. Si el recién nacido no respira después de 10 a 15 segundos, inicie los esfuerzos de reanimación. Deberá emplear el mismo sistema de calificación que emplean los médicos en los hospitales para evaluar el estado del bebé: la <u>escala Apgar</u>. Este sistema asigna un valor numérico (0, 1 o 2) a cada una de cinco áreas de actividad del recién nacido:

- **Apariencia.** Poco después del nacimiento, la piel de un neonato de piel clara, o las membranas mucosas de un bebé de piel oscura, deberán tornarse rosadas. Es frecuente que los neonatos tengan cianosis de las extremidades durante unos minutos después del nacimiento, pero manos y pies deberán tomar un color rosado con rapidez. El color azulado general de la piel o de las membranas mucosas señala cianosis central.
- **Pulso.** Si no está disponible un estetoscopio, puede medir las pulsaciones con sus dedos en el cordón umbilical o en la arteria braquial. Desde luego, un bebé sin pulso requiere RCP inmediata.
- **Gestos o irritabilidad.** Muecas, llanto o alejamiento en respuesta a los estímulos resultan normales en un neonato e indican que el recién nacido va bien. La manera de probar esto es dar un ligero golpe con el dedo contra la planta del pie del bebé.
- **Actividad o tono muscular.** El grado de tono muscular indica la oxigenación de los tejidos del recién nacido. Normalmente, las caderas y rodillas están flexionados al nacer, y, en cierto grado, el neonato se resistirá a los intentos de estirarlas. Un recién nacido no debe parecer de trapo ni estar desmadejado.

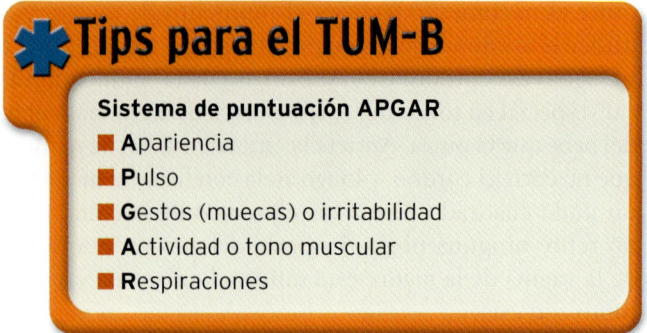

Tips para el TUM-B

Sistema de puntuación APGAR
- **A**pariencia
- **P**ulso
- **G**estos (muecas) o irritabilidad
- **A**ctividad o tono muscular
- **R**espiraciones

- **Respiraciones.** En forma normal, las respiraciones del recién nacido son regulares y rápidas, con llanto fuerte y bueno. Si las respiraciones son lentas, superficiales o trabajosas, o si el llanto es débil, es posible que el recién nacido tenga insuficiencia respiratoria y deba asistirlo con ventilación. La ausencia completa de respiraciones o llanto es, obviamente, un signo muy grave; además de la ventilación asisitida, es posible que sea necesaria la RCP.

El total de los cinco números es la puntuación Apgar. La calificación perfecta es 10. La puntuación Apgar deberá calcularse en el primer minuto después del nacimiento y 5 min después de éste. La mayoría de los neonatos tendrán una calificación de 7 u 8 en el minuto 1 y de 8 a 10 después de 4 min. El **Cuadro 20-2** muestra cómo calcular una puntuación Apgar.

Considere la siguiente situación de parto. Asistió al nacimiento o llegó y se encontró con que el parto ya había tenido lugar. Ahora tiene dos pacientes que requieren evaluación y cuidados: la madre y el neonato. Siga estos pasos para evaluar al recién nacido:

CUADRO 20-2 Sistema de calificación Apgar

Área de actividad	Puntuación		
	2	1	0
Apariencia	Todo el bebé se ve rosado.	El cuerpo es rosado, pero manos y pies permanecen azules.	Todo el bebé se ve azul o pálido.
Pulso	Más de 100 latidos/min.	Menos de 100 latidos/min.	Pulso ausente.
Gesto o irritabilidad	El bebé llora y trata de mover el pie alejándolo del dedo que le golpeó la planta.	El bebé emite un grito débil en respuesta al estímulo.	El bebé no llora ni reacciona al estímulo.
Actividad o tono muscular	El neonato se resiste a los intentos por estirarle sus caderas y rodillas.	El bebé hace intentos débiles por resistir al estiramiento.	El bebé está totalmente desguanzado, sin tono muscular.
Respiración	Respiraciones rápidas.	Respiraciones lentas.	Ausencia de respiraciones.

1. **Calcule con rapidez la puntuación Apgar** para establecer los valores iniciales de las funciones vitales del bebé.
2. **La succión y estimulación** deben dar como resultado un aumento inmediato en las respiraciones. Si no es así, deberá iniciar la ventilación artificial de acuerdo con los protocolos del SVB (Cuadro 20-3 ▼). A diferencia de los adultos, que pueden tener un paro cardiaco súbito, los neonatos que tienen problemas por lo general poseen un paro respiratorio primero. Por tanto, es esencial mantener al recién nacido con ventilación y oxigenación adecuadas.
3. **Si el recién nacido respira bien**, deberá revisar la frecuencia del pulso por palpación del pulso braquial o las pulsaciones del cordón umbilical. Esta frecuencia deberá ser de, por lo menos, 100 latidos/min. Si no es así, inicie la ventilación artificial. Ésta por sí sola puede incrementar la frecuencia del pulso del bebé. Reevalúe las respiraciones y la frecuencia cardiaca por lo menos cada 30 segundos para asegurarse de que la velocidad del pulso aumenta y que las respiraciones se vuelven espontáneas.
4. **Evalúe el color de piel del recién nacido.** Está en busca de cianosis central. Si la encuentra, administre oxígeno de flujo elevado (10 a 15 L/min) mediante tubos de oxígeno que se sostienen cerca de la cara del neonato.

⚠️ Necesidades pediátricas

La información actual sobre reanimación neonatal varía de lo que puede haber aprendido en los cursos de prerrequisitios de SVB, los cuales no hacen diferencias entre un lactante y un neonato (recién nacido). Asegúrese de conocer sus protocolos locales sobre reanimación neonatal.

5. **Recuerde, ahora tiene dos pacientes.** Deberá solicitar una segunda unidad lo más pronto posible si determina que el recién nacido tiene problemas.

Para evaluar la respiración de un recién nacido, observe si éste está llorando. El llanto es prueba de que el bebé respira. La respiración de un neonato puede ser ligeramente irregular, esto es normal. Jadeos y gruñidos por lo general son signos de incremento en el trabajo respiratorio y de dificultad respiratoria.

Si la respiración del bebé no es visible, éste requiere intervención inmediata. En ocasiones es posible estimular la respiración con sólo tocar al recién nacido y succionar. Si el bebé aún jadea después de secarlo y succionarlo, es probable que una mayor estimulación no mejore la ventilación. Si la estimulación no es eficaz o el bebé aún jadea, se requerirá ventilación asistida.

En situaciones en las cuales se requieren ventilaciones asistidas, empleará un dispositivo BVM para neonatos (Figura 20-11 ▼). Cubra boca y nariz del recién nacido con la mascarilla e inicie la ventilación con oxígeno de flujo elevado a una velocidad de 40 a 60 respiraciones/min. Asegúrese de tener un buen sello entre mascarilla y cara. Emplee presión suave para hacer que el pecho se levante con cada respiración. En un inicio, es posible que sea necesario derivar la válvula de sobrepresión para lograr esto.

CUADRO 20-3 Medidas de rescate para un recién nacido que no respira

Evaluación y apoyo	■ Temperatura (caliente y seco) ■ Vía **A**érea (posición y succión) ■ **B**- Respiración (estimular para el llanto) ■ **C**irculación (frecuencia cardiaca y color)
Intervenciones de soporte vital básico	■ Seque y caliente al bebé. ■ Limpie la vía aérea con una jeringa. ■ Estimule al neonato si no responde. ■ Use un dispositivo BVM para ventilar al neonato si es necesario. Esto se requiere en raras ocasiones. ■ Realice compresiones del pecho si no hay pulso.

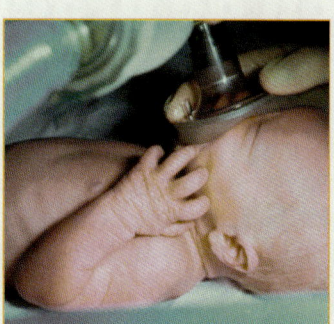

Figura 20-11
Utilice una mascarilla de bolsa para lactante y asegúrese de cubrir la nariz y boca del neonato. Ventile con oxígeno de flujo elevado a una proporción de 40 a 60 respiraciones/min.

La ventilación asistida tuvo éxito si puede ver ambos lados del pecho elevarse y escucha sonidos respiratorios. Después de 30 segundos de ventilaciones adecuadas, evalúe la frecuencia cardiaca. Si ésta es de, por lo menos, 100 latidos/min y el recién nacido respira de modo espontáneo, puede detener la ventilación asistida. No la detenga de repente; disminuya de modo paulatino la frecuencia y presión de las ventilaciones para determinar si el recién nacido continuará con una respiración adecuada por sí mismo. Si no es así, mantenga la ventilación asistida hasta que lo haga. Es posible que encuentre que estimular con suavidad al neonato mediante la frotación le ayudará a mantener sus respiraciones.

Si la frecuencia cardiaca es menos de 60 latidos/min y no aumenta con la ventilación, continúe con la ventilación asistida e inicie las compresiones cardiacas. Aunque este recién nacido tenga pulso, la frecuencia cardiaca y la salida de sangre del corazón no son adecuadas para las necesidades de un recién nacido.

Hay dos maneras de dar compresiones de pecho a un neonato. Siga los pasos de las **Destrezas 20-2**, que indican el método preferencial:

1. **Encuentre la posición adecuada:** un dedo por debajo de una línea imaginaria trazada entre los pezones, en el tercio medio del esternón (**Paso 1**).
2. **En un neonato normal, de tamaño a término, coloque ambas manos rodeando el cuerpo del bebé, de manera que sus pulgares estén lado a lado,** apoyados en el tercio medio del esternón y el resto de sus dedos rodeen el tórax. En bebés prematuros o muy pequeños es posible que tenga que colocar un pulgar sobre el otro para realizar compresiones del pecho (**Paso 2**).
3. **Presione ambos pulgares con suavidad contra el esternón.** El pecho del recién nacido es fácil de comprimir. Utilice sólo fuerza suficiente para comprimir el esternón un tercio de la profundidad del pecho (**Paso 3**).

Si sus manos son demasiado pequeñas para rodear el pecho, deberá usar los dedos medio y anular de una mano para proporcionar las compresiones, mientras su otra mano sostiene la espalda del bebé.

Durante la pausa después de cada tercer compresión, se aplica ventilación con un dispositivo BVM. Deberá aplicar 100 compresiones y 20 ventilaciones por minuto para obtener un total de 120 "eventos" por minuto. Tenga en mente que la ventilación es absolutamente crucial para el éxito en la reanimación del neonato.

Si el recién nacido no comienza a respirar por sí mismo o no tiene una frecuencia cardiaca adecuada, continúe la RCP en camino al hospital. Una vez que se inicia la RCP no se detenga hasta que el neonato responda con respiraciones y ritmos cardiacos adecuados o un médico lo declare muerto. ¡No se dé por vencido! Muchos neonatos han sobrevivido sin daño cerebral después de periodos prolongados de RCP eficaz. Si el recién nacido se presenta con dificultades, no deberá esperar a medir la puntuación Apgar, sino iniciar con las medidas de cuidado adecuado de inmediato.

Emergencias por partos anormales o complicados

Nacimiento de nalgas

La <u>presentación</u> es la posición en la cual nace un bebé, la parte del cuerpo que sale primero. En la mayoría de los casos lo primero en salir es la cabeza, en lo que se llama presentación de vértice. En ocasiones, los glúteos salen primero. Esto se denomina <u>presentación pelviana o de nalgas</u> **Figura 20-12**. Con esta presentación, el bebé está en riesgo de sufrir traumatismo durante el nacimiento. Además, el prolapso del cordón umbilical es más común. Los nacimientos de nalgas por lo general son lentos, así que hay tiempo de llevar a la madre al hospital. No

---

Situación de urgencia — Parte 5

Al examinar a la madre, se encuentra con que el bebé está coronando. Usted y su compañero se preparan para un nacimiento inminente. Su compañero notifica a la central sobre la situación y solicita apoyo del SVA en caso de complicaciones. Su compañero también notifica a dirección médica. Usted asiste con rapidez a la paciente para situarla sobre el suelo. Por medio de su equipo OB, prepara un campo estéril para el parto. Su paciente le dice que necesita pujar. Con la siguiente contracción, nace la cabeza del bebé, con la cara hacia abajo.

9. ¿Al succionar al bebé, succiona primero la nariz o la boca?
10. ¿Cuál es el siguiente paso?

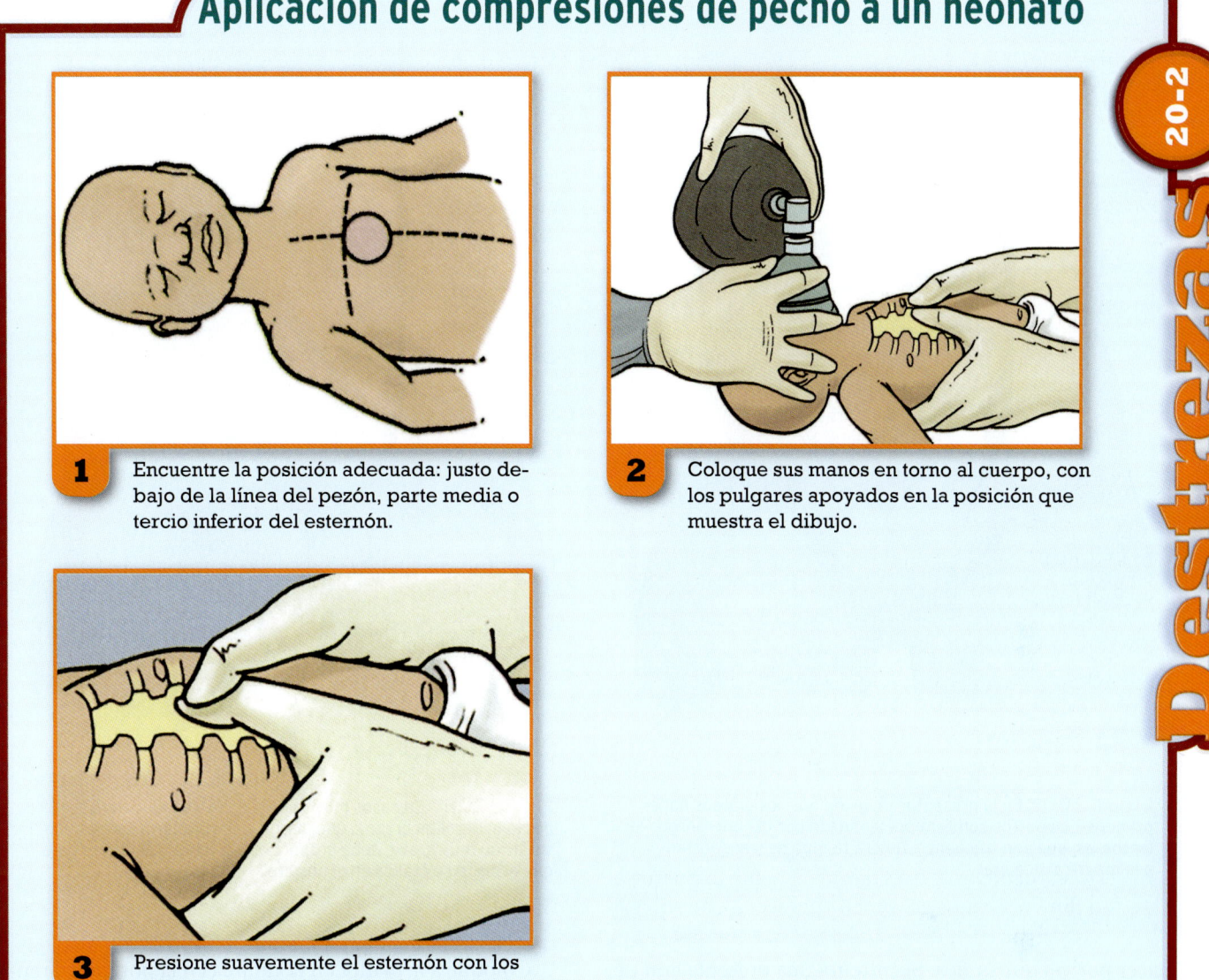

Aplicación de compresiones de pecho a un neonato

1 Encuentre la posición adecuada: justo debajo de la línea del pezón, parte media o tercio inferior del esternón.

2 Coloque sus manos en torno al cuerpo, con los pulgares apoyados en la posición que muestra el dibujo.

3 Presione suavemente el esternón con los pulgares y comprima el pecho con una profundidad de 0.5 a 1.5 cm (½ a ¾").

obstante, si los glúteos ya pasaron por la vagina, el nacimiento está en curso y deberá seguir los procedimientos de emergencia y pedir apoyo del SVA. En general, si la madre no da a luz en un lapso de 10 min de la presentación de nalgas, proporcione pronto transporte. Pida a dirección médica que lo guíe en esta situación difícil.

Las preparaciones para un nacimiento de nalgas son las mismas que para un parto de vértice. Ponga en posición a la madre, desenvuelva su equipo de emergencia para partos y colóquese, junto con su compañero, como lo haría para un parto normal. Deje que glúteos y piernas nazcan de modo espontáneo, apoyándolos con su mano para evitar una expulsión rápida. Los glúteos por lo general saldrán con facilidad. Deje que las piernas cuelguen en ambos lados de su brazo mientras sostiene el tronco y el pecho mientras nacen. La cabeza casi siempre está cara abajo y debe permitir que salga de manera espontánea. Mientras nace la cabeza, deberá mantener la vía aérea del neonato abierta: forme una "V" con sus dedos enguantados y luego colóquelos dentro de la vagina para evitar que las paredes de esta compriman dicha vía aérea. *Ésta es una de sólo dos circunstancias en las cuales debe introducir los dedos en la vagina.*

Presentaciones raras

En ocasiones muy raras, la parte de presentación del bebé no es la cabeza ni las nalgas, sino un brazo, una pierna o un pie. Esto se denomina **presentación de extremidades** Figura 20-13 ▶. No puede asistir al nacimiento con tal presentación en el campo. Casi siempre estos bebés deben

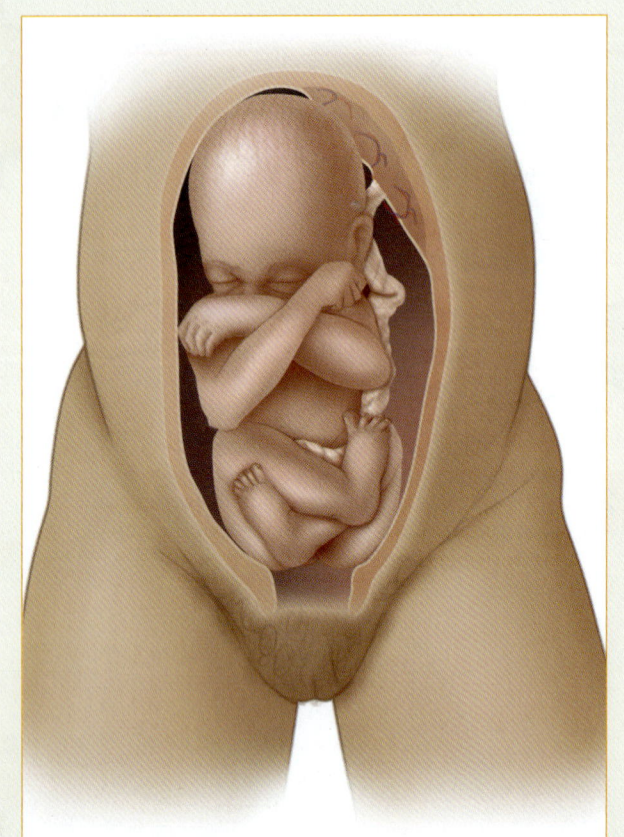

Figura 20-12 En la presentación de nalgas, los glúteos nacen primero. Los partos con esta presentación por lo general son lentos, así que con frecuencia tendrá tiempo de transportar a la madre al hospital.

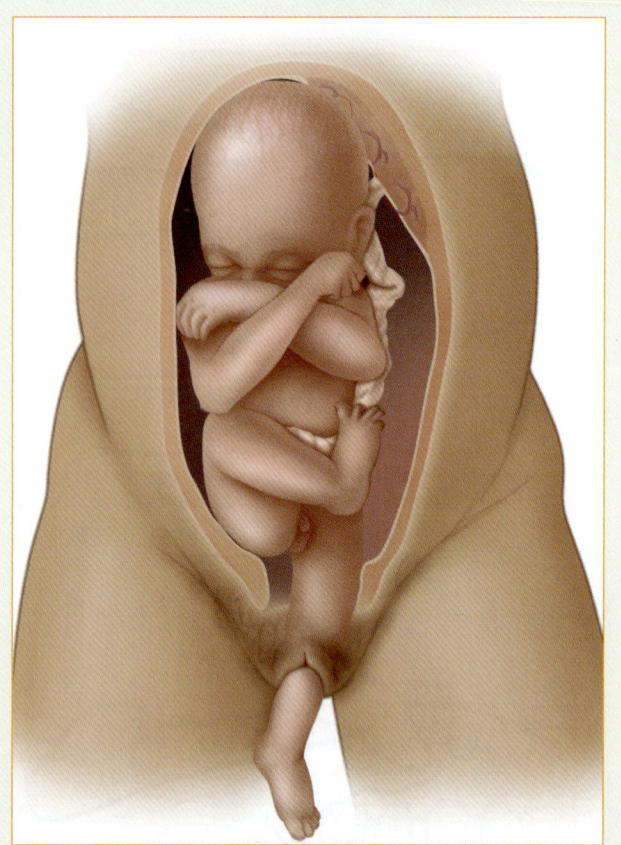

Figura 20-13 En casos muy raros, una extremidad del bebé, por lo general un brazo o una pierna, nace primero. Ésta es una situación muy grave, debe proporcionar pronto transporte para que el parto se realice en el hospital.

nacer por vía quirúrgica. Si enfrenta una presentación de extremidad, debe transportar a la madre al hospital de inmediato. Si sobresale un miembro, cúbralo con una toalla estéril. Nunca intente empujarlo de regreso ni lo jale. Coloque a la madre acostada con la cabeza baja y la pelvis elevada. Dado que ambos, la madre y el bebé, pueden sufrir estrés físico en esta situación, recuerde administrar a la madre oxígeno de flujo elevado.

El <u>prolapso del cordón umbilical</u>, una situación en la cual el cordón umbilical sale de la vagina antes que el bebé (Figura 20-14 ▶), es otra presentación rara que debe manejarse en el hospital. Esta situación es muy peligrosa, porque la cabeza del neonato comprimirá el cordón durante el nacimiento y cortará la respiración hacia el feto, privándolo de sangre oxigenada. No intente empujar el cordón de regreso a la vagina. El prolapso del cordón umbilical por lo general ocurre al inicio del parto cuando se rompe el saco amniótico. Como resultado, hay tiempo de llevar a la madre al hospital. Su trabajo consiste en intentar evitar que la cabeza del bebé comprima el cordón.

Coloque a la madre en la camilla en la posición Trendelenburg, con las caderas elevadas sobre una almohada o una sábana doblada. De modo alternativo, la madre debe colocarse en una posición de rodillas al pecho, arrodillada y agachada hacia el frente, cara abajo. El objetivo de cualquiera de estas posiciones es ayudar a evitar que el peso del bebé aplaste el cordón. Inserte con cuidado su mano estéril y enguantada en la vagina y empuje con suavidad la cabeza del bebé alejándola del cordón umbilical. *Observe que ésta es la segunda ocasión única en la que de hecho debe colocar la mano dentro de la vagina.* Envuelva una toalla estéril, empapada con salina, alrededor del cordón expuesto. Administre a la madre oxígeno en flujo elevado, y transpórtela con rapidez.

Sangrado excesivo

Siempre ocurre algo de sangrado durante el parto; sin embargo, un sangrado que excede la cantidad aproximada de 500 mL se considera excesivo. Aunque una pérdida de sangre de hasta 500 mL se tolera, deberá seguir aplicando masaje al útero después del nacimiento. Asegúrese de revisar su técnica

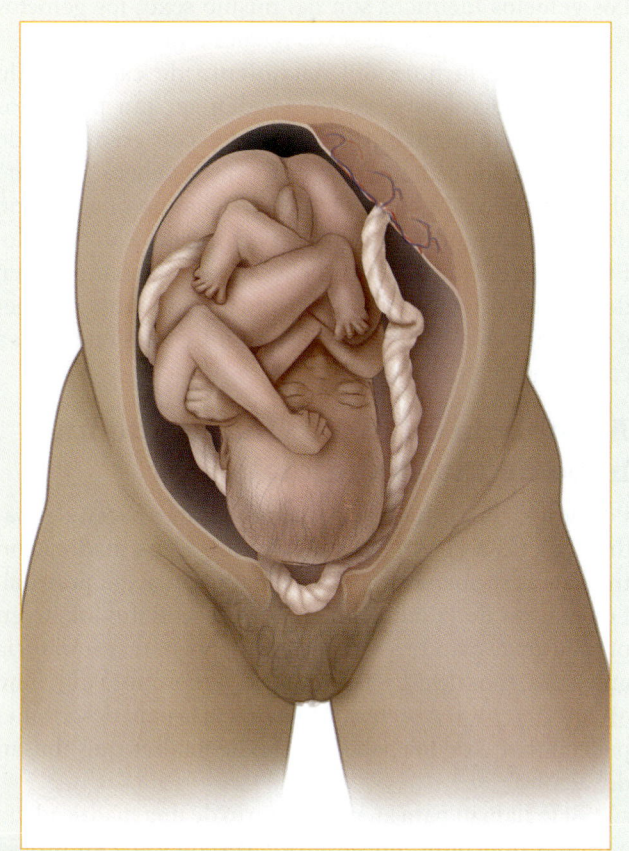

Figura 20-14 Un cordón umbilical prolapsado, otra situación rara, es muy peligroso y debe atenderse en el hospital.

de masaje si el sangrado continúa. Si la madre parece estar en choque, trátela de acuerdo con ello y transporte, mientras aplica masaje al útero en el camino. Hay otras causas posibles de sangrado excesivo, todas las cuales pueden ser graves y requieren atención de emergencia. Trate este problema cubriendo la vagina con una compresa estéril y cámbiela con la frecuencia necesaria. No deseche estas compresas empapadas en sangre el personal hospitalario las usará para calcular la cantidad de sangre que ha perdido la madre. Asimismo, guarde cualquier tejido que haya salido por la vagina.

Coloque a la madre en posición de choque, administre oxígeno, vigile los signos vitales con frecuencia y transpórtela de inmediato al hospital. Nunca sostenga las piernas de la madre juntas en un intento por detener el sangrado, y nunca tapone la vagina con compresas de gasa en un intento por controlar la hemorragia.

Espina bífida

La espina bífida es un defecto del desarrollo en el cual una parte de la médula espinal o las meninges puede sobresalir hacia el exterior de las vértebras y quizá incluso fuera del cuerpo. Esto se ve con gran facilidad en la espalda del recién nacido y por lo general ocurre en el tercio inferior de la espalda, en el área lumbar. Es en extremo importante cubrir el área abierta de la médula espinal con una compresa estéril y húmeda inmediatamente después del nacimiento. Esto evita la infección, lo cual puede ser fatal para uno de estos neonatos. Se trata de algo que puede hacer como TUM-B y que impacta en gran medida la capacidad de un recién nacido de tener un resultado positivo. No obstante, el mantenimiento de la temperatura corporal es muy importante cuando se aplica una compresa estéril y húmeda, porque la humedad puede reducir la temperatura corporal del recién nacido. Para evitar esto, pida a alguien que sujete al neonato junto a su cuerpo. Esto proporciona al bebé calor a la temperatura correcta.

Aborto (malparto)

El nacimiento del feto y la placenta antes de las 20 semanas se denomina aborto o malparto. Los abortos pueden ser espontáneos, sin una causa obvia conocida, o deliberados. Estos últimos pueden ser autoinducidos por la propia madre o por alguien más, o planeados y efectuados en un hospital o clínica. Sin importar las razones para el aborto, éste puede causar complicaciones que quizá deba tratar.

Las complicaciones más graves del aborto son el sangrado y la infección. El sangrado puede resultar de que queden porciones de feto o placenta en el útero (aborto incompleto) o de lesiones en la pared del útero (perforación de éste y posiblemente del intestino o de la vejiga

Situación de urgencia — Parte 6

Asiste con éxito el parto de una hermosa bebé. Succiona su boca y luego su nariz, la seca y la envuelve en un cobertor. Corta su cordón umbilical y atiende el alumbramiento de la placenta. Llega el personal de SVA.

11. ¿Qué debe hacer a continuación?

adyacentes). La infección puede producirse por dicha perforación y por el uso de instrumentos sin esterilizar. Si la madre está en choque, trátela y transporte con prontitud al hospital. Reúna y lleve consigo cualquier tejido que salga por la vagina. Nunca intente sacar tejido de la vagina; en lugar de ello, cubra con una compresa estéril.

De nueva cuenta, cuando encuentre una paciente que está en choque como resultado de las complicaciones del aborto, asegúrese de evaluar la situación; efectúe su valoración inicial, el historial y examen físico enfocados y determine los signos vitales iniciales.

En raros casos de aborto puede ocurrir sangrado masivo y ocasionar choque hipovolémico o hemorrágico grave. En estos casos, proporcione transporte inmediato al departamento de emergencia.

Parto múltiple

Uno de cada 80 nacimientos corresponde a gemelos. En ocasiones, hay antecedentes familiares de gemelos. La madre puede sospechar que tendrá gemelos porque presentará un abdomen desusadamente grande. No obstante, por lo general los gemelos se diagnostican al inicio del embarazo con técnicas modernas de ultrasonido. Con los gemelos, esté preparado siempre para más de una reanimación y solicite apoyo.

Los gemelos son más pequeños que los bebés individuales, es típico que el parto no sea difícil. Considere la posibilidad de que se trate de gemelos siempre que el primer neonato sea pequeño o que el abdomen de la madre permanezca de gran tamaño después de un nacimiento. También deberá preguntarle a la paciente acerca de la posibilidad de que tenga dos o más bebés. Si se trata de gemelos, el segundo por lo general nacerá cerca de 45 min después del primero. Cerca de 10 min del primer parto, se iniciarán de nuevo las contracciones y el proceso de nacimiento se repetirá.

El proceso para recibir gemelos es el mismo que el requerido para bebés individuales. Coloque las pinzas en el cordón umbilical del primer bebé y córtelo tan pronto como salga el primer neonato y antes de que nazca el segundo. Éste último puede nacer antes o después de la primera placenta. Es posible que haya una sola placenta o que haya dos. Después del alumbramiento de la placenta, revise si ésta tiene uno o dos cordones umbilicales. Si salen dos cordones umbilicales de una placenta, los gemelos se llaman idénticos; si sólo hay un cordón umbilical en la placenta, entonces los gemelos son fraternos y habrá dos placentas. En ocasiones, las dos placentas de los gemelos fraternos están fusionadas, así que podría pensar que se trata de gemelos idénticos. Recuerde, si sólo ve un cordón umbilical que sale de la primera placenta, aún debe nacer otra placenta. No obstante, si ambos cordones están unidos a la misma placenta, el parto ha terminado.

Los gemelos idénticos son del mismo sexo; los gemelos fraternos pueden ser de sexos iguales o diferentes.

Registre la hora del nacimiento de cada gemelo por separado. Los gemelos pueden ser tan pequeños que parezcan prematuros, manéjelos con gran cuidado y manténgalos calientes. En estos casos deberá "marcar" al primer neonato como el "Bebé A" atando una porción de cinta umbilical, sin apretar, en torno a un tobillo. En un parto de más de dos bebés, puede incidar el orden de nacimiento anotándolo en un trozo de cinta que pegará sobre el cobertor o toalla con los cuales envuelva a cada bebé.

Asistencia en el nacimiento de un bebé de madre adicta

Por desgracia, cada vez hay más bebés que nacen de madres adictas a las drogas o el alcohol. Estas madres con frecuencia reciben muy poca o ninguna atención prenatal. Los efectos de la adicción sobre los neonatos incluyen prematurez, bajo peso al nacer y depresión respiratoria grave. Algunos de estos recién nacidos morirán. <u>Síndrome alcohólico fetal</u> es el término que se usa para describir el padecimiento de los bebé nacidos de madres que abusan del alcohol.

Si lo llaman para atender el parto de una madre adicta a drogas o alcohol, preste especial atención a su propia seguridad. Como en todos los demás casos, siga las precauciones de ASC. Use goggles, tapabocas y guantes estériles en todo momento. Los indicios de que se trata de una madre adicta pueden incluir la presencia de parafernalia relacionada con drogas, botellas vacías de vino o licor, y declaraciones efectuadas por vecinos o por la propia madre. Es probable que el recién nacido de un madre adicta necesite atención inmediata en un hospital. Atienda el parto como se indica antes, pero esté preparado para dar asistencia respiratoria al neonato y administre oxígeno durante el transporte. No juzgue ni sermonee a la madre. Su papel es ayudar a nacer al bebé lo mejor posible y transportarlos a ambos, neonato y madre, al hospital.

Asistencia en el nacimiento de un bebé de madre diabética

Los bebés de madres que cursan con diabetes gestacional o diabetes *mellitus* por lo regular son macrosómicos, lo cual dificulta la atención del parto. Asimismo, hay que estar preparado para las complicaciones de las cuales la principal es que el producto minutos después del nacimiento haga hipoglucemia. Si existe este antecedente se debe realizar dextrosis al bebé y en caso de hipoglucemia dar a la mamá para iniciar alimentación a seno materno o bien, si la madre no está en condiciones de amamantar, dar al bebé solución glucosada vía oral.

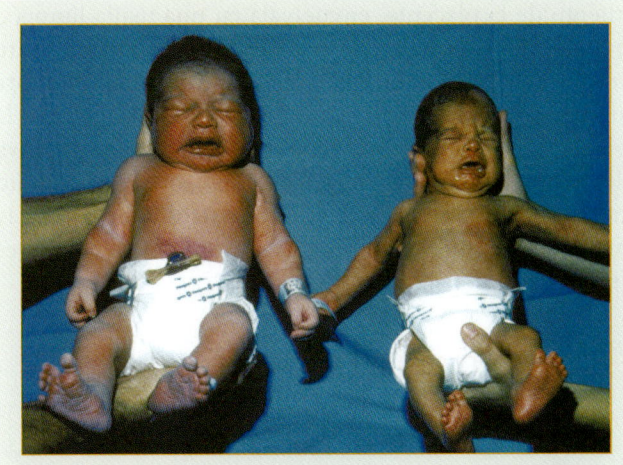

Figura 20-15 Los neonatos prematuros (derecha) son más pequeños y delgados que los bebés a término.

Bebé prematuro

El periodo normal de gestación o desarrollo prenatal es de nueve meses de calendario o 40 semanas. Un neonato normal, individual, pesará cerca de 3.2 kg (7 lb) al nacer. Cualquier bebé que nazca antes de los ocho meses (36 semanas de gestación) o pese menos de 2.3 kg (5 lb) al nacer se considera prematuro. Esta determinación no siempre es fácil de hacer. Con frecuencia, no es posible determinar el tiempo exacto de gestación. Dado que quizá carezca de báscula para pesar al neonato, tendrá que usar lineamientos físicos. Un bebé prematuro es más pequeño y delgado que uno a término, su cabeza es proporcionalmente mayor en comparación con el resto de su cuerpo **Figura 20-15**. El unto sebáceo, una cubierta grasosa y blanca sobre la piel que se encuentra en el neonato a término, estará ausente en el bebé prematuro o será mínima. Asimismo, habrá menos vello corporal.

Los neonatos prematuros necesitan cuidados especiales para sobrevivir. Con frecuencia requieren reanimación, la cual deberá realizarse a menos que sea físicamente imposible. Con estos cuidados, bebés tan pequeños que pesan 500 g (1 lb) han sobrevivido y tenido un desarrollo normal. Siga estos procedimientos cuando maneje a un bebé prematuro:

1. **Mantenga caliente al recién nacido.** Seque al bebé tan pronto nazca y luego retire las toallas mojadas. Envuélvalo en una cobija caliente, con la cara expuesta, pero la cabeza cubierta. Mantenga al bebé en un sitio donde la temperatura sea de entre 32.2 y 35 °C (90 y 95 °F).
2. **Mantenga boca y nariz libres de moco.** Lo mismo que todos los recién nacidos, los prematuros respiran por la nariz, y sus pequeños conductos nasales pueden obstruirse con facilidad. Use la jeringa de bulbo para succionar la boca y las narinas con frecuencia. Maneje al bebé con gran cuidado.
3. **Observe con cuidado** el corte del cordón en el extremo del infante, asegúrese de que no sangre. La pérdida de incluso unas gotas de sangre puede ser muy grave.
4. **Administre oxígeno.** Abra la válvula del tanque de oxígeno despacio para proporcionar una corriente estable de oxígeno (cerca de 70 a 100 burbujas por minuto por medio de la botella de agua conectada al tanque de oxígeno). No dirija la corriente de oxígeno a la boca del bebé, sino a una pequeña "tienda" sobre la cabeza del neonato; puede usar un cobertor o un pedazo de papel aluminio para hacer la tienda. Aunque hay cierto peligro para un bebé prematuro al recibir concentraciones muy altas de oxígeno, no hay peligro si se administra durante un tiempo breve de esta manera.
5. **No infecte al bebé.** Los neonatos prematuros son muy susceptibles a la infección. Protéjalos de la contaminación. No respire directamente sobre la cara del recién nacido. Su cubrebocas le ayudará a crear una barrera. Mantenga a todos los demás lo más lejos posible del bebé.
6. **Notifique al hospital.** ¿Cuenta su sistema con un equipo de transporte neonatal (de recién nacidos) con personal y equipo especializados para la atención de neonatos prematuros o enfermos? Si es así, asegúrese de comunicarse con el hospital antes de dejar la escena de manera que dirección médica pueda decidir si llamar a dicho equipo. Si no es así, deberá notificar de cualquier forma al hospital lo más pronto posible de manera que el personal pueda estar listo para recibir al bebé prematuro y a la madre. Evite retrasos innecesarios en la escena.

Quizá tenga acceso a un portabebé especializado para neonatos prematuros, el cual puede emplearse para la atención y el transporte inmediatos. Las provisiones del portabebé pueden incluir un cojín acolchado, cobertor para bebé, pañal, termómetro, tubo y bulbo para succión, pinza Kelly estéril y, lo más importante, botellas de agua caliente y un cilindro de oxígeno con los aditamentos necesarios. Llene las botellas de agua caliente y fórrelas bien de manera que no entren en contacto directo con la piel del bebé. Coloque una en el fondo del portabebé y otra a cada lado del espacio para el recién nacido. Una vez que envuelva al bebé en una cobija y lo coloque dentro del portabebé, asegure éste último dentro del vehículo.

Mantenga la temperatura del vehículo de 32.2 a 35 °C (90 a 95° F) mientras transporta al neonato y a la madre al hospital. Si no cuenta con un portabebé especial, deberá mantener el bebé prematuro caliente con cobijas adicionales, paquetes térmicos y calentando el compartimento del paciente. Cualquier retraso reducirá la temperatura corporal del recién nacido.

Muerte fetal

Desafortunadamente, quizá se encuentre con que asistió al nacimiento de un bebé que murió en el útero de la madre antes del parto. Ésta será una verdadera prueba de sus capacidades médicas, emocionales y sociales. Los padres en duelo presentarán una gran aflicción emocional y quizás incluso sean hostiles, lo cual requerirá de su total profesionalismo y sus capacidades de apoyo.

El inicio del parto puede ser prematuro, pero en los demás aspectos el trabajo de parto será normal en la mayoría de los casos. Si una infección uterina ocasionó la muerte, quizá note un olor en extremo desagradable. El neonato puede presentar ampollas, desprendimiento de la piel y manchas oscuras, según la etapa de descomposición. La cabeza estará blanda y quizá tendrá horribles deformaciones.

No intente reanimar un neonato que obviamente está muerto. No obstante, no confunda a un neonato como este con aquellos que tuvieron un paro cardiopulmonar como complicación del proceso de nacimiento. Deberá intentar reanimar a los neonatos con apariencia normal.

Parto sin materiales estériles

En raras ocasiones, quizá deba asistir a un parto sin un equipo OB estéril. Incluso si carece del material estéril para el parto, siempre deberá contar con goggles y guantes estériles. Éstos están destinados a proteger al TUM-B tanto como a la madre y al bebé. Realice el parto como si tuviera a mano material estéril. Si es posible, emplee sábanas y toallas limpias que no se hayan empleado desde que se lavaron. Tan pronto como nazca el bebé, limpie el interior de su boca con su dedo para eliminar sangre y moco. Sin el paquete OB, no deberá cortar ni amarrar el cordón umbilical. En lugar de ello, tan pronto suceda el alumbramiento de la placenta, envuélvala en una toalla limpia o póngala en una bolsa de plástico y transpórtela junto con el bebé y la madre al hospital. Mantenga siempre al bebé y la placenta al mismo nivel, o eleve un poco la placenta si es posible, de manera que la sangre no fluya del bebé a la placenta. Asegúrese de manener al neonato caliente. Como en el caso de otros partos, observe si hay presencia de líquido teñido de verde o de secreciones (manchado por meconio).

Emergencias ginecológicas

En ocasiones, mujeres que no están embarazadas tendrán problemas ginecológicos mayores que requieren atención médica urgente. Éstos incluyen sangrado excesivo y lesiones en tejido blando en los genitales externos. Estas partes genitales poseen una rica innervación, lo cual hace que las lesiones sean muy dolorosas.

Trate laceraciones, abrasiones y desgarraduras con compresas estériles húmedas; emplee presión local para controlar el sangrado y un vendaje tipo pañal para sostener las compresas en su lugar. Deje cualquier cuerpo extraño en el sitio que se encuentra después de estabilizarlo con vendajes. Bajo ninguna circunstancia debe taponar ni colocar compresas dentro de la vagina. Mantenga la vigilancia de estas pacientes mientras las transporta al departamento de emergencia. Las contusiones y otros traumatismos contundentes requerirán evaluación cuidadosa en el hospital.

Aunque quizá no conozca la causa exacta de una emergencia ginecológica, deberá tratar a estas personas como lo haría con cualquier otra víctima con pérdida de sangre: observe las precauciones ASC, asegure el mantenimiento de la vía aérea, aplique oxígeno, tome y documente los signos vitales y trate para cualquier signo de choque mientras hace arreglos para un pronto transporte.

Situación de urgencia — Resumen

Cuando el nacimiento sea inminente, intente preparar un campo para el parto lo más estéril que sea posible. Mantenga una buena comunicación con su paciente. Esté siempre preparado para la posible necesidad de reanimación y proporcione tratamiento para la madre y el nuevo bebé.

Emergencias obstétricas y ginecológicas

Evaluación de la escena
Las precauciones de aislamiento de sustancias corporales deben incluir un mínimo de guantes, cubrebocas y protección ocular. Verifique la seguridad de la escena y determine NE/ML. Considere el número de pacientes, la necesidad de ayuda adicional/SVA y la estabilización de columna vertebral.

Evaluación inicial

- **Impresión general**
Determine el nivel de conciencia y encuentre y trate cualquier amenaza inmediata para la vida. Determine la prioridad de la atención con base en el entorno y la queja principal de la paciente.

- **Vía aérea**
Asegure la vía aérea de la paciente.

- **Respiración**
Proporcione oxígeno de alto flujo a 15 L/min. Evalúe la profundidad y la frecuencia respiratorias y proporcione ventilación según se requiera.

- **Circulación**
Evalúe la frecuencia del pulso y su calidad; observe el color, temperatura y condición de la piel y trate de acuerdo con ello. Trate para cualquier signo de choque.

- **Decisión de transporte**
Si el nacimiento del bebé no es inminente, proporcione transporte con prontitud.

Historial y examen físico enfocados

NOTA: el orden de los pasos en el historial y el examen enfocados difiere de acuerdo con el estado de conciencia de la paciente. El orden siguiente es para una paciente consciente. En caso de que esté inconsciente la persona, efectúe un rápido examen físico, obtenga los signos vitales y el historial.

- **Historial SAMPLE**
Obtenga el historial SAMPLE. Si la paciente está embarazada, determine la fecha establecida de nacimiento, la frecuencia de las contracciones y los antecedentes de otros embarazos y partos, y sus complicaciones, si las hubo. Determine si hay posibilidad de gemelos y si la paciente ha tomado alguna droga o medicamento. Si se rompió la fuente de la paciente, pregunte si el líquido era verde.

- **Examen físico enfocado**
Su examen físico enfocado deberá incluir el abdomen y evaluar la duración y frecuencia de las contracciones. Cuando sea apropiado, de acuerdo con el protocolo local, inspeccione la abertura vaginal en busca de ruptura del saco amniótico, salida del tapón mucoso y coronación si sospecha que el parto es inminente.

- **Signos vitales iniciales**
Tome los signos vitales, observe el color y la temperatura de la piel. Utilice la oximetría de pulso si está disponible. Vigile si hay aumentos en la tensión arterial.

- **Intervenciones**
Apoye a la paciente según se requiera. Considere el uso de oxígeno, ventilaciones de presión positiva, adjuntos y posicionamiento adecuado de la paciente.

Examen físico detallado
Si el parto es inminente u otras evaluaciones o tratamientos requieren su atención, difiera el examen físico detallado.

Evaluación continua
Repita la evaluación inicial y la evaluación enfocada; reevalúe las intervenciones efectuadas. Reevalúe los signos vitales cada 5 minutos para la paciente inestable y cada 15 para la estable. Observe y trate a la paciente según se requiera.

- **Comunicación y documentación**
Comuníquese con dirección médica con un informe por radio, proporcione información sobre la condición de la paciente y el recién nacido. Retransmita cualquier cambio significativo, incluido el nivel de conciencia o la dificultad para respirar. Documente cualquier cambio, la hora en que sucedió y cualquier intervención realizada.

NOTA: aunque los pasos siguientes tienen amplia aceptación, asegúrese de consultar y seguir su protocolo local.

Asistencia del parto	Aplicación de compresiones en el pecho para el neonato	Neonato prematuro
1. Sostenga las partes óseas de la cabeza con sus manos al salir ésta. Succiones el líquido de la boca y luego de las narinas. 2. Al aparecer el hombro superior, guíe la cabeza ligeramente hacia abajo si es necesario, para dejar salir el hombro. 3. Sostenga la cabeza y la parte superior del cuerpo mientras sale el hombro inferior, mientras guía la cabeza hacia arriba si es necesario. 4. Maneje al neonato resbaloso con firmeza pero cuidadosamente, mientras mantiene el cuello en posición neutral para conservar la vía aérea. 5. Coloque las pinzas en el cordón umbilical separadas por 5 a 10 cm (2 a 4") y corte entre ellas. 6. Deje que la placenta salga por sí sola. No jale el cordón para acelerar su expulsión.	1. Encuentre la posición adecuada: justo debajo de la línea del pezón, parte media o tercio inferior del esternón. 2. Coloque sus manos en torno al cuerpo, con los pulgares apoyados en esa posición 3. Presione suavemente el esternón con los pulgares y comprima con una profundidad de 0.5 a 1.5 cm (½ a ¾").	1. Conserve caliente al recién nacido. Manténgalo en un sitio donde la temperatura sea de entre 32.2 y 35 °C (90 y 95 °F). 2. Mantenga boca y nariz libres de moco mediante una jeringa de bulbo. 3. Observe con cuidado el corte del cordón en el extremo del infante en busca de sangre. 4. Administre oxígeno mediante una pequeña "tienda" sobre la cabeza del neonato. 5. No infecte al bebé. Use cubrebocas para no respirar sobre él. 6. Notifique al hospital del transporte de un neonato.

Resumen

Listo para repaso

- Dentro del útero, el feto en desarrollo flota en el saco amniótico. El cordón umbilical conecta a la madre y el feto por medio de la placenta. Con el tiempo, el útero impulsará al feto a través del canal de nacimiento.

- La primera etapa del parto la dilatación, se inicia con el comienzo de las contracciones y termina cuando el cuello de la matriz se dilata por completo. La segunda etapa, la expulsión del bebé, se inicia cuando el cuello está totalmente dilatado y termina cuando nace el bebé. La tercera etapa, el alumbramiento de la placenta, comienza con el nacimiento del bebé y termina con la salida de la placenta.

- Una vez que comienza el parto, no es posible retrasarlo ni detenerlo; no obstante, por lo general hay tiempo para transportar a la paciente al hospital durante la primera etapa. Durante la segunda etapa, deberá decidir si asiste al parto en la escena o transporta a la madre. Durante la tercera etapa, una vez que nazca el bebé, probablemente no los transportará hasta que nazca la placenta.

- Use un dispositivo BVM para neonato para asistir a la ventilación e inicie oxígeno de flujo elevado a una tasa de 40 a 60 respiraciones/min. Si el neonato comienza a respirar por sí mismo, coloque una mascarilla de oxígeno con tubo y vigile si hay signos de oxigenación adecuada. Si la frecuencia cardiaca es menor de 60 latidos/min, inicie compresión cardiaca, aplicando sólo la fuerza suficiente para comprimir el esternón de 0.5 a 1.5 cm (1/2 a 3/3"). Efectúe una combinación de 20 ventilaciones y 100 compresiones por minuto.

- Los partos anormales o complicados incluyen la presentación de nalgas (primero los glúteos), de extremidades (brazo, pierna o pie primero) y prolapso del cordón umbilical (cordón umbilical primero). Transporte con rapidez al hospital a la paciente con un bebé con presentación de extremidad o prolapso de cordón umbilical.

- Las únicas circunstancias en que debe colocar un dedo o la mano en el interior de la vagina es para evitar que las paredes de esta compriman la vía aérea del bebé durante la presentación de nalgas o para empujar la cabeza del neonato para evitar la presión del cordón umbilical en una situación de prolapso.

- El sangrado excesivo es una emergencia grave. Cubra la vagina con una compresa estéril; cambie la compresa con la frecuencia necesaria y lleve todas las compresas empleadas al hospital para que las examinen.

- Prepárese a dar apoyo respiratorio durante el transporte de un neonato nacido de una madre adicta a drogas o alcohol. Asimismo, utilice oxígeno con los bebés prematuros y mantenga la temperatura de la ambulancia a 32.2 °C (90 °F) durante el transporte.

Vocabulario vital

aborto Alumbramiento del feto y la placenta antes de 20 semanas; aborto espontáneo.

canal de nacimiento La vagina y el cérvix.

cérvix El tercio inferior, o cuello del útero

circular de cordón Cordón umbilical enredado en torno al cuello del bebé.

cordón umbilical Conducto que conecta a la madre con el feto mediante la placenta; contiene dos arterias y una vena.

coronación La aparición de la cabeza del bebé en la abertura vaginal durante el parto.

desprendimiento prematuro de placenta Separación prematura de la placenta de la pared del útero.

diabetes gestacional Diabetes que se desarrolla durante el embarazo en mujeres que no tenían este padecimiento antes del embarazo.

eclampsia Convulsiones que resultan de la hipertensión grave en una mujer embarazada.

embarazo ectópico Embarazo que se desarrolla fuera del útero, típicamente en una trompa de Falopio.

enfermedad pélvica inflamatoria Infección de las trompas de Falopio y de los tejidos circundantes de la pelvis.

escala Apgar Sistema de puntuación para evaluar el estado de un recién nacido que le asigna un valor numérico a cada una de las áreas de la evaluación.

espina bífida Defecto del desarrollo en la cual una porción del cordón umbilical o las meninges pueden proyectarse hacia el exterior de las vértebras incluso hacia fuera del cuerpo, por lo general en el tercio inferior de la columna, en el área lumbar.

feto El bebé en desarrollo, que aún no nace, dentro del útero.

Resumen continuación...

hipertensión inducida por el embarazo Trastorno del final del embarazo que incluye dolor de cabeza, cambios visuales e hinchamiento de manos y pies; también se denomina preeclampsia.

meconio Material verde oscuro en el líquido amniótico que puede indicar enfermedad en el recién nacido; el meconio puede aspirarse hacia los pulmones del neonato durante el parto; el primer movimiento intestinal del bebé.

moco sanguinolento Cantidad pequeña de sangre en la vagina que aparece al inicio del parto y puede incluir un tapón de moco de color rosado que se desprende cuando el cérvix comienza a dilatarse.

multigesta Mujer que ha tenido embarazos previos.

multípara Mujer que ha tenido más de un parto vivo.

perineo Área de piel entre la vagina y el ano.

placenta Tejido unido a la pared uterina que alimenta al feto a través del cordón umbilical.

placenta previa Padecimiento en el cual la placenta se desarrolla sobre el cérvix y lo cubre.

preeclampsia Afección del final del embarazo que incluye dolor de cabeza, cambios visuales y edematización de manos y pies; también llamada hipertensión inducida por el embarazo.

presentación La posición en la cual nace el bebé; la parte de éste que aparece primero.

presentación de extremidades Parto en el cual la parte que se presenta es un solo brazo, pierna o pie.

presentación pelviana o de nalgas Nacimiento en el cual salen primero los glúteos del bebé.

primigesta Mujer que ha tenido un parto vivo.

primípara Mujer que presenta su primer embarazo.

prolapso del cordón umbilical Situación en la cual el cordón umbilical sale por la vagina antes que el bebé.

saco amniótico Membrana llena de líquido, semejante a una bolsa, en la cual se desarrolla el feto.

síndrome alcohólico fetal Padecimiento de los neonatos nacidos de madres alcohólicas, que se caracteriza por retraso mental y físico, y por diversas anormalidades congénitas.

síndrome hipotensivo supino Baja tensión arterial resultante de la compresión de la vena cava inferior debido al peso del útero grávido cuando la madre está en posición supina.

útero Órgano muscular donde crece el feto, también llamado matriz; responsable de las contracciones durante el parto.

vagina Cavidad más externa del sistema reproductor de una mujer; la parte más inferior del canal de nacimiento.

Qué evaluar

En camino a una colisión de vehículos motorizados, la central le informa que la paciente está embarazada.

A su llegada, evalúa la escena y ve dos vehículos con daños moderados. Se encuentra a la paciente sentada en el asiento del conductor de un auto que recibió un golpe del lado del piloto. Su impresión general de la mujer embarazada de 28 años es que está alerta y que llevaba su cinturón de seguridad. La evaluación inicial muestra una vía aérea abierta, las respiraciones son de 22/min y su pulso es de 110 latidos/min y regular. La paciente se queja de dolor en el lado izquierdo de su área pélvica y su costado izquierdo. Después de completar el historial SAMPLE y de tomar sus signos vitales, pide consentimiento para transportar. La paciente duda y no desea ir en ambulancia; señala que su marido va en camino y desea esperar e ir en automóvil.

Temas: Protocolo de transporte para pacientes obstétricas; la necesidad de protegerlos a ambos, a la paciente y al bebé sin nacer.

Autoevaluación

Recibe llamado para atender el parto de una mujer en el 5000 de Revolución. Su compañero localiza la llamada en la guía de mapas y calcula que tardarán 9 min en llegar a ese punto. Mientras van en camino, solicita a la central que obtenga información adicional. La central responde y le informa que la paciente tiene 24 años.

A su llegada, su compañero se asegura de estacionar la ambulancia en un lugar seguro y usted evalúa la escena en busca de cualquier probable peligro. Después de determinar que la escena es segura, se acerca a la casa. Los recibe en la puerta la hermana de la paciente, quien los lleva con ella. Desde el otro lado de la habitación ve a una mujer sentada en un sofá. Su impresión general de la paciente confirma que está embarazada y que parece no presentar dificultades.

Completa su evaluación inicial y encuentra la vía aérea abierta, respiración normal y una frecuencia de pulso ligeramente acelerada. Pasa a la evaluación médica enfocada y al examen físico detallado. La paciente les dice que su embarazo tiene 38 semanas y es el primero. Les informa que sus contracciones se presentan cada 2 a 3 min, y su fuente se rompió justo antes de que llamara al número de urgencias.

1. La paciente está en la:
   A. primera etapa del parto.
   B. segunda etapa del parto.
   C. tercera etapa del parto.
   D. cuarta etapa del parto.

2. El término que se usa para designar el primer embarazo de la paciente es:
   A. primer trimestre.
   B. multigrávida.
   C. primigrávida.
   D. prímapara.

3. El término empleado para describir el resultado de un embarazo es:
   A. grávida.
   B. multípara o primípara.
   C. colocación.
   D. historial de embarazos.

4. Durante el examen físico de la paciente, la revisará en busca de:
   A. coronación.
   B. tobillos inflamados.
   C. hipoglucemia.
   D. trauma.

5. Mientras realiza el historial SAMPLE, deberá determinar si la paciente ha tenido complicaciones durante su embarazo, tales como:
   A. visión borrosa.
   B. dolor en el pecho.
   C. punzadas extremas.
   D. preeclampsia.

6. La paciente les dice que ha tenido un problema de presión arterial baja cuando se acuesta. Esto se llama:
   A. sensibilidad a la hipertensión.
   B. variación nocturna de la presión.
   C. ortopenia.
   D. síndrome de hipotensión supina.

7. Una paciente embarazada con antecedentes de problemas de presión arterial debe transportarse:
   A. en posición de Fowler.
   B. boca abajo.
   C. sobre su lado izquierdo.
   D. supina.

Preguntas desafiantes

8. ¿Cuáles son las cinco partes de la puntuación Apgar para evaluar un recién nacido?

9. Describa los signos y síntomas y la diferencia entre rotura de placenta y placenta previa.

10. Explique las causas de un embarazo ectópico.

Trauma

Sección 5

21	**Cinemática del trauma**	630
22	**Hemorragia**	648
23	**Estado de choque**	676
24	**Lesiones de los tejidos blandos**	696
25	**Lesiones de los ojos**	734
26	**Lesiones de la cara y el cuello**	756
27	**Lesiones del tórax**	776
28	**Lesiones del abdomen y los órganos genitales**	796
29	**Cuidado musculoesquelético**	818
30	**Lesiones de la cabeza y la columna vertebral**	870

Cinemática del trauma

Objetivos

Cognitivos

1. Describir las "tres colisiones" asociadas con los choques automovilísticos. (p. 634)
2. Relatar cómo aplican los principios fundamentales de la física con los choques automovilísticos y otros tipos de accidentes. (p. 632)
3. Enunciar las tres leyes de Newton. (pp. 634, 635)

Afectivos

Ninguno

Psicomotores

4. Observar varias lesiones de alta energía e identificar el daño potencial para el paciente. (p. 638)

21

Cinemática del trauma

Situación de urgencia

Usted y su compañero son enviados a la escena de una volcadura. Al acercarse a la escena ve marcas de derrapamiento en la carretera que continúan hasta la tierra. Después de verificar la seguridad de la escena se acerca al paciente. Encuentra a un hombre de 33 años de edad acostado en posición supina en la tierra. Los espectadores afirman que asistieron al paciente después de presenciar que el vehículo rodó muchas veces. A unos 90 metros ve lo que parece ser un vehículo, sobre el techo en una hondonada.

1. ¿Cómo puede contribuir la comprensión básica de la energía cinética al cuidado de los pacientes traumatizados?
2. ¿Qué le dice el índice de sospecha sobre las lesiones potenciales de su paciente?

Cinemática de trauma

Las lesiones por trauma son la cuarta causa de mortalidad general en la República Mexicana y representa la primera causa de muerte prevenible por colisiones automovilísticas y violencia en edad productiva (15-44 años), ocasionando 50 000 muertes anualmente (INEGI, 2007). Cada año, una de cada tres personas sufre una lesión que requiere tratamiento médico. La evaluación y los cuidados prehospitalarios apropiados pueden hacer mucho para minimizar el sufrimiento, la incapacidad prolongada y la muerte por traumatismos.

Este capítulo introduce los conceptos físicos básicos que dictan cómo se producen las lesiones y afectan al cuerpo humano. Cuando comprenda estos conceptos, estará mejor capacitado para evaluar una escena de choque y usar la información como una parte vital de la evaluación del paciente. Esta sección se inicia con una exposición básica de energía y traumatismos. Luego se explican diferentes tipos de choques y su impacto en el cuerpo. Al examinar la carrocería de un vehículo que ha chocado con frecuencia puede dictaminar qué les sucedió a los pasajeros en el momento del impacto, lo cual le permite predecir qué lesiones sufrieron al impactarse. La evaluación del mecanismo de la lesión sobre el paciente traumatizado le proveerá de un índice de sospecha de graves lesiones subyacentes. El <u>índice de sospecha</u> es su preocupación por lesiones subyacentes potencialmente graves y no visibles. Ciertos patrones de lesiones se producen con algunos eventos lesivos. Las respuestas a preguntas simples le proporcionarán información sobre cómo identificar lesiones graves que ponen en peligro la vida.

Mecanismo de lesión

Las lesiones traumáticas ocurren cuando los tejidos del cuerpo se exponen a niveles de energía que exceden su tolerancia Figura 21-1 . El <u>mecanismo de lesión (ML)</u> es la forma en que se producen las lesiones traumáticas, describe las fuerzas (o transmisión de energía) que actúan sobre el cuerpo y causan la lesión. Por lo general se asocian tres conceptos de energía con la lesión (sin incluir la energía térmica que causa quemaduras): la energía potencial, la energía cinética y el trabajo. Al considerar los efectos de la energía sobre el cuerpo humano es importante recordar que la energía no se crea ni se destruye, sólo se transforma o convierte. No es el objetivo de este capítulo ayudarlo a reconstruir la escena de un choque automovilístico Más bien, usted debe tener un sentido sobre los efectos del trabajo en el cuerpo y comprender, en un sentido amplio, cómo se relaciona el trabajo con la energía potencial y cinética. Por ejemplo, cuando examina a un paciente que se cayó, no necesita calcular la velocidad a la cual la persona golpeó el piso. Sin embargo, es importante calcular la altura de donde cayó para apreciar el potencial de lesión por la caída.

Trabajo se define como la fuerza que actúa a través de una distancia. Por ejemplo, la fuerza necesaria para doblar un metal, multiplicada por la distancia sobre la cual el metal se dobla, es el trabajo que aplasta el frente de un automóvil que está involucrado en un impacto frontal. En forma similar, las fuerzas que doblan, tiran o comprimen tejidos más allá de sus límites inherentes dan por resultado trabajo que causa lesión.

La energía de los objetos en movimiento se llama <u>energía cinética</u> y se calcula como sigue: energía cinética = $½mv^2$, donde m=masa (peso) y v=velocidad. Recuerde que la energía no puede crearse ni destruirse, sólo transformarse. En el caso de un choque de un vehículo motor, la energía cinética del vehículo acelerado se convierte en el trabajo para parar al auto, por lo general deformando su exterior Figura 21-2 . En forma similar, los pasajeros del auto al estar viajando a la misma velocidad que el automóvil desarrollan una energía cinética. Ésta se convierte en el trabajo para detenerlos. Es este trabajo sobre los pasajeros lo que produce las lesiones. Note que, de acuerdo con la ecuación de la energía cinética, la energía que está disponible para causar lesiones se duplica cuando se duplica el peso de un objeto, pero se cuadruplica cuando su velocidad se duplica. Considere el debate sobre aumentar el límite de velocidad. El incremento de la velocidad de un auto de 74 a 103 kilómetros (de 50 a 70 millas) por hora cuadruplica la energía disponible para causar lesión. La energía viaja en línea recta a menos que se encuentre contra algo o sea desviada por algún tipo de interferencia. Si la energía cinética transmitida al cuerpo humano continúa viajando en línea recta, sin interrupciones, pueden no ocurrir lesiones. Sin embargo, la energía que viaja a través del cuerpo es frecuentemente interrumpida. Esta interrupción puede deberse a una curvatura ósea, a un órgano que se encuentra entre dos superficies sólidas o a un tejido que es jalado contra un punto fijo. Es entonces cuando la energía es forzada a cambiar de forma y ya no puede viajar en línea recta. El resultado es una lesión ya sea penetrante o contusa. Este punto será aún más claro si se consideran las heridas de bala. La velocidad de la bala (alta velocidad comparada con baja velocidad) causa un mayor impacto al producir una lesión que la masa (tamaño) de la bala. Es por esto que es muy importante informar al hospital el tipo de arma de fuego que se usó en una balacera. La cantidad de energía cinética que es convertida en trabajo en el cuerpo dicta la gravedad de la lesión. Con frecuencia las lesiones de alta energía producen tal daño que los pacientes sólo son salvados por transporte inmediato a un servicio apropiado.

La <u>energía potencial</u> es el producto de la masa (peso), fuerza de gravedad y altura, y está principalmente asociada con la energía de los objetos que caen. Un trabajador en

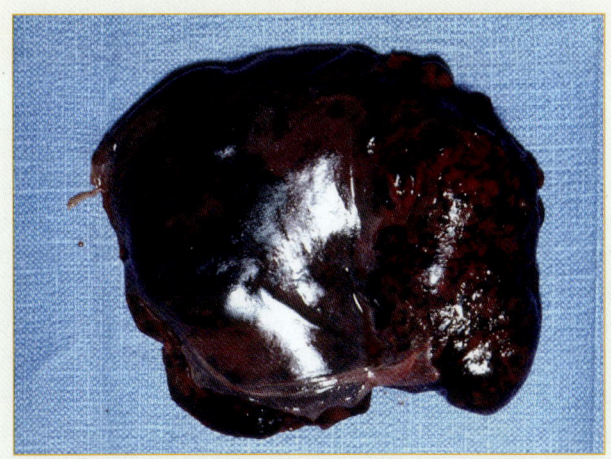

Figura 21-1 La lesión traumática ocurre cuando los tejidos del cuerpo son expuestos a niveles de energía que exceden su tolerancia. Esta foto muestra un bazo roto.

Figura 21-2 La energía cinética de un auto a alta velocidad se convierte en el trabajo de detenerlo, por lo general aplastando el exterior del auto.

> **Tips para el TUM-B**
>
> Haga una "evaluación del vehículo" si las circunstancias de la escena lo permiten. Puede haber tiempo para que un TUM-B rodee el vehículo y evalúe el daño, mientras otro TUM-B inicia el examen del paciente.

por una variedad de mecanismos de lesión. Es importante considerar las lesiones no vistas (ocultas), así como las visibles de cualquiera de los dos tipos de traumatismos. El traumatismo contuso es el resultado de fuerza (o transmisión de energía) al cuerpo que causa lesión, principalmente sin penetrar los tejidos blandos u órganos o cavidades internas. El traumatismo penetrante causa lesión por objetos que fundamentalmente perforan y penetran la superficie del cuerpo y producen daños en tejidos blandos, órganos internos y cavidades del mismo.

Perfiles del mecanismo de lesión

Diferentes tipos de ML producen muchos tipos de lesiones. Algunos afectan un sistema corporal aislado, otros dan por resultado lesiones en más de un sistema del cuerpo. Ya sea que estén afectados uno o más sistemas corporales, debe mantener un alto índice de sospecha por posibles lesiones graves no vistas. Las lesiones de los pacientes traumatizados pueden ser el resultado de caídas, colisiones de vehículos motores, automóviles contra peatones (o bicicletas), heridas por armas de fuego y heridas por armas blancas. Estos son algunos de los tipos comunes de patrones de ML a los cuales responderá para proporcionar cuidados y tratamiento a pacientes.

Trauma contuso

El traumatismo contuso resulta del contacto de un objeto con el cuerpo. Los choques automovilísticos y las caídas son dos de los mecanismos de lesión más comunes. Cualquier objeto, por ejemplo un bat de béisbol, puede causar un traumatismo contuso si se mueve con la rapidez suficiente. Debe estar alerta por cambios en la coloración de la piel o quejas de dolor, ya que pueden ser los únicos signos de traumatismo contuso. También debe mantener un alto índice de sospecha durante la evaluación por posibles lesiones ocultas en los pacientes con trauma contuso.

un andamio tiene alguna energía potencial porque está a cierta altura sobre el piso. Si el trabajador cae, la energía potencial se convierte en energía cinética. Al golpear el suelo el trabajador, la energía cinética se convierte en trabajo, es decir, el trabajo de detener el cuerpo y, por tanto, romper huesos y dañar tejidos.

Trauma penetrante y contuso

Las lesiones traumáticas se pueden dividir en dos categorías separadas <u>trauma contuso</u> y <u>trauma penetrante</u>. Cualquiera de los dos tipos de traumatismo puede ocurrir

Tips para el TUM-B

Leyes de Newton

Primera ley de Newton

La primera ley de Newton establece que los objetos en reposo tienden a permanecer en reposo y que los objetos en movimiento tienden a permanecer en movimiento a menos que actúe alguna fuerza. La primera parte de esta ley es considerablemente clara. Un objeto, como una lata de refresco vacía, no se moverá de manera espontánea a menos que alguna fuerza, como el viento, actúe sobre ella. Un ejemplo ayudará a ilustrar la segunda parte. En un auto a 60 km/h (30 mph) los pasajeros del auto se están moviendo a 60 km/h (30 mph). Los pasajeros no sienten que se están moviendo porque no se están moviendo en relación al auto. Sin embargo, cuando el vehículo choca contra una barrera de concreto y se detiene de forma súbita, los pasajeros continúan viajando a 60 km/h (30 mph). Siguen en movimiento hasta que actúa sobre ellos una fuerza externa, probablemente el parabrisas, el volante o el tablero. Para apreciar la intensidad del impacto, piense en el conductor sentado inmóvil mientras el volante golpea su pecho a 60 km/h (30 mph). Ahora considere que sucede lo mismo con los órganos internos del conductor. También están en movimiento viajando a 60 km/h (30 mph) en relación al suelo hasta que actúa sobre ellos una fuerza externa, en este caso el esternón, la caja torácica u otra estructura del cuerpo. Este escenario ilustra las tres colisiones que se asocian con el traumatismo contuso.

Segunda ley de Newton

La segunda ley de Newton establece que la fuerza (F) iguala a la masa (M) veces la aceleración (A), es decir $F = MA$, en la cual, la aceleración es el cambio en velocidad que ocurre sobre el tiempo. Por eso, no es tanto que la "velocidad mate", sino que el cambio en la velocidad respecto al tempo genera las fuerzas que causan lesión. Dicho de manera simple, no es la caída sino la súbita detención al final lo que lesiona.

En el ejemplo del auto que viaja a 60 km/h (30 mph), toma cerca de 3 s disminuir la velocidad de 60 a 0 km/h, cuando el conductor frena suavemente. Si está restringido de forma apropiada por cinturones de seguridad bien ajustados, el conductor disminuye la velocidad, o desacelera, a la misma velocidad que el auto. Pero si el auto es detenido, no por los frenos sino golpeando un árbol grande y el conductor no tiene el cinturón de seguridad colocado su cuerpo continuará en movimiento a 60 km/h (30 mph) hasta que es detenido por una fuerza externa, en este caso el volante. Aunque el cambio en la velocidad del cuerpo es el mismo que cuando el auto estaba frenando de forma suave en 3 s (60 a 0 km/h), este cambio sucede ahora en cerca de 0.01 s. Como el periodo de desaceleración es 300 veces menor, la fuerza promedio del impacto es 300 veces mayor. Esto significa que la fuerza es aproximadamente 150 veces la fuerza de la gravedad. Imagine una fuerza de 150 veces su peso corporal golpeándole el pecho.

Considere ahora al mismo auto golpeando al mismo árbol, pero esta vez el conductor está restringido con un cinturón de pecho y cintura. En esencia el conductor está atado al auto y se detiene durante el mismo periodo que lo hace el

Trauma contuso: choques vehiculares

Los choques automovilísticos se clasifican de forma rutinaria como frontales, laterales (en forma de T), por alcance, rotativos (giros) y volcaduras. La principal diferencia entre estos tipos de colisiones es la dirección de la fuerza del impacto; con los giros y volcaduras también existe la posibilidad de múltiples impactos. Los choques de vehículos automotores consisten por lo general en una serie de tres colisiones. Comprender los eventos que ocurren durante cada colisión ayudará a alertar sobre ciertos tipos de patrones de lesión. Las tres colisiones en un impacto frontal son las siguientes:

1. **El choque de un auto contra otro auto, un árbol o algún otro objeto fijo.** El daño al automóvil es, quizá, la parte más dramática de la colisión, pero no afecta de forma directa el cuidado del paciente, excepto por la posibilidad de que haga difícil su liberación del vehículo accidentado **Figura 21-3**. Sin embargo, proporciona información sobre la intensidad de la colisión y, por tanto, tiene un efecto indirecto sobre el cuidado del paciente. Mientras mayor es el daño del auto, mayor fue la energía que estuvo involucrada y, por tanto, mayor el potencial de lesión del paciente. Al examinar la carrocería de un vehículo que ha chocado con frecuencia se puede determinar el mecanismo de lesión, lo que le permite predecir qué lesiones pueden haberse presentado en los pasajeros al momento del

auto. Toma cierto tiempo, aunque breve, aplastar el frente del auto y pararlo. El automóvil se detiene en aproximadamente 0.05 s. El cambio en la velocidad del conductor es el mismo (60 a 0 km/h), pero el tiempo más prolongado de desaceleración resulta en una fuerza de sólo 30 veces la de la gravedad. Esta es aún una fuerza sustancial, pero es mucho menor que la fuerza experimentada por el conductor sin cinturón. Más aún, se puede sobrevivir.

En un ejemplo final, el auto y el conductor, como antes, están viajando a 60 km/hr (30 mph), y el conductor tienen colocado de forma apropiada un cinturón de tres puntos. Sin embargo, en este caso el auto también está equipado con una bolsa de aire. Cuando el auto golpea el árbol y se detiene de manera súbita, la parte superior del cuerpo del conductor continúa en un inicio hacia adelante a 60 km/h (30 mph). El cuerpo disminuye parcialmente la velocidad por los cinturones del hombro y cintura, pero al final se detiene por la bolsa de aire. La parte superior del cuerpo comprime la bolsa de aire que detiene el movimiento hacia adelante del cuerpo en cerca de 0.1 s. Así, la bolsa de aire prolonga la duración del impacto en 0.05 s, dándole al cuerpo aún más tiempo, y la fuerza sobre la parte superior del cuerpo cae a cerca de 15 veces la fuerza de la gravedad.

La bolsa de aire tiene otra ventaja. La fuerza de su impacto se aplica sobre un área mucho más grande que la que es afectada por el volante o el cinturón del hombro, reduciendo la fuerza por unidad de área. Este punto puede ilustrarse por una analogía. Una persona parada sobre un dedo del pie sobre una capa de hielo, aplica una carga concentrada en un área muy pequeña, rompiendo entonces el hielo y cayendo a través de él. Si la persona se acuesta sobre el hielo expande de forma considerable el área de contacto y reduce el estrés sobre el hielo, el cual, dependiendo de las condiciones, no se debe romper. La doble acción de la bolsa de aire (al distribuir la fuerza sobre un área mayor y aumentar la duración del impacto) produce como resultado lesiones menos graves.

Tercera ley de Newton

La tercera ley de Newton establece que para cada acción hay una acción igual y opuesta. Por lo tanto, si empuja una puerta, la puerta empuja hacia atrás (reacciona) con una fuerza igual pero en dirección opuesta. En el caso de un poste A abollado, la fuerza de la cabeza del conductor fue suficiente para abollar el fuerte metal. Pero en términos de evaluación del paciente, el punto más importante es la fuerza de reacción del poste contra la cabeza. La tercera ley de Newton establece que las dos fuerzas son iguales pero ocurren en direcciones opuestas. En otras palabras, la cabeza fue en esencia golpeada por un poste A desplazándose a 60 km/h (30 mph). En forma similar, se requiere una fuerza sustancial para deformar un volante. Cuando nota un volante deformado durante la evaluación de la escena, debe sospechar graves lesiones del tórax, aun si el conductor no tiene un inicio signos de lesión en el tórax. Con frecuencia, la lectura de la escena y la comprensión de los principios básicos de la transferencia de energía le darán un cuadro tan claro de las lesiones potenciales del paciente y la gravedad de la lesión como la evaluación física real del paciente.

impacto, de acuerdo con las fuerzas que actuaron sobre sus cuerpos. Cuando llegue a la escena del choque y efectúe su evaluación inicial de la misma, inspeccione con rapidez la intensidad del daño del vehículo o vehículos. Si hay un daño significativo en el vehículo, debe aumentar de forma automática su índice de sospecha sobre la presencia de lesiones que amenazan la vida. Se requiere una gran cantidad de fuerza para aplastar y deformar un vehículo, causar intrusión al compartimiento del pasajero, desprender, romper los asientos de sus montajes y colapsar la rueda de la dirección. Tal daño sugiere la presencia de un traumatismo de alta energía.

Figura 21-3 La primera colisión en un impacto frontal es la del auto con otro objeto (en este caso un poste de servicio). El aspecto del auto puede proporcionarle información crítica sobre la gravedad del choque. Mientras más grande sea el daño, mayor fue la energía que estuvo implicada.

2. **El impacto del pasajero contra el interior del auto.** De la misma forma en que la energía cinética producida por la masa y la velocidad del auto se convierte en trabajo para detenerlo, la energía cinética producida por la masa y la velocidad del pasajero se convierte en trabajo para detener su cuerpo (Figura 21-4 ▼). Al igual que el daño obvio en el exterior del auto, las lesiones que resultan son con frecuencia dramáticas, y suelen ser aparentes de inmediato durante su examen inicial. Las lesiones comunes incluyen fracturas de las extremidades inferiores (rodillas en el tablero de instrumentos), tórax inestable (caja torácica contra el volante) y traumatismo craneoencefálico (cabeza contra el parabrisas), patrón de telaraña. Estas lesiones se producen con mayor frecuencia si el pasajero no tiene el cinturón de seguridad colocado. Pero aún si el pasajero está restringido por un cinturón de seguridad ajustado de forma apropiada, pueden producirse lesiones, sobre todo en el impacto lateral y en las volcaduras.

3. **El impacto de los órganos internos del pasajero contra las estructuras sólidas del cuerpo (golpe y contragolpe).** Las lesiones que se producen durante la tercera colisión pueden no ser tan obvias como las lesiones externas, pero son con frecuencia las más amenazantes para la vida. Por ejemplo, al golpearse la cabeza del pasajero contra el parabrisas el encéfalo continúa moviéndose hacia adelante hasta que se detiene golpeando

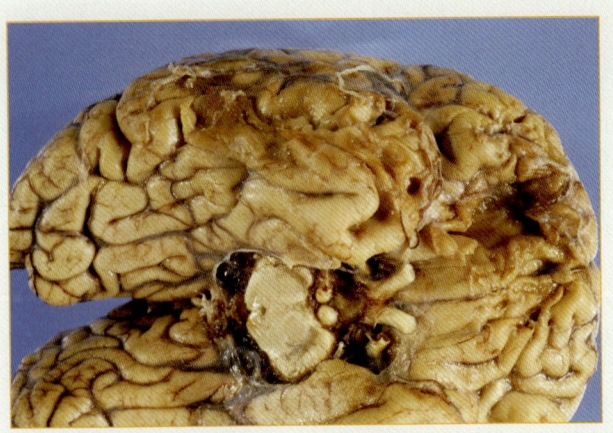

Figura 21-5 Un encéfalo con contusiones.

el interior del cráneo. Esto da lugar a una lesión por compresión (o magulladura) en la porción anterior del encéfalo y estiramiento (o desgarro) de su porción posterior (Figura 21-5 ▲). Este es un ejemplo de una **lesión encefálica de golpe contragolpe** (Figura 21-6 ▶). En forma similar, en la caja torácica el corazón puede golpear el esternón, rompiendo de manera ocasional la aorta y causando una hemorragia mortal.

La comprensión de la relación entre los tres tipos de impactos lo ayudará a hacer conexiones entre la cantidad de daño en el exterior del auto y la lesión potencial del pasajero. Por ejemplo, un choque a alta velocidad que produce un daño masivo en el automóvil, debe hacerle sospechar sobre lesiones graves en los pasajeros, aún cuando éstas no sean aparentes a primera vista. Se pueden desarrollar varios problemas físicos potenciales como resultado de lesiones traumáticas. La rápida evaluación inicial del paciente y la valoración del mecanismo de lesión pueden ayudar a proporcionar cuidados directos y así mantenerlo vivo, además de brindar información crítica al personal del hospital. Por tanto, si ve una contusión en la frente y el parabrisas está estrellado y empujado hacia afuera, debe sospechar seriamente una lesión en el encéfalo (traumatismo craneoencefálico). Después de informar a la dirección médica sobre el parabrisas, el personal del hospital puede preparar al paciente ordenando una tomografía computada. Sin su información, el médico puede encontrar la lesión del encéfalo de todos modos, pero es posible que no sea detectada sino hasta que el encéfalo se hinche lo suficiente para producir signos clínicos de la lesión.

La cantidad de daño que se considera significativa varía dependiendo del tipo de choque, pero cualquier deformidad mayor a 30 centímetros del vehículo debe ser causa suficiente para que considere trasladar al paciente

Figura 21-4 La segunda colisión en un impacto frontal es la del pasajero contra el interior del auto. El aspecto del interior del vehículo puede proporcionarle información sobre la gravedad de las lesiones del paciente.

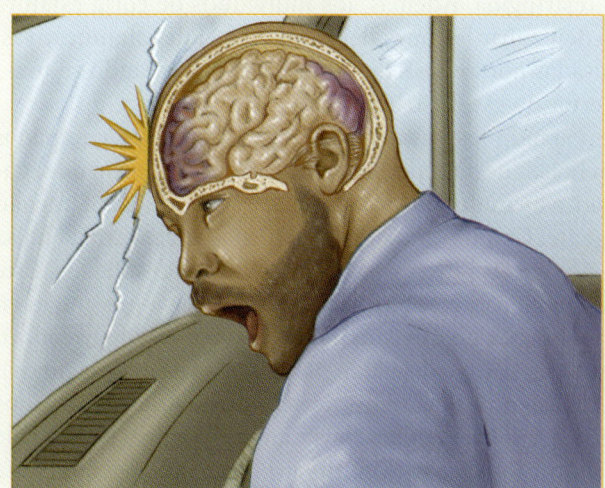

Figura 21-6 La tercera colisión en un impacto frontal es la de los órganos internos del pasajero contra las estructuras sólidas del cuerpo. En esta ilustración, el encéfalo continúa su movimiento hacia adelante y golpea el interior del cráneo, causando una lesión por compresión de la porción anterior del encéfalo y estirando la porción posterior.

Qué documentar

En el trauma, el ML es un elemento crucial del historial del paciente. Esté alerta sobre el grado de daño en el interior y exterior de los vehículos implicados en choques. Use esta observación para documentarlo en su comunicación escrita y verbal.

a un centro de trauma. Los mecanismos de lesión significativos incluyen lo siguiente:

- Deformidades importantes de la parte frontal del vehículo, con o sin intrusión al compartimento del pasajero.
- Intrusiones moderadas de un tipo lateral de accidente
- Daño intenso de la parte posterior
- Choques en los cuales hay una rotación implicada (vuelcos y giros)

El daño del vehículo que estuvo implicado y la información obtenida por la evaluación del paciente no son los únicos indicios de la intensidad del choque. Claramente, si uno o más de los pasajeros está muerto, debe sospechar que los demás pasajeros sufrieron lesiones graves, aunque éstas no sean tan obvias. Por tanto, debe centrarse en lesiones que ponen en peligro la vida y proveer el traslado a un centro de trauma, ya que es probable que tales pasajeros hayan experimentado la misma cantidad de fuerza que causó la muerte de otros. Las fotografías con cámara polaroid o digitales de la escena del choque pueden proporcionar información valiosa al personal y a los médicos encargados del tratamiento en el centro de trauma. (NOTA: El TUM-B deberá contar con la autorización del área de comunicación e imagen institucional para la toma de dichas imágenes, justificando el fin para uso médico y/o capacitación, prohibiendo su mal uso y/o publicación directa a la población y protegiendo la confidencialidad y dignidad de los pacientes, más aún cuando se trate de menores de edad.)

Choque frontal

La comprensión del mecanismo de lesión después de una colisión frontal implica, primero, evaluaciones del sistema de restricción suplementario, incluyendo cinturones de seguridad. Debe determinar si el pasajero portaba un dispositivo de restricción de tres puntos, completo y colocado de forma apropiada. Además, también debe determinar si

Situación de urgencia — Parte 2

Mientras inicia la atención del paciente, su compañero acude al vehículo para obtener una mejor comprensión del accidente y asegurar que no hay pacientes adicionales. Su compañero regresa declarando que el auto está sobre el techo a cerca de 1.50 metros (3 pies) abajo, al lado de la hondonada. El parabrisas está destruido, la bolsa de aire desplegada y el volante deformado. Hay aproximadamente 10 centímetros (3 pies) de penetración del techo en el compartimiento del paciente. El cinturón de seguridad del conductor está intacto y no se encontraron otros pacientes. Los espectadores confirmaron que este es el único paciente y que no traía puesto el cinturón de seguridad.

3. ¿Cómo influye el mecanismo de lesión (ML) el tratamiento de su paciente?
4. ¿Cómo relaciona el daño en el interior y exterior del vehículo con el potencial de lesiones internas?

la bolsa de aire se activó. La identificación de los dispositivos de restricción usados, y si la bolsa de aire se activó, lo ayudarán a reconocer patrones de lesiones relacionados con los sistemas de restricción suplementarios.

Cuando se colocan de manera apropiada, los cinturones de seguridad tienen éxito en restringir a los pasajeros en un vehículo y prevenir una segunda colisión dentro del automóvil. Además, pueden reducir la gravedad de la tercera colisión, la de los órganos del pasajero con el tórax y la pared abdominal. La presencia misma de las bolsas de aire permite a los cinturones de seguridad proporcionar un amortiguamiento mejor y más suave, al desacelerarse el cuerpo de forma más lenta. Las bolsas de aire constituyen el punto final de captura de los pasajeros y, de nuevo, disminuyen la intensidad de la <u>desaceleración</u>, permitiendo que los cinturones de seguridad sean más adaptables y amortiguando al ocupante al moverse hacia adelante.

Recuerde que las bolsas de aire disminuyen las lesiones del tórax, la cabeza y la cara de manera eficaz. Sin embargo, debe aún esperar que hayan ocurrido otras lesiones graves en las extremidades (como resultado de la segunda colisión) y en los órganos internos (como resultado de la tercera colisión). La mayoría de los autos nuevos han sido construidos con sistemas de seguridad de bolsas de aire. Estos dispositivos aumentan la seguridad y la supervivencia de los ocupantes que ven hacia adelante dentro del vehículo durante una colisión. En caso de presentarse una urgencia, o una colisión, la bolsa de aire se infla de forma rápida. Cuando un asiento que ve hacia atrás está cerca del tablero, el rápido inflado de la bolsa de aire puede causar lesiones graves, o muerte, a un lactante. Todos los niños menores de 12 años o que midan menos de 1.10 metros de estatura (4 pies 9 pulgadas) deben viajar en el asiento de atrás.

Cuando está atendiendo a un paciente dentro de un automóvil, es importante recordar que si la bolsa de aire no se infló durante el accidente puede hacerlo durante la liberación del paciente. Si esto sucede, puede lesionarse gravemente, o aun morir. Se debe tener precaución extrema al liberar a un paciente de un vehículo accidentado, cuya bolsa de aire no se ha desplegado.

También debe recordar que los sistemas de restricción suplementarios pueden causar daño usándose apropiada o inapropiadamente. Por ejemplo, algunos modelos más viejos tienen cinturones de seguridad que se ajustan de forma automática en el hombro, pero requieren que el pasajero los ajuste en la cintura, lo que puede causar que el cuerpo se desplace hacia adelante, por debajo de la restricción del hombro, cuando no está fija la porción inferior del dispositivo. Este movimiento del cuerpo puede causar que las extremidades inferiores y la pelvis choquen en el tablero de instrumentos por la parte del cuerpo no restringida. Además, los individuos de corta estatura pueden sufrir lesiones del cuello y faciales significativas, causadas por los sistemas de cinturones, cuando su torso inferior no está restringido.

Cuando los pasajeros viajan en vehículos equipados con bolsas de aire, pero no cuentan con cinturón de seguridad, a menudo son lanzados hacia adelante en un frenado urgente. Como resultado, entran en contacto con la bolsa de aire y/o las puertas en el momento del despliegue. Este ML también es responsable de algunas lesiones graves en niños que viajan, sin contar con cinturón de seguridad y/o algún dispositivo diseñado para su uso (sillas para niños), en los asientos delanteros de vehículos. Además, algunos pasajeros se pueden desmayar antes del impacto, y puede encontrarlos apoyados contra la bolsa de aire, cuando ésta se despliega. Debe buscar posibles abrasiones y/o lesiones del tipo de tracción en la cara, parte inferior del cuello y el pecho **Figura 21-7**.

Con frecuencia los puntos de contacto son obvios al examinar el interior del vehículo. Si no hay intrusión puede ver que un pasajero sin cinturón en el asiento de enfrente, en un choque frontal, entrará en contacto con el tablero a nivel de las rodillas, y habrá transferencia de cargas de las rodillas a través del fémur y la articulación de la cadera **Figura 21-8A**. El tórax y/o el abdomen también pueden golpear el volante **Figura 21-8B**. Además, la cara del pasajero a menudo golpea el volante o puede proyectarse hacia arriba y adelante, chocando con el parabrisas o cabezal del techo, en el área de los visores **Figura 21-8C**. Signos de estas lesiones pueden encontrarse con tan sólo inspeccionar el interior del vehículo durante la liberación del paciente.

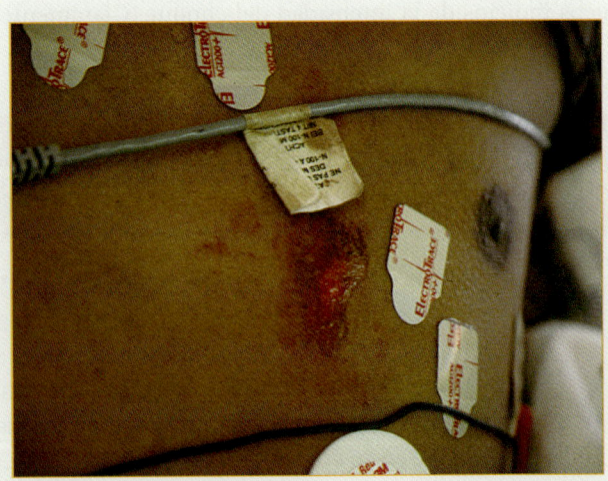

Figura 21-7 Las bolsas de aire pueden causar lesiones en las colisiones frontales, específicamente abrasiones y lesiones de tipo tracción en cara, cuello y pecho.

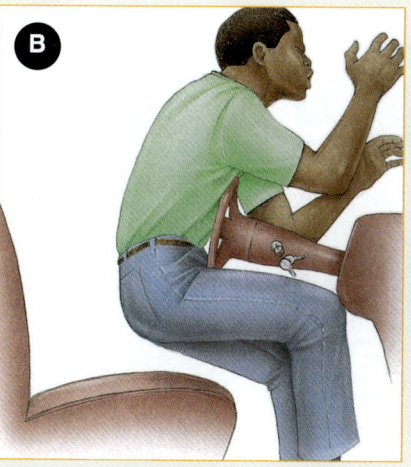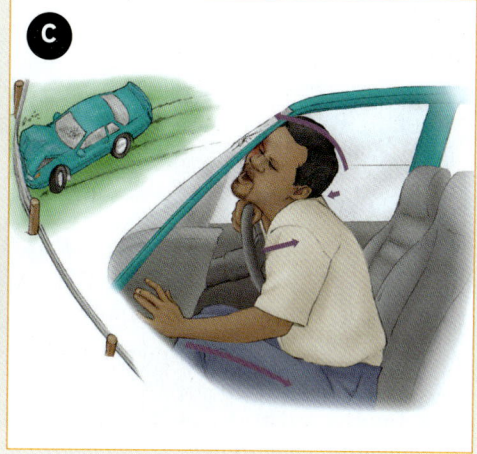

Figura 21-8 El mecanismo de la lesión y la condición del interior del vehículo sugieren áreas probables de lesión. **A.** La rodilla puede golpear el tablero dando lugar a una fractura o luxación de la cadera. **B.** Pueden producirse lesiones torácicas y abdominales graves por golpear el volante. **C.** Pueden ocurrir lesiones de cabeza y columna vertebral cuando la cara y la cabeza golpean el parabrisas.

Choque por alcance

Los impactos por detrás son conocidos por causar lesiones tipo latigazo, en particular cuando la cabeza y/o el cuello no están restringidos por un apoyo para la cabeza colocado de forma apropiada (Figura 21-9). Al impacto, el torso se mueve hacia adelante y, al impulsarse el cuerpo hacia el frente, la cabeza y el cuello se rezagan, porque la cabeza es relativamente pesada, y parece ser chicoteada hacia atrás con relación al torso. Al detenerse el vehículo, el pasajero no restringido se desplaza hacia adelante, golpeando el tablero. En este tipo de choque, la columna cervical y el área que la rodea se pueden lesionar. La columna cervical es menos tolerante cuando se inclina hacia atrás. Los apoyos para la cabeza disminuyen la extensión durante el choque y, por tanto, ayudan a reducir la lesión. Otras partes de la columna vertebral y la pelvis también pueden estar en riesgo de lesionarse. Además, el paciente puede sufrir una lesión de tipo aceleración en el encéfalo, es decir, la tercera colisión del encéfalo, dentro del cráneo. Los pasajeros en el asiento trasero, con sólo un cinturón en la cintura, tienen una incidencia mayor de lesiones de la columna torácica y lumbar.

Choque lateral

Es probable que el choque lateral (en forma de una T) sea el número uno de las causas de muerte asociadas con choques vehiculares. Cuando un vehículo es golpeado de lado, por lo general recibe el golpe por encima de su centro de gravedad y comienza a desplazarse, alejándose del sitio del impacto. Esto da lugar a una lesión de latigazo lateral (Figura 21-10). El movimiento es lateral, los hombros y la cabeza chicotean hacia el vehículo intrusor. Esta acción puede desplazar el hombro, el tórax y las extremidades superiores y, lo que es más importante, el cráneo contra el poste de la puerta o la ventanilla. La columna cervical tiene poca tolerancia para la flexión lateral.

Si hay una penetración sustancial al compartimiento del pasajero, debe esperar lesiones torácicas y abdominales laterales del lado del impacto, así como posibles fracturas de las extremidades inferiores, pelvis y costillas. Además, los órganos dentro del abdomen están en riesgo de una posible tercera colisión. Aproximadamente 25% de todas las lesiones graves de la aorta que ocurren en choques de vehículos motores es resultado de colisiones laterales.

Figura 21-9 Los choques por alcance l a menudo causan lesiones de tipo latigazo, en particular cuando la cabeza y/o el cuello no están restringidos por un apoyo de la cabeza.

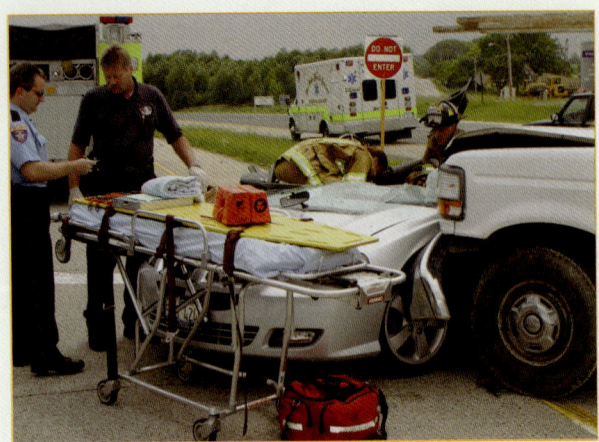

Figura 21-10 En un choque lateral, el auto es por lo general golpeado por encima de su centro de gravedad y comienza a alejarse del lado del impacto. Esto causa un tipo de latigazo lateral en el cual los hombros y la cabeza del pasajero chicotean hacia el vehículo que invadió.

Figura 21-11 Los pasajeros que han sido eyectados parcial o totalmente pueden haber golpeado el interior del auto varias veces antes de ser eyectados.

Choque por volcadura

Ciertos vehículos, como los camiones grandes o vehículos deportivos, tienen mayor tendencia a tener volcaduras debido a su centro de gravedad alto. Los patrones de lesión que con frecuencia se asocian a las colisiones por volcaduras difieren, dependiendo de que el pasajero se haya colocado o no el cinturón de seguridad. Las más impredecibles son las volcaduras en las cuales un pasajero sin cinturón de seguridad se golpea con el interior del vehículo al rodar una o más veces. El evento más común que pone en peligro la vida es la eyección total o parcial del pasajero del vehículo **Figura 21-11**. Los pasajeros que son eyectados pueden haber golpeado el interior varias veces antes de su eyección y también haber golpeado varios objetos, como árboles, un riel de protección o el exterior del vehículo después de aterrizar. Es posible que los pasajeros que han sido eyectados de forma parcial hayan golpeado el interior y exterior del vehículo, y quedado atrapados entre el exterior del vehículo y el ambiente al que éste rodó. La eyección total y/o parcial del vehículo es un mecanismo significativo de lesión; en este caso debe prepararse para atender lesiones que ponen en peligro la vida.

Aun cuando tengan colocado el cinturón de seguridad, los pasajeros pueden sufrir lesiones graves durante la volcadura, aunque los patrones de las lesiones tienden a ser más predecibles; cuando se usa el cinturón de seguridad adecuadamente prevendrá la eyección del vehículo. Un pasajero en el borde externo del vehículo que rueda, está en un alto riesgo de sufrir una lesión debido a la fuerza centrífuga (el paciente es prensado contra la puerta del vehículo). Cuando el techo choca con el suelo durante un vuelco, el pasajero que cuenta con el cinturón de seguridad

Situación de urgencia — Parte 3

Durante la evaluación inicial su paciente está consciente, alerta y desorientado. Encuentra su vía aérea permeable, respira con una frecuencia de 12 respiraciones laboriosas/min, está pálido y frío al tacto, y tiene pulsos distales débiles. No encuentra una hemorragia externa mayor aparente. La oximetría de pulso muestra una saturación de oxígeno de 92% en el aire de la habitación. Mientras aplica oxígeno suplementario a alto flujo, su compañero llama para respaldo de una unidad de soporte vital avanzado (SVA).

5. ¿Cómo difieren las lesiones potenciales de una colisión por volcadura de una colisión lateral o frontal?
6. ¿Cuáles son los tres tipos de colisiones que ocurren durante un choque automovilístico?

aún puede moverse hacia el techo lo suficiente para hacer contacto con éste y sufrir una lesión de la médula espinal. Por tanto, las colisiones por volcadura son en particular peligrosas para el pasajero con cinturón y, en grado mayor, para el que no lo tiene colocado, ya que estos choques presentan muchas oportunidades de que se produzcan segundas y terceras colisiones.

Choques rotacionales

Los choques rotacionales son, en concepto, similares a las volcaduras. La rotación del vehículo al girar crea oportunidades para que golpee objetos, como postes de alumbrado. Por ejemplo, al girar un vehículo y golpear un poste, los pasajeros experimentan no sólo un movimiento rotatorio, sino también un impacto lateral.

Atropellamiento

Figura 21-12 Si el casco de bicicleta del paciente está dañado, sospeche lesiones de cabeza y columna vertebral.

Los atropellamientos por un vehículo automotor a menudo causan graves lesiones no visibles a los sistemas corporales subyacentes. Es frecuente que los pacientes se presenten con lesiones gráficas y aparentes, como huesos rotos. Debe mantener un alto índice de sospecha de lesiones no visibles. Una minuciosa evaluación del ML es crítica. El primer paso consiste en estimar la velocidad del vehículo que golpeó al paciente; luego, determinar si el paciente fue lanzado, a que distancia, y si fue golpeado y arrastrado bajo el auto. Debe examinar el auto que golpeó al paciente buscando daños estructurales que puedan indicar puntos de contacto con el sujeto y estar alerta sobre posibles lesiones potenciales. Las lesiones multisistémicas son comunes después de este tipo de evento.

En el atropellamiento de un ciclista debe examinar el ML en forma similar que en el de un peatón. Sin embargo, se justifica la evaluación adicional del daño a la bicicleta y de su posición. Si el paciente estaba usando un casco, corresponde examinar el casco por daños y sospechar de un trauma en cráneo ▶Figura 21-12▶. En ambos perfiles de lesión, suponga que el paciente ha recibido una lesión en la columna vertebral, o médula espinal, hasta que se demuestre lo contrario en el hospital. Durante el encuentro debe iniciarse y mantenerse la inmovilización cervical.

Caídas

La lesión potencial de una caída está relacionada con la altura de la cual cayó el paciente. Mientras mayor sea la altura de la caída, mayor es el potencial de lesión. Una caída de más de 2 metros (15 pies), o tres veces la estatura del paciente, se considera significativa. El paciente cae sobre la superficie en igual forma que un pasajero sin cinturón de seguridad se aplasta en el interior de un vehículo. Los órganos internos se desplazan a la velocidad del cuerpo antes de golpear el suelo y se detienen aplastándose en su interior. De nuevo, como en un choque automovilístico, son estas lesiones internas, que son las menos obvias durante la evaluación, las que representan una amenaza más grave para la vida. Por tanto, debe esperar lesiones internas en un paciente que ha sufrido una caída significativa, en la misma forma que lo haría en un paciente que ha estado en un choque de vehículo motor a alta velocidad. Una caída de una altura igual a la estatura del paciente puede causar una lesión de la cabeza y/o cuello, sobre todo si su cabeza golpea primero el suelo o aun de forma simultánea con el torso. Considere siempre la posibilidad de un síncope u otras causas médicas subyacentes como motivo de la caída.

Los pacientes que caen y aterrizan sobre sus pies (síndrome de don Juan o de balcón) pueden tener lesiones internas menos graves ya que es posible que sus piernas hayan absorbido gran parte de la energía de la

> ### ▲ Necesidades pediátricas
>
> Para evaluar el ML cuando su paciente es un niño, recuerde esto:
>
> **Una caída mayor de 3 veces la estatura del niño = un ML significativo.**
>
> Además, note que los niños pequeños son pesados en el extremo superior, por lo que tienden a aterrizar sobre sus cabezas en las caídas pequeñas.

Necesidades geriátricas

Muchos pacientes geriátricos se lesionan de gravedad por caídas. Evalúe por completo a los pacientes geriátricos por posibles lesiones, aun por caídas de poco impacto.

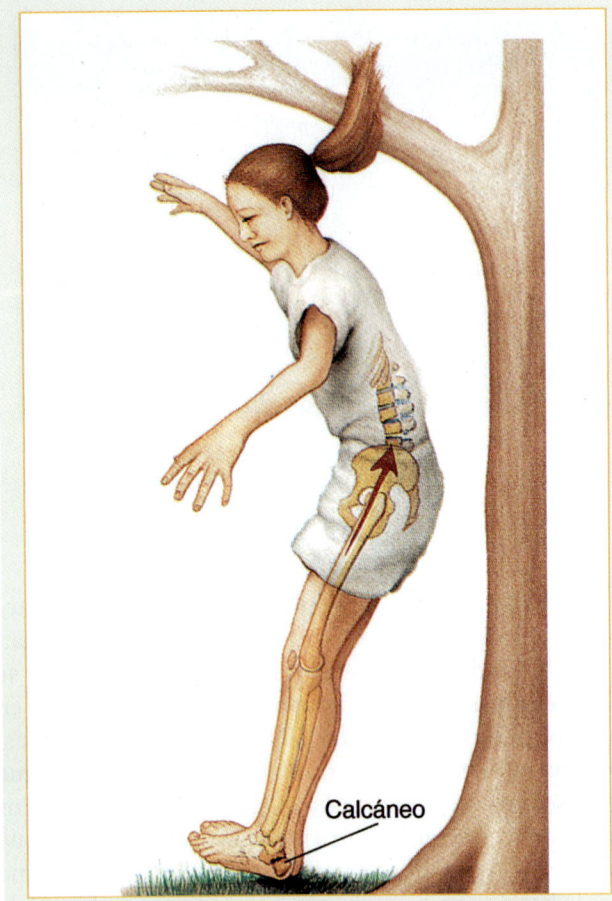

Figura 21-13 Cuando un paciente cae y aterriza sobre sus pies, la energía es transmitida a la columna vertebral, produciendo a veces una lesión vertebral, además de lesiones en las piernas y pelvis.

caída (**Figura 21-13**). Naturalmente, como resultado pueden tener lesiones muy graves en las extremidades inferiores, así como lesiones pélvicas y vertebrales, por la energía que no absorben las piernas. Los pacientes que caen sobre sus cabezas, como en los accidentes de alberca (clavadistas) muy probablemente tendrán lesiones graves en la cabeza y/o en la columna vertebral. En cualquiera de los casos, una caída de una altura significativa es un evento grave con gran potencial lesivo el paciente debe ser evaluado de manera minuciosa. Tome en consideración los siguientes factores:

- La altura de la caída
- La superficie en la que cayó
- La parte del cuerpo que se golpeó primero, seguida por la vía de desplazamiento de la energía.

Algunos textos consideran que las caídas son la forma más común de traumatismo. Muchas caídas, en especial las de las personas mayores, no se consideran "verdaderos" traumas, aunque los huesos pueden estar rotos. Con frecuencia estas caídas ocurren como resultado de una fractura. Los pacientes ancianos a menudo tienen osteoporosis, trastorno en el cual el sistema musculoesquelético puede ceder ante un estrés relativamente bajo. Debido a este trastorno, un paciente anciano puede sufrir una fractura estando de pie, y entonces caer como resultado. Por tanto, un paciente en estas condiciones puede de hecho haber sufrido una fractura antes de caer. Estos casos no constituyen un verdadero traumatismo, a menos que el paciente haya caído de una altura significativa.

Situación de urgencia — Parte 4

Una unidad de SVA está en camino. El CECOM le notifica que la unidad de SVA está a 20 min de su ubicación. Con esto en mente, termina su evaluación inicial de trauma. La evaluación secundaria muestra un intenso golpe en el pecho. El abdomen está rígido y caliente al tacto, la pelvis es inestable. Junto con su compañero, prepara rápidamente al paciente para su traslado. Debido a la condición inestable de su paciente elige reunirse con la unidad de SVA:

7. ¿De qué importancia es el ML y el grado de daño del vehículo en su comunicación escrita y verbal?
8. ¿Cómo difiere el resultado potencial del paciente en un vehículo automotor cuando éste cuenta con su cinturón de forma apropiada en comparación con una persona que no lo está?
9. ¿Debe informar el hecho de que los espectadores asistieron al paciente fuera de la escena antes de su llegada?

Trauma penetrante

El trauma penetrante de baja energía, puede ser causado de forma accidental por perforaciones o de manera intencional por un cuchillo, picahielo u otra arma Figura 21-14. Muchas veces es difícil determinar las heridas de entrada y salida de proyectiles en situaciones prehospitalarias (a menos que las defina una obvia herida de salida). Determine el número de lesiones penetrantes y combine ese dato con las cosas importantes que ya conoce sobre el trayecto potencial de los proyectiles penetrantes para formar un índice de sospecha sobre lesiones no visibles que puedan poner en peligro la vida. Con las penetraciones de baja energía, las lesiones son causadas por los bordes afilados del objeto que se mueve a través del cuerpo y, por tanto, son cercanas al trayecto del objeto. Sin embargo, algunas armas, como los cuchillos, pueden haberse movido de manera intencional en el interior causando más daño de lo que podría sugerir la herida externa.

En traumatismos penetrantes de velocidad media y alta, el trayecto del objeto (una bala ordinaria) puede no ser tan fácil de predecir. Esto se debe a que la bala se puede aplastar, desplomar o aun rebotar dentro del cuerpo antes de salir. Además, debido a su velocidad, emana ondas de presión causando daño en sitios alejados de su trayecto. Este fenómeno, llamado cavitación, puede tener como resultado lesiones graves en órganos distantes a la trayectoria real de la bala. En forma muy similar a un bote moviéndose a través del agua, la bala destruye no sólo los tejidos que están en su camino de manera directa, sino también los que están en su trayecto. Por tanto, el área que es dañada por los proyectiles de velocidad media y alta puede ser muchas veces más grande que el diámetro del propio proyectil Figura 21-15. Esta es la razón por la que con frecuencia las heridas de salida son muchas veces mayores que las heridas de entrada. Como sucede con los choques vehiculares, la energía disponible de una bala es más una función de su velocidad que de su masa (peso). Si la masa de la bala se duplica, la energía disponible para causar lesión se duplica; si la velocidad de la bala se duplica, la energía disponible para causar lesión se cuadriplica. Por esta razón es importante que trate de determinar el tipo de arma que se usó. Aunque no es necesario (o siempre posible) que distinga entre heridas de velocidad mediana y alta, cualquier información referente al tipo de arma que fue usada debe ser pasada a la dirección médica. La policía en la escena puede ser una fuente útil de información sobre el calibre del arma.

El Cuadro 21-1 resume cómo reconocer problemas en desarrollo en los pacientes traumatizados.

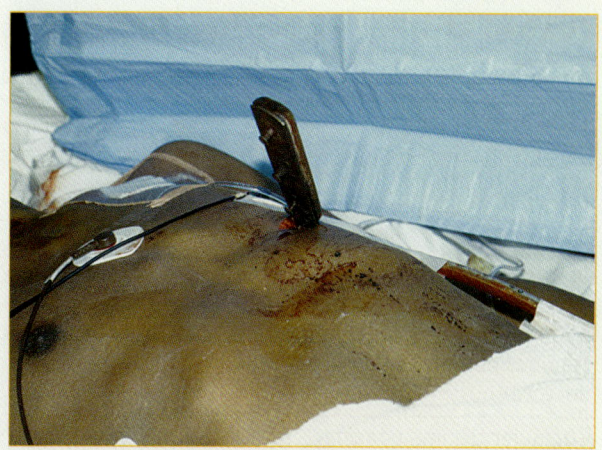

Figura 21-14 Las lesiones por penetraciones de baja energía, como una herida cortante, son causadas por los borde afilados del objeto que se mueve a través del cuerpo.

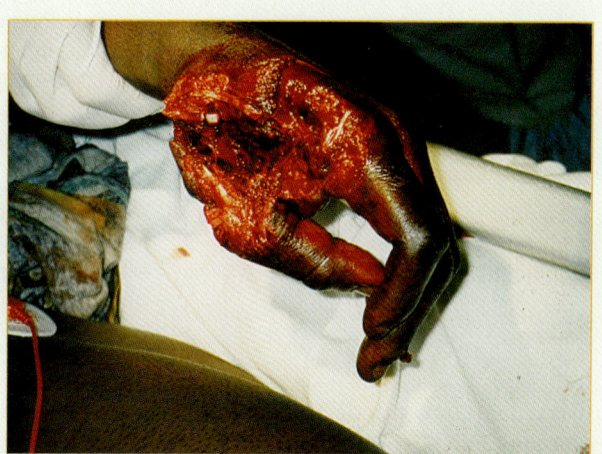

Figura 21-15 El área dañada por proyectiles de alta velocidad, como las balas, puede ser muchas veces más grande que el diámetro del propio proyectil.

Anatomía y fisiología

El cuerpo humano está dividido en áreas (o sistemas) basadas en la función corporal, sus órganos internos están sujetos a lesiones no visibles cuando se aplica alguna fuerza externa. Por ejemplo, el encéfalo puede tener contusiones, el corazón y los pulmones también pueden tener contusiones o hemorragia oculta, y los órganos del abdomen pueden tener hemorragias que ponen en peligro la vida.

Traumatismo craneoencefálico

El encéfalo está situado y bien protegido, dentro del cráneo. Sin embargo, cuando la cabeza es lesionada por

CUADRO 21-1 Reconocimiento de los problemas que se desarrollan en los pacientes contrauma

Mecanismo de la lesión	Signos y síntomas	Índice de sospecha
Trauma contuso o penetrante en el cuello	■ Respiración ruidosa o laboriosa ■ Edema en cara o cuello	■ Hemorragia significativa o cuerpos extraños en la vía aérea superior o inferior, causantes de obstrucción ■ Esté alerta por posible deterioro de la vía aérea
Trauma contuso significativo del tórax por choques automovilísticos, atropellamientos traumas penetrante en la pared del tórax	■ Dolor de pecho significativo ■ Falta de aire ■ Movimiento asimétrico de la caja torácica	■ Contusión cardiaca o pulmonar ■ Neumotórax o hemotórax ■ Costillas rotas causantes de deterioro respiratorio
Cualquier trauma por una contusión, por ejemplo por choques o por una lesión penetrante	■ Trauma contuso o penetrante al cuello, pecho, abdomen o ingle ■ Golpes a la cabeza sostenidos durante choques automovilísticos, caídas u otros incidentes que producen pérdida de la conciencia, alteración del estado mental, inhabilidad para recordar eventos, combatividad o cambios en los patrones del habla ■ Dificultad en el movimiento de las extremidades; cefalea, especialmente con náusea y vómito	■ Las lesiones en estas regiones pueden desgarrar y causar daños en los grandes vasos situados en estas áreas corporales, dando lugar a hemorragias internas y externas significativas ■ Esté alerta ante la posibilidad de magulladuras del encéfalo y hemorragia en el tejido encefálico o en su alrededor, que puede causar la acumulación de una grave presión dentro del cráneo, alrededor del encéfalo (traumatismo craneoencefálico)
Cualquier trauma por fuerza contusa, caídas de una altura significativa o trauma penetrante	■ Dolor intenso de espalda y/o cuello, historial de dificultad para mover extremidades, pérdida de la sensación de hormigueo en las extremidades	■ Lesión de los huesos de la columna vertebral o de la médula espinal

un traumatismo puede producirse una lesión oculta en el encéfalo. Éste puede contundirse o desgarrarse, lo que causa hemorragia. Los vasos sanguíneos alrededor del encéfalo también se pueden desgarrar y producir hemorragias. La hemorragia e hinchazón dentro del cráneo por lesión del encéfalo es con frecuencia una amenaza para la vida. Algunos pacientes no tendrán signos ni síntomas obvios de lesión del encéfalo oculta, hasta minutos u horas después de que la lesión se ha producido.

Lesiones del cuello y la garganta

El cuello y la garganta contienen muchas estructuras que son susceptibles a lesionarse por traumatismos que pueden ser graves o mortales para los pacientes. En esta región del cuerpo humano, la tráquea puede romperse o edimatizarse después de una lesión en el cuello. Esto puede dar lugar a un problema de obstrucción de la vía aérea, que rápidamente puede convertirse en una grave amenaza para la vida porque interfiere con la capacidad de respirar del paciente.

El cuello también tiene grandes vasos sanguíneos que abastecen al encéfalo con sangre rica en oxígeno. Cuando se produce una lesión en este lugar, el edema puede restringir el flujo sanguíneo al encéfalo y causar una lesión al sistema nervioso central, aun cuando el encéfalo no haya sido afectado de manera directa por la fuerza inicial que causó la lesión del cuello. Si se produce una herida abierta por la lesión, el paciente puede tener una hemorragia significativa, o puede entrar aire al aparato circulatorio y bloquear el flujo sanguíneo normal; cualquiera de las dos situaciones puede causar una muerte rápida.

Trauma torácico

El tórax contiene al corazón, los pulmones y los grandes vasos del cuerpo. Cuando se produce una lesión en esta parte del organismo pueden producirse muchas lesiones que ponen en peligro la vida. Por ejemplo, cuando las costillas se rompen y la pared del tórax no se expande de manera normal durante la respiración, se interfiere con la habilidad del cuerpo de obtener oxígeno para las células. Pueden producirse contusiones en el corazón y causar un latido cardiaco anormal. Los grandes vasos pueden desgarrarse dentro del pecho causando una hemorragia masiva oculta que mata con rapidez al paciente traumatizado. En algunas lesiones del tórax los pulmones se contunden, lo que interfiere con el intercambio de oxígeno normal del organismo.

Algunas lesiones torácicas pueden ser el resultado de una acumulación de aire entre el tejido pulmonar y la pared torácica. Al acumularse aire en este espacio el tejido pulmonar se comprime, interfiriendo de nuevo con la habilidad del cuerpo de intercambiar oxígeno. Esta lesión se llama neumotórax. Si se deja sin tratar o no se reconoce, el tejido pulmonar se comprime bajo presión hasta que también el corazón es comprimido y no puede bombear sangre. Este trastorno se llama neumotórax a tensión y es una situación de urgencia que pone en peligro la vida. Algunos pacientes presentan una hemorragia en esta porción del tórax. En vez de colectarse aire se acumula sangre en este lugar e interfiere con la respiración. Este trastorno se llama hemotórax y también constituye una amenaza en la vida del paciente.

Lesiones abdominales

El abdomen es el área del cuerpo humano que contiene muchos órganos vitales para la función del cuerpo. Estos órganos también reciben una cantidad muy alta de flujo sanguíneo para efectuar las funciones necesarias para la vida. Los órganos del abdomen y del retroperitoneo (espacio inmediatamente detrás del verdadero abdomen) se pueden clasificar en dos categorías simples: sólidos y huecos. Los órganos sólidos incluyen hígado, bazo, páncreas y riñones; los huecos: estómago, intestinos grueso y delgado, y vejiga urinaria.

Cuando se producen lesiones traumáticas en esta región pueden presentarse problemas graves que ponen en peligro la vida. Los órganos sólidos se pueden desgarrar, lacerar o fracturar. Esto causa una hemorragia grave en el abdomen que puede causar rápidamente la muerte. Esté alerta ante un paciente que se queje de dolor abdominal, puede ser un síntoma de hemorragia abdominal. Esté alerta a los signos vitales del paciente, ya que empiezan a deteriorarse, lo que puede significar una hemorragia grave oculta dentro de la región abdominal del cuerpo.

Los órganos huecos del organismo pueden romperse y dejar escapar al interior del abdomen sustancias químicas, como ácidos, usadas para la digestión. Esto no sólo causará dolor, sino también, finalmente, una infección que ponga en peligro la vida.

El abdomen también contiene vasos sanguíneos grandes que abastecen a los órganos de esta región y a las extremidades inferiores con sangre rica en oxígeno. En ocasiones estos vasos se rompen o desgarran, y causan una hemorragia grave no visible que puede provocar la muerte.

Los pacientes traumatizados pueden tener un área (o sistema) o varios sistemas del cuerpo lesionados. El paciente que tiene más de un sistema del cuerpo implicado se describe como un **paciente con trauma multisistémico.**

Situación de urgencia — Resumen

Como un proveedor de cuidados de la salud, responderá a muchas urgencias causadas por traumatismos. La comprensión del mecanismo de la lesión (ML) es importante para entender cómo ocurrieron las lesiones y qué tipo de lesiones potenciales puede haber. Recuerde, algunas de las lesiones más graves son las que no se pueden ver. Es vital no enfocarse sólo en las lesiones obvias. Use su índice de sospecha, reconozca el ML y siempre proporcione los cuidados más beneficiosos y apropiados.

Resumen

Listo para repaso

- Determinar el Mecanismo de lesión tan rápido como sea posible, esto lo ayudará a desarrollar un índice de sospecha sobre la gravedad de las lesiones no vistas.
- Comunicar los hallazgos del (ML) en el informe escrito del paciente y de manera verbal al personal del hospital; esto asegura que el tratamiento apropiado continúe para el paciente en el hospital en lo referente a lesiones graves potenciales.
- En todo choque se producen tres colisiones:
  - La colisión del auto con cualquier tipo de objeto
  - La colisión del pasajero contra el interior del auto
  - La colisión de los órganos internos del pasajero contra las estructuras sólidas del cuerpo
- Mantener un alto índice de sospecha de lesión grave en el paciente que ha estado implicado en un choque automovilístico con daño significativo en el vehículo, ha caído de una altura significativa, o ha sufrido un traumatismo penetrante en el cuerpo.

Vocabulario vital

cavitación Fenómeno en el cual la velocidad hace que una bala genere ondas de presión que causan daños distantes de la trayectoria del proyectil.

desaceleración Disminución de la velocidad de un objeto.

energía cinética Energía de un objeto en movimiento

energía potencial El producto de masa, gravedad y altura que se convierte en energía cinética y da por resultado una lesión, como la de una caída.

índice de sospecha Conciencia de que pueden existir lesiones, no vistas cuando se determina el mecanismo de la lesión, que ponen en peligro la vida.

lesión encefálica de golpe contragolpe Lesión del encéfalo que ocurre cuando se aplica fuerza a la cabeza y la transmisión de energía a través de tejido encefálico causa una lesión en el sitio opuesto al impacto.

mecanismo de lesión (ML) Las fuerzas de transmisión de energía aplicadas el cuerpo que causan lesión.

paciente con trauma multisistémico Paciente que experimentó un trauma que afecta a más de un sistema corporal.

trauma contuso Impacto sobre el cuerpo por objetos que causan lesiones sin penetrar tejidos blandos u órganos o cavidades internos.

trauma penetrante Lesión causada por objetos, cuchillos y balas que perforan la superficie del cuerpo y dañan tejidos y órganos internos.

Qué evaluar

Es despachado a la intersección de Avenida Revolución y Molinos, el CECOM le indica de un choque de un vehículo sedán de cuatro puertas que ha golpeado un poste telefónico. Al acercarse al vehículo nota el parabrisas estrellado. Encuentra detrás del volante a un hombre joven que está sangrando de la frente y obviamente alterado. Al comenzar a hablarle, su compañero efectúa inmovilización de la columna cervical desde el asiento trasero. El paciente tiene 16 años de edad y sus padres están de vacaciones en Acapulco y le advirtieron, específicamente, no manejar a la escuela mientras estaban fuera. Es lento para responder las preguntas y se mantiene repitiendo: "¡Por favor, no les diga a mis padres. Me van a matar!". Al comenzar su examen él le dice que está bien y que no necesita ir al hospital.

¿Qué desafíos presenta este escenario? ¿Cómo manejaría las preocupaciones del paciente?

Temas: Tratamiento del paciente como un todo, Tratando con menores, Consentimiento implícito.

Autoevaluación

Es despachado a un sitio de construcción en el número 3825 de Vasco de Quiroga, con relación a un hombre que ha caído. En el camino al sitio, le informan que el paciente cayó del techo de una estructura de tres pisos y que se queja de dolor intenso en sus piernas y espalda.

Al llegar, varios de los trabajadores le hacen señales de forma agitada y le gritan: "Apúrese, apúrese, es aquí". Al acercarse al grupo de gente, ve a un hombre acostado sobre el piso duro, escarchado. Al comenzar a presentarse, su compañero inicia de inmediato la inmovilización de la columna cervical. El paciente le dice que perdió el piso cuando trabajaba en el techo, lo siguiente que supo es que estaba en el suelo con dolor agonizante en sus piernas y parte inferior de la espalda. Un compañero de trabajo que vio el evento le indica que el paciente aterrizó sobre sus pies. Sus signos vitales son los siguientes: pulso 130 latidos/min y débil; tensión arterial, 108/52 mm Hg, y respiraciones, 42/min y superficiales.

1. Dada la posición de aterrizaje del paciente, ¿qué lesiones anticipa ver?
   A. Lesiones de las piernas.
   B. Lesiones de la columna vertebral.
   C. Lesiones pélvicas.
   D. Todo lo indicado en A, B y C.

2. Su preocupación sobre graves lesiones potenciales subyacentes se llama:
   A. Índice de creencia.
   B. Índice de sospecha.
   C. Índice de lesión.
   D. Índice de eventos.

3. La forma en la cual las lesiones traumáticas ocurren se llama:
   A. mecanismo del traumatismo.
   B. mecanismo del evento.
   C. mecanismo de la molestia.
   D. mecanismo de la lesión.

4. ¿Qué factores debe tomar en cuenta cuando evalúa a un paciente que ha caído de una altura significativa?
   A. La altura de la caída.
   B. La superficie donde impacto.
   C. La parte del cuerpo que se golpeó primero.
   D. Todo lo indicado en A, B y C.

5. Los signos vitales del paciente indican que:
   A. está en dolor.
   B. tiene hemorragia interna.
   C. está en choque.
   D. Todo lo indicado en A, B y C.

6. ¿Qué se considera una caída significativa?
   A. Una caída de 3 metros.
   B. Una caída de cerca de tres veces la estatura del paciente.
   C. Tanto A como B.
   D. Ni A ni B.

Preguntas desafiantes

7. ¿Qué indicios recibidos en la descripción de la escena pueden ayudarlo a comprender las lesiones potenciales?

8. ¿Debe preguntar el historial médico del paciente? ¿Por qué?

9. ¿Es importante conocer la posición del cuerpo al golpear el suelo?

10. ¿Cómo puede afectar el estado médico las lesiones causadas por un evento traumático?

Hemorragia

Objetivos

Cognitivos

- **5-1.1** Enlistar la estructura y función del aparato circulatorio. (p. 650)
- **5-1.2** Diferenciar entre hemorragia arterial, venosa y capilar. (p. 655)
- **5-1.3** Exponer métodos de cuidados de urgencias médicas de la hemorragia externa. (p. 659)
- **5-1.4** Establecer la relación entre aislamiento de sustancias corporales y hemorragia. (p. 659)
- **5-1.5** Establecer la relación entre el manejo de la vía aérea y el paciente traumatizado. (p. 657)
- **5-1.6** Establecer la relación entre el mecanismo de la lesión y la hemorragia interna. (p. 668)
- **5-1.7** Enlistar los signos de hemorragia interna. (p. 668)
- **5-1.8** Enlistar los pasos en los cuidados médicos de urgencias del paciente con signos y síntomas de hemorragia interna. (p. 670)

Afectivos

- **5-1.11** Explicar el sentido de urgencia para transportar pacientes con hemorragia y que muestran signos de choque. (p. 655)

Psicomotores

- **5-1.12** Demostrar la presión directa como un método de cuidados médicos de urgencias de hemorragia externa. (p. 659)
- **5-1.13** Demostrar el uso de la presión indirecta como un método de cuidados médicos de urgencias de hemorragia externa. (p. 660)
- **5-1.14** Demostrar el uso de los puntos de presión y torniquetes como un método de cuidados médicos de urgencias de hemorragia externa. (p. 663)
- **5-1.15** Demostrar los cuidados del paciente que presenta signos y síntomas de hemorragia interna. (p. 670)

22

Hemorragia

Situación de urgencia

Usted y su compañero TUM-B son enviados a un taller que fabrica armarios para atender una lesión traumática. Una vez en la escena, encuentra a un hombre de 27 años consciente, alerta y orientado, sangrando intensamente de su brazo izquierdo. Su paciente le explica que mientras trabajaba con la sierra de cinta se resbaló y pasó el brazo por la hoja. Él sostiene un trapo contra la herida, el cual está saturado con sangre de color rojo brillante. Afirma que se cortó el brazo aproximadamente 10 min antes de su llegada y no ha podido detener la hemorragia.

1. ¿Qué sugiere sobre la lesión el color de la sangre?
2. ¿Qué pasos deben seguirse para detener la hemorragia?

Hemorragia

Después del tratamiento de la vía aérea, el reconocimiento de las hemorragias y la comprensión de cómo afectan al cuerpo son, quizá, las destrezas más importantes que aprenderá como TUM-B. La hemorragia puede ser externa y obvia o interna y oculta. En cualquiera de sus formas es potencialmente peligrosa, causando debilidad en primer lugar y si no se controla, progresa al estado de choque y muerte. La causa más frecuente de estado de choque posterior a un traumatismo es la hemorragia.

Este capítulo lo ayudará a comprender cómo reacciona el aparato cardiovascular a la pérdida de sangre. El capítulo comienza con un breve repaso de la anatomía y función del aparato circulatorio. Luego describe los signos, síntomas y cuidados médicos de urgencias en presencia de hemorragia externa e interna. El capítulo concluye con una exposición sobre la relación entre la hemorragia y el choque hipovolémico.

Anatomía y fisiología del aparato cardiovascular

El sistema cardiovascular bombea sangre a todas las células y tejidos del organismo, entregando oxígeno y retirando productos metabólicos de desecho Figura 22-1. Ciertas partes del cuerpo, como el encéfalo, la médula espinal y el corazón, requieren un flujo constante de sangre para vivir. Las células de estos órganos no pueden tolerar una falta de sangre por más de unos cuantos minutos. Otros órganos como los pulmones y los riñones pueden sobrevivir durante periodos cortos sin un flujo adecuado de sangre; después de esto, sus células comienzan a morir. Esta situación puede conducir a una pérdida permanente de la función o a la muerte.

El aparato cardiovascular es el principal sistema responsable de suplir y mantener un flujo adecuado de sangre y está constituido por tres partes:
- La bomba (el corazón)
- Un contenedor (los vasos sanguíneos que alcanzan todas las células del cuerpo)
- El líquido (sangre y líquidos corporales)

El corazón

Es un músculo hueco de tamaño aproximado a una mano empuñada, un músculo involuntario que está bajo control del sistema nervioso autónomo, pero tiene su propio sistema regulador. Así puede funcionar aunque el sistema nervioso no funcione.

El corazón siempre trabaja, y todos los órganos dependen de un suministro adecuado de sangre. Por esta razón, tiene varias características especiales de las que carecen los otros músculos. En primer lugar, como el corazón no puede tolerar una interrupción de su riego sanguíneo por más de unos cuantos segundos, el músculo cardiaco necesita un suministro rico y bien distribuido de sangre. En segundo lugar, el corazón funciona como dos bombas Figura 22-2. Cada lado del corazón tiene una cavidad superior (aurícula) y una inferior (ventrículo) que bombean sangre. La sangre sale de cada cavidad a través de una válvula unidireccional que mantiene el movimiento de la sangre en la dirección apropiada.

El lado derecho del corazón recibe sangre pobre en oxígeno (desoxigenada) de las venas del cuerpo. La sangre penetra a la aurícula derecha por la vena cava, y luego llena el ventrículo derecho. Después de que el ventrículo derecho se contrae, la sangre fluye a la arteria pulmonar y a la circulación pulmonar. La sangre, ahora con oxígeno (oxigenada), retorna al lado izquierdo del corazón por las venas pulmonares. La sangre penetra a la aurícula izquierda y luego pasa al ventrículo izquierdo. Este lado del corazón tiene mayor masa muscular que el otro lado porque debe bombear sangre a la aorta y a las arterias de todo el cuerpo. Es importante recordar que el ventrículo izquierdo es responsable de abastecer el 100% del cuerpo con sangre rica en oxígeno.

Vasos sanguíneos y sangre

Hay cinco tipos de vasos sanguíneos:
- Arterias
- Arteriolas
- Capilares
- Vénulas
- Venas

Al fluir la sangre fuera del corazón, pasa a la aorta, la arteria más grande del cuerpo. Las arterias van haciéndose cada vez menores al irse alejando del corazón. Los vasos más pequeños, que conectan las arterias y los capilares, se llaman arteriolas. Los capilares son tubos pequeños, con el diámetro del tamaño de un glóbulo rojo simple, que pasan entre las células del cuerpo conectando las arteriolas y las vénulas. La sangre que sale del lado distal de los capilares fluye hacia el interior de las vénulas. Estos vasos pequeños de pared delgada se vacían en las venas, las que a su vez lo hacen en la vena cava. Este es el proceso que retorna sangre al corazón en el lado venoso del aparato circulatorio. El oxígeno y los nutrientes pasan con facilidad de los capilares a las células, de igual forma los desechos y el dióxido de carbono se mueven hacia afuera de las células y al interior de los capilares Figura 22-3. Este sistema de transportación permite que el organismo se deshaga de productos de desecho.

Capítulo 22 Hemorragia **651**

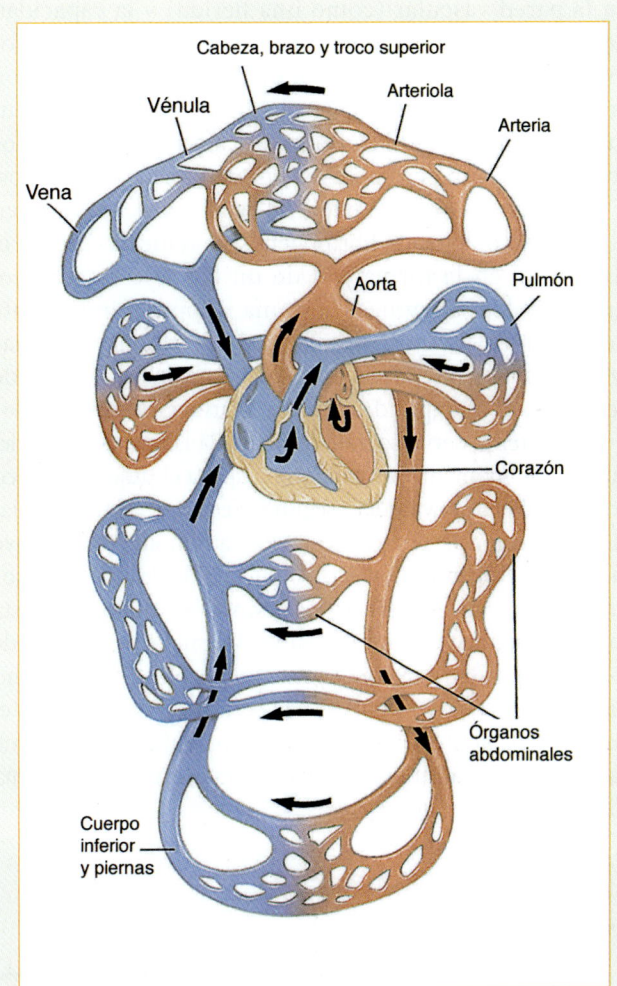

Figura 22-1 El aparato cardiovascular incluye al corazón, arterias, venas y capilares interconectadores. Se muestra el intercambio de nutrientes y productos de desecho.

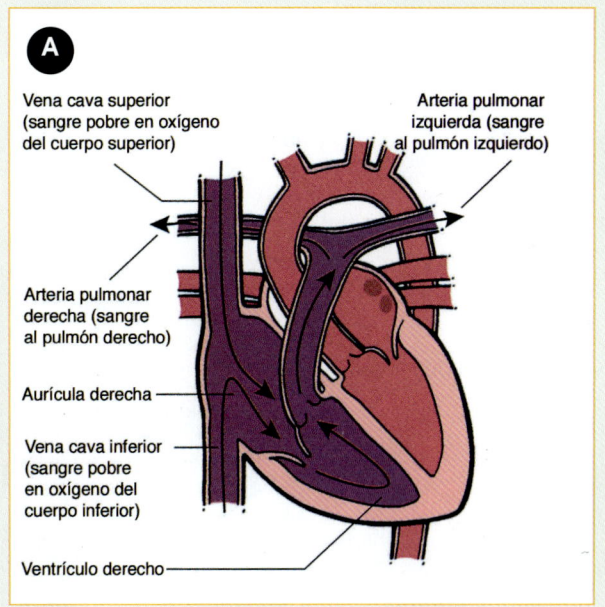

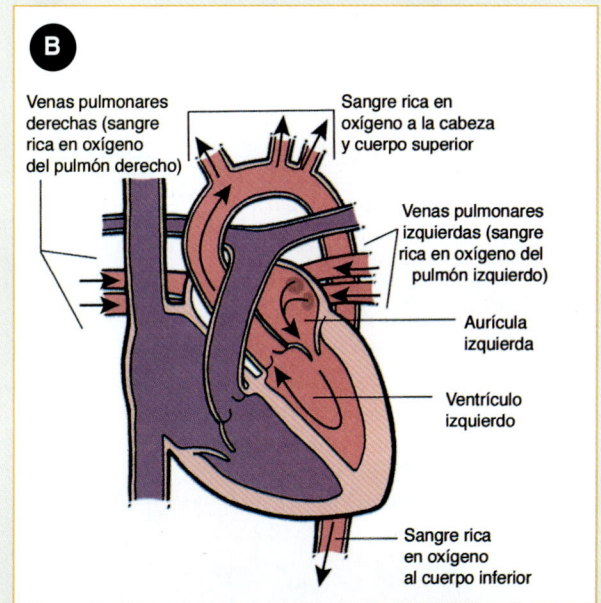

Figura 22-2 A. En el lado derecho del corazón circula sangre del cuerpo a los pulmones. **B.** En el lado izquierdo del corazón circula sangre rica en oxígeno a todas las partes del cuerpo. Es la más muscular de las dos bombas porque debe bombear sangre a la aorta y a las arterias.

En los extremos arteriales de los capilares, y en las propias arteriolas, hay paredes musculares circulares que se constriñen y dilatan bajo el control del sistema nervioso autónomo. Cuandos se vasodilatan, la sangre pasa a los capilares en proximidad a cada célula del tejido circundante; cuando se cierran (contraen) no hay flujo sanguíneo capilar. Los músculos de los sanguíneos se dilatan y contraen en respuesta a ciertas condiciones como el terror, calor, frío o necesidades específicas de oxígeno y la necesidad de eliminar desecho metabólico. En un individuo sano, los vasos nunca están por completo dilatados ni totalmente contraídos al mismo tiempo.

El último componente del aparato cardiovascular es la sangre (contenido del contenedor). La sangre tiene glóbulos rojos (eritrocitos), glóbulos blancos (leucocitos), plaquetas y un líquido llamado plasma **Figura 22-4**. Como se expuso en el capítulo del cuerpo humano, los glóbulos rojos son responsables del transporte de oxígeno a las células y del transporte del dióxido de carbono (un producto de desecho del metabolismo celular) hacia afuera de las células a los pulmones, donde es espirado y retirado del cuerpo. Las plaquetas son responsables de la formación de coágulos sanguíneos. En el organismo se forma un coágulo de sangre dependiendo de uno de los siguientes principios: estasis de la sangre, cambios

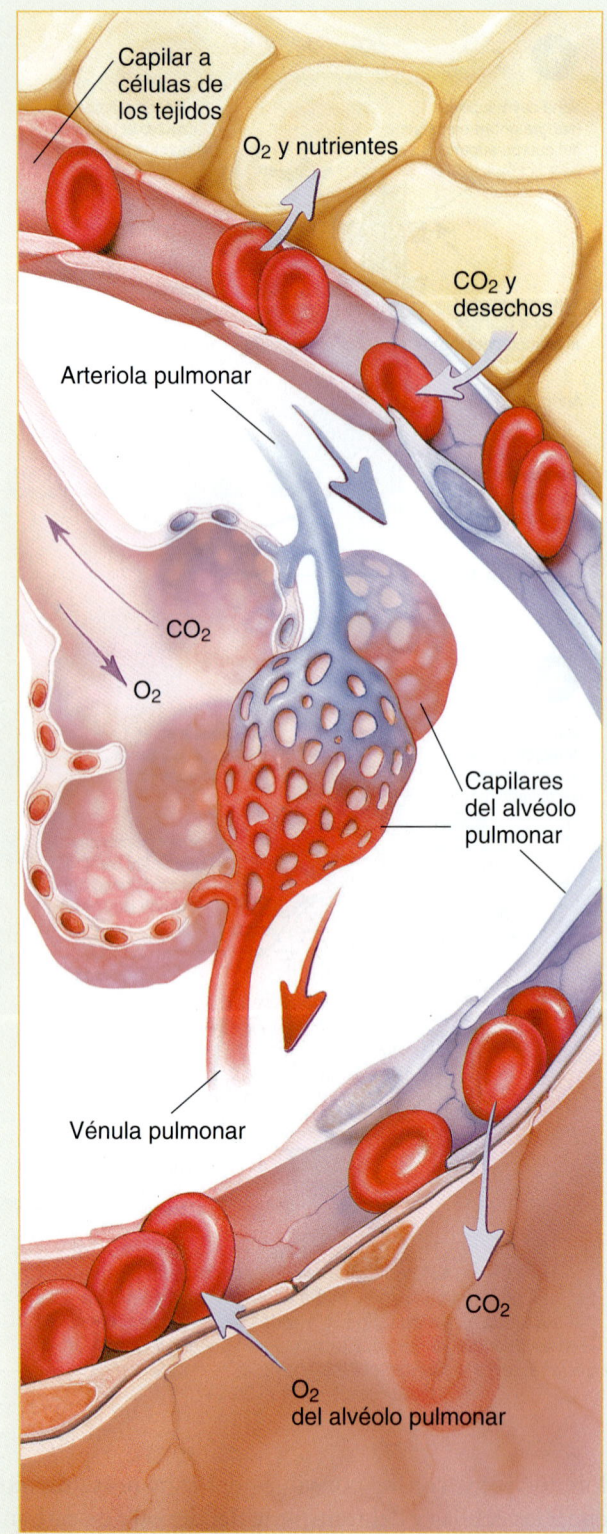

Figura 22-3 El oxígeno y los nutrientes pasan con facilidad de los capilares a las células, los desechos y el dióxido de carbono se mueven hacia afuera de las células y al interior de los capilares (arriba). El oxígeno y el dióxido de carbono pasan libremente entre los pulmones y los capilares (abajo).

en la pared vascular (como una herida) y la capacidad de la sangre de coagularse (debida a un proceso patológico o medicamento). Cuando se produce una lesión en los tejidos del cuerpo, las plaquetas comienzan a acumularse en el sitio de la lesión; esto causa que los glóbulos rojos se vuelvan pegajosos y se junten formando grupos. Cuando éstos comienzan a aglutinarse, otra sustancia en el organismo, llamada fibrinógeno, los refuerza. Este es el paso final en la formación de un coágulo sanguíneo. Los coágulos sanguíneos son una respuesta importante del cuerpo para controlar pérdida de sangre. Algunas enfermedades que interfieren con el proceso normal de coagulación se expondrán más adelante en este capítulo.

El sistema nervioso autónomo vigila las necesidades del cuerpo, de momento a momento, y ajusta el flujo sanguíneo adaptando el tono vascular, según se requiera. Durante situaciones de urgencia, el sistema nervioso autónomo redistribuye la sangre automáticamente, distribuyéndola de otros órganos hacia el corazón, el encéfalo, los pulmones y riñones. De esta forma, el aparato cardiovascular es dinámico y se adapta de manera constante a las condiciones cambiantes del organismo para mantener la homeostasis y la perfusión. En ocasiones el sistema falla al proporcionar circulación suficiente para que cada parte realice su propia función. Este trastorno se llama hipoperfusión o choque.

Fisiopatología y perfusión

El trauma contuso puede causar una lesión y hemorragia significativa que no es visible dentro de una cavidad o re-

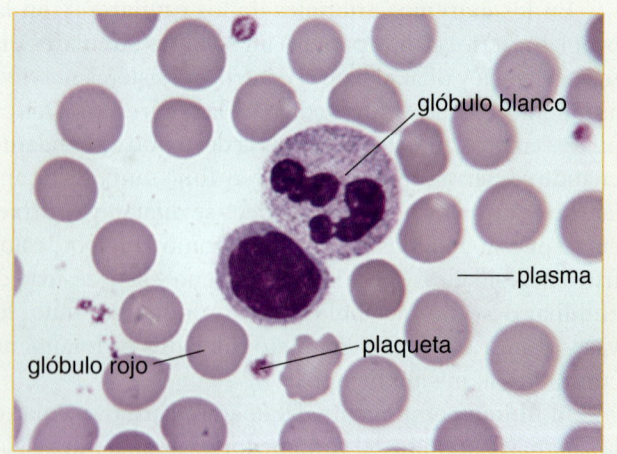

Figura 22-4 Aspecto microscópico de los tres elementos importantes de la sangre: glóbulos rojos, glóbulos blancos y plaquetas.

gión del cuerpo, como sucede cuando ocurre en el hígado o el bazo. Estas lesiones hacen que el paciente pierda cantidades significativas de sangre, causando hipoperfusión. En el trauma penetrante es posible que el paciente tenga sólo una hemorragia visible de poco volumen; sin embargo, puede, tener una lesión que produzca hemorragia sustancial en órganos internos que no se ve y puede causar la muerte rápidamente. Ambas situaciones son ejemplos de hemorragias internas graves, en las cuales el volumen del riego sanguíneo y el abastecimiento a las células se ha interrumpido; esta interrupción es la causa de la hipoperfusión (o estado de choque) en el paciente traumatizado.

Perfusión es la circulación adecuada de sangre que llega a los órganos y tejidos en cantidades adecuadas para cubrir las necesidades de oxígeno, nutrientes y retiro de desechos de las células. La sangre entra a un órgano o tejido primero por las arterias, luego por las arteriolas y finalmente a los lechos capilares (Figura 22-5). Al pasar a través de los capilares la sangre suple nutrimentos y oxígeno a las células circundantes y capta los desechos que se han generado. Luego la sangre deja los lechos capilares a través de las vénulas y finalmente alcanza las venas que llevan la sangre de vuelta al corazón. El intercambio de oxígeno y dióxido de carbono tiene lugar en los pulmones.

La sangre debe pasar por el aparato cardiovascular a una velocidad que es suficiente para mantener una circulación adecuada en todo el cuerpo, y lo suficientemente lenta para dar tiempo a cada célula de intercambiar oxígeno y nutrientes por dióxido de carbono y productos de desecho. Aunque algunos tejidos, como los pulmones y los riñones, nunca descansan y requieren un riego constante de sangre, la mayor parte de ellos requiere sangre sólo de forma intermitente, en especial cuando están activos. Los músculos son un buen ejemplo. Cuando el organismo duerme, están en reposo y requieren un riego sanguíneo mínimo. Sin embargo, durante el ejercicio necesitan un riego sanguíneo muy grande. Las vías gastrointestinales requieren un alto flujo de sangre después de una comida. Luego de completarse la digestión puede funcionar adecuadamente con una fracción de flujo suficiente.

Todos los órganos y sistemas del cuerpo humano dependen de una perfusión adecuada para funcionar de manera correcta. Algunos de estos órganos reciben un suministro muy rico de sangre y no toleran la interrupción del riego sanguíneo por un tiempo prolongado. Si se interrumpe la perfusión a estos órganos y se produce deterioro del tejido del órgano, se producirá disfunción e insuficiencia de dicho órgano. La muerte de un sistema de órganos puede conducir rápidamente a la muerte del organismo humano. Los cuidados médicos de urgencias están diseñados para brindar una perfusión

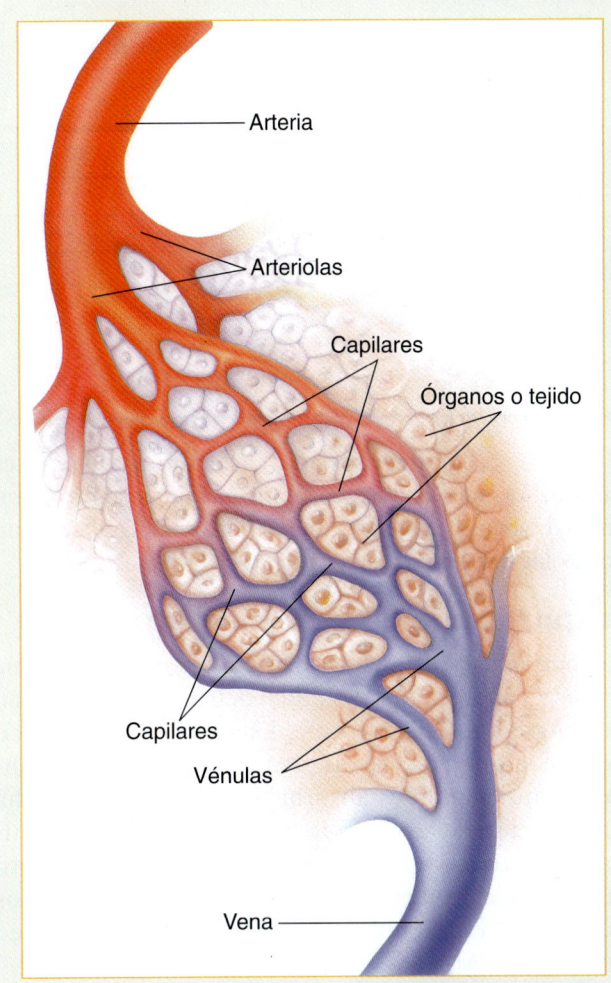

Figura 22-5 La perfusión se produce cuando la sangre circula por los tejidos o un órgano para suplir el oxígeno y nutrientes necesarios, y retirar los productos de desecho.

adecuada de estos órganos y sus sistemas, listados en el Cuadro 22-1, hasta que el paciente llega al hospital.

El corazón requiere perfusión constante para funcionar en forma correcta. El encéfalo y la médula espinal pueden lesionarse después de 4 a 6 min sin perfusión. Es importante recordar que las células del sistema nervioso central no tienen la capacidad de regenerarse. Los riñones pueden lesionarse después de 45 min de perfusión inadecuada. El músculo esquelético muestra evidencia de lesión después de 2 h de perfusión insuficiente. Las vías gastrointestinales pueden tolerar periodos un poco más prolongados de perfusión deficiente. Estos tiempos están basados en la temperatura normal del cuerpo [37 °C (98.6 °F)]. Un órgano o tejido que está considerablemente más frío puede ser más capaz de resistir daño por hipoperfusión.

CUADRO 22-1 Órganos y sistemas de órganos correspondientes

Órgano	Sistema de órganos
Corazón	Aparato circulatorio
Encéfalo	Sistema nervioso central
Pulmones	Aparato respiratorio
Riñones	Aparato renal

Hemorragia externa

Hemorragia significa sangrado. La hemorragia externa es una hemorragia visible. Entre los ejemplos se incluyen: arterial, venosa y capilar. Como TUM-B debe saber cómo controlar una hemorragia externa.

Importancia de la hemorragia

Cuando los pacientes tienen una pérdida de sangre externa intensa, con frecuencia es difícil determinar la cantidad de sangre que está presente. Ésta es una tarea difícil porque la sangre se ve diferente en superficies distintas, como cuando es absorbida en la ropa o si se ha diluido mezclada con agua. Siempre intente determinar la cantidad de sangre perdida externamente, pero la presentación y evaluación del paciente dirigirá los cuidados y el tratamiento que éste recibirá de usted como un TUM-B.

El paciente sufre cambios en su estado físico a partir de la pérdida del 20% del volumen circulante y no tolerará una pérdida aguda de sangre mayor del 40% del volumen sanguíneo Figura 22-7 ▶. El adulto típico tiene aproximadamente 70 mL de sangre por kilogramo de peso corporal, o 6 L en un peso corporal de 80 kg (175 libras). Si el adulto típico pierde más de 1 L de sangre, ocurrirán cambios significativos en los signos vitales, incluyendo aumento en las frecuencias cardiaca y respiratoria, y disminución de la tensión arterial. Como los lactantes y los niños tienen menos volumen sanguíneo para empezar, se ve el mismo efecto con cantidades menores de pérdida de sangre. Por ejemplo, un lactante de un año de edad tiene un volumen total de sangre de cerca de 800 mL, por lo que se producirán síntomas significativos después de la pérdida de sólo 100 a 200 mL de sangre. Poniendo esta situación en perspectiva, una botella de refresco contiene aproximadamente 345 mL de líquido.

Qué tan bien compensan las personas la pérdida de sangre se relaciona con la rapidez con la que sangran. Un adulto sano normal puede donar sin problema una unidad (500 mL) durante un periodo de 15 a 20 min

Seguridad del TUM-B

Recuerde que un paciente hemorrágico puede exponerlo a líquidos corporales potencialmente infecciosos; por tanto, siempre debe seguir las precauciones de aislamiento de sustancias corporales (ASC) cuando trate a pacientes con hemorragia externa. Use guantes y protección en los ojos en todas las situaciones, además una bata y mascarilla cuando hay riesgo de salpicaduras de sangre Figura 22-6 ▼. Si es posible evite el contacto directo con líquidos del cuerpo. Tenga un cuidado especial si tiene una llaga, corte, rasguño o úlcera abiertos. Además recuerde que el lavado de manos frecuente, concienzudo, entre los pacientes y después de cada corrida, es una medida protectora simple, y sin embargo importante. Será llamado para atender urgencias que incluyen a más de un paciente que necesita cuidados de urgencia; al completar la evaluación y cuidado de cada paciente, recuerde ponerse guantes limpios en las manos. Siempre mantenga guantes de reserva cuando responda a estos incidentes. Este enfoque en el cuidado de los pacientes minimizará en gran medida la posibilidad de que pueda causar contaminación cruzada de líquidos corporales y sangre entre los pacientes que pueda estar tratando.

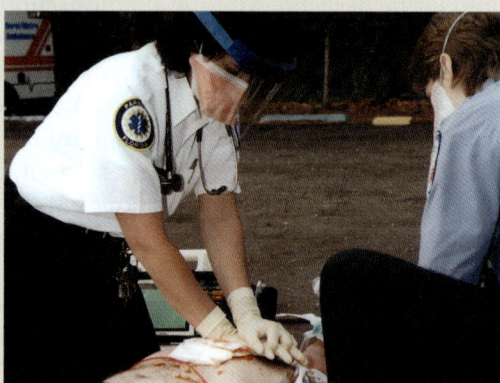

Figura 22-6 Su seguridad es fundamental, por tanto, siempre debe usar equipamiento protector apropiado cuando atiende a un paciente que está sangrando.

y se adapta bien a esta disminución del volumen circulatorio. Sin embargo, si se produce una pérdida de sangre similar en un periodo mucho menor, el paciente puede desarrollar con rapidez un choque hipovolémico, trastorno en el cual el bajo volumen de sangre

Tips para el TUM-B

Signos y síntomas de choque hipovolémico
Pulso rápido, leve
Baja tensión arterial (signo tardío)
Cambios en el estado mental
Piel fría, viscosa
Cianosis (labios, membranas bucales, lechos ungueales)

da lugar a una perfusión inadecuada, y aun la muerte. El organismo simplemente no puede compensar una pérdida de sangre tan rápida.

Debe considerar que la hemorragia es grave cuando están presentes las siguientes situaciones:

- Está asociada con un mecanismo de la lesión significativo.
- El paciente tiene un mal aspecto general.
- La evaluación revela signos y síntomas de choque (hipoperfusión).
- Nota una pérdida de sangre significativa.
- La pérdida de sangre es rápida.
- No puede controlar la hemorragia.

En cualquier situación, la pérdida de sangre es un problema muy grave que exige su atención inmediata tan pronto como ha despejado la vía aérea y controlado la respiración del paciente.

Características de la hemorragia

Las lesiones y algunas enfermedades pueden destruir vasos sanguíneos y causar hemorragias. Por lo general la hemorragia de una arteria abierta es de color rojo más brillante (alta en oxígeno) y brota en chorros coincidiendo con el pulso. La presión que causa la sangre al brotar hace también difícil controlar este tipo de hemorragia. Al descender la cantidad de sangre circulante en el cuerpo se reduce también la tensión arterial del paciente y, por último, el chorro arterial.

La sangre de una vena abierta es más oscura (baja en oxígeno) y fluye con regularidad. Como está bajo menor presión, la mayor parte de la sangre venosa no brota en chorros y es más fácil de tratar. La hemorragia de capilares lesionados es de color rojo oscuro y rezuma de una herida de manera regular, pero lenta. Es más probable que se coagule la sangre venosa y capilar que la de las arterias **Figura 22-8** .

Por sí sola, la hemorragia tiende a detenerse con considerable rapidez dentro de un lapso de 10 min en respuesta a mecanismos internos y exposición al aire. Cuando sufrimos una cortadura la sangre fluye rápidamente del vaso abierto. Poco tiempo después los bordes cortados del vaso comienzan a retraerse, reduciendo la cantidad de la hemorragia. Luego se forma un coágulo, taponando el orificio y sellando las porciones lesionadas del vaso. Este proceso es llamado <u>coagulación</u>. La hemorragia nunca se detendrá si no se forma un coágulo, a menos que el vaso lesionado esté separado por completo del suministro principal de sangre. El contacto directo con los tejidos y líquidos corporales, o el ambiente externo, con frecuencia desencadenan los factores de coagulación de la sangre.

A pesar de la eficiencia de este sistema, puede fallar en ciertas situaciones. Varios medicamentos, incluyendo el ácido acetisalicílico, interfieren con la coagulación normal. Con una lesión intensa, el daño del vaso puede ser tan grande que un coágulo no pueda bloquear por completo el orificio. A veces sólo se corta parte del vaso evitando que se contraiga. En estos casos la hemorragia continuará a menos que se detenga por medios externos. En ocasiones la pérdida de sangre ocurre con mucha rapidez. En estos casos el paciente puede morir antes de que las defensas del cuerpo, y el proceso de coagulación, puedan ayudar.

Una porción muy reducida de la población carece de uno o más factores de coagulación. Este trastorno se llama <u>hemofilia</u>. Hay varias formas de hemofilia, las cuales en su mayoría son hereditarias y algunas de ellas son graves. A veces la hemorragia puede producirse de manera espontánea en la hemofilia. Como la sangre del paciente no se coagula, todas las lesiones, sin importar que tan triviales sean, son potencialmente graves. Un paciente con hemofilia debe trasladarse de inmediato.

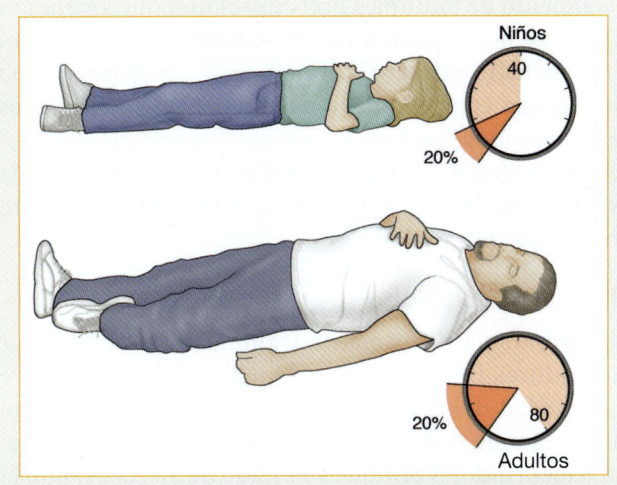

Figura 22-7 La pérdida de aproximadamente 1 L de sangre causará cambios significativos en un adulto; una pérdida mucho menor dará lugar a choque en un niño o lactante.

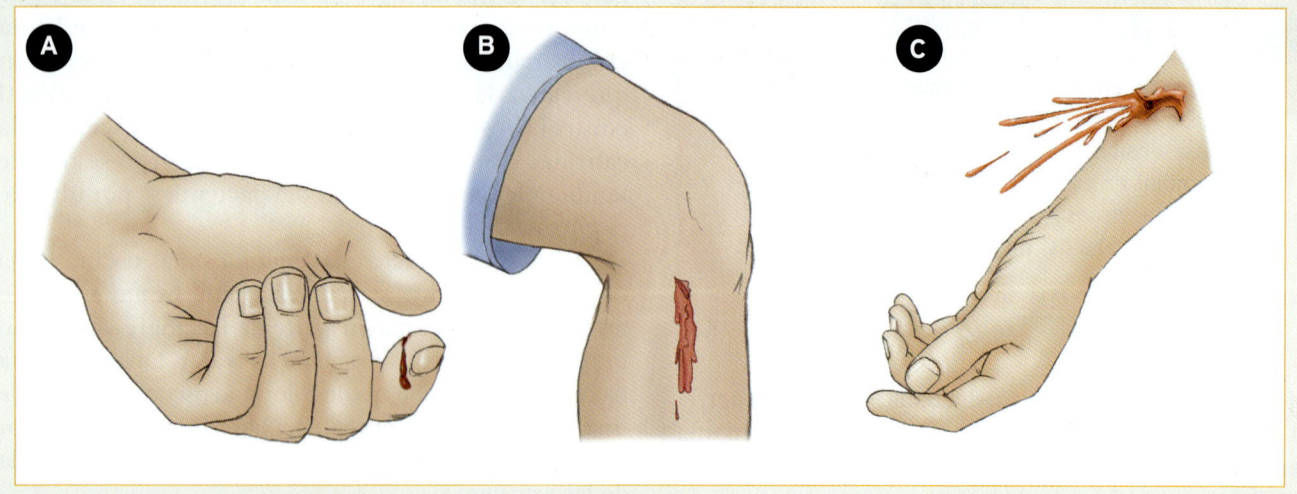

Figura 22-8 **A.** La hemorragia de vasos capilares es de color rojo oscuro y rezuma de la herida de forma lenta pero regular. **B.** La hemorragia venosa es más oscura que la hemorragia arterial y fluye con regularidad. **C.** La hemorragia arterial es característicamente de color rojo brillante y brota en chorros de acuerdo con el pulso.

Evaluación del paciente

Evaluación de la escena

Al llegar a la escena busque peligros y amenazas para la seguridad del equipo, los espectadores y el paciente. Si es una escena de traumatismo, o si se sospecha hemorragia, póngase su aislamiento de sustancias corporales (ASC) como mínimo. Lleve varios pares de guantes en su bolsillo para fácil acceso en caso de que sus guantes se desgarren o haya múltiples pacientes con hemorragia. Recuerde usar un par de guantes por cada paciente.

En los choques de vehículos, asegúrese de que no haya escapes de combustible en el área donde estará trabajando y que tampoco haya cables eléctricos energizados. Si es llamado para una colisión de dos vehículos, ¿cuántos pacientes son posibles? ¿Dos u ocho? ¿Tiene los recursos necesarios disponibles? Considere antes de tiempo lo que pueda necesitar y verifique al iniciar la evaluación. Mientras más pronto solicite ayuda, más pronto llegará.

En incidentes que implican violencia, como asaltos o heridas por armas de fuego, asegúrese de que la policía está en la escena. A veces es necesario esperar a varias cuadras de distancia hasta que autoridades policiacas han asegurado el área.

Evaluación inicial

En los pacientes traumatizados con sospecha de pérdida notable de sangre, ya sea por una herida visible o por una hemorragia no visible dentro de una cavidad corporal, no debe distraerse de la evaluación inicial. El tratamiento de múltiples preocupaciones que amenazan la vida en la evaluación inicial se basa en "¿qué matará a mi paciente primero?". En algunas situaciones, una hemorragia copiosa puede necesitar tratamiento antes de aplicar oxígeno a una persona con respiración adecuada. La decisión de qué tratar primero vendrá con la experiencia. Tratar de acuerdo con los ABC es siempre una buena elección.

Impresión general

Al acercarse a un paciente traumatizado debe notar indicadores importantes que pueden alertarlo sobre la gravedad del estado del paciente. ¿Está el paciente interactuando con el ambiente o está recostado quieto, sin hacer ruido? Verifique su estado de alerta usando la escala AVDI (despierto y **A**lerta; responsivo a estímulos **V**erbales o **D**olor; **I**nconsciente). Preguntar al paciente sobre la molestia principal debe ayudar a dirigirlo a

Tips para el TUM-B

Si ya se ha aplicado un vendaje para controlar la hemorragia antes de su llegada a la escena, obtenga una descripción de la herida, y la cantidad del sangrado, del paciente o espectadores.

Tips para el TUM-B

Si se pone dos pares de guantes antes de llenarse de sangre, puede quitarse un par antes de ir al botiquín por equipamiento o tocar otros pacientes. Esto es más fácil que tratar de ponerse otro par de guantes en manos sudorosas.

cualquier amenaza para la vida aparente, como hemorragia arterial. Con frecuencia puede identificar a un individuo con hemorragia al acercarse a éste y ver el color de la sangre y qué tanto empapa la ropa. ¿Cuál es el color del paciente? ¿Se "ve mal"?

Vía aérea y respiración

A continuación, asegure que el paciente tenga despejada la vía aérea con respiración adecuada, verifique los ruidos respiratorios y luego proporcione oxígeno en flujo alto con ventilación asistida por medio de un dispositivo bolsa-válvula-mascarilla, o mascarilla no recirculante, dependiendo del nivel de conciencia y la frecuencia y calidad de la respiración. Siempre considere la necesidad de estabilización manual de la columna vertebral y provea estabilización al mismo tiempo que trata la vía aérea y la respiración del paciente.

Circulación

Debe tener la capacidad de evaluar con rapidez la frecuencia y calidad del pulso (central y periférico), determinar el estado, color y temperatura de la piel, y verificar el tiempo de llenado capilar (pacientes pediátricos). Si ve una hemorragia notable, debe iniciar los pasos necesarios para controlarla. La hemorragia significativa, interna o externa, es una amenaza inmediata para la vida. Si el paciente tiene una hemorragia que obviamente pone en peligro la vida, debe controlarse de inmediato e iniciar el tratamiento de choque tan rápido como sea posible. La hemorragia que no amenaza la vida, como las abrasiones, pueden vendarse más adelante en su evaluación, según sea necesario.

Decisión de traslado

Si el paciente que está tratando tiene un problema de la vía aérea o de la respiración, o una hemorragia significativa, debe considerar trasladarlo pronto al hospital para tratamiento. Si el paciente tiene signos y síntomas de hemorragia interna debe trasladarlo con rapidez al hospital apropiado para su tratamiento por un médico. El estado de los pacientes que pueden tener una hemorragia significativa se volverá inestable en forma muy rápida; el tratamiento está dirigido a atender con prontitud las amenazas de la vida y a transportar con rapidez al hospital apropiado más cercano. Signos como taquicardia, taquipnea, baja presión arterial, pulso débil y piel pegajosa indican un inminente colapso circulatorio y entrañan la necesidad de un traslado rápido.

Historial y examen físico enfocados

Examen físico rápido contra examen físico enfocado

Después de que se complete la evaluación inicial, determine qué examen de traumatismo se efectuará luego. En un paciente que responde, que tiene una lesión aislada con un mecanismo de la lesión (ML) muy limitado, considere un examen físico enfocado antes de evaluar los signos vitales y el historial. Enfoque su evaluación en la lesión aislada y la molestia principal. El paciente con una herida grande

Situación de urgencia — Parte 2

Durante la evaluación inicial nota que el paciente tiene una vía aérea permeable, no muestra signos de dificultad respiratoria y los ruidos pulmonares son claros e iguales bilateralmente. De inmediato cubre la herida con un apósito abultado estéril. Su compañero administra oxígeno en flujo alto con una mascarilla no recirculante. Mientras sostiene presión directa busca un pulso radial. Encuentra que el pulso es rápido y débil, nota un llenado capilar mayor de 2 s. La piel del paciente es pálida, fría y húmeda al tocarse.

3. ¿Qué es importante sobre el pulso y condición de la piel de este paciente?
4. ¿Cómo afectan estos hallazgos su decisión de transporte?

en el brazo recibiría esta evaluación. Asegure que se mantenga el control de la hemorragia y note la localización de la lesión. En el caso de una extremidad lesionada, examine el pulso y la función motora y sensitiva. Si la hemorragia es del tórax, examine la respiración y la circulación. Si la hemorragia es del cuero cabelludo examine el sistema neurológico. La evaluación de los sistemas mayores subyacentes puede dirigirlo a otros problemas que pueden necesitar su atención enfocada.

Si hay un traumatismo notable, que tal vez afecte a muchos sistemas, empiece con una rápida evaluación de trauma buscando DCAP-BLS-TIC [**D**eformidades, **C**ontusiones, **A**brasiones, **P**unciones/**P**enetraciones, **B**urns (quemaduras), **L**aceraciones, **S**welling (edema), **S**ensibilidad al **T**acto, **I**nestabilidad y **C**repitación] para asegurar que ha encontrado rápidamente todos los problemas y lesiones. Si alguna de estas lesiones es una amenaza para la vida trátela de inmediato. En los casos de hemorragia es importante evitar enfocarse sólo en ésta. Con un traumatismo significativo debe evaluar la totalidad del paciente buscando fracturas y otros problemas.

No debe demorar el traslado de un paciente traumatizado, en particular de uno que tenga una hemorragia abundante, aunque esté controlada, para completar su examen físico detallado el cual puede ser iniciado durante el traslado. La obtención de los signos vitales y del historial SAMPLE tampoco debe retrasar la transportación al hospital de un paciente considerablemente traumatizado.

Signos vitales iniciales

Debe evaluar la línea basal de los signos vitales para observar los cambios que se puedan producir durante el tratamiento. Una tensión arterial sistólica menor de 90 mm Hg con un pulso rápido (central) y débil (periférico) debe sugerirle la presencia de hipoperfusión en el paciente con una pérdida sustancial de sangre. La piel fresca, húmeda, que es pálida o gris, es un signo importante de que el paciente está experimentando un problema de perfusión.

Los cambios en las pupilas pueden indicar hemorragia dentro del cráneo.

Historial SAMPLE

Acto seguido, obtenga un historial SAMPLE de su paciente. Obtener antecedentes puede ser difícil cuando el paciente no responde. Puede conseguirse parte del historial con las tarjetas de alerta médica o preguntando a los familiares o cuidadores antes de trasladar al paciente.

Intervenciones

Cuando espere encontrar una hemorragia significativa proporcione oxígeno a flujo alto. Si hay una hemorragia notable visible inicie los pasos para controlarla, como se muestra en Destrezas 22-1. De ordinario es mejor usar métodos múltiples para controlar la hemorragia. Si el paciente tiene signos de hipoperfusión trate el choque enérgicamente y arregle un transporte rápido al hospital.

Examen físico detallado

Una vez que se completa la evaluación inicial, se corrigen todas las amenazas para la vida obvias, y el examen físico ha identificado lesiones ocultas y proporcionado un mejor cuadro del estado del paciente, considere efectuar un examen físico detallado, como fue expuesto en el capítulo sobre evaluación del paciente. Es posible que el examen físico detallado de un paciente que tiene una hemorragia no sea tan importante como otras partes de la evaluación. En un paciente con un traumatismo significativo, practicar un examen físico detallado es una parte importante en la identificación y tratamiento de todas sus lesiones. Muchas veces los tiempos reducidos de traslado y el estado inestable del paciente hacen impráctica esta evaluación.

Situación de urgencia — Parte 3

Debido a la cantidad de sangre perdida y el estado actual de su paciente, decide efectuar un rápido traslado. Mientras reúne información adicional sobre el incidente, encuentra que el apósito se está saturando de sangre. Eleva el brazo y aplica apósitos adicionales. Con ayuda de su compañero rápidamente lleva a su paciente a la ambulancia e inicia el traslado. Una vez que está en la ambulancia su paciente le dice que tiene náusea y está mareado.

5. ¿Deben retirarse los apósitos saturados antes de aplicar nuevos apósitos?
6. ¿Qué tipo de evaluación sería más apropiada para este tipo de paciente?

Evaluación contínua

La evaluación contínua es un instrumento importante para observar cómo está evolucionando el paciente con el paso del tiempo. Reevalúe al paciente, en especial las áreas con hallazgos anormales durante la evaluación inicial. ¿La vía aérea del paciente aún está permeable? ¿Su tratamiento del choque está dando lugar a mejor perfusión de órganos vitales? Los signos vitales revelan qué tan bien está evolucionando su paciente de manera interna a lo largo del tiempo. En todos los casos de hemorragia intensa tome los signos vitales cada 5 min. Reevalúe las intervenciones y tratamientos que ha proporcionado al paciente. ¿El vendaje está controlando la hemorragia? ¿Está ayudando el oxígeno a que el paciente respire mejor?

Comunicación y documentación

En casos que incluyan una intensa hemorragia externa es importante reconocer, estimar y comunicar la cantidad de pérdida de sangre que se ha producido y qué tan rápido y por cuánto tiempo ocurrió. Este es un desafío, en especial si la superficie es húmeda o absorbe líquidos, o si el ambiente es oscuro. Por ejemplo, puede informar que se perdió aproximadamente 1 L de sangre, o que la sangre empapó a través de tres apósitos. Los ejemplos que use para describir la hemorragia no son tan importantes como describirla con claridad. Con hemorragia interna, describa el mecanismo de la lesión y los signos y síntomas que le hicieron pensar que se está produciendo una hemorragia interna. Durante el transporte comunique esta información al personal del hospital para permitir que evalúe los recursos necesarios, como la disponibilidad de salas de operaciones, cirujanos y otros proveedores de cuidados de la salud. Su informe de traslado al hospital debe actualizar al personal sobre cómo ha respondido el paciente a sus cuidados. Asegure que su papeleo refleje todas las lesiones del paciente y los cuidados que le ha proporcionado llene minuciosamente el FRAP.

Cuidados médicos de urgencias

Al comenzar a atender a un paciente con hemorragia externa obvia recuerde seguir las precauciones del aislamiento de sustancias corporales (ASC). Esto incluye como mínimo guantes y protección ocular, con frecuencia una mascarilla y tal vez una bata. En lo referente al cuidado del paciente, asegúrese de que tiene la vía aérea despejada y que está respirando de forma adecuada. Proporciónele oxígeno en flujo alto. Puede, entonces, concentrarse en controlar la hemorragia. En algunos casos, puede estar presente una hemorragia que obviamente pone en peligro la vida, debe atenderse como una amenaza directa para la vida y controlarse tan rápido como sea posible.

Se dispone de varios métodos para controlar la hemorragia externa. Comenzando con los usados con mayor frecuencia, éstos incluyen a los siguientes:

- Presión directa y elevación
- Apósitos opresivos
- Puntos de presión (para extremidades superiores e inferiores)
- Férulas
- Férulas de aire
- Pantalón neumático antichoque
- Torniquetes (último recurso)

Métodos básicos

Con frecuencia será útil combinar estos métodos. **Destrezas 22-1** ilustra las técnicas básicas que no requieren equipamiento especial.

1. Casi todos los casos de hemorragia externa pueden controlarse con tan sólo **aplicar presión directa sobre el sitio hemorrágico**. Este método es, con mucho, la forma más eficaz de controlar la hemorragia externa. La presión detiene el flujo de sangre y permite que se efectúe la coagulación normal. Puede aplicar presión con la punta de su dedo o mano enguantada sobre la parte superior de un apósito estéril, si se dispone de uno de inmediato. Si hay un objeto sobresaliente de la herida, aplique apósitos abultados para estabilizar al objeto en su sitio y aplique presión lo mejor que pueda. Nunca extraiga de una herida un objeto impactado o empalado. Mantenga una *presión ininterrumpida* durante 5 minutos cuando menos.

2. **La elevación de una extremidad** con hemorragia a una altura tan reducida como 15 cm (6") a menudo detiene la hemorragia. Siempre que sea posible use dos técnicas: presión directa y elevación; en la mayor parte de los casos esto detendrá la hemorragia. No obstante, si esto no sucede, aún tiene varias opciones. Recuerde nunca elevar una fractura abierta para control de hemorragia. Las fracturas se pueden elevar después de la ferulización, y ésta ayuda a controlar la hemorragia (**Paso 1**).

3. **Una vez que ha aplicado un apósito para controlar la hemorragia** puede crear un apósito compresivo para mantener la presión envolviendo firmemente con un rollo de vendas estéril autoadhesivo alrededor de toda la herida. Use cojinetes de gasa estéril de 10 × 10 cm (4 × 4") en heridas pequeñas y apósitos universales estériles para heridas más grandes.

    Cubra la totalidad del apósito por encima y por debajo de la herida. Estire el vendaje hasta que esté apretado lo suficiente para controlar la hemorragia, pero no tanto que disminuya el flujo de sangre a la extremidad. Si pudo palpar un pulso distal antes de aplicar el vendaje, debe ser capaz de palparlo después de aplicar el apósito compresivo. Si la hemorragia continúa, es probable que el apósito no esté apretado lo suficiente. No retire el apósito hasta que un médico haya examinado al paciente. En lugar de esto, aplique presión sobre éste. Luego agregue más cojinetes de gasa y fíjelos con un segundo rollo de vendas más apretado.

La hemorragia casi siempre se detendrá cuando la presión del vendaje exceda la tensión arterial. Esto contribuirá a controlar la hemorragia y ayudará a la sangre a coagularse (**Paso 2**).

4. **Si la herida continúa sangrando** a pesar del uso de presión directa, eleve la extremidad e intente aplicar presión adicional sobre un <u>punto de presión</u> proximal. Un punto de presión es un sitio donde el vaso sanguíneo está cerca del hueso. Esta técnica también es útil si no tiene a mano material para usar como un apósito. Como por lo general una herida tiene sangre de más de una arteria, la compresión proximal de una arteria mayor rara vez detiene la hemorragia por completo, pero ayuda a disminuir la pérdida de sangre. Es preciso que esté totalmente familiarizado con la localización de los punto de presión para que esto actúe (Figura 22-9) (**Paso 3**). Si sospecha lesión de la columna vertebral no eleve las piernas del paciente. En vez de esto, eleve el extremo de los pies del tablón y no produzca movimiento alguno de la columna vertebral. Si el paciente tiene fractura abierta de una extremidad, use presión directa para controlar la hemorragia. Sin embargo, no aplique mucha presión como para aumentar el dolor o la lesión.

Técnicas especiales

Gran parte de las hemorragias asociadas con fracturas ocurre porque los bordes cortantes de los huesos cortan músculos y otros tejidos. Mientras la fractura permanezca inestable, los extremos de los huesos se moverán y continuarán lesionando vasos parcialmente coagulados. Por tanto, la estabilización de la fractura y la disminución del movimiento son de alta prioridad en el pronto control de la hemorragia. Con frecuencia férulas simples pueden controlar la hemorragia asociada con fracturas (Figura 22-10). De no ser así, tal vez sea necesario usar otro dispositivo de ferulización, como una férula de aire, pantalón neumático antichoque o un torniquete, expuestos a continuación.

Férulas de aire

Las férulas de aire pueden controlar la hemorragia asociada con lesiones intensas de tejidos blandos, como laceraciones masivas, complejas o fracturas (Figura 22-11). También estabilizan la propia fractura. Una férula de aire actúa como un apósito compresivo aplicado a toda la extremidad más que a un área pequeña localizada. Una vez que ha aplicado una férula de aire, asegúrese de vigilar la circulación distal de la extremidad. Cuando infle bucalmente férulas de aire use sólo tallos de válvula desechables, limpios, aprobados por ASC.

Pantalones neumáticos antichoque

Si un paciente tiene lesiones en las extremidades inferiores o pelvis, puede usar un <u>pantalón neumático antichoque (PNA)</u> como dispositivo de ferulización. Las situaciones en las que es permitido el uso de un PNA varían ampliamente por localidad. **Asegúrese de verificar con la dirección médica en cada caso.**

Los siguientes son unos cuantos propósitos específicos en los cuales un PNA puede ser eficaz:

Situación de urgencia — Parte 4

Los apósitos adicionales que aplicó se saturaron rápido. Aplica más apósitos y continúa sosteniendo presión directa. Localiza y comprime el punto de presión proximal. En unos cuantos minutos la hemorragia empieza a ceder. Con la hemorragia bajo control continúa con su evaluación. Sus signos vitales muestran un pulso rápido, filiforme de 96 latidos/min; respiraciones rápidas, superficiales de 24/min; pupilas ligeramente dilatadas y lentas; piel pálida, fría y viscosa. Su paciente manifiesta que siente que va vomitar y está muy mareado.

7. ¿Qué trastorno sugieren los signos y síntomas del paciente?
8. ¿Qué tratamiento se debe proporcionar?

Control de la hemorragia externa

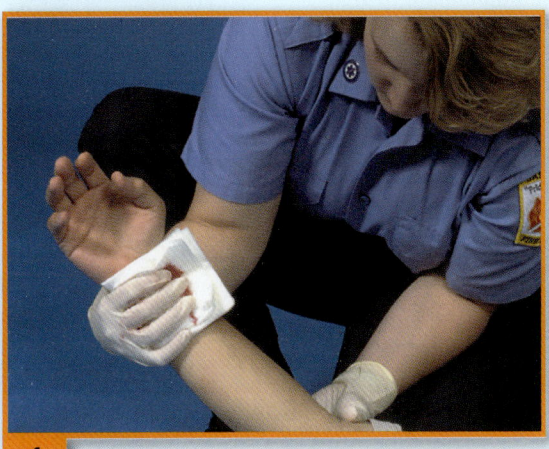

1 Aplique presión directa sobre la herida. Eleve la lesión por encima del nivel del corazón si no hay sospecha de fractura.

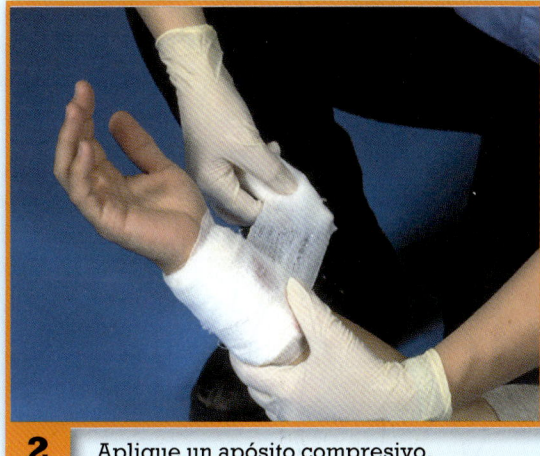

2 Aplique un apósito compresivo.

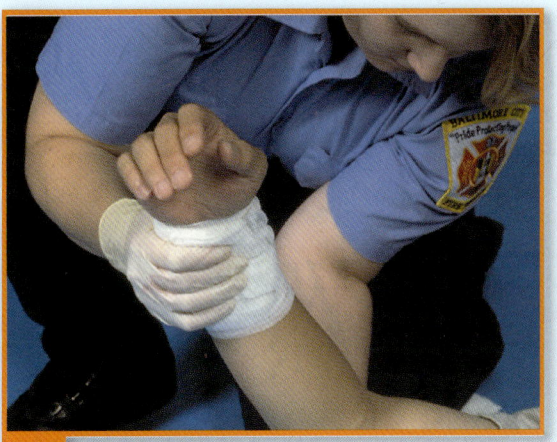

3 Aplique presión en el punto apropiado mientras continúa manteniendo presión directa.

Destrezas 22-1

- Para estabilizar fracturas de la pelvis y proximales del fémur
- Para controlar una hemorragia externa significativa asociada con fracturas de la pelvis y proximales del fémur
- Para controlar hemorragias masivas de tejidos blandos de las extremidades inferiores, cuando la presión directa no es eficaz

No use el PNA si existe cualquiera de las siguientes situaciones:

- Embarazo
- Edema pulmonar
- Insuficiencia cardiaca congestiva
- Heridas penetrantes del tórax
- Lesiones de las ingles
- Lesiones mayores de la cabeza
- Tiempo de transporte menor de 30 min
- Abdomen rígido
- Hemorragia interna por herida penetrante en tórax o abdomen.

En estas situaciones el PNA puede empeorar o complicar el estado del paciente. Consulte con la dirección médica si piensa que puede ser necesario el uso prolongado o en situaciones excepcionales. El PNA actúa comprimiendo el abdomen y las extremidades inferiores, aumentando la resistencia en el aparato circulatorio, lo

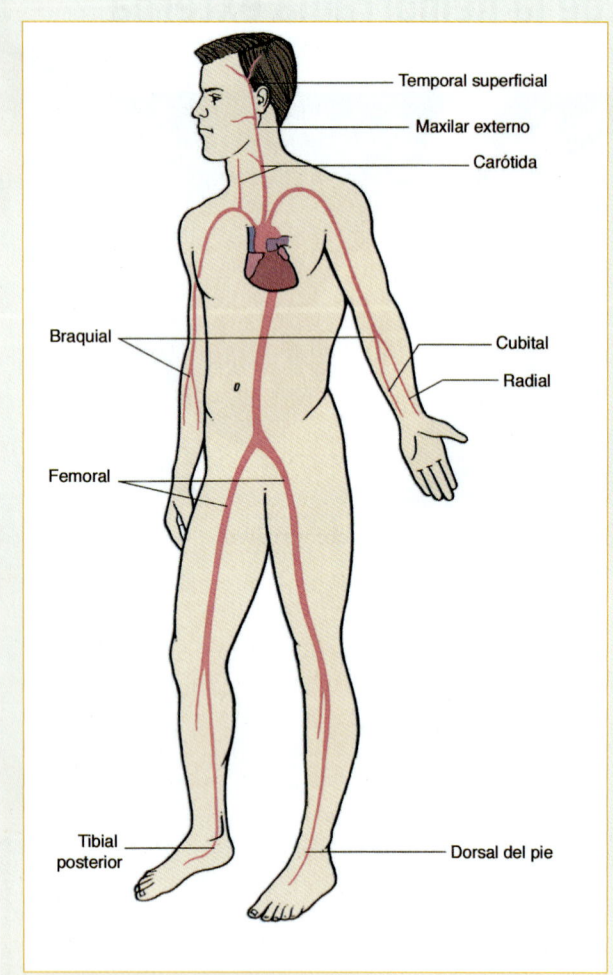

Figura 22-9 Debe estar familiarizado con la localización de los puntos de tensión arteriales.

Figura 22-11 Las férulas de aire también se pueden usar para controlar la hemorragia ya que actúan como un vendaje compresivo para la extremidad total.

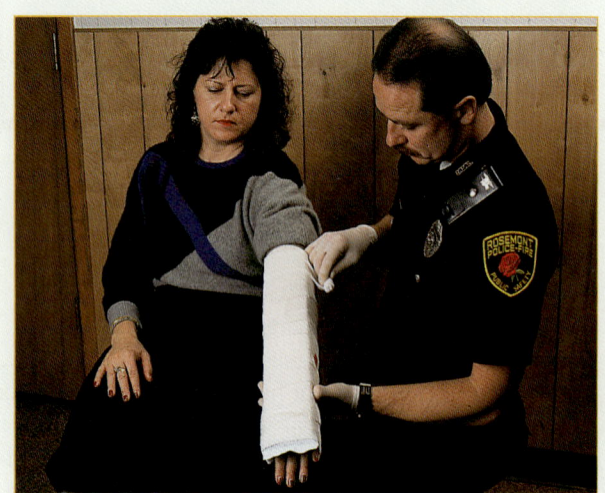

Figura 22-10 El uso de una férula simple a menudo controlará con rapidez la hemorragia asociada con una fractura. Mientras la fractura no se inmoviliza, los extremos libres del hueso se mueven y pueden continuar lesionando los vasos parcialmente coagulados.

que incrementa la cantidad de sangre disponible para la perfusión de órganos vitales. Cuando aplique el PNA debe inflar con cuidado el dispositivo en incrementos. Como regla general, infle de manera gradual las piernas del PNA antes de inflar la porción abdominal. Si está usando el dispositivo para estabilizar una posible fractura de la pelvis, debe inflar todos los compartimientos. Siempre documente todas las lesiones y deformidades obvias antes de la aplicación de un PNA.

Siga estos pasos para aplicar el PNA para control de hemorragias (**Destrezas 22-2** ▶):

1. **Coloque el traje.** Si va a inmovilizar o mover al paciente en un tablón, deje el PNA fuera del tablón antes de rodar al paciente a éste. Coloque la parte superior de la sección abdominal del PNA debajo de la costilla más baja para asegurar que no se comprometa con la expansión del tórax (**Paso 1**).
2. **Cierre y ajuste ambos compartimientos de las piernas** y el compartimiento abdominal (**Paso 2**).
3. **Abra las válvulas** a los compartimientos que está preparado para inflar. Inflará ambos compartimientos de las piernas (hemorragia de las extremidades inferiores) o los tres compartimientos juntos (hemorragia interna pélvica o abdominal) (**Paso 3**).
4. **Infle los compartimientos** con la bomba del pie. No aumente la presión del traje más de lo necesario. Un PNA está correctamente inflado cuando el Velcro crepita. Las presiones más altas pueden causar daños a los tejidos locales. Siempre deje de inflar el PNA cuando la tensión arterial sistólica excede 100 mm Hg (**Paso 4**).
5. **Verifique la tensión arterial del paciente** durante el inflado y continúe vigilando los signos vitales

Capítulo 22 Hemorragia 663

Seguridad del TUM-B

Con una terapia controvertida como el PNA, es muy importante buscar orientación de dirección médica si tiene cualquier duda sobre la situación. Excelentes equipos del SMU aprenden cómo mantener el flujo de los cuidados mientras contactan a dirección médica, a menudo decidiendo, antes de llegar a la escena, cuál de los TUM-B dirigirá la atención del paciente y cuál manejará las comunicaciones por radio.

después, cuando menos cada 5 min. Recuerde que los calibradores del PNA miden la presión del aire en el dispositivo, *no reflejan* la tensión arterial del paciente. Esté consciente de las temperaturas extremas o cambios de presión externos que puedan afectar de manera significativa la presión ejercida por el PNA, requiriendo, por tanto, vigilancia y ajustes frecuentes (**Paso 5**).

Sabrá si el dispositivo ha funcionado si la tensión arterial del paciente aumenta.

No quite un PNA en la escena prehospitalaria. Debe desinflarse de forma gradual en el hospital bajo cuidadosa supervisión de un médico y sólo después de que se han administrado soluciones intravenosas apropiadas. Antes de pasar su paciente al hospital, comunique la tensión arterial del paciente, la hora en que aplicó el PNA y los resultados obtenidos.

Torniquetes

Rara vez se necesita un torniquete para controlar una hemorragia. Se considera que la aplicación de un torniquete es un último recurso porque casi nunca es necesario y sólo es eficaz para un número muy limitado de lesiones. De hecho, con frecuencia un torniquete crea más problemas de los que resuelve. La aplicación de un torniquete puede causar daños permanentes en los nervios, músculos y vasos sanguíneos, dando por resultado la pérdida de una extremidad. Además, a menudo los torniquetes se aplican en forma inapropiada.

Si no puede controlar una hemorragia en un vaso mayor de una extremidad en otra forma, un torniquete bien aplicado puede salvar la vida de un paciente. De manera específica, el torniquete es útil si un paciente está sangrando intensamente por una amputación parcial o completa.

Siga estos pasos para aplicar un torniquete (**Destrezas 22-3**):

1. **Pliegue un vendaje triangular** hasta que tenga 4 pulgadas de ancho y de seis a ocho capas de espesor.
2. **Envuelva con el vendaje** dos veces alrededor de la extremidad. Elija un área ligeramente proximal a la hemorragia para reducir la cantidad de tejido dañado a la extremidad (**Paso 1**).
3. **Ate un nudo** en el vendaje. A continuación coloque una vara o una varilla sobre el nudo y ate los extremos del vendaje a la varilla en un nudo cuadrado (**Paso 2**).
4. **Use la varilla como un asidero** y gírela para apretar el torniquete hasta que la hemorragia se detenga, luego suspenda el giro (**Paso 3**).
5. **Fije la varilla en el sitio** y haga la envoltura plana y lisa.
6. **Escriba "TK"** en el tiempo exacto (hora y minutos) en que se aplicó el torniquete, en un pedazo de cinta adhesiva. Use la frase "tiempo de aplicación". Fije con firmeza la cinta adhesiva a la frente del paciente. Notifique al hospital a su llegada que el paciente tiene colocado un torniquete. Registre esta misma información en el formato de recorrido de la ambulancia (**Paso 4**).
7. **Como alternativa** puede usar un manguito de presión arterial como torniquete. Coloque el manguito proximal al punto hemorrágico e ínflelo justo lo suficiente para detener la hemorragia y déjelo inflado. Si usa un manguito de presión arterial vigile el calibrador de manera continua para asegurar que la presión no está bajando de forma gradual. Puede ser necesario pinzar el tubo del manguito a la pera infladora para evitar pérdida de presión (**Paso 5**).

Siempre que aplique un torniquete asegúrese de observar las siguientes precauciones:

- No aplique un torniquete directo sobre una articulación. Manténgalo tan cerca de la lesión como sea posible.
- Use el vendaje más amplio posible. Asegure que está apretado con firmeza.
- Nunca use alambre, cuerda o cinturón, u otro material angosto, puede cortar la piel.
- De ser posible use un acolchonado amplio debajo del torniquete, lo que protegerá los tejidos y ayudará a la compresión arterial.
- Nunca cubra el torniquete con un vendaje. Déjelo abierto y a plena vista.
- No afloje el torniquete después de haberlo aplicado. El personal del hospital lo aflojará una vez que se hayan preparado para tratar la hemorragia.

Hemorragia de nariz, oído y boca

Varios trastornos pueden dar lugar a hemorragia de la nariz, oídos y/o boca, incluyendo los siguientes:

Destrezas 22-2

Aplicación de un pantalón neumático antichoque (PNA)

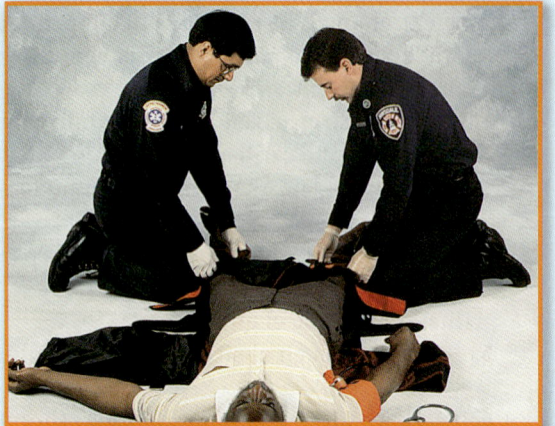

1 Aplique el traje en forma tal que la parte superior esté debajo de la costilla más inferior.

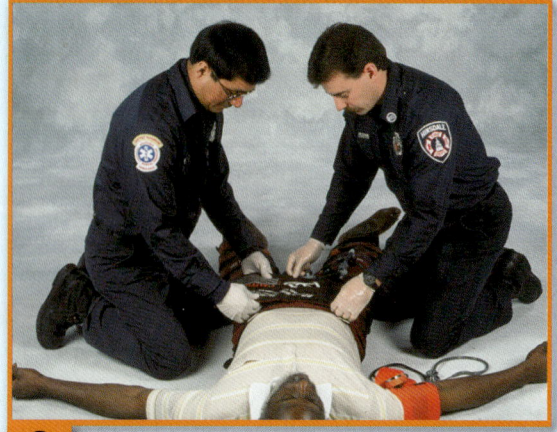

2 Encierre ambas piernas y el abdomen.

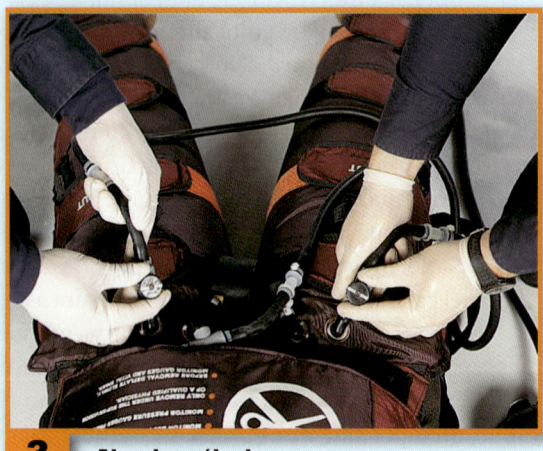

3 Abra las válvulas.

4 Infle con la bomba de pie, y cierre las válvulas cuando la tensión arterial sistólica del paciente alcance 100 mm Hg o el Velcro crepite.

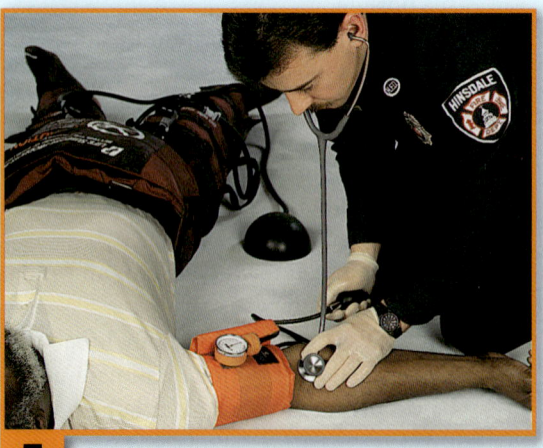

5 Verifique nuevamente la tensión arterial del paciente. Vigile los signos vitales.

Capítulo 22 Hemorragia 665

Aplicación de un torniquete

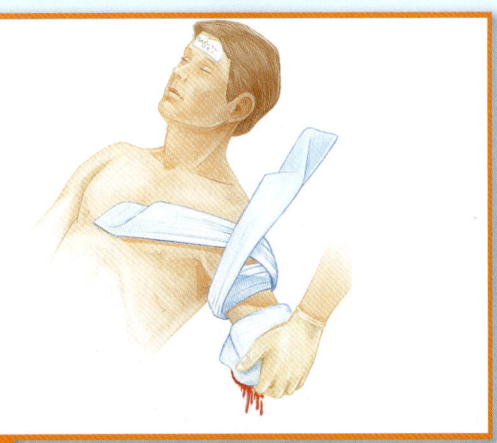

1 Forme un vendaje de múltiples capas de 4 pulgadas. Envuelva con dos vueltas del vendaje alrededor de la extremidad justo arriba del sitio hemorrágico.

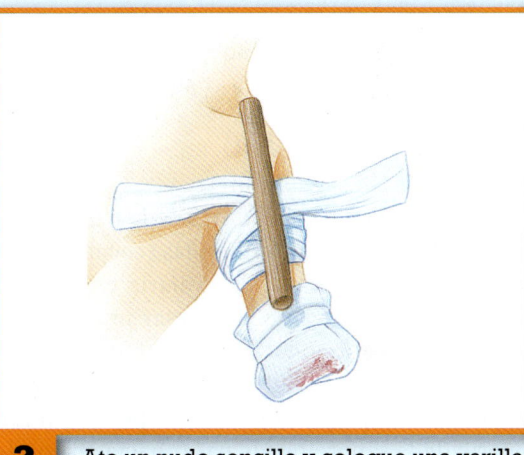

2 Ate un nudo sencillo y coloque una varilla encima del nudo.

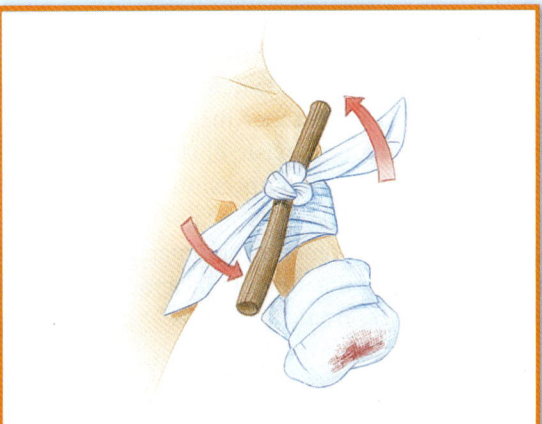

3 Ate un nudo cuadrado sobre la varilla y luego gírela apretando hasta que la hemorragia se detenga.

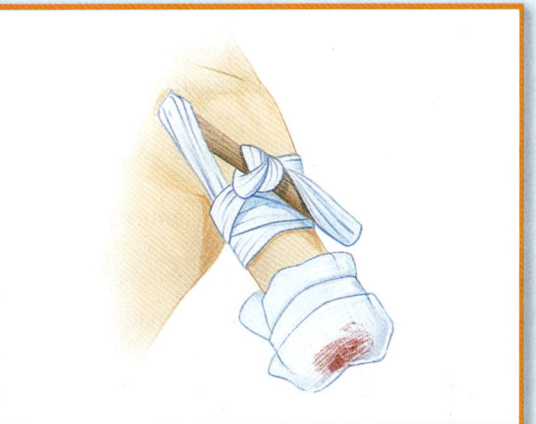

4 Fije la varilla en forma tal que no se desenrede. Escriba "TK" y la hora exacta en que se aplicó el torniquete en un fragmento de cinta adhesiva, fíjela en la frente del paciente y avise al personal del hospital al llegar.

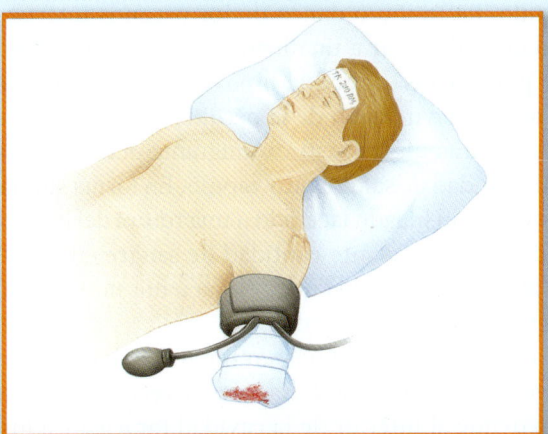

5 Puede usar un manguito de presión arterial como un torniquete eficaz.

Destrezas 22-3

- Fractura del cráneo
- Lesiones faciales, incluyendo las causadas por un golpe directo a la nariz
- Sinusitis, infecciones, uso y abuso de gotas nasales, mucosa nasal seca o agrietada u otras anormalidades
- Tensión arterial elevada
- Trastornos de la coagulación
- Traumatismo digital (rascaduras de la nariz)
- Consumo de sustancias prohibidas (cocaína)

La **epistaxis** o hemorragia de la nariz es una urgencia común. En ocasiones puede causar una pérdida suficiente de sangre para poner al paciente en choque. Tenga presente la posibilidad de que la sangre que puede ver sea sólo una pequeña parte de la pérdida total. Una gran parte de la sangre puede pasar hacia abajo, de la garganta al estómago, al deglutir el paciente. Una persona que deglute una gran cantidad de sangre puede presentar náuseas y vomitar la sangre, la cual a veces se confunde con hemorragia interna. La mayoría de las hemorragias nasales no traumáticas se produce en sitios del tabique nasal, que es el tejido que divide los orificios nasales. Por lo general puede tratar de forma eficaz este tipo de hemorragia pinzando estos orificios para unirlos.

Siga estos pasos para tratar a un paciente con epistaxis (Destrezas 22-4 ▶):

1. **Use las precauciones de ASC.**
2. **Ayude al paciente a sentarse** inclinado hacia adelante, con la cabeza desviada hacia el frente. Esta posición evita que la sangre escurra hacia abajo o sea aspirada a los pulmones.
3. **Aplique presión directa** por 15 min cuando menos pinzando con los dedos la parte carnosa de la nariz y juntando los orificios nasales. Este es el método preferido y puede ser aplicado por el propio paciente (Paso 1).
4. **Colocar un rollo de venda de gasa de 4 × 4 pulgadas** entre el labio superior y la encía es otra opción. Haga que el paciente aplique presión apretando de manera estrecha el labio superior sobre el rollo de venda, empujándolo hacia arriba, hacia la nariz. Si el paciente no puede hacer esto de forma eficiente, use sus dedos enguantados para presionar la gasa contra la encía.
5. **Mantenga al paciente calmado y quieto,** en especial si tiene tensión arterial elevada o está ansioso. La ansiedad tiende a aumentar la tensión arterial, lo cual puede empeorar la hemorragia nasal. (Paso 2).
6. **Aplique hielo sobre la nariz.**
7. **Mantenga la presión** hasta que la hemorragia esté controlada por completo, usualmente no más de 15 min (asumiendo que éste sea el único problema del paciente). Con mucha frecuencia la falla en detener la hemorragia es el resultado de liberar la presión demasiado pronto.
8. **Proporcione pronto transporte** una vez que se ha detenido la hemorragia
9. **Si no puede controlar la hemorragia,** si el paciente tiene un historial de hemorragias nasales frecuentes o si hay una pérdida significativa de sangre, transporte al paciente de inmediato. Examine al paciente por posibles signos y síntomas de choque. Trate de forma apropiada para choque y administre oxígeno con mascarilla, si es necesario (Paso 3).

La hemorragia por la nariz u oídos después de una lesión puede indicar una fractura del cráneo, en estos casos no debe intentar detener el flujo de sangre. Esta hemorragia puede ser difícil de controlar. La aplicación de presión excesiva a la lesión puede forzar a la sangre que escapa por la nariz y el oído a acumularse dentro de la cabeza, lo que puede aumentar la presión intracraneal y, tal vez, causar un daño permanente. Si sospecha una fractura de cráneo, cubra el sitio de la hemorragia con un cojinete de gasa estéril para mantener materiales contaminantes fuera del lugar. Siempre existe el riesgo de infección del encéfalo. Aplique una compresión suave envolviendo el apósito alrededor de la cabeza (Figura 22-12 ▶). Si la sangre o el material drenado contienen líquido cefalorraquídeo se producirá una tinción del apósito muy parecida a un blanco o halo (Figura 22-13 ▶).

Hemorragia interna

La hemorragia interna puede ser muy grave, en especial porque es posible que no esté consciente de que está ocurriendo. La lesión o daños de los órganos internos por lo general da lugar a una hemorragia interna abundante que puede causar choque hipovolémico antes de darse cuenta de la extensión de la pérdida de sangre. Una persona con una úlcera gástrica sangrante puede perder una gran cantidad de sangre muy rápido. En forma similar, un sujeto con un hígado lacerado o una rotura del bazo puede perder una abundante cantidad de sangre en el interior del abdomen. No obstante, el paciente no tiene signos exteriores de hemorragia.

Las fracturas costales también pueden causar una grave pérdida interna de sangre. A veces la hemorragia se extiende al interior de la cavidad torácica y a los tejidos blandos de la pared del tórax. Una fractura de fémur puede causar con facilidad la pérdida de 1 L de sangre a los tejidos blandos del muslo. Con frecuencia, los únicos signos de tal hemorragia son hinchazón y contusiones

Destrezas 22-4: Control de la epistaxis

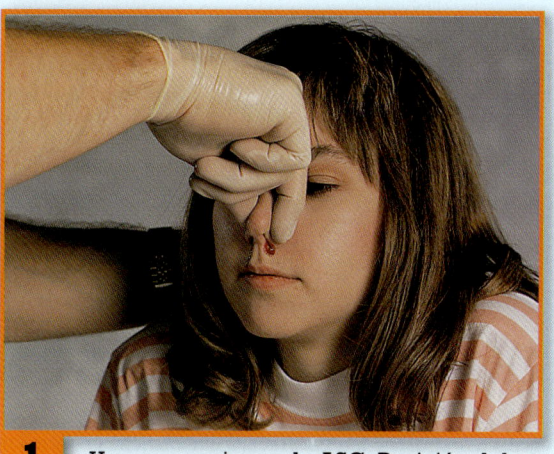

1. Use precauciones de ASC. Posición del paciente: sentado, inclinado hacia adelante. Aplique presión directa pinzando la parte carnosa de los orificios nasales.

2. Método alternativo: use presión con un rollo de vendas entre el labio superior y la encía. Calme al paciente.

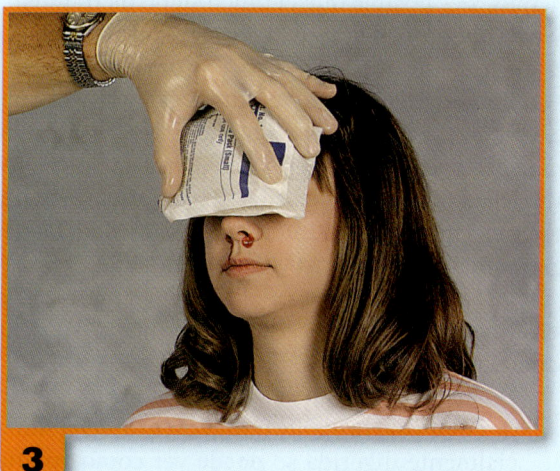

Aplique hielo sobre la nariz. Mantenga la presión hasta que se controle la hemorragia. Proporcione transporte rápido después que ceda la hemorragia.

Traslade de inmediato si está indicado. Evalúe y trate de choque, incluyendo oxígeno, según sea necesario.

---

locales debidas a la acumulación de la sangre alrededor de los extremos del hueso roto. Varias fracturas pélvicas pueden ocasionar una hemorragia que pone en peligro la vida.

Siempre debe estar alerta sobre la posibilidad de una hemorragia interna y evaluar al paciente en relación con signos y síntomas relacionados, en particular si el mecanismo de la lesión es intenso. Si sospecha que un paciente está sangrando internamente debe transportarlo con prontitud al hospital.

Mecanismo de la lesión

Una lesión por mecanismo de alta energía debe aumentar su índice de sospecha sobre la posibilidad de lesiones ocultas graves, como hemorragia interna en la cavidad abdominal. Es posible que se presente una hemorragia interna siempre que el mecanismo de la lesión sugiera que fuerzas intensas actuaron sobre el cuerpo, las cuales incluyen traumatismos contusos y penetrantes. La hemorragia interna se produce comúnmente como resultado de caídas, lesiones causadas por explosiones y accidentes en vehículos motores. Recuerde que la hemorragia interna también puede ser el resultado de un traumatismo penetrante.

Al evaluar a un paciente busque signos de lesiones (DCAPP-BLS) sobre el tórax y el abdomen, incluyendo contusiones, abrasiones, laceraciones y otros signos de lesión o deformidad. Siempre debe sospechar una hemorragia interna en un paciente que tiene una lesión penetrante o un traumatismo contuso.

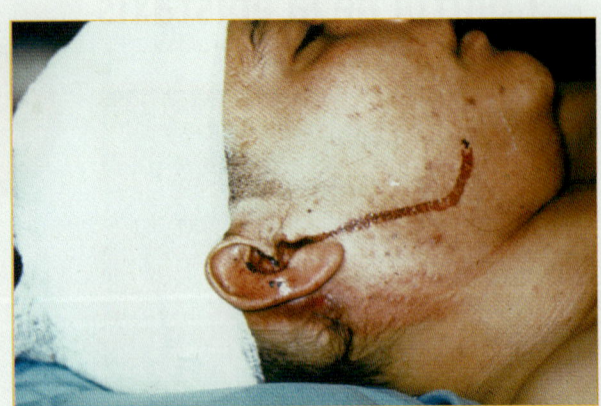

Figura 22-12 La hemorragia del oído después de una lesión de la cabeza puede indicar una fractura del cráneo. Cubra laxamente el sitio hemorrágico con un cojinete de gasa estéril y aplique compresión leve envolviendo el apósito sin apretar alrededor de la cabeza.

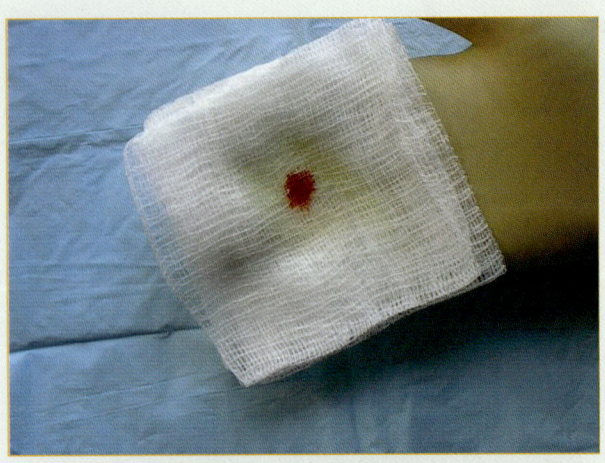

Figura 22-13 Cuando se presenta líquido cefalorraquídeo en sangre o material drenado aparecerá una mancha en forma de un blanco o halo.

Naturaleza de la enfermedad

La hemorragia interna no siempre es causada por traumatismos; muchas enfermedades pueden causar hemorragia interna. Algunas de las causas más comunes de hemorragia interna no traumática incluyen úlceras hemorrágicas, hemorragia del colon, rotura de un embarazo ectópico y aneurismas.

El dolor y la distensión abdominal son frecuentes en esas situaciones, pero no siempre están presentes. En los pacientes de edad avanzada es posible que el primer signo de hemorragia interna no traumática sean los mareos, desmayos o debilidad. Las úlceras y otros padecimientos gastrointestinales pueden causar vómito de sangre (sangrado de tubo digestivo) o diarrea sanguinolenta.

No le es tan importante conocer el órgano específico implicado, como reconocer que el paciente está en estado de choque y responder de forma apropiada.

Signos y síntomas

El síntoma más común de hemorragia interna es el dolor. El sangrado interno significativo por lo general producirá hinchazón en el área de la hemorragia. La hemorragia intraabdominal causará con frecuencia dolor y distensión. La magulladura es un signo de hemorragia interna. Es muy común en las lesiones de cabeza, extremidades y pélvicas, y puede ser un signo de traumatismo abdominal significativo. La hemorragia en el tórax puede causar disnea en adición a taquicardia e hipotensión. La correcta denominación de una "magulladura" es <u>contusión</u> o <u>equimosis</u>. El <u>hematoma</u>, una masa de sangre en los tejidos blandos debajo de la piel, indica hemorragia en las partes blandas puede ser el resultado de una lesión menor o grave. La magulladura o equimosis puede no estar presente al principio, y es posible que el único signo de traumatismo pélvico o abdominal grave sea enrojecimiento, abrasiones de la piel o dolor.

La hemorragia de una abertura corporal, aunque sea leve, es grave. Suele indicar una hemorragia interna que no es fácil de ver ni controlar. La hemorragia de sangre brillante de la boca o recto, o sangre en la orina (hematuria) puede sugerir una lesión interna o enfermedad. La hemorragia vaginal no menstrual siempre es significativa.

Otros signos y síntomas de hemorragia interna en enfermos, tanto traumatizados como médicos, incluyen los siguientes:

- Hematemesis. Esta es sangre vomitada. Puede ser de color rojo brillante o rojo oscuro, si ha sido parcialmente digerida se puede ver como vómito de asientos de café.
- Melena. Es la evacuación negra alquitranada, fétida, que contiene sangre digerida.
- Hemoptisis. Esta es sangre de color rojo brillante que es expectorada por el paciente.
- Dolor, hipersensibilidad, equimosis e hinchazón. Estos signos pueden significar que una fractura cerrada está sangrando.
- Fracturas costales, equimosis sobre la parte inferior del tórax o un abdomen rígido, distendido, son signos y síntomas que pueden indicar un bazo o hígado lacerado. Los pacientes con una lesión en cualquiera de los órganos pueden tener dolor referido al hombro derecho (hígado) o izquierdo (bazo). Debe sospechar hemorragia abdominal interna en un paciente con dolor referido.

El primer signo de choque hipovolémico (hipoperfusión) es un cambio en el estado mental, como ansiedad, inquietud o combatividad. En pacientes no traumatizados, la debilidad, desmayos o mareos al estar de pie son otros signos tempranos. Los cambios en el color de la piel o palidez (piel pálida) se ven con frecuencia en pacientes tanto traumatizados como médicos. Los signos tardíos de hipoperfusión que sugieren hemorragia interna incluyen los siguientes:

- Taquicardia
- Debilidad, desmayos o mareos en reposo
- Sed
- Náusea y vómito
- Piel fría húmeda (viscosa)
- Respiración rápida y superficial
- Ojos apagados
- Pupilas levemente dilatadas, lentas en responder a la luz
- Llenado capilar en lactantes y niños mayor de 2 s
- Pulso débil y rápido (filiforme)
- Tensión arterial decreciente
- Alteración del nivel de conciencia

Los pacientes con estos signos y síntomas están en riesgo, algunos pueden estar en peligro. Aun si la hemorragia se detiene, puede comenzar de nuevo en cualquier momento. Por tanto es necesario el traslado inmediato.

Valoración del paciente

Evaluación de la escena

Al acercarse a la escena, esté alerta sobre los peligros potenciales para usted y el equipo. Si está entrando a una residencia, esté en guardia por la posible presencia de espectadores y miembros de la familia, porque pueden volverse hostiles. Asegure que sólo va a proporcionar atención a un paciente y esté alerta a indicaciones de la naturaleza de la enfermedad (como vómito o diarrea sanguinolentos) o el mecanismo de la lesión (ML), como un taburete volteado. Considere la inmovilización vertebral manual y la necesidad de recursos adicionales, como una unidad de soporte de vida avanzado.

Evaluación inicial

Impresión general

Al acercarse al paciente esté consciente de signos obvios de lesión y sufrimiento (como una mueca facial), junto con la determinación del sexo y la edad. Estos indicadores le ayudarán a definir si el paciente está o no enfermo, lo que le permitirá desarrollar un índice de sospecha de enfermedades o lesiones graves. En cualquier caso considere la necesidad de estabilización vertebral. Pregunte al paciente lo que pasó, para determinar la molestia principal, lo que puede dirigirle hacia aparentes amenazas para la vida.

Vía aérea y respiración

Determine el nivel de conciencia del paciente usando la escala AVDI, asegure su vía aérea, proporcione oxígeno con flujo alto o asista la ventilación con un dispositivo BVM.

Circulación

Evalúe la frecuencia y calidad del pulso, el color de la piel y la temperatura del paciente para ayudar a establecer el potencial de hemorragia interna y choque. Trate al paciente con relación a choque, si es necesario administrando oxígeno, mejorando la circulación y manteniendo una temperatura corporal normal. Si se encuentra una hemorragia interna significativa, debe controlarse en la evaluación inicial.

Decisión de transporte

Los resultados de su impresión general y la evaluación de los ABC lo ayudarán a desarrollar un sentido de urgencia sobre el paciente y lo guiará en su decisión de trasladar o de "quédese y haga" o "haga en camino" al hospital.

Historial y examen físico enfocados

Pueden encontrarse hemorragias internas en pacientes tanto traumatizados como médicos. Si la hemorragia es intensa, la ha identificado en la evaluación inicial y comenzado el tratamiento y traslado rápido al hospital. Si los signos y síntomas de hemorragia interna no son tan obvios como los que se describieron antes, necesitará buscar con más cuidado en este paso del proceso de evaluación.

Examen físico rápido contra examen físico enfocado

Los pasos del historial y el examen físico enfocados dependen no sólo del ML o naturaleza de la enfermedad del paciente, sino también del tipo específico de la situación médica o traumática. Si el sujeto es un paciente médico no responsivo, efectúe un examen médico rápido, obtenga los signos vitales y realice la historia médica del paciente, de ser posible. Si el individuo es un paciente médico responsivo, obtenga la historia clínica, realice un examen físico enfocado basado en la región del cuerpo y la molestia principal, use la mnemotecnia OPQRST [Onset (iniciación), Provoking factors (factores provocadores), Quality (calidad), Radiation (irradiación), Severity (gravedad), Time (tiempo)], y obtenga los signos vitales. Si el sujeto es un paciente traumatizado con un ML significativo o múltiples molestias o lesiones, realice un examen físico rápido, use la mnemotecnia DCAP-BLS-TIC, obtenga los signos vitales, y el historial que esté disponible. Si el paciente tiene un ML limitado con una lesión aislada, practique un examen físico enfocado, tome los signos vitales y obtenga su historia clínica.

Intervenciones

Determine e inicie el tratamiento apropiado para el trastorno del paciente basado en la presentación, molestia principal y evaluación. Si aún no lo ha tratado de choque, debe hacerlo ahora.

Examen físico detallado

Si el paciente es inestable, los problemas persisten desde la evaluación inicial, y el tiempo lo permite, efectúe un examen físico detallado del paciente como se expone en el Capítulo 8.

Evaluación continua

Reevalúe los componentes de la evaluación inicial y los signos vitales del paciente. Por su naturaleza oculta, los signos y síntomas de hemorragia interna con frecuencia son lentos en su presentación. Los niños en particular compensarán bien la pérdida de sangre y luego se "derrumbarán" de forma rápida. La evaluación continua es su mejor oportunidad para determinar si el estado del paciente está mejorando o empeorando. Evalúe la eficacia de cualquier intervención o tratamiento proporcionados al paciente.

Comunicación y documentación

Comunique a CECOM para que mantenga enterado al hospital de sus hallazgos e intervenciones para mejorar el estado del paciente.

Cuidados médicos de urgencias

Por lo general controlar la hemorragia interna o el sangrado de órganos mayores requiere cirugía u otros procedimientos que deben ser practicados en el hospital. Es importante que calme y tranquilice al paciente. Mantener al paciente en calma y quieto como sea posible ayuda a la coagulación de la sangre. Acto seguido, si no se sospecha lesión vertebral, coloque al paciente en la posición de choque. Suministre oxígeno con flujo alto y además mantenga la temperatura corporal. De ordinario, en el campo puede controlar muy bien la hemorragia interna en las extremidades sólo inmovilizándolas, por lo general con mucha eficacia con una férula de aire; nunca debe usar un torniquete para controlar la hemorragia de heridas internas cerradas de los tejidos blandos.

Siga estos pasos en los cuidados de los pacientes con posible hemorragia interna:

1. **Siga las precauciones del ASC.**
2. **Mantenga la vía aérea** con inmovilización de la columna cervical si el mecanismo de la lesión sugiere la posibilidad de una lesión vertebral.
3. **Administre oxígeno con flujo alto** y proporcione ventilación artificial, según sea necesario.
4. **Controle toda hemorragia externa obvia.**
5. **Trate una hemorragia interna sospechada** en una extremidad con una férula.
6. **Vigile y registre los signos vitales** cuando menos cada 5 min.
7. **No dé al paciente cosa alguna por la boca** (ni siquiera tragos pequeños de agua).
8. **Eleve las piernas de 10 a 15 centímetros (6 a 12") en los pacientes no traumatizados** (Trendelenburg) para ayudar el retorno de la sangre a los órganos vitales.
9. **Mantenga caliente al paciente.**
10. **Proporcione transporte inmediato** de todos los pacientes con signos y síntomas de choque (hipoperfusión). Informe cualquier cambio en el estado del paciente al personal de urgencias del hospital.

Situación de urgencia | Resumen

Cuando trata un problema de hemorragia, las precauciones de ASC deben ser siempre la primera preocupación. Asegúrese siempre que ambos, usted y su compañero, estén usando el equipamiento protector personal apropiado. Cuando evalúe a un paciente, recuerde que no todas las hemorragias mayores son externas. Considere el mecanismo de la lesión (ML). No tenga una visión restringida o sea distraído por la lesión obvia. Escuche a sus pacientes, ellos saben mejor que nadie cuando algo no se siente bien. Siga sus ABC y siempre prepárese para tratar el choque. Complete una evaluación total si el estado del paciente y el tiempo lo permiten.

Evaluación y cuidados de urgencia

	Hemorragia externa	**Hemorragia interna**
Evaluación de la escena	Use como mínimo guantes y protección de los ojos para protegerse de hemorragia. Considere si se necesitan recursos adicionales. Si el incidente implica violencia, asegure que la policía esté en la escena.	Use ASC apropiada. Considere la necesidad de inmovilización vertebral manual. Considere si se necesitan recursos adicionales.
Evaluación inicial		
■ Impresión general	Verifique responsividad. Pregunte al paciente la molestia principal, si es responsivo.	Pregunte al paciente qué sucedió. Determine el nivel de conciencia.
■ Vía aérea y respiración	Asegure una vía aérea permeable, verifique ruidos respiratorios, proporcione oxígeno en flujo alto.	Asegure una vía aérea permeable, proporcione oxígeno en flujo alto o asista la ventilación con un dispositivo BVM.
■ Circulación	Controle una hemorragia significativa. Considere choque en los pacientes con pérdida de sangre. Evalúe por piel pálida, fría, viscosa o mareos. Administre oxígeno en caso de pérdida significativa de sangre.	Evalúe la frecuencia y calidad del pulso, color de la piel y temperatura. Trate al paciente de choque, si es necesario – administre oxígeno, mejore la circulación, mantenga temperatura normal.
■ Decisión de traslado	Traslade con rapidez al paciente si existe un problema respiratorio o una hemorragia significativa.	Traslade con rapidez si hay signos de choque presentes.
Historial y examen físico enfocado	*Nota: El orden de los pasos en el historial y examen físico enfocados difiere, dependiendo de que el paciente tenga o no un ML significativo. El orden siguiente es para un paciente con un ML significativo. Para un paciente sin un ML significativo, efectúe una evaluación enfocada del traumatismo, tome los signos vitales y obtenga el historial.*	
■ Examen físico enfocado o examen físico rápido	El tipo de examen depende del tipo de paciente. Realice el examen físico enfocado si el paciente es responsivo y tiene una lesión aislada. Practique un examen físico rápido si el paciente tiene un mecanismo de lesión significativo. Busque DCAP-BLS-TIC). Trate de inmediato problemas que pongan en peligro la vida.	El tipo de examen dependerá del tipo de paciente. Practique el examen físico enfocado en un paciente médico responsivo. Practique un examen físico rápido si el paciente tiene un mecanismo de lesión significativo. Busque DCAP-BLS-TIC . Trate de inmediato problemas que pongan en peligro la vida.
■ Signos vitales iniciales	Evalúe los signos vitales iniciales. Busque signos posibles de hipoperfusión (choque).	Evalúe los signos vitales. Busque signos de choque: TA sistólica menor de 100 mm Hg con pulso rápido débil y piel fría viscosa.
■ Historial SAMPLE	Obtenga de espectadores o tarjetas de alerta médica, si el paciente es no responsivo.	Para un paciente responsivo, use la mnemotecnia OPQRST.
■ Intervenciones	Proporcione oxígeno en flujo alto si sospecha una hemorragia significativa. Controle una hemorragia significativa si es visible. Si hay signos de choque, trátelo enérgicamente. Transporte con rapidez al paciente.	Trate el choque si aún no lo ha hecho.
Examen físico detallado	Practique un examen físico detallado durante el transporte. Si lo permite el tiempo, ayude a identificar todas las lesiones.	Si el paciente es inestable, el problema de la primera evaluación persiste, y el tiempo lo permite, practique un examen médico detallado.
Evaluación continua	Reevalúe al paciente. En casos de hemorragia intensa, tome signos vitales cuando menos cada 5 min.	Reevalúe los signos vitales. Determine si el estado del paciente está mejorando o deteriorándose. Evalúe la eficacia de las intervenciones.
■ Comunicación y documentación	Informe la cantidad de sangre perdida aproximada. Comunique todas las lesiones y cómo ha respondido el paciente a los cuidados.	Comuníquese con el hospital en lo referente a hallazgos, intervenciones y respuesta del paciente, incluyendo el ML en su informe.

Nota: Aunque los pasos siguientes son aceptados ampliamente, asegúrese de consultar y seguir su protocolo local.

Hemorragia externa

Siga las precauciones de ASC, mínimo de guantes y protección de los ojos.

Asegure que el paciente tiene una vía aérea permeable. Mantenga la inmovilización de la columna cervical si el ML sugiere una posible lesión vertebral.

Suministre oxígeno con flujo alto.

Control de la hemorragia con el uso de los siguientes métodos:

- Presión directa y elevación
- Apósitos
- Puntos de presión
- Férulas
- Férulas de aire
- Crioterapia (hielo)
- PNA
- Torniquetes

Control de la hemorragia externa

1. Aplicar de forma directa presión local en el sitio de la hemorragia.
2. Elevar la extremidad sangrante.
3. Crear un apósito compresivo.
4. Aplicar presión en el punto de presión apropiado, mientras se continúa manteniendo la presión directa.
5. Si la herida continúa sangrando, elevar la extremidad y aplicar presión adicional sobre el punto de presión proximal.

Uso del PNA para el control de hemorragias masivas de tejidos blandos en las extremidades

1. Aplique el traje.
2. Cierre y ajuste ambos compartimientos para las piernas y el compartimiento abdominal.
3. Abra las válvulas.
4. Infle los compartimientos en forma similar a la férula de aire.
5. Verifique la circulación, función motora y sensibilidad en las extremidades inferiores del paciente.

Aplicación del torniquete

1. Pliegue un vendaje triangular.
2. Envuelva con el vendaje la extremidad dos veces.
3. Ate un nudo en el vendaje. Coloque una vara o varilla en la parte superior del nudo. Ate los extremos del vendaje sobre la varilla en un nudo cuadrado.
4. Use la varilla como una manija para girar el torniquete y apretarlo hasta que se detenga la hemorragia.
5. Fije la varilla en el sitio con otro vendaje triangular.
6. Escriba "TK" y la hora exacta en que se aplicó el torniquete en un fragmento de cinta adhesiva, y fíjelo en la frente del paciente.
7. Como alternativa use un manguito de presión arterial. Ínflelo lo suficiente para detener la hemorragia.

Tratamiento de la epistaxis

1. Siga las precauciones de ASC.
2. Ayude al paciente a sentarse, inclinándolo hacia adelante.
3. Aplique presión directa por cuando menos 15 min, pinzando los orificios nasales.
4. Mantenga al paciente tranquilo y calmado.
5. Aplique hielo sobre la nariz.
6. Mantenga la presión hasta que la hemorragia esté controlada por completo.
7. Proporcione un traslado rápido.
8. Si la hemorragia no puede controlarse, transporte al paciente de inmediato. Trate de choque y administre oxígeno por mascarilla si es necesario.

Hemorragia interna

Pasos para atender a los pacientes con hemorragia interna

1. Siga las precauciones ASC.
2. Mantenga la vía aérea con inmovilización cervical si el ML sugiere una posible lesión vertebral.
3. Administre oxígeno en flujo alto.
4. Controle una hemorragia externa obvia.
5. Aplique una férula a una extremidad en la que se sospeche hemorragia interna.
6. Vigile y registre los signos vitales cuando menos cada 5 min.
7. No dé al paciente cosa alguna por la boca.
8. Eleve las piernas de 10 a 15 centímetros (6 a 12") en los pacientes con traumatismo no significativo.
9. Mantenga caliente al paciente.
10. Proporcione transporte inmediato en los pacientes con signos y síntomas de choque. Informe cambios en el estado el paciente al personal de hospital.

Resumen

Listo para repaso

- Perfusión es la circulación de la sangre en cantidades adecuadas para cubrir las necesidades corrientes de oxígeno, nutrientes y retiro de desechos de cada célula.
- Deben funcionar las tres partes de la tríada de la perfusión para que se cubra la demanda: una bomba de trabajo (corazón), un conjunto de tubos intactos (vasos sanguíneos) y volumen líquido (sangre transportadora de oxígeno suficiente).
- Se produce hipoperfusión o choque cuando una o más de estas partes no trabaja de manera apropiada y el aparato cardiovascular falla en proporcionar una perfusión adecuada.
- La hemorragia, tanto interna como externa, puede causar choque. Debe saber cómo reconocer y controlar ambas.
- Los siete métodos para controlar la hemorragia, en orden, son:
    - Presión local directa
    - Elevación
    - Apósito compresivo
    - Puntos de presión
    - Dispositivo de ferulización
    - Crioterapia (hielo)
    - Pantalón neumático antichoque (PNA), según lo permita el protocolo local
- El uso de un torniquete es siempre un último recurso y debe evitarse tanto como sea posible.
- La hemorragia de la nariz, oídos y/o boca puede ser el resultado de una fractura del cráneo. Otras causas incluyen alta tensión arterial e infección sinusal. Evalúe el ML y considere el problema más grave de fractura del cráneo.
- La hemorragia alrededor de la cara siempre representa un riesgo de obstrucción de la vía aérea o aspiración. Mantenga una vía aérea despejada colocando al paciente de forma apropiada y empleando aspiración cuando se indique.
- Si hay una hemorragia nasal y se sospecha fractura del cráneo, coloque un cojinete de gasa debajo de la nariz.
- Si hay una hemorragia nasal y no se sospecha fractura del cráneo, pince los orificios nasales con los dedos, uniéndolos durante 15 min. Si el paciente está despierto y tiene una vía aérea permeable, coloque un cojinete de gasa dentro del labio superior contra la encía.
- Cualquier paciente en quien se sospeche hemorragia interna o externa significativa debe ser transportado lo más pronto posible.
- Si el mecanismo de la lesión es importante, esté alerta por posibles signos de hemorragia no visible en el tórax o abdomen, signos como magulladuras intensas, o síntomas como dificultad respiratoria o dolor abdominal.
- Los signos de una hemorragia interna grave son los siguientes:
    - Vómito de sangre (hematemesis)
    - Evacuaciones negras alquitranadas (melena)
    - Tos con sangre (hemoptisis)
    - Abdomen distendido
    - Fracturas costales

Vocabulario vital

aorta Arteria principal que recibe sangre del ventrículo izquierdo y la entrega a todas las otras arterias que transportan sangre a los tejidos del cuerpo.

arteria Vaso sanguíneo constituido por tres capas de tejido y músculo liso que conduce sangre, alejándola del corazón.

arteriolas Las ramas más pequeñas de las arterias que conducen a la vasta red de capilares.

capilares Vasos sanguíneos pequeños que conectan las arteriolas y las vénulas; varias sustancias pasan por las paredes capilares, hacia adentro y hacia afuera del líquido intersticial, y luego a las células.

choque hipovolémico Trastorno en el cual la reducción del volumen sanguíneo debida a una hemorragia masiva, interna o externa, o una extensa pérdida de agua corporal, dan lugar a una perfusión inadecuada.

coagulación La formación de coágulos para tapar aberturas en vasos sanguíneos lesionados y detener el flujo de sangre.

contusión Una magulladura o equimosis.

epistaxis Hemorragia nasal.

equimosis Alteración de la coloración de la piel asociada con una herida cerrada, magulladura.

estado de choque Trastorno en el cual el aparato circulatorio no proporciona suficiente circulación para que cada parte del cuerpo pueda realizar su función; llamado también hipoperfusión.

hematoma Masa de sangre en tejidos blandos debajo de la piel.

hemofilia Enfermedad congénita en la cual el paciente carece de uno o más de los factores de coagulación de la sangre normales.

hemorragia Sangrado.

pantalón neumático antichoque (PNA) Dispositivo inflable que cubre las piernas y el abdomen, usado para inmovilizar las extremidades inferiores o la pelvis o para controlar la hemorragia en las extremidades inferiores, pelvis o cavidad abdominal.

perfusión Circulación de sangre dentro de un órgano o tejido en cantidades adecuadas para cubrir las necesidades corrientes de las células.

punto de presión Punto en el cual un vaso sanguíneo está situado cerca de un hueso; útil cuando la presión directa y la elevación no controlan la hemorragia.

torniquete Método de control e la hemorragia de último recurso que ocluye el flujo arterial; sólo usado cuando todos los otros métodos han fallado y la vida del paciente está en peligro.

venas Los vasos sanguíneos que llevan sangre de los tejidos al corazón.

Autoevaluación

Es enviado al número 1035 de Avenida 20 de Noviembre por un herido con arma blanca. En el camino es notificado por el CECOM que la escena es segura por acción de las autoridades. Llega para encontrar a una mujer de 20 años de edad que está llorando y sujetando una toalla, empapada en sangre, en su antebrazo izquierdo. Un policía le informa que la herida fue autoinfligida y le muestra el cuchillo de cocina con el que se cortó el brazo. Está pálida y le dice que siente frío, y se desmaya. Expone brevemente la herida para reemplazar la toalla con apósitos estériles cuando ve sangre brotando.

De inmediato inicia presión directa. Su compañero instruye a la paciente a recostarse en la camilla (que ha colocado en posición de Trendelenburg) y le aplica oxígeno en flujo alto. Mientras da pasos para controlar la hemorragia, inicia de inmediato traslado al servicio médico apropiado más cercano. Cuando va en camino puede controlar la hemorragia de la paciente mediante elevación, un apósito compresivo y puntos de presión. Sus signos vitales durante el camino son como sigue: tensión arterial 96/52 mm Hg, pulso 130 latidos/min y respiraciones 42/min.

1. ¿Cuál es su primera preocupación al oír la naturaleza de la llamada?
   A. Precauciones ASC
   B. Seguridad de la escena
   C. Localización de la lesión
   D. Grado de la lesión

2. ¿Como mínimo, qué equipo protector personal debe usar durante esta llamada?
   A. Guantes
   B. Guantes y bata
   C. Protección de los ojos
   D. Guantes y protección de los ojos

3. ¿Qué indicios le inducen a comprender que esta paciente ha perdido una cantidad sustancial de sangre, sin tener que ver la herida?
   A. Color de la piel
   B. Queja o quejas de la paciente
   C. Estado de la toalla
   D. Todo lo indicado en A, B y C

4. ¿Qué acciones debe completar antes del transporte?
   A. Inspección detallada de la escena
   B. Obtener datos específicos de los policías
   C. Obtener un historia médica minuciosa
   D. Nada de lo indicado en A, B y C

5. Elija la secuencia correcta para controlar la hemorragia externa
   1. Puntos de presión
   2. Presión directa
   3. Elevación
   4. Apósitos compresivos

   A. 1, 2, 3, 4
   B. 2, 1, 3, 4
   C. 2, 3, 4, 1
   D. 2, 3, 1, 4

6. ¿Cuál respuesta correcta describe la posición de Trendelenburg?
   A. Acostado plano
   B. Cabeza y pies abajo
   C. Cabeza abajo y pies arriba
   D. Nada de lo indicado en A, B y C

Preguntas desafiantes

7. ¿Qué otros signos físicos pueden proporcionar indicios sobre la historia médica referentes a esta paciente?

8. ¿Qué pasos debe seguir para verificar su seguridad y la de su equipo durante el transporte?

9. Si se aplicaron apósitos antes de su llegada, ¿debe retirarlos para ver la lesión?

10. ¿Es importante conocer qué instrumento o arma causó su laceración?

Qué evaluar

Es enviado al área de un rancho, con relación a un hombre de 26 años de edad que fue pateado en el abdomen por un caballo. Este rancho está a 30 kilómetros (15 millas) de su delegación, y le dicen que el paciente está situado en la casa principal del rancho y que ha dicho a su familia que se siente bien. Usted tiene un sistema de coordinación con tres servicios médicos y los primeros respondedores han sido despachados de manera simultánea de un departamento de bomberos cercano y una ambulancia. Poco después de que llegaron, comunicaron que el paciente tiene los siguientes signos vitales: tensión arterial 96/54 mm Hg; pulso 136 latidos/min y débil; y frecuencia respiratoria, 36 respiraciones/min y superficiales.

¿Qué indican sus signos vitales? ¿Qué puede causar un retraso en su traslado?

Temas: Reconocimiento de los signos de choque, Explicación de la urgencia de transportar pacientes que han sufrido una pérdida de sangre significativa, Minimización de retrasos en el traslado y tratamiento.

Estado de choque

Objetivos

Cognitivos

5-1.9 Enlistar signos y síntomas del estado de choque (hipoperfusión). (pp. 683, 684)

5-1.10 Indicar los pasos en los cuidados médicos de urgencias del paciente con signos y síntomas del estado de choque (hipoperfusión). (p. 686)

Afectivos

5-1.11 Explicar el sentido de urgencia para transportar pacientes que están sangrando y muestran signos de choque (hipoperfusión). (pp. 688, 690)

Psicomotores

5-1.16 Demostrar el cuidado de los pacientes que exhiben signos y síntomas de choque (hipoperfusión). (p. 686)

5-1.17 Demostrar cómo completar un informe de cuidados prehospitalarios de un paciente con hemorragia y/o choque (hipoperfusión). (p. 686)

23

Estado de choque

Situación de urgencia

Usted y su compañero responden a un choque de vehículos motores que implica dos automóviles. En camino, sigue las precauciones ASC en preparación a su llegada a la escena, donde encuentra a un hombre de 25 años de edad. Las autoridades le informan que el otro auto dejó la escena. El paciente estaba restringido y está sentado fuera del auto. Está pálido. Observa el automóvil para calcular el daño. La bolsa de aire se desplegó y el volante tiene algún daño.

1. Con base en su evaluación de la escena, ¿qué puede tener potencialmente de malo el paciente?
2. ¿Cuál es su impresión general del paciente?

Estado de choque

El estado de choque tiene múltiples significados. Por ejemplo, con frecuencia decimos que una persona que ha sido asustada o ha recibido malas noticias, está en estado de choque. Una corriente eléctrica que pasa a través del cuerpo produce un estado de choque. En este capítulo, estado de choque describe un estado de colapso y falla del aparato cardiovascular. Cuando la circulación de la sangre se vuelve inadecuada no pueden cubrirse las necesidades de oxígeno y nutrientes de las células. En las etapas iniciales del choque el cuerpo intenta mantener la homeostasis (equilibrio en todos los sistemas del organismo). Sin embargo, al progresar el choque, la circulación de la sangre se hace más lenta y finalmente cesa. Si no se trata pronto el choque (hipoperfusión) puede ser mortal. El estado de choque es el resultado de la hipoperfusión de las células del cuerpo causante de que órganos, y luego sistemas de órganos, entren en insuficiencia. A menos que se trate con éxito, finalmente este proceso dará como resultado la muerte del organismo.

El choque puede ocurrir debido a varios eventos médicos o traumáticos como un ataque cardiaco, reacción alérgica intensa, un choque de automóvil o una herida por arma de fuego. Como TUM-B responderá a estos diferentes tipos de urgencias, proporcionando cuidados y transporte a estos pacientes. Por tanto, debe estar alerta de manera constante ante los signos y síntomas de choque. En general, no puede estar equivocado si asume que todo paciente está o caerá en choque; trate a todo paciente de choque.

Este capítulo comienza con una introducción del proceso de perfusión, la función que falla causando choque. Luego, se enfocará a las causas fisiológicas del choque y describe cada una de sus formas principales. Por último expone el tratamiento de urgencia del choque en general, y de cada tipo de choque en particular.

Perfusión

Perfusión es la circulación adecuada de sangre y oxígeno del aparato cardiovascular a todas las células en diferentes tejidos y órganos en el cuerpo. También es parte importante del proceso mediante el cual se eliminan los productos de desecho producidos por las células. El choque, o hipoperfusión, se refiere a un estado de colapso e insuficiencia del aparato cardiovascular que conduce a una circulación inadecuada. Como la hemorragia interna, el choque es una amenaza de la vida oculta subyacente, causada por un trastorno médico o una lesión traumática. Sin embargo, puede reconocer los signos y síntomas de choque antes, e iniciar el tratamiento poco después de iniciarse.

La circulación inadecuada puede conducir a la muerte celular. Para proteger a los órganos vitales, el organismo intenta compensar dirigiendo el flujo de sangre de órganos que son más tolerantes al flujo bajo (como la piel y el intestino) a órganos que no pueden tolerar un flujo reducido (como el corazón, encéfalo y pulmones). Si los trastornos que causan el choque no se atienden con rapidez, el paciente morirá pronto.

El aparato cardiovascular está constituido por tres partes: una bomba (el corazón), un conjunto de tubos (los vasos sanguíneos) y el contenido del contenedor (la sangre) Figura 23-1 ▶. Estas tres partes se conocen como el "triángulo de la perfusión" Figura 23-2 ▶. Cuando un paciente está en choque, uno o más de los tres lados no está(n) trabajando de manera correcta.

La sangre es el vehículo para el traslado de oxígeno y nutrientes, a través de los vasos a los lechos capilares, donde estos abastos son cambiados por productos de desecho. La sangre continúa en movimiento como resultado de la presión que es generada por las contracciones del corazón, y afectada por la dilatación y constricción de los vasos. Esta presión llamada tensión arterial, suele ser cuidadosamente controlada por el cuerpo en forma tal que siempre hay suficiente circulación, o perfusión, en los diversos órganos y tejidos. La tensión arterial es, de hecho, una medición aproximada de la perfusión.

Recuerde que la tensión arterial es, en realidad, la presión de la sangre dentro de los vasos en cualquier momento dado. La presión sistólica es el punto máximo de la tensión arterial, o presión generada cada vez que el corazón se contrae; la presión diastólica es la presión que se mantiene dentro de las arterias mientras el corazón reposa entre los latidos.

El flujo sanguíneo a través de los lechos capilares es regulado por los esfínteres capilares o paredes musculares circulares que se contraen y dilatan. Estos esfínteres están bajo el control del sistema nervioso autónomo, el cual regula funciones involuntarias como la sudación y la digestión. Los esfínteres capilares también responden a otros estímulos, como el calor, frío, la necesidad de oxígeno y la necesidad de eliminación de las sustancias de desecho. Tenga presente que bajo circunstancias normales no todas las células tienen las mismas necesidades al mismo tiempo. Por ejemplo, el estómago y los intestinos tienen una alta necesidad de flujo sanguíneo cuando se come, y después de esto, cuando la digestión está a su nivel más alto. Entre las comidas, el flujo de sangre disminuye y se deriva a otras áreas. El encéfalo, en contraste, necesita un abastecimiento constante y consistente de sangre para funcionar.

Así, la regulación del flujo sanguíneo es determinada por la necesidad celular que se alcanza por constricción y dilatación vascular. El mantenimiento del flujo sanguíneo,

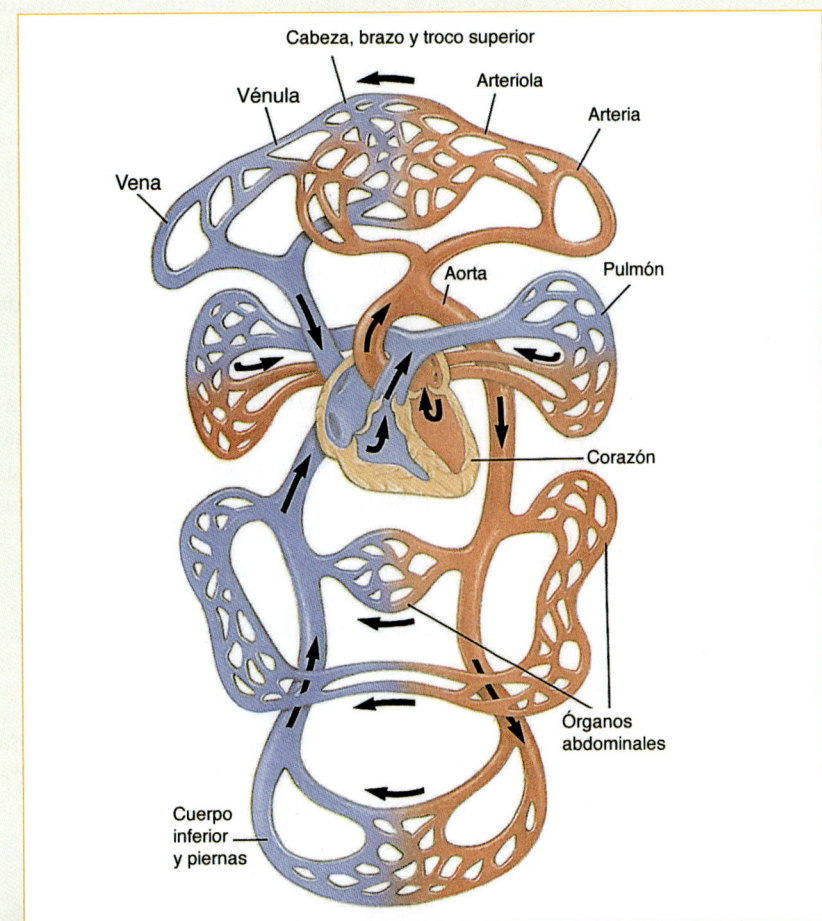

Figura 23-1 El aparato cardiovascular consiste de tres partes: la bomba (corazón), el contenedor (vasos) y el contenido (sangre). La sangre transporta oxígeno y nutrientes por medio de los vasos a los lechos capilares, donde son intercambiados por productos de desecho.

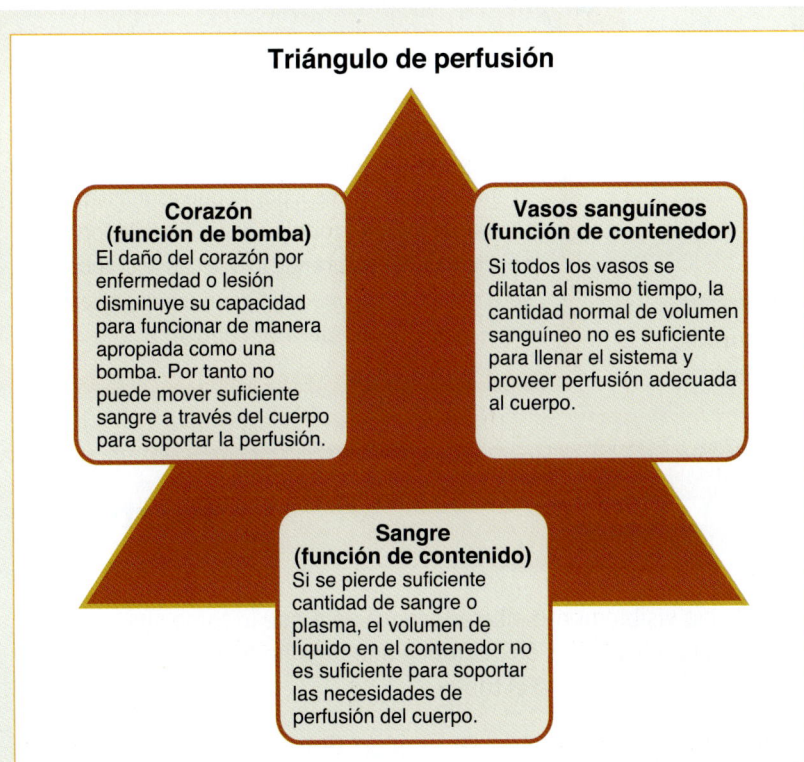

Figura 23-2 El corazón, los vasos sanguíneos y la sangre representan los tres lados del triángulo de perfusión.

o perfusión, se logra con el trabajo conjunto del corazón, los vasos sanguíneos y la sangre.

Sin embargo, la perfusión requiere más que sólo el trabajo del aparato cardiovascular. También precisa de un intercambio adecuado de oxígeno en los pulmones, nutrientes apropiados bajo la forma de glucosa en la sangre y eliminación adecuada de desechos, sobre todo por los pulmones. El dióxido de carbono es uno de los principales productos de desecho de la actividad celular (metabolismo) en el cuerpo, y es retirado por los pulmones. Esta es la razón por la cual la ventilación y oxigenación correctas, son una de sus mayores preocupaciones. El cuerpo tiene mecanismos establecidos para ayudar a soportar los aparatos respiratorio y cardiovascular cuando aumenta la necesidad de perfusión de órganos vitales. Estos mecanismos, que incluyen al sistema nervioso autónomo y ciertas sustancias químicas llamadas hormonas, son desencadenados cuando el organismo siente que está fallando la presión en el sistema. La parte simpática del sistema nervioso autónomo, que es responsable de la respuesta de pelear o huir, asumirá mayor control de las funciones del cuerpo durante un estado de choque. Esta respuesta del sistema nervioso autónomo causará la liberación de hormonas como la adrenalina. Estas hormonas causan cambios en ciertas funciones corporales, como un aumento de la frecuencia cardiaca y en la fuerza de las contracciones del corazón, y vasoconstricción en áreas no esenciales, principalmente la piel y las vías gastrointestinales (vasoconstricción periférica). Juntas, estas acciones están diseñadas para mantener la presión en el sistema y, como resultado, la perfusión en órganos vitales.

Por último, hay un desplazamiento de líquidos corporales para ayudar a mantener la presión dentro del sistema. Sin embargo, la respuesta del sistema nervioso autónomo y las hormonas se produce en segundos, es esta respuesta la que causa todos los signos y síntomas de choque en un paciente.

Causas del choque

El choque puede ser el resultado de muchos trastornos, incluyendo insuficiencia respiratoria, reacciones alérgicas agudas e infecciones abrumadoras. Sin embargo, en todos los casos el daño se produce por perfusión insuficiente de órganos y tejidos. En cuanto la perfusión se detiene o se deteriora, los tejidos empiezan a morir afectando todos los procesos locales del cuerpo. Si los trastornos que causan el choque no son detenidos y revertidos con prontitud, la muerte ocurre poco después.

La comprensión de las causas fisiológicas básicas del choque lo prepararán mejor para tratarlo Figura 23-3. Hay causas cardiovasculares y no cardiovasculares de choque. Las causas cardiovasculares del choque incluyen ataque cardiaco, enfermedades y lesiones. Las causas no cardiovasculares, comprenden la insuficiencia respiratoria y la anafilaxia, una reacción alérgica poco usual o exagerada a proteínas u otras sustancias extrañas. Las causas no cardiovasculares del choque finalmente afectarán uno de los tres lados del triángulo de la perfusión e interrumpirán el estado de perfusión normal del cuerpo.

Causas cardiovasculares del choque

Falla de la bomba

El choque cardiógeno es causado por la función inadecuada del corazón, o falla de la bomba. La circulación de la sangre a través del sistema vascular requiere de la acción de bom-

> **Tips para el TUM-B**
>
> El choque es un proceso fisiológico complejo que da signos sutiles de su presencia antes de volverse grave. Estos signos tempranos se relacionan muy de cerca con los eventos que conducen al choque más intenso, por lo que es más importante que lo usual conocer el proceso de fondo a conciencia. Si comprende lo que causa el choque, será capaz de reconocerlo en muchos pacientes antes de que esté fuera de control.

Situación de urgencia — Parte 2

Se acerca al paciente y se presenta. Él se aprecia visiblemente alterado, pero deja que le tome sus signos vitales que son: pulso de 115 latidos/min, respiraciones de 26/min y una tensión arterial de 110/75 mm Hg. Tiene una laceración en la rodilla donde golpeó el tablero.

3. ¿Cuál es el siguiente paso en la evaluación de este paciente?
4. ¿Hay un mecanismo de la lesión significativo?

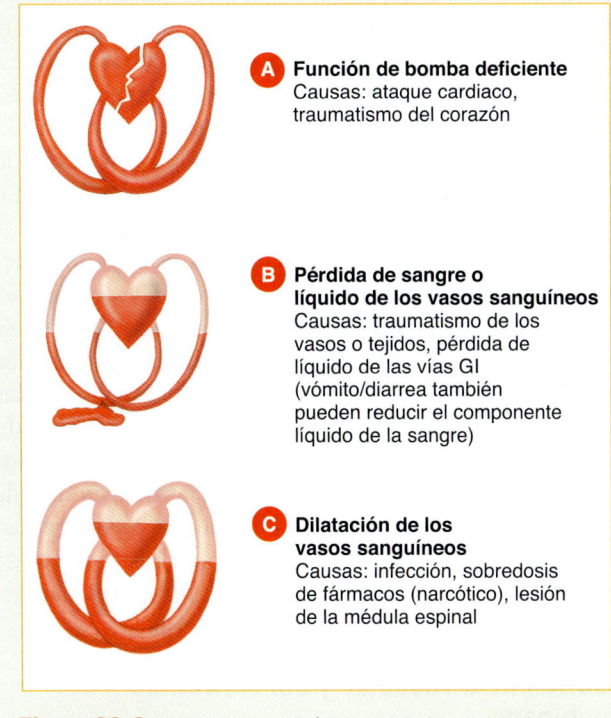

Figura 23-3 Hay tres causas básicas de choque y deterioro de la perfusión de los tejidos. **A.** La deficiencia de la bomba ocurre cuando el corazón está dañado por enfermedad o lesión. El corazón puede no generar suficiente energía para mover la sangre a través del sistema. **B.** La disminución del volumen de sangre, a menudo el resultado de hemorragia, conduce a una perfusión inadecuada. **C.** Los vasos sanguíneos pueden dilatarse de manera excesiva, por lo cual la sangre en su interior, aunque sea de volumen normal, es inadecuada para llenar el sistema y producir perfusión eficiente.

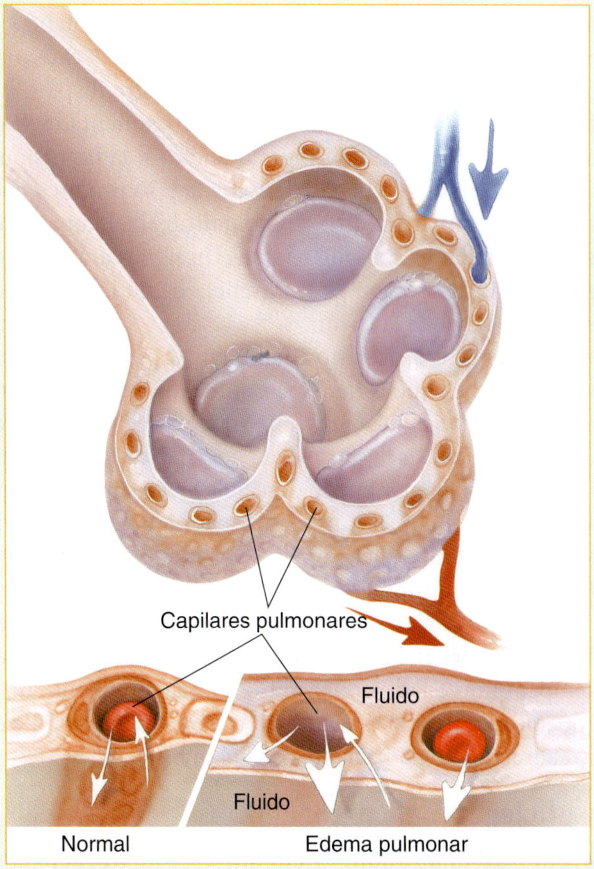

Figura 23-4 El edema pulmonar se desarrolla como resultado de acumulación de líquido dentro del tejido pulmonar. El edema causa hinchazón y conduce a un deterioro de la ventilación.

beo constante de un músculo cardiaco normal y vigoroso. Muchas enfermedades pueden causar destrucción o inflamación de este músculo. Dentro de ciertos límites, el corazón se puede adaptar a estos problemas; sin embargo, si se produce demasiado deterioro muscular, como sucede a veces después de un ataque cardiaco, el corazón ya no funcionará bien. Un efecto mayor es el rezago de sangre en los pulmones. La acumulación de líquido en el tejido pulmonar que se produce como resultado se llama edema pulmonar. **Edema** es la presencia de cantidades anormales de líquido entre las células en los tejidos del cuerpo que causa hinchazón del área afectada (Figura 23-4▶). El edema pulmonar conduce a un deterioro de la ventilación, el cual se puede manifestar por un aumento de la frecuencia respiratoria y ruidos pulmonares anormales.

La contracción muscular del corazón mueve sangre por medio de los vasos a diferentes presiones. Para que la sangre circule de manera eficiente por la totalidad del sistema, debe haber una cantidad correcta de presión y un número adecuado de latidos cardiacos. Por esta razón, el corazón tiene su propio sistema eléctrico que inicia y regula sus latidos. La enfermedad o la lesión pueden deteriorar o destruir este sistema, causando latidos irregulares e incoordinados, latidos que son muy lentos (menores de 60/min) o latidos que son demasiado rápidos (más de 150/min).

El choque cardiógeno se desarrolla cuando el músculo del corazón ya no puede generar suficiente presión para circular la sangre a todos los órganos o cuando la regularidad del latido cardiaco está tan deteriorada que el volumen de sangre dentro del sistema ya no puede manejarse con eficacia. En cualquiera de los casos, la insuficiencia directa de la bomba es la causa del choque.

Función vascular deficiente

El deterioro de la médula espinal, particularmente en los niveles cervicales superiores, puede causar una lesión significativa a la parte del sistema nervioso que controla el tamaño y tono muscular de los vasos sanguíneos; el **choque neurogénico** suele ser el resultado. Aunque no tan comunes, también hay causas médicas que incluyen trastornos encefálicos, tumores, presión sobre la médula espinal y espina bífida. En el choque neurogénico los músculos de las paredes de los vasos sanguíneos tienen interrumpidos los impulsos que causan su contracción, por lo cual todos los vasos situados por debajo del nivel de la lesión medular se dilatan ampliamente, aumentando el tamaño y la capacidad del sistema vascular (Figura 23-5 ▼), causando acumulación de la sangre. Los 6 L de sangre disponibles ya no pueden llenar el sistema vascular aumentado. Aun cuando no se ha perdido sangre o líquidos, la perfusión a órganos y tejidos se vuelve inadecuada y se produce choque. En esta situación, un cambio radical en el tamaño del sistema vascular ha causado choque. Un signo característico de este tipo de choque es la ausencia de sudoración por debajo del nivel de la lesión.

Con este tipo de lesión también se pierden muchas otras funciones que están bajo control de la misma parte del sistema nervioso. La más importante de ellas, en caso de una lesión aguda, es la capacidad para controlar la temperatura corporal, la cual puede descender rápidamente en un paciente con choque neurogénico para igualar la del ambiente; en muchas ocasiones se produce una hipotermia notable. La hipotermia es una situación en la cual la temperatura corporal interna desciende por debajo de 35 °C, por lo general después de una exposición prolongada a temperaturas frías o congelantes. El mantenimiento de la temperatura corporal es siempre un elemento importante en el tratamiento de un paciente con choque.

Insuficiencia del contenido

Después de una lesión, el choque es con frecuencia el resultado de una pérdida de líquidos o sangre. Este tipo de choque se llama choque hipovolémico (bajo volumen). El choque hipovolémico causado por una hemorragia se llama choque hemorrágico. La pérdida puede deberse a hemorragia externa, que es común en pacientes con lesiones importantes o fracturas, o a hemorragia interna, por una diversidad de lesiones o enfermedades como la rotura de hígado o bazo, laceraciones de los grandes vasos en el abdomen o tórax, úlceras pépticas sangrantes y tumores, entre otras.

El choque hipovolémico también ocurre por quemaduras térmicas intensas. En este caso, es el plasma intravascular (la parte incolora de la sangre) lo que se pierde, escapando del aparato circulatorio a los tejidos quemados situados junto a la lesión. En igual forma, las lesiones por aplastamiento pueden dar como resultado pérdida de sangre y plasma de los vasos deteriorados a los tejidos lesionados. La deshidratación o pérdida de agua de los tejidos corporales agrava el choque. En estas circunstancias, el factor común es un volumen insuficiente de sangre dentro del sistema vascular para proporcionar circulación adecuada a los órganos del cuerpo.

Insuficiencia vascular y del contenido combinada

En algunos pacientes que tienen infecciones graves, por lo general bacterianas, las toxinas (venenos) generadas por las bacterias o los tejidos del cuerpo infectados producen un trastorno llamado choque séptico. En este padecimiento las toxinas dañan las paredes vasculares haciendo que se vuelvan permeables e incapaces de contraerse bien. La dilatación generalizada de los vasos en combinación con la pérdida de plasma a través de las paredes vasculares lesionadas produce como resultado choque.

El choque séptico es un problema complejo. En primer lugar, hay un volumen insuficiente de líquido en el contenedor porque gran parte del plasma ha escapado fuera del sistema vascular (hipovolemia). En segundo lugar, el líquido que ha escapado a menudo se acumula en el aparato respiratorio interfiriendo con la ventilación. En tercer lugar, hay un lecho vascular mayor que el normal para un volumen menor que el normal de líquido intravascular.

El choque séptico es casi siempre una complicación de algunas enfermedades muy graves, lesiones o cirugías.

Causas no cardiovasculares del choque

Existen dos causas de choque que no son resultado de trastornos del aparato cardiovascular: insuficiencia respiratoria y anafilaxia.

Insuficiencia respiratoria

Es posible que un paciente con lesión intensa del tórax u obstrucción de la vía aérea sea incapaz de inspirar una cantidad adecuada de oxígeno.

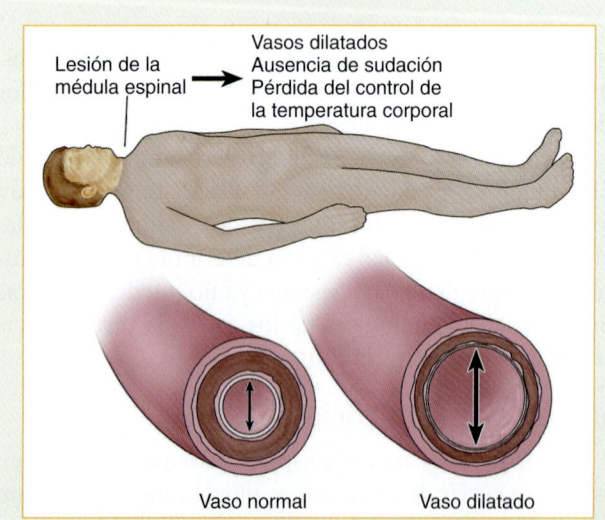

Figura 23-5 El daño de la médula espinal puede causar una lesión significativa de la parte del sistema nervioso que controla el tamaño y tono del músculo de los vasos sanguíneos. Si se interrumpen los impulsos para que se contraigan los músculos de los vasos sanguíneos, éstos se dilatan ampliamente aumentando el tamaño y la capacidad del sistema vascular. La sangre en el cuerpo ya no puede llenar los vasos aumentados de tamaño; la perfusión inadecuada es el resultado.

Una concentración insuficiente de oxígeno en la sangre puede producir un choque tan rápido como las causas vasculares, aun cuando el volumen de la sangre, el volumen de los vasos y la acción del corazón sean normales. Sin oxígeno, los órganos del cuerpo no pueden sobrevivir y sus células pronto se comienzan a deteriorar.

Esta es la razón por la cual los primeros dos pasos en la reanimación son asegurar la vía aérea y restaurar las respiraciones. La circulación de sangre no oxigenada no beneficiará al paciente.

Choque anafiláctico

La anafilaxia o choque anafiláctico ocurre cuando una persona reacciona de forma violenta a una sustancia a la cual se ha sensibilizado. Sensibilización significa volverse sensible a una sustancia que al inicio no causó una reacción. No llegue a conclusiones erróneas con un paciente que manifiesta un historial ausente de reacción alérgica a una sustancia en la primera o segunda exposición. Cada exposición subsecuente después de la sensibilización tiende a producir una reacción más grave.

Los casos que causan reacciones alérgicas intensas caen en las cuatro siguientes categorías:

- Inyecciones (antitoxina tetánica, penicilina)
- Picaduras de insectos (abejas, avispas, avispón)
- Ingestión (mariscos, frutas, medicamentos)
- Inhalación (polvos, pólenes)

Las reacciones anafilácticas pueden desarrollarse en minutos, o aun segundos, después del contacto con la sustancia a la cual el paciente es alérgico. Los signos de estas reacciones alérgicas son muy distintivos y no se ven en otras formas de choque. El Cuadro 23-1 muestra los signos del choque anafiláctico en el orden en que por lo general se presentan. Note que la cianosis (color azulado de la piel) es un signo tardío del choque anafiláctico.

En el choque anafiláctico no hay pérdida de sangre ni deterioro vascular mecánico, sólo una ligera posibilidad de lesión muscular directa; en vez de esto, existe una dilatación vascular generalizada. La combinación de oxigenación insuficiente y perfusión deficiente en el choque anafiláctico puede ser mortal.

Choque psicógeno (crisis neuroconversiva)

Un paciente con choque psicógeno ha tenido una reacción súbita del sistema nervioso que produce una dilatación vascular temporal generalizada, la cual da lugar a un desmayo o síncope. La sangre se acumula en los vasos dilatados reduciendo el suministro de sangre al encéfalo, como resultado el encéfalo deja de funcionar y el paciente se desmaya. Aunque hay muchas causas de síncope, es importante considerar que no todas son de naturaleza grave. Las causas de síncope que son potencialmente amenazantes de la vida son el resultado de eventos como un latido cardiaco irregular o un aneurisma encefálico. Otros eventos que causan un síncope que no pone en peligro la vida pueden ser la recepción de una mala noticia o experimentar temor o vistas desagradables (como ver sangre).

CUADRO 23-1 Signos de choque anafiláctico

Piel
- Rubor, comezón o ardor, especialmente en la cara y parte superior del pecho
- Urticaria (ronchas), que puede extenderse sobre grandes áreas del cuerpo
- Edema, especialmente de la cara, lengua y labios
- Palidez
- Cianosis (coloración azulosa de la piel como resultado de oxigenación deficiente de la sangre circulante)

Aparato circulatorio
- Dilatación de vasos sanguíneos periféricos
- Caída de la tensión arterial
- Pulso débil, apenas palpable
- Mareos
- Desmayos y coma

Aparato respiratorio
- Estornudos o comezón de las fosas nasales
- Rigidez del pecho con tos seca persistente
- Sibilancias y disnea (dificultad respiratoria)
- Secreciones de líquido y moco en las vías bronquiales, alvéolos y tejido pulmonar, causantes de tos
- Constricción de los bronquios, dificultad para inspirar aire a los pulmones
- Espiración forzada, que requiere esfuerzo, acompañada de sibilancias
- Cese de la respiración

Progresión del estado de choque

Aunque no puede ver el choque, puede ver los signos y síntomas Cuadro 23-2. La etapa temprana del estado de choque, mientras el cuerpo aún compensa la pérdida de sangre, se llama choque compensado. La etapa tardía, cuando la tensión arterial está cayendo, es llamada choque descompensado. La última etapa, cuando el choque ha progresado a su etapa terminal, se conoce como <u>choque irreversible</u>. Una transfusión durante el choque irreversible no salvará la vida del paciente.

Recuerde que la tensión arterial puede ser el último factor que puede medirse, que cambia en el choque. Como se ha visto, el cuerpo tiene varios mecanismos para compensar la pérdida de sangre inicial y para ayudar a mantener la tensión arterial. Por tanto, cuando detecta una caída en la tensión arterial, el estado de choque ya está bien desarrollado. Esto es en particular verdadero en niños y lactantes, los cuales pueden mantener la tensión arterial hasta que han perdido más de la mitad de su volumen sanguíneo. Para cuando la tensión arterial cae en lactantes y niños que están en choque, están cerca de morir.

Debe esperar choque en muchas situaciones de urgencias médicas. Por ejemplo, esperaría que el estado de choque acompañara hemorragias masivas externas o internas.

También debe esperar un estado de choque si un paciente tiene uno de los siguientes trastornos:

- Fracturas severas múltiples
- Lesión abdominal o torácica
- Lesión de la columna vertebral
- Infección grave
- Un ataque cardiaco mayor
- Anafilaxia

Valoración del estado de choque

Evaluación de la escena

Al acercarse a la escena, esté alerta sobre posibles peligros potenciales para su seguridad, como cables de alta tensión caídos, tráfico con movimiento rápido o cualquier otra

CUADRO 23-2 Progresión del estado de choque

Choque compensado

Agitación
Ansiedad
Inquietud
Sentimiento de debilidad inminente
Alteración del estado mental
Pulso débil, rápido (filiforme) o ausente
Piel viscosa (pálida, fría, húmeda)
Palidez con cianosis en los labios
Respiración rápida, superficial
Hambre de aire (falta de aire), en especial si hay una lesión en el tórax
Náusea o vómito
Llenado capilar por más de 2 segundos en lactantes y niños
Sed intensa

Choque descompensado

Tensión arterial en descenso (presión arterial sistólica de 90 mm Hg, o más baja, en un adulto)
Respiración laboriosa o irregular
Piel ceniza, moteada o cianótica
Ojos apagados, pupilas dilatadas
Gasto urinario pobre

Tips para el TUM-B

Tomar y registrar signos vitales frecuentes –y observar indicadores de perfusión como condición de la piel y estado mental– le dará una ventana en la progresión del estado de choque. Use su documentación para sospechar choque tempranamente y tratarlo en forma enérgica.

Situación de urgencia — Parte 3

Coloque un vendaje en la laceración mientras él le explica lo que sucedió. Le hace preguntas para obtener un historial SAMPLE. El paciente dice que recientemente ha tenido una infección de estreptococo en la garganta. Mientras está hablando toma un nuevo conjunto de signos vitales. Su pulso es 118 latidos/min, respiraciones 28/min y tensión arterial 108/70 mm Hg. Su piel es viscosa.

5. ¿Cuáles son sus preocupaciones con este paciente?
6. ¿Cuál es el significado de su reciente enfermedad?

cosa que amenace su seguridad. Cuando vea al paciente por primera vez, observe la escena y al sujeto, buscando indicios para determinar la naturaleza de la enfermedad o el mecanismo de la lesión. Las dolencias médicas implican por lo general a un solo paciente, pero siempre asegure que sólo tiene un paciente que atender. Es común que los incidentes traumáticos involucren a más de un paciente; obtenga una cuenta apropiada de todos los pacientes.

Evaluación inicial

Impresión general

Cuando vea por primera vez al paciente, forme rápidamente una impresión general. Esto incluye edad, sexo, signos de sufrimiento, lesiones obvias que ponen en peligro la vida, posicionamiento anormal y color de la piel. Estas observaciones le ayudarán a desarrollar una sensación inicial de urgencia del paciente que parece "enfermo".

Una vez que está cerca del paciente, determine la necesidad de inmovilización manual de la columna cervical y evalúe el nivel de conciencia del paciente con el uso de la escala AVDI, (despierto y Alerta, responsivo a estímulos Verbales o Dolor, Inconsciente). Un paciente que tiene alterado su nivel de conciencia, NDC, puede necesitar tratamiento de urgencia de su vía aérea. Si el paciente está despierto y alerta, determine la molestia principal.

Vía aérea y respiración

A continuación, examine la vía aérea para asegurar que está permeable. Si el paciente está despierto y respondiendo preguntas, la vía aérea está permeable. Esté alerta con relación a ruidos anormales de la vía aérea, como gorgoreo (aspiración de la vía aérea) o estridor, indicadores de su obstrucción parcial. Si el paciente está despierto y responde preguntas, no se necesita una cánula en la vía aérea; considere un dispositivo adjunto, como una cánula orofaríngea o nasofaríngea en un paciente con NDC alterado.

Luego, debe evaluar rápidamente la respiración en el paciente. También debe inspeccionar y palpar la pared torácica para evaluar por DCAP-BLS [**D**eformidades, **C**ontusiones, **A**brasiones, **P**unciones/penetraciones, quemaduras (**B**urns), **L**aceraciones y edema (**S**welling)]. Observe al paciente con relación a posibles signos de uso de músculos accesorios como los músculos del cuello, retracciones intercostales o uso anormal de músculos abdominales. El aumento de la frecuencia respiratoria es a menudo un signo temprano de estado de choque inminente. Debe evaluar los ruidos respiratorios del paciente con un estetoscopio, escuchando posibles ruidos silbantes u otros ruidos respiratorios anormales. Una vez que ha completado la evaluación de la respiración, proporcione al paciente oxígeno en flujo alto o, si es necesario, respiraciones asistidas con un dispositivo bolsa-válvula-mascarilla.

Circulación

A continuación, debe evaluar el estado circulatorio del paciente. Verifique la presencia de pulso distal y, si no puede obtenerlo, evalúe un pulso central. Haga una rápida determinación del pulso, si es rápido, lento, débil, fuerte o ausente por completo. Un pulso rápido sugiere un choque compensado. En el choque o en el choque compensado, la piel puede ser fría, viscosa o ceniza. Si el paciente no tiene pulso y no está respirando, empiece de inmediato reanimación cardiopulmonar (RCP). En pacientes traumatizados, asegure que ha evaluado e identificado cualquier hemorragia que pone en peligro la vida; si descubre una hemorragia grave, trátela de inmediato. También debe evaluar rápidamente la temperatura, estado y color de la piel; verifique además el tiempo de llenado capilar.

Decisión de transporte

Una vez que ha evaluado la perfusión, puede determinar si el paciente debe ser tratado como una alta prioridad, si se necesita SVA y a qué servicio transportarlo. Por lo general, los pacientes con choque o un ML sospechoso deben ser transportados a un centro de trauma. A veces, los protocolos dictan que el paciente se debe transportar al hospital más cercano para estabilización antes de transferirse a un centro de tratamiento definitivo.

Historial y examen físico enfocados

Ya que ha determinado que la evaluación inicial está completa y se han atendido todas las amenazas para la vida encontradas durante la evaluación, comience el historial y examen físico enfocados basados en la molestia principal del paciente y el grado de traumatismo incurrido. Obtenga un historial y efectúe una evaluación continuada específica para la molestia o problema y la región o regiones del cuerpo afectadas.

Examen físico rápido o enfocado

Si su paciente es un sujeto traumatizado con mecanismo de la lesión significativo o múltiples lesiones que le da una pobre impresión general o encuentra problemas en la evaluación inicial, practique un examen físico rápido. Si el sujeto tiene un problema médico pero es no responsivo o se notaron problemas en la evaluación inicial, efectúe un examen físico rápido. Estas evaluaciones rápidas deben realizarse en seguida, de forma pronta pero razonada para asegurar que no pasa inadvertido cualquier problema significativo que ponen en peligro la vida o se retrase el cuidado necesario.

Si su paciente tiene un mecanismo de lesión simple, como una torcedura de tobillo, realice un examen físico enfocado en el área afectada. Ya sea que efectúe un examen rápido o enfocado, si se encuentra un problema que pone en peligro la vida, trátelo de inmediato. El examen físico enfocado y el examen físico rápido también lo ayudarán a identificar lesiones que deben atenderse cuando se acondicione al paciente para transporte.

Signos vitales iniciales

Obtenga un conjunto completo de signos vitales. Si el estado del paciente es inestable, o puede volverse inestable, reevalúe los signos vitales cada 5 min; si el paciente está en condición estable, hágalo cada 10 a 15 min. Los signos vitales iniciales le ayudarán a apreciar la tendencia en los cambios de su paciente.

Historial SAMPLE

Ahora debe obtener un historial SAMPLE del paciente. Recuerde, si este último tiene un cambio importante en el NDC antes de llegar al hospital, podrá informar al personal del hospital este dato relevante.

Intervenciones

Debe determinar qué intervenciones son necesarias en su paciente en este punto con base en los hallazgos de su evaluación. Es importante enfocarse en dar soporte al aparato cardiovascular. Tratar el choque temprana y enérgicamente, ayudará a prevenir que una perfusión inadecuada perjudique a su paciente. Administre oxígeno y coloque al paciente en posición de choque.

Examen físico detallado

Cuando el tiempo lo permita y el estado del paciente sea estable, practique un examen físico detallado. Efectúe un examen minucioso de la cabeza a los pies, esto incluye una evaluación neurológica completa. Si el paciente está críticamente enfermo y se encuentran problemas en la evaluación inicial, es posible que no tenga oportunidad de practicar un examen físico detallado.

Evaluación continua

Esta parte de la evaluación del paciente es muy importante en sus cuidados. La regla general es evalúe-intervenga-reevalúe. Esta parte de la evaluación reconsidera la evaluación inicial, los signos vitales y el tratamiento proporcionado al paciente, incluyendo la administración de oxígeno. Corresponde evaluar al paciente para determinar si las intervenciones efectuadas están teniendo algún efecto. Este paso lo prepara para presentar el paciente al hospital con una relación completa y concisa de su atención.

Comunicación y documentación

Los pacientes que están en choque descompensado necesitarán intervenciones rápidas para restaurar una perfusión adecuada. Es posible que el hospital tenga, sugerencias de tratamiento del aparato cardiovascular debilitado. La mayor parte de las intervenciones para tratar el choque no requiere una orden de un médico determinada. Por ejemplo, en algunos sitios permiten que el TUM-B aplique un pantalón neumático antichoque (PNA), pero requiere una orden verbal directa de la dirección médica antes de inflarlo. Conozca y siga las directrices para el uso de un PNA. Determine, basado en los signos y síntomas encontrados en su evaluación, si su paciente está en choque compensado o descompensado. Documente estos resultados después de que lo haya tratado de choque.

Cuidados médicos de urgencias

Debe iniciar tratamiento inmediato del choque tan pronto como se dé cuenta de que puede estar presente este trastorno. Siga los pasos en **Destrezas 23-1**.

1. Como con cualquier tipo de paciente, debe **comenzar siguiendo las precauciones de aislamiento de sustancias corporales**, asegurando que el paciente tenga una vía aérea abierta y verificando la respiración y el pulso. En general, mantenga al paciente en posición supina. Los pacientes que han tenido un ataque cardiaco grave o que tienen una enfermedad pulmonar pueden encontrar más fácil respirar sentados o en posición semisentada (**Paso 1**).
2. **Después controle toda hemorragia externa obvia.** Coloque apósitos estériles secos sobre los sitios hemorrágicos y fíjelos con vendajes (**Paso 2**).
3. **Ferulice cualquier lesión de huesos o articulaciones.** Esto minimiza el dolor, la hemorragia y las molestias, todo lo cual puede agravar el choque. También previene que los extremos rotos de hueso lesione tejido blando adyacente. En general, la ferulización también hace más fácil la movilización del paciente. Maneje al paciente con delicadeza y no más de lo necesario (**Paso 3**).

Hay cierta controversia respecto al uso del PNA. Cuando se emplea en forma inapropiada, el dispo-

Capítulo 23 Estado de choque

Tratamiento del estado de choque

Destrezas 23-1

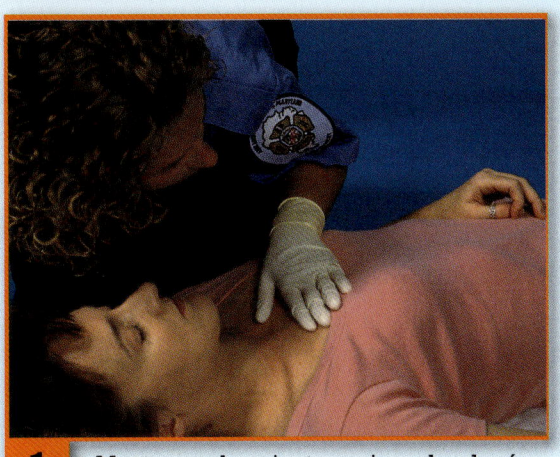

1 Mantenga al paciente supino, abra la vía aérea y verifique la respiración y el pulso.

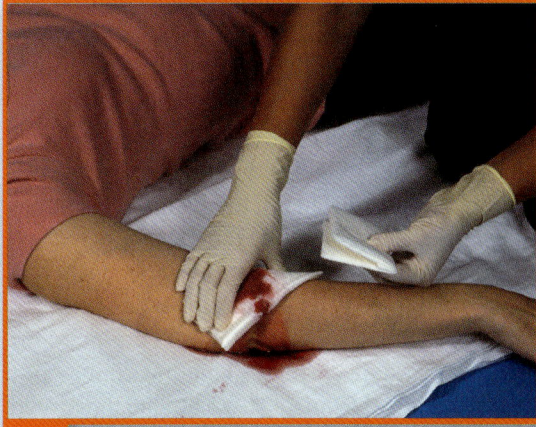

2 Controle hemorragia externa obvia.

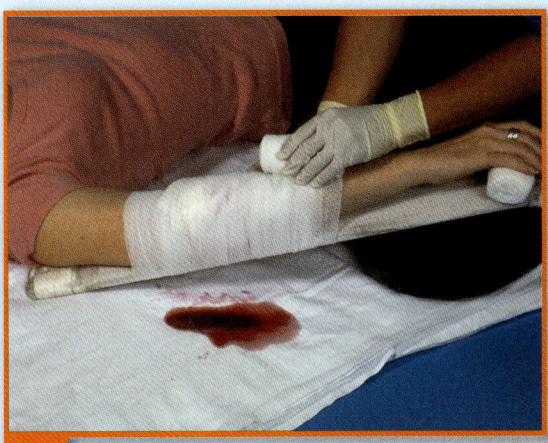

3 Ferulice cualquier hueso roto o lesiones articulares.

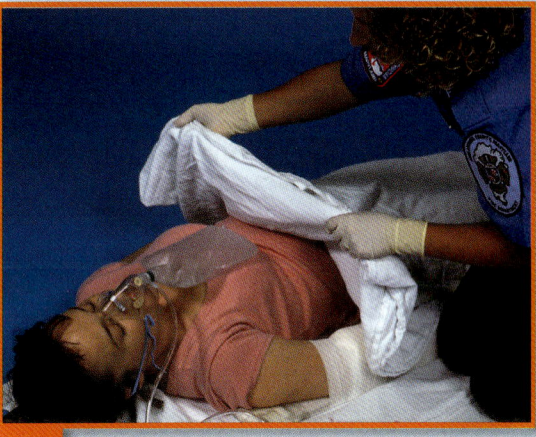

4 Dé oxígeno en flujo alto si aún no lo ha hecho, coloque cobijas abajo y arriba del paciente.

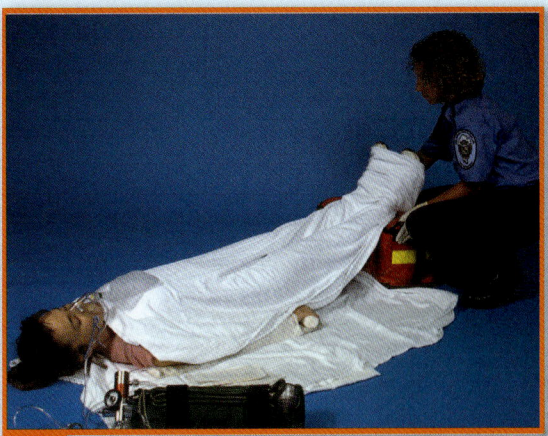

5 Si no se sospechan fracturas eleve las piernas 30 centímetros (de 6 a 12 pulgadas).

sitivo puede aumentar la hemorragia por lesiones del tórax, interferir con el intercambio de aire adecuado y promover colapso cardiovascular. Cuando se usa de manera apropiada, puede controlar de forma eficaz la hemorragia de fracturas y heridas masivas de tejidos blandos. En general, el PNA no debe usarse sin aprobación de dirección médica o protocolos locales establecidos.

4. **Recuerde que la ventilación inadecuada** puede ser la causa primaria del choque o un factor mayor en su desarrollo. Siempre proporcione oxígeno, ayude con ventilaciones según se necesite y continúe vigilando la respiración del paciente. Para prevenir la pérdida de calor corporal, coloque cobijas por debajo y encima del sujeto, pero tenga cuidado en no sobrecargarlo con cobijas o intentar calentar el cuerpo demasiado; es mejor que se mantenga una temperatura corporal normal. No use fuentes externas de calor como bolsas de agua caliente o cojines eléctricos; pueden perjudicar al paciente con choque, causando vasodilatación y disminuyendo aún más la tensión arterial (**Paso 4**).

5. Una vez que ha situado al paciente en una férula espinal larga o una camilla, **colóquelo en posición de Trendelenburg**. Esta técnica se realiza con facilidad al elevar el pie del tablón o la camilla, cerca de 30 cm (de 6 a 12"). Si el paciente no está en una férula espinal larga y no se sospechan fracturas de las extremidades inferiores, colóquelo en posición de estado de choque. Esto se logra elevando las piernas del paciente a 30 cm. (Trendelemburg), por medio de varias cobijas u otros objetos estables. Estas posiciones ayudan a regresar sangre de las extremidades inferiores al centro, donde es más necesitada. Los pacientes con dificultad respiratoria se pueden beneficiar de la posición de Trendelenburg, pero las extremidades inferiores se deben elevar sólo 15 cm (de 6 a 8"). Elevar las piernas más puede agravar la respiración del paciente porque los órganos del abdomen empujan contra el diafragma (**Paso 5**).

No dé al paciente cosa alguna por la boca, sin importar con cuanta urgencia se lo pida. Para aliviar la intensa sed que con frecuencia acompaña al estado de choque, dé al paciente un pedazo de gasa humedecida para masticar o chupar. Nunca dé a un paciente con choque una bebida alcohólica u otro depresivo. Un estimulante, como el café, también tiene poco valor en el tratamiento del choque.

Registre en forma precisa los signos vitales del paciente, aproximadamente cada 5 min, durante el tratamiento y transporte. Es esencial que transporte a los pacientes traumatizados al hospital para tratamiento definitivo tan rápido como sea posible. La Hora dorada se refiere a los primeros 60 min después de la lesión, que se piensa que es un periodo crítico importante para la reanimación temprana y tratamiento de pacientes traumatizados lesionados de gravedad. Este concepto subraya la importancia de la evaluación, estabilización y transporte rápidos. El objetivo del TUM es limitar el tiempo en la escena (tiempo en la escena hasta que se inicia el transporte) a 10 min o menos. Recuerde hablar con calma y tranquilizar a un paciente consciente durante el transcurso de la evaluación, cuidados y transporte.

El **Cuadro 23-3** menciona las medidas generales de soporte de los tipos principales de choque. No se usa cada medida en cada tipo de choque.

Tratamiento del choque cardiógeno

El paciente que está en estado de choque como resultado de un ataque cardiaco no requiere una transfusión de sangre, líquidos intravenosos, elevación de las piernas ni un PNA. Ya existe un volumen de sangre en la circulación mayor del que el corazón puede manejar. El músculo deteriorado del corazón simplemente no puede generar la fuerza para bombear sangre a través de todo el aparato circulatorio.

Tenga presente que las enfermedades pulmonares crónicas agravarán el choque cardiógeno. Si el paciente tiene enfermedad pulmonar obstructiva crónica y enfermedad del corazón, la oxigenación de la sangre que pasa por los pulmones se perjudica. Como se está acumulando líquido en los pulmones, con frecuencia este paciente puede respirar mejor sentado o semisentado, y puede decírselo.

De ordinario, los pacientes con choque cardiógeno no tienen lesión alguna, pero pueden estar sintiendo dolor o presión del pecho. Es posible que estos pacientes hayan tomado nitroglicerina antes de su llegada y puedan querer tomar más. Antes de ayudar al paciente a autoadministrarse nitroglicerina, asegúrese de consultar a la dirección médica para instrucciones. También necesita realizar una evaluación precisa para asegurar que la tensión arterial cubre el criterio de la medicación. Si la tensión arterial es demasiado baja, la nitroglicerina puede agravar el problema. Recuerde que los pacientes con choque cardiógeno suelen tener tensión arterial baja. Otros signos incluyen un pulso irregular débil, cianosis en los labios y debajo de las uñas, ansiedad, y náusea.

> **Tips para el TUM-B**
>
> Nunca podrá estar errado por tratar de estado de choque, pues muchos pacientes experimentarán un cierto grado de choque. Considere tratar de choque a todos sus pacientes.

CUADRO 23-3 Tipos de choque

Tipos de choque	Ejemplos de causas potenciales	Signos y síntomas	Tratamiento
Anafiláctico	Reacción alérgica extrema que pone en peligro la vida	Puede desarrollarse en segundos Prurito leve o exantema Ardor de piel Dilatación vascular Edema generalizado Coma Muerte rápida	Trate la vía aérea Asista ventilaciones Administre oxígeno a flujo alto Determine la causa Asista con administración de epinefrina Transporte lo más pronto posible
Cardiógeno	Función inadecuada del corazón Enfermedad del tejido muscular Deterioro del sistema eléctrico Enfermedad o lesión	Dolor de pecho Pulso irregular Pulso débil Baja tensión arterial Cianosis (labios, debajo de las uñas) Piel fría, viscosa Ansiedad	Posicione cómodamente Administre oxígeno Asista ventilaciones Transporte lo más pronto posible
Hipovolémico	Pérdida de sangre o líquido	Pulso débil, rápido Baja tensión arterial Cambio en el estado mental Cianosis (labios, debajo de las uñas) Piel fría, viscosa Aumento de la frecuencia respiratoria	Asegure la vía aérea Asista ventilaciones Administre oxígeno a flujo alto Controle hemorragia externa Eleve las piernas Mantenga calor Transporte lo más pronto posible
Insuficiencia respiratoria	Lesión intensa del tórax, obstrucción de la vía aérea	Pulso débil, rápido Baja tensión arterial Cambio en el estado mental Cianosis (labios, debajo de las uñas) Piel fría, viscosa Aumento de la frecuencia respiratoria	Asegure la vía aérea Despeje vía aérea Asista ventilaciones Administre oxígeno a flujo alto Transporte lo más pronto posible
Neurogénico	Lesión de la columna cervical que causa dilatación generalizada de vasos sanguíneos	Bradicardia (pulso lento) Baja tensión arterial Signos de lesión del cuello	Asegure la vía aérea Estabilice la columna vertebral Asista ventilaciones Administre oxígeno a flujo alto Preserve el calor corporal Transporte lo más pronto posible
Psicógeno (desmayo)	Dilatación vascular generalizada temporal Ansiedad, malas noticias, vista de lesiones o sangre, prospecto de tratamiento médico, dolor intenso, enfermedad, fatiga	Pulso rápido Tensión arterial normal o baja	Determine la duración de la inconsciencia Registre los signos vitales y el estado mental Sospeche lesión de la cabeza si el paciente está confundido o es lento para recuperar la conciencia Transporte lo más pronto posible
Séptico	Infección bacteriana grave	Piel caliente Taquicardia Baja tensión arterial	Transporte lo más pronto posible Administre oxígeno en el camino Proporcione soporte ventilatorio completo Eleve las piernas Mantenga caliente al paciente

El tratamiento del choque cardiógeno debe iniciarse colocando al paciente en la posición en la cual la respiración es más fácil al administrarle oxígeno a flujo alto. Esté listo para asistir las ventilaciones si es necesario y tenga el equipo de aspiración cerca en caso de que el paciente vomite. Proporcione transporte rápido al departamento de urgencias. Recuerde también acercarse al paciente que tiene sospecha de ataque cardiaco con tranquilidad y calma. Es importante verificar un pulso en el paciente inconsciente para identificar con tiempo si se necesita un desfibrilador automático externo.

Tratamiento del choque neurogénico

El estado de choque que acompaña una lesión de la médula espinal se trata mejor con una combinación de todas las medidas de soporte conocidas. El paciente que ha sufrido este tipo de lesión suele requerir hospitalización por un tiempo prolongado. El tratamiento de urgencia debe dirigirse a obtener y retener una vía aérea apropiada, proporcionar inmovilización vertebral, asistir la respiración inadecuada como sea necesario, conservar el calor corporal y proporcionar la mejor circulación eficaz posible.

Usualmente este paciente no está perdiendo sangre. Sin embargo, la capacidad de sus vasos se ha vuelto mucho mayor que el volumen que contiene. Una ligera elevación del extremo del pie de la férula espinal larga ayudará a traer la sangre que se está acumulando en los vasos de las piernas a los órganos vitales. La colocación de los brazos del paciente cruzados sobre el pecho, sin mover la columna vertebral, también retornará alguna cantidad de sangre acumulada. Asegúrese de vigilar al paciente en lo referente a problemas respiratorios y, si se presentan, baje la férula espinal larga. La administración de oxígeno suplementario levantará su concentración en la sangre. Si las respiraciones son débiles o inadecuadas provea ventilación asistida. Mantenga al paciente tan caliente como pueda con cobijas, porque la lesión puede haber incapacitado los controles de la temperatura normal del cuerpo. Transporte lo más pronto posible.

Tratamiento del choque hipovolémico

El tratamiento de los choques hipovolémico o hemorrágico, incluye el control de toda la hemorragia externa obvia. Para prevenir la hemorragia continua debe aplicar suficiente presión para controlar hemorragias externas obvias, sufiente ferular (ferulizar) cualquier lesión de huesos y articulaciones, y asegurarse de usar gran cuidado para manejar al paciente con delicadeza. Si no hay extremidades fracturadas, debe colocar al paciente en posición de Trendelenburg elevando las piernas 30 cm (de 6 a 12"), manteniendo el torso en posición horizontal, lo que aumentará el flujo de sangre de la parte inferior del cuerpo al corazón, y mantendrá presión no deseada fuera del diafragma. Este método combate el choque usando la propia sangre del paciente para su mayor ventaja.

Aunque no puede controlar la hemorragia interna en el campo, debe reconocer su existencia y proporcionar un soporte general enérgico. Asegure y mantenga una vía aérea, proporcione soporte respiratorio, incluyendo oxígeno suplementario y, si es necesario, ventilaciones asistidas. Comience con el oxígeno tan pronto como sospeche un choque y continúelo durante el transporte; con poca sangre circulante, el oxígeno puede ser un salvavidas. Asegure que el paciente no aspire sangre o vómito y, lo que es sumamente importante, debe transportar al paciente tan rápido como sea posible a la sala de urgencias.

Tratamiento del choque séptico

El tratamiento apropiado del choque séptico requiere un régimen hospitalario complejo, incluyendo antibióticos. Si sospecha que un paciente tiene choque séptico, debe usar las precauciones de aislamiento de sustancias corporales apropiadas y transportar al paciente tan pronto como sea posible. Use oxígeno a flujo alto durante el transporte. Puede ser necesario proporcionar soporte ventilatorio para mantener un volumen de ventilación pulmonar apropiado. Use cobijas o mantas térmicas para conservar el calor del cuerpo.

Situación de urgencia — Parte 4

Usted y su compañero inmovilizan al paciente en una camilla rígida larga. El paciente se ve ansioso, manifiesta que no se siente bien y necesita ir al hospital de inmediato. Es cargado a la ambulancia y su compañero evalúa de nuevo sus signos vitales e informa que son un pulso de 122 latidos/min, respiraciones 30/min y tensión arterial de 106/68 mm Hg. Su compañero coloca una cobija sobre el paciente y administra oxígeno en flujo alto.

7. ¿Qué indican estos cambios en los signos vitales?

Tratamiento de la insuficiencia respiratoria

En el tratamiento del paciente que está en choque como consecuencia de una respiración inadecuada debe asegurar y mantener una vía aérea de inmediato. Despeje la boca y la garganta de cualquier obstrucción de la vía aérea incluyendo moco, vómito y material extraño. Si es necesario, proporcione ventilaciones con un dispositivo bolsa-válvula-mascarilla. Administre oxígeno suplementario y transporte al paciente lo más pronto posible.

Tratamiento del choque anafiláctico

El único tratamiento realmente eficaz de la reacción alérgica aguda grave es la administración de epinefrina por vía de inyección subcutánea o intramuscular. Para más información sobre los cuidados de urgencias por reacciones alérgicas, véase el Capítulo 16. Un paciente que esté consciente de tener una hipersensibilidad al piquete de abejas debe llevar consigo un juego para piquete de abejas que contiene epinefrina (Figura 23-6). Si es incapaz de inyectarse la medicación, usted deberá hacerlo, si lo permite el protocolo local. Si los signos y síntomas del paciente recurren o su estado se deteriora, debe repetir la inyección después de consultar con dirección médica.

Transporte al paciente a la sala de urgencias lo más pronto posible mientras proporciona todo el soporte necesario, principalmente oxígeno suplementario y ayuda ventilatoria. Además, debe tratar de encontrar cuál fue el agente que causó la reacción (por ejemplo, un fármaco, una mordedura o piquete de insecto, un alimento) y cómo lo recibió (por la boca, por inhalación o por inyección). La gravedad de las reacciones alérgicas varía de forma considerable con síntomas que van de prurito leve a coma profundo y muerte. Tenga presente que una reacción leve puede empeorar de manera súbita o después de un tiempo. Considere solicitar soparte de vida avanzado, si está disponible.

Tratamiento del choque psicógeno

En un caso no complicado de desmayo, una vez que el paciente se colapsa y queda supino por lo general la circulación del encéfalo se restaura y, con ello, un estado de funcionamiento normal. Recuerde que el choque psicógeno puede empeorar de manera significativa otros tipos de choque. Si el ataque ha causado la caída del paciente, debe buscar posibles lesiones, especialmente en personas de edad avanzada. Sin embargo, también debe evaluar de forma minuciosa al paciente por cualquier otra anormalidad. Si después de recuperar la conciencia el paciente es incapaz de caminar sin debilidad, mareo o dolor, debe sospechar otro problema, como una lesión de la cabeza. Debe transportar a este paciente de inmediato.

Asegúrese de registrar sus observaciones iniciales de signos vitales y nivel de conciencia. Además, intente obtener información de espectadores si el paciente se quejó de algo antes de desmayarse, y cuánto tiempo estuvo inconsciente.

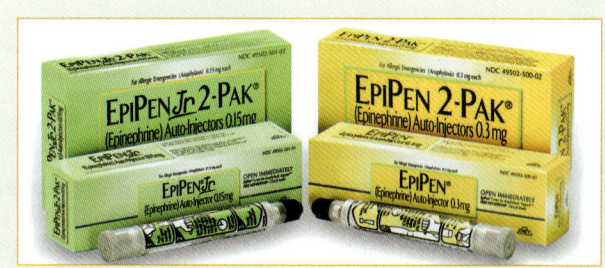

Figura 23-6 Los pacientes que son alérgicos a los piquetes de abejas con frecuencia llevan consigo juegos comerciales para piquetes de abeja, como un inyector intramuscular o un autoinyector que contiene epinefrina.

Situación de urgencia — Resumen

El mecanismo de la lesión en este escenario es significativo. Aunque el paciente estaba restringido, el despliegue de la bolsa de aire y el daño en el volante indican que estuvo implicada una fuerza. Las posibles lesiones incluyen daños en los órganos abdominales, como el bazo, hígado, diafragma y también daño en el tórax, columna vertebral y esqueleto.

El choque es aún más probable si un paciente ha tenido una infección grave, razón por la cual la infección estreptocócica de la garganta es significativa. Otros trastornos que hacen más probable que se desarrolle choque son fracturas múltiples graves, lesión abdominal o torácica, lesión de la columna vertebral, un ataque cardiaco y anafilaxia.

Al progresar el escenario, el pulso y las respiraciones del paciente aumentan, mientras que su tensión arterial desciende. Esto indica que está desarrollando choque. Tiene signos adicionales de choque compensado, que incluyen ansiedad, piel pálida y viscosa. El paciente probablemente tiene una hemorragia interna y debe transportarse de inmediato al departamento de urgencias. Es crucial mantener la vía aérea y proporcionar soporte respiratorio, incluyendo oxígeno suplementario y, si es necesario, ventilaciones asistidas. Estas medidas pueden salvar la vida.

Evaluación y cuidados de urgencia

Estado de choque

Evaluación de la escena	Las precauciones de aislamiento de sustancias corporales deben incluir un mínimo de guantes y protección de los ojos. Evalúe la seguridad de la escena y determine NE/ML. Considere el número de pacientes, la necesidad de ayuda adicional/SVA y estabilización de la columna cervical.
Evaluación inicial	
■ Impresión general	Determine el nivel de conciencia y encuentre, y trate, cualquier amenaza inmediata para la vida. Determine la prioridad del cuidado basado en el ambiente y molestia principal del paciente.
■ Vía aérea	Asegure una vía aérea permeable.
■ Respiración	Escuche en búsqueda de ruidos respiratorios anormales, evalúe la profundidad y frecuencia de las respiraciones. Mantenga ventilaciones como se necesite. Proporcione oxígeno en flujo alto a 15 L/min.
■ Circulación	Evalúe la frecuencia y calidad del pulso distal; observe el color, temperatura y estado de la piel, y trate como corresponda. Considere una hemorragia externa basado en la molestia principal y el ML.
■ Decisión de transporte	Transporte rápido basado en pobre impresión general o problemas con los ABC.
Historial y examen físico enfocados	*NOTA: El orden de los pasos en el historial y el examen físico enfocados difiere, dependiendo de que el paciente tenga, o no, un ML significativo. El orden siguiente es el de un paciente con un ML significativo. Para un paciente sin un ML significativo, efectúe una evaluación del traumatismo enfocada, tome los signos vitales y obtenga el historial.*
■ ML significativo	Reevalúe el mecanismo de la lesión o lesiones. Efectúe una evaluación rápida del traumatismo para identificar lesiones ocultas.
■ ML no significativo	Reevalúe el mecanismo de la lesión. Si el paciente está alerta y orientado, efectúe una evaluación enfocada en el sistema corporal o el área afectada.
■ Signos vitales iniciales	Tome los signos vitales, notando el color y temperatura de la piel y el nivel de conciencia del paciente. Use oximetría de pulso si está disponible.
■ Historial SAMPLE	Pregunte SAMPLE y OPQRST pertinentes. Asegure preguntar si hubo intervenciones y cuáles se tomaron antes de su llegada, cuántas y a qué hora.
■ Intervenciones	Apoye el aparato cardiovascular del paciente como sea necesario. Considere el uso de oxígeno, elimine las causas de choque, mantenga la temperatura normal del cuerpo y use posicionamiento apropiado del paciente para mejorar la circulación.
Examen físico detallado	Complete un examen físico detallado.
Evaluación inicial	Repita la evaluación inicial, evaluación enfocada y reevalúe las intervenciones realizadas. Reevalúe los signos vitales cada 5 min en el paciente inestable y cada 15 en el estable. Tranquilice al paciente.
■ Comunicación y documentación	Contacte a la dirección médica con un informe por radio. Relate cualquier cambio en el nivel de conciencia o dificultad respiratoria. Asegure documentar las órdenes del médico y cambios en el estado del paciente, y a qué hora ocurrieron.

NOTA: Aunque los cambios siguientes son ampliamente aceptados, asegúrese de consultar y seguir su protocolo local.

| **Choque general** | **Choque anafiláctico** |

El tratamiento mínimo del choque, con excepción del choque anafiláctico, es como sigue:

1. Proporcione estabilización vertebral, si es necesaria.
2. Mantenga al paciente supino, abra la vía aérea y verifique respiración y pulso.
3. Controle la hemorragia externa obvia.
4. Ferulice cualquier hueso roto o lesiones articulares.
5. Dé oxígeno en flujo alto si aún no lo ha hecho y coloque cobijas arriba y abajo del paciente.
6. Si no se sospechan fracturas de las extremidades eleve las piernas 30 centímetros.
7. Proporcione transporte rápido en una posición que soporte mejor la circulación y la respiración.

El tratamiento del choque cardiógeno requiere además lo siguiente:
Para choque cardiógeno coloque al paciente en una posición cómoda. Asista con ventilación y aspiración, según se requiera. Vigile el pulso de cerca, proporcione un transporte rápido y calmado.

Siga los pasos para usar un autoinyector (expuesto en el Capítulo 16):

1. Retire la tapa de seguridad del autoinyector y rápidamente limpie el muslo frotando con un antiséptico.
2. Coloque la punta del autoinyector contra la parte lateral del muslo.
3. Empuje el autoinyector contra el muslo con firmeza y sujételo en el sitio hasta que la medicación se inyecte.

Resumen

Listo para repaso

- La perfusión requiere un aparato cardiovascular intacto y un aparato respiratorio funcional.
- Recuerde, la mayoría de los tipos de choque (hipoperfusión) es causada por disfunción en uno o más lados del triángulo de la perfusión:
  - La bomba (el corazón)
  - Los tubos, o contenedor (vasos sanguíneos)
  - El contenido (sangre)
- El choque (hipoperfusión) es el colapso e insuficiencia del aparato cardiovascular, cuando la circulación de la sangre es más lenta y finalmente se detiene.
- Los signos del choque compensado incluyen ansiedad o agitación, taquicardia, piel pálida, fría y húmeda; frecuencia respiratoria aumentada; náusea y vómito, y sed creciente. Nunca es erróneo tratar el estado de choque.
- Los signos del choque descompensado incluyen respiraciones laboriosas e irregulares, color cenizo, gris o cianótico de la piel, pulsos distales débiles o ausentes, pupilas dilatadas e hipotensión profunda.
- Recuerde, cuando se detecta una caída en la tensión arterial el estado de choque está por lo general en una etapa avanzada, no espere a que un paciente manifieste hipotensión para pensar que está en un estado de choque y/o tratarlo oportuna y apropiadamente.
- Anticipe choque en pacientes que tienen los siguientes trastornos:
  - Infección intensa
  - Traumatismo por energía contusa o penetrante significativos
  - Hemorragia externa masiva o índice de sospecha de hemorragia interna mayor
  - Lesión de la columna vertebral
  - Lesión torácica o abdominal
  - Ataque cardiaco mayor
  - Anafilaxia
- Trate a todos los pacientes con sospecha de tener choque por cualquier causa como sigue y en este orden:
  - Abra y mantenga la vía aérea.
  - Administre oxígeno en flujo alto y, si es necesario, proporcione ventilaciones asistidas con bolsa-válvula-mascarilla.
  - Controle toda hemorragia externa obvia.
  - Coloque al paciente en posición de choque o, si esta en una férula espinal larga o camilla, en posición de Trendelenburg.
  - Mantenga la temperatura normal del cuerpo con cobijas.
  - Proporcione pronto transporte al hospital apropiado

Vocabulario vital

anafilaxia Reacción alérgica, inusitada o exagerada a proteína extraña u otras sustancias.

aneurisma Hinchazón o crecimiento de una parte de una arteria a causa del debilitamiento de la pared arterial

choque anafiláctico Choque grave causado por una reacción alérgica.

choque cardiogéno Choque causado por una función inadecuada del corazón, o falla de la bomba.

choque compensado La etapa temprana del choque, en la cual el cuerpo aún puede compensar la pérdida de sangre.

choque descompensado Etapa del choque en la cual la tensión arterial está descendiendo.

choque hipovolémico Choque causado por pérdida de líquidos o sangre.

choque irreversible Etapa final del choque, que da por resultado la muerte.

choque neurogénico Insuficiencia circulatoria causada por parálisis de los nervios que controlan el tamaño de los vasos sanguíneos, conduciendo a una dilatación generalizada; se ve en lesiones de la médula espinal.

choque psicogénico (crisis neuroconversiva) Choque causado por una reducción temporal súbita de riego sanguíneo al encéfalo que produce un desmayo (síncope).

choque séptico Choque causado por una infección intensa, usualmente bacteriana.

cianosis Color azuloso de la piel a causa de oxigenación deficiente de la sangre circulante.

deshidratación Pérdida de agua de los tejidos del cuerpo.

edema Presencia de cantidades anormalmente grandes de líquidos entre las células en los tejidos del cuerpo que causa hinchazón del área afectada.

esfínteres Músculos circulares que rodean y al contraerse, constriñen un conducto, tubo o abertura.

estado de choque Un trastorno en el cual el aparato circulatorio no proporciona suficiente circulación para que cada parte del cuerpo pueda realizar su función, llamado también hipoperfusión.

hipotermia Trastorno en el cual la temperatura interna del cuerpo desciende por debajo de 35 °C (95 °F), usualmente como resultado de exposiciones prolongadas al frío o temperaturas de congelación.

homeostasis Equilibrio de todos los sistemas del cuerpo.

perfusión Circulación de sangre dentro de un órgano o tejido en cantidades adecuadas para cubrir las necesidades corrientes de las células.

sensibilización Desarrollo de sensibilidad a una sustancia que inicialmente no causó una reacción alérgica.

síncope Desmayo.

sistema nervioso autónomo Parte del sistema nervioso que regula funciones involuntarias, como la frecuencia cardiaca, tensión arterial, digestión y sudación.

Autoevaluación

Está trabajando en un bello fin de semana de otoño en una delegación rural en una ambulancia de soporte vital básico.
Mientras usted y su compañero TUM-B están sentados desayunando, llega una llamada sobre una colisión entre un vehículo motor y una bicicleta. En camino a la escena discute con su compañero posibles causas de choque.

1. Dada la información del despacho, todas las siguientes lesiones y agresiones pueden conducir finalmente a choque, con excepción de:
   A. lesión cerrada de la cabeza.
   B. laceración de la arteria radial.
   C. fractura cerrada del fémur.
   D. contusión del tobillo derecho.

2. Después de que su compañero mantiene inmovilización cervical en línea, su siguiente acción después de los ABC iniciales sería:
   A. controlar cualquier hemorragia que ponga en peligro la vida.
   B. ferulizar cualquier fractura que observe.
   C. colocar al paciente en una férula espinal larga.
   D. tomar la tensión arterial del paciente.

3. La hemorragia del paciente es de color rojo brillante y sale a chorros. Este tipo de hemorragia probablemente es:
   A. capilar.
   B. arterial.
   C. cardiaca.
   D. venosa.

4. Si la hemorragia continúa a través del apósito a pesar de la presión directa debe, entonces, hacer todo lo siguiente, excepto:
   A. elevar la extremidad.
   B. aplicar apósitos adicionales.
   C. usar un punto de presión.
   D. descender la extremidad.

5. Los signos vitales iniciales incluyen un pulso de 120 latidos/min, respiraciones de 24/min y tensión arterial de 90/64 mm Hg. Con base en estos signos vitales determina que el paciente está en choque y comienza a tratarlo:
   A. dándole oxígeno en flujo alto por mascarilla no recirculante.
   B. colocándolo en la posición de choque (de Trendelenburg).
   C. llamando por reserva de soporte de vida avanzado.
   D. todo lo anterior.

6. El paciente comienza a quejarse que sus pies se están sintiendo fríos. Este proceso se conoce como:
   A. acumulación.
   B. derivación.
   C. colección.
   D. enfriamiento.

7. Los signos clásicos del choque incluyen un aumento de la frecuencia cardiaca y respiratoria, disminución de la tensión arterial y extremidades frías. Todos los siguientes son signos adicionales de choque, excepto:
   A. disminución de la sed.
   B. pupilas dilatadas.
   C. inquietud.
   D. cianosis.

Preguntas desafiantes

8. Los betabloqueadores, como el metoprolol (Lopressor), se han usado por años para tratar la hipertensión. ¿Cómo pueden estos medicamentos afectar los signos y síntomas del choque?

Qué evaluar

Una madre llorosa trae a su hija de dos años de edad a la delegación local diciendo que la atropelló de manera accidental al ir en reversa por la entrada de su garaje. Observa que la niña está llorando y puede ver fracturas abiertas del fémur obvias. No se notaron otras lesiones asociadas en su observación. Los signos vitales son como sigue: pulso 140 latidos/min, débil y regular; frecuencia respiratoria, 30 respiraciones/min y no laboriosa, y tensión arterial 88 por palpación. ¿Está en estado de choque esta paciente? ¿Son normales estos signos vitales para una paciente de dos años de edad?

Temas: Interacción con los padres, Pacientes pediátricos, Abuso de niños.

Lesiones de los tejidos blandos

Objetivos

Cognitivos

- **5-2.1** Explicar las principales funciones de piel. (p. 699)
- **5-2.2** Enlistar las capas de la piel. (p. 698)
- **5-2.3** Establecer la relación entre aislamiento a sustancias corporales (ASC) y las lesiones de tejidos blandos. (pp. 701, 707)
- **5-2.4** Enlistar los tipos de lesiones cerradas de tejidos blandos. (p. 700)
- **5-2.5** Describir la atención médica de urgencia en el paciente con lesiones cerradas de tejidos blandos. (p. 703)
- **5-2.6** Exponer los tipos de lesiones abiertas de tejidos blandos. (p. 705)
- **5-2.7** Describir los cuidados médicos de urgencia del paciente con una lesión abierta de tejidos blandos. (p. 710)
- **5-2.8** Exponer las consideraciones de los cuidados médicos de urgencia para un paciente con una lesión penetrante del tórax. (p. 707)
- **5-2.9** Exponer las consideraciones de los cuidados médicos de urgencia para un paciente con una lesión penetrante en el abdomen. (p. 712)
- **5-2.10** Diferenciar los cuidados de una herida abierta en tórax de una herida abierta en abdomen. (pp. 708, 711)
- **5-2.11** Listar la clasificación de las quemaduras. (p. 716)
- **5-2.12** Definir la quemadura superficial. (p. 716)
- **5-2.13** Mencionar las características de una quemadura superficial. (p. 716)
- **5-2.14** Definir la quemadura de espesor parcial. (p. 716)
- **5-2.15** Describir las características de una quemadura de espesor parcial. (p. 716)
- **5-2.16** Definir la quemadura de espesor completo. (p. 716)
- **5-2.17** Describir las características de una quemadura de espesor completo. (p. 716)
- **5-2.18** Describir los cuidados médicos de urgencia del paciente con una quemadura superficial. (p. 720)
- **5-2.19** Describir los cuidados médicos de urgencia del paciente con una quemadura de espesor parcial. (p. 720)
- **5-2.20** Describir los cuidados médicos de urgencia del paciente con una quemadura de espesor completo. (p. 720)
- **5-2.21** Mencionar las funciones de los apósitos y el vendaje. (p. 726)
- **5-2.22** Describir el propósito de un vendaje. (p. 727)
- **5-2.23** Describir los pasos para la aplicación de un vendaje. (p. 710)
- **5-2.24** Establecer la relación entre el tratamiento de la vía aérea y el paciente con lesiones del tórax, quemaduras, lesiones contusas y penetrantes. (pp. 702, 708, 719)
- **5-2.25** Describir los efectos de los apósitos, férulas y torniquetes aplicados de forma incorrecta. (p. 727)
- **5-2.26** Describir los cuidados médicos de urgencia de un paciente con un objeto impactado. (p. 713)
- **5-2.27** Describir los cuidados médicos de urgencia de un paciente con una amputación. (p. 714)
- **5-2.28** Describir los cuidados de urgencia para una quemadura química. (p. 722)
- **5-2.29** Describir los cuidados de urgencia para una quemadura eléctrica. (pp. 703, 725)

Afectivos

Ninguno

Psicomotores

- **5-2.30** Demostrar los pasos en los cuidados médicos de urgencia de las lesiones cerradas de tejidos blandos. (pp. 703, 725)
- **5-2.31** Demostrar los pasos en los cuidados médicos de urgencia de las lesiones abiertas de tejidos blandos. (p. 710)
- **5-2.32** Demostrar los pasos en los cuidados médicos de urgencia de un paciente con una herida abierta del tórax. (p. 708)
- **5-2.33** Demostrar los pasos en los cuidados médicos de urgencia de un paciente con heridas abiertas del abdomen. (p. 712)
- **5-2.34** Demostrar los pasos en los cuidados médicos de urgencia de un paciente con un objeto empalado. (p. 713)
- **5-2.35** Demostrar los pasos en los cuidados médicos de urgencia de un paciente con una amputación. (p. 714)
- **5-2.36** Demostrar los pasos en los cuidados médicos de urgencia de una parte amputada. (p. 714)
- **5-2.37** Demostrar los pasos en los cuidados médicos de urgencia de un paciente con quemaduras superficiales. (p. 720)
- **5-2.38** Demostrar los pasos en los cuidados médicos de urgencia de un paciente con quemaduras de espesor parcial. (p. 720)
- **5-2.39** Demostrar los pasos en los cuidados médicos de urgencia de un paciente con quemaduras de espesor completo. (p. 720)
- **5-2.40** Demostrar cómo completar un informe de atención prehospitalaria de pacientes con lesiones de tejidos blandos. (pp. 703, 710, 720)

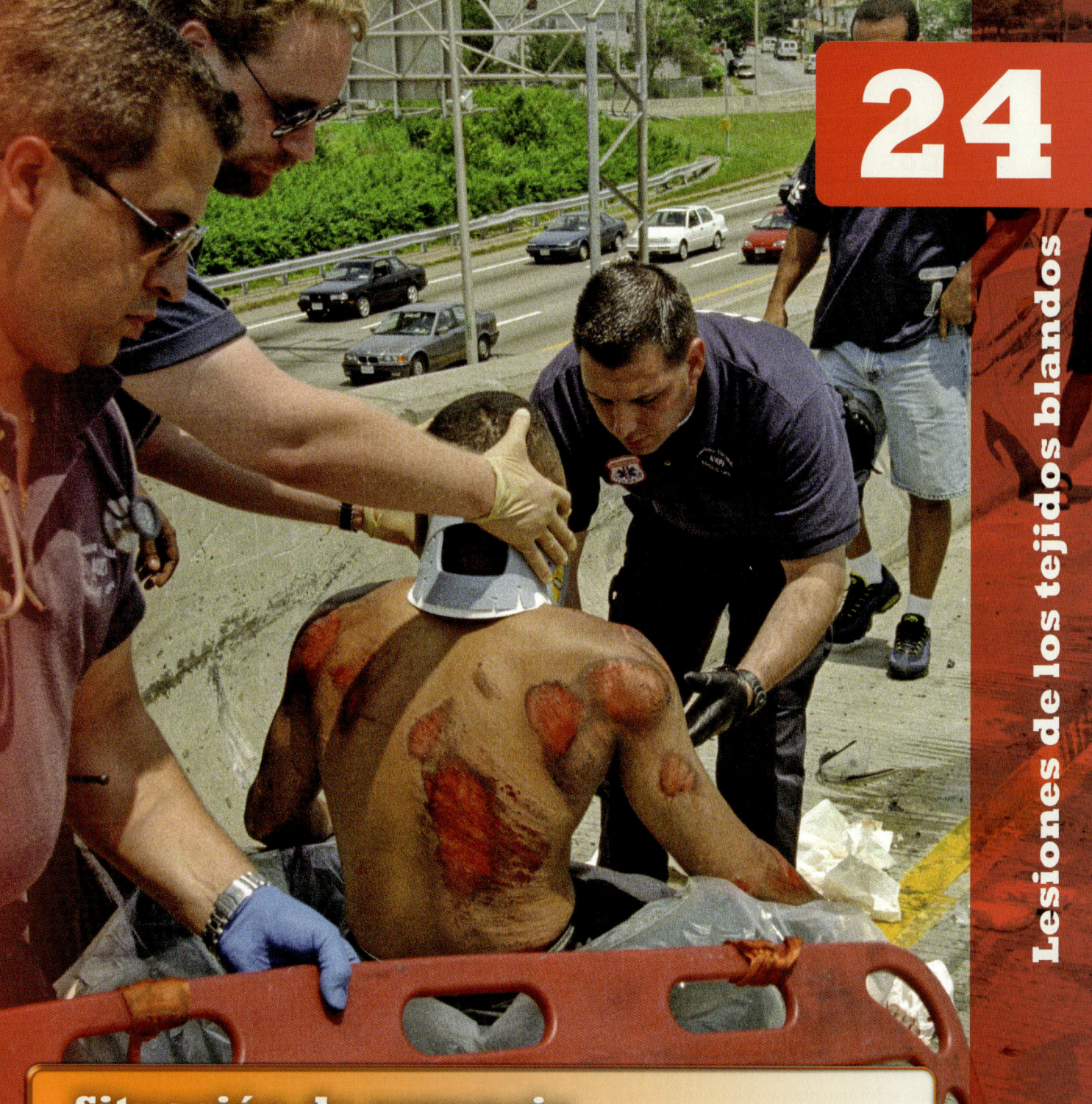

24

Lesiones de los tejidos blandos

Situación de urgencia

Es enviado a un taller mecánico por un hombre de 27 años de edad con quemaduras producto de un accidente con un auto y con posible atrapamiento. Al llegar, es conducido por el propietario a una de las salas donde hay un hombre en posición supina sobre el piso sobre un charco de anticongelante. Se queja de dolor en su muslo y tobillo derechos.

El propietario le dice que al escuchar un ruido de choque seguido por gritos pidiendo ayuda, encontró a su empleado con un tobillo aprisionado bajo una llanta, mientras el otro lado del auto estaba aún sobre el gato. Después de usar un gato para levantar el auto y liberar al empleado, el propietario tiró del mecánico lesionado. El paciente había sido atrapado mientras drenaba anticongelante sobre su muslo. De inmediato toma precauciones de ASC. El paciente niega haber experimentado pérdida de la conciencia. Su esfuerzo respiratorio es rápido y con labios apretados. Un examen rápido de su pulso radial muestra que es demasiado rápido.

1. ¿Cuál es su primera impresión de este paciente?
2. ¿El estado de este sujeto es amenazante para la vida? ¿Qué hará para confirmar o descartar esto?

Lesiones de los tejidos blandos

La piel es nuestra primera línea de defensa contra las fuerzas externas y la infección. Aunque es relativamente resistente, la piel es muy susceptible a la lesión. Las lesiones de tejidos blandos varían, desde simples contusiones y abrasiones, hasta laceraciones intensas y amputaciones. Las lesiones de tejidos blandos pueden dar por resultado la pérdida de los propios tejidos, con exposición de las estructuras profundas como los vasos sanguíneos, nervios y huesos. En todos los casos debe controlar la hemorragia, prevenir la contaminación adicional para disminuir el riesgo de infección y proteger la herida de daños adicionales. Por tanto, es preciso que sepa cómo colocar apósitos y vendajes en varias partes del cuerpo.

Anatomía y función de la piel

La piel es el órgano más grande del cuerpo. Varía en espesor dependiendo de la edad y su localización. La piel de las personas muy jóvenes y adultos mayores es más delgada que la del adulto joven. La piel que cubre el cráneo, espalda y plantas de los pies, es sumamente gruesa, mientras que la piel de párpados, labios y orejas es muy delgada. La piel delgada se lesiona con más facilidad que la piel gruesa.

Anatomía de la piel

La piel tiene dos capas principales: la <u>epidermis</u> y la <u>dermis</u> Figura 24-1 ▶. La epidermis es la capa resistente exterior que forma una cobertura a prueba de agua en el cuerpo. La epidermis, a su vez, está compuesta por varias capas. Las células de la capa superficial de la epidermis son desgastadas y eliminadas de manera constante, mientras son reemplazadas por células que son empujadas a la superficie cuando se forman nuevas células en la base de ella. Las células más profundas en la capa germinal contienen gránulos de pigmento. Junto con los vasos sanguíneos en la dermis, estos gránulos producen el color de la piel.

La dermis es la capa interior de la piel que está situada por debajo de las células germinales de la epidermis. La dermis contiene las estructuras que dan a la piel su aspecto característico: folículos pilosos, glándulas sudoríparas y glándulas sebáceas. Las glándulas sudoríparas actúan para enfriar el cuerpo. Descargan sudor a la superficie de la piel por pequeños poros, o conductos, que pasan a través de la epidermis. Las glándulas sebáceas producen sebo, el material aceitoso que hace a la piel a prueba de agua, así como flexible. El sebo se desplaza a la superficie de la piel, junto con el cuerpo del pelo de los folículos pilosos adyacentes. Los folículos pilosos son órganos pequeños que producen pelo. Hay un folículo por cada pelo, cada uno de ellos conectado con una glándula sebácea y un diminuto músculo, que tira del pelo, poniéndolo erecto cada vez que usted tiene frío o está asustado.

Los vasos sanguíneos de la dermis proporcionan nutrientes y oxígeno a la piel. Las ramas pequeñas se extienden hasta las células germinales, pero ninguna penetra más allá, al interior de la epidermis. También hay terminaciones nerviosas especializadas dentro de la dermis.

La piel cubre todas las superficies exteriores del cuerpo. Las principales aberturas en nuestro cuerpo, que incluyen boca, nariz, ano y vagina, no están cubiertas por piel. En vez de esto, estas aberturas están cubiertas con <u>membrana mucosa</u>. Estas membranas son similares a la piel puesto que también proporcionan una barrera protectora contra la invasión bacteriana, pero difieren de la piel en que secretan una sustancia acuosa que lubrica las aberturas. Por tanto, las membranas mucosas son húmedas, mientras que la piel es seca.

Funciones de la piel

La piel realiza varias funciones. Protege al cuerpo manteniendo afuera a los organismos patógenos y al agua adentro, y asistiendo en la regulación de la temperatura. Los nervios en la piel comunican al encéfalo las sensaciones ambientales y muchas de otra naturaleza.

La piel es también el principal órgano del cuerpo para regular la temperatura. En un ambiente frío se contraen los vasos sanguíneos de la piel, derivando la sangre lejos de la piel y disminuyendo la cantidad de calor que irradia a la superficie del cuerpo. En ambientes calientes, los vasos

> ### ✺ Tips para el TUM-B
>
> Aunque puede ser tentador pensar que las lesiones de la piel no son importantes, ésta desempeña varias funciones protectoras y regulatorias cruciales. Cuando trate lesiones de la piel, recuerde la importancia de este órgano en la protección contra la infección y en el mantenimiento de la temperatura interior y equilibrio de líquidos. La piel también puede ser muy importante emocionalmente para el paciente; las preocupaciones sobre cómo se verán más adelante las contusiones y la cicatrización pueden requerir su atención y sus destrezas de comunicación durante la atención brindada.

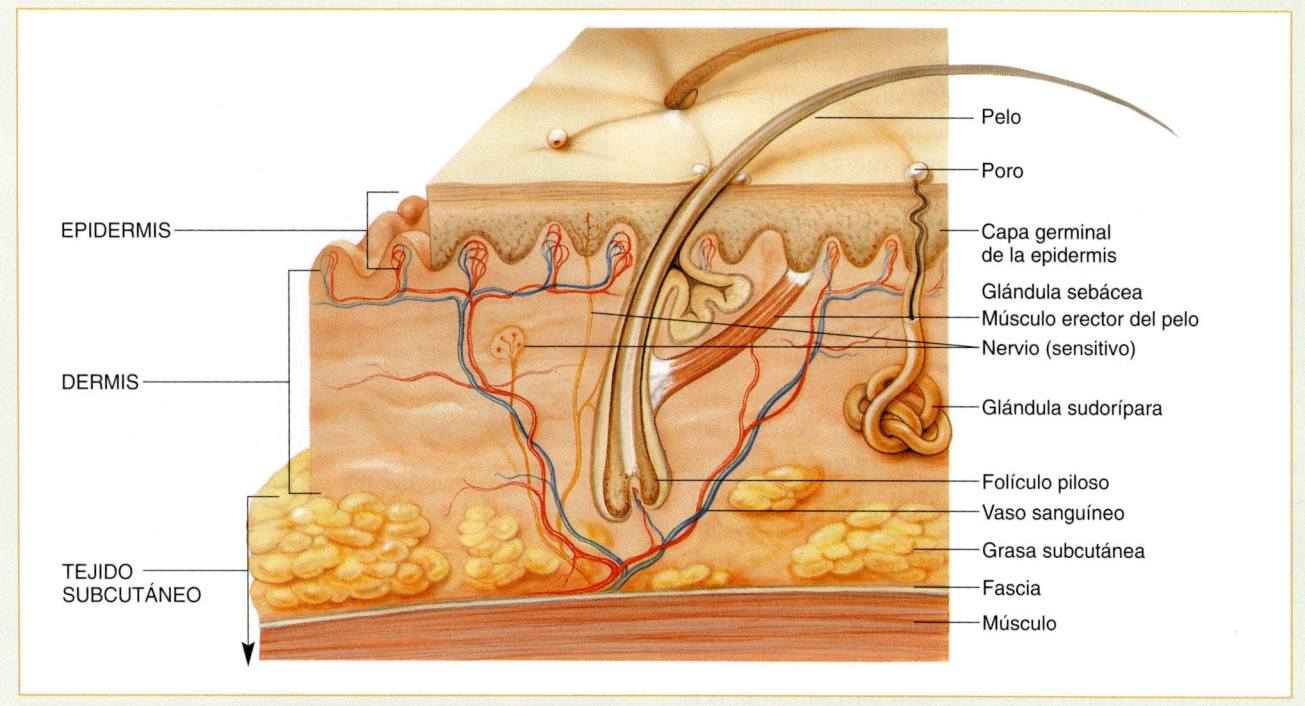

Figura 24-1 La piel está compuesta por una capa exterior dura llamada epidermis y una capa interior vascular llamada dermis.

de la piel se dilatan, la piel se pone rubicunda y se irradia calor por la superficie corporal. Además, las glándulas sudoríparas secretan sudor, y al evaporarse el sudor sobre la superficie de la piel, la temperatura corporal desciende y comienza a enfriarse.

Cualquier rotura de la piel permite que las bacterias penetren y eleva las posibilidades de infección, pérdida de líquidos y del control de la temperatura. Cualquiera de estos problemas puede causar una enfermedad grave, y aun la muerte.

Tipos de lesiones de tejidos blandos

Los tejidos blandos se lesionan con frecuencia porque están expuestos al ambiente. Hay tres tipos de lesiones de tejidos blandos:

- **Lesiones cerradas**, en las cuales el daño a los tejidos blandos ocurre debajo de la piel o la membrana mucosa, pero la superficie permanece intacta.
- **Lesiones abiertas**, en las cuales hay una ruptura en la superficie de la piel o la membrana mucosa, con exposición de tejido más profundo y riesgo de contaminación potencial.
- **Quemaduras**, en las cuales el tejido blando recibe más energía de la que puede absorber sin lesionarse. La fuente de esta energía puede ser térmica, por fricción, sustancias químicas tóxicas, electricidad o radiación nuclear.

Lesiones cerradas

Las lesiones cerradas de los tejidos blandos se caracterizan por un historial de traumatismo contuso, dolor en el sitio de la lesión, hinchazón debajo de la piel y cambios en su coloración. Estas lesiones pueden variar de leves a muy intensas.

Una **contusión**, o magulladura, es el resultado de una fuerza brusca que golpea al cuerpo. La epidermis permanece intacta, pero las células en la dermis están lesionadas, por lo general los vasos sanguíneos están rotos. La profundidad de la lesión varía dependiendo de la cantidad de energía absorbida. Al escapar líquido y sangre al área lesionada, el paciente puede experimentar hinchazón y dolor. La acumulación de sangre es una alteración característica de color azul o negro, llamada **equimosis** ▶ **Figura 24-2** ▶.

Un **hematoma** es sangre que se ha colectado dentro del tejido lesionado o en una cavidad corporal ▶ **Figura 24-3** ▶. Se produce un hematoma siempre que se lesiona un vaso sanguíneo grande y sangra rápidamente. Suele asociarse con daño extenso del tejido. Un hematoma puede ser el resultado de una lesión de tejidos blandos, una fractura o cualquier lesión a un vaso grande. En casos graves, el hematoma puede contener más de 1 L de sangre.

Una lesión por aplastamiento se produce cuando se aplica una gran cantidad de fuerza al cuerpo Figura 24-4 . El grado del daño depende de cuánta fuerza se aplicó y la cantidad de tiempo en que estuvo aplicada. Además de causar algún daño directo de los tejidos blandos, su compresión continuada impedirá su circulación, produciendo destrucción adicional de los tejidos. Por ejemplo, si las piernas de un paciente quedan atrapadas bajo una pila colapsada de rocas, el daño de los tejidos de las piernas continuará hasta que se quiten las rocas.

Otra forma de compresión puede ser el resultado de la edematización que ocurre siempre que los tejidos son lesionados. Las células que están lesionadas dejan escapar líquido a los espacios intercelulares. La presión de este líquido puede ser lo suficientemente grande para comprimir los tejidos y causar un daño adicional. Este es el caso particular de los vasos sanguíneos cuando se comprimen, cortándose el flujo de sangre al tejido. Este trastorno se llama **síndrome compartamental**. A la excesiva edematización con frecuencia sigue una lesión significativa de las extremidades.

Las lesiones cerradas graves también pueden causar daños en órganos internos. Mientras más grande es la cantidad que se absorbe de energía por la fuerza aplicada, mayor es el riesgo de lesión de estructuras más profundas. Por tanto, debe examinar a todos sus pacientes con

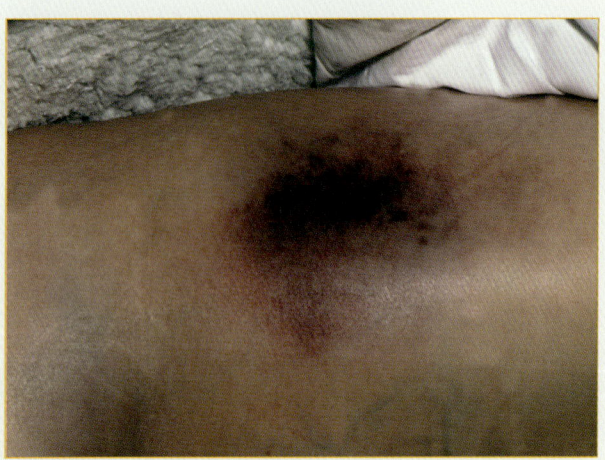

Figura 24-3 Un hematoma se forma cuando se daña un vaso grande y sangra rápidamente.

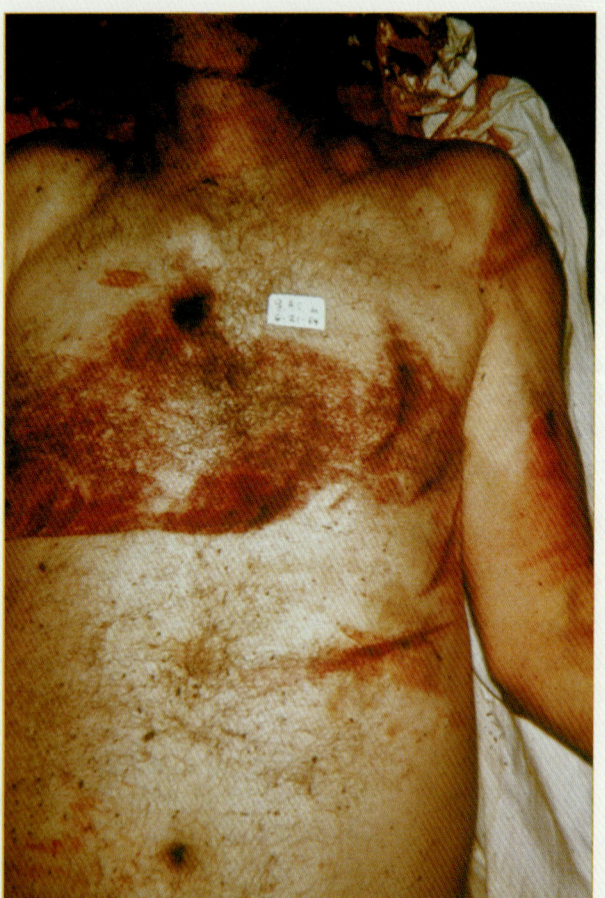

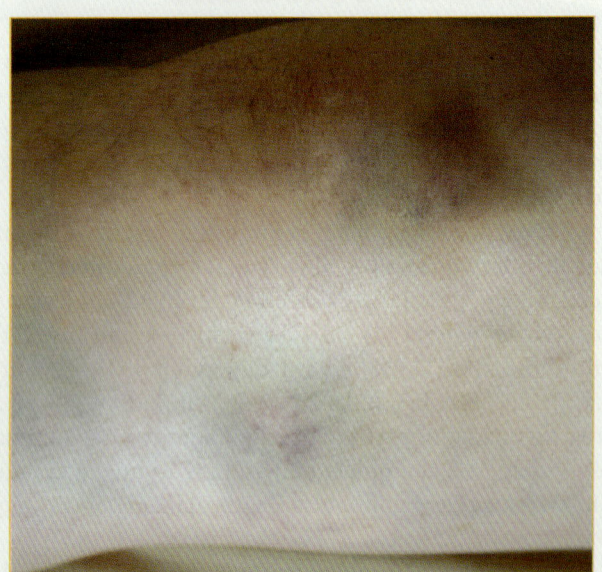

Figura 24-2 Las contusiones, ocurren como resultado de una fuerza contusa que golpea el cuerpo. La acumulación de sangre produce una alteración en el color característico de la piel, de azul a negro (equimosis).

Figura 24-4 El daño causado por una lesión por aplastamiento o compresión varía dependiendo del daño directo a los tejidos blandos y de cuánto tiempo el tejido estuvo privado de la circulación.

lesiones contusas en busca de lesiones ocultas más graves. Esté alerta por signos de choque o hemorragia interna, y comience el tratamiento de estos trastornos en caso necesario.

Evaluación de las lesiones cerradas

Evaluación de la escena

Al llegar a la escena, obsérvela con relación a los posibles signos de peligros o amenazas para su seguridad, la del equipo, espectadores y el paciente. Asegúrese, junto con su equipo, de tomar las precauciones de ASC, con un mínimo de guantes y protección de los ojos. Coloque varios pares de guantes en su bolsillo para su fácil acceso en caso de que los suyos se desgarren o haya múltiples pacientes con hemorragias. Por el color de la sangre y la cantidad que empapa la ropa, con frecuencia puede identificar a los pacientes con hemorragias al acercarse a la escena. Al observarla, busque indicadores del mecanismo de lesión (ML), lo que le ayudará a tener un índice de sospecha inicial sobre lesiones subyacentes en el paciente que ha sufrido un ML significativo.

Evaluación inicial

Impresión general

Al acercarse al paciente traumatizado, indicadores importantes lo alertarán sobre la gravedad del trastorno. ¿Está el paciente despierto e interactuando con su entorno o yace quieto, sin hacer ruido? ¿Tiene el sujeto alguna amenaza para la vida, como una hemorragia abundante? ¿Cuál es su color? ¿Está respondiendo de forma apropiada o inapropiada? Su impresión general le ayudará a desarrollar un índice de sospecha de lesiones graves y determinará con cuánta urgencia necesita cuidados el paciente.

Es posible que los pacientes traumatizados con lesiones cerradas de los tejidos blandos parezcan tener lesiones menores; sin embargo, durante la evaluación inicial no debe distraerse de buscar lesiones escondidas, más severas. Por ejemplo, la impresión general de un paciente con un hematoma en la cabeza y disminución de la conciencia, puede indicar una lesión grave de la cabeza.

Vía aérea y respiración

A continuación, debe asegurar que el paciente tenga una vía aérea despejada y permeable. Como hubo un trauma, proteja al sujeto de un posible daño adicional de la columna vertebral al tratar la vía aérea, previniendo el movimiento de la cabeza y el torso. Si el paciente no responde o tiene un nivel de conciencia alterado en grado significativo, considere colocar una cánula orofaríngea o nasofaríngea. Además, debe examinar con rapidez para observar una respiración adecuada. Palpe el tórax buscando DCAP-BTLS. Si se descubre una lesión en los tejidos blandos, en el tórax o en el abdomen, verifique que los ruidos respiratorios sean simétricos y claros, luego administre oxígeno en flujo alto o proporcione ventilaciones asistidas usando un dispositivo BVM, según se requiera, dependiendo del nivel de conciencia y de que su paciente esté respirando de forma inadecuada.

Circulación

Debe evaluar de inmediato la frecuencia y calidad del pulso; determinar el estado, el color y la temperatura de la piel, y verificar el tiempo de llenado capilar. Las lesiones cerradas de tejidos blandos no tienen signos visibles de hemorragia. Como el sangrado se está produciendo

Situación de urgencia — Parte 2

Usted y su compañero se preparan para mover al paciente del suelo, fuera de la tierra y el anticongelante antes de exponer más sus quemaduras. Sin embargo, como no está en un ambiente que ponga en peligro la vida, opta por efectuar una evaluación rápida de la cabeza a los los pies para determinar si tiene otras lesiones. Mientras su compañero mantiene alineada la columna cervical, usted determina que el sujeto no tiene lesiones obvias que pongan en peligro su vida. Su paciente también dice que no toma medicamentos, es alérgico a la penicilina y no tiene antecendentes médicos significativos.

3. ¿En qué momento debe administrar oxígeno a su paciente, y cuánto?
4. ¿Es el momento de tomar sus signos vitales?
5. ¿Qué determinará cuál lesión debe atenderse primero?

dentro del cuerpo, puede presentarse estado de choque. Su evaluación del pulso y la piel le dará una indicación del grado de agresividad con el que necesita tratar a su paciente.

Decisión de transporte

Durante su evaluación inicial determine si su paciente necesita un transporte inmediato o estabilización en la escena. Si el paciente que está tratando tiene un problema en la vía aérea o en ventilación, o síntomas y signos de choque o hemorragia interna, debe considerar transportarlo rápidamente para ser atendido y solicitar apoyo de SVA. Aunque el tratamiento en la evaluación inicial está dirigido a atender con prontitud las amenazas para la vida, no debe retrasar el traslado de un paciente traumatizado, en particular uno en el cual la lesión de tejidos blandos puede ser un signo de una lesión grave más profunda. Los pacientes con un ML intenso pueden requerir exploración rápida para identificar esas lesiones.

Historial y examen físico enfocados

Después de completar la evaluación inicial, determine qué tipo de examen necesita ser practicado. Una exploración rápida se sustenta en un ML significativo, mientras que un examen físico enfocado, en uno no significativo. Por ejemplo, es posible que un accidente industrial durante el cual un trabajador resbala y tuerce su tobillo, no requiera una evaluación completa del cuerpo, sino sólo del tobillo. Sin embargo, otro trabajador que resbala y cae 15 metros, necesitará un examen rápido y completo para identificar todas las lesiones y facilitar su inmovilización y traslado rápido.

Examen físico enfocado

Centre su evaluación en una lesión cerrada aislada, la molestia del paciente y la región del cuerpo afectada. Evalúe todos los sistemas subyacentes. Examine pulso, función sensitiva y motora en una extremidad lesionada. En el tronco, revise los aparatos respiratorio, circulatorio y el sistema nervioso en las áreas afectadas.

Examen físico rápido

Si es probable que un traumatismo intenso haya afectado múltiples sistemas, inicie una rápida evaluación del traumatismo, buscando con rapidez de la cabeza a los pies DCAP-BTLS para estar seguro de que ha encontrado todos los problemas y lesiones.

Si se encuentra un problema que pone en peligro la vida, trátelo de inmediato. Si no se encuentra una lesión que amenace la vida, continúe con el examen físico rápido. Comience con la cabeza y el cuello, inmovilizando de forma manual la cabeza. Cuando lo termine, aplique un dispositivo de inmovilización de la columna cervical, si aún no lo ha hecho. Examine rápidamente el tórax, abdomen y extremidades buscando hemorragias y lesiones ocultas. Gire al paciente en una pieza, como un tronco, y examine la parte posterior del torso buscando también lesiones. Una vez que se ha examinado la espalda, puede rodar al paciente de nuevo a una camilla rígida y completar la estabilización de la columna vertebral. Para girar al paciente y colocarlo en una camilla rígida u otro dispositivo de estabilización corporal, debe tomar en consideración las lesiones que se encontraron en el examen físico rápido. Por ejemplo, no sería posible la estabilización apropiada de una pierna fracturada durante la preparación del paciente para el transporte si la fractura no se detectó en el examen físico rápido. La estabilización de la lesión con una férula durante la preparación aumenta el retraso del traslado, cuando una camilla rígida proporciona inmovilización básica hasta que el tiempo permita un trabajo de ferulización más completo.

Signos vitales iniciales

Los pacientes con lesiones ocultas bajo una lesión cerrada de tejidos blandos pueden tener una hemorragia interna y volverse inestables con rapidez. Determinar el conjunto de signos vitales iniciales será importante para identificar qué tan rápido está cambiando el estado del paciente.

Signos como taquicardia, taquipnea, baja tensión arterial, pulso débil y piel fría, húmeda y pálida, denotan hipoperfusión e indican la necesidad de un tratamiento rápido en el hospital. Recuerde que las lesiones de los tejidos blandos, aun sin un ML notable, pueden causar estado de choque. Los signos vitales del paciente le darán una buena comprensión de qué tan bien está tolerando la lesión.

Historial SAMPLE

Haga todo intento posible para obtener un historial SAMPLE de su paciente. Si el sujeto está inconsciente, intente obtener el historial SAMPLE por otras fuentes, como amigos y familiares. Las alertas médicas y las tarjetas en las carteras también pueden proporcionar información sobre la historia médica del paciente. El uso de OPQRST puede proporcionar ciertos antecedentes en lesiones aisladas de las extremidades. Como tiene la oportunidad de entrevistar al paciente mucho antes que el médico de urgencias, cualquier información que reciba será muy valiosa si el sujeto pierde la conciencia.

Intervenciones

Si sospecha que su paciente tiene lesiones vertebrales proporcione desde el inicio inmovilización completa de la columna vertebral. La administración de oxígeno a flujo alto a los pacientes con lesiones de los tejidos blandos puede ayudar a reducir los efectos del choque y asistir en la perfusión de los tejidos lesionados. Si el paciente tiene signos de hipoperfusión, trátelo enérgicamente y proporcione un traslado rápido al hospital. Solicite SVA, de acuerdo con lo que sea necesario, para ayudar con un tratamiento para el estado de choque más agresivo. No demore el transporte del paciente traumatizado lesionado de gravedad para completar en el campo tratamientos que no salvan vidas, tales como ferulización de fracturas en extremidades; en su lugar, complete estos tipos de tratamiento en el camino al hospital.

Examen físico detallado

Siempre que existe un mecanismo de la lesión significativo debe efectuarse un examen físico detallado. Muchas veces los tiempos cortos de traslado y el estado inestable del paciente hacen que esta evaluación sea impráctica. Un examen físico detallado puede ayudar a identificar algunas lesiones que no fueron muy evidentes en la evaluación realizada con anterioridad.

Evaluación continua

Repita la evaluación inicial. ¿La vía aérea todavía es adecuada? ¿Y la perfusión? ¿Los tratamientos que proporcionó para los problemas con el ABC aún son eficaces? ¿Cómo está mejorando el estado de este paciente? Reevalúe los signos vitales. La frecuencia cardiaca, las respiraciones, la tensión arterial y el nivel de conciencia, son buenos indicadores de qué tan bien está tolerando el paciente el estrés de la lesión. Evalúe estos signos de manera constante y no tendencias que indiquen si el estado del paciente está mejorando o empeorando.

Comunicación y documentación

Describa de forma verbal todas las lesiones que encuentre y explique su significado al personal del hospital. Use descripciones anatómicas y terminología apropiadas. Proporcione un recuento pormenorizado de cómo ha tratado esas lesiones. Todos estos son hallazgos importantes para incluir en su comunicación verbal y escrita. Su habilidad para comunicar de manera clara y precisa, permite a los médicos y enfermeras continuar con calidad los cuidados en el hospital.

Cuidados médicos de urgencia

Las pequeñas contusiones no requieren cuidados médicos especiales de urgencia. Es posible que las lesiones cerradas más extensas puedan incluir edema y hemorragias intensas debajo de la piel que pueden conducir a choque hipovolémico. Antes de tratar una lesión cerrada, asegúrese de seguir las precauciones del ASC.

Las lesiones de tejidos blandos pueden verse un tanto dramáticas, pero aun así, debe enfocarse primero en las vías respiratorias y en la respiración. Siempre mantenga la vía aérea y proporcione oxígeno a los pacientes con lesiones potencialmente graves. Si el sujeto tiene una respiración inadecuada puede ser necesario que lo ayude con con un dispositivo BVM. Trate una lesión cerrada de tejidos blandos aplicando el acrónimo RICES (por sus iniciales en inglés):

- **Reposo**, mantenga al paciente tan quieto y tan cómodo como sea posible.
- **El hielo** (o bolsa de hielo) hace más lenta la hemorragia causando vasoconstricción y también reduce el dolor.
- La **compresión** sobre el sitio de la lesión hace más lenta la hemorragia al comprimir los vasos sanguíneos.
- La **elevación** de la parte lesionada, justo por encima del nivel del corazón, disminuye la hinchazón.
- **Férulas**, disminuyen la hemorragia y también reducen el dolor al inmovilizar una lesión de tejido blando o una extremidad.

Además de usar estas medidas para controlar la hemorragia y el aumento de volumen, debe estar alerta en signos de desarrollo de estado de choque, incluyendo ansiedad o agitación, cambios en el estado mental, aumento de la frecuencia cardiaca y respiratoria, diaforesis, piel fría o pegajosa y disminución de la tensión arterial. Cualquiera de estos signos, o todos ellos, pueden indicar una hemorragia interna causada por lesiones a los órganos. Si el paciente parece estar en estado de choque, debe colocarlo en la posición de choque (posición supina con las piernas elevadas), o si el paciente está en una camilla use la posición de Trendelenburg (con los pies más elevados que la cabeza), administre oxígeno suplementario a alto flujo y traslade pronto al hospital.

Lesiones abiertas

Las lesiones abiertas difieren de las lesiones cerradas porque la capa protectora de la piel está dañada. Esto puede producir una hemorragia más extensa. Es más importante, sin embargo, que el hecho de que haya una ruptura de la capa protectora de la piel o la membrana mucosa, significa que la herida está contaminada y puede infectarse. Contaminación describe la presencia de organismos infecciosos (patógenos) o cuerpos extraños, como tierra, grava o metal. Debe atender estos dos problemas en su tratamiento de las heridas abiertas de tejidos blandos. Hay cuatro tipos de estas heridas abiertas de tejidos blandos, que debe estar preparado para tratar: abrasiones, laceraciones, avulsiones y heridas penetrantes.

Una abrasión es una herida de la capa superficial de la piel causada por fricción, cuando una parte del cuerpo se frota o raspa con una superficie áspera o dura. Por lo general, una abrasión no penetra por completo en la dermis, pero la sangre puede salir de los capilares dérmicos lesionados. Las abrasiones, conocidas por varios nombres, como raspones, pueden ser considerablemente dolorosas (Figura 24-5▶).

Una laceración es un corte con bordes irregulares, causado por un objeto afilado o una fuerza contusa que desgarra el tejido, mientras la incisión es un corte de bordes regulares. La profundidad de la lesión puede variar, extendiéndose sobre la piel y el tejido subcutáneo, e incluso en el interior de los músculos subyacentes y nervios y vasos sanguíneos adyacentes (Figura 24-6▶). Las laceraciones e incisiones pueden tener un aspecto lineal (regular) o estrellado (irregular) y pueden ocurrir junto con otros tipos de lesión de tejidos blandos. Las laceraciones o incisiones, que incluyen arterias o venas grandes, pueden dar lugar a hemorragias graves.

Una avulsión es una lesión que separa varias capas de tejidos blandos (por lo general entre la capa subcutánea y la fascia), en forma tal que quedan ya sea por completo separadas o con una porción colgando (Figura 24-7▶). Con frecuencia hay una hemorragia copiosa. Si el tejido avulsivo está colgando de una pequeña porción de piel, la circulación del colgajo puede estar en riesgo. Si puede, lleve el colgajo a su posición original, siempre que no se vea contaminado con tierra u otros materiales extraños.

Situación de urgencia — Parte 3

Con oxígeno administrado a flujo alto, y a falta de otras lesiones significativas, inmoviliza a la víctima con un collar cervical, una camilla rígida y dispositivos de inmovilización cervical.

Decide inmovilizar el tobillo lesionado antes de girar al paciente. En el proceso, nota un área contundida en la parte externa de la porción superior del tobillo. El edema enmascara cualquier otra deformidad y el sitio es sensible a la palpación suave. Tiene un excelente pulso distal en el dorso del pie. Sospecha una fractura por aplastamiento y coloca el tobillo sobre una férula hecha con una almohada firme con una bolsa fría sobre el área contundida.

Después de la ferulización, el paciente expresa alivio y usted reconfirma la presencia de pulso distal. Con ayuda de otros espectadores, gira en bloque y con cuidado paciente, hacia su lado izquierdo. Su compañero corta y quita su traje de mecánico de su espalda, rápidamente verifica el área de posibles lesiones, contusiones o deformidades, antes de que, junto con los espectadores, ruede al paciente de vuelta a la camilla. No presenta traumatismo en la cabeza y su cuello es flexible y sin dolor ni deformidad.

Coloca al paciente en la ambulancia, donde le quita el resto de su ropa exterior y practica un examen físico enfocado. Sus hallazgos incluyen una frecuencia respiratoria de 22 respiraciones/min y sin dificultad, un pulso de 96 latidos/min y regular, una tensión arterial de 134/88 mm Hg y una lectura de la oximetría de pulso de 100%. Sus pupilas están en el punto medio, son iguales y reactivas a la luz. No hay distensión venosa yugular (DVY) presente. Tiene buenos ruidos respiratorios y su abdomen, aunque firme, no es doloroso a la palpación. Su pelvis es estable y no está deformada. No tiene lesión alguna en las ingles. Tiene movimientos completos en sus extremidades no lesionadas y puede moverlas con propósito.

Puede ver que uno de sus muslos tiene ámpulas tan grandes como un puño, las cuales son obviamente frágiles debido a su tamaño y cantidad de líquido, tres de ellas están rodeadas de ámpulas más pequeñas y con un borde rojo, donde la piel no presenta ámpulas pero, no obstante, está quemada térmicamente. El paciente manifiesta que en el área donde se encuentran las ámpulas se presenta mucho dolor, pero alejándose hacia las áreas exteriores el dolor no es tan intenso.

6. ¿De qué grado o grados son estas quemaduras? ¿Dada la localización y áreas de las quemaduras, son potencialmente amenazantes de la vida?

7. ¿Cómo tratará estas quemaduras?

Si la avulsión es completa, debe cubrir el tejido separado en gasa estéril y llevarlo junto con el paciente al departamento de urgencias.

Con frecuencia pensamos que los desprendimientos corporales sólo implican las extremidades superiores e inferiores. Pero otras partes del cuerpo, como el cuero cabelludo, orejas, nariz, pene o labios, también pueden separarse o amputarse. En algunas avulsiones, como en los dedos, puede controlar con facilidad la hemorragia con apósitos compresivos, pero cuando una avulsión comprende un área grande de masa muscular, como el muslo, puede haber una hemorragia masiva. En esta situación necesita tratar al paciente por choque hipovolémico. También puede ser necesario el uso de puntos de presión para controlar la hemorragia, empleando un apósito de presión estándar (véase Destrezas 22-1 en el Capítulo 22).

Una <u>herida penetrante</u> es una lesión que se produce como resultado del impacto de un objeto afilado, puntiagudo, como un cuchillo, picahielo, astilla o bala. Tales objetos dejan heridas de entrada relativamente pequeñas, por lo cual hay poca hemorragia externa (Figura 24-8 ▶). Sin embargo, estos objetos pueden dañar estructuras situadas en partes profundas del cuerpo y causar hemorragia no visible. Si la herida es en el tórax o abdomen, la lesión puede causar una hemorragia rápida y mortal. La evaluación de la extensión del daño que ha creado una herida por punción es muy difícil y está reservada para el médico en el hospital.

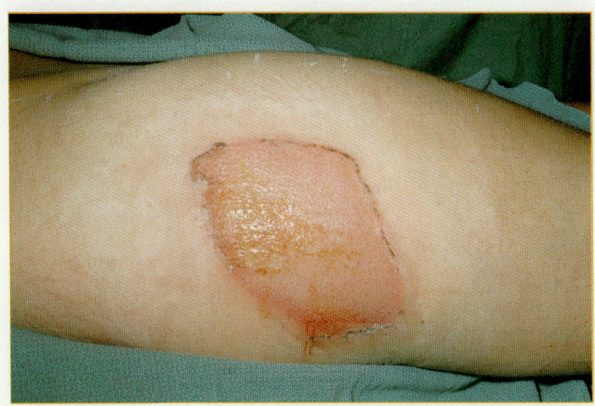

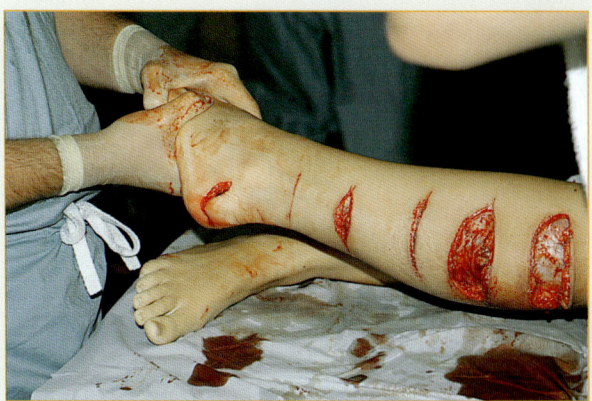

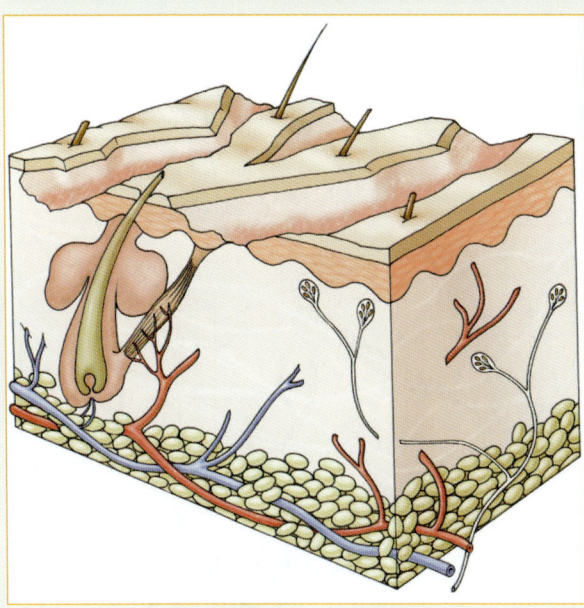

Figura 24-5 Las abrasiones usualmente no penetran por completo en la dermis, pero puede haber salida de sangre de los capilares. Estas lesiones son por lo general superficiales y son el resultado de la fricción o el roce sobre una superficie dura.

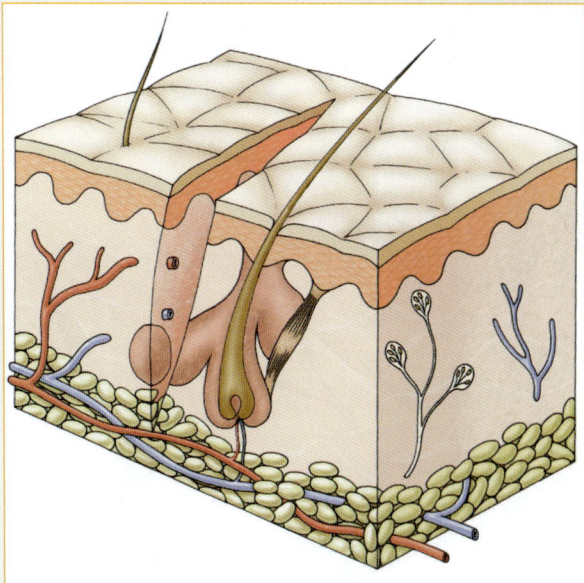

Figura 24-6 Las laceraciones varían en profundidad y pueden extenderse por entre la piel y el tejido subcutáneo a los músculos, nervios y vasos sanguíneos subyacentes. Estas heridas pueden ser lineales o irregulares como resultado de un corte por un objeto afilado o una fuerza contusa que desgarra el tejido.

Las agresiones con armas punzocortantes y de fuego resultan con frecuencia en múltiples lesiones penetrantes. Debe evaluar con cuidado a estos pacientes para identificar todas las heridas. Como los objetos penetrantes pueden pasar a través del cuerpo por completo, cuente siempre el número de lesiones penetrantes (orificios), en especial las causadas por armas de fuego. Las heridas de entrada y salida pueden ser difíciles de diferenciar en situaciones prehospitalarias, sobre todo por los diferentes tipos de municiones disponibles. Aunque las lesiones de entrada a menudo son menores que las de salida Figura 24-9, es mejor contar simplemente el número de lesiones penetrantes y dejar la distinción de entrada y salida al médico que está trabajando en un ambiente más controlado. Las heridas por armas de fuego tienen algunas características singulares que requieren cuidados especiales. La cantidad de energía transmitida por un arma de fuego está relacionada de manera directa con la velocidad de la bala. Por tanto, es importante hallar el tipo de arma de fuego que fue usada en la agresión. A veces, el paciente o un espectador, le pueden decir cuántas ráfagas se dispararon. Esta información puede ayudar al personal del hospital a cuidar mejor al paciente. Las heridas por escopeta pueden crear múltiples trayectos de los proyectiles (disparo), y crear un área de superficie y volumen más grande de daño tisular.

Muchas agresiones con armas de fuego terminan en algún momento en un juzgado y puede ser llamado para testificar.

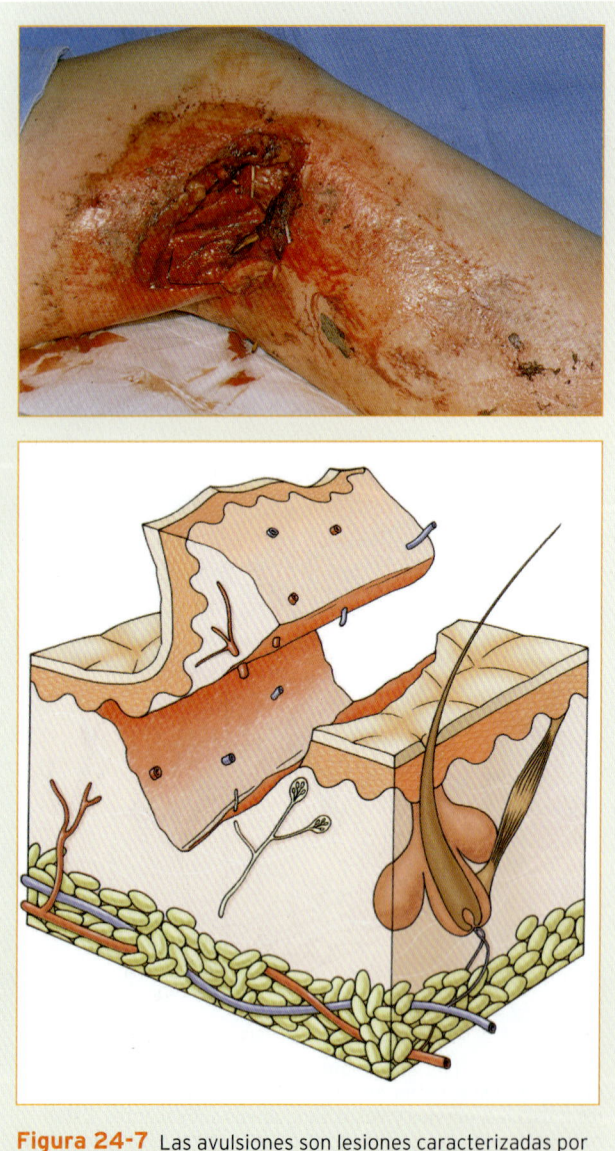

Figura 24-7 Las avulsiones son lesiones caracterizadas por la completa o parcial separación del tejido, pudiendo quedar como un colgajo. Es común la hemorragia abundante.

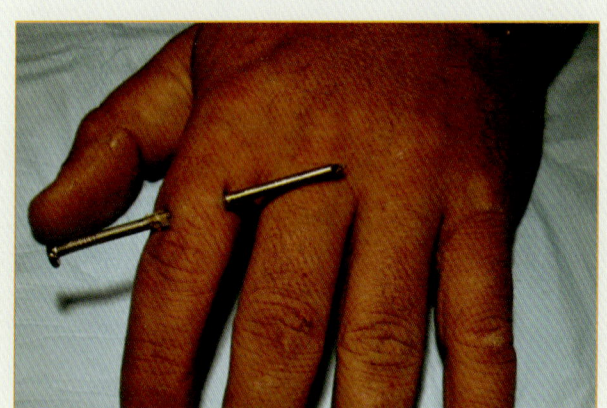
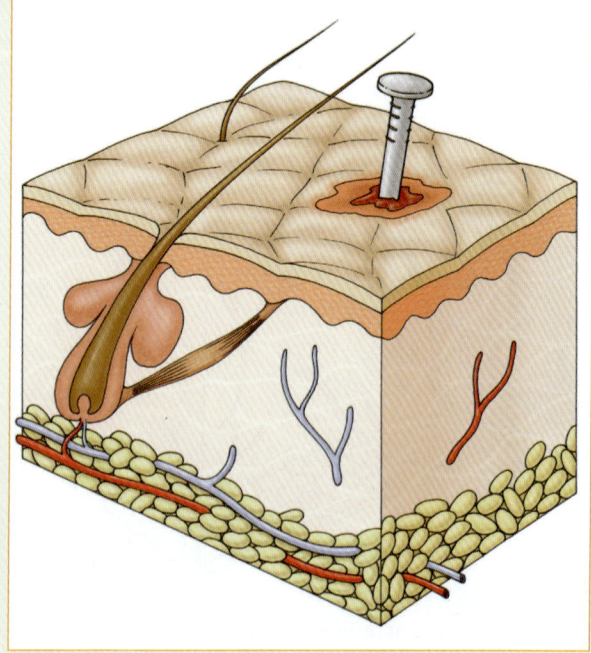

Figura 24-8 Las heridas penetrantes pueden causar muy poca hemorragia externa, pero dañar estructuras profundas dentro del cuerpo.

Por esta razón, debe documentar con cuidado las circunstancias que rodearon cualquier lesión por arma de fuego, el estado del paciente y el tratamiento que administró.

Como sucede con las heridas cerradas causadas por aplastamiento, las abiertas pueden incluir órganos internos lesionados o huesos fracturados, así como daño extenso de tejidos blandos (Figura 24-10 ▶). Aunque la hemorragia externa puede ser mínima, la hemorragia interna puede ser grave y aun amenazar la vida. La fuerza del aplastamiento lesiona tejidos blandos, así como vasos y nervios. Esto a menudo da por resultado un área edematizada, dolorosa y deformada.

Evaluación de las lesiones abiertas

Evaluación de la escena

Las lesiones abiertas de tejidos blandos pueden ser muy irregulares. Controlar la sangre y sus contaminantes puede ser difícil, a menos que sea cuidadoso en lo que toca y dónde lo hace. Utilizar las precauciones de ASC puede minimizar su exposición directa a los líquidos corporales. Sin embargo, llegar al botiquín por algún abasto con los guantes puestos, extenderá el área de contaminación y aumentará el riesgo de su exposición y el de otros rescatadores. Coloque varios pares de guantes en su bolsillo para fácil acceso en caso de que necesite otro par. Si sus guantes se desgarran o hay múltiples pacientes con hemorragia, puede necesitar guantes disponibles de inmediato. Sería muy desafortunado que contaminara a un paciente con sangre de otro.

Con frecuencia puede identificar a los pacientes con hemorragia al llegar a la escena por el color de la sangre y lo que se absorbe en la ropa. Sin embargo ésta puede estar escondida bajo ropas gruesas, como mezclilla o cuero. La exposición ocular puede ocurrir por salpicaduras o gotitas en una escena agitada. Debe requerirse protección ocular cuando se tratan heridas abiertas.

Al reunir la información del centro de comunicaciones y de sus observaciones en la escena, debe considerar cómo el ML produjo las lesiones esperadas. Esto lo ayuda a desarrollar con antelación un índice de sospecha de lesiones subyacentes en un paciente que ha recibido un ML notable. Por ejemplo, en un choque vehicular, un paciente que ha sufrido abrasiones y laceraciones en la cara por un impacto con el volante o el parabrisas, puede haber experimentado una fuerza suficiente para lesionar también la columna cervical. En este caso, y en muchas situaciones traumáticas, deben tomarse precauciones sobre la columna vertebral al inicio del cuidado del paciente. Es posible que quiera llevar consigo equipamiento para estabilización vertebral al salir de la ambulancia y acercarse al paciente, basado en su estudio de la escena. El ML también puede proporcionar indicios sobre amenazas a la seguridad. Por ejemplo, las heridas por arma de fuego pueden sugerir

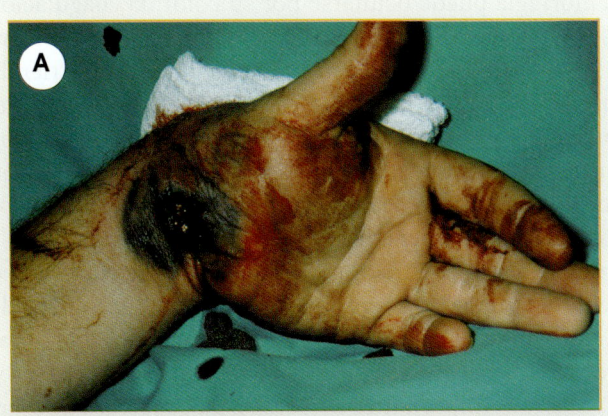
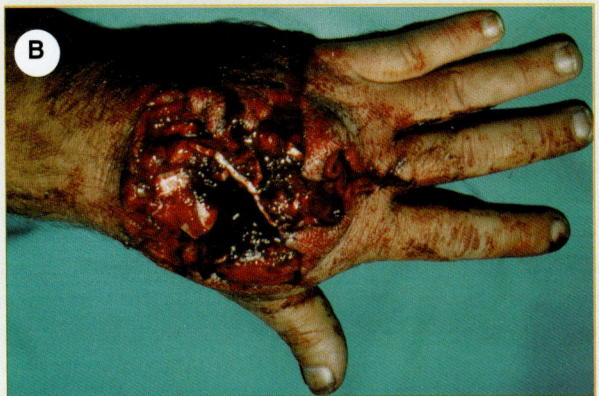

Figura 24-9 **A.** Una herida de entrada por un arma de fuego puede tener quemaduras en sus bordes. **B.** Una herida de salida es a menudo más grande y se asocia con mayor daño de los tejidos blandos.

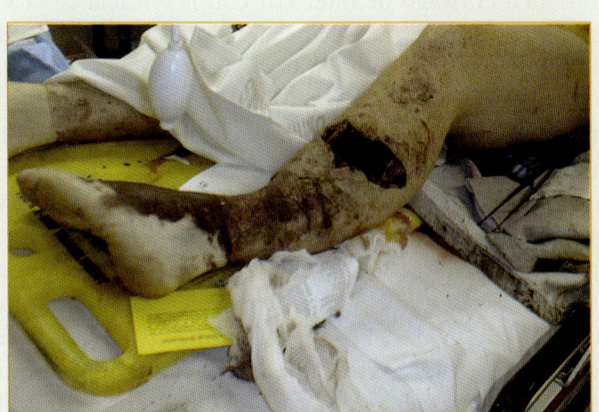

Figura 24-10 Una herida abierta por aplastamiento se caracteriza por extenso daño y deformidad de los tejidos que a menudo se acompaña de edema y extremo dolor.

Tips para el TUM-B

Un truco para controlar los contaminantes de la sangre es usar dos pares de guantes. Cuando uno se ensucia quítese la otra capa y aún tiene protección inmediata.

posible presencia de individuos irritados. Verifique que la escena sea segura, y considere solicitar desde un principio ayuda adicional.

Evaluación inicial

Impresión general

Los pacientes traumatizados pueden presentarse con heridas obvias significativas que indican un trastorno grave. Sin embargo, otras lesiones pueden no ser tan obvias, pero aun así indicar un estado muy grave. Su "impresión" sobre cómo está el paciente se basa en información, tan simple como su edad, el ML y su nivel de conciencia. Observaciones como la hemorragia en heridas abiertas, color y estado de la piel también contribuyen a determinar sus prioridades de tratamiento y la urgencia de los cuidados necesarios. Una buena pregunta que hacer es: "¿Qué tan enfermo está mi paciente con base en los hallazgos actuales?

Vía aérea y respiración

Las lesiones abiertas de tejidos blandos en cara y cuello tienen el riesgo de interferir con la eficacia de la vía aérea y la respiración. Evalúe la voz y la capacidad de hablar del paciente para identificar lesiones de la garganta. Un sujeto con una lesión por aplastamiento en el pie u otra área distante a la vía aérea, puede tener otras lesiones menos obvias que también pueden interferir con éstas y la respiración. No se distraiga y asuma que la condición del paciente es estable, excepto por una lesión hemorrágica aislada. Una lesión en la pierna, por ejemplo, puede haber causado que el paciente cayera y se lesionara el cuello o la espalda. Si se sospecha una lesión vertebral, estabilice la columna vertebral para protegerla de una lesión adicional cuando está atendiendo los problemas de la vía aérea y continúe su evaluación.

Debe examinar con rapidez para determinar si la respiración es adecuada. Observe la frecuencia y la profundidad de las respiraciones. Escuche los ruidos respiratorios en cada hemitórax. Si se encuentra una herida abierta en el tórax, revise para identificar la posibilidad de movimiento de aire a través de ella por la presencia de ruidos como de burbujeo o aspiración, que indican una lesión profunda. De inmediato aplique un **apósito oclusivo** sobre la herida. Proporcione oxígeno a flujo alto o ventilaciones asistidas con un dispositivo BVM según se requiera, dependiendo del nivel de conciencia del paciente y de qué tan adecuada sea su respiración. Vigile al paciente con relación a signos de dificultad respiratoria creciente, puede requerir que libere la presión acumulada bajo el apósito (neumotórax).

Circulación

Evalúe la frecuencia y calidad del pulso, el estado, el color y la temperatura del paciente y verifique el tiempo de llenado capilar. Estas determinaciones ayudarán a definir la presencia de problemas circulatorios o estado de choque. Si se observa una hemorragia visible significativa, debe iniciar los pasos necesarios para controlarla. La presencia de una hemorragia significativa es una amenaza inmediata para la vida y debe controlarse con celeridad con el uso de métodos apropiados. En los ambientes con poca luz, la hemorragia puede ocultarse por su color; la coagulación espesa también puede ocultar la hemorragia. Considere el ML y sea suspicaz sobre el sitio donde está ocurriendo una hemorragia y expóngalo. La sangre que fluye libremente de venas por una incisión grande puede ser una amenaza tan grande como la sangre que brota a presión por una arteria. La hemorragia que amenaza la vida debe controlarse en la evaluación inicial. ¿Debe controlarse antes de la administración de oxígeno al paciente? Usted debe decidir cuáles son las prioridades. El control de la sangre que sale de capilares lesionados en una abrasión puede controlarse más adelante, si es que hay problemas más importantes presentes. La cobertura de estas lesiones menores es esencial para prevenir la infección aunque la hemorragia sea mínima.

Decisión de transporte

Si el paciente que está tratando tiene un problema en la vía aérea o en la respiración, o está sangrando de forma significativa, debe considerar transportarlo con rapidez al hospital para su tratamiento. Es fácil distraerse con los coágulos sanguíneos y las grandes cantidades de sangre de lesiones en tejidos blandos. Los pacientes asustados que gritan también pueden distraerlo de los problemas presentes. Los ABC son sencillos para recordar y tratar. Siga los protocolos que ha aprendido.

Los pacientes que tienen una hemorragia copiosa visible o una hemorragia interna significativa pueden volverse inestables con rapidez. El tratamiento debe dirigirse a atender de inmediato las amenazas para la vida y proporcionar el traslado inmediato al hospital apropiado más cercano. Signos como taquicardia, taquipnea, pulso débil y piel fría, húmeda y pálida, son signos de hipoperfusión e indican la necesidad de un transporte rápido. Debe estar alerta sobre estos signos y reevaluar sus prioridades y decisión de transporte, si se desarrollan.

Historial y examen físico enfocados

Después de completarse la evaluación inicial, determine qué tipo de examen se efectuará luego —un examen físico enfocado o una evaluación rápida— basándose en el ML.

Examen físico enfocado

En el paciente consciente que tiene una lesión abierta simple con un ML limitado considere un examen físico enfocado. Dirija su evaluación a la lesión aislada, la molestia del paciente y la región del cuerpo afectada. Asegure que se mantenga el control de la hemorragia e identifique la localización de la lesión. Evalúe los sistemas subyacentes. En una extremidad lesionada examine pulso, función motora y función sensitiva.

Examen físico rápido

Si hay un traumatismo considerable que tal vez afecte múltiples sistemas, comience con una evaluación rápida de trauma buscando DCAP-BTLS para asegurar que ha encontrado todos los problemas y lesiones. Ante un traumatismo significativo debe evaluar con rapidez la totalidad del paciente, de la cabeza a los pies.

No debe retrasar el transporte de un paciente traumatizado, en particular de uno con una hemorragia copiosa, aunque esté controlada. Identificar las lesiones durante la evaluación rápida de trauma puede ayudarlo a preparar a su paciente para el transporte. Por ejemplo, identificar una lesión en la cadera o una extremidad en su paciente durante este examen sugeriría girarlo en contra de la extremidad lesionada, de ser posible. La inmovilización vertebral debe completarse aquí, incluyendo la aplicación de un dispositivo de estabilización de la columna cervical y aseguramiento del paciente en una camilla rígida, si no ha sido hecho todavía en la evaluación inicial.

Signos vitales iniciales

Debe examinar los signos vitales iniciales para saber si se producen cambios en el estado del paciente durante el tratamiento. Los hallazgos identificados antes en su evaluación, como taquicardia, taquipnea, pulso débil y piel fría, húmeda y pálida, deben ser cuantificados y registrados. Cuando la tensión arterial y la respuesta pupilar se evalúan, sus signos vitales iniciales están completos.

Una tensión arterial de menos de 100 mm Hg, con un pulso rápido, débil, piel fría y húmeda, pálida o cianótica, debe alertarlo de la presencia de hipoperfusión y que el paciente puede tener una hemorragia significativa. Recuerde que debe concentrarse en la hemorragia, tanto visible como la que no se puede ver.

Historial SAMPLE

A continuación obtenga un historial SAMPLE de su paciente. Trastornos como la anemia (baja cantidad de hemoglobina en la sangre) y la hemofilia (trastorno en el cual la sangre tiene disminuida su capacidad de coagularse) pueden complicar las lesiones cerradas de los tejidos blandos. Medicamentos como el ácido acetilsalicílico y otros fármacos que adelgazan la sangre, tomados con frecuencia por pacientes de edad avanzada, pueden hacer difícil el control de la coagulación y la hemorragia. Si la lesión fue autoinfligida, es también un problema de conducta. Si el paciente está inconsciente, intente obtener un historial SAMPLE de amigos o miembros de la familia.

Intervenciones

Si se encuentra una hemorragia, cubra la herida y contrólela tan rápido como le sea posible. Si la hemorragia es grave debe controlarse en la evaluación inicial, pero si no es significativa, como la de una abrasión, puede tratarse más adelante en la evaluación. También puede ser necesario proporcionar estabilización vertebral y asistencia con los problemas de la respiración o perfusión. Ferulice una extremidad dolorosa, edematizada o deformada.

La decisión de administrar oxígeno primero o aplicar presión directa y un vendaje a una herida que sangra de manera profusa en un paciente con estado de choque, puede ser difícil. Usted es quien tendrá que tomar la decisión sobre qué tratamiento tiene prioridad. Los protocolos expuestos aquí están diseñados para ser flexibles y ajustarse a cada situación proporcionando, no obstante, cierta estructura. Básese en la experiencia y criterio de su compañero o equipo, hasta que pueda, de forma confiada, tomar decisiones basado en sus propias experiencias. Hacer siempre lo que es mejor para su paciente es una buena regla para seguir. No retrase el transporte del paciente traumatizado de gravedad para completar tratamientos en el campo que no salvan vidas, como ferular (ferulizar) fracturas. En vez de esto, complete estos tipos de tratamiento de camino al hospital.

Examen físico detallado

Si el estado del paciente es estable y los problemas no persisten después de la evaluación inicial, realice un examen físico detallado del paciente como se expone en el capítulo sobre la evaluación del mismo. Muchas veces los tiempos de traslado cortos y la condición inestable del paciente, que requiere vigilancia y tratamiento continuos, pueden hacer esta evaluación impráctica.

Evaluación contínua

Reevaluar al paciente con una lesión abierta de tejidos blandos es extremamente importante. Con frecuencia otro personal de cuidados de urgencia, como los primeros respondientes, puede haber colocado apósitos y vendajes antes de su llegada. Si el vendaje fue ineficaz, es posible que tenga que agregar apósitos adicionales sobre los originales.

Examine todos los vendajes de manera constante. Si la sangre continúa empapándolos, use métodos adicionales para controlar la hemorragia, como se expone más adelante en este capítulo. Reevalúe la vía aérea, la respiración y la circulación con frecuencia. Reevalúe otras intervenciones y tratamientos que ha proporcionado al paciente, además de los signos vitales. Compare su evaluación de los signos vitales iniciales con las evaluaciones repetidas, para ver si el estado del paciente está mejorando o empeorando.

Comunicación y documentación

Debe incluir una descripción del ML y la posición en la cual encontró al paciente cuando llegó a la escena. En los casos en que se implica una hemorragia externa intensa, es importante reconocer, estimar e informar la cantidad de pérdida de sangre que se ha producido y qué tan rápido y cuánto tiempo ha transcurrido desde que el sangrado comenzó. Este es un desafío, en especial si la superficie es húmeda, absorbe líquidos o es oscura. Debe intentar comunicar la pérdida de sangre usando términos con los que se sienta cómodo y sean comprendidos con facilidad por el otro personal. Por ejemplo, puede decir "se perdió aproximadamente 1 L" o "la sangre empapó tres apósitos de trauma". No es importante cómo lo describa, sino que lo haga de forma exacta. Debe incluir la localización y descripción de cualquier lesión de tejidos blandos u otras heridas que haya localizado y tratado. Describa el tamaño y la profundidad de la lesión. Proporcione un recuento preciso de cómo trató esas lesiones. Es importante incluir toda esta información en su comunicación verbal y escrita.

Cuidados médicos de urgencia

Antes de comenzar a tratar a un paciente con una herida abierta, debe asegurar protegerse con las precauciones de ASC. Use guantes, protección ocular y, si es necesario, una bata y una mascarilla. Recuerde que debe estar seguro de que el paciente tiene una vía aérea permeable y administrar oxígeno a flujo alto como sea necesario. Si se observa una hemorragia que pone en peligro la vida, asigne a un miembro del equipo para aplicar presión directa y controlar el sangrado. Luego, evalúe la gravedad de la herida; si está en el tórax o en el abdomen, coloque un apósito compresivo sobre ella.

Su prioridad de tratamiento es la evaluación inicial, que incluye el control de la hemorragia, la cual puede ser extensa y grave. Luego, siga los pasos en **Destrezas 24-1**.

1. **Coloque un apósito estéril seco** sobre la totalidad de la herida. Aplique presión sobre el apósito con su mano enguantada (**Paso 1**).
2. **Mantenga la presión** y fije el apósito con un rollo de venda (**Paso 2**).
3. **Si la hemorragia continúa o recurre deje en su sitio el apósito original.** Aplique un segundo apósito sobre el primero y fíjelo con otro rollo de venda (**Paso 3**).
4. **Ferulice la extremidad** para estabilizar la lesión aun si no hay sospecha de fractura para ayudar a minimizar el movimiento, controlar de forma adicional la hemorragia y mantener en su sitio el apósito (**Paso 4**).

Se asume que todas las heridas abiertas están contaminadas y presentan un riesgo de infección. Al aplicar un apósito estéril está reduciendo el riesgo de contaminación adicional. Esto mantiene materiales extraños como pelo, ropa y tierra fuera de la herida, y disminuye el riesgo de infección. En general, no debe intentar retirar material de una herida abierta, sin importar qué tan sucia esté. Frotar, cepillar o lavar una herida abierta, puede causar una hemorragia adicional. Las quemaduras químicas y la contaminación deben lavarse con agua corriente para eliminar sustancia químicas restantes. Sólo el personal del hospital debe asear una herida abierta. Para evitar que una herida abierta se seque puede aplicar apósitos estériles humedecidos con solución salina estéril, luego cubrir el apósito húmedo con otro estéril y seco.

A menudo puede controlar mejor la hemorragia de heridas abiertas de tejidos blandos con ferulización de la extremidad, aun si no hay fractura. La ferulización puede ayudarlo a mantener al paciente calmado y quieto y, por lo general, reduce el dolor. Además, la ferulización mantiene en su sitio los apósitos estériles, minimiza los daños a la extremidad ya lesionada y hace más fácil la movilización del paciente.

Un traumatismo significativo es acompañado con frecuencia por una hemorragia intensa; no gaste tiempo en el campo ferulizando al paciente. Aplique un vendaje compresivo y ferulice durante el transporte, si el tiempo lo permite.

Destrezas 24-1: Control de la hemorragia de una lesión de tejidos blandos

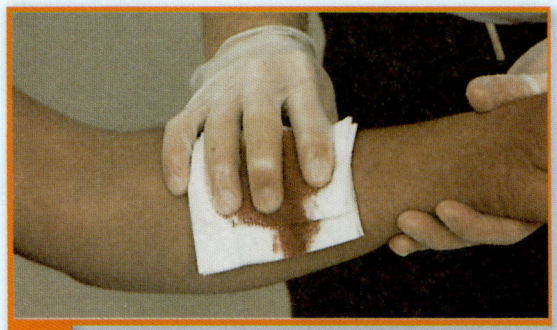

1. Aplique presión directa con un vendaje estéril.

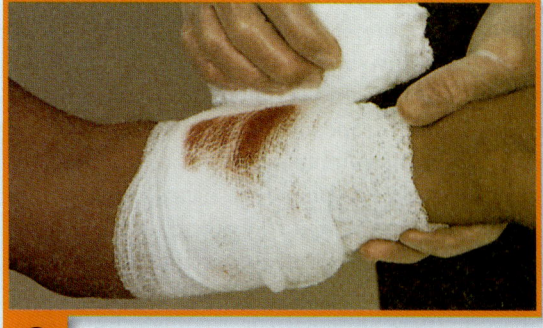

2. Mantenga la presión con un rollo de vendas.

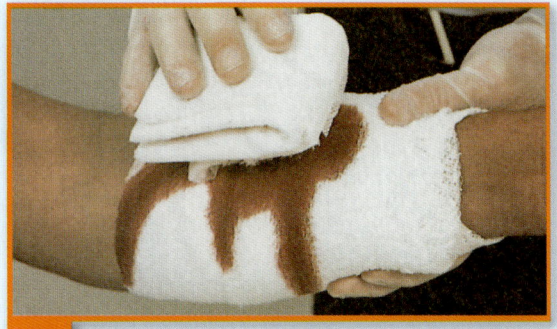

3. Si la hemorragia continúa, aplique un segundo apósito y rollo de vendas sobre el primero.

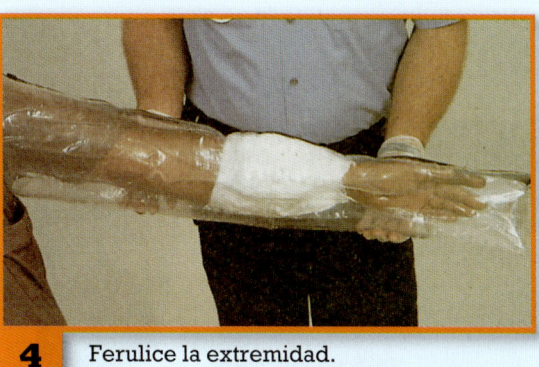

4. Ferulice la extremidad.

Tenga presente que un paciente que está sangrando de manera significativa por una herida abierta está en riesgo de choque hipovolémico. Debe estar alerta a esta posibilidad y dar tratamiento, según sea necesario, en todos los casos con trauma significativo y en pacientes con hemorragia de grado moderado a intenso.

Heridas abdominales

Una herida abierta en la cavidad abdominal puede exponer órganos internos; en algunos casos pueden hacer protrusión a través de la herida, lesión que se llama **evisceración** (Figura 24-11). No toque ni mueva los órganos expuestos, cubra la herida con una compresa estéril humedecida con solución salina estéril y fíjela con un apósito estéril (Figura 24-12). Como el abdomen abierto irradia calor con gran eficacia y los órganos expuestos pierden líquidos en forma rápida, debe mantenerlos húmedos y calientes. Si no tiene compresas de gasa, debe usar apósitos estériles húmedos, cubiertos y estables en el sitio, con un vendaje y cinta adhesiva. No use material alguno que sea adherente o pierda su sustancia cuando esté mojado, como papel sanitario, toallas faciales, toallas de papel o algodón absorbente. Si las piernas y rodillas del paciente no están lesionadas y NO se sospecha lesión de la columna vertebral, flexiónelas para aliviar la presión sobre el abdomen. La mayoría de las personas con heridas abdominales requiere transporte inmediato a un centro de trauma, dependiendo del protocolo local.

Objetos empalados

En ocasiones, un paciente tendrá empalado en su cuerpo un objeto, como cuchillo, anzuelo, astilla de madera o fragmento de vidrio. Para tratar esta situación, siga los pasos indicados en (Destrezas 24-2):

1. **No intente mover o retirar el objeto** a menos que esté empalado en la mejilla causando obstrucción de la vía aérea o esté en el tórax e interfiera con la

RCP. En la mayor parte de los casos un cirujano tendrá que retirar el objeto; retirarlo en el campo puede causar más hemorragia o dañar nervios, vasos sanguíneos o músculos dentro de la herida (**Paso 1**). Estabilice la parte del cuerpo afectada.

2. **Quite la ropa que cubra la lesión.** Controle la hemorragia y **aplique un apósito voluminoso** para estabilizar el objeto. Una combinación de apósitos blandos, gasa y cinta adhesiva puede ser eficaz dependiendo de la localización y tamaño del objeto. Para prevenir una lesión adicional fije de forma manual el objeto incorporándolo en el apósito (**Paso 2**).
3. **Proteja el objeto empalado** de sacudirse o moverse durante el transporte fijando con cinta adhesiva un objeto rígido como una taza de plástico, un fragmento de una botella de agua de material plástico o el contenedor de un suministro sobre el objeto estabilizado y su vendaje (**Paso 3**).

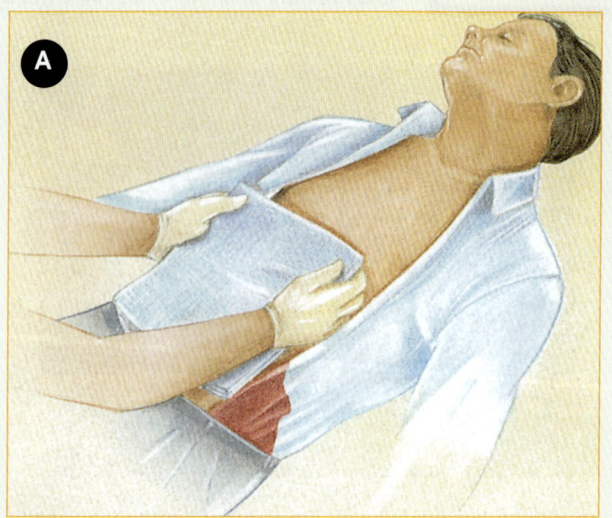

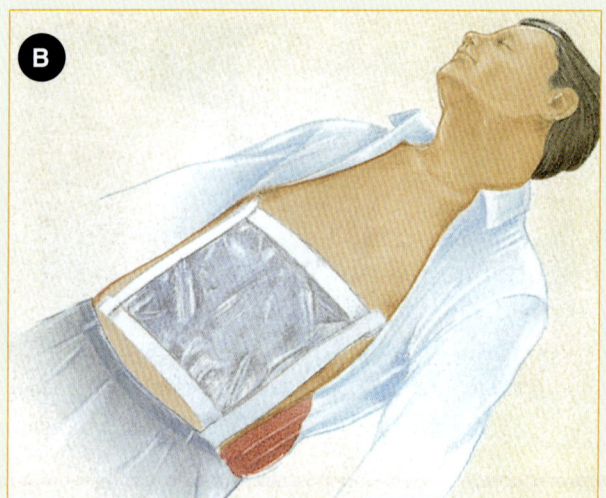

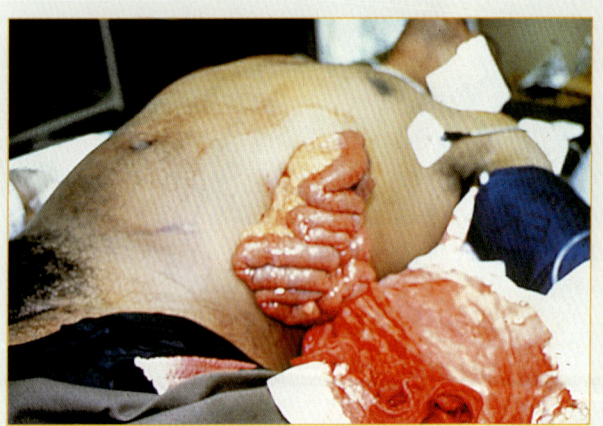

Figura 24-11 Una evisceración abdominal es una herida abierta del abdomen en la cual los órganos hacen protrusión a través de ella.

Figura 24-12 A. Cubra los órganos expuestos con compresas de gasa estéril humedecidas con solución salina estéril. **B.** Coloque un apósito sobre las compresas y fíjelo en el sitio con cinta adhesiva en sus cuatro lados.

Situación de urgencia — Parte 4

Vierte con cuidado agua sobre el área quemada para eliminar cualquier resto de anticongelante. Luego aplica un apósito grande, seco, no oclusivo sobre el área quemada para protegerla y mantenerla limpia. Al reevaluar sus signos vitales, el paciente tiene una frecuencia respiratoria de 20 respiraciones/min y aún sin dificultad, un pulso regular de 84 latidos/min, una tensión arterial de 128/78 mm Hg y una lectura de la oximetría de pulso de 99%. Su tobillo todavía presenta un buen pulso distal, aunque débil, pero el paciente manifiesta que su pie se siente frío y hormigueo.

8. ¿Parece que este paciente esté desarrollando estado de choque?
9. ¿Qué información proporcionará al llamar al hospital y dar su reporte?

Destrezas 24-2

Estabilización de un objeto empalado

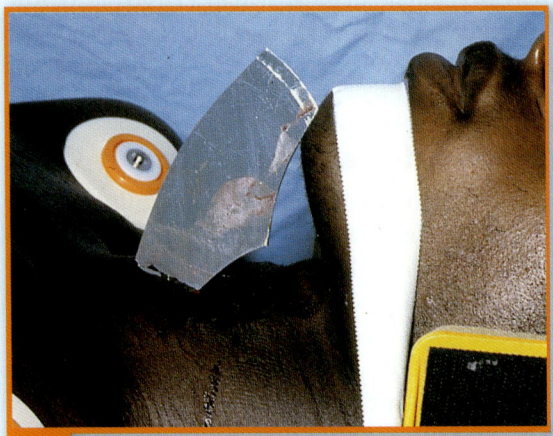

1 No intente mover ni retirar el objeto. Estabilice la parte empalada en el cuerpo.

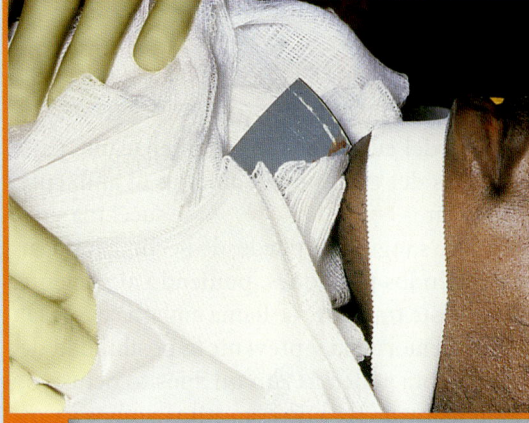

2 Controle la hemorragia y estabilice el objeto en el sitio usando apósitos blandos, gasa y/o cinta adhesiva.

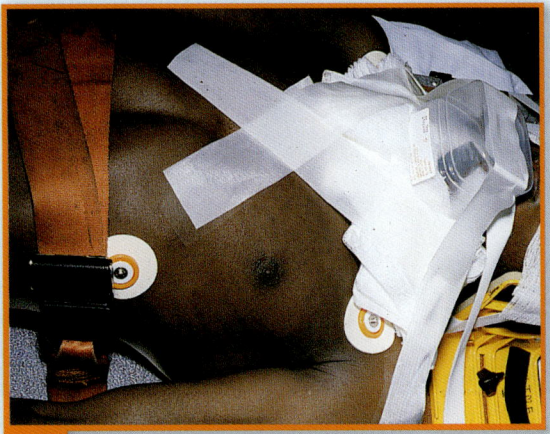

3 Fije con cinta adhesiva un objeto rígido sobre el objeto empalado para protegerlo del movimiento durante el transporte.

Las únicas excepciones a la regla de no retirar el objeto son: un objeto en la mejilla que obstruya la respiración o uno en el tórax que interfiera con la RCP. Si el objeto es muy largo, corte la porción expuesta, asegurándolo primero para minimizar el movimiento y, así, el daño y el dolor. Una vez que el objeto ha sido fijado, y la hemorragia está bajo control, proporcione un pronto transporte.

Amputaciones

Los cirujanos ahora pueden reimplantar partes amputadas (Figura 24-13). Sin embargo, los cuidados prehospitalarios de la parte amputada son vitales para el éxito en el tratamiento. Con amputaciones parciales, asegúrese de inmovilizar la parte amputada con apósitos compresivos abultados y ferulizar para prevenir una lesión adicional. No separe amputaciones parciales; esto puede complicar la reimplantación posterior.

Con una amputación completa, asegúrese de envolver la parte amputada en apósitos estériles y colóquela en una bolsa de plástico. Siga sus protocolos locales referentes a cómo preservar partes amputadas. En algunas áreas, se recomiendan apósitos estériles secos para envolver las partes amputadas; en otras, se sugieren apósitos humedecidos en solución salina. Ponga la bolsa en un contenedor frío lleno de hielo. Coloque la parte amputada envuelta sobre un lecho de hielo; no la empaque en hielo. El objetivo es mantener la parte amputada fría sin permitir que se congele o desarrolle un cuadro de congelación. La parte amputada debe ser transportada con el paciente. Recuerde que la herida en el sitio de la amputación debe ser atendida, incluyendo control de la hemorragia y vendaje apropiado.

Lesiones del cuello

Una lesión abierta del cuello puede ser amenazante para la vida. Si las venas del cuello están abiertas al ambiente pueden succionar aire (Figura 24-14 ▶). Si se succiona suficiente aire a un vaso sanguíneo, puede, de hecho, bloquear el flujo de sangre en los pulmones, poniendo al paciente en paro cardiaco. Este trastorno se llama embolia gaseosa. Para controlar la hemorragia y prevenir la posibilidad de que esto ocurra, cubra la herida con un apósito oclusivo. Aplique presión manual, pero no comprima ambos vasos carótideos al mismo tiempo; si lo hace, puede interferir con la circulación al encéfalo y causar un evento vascular cerebral. Sostenga el apósito compresivo sobre la herida envolviéndolo laxamente con un rollo de gasa alrededor del cuello, y luego alrededor de la axila opuesta con firmeza (Figura 24-15 ▶).

Quemaduras

Como TUM-B con frecuencia brindará atención a pacientes que han sido quemados. Las quemaduras constituyen más de 10 000 muertes por año, y están entre las más graves y dolorosas de todas las lesiones. Una quemadura se produce cuando el cuerpo, o parte del cuerpo, recibe más energía radiante de la que puede absorber sin lesionarse. Las fuentes potenciales de energía incluyen calor, sustancias químicas tóxicas y electricidad. Los cuidados apropiados de una quemadura pueden aumentar las posibilidades de supervivencia de un paciente, y disminuir el riesgo o duración de su incapacidad a largo plazo. Aunque es posible que una quemadura sea la lesión más obvia de un paciente, siempre debe efectuar una evaluación completa para determinar si hay otras lesiones graves.

Gravedad de la quemadura

La gravedad de una quemadura puede influir en la elección de un tipo de tratamiento. Cinco factores le ayudarán a determinar la gravedad de una quemadura.

1. ¿Cuál es la profundidad de la quemadura?
2. ¿Cuál es la extensión de la quemadura?

Estos primeros dos factores son los más importantes. Después de medirlos, hágase las siguientes preguntas:

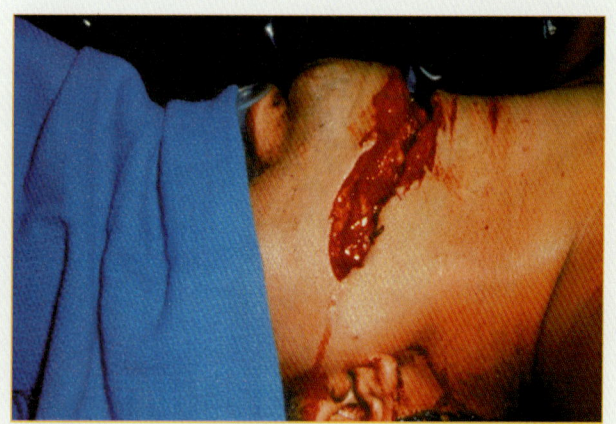

Figura 24-14 Las heridas abiertas del cuello pueden ser muy peligrosas. Si las venas están abiertas al ambiente, pueden succionar aire dando lugar a un trastorno potencialmente mortal llamado embolia gaseosa.

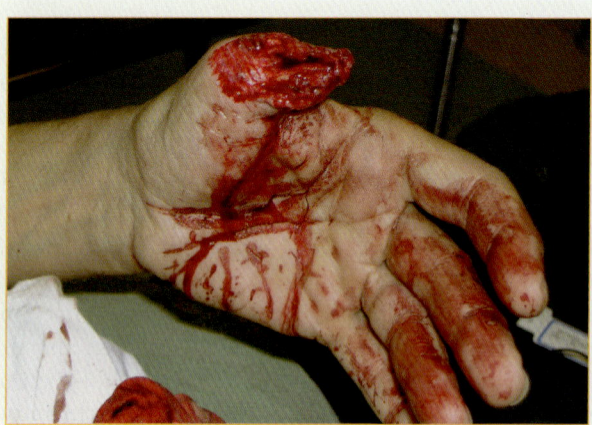

Figura 24-13 Las partes amputadas pueden reimplantarse ocasionalmente, por lo que debe hacer todo intento posible por encontrar la parte amputada y transportarla al departamento de urgencias junto con el paciente.

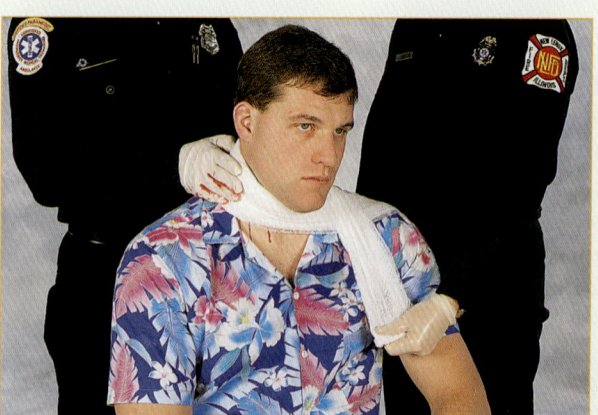

Figura 24-15 Cubra las heridas del cuello con un apósito no poroso y aplique presión manual. Asegúrese de no comprimir ambas arterias carótidas al mismo tiempo ya que podría interrumpir la circulación al encéfalo.

3. ¿Están implicadas áreas críticas (cara, vías respiratorias superiores, manos, pies, órganos genitales)? También incluidas en las áreas críticas estarían las quemaduras circunferenciales, que son quemaduras que se extienden por completo alrededor de una parte del cuerpo, como un brazo o un pie.
4. ¿Hay trastornos médicos o lesiones preexistentes?
5. ¿El paciente es menor de 5 años o mayor de 55?

Si la respuesta a estas últimas preguntas es sí, debe subir de grado la clasificación de la quemadura (Cuadro 24-1 ▶).

Profundidad

Las quemaduras se clasifican primero de acuerdo con su profundidad (Figura 24-16 ▶). Debe ser capaz de identificar los siguientes tres tipos de quemaduras:

- **Quemadura superficial** (de primer grado), que implica sólo la capa superior de la piel, o epidermis. La piel se enrojece, pero no forma ámpulas ni quema a través de los tejidos. El sitio de la quemadura es doloroso. Una quemadura solar es un buen ejemplo de una quemadura superficial.
- **Quemadura de espesor parcial** (de segundo grado), que implican a la epidermis y alguna porción de la dermis. Estas quemaduras no destruyen el espesor total de la piel, ni el tejido subcutáneo. Por lo general la piel está húmeda, moteada y de color blanco a rojo. Las ámpulas son comunes. Las quemaduras de espesor parcial causan un dolor intenso.
- **Quemadura de espesor completo** (de tercer grado), que se extiende a todas las capas de la piel, y pueden incluir capas del tejido subcutáneo, músculo, hueso u órganos internos. El área que-

CUADRO 24-1 Clasificación de las quemaduras en adultos

Quemaduras críticas
- Quemaduras de espesor completo que incluyen manos, pies, cara, vía aérea superior, órganos genitales o quemaduras circunferenciales de otras áreas
- Quemaduras de espesor completo que cubren más de 10% del área de superficie corporal
- Quemaduras de espesor parcial que cubren más de 30% del área de superficie corporal
- Quemaduras asociadas con lesión respiratoria (inhalación de humo o lesión por inhalación)
- Quemaduras complicadas con fracturas
- Quemaduras en pacientes menores de cinco años de edad o mayores de 55, que se clasificarían como "moderadas" en adultos jóvenes

Quemaduras moderadas
- Quemaduras de espesor completo que cubren de 2 a 10% del área de superficie corporal (excluyendo manos, pies, cara, órganos genitales o vía aérea superior)
- Quemaduras de espesor parcial que cubren de 15 a 30% del área de superficie corporal
- Quemaduras superficiales que cubren más de 50% del área de superficie corporal

Quemaduras menores
- Quemaduras de espesor completo que cubren menos de 2% del área de superficie corporal
- Quemaduras de espesor parcial que cubren menos de 15% del área de superficie corporal
- Quemaduras superficiales que cubren menos de 50% del área de superficie corporal

Situación de urgencia — Parte 5

Afloja ligeramente las corbatas usadas para aplicar presión a la férula hecha con la almohada, y el paciente manifiesta que su pie no hormiguea tanto. Su pulso es débil, pero palpable con facilidad. Se da cuenta de que tendrá que evaluar esta área con frecuencia durante el camino. Realiza el reporte al hospital; incluye su molestia principal, las circunstancias de su lesión, su liberación e inmovilización, el grado y profundidad de sus quemaduras, junto con la descripción de sus ámpulas y los cuidados que proporcionó. Describe la lesión del tobillo del paciente, la estabilización y los signos vitales iniciales y finales. Da su tiempo estimado de arribo y pregunta si el servicio tiene algunas instrucciones que darle.

10. ¿Por qué determinar el grado y la naturaleza de la lesión por quemadura en el paciente e incluir esta información en su reporte verbal es vital para los resultados tanto a corto como a largo plazo?

Necesidades geriátricas

Cuando atienda pacientes geriátricos con quemaduras, es importante estar atento ante la posibilidad de abuso. Los pacientes geriátricos que están dentro de instituciones, desorientados o son incapaces de una comunicación clara, son particularmente susceptibles al abuso.

Los signos de abuso en el paciente geriátrico incluyen evidencia de múltiples lesiones en diferentes etapas de sanación (p.ej., múltiples contusiones de diferentes colores, fracturas nuevas o antiguas que incluyen a más de una extremidad), lesiones que no parecen corresponder al historial proporcionado por sus cuidadores y quemaduras asociadas con una historia sospechosa.

Las quemaduras que se presentan con un "patrón" son sospechosas de lesiones intencionales. Las quemaduras pequeñas, circulares, múltiples, pueden ser indicadoras de lesiones con cigarrillos o puros. Otros patrones pueden indicar planchas, quemadores de estufas u otras superficies calientes no encontradas con facilidad de forma accidental. Las lesiones por escaldaduras de manos o pies también pueden ser indicativas de abuso. Es importante recordar que estas lesiones con frecuencia son infligidas en áreas que no se ven fácilmente. Si sospecha abuso geriátrico, asegúrese de examinar al paciente aún en las áreas cubiertas por su ropa, en búsqueda de signos de abuso. Como siempre, el soporte y traslado del paciente en forma oportuna continúan siendo una prioridad.

las quemaduras de espesor parcial y las quemaduras de espesor completo se tratan mejor de forma quirúrgica.

Las heridas de la vía aérea también son graves. Pueden estar asociadas con carbonización del pelo dentro de las ventanas de la nariz, hollín alrededor de la nariz y boca, ronquera o hipoxia.

Puede ser imposible estimar con exactitud la profundidad de una quemadura particular. Aun cirujanos experimentados en quemaduras a veces subestiman, o sobreestiman, el grado de una quemadura en particular.

Extensión

Una forma rápida para estimar el área que ha sido quemada es compararla con el tamaño de la palma del paciente, que es aproximadamente 1% del área total del cuerpo. Esta técnica se llama "Método Palmer". Otro sistema útil de medición es la **Regla de los nueve**, que divide al cuerpo en secciones, cada una de las cuales es un aproximado de 9% del área total del cuerpo **Figura 24-17**. Recuerde que la cabeza de un lactante o niño es relativamente más grande que la cabeza de un adulto y que las piernas son relativamente menores.

Valoración de las quemaduras

Evaluación de la escena

Los pacientes quemados pueden ser muy difíciles de tratar, tanto de manera psicológica como emocional. Es fácil ser abrumado por la vista, ruidos y olor de las víctimas quemadas. Al prepararse mentalmente para un paciente quemado, prepárese también de forma emocional. Céntrese en su paciente y en los cuidados inmediatos. No se deje atrapar por tópicos alrededor del abuso del niño o el anciano, o el aspecto dramático de las heridas.

mada es seca y con aspecto de cuero, se puede presentar blanca, parda oscura o aun carbonizada. Algunas quemaduras de espesor completo se sienten duras al tocarlas. Los vasos sanguíneos coagulados, o el tejido subcutáneo, se pueden ver bajo la piel quemada. Si se han destruido las terminaciones nerviosas, es posible que un área intensamente quemada no tenga sensación alguna. Sin embargo, las áreas circundantes, quemadas con menor intensidad, pueden ser en extremo dolorosas.

Una quemadura de espesor completo pura es muy poco común. Las quemaduras graves son por lo general una combinación de quemaduras superficiales, de espesor parcial y de espesor completo. Las quemaduras superficiales se curan bien, sin formar cicatrices. Sin embargo,

Qué documentar

Los patrones de las quemaduras con frecuencia requieren una descripción más allá de calcular la cantidad de superficie corporal afectada. Si encuentra la descripción escrita difícil o demasiado extensa, intente dibujar las áreas afectadas en dos contornos del cuerpo, de frente y espalda. Es posible que su formato de informe incluya un área con los contornos proporcionados; si no es así, no titubee en dibujarlos usted mismo. Una imagen puede valer más que muchas palabras.

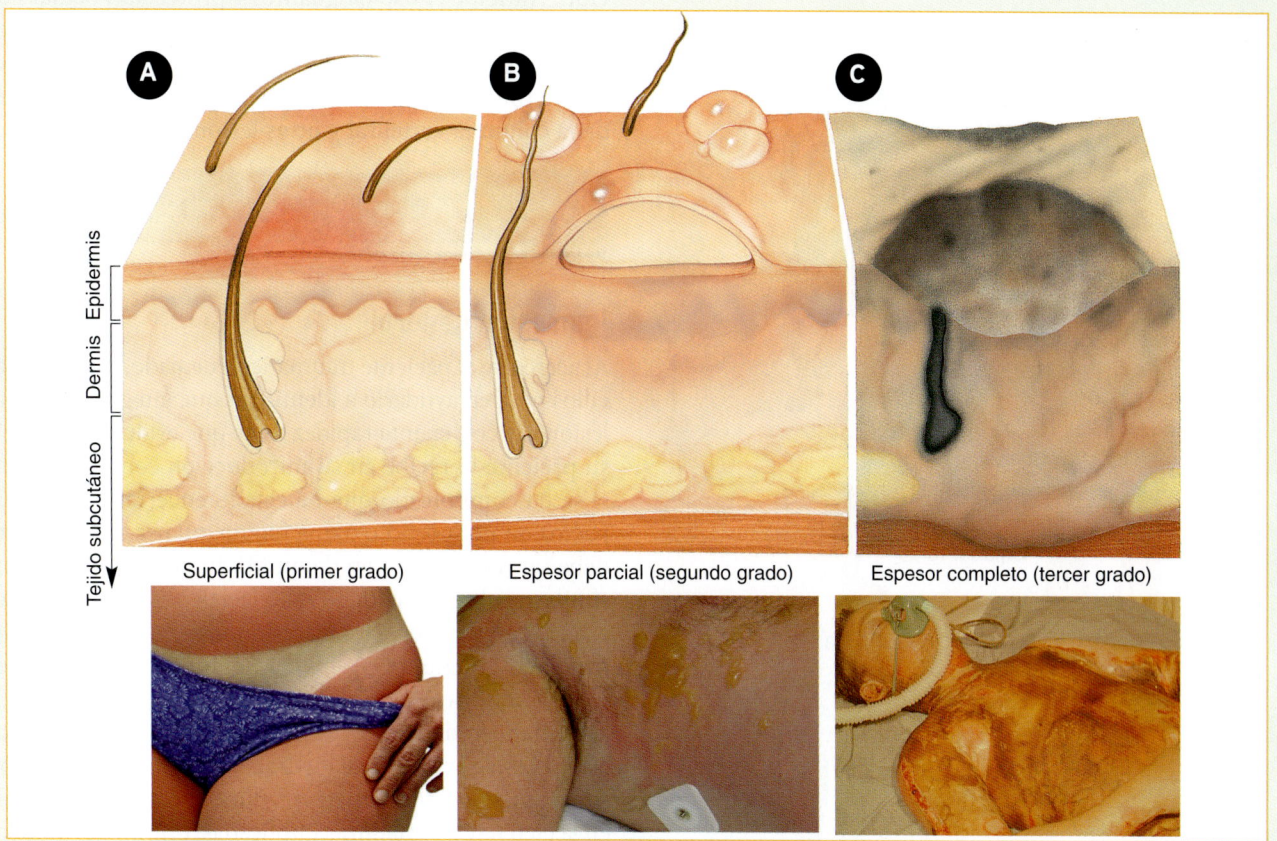

Figura 24-16 Clasificación de las quemaduras. **A.** Las quemaduras superficiales o de primer grado afectan sólo la epidermis. La piel se pone roja, pero no forma ampollas ni lesiona otras capas. **B.** Las quemaduras de espesor parcial o de segundo grado afectan parte de la dermis, pero no destruyen el espesor total de la piel. La piel está moteada, de color blanco o rojo y con frecuencia presenta ampollas. **C.** Las quemaduras de espesor completo o de tercer grado se extienden a través de todas las capas de la piel y pueden involucrar tejido subcutáneo y músculo. La piel es seca, con aspecto de cuero y con frecuencia es blanca o carbonizada.

⚠ Necesidades pediátricas

Por lo general se considera que las quemaduras en los niños son más graves que las quemaduras en los adultos (Cuadro 24-2 ▶). Esto se debe a que los lactantes y los niños tienen más área de superficie en relación a la masa corporal total, lo que significa mayor pérdida de líquidos y calor. Además, los niños tienen mayor probabilidad de entrar en estado de choque, desarrollar hipovolemia y experimentar problemas de la vía aérea, debido a las singulares diferencias de sus edades y anatomía.

Muchas quemaduras en lactantes y niños son resultado de abuso a menores. La quemadura clásica causada por inmersión deliberada afecta las manos y muñecas, así como los pies, piernas y nalgas. En forma similar, las quemaduras alrededor de los órganos genitales y múltiples quemaduras por cigarrillo, deben verse como posible abuso. Debe informar todos los casos de sospecha de abuso a las autoridades correspondientes (véase capítulo 31).

CUADRO 24-2 Clasificación de las quemaduras en lactantes y niños

Quemaduras críticas

- Quemaduras de espesor completo o parcial que cubren más del 20% del área de superficie corporal total
- Quemaduras que implican manos, pies, cara, vía aérea u órganos genitales

Quemaduras moderadas

- Quemaduras de espesor parcial que cubren 10 a 20% del área de superficie corporal

Quemaduras menores

- Quemaduras de espesor parcial que cubren menos de 10% del área de superficie corporal

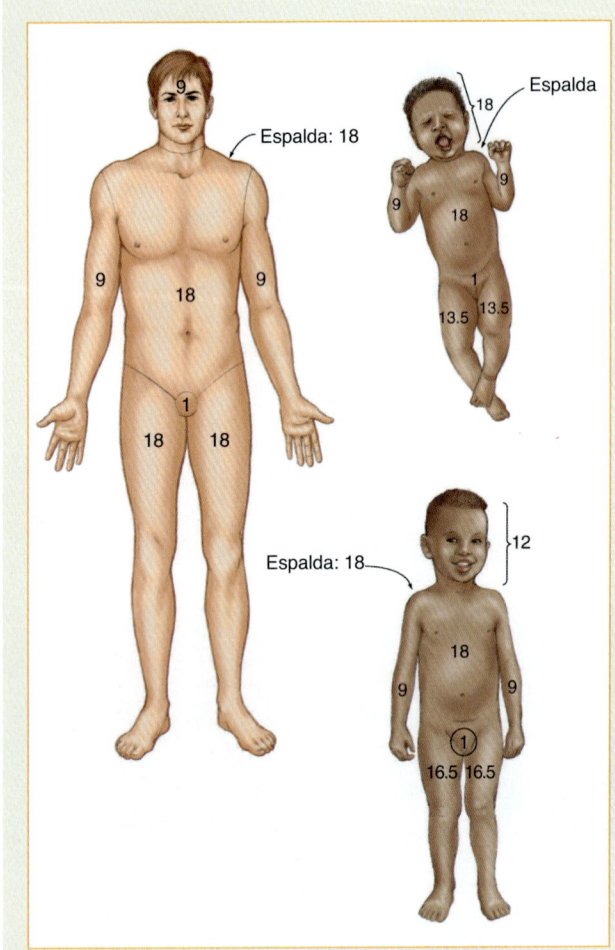

Figura 24-17 La regla de los nueve es una forma rápida de estimar la cantidad del área de la superficie corporal que se ha quemado. Divide al cuerpo en secciones, cada una de las cuales representa aproximadamente 9% de la superficie total del cuerpo. Las proporciones difieren entre adultos, niños y lactantes.

Aprenda bien sus protocolos y enfóquese en su objetivo: evaluar con rapidez, tratar y transportar a su paciente lo más pronto posible al hospital apropiado.

Al llegar a la escena, obsérvela con relación a posibles amenazas a la seguridad del equipo, espectadores y el paciente. Cuando responda a una lesión por quemadura, asegure que los factores que condujeron al paciente a la quemadura no plantean un riesgo para usted y su equipo. ¿Está desconectada la corriente eléctrica? ¿Está seguro el escape de la sustancia química? ¿Se ha extinguido el fuego? En los impactos vehiculares, asegúrese de que no hay cables eléctricos energizados sueltos, ni escapes de combustibles en el área en la que estará trabajando. Comience con la seguridad de la escena como la más alta prioridad. Si determina que la compañía eléctrica, el departamento de bomberos o las unidades de SVA son necesarios, solicite los recursos adicionales con antelación. Anticipe el uso de guantes y protección ocular con cualquier paciente quemado, y batas cuando se esperen lesiones graves. Recuerde, el paciente quemado es un paciente traumatizado. Considere el potencial de lesiones de la columna vertebral y otras lesiones.

Evaluación inicial

Impresión general

Al acercarse al paciente traumático quemado, indicios sencillos pueden ayudarlo a identificar qué tan graves son las lesiones y con cuánta rapidez tiene que evaluar y tratar. Si su paciente lo recibe en su introducción con voz ronca o si se ha comunicado que ha estado encerrado en un espacio con un incendio o una fuente intensa de calor, esto debe ser una indicación de un ML importante. En forma similar, si el paciente tiene vello facial, cejas, pelos nasales o bigote quemados, su impresión general puede ser que el paciente tiene un problema potencial en la vía aérea y/o respiratorio.

El abuso de niños y ancianos son situaciones desagradables de tratar. Desafortunadamente, a menudo son situaciones que incluyen quemaduras. Al entrar a la escena en la cual hay quemaduras implicadas, esté atento a "focos rojos" que puedan indicar abuso.

El paciente quemado puede tener lesiones gráficas, sin embargo, no debe distraerse de la evaluación inicial. Al comenzar ésta siempre debe considerar la necesidad de estabilización vertebral manual y determinar la capacidad de responder usando la escala AVDI.

Vía aérea y respiración

Asegure que el paciente tiene una vía aérea despejada y permeable. Si el paciente no responde o tiene un nivel de conciencia alterado de forma significativa, considere colocar una cánula orofaríngea o nasofaríngea de tamaño apropiado. Esté alerta ante los signos de que el paciente haya inhalado gases o vapores calientes, como pelo facial quemado u hollín, presente dentro o alrededor de la vía aérea. Las secreciones copiosas y la tos frecuente también pueden indicar una quemadura respiratoria. Debe realizar la evaluación con rapidez para identificar una respiración inadecuada. Palpe la pared torácica para buscar DCAP-BTLS. Verifique ruidos respiratorios claros y simétricos, y administre oxígeno a flujo alto o proporcione ventilaciones asistidas con un dispositivo BVM, según sea necesario, dependiendo del nivel de conciencia, así como de la frecuencia y calidad respiratoria de su paciente. Evalúe y trate a estos pacientes por posibles lesiones vertebrales y problemas de la vía aérea, de manera concurrente. La forma en que abre la vía aérea depende de que se sospeche, o no, una lesión del cuello. ¿Se habrá caído el paciente? ¿Las circunstancias que rodean el ML sugieren una posible lesión vertebral?

Circulación

Debe evaluar con rapidez la frecuencia y calidad del pulso, determinar la perfusión, sobre la base del estado, color y temperatura de la piel y el tiempo de llenado capilar. Si ve una hemorragia abundante, debe tomar las medidas necesarias para controlarla. La hemorragia significativa es una amenaza inmediata para la vida. Si el sujeto tiene una hemorragia que obviamente pone en peligro la vida, debe controlarse de inmediato. El estado de choque se desarrolla con frecuencia en pacientes quemados. Dé apoyo a su circulación elevando sus brazos y piernas en forma apropiada o colocándolos en posición de Trendelenburg. También debe tratar el estado de choque previniendo la pérdida de calor. Esto es muy importante, porque la piel lesionada sólo tiene capacidad limitada para regular la temperatura del cuerpo.

Decisión de transporte

Si el paciente que está tratando tiene un problema de la vía aérea o respiratorio por quemaduras notables, hemorragia externa copiosa o signos y síntomas de hemorragia interna, debe considerar transportarlo en forma rápida al hospital para su tratamiento. La presencia de proveedores de cuidados de SVA puede ser apropiada en el caso de pacientes con quemaduras de grado moderado a intenso o quemaduras de la vía aérea o pulmones. Los proveedores del SVA pueden tratar a estos pacientes con intubación endotraqueal y líquidos intravenosos para dar soporte a sus problemas de la vía aérea, respiración y circulación (estado de choque). Estas situaciones pueden progresar tan rápido que la ayuda inmediata del SVA puede hacer la diferencia entre la vida y la muerte.

Historial y examen físico enfocados

Examen físico rápido o enfocado

Después de completar la valoración inicial, determine cuál evaluación realizará enseguida, un examen físico rápido o un examen físico enfocado. En el paciente consciente con lesión aislada y un ML limitado considere un examen físico enfocado. Centre su atención en una lesión aislada, la molestia principal del paciente y la región del cuerpo afectada. Si el sujeto ha sufrido un área pequeña de quemadura en el cuerpo, enfóquese en esa lesión. Coloque un apósito sobre esa lesión con el vendaje apropiado, note la localización y estime el tamaño de la lesión. Evalúe todos los sistemas subyacentes. En el caso de un miembro, evalúe el pulso, función motora y sensitiva en la extremidad lesionada.

Si existe una cantidad significativa de superficie corporal quemada o un traumatismo intenso que puede afectar múltiples sistemas, comience con una evaluación rápida de trauma examinando de inmediato al paciente de la cabeza a los pies, buscando DCAP-BTLS para asegurar que ha encontrado todos los problemas y lesiones. Haga un estimado de la extensión del área quemada empleando la regla de los nueve para informar a la dirección médica. Prepare al paciente para trasladarlo basado en sus hallazgos. Recuerde estabilizar a su paciente por posibles lesiones vertebrales, según sea apropiado. No debe retrasar el transporte de un paciente gravemente lesionado para completar un examen físico detallado. El examen físico detallado puede iniciarse durante el transporte.

Signos vitales iniciales e historial SAMPLE

Su examen físico le ayuda a comprender qué ha pasado en el exterior del paciente. Los signos vitales son una buena indicación de cómo está evolucionando el paciente en su interior. Determinar los signos vitales iniciales desde un principio le ayudará a conocer cómo está tolerando el paciente sus lesiones mientras va camino al hospital. Esto se puede hacer en la ambulancia rumbo al hospital, disminuyendo la demora del tratamiento definitivo en un paciente con quemaduras de grado moderado a intenso. Como con frecuencia el estado de choque es pronunciado en un paciente quemado, la tensión arterial, pulso y evaluación de la piel para determinar perfusión son signos importantes que se deben obtener.

Intervenciones

El objetivo en el tratamiento de los pacientes quemados es detener el proceso de la quemadura, evaluar y tratar la respiración, dar apoyo a la circulación y proporcionar un rápido traslado. Como los pacientes quemados son también pacientes traumatizados, establezca una estabilización vertebral completa si sospecha lesiones de la columna vertebral. La administración de oxígeno es imperativa por la inhalación de humos, pero también es útil en quemaduras menores. Si el paciente tiene signos de hipoperfusión, trate de forma enérgica el estado de choque y proporcione un rápido transporte al hospital. Cubra todas las quemaduras de acuerdo con sus protocolos locales. El riesgo de infección es muy alto, y puede reducirse si cubre grandes áreas que están quemadas con sábanas para quemaduras estériles o mantas limpias. No retrase el transporte del paciente lesionado de gravedad para completar en el campo tratamientos que no son necesarios, como enferular fracturas en las extremidades. En vez de esto, complete estos tratamientos en ruta al hospital.

Examen físico detallado

Si el estado del paciente es estable y no persisten los problemas detectados durante la evaluación inicial, efectúe un examen físico detallado del sujeto como se expone en el capítulo sobre evaluación del paciente. Muchas veces los tiempos de transporte cortos y las condiciones inestables del herido hacen impráctica esta evaluación.

Evaluación continua

Repita la evaluación inicial y los signos vitales. Reevalúe las intervenciones y tratamientos que ha proporcionado al paciente, en particular los usados para tratar el estado de choque.

Comunicación y documentación

Proporcione al personal del hospital una descripción de cómo se produjo la quemadura. Muchas veces, ellos pueden determinar el diluyente apropiado para las quemaduras químicas o calcular tratamientos apropiados para otros tipos de quemaduras con un aviso previo. Su informe y documentación deben incluir la extensión de las quemaduras. Esto debe comprender la cantidad de superficie corporal implicada, la profundidad de la quemadura y su localización. Por ejemplo, puede decir 10% de quemaduras de espesor completo, 15% de quemaduras de espesor parcial y 25% de quemaduras superficiales en el tórax, abdomen y extremidad inferior izquierda. Si están afectadas áreas especiales (órganos genitales, pies, manos, cara, o circunferenciales), deben ser mencionadas y documentadas de forma específica.

Cuidados médicos de urgencias

Su primera responsabilidad al atender a un paciente con una quemadura es detener el proceso y prevenir lesiones adicionales. Siga estos pasos para atender a un paciente quemado (**Destrezas 24-3**):

1. **Siga las precauciones del ASC.** Como una quemadura destruye la capa de piel protectora del paciente, siempre use guantes y protección ocular cuando trate a un paciente quemado.
2. **Aleje al paciente de la fuente de calor.** Si parte de su ropa está ardiendo, envuelva al paciente en una cobija o siga directrices específicas del protocolo de su departamento de bomberos local para extinguir las llamas y luego retirar cualquier ropa ardiendo y/o joyería.
3. Si lo permite el protocolo local, **sumerja el área en agua estéril o solución salina fría** o cúbrala con un apósito limpio, húmedo, frío si la piel o la ropa está caliente. Esto no sólo detiene la quemadura sino además calma el dolor. Sin embargo, la inmersión prolongada puede aumentar el riesgo de infección e hipotermia. Por esta razón, no debe mantener la parte afectada bajo el agua por más de 10 min. Si la quemadura se ha detenido antes de que llegue, *no sumerja la parte afectada en absoluto*. Como alternativa a la inmersión, el área quemada puede ser irrigada hasta que la quemadura se detiene, seguida por la aplicación de un apósito estéril (**Paso 1**).
4. **Administre oxígeno a flujo alto.** Recuerde también que más víctimas de incendios mueren por inhalación de humo que por quemaduras de la piel. Un paciente que tiene quemaduras faciales o ha inhalado humo puede tener dificultad respiratoria; por tanto, debe administrar oxígeno a flujo alto. Tenga presente que un sujeto que parece estar respirando bien al principio puede experimentar dificultad respiratoria intensa de forma súbita. Por tanto, evalúe de manera continua la vía aérea por posibles problemas (**Paso 2**).
5. **Examine rápidamente la gravedad de las quemaduras.** Luego cubra el área quemada con un apósito estéril seco para prevenir contaminación adicional. La gasa estéril es mejor si el área no es demasiado grande; puede cubrir áreas más grandes con una sábana blanca limpia. Lo que es más importante es no aplicar alguna otra cosa sobre el área quemada. Nunca use pomadas, lociones o antisépticos de tipo alguno. Además, no rompa de forma intencional las ámpulas.
6. **Verifique lesiones traumáticas u otros trastornos médicos** que puedan ser amenazas inmediatas para la vida. La mayoría de los pacientes que han su-

Tips para el TUM-B

Cuidados médicos generales de urgencia ante quemaduras:
1. Siga las precauciones del ASC.
2. Aleje al paciente de la fuente de calor.
3. Sumerja el área quemada en agua fría estéril.
4. Administre oxígeno a flujo alto.
5. Cubra al paciente con una manta limpia.
6. Estime rápidamente la gravedad de la quemadura.
7. Verifique posibles lesiones traumáticas.
8. Trate el estado de choque del paciente.
9. Proporcione traslado de inmediato.

Cuidados de las quemaduras

Destrezas 24-3

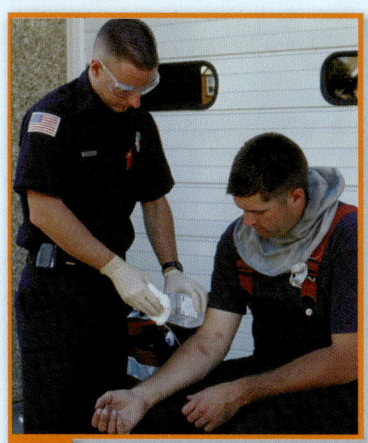

1 Siga las precauciones de ASC para ayudar a prevenir infecciones.

Si es seguro hacerlo, retire al paciente del área de fuego; extinga o quite la ropa dañada y las alhajas, si es necesario.

Si la herida o heridas están aún ardiendo o calientes sumerja el área en agua fría estéril o cúbrala con un apósito húmedo frío.

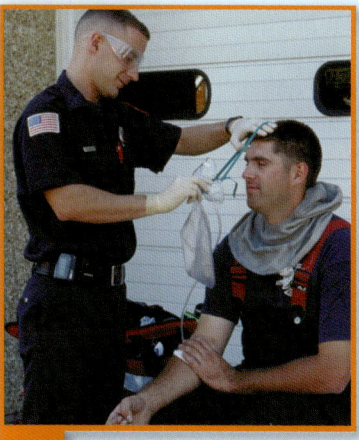

2 Administre oxígeno en flujo alto y continúe evaluando la vía aérea.

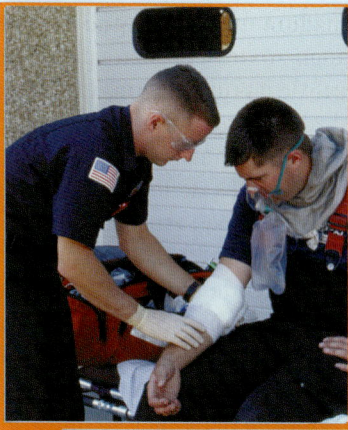

3 Estime la gravedad de la quemadura, luego cubra el área con un apósito estéril seco o un lienzo limpio.

Evalúe y trate al paciente por otras lesiones que presente.

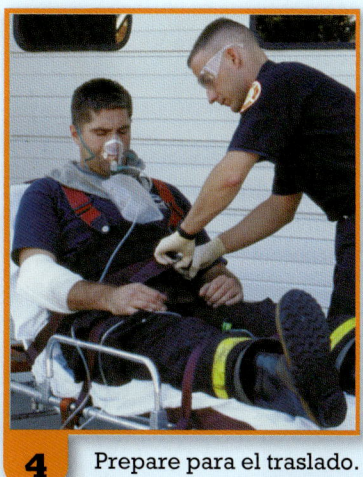

4 Prepare para el traslado. Trate el estado de choque.

5 Cubra al paciente con cobijas para prevenir la pérdida del calor corporal.

Transporte tan pronto como sea posible.

frido quemaduras tienen signos vitales normales y pueden comunicarse al principio, lo que hace más fácil su evaluación (**Paso 3**).
7. Trate al paciente en estado de choque (**Paso 4**).
8. Una quemadura extensa puede producir hipotermia (pérdida de calor corporal). **Prevenga la** pérdida de calor adicional cubriendo al paciente con sábanas abrigadoras.
9. Proporcione transporte rápido de acuerdo con el protocolo local. No retrase el transporte para efectuar una evaluación prolongada, ni cubra las quemaduras en un paciente crítico (**Paso 5**).

Quemaduras químicas

Una quemadura química se puede producir siempre que una sustancia tóxica entra en contacto con el cuerpo. La mayor parte de las quemaduras químicas es producida por ácidos y álcalis fuertes. Los ojos son particularmente vulnerables a las quemaduras químicas (Figura 24-18 ▼). A veces, los vapores y humos de los materiales peligrosos pueden causar quemaduras, en especial de la vía respiratoria.

Para prevenir la exposición a materiales peligrosos, siempre que atienda a un paciente con una quemadura química debe usar guantes resistentes a sustancias químicas apropiados y protección ocular. Sea particularmente cuidadoso de que no caigan materiales químicos, secos o líquidos, sobre su persona y su uniforme; considere usar una bata protectora cuando esto sea posible. Recuerde que el riesgo a la exposición también está presente cuando se está aseando después de una llamada. En el caso de quemaduras químicas intensas o exposición, considere la movilización del equipo HazMat o materiales peligrosos, si es apropiado.

Los cuidados de urgencias de una quemadura química son básicamente los mismos que para una quemadura térmica. Para detener el proceso de la quemadura quite toda sustancia química del paciente. Una sustancia química seca que es activada al contacto con agua puede lesionar más la piel cuando está húmeda que cuando está seca. Por tanto, siempre cepille las sustancias químicas secas quitándolas de la piel y la ropa antes de lavar con agua al paciente (Figura 24-19 ▶). Quite la ropa del paciente, incluyendo zapatos, calcetines y guantes, y cualquier alhaja o anteojos, pues pueden tener pequeñas cantidades de las sustancias químicas en sus hendiduras.

Figura 24-19 Elimine del paciente, con un cepillo, sustancias químicas secas antes de aplicar agua al área quemada.

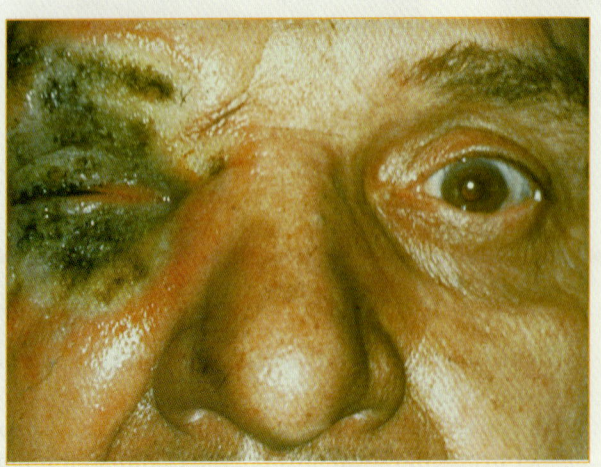

Figura 24-18 Los ojos son en particular vulnerables a las quemaduras químicas.

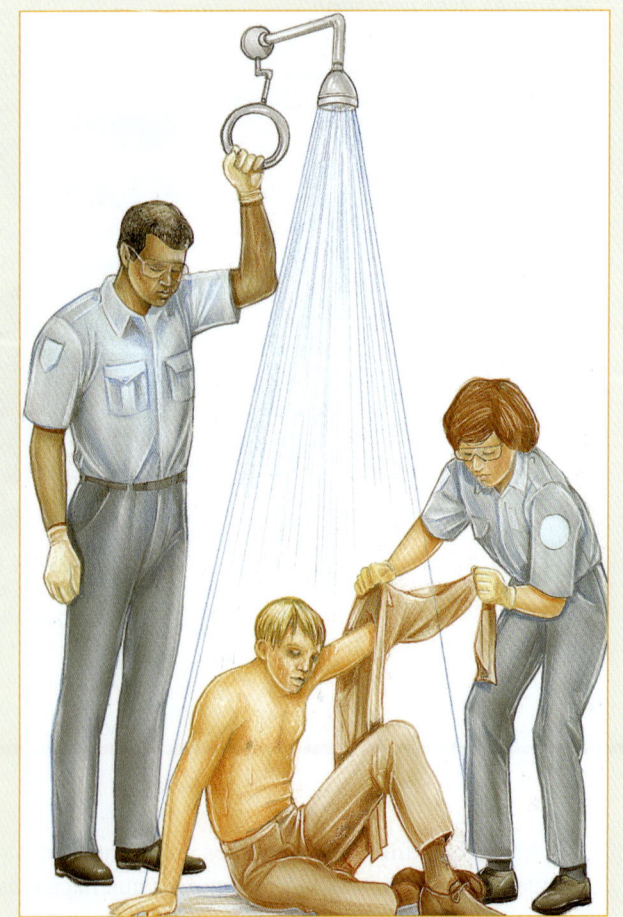

Figura 24-20 Aplique abundante agua sobre el área quemada durante 15 a 20 min luego de que el paciente diga que el ardor ha cesado. Tenga cuidado en evitar contaminar las áreas no lesionadas.

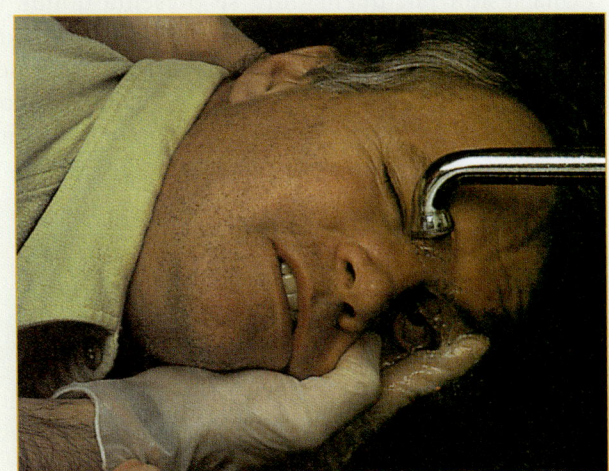

Figura 24-21 Irrigue el ojo afectado con abundante agua. Mantenga los párpados abiertos, lo que es una tarea desafiante porque el reflejo del paciente es mantener el ojo cerrado. Tenga cuidado en prevenir que cualquier porción de la sustancia química penetre en el otro ojo durante el lavado.

Figura 24-22 El cuerpo humano es un buen conductor de la electricidad. Una quemadura eléctrica suele ocurrir cuando el cuerpo, actuando como un conductor, completa un circuito.

De inmediato aplique abundante agua sobre el área quemada Figura 24-20, teniendo cuidado de no contaminar áreas no lesionadas o condicionar en el paciente hipotermia. Nunca dirija un chorro fuerte de agua de una manguera al paciente; la presión extrema del agua puede lesionar de manera mecánica la piel quemada. Continúe irrigando el área con agua de 15 a 20 min hasta que el paciente refiera que se ha detenido la sensación de ardor. Si se ha quemado el ojo, mantenga el párpado abierto mientras se lava el ojo con un chorro suave de agua Figura 24-21. Continúe limpiando con agua el área contaminada de camino al hospital.

Quemaduras eléctricas

Las quemaduras eléctricas pueden ser el resultado del contacto con electricidad de alto o bajo voltaje. Las quemaduras de alto voltaje pueden ocurrir cuando trabajadores de servicios hacen contacto directo con cables eléctricos. No obstante, la corriente ordinaria de las casas es lo suficiente potente para causar quemaduras intensas.

Para que la electricidad fluya debe haber un circuito completo entre la fuente de la electricidad y la tierra. Cualquier sustancia que evite este circuito, como el caucho, es un aislante, y cualquiera que permita que la corriente fluya, es un conductor. El cuerpo humano, que es principalmente agua, es un buen conductor. Por tanto, las quemaduras ocurren cuando el cuerpo, o parte de él, completa un circuito conectando la fuente de energía con la tierra Figura 24-22.

Su seguridad es de particular importancia cuando es llamado a la escena de una urgencia que implica electricidad. Obviamente puede lesionarse de forma mortal al entrar en contacto con cables de energía, pero esto también es posible si toca a un paciente que está aún en contacto con un cable activo o cualquier otra fuente de electricidad. Por esta razón, nunca debe intentar retirar a alguna persona de una fuente eléctrica, a menos que esté entrenado para ello. En igual forma, nunca debe mover un cable caído, a menos que tenga un entrenamiento especializado y el equipamiento necesario para

Seguridad del TUM-B

Su seguridad es la primera prioridad cuando puede estar implicado un riesgo eléctrico. No intente retirar a persona alguna de una fuente eléctrica o mueva un cable caído, a menos que esté especialmente entrenado y equipado para hacerlo. Antes de acercarse a alguna persona que pueda aún estar en contacto con un cable o artefacto eléctrico, asegure que toda la electricidad está apagada.

realizar el trabajo. Aun antes de acercarse a una persona que pueda estar todavía en contacto con un cable o un artefacto eléctrico, asegúrese de que está desconectado. Siempre asuma que cualquier cable caído aún conduce electricidad.

Una lesión por quemadura se presenta donde la electricidad entra (herida de entrada) y sale (herida de salida) en el cuerpo. La herida de entrada puede ser muy pequeña Figura 24-23A ▼, pero la herida de salida suele ser extensa y profunda Figura 24-23B ▼. Siempre

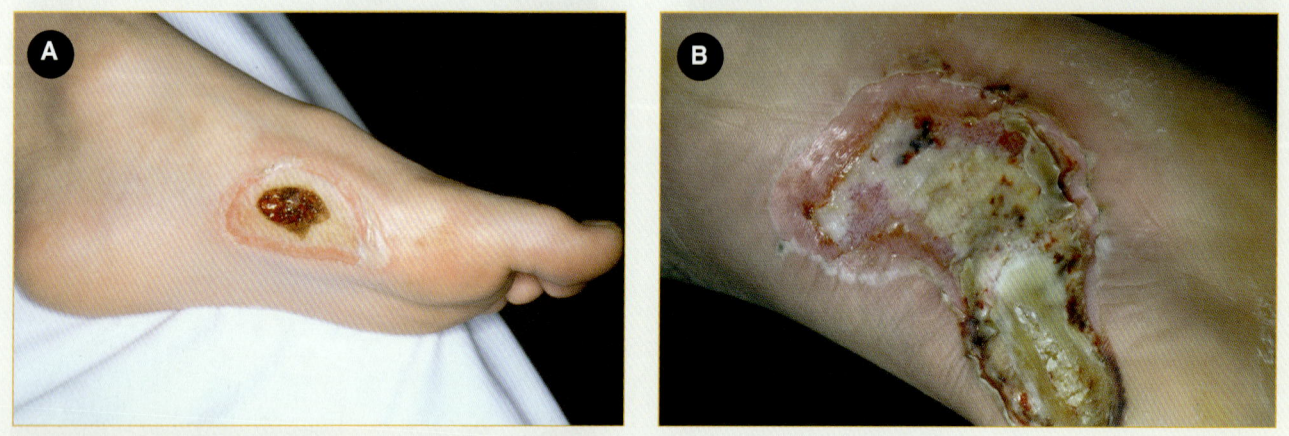

Figura 24-23 Las quemaduras eléctricas, como las heridas por armas de fuego, tienen heridas de entrada y salida. **A.** Una herida de entrada es a menudo muy pequeña. **B.** La herida de salida puede ser extensa y profunda.

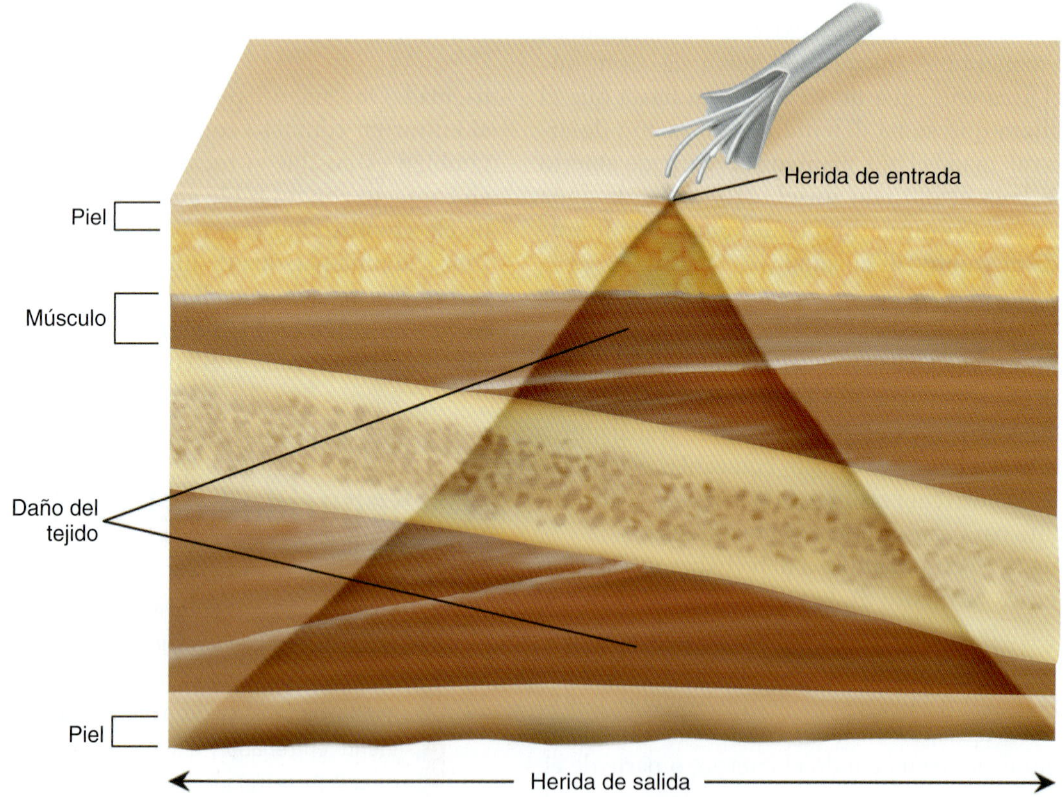

Figura 24-24 Los signos externos de una quemadura eléctrica pueden ser engañosos. La herida de entrada puede ser una pequeña quemadura, mientras que el daño en el tejido más profundo puede ser extenso.

busque las heridas de entrada y salida. Existen dos peligros asociados de forma específica con las quemaduras eléctricas. En primer lugar, puede haber una cantidad grande de tejido profundo lesionado. Las quemaduras eléctricas son siempre más intensas de lo que los signos externos indican, y es posible que el paciente tenga sólo una pequeña quemadura en la piel, pero un daño masivo en los tejidos profundos (Figura 24-24 ◀). En segundo lugar, el sujeto puede entrar en paro cardiaco o respiratorio por la descarga eléctrica.

Si se indica, comience la RCP y aplique el desfibrilador automático externo (DAE). Aunque puede ser necesario que la RCP sea muy prolongada en los casos de quemaduras eléctricas, tiene una alta tasa de éxito si se inicia lo antes posible. Debe estar preparado para desfibrilar si es necesario. Si no se indican la RCP ni la desfibrilación, administre oxígeno suplementario y vigile de cerca al paciente con relación a posible paro respiratorio y cardiaco. Trate las lesiones de tejidos blandos aplicando apósitos secos estériles en todas las heridas por quemadura y ferulizando fracturas sospechadas. Proporcione un transporte rápido; todas las quemaduras eléctricas son lesiones graves que requieren tratamiento ulterior en el hospital.

Mordeduras

Mordeduras de animales pequeños y rabia

En ocasiones puede ser llamado para atender a una persona que ha sido mordida por un animal pequeño, como perro, gato, mapache, ardilla u otro animal que no sea de granja.

En su mayor parte, las personas que son mordidas por animales pequeños no comunican el incidente a un médico en la creencia de que estas mordidas no son serias. No obstante, pueden serlo, pues la boca de los animales pequeños está intensamente contaminada con bacterias. Debe considerar todas las mordeduras de animales pequeños como heridas contaminadas y potencialmente infecciosas, que pueden requerir antibióticos, profilaxia tetánica y suturas (Figura 24-25 ▼). En ocasiones las mordeduras de animales pequeños dan como resultado heridas complejas, mutilantes, que requieren reparación quirúrgica. Por estas razones, todas las mordeduras por animales pequeños deben ser evaluadas por un médico. Coloque un apósito seco estéril sobre la herida y transporte de inmediato al paciente al departamento de urgencias. Si se lesionó un brazo o una pierna, ferulice la extremidad. Con frecuencia el paciente estará muy alterado y asustado, situación que requerirá que lo tranquilice.

Una preocupación mayor con las mordeduras de animales pequeños es la propagación de rabia, una infección viral aguda, potencialmente mortal, del sistema nervioso central, que puede afectar a todos los animales de sangre caliente. Aunque la rabia es en extremo rara en la actualidad, en particular con la vacunación generalizada de mascotas, aún existe. Los perros callejeros que no han sido vacunados pueden ser portadores de la enfermedad, como también las ardillas, murciélagos, zorros, zorrillos y mapaches. El virus está en la saliva de los animales **rabiosos** o infectados, y se transmite por morder o lamer una herida abierta. La infección puede prevenirse en una persona

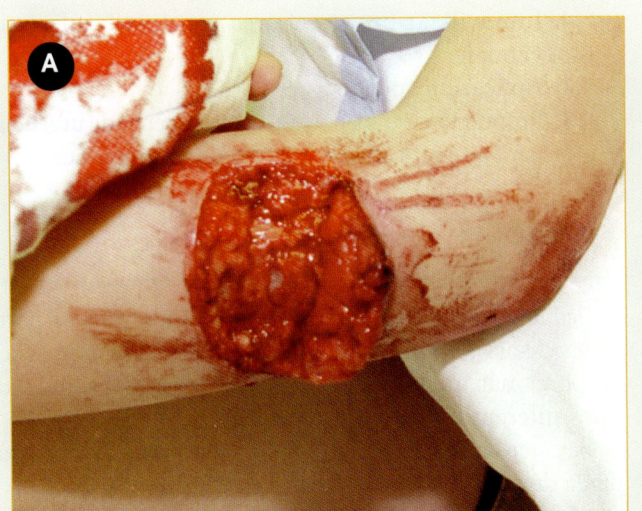 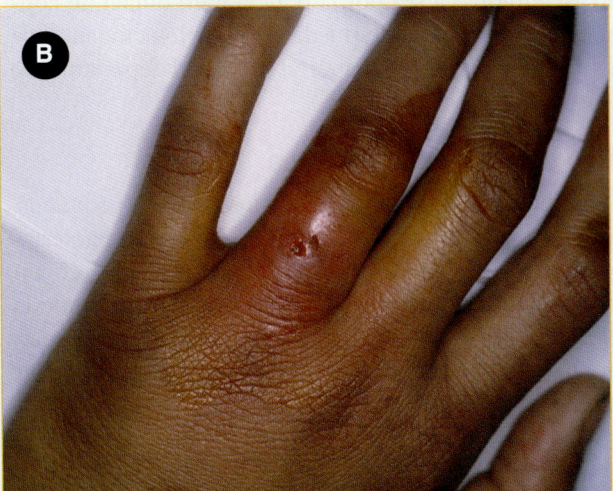

Figura 24-25 Las mordeduras de animales pequeños deben ser examinadas en el hospital, pues estas heridas están intensamente contaminadas con bacterias con alta capacidad de generar infecciones. **A.** Mordedura de perro. **B.** Mordedura de gato.

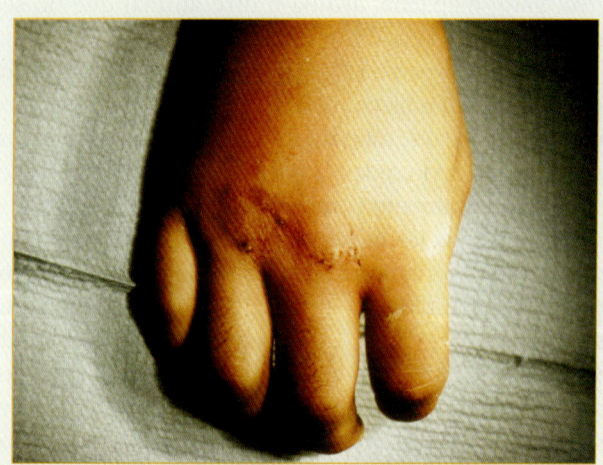

Figura 24-26 Las mordeduras de humanos pueden dar lugar a una infección grave, generalizada. Por tanto, el paciente debe ser evaluado en el hospital.

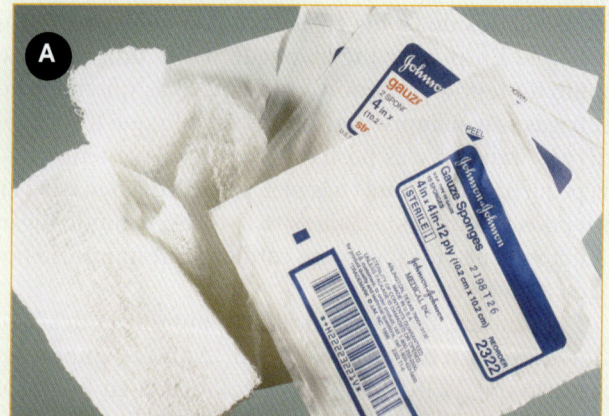

Figura 24-27 A. Se usan muchos tipos de apósitos para cubrir heridas abiertas, incluyendo apósitos universales, cojinetes de gasa, apósitos adhesivos y apósitos oclusivos. **B.** Los vendajes mantienen los apósitos en su sitio, e incluyen rollos de vendas elásticas, vendajes triangulares y cinta adhesiva. La férula también se puede usar para mantener los apósitos en su lugar.

que ha sido mordida por uno de estos animales sólo con la aplicación de una serie de inyecciones de una vacuna especial, procedimiento doloroso que debe iniciarse poco después de la mordedura. Como los animales que tienen rabia no siempre muestran síntomas de inmediato, la única probabilidad de evitar la vacuna es encontrar el animal y turnarlo al departamento de salud para su observación y/o pruebas. Refiérase a sus procedimientos locales para control de animales.

Los niños, en particular los muy pequeños, pueden ser lesionados de forma grave, o aun muertos, por perros. Estos animales no siempre son bravos o rabiosos; a veces el niño provoca de manera inocente al animal. Sin embargo, debe asumir que el animal también puede atacarlo y, por tanto, no debe entrar a la escena hasta que el animal ha sido asegurado, ya sea por la policía o un oficial de control de animales. Luego, puede efectuar los cuidados de urgencia necesarios y transportar al niño al departamento de urgencias.

Mordeduras humanas

La boca humana, más aún que la de los animales pequeños, contiene una gama excepcionalmente amplia de bacterias y virus altamente patógenos. Por esta razón, debe considerar cualquier mordedura humana que ha penetrado la piel como una lesión muy seria. En forma similar, cualquier laceración causada por un diente humano puede dar lugar a una infección grave diseminada Figura 24-26 ▲. Recuerde que si tiene ocasión de tratar a una persona que ha recibido un puñetazo en la boca, la persona que asestó el golpe también puede necesitar tratamiento.

El tratamiento de las mordeduras humanas consiste en los siguientes pasos:

1. Inmovilizar pronto el área con una férula o un vendaje.
2. Aplicar un apósito estéril seco.
3. Proporcionar transporte al departamento de urgencias para limpieza de la herida y terapia antibiótica.

Apósitos y vendajes

Todas las heridas requieren vendajes. En la mayor parte de los casos, las férulas ayudan a controlar la hemorragia y proporcionan un soporte firme para el apósito. Hay muchos tipos diferentes de apósitos y vendajes Figura 24-27 ▲. Debe estar familiarizado con la función y aplicación apropiada de cada uno de ellos.

En general, los apósitos y los vendales tienen tres funciones principales:

- Controlar la hemorragia

- Proteger la herida de daños agregados
- Prevenir contaminación e infección adicionales

Apósitos estériles

Los apósitos universales convencionales, cojinetes de gasa de 5 × 5 centímetros y 10 × 10 cm, así como pequeños apósitos de tipo adhesivo variados y apósitos en rollos blandos autoadhesivos cubrirán la mayoría de las heridas.

Con una medida de 9 × 36 centímetros y hechos de material grueso, absorbente, el apósito universal es ideal para cubrir grandes heridas abiertas; también hacen un eficiente cojinete para férulas fijas. Estos apósitos están disponibles de forma comercial en paquetes compactos, esterilizados.

Los cojinetes de gasa son apropiados para heridas más pequeñas, y los apósitos de tipo adhesivo son útiles para heridas menores. Los apósitos oclusivos, hechos con gasa vaselinada, hoja de aluminio o plástico, evitan que penetren (o salgan) aire y líquidos de la herida. Se usan para cubrir heridas succionantes del tórax, evisceraciones abdominales y lesiones del cuello.

Vendajes

Para mantener los apósitos en su sitio durante el traslado, puede usar rollos de vendas, rollos de gasa, vendajes triangulares o cinta adhesiva. Los vendajes en rollos blandos, autoadhesivos, son tal vez los más fáciles de usar. Son ligeramente elásticos, lo cual los hace fáciles de aplicar y puede insertar el extremo del rollo a un capa más profunda para fijarlo en el sitio. Las capas se adhieren un tanto entre sí, pero no deben aplicarse muy apretados.

La cinta adhesiva sostiene apósitos pequeños en su sitio y ayuda a fijar apósitos más grandes. Sin embargo, algunas personas son alérgicas a este material; si sabe que algún paciente tiene este problema, use en su lugar *micropore* o material plástico.

No use vendajes no elásticos para fijar apósitos. Si la lesión se edematiza, el vendaje se puede convertir en un torniquete y causar más daño. Cualquier vendaje aplicado de forma inadecuada, que interfiera con la circulación, puede dar lugar a una lesión adicional del tejido, o aun a la pérdida del miembro. Por esta razón, siempre debe verificar la extremidad de manera distal, buscando signos de deterioro de la circulación o pérdida de la sensibilidad. Las férulas neumáticas son útiles para estabilizar extremidades (no fracturas expuestas) y pueden usarse con apósitos para ayudar a controlar la hemorragia de lesiones en tejidos blandos.

Situación de urgencia — Resumen

Un paciente con múltiples lesiones es un desafío para el tratamiento. La información proporcionada por el centro de comunicaciones, aunque adecuada, puede ser engañosa, lo que puede distraerlo si ya ha dibujado una "imagen mental" basada en la información. Tiene que evaluar con rapidez la escena por su seguridad y la del paciente, y decidir cómo moverlo y en qué punto iniciar el tratamiento.

Con poca advertencia (como a menudo es el caso con los pacientes jóvenes y más viejos), el paciente traumatizado puede deteriorarse de manera rápida, por razones que pueda ser incapaz de detectar. Es vital que trate a los pacientes traumatizados con un nivel muy alto y continuo de sospecha. Reevalúe al paciente con frecuencia sin importar qué tan estable parezca estar.

Evaluación y cuidados de urgencia

	Lesiones cerradas	Lesiones abiertas	Quemaduras
Evaluación de la escena	Las precauciones de aislamiento a sustancias corporales deben incluir como mínimo guantes y protección ocular. Verifique la seguridad de la escena y determine ML/NE. Considere el número de pacientes, la necesidad de apoyo adicional del SVA y estabilización de la columna cervical.	Las precauciones de aislamiento a sustancias corporales deben incluir como mínimo los guantes y protección ocular. Verifique la seguridad de la escena y determine ML/NE. Considere el número de pacientes, la necesidad de apoyo adicional del SVA y estabilización de la columna cervical.	Las precauciones de aislamiento a sustancias corporales deben incluir como mínimo guantes y protección ocular. Verifique la seguridad de la escena y determine ML/NE. Considere el número de pacientes, la necesidad de apoyo adicional del SVA y la estabilización de la columna cervical.
Evaluación inicial			
■ Impresión general	Determine el nivel de conciencia y trate cualquier amenaza inmediata para la vida. Defina la prioridad de los cuidados basado en el ambiente y en la molestia principal del paciente.	Determine el nivel de conciencia y trate cualquier amenaza inmediata para la vida. Defina la prioridad de los cuidados basado en el ambiente y en la molestia principal del paciente.	Determine el nivel de conciencia y trate cualquier amenaza inmediata para la vida. Defina la prioridad de los cuidados basado en el ambiente y en la molestia principal del paciente.
■ Vía aérea	Asegure la permeabilidad de la vía aérea. Mantenga la estabilización vertebral, según sea necesario.	Asegure la permeabilidad de la vía aérea. Mantenga la estabilización vertebral según sea necesario.	Asegure la permeabilidad de la vía aérea. Mantenga la estabilización vertebral, según sea necesario.
■ Respiración	Ausculte por posibles ruidos respiratorios anormales y evalúe la frecuencia y profundidad de las respiraciones. Mantenga la ventilación como sea necesario. Administre oxígeno en flujo alto a 15 L/min e inspeccione la pared torácica evaluando DCAP-BTLS.	Ausculte por posibles ruidos respiratorios anormales y evalúe la frecuencia y profundidad de las respiraciones. Mantenga la ventilación como sea necesario. Administre oxígeno en flujo alto a 15 L/min e inspeccione la pared del tórax evaluando DCAP-BTLS.	Ausculte por posibles ruidos respiratorios anormales y evalúe la frecuencia y profundidad de las respiraciones. Mantenga la ventilación como sea necesario. Administre oxígeno a flujo alto 15 L/min, e inspeccione la pared del tórax evaluando DCAP-BTLS.
■ Circulación	Evalúe la frecuencia y calidad del pulso distal; observe el color, temperatura y estado de la piel, y trate de acuerdo con lo que sea necesario.	Evalúe la frecuencia y calidad del pulso distal; observe el color, temperatura y estado de la piel, y atienda de acuerdo con lo que sea necesario.	Evalúe la frecuencia y calidad del pulso distal; observe el color, temperatura y estado de la piel, y trate de acuerdo con lo necesario.
■ Decisión de transporte	Traslade lo más pronto posible.	Traslade lo más pronto posible.	Traslade lo más pronto posible.
Historial y examen físico enfocado	NOTA: El orden de los pasos en el historial y el examen físico enfocados dependen de que el paciente tenga, o no, un ML significativo. El orden siguiente es para un paciente con un ML significativo. Para un paciente sin un ML significativo, efectúe una evaluación enfocada de trauma, tome los signos vitales y obtenga los antecedentes.		
■ Evaluación rápida de trauma	Reevalúe el ML. Realice una evaluación rápida de trauma atendiendo las amenazas inmediatas para la vida. Gire al paciente en bloque y coloque sobre la férula espinal a todos los pacientes con un ML significativo de las clavículas hacia arriba.	Reevalúe el ML. Realice una evaluación rápida del traumatismo, tratando las amenazas para la vida de inmediato. Gire al paciente en bloque y asegure sobre la camilla rígida a todos los pacientes con un ML significativo de las clavículas hacia arriba.	Reevalúe el ML. Realice una evaluación rápida de trauma, tratando de inmediato las amenazas para la vida. Estime la cantidad de superficie corporal lesionada. Estabilice al paciente por posibles lesiones vertebrales, de acuerdo con lo que sea apropiado.

Evaluación y cuidados de urgencia

	Lesiones cerradas	**Lesiones abiertas**	**Quemaduras**
■ Signos vitales iniciales	Tome los signos vitales observando el color y temperatura de la piel, así como el nivel de conciencia del paciente. Utilice la oximetría de pulso si está disponible.	Tome los signos vitales observando el color y temperatura de la piel, así como el nivel de conciencia del paciente. Esté alerta sobre el riesgo de una hemorragia interna. Utilice la oximetría de pulso si está disponible.	Tome los signos vitales notando el color y temperatura de la piel, así como el nivel de conciencia del paciente. Use la oximetría de pulso si está disponible.
■ Historial SAMPLE	Obtenga un historial SAMPLE. Si el paciente está inconsciente, intente obtener los datos de los miembros de la familia, amigos o espectadores.	Obtenga un historial SAMPLE. Si el paciente está inconsciente, intente obtener el historial de miembros de la familia, amigos o espectadores.	Obtenga un historial SAMPLE. Si el paciente está inconsciente, intente obtener sus antecedentes de miembros de la familia, amigos o espectadores.
■ Intervenciones	Si sospecha que su paciente tiene lesiones en la columna vertebral, proporcione una estabilización vertebral completa con antelación. Trate los signos de hipoperfusión (estado de choque) y considere SVA si está disponible. Ferulice una extremidad dolorosa, edematizada o deformada.	Si sospecha que su paciente tiene lesiones de la columna vertebral, proporcione una estabilización vertebral completa con antelación. Trate los signos de hipoperfusión (choque) y considere SVA si está disponible. Ferulice una extremidad dolorosa, edematizada o deformada.	Detenga el proceso de la quemadura. Si sospecha lesiones de la columna vertebral, proporcione una estabilización vertebral completa. Trate de forma enérgica los signos de hipoperfusión (choque), y considere SVA si está disponible. Cubra las quemaduras con apósitos estériles secos de acuerdo con el protocolo.
Examen físico detallado	Complete un examen físico detallado.	Complete un examen físico detallado.	Complete un examen físico detallado.
Evaluación continua	Repita la evaluación inicial, evaluación rápida o enfocada y reevalúe los signos vitales cada 5 min en el paciente inestable, y cada 15 en el estable.	Repita la evaluación inicial, evaluación rápida o enfocada y reevalúe los signos vitales cada 5 min en el paciente inestable, y cada 15 en el estable.	Repita la evaluación inicial, evaluación rápida o enfocada y reevalúe los signos vitales cada 5 minutos en el paciente inestable, y cada 15 en el estable.
■ Comunicación y documentación	Contacte a la dirección médica con un informe por radio. Informe sobre cualquier cambio en el estado de conciencia o dificultad respiratoria. Asegúrese de anotar las órdenes del médico y cambios en el estado del paciente, y a qué hora ocurrieron.	Contacte a la dirección médica con un informe por radio. Relate cualquier cambio en el estado de conciencia o dificultad respiratoria. Documente el ML y la posición en la cual se encontró al paciente. Informe la localización y descripción de la lesión, pérdidas significativas de sangre y cómo trató la lesión. Documente las indicaciones del médico, los cambios en el estado del paciente y a qué horas ocurrieron.	Contacte a la dirección médica con un informe por radio. Describa cómo ocurrió la quemadura o quemaduras y su extensión. Relate cualquier cambio en el estado de conciencia o dificultad respiratoria. Asegúrese de documentar las órdenes del médico y cambios en el estado del paciente, y a qué horas ocurrieron.

Evaluación y cuidados de urgencia

Nota: Aunque los pasos siguientes son ampliamente aceptados, asegúrese de consultar y seguir su protocolo local.

Lesiones cerradas

1. Mantenga al paciente tan quieto y cómodo como sea posible.
2. Aplique hielo (o bolsas de hielo).
3. Aplique presión directa.
4. Eleve la parte lesionada, justo por encima del nivel del corazón del paciente.
5. Ferulice el área lesionada.

Lesiones abiertas

1. Aplique presión directa con un vendaje estéril.
2. Mantenga la presión con un rollo de vendas.
3. Si la hemorragia continúa, aplique un segundo apósito y un rollo de vendas sobre el primero.
4. Ferulice la extremidad.

Quemaduras

1. Siga las precauciones del ASC.
2. Aleje al paciente de la zona de calor.
3. Sumerja la piel quemada en agua estéril fría.
4. Administre oxígeno a flujo alto.
5. Cubra al paciente con una manta limpia.
6. Estime rápidamente la gravedad de la quemadura.
7. Verifique posibles lesiones traumáticas.
8. Trate al paciente con estado de choque.
9. Proporcione transporte inmediato.

Lesiones abdominales

1. No toque ni mueva los órganos expuestos.
2. Mantenga húmedos los órganos. Use apósitos estériles húmedos, cubra y fíjelos en el sitio.
3. Si las piernas y rodillas del paciente no están lesionadas, flexiónelas para liberar la presión sobre el abdomen.

Objetos impactados

1. No intente mover o quitar el objeto.
2. Controle la hemorragia y estabilice el objeto en el sitio usando apósitos suaves, gasa y/o cinta adhesiva.
3. Fije con cinta adhesiva un objeto rígido sobre el objeto estabilizado para protegerlo del movimiento durante el transporte.

Heridas del cuello

1. Cubra la herida con un apósito oclusivo.
2. Aplique presión manual, pero no comprima ambas carótidas al mismo tiempo.
3. Fije el apósito sobre la herida.

Quemaduras químicas

1. Detenga el proceso de la quemadura; quite en forma segura cualquier sustancia química del paciente, cepillando siempre para retirar una sustancia química seca.
2. Quite toda la ropa del paciente.
3. Lave el área de la quemadura con abundante agua de 15 a 20 min, hasta que el paciente diga que ha desaparecido el ardor.

Quemaduras eléctricas

1. Verifique la seguridad de la escena.
2. Si se indica, comenzar con RCP y aplicar el DAE.
3. Trate las áreas de tejido blando lesionadas colocando apósitos estériles secos sobre todas las quemaduras y ferulizando fracturas.

Mordeduras humanas y de animales pequeños

1. Estabilice pronto el área con una férula o un vendaje.
2. Aplique un apósito estéril seco.
3. Realice el traslado al departamento de urgencias para limpieza quirúrgica de la herida y terapia antibiótica.

Resumen

Listo para repaso

- La piel tiene tres capas; la epidermis (capa exterior dura), la dermis (capa interior que contiene a los folículos pilosos, glándulas sudoríparas y glándulas sebáceas) y la subcutánea (que contiene grasa y capas musculares).
- Las principales funciones de la piel son conservar fuera a gérmenes patógenos, evitar la pérdida de líquidos, mantener la temperatura corporal y proporcionar información del ambiente al encéfalo.
- Las lesiones de los tejidos blandos se clasifican en tres grupos: lesiones cerradas, lesiones abiertas y quemaduras.
- Las lesiones cerradas incluyen hematomas y lesiones por aplastamiento. El tratamiento incluye RICES (Reposo, Hielo, Compresión, Elevación, Férulas (*Splinting*), de acuerdo con la mnemotecnia (por sus siglas en inglés).
- Las lesiones abiertas producen hemorragia abundante y aumentan el riesgo de infección. Hay cinco tipos de lesiones abiertas: abrasiones, laceraciones, incisiones, avulsiones y lesiones penetrantes.
- Para tratar lesiones abiertas, controle la hemorragia como está indicado y aplique apósitos estériles, evitando limpiar una herida abierta, pues puede agravar la hemorragia.
- Las quemaduras son lesiones graves y dolorosas de los tejidos blandos causadas por calor (térmicas), sustancias químicas, electricidad y radiación.
- Las quemaduras se clasifican en un principio por la profundidad y extensión de la lesión y el área corporal afectada. Las quemaduras se consideran superficiales, de espesor parcial y de espesor completo, con base en la profundidad implicada.
- Cuando proporcione cuidados de urgencia ante las quemaduras haga lo siguiente:
  - Use precauciones de ASC para protegerse de secreciones corporales potencialmente contaminadas y proteger al paciente de una posible infección.
  - Asegúrese de que ha enfriado el área de la quemadura para prevenir más daño celular.
  - Quite alhajas o ropa constrictiva; nunca intente retirar material sintético alguno que parezca haberse fundido en la piel quemada.
  - Asegure una vía aérea abierta y despejada, administre oxígeno a flujo alto; esté alerta por signos y síntomas de lesión por inhalación, como dificultad respiratoria, estridor o sibilancias.
  - Aplique apósitos estériles sobre el área o áreas quemadas; prevenga la hipotermia cubriendo al paciente con una manta limpia. Proporcione un traslado rápido.
- Las mordeduras humanas y de animales pequeños pueden conducir a una infección grave y deben ser evaluadas por un médico. Los animales pequeños pueden tener rabia.
- Los apósitos y los vendajes están diseñados para controlar la hemorragia, proporcionar protección a la herida de un daño adicional, evitar contaminación en el interior y prevenir infección.

Resumen continuación...

Vocabulario vital

abrasión Pérdida o daño de la capa superficial de la piel, como resultado de que una parte del cuerpo se friccione o raspe a lo largo de una superficie áspera o dura.

apósito oclusivo Apósito hecho con gasa envaselinada, hoja de aluminio o plástico para evitar que entren o salgan de la herida aire o líquidos.

avulsión Lesión en la cual el tejido blando es rasgado y desprendido por completo o queda como un colgajo.

contaminación Presencia de organismos infecciosos o cuerpos extraños, como tierra, grava o metal.

contusión Magulladura sin rotura de la piel.

dermis Capa interior de la piel que contiene folículos pilosos, glándulas sudoríparas, glándulas sebáceas, terminaciones nerviosas y vasos sanguíneos.

epidermis Capa exterior de la piel que actúa como una cobertura protectora a prueba de agua.

equimosis Alteración del color asociada con una herida cerrada, significa hemorragia.

evisceración Desplazamiento de órganos fuera del cuerpo.

hematoma Sangre colectada dentro de los tejidos del cuerpo o en una cavidad corporal.

herida penetrante Lesión causada por un objeto puntiagudo afilado y que logra ingresar a ciertas cavidades.

incisión Un corte.

laceración Corte con bordes irregulares causado por un objeto afilado o una fuerza contusa que desgarra el tejido.

lesiones abiertas Lesiones en las cuales hay una abertura en la superficie de la piel o la membrana mucosa, exponiendo al tejido más profundo y con riesgo de contaminación.

lesiones cerradas Lesiones en las cuales el daño se produce debajo de la piel o la membrana mucosa, pero la superficie permanece intacta.

membrana mucosa Recubrimiento de las cavidades corporales o conductos que está en contacto directo con el exterior.

quemadura Lesión en la cual tejidos blandos reciben más energía de la que pueden absorber sin lesionarse, proveniente de una fuente de calor térmico, por fricción, sustancias químicas tóxicas, electricidad o radiación nuclear.

quemadura de espesor completo (de tercer grado) Una quemadura que afecta todas las capas de la piel y puede afectar las capas subcutáneas, músculo, hueso, y órganos internos, dejando el área seca, apergaminada y blanca, marrón oscura o carbonizada; se llama tradicionalmente quemadura de tercer grado.

quemadura de espesor parcial (de segundo grado) Quemadura que afecta la epidermis y parte de la dermis, pero no el tejido subcutáneo, caracterizada por flictenas y piel de color blanco a rojo, húmeda y moteada; llamada tradicionalmente quemadura de segundo grado.

quemadura superficial (de primer grado) Quemadura que afecta sólo la epidermis, caracterizada por piel de color rojo, pero no ampulada ni quemada en su totalidad; llamada tradicionalmente quemadura de primer grado.

rabiosos Describe a animales que están infectados con rabia.

regla de los nueve Sistema que asigna porcentajes a secciones del cuerpo, lo que permite calcular la cantidad de superficie de piel implicada en el área quemada.

síndrome compartamental Edematización del tejido en un espacio confinado que produce una presión peligrosa; puede cortar el flujo sanguíneo o lesionar tejidos sensibles.

Qué evaluar

Ha sido enviado a un accidente automovilístico en la intersección de la calle Molinos y Avenida Toluca 12. En camino a la escena la patrulla de caminos informa sólo lesiones menores.

Al llegar, ve dos vehículos con sólo daños menores. Su paciente, un varón de 16 años de edad, se queja de una pequeña laceración en su brazo. Está muy alterado y llorando. Su impresión general no muestra nada significativo. El paciente está alerta y orientado y su evaluación inicial no indica problemas con la vía respiratoria, la respiración ni la circulación. La evaluación enfocada de trauma y en el examen físico detallado sólo encuentran una laceración de 5 cm en el brazo derecho del paciente. Sus signos vitales son normales y no se encuentra nada significativo en el historial SAMPLE. El paciente rechaza el tratamiento. Debido a su edad no puede rehusar ni firmar de manera legal un rechazo.

Temas: Edad legal de consentimiento, Soporte emocional de menores, Notificación a padres o custodios.

Autoevaluación

El incendio de una construcción está en progreso en el número 1400 de Revolución. El departamento de bomberos ya está en la escena. Al llegar, coloca su ambulancia fuera del paso de los equipos de incendios y se presenta al puesto de comando. El comandante del incidente le dice que el sector de rescate ha encontrado una víctima y que están moviendo al paciente al frente del edificio. Reúne todo el equipo que necesita y se establece frente al edificio.

Unos minutos después, cuatro bomberos traen a la víctima al frente. Inicia su evaluación inicial. La impresión general le indica que se trata de un paciente geriátrico, su piel es pálida y presenta quemaduras en varios sitios. También nota una laceración grande en su antebrazo. El paciente responde a su voz, su vía aérea está abierta y su respiración es laboriosa (disneica) a una frecuencia de 22 respiraciones/min. Su frecuencia de pulso es de 110 latidos/min, débil y regular. Su compañero coloca al paciente con oxígeno a flujo alto a 15 L/min. Al hacer una evaluación rápida de trauma encuentra una hemorragia intensa de una laceración de 16 cm en el antebrazo izquierdo. El paciente tiene quemaduras de espesor completo en la parte anterior (frente) del tórax y abdomen. Ambas piernas están gravemente quemadas. Envuelve al paciente en una sábana estéril para quemaduras y lo prepara para su traslado rápido al departamento de urgencias.

1. El área de superficie corporal quemada se puede estimar usando:
   A. Directrices ABA.
   B. Gráfica de tasa de quemaduras.
   C. Fórmula Parkland.
   D. Regla de los nueve.

2. El primer paso para controlar la hemorragia en la laceración es:
   A. aplicar presión directa con un vendaje estéril.
   B. colocar hielo en la herida.
   C. colocar un torniquete.
   D. colocar el brazo por debajo del nivel del corazón.

3. Si la hemorragia continúa a través del vendaje debe:
   A. aplicar un segundo apósito.
   B. llamar otra ambulancia.
   C. precipitar al paciente a cirugía.
   D. intentar un tipo diferente de apósito.

4. Para determinar la gravedad de las quemaduras considere la profundidad de la quemadura y:
   A. el color de la quemadura.
   B. hace cuánto tiempo ocurrió la quemadura.
   C. la extensión o área de la quemadura.
   D. lo que causó la quemadura.

5. Un factor adicional que hace a la quemadura del paciente una situación crítica es:
   A. la causa de la quemadura.
   B. su edad.
   C. su peso corporal.
   D. el tipo de quemadura.

6. Las quemaduras clasificadas como de espesor completo (de tercer grado) se pueden identificar por:
   A. ámpulas con descarga de líquido.
   B. piel azul y roja.
   C. ser secas y con aspecto de cuero.
   D. abundante hemorragia.

7. Una quemadura que involucra la epidermis y parte de la dermis, es roja y se acompaña de ámpulas, se clasifica como:
   A. quemadura circunstancial.
   B. quemadura de espesor completo.
   C. quemadura superficial (de primer grado).
   D. quemadura de espesor parcial (de segundo grado).

8. Después de tratar a un paciente con quemadura por estado de choque, debe proteger al paciente de infección e:
   A. hiperglucemia.
   B. hipertensión.
   C. hipotermia.
   D. hipouria.

Preguntas desafiantes

9. Usando la regla de los nueve, ¿cuál es el porcentaje de área de superficie corporal quemada en el paciente?

10. ¿Por qué no deben retirarse los objetos empalados cuando se tratan lesiones de tejidos blandos?

11. Explique el tratamiento de las lesiones torácicas abiertas o succionantes.

Lesiones de los ojos

Objetivos

Cognitivos

1. Listar las principales características anatómicas del ojo. (p. 736)
2. Describir las principales funciones del ojo. (p. 736)
3. Describir los signos y síntomas de las lesiones de los ojos. (pp. 738-740)
4. Listar los pasos necesarios para evaluar las lesiones de los ojos. (p. 738)
5. Describir los pasos para el tratamiento de cuerpos extraños en el ojo. (pp. 741-743)
6. Describir los pasos para el tratamiento de heridas por punciones en el ojo. (pp. 742, 743)
7. Describir cómo tratar las quemaduras del ojo. (pp. 744, 745)
8. Describir cómo retirar los lentes de contacto del ojo. (pp. 742, 750)
9. Reconocer anormalidades de los ojos que puedan indicar una lesión subyacente de la cabeza. (p. 749)
10. Reconocer y tratar a un paciente con un ojo artificial. (p. 750)

Afectivos

Ninguno

Psicomotores

11. Demostrar el uso de la irrigación para eliminar con un chorro de agua cuerpos extraños sobre la superficie del ojo. (p. 742)
12. Demostrar los cuidados del paciente con quemaduras químicas del ojo. (p. 744)
13. Demostrar los pasos en los cuidados de urgencias del paciente con laceraciones de los párpados. (p. 747)

25

Lesiones de los ojos

Situación de urgencia

Junto con su compañero TUM-B, es enviado a la escena de una persona lesionada en el taller de reparaciones de autos "López". En la escena descubre a un paciente con un fragmento grande de metal en un ojo. Los espectadores le dicen que estaba trabajando con una pieza de maquinaria que le explotó en la cara.

1. ¿Por qué es importante cubrir ambos ojos si sólo uno está lesionado?
2. ¿Cuándo es apropiado retirar los lentes de contacto de los ojos de sus pacientes?

Lesiones de los ojos

Las lesiones del ojo son muy comunes y encontrará muchas en su labor como TUM-B. Los cuidados médicos de urgencia apropiados para estas lesiones pueden minimizar los daños, que con frecuencia son graves. Por fortuna, la mayor parte de las lesiones del ojo son menores, como cuerpos extraños en el ojo, abrasiones corneales y contusiones. Algunas lesiones son más serias, como la rotura del globo ocular, que requiere un tratamiento experto inmediato. Este capítulo repasa primero la estructura y función del ojo además de referirse a los diferentes tipos de lesiones en este órgano, describiendo el tratamiento de urgencias de cada uno. También se expone el manejo de los lentes de contacto y los ojos artificiales.

Anatomía y fisiología del ojo

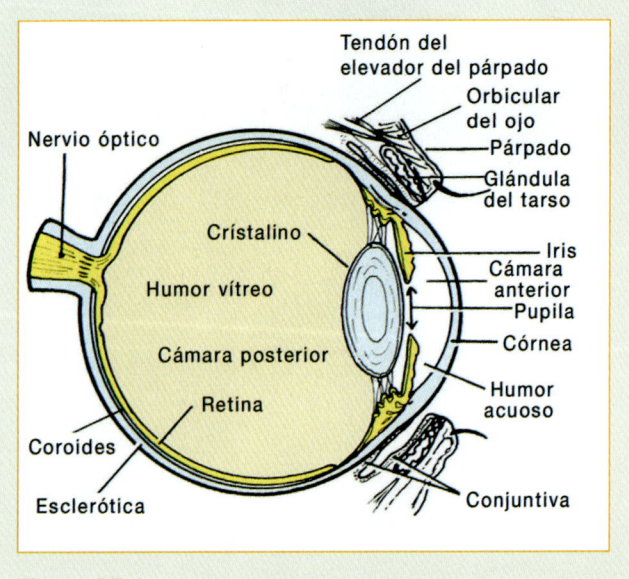

Figura 25-1 Componentes principales del ojo.

El ojo es un órgano que tiene forma de globo, con diámetro aproximado de tres centímetros (1 pulgada), situado dentro de una cavidad ósea en el cráneo llamada **órbita** (Figura 25-1▶). La órbita está formada por los huesos adyacentes del cráneo y de la cara, forma la base del piso de la cavidad craneal y, de forma directa por encima de ella, están los lóbulos frontales del cerebro. En el adulto, más de 80% del globo ocular está protegido dentro de esta órbita de hueso. Entre las órbitas y debajo de ellas, están los huesos nasales y los senos, respectivamente. Por tanto, cualquier lesión intensa de la cara o la cabeza puede dañar de manera potencial el globo ocular o los músculos que permiten su movimiento y que están en él.

El **globo ocular** mantiene su forma de globo como resultado de la presión del líquido contenido dentro de sus dos cámaras. El líquido claro, similar a jalea, cerca de la parte posterior del ojo se llama humor vítreo. Si el globo ocular se rompe, el gel se escapa y no es posible reemplazarlo. Frente al cristalino hay un líquido claro llamado humor acuoso, que lleva ese nombre por su aspecto de agua; en latín, *aqua* significa agua. En las lesiones penetrantes del ojo también se puede escapar el humor acuoso, pero con tiempo y el cuidado médico apropiado, el cuerpo puede formar más.

La superficie interior de los párpados y la propia superficie expuesta del ojo, que están recubiertas por una delicada membrana llamada **conjuntiva**, se mantienen húmedas por el líquido producido por las **glándulas lagrimales**, llamadas a menudo glándulas de las lágrimas (Figura 25-2▶). Los seres humanos parpadean de manera inconsciente varias veces por minuto, acción que distribuye líquido de las glándulas lagrimales sobre la superficie del ojo, limpiándolo. Las lágrimas drenan en el lado interno del ojo por medio de los conductos lagrimales al interior de las fosas nasales, razón por la cual, cuando las personas lloran, a veces necesitan sonarse la nariz.

La parte blanca del ojo, llamada **esclerótica**, se extiende sobre la superficie del globo ocular. Es un tejido fibroso, extremadamente duro, que ayuda a mantener la forma del ojo y protege las estructuras internas más delicadas. En la parte del frente del ojo, la esclerótica es reemplazada por una membrana clara, transparente llamada **córnea**, que permite que la luz penetre al ojo. Un músculo circular está situado detrás de la córnea con una abertura en su centro. Como el obturador de una cámara, este músculo ajusta el tamaño de la abertura para regular la cantidad de luz que entra al ojo. El músculo circular, y el tejido que lo rodea, se llaman **iris**. El iris está pigmentado, dando al ojo sus colores café, verde o azul característicos.

La abertura en el centro del iris, que permite que la luz se desplace al fondo del ojo, se llama **pupila**, la cual por lo regular se ve negra. Como la abertura de una cámara, la pupila se vuelve más pequeña con la luz brillante y más grande con la luz poco clara. La pupila también se vuelve más pequeña y más grande cuando la persona está mirando objetos cerca de la mano o alejados, respectivamente; estos ajustes ocurren de forma casi instantánea. Por lo general, las pupilas de ambos ojos son de igual tamaño, aunque algunas personas nacen con pupilas que no lo son; sin embargo, particularmente en pacientes inconscientes, el tamaño desigual de las pupilas puede indicar una lesión o enfermedad seria del encéfalo o del ojo.

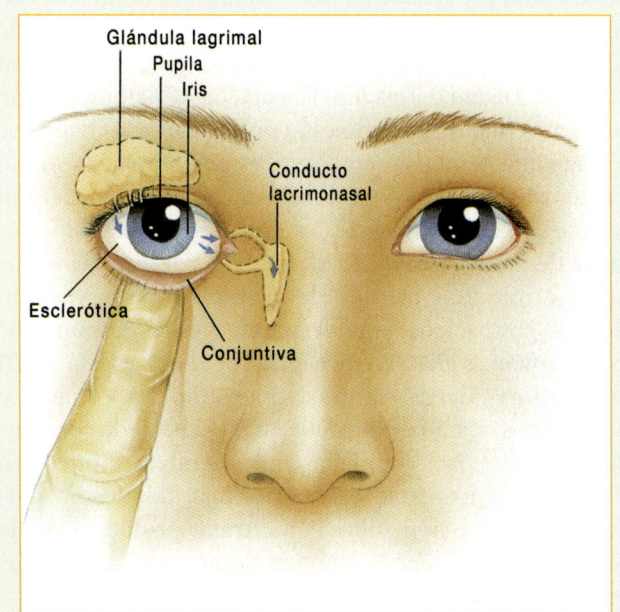

Figura 25-2 El sistema lagrimal consiste en glándulas y conductos lagrimales. Las lágrimas actúan como lubricantes y evitan que el frente del ojo se reseque.

Detrás del iris está el <u>cristalino</u> el cual, como el lente de una cámara, enfoca imágenes en el área sensible de la luz en la parte posterior del ojo, llamada <u>retina</u>. Puede pensar de la retina como la película de la cámara. Dentro de la retina hay múltiples terminaciones nerviosas que responden a la luz transmitiendo impulsos nerviosos al encéfalo a través del <u>nervio óptico</u>. En el encéfalo los impulsos se interpretan como visión.

La retina es nutrida por una capa de vasos sanguíneos situada entre ella y la esclerótica llamada coroides. Si, como sucede en ocasiones, la retina se desprende de la coroides y esclerótica subyacentes, las terminaciones nerviosas no se nutren y el paciente sufre ceguera. Esta puede ser una ceguera parcial dependiendo del tamaño de la parte de la retina que se desprende. Este trastorno se llama <u>desprendimiento de la retina</u>.

Evaluación de las lesiones de los ojos

Las lesiones de los ojos son comunes, sobre todo en los deportes. La lesión del ojo puede producir serias complicaciones que duran toda la vida, incluyendo la ceguera. El tratamiento de urgencias apropiado minimizará el dolor y puede, muy bien, ayudar a prevenir pérdida permanente de la vista.

En un ojo normal, no lesionado, es visible la totalidad del círculo del iris. Las pupilas son redondas, por lo general de igual tamaño y reaccionan en igual forma cuando se exponen a la luz (Figura 25-3 ▶). Ambos ojos se mueven juntos en la misma dirección siguiendo el movimiento del dedo. Después de una lesión, con frecuencia la reacción o forma de la pupila y el movimiento del ojo están perturbados. Cualquiera de estos trastornos debe hacerle sospechar una lesión del globo ocular o sus tejidos anexos. Recuerde no obstante, que las reacciones pupilares anormales a veces son un signo de lesión encefálica más que una lesión de los ojos.

Ciertos elementos del historial del sujeto son en particular importantes. Por tanto, al efectuar su evaluación siempre note y registre los signos y síntomas del paciente, incluyendo su intensidad y duración, los detalles sobre cómo se produjo la lesión, cualquier cambio comunicado en la visión, el uso de cualquier medicamento para los ojos y cualquier historial de cirugía del ojo.

Evaluación de la escena

Al llegar a la escena busque posibles peligros y amenazas para la seguridad del equipo, los espectadores

Situación de urgencia — Parte 2

Toma las precauciones de ASC y pide al paciente que le diga qué sucedió. Él le explica que la máquina "explotó en pedazos" y que sintió que algo golpeó su ojo derecho. El paciente no cayó, nunca perdió la conciencia y en este momento está alerta y orientado. Tiene una vía aérea permeable, está respirando y observa un sangrado moderado de su ojo derecho. Efectúa una evaluación rápida y determina que la única lesión presente es el fragmento grande de metal en la esclerótica de su ojo derecho.

3. ¿Aplicaría presión directa sobre el ojo derecho para controlar la hemorragia?
4. ¿Cómo trataría la lesión del ojo?

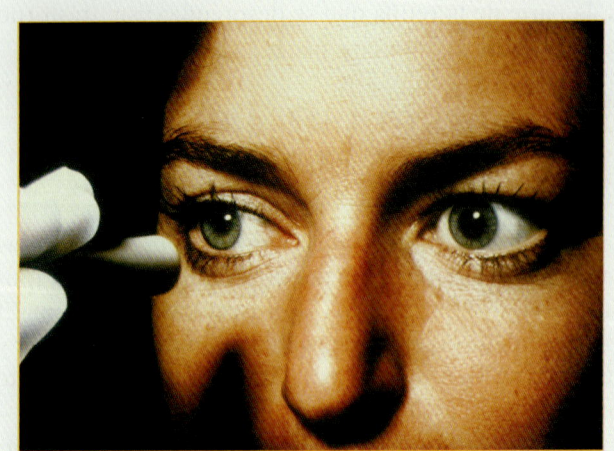

Figura 25-3 Por lo general las pupilas son redondas, de igual tamaño, e igualmente reactivas cuando se exponen a la luz.

y el paciente. Las lesiones de los ojos se producen con frecuencia en ambientes industriales o en situaciones con un potencial de otras lesiones del paciente, incluso de quienes responden a la urgencia no familiarizados con el sitio de trabajo específico. Asegure usar, junto con su tripulación, las precauciones de ASC incluyendo cuando menos guantes y protección para los ojos. Los guantes de látex proporcionan una buena barrera contra líquidos corporales, sin embargo, es pobre su protección contra muchas sustancias químicas. Con frecuencia las lesiones de los ojos son el resultado de cambios súbitos inesperados en energía, –mecánica, química o térmica. Al observar la escena busque indicadores del ML, lo que ayuda a desarrollar desde un inicio un índice de sospecha de lesiones de fondo en el paciente que ha sufrido un ML significativo. Considere con antelación cualquier ayuda adicional que pueda necesitar. Si están implicados materiales peligrosos y no contenidos, debe solicitar personal debidamente entrenado.

Evaluación inicial

Es posible que el paciente tenga lesiones claras; sin embargo, no debe distraerse por las lesiones que encuentra en la valoración inicial. Recuerde que el foco de la evaluación inicial es la valoración y el tratamiento de lesiones que ponen en peligro la vida.

Impresión general

En la mayoría de las personas, las lesiones de los ojos tienen el potencial de causar una discapacidad permanente y, por tanto, crean un alto grado de ansiedad. Ésta afectará la manera en que los pacientes interactuarán con usted como proveedor de los cuidados. Permanezca calmado y profesional. Al acercarse al paciente traumatizado debe observar indicadores importantes que lo alerten sobre la seriedad del estado del paciente. Cualquier lesión de los ojos puede ser la molestia principal obvia cuando se acerca al paciente; sin embargo, es posible que el sujeto tenga otras lesiones o trastornos médicos que necesitan evaluarse y tal vez tratarse. La impresión general le ayudará a desarrollar un índice de sospecha de lesiones serias y a determinar su sentido de urgencia de intervención médica. ¿El paciente está despierto o es no responsivo? ¿Su lenguaje es claro o entrecortado? Use la escala AVDI (despierto y Alerta; responsivo a estímulos Verbales o Dolor; Inconsciente) para determinar el nivel de conciencia inicial del paciente. Estas simples interacciones con el paciente al acercarse y comenzar los cuidados proporcionará información sobre cómo tratar problemas en la evaluación inicial, en particular, cómo tratar problemas de vías aéreas, respiración y hemorragia.

Vía aérea, respiración y circulación

Cuando comience la evaluación inicial, considere la necesidad de inmovilización vertebral manual mientras determina si el paciente tiene una vía aérea clara y despejada. Si el paciente es no responsivo o tiene un nivel de conciencia notablemente alterado, considere la inserción de una cánula orofaríngea o nasofaríngea de tamaño apropiado, según sea necesario, para ayudar a mantener la vía aérea. Verifique ruidos respiratorios claros y simétricos, luego administre oxígeno en flujo alto o suministre ventilación asistida con un dispositivo bolsa-válvula-mascarilla, según se requiera, dependiendo del nivel de conciencia de su paciente, así como la frecuencia y la calidad de la respiración. Recuerde que las lesiones traumáticas del ojo, como cualquier otra lesión facial, tienen el potencial de afectar la vía aérea y deben vigilarse.

Palpe la pared del pecho en búsqueda de DCAP-BLS-TIC [Deformidades, Contusiones, Abrasiones, Punciones/penetraciones, quemaduras (Burns), Laceraciones, y edema (Swelling), sensibilidad al Tacto, Inestabilidad y Crepitación]. Debe examinar con rapidez la frecuencia y calidad del pulso; determinar el estado, color y temperatura de la piel, y verificar el tiempo del llenado capilar. Si es visible una hemorragia notable, debe iniciar los pasos necesarios para controlarla. La hemorragia significativa es una amenaza inmediata para la vida. Si el paciente tiene una hemorragia obvia que pone en peligro la vida debe controlarse de inmediato. Esto puede ser difícil de hacer sin causar presión indebida sobre el propio ojo, en presencia de un traumatismo facial intenso; sin embargo, debe tener cuidado en no poner presión sobre el ojo durante el vendaje porque puede empeorar la lesión. Las heridas en los tejidos blandos del párpado y área circundante tienen a sangrar libremente, pero por lo general no amenazan la vida y suelen ser fáciles de controlar.

Decisión de transporte

Si el sujeto que está tratando tiene un problema de la vía aérea o de la respiración, o está sangrando de manera profusa, es un paciente prioritario y debe considerar un rápido transporte al hospital para tratamiento. Si no tiene signos de hipoperfusión u otras lesiones que pongan en peligro su vida debe tomar en cuenta que las lesiones del ojo son serias y transportarlo al hospital en forma tan segura y rápida como sea posible. En algunas situaciones, la cirugía y/o la restauración de la circulación del ojo necesitan realizarse en 30 min o pueden dar por resultado ceguera permanente. No debe demorar el traslado de un paciente lesionado de gravedad, en particular de uno con una hemorragia significativa, aunque esté controlada, con el propósito de completar un historial o examen físico enfocados; éstos pueden continuar durante el transporte. Para lesiones serias aisladas del ojo, debe considerarse que el transporte sea a un centro especializado en el cuidado de los ojos, dependiendo del protocolo local.

Historial y examen físico enfocados

Después de completarse la evaluación inicial, determine qué evaluación se efectuará a continuación.

Examen físico rápido

Si existe un ML significativo que tal vez afecta múltiples sistemas con múltiples lesiones, además de una lesión del ojo, debe practicarse un examen físico rápido con el uso de DCAP-BLS-TIC, para asegurar que ha encontrado todos los problemas y lesiones. En casos con hemorragias es importante no enfocarse sólo en el sangrado ni en las lesiones notorias que afectan al ojo; con un traumatismo intenso, debe evaluar con rapidez al paciente entero, de la cabeza a los pies. Esto lo ayudará a identificar lesiones ocultas y a preparar mejor a su paciente para acondicionamiento y transporte.

Examen físico enfocado

En el paciente que tiene una lesión aislada con un ML limitado, como es común en muchas lesiones de los ojos, comience con un examen físico enfocado de los ojos y la cara. Enfoque su evaluación en la lesión aislada, la molestia del paciente y la región afectada. ¿El sujeto usa lentes de contacto? Asegure que se mantiene el control de la hemorragia, note la localización y grado de la lesión. Examine el ojo lesionado y la región asociada de la cara implicada en la lesión potencial. Evalúe los ojos con relación a la igualdad de la mirada: ¿los ojos se ven iguales, se mueven en la misma dirección? Si no es así, el paciente puede tener diplopía o visión doble. Verifique el tamaño y respuesta de las pupilas, note la posible presencia de cuerpos extraños o líquido drenando del ojo. Las pupilas deben ser redondas y reaccionar a la luz, sin material obvio en el ojo ni lagrimeo excesivo. Una pupila en forma de gota de lágrima puede indicar una laceración del propio ojo. Examine el globo ocular con relación a una posible hemorragia. Si el ojo o los ojos del paciente están cerrados e hinchados, no intente abrirlos con fuerza.

Signos vitales iniciales

Evalúe los signos vitales iniciales para observar los cambios que puede experimentar el paciente durante el tratamiento. La tensión arterial, el pulso, el examen de la piel y las respiraciones pueden indicar qué tan bien está tolerando la situación el paciente. Una tensión arterial menor de 100 mm Hg, con un pulso débil, rápido y una piel fría, húmeda, que es blanca o gris, deben alertarlo sobre la presencia de choque. Recuerde, debe preocuparse por la presencia de hemorragia visible de la cara y por la hemorragia no visible dentro de una cavidad del cuerpo. Es probable que la evaluación de las pupilas se haya efectuado durante la evaluación de la lesión del ojo.

Historial SAMPLE

A continuación, obtenga un historial SAMPLE de su paciente. Si está inconsciente, busque una identificación médica bajo la forma de brazaletes, collares o tarjetas en la cartera. También debe obtener un historial SAMPLE de amigos o miembros de la familia que estén presentes.

Intervenciones

Proporcione inmovilización completa de la columna vertebral al paciente con sospecha de lesiones vertebrales. Sea cuidadoso al vendar lesiones del propio ojo; la presión sobre el ojo puede reducir su circulación y forzar los líquidos del ojo a derramarse. El resultado de cualquiera de estas situaciones puede ser la ceguera. Si hay hemorragias intensas visibles en otras áreas del cuerpo, contrólelas como se expuso en el capítulo anterior. Siempre que sospeche una hemorragia significativa, o si el paciente tiene signos y síntomas de choque, administre oxígeno en flujo alto y obtenga un transporte rápido al hospital apropiado. No retrase el transporte de un paciente traumatizado seriamente lesionado por completar en el campo tratamientos que no salvan vidas, como enferular (ferulizar) fracturas de las extremidades, en vez de esto, complételos camino al hospital. Si el paciente está en una condición estable, proporcione los cuidados de urgencia apropiados para el ojo u ojos lesionados, como se señala en la sección titulada Cuidados de urgencias.

Necesidades geriátricas

Cuando trabaje con pacientes geriátricos pregunte cómo era su vista antes de la lesión. Las personas de edad avanzada con frecuencia tienen cataratas, visión deficiente y ojos inestables, por lo cual es importante encontrar cómo se compara su situación actual con la de sus ojos antes de la lesión.

Examen físico detallado

Si el paciente está en condición estable y se han resuelto los problemas identificados durante la evaluación inicial, realice un concienzudo examen médico detallado como se expone en el capítulo sobre evaluación del paciente. Muchas veces, los tiempos cortos del transporte y el estado inestable del sujeto hacen que esta evaluación sea impráctica. Cuando haya tiempos de transporte más prolongados y las condiciones del paciente sean estables, practicar un examen médico detallado lo ayudará a afinar sus destrezas de evaluación para futuras llamadas médicas.

Evaluación continua

Reevalúe las áreas examinadas durante la evaluación inicial, enfocándose en la vía aérea, respiración, pulso, perfusión y hemorragia. Pregúntese: "¿son todavía adecuadas?". Reevalúe los signos vitales; los cambios en los signos vitales le ayudan a saber si el estado de su paciente está mejorando o empeorando. Reevalúe las intervenciones y tratamiento que ha proporcionado. Pregunte sobre cambios en la vista del paciente desde que se inició su encuentro. En presencia de lesiones serias, asegure que el vendaje aún cubra ambos ojos y que no está presionando el globo ocular.

Comunicación y documentación

La profundidad de la información dada en una llamada por radio se basa, en gran parte, en el protocolo y la costumbre locales. Debe proporcionar suficiente información para que el personal del hospital tenga una "imagen" de lo que encontró en su evaluación. La información que proporcione al hospital ayudará al personal a prepararse mejor para el paciente. Si el sujeto traumatizado tiene varias lesiones, y el ojo no es su más alta prioridad, de todas maneras haga que el personal del hospital tenga conciencia del ojo para que haya especialistas disponibles para tratarlo. Cuando llegue al hospital, su informe verbal más detallado al personal debe reflejar su informe por radio e incluir tratamientos adicionales y cambios en el estado del paciente desde su informe por radio.

La documentación en el FRAP del servicio debe incluir la que dio en su informe verbal. Sea claro y conciso, pero incluya los detalles necesarios. Recuerde que el FRAP es un registro legal de los cuidados que proporcionó al paciente. La información sobre cuánta vista o visión tenía el paciente estando bajo su cuidado puede ser importante más adelante. Escriba todo lo que el paciente diga, como "Todo es borroso", "puedo ver luz, pero no formas" o "no puedo ver con ese ojo".

Cuidados de urgencias

El tratamiento comienza con un examen minucioso para determinar el grado y naturaleza de cualquier daño. Siempre realice su examen usando las precauciones del ASC, teniendo sumo cuidado de no agravar los problemas. Está buscando anormalidades o trastornos específicos que puedan sugerir la naturaleza de la lesión (Figura 25-4▶). Por ejemplo, las lesiones contusas o penetrantes pueden producir párpados lacerados o hinchados. La hemorragia poco después de una irritación o lesión puede causar una conjuntiva roja, brillante. Una córnea dañada pierde rápidamente su aspecto húmedo, liso.

Las siguientes secciones exponen lesiones comunes de los ojos y sus cuidados de urgencias.

Cuerpos extraños

La órbita protectora que rodea los ojos previene que objetos grandes penetren en él. Sin embargo, cuerpos extraños de tamaño moderado, o menores, de muchos tipos diferentes, pueden entrar en el ojo y causar un daño significativo. Aun un cuerpo extraño muy pequeño, como un grano de arena, situado en la superficie de la conjuntiva puede causar una intensa irritación (Figura 25-5▶). La conjuntiva se inflama y enrojece, trastorno conocido como <u>conjuntivitis</u>, casi de inmediato, y el ojo empieza a producir lágrimas en un intento por expulsar hacia fuera el objeto de la irritación, con una acción de "lavado" de las lágrimas. La irritación de la córnea o la conjuntiva causa dolor intenso. Es posible que el paciente tenga dificultad para mantener abierto el ojo, porque la irritación se agrava más por la luz brillante.

Si hay un objeto extraño y pequeño sobre la superficie del ojo del paciente, debe usar solución salina normal para irrigar con cuidado el ojo. Con frecuencia, la irrigación con solución salina estéril expulsará partículas pequeñas sueltas. Si hay a mano una pera pequeña para irrigar o una vía aérea o cánula nasal puede usarlas para dirigir la solución salina hacia el ojo afectado Figura 25-6 ▼ . Siempre dirija el chorro del lado de la nariz del ojo, y hacia el exterior, para evitar que entre el material del chorro al otro ojo. Después de que ha sido expulsado por el chorro de solución salina, con frecuencia un cuerpo extraño dejará una pequeña abrasión en la superficie de la conjuntiva, razón por la cual el paciente se quejará de irritación, aun cuando la propia partícula se ha ido. Siempre es una buena idea transportar al paciente al hospital para una evaluación posterior y asegurar un cuidado médico apropiado del ojo afectado.

Por lo general, la irrigación delicada no eliminará cuerpos extraños que estén impactados en la córnea o situados bajo el párpado superior. Para examinar la superficie interior del párpado superior, tire de este hacia arriba y hacia adelante. Si observa un objeto extraño en la superficie del párpado, puede ser capaz de retirarlo con un hisopo húmedo estéril Destrezas 25-1 ▶ . Nunca intente retirar un cuerpo extraño que esté impactado en la córnea.

1. **Pida al paciente que mire hacia abajo** mientras prende las pestañas del párpado superior con el

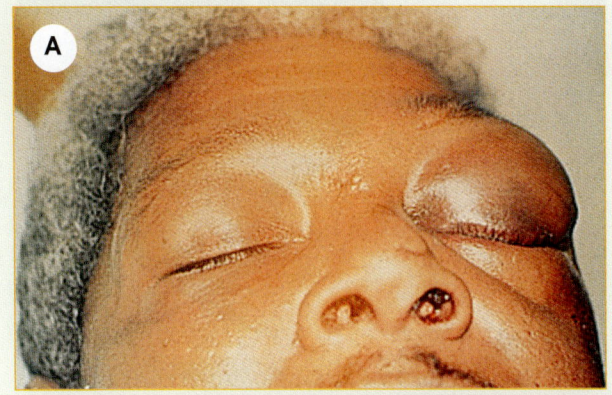
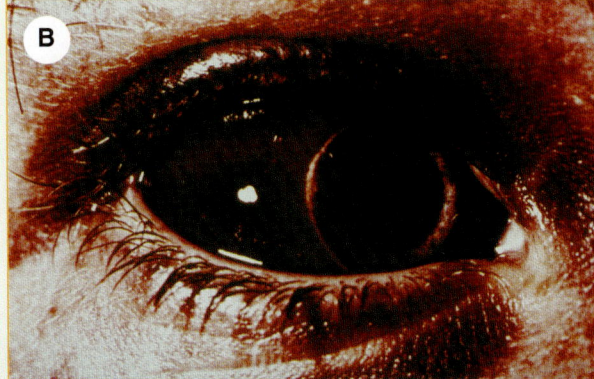
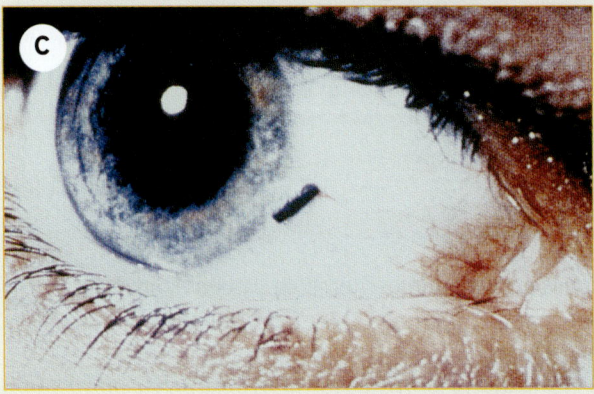

Figura 25-4 Las lesiones de los ojos se detectan fácilmente por **A** edema, **B** hemorragia, y **C** la presencia de cuerpos extraños en el ojo.

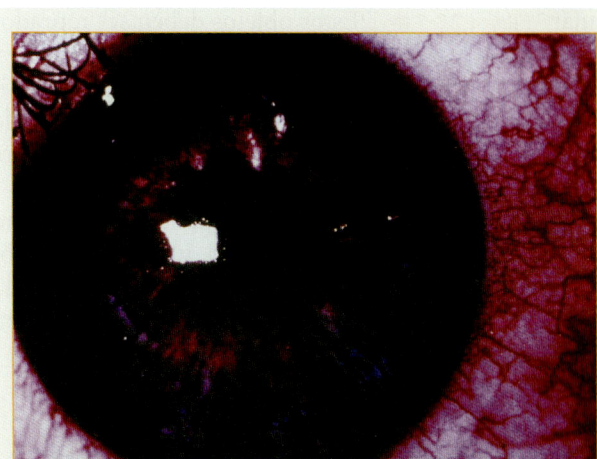

Figura 25-5 La conjuntivitis se asocia con frecuencia a la presencia de un cuerpo extraño en el ojo.

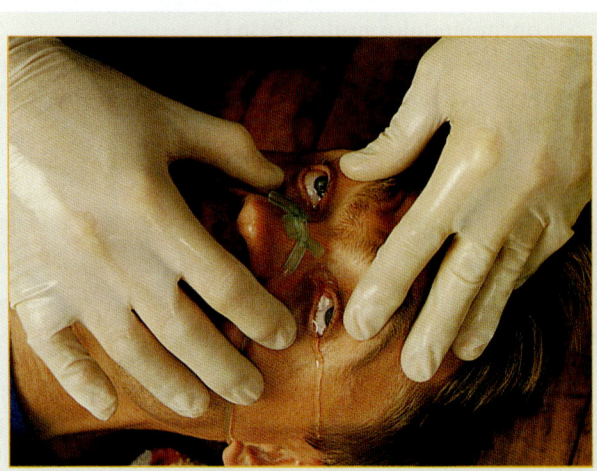

Figura 25-6 Un método de irrigación del ojo es dirigir solución salina directo al ojo lesionado con una vía aérea redonda o cánula nasal. Siempre dirija el chorro al lado nasal del ojo, hacia la parte externa, para evitar que entre material al otro ojo.

pulgar y el índice. Aleje con cuidado el párpado del globo ocular. (**Paso 1**).

2. **Coloque con cuidado un hisopo con punta de algodón** de forma horizontal a lo largo del centro de la superficie exterior del párpado superior (**Paso 2**).
3. **Tire del párpado hacia adelante y arriba**, lo que hace que se enrolle o pliegue hacia atrás sobre el hisopo, exponiendo la superficie inferior del párpado (**Paso 3**).
4. **Si puede ver un objeto extraño sobre la superficie del párpado, retírelo con cuidado** con un hisopo húmedo, estéril, con punta de algodón (**Paso 4**).

Objetos extraños, que varían en tamaño desde un lápiz hasta una esquirla de metal, pueden impactarse en el globo ocular (Figura 25-7 ▶). Estos objetos deben ser retirados por un médico. Su cuidado implica estabilizar el objeto y preparar al paciente para transporte a cuidados definitivos. Mientras mayor es el objeto que puede ver saliendo del ojo, se vuelve más importante la inmovilización para evitar que se produzca más daño.

Aplique un vendaje al objeto para darle soporte. Cubra el ojo con un apósito húmedo, estéril, luego rodee el objeto con un collar en forma de rosca hecho con un rollo de gasa y un pequeño cojinete de gasa. Siga los pasos en (Destrezas 25-2 ▶).

1. **Comience a preparar el collar de rosca** envolviendo de manera circunferencial un rollo de gasa de dos pulgadas alrededor de sus dedos, las veces suficientes para formar una capa gruesa de apósito. Puede ajustar el diámetro interior de lo que se convertirá en el anillo separando los dedos u oprimiéndolos juntos (**Paso 1**).
2. **Retire la gasa** de sus manos y comience a envolver el resto del rollo de gasa de manera radial alrededor del anillo que ha creado (**Paso 2**).

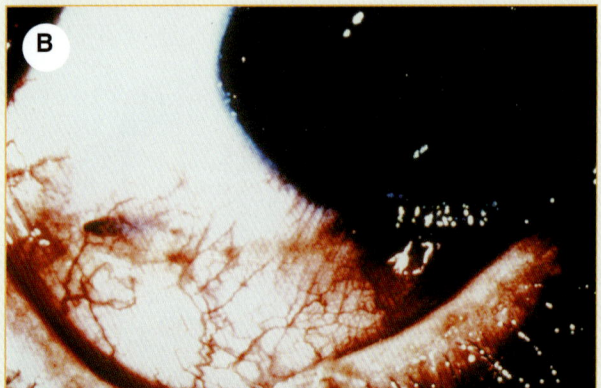

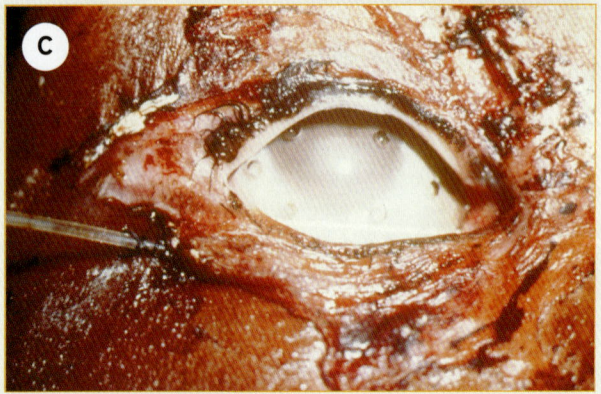

Figura 25-7 Cualquier número de objetos se puede impactar en el ojo. **A.** Anzuelo. **B.** Limadura de metal afilada. **C.** Hoja de cuchillo.

Situación de urgencia — Parte 3

Aplica con cuidado un apósito estéril húmedo sobre el ojo para controlar la hemorragia y evita aplicar presión directa, para no causar un daño adicional en el ojo. Toma un historial SAMPLE de su paciente y se entera que usa lentes de contacto. Efectúa una evaluación enfocada de ambos ojos y encuentra que el ojo izquierdo no está lesionado, la pupila es redonda y reacciona a la luz, el lente de contacto está en su sitio.

5. ¿Quitaría el lente de contacto de cada ojo?
6. ¿Debe vendar uno o ambos ojos?

Capítulo 25 Lesiones de los ojos 743

Extracción de un cuerpo extraño debajo del párpado superior

Destrezas 25-1

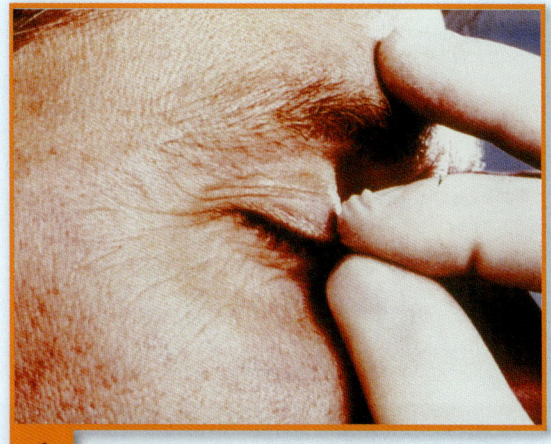

1 Haga que su paciente mire hacia abajo, prenda las pestaña superiores y con delicadeza separe el párpado del ojo.

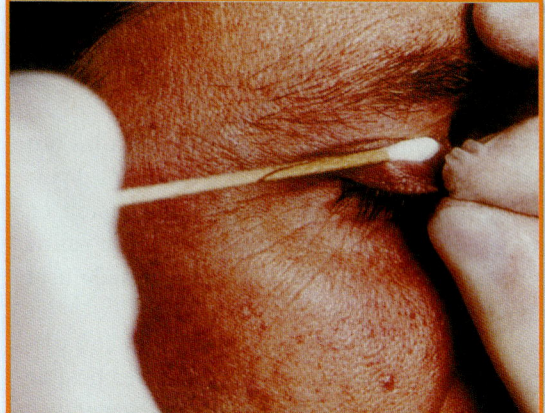

2 Coloque un hisopo con punta de algodón sobre la superficie exterior del párpado superior.

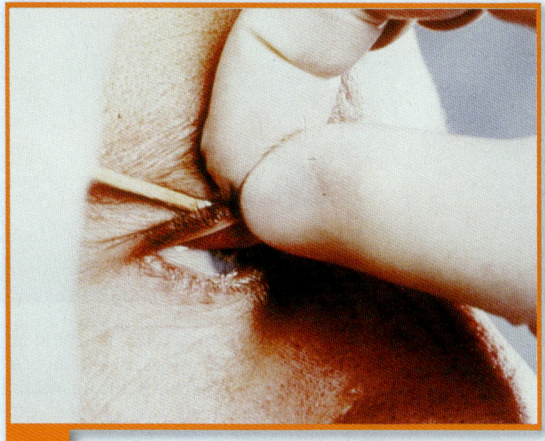

3 Tire del párpado hacia adelante y arriba, plegándolo contra el hisopo.

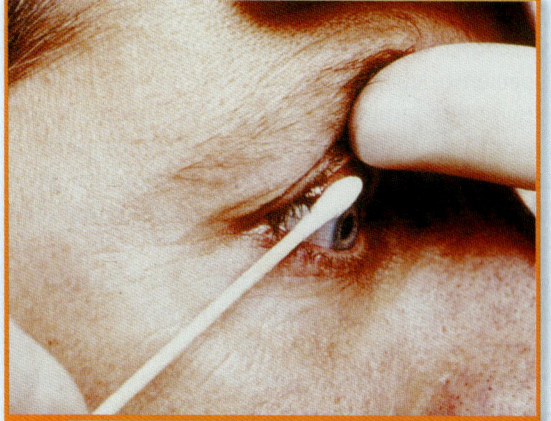

4 Retire con cuidado el cuerpo extraño del ojo con un hisopo estéril humedecido.

3. **Trabaje alrededor del anillo** hasta que lo haya envuelto por completo y haya terminado la "rosca" (**Paso 3**).

4. **Coloque con precaución el anillo sobre el ojo** y el objeto impactado sin tapar el objeto. Puede entonces estabilizar el objeto y el collar de gasa enrollando con una venda alrededor de la cabeza. Vende tanto el ojo lesionado como el no lesionado para minimizar el movimiento del ojo y prevenir más daño del globo ocular, ya que un ojo se mueve cuando el otro lo hace. Transporte a un servicio médico apropiado para tratamiento (**Paso 4**).

En algunos casos, diversos cuerpos extraños, grandes y chicos, particularmente fragmentos pequeños de metal, quedan por completo embebidos dentro del ojo. El paciente ni siquiera puede conocer la causa del problema. Sospeche tal tipo de lesión cuando el historial incluya trabajo con metales (como repujado, exposición a astillas, esmerilado, limaduras enérgicas) y cuando hay otros signos de lesión ocular. Cuando ve, o sospecha, un objeto impactado en el ojo, vende ambos ojos con un apósito voluminoso blando para prevenir más daño del ojo lesionado. Su vendaje debe estar suficientemente flojo para mantener los párpados cerrados, sin causar presión sobre el propio ojo. El uso de esta técnica evita el movimiento simpático (el movimiento de un ojo causa que ambos se muevan), que puede causar un daño adicional al ojo lesionado. Este tipo de lesión debe ser tratado por un oftalmólogo en forma urgente. Pueden requerirse rayos X y equipo especial para encontrar el cuerpo extraño.

Quemaduras del ojo

Las sustancias químicas, calor y rayos de luz pueden quemar los delicados tejidos del ojo causando a menudo un daño permanente. El papel que debe desempeñar consiste en detener la quemadura y prevenir daños adicionales.

Quemaduras químicas

Las quemaduras químicas, por lo general causadas por soluciones de ácidos o álcalis, requieren cuidados de urgencia inmediatos (Figura 25-8 ▶). Éstos consisten en lavar el ojo con chorros de agua o una solución salina estéril. Si no se dispone de solución salina, puede usar cualquier agua limpia.

La idea es dirigir la mayor cantidad de solución irrigadora o agua al ojo con tanto cuidado como sea posible (Figura 25-9 ▶). Como abrir el ojo de forma espontánea puede causar dolor al paciente, puede ser necesario que fuerce los párpados a abrirse para irrigar el ojo adecuadamente. De forma ideal usará una pera o jeringa de irrigación, una cánula nasal o algún otro dispositivo que le permitirá controlar el flujo. En algunas circunstancias tendrá que recurrir a verter agua en el ojo sujetando la cabeza del paciente debajo de un grifo con suave corriente de agua. Puede aun sumergir la cabeza del paciente en un traste o una palangana con agua y hacer parpadear con rapidez el ojo afectado. Si sólo está afectado un ojo, debe tenerse cuidado en evitar que el agua contaminada entre al ojo no afectado.

Irrigue el ojo cuando menos por 5 min. Si la quemadura fue causada por un álcali o un ácido fuerte, debe irrigar el ojo de forma continua por 20 min. Siga los protocolos locales sobre irrigar durante el transporte o permanecer en la escena hasta que la irrigación se complete. Los ácidos fuertes y todas las soluciones alcalinas pueden penetrar de manera profunda y requieren una irrigación continua. De nuevo, siempre tenga cuidado en proteger el ojo no lesionado y prevenga que le caiga el líquido de irrigación.

Después de haber completado la irrigación, aplique un apósito limpio y seco para cubrir el ojo, y transporte al paciente al hospital para cuidado adicional tan pronto como sea posible (Figura 25-10 ▶). Si la irrigación se puede realizar de manera satisfactoria en la ambulancia, debe hacerse durante el transporte para ahorrar tiempo.

Quemaduras térmicas

Cuando un paciente es quemado en la cara durante un incendio, por lo general los ojos se cierran rápidamente por el calor. Esta acción es un reflejo natural para proteger al ojo de una lesión adicional. Sin embargo, los párpados permanecen expuestos y a menudo se queman (Figura 25-11 ▶). Las quemaduras de los párpados

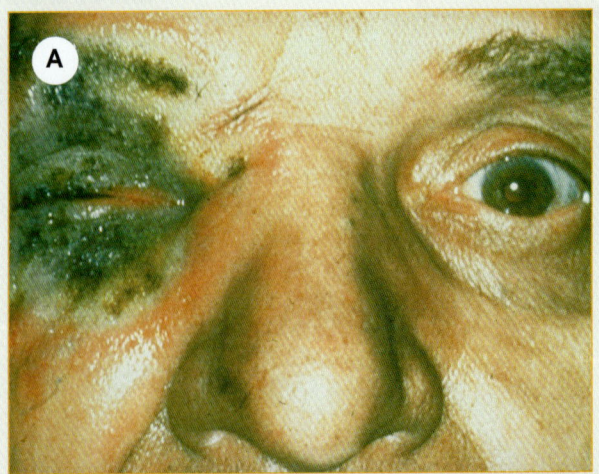

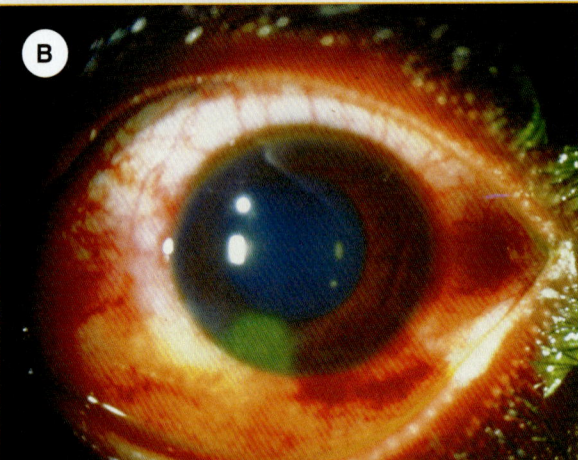

Figura 25-8 A. Las quemaduras químicas ocurren por lo general cuando un ácido o un álcali salpican al ojo. **B.** Esta figura muestra una quemadura química por lejía, una solución alcalina. Como este químico continúa lesionando el ojo, aun cuando está diluido, se necesita una acción rápida.

requieren un cuidado muy especializado. Lo mejor es proporcionar un pronto transporte a estos pacientes sin exámenes adicionales. Sin embargo, en primer lugar debe cubrir ambos ojos con un apósito estéril humedecido en solución salina. Puede aplicar escudos oculares sobre el apósito.

Quemaduras por luz

Los rayos infrarrojos, la luz de los eclipses (si el paciente ha mirado directamente el sol), las quemaduras por laser, pueden, todas ellas, causar un daño significativo en las células sensitivas del ojo cuando los rayos de luz son enfocados en la retina. Las lesiones retinianas que son causadas por la exposición a luz extremadamente brillante por lo general no son dolorosas, pero dan por resultado daños permanentes en la vista.

Destrezas 25-2: Estabilización de un objeto extraño impactado en el ojo

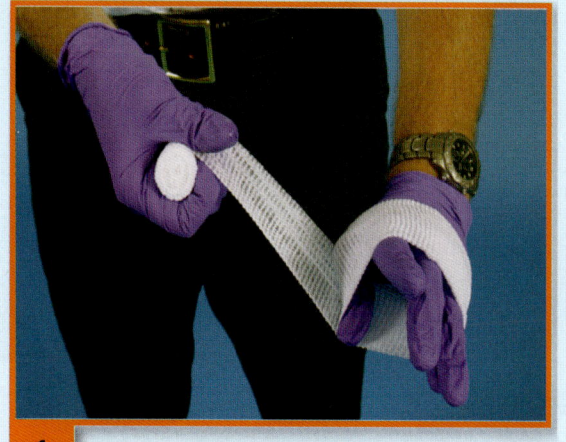

1 Para preparar un anillo en forma de rosca, envuelva un rollo de 6 centímetros (2 pulgadas) alrededor de sus dedos siete u ocho veces. Ajuste el diámetro separando sus dedos.

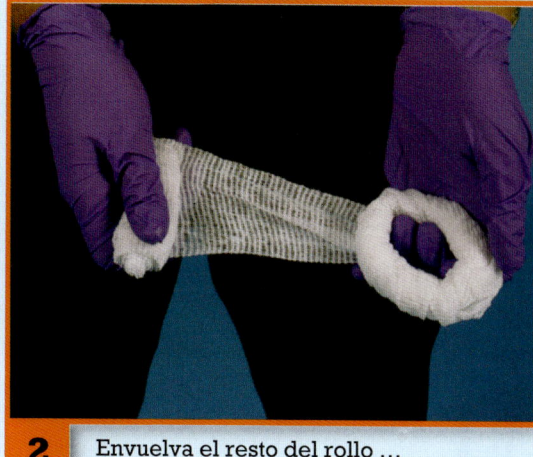

2 Envuelva el resto del rollo …

3 … trabajando alrededor del anillo.

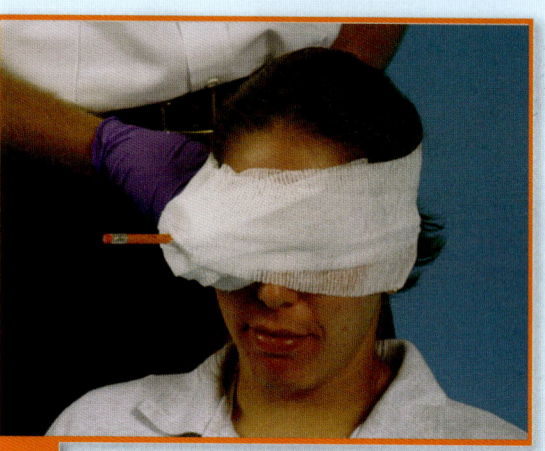

4 Coloque el apósito sobre el ojo para sujetar el objeto impactado en su sitio, luego fíjelo con un apósito de gasa.

Las quemaduras superficiales del ojo pueden ser causadas por rayos ultravioletas de un arco de unidad de soldadura, luz por exposición prolongada a una lámpara solar o luz reflejada de un área cubierta por nieve brillante (ceguera por nieve). Con frecuencia este tipo de quemadura no es dolorosa al principio, pero puede serlo de 3 a 5 h después al responder la córnea a la lesión. Suele desarrollarse conjuntivitis intensa, con enrojecimiento, hinchazón y excesiva producción de lágrimas. Puede calmar el dolor de estas quemaduras corneales cubriendo cada ojo con un cojinete húmedo, estéril y un escudo ocular. Lleve al paciente acostado durante el transporte al hospital y protéjalo de exposición adicional a la luz brillante. El paciente debe ser examinado por un médico tan pronto como sea posible.

Laceraciones

Las laceraciones de los párpados requieren reparación muy cuidadosa para restaurar el aspecto y la función **Figura 25-12**. La hemorragia puede ser intensa, pero con frecuencia puede controlarse con presión manual suave. Si hay una laceración del propio globo ocular, no aplique presión sobre el ojo, pues puede interferir con el riego sanguíneo de la parte posterior del ojo y dar lugar a pérdida de la visión por daño de la retina. Además, la presión puede exprimir humor vítreo, iris, cristalino o aun

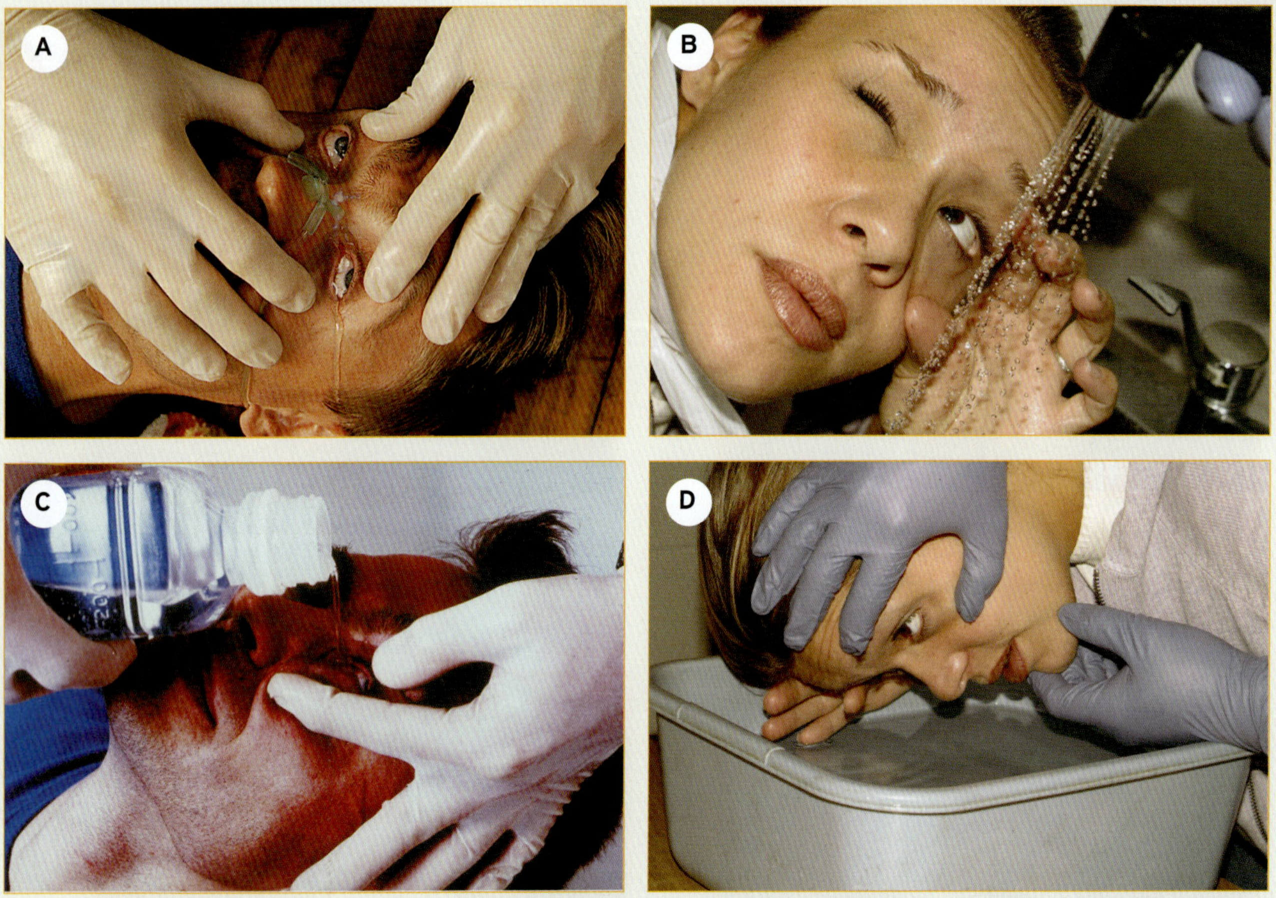

Figura 25-9 Las siguientes, son cuatro formas de irrigar el ojo de manera eficaz. **A.** Cánula nasal. **B.** Regadera. **C.** Botella. **D.** Palangana. Recuerde, debe proteger el ojo no lesionado de la solución irrigadora para prevenir la exposición de éste a la sustancia.

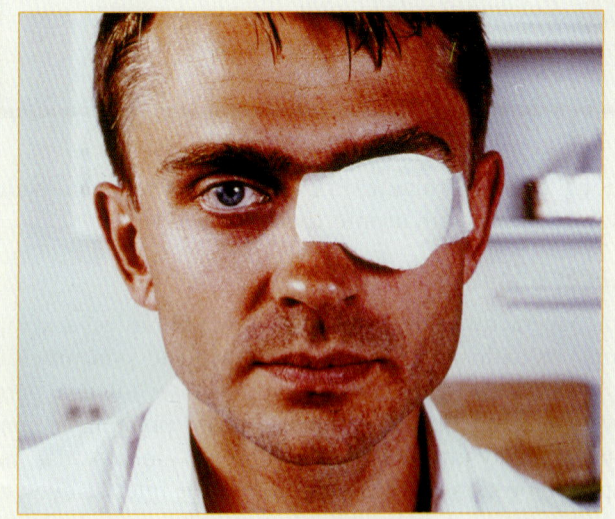

Figura 25-10 Aplicar un apósito limpio, seco, para cubrir el ojo después de haber terminado la irrigación.

la retina, hacia afuera del ojo y causar un daño irreparable o ceguera.

Siga estas tres importantes directrices en el tratamiento de las heridas penetrantes del ojo.

1. **Nunca ejercer presión** sobre el ojo ni manipular el ojo lesionado (globo ocular) en forma alguna.
2. **Si parte del globo ocular está expuesta,** aplicar con cuidado un apósito estéril, húmedo, para evitar que se seque.
3. **Cubra el ojo lesionado** con un escudo ocular metálico, taza o apósito estéril. Aplique apósitos blandos sobre ambos ojos y proporcione un pronto transporte al hospital.

En raras ocasiones, después de una lesión intensa, el globo ocular puede ser desplazado fuera de la cuenca. No intente recolocarlo, sólo cubra el ojo y estabilícelo con un apósito estéril húmedo (Figura 25-13 ▶); recuerde cu-

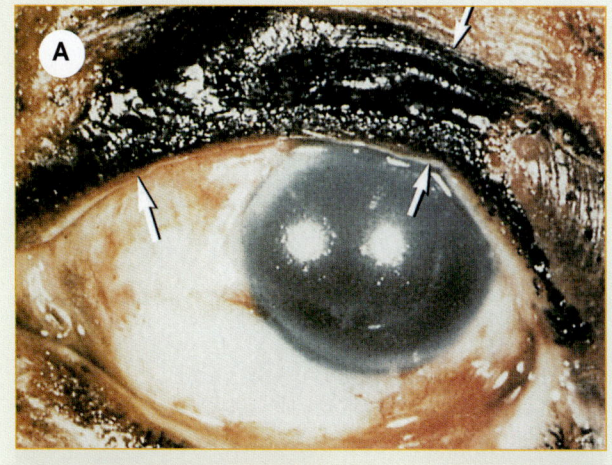
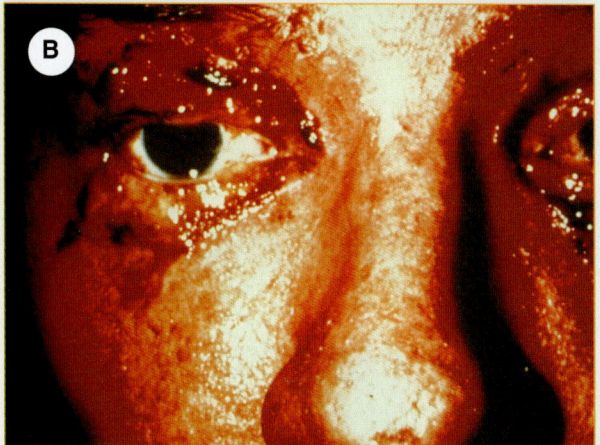

Figura 25-11 Las quemaduras térmicas causan en ocasiones daños significativos en los párpados. **A.** Las flechas muestran algunas quemaduras de espesor completo. **B.** Las quemaduras de los párpados requieren cuidados de hospital inmediatos.

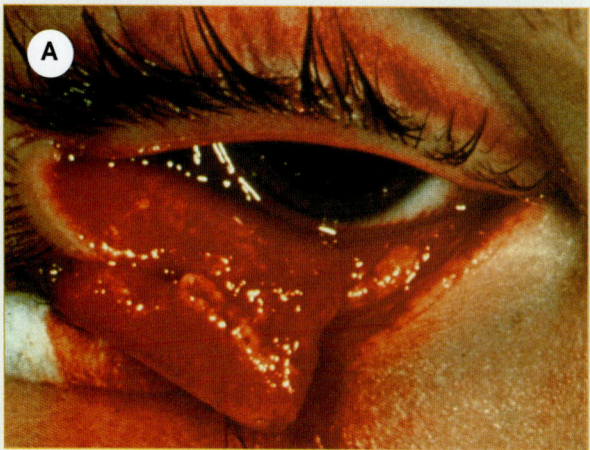
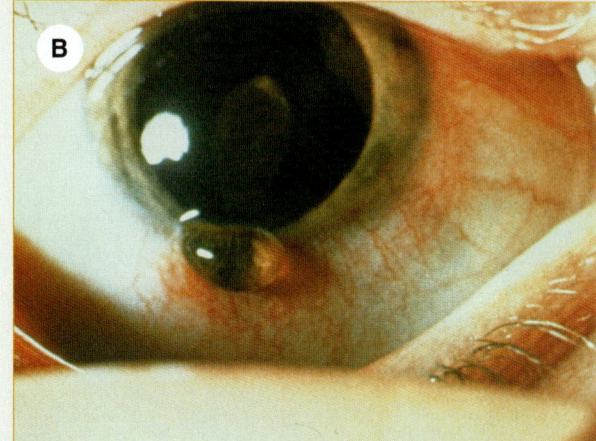

Figura 25-12 Las laceraciones son lesiones serias que requieren un pronto transporte. **A.** Aunque la hemorragia puede ser intensa, nunca ejerza presión sobre el ojo. **B.** La presión puede exprimir el humor vítreo, iris, cristalino, o aun la retina fuera del ojo.

brir ambos ojos para prevenir un daño adicional debido al movimiento simpático. Ponga al paciente en posición supina durante el camino al hospital para prevenir pérdida adicional de líquido del ojo.

Traumatismo contuso

El traumatismo contuso puede causar varias lesiones serias del ojo, que van desde el "ojo morado", como resultado de la hemorragia en el tejido que rodea la órbita, a un globo ocular lesionado de gravedad (Figura 25-14▶). Puede ver una lesión llamada <u>hifema</u> o hemorragia en la cámara anterior del ojo, que oscurece parte del iris o su totalidad (Figura 25-15▶). Esta lesión es común en el traumatismo contuso y puede perturbar seriamente la visión. Veinticinco por ciento de los hifemas son lesiones del globo ocular, una lesión seria del ojo. Cubra el ojo para protegerlo de más daño y proporcione transporte al hospital para evaluación médica adicional.

El traumatismo contuso también puede causar fractura de la órbita, en particular de los huesos que forman el piso y soporte del globo ocular. Esta lesión se llama <u>fractura estallada</u>. Los fragmentos de hueso pueden atrapar alguno de los músculos que controlan los movimientos de los ojos provocando visión doble (Figura 25-16▶). Cualquier paciente que comunique dolor, visión doble o disminución de la visión después de una lesión contusa debe colocarse en una camilla y transportarse con prontitud al departamento de urgencias. Proteja el ojo de un daño adicional con un escudo ocular metálico; cubra el otro ojo para minimizar el movimiento del lado lesionado.

Otro posible resultado de una lesión contusa del ojo es el desprendimiento de la retina. Esta lesión se ve con

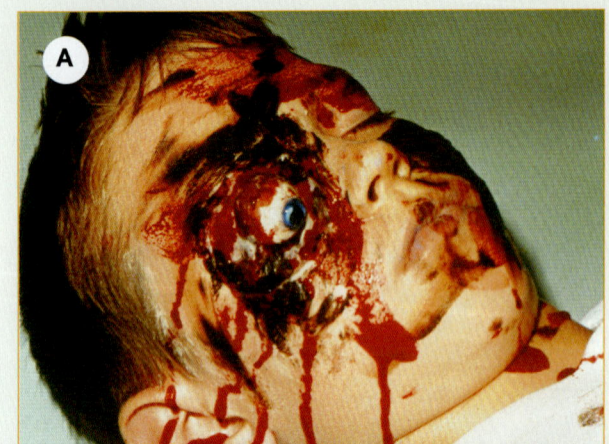

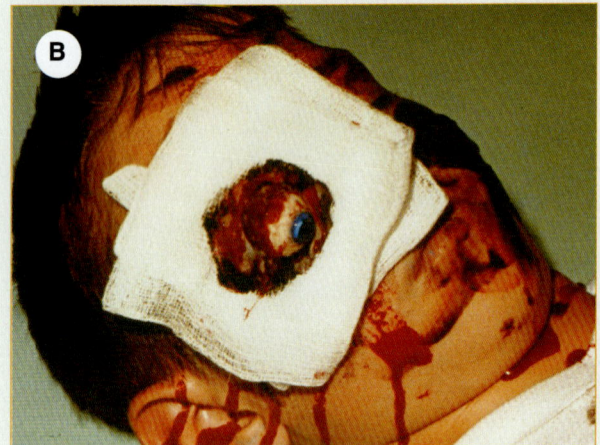

Figura 25-13 Una lesión que expone el encéfalo, ojo u otras estructuras **(A)** debe estar cubierta con un apósito estéril, húmedo, para evitar un daño adicional **(B)**.

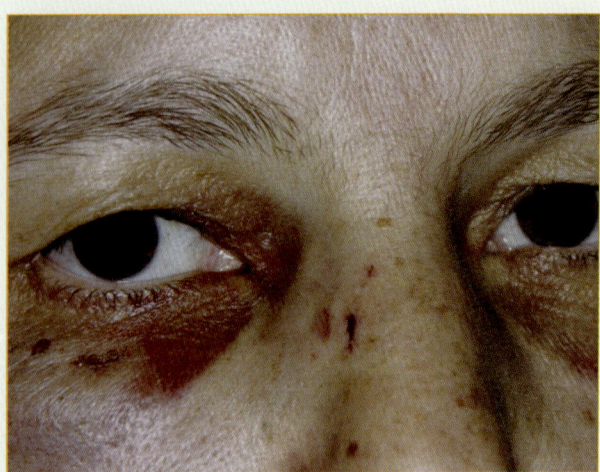

Figura 25-14 El típico "ojo morado" es causado por hemorragia en el tejido alrededor de la órbita.

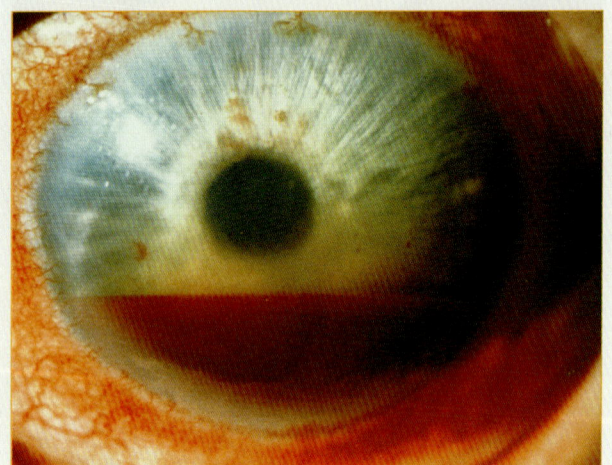

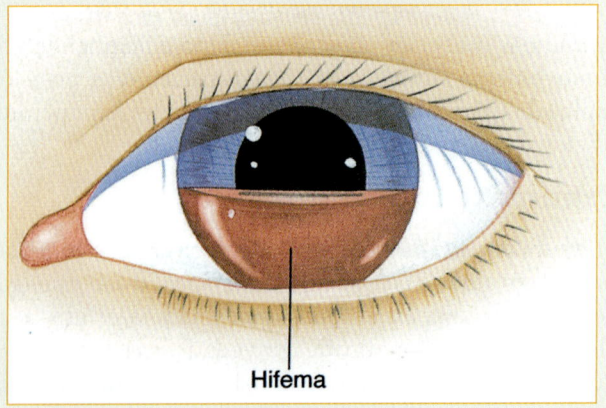

Figura 25-15 El hifema, caracterizado por hemorragia en la cámara anterior del ojo, es común después de un traumatismo contuso del ojo. Este trastorno puede perjudicar seriamente la visión y debe considerarse como una urgencia que pone en peligro la vista.

frecuencia en deportes, en especial en box. Es indolora, pero produce destellos, visión de manchas o "moscas volantes" sobre una nube o sombra en la vista del paciente. Como la retina está separada de la coroides que la nutre, esta lesión requiere pronta atención médica para preservar la vista en el ojo.

Lesiones de los ojos después de una lesión de la cabeza

Con frecuencia se presentan anormalidades en el aspecto y función de los ojos después de una lesión cerrada de la cabeza. Cualquiera de los siguientes hallazgos en los ojos debe alertarlo sobre la posibilidad de una lesión de la cabeza:

- Una pupila más grande que la otra (Figura 25-17 ▶).

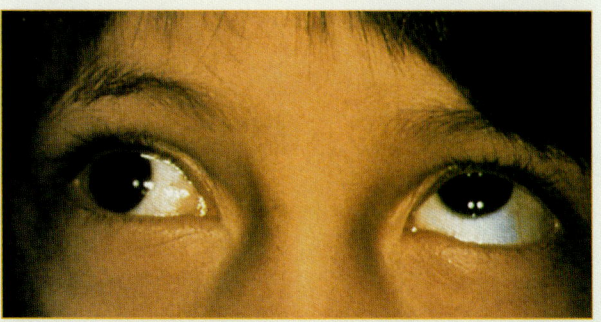

Figura 25-16 Un paciente con lesión estallada puede no mover juntos sus ojos por el atrapamiento muscular. Por tanto el paciente ve una doble imagen de cualquier objeto.

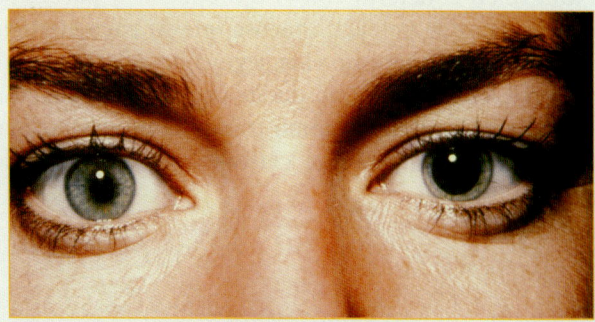

Figura 25-17 La variación en el tamaño de las pupilas puede indicar una lesión de la cabeza.

- Los ojos no se mueven juntos o apuntan a diferentes direcciones.
- Falla de los ojos en seguir el movimiento del dedo, según se le instruye.
- Hemorragia debajo de la conjuntiva que oscurece la esclerótica (porción blanca) del ojo.
- Protrusión o abultamiento del ojo.

Registre cualquiera de estar observaciones junto con la hora en que las hizo. En un paciente inconsciente recuerde mantener los párpados cerrados; la desecación del tejido ocular puede causar una lesión permanente y dar lugar a ceguera. Cubra los ojos con una gasa húmeda o manténgalos cerrados con cinta adhesiva. Las lágrimas normales mantendrán luego los tejidos húmedos.

Lentes de contacto y ojos artificiales

Los lentes de contacto duros, pequeños, suelen estar teñidos haciéndolos relativamente fáciles de verse, mientras que los grandes, blandos, son claros y pueden ser muy difíciles de verse. En general, no debe intentar quitar cualquiera de los tipos de lentes de un paciente. Nunca debe tratar de retirar un lente de un ojo que haya sido —o pueda haber sido— lesionado, porque manipular el lente puede agravar el problema. En el único caso en que un lente de contacto se debe retirar en el campo, es cuando se ha producido una quemadura química en el ojo. En esta situación, el lente puede atrapar la sustancia química y dificultar la irrigación.

Si es necesario quitar los lentes de contacto duros, use una tapa de succión pequeña, mojando el extremo con solución salina (Figura 25-18A▶). Para retirar lentes blandos, aplique una o dos gotas de solución salina en el ojo (Figura 25-18B▶), pellízquelo con cuidado entre sus dedos pulgar e índice enguantados y sepárelo de la superficie del ojo (Figura 25-18C▶). Coloque los lentes de contacto en un contenedor lleno de solución salina estéril para evitar dañarlos. Siempre avise al personal de urgencias del hospital si el paciente está usando lentes de contacto.

En ocasiones se encontrará atendiendo a un paciente que tiene una prótesis de ojo (un ojo artificial). Muchas personas se sorprenden al enterarse de que puede ser difícil distinguir una prótesis de un ojo natural. Debe sospechar de un ojo artificial cuando no responde a la luz,

Situación de urgencia — Parte 4

Después de decidir dejar ambos lentes de contacto en su sitio, coloca una taza sobre el apósito en el ojo derecho del paciente para protegerlo. Desea minimizar el movimiento del ojo derecho por lo que su vendaje de apósitos se coloca sobre ambos ojos del paciente.

Su paciente se pone ansioso porque ya no puede ver lo que le está sucediendo. Para calmarlo, le habla y explica todo lo que le está haciendo al prepararlo para colocarlo en la camilla de la ambulancia que lo transportará al hospital.

7. ¿Cómo reacciona su paciente al tener ambos ojos vendados?

se mueve en concierto con el ojo opuesto y parece ser muy similar a su pareja. Si piensa que su paciente tiene un ojo artificial, pero no está seguro de ello, proceda a preguntárselo. Aunque no puede causarse daño alguno tratar a un ojo artificial como trataría a un ojo normal, debe estar completamente claro sobre la función del ojo de su paciente.

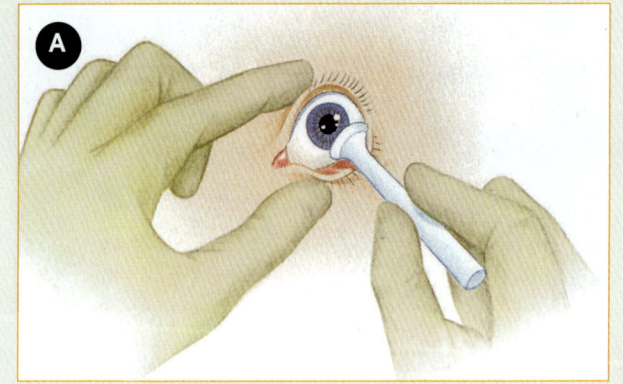
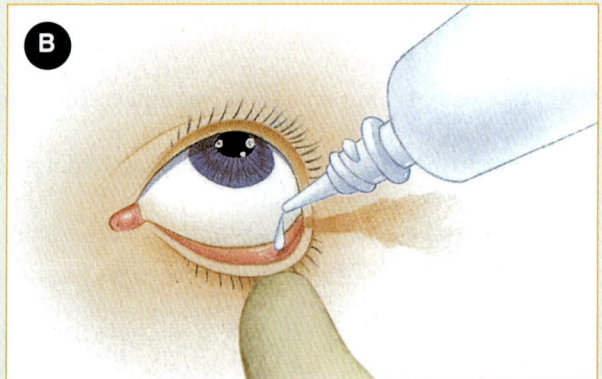
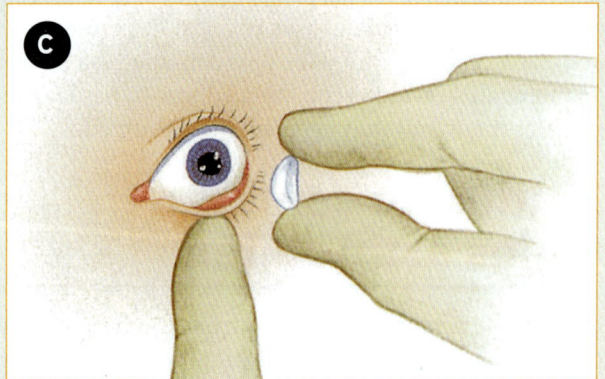

Figura 25-18 El retiro de los lentes de contacto debe ser limitado a pacientes con quemaduras químicas. **A.** Para quitar un lente duro use una tapa de succión especializada, humedecida con solución salina. **B.** Para quitar un lente de contacto blando, instile una o dos gotas de solución salina o líquido de irrigación. **C.** Luego pellizque el lente con su pulgar e índice enguantados, retirándolo.

Situación de urgencia — Resumen

Las lesiones de los ojos requieren un tratamiento delicado para prevenir más daño. Como permitir que el ojo no lesionado permanezca descubierto puede causar movimiento simpático en el ojo lesionado, debe cubrir ambos ojos del paciente. Con frecuencia, esto produce ansiedad porque el paciente ya no tiene el sentido de la vista que le permita ver lo que está sucediendo. La tranquilidad y la explicación verbal profesionales en el curso de su tratamiento y acciones son una parte importante de su estrategia de cuidados del paciente.

Lesiones de los ojos

Evaluación de la escena		Las precauciones de aislamiento de las sustancias corporales deben incluir un mínimo de guantes y protección de los ojos. Verifique la seguridad de la escena y determine NE/ML. Considere el número de pacientes, la necesidad de ayuda adicional/SVA y estabilización de la columna cervical.
Evaluación inicial		
	■ Impresión general	Determine el nivel de conciencia y trate cualquier amenaza inmediata para la vida. Determine la prioridad de los cuidados basado en el ambiente y la molestia principal del paciente.
	■ Vía aérea	Asegure una vía aérea permeable. Mantenga la inmovilización vertebral según sea necesario.
	■ Respiración	Ausculte para detectar ruidos respiratorios anormales, evalúe la profundidad y frecuencia del ciclo respiratorio. Mantenga el soporte ventilatorio como sea necesario. Administre oxígeno a 15 L/min e inspeccione la pared del tórax con DCAP- BLS-TIC.
	■ Circulación	Evalúe frecuencia y calidad del pulso, observe color, temperatura y estado de la piel; trate de acuerdo a la situación.
	■ Decisión de Transporte	Transporte lo más pronto posible.
Historial y examen físico enfocado		*NOTA: El orden en los pasos del historial y el examen físico enfocados depende de que el paciente tenga, o no, un ML significativo. El orden siguiente es para un paciente con un ML significativo; para un paciente sin un ML significativo practique una evaluación enfocada del traumatismo, tome los signos vitales y obtenga el historial.*
	■ Evaluación rápida de trauma	Reevalúe el mecanismo de la lesión. Practique una evaluación rápida del trauma, tratando todas las amenazas para la vida de inmediato. Vire al paciente como un tronco y fíjelo a la camilla; a los pacientes que tengan un ML significativo fíjelos de las clavículas hacia arriba.
	■ Signos vitales iniciales	Tome los signos vitales notando color y temperatura de la piel, así como el nivel de conciencia del paciente. Use oximetría del pulso si está disponible.
	■ Historial SAMPLE	Obtenga un historial SAMPLE. Si el paciente es no responsivo, intente obtenerlo de miembros de la familia, amigos o espectadores.
	■ Intervenciones	Proporcione una inmovilización vertebral completa si sospecha que su paciente tiene lesiones de la columna vertebral. Controle hemorragias significativas. Sin aplicar presión sobre la lesión, cubra ambos ojos cerrados. Trate signos de hipoperfusión.
Examen físico detallado		Complete un examen físico detallado.
Evaluación contínua		Repita la evaluación inicial, la evaluación rápida/enfocada y reevalúe las intervenciones realizadas. Asegure que su vendaje aún cubre ambos ojos y que no está aplicando presión sobre el globo ocular. Reevalúe los signos viales cada 5 min en el paciente inestable y cada 15 en el estable.
	■ Comunicación y documentación	Contacte a dirección médica con un informe por radio. Relate cualquier cambio en el nivel de conciencia o dificultad respiratoria. La documentación de cuánta visión tenía el paciente bajo su cuidado será importante. Cite comentarios pertinentes de su paciente, en especial los referentes a su visión. Asegúrese de documentar las órdenes del médico y los cambios en el estado del paciente y a qué hora sucedieron.

Nota: Aunque los pasos siguientes son ampliamente aceptados, asegúrese de consultar y seguir su protocolo local.

Cuerpos extraños	Quemaduras	Laceraciones	Traumatismo contuso

Cuerpos extraños

1. Pida al paciente que mire hacia abajo mientras prende las pestañas del párpado superior con sus dedos pulgar e índice. Con cuidado aleje el párpado del globo ocular.
2. Coloque delicadamente un hisopo con punta de algodón de manera horizontal a lo largo del centro de la superficie exterior del párpado superior.
3. Si ve un cuerpo extraño, quítelo con cuidado con un hisopo mojado con punta de algodón estéril.

Estabilización de un objeto impactado en el ojo

1. Para preparar un anillo como rosca, envuelva un rollo de 6 cm (2") alrededor de sus dedos índice y pulgar, de siete a ocho veces.
2. Envuelva el resto del rollo, trabajando alrededor del anillo.
3. Coloque el apósito sobre el ojo para mantener al objeto impactado en el sitio, luego fíjelo con un apósito de gasa.

Quemaduras

Quemaduras químicas
1. Sujetando el párpado abierto, irrigue el ojo de 5 a 20 min.
2. Aplique un apósito limpio, seco, para cubrir el ojo.

Quemaduras térmicas
1. Cubra ambos ojos con un apósito estéril mojado con solución salina.

Quemaduras de luz
1. Cubra cada ojo con un cojinete húmedo, estéril y un escudo ocular.
2. Transporte al paciente supino y prevenga exposición adicional a la luz.

Laceraciones

1. Nunca ejerza presión ni manipule el ojo lesionado en forma alguna.
2. Si está expuesta parte del globo ocular, aplique con cuidado un apósito estéril humedecido para prevenir desecación.
3. Cubra el ojo lesionado con un escudo ocular metálico o apósito estéril.

Traumatismo contuso

1. Proteja el ojo de daño adicional con un escudo ocular de metal.
2. Cubra el otro ojo para minimizar el movimiento en el lado lesionado.

Resumen

Listo para repaso

- El ojo tiene forma de globo, con diámetro aproximado de 1 pulgada, y está situado dentro de una cuenca ósea en el cráneo llamada órbita. La órbita está formada por los huesos faciales del cráneo.
- Cualquier lesión significativa de la cara o la cabeza puede causar daño en el propio ojo o en los músculos del ojo.
- El líquido de la cámara posterior del ojo se llama humor vítreo y no puede reemplazarse. El líquido de la cámara anterior del ojo se llama humor acuoso y es reemplazable.
- La pupila funciona como una cámara. El iris y la pupila hacen ajustes a la luz, la retina actúa como la película, capturando la imagen.
- Las terminaciones nerviosas de la retina envían impulsos a través del nervio óptico al encéfalo, el cual interpreta ese mensaje como visión.
- Cuando evalúe a un paciente con sospecha de lesión del ojo, examine buscando párpados lacerados o hinchados, conjuntiva roja brillante, pupila o pupilas, o movimientos irregulares de los ojos, y cambios en la córnea, que aparece áspera o seca.
- Los cuerpos extraños en la superficie del ojo deben ser irrigados con cuidado con solución salina normal. Siempre dirija el chorro en la región del ojo más cercana a la nariz, hacia afuera, lejos de la línea media.
- Si el cuerpo extraño está debajo del párpado, quítelo suavemente con un hisopo con punta de algodón. Nunca retire cuerpos extraños incrustados en la córnea.
- Si hay un cuerpo extraño impactado en el ojo, proporcione los siguientes cuidados, en este orden:
  - Estabilice el objeto en el sitio con un apósito voluminoso usando un rollo de gasa o una taza, para minimizar el movimiento.
  - Transporte al hospital para tratamiento médico adicional; los fragmentos pequeños de metal incrustados en el ojo deben ser tratados por un oftalmólogo.
- Las sustancias químicas, el calor y los rayos de luz pueden causar lesiones con quemaduras en los ojos dando lugar a daños permanentes.
- Irrigue las quemaduras químicas con solución salina o agua limpia por un mínimo de 5 min, luego aplique apósitos limpios y secos a los ojos; transporte tan pronto como sea posible.
- Transporte de inmediato a un paciente con quemaduras térmicas del párpado. Cubra ambos ojos con un apósito húmedo estéril.
- Las quemaduras del ojo por exposición a rayos ultravioleta pueden volverse dolorosas después de varias horas de exposición. Calme el dolor y las molestias del paciente colocando un apósito húmedo estéril sobre los ojos, luego transporte.
- A un paciente que ha sufrido un párpado lacerado que está sangrando, aplique una presión manual suave; no aplique presión sobre el propio globo ocular. En vez de esto, aplique un apósito estéril húmedo para prevenir la desecación, cubra el ojo u ojos y transporte.
- Nunca debe intentar recolocar un globo ocular desplazado. Cubra el globo ocular con un apósito estéril húmedo, cubra ambos ojos y transporte al hospital.
- El traumatismo contuso puede causar una diversidad de lesiones de los ojos y de sus estructuras de soporte. Estas lesiones incluyen hifema, desprendimiento de la retina y fracturas estalladas.
- Cualquier paciente con la molestia principal de visión dolorosa, visión doble o disminución de la vista después de un traumatismo contuso debe ser transportado al hospital para recibir tratamiento apropiado.
- Mantenga un alto índice de sospecha en los pacientes con pupilas desiguales, pueden tener una enfermedad o una lesión del encéfalo. Recuerde, algunas personas nacen con una pupila más grande que otra. Pregunte al paciente si normalmente tiene pupilas desiguales.
- Nunca quite los lentes de contacto de un ojo lesionado, a menos que sea una quemadura química.

Resumen continuación...

Vocabulario vital

conjuntiva   La delicada membrana que recubre los párpados y cubre la superficie expuesta del ojo.

conjuntivitis   Inflamación de la conjuntiva.

córnea   La capa de tejido transparente del ojo, frente a la pupila y el iris.

cristalino   La parte transparente del ojo por medio del cual se enfocan las imágenes en la retina.

desprendimiento de la retina   Separación de la retina de sus puntos de fijación en la parte posterior del ojo.

esclerótica   La porción blanca del ojo; la capa exterior dura que protege las estructuras internas más delicadas.

fractura estallada   Fractura de la órbita o de lo huesos que dan soporte al piso de la órbita.

glándulas lagrimales   Glándulas que producen líquido para mantener húmedo al ojo, llamadas también glándulas de las lágrimas.

globo ocular   El globo del ojo.

hifema   Hemorragia en la cámara anterior del ojo, que oscurece al iris.

iris   El músculo y tejido circundante detrás de la córnea, que dilata y constriñe la pupila, regulando la cantidad de luz que entra al ojo; el pigmento en este tejido da al ojo su color.

nervio óptico   Nervio craneal que transmite la información visual al encéfalo.

órbita   El receptáculo del globo ocular.

pupila   La abertura circular en la parte media el iris que admite luz para la parte posterior del ojo.

retina   El área el ojo sensible a la luz donde se proyectan las imágenes; una capa de células, en la parte posterior del ojo, que cambia la imagen de luz en impulsos eléctricos, llevados por el nervio óptico al encéfalo.

Qué evaluar

Fue despachado a un complejo industrial local con relación a una lesión desconocida. Al llegar encuentra a un hombre joven que sujeta una toalla mojada a sus ojos. Al acercarse, nota que hay herramientas y materiales de un arco de soldadura a su alrededor. En voz asustada dice: "No puedo ver bien". Le dice que ha estado soldando por un par de horas sin protección para los ojos.

¿Qué temas de cuidados del paciente están asociados con una pérdida súbita de la visión? ¿Cómo puede compensar por esos temas?

Temas: Ansiedad relacionada con pérdida o deterioro súbito de la vista. Tratamiento del paciente como un todo.

Autoevaluación

Es enviado a la Av. José de Gálvez y Carretera 57 Sur para atender a una víctima de asalto. La policía estatal y municipal ya han llegado a la escena y le dicen que es seguro entrar. Llega para encontrar a un hombre de 22 años de edad que está sujetando una toalla sobre su ojo derecho. Le dice que fue golpeado en la cara con una botella de cerveza, que no puede ver por ese ojo y que le duele mucho. Mientras su compañero comienza a tomarle sus signos vitales, empieza a administrar los cuidados apropiados para la lesión de su ojo.

Luego pide al paciente que mueva la toalla para poder ver brevemente la lesión. Nota, aun con los párpados cerrados, que el globo ocular ha perdido su forma. Observa una sustancia acuosa y sangre en la toalla y en la cara del paciente. Sus signos vitales incluyen una tensión arterial de 138/88, un pulso de 94 latidos/min, regular y respiraciones de 36/min con volumen de ventilación pulmonar adecuado.

1. ¿Qué lesiones sospecha?
   - **A.** Abrasión corneal.
   - **B.** Conjuntivitis.
   - **C.** Glóbulo ocular lacerado.
   - **D.** Tanto A como B.

2. El ojo mantiene su forma de globo como resultado de:
   - **A.** líquidos en el ojo.
   - **B.** aire en el ojo.
   - **C.** la esclerótica.
   - **D.** tanto A como B.

3. El humor vítreo es:
   - **A.** el blanco del ojo.
   - **B.** la sustancia como jalea del ojo.
   - **C.** la parte coloreada del ojo.
   - **D.** la membrana del ojo.

4. Los seres humanos parpadean porque:
   - **A.** el aire seca los ojos.
   - **B.** Esta acción esparce líquido de las glándulas lagrimales.
   - **C.** esta acción limpia el ojo.
   - **D.** tanto B como C.

5. El blanco del ojo se llama:
   - **A.** conjuntiva.
   - **B.** iris.
   - **C.** córnea.
   - **D.** esclerótica.

6. El área sensible a la luz en la parte posterior del ojo se llama:
   - **A.** cristalino.
   - **B.** nervio óptico.
   - **C.** retina.
   - **D.** coroides.

Preguntas desafiantes

7. ¿Por qué es importante cubrir ambos ojos si sólo uno está lesionado?

8. ¿Por qué es esencial un tiempo mínimo en la escena en las lesiones serias de los ojos?

9. En este paciente, ¿aplicaría presión directa sobre el ojo para controlar la hemorragia?

10. ¿Qué es lo que probablemente indica el hifema?

Lesiones de la cara y el cuello

Objetivos

Cognitivos

1. Describir las causas de obstrucción de la vía aérea superior en las lesiones faciales. (p. 760)
2. Listar los pasos en los cuidados médicos de urgencias del paciente con heridas de los tejidos blandos de la cabeza y el cuello. (p. 764)
3. Listar los pasos en los cuidados médicos de urgencias del paciente con lesiones de la nariz y el oído. (pp. 765, 766)
4. Listar los hallazgos físicos de un paciente con una fractura facial. (p. 767)
5. Listar los pasos en los cuidados médicos de urgencias del paciente con una lesión penetrante del cuello. (p. 769)
6. Listar los pasos en los cuidados médicos de urgencias del paciente con una lesión de la vía aérea superior. (p. 768)
7. Listar los pasos en los cuidados médicos de urgencias del paciente con lesiones dentales. (p. 767)

Afectivos

Ninguno

Psicomotores

8. Demostrar los cuidados de un paciente con heridas de los tejidos blandos de la cara y el cuello. (p. 764)
9. Demostrar los cuidados de un paciente con lesiones de la nariz y el oído. (pp. 765, 766)
10. Demostrar los cuidados de un paciente con una lesión penetrante del cuello. (p. 769)
11. Demostrar los cuidados de un paciente con una lesión de la vía aérea superior. (p. 768)
12. Demostrar los cuidados de un paciente con lesiones dentales. (p. 767)

26

Lesiones de la cara y el cuello

Situación de urgencia

Junto con su compañero TUM-B, recibe una llamada de un bar con el informe de una persona lesionada en una pelea. El despachador le avisa que las autoridades están también en ruta a la escena.

1. ¿Cuál es su preocupación más importante al llegar a la escena?
2. ¿Cuáles son algunas de las posibles lesiones que puede haber sufrido el paciente en una pelea?

Lesiones de la cara y el cuello

La cara y el cuello son en particular vulnerables a la lesión por sus posiciones relativamente desprotegidas en el cuerpo. Las lesiones de tejidos blandos y las fracturas de los huesos de la cara son comunes, y varían de manera considerable en gravedad. Algunas son potencialmente amenazantes para la vida, y muchas dejan cicatrices desfigurantes si no se tratan en forma apropiada. Los traumatismos penetrantes del cuello pueden causar intensas hemorragias. Si se forma un hematoma en esta área puede interrumpir o hacer más lento el flujo sanguíneo al encéfalo, causando un evento vascular cerebral. Con cuidados prehospitalarios y hospitalarios apropiados, lo que al principio puede verse como una lesión devastadora, puede tener un resultado sorprendentemente bueno.

Como TUM-B, sus objetivos incluyen la prevención de daños adicionales, en particular de la columna cervical, el tratamiento de los problemas agudos de la vía aérea, y el control de las hemorragias. Este capítulo repasa, primero, la anatomía de la cabeza y el cuello, y luego examina los factores que pueden producir obstrucción de la vía aérea superior. A continuación, sigue una exposición de los cuidados médicos de urgencias de los tejidos blandos de la cara, nariz y oído; fracturas faciales, lesiones penetrantes del cuello, y lesiones dentales.

Anatomía de la cabeza y el cuello

La cabeza se divide en dos partes, el cráneo y la cara. El cráneo contiene al encéfalo, que se conecta con la médula espinal a través del agujero magno, una abertura grande en la base del cráneo. La parte más posterior del cráneo se llama occipucio. A cada lado del cráneo, las porciones laterales se llaman sienes o regiones temporales. Entre las regiones temporales y el occipucio están las regiones parietales; la frente se llama región frontal. Justo frente al oído, en la región temporal, puede sentir el pulso de la arteria temporal superficial. La gruesa piel que cubre el cráneo, que suele tener pelo, se llama cuero cabelludo.

La cara está constituida por ojos, oídos, nariz, boca, mejillas y mandíbulas. Seis huesos –los huesos nasales, los dos maxilares superiores (mandíbula superior), los dos malares (huesos de las mejillas) y el maxilar inferior (mandíbula)– son los principales huesos de la cara Figura 26-1.

La órbita del ojo está compuesta por el borde inferior del hueso frontal del cráneo, el malar, el maxilar superior y el hueso nasal. La órbita ósea protege al ojo de lesiones. Viendo la cara de lado, puede ver al globo ocular hundido en la órbita. Sólo el tercio proximal de la nariz –el puente– está constituido por hueso. Los dos tercios restantes están formados por cartílago. A diferencia de la nariz, la porción expuesta del oído está constituida totalmente por cartílago recubierto por piel. La parte externa, visible, del oído, se llama oreja Figura 26-2. Los lóbulos de la oreja son porciones carnosas en su parte inferior. El trago es un abultamiento pequeño, carnoso, redondeado, situado inmediatamente delante del conducto auditivo externo. La arteria temporal superficial se puede palpar justo por delante del trago. Cerca de una pulgada (2.5 cm) por detrás de la abertura del oído, hay una masa ósea prominente, en la base del cráneo, llamada apófisis mastoides.

La mandíbula forma la quijada y el mentón. El movimiento de la mandíbula se efectúa en la articulación temporomandibular (ATM), situada inmediatamente frente del oído, en cada lado de la cara. Por debajo del oído y por delante de la apófisis mastoides, se palpa fácilmente el ángulo de la mandíbula.

El cuello también contiene múltiples estructuras importantes. Está soportado por la columna cervical, o las primeras siete vértebras de la columna vertebral (C1 a C7). La médula espinal sale por el agujero occipital, y está colocada dentro del conducto vertebral formado por las vértebras. La parte superior del esófago y la tráquea están situadas en la línea media del cuello. Las arteria carótidas se pueden encontrar a ambos lados de la tráquea, junto con las venas yugulares y varios nervios.

Pueden palparse y verse varios puntos de referencia en el cuello Figura 26-3. El más obvio, es la firme prominencia, en el centro de la superficie anterior, conocida comúnmente como manzana de Adán. Específicamente, esta protuberancia es la parte superior de la laringe, formada por el cartílago tiroides, es más notable en el hombre que en la mujer. La otra porción de la laringe es el cartílago cricoides, un borde firme de cartílago (la única estructura circular completa de la tráquea), situada debajo del cartílago tiroides, que es un tanto más difícil de palpar. Entre el cartílago tiroides y el cricoides, en la línea media del cuello, hay una depresión blanda, la membrana cricotiroidea, que es una delgada lámina de tejido conectivo (fascia) que une los dos cartílagos; la membrana cricotiroidea está cubierta, en este punto, sólo por piel.

Debajo de la laringe son palpables, en la línea media anterior, varios bordes firmes adicionales, que son los anillos de la tráquea. La tráquea conecta la laringe con la principal vía aérea de los pulmones (los bronquios). En cada lado de la parte inferior de la laringe, y en la parte superior de la tráquea, está situada la glándula tiroides. A menos que esté crecida, esta glándula no suele ser palpable.

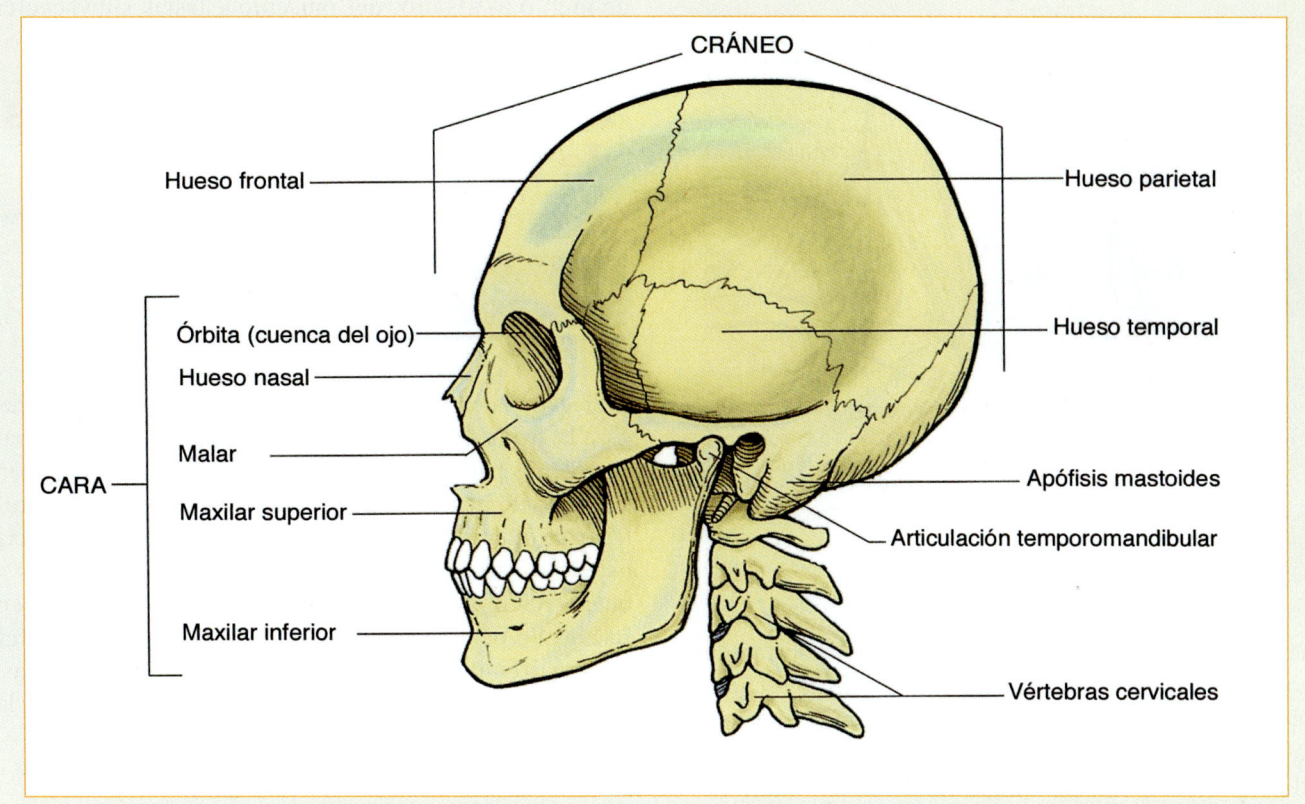

Figura 26-1 La cara está compuesta por seis huesos: el hueso nasal, dos maxilares superiores, dos malares y el maxilar inferior.

Las pulsaciones de las arterias carótidas son fácilmente palpables en un surco de 1 a 2 cm lateral de la laringe. Situados inmediatamente junto a estas arterias, pero no palpables, están las venas yugulares internas y varios nervios importantes. Laterales a estos vasos y nervios están los <u>músculos esternocleidomastoideos</u>. Estos músculos se originan en las apófisis mastoides del cráneo y se insertan en el borde medial de cada clavícula, y en el esternón, en la base del cuello; permiten el movimiento de la cabeza.

Una serie de prominencias óseas están situadas posteriormente, en la línea media del cuello; son las apófisis espinosas de las vértebras cervicales. Las apófisis espinosas inferiores son más prominentes que las superiores, y son más fácilmente palpables cuando el cuello está en flexión. En la base del cuello, posteriormente, la apófisis espinosa más prominente es la de la séptima vértebra cervical.

Lesiones de la cara

Las lesiones de la cara conducen con frecuencia a una obstrucción, parcial o completa, de la vía aérea superior. Varios factores pueden contribuir a la obstrucción. La hemorragia de las lesiones faciales puede ser muy abundante, con producción de grandes coágulos en la vía

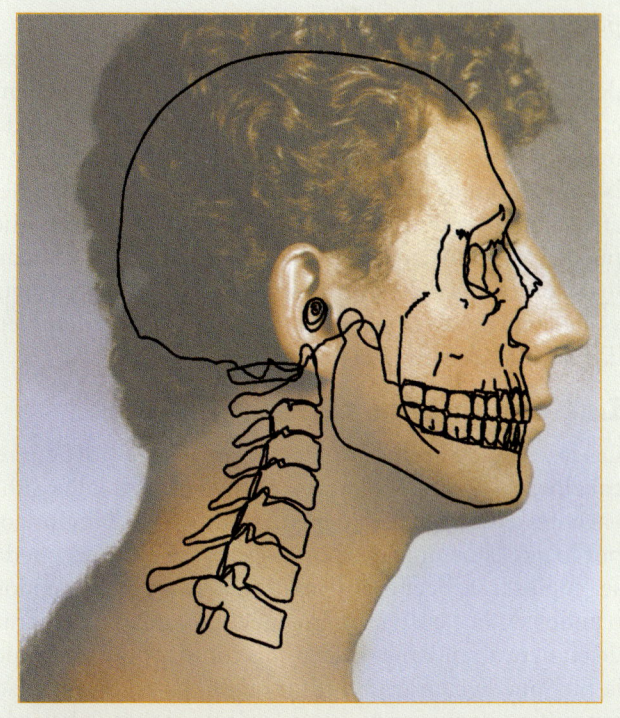

Figura 26-2 Los puntos de referencia específicos de la cabeza y el cuello incluyen las orejas, la mandíbula, el occipucio, la séptima vértebra cervical y la articulación temporomandibular.

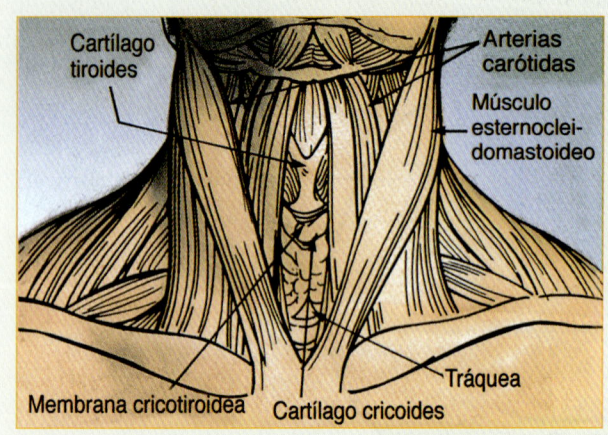

Figura 26-3 Los puntos de referencia importantes del cuello incluyen el cartílago cricoides, el cartílago tiroides, la membrana cricotiroidea y los músculos esternocleidomastoideos.

aérea superior, los que pueden conducir a una obstrucción completa, en particular en un paciente que no está completamente consciente. En especial, las lesiones directas en la nariz y la boca, la laringe y la tráquea, son con frecuencia el origen de hemorragias copiosas. Además, como resultado de una lesión, pueden desprenderse a la garganta dientes flojos o prótesis dentales, donde pueden ser deglutidos o aspirados. La hinchazón, que a menudo acompaña a las lesiones de los tejidos blandos en estas áreas, también puede contribuir a la obstrucción.

La vía aérea también se puede afectar si la cabeza del paciente está virada de lado, como sucede con frecuencia cuando el sujeto tiene el nivel de conciencia alterado o está inconsciente. Otros factores que interfieren con las respiraciones normales incluyen posibles lesiones del encéfalo o la columna cervical, o ambas estructuras, que pueden estar asociadas con lesiones faciales. Si se lesionan los grandes vasos del cuello, son comunes la hemorragia y el edema de la vía aérea superior, que pueden también dar lugar a obstrucción.

Lesiones de los tejidos blandos

Las lesiones de los tejidos blandos de la cara y del cuero cabelludo son muy comunes. La piel y los tejidos subyacentes en estas áreas tienen un alto riego sanguíneo, por lo que la hemorragia por lesiones penetrantes puede ser copiosa. De hecho, aun heridas menores de los tejidos blandos de la cara y el cuero cabelludo pueden sangrar de manera abundante. Una lesión contusa que no rompe la piel puede causar una rotura en la pared de un vaso sanguíneo, provocando que se colecte sangre debajo de la piel, formando lo que se conoce como **hematoma** Figura 26-4 ▶ . Con frecuencia se desprende un colgajo de piel, o **avulsado**, del músculo y fascia subyacentes Figura 26-5 ▶.

Evaluación de las lesiones de la cara y el cuello

Evaluación de la escena

Al llegar a la escena, busque posibles riesgos y amenazas para la seguridad de su equipo, los espectadores y el paciente. Los pacientes que están conscientes y en posición supina, y tienen hemorragia bucal o facial, pueden proteger su vía aérea tosiendo, proyectando la sangre hacia usted, por lo cual se requiere protección de los ojos y bucal (ASC). Además, ponga varios pares de guantes en su bolsillo para fácil acceso, en caso de que sus guantes se desgarren o haya muchos pacientes con hemorragias. Debido al color de la sangre, y a lo bien que empapa la

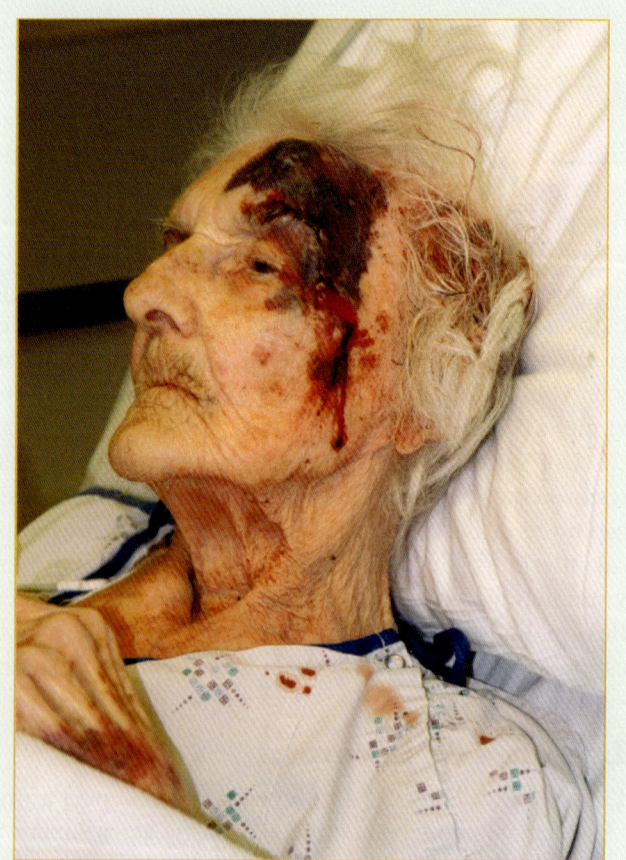

Figura 26-4 Hematoma facial.

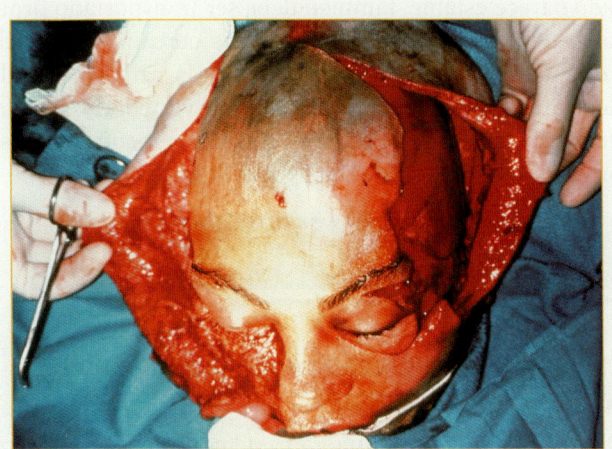

Figura 26-5 Una lesión por avulsión mayor se caracteriza por un colgajo grande de piel que es desprendido del músculo y tejidos subyacentes.

ropa, a menudo puede identificar a los pacientes con hemorragia al acercarse a la escena. Al observar ésta, busque indicadores y consideraciones del mecanismo de lesión (ML). Esta observación lo ayudará a desarrollar, de manera temprana, un índice de sospecha de lesiones subyacentes en el paciente que ha sufrido un ML significativo. Considere la inmovilización de la columna vertebral.

Evaluación inicial

Impresión general

Al acercarse al paciente traumatizado, debe buscar indicadores importantes que lo alerten sobre la gravedad de su estado. ¿Está el paciente interactuando con el ambiente o está acostado, quieto, sin hacer ruido? ¿Tiene el paciente cualesquier amenaza aparente para la vida, como una hemorragia significativa? ¿Cómo es el color de su piel? ¿Parece estar "enfermo" o "no tan enfermo?" La impresión general le ayudará a desarrollar un índice de sospecha de lesiones graves, y a determinar su sensación de la urgencia de la intervención médica. La cabeza y la cara son sitios que frecuentemente vemos cuando nos estamos formando nuestra impresión general. Las lesiones de la cara y de la garganta pueden ser muy obvias, como una hemorragia e hinchazón notable, pero también pueden ocultarse bajo cuellos y sombreros. Debido a la probabilidad de dificultad respiratoria con estas lesiones, deben reconocerse tan pronto como sea posible.

Como es el caso de cualquier lesión con hemorragia que ponga en peligro la vida, asigne a un miembro del equipo para controlar la pérdida de sangre con presión directa. Considere siempre la necesidad de inmovilización cervical manual, y verifique el nivel de respuesta con el uso de la escala AVDI (despierto y Alerta, responde a estímulos Verbales o Dolor, Inconsciente).

Vía aérea y respiración

A continuación, asegure que el paciente tenga una vía aérea despejada y permeable. Si el paciente no responde, o tiene un nivel de conciencia notablemente alterado, considere la inserción de una cánula orofaríngea o nasofaríngea de tamaño apropiado. Si se identifican lesiones significativas en la cara o el cuello, es muy importante mantener una vía aérea permeable. Corresponde insertar una cánula nasofaríngea, lenta y cuidadosamente, retirándola si se siente alguna resistencia. Debe, además, examinar rápidamente para identificar una respiración adecuada. Palpe la pared del pecho para detectar DCAP-BLS-TIC [Deformidades, Contusiones, Abrasiones, Punciones/Penetraciones,

---

Situación de urgencia — Parte 2

Llega a la escena y ve que las autoridades están presentes. Le notifican que la escena es segura y que tienen al sospechoso en custodia. Toma precauciones de ASC y se acerca al paciente, que está recargado contra la pared exterior del bar. El hombre, que parece tener 25 años de edad, está sujetando su mano al lado derecho de su cuello. Observa sangre que fluye libremente debajo de su mano. Pregunta al paciente su nombre y qué sucedió, mientras retira su mano del cuello. Contesta: "Ramón... Fui acuchillado". Entre respiraciones, puede ver que tiene una herida punzante en el lado derecho del cuello, con profusa hemorragia de sangre color rojo brillante.

3. ¿Cómo trataría esta herida?
4. ¿Está "enfermo" o "no" el paciente?

quemaduras (Burns), Laceraciones, edema (Swelling), Sensibilidad al Tacto (Tenderness), Inestabilidad y Crepitación, por la mnemotecnia en inglés). Si se descubre un trauma penetrante, asigne a un miembro del equipo para aplicar un apósito oclusivo sobre la herida. Si encuentra un fragmento inestable, asigne a otro miembro del equipo para estabilizar la lesión con una mano enguantada, o estabilizar la pared del pecho lesionada con un apósito voluminoso. Verifique ruidos pulmonares claros y simétricos, y luego administre oxígeno en flujo alto, o proporcione ventilación asistida usando un dispositivo BVM, como sea necesario, dependiendo del nivel de conciencia, la frecuencia y calidad respiratoria de su paciente. Las lesiones de la cara y el cuello aumentan la necesidad de mantener la vía aérea y la respiración, por lo que no debe titubear en colocar una mascarilla no recirculante sobre heridas faciales. Es posible que el sellado no sea fácil de mantener, pero la vía aérea y la respiración adquieren prioridad sobre las lesiones de los tejidos blandos.

Circulación

Debe evaluar con rapidez la frecuencia y calidad del pulso, determinar la condición, color y temperatura de la piel, y verificar el tiempo de llenado capilar. La hemorragia abundante es una amenaza inmediata para la vida. Si el paciente tiene una hemorragia que pone en peligro su vida, debe controlarla rápidamente.

Decisión de transporte

Si el paciente que está tratando tiene un problema de la vía aérea, respiratorio o una hemorragia significativa, debe considerar transportarlo en forma rápida al hospital para su tratamiento. En los pacientes con lesiones de la cara y el cuello puede ser muy difícil la estabilización y mantenimiento de una vía aérea y la respiración, por lo cual deben evitarse las demoras en el transporte, y considerar un respaldo de SVA si el tiempo de traslado será prolongado. Un paciente con signos y síntomas de hemorragia interna debe ser transportado rápidamente al hospital apropiado para ser tratado por un médico. La hemorragia interna en las lesiones de la cara y el cuello, con frecuencia implican al encéfalo, o grandes vasos de la garganta, y puede tener un grave impacto en la vía aérea del paciente. El estado de un paciente con una hemorragia visible abundante o signos de hemorragia interna significativa puede volverse inestable muy repentinamente. El tratamiento está dirigido a atender con rapidez las amenazas para la vida y proporcionar un rápido transporte al hospital apropiado más cercano. Signos como taquicardia, taquipnea, baja tensión arterial, pulso débil, piel fría, húmeda y pálida son signos de hipoperfusión, e implican la necesidad de un traslado rápido. El paciente que tiene un ML significativo, pero cuyo estado parece estable, también debe ser transportado prontamente al hospital apropiado más cercano. Recuerde que cualquier golpe significativo en la cara o el cuello debe aumentar su sospecha de lesión vertebral o encefálica. Debe estar alerta con estos signos y reconsiderar su prioridad y decisión de transporte, si se desarrollan.

Historial y examen físico enfocados

Examen físico enfocado contra evaluación rápida del traumatismo

Después de que la evaluación está completa, determine qué evaluación se efectuará a continuación. En el paciente responsivo que tiene una lesión aislada, con un ML limitado, considere un examen físico enfocado. Enfoque su evaluación en la lesión aislada, la molestia del paciente, y la región del cuerpo afectada. En este caso es la cara y la garganta. Asegure que se mantiene el control de la hemorragia y note la localización de la lesión. Evalúe todos los sistemas subyacentes, lo que debe abarcar al neurológico, incluyendo al encéfalo y nervios mayores; órganos sensitivos, incluyendo boca, nariz, senos paranasales, vía aérea, y aparato circulatorio, enfocando en particular las arterias carótidas y las venas yugulares.

Si hay un traumatismo intenso que probablemente afecte múltiples sistemas, inicie una evaluación rápida del traumatismo buscando DCAP-BTLS, para asegurar que ha encontrado todos los problemas y lesiones. Cuando la complete, realice una historia enfocada y un examen físico, como se describió anteriormente, para cada lesión. En los casos hemorrágicos es importante no enfocarse sólo en la hemorragia. Con un traumatismo intenso, evalúe rápidamente al paciente de la cabeza a los dedos de los pies, pero no retrase el transporte para completar un examen físico detallado.

Signos vitales iniciales

Debe evaluar los signos vitales de base para observar los cambios que puede mostrar el paciente durante el tratamiento. Una lectura de presión sistólica inferior a 100 mm Hg, con un pulso rápido, débil y piel fría, húmeda, que es pálida o gris, debe alertarlo sobre la presencia de hipoperfusión en un paciente que ha tenido una hemorragia intensa. Recuerde, debe preocuparse por hemorragia visible y hemorragia oculta dentro de una cavidad corporal no visible. Con lesiones de la cara y el cuello, la información de la línea basal sobre la frecuencia y calidad de las respiraciones y el pulso es muy importante, como también lo es su vigilancia durante el cuidado del paciente.

Historial SAMPLE

A continuación, obtenga un historial SAMPLE de su paciente. Si éste no responde, intente obtener un historial SAMPLE de amigos o miembros de la familia que puedan estar presentes.

Intervenciones

Proporcione una inmovilización completa de la columna vertebral en el paciente con sospecha de lesiones raquídeas. Las lesiones raquídeas deben sospecharse siempre que hay un traumatismo significativo en la cara o garganta. Mantenga una vía aérea abierta, esté preparado para aspirar continuamente al paciente y considere la aplicación de una cánula orofaríngea o nasofaríngea. Siempre que sospeche una hemorragia abundante administre oxígeno en flujo alto. El oxígeno y el mantenimiento de la vía aérea son importantes para todos los pacientes con lesiones de la cara y garganta. Si se necesita, proporcione ventilación asistida con un dispositivo BVM, con oxígeno en flujo alto. Cuando hay una hemorragia copiosa visible, contrólela. Si el paciente tiene signos de hipoperfusión, trate de manera inmediata el estado de choque y proporcione un transporte rápido al hospital apropiado. No demore el traslado de un paciente intensamente traumatizado para tratamientos en el campo que no son salvavidas, como la ferulización de fracturas en las extremidades; en vez de esto, complete estos tipos de tratamiento en ruta al hospital.

Examen físico detallado

Si el paciente está en condición estable, y han sido resueltos los problemas identificados en la evaluación inicial, efectúe un minucioso examen físico detallado del paciente, como se expone en el capítulo 8. Muchas veces, los tiempos cortos de transporte y la condición inestable del paciente hacen impráctica esta evaluación.

Evaluación continua

Reevalúe las áreas examinadas durante la evaluación inicial, y los signos vitales. Reevalúe, además, las intervenciones y el tratamiento que ha proporcionado al paciente. Esto último es en particular importante en los pacientes con lesiones de la cara y el cuello, debido a la facilidad con que estas lesiones pueden afectar a sistemas asociados, como los aparatos respiratorio (vía aérea y respiración), circulatorio y el sistema nervioso. La condición del paciente debe reevaluarse cuando menos cada cinco minutos.

Comunicación y documentación

Debe incluir una descripción del ML y de la posición en la que encontró al paciente al llegar a la escena. Documente el método usado para retirar al paciente del vehículo, por ejemplo: "tiempo de extracción del vehículo prolongado usando herramientas". En los casos en que se implica una hemorragia externa intensa, es importante reconocer, estimar e informar la cantidad de pérdida de sangre que se ha producido, y qué tan rápidamente, o cuánto tiempo ha pasado desde que se inició. Este es un desafío, en especial si la superficie es húmeda o absorbe líquidos, o está oscuro. Es importante que el personal del hospital al cual está transportando al paciente conozca todo lo referente a las lesiones que involucran la cara y la garganta. Puede ser necesario llamar a especialistas para atender lesiones de los ojos, oídos, dientes, boca, senos nasales, laringe, esófago o grandes vasos. Estos especialistas no siempre están en el hospital, en especial durante el atardecer o la noche, o en hospitales más pequeños, por lo que informar al centro regulador de las urgencias médi-

Situación de urgencia — Parte 3

Reconoce que el paciente está "enfermo", llama para apoyo de SVA y pide a su TUM-B compañero que inmovilice la cabeza del paciente para efectuar precauciones de la columna cervical, mientras aplica presión directa sobre la herida usando un apósito estéril. Sin embargo, a pesar de la presión directa la hemorragia persiste. También nota que el nivel de conciencia del paciente está disminuyendo.

5. ¿Cómo debe controlar la hemorragia?
6. ¿Cuál es su decisión de transporte?

cas de todas las lesiones que implican la cara y el cuello puede ahorrar tiempo valioso.

Cuidados de urgencias

El cuidado de urgencias de las lesiones de la cara y el cuero cabelludo es el mismo que el tratamiento de lesiones de tejidos blandos de otras partes del cuerpo. Debe evaluar los ABC y tratar primero cualesquier amenazas para la vida. Recuerde también seguir las precauciones de ASC, en todos los casos.

Su primer paso consiste en abrir y despejar la vía aérea. Recuerde que la sangre que drena al interior de la garganta puede producir vómito y obstrucción de la vía aérea. Tome precauciones apropiadas si sospecha que el paciente ha sufrido una lesión de la columna cervical; asegúrese de evitar movimientos del cuello. Use la maniobra de tracción mandibular o la maniobra modificada para abrir la vía aérea del paciente y luego aspire la boca. Una vez que el paciente es movilizado con un collar cervical y en una camilla rígida, puede ladearlo para permitir que drenen la sangre y el vómito fuera de la boca, en lugar de que se acumulen en la faringe y obstruyan la vía aérea.

Controle la hemorragia aplicando presión manual directa con un apósito estéril seco. Use gasa enrollada, envolviendo la circunferencia de la cabeza, para mantener el vendaje compresivo en el sitio (Figura 26-6). No aplique presión excesiva si existe la posibilidad de una fractura de cráneo subyacente. Cuando una lesión expone el encéfalo, ojo u otras estructuras, cubra las partes expuestas con un apósito estéril húmedo, para protegerlas de más daños. En las lesiones en las cuales la piel no está rota, puede aplicar hielo localmente para ayudar a controlar la hinchazón de los tejidos magullados.

En las lesiones de tejidos blandos alrededor de la boca, siempre debe verificar una posible hemorragia dentro de la boca. Los dientes rotos y las laceraciones de la lengua pueden causar una profusa hemorragia y obstrucción de la vía aérea superior (Figura 26-7). Con frecuencia, el paciente deglutirá la sangre de laceraciones dentro de la boca, por lo que la hemorragia puede no ser aparente. También debe inspeccionar el interior de la boca por posibles hemorragias y heridas ocultas en pacientes que han sufrido un traumatismo de la cara. Recuerde que los pacientes que deglutan sangre tienden a vomitar.

Con frecuencia, los médicos podrán injertar un fragmento de piel avulsada de vuelta a su posición apropiada. Por esta razón, si encuentra porciones de piel avulsada que se han separado, debe envolverlas en un apósito estéril, colocarlas en una bolsa de plástico y mantenerlas

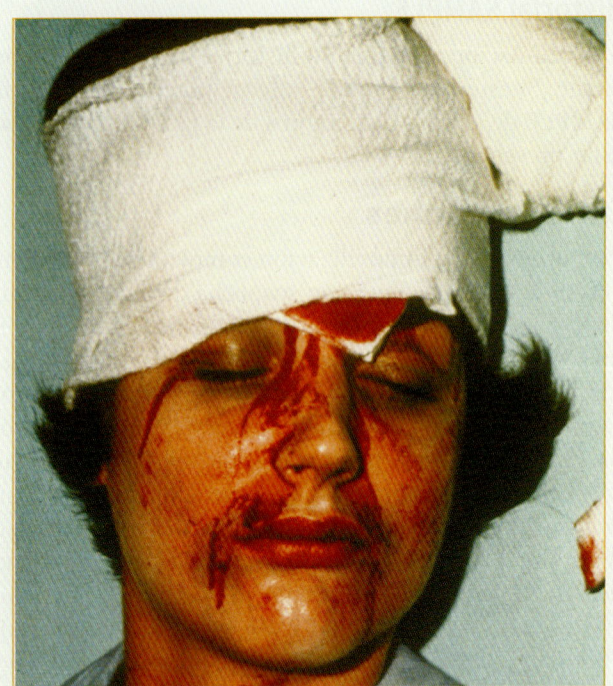

Figura 26-6 Use un rollo de gasa, envuelto alrededor de la circunferencia de la cabeza, para sujetar en el sitio un apósito de presión.

frías, pero nunca coloque tejido directamente sobre hielo porque la congelación lo destruirá y lo hará inutilizable. Entregue la bolsa al departamento de urgencias junto con el paciente. En muchas lesiones con avulsión, la piel aún estará fija en un colgajo suelto (Figura 26-8). Coloque el colgajo en una posición tan cercana a la normal, como sea posible, y sujétela en el sitio con un apó-

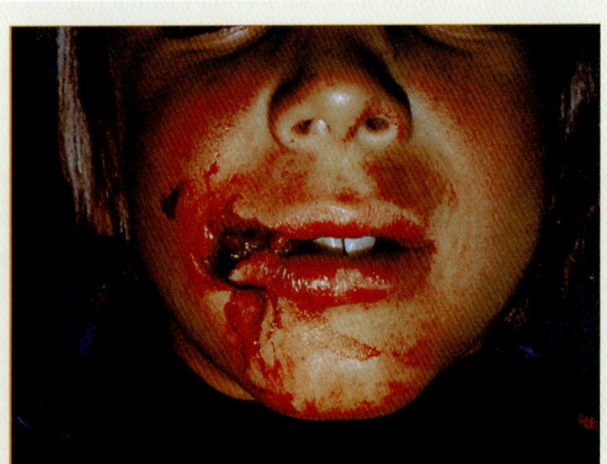

Figura 26-7 Las lesiones de los tejidos blandos alrededor de la boca se pueden asociar con una hemorragia profusa dentro de la boca y obstrucción de la vía aérea.

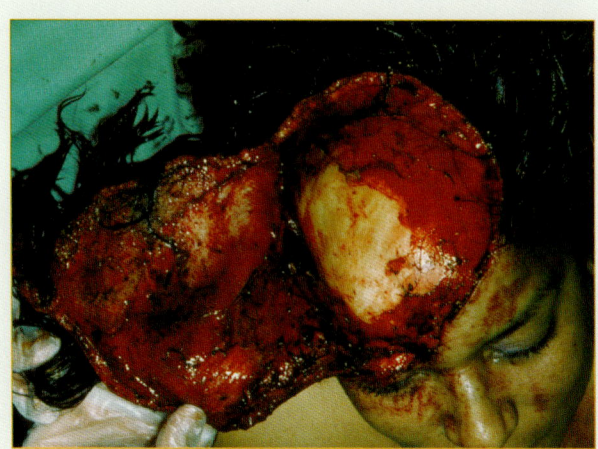

Figura 26-8 Si la piel avulsada está aún fija, coloque el colgajo en una posición tan cercana como sea posible a la normal, y manténgala en el sitio con un apósito estéril seco.

sito estéril seco. No debe remplazar un colgajo avulsado que esté visiblemente contaminado con tierra u otro material extraño. Estos pasos ayudarán a incrementar las probabilidades de que el paciente sea restaurado a su aspecto normal.

Lesiones específicas

Lesiones de la nariz

Las hemorragias nasales (epistaxis) son un problema común que puede ocurrir de manera espontánea o por traumatismo; una de las causas más comunes es el traumatismo digital (escarbarse la nariz con el dedo). Las hemorragias nasales se clasifican adicionalmente en epistaxis anterior y posterior. Las hemorragias nasales anteriores suelen originarse en el área del tabique, sangran con lentitud, y en general se resuelven de manera espontánea. Las hemorragias nasales posteriores son usualmente más intensas y a menudo causan que la sangre drene a la garganta del paciente, provocando náusea y vómito. Un traumatismo en la cara y el cráneo, que da por resultado una fractura en la base del cráneo, con frecuencia causará que la pared posterior de las fosas nasales se vuelva inestable. No debe intentar colocar una cánula nasofaríngea en un paciente con sospecha de fractura de la base del cráneo, o con lesiones faciales, porque la inserción puede permitir que la cánula penetre a través de la pared inestable de las fosas nasales al interior de la bóveda craneana.

La nariz frecuentemente recibe el golpe más fuerte en los asaltos físicos deliberados y choques de autos. Las contusiones de la nariz causadas por un puño o un tablero pueden estar asociadas con fracturas y lesiones de los tejidos blandos de la cara, de la cabeza, de la columna cervical, o todas ellas.

En la evaluación de las lesiones que implican a la nariz, ayuda recordar el interior de la misma (Figura 26-9). Las fosas nasales están divididas en dos secciones, o fosas nasales, por el tabique nasal, que está formado de cartílago. Dentro de cada fosa nasal hay capas de hueso llamadas <u>cornetes</u>, que están protegidos por un recubrimiento húmedo. Ambas cavidades tienen un cornete superior, un cornete medio y un cornete inferior. Al respirar, el aire se mueve a través de las fosas nasales y es humectado al pasar sobre los cornetes. Directamente por encima de la nariz están los senos frontales y, a cada lado, las órbitas de los ojos.

Todas estas estructuras deben evaluarse por posibles lesiones. En el caso de una lesión intensa, puede haber también una lesión de la columna cervical. Tenga presente que el líquido cefalorraquídeo (LCR) puede escapar hacia abajo, a través de la nariz (u oídos), siguiendo una fractura de la base del cráneo. Si la sangre o el líquido drenado tienen LCR, se producirá una tinción característica del apósito. Esto puede verse usando un fragmento de gasa para absorber sangre que fluye de la nariz u oídos. Si hay LCR presente, la sangre estará rodeada de un anillo de

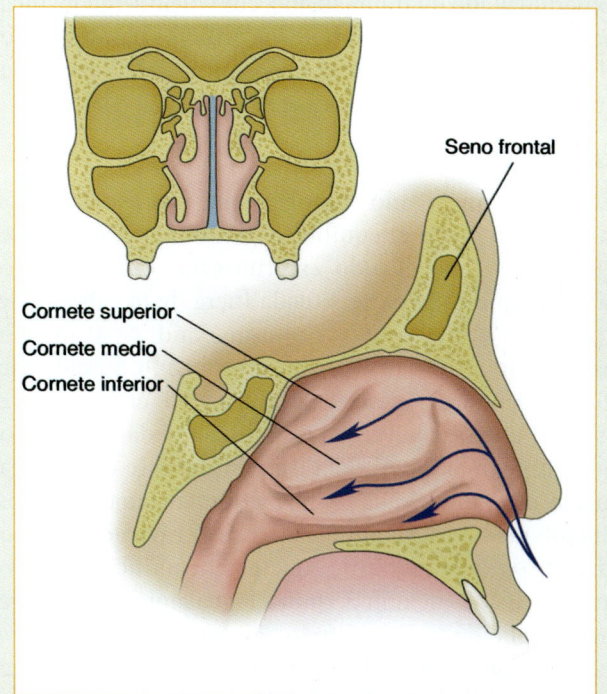

Figura 26-9 La nariz tiene dos fosas nasales divididas por el tabique. Cada fosa nasal está compuesta por capas de hueso llamadas cornetes. Sobre la nariz están los senos frontales y, a cada lado, las órbitas de los ojos.

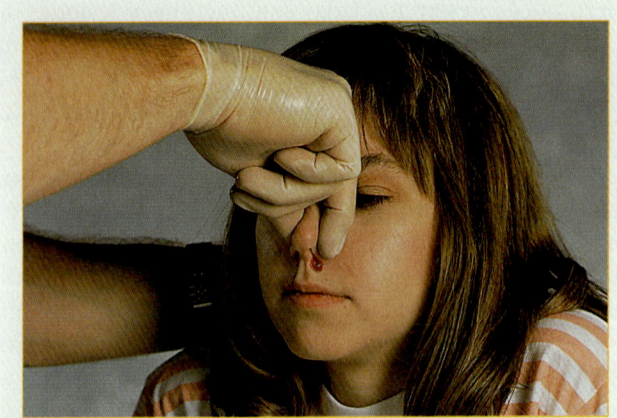

Figura 26-10 Controle la hemorragia de la nariz apretando juntos los orificios de la nariz.

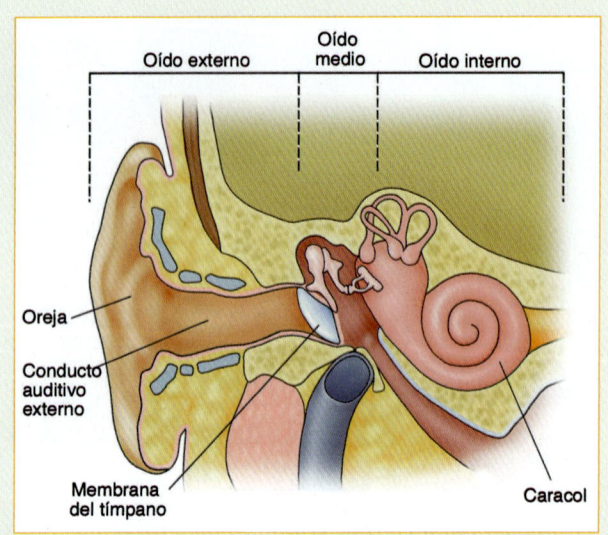

Figura 26-11 El oído tiene tres partes principales: el oído externo, compuesto por la oreja, el conducto auditivo externo y la membrana del tímpano; el oído medio, incluyendo el martillo, el yunque y el estribo, y el oído interno, constituido por cavidades óseas llenas con líquido.

líquido más claro. Esto se conoce con frecuencia como prueba del halo.

Puede controlar hemorragia de abrasiones y laceraciones de la nariz aplicando un apósito estéril. Si el paciente está sangrando intensamente de la nariz, esto probablemente se debe a un traumatismo significativo, y debe preocuparse por una posible lesión de la columna cervical. El paciente no debe movilizarse si la vía aérea puede tratarse en la posición presente del paciente. A un paciente con hemorragia de la nariz, pero que no ha experimentado un traumatismo, colóquelo sentado, inclinado hacia adelante y apriete los orificios nasales juntos (Figura 26-10 ▲). Para una exposición detallada de los cuidados de la epistaxis véase destrezas 22-4.

Lesiones del oído

El oído es un órgano complejo que está asociado con la audición y con el equilibrio, se divide en tres partes (Figura 26-11 ▶). El oído externo está compuesto por la oreja, que es la parte situada fuera de la cabeza, y el <u>conducto auditivo externo</u>, que conduce al interior hacia la <u>membrana timpánica</u>, o tímpano. El oído medio contiene tres huesecillos (el martillo, el yunque y el estribo) que se mueven en respuesta a ondas de sonidos que golpean la membrana timpánica. Éste es el mecanismo mediante el cual oímos y diferenciamos sonidos. El oído medio está comunicado con la cavidad nasal por la <u>trompa de Eustaquio</u>, que es el conducto auditivo interno. Esta conexión permite el igualamiento de la presión en el oído medio cuando hay cambios en la presión atmosférica externa. El oído interno está formado por cámaras óseas llenas de líquido. Al moverse la cabeza también lo hace el líquido. En respuesta, finas terminaciones nerviosas dentro del líquido envían impulsos al encéfalo, indicando la posición de la cabeza y la velocidad del cambio de posición.

Los oídos son frecuentemente lesionados, pero de ordinario no sangran mucho. Si la presión local no controla la hemorragia, puede aplicar un rollo de vendas (Figura 26-12 ▶). Sin embargo, en primer lugar debe colocar un cojinete blando de gasa entre la oreja y el cuero cabelludo, porque vendar la oreja contra el delicado cuero cabelludo subyacente es extremadamente doloroso. En el caso de una avulsión de oreja, debe envolver la parte avulsada en un apósito estéril húmedo y ponerlo en una bolsa de plástico. Con frecuencia, el tejido avulsado del oído puede ser reimplantado.

El conducto auditivo externo es un sitio favorito para que los niños pongan objetos extraños, como cacahuates y dulces. Todos estos elementos deben ser extraídos por un médico en el departamento de urgencias. Nunca intente manipular el cuerpo extraño porque puede presionarlo más hacia adentro, en el conducto auditivo externo, y causar un daño permanente en la membrana del tímpano.

Nuevamente, puede notar cualquier líquido claro saliendo del oído de un paciente intensamente lesionado, porque puede indicar fractura de la base del cráneo.

Fracturas faciales

Las fracturas de los huesos faciales son típicamente el resultado de un impacto contuso. Por ejemplo, la cabeza del paciente hace colisión con un volante o un parabrisas en un choque de automóvil, o es golpeada por un bate de béisbol, o tubo, en un asalto. Debe asumir que todo paciente que ha sufrido un golpe directo en la boca o nariz,

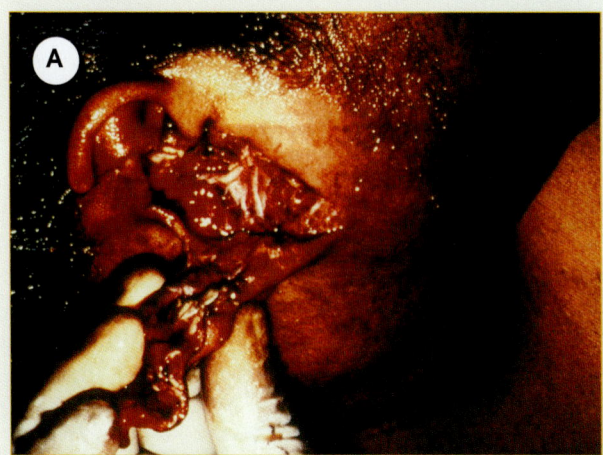

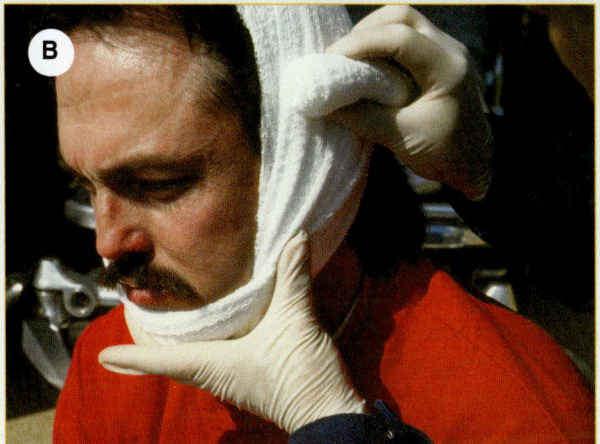

Figura 26-12 A. Laceración mayor de la oreja. **B.** El tratamiento apropiado incluye el uso de un cojinete estéril blando detrás de la oreja, entre ésta y el cuero cabelludo. Luego, envuelva un apósito con un rollo de gasa alrededor de la cabeza, para incluir la oreja completa.

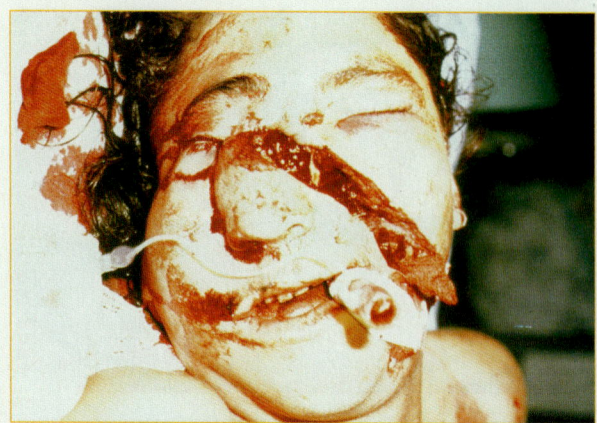

Figura 26-13 La hemorragia después de una lesión por aplastamiento de la cara puede poner en peligro la vida debido a que, además de la hemorragia externa, coágulos de sangre en la vía aérea pueden causar una obstrucción completa.

tiene una fractura facial. Otros indicios de la posibilidad de una fractura incluyen una hemorragia en la boca, inhabilidad para deglutir o hablar, dientes flojos o ausentes, o fragmentos de hueso suelto o móviles, o varias de estas cosas. Los pacientes también pueden manifestar que "no se siente bien" cuando cierran la mandíbula, indicando una irregularidad en la mordida. El traumatismo de fuerza contusa que causa fracturas faciales también puede causar lesiones en el cuello, con la necesidad de establecer inmovilización vertebral.

Las fracturas faciales no son urgencias agudas, a menos que haya hemorragia intensa; sin embargo, son indicadoras de una fuerza traumática contusa significativa, aplicada contra esa región del cuerpo Figura 26-13 ▶. Una hemorragia seria de una fractura facial puede amenazar la vida. Además de la hemorragia externa, existe el peligro de los coágulos de sangre en la vía aérea superior, que causan la obstrucción de esta vía. Las fracturas alrededor de la cara y la boca pueden ocasionar deformidad y fragmentos de hueso sueltos. Sin embargo, los cirujanos plásticos pueden reparar el daño perfectamente dentro de un plazo de 7 a 10 días después de la lesión. Asegúrese de retirar y salvar dientes sueltos, o fragmentos de hueso dentro de la boca; a menudo es posible reimplantarlos Figura 26-14 ▶. Retire prótesis dentales y puentes para proteger contra obstrucción de la vía aérea.

Otra fuente potencial de obstrucción de la vía aérea es la hinchazón, la cual puede ser extrema dentro de las primeras 24 horas después de la lesión. Si nota hinchazón durante la evaluación, o en cualquier momento mientras el paciente está bajo su cuidado, debe verificar una posible obstrucción de la vía aérea.

Los dientes desprendidos que no están causando obstrucción de la vía aérea deben ser transportados junto con el paciente, en un contenedor con parte de la saliva del paciente, o con leche, si es posible.

Lesiones del cuello

El cuello contiene muchas estructuras que son vulnerables a la lesión por un traumatismo contuso, como por un volante durante un choque de automóvil, o por heridas penetrantes, como una herida por cuchillada o arma de fuego. Estas estructuras incluyen la vía aérea superior, el esófago, las arterias carótidas, el cartílago tiroides o manzana de Adán, el cartílago cricoides y la parte superior de la tráquea. Cualquier lesión en el cuello es grave y debe considerarse como amenaza para la vida, mientras no se compruebe lo contrario en el departamento de urgencias. Considere que el traumatismo de fuerza contusa, que causa lesiones del cuello, también puede causar lesiones de la columna cervical, con necesidad de inmovilización vertebral.

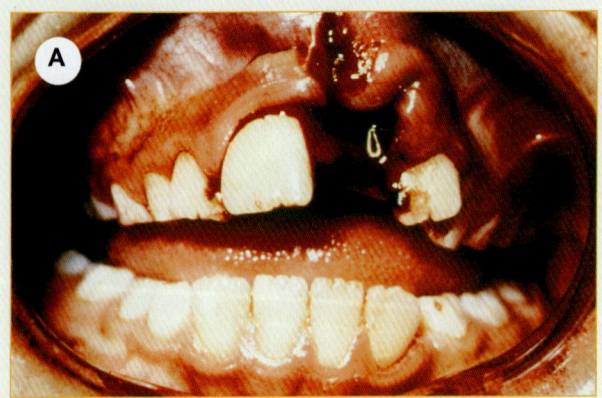

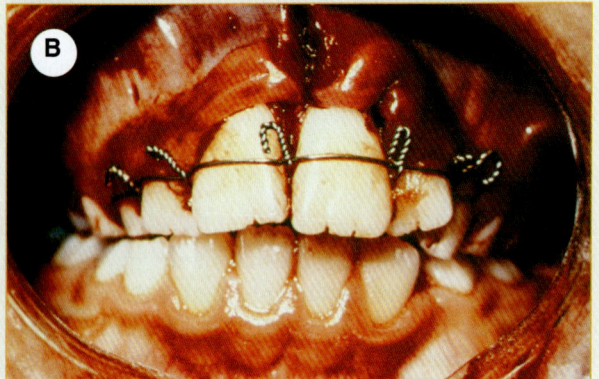

Figura 26-14 A. Preserve cualesquier diente o fragmento de hueso después de una lesión en la boca. **B.** Aun con la pérdida traumática de un diente, la posibilidad de éxito en una reimplantación es muy buena.

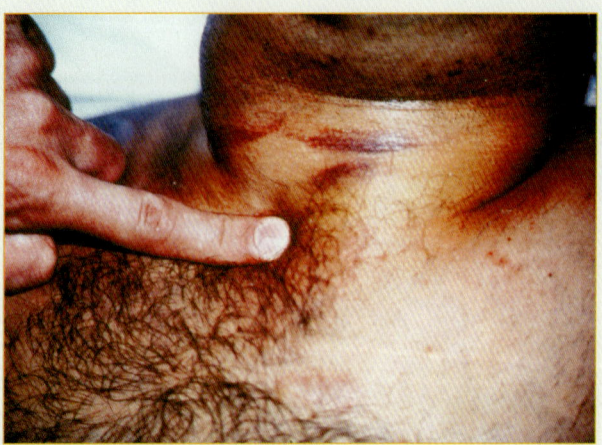

Figura 26-15 Las fracturas de la laringe o tráquea pueden causar escapes de aire de la vía aérea a los tejidos subcutáneos. La presencia de aire produce una sensación crepitante, llamada enfisema subcutáneo.

Lesiones contusas

Cualquier lesión por aplastamiento de la parte superior del cuello probablemente implica la laringe o la tráquea. Entre los ejemplos, se incluye un golpe con el volante del vehículo, un intento de suicidio por ahorcamiento, y una lesión con un tendedero sufrida al andar en bicicleta.

Una vez que los cartílagos de la vía aérea superior y faringe se fracturaron, no regresan a su posición normal. Tal fractura puede causar pérdida de la voz, obstrucción de la vía aérea intensa, y a veces mortal, y escape de aire a los tejidos blandos del cuello Figura 26-15. La presencia de aire en los tejidos blandos produce una sensación de crepitación característica llamada **enfisema subcutáneo**. Si percibe esa sensación cuando palpa el cuello debe mantener la vía aérea lo mejor que pueda y proporcionar un transporte inmediato. Esté consciente de que en estos pacientes puede desarrollarse muy rápidamente una obstrucción completa de la vía aérea como resultado de la hinchazón y la hemorragia en tejidos subyacentes. Puede ser muy difícil tratar la vía aérea en los pacientes con estas lesiones; algunos requerirán una vía aérea quirúrgica en el hospital. También debe tener presente que un incidente que incluye una lesión en el cuello, también

Situación de urgencia — Parte 4

Quiere transportar inmediatamente a su paciente al centro de trauma, pero necesita controlar la hemorragia. Aplica presión por arriba y por debajo de la herida, en el lado derecho del cuello, y tiene éxito en controlar la hemorragia. Coloca vendaje sobre los apósitos en el sitio, envolviéndolos debajo del brazo del paciente, y luego coloca un collar cervical al paciente para aplicar presión directa adicional y mantener la inmovilización cervical. Administra al paciente oxígeno en flujo alto, lo coloca en una camilla rígida y lo mueve a la camilla. Al comenzar a cargar al paciente a la ambulancia llega a la escena la unidad de SVA.

7. ¿Quién debe transportar al paciente al hospital?
8. ¿Cuáles son sus prioridades de tratamiento con este paciente?

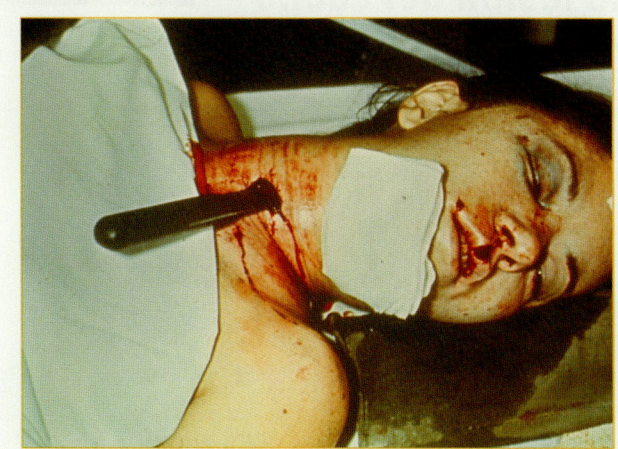

Figura 26-16 Las heridas penetrantes del cuello pueden dar lugar a hemorragias profusas si la arteria carótida o la vena yugular son lesionadas.

puede haber causado una lesión de la columna cervical, con la necesidad de inmovilización vertebral.

Heridas penetrantes

Las heridas penetrantes del cuello pueden causar hemorragia profusa por laceración de los grandes vasos del cuello: las arterias carótidas o las venas yugulares (Figura 26-16 ▲). Las lesiones a estos grandes vasos también pueden permitir que entre aire al aparato circulatorio y causar una embolia pulmonar. Una lesión penetrante puede dañar la vía aérea, el esófago y aun la médula espinal.

La presión directa sobre el sitio del sangrado controlará la mayoría de las hemorragias del cuello. Siga los pasos en (Destrezas 26-1 ▶):

1. **Aplique presión directa** al sitio hemorrágico usando las puntas de sus dedos enguantados y apósito oclusivo estéril (**Paso 1**).
2. **Fije el apósito en el sitio** con un rollo de gasa, agregando más apósitos si es necesario (**Paso 2**).
3. **Envuelva con gasa alrededor y bajo el hombro del paciente.** No envuelva con gasa alrededor del cuello, para evitar posibles problemas de la vía respiratoria y la circulación (**Paso 3**).

Sin embargo, los tejidos dentro del cuello pueden sangrar aún y comprimir la vía aérea, por lo que debe buscar signos de obstrucción. Si se ha abierto una vena puede succionarse aire a través de la vena al corazón, situación clínica llamada **embolia gaseosa**. Una cantidad grande de aire en la aurícula derecha y en el ventrículo derecho puede causar un paro cardiaco.

Es posible que encuentre necesario aplicar presión tanto por encima como por debajo de la herida penetrante para controlar la hemorragia, que amenaza la vida, de la arteria carótida (arriba) y de la vena yugular (abajo). También pude ser necesario que trate el estado de choque en el paciente.

Siempre mantenga estabilización de la columna cervical y, con el paciente completamente inmovilizado en una camilla rígida, proporcione un pronto transporte. Asegure que la vía aérea permanece abierta en ruta y administre oxígeno en flujo alto.

Destrezas 26-1

Control de la hemorragia de una lesión del cuello

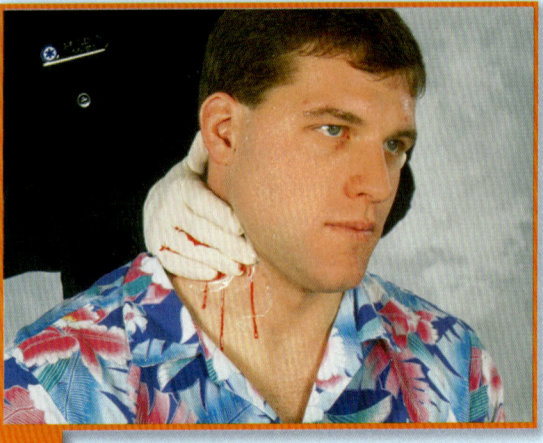

1 Aplique presión directa para controlar la hemorragia.

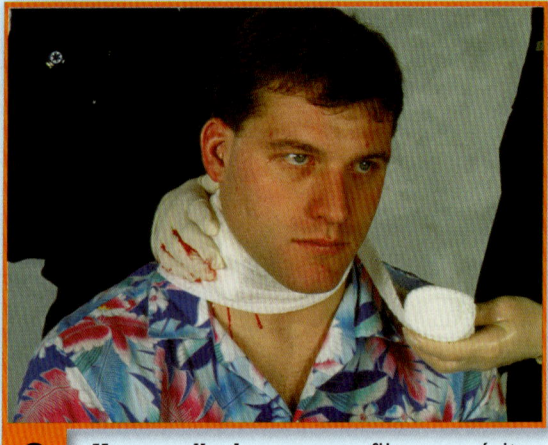

2 Use un rollo de gasa para fijar un apósito en el sitio.

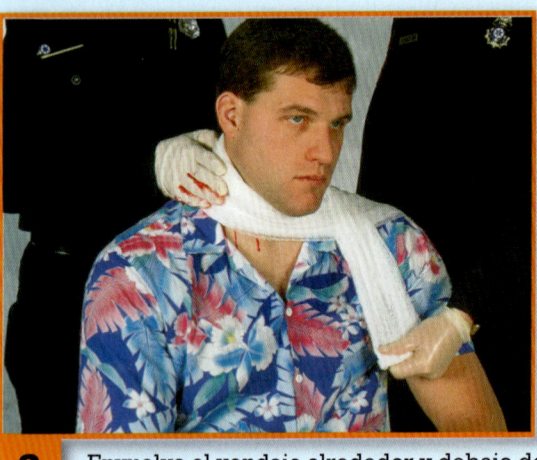

3 Envuelva el vendaje alrededor y debajo del hombro del paciente.

Situación de urgencia   Resumen

Las heridas penetrantes del cuello pueden requerir una pronta intervención para salvar la vida del paciente. Además de las posibilidades de hemorragias y embolia gaseosa que ponen en peligro su vida, pueden producirse como resultado daños de la columna cervical, tráquea, esófago, nervios y otras estructuras vitales. ¡La atención a la vía aérea, respiración y circulación es siempre de extrema importancia!

Lesiones de la cara y el cuello

Evaluación de la escena	Precauciones de aislamiento de sustancias corporales que deben incluir un mínimo de guantes y protección de los ojos. Verificar la seguridad de la escena y determinar NE/ML. Considerar el número de pacientes, la necesidad de ayuda/SVA adicionales y estabilización de la columna cervical.
Evaluación inicial	
■ Impresión general	Determine el estado de conciencia y trate cualesquier amenaza inmediata para la vida. Determine la prioridad de los cuidados basado en el ambiente y molestia principal del paciente.
■ Vía aérea	Asegure una vía aérea permeable y proporcione estabilización de la columna vertebral, según sea necesario.
■ Respiración	Ausculte para posibles ruidos respiratorios anormales y evalúe la frecuencia y profundidad de las respiraciones. Mantenga las ventilaciones según se necesite. Administre oxígeno en flujo alto a 15 L/min, e inspeccione la pared del pecho evaluando DCAP-BLS-TIC.
■ Circulación	Evalúe la frecuencia y calidad del pulso; observe color, temperatura y condición de la piel y trate de acuerdo con la situación. Controle la hemorragia que ponga en peligro la vida.
■ Decisión de Transporte	Transporte pronto.
Historial y examen físico enfocado	*Nota: El orden de los pasos en la historia y el examen físico enfocados difiere, dependiendo de que el paciente tenga, o no, un ML significativo. El orden de abajo es para un paciente con un ML significativo. Para un paciente sin un ML significativo, efectúe una evaluación enfocada del traumatismo, tome los signos vitales y obtenga la historia.*
■ Evaluación rápida de traumatismo	Reevalúe el mecanismo de la lesión. Efectúe una evaluación rápida del traumatismo, tratando inmediatamente todas las amenazas para la vida. Gire, alinee y fije a la camilla rígida a todos las pacientes con un ML significativo de las clavículas para arriba.
■ Signos vitales iniciales	Tome los signos vitales notando el color y la temperatura de la piel, así como el nivel de conciencia del paciente. Use oximetría del pulso, si está disponible.
■ Historial SAMPLE	Obtenga un historial SAMPLE. Si el paciente no responde, intente obtener información por miembros de la familia, amigos o espectadores.
■ Intervenciones	Proporcione inmovilización vertebral completa de forma inmediata si sospecha que su paciente tiene lesiones de la columna vertebral. Controle una hemorragia significativa. Asegure oxígeno en flujo alto y coloque una manta térmica para controlar la temperatura corporal.
Examen físico detallado	Complete un examen físico detallado.
Evaluación continua	Repita la evaluación inicial, evaluación rápida/enfocada y reevalúe las intervenciones realizadas. Reevalúe los signos vitales cada cinco minutos en el paciente inestable, cada 15 minutos en el paciente estable.
■ Comunicación y documentación	Contacte al centro regulador de las urgencias médicas y dé un informe por radio. Refiera cada cambio en el nivel de conciencia o dificultad para respirar. Describa el ML y la posición en que encontró al paciente. Proporcione un estimado del volumen de sangre perdido cuando se ha producido una hemorragia externa intensa. Asegúrese de documentar cualesquier órdenes del médico y cambios en la condición del paciente, y a qué hora se produjeron.

NOTA: Aunque los pasos indicados abajo están ampliamente aceptados, asegúrese de consultar y seguir su protocolo local.

Lesiones de la nariz	Lesiones del oído	Fracturas faciales	Lesiones del cuello
Controlando la Epistaxis (Véase Destrezas 22-4) 1. Posicione al paciente sentado, inclinado hacia adelante. 2. Aplique presión directa, apretando la parte carnosa de los orificios nasales por 15 minutos. 3. Mantenga al paciente calmado y quieto. 4. Aplique hielo sobre la nariz.	1. Coloque un apósito blando, acolchonado, entre las orejas y el cuero cabelludo. 2. Si la oreja está avulsada, envuélvala en un apósito estéril, húmedo y colóquela en una bolsa de plástico. 3. Deje cualquier objeto extraño dentro del oído para que el médico lo retire. 4. Note cualquier líquido claro que salga del oído.	1. Retire y conserve dientes flojos y fragmentos de hueso de la boca, transpórtelos consigo. 2. Retire prótesis dentales y puentes, para proteger a los pacientes contra obstrucción de la vía aérea. 3. Mantenga una vía aérea abierta. 4. Cuando transporte dientes desprendidos, colóquelos en un contenedor con saliva del paciente, o leche, si es posible.	1. Aplique presión directa para controlar la hemorragia. 2. Use un rollo de gasa para afirmar un apósito en el sitio. 3. Envuelva el vendaje alrededor y debajo del hombro del paciente.

Resumen

Listo para repaso

- Las lesiones de tejidos blandos y fracturas de la cara y el cuello son comunes, y varían en intensidad.
- Sus prioridades son prevenir más daño a la columna cervical y tratar la vía aérea y ventilación del paciente.
- El deterioro de la vía aérea puede ser causado por hemorragia intensa en su interior, hinchazón dentro y alrededor de las estructuras de la vía aérea situadas en cara y cuello, y lesiones en el sistema nervioso central, que interfieren con la respiración normal.
- Para controlar la hemorragia intensa de los tejidos blandos de la cara y cuero cabelludo, use presión directa con un apósito estéril seco. Si hay tejido encefálico expuesto, use un apósito estéril húmedo.
- Siempre verifique la hemorragia dentro de la boca, porque puede producir una obstrucción de la vía aérea.
- Abra la vía aérea usando la maniobra de tracción mandibular o maniobra modificada (cuando se indique) y despeje la vía aérea en todos los pacientes con lesiones faciales.
- Preserve fragmentos avulsados de la piel y transpórtelos con el paciente para posible reimplantación en el hospital.
- Las lesiones del oído no suelen producir una hemorragia significativa. Si la presión directa no controla la hemorragia, use vendaje con un rollo de gasa para aplicar un apósito.
- Con frecuencia, porciones avulsadas de la oreja pueden reimplantarse más adelante en el hospital; preserve todas las partes avulsadas y transpórtelas al hospital con el paciente.
- Esté alerta sobre líquido claro que drene por los oídos o la nariz. Esto puede indicar una fractura de la base del cráneo.
- Los pacientes que sufren un traumatismo de la cara pueden tener una fractura facial. Los signos de una fractura facial incluyen irregularidad de la mordida, incapacidad para deglutir o hablar, ronquera, hemorragia en la boca e inestabilidad de los huesos de la cara.
- El traumatismo contuso y penetrante del cuello puede producir lesiones que ponen en peligro la vida. Palpe el cuello para detectar signos de enfisema subcutáneo. En los pacientes con este signo, puede desarrollarse en minutos una obstrucción completa de la vía aérea.
- Si hay una hemorragia presente por una lesión penetrante, usualmente la presión directa sobre el sitio controlará la mayor parte de las formas de hemorragia.
- Esté alerta sobre la posibilidad de embolia gaseosa por heridas abiertas del cuello. Coloque un apósito oclusivo sobre el sitio y aplique presión directa.

Resumen continuación...

Vocabulario vital

agujero magno   Abertura grande en la base del cráneo, a través de la cual se conecta el encéfalo con la médula espinal.

apófisis mastoides   La masa ósea prominente en la base del cráneo cerca de una pulgada posterior al orificio externo del oído.

articulación temporomandibular (ATM)   La unión formada donde se encuentran la mandíbula y el cráneo, inmediatamente por delante del oído.

avulsado   Jalado o arrancado.

conducto auditivo externo   Conducto de la oreja que conduce a la membrana timpánica.

cornetes   Capas de hueso dentro de las fosas nasales.

cráneo   El esqueleto de la parte superior de la cabeza.

embolia gaseosa   Presencia de aire en la venas, que puede conducir a un paro cardiaco si penetra al corazón.

enfisema subcutáneo   Una sensación crepitante característica, que se siente a la palpación de la piel, causada por la presencia de aire en los tejidos blandos.

hematoma   Colección de sangre en un espacio, tejido u órgano debido a una rotura en la pared de un vaso sanguíneo.

mandíbula   El hueso maxilar inferior.

manzana de Adán   La prominencia firme de la parte superior de la laringe formada por el cartílago tiroides.

maxilares superiores   Huesos que forman la mandíbula superior, a cada lado de la cara; contienen los dientes superiores y forman parte de la órbita del ojo, las fosas nasales y el paladar.

membrana timpánica   El tímpano, situado entre el oído externo y el oído medio.

músculos esternocleidomastoideos   Los músculos, a cada lado el cuello, que permiten el movimiento de la cabeza.

occipucio   La porción más posterior del cráneo.

oreja   La parte externa visible del oído.

trago   El abultamiento pequeño, redondeado, carnoso, de la oreja, situado inmediatamente por delante del conducto auditivo externo.

trompa de Eustaquio   Una rama del conducto auditivo interno que conecta el oído medio con la orofaringe.

Qué evaluar

Está transportando a un paciente implicado en un choque de vehículo motor. El paciente no usaba cinturón de seguridad y parece tener heridas significativas de la cabeza. Nota magulladuras sobre la apófisis mastoides (signo de Battle, indicando fractura de la base del cráneo), pero no puede recordar la terminología apropiada. En vez de eso, dice al departamento que hay magulladuras en el occipucio del paciente.

¿La descripción que proporcionó fue precisa? ¿Cómo puede reducir la confusión si no puede recordar la terminología apropiada?

Temas: Importancia del conocimiento de la anatomía humana; Comunicación precisa con el personal del hospital.

Autoevaluación

Son las 12:30 de un sábado por la noche. Usted es despachado al área del estacionamiento de un centro comercial donde una persona ha sido asaltada y golpeada en la cabeza con un bate de béisbol. Los agentes de la policía le indican que el paciente es un varón adolescente que fue golpeado por varios individuos; explican adicionalmente que el paciente se está quejando y haciendo ruidos extraños, como gruñidos.

Llega para encontrar a su paciente inconsciente, acostado sobre el suelo, con un charco de sangre alrededor de su cabeza. Cuando inspira, nota algún movimiento en sus huesos faciales. Está respirando cerca de seis veces por minuto y con cada respiración escucha ruidos, como gruñidos.

1. ¿Cuál es su principal preocupación respecto a este paciente?

    A. Aplicar un collar cervical.
    B. Establecer una vía aérea permeable.
    C. Verificar otras posibles lesiones.
    D. Nada de lo anterior.

2. La abertura grande del cráneo se llama:

    A. cráneo.
    B. occipucio.
    C. maxilar superior.
    D. agujero occipital.

3. ¿Por cuántos huesos faciales está compuesta la cara?

    A. 6
    B. 8
    C. 10
    D. 16

4. La masa ósea en la base del cráneo, situada justo detrás de la oreja, se llama:

    A. malar.
    B. maxilar superior.
    C. trago.
    D. apófisis mastoides.

5. La cabeza se divide en dos partes llamadas:

    A. calavera y cráneo.
    B. cráneo y agujero occipital.
    C. cara y cráneo.
    D. nada de lo anterior.

6. La prominencia firme en el centro de la superficie anterior del cuello se llama:

    A. manzana de Adán.
    B. parte superior de la laringe.
    C. cartílago tiroides.
    D. todo lo anterior.

Preguntas desafiantes

7. ¿Cómo pueden afectar las lesiones faciales a la permeabilidad de la vía aérea?

8. ¿Por qué es importante determinar la presencia de una lesión de la cabeza antes de elegir entre una cánula para la vía oral o nasal?

9. ¿Cómo debe tratar piel completamente avulsada?

10. ¿Cuáles son los errores más comunes que comete la mayor parte de las personas cuando tratan hemorragias nasales?

Lesiones del tórax

Objetivos

Cognitivos

1. Diferenciar entre un neumotórax, un hemotórax, un neumotórax a tensión y una herida succionante del tórax. (pp. 784, 786)
2. Describir los cuidados médicos de urgencias de un paciente con un tórax inestable. (p. 787)
3. Definir los cuidados médicos de urgencias de un paciente con una herida succionante del tórax. (p. 785)
4. Explicar las consecuencias de una lesión contusa del corazón. (p. 789)
5. Listar los signos del taponamiento cardiaco. (p. 789)
6. Exponer las complicaciones que pueden acompañar a las lesiones del tórax. (p. 784)

Afectivos

Ninguno

Psicomotores

7. Demostrar los pasos en los cuidados médicos de urgencias de una herida succionante del tórax. (p. 785)

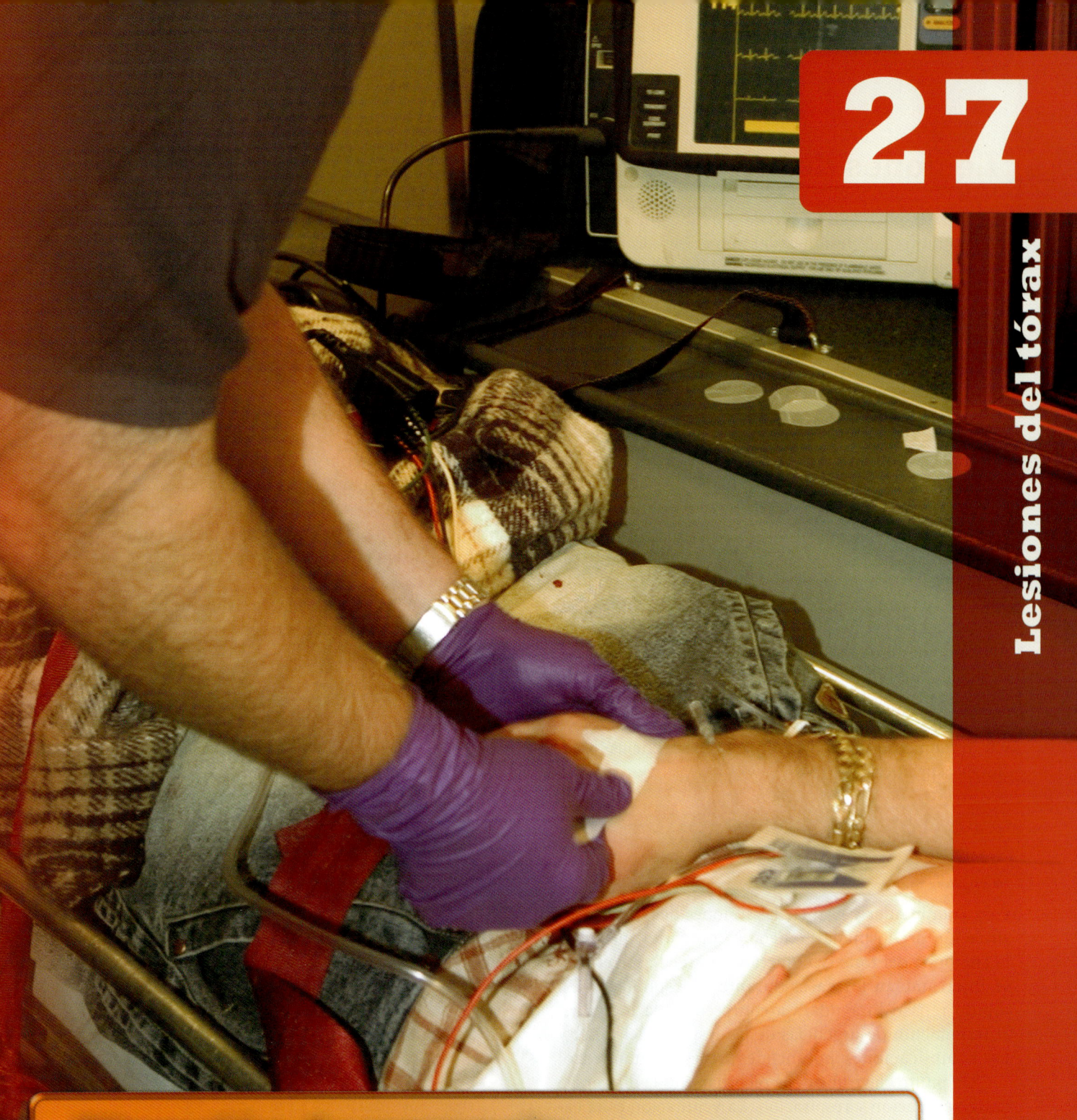

27

Lesiones del tórax

Situación de urgencia

Es despachado junto con su compañero TUM-B para atender a una persona lesionada. La información del CECOM indica que acudirá a un sitio en construcción donde un trabajador cayó sobre una pieza de metal y tiene una herida de tórax abierta.

1. ¿Por qué es tan importante sellar heridas abiertas del tórax tan rápidamente como sea posible?
2. ¿Cuáles son algunas de las posibles consecuencias de una herida contusa del tórax para el corazón? ¿De una lesión penetrante?

Lesiones del tórax

Los TUM-B en el desempeño de sus funciones encuentran comúnmente lesiones del tórax. Debido a la ubicación del corazón, los pulmones y los grandes vasos, dentro de la cavidad torácica pueden producirse lesiones potencialmente graves. Cualquier lesión que interfiera con los mecanismos del cuerpo de la respiración normal debe tratarse sin demora para minimizar, o prevenir, daños a los tejidos que dependen de un suministro continuo de oxígeno. Otro problema de orden mayor con las lesiones del tórax puede ser la hemorragia intratorácica o interna. La sangre de laceraciones de los órganos torácicos, o de los vasos sanguíneos mayores, puede acumularse en la cavidad torácica, comprimiendo a los pulmones o al corazón. Esto también puede suceder cuando se acumula aire en el tórax y evita que los pulmones se expandan de forma normal. Su habilidad para actuar con rapidez y atender a los pacientes con estas lesiones puede ser la diferencia entre el éxito de un tratamiento o la muerte.

Este capítulo comienza con un repaso de la anatomía del tórax y la fisiología de la respiración. Luego, describe los signos y síntomas comunes de las lesiones del tórax, y el tratamiento médico apropiado de urgencias de lesiones específicas.

Anatomía y fisiología del tórax

Para comprender y evaluar las lesiones del tórax en la situación prehospitalaria, debe comprender, primero, la anatomía del tórax y el mecanismo mediante el cual se intercambian los gases durante la respiración. Un rápido repaso lo ayudará a comprender la lógica en el tratamiento de urgencias de las lesiones del tórax y las complicaciones potenciales de ese tratamiento.

Un punto clave que debe recordarse es la diferencia entre ventilación y respiración. La ventilación es la capacidad del cuerpo de mover aire, hacia adentro y hacia afuera, del tórax y del tejido pulmonar. Esto se describirá más adelante como "mecánica de la ventilación". Cualquier lesión que afecta la habilidad del paciente para mover aire hacia adentro y hacia afuera del tórax es seria, y puede poner en peligro la vida. La respiración es el intercambio de gases en los alvéolos del tejido pulmonar; éste es el punto terminal del aparato respiratorio. El oxígeno se debe entregar a las células y el dióxido de carbono (un producto de desecho de la función celular) debe retirarse del cuerpo para el funcionamiento apropiado del sistema.

El tórax (caja torácica) se extiende desde el extremo inferior del cuello hasta el diafragma (Figura 27-1). En un individuo que está acostado, o que acaba de completar la espiración, el diafragma se puede elevar hasta la altura de la línea de los pezones. Por tanto, una herida penetrante del tórax, como una herida por arma de fuego o una cuchillada, también puede penetrar el pulmón y el diafragma, y lesionar el hígado o el estómago.

Cada lado del tórax contiene tejido pulmonar que está separado en lóbulos. El pulmón derecho tiene tres lóbulos y el izquierdo dos. Cada uno de los pulmones y las cavidades pulmonares están cubiertos por una membrana llamada pleura. La superficie interior de la pared torácica tiene un recubrimiento llamado pleura parietal, y los pulmones están recubiertos por un revestimiento llamado pleura visceral. Entre estos recubrimientos hay una pequeña cantidad de líquido, que permite que los pulmones se muevan libremente contra la superficie interior del tórax mientras respiramos.

El contenido del tórax está parcialmente protegido por las costillas, que están articuladas en la región posterior con

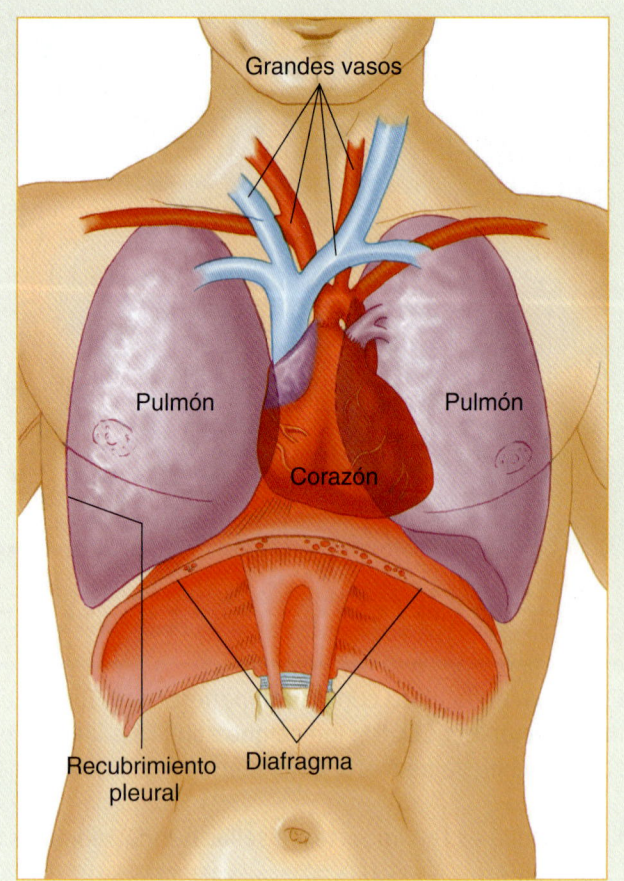

Figura 27-1 Una vista del aspecto anterior del tórax muestra los principales órganos por debajo de la superficie.

las vértebras y, en la región anterior, a través de los cartílagos costales, al esternón (Figura 27-2 ▼). La tráquea, que está en medio del cuello, se divide en los bronquios principales izquierdo y derecho, que suministran aire a los pulmones. Naturalmente, la caja torácica contiene al corazón y a los grandes vasos: la aorta, las arterias subclavias derecha e izquierda y las venas cavas superior e inferior. El esófago se extiende por la parte de atrás del tórax y se conecta con la faringe, por arriba, y con el estómago, por abajo. En la base del tórax se encuentra el diafragma, un músculo que separa la cavidad torácica de la cavidad abdominal.

Mecánica de la ventilación

Cuando se inspira, los músculos intercostales entre las costillas se contraen, elevando la caja torácica. Al mismo tiempo, el diafragma se contrae y empuja hacia abajo el contenido del abdomen; la presión dentro del tórax disminuye, y el aire penetra a los pulmones a través de la nariz y la boca. Cuando se espira, los músculos intercostales y el diafragma se relajan, y los tejidos regresan a su posición normal, permitiendo que se exhale el aire. Note que los nervios que suministran al diafragma (los nervios frénicos) salen de la médula espinal por C3, C4 y C5. Un paciente cuya médula espinal está lesionada por debajo del nivel C5, perderá la potencia para mover sus músculos intercostales, pero el diafragma todavía se contraerá y el paciente aún será capaz de ventilar porque sus nervios frénicos permanecen intactos. Los pacientes con lesiones de la médula espinal en C3, o arriba, pueden perder su capacidad para ventilar totalmente (Figura 27-3 ▼).

Lesiones del tórax

Hay dos tipos básicos de lesiones del tórax: abierta y cerrada. Como lo indica su nombre, una **lesión del tórax cerrada** es aquella en la cual la pared del tórax no ha sido violada. Este tipo de lesión es causada generalmente por un trauma contuso, como cuando un conductor se golpea con el volante en un choque de vehículo motor, es golpeado por un objeto que cae o recibe un golpe en el pecho,

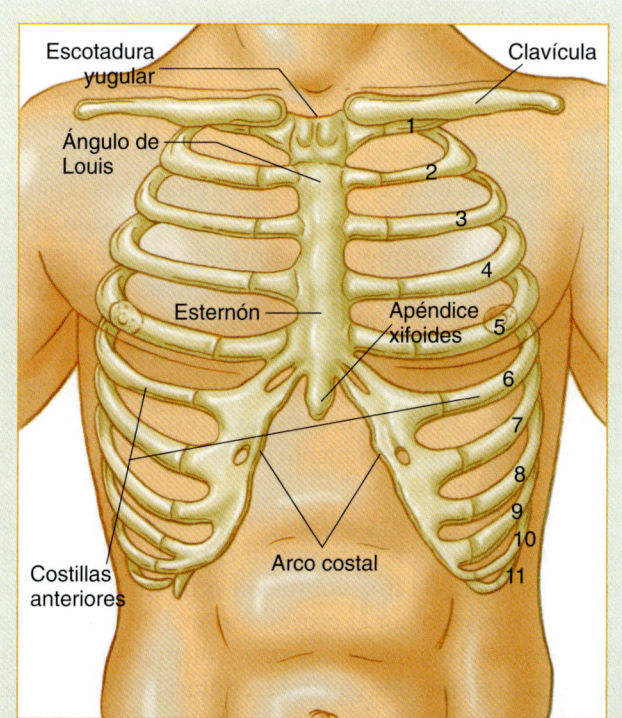

Figura 27-2 Los órganos dentro del tórax están protegidos por las costillas, que se conectan en la espalda con las vértebras, y en el frente con el esternón, por medio de los cartílagos costales.

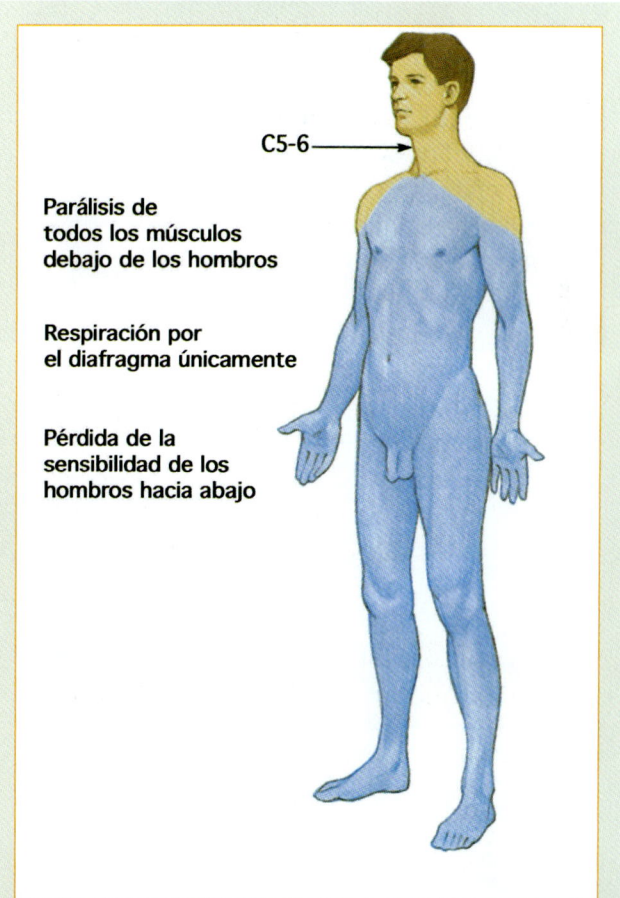

Figura 27-3 Un paciente que sufre una lesión en la médula espinal por debajo del nivel de C5, y está paralizado, aún puede respirar espontáneamente porque los nervios frénicos se originan en los niveles C3, C4 y C5.

durante una pelea o un asalto físico **Figura 27-4 ▼**. A pesar de que es una lesión cerrada de tórax puede tener heridas en la piel que no determinan que se trate de trauma penetrante. En una <u>lesión del tórax abierta</u> la propia pared torácica es penetrada por algún objeto, como un cuchillo, una bala, un fragmento de metal o el extremo roto de una costilla fracturada **Figura 27-5 ▼**.

En el trauma contuso, un golpe en el tórax puede fracturar las costillas, el esternón, o áreas completas de la pared torácica, lastimar los pulmones y el corazón, y aun lesionar la aorta. Casi la tercera parte de las personas que muere inmediatamente en choques de automóviles, es como resultado de una rotura traumática de la aorta. Aunque la piel y la pared torácica no son penetradas en una lesión cerrada, el contenido del tórax puede ser lacerado por fracturas costales. La lesión de las estructuras de la pared torácica puede dar lugar a una disminución de la capacidad de los pacientes para ventilar por sí mismos. Además, órganos vitales pueden, de hecho, ser desgarrados de sus fijaciones en la cavidad torácica sin lesión alguna de la piel, situación que puede causar hemorragias graves que ponen en peligro la vida y que no se ven externamente.

Signos y síntomas

Los signos y síntomas importantes de las lesiones del tórax incluyen:

- Dolor en el sitio de la lesión
- Dolor localizado en el sitio de la lesión que es agravado por la respiración, o su incremento
- Contusión de la pared del tórax
- Crepitación con la palpación del tórax
- Cualquier lesión penetrante del tórax
- Disnea (respiración difícil, falta de aire)
- Hemoptisis (tos con sangre)
- Falta de expansión normal de uno o ambos lados del tórax con la inspiración
- Pulso rápido, débil y baja tensión arterial, después de experimentar un traumatismo del tórax
- Cianosis alrededor de los labios o en las uñas

Después de una lesión del tórax, cualquier cambio en la respiración normal es un signo particularmente importante. Un adulto sano, no lesionado, suele ventilar de 12 a 20 veces por minuto, sin dificultad y sin dolor. El pecho debe elevarse y descender en forma simétrica con cada ventilación. Las respiraciones con una frecuencia de 12/min o mayores de 20/min pueden indicar una respiración inadecuada. Los pacientes con lesiones del tórax a menudo tienen <u>taquipnea</u> (respiraciones rápidas) y respiraciones superficiales, por el dolor causado al tomar una inspiración profunda. Note que es posible que el paciente esté haciendo intentos de respirar, pero, de hecho, no esté moviendo aire. Los traumatismos de la pared torácica, como la herida succionante del tórax o el tórax inestable, pueden interferir con la actividad de mover aire efectivamente. Verifique la frecuencia respiratoria y vea si en realidad hay un movimiento de aire en la boca o en la nariz, o en ambos sitios.

Como sucede con cualquier otra lesión, el dolor y la hipersensibilidad son comunes en el punto del impacto, como resultado de una contusión o fractura. El dolor suele ser agravado por el proceso normal de respirar. La irritación o el daño de las superficies pleurales causan un dolor agudo o punzante con cada respiración cuando estas superficies lisas se deslizan normalmente entre sí. Este dolor agudo se llama *dolor pleurítico* o *pleuresía*.

En un paciente lesionado, la <u>disnea</u> tiene varias causas, que incluyen la obstrucción de la vía aérea, lesión de

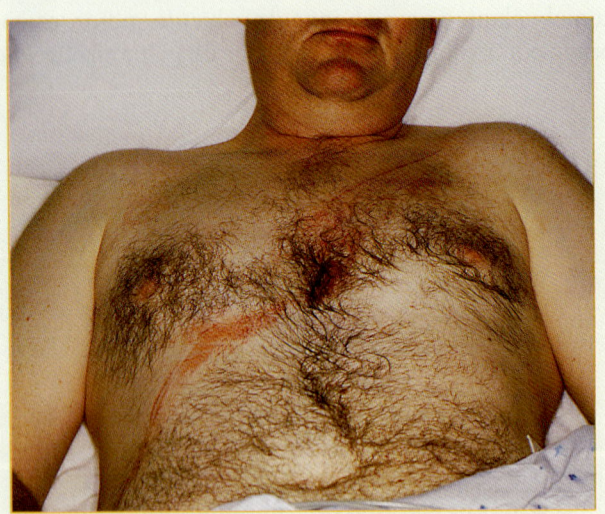

Figura 27-4 Las lesiones cerradas suelen ser el resultado de un traumatismo contuso, como cuando un paciente golpea el volante en un choque de vehículo automotor o es golpeado por un objeto.

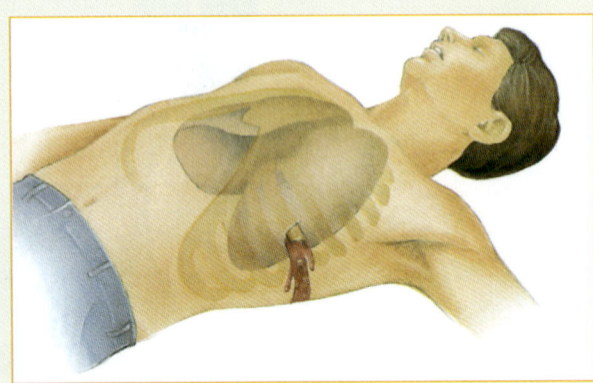

Figura 27-5 Las lesiones abiertas ocurren cuando la pared torácica es penetrada por algún tipo de objeto o el extremo espiculado de una costilla fracturada.

la pared torácica, expansión inapropiada del tórax por pérdida del control normal de la respiración o compresión del pulmón por acumulación de sangre, o aire, en la cavidad torácica. La disnea en un paciente lesionado indica un potencial de deterioro de la función pulmonar; se requiere un soporte inmediato y enérgico con alta concentración de oxígeno y ventilación, con transporte oportuno.

La <u>hemoptisis</u>, escupir o toser con sangre, suele indicar que el pulmón, o la vía respiratoria han sido lesionados. Con una laceración del tejido pulmonar puede entrar sangre a las vías bronquiales, y se expectora al exterior cuando el paciente trata de despejar la vía aérea.

Un pulso rápido, débil y baja tensión arterial son los signos principales del choque hipovolémico, que puede ser el resultado de hemorragias extensas de estructuras laceradas dentro de la cavidad torácica, donde están situados el corazón y los grandes vasos. El choque después de una lesión también puede ser el resultado de oxigenación deficiente de la sangre por pulmones que funcionan incorrectamente.

La cianosis en un paciente con lesión del tórax es un signo de respiración inadecuada. El aspecto clásico azul, o gris cenizo, alrededor de los labios y uñas, indica que la sangre no está siendo suficientemente oxigenada. Los pacientes con cianosis son incapaces de proporcionar un aporte suficiente de oxígeno a la sangre a través de los pulmones, requieren oxigenación y ventilación inmediatas.

Muchos de estos signos y síntomas ocurren simultáneamente. Cuando cualquiera de ellos se desarrolla como resultado de una lesión del tórax, el paciente requiere atención hospitalaria oportuna. Recuerde que la principal razón de la preocupación en un paciente con una lesión del tórax es el hecho de que su cuerpo no tiene medios para almacenar oxígeno, el cual es suministrado y usado continuamente, aún durante el sueño. Cualquier interrupción en este aporte puede ser rápidamente mortal, debe tratarse de manera enérgica.

Evaluación de las lesiones del tórax

Evaluación de la escena

Al llegar a la escena, observe posibles peligros y amenazas para la seguridad del equipo, espectadores y el paciente. Considere la posibilidad de que el área donde está situado el paciente sea una escena de crimen; por tanto, identifique evidencia potencial tan pronto como sea posible. Asegure que, junto con su equipo, usen precauciones apropiadas de aislamiento de sustancias corporales, colocándose guantes y protección para los ojos; ponga en su bolsillo varios pares de guantes para su fácil acceso en caso de que los suyos se desgarren o haya múltiples pacientes con hemorragias. En vista del color de la sangre y lo mucho que empapa a través de la ropa, frecuentemente puede identificar pacientes con hemorragia al acercarse a la escena. Al observar la escena, busque indicadores y significancia del ML, lo que ayuda a desarrollar tempranamente un índice de sospecha de lesiones de fondo en el paciente que ha sufrido un intenso ML. Las lesiones del tórax son comunes en los choques de vehículos motores, caídas y asaltos. Con el conocimiento de la información del despacho y la inspección visual de la escena, frecuentemente aumentará su sospecha de lesión del tórax. Considere la inmovilización de la columna vertebral.

Asegure que la policía esté en la escena en incidentes que involucren violencia, como asaltos o heridas por armas de fuego. Inicie la evaluación de la seguridad de la escena como la más alta prioridad. Si determina que la compañía de fuerza eléctrica, el departamento de bomberos o las unidades de SVA son necesarias, llámelas tempranamente.

Situación de urgencia — Parte 2

Al llegar a la escena determina, junto con su compañero, que es segura y que no se requieren otros recursos. Mientras su compañero inicia inmovilización vertebral manual, advierte que el paciente está consciente, con una vía aérea permeable. Su paciente se queja: "no puedo tomar aire, duele". Al efectuar la evaluación inicial encuentra una herida penetrante en la porción anterior del tórax, justamente debajo del pezón. Ve una cantidad pequeña de sangrado y nota burbujas de sangre al respirar su paciente.

3. ¿Cuál es el siguiente paso que debe tomar?
4. ¿Necesita el paciente oxígeno suplementario? Si es así, ¿cuánto, y qué dispositivo de entrega debe usar?

Evaluación inicial

Impresión general

Durante su evaluación inicial debe realizar de inmediato la evaluación de los ABC del paciente y tratar amenazas potenciales para la vida; la forma más rápida para identificarlas es comenzar con la molestia o lesión principal. En los pacientes conscientes, ésta puede ser lo que le dicen que anda mal; note no sólo lo que le dicen, sino también cómo lo dicen. Las dificultades en el habla pueden indicar varios problemas y la lesión del tórax es uno importante de ellos. Un paciente inconsciente le dirá su molestia principal por lesiones obvias y la aparición de sangre o dificultad respiratoria. Busque cianosis, respiración irregular o elevación y descenso de sólo un lado del pecho para indicar lesiones del tórax. Si no se presentan problemas obvios por sí mismos, comience a buscarlos, enfocándose en los ABC. La impresión general le ayudará a elaborar un índice de sospecha de lesiones graves, y a determinar su sentido de urgencia de la intervención médica. Una buena pregunta para hacerse es: ¿qué tan enfermo está este paciente? Los pacientes con lesiones del tórax significativas se "verán" enfermos y a menudo asustados o ansiosos.

Vía aérea y respiración

A continuación, asegúrese de que el paciente tiene una vía aérea permeable y despejada. Cómo evaluar y tratar la vía aérea depende, en alto grado, de que sospeche una lesión de la columna vertebral. Un número significativo de pacientes con lesiones traumáticas del tórax también tienen lesiones vertebrales y deben tomarse las precauciones apropiadas. Sea suspicaz, proteja la columna vertebral temprano en su atención, aun si su evaluación confirma más adelante que no hay lesión vertebral. Una vez que ha determinado que el paciente tiene una vía aérea permeable, defina si la respiración está presente y es adecuada. Con las lesiones del tórax empiece con DCAP-BLS-TIC (Deformidades, Contusiones, Abrasiones, Punciones/penetraciones, quemaduras (Burns), Laceraciones, y edema (Swelling), sensibilidad al Tacto, Inestabilidad y Crepitacion, por mnemotecnia del inglés), luego ausculte con un estetoscopio cada lado del tórax. Los ruidos respiratorios ausentes o disminuidos en un lado del tórax suelen indicar un daño considerable del pulmón, que evita que se expanda apropiadamente. Esté alerta del patrón de elevación y descenso de la pared torácica del paciente. Si la pared del tórax no se expande en cada lado al inspirar el paciente, es posible que los músculos del tórax hayan perdido su capacidad para funcionar apropiadamente. La pérdida de la función muscular puede ser el resultado de una lesión directa de la pared torácica, o estar relacionada con una lesión de los nervios que controlan a estos músculos. Verifique también un posible movimiento paradójico de la pared torácica, una anormalidad asociada con fractura de múltiples costillas, en la cual un segmento de la pared torácica se mueve en forma opuesta al resto del tórax, es decir, hacia afuera con la espiración y hacia adentro con la inspiración. Si determina que el paciente tiene movimiento paradójico de la pared abdominal, o un traumatismo penetrante, atienda de inmediato esta amenaza para la vida. Estos trastornos pueden interferir con la mecánica normal de la respiración y causar que el estado del paciente empeore rápidamente. Aplique un apósito oclusivo de tres lados a todas las lesiones penetrantes del tórax con succión, y estabilice el movimiento paradójico con un apósito abultado grande y cinta adhesiva de 5 cm (2"). Aplique oxígeno con una mascarilla no recirculante a 15 L/min. Proporcione ventilación con presión positiva a 100% de oxígeno si la respiración es inadecuada, basado en el nivel de conciencia y en la frecuencia y calidad de la respiración del paciente.

Circulación

Evalúe el pulso del paciente determinando si está presente y es adecuado. Si es demasiado rápido o demasiado lento, o si la piel es pálida, fría o viscosa, considere que su paciente está en estado de choque y trátelo enérgicamente para eliminar la causa; soporte el estado circulatorio del paciente. Es posible que la hemorragia externa no sea obvia o no significativa. Sin embargo, la hemorragia dentro del tórax puede ser significante y, como se ilustró antes, puede ser una rápida causa de muerte. Controle la hemorragia con presión directa y apósito abultado.

Decisión de transporte

Se consideran pacientes prioritarios los que tienen un problema con su vía aérea, respiración o circulación, o varios de ellos. A veces la prioridad es obvia y la decisión de transportar inmediatamente también es fácil. En otras ocasiones, lo que sucede puede no proporcionar indicios obvios sobre la gravedad de lo que está sucediendo en el interior. Ponga atención a indicios sutiles, como signos de la piel, estado de conciencia o una sensación de muerte inminente. Estos síntomas no son tan grandes como una incisión grande a través del tórax o aire que está siendo aspirado en el tórax, pero pueden ser indicadores importantes de un estado que amenaza la vida. Cuando encuentre signos de perfusión deficiente o respiración inadecuada, transporte rápidamente. Una demora en el campo para practicar una evaluación prolongada reducirá las probabilidades de supervivencia de su paciente. Con lesiones del tórax, en caso de duda transporte rápidamente al hospital.

Historial y examen físico enfocados

Examen físico rápido contra examen físico enfocado

Después de que la evaluación inicial está completa, determine qué examen físico efectuará primero en el paso de la historia y el examen físico enfocados de su evaluación: un examen físico rápido o un examen físico enfocado. En el paciente que tiene una lesión aislada del tórax con un ML limitado, como con una puñalada, considere un examen físico enfocado. Concentre su evaluación en la lesión aislada, la molestia del paciente y la región del cuerpo afectada. Asegure que las heridas hayan sido identificadas y que el control de la hemorragia se haya establecido. Note la extensión y la localización de la lesión, y evalúe los sistemas subyacentes. Examine los aspectos anterior y posterior de la pared torácica, y esté alerta sobre los posibles cambios en la capacidad del paciente para mantener respiraciones adecuadas.

Si hay un traumatismo significativo (como un traumatismo contuso o una herida por arma de fuego), que probablemente pueda afectar varios sistemas, empiece una evaluación física rápida buscando DCAP-BLS-TIC para determinar la naturaleza y el grado de la lesión torácica. La inspección de **D**eformidades, como asimetría de los lados izquierdo y derecho del tórax o la cintura escapular, puede revelar la presencia de múltiples fracturas de costillas, lesiones por aplastamiento, o lesión intensa de la pared torácica. La **C**ontusión o **A**brasión puede indicar un punto específico del impacto. La presencia de heridas por **P**unción, u otras lesiones penetrantes, indica una posible lesión abierta del tórax que debe tratarse de acuerdo con lo que proceda. Esté alerta por quemaduras (**B**urns) asociadas que puedan alterar la mecánica respiratoria. Busque **L**aceraciones y edema (**S**welling) local. Palpe para determinar sensibilidad (**T**enderness), **I**nestabilidad y **C**repitación para localizar la lesión y la presencia de fracturas. La aplicación de este procedimiento sistemático minimiza la posibilidad de que pase inadvertida una lesión importante.

En las lesiones del tórax es fundamental no enfocar la atención sólo en la herida del pecho. En presencia de un traumatismo significativo debe evaluar rápidamente la totalidad del paciente, desde la cabeza hasta los pies.

Signos vitales iniciales

Una vez que ha estabilizado los problemas de la vía aérea, la respiración y la circulación, y ha examinado al paciente de la cabeza a los pies, obtenga una toma basal de los signos vitales. Esto debe incluir la evaluación del pulso, respiraciones, tensión arterial, estado de la piel y pupilas. Cada uno de ellos es un signo que indica cómo el paciente está tolerando las lesiones. Es una ventana del funcionamiento de los órganos vitales. Esta línea basal de los signos vitales será usada para valorar los cambios en el estado del paciente.

Historial SAMPLE

Muchos de los pacientes con lesiones del tórax pueden considerarse de alta prioridad y transportarse rápidamente al hospital. Es posible que la obtención de una historia clínica del paciente no parezca ser muy importante. Aún cuando enfrente temas de tratamiento prioritario, como de la vía aérea, respiración y circulación, no puede omitir un historial SAMPLE. Debe completarse una evaluación básica de alergias, medicaciones, problemas médicos pertinentes y la última ingesta. La mayor parte de los signos y síntomas han sido identificados en la evaluación inicial y en el examen físico rápido o enfocado. Es posible que los eventos que condujeron a la urgencia hayan sido identificados en la molestia principal de la evaluación inicial. Un historial SAMPLE puede obtenerse rápidamente en la mayor parte de las situaciones, e indudablemente cuando se realizan otras tareas. Sin embargo, si el paciente pierde la conciencia, ya no será posible obtener la información.

Intervenciones

Proporcione inmovilización vertebral completa al paciente con sospecha de lesiones de la columna vertebral, con la única excepción de los mecanismos enfocados de lesión. Mantenga una vía aérea abierta, esté preparado para aspirar al paciente y considere una cánula orofaríngea o nasofaríngea. Siempre que sospeche una hemorragia significativa administre oxígeno en flujo alto y, si es necesario, proporcione ventilación asistida con un dispositivo BVM con oxígeno en flujo alto. Si hay una hemorragia significativa visible, debe controlarla. En caso de encontrar un traumatismo penetrante en la pared torácica con succión, aplique un apósito oclusivo sobre la herida con sello en tres lados; si observa un segmento inestable, estabilice el fragmento con un apósito voluminoso. Si el paciente tiene signos de hipoperfusión, trátelo enérgicamente como de choque y proporcione un transporte rápido al hospital apropiado. No demore el traslado de un paciente traumatizado gravemente lesionado para completar tratamientos que no son salvavidas, como la ferulización de una extremidad fracturada; en vez de hacer esto, complete estos tipos de tratamiento rumbo al hospital.

Examen físico detallado

Los pacientes con un ML significativo en el tórax tienen una alta probabilidad de padecer otras lesiones. Durante el traslado efectúe un examen físico detallado, como se expone en el capítulo 8. Su examen físico rápido identificó lesiones que necesitaban atención inmediata y ayudó a prepararlo para acondicionar y transportar al paciente. El examen físico detallado puede, ahora, ayudar a determinar todas las lesiones, y su grado. Si el paciente no tiene traumatismos significativos, y no hay problemas persistentes después de la evaluación inicial, puede no ser necesario practicar un examen físico detallado. Muchas veces, los tiempos cortos de transportación y la condición inestable del paciente hacen impráctica esta evaluación.

Evaluación continua

La evaluación continua identifica cómo está cambiando la condición del paciente. Debe enfocarse en reevaluar la vía aérea, respiración, pulso, perfusión y hemorragia del paciente. ¿Ha mejorado la respiración ahora que se ha sellado la herida con aspiración del tórax? ¿O se ha hecho más difícil y se ha asociado con la desviación de la tráquea hacia un lado? ¿Deberá liberarse un lado del apósito oclusivo? ¿La ferulización del tórax inestable está proporcionando estabilidad? ¿O no proporciona buena sujeción? Deben evaluarse otras intervenciones para determinar si son eficaces. Por ejemplo, ¿los valores de la oximetría del pulso están subiendo ahora que el paciente está recibiendo oxígeno? Los signos vitales necesitan ser reevaluados y comparados con su línea basal. ¿Una caída de la tensión arterial y taquicardia indican un aumento en la tensión en el tórax? Muchas lesiones del tórax empeorarán durante el transporte al hospital debido a su gravedad. Una reevaluación astuta ayudará a identificar las condiciones de empeoramiento en forma oportuna para que puedan atenderse.

Comunicación y documentación

La comunicación temprana con el personal del hospital cuando su paciente tiene un ML significativo en el tórax puede ayudarlos a estar preparados con el equipo y personal adecuados cuando arribe. Si hay presente una lesión penetrante, descríbala en su informe, junto con lo que ha hecho para atenderla. Cuando hay un fragmento inestable, el personal del hospital puede ofrecer asistencia sobre cómo tratarlo. Su documentación debe ser completa y minuciosa. Describa todas las lesiones y el tratamiento dado. Recuerde, su documentación es su registro legal de lo que sucedió.

Complicaciones de las lesiones del tórax

Neumotórax

En cualquier lesión del tórax, el daño del corazón, pulmones, grandes vasos y otros órganos puede complicarse por la acumulación de aire en el espacio pleural. Este es un trastorno peligroso llamado **neumotórax** (conocido comúnmente como pulmón colapsado). En este trastorno, el aire penetra por un orificio en la pared del tórax o la superficie del pulmón, cuando el paciente intenta respirar, causando que se colapse el pulmón de ese lado (Figura 27-6). Como resultado, la sangre que pasa por la porción colapsada del pulmón no es oxigenada y puede desarrollarse hipoxia. Dependiendo del tamaño del orificio y de la velocidad con la cual el aire llena la cavidad, el pulmón puede colapsarse en unos cuantos segundos o en pocas horas. En la situación poco común en la cual el orificio está en la pared torácica, puede, de hecho, escuchar un ruido de aspiración cuando el paciente inspira y el sonido de precipitación del aire al espirar. Por esta razón, una herida abierta o penetrante del tórax se llama frecuentemente **herida succionante del tórax** (Figura 27-7).

Este tipo de neumotórax abierto es una verdadera urgencia que requiere cuidados médicos inmediatos de urgencia y transporte. El cuidado inicial de urgencias, después de despejar la vía aérea y luego de admi-

---

Situación de urgencia — Parte 3

Aplica inmediatamente un apósito oclusivo sobre la herida y empieza a entregar oxígeno en flujo alto al paciente. No encuentra otros problemas en la evaluación inicial y comienza rápidamente la evaluación del traumatismo. No se encuentran otros problemas y, junto con su compañero, fija al paciente a una camilla espinal larga y lo prepara para su transporte al hospital.

5. ¿Cuál sería un signo importante para evaluar en este paciente?
6. Con base en sus hallazgos hasta este momento, ¿qué lesión interna sospecha que tiene su paciente?

nistrar oxígeno, es sellar rápidamente la herida abierta con un **apósito oclusivo** estéril (Figura 27-8▶). El propósito del apósito es sellar la herida y prevenir que el aire sea aspirado al interior del tórax a través de ella. Pueden usarse varios materiales estériles para sellar la herida, incluyendo gasa vaselinada u hoja de aluminio. Use un apósito que sea suficientemente grande para no ser aspirado al interior de la cavidad torácica. Dependiendo de su protocolo local, puede fijar con cinta adhesiva al apósito en sus cuatro lados o puede crear una **válvula de tres vías**, una válvula que permite que el aire deje la cavidad torácica, pero no que lo retorne, fijando con cinta adhesiva sólo tres lados del apósito.

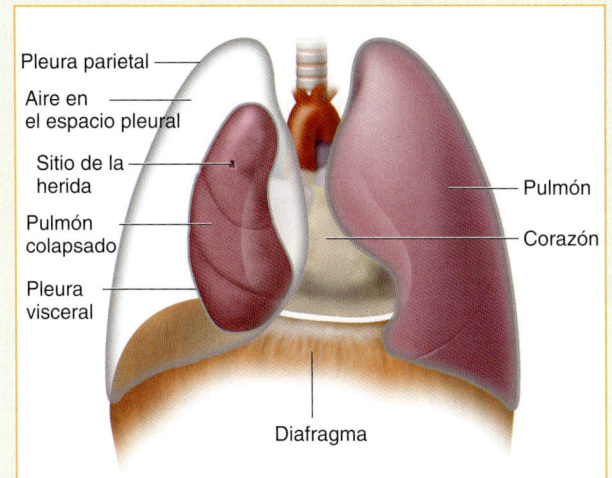

Figura 27-6 El neumotórax se produce cuando se infiltra aire al interior del espacio entre las superficies pleurales por una abertura en la pared torácica o en la superficie del pulmón. El pulmón se colapsa al entrar aire en el espacio pleural.

Qué documentar

Cuando use un apósito oclusivo para sellar una herida del tórax abierta, recuerde el tipo de material usado, si se sellaron tres o cuatro lados, y cualquier cambio notado después: color de la piel, signos vitales y, en particular, la ansiedad del paciente.

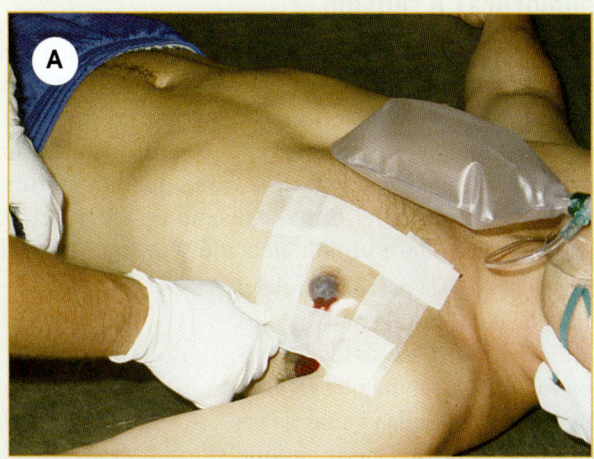

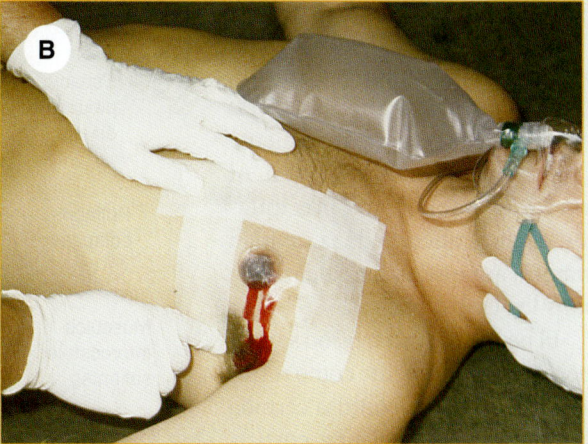

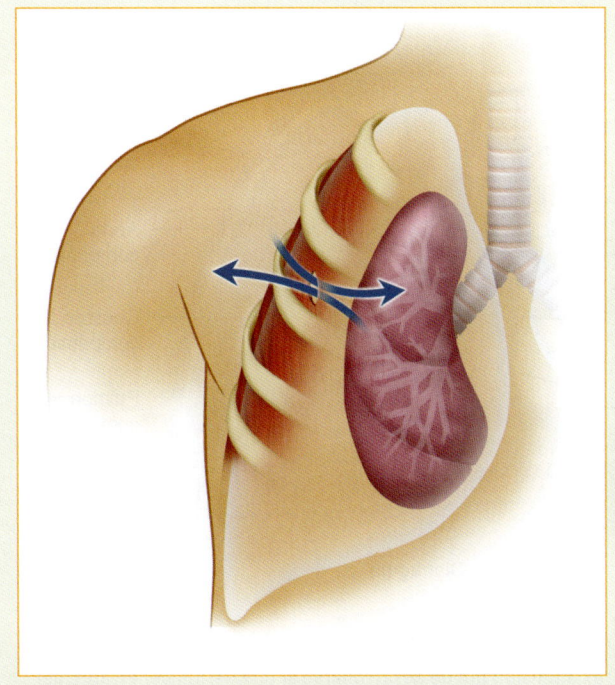

Figura 27-7 Con una herida succionante del tórax, pasa aire del exterior al espacio pleural y de vuelta al exterior con cada respiración, creando un ruido de succión.

Figura 27-8 Una herida succionante del tórax puede sellarse con un apósito grande a prueba de aire que se sella en cuatro lados **(A)** o en tres lados, con el cuarto abierto como una válvula de tres vías. **(B)**. Su protocolo local dictará la forma que debe atender esta lesión.

Neumotórax espontáneo

Algunos individuos nacen con, o desarrollan, áreas débiles en la superficie de los pulmones. Esta área debilitada se llama "bula". En ocasiones, dicha área se rompe de manera espontánea, permitiendo que escape aire al espacio pleural. En general este evento, llamado **neumotórax espontáneo**, no está relacionado con lesión mayor alguna, sino simplemente con la respiración normal o puede ocurrir con actividad física extenuante, como durante el ejercicio. El paciente experimenta un dolor agudo súbito del pecho y dificultad respiratoria creciente. Una porción del pulmón afectado se colapsa, perdiendo su capacidad para ventilar normalmente. La cantidad de neumotórax que desarrolla varía, así como la dificultad respiratoria que experimenta el paciente.

Debe sospechar un neumotórax espontáneo en un paciente que experimenta dolor súbito del tórax y falta de aire, sin causa específica conocida. El tratamiento prehospitalario que puede proporcionar para este tipo de neumotórax es administrar oxígeno y transporte.

Neumotórax a tensión

Una complicación potencial que se puede desarrollar después de las lesiones del tórax con neumotórax es un **neumotórax a tensión** (Figura 27-9). Esto puede suceder cuando hay una acumulación significativa de aire entrando al espacio pleural. Este aire aumenta gradualmente la presión en el tórax, causando primero el colapso completo del pulmón afectado y después tirando del mediastino (la parte central del tórax que contiene al corazón y los grandes vasos) a la cavidad pleural opuesta. Esto evita que retorne sangre a través de las venas cavas al corazón y puede causar choque y paro cardiaco.

Si se desarrollan signos y síntomas de un neumotórax a tensión, después de sellar una herida abierta del tórax, debe retirar parcialmente el apósito para aliviar la tensión. Al hacerlo, puede oír una precipitación de aire saliendo de la cavidad torácica, aunque esto no ocurre en todos los casos.

El neumotórax a tensión se produce más comúnmente como resultado de una lesión contusa cerrada del tórax, en la cual una costilla fracturada lacera al pulmón o a un bronquio. Muy raramente surge de manera espontánea un neumotórax a tensión.

Los signos y síntomas comunes del neumotórax a tensión incluyen dificultad respiratoria creciente, venas del cuello distendidas, desviación de la tráquea al lado opuesto al neumotórax de tensión, taquicardia, baja tensión arterial, cianosis y disminución de los ruidos respiratorios del lado del neumotórax.

El alivio del neumotórax a tensión debido a un traumatismo contuso en un paciente se realiza insertando una aguja, a través de la caja torácica, al interior del espacio pleural; sin embargo, este procedimiento debe ser practicado por personal de SVA o del departamento de urgencias, dependiendo del protocolo local. Un neumotórax a tensión es un trastorno que pone en peligro la vida. Esté preparado para dar soporte de ventilación con oxígeno en flujo alto, y solicite ayuda de SVA o transporte inmediatamente al hospital más cercano.

Hemotórax

En las heridas del tórax, contusas y penetrantes, la sangre por hemorragias alrededor de la caja torácica, o por un pulmón o un gran vaso, se puede acumular en la cavidad pleural, trastorno que se llama **hemotórax** (Figura 27-10). Debe sospechar un hemotórax cuando el paciente tiene signos y síntomas de choque, o ruidos respiratorios disminuidos del lado afectado, indicación de que el pulmón está siendo comprimido por la sangre. La presencia de aire y sangre en el espacio pleural se conoce como hemoneumotórax.

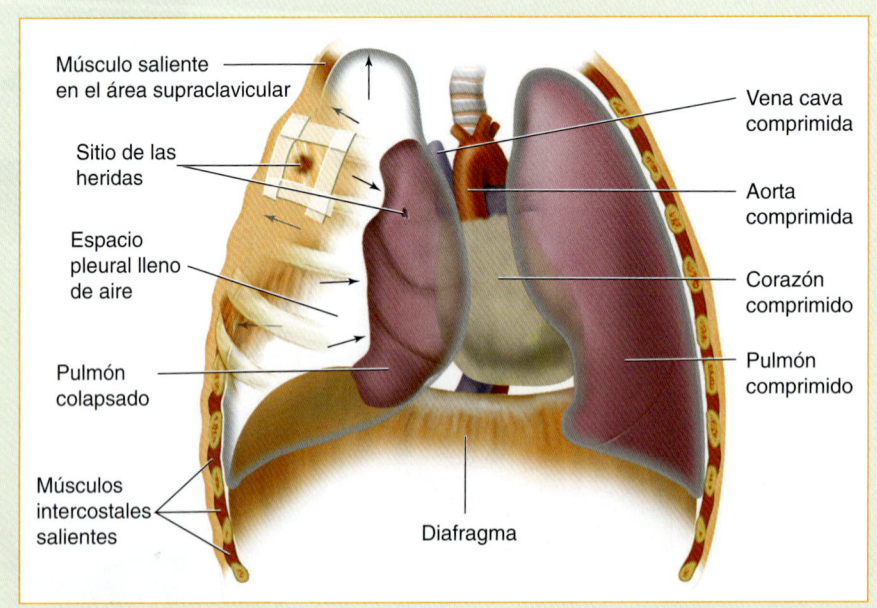

Figura 27-9 Un neumotórax a tensión puede desarrollarse si una herida penetrante del tórax es vendada apretadamente y no puede escapar aire del pulmón lesionado. El aire se acumula entonces en el espacio pleural causando al final compresión del corazón y de los grandes vasos.

Fracturas de las costillas

Las fracturas de las costillas son muy comunes, en particular en personas de edad avanzada cuyos huesos son frágiles. Como las cuatro costillas superiores están bien protegidas por la cintura ósea de las clavículas y la escápula, una fractura de estas costillas superiores es un signo de un ML muy importante.

Esté consciente de que una costilla fracturada que penetra al espacio pleural puede lacerar la superficie del pulmón, causando un neumotórax, un neumotórax a tensión, un hemotórax o un hemoneumotórax. Un signo de este desarrollo puede ser una sensación crepitante de la piel en el área (llamada también *crepitus* o *enfisema subcutáneo*), que indica que el aire que está escapando de un pulmón lacerado se está infiltrando en la pared torácica. Asegúrese de comunicar este hallazgo al personal del hospital.

Los pacientes con una o más costillas rotas, manifestarán hipersensibilidad localizada y dolor cuando respiran. El dolor es el resultado de la fricción entre sí de los extremos rotos de las fracturas con cada inspiración y espiración. Los pacientes tenderán a evitar tomar respiraciones profundas y, en vez de esto, su respiración será rápida y superficial. Frecuentemente sujetarán la porción afectada del tórax en un esfuerzo de minimizar la molestia. Estos pacientes deben recibir oxígeno suplementario durante la evaluación y transporte.

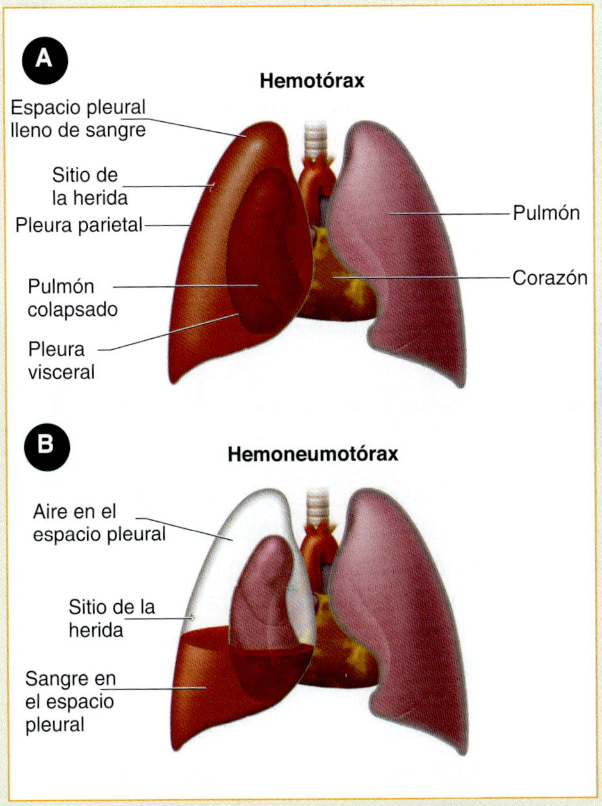

Tórax inestable (flácido)

Las costillas se pueden fracturar en más de un sitio. Si tres o más costillas se fracturan en dos o más sitios, o si el esternón es fracturado junto con varias costillas, un segmento de la pared torácica puede desprenderse del resto de la caja torácica (Figura 27-11▼). Este trastorno es llamado **tórax inestable**. En lo que se llama **movimiento paradójico**, la porción desprendida de la pared torácica se mueve en forma opuesta a la normal: hacia adentro en vez de hacia afuera en la inspiración y hacia afuera en vez de hacia adentro en la espiración. Esto sucede debido a la presión negativa que se ha formado en el tórax. Respirar con un tórax inestable puede ser doloroso e ineficaz, fácilmente se produce hipoxemia. Un segmento batiente interfiere seriamente con la mecánica normal de la ventilación del cuerpo y debe atenderse rápidamente.

El tratamiento de un paciente con tórax inestable debe incluir mantener segura la vía aérea, proporcionando soporte ventilatorio, si es necesario, administrando oxígeno suplementario y efectuando evaluaciones en curso por posible neumotórax u otras complicaciones respiratorias. El tratamiento también puede incluir ventilación con presión positiva con un dispositivo BVM.

El paciente puede encontrar más fácil y menos doloroso respirar si el segmento inestable es inmovili-

Figura 27-10 **A.** Un hemotórax es una acumulación de sangre en el espacio pleural producida por una hemorragia dentro del tórax. **B.** Cuando hay tanto sangre como aire presentes, el trastorno se llama hemoneumotórax.

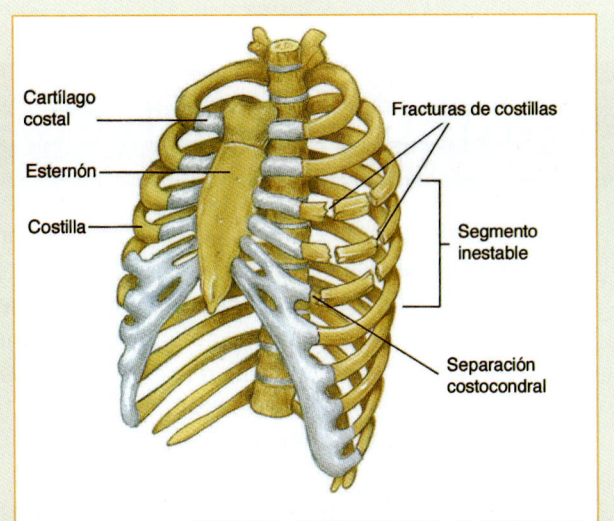

Figura 27-11 Cuando están fracturadas tres o más costillas en dos o más lugares, se produce un tórax inestable. Un segmento inestable se moverá paradójicamente cuando el paciente respira.

Otras lesiones del tórax

Contusión pulmonar

Además de las costillas fracturadas, cualquier traumatismo contuso intenso del tórax también puede lesionar el pulmón. Los alvéolos pulmonares se llenan de sangre y se acumula líquido en el área lesionada dejando al paciente hipóxico. Siempre debe sospecharse **contusión pulmonar** intensa, en los pacientes con tórax inestable, usualmente se desarrolla durante un periodo de horas. Si cree que el paciente puede tener contusión pulmonar, debe proporcionar soporte respiratorio y oxígeno suplementario para asegurar una ventilación adecuada.

Asfixia traumática

A veces un paciente experimenta una compresión súbita intensa del tórax, que produce un rápido incremento de la presión dentro del pecho. Esto puede ocurrir a un conductor no restringido que golpea un volante, o a un peatón que es comprimido entre un vehículo y una pared. El aumento súbito en la presión intratorácica da lugar a un aspecto característico que incluye venas del cuello distendidas, cianosis de la cara y cuello, y hemorragia en la esclerótica de los ojos, que señala estallamiento de pequeños vasos sanguíneos. Esto se llama asfixia traumática. Los hallazgos sugieren una lesión subyacente del corazón y posiblemente una contusión pulmonar. Debe proporcionar soporte ventilatorio con oxígeno suplementario y vigilar los signos vitales, al proporcionar transporte inmediato.

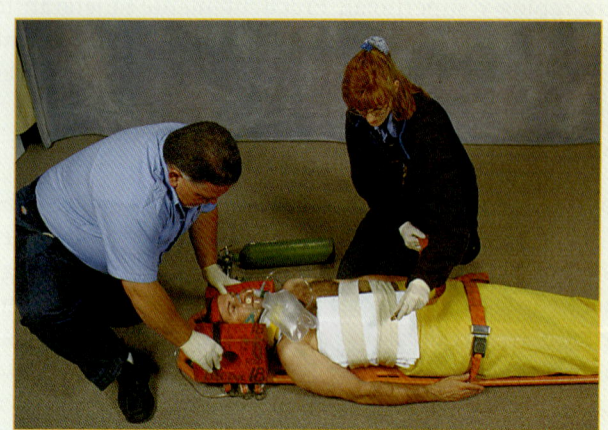

Figura 27-12 Un segmento inestable de la pared torácica anterior puede fijarse sujetando (o haciendo que el paciente las sujete) una almohada firmemente contra la pared torácica.

zado. Con este propósito, puede fijar con cinta adhesiva un cojinete voluminoso contra el segmento del tórax, aunque fijándolo muy fuertemente también prevendrá la ventilación adecuada **Figura 27-12**. También puede inmovilizar el tórax inestable ferulizando el pecho con el brazo del paciente, colocando una férula y venda en el brazo, y asegurándolo a la pared torácica. Tenga presente que el tórax inestable es un trastorno serio que sugiere una lesión lo suficientemente fuerte para causar otros daños internos y también una posible lesión vertebral. Con frecuencia, el tórax inestable contribuye menos a las dificultades de ventilación del paciente que la contusión subyacente del pulmón (segmento pulmonar contundido).

Situación de urgencia — Parte 4

El paciente ya está en la parte de atrás de su ambulancia rumbo al hospital. Tiene signos vitales normales y le dice: "mi respiración está un poco mejor". Cuando ausculta los ruidos respiratorios bilateralmente, determina que están levemente disminuidos en el lado derecho y son normales en el lado izquierdo. Puede completar un examen físico detallado y continúa con la evaluación en curso. En el hospital el médico le dice que su paciente ha sufrido un neumotórax debido a su lesión del tórax y que el oportuno reconocimiento y tratamiento de la lesión trajo como consecuencia la recuperación exitosa del paciente.

7. Si su paciente estuviera respirando menos de 12 veces por minuto, o más de 20 por minuto, ¿qué consideraría hacer?
8. ¿Qué signos y síntomas vería si su paciente estuviera entrando en choque por pérdida de sangre?

Lesión contusa del miocardio

El traumatismo contuso del tórax puede lesionar al propio corazón, haciéndolo incapaz de mantener una tensión arterial adecuada. Existe un gran debate en la literatura médica sobre cómo evaluar la <u>contusión miocárdica</u>. A menudo, la frecuencia del pulso es irregular, pero ritmos peligrosos, como la taquicardia ventricular y la fibrilación ventricular, no son comunes. No existe, hasta ahora, una prueba diagnóstica definitiva y no hay tratamiento prehospitalario para este trastorno. No obstante, debe sospechar contusión del miocardio en todos los casos de lesión contusa intensa del tórax. Verifique cuidadosamente el pulso del paciente y note cualquier irregularidad. Proporcione oxígeno suplementario y transporte de inmediato.

Taponamiento cardiaco

En el <u>taponamiento cardiaco</u>, sangre u otros líquidos se acumulan en el <u>pericardio</u>, el saco fibroso que rodea al corazón (Figura 27-13 ▼). Esto previene que el corazón se llene de sangre durante la fase diastólica, lo que causa una reducción en la cantidad de sangre bombeada al cuerpo, y disminución de la tensión arterial. Finalmente, al acumularse la sangre dentro de la cavidad pericárdica, comprime al corazón hasta que no puede funcionar más y el paciente sufre un paro cardiaco. Los signos y síntomas del taponamiento cardiaco incluyen tonos muy suaves y débiles, llamados a menudo ruidos cardiacos apagados, un pulso débil, baja tensión arterial, disminución de la diferencia entre la tensión arterial sistólica y diastólica, y distensión de la vena yugular.

En el trauma una cantidad pequeña de líquido en el saco pericárdico es suficiente para causar un taponamiento cardiaco mortal. (Ocasionalmente puede acumularse líquido en cantidades sorprendentes en el saco pericárdico, como en trastornos crónicos.) El taponamiento cardiaco es relativamente poco común, se ve con mayor frecuencia en heridas penetrantes del corazón, que en lesiones contusas. Si sospecha este trastorno que pone en peligro la vida, proporcione soporte respiratorio apropiado, oxígeno suplementario y pronto transporte. Asegure notificar al personal del hospital sus sospechas para que puedan hacerse las preparaciones para tratamiento inmediato.

Laceración de los grandes vasos

El tórax contiene varios vasos sanguíneos grandes: la vena cava superior, la vena cava inferior, las arterias pulmonares, cuatro venas pulmonares principales y la aorta, con sus ramas principales que distribuyen sangre por todo el cuerpo. La lesión a cualquiera de estos vasos puede acompañarse por una hemorragia masiva, rápidamente mortal. Cualquier paciente con una lesión del

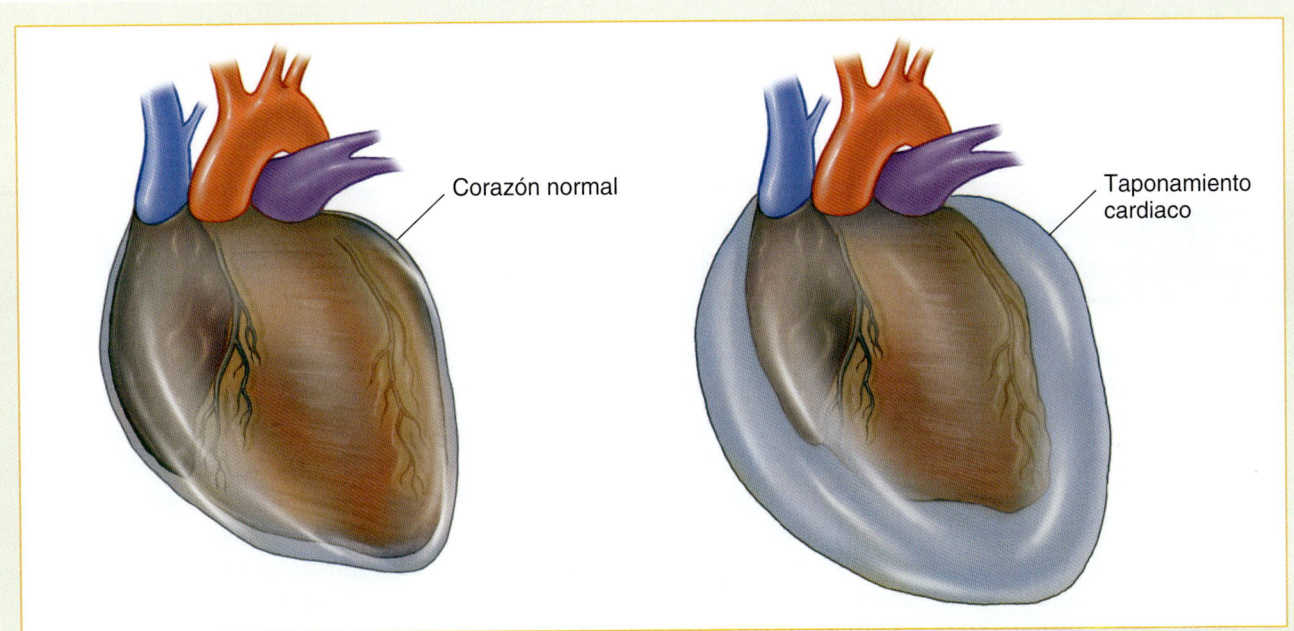

Figura 27-13 El taponamiento cardiaco es potencialmente un padecimiento mortal en el cual se acumula líquido en forma creciente dentro del saco pericárdico causando compresión de las cavidades cardiacas e impidiendo, de manera dramática, la capacidad de bombear sangre al cuerpo.

tórax que muestra signos de choque puede tener una lesión de uno o más de estos vasos. Frecuentemente no se ve una pérdida significativa de sangre porque permanece dentro de la cavidad del tórax. Debe permanecer alerta sobre signos y síntomas de choque y cambios sobre la línea basal de los signos vitales, como taquicardia e hipertensión.

El tratamiento de urgencias de estos pacientes incluye RCP, si es apropiado, soporte ventilatorio y oxígeno suplementario. En esta situación, particularmente, el transporte inmediato al hospital puede ser crítico. En ocasiones algunos de estos pacientes pueden tratarse, pero en la abrumadora mayoría, las lesiones de los grandes vasos en el tórax son rápidamente mortales.

Situación de urgencia — Resumen

Muchas estructuras vitales, que incluyen el corazón, los pulmones y los grandes vasos, están contenidas en el tórax y son vulnerables a lesiones contusas o penetrantes. Es crítico que evalúe a su paciente con relación a lesiones que interfieren con la vía aérea, la respiración y la circulación, y trate inmediatamente esas lesiones al encontrarlas. Los signos de la lesión del tórax incluyen taquipnea, contusiones, crepitaciones, disnea, hemoptisis, enfisema subcutáneo, movimiento paradójico, presión del pulso estrecha y heridas abiertas. A veces puede desarrollarse un neumotórax a tensión si se atrapa aire en el espacio pleural. Si ha fijado con cinta adhesiva los cuatro lados del apósito oclusivo (por su protocolo local), puede necesitar aflojar uno para permitir que escape el aire. Recuerde siempre que el tiempo es su enemigo en el SMU, el rápido reconocimiento y pronto tratamiento de estas lesiones pueden salvar la vida de su paciente.

Capítulo 27 Lesiones del tórax 791

Lesiones del tórax

Evaluación de la escena		Las precauciones de aislamiento de sustancias corporales deben incluir un mínimo de guantes y protección de los ojos. Confirme la seguridad de la escena y determine NE/ML. Considere el número de pacientes, la necesidad de ayuda/SVA adicional y estabilización de la columna cervical
Evaluación inicial		
	Impresión general	Determine el nivel de conciencia y trate cualesquier amenazas para la vida. Establezca la prioridad del cuidado basado en el ambiente y la molestia principal del paciente.
	Vía aérea	Asegure una vía aérea permeable. Mantenga la inmovilización vertebral según sea necesario. Ausculte por posibles ruidos respiratorios anormales y evalúe la profundidad y frecuencia de las respiraciones. Busque una elevación y descenso simétricos del pecho. Mantenga las ventilaciones como se necesite. Administre oxígeno en flujo alto a 15 L/min, e inspeccione el tórax evaluando con DCAP-BLS-TIC.
	Respiración	Evalúe la frecuencia y calidad del pulso, observe color, temperatura y condición de la piel, y trate de acuerdo con su estado. Controle la hemorragia y cubra las heridas del tórax con aspiración con un apósito oclusivo.
	Circulación	Evalúe la frecuencia y calidad del pulso, observe color, temperatura y condición de la piel, y trate de acuerdo con la situación, controle la hemorragia que ponga en peligro la vida.
	Decisión de transporte	Transporte pronto.
Historial y examen físico enfocados		NOTA: El orden de los pasos en la historia y el examen físico enfocados difiere dependiendo de que el paciente tenga, o no, un ML significativo. El orden siguiente es de un paciente con un ML significativo. En un paciente sin un ML significativo, practique una evaluación enfocada del traumatismo, tome sus signos vitales y obtenga la historia.
	Evaluación rápida de traumatismo	Reevalúe el mecanismo de la lesión. Efectúe una evaluación rápida del traumatismo, tratando de inmediato todas las amenazas para la vida. Rote al paciente alineado y fíjelo en la camilla rígida, en todos aquéllos con sospecha de lesión vertebral.
	Signos vitales iniciales	Tome los signos vitales notando el color y la temperatura de la piel, así como el nivel de conciencia del paciente. Use oximetría del pulso, si está disponible.
	Historial SAMPLE	Obtenga un historial SAMPLE. Si el paciente es no responsivo intente obtener información de miembros de la familia, amigos o espectadores.
	Intervenciones	Proporcione inmovilización vertebral completa tempranamente si sospecha que su paciente tiene lesiones vertebrales. Mantenga una vía aérea abierta y aspire según se requiera. Trate los signos de choque y cualesquier otras amenazas para la vida.
Examen físico detallado		Complete un examen físico detallado.
Evaluación continua		Repita la evaluación inicial, evaluación rápida/enfocada y reevalúe las intervenciones practicadas. Reevalúe los signos vitales cada cinco minutos en el paciente inestable y cada 15 minutos en el paciente estable.
	Comunicación y documentación	Contacte control médico para un informe por radio. Notifique cada cambio en el nivel de conciencia o dificultad respiratoria. Describa el ML y cualesquier intervenciones que realizó. Asegúrese de documentar cualesquier órdenes del médico o cambios en la condición del paciente, y a qué hora sucedieron.

Evaluación y cuidados de urgencia

NOTA: Aunque los pasos de abajo son ampliamente aceptados, asegúrese de consultar y seguir su protocolo local.

Neumotórax	**Hemotórax**	**Fracturas de las costillas**	**Tórax inestable**
1. Despeje y mantenga una vía aérea abierta. 2. Proporcione oxígeno en flujo alto. 3. Selle la herida con un apósito oclusivo, usando un apósito suficientemente grande para que no sea jalado o aspirado al interior de la cavidad torácica. 4. Dependiendo de su protocolo local, puede fijar el apósito con cinta adhesiva en los cuatro lados, o crear una válvula de tres vías fijando con cinta sólo tres lados del apósito.	1. Despeje y mantenga una vía aérea abierta. 2. Proporcione oxígeno en flujo alto. Cubra al paciente con una cobija. 3. Trate al paciente por choque.	1. Despeje y mantenga una vía aérea abierta. 2. Proporcione oxígeno en flujo alto. Cubra al paciente con una cobija. 3. Colóquelo en una posición cómoda para soportar la respiración, a menos que se sospeche una lesión vertebral.	1. Despeje y mantenga una vía aérea abierta. 2. Proporcione soporte respiratorio, si es necesario. 3. Proporcione oxígeno en flujo alto. 4. Estabilice el segmento inestable fijando o haciendo que el paciente sujete una almohada firmemente contra la pared torácica.

Resumen

Listo para repaso

- Las lesiones del tórax se clasifican en cerradas o abiertas. Las lesiones cerradas son frecuentemente el resultado de un traumatismo con fuerza contusa y las lesiones abiertas son ocasionadas por algún objeto que penetra la piel o la pared torácica, o ambas cosas.
- El traumatismo contuso puede dar como resultado fracturas de las costillas y el esternón.
- Un segmento de tórax inestable son dos o más costillas rotas en dos o más sitios.
- Durante la evaluación inicial, si se encuentra una lesión que interfiera con la habilidad del paciente para ventilar u oxigenar, la lesión debe tratarse rápidamente.
- Un segmento de tórax inestable debe fijarse con un apósito grande abultado y cinta adhesiva de 5 cm.
- Cualquier lesión penetrante del tórax puede dar lugar a que entre aire al espacio pleural, y puede causar un neumotórax. Debe colocarse un apósito oclusivo sobre esta lesión tan pronto como se identifica.
- Un neumotórax espontáneo puede ser el resultado de la rotura de un área débil del pulmón, que permite que penetre aire al espacio pleural y se acumule. Esto puede producirse frecuentemente por lesiones no traumáticas o en momentos de actividad física, como el ejercicio.
- Un neumotórax puede progresar a un neumotórax a tensión y causar un paro cardiaco.
- El hemotórax es el resultado de la acumulación de sangre en el espacio pleural después de una lesión traumática, cuando los vasos del pulmón son lacerados y dejan escapar sangre.
- La acumulación de sangre y aire en el espacio pleural del tórax se llama hemoneumotórax, trastorno potencialmente mortal.
- Todos los pacientes con lesiones del tórax deben recibir oxígeno en flujo alto o ventilación con un dispositivo BVM.
- La contusión pulmonar, que es un magullamiento del tejido pulmonar después de una lesión traumática, puede interferir con el intercambio de oxígeno en el tejido pulmonar.
- La contusión cardiaca es una lesión del músculo del corazón después de una lesión traumática. Este trastorno puede tener los mismos signos y síntomas de un ataque cardiaco, incluyendo un pulso irregular. Recuerde que ésta es una lesión del músculo cardiaco por un traumatismo, no un ataque cardiaco.
- El taponamiento cardiaco sucede cuando se acumula sangre en el espacio entre el saco pericárdico y el corazón. Este trastorno produce como resultado la formación de presión creciente dentro del saco pericárdico hasta que el corazón no puede bombear eficazmente; puede ocurrir rápidamente un paro cardiaco.
- Los grandes vasos del cuerpo están situados en el mediastino. Estos grandes vasos pueden ser lacerados o desgarrados después de una lesión traumática y causar una intensa hemorragia, no vista, dentro de la cavidad torácica del paciente.
- Cualquier paciente que tiene signos de choque con una lesión del tórax, aun con hemorragia no visible, debe hacerlo sospechar de una hemorragia dentro de la cavidad del tórax que pone en peligro la vida.

Vocabulario vital

apósito oclusivo   Apósito hecho con gasa envaselinada, hoja de aluminio, o plástico, que evita que entre o salga aire o líquidos a una herida.

contusión miocárdica   Magulladura del músculo cardiaco.

contusión pulmonar   Golpe en el pulmón.

disnea   Dificultad para respirar.

hemoptisis   Escupir o toser con sangre.

hemotórax   Colección de sangre en la cavidad pleural.

herida succionante del tórax   Herida abierta o penetrante de la pared torácica a través de la cual pasa aire durante la inspiración y espiración, creando un ruido de succión.

lesión del tórax abierta   Lesión en el tórax, en la cual la pared torácica misma es penetrada por una costilla fracturada o, más frecuentemente, por un objeto externo, como una bala o un cuchillo.

Resumen continuación...

lesión del tórax cerrada Lesión del tórax en la cual la piel no está rota, usualmente causada por un traumatismo contuso.

movimiento paradójico Movimiento de la porción de la pared torácica que está separada en un tórax batiente; el movimiento –hacia adentro durante la inspiración y hacia afuera en la espiración– es exactamente el opuesto al movimiento de una pared torácica normal durante la respiración.

neumotórax Acumulación de aire o gas en la cavidad pleural.

neumotórax a tensión Acumulación de aire o gas en la cavidad pleural, que aumenta progresivamente la presión en el tórax, con resultados potencialmente mortales.

neumotórax espontáneo Neumotórax que se produce cuando se rompe un área débil del pulmón, en ausencia de una lesión mayor, permitiendo que escape aire en el espacio pleural.

pericardio Saco fibroso que rodea al corazón.

taponamiento cardiaco Compresión del corazón debida a la acumulación de sangre u otro líquido en el saco pericárdico.

taquipnea Respiraciones rápidas.

tórax inestable Trastorno en el cual dos o más costillas están fracturadas, en dos o más lugares o en asociación con una factura del esternón, en forma tal que un segmento de la pared torácica está efectivamente separada del resto de la jaula torácica.

válvula de tres vías Válvula unidireccional que permite que el aire deje la cavidad torácica pero no regrese; se forma fijando, con cinta adhesiva, tres lados de un apósito oclusivo en la pared del tórax, dejando el cuarto lado abierto como una válvula.

Qué evaluar

Ha sido enviado a asistir al departamento de policía con una redada comunicada. Le dicen que esté a dos cuadras al poniente del incidente. Después de que se ha asegurado la escena es escoltado al edificio. El oficial a cargo le informa que un sospechoso fue baleado por una lugarteniente. Ella recibió una herida de bala superficial en su brazo izquierdo; está alerta y ambulatoria. A distancia usted puede ver a un hombre que yace sobre el piso con varias heridas por arma de fuego en su tórax. Observa respiraciones mínimas. Al acercarse al paciente el oficial ordena que atienda primero a la lugarteniente.

Temas: Seguridad de la escena en una balacera; Priorización de los pacientes basada en lesiones; Trabajo con otros respondientes.

Autoevaluación

Es llamado para responder al informe de un choque de vehículos en la intersección de avenida Universidad y avenida Bilbao. La policía y los bomberos ya están en la escena e informan sobre dos vehículos y daños intensos. Al llegar estaciona la ambulancia a una distancia segura, lejos de riesgos potenciales. El teniente de bomberos informa que hay sólo dos pacientes. Asigna a su compañero el paciente 1 y toma el paciente 2.

Su paciente estaba usando su cinturón de seguridad al conducir cuando su vehículo fue golpeado sobre el lado del conductor. El vehículo está muy dañado. Durante su evaluación inicial e impresión general ve a un hombre joven que está muy pálido y tiene dificultad en la respiración. Su vía aérea está abierta, pero está escupiendo sangre. Sus respiraciones son 34/min y laboriosas. El paciente no tiene pulsos radiales palpables y el pulso carótideo es muy débil y rápido. Mientras el departamento de bomberos trabaja en extraer del vehículo al paciente, comienza a asistir las ventilaciones con un dispositivo BVM.

1. Al efectuar una evaluación rápida de trauma, encuentra que un segmento del tórax se está moviendo en dirección opuesta a las otras cosillas. Esto se llama:

    A. atrofia del tórax.
    B. movimiento paradójico.
    C. interferencia pulmonar.
    D. respiración en sube y baja.

2. El traumatismo contuso del tórax más probablemente conduce a:

    A. lesión del tórax cerrada.
    B. lesión crónica.
    C. incapacidad mayor.
    D. lesión del tórax abierta.

3. Uno de los signos de una lesión del tórax seria es sangre que sale de la boca del paciente cuando tose. Esto se llama:

    A. hemoptisis.
    B. hemoparálisis.
    C. disfasia.
    D. respuesta nucal.

4. Un paciente con una lesión seria del tórax puede tener taquipnea, la cual es indicada por:

    A. piel azul.
    B. elevación del pecho igual.
    C. respiraciones rápidas.
    D. espiraciones lentas.

5. El aire se mueve al espacio pleural y el pulmón de su paciente se colapsa, su trastorno se llama:

    A. hemotórax.
    B. embolia.
    C. neumotórax.
    D. toracotomía.

6. Al continuar ventilando al paciente, su condición sigue empeorando. Su nivel de conciencia está disminuyendo, se está poniendo cianótico y nota que sus venas son prominentes. ¿Qué indica esto?

    A. Neumotórax a tensión
    B. Reflujo pulmonar
    C. Esófago varicoso
    D. Desgarramiento del diafragma

7. Su paciente tiene varias costillas fracturadas. Debe sospechar:

    A. luxación del tórax.
    B. segmento de tórax inestable.
    C. desface pulmonar.
    D. pérdida de costilla.

Preguntas desafiantes

8. Explique el procedimiento para tratar una lesión del tórax abierta.

9. Describa los signos y síntomas de la asfixia traumática.

Lesiones del abdomen y los órganos genitales

Objetivos

Cognitivos

1. Indicar los pasos en los cuidados médicos de urgencias de un paciente con una herida abdominal contusa o penetrante. (pp. 801, 802)
2. Describir cómo pueden lesionarse los órganos sólidos y huecos. (p. 799)
3. Indicar los pasos en los cuidados médicos de urgencias de un paciente con un objeto empalado en el abdomen. (p. 802)
4. Indicar los pasos en los cuidados médicos de urgencias de un paciente con una herida con evisceración abdominal. (p. 802)
5. Especificar los pasos en los cuidados médicos de urgencias de un paciente con una lesión genitourinaria. (pp. 809-812)

Afectivos

Ninguno

Psicomotores

6. Demostrar el tratamiento apropiado de un paciente que tiene un objeto empalado en el abdomen. (p. 802)
7. Exponer cómo aplicar un apósito a una herida con evisceración abdominal. (p. 802)

28

Lesiones del abdomen y los órganos genitales

Situación de urgencia

Ha sido despachado a la empresa Cristamex para atender a una persona que fue golpeada con un pedazo de vidrio. Al llegar a la escena, el radio operador lo actualiza e indica que el paciente fue golpeado en el estómago con un fragmento de vidrio roto.

1. ¿Cuáles son algunas posibles lesiones que su paciente puede tener?
2. ¿Qué signos y síntomas de choque pueden tener los pacientes con lesiones abdominales exhibidas?

Lesiones del abdomen y los órganos genitales

El abdomen es la mayor cavidad del cuerpo y se extiende desde el diafragma hasta la pelvis. Contiene órganos que constituyen los aparatos digestivo, urinario y genitourinario. Aunque cualquiera de estos órganos puede ser lesionado, algunos están mejor protegidos que otros. Debe tener conocimiento de dónde están localizados estos órganos dentro de las cavidades abdominal y pélvica. También debe comprender sus funciones, para que, cuando se produzca una enfermedad o una lesión, pueda valorar su gravedad.

El capítulo comienza con un breve repaso de la anatomía del abdomen, seguido por una exposición de tipos comunes de lesiones abdominales. Luego, se exponen las estrategias de las evaluaciones, seguidas por la descripción de lesiones abdominales específicas que es probable que se encuentren y cómo tratar cada una de ellas. El aparato genitourinario se describe después, se presentan sus lesiones comunes y tratamiento.

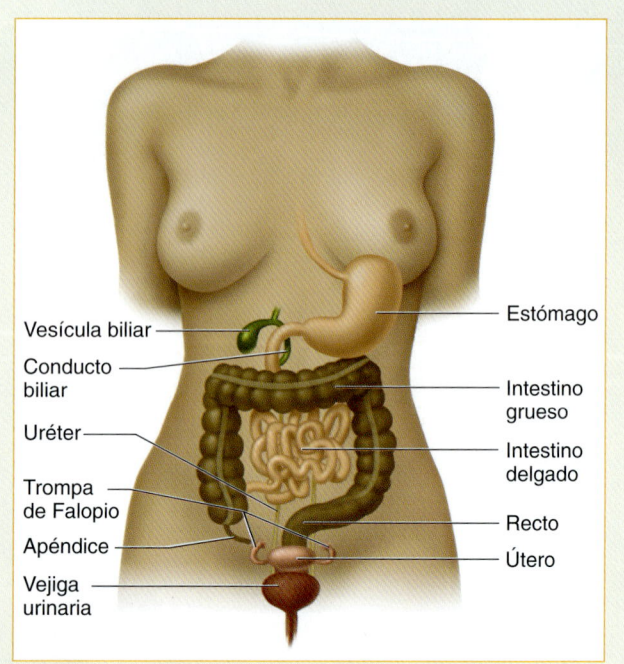

Figura 28-1 Los órganos huecos en la cavidad abdominal son estructuras a través de las cuales pasan materiales.

Anatomía del abdomen

El abdomen contiene órganos tanto huecos como sólidos, cada uno de los cuales puede ser lesionado. Los **órganos huecos**, que incluyen al estómago, intestinos, útero y vejiga urinaria son estructuras a través de las cuales pasan materiales (Figura 28-1 ▶). Suelen contener alimento que está en el proceso de ser digerido, orina que ha pasado a la vejiga urinaria para eliminarse o bilis. Cuando se rompen o laceran, estos órganos derraman su contenido en la **cavidad peritoneal** (la cavidad abdominal) causando una reacción inflamatoria intensa, y posible infección. La **peritonitis** es una inflamación del peritoneo que puede ser causada por este tipo de infección. Los intestinos y el estómago contienen sustancias similares a ácidos que ayudan en el proceso digestivo. Cuando se derraman, o escapan, a la cavidad peritoneal, con frecuencia se presentan dolor e irritación del peritoneo. Los primeros signos de peritonitis son dolor abdominal intenso, hipersensibilidad y espasmo muscular. Más adelante, los ruidos intestinales disminuyen o desaparecen al suspender el intestino su funcionamiento. El paciente puede sentirse nauseoso y vomitar, el abdomen puede sentirse distendido y firme al tacto, y es posible que se presente una infección. La peritonitis es grave, y puede poner en peligro la vida del paciente.

Los **órganos sólidos**, como lo sugiere su nombre, son masas sólidas de tejido, e incluyen al hígado, bazo, páncreas y riñones (Figura 28-2 ▶). Es en ese sitio donde se realiza gran parte del trabajo químico del cuerpo: producción de enzimas, limpieza de la sangre y producción de energía. Los órganos sólidos tienen un abundante riego sanguíneo, por lo que las lesiones pueden causar una hemorragia intensa y no visible. Esto mismo es el caso de la aorta, o de la vena cava inferior, ya sea que la lesión sea abierta o cerrada. La sangre puede irritar la cavidad peritoneal y causar que el paciente se queje de dolor abdominal; sin embargo, es posible que esto no ocurra siempre. Por tanto, la falta de dolor e hipersensibilidad no significa, necesariamente, la ausencia de una hemorragia mayor en el abdomen.

Los puntos de referencia óseos en el abdomen incluyen la sínfisis del pubis, el arco costal, las crestas ilíacas y las espinas ilíacas anteriores y superiores. El mayor punto de referencia en los tejidos blandos es el ombligo, que está sobre la cuarta vértebra lumbar. El abdomen se divide en cuatro cuadrantes por dos líneas perpendiculares que se cruzan en el ombligo (Figura 28-3 ▶). Estos cuadrantes proporcionan áreas de referencia para identificar e informar signos y síntomas abdominales.

Lesiones del abdomen

Las lesiones del abdomen pueden ser tan obvias como las asas del intestino haciendo protrusión por una herida penetrante u oculta, como la laceración del hígado o el bazo. Las lesiones traumáticas del abdomen se conside-

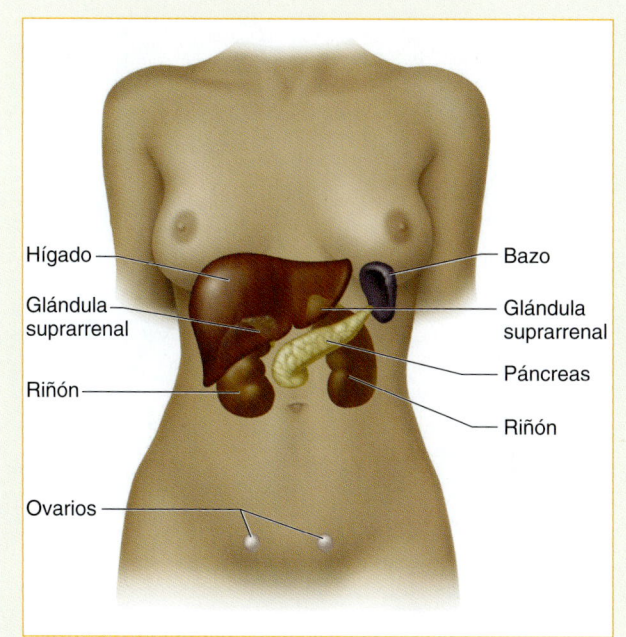

Figura 28-2 Los órganos sólidos son masas sólidas de tejido que realizan gran parte del trabajo químico en el cuerpo, reciben un rico suministro de sangre.

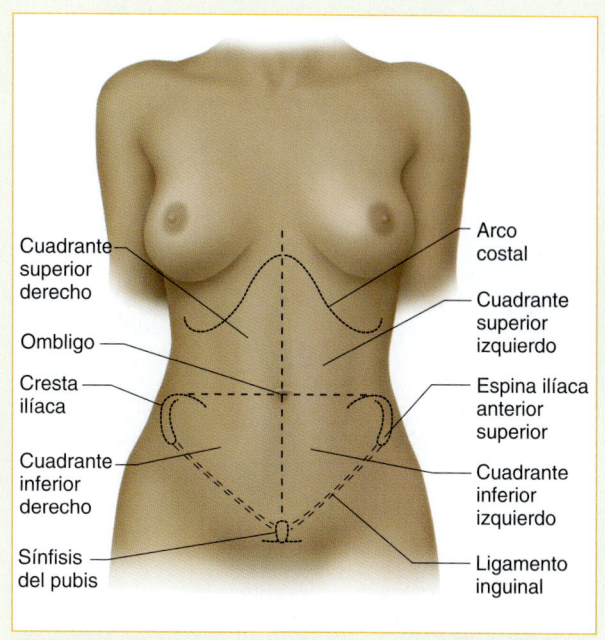

Figura 28-3 La cavidad abdominal está dividida en cuatro cuadrantes que actúan como el medio para identificar y comunicar problemas en el abdomen.

ran como abiertas o cerradas y pueden implicar a órganos huecos o sólidos, o a ambos. Las <u>lesiones abdominales cerradas</u> son aquéllas en las cuales una fuerza contusa impacta sobre el cuerpo, da lugar a una lesión del abdomen sin lesionar la pared. Tal contusión puede deberse al impacto contra el manubrio de una bicicleta o contra el volante del auto, o cuando el paciente es golpeado por un objeto, como un tablero o un bat de béisbol durante una riña o un asalto (Figura 28-4 ▶). Las <u>lesiones abdominales abiertas</u> son aquellas en las cuales un objeto extraño entra al abdomen y abre al exterior la cavidad peritoneal; se conocen también como heridas penetrantes (Figura 28-5 ▶). Es posible que las heridas abiertas no sean tan profundas y sólo involucren la pared muscular del abdomen; aunque esto no se puede determinar en situaciones prehospitalarias, debe ser valorado y evaluado en el hospital. Por lo tanto, debe mantener un alto índice de sospecha de lesiones ocultas, daño interno de órganos y lesiones que pongan potencialmente en peligro la vida, y proporcionar un transporte oportuno. Las heridas por armas punzantes, cortantes, y armas de fuego son ejemplos de lesiones abiertas, o traumatismos penetrantes.

Signos y síntomas

Los pacientes con lesiones abdominales en general tienen una molestia principal: dolor. Pero otras lesiones significativas pueden enmascarar el dolor al principio y algunos pacientes no podrán ser capaces de indicarle su dolor por estar inconscientes o no ser capaces de responder, como después de una lesión de la cabeza o sobredosis de drogas o alcohol. Un signo muy común de lesión abdominal significativa es la taquicardia, al aumentar el corazón su acción de bombeo para compensar la pérdida de sangre, una indicación temprana de pérdida de sangre compensada y choque. Signos posteriores incluyen eviden-

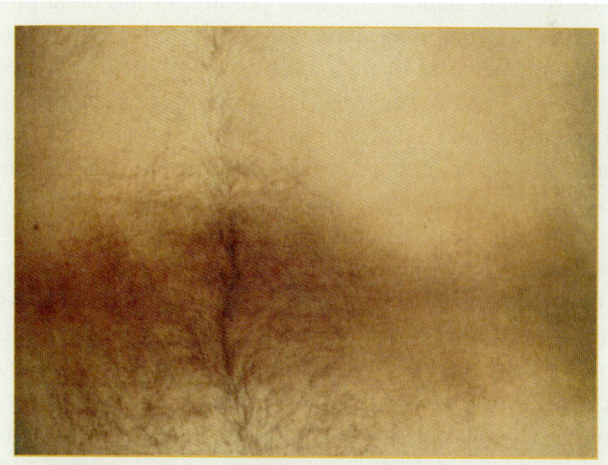

Figura 28-4 El traumatismo contuso del abdomen puede ocurrir cuando un paciente golpea el volante de un automóvil como resultado de un choque.

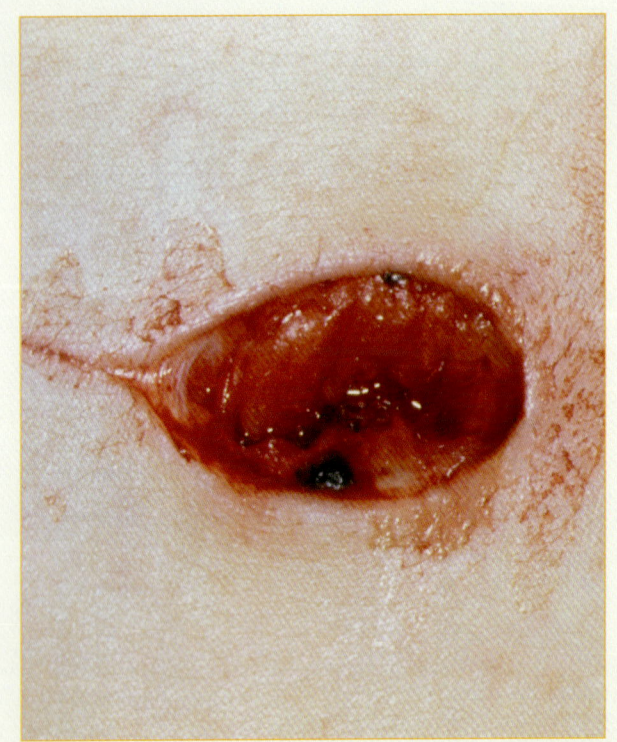

Figura 28-5 Como es difícil conocer qué tan profunda es una herida penetrante, asuma que hay daño de órgano y transporte rápidamente.

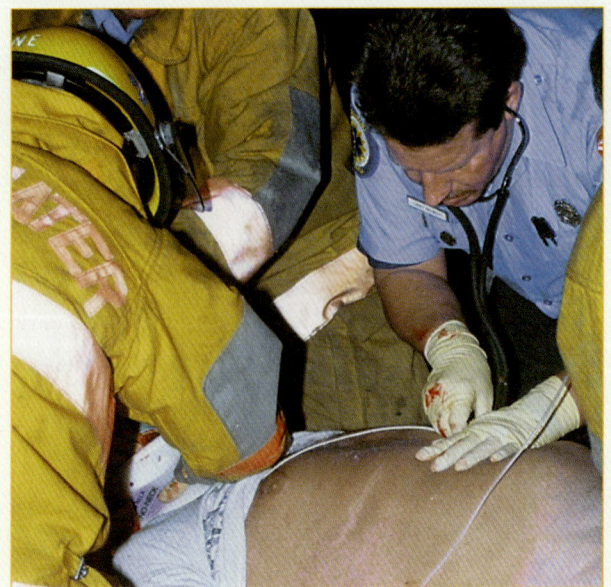

Figura 28-6 Las heridas del abdomen pueden proporcionar indicios de posible lesión en órganos subyacentes.

cia de choque, como disminución de la tensión arterial, piel fría, pálida y húmeda o cambios en el estado mental del paciente, combinados con un traumatismo del abdomen. En algunos casos, es posible que el abdomen pueda distenderse por la acumulación de sangre y líquido. Como un TUM-B, debe buscar otros signos y síntomas de posibles problemas y lesiones del abdomen. Las lesiones contusas (con frecuencia indicadas por áreas rojas de la piel en esta etapa temprana) u otras marcas visibles, cuya localización debe guiar su atención a estructuras subyacentes Figura 28-6 ▶). Por ejemplo, las equimosis en el cuadrante superior derecho, cuadrante superior izquierdo o <u>flanco</u> (la región de la caja costal inferior) pueden sugerir una lesión del hígado, bazo o riñón, respectivamente.

Los signos de lesión abdominal suelen ser más definidos que los síntomas, incluyen la firmeza del abdomen a la palpación, las heridas penetrantes obvias, las equimosis y los signos vitales alterados, como aumento en la frecuencia del pulso, aumento de la frecuencia respiratoria, disminución de la tensión arterial y respiraciones poco profundas (aunque esto puede no aparecer sino más adelante). Los síntomas más comunes son hipersensibilidad abdominal, particularmente la hipersensibilidad localizada, y la dificultad del movimiento a causa del dolor.

Tipos de lesiones abdominales

Heridas abdominales contusas

Un paciente con una herida abdominal contusa puede tener una o más de las alteraciones siguientes:

- Contusion profunda de la pared abdominal
- Laceración del hígado o del bazo
- Rotura del intestino
- Desgarros en el mesenterio, pliegues membranosos que fijan el intestino a las paredes del cuerpo, y lesión de los vasos sanguíneos en su interior
- Rotura de los riñones o avulsión de los riñones de sus arterias y venas
- Rotura de la vejiga urinaria, especialmente en un paciente que tenía una vejiga llena y distendida en el momento del choque
- Hemorragia intraabdominal intensa
- Irritación e inflamación peritoneal, en respuesta a la rotura de órganos huecos

Un paciente que ha sufrido una lesión abdominal contusa debe ser girado en bloque a una posición supina sobre una camilla espinal larga. Asegúrese de proteger la columna vertebral mientras lo gira. Si el paciente vomita, gírelo de costado para despejar de vómito la boca y la orofaringe. Vigile los signos vitales del paciente para detectar cualquier posible indicación de choque, como palidez, sudor frío, pulso rápido filiforme o baja tensión arterial. Si ve algunos de estos signos, administre oxígeno suplementario en flujo alto con una mascarilla no recirculante y tome todas las medidas apropiadas para tratar el choque. Mantenga al paciente caliente con cobijas y proporcione un transporte oportuno al departamento de urgencias.

Lesiones por cinturones de seguridad y bolsas de aire

Los cinturones de seguridad han prevenido miles de lesiones y salvado muchas vidas, incluyendo las de las personas que, en otra forma, hubieran sido expulsadas de un auto chocado. Sin embargo, ocasionalmente los cinturones de seguridad causan lesiones contusas en los órganos abdominales. Cuando se usa en forma apropiada, un cinturón de seguridad está situado debajo de las espinas ilíacas anteriores y superiores de la pelvis, y contra las articulaciones de la cadera. Si el cinturón está muy alto, puede comprimir los órganos abdominales o los grandes vasos contra la columna vertebral, cuando el automóvil desacelera rápidamente o se detiene (Figura 28-7). En ocasiones, se han comunicado fracturas de la columna lumbar. Si es llamado a la escena de tal accidente, tenga presente que el uso de cinturones de seguridad muchas veces permite hacer de una lesión mortal una lesión tratable.

En todos los automóviles de modelos actuales, los cinturones de seguridad de la cintura y diagonales (del hombro) se combinan en uno solo, por lo que no se pueden usar de manera independiente. Naturalmente, algunas personas pueden todavía colocar la porción diagonal del cinturón por detrás de la espalda, reduciendo considerablemente la eficacia de este diseño. En algunos autos más antiguos, sólo se proporcionan cinturones para la cintura, o dos cinturones separados. Usados solos, los cinturones de seguridad diagonales de hombros pueden causar lesiones de la parte superior del tronco, como un tórax contundido, costillas fracturadas, hígado lacerado o aun decapitación. Se ven muchas menos lesiones de la cabeza y el cuello cuando este cinturón se usa en combinación con uno de la cintura y un apoyo para la cabeza.

La bolsa de aire, que es estándar en los vehículos actuales, representa un gran adelanto en la seguridad del automóvil. En las colisiones de frente, puede ser un verdadero salvavidas. Sin embargo, como las bolsas de aire frontales no proporcionan protección alguna en un impacto lateral o un volcadura, deben usarse en combinación con los cinturones de seguridad. Los niños pequeños, o los individuos de corta estatura que están en el asiento del frente del automóvil, pueden estar en riesgo de lesión si se despliega una bolsa de aire. Debe emplearse una atención especial para evaluar estos pacientes si se nota una bolsa de aire desplegada. Recuerde inspeccionar por debajo de la bolsa

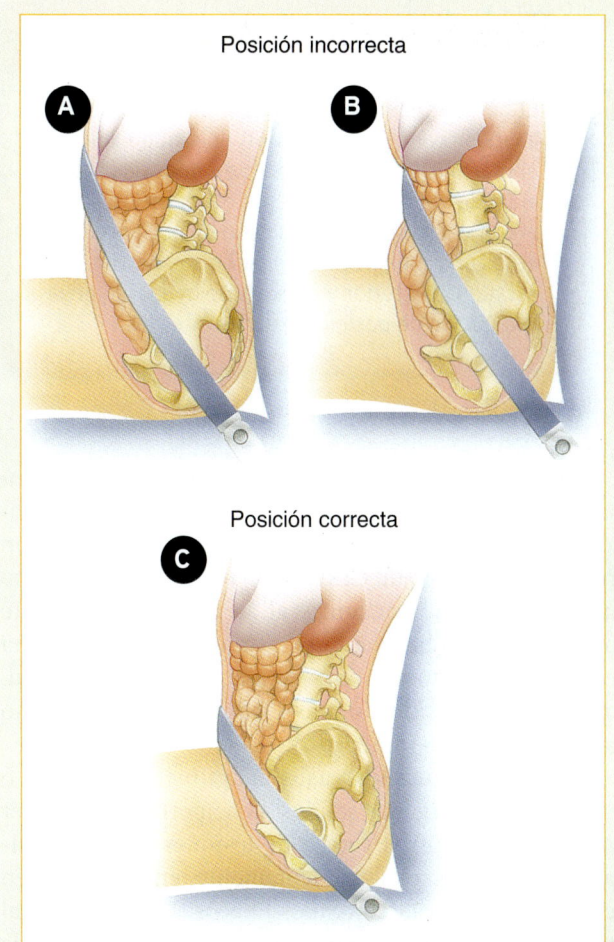

Figura 28-7 La posición apropiada de un cinturón de seguridad es debajo de las espinas ilíacas anteriores y superiores de la pelvis y contra las articulaciones de la cadera, como lo muestra el diagrama **C**. Los diagramas **A** y **B** muestran posicionamientos inapropiados del cinturón de seguridad.

de aire por posibles signos de daño en la estructura del vehículo que puedan hacer pensar en algún daño asociado.

Lesiones abdominales penetrantes

Los pacientes con lesiones penetrantes generalmente tienen heridas obvias y hemorragia externa (Figura 28-8A); sin embargo, pueden no presentarse cantidades grandes de sangrado al exterior. Como un TUM-B, debe tener un alto índice de sospecha de que el paciente tenga una seria pérdida de sangre no vista ocurriendo en su interior. Una herida grande puede presentar protrusiones de intestino, grasa u otras estructuras. Además del dolor, estos pacientes frecuentemente manifiestan náusea y vómito. Los pacientes con peritonitis por lo general prefieren estar acostados, quietos, con las piernas contraídas, porque les duele moverlas o enderezarlas. Pueden quejarse de cada salto de la ambulancia en la carretera durante el transporte.

Qué documentar

El personal del hospital dependerá de sus hallazgos registrados de la escena, que explican el mecanismo de la lesión. Sea minucioso, por ejemplo, en documentar sus observaciones sobre el vehículo en el cual viajó su paciente. Las notas sobre el despliegue de bolsas de aire y el estado del exterior y del volante ayudarán en la evaluación de posibles lesiones internas.

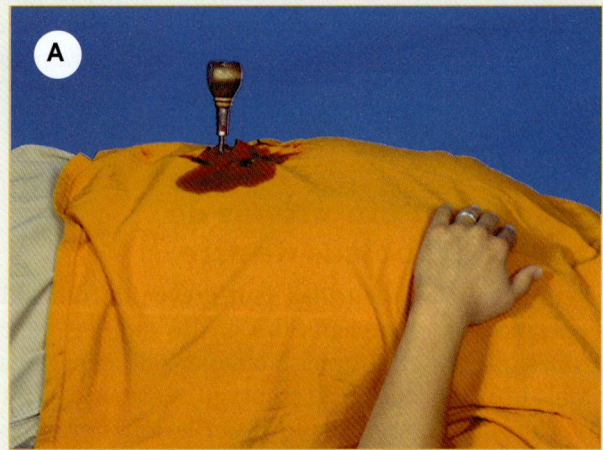

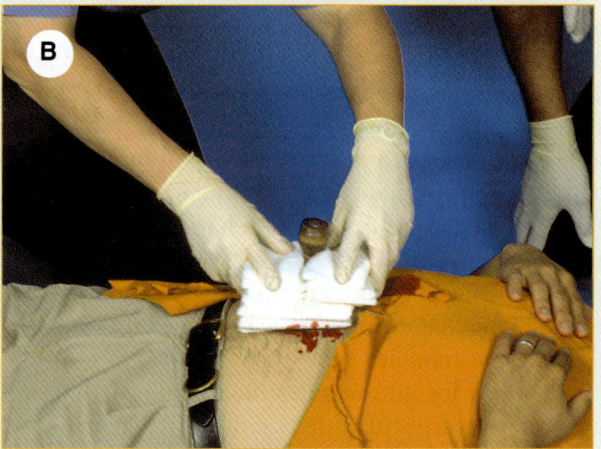

Figura 28-8 A. Las lesiones penetrantes tienen heridas obvias y también pueden tener sangrado externo. **B.** Si el objeto penetrante está aún en el sitio, use un rollo de vendas para estabilizarlo y controlar la hemorragia.

Algunas lesiones penetrantes no alcanzan más profundidad que la pared abdominal, pero a menudo la intensidad de la lesión no puede determinarse en una situación prehospitalaria; sólo un CIRUJANO puede evaluar el daño en forma precisa. Por tanto, al atender a un paciente con este tipo de herida, debe asumir que el objeto ha penetrado el peritoneo, entrado a la cavidad abdominal, y posiblemente lesionado uno o más órganos, aunque no haya signos obvios inmediatos.

Si son seccionados vasos sanguíneos mayores o se han lacerado órganos sólidos, la hemorragia puede ser rápida y grave. Otros signos de lesiones intraabdominales pueden desarrollarse lentamente, en particular en heridas penetrantes de órganos huecos. Una vez que tal órgano es puncionado y su contenido es descargado a la cavidad abdominal, puede desarrollarse peritonitis, pero esto puede tomar varias horas.

En los cuidados de un paciente con una herida penetrante en el abdomen, siga los procedimientos generales descritos arriba para la atención de una herida abdominal contusa, así como los siguientes pasos específicos para la herida penetrante. Inspeccione la espalda y lados del paciente en búsqueda de heridas de salida y aplique un apósito estéril seco sobre todas las heridas abiertas.

Si el objeto penetrante aún está colocado, aplique un vendaje estabilizador a su alrededor para controlar la hemorragia externa y minimice el movimiento del objeto (Figura 28-8B ▶).

Evisceración abdominal

Las laceraciones intensas de la pared abdominal pueden dar por resultado una **evisceración**, en la cual órganos internos hacen protrusión a través de la herida (Figura 28-9 ▶). Nunca intente remplazar a un órgano que hace protrusión por una laceración abdominal, ya sea un pliegue pequeño de peritoneo o la casi totalidad del intestino. En su lugar, cúbralo con una compresa de gasa estéril, humedecida con solución salina estéril y fíjela con un apósito estéril. Los protocolos en algunos sistemas de SMU requieren un apósito oclusivo sobre los órganos, fijado con apósitos para traumatismos. Como las lesiones del abdomen irradian calor corporal muy eficazmente y como los órganos expuestos pierden líquidos en forma rápida, debe mantener los órganos húmedos y calientes. Si no tiene compresas de gasa, puede usar apósitos estériles húmedos, cubrirlos y fijarlos en el sitio con un vendaje y cinta adhesiva (Figura 28-10 ▶). No use material alguno que sea adherente o pierda su sustancia cuando se humedece, como papel de excusado, toallas faciales de papel, toallas de papel o algodón absorbente.

Una vez que ha cubierto el órgano saliente, debe proporcionar otros cuidados de urgencias, según sea necesario, y lograr un rápido transporte a la sala de urgencias.

Evaluación de las lesiones abdominales

Evaluación de la escena

Su evaluación de la escena comienza con la información enviada por el CECOM, la cual lo ayudará a prepararse para la llamada. Con frecuencia, la información sólo será esbozada, o aun imprecisa, como fue comunicada al despacho. Pero aun así proporcionará alguna información para considerar al responder a la llamada. Por ejemplo, ¿el paciente está lesionado o enfermo?, ¿pudo alguna de

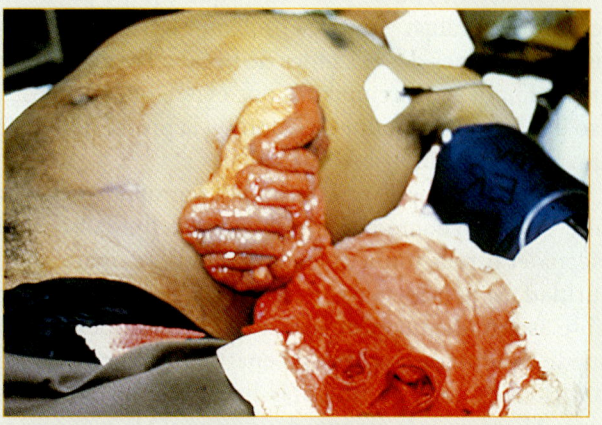

Figura 28-9 Una evisceración abdominal es una herida abdominal abierta a través de la cual órganos o grasa hacen protrusión.

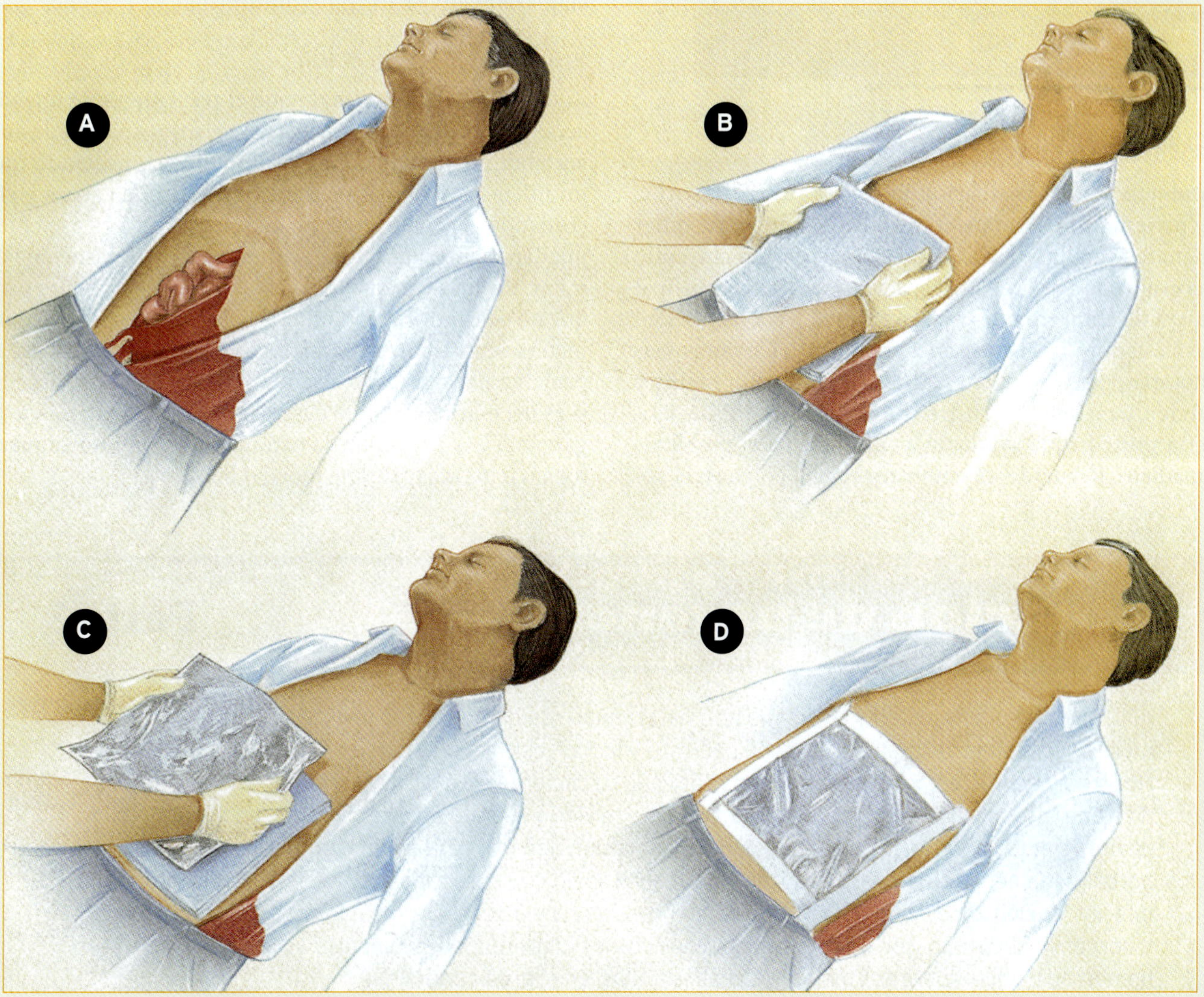

Figura 28-10 A. El abdomen abierto irradia calor corporal rápidamente y debe cubrirse. **B.** Cubra la herida con gasa estéril humedecida o un apósito oclusivo, dependiendo del protocolo local. **C.** Asegure el apósito con un vendaje. **D.** Asegure el vendaje con cinta adhesiva.

estas situaciones llevar a la otra?, ¿qué equipo puede necesitar para evaluar y tratar al paciente? Deben observarse las precauciones de ASC antes de llegar a la escena o será distraído por acontecimientos que eviten que recuerde el uso de estas precauciones. Guantes y la protección de los ojos son el mínimo.

Al llegar a la escena continuará reuniendo información que le ayudará a manejar el incidente. Observe la escena con relación a amenazas y peligros para su seguridad. Si la información del despacho indica un posible asalto, disputa doméstica o balacera, todo lo cual puede conducir a una lesión penetrante, asegure que las autoridades correspondientes hayan controlado la escena. Al observar la escena, determine el ML y considere precauciones vertebrales tempranas. ¿Cuántas víctimas pueden estar implicadas en el incidente? Si determina que se necesitan recursos adicionales, solicítelos al principio de su evaluación.

Evaluación inicial

Impresión general

Su objetivo en la evaluación inicial es valorar los ABC del paciente y luego atender inmediatamente cualesquiera amenazas para la vida. La impresión general, incluyendo una evaluación de la edad del paciente, molestia principal y nivel de conciencia, lo ayudará a establecer la seriedad de su estado. Algunas lesiones abdominales serán obvias y notorias, pero la mayor parte de ellas serán muy sutiles y pueden pasar inadvertidas. El ML, junto con la molestia principal, lo ayudarán a enfocarse en el problema inmediato. Recuerde, el traumatismo o el golpe en el abdomen pueden haber ocurrido horas o aun días antes y sólo ahora el dolor es suficientemente intenso para buscar ayuda. Pregunte sobre lesiones previas asociadas con una molestia principal de dolor abdominal.

Evalúe rápidamente la molestia principal del paciente con una simple inspección, notando la forma en la que está acostado. Si la molestia principal incluye asalto sexual o físico, el paciente puede estar titubeante para exponer lo que sucedió. La hemorragia de los órganos reproductores o genitourinarios es común después de un asalto sexual pero, de nuevo, los pacientes pueden titubear en exponerlo o en ser examinados para determinar su seriedad. El movimiento del cuerpo o de los órganos abdominales irrita el peritoneo inflamado, causando dolor adicional. Para minimizar el dolor los pacientes estarán acostados, quietos, usualmente con las rodillas flexionadas, su respiración será rápida y superficial. Por la misma razón contraerán sus músculos abdominales, signo llamado **protección abdominal**.

Vía aérea y respiración

Acto seguido, asegúrese de que el paciente tiene una vía aérea permeable y despejada. Si se sospecha una lesión vertebral, evite que el paciente se mueva, haciendo que un miembro del equipo mantenga quieta la cabeza y recordando al paciente que no debe moverse. Los pacientes pueden manifestar que se sienten nauseosos y suelen vomitar. Recuerde mantener la vía aérea libre de vómito para que no se aspire a los pulmones, en especial en un paciente inconsciente o con un nivel de conciencia alterado. Gire al paciente hacia un lado, usando precauciones vertebrales, si es necesario, e intente despejar cualquier material de la garganta y la boca. Note la naturaleza del vómito: alimentos no digeridos, sangre, moco o bilis.

Situación de urgencia — Parte 2

Al llegar a la escena, usted y su compañero determinan rápidamente que la escena es segura y que no se necesitan otros recursos. Hay un paciente y la SVA está en ruta con un TEA de 10 minutos. No se sospecha afectación de la columna cervical, su paciente está alerta y orientado. El paciente le dice que estaba trabajando con una pieza grande de vidrio cuando éste se rompió y un fragmento de borde afilado le golpeó en el abdomen. Su impresión general es la de un hombre ansioso, de aproximadamente 28 años de edad, acostado en el suelo con sus manos colocadas sobre el cuadrante inferior izquierdo del abdomen. Su evaluación revela una vía aérea permeable con igual elevación y descenso del pecho, con buenos ruidos respiratorios bilateralmente. Su pulso es rápido, ve una hemorragia obvia sobre sus manos y debajo de ellas, en el área abdominal.

3. ¿Cuál es su prioridad de tratamiento en este punto?
4. ¿Qué órganos están situados en el cuadrante inferior izquierdo del abdomen?

Debe evaluar rápidamente al paciente con relación a una respiración adecuada. Un abdomen distendido, o dolor, pueden evitar una ventilación apropiada. Cuando estas respiraciones guardadas disminuyen la eficacia de la respiración, proporcionar oxígeno suplementario, con una mascarilla no recirculante, puede ayudar a mejorar la oxigenación. Si está disminuido el nivel de conciencia del paciente y las respiraciones son poco profundas, considere respiraciones suplementarias con un dispositivo BVM. Use adjuntos de la vía aérea, como sea necesario, para hacer permeable la vía aérea y asistir con la respiración.

Circulación

Las lesiones abdominales o genitales usualmente no producen hemorragia externa intensa. Sin embargo, la hemorragia interna de las lesiones abdominales abiertas o cerradas puede ser profunda. Los traumatismos de los riñones, hígado y bazo causan una hemorragia interna significativa. Evalúe el pulso, el color, la condición y la temperatura de la piel del paciente para determinar la etapa del choque. Si sospecha choque, trate al paciente enérgicamente administrando oxígeno, colocándolo en posición de choque modificada y manteniéndolo caliente. Las heridas se deben cubrir y la hemorragia controlarse tan rápido como sea posible.

Decisión de transporte

Debido a la naturaleza de las lesiones del abdomen, en general se indican un rápido tiempo en la escena y pronto transporte al hospital. El dolor abdominal, junto con un ML que sugiere lesión en el abdomen o en el flanco, es una buena indicación para un rápido transporte. En el ambiente prehospitalario es difícil determinar si el hígado, el bazo o el riñón han sido lesionados. Los órganos huecos que se han roto también son difíciles de identificar sin equipo diagnóstico más avanzado. Una demora en una evaluación médica puede significar que el choque tiene una probabilidad de progresar innecesariamente. Pacientes con hemorragia significativa notable, o signos de hemorragia interna significativa, pueden volverse inestables muy rápidamente. El tratamiento está dirigido a atender con rapidez las amenazas para la vida y proporcionar pronta transportación al hospital apropiado más cercano.

Historial y examen físico enfocados

Normalmente, efectuará la historia y el examen físico enfocados a todos los pacientes con lesiones abdominales y genitales en la misma forma. Quite o afloje la ropa para exponer las regiones del cuerpo para la evaluación física. Proporcione un ambiente privado, como sea necesario, hasta que esté en la parte de atrás de la ambulancia. Debe permitirse al paciente, en el que no haya sospecha de lesión vertebral, permanecer en una posición cómoda: con las piernas flexionadas hacia arriba, hacia el abdomen. No debe forzarse al paciente con sospecha de lesión vertebral a permanecer plano durante el examen físico o el transporte. Determine qué proceso de evaluación física usará: examen físico rápido o examen físico enfocado.

Use DCAP-BLS para ayudar a identificar signos y síntomas de lesión. Inspeccione y palpe el abdomen para la presencia de **D**eformidades, que pueden ser sutiles en lesiones abdominales. Busque la presencia de **C**ontusiones y **A**brasiones, que pueden ayudar a localizar puntos de impacto e indicar una lesión interna significativa. No deben pasarse por alto posibles heridas por **P**unciones y otras lesiones **P**enetrantes, pues el grado de estas lesiones puede poner en peligro la vida. La presencia de quemaduras (**B**urns) debe notarse y tratarse apropiadamente. Palpe buscando hipersensibilidad e intente localizarla en un cuadrante específico del abdomen. Identifique y trate cualesquier **L**aceraciones con apósitos apropiados. La edematización (**S**welling) puede implicar al abdomen globoso e indica una lesión intraabdominal notable.

En los pacientes pediátricos, el hígado y el bazo son muy grandes en el abdomen y se lesionan más fácilmente. Las costillas flexibles y blandas de los lactantes y niños pequeños no protegen muy bien estos dos órganos.

Examen físico rápido de un ML significativo

Si el paciente ha recibido un ML significativo, un examen físico rápido lo ayudará a identificar cualesquier lesiones que su paciente pueda tener, no sólo abdominales. Empiece por la cabeza y acabe con las extremidades inferiores, moviéndose en forma sistemática. Su objetivo no es identificar el grado de todas las lesiones, sino determinar si las hay. Esto le requiere trabajar rápida, pero minuciosamente. Si encuentra un problema que pone en peligro la vida, deténgase y trátelo de inmediato; en caso contrario, siga adelante. Las lesiones que encuentre le ayudarán a acondicionar a su paciente para el transporte. Para enton-

> **Tips para el TUM-B**
>
> Virar a un paciente, como un tronco, a una camilla rígida siempre proporciona una oportunidad para examinar la espalda en busca de signos de lesión. Instruya y posicione a los ayudantes para asegurar su habilidad para inspeccionar y palpar la espalda brevemente, mientras el paciente es girado a su lado.

ces, es posible que ya haya podido estabilizar la columna vertebral del paciente, simplemente sujetando quieta su cabeza y diciéndole que no la mueva. Si aún no ha colocado un collarín cervical, es el momento de hacerlo, antes de girar al paciente como un tronco para inspeccionar la parte posterior del cuerpo y colocarlo en una camilla rígida.

Examen físico enfocado para un ML no significativo

Si el ML sugiere una lesión aislada del abdomen, o de los órganos genitales, un examen enfocado del área lesionada será suficiente. Inspeccione la piel del abdomen por heridas a través de las cuales balas, cuchillos, u otros cuerpos extraños de tipo proyectil puedan haber pasado. Tenga presente que el tamaño de la herida no indica necesariamente la extensión de las lesiones subyacentes. Si encuentra una herida de entrada, siempre debe buscar la herida de salida correspondiente, en la espalda o costado del paciente. Si la lesión fue causada por un proyectil de alta velocidad de un rifle, podrá ver una entrada pequeña, de aspecto inofensivo, con una herida de salida abierta, grande. No intente retirar un cuchillo u otro objeto que esté impactado en el paciente. En su lugar, estabilice el objeto con un vendaje que lo soporte. Las magulladuras y otras marcas visibles son indicios importantes de la causa e intensidad de una herida contusa. El volante y los cinturones de seguridad producen patrones característicos de lesión en el abdomen o en el pecho.

Los riñones están situados en la región del flanco. Inspeccione y palpe esta área buscando hipersensibilidad, contusiones, hinchazón, u otros signos de traumatismo. Las lesiones genitales son embarazosas de evaluar y pueden ser aún más embarazosas de tratar. La intimidad es una preocupación genuina. Exponga sólo lo que sea necesario y cubra lo que ya ha sido expuesto. Actuar en forma profesional ayudará a reducir la ansiedad, tanto para usted como para su paciente.

Signos vitales iniciales

Obtenga rápidamente los signos vitales de base. Muchas urgencias abdominales, además de las que causan intensa hemorragia, pueden causar un pulso rápido y baja tensión arterial. Su registro de signos vitales, hecho tan pronto como sea posible, y periódicamente en lo sucesivo (cada cinco minutos en el paciente en el cual sospecha una lesión seria), le ayudará a identificar cambios en el estado del paciente y a estar alerta sobre signos de descompensación por pérdida de sangre.

Historial SAMPLE

A continuación, obtenga un historial SAMPLE de su paciente. Usando la mnemotecnia OPQRST para ayudar a explicar una lesión abdominal, puede proporcionar alguna información útil. Pueden hacerse algunas preguntas mientras se evalúan los signos vitales, por ejemplo, mientras se coloca el manguito de tensión arterial; sin embargo, este es el momento de confirmar que ya tiene toda la historia necesaria para informar al hospital. Si el paciente es no responsivo, intente obtener un historial SAMPLE de amigos o miembros de la familia.

Intervenciones

Trate los problemas de la vía aérea y de la respiración basado en signos y síntomas encontrados durante su evaluación inicial. Proporcione una estabilización completa de la columna vertebral al paciente con sospecha de lesiones vertebrales. Si el paciente tiene signos de hipoperfusión, proporcione un tratamiento enérgico contra el choque, y realice un rápido transporte al hospital. Si se descubre una evisceración, coloque un apósito estéril húmedo sobre la herida, aplique un vendaje y transporte. Nunca intente empujar tejido u órganos eviscerados de vuelta a la cavidad abdominal. Cubra las lesiones hemorrágicas de los órganos genitales con un apósito húmedo. No demore en el traslado del paciente seriamente traumatizado por proporcionar tratamientos que no son salvavidas, como enferular fracturas de las extremidades. En su lugar, complete estos tipos de tratamientos camino al hospital.

Examen físico detallado

Si el tiempo lo permite, efectúe un examen físico detallado. Examine concienzudamente al paciente, de la cabeza a los dedos de los pies, para identificar lesiones y determinar su gravedad. Aún puede identificar nuevas lesiones no encontradas en la evaluación inicial o en las partes de la historia y examen físico enfocados de su evaluación. Proporcione tratamientos adicionales, según sea necesario. Los tiempos cortos de transporte o los problemas continuos con los ABC pueden evitar que practique un examen físico detallado; sin embargo, debe hacerse todo esfuerzo posible para examinar minuciosamente al paciente antes de su arribo al hospital.

Evaluación continua

Repita la evaluación inicial y los signos vitales. Reevalúe las intervenciones y tratamientos que ha proporcionado al paciente. Identificar tendencias en dolor, signos vitales y en el progreso de los tratamientos ayudará a determinar si la condición del paciente está mejorando o empeorando. Los ajustes en los cuidados pueden basarse en estos hallazgos objetivos.

Comunicación y documentación

Comunique el mecanismo de la lesión y las lesiones encontradas durante su evaluación. El uso de la terminología médica y anatómica apropiada es importante; sin embargo, cuando tenga duda, sólo escriba lo que ve. El contenido de su informe de radio dependerá de sus protocolos locales. La información que proporcione ayudará al hospital a prepararse para el paciente. La documentación de sus evaluaciones y tendencias en los signos vitales es una ayuda tremenda para los médicos en la evaluación del problema cuando el paciente llega a la sala de urgencias. La continuidad del tratamiento se mantiene cuando la sala de urgencias tiene un registro adecuado de sus hallazgos en la escena, así como de los tratamientos que ha proporcionado. Recuerde que también es un registro legal de sus cuidados. Si se sospecha un asalto, es posible que tenga un requerimiento legal de informar al personal del hospital su sospecha. Esto puede esperar hasta que ha entregado al paciente al hospital y tiene la oportunidad de discutirlo en privado con el personal apropiado.

Anatomía del aparato genitourinario

El aparato genitourinario controla tanto las funciones de la reproducción como el sistema de descarga de desechos, por lo que generalmente se consideran juntos.

El aparato urinario controla la descarga de ciertos materiales de desecho filtrados de la sangre por los riñones. En el aparato urinario, los riñones son órganos sólidos; los uréteres, la vejiga urinaria y la uretra son órganos huecos (Figura 28-11 ▶).

El aparato genital es también importante para el proceso de la reproducción. Los órganos genitales masculinos, con excepción de la glándula prostática y las vesículas seminales, están fuera de la cavidad pélvica (Figura 28-12 ▶). Los órganos genitales femeninos, con excepción de la vulva, el clítoris y los labios, están contenidos totalmente dentro de la pelvis (Figura 28-13 ▶). Los órganos reproductores masculinos y femeninos tienen ciertas semejanzas y, naturalmente, diferencias básicas. Permiten la producción de espermatozoides y óvulos y hormonas apropiadas, la realización del acto sexual y, finalmente, la reproducción.

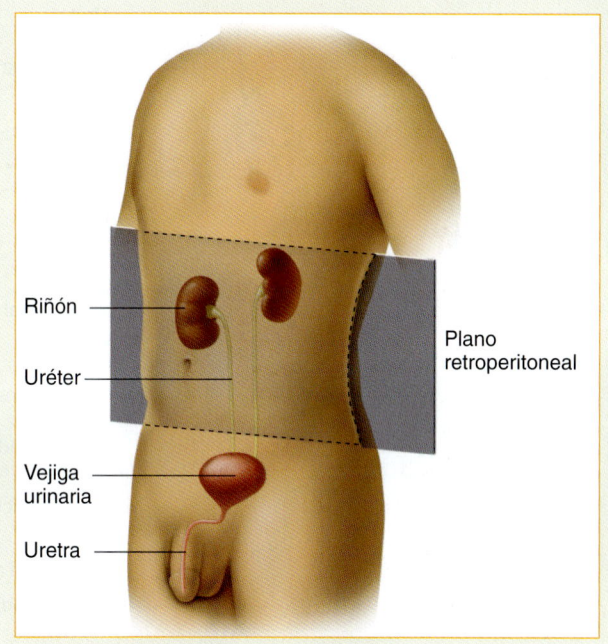

Figura 28-11 El aparato urinario está situado en el espacio retroperitoneal, detrás de las vías digestivas. Los riñones son órganos sólidos; el uréter, la vejiga urinaria y la uretra son órganos huecos.

Situación de urgencia — Parte 3

Administra oxígeno en flujo alto con una mascarilla no recirculante, fija a 15 L/min, y comienza a examinar el área debajo de las manos del paciente. Quita cuidadosamente la camisa del paciente y encuentra que tiene una laceración de aproximadamente 11.4 cm, y evisceración subsecuente, con una sección de tamaño moderado de intestino haciendo protrusión visible. Mientras examina la herida, su compañero completa una evaluación rápida del traumatismo del cuerpo y no encuentra otras lesiones en el paciente.

5. ¿Cómo trata esta herida?
6. ¿Si el material de la camisa estuviera atorado en la herida tiraría de ella para liberarla? ¿Por qué sí o por qué no?

Lesiones del aparato genitourinario

Lesiones del riñón

Las lesiones del riñón no son excepcionales y raramente ocurren en forma aislada, lo cual se debe a que los riñones están situados en un área bien protegida del cuerpo. Una herida penetrante que alcanza el riñón casi siempre implica a otros órganos; lo mismo sucede con las lesiones contusas. Un golpe, que es lo suficientemente fuerte para causar un daño significativo en el riñón, a menudo causa también daños en otros órganos intraabdominales. Lesiones menos significativas de los riñones pueden ser

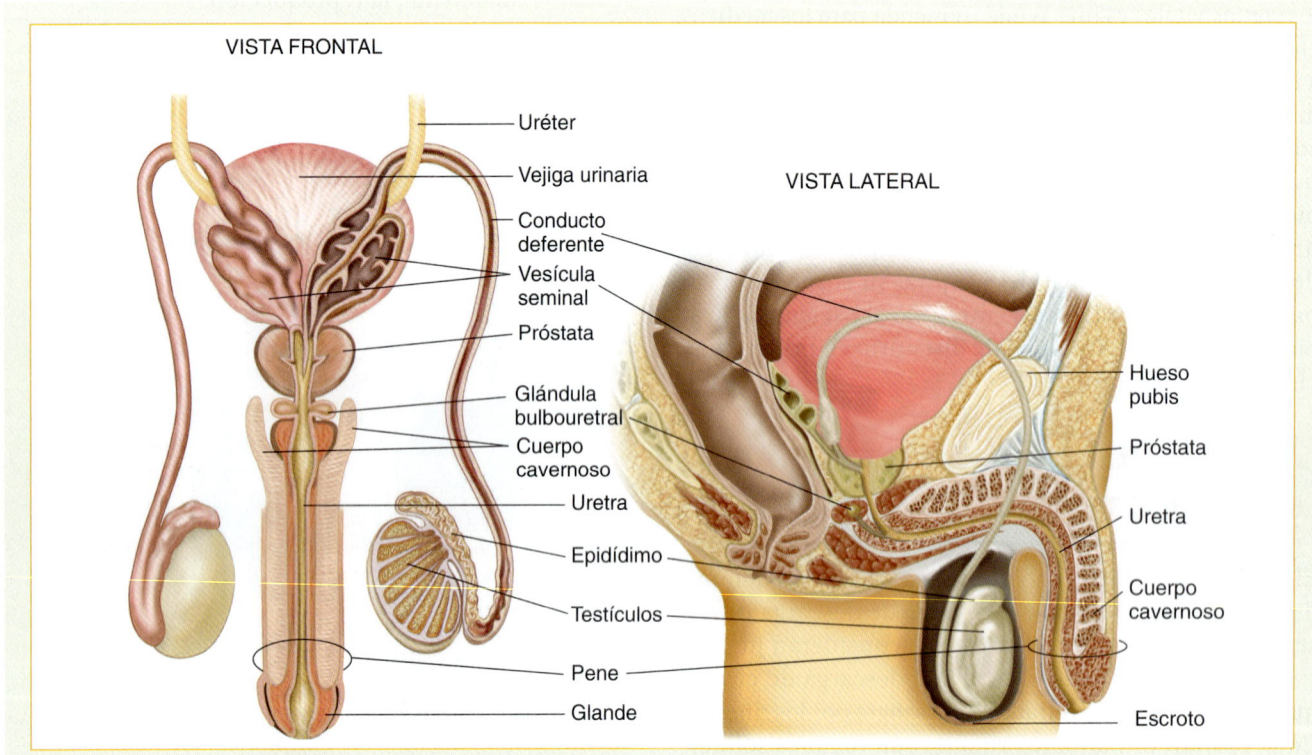

Figura 28-12 El aparato reproductor masculino incluye los testículos, conductos deferentes, vesículas seminales, próstata, uretra y pene.

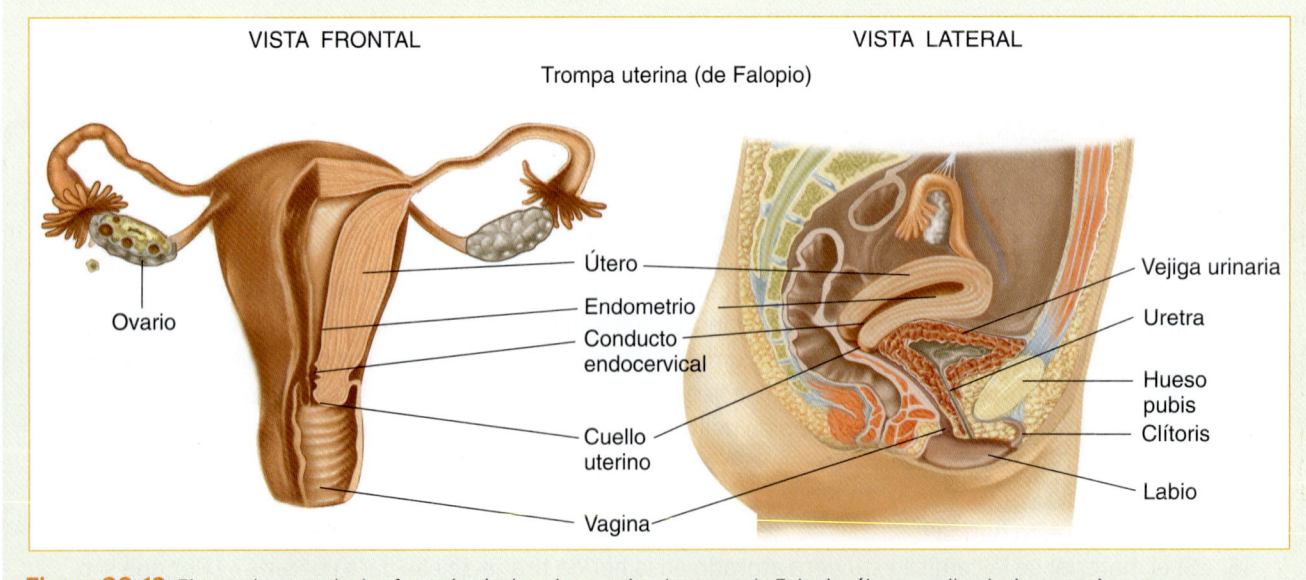

Figura 28-13 El aparato reproductor femenino incluye los ovarios, trompas de Falopio, útero, cuello uterino y vagina.

por un golpe directo o una "tacleada" en futbol americano Figura 28-14 ▼). Sospeche lesión del riñón si el paciente tiene una historia o evidencia física de cualquiera de las siguientes situaciones:

- Una abrasión, laceración o contusión en el flanco
- Una herida penetrante en la región de la caja costal baja (el flanco) o el abdomen superior
- Fracturas en cualquiera de los lados de la caja costal baja o en las vértebras torácicas inferiores o lumbares superiores
- Un hematoma en la región del flanco

La lesión del riñón puede no ser obvia en la inspección del paciente. Puede ver, o no, contusiones o laceraciones en la piel que lo cubre. Sin embargo, verá signos de choque si la lesión se asocia con una pérdida significativa de sangre. Como una de las funciones del riñón es la formación de orina, otro signo de lesión del riñón es sangre en la orina, llamada <u>hematuria</u>.

Trate el estado de choque y lesiones asociadas en la forma apropiada. Proporcione un transporte oportuno al hospital, vigilando cuidadosamente los signos vitales del paciente en ruta.

Lesiones de la vejiga urinaria

Las lesiones de la vejiga urinaria, ya sean contusas o penetrantes, pueden causar su ruptura. Cuando esto sucede, la orina se derrama en los tejidos circundantes y es probable que cualquier orina que pase a través de la uretra sea sanguinolenta. Las lesiones contusas del abdomen inferior, o de la pelvis, con frecuencia causan estallamiento de la vejiga urinaria, en particular cuando la vejiga está llena y distendida. A menudo, fragmentos de hueso afilados de una fractura de la pelvis perforan la vejiga urinaria Figura 28-15 ▶). Las heridas penetrantes de la parte media del abdomen inferior, o el peritoneo (el piso pélvico y estructuras asociadas que ocupan la salida de la pelvis) pueden implicar directamente la vejiga urinaria. En el hombre, la desaceleración súbita de un vehículo motor o un choque de motocicleta pueden literalmente desprender la vejiga urinaria de la uretra.

Sospeche una posible lesión de la vejiga urinaria si ve sangre en la abertura uretral o si hay signos físicos de traumatismo en el abdomen inferior, pelvis o perineo. Puede haber sangre en la punta del pene o tinción en la ropa interior el paciente.

La presencia de lesiones asociadas, o del estado de choque, dictará la urgencia del transporte. En la mayor parte de los casos proporcione un pronto transporte y vigile los signos vitales del paciente en ruta.

Lesiones de los órganos genitales masculinos externos

Las lesiones de los órganos genitales masculinos externos incluyen todos los tipos de lesiones de los tejidos blandos. Aunque estas lesiones son uniformemente dolorosas, y en general motivo de gran preocupación para el paciente, raramente ponen en peligro la vida. Si encuentra a un paciente con una avulsión (arrancamiento) de la piel del pene, envuelva éste con un apósito blando estéril, humedecido con solución salina estéril, y transporte al paciente prontamente. Use presión directa para controlar cualquier sangrado. Debe tratar de salvar y preservar la piel arrancada, pero no demore el tratamiento ni el transporte por más de unos cuantos minutos por hacerlo.

El tratamiento de la pérdida de sangre es su más alta prioridad en la amputación en el cuerpo de pene, ya sea parcial o completa. Debe usar presión local con un apósito estéril en el muñón restante. Nunca aplique un dispositivo constrictor en el pene para controlar hemorragia. La reconstrucción quirúrgica de un pene, aun completamente amputado, es posible si puede localizar la parte amputada. Envuélvala en un apósito estéril húmedo, colóquela en una bolsa de plástico y transpórtela en un contenedor enfriado, sin permitir que entre en contacto directo con hielo.

Si el tejido conectivo que rodea al tejido eréctil en el pene está intensamente lesionado, el cuerpo del pene se puede fracturar o angular fuertemente requiriendo, a veces, reparación quirúrgica. La lesión puede producirse durante un acto sexual particularmente activo. Se asocia con dolor intenso, hemorragia en los tejidos y temor. Proporcione un rápido transporte a la sala de urgencias.

La laceración accidental de la piel, cerca de la cabeza del pene, suele ocurrir cuando el pene está erecto y se

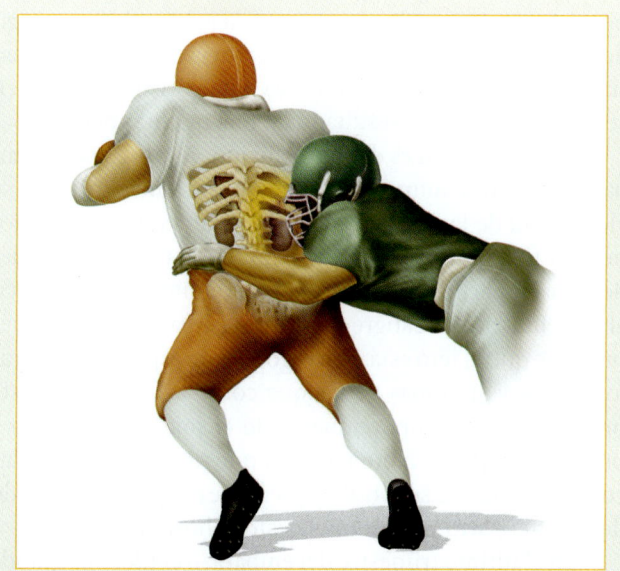

Figura 28-14 Una "tacleada" en futbol americano, que da por resultado un traumatismo contuso en la caja costal inferior o en el flanco puede causar una lesión del riñón.

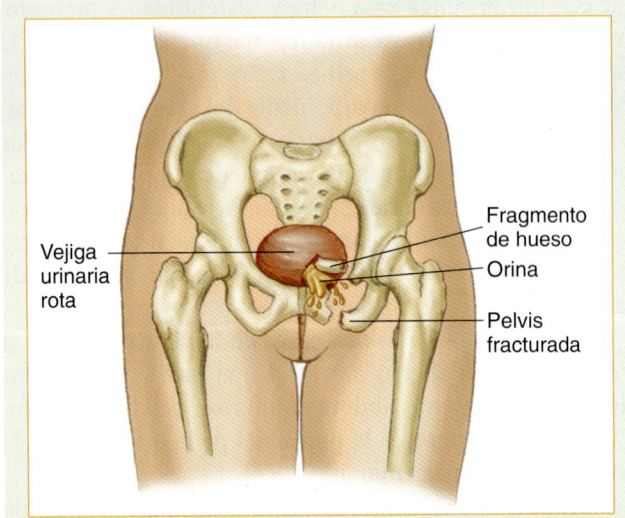

Figura 28-15 La fractura de la pelvis puede causar una laceración de la vejiga urinaria por los fragmentos de hueso. La orina escapa entonces a la pelvis.

asocia con hemorragia intensa. La presión local con un apósito estéril suele ser suficiente para detener el sangrado.

Es frecuente que la piel del cuerpo del pene o el prepucio se atrape en la cremallera del pantalón. Si está implicado un pequeño segmento de la cremallera (uno o dos dientes), puede intentar destrabar los pantalones, pero si está incluido un segmento mayor, o el paciente está agitado, use tijeras fuertes para cortar la cremallera, separándola de los pantalones para hacer que el paciente esté más cómodo durante el transporte. Asegúrese de explicar para qué va a usar las tijeras antes de empezar a cortar. Sea en particular cuidadoso para no causar una lesión en el escroto al separar la cremallera del pene.

Las lesiones uretrales del hombre no son excepcionales. Pueden producirse laceraciones de la uretra como resultado de lesiones al montar, fracturas pélvicas o heridas penetrantes del perineo. Estas lesiones pueden sangrar de manera considerable, aunque es posible que la hemorragia no sea evidente externamente. La presión directa con un apósito estéril seco suele controlar cualquier hemorragia externa. Como la uretra es el conducto de la orina, es muy importante saber si el paciente puede orinar y si hay hematuria presente. Por esta razón, debe preservar cualquier orina formada para examen ulterior en el hospital. Cualesquier cuerpos extraños que hayan hecho protrusión de la uretra deben ser retirados en un ambiente quirúrgico.

La avulsión de la piel del escroto puede dañar el contenido escrotal. De ser posible, preserve la piel arrancada en un apósito estéril húmedo, para posible uso en reconstrucción. Envuelva el contenido del escroto, o el área perineal, con una compresa húmeda estéril y use un apósito compresivo local para controlar la hemorragia. Transporte a este paciente oportunamente al departamento de urgencias.

Los golpes directos al escroto pueden causar ruptura de un testículo o acumulación significativa de sangre alrededor de los testículos. En cualquiera de los casos, debe aplicar una bolsa de hielo al área escrotal durante el transporte del paciente.

Unas cuantas reglas aplican al tratamiento de las lesiones que afectan a los órganos genitales masculinos externos.

- Estas lesiones son muy dolorosas. Haga que el paciente esté tan cómodo como sea posible.
- Use compresas húmedas estériles para cubrir áreas de las cuales se haya desprendido piel.
- Aplique presión directa con apósitos de gasa estériles y secos para controlar la hemorragia.
- Nunca mueva ni manipule instrumentos o cuerpos extraños impactados en la uretra.
- De ser posible, identifique y lleve siempre al hospital partes avulsadas con el paciente.

Recuerde, éstas son lesiones que raramente ponen en peligro la vida y no deben recibir prioridad sobre otras heridas más graves.

Lesiones de los órganos genitales femeninos

Órganos genitales femeninos internos

El útero, los ovarios y las trompas de Falopio están sujetos a los mismos tipos de lesiones que cualquier otro órgano interno. Sin embargo, raramente son lesionados porque son pequeños, están profundamente en la pelvis y bien protegidos por los huesos pélvicos. A diferencia de la vejiga urinaria, que está junto a la pelvis ósea, éstos órganos no suelen ser lesionados como resultado de una fractura pélvica.

Una excepción es el útero grávido. Al progresar el embarazo, el útero aumenta de tamaño sustancialmente y se eleva fuera de la pelvis, volviéndose vulnerable a las lesiones, tanto contusas como penetrantes. Estas lesiones pueden ser en particular graves, porque el útero tiene un rico abastecimiento de sangre durante el embarazo. Debe tener presente que el feto está en riesgo. Puede esperar encontrar los signos y síntomas de choque con estas pacientes; esté preparado para proporcionar todo el soporte necesario y pronto transporte. Note también que pueden empezar las contracciones. De ser posible, pregunte a la paciente cuándo debe ser el parto y comunique esto al hospital.

En el último trimestre del embarazo el útero es grande y puede obstruir la vena cava, disminuyendo la cantidad de sangre que retorna al corazón cuando la paciente está en posición supina (síndrome hipotensivo supino); como resultado puede disminuir la tensión arterial. La paciente debe ser cuidadosamente colocada del lado izquierdo, en forma tal que el útero no descanse sobre la vena cava. Si la paciente está fija a la tabla espinal larga, inclínela a la izquierda.

Órganos genitales femeninos externos

Los órganos genitales femeninos externos incluyen la vulva, el clítoris y los labios mayores y menores. Las lesiones de los órganos genitales femeninos externos pueden incluir todo tipo de lesiones de los tejidos blandos. Como estas partes genitales tienen una rica innervación, las lesiones son muy dolorosas. Las laceraciones, abrasiones y avulsiones deben tratarse con compresas estériles húmedas. Use presión local para controlar hemorragia y un vendaje, tipo pañal, para mantener a los apósitos en el sitio. Bajo ninguna circunstancia debe taponar o colocar apósitos en el interior de la vagina. Deje en el sitio cualquier cuerpo extraño después de estabilizarlo con vendajes.

En general, aunque estas lesiones son dolorosas, no son una amenaza para la vida. La hemorragia puede ser intensa, pero suele ser controlada con compresión local. Las contusiones y otras lesiones contusas requieren, todas, evaluación cuidadosa en el hospital. Sin embargo, la urgencia de la necesidad de transporte será determinada por lesiones asociadas, la cantidad de hemorragia y la presencia de choque.

Hemorragia rectal

La hemorragia rectal es una molestia común, algo que escucha como una molestia principal y secundaria a trastornos abdominales o pélvicos. La hemorragia del recto puede presentarse como sangre en la ropa interior, o empapándola, o en pacientes que se quejan de sangre que pasa al excusado, asociada con movimientos intestinales, o sus intentos. La hemorragia rectal puede ser causada por asalto sexual, hemorroides, colitis o úlceras de las vías digestivas. Puede producirse una hemorragia rectal significativa después de la cirugía de hemorroides, puede llevar a una cantidad grande de pérdida de sangre y estado de choque. La hemorragia rectal aguda nunca debe considerarse como algo menor. Tapone la hendidura entre los glúteos con compresas y consulte con la dirección médica para determinar la necesidad de transporte.

Asalto sexual

El asalto sexual, o violación, es demasiado común. Aunque en su mayoría las víctimas son mujeres, también hombres y niños son víctimas. Con frecuencia, es poco lo que puede hacer, más allá de mostrarse compasivo y proporcionar transportación al departamento de urgencias. En algunas ocasiones, estas pacientes habrán sufrido traumatismos multisistémicos y también necesitarán tratamiento de choque.

Situación de urgencia — Parte 4

Humedece un apósito estéril con solución salina y cubre los órganos y la herida con él. Su compañero le pasa una manta térmica de aluminio del juego OB y usted usa material de tipo de hoja de aluminio para cubrir y fijar con cinta adhesiva el apósito estéril para mantener el intestino caliente. Junto con su compañero, coloca al paciente sobre una camilla rígida larga, lo cubre con una cobija y eleva el extremo del pie de la camilla aproximadamente 30 cm para tratar el estado de choque. La unidad de SVA está a menos de tres minutos de su localización, por lo que decide esperar por su arribo. Mientras tanto, comienza a tomar un historial SAMPLE del paciente y confirma que no tiene alergias, no toma medicamento alguno, no tiene una historia médica previa y la última comida fue hace aproximadamente tres horas. El paciente le dice que tuvo una "sensación de cortadura" y luego vio que estaba sangrando. Sujetó la herida y la evisceración con sus manos hasta que usted llegó. Los signos vitales del paciente son: un pulso de 120 latidos/min, respiraciones de 22/min y una tensión arterial de 120/80 mm Hg. Contacta la unidad de SVA y da al paramédico un informe sobre su evaluación y tratamiento. En un minuto llega la unidad de SVA a la escena y asume el tratamiento del paciente, mientras lo felicita por un trabajo bien hecho.

7. ¿Si la unidad de SVA estuviera más lejos, transportaría al paciente o permanecería en la escena?
8. ¿Qué haría con su paciente durante el transporte?

No examine los órganos sexuales de una víctima de asalto sexual a menos que una hemorragia obvia requiera que aplique un apósito. Aconseje a la víctima no lavarse, ducharse, orinar o defecar hasta que un médico la haya examinado, lo cual ayudará a preservar cualquier evidencia de crimen. Si se ha producido penetración bucal, aconséjela no comer, beber, lavarse los dientes o usar un enjuague bucal antes de que haya sido examinada.

Trate las otras lesiones de acuerdo con los procedimientos apropiados y protocolos de su SMU. Observe las precauciones de ASC. Tome la historia de la víctima, realice un examen físico limitado y proporcione tratamiento tan rápida, quieta y calmadamente como sea posible. Tenga cuidado en proteger a la víctima de observadores curiosos.

La víctima puede rehusar tratamiento o transporte, frecuentemente porque desea mantener su intimidad y, así, evitar la exposición pública. Para adultos, éste es un derecho de paciente. En estos casos debe seguir la política o el procedimiento de tratamiento del rechazo de su sistema para víctimas de asalto sexual, sin juzgar o condescender con la víctima. Su compasión es el mejor instrumento para lograr su confianza y obtener ayuda adicional.

Ofrezca llamar al centro local de crisis de violaciones, el cual hará que un abogado se reúna con la víctima en el hospital y proporcionará soporte durante el examen de la violación.

Además de los principios usuales de tratamiento que aplican a todas las víctimas de traumatismos, debe seguir estos pasos especiales con pacientes que han sufrido un asalto sexual:

1. Como deberá aparecer en el tribunal dos y tres años después, debe documentar, en detalle, la historia, evaluación, tratamiento y respuesta al tratamiento de la víctima. No especule. Registre sólo los hechos. Escriba, entre signos de interrogación, cualquier declaración hecha por la víctima sobre la molestia principal o en respuesta a cualquier pregunta sobre lo que sucedió.
2. Haga del mantenimiento de la vía aérea una prioridad mayor.
3. Complete el historial SAMPLE de manera objetiva, sin hacer juicios.
4. Siga cualquier política de escena del crimen establecida por su sistema para proteger la escena y cualquier evidencia potencial para la policía, en particular la de colección de evidencia. Si la víctima tolerara ser envuelta en una sábana para quemaduras estéril, esto puede ayudar a los investigadores a encontrar pelos, líquido o fibras del supuesto agresor.
5. No examine los órganos genitales a menos que haya una hemorragia mayor. Si se ha insertado un objeto en la vagina o el recto, no intente retirarlo.
6. Para reducir la ansiedad de la víctima, procure que el TUM-B sea del mismo sexo, siempre que sea posible.
7. Opóngase a que la víctima se bañe, orine o defeque, o lave cualquier herida, hasta que el personal del hospital haya completado su evaluación. Manipule la ropa de la víctima tan poco como sea posible, colocando artículos y cualquier otra evidencia en bolsas de papel. No use bolsas de plástico. Si la víctima femenina insiste en orinar, haga que use un contenedor de orina estéril (si está disponible). Además, haga que deposite su papel sanitario en una bolsa de papel. Selle y marque la bolsa para la policía. Ésta puede ser evidencia crítica.

Recuerde que las víctimas de asalto sexual, sean hombres o mujeres, necesitan asistencia médica. En estos casos debe tratar las lesiones médicas, pero también proporcionar un ambiente de privacidad, discreción, soporte psicológico y tranquilidad.

Situación de urgencia — Resumen

Las lesiones abdominales pueden ser abiertas o cerradas y son peligrosas para el paciente, porque puede perderse una cantidad de sangre al interior del abdomen que pone en peligro la vida. Cuando evalúe el abdomen busque contusiones y heridas abiertas (incluyendo cualquier posible herida de salida) y palpe buscando rigidez, hipersensibilidad y quejas de dolor. Los objetos impactados nunca se retiran y deben fijarse en el sitio. Las evisceraciones se cubren con un apósito estéril húmedo (o apósito oclusivo, dependiendo de su protocolo local) y luego, si es posible, con algún tipo de material que retenga el calor. Acérquese a los pacientes con lesiones abdominales con un alto índice de sospecha, reevalúe constantemente la condición de su paciente y los signos vitales. Finalmente, a menos que SVA esté cerca de la escena, transporte de inmediato a su paciente y permita que SVA lo intercepte, si puede hacerlo antes de llegar al hospital.

Evaluación y cuidados de urgencia

Lesiones del abdomen y órganos genitales

Evaluación de la escena	Las precauciones de aislamiento de sustancias corporales deben incluir como mínimo guantes y protección de los ojos. Confirme la seguridad de la escena y determine NE/ML. Considere el número de pacientes, la necesidad de ayuda/SVA adicional y estabilización de la columna cervical.
Evaluación inicial	
■ Impresión general	Determine el estado de conciencia y trate cualquier amenaza para la vida. Establezca la prioridad del cuidado basado en el ambiente y la molestia principal del paciente.
■ Vía aérea	Asegure una vía aérea permeable.
■ Respiración	Ausculte por posibles ruidos respiratorios anormales y evalúe la profundidad y frecuencia de las respiraciones. Busque una elevación y descenso simétricos del pecho. Mantenga las ventilaciones como se necesite. Administre oxígeno en flujo alto a 15 L/min e inspeccione el tórax evaluando para DCAP-BLS.
■ Circulación	Evalúe la frecuencia y calidad del pulso, observe color, temperatura y condición de la piel, trate de acuerdo con su estado.
■ Decisión de transporte	Transporte pronto.
Historial y examen físico enfocados	NOTA: El orden de los pasos en la historia y examen físico enfocados difiere dependiendo de que el paciente tenga, o no, un ML significativo. El orden siguiente es de un paciente con un ML significativo. En un paciente sin un ML significativo, practique una evaluación enfocada del traumatismo, tome sus signos vitales y obtenga la historia.
■ Evaluación rápida de traumatismo	Reevalúe el mecanismo de la lesión. Efectúe una evaluación rápida del traumatismo, tratando de inmediato todas las amenazas para la vida. Vire como un tronco y fije al paciente en la camilla espinal larga, en todos aquellos con sospecha de lesión vertebral.
■ Signos vitales iniciales	Tome los signos vitales notando el color y la temperatura de la piel, así como el nivel de conciencia del paciente. Use oximetría del pulso, si está disponible.
■ Historial SAMPLE	Obtenga un historial SAMPLE. Si el paciente es no responsivo, intente obtener información de miembros de la familia, amigos o espectadores.
■ Intervenciones	Proporcione inmovilización vertebral completa tempranamente, si sospecha que su paciente tiene lesiones vertebrales. Mantenga una vía aérea abierta y aspire, según se requiera. Si hay una evisceración presente coloque un apósito estéril húmedo sobre la herida y vendaje. Cubra las heridas hemorrágicas de los órganos genitales con un apósito húmedo. Trate los signos de choque y cualquier otra amenaza para la vida.
Examen físico detallado	Complete un examen físico detallado.
Evaluación continua	Repita la evaluación inicial, evaluación rápida/enfocada y reevalúe las intervenciones practicadas. Reevalúe los signos vitales cada cinco minutos en el paciente inestable y cada 15 minutos en el paciente estable.
■ Comunicación y documentación	Contacte dirección médica para un informe por radio. Notifique cualquier cambio en el nivel de conciencia o dificultad respiratoria. Describa el ML y cualquier intervención que realizó. Asegúrese de documentar cualquier orden del médico o cambios en la condición del paciente y a qué hora sucedieron.

NOTA: Aunque los pasos siguientes son ampliamente aceptados, asegúrese de consultar y seguir su protocolo local.

Lesiones del riñón y vejiga urinaria

1. Trate como en choque temprana y enérgicamente.
2. Coloque el paciente en posición cómoda, a menos que se sospeche lesión vertebral.
3. Proporcione un pronto transporte.
4. Vigile los signos vitales en ruta.

Lesiones de los órganos genitales masculinos

Avulsión
1. Envuelva el pene en un apósito estéril humedecido con solución salina estéril.
2. Use presión directa para controlar la hemorragia.
3. Trate de salvar y preservar la piel avulsada, pero no demore el transporte por más de unos cuantos minutos por hacerlo.

Amputación
1. Trate la pérdida de sangre usando presión local con un apósito estéril en el muñón restante.
2. Envuelva la parte amputada en un apósito estéril húmedo, colóquela en una bolsa de plástico, transpórtela en un recipiente enfriado sin permitir que entre en contacto con hielo.

Pene fracturado o intensamente angulado
1. Proporcionar un pronto transporte.

Cabeza del pene lacerada
1. Detenga la hemorragia con un apósito estéril y presión local.

Pene atrapado en una cremallera
1. Intente separar la cremallera.
2. Si no puede separar la cremallera, explique al paciente que va a cortar y separar la cremallera del pantalón, para aliviar la presión.

Lesiones uretrales
1. Preserve cualquier orina producida para examen.

Avulsión de la piel del escroto
1. Preserve la piel avulsada en un apósito estéril y húmedo.
2. Envuelva el contenido escrotal, o el área perineal, con un apósito húmedo estéril para controlar la hemorragia.

Rotura del testículo o acumulación significativa de sangre alrededor de los testículos
1. Aplique una bolsa de hielo en el área escrotal.

Lesiones de los órganos genitales femeninos
1. Trate con una compresa estéril húmeda.
2. Aplique presión local para controlar la hemorragia y un vendaje tipo pañal para mantener los apósitos en el lugar.

Lesiones de los órganos genitales femeninos, embarazo
1. Coloque cuidadosamente a la paciente en su lado izquierdo.
2. Si la paciente está en la camilla rígida, inclínela a la izquierda.

Hemorragia rectal
1. Taponee la hendidura entre las nalgas con compresas y consulte dirección médica para determinar la necesidad de transporte.

Asalto sexual

1. Documente la historia, evaluación, tratamiento y respuesta al tratamiento del paciente en detalle.
2. Haga una prioridad mayor del mantenimiento de la vía aérea.
3. Complete la historia SAMPLE de manera objetiva, sin hacer juicios.
4. Si la víctima tolera ser envuelta en una sábana para quemaduras estéril, esto puede ayudar a los investigadores a encontrar pelos, líquido o fibras del supuesto agresor.
5. No examine los órganos genitales a menos que haya una hemorragia mayor. Si se ha insertado algún objeto en la vagina o en el recto, no intente retirarlo.
6. Procure que el TUM-B sea del mismo sexo que la víctima, siempre que sea posible.
7. Desaliente a la víctima de bañarse, orinar o defecar, o lavar cualquier herida, hasta que el personal del hospital haya completado su evaluación. Manipule la ropa de la víctima tan poco como sea posible, colocando artículos y otra evidencia en bolsas de papel. No use bolsas de plástico. Si la víctima femenina insiste en orinar, haga que use un contenedor urinario estéril (si es disponible). Además, haga que deposite el papel sanitario en una bolsa de papel. Selle y marque la bolsa. Ésta puede ser evidencia importante.

Resumen

Listo para repaso

- Las lesiones abdominales se categorizan en abiertas (traumatismo penetrante) o cerradas (traumatismo contuso).
- Cualquiera de los tipos de lesión puede dañar órganos huecos o sólidos del abdomen y causar una hemorragia significativa que ponga en peligro la vida.
- El traumatismo por una fuerza contusa que causa lesiones cerradas es el resultado de un objeto que golpea el cuerpo sin romper la piel, como ser golpeado con un bate de béisbol o cuando el cuerpo del paciente golpea el volante durante un choque de vehículo automotor.
- El traumatismo penetrante es frecuentemente de una herida por arma de fuego o un cuchillo. Otros mecanismos de la lesión, como una caída sobre un objeto, pueden causar traumatismo penetrante del abdomen.
- La lesión de los órganos internos sólidos con frecuencia causa hemorragia significativa, no vista, que puede poner en peligro la vida.
- La lesión de los órganos huecos del abdomen causa irritación e inflamación del peritoneo cuando jugos digestivos cáusticos escapan a él. También puede ocurrir una infección grave en el transcurso de varias horas.
- Mantenga siempre un alto índice de sospecha de lesiones intraabdominales graves en el paciente traumatizado, en particular en aquel que muestra signos de choque.
- Examine el abdomen buscando signos de magulladuras, rigidez, heridas penetrantes y quejas de dolor.
- Nunca retire un objeto impactado de la región abdominal. Fíjelo en el sitio con un apósito abultado grande y proporcione un rápido transporte.
- Esté preparado para tratar al paciente como en choque. Coloque al paciente en posición de choque, manténgalo caliente y proporcione oxígeno en flujo alto.
- Nunca remplace un órgano que hace protrusión de una herida abierta del abdomen (evisceración). En su lugar, mantenga el órgano húmedo y caliente. Cubra el sitio de la lesión con un apósito voluminoso grande, húmedo y estéril.
- Las lesiones de los riñones pueden ser difíciles de detectar debido a la región bien protegida del cuerpo donde están situados. Esté alerta de magulladuras o hematoma en la región del flanco.
- La lesión de los órganos genitales masculinos y femeninos son muy dolorosas, pero usualmente no ponen en peligro la vida.
- En el caso de asalto sexual, violación, trate como en choque, si es necesario, y registre todos los hechos en detalle. Siga cualquier política sobre escena de crimen establecida por su sistema para proteger la escena y cualquier evidencia potencial. Advierta a la víctima que no debe lavarse, ducharse u orinar o defecar hasta que el médico la haya examinado.

Vocabulario vital

cavidad peritoneal Cavidad abdominal.

evisceración Desplazamiento de órganos fuera del cuerpo.

flanco Región de la caja torácica inferior.

hematuria Presencia de sangre en la orina.

lesiones abdominales abiertas Lesiones del abdomen causadas por un instrumento o fuerza penetrante, o perforante, en las cuales la piel está lacerada o perforada y la cavidad está abierta a la atmósfera; llamadas también lesiones penetrantes.

lesiones abdominales cerradas Lesiones del abdomen causadas por un instrumento o fuerza no penetrante, en las cuales la piel permanece intacta; también se llaman lesiones abdominales contusas.

órganos huecos Estructuras como el estómago, intestino delgado, intestino grueso, uréteres y vejiga urinaria a través de las cuales pasan materiales.

órganos sólidos Masas sólidas de tejido, en las cuales se realiza gran parte del trabajo químico del cuerpo. Como el hígado, bazo o riñón.

peritonitis Inflamación del peritoneo.

protección abdominal Contracción de los músculos del estómago para minimizar el dolor del movimiento abdominal; un signo de peritonitis.

síndrome hipotensivo supino Descenso de la tensión arterial causado cuando el útero pesado de una paciente supina, en el tercer trimestre del embarazo, obstruye la vena cava, disminuyendo el retorno de sangre al corazón.

Autoevaluación

Usted es despachado a la prisión del estado para una urgencia médica desconocida. Su delegación con frecuencia responde a este servicio, a menudo con poca información sobre la naturaleza de la llamada. En la escena, un oficial correccional le dice que no está seguro de lo que sucedió, pero se comunicó que el paciente ha estado orinando sangre en las últimas horas.

El paciente está en el área de cuidados de urgencias del servicio. Está acostado en una camilla y un tanto confuso. Le dice que se cayó de un piso de escaleras y ahora le duele la espalda. Le pide que se baje la parte superior de su camisa para ver su espalda, donde ve múltiples contusiones y equimosis grandes. Sus signos vitales incluyen una tensión arterial de 98/60 mm Hg, un pulso radial de 130 latidos/min y filiforme, y respiraciones de 36/min.

1. En este escenario, ¿qué significa la hematuria?

   A. Traumatismo del hígado
   B. Traumatismo de la vejiga urinaria
   C. Traumatismo del riñón
   D. Traumatismo de los órganos genitales

2. Los riñones están localizados en la:

   A. cavidad retroperitoneal.
   B. cavidad peritoneal.
   C. cavidad abdominal.
   D. nada de lo anterior.

3. Las lesiones abdominales se categorizan por ser:

   A. abiertas o cerradas.
   B. penetrantes o contusas.
   C. tanto A como B.
   D. ni A ni B.

4. La lesión a los órganos internos sólidos frecuentemente causa:

   A. hemorragia significativa.
   B. hemorragia no visible.
   C. hemorragia que pone en peligro la vida.
   D. todo lo anterior.

5. La lesión a los órganos abdominales huecos puede causar irritación e inflamación del recubrimiento abdominal. Este trastorno se conoce como:

   A. sepsis.
   B. colecistitis.
   C. peritonitis.
   D. intestino eviscerado.

6. Los primeros signos asociados con la respuesta de la pregunta 5 incluye:

   A. dolor abdominal.
   B. hipersensibilidad.
   C. espasmo muscular.
   D. todo lo anterior.

Preguntas desafiantes

7. ¿Qué partes de la historia del paciente en el escenario no parecen verdaderas? ¿Es esto importante?
8. ¿Por qué un abdomen distendido es un hallazgo significativo en presencia de lesiones abdominales?
9. ¿Los cinturones de seguridad y las bolsas de aire causan a veces lesiones significativas?
10. ¿Por qué es importante conocer la anatomía y los puntos de referencia abdominales para los cuidados de su paciente?

Qué evaluar

Es enviado al número 1212 de la avenida Industrial a asistir a una mujer con dolores de trabajo de parto. En camino a la llamada, el radio operador le informa que esta paciente no habla el idioma local y hubo inicialmente algunas dificultades de comunicación. Los oficiales de policía llegaron primero a la escena y encontraron a una mujer joven embarazada, que parecía estar con algún tipo de malestar. Al llegar, ve a una mujer estadounidense sujetándose el abdomen y llorando. Un traductor en la escena le dice que fue pateada en el estómago por su esposo, quien inmediatamente huyó del área. La paciente comunica ahora retortijones, goteo de sangre y dolor abdominal. Tiene 30 semanas de embarazo y es madre de otro hijo.

¿Cómo debe ser transportada esta paciente? ¿Qué impacto pueden tener las barreras de comunicación en los cuidados de su paciente?

Temas: Traumatismo abdominal en la paciente embarazada; Comunicación con barreras de lenguaje; Consideraciones en el transporte de mujeres embarazadas.

Cuidado musculoesquelético

Objetivos

Cognitivos

5-3.1 Describir la función del sistema muscular. (p. 820)
5-3.2 Explicar la función del sistema esquelético. (p. 821)
5-3.3 Listar los huesos, o grupos de huesos, principales de la columna vertebral, el tórax, las extremidades superiores y las extremidades inferiores. (p. 822)
5-3.4 Diferenciar entre una extremidad (fractura) expuesta y una cerrada dolorosa, edematizada, deformada. (p. 824)
5-3.5 Mencionar las razones para la ferulación (ferulización). (p. 836)
5-3.6 Listar las reglas generales de la ferulación. (p. 836)
5-3.7 Listar las complicaciones de la ferulación. (p. 846)
5-3.8 Listar los cuidados médicos de urgencias de un paciente con una extremidad (fractura) edematizada, dolorosa, deformada. (p. 836)

Afectivos

5-3.9 Explicar el fundamento de la ferulación en la escena comparado con cargar y partir. (p. 830)
5-3.10 Exponer el fundamento de la inmovilización de una extremidad (fractura) dolorosa, edematizada, deformada. (p. 836)

Psicomotores

5-4.33 Demostrar los cuidados médicos de urgencias de un paciente con una extremidad (fractura) dolorosa, edematizada, deformada. (p. 836)
5-3.12 Comprobar cómo completar un informe de cuidados prehospitalarios (FRAP) de pacientes con lesiones musculoesqueléticas. (p. 838)

29

Cuidado musculoesquelético

Situación de urgencia

Usted y su compañero TUM-B son despachados a una sala de patinaje local a una lesión por una caída. En el camino discute con su compañero cómo el aumento en los deportes de aventura de alto riesgo, como el patinaje extremo, la exhibición o competencia en bicicleta y patinaje sobre hielo han causado un incremento en estos tipos de lesiones.

1. ¿Cuál es la diferencia en el cuidado prehospitalario entre una fractura y una dislocación?
2. ¿Por qué una fractura expuesta es más complicada de tratar que una fractura cerrada?

Cuidado musculoesquelético

El cuerpo humano es un sistema bien diseñado, en el cual la forma, posición erecta y movimiento son proporcionados por el aparato musculoesquelético, que también protege los órganos vitales del organismo. Como su forma combinada lo sugiere, el término "musculoesquelético" se refiere a los huesos y músculos voluntarios del cuerpo. Sin embargo, los propios huesos y músculos son susceptibles a fuerzas externas, que pueden causar lesiones. También están en riesgo los tendones que son prolongaciones de los músculos que se fijan a los huesos, y éstos a su vez están unidos con otro hueso por medio de ligamentos (articulaciones).

Como TUM-B debe estar familiarizado con la anatomía básica del aparato musculoesquelético. Aunque los músculos son técnicamente tejidos blandos, se exponen en este capítulo por su estrecha relación con el esqueleto. Por tanto, este capítulo comienza con un repaso de la anatomía musculoesquelética. Se identifican en general varios tipos y causas de lesiones musculoesqueléticas, se explica la evaluación y proceso de tratamiento de cada una de ellas, seguido por una exposición detallada sobre el enferulamiento (ferulización). El capítulo se enfoca luego en lesiones musculoesqueléticas específicas, comenzando en la clavícula y terminando en los pies.

Anatomía y fisiología del aparato musculoesquelético

Músculos

El sistema muscular incluye tres tipos de músculos: esquelético, liso y cardiaco (Figura 29-1). El **músculo esquelético**, llamado también músculo estriado por sus franjas características, se fija a los huesos y, usualmente, cruza cuando menos una articulación, formando la masa muscular mayor del cuerpo. Este tipo de músculo también se llama voluntario (estriado) porque está bajo control voluntario directo del encéfalo, respondiendo a las órdenes para mover partes específicas el cuerpo. Comúnmente, el movimiento es el resultado de que varios músculos se contraigan y relajen de manera simultánea. El músculo esquelético es el componente del sistema muscular que está incluido en el aparato musculoesquelético general. El músculo cardiaco contribuye al aparato cardiovascular y el músculo liso es un componente de muchos otros sistemas corporales, incluyendo el aparato digestivo y el aparato cardiovascular.

Todos los músculos esqueléticos están abastecidos con arterias, venas y nervios. La sangre de las arterias lleva oxígeno y nutrientes a los músculos (Figura 29-2). Los productos de desecho, que incluyen al dióxido de carbono y al ácido láctico, son acarreados por las venas. Tanto las enfermedades como los traumatismos pueden causar pérdida en la innervación de los músculos lo cual, a su vez, puede conducir a debilidad y, finalmente, atrofia o una disminución en el tamaño del músculo y de su habilidad inherente para funcionar. El tejido del músculo esquelético está directamente fijado al hueso por estructuras fibrosas duras, como cuerdas, conocidas como **tendones**, que son extensiones de la fascia, o aponeurosis, que cubren a todos los músculos esqueléticos.

El músculo liso, llamado también músculo involuntario porque no está bajo control voluntario del encéfalo, realiza gran parte del trabajo automático del cuerpo. Este tipo de músculo se encuentra en las paredes de la mayor parte de las estructuras tubulares del organismo, como las vías gastrointestinales y los vasos sanguíneos. El músculo liso se contrae y se relaja para controlar el movimiento del contenido dentro de estas estructuras (Figura 29-3).

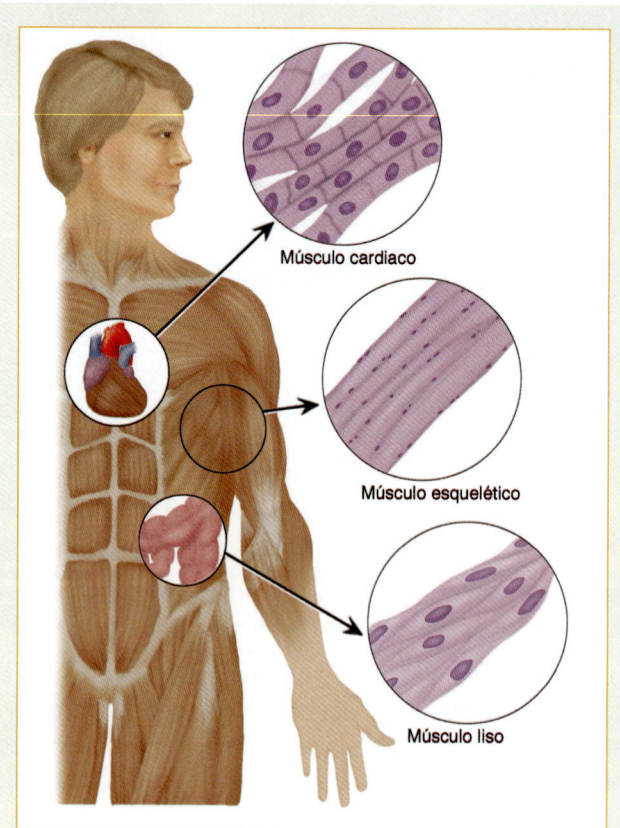

Figura 29-1 El tipo mayor de músculo preocupante en las lesiones musculoesqueléticas es el músculo esquelético, o voluntario.

El corazón ni se ve ni actúa como el músculo esquelético o el músculo liso. Está compuesto en gran parte por músculo cardiaco, un músculo involuntario, adaptado con su propio sistema regulador.

El resto de este capítulo se refiere exclusivamente al músculo esquelético

Esqueleto

El esqueleto, que da la forma humana reconocible, protege los órganos vitales internos y permite el movimiento; está constituido por aproximadamente 206 huesos (Figura 29-4). Los huesos en el esqueleto también producen células sanguíneas (en la médula ósea) y actúan como un importante reservorio de minerales y electrólitos.

El cráneo es una estructura sólida, como una bóveda, que rodea y protege al encéfalo. La caja torácica protege al corazón, los pulmones y los grandes vasos; las costillas inferiores protegen al hígado y al bazo. El conducto vertebral óseo encierra y da protección a la médula espinal. La extremidad superior se extiende desde los hombros hasta las puntas de los dedos, está compuesta por el brazo (húmero), codo, antebrazo (radio y cúbito), muñeca, mano y dedos. El brazo se extiende desde el hombro hasta el codo. La pelvis da soporte al peso corporal y protege las estructuras en su interior: vejiga urinaria, recto y órganos reproductores femeninos. La extremidad inferior consiste en el muslo (fémur), pierna (tibia y peroné) y pie. La articulación entre la pelvis y el muslo es la cadera; la articulación entre el muslo y la pierna es la rodilla, y la articulación entre la pierna y el pie es el tobillo.

Los huesos del esqueleto proporcionan un armazón al cual se fijan músculos y tendones. El hueso es un tejido vivo que contiene nervios y recibe oxígeno y nutrientes del sistema arterial. Por tanto, cuando se rompe un hueso, el paciente experimenta típicamente dolor intenso y hemorragia. La médula ósea, situada en el centro de cada hueso, está produciendo constantemente glóbulos rojos para proporcionar oxígeno y nutrición al cuerpo, y retirar desechos.

Una articulación se forma donde dos huesos entran en contacto. Por ejemplo, la articulación esternoclavicular, está donde se junta el esternón y la clavícula. Las articulaciones se mantienen unidas dentro de una estructura fibrosa dura, conocida como cápsula, que está soportada y reforzada, en ciertas áreas clave, por bandas de tejido fibroso llamadas ligamentos. En las articulaciones móviles, los extremos de los huesos están cubiertos por una capa delgada de cartílago conocida como cartílago articular. Este cartílago tiene una apariencia nacarada que permite que los extremos de los huesos se deslicen fácilmente. Las articulaciones están bañadas y lubricadas por líquido sinovial (articular).

Algunas articulaciones, como la del hombro, permiten que el movimiento se realice en forma circular. Otras, como la de la rodilla y el codo, actúan como bisagras. Otras más, incluyendo la articulación sacroilíaca, en la parte inferior de la espalda, y las articulaciones esternoclaviculares, permiten sólo un movimiento mínimo.

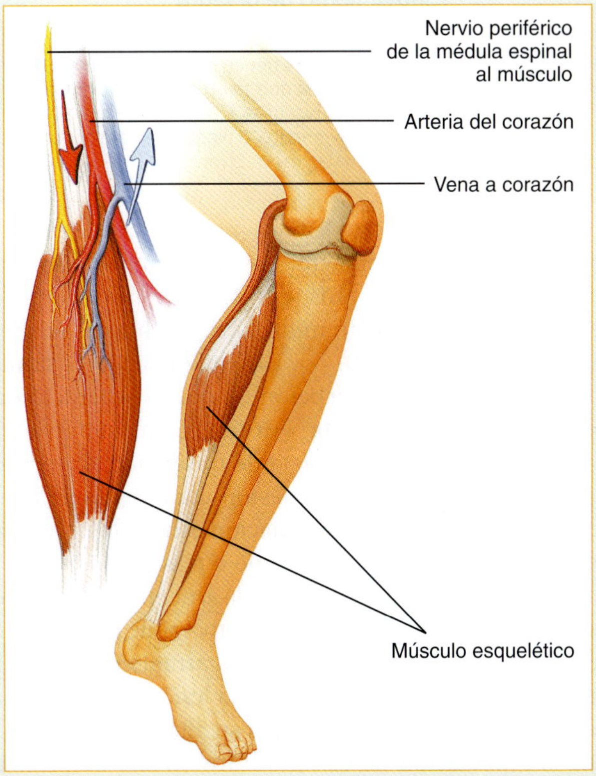

Figura 29-2 Los músculos esqueléticos son abastecidos con arterias, venas y nervios que llevan oxígeno y nutrientes, eliminan productos de desecho, y suplen estímulos nerviosos.

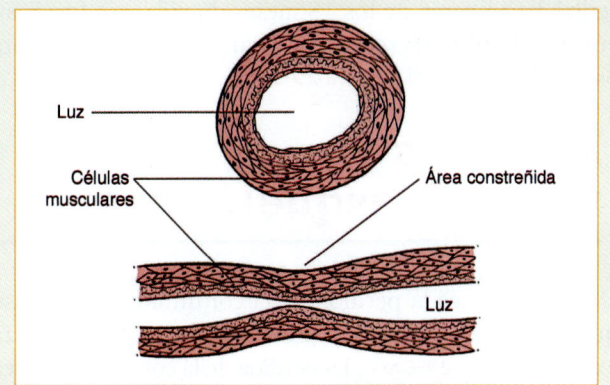

Figura 29-3 El músculo liso se encuentra en las paredes de la mayoría de las estructuras tubulares en el cuerpo. Estos músculos se contraen y relajan para controlar el movimiento de los contenidos dentro de estas estructuras.

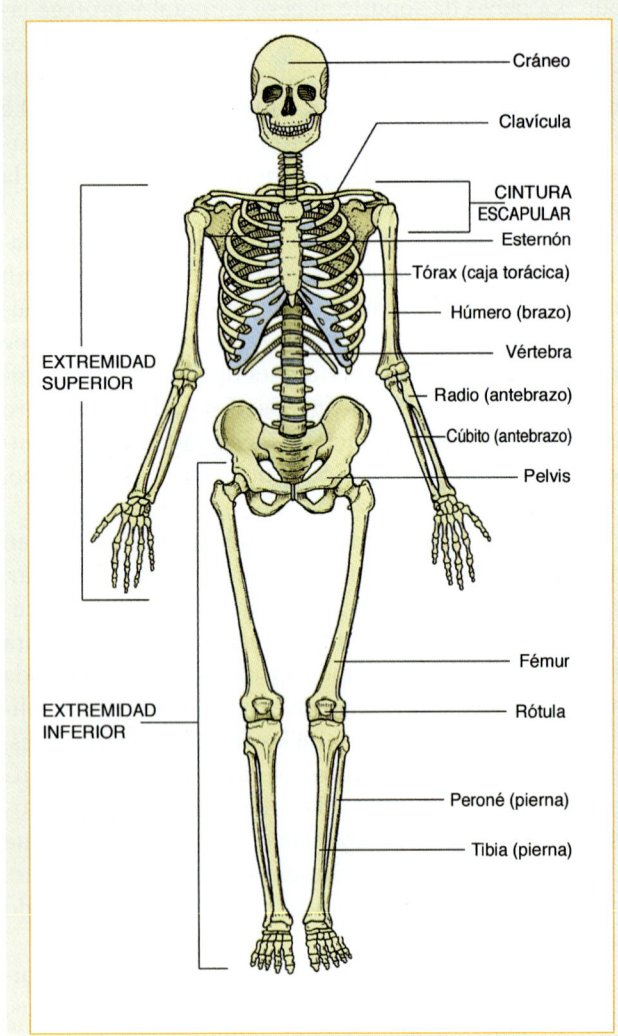

Figura 29-4 El esqueleto humano se compone de 206 huesos, da forma al cuerpo y protege los órganos vitales.

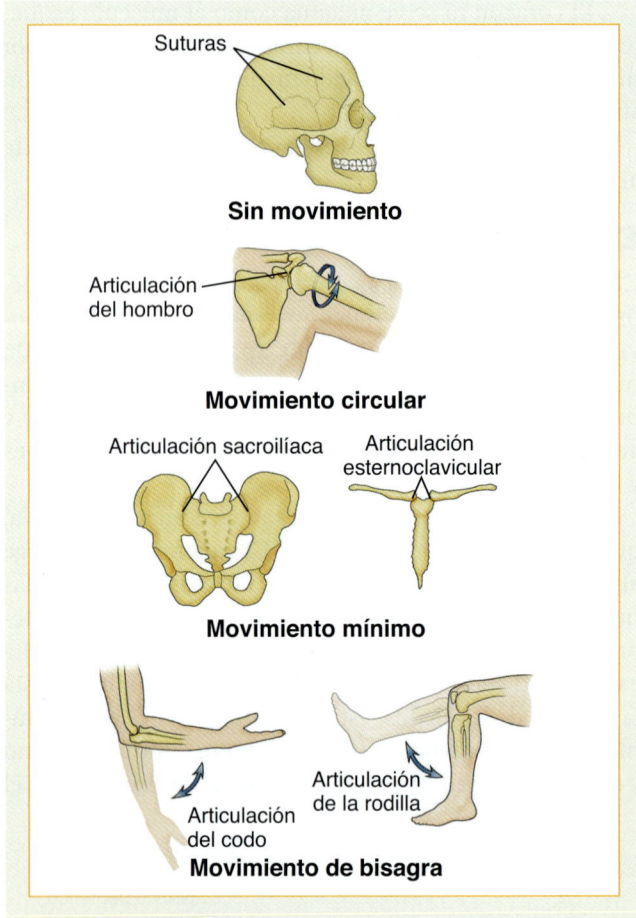

Figura 29-5 Las articulaciones tienen muchas funciones. Algunas articulaciones permiten que se produzcan movimientos circulares otras actúan como bisagras. Otras más permiten sólo una cantidad mínima de movimiento, o ninguno en absoluto.

Algunas articulaciones, como las suturas del cráneo (presentes hasta cerca de los 18 meses de vida), se fusionan entre sí, durante el crecimiento, para crear una estructura ósea sólida inmóvil Figura 29-5 ▶.

Lesiones musculoesqueléticas

Una fractura es la pérdida en la continuidad del hueso que ocurre con frecuencia como resultado de una fuerza externa Figura 29-6 ▶. La pérdida de la continuidad ósea se puede producir en cualquier parte de la superficie del hueso y en muchos tipos diferentes de patrones.

Una dislocación (luxación) es la interrupción de una articulación, en la cual los extremos de los huesos ya no están en contacto. Los ligamentos de soporte con frecuencia están rotos, casi siempre por completo, permitiendo que las extremidades de los huesos se separen del todo Figura 29-7 ▶. Una subluxación es similar a una luxación, con excepción de que la separación de los huesos no es completa. Por tanto, una subluxación es una dislocación incompleta de una articulación. Una fractura-dislocación es una lesión combinada de la articulación, en la cual la articulación está dislocada y hay una fractura en el extremo de uno o más huesos.

Un esguince es una lesión de la articulación en la cual hay cierta dislocación parcial o temporal de los extremos de los huesos, y estiramiento o desgarramiento de los ligamentos de soporte. Después de la lesión, en general las superficies articulares regresan a su alineamiento, por lo cual la articulación no es significativamente desplazada. Los esguinces pueden variar de leves a intensos, dependiendo de la cantidad de daño de los ligamentos de soporte; los más intensos incluyen una luxación completa de

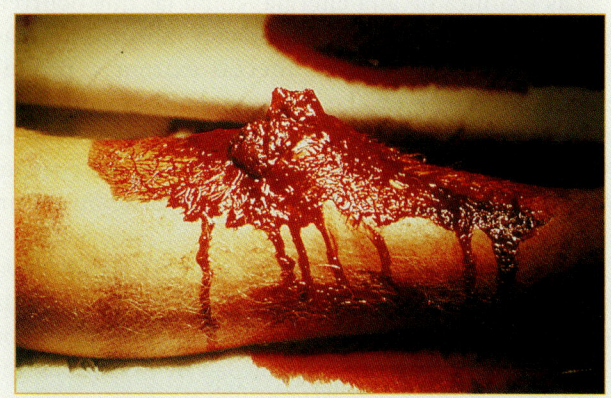

Figura 29-6 Una fractura puede ocurrir en cualquier parte de la superficie de un hueso y romper o no la piel.

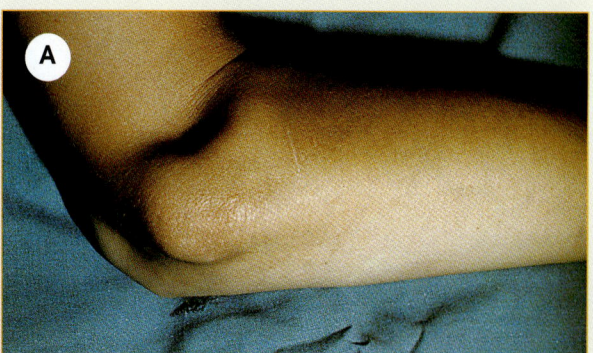
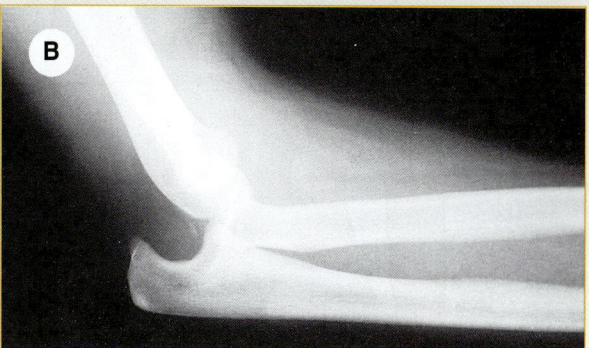

Figura 29-7 Una dislocación es una separación de una articulación en la cual los extremos de los huesos ya no están en contacto. **A.** Aspecto clínico de una dislocación del codo. **B.** Aspecto de rayos X del mismo codo.

la articulación, mientras que los leves se alivian en forma típica, más bien rápidamente.

Una <u>distensión muscular</u> es un estiramiento, o desgarro del músculo, que causa dolor, edematización, y lesión de los tejidos blandos del área. A diferencia del esguince, no se produce típicamente lesión de los ligamentos o la articulación.

Las lesiones de los huesos y las articulaciones se asocian frecuentemente con lesión de los tejidos blandos circundantes, en especial los nervios y vasos sanguíneos adyacentes. El área entera se conoce como <u>zona de lesión</u> (Figura 29-8 ▶). Dependiendo de la cantidad de energía cinética que absorben los tejidos de las fuerzas que actúan sobre el cuerpo, la zona se puede extender a un punto distante. Por esta razón, no debe enfocarse en una lesión obvia del paciente sin completar primero una evaluación rápida para verificar posibles lesiones asociadas, que pueden ser aún más intensas. Esto es particularmente verdadero en la evaluación de daño causado por traumatismos de alta energía o heridas por armas de fuego.

Mecanismo de la lesión

En general se requiere una fuerza importante para causar fracturas o luxaciones. Esta fuerza se puede aplicar al miembro en cualquiera de las formas siguientes (Figura 29-9 ▶):

- Golpes directos
- Fuerzas indirectas
- Fuerzas con retorcimiento
- Lesiones de alta energía

Situación de urgencia — Parte 2

Llega a la escena. Confirma que la escena es segura y se acerca al paciente. Encuentra a un hombre de 18 años de edad que está sujetando su brazo cerca del tórax, parece tener un dolor intenso. El paciente está consciente, alerta, orientado, y está hablando a un joven enfrente de él. No ve hemorragia externa mayor.

3. ¿Cuál es la siguiente acción en el cuidado de este paciente?
4. ¿Qué información debe determinar sobre la posible lesión que tiene?

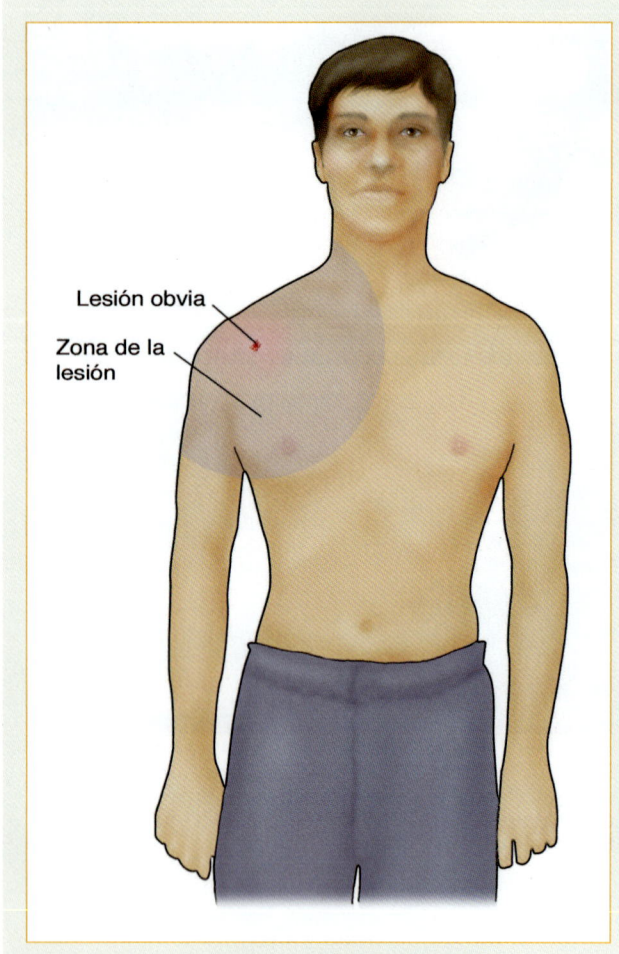

Figura 29-8 La zona de la lesión es el área de tejido blando, incluyendo los nervios y vasos sanguíneos adyacentes, que rodea la lesión obvia de un hueso o una articulación.

Las lesiones de alta energía, como las que ocurren en choques de automóviles, caídas de alturas, heridas por armas de fuego y otras fuerzas extremas, producen daños intensos en el esqueleto, tejidos blandos circundantes y órganos vitales internos. Un paciente puede tener múltiples lesiones en muchas partes del cuerpo, incluyendo más de una fractura o dislocación en un miembro simple.

No es necesario que se produzca un ML significativo para fracturar un hueso. Una fuerza leve puede fracturar fácilmente un hueso que está debilitado por un tumor u osteoporosis o por una enfermedad de los huesos generalizada, que es común en mujeres posmenopáusicas. En los pacientes geriátricos con osteoporosis, caídas menores, lesiones simples con retorcimiento o aun una contracción muscular, pueden causar una fractura, más frecuentemente de la muñeca, columna vertebral o cadera. Debe sospechar la presencia de una fractura en un paciente de edad avanzada que ha sufrido una lesión, aun leve.

Fracturas

Las fracturas se clasifican en expuestas y cerradas. En la evaluación y tratamiento de pacientes con posibles fracturas o dislocaciones su primera prioridad es determinar si la piel que las cubre está lesionada; si no lo está, el paciente tiene una **fractura cerrada**. Sin embargo, hacer esta determinación no siempre es tan fácil como suena. Con una **fractura expuesta** hay una herida externa causada por el mismo golpe que produjo la fractura, o el extremo del hueso roto que laceró la piel. La herida puede variar de tamaño, desde una punción pequeña hasta un desgarro abierto que expone hueso y tejidos blandos. Independientemente del grado e intensidad de la lesión de la piel, debe tratar una lesión que rompe la piel como una posible fractura expuesta. Una mayor pérdida de sangre y la probabilidad de infección son complicaciones que debe tratar de limitar, pues tienden a ocurrir con las fracturas expuestas.

Las fracturas también se describen con relación a que el hueso se desplace o no de su posición normal. Una **fractura no desplazada** (conocida también como fractura lineal) es una fractura que puede ser difícil de distinguir de un esguince o de una simple contusión, por no presentar desplazamientos radiográficamente y puede verse, como una simple grieta. Se requieren rayos X para que el personal del hospital diagnostique una fractura no desplazada. Por su parte, una **fractura desplazada** produce una verdadera deformidad o distorsión del miembro, acortándolo, virándolo, o angulándolo. A menudo la deformidad es muy obvia y puede asociarse con crepitación o movimiento libre de hueso, que no es normal en esa región del cuerpo. Sin embargo, en algunos casos la deformidad es mínima. Esté seguro de buscar diferencias entre el miembro lesionado y el

Un golpe directo fractura el hueso en el punto del impacto. Un ejemplo es la **rótula**, que se fractura cuando golpea un tablero en un choque de automóvil.

La fuerza indirecta puede causar una fractura o dislocación en un punto distante, como cuando una persona cae o aterriza sobre una mano extendida excesivamente. El impacto directo puede ocasionar una fractura de la muñeca, pero la fuerza indirecta puede causar dislocación del codo o una fractura del antebrazo, húmero o a una clavícula. Por tanto, cuando se atiende a pacientes que han sufrido una caída, debe identificar el punto de contacto y el mecanismo de la lesión para que no pasen inadvertidas lesiones asociadas.

Las fuerzas con retorcimiento son una causa común de lesión musculoesquelética, en especial de los ligamentos cruzados anteriores de la rodilla. Las lesiones causadas al esquiar con frecuencia suceden en esta forma. Se atora un esquí y el esquiador cae aplicando una fuerza de retorcimiento a la extremidad inferior.

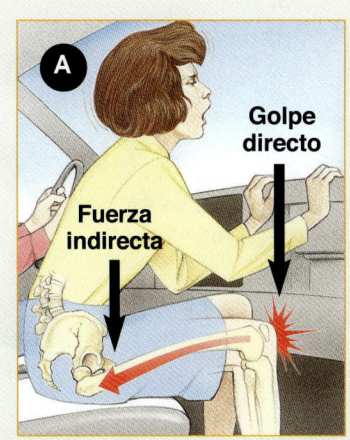  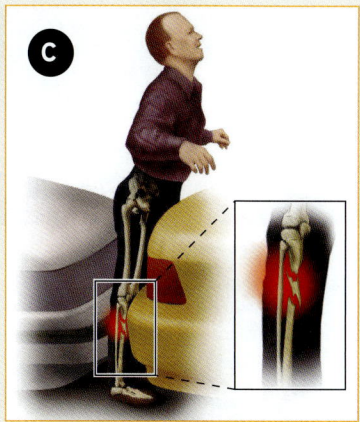

Figura 29-9 Se requiere una fuerza significativa para causar fracturas o dislocaciones. Entre éstas están (**A**) golpes directos o fuerza indirectas, (**B**) fuerzas con torceduras y (**C**) lesiones por aplastamiento, de alta energía.

miembro opuesto no lesionado en cualquier paciente con sospecha de fractura en una extremidad Figura 29-10 ▼.

El personal médico usa con frecuencia los siguientes términos especiales para describir tipos particulares de fracturas Figura 29-11 ▶:

- **Fractura en rama verde.** Una fractura incompleta que atraviesa sólo parte del cuerpo de un hueso, pero aún puede causar una angulación sustancial; ocurre en niños.
- **Fractura conminuta.** Una fractura en la cual el hueso se rompe en más de dos fragmentos.
- **Fractura patológica.** Una fractura de un hueso debilitado o enfermo, que se ve en pacientes con osteoporosis o cáncer, producida en general por una fuerza mínima.
- **Fractura epifisiaria.** Una fractura que ocurre en una sección de crecimiento del hueso del niño y puede conducir a anormalidades del crecimiento.

Debe sospechar una fractura si está presente uno o más de los siguientes signos en un paciente que tiene una historia de lesión y manifiesta dolor.

Deformidad

El miembro puede parecer acortado, girado o angulado en un punto en el que no hay articulación Figura 29-12 ▶. Use siempre el miembro opuesto como una imagen de espejo para comparación.

Hipersensibilidad

Punto de sensibilidad o hipersensibilidad en un punto a la palpación, en la zona de la lesión, es el indicador más confiable de una fractura subyacente, aunque no le dice el tipo de fractura Figura 29-13 ▶. Esté seguro de usar guantes si hay algunas heridas expuestas.

Defensa

La incapacidad para usar la extremidad es la forma del paciente de inmovilizarla y minimizar el dolor. Los músculos alrededor de la fractura se contraen en un intento de prevenir cualquier movimiento del hueso roto. La defensa no se produce con todas las fracturas, algunos pacientes pueden continuar usando la parte lesionada por algún tiempo. Ocasionalmente, las fracturas no desplazadas son menos dolorosas y hay un daño mínimo en los tejidos blandos.

Edema

La edematización rápida suele indicar hemorragia de una fractura y es seguida típicamente por dolor sustancial. Con frecuencia, si la edematización es intensa, puede enmascarar la deformidad del miembro Figura 29-14 ▶. Varias horas después de una lesión puede producirse una edematización generalizada por acumulación de líquido.

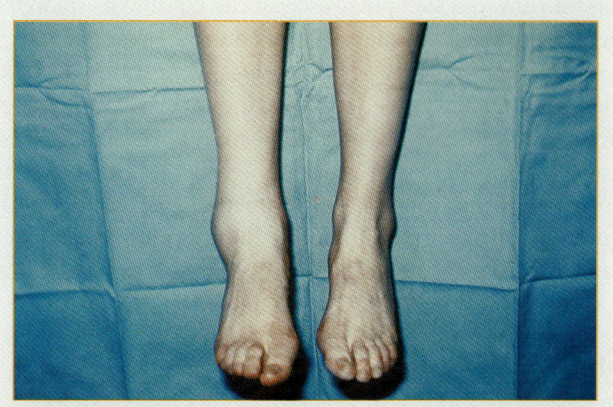

Figura 29-10 Cuando examina una deformidad siempre debe comparar el miembro lesionado con el miembro no lesionado.

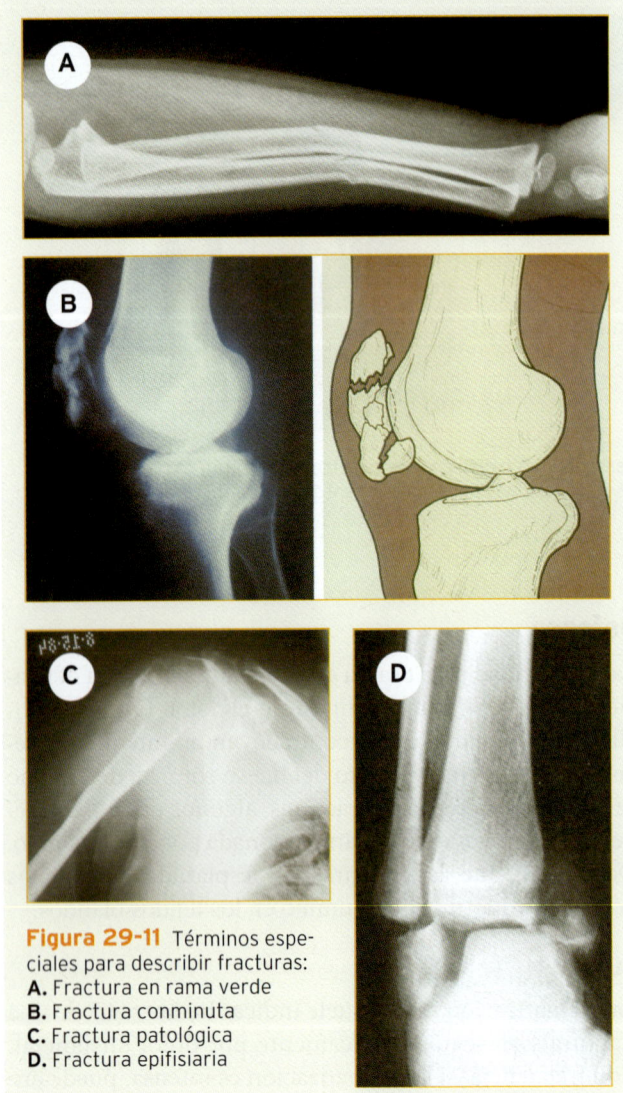

Figura 29-11 Términos especiales para describir fracturas:
A. Fractura en rama verde
B. Fractura conminuta
C. Fractura patológica
D. Fractura epifisiaria

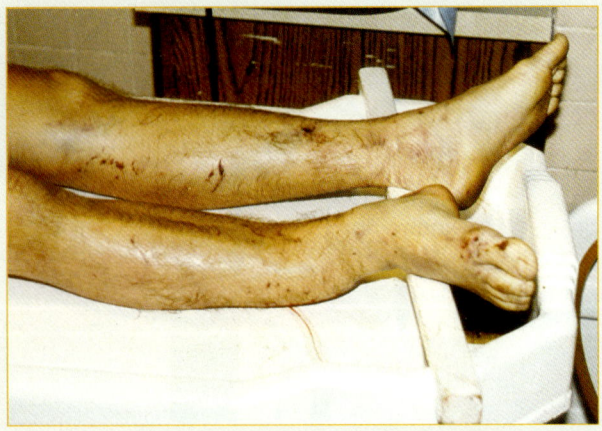

Figura 29-12 Una deformidad obvia, acortamiento, rotación o angulación, aumenta el índice de sospecha del TUM-B de una fractura. Recuerde comparar el miembro lesionado con el miembro no lesionado opuesto.

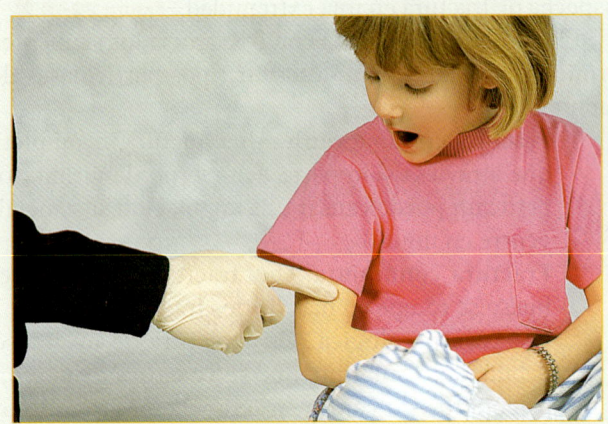

Figura 29-13 El punto de hipersensibilidad es el área sensitiva del sitio de la lesión que puede ser localizada por palpación, a lo largo del hueso, con la punta de su dedo.

Contusiones

Las fracturas casi siempre se asocian con **equimosis** (moretones) de los tejidos blandos circundantes Figura 29-15 . Las contusiones pueden presentarse después de casi cualquier lesión y pueden tardar horas en desarrollarse; no son específicas de lesiones de los huesos o articulaciones. La alteración del color asociada con las lesiones agudas suele ser enrojecimiento, como puede haber visto con alguien que ha recibido un golpe. En horas a días aparecerán colores azul, morado y negro, seguidos por amarillos y verdes.

Crepitación

Puede sentirse, y a veces escucharse, una sensación de fricción o moledura, conocida como **crepitación**, cuando los extremos fracturados del hueso se friccionan entre sí.

Movimiento falso

Llamado también movimiento libre, este es movimiento en un punto en el miembro donde no hay una articulación. Es una indicación positiva de una fractura.

Fragmentos expuestos

En las fracturas expuestas, los extremos del hueso pueden hacer protrusión a través de la piel o ser visibles dentro de la herida Figura 29-16 .

Dolor

La presencia de dolor, junto con la hipersensibilidad a las contusiones, ocurre comúnmente en asociación con fracturas.

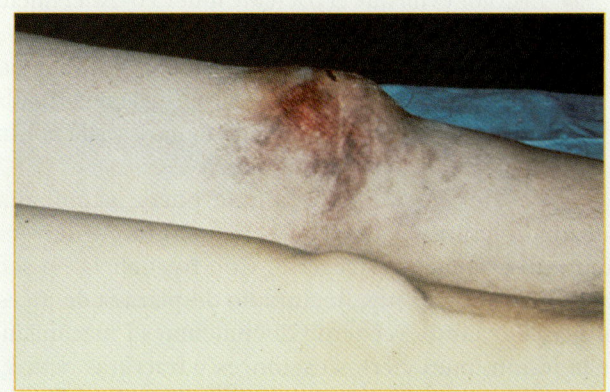

Figura 29-14 Las fracturas casi siempre tienen contusiones asociadas en el tejido blando circundante.

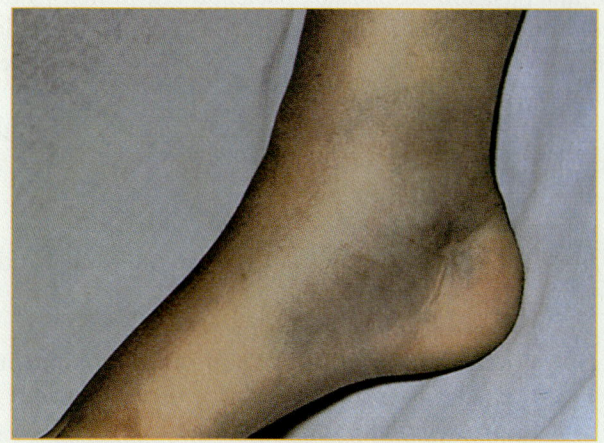

Figura 29-15 La edematización que se produce en asociación con una fractura, a menudo puede enmascarar la deformidad del miembro.

Articulación trabada

Una articulación que está trabada en alguna posición es difícil y dolorosa si se trata de mover. Tenga presente que la crepitación y el movimiento falso sólo aparecen cuando el miembro es movilizado o manipulado, se asocian con lesiones que son en extremo dolorosas. No manipule el miembro excesivamente en un esfuerzo por producir estos signos.

Dislocaciones (luxaciones)

A veces, una articulación dislocada se <u>reduce</u> o retorna a su posición normal de manera espontánea antes de su evaluación. En esta situación, sólo podrá confirmar la dislocación tomando una historia del paciente. Sin embargo, con frecuencia las lesiones de los ligamentos de soporte y la cápsula son tan intensas que las superficies articulares permanecen por completo separadas entre sí. Una dislocación que no se reduce espontáneamente es un problema serio. Los extremos de los huesos pueden estar trabados

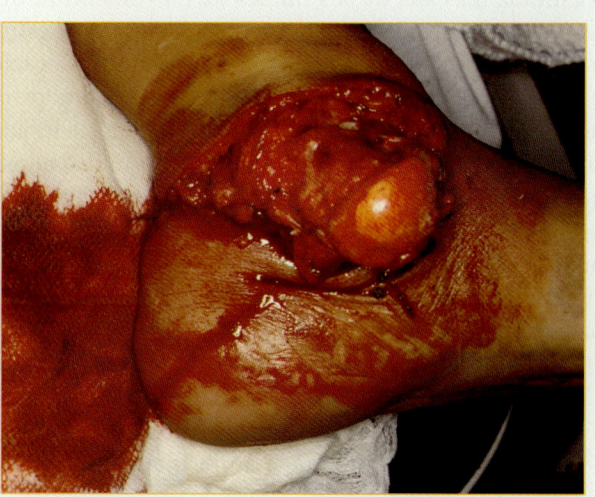

Figura 29-16 Los extremos de los huesos pueden hacer protrusión a través de la piel o ser visibles dentro de una herida en una fractura expuesta.

Situación de urgencia — Parte 3

Se presenta al paciente y su compañero considera rápidamente la necesidad de estabilización vertebral manual. Después de evaluar sus ABC, comienza a administrar oxígeno en flujo alto por medio de una mascarilla no recirculante. El paciente le dice que cayó mientras estaba de pie sobre sus patines posando para una fotografía. Cuando hizo contacto con el cemento escuchó y sintió un "pop". Niega haberse golpeado la cabeza ni haber perdido la conciencia. Observa que su antebrazo derecho está levemente angulado en la parte media y el paciente le pide que no lo toque porque le duele.

5. ¿Continuaría estabilizando la columna vertebral de este paciente?
6. ¿Hay algo que puede hacer para aliviar el dolor del paciente?

en una posición desplazada, haciendo muy difícil y muy doloroso cualquier intento de movimiento de la articulación. Las articulaciones dislocadas comúnmente incluyen los dedos, el hombro, el codo y la rodilla (rótula).

Los signos y síntomas de una articulación dislocada son similares a los de una fractura Figura 29-17 ▼.

- Notable deformidad
- Edema
- Dolor que es agravado con cualquier intento de movimiento
- Hipersensibilidad a la palpación
- Pérdida prácticamente completa del movimiento normal de la articulación (articulación trabada)
- Adormecimiento o deterioro de la circulación al miembro, o al dedo

Esguinces

Los esguinces ocurren cuando una articulación es torcida o estirada más allá de sus límites de movimiento. Como resultado, la cápsula y los ligamentos de soporte se estiran o rasgan. Un esguince se puede considerar una dislocación parcial o subluxación. La alineación en general retorna a una posición razonablemente normal, aunque puede haber cierto desplazamiento. Observe que la deformidad notable no ocurre típicamente con un esguince. Los esguinces se producen más frecuentemente en las rodillas y en los tobillos, pero pueden ocurrir en cualquier articulación. Los siguientes signos y síntomas indican, a menudo, que el paciente puede tener un esguince Figura 29-18 ▶:

- Puede despertarse hipersensibilidad en un punto sobre los ligamentos lesionados.
- El edema y la equimosis aparecen en el punto de lesión del ligamento como resultado de los vasos sanguíneos rasgados.

- El dolor evita que el paciente mueva o use el miembro normalmente.
- La inestabilidad de la articulación es indicada por aumento de la movilidad, en especial en la rodilla; sin embargo, ésta puede estar enmascarada por inflamación y defensa intensas.

Un esguince o dislocación se puede acompañar por una fractura y viceversa. Una fractura puede verse como un esguince y viceversa. Con frecuencia no será capaz de distinguir una fractura no desplazada de un esguince. Por tanto, recuerde documentar el mecanismo de la lesión, pues ciertos esguinces y fracturas ocurren más consistentemente con ciertos mecanismos. Esto es particularmente verdadero en el tobillo. En general, su acercamiento siempre debe intentar primero, descartar, la posibilidad de una fractura. Los principios básicos en el tratamiento en el campo de esguinces, dislocaciones y fracturas son esencialmente los mismos.

Síndrome compartimental

Esté alerta sobre el síndrome compartimental que ocurre más comúnmente en la tibia o antebrazo de niños y a menudo pasa inadvertido, en especial en los pacientes con un nivel de conciencia alterado. El nombre **síndrome compartimental** se refiere a la presión elevada dentro del compartimiento aponeurótico. La aponeurosis, o fascia, es el tejido fibroso que rodea y da soporte a los músculos y estructuras neurovasculares.

El síndrome compartimental se desarrolla típicamente dentro de un plazo de 6 a 12 horas posteriores a la lesión, en general como resultado de una hemorragia excesiva, una extremidad intensamente aplastada o el retorno rápido de sangre a un miembro isquémico. Este síndrome se caracteriza por dolor que está fuera de proporción con

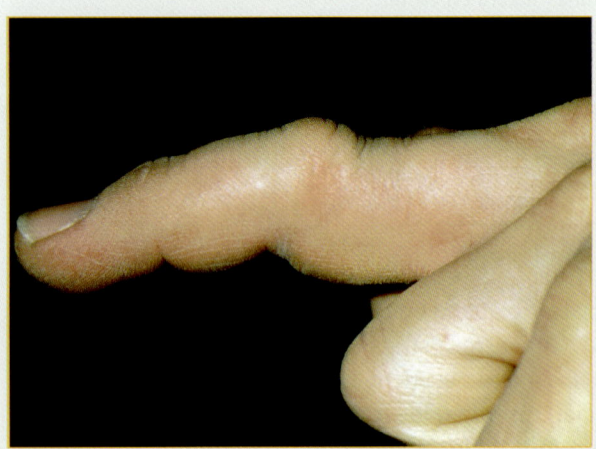

Figura 29-17 Las dislocaciones de las articulaciones, como las de este dedo, se caracterizan por deformidad, edema, dolor con cualquier movimiento, hipersensibilidad, trabadura y deterioro de la circulación.

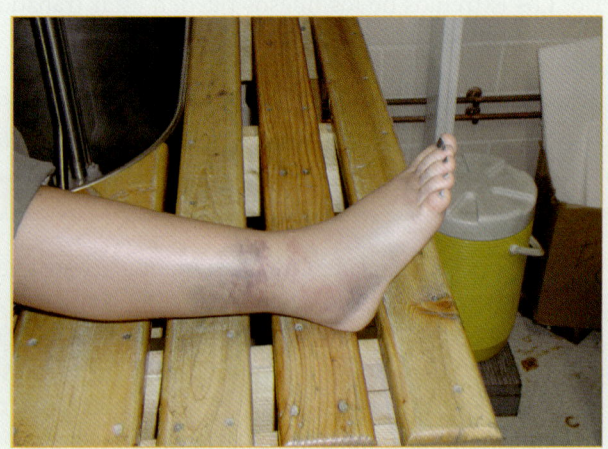

Figura 29-18 Los esguinces se producen más frecuentemente en la rodilla o el tobillo, están caracterizados por edema, magulladuras, puntos de hipersensibilidad, dolor e inestabilidad de la articulación.

la lesión, dolor con el estiramiento pasivo de los músculos dentro del compartimiento, palidez, descenso de la sensibilidad y disminución de la fuerza (que va desde una disminución de la fuerza y movimiento del miembro hasta parálisis completa).

Si sospecha que un paciente tiene síndrome compartimental ferulice el miembro afectado, manteniéndolo a nivel del corazón, y proporcione un transporte inmediato, reevaluando el estado neurovascular con frecuencia durante el transporte. El síndrome compartimental debe tratarse quirúrgicamente.

Evaluación de la gravedad de la lesión

Debe volverse diestro y evaluar rápida y correctamente la gravedad de una lesión. La hora dorada es crítica, no sólo para la vida, sino también para preservar la viabilidad del miembro. En una extremidad con cualquier reducción de la circulación completa la hipoperfusión prolongada puede causar un daño significativo. Por esta razón, cualquier fractura expuesta, o lesión vascular sospechada, se considera una urgencia médica. En el paciente con un traumatismo multisistémico cualquier hemorragia adicional puede incrementar problemas con lesiones de fondo o perfusión general.

Recuerde que la mayor parte de las lesiones no son críticas; puede identificar las lesiones críticas usando el sistema de graduación de la lesión musculoesquelética que se muestra en el Cuadro 29-1.

Evaluación de las lesiones musculoesqueléticas

Como TUM-B, sus evaluaciones, intentos para enferular (ferulizar) y el trabajo para estabilizar al paciente son muy importantes. Vea el panorama completo evaluando la complejidad global de la situación. Siempre evalúe cuidadosamente el ML para intentar determinar la cantidad de energía cinética que ha absorbido un miembro lesionado, mantenga un alto índice de sospecha de lesiones asociadas.

CUADRO 29-1 Sistema de graduación de la lesión musculoesquelética

Lesiones menores
- Esguinces menores
- Fracturas o dislocaciones de dedos

Lesiones moderadas
- Fracturas expuestas de dedos
- Fracturas de huesos largos no desplazadas
- Fracturas pélvicas no desplazadas
- Esguinces mayores de una articulación mayor

Lesiones serias
- Fracturas de huesos largos desplazadas
- Fracturas múltiples de manos y pies
- Fracturas expuestas de huesos largos
- Fracturas pélvicas desplazadas
- Dislocaciones de articulaciones mayores
- Amputaciones de múltiples dedos
- Laceración de nervios o vasos sanguíneos mayores

Lesiones graves que ponen en peligro la vida (la supervivencia es probable)
- Múltiples fracturas cerradas
- Amputaciones de miembros
- Fracturas de ambos huesos largos de las piernas (fracturas bilaterales del fémur)

Lesiones críticas (la supervivencia es incierta)
- Fracturas expuestas múltiples de los miembros
- Fracturas pélvicas sospechadas con inestabilidad hemodinámica

---

Situación de urgencia — Parte 4

Comienza el examen físico enfocado e historia del brazo lesionado. Nota hipersensibilidad, edema y crepitación con palpación suave del antebrazo derecho. El paciente puede sentir que le toca los dedos, se encuentra un pulso distal y el tiempo de llenado capilar de la extremidad lesionada es normal. Su compañero está estabilizando manualmente la extremidad lesionada del paciente al comenzar la historia SAMPLE y evaluar los signos vitales.

7. ¿Qué debe hacer después de obtener los signos vitales iniciales?

De nuevo, no es importante diferenciar entre fracturas, dislocaciones, esguinces y contusiones. En la mayor parte de los casos, su evaluación será comunicada como una "lesión de la extremidad". No obstante, debe ser capaz de distinguir lesiones leves de lesiones graves, porque algunas lesiones graves pueden deteriorar la función neurovascular.

Evaluación de la escena

La información del CECOM puede indicar el ML, el número de pacientes implicado y los procedimientos de primeros auxilios usados antes de su llegada. Ésta será información útil para pensar en ella durante su viaje a la escena, pero, recuerde, la información dada por el despachador es sólo tan precisa como el paciente o los espectadores la comunicaron. Además, la situación puede cambiar antes de su llegada al incidente. Esta información aún puede usarse para ayudarlo a determinar si se necesita estabilización vertebral, qué equipo puede necesitar y si puede haber peligros presentes.

Al llegar a la escena, obsérvela con relación a posibles peligros y amenazas para la seguridad de su equipo, espectadores y el paciente. Intente identificar las fuerzas asociadas con el ML. ¿Podrían haberse producido lesiones aparte de las lesiones musculoesqueléticas informadas en el despacho al servicio? Las precauciones de ASC pueden ser tan simples como usar guantes, pero con un ML intenso, u otros factores de riesgo, puede ser necesario usar una mascarilla y una bata. Considere la posibilidad de que haya una hemorragia oculta. La protección de los ojos también puede estar indicada. Evalúe la necesidad de la presencia de autoridades, SVA o ambulancias adicionales y solicítelas, basado en su evaluación inicial de la escena.

Evaluación inicial

Impresión general

Preséntese y pida al paciente su nombre; esto ayuda a evaluar el nivel de conciencia del paciente y su orientación. Pregunte al paciente cuál es su molestia principal, el problema que le preocupa más. Haga preguntas sobre el mecanismo de la lesión, ¿fue un golpe directo, fuerza indirecta, fuerza de torsión o lesión de alta energía? En muchas de estas situaciones las molestias musculoesqueléticas serán simples y, de ordinario, no amenazantes para la vida; sin embargo, en ocasiones, como cuando hay un ML significativo, incluirán múltiples problemas que comprenden lesiones musculoesqueléticas. Esta interacción inicial con su paciente le proporcionará un punto inicial y lo ayudará a distinguir las lesiones simples de las complejas. Si hubo un traumatismo significativo y se afectaron múltiples sistemas del cuerpo, es posible que las lesiones musculoesqueléticas sean una prioridad menor. El tiempo en la escena no debe ser desperdiciado en una evaluación musculoesquelética prolongada o en una ferulación.

Vía aérea y respiración

Las fracturas y los esguinces no suelen crear problemas con la vía aérea o la respiración. Otros problemas, como las lesiones de la cabeza, intoxicación y otros trastornos y lesiones relacionados pueden causar una respiración inadecuada. La evaluación de la molestia principal y el ML le ayudarán a identificar si el paciente tiene una vía aérea abierta y si la respiración está presente y es adecuada. En el paciente consciente esto es tan simple como notar si puede hablar normalmente. En el paciente inconsciente, es tan sencillo como abrir la vía aérea usando la técnica apropiada para ver, escuchar y sentir la respiración. Si se sospecha una lesión de la columna vertebral, tome las precauciones necesarias y prepárese para la estabilización. Puede administrarse oxígeno para aliviar la ansiedad y mejorar la perfusión. Aunque una lesión en el brazo o en la pierna puede ser obvia, tome el tiempo necesario para evaluar la suficiencia de la vía aérea y la respiración. Es poco lo que importan otros asuntos, si la vía aérea y la respiración del paciente son inadecuadas.

Circulación

Su evaluación de la circulación debe centrarse en determinar si el paciente tiene un pulso, perfunde adecuadamente o tiene une hemorragia. Si su paciente está consciente, como lo están la mayor parte de los pacientes con fracturas y dislocaciones, tendrá un pulso. Si el paciente está inconsciente, asegure que hay un pulso palpando la arteria carótida. La hipoperfusión (choque) y los problemas hemorrágicos serán, probablemente, su principal preocupación. Si la piel es pálida, fría o viscosa, ¦y el tiempo de llenado capilar es lento, trate a su paciente de choque inmediatamente. Mantenga una temperatura corporal normal y mejore la perfusión con oxígeno y colocando al paciente en posición de Trendelenburg o elevando las extremidades (posición de choque). Si se sospechan lesiones musculoesqueléticas deben, estabilizarse inicialmente, antes de movilizarlo. Eliminar la causa del choque debe hacerlo durante toda su evaluación.

Las fracturas pueden lesionar la piel y causar hemorragia externa, lo que puede ocurrir durante la lesión inicial o con la manipulación de la extremidad al prepararla para la ferulación o transporte. La manipulación mínima de la extremidad reducirá el riesgo. Si hay una hemorragia externa presente, contrólela mediante un vendaje compresivo. Los apósitos que cubren la herida y el hueso deben mantenerse estériles para reducir la posibilidad de infecciones del hueso. El vendaje debe ser lo suficiente firme para controlar la hemorragia, pero sin restringir la circulación distal a la lesión. Vigile la tensión del vendaje examinando la circulación, sensibilidad y movimiento distal al vendaje. La inflamación y la hemorragia interna pueden causar que los vendajes estén demasiado apretados.

Decisión de transporte

Si el paciente que está tratando tiene un problema de la vía aérea o de la respiración, o una hemorragia significativa, debe considerar un rápido transporte al hospital para tratamiento. El paciente que tiene un ML notable, pero parece por otra parte estable, también debe ser transportado prontamente al hospital apropiado más cercano. Los pacientes con fracturas bilaterales de huesos largos (húmero, fémur o tibia) han sido sujetos a una cantidad alta de fuerza cinética, lo cual puede aumentaren forma dramática su índice de sospecha de lesiones internas no visibles. Cuando se toma la decisión de realizar un transporte rápido, puede usarse una camilla rígida como dispositivo de ferulación para inmovilizar el cuerpo entero, en lugar de ferulizar cada extremidad de manera individual. Tomar tiempo para ferulizar brazos y piernas por separado demora la intervención quirúrgica que puede ser necesaria para otras lesiones cuando se ha producido un ML significativo. Las férulas individuales deben aplicarse en ruta, si los ABC son estables y el tiempo lo permite.

Los pacientes con un ML simple, como esguince de tobillo o dislocación del hombro, pueden evaluarse y estabilizarse adicionalmente en la escena, antes del transporte, si no existen otros problemas. En cualquiera de las situaciones "cargar y partir" o "permanecer y actuar" es necesario el manejo cuidadoso de la fractura cuando se prepara para el transporte, a fin de limitar el dolor y prevenir que extremos afilados de huesos perforen la piel o lesionen los nervios y vasos sanguíneos dentro de la extremidad.

Historial y examen físico enfocados

La historia enfocada y examen físico se basan en el ML cuando hay un traumatismo presente, y en la NE cuando existe un problema médico. Las tres partes de esta etapa incluyen una historia del paciente, signos vitales y examen físico. Los pacientes con lesiones musculoesqueléticas pueden pertenecer a cualquiera de las categorías de traumatismo significativo y traumatismo no significativo.

Durante su evaluación de un traumatismo musculoesquelético, use el procedimiento DCAP-BTLS, según la mnemotecnia en inglés. Identifique las **D**eformidades que probablemente representen una lesión musculoesquelética notable y estabilice de manera apropiada. La presencia de **C**ontusiones y **A**brasiones puede estar situada sobre lesiones más sutiles y deben incitarlo a evaluar con cuidado la estabilidad y el estado neurovascular del miembro. La ocurrencia de lesiones por **P**unciones u otras **P**enetraciones debe alertarlo sobre la posibilidad de una fractura expuesta. Deben identificarse quemaduras (**B**urns) asociadas y tratarse en forma apropiada. Cuando se presentan **L**aceraciones en una extremidad debe considerarse la posibilidad de una fractura expuesta y controlar la hemorragia y aplicar un apósito. La inspección cuidadosa de la hinchazón (**S**welling), en comparación con el miembro opuesto, puede revelar una lesión musculoesquelética oculta por otra parte. Palpe buscando hipersensibilidad (**T**enderness), la cual, como las contusiones y abrasiones, puede ser el único signo relevante de una lesión musculoesquelética de fondo, **I**nestabilidad de la extremidad afectada y **C**repitación en la zona de lesión. Puede encontrar un hematoma en la zona de la lesión durante la evaluación, revise los **P**ulsos distales en la extremidad lesionada seguido de una evaluación **M**otora y de la respuesta **S**ensitiva de la extremidad lesionada.

Examen físico rápido contra examen de traumatismo significativo

Cuando está implicado un traumatismo significativo debe tomar un momento para explorar a su paciente rápidamente, de la cabeza hasta los dedos de los pies, buscando cualquier lesión adicional que pueda estar presente. Comience con la cabeza y trabaje sistemáticamente hacia los pies, examinando cabeza, cuello, tórax, abdomen, extremidades, pelvis y espalda. El objetivo es identificar lesiones ocultas y que potencialmente pongan en peligro la vida. Este examen rápido también le ayudará a preparar al paciente para su empaquetamiento y rápido transporte. Tener conocimiento de que un brazo o una pierna están fracturados será importante cuando giren al paciente, como un tronco, a la tabla espinal larga y lo aseguren a ella.

Si en su evaluación no encuentra signos externos de lesión, pida al paciente que mueva cada miembro cuidadosamente, deteniéndose de inmediato en el momento que cause dolor. Salte este paso si el paciente manifiesta dolor de cuello o espalda; aun los movimientos ligeros pueden causar daños permanentes a la médula espinal.

Examen físico enfocado para traumatismo no significativo

Cuando se ha producido un traumatismo no significativo, y su paciente tiene una distensión muscular, un esguince, dislocación o fractura simples, puede tomar el tiempo para enfocar su examen en esa lesión particular. Busque DCAP-BLS-TIC-PMS. Si el paciente tiene dos o más extremidades lesionadas, trátelo como un paciente con un traumatismo significativo y proporcione un transporte rápido al hospital. La probabilidad de otras lesiones más graves es mayor cuando dos o más huesos se han fracturado. Asegúrese de evaluar la zona total de la lesión quitando ropa del área e inspeccionando y palpando en busca de lesiones. En las lesiones musculoesqueléticas, esta zona en general se extiende desde la articulación de arriba (proximal) hasta la de abajo (distal), por delante y por detrás. No olvide verificar perfusión, movimientos y sensibilidad.

Muchos vasos sanguíneos y nervios importantes están situados cerca de las articulaciones de mayor importancia. Por tanto, cualquier lesión o deformidad del hueso se puede asociar con una lesión vascular o nerviosa. Por esta razón, corresponde evaluar la función neurovascular durante el examen físico rápido o enfocado y repetirlo en el examen médico detallado cada 5 o 10 minutos; en la evaluación continua, dependiendo del estado del paciente, hasta que llega al hospital. Siempre reevalúe la función neurovascular antes y después de ferulizar o manipular en alguna otra forma al miembro. La manipulación puede causar que un fragmento de hueso presione contra un nervio o vaso, o se impacte en él. La falla en la reinstauración de la circulación, en esta situación puede conducir a la muerte del miembro. Siempre dé prioridad a pacientes con deterioro de la circulación a causa de fragmentos de hueso.

El examen del miembro lesionado debe incluir la evaluación de cuatro signos principales que son buenos indicadores del estado circulatorio y nervioso distal a la lesión: pulso, llenado capilar, función motora, y función sensitiva. Siga los pasos en **Destrezas 29-1**:

1. **Pulso.** Palpe el pulso distal al punto de la lesión. En primer lugar, palpe el pulso radial en la extremidad superior (**Paso 1**). En segundo lugar, en la extremidad inferior, palpe el pulso tibial posterior y dorsal del pie (**Paso 2**).
2. **Llenado capilar.** Note y registre el color de la piel, identificando palidez y cianosis. Luego aplique una presión firme en la punta de las uñas de las manos y los pies, lo cual causará que la piel se ponga blanca. Si el color normal no retorna dentro de un plazo de 2 segundos después de soltar la uña, puede asumir que la circulación está deteriorada. Esta prueba está recomendada típicamente para usarse en niños, aunque también puede emplearse en adultos (**Paso 3**).
3. **Sensibilidad.** En la mano, verifique la sensación de la carne en la pulpa de los dedos índice y pulgar, así como del meñique (**Paso 4**). En el pie verifique la sensación en la carne del dedo gordo (**Paso 5**) y en la parte lateral del pie (**Paso 6**). La capacidad del paciente para sentir un toque ligero en lo dedos de manos y pies distales al sitio de la fractura es una buena indicación de que el abastecimiento nervioso está intacto.
4. **Función motora.** Evalúe la actividad muscular cuando la lesión es proximal a las manos y pies del paciente. Pida al paciente que abra y cierre el puño en una lesión de la extremidad superior y mueva de arriba abajo los dedos de los pies en una lesión de la extremidad inferior (**Pasos de 7 a 10**). A veces, un intento de movimiento producirá dolor en el sitio de la lesión. Si esto sucede, no continúe esta parte del examen. Para no causar dolor, no practique esta prueba en absoluto, si la lesión implica la mano o el pie.

Debido a que muchos de los pasos requieren la cooperación del paciente, usted no podrá evaluar la sensibilidad y función motora en un paciente inconsciente, pero sí puede evaluar la deformidad, hinchazón, equimosis, falso movimiento y crepitación. Si un paciente está inconsciente, realice una evaluación inicial y luego examine las extremidades.

Signos vitales iniciales

Prepare un juego de línea basal de los signos vitales, incluyendo frecuencia, ritmo y calidad del pulso; frecuencia, ritmo y calidad respiratoria; tensión arterial, estado de la piel y tamaño, y reacción de las pupilas a la luz.

Tips para el TUM-B

Las lesiones de las extremidades que afectan la circulación o función de los nervios son trastornos urgentes. Estos pacientes necesitan una evaluación cuidadosa, pronto transporte y reevaluación frecuente de funciones distales. También es crucial comunicar esta información en su contacto inicial por radio con el hospital para permitir que el personal se prepare para un trastorno, en el cual puede ser necesaria una cirugía inmediata para salvar el miembro

Evaluación del estado neurovascular

Destrezas 29-1

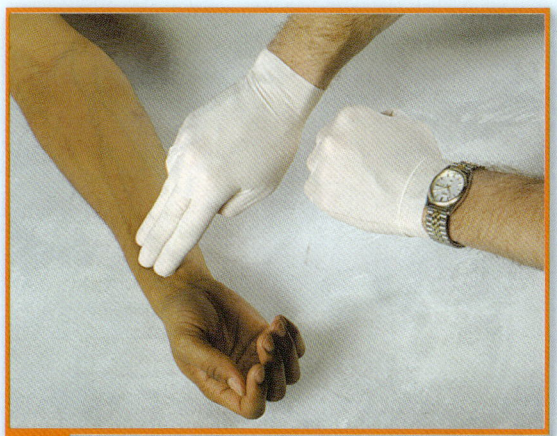
1 Palpe el pulso radial en la extremidad superior.

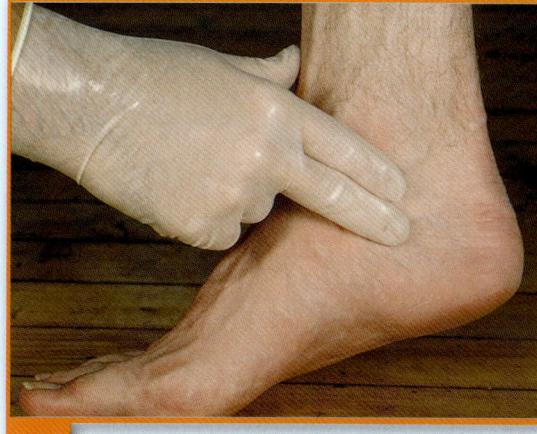
2 Palpe el pulso tibial posterior en la extremidad inferior.

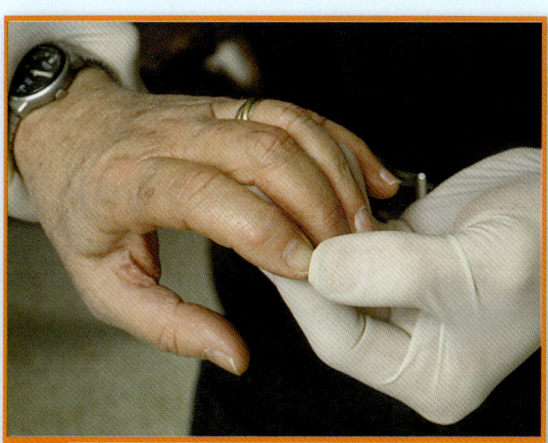
3 Evalúe el llenado capilar blanqueando una uña de la mano o del pie.

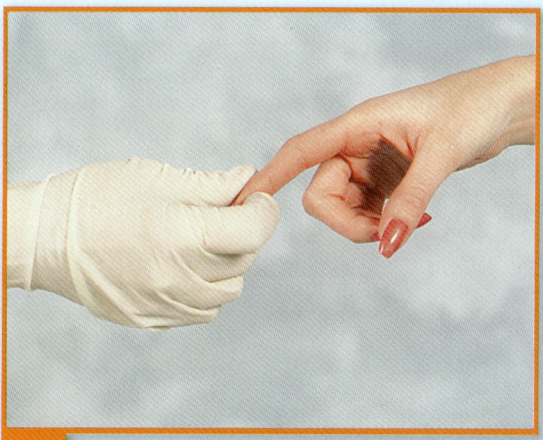
4 Evalúe la sensibilidad de la carne cerca de la punta del dedo índice.

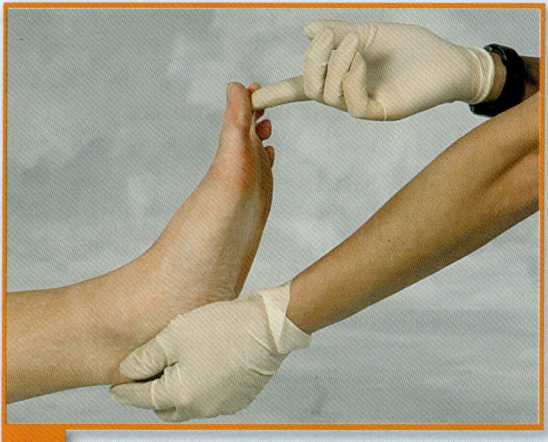
5 En el pie, verifique primero la sensibilidad de la carne cerca de la punta del dedo gordo.

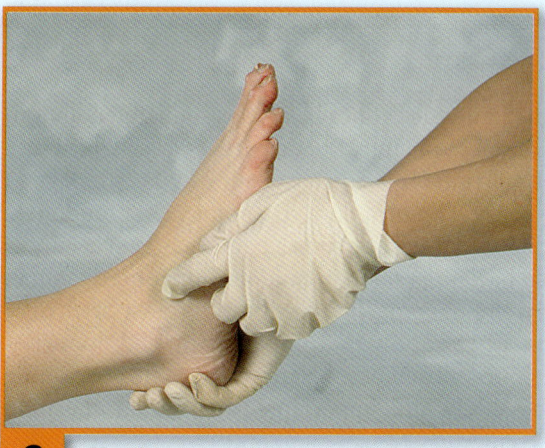
6 Verifique también la sensibilidad en el lado externo.

Continúa

Destrezas 29-1

Evaluación del estado neurovascular (continuación)

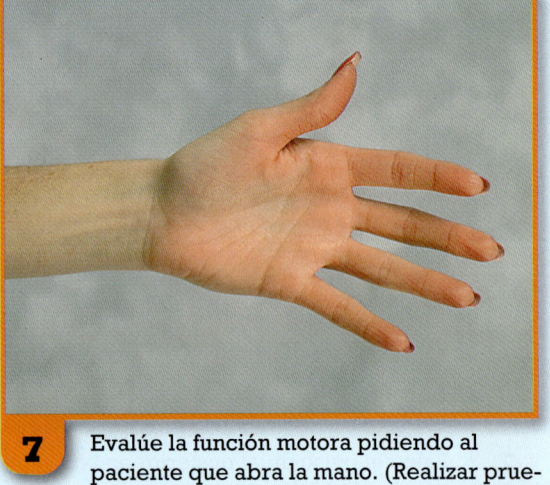

7 Evalúe la función motora pidiendo al paciente que abra la mano. (Realizar pruebas motoras sólo si la mano o pie no están lesionados. Deténgase si la prueba causa dolor.)

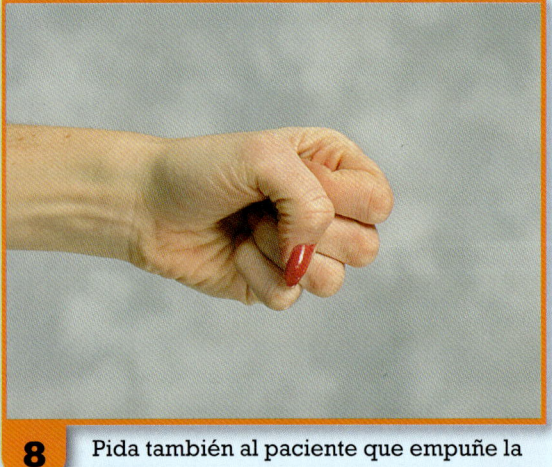

8 Pida también al paciente que empuñe la mano.

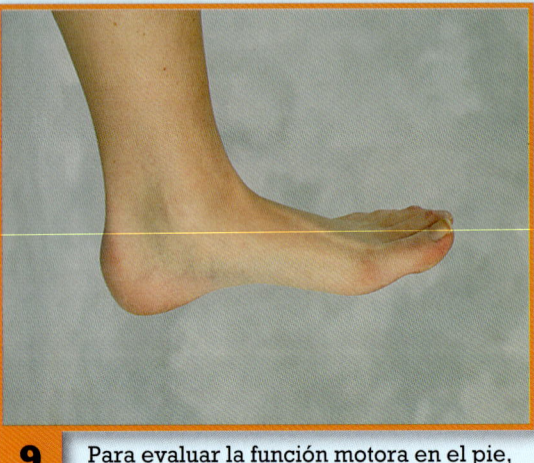

9 Para evaluar la función motora en el pie, pida al paciente que lo extienda.

10 También haga que el paciente flexione el pie y mueva rápidamente los dedos.

Estos indicadores de la línea basal necesitan obtenerse tan pronto como sea posible. Puede parecer que su paciente está tolerando bien la lesión hasta que evalúa estos signos vitales y le indican otra cosa. Disponer de la tendencia de estos signos vitales le ayuda a comprender si la condición de su paciente está mejorando o empeorando con el paso del tiempo, en particular durante transportes prolongados. El choque y la hipoperfusión son comunes en las lesiones musculoesqueléticas, esta información de la línea basal será muy importante para evaluar el estado de su paciente.

Historial SAMPLE

Debe obtenerse un historial SAMPLE de todos los pacientes traumatizados. Cuánto y con qué detalle explora esta historia, depende de la intensidad del trastorno del paciente y de la rapidez necesaria para transportarlo al hospital. Con frecuencia, el hospital necesita esta información detallada en los pacientes gravemente enfermos en momentos en los que no tiene tiempo suficiente para obtenerla. En los pacientes con fracturas, dislocaciones o esguinces simples es más fácil obtener un historial SAMPLE. Es posible que los proveedores prehospitalarios tengan, en la escena, acceso a miembros de la familia y otras personas que tienen información sobre la historia del paciente. Intente obtener la historia sin demorar tiempo para el tratamiento definitivo.

Las OPQRST son de uso limitado en situaciones de gravedad, cuando problemas de la vía aérea, respiración y circulación requieren atención inmediata. Sin embargo, pueden ser útiles en situaciones en las cuales el ML no es claro, el estado del paciente es estable o los detalles de la lesión son inciertos. Este interrogatorio más detallado para las situaciones traumáticas simples pueden ayudarlo a usted y al hospital a determinar mejor la lesión.

Intervenciones

Como los pacientes traumatizados con frecuencia tienen múltiples lesiones, debe evaluar su condición global general, estabilizar los ABC y controlar cualquier hemorragia intensa antes de tratar una extremidad lesionada. En un paciente críticamente lesionado, debe fijar al paciente en una camilla espinal larga para estabilizar la columna vertebral, la pelvis y las extremidades, y proporcionar un transporte oportuno a un centro de trauma. En esta situación, la evaluación extensa y la ferulación de lesiones de los miembros en el campo es un desperdicio de tiempo valioso. Administre oxígeno y trate el estado de choque según sea necesario.

Si el paciente no tiene lesiones que pongan en peligro su vida, puede tomar tiempo extra en la escena para estabilizar su estado general y examinar con más detalle la extremidad lesionada. De ser posible, quite o corte suave y cuidadosamente la ropa del paciente para buscar fracturas expuestas o dislocaciones, deformidad intensa, hinchazón, o equimosis, o varios de estos trastornos. Una buena regla para seguir es verificar la circulación, la función motora y la sensibilidad del paciente, antes y después de la ferulación.

Cuando haya terminado de evaluar la extremidad, aplique una férula firme, comercial o de otro tipo, para estabilizar la lesión antes del transporte. Una articulación lesionada debe tener los huesos a cada lado inmovilizados, y una lesión de un hueso largo, las articulaciones y los huesos a cada lado también inmovilizados. Para minimizar el potencial de problemas la férula debe estar bien acojinada. Una férula cómoda y firme reducirá el dolor, mejorará el estado de choque y minimizará el deterioro de la circulación.

El objetivo principal de proporcionar cuidados a lesiones musculoesqueléticas es la inmovilización, en la forma más cómoda posible, que permita el mantenimiento de una buena circulación distal a la extremidad. Esto debe efectuarse cuando esté preparando al paciente para transporte rápido o cuando tiene tanto tiempo como sea necesario para evaluar y tratar al paciente.

Examen físico detallado

Durante el examen físico detallado puede inspeccionar y palpar con suavidad las otras extremidades y la columna vertebral para identificar áreas y puntos de hipersensibilidad que puedan indicar fracturas, dislocaciones, o esguinces subyacentes. Recuerde comparar el miembro lesionado con el opuesto no lesionado.

Evaluación continua

Repita la evaluación inicial y los signos vitales. Reevalúe las intervenciones y el tratamiento que ha proporcionado al paciente. Si se aplicó una férula, reevalúe la función neurovascular distal del paciente y el color de la extremidad lesionada, distal al sitio de la lesión. Es difícil intervenir cuando se desarrollan problemas si no evalúa y reevalúa el estado del paciente con frecuencia.

Comunicación y documentación

Su informe por radio al hospital debe incluir una descripción de los problemas encontrados durante su evaluación. En particular, debe comunicar problemas con los ABC del paciente si las fracturas son expuestas y si la circulación estuvo deteriorada antes y después de su ferulación. En muchas ocasiones, el personal del hospital puede hacer arreglos para conseguir especialistas o considerar antibióticos tempranamente, si están enterados de estos problemas. Cuánto incluye en su informe por radio dependerá de sus protocolos locales. Pueden darse detalles adicionales durante su informe verbal en el hospital, cuando transfiere los cuidados al personal de enfermería o al médico.

Documente descripciones completas de las lesiones y los mecanismos de las lesiones asociados con ellas. El personal del hospital puede, luego, referirse a estas notas durante situaciones confusas o cuando se producen problemas de comunicación. Es importante evaluar y documentar la presencia o ausencia de circulación, función motora y sensibilidad distal a la lesión, antes de que mueva una extremidad, después de la manipulación o ferulación, y al llegar al hospital. La documentación cuidadosa previene que sea involucrado en una acción legal cuando los pacientes no están contentos sobre los resultados de sus lesiones. No se base en su memoria para recordar detalles de situaciones, ésta no es confiable y no se sostendrá en un juzgado.

Cuidados médicos de urgencia

Sus primeros pasos para proporcionar cuidados a cualquier paciente son la evaluación inicial y la estabilización de los ABC del paciente. Si es necesario, practique una evaluación rápida del traumatismo o céntrese en una lesión específica. Recuerde seguir siempre las precauciones del ASC.

Siga los pasos indicados en Destrezas 29-2 cuando atienda a pacientes con lesiones musculoesqueléticas:

1. **Cubra completamente heridas abiertas** con apósitos estériles secos y aplique presión local para controlar hemorragias siempre y cuando no haya sospecha de lesión ósea en lugar de la lesión. Una vez que ha aplicado un apósito estéril, trate una fractura expuesta en la misma forma que una fractura cerrada (**Paso 1**).
2. **Aplique la férula apropiada** y eleve la extremidad. Los pacientes con lesiones de las extremidades inferiores deben estar acostados en posición supina, con el miembro elevado cerca de 15 cm, para minimizar la inflamación. En cualquier paciente, esté seguro de posicionar el miembro lesionado ligeramente por encima del nivel del corazón. Nunca permita que el miembro lesionado cuelgue, o se columpie, sobre el borde de la camilla rígida. Evalúe siempre el pulso y la función motora y sensitiva, antes y después de aplicar la férula (**Paso 2**).
3. **Si hay edema presente**, aplique bolsas frías en el área; sin embargo, evite colocarlas directamente sobre la piel u otros tejidos expuestos. Colocar una bolsa fría sobre una férula de aire u otro material aislante grueso, no ayudará a reducir la edematización (**Paso 3**).
4. **Prepare al paciente para transporte.** Un paciente con una lesión aislada de la extremidad superior muy probablemente estará más cómodo semisentado que acostado; sin embargo, asumiendo que no hay riesgo de lesión vertebral, cualquiera de las posiciones es aceptable. Asegure que la extremidad esté elevada por encima del nivel del corazón, y fija, para que no se columpie por el borde de la camilla rígida (**Paso 4**).
5. **Siempre informe al personal del hospital** sobre todas las heridas que han sido vendadas y feruladas.

Enferulamiento

Una <u>férula</u> es un dispositivo flexible o rígido que se usa para proteger y mantener la posición de una extremidad lesionada (Figura 29-19). A menos que la vida del paciente esté en peligro inmediato, debe ferulizar todas las fracturas, dislocaciones y esguinces antes de mover al paciente. Previniendo el movimiento de fragmentos de fracturas, extremos de huesos, una articulación dislocada o tejidos blandos dañados, la ferulización reduce el dolor y facilita la transferencia y transporte del paciente. Además, la ferulización ayuda a prevenir lo siguiente:

- Daño adicional a músculos, la médula espinal, nervios periféricos y vasos sanguíneos, por extremos de huesos rotos.

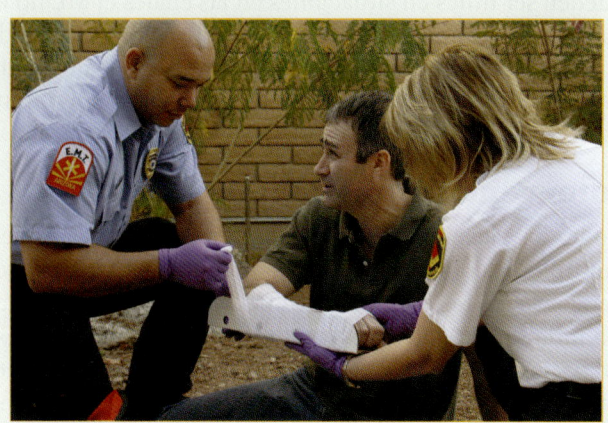

Figura 29-19 La ferulación reduce el dolor y previene daños adicionales a la extremidad lesionada.

- Laceración de la piel por extremos de huesos rotos. Una de las principales indicaciones para enferular es prevenir que una fractura cerrada se convierta en fractura expuesta (conversión).
- Restricción del flujo sanguíneo distal como resultado de la presión de los extremos de los huesos sobre los vasos sanguíneos.
- Hemorragia excesiva de los tejidos en el sitio de la lesión causada por extremos de huesos rotos.
- Aumento del dolor por el movimiento de los extremos de los huesos.
- Parálisis de las extremidades por una columna vertebral lesionada.

Una férula es simplemente un dispositivo que evita el movimiento de la parte lesionada. Puede estar hecha de cualquier material cuando necesita improvisarse. Sin embargo, usted debe tener a la mano una férula de estándares comerciales.

Principios generales de la ferulación

Los siguientes principios de la ferulación aplican a la mayoría de las situaciones:

1. **Quite la ropa del área** de cualquier fractura o dislocación para que pueda inspeccionar la extremidad para DCAP-BLS-TIC.
2. **Note y registre el estado neurovascular del paciente** distal al sitio de la lesión, incluyendo el pulso, sensibilidad y movimiento (PSM). Continúe vigilando el estado neurovascular hasta que el paciente llegue al hospital.

Cuidado de las lesiones musculoesqueléticas

Destrezas 29-2

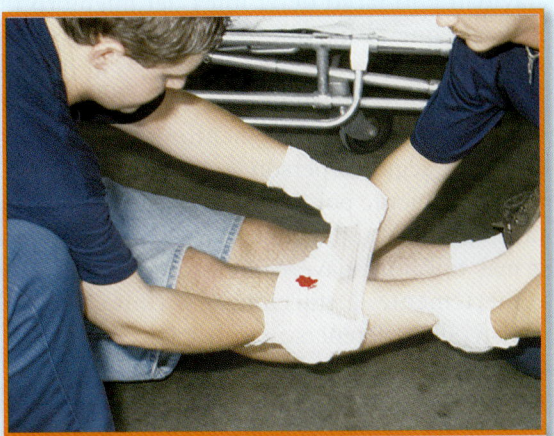

1. Cubra las heridas abiertas con un apósito estéril seco y aplique presión para controlar la hemorragia.

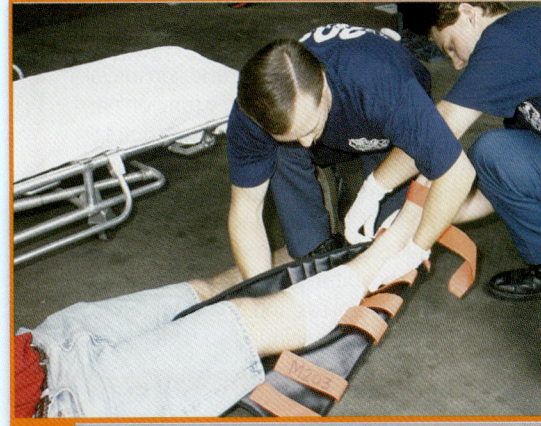

2. Aplique una férula y eleve la extremidad 15 cm (6") ligeramente por encima del nivel del corazón.

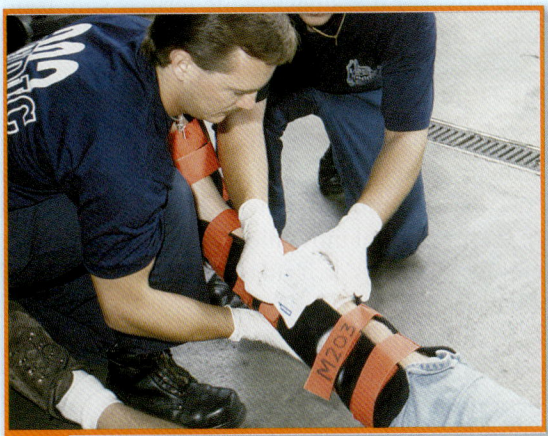

3. Aplique bolsas frías si hay inflamación, pero no las coloque directamente sobre la piel.

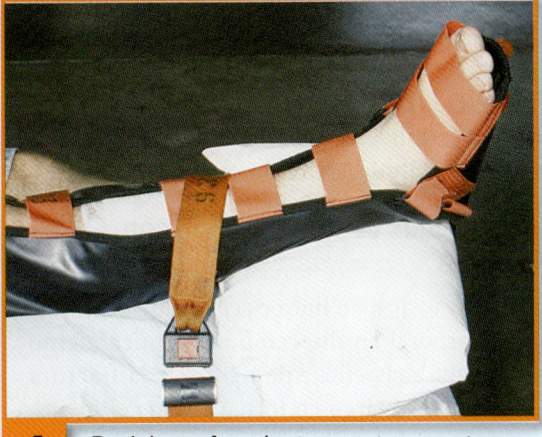

4. Posicione al paciente para transporte y asegure el área lesionada.

3. **Cubra las heridas con un apósito estéril seco** antes de ferulizar. Asegúrese de seguir las precauciones de ASC. No reemplace intencionalmente huesos que hacen protrusión. Notifique al hospital receptor todas las heridas abiertas.
4. **No mueva al paciente antes de ferulizar** una extremidad, a menos que haya un riesgo inminente para el paciente y usted mismo.
5. En una sospecha de fractura del cuerpo de cualquier hueso, esté seguro de **estabilizar las articulaciones** de arriba y debajo de la fractura.
6. Con lesiones en la articulación, y alrededor de ella, asegúrese de **estabilizar los huesos** de arriba y debajo de la articulación lesionada.
7. **Acolchone las férulas rígidas** para prevenir presión local y molestias al paciente.
8. Mientras aplica la férula, **mantenga estabilización manual**, para minimizar el movimiento del miembro y dar soporte al sitio de la lesión.
9. Si la fractura del cuerpo de un hueso largo ha causado une deformidad obvia y genera alteraciones importantes neurovasculares **use tracción manual suave y constante** para alinear el miembro en forma que pueda ser ferulizado. Esto es particularmente importante si la parte distal de la extremidad está cianótica o sin pulso.
10. **Si encuentra resistencia** para el alineamiento del miembro, ferulice el miembro en su posición deformada.

Qué documentar

El enderezamiento o ferulación de un miembro lesionado puede deteriorar las funciones distales en igual forma que lo puede hacer la lesión inicial. Registre el estado de la circulación y función nerviosa distal (estado neurovascular), tanto antes como después del enderezamiento o ferulación. Como mínimo, su registro escrito debe describir estas funciones antes de la ferulación y confirmar que eran normales inmediatamente después de ésta, y al llegar al hospital. En todos los trayectos, excepto en los muy cortos, indique también los resultados de las reevaluaciones en ruta.

11. **Estabilice todas las lesiones vertebrales sospechosas** en una posición neutral, en línea sobre la camilla rígida.
12. **Si el paciente tiene signos de estado de choque** (hipoperfusión) ponga en línea recta el miembro en la posición anatómica normal y proporcione transporte (estabilización corporal total).
13. **Cuando tenga duda, enferule.**

Principios generales de la ferulación con tracción en línea

La aplicación de <u>tracción</u> en línea es el acto de estirar de una estructura corporal en dirección a su alineamiento normal. Es la forma más eficaz de realinear la fractura del cuerpo de un hueso largo en forma tal que el miembro pueda ser ferulizado con mayor eficacia. La tracción excesiva puede ser nociva para un miembro lesionado. Sin embargo, cuando se aplica correctamente, la tracción estabiliza los fragmentos de hueso y mejora el alineamiento general del miembro. No debe intentar reducir la fractura ni forzar a todos los fragmentos de hueso a regresar a su alineamiento, ésta es una responsabilidad del médico. En el campo, los objetivos de la tracción en línea son:

1. **Estabilizar los fragmentos de la fractura** para prevenir un movimiento excesivo.
2. **Alinear el miembro** lo suficiente para permitir que se coloque una férula.
3. **Evitar** un deterioro neurovascular potencial.

La cantidad de tracción requerida para lograr estos objetivos varía, pero con frecuencia no debe de exceder 7 kg (15 libras). Debe usar la menor cantidad de fuerza necesaria. Sujete con firmeza el pie o la mano en el extremo del miembro lesionado y una vez que empiece a tirar de él no se debe detener hasta que el miembro esté completamente ferulizado. La dirección de la tracción aplicada siempre es a lo largo del eje largo del miembro. Imagine dónde estaría el miembro normal no lesionado y tire con suavidad a lo largo de la línea del miembro imaginario hasta que el miembro lesionado se aproxime a esa posición (Figura 29-20). La sujeción del pie o de la mano y el tiro inicial usualmente causan algunas molestias al moverse los fragmentos de hueso. Es de ayuda que una segunda persona soporte el miembro lesionado directamente por debajo del sitio de la fractura. Esta molestia inicial rápidamente cesa y puede entonces aplicar más tracción suave. Sin embargo, si el paciente resiste fuertemente la tracción, o si causa más dolor que persiste, debe detenerse y enferular el miembro en la posición deformada.

Recuerde que pueden usarse muchos materiales diferentes como férulas, si es necesario. Cuando no se dispone de material para enferular, el brazo se puede fijar a la pared del tórax y la extremidad lesionada a la extremidad no lesionada para proporcionar estabilidad temporal. Los tres tipos básicos de férulas son: rígidas, maleables y de tracción.

Férulas rígidas

Las férulas rígidas (no formables) están hechas con material firme y se aplican a los lados, frente o parte posterior de una extremidad lesionada, o varios de estos sitios, para prevenir el movimiento del lado de la lesión. Los ejemplos comunes de férulas rígidas incluyen férulas de tablillas acojinadas, de plástico moldeado y metal, de escala de alambre acojinadas y de cartón plegado. Como siempre, asegúrese de seguir las precauciones de ASC. Se requieren dos TUM-B para aplicar una férula rígida. Siga los pasos en (Destrezas 29-3):

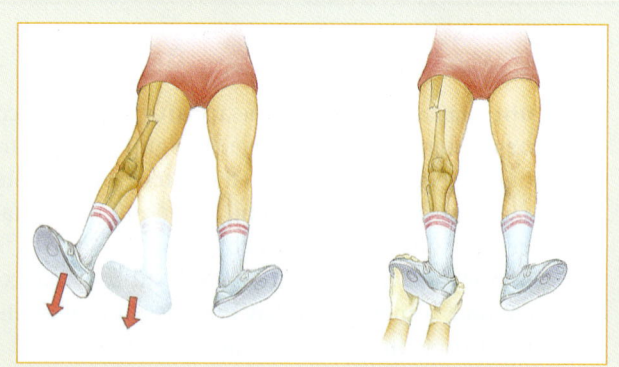

Figura 29-20 Para aplicar tracción, imagine la posición en la cual la pierna normal no lesionada estaría acostada y luego tire suavemente a lo largo de esa línea hasta que el miembro lesionado esté en esa posición. No libere la tracción una vez que la ha aplicado.

Aplicación de una férula rígida

29-3

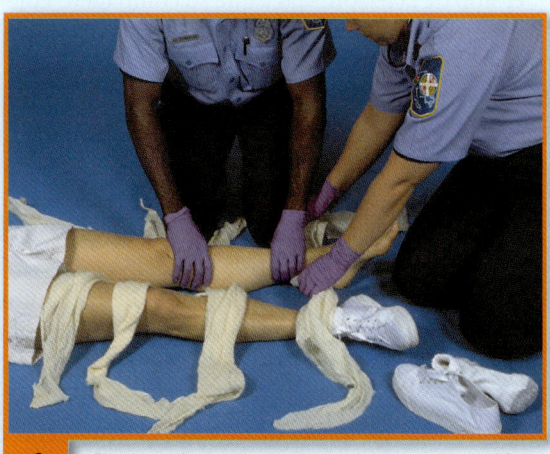

1 Proporcione un soporte suave y tracción en línea al miembro.

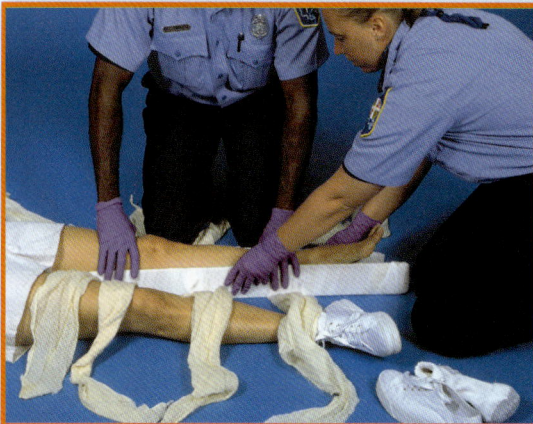

2 El segundo TUM-B coloca la férula a lo largo o debajo del miembro.

Acojine entre el miembro y la férula como sea necesario para asegurar presión y contacto regulares.

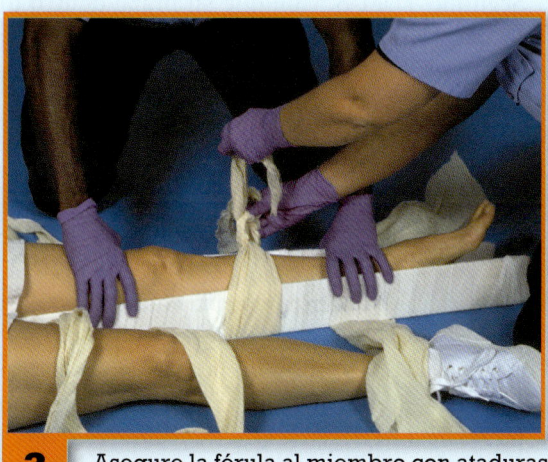

3 Asegure la férula al miembro con ataduras.

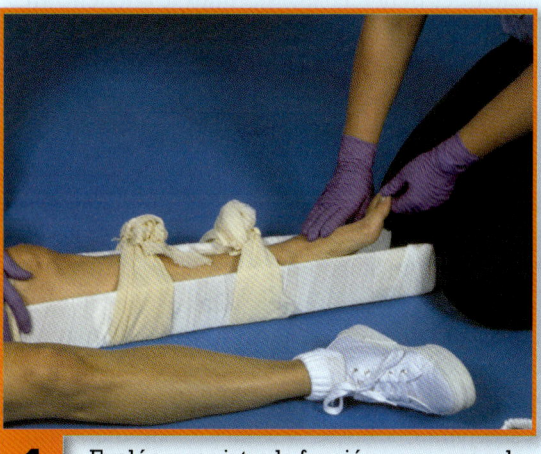

4 Evalúe y registre la función neurovascular distal.

---

1. Primer TUM-B. **Soporte suavemente el miembro** en el sitio de la lesión mientras otros preparan y empiezan a posicionar el equipo. Aplique tracción en línea regular, si es necesario. Mantenga este soporte hasta que la férula está completamente aplicada (**Paso 1**).
2. Segundo TUM-B. **Coloque la férula rígida debajo o a lo largo del miembro** (**Paso 2**).
3. Segundo TUM-B. **Coloque acojinamiento entre el miembro y la férula** para asegurar que haya presión y contacto regular. Busque cualquier prominencia ósea y acojínela.
4. Segundo TUM-B. **Aplique ataduras** para mantener firmemente la férula al miembro (**Paso 3**).
5. Segundo TUM-B. **Verifique y registre** la función nerviosa y circulatoria (neurovascular) distal (**Paso 4**).

Existen dos situaciones en la cuales debe enferular el miembro en la posición deformada: cuando la deformidad es intensa, como en el caso de muchas dislocaciones, o cuando encuentra resistencia y dolor extremo al aplicar tracción suave a la fractura del cuerpo de un hueso largo. En cualquiera de estas situaciones debe aplicar férulas de tablillas acojinadas a cada lado del miembro y fijarlas con

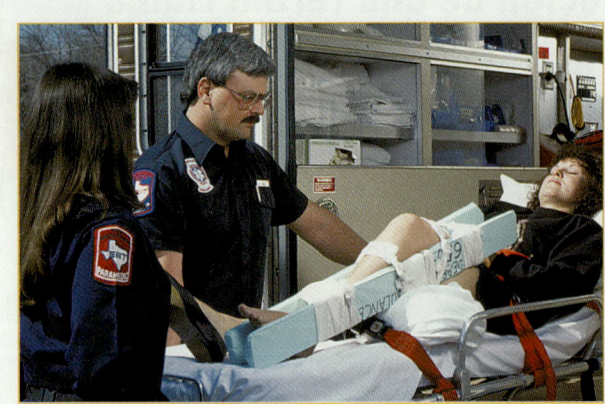

Figura 29-21 Si encuentra resistencia o dolor extremo cuando aplica tracción a un hueso largo, aplique una férula de tablillas a cada lado del miembro y asegúrelas con un rollo blando de vendas, estabilizando el miembro en su posición deformada.

rollos de vendas suaves (Figura 29-21 ▲). En su mayor parte, las dislocaciones deben ferularse como se encuentran, pero siga los protocolos locales. Los intentos de realinear o reducir dislocaciones pueden causar más daños.

Férulas formables

Las férulas formables, o blandas, usadas más comúnmente, son las férulas precontorneadas, inflables (neumáticas) o plásticas de aire claro. Están disponibles en una variedad de tamaños y formas, con o sin un cierre que corre a lo largo de la férula. Siempre infle la férula después de aplicarla. La férula de aire es cómoda, proporciona un contacto uniforme y tiene la ventaja agregada de aplicar una presión firme a una herida hemorrágica. Las férulas de aire se usan para estabilizar lesiones debajo del codo, o debajo de la rodilla.

Las férulas de aire tienen algunos inconvenientes, en particular en áreas de clima frío. El cierre se puede trabar, atorarse con tierra o congelarse. Los cambios significativos en las condiciones atmosféricas afectan la presión del aire en la férula, la cual desciende al volverse más frío el ambiente y aumenta al hacerse más caliente. Sucede lo mismo cuando hay cambios en la altitud, lo que puede ser un problema con el transporte de pacientes en helicóptero. Por tanto, debe vigilar cuidadosamente la férula y dejar salir aire si se infla en exceso.

El método para aplicar una férula de aire depende de que tenga un cierre. Con cualquiera de los tipos primero debe cubrir todas las heridas con un apósito estéril seco, asegurándose de seguir las precauciones de ASC. Con una férula que tenga un cierre, siga los pasos de (Destrezas 29-4 ▶):

1. **Sujete el miembro lesionado** levemente por encima del piso, aplicando una tracción suave y soportando el sitio de la lesión. Haga que su compañero coloque la férula abierta, desinflada, alrededor del miembro (**Paso 1**).
2. **Cierre e infle la férula con una bomba** o con la boca. Cuando esto se ha hecho, pruebe la presión en la férula. Con la inflación apropiada debe ser capaz de comprimir juntas las paredes de la férula, con un pellizco firme entre los dedos pulgar e índice, cerca del borde de la férula.
3. **Verifique y registre el pulso, la función motora y sensitiva**, y vigílelas periódicamente, hasta que el paciente llegue al hospital (**Paso 2**).

Si usa un tipo de férula de aire sin cierre, o con cremallera parcial, tenga ayuda de otra persona para seguir los pasos de (Destrezas 29-5 ▶):

1. Primer TUM-B. **Soporte el miembro lesionado** del paciente hasta que se efectúe la ferulación.
2. Segundo TUM-B. **Coloque su brazo dentro de la férula.** Extienda su mano más allá de la férula, y prenda la mano o el pie del miembro lesionado (**Paso 1**).
3. Segundo TUM-B. **Aplique tracción suave** a la mano o pie, mientras desliza la férula en el miembro lesionado. La mano o el pie del miembro lesionado siempre debe quedar incluido en la férula (**Paso 2**).
4. Primer TUM-B. **Infle la férula** con bomba o con la boca (**Paso 3**).
5. Segundo TUM-B. **Pruebe la presión** en la férula. Esto es algo que debe hacer con cualquier tipo de férula de aire.
6. Segundo TUM-B. **Verifique y registre el pulso, la función motora y sensitiva**, y vigílelas en ruta.

Otras férulas formables incluyen la férulas de vacío, de almohada, férulas SAM; un cabestrillo, faja o cinta, y el Pantalón Neumático Antichoque PNA (PASG o MAST, por sus siglas en inglés) para fracturas pélvicas. Como una férula de aire, la de vacío puede conformarse fácilmente para ajustarse alrededor de un miembro deformado. Sin embargo, en vez de bombear aire a su interior, puede usar una bomba manual para extraer el aire por medio de la válvula. Siga los pasos en (Destrezas 29-6 ▶) para aplicar una férula de vacío:

1. **Soporte y estabilice el miembro** lesionado, aplicando tracción si es necesario, mientras su compañero aplica la férula (**Paso 1**).

Aplicación de una férula de aire con cierre

1 Soporte el miembro lesionado y aplique tracción suave mientras su compañero aplica la férula abierta desinflada.

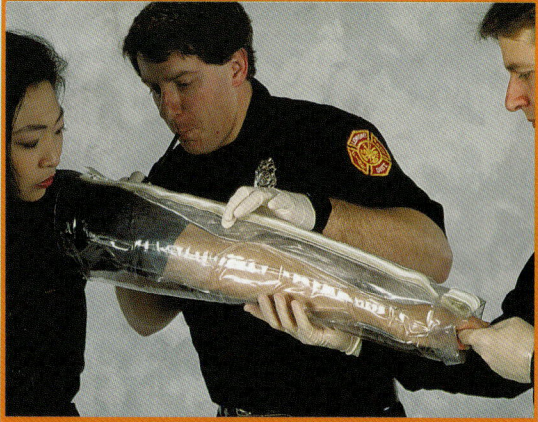

2 Cierre e infle la férula con una bomba o con la boca y pruebe la presión.

Verifique y registre la función neurovascular distal.

2. **Coloque suavemente el miembro lesionado en la férula de vacío** y envuelva la férula alrededor del miembro (**Paso 2**).
3. **Extraiga el aire de la férula** mediante la válvula de aspiración y luego selle la válvula. Una vez que la válvula está sellada, la férula de vacío se vuelve rígida, adaptándose a la forma del miembro deformado y estabilizándolo (**Paso 3**).
4. **Verifique la circulación y funciones nerviosas** distales, y vigílelas en ruta.

Férulas de tracción

Las férulas de tracción se usan sobre todo para asegurar fracturas del cuerpo del fémur, que se caracterizan por dolor, edematización y deformidad en la parte media del muslo. No debe usarse una férula de tracción si el paciente tiene una lesión obvia en la articulación de la rodilla o el tobillo, pie o pierna. Se dispone comercialmente de varios tipos de férulas de tracción de la extremidad inferior, como la férula de tracción de Hare, la férula de Sager y la férula de Kendrick, cada una de ellas con su propia técnica de aplicación, con la cual debe estar familiarizado. En este capítulo se describe el uso de las férulas de Hare y de Sager.

La férula de tracción de Hare no es adecuada para usarse en las extremidades superiores, debido a que los nervios y vasos sanguíneos principales en la axila de los pacientes no pueden tolerar fuerzas de contratracción.

No use férulas de tracción en alguna de las condiciones siguientes:

- Lesiones de la extremidad superior
- Lesiones cercanas a la rodilla, o que la afectan
- Lesiones de la cadera
- Lesiones de la pelvis
- Amputaciones parciales o avulsiones con separación de huesos
- Lesiones de la pierna, pie o tobillo

La aplicación apropiada de una férula de tracción requiere dos TUM-B bien entrenados, trabajando juntos. Practique los pasos de **Destrezas 29-7** ▶ con su compañero hasta que la secuencia y el trabajo en equipo necesario se hayan vuelto una práctica regular.

1. **Abra con un corte la pierna del pantalón** o exponga en otra forma la extremidad inferior lesionada. Siga las precauciones de ASC, según sea necesario. Asegúrese de evaluar y registrar el pulso, la función motora y la sensibilidad distales a la lesión.

Aplicación de una férula de aire sin cierre

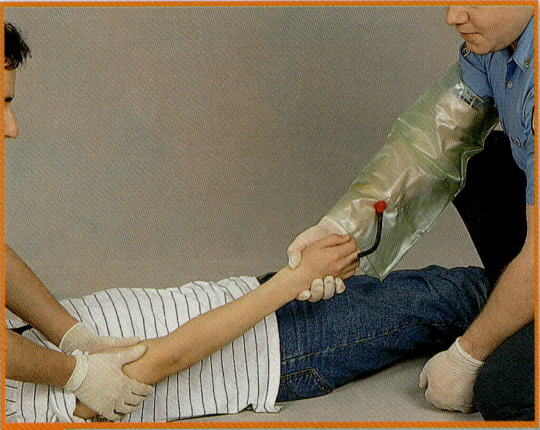

1 Soporte el miembro lesionado. Haga que su compañero coloque su brazo dentro de la férula para prender la mano o el pie del paciente.

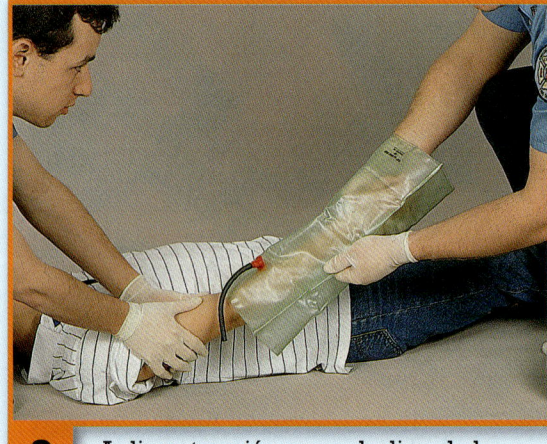

2 Aplique tracción suave deslizando la férula en el miembro lesionado.

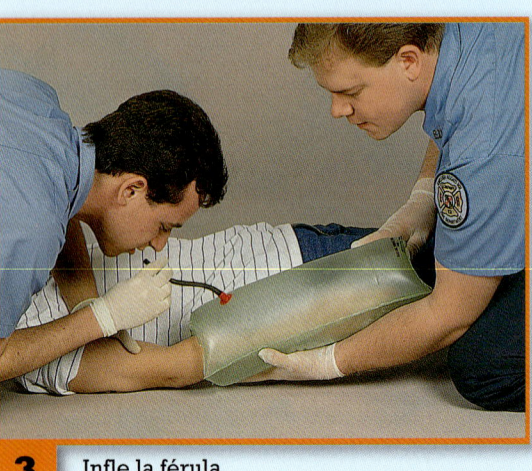

3 Infle la férula.

2. **Coloque la férula junto a la pierna no lesionada** del paciente, y ajústela a la longitud apropiada, con el anillo en la tuberosidad isquiática y la férula extendida 30 cm (12") más allá del pie. Abra y ajuste las cuatro tiras de Velcro de soporte, las cuales deben ser colocadas en la parte media del muslo, por encima de la rodilla, debajo de la rodilla y encima del tobillo (**Paso 1**).
3. Primer TUM-B: **Soporte y estabilice manualmente el miembro lesionado** en forma tal que no se produzca movimiento alguno mientras el segundo TUM-B ajusta la atadura del tobillo de tamaño apropiado en el tobillo y el pie. Normalmente se retira el zapato del paciente para este procedimiento (**Paso 2**).
4. Primer TUM-B: **Soporte la pierna en el sitio de la lesión sospechada** mientras el segundo TUM-B aplica manualmente tracción longitudinal suave a la atadura del tobillo y el pie. Use fuerza suficiente sólo para alinear (reposicionar) el miembro en forma tal que se ajuste dentro de la férula; no intente alinear anatómicamente los fragmentos de la fractura (**Paso 3**).
5. Primer TUM-B: **Deslice la férula a su posición** debajo del miembro lesionado del paciente, asegurándose que el anillo esté bien asentado en la tuberosidad isquiática (**Paso 4**).
6. **Acojine el área de la ingle** y aplique suavemente la tira isquiática (**Paso 5**).
7. Primer TUM-B: Mientras el segundo TUM-B continúa manteniendo la tracción, **coloque las asas de la atadura del tobillo** al extremo de la férula. Luego, aplique tracción suave a la tira conectora

Aplicación de una férula de vacío

Destrezas 29-6

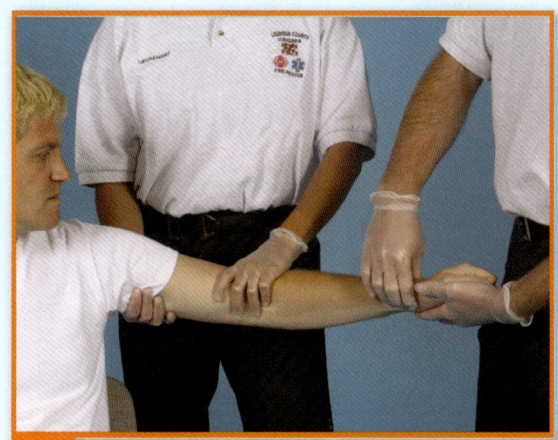

1 Estabilice y soporte la lesión.

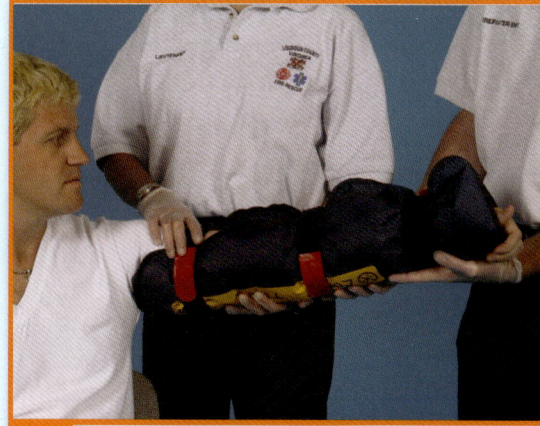

2 Coloque la férula y envuélvala alrededor del miembro.

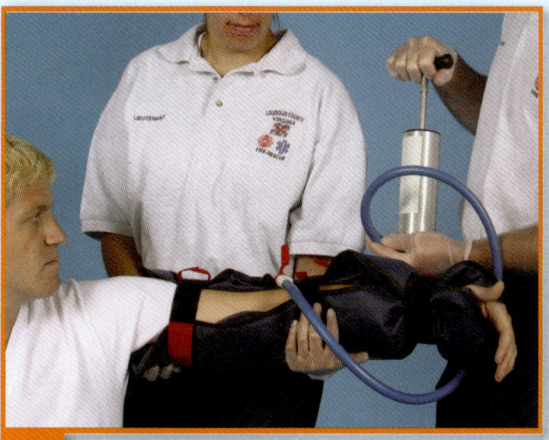

3 Extraiga el aire de la férula a través de la válvula de aspiración, y luego selle la válvula.

---

entre la atadura del tobillo y la férula, sólo la fuerza suficiente para mantener el alineamiento del pie. Sea precavido. Esta férula viene con un mecanismo de trinquete para tensar la tira que puede estirar demasiado el miembro y lesionar adicionalmente al paciente. Se ha aplicado una tracción adecuada cuando la pierna tiene la misma longitud que la otra pierna, o el paciente siente alivio (**Paso 6**).

8. Una vez que se ha aplicado la tracción correcta, **ajuste las tiras de soporte** en forma tal que el miembro esté firmemente sujeto en la férula. Verifique las tiras de soporte proximales y distales para confirmar que están seguras (**Paso 7**).

9. En este punto, **reevalúe los pulsos distales**, función motora y sensibilidad.

10. **Coloque al paciente firmemente a una camilla rígida larga** para transporte a la sala de urgencias. Puede ser necesario transportar al paciente con los pies por delante en la ambulancia para no cerrar la puerta sobre la férula (**Paso 8**).

Como esta férula de tracción estabiliza el miembro produciendo contratracción sobre el isquion y la ingle, tenga cuidado en acojinar bien estas áreas. Debe evitar presión excesiva sobre los órganos genitales externos. Use siempre ataduras de tobillo acojinadas, comercialmente disponibles, más que fragmentos de cuerda, cordón o cinta. Estas ataduras improvisadas a veces pueden ser dolorosas y obstruir, potencialmente, la circulación en el pie.

La férula de Sager es de peso ligero, fácil de almacenar, aplica una cantidad de tracción que puede medirse y

Destrezas 29-7

Aplicación de una férula de tracción de Hare

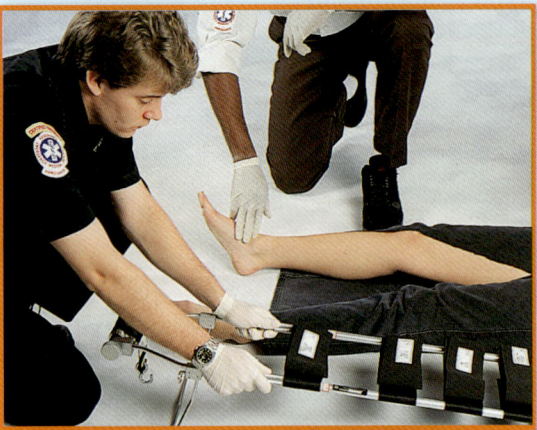

1 Exponga el miembro lesionado y verifique el pulso, función motora y sensitiva. Coloque la férula junto al miembro no lesionado, ajuste la férula a la longitud apropiada y prepare las tiras.

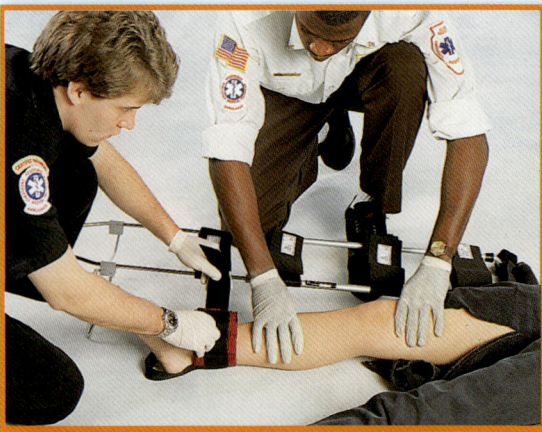

2 Soporte el miembro lesionado mientras su compañero ajusta las ataduras del tobillo alrededor del pie y el tobillo.

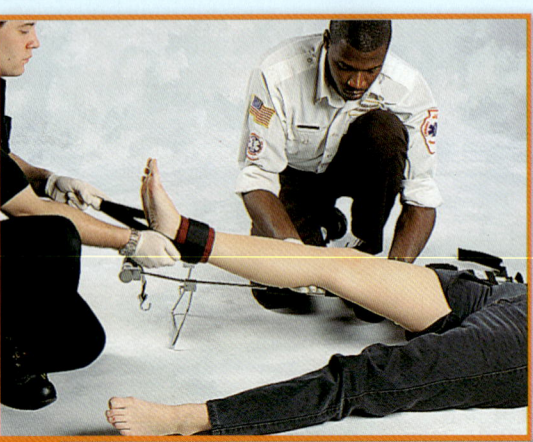

3 Continúe soportando el miembro mientras su compañero aplica tracción en línea suave a las ataduras del tobillo y pie.

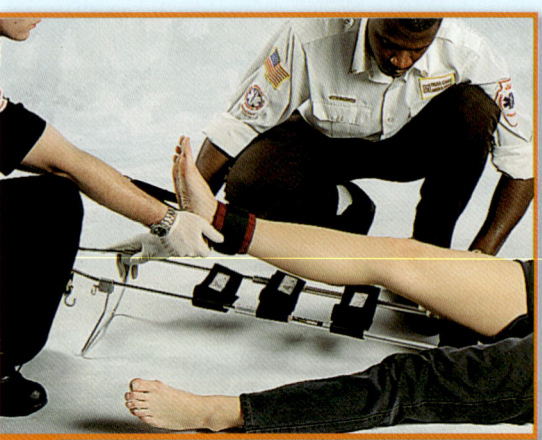

4 Deslice la férula a su posición debajo del miembro lesionado

puede usarse en un PNA. Lo mejor de todo es que puede aplicarlo por sí mismo cuando es necesario. Como con cualquier férula, además de conocer la secuencia precisa de los pasos para aplicar la férula apropiadamente, debe practicar con frecuencia la técnica de ferulación para mantener las destrezas necesarias. Siga estos pasos para aplicar una férula de Sager (Destrezas 29-8 ▶):

1. **Exponga la extremidad lesionada.** Usando las precauciones del ASC, según sea necesario, evalúe y registre el pulso, función motora y sensibilidad, distales a la lesión.

2. Antes de aplicar la férula, **ajuste la tira del muslo** que quedará situada en la parte anterior cuando se fije en su lugar (**Paso 1**).

3. **Estime la longitud apropiada de la férula** colocándola junto al miembro lesionado, en forma que la rueda quede a nivel del talón.

4. **Arregle los cojinetes del tobillo** para ajustarlos al tamaño de los tobillos del paciente (**Paso 2**).

5. **Coloque la férula a lo largo de la parte interior del miembro** y deslice la tira del muslo alrededor de la parte superior de éste, en forma tal que el cojín perineal se ajuste entre la ingle y la tuberosidad

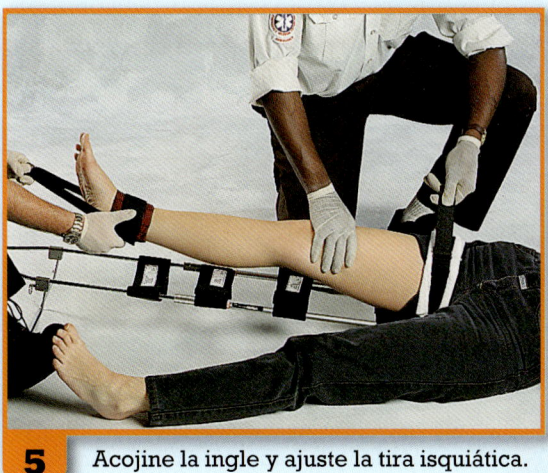
5 Acojine la ingle y ajuste la tira isquiática.

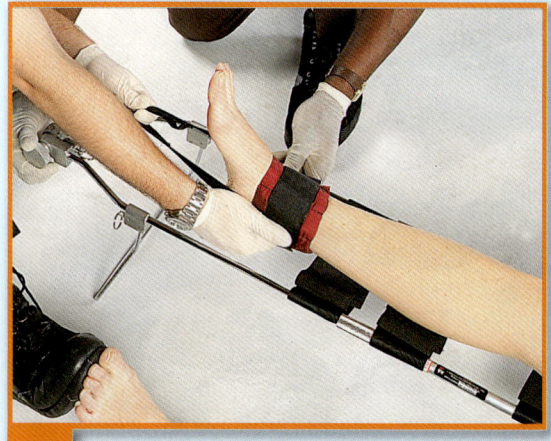
6 Conecte las asas de la atadura del tobillo al extremo de la férula, mientras su compañero continúa manteniendo la tracción. Continúe ajustando la atadura al punto en que la férula mantenga la tracción adecuada.

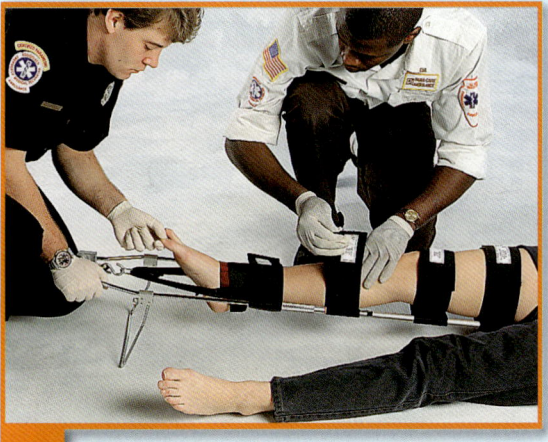
7 Asegure y verifique las tiras de soporte. Evalúe el pulso, funciones motoras y sensitivas.

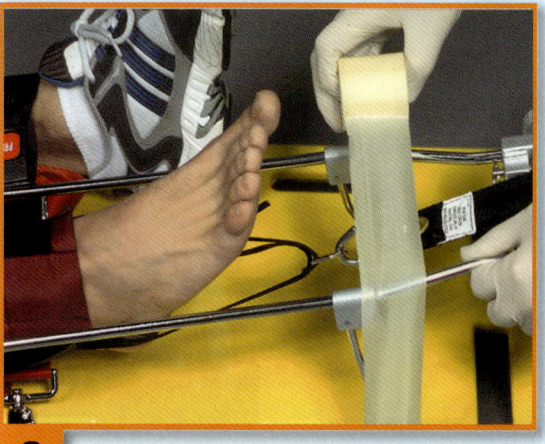
8 Asegure al paciente y la férula a la camilla rígida en forma tal que evite movimientos de la férula y el paciente durante el transporte.

isquiática. Ajuste la tira del muslo apretadamente (**Paso 3**).
6. **Fije apretadamente el aparejo** del tobillo alrededor del tobillo del paciente, justo por encima de los maléolos.
7. **Tire apretadamente el anillo** del cable contra la base del pie (**Paso 4**).
8. **Saque al exterior el cuerpo interior** de la férula para aplicar tracción de aproximadamente 10% de peso corporal, usando un máximo de 7 kg (15 libras). (**Paso 5**).
9. **Fije el miembro** a la férula usando cintas elásticas (**Paso 6**).
10. **Afirme al paciente** a una camilla rígida larga.
11. **Verifique el pulso, función motora y sensitiva** (**Paso 7**).

Riesgos de la ferulación inapropiada

Debe tener conciencia de los riesgos asociados con la aplicación inapropiada de las férulas, incluyendo los siguientes:

- Compresión de nervios, tejidos y vasos sanguíneos
- Demoras en el transporte de un paciente con una lesión que pone en peligro su vida
- Reducción de la circulación distal

Destrezas 29-8: Aplicación de una férula de tracción de Sager

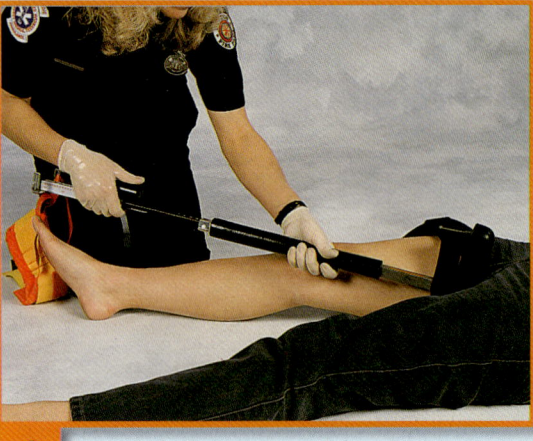

1 Después de exponer el área lesionada, verifique el pulso, función motora y sensitiva del paciente.

Ajuste la tira del muslo de manera que quede en la parte anterior cuando se asegure.

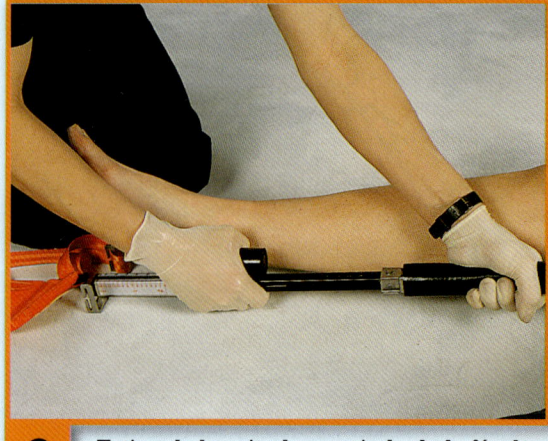

2 Estime la longitud apropiada de la férula colocándola junto al miembro lesionado.

Fije los cojinetes del tobillo al tobillo.

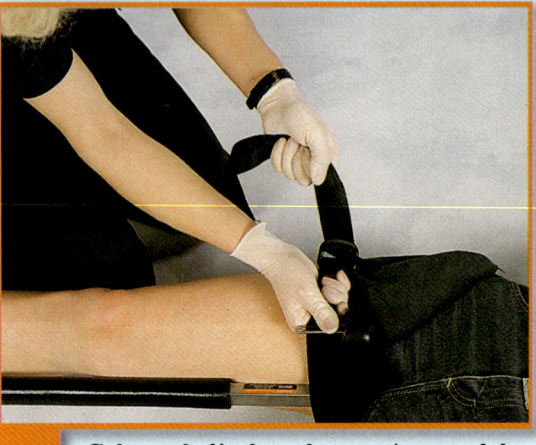

3 Coloque la férula en la parte interna del muslo, aplique la tira del muslo en su parte superior, y asegure apretadamente.

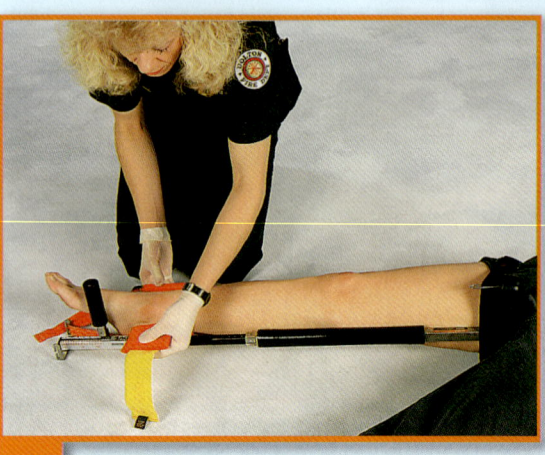

4 Tense el aparejo del tobillo justo por encima de los maléolos.

Tire el anillo del cable contra la base del pie.

- Agravamiento de la lesión
- Lesión de tejidos, nervios, vasos sanguíneos o músculos como consecuencia de movimiento excesivo de hueso o articulación.

Transportación

Una vez que un miembro está adecuadamente ferulizado, el paciente está listo para ser transferido a una camilla rígida o carro camilla y transportado.

Muy pocas lesiones musculoesqueléticas, acaso algunas, justifican el uso excesivo de velocidad durante el transporte. El miembro estará estable una vez que se han aplicado un apósito y una férula. Sin embargo, el paciente con un miembro sin pulso debe recibir una alta prioridad. Aun así, si el hospital está a sólo unos cuantos minutos de distancia, ir a alta velocidad a la sala de urgencias no hará diferencia sobre el resultado final del paciente. Si el servicio de tratamiento está a una hora o más de distancia, el paciente con un miembro sin pulso debe ser trasladado por helicóptero o transportación terrestre inmediata. Si la circulación distal en el miembro está deteriorada, siempre notifique a dirección médica para que puedan tomarse los pasos apropiados rápidamente una vez que el paciente llegue a la sala de urgencias.

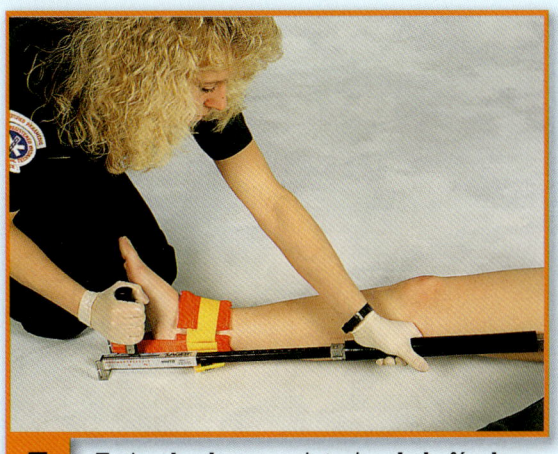

5 Extienda el cuerpo interior de la férula para aplicar tracción cercana a 10% del peso corporal.

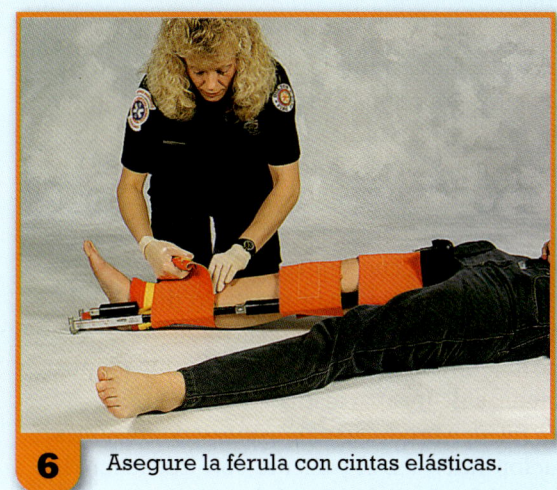

6 Asegure la férula con cintas elásticas.

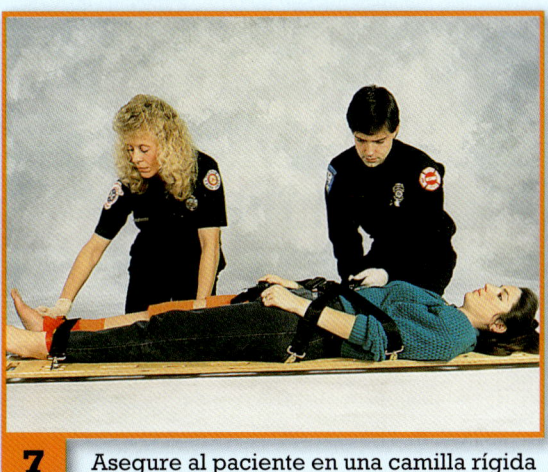

7 Asegure al paciente en una camilla rígida larga.

Verifique pulso, funciones motoras y sensitivas.

Lesiones musculoesqueléticas específicas

Lesiones de la clavícula y la escápula

La clavícula es uno de los huesos más comúnmente fracturados del cuerpo. Las fracturas de la clavícula ocurren con mucha frecuencia en niños cuando caen sobre una mano exageradamente extendida; también pueden ocurrir en lesiones por aplastamiento del tórax. Un paciente con una fractura de la clavícula manifestará dolor en el hombro y en general mantendrá el brazo cruzado al frente de su cuerpo Figura 29-22 ▶. Un niño pequeño casi siempre indica dolor en toda la extensión del brazo, y no tiene disposición alguna de usar ese miembro. Estas quejas hacen difícil localizar el punto de la lesión pero, generalmente, la edema y un punto de hipersensibilidad ocurren sobre la clavícula. Como la clavícula es subcutánea (inmediatamente debajo de la piel), la piel en ocasiones formará una "tienda" sobre el segmento de la fractura. La clavícula está situada directo sobre arterias, venas y nervios mayores, por tanto, la fractura de la clavícula puede conducir a deterioro neurovascular.

Las fracturas de la <u>escápula</u> ocurren con mucho menor frecuencia porque este hueso está bien protegido por muchos músculos grandes. Las fracturas de la escápula son casi siempre resultado de un fuerte golpe directo a la espalda, que también puede lesionar la caja torácica, los pulmones y el corazón. Por esta razón, debe evaluar con cuidado al paciente por signos de problemas respiratorios. Proporcione oxígeno suplementario y transporte pronto a los pacientes que están teniendo dificultades respiratorias. Recuerde, son las lesiones torácicas asociadas, no la propia fractura de la escápula, lo que plantea la mayor amenaza de incapacidad a largo plazo.

También pueden producirse abrasiones, contusiones, y edematización intensas; el paciente con frecuencia limitará el uso del brazo, debido al dolor en el sitio de la fractura. La escápula tiene además proyecciones óseas que pueden fracturarse con un grado menor de fuerza.

La articulación entre el extremo externo de la clavícula y la apófisis acromial se llama <u>articulación acromioclavicular (A/C)</u>. Esta articulación con frecuencia se separa durante juegos de futbol o *hockey*, cuando el jugador cae y aterriza sobre la punta del hombro desplazando la escápula fuera del extremo exterior de la clavícula. Esta dislocación se llama frecuentemente una separación A/C. El extremo distal de la clavícula formará una saliente y el paciente se quejará de dolor, incluyendo un punto de hipersensibilidad sobre la articulación A/C. Figura 29-23 ▶.

Las fracturas de la clavícula, escápula y las separaciones A/C pueden ferulizarse eficazmente con un cabestrillo y una banda. Un <u>cabestrillo</u> es cualquier vendaje

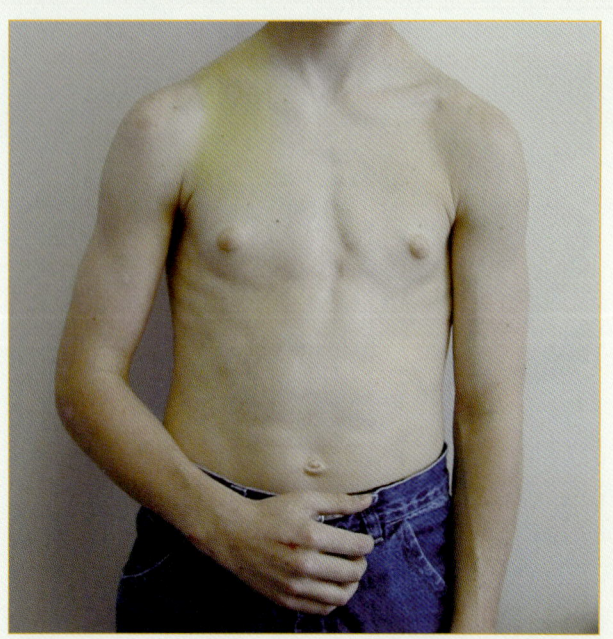

Figura 29-22 Un paciente con una fractura de la clavícula usualmente sostendrá su brazo cruzado frente a su cuerpo.

Tips para el TUM-B

Los puntos de hipersensibilidad son el indicador más confiable de una fractura subyacente.

Situación de urgencia — Parte 5

La historia SAMPLE del paciente indica que no tiene alergias a tipo alguno de medicación contra el dolor. Actualmente no está tomando medicamentos y no tiene una historia médica significativa. Su última ingestión fue un emparedado hace una hora aproximadamente. Los signos vitales del paciente son estables y usted, junto con su compañero, trabaja para aplicar una férula en la extremidad del paciente. Selecciona una férula que estabiliza arriba y abajo del área lesionada. El pulso, función motora y sensitiva están presentes antes y después de la aplicación; aplica un cabestrillo y banda para estabilizar la extremidad lesionada al cuerpo del paciente. El paciente manifiesta que se está sintiendo mucho mejor y parte para el hospital local.

8. ¿En qué posición transportará al paciente?
9. ¿Cómo documentaría esta llamada?

o material que ayuda a dar soporte al peso de una extremidad superior lesionada, aliviando el tiro hacia debajo de la gravedad sobre el sitio de la lesión. Para ser eficaz, un cabestrillo debe aplicar un suave soporte hacia arriba del apófisis olécranon del cúbito. El nudo del cabestrillo debe ser atado de lado del cuello para que no presione la columna cervical en forma incómoda (Figura 29-24A ▶).

Para estabilizar completamente la región del hombro, debe usarse una **banda** o vendaje que pase completamente alrededor del tórax, para afirmar al brazo contra la pared del mismo. La banda debe ser suficientemente tensa para evitar que el brazo cuelgue libremente, pero no tan tensa que comprima el tórax y dificulte la respiración. Deje expuestos los dedos del paciente para poder evaluar la función neurovascular a intervalos regulares (Figura 29-24B ▶).

Comercialmente hay disponibles estabilizadores para hombro o cabestrillos que proporcionan el soporte adecuado para las lesiones de la región del hombro, así como cabestrillos para vendaje triangular.

Dislocación del hombro

La articulación glenohumeral (articulación del hombro) es el punto donde la cabeza del **húmero**, el hueso de soporte del brazo, se une con la fosa glenoidea de la escápula. La **fosa glenoidea** se junta a la cabeza humeral para formar la articulación glenohumeral. En las dislocaciones del hombro, la cabeza del húmero por lo común se disloca anteriormente, quedando frente a la escápula como resultado de una abducción (alejada de la línea media) forzada y rotación externa del brazo (Figura 29-25 ▶).

Las dislocaciones del hombro son en extremo dolorosas. El paciente guardará el hombro e intentará protegerlo sujetando el brazo dislocado en una posición fija alejado de la pared del tórax (Figura 29-26 ▶). Usualmente la articulación del hombro estará trabada y el hombro parecerá cuadrado o aplanado; la cabeza humeral hará protrusión anteriormente, por debajo del pectoral mayor, sobre la pared anterior del tórax. Como resultado, el nervio axilar puede quedar comprimido, causando un área de entumecimiento en el aspecto exterior del hombro. Esté seguro de documentar este hallazgo. Algunos pacientes también pueden comunicar cierto entumecimiento en la mano debido al deterioro nervioso o circulatorio.

La estabilización de una dislocación anterior del hombro es difícil, porque cualquier intento para traer el brazo hacia el tórax producirá dolor. Debe enferular la articulación en cualquier posición que sea más cómoda para el

Figura 29-23 Con las separaciones A/C, el extremo distal de la clavícula usualmente forma una saliente.

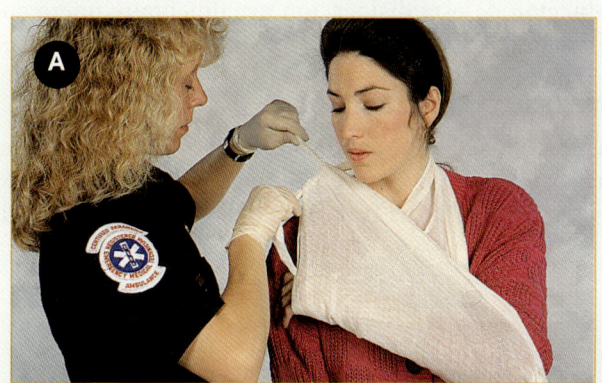
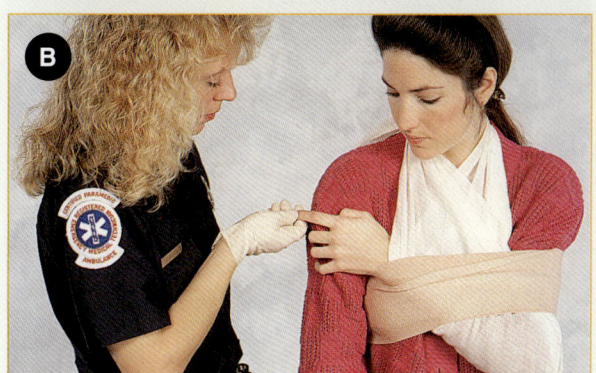

Figura 29-24 A. Aplique el cabestrillo en forma tal que el nudo se ate a un lado del cuello. **B.** Fije el brazo al tórax con una banda de manera que el brazo no pueda balancearse libremente. Deje expuestos los dedos del paciente para tener acceso a la circulación distal.

paciente. Si es necesario, coloque una almohada o cobijas o toallas enrolladas entre el brazo y el tórax, para llenar el espacio entre ellos (Figura 29-27▶). Una vez que el brazo se ha estabilizado en esta forma, el codo usualmente puede flexionarse a 90° sin causar dolor adicional. En este punto, puede aplicar un cabestrillo al antebrazo y muñeca para dar soporte al peso del brazo; finalmente, asegure el brazo en el cabestrillo a la almohada y tórax con una banda. Transporte al paciente sentado o semisentado.

La dislocación del hombro rompe los ligamentos de soporte de la parte anterior del hombro. Con frecuencia, estos ligamentos no se reparan de manera apropiada y la dislocación recurre, causando cada vez deterioro neurovascular y lesión articular adicional; en ciertos casos se puede requerir reparación quirúrgica. Algunos pacientes son capaces de corregir (meter) sus propios hombros dislocados. Sin embargo, por lo general la maniobra debe realizarse en un hospital y sólo después de obtenerse rayos X.

La dislocación posterior del hombro es menos común que la anterior. Los jugadores de futbol americano, en especial los de las líneas, son susceptibles a esta lesión. El brazo con frecuencia estará trabado en aducción (hacia la línea media), por lo cual no puede ser girado. La reducción de esta dislocación usualmente requiere supervisión médica.

Fractura del húmero

Las fracturas del húmero ocurren tanto proximalmente, en la parte media del cuerpo, como distalmente en el codo (Cuadro 29-2▶). Las fracturas del húmero proximal,

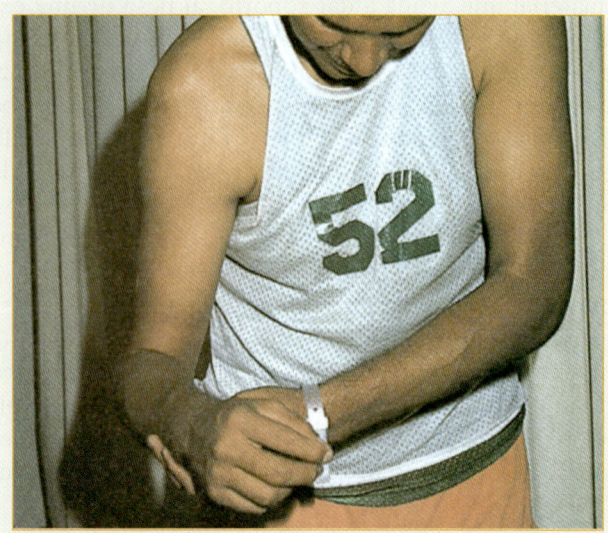

Figura 29-26 Un paciente con un hombro dislocado guardará el hombro, intentando protegerlo sosteniendo el brazo en una posición fija, alejado de la pared del tórax.

como resultado de caídas, son comunes en personas de edad avanzada. Las fracturas en la parte media del cuerpo ocurren más en pacientes jóvenes, de ordinario como resultado de una lesión violenta.

Con una fractura intensamente angulada debe aplicar tracción para realinear los fragmentos de la fractura antes de enferularlos. Consulte su protocolo local para encontrar indicaciones y técnicas para aplicar tracción a una fractura intensamente angulada. Soporte el sitio de la fractura con una mano y con la otra sostenga los dos cóndilos humerales (sus protrusiones lateral y medial) inmediatamente por encima del codo. Traccione con suavidad en línea con el eje normal del miembro (Figura 29-28▶). Una vez que logra un realineamiento "bruto" del miembro, enferule el brazo con un cabestrillo y una banda, complementado con una férula de tablillas acojinada en el aspecto lateral del brazo (Figura 29-29▶). Si el paciente manifiesta un dolor intenso, o resiste la tracción suave, enferule la fractura en la posición deformada con una férula de alambre o

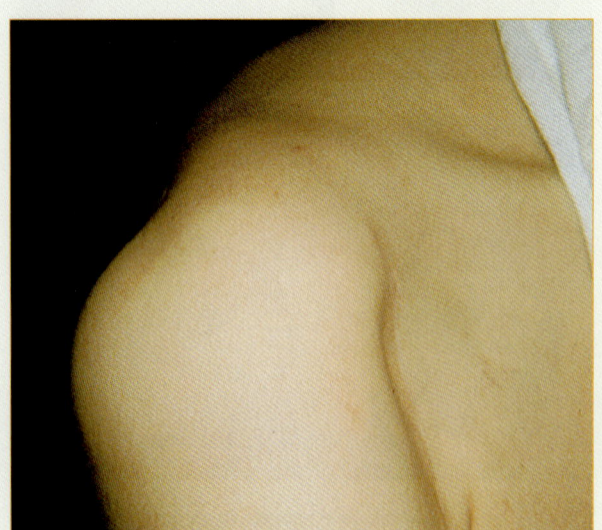

Figura 29-25 En su mayor parte, las dislocaciones del hombro son en la parte anterior. Note la ausencia de la apariencia redondeada normal del hombro.

> **Tips para el TUM-B**
>
> Cuando evalúe a un paciente con una posible dislocación del hombro, colóquese detrás del paciente y compare los hombros. El lado dislocado suele ser más bajo que el lado no lesionado.

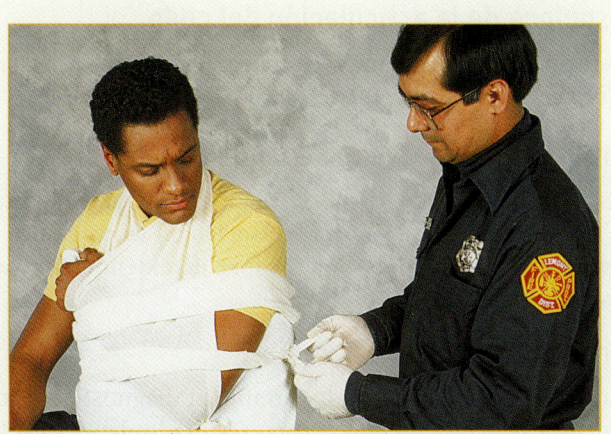

Figura 29-27 Ferulice la articulación en una posición cómoda, y coloque una almohada o toalla entre el brazo y la pared del tórax para estabilizar el brazo, después de lo cual el antebrazo se puede flexionar 90°. Aplique un cabestrillo y fije el brazo al tórax con una banda.

una férula de tablillas acojinadas, usando almohadas para dar soporte al miembro lesionado. Note que en el antebrazo de niños con estas fracturas puede desarrollar un síndrome compartimental.

Lesiones del codo

Con frecuencia se producen fracturas y dislocaciones alrededor del codo, los diferentes tipos de lesiones son difíciles de distinguir sin rayos X. Sin embargo, todas ellas producen deformidades similares del miembro y requieren los mismos cuidados de urgencias. Las lesiones de nervios y vasos sanguíneos son muy comunes en esta región. Estas lesiones pueden ser causadas, o empeoradas, por cuidados de urgencias inapropiados, en particular por la manipulación excesiva de la articulación lesionada.

Fractura del húmero distal

Este tipo de fractura, conocida también como fractura supracondilar o intercondilar, es común en niños. A menudo, los fragmentos de la fractura giran significativamente, produciendo una deformidad y causando lesiones a vasos y nervios vecinos. Se produce edema rápidamente, y con frecuencia es intenso.

Dislocación del codo

Este tipo de lesión ocurre típicamente en atletas y rara vez en niños pequeños. Puede ocurrir en lactantes mayores cuando son levantados o jalados por un brazo. El cúbito y el radio se desplazan posteriormente con mayor

CUADRO 29-2 Características y tratamiento de las fracturas del húmero

Tipo	Características	Tratamiento
Fracturas humerales proximales	■ Inflamación significativa, pero sin deformidad, del brazo ■ Deterioro neurovascular ■ Cualquiera, o todos los plexos braquiales afectados, dependiendo del grado de desplazamiento ■ Lesiones concurrentes de los tejidos blandos ■ Posible lesión del manguito rotativo (si los rayos X no muestran fractura, es posible un desgarro del manguito rotativo, en especial si el paciente no puede mover el brazo hacia el plano medial)	■ Estabilice con un cabestrillo y banda, o con un estabilizador de hombro. ■ Use la pared del tórax como una férula y asegure el brazo lesionado a la pared del tórax. ■ Coloque una férula de tablero corta, acojinada, sobre la parte lateral del brazo, bajo el cabestrillo y banda para soporte adicional.
Fracturas de la parte media del cuerpo	■ Angulación notable del brazo ■ Inestabilidad muy manifiesta y crepitación de fragmentos de fractura ■ Posible deterioro neurovascular ■ Posible atrapamiento del nervio radial. (El paciente no puede extender o dorsiflexionar la muñeca o los dedos, y puede comunicar entorpecimiento del dorso de la mano; "caída de la muñeca" clásica.)	■ Estabilice con un cabestrillo y banda, o con un estabilizador de hombro. ■ Use la pared del tórax como una férula, y asegure el brazo lesionado a la pared del tórax. ■ Coloque una férula de tablillas corta, acojinada, sobre la parte lateral del brazo, bajo el cabestrillo y banda para soporte adicional.
Fracturas humerales distales	■ Edematización significativa del codo ■ Posible deterioro neurovascular ■ Posible deterioro de los nervios cubital y mediano (documente el estado de los nervios antes y después de cualquier intento de reducir la fractura)	■ Estabilice con una férula, además de un cabestrillo y banda, o un estabilizador de hombro.

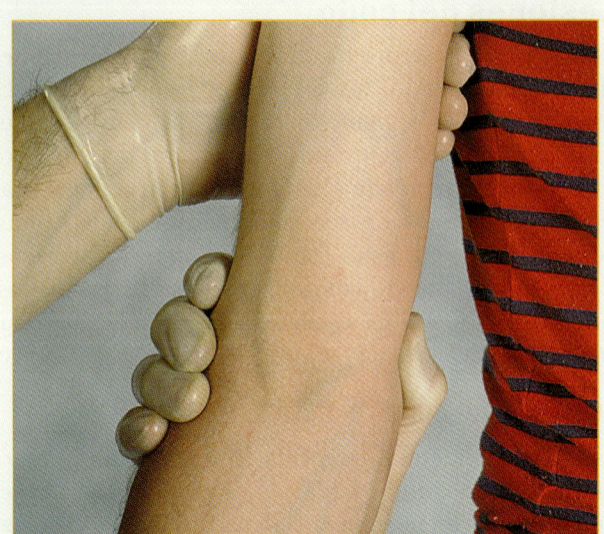

Figura 29-28 Para alinear una deformidad intensa asociada con una fractura el cuerpo humeral, aplique presión suave a los cóndilos del húmero, como se ve en este brazo no lesionado.

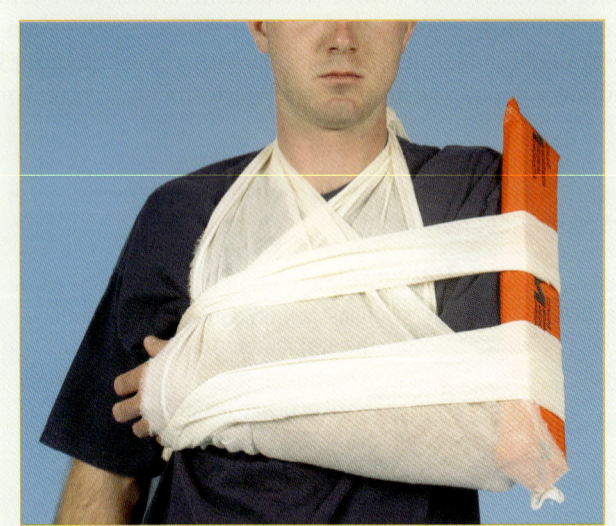

Figura 29-29 Ferulice una fractura del cuerpo humeral con un cabestrillo y una banda, complementado con una férula de tablillas acojinada en el lado externo del brazo.

frecuencia. El <u>cúbito</u>, el hueso en el lado del meñique, y el <u>radio</u>, en el lado del pulgar del antebrazo, se unen con el húmero distal. El desplazamiento posterior hace a la apófisis olécranon del cúbito mucho más prominente (Figura 29-30 ▶). La articulación suele estar trabada, con el antebrazo moderadamente flexionado en el brazo; esta posición hace que cualquier intento de movimiento sea en extremo doloroso. Como sucede con una fractura distal del húmero, hay edema y un potencial significativo de lesión vascular o nerviosa.

Esguince de la articulación del codo

Este diagnóstico a menudo es aplicado, en forma errónea, a una fractura oculta, no desplazada.

Fractura del olécranon del cúbito

Esta fractura puede ser el resultado de fuerzas directas o indirectas, con frecuencia se asocia con laceraciones y abrasiones. El paciente será incapaz de extender activamente el codo.

Fractura de la cabeza radial

Con frecuencia inadvertida durante el diagnóstico, esta fractura ocurre a menudo como resultado de una caída sobre un brazo exageradamente extendido, o un golpe directo sobre la parte lateral del codo. Los intentos para girar el codo o la muñeca causan molestias.

Cuidados de las lesiones del codo

Todas las lesiones del codo son potencialmente serias y requieren tratamiento cuidadoso. En los pacientes con lesiones del codo siempre evalúe las funciones neurovasculares distales de manera periódica. Si encuentra pulsos fuertes y buen llenado capilar, ferulice luego la lesión del codo en la posición en la cual la encontró, agregando un cabestrillo para la muñeca, si parece ser útil. Dos férulas de tablillas acojinadas, aplicadas a cada lado del miembro y afianzadas con rollos de vendas blandas, suelen ser suficientes para estabilizar el brazo (Figura 29-31A ▶). Asegúrese de que el tablón se extienda desde la articulación del hombro hasta la articulación de la muñeca, estabilizando la totalidad del hueso, por encima y por debajo de la articulación lesionada. En forma alternativa puede moldear una férula de alambre o una férula SAM al miembro (Figura 29-31B ▶). Si es necesario, puede agregar soporte adicional al miembro con una almohada.

Una mano pálida, fría, pulso débil o ausente y pobre llenado capilar indican que es probable que los vasos sanguíneos se hayan lesionado. El cuidado adicional de este paciente debe ser dictado por un médico; notifique a dirección médica de inmediato. Si está a 10 o 15 minutos del hospital, enferule el miembro en la posición en la que lo encontró y proporcione un transporte rápido. Si no es así, dirección médica puede dirigirlo para que trate de realinear el miembro para mejorar la circulación en la mano.

Si el miembro no tiene pulso y está significativamente deformado en el codo, aplique una suave tracción manual, en línea con el eje largo del miembro para disminuir la deformidad. Esta maniobra puede restaurar el pulso. Sea cuidadoso pues la manipulación excesiva sólo puede empeorar el problema vascular. Si el pulso no retorna *después de un intento*, enferule el miembro en la posición

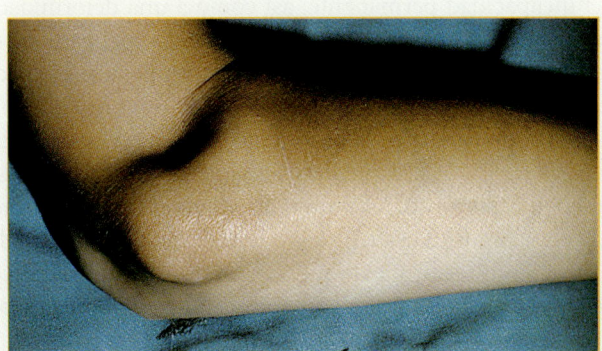

Figura 29-30 La dislocación posterior del codo hace al olécranon del cúbito mucho más prominente.

más cómoda para el paciente. Si el pulso se restaura con la tracción longitudinal suave, enferule la extremidad en la posición que permita percibir el pulso más fuerte. Proporcione un pronto transporte a todos los pacientes con deterioro de la circulación distal.

Fracturas del antebrazo

Las fracturas de los cuerpos del radio y el cúbito son comunes en personas de todos los grupos de edades, pero se ven más frecuentemente en niños y personas de edad avanzada. En general, cuando la lesión es el resultado de una caída sobre una mano extendida exageradamente se rompen ambos huesos al mismo tiempo (Figura 29-32 ▶). Una fractura aislada del cuerpo del cúbito puede ocurrir como resultado de un golpe directo, lo que se conoce como fractura por golpe nocturno (*nightstick*).

Las fracturas del radio distal, que son en especial frecuentes en personas mayores con osteoporosis, se conocen comúnmente como fracturas de Colles. El término "deformidad de tenedor" se usa para describir el aspecto

⚠ Necesidades pediátricas

Las lesiones en las placas de crecimiento de los niños son comunes, en especial alrededor de la muñeca, codo y tobillo. Las lesiones tienden a producirse en estos centros cartilaginosos de crecimiento, porque son inherentemente más débiles que el hueso circundante. Como el crecimiento longitudinal del miembro depende de la función de la placa de crecimiento, es en extremo importante reconocer la posibilidad de lesiones de la placa de crecimiento, estabilizar el miembro lesionado y transportar al paciente de manera oportuna a un centro apropiado, con cobertura pediátrica, ortopedia pediátrica y cirugía pediátrica. Es posible que el funcionamiento apropiado de la placa de crecimiento lesionada, durante el resto del crecimiento esquelético, dependa de la reducción anatómica oportuna de la fractura y el seguimiento cercano por un ortopedista.

Debe asumirse que cualquier deformidad en proximidad cercana a una articulación en niños menores de 16 años es una lesión de la placa de crecimiento y debe transportarse y tratarse en forma apropiada.

distintivo del brazo del paciente (Figura 29-33 ▶). En los niños puede producirse esta fractura en la placa de crecimiento y puede tener consecuencias a largo plazo.

Para estabilizar fracturas del antebrazo o la muñeca, puede usar una tablilla acojinada, aire, vacío o férula de almohada. Si se ha fracturado el cuerpo del hueso, asegúrese de incluir la articulación del codo en la férula. La ferulación de la articulación del codo no es necesaria con

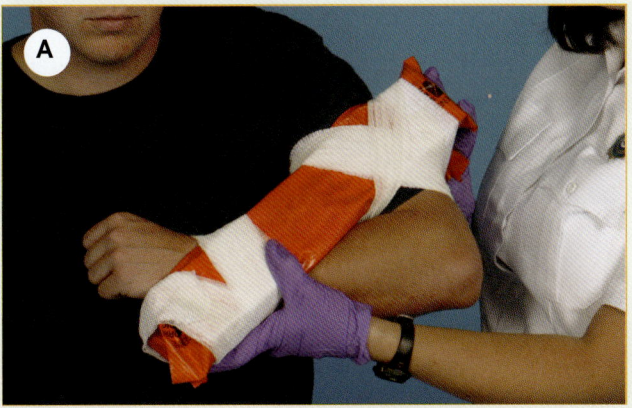
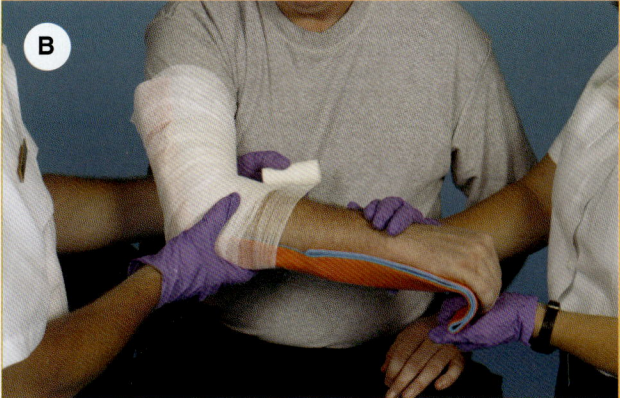

Figura 29-31 A. Dos férulas de tablillas acojinadas proporcionan estabilización adecuada a un codo lesionado. **B.** Una férula SAM puede ser moldeada a la forma del miembro de manera que pueda ferulizarlo en la posición en la que se encontró.

fracturas cercanas a la muñeca, sin embargo, el paciente estará más cómodo si agrega un cabestrillo o una almohada para mayor comodidad.

Lesiones de la muñeca y la mano

Las lesiones de la muñeca, que van de dislocaciones a esguinces, deben confirmarse con rayos X. Las dislocaciones suelen asociarse con una fractura, dando lugar a una fractura-dislocación. Otra lesión común de la muñeca es la fractura aislada, no desplazada, de un hueso carpiano, especialmente el escafoides. Cualquier esguince o fractura cuestionable de la muñeca debe ferulizarse y evaluarse, ya sea en la sala de urgencias o en el consultorio de un cirujano ortopedista.

Las lesiones de la mano varían mucho, algunas con consecuencias potencialmente serias. Los accidentes industriales, recreacionales o del hogar, a menudo dan por resultado dislocaciones, fracturas, laceraciones, quemaduras y amputaciones. Como se requieren los dedos y las manos para funcionar en muchas formas intricadas, cualquier lesión que no es tratada de manera apropiada puede dar lugar a una incapacidad permanente, así como a una deformidad. Por esta razón, todas las lesiones de la mano, incluyendo las simples laceraciones, deben ser evaluadas por un médico. Por ejemplo, no debe intentar "tirar" de una articulación dislocada de un dedo en un intento de volverlo a su lugar (Figura 29-34). Siempre lleve las partes amputadas al hospital con el paciente. Asegúrese de envolver la parte amputada en un apósito estéril, seco o húmedo, dependiendo de su protocolo local, y colóquelas en una bolsa de plástico seca. Ponga la bolsa en un contenedor enfriado; no empape la parte amputada en agua ni permita que se congele.

Un voluminoso apósito en el antebrazo hace una férula eficaz para cualquier lesión de la mano o la muñeca. Siga los pasos de (Destrezas 29-9):

1. **Siga las precauciones del ASC.**
2. **Cubra todas las heridas** con un apósito estéril seco.
3. Dando soporte al miembro lesionado, **forme la mano lesionada en la posición funcional**, con la muñeca ligeramente inclinada hacia abajo y las puntas de todos los dedos moderadamente flexionadas. Esta es la posición que se usa para sujetar, y puede ser muy cómoda.
4. **Coloque un rollo de vendas blando en la palma de la mano** (**Paso 1**).
5. **Aplique una férula de tablillas acojinada en el lado palmar de la muñeca** dejando los dedos expuestos (**Paso 2**).
6. **Afirme la longitud total de la férula** con un rollo de vendas blando (**Paso 3**).
7. **Aplique un cabestrillo y banda**, o sostenga la mano y la muñeca ferulizadas sobre una almohada o sobre el tórax del paciente durante el transporte al hospital.

Fracturas de la pelvis

Las fracturas de la pelvis a menudo son el resultado de compresión directa, por la transmisión de energía in-

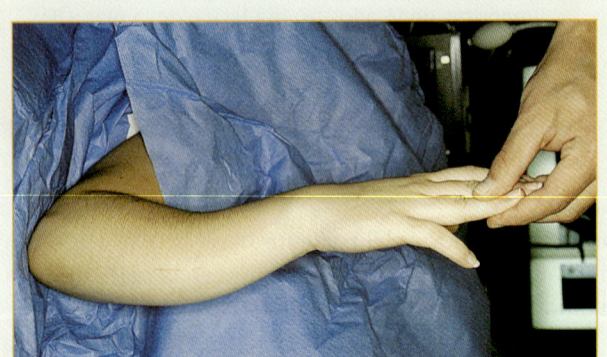

Figura 29-32 Las fracturas del antebrazo a menudo se producen en niños como resultado de una caída sobre una mano extendida excesivamente.

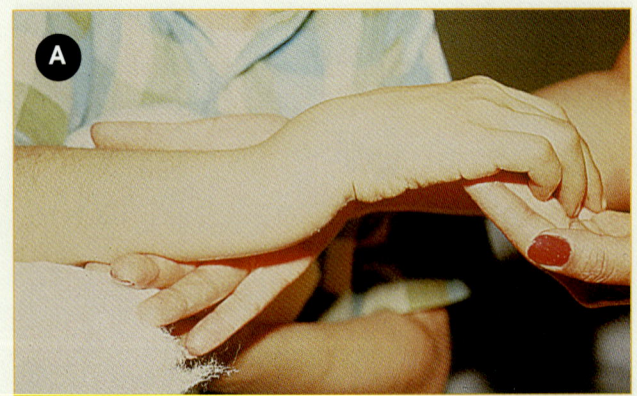
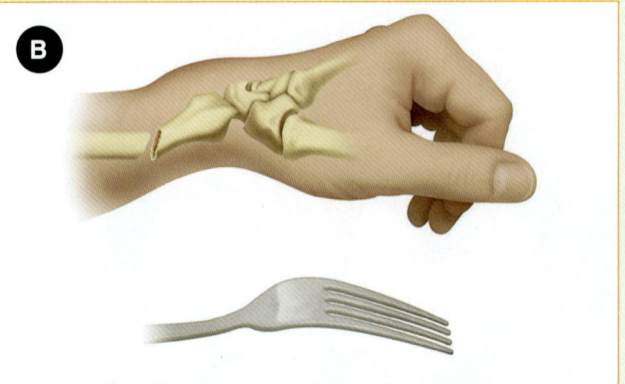

Figura 29-33 **A.** Las fracturas del radio distal producen una deformidad característica de tenedor de plata. **B.** Ilustración de la misma fractura.

Ferulación de la mano y muñeca

Destrezas 29-9

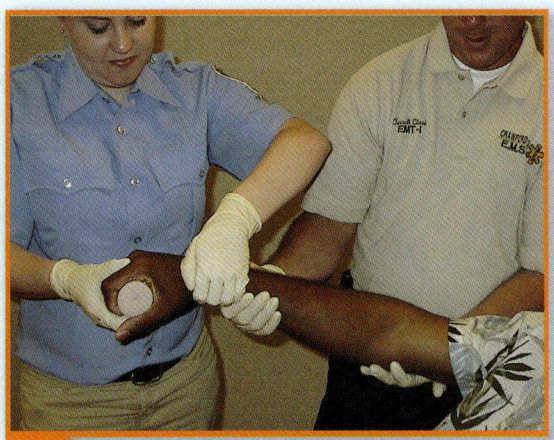
1 Mueva la mano a posición funcional. Coloque un rollo suave de vendas en la palma.

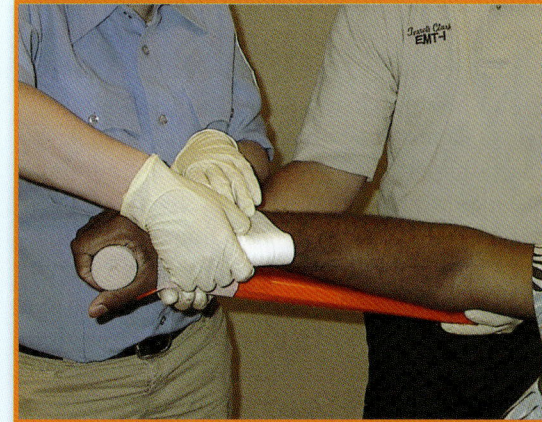
2 Aplique una férula de tablero en el lado palmar, con los dedos expuestos.

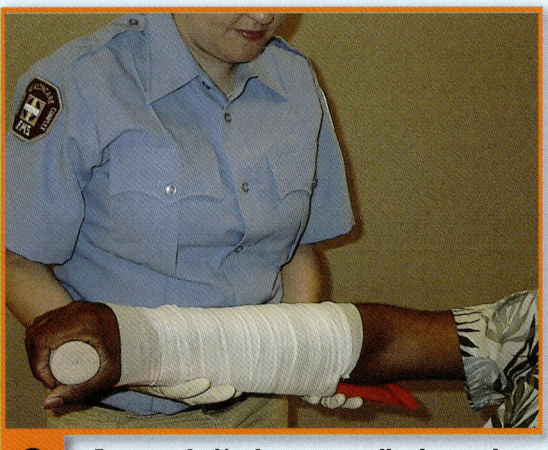
3 Asegure la férula con un rollo de vendas.

tensa que literalmente comprima la pelvis. El golpe puede ser por un choque de un vehículo motor, una herramienta usada de manera deliberada, un objeto que cae y golpea o una caída de una altura mayor. Las lesiones de la pelvis también pueden ser causadas por fuerzas indirectas. Por ejemplo, cuando una rodilla golpea el tablero en un choque de automóvil, el impacto de la fuerza es transmitido a lo largo de la línea del **fémur**, el hueso del muslo, que es el hueso más largo y más grande del cuerpo; la cabeza del fémur se impacta en la pelvis causando su fractura. Sin embargo, no todas las fracturas de la pelvis son el resultado de un traumatismo violento. Incluso una simple caída puede producir una fractura de la pelvis, en especial en individuos mayores con osteoporosis.

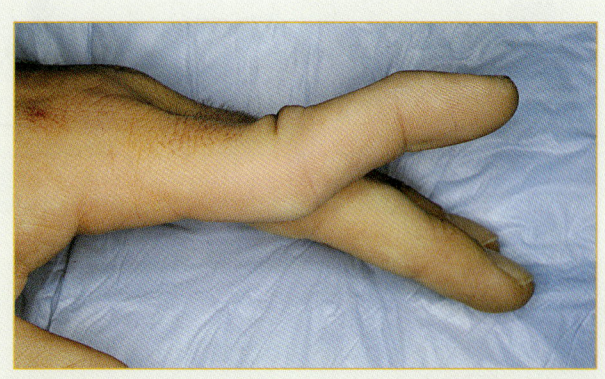
Figura 29-34 Dislocación de la articulación del dedo. No intente "tronar" la articulación para volverla a su sitio.

Las fracturas de la pelvis pueden acompañarse por pérdidas de sangre que ponen en peligro la vida por laceración de vasos fijos a la pelvis en ciertos puntos clave. Pueden acumularse varios litros de sangre en el espacio pélvico y en el espacio retroperitoneal, que está situado entre la cavidad abdominal y la pared abdominal posterior: el resultado será la hipotensión significativa, estado de choque y, a veces, la muerte. Por esta razón, de inmediato debe tomar pasos para tratar el estado de choque, aunque sólo haya una edematización mínima. Con frecuencia no hay signos visibles de hemorragia hasta que ha ocurrido una seria pérdida de sangre. Debe estar preparado para reanimar rápidamente al paciente, si eso se vuelve necesario.

Como la pelvis está rodeada por músculos densos, las fracturas expuestas de la pelvis son muy poco comunes, pero con una alta mortalidad. Sin embargo, los fragmentos de las fracturas de la pelvis pueden lacerar al recto y la vagina, creando una fractura expuesta, que a menudo pasa inadvertida. Una vez que el anillo pélvico protector está roto, las estructuras que están diseñadas para proteger, incluyendo a la vejiga urinaria, son más susceptibles a la lesión. La vejiga urinaria puede ser lacerada por fragmentos de hueso pélvico, pero con más frecuencia se desgarra o rompe como resultado de tensión, ya sea en la vejiga o en la uretra.

Debe sospechar una fractura de la pelvis en cualquier paciente que ha sufrido una lesión de alta velocidad y se queja de molestias en la espalda inferior o en el abdomen. Como el área está cubierta por músculos densos y otro tejido blando, la presencia de deformidad e inflamación puede ser difícil de ver. El signo más confiable de fractura de la pelvis es la simple hipersensibilidad, inestabilidad con compresión o palpación firmes. La compresión firme de las dos crestas ilíacas producirá dolor en un sitio de fractura en el anillo pélvico. Examine la hipersensibilidad siguiendo estos pasos (Figura 29-35 ▼):

1. Coloque las palmas de las manos sobre la parte lateral de cada cresta ilíaca y **aplique presión firme, pero suave, hacia adentro**, en el anillo pélvico.
2. Con el paciente en posición supina, **coloque una palma sobre la parte anterior de la cresta ilíaca y aplique presión firme hacia abajo**.
3. Use la palma de su mano para **palpar** firme, pero suavemente, la sínfisis del pubis, la articulación cartilaginosa firme entre los dos huesos pubis. Esta área estará hipersensible si hay una lesión en la porción anterior del anillo pélvico.

Si se ha producido una lesión en la vejiga urinaria o la uretra, el paciente tendrá hipersensibilidad abdominal inferior, puede haber evidencia de hematuria (sangre en la orina) o sangre en la abertura uretral.

Efectúe una evaluación inicial y vigile cuidadosamente el estado general de cualquier paciente en quien sospeche una fractura de la pelvis, porque está en un alto riesgo de choque hipovolémico. Los pacientes estables pueden ser asegurados a una camilla espinal larga o a una camilla tipo espátula para estabilizar fracturas aisladas de la pelvis. Coloque un PNA en la camilla antes de transferir al paciente a la camilla espinal larga (Figura 29-36 ▶). El PNA estará listo para aplicar e inflar si el paciente desarrolla signos de choque. Recuerde, el PNA es sólo un dispositivo temporal y debe quitarse dentro de un plazo de 24 horas. Tal paciente críticamente lesionado debe ser transferido al hospital de inmediato.

Dislocación de la cadera

La articulación de la cadera es una articulación de bola y cuenca muy estable, que se disloca sólo después de una lesión significativa. En su mayor parte, las dislocaciones

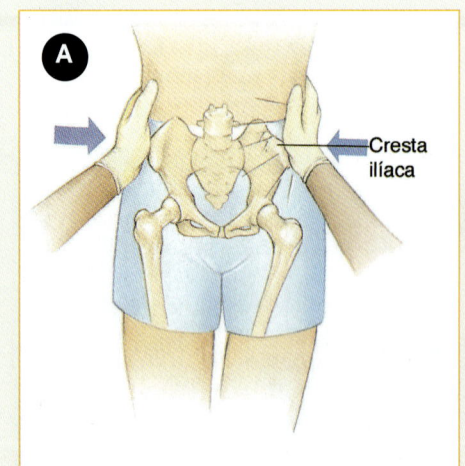 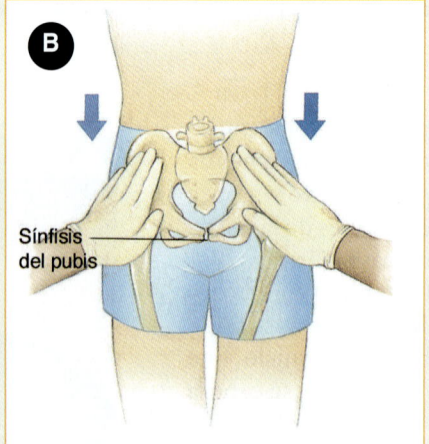 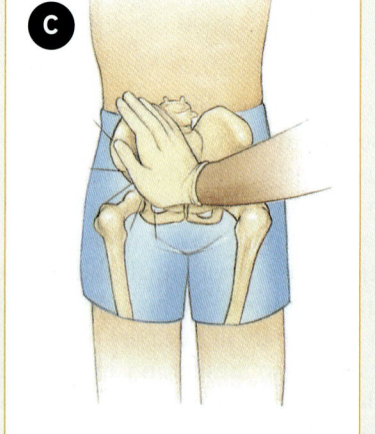

Figura 29-35 **A.** Para evaluar la hipersensibilidad o inestabilidad de la pelvis, ponga sus manos sobre la parte lateral de cada cresta ilíaca y comprima suavemente la pelvis. **B.** Con el paciente en posición supina, coloque sus palmas sobre la parte anterior de cada cresta ilíaca, aplique presión firme, pero suave, hacia abajo. **C.** Palpe la sínfisis del pubis con la palma de su mano.

de la cadera son posteriores. La cabeza femoral se desplaza hacia atrás para quedar en los músculos de los glúteos. La dislocación posterior de la cadera ocurre con más frecuencia como resultado de accidentes automovilísticos, en los cuales la rodilla recibe una fuerza directa, contra el tablero, y la totalidad del fémur es impulsada hacia atras, dislocando la articulación de la cadera (Figura 29-37 ▶). Por tanto, debe sospechar una dislocación de la cadera en cualquier paciente que ha estado en un choque de automóvil y que tiene una contusión laceración o fractura obvia en la región de la rodilla. Muy rara vez la cabeza femoral se disloca hacia adelante; en estas circunstancias las piernas se separan, apartándose súbita y forzadamente, y se traban en esa posición.

La dislocación posterior de la cadera se complica con frecuencia con lesión del nervio ciático, que está situado justo atrás de la articulación de la cadera. El **nervio ciático** es el nervio más importante en la extremidad inferior; controla la actividad de los músculos en la parte posterior del muslo y debajo de la rodilla, así como la sensibilidad en la mayor parte de la pierna y el pie. Cuando la cabeza del fémur es forzada a salir de la cuenca de la cadera puede comprimir o estirar el nervio ciático, llevando a una parálisis parcial o completa del nervio. El resultado es disminución de la sensibilidad en la pierna y el pie, y frecuentemente debilidad en los músculos del pie. En general sólo están implicados los dorsiflexores, los músculos que elevan los dedos de los pies, o los pies, causando la "caída del pie", que es característica del daño de la porción peroneal del nervio ciático.

Los pacientes con una dislocación posterior de la cadera están típicamente acostados con la articulación de la cadera flexionada (la articulación de la rodilla tirada hacia arriba, hacia el tórax) y el muslo girado hacia adentro, hacia la línea media del cuerpo, encima del muslo opuesto (Figura 29-38A ▶). Con la dislocación anterior, menos común, el miembro está en la posición opuesta, extendido recto, girado externamente y apuntando alejado de la línea media del cuerpo.

La dislocación de la cadera se asocia con signos muy distintivos. El paciente tendrá dolor intenso en la cadera y resistirá fuertemente cualquier intento de mover la articulación. La parte lateral y posterior de la región de la cadera serán hipersensibles a la palpación. Con algunos individuos podrá palpar la cabeza femoral, profundamente dentro de los tejidos de la nalga. Verifique por una posible lesión del nervio ciático evaluando con cuidado la sensibilidad y función motora en la extremidad inferior. En ocasiones, la función del nervio ciático será normal al principio y luego disminuirá poco a poco.

Como con cualquier otra lesión de la extremidad inferior, no debe hacer intento alguno de reducir la dislocación de la cadera en el campo. Enferule en la posición de deformidad y coloque la parte supina en una camilla espinal larga. Dé soporte al miembro afectado con almohadas y cobijas enrolladas, en particular debajo de la rodilla flexionada (Figura 29-38B ▶), y luego asegure la totalidad del

Figura 29-36 Coloque un PNA sobre la camilla espinal larga antes de girar en bloque al paciente con sospecha de una fractura pélvica.

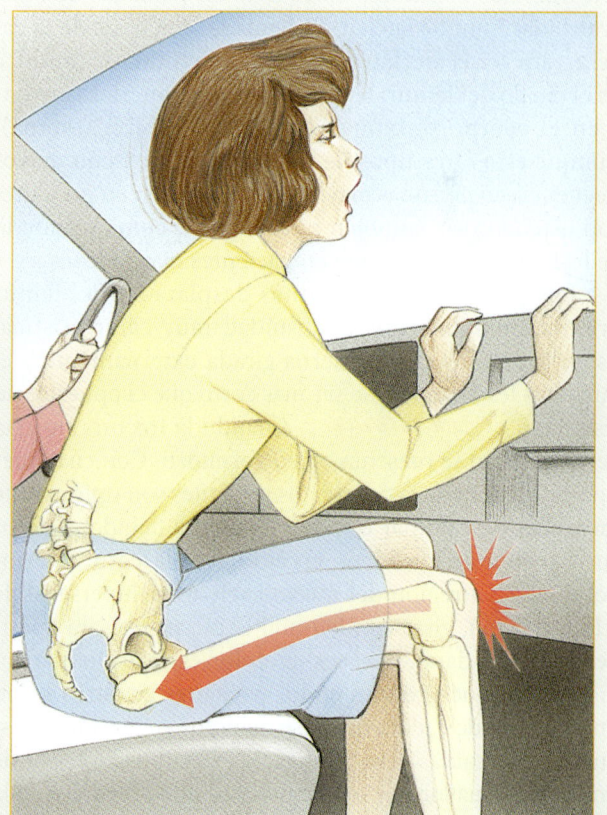

Figura 29-37 La dislocación posterior de la cadera puede ocurrir como resultado del impacto de una rodilla sobre el tablero en un choque de automóvil. El impacto desplaza al fémur posteriormente (véase flecha), dislocando la articulación.

 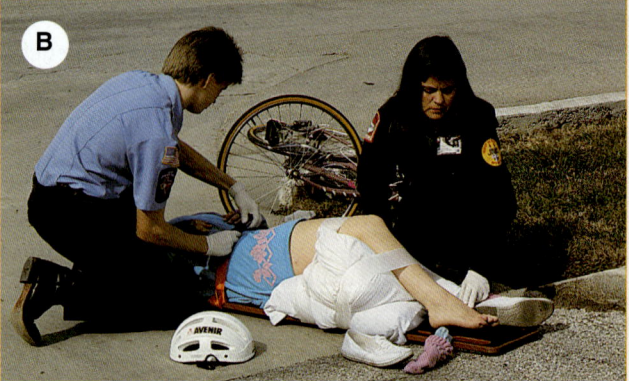

Figura 29-38 **A.** Posición usual de un paciente con una dislocación posterior de la cadera. La articulación de la cadera está flexionada y el muslo está girado hacia adentro y en aducción por medio de la línea media del cuerpo. **B.** Soporte el miembro afectado con almohadas y cobijas, en particular debajo de la rodilla flexionada. Asegure la totalidad del miembro a un tablón largo, con tiras largas para prevenir el movimiento durante el transporte.

miembro a la camilla espinal con tiras largas, en forma tal que la cadera no se mueva. Asegúrese de proporcionar un oportuno transporte.

Fracturas del fémur proximal

Las fracturas del extremo proximal (superior) del fémur son fracturas comunes, sobre todo en personas de edad avanzada. Aunque suelen ser llamadas fracturas de la cadera, rara vez la afectan. En su lugar, la rotura se produce en el cuello del fémur, la región intertrocantérica (media) o en el cuerpo proximal del fémur (subtrocantérea). Aunque estos tres tipos de fracturas ocurren con mayor frecuencia en personas mayores, en particular en pacientes con osteoporosis, también pueden verse como resultado de lesiones de alta energía en pacientes más jóvenes.

Los pacientes con fracturas desplazadas del fémur proximal exhiben una deformidad muy característica. Están acostados con la pierna girada externamente y el miembro lesionado suele ser más corto que el opuesto, no lesionado **Figura 29-39A** ▶. Cuando la fractura no está desplazada no se presenta esta deformidad. Con cualquier tipo de fractura de la cadera, los pacientes son típicamente incapaces de caminar o mover la pierna debido al dolor en la región de la cadera, en la ingle o la parte interior del muslo. La región del muslo suele estar hipersensible a la palpación, girar con lentitud la pierna causará dolor, pero no más daño. A veces, el dolor es referido a la rodilla, no es poco común en los pacientes geriátricos con una fractura de cadera quejarse de dolor en la rodilla después de una caída. Debe ferulizar la extremidad inferior de un paciente mayor que se ha caído y se queja de dolor en la cadera o en la rodilla, aunque no haya deformidad, y luego transportarlo a la sala de urgencias.

La edad del paciente y la intensidad de la lesión dictará cómo debe enferular la fractura. Con personas jóvenes, las fracturas de la cadera provocadas por una lesión violenta se estabilizan mejor con una férula de tracción o la combinación de un PNA y una camilla espinal larga. El PNA ofrece una ventaja adicional: ayuda a controlar la hemorragia en la región. Aplique la férula de tracción como lo haría en una fractura del cuerpo del fémur, teniendo especial cuidado en proteger la región femoral de la presión excesiva del anillo de la férula de tracción de Hare.

Un paciente geriátrico con una fractura de cadera aislada no requiere una férula de tracción. Puede estabilizar en forma eficaz tal fractura colocando al paciente en una camilla rígida larga o camilla tipo espátula, usando almohadas o cobijas enrolladas para dar soporte el miembro lesionado en la posición deformada. Luego afirme con cuidado el miembro lesionado a la camilla con tiras largas **Figura 29-39B** ▶.

Todos los pacientes con fracturas de cadera pueden perder cantidades significativas de sangre. Por tanto, debe tratar con oxígeno en flujo alto y vigilar con frecuencia los signos vitales, estando alerta por signos de choque.

Fracturas del cuerpo femoral

Pueden producirse fracturas del fémur en cualquier parte del cuerpo de éste, desde la región de la cadera hasta los cóndilos femorales, inmediatamente por encima de la rodilla. Después de una fractura, los músculos grandes del muslo entran en espasmo en un intento de "enferular" al miembro inestable. El espasmo muscular a menudo produce una deformidad notable del miembro, con angulación intensa y rotación externa en el sitio de la fractura. Usualmente el miembro también se acorta de manera significativa. Las fracturas del cuerpo femoral pueden ser expuestas y es posible que fragmentos de hueso hagan protrusión a través de la piel.

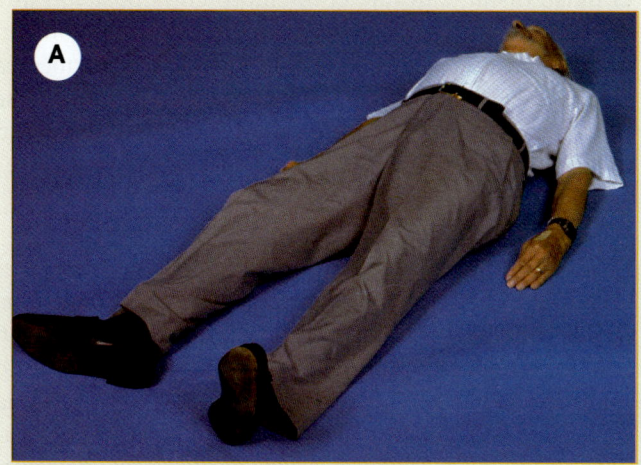 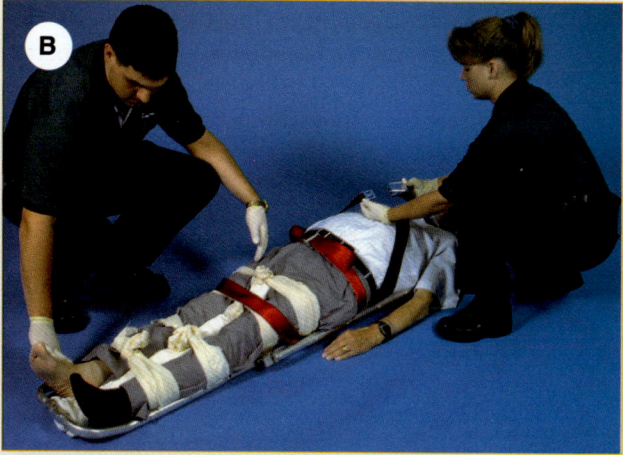

Figura 29-39 **A.** Un paciente con una fractura del fémur proximal estará típicamente acostado, quieto, con la extremidad virada externamente, haciendo que la pierna lesionada se vea más corta que la otra pierna. **B.** Ferulice la pierna lesionada fijándola a la pierna no lesionada y asegure al paciente en una camilla de canasta o una camilla rígida.

Después de una fractura del cuerpo del fémur hay una cantidad significativa de pérdida de sangre, como de 500 a 1,000 mL; con las fracturas expuestas la cantidad de pérdida de sangre puede ser aún mayor. Por tanto, no es excepcional que se desarrolle un choque hipovolémico. Maneje a estos pacientes con un cuidado extremo, pues cualquier movimiento adicional o manipulación de la fractura puede aumentar la cantidad de pérdida de sangre.

A causa de la notable deformidad que ocurre con estas fracturas, fragmentos de hueso pueden penetrar, o ejercer presión sobre nervios y vasos sanguíneos importantes, y producir daños considerables. Por esta razón, corresponde evaluar, cuidadosa y periódicamente, la función neurovascular distal en los pacientes que han sufrido una fractura del cuerpo femoral. Quite la ropa del miembro afectado poder inspeccionar de forma adecuada el sitio de la lesión sobre posibles heridas abiertas. Recuerde seguir las precauciones de ASC cuando se presenten sangre o líquidos corporales. Vigile de cerca los signos vitales y continúe vigilando la posible iniciación de un choque hipovolémico. En esta situación debe proporcionar transporte inmediato.

Cubra cualquier herida con un apósito estéril seco. Si la pierna o pie debajo de la fractura muestran signos de deterioro de la circulación (es pálida, fría o sin pulso), aplique una tracción longitudinal suave del miembro deformado, en línea con el eje largo del miembro. Gire de manera gradual la pierna de la posición deformada para restaurar el alineamiento general del miembro. A menudo, esto restaura o mejora la circulación del pie. Si no es así, es posible que el paciente haya sufrido una lesión vascular seria y puede necesitar una rápida atención médica.

Una fractura del cuerpo femoral se estabiliza mejor con una férula de tracción de Hare o una férula de Sager (véanse Destrezas 29-7 y 29-8).

Lesiones de los ligamentos de la rodilla

La rodilla es muy vulnerable a la lesión; por tanto, en esta región ocurren muchos tipos de lesión. Las lesiones de los ligamentos, por ejemplo, varían desde simples esguinces a dislocación completa de la articulación; la rótula también se puede dislocar. Además, todos los elementos óseos de la rodilla (fémur distal, tibia superior y rótula) se pueden fracturar.

La rodilla es en especial susceptible a lesiones de los ligamentos, que suceden cuando se aplican fuerzas de flexión o torsión anormales a la articulación. Estas lesiones se ven a menudo en atletas, tanto recreacionales como competitivos. Los ligamentos del lado medial de la rodilla son los que se lesionan con más frecuencia, en forma típica cuando el pie está fijo al piso y la parte lateral de la rodilla es golpeada por un objeto pesado, como cuando un jugador de futbol americano es "tacleado" de lado.

En general, el paciente con una lesión de ligamento de la rodilla manifestará dolor en la articulación y será incapaz de usar la extremidad en forma normal. Cuando examine al paciente, casi siempre encontrará edema, equimosis ocasional, hipersensibilidad de un punto en el sitio de la lesión y un derrame articular (un exceso de líquido en la articulación).

Debe enferular todas las lesiones de ligamentos de la rodilla sospechadas. La férula se debe extender desde la articulación de la cadera hasta el pie, estabilizando el hueso por encima de la articulación lesionada (fémur) y el hueso por debajo de ella (tibia). Puede usarse una diversidad de férulas, incluyendo una férula de pierna larga, rígida acojinada, o dos férulas de tablillas acojinadas, aplicadas con firmeza a las partes medial y lateral del miembro. Una camilla espinal larga, una férula de almohada o simplemente fijar el miembro lesionado con su par no lesionado son técnicas de enferulamiento aceptables, pero menos eficaces. Usualmente el paciente podrá enderezar la rodilla para permitirle aplicar la férula. Sin embargo, si encuentra resistencia o dolor al intentar enderezar la rodilla, ferulice en la posición flexionada. A continuación, siga vigilando la función neurovascular distal hasta que el paciente llegue al hospital.

Dislocación de la rodilla

La rotura completa de los ligamentos de soporte de la rodilla puede causar la dislocación de la articulación. Cuando esto sucede, el extremo proximal de la tibia se desplaza por completo de su unión con el extremo inferior del fémur, produciendo por lo regular una deformidad notable. Aunque siempre ocurre un daño sustancial de los ligamentos con la dislocación de la rodilla, a menudo la lesión más urgente es la de la arteria poplítea, que es frecuentemente lacerada o comprimida por la tibia desplazada. Cuando una deformidad notable, dolor intenso e incapacidad para mover la articulación hacen que sospeche una dislocación de la rodilla, siempre verifique con cuidado la circulación distal antes de tomar cualquier otro paso. Si los pulsos distales están ausentes, contacte con dirección médica de inmediato para recibir instrucciones adicionales sobre estabilización.

Si hay pulsos adecuados presentes, enferule la rodilla en la posición en la cual la encontró y transporte al paciente rápidamente. No intente manipular ni enderezar cualquier lesión intensa de la rodilla si hay buenos pulsos distales. Si el miembro está derecho, aplique férulas largas rígidas de pierna estándar, en cuando menos dos lados del miembro, para estabilizarlo Figura 29-40A. Si la rodilla está flexionada y el pie tiene buen pulso, ferulice la articulación en posición flexionada usando férulas de tablillas acojinadas paralelas, fijas a la cadera y articulación del tobillo, para proporcionar un armazón –A estable Figura 29-40B. Afirme el miembro a una camilla rígida o camilla con almohadas y tiras de tela, para eliminar el movimiento durante el transporte.

En raras ocasiones dirección médica puede instruirlo a realinear un miembro deformado, sin pulso, para reducir compresión sobre la arteria poplítea y así restaurar la circulación distal; debe hacer sólo un intento de realizar esto. En primer lugar, enderece el miembro aplicando tracción longitudinal suave en el eje del miembro. Una vez que aplica tracción manual, manténgala hasta que el miembro esté ferulizado por completo; en caso contrario, el miembro volverá a su posición deformada. Si la tracción aumenta de forma significativa el dolor del paciente, no continúe. Al aplicar tracción, vigile el pulso tibial posterior para ver si retorna. Enferule el miembro en la posición en la que siente el pulso más fuerte. Si es incapaz de restaurar el pulso distal, enferule el miembro en la posición que sea más cómoda para el paciente y luego proporcione un pronto transporte al hospital. Notifique a dirección médica el estado del pulso distal de manera que puedan hacerse por adelantado los arreglos necesarios para el tratamiento del paciente.

Fracturas alrededor de la rodilla

Pueden producirse fracturas alrededor de la rodilla en el extremo distal del fémur, el extremo proximal de la tibia o en la rótula. Debido a la hipersensibilidad e inflamación locales, es fácil confundir una fractura no desplazada, o mínimamente desplazada, alrededor de la rodilla con una lesión de los ligamentos. Asimismo, una fractura desplazada alrededor de la rodilla puede producir una deformidad significativa que la hace parecer una dislocación. El tratamiento de los dos tipos de lesiones es el siguiente:

- Si hay un pulso distal adecuado y no hay una deformidad significativa, ferulice el miembro con la rodilla recta.
- Si hay un pulso distal adecuado y una deformidad significativa, ferulice el miembro en la posición de la deformidad.
- Si el pulso está ausente por debajo del nivel de la lesión, contacte con dirección médica de inmediato para instrucciones adicionales.

Dislocación de la rótula

Una rótula dislocada se produce más comúnmente en adolescentes y adultos jóvenes que practican actividades atléticas. Algunos pacientes tienen dislocaciones recurrentes de la rótula. Como sucede con la dislocación recurrente del hombro, una simple torcedura puede ser suficiente para producir el problema. Ordinariamente, la rótula se desplaza a la parte lateral y la rodilla se mantiene en posición parcialmente flexionada. El desplazamiento de la rótula produce una deformidad significativa, en la cual la rodilla se mantiene en una posición moderadamente flexionada y la rótula se desplaza a la parte lateral de la rodilla Figura 29-41.

Enferule la rodilla en la posición en la cual la encontró; con mucha frecuencia, ésta es con la rodilla flexionada en un grado moderado. Para estabilizar la rodilla, aplique férulas de tablillas acojinadas en los lados medial y lateral de la articulación, extendiéndolos de la cadera al tobillo. Use almohadas para dar soporte al miembro en la camilla.

A veces, al aplicar la férula la rótula regresará de manera espontánea a su posición normal. Cuando esto suceda, estabilice el miembro como para una lesión de ligamento en una férula larga de pierna acojinada. El paciente aún necesita ser transportado a la sala de urgencias. Informe la reducción espontánea tan pronto como llegue al hospital para que el personal médico esté consciente de la seriedad de la lesión.

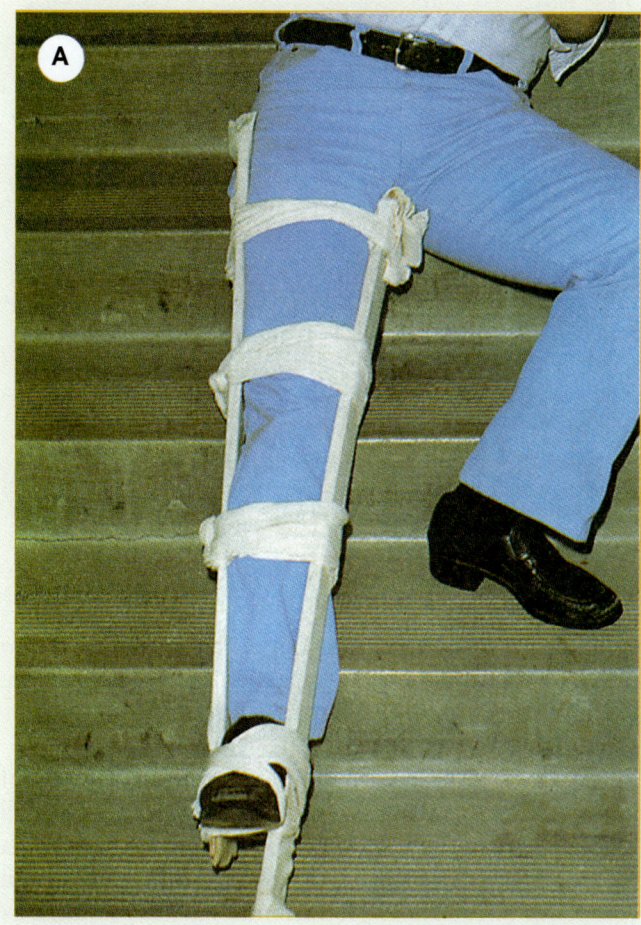
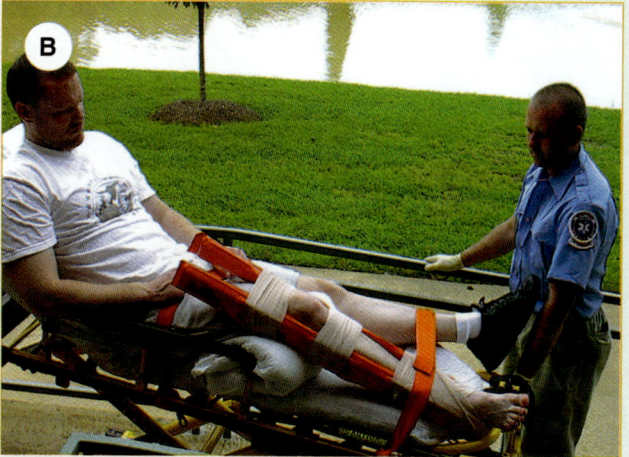

Figura 29-40 **A.** Cuando la rodilla lesionada está derecha, aplique férulas de tablillas acojinadas, extendiéndolas de la cadera al tobillo. **B.** Si la rodilla está flexionada y el pie tiene buenos pulsos, aplique férulas de tablillas acojinadas en la posición flexionada.

Lesiones de la tibia y el peroné

La tibia (hueso de la espinilla) es el más grande de los dos huesos de la pierna, es responsable de soportar la mayor superficie de carga de peso de la rodilla y el tobillo; el peroné es el menor de los huesos. La fractura del cuerpo de la tibia o el peroné se puede producir en cualquier sitio entre la articulación de la rodilla y la del tobillo; usualmente ambos huesos se fracturan al mismo tiempo. Una fractura, aun simple, puede dar por resultado una seria deformidad, con angulación o rotación significativa. Como la tibia está situada justo por debajo de la piel, las fracturas expuestas de este hueso son muy comunes Figura 29-42 ▶.

Las fracturas de la tibia y el peroné deben estabilizarse con una férula para pierna, larga, rígida, acojinada o con una férula de aire, extendida desde el pie hasta la parte superior del muslo. No se recomiendan las férulas de tracción para facturas aisladas de la tibia. Como sucede con la mayoría de otras fracturas del cuerpo de los huesos largos, debe corregir las deformidades intensas antes de enferular, aplicando tracción longitudinal suave. El objetivo es restaurar una posición que tomará una férula estándar; no es necesario reponer los fragmentos de la fractura en su posición anatómica.

Las fracturas de la tibia y el peroné se asocian, a veces, con lesión vascular como resultado de la posición distorsionada del miembro después de la lesión. La realineación del miembro frecuentemente restaura un riego sanguíneo adecuado al pie. Si no es así, transporte al paciente prontamente, y notifique a control médico mientras va en camino.

Lesiones del tobillo

El tobillo es comúnmente una articulación lesionada. Las lesiones del tobillo ocurren en individuos de todas las edades; varían en intensidad desde un simple esguince, que se alivia después de unos cuantos días de reposo, hasta fracturas(dislocaciones graves). Como sucede con otras articulaciones, a veces es difícil distinguir sin rayos X una fractura de tobillo no desplazada de un simple esguince Figura 29-43 ▶. Por tanto, cualquier lesión del tobillo que produce dolor, hinchazón, hipersensibilidad localizada o la incapacidad para cargar peso debe ser evaluada por un médico. El mecanismo más frecuente de lesión del tobillo es

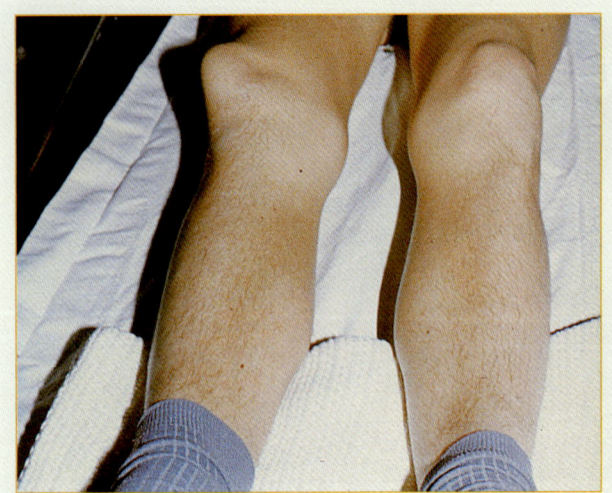

Figura 29-41 De manera usual, la rótula dislocada se desplaza hacia el lado externo y la rodilla se mantiene en posición parcialmente flexionada.

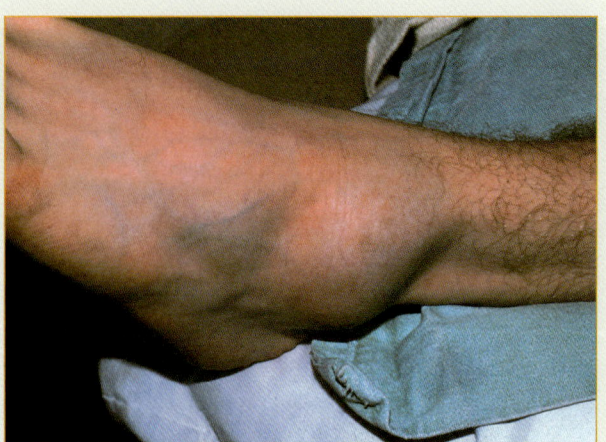

Figura 29-43 La inflamación alrededor del tobillo es característica tanto de los esguinces como de las fracturas.

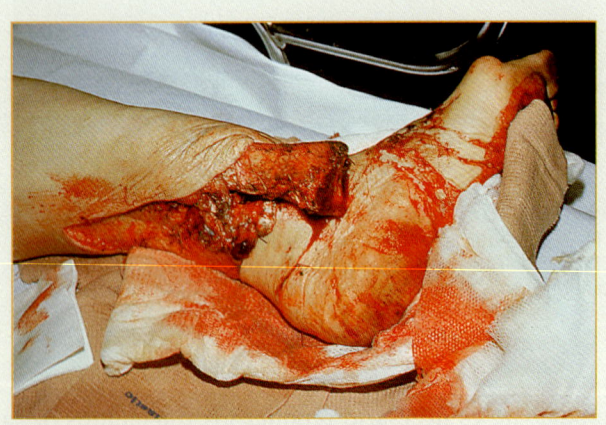

Figura 29-42 Como la tibia está tan cercana a la piel, las fracturas expuestas son muy comunes.

la torcedura, que estira o desgarra los ligamentos de soporte. Una fuerza de torsión más extensa puede dar lugar a una fractura en uno o ambos maléolos. La dislocación del tobillo suele estar asociada con fracturas de uno o ambos maléolos.

Puede tratar el amplio espectro de lesiones en el tobillo en la misma forma. Como sigue:
1. Cubra con apósito todas las heridas abiertas.
2. Evalúe la función neurovascular distal.
3. Corrija cualquier deformidad notable aplicando tracción longitudinal al talón.
4. Antes de iniciar la tracción, coloque una férula.

Puede usar una férula rígida acojinada, una de aire o una de almohada. Sólo asegúrese de que incluya la totalidad del pie y se extienda hasta la pierna, al nivel de la articulación de la rodilla.

Lesiones del pie

Las lesiones del pie pueden causar la fractura de uno o más de los huesos tarsianos, metatarsianos o falanges de los dedos de los pies. Las fracturas de los dedos de los pies son especialmente comunes.

De los huesos del tarso, el **calcáneo**, el hueso del talón, es el fracturado más frecuentemente. En general la lesión ocurre cuando el individuo cae o salta de una altura y aterriza directo sobre el talón. La fuerza de la lesión comprime al calcáneo, produciendo edema y equimosis inmediatos. Si la fuerza del impacto es lo suficiente grande, como la caída de un techo o un árbol, puede haber también otras fracturas.

A menudo la fuerza de la lesión es transmitida hacia arriba, por las piernas a la columna vertebral, produciendo una fractura de la columna lumbar **Figura 29-44**. Cuando un paciente que ha saltado o caído de una altura se queja de dolor en el talón, asegúrese de preguntarle sobre dolor de la espalda y explore con cuidado la columna vertebral, buscando posible hipersensibilidad o deformidad.

Las lesiones del pie se asocian con edema notable, pero rara vez con una deformidad manifiesta; las lesiones vasculares no son comunes. Como con la mano, las laceraciones en el tobillo y el pie pueden lesionar importantes nervios y tendones subycentes. Las heridas por punciones del pie son frecuentes y pueden causar una infección seria si no se tratan tempranamente. Todas estas lesiones deben ser evaluadas y tratadas por un médico.

Para enferular el pie, aplique una férula de tablillas rígida, acojinada, una férula de aire o una de almohada, estabilizando la articulación del tobillo **Figura 29-45**. Deje expuestos los dedos de los pies a manera de poder evaluar periódicamente la función neurovascular.

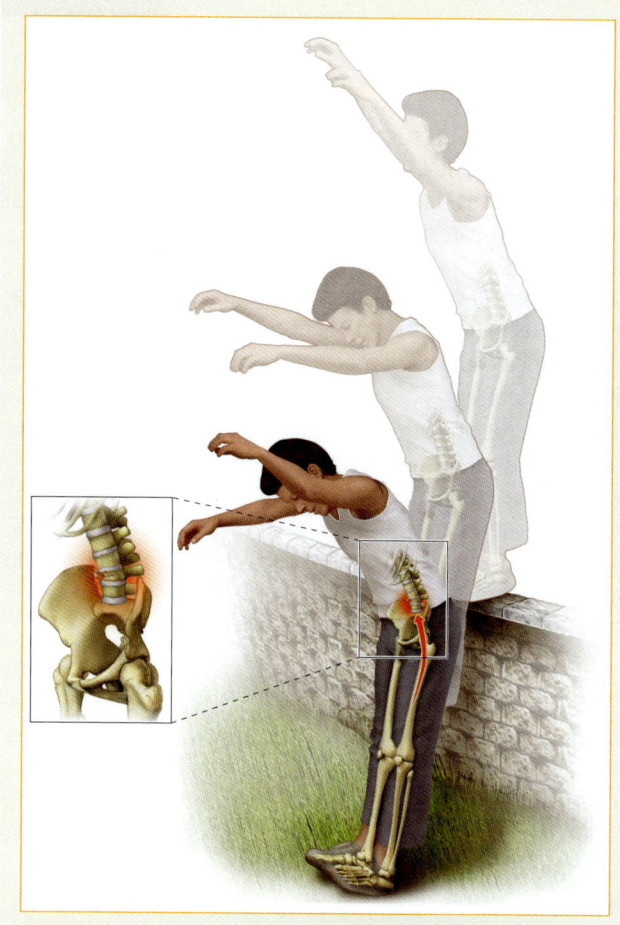

Figura 29-44 Con frecuencia, después de una caída la fuerza de la lesión se transmite por las piernas hacia arriba, a la columna vertebral, causando a veces fractura de la columna lumbar.

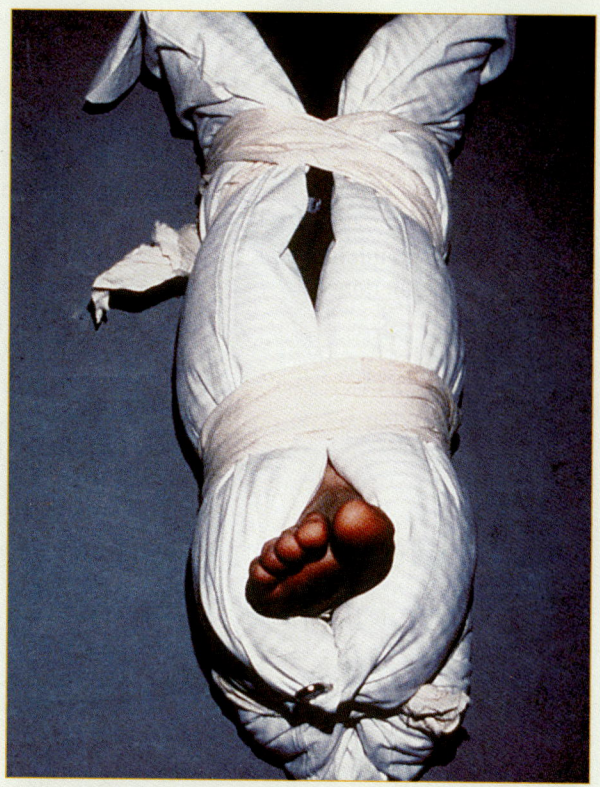

Figura 29-45 Una férula de almohada puede proporcionar una excelente estabilización del pie.

Cuando el paciente está acostado en la camilla, eleve el pie aproximadamente 15 cm (6") para minimizar la inflamación. Todos los pacientes con lesiones de las extremidades inferiores deben ser transportados en la posición supina para permitir la elevación del miembro. Nunca permita que el pie o la pierna cuelguen de la camilla al piso o a la tierra.

Si un paciente ha caído de una altura y se queja de dolor en el talón, use una camilla rígida larga para estabilizar una posible lesión vertebral, además de enferular el pie.

Situación de urgencia — Resumen

Es importante tener una comprensión clara de cómo tratar una lesión articular o de hueso. Como TUM-B, no necesitará distinguir si su paciente tiene una fractura o una dislocación; tratará cualquiera de estos trastornos en igual forma. Con cualquier lesión traumática considere la estabilización de la columna cervical hasta tener certeza de que el estado del paciente no la requiere. Complete una evaluación total del paciente y documente sus hallazgos.

Evaluación y cuidados de urgencia

Lesiones musculoesqueléticas

Evaluación de la escena	Las precauciones de aislamiento de sustancias corporales deben incluir un mínimo de guantes y protección de los ojos. Confirme la seguridad de la escena y determine ML/NE. Considere el número de pacientes, la necesidad de ayuda adicional/SVA y estabilización de la columna cervical.
Evaluación inicial	
■ Impresión general	Determine el nivel de conciencia y trate inmediatamente cualquier amenaza inmediata para la vida. Determine la prioridad del cuidado basado en el ambiente y la molestia principal del paciente.
■ Vía aérea	Asegure una vía aérea permeable.
■ Respiración	Ausculte por posibles ruidos respiratorios anormales y evalúe la profundidad y frecuencia de las respiraciones. Busque elevación y descenso simétrico del tórax. Mantenga ventilaciones como sea necesario. Proporcione oxígeno en flujo alto a 15 L/min e inspeccione la pared del tórax evaluando con DCAP-BLS-PMS.
■ Circulación	Evalúe la frecuencia y calidad del pulso; observe color, temperatura y estado de la piel y trate de acuerdo con lo necesario.
■ Decisión de transporte	Transporte prontamente.
Historial y examen físico enfocado	NOTA: El orden de los pasos en la historia enfocada y el examen físico difiere dependiendo de que el paciente tenga o no un ML significativo. El orden de abajo es para un paciente con un ML significativo. Para un paciente sin un ML significativo, practique una evaluación enfocada del traumatismo, tome signos vitales y obtenga la historia.
■ Evaluación rápida de traumatismo	Reevalúe el mecanismo de la lesión. Efectúe una evaluación rápida del traumatismo, tratando de inmediato todas las amenazas para la vida. Vire como un tronco y asegure al paciente a la camilla rígida, para todos los pacientes con sospecha de lesión vertebral.
■ Signos vitales iniciales	Tome los signos vitales, notando el color y la temperatura de la piel, así como el nivel de conciencia del paciente. Use oximetría del pulso si está disponible.
■ Historial SAMPLE	Obtenga una historia SAMPLE. Si el paciente está inconsciente, intente obtener información de miembros de la familia, amigos y espectadores. Considere obtener información OPQRST pertinente de pacientes con lesiones menores.
■ Intervenciones	Proporcione inmovilización vertebral completa tempranamente si sospecha que su paciente tiene lesiones vertebrales. Mantenga una vía aérea y aspire, como sea necesario. Inmovilice las lesiones musculoesqueléticas de acuerdo con el protocolo; trate signos de choque y cualquier otra amenaza para la vida.
Examen físico detallado	Complete un examen físico detallado.
Evaluación contínua	Repita la evaluación inicial, evaluación rápida/enfocada y reevalúe los signos vitales cada 5 minutos en el paciente inestable y cada 15 minutos en el paciente estable.
■ Comunicación y documentación	Contacte a dirección médica con un informe por radio. Avise cada cambio en el nivel de conciencia o dificultad respiratoria. Describa el ML y cualquier intervención que realizó. Asegúrese de documentar cualesquier órden y cambio en el estado del paciente, y a qué hora ocurrieron.

NOTA. Aunque los pasos de abajo son ampliamente aceptados, asegúrese de consultar y seguir su protocolo local.

Lesiones musculoesqueléticas

Atención de las lesiones musculoesqueléticas
1. Cubra las heridas abiertas con un apósito estéril, seco y aplique presión para controlar hemorragia.
2. Evalúe pulso, función motora y función sensitiva antes de ferulizar.
3. Aplique una férula y eleve la extremidad cerca de 15 cm (6"), ligeramente por encima del nivel del corazón.
4. Evalúe pulso, función motora y función sensitiva inmediatamente después de ferulizar y, con frecuencia, en tránsito.
5. Aplique bolsas frías si hay inflamación, pero no las coloque directo sobre la piel.
6. Posicione al paciente para transporte y asegure el área lesionada.

Evaluación del pulso neurovascular
1. Palpe en pulso radial en la extremidad superior.
2. Palpe el pulso tibial posterior en la extremidad inferior.
3. Evalúe el llenado capilar blanqueando una uña de las manos o de los pies.
4. Evalúe la sensibilidad en la carne cerca de la punta del dedo índice.
5. En el pie, verifique primero sensibilidad en la carne cercana a la punta del dedo gordo.
6. Verifique también sensibilidad del pie en el lado externo.
7. Evalúe la función motora pidiendo al paciente que abra la mano. (Realice las pruebas motoras si la mano o pie no están lesionados. Detenga la prueba si causa dolor.)
8. Pida también al paciente que empuñe la mano.
9. Para evaluar la función motora en el pie, pida al paciente que extienda el pie.
10. Haga que el paciente flexione el pie y mueva rápidamente los dedos.

Aplicación de una férula rígida
1. Proporcione un soporte y tracción suave del miembro en línea.
2. El segundo TUM-B coloca la férula a lo largo o debajo del miembro. Acojine entre el miembro y la férula lo necesario para asegurar contacto y presión regular.
3. Afirme la férula al miembro con cintas.
4. Evalúe y registre la función neurovascular distal.

Aplicación de una férula de aire con cierre
1. Soporte el miembro lesionado y aplique tracción suave, mientras su compañero aplica la férula abierta, desinflada.
2. Cierre e infle con una bomba o con la boca y pruebe la presión. Verifique y registre la función neurovascular distal.

Aplicación de una férula de aire sin cierre
1. Soporte el miembro lesionado. Haga que su compañero ponga su brazo dentro de la férula para prender la mano o pie del paciente.
2. Aplique presión suave mientras desliza la férula en el miembro lesionado.
3. Infle la férula.

Aplicación de una férula de vacío
1. Estabilice y soporte la lesión.
2. Coloque la férula y envuélvala alrededor del miembro.
3. Extraiga el aire de la férula y selle la válvula.

Aplicación de una férula de tracción de Hare
1. Exponga el miembro lesionado y verifique el pulso, función motora y función sensitiva. Coloque la férula junto al miembro no lesionado, ajuste la férula a la longitud apropiada y prepare las cintas.
2. Soporte el miembro lesionado mientras su compañero ajusta los amarres de tobillo en el tobillo y pie.
3. Continúe soportando el miembro mientras su compañero aplica suave tracción en línea a las cintas del tobillo y el pie.
4. Deslice la férula a su posición bajo el miembro lesionado.
5. Acojine la ingle y ajuste la tira isquiática.
6. Conecte las asas del amarre del tobillo al extremo de la férula mientras su compañero continúa manteniendo la tracción. Apriete cuidadosamente el trinquete hasta el punto en que la férula tenga adecuada tracción.
7. Asegure y verifique las tiras de soporte. Evalúe el pulso, función motora y sensitiva.
8. Asegure al paciente y a la férula a la camilla rígida en forma tal que prevendrá el movimiento de la férula durante el movimiento del paciente y el transporte.

Aplicación de una férula de tracción de Sager
1. Después de exponer el área lesionada, verificar el pulso, la función motora y la función sensitiva del paciente. Ajuste la tira del muslo en forma tal que esté situada anteriormente cuando se afirme.
2. Estime la longitud de la férula colocándola junto al miembro lesionado. Ajuste los cojinetes del tobillo al tobillo.
3. Coloque la férula en la parte interna del muslo, aplique la tira del muslo en la parte superior de éste, y asegure apretadamente.
4. Apriete el aparejo del tobillo justo por encima de los maléolos. Ajuste el anillo del cable contra la base del pie.
5. Extienda el cuerpo interior de la férula para aplicar tracción cercana a 10% del peso corporal.
6. Asegure la férula con ligaduras elásticas.
7. Asegure al paciente a una camilla rígida larga. Verificar el pulso, funciones motoras y sensitivas.

Ferulación de mano y muñeca
1. Mueva la mano a una posición funcional. Coloque un rollo de venda suave en la palma.
2. Aplique un tablero acojinado, o férula similar, sobre el lado palmar con los dedos expuestos.
3. Fije la férula con un rollo de vendas.

Sección 5 Trauma

Resumen

Listo para repaso

- El músculo esquelético o involuntario se fija al hueso y forma las mayores masas musculares del cuerpo. Este músculo contiene venas, arterias y nervios.
- Hay 206 huesos en el cuerpo humano. Cuando este tejido vivo es fracturado puede producir hemorragia y dolor significativo.
- Una articulación es una unión en la cual dos huesos entran en contacto. Las articulaciones son estabilizadas en áreas clave por ligamentos.
- Una fractura es un hueso roto, una dislocación es la separación de una articulación, un esguince es una lesión por estiramiento de los ligamentos alrededor de una articulación, y *strain* es un término en inglés para referirse a una distensión muscular.
- Dependiendo de la cantidad de energía cinética absorbida por los tejidos, la zona de la lesión puede extenderse más allá del punto de contacto. Mantenga siempre un alto índice de sospecha de lesiones asociadas.
- Las fracturas de los huesos se clasifican en expuestas y cerradas. Ambas son ferulizadas en forma similar, pero recuerde controlar la hemorragia y aplicar un apósito estéril a la lesión abierta de la extremidad, antes de ferulizar.
- Las fracturas y las dislocaciones son frecuentemente difíciles de diagnosticar sin rayos X. Tratará estas lesiones en forma similar. Estabilice la lesión con una férula y transporte al paciente.
- Los signos de las fracturas y las dislocaciones incluyen dolor, deformidad, puntos de hipersensibilidad, movimientos falsos, crepitación, edema y contusiones.
- Los signos del esguince incluyen contusiones, edema y una articulación inestable.
- Siempre evalúe al paciente traumatizado con la misma técnica: atienda la evaluación y corrija problemas, determine si utilizará el examen rápido del traumatismo o el examen enfocado del traumatismo, evalúe la historia SAMPLE y obtenga los signos vitales iniciales. Cuando trate lesiones musculoesqueléticas, siempre evalúe el pulso, la función motora y sensitiva antes y después de aplicar una férula. Reevalúe estas funciones durante la evaluación en curso.
- Compare la extremidad no afectada con la extremidad afectada para ver diferencias, siempre que sea posible.
- Existen tres tipos de férulas usadas por el TUM-B: férulas rígidas, férulas de tracción y férulas de aire.
- Recuerde ferulizar la extremidad lesionada desde la articulación por encima hasta la articulación por debajo del sitio de la lesión, para su estabilización completa.
- Un cabestrillo y banda se usan comúnmente para tratar dislocaciones del hombro y para asegurar al cuerpo extremidades superiores lesionadas. Las extremidades inferiores se pueden asegurar al miembro no afectado o a una camilla rígida grande.
- Las lesiones musculoesqueléticas que más comúnmente ponen en peligro la vida son las fracturas múltiples, fracturas expuestas con hemorragia arterial, fracturas pélvicas, fracturas bilaterales de fémur y amputaciones de miembros.

Resumen continuación...

Vocabulario vital

articulación Sitio en que dos huesos se ponen en contacto.

articulación acromioclavicular Articulación simple en la cual las proyecciones óseas de la escápula y la clavícula se unen en la parte superior del hombro.

banda Vendaje que pasa alrededor del tórax para afirmar un brazo lesionado al tórax.

cabestrillo Vendaje o material que ayuda a dar soporte al peso de una extremidad superior lesionada.

calcáneo El hueso del talón.

cartílago articular Capa perlada de cartílago especializado que cubre las superficies articulares (superficies en contacto en los extremos) de los huesos, en la uniones sinoviales.

clavícula El hueso "collar".

crepitación Sensación chirriante o de pulimiento, causada por huesos o articulaciones fracturados frotándose entre sí.

cúbito Hueso del antebrazo del lado del meñique; muy importante para la función del codo.

dislocación (luxación) Separación de una articulación en la cual los ligamentos están lesionados y los extremos de los huesos están completamente desplazados.

distensión muscular Estiramiento o desgarro de un músculo.

equimosis Magulladura o alteración del color, asociadas con hemorragia dentro de la piel o por debajo de ella.

escápula Navaja del hombro (omóplato).

esguince Lesión de la articulación que incluye daño de los ligamentos de soporte y, a veces, luxación parcial o temporal de extremidades de huesos.

espacio retroperitoneal Espacio entre la cavidad abdominal y la pared abdominal posterior que contiene a los riñones, ciertos grandes vasos y partes de las vías gastrointestinales.

fémur El hueso del muslo, que se extiende desde la pelvis hasta la rodilla y es responsable de la formación de la cadera y la rodilla; el hueso más largo y más grande del cuerpo.

férula Accesorio, flexible o rígido, usado para proteger y mantener la posición de una extremidad lesionada.

fosa glenoidea Parte de la escápula que se une con la cabeza humeral para formar la articulación glenohumeral.

fractura Pérdida de la continuidad del tejido óseo.

fractura cerrada Fractura en la cual la piel no está rota.

fractura desplazada Fractura en la cual los fragmentos de hueso están separados y sin alineación anatómica.

fractura expuesta Cualquier rotura de un hueso en la que la piel de encima ha sido lesionada.

fractura no desplazada Simple grieta en el hueso que no ha causado que éste se mueva de su posición anatómica normal; llamada también fractura lineal.

hematuria Sangre en la orina.

húmero Hueso de soporte del brazo que se une con la escápula (glenoidea) para formar la articulación del hombro, y con el cúbito y el radio para formar el codo.

ligamentos Bandas de tejido fibroso que conectan huesos con huesos, y dan soporte y refuerzo a una articulación.

músculo esquelético Músculos estriados que están fijos a huesos y usualmente cruzan cuando menos una articulación.

nervio ciático El mayor nervio de la extremidad inferior; controla gran parte de la función muscular de la pierna y la sensibilidad de la mayor parte de la pierna y el pie.

peroné El hueso exterior y más pequeño de los dos huesos de la pierna.

posición funcional Posición de la mano en la cual la muñeca está levemente dorsoflexionada y todos los dedos juntos moderadamente flexionados.

punto de sensibilidad (hipersensibilidad) Sensibilidad que está agudamente localizada en el sitio de la lesión, que se encuentra palpando suavemente a lo largo del hueso con la punta del dedo.

radio Hueso del antebrazo del lado del pulgar; importante tanto en la muñeca como en la función.

reduce Retorna una articulación luxada o un hueso fracturado a su posición normal, fijarlos.

rótula El hueso de la rodilla.

síndrome compartimental Elevación de presión dentro de un compartimiento fascial cerrado, caracterizada por dolor extremo, disminución de la sensación de dolor, dolor con estiramiento de los músculos afectados y disminución de la fuerza; se ve frecuentemente en fracturas por debajo del codo o rodilla en niños.

sínfisis del púbis Unión cartilaginosa firme entre los dos huesos púbicos.

Resumen continuación...

tendones Cordones de tejido fibroso duro, como cuerdas, que fijan un músculo esquelético a un hueso.

tibia El más grande de los dos huesos de la pierna, responsable del soporte de la mayor superficie de carga de la rodilla y el tobillo, la espinilla.

tracción Fuerza longitudinal aplicada a una estructura.

zona de lesión Área de tejidos blandos, nervios adyacentes y vasos sanguíneos potencialmente lesionados, que rodea una lesión a un hueso o articulación.

Qué evaluar

Es despachado a una residencia de ancianos para atender a un hombre que ha caído. Camino a ese lugar, el radio operador informa que su paciente esta semiconsciente. Llega al sitio y encuentra a un anciano acostado en el suelo, quejándose. De inmediato nota que la porción distal de su brazo izquierdo está edematizada y notablemente deformada. La enfermera del servicio dice que presenció el evento. El paciente tropezó, extendió los brazos para proteger su caída y cayó fuertemente sobre el piso de linóleo. Su compañero, un nuevo TUM-B, comenzó de inmediato a ferulizar el brazo izquierdo.

¿Cuál debería ser su enfoque primario? ¿Cambiaría su prioridad de ferulación si este hombre estuviera alerta y orientado?

Temas: Ferulación en la escena contra cargar y partir; Cómo afectan de distinta manera los mecanismos de la lesión a los pacientes.

Autoevaluación

Es usted despachado al campo de futbol de la escuela preparatoria local por una posible fractura de pierna. Llega para encontrar a una adolescente en la mitad del campo de futbol rodeada por varias personas, que rápidamente se dispersan por su llegada. Después de un rápido análisis de las condiciones el campo, su compañero elige llevar la ambulancia al interior de éste para estar más cerca de la paciente. Un padre dice que la niña de 15 años de edad estaba jugando futbol con otra estudiante, sin usar su equipo protector normal. Intentó patear la pelota al mismo tiempo que otra estudiante y las piernas de ambas chocaron.

Al comenzar a hablar con la paciente es fácil ver que su pierna derecha está angulada. Ella está llorando y tratando de proteger su pierna. Le explica lo que va a hacer y por qué, obtiene la ayuda de uno de los padres. Sus signos vitales incluyen una tensión arterial de 118/66 mm Hg, un pulso de 138 latidos/min y respiraciones (que aumentan con dolor) de 42/min.

1. ¿Qué lesión sospecha?
   - A. Fractura del fémur
   - B. Fractura de la tibia
   - C. Fractura del cúbito
   - D. Fractura del húmero

2. Exponer y evaluar su lesión implica:
   - A. Quitar la pierna del pantalón.
   - B. Cortar la pierna derecha del pantalón.
   - C. Cortar ambas piernas del pantalón.
   - D. Nada de lo anterior.

3. ¿Cuándo debe verificar un punto distal?
   - A. Antes de ferulizar la extremidad
   - B. Después de ferulizar la extremidad
   - C. En cualquier momento que sea conveniente
   - D. Tanto A como B

4. Además de los pulsos, ¿qué debe evaluar y documentar referente al estado de la perfusión distal al sitio de la lesión?
   - A. Función motora
   - B. Sensibilidad
   - C. Llenado capilar
   - D. Todo lo anterior

5. ¿Qué tipo de férula es apropiado para usar en este escenario?
   - A. Férula de tracción
   - B. Férula formable
   - C. Férula rígida
   - D. B o C

6. El movimiento en un punto en el miembro en el que no hay articulación se llama:
   - A. Movimiento falso
   - B. Movimiento verdadero
   - C. Movilización verdadera
   - D. Tanto B como C

Preguntas desafiantes

7. ¿Qué es un esguince? ¿Puede éste simular otras lesiones? ¿La determinación de la lesión subyacente tiene un impacto significativo en sus cuidados?

8. ¿Qué es protección? y ¿Cómo ayuda al cuerpo?

9. ¿Por qué es importante ferulizar apropiadamente?

10. ¿Cuál es el significado de fractura pélvica de fémur?

Lesiones de la cabeza y la columna vertebral

Objetivos

Cognitivos

5-4.1 Mencionar los componentes del sistema nervioso central. (p. 872)
5-4.2 Listar las funciones del sistema nervioso central. (p. 872)
5-4.3 Definir la estructura del sistema esquelético en lo referente al sistema nervioso. (p. 876)
5-4.4 Relatar el mecanismo de la lesión de lesiones potenciales de la cabeza y la columna vertebral. (p. 878)
5-4.5 Describir las implicaciones de no cuidar de manera apropiada lesiones potenciales de la columna vertebral. (p. 888)
5-4.6 Mencionar los signos y síntomas de una lesión potencial de la columna vertebral. (p. 885)
5-4.7 Describir el método para determinar si un paciente responsivo puede tener una lesión potencial de la columna vertebral. (p. 881)
5-4.8 Relatar las técnicas de cuidados médicos de urgencias de la vía aérea de un paciente con una lesión sospechada de la columna vertebral. (p. 882)
5-4.9 Describir cómo estabilizar la columna cervical. (p. 889)
5-4.10 Exponer las indicaciones para medir y usar un dispositivo de inmovilización de la columna cervical. (p. 889)
5-4.11 Establecer la relación entre el manejo de la vía aérea y el paciente con lesiones de la cabeza y la columna vertebral. (p. 882)
5-4.12 Describir un método para medir un dispositivo de inmovilización de la columna cervical. (p. 898)
5-4.13 Describir cómo virar como un tronco a un paciente con sospecha de lesión en la columna vertebral. (p. 882)
5-4.14 Describir cómo asegurar a un paciente a una férula espinal larga (camilla rígida) para columna vertebral. (p. 891)
5-4.15 Listar casos en los que debe usarse una férula espinal corta (media tabla) para columna vertebral. (p. 893)
5-4.16 Describir cómo inmovilizar a un paciente usando una férula espinal corta (media tabla) para columna vertebral. (p. 894)
5-4.17 Describir las indicaciones para el uso de una extracción rápida de un vehículo accidentado. (p. 894)
5-4.18 Listar los pasos para efectuar una extracción rápida de un vehículo accidentado. (pp. 186-190)
5-4.19 Mencionar la circunstancia en la que debe dejarse un casco en el paciente. (p. 900)
5-4.20 Exponer las circunstancias en la que debe quitarse un casco. (p. 901)
5-4.21 Identificar diferentes tipos de cascos. (p. 901)
5-4.22 Describir las características singulares de los cascos deportivos. (p. 901)
5-4.23 Explicar los métodos preferidos para quitar un casco. (p. 901)
5-4.24 Exponer los métodos alternativos para quitar un casco. (p. 902)
5-4.25 Describir cómo se estabiliza la cabeza del paciente para quitar el casco. (p. 902)
5-4.26 Diferenciar cómo se estabiliza la cabeza con un casco comparada con una sin casco. (p. 898).

Afectivos

5-4.27 Explicar los fundamentos de la inmovilización de la columna vertebral total cuando se sospecha una lesión de la columna cervical. (p. 889)
5-4.28 Explicar los fundamentos de utilizar métodos de inmovilización aparte de las sujeciones en las camillas. (p. 889)
5-4.29 Explicar los fundamentos de utilizar un dispositivo de inmovilización corto de la columna vertebral cuando mueve a un paciente de la posición sentado a la posición supina. (p. 893)
5-4.30 Explicar los fundamentos de utilizar procedimientos de extracción rápida de vehículos accidentados, sólo cuando realmente harán una diferencia entre la vida y la muerte. (p. 894)
5-4.31 Defender las razones para dejar un casco colocado para transportar a un paciente. (p. 900)
5-4.32 Defender las razones para quitar un casco para transportar a un paciente. (p. 901)

Psicomotores

5-4.33 Demostrar cómo abrir la vía aérea en un paciente con sospecha de una lesión de la médula espinal. (p. 888)
5-4.34 Demostrar cómo evaluar a un paciente consciente con sospecha de una lesión de la médula espinal. (p. 888)
5-4.35 Demostrar la estabilización de la columna cervical. (p. 889)
5-4.36 Demostrar cómo virar como un tronco, con cuatro personas, a un paciente con sospecha de una lesión de la médula espinal. (p. 892)
5-4.37 Demostrar cómo virar como un tronco, con dos personas, a un paciente con sospecha de una lesión de la médula espinal. (p. 892)
5-4.38 Demostrar cómo asegurar a un paciente a una férula espinal larga (camilla rígida) para columna vertebral. (p. 891)
5-4.39 Demostrar el uso de la técnica de inmovilización en una férula espinal corta (media tabla). (p. 894)
5-4.40 Demostrar el procedimiento de extracción rápida de vehículos accidentados. (pp. 186-190)
5-4.41 Demostrar los métodos preferidos para la estabilización de un casco. (p. 900)
5-4.42 Demostrar las técnicas para quitar un casco. (p. 901)
5-4.43 Demostrar métodos alternativos para la estabilización de un casco. (p. 902)
5-4.44 Demostrar cómo completar un informe de cuidados prehospitalarios de un paciente con lesiones de la cabeza y la médula espinal. (p. 887)

30

Lesiones de la cabeza y la columna vertebral

Situación de urgencia

Su unidad está en posición de espera en la Universidad Tecnológica durante un torneo de gimnasia. Un espectador excitado llega a su locación y afirma que una gimnasta de 19 años de edad, del equipo de equilibristas, ha caído de cabeza. Además, dice que la paciente está despierta pero "no se está moviendo bien ni respirando correctamente". Usted reúne su equipo y acude a la escena.

1. ¿Cuál es su primera reacción a la información inicial sobre esta escena?
2. ¿Qué pasos puede dar para prepararse y tratar a la paciente antes de llegar a la escena?

Lesiones de la cabeza y la columna vertebral

El sistema nervioso en una red compleja de células nerviosas que permiten que funcionen todas las partes del cuerpo. Incluye al encéfalo, la médula espinal y varios millares de millones de fibras nerviosas que conducen información, de ida y vuelta, a todas las partes del organismo. Como el sistema nervioso resulta vital, está bien protegido. El encéfalo está situado dentro del cráneo y la médula espinal dentro del conducto vertebral. A pesar de esta protección, lesiones intensas pueden dañar al sistema nervioso.

Este capítulo describe brevemente, primero, la anatomía y función de los sistemas nerviosos central y periférico, y del sistema esquelético. Continúa una exposición específica de lesiones de la cabeza y la columna vertebral, incluyendo signos, síntomas, evaluación y tratamiento. También se describen las extracciones de vehículos accidentados y cómo quitar los cascos.

Anatomía y fisiología del sistema nervioso

El sistema nervioso se divide en dos partes anatómicas: el sistema nervioso central y el sistema nervioso periférico Figura 30-1. El sistema nervioso central (SNC) incluye al encéfalo y la médula espinal, así como a los núcleos y cuerpos celulares de la mayoría de las células nerviosas. Largas fibras nerviosas enlazan estas células con varios órganos del cuerpo a través de aberturas de la columna vertebral. Estos cables, o fibras nerviosas, constituyen el sistema nervioso periférico.

Sistema nervioso central

El SNC está constituido por el encéfalo y la médula espinal. El encéfalo es el órgano que controla el cuerpo, también es el centro de la conciencia. Está dividido en tres áreas: el cerebro, el cerebelo y el tronco encefálico Figura 30-2.

El cerebro, que corresponde a cerca de 75% del volumen total del encéfalo, controla una amplia variedad de actividades, incluyendo la mayor parte de la función motora voluntaria y el pensamiento consciente. Debajo del cerebro está situado el cerebelo, que coordina los movimientos del cuerpo. La parte más primitiva del SNC, el tronco encefálico, controla prácticamente todas las funciones que son necesarias para la vida, incluyendo los sistemas cardiaco y respiratorio. Situado profundamente dentro del cráneo, el tronco encefálico es la parte del SNC mejor protegida.

La médula espinal, la otra porción principal del SNC, está formada, en su mayor parte, por fibras que se extienden desde las células nerviosas (neuronas) del encéfalo. La médula espinal conduce mensajes entre el encéfalo y el cuerpo.

Coberturas protectoras

Las células del encéfalo y de la médula espinal son blandas y se lesionan fácilmente. Una vez que están lesionadas no pueden regenerarse ni reproducirse. Por tanto, en su totalidad, el SNC está contenido dentro de un armazón protector.

Las gruesas estructuras óseas del cráneo y del conducto vertebral toleran muy bien las lesiones. El cráneo está cubierto por una capa de aponeurosis muscular, sobre la cual está el cuero cabelludo (una capa vascular gruesa de piel). El conducto vertebral (raquídeo) está también rodeado por una gruesa capa de piel y músculos.

El SNC está adicionalmente protegido por las meninges, tres capas distintivas de tejido que suspenden al encéfalo y a la médula espinal dentro del cráneo y el conducto vertebral Figura 30-3. La capa exterior, la duramadre, es una capa fibrosa, dura, que de cerca se parece al cuero. Esta capa forma un saco que contiene al SNC, con pequeños orificios a través de los cuales salen los nervios periféricos.

Las dos capas interiores de las meninges, llamadas aracnoides y piamadre, son mucho más delgadas que la duramadre. Contienen los vasos sanguíneos que nutren al encéfalo y a la médula espinal. El líquido cefalorraquídeo (LCR) es producido en una cavidad dentro del encéfalo llamada tercer ventrículo. El LCR llena los espacios entre las meninges y actúa como un absorbente de choques. El encéfalo y la médula espinal esencialmente flotan en este líquido, protegidos de lesiones. El encéfalo depende de un rico abastecimiento de sangre oxigenada para funcionar en forma apropiada. Cuando se interrumpe este abastecimiento, aun por cortos periodos, puede ocurrir un grave daño del tejido encefálico.

Cuando una lesión penetra todas estas capas protectoras, puede escurrir LCR claro, acuoso, por la nariz, oídos, o una fractura abierta del cráneo. Por tanto, si un paciente con una lesión de la cabeza presenta lo que parece ser un escurrimiento catarral nasal o percibe un gusto salado en la parte de atrás de la garganta, debe asumir que ese líquido es LCR.

Irónicamente, la estructura cerrada del cráneo (que es similar a una bóveda) y las meninges, las propias capas de tejido que aíslan y protegen al SNC, pueden conducir a problemas graves en las fracturas cerradas del cráneo. Las lesiones intensas pueden causar hemorragia dentro del cráneo, conocida como hemorragia intracraneal. Esta hemorragia causa un aumento de la presión dentro del

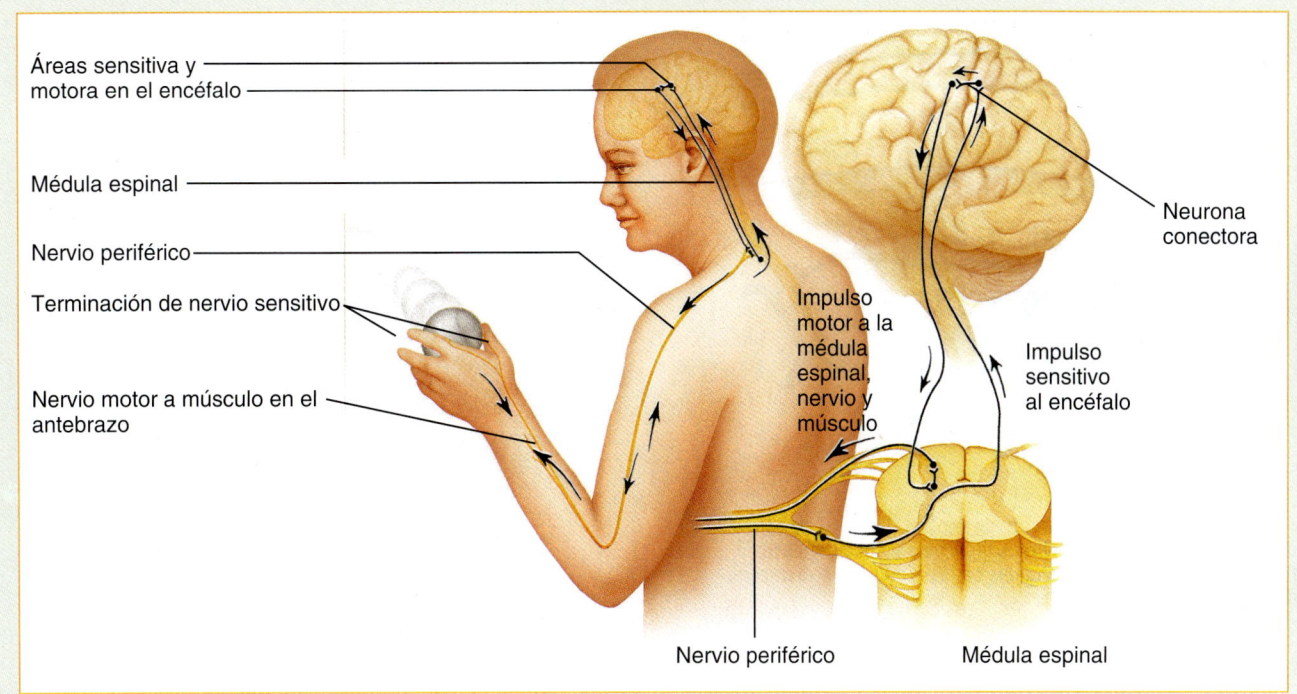

Figura 30-1 El sistema nervioso tiene dos componentes: el sistema nervioso central y el sistema nervioso periférico. El sistema nervioso central está constituido por el encéfalo y la médula espinal. El sistema nervioso periférico conduce impulsos sensitivos y motores de la piel, y otros órganos, a la médula espinal.

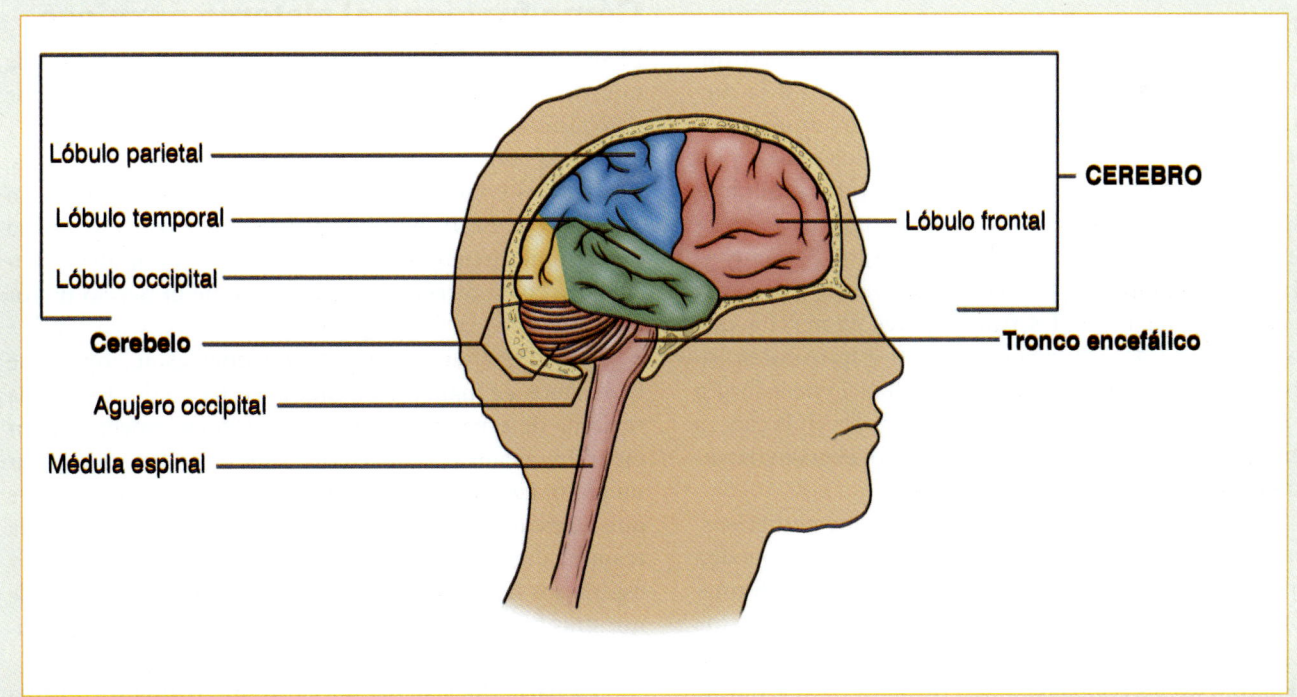

Figura 30-2 El encéfalo es parte del sistema nervioso central y es el órgano que controla el cuerpo. Está dividido en tres áreas mayores: el cerebro, el cerebelo y el tronco encefálico.

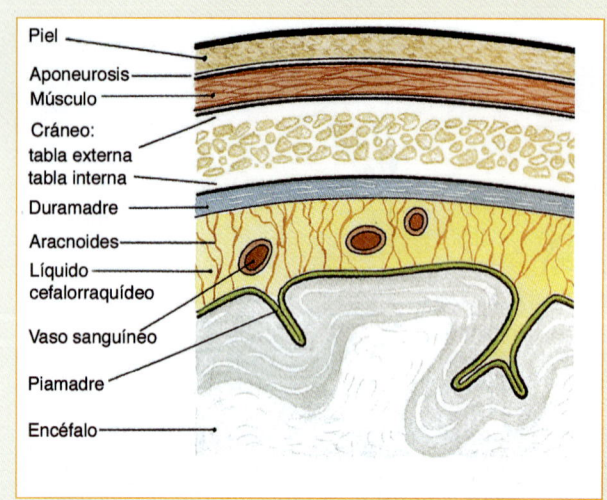

Figura 30-3 El sistema nervioso central tiene varias capas de estructura protectora: la piel, músculos y sus aponeurosis, hueso y meninges. Las tres capas de las meninges son duramadre, aracnoides, y piamadre.

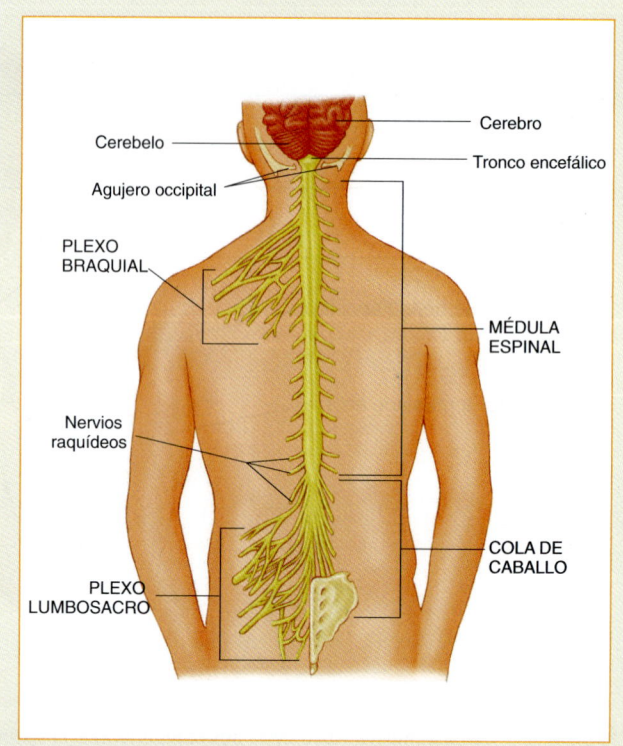

Figura 30-4 El sistema nervioso periférico es una red compleja de nervios motores y sensitivos. El plexo braquial controla los brazos, y el plexo lumbosacro, las piernas.

cráneo y comprime el tejido encefálico blando. En muchos casos, sólo la cirugía inmediata puede prevenir daños permanentes en el encéfalo.

Sistema nervioso periférico

El sistema nervioso periférico tiene dos partes anatómicas: 31 pares de nervios raquídeos y 12 pares de nervios craneales Figura 30-4 ▶.

Los 31 pares de nervios raquídeos conducen impulsos sensitivos de la piel y otros órganos a la médula espinal, también conducen impulsos motores de la médula espinal a los músculos. Como los brazos y las piernas tienen muchos músculos, los nervios raquídeos que sirven a las extremidades están dispuestos en redes complejas. El plexo braquial controla los brazos y el plexo lumbosacro, las piernas.

Los nervios craneales son 12 pares de nervios que pasan a través de orificios del cráneo y transmiten información directamente, de ida y vuelta, al encéfalo. En su mayor parte realizan funciones especiales en la cabeza y en la cara, incluyendo la vista, el olfato, el gusto, la audición y expresiones faciales.

Existen dos tipos principales de nervios periféricos. Los **nervios sensitivos**, con terminaciones que pueden percibir sólo un tipo de información, conducen la información al encéfalo a través de la médula espinal. Los **nervios motores**, uno para cada músculo, conducen información del SNC a los músculos. Los **nervios conectores**, que se encuentran sólo en el encéfalo y la médula espinal, conectan a los nervios sensitivos y motores por fibras cortas, que permiten que las células, en cualquiera de los extremos, intercambien mensajes simples.

Cómo funciona el sistema nervioso

El sistema nervioso controla casi todas las funciones de nuestro cuerpo, incluso las actividades reflejas, voluntarias e involuntarias.

En la conexión de los nervios sensitivos y motores, los nervios conectores en la médula espinal forman un arco reflejo. Si un nervio sensitivo en este arco detecta un estímulo irritante, como el calor, pasa por alto al encéfalo y envía directamente un mensaje al nervio motor Figura 30-5 ▶.

Las **actividades voluntarias** son las acciones que realizamos de manera voluntaria, en las cuales la energía recibida determina la actividad muscular específica, por ejemplo, alcanzar a través de la mesa un salero o pasar un plato. Las **actividades involuntarias** son las acciones que no están bajo el control de nuestra voluntad, como la respiración; en la mayor parte de los casos inspiramos y espiramos sin pensar conscientemente en ello. Muchas de nuestras funciones corporales ocurren en forma independiente del pensamiento o involuntariamente.

La parte del sistema nervioso que regula o controla nuestras actividades voluntarias, incluyendo casi todas las actividades musculares coordinadas, se llama **sistema nervioso somático (voluntario)**. El mecanismo del sistema nervioso somático es simple. El encéfalo interpreta la

Tips para el TUM-B

Las estructuras del sistema nervioso central, cuyas envolturas óseas lo protegen muy bien, son también muy frágiles. Protegerlas de daños adicionales es vital, para la capacidad del paciente para vivir una vida normal en el futuro. Inclínese hacia la precaución y sobreprotección en la evaluación y el tratamiento de posibles lesiones del encéfalo y la médula espinal.

información sensitiva que recibe de los nervios periféricos y de los nervios craneales, y responde enviando señales a los músculos voluntarios.

Las funciones del cuerpo que ocurren sin esfuerzo consciente son reguladas por el sistema nervioso autónomo (involuntario), mucho más primitivo. El sistema nervioso autónomo controla las funciones de muchos de los órganos vitales del cuerpo, sobre los cuales el encéfalo no tiene control voluntario.

El sistema nervioso autónomo se divide en dos secciones: el sistema nervioso simpático y el sistema nervioso parasimpático. Confrontado con una situación amenazante, el sistema nervioso simpático reacciona al estrés con la respuesta de pelear o huir. Esta respuesta hace que las pupilas se dilaten, aumente la frecuencia cardiaca y se eleve la tensión arterial; también causará que el cuerpo derive sangre a órganos vitales y al músculo esquelético. Durante el tiempo de estrés, se libera una hormona llamada adrenalina (conocida también como epinefrina), que es responsable de gran parte de estas actividades dentro del organismo. El sistema nervioso parasimpático tiene el efecto opuesto sobre el cuerpo, causando que los vasos se dilaten, haciendo más lenta la frecuencia cardiaca y relajando los esfínteres musculares. Cuando esta porción del sistema nervioso autónomo es activada, el cuerpo deriva sangre a los órganos de la digestión. Al intentar el organismo mantener la homeostasis (equilibrio), estas dos divisiones del sistema nervioso autónomo tienden a equilibrarse entre sí, en forma tal que las funciones corporales permanecen estables y eficaces.

Anatomía y fisiología del sistema esquelético

El cráneo tiene dos capas de hueso, las tablas externa e interna, que protegen al encéfalo. Se divide en dos grandes estructuras: cráneo y cara (Figura 30-6). El cráneo está ocupado por 80% de tejido encefálico, 10% de riego sanguíneo y 10% de LCR. La mandíbula (maxilar inferior),

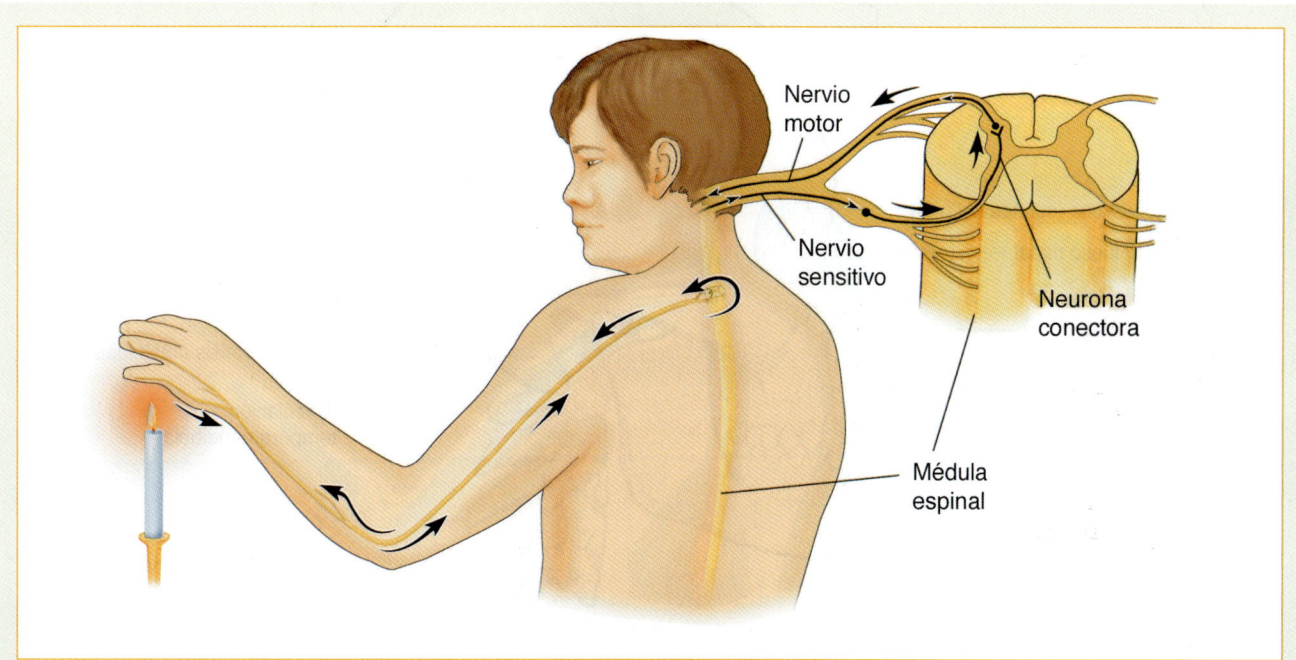

Figura 30-5 Los nervios conectores en la médula espinal forman un arco reflejo. Si un nervio sensitivo en este arco detecta un estímulo irritante, pasa por alto el encéfalo y envía un mensaje directo a un nervio motor.

el único hueso facial móvil, está conectada con el cráneo por la articulación temporomandibular (ATM), situada inmediatamente enfrente de cada oído.

La columna vertebral es la estructura de soporte central del cuerpo. Tiene 33 huesos, llamados vértebras, se divide en cinco secciones: cervical, torácica, lumbar, sacra y coccígea Figura 30-7 ▶. Las lesiones de las vértebras, dependiendo del nivel en el cual se produce la lesión, pueden dar lugar a parálisis si también se lesionan la médula espinal y las estructuras nerviosas.

La parte frontal de cada vértebra consiste en un bloque de hueso redondo, sólido, llamado cuerpo vertebral; la parte de atrás forma un arco óseo. De una vértebra a otra, la serie de arcos forma un túnel que sigue a lo largo de la columna vertebral. Este túnel es el conducto vertebral o raquídeo, que encierra y protege a la médula espinal Figura 30-8 ▶.

Las vértebras están conectadas por ligamentos y separadas por cojines llamados **discos intervertebrales**. Aunque permiten que el tronco se incline hacia adelante y atrás, estos ligamentos y discos también limitan movimientos, en forma tal que la médula espinal no se lesione. Cuando la columna vertebral se lesiona o fractura, la médula espinal y sus nervios quedan desprotegidos. Por tanto, hasta que la columna vertebral se estabilice, debe mantenerla alineada, lo mejor que se pueda, para prevenir lesiones adicionales de la médula espinal.

La columna vertebral, por sí sola, está totalmente rodeada por músculos. No obstante, usualmente es posible palpar las apófisis espinosas posteriores de cada vértebra, que están situadas justo por debajo de la piel en la línea media de la espalda. La apófisis espinosa más prominente,

▲ Necesidades pediátricas

El conducto vertebral está cerrado al nacer y debe crecer y expandirse al crecer el niño. Las deformidades del tubo neural son defectos de nacimiento, comunes y serios. El más expuesto es la espina bífida, en la cual la porción más baja de la columna vertebral no se cierra antes del nacimiento. Como TUM-B, puede ser llamado para tratar o transportar un niño con uno de estos defectos de nacimiento.

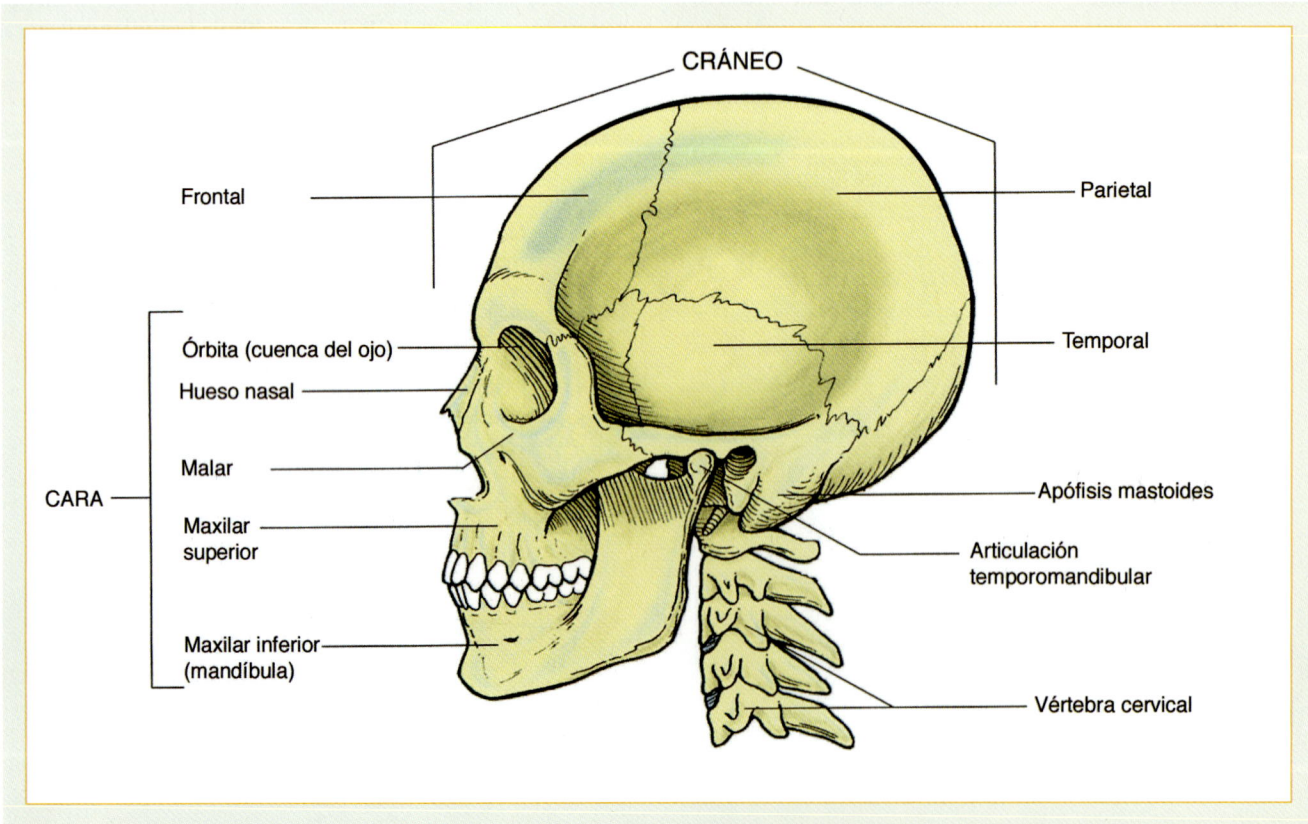

Figura 30-6 El cráneo incluye dos grandes estructuras, el cráneo y la cara.

y más fácilmente palpable, es la de la séptima vértebra cervical, en la base del cuello.

Lesiones de la cabeza

Cualquier lesión de la cabeza es potencialmente grave; si no se atienden de manera apropiada, las que al principio parecen menores, pueden terminar poniendo en peligro la vida. Por otra parte, pueden producirse laceraciones intensas o fracturas en el cráneo con poco o ningún daño y conducir a consecuencias mínimas o nulas a largo plazo.

Existen dos tipos generales de lesiones de la cabeza. La lesión cerrada de la cabeza, en general relacionada con un traumatismo contuso, es aquélla en la cual el encéfalo ha sido lesionado, pero no hay una abertura a este órgano. Por ejemplo, un golpe intenso en la cabeza sin una herida abierta, sería considerado una lesión cerrada de la cabeza. Una lesión de la cabeza abierta, es una en la cual existe una abertura del encéfalo al mundo exterior. Una deformidad obvia del cráneo es un signo pivote de una lesión abierta de la cabeza, que con frecuencia es causada por un traumatismo penetrante. Puede haber hemorragia y tejido encefálico expuesto.

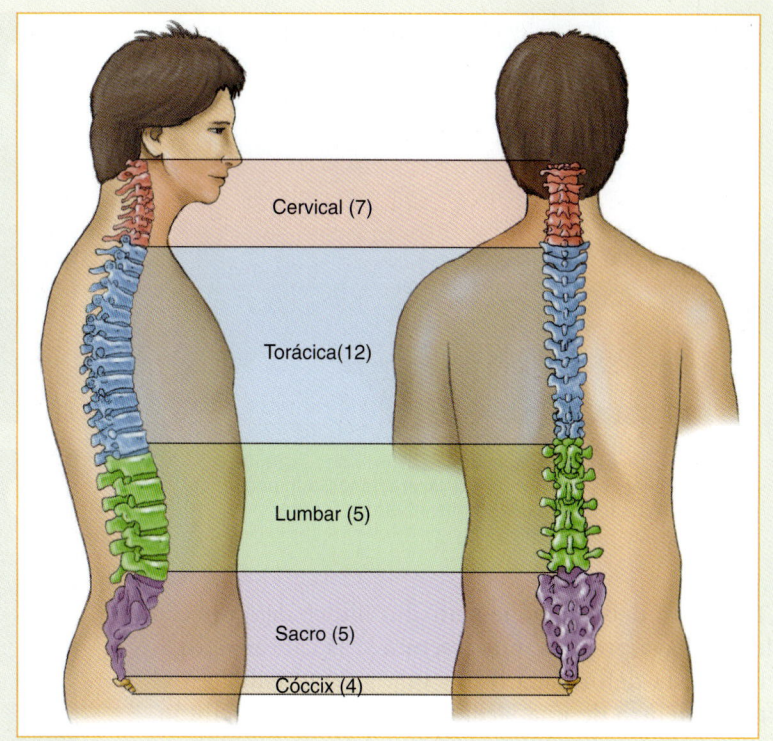

Figura 30-7 La columna vertebral es el soporte central del cuerpo y se compone de 33 huesos divididos en cinco secciones. La lesión de las vértebras puede causar parálisis.

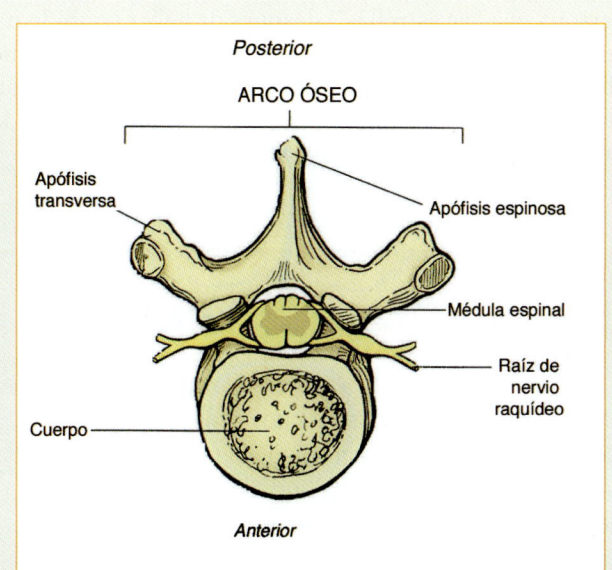

Figura 30-8 El conducto vertebral (raquídeo) está formado por los cuerpos vertebrales, al frente (o anteriormente) y el arco óseo atrás (posteriormente).

Laceraciones del cuero cabelludo

Las laceraciones del cuero cabelludo pueden ser menores o muy intensas. Tanto la cara como el cuero cabelludo tienen un riego sanguíneo excepcionalmente rico, por ello las laceraciones, aun pequeñas, pueden conducir rápidamente a pérdidas significativas de sangre (Figura 30-9▶). Ocasionalmente, esta pérdida de sangre puede ser suficiente para causar un choque hipovolémico, en especial en niños. En cualquier paciente con lesiones múltiples, la hemorragia de laceraciones del cuero cabelludo o la cara pueden contribuir a la hipovolemia. Además, como las laceraciones del cuero cabelludo suelen ser el resultado de un golpe directo a la cabeza, con frecuencia son indicadoras de lesiones más profundas, más intensas.

Fractura del cráneo

Una fuerza significativa aplicada a la cabeza puede causar una del cráneo. Como cualquier fractura, una del cráneo puede ser expuesta o cerrada, dependiendo de que haya una laceración sobre el cuero cabelludo. Las lesiones causadas por balas u otras armas penetrantes frecuentemente dan por resultado una fractura del cráneo. El diagnóstico de fractura del cráneo suele establecerse en el hospital por Tomografía Computada

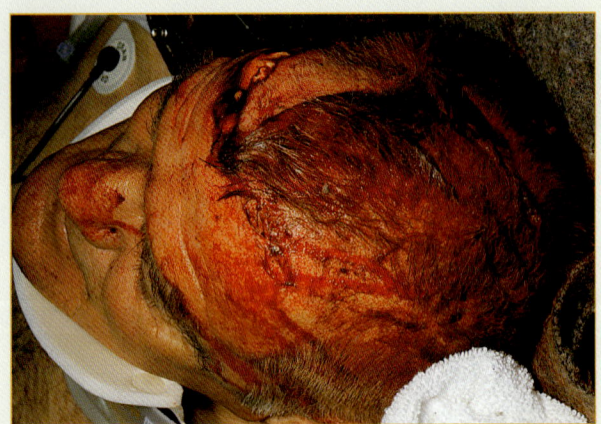

Figura 30-9 El cuero cabelludo tiene un riego sanguíneo excepcionalmente rico; por tanto, laceraciones, aun pequeñas, pueden dar lugar a pérdidas significativas de sangre.

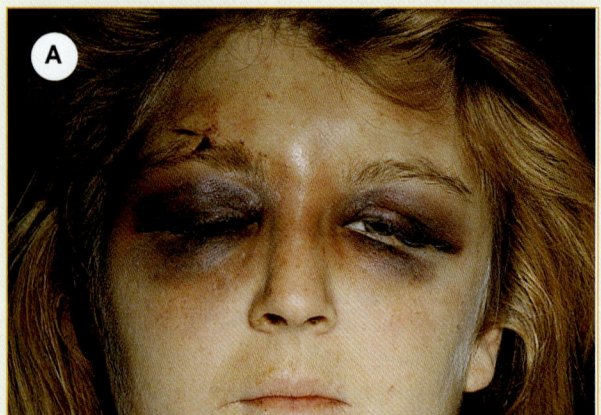

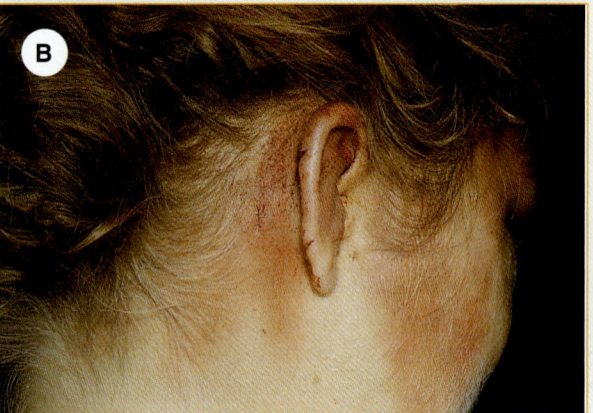

Figura 30-10 Los signos de las fracturas del cráneo incluyen equimosis (**A**) bajo los ojos (ojos de mapache) o (**B**) detrás de una oreja, sobre la apófisis mastoides (signo de Battle).

(TC), pero debe mantener un alto índice de sospecha de que haya presente una fractura si la cabeza del paciente está deformada o hay una grieta visible en el cráneo dentro de una laceración del cuero cabelludo. Signos adicionales de una fractura del cráneo que pueden verse son equimosis desarrolladas bajo los ojos (**ojos de mapache**) Figura 30-10 A, o detrás de un oído, sobre la apófisis mastoides (**signo de Battle**) Figura 30-10 B.

Lesiones del encéfalo

Concusión

Un golpe en la cabeza o en la cara puede causar una **concusión** cerebral. No existe un acuerdo universal sobre la definición exacta de concusión cerebral pero, en general, significa una pérdida o alteración temporal de todas las habilidades del encéfalo para funcionar, sin un daño físico demostrable del encéfalo. Por ejemplo, una persona que "ve estrellas", después de haber recibido un golpe en la cabeza, ha tenido una concusión cerebral que afecta la porción occipital del encéfalo. Una concusión cerebral puede dar lugar a la inconsciencia o aun a la incapacidad para respirar por periodos cortos.

Situación de urgencia — Parte 2

Llega a la escena con su compañero. La escena es segura, pero están reunidos muchos espectadores alrededor de la paciente. Llegan varios policías y miembros del personal de seguridad del colegio y comienzan a retirar a los espectadores del área. Al lograr acceso a la paciente, la encuentra en posición prona sobre un tapete de caucho, despierta y respirando normalmente. No se observan amenazas para la vida inmediatas.

3. ¿Cuál es el siguiente paso para proporcionar cuidados a esta paciente?
4. ¿Cuál es su índice de sospecha de lesiones no visibles?
5. ¿Qué información debe determinar sobre el ML de la paciente?

Un paciente con una concusión cerebral puede estar confundido o tener amnesia (pérdida de la memoria). A veces el paciente puede recordar todo, excepto los eventos que llevaron a la lesión; esto se llama <u>amnesia retrógrada</u> encontrada regularmente en este tipo de lesiones. La incapacidad para recordar eventos después de una lesión de la cabeza se llama <u>amnesia anterógrada (postraumática)</u>.

Ordinariamente, una concusión cerebral dura sólo un corto tiempo. De hecho, se ha resuelto para el tiempo de su llegada a la escena. Sin embargo, en cualquier paciente que ha sufrido una lesión de la cabeza, debe preguntar sobre síntomas de concusión cerebral; éstos incluyen mareos, debilidad o alteraciones visuales, cefalea, escuchar falsos sonidos de zumbidos o campaneos (acufenos), afectación de la memoria a corto plazo (hace la misma pregunta una y otra vez), náusea, retraso verbal y motor (lentitud para responder preguntas o seguir instrucciones), y desorientación. Es importante recordar que la mayoría de estos síntomas serán de corto plazo, sin embargo es imperante su traslado a un centro de trauma para su valoración neurológica, no se confíe por la desaparición de los síntomas.

Los pacientes con síntomas consistentes con concusión cerebral también pueden tener una lesión subyacente del encéfalo más grave; es necesario practicar una TC para hacer la diferenciación de estos trastornos. Siempre debe asumir que los pacientes con signos o síntomas de concusión cerebral tienen una lesión más seria, hasta que se pruebe lo contrario con TC en el hospital, o con la evaluación de un médico.

Contusión

Como cualquier otro tejido del cuerpo, el encéfalo puede sufrir una contusión cuando se golpea el cráneo. Una contusión es bastante más seria que una concusión cerebral porque implica una lesión física al tejido encefálico, que puede causar una lesión más duradera y aun un daño permanente. Como las contusiones de cualquier otra parte, hay hemorragia e hinchazón asociadas con vasos sanguíneos lesionados. La lesión o hemorragia del tejido encefálico dentro del cráneo causará un aumento de la presión intracraneal. Es posible que un paciente que haya sufrido una contusión encefálica exhiba cualquier signo de lesión encefálica descrito en este capítulo, o todos ellos, tales como los manifestados en la concusión cerebral, con la diferencia de que serán manifestados por un tiempo más prolongado y serán más graves. Asimismo, dependiendo de la zona del encéfalo que se vea afectada será la manifestación focalizada de la sintomatología, como un periodo de inconsciencia más prolongado que en la concusión, amnesia retrógrada y anterógrada, debilidad y cambios en la personalidad, como conductas inapropiadas (violencia o agitación).

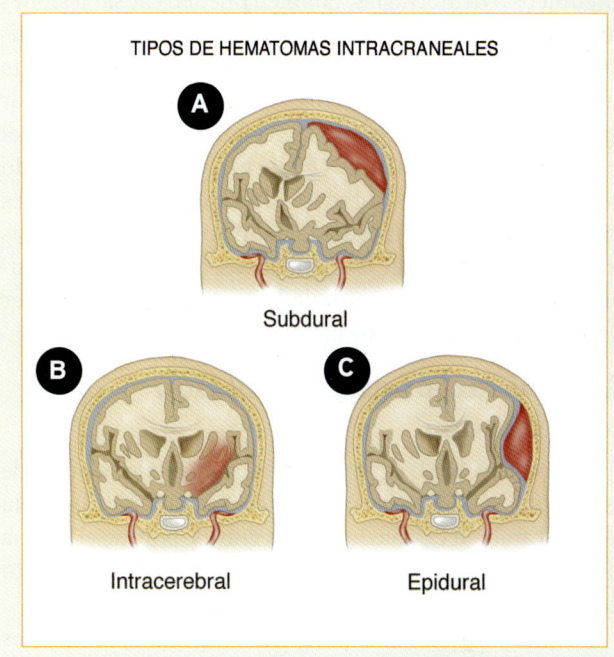

Figura 30-11 La hemorragia intracraneal puede ocurrir en una de tres áreas. **A.** Debajo de la duramadre, pero fuera del encéfalo (hematoma subdural). **B.** Dentro de la sustancia del tejido encefálico (hemorragia intracerebral). **C.** Fuera de la duramadre y debajo el cráneo (hematoma epidural).

Hemorragia intracraneal

La laceración o rotura de un vaso sanguíneo dentro del encéfalo, o en las meninges que lo cubren, producirá una hemorragia intracraneal (hematoma), en una de tres áreas **Figura 30-11 ▲** :

- Debajo de la duramadre, pero fuera del encéfalo: un hematoma subdural
- Dentro de la sustancia del propio encéfalo: una hemorragia intracerebral
- Fuera de la duramadre y debajo del cráneo: un hematoma epidural

Un hematoma puede desarrollarse rápidamente como sucede con un hematoma epidural, que es causado por un desgarro o una laceración por encima de la duramadre, o lentamente, como es el caso con un hematoma subdural, cuando una vena es lacerada o desgarrada por debajo de la duramadre. En cualquier caso, como el encéfalo ocupa casi la totalidad del espacio dentro del cráneo, el resultado es aumento de la presión en su interior que conduce a compresión del tejido encefálico. El hematoma en expansión causará una pérdida progresiva de la función encefálica y, si no se atiende de manera apropiada, la muerte.

Otras lesiones encefálicas

Las lesiones del encéfalo no son siempre el resultado de un traumatismo. Ciertos trastornos médicos, como coágulos sanguíneos o hemorragias, también pueden causar lesiones encefálicas que producen hemorragia o hinchazón significativos. Problemas con los propios vasos sanguíneos, alta tensión arterial, o varios otros problemas, pueden causar hemorragia espontánea en el encéfalo afectando el nivel de conciencia del paciente. Esto se conoce como estado mental alterado. Los signos y síntomas de las lesiones no traumáticas con frecuencia son los mismos que los de la lesiones encefálicas traumáticas, excepto por la ausencia de un mecanismo de la lesión obvio, o cualquier evidencia externa de traumatismo.

Complicaciones de la lesión de la cabeza

El edema cerebral, o hinchazón del encéfalo, es una de las complicaciones más comunes de cualquier lesión de la cabeza. También es una de las más graves, porque el edema comprime el tejido encefálico contra el cráneo, causando pérdida de la función del encéfalo.

El edema cerebral es agravado por bajos niveles de oxígeno en la sangre y mejorado por los niveles altos. De hecho, el encéfalo consume más oxígeno que cualquier otro órgano en el cuerpo, razón por la cual debe asegurar que la vía aérea esté abierta y que se administren ventilaciones y oxígeno en flujo alto adecuados a cualquier paciente con una lesión de la cabeza. Esto es particularmente cierto, si el paciente está inconsciente. No espere hasta que se desarrolle cianosis ni otros signos obvios de hipoxia.

No es raro que el paciente con una lesión de la cabeza tenga una convulsión, la cual es el resultado de la excitabilidad excesiva de la corteza cerebral causada por la lesión directa o la acumulación de líquido dentro del encéfalo (edema). Debe estar preparado para tratar convulsiones en los pacientes que han tenido una lesión de la cabeza. Otros efectos del edema cerebral y aumento de la presión intracraneal pueden ser: aumento de la tensión arterial, disminución de la frecuencia del pulso y respiraciones irregulares. Esta tríada de síntomas se llama reflejo de Cushing.

Signos y síntomas de la lesión de la cabeza

Las lesiones abiertas y cerradas de la cabeza en esencia tienen los mismos signos y síntomas.

Después de una lesión, cualquier paciente que exhibe uno o más de estos signos o síntomas ha sufrido potencialmente una lesión muy seria del encéfalo subyacente:

- Laceraciones, contusiones o hematomas del cuero cabelludo
- Área blanda o depresión a la palpación
- Fracturas o deformidades visibles del cráneo
- Equimosis alrededor de los ojos o detrás el oído sobre la apófisis mastoides
- Escurrimiento claro o rosado de LCR de una herida del cuero cabelludo, la nariz o el oído
- Falta de respuesta de las pupilas a la luz
- Tamaño desigual de las pupilas (anisocoria)
- Pérdida de sensibilidad o función motora, o de ambas
- Un periodo de inconsciencia
- Amnesia
- Convulsiones
- Entumecimiento u hormigueo en las extremidades
- Respiraciones irregulares
- Disturbios visuales (fosfenos)
- Conducta combativa o de otro tipo anormal
- Náusea o vómito

Lesiones de la columna vertebral

Las porciones cervical, torácica y lumbar de la columna vertebral pueden lesionarse en diversas formas. Pueden producirse lesiones por compresión como resultado de una caída, al margen de que el paciente haya aterrizado sobre sus pies, cóccix o la parte superior de la cabeza. Los choques de vehículos motores, u otros tipos de traumatismos, pueden extender de manera exagerada, flexionar o virar la columna vertebral. Cualquiera de estos movimientos no naturales, así como la flexión lateral excesiva, puede producir como resultado fractura o un déficit neurológico.

Cuando la columna vertebral es extendida excesivamente, eso se llama elongación, y puede causar lesiones. Por ejemplo, el ahorcamiento frecuentemente produce como resultado fractura de las vértebras en la porción superior de la columna cervical.

Evaluación de las lesiones de la cabeza y de la columna vertebral

Siempre debe sospechar una posible lesión de la columna vertebral cada vez que encuentre uno de los siguientes mecanismos de lesión:

- Choques de vehículos motores
- Colisión de peatón-vehículo motor (atropellamiento)
- Caídas
- Traumatismos contusos
- Traumatismos penetrantes en la cabeza, cuello o torso
- Choques de motocicletas
- Ahorcamientos

paciente pueda ser completamente inmovilizado con un collarín cervical y una camilla espinal larga (Figura 30-19). Retire todos los cuerpos extraños, secreciones o vómito de la vía aérea y asegúrese de que esté disponible una unidad de aspiración, porque frecuentemente tendrá que despejarlas de sangre, saliva y vómito.

Una vez que ha despejado la vía aérea, verifique la ventilación. Si el centro de control respiratorio del encéfalo ha sido lesionado, la frecuencia o profundidad de la respiración, o ambas cosas, pueden ser ineficaces. La ventilación también puede estar limitada por lesiones del pecho o, si la médula espinal está lesionada, por parálisis de algunos, o todos, los músculos de la respiración. Proporcione oxígeno en flujo alto a cualquier paciente con sospecha de lesión de la cabeza, en particular al que esté teniendo dificultad respiratoria, esto reduce la hipoxia y posible edema cerebral. Un encéfalo lesionado es aún menos tolerante de la hipoxia que un encéfalo sano, estudios realizados han mostrado que el oxígeno suplementario puede reducir el daño encefálico; sin embargo, para ser eficaz debe iniciarse tan pronto como sea posible. No espere hasta que el paciente esté cianótico. Continúe asistiendo ventilaciones y administre oxígeno suplementario hasta que el paciente llegue al hospital.

Circulación

Si el corazón no está latiendo, proporcionar mantenimiento de la vía aérea, ventilación y oxígeno no logran cosa alguna. También debe iniciar RCP si el paciente está en paro cardiaco.

La pérdida activa de sangre agrava la hipoxia al reducir el número de glóbulos rojos acarreadores de oxígeno. Aunque las laceraciones del cuero cabelludo raramente causan choque, excepto en lactantes y niños, con frecuencia producen la pérdida de grandes volúmenes de sangre que deben controlarse. La hemorragia dentro el cráneo puede causar aumento de la presión intracraneal a niveles que ponen en peligro la vida, aun cuando el volumen efectivo de sangre perdido dentro del cráneo sea relativamente pequeño.

El choque que se desarrolla en un paciente con una lesión de la cabeza suele deberse a la hipovolemia causada por la hemorragia de otras lesiones. Como sucede con otros pacientes traumatizados, el choque en estos casos indica que la situación es crítica; tales pacientes deben ser trasportados de inmediato a un centro de traumatismos. Mantenga la vía aérea mientras protege la columna cervical del paciente, asegure una ventilación adecuada, administre 100% de oxígeno, controle sitios obvios de hemorragia con presión directa, coloque a su paciente en posición supina en una camilla rígida, manténgalo caliente y proporcione transporte inmediato.

Si el paciente se pone nauseoso o comienza a vomitar, colóquelo de su lado izquierdo para prevenir aspiración.

Asegúrese de mantener la cabeza en la posición neutral, en línea, con el collarín cervical colocado. También debe tener disponible una unidad de aspiración.

Preparación para el transporte

Pacientes supinos

Un paciente que está en posición supina puede inmovilizarse eficazmente, asegurándolo sobre una camilla espinal larga. El procedimiento ideal para movilizar a un paciente del piso a una camilla espinal larga es girarlo como un tronco, por cuatro personas, movilización en bloque por cuatro personas; este procedimiento se recomienda cada vez que sospecha una lesión de la columna vertebral. En otros casos, puede elegir en su lugar deslizar al paciente a una camilla espinal larga o usar una camilla tipo espátula (scoop). El estado del paciente, la escena y los recursos disponibles dictarán el método que elija.

Primero debe tomar las precauciones necesarias y luego dirigir al equipo desde una posición arrodillada a nivel de la cabeza del paciente, en forma que pueda mantener inmovilización manual en línea. Su trabajo consiste en que la cabeza, torso y pelvis se muevan como una unidad, mientras sus compañeros del equipo controlan los movimientos del cuerpo. Si es necesario, puede reclutar espectadores para el equipo, pero asegúrese de instruirlos completamente antes de mover al paciente. Para inmovilizar a un paciente en una camilla rígida siga los pasos de (Destrezas 30-2):

1. **Mantenga estabilización en línea** desde una posición arrodillado a nivel de la cabeza del paciente. El TUM-B en la cabeza dirigirá la movilización como un tronco.
2. **Evalúe el pulso**, función motora y sensibilidad en cada extremidad (**Paso 1**).
3. **Aplique un collarín cervical de tamaño apropiado** (**Paso 2**).
4. **Los otros miembros del equipo** deben posicionar el dispositivo de inmovilización (camilla espinal larga) y colocar sus manos en el lado alejado del paciente para aumentar su apalancamiento. Instrúyalos en usar el peso de sus cuerpos y sus músculos de los hombros y espalda para asegurar un tiro coordinado, suave, concentrando su tiro en las partes más pesadas del cuerpo del paciente (**Paso 3**).
5. **A la orden** del TUM-B en la cabeza, los rescatadores viran al paciente hacia ellos. Un rescatador examina rápidamente la espalda mientras el paciente es girado de lado, y luego desliza la camilla detrás y debajo del paciente. El equipo gira al paciente de vuelta a la camilla, evitando la rotación independiente de la cabeza, hombros o pelvis (**Paso 4**).
6. **Asegúrese de que el paciente esté centrado** en la camilla (**Paso 5**).

Destrezas 30-2

Inmovilización de un paciente a una camilla rígida larga

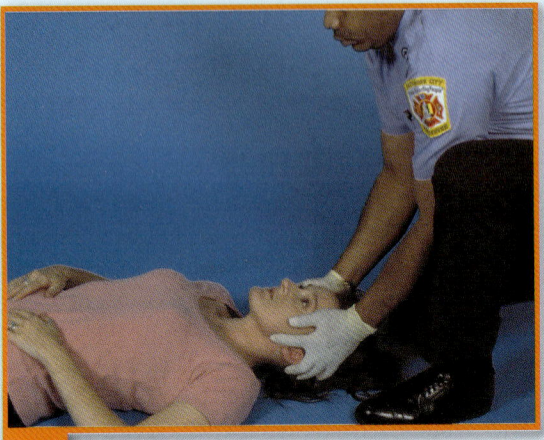

1 Aplique y mantenga estabilización cervical. Evalúe las funciones distales en todas las extremidades.

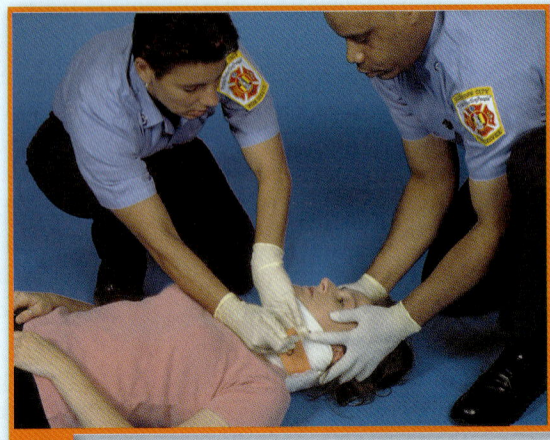

2 Coloque un collarín cervical.

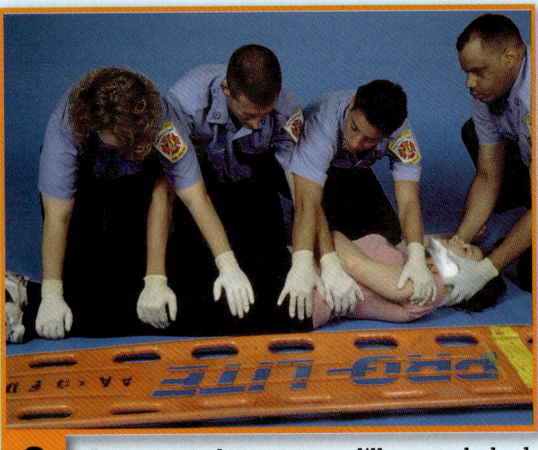

3 Los rescatadores se arrodillan a un lado del paciente y colocan las manos en el lado alejado del paciente.

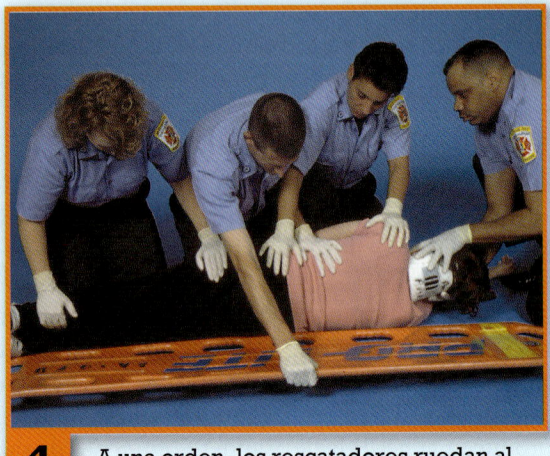

4 A una orden, los rescatadores ruedan al paciente hacia ellos mismos, examine rápidamente la espalda, deslice la camilla espinal larga bajo el paciente y ruédelo sobre ella.

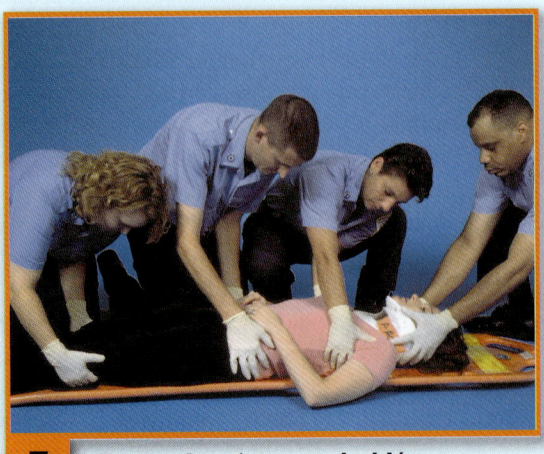

5 Centre al paciente en el tablón.

6 Asegure el torso superior primero.

Capítulo 30 Lesiones de la cabeza y la columna vertebral

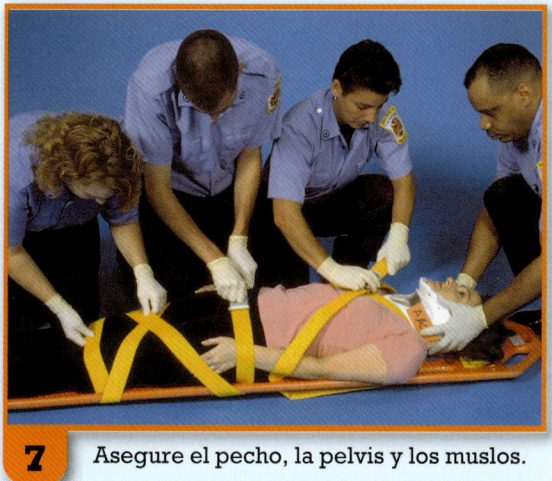

7 Asegure el pecho, la pelvis y los muslos.

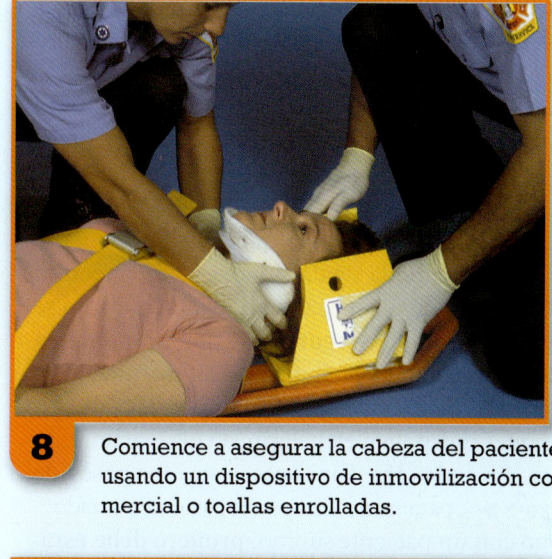

8 Comience a asegurar la cabeza del paciente usando un dispositivo de inmovilización comercial o toallas enrolladas.

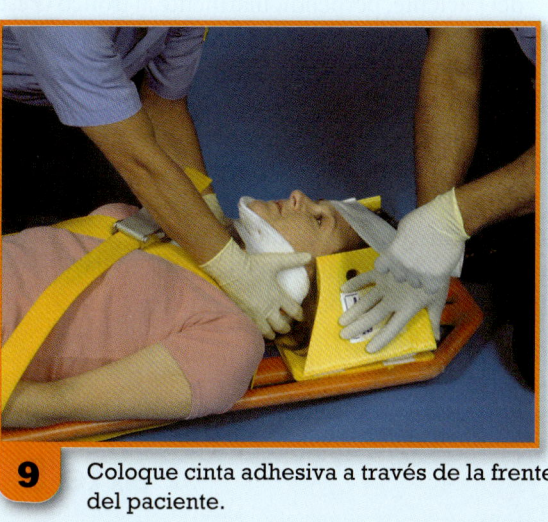

9 Coloque cinta adhesiva a través de la frente del paciente.

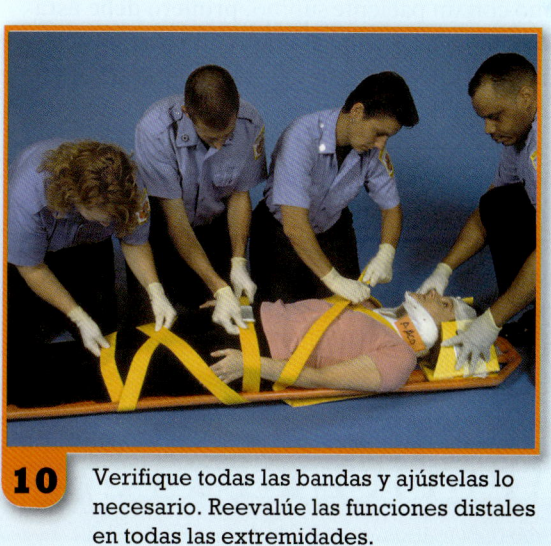

10 Verifique todas las bandas y ajústelas lo necesario. Reevalúe las funciones distales en todas las extremidades.

7. **Asegure el torso superior** a la camilla espinal larga una vez que el paciente está centrado en él (**Paso 6**). Considere acojinar los espacios huecos entre el paciente y la camilla espinal larga para hacer el transporte más cómodo y proteger al paciente.
8. **Asegure la pelvis y los muslos** usando acojinamiento si es necesario. Para la pelvis use bandas sobre las crestas ilíacas o asas para las ingles, o ambas cosas (**Paso 7**).
9. **Comience a inmovilizar la cabeza a la camilla** posicionando un dispositivo comercial de inmovilización o toallas enrolladas (**Paso 8**).
10. **Asegure la cabeza fijando** con cinta adhesiva el dispositivo de inmovilización de la cabeza, o toallas, a través de la frente. Para prevenir problemas de la vía aérea, y dejarles acceso, no aplique la cinta adhesiva sobre la garganta o el mentón (**Paso 9**).
11. **Verifique y ajuste las cintas** lo necesario para confirmar que todo el cuerpo está firmemente asegurado y no se deslizará durante el movimiento del paciente.
12. **Reevalúe el pulso, función motora y sensitiva** en cada extremidad, continúe haciéndolo periódicamente (**Paso 10**).

Pacientes sentados

Algunos pacientes con una posible lesión de la columna vertebral estarán sentados, como después de un choque de automóvil. Con estos pacientes debe usar una camilla espinal corta u otro tipo de dispositivo corto de inmovilización vertebral, como los chalecos de extracción, para inmovilizar las columnas cervical y torácica. La tabla corta es asegurada luego a la camilla rígida.

Las excepciones a esta regla son situaciones en las cuales no tiene tiempo para asegurar primero al paciente a una tabla corta, incluyendo las siguientes:

- Usted y su paciente están en peligro.
- Necesita ganar inmediato acceso a otros pacientes.
- Las lesiones del paciente justifican un levantamiento inmediato.

En estas situaciones su equipo debe bajar al paciente directamente a una camilla rígida larga, usando la técnica rápida de extracción de un vehículo accidentado, como se describe en el capítulo 6. Asegúrese de que proporciona estabilización manual a la columna cervical mientras moviliza al paciente. La extracción rápida se indica sólo en casos de lesiones que ponen en peligro la vida o amenazan un miembro. En todos los demás casos siga los pasos de **Destrezas 30-3**, para inmovilizar a un paciente sentado:

1. Como con un paciente supino, **primero debe estabilizar la cabeza** y luego mantener estabilización manual en línea, hasta que el paciente es asegurado en una camilla rígida larga.
2. **Evalúe el pulso, función motora y sensitiva** en cada extremidad.
3. **Coloque el collarín cervical** (**Paso 1**).
4. **Inserte un dispositivo corto de inmovilización** de la columna vertebral entre la parte superior de la espalda del paciente y el respaldo de atrás (**Paso 2**).
5. **Abra las aletas laterales del dispositivo** (chaleco de extracción), **si existen**, colóquelas alrededor del torso del paciente y ajústelas en las axilas (**Paso 3**).
6. Una vez que el chaleco ha sido posicionado apropiadamente, **fije las bandas de la parte superior del torso**, dejando libre la banda superior (**Paso 4**).
7. **Posicione y ajuste ambas bandas de las ingles** (bandas de las piernas). Verifique todas las bandas del torso y asegure que están firmes. Haga los ajustes necesarios sin movimiento excesivo del paciente (**Paso 5**).
8. **Acojine cualquier espacio** entre la cabeza del paciente y el chaleco, como sea necesario.
9. **Asegure la banda de la frente** y luego ajuste la banda de la parte inferior de la cabeza al collarín cervical (**Paso 6**).
10. **Ajuste la parte superior del torso. Deslice, como en cuña,** la camilla espinal larga junto a los glúteos del paciente, perpendicularmente al tronco (**Paso 7**).
11. **Vire al paciente paralelamente** al tablón largo y desciéndalo a él, lentamente.
12. **Levante al paciente** (sin virarlo) y deslice la camilla espinal debajo del chaleco de extracción (**Paso 8**).
13. **Asegure los tablones corto y largo**, juntándolos (**Paso 8**).
14. **Reevalúe el pulso, función motora y sensitiva** en las cuatro extremidades. Note sus hallazgos y prepare para un inmediato transporte (**Paso 9**).

Situación de urgencia — Parte 5

Junto con su compañero, ha colocado un collarín cervical rígido a la paciente. Proporciona directrices claras a la gente que va a ayudarlo en el giro con cuatro personas, como un tronco, para colocar a la paciente en el tablón largo. Ha terminado de asegurar a la paciente a una camilla rígida larga, y la está preparando para transportarla. Su compañero rápidamente reevalúa el pulso, función motora y sensitiva de la paciente, reevaluación importante, que es efectuada con cualquier paciente que está inmovilizado. Se da cuenta de que existe un riesgo potencial para la paciente inmovilizada. Si vomita, puede desarrollar una obstrucción de la vía aérea o aspirar material extraño a los pulmones, causando problemas serios que potencialmente ponen en peligro la vida de la paciente. Advierte a la paciente que si se siente nauseosa debe informarlo de inmediato. Le explica que si esto sucede, inclinará la camilla a un lado para permitir que el vómito se drene y que la ayudará aspirándolo de su boca. Conduzca un examen físico detallado en camino al hospital y continúe con la evaluación en curso, hasta que transfiera los cuidados.

10. ¿Por qué es importante explicar a la paciente lo que está haciendo, y por qué?
11. ¿Qué posibles cambios en el estado de su paciente podría experimentar durante el transporte?
12. ¿Se consideraría a esta paciente una paciente grave?

Capítulo 30 Lesiones de la cabeza y la columna vertebral

Inmovilización de un paciente encontrado sentado

30-3

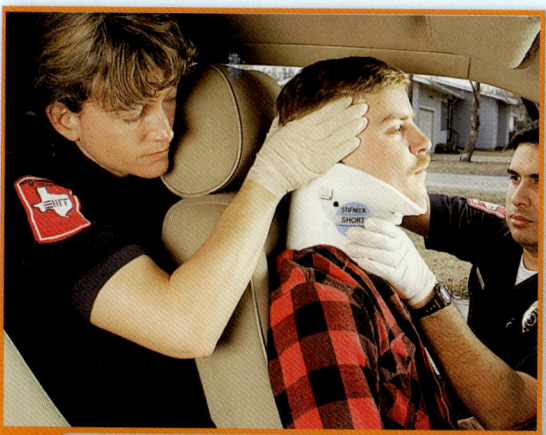

1 Estabilice la cabeza y el cuello en posición neutral en línea.
Evalúe el pulso, función motora y sensitiva en cada extremidad.
Coloque un collarín cervical.

2 Inserte un dispositivo de inmovilización vertebral corto entre la espalda superior del paciente y el asiento.

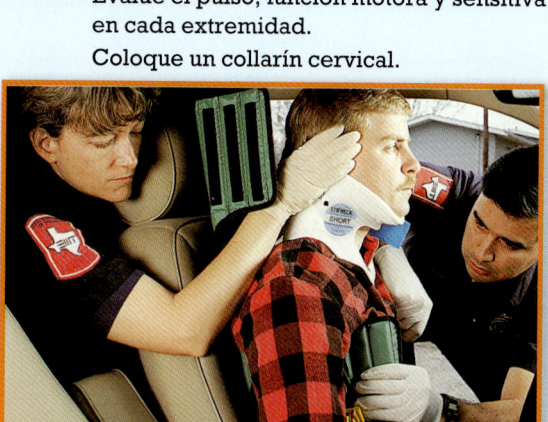

3 Abra las aletas laterales, y colóquelas alrededor del torso del paciente, ajuste alrededor de las axilas.

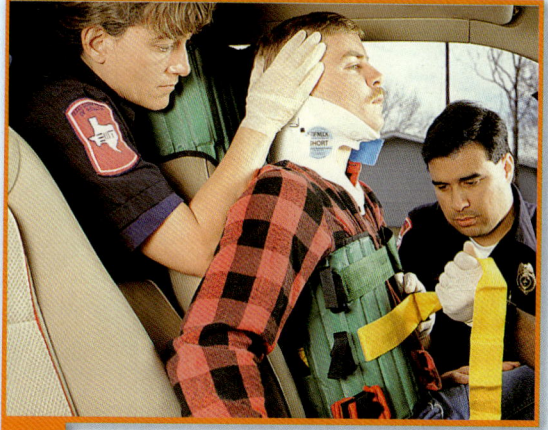

4 Fije las aletas al torso superior, dejando suelta la banda superior.

5 Asegure las bandas de las ingles (piernas). Verifique y ajuste las bandas del torso.

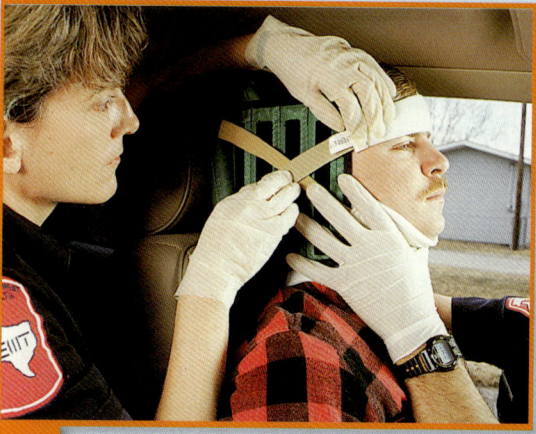

6 Acojine entre la cabeza y el dispositivo lo necesario. Asegure la banda de la frente y ajuste la banda de la parte inferior de la cabeza alrededor del collarín.

Continúa.

Destrezas 30-3

Inmovilización de un paciente encontrado sentado

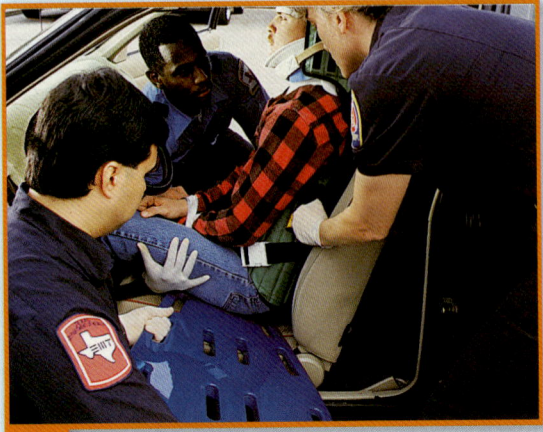

7 Ajuste la banda del torso superior. Coloque como cuña una camilla espinal larga junto a las nalgas del paciente.

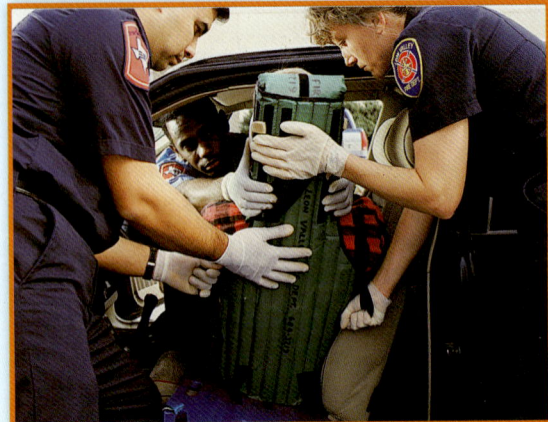

8 Gire y baje al paciente a la camilla espinal. Levante al paciente y deslice la camilla rígida bajo del dispositivo vertebral.

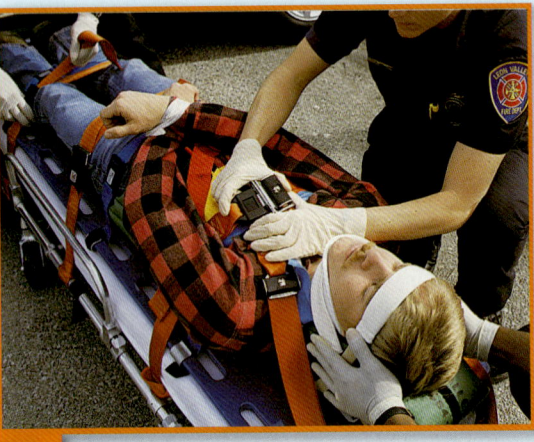

9 Ajuste los dispositivos de inmovilización entre sí.

Reevalúe el pulso, función motora y sensitiva en cada extremidad.

Pacientes de pie

Puede llegar a una escena en la cual encuentra a un paciente de pie, o divagando, después de un accidente o lesión. Si sospecha que puede haber lesiones de cabeza, cuello, o columna vertebral subyacentes, debe inmovilizar al paciente a una camilla rígida larga antes de proceder a efectuar su evaluación. Esto requerirá tres TUM-B. Siga los pasos en **Destrezas 30-4**:

1. **Establezca estabilización manual en línea**, coloque un collar cervical, e instruya al paciente a permanecer quieto.
2. **Posicione verticalmente la camilla espinal larga** detrás del paciente (**Paso 1**).
3. **Dos TUM-B se colocan de pie a ambos lados** del paciente, y el tercero directamente detrás de él, manteniendo la inmovilización.
4. **Los dos TUM-B prenden las agarraderas a nivel de los hombros**, o ligeramente arriba, alcanzando por debajo de los brazos, mientras están parados a cada lado (**Paso 2**).
5. **Prepárense para bajar** al paciente al suelo (**Paso 3**).
6. **Baje cuidadosamente al paciente**, como una unidad, bajo la dirección del TUM-B a la cabeza, quien tendrá que asegurar que la cabeza permanece contra el tablón, deberá girar cuidadosamente sus manos al ir descendiendo al pa-

Capítulo 30 Lesiones de la cabeza y la columna vertebral

Inmovilización de un paciente encontrado de pie

Destrezas 30-4

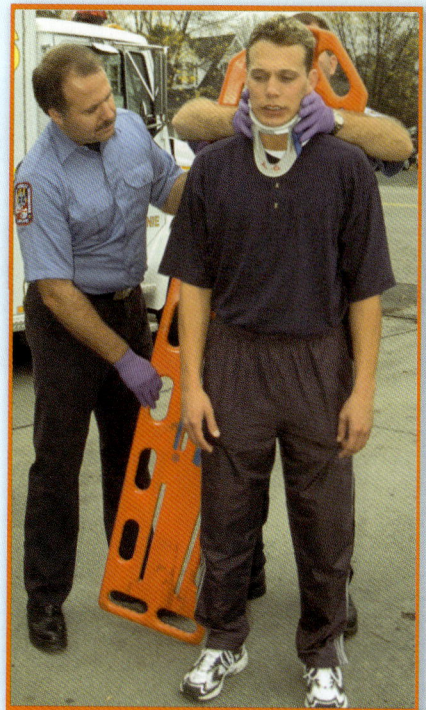

1 Mientras estabiliza manualmente la cabeza y el cuello, coloque un collarín cervical. Coloque el tablón detrás del paciente.

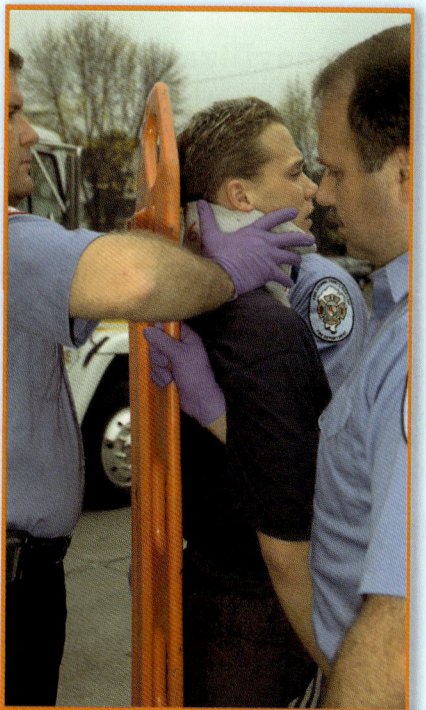

2 Posicione TUM-B a los lados y detrás del paciente. Los TUM-B de los lados alcanzan por debajo de los brazos del paciente y prenden con las manos las agarraderas a nivel de los hombros, o un poco más alto.

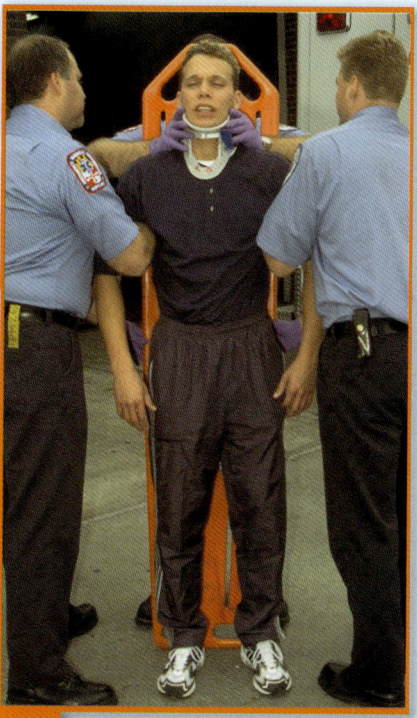

3 Prepárese para bajar al paciente. Los TUM-B a los lados deben ver hacia el, TUM-B a la cabeza y esperar su dirección.

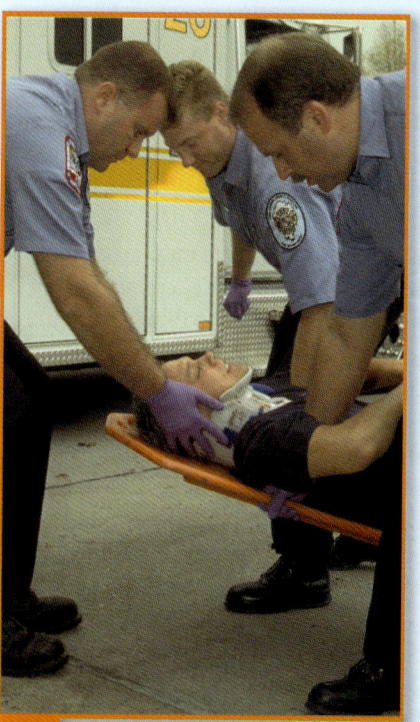

4 A la orden, bajar la camilla espinal larga al piso.

ciente para mantener la estabilización en línea (**Paso 4**).

Dispositivos de inmovilización

Frecuentemente, una columna vertebral lesionada es muy difícil de evaluar en un paciente con una lesión de la cabeza. A veces no hay pérdida neurológica. El dolor en la columna vertebral puede pasar inadvertido, porque la atención del paciente se dirige hacia lesiones más dolorosas. La evaluación es aún más difícil si el paciente está inconsciente. Como cualquier manipulación de la columna cervical inestable puede causar daño permanente en la médula espinal, debe asumir la presencia de lesión de la columna vertebral en todos los pacientes que han sufrido lesiones de la cabeza. Use inmovilización manual en línea, o un collarín cervical y una camilla espinal larga.

Collarines cervicales

Los dispositivos de inmovilización cervical rígidos, o collarines cervicales, proporcionan soporte preliminar parcial y tienen como función principal reducir la carga axial. Debe aplicarse un collar cervical en todo paciente que tiene una posible lesión de la columna vertebral basada en el ML, historia o signos y síntomas. Sin embargo, tenga presente que los collarines cervicales no inmovilizan por completo la columna cervical. Por tanto, debe mantener soporte manual hasta que el paciente haya sido completamente asegurado a un dispositivo de inmovilización de la columna vertebral, como una camilla espinal larga o corta.

Para ser eficaz, un collarín cervical rígido debe ser del tamaño correcto para el paciente. Debe descansar sobre la cintura escapular y proporcionar un soporte firme bajo ambos lados de la mandíbula, sin obstruir la vía aérea ni la ventilación en forma alguna (**Figura 30-20**). Siga los pasos de (**Destrezas 30-5**):

1. **Un TUM-B proporciona soporte manual en línea** de la cabeza mientras otro prepara el collarín (**Paso 1**).
2. **Mida el tamaño apropiado del collarín** de acuerdo con las especificaciones de los fabricantes; es esencial que el collarín cervical se ajuste de manera apropiada. Un dispositivo de inmovilización de tamaño inapropiado puede provocar que se produzca una lesión adicional. Si no tiene el tamaño correcto, use una toalla enrollada, fíjela con cinta adhesiva a la camilla espinal, alrededor de la cabeza del paciente y proporcione soporte manual continuo (**Figura 30-21**) (**Paso 2**).
3. **Comience colocando el soporte del mentón**, ajustado por debajo del mentón (**Paso 3**).
4. **Mantenga la estabilización de la cabeza** y el alineamiento neutral del cuello, coloque el collarín alrededor del cuello, en el lado alejado del soporte del mentón (**Paso 4**).

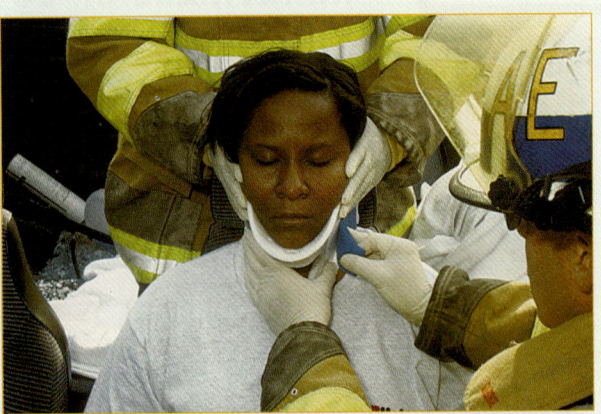

Figura 30-20 El ajuste apropiado es esencial en la colocación de un collarín cervical. Éste debe descansar sobre la cintura escapular y proporcionar un soporte firme bajo ambos lados de la mandíbula, sin obstruir la vía aérea o cualquier esfuerzo ventilado.

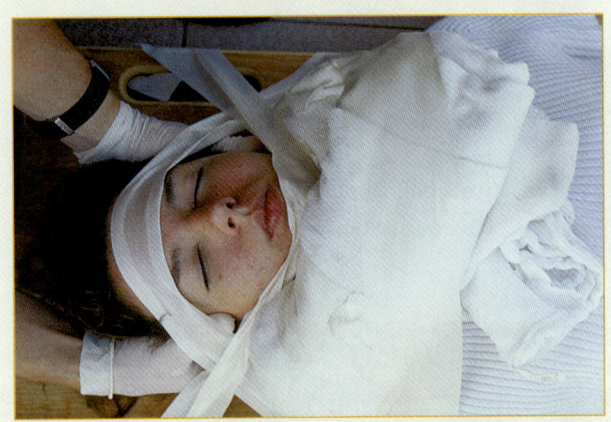

Figura 30-21 Si no tiene un collarín cervical de tamaño apropiado puede usar una toalla enrollada. Fíjela a la camilla espinal alrededor de la cabeza del paciente y proporcione soporte manual continuo.

5. **Asegúrese de que el collarín se ajusta adecuadamente** y verifique, de nuevo, que el paciente esté en una posición neutral, en línea, hasta que haya sido completamente asegurado en la camilla (**Paso 5**).

Camillas rígidas cortas

Hay varios tipos de dispositivos de inmovilización, tablas cortas. Los más comunes son el dispositivo tipo chaleco y la tabla corta rígida (**Figura 30-22**). Estos dispositivos están diseñados para estabilizar e inmovilizar la cabeza, cuello y torso. Se usan para movilizar pacientes no graves, que se encuentran sentados y tienen posibles lesiones de la columna vertebral.

Como se describe antes en este capítulo, el primer paso en el aseguramiento de un paciente a una tabla corta o chaleco de extracción, consiste en proporcionar soporte

Capítulo 30 Lesiones de la cabeza y la columna vertebral

Colocación de un collarín cervical

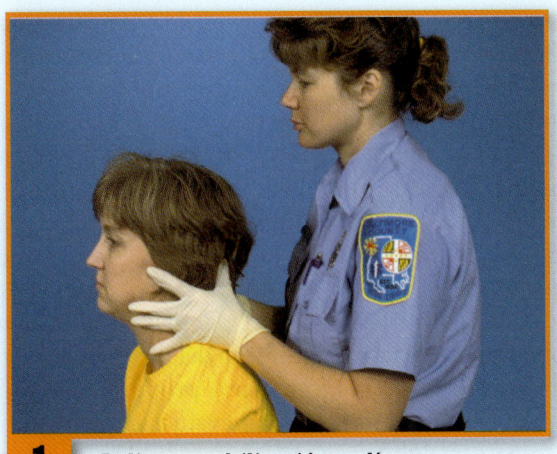

1 Aplicar estabilización en línea.

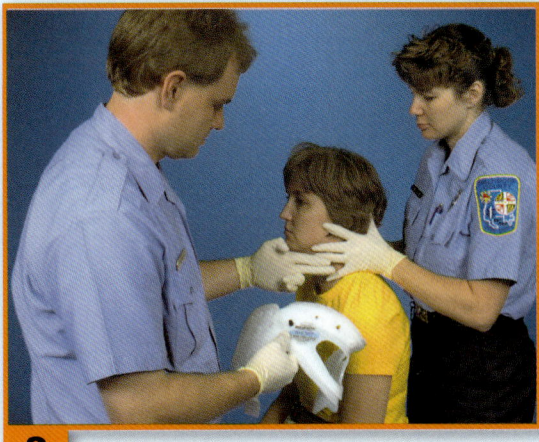

2 Medir el tamaño apropiado del collarín.

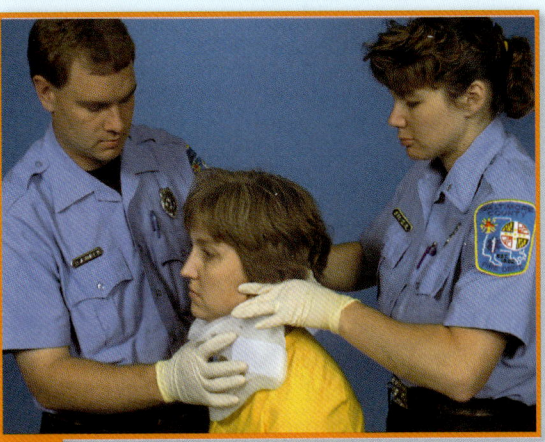

3 Colocar primero el soporte del mentón.

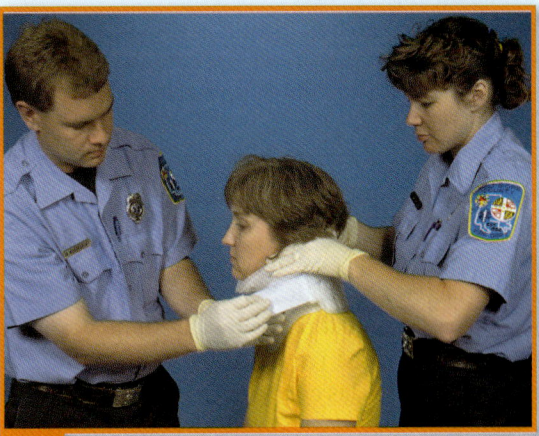

4 Enrolle el collarín alrededor del cuello y asegúrelo.

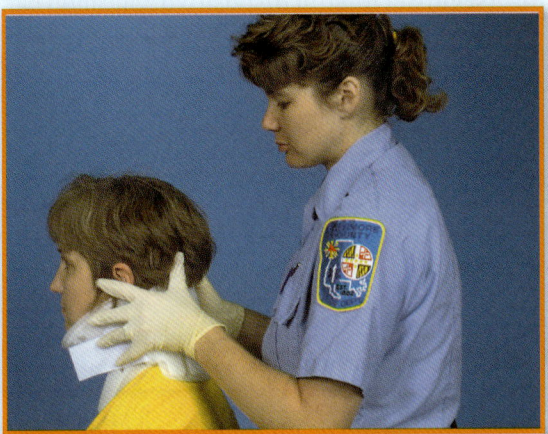

5 Asegure el ajuste apropiado y mantenga estabilización neutral en línea.

Figura 30-22 Los tipos más comunes de dispositivos de inmovilización, media tabla, son los dispositivos de tipo chaleco.

manual, en línea, de la columna cervical. Evalúe el pulso, función motora y sensibilidad en todas las extremidades; después, evalúe el área cervical y luego coloque un collarín cervical de tamaño apropiado.

Coloque el dispositivo detrás del paciente y fíjelo al torso. Examine qué tan bien están asegurados el torso y las ingles y haga los ajustes que sean necesarios; evite el movimiento excesivo del paciente. A continuación, evalúe la posición de la cabeza del paciente y acojine detrás de ella lo necesario para mantener una inmovilización neutral en línea.

Ahora, asegure la cabeza del paciente al dispositivo y, una vez que lo ha hecho, puede liberar el soporte manual de la cabeza. Gire o eleve al paciente a la camilla espinal larga. En este punto, debe reevaluar los pulsos, función motora y sensibilidad en las cuatro extremidades para determinar si el cambio de posición ha afectado los signos vitales o el estado neurológico del paciente. Finalmente, debe inmovilizar al paciente en la camilla espinal larga.

Figura 30-23 Los dispositivos de inmovilización, camilla espinal larga, proporcionan inmovilización total de la columna vertebral del cuerpo, incluyendo estabilización de cabeza, cuello, torso, pelvis y extremidades.

Camillas espinales largas

Existen varios tipos de dispositivos de inmovilización, camillas espinales largas, que proporcionan inmovilización corporal completa de la columna vertebral Figura 30-23. También proporcionan estabilización e inmovilización de la cabeza, torso, pelvis y extremidades. Las camillas espinales largas se usan para inmovilizar pacientes que se encuentran en cualquier posición (de pie, sentados, supinos), a veces junto con medias tablas o chalecos de extracción.

El aseguramiento de un paciente a una camilla espinal larga fue descrito antes, en detalle, en este capítulo. Brevemente, debe comenzar por proporcionar soporte manual en línea con la cabeza, evaluar el pulso, función motora y sensibilidad en todas las extremidades, y evaluar el área cervical. Luego, colocar un collarín cervical de tamaño apropiado y proceder como sigue:

1. **Posicionar el dispositivo**.
2. **Virar, como un tronco, al paciente al dispositivo**. También puede mover al paciente al dispositivo con un levantamiento o deslizamiento apropiado, o con una camilla tipo espátula. Al mantener el soporte en línea, su compañero debe arrodillarse a nivel de la cabeza del paciente y dirigir a los otros dos TUM-B mientras gira al paciente. La responsabilidad de su compañero es asegurar que la cabeza, torso y pelvis se mueven como una unidad. Al aparecer a la vista la espalda del paciente, evalúe rápidamente su estado, si no lo hizo durante la evaluación inicial. Un TUM-B debe colocar el dispositivo bajo el paciente. Luego, a la orden de su compañero, gire al paciente al tablón.
3. **Si hay espacios** entre la cabeza y torso del paciente y la camilla, llénelos con acojinamiento.
4. **Asegure el torso al dispositivo** aplicando bandas a través del pecho, pelvis y piernas, ajústelas lo que sea necesario. Luego, asegure la cabeza del paciente a la camilla.
5. **Reevalúe el pulso**, la función motora y la sensibilidad en todas las extremidades.
6. **Cuando el paciente ha sido apropiadamente asegurado**, puede levantar en forma segura la camilla o girarlo de lado, si es necesario.

Retiro del casco

Al planear su cuidado de un paciente que lleva puesto un casco, hágase las siguientes preguntas:
- ¿Está libre la vía aérea del paciente?
- ¿Es adecuada la respiración del paciente?
- ¿Puede mantener la vía aérea y asistir ventilaciones si el casco permanece colocado?

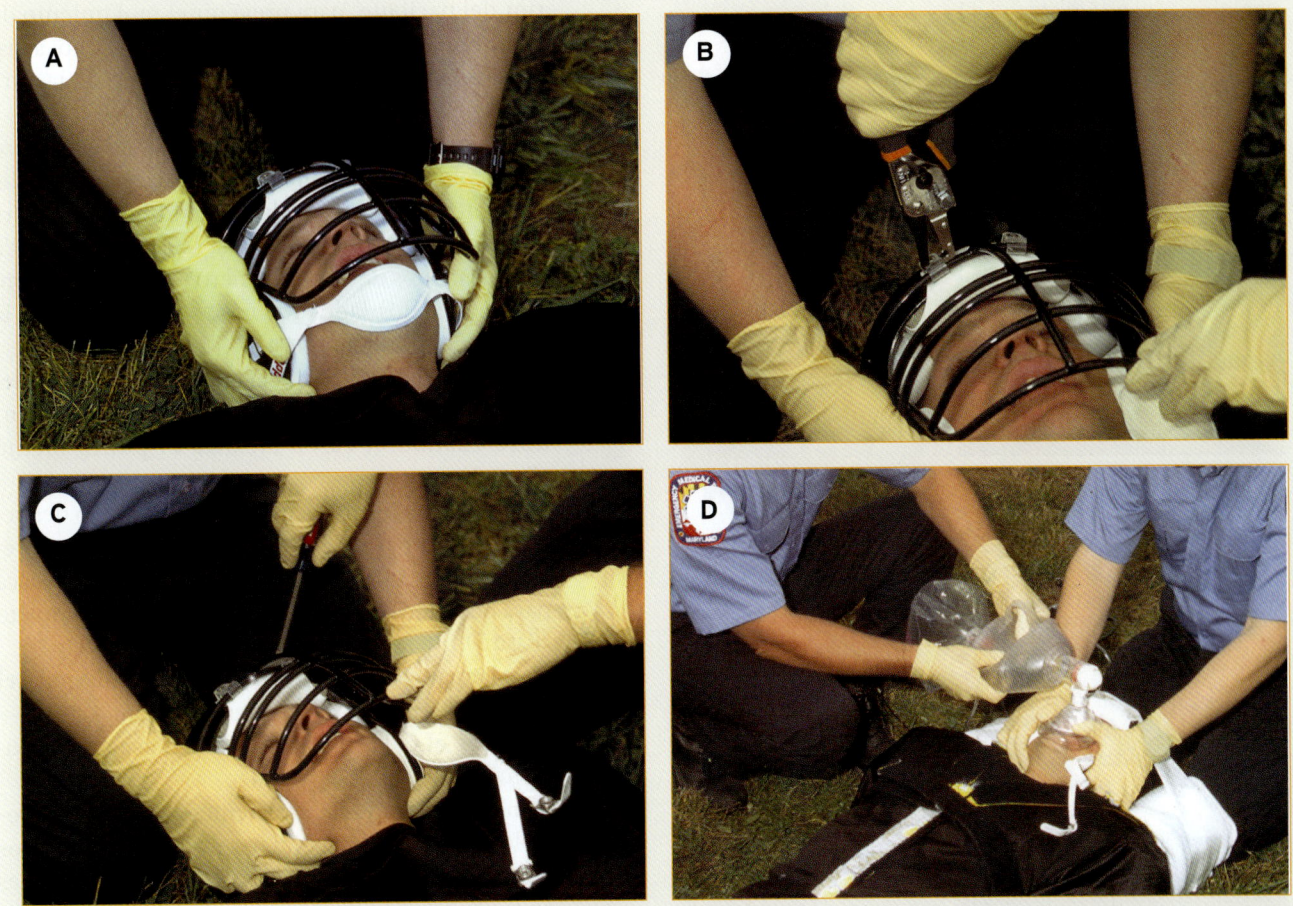

Figura 30-24 La mascarilla de la mayor parte de los casos deportivos se puede retirar sin afectar la posición o función el casco. **A.** Estabilice la cabeza y el casco del paciente. Luego quite la mascarilla de la cara en una de dos formas: **B.** Use una herramienta del entrenador para cortar los clips de retención, o **C.** Destornille los clips de retención de la mascarilla de la cara. **D.** Una vez que la mascarilla de la cara se ha quitado, el casco puede inmovilizarse contra la camilla rígida y utilizar eficazmente un dispositivo de BVM.

- ¿Puede retirarse fácilmente el protector facial para permitir acceso a la vía respiratoria, sin quitar el casco?
- ¿Qué tan bien está ajustado el casco?
- ¿Puede moverse el paciente sin el casco?
- ¿Puede inmovilizarse la columna vertebral en posición neutral con el casco puesto?

Un casco bien ajustado previene que la cabeza se mueva y debe dejarse colocado, siempre que (1) no haya problemas inminentes en la vía aérea o respiración, (2) no interfiera con la evaluación y el tratamiento de los problemas de la vía aérea o respiración y (3) pueda inmovilizar apropiadamente al paciente. También debe dejar colocado el casco si hay alguna posibilidad de que retirarlo lesionará aún más al paciente.

Retire el casco si (1) hace difícil evaluar o tratar problemas de la vía aérea y no es posible quitar el protector facial para mejorar el acceso a esta vía, (2) si le impide inmovilizar apropiadamente la columna vertebral, o (3) permite un movimiento excesivo de la cabeza. Finalmente, siempre quite un casco de un paciente que está en paro cardiaco.

Los cascos deportivos están típicamente abiertos al frente y pueden incluir, o no, una mascarilla facial adjunta. La mascarilla se puede quitar sin afectar la posición o función del casco, simplemente retirando o cortando las cuerdas que la unen al casco. En esta forma, los cascos deportivos permiten tener un fácil acceso a la vía aérea **Figura 30-24**. Un paciente implicado en deportes de contacto completo, puede estar usando acojinamiento voluminoso para proteger varias regiones del cuerpo, como cojinetes en los hombros. Dejar un casco colocado, siempre que es posible, es preferible, porque el cuerpo mantendrá una posición neutral en línea. Si debe quitarse el casco, asegure proporcionar acojinamiento para compensar los cojinetes de los hombros y mantener posición en línea del cuerpo. Los cascos para motociclistas con frecuencia tienen un escudo para cubrir la cara. Éste también puede ser desabrochado para permitir acceso a la vía aérea **Figura 30-25**. Si el escudo no se puede quitar, entonces debe retirarse el casco.

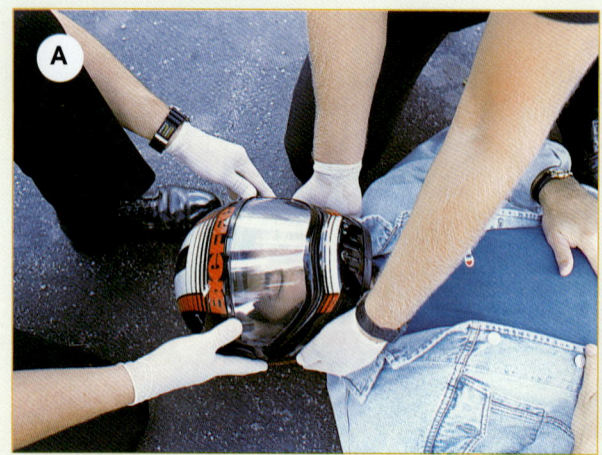

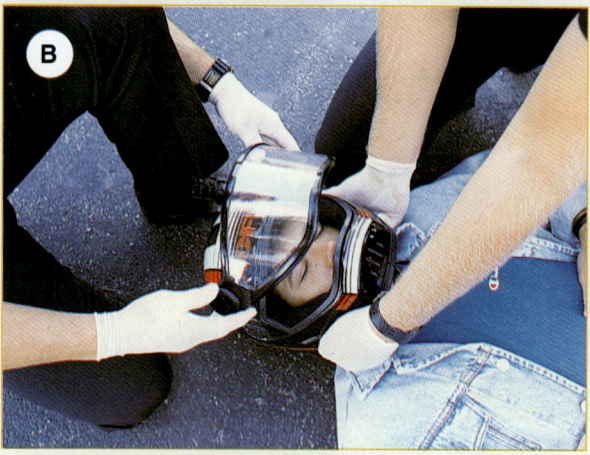

Figura 30-25 Los cascos de motociclistas frecuentemente tienen un escudo que cubre la cara, que puede quitarse.
A. Estabilice el cuello en una posición neutral en línea.
B. Desabroche o arranque el escudo de la cara, para tener acceso a las vías respiratorias.

Método preferido

El retiro de un casco es, cuando menos, un trabajo para dos personas; sin embargo, la técnica para quitar un casco depende del tipo específico del caso usado por el paciente. Un TUM-B proporciona soporte constante en línea, mientras otro mueve; usted y su compañero no deben moverse al mismo tiempo. Si es posible, debe consultar primero con dirección médica sobre su decisión de quitar el casco. Cuando decida hacerlo, siga los pasos de **Destrezas 30-6** ▶):

1. **Comience arrodillándose** a nivel de la cabeza del paciente. Su compañero se debe arrodillar a un lado del paciente, en el área del hombro.
2. **Abra el escudo de la cara**, si hay alguno, y evalúe la vía aérea y la respiración del paciente. Quite los anteojos, si el paciente los está usando (**Paso 1**).
3. **Estabilice el casco** colocando sus manos a cada uno de sus lados, con sus dedos en el maxilar inferior del paciente, para prevenir el movimiento de la cabeza. Una vez que sus manos están colocadas, su compañero puede aflojar la correa de la cara (**Paso 2**).
4. **Una vez que se ha aflojado la correa**, su compañero debe colocar una mano en el maxilar inferior del paciente, en el ángulo de la mandíbula, y la otra mano detrás de la cabeza, en la región occipital. Ya que las manos de su compañero están en posición, puede tirar los lados del casco hacia fuera de la cabeza del paciente (**Paso 3**).
5. **Deslice lentamente el casco**, hacia la mitad del camino fuera de la cabeza del paciente, deteniéndose cuando el casco alcanza el punto medio (**Paso 4**).
6. **Su compañero, entonces, desliza** su mano del occipucio a la parte de atrás de la cabeza. Esto prevendrá que la cabeza se mueva de manera brusca para atrás, cuando el casco se retire por completo (**Paso 5**).
7. Con la mano de su compañero en su sitio **quite el casco** e inmovilice la columna cervical.
8. **Coloque el collar cervical y luego asegure al** paciente en la camilla espinal.
9. **Con cascos grandes**, o pacientes pequeños, es posible que tenga que acojinar debajo de los hombros para prevenir la flexión del cuello. Si hay cojinetes en los hombros o ropa pesada, podrá necesitar acojinar detrás de la cabeza del paciente para prevenir la extensión del cuello (**Paso 6**).

Recuerde que no necesita quitar el casco si puede tener acceso a la vía aérea del paciente, la cabeza está ajustada dentro del casco y éste puede asegurarse a un dispositivo de inmovilización.

Método alternativo

También se ha usado un método alternativo para el retiro de cascos de futbol americano. La ventaja de este método es que el casco se puede quitar con aplicación de menos fuerza reduciendo, por tanto, la probabilidad de que se produzca movimiento a la altura del cuello. La desventaja de este método es que es un poco más tardado. El primer paso incluye quitar la cinta del mentón, lo que se puede hacer cortándose o separándose con cuidado. Tenga cuidado al retirar la cinta del mentón para evitar agitar el cuello o la cabeza y causar un movimiento excesivo. Acto seguido, retire la mascarilla facial, la cual está fija al casco por clips plásticos (tiras de asas) fijos con tornillos, los cuales pueden ser retirados con un destornillador, o cortados con un cuchillo (véase figura 30-24). Después de que se ha retirado la mascarilla facial, se pueden quitar los cojines de la mandíbula, lo que puede hacerse con el uso de un

Capítulo 30 Lesiones de la cabeza y la columna vertebral

Retiro de un casco

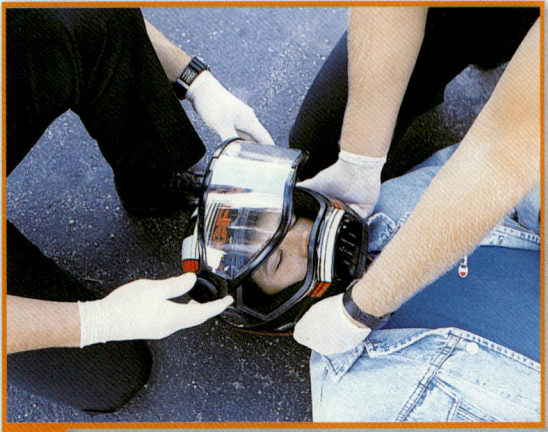
1 Arrodíllese a nivel de la cabeza del paciente con su compañero a un lado. Abra el escudo facial para evaluar las vías aéreas y la respiración. Quite los anteojos, si los hay.

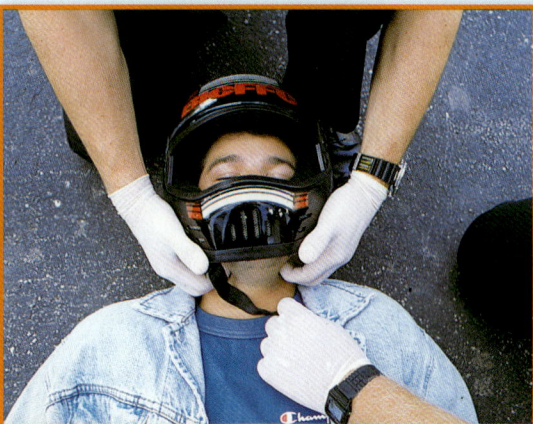
2 Prevenga el movimiento de la cabeza colocando sus manos a cada lado del casco y los dedos en el maxilar inferior. Haga que su compañero afloje la tira.

3 Haga que su compañero coloque una mano en el ángulo de la mandíbula y la otra en el occipucio.

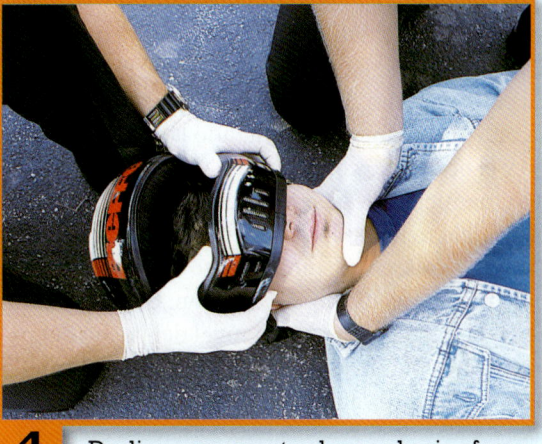
4 Deslice suavemente el casco hacia afuera, hasta la mitad del camino y pare.

5 Haga que su compañero deslice la mano desde el occipucio hasta atrás de la cabeza para impedir que de mueva rápidamente hacia atrás.

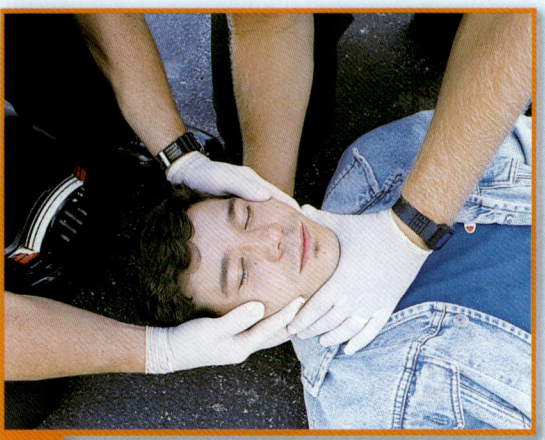
6 Quite el casco y estabilice la columna cervical.

Coloque un collarín cervical y asegure al paciente a una camilla espinal larga.

Acojine como sea necesario para prevenir flexión o extensión del cuello.

Destrezas 30-6

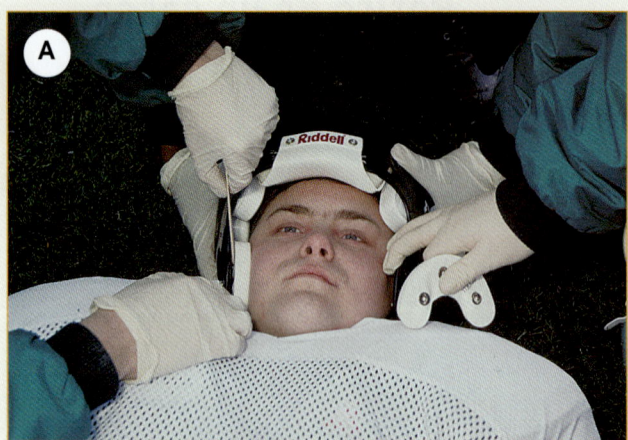 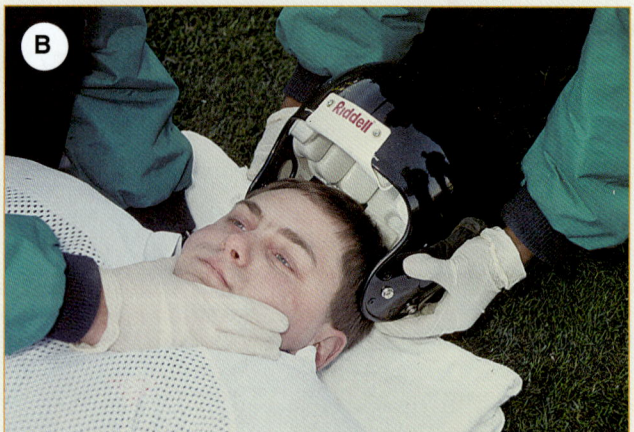

Figura 30-26 A. Los cojinetes de la mandíbula pueden quitarse del interior del casco de futbol americano con ayuda de un abatelenguas. **B.** Coloque los dedos dentro del casco y balancéelo suavemente fuera de su sitio. La persona situada al pie controla la mandíbula con una mano y el occipucio con la otra. Inserte acojinamiento detrás del occipucio para prevenir la extensión del cuello.

abatelenguas (Figura 30-26 A ▲). Los dedos pueden, luego, colocarse dentro del casco, permitiendo más control del mismo durante su retiro, al balacearlo suavemente hacia atrás de la parte superior de la cabeza. La persona al pie del paciente controla la cabeza, sosteniendo la mandíbula con una mano y el occipucio con la otra (Figura 30-26 B ▲). Se inserta acojinamiento detrás del occipucio para prevenir la extensión del cuello, si los cojinetes del hombro están colocados, debe aplicarse acojinamiento apropiado detrás de la cabeza para prevenir hiperextensión. Con el método descrito previamente, la persona a nivel del pecho del paciente es responsable de asegurar que la cabeza y cuello del paciente no se muevan al quitar el casco.

Recuerde que los niños pequeños pueden requerir acojinamiento adicional para mantener la posición neutral en línea. Los niños no son adultos pequeños. Tienen vía aérea menor pero cabezas proporcionalmente más grandes, por lo cual el acojinamiento es importante para mantener la vía aérea. Acojine, desde abajo de los hombros hasta los dedos de los pies, según se necesite, para evitar una flexión excesiva del cuello (Figura 30-27 ◄). Además, coloque rollos de cobijas entre el niño y los lados de una camilla espinal de tamaño adulto, para evitar que se deslice de un lado a otro (Figura 30-28 ▼). Se dispone de camillas espinales de tamaño apropiado para niños.

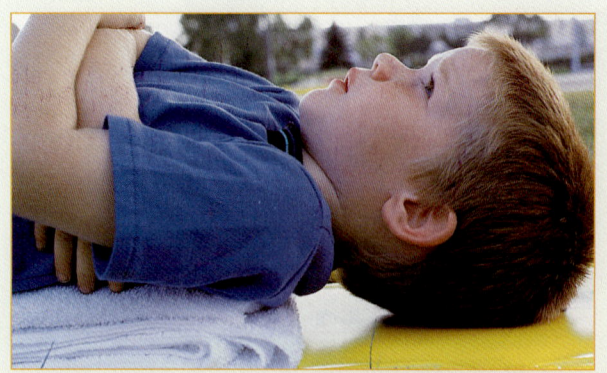

Figura 30-27 Los niños tienen cabezas proporcionalmente mayores que los adultos, por lo cual necesitará colocar acojinamiento bajo los hombros para evitar flexión excesiva de la cabeza.

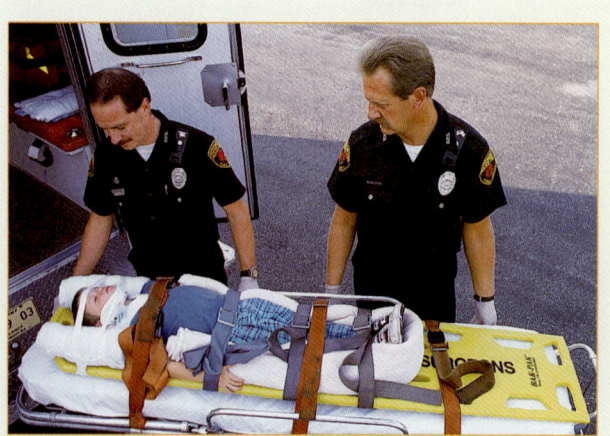

Figura 30-28 Coloque rollos de cobijas entre el niño y los lados de un tablón de tamaño para adulto para prevenir que el niño se deslice de uno a otro lado.

⚠️ Necesidades pediátricas

Es probable que encuentre lactantes y niños que han estado en choques de automóviles y permanecen aún en los asientos. Su mejor acción es inmovilizar al niño usando un dispositivo de inmovilización pediátrico, de tamaño apropiado, o considerar, en su lugar, el uso de un dispositivo rígido, media tabla. Ellos le permiten evaluar completamente y efectuar la evaluación en curso del niño lesionado en camino al hospital. Siempre que coloque un collarín cervical asegúrese de que es del tamaño apropiado. Si no se dispone de un collar apropiadamente ajustado, puede usarse una toalla enrollada como sustituto ▶ Figura 30-29 ▶. Si el niño no está en su asiento del carro, o fue retirado antes de su llegada, use un dispositivo de inmovilización de tamaño adecuado. Si el dispositivo de inmovilización no se ajusta, use una toalla enrollada y fíjela con cinta adhesiva al dispositivo de inmovilización, soporte manualmente la cabeza.

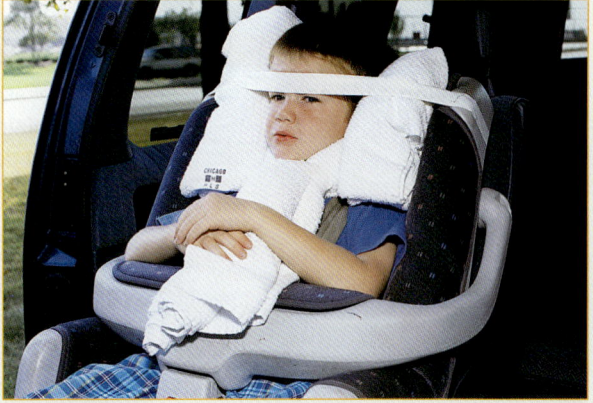

Figura 30-29 Si no tiene un collarín cervical de tamaño apropiado para un niño, puede usar una toalla enrollada y fijarla con cinta adhesiva al asiento del auto. Si es necesario, acojine los lados del asiento del auto para prevenir movimiento lateral.

Situación de urgencia — Resumen

La información de los espectadores puede ser crucial en el tratamiento de un paciente, pero al mismo tiempo puede ser desorientadora. Su paciente suele ser la mejor fuente de información. El ML es una pieza importante de información a considerar en su tratamiento. Cuando se trata a un paciente traumatizado, tome siempre precauciones de la columna vertebral, hasta que la condición del paciente indique otra cosa. Siempre que movilice a un paciente traumatizado debe reevaluar el pulso, funciones motoras y sensitivas, para asegurar que el movimiento no causó un cambio en la presentación del paciente.

Hable a sus pacientes. Considere lo asustados que deben estar y cómo pueden sentirse con personas completamente extrañas tocándolos y haciendo cosas que pueden no comprender. La comunicación es clave para una buena atención del paciente. Como con todos los pacientes, una documentación minuciosa y un informe completo del paciente son indispensables.

Evaluación y cuidados de urgencia

Lesiones de la cabeza y columna vertebral

Evaluación de la escena	Las precauciones de aislamiento de sustancias corporales deben Incluir, como mínimo, guantes y protección de los ojos. Confirme la seguridad de la escena y determine ML/NE. Considere el número de pacientes, la necesidad de ayuda adicional/SVA y estabilización de la columna cervical.
Evaluación inicial	
■ Impresión general	Determine el estado de conciencia y trate inmediatamente cualquier amenaza inmediata para la vida. Determine la prioridad del cuidado basado en el ambiente y la molestia principal del paciente.
■ Vía aérea	Asegure una vía aérea permeable.
■ Respiración	Ausculte posibles ruidos respiratorios anormales y evalúe la profundidad y frecuencia de las respiraciones. Busque la elevación y descenso simétricos del pecho. Mantenga ventilaciones según sea necesario. Proporcione oxígeno en flujo alto a 15 L/min.
■ Circulación	Evalúe la frecuencia y calidad del pulso, observe color, temperatura y estado de la piel y trate de acuerdo con lo necesario.
■ Decisión de transporte	Transporte prontamente.
Historial y examen físico enfocados	NOTA: El orden de los pasos en la historia y examen físicos enfocados difiere, dependiendo de que el paciente tenga, o no, un ML significativo. El orden siguiente es para un paciente con un ML significativo. Para un paciente sin un ML significativo, practique una evaluación enfocada del trauma, tome signos vitales y obtenga la historia.
■ Evaluación rápida de traumatismo	Reevalúe el mecanismo de la lesión. Efectúe una evaluación rápida del trauma tratando inmediatamente todas las amenazas para la vida. Vire como un tronco y asegure al paciente a la camilla rígida para todos los pacientes con sospecha de lesión vertebral.
■ Signos vitales iniciales	Tome los signos vitales notando el color y la temperatura de la piel, así como el nivel de conciencia del paciente. Use oximetría del pulso, si está disponible.
■ Historial SAMPLE	Obtenga un historial SAMPLE. Si el paciente está inconsciente, intente obtener información de miembros de la familia, amigos y espectadores. Considere obtener información OPQRST pertinente de pacientes con lesiones menores.
■ Signos vitales iniciales	Tome los signos vitales, notando el color y la temperatura de la piel, así como el nivel de conciencia del paciente. Use oximetría del pulso, si está disponible.
■ Intervenciones	Proporcione inmovilización vertebral completa tempranamente, si sospecha que su paciente tiene lesiones vertebrales. Mantenga una vía aérea y aspire, según sea necesario. Trate signos de choque y cualquier otra amenaza para la vida.
Examen físico detallado	Complete un examen físico detallado.
Evaluación continua	Repita la evaluación inicial, evaluación rápida/enfocada y reevalúe los signos vitales cada cinco minutos en el paciente inestable, y cada 15 minutos en el paciente estable.
■ Comunicación y documentación	Contacte dirección médica con un informe por radio. Avise cada cambio en el nivel de conciencia o dificultad respiratoria. Describa el ML y cualquier intervención que realizó. Asegúrese de documentar cualquier orden y cambios en el estado del paciente y a qué hora ocurrieron.

Nota: Aunque los pasos siguientes están ampliamente aceptados, asegúrese de consultar y seguir su protocolo local.

Lesiones de la cabeza y la columna vertebral

Práctica de estabilización manual en línea
1. Arrodíllese detrás del paciente y coloque sus manos firmemente alrededor de la base del cráneo, en cada lado.
2. Soporte el maxilar inferior con sus dedos índices y el resto de sus dedos más largos, y la cabeza con sus palmas. Levante suavemente a una posición neutral, alineada con el torso, con los ojos mirando al frente. No mueva la cabeza y el cuello excesiva, forzada o rápidamente.
3. Continúe soportando la cabeza manualmente mientras su compañero coloca un collarín cervical rígido alrededor del cuello. Mantenga el soporte manual hasta que ha asegurado al paciente en una camilla espinal.

Inmovilización de un paciente en una camilla espinal larga
1. Aplique y mantenga estabilización cervical. Evalúe las funciones distales en todas las extremidades.
2. Coloque un collarín cervical.
3. Los rescatadores se arrodillan a un lado del paciente y colocan las manos en el lado alejado del paciente.
4. A una orden, los rescatadores giran al paciente hacia ellos, examine rápidamente la espalda, deslice la camilla espinal bajo el paciente y ruédelo a la misma.
5. Centre al paciente en la camilla.
6. Asegure el torso primero.
7. Asegure el pecho, pelvis y muslos.
8. Comience por asegurar la cabeza del paciente usando un dispositivo de inmovilización comercial o toallas enrolladas.
9. Coloque cinta adhesiva a través de la frente del paciente.
10. Verifique todas las bandas y reajuste como sea necesario. Reevalúe las funciones distales en todas las extremidades.

Inmovilización de un paciente encontrado en posición sentado
1. Estabilice la cabeza y el cuello en una posición neutral, en línea. Evalúe el pulso, función motora y sensitiva, en cada extremidad. Coloque un collarín cervical.
2. Inserte un dispositivo de inmovilización, tabla corta, entre la espalda superior del paciente y el respaldo del asiento.
3. Abra las aletas laterales y posiciónelas alrededor del torso del paciente, ajuste alrededor de las axilas.
4. Asegure las aletas del torso superior, luego las del torso medio.
5. Asegure las bandas de las ingles (pierna). Verifique y ajuste las bandas del torso.
6. Acojine entre la cabeza y el dispositivo, como se necesite. Asegure la banda de la frente y ajuste la de la parte inferior de la cabeza alrededor del collarín.
7. Coloque como cuña una camilla espinal larga junto a las nalgas del paciente.
8. Gire y baje al paciente al tablón largo. Levante al paciente y deslice la camilla espinal larga bajo el dispositivo vertebral.
9. Asegure los dispositivos de inmovilización entre sí. Reevalúe el pulso, funciones motora y sensitiva en cada extremidad.

Inmovilización de un paciente encontrado en posición de pie
1. Después de inmovilizar manualmente la cabeza y el cuello, coloque un collarín cervical. Coloque la camilla espinal atrás del paciente.
2. Posicione TUM-B a los lados y detrás del paciente. Los TUMB-B de los lados pasan las manos debajo de los brazos del paciente y prenden las agarraderas a la altura de los hombros o ligeramente arriba.
3. Prepárese para bajar al paciente. Los TUM-B a los lados deben estar de cara al TUM-B a la cabeza y esperar sus indicaciones.
4. A una orden, bajen la camilla espinal al piso.

Colocación de un collarín cervical
1. Aplique estabilización en línea.
2. Mida el tamaño apropiado del collarín.
3. Coloque el soporte de mentón primero.
4. Coloque el collarín alrededor del cuello y asegúrelo.
5. Asegure el ajuste apropiado y mantenga estabilización neutral en línea.

Retiro del casco
1. Arrodíllese a nivel de la cabeza del paciente con su compañero a un lado. Abra el escudo facial y evalúe la vía aérea y la respiración. Retire los anteojos, si los hay.
2. Prevenga el movimiento de la cabeza colocando sus manos a cada lado del casco y los dedos en el maxilar inferior. Haga que su compañero afloje la banda.
3. Haga que su compañero coloque una mano en el ángulo de la mandíbula y la otra en el occipucio.
4. Deslice suavemente el casco la mitad del camino hacia arriba y después pare.
5. Haga que su compañero deslice la mano del occipucio a la parte de atrás de la cabeza para prevenir que se mueva hacia atrás.
6. Quite el casco y estabilice la columna vertebral. Coloque un collarín cervical y asegure al paciente a una camilla espinal larga. Acojine lo necesario para prevenir la flexión o extensión del cuello.

Resumen

Listo para repaso

- El sistema nervioso del ser humano se puede dividir en dos partes: el sistema nervioso central (SNC) y el sistema nervioso periférico.
- El SNC consiste en el encéfalo y la médula espinal; el sistema nervioso periférico consiste en una red de células nerviosas, como cables, que transmiten información, de ida y vuelta, entre el encéfalo y los órganos del cuerpo.
- El SNC está bien protegido por estructuras óseas; el encéfalo está protegido por el cráneo, y la médula espinal por los huesos de la columna vertebral.
- El SNC está también cubierto, y protegido, por tres capas de tejido llamadas meninges. Las capas se llaman duramadre, aracnoides y piamadre.
- El sistema nervioso periférico tiene dos tipos principales de nervios: nervios sensitivos y nervios motores.
- El sistema nervioso también se puede dividir en el sistema nervioso voluntario (bajo nuestro control consciente) y sistema nervioso autónomo (procesos automáticos que no están bajo nuestro control consciente).
- El sistema nervioso autónomo está comprendido por el sistema simpático (pelea o huida) y el sistema parasimpático (reposo y recuperación). Ambos sistemas actúan juntos para mantener equilibrio en los sistemas y procesos corporales.
- Las porciones cervical, torácica y lumbar de la columna vertebral pueden ser lesionadas por una compresión, como en una caída, movimientos no naturales, como la extensión excesiva por un traumatismo, elongación, como en ahorcamiento, o una combinación de mecanismos. Cada uno de ellos también puede causar lesión de la médula espinal, encerrada en estas regiones de hueso, causando una lesión neurológica, o muerte.
- Siempre comience la evaluación del paciente con un índice alto de sospecha de lesión de la columna vertebral en el paciente traumatizado y la necesidad de estabilización vertebral manual.
- A continuación, evalúe el nivel de conciencia y efectúe la evaluación inicial. De inmediato atienda las amenazas de la vida que encuentre durante la evaluación inicial.
- Conduzca ya sea una evaluación rápida del traumatismo o una historia y examen físico enfocados (basado en el ML y lesiones potenciales). Durante la evaluación esté alerta sobre la posibilidad de déficits neurológicos.

- Durante el historial SAMPLE o la historia enfocada, haga estas preguntas: ¿Tiene dolor de espalda o cuello? ¿Qué le pasó? ¿Dónde tiene dolor? ¿Puede mover sus manos y pies? También toque los dedos de las manos y de los pies del paciente y pregunte: ¿Puede sentirme tocándolo? ¿Dónde?
- Esté alerta sobre quejas de hormigueo en las extremidades superiores o inferiores, entumecimiento, debilidad o parálisis (pérdida de sensación).
- Cuando aplique inmovilización manual, y al inmovilizar al paciente en una camilla espinal larga, mantenga la cabeza en una posición neutral en línea. Esté alerta de signos de respiración inadecuada y vómito. Use la maniobra de tracción mandibular para lograr acceso a la vía aérea. Proporcione oxígeno en flujo alto.
- Conozca cómo practicar inmovilización de la columna vertebral usando una camilla espinal larga, media tabla y chaleco de extracción.
- Las lesiones comunes de la cabeza incluyen laceraciones del cuero cabelludo y la cara, y fracturas del cráneo. Las lesiones encefálicas también son comunes (concusión cerebral, contusiones, hemorragia intracraneal).
- Los ejemplos de ML que causan estas lesiones de la cabeza son caídas, choques de vehículos automotores, asaltos, heridas por armas de fuego, heridas de otro tipo y lesiones en deportes.
- La inflamación encefálica (edema cerebral), convulsiones y vómito, son complicaciones comunes de las lesiones de la cabeza, tanto cerradas como abiertas. También puede escurrir LCR como resultado de una lesión de la cabeza.
- Durante la evaluación física, esté alerta por signos de deformidad del cráneo, equimosis alrededor de los ojos o detrás de la oreja (ambos signos tardíos). Evalúe las pupilas con relación a tamaño o reacciones desiguales, o falta de reacción a la luz, pérdida de sensibilidad y función, y molestias visuales.
- Los pacientes con lesiones graves en la cabeza tienen un aumento de la presión intracraneal por edematización encefálica y pueden tener elevación de la tensión arterial (hipertensión), disminución de la frecuencia cardiaca (bradicardia) y respiraciones irregulares. Esta tríada de signos es llamada reflejo de Cushing, e indica presión dentro del cráneo que pone en peligro la vida.
- Uno de los signos más importantes de lesión de la cabeza es un cambio en el estado de conciencia del paciente. Esté alerta sobre estos cambios. Reevalúe usando la escala AVDI o la escala Glasgow del coma, cada cinco minutos en el paciente inestable y cada 10 a 15 minutos en el paciente estable; vigile el tamaño y reacción de las pupilas.

Resumen continuación...

Vocabulario vital

actividades involuntarias Acciones que no controlamos conscientemente.

actividades voluntarias Acciones que realizamos conscientemente, en las cuales los impulsos sensitivos o el pensamiento consciente determinan una actividad muscular específica.

amnesia anterógrada (postraumática) Incapacidad para recordar eventos después de una lesión.

amnesia retrógrada Incapacidad para recordar eventos que condujeron a una lesión de la cabeza.

cerebelo Parte del encéfalo que coordina los movimientos del cuerpo.

cerebro La parte más grande de encéfalo, que contiene cerca de 75% del volumen total del encéfalo.

concusión Pérdida o alteración temporal de parte de las habilidades del encéfalo, o todas ellas, para funcionar sin daño físico real en el encéfalo.

discos intervertebrales Colchones situados entre las vértebras.

edema cerebral Inflamación del encéfalo.

elongación Acción de tirar de la columna vertebral a lo largo de su longitud.

escala Glasgow del coma Método para evaluar el nivel de conciencia que usa un sistema de calificación sobre respuestas neurológicas a estímulos específicos.

lesión abierta de la cabeza Lesión de la cabeza causada frecuentemente por un objeto penetrante, en la cual puede haber hemorragia y exposición de tejido encefálico.

lesión cerrada de la cabeza Lesión en la cual el encéfalo ha sido dañado pero la piel no se ha roto y no hay hemorragia obvia.

meninges Tres distintas capas de tejido que rodean y protegen el encéfalo y la médula espinal, dentro del cráneo y el conducto vertebral.

movilización en bloque por cuatro personas Procedimiento recomendado para mover a un paciente con sospecha de lesión vertebral, del piso a un tablero largo.

nervios conectores Nervios en la médula espinal que conectan a los nervios motores y sensitivos.

nervios motores Nervios que conducen información del sistema nervioso central a los músculos.

nervios sensitivos Nervios que transmiten impulsos sensitivos, tales como tacto, gusto, calor, frío y dolor, desde la periferia al sistema nervioso central.

ojos de mapache Equimosis debajo de los ojos que puede indicar fractura del cráneo.

ojos hacia el frente Posición de la cabeza en la cual los ojos del paciente están mirando al frente y la cabeza y torso están en línea.

signo de Battle Equimosis detrás de la oreja, sobre la apófisis mastoides, que puede indicar fractura del cráneo.

sistema nervioso autónomo (involuntario) Parte del sistema nervioso que regula funciones que no son controladas por una voluntad consciente, como la digestión y la sudación.

sistema nervioso central (SNC) El encéfalo y la médula espinal.

sistema nervioso periférico Los 31 pares de nervios raquídeos y 12 pares de nervios craneales que enlazan al cuerpo con el sistema nervioso central.

sistema nervioso somático (voluntario) Parte el sistema nervioso que regula nuestras actividades voluntarias, como caminar, hablar y escribir.

tronco encefálico Parte del sistema nervioso central que regula prácticamente todas las funciones que son necesarias para la vida, incluyendo los aparatos cardiovascular y respiratorio.

Qué evaluar

Es despachado a un campo de futbol en la escuela preparatoria local para atender a un jugador lesionado. Llega para encontrar al entrenador y varios jugadores agrupados alrededor de otro jugador, que está acostado en el suelo. El entrenador le dice que durante la práctica este estudiante "tacleó" a otro jugador, con la cabeza primero. El paciente está alerta y orientado, explica que sintió como un "pop" en el cuello durante el "tacleo", y que sus brazos y piernas quedaron entumidos súbitamente. Le dice que puede sentir todo en ese momento. Un primer respondiente, fuera de servicio, de una agencia de servicios de emergencias vecina, le dice que debe quitarle inmediatamente el casco para iniciar una estabilización de la columna cervical.

¿Cuándo sería apropiada la recomendación del respondiente y qué más debe hacer, si es que elige quitar el casco?

Temas: Cuándo dejar colocado el casco; Cuándo quitar el casco; Trabajo con otros respondientes.

Autoevaluación

Es despachado a la intersección de Camino Rural y Carretera Federal para auxiliar en un choque de un vehículo automotor, en el cual un automóvil golpeó un poste telefónico. Llega y encuentra a un sedán de cuatro puertas que ha chocado de frente con un poste telefónico, aparentemente a gran velocidad. Hay una penetración sustancial al extremo frontal del automóvil, al interior del compartimiento del conductor y el parabrisas está roto y desprendido. Observa al interior del automóvil y no ve a conductor alguno; luego, mira a través del campo cercano vacío donde localiza a su paciente. Está acostado con la cara hacia abajo sobre la tierra y no parece estarse moviendo o respirando.

1. Ponga las prioridades de tratamiento en el orden más apropiado.

   1. Circulación
   2. Vía aérea
   3. Columna cervical
   4. Respiración

   A. 1, 2, 3, 4
   B. 2, 4, 3, 1
   C. 3, 2, 1, 4
   D. 3, 2, 4, 1

2. ¿Cuál es la técnica más apropiada para abrir la vía aérea de este paciente?

   A. Maniobra de inclinación de la cabeza-levantamiento del mentón
   B. Maniobra de tracción mandibular
   C. Lengua-levantamiento de la mandíbula
   D. Nada de lo anterior

3. ¿Cuál es el orden apropiado para asegurar al paciente a la camilla rígida larga?

   A. Cabeza primero
   B. Cabeza al final
   C. Cuerpo primero
   D. Tanto B como C

4. ¿Cuántos pares craneales existen?

   A. 12
   B. 10
   C. 16
   D. 14

5. El sistema nervioso autónomo se divide en el:

   A. sistema nervioso simpático.
   B. sistema nervioso parasimpático.
   C. ni A ni B.
   D. tanto A como B.

6. La columna vertebral consta de:

   A. 33 huesos divididos en 4 secciones
   B. 34 huesos divididos en 3 secciones
   C. 33 huesos divididos en 5 secciones
   D. 35 huesos divididos en 3 secciones

Preguntas desafiantes

7. ¿Cómo pueden distraer las prioridades de tratamiento las fracturas de las extremidades y otras lesiones sangrantes significativas?

8. ¿Cuál es el significado de signos como ojos de mapache o signo de Battle?

9. ¿Cómo la estabilización de la columna vertebral puede crear desafíos en los cuidados y evaluación del paciente, aunque se efectúe correctamente?

10. ¿Qué debe hacer si su paciente rehúsa la aplicación de las precauciones de la columna vertebral?

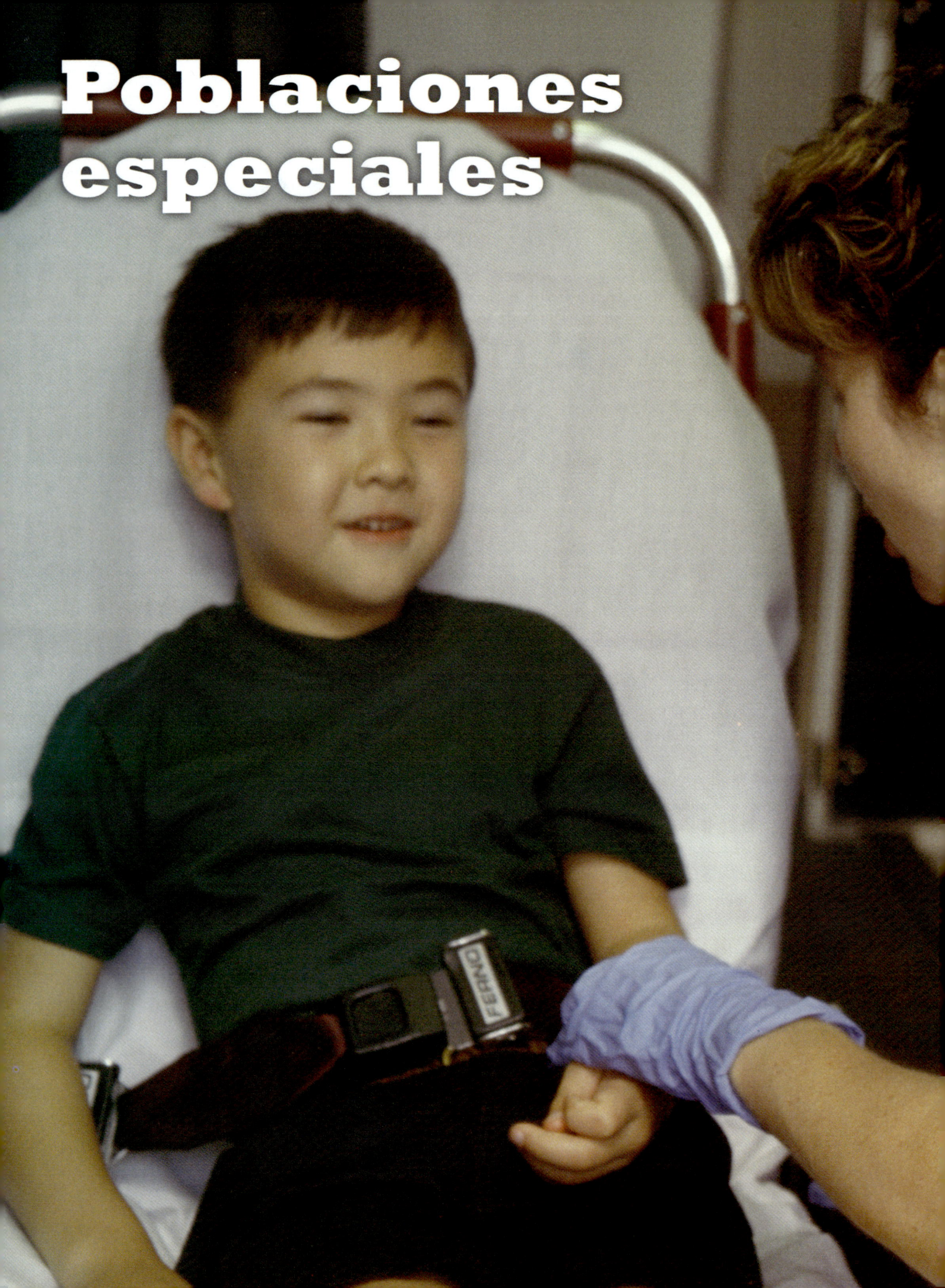
Poblaciones especiales

Sección 6

31	**Emergencias pediátricas**	**914**
32	**Evaluación y manejo pediátricos**	**940**
33	**Emergencias geriátricas**	**984**
34	**Evaluación y manejo geriátricos**	**1002**

Emergencias pediátricas

Objetivos

Cognitivos

- **6-1.1** Identificar las consideraciones de desarrollo para los siguientes grupos:
  - lactantes
  - niños de uno a tres años
  - preescolares
  - escolares
  - adolescentes (p. 918)
- **6-1.2** Describir las diferencias en anatomía y fisiología del paciente lactante, niño y adulto. (p. 916)
- **6-1.3** Diferenciar la respuesta del lactante o niño enfermo o lesionado (específica de la edad) de la de un adulto. (p. 924)
- **6-1.8** Identificar los signos y síntomas del choque (hipoperfusión) en el paciente lactante e infantil. (p. 925)
- **6-1.11** Enumerar las causas comunes de convulsiones en el paciente lactante e infantil. (p. 923)
- **6-1.13** Diferenciar entre los patrones de lesiones en adultos, lactantes y niños. (p. 925)
- **6-1.15** Resumir los indicadores de posible abuso y abandono infantil. (p. 927)
- **6-1.16** Describir las responsabilidades médicas/legales cuando se sospecha abuso infantil. (p. 929)
- **6-1.17** Reconocer la necesidad del TUM-B de realizar un informe actualizado después de un transporte difícil de un lactante o niño. (p. 931)

Afectivos

- **6-1.18** Explicar el razonamiento a favor de contar con conocimientos y habilidades apropiadas para manejar al paciente lactante o infantil. (p. 937)
- **6-1.19** Atender los sentimientos de la familia cuando trate un lactante o niño lesionado o enfermo. (pp. 921, 930)
- **6-1.20** Comprender la propia respuesta (emocional) del proveedor cuando atiende a lactantes o niños. (p. 933)

Psicomotores

Ninguno

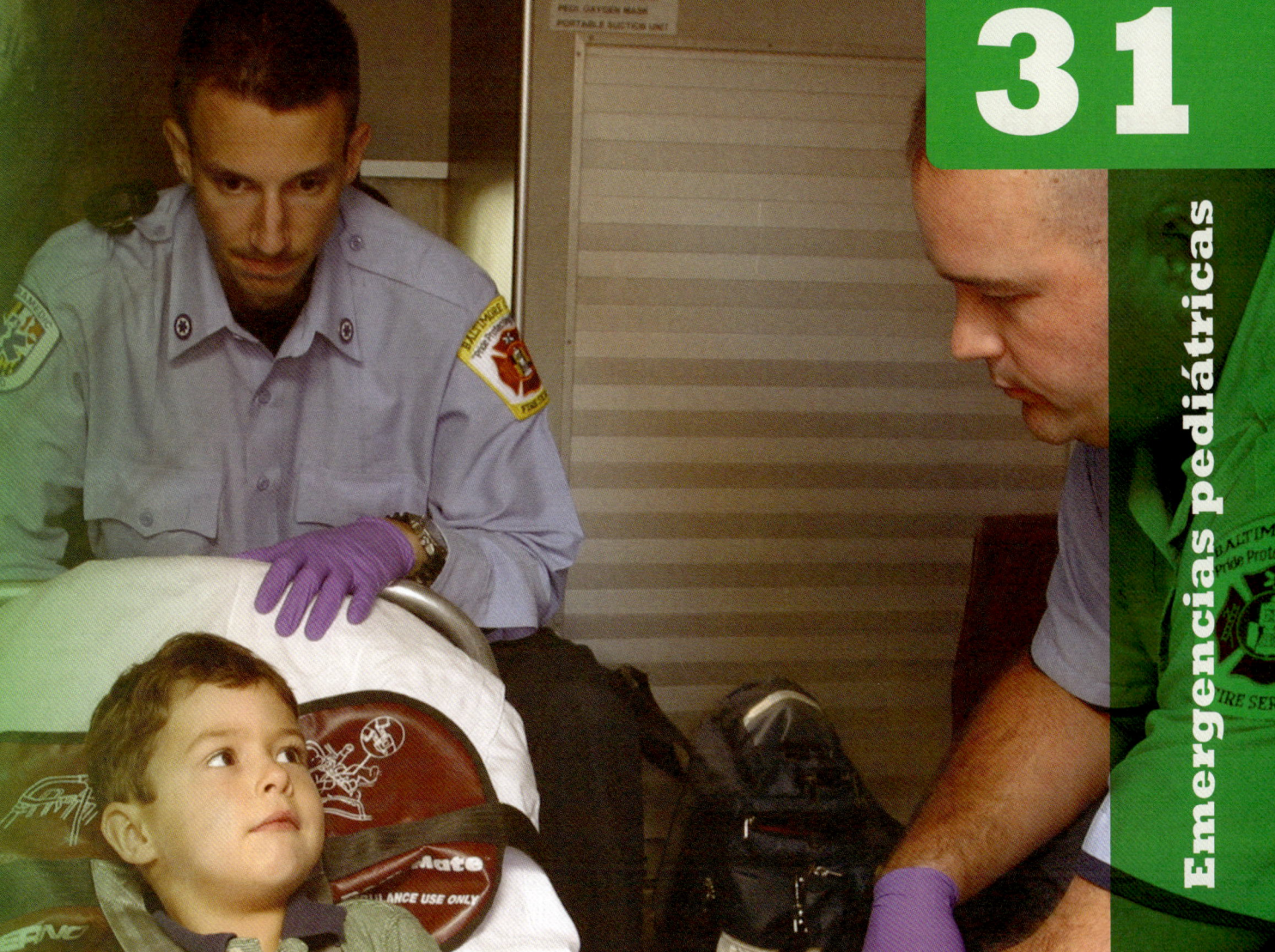

31

Emergencias pediátricas

Situación de urgencia

Acude junto con su compañero TUM-B al 818 de la calle Nicolás Bravo para atender un llamado sobre un peatón atropellado. Mientras van en camino la central les proporciona una actualización sobre el paciente y señala que se trata de un niño de seis años que fue atropellado por una camioneta *pick-up*. Está consciente y respira. El SVA también va en camino pero está a 15 min de la escena.

1. ¿Cuál es su primera consideración en el tratamiento de este paciente?
2. ¿Qué importancia tiene que su paciente sea un niño en lugar de un adulto?

Pediatría

Los niños presentan muchos problemas de salud únicos. De igual manera, muchos problemas que son comunes en adultos no se encuentran en niños. Por lo tanto, existe una especialidad médica que cuida de los menores denominada **pediatría**.

No todo el mundo se siente cómodo al atender niños. En la mayoría de las situaciones el manejo de un lactante o niño significa que también debe atender a los padres (Figura 31-1 ▶). Por lo tanto es vital que mantenga la calma, sea profesional y controle sus sentimientos personales cuando trabaje con lactantes, niños y sus familias durante la emergencia. No obstante, una vez que aprenda cómo acercarse a los niños de diferentes edades y lo que debe esperar mientras los atiende, encontrará que tratar niños también ofrece agunas recompensas muy especiales. No sólo son atractivas su inocencia y actitud abierta, con frecuencia responden al tratamiento con mucha mayor rapidez que los adultos.

Anatomía y fisiología

No hay ninguna otra época en que nuestros cuerpos crezcan y cambien tan rápido como durante la infancia. Los recién nacidos tienen que cambiar con rapidez para adaptarse al mundo externo al cuerpo de la madre. Los pequeños de dos a cuatro años aprenden a caminar y hablar. Los escolares exploran el mundo sin pensar en las consecuencias. Estos cambios pueden crear dificultades durante su evaluación del niño si no los espera.

Para manejar la vía aérea pediátrica con eficacia, también debe entender las diferencias anatómicas entre adultos y niños. Para comenzar el corazón se encuentra más alto en el tórax de los niños y los pulmones son más pequeños. La abertura hacia la tráquea se encuentra más alta en el cuello y este último es en sí más corto.

La anatomía de la vía aérea de un niño difiere de la de un adulto en cinco formas principales. Estas diferencias influirán en las decisiones del tratamiento que realice en pacientes pediátricos, incluida la decisión de si se necesita o no la intervención y si es así, qué procedimiento usar. La anatomía de la vía aérea de un niño y de otras estructuras importantes difiere de la de un adulto de las siguientes maneras (Figura 31-2 ▶):

- Un **occipucio** o parte posterior de la cabeza de mayor tamaño, más redonda, lo cual requiere un posicionamiento más cuidadoso de la vía aérea.

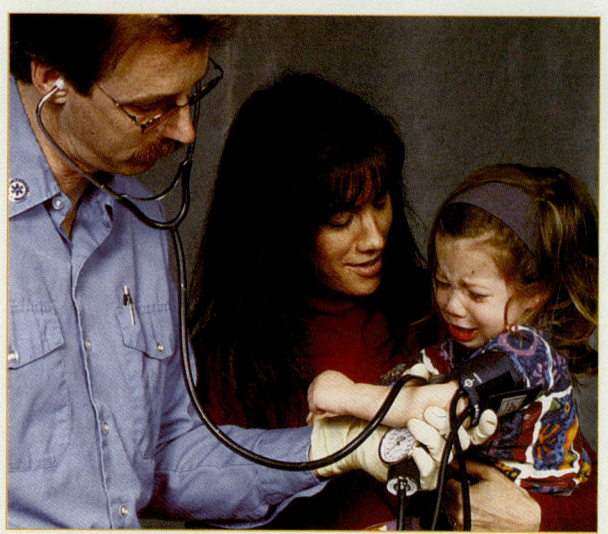

Figura 31-1 Tratar a un niño enfermo o lesionado puede ser un enorme reto. Una actitud calmada y profesional es de extrema importancia mientras atiende a ambos, al niño y los padres.

- Una lengua proporcionalmente mayor con relación al tamaño de la boca y una localización más anterior de ésta en la boca. La lengua del niño también es mayor con relación a una mandíbula menor y puede bloquear la vía aérea con facilidad.
- Una epiglotis flotante en forma de U, mayor que la de un adulto con relación al tamaño de la vía aérea.
- Anillos menos desarrollados de cartílago en la tráquea que pueden colapsarse con facilidad si el cuello está flexionado o hiperextendido.
- Una vía aérea más estrecha y baja.

Qué documentar

Dados los aspectos únicos de la atención de niños, es recomendable llevar consigo tablas de referencia y herramientas de medición como apoyo cuando evalúe a un paciente pediátrico. Muchos servicios también llevan consigo copias de protocolos pediátricos especializados en su sistema. Consulte estos recursos durante su atención, también recuerde tomar notas sobre sus observaciones y tratamiento específicos. Este método de "información intensiva" en la atención pediátrica ayuda a asegurar ambas cosas: buenos cuidados y documentación concienzuda.

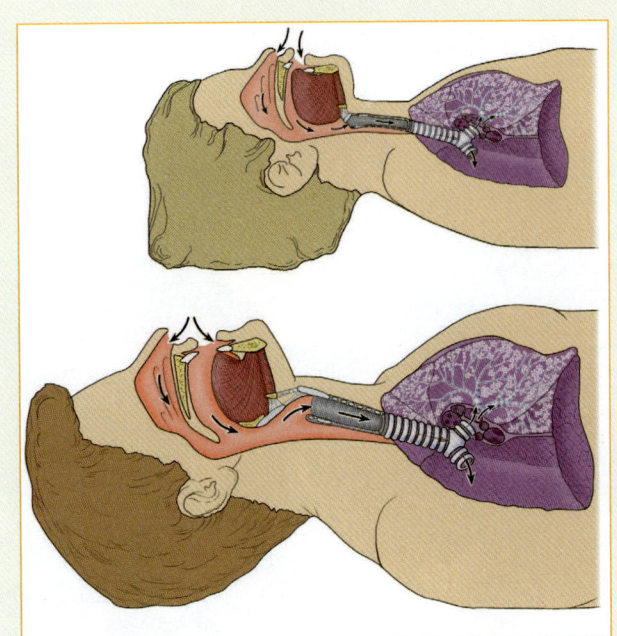

Figura 31-2 La anatomía de la vía aérea de un niño difiere de la de un adulto en diversas formas. La parte posterior de la cabeza es mayor en el niño, de manera que el posicionamiento de ésta requiere mayor cuidado. La lengua es mayor en proporción y se encuentra colocada en la parte más anterior de la boca. La tráquea tiene un diámetro menor y es más flexible. La vía aérea en sí misma está más abajo y es más estrecha.

CUADRO 31-1 Frecuencias respiratorias pediátricas

Edad	Respiraciones (inhalaciones/min)
Neonato: 0 a 1 mes	30 a 60
Lactante: 1 mes a 1 año	25 a 50
En edad de guardería: 1 a 3 años	20 a 30
Preescolares: 3 a 6 años	20 a 25
Escolares: 6 a 12 años	15 a 20
Adolescentes: 12 a 18 años	12 a 16
Mayores de 18 años	12 a 20

Debido al menor diámetro de la tráquea en lactantes, la cual tiene el diámetro aproximado de un popote o pajilla, la vía aérea se obstruye con facilidad con secreciones, sangre o por inflamación.

Un lactante necesita respirar más rápido que un niño mayor (Cuadro 31-1). Los pulmones de los niños evolucionan y desarrollan mayores habilidades para manejar el intercambio de oxígeno a medida que crecen. Una frecuencia respiratoria de 40 a 60 respiraciones/min es normal en el neonato, mientras que se espera que un adolescente tenga frecuencias cercanas al intervalo adulto (12 a 20 respiraciones/min). La respiración también requiere el uso de los músculos del tórax y el diafragma. Dado que los músculos intercostales no están bien desarrollados en los niños, el movimiento del diafragma, el músculo respiratorio principal, dicta la cantidad de aire que inspiran. Cualquier cosa que presione el abdomen de un niño pequeño puede bloquear el movimiento del diafragma y ocasionar compromiso respiratorio. La distensión gástrica puede interferir con el movimiento del diafragma y conducir a **hipoventilación**. Los niños pequeños también sufren fatiga muscular con mucha mayor rapidez que los niños mayores. Esto puede conducir a insuficiencia respiratoria si el niño tiene que luchar duro físicamente para respirar durante periodos largos.

La frecuencia cardiaca de un lactante puede llegar a ser tan alta como 200 o más latidos por minuto si el cuerpo necesita compensar una lesión o enfermedad. Éste es el método primario que usa el cuerpo para equilibrar la reducción de la perfusión. Es importante conocer el intervalo de frecuencia cardiaca normal cuando se evalúa a niños (Cuadro 31-2).

La capacidad de los niños para constreñir sus vasos sanguíneos también les ayuda a compensar la perfusión reducida. La palidez en la piel es un signo temprano de que el niño puede estar compensando la reducción de la perfusión al constreñir los vasos de la piel. La constricción de los vasos puede ser tan profunda que el flujo sanguíneo a las extremidades puede disminuir. Los signos de vasoconstricción pueden incluir pulso distal débil (es decir, radial o pedal) en las extremidades, llenado capilar retrasado y manos y pies fríos.

El sistema esquelético contienen placas de crecimiento en los extremos de los huesos largos, lo cual permite que estos huesos crezcan durante la infancia. Como resultado de las placas de crecimiento activo los huesos de los niños son más débiles y flexibles, lo cual los hace susceptibles a fracturas por estrés. Los huesos del cráneo también crecen durante la infancia. Los lactantes presentan dos aberturas suaves en el cráneo llamadas fontanelas. Éstas

CUADRO 31-2 Frecuencias cardiacas pediátricas

Edad	Frecuencia cardiaca (latidos/min)
Lactante	100 a 160
Uno a tres años	90 a 150
Preescolar	80 a 140
Escolar	70 a 120
Adolescente	60 a 100

por lo general se cierran por completo alrededor de los 18 meses de edad antes de ese momento, maneje con cuidado la cabeza de los lactantes.

Crecimiento y desarrollo

La edad adulta comienza a los 21 años. La comunidad médica concuerda con esto, pero ¿cuándo termina la infancia? Muchos sistemas de SMU emplean los 18 años de edad, otros emplean los 14 y otros más los 12 o 16. Entre el nacimiento y la edad adulta ocurren muchos cambios físicos y emocionales en los niños. Aunque cada niño es único, los pensamientos y la conducta de los infantes con frecuencia se agrupan en etapas: lactancia, uno a tres años, preescolar, escolar y adolescencia. Los niños de cada etapa enfrentan diferentes aspectos del desarrollo. Aunque hay asuntos específicos que son importantes para diferentes grupos de edad, también hay reglas generales que se aplican cuando se atiende a un niño de cualquier edad.

El lactante

La lactancia por lo general se define como el primer año de vida; el primer mes después del nacimiento se denomina periodo neonatal o del recién nacido. En un inicio los lactantes responden sobre todo a estímulos físicos como luz, calor, hambre y sonido. El llanto es una de sus formas principales de expresión durante este periodo. Sin embargo, después de los primeros meses, aprenden a hacer gorgoritos, sonreír, rodarse y a reconocer a sus padres o tutores. Los lactantes por lo general no les temen a los extraños porque se convierten en el centro de atención de la mayoría de las familias. No obstante, para el final de su primer año, pueden mostrar signos de preferencia por sus tutores y pueden llorar si los separan de éstos Figura 31-3 ▶.

Inicie su evaluación con la observación del lactante a distancia, de preferencia en los brazos de quien lo cuida. Los lactantes mayores, de seis meses a un año, pueden comenzar a llorar cuando los toca o recoge un extraño, así que permita al tutor que continúe sosteniendo al bebé mientras comienza su examen. Proporcione todo el consuelo sensorial que pueda: caliente sus manos y el extremo del estetoscopio y ofrezca un chupón si el tutor lo permite.

Haga que el tutor sostenga al lactante, si es posible, durante los procedimientos. Planee completar cualquier procedimiento doloroso de manera eficiente. Si es posible, intente realizar estos procedimientos dolorosos al final del proceso de evaluación, de manera que el niño no se

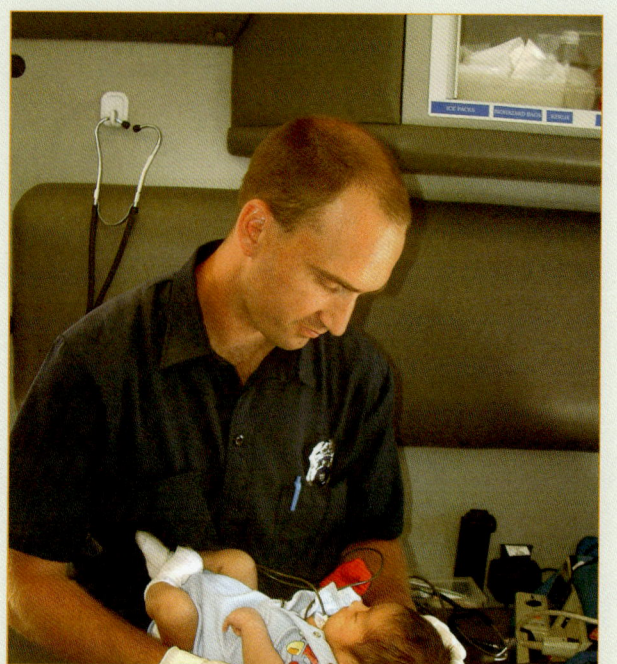

Figura 31-3 Los lactantes por lo general no les temen a los extraños, pero entre los seis meses y un año de edad, pueden mostrar signos de que prefieren estar con las personas que cuidan de ellos.

agite durante ésta. Cuando coloque una férula para una posible fractura, tenga listo todo el equipo que necesitará con el fin de evitar que el procedimiento tome más tiempo del necesario.

Infante de uno a tres años

Después de la lactancia, hasta cerca de los tres años, un niño es un infante. Durante este periodo los niños comienzan a caminar y a explorar su entorno. Son capaces de abrir puertas, cajones, cajas y botellas. Dado que son exploradores por naturaleza y no sienten temor las lesiones en este grupo de edad aumentan.

La ansiedad ante los extraños se desarrolla al inicio de este periodo. Los niños de uno a tres años pueden resistirse a la separación de sus tutores y sentir temor de dejar que otras personas se les acerquen. Debido a la independencia que acaban de adquirir, también pueden sentirse muy infelices si se les restringe o sujeta para realizar los procedimientos Figura 31-4 ▶. Los de dos años, en particular, tienen una reputación bien merecida de tener sus propias ideas acerca de casi todo, por lo cual se llama con frecuencia "los terribles dos" a esta edad. Estos pequeños tienen dificultades para describir o localizar el dolor. Pueden describir el dolor en el abdomen como "me duele la pancita" y el examen puede revelar sensibilidad en todo el cuerpo. Esto no se debe a que el niño intente

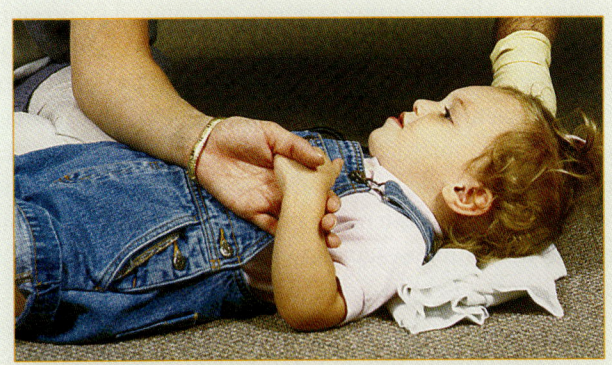

Figura 31-4 Debido a su independencia recién adquirida, los pequeños de uno a tres años pueden sentirse infelices si se les restringe o sujeta durante los procedimientos.

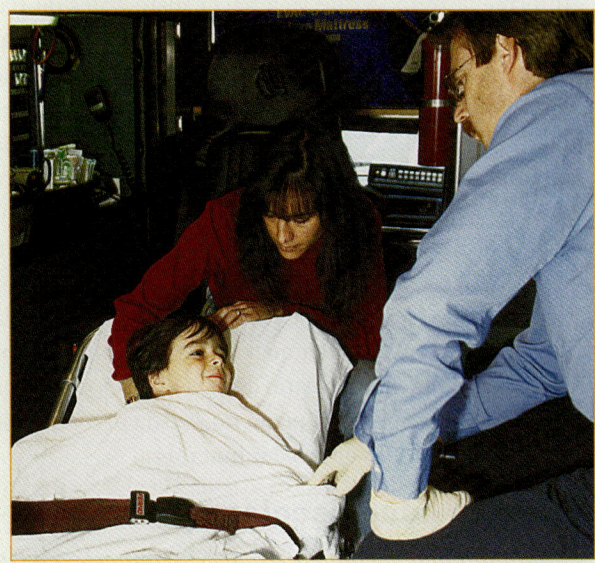

Figura 31-6 Los niños poseen una imaginación vívida, así que gran parte de su historial debe obtenerse de su tutor.

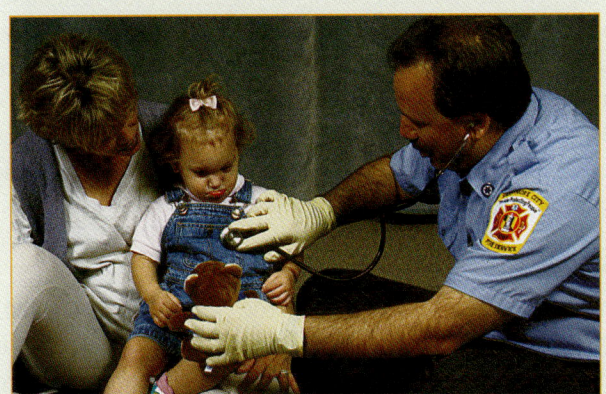

Figura 31-5 Deje al pequeño de uno a tres años en el regazo de su tutor durante su evaluación y emplee un juguete para distraerlo.

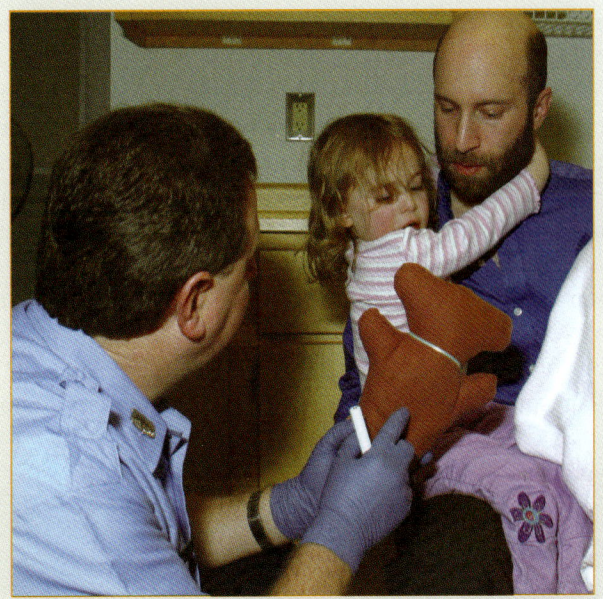

Figura 31-7 Un niño en edad preescolar puede distraerse con facilidad mediante juegos o conversación.

ser difícil, de hecho, el pequeño no tiene la capacidad verbal para ser exacto.

Los niños de uno a tres años pueden ser curiosos y aventureros, así es que su tutor puede distraerlos **Figura 31-5 ▲**. Por ejemplo, puede permitir al pequeño jugar con un abatelenguas mientras evalúa sus signos vitales. Restrinja al niño el menor tiempo posible y permita que su tutor lo consuele de inmediato después de un procedimiento doloroso. Comience su evaluación en las manos o los pies para evitar alterar al niño siempre que sea posible.

El niño en edad preescolar

Los niños en **edad preescolar** (de tres a seis años) son capaces de usar un lenguaje simple con bastante eficacia y tienen imaginaciones vívidas **Figura 31-6 ▶**. Pueden comprender indicaciones, ser mucho más específicos al describir sus sensaciones e identificar áreas dolorosas cuando se les pregunta. No obstante, gran parte de su historial aún puede obtenerse de sus tutores. Los preescolares poseen una rica vida de fantasías, lo cual puede hacer que se muestren particularmente temerosos ante el dolor y el cambio que afecta sus cuerpos. En esta edad es frecuente que crean que sus pensamientos o deseos pueden ocasionarles dolor a ellos mismos o a otros. Pueden pensar que una lesión se debió a una mala acción que realizaron más temprano ese día.

Informe al niño lo que va a hacer justo antes de hacerlo, de esta manera el niño no tiene tiempo de desarrollar fantasías atemorizantes. A esta edad los niños se distraen con facilidad mediante juegos de conteo, juguetes pequeños o conversación (Figura 31-7). Asegúrese de ajustar el nivel del juego al nivel de desarrollo del niño; los proveedores de cuidados de salud con frecuencia suponen que los preescolares comprenden más de lo que en realidad pueden entender. Comience su evaluación por los pies y avance hacia la cabeza, de modo semejante a la evaluación de un infante de uno a tres años. Emplee bandas adhesivas para cubrir el sitio de una inyección u otras heridas pequeñas, porque el pequeño podría preocuparse de mantener su cuerpo entero en una pieza.

El niño en edad escolar

Los niños en **edad escolar** (de 6 a 12 años) comienzan a actuar un poco más como adultos. Pueden pensar en términos concretos, responden de manera inteligente a las preguntas directas y ayudan a su propio cuidado. Su evaluación, por tanto, comienza a ser más parecida a la de un adulto hable con el niño, no sólo con su tutor, mientras toma su historial médico (Figura 31-8).

Un niño en edad escolar por lo general conoce el proceso del examen físico. Ha acudido con el médico para sus revisiones e inmunizaciones. Puede comenzar por la cabeza y moverse hacia los pies de igual manera que en la evaluación de un paciente adolescente o adulto. Siempre que sea posible proporcione al niño opciones apropiadas: "¿prefieres estar sentado o acostado?" "¿Te gustaría quitarte la ropa tú solo?". Únicamente haga preguntas cuya respuesta pueda controlar. Si pregunta: "¿puedo tomar tu tensión arterial?" y la respuesta es no, no podrá tomarla sin alterar al niño. En lugar de ello, pregunte si puede averiguar si su presión sanguínea se encuentra en el brazo derecho o el izquierdo. (Preguntar si puede "tomar" la tensión arterial puede hacer que los pacientes más jóvenes piensen que quizá no se las devuelva.) Proporcionarle una opción que aún le permita obtener los datos de la evaluación le da al niño cierto control en una situación atemorizante. Fomente la cooperación permitiendo al niño escuchar su propio latido cardiaco a través del estetoscopio.

Los niños en edad escolar pueden comprender la diferencia entre el dolor físico y el emocional, y tienen preocupaciones acerca de lo que significa cada dolor. Proporcione explicaciones simples acerca de lo que causa su dolor y lo que hará sobre ello (Figura 31-9). Los juegos y conversaciones pueden distraerlos. Pídales que le describan su lugar favorito, su mascota o sus juguetes. Pida los consejos del tutor acerca de la elección para la distracción adecuada. Premiar a un niño en edad escolar después de un procedimiento puede ser muy útil para su cooperación y recuperación futuras. Con frecuencia las palabras amables y una sonrisa son un buen premio cuando los muñecos de peluche o los libros no están disponibles.

Adolescentes

La mayoría de los **adolescentes** (de 12 a 18 años de edad) son capaces de pensar en forma abstracta y pueden participar en la toma de decisiones. Éste es un periodo donde el centro de su fuerza pasa de los padres a los coetáneos. Les preocupa mucho la imagen corporal y el concepto que tienen de ellos las personas de su edad. Pueden tener sentimientos muy fuertes contra el que se les observe durante los procedimientos.

Respete la privacidad de los adolescentes en todo momento. Recuerde que éstos pueden comprender con

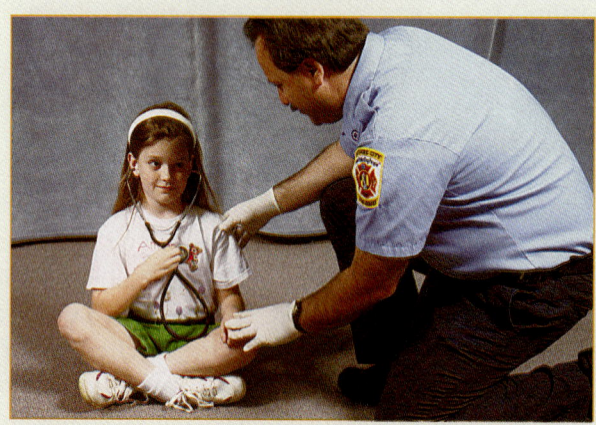

Figura 31-8 Los niños en edad escolar son más parecidos a los adultos en cuanto a que pueden responder sus preguntas y ayudar a su propio cuidado.

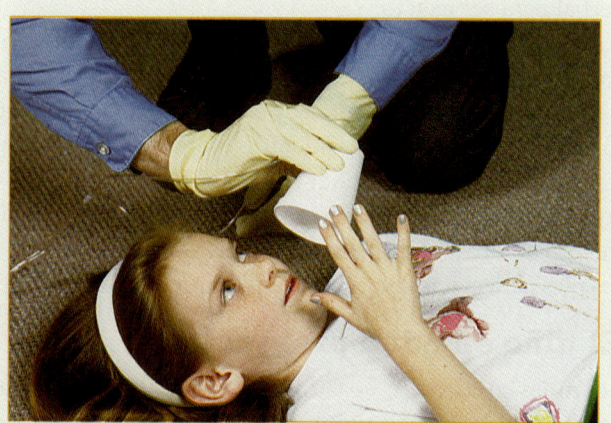

Figura 31-9 Los niños en edad escolar pueden comprender explicaciones simples sobre su condición física y la necesidad de los procedimientos.

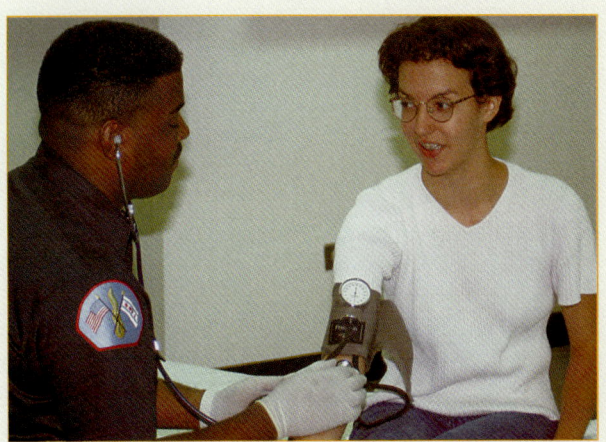

Figura 31-10 Respete la privacidad del adolescente en todo momento; proporcione al paciente cualquier información que éste solicite.

frecuencia conceptos y opciones de tratamiento muy complejos, por lo que debe proporcionarles información cuando la soliciten (Figura 31-10). Los adolescentes cooperarán y comprenderán más los procedimientos necesarios que los pacientes menores.

Los adolescentes poseen una comprensión clara del propósito y significado del dolor. Siempre que sea posible, explique cualquier procedimiento necesario con mucha anticipación. Evalúe el dolor mediante la expresión facial y corporal, lo mismo que con preguntas. Los adolescentes pueden ser muy indiferentes y es posible que no soliciten alivio para su dolor aunque lo necesiten. Para distraerlos, averigüe lo que les interesa, como deportes, libros, películas o amigos, y haga que hablen.

Asuntos familiares

Es importante recordar que cuando los niños están enfermos o lastimados, en especial aquellos con enfermedades crónicas, es posible que deba atender más de un caso. Los miembros de la familia, en especial los padres o el tutor primario, con frecuencia necesitan ayuda o apoyo cuando se presentan emergencias o problemas. Por lo general, un padre calmado contribuye a que el niño esté tranquilo. Un padre agitado casi siempre significa que el niño actuará de la misma manera. Asegúrese de conservar la calma, de ser profesional y sensible al tratar a los niños y su familias.

Emergencias pediátricas

Una vez que exploró las diferencias anatómicas y de desarrollo de los niños, hay muchos otros aspectos de la atención de urgencia que hacen que el tratamiento de un paciente pediátrico sea diferente. Algunos de ellos son enfrentar la capacidad del cuerpo joven para compensar la presencia de una enfermedad o lesión y otros pueden estar relacionados con la manera en que los niños interaccionan con el mundo que los rodea.

Deshidratación

La **deshidratación** ocurre cuando la pérdida de líquidos es mayor que la ingesta. Las causas más comunes de deshidratación en niños son vómito y diarrea. Si no se trata, la deshidratación puede conducir al choque y a la muerte. Lactantes y niños están en mayor riesgo de deshidratación que los adultos porque sus reservas de líquido son menores. La deshidratación mortal puede afectar a un lactante en cuestión de horas.

Fiebre

La fiebre es una razón común para que los padres llamen a urgencias. Definida en forma simple, la fiebre es un aumento en la temperatura corporal, por lo general como respuesta a una infección. Las temperaturas corporales mayores de 38 °C se consideran anormales. La fiebre tiene muchas causas y rara vez se trata de un evento mortal. No obstante, no deberá subestimar la posible gravedad de las fiebres, como aquellas que pueden ocurrir junto con una

Situación de urgencia — Parte 2

Mientras van en camino, analiza con su compañero algunas de las diferencias anatómicas entre niños y adultos. También discute algunas de las diferencias en los patrones de lesiones de un niño atropellado por un vehículo comparadas con las de un adulto. Comienzan a crear un plan de tratamiento para este paciente antes de llegar a la escena.

3. ¿Cuáles son algunas diferencias anatómicas entre niños y adultos?
4. ¿Cambiará la edad del paciente el plan de tratamiento?
5. ¿Cuál es su primer paso en el tratamiento de este paciente?

erupción. Deberá sospechar que la fiebre es un signo de enfermedad grave, como la meningitis. Las causas comunes de fiebre en niños incluyen las siguientes:

- Infecciones, como neumonía, meningitis o infecciones en tracto urinario
- Neoplasia (cáncer)
- Ingestión de fármacos
- Artritis y lupus eritematoso sistémico
- Temperatura ambiental elevada

La fiebre se debe a un mecanismo corporal interno donde la generación de calor aumenta y se reduce la pérdida de éste. Observe que hay otras condiciones en las cuales también aumenta la temperatura corporal. La hipertermia difiere de la fiebre en cuanto a que es un incremento en la temperatura corporal ocasionado por una incapacidad del cuerpo para enfriarse a sí mismo. Este trastorno se observa típicamente en medios calientes, como un auto cerrado en un día caliente.

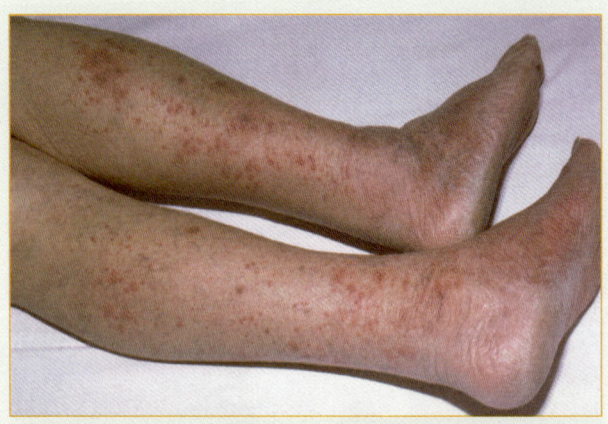

Figura 31-11 Es típico que los niños con *N. meningitidis* presenten una erupción con manchas color rojo cereza del tamaño de una cabeza de alfiler o una erupción mayor color púrpura/negruzco.

Meningitis

La <u>meningitis</u> es una inflamación del tejido llamado meninges que cubre la médula espinal y el cerebro. Es producto de una infección bacteriana, viral, micótica o parasitaria. Si no se trata, puede conducir a daño cerebral permanente o a la muerte. Poder reconocer a un paciente con meningitis es una capacidad importante del TUM-B.

La meningitis puede ocurrir en niños y adultos pero algunas personas se encuentran en mayor riesgo que otras, como se muestra a continuación:

- Hombres
- Recién nacidos
- Personas mayores
- Personas cuyos sistemas inmunitarios están debilitados debido a SIDA o cáncer
- Personas con antecedentes de cirugía en cerebro, columna vertebral o espalda
- Niños con traumatismos en cabeza
- Niños con válvulas, tornillos u otros cuerpos extraños cerca del encéfalo o la médula espinal

Los niños con derivación ventriculoperitoneal (VP) se encuentran en un riesgo especialmente elevado. La derivación VP drena el exceso de líquido de alrededor del cerebro hacia el abdomen. Estos niños con necesidades especiales presentan tubos que por lo general pueden verse y sentirse justo debajo del cuero cabelludo.

Los signos y síntomas de meningitis varían de acuerdo con la edad del paciente. La fiebre y el nivel alterado de conciencia son síntomas comunes de meningitis en pacientes de cualquier edad. Los cambios en el nivel de conciencia pueden ir desde un dolor leve o fuerte de cabeza a confusión, letargo o la incapacidad de comprender órdenes o interaccionar en forma adecuada o todo junto. El niño también puede presentar convulsiones, las cuales pueden ser un primer signo de meningitis. Evalúe el nivel de conciencia por medio de la escala AVDI. Los lactantes menores de dos o tres meses pueden presentar apnea, cianosis, fiebre o hipotermia.

Al describir a los niños con meningitis es frecuente que los médicos empleen el término "irritación meníngea" o "signos meníngeos" para describir el dolor que acompaña el movimiento. Flexionar el cuello hacia delante o hacia atrás aumenta la tensión dentro del canal espinal y estira las meninges, lo cual ocasiona mucho dolor. Esto produce el cuello rígido característico de los niños con meningitis, quienes con frecuencia se rehusan a mover el cuello, levantar las piernas o enroscarse en posición de "C", incluso si se les indica que lo hagan. Un signo de meningitis en un lactante es el incremento en la irritabilidad, en especial cuando se le maneja. Otro signo es la fontanela prominente.

Una forma de meningitis merece atención especial: <u>Neisseria meningitidis</u>, una bacteria que causa el inicio rápido de los síntomas de meningitis, lo cual con frecuencia conduce a choque y muerte. Es típico que los niños con *N. meningitidis* presenten una erupción con manchas pequeñas como cabeza de alfiler, color rojo cereza o una erupción mayor color púrpura/negruzco **Figura 31-11**. La erupción puede estar en parte de la cara o el cuerpo. Estos niños se encuentran en grave riesgo de sepsis, choque y muerte.

Todos los pacientes con posible meningitis deben considerarse muy contagiosos e infecciosos. Por tanto, deberá usar las precauciones ASC siempre que sospeche meningitis y hacer un seguimiento con el hospital para conocer el diagnóstico

CUADRO 31-3 Causas comunes de las convulsiones

- Abuso infantil
- Desequilibrio de electrolitos
- Fiebre
- Hipoglucemia (nivel bajo de glucosa sanguínea)
- Idiopática (sin causa aparente)
- Infección
- Ingestión
- Falta de oxígeno
- Medicamentos
- Envenenamiento
- Trastorno convulsivo previo
- Uso de drogas recreativas
- Traumatismo en cabeza

CUADRO 31-4 Fuentes comunes de envenenamiento en niños

- Alcohol
- Ácido acetilsalicílico y acetaminofén
- Productos para limpieza doméstica, como cloro y cera para muebles
- Plantas domésticas
- Hierro
- Drogas callejeras
- Vitaminas

final del paciente. Si ha estado expuesto a saliva o secreciones respiratorias de un niño con *N. meningitidis*, deberá recibir antibióticos para protegerse a sí mismo y a otros de la bacteria. Esto se aplica en particular si manejó la vía aérea del paciente. Si no estuvo en contacto cercano con el paciente y sus secreciones respiratorias, no necesita tratamiento.

Al tomar el historial de un paciente con meningitis, preste particular atención a los siguientes detalles:
- Inicio de la enfermedad, incluido cualquier síntoma de tracto respiratorio superior, como goteo nasal, tos u otros síntomas de resfriado
- Presencia y duración de una fiebre
- Nivel de actividad
- Cambio en la conducta en niños mayores, irritabilidad en niños menores

Convulsiones

La convulsión es el resultado de la actividad eléctrica desorganizada en el cerebro, cuyas causas aparecen en el Cuadro 31-3 ▲. Ésta puede ser aterradora para las personas alrededor del paciente. Por tanto, es importante tranquilizar a la familia, realizar la evaluación y el manejo con tranquilidad y paso a paso.

Convulsiones febriles

Las convulsiones febriles son comunes en niños entre las edades de seis meses y seis años. La mayoría de las convulsiones pediátricas se deben sólo a la fiebre, razón por la cual se denominan febriles. Es típico que estas convulsiones ocurran en el primer día de una enfermedad febril, se caracterizan por actividad convulsiva tónica-clónica generalizada y duran menos de 15 min con una fase postictal corta o por completo sin ésta. Puede ser signo de un problema más grave, como meningitis. Entreviste a los tutores para obtener el historial ya que estos niños pueden haber tenido una convulsión febril previa.

Si le llaman para atender a un niño que sufrió una convulsión febril, con frecuencia se encontrará un paciente

Figura 31-12 Un niño curioso puede intentar probar o deglutir casi cualquier sustancia. Una víctima común de la ingestión accidental de compuestos peligrosos es el infante de uno a tres años sin supervisión.

despierto y alerta, y totalmente interactivo a su llegada. Tenga en mente que una fiebre persistente puede conducir a otra convulsión.

Envenenamiento

El envenenamiento es común entre niños, las fuentes se citan en el Cuadro 31-4. Puede ocurrir por ingerir, inhalar, inyectar o absorber una sustancia tóxica. Los signos y síntomas de envenenamiento varían en gran medida, de acuerdo con la sustancia, la edad y el peso del niño, el cual puede parecer normal en un principio, incluso en casos graves, puede estar confundido, somnoliento o inconsciente.

Los lactantes pueden envenenarse como resultado de que un hermanito o tutor les proporcione una sustancia dañina o como resultado de abuso infantil. Los lactantes pueden estar expuestos a fármacos o venenos que se encuentren en pisos y alfombras. También pueden exponerse en una habitación o automóvil donde se fumen drogas dañinas, como crack, cocaína o PCP. Los infantes de uno a tres años son curiosos y con frecuencia ingieren venenos cuando los encuentran en la casa o cochera Figura 31-12. Por ejemplo, algunas personas guardan productos de petróleo en botellas de refresco. Los pequeños pueden pensar que la sustancia es refresco. Los adolescentes tienen mayor probabilidad de ingerir alcohol y drogas callejeras mientras están en fiestas o por intentos de suicidio.

Una vez que complete su evaluación inicial, deberá interrogar al cuidador con las siguientes preguntas:

- ¿Qué sustancia o sustancias están implicadas?
- ¿Qué cantidad aproximada de sustancia se ingirió o está implicada en la exposición (es decir, cantidad de pastillas o de líquido)?
- ¿A qué hora ocurrio el incidente?
- ¿Hubo cambios en la conducta o el nivel de conciencia?
- ¿Hubo ahogamiento o tos después de la exposición? (Éstos pueden ser signos de implicación de la vía aérea.)

Trauma pediátrico

Las lesiones son la segunda causa de muerte de niños en México. Mueren más niños por lesiones en un año que por todas las demás causas combinadas. Como TUM-B, con frecuencia tratará niños lesionados, por tanto, debe tener una comprensión profunda de la manera en que los afecta el trauma. La calidad de la atención en los primeros minutos después de que se lesiona un niño puede tener un enorme impacto sobre las probabilidades de éste para recuperarse por completo.

Lactantes y pequeños de uno a tres años son los que se lastiman con mayor frecuencia como resultado de caídas o abuso. Los niños mayores y adolescentes por lo general se lastiman como resultado de accidentes donde están implicados automóviles. Los accidentes de automóvil, incluidos aquellos donde están implicadas bicicletas y peatones, son la amenaza más importante para el bienestar del niño. Otras causas comunes de lesiones traumáticas y muerte incluyen caídas, heridas por arma de fuego, lesiones por objetos punzocortantes y actividades deportivas. Otra causa grave y problemática en extremo de las lesiones es el abuso infantil.

Diferencias físicas

Los niños son más pequeños que los adultos por lo tanto, cuando se lastiman en el mismo tipo de accidente que un adulto, la localización de sus lesiones puede diferir de la de un adulto. Por ejemplo, la defensa de un automóvil golpeará al adulto en la parte inferior de la pierna, mientras que esa misma defensa golpeará a un niño en la pelvis. En una colisión que implique una desaceleración repentina un adulto puede lesionarse un ligamento de la rodilla, y en ese mismo accidente un niño puede lesionarse los huesos de la pierna.

Los huesos y tejidos blandos de los niños están menos desarrollados que los de los adultos, por tanto la fuerza de una lesión afecta a estas estructuras de modo diferente al que se da en un adulto. Dado que la cabeza de un niño es mayor en proporción que la de un adulto, ésta ejerce mayor

---

Situación de urgencia — Parte 3

A su llegada, se encuentran con un niño de seis años que yace en brazos de su madre que llora. Mide cerca de 1.5 metros y pesa cerca de 30 kg. El vehículo que lo golpeó no presenta daño visible debido al impacto. La madre señala que piensa que la camioneta circulaba a cerca de 40 km/h por hora cuando golpeó a su hijo. El niño está consciente, alerta y orientado. Llora sin control y se sujeta la parte media del cuerpo.

6. Considerando el ML, ¿debe colocarse a este paciente un dispositivo de inmovilización espinal total?
7. ¿Es la estatura y peso del paciente información pertinente para la documentación?

estrés sobre las estructuras del cuello durante una lesión por desaceleración. Debido a estas diferencias anatómicas, siempre deberá evaluar con cuidado a los niños en busca de lesiones en cabeza y cuello.

Diferencias psicológicas

De igual manera, los niños poseen menos madurez psicológica que los adultos por tanto, con frecuencia se lesionan debido a su juicio poco desarrollado y a su falta de experiencia. Por ejemplo los niños tienen mayor probabilidad que los adultos de cruzar la calle sin observar si hay tráfico en dirección a ellos. Como resultado los niños tienen mayores probabilidades que los adultos de ser arrollados por automóviles. Asimismo, niños y adolescentes tienen mayores probabilidades de sufrir lesiones por clavarse en aguas poco profundas, porque olvidan revisar la profundidad del agua antes de lanzarse en clavado. En tales situaciones, siempre deberá asumir que el niño presenta lesiones graves en cabeza y cuello.

Patrones de lesión

Aunque no es responsable de diagnosticar las lesiones en niños, su capacidad para reconocer e informar sobre lesiones graves le proporcionará información crítica al personal hospitalario. Por esta razón, es importante que comprenda las características físicas y psicológicas especiales de los niños y lo que aumenta la posibilidad de que presenten ciertos tipos de lesiones.

Colisiones automovilísticas

Mientras juegan o andan en bicicleta, los niños pueden lanzarse frente a un vehículo de motor sin siquiera mirar. En tal situación el conductor puede tener muy poco tiempo para frenar o detenerse y evitar golpear al niño. El área de mayor daño varía de acuerdo con el tamaño del niño, la altura de la defensa y el tiempo de impacto. Cuando los vehículos frenan en el momento del impacto, la defensa se hunde ligeramente, lo cual hace que el punto de impacto con el niño sea más bajo. El área exacta que se golpea depende de la estatura del niño y de la posición final de la defensa en el momento del impacto. Los niños lesionados en estas situaciones con frecuencia sufren lesiones de alta energía en cabeza, columna vertebral, abdomen, pelvis o piernas.

Actividades deportivas

Los niños, en especial los que son mayores o adolescentes, con frecuencia se lesionan en actividades deportivas organizadas. Pueden presentarse lesiones en cabeza y cuello después de colisiones de alta velocidad en deportes de contacto como fútbol americano, lucha grecorromana, hockey en hielo, hockey de campo, soccer o artes marciales. Recuerde estabilizar las vértebras cervicales cuando

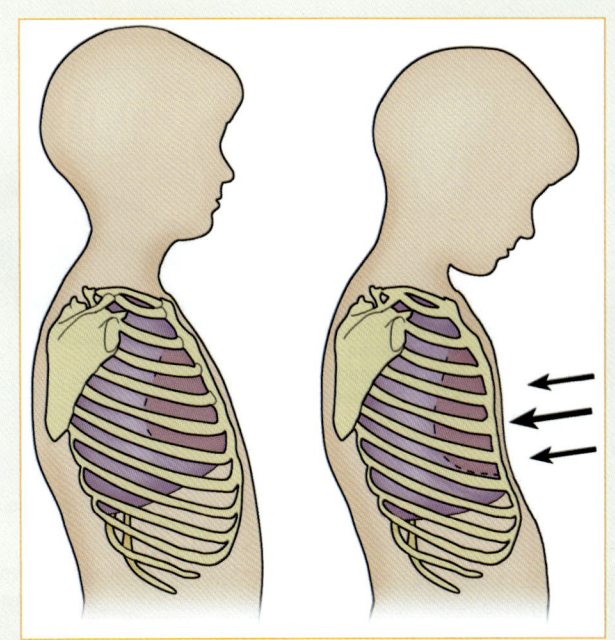

Figura 31-13 Las costillas de un niño son más suaves y flexibles que las de un adulto. Como resultado, pueden comprimir pulmones y corazón, lo cual causa lesiones graves sin daño externo evidente.

atienda niños con lesiones relacionadas con deportes. También debe estar familiarizado con los protocolos locales relacionados con la forma de retirar cascos y/o seguir los lineamientos presentados en el capítulo 30.

Lesiones en sistemas corporales específicos

Lesiones en cabeza

Las lesiones en cabeza son comunes en niños. Esto se debe a que el tamaño de la cabeza del niño, con relación al cuerpo, es mayor que el de un adulto. Los signos y síntomas de la lesión en cabeza en un niño son semejantes a los de un adulto, pero hay algunas diferencias importantes. Náusea y vómito son signos y síntomas de lesión de cabeza en niños no obstante, es fácil confundirlos con una lesión o enfermedad abdominales. Deberá sospechar una lesión grave en cabeza en cualquier niño que presente náusea y vómito después de un evento traumático.

Lesiones en el tórax

Las lesiones en el tórax en niños por lo general son el resultado de un traumatismo contundente más que por un objeto penetrante. Recuerde que los niños tienen costillas muy suaves y flexibles que pueden comprimirse en gran

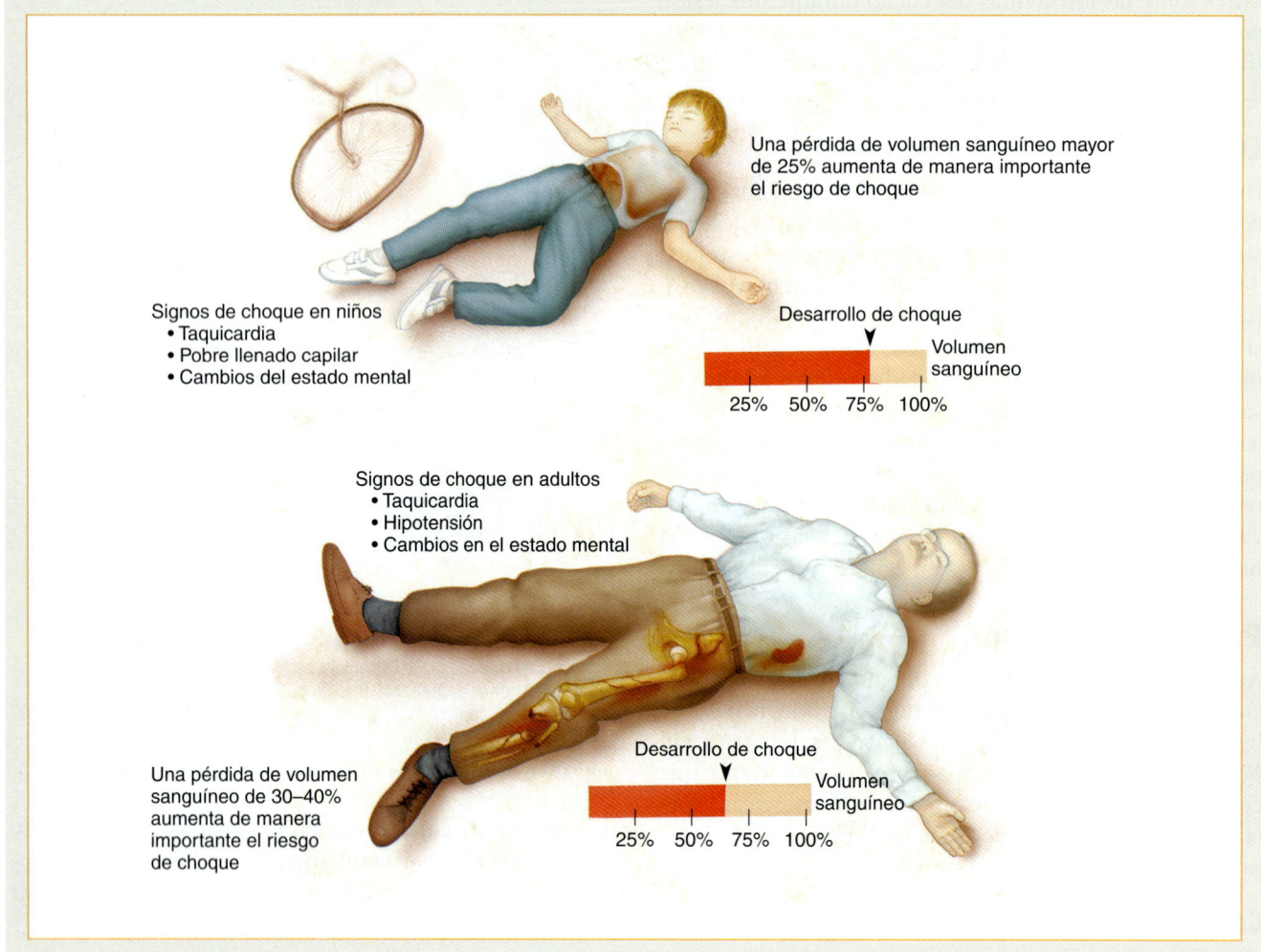

Figura 31-14 Los niños con lesiones abdominales deben vigilarse de cerca en busca de signos de choque. Aunque los niños pueden compensar mejor que los adultos las pérdidas considerables de sangre, desarrollan choque después de pérdidas sanguíneas proporcionalmente menores.

medida sin romperse. Tenga esto en mente al evaluar a un niño que haya recibido un traumatismo contundente de alta energía en el tórax. Aunque es posible que no haya signos externos de lesión, como costillas rotas, contusiones o sangrado, puede haber lesiones significativas en la parte interna del tórax (Figura 31-13 ◀).

Lesiones abdominales

Las lesiones abdominales son muy comunes en niños. No obstante, recuerde que estos últimos pueden compensar mejor las pérdidas significativas de sangre que los adultos, sin signos ni síntomas de que se desarrolle choque (Figura 31-14 ▲). También pueden presentar lesiones graves sin evidencia externa temprana de un problema. Los niños con lesiones abdominales deben mantenerse bajo vigilancia en busca de síntomas de choque, incluido el pulso débil y rápido, piel fría, húmeda y pegajosa, retardo del llenado capilar (un signo temprano), confusión, y reducción de tensión arterial sistólica (un signo tardío). Incluso en ausencia de signos y síntomas de choque, o con sólo algunos de ellos, debe permanecer alerta ante la posibilidad de lesiones internas.

Lesiones en las extremidades

Los niños poseen huesos inmaduros con centros de crecimiento activos. El crecimiento de los huesos largos surge desde sus extremos en placas de crecimientos especializadas, las cuales son posibles puntos débiles en el hueso y con frecuencia se lesionan como resultado de traumatismos. En general, los huesos de los niños se doblan con mayor facilidad que los de los adultos. Como resultado, pueden ocurrir fracturas incompletas o en tallo verde.

Las lesiones en extremidades en niños por lo general se manejan de la misma manera que las de los adultos. Los

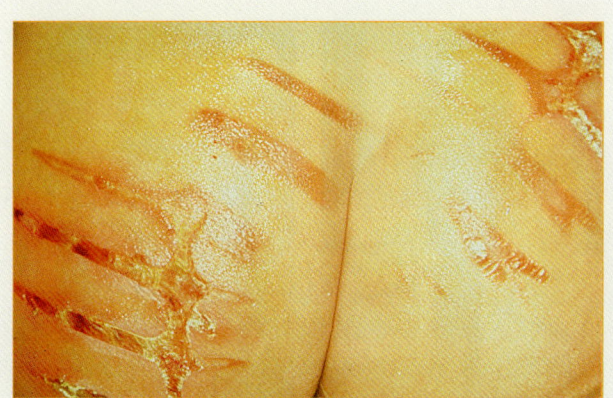

Figura 31-15 Las quemaduras más comunes en niños implican exposición a superficies calientes. Los glúteos de este niño se colocaron contra la rejilla caliente de un calentador.

miembros dolorosos deformados con evidencia de fractura ósea deben entablillarse. Sólo deberá usarse equipo especial para entablillar, como la férula de tracción para fracturas del fémur, si tiene el tamaño adecuado para el niño. No deberá usar dispositivos para inmovilización de adultos en un niño a menos que éste sea lo bastante grande para que el dispositivo le ajuste.

Otras consideraciones

Pantalón neumático antichoque

El pantalón neumático antichoque (PNA) rara vez se usa para tratar niños. Una situación en la cual usaría un PNA es cuando el niño presenta un trauma evidente en extremidades inferiores, en particular en ambas piernas; e inestabilidad pélvica. No obstante, un problema con el uso de este dispositivo en niños es que rara vez tiene el tamaño adecuado. El PNA sólo debe emplearse en niños si ajusta de forma apropiada. Las técnicas, como colocar al niño en una de las piernas del traje para adulto están contraindicadas por completo y nunca deben aplicarse. El compartimento abdominal del traje debe inflarse con precaución en los niños, ya que la presión excesiva sobre el abdomen causará presión en el diafragma y comprometerá la respiración.

Quemaduras

Los niños pueden quemarse de diversas maneras. Las más comunes implican la exposición a sustancias calientes, como el agua hirviendo de una tina, objetos calientes en la estufa o exposición a sustancias cáusticas, como solventes para limpieza o thinners para pinturas (Figura 31-15). Deberá sospechar posibles lesiones internas por una ingestión de químicos cuando un niño presente quemaduras, en especial en cara y alrededor de la boca.

Un problema común después de las lesiones por quemaduras en los niños es la infección. La piel quemada no puede resistir la infección con la misma eficacia que una piel normal. Por esta razón, deben emplearse técnicas estériles al manejar la piel de un niño con heridas por quemadura.

El (Cuadro 31-5) proporciona algunos lineamientos generales a seguir durante la evaluación de un niño con quemaduras. Estos lineamientos pueden ayudarle a determinar qué niño debe tratarse principalmente en centros especializados en quemaduras. Observe también que debe considerar la posibilidad de abuso infantil en cualquier situación de quemadura. Asegúrese de proporcionar cualquier información acerca de sus sospechas a las autoridades apropiadas.

Lesiones por inmersión

Estas lesiones incluyen el casi ahogamiento y el ahogamiento. En situaciones de inmersión, siempre deberá tomar medidas para asegurar su propia seguridad al rescatar al paciente del agua.

El ahogamiento es una causa común de muerte no intencional entre los niños, aquéllos menores de cinco años se encuentran bajo riesgo particular. A esta edad, es frecuente que los niños caigan en albercas y lagos, pero muchos se ahogan en tinas de baño e incluso en cubetas. Los adolescentes mayores, quienes constituyen el mayor número de ahogamientos después de los infantes de uno a tres años, se ahogan cuando nadan o navegan en botes, el alcohol con frecuencia es un factor.

La lesión principal debida a la inmersión es la falta de oxígeno. Incluso unos cuantos minutos (o menos) sin oxígeno afectan corazón, pulmones y cerebro, lo cual

CUADRO 31-5 Gravedad de las quemaduras en niños

Gravedad de la quemadura	Área del cuerpo afectada
Menor	Quemaduras de espesor parcial que abarcan menos de 10% de la superficie corporal
Moderado	Quemaduras de espesor parcial que implican de 10 a 20% de la superficie corporal
Grave	Cualquier quemadura de espesor total Cualquier quemadura de espesor parcial que abarque más de 20% de la superficie corporal Cualquier quemadura que afecte manos, pies, cara, vía aérea o genitales

causa problemas que pueden ser mortales, tales como paro cardiaco, dificultad respiratoria y coma. La inmersión en agua helada puede restarle calor al cuerpo y ocasionar hipotermia. Aunque contadas víctimas de hipotermia por inmersión han sobrevivido por periodos largos en paro cardiaco en aguas heladas, la mayoría de las personas en esta situación muere. Lanzarse en clavado al agua, desde luego, incrementa el riesgo de lesiones en cuello y médula espinal.

Abuso infantil

El término abuso infantil significa cualquier acción inadecuada o excesiva que lesione o dañe de cualquier manera a un niño o lactante. Esto incluye abuso físico, sexual y emocional y descuido. El daño intencional a un niño, ya sea físico o emocional no es raro en nuestra sociedad. Más de dos millones de casos de abuso infantil se reportan a las agencias de protección infantil cada año. Muchos de estos niños sufren lesiones que amenazan su vida y algunos mueren. Si no se informa sobre la sospecha de abuso infantil, es probable que se abuse del niño una y otra vez y que éste sufra lesiones permanentes o incluso muera. En consecuencia, debe estar consciente de los signos de abuso infantil y descuido, es su responsabilidad informar sobre posibles abusos a la policía o a las agencias de protección infantil.

Signos de abuso

Como TUM-B, le enviarán a los hogares debido a informes sobre niños lesionados. Si sospecha que está implicado el abuso físico o sexual, deberá hacerse las siguientes preguntas:

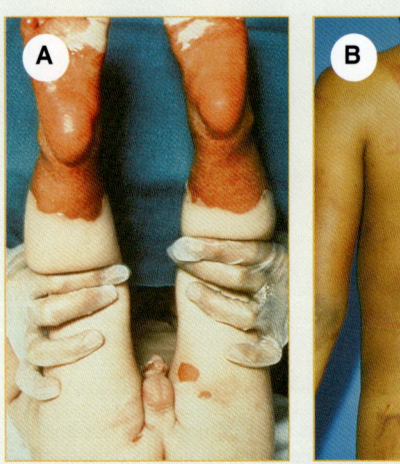

Figura 31-16 Signos de abuso infantil. **A.** Escaldadura. **B.** Lesiones múltiples en etapas diferentes de curación.

- ¿Es típica la lesión para el nivel de desarrollo del niño?
- ¿Concuerda el método de lesión informado por el padre o tutor con las heridas del niño?
- ¿Se comporta el tutor de modo apropiado (se preocupa por el bienestar del niño)?
- ¿Hay evidencia de consumo de alcohol o drogas en la escena?
- ¿Hubo retraso en la solicitud de atención para el niño?
- ¿Hay una buena relación entre el niño y su tutor?
- ¿Presenta el niño lesiones múltiples en diferentes etapas de curación?
- ¿Presenta el niño cualquier marca poco usual o marcas que puedan ser producto de quemaduras de cigarro, rejillas o marcado?
- ¿Presenta el niño tipos diversos de lesiones como quemaduras, fracturas y moretones?
- ¿Presenta el niño quemaduras en manos o pies que implican una distribución de guante (marcas que rodean la mano o el pie en un patrón que parece un guante)?
- ¿Hay un nivel disminuido de conciencia inexplicable?
- ¿Presenta el niño un peso adecuado para su edad?
- ¿Hay sangrado en recto o vagina?
- ¿Qué aspecto tiene la casa? ¿Limpio o sucio? ¿Frío o caliente? ¿Hay comida?

Su evaluación en el campo permitirá que el personal médico efectúe una mejor evaluación posterior. Una manera fácil de recordar esto es la regla nemotecnia CHILD ABUSE, que se muestra en el **Cuadro 31-6**.

CUADRO 31-6 Abuso infantil

Nemotecnia para evaluar el posible abuso infantil

Congruencia de la lesión con la edad de desarrollo del niño
Historial congruente con la lesión
Interés inadecuado de los padres
La falta de supervisión
Demora en la búsqueda de ayuda

Afecto
Edad varia**B**le de las lesiones
In**U**suales patrones de lesión
Sospechosas circunstancias de la lesión
Indicios ambi**E**ntales

Mientras evalúa al niño, busque y preste atención particular a los siguientes signos (Figura 31-16).

Moretones

Observe el color y localización de cualquier moretón. Las magulladuras nuevas son rosadas o rojas. Con el tiempo, estas lesiones se vuelven azules, luego verdes, luego café amarillento y pálidas. Observe la localización. Los moretones en espalda, glúteos o cara son sospechosos y generalmente fueron inflingidas por otra persona.

Quemaduras

Las quemaduras en pene, testículos, vagina o glúteos por lo general son causadas por alguien más, lo mismo que quemaduras que rodean una mano o un pie y dan el aspecto de un guante. Debe sospechar abuso si el niño tiene quemaduras de cigarrillo o en forma de rejilla.

Fracturas

Las fracturas en húmero o fémur no ocurren de modo normal sin un traumatismo mayor, como una caída de un lugar elevado o una colisión de vehículo de motor. Las caídas de la cama por lo general no están asociadas con fracturas.

Síndrome del bebé sacudido

Los lactantes pueden sufrir traumatismos mortales en la cabeza si se les sacude o se les golpea en ella, un problema fatal denominado síndrome del bebé sacudido. Con este trastorno hay sangrado dentro de la cabeza y daño en vértebras cervicales como resultado de un sacudimiento intencional y fuerte. Encontrará inconsciente al lactante, con frecuencia sin evidencia de traumatismo externo. La llamada de ayuda puede ser para atender a un lactante que ha dejado de respirar o no responde. Puede parecer que el niño se encuentra en paro cardiopulmonar, pero lo más probable es que el sacudimiento desgarrara vasos sanguíneos en el cerebro, lo cual da como resultado sangrado en torno a este último. La presión de la sangre produce el coma.

Descuido

Los niños víctima del descuido con frecuencia están sucios o muy delgados o parecen tener retraso en el desarrollo debido a falta de estímulo. Puede observar a estos niños cuando responda llamadas sobre problemas no relacionados. Informe sobre todos los casos donde sospeche descuido.

Síntomas y otros indicadores de abuso

Un niño víctima de abuso puede parecer retraído, temeroso u hostil. Deberá preocuparle en particular que el niño se rehúse a comentar cómo se lesionó. En ocasiones el padre o tutor revelará un historial de diversos "accidentes". Manténgase alerta en busca de historias conflictivas o una marcada falta de preocupación en los padres o el tutor. Recuerde, el abusador puede ser un progenitor, tutor, pariente o amigo de la familia. Algunas veces se trata de un conocido de un padre o madre solteros.

Todos los TUM-B deben informar acerca de cualquier caso donde sospeche abuso, incluso si la sala de urgencias no lo hace. La mayoría de los estados poseen formas especiales para estos informes. Por lo general se prohíbe a los supervisores interferir con los informes sobre sospecha de abuso, incluso si están en desacuerdo con la evaluación. No tiene que probar que hubo abuso. La policía y las agencias de protección para menores tienen la obligación de investigar todos los casos reportados.

Abuso sexual

Los niños de cualqueir edad y género pueden ser víctimas de abuso sexual. La mayoría de las víctimas de violación son mayores de 10 años, aunque niños menores también pueden ser

---

Situación de urgencia — Parte 4

Mientras obtiene información adicional acerca del incidente, su compañero estabiliza en forma manual la cabeza y cuello del niño. Usted evalúa su vía aérea, su respiración y circulación. Su vía aérea es patente y presenta 22 respiraciones trabajosas/min. Su pulso es de 156 latidos/min y con saltos. Presenta numerosas abrasiones y laceraciones pequeñas en las extremidades. No hay sangrado externo mayor. Aplica oxígeno de flujo elevado con una mascarilla no recirculante.

8. ¿Qué le indica su índice de sospecha sobre este paciente?
9. ¿Cuál es su siguiente paso en el tratamiento?

víctimas. Este tipo de abuso sexual por lo general es el resultado del abuso prolongado de los parientes.

Su evaluación de un niño con abuso sexual debe limitarse a determinar el tipo de tratamiento que requerirán sus lesiones. En ocasiones, un niño con abuso sexual también recibe golpes, por tanto, deberá tratar también cualquier moretón o fractura. No examine los genitales de un niño pequeño a menos que haya evidencia de sangrado o una lesión que deba tratarse.

Asimismo, si sospecha que un niño es víctima de abuso sexual, no permita que el niño se lave, orine o defeque antes de que un médico realice un examen. Aunque este paso es difícil, es importante para preservar la evidencia. Si se trata de una niña que sufrió abuso, asegúrese de que una TUM-B u oficial de policía mujer permanezca con ella, a menos que localizar a estas últimas retrase el transporte.

Deberá conservar su actitud profesional todo el tiempo que evalúe y atienda a un niño con abuso sexual. Utilice un método interesado y cuidadoso, y proteja al niño de mirones y testigos curiosos. Obtenga la mayor información posible del niño y de los testigos. El niño puede mostrarse histérico o renuente a decir nada, en especial si el abusador es un pariente o un amigo de la familia. El TUM-B se encuentra en la mejor posición para obtener la información de primera mano, más precisa, acerca del incidente. Por tanto, deberá registrar cualquier información de manera cuidadosa y completa en el reporte de atención al paciente (FRAP).

Transporte a todos los niños que sean víctimas de ataque sexual. El abuso sexual de un niño es un crimen. Coopere con los oficiales de policía en sus investigaciones.

Síndrome de muerte súbita infantil

La muerte de un lactante o niño pequeño se denomina síndrome de muerte súbita infantil (SMSI) cuando, después de una autopsia completa, la causa de muerte permanece sin explicación. El SMSI es la causa principal de muerte en lactantes menores de un año, la mayoría de los casos ocurren en lactantes menores de seis meses.

Aunque es imposible predecir el SMSI, hay varios factores de riesgo conocidos:

- Madre menor de 20 años
- Madre que fumó durante el embarazo
- Bajo peso al nacer

Las muertes debidas a SMSI pueden ocurrir en cualquier momento del día, no obstante es frecuente que descubran a estos niños por la mañana, cuando los padres acuden a revisar al bebé. Si es el primer proveedor en una escena de posible SMSI, enfrentará tres tareas: la evaluación y manejo del paciente, la comunicación y el apoyo a la familia y la evaluación de la escena.

Evaluación y manejo

El SMSI es un diagnóstico de exclusión. Primero debe descartar todas las posibles causas, un proceso que puede llevar un buen tiempo a los médicos. Un bebé que es víctima de SMSI estará pálido o azul, no respirará ni responderá. Otras causas para esta afección incluyen las siguientes:

- Infección agresiva
- Abuso infantil
- Obstrucción de vía aérea debido a un objeto extraño o como resultado de una infección
- Meningitis
- Envenenamiento accidental o intencional
- Hipoglucemia (nivel bajo de glucosa sanguínea)
- Defectos metabólicos congénitos

Sin importar la causa, la evaluación y el manejo del lactante son los mismos. Recuerde que lo que encuentre durante la evaluación del bebé y de la escena puede proporcionar información diagnóstica importante.

Comience con una evaluación de los ABC y proporcione las intervenciones necesarias. De acuerdo con el tiempo transcurrido desde el descubrimiento del lactante, éste puede mostrar signos de cambios *post mortem*. Éstos incluyen rigidez del cuerpo, llamado rigor mortis y lividez dependiente, que es la acumulación de sangre en las partes inferiores del cuerpo o de aquellas que están en contacto con el piso o la cama.

Si el niño presenta tales síntomas, llame a dirección médica. En algunos sistemas de SMU, una víctima de SMSI puede declararse muerta en la escena. Decidir si iniciar o no la RCP en un niño que muestra signos claros de rigor mortis o de lividez dependiente puede ser muy difícil. Los miembros de la familia pueden considerar que el no hacerlo sea la negación de la atención crítica. En esta situación, el mejor curso de acción puede ser iniciar la RCP y transportar al paciente y a la familia a la sala de urgencias más cercana, donde la familia podrá recibir apoyo más extenso (siga los protocolos locales). Si no hay evidencia de cambios post mortem, inicie la RCP de inmediato.

Al evaluar al lactante, preste especial atención a la presencia de cualquier marca o moretón en el bebé antes de realizar cualquier procedimiento, incluida la RCP. Asimismo, anote cualquier intervención, como RCP realizada por los padres antes de su llegada.

Comunicación y apoyo para la familia

La muerte de un niño es un suceso muy estresante para una familia, también tiende a evocar fuertes respuestas emocionales entre los proveedores de cuidados de la salud, incluido el personal de SMU Cuadro 31-7 ▶. Parte de su trabajo en este punto es permitir a la familia expresar

CUADRO 31-7 Cómo puede ayudar a la familia de un niño fallecido

Cuando llegue a la escena

- Preséntese con rapidez.
- Obtenga un historial breve.
- Cuando sea posible, un proveedor deberá permanecer con la familia.

Si se intenta la reanimación

- Proporcione actualizaciones y explicaciones breves y frecuentes.
- Permita a los miembros de la familia que permanezcan dentro de una distancia donde puedan observar si así lo desean.
- Permita a los miembros de la familia que acompañen al niño al hospital cuando sea posible.

Si no se realiza la reanimación

- Siéntese con la familia.
- Informe de inmediato a la familia.
- Explique por qué no se intentará la reanimación.
- Ofrezca hacer arreglos para obtener apoyo religioso, incluido el bautismo o la extremaunción.

Inicio del proceso de duelo

- Aprenda y utilice el nombre del bebé.
- Permita que la familia exprese emociones; no emita juicios.
- Proporcione explicaciones y respuestas breves.
- Explique a la familia que la causa de la muerte aún se desconoce.
- Proporcione tiempo para preguntas.

Se recomienda

- Expresar a la familia lo mucho que lo siente.
- Informar a la familia a dónde puede llamar si tiene preguntas más tarde.
- Proporcionar instrucciones y referencias por escrito.

NO se recomienda

- Decir "sé cómo se sienten".
- Decir "tienen otros hijos" o "pueden tener otros hijos".
- Intentar responder a la pregunta "¿por qué sucedió esto?"
- Intentar decir a la familia que se sentirá mejor con el tiempo.

CUADRO 31-8 Preguntas comunes después de la muerte de un niño

P ¿Sufrió dolor?

R Esto con frecuencia puede responderse con un simple "No". Si no está seguro, puede dar una respuesta indirecta como: "en realidad no sabemos qué sienten los pacientes en estas circunstancias".

P ¿De qué murió?

R No responda esta pregunta, es probable que sólo esté especulando sobre este punto.

P ¿Por qué sucedió esto?

R No trate de contestar tampoco a esto, ya que la respuesta depende de la filosofía individual o de la religión de cada uno. "Me gustaría tener la respuesta para esto" por lo general es la respuesta más apropiada

P ¿Qué pasará ahora?

R Esta pregunta por lo general se refiere a los siguientes minutos de la próxima hora. Si lo sabe, deberá darle a la familia una idea general de lo que sucederá. Por ejemplo, si no hay historial de la enfermedad, puede decir: "se hará un examen médico y luego [el nombre del niño] será llevado al servicio médico forense".

---

su pesar en maneras que pueden diferir de sus propias prácticas culturales, religiosas y personales. Proporcione apoyo en todas las formas posibles.

Muchas veces, los miembros de la familia harán preguntas específicas sobre el suceso: ¿por qué sucedió esto? ¿Cómo sucedió esto? Infórmeles que atenderá sus preocupaciones, pero que las respuestas no estarán disponibles de inmediato (Cuadro 31-8). Use siempre el nombre del lactante cuando hable con los miembros de la familia. Si es posible, permita que la familia pase tiempo con el bebé y que viaje en la ambulancia hasta el hospital.

Evaluación de la escena

Inspeccione con cuidado el entorno, siguiendo los protocolos locales y observe las condiciones de la escena donde los tutores encontraron al bebé. Su evaluación de la escena deberá concentrarse en lo siguiente:

- Signos de enfermedad, incluidos medicamentos, humidificadores o termómetros.
- La condición general de la casa. (Anote cualquier signo de mala higiene.)
- Interacción familiar. No se permita emitir juicios acerca de las interacciones familiares en este momento. Observe e informe sobre cualquier conducta que claramente no esté dentro de lo aceptable, como abuso físico o verbal.

Tips para el TUM-B

La mayoría de los padres de niños que mueren de repente presentarán respuestas emocionales extremadamente fuertes durante largo tiempo después del fallecimiento. Los servicios de terapia y apoyo comienzan con sus atenciones, incluida la referencia inmediata a servicios de mayor duración. Por lo general podrá hacer esta referencia a través del personal de servicios sociales en un hospital con el cual colabore, algo que debe saber con anticipación. Muchas comunidades también cuentan con grupos de apoyo para familias que pierden niños, incluidas muertes ocasionadas por SMSI. Asegúrese de que los padres estén conscientes de los servicios disponibles, ofrezca ponerlos en contacto mientras se encuentra allí, deje la información pertinente por escrito para que la utilicen después aunque les haya ayudado ya a comunicarse.

- El sitio donde se descubrió al lactante. Anote todos los objetos que hay en la cuna o cama del bebé, entre ellos almohadas, animales de peluche, juguetes y objetos pequeños.

La muerte de un niño es difícil para todos los implicados: padres, parientes, amistades y profesionales del cuidado de la salud. Deberá hacer arreglos para desahogarse de manera adecuada después de que termine su participación en el caso. Esto puede ser mediante una sesión con un terapeuta certificado o una discusión en grupo con sus colegas o con todo el equipo de cuidado de la salud.

Suceso aparentemente mortal

Cuando las familias encuentran a sus bebés sin respiración, cianóticos o sin responder, éstos en ocasiones recuperan la respiración y el color con estimulación. Estos niños presentan lo que se denomina <u>suceso aparentemente mortal (SAM)</u>, llamado "casi SMSI" en el pasado. Además de cianosis y apnea, un SAM clásico se caracteriza por un cambio distintivo en el tono muscular (flacidez) y ahogamiento o arqueadas. Después del evento, el niño puede parecer sano y no mostrar signo alguno de enfermedad o dificultad. No obstante, deberá completar una evaluación cuidadosa y proporcionar transporte inmediato a la sala de urgencias.

Preste atención estrecha al manejo de la vía aérea. Evalúe el historial del lactante y, si es posible, del entorno. Permita a los tutores viajar en la ambulancia. Si le preguntan, explique que no puede decir la causa del evento y que eso es algo que los doctores tendrán que determinar en el hospital.

Muerte de un niño

Lo mismo que con el SMSI, la muerte de un niño por cualquier causa presenta retos especiales para el personal de SMU. Además de cualquier tratamiento médico que el niño pueda requerir, deberá estar preparado para ofrecer a la familia un alto nivel de apoyo y comprensión a medida que inicie el proceso de duelo. Primero, es posible que la familia desee que inicie los esfuerzos de reanimación, lo cual puede estar o no en conflicto con sus protocolos de SMU. Si es evidente que el niño falleció y, bajo el protocolo, puede declararse muerto en el campo, pero la familia está tan afligida que insiste en que se realicen los esfuerzos de reanimación, inicie la RCP y transporte al niño.

El alcance de su interacción con la familia dependerá, hasta cierto grado del número de proveedores disponibles en la escena. Preséntese siempre a los tutores del niño y pregunte la fecha de nacimiento de éste y su historial médico. Cuando se tome la decisión de iniciar o suspender los esfuerzos de reanimación, informe a la familia de inmediato. Encuentre un sitio para que los familiares puedan observar desde ahí los esfuerzos de reanimación sin que interfieran en sus actividades. En ningún caso especule sobre las causas de la muerte del niño. La familia deseará ver a este último y deberá preguntarles si desean abrazar

Situación de urgencia — Parte 5

Durante su examen físico detallado encuentra que el abdomen de su paciente está rígido y sensible y también se siente caliente al tacto. Aunque el paciente está consciente y responde, muestra signos de estado mental alterado. Dado el cambio en su paciente, se comunica de nuevo a la central y obtiene un TEA (tiempo estimado de arribo) actualizado para la unidad SVA. La central le notifica que el SVA aún tardará cerca de 5 min.

10. ¿Qué indican los signos y síntomas del paciente?
11. ¿Cuáles son sus opciones de tratamiento?

al pequeño y decirle adiós. Es posible que los padres presenten sentimientos fuertes de negación.

Las siguientes intervenciones son útiles en la atención de la familia en este momento:

- Aprenda y utilice el nombre del niño en lugar de emplear el impersonal "su hijo".
- Hable a los miembros de la familia al nivel de los ojos, manteniendo buen contacto visual con ellos.
- Emplee la palabra "muerto" o "moribundo" cuando informe a la familia del fallecimiento del niño; los eufemismos como "se fue" o "nos dejó" no son efectivos.
- Reconozca los sentimientos de la familia ("sé que esto es devastador para ustedes"), pero nunca diga "sé cómo se sienten", aun cuando haya sufrido un suceso semejante; esta declaración enfurece a muchas personas.
- Ofrézcase a llamar a otros miembros de la familia o del clero si la familia lo desea.
- Procure que sus instrucciones sean cortas, simples y básicas. El dolor emocional puede limitar su capacidad para procesar información.
- Pregunte a cada miembro adulto de la familia por separado si desea abrazar al niño.
- Envuelva al niño muerto en una cobija, como lo haría si estuviera vivo, y permanezca con la familia mientras abrazan al niño. Pídales que no retiren los tubos u otro equipo que haya utilizado en el intento de reanimación.

Recuerde que cada persona y cada cultura expresa su pena de diferente manera, algunas de modo más visible que otras. Algunos necesitarán intervención, otros no. La mayoría de los tutores se sienten responsables en forma directa o indirecta de la muerte de un niño y pueden expresar esto de inmediato, esto no significa que en realidad sean responsables. Es frecuente que los padres tengan preguntas que debe estar preparado para responder. Aunque debe mantener la posibilidad de abuso o descuido en mente, su papel no es el de un investigador. Cualquier averiguación adicional es responsabilidad de la policía.

Algunos sistemas de SMU hacen arreglos para realizar visitas domésticas después de la muerte de un niño, de modo que los proveedores del SMU y los miembros de la familia puedan llegar a un tipo de cierre juntos. Esto también proporciona a la familia la oportunidad de preguntar sobre cualquier duda que haya quedado sobre el suceso. No obstante, requerirá capacitación especial para tales visitas.

De nuevo, enfrentar la muerte de un niño puede ser muy estresante para los profesionales al cuidado de la salud. Es posible que se presenten sentimientos inesperados de dolor y pérdida. Resulta útil tomar un descanso antes de volver al servicio para trabajar con sus sentimientos y hablar sobre el suceso con sus colegas del SMU. Manténgase alerta ante los signos de estrés postraumático en sí mismo y en otros: pesadillas, inquietud, dificultad para dormir, falta de apetito o necesidad constante de alimento, etcétera. Considere la necesidad de recibir ayuda profesional si estos signos y síntomas continúan. Todos los programas de SMU deben contar con protocolos para el manejo de estrés por incidentes críticos.

Aunque es posible que considere que la muerte de un niño es un fracaso, su capacidad para enfrentar este tipo de suceso emocional puede ser un gran consuelo para la familia, ayudarles a aceptar su pérdida y comenzar el largo proceso de duelo.

Lactantes y niños con necesidades especiales

Los métodos de cuidado de la salud en nuestra sociedad aún se concentran en disminuir la duración de la hospitalización y la tecnología sigue mejorando. Como resultado de estos dos factores, el número de lactantes y niños con enfermedades crónicas que viven en casa o en otros medios fuera del hospital continúa en aumento. Deberá familiarizarse con algunas de las necesidades especiales creadas por estas enfermedades y afecciones crónicas, en particular porque se relacionan con la posible necesidad de atención médica de urgencia.

Algunos ejemplos de lactantes y niños con necesidades especiales incluyen los siguientes:

- Niños de nacimiento prematuro que tienen problemas pulmonares asociados a esto
- Niños o lactantes pequeños con enfermedad cardiaca congénita
- Niños con enfermedad neurológica (en ocasiones causada por hipoxemia al momento de nacer, como en la parálisis cerebral)

Tips para el TUM-B

Cuando el TUM-B termina su capacitación inicial y comienza a trabajar en el campo, es común que sienta una fuerte necesidad de conocimientos adicionales sobre los pacientes con necesidades especiales y el equipo especializado que describe esta sección. Sea agresivo durante la capacitación en la búsqueda de oportunidades para aprender los detalles de estos temas especiales. Con el tiempo, la experiencia será una de sus maestras principales.

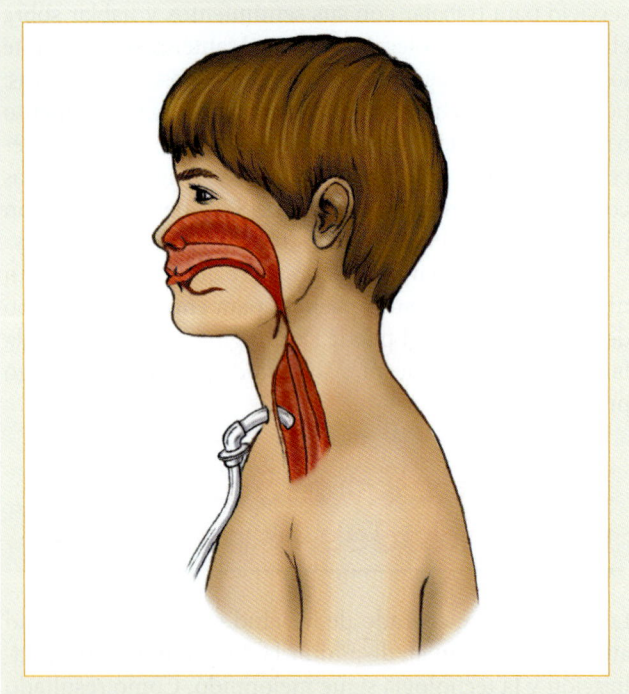

Figura 31-17 Algunos niños necesitan un tubo de traqueostomía para respirar.

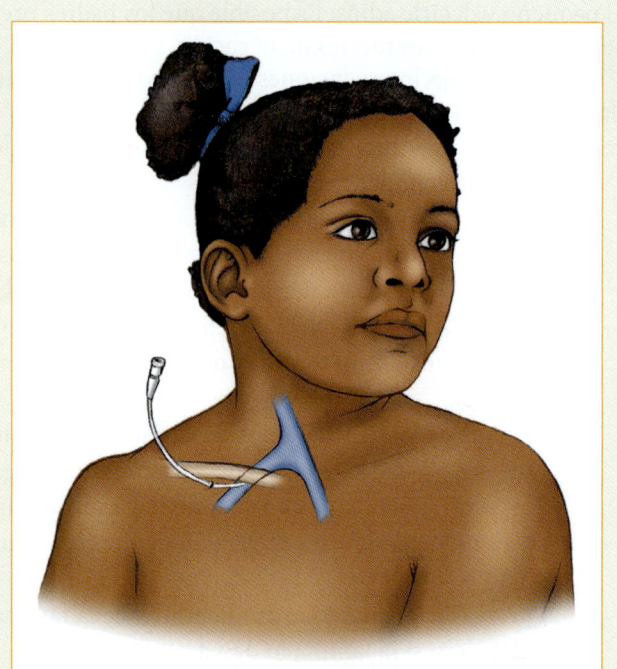

Figura 31-18 Los niños que requieren administración frecuente de medicamentos IV pueden contar con un dispositivo de línea central.

- Niños con enfermedades congénitas o adquiridas que resultan de la alteración de las funciones corporales, como respirar, comer, orinar o el funcionamiento intestinal

El padre o tutor de un niño con necesidades especiales será una parte importante de su evaluación. El TUM-B debe determinar primero el estado inicial normal del niño antes de poder hacer una evaluación de la condición actual. Con frecuencia es útil preguntar "¿qué es diferente hoy?". Estos padres o tutores con frecuencia conocen el historial y la condición del niño mejor de lo que podrían hacerlo algunos proveedores de cuidados de la salud con experiencia.

En ocasiones, estos niños viven en sus hogares, pero dependen de ventiladores artificiales u otros dispositivos para conservar la vida. Deberá evaluar y atender a estos niños de la misma manera en que lo hace para todos los demás pacientes. Su concentración en los ABC se mantiene como prioridad.

Tubos de traqueostomía

Los niños que dependen de ventiladores artificiales domésticos o aquellos que padecen enfermedades pulmonares crónicas pueden respirar a través de un tubo de traqueostomía (Figura 31-17). Un <u>tubo de traqueostomía</u> es aquel que se coloca en el cuello y pasa directamente a la vía aérea inferior. Dado que este tubo no pasa por nariz ni boca, el cuerpo puede acumular secreciones dentro o alrededor del tubo, por lo cual éste tiene tendencia a obstruirse con tapones mucosos o cuerpos extraños. Puede haber sangrado o fugas de aire en torno al tubo, lo cual sucede con frecuencia con las traqueostomías nuevas, y el tubo puede aflojarse o zafarse. En ocasiones, la abertura alrededor del tubo puede infectarse. Los cuidados para un paciente con tubo de traqueostomía incluye mantener abierta la vía aérea. Esto puede incluir succión del tubo si es necesario para eliminar el tapón mucoso, mantener al paciente en una posición cómoda y proporcionar transporte al hospital. Pida apoyo al SVA.

Respiradores artificiales

Los niños conectados a un respirador en casa no pueden respirar sin éste. Si el respirador falla, retire al niño del aparato e inicie las ventilaciones con un dispositivo de BVM. Para hacerlo, retire la mascarilla del dispositivo BVM y conecte directamente la bolsa y válvula al tubo de traqueostomía, esto le permitirá ventilar a través de dicho tubo.

Los niños conectados a respiradores artificiales domésticos requerirán respiración artificial durante todo el transporte. La respiración artificial se proporciona a través del tubo de traqueostomía. Recuerde que los tutores del paciente sabrán cómo funciona el respirador y le resultarán de gran ayuda para conectar el dispositivo BVM al tubo durante la preparación para el transporte.

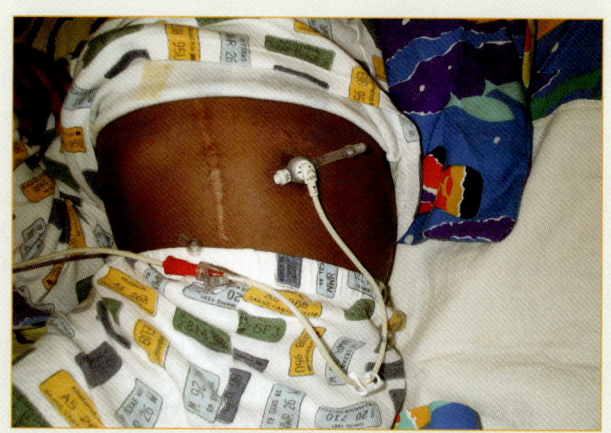

Figura 31-19 Los tubos de gastrostomía se colocan a través de la piel y directamente en el interior del estómago en niños que no pueden alimentarse por la boca.

Líneas IV centrales

Los niños con padecimientos médicos crónicos como trastornos gastrointestinales que requieren alimentación intravenosa prolongada o aquellos con infecciones que requieren administración prolongada de antibióticos IV presentarán catéteres IV internos colocados cerca del corazón para su uso a largo plazo. Estos catéteres pueden estar en el pecho o en el brazo (Figura 31-18). Los problemas asociados con estos dispositivos pueden incluir rompimiento de la línea, infecciones en torno a ella, taponamiento del tubo y sangrado alrededor de la línea o por el tubo unido a ésta. Si hay sangrado, deberá aplicar presión directa al tubo y proporcionar transporte al hospital.

Tubos de gastrostomía

Los tubos de gastrostomía en ocasiones denominados tubos-G, son sondas que se colocan a través de la pared del abdomen y se introducen directamente en el estómago para alimentar a los niños que no pueden hacerlo por la boca (Figura 31-19). Dado que el alimento se bombea hacia el estómago, éste puede regresar por el esófafo y hacia los pulmones. Los problemas respiratorios en estos niños pueden complicarse con la aspiración del contenido del tubo hacia los pulmones. Siempre deberá tener la succión disponible de inmediato para limpiar cualquier material de la boca y prevenir problemas en la vía aérea. Los pacientes con tubos de gastrostomía que presenten dificultades para respirar deberán transportarse ya sea sentados o recostados sobre su lado derecho con la cabeza elevada para evitar que el contenido del estómago pase a los pulmones. Proporcione oxígeno suplementario si el paciente tiene dificultades para respirar. Los niños con diabetes que reciben insulina y alimentación por sonda pueden sufrir hipoglucemia con rapidez si se suspende la alimentación por el tubo. Manténgase alerta respecto al estado mental.

Derivaciones

Algunos niños con padecimientos neurológicos crónicos pueden contar con dispositivos de derivación. Las derivaciones son tubos que se extienden desde el cerebro hasta el abdomen para drenar el exceso de líquido cefalorraquídeo que puede acumularse cerca del cerebro. Estas derivaciones evitan que se acumule le presión en la cabeza. Si la derivación se tapa debido a una infección, pueden ocurrir cambios en el estado mental y paro respiratorio. La atención médica de emergencia incluye manejo de vía aérea y ventilación artificial durante el transporte. Durante la evaluación, es probable que sienta el dispositivo en un lado de la cabeza, detrás de la oreja, debajo de la piel. Este dispositivo es un reservorio de líquido y su presencia deberá alertarlo sobre la posibilidad de que el niño tenga una derivación subyacente. Si esta última funciona mal, el niño puede presentar predisposición a paro respiratorio.

Situación de urgencia — Resumen

Es importante que tome en consideración la edad y talla de su paciente, las diferencias anatómicas entre niños y adultos, y las posibles diferencias en su patrones de lesión. Crea en su índice de sospecha y trate para la peor condición posible. Siempre es mejor hacer más que no hacer lo suficiente para un paciente. Cuando maneje a un paciente pediátrico, tenga en mente que los cuerpos de los niños tienden a compensar por más tiempo que un adulto, pero que se descompensan con mucha mayor rapidez, con poca o ninguna advertencia anticipada. Siempre considere la posibilidad de choque y trate de acuerdo con ello.

Resumen

Listo para repaso

- Los niños no sólo son más pequeños y más vulnerables que los adultos, también son diferentes a los adultos en ciertos aspectos importantes anatómicos, fisiológicos y psicológicos.

- Debe comprender estas diferencias para proporcionar la mejor atención posible para niños lesionados o enfermos.

- La anatomía de los niños contribuye a ciertos retos especiales.

- La lengua es grande con relación a otras estructuras, así que implica un mayor riesgo en la obstrucción de vía aérea que en un adulto.

- El tamaño y la forma de la cabeza también hacen que el posicionamiento de la vía aérea sea una tarea especializada en niños. Recién nacidos y lactantes presentan frecuencias respiratorias elevadas y respiran principalmente con su abdomen.

- La vasoconstricción en la piel y el aumento de la frecuencia cardiaca son el medio principal para compensar la reducción de perfusión en órganos vitales.

- La vía aérea en un niño posee un diámetro menor que la de un adulto y por tanto se obstruye con mayor facilidad.

- Dado que el diafragma es el músculo principal para la respiración en niños y lactantes, la distensión gástrica puede crear dificultades respiratorias.

- Hay cinco etapas de desarrollo en la niñez: lactancia, de uno a tres años, etapa preescolar, escolar y adolescencia.

- Las reglas generales para tratar a niños de todas las edades incluyen presentar confianza, ser honesto y mantener a los tutores junto con el paciente el mayor tiempo posible.

- Debe recordar que los huesos de los niños son más flexibles y se doblan más con las lesiones y que los extremos de los huesos largos, donde ocurre el crecimiento, son débiles y pueden lastimarse con mayor facilidad.

- Los órganos internos de los niños no están aislados con grasa y pueden lastimarse más gravemente; además, los niños tienen menos sangre circulante, de modo que aunque los niños tardan más en presentar los signos de choque, entran en él con mayor rapidez, con menor pérdida sanguínea.

- Los niños no siempre son tan precavidos como los adultos y tienden a presentar más accidentes por envenenamiento, clavados en agua y uso de la bicicleta.

- La causa más común de deshidratación en niños es el vómito y la diarrea. La diarrea fatal puede desarrollarse en unas horas en los lactantes.

- Una convulsión es el resultado de la actividad eléctrica desorganizada en el cerebro.

- Las convulsiones febriles pueden ser signo de un problema más serio, como la meningitis.

- Una víctima del síndrome de muerte súbita infantil (SMSI) se verá pálida o azul, no respirará ni responderá. Puede mostrar signos de cambios *post mortem*, incluido el rigor mortis y la lividez dependiente; si es así, llame a dirección médica para informar sobre la situación.

- Si los miembros de la familia insisten o es obligatorio en el protocolo, deberá iniciar la RCP y transportar al lactante junto con la familia al departamento de urgencias, donde la familia podrá recibir apoyo más extenso. Si el niño no presenta evidencia alguna de cambios *post mortem*, inicie la RCP de inmediato.

- Inspeccione con cuidado el medio donde encontró a la víctima de SMSI en busca de signos de enfermedad, interacciones familiares abusivas y objetos en la cuna del bebé.

- Proporcione apoyo a la familia de cualquier manera que pueda, pero no haga declaraciones que impliquen juicios. Permítales pasar un tiempo con el niño y acompañarlo en la ambulancia hasta el hospital.

- La muerte de cualquier niño es estresante para los miembros de la familia y para los proveedores de cuidados de la salud. Al tratar a la familia, reconozca sus sentimientos, mantenga las instrucciones cortas y simples, emplee el nombre del niño y mantenga el contacto visual.

- Prepárese para responder a las preguntas filosóficas lo mismo que médicas, en la mayoría de los casos al demostrar interés y comprensión; no sea específico acerca de las causas de la muerte.

- Manténgase alerta en busca de signos de estrés postraumático en sí mismo y otros después de enfrentar la muerte de un niño. Puede ayudarle hablar acerca del suceso y de sus sentimientos con sus colegas del SMU.

- El número de niños que viven en casa y padecen enfermedades crónicas que tienen necesidades especiales va en aumento.

- Estos pacientes pondrán a prueba su conocimiento sobre equipo y procedimientos de cuidado especiales, sus capacidades para obtener un historial pertinente de la familia y los tutores, y su habilidad para detectar poblemas urgentes aunque no esté completamente familiarizado con los detalles técnicos implicados. Aprender todo lo posible de cada situación especial le ayudará a prepararse para respuestas semejantes en el futuro.

Resumen continuación...

Vocabulario vital

abuso infantil Acción inadecuada o impropia que lesiona o daña de cualquier manera a un niño o lactante; incluye descuido y abuso físico, sexual y emocional.

adolescentes Niños y niñas de 12 a 18 años de edad.

convulsiones febriles Ataque convulsivo relacionado con fiebre.

convulsión tónica-clónica generalizada Convulsión que presenta movimiento rítmico de atrás hacia delante de una extremidad y rigidez corporal.

derivaciones Tubos que desvían el líquido cefalorraquídeo excesivo desde el cerebro al abdomen.

deshidratación Estado en el cual las pérdidas de líquido son mayores que la ingesta de éste en el cuerpo, lo cual conduce a choque y muerte si no se trata.

edad escolar Niños entre seis y 12 años de edad.

edad preescolar Niños entre tres y seis años de edad.

hipoventilación Volumen instantáneo reducido, ya sea por disminución de la frecuencia y/o de la profundidad de la respiración.

infante Periodo siguiente a la lactancia hasta los tres años de edad.

lactancia El primer año de vida.

lividez dependiente Acumulación de la sangre en las partes inferiores del cuerpo después de la muerte.

meningitis Inflamación de las meninges que cubren médula espinal y cerebro.

Neisseria meningitidis Forma de meningitis bacteriana caracterizada por el rápido inicio de los síntomas, que con frecuencia conduce a choque y muerte.

neonatal El primer mes después del nacimiento.

occipucio Parte posterior de la cabeza.

pantalón neumático antichoque (PNA) Dispositivo inflable que cubre piernas y abdomen; se usa como cabestrillo para las extremidades inferiores o pelvis, o para controlar el sangrado en piernas, pelvis o cavidad abdominal.

pediatría Práctica médica especializada dedicada al cuidado de los menores.

rigor mortis Cuando el cuerpo se atiesa después de morir.

síndrome de muerte súbita infantil (SMSI) Muerte de un lactante o niño pequeño que permanece inexplicable después de una autopsia completa.

síndrome del bebé sacudido Sangrado dentro de la cabeza y daño en la médula cervical de un lactante al cual sacudieron de manera intencional y con fuerza; una forma de abuso infantil.

suceso aparentemente mortal (SAM) Un evento que ocasiona ausencia de respuesta, cianosis y apnea en un lactante, quien a continuación vuelve a respirar al ser estimulado.

tubo de gastrostomía Tubo de alimentación colocado directamente a través de la pared del abdomen; se utiliza en pacientes que no pueden ingerir líquidos ni sólidos.

tubo de traqueostomía Tubo que se inserta en la tráquea en niños que no pueden respirar por sí solos; pasa a través del cuello directamente hasta la vía aérea principales.

Qué evaluar

Lo envían para ayudar a los bomberos en la escena de un incendio. A su llegada, tres niños pequeños acaban de ser rescatados del edificio en llamas. Un lactante obviamente está muerto. Los otros dos niños presentan quemaduras graves y lloran a gritos. Al comenzar a atender a los niños, alcanza a escuchar que los dejaron solos en casa durante dos días, el fuego parece haber resultado de que la mayor, que tiene ocho años, intentó cocinar en la estufa para sí misma y sus dos hermanos.

¿Qué papel juega el estrés en este cuadro? ¿Cómo puede manejar el estrés relacionado con llamadas que implican niños?

Temas: Llamadas relacionadas con abuso y descuido o abandono infantil; Comprensión de las emociones personales cuando atiende a niños enfermos.

Autoevaluación

Lo envían al 1212 de la calle León para atender un problema médico desconocido. En camino a la escena, el radio operador le informa que la llamada de urgencia la realizó la madre de una niña pequeña. La madre estaba tan histérica que la operadora apenas pudo hacer algo más que confirmar la localización antes de que la mujer colgara el teléfono. Como precaución, la policía también fue enviada a la escena.

Cuando llega, una mujer joven corre hacia la ambulancia con lo que parece ser un bulto de cobijas. Cuando baja del vehículo, la madre le entrega el paquete de cobijas en sus brazos. Ahora puede ver a una niña de aproximadamente un año de edad envuelta en las cobijas. Mientras lleva a la bebé a la parte de atrás de la ambulancia, la madre le dice que ésta tuvo fiebre todo el día y que luego comenzó a sacudirse con todo el cuerpo. La madre también le dice que la bebé nunca había tenido problemas médicos importantes.

1. ¿Cuál puede ser la probable causa del sacudimiento de la bebé?
   - A. Hipoventilación
   - B. Deshidratación
   - C. Neumonía
   - D. Convulsión febril

2. En este escenario, la presencia de una erupción podría indicar:
   - A. una reacción alérgica.
   - B. ingestión de un fármaco.
   - C. deshidratación.
   - D. meningitis.

3. Las cabezas de los niños, en proporción con sus cuerpos, son:
   - A. más pequeñas que la de un adulto.
   - B. más grandes que las de un adulto.
   - C. iguales a las de un adulto.
   - D. más oblongas que las de un adulto.

4. Comparada con la vía aérea de un adulto, la tráquea de un lactante es:
   - A. de menor diámetro y más flexible.
   - B. de mayor diámetro y más flexible.
   - C. más pequeña en diámetro y menos flexible.
   - D. de mayor diámetro y menos flexible.

5. Las frecuencias respiratorias normales para los lactantes son:
   - A. 12 a 20 respiraciones/min.
   - B. 24 a 40 respiraciones/min.
   - C. 30 a 60 respiraciones/min.
   - D. 40 a 60 respiraciones/min.

6. El intervalo de frecuencia cardiaca normal para los lactantes es:
   - A. 60 a 100 latidos/min.
   - B. 70 a 120 latidos/min.
   - C. 90 a 150 latidos/min.
   - D. 100 a 160 latidos/min.

Preguntas desafiantes

7. ¿Por qué los niños pueden compensar la pérdida de sangre con tanta eficacia?

8. ¿Cómo debe manejar a los padres durante su tratamiento de los niños enfermos o lesionados?

9. ¿Por qué las llamadas relacionadas con niños pueden ser tan difíciles en el aspecto emocional para los rescatistas?

10. ¿Debe iniciar la RCP en un lactante que presenta claros signos de fallecimiento, como rigor mortis y lividez dependiente?

Evaluación y manejo pediátricos

Objetivos

Cognitivos

6-1.4 Indicar las diversas causas de las emergencias respiratorias. (p. 965)

6-1.5 Diferenciar entre la dificultad y la insuficiencia respiratorias. (p. 975)

6-1.6 Señalar los pasos en el manejo de una obstrucción de la vía aérea con un cuerpo extraño. (p. 959)

6-1.7 Resumir las estrategias médicas de emergencia para la insuficiencia y la dificultad respiratorias. (p. 976)

6-1.8 Identificar los signos y síntomas de choque (hipoperfusión) en el paciente lactante y niño. (p. 977)

6-1.9 Describir los métodos para determinar la perfusión en órganos del paciente lactante y niño. (p. 946)

6-1.10 Señalar la causa habitual de paro cardiaco en lactantes y niños respecto a los adultos. (p. 970)

6-1.12 Describir el manejo de las convulsiones en el paciente lactante y niño. (p. 978)

6-1.14 Discutir el manejo en el campo del paciente de trauma lactante y niño. (p. 971)

Afectivos
Ninguno

Psicomotor

6-1.21 Demostrar las técnicas de eliminación de cuerpos extraños de la vía aérea en el lactante. (p. 962)

6-1.22 Demostrar las técnicas de eliminación de cuerpos extraños de la vía aérea en el niño. (p. 959)

6-1.23 Demostrar la evaluación del lactante y el niño. (p. 943)

6-1.24 Demostrar las ventilaciones artificiales con dispositivo de bolsa-válvula-mascarilla para el lactante. (p. 956)

6-1.25 Demostrar las ventilaciones artificiales con dispositivo de bolsa-válvula-mascarilla en niños. (p. 956)

6-1.26 Demostrar la administración de oxígeno en lactantes y niños. (p. 954)

Objetivos adicionales*

Cognitivos

1. Describir los pasos de posicionamiento de un lactante y/o un niño para mantener una vía aérea abierta. (p. 950)

2. Resumir los procedimientos de reanimación neonatal. (p. 963)

Afectivos
Ninguno

Psicomotores

3. Demostrar las técnicas necesarias en la reanimación neonatal. (p. 963)

*Estos son objetivos no curriculares.

32

Evaluación y manejo pediátricos

Situación de urgencia

Está almorzando junto con su compañero en el restaurante Casa Molinas cuando escucha a alguien que tose detrás de usted. Voltea y ve a una niña pequeña parada junto a su silla con la mano sobre la boca, que tose y cuya cara se va poniendo roja. Su madre grita: "Julieta, ¿estás bien?, ¿estás bien?" mientras golpea con energía la espalda de la niña.

1. ¿Qué debe hacer?
2. ¿Puede proporcionar tratamiento a esta niña?

Evaluación y manejo pediátricos

Hay muchas causas para las emergencias en lactantes y niños. Aunque es posibles que no sea capaz de identificar la causa exacta, debe ser capaz de intervenir de modo apropiado. Enfrentará algunos retos especiales al cuidar a un niño enfermo y lesionado. Lo primero y más importante es la capacidad de evaluar las necesidades de lactantes y niños. Otros retos incluirán el manejo de la vía aérea del niño, las ventilaciones y la atención de las lesiones.

Este capítulo examina la importancia de la evaluación y el establecimiento de prioridades cuando trate niños. A esto le sigue la discusión del procedimiento para abrir y mantener la vía aérea en lactantes y niños, incluida la colocación de adjuntos para vía aérea y el uso de dispositivos de administración de oxígeno, incluido el dispositivo de bolsa-válvula-mascarilla (BVM). Las causas y manejo de la obstrucción de la vía aérea debida a objetos extraños se explican a continuación. Después se describe el manejo de niños con traumatismo, convulsiones, nivel alterado de conciencia, envenenamiento, meningitis, choque y deshidratación, se proporciona una breve revisión de la reanimación neonatal.

Los TUM-B que mantienen la calma cuando atienden adultos, con frecuencia se encuentran con que sufren ansiedad cuando tratan lactantes o niños con enfermedades o lesiones. No obstante, el tratamiento de los niños es el mismo que el de los adultos en la mayoría de las situaciones. Una vez que se comprenden las diferencias anatómicas entre niños y adultos, y se aprende a reconocer los signos de dificultad respiratoria en niños, resulta mucho más fácil atender incluso al más joven de los pacientes de una manera profesional y relajada.

Dado que un niño pequeño puede no ser capaz de hablar, su evaluación de su condición debe basarse en gran medida en lo que vea y escuche por sí mismo. Asimismo, las familias pueden ser de gran ayuda al proporcionarle información vital acerca del accidente o la enfermedad. Deberá incluir a las familias como parte del equipo de atención y, siempre que sea posible, permitir que participen en todas las decisiones acerca de los cuidados y el transporte.

Evaluación de la escena

Lo mismo que con cualquier llamada de SMU, la evaluación de la escena comienza por asegurarse de que tanto usted como su compañero tomaron las precauciones de ASC apropiadas. Tan pronto como llegue a la escena, determine si no existen riesgos ni amenazas potenciales para usted o su compañero. Resistan la tentación de llegar a toda prisa junto al paciente porque saben que es un niño. La seguridad personal debe ser siempre su prioridad.

Al entrar en la escena, note la posición en que encontró al pequeño. Observe el área en busca de indicios del mecanismo de la lesión (ML) o naturaleza de la enfermedad (NE), estas observaciones le ayudarán a guiar sus prioridades de evaluación y manejo.

Determine si están presentes pastillas, frascos de medicina o sustancias químicas domésticas que podrían sugerir la posibilidad de que el niño las ingirió. Si el niño presenta lesiones —por colisión de vehículo motorizado, caída o incidente peatonal— observe con cuidado la escena o el vehículo (si hay uno implicado) en busca de indicios de la posible gravedad de las lesiones del niño.

No debe descartar la posibilidad de abuso infantil. La información conflictiva de los padres o cuidadores, moretones u otras lesiones que no concuerdan con el ML descrito o lesiones que no concuerdan con la edad del niño ni sus capacidades de desarrollo deben incrementar su nivel de sospecha respecto al abuso.

Evaluación inicial

Muchos componentes de la evaluación pediátrica inicial pueden obtenerse por simple obervación en el momento de su entrada en la escena o la habitación. Lo mismo que con el adulto, el objetivo de la evaluación inicial es identificar y tratar las amenazas inmediatas o potenciales para la vida.

Impresión general

La evaluación inicial comienza al formar una impresión general de la condición del niño y del medio en que se encuentra. Determinar la queja principal, que con frecuencia se expresa como lo que más preocupa al padre, puede concentrar su atención en problemas que amenazan la vida. Tome nota, también, del grado de interacción entre el padre o cuidador y el niño, pregúnteles si el niño está actuando de manera normal. Determine si el niño reconoce al padre o cuidador, ya que si no lo hace es un mal signo e indica a un niño muy enfermo.

Triángulo de evaluación pediátrica

El triángulo de evaluación pediátrica (TEP) es una herramienta estructurada de evaluación que le permite formarse una impresión general rápida de la condición del lactante o el niño sin tocarlo. La intención es proporcionar una evaluación "a primera vista" para identificar la categoría general del problema fisiológico del niño y establecer la urgencia del tratamiento y/o del transporte. El TEP es una evaluación visual del niño antes de llevar a cabo una evaluación donde toque al paciente.

El TEP (Figura 32-1 ▼) consta de tres elementos: apariencia (tono muscular y estado mental), trabajo respiratorio y circulación hacia la piel. El único equipo que se requiere para el TEP son sus ojos y oídos; no se requieren estetoscopio, manguito para tensión arterial, monitor cardiaco ni oxímetro de pulso.

> **CUADRO 32-1 La escala AVDI**
>
> **A**lerta: interactividad normal para su edad
> **V**erbal
> - Apropiada: responde a su nombre
> - Inapropiado: inespecífico o confundido
>
> **D**oloroso
> - Apropiado: se retrae ante el dolor
> - Inapropiado: sonido o movimiento sin propósito o localización del dolor
>
> **I**nconsciente: no responde a ningún estímulo

Apariencia

Evaluar la apariencia del niño implica notar el nivel de conciencia o de interactividad y el tono muscular —signos que le indicarán si la perfusión cerebral y la función general del sistema nervioso son adecuadas.

Gran parte de la información acerca del nivel de conciencia de un niño puede obtenerse por medio del TEP. Asimismo, puede evaluar el nivel de conciencia de un niño mediante la escala AVDI modificada según se requiera para la edad del niño (Cuadro 32-1 ▶).

Un lactante o niño con un nivel normal de conciencia actuará de modo apropiado para su edad, presentará buen tono muscular y mantendrá buen contacto visual (Figura 32-2 ▶). Un nivel anormal de conciencia se caracteriza por una conducta o interactividad inadecuadas para la edad, mal tono muscular o mal contacto visual con el cuidador o el TUM-B (Figura 32-3 ▶).

Trabajo respiratorio

El trabajo respiratorio de un niño aumenta a medida que el cuerpo intenta compensar las anormalidades en la oxigenación y ventilación. El incremento del trabajo respiratorio con frecuencia se manifiesta como taquipnea, retracciones de los músculos intercostales o el esternón (Figura 32-4 ▶), o en la posición que toma el niño.

Circulación hacia la piel

Un signo importante de perfusión es la circulación hacia la piel. Cuando falla el bombeo cardiaco, el cuerpo, a través de la vasoconstricción, desvía la sangre de las áreas con

Figura 32-2 Un lactante o niño que hace buen contacto visual no está tan enfermo.

Figura 32-1 Los tres componentes del triángulo de la evaluación pediátrica (TEP) incluyen: apariencia, trabajo respiratorio y circulación hacia la piel.

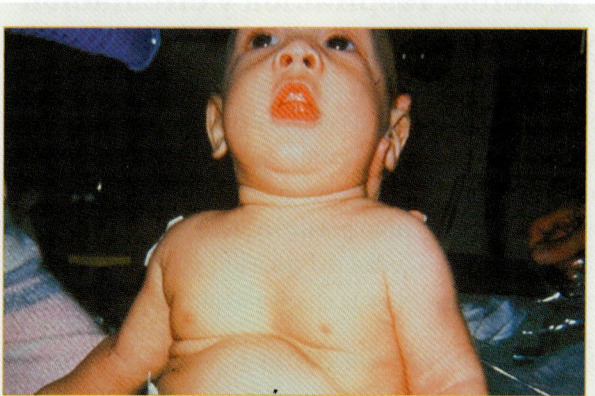

Figura 32-3 Un niño con el cuerpo laxo, incapaz de mantener el contacto visual puede tener enfermedad o lesión críticas.

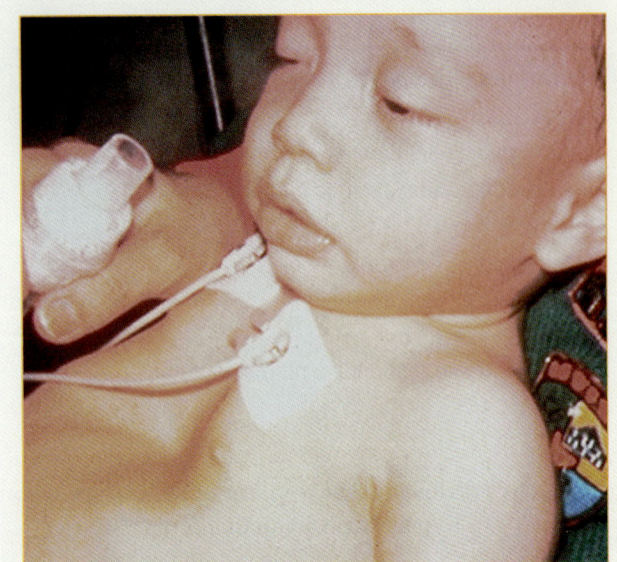

Figura 32-4 Las retracciones de los músculos intercostales o el esternón indican un incremento en el trabajo respiratorio.

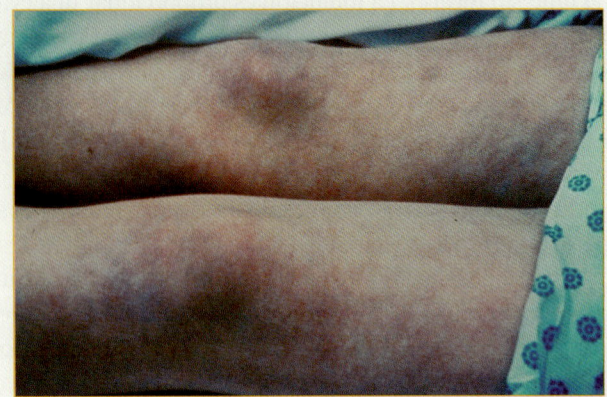

Figura 32-5 El moteado de la piel indica mala perfusión y es el resultado de la constricción de vasos sanguíneos periféricos.

menor necesidad de ella (como la piel) a las áreas de mayor necesidad (como cerebro, corazón y riñones).

La palidez en la piel y las membranas mucosas puede verse en el choque compensado. También puede ser un signo de <u>anemia</u> o hipoxia. El moteado es producto de la constricción de vasos sanguíneos periféricos y es otro signo de mala perfusión (Figura 32-5 ▶).

La <u>cianosis</u>, una coloración azul de la piel y las membranas mucosas, refleja una reducción del nivel de oxígeno en sangre. La cianosis es un signo tardío de falla respiratoria o choque, la ausencia de la coloración, sin embargo, no descarta estas condiciones. ¡Nunca espere a que se desarrolle cianosis antes de administrar oxígeno!

Vía aérea, respiración y circulación

Después de formar su impresión general sobre la condición del niño por medio del TEP, efectúe una evaluación práctica de las funciones vitales del niño —vía aérea, respiración y circulación— y trate cualquier peligro inmediato o potencial para su vida. Como se explicó antes, aunque su evaluación del niño puede requerir cierta modificación sobre la base de la edad del paciente, el flujo general de la evaluación es en esencia el mismo que para los adultos.

Evaluación de la vía aérea

Si la vía aérea del lactante o el niño está abierta y el paciente puede mantenerla así en forma adecuada (como es con frecuencia el caso en los pacientes conscientes), puede proceder con la evaluación respiratoria. No obstante, si el niño no responde o tiene dificultad para mantener la vía aérea libre, deberá asegurarse de que ésta se encuentre en la posición adecuada, y libre de moco, vómito, sangre y cuerpos extraños.

Si descartó el traumatismo, abra la vía aérea con la maniobra de inclinación de cabeza-levantamiento de mentón (Figura 32-6 ▶). Si el niño sufrió un traumatismo o sospecha que éste existe, utilice la maniobra de tracción mandibular para abrir la vía aérea (Figura 32-7 ▶).

El posicionamiento correcto de la vía aérea es crítico en el cuidado pediátrico de emergencia. Coloque la vía aérea en <u>posición de aspiración</u> o neutra lo cual puede requerir la colocación de una sábana o toalla doblada bajo la cabeza o los hombros (Figura 32-8 ▶). Cuando la cabeza se dobla hacia atrás (hiperextendida) o hacia delante (flexionada), la vía aérea puede obstruirse debido a una deformación de la tráquea.

Una vez que se abre la vía aérea del niño, asegúrese de que está libre de posibles obstrucciones como moco, sangre o cuerpos extraños. Luego, establezca si el niño puede mantener su vía aérea de modo espontáneo (sin el uso de adjuntos para vía aérea) o si serán necesarios los adjuntos para mantener abierta la vía aérea. Las técnicas de manejo de la vía aérea se analizan más adelante en este capítulo.

Evaluación respiratoria

Evalúe la respiración del niño usando la técnica de ver, oír y sentir, para determinar el grado de movimiento de aire en nariz y boca, y si el pecho se eleva de modo adecuado. En lactantes, la respiración abdominal se considera adecuada debido a los huesos suaves y flexibles del pecho, y del fuerte y muscular diafragma.

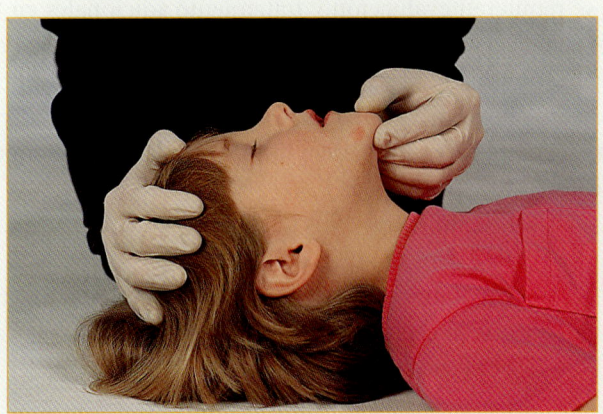

Figura 32-6 Use la maniobra de inclinación de cabeza-levantamiento de mentón para abrir la vía aérea de un niño sin traumatismo.

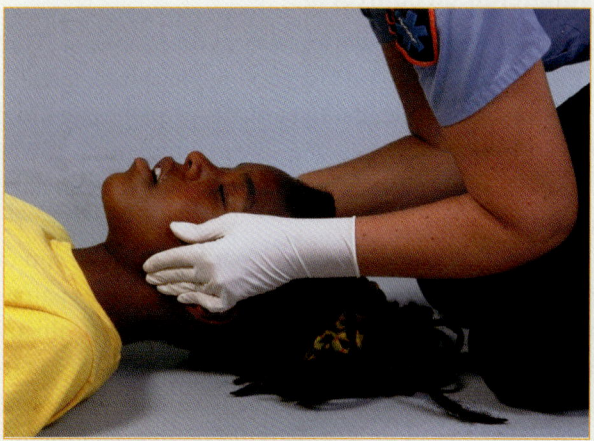

Figura 32-7 Use la maniobra de tracción mandibular en un niño con posible lesión en columna.

Si el niño está consciente y no necesita intervención inmediata (como succión o ventilación asistida), evaluar las respiraciones con frecuencia es más fácil si el niño se sienta en el regazo del cuidador. Escuche con atención en busca de sonidos respiratorios anormales (Cuadro 32-2 ▶) y observe cualquier sonido que indique incremento en el esfuerzo respiratorio.

Cuando observe el esfuerzo respiratorio del niño, tome nota de cualquier signo en el aumento del trabajo respiratorio, entre ellos:

- **Uso de músculos accesorios:** contracciones de los músculos de arriba de las clavículas (supraclaviculares)
- **Retracciones:** tensión hacia atrás de los músculos entre las costillas (retracciones intercostales) o del esternón durante la inspiración
- **Balanceo cefálico:** la cabeza se levanta e inclina hacia atrás durante la inspiración y luego se mueve hacia delante durante la espiración
- **Aleteo nasal:** las narinas (las aberturas externas de la nariz) se ensanchan; por lo general se observa durante la inspiración
- **Taquipnea:** incremento de la frecuencia respiratoria

A medida que el niño comienza a cansarse, es frecuente que las retracciones se vuelvan débiles e ineficaces y los músculos accesorios se vuelvan menos prominentes durante la respiración. La bradipnea, una reducción en la frecuencia respiratoria, es un mal signo e indica el paro respiratorio inminente. No confunda la bradipnea con un signo de mejoría; por lo general indica que la condición del niño se ha deteriorado. Por tanto, debe estar preparado para iniciar la asistencia ventilatoria.

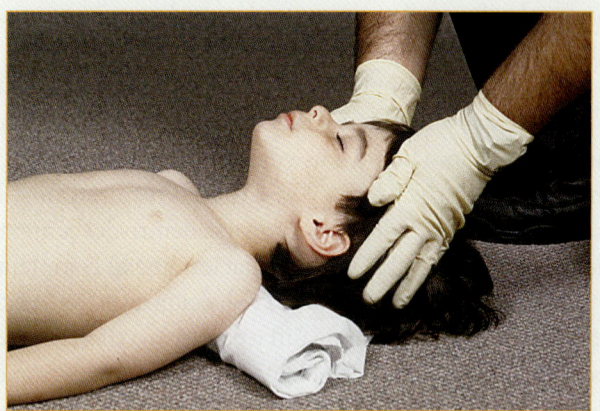

Figura 32-8 La vía aérea debe colocarse en posición neutra para evitar que la tráquea se deforme cuando la cabeza se flexiona o hiperextiende.

CUADRO 32-2 Sonidos respiratorios anormales

- **Estridor:** sonido agudo emitido al inspirar; indica obstrucción en la vía aérea superior (como crup o debido a un cuerpo extraño)
- **Sibilancia:** sonido agudo o grave que se escucha por lo general durante la espiración; indica una obstrucción parcial de vías aéres inferiores (como en asma y bronquitis)
- **Gruñido:** un sonido parecido a "uh" que se escucha durante la exhalación; refleja el intento del niño por mantener los alvéolos abiertos; indica oxigenación inadecuada
- **Sonidos de respiración ausente (a pesar de un aumento en el trabajo respiratorio):** indica una obstrucción completa de la vía aérea superior o inferior (como cuerpos extraños, asma grave o neumotórax)

Evaluación circulatoria

Cuando evalúe la circulación, deberá determinar si el niño tiene pulso, sangra o está en choque. Recuerde, lactantes y niños pueden tolerar sólo pérdidas pequeñas de sangre antes de que ocurra el compromiso circulatorio. Evalúe y controle cualquier sangrado activo en la fase inicial de la evaluación.

Es posible que sea difícil palpar los pulsos si son débiles, muy rápidos o muy lentos. En los lactantes palpe el pulso braquial o el femoral. En niños mayores de un año, palpe el pulso carótideo (Figura 32-9 ▶). Observe la frecuencia y calidad del pulso: ¿Es débil o fuerte? ¿Es normal, lento o rápido? Los **pulsos centrales** fuertes por lo general indican que el niño no está hipotenso; no obstante, esto no descarta la posibilidad de un choque compensado. Los pulsos periféricos débiles o ausentes indican la reducción de la perfusión. La ausencia de un pulso central (esto es braquial o femoral en lactantes, carótideo en niños más grandes) indica la necesidad de RCP.

La taquicardia puede ser un signo inicial de hipoxia o choque, pero también puede reflejar condiciones menos graves como fiebre, ansiedad, dolor y excitación. Lo mismo que la frecuencia y el esfuerzo respiratorios, la frecuencia cardiaca debe interpretarse dentro del contexto del historial general, TEP y evaluación inicial completa.

La tendencia al aumento o la reducción de la frecuencia cardiaca puede ser bastante útil y puede sugerir el empeoramiento de la hipoxia o el choque, o la mejoría después del tratamiento. Cuando la hipoxia o el choque se vuelven críticos, ocurre la **bradicardia**. Lo mismo que con el aumento en la lentitud de las respiraciones, la bradicardia en un niño es un mal signo y con frecuencia indica el paro cardiopulmonar inminente.

Sienta la piel para determinar temperatura y humedad al mismo tiempo que evalúa el pulso de un niño. ¿Está la piel caliente y seca o fría, húmeda y pegajosa? Estime el **tiempo de llenado capilar (TLC)** apretando el extremo de un dedo del pie o de la mano durante varios segundos y observe después el tiempo que tarda en regresar la sangre al área (Figura 32-10 ▶). El color debe regresar en menos de 2 s después de soltar el dedo. El TLC se usa para evaluar la **perfusión de órganos vitales**. Esto es más confiable en niños menores de seis años; no obstante, factores como las bajas temperaturas pueden afectar el TLC.

Decisión de transporte

Después de completar la evaluación inicial y de que haya comenzado cualquier tratamiento, debe tomar una decisión crucial: ¿está indicado el transporte inmediato al hospital o se requieren evaluación y tratamiento adicionales en la escena? Si el niño está en condición estable, puede optar por realizar un historial y examen físico enfocados en el sitio.

Sin embargo, el transporte inmediato está indicado si la escena es insegura para el niño o si existen cualquiera de las condiciones:

- ML significativos, los mismos ML que para adultos (véase capítulo 21), pero además:
  - Cualquier caída desde una altura igual o mayor que la estatura de un niño, en especial si la cabeza cae primero
  - Colisión con la bicicleta

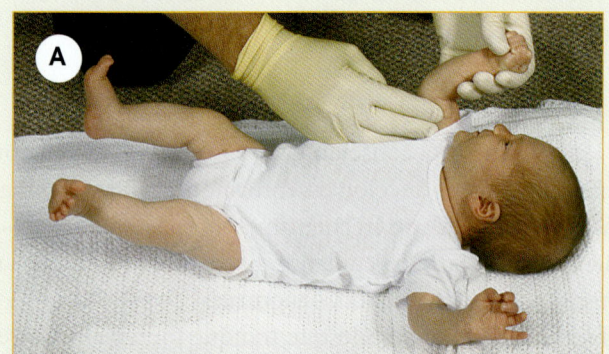
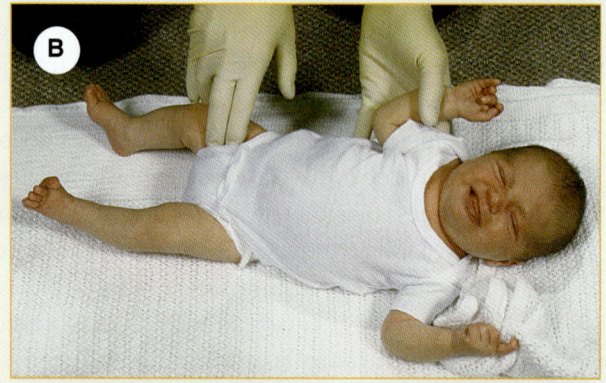
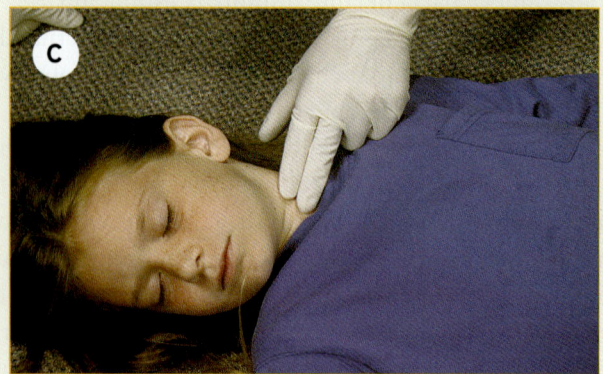

Figura 32-9 A. Palpe el pulso braquial en lactantes. **B.** Palpe el pulso femoral como segunda opción. **C.** En niños mayores de un año, palpe el pulso carótideo.

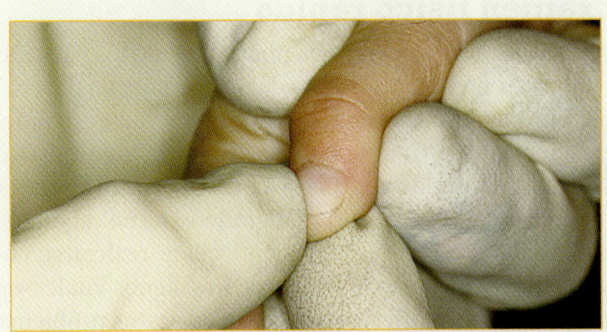

Figura 32-10 Estime el tiempo de llenado capilar apretando el extremo de un dedo de la mano o del pie durante segundos hasta que se blanquee la base de la uña. El color normal debe regresar en 2 s después de soltar el dedo.

- Historial compatible con enfermedad grave
- Anormalidad fisiológica observada durante la evaluación inicial
- Una anormalidad anatómica potencialmente grave
- Dolor significativo
- Nivel de conciencia anormal para el niño, estado mental alterado o cualquier signo y/o síntoma de choque

Además de los factores precedentes, el TUM-B también deberá considerar lo siguiente cuando tome una decisión sobre el transporte:

- El tipo de problema clínico (lesión vs. enfermedad)
- Los beneficios esperados del tratamiento SVA en el campo
- Los protocolos del SMU local sobre tratamientos y transporte
- El nivel de comodidad del TUM-B
- El tiempo de transporte al hospital

Si la condición del niño es urgente, efectúe una evaluación rápida, si se aplica, e inicie el transporte de inmediato. La evaluación y el tratamiento adicionales deben ocurrir camino al hospital.

Si la condición del niño no es urgente, efectúe un historial y examen físico enfocados en la escena, proporcione tratamiento adicional según se requiera y luego transporte.

Transporte

Deberá transportar a los niños que pesen menos de 20 kg en un asiento para auto siempre y cuando la situación lo permita. Hay muchos tipos de asientos disponibles. Deberá elegir uno adecuado para el peso apropiado del niño que cumpla con los estándares establecidos y en vigor. Sólo hay unos cuantos sitios para colocar un asiento para automóvil en una ambulancia. Los asientos están diseñados para tener el frente hacia la parte delantera del vehículo o hacia su parte trasera, no pueden montarse de lado sobre un asiento de banca. Los asientos no deberán montarse en la parte delantera de la ambulancia, en especial si esta última está equipada con bolsas de aire. Para montar un asiento para automóvil en la camilla, coloque la cabecera de ésta en posición erecta. Posicione el asiento de manera que esté contra la perte trasera de la camilla. Asegure una de los cinturones de la camilla desde la porción superior de ésta a través de las posiciones de cinturón de seguridad del asiento y sujete con firmeza el asiento a la camilla. Repita en la porción inferior del asiento. Empuje el asiento en la camilla con firmeza y vuelva a apretar las correas.

Para asegurar el asiento a la silla del paramédico, siga las instrucciones del fabricante del asiento. Recuerde que los niños menores de un año deben transportarse en una posición situada con el frente hacia la parte trasera del vehículo debido a la falta de músculos maduros en el cuello.

En algunas situaciones, no es apropiado asegurar al niño en un asiento para auto, por ejemplo, si éste fue inmovilizado sobre una camilla larga o requiere ferulización que no se acomoda en dicho asiento. Si el niño está inestable y requiere apoyo en la vía aérea o ventilatorio, deberá posicionarlo de manera que pueda maximizar los requerimientos de vía aérea o ventilatorios. Asimismo, los niños con paro cardiopulmonar tampoco deberán colocarse en un asiento para auto.

Fase de transición

Si la condición del niño no requiere transporte inmediato, la **fase de transición** puede permitir al lactante o niño familiarizarse con el TUM-B y su equipo. Esto le ayudará a aliviar la ansiedad del niño y a efectuar una evaluación más a fondo y precisa.

Recuerde que los niños enfermos o lesionados tienen miedo y no comprenden por qué se encuentra ahí el TUM-B y qué hace éste. Como resultado, hay menos probabilidad de que ellos confíen en el TUM-B que un adulto. La fase de transición facilitará el proceso de creación de confianza entre el TUM-B y el niño.

Historia y examen físico enfocados

La historia y el examen físico enfocados deberán efectuarse en la escena, a menos que su condición dicte el transporte inmediato. El propósito de la historia y el examen físico enfocados es obtener información adicional y específica acerca de la enfermedad o lesión del niño. Esta parte de su evaluación incluye efectuar un examen físico (ya sea rápido o enfocado), obtener los signos vitales y entrevistar al paciente o a su cuidador acerca de su historial médico. El orden de estas tres porciones de la evaluación variarán de acuerdo con el hecho de que el niño sea un paciente médico (que responde o no responde) o un paciente de traumatismo (con ML significativo o no significativo). Consulte el capítulo 8 para revisar el orden adecuado de pasos de evaluación.

Examen físico enfocado

El examen físico enfocado debe efectuarse en todos los niños que no presenten enfermedades o lesiones mortales ni requieran una evaluación rápida (por ejemplo, niños que responden, en cuyo caso la obtención de un historial médico le guiará en su examen físico o pacientes de trauma con un ML no significativo). Concentre su evaluación en las áreas del cuerpo afectadas por la enfermedad o lesión.

La evaluación de los niños pequeños deberá iniciarse en los pies y terminar en la cabeza; la de los niños mayores puede hacerse con el método de cabeza a pies, lo mismo que con los adultos. El alcance del examen físico dependerá de la situación, puede incluir lo siguiente:

- Pupilas
  - Observe su tamaño, si son iguales y su reactividad a la luz
- Llenado capilar (en niños menores de seis años)
  - El TLC normal deberá ser menor de 2 s
  - Como se discutió antes, evalúe el TLC por medio del blanqueado de la base de las uñas de los dedos de manos o pies; también puede usar la planta de los pies
  - Temperaturas frías incrementarán TLC, haciéndolo un signo poco confiable
- Nivel de hidratación
  - Evalúe la turgencia de la piel, mientras observa la presencia de <u>piel inelástica o acartonada</u>
  - En lactantes, observe si las fontanelas están hundidas o planas
  - Pregunte a los padres o al cuidador cuántos pañales ha ensuciado el lactante en las últimas 24 horas
  - Determine si el niño produce lágrimas cuando llora; observe la condición de la boca. ¿Está húmeda o seca la mucosa oral?

Examen físico rápido

Deberá usar un examen físico rápido cuando los pacientes pediátricos presenten lesiones de peligro potencial u ocultas, por ejemplo, pacientes médicos que no responden o pacientes con traumatismo con un ML significativo. Este examen rápido de cabeza a pies (o de pies a cabeza) puede ayudar a identificar sangrado externo, abdomen distendido o posibles fracturas. Deberá realizarse con rapidez y luego deberán obtenerse los signos vitales y el historial. La identificación oportuna de estos problemas puede ayudar a preparar a su paciente para el transporte o a identificar la necesidad de proveedores del SVA.

Signos vitales pediátricos

Debe tomar los signos vitales de un niño en el campo, porque el TUM-B se convierte en los ojos, oídos y las manos de la dirección médica. Durante su evaluación, deberá obtener un juego completo de signos vitales iniciales, incluidos pulso, color, temperatura y condición de la piel, tensión arterial, respiraciones y pupilas. Los lineamientos empleados para evaluar el estado circulatorio del adulto —frecuencia cardiaca y tensión arterial— poseen limitaciones importantes en los niños. Primero, las frecuencias cardiacas normales varían con la edad; segundo, la tensión arterial por lo general no se evalúa en niños menores de tres años, pues ofrece poca información acerca del estado circulatorio del niño y por lo general es difícil de obtener. En estos pacientes, la evaluación de la piel es una mejor indicación de su estado circulatorio.

Es importante usar equipo con el tamaño apropiado cuando se evalúan los signos vitales de un niño. Para obtener una lectura precisa de la tensión arterial de un niño es necesario usar un manguito que cubra dos tercios de la parte superior del brazo del paciente. Un manguito para tensión arterial demasiado pequeño, puede dar una lectura elevada falsa, mientras que un manguito demasiado grande puede dar una lectura baja falsa.

Las frecuencias respiratorias pueden ser difíciles de interpretar. Las frecuencias rápidas pueden reflejar simplemente fiebre elevada, ansiedad, dolor o excitación. Las frecuencias normales, por otra parte, pueden ocurrir en un niño que ha estado respirando rápido durante un tiempo, con un aumento en el trabajo respiratorio, y que ahora se está cansando. Cuente las respiraciones por lo menos durante 30 s y luego duplique ese número (si lo contó durante 30 s). En lactantes y niños menores de tres años, evalúe las respiraciones mediante la observación del levantamiento y descenso del abdomen. Evalúe la frecuencia del pulso contando los latidos por lo menos durante 1 min, anotando su calidad y regularidad. La oximetría de pulso también puede usarse para vigilar el estado del paciente Figura 32-11 ▶.

Observe que los signos vitales normales en pacientes pediátricos varían con la edad del niño Cuadro 32-3 ▶. Recuerde que su método para tomar los signos vitales también varía con la edad del niño. Sea gentil, hable con el niño, evalúe las res-

CUADRO 32-3 Signos vitales por edad

Edad	Respiraciones (respiraciones/min)	Pulso (latidos/min)	Tensión arterial sistólica (mm Hg)
Neonato: 0 a 1 mes	30 a 60	90 a 180	50 a 70
Lactante: 1 mes a 1 año	25 a 50	100 a 160	70 a 95
Infante: 1 a 3 años	20 a 30	90 a 150	80 a 100
Preescolar: 3 a 6 años	20 a 25	80 a 140	80 a 100
Escolar: 6 a 12 años	15 a 20	70 a 120	80 a 110
Adolescente: 12 a 18 años	12 a 16	60 a 100	90 a 110
Mayor de 18 años	12 a 20	60 a 100	90 a 140

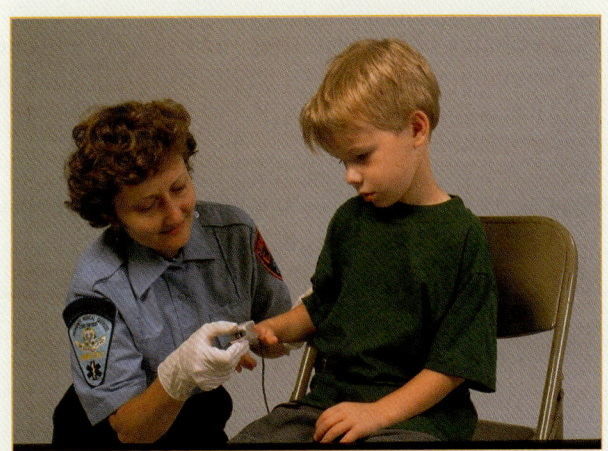

Figura 32-11 La oximetría de pulso, que mide la saturación de oxígeno del paciente, puede usarse para vigilar el estado de este último.

piraciones y luego el pulso, por último determine la tensión arterial. Caliente el estetoscopio en las manos o dentro de una tela antes de colocarlo sobre la piel. Es posible que también desee permitir que el niño sostenga primero el equipo o el estetoscopio, ya que esto puede ayudar a reducir su ansiedad.

Evalúe las pupilas del niño por medio de una linterna en forma de pluma. La respuesta de las pupilas es un buen indicador de qué tan bien funciona el cerebro, en particular cuando ocurrió algún trauma. Asegúrese de comparar el tamaño de las pupilas entre sí.

Historial SAMPLE

Su método para obtener el historial dependerá de la edad del paciente. La información sobre éste respecto a un lactante, infante o preescolar deberá obtenerse del padre o cuidador. Cuando trate a un niño en edad escolar o a un adolescente joven, por lo general podrá obtener la mayor parte de la infomación del paciente mismo.

La información sobre actividad sexual, la posibilidad de embarazo o el uso de drogas ilícitas o alcohol deberá obtenerse de un paciente adolescente mayor en privado. La mayoría de estos pacientes se mostrará renuente a proporcionar esta información en presencia de sus padres. Cuando pregunte tales cosas, asegure al adolescente que esta información es importante y necesaria para proporcionar la atención más apropiada.

Preguntar al padre o al niño acerca de la enfermedad o lesión inmediata deberá basarse en la queja principal del niño. Junto con una evaluación del historial médico del niño, esto puede proporcionar indicios sobre la enfermedad o lesión subyacente y otros padecimientos que puedan existir.

Cuando entreviste al padre o a un niño mayor sobre su queja principal, obtenga la siguiente información:

- Naturaleza de la enfermedad o lesión
- Cuánto tiempo ha estado enfermo o lesionado el paciente
- Presencia de fiebre
- Efectos de la enfermedad o lesión en la conducta del niño
- Cambios en hábitos intestinales o de micción
- Presencia de vómito o diarrea
- Frecuencia de la micción

Cuando obtenga información sobre el historial médico del niño, emplee el SAMPLE para inquirir si el niño se encuentra en la actualidad bajo el cuidado de algún médico, presenta enfermedades crónicas, toma medicamentos de manera regular o tiene alguna alergia a fármacos.

Si el cuidador es incapaz de acompañarlo al hospital, obtenga su nombre y número telefónico de manera que el personal pueda llamarlo si hay preguntas. Éste podría ser el caso cuando responda a la llamada de una guardería o

Qué documentar

Debido a la frecuencia con la que se presentan lesiones internas en niños que no muestran signos externos, es de especial importancia investigar y documentar a conciencia el ML. No deje que la apuración en la escena le distraiga de la determinación del mecanismo, o por lo menos de indicarle a otra persona responsable directa que lo haga. Los proveedores de cuidados de salud del hospital requieren esta información.

una niñera. La atención puede retrasarse si esta información no se obtiene de manera oportuna.

Examen físico detallado

Con frecuencia, los pacientes pediátricos requerirán intervención y observación constantes en su tránsito hasta el hospital. En estas situaciones, o cuando los problemas prioritarios requieren su atención, es posible que no sea necesario un examen detallado. No obstante, en muchas situaciones los pacientes pediátricos deben someterse a un examen físico concienzudo, en el que explore todo su cuerpo en busca de signos y síntomas de problemas. Esto se aplica en particular a los pacientes que presentan traumatismos de un ML significativo, donde pueden estar signos sutiles de lesión. Utilice el DCAP-BLS-TIC como apoyo para recordar lo que busca.

Evaluación continua

Reevalúe la condición del niño según lo dicte la situación: cada 15 min para un niño en condición estable y por lo menos cada cinco para un niño en condición inestable.

Las reservas fisiológicas en lactantes y niños pueden descompensarse impredeciblemente de forma alarmante; por tanto, vigile de modo continuo el esfuerzo respiratorio, color y condición de la piel y el nivel de conciencia o interactividad. Reevalúe con frecuencia los signos vitales y la temperatura. Si la condición del niño se deteriora, repita de inmediato la evaluación inicial y ajuste su tratamiento de acuerdo con ello.

La vía aérea pediátrica

Posicionamiento de la vía aérea

El posicionamiento correcto de la vía aérea es crítico en la atención de emergencia pediátrica. Coloque siempre la vía aérea en posición neutra, como se mostró antes. Esto logra dos objetivos al mismo tiempo, evitar la deformación de la tráquea y mantener la alineación apropiada en caso de que deba inmovilizar la columna. Si el niño sufrió un traumatismo o sospecha que así fue, emplee la maniobra de tracción mandibular para abrir la vía aérea.

Siga estos pasos para posicionar la vía aérea en un niño o lactante (Destrezas 32-1):

1. Coloque al paciente sobre una superficie firme, como una tabla corta o un dispositivo de inmoviliación pediátrica (**paso 1**).

CUADRO 32-4 Equipo pediátrico: elegir el tamaño correcto

La mejor manera de identificar el equipo de tamaño adecuado para un paciente pediátrico es emplear la cinta de medición de reanimación pediátrica, la cual puede determinar el peso lo mismo que la estatura en pacientes que pesan hasta 35 kg (75 libras) (Figura 32-12). La secuencia adecuada para usar la cinta es la siguiente:

1. Coloque al paciente en posición supina sobre una superficie plana.
2. Apoye la cinta junto al paciente con el lado multicolor hacia arriba.
3. Coloque el extremo rojo en la parte superior de la cabeza del paciente.
4. Coloque una mano de lado hacia abajo sobre la parte superior de la cabeza del paciente, cubriendo el recuadro rojo en el extremo de la cinta.
5. Comenzando por la cabeza del paciente, recorra el lado de su mano libre hacia abajo de la cinta.
6. Estire la cinta a todo lo largo del niño, deteniéndose en el talón. Si el niño es más largo que la cinta, deténgase aquí y use la técnica apropiada para adultos.
7. Coloque su mano libre, de lado hacia abajo, en la parte inferior del talón del niño.
8. Observe el color o el bloque de la letra y el intervalo de peso en el borde de la cinta, donde se encuentra su mano. Diga el color o la letra en voz alta.
9. Seleccione el equipo de tamaño apropiado haciendo coincidir el color o la letra de la cinta con el color o letra del equipo.

Destrezas 32-1: Posicionamiento de la vía aérea en un niño

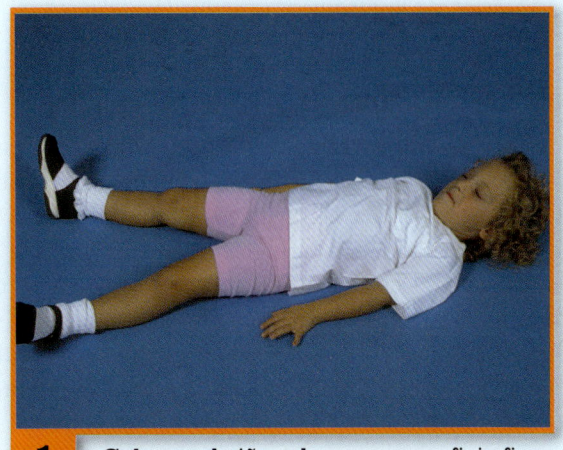

1. Coloque al niño sobre una superficie firme.

2. Coloque una toalla doblada de cerca de 3 cm (1 pulgada) de grosor bajo los hombros y la espalda.

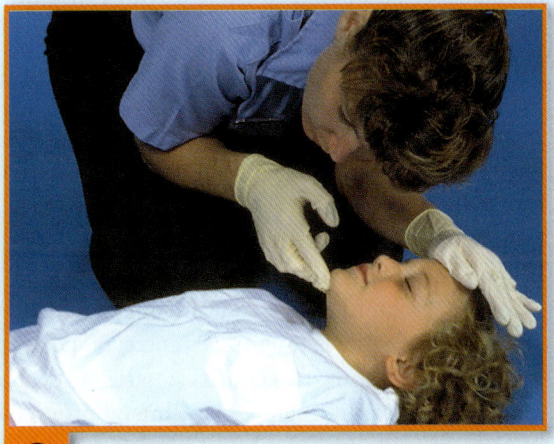

3. Inmovilice la frente para limitar el movimiento y use la maniobra de inclinación de cabeza-levantamiento de mentón para abrir la vía aérea.

2. Doble una toalla pequeña para obtener un grosor aproximado de 3 cm, y colóquela debajo de los hombros y la espalda del paciente (**Paso 2**).
3. Coloque cinta adhesiva a través de la frente del **niño** para limitar que ruede su cabeza durante el transporte (**Paso 3**).

Adjuntos de vía aérea

En niños con ventilación inadecuada, cualquiera que sea la razón, deberá usar un adjunto de vía aérea para mantener la vía aérea abierta. Los adjuntos de vía aérea son dispositivos que ayudan a mantener la vía aérea o ayudan a proporcionar ventilación artificial, incluidas las cánulas orofaríngeas y nasofaríngeas, bloqueadores de mordida y dispositivos de BVM. La colocación correcta de adjuntos se inicia con la elección de equipo de tamaño adecuado (**Cuadro 32-4**).

Cánula orofaríngea

Una cánula orofaríngea está diseñada para evitar que la lengua bloquee la vía aérea y facilitar la succión en la vía aérea, si ésta llega a ser necesaria. Este dispositivo deberá usarse en pacientes pediátricos inconscientes y con posible insuficiencia respiratoria. Tal dispositivo no debe usarse en pacientes conscientes ni en aquellos con reflejo nauseoso. Los pacientes con reflejo nauseoso no toleran la vía aérea orofaríngea. De igual modo, este adjunto no debe usarse en niños que puedan haber ingerido un producto cáustico o con base de petróleo, ya que puede inducir el vómito.

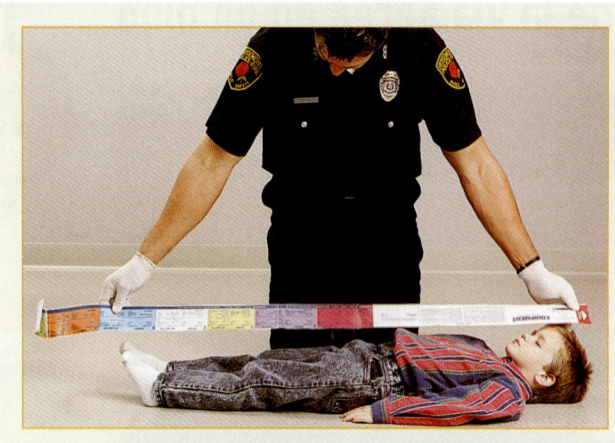

Figura 32-12 El uso de una medición con cinta de reanimación pediátrica es una manera de identificar el tamaño correcto de los adjuntos para vía aérea.

En Destrezas 32-2 ▶ se muestran los pasos para insertar una cánula orofaríngea en un niño:

1. **Determine el tamaño apropiado de la cánula** midiendo desde la comisura de la boca del paciente al lóbulo de su oreja, o emplee la cinta de reanimación pediátrica basada en la longitud.
2. **Coloque la cánula junto a la cara** con el reborde al nivel de los incisivos centrales y el segmento bloqueador de mordida paralelo al paladar duro. La punta de la vía aérea deberá alcanzar el ángulo de la mandíbula (**Paso 1**).
3. **Posicione la vía aérea del paciente.** Si la emergencia es médica, emplee la técnica de inclinación de cabeza-levantamiento de mentón, evitando la hiperextensión; puede colocar una toalla bajo los hombros del paciente. Si éste presenta lesión traumática, emplee la maniobra de tracción mandibular y proporcione estabilización espinal en línea (**Paso 2**).
4. **Abra la boca** mediante la aplicación de presión en la barbilla con su pulgar.
5. **Inserte la cánula** haciendo presión en la lengua con un abatelenguas e inserte la cánula directamente sobre éste. Si no dispone de un abatelenguas, apunte con la punta de la vía aérea hacia el techo de la boca para deprimir la lengua. Gire despacio la cánula hasta posicionarla mientras pasa a través de la boca hacia la curva de la lengua. Inserte la cánula hasta que su reborde descanse contra los labios.
6. **Reevalúe la vía aérea después de la inserción** (**Paso 3**). Tenga cuidado de evitar lesionar el paladar duro al insertar la cánula. La inserción brusca puede ocasionar sangrado, lo cual puede agravar los problemas de vía aérea e incluso puede causar vómito. Observe

también que si la vía aérea del paciente es muy pequeña, es posible empujar la lengua hacia atrás al interior de la faringe y obstruir la vía aérea; si es demasiado grande, puede obstruir la laringe.

Cánula nasofaríngea

Una cánula nasofaríngea también es un adjunto de vía aérea. Por lo general es bien tolerada y no tiene tantas probabilidades como la cánula orofaríngea de causar vómito. A diferencia de la cánula orofaríngea, la vía nasofaríngea se usa para pacientes conscientes o con niveles alterados de conciencia. En pacientes pediátricos, la vía nasofaríngea se usa en forma típica en asociación con una posible insuficiencia respiratoria. En raras ocasiones se usa en infantes menores de un año.

No debe usarse una cánula nasofaríngea en pacientes con obstrucción nasal o traumatismo en la cabeza (posible fractura de la base del cráneo), ni en pacientes con traumatismo en cabeza moderado a grave, ya que este adjunto podría incrementar la presión intracraneal.

Siga los pasos de Destrezas 32-3 ▶ para insertar una cánula nasofaríngea en un niño:

1. **Determine la cánula de tamaño adecuado.** El diámetro externo de ésta no debe ser mayor que el diámetro de las narinas, y no debe <u>palidecer</u> de éstas después de la inserción.
2. **Coloque la cánula junto a la cara del paciente** para asegurarse de que la longitud es correcta. La cánula debe extenderse desde la punta la nariz hasta el <u>tragus</u> de la oreja. El tragus es la pequeña proyección cartilaginosa frente a la abertura del oído.
3. **Posicione la cánula del paciente**, por medio de las técnicas descritas arriba para la cánula orofaríngea (**Paso 1**).
4. **Lubrique la cánula** con un lubricante soluble en agua.
5. **Inserte la punta en la narina derecha** (ventana de la nariz) con el bisel señalando hacia el <u>tabique</u> (septo) o división central de la nariz (**Paso 2**).
6. **Mueva con cuidado la punta hacia delante, siguiendo el techo de la boca**, hasta que el reborde descanse fuera de la narina (**Paso 3**). Si inserta la cánula del lado izquierdo, inserte la punta en la narina izquiera al revés, con el bisel señalando hacia el septo. Mueva la vía aérea hacia adelante despacio, cerca de 1 pulgada hasta que sienta una ligera resistencia y luego gire la vía aérea 180°.
7. **Reevalúe la vía aérea** después de la inserción.

Lo mismo que con la cánula orofaríngea, puede haber problemas con la cánula nasofaríngea. Una cánula

Capítulo 32 Evaluación y manejo pediátricos

Inserción de una cánula orofaríngea en un niño

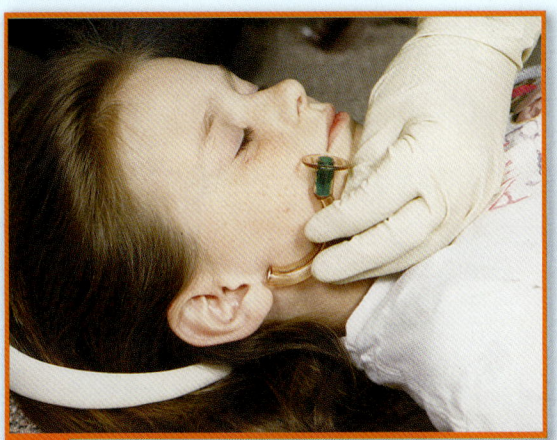

1 Determine el tamaño apropiado de cánula. Confirme que el tamaño es correcto en forma visual, colocándola junto a la cara del paciente.

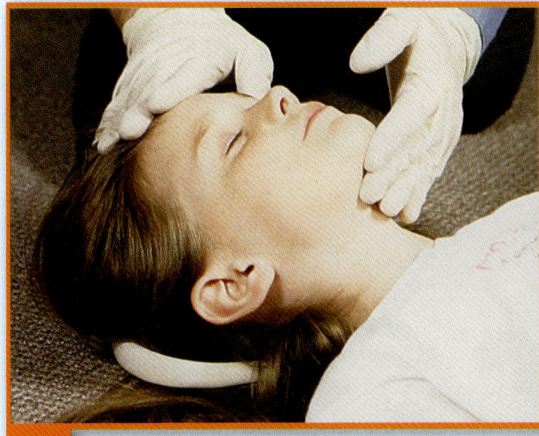

2 Posicione la vía aérea del paciente con el método apropiado.

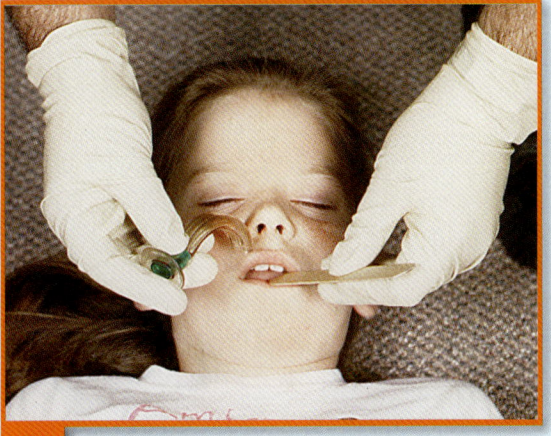

3 Abra la boca. Inserte la cánula hasta que el reborde descanse contra los labios. Reevalúe la vía aérea.

Situación de urgencia — Parte 2

Al observar la mirada desesperada de la niña, se pone de pie con rapidez, se presenta y pregunta si puede ayudar en algo. La madre la golpea de nuevo en la espalda y dice: "¡por favor, ayúdela, creo que se está ahogando!". Julieta de repente se lleva las manos a la garganta.

3. ¿Qué indican las acciones de la niña?
4. ¿Son importantes los golpes de la madre en la espalda de la niña en esta situación?

Destrezas 32-3: Inserción de una cánula nasofaríngea en un niño

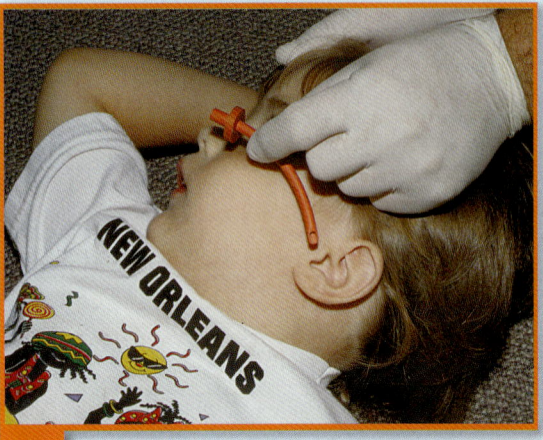

1 Determine el tamaño correcto de cánula comparando su diámetro con la abertura de la ventana nasal (narina). Coloque la cánula junto a la cara del paciente para confirmar la longitud correcta.

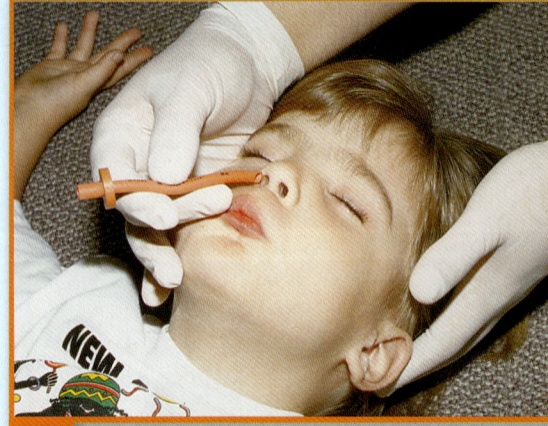

2 Lubrique la cánula. Inserte la punta en la narina derecha con el bisel señalando hacia el septo.

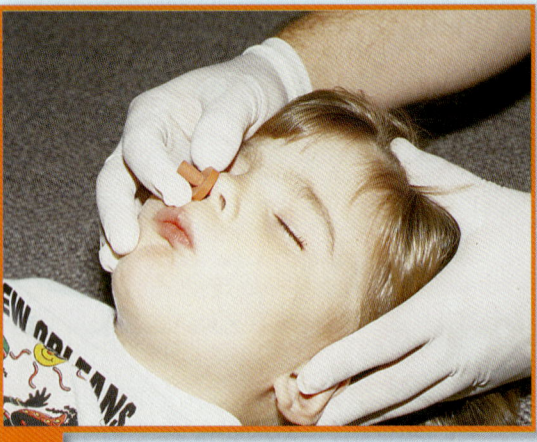

3 Mueva la punta con cuidado hacia delante hasta que el reborde descanse en la parte externa de la narina. Reevalúe la vía aérea.

con diámetro pequeño puede obstruirse con facilidad con moco, sangre, vómito o los tejidos blandos de la farínge. Si la cánula es demasiado larga, puede estimular al nervio vago y reducir la frecuencia cardiaca o entrar al esófago, lo cual causa distensión gástrica. Insertar la cánula en pacientes que responden puede ocasionar un espasmo de la laringe y producir el vómito. Las cánulas nasofaríngeas no deben usarse cuando los pacientes presentan traumatismo facial, ya que dichas vías pueden arrancar tejidos blandos y ocasionar sangrado hacia el interior de la vía aérea.

Asistencia de la ventilación y oxigenación

Después de abrir la vía aérea, deberá evaluar el estado de ventilación del paciente. Mire, escuche y palpe en busca de la respiración. Recuerde observar si el pecho se levanta en niños mayores y la elevación abdominal en niños menores y lactantes. La condición de la piel indica la cantidad de oxígeno que entra en los órganos del cuerpo. Los pacientes con piel pálida, moteada o azulada pueden presentar niveles inadecuados de oxígeno en su sangre.

Todos los pacientes de trauma deben recibir oxígeno. Si el paciente sufrió traumatismo en la cara, puede ser difícil dar ventilación asistida.

Dispositivos de administración de oxígeno

Al tratar lactantes y niños que requieren más de 21% del oxígeno acostumbrado que se encuentra en el aire ambiental, tendrá varias opciones:

- Mascarilla no recirculante de 10 a 15 L/min que proporciona una concentración de oxígeno de hasta 90%.
- Técnica de paso de gas a 6 L/min, proporciona una concentración de oxígeno mayor de 21%.
- Cánula nasal de 1 a 6 L/min, proporciona una concentración de oxígeno de 24 a 44%.
- Dispositivo de BVM (con reservorio de oxígeno) de 10 a 15 L/min, proporciona una concentración de oxígeno de 90%.

Los niños necesitan recibir suficiente oxígeno para tener un intercambio gaseoso adecuado en los pulmones. Por tanto, está indicado el uso de una mascarilla no recirculante, una cánula nasal o una mascarilla facial simple sólo para pacientes que presentan respiraciones y/o volúmenes tidales adecuados. El volumen tidal (corriente) es la cantidad de aire que se administra a los pulmones y a la vía aérea en una inhalación. Los niños con respiraciones por debajo de 12 inhalaciones/min o más de 60 inhalaciones/min, un nivel de conciencia alterado y/o volumen tidal inadecuado, deben recibir ventilación asistida con un dispositivo de BVM.

El oxígeno de paso de gas no es tan eficaz como una mascarilla o cánula nasal para administrar oxígeno. En la técnica de paso de gas, un tubo de oxígeno se sostiene cerca de la nariz del lactante o niño. Con frecuencia se usa después de un parto para administrar una pequeña cantidad de oxígeno al neonato. En raras ocasiones, cuando no es posible usar otros adjuntos o el niño no tolera ningún otro dispositivo, esta técnica puede ser necesaria.

Mascarilla no recirculante

Una mascarilla no recirculante administra hasta 90% de oxígeno al paciente y le permite exhalar dióxido de carbono sin reinhalarlo (Figura 32-13▶). Para aplicar una mascarilla no recirculante:

1. **Seleccione el tamaño adecuado** de mascarilla pediátrica no recirculante. Ésta deberá abarcar desde el puente de la nariz hasta la hendidura del mentón.
2. **Conecte los tubos** a una fuente de oxígeno ajustada de 10 a 15 L/min.

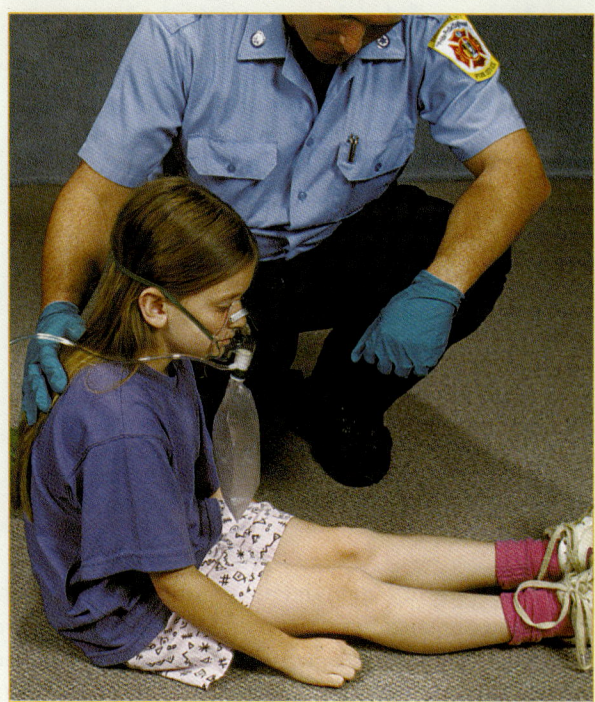

Figura 32-13 Una mascarilla no recirculante pediátrica administra hasta 90% de oxígeno y permite que el paciente exhale dióxido de carbono sin reinhalarlo.

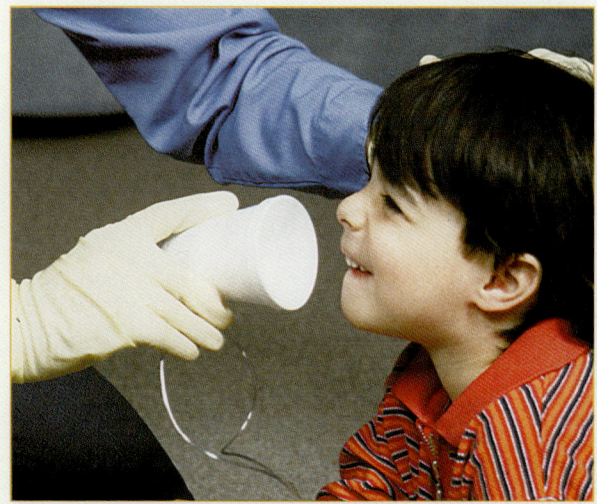

Figura 32-14 La técnica de paso de gas puede emplearse cuando la mascarilla de oxígeno asusta al niño. Haga un pequeño orificio en un vaso desechable de unicel o considere el empleo de un embudo colocado en el extremo del tubo de oxígeno. Conecte el tubo a una fuente de oxígeno y sostenga el vaso cerca de 5 cm de la cara del niño.

> ## ⚠️ Necesidades pediátricas
>
> Uno de los problemas asociados con lesiones abdominales en niños es la presencia de aire en el estómago. Los niños, en especial los que presentan lesiones traumáticas, tienden a tragar aire. El aire en el estómago puede causar distensión e interferir con su evaluación. El aire también puede acumularse en el estómago con la ventilación artificial, lo cual la hace menos eficaz. Ésta es una de las razones para emplear la maniobra de tracción mandibular para posicionar la vía aérea, ya que ésta reduce la cantidad de aire que se acumula en el estómago.

3. **Ajuste el flujo de oxígeno** según se requiera para que concuerde con la frecuencia y profundidad respiratorias del paciente. La bolsa del reservorio no deberá dilatarse por completo ni llenarse hasta abultarse durante el ciclo respiratorio.

Técnica de paso de gas

Como se menciona, la técnica de paso de gas no proporciona una alta concentración de oxígeno, pero es mejor que nada de oxígeno. Para realizar esta técnica:

1. **Pase el tubo del oxígeno a través de un pequeño agujero en el fondo de un vaso desechable de unicel** Figura 32-14 ◀. El vaso es un objeto familiar que tiene menos pobabilidades que una mascarilla de oxígeno de asustar a un niño pequeño. Es posible usar la mascarilla con un niño mayor si lo convierte en un juego. Por ejemplo, haga que el niño pretenda que la mascarilla pertenece a un héroe de acción popular o a un astronauta.
2. **Conecte el tubo a una fuente de oxígeno** y ajuste a 6 L/min.
3. **Sostenga el vaso a cerca de 3 a 5 cm de la nariz y boca del niño.**

Cánula nasal

Algunos pacientes prefieren este adjunto, mientras que otros lo encuentran incómodo. Para aplicar una cánula nasal:

1. **Elija la cánula nasal pediátrica de tamaño adecuado** Figura 32-15 ◀. Las puntas no deben llenar las narinas por completo. Si las narinas palidecen, elija una cánula de menor tamaño.
2. **Conecte el tubo** a una fuente de oxígeno ajustada de 1 a 6 L/min.

Dispositivo de BVM

Asistir a la ventilación con un dispositivo de BVM está indicado para pacientes que presentan respiración demasiado lenta o muy rápida para proporcionar un volumen adecuado de oxígeno inhalado, que no responden, o que no responden con determinación a un estímulo doloroso.

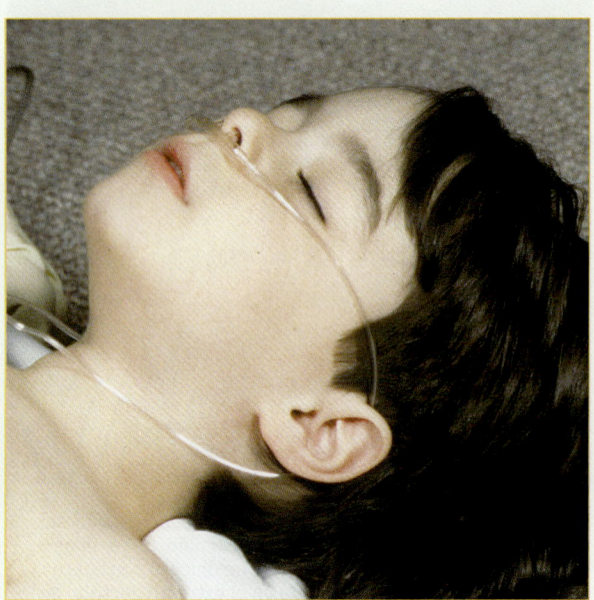

Figura 32-15 Las puntas de una cánula nasal pediátrica no deben llenar las narinas por entero.

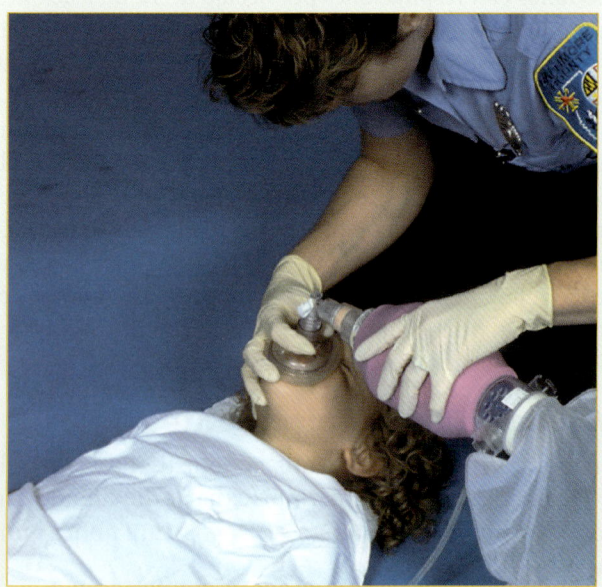

Figura 32-16 El tamaño adecuado de la mascarilla para la ventilación de BVM es crítico. La mascarilla debe abarcar desde el puente de la nariz hasta la hendidura del mentón, evitando la compresión sobre los ojos.

Destrezas 32-4: Ventilación de BVM de un rescatista en un niño

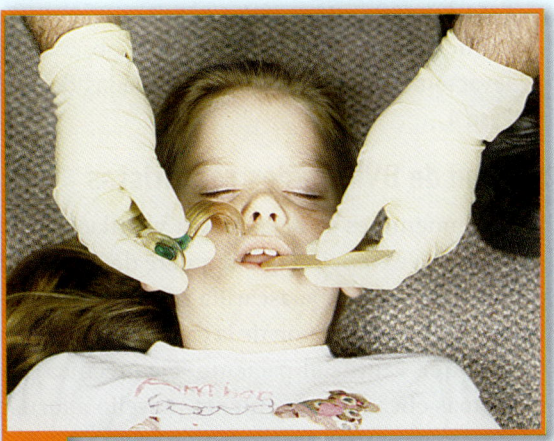

1 Abra la vía aérea e inserte el adjunto de vía aérea adecuado.

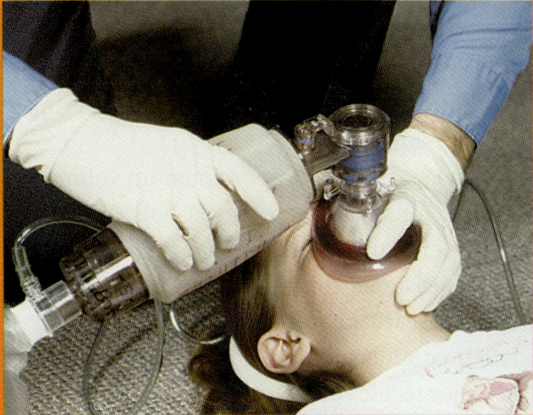

2 Sostenga la mascarilla sobre la cara del paciente con la técnica de inclinación de cabeza-levantamiento de mentón con una mano (prensión E-C). Asegure que haya un buen sellado entre mascarilla y cara mientras mantiene la vía aérea.

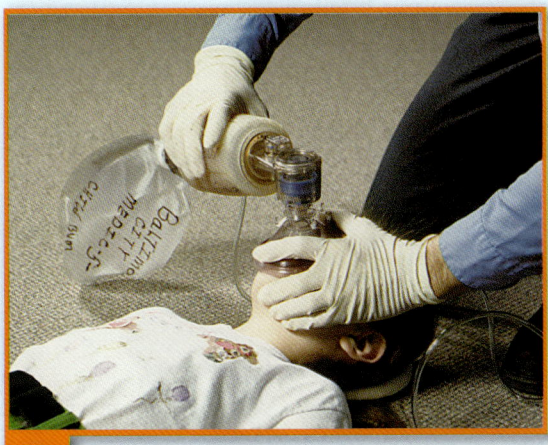

3 Apriete la bolsa empleando la frecuencia correcta de ventilación de 10 a 12 respiraciones/min. Proporcione un tiempo adecuado para la exhalación.

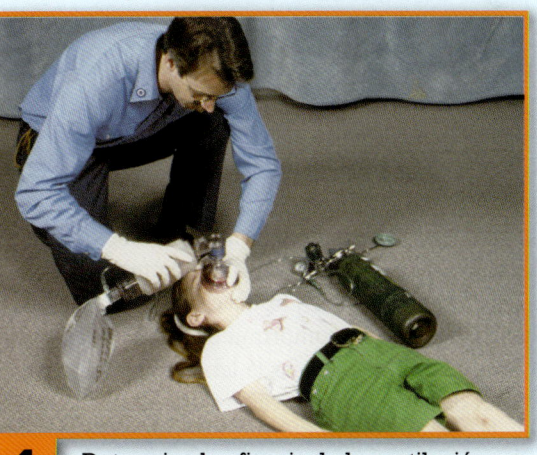

4 Determine la eficacia de la ventilación observando la elevación y caída bilaterales del tórax.

Asista la ventilación de un lactante por medio de un dispositivo de BVM de la siguiente manera:

1. **Asegúrese de que cuenta con el equipo apropiado en el tamaño adecuado.** Una mascarilla de tamaño adecuado se extenderá desde el puente de la nariz hasta la hendidura del mentón, y evitará la compresión en los ojos (Figura 32-16). La mascarilla es transparente, de manera que puede observar si hay cianosis y vómito. Además, el volumen de la máscara debe ser pequeño para reducir el espacio muerto y evitar la reinhalación; no obstante, la bolsa deberá contener por lo menos 450 mL de aire. Use una bolsa para lactante, no para neonato, para los lactantes menores de un año; utilice una bolsa pediátrica para niños mayores de un año. Los niños mayores y adolescentes pueden necesitar una bolsa para adulto. Asegúrese de que no haya válvula de descarga, pero si la bolsa cuenta con dicha válvula, asegúrese de que pueda mantenerla cerrada según se requiera para lograr que se levante el pecho.
2. **Mantenga un buen sellado** con la máscara sobre la cara.
3. **Ventile con la frecuencia y volumen apropiados** mientras aprieta de manera lenta y suave, no en forma abrupta y rápida. Deje de apretar y comience a soltar la bolsa tan pronto como empiece a elevarse la

pared del pecho, lo cual indica que los pulmones están llenos a toda su capacidad. Para evitar que haya una ventilación demasiado rápida, utilice la frase "apretar, soltar, soltar". Diga "apretar" al apretar la bolsa; cuando vea que el pecho comienza a elevarse, deje de hacer presión sobre la bolsa y diga lentamente "soltar, soltar".

Los errores en la técnica —proporcionar un volumen excesivo con cada inhalación, apretar la bolsa con demasiada fuerza o ventilar con una frecuencia demasiado rápida— pueden ocasionar distensión gástrica. Un sello inadecuado de la mascarilla o una posición inadecuada de la cabeza pueden conducir a hipoventilación o hipoxia. Incluso con la mejor técnica del mundo, el paciente puede regurgitar y aspirar el contenido de su estómago.

Ventilación de BVM de un rescatista

Efectúe la ventilación de BVM de un rescatista de acuerdo con estos pasos (**Destrezas 32-4** ◀):

1. **Abra la vía aérea** e inserte el adjunto adecuado de vía aérea (**Paso 1**).
2. **Sostenga la mascarilla sobre la cara del paciente** por medio de la prensión E-C. Forme una C con el pulgar y el índice a lo largo de la mascarilla mientras los otros dedos forman una E a lo largo de la mandíbula. En el caso de lactantes e infantes de uno a tres años, sostenga la mandíbula con su dedo medio. Tenga cuidado de no comprimir el área bajo el mentón, ya que podría empujar la lengua hacia la parte posterior de la boca y bloquear la vía aérea. Mantenga los dedos sobre la mandíbula.
3. **Asegúrese de que la mascarilla forma un sello hermético** sobre la cara. Mantenga el sello mientras verifica que la vía aérea esté abierta (**Paso 2**).
4. **Presione la bolsa** mientras usa la frecuencia de ventilación correcta de 12 a 20 respiraciones/min.

5. **Evalúe la eficacia** de la ventilación observando la elevación y caída bilaterales adecuadas del pecho (**Paso 3**).
6. **Evalúe la eficacia** de la ventilación observando la elevación y caída bilaterales adecuadas del pecho (**Paso 4**).

Ventilación de BVM de dos rescatistas

Este procedimiento es semejante a la ventilación de un rescatista, con la excepción que requiere de dos de ellos: uno para que sostenga la mascarilla sobre la cara del paciente y mantenga la posición de la cabeza de este último, el otro para que ventile al paciente. Esta técnica por lo general es más eficaz para mantener un sello adecuado.

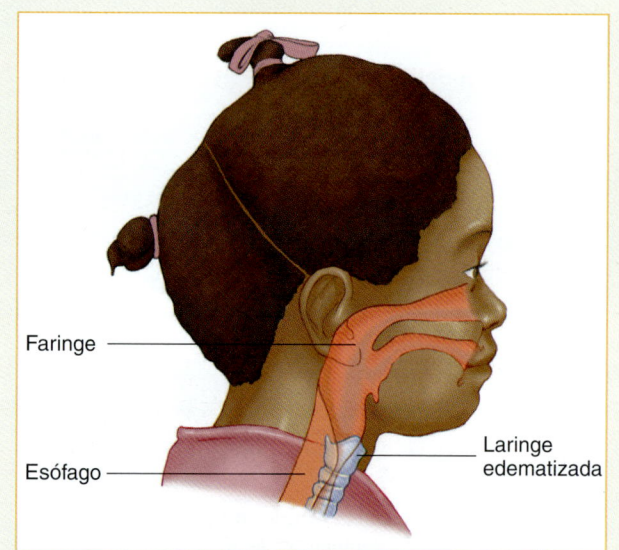

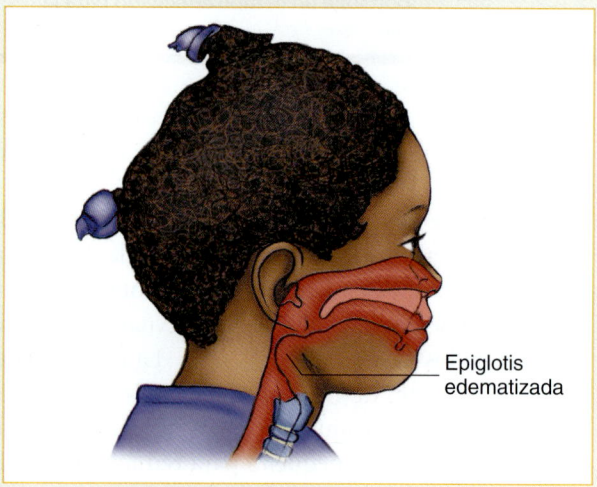

Figura 32-18 La epiglotitis es una infección que puede causar obstrucción de la vía aérea en niños.

Figura 32-17 Un sinnúmero de objetos puede obstruir la vía aérea de un niño. Algunos de los más comunes incluyen baterías, monedas, juguetes, botones y dulces.

Obstrucción de la vía aérea

Los niños, en especial los menores de cinco años, pueden (y lo hacen) obstruir su vía aérea con cualquier objeto que puedan introducir en su boca: salchichas, globos, uvas o monedas (Figura 32-17). En casos de traumatismo, los dientes de un niño pueden desprenderse y pasar a la vía aérea. Sangre, vómito y otras secreciones también pueden ocasionar obstrucción leve o grave de la vía aérea.

Las obstrucciones de vía aérea también pueden ser producto de infecciones, entre ellas neumonía, crup y epiglotitis (Figura 32-18). El crup o laringotraqueitis es una infección en la vía aérea por debajo del nivel de las cuerdas vocales, por lo general producida por un virus. La epiglotitis es una infección en el tejido blando del área sobre las cuerdas vocales. La infección puede considerarse como una causa posible de obstrucción de la vía aérea si un niño presenta congestión, fiebre, babeo y síntomas de resfriado. Tales niños deben llevarse de inmediato a la sala de urgencias. Sin equipo ni capacitación especiales, los intentos por limpiar una vía aérea bloqueada por infección puede empeorar la obstrucción.

Signos y síntomas

La obstrucción con un objeto extraño puede afectar la vía aérea superior o inferior. Los signos y síntomas asociados frecuentemente con la obstrucción de una vía aérea superior incluyen la reducción o ausencia de sonidos de respiración y estridor. El estridor, un sonido agudo que se escucha sobre todo durante la inspiración, por lo general es producto de la inflamacion del área que rodea las cuerdas vocales o por obstrucción de la vía aérea superior. En niños con crup, semeja el ladrido de una foca.

Los signos y síntomas de obstrucción de la vía aérea inferior incluyen sibilancia, un sonido como silbido ocasionado por el paso del aire a través de conductos aéreos constreñidos dentro de los bronquiolos y/o crepitación. La crepitación es producto del flujo de aire a través de líquido presente en las bolsas de aire y la vía aérea más pequeña en los pulmones. Esto produce un sonido crepitante como si se hicieran burbujas a través de una pajilla en un vaso lleno de líquido. La mejor manera de auscultar los sonidos respiratorios en un niño es escuchar de ambos lados del pecho al nivel de las axilas (Figura 32-19).

Atención médica de urgencia

El tratamiento de un niño con obstrucción de la vía aérea debe comenzar de inmediato. Si el niño está consciente y tose con fuerza, y está seguro de que hay un cuerpo extraño en la vía aérea —esto es, si alguien vio, de hecho, entrar el objeto en la boca del niño— aliente al niño a toser para que libere su vía aérea. Si el material en la vía aérea no bloquea por completo el flujo de aire, es posible que el niño pueda respirar de manera adecuada por sí mismo sin intervención alguna. En tales casos, no intervenga excepto para proporcionar oxígeno suplementario (Figura 32-20). Permita que el niño permanezca en la posición que le resulta más cómoda y vigile su condición.

No obstante, si ve signos de obstrucción grave de la vía aérea, deberá intentar limpiar la vía aérea de inmediato. Los signos incluyen los siguientes:

- Tos ineficaz (sin sonido)
- Incapacidad de hablar o llorar

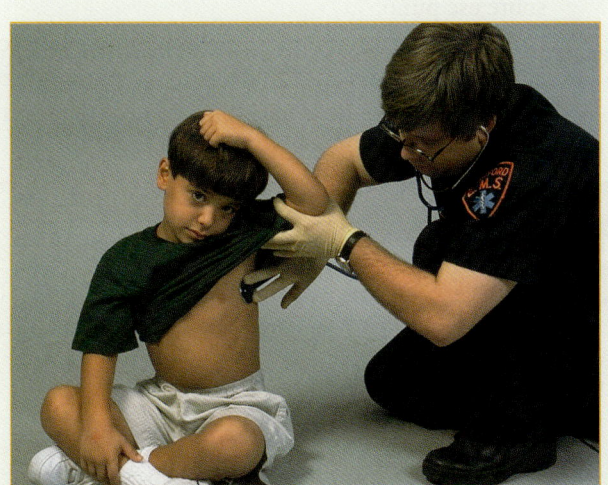

Figura 32-19 La mejor manera de auscultar los sonidos respiratorios en niños es escuchar en ambos lados del tórax al nivel de la axila.

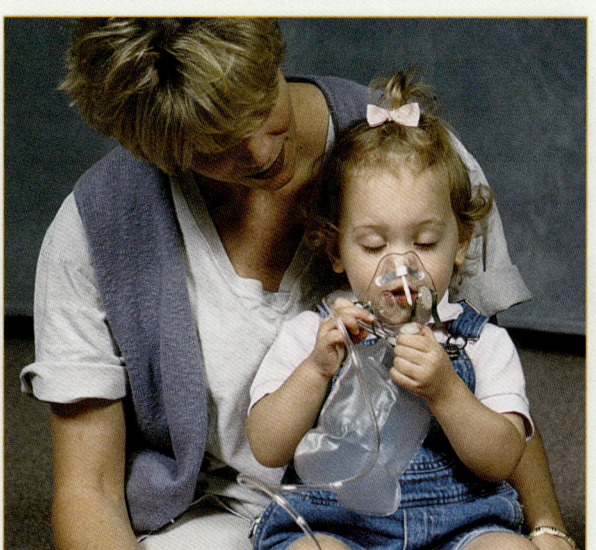

Figura 32-20 Si un niño presenta obstrucción parcial de la vía aérea, no intervenga sino para administrar oxígeno suplementario y permita que éste permanezca en la posición que le parezca más cómoda.

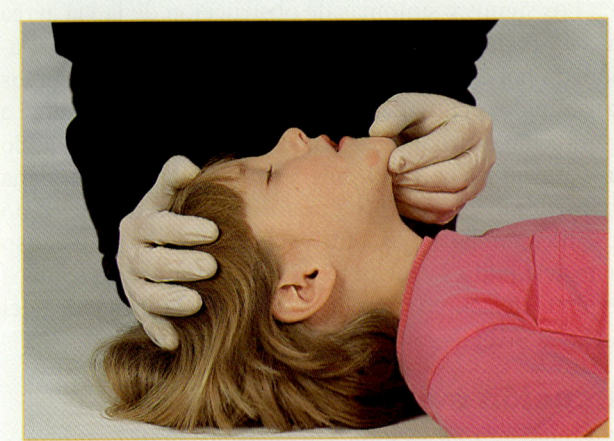

Figura 32-21 Abra la vía aérea y mire en el interior de la boca de un niño inconsciente con posible obstrucción de la vía aérea.

- Incremento en la dificultad respiratoria, con estridor
- Cianosis
- Pérdida de la conciencia

Manejo de la obstrucción de la vía aérea en un niño

Si hay razones para creer que un niño inconsciente tiene una obstrucción por un cuerpo extraño, abra la vía aérea por medio de la inclinación de cabeza-levantamiento de mentón y mire dentro de la boca para ver si el objeto obstructor es visible (Figura 32-21). Si el objeto es visible, intente retirarlo con un movimiento de barrido de su dedo. Nunca emplee el barrido con el dedo si no puede ver el objeto, ya que podría empujarlo a mayor profundidad en la vía aérea.

Se recomienda aplicar compresiones en el tórax para aliviar la obstrucción grave de la vía aérea en un niño inconsciente. Las compresiones del tórax aumentan la presión en éste, lo cual crea una tos artificial que puede forzar a un cuerpo extraño a salir de la vía aérea.

En (Destrezas 32-5) se muestran los pasos para retirar una obstrucción por cuerpo extraño en un niño inconsciente:

1. **Coloque al niño en posición supina** sobre una superficie firme y plana (**Paso 1**).
2. **Abra la vía aérea** por medio de la maniobra de inclinación de cabeza-levantamiento de mentón y mire en el interior de la boca del niño (**Paso 2**).
3. **Intente la respiración de rescate**. Si el primer intento no tiene éxito, reposicione la cabeza del niño e inténtelo de nuevo (**Paso 3**).
4. **Si la ventilación sigue sin funcionar, inicie la RCP** (**Paso 4**).
5. Coloque la palma proximal de una de sus manos sobre la mitad inferior del esternón entre los pezones.
6. **Administre 30 compresiones del pecho.** Las compresiones deben abarcar de un tercio a la mitad de la profundidad del pecho.
7. **Abra la vía aérea** utilizando la maniobra de inclinación de cabeza-levantamiento de mentón y mire en el interior de la boca del paciente. Si ve el objeto, retírelo (**Paso 5**).
8. Repita el proceso a partir del paso 3.

Los siguientes pasos se usan para retirar la obstrucción del cuerpo extraño de un niño consciente que está de pie o sentado (Figura 32-22):

1. **Arrodíllese sobre una rodilla detrás del niño** y rodee su cuerpo con ambos brazos alrededor del pecho del paciente. Prepárese para realizar opresiones abdominales colocando su puño por arriba del ombligo del paciente y bastante por debajo de la punta inferior del esternón. Coloque su otra mano sobre ese puño.
2. **Aplique opresiones abdominales** al niño en dirección hacia arriba. Tenga cuidado de no aplicar fuerza a la parte inferior de la caja torácica ni al esternón.

Situación de urgencia — Parte 3

Cuando le pide a la madre que deje de palmearla en la espalda, Julieta deja de toser y su cara toma un expresión de pánico. Parece estar luchando por tomar aire sin lograrlo en absoluto. Se mueve con rapidez para ayudar a la pequeña. Su compañero sale corriendo a la ambulancia para traer su mochila con equipo y para llamar por radio a la central e informar lo que sucede.

5. ¿Que ocasionó que la niña dejara de toser?
6. ¿Cuáles son sus opciones de tratamiento para esta paciente?

Retirar una obstrucción por cuerpo extraño en un niño inconsciente

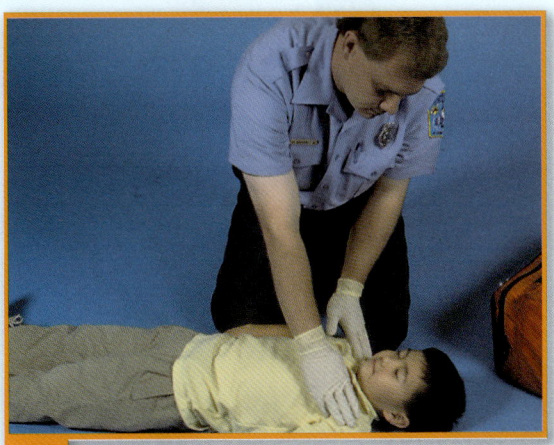

1 Coloque al niño sobre una superficie plana y firme.

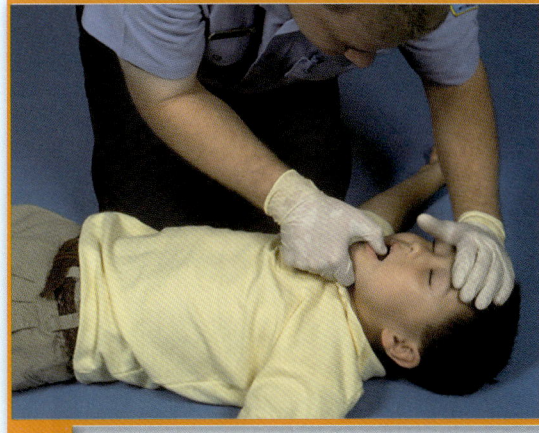

2 Inspeccione la vía aérea. Retire cualquier objeto extraño que pueda ver.

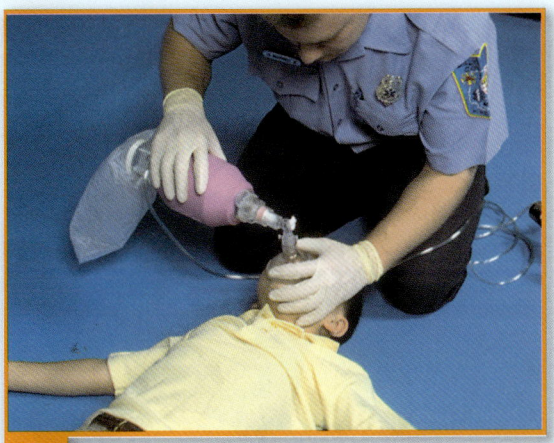

3 Intente la respiración de rescate. Si no tiene éxito, reposicione la cabeza e inténtelo de nuevo.

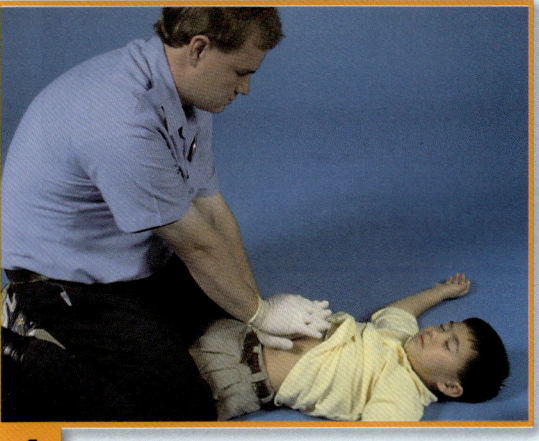

4 Localice la posición adecuada de su mano en el pecho del niño. Si aún no funciona la respiración, inicie la RCP.

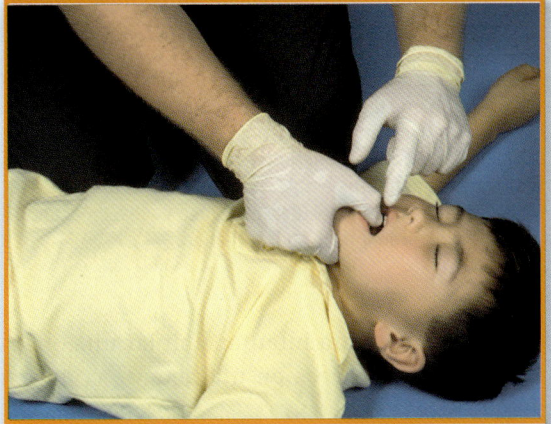

5 Administre 30 compresiones en el pecho y mire dentro de la boca del niño. Si ve el objeto, retírelo.

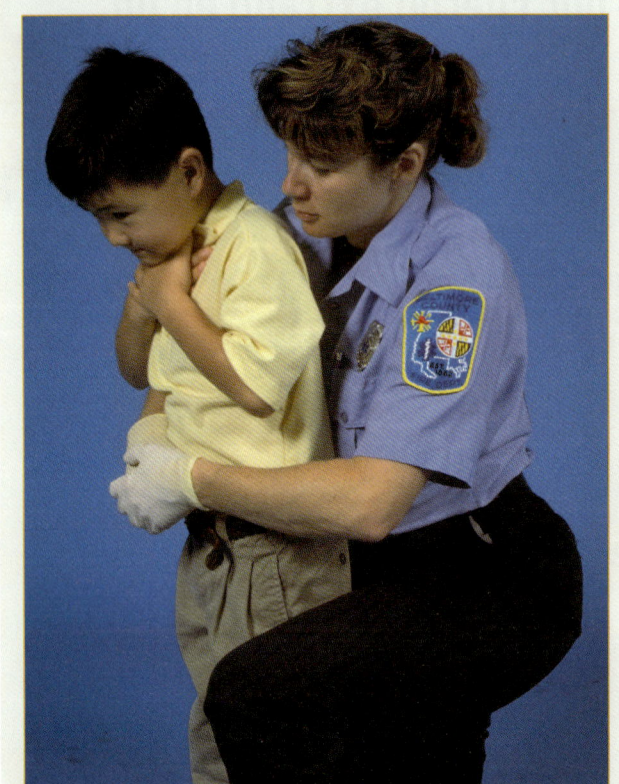

Figura 32-22 Arrodíllese detrás del niño, envuélvalo en sus brazos y coloque su puño justo arriba del ombligo y bastante abajo de la punta del esternón.

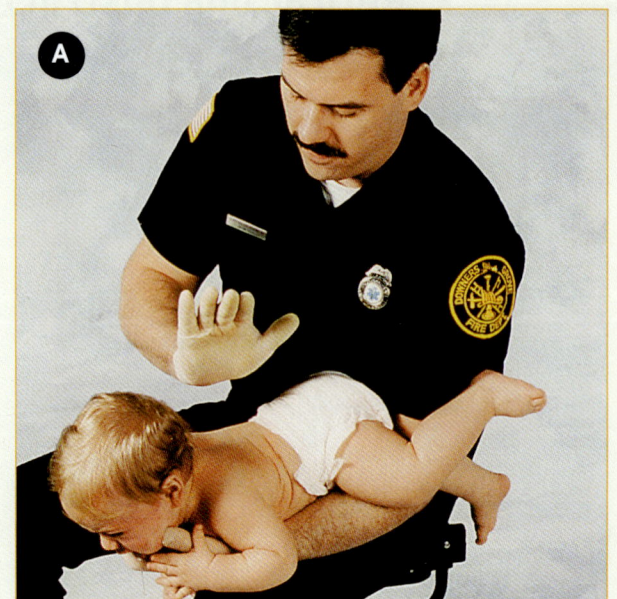

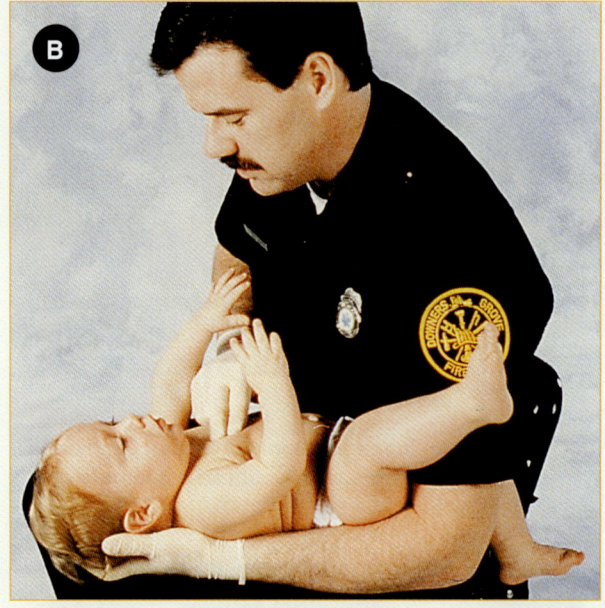

Figura 32-23 A. Sostenga al lactante boca abajo con el cuerpo apoyado en su antebrazo. Sostenga su mandíbula y cara con la mano y mantenga la cabeza más abajo que el resto del cuerpo. Proporcione al lactante cinco palmadas en la espalda entre los omóplatos empleando la palma proximal de su mano. **B.** Oprima el tórax del lactante cinco veces, colocando dos dedos en la mitad inferior del esternón.

3. **Repita esta técnica de pie** hasta que el niño expulse el cuerpo extraño o pierda por completo la conciencia.
4. **Si el niño pierde la consciencia**, colóquelo sobre una superficie dura. Abra la vía aérea empleando la maniobra de inclinación de cabeza-levantamiento de mentón y mire dentro de la boca del niño. Si puede ver el cuerpo extraño, intente retirarlo.
5. **Intente la respiración de rescate.** Si el primer intento falla, reposicione la cabeza e inténtelo de nuevo.
6. **Si la vía aérea permanece obstruida**, inicie la RCP.

Si logra eliminar la obstrucción de la vía aérea en un niño inconsciente, pero éste aún no presenta respiración o circulación espontáneas, realice la RCP.

Manejo de la obstrucción de la vía aérea en un lactante

En lactantes conscientes con obstrucción de la vía aérea no se recomiendan las compresiones abdominales debido al riesgo de lesión de sus órganos inmaduros del abdomen. En lugar de esto, dé palmadas en la espalda y presiones del tórax para intentar limpiar una obstrucción grave de la vía aérea en un lactante consciente, como sigue (**Figura 32-23** ▲):

1. **Sostenga al lactante boca abajo**, con el cuerpo apoyado en su antebrazo. Sostenga la cara y mandíbula del lactante con su mano y mantenga la cabeza del bebé más abajo que el resto del cuerpo.

2. **Aplique palmadas en la espalda** entre los omóplatos, empleando la palma proximal de su mano.
3. **Coloque su mano libre detrás de la cabeza y espalda** y ponga al lactante erecto sobre su muslo, colocándolo entre sus dos manos y brazos. La cabeza del lactante debe permanecer por debajo del nivel de su cuerpo.
4. **Aplique cinco presiones rápidas en el pecho** en la misma localización y manera que las compresiones del tórax, empleando dos dedos colocados en la mitad inferior del esternón. Para lactantes de mayor tamaño, o si tiene manos pequeñas, puede llevar a cabo este paso colocando al lactante en su regazo y volteando el cuerpo entero del bebé como unidad entre palmadas en la espalda y compresiones del tórax.
5. **Revise la vía aérea.** Si puede ver el cuerpo extraño ahora, retírelo. Si no, repita el ciclo con la frecuencia necesaria.
6. **Si el lactante pierde la conciencia,** inicie la RCP y recuerde revisar la vía aérea antes de ventilar cada vez.

Si el lactante recupera la conciencia, manténgalo en una posición que le permita reevaluar de manera frecuente la vía aérea y los signos vitales durante el transporte. A medida que termine la evaluación inicial, deberá haber revisado el nivel de conciencia del niño, abierto la vía aérea, ventilado al niño si es necesario y haber revisado la circulación e iniciado la RCP si se requiere. Si ha tenido que proporcionar cualquier tratamiento adicional para mantener los ABC del niño, considere que éste es un paciente prioritario y deberá iniciar el transporte lo más pronto posible. De lo contrario, es apropiada una evaluación adicional.

Reanimación neonatal

Al nacer, la mayoría de los bebés requieren medidas de reanimación que estimulan al neonato a respirar e inician la circulación sanguínea a través de los pulmones (Cuadro 32-5 ▶). Estas medidas incluyen el reposicionar la vía aérea, secar, calentar, succionar y estimular en forma táctil. He aquí algunos consejos para ayudarle a maximizar los efectos de las medidas:

- Coloque al lactante acostado boca arriba con la cabeza hacia abajo y el cuello ligeramente extendido. Ponga una toalla o cobija debajo de los hombros del bebé para ayudar a mantener esta posición.
- Succione en boca y nariz por medio de la jeringa de bulbo o con un dispositivo de succión con un catéter 8 o 10-French. Succione ambos lados de la parte posterior de la boca, donde tienden a acumularse las secreciones, pero evite la succión profunda en boca o garganta, ya que esto puede ocasionar que el corazón lata más despacio. Dirija oxígeno por paso de gas hacia la boca y nariz del bebé durante la reanimación.
- Además de secar vigorosamente cabeza, espalda y cuerpo del neonato con toallas secas, puede frotar su espalda y dar palmadas en las plantas de sus pies.

En casos en los que un neonato presenta dificultades, deberá contar con el equipo apropiado para las medidas de reanimación. Todas las ambulancias deben contar con el

CUADRO 32-5 Medidas de urgencia para un neonato que no respira

Evaluación y apoyo	■ Temperatura (caliente y seco) ■ **A** - vía aérea (posición y succión) ■ **B** - respiración (estimular para el llanto) ■ **C** - circulación (frecuencia cardiaca y color)
Intervenciones SVB	■ Seque y caliente al bebé. ■ Limpie la vía aérea con una jeringa de bulbo. ■ Estimule al bebé si éste no responde. ■ Use un dispositivo de BVM para ventilar al neonato si es necesario. Rara vez lo es. ■ Realice compresiones del tórax si no hay pulso o la frecuencia de éste es menor de 60 latidos/min a pesar de la oxigenación y ventilación.

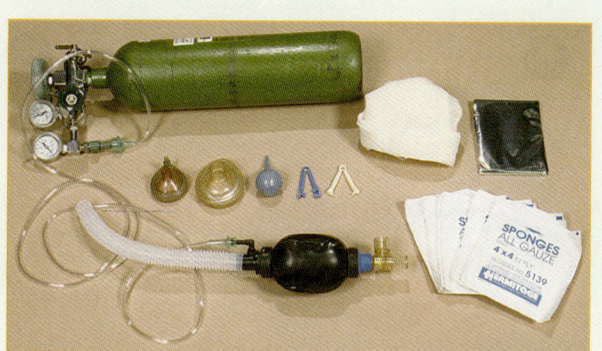

Figura 32-24 El equipo apropiado para la reanimación neonatal incluye una jeringa de bulbo, toallas, una cobija para bebé, un dispositivo de BVM, mascarillas transparentes en dos tamaños, dos pinzas umbilicales, gasa estéril, un gorro de media y una fuente de oxígeno con tubos.

siguiente equipo y provisiones para la reanimación de neonatos (Figura 32-24).

- Jeringa de bulbo
- Toallas limpias y secas
- Una cobija para bebé
- Dispositivo de BVM con reservorio de 450 mL
- Mascarillas transparentes en ambos tamaños, para neonato normal y prematuro
- Dos pinzas umbilicales
- Gasa estéril de 4 × 4 pulgadas
- Una gorra de media
- Una fuente de oxígeno con tubos

Esfuerzos adicionales de reanimación

Observe al neonato en busca de respiración espontánea, revise el color de la piel y el movimiento de las extremidades. Si el esfuerzo respiratorio parece apropiado, evalúe la frecuencia cardiaca mediante la palpación del pulso en la base del cordón umbilical o en la arteria braquial. La frecuencia cardiaca es la medida más importante para determinar la necesidad de reanimación adicional (Cuadro 32-6).

Si se requieren compresiones de tórax, aplíquelas con una frecuencia de 120 veces por minuto, a una profundidad equivalente a un tercio o un medio de la profundidad del pecho. Si están presentes dos TUM-B, deberá usarse la técnica de los dos pulgares y las manos rodeando el tórax; la técnica de dos dedos es apropiada si está solo o si el neonato es grande (Figura 32-25). Coordine las compresiones de tórax y las ventilaciones en una proporción de 3:1.

Cualquier recién nacido que requiera más que la reanimación de rutina debe ser transportado, cuando sea posible, a un centro con una unidad de terapia intensiva neonatal. Este tipo de unidad está diseñada para neonatos que necesitan atención especializada, incluida la ventilación mecánica.

CUADRO 32-6 Esfuerzos adicionales de reanimación neonatal

Si la frecuencia cardiaca es...	Mayor de 100 latidos/min	60 a 100 latidos/min	Menor de 60 latidos/min
Haga esto:	Mantenga al recién nacido caliente.	Inicie ventilación asistida con un dispositivo de BVM y oxígeno al 100%.	Inicie ventilación asistida con un dispositivo de BVM y oxígeno al 100%.
	Transporte al recién nacido.	Reevalúe al neonato cada 30 s hasta que frecuencia cardiaca y respiraciones sean normales.	Reevalúe al neonato cada 30 s hasta que frecuencia cardiaca y respiraciones sean normales.
	Evalúe al recién nacido continuamente.	Continúe la reevaluación del neonato. Llame al SVA para pedir apoyo. Mantenga caliente al neonato.	Inicie las compresiones del tórax. Llame al SVA para pedir apoyo. Si la frecuencia cardiaca no aumenta, serán necesarios medicamentos y el SVA.

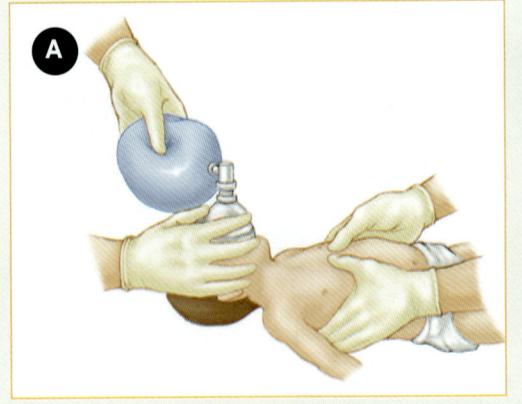
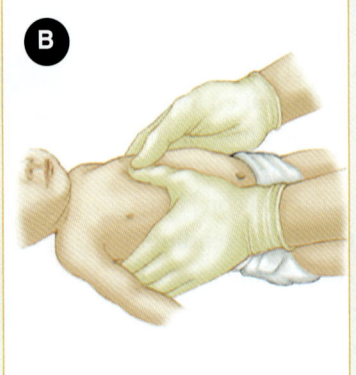
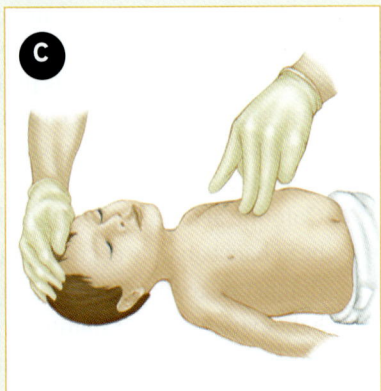

Figura 32-25 A. Si están presentes dos rescatistas, use la técnica de dos pulgares con las manos rodeando el tórax para realizar las compresiones del tórax en el neonato. **B.** En neonatos muy pequeños, es posible que necesite superponer los pulgares. **C.** Si está solo o el neonato es grande, use sus dedos anular y medio (técnica de los dos dedos).

Cerca de 12% de los partos se complican por la presencia del meconio, un material color verde oscuro en el líquido amniótico que puede ser espeso o delgado. Si el neonato aspira meconio espeso, puede presentarse enfermedad pulmonar grave y a veces la muerte. Por tanto, si ve meconio en el líquido amniótico o manchado por meconio, debe continuar la succión vigorosa del neonato después del nacimiento.

Los problemas respiratorios que conducen al paro cardiopulmonar en niños pueden tener un sinnúmero de causas diferentes, entre ellas:

- Lesión, tanto contundente como penetrante
- Infecciones del tracto respiratorio o de otro sistema de órganos
- Un cuerpo extraño en la vía aérea

Repaso del apoyo vital básico

Las razones para el paro cardiopulmonar difieren en niños y adultos. En adultos, el paro cardiaco es por lo general el resultado del ritmo anormal del corazón, lo cual es en sí producto de una enfermedad cardiaca subyacente. Dado que la mayoría de los niños poseen corazones sanos, el paro cardiaco súbito es raro. Es más común que los niños sufran paro cardiopulmonar debido a insuficiencia respiratoria o circulatoria debida a enfermedad o lesión. Por esta razón, la vía aérea y la respiración son el centro del soporte vital básico (SVB) pediátrico Cuadro 32-7.

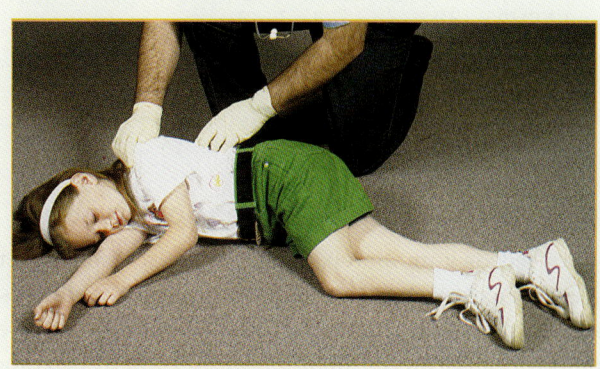

Figura 32-26 Nunca sacuda al niño para determinar la respuesta. Más bien, aplique golpecitos suaves en su hombro y hable con voz fuerte.

CUADRO 32-7 Repaso de procedimientos SVB pediátricos

Procedimiento	Lactantes (menores de 1 año)	Niños (1 año al inicio de la pubertad)[1]
Vía aérea	Inclinación de cabeza-levantamiento de mentón; tracción mandibular si sopecha lesión en columna	Inclinación de cabeza-levantamiento de mentón; tracción mandibular si sopecha lesión en columna
Respiración		
Respiraciones iniciales	2 respiraciones con duración de 1 s c/u con suficiente volumen para elevar el pecho	2 respiraciones con duración de 1 s c/u con suficiente volumen para elevar el pecho
Respiraciones subsiguientes	1 respiración cada 3 a 5 s (12 a 20 respiraciones/min)	1 respiración cada 3 a 5 s (12 a 20 respiraciones/min)
Circulación		
Revisión del pulso	Arteria braquial	Arteria carótida o femoral
Área de compresión	Justo debado de la línea del pezón	En el centro del tórax, en medio de los pezones
Amplitud de compresión	Técnica de los 2 dedos o los 2 pulgares con las manos rodeando el tórax	Palma proximal de una o ambas manos
Profundidad de compresión	Profundidad de un tercio o la mitad del tórax	Profundidad de un tercio o la mitad del tórax
Frecuencia de compresión	100/min	100/min
Proporción de compresiones a ventilaciones	30:2 (un TUM-B); 15:2 (dos TUM-B)[2]	30:2 (un TUM-B); 15:2 (dos TUM-B)[2]
Obstrucción por cuerpos extraños	Consciente: palmadas en espalda y compresiones en pecho Inconsciente: RCP	Consciente: compresiones abdominales Inconsciente: RCP

[1] La pubertad inicia alrededor de los 12 y 14 años de edad, según lo definen las características secundarias (es decir, crecimiento de mamas en niñas y del vello en axilas en niños).
[2] Haga pausas en las compresiones para aplicar ventilaciones.

- Casi ahogamiento
- Electrocución
- Envenenamiento o sobredosis de fármacos
- Síndrome de muerte infantil súbita (SMIS)

Para propósitos del SVB pediátrico, la lactancia termina al año de edad y la infancia se extiende hasta el inicio de la pubertad. El objetivo, desde luego, es el mismo para todos los pacientes: restaurar la respiración y la circulación sanguínea.

El SVB pediátrico puede dividirse en cuatro pasos:
1. Determinación de la respuesta
2. Vía aérea
3. Respiración
4. Circulación

Determinación de la responsividad

Nunca sacuda a un niño para determinar si responde, en especial si existe la posibilidad de una lesión en cuello o espalda. En lugar de lo anterior, aplique golpecitos suaves en el hombro y hable con voz fuerte Figura 32-26. Si un niño responde, pero lucha por respirar, permítale permanecer en la posición que le sea más cómoda.

Si encuentra a un niño que no responde, apneico y sin pulso mientras usted está solo y fuera de sevicio, realice la RCP durante cerca de 2 min y luego deténgase para llamar al sistema de SMU. ¿Por qué no llamarlo de inmediato, como lo haría con un adulto? Porque el paro cardiopulmonar en niños casi siempre es el resultado de insuficiencia respiratoria, no un evento cardiaco primario. Por tanto, requerirán la restauración inmediata de la oxigenación, ventilación y circulación, lo cual puede lograrse por la realización inmediata de cinco ciclos (cerca de 2 min) de RCP antes de activar al sistema de SMU.

Vía aérea

Dado que es frecuente que los niños pongan juguetes y otros objetos, lo mismo que alimentos, en sus bocas, la obstrucción con cuerpos extraños en la vía aérea superior es común. Los pasos para retirar un cuerpo extraño se revisaron al inicio de este capítulo. Deberá asegurarse de que la vía aérea está abierta cuando enfrente emergencias respiratorias o paro cardiopulmonar pediátricos. Si el niño está inconsciente y yace en posición supina, la vía aérea puede obstruirse cuando se relajen los músculos de la lengua y la garganta, y la lengua caiga hacia atrás Figura 32-27.

Si el niño está inconsciente pero respira, colóquelo sobre uno u otro costado en la posición de recuperación, en la cual la pierna superior se flexiona y dobla hacia delante para la estabilización y la cabeza se posiciona para permitir el drenado de saliva o vómito Figura 32-28. No utilice esta posición si sospecha una lesión en columna a menos que pueda asegurar al niño a una tabla que pueda inclinarse hacia el lado. No intente abrir la vía aérea en

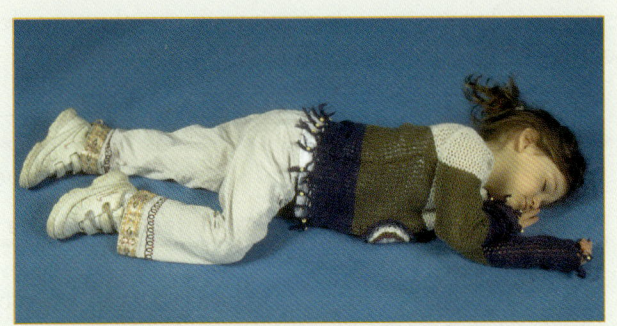

Figura 32-28 Un niño que está inconsciente, pero respira, deberá colocarse en la posición de recuperación para permitir que saliva y vómito drenen desde su boca.

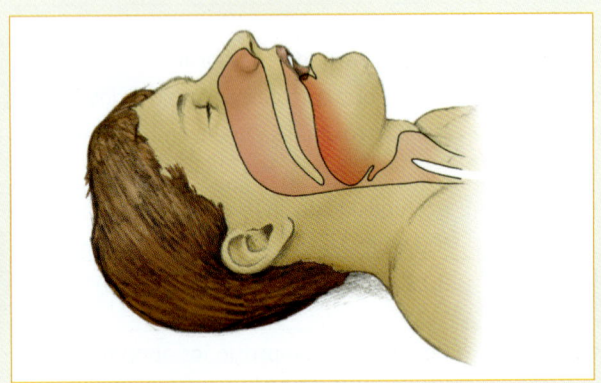

Figura 32-27 La vía aérea puede obstruirse cuando los músculos de lengua y garganta se relajan, y la lengua cae hacia atrás dentro de esta última.

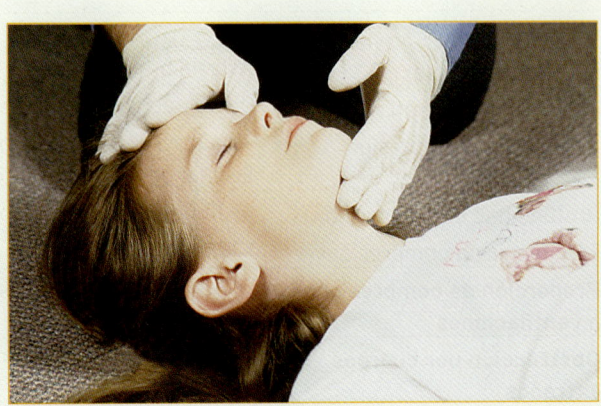

Figura 32-29 Use la maniobra de inclinación de cabeza-levantamiento de mentón para abrir la vía aérea de un niño que no sufrió lesión traumática. No hiperextienda el cuello.

absoluto si el niño está consciente y respira, pero de manera trabajosa. En lugar de ello, proporcione transporte inmediato al hospital más cercano.

Hay dos técnicas comunes para abrir de forma manual la vía aérea de un niño que está inconsciente y no respira: la técnica de inclinación de cabeza-levantamiento de mentón (Figura 32-29) y la maniobra de tracción mandibular. Esta última es más segura si existe la posibilidad de lesión espinal. Recuerde, sin embargo, que si la tracción madibular no abre de manera adecuada la vía aérea de un niño, deberá efectuar con cuidado la técnica de inclinación de cabeza-levantamiento de mentón.

Técnica de inclinación de cabeza-levantamiento de mentón

Efectúe esta técnica en un niño de la siguiente manera:

1. **Coloque una mano en la frente del niño** e incline la cabeza hacia atrás con cuidado, con el cuello ligeramente extendido.
2. **Coloque los dedos (no el pulgar) de su otra mano bajo el mentón del niño** y levante la mandíbula hacia arriba y afuera. No cierre la boca ni empuje debajo de la barbilla; ambos movimientos podrían obstruir más que abrir la vía aérea.
3. **Retire cualquier cuerpo extraño visible o vómito.**

Maniobra de tracción mandibular

Efectúe esta maniobra en el niño de la siguiente manera:

1. **Coloque dos o tres dedos** bajo cada lado del ángulo de la mandíbula inferior; levante la mandíbula hacia arriba y hacia fuera.
2. **Si la sola tracción mandibular** no abre la vía aérea y la lesión en vértebras cervicales no es una consideración, incline la cabeza ligeramente. Si sospecha lesión en vértebras cervicales solicite a un segundo TUM-B que inmovilice dichas vértebras.

Recuerde que la cabeza de un lactante o un niño pequeño es desproporcionadamente grande en comparación con su pecho y sus hombros. Como resultado, cuando un niño yace boca arriba, en especial sobre una tabla, la cabeza se doblará hacia delante sobre la parte superior del pecho. Esto puede obstruir de modo parcial o total la vía aérea. Para evitar esta posibilidad, coloque un soporte acojinado bajo la parte superior del tórax y los hombros.

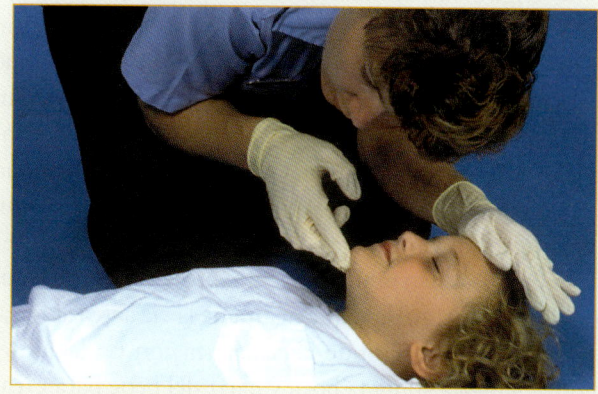

Figura 32-30 Después de abrir la vía aérea, utilice la técnica de mirar, escuchar y sentir para determinar si el niño respira en forma espontánea.

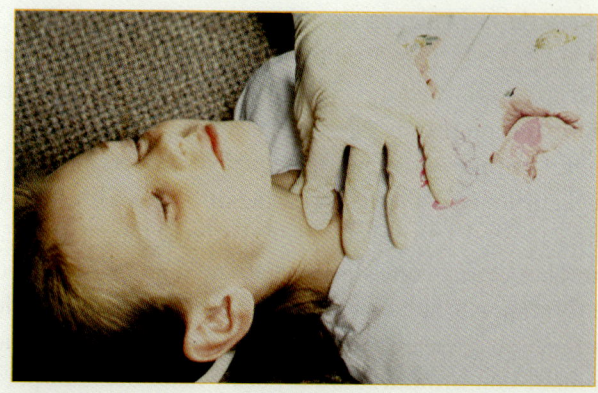

Figura 32-31 Realizar la maniobra de Sellick reduce el riesgo de distensión gástrica y la aspiración del vómito durante la ventilación con BVM.

Situación de urgencia — Parte 4

La obstrucción leve de la vía aérea se convirtió en grave. Se arrodilla detrás de la niña y la rodea con sus brazos. Busca las referencias anatómicas apropiadas y realiza la maniobra de Heimlich empleando fuertes movimientos hacia dentro y hacia arriba.

7. ¿Cuántas veces puede realizar la maniobra de Heimlich en un niño?
8. Si no logra aliviar la obstrucción por medio de la maniobra de Heimlich, ¿cuál es el siguiente paso en el tratamiento?

Respiración

Una vez que se abre la vía aérea, tome por lo menos 5 s, pero no más de 10, para determinar si el niño respira de manera espontánea, empleando la técnica de ver, oír y sentir Figura 32-30 ◀.

- **Vea** si el tórax o abdomen suben y bajan.
- **Oiga** si hay exhalación o inhalación.
- **Sienta** si hay un flujo de aire exhalado en la boca.

Si un lactante o niño pequeño respira, proporcione transporte inmediato. De nuevo, deberá permitirse a un niño con dificultad respiratoria que permanezca en la posición que le sea más cómoda. Los niños de mayor tamaño que están inconscientes y respiran con dificultad deberán mantenerse en la posición de recuperación si es posible.

Si un lactante o niño no respira, proporcione respiración de rescate al tiempo que mantiene la vía aérea abierta. Si emplea reanimación de boca a boca con un lactante, coloque su boca sobre la boca y nariz del bebé para crear un sello. Si emplea un dispositivo de BVM para asistir las ventilaciones de un lactante, emplee la mascarilla de tamaño adecuado y la técnica antes descrita.

Cuando estén presentes dos TUM-B, emplee sus dedos pulgar e índice para aplicar presión sobre el área justo debajo de la manzana de Adán (maniobra de Sellick) Figura 32-31 ◀. Esto reducirá el riesgo de distensión gástrica y aspiración de vómito al empujar la laringe hacia atrás para comprimir y cerrar el esófago.

En un niño con tubos de traqueostomía (respiración) en el cuello, retire la mascarilla del dispositivo de bolsa y válvula y conéctelo directamente al tubo de traqueostomía para dar ventilaciones. Si no dispone de un dispositivo de BVM, puede aplicar una máscarilla, un dispositivo de barrera o su boca sobre el sitio de traqueostomía. Coloque su mano con firmeza sobre la boca y nariz del niño para evitar que la respiración artificial escape por la vía respiratoria superior.

Circulación

Una vez que haya abierto la vía aérea y proporcionado dos respiraciones de rescate, evalúe la circulación del niño. Verifique el pulso en las arterias carótida o femoral en los niños y en la arteria braquial en lactantes. Para localizar la arteria carótida, coloque uno o dos dedos sobre el hueco entre la manzana de Adán y los músculos del cuello. Es posible sentir la arteria femoral en el doblez entre el muslo y la ingle. Localice la arteria braquial colocando dos o tres dedos en el interior de la parte superior del brazo del lactante, entre el codo y el hombro. Tome por lo menos 5 s, pero no más de 10, para evaluar el pulso.

Si el lactante o niño no respira, el pulso con frecuencia es demasiado lento (menos de 60 latidos/min) o ausente por completo; por tanto se requerirá RCP.

Para que las compresiones del tórax sean eficaces, el paciente deberá colocarse sobre una superficie firme y plana con la cabeza al mismo nivel que el cuerpo. Si necesita transportar a un lactante mientras le administra RCP, su antebrazo y mano pueden servir como la superficie plana. Siga estos pasos para efectuar compresiones en el pecho Destrezas 32-6 ▶:

1. **Coloque al lactante sobre una superficie firme.** Utilice una mano para mantener la cabeza en una posición de apertura de la vía aérea. También puede usar un cojín o calzar bajo los hombros y la parte superior del cuerpo para evitar que la cabeza se incline hacia delante.
2. Imagine que traza una línea entre los pezones. **Coloque dos dedos en la parte media del esternón,** cerca de 1.5 cm debajo del nivel de la línea imaginaria (un dedo) (**Paso 1**).
3. **Utilice dos dedos para comprimir el esternón** cerca de un tercio a la mitad de la profundidad del pecho. Comprima con una frecuencia de 100 compresiones/min.
4. **Después de cada compresión, permita que el esternón regrese brevemente a su posición normal.** Proporcione tiempo para la compresión y relajación del tórax. No retire sus dedos del esternón para evitar movimientos entrecortados (**Paso 2**).

Coordine las compresiones y ventilaciones rápidas en una relación de 30:2, asegurándose de que el pecho del lactante se recupere por completo entre compresiones y que el pecho se levante de manera visible con cada ventilación. Le resultará mucho más fácil hacer esto si usa su mano libre para mantener la cabeza en la posición de apertura de la vía aérea. Si el tórax no se eleva, o se eleva muy poco, levante el mentón para abrir la vía aérea. Reevalúe al lactante en busca de signos de respiración espontánea o pulso después de cinco ciclos (cerca de 2 min) de RCP.

Las Destrezas 32-7 ▶ muestran los pasos para realizar RCP en niños de entre un año de edad y el inicio de la pubertad:

1. **Coloque al niño sobre una superficie firme** y utilice una mano para mantener la cabeza en una posición inclinada hacia atrás (**Paso 1**).
2. **Ponga la palma proximal de una o de ambas manos en el centro del tórax, entre los pezones.** Evite

Realización de compresiones en el tórax de un lactante

Destrezas 32-6

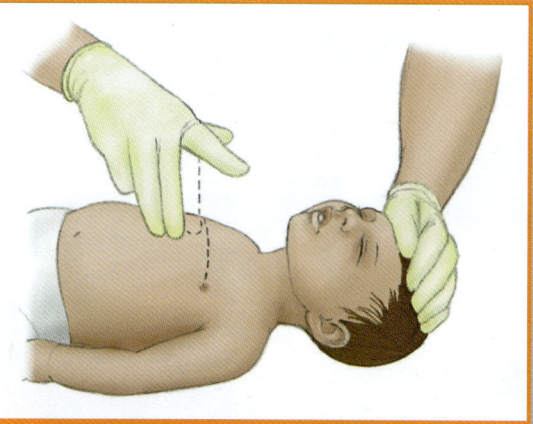

1 Coloque al lactante sobre una superficie firme mientras mantiene la vía aérea. Coloque dos dedos en la parte media del esternón, justo debajo de la línea entre los pezones.

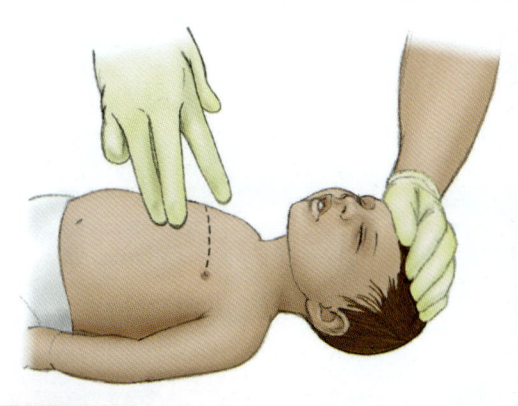

2 Use dos dedos para comprimir el pecho a un tercio o un medio de su profundidad con una frecuencia de 100 veces/min.

Permita que el esternón regrese a su posición normal entre compresiones.

---

la compresión sobre la punta inferior del esternón, que se denomina <u>apéndice xifoides</u> (**Paso 2**).

3. **Comprima el tórax** alrededor de un tercio o la mitad de la profundidad de éste con una frecuencia de 100 compresiones/min. Con pausas para la ventilación, el número real de compresiones aplicadas será de alrededor de 80/min. Entre compresiones, permita que el tórax se recupere por completo. Los tiempos de compresión y relajación deberán tener aproximadamente la misma duración. Use movimientos fluidos. Sostenga sus dedos fuera de las costillas del niño y mantenga su mano, o sus manos, sobre el esternón.

4. **Coordine compresiones y ventilaciones rápidas** en una proporción de 30:2 para un TUM-B y de 15:2 para dos, asegurándose de que el tórax se eleve con cada ventilación. Al final de cada ciclo, haga una pausa para dar dos ventilaciones (**Paso 3**).

5. **Reevalúe al niño** respecto a su respiración y pulso después de cada cinco ciclos (cerca de 2 min) de RCP.

Tips para el TUM-B

Es probable que un niño lesionado con problemas graves en la vía aérea o respiratorios requiera atención completa de ambos TUM-B. La necesidad de un operador, y con frecuencia de ayuda adicional con la atención del paciente, hace importante comenzar a hacer arreglos de manera oportuna para recibir apoyo de otra unidad, quizá incluso antes de llegar a la escena.

Tips para el TUM-B

Los DAE son cada vez más accesibles en la comunidad. Familiarícese con sus protocolos locales respecto a la desfibrilación pediátrica. Su servicio puede usar DAE pediátrico o un DAE con adaptador pediátrico.

Destrezas 32-7

Cómo realizar RCP en un niño

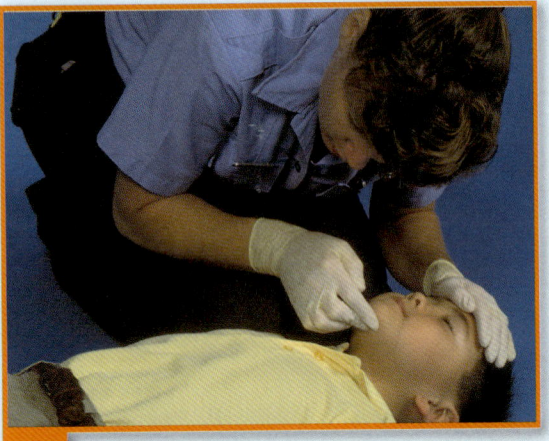

1 Coloque al niño sobre una superficie firme, abra la vía aérea y aplique dos respiraciones de rescate.

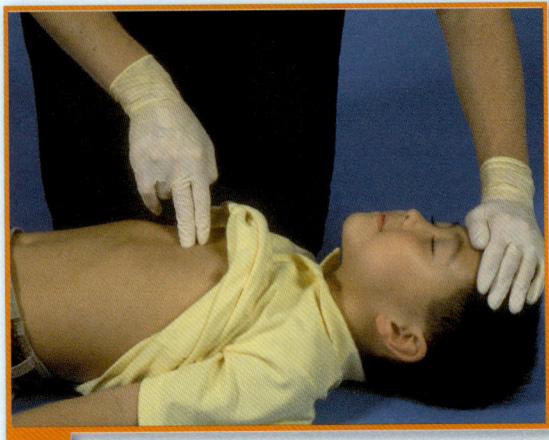

2 Ponga la palma proximal de una o de ambas manos en el centro del tórax, entre los pezones, evitando el apéndice xifoides.

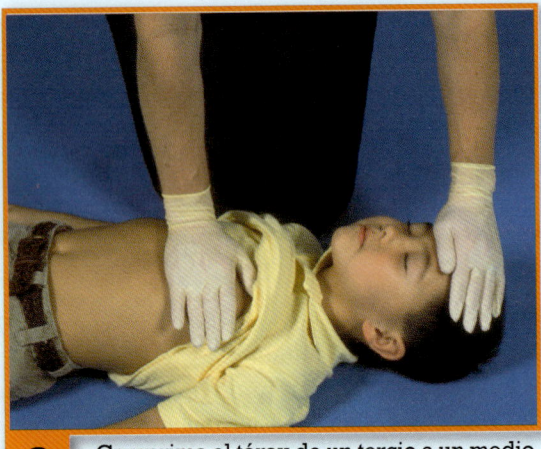

3 Comprima el tórax de un tercio a un medio de su profundidad con una frecuencia de 100 veces/min. Coordine las compresiones con las ventilaciones en una proporción de 30:2 (un TUM-B) o 15:2 (dos TUM-B), haciendo pausas para las ventilaciones.

4 Reevalúe la respiración y el pulso después de cada cinco ciclos (cerca de 2 min) de RCP. Si el niño reinicia la respiración efectiva, colóquelo en una posición que permita la reevaluación frecuente de la vía aérea y de los signos vitales durante el transporte.

6. Si el niño reinicia la respiración efectiva, colóquelo en una posición que permita la reevaluación frecuente de la vía aérea y de los signos vitales durante el transporte (**Paso 4**).

Recuerde, si el niño ya pasó el inicio de la pubertad, emplee la secuencia de RCP para adultos, incluido el uso del DAE.

Uso de DAE en niños

Los ritmos cardiacos que requieren desfibrilación pueden ser causa de paro cardiaco súbito (PCS o pueden desarrollarse durante los intentos de reanimación. De acuerdo con la American Heart Association, los DAE pueden emplearse sin peligro en niños mayores de un año. Cuando se usa un DAE en un niño de entre uno y ocho años, deberá usar parches de tamaño pediátrico y un sistema atenuador de dosis (reductor de energía). No obstante, si éstos no están disponibles, deberá usarse un DAE para adultos. El DAE no está indicado para su uso en lactantes menores de un año. Durante la RCP, el DAE debe aplicarse a niños mayores de un año después de completar los primeros cinco ciclos de RCP. Como se analizó antes, el paro cardiaco en niños se debe por lo general a insuficiencia respiratoria;

por tanto, la oxigenación y ventilación son de vital importancia. Después de los primeros cinco ciclos de RCP, deberá usarse el DAE para administrar choques de la misma manera en que se hace con un paciente adulto.

Paro cardiopulmonar

El paro cardiaco en lactantes y niños casi siempre se asocia con insuficiencia y paro respiratorios. En lo que respecta a la disminución de las concentraciones de oxígeno, los niños se ven afectados de modo diferente que los adultos. Un adulto sufre hipoxia y el corazón se vuelve irritable, por lo que ocurre la muerte cardiaca súbita. Esto con frecuencia se presenta en forma de fibrilación ventricular, y ésta es la razón por la cual el DAE es el tratamiento de elección. Los niños, por otra parte, sufren hipoxia y sus corazones se vuelven más lentos y sufren bradicardia cada vez mayor. El corazón latirá con mayor lentitud y se debilitará más con cada latido hasta que no se sienta pulso alguno. La tasa de supervivencia por paro cardiaco en el medio prehospitalario es de 3 a 5%. No obstante, la tasa de supervivencia por paro respiratorio es de 75%. Por tanto, un niño que respira mal y cuya frecuencia cardiaca se hace más lenta debe ventilarse con altas concentraciones de oxígeno de manera oportuna para intentar oxigenar el corazón antes de que ocurra el paro cardiaco.

Traumatismo pediátrico

La evaluación del traumatismo en un niño sigue el mismo formato que en un adulto; no obstante, varias diferencias hacen que el niño tenga mayor susceptibilidad a lesiones. Una vez que se determina el ML y se evalúa el nivel de conciencia del niño, el TUM-B debe determinar si empleará el examen enfocado o el de cabeza a pies. Recuerde que los niños pequeños no pueden ser específicos acerca de la localización o gravedad del dolor, por lo cual requieren que el TUM-B efectúe el examen de cabeza a pies de todas formas.

Cuando inicie el examen, determine la edad del niño. Lactantes, niños de uno a tres años y preescolares no gustan de que se les toque. Si es posible, el examen debe comenzar de los dedos de los pies hacia la cabeza, dejando cualquier área notoriamente lesionada para el final. Empezar por el centro del cuerpo puede hacer que el niño se muestre irritable y que coopere menos con el examen.

La cabeza es lo que se lastima con mayor frecuencia y sus lesiones tienen mayor probabilidad de ocasionar la muerte. La cabeza de los niños es grande en comparación con el cuerpo, la mayor parte de los traumatismos en sistemas múltiples implicarán la cabeza. Durante su evaluación, concéntrese en mantener la vía aérea abierta como se señaló antes. Vigile los signos vitales con frecuencia para buscar signos de aumento en la presión intracraneal. Deberá evitar la hiperventilación hasta que se hayan establecido las ventilaciones normales y se presenten signos de herniación.

La lesión en vértebras cervicales es más frecuente en niños que en adultos debido a que los músculos del cuello son más débiles. Ésta es una de las razones por las cuales los niños menores de un año deben siempre viajar en un asiento para automóvil con el frente hacia la parte posterior del vehículo. Deberá emplearse la inmovilización cuidadosa para mantener la posición neutral como se describe antes.

Inmovilización

Ésta es necesaria para todos los niños que presentan posibles lesiones en cabeza o columna después de un evento traumático. Siga estos pasos (Destrezas 32-8 ▶):

1. **Mantenga la cabeza del niño en posición neutra** por medio de una toalla colocada debajo de hombros y torso (**Paso 1**).
2. **Colóquele al paciente un collarín cervical de tamaño apropiado** (**Paso 2**).
3. **Ruede con cuidado al niño como una unidad** sobre el dispositivo de inmovilización (**Paso 3**).
4. **Asegure primero el torso del paciente** sobre el dispositivo de inmovilización (**Paso 4**).
5. **Asegure la cabeza del niño** sobre el dispositivo de inmovilización (**Paso 5**).
6. **Complete la inmovilización** asegurándose de que el niño está bien sujeto con las correas (**Paso 6**).

La inmovilización puede ser difícil de llevar a cabo debido a las proporciones corporales del niño. Los niños pequeños requieren acojinamiento debajo del torso para mantener una posición neutra. Alrededor de los ocho a 10 años de edad, los niños ya no requieren el acojinamiento debajo del torso para crear la posición neutra. En lugar de esto, pueden recostarse simplemente en posición supina sobre la tabla. No obstante, puede presentarse otra complicación si un niño se coloca sobre una tabla larga del tamaño de un adulto. Dado que el cuerpo de un niño es más angosto que el de un adulto, se requerirá acojinamiento a lo largo de los lados con el fin de que el niño esté sujeto de forma adecuada sobre una tabla larga del tamaño de un adulto.

Algunos lactantes aún se encontrarán en un asiento para automóvil cuando el TUM-B se les acerque. Hay dos métodos de transporte que se determinan por la gravedad del paciente. Si el niño tiene signos vitales estables, lesiones

Inmovilización de un niño

Destrezas 32-8

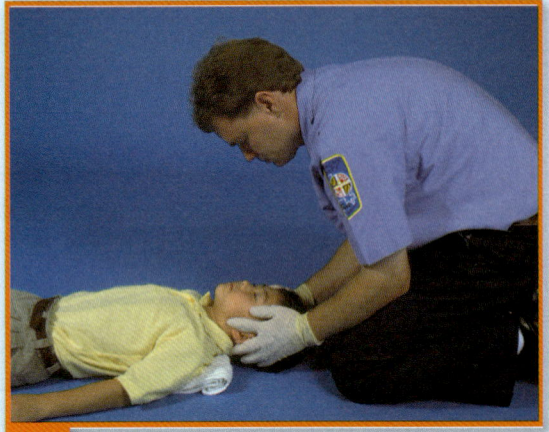

1 Use una toalla bajo la espalda, desde los hombros hasta las caderas, para mantener la cabeza en una posición neutra.

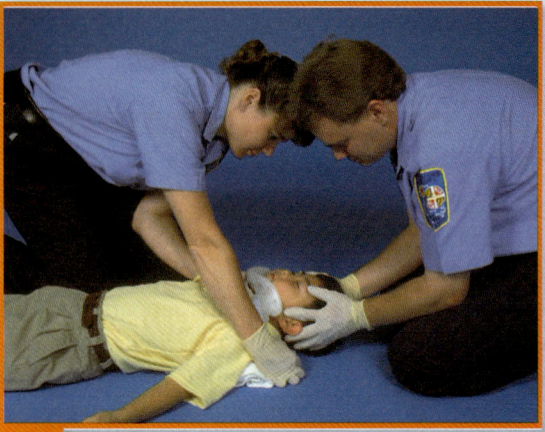

2 Aplique un collarín cervical de tamaño adecuado.

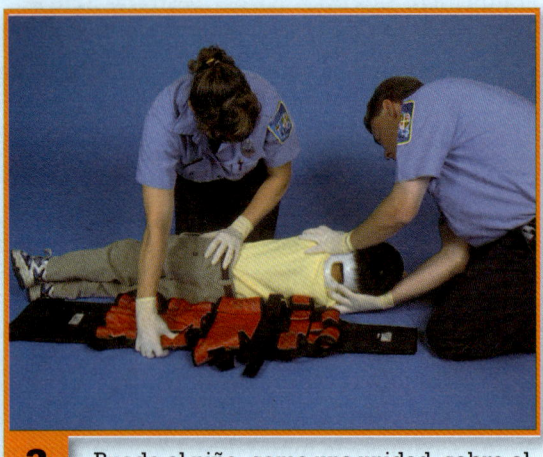

3 Ruede al niño, como una unidad, sobre el dispositivo de inmovilización.

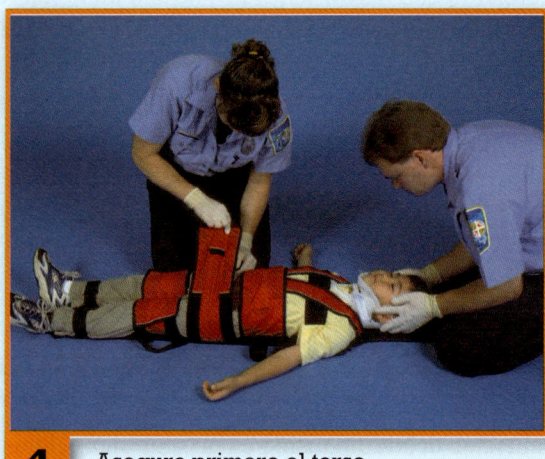

4 Asegure primero el torso.

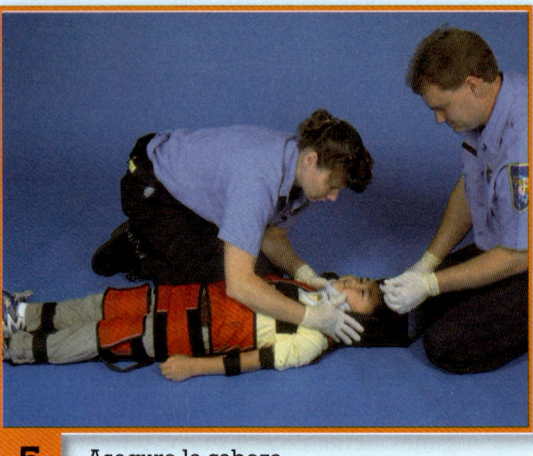

5 Asegure la cabeza.

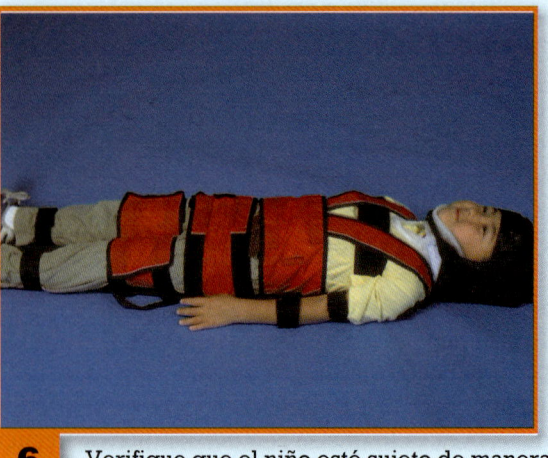

6 Verifique que el niño esté sujeto de manera apropiada.

Capítulo 32 Evaluación y manejo pediátricos

Inmovilización de un lactante en un asiento para automóvil

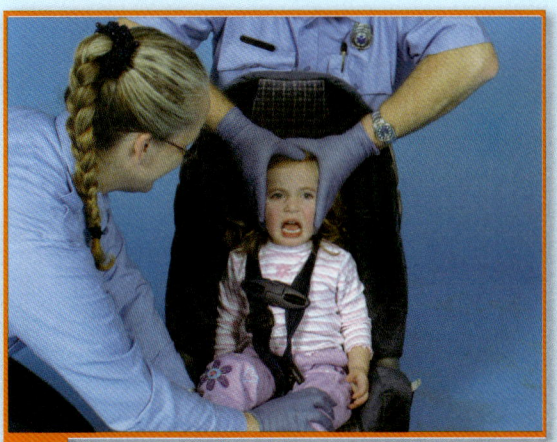

1 Estabilice con cuidado la cabeza del lactante en una posición neutra.

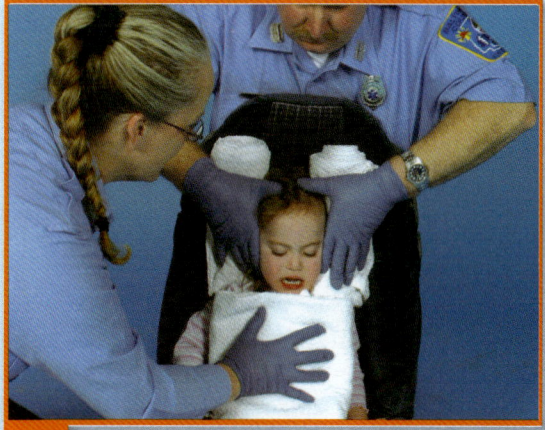

2 Coloque un collarín cervical de tamaño adecuado en el paciente, si dispone de uno.

De lo contrario, coloque toallas enrolladas o acojinamiento a lo largo del lactante.

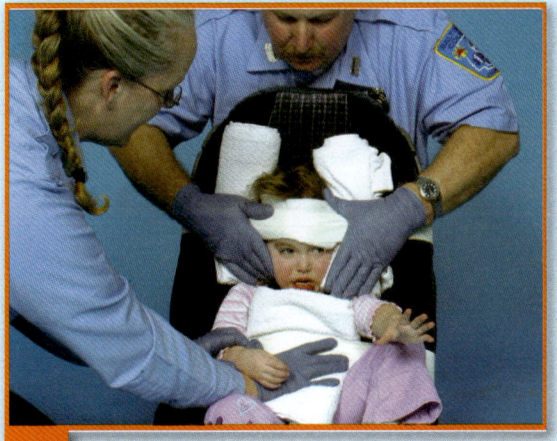

3 Asegure con cuidado el acojinamiento por medio de cinta adhesiva para mantenerlo en su lugar.

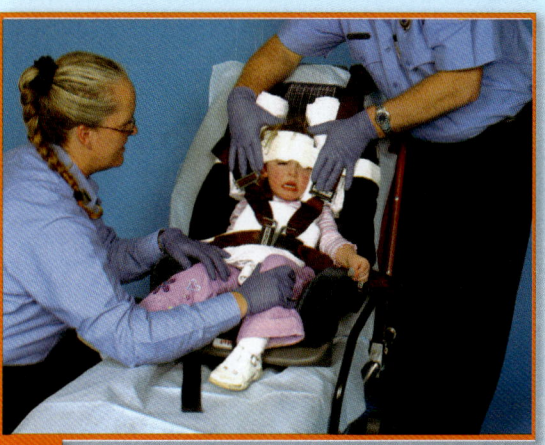

4 Asegure el asiento para auto en la camilla.

mínimas y el asiento para automóvil está visiblemente intacto, el niño puede permanecer y ser asegurado en él para su transporte. Si el niño está inestable, presenta lesiones que no son menores, o el asiento para automóvil está dañado, el niño debe pasarse a un dispositivo tipo tabla para su inmovilización y transporte.

Lo ideal es emplear un collarín cervical cuando se inmoviliza a un lactante o niño pequeño sobre un asiento para automóvil; sin embargo, en la mayoría de los casos no estará disponible un collarín de tamaño adecuado. En este caso, coloque toallas enrolladas a ambos lados de la cabeza para evitar el movimiento de lado a lado. No ponga una toalla en forma de "U" volteada sobre la cabeza del niño.

Esto puede causar presión sobre la cabeza y comprometer la vía aérea y la columna vertebral. Los pasos para inmovilizar a un lactante en un asiento para automóvil son los que se muestran en **Destrezas 32-9 ▲**:

1. **Estabilice con cuidado la cabeza del lactante en posición neutra.** Deje todas las correas del asiento para auto en su lugar (**Paso 1**).
2. **Coloque un collarín cervical de tamaño adecuado en el paciente, si está disponible. De lo contrario, ponga toallas enrolladas o acojinamiento a lo largo del lactante** para llenar los huecos en el asiento para automóvil (**Paso 2**).

Destrezas 32-10

Inmovilización de un lactante fuera de un asiento para automóvil

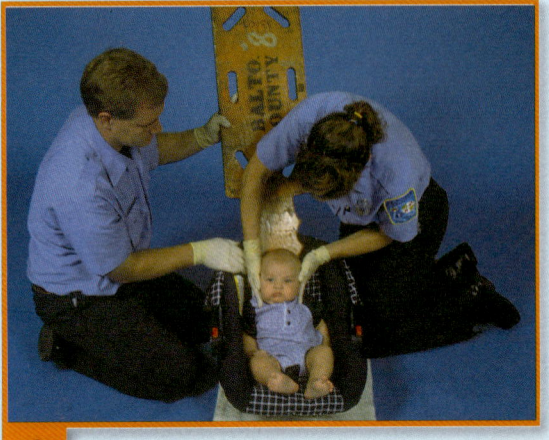

1 Estabilice la cabeza en posición neutra.

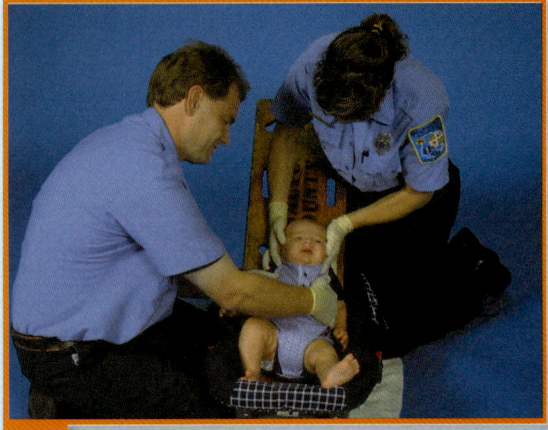

2 Coloque un dispositivo de inmovilización entre el paciente y la superficie sobre la cual yace éste.

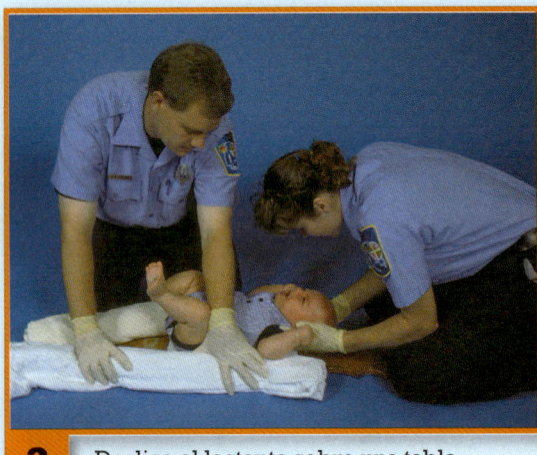

3 Deslice al lactante sobre una tabla.

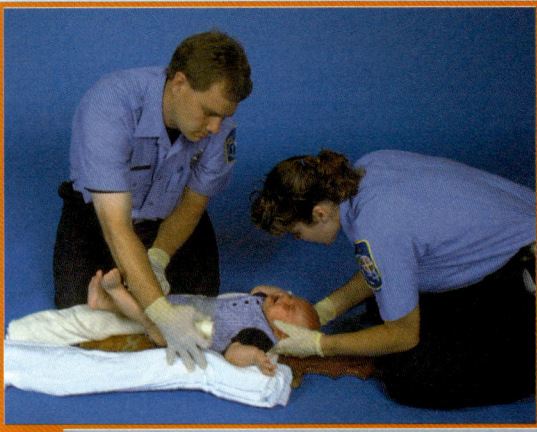

4 Coloque una toalla debajo de la espalda, desde los hombros hasta las caderas, para asegurar la posición neutra de la cabeza.

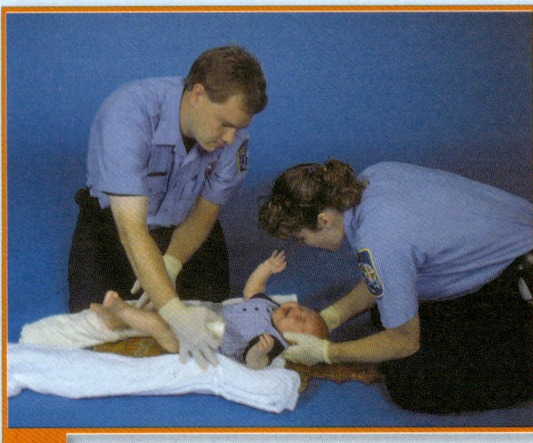

5 Asegure el torso primero y acojine cualquier hueco.

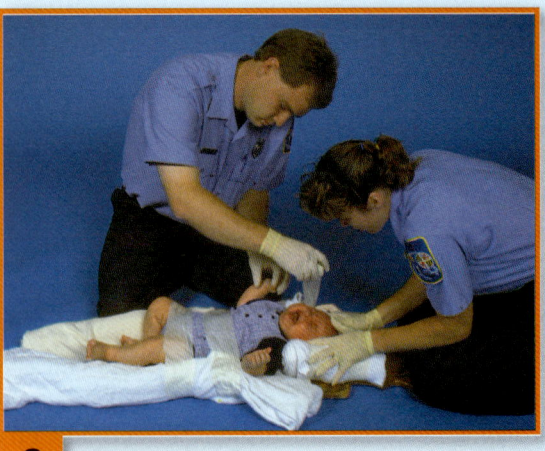

6 Asegure la cabeza.

3. Asegure con cuidado el acojinamiento por medio de cinta adhesiva (**Paso 3**).
4. **Asegure el asiento para automóvil en la camilla** como se detalla más adelante en este capítulo (**Paso 4**).

Siga estos pasos para inmovilizar a un lactante fuera de un asiento para automóvil (Destrezas 32-10 ◀):

1. **Estabilice con cuidado la cabeza del lactante en posición neutral** y ponga el asiento en posición reclinada sobre una superficie dura (**Paso 1**).
2. **Posicione una tabla pediátrica u otro dispositivo semejante** entre el paciente y la superficie sobre la cual descansa el lactante (**Paso 2**).
3. **Deslice con cuidado al lactante hasta la posición deseada** sobre la tabla (**Step 3**).
4. **Asegúrese que la cabeza del lactante está en posición neutral** mediante la colocación de una toalla debajo de los hombros del lactante (**Paso 4**).
5. **Asegure el torso primero** y coloque acojinamiento para llenar cualquier vacío (**Paso 5**).
6. **Asegure la cabeza del lactante** sobre la tabla (**Paso 6**).

Manejo de lesiones pediátricas

Las lesiones de extremidades en niños se manejan por lo general de la misma manera que las de los adultos. Los miembros deformados dolorosos con evidencia de huesos rotos deben entablillarse. Sólo deberá usar equipo especializado de entablillamiento, como una férula de tracción para fracturas del fémur, si ésta es de tamaño apropiado para el niño. No deberá intentar usar dispositivos de inmovilización para adultos en un niño a menos que éste sea lo bastante grande para que el dispositivo ajuste.

Emergencias médicas pediátricas

Lo mismo que la evaluación pediátrica de traumatismo, la evaluación médica pediátrica sigue rutas iguales a las del adulto, con énfasis en las diferencias del paciente pediátrico. Algunos problemas médicos merecen análisis adicional.

Emergencias respiratorias

En las etapas iniciales de la dificultad o insuficiencia respiratoria, las respiraciones pueden ser demasiado lentas o muy rápidas para la edad del paciente. Esto sugiere que los gases no se mueven de modo eficaz hacia dentro y fuera de los pulmones. Si, como a la mayoría de las personas, le cuesta trabajo memorizar los intervalos de normalidad de los signos vitales para lactantes y niños, mantenga a mano las tablas de referencia para este propósito. Si las respiraciones exceden 60 por minuto, es signo de un problema. En la mayoría de los casos deberá comenzar a asistir las ventilaciones de inmediato, incluso si el niño parece estar respirando de manera adecuada. Pero, recuerde, está tratando al niño, no a las cifras. Un niño que presenta 40 respiraciones/min y está jugando tranquilamente, no necesita ventilación asistida; un niño con 40 respiraciones/min que yace inconsciente en el suelo, sí la requiere.

Signos y síntomas

En las etapas primarias de la dificultad respiratoria puede notar cambios en la conducta del niño, como combatividad, inquietud y ansiedad. A medida que el cuerpo intenta maximizar la cantidad de aire que entra a los pulmones, el trabajo respiratorio aumenta. Los signos y síntomas de incremento en el trabajo respiratorio incluyen:

- Aleteo nasal, a medida que el cuerpo intenta aumentar el tamaño de la vía aérea para permitir el ingreso de más aire
- Respiraciones con gruñidos, pues el organismo trata de mantener los alvéolos expandidos al final de la expiración
- Sibilancia, estridor u otros sonidos anormales de las vía aérea
- Uso de músculos accesorios (intercostales), recuerde que en niños pequeños el diafragma es el músculo principal de la ventilación

---

Situación de urgencia — Parte 5

Continúa realizando la maniobra de Heimlich sin éxito. La niña pierde la conciencia. La acuesta con rapidez sobre el suelo y comienza a aplicar compresiones abdominales. Su compañero realiza la maniobra de inclinación de cabeza-levantamiento de mentón en un esfuerzo por visualizar la obstrucción. Mientras él hace esto, usted sigue con las compresiones abdominales. De repente, un trozo de comida sale de la boca de Julieta. Ella jadea tratando de respirar.

9. ¿Se puede realizar un barrido digital a ciegas a un niño?
10. ¿Cuál es la frecuencia respiratoria normal de los niños?

- Retracciones o movimientos de la cavidad torácica con costillas flexibles del niño
- La posición de tripié en niños mayores, ésta maximizará su vía aérea.

A medida que el niño progresa a una posible insuficiencia respiratoria, los esfuerzos por respirar disminuyen y el pecho se eleva menos con la inspiración. El diagnóstico definitivo de insuficiencia respiratoria se hace en el hospital. El cuerpo agota sus reservas disponibles de energía y no puede continuar sosteniendo el trabajo adicional de respirar bajo estas condiciones. En este punto, puede desarrollarse la cianosis (ésta es un signo tardío). Tenga en mente que no todos los niños presentan cianosis. Debe preocuparle en igual medida a un niño con piel pálida que a otro con piel azulada.

Los cambios en conducta también ocurrirán hasta que el niño muestre un nivel alterado de conciencia. El paciente puede presentar periodos de apnea (ausencia de respiración). A medida que la falta de oxígeno se vuelve más grave, el propio músculo del corazón presenta hipoxia y se vuelve más lento. Esto conduce a la bradicardia, un trastorno en el cual la frecuencia cardiaca es menor de 80 latidos/min en niños o menos de 100 latidos/min en neonatos. La bradicardia casi siempre es un signo fatal en los pacientes pediátricos. Si la frecuencia cardiaca es rápida, necesitará investigar la causa. No obstante, si ésta es lenta (menor de 60 latidos/min) o nula, en especial en un lactante o niño inconsciente, deberá iniciar la RCP de inmediato. Sin un manejo agresivo de la vía aérea, la bradicardia puede progresar con rapidez a paro cardiopulmonar.

Desde luego, la insuficiencia respiratoria no siempre indica obstrucción de la vía aérea. Puede señalar traumatismo, problemas del sistema nervioso, deshidratación (con frecuencia ocasionada por vómito y diarrea) o trastornos metabólicos. Por ejemplo, un niño con diabetes podría tener un nivel de glucosa sanguínea demasiado elevado o bajo; asimismo, un niño puede tener un desequilibrio del pH, como sucede con algunas afecciones raras de la infancia. Sin importar la causa, su primer paso siempre debe ser concentrarse en asegurar una oxigenación y ventilación adecuadas.

Nunca olvide que un niño puede pasar de la dificultad a la insuficiencia respiratoria en cualquier momento. Por esta razón, debe reevaluar al niño con frecuencia.

Atención médica de urgencia

Un niño o lactante con dificultad respiratoria o posible insuficiencia respiratoria necesita oxígeno complementario. Recuerde que la ansiedad, agitación o el llanto pueden incrementar el esfuerzo o el trabajo respiratorio, así que use cualquier método que altere en menor grado al niño: mascarilla, paso de gas o cánula nasal **Figura 32-32**. Puede necesitar ser creativo para distraer el niño con juegos, un juguete o plática.

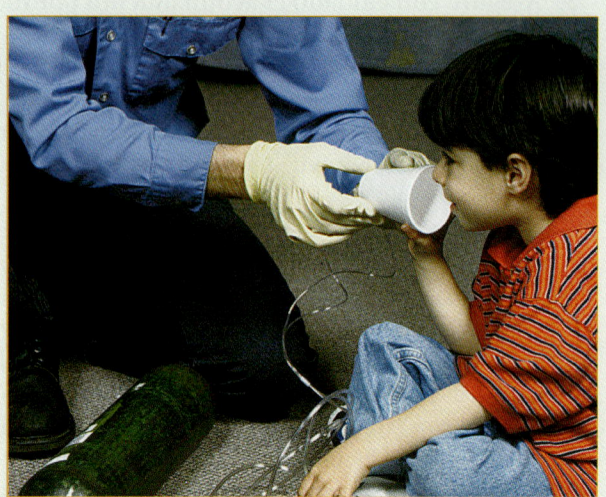

Figura 32-32 Un niño con dificultad respiratoria necesita oxígeno complementario; deberá seleccionar el método de administración que altere menos al niño.

Permita que el niño permanezca en una posición cómoda. Para un niño pequeño, esto puede significar sentarse en el regazo de su cuidador. No administre nada por vía oral, en caso de que la condición del niño se deteriore de repente.

Si el paciente avanza a la insuficiencia respiratoria, deberá iniciar de inmediato la ventilación asistida, y continuar con la administración de oxígeno complementario.

Estado de choque

Como se explicó en el capítulo 23, el estado de choque es un problema que se desarrolla cuando el sistema circulatorio es incapaz de proporcionar una cantidad suficiente de sangre a los órganos del cuerpo. Esto da como resultado una insuficiencia de los órganos y, con el tiempo, el paro cardiopulmonar. En niños, el estado de choque rara vez se debe a un evento cardiaco primario, como un SCA. El choque puede deberse a muchas cosas. Las causas más comunes incluyen:

- Lesión traumática con pérdida de sangre (en especial abdominal)
- Deshidratación por diarrea y vómito
- Infección grave
- Lesión neurológica, como traumatismo grave en cabeza
- Una reacción alérgica grave a una picadura de insecto u otro antígeno (anafilaxis)
- Enfermedades cardiacas
- Pulmón colapsado (neumotórax)
- Sangre o líquido alrededor del corazón (taponamiento cardiaco o pericarditis)

Los lactantes y niños presentan menos sangre circulante en el cuerpo que los adultos, así que la pérdida incluso de un pequeño volumen puede conducir al estado de choque. Los pacientes pediátricos también responden de modo diferente que los adultos a la pérdida de líquido. Pueden hacerlo con un incremento en la frecuencia cardiaca, aumento de las respiraciones y presencia de signos de piel pálida o azul. Deberá ser capaz de reconocer los signos de choque en lactantes y niños.

La pérdida de más de 25% del volumen sanguíneo aumenta de modo importante el riesgo del estado de choque. Los signos de choque en niños son:

- Taquicardia
- Mal llenado capilar
- Cambios en el estado mental

Para comparar, los signos del estado de choque en adultos son:

- Taquicardia
- Hipotensión
- Cambios en el estado mental

La pérdida de más de 30 a 40% del volumen sanguíneo incrementa de modo significativo el riesgo de choque en adultos.

Comience por evaluar los ABC e intervenga de inmediato según se requiera, no espere hasta completar una evaluación detallada para entrar en acción. Los niños en choque con frecuencia tienen incremento de la respiración, pero no demuestran una caída en la tensión sanguínea hasta que el choque es grave.

Al evaluar la circulación, deberá prestar particular atención en lo siguiente:

- **Pulso.** Evalúe tanto la frecuencia como la calidad de éste. Un pulso débil y "con saltos" es un signo de que hay problemas. La frecuencia apropiada depende de la edad; cualquier valor mayor de 160 latidos/min sugiere choque.
- **Signos de la piel.** Evalúe la temperatura y humedad en manos y pies. ¿Cómo se compara esto con la temperatura de la piel en el tronco? ¿Está la piel seca y tibia o fría, húmeda y pegajosa?
- **TLC.** Apriete un dedo de la mano o el pie durante varios segundos hasta que la piel se blanquee, luego, suéltelo. ¿Recupera su color normal el dedo en un lapso de 2 s, o se retrasa?
- **Color.** Evalúe el color de la piel del paciente. ¿Es rosado, pálido, cenizo o azul?

Los cambios en la frecuencia del pulso, el color, los signos de la piel y el TLC son indicios importantes que sugieren choque.

La tensión arterial es el signo vital más difícil de medir en pacientes pediátricos. El brazalete debe ser del tamaño adecuado: dos tercios de la longitud de la parte superior del brazo. El valor normal de la tensión arterial también es específico de la edad. Recuerde que la tensión sanguínea puede ser normal; esto se llama choque compensado. La tensión arterial baja es un signo de choque descompensado, un trastorno grave que requiere la atención que puede proporcionar el equipo SVA.

Parte de su evaluación también debe incluir hablar con los padres o cuidadores para determinar en qué momento aparecieron los primeros signos y síntomas, y si se presentó cualquiera de los siguientes factores:

- Disminución de la producción de orina (con los lactantes, ¿hay menos de seis a 10 pañales mojados?)
- Ausencia de lágrimas, incluso cuando el niño llora
- Cambios en el nivel de conciencia y en la conducta

Limite su manejo a estas intervenciones simples. No deberá gastar tiempo en procedimientos de campo. Asegúrese de que la vía aérea está abierta, prepárese para administrar ventilación artificial, controlar el sangrado y proporcionar oxígeno complementario por el método de mascarilla o de paso de gas según sea tolerado y haga un control inmediato de la temperatura; la hipotermia es una condición crítica en los pacientes pediátricos, incluso en situaciones normales los niños son propensos a perder su temperatura con facilidad, por lo tanto esta condición se vuelve fatal en un paciente pediátrico que curse con estado de choque. Continúe vigilando la vía aérea y la respiración. Coloque al paciente con la cabeza más baja que los pies mediante la elevación de los pies con cobijas dobladas. Mantenga al paciente caliente con cobijas y por la activación de la calefacción en el compartimiento del paciente. Proporciones transporte inmediato a la institución adecuada más cercana y continúe con la vigilancia de los signos vitales en el camino. Solicite el apoyo del SVA según se requiera. Permita que un cuidador acompañe al niño siempre que sea posible.

Convulsiones

Las convulsiones en los niños pueden presentarse de diversas maneras, incluido el sacudimiento del cuerpo completo o el movimiento de una pierna o un brazo. Las convulsiones también pueden aparecer como chasquidos de los labios, parpadeo de los ojos o con la mirada perdida en el espacio. En una convulsión verdadera, los movimientos no pueden detenerse por una orden o por detener la extremidad. La duración del movimiento varía de un paciente a otro.

El estado mental alterado y la incapacidad de otros para detener un movimiento o rango de movimientos en la extremidad afectada son comunes a todas las convulsiones. Algunos pacientes pueden sentir alfileres o agujas, escuchar sonidos y ver alucinaciones. En todas las convulsiones, excepto las de ausencia (que se analizan en el capítulo 13), ocurre un periodo postictal de extrema fatiga o ausencia de respuesta, después de la convulsión, que puede durar desde unos minutos hasta varias horas. Durante este tiempo, el paciente puede parecer somnoliento y/o confundido, y es incapaz de interactuar de modo adecuado. Un periodo corto de actividad convulsiva (menos de 30 min) no es por sí mismo dañino para el paciente. No obstante, después de 30 a 45 min el cerebro puede agotar sus reservas de energía y la actividad continua puede ser dañina. El estado epiléptico es una convulsión continua, o múltiples convulsiones sin un regreso a la conciencia, durante 30 min o más.

Si puede identificar la causa de la convulsión, podrá vigilar mejor al paciente en busca de posibles complicaciones asociadas con el problema subyacente. En particular, manténgase alerta respecto a la presencia de medicamentos, posibles venenos e indicaciones de abuso o descuido.

Convulsiones febriles

Las convulsiones febriles son comunes en los niños entre las edades de seis meses a seis años. La mayoría de las convulsiones pediátricas se deben sólo a la fiebre, razón por la cual se denominan convulsiones febriles. Es típico que estas convulsiones ocurran en el primer día de la enfermedad febril, se caracterizan por actividad convulsiva generalizada tónica-clónica y duran menos de 15 min, con una fase postictal corta o inexistente. Pueden ser signo de un problema más grave, como meningitis. Obtenga un historial de los cuidadores, ya que estos niños pueden haber tenido una convulsión febril previa.

Si le llaman para atender a un niño que sufrió una convulsión febril, con frecuencia encontrará a su llegada que el paciente está despierto, alerta e interactúa sin problemas. Tenga en mente que una fiebre persistente puede conducir a otra convulsión. Evalúe con cuidado los ABC, prepárese a tomar medidas de enfriamiento con agua tibia (no fría) y proporcione pronto transporte; todos los niños con convulsiones febriles requieren atención en un medio hospitalario.

Atención médica de urgencia

Aunque el manejo médico de las convulsiones en el medio hospitalario puede variar de acuerdo con la causa, su evaluación y manejo de estos pacientes debe ser el mismo en esencia: primero, asegúrese de que la escena sea segura para usted, su compañero y el paciente; segundo, relice una evaluación inicial, concentrándose en los ABC. Si es posible, obtenga un historial breve de los cuidadores acerca de enfermedades o convulsiones previas y sobre los fármacos que toma en la actualidad el paciente y si éste sufrió algún traumatismo.

Asegurar y proteger la vía aérea son sus prioridades. Para evitar la obstrucción debida a que la lengua caiga hacia atrás en la vía aérea, coloque a un niño que sufre una convulsión o que está en etapa postictal en posición de recuperación si puede hacerlo sin tener que usar fuerza extrema contra la actividad convulsiva. En caso de traumatismo, coloque la cabeza en una posición alineada neutra y asegúrese de que estén protegidas las vértebras cervicales. Tenga lista la succión para evitar la aspiración de contenidos estomacales, sangre o vómito. No coloque sus dedos en la boca de un paciente que tiene una convulsión.

Un paciente en convulsión activa o en fase postictal puede no presentar una respiración adecuada. Evaluar la frecuencia y profundidad respiratorias en tal situación puede ser difícil, pero es esencial. Los pacientes pueden tener una respiración superficial y rápida o pueden presentar respiraciones profundas ocasionales. Los signos de que un paciente no respira de manera adecuada incluyen:

- Respiraciones muy lentas
- Inhalaciones poco profundas
- Labios azulados o pálidos
- Respiraciones tipo ronquido ocasionadas por bloqueo de la vía aérea con la lengua

Administre oxígeno por mascarilla, paso de gas o cánula nasal. Si no hay signos de mejoría, inicie las ventilaciones con BVM empleando equipo de tamaño adecuado.

Los pacientes que sufren una convulsión por lo general mantienen tensión sanguínea y pulso adecuados a menos que dicha convulsión sea producto de un problema circulatorio o neurológico subyacente o de un traumatismo, incluidos sangrado, problemas cardiacos o lesiones cerebrales. No obstante, debe evaluar el pulso y la tensión arterial y reevaluarlos. Una vez que se atienden los ABC deberá proceder con la evaluación y el manejo. Si el paciente está en convulsión activa, observe el tipo de movimiento y la posición de los ojos, ya que esta información puede ser útil para el personal del hospital al realizar el diagnóstico. Si hay fiebre, inicie las medidas de enfriamiento como retirar la ropa y colocar toallas mojadas con agua tibia sobre el niño. Un niño con convulsiones febriles puede volver a convulsionar si la temperatura permanece elevada. No emplee alcohol ni agua fría para enfriar al paciente. Asegúrese de que este último esté protegido de golpes contra los lados de la camilla o el equipo cercano. Lleve consigo al hospital cualquier posible veneno o medicamento que encuentre en la escena. Si el paciente se encuentra en estado epiléptico, solicite apoyo del SVA, se requiere un medicamento para detener las convulsiones.

Deshidratación

La deshidratación puede describirse como leve, moderada o grave. La gravedad de la deshidratación puede medirse a través de diversos indicios (Cuadro 32-8 ▶). Por ejemplo, un lactante con deshidratación leve puede tener labios y encías secas, reducción de la salivación y mojar menos pañales durante el día (Figura 32-33 ▶). A medida que la deshidratación se hace más grave, labios y encías pueden secarse en exceso, los ojos aparecer hundidos y el lactante mostrarse somnoliento y/o irritable, y rechazar los biberones. La piel puede perder parte o toda su elasticidad, lo cual se denomina mala turgencia. Asimismo, los lactantes pueden presentar hundimiento de las fontanelas.

CUADRO 32-8 Signos vitales y síntomas de deshidratación

	Deshidratación leve	Deshidratación moderada	Deshidratación grave
Pulso	Normal	Aumento	Aumento 160+ es signo de choque inminente
Nivel de actividad	Normal o lento	Lento	Variable, débil a ausencia de respuesta
Producción de orina	Reducida	Reducida	Ninguna
Piel	Normal	Fresca, manchada; poco turgente	Fría, húmeda, pegajosa, poca turgencia TLC lento
Boca	Disminución de saliva	Membranas mucosas secas	Membranas mucosas secas
Ojos	Normal	Lágrimas	Ojos hundidos
Fontanela anterior	Normal a hundida	Hundida	Muy hundida
Nivel de consciencia	Normal	Alterado	Alterado, letárgico
Tensión arterial	Normal	Normal	Normal a baja cuando se inicia el estado de choque

Los niños pequeños pueden compensar la pérdida de líquidos mediante la reducción de la circulación a las extremidades y su desviación a órganos vitales como cerebro y corazón. Los niños con deshidratación moderada a grave pueden presentar piel moteada, fría y pegajosa, y TLC retrasado. Las respiraciones por lo general aumentarán. Tenga en mente que la tensión arterial puede permanecer normal aunque el niño esté en estado de choque.

La atención médica de urgencia debe incluir cuidadosa atención con la evaluación de los ABC y la determinación de los signos vitales iniciales. No obstante, si la deshidratación es grave, es posible que se requiera el apoyo del SVA, de manera que pueda obtenerse acceso IV y se inicie la rehidratación. Todos los niños con signos y síntomas de deshidratación moderada a grave deben transportarse a la sala de urgencias.

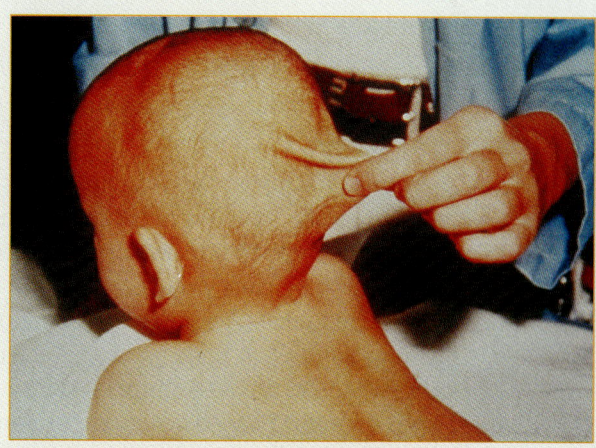

Figura 32-33 Un lactante con deshidratación puede presentar poca turgencia en la piel que se aprecia al pellizcar ésta.

Situación de urgencia — Resumen

De inmediato aplica oxígeno de flujo elevado y comienza a vigilar su estado respiratorio. En momentos, Julieta comienza a respirar normalmente. Está consciente, alerta y orientada respecto a personas, tiempo, lugar y evento. Ofrece transportar a Julieta al hospital para su observación, pero la madre se rehúsa, diciendo que la niña ya está bien. Después de llenar los documentos necesarios y notificar al CECOM sobre el estado de los TUM-B, regresa junto con su compañero a su mesa para terminar su almuerzo antes de recibir la siguiente llamada.

Como TUM-B encontrará que está más consciente de su entorno y de las personas que le rodean. Asegúrese siempre de contar con el consentimiento antes de tratar a cualquier paciente. Asegúrese de que revisar la vía aérea, respiración y circulación sea su primer paso en el tratamiento de todo paciente. Recuerde, sin vía aérea no hay paciente.

Resumen

Listo para repaso

- Necesitará llevar consigo tamaños especiales de equipo de vía aérea para los pacientes pediátricos.

- Use una cinta de medición de reanimación pediátrica para determinar el tamaño apropiado del equipo para niños.

- Utilice el triángulo de evaluación pediátrica (TEP) para obtener una impresión general del lactante o niño.

- Al tratar una posible insuficiencia respiratoria en un niño, coloque siempre la vía aérea en posición neutra.

- Los dispositivos apropiados de administración de oxígeno incluyen la técnica de paso de gas a 6 L/min, una cánula nasal de 1 a 6 L/min, mascarilla no recirculante de 10 a 15 L/min y un dispositivo de BVM de 10 a 15 L/min.

- Use un dispositivo de BVM con niños cuya respiración y volumen tidal sean inadecuados y para aquellos con nivel de conciencia alterado.

- Las tres claves para el uso exitoso del dispositivo de BVM en un niño son: (1) contar con el equipo apropiado en el tamaño adecuado; (2) mantener un buen sello entre cara y mascarilla, y (3) ventilar con la frecuencia y volumen adecuados: 12 a 20 respiraciones/min para un lactante o niño, 1 s por ventilación. Apriete con suavidad y deje de apretar cuando la pared del tórax comience a elevarse; use la frase "apretar, soltar, soltar" para mantener un ritmo adecuado.

- Los niños menores de cinco años con frecuencia obstruyen su vía aérea superior e inferior con una diversidad de objetos extraños.

- Si el niño está consciente, aliéntelo a toser para limpiar la vía aérea.

- Si el niño no responde, deberá usar primero la técnica de inclinación de cabeza-levantamiento de mentón e intentar retirar cualquier objeto que pueda ver.

- Al tratar a un niño que no responde y con obstrucción grave de la vía aérea, realice compresiones del tórax, alternando con abertura de la vía aérea y visualización de la boca e intentos de ventilar.

- En un niño consciente que está de pie o sentado, póngase de pie o de rodillas detrás del paciente para llevar a cabo compresiones abdominales hasta que se elimine la obstrucción o el niño pierda la conciencia. En un lactante consciente, aplique palmadas en la espalda y compresiones del tórax.

- Los signos de choque en niños son taquicardia, mal TLC y cambios del estado mental. Debe mantenerse alerta en busca de signos de choque en niños, ya que éstos se descompensan con gran rapidez.

- Las convulsiones febriles son comunes en niños entre las edades de seis meses y seis años. La mayoría de las convulsiones febriles se deben tan sólo a la fiebre, la cual es la razón por la que se denominan "febriles". Trate como lo haría con un paciente adulto en convulsión. Evalúe con cuidado los ABC, inicie las medidas de enfriamiento y proporcione pronto transporte.

- La causa más común de deshidratación en niños es vómito y diarrea. Puede desarrollarse diarrea que cause la muerte en un lactante en apenas unas horas. Es posible determinar si la deshidratación de un niño es leve, moderada o grave mediante la evaluación de la producción de orina del niño, su nivel de actividad, estado mental, tono de la piel y pulso.

- El SVB para lactantes y niños consiste en determinar la responsividad y evaluar la vía aérea, respiración y circulación.

- Si el niño no responde, pero respira, colóquelo en posición de recuperación a menos que sospeche que hay una lesión en columna. Utilice la maniobra de inclinación de cabeza-levantamiento de mentón o la de tracción de mandíbula para abrir la vía aérea en un niño que no responde ni respira.

- Si un lactante o niño no respira proporcione respiración de rescate mientras mantiene la vía aérea abierta. Las respiraciones de rescate para lactantes y niños se administran durante un periodo de una por segundo, con una frecuencia de 12 a 20 respiraciones/min (una respiración cada 3 a 5 s).

- Para proporcionar RCP en un lactante, emplee una proporción de compresión por ventilación de 30:2 si está solo; 15:2 si hay dos TUM-B presentes. Emplee dos dedos para comprimir la mitad inferior del esternón hasta una profundidad de un tercio a media profundidad del tórax, con una frecuencia de 100 compresiones/min.

- En niños use la misma profundidad, frecuencia y proporción de compresiones respecto a ventilaciones que emplea en los lactantes; sin embargo, use la palma proximal de una o de ambas manos para comprimir el pecho; evite presionar sobre el apéndice xifoides.

Vocabulario vital

aleteo nasal Ensanchamiento de las narinas al inspirar es común observarlo en lactantes, implica un aumento en el trabajo respiratorio.

anemia Deficiencia de glóbulos rojos o hemoglobina.

apéndice xifoides La punta inferior del esternón.

apnea Ausencia de respiración.

balanceo cefálico La cabeza se eleva y se inclina hacia atrás al inspirar, luego se mueve hacia delante al espirar; un signo de aumento en el trabajo respiratorio.

bradicardia Frecuencia cardiaca menor de 80 latidos/min en niños o menos de 100 latidos/min en lactantes.

bradipnea Frecuencia respiratoria lenta signo fatal en un niño que indica paro respiratorio inminente.

cianosis Aspecto azulado de la piel y las membranas mucosas, indica reducción de los niveles de oxígeno en la sangre.

cinta de medición de reanimación pediátrica Cinta que se emplea para estimar el peso de un lactante o niño sobre la base de la longitud; las dosis de fármacos y tamaño del equipo adecuados se indican en la cinta.

crepitación Crujido que se produce al respirar debido al flujo de aire a través del líquido en los pulmones; signo de obstrucción en la vía aérea inferior.

crup o laringotraqueitis Infección de la vía aérea por debajo del nivel de las cuerdas vocales casi siempre ocasionada por un virus.

epiglotitis Infección del tejido blando en el área por arriba de las cuerdas vocales.

escala AVDI Se utiliza para evaluar el nivel de conciencia; se registra como: estar alerta, con respuesta verbal, respuesta al dolor o inconsciente.

estado de choque Problema que se desarrolla cuando el sistema circulatorio es incapaz de proporcionar una cantidad suficiente de sangre a los órganos del cuerpo.

estridor Sonido agudo de la respiración que se escucha sobre todo al inspirar, que es signo de obstrucción en la vía aérea superior.

fase de transición Periodo que permite al lactante o niño familiarizarse con el proveedor y su equipo; sólo apropiado si la condición del niño es estable.

gruñido El sonido "uh" que se escucha durante la exhalación, refleja el intento del niño por mantener los alvéolos abiertos; un signo de mayor esfuerzo al respirar.

meconio Material verde oscuro en el líquido amniótico que puede ocasionar enfermedad pulmonar en el neonato.

narinas Aberturas externas de la nariz. Una sola ventana nasal se denomina narina.

palidecer Ponerse blanco.

perfusión de órganos vitales El estado de perfusión hacia los órganos vitales del cuerpo se determina mediante la evaluación del tiempo de llenado capilar (TLC).

piel inelástica (acartonada) Afección en la cual la piel permanece deprimida después de retirar el dedo, indica deshidratación.

posición de aspiración Posición óptima neutra de la cabeza para un niño sin lesiones que requiere manejo de la vía aérea.

posición de tripié Posición anormal para mantener abierta la vía aérea, incluye inclinarse hacia el frente sobre los dos brazos estirados hacia delante.

pulsos centrales Pulsos más cercanos al centro del cuerpo donde se localizan los órganos vitales; incluyen los pulsos carótideo, femoral y apical.

retracciones Retraimiento de los músculos intercostales y el esternón durante la inspiración; un signo de incremento del trabajo respiratorio.

sibilancia Sonido sibilante de la respiración ocasionado por el paso de aire a través de conductos respiratorios que se han estrechado dentro de los bronquiolos; señal de obstrucción de la vía aérea inferior.

tabique (septo) La división central de la nariz.

taquipnea Aumento de la frecuencia respiratoria.

tiempo de llenado capilar (TLC) Tiempo que tarda la sangre para volver a la cama capilar después de aplicar presión en la piel o la base de la uña. Indica el estado de la perfusión del órgano final, confiable en niños menores de seis años.

trabajo respiratorio Indicador de oxigenación y ventilación. El trabajo respiratorio refleja el intento del niño por compensar la hipoxia.

Resumen continuación...

tragus Pequeña proyección cartilaginosa frente a al abertura de la oreja.

triángulo de evaluación pediátrica (TEP) Herramienta de evaluación estructurada que permite obtener con rapidez una impresión general sobre el lactante o niño sin tocarlo; consta de evaluación de apariencia, trabajo respiratorio y circulación hacia la piel.

volumen tidal (corriente) Cantidad de aire que llega a pulmones y a la vía aérea en una inhalación.

Qué evaluar

Los envían al 722 de la calle Colima en busca de un niño con asma. A su llegada encuentra a una niña de 12 años que obviamente presenta dificultades para respirar. Tiene sibilancia audible y utiliza músculos accesorios para respirar. Su frecuencia respiratoria es de 60/min. La niña le dice (en frases de una o dos palabras) que usó su inhalador antes de que llegaran, pero que no parece funcionar con la eficacia de siempre. También les dice que estuvo enferma hace poco.

Le aplican oxígeno de flujo elevado e inician el transporte al hospital más cercano. Al obtener su segundo juego de signos vitales, observa que la sibilancia desapareció y su frecuencia respiratoria se ha hecho mucho más lenta, pero su mirada parece estar perdida en el vacío. Intenta atraer su atención, pero ella parece no notarlo.

¿Por qué es significativa su capacidad para hablar? ¿Qué factores señalan el deterioro de su condición?

Temas: Importancia del transporte inmediato de los pacientes pediátricos críticos; Importancia de la evaluación continua.

Autoevaluación

Está fuera de servicio y en casa de una amiga que tiene varios hijos. Ambos están disfrutando una taza de café en la cocina mientras algunos de los niños adolescentes mayores se entretienen con un juego de mesa en la habitación de junto. El bebé de siete meses de la familia, que ahora gatea con facilidad, está también en la habitación con los demás niños. De repente, escucha que uno de los adolescentes grita: "¡mamá, algo le pasa al bebé!". Ambos corren a la sala y encuentran que el bebé se puso azul.

1. ¿Qué es lo primero que debe hacer?
   A. Pedir el historial médico del bebé.
   B. Verificar la respuesta.
   C. Visualizar la vía aérea.
   D. Proporcionar golpes en la espalda.

2. ¿Cuál cree que es la posible causa del problema?
   A. Convulsión
   B. Paro cardiaco
   C. Obstrucción de la vía aérea con un cuerpo extraño
   D. Asma

3. ¿Cuál sería la atención adecuada para un niño de siete años en esta situación?
   A. Golpes en la espalda
   B. Compresiones en el tórax
   C. Barrido digital a ciegas
   D. Maniobra de Heimlich

4. El bebé parece estar bien ahora. Debe:
   A. vigilar al bebé durante 1 h.
   B. acostar al bebé para que tome una siesta.
   C. llevar al bebé a la sala de urgencias.
   D. alimentar al bebé.

5. El triángulo de evaluación pediátrica incluye:
   A. apariencia.
   B. trabajo respiratorio.
   C. signos en piel.
   D. todas las respuestas anteriores.

6. Los sonidos inspiratorios agudos se llaman:
   A. sibilancia.
   B. gruñidos.
   C. estridor.
   D. ninguna de las respuestas anteriores.

Preguntas desafiantes

7. ¿Por qué es importante emplear adjuntos apropiados para vía aérea con el paciente pediátrico?

8. ¿Cómo se modifica la escala AVDI para su uso en niños?

9. ¿Cuál es la importancia de la bradipnea en un niño que ha presentado antes signos de aumento en el trabajo respiratorio?

10. ¿Cómo difieren los exámenes físicos en niños pequeños y en adultos?

Emergencias geriátricas

Objetivos

Cognitivos
1. Definir el término "geriátrico". (p. 986)
2. Definir la forma apropiada de comunicación con el paciente geriátrico (p. 986)
3. Analizar el diamante GEMS. (p. 987)
4. Proporcionar información sobre las causas principales de muerte en la población geriátrica. (p. 988)
5. Describir algunos de los cambios fisiológicos que se presentan durante el proceso de envejecimiento. (p. 988)
6. Definir el problema conocido como polifarmacia. (p. 991)
7. Establecer los principios y el uso de las directivas avanzadas de no resucitación en pacientes geriátricos. (p. 995)
8. Definir el término abuso y sus causas, en pacientes geriátricos. (p 996)
9. Discutir los efectos sociales y las manifestaciones físicas del abuso en la población geriátrica. (p. 997)

Afectivos
10. Explicar algunos de los cambios fisológicos que se presentan durante el proceso de envejecimiento con la finalidad de proporcionar una base científica en la que se fundamente el apoyo vital en atención prehospitalaria en este grupo de la población. (p. 988)

Psicomotores
Ninguno

33

Emergencias geriátricas

Situación de urgencia

Lo envían, junto con su compañero, a atender una llamada de asistencia geriátrica. Mientras van en camino, la central les proporciona actualización sobre la paciente: es una mujer de 86 años que se queja de falta de aire. Al acercarse a la casa, su compañero le dice que ha acudido antes a la misma dirección varias veces. Señala que el nombre de la paciente es la señorita Méndez: "Es la dama más dulce".

1. ¿Qué tipos de problemas esperaría encontrar en una paciente de esta edad?
2. ¿Sería su tratatamiento de esta paciente diferente en algo del que proporcionaría a una paciente más joven?

Geriatría

El término geriátrico se refiere a las personas mayores de 65 años. Se toma esta edad como base con la finalidad de unificar este término entre los diferentes grupos médicos e instituciones gubernamentales. El envejecimiento es un proceso que se inicia alrededor de los 30 años y avanza en el transcurso de la vida.

Se tiene previsto que el porcentaje de la población geriátrica en México crecerá dentro de los próximos años. De acuerdo con los Datos del Consejo Nacional de Poblacion (CONAPO), en 2004 cerca de 5.4 millones de personas eran mayores de 65 años. Se proyecta que para el año 2050, la población geriátrica será de 27.8 millones de personas. Esta tendencia evolutiva es significativa para el TUM-B porque la población geriátrica es uno de los principales usuarios del SMU y de los sistemas de salud en general.

El TUM-B debe saber que el paciente geriátrico generalmente presenta enfermedades o trauma con manifestaciones clínicas atípicas. Es decir, la presentación clínica de las patologías puede ser diferente a la observada en adultos jóvenes debido a varios factores, entre ellos los cambios fisiológicos secundarios al envejecimiento, la presencia de enfermedades crónico-degenerativas asociadas y los múltiples tratamientos farmacológicos.

Estos factores pueden modificar los signos y síntomas de la patología por la cual se solicita el SMU y confundir al TUM-B. Ejemplo: en el paciente geriátrico, un síndrome coronarios agudo puede manifestarse como debilidad, mareo, síncope o disnea (equivalentes anginosos), a diferencia del clásico dolor retroesternal tipo opresivo frecuentemente observado en los adultos jóvenes.

Otro ejemplo es la presentación clínica del estado de choque hipovolémico en un paciente de 70 años, con antecedente de hipertensión arterial sistémica y tratamiento farmacológico con propranolol. Bajo estas condiciones se espera que el paciente no presente taquicardia como mecanismo compensador ante la pérdida de sangre, debido a varios factores, entre ellos: la degeneración del sistema de conducción cardiaco como resultado del envejecimiento y el uso de propranolol, uno de los diversos fármacos empleado en el tratamiento de la hipertensión arterial sistémica y que entre sus múltiples mecanismos de acción bloquea el aumento en la frecuencia cardiaca. El cuerpo en envejecimiento, así como el uso de diversos medicamentos, puede enmascarar problemas médicos graves. Detectar las situaciones médicas que requieren el traslado a una sala de urgencias, así como proporcionar tratamiento eficaz para este número creciente de pacientes requerirá que todos los TUM-B comprendan los cambios fisiológicos relacionados con el envejecimiento y que modifiquen algunos de sus métodos de evaluación y tratamiento.

Las intervenciones de apoyo vital para pacientes geriátricos deben incluir la revisión del entorno doméstico, con la finalidad de detectar condiciones poco seguras que pudieron generar la patología o el traumatismo por el cual se solicitó el SMU, así como proporcionar información sobre prevención de caídas y hacer referencias a las instituciones de asistencia social cuando sea necesario. Los TUM-B que acuden a las casas de pacientes geriátricos se encuentran en posición ideal para proporcionar no sólo ayuda inmediata, sino también información clave a la institución de salud a la cual el paciente será transladado. Con frecuencia, medidas preventivas simples pueden evitar lesiones graves con secuelas fisicas, tratamientos médicos costosos y muerte. El TUM-B se encuentra en la línea frontal de ayuda para prevenir emegencias geriátricas y cuidar a los pacientes cuando éstas ocurren.

La comunicación y el adulto mayor

La buena comunicación es esencial para la evaluación y el tratamiento exitosos de pacientes mayores. Muchas cosas hacen que la comunicación con pacientes mayores sea un reto. El proceso de envejecimiento provoca cambios en la visión, el oído, gusto, olfato y tacto. Además, hay cambios en las capacidades de comunicación que acompañan al envejecimiento, demencia y otras enfermedades. Estos síntomas pueden ser molestos, pero se consideran una consecuencia normal del envejecimiento.

Técnicas de comunicación

Las primeras palabras pueden lograr la confianza del paciente. Hable de modo respetuoso. Si conoce el nombre del paciente, úselo; si no lo conoce, emplee la palabras "señor" o "señora". No utilice apelativos como "querida", "madre" o "abuela". Use palabras cortas y haga una pregunta a la vez.

En general, cuando entreviste a un paciente mayor, deberá usar las siguientes técnicas:

- Identifíquese. No asuma que un paciente mayor sabe quién es usted.
- Tenga conciencia de cómo se presenta. Evite mostrar frustración e impaciencia a través de su lenguaje corporal.
- Mire directamente al paciente.
- Hable despacio y con claridad.

- Explique lo que hará antes de hacerlo. Utilice términos simples para explicar el uso del equipo médico y los procedimientos; evite los terminos médicos.
- Escuche la respuesta del paciente.
- Muestre respeto por el paciente. Nunca use el nombre de pila del paciente sin su permiso.

Tome en consideración que los pacientes geriátricos pueden o no tener diversos grados de degeneracion de los órganos de los sentidos como parte del proceso de envejecimiento, es decir, no ven y no escuchan adecuadamente, por lo cual es importante preguntar al paciente si lo escucha y verificarlo pidiéndole que repita lo que acaba de decir. De no ser así, colóquese cerca del paciente, hable claro y fuerte.

- Si el paciente preserva sus funciones mentales superiores no hable con los familiares delante de éste; hacerlo da la impresión de que el paciente no tiene participación en la toma de decisiones.
- Si el paciente se encuentra con déficit cognitivo explique la situación médica del paciente a los familiares y tome en consideración la decisión del responsable directo.
- Tenga paciencia.

Respecto a los pacientes de cualquier edad, las personas mayores tienen más dificultades para comunicarse con claridad cuando están estresadas por una crisis de emergencia o personal.

El diamante GEMS

Cuando atienda a un paciente geriátrico es importante recordar ciertos conceptos clave. El diamante GEMS **Cuadro 33-1** ▼ fue creado para ayudarle a recordar las diferencias que tiene un paciente geriátrico con el resto de la población. El diamante GEMS no tiene por objeto ser un

---

CUADRO 33-1 El diamante GEMS

G Pacientes Geriátricos
- Tienen presentación atípica.
- Merecen respeto.
- Presentan cambios normales con la edad.

E Evaluación del Entorno
- Verifique la condición física del hogar del paciente. ¿Necesita reparaciones el exterior de la casa? ¿Es seguro el lugar?
- Veirfique las condiciones riesgosas que puedan estar presentes (p. ej., mal cableado, pisos podridos, calentadores de gas sin ventilación, vidrios rotos en las ventanas, obstáculos que impiden salir en forma adecuada).
- ¿Hay detectores de humo y son funcionales?
- ¿Es el lugar muy caliente o muy frío?
- ¿Hay olor a heces u orina en la casa? ¿Está sucia con excrementos u orina la ropa de cama?
- ¿Hay comida en la casa? ¿Es adecuada y está en buen estado?
- ¿Hay botellas de licor en el lugar? Si es así, ¿están tiradas y vacías?
- Si el paciente tiene una discapacidad, ¿cuenta con dispositivos de asistencia adecuados (p. ej., una silla de ruedas o caminadora)?
- ¿El paciente tiene acceso a un teléfono?
- ¿Están los medicamentos caducos o sin marcar, o son las prescripciones para un fármaco similar o igual de muchos médicos?
- Si vive con otras personas, ¿el paciente está confinado a una parte de la casa?
- Si el paciente reside en una casa de asistencia, ¿parece ser adecuada la atención para cubrir las necesidades del paciente?

M Evaluación Médica
- Los pacientes mayores tienden a tener una diversidad de problemas médicos, lo cual hace más compleja su evaluación. Tenga esto en mente en todos los casos, tanto de traumatismo como médicos. Un paciente de traumatismo puede tener un problema médico subyacente que podría haber causado o que empeore la lesión.
- Obtener un historial médico es importante en pacientes mayores, sin importar su queja principal.
- Evaluación inicial
- Evaluación continua

S Evaluación Social
- Evalúe las actividades de la vida diaria (comer, vestirse, bañarse, usar el inodoro).
- ¿Están cubiertas estas actividades para el paciente? Si es así, ¿quién las proporciona?
- ¿Hay retrasos para obtener alimentos, medicamentos u otros artículos necesarios? Es posible que el paciente se queje sobre esto o que el entorno lo sugiera.
- Si está en un medio institucional, ¿es capaz el paciente de alimentarse a sí mismo? Si no es así, están los alimentos olvidados y fríos en una charola? ¿Ha permanecido el paciente sucio con su propia orina y excremento durante periodos prolongados?
- ¿Cuenta el paciente con una red social? ¿Cuenta el paciente con un mecanismo para interaccionar socialmente con otros de manera cotidiana?

protocolo de atención ni reemplazar el ABC de la atención, sirve como acrónimo para los aspectos que debe considerar cuando evalúe a este grupo de la población.

La "G" corresponde a "geriátrico". Cuando responda a una emergencia que involucre a un paciente geriátrico, deberá considerar que tienen cambios fisiológicos que provocan presentaciones clínicas atípicas.

La "E" representa la evaluación del entorno, la cual puede ayudar a identificar el problema del paciente o la causa de la emergencia. ¿Es la casa demasiado caliente o fría? ¿Está el lugar bien cuidado y es seguro? ¿Hay condiciones peligrosas? La atención preventiva también es muy importante para el paciente geriátrico, quien quizá no note los factores de riesgo para la generación de traumatismos o enfermedades.

La "M" significa evaluación médica. Los pacientes geriátricos tienden a presentar una diversidad de problemas médicos y es probable que tomen numerosos medicamentos de prescripción, sin receta y herbales. Obtener un historial médico sobre los antecedentes médicos y los medicamentos que consume actualmente es muy importante.

La "S" representa evaluación social. Los pacientes geriátricos pueden tener un entorno social reducido, debido a la muerte de su cónyuge, sus familiares o amigos. Asimismo, pueden requerir ayuda con actividades de la vida diaria, como vestirse y comer. En México existen diversas agencias gubernamentales que prestan asistencia social a este grupo de pacientes y que pueden ser contactadas a través de las áreas de trabajo social de los hospitales (de las que puede obtener panfletos informativos acerca de la prevencion de traumatismo y enfermedades). Si lleva consigo estos folletos y encuentra una persona necesitada, puede proporcionar esta valiosa información.

El diamante GEMS representa una manera concisa de recordar los aspectos importantes en la atención médica de pacientes geriátricos. Utilizar este concepto le ayudará a referir a las personas al lugar adecuado y, como resultado, las ayudará a conservar su calidad de vida.

Causas principales de muerte

Las causas principales de muerte en la población geriátrica incluyen enfermedad cardiaca, cáncer, evento vascular cerebral, enfermedad pulmonar obstructiva crónica y otros padecimientos respiratorios, diabetes y traumatismo. El envejecimiento fisiológico hace que sean más vulnerables a los efectos de la enfermedad y a las lesiones que los individuos más jóvenes. Asimismo, la enfermedad aguda y el traumatismo tienen mayores probabilidades de alterar sistemas de órganos más allá de los afectados de manera inicial. Por ejemplo, en un paciente geriátrico que sufre una caída y se fractura la cadera puede desarrollarse neumonía durante la recuperación.

Cambios fisiológicos que acompañan la edad

A medida que envejecemos se presentan diversos cambios fisiológicos. En general, una persona de 65 años no tiene el mismo desempeño físico que cuando tenía 30. Para cuando la persona alcanza los 65 años, la cantidad total de líquido y el número de células del cuerpo han disminuido hasta 30%. Por lo general, después de los 30 años, los sistemas comienzan a deteriorarse a un ritmo aproximado de 1% anual. No obstante, envejecer no necesariamente significa que una persona padecerá enfermedades.

Los estereotipos comunes sobre las personas mayores incluyen la presencia de confusión mental, enfermedad, un estilo de vida sedentario e inmovilidad. Aunque estas percepciones son comunes, no son la norma. Las personas mayores pueden mantenerse en buenas condiciones y activas, participar en la vida comunitaria y en deportes; están sanas independientemente del proceso de envejecimiento Figura 33-1 ▼.

Tejidos blandos: piel y tejido celular subcutáneo

Al envejecer, la piel se vuelve más delgada y se arruga. La colágena (proteína componente principal del tejido conjuntivo y los huesos) y la elastina, (proteína que ayuda a que la piel sea elástica) se pierden con la edad. El tejido adiposo se vuelve más delgado. A medida que

Figura 33-1 Las personas mayores pueden mantenerse activas y en buena condición física.

disminuye la elasticidad la piel se lesiona con mayor facilidad y los capilares se vuelven más frágiles; esto causa una mayor propensión a la aparición de equimosis (fragilidad capilar) por traumatismos mínimos. Además, hay menos glándulas sudoríparas, disminuyendo la turgencia cutánea. Otro problema que afecta la piel son las úlceras por presión, también denominadas úlceras de decúbito.

Las úlceras por presión generalmente se forman cuando el paciente permanece en la misma posición durante un tiempo prolongado, pero pueden llegar a desarrollarse en tan sólo 45 minutos. El peso del cuerpo, sobre todo a nivel de prominencias óseas, disminuye el flujo sanguíneo hacia esa zona con la consiguiente necrosis del tejido y la aparición de úlceras.

Órganos de los sentidos

Las pupilas disminuyen la capacidad de ajustar su diámetro en respuesta a los cambios de luz, lo cual puede hacer que conducir un vehículo o caminar sea más arriesgado **Figura 33-2**. Los cambios en la luz pueden disminuir la agudeza visual y generar alteraciones en la percepción de la profundidad. La degeneración del cristalino, es decir el desarrollo de cataratas, disminuye de forma progresiva la agudeza visual, lo cual aumenta la probabilidad de caídas y accidentes; es una de las causas en los errores en cuanto al tipo y dosificación de medicamentos. La degeneración del oído interno altera la percepción de sonido de alta frecuencia y también puede provocar problemas en el equilibrio, siendo otro factor más de riesgo que aumenta la probabilidad de caídas. Pueden ocurrir cambios en la percepción de sabores y con ello la disminución en el apetito debido a una reducción en el número de papilas gustativas. El sentido del tacto se reduce debido a la pérdida de fibras nerviosas. Esta pérdida, en conjunto con un funcionamiento más lento del sistema nervioso periférico es otro factor de riesgo para caídas y accidentes en los pacientes geriátricos. Por ejemplo, el reaccionar con lentitud al tocar un objeto caliente podría ocasionar una quemadura de mayor profundidad o superficie.

Sistema respiratorio

Se produce una disminución en la elasticidad pulmonar lo cual dificulta la expulsión del aire. Este cambio en la calidad del tejido pulmonar es comparable a un globo que se infla y luego se desinfla; al hacerlo, el globo pierde parte de su capacidad para contraerse a su estado original. La falta de elasticidad resulta en una reducción de la capacidad de intercambiar oxígeno y dióxido de carbono. Los quimiorreceptores del cuerpo, los cuales sensan los niveles de oxígeno y dióxido de carbono en la sangre, disminuyen en número y en actividad, lo cual impide que el paciente compense la disminución en la oxigenación, presentándose como lecturas menores en la oximetría de pulso, incluso en personas sanas. Una reducción en el número de cilios que recubren el árbol bronquial disminuye la capacidad de eliminar el moco producido por las células caliciformes presentes en el árbol bronquial y, por tanto, aumenta las probabilidades de infección en las vías respiratorias. Los pacientes pierden masa muscular de forma general, a nivel torácico esto puede condicionar una menor respuesta de los músculos accesorios de la respiracion en presencia de patología pulmonar. Por ejemplo, una neumonía, alterando los mecanismos compensatorios y generando hipoxemia e hipercapnea.

Sistema cardiovascular

El gasto cardiaco es una medida de la función cardiaca y es el responsable de la perfusión sistémica. Normalmente, un aumento en la demanda sistémica de oxígeno, como ocurre en cualquier situación de estrés metabólico (enfermedades o trauma), se compensa con un incremento en la frecuencia cardiaca, y la redistribución de flujo sanguíneo de órganos no vitales hacia órganos vitales. El envejecimiento reduce la capacidad de una persona para aumentar la frecuencia a la que se contrae el corazón, aumentar la fuerza de ésta y para redistribuir el flujo sanguíneo (la denominada vasoconstricción), debido a una mayor rigidez de los vasos. La pérdida de estos mecanismos de compensación hace que los pacientes geriátricos se choquen más rápido que el resto de la poblacion

Muchos pacientes geriátricos se encuentran en riesgo de ateroesclerosis, una acumulación de ácidos grasos en las arterias. Las complicaciones principales de la ateroesclerosis incluyen infarto de miocardio y evento vascular cerebral. La presencia de arterioesclerosis, una enfermedad que hace que se engruesen, endurezcan y calcifiquen las arterias, aumenta la probabilidad de tener evento vascular cerebral, enfermedad cardiaca, hipertensión e isquemia mesentérica (infarto intestinal). Las personas

Figura 33-2 Los cambios en la visión, el oído, la postura y capacidad motora predisponen a las personas mayores a un mayor riesgo de ser atropelladas por un vehículo.

mayores también presentan mayor riesgo de aneurisma, una dilatación anormal de los vasos sanguíneos. La ruptura y disección del aneurisma puede generar un estado de choque hipovolémico con muerte instantánea, como ocurre en el caso de aneurismas aórticos torácicos o abdominales.

Sistema renal

La función renal se reduce 20 a 50% debido a una disminución en el número de nefronas. Los riñones son importantes para eliminar del organismo compuestos tóxicos producidos durante el metabolismo de los nutrientes, así como ciertos medicamentos. Con la disminución en la función renal, los niveles de urea y creatinina se elevan y los niveles de medicamento que se excretan por vía renal también pueden elevarse, generando una sobredosis. Las alteraciones en electrolitos también son más probables debido a la disminución de la filtración sanguínea, lo cual con frecuencia puede ser la causa de estado mental alterado en personas mayores o de transtornos del ritmo cardiaco.

Sistema nervioso

El número de neuronas en algunas áreas puede disminuir hasta 45%. Las deficiencias en la memoria a corto plazo, en las capacidades para actividades psicomotoras y el aumento en los tiempos de los reflejos son esperadas en los pacientes geriátricos debido al proceso de envejecimiento. Este deterioro puede hacer que la evaluación de los pacientes mayores sea un reto. Lesiones anteriores o enfermedades que no se asocian con el problema actual también pueden alterar los resultados de la evaluación. Es importante comparar, mediante la información obtenida de familiares, el estado actual del paciente con su estado previo.

Sistema musculoesquelético

Los discos intervertebrales disminuyen en tamaño, lo cual se manifiesta como una reducción en la estatura de 5 a 7.5 cm (2 a 3 pulgadas) a lo largo de la vida. La disminución en la cantidad de masa muscular por lo general da como resultado una fuerza menor y hay mayor probabilidad de que ocurran fracturas debido a la disminución en la densidad ósea, también conocida como osteoporosis. La postura también cambia a medida que la flexión en el cuello y el curvamiento hacia delante de los hombros producen una afección denominada xifosis (también llamada "joroba" o "giba"), la cual hace que sea más difícil la inmovilización de los pacientes mayores Figura 33-3.

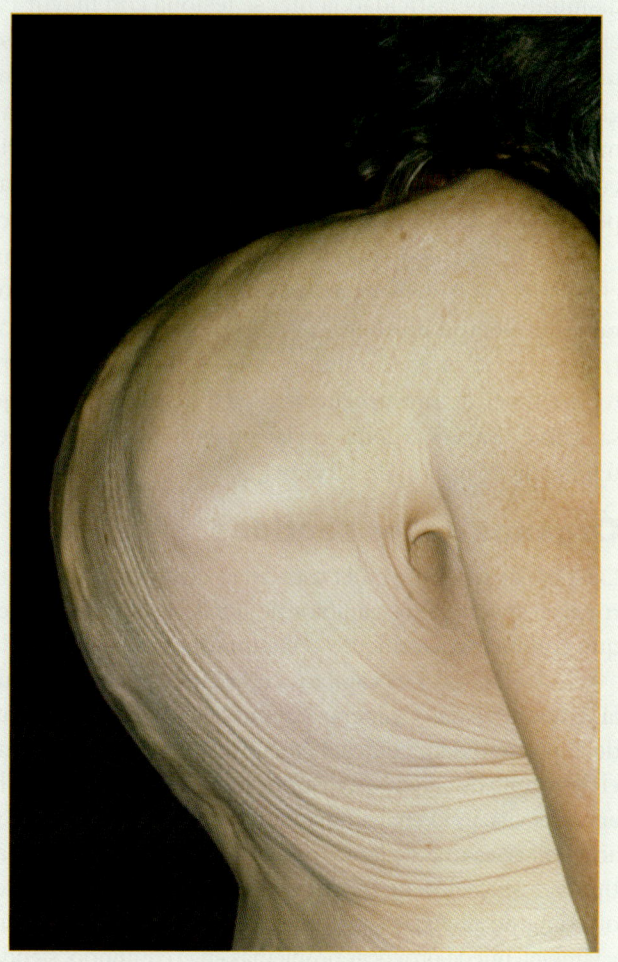

Figura 33-3 Las personas mayores con frecuencia desarrollan xifosis, en la cual la espalda se deforma con una joroba.

Situación de urgencia — Parte 2

Una mujer los recibe en la puerta principal. Parece tener entre 45 y 50 años. Les dice que su madre no se siente bien. "Necesita ir al hospital, pero no tengo automóvil". Al entrar a la casa, nota un fuerte hedor a orina y heces. Hay numerosos gatos y perros que corren por la habitación. Su paciente está en el sofá y parece estar en letargo profundo. Su compañero se acerca a ella: "¿qué tal señorita McCoy? Soy Jim, del departamento de bomberos, ¿se acuerda de mí?". Ella gime como respuesta.

3. ¿Cuál es su primera impresión de esta situación?
4. ¿Cuál es su primer paso en el tratamiento?

Sistema gastrointestinal

La reducción en el volumen de saliva y jugos gástricos ocasiona sequedad en la boca, lo cual dificulta la masticación y el inicio de la digestión del alimento. La lentificación del tracto gastrointestinal puede ocasionar estreñimiento o impactación fecal. La reducción de la función hepática disminuye la eliminación de productos tóxicos del metabolismo y de algunos medicamentos de eliminación hepática incrementando los niveles séricos y por tanto el riesgo de sobredosificación. Esto, al igual que el deterioro de la función renal, puede complicar la determinación de una dosis apropiada en los fármacos.

Polifarmacia

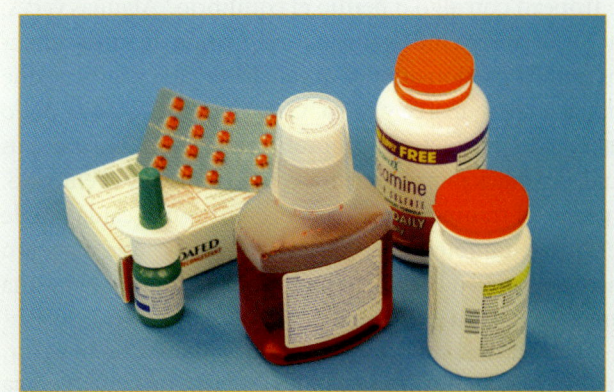

Figura 33-4 Los medicamentos que no requieren receta, como ácido acetilsalicílico, antiácidos, jarabes para la tos y descongestivos pueden interactuar con los medicamentos de prescripción.

Muchos medicamentos pueden tener interacciones o contrarrestar a otros fármacos cuando se toman juntos. La polifarmacia se refiere al uso de múltiples fármacos de prescripción en un mismo paciente, lo cual causa el protencial para efectos negativos como sobredosis o interacción medicamentosa.

Revisar los medicamentos de un paciente debería ser una tarea fácil, no obstante, los médicos enfrentan muchas barreras a este respecto, principalmente por la disminución en la memoria a corto y largo plazo que se observa en los pacientes geriátricos. Muchos de ellos acuden con más de un doctor, como el médico familiar para el cuidado cotidiano, el cardiólogo para los problemas del corazón y al endocrinólogo para la atención de la diabetes, y todos pueden prescribirle medicamentos al paciente. Pero, ¿qué sucede si el paciente no le informa a cada médico acerca de todos los fármacos que toma? Es posible que el paciente no recuerde qué medicamentos le prescribió otro médico o quizá no quiera hablarle a un doctor acerca de que consulta a otro.

Otras fuentes de fármacos incluyen medicamentos de venta sin receta como ácido acetilsalicílico, antiácidos, jarabes para la tos y antihistamínicos **Figura 33-4**. Los remedios herbales también pueden interaccionar con medicamentos prescritos o sin receta. La evaluación completa de un paciente incluye obtener un historial de sus medicamentos.

Impacto del envejecimiento sobre el traumatismo

Una fractura aislada de cadera en un adulto sano de 25 años rara vez se asocia con un deterioro general. No obstante, la misma lesión en un paciente de 85 años puede producir un impacto sistémico de amplio alcance que resulta en deterioro, choque e hipoxia fatal, un padecimiento peligroso en el cual los tejidos y células corporales no poseen suficiente oxígeno. Aunque una lesión puede considerarse aislada y poco alarmante en la mayoría de los adultos, la condición física general de un paciente mayor puede reducir la capacidad del cuerpo para compensar los efectos incluso de lesiones simples. Los pacientes más jóvenes tienen la capacidad de incrementar su frecuencia cardiaca, constreñir sus vasos sanguíneos y respirar con mayor rapidez y profundidad para compensar las lesiones. El cuerpo en envejecimiento posee un corazón que ya no puede latir más rápido, los vasos no logran constreñirse debido a la ateroesclerosis y los pulmones ya no intercambian oxígeno con la misma eficacia.

Su evaluación de la condición y estabilidad del paciente debe incluir los padecimientos médicos asociados, incluso si en la actualidad no son agudos ni sintomáticos. Por ejemplo, suponga que responde a una llamada sobre un paciente con antecedentes de angina inestable que sufre una fractura simple del tobillo. Deberá considerar que este paciente se encuentra en condiciones inestables y proporcionarle pronto transporte antes de que el estrés y el traumatismo simple empeoren la angina y se presente un síndrome coronario además del trauma.

Caídas y traumatismo

Una lipotimia, trastorno de la frecuencia cardiaca, o una interacción medicamentosa pueden conducir a una caída que lesione al paciente. Siempre que evalúe a un paciente geriátrico que haya sufrido una caída, es importante averiguar a qué se debió esta última. ¿Se mareó el paciente antes de caer? ¿Recuerda el paciente la caída? ¿Ocasionó un episodio de desmayo la caída y lesión, o el paciente se tropezó con algo o perdió el equilibrio? Algunas veces, un historial reciente de inicio o suspensión de medicamentos para la presión arterial es suficiente para provocar que un paciente se maree y caiga. Considere que la caída pudo haber sido producto de un problema médico, busque con cuidado indicios en el paciente, con los testigos y el entorno. Aunque el trauma que el paciente sufra en la caída puede ser grave, también debe considerar que si una afección médica provocó la caída, ésta puede continuar como una amenaza para la existencia.

Cuando responda a una colisión de vehículos de motor, manténgase atento a la posibilidad de que una emergencia médica puede haber causado el accidente, en especial en colisiones de un solo vehículo sin causa aparente.

Dado que el tejido cerebral se encoge con la edad, los pacientes mayores tienen altas probabilidades de sufrir lesiones cerradas de la cabeza, como hematomas subdurales. Estos hematomas pueden pasar desapercibidos debido a que la sangre debe llenar un vacío antes de poder producir presión en el cerebro que demuestre los signos familiares de traumatismo en cabeza. En este grupo de pacientes la presencia de atrofia cerebral puede hacer más lenta la presencia de datos que sugieran edema o trauma crenaoncefálico.

Como resultado de la pérdida ósea debida a la <u>osteoporosis</u>, una enfermedad generalizada de los huesos que se asocia en forma común con mujeres posmenopáusicas, los pacientes mayores de ambos sexos tienen tendencia a fracturas, en especial en áreas como la cadera. Con la edad, la columna se vuelve rígida como resultado del encogimiento del espacio entre los discos y las vértebras se fracturan con mayor facilidad. Hay mayor probabilidad de que ocurran fracturas de la columna por compresión.

Dada la flexión que se presenta en la columna vertebral, caderas o rodillas de los pacientes mayores, el uso de tablillas convencionales y camillas rígidas para inmovilizar al paciente puede ser difícil o imposible a menos que se use gran cantidad de acojinamientos. Lo que se considera una posición anatómica normal para niños y adultos con frecuencia es anormal para algunos pacientes de traumatismo geriátricos. Deberá intentar determinar la condición inicial del paciente y lo que era normal para éste antes del accidente. Intentar forzar al paciente con una flexión pronunciada de las articulaciones para obtener la posición anatómica "normal" puede ser muy doloroso para la persona y frustrante para el TUM-B y nunca debe hacerse. Algunos dispositivos, como las férulas de tracción, simplemente no funcionan en pacientes con caderas y rodillas flexionadas. Los dispositivos de entablillamiento, como los colchones ortopédicos empacados al vacío, que se acoplan al contorno del cuerpo, pueden ser una buena opción para la inmovilización (Figura 33-5 ▶). Recuerde que cuando trata a un paciente geriátrico de trauma debe evaluar las lesiones y buscar con cuidado la causa de la caída o colisión.

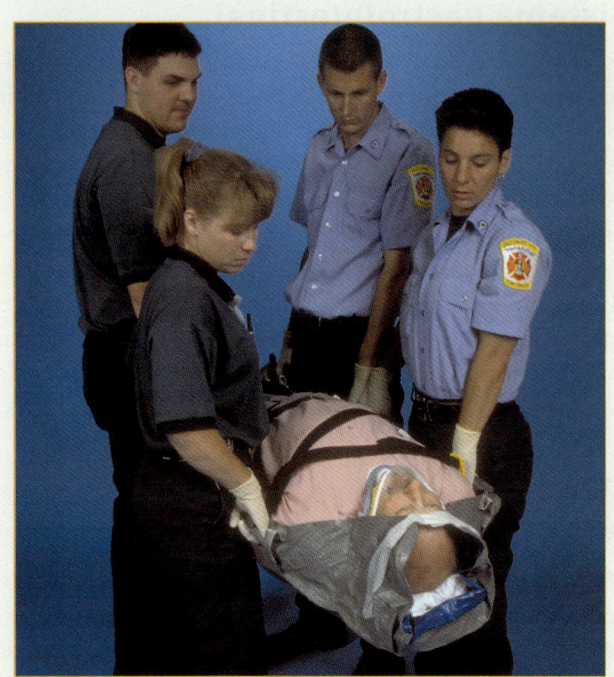

Figura 33-5 Los colchones ortopédicos empacados al vacío que toman las formas del contorno del cuerpo pueden ser una buena opción para inmovilizar a los pacientes geriátricos.

Impacto del envejecimiento en las urgencias médicas

Síncope

Siempre deberá asumir que el <u>síncope</u>, o desmayo, en un paciente mayor es un problema que amenaza la existencia hasta que se compruebe lo contrario. El síncope con frecuencia es producto de la interrupción del flujo sanguíneo hacia el cerebro; puede tener muchas causas, algunas son graves y otras no. Independientemente de esto, una persona mayor que tiene un periodo de inconciencia debe examinarse para determinar la causa del síncope. El (Cuadro 33-2 ▶) muestra algunas de las causas de síncope en pacientes geriátricos.

Síndromes coronarios

Es frecuente que los síntomas clásicos de un síndrome coronario agudo no estén presentes en los pacientes geriátricos. Hasta un tercio de las pacientes mayores tienen SCA "silenciosos" en los cuales está ausente el característico dolor retroesternal de tipo opresivo. El (Cuadro 33-3 ▶) muestra los signos y síntomas que se observan de modo común en pacientes geriátricos cuando sufren un ataque

CUADRO 33-2 Causas posibles de síncope en pacientes geriátricos

Arritmias y ataque cardiaco	El corazón late demasiado rápido o muy lentamente, el gasto cardiaco cae y se interrumpe el flujo sanguíneo al cerebro. Un ataque cardiaco también puede causar un síncope.
Cambios vasculares y de volumen	Las interacciones medicamentosas pueden ocasionar estancamiento venoso y vasodilatación, el ensanchamiento de un vaso sanguíneo, que da como resultado una caída en la presión arterial y flujo sanguíneo inadecuado hacia el cerebro. Otra causa de síncope puede ser una caída en el volumen sanguíneo debido a un sangrado oculto provocado por un padecimiento como un aneurisma.
Causas neurológicas	Un ataque isquémico transitorio o "ataque cerebral" suele imitar el síncope.

CUADRO 33-3 Signos y síntomas comunes de ataque cardiaco en pacientes geriátricos

Disnea	La disnea, la sensación de falta de aire o dificultad para respirar, es una queja común en pacientes geriátricos y en ocasiones se asocia con ataque cardiaco. Con frecuencia se combina con otros síntomas, como náusea, debilidad y sudoración. Es típico que el dolor de pecho asociado con angina se inicie durante periodos de estrés o agotamiento. En pacientes geriátricos, con frecuencia está ausente el dolor de pecho, pero la disnea por agotamiento está presente. A medida que avanza la enfermedad, la disnea puede presentarse sin agotamiento. La disnea en personas mayores puede ser el equivalente al dolor de pecho en pacientes más jóvenes en los que se presenta angina o un ataque cardiaco. Además, la insuficiencia cardiaca congestiva y el edema pulmonar agudo pueden resultar de un ataque cardiaco "silencioso".
Sensación de debilidad	La debilidad puede tener muchas causas, sin embargo, deberá sospechar un ataque cardiaco en un paciente con inicio repentino de debilidad. Esta última con frecuencia se asocia con sudoración.
Síncope, confusión y estado mental alterado	El síncope puede tener muchas causas, en pacientes geriátricos, ninguna de éstas debe considerarse menor. Las causas importantes y fatales de síncope con frecuencia son de origen cardiaco. El estado mental alterado casi siempre es una señal de mala provisión sanguínea en cerebro, por lo general por arritmia cardiaca y ataque del corazón.

cardiaco. Pregunte a los pacientes geriátricos si tienen cualquier presión en el pecho o incomodidad.

Abdomen agudo

Debido al envejecimiento del sistema nervioso, los síntomas y signos abdominales en pacientes geriátricos son en extremo difíciles de evaluar. Un sinnúmero de problemas abdominales fatales son comunes en pacientes mayores. En el campo, la mayor amenaza real de las patologías abdominales es la pérdida sanguínea, la cual puede conducir a choque y muerte. El aneurisma aórtico adbominal (AAA) es una de las condiciones que produce la muerte con mayor rapidez. El AAA tiende a desarrollarse en personas que poseen antecedentes de hipertensión y ateroesclerosis. Las paredes de la aorta se debilitan y se inicia una fuga sanguínea en las capas del vaso, lo cual provoca que la aorta se abulte como una burbuja en una llanta (disección aórtica). Si se pierde suficiente sangre hacia la misma pared del vaso ocurre el choque: si la pared se revienta, conduce con rapidez a pérdida sanguínea fatal. Cuando el problema se detecta de manera oportuna existe la probabilidad de reparar el vaso antes de que ocurran la rotura y pérdida sanguínea fatal.

Un paciente con AAA casi siempre se queja de dolor abdominal que irradia a través de la espala con dolor lateral ocasional. Si el AAA crece lo suficiente, se puede sentir como una masa pulsante justo arriba y ligeramente a la izquierda del ombligo durante el examen físico. En ocasiones, el AAA causa una reducción en el flujo sanguíneo hacia una de las piernas, y el paciente se queja de cierta molestia en la extremidad afectada. La evaluación también puede revelar disminución o ausencia del pulso en ese miembro. El choque compensado (fase inicial del estado de choque) y el choque descompensado (fase tardía del estado de choque) son ocurrencias comunes como resultado de la pérdida sanguínea. Debido a una reducción en el volumen de sangre y en el flujo sanguíneo hacia el cerebro, el paciente puede presentar síncope. Deberá tratar al paciente para estado de choque y proporcionarle pronto transporte al hospital.

Otra causa de dolor abdominal y estado de choque es el sangrado gastrointestinal, el cual puede ocurrir por una diversidad de razones y por lo general tiene como antecedente el vómito de sangre o de material que tiene aspecto semejante al de los asientos del café. El sangrado que viaja a través del tracto digestivo inferior por lo general se manifiesta como heces negras o semejantes al alquitrán (melena), mientras que la sangre roja franca por lo general significa una fuente local de sangrado, como hemorroides. Un paciente con sangrado gastrointestinal puede presentar debilidad, mareo o síncope. El sangrado hacia el sistema gastrointestinal puede poner en peligro la vida debido a la posibilidad de pérdida sanguínea y choque.

Las obstrucciones instestinales ocurren con frecuencia en la población geriátrica. El tracto gastrointestinal se va volviendo lento con la edad y el paciente puede sufrir problemas para tener movimientos intestinales. Cuando estos pacientes van al baño y pujan para tener el movimiento intestinal, pueden estimular el nervio vago y producir una reacción llamada reacción vasovagal, en la cual la frecuencia cardiaca se reduce de modo dramático y el paciente se marea o se desmaya. Este paciente por lo general se encontrará en condición estable a la llegada del TUM-B, pero requerirá transporte para descartar otros padecimientos.

Estado mental alterado

Debido a las percepciones estereotípicas sobre las personas mayores, es posible que olviden los nombres o sean incapaces de recordar los eventos o de aprender nuevas cosas. Sin embargo, estos tipos de cambios en el estado mental pueden no ser parte del proceso normal de envejecimiento, sino de una enfermedad de avance rápido. Para determinar el inicio de este cambio en el estado mental, debe comparar la capcidad funcional previa del paciente con la actual. Dos términos que se usan con frecuencia para describir un cambio en el estado mental son "delirio" y "demencia".

El delirio es un cambio en el estado mental que se marca por la incapacidad de concentrarse, de pensar con lógica y mantener la atención. Puede caracterizarse por alucinaciones, agitación psicomotriz, habla incoherente e incongruente y desorientación. Es común que el delirio se marque por un inicio agudo o reciente, es una "bandera roja" para algunos tipos de nuevos problemas de salud. Tumores, fiebre o intoxicación, o abstinencia de drogas o alcohol pueden causar delirio. Asimismo, éste también puede ser producto de causas metabólicas. Siempre que un paciente presente un inicio agudo de conducta delirante, deberá evaluarlo con rapidez en busca de los problemas siguientes:

- Hipoxia
- Hipovolemia
- Hipoglucemia
- Trastornos electrolíticos
- Procesos infecciosos

Cualquiera de estos problemas, si queda sin reconocer o sin tratar, puede causar la muerte con rapidez. El delirio tarda poco en establecerse y por lo general es curable si se identifica en forma oportuna.

La demencia es el inicio lento de la desorientación progresiva, reducción del periodo de atención y la pérdida de la función cognitiva. La demencia se desarrolla con lentitud a lo largo de los años más que en unos días. La enfermedad de Alzheimer, los accidentes cerebrovasculares y factores genéticos pueden ocasionar demencia, la cual por lo general se considera irreversible y es una de las características fisiopatológicas de muchas enfermedades neurológicas. El historial del paciente y la determinación de su función en el pasado reciente son factores clave para determinar su inicio. Un paciente con demencia puede estar sufriendo un evento de delirio. El delirio es producto de problemas de urgencia, la demencia no.

Situación de urgencia — Parte 3

Su paciente está consciente y desorientada. Su frecuencia respiratoria es de 16 respiraciones/min. No encuentra sangrado externo aparente. Su piel es pálida y fría al tacto. Cuando toma su pulso radial nota lo delgada y frágil que está. Su pulso es de 82 latidos/min y es regular. Sus sonidos pulmonares son claros e iguales en ambos lados. La hija declara que su madre se rehúsa a comer y a cuidar de sí misma. Usted nota un fuerte hedor corporal a orina y heces mientras examina a su paciente.

5. ¿Cuál es su índice de sospecha con esta paciente?
6. ¿Qué recursos adicionales podría solicitar en esta situación?

Impacto del envejecimiento en las emergencias psiquiátricas

Para la mayoría de las personas mayores, los últimos años corresponden a realización y satisfacción con una vida entera de logros. No obstante, para algunos adultos mayores los últimos años se caracterizan por el dolor físico, la dificultad psicológica, las dudas sobre la importancia de los logros de su vida, las preocupaciones financieras, la pérdida de los seres amados, la insatisfacción con las condiciones de vida y una discapacidad en apariencia insoportable. Cuando estos factores conducen a la desesperanza acerca de la posibilidad de un cambio positivo en sus vidas, la depresión y, por desgracia, incluso el suicidio son resultados posibles. Con frecuencia el TUM-B es el primer profesional de la salud que tiene contacto con adultos mayores afectados por estos problemas.

Depresión

La depresión es un trastorno psiquiátrico común, con frecuencia debilitante, que sufre al menos uno de cada diez mexicanos. Los adultos mayores que residen en instituciones de asistencia capacitadas tienen probabilidades todavía más altas de padecer depresión. Esta afección se diagnostica tres veces con mayor frecuencia en mujeres que en hombres. En contraste con las experiencias emocionales normales de tristeza, pena, pérdida y "mal humor" temporal, la depresión es extrema y persistente, y puede interferir de manera significativa con la capacidad para funcionar de un adulto mayor. Es imposible predecir qué adultos mayores tendrán depresión, pero los estudios indican que el abuso de sustancias, aislamiento, uso de medicamentos de prescripción y las condiciones médicas crónicas contribuyen en general al inicio de depresión significativa. El tratamiento de la depresión grave en adultos mayores por lo general consta de psicoterapia, medicamentos o una combinación de ambos. Para muchos adultos mayores, el simple restablecimiento de relaciones con la comunidad o con la familia es suficiente para reducir la gravedad de la enfermedad.

Suicidio

Los hombres mayores poseen la mayor tasa de suicidio de cualquier grupo de edad. Igualmente preocupante es el hecho de que las personas mayores que intentan el suicidio eligen métodos mucho más letales que las víctimas más jóvenes y por lo general poseen una capacidad de recuperación menor para sobrevivir su intento. El suicidio puede suceder en cualquier familia, sin importar su clase socioeconómica, cultura, raza o afiliación religiosa. Algunos eventos y condiciones que predisponen a este suceso incluyen la muerte de un ser amado, la enfermedad física, depresión y desesperanza, el abuso y la dependencia del alcohol y la pérdida de papeles significativos en la vida. Con frecuencia, los TUM-B son el primer contacto y, para algunos pacientes mayores, el único de cuidado de la salud. Tenga en mente que sólo un pequeño porcentaje busca tratamiento médico para aspectos psicológicos. Muchos no sólo no buscan ayuda, sino que con fecuencia también niegan el problema cuando se les pregunta. Es vital que todos los miembros del equipo de cuidado de la salud tengan conciencia de estos factores y sigan los pasos apropiados para asegurar que el paciente no corra peligro e inicie un tratamiento eficaz.

Directivas de avance

Hoy en día muchas personas hacen uso de las **directivas de avance**, documentos legales específicos que indican a parientes y cuidadores el tipo de tratamiento médico que puede darse a los pacientes que no pueden hablar por sí mismos. Una directiva de avance también se llama de manera común "testamento en vida". Los adultos mentalmente competentes y los menores emancipados tienen derecho a aceptar o rechazar un tratamiento, siempre y cuando sean competentes para hacerlo. La definición de competencia con frecuencia es objeto de acalorados debates, pero una persona mayor de 18 años, alerta y que no está intoxicada, que comprende las consecuencias de sus decisiones, por lo general se considera competente. Por desgracia, los pacientes que están inconscientes o en crisis médica no son capaces de informar al personal mé-

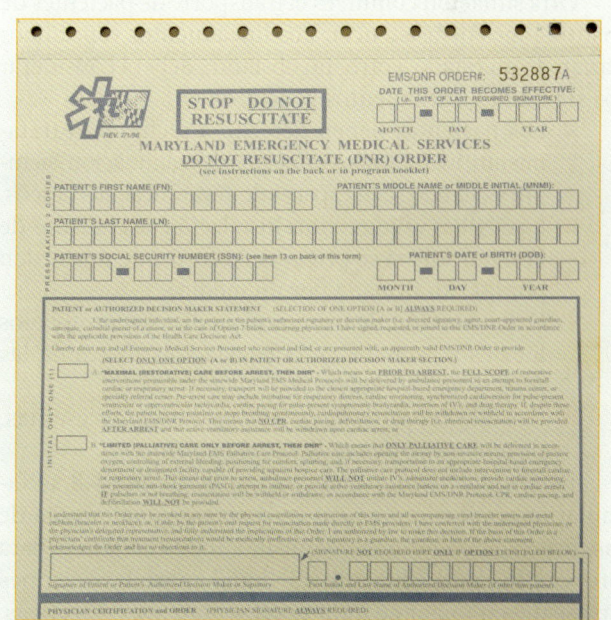

Figura 33-6 Por lo general se usa una ONR para identificar a un paciente que no desea ser reanimado.

dico acerca de sus deseos para aceptar o rechazar el tratamiento. Es peligroso aceptar la palabra de alguien más respecto a los deseos de un paciente determinado, es por esta razón que se han desarrollado las directivas de avance.

Las directivas de avance también pueden tomar la forma de "Órdenes de No Reanimar", ONR, Figura 33-6. Una ONR le da permiso de no intentar la reanimación para un paciente con paro cardiaco. No obstante, para que una ONR sea válida, en general, los problemas del paciente deben estar claramente establecidos, la forma debe estar firmada por el paciente o su tutor legal y por uno o más médicos. En la mayoría de los casos, la forma debe estar fechada dentro de los 12 meses anteriores. Incluso en presencia de una ONR, estará obligado a proporcionar medidas de soporte que pueden incluir administración de oxígeno, alivio del dolor y confort cuando sea posible. Aprenda y familiarícese con las leyes de su localidad acerca de este asunto.

Un poder notarial de cuidados de la salud es una directiva de avance que ejerce una persona autorizada por el paciente para tomar decisiones médicas de su parte. Asegúrese de seguir el protocolo de su servicio cuando enfrente cualquier directiva de avance.

El manejo de directivas de avance se ha vuelto más común para los proveedores de SMU debido a que más personas eligen ahora usar los servicios de hospicio y pasan sus últimos días en casa. Aunque pueden existir directivas de avance, los miembros de la familia y cuidadores que enfrentan los momentos finales de la vida o cuando empeora la condición del paciente con frecuencia se alarman y llaman a urgencias.

Entonces, es posible que familiares y cuidadores se alteren si usted toma medidas para la reanimación e inicia el transporte al hospital.

Otra situación común es el transporte de pacientes de instituciones de asistencia. Los lineamientos específicos varían de un estado a otro, no obstante, deberá considerar los siguientes lineamientos generales:

- Los pacientes tienen derecho a rechazar el tratamiento, incluidos los esfuerzos de reanimación, siempre y cuando sean capaces de comunicar sus deseos.
- La ONR es válida en una instalación de cuidados de la salud sólo si se presenta en forma de una orden por escrito firmada por un médico.
- Deberá revisar de manera periódica los protocolos locales y estatales, y la legislación acerca de las directivas de avance.
- Cuando tenga dudas o no haya órdenes escritas, deberá tratar de reanimar al paciente.

Es absolutamente esencial que todo TUM-B se familiarice con los reglamentos de su localidad acerca de las directivas de avance. Asimismo, todo servicio deberá proporcionar capacitación adicional sobre las acciones que se deben tomar cuando se presenten tales directivas. Cuando tenga dudas, su mejor curso de acción es tomar medidas de reanimación apropiadas para la situación y aplicar tratamiento médico adecuado.

Abuso de personas mayores

Los informes y quejas de abuso, descuido y otros problemas relacionados entre la población mayor del país van en aumento. El abuso de personas mayores se define como cualquier acción de parte de un familiar, cuidador u otra persona asociada con un adulto mayor que tome ventaja de la persona, propiedad o estado emocional de éste; también se denomina "maltrato del anciano".

El alcance exacto del abuso de personas mayores se desconoce debido a diversas razones, incluidas las siguientes:

- El abuso de personas mayores es un problema que se ha ocultado en gran medida.
- Las definiciones de abuso y descuido entre la población geriátrica varían.
- Las víctimas de abuso de personas mayores con frecuencia dudan en reportar el problema a las agencias de policía o servicios humanos y sociales.

Un progenitor que se siente avergonzado o culpable porque él educó al abusador es una víctima típica de abuso de personas mayores. La víctima también puede sentirse traumatizada por la situación o temer que el abusador intentará vengarse. En algunas áreas del país, aún hay carencia de mecanismos formales para reportar estos casos, y algunos estados no cuentan con provisiones estatutarias que exijan que se informe sobre el abuso de ancianos.

Los signos físicos y emocionales de abuso, como violación, golpes al cónyuge o privación nutricional, con frecuencia se pasan por alto o no se identifican de manera precisa. En particular, es poco probable que las mujeres mayores informen a las agencias de policía sobre incidentes de ataque sexual. Es posible que los pacientes con deficiencias sensoriales, senilidad y otras formas de estado mental alterado, como depresión inducida por fármacos, no sean capaces de informar sobre el abuso.

El abuso de personas mayores ocurre con mayor frecuencia en mujeres mayores de 75 años. La persona que sufre el abuso con frecuencia es frágil, presenta múltiples afecciones médicas crónicas, tiene demencia y puede presentar trastornos del ciclo del sueño, sonambulismo y periodos en los que grita a los demás. Es posible que la persona sea incontinente y que en general dependa de los demás para las actividades de la vida diaria.

Las personas que abusan de los adultos mayores por lo general fueron víctimas de abuso infantil, y el abuso que ejercen sobre la persona mayor puede ser una revancha. La mayoría de estos abusadores no están capacitados en la atención particular que requieren las personas mayores y tienen poco tiempo de descanso de las continuas exigencias de cuidado de su propia familia, hijos y cónyuge. Sus vidas se complican ahora con las constantes y excesivas necesidades de la persona mayor a la que deben atender.

El abusador también puede presentar marcada fatiga, estar desempleado con dificultades financieras y abusar de una o más sustancias. Observando de manera cuidadosa, puede reconocer los indicios de estas situaciones estresantes y ayudar a guiar a la familia para ingresar a programas en su comunidad encaminados a apoyar a la familia entera. Programas como estancias diurnas para adultos y muchos programas sociales individualizados ayudan a reducir el estrés que sufre la familia y reducen las probabilidades de abuso.

El abuso no se limita al hogar, ambientes como centros de asistencia, convalecencia y cuidados continuos también son sitios donde las personas mayores sufren daños físicos, psicológicos o farmacológicos. Con frecuencia, los proveedores de cuidados en estos medios consideran a las personas mayores como problemas administrativos o las clasifican como pacientes obstinados e indeseables.

Evaluación del abuso de personas mayores

Mientras evalúa al paciente, deberá tratar de obtener una explicación de lo que sucedió. Deberá sospechar abuso cuando las respuestas a las preguntas sobre las causas de la lesión se ocultan o evitan.

También debe sospechar abuso cuando reciba respuestas increíbles de alguien que no sea el paciente, el posible abusador o un testigo significativo. Debe tener sospechas si piensa: "¿tiene sentido esto?" o "¿de verdad creo esta historia?" mientras revisa el historial del paciente. Si ve quemaduras, en especial de cigarrillo o marcas físicas que indican que ciertas partes del paciente fueron escaldadas de manera sistemática, también debe sospechar abuso. Como TUM-B, es probable que sea el primer proveedor de cuidados de la salud que observe los signos de posible abuso. La información que puede ser importante al evaluar un posible abuso incluyen lo siguiente:

- Visitas repetidas al departamento o la clínica de urgencias
- Historial de tendencia a sufrir accidentes
- Lesiones en tejido blando
- Explicación increíble o vaga de las lesiones
- Quejas psicosomáticas
- Dolor crónico

CUADRO 33-4 Categorías de abuso de adultos mayores

Físico	■ Ataque
	■ Descuido
	■ Alimenticio
	■ Mal cuidado de sitio donde habita
	■ Mala higiene personal
Psicológico	■ Descuido benigno
	■ Verbal
	■ Tratamiento de la persona como un bebé
	■ Privación de estímulo sensorial
Financiero	■ Robo de valores
	■ Malversación

- Conducta autodestructiva
- Trastornos de la alimentación y el sueño
- Depresión o falta de energía
- Abuso de sustancias o sexual, o ambos
- Condiciones físicas o habitacionales carentes de higiene

Debe recordar que muchos pacientes que sufren abuso temen tanto las represalias que hacen declaraciones falsas. Un paciente geriátrico víctima de abuso de los miembros de la familia puede mentir sobre el origen del abuso por temor a que se le expulse de su hogar. En otros casos de abuso de adultos mayores, la discapacidad sensorial o la demencia pueden obstaculizar la explicación adecuada.

Además de la atención que puede salvarle la vida al paciente, el examen que usted haga de éste puede ayudar a reducir trauma adicional del abuso a través de su sola identificación. El abuso repetido puede conducir a un elevado riesgo de muerte. Una medida preventiva en la reducción del maltrato adicional del paciente es que los proveedores médicos de urgencia identifiquen el abuso Cuadro 33-4 ▲. Esto puede permitir la referencia a instituciones sociales y de seguridad pública.

Situación de urgencia — Parte 4

Su compañero y usted continúan con sus intentos de comunicarse con la señorita Méndez, pero ella sólo gime como respuesta. Su hija señala que su madre no se ha sentido muy bien las últimas semanas. "Se queda acostada en el sofá y se rehúsa a levantarse. Por eso los llamé". Mientras sigue con la evaluación de su paciente, encuentra una serie de úlceras de decúbito en su espalda y glúteos. Dados los signos evidentes de descuido, su compañero se dirige a la ambulancia para notificar a la central lo mismo que a los servicios de protección de adultos.

7. ¿Qué tratamiento puede proporcionarle a esta paciente?
8. ¿Debe considerar confrontar a la hija acerca de la condición física de su madre?

Qué documentar

Lo mismo que con otros asuntos complejos en el aspecto legal y con carga emocional, la posibilidad de abuso de adultos mayores requiere una documentación particularmente cuidadosa. Sea meticuloso, objetivo y limítese a los hechos, evitando opiniones sin fundamento y juicios personales. Es posible que le llamen para que explique su infome en un proceso legal.

Signos de abuso físico

Los signos de abuso pueden ser muy obvios o sutiles. Los moretones inflingidos por lo general se encuentran en glúteos y parte baja de la espalda, genitales y parte interna de muslos, mejillas o lóbulos de las orejas, en el labio superior, y dentro de la boca y en el cuello. Las lesiones por presión ocasionadas por la mano humana pueden identificarse por marcas de sujeción ovaladas, marcas de pellizcos o huellas de manos. Es típico que las mordidas humanas se encuentren en las extremidades superiores y pueden ocasionar laceraciones e infección. Deberá inspeccionar las orejas del paciente en busca de signos de torceduras, jalones o pellizcos, o evidencia de golpes frecuentes en las orejas. También debe investigar los moretones múltiples en diversos estados de curación preguntando al paciente y revisando sus actividades cotidianas.

Las quemaduras son una forma común de abuso. El abuso típico debido a ellas se produce por contacto con cigarrillos, cerillos, metal caliente, inmersión forzada en líquidos calientes, sustancias químicas y fuentes de corriente eléctrica.

Deberá estar atento al peso del paciente e intentar determinar si parece desnutrido o si ha sido incapaz de aumentar de peso en el medio que lo rodea. ¿Tiene un hambre exagerada el paciente? ¿Se le ha negado el medicamento? ¿Se retiene el dinero al paciente de manera que éste no puede comprar alimentos ni fármacos? También debe verificar si hay signos de descuido, como evidencia de falta de higiene, mala higiene dental, ausencia de regulación de la temperatura o carencia de comodidades razonables en su casa Figura 33-7.

Figura 33-7 Revise si hay signos de descuido, como evidencia de falta de higiene, mal cuidado dental, ausencia de regulación de la temperatura o carencia de comodidades razonables en la casa.

Debe considerar las lesiones en genitales o recto, sin informe sobre un traumatismo, como evidencia de abuso sexual en cualquier paciente. Es posible que los pacientes geriátricos con estado mental alterado no sean capaces de reportar el abuso sexual. Asimismo, muchas mujeres no informan sobre los casos de abuso sexual debido a la vergüenza y a la presión para olvidar.

Situación de urgencia — Resumen

Cuando enfrente una posible situación de abuso, nunca confronte al sospechoso del maltrato. El curso de acción mejor y más apropiado es tratar, transportar e informar. Retirar al paciente de la situación de abuso es el mejor tratamiento que puede proporcionarle. Como con todos los pacientes, asegúrese de proporcionar a la institución receptora un informe completo sobre el paciente y documente todos los aspectos de la llamada.

Resumen

Listo para repaso

- El manejo de los pacientes geriátricos puede representar para el TUM-B muchos retos que no se encuentran con los pacientes más jóvenes y una serie de problemas diferentes que pueden ser bastante difíciles de resolver o frustrantes.

- El diamante GEMS es una herramienta que ayuda a recordar conceptos clave cuando se evalúan pacientes geriátricos. G significa geriátrico, los pacientes mayores se presentan de modo atípico. E corresponde a entorno, tenga en mente el medio en el que vive el paciente. M le recuerda que los pacientes mayores por lo general tienen más problemas médicos (y más medicamentos), así que el historial médico es importante. S enfatiza el aspecto social de la vida del paciente y la importancia de su red social.

- Los problemas de salud de la población mayor poseen múltiples facetas y se pueden esperar barreras frecuentes para la comunicación.

- Las causas principales de muerte en personas mayores incluyen enfermedad cardiaca, cáncer, padecimientos respiratorios, diabetes y traumatismo.

- Los cambios fisiológicos que acompañan la edad incluyen los siguientes:
  - Cambios en la calidad de la piel
  - Debilitamiento de los sentidos
  - Reducción de la función del sistema respiratorio
  - Compromiso de la función cardiaca y renal
  - Deterioro de la función del sistema nervioso
  - Pérdida en la masa múscular y ósea
  - Disminución de la función del sistema gastrointestinal

- Estos cambios afectan la capacidad del cuerpo para aislar un traumatismo simple y pueden influir en cómo se presentan otras emergencias médicas.

- La polifarmacia se refiere a tomar muchos o un exceso de fármacos. La evaluación completa del paciente debe incluir obtener un historial de sus medicamentos.

- Para determinar el inicio del estado mental alterado, compare la capacidad actual para funcionar del paciente con la del pasado reciente. Delirio y demencia son dos términos que se usan con frecuencia para describir un cambio en el estado mental.

- Las directivas de avance, o testamentos en vida, especifican qué tipo de tratamiento médico puede aplicarse a los pacientes que no pueden hablar por sí mismos. Todo TUM-B debe estar familiarizado con los reglamentos de su localidad acerca de las directivas de avance.

- Se desconoce el alcance exacto del abuso de adultos mayores porque muchos pacientes no lo reportan.

- Es frecuente que los abusadores sean miembros de la familia que deben cuidar de la persona mayor además de atender a sus propios cónyuges y niños. El abuso de personas mayores también ocurre en centros de asistencia, convalecencia y atención continua.

- El abuso de mayores puede ser espantoso, vulgar y salvaje, sin embargo, su responsabilidad es proporcionar atención que salve la vida del paciente e intentar reducir el abuso adicional a través de la identificación del problema.

Vocabulario vital

abuso de personas mayores Cualquier acción realizada por un miembro de la familia, del cuidador o de otra persona relacionada con una persona mayor, que saque ventaja de dicho adulto mayor, de sus propiedades o de su estado emocional; también se denomina violencia contra adultos mayores y maltrato a personas mayores.

aneurisma aórtico abdominal (AAA) Padecimiento en el cual las paredes de la aorta en el abdomen se debilitan y hay fuga de sangre hacia el interior de las capas de los vasos, lo cual da lugar a protuberancias.

aneurisma Hinchamiento o crecimiento de parte de una arteria, lo cual resulta del debilitamiento de la pared arterial.

arterioesclerosis Enfermedad que se caracteriza por el endurecimiento, engrosamiento y calcificación de las paredes arteriales.

ateroesclerosis Un trastorno en el cual se acumulan colesterol y calcio dentro de las paredes de los vasos sanguíneos y forman placas, lo cual lleva con el tiempo al bloqueo parcial o completo del flujo sanguíneo y a la formación de coágulos que pueden desprenderse y convertirse en émbolos.

Resumen continuación...

cataratas Opacamiento del cristalino del ojo o de sus membranas transparentes circundantes.

choque compensado La etapa inicial del choque, en la cual el cuerpo aún puede compensar la pérdida de sangre.

choque descompensado Etapa tardía del choque, cuando cae la tensión arterial.

colágena Proteína que es el componente principal de tejidos conjuntivos y huesos.

delirio Cambio en el estado mental marcado por la incapacidad para concentrarse, pensar de manera lógica y mantener la atención.

demencia Establecimiento lento de desorientación progresiva, acortamiento del periodo de atención y pérdida de la función cognitiva.

directivas de avance Documentación escrita que especifica el tratamiento médico para un paciente competente, para el caso de que dicho paciente llegara a ser incapaz de tomar decisiones, también llamado testamento en vida.

disnea Falta de aire o dificultad para respirar.

elastina Proteína que se encuentra en los tejidos elásticos, como la piel y las paredes arteriales.

hipoxia Trastorno en el cual las células y los tejidos del cuerpo no reciben suficiente oxígeno.

osteoporosis Enfermedad generalizada de los huesos, comúnmente asociada con mujeres posmenopáusicas, en las cuales hay una reducción de la cantidad de masa ósea que conduce a fracturas en ambos sexos después de un trauma mínimo.

síncope Episodio de pérdida del sentido o pérdida transitoria de la conciencia, ocasionado con frecuencia por una interrupción del flujo de sangre al cerebro.

vasoconstricción Estrechamiento de los vasos sanguíneos.

vasodilatación Ensanchamiento de un vaso sanguíneo.

xifosis Crecimiento curvo en la espalda provocado por un aumento anormal en la curvatura de la columna.

Qué evaluar

Los envían al 1218 de la calle Centro Sur en busca de una mujer mayor que sufrió una caída. Llegan para encontrar una casa de dos pisos con el jardín infestado de maleza y en estado general de deterioro. Tocan a la puerta y escucha los ladridos de perros pequeños. Intenta abrir la puerta pero está cerrada. Su compañero encuentra acceso a la casa a través de una ventana abierta. Al caminar por la casa tratando de localizar a la paciente, nota que hay pilas de periódicos, platos sin lavar y basura tirada por toda la residencia. Por fin localiza a la paciente en una recámara del piso superior. Ésta le dice que no está lastimada, pero que cuando se cayó en su cuarto de baño hace tres días no logró levantarse ni alcanzar el teléfono sino hasta hoy.

¿Son seguras las condiciones de vida de esta paciente? ¿Puede vivir sola sin peligro?

Temas: Cambios físicos en las personas mayores que afectan la vida diaria; Medidas preventivas para caídas y otras lesiones.

Autoevaluación

Los envían al 111 de la calle Londres en busca de una persona con falta de aire. Los recibe en la puerta una persona que les dice que es la cuidadora de planta. Ésta les dice: "Está fingiendo. Siempre finge que tiene problemas respiratorios. Le dije que no los llamara". La cuidadora no quiere que entren a la casa. Les dice que se vayan.

Por fin, la convencen de que los deje entrar para ver a la paciente, quien se encuentra en una habitación pequeña y oscura en el sótano. Su tanque de oxígeno doméstico está vacío y observa que sus ropas están sucias y el cómodo junto a su cama está lleno. La cuidadora los observa desde la puerta mientas efectúan la evaluación. Cada vez que hace una pregunta, la paciente mira hacia la cuidadora y no contesta, pero sí cumple con órdenes simples. Sus signos vitales revelan lo siguiente: presión arterial de 158/98 mm Hg, pulso irregular de 110 latidos/min, respiraciones superficiales de 60 inhalaciones/min y oximetría de pulso de 78% en el aire de la habitación.

1. Dada la naturaleza de la llamada y los antecedentes de uso doméstico de oxígeno, la posición médica subyacente de esta paciente es:
   A. diabetes.
   B. evento vascular cerebral.
   C. osteoporosis.
   D. EPOC.

2. La "E" en el diamante GEMS significa:
   A. evaluación de emergencia.
   B. evaluación del entorno.
   C. evaluación de la persona mayor.
   D. ninguna de las respuestas anteriores.

3. Un trastorno peligroso en el cual los tejidos corporales no cuentan con suficiente oxígeno es el denominado:
   A. hipovolemia.
   B. hipoglucemia.
   C. hipoventilación.
   D. hipoxia.

4. La falta de aire también se llama:
   A. disfagia.
   B. isuria.
   C. disnea.
   D. disrritmia.

5. La polifarmacia de refiere a:
   A. los efectos positivos de tomar múltiples medicamentos.
   B. los efectos negativos de tomar múltiples medicamentos.
   C. ambos, A y B.
   D. ni A ni B.

6. La documentación escrita que especifica el tratamiento médico para un paciente competente en caso de que éste llegara a estar incapacitado para tomar decisiones se llama:
   A. directiva de avance.
   B. medida anticipada.
   C. testamento en vida.
   D. A y C.

Preguntas desafiantes

7. ¿Cuáles son los componentes del diamante GEMS y cómo se aplican al caso anterior?

8. ¿Qué le preocupa acerca de la actitud de la cuidadora?

9. ¿Qué sugieren las condiciones de vida de la paciente?

10. La cuidadora le dice que no transporte a esta paciente porque ésta tiene una ONR. ¿Cómo responde?

Evaluación y manejo geriátricos

Objetivos*

Cognitivos
1. Describir las bases siguientes de evaluación para el paciente geriátrico:
   - Evaluación de la escena
   - Evaluación inicial
   - Historial y examen físico enfocados
   - Examen físico detallado
   - Evaluación continua (p. 1004)
2. Discutir las principales y más comunes quejas de los pacientes geriátricos. (p. 1008)
3. Describir la evaluación de traumatismos en pacientes geriátricos para las lesiones en:
   - columna vertebral
   - cabeza
   - pelvis
   - cadera (fracturas) (p. 1008)
4. Describir la enfermedad aguda en pacientes geriátricos, incluidas las siguientes afecciones
   - emergencias cardiovasculares
   - disnea
   - síncope y estado mental alterado
   - abdomen agudo
   - septicemia y enfermedad infecciosa (p. 1015)
5. Discutir la respuesta en pacientes geriátricos en las instalaciones de asistencia y cuidados especializados. (p. 1016)

Afectivos
Ninguno

Psicomotores
6. Demostrar las capacidades de evaluación del paciente que deben emplearse para cuidad a un paciente geriátrico. (p. 1004)

*Todos los objetivos en este capítulo son objetivos no curriculares.

34

Evaluación y manejo geriátricos

Situación de urgencia

Son las 3:17 A.M. Lo envían con su nuevo compañero TUM-B a una dirección muy conocida en el 7273 de Valle Alborada para atender un paciente con dolor de tórax. Le explica a su compañero que visitarán a la señorita Gladys, una mujer de 74 años que vive sola y no tiene familia en la zona. Esta persona llama en promedio una vez por semana por una razón u otra, aunque no la han transportado al hospital en años. Cada vez que acuden a su casa, tiene galletas recién horneadas esperando. Su compañero lo mira irritado y murmura entre dientes que está enojado por haberse levantado para nada.

1. ¿Se consideraría ésta una emergencia médica o abuso del sistema?
2. Mientras va en camino, ¿como deben prepararse el TUM-B y su compañero para esta llamada?

Evaluación y manejo geriátricos

Este capítulo cubre la evaluación y el manejo de pacientes geriátricos sobre la base de los conceptos introducidos en el capítulo 33. La evaluación de un paciente geriátrico emplea el mismo método básico que la de otros pacientes, los pasos son: evaluación de la escena, evaluación inicial, historial y examen físico enfocados, examen físico detallado y evaluación continua. No obstante, las áreas del examen pueden requerir modificar su método para que esté más consciente de las condiciones a su alrededor que pueden afectar a los pacientes geriátricos. La lesión o condición médica puede ser peor que la indicada por los signos y síntomas existentes, y las lesiones y condiciones que se encuentran pueden tener un efecto más profundo que el que tendrían en un paciente más joven.

Además de las necesidades críticas que puede causar un problema médico subyacente, la condición de los pacientes geriátricos es más inestable que la de otros más jóvenes y hay una mayor posibilidad de deterioro repentino y rápido.

Evaluación de un paciente mayor

Como se estudió en el capítulo 33, una herramienta útil para la evaluación del paciente geriátrico es el diamante GEMS. Éste está diseñado para ayudarle a recordar que debe considerar los pequeños detalles que pueden significar una enorme diferencia en el paciente geriátrico. La evaluación de los pacientes geriátricos requiere tiempo adicional y es probable que presenten enfermedades preexistentes que afecten sus resultados del momento.

Evaluación de la escena

Las llamadas geriátricas son más frecuentes que las de otros grupos de edad y con frecuencia las quejas, como se reportan a la central, son más vagas. La "G" en el diamante GEMS es para las preocupaciones geriátricas. Considere con cuidado la posible naturaleza de las enfermedades (NE) y los mecanismos de lesión (ML) de acuerdo como se presentan en la información proporcionada por la central. Reflexione sobre cómo se relaciona esta información con situaciones especiales vinculadas con pacientes geriátricos. Por ejemplo, si su paciente sufrió un traumatismo y la inmovilización de columna es necesaria, ¿qué tipo de equipo necesitaría para estabilizar de manera apropiada y cómoda la columna?

Al acercarse a cualquier escena deberá estar muy consciente del entorno y de la razón por la cual se le llamó. La "E" del diamante GEMS corresponde al entorno. Cuando el TUM-B llega a la residencia del paciente, debe buscar indicios importantes para determinar no sólo su seguridad, sino también la del ocupante. El entorno puede proporcionar una gran cantidad de información importante si sabe qué buscar. Observe si existe riesgo, como escaleras empinadas, pasamanos faltantes, mala iluminación u otras cosas que podrían ocasionar una caída. Otra cosa que hay que determinar en el medio geriátrico es la apariencia general de la casa. Determine si hay evidencia de alimentación adecuada, agua potable, calefacción, luces y ventilación. ¿Está limpia la casa? Muchos pacientes geriátricos pueden tener dificultades físicas para mantener al día la limpieza o contar con recursos financieros para comprar alimentos o pagar la calefacción en su vivienda. La condición general de la casa le proporcionará algunos indicios importantes.

Su evaluación de la escena continuará incluso después de que inicie la evaluación del paciente. Las actividades de la vida cotidiana, como la capacidad de moverse por la casa, hablar por teléfono, preparar y consumir los alimentos, realizar actividades de limpieza básica y atender la higiene personal son esenciales para mantener la salud en todas las personas. Para los adultos mayores, el envejecimiento normal o un proceso patológico puede dificultar las actividades diarias y ocasionar una cascada de problemas.

Evaluación inicial

Impresión general

La secuencia de la evaluación inicial es la misma para pacientes pediátricos, adultos o geriátricos. Comience con la impresión general, incluida la determinación de la queja principal y del nivel de conciencia del paciente (NDC). La queja principal de un paciente geriátrico puede ser una exacerbación de un problema crónico. Dado que esto es algo que el paciente siempre ha tenido que enfrentar, es posible que la persona haya esperado hasta que el problema esté peor de lo acostumbrado. En otras ocasiones, quejas muy sutiles y simples pueden indicar problemas muy graves. La "S" en el diamante GEMS significa la situación social. Todos necesitamos una red de personas a nuestro alrededor para una socialización continua y para que nos ayuden en tiempos de necesidad. Sin embargo, a medida que envejecemos y sobrevivimos a amigo y familiares, nuestra red social puede reducirse. Cuando un paciente mayor tiene menos personas con las cuales interactuar, es posible que llame al SMU para resolver quejas que para nosotros parecen triviales, pero son significativas para el paciente.

Use la escala AVDI para determinar el NDC de un paciente. No obstante, no debe hacer ninguna suposición acerca del NDC de un paciente mayor. Nunca asuma que un estado mental alterado es normal, ya que éste indica cierto grado de disfunción cerebral y es un problema grave. La mejor regla básica es comparar siempre el NDC actual del paciente o su capacidad para funcionar con su nivel o capacidad antes de que iniciara el problema. No suponga que la confusión o la ausencia de respuesta es conducta normal para nadie. En muchos casos, es posible que tenga que confiar en un familiar o cuidador que le ayude a establecer el NDC en el estado inicial del paciente antes de que iniciara el problema Figura 34-1 ▶.

Vía aérea, respiración y circulación

Durante la evaluación inicial, deteminará los ABC del paciente. Si existe un problema letal, tendrá que realizar el tratamiento de emergencia antes de continuar con la evaluación. El tratamiento se basa en los protocolos de tratamientos que se analizaron antes. Si la vía aérea es inadecuada, deberá hacer que sea apropiada mediante la colocación de adjuntos de vía aérea según se requiera. Asegúrese de que la respiración sea adecuada, evalúe para sangrado y trate el estado de choque.

Decisión de transporte

La evaluación inicial establece la prioridad y le ayuda a decidir si el paciente requiere un método rápido de reanimación (situación de "carga y transporta") o una técnica más lenta y contemplativa (situación de "quédate y juega"). En la mayoría de las situaciones, el método lento y contemplativo es lo único que se necesita. Emplee su evaluación del paciente para determinar la mejor manera de prepararlo y transportarlo. Cuando sea posible, lleve al paciente al hospital que éste elija. Esto permitirá la continuidad de los cuidados si el paciente ha estado ahí antes y puede reducir la ansiedad de la persona. Permita que el paciente tome la posición que le sea cómoda. Ésta puede ser muy erecta para las llamadas de dificultad respiratoria o con las piernas elevadas para un paciente con presión arterial baja. Si el transporte sobre una tabla larga está indicado, el uso de una cobija doblada o un colchón inflable sobre la tabla puede reducir los puntos de presión que pueden producir ulceraciones en la piel.

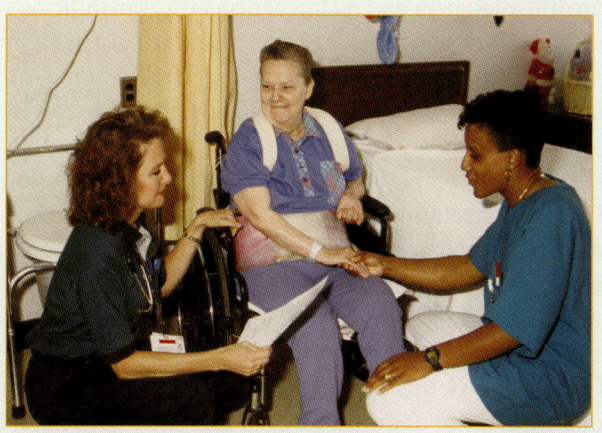

Figura 34-1 Entreviste a familiares, amigos y cuidadores como parte de su evaluación del paciente geriátrico.

Historia y examen físico enfocados

La historia y el examen físico enfocados de un paciente geriátrico deben realizarse camino al hospital para minimizar el tiempo en la escena, cuando sea posible. El propósito de la historia y el examen físico enfocados es obtener información adicional y específica acerca de la enfermedad o lesión del paciente. Esta porción de su evaluación incluye la realización de un examen físico (rápido o enfocado), obtener los signos vitales y entrevistar al paciente o a sus familiares acerca del historial médico de la persona. El orden de estas tres partes de la evaluación varía si la persona mayor es un paciente médico (que responde o no responde) o de trauma (con un ML significativo o no significativo). Refiérase al capítulo 8 para repasar el orden apropiado de pasos de evaluación. Aquí los pasos no se presentan en ningún orden particular.

Historial SAMPLE

El historial se convertirá en una de las mejores herramientas cuando evalúe a un paciente mayor. Para obtener un historial preciso son esenciales cualidades como paciencia y buena aptitud para comunicarse. La disminución en la vista, oído y capacidad para hablar de un paciente mayor puede afectar la comunicación Figura 34-2 ▶. Si es posible, tome algunos momentos para permitir que el paciente se ponga su dentadura postiza o su dispositivo para la audición y que se coloque los anteojos. Todos estos factores pueden ayudar al paciente a comunicarse con mayor eficacia con el TUM-B.

Comunicación con un paciente geriátrico

Cuando hable con un paciente geriátrico, agáchese de manera que su vista quede al nivel de la del paciente. Asegúrese de que éste pueda ver su cara. Los pacientes con dificultad para oír con frecuencia buscarán indicios en las expresiones faciales de su interlocutor para ayudarse a comprender el tema. Encienda una luz si se encuentra en una habitación poco iluminada. Apague el televisor o la radio. Emplee un tono normal de voz, en especial si el paciente emplea un aparato para sordera. Un tono elevado de hecho puede ocasionar distorsión del sonido en el aparato y empeorar la comunicación. Haga la mayor cantidad de preguntas abiertas que le sea posible y utilice preguntas cerradas para aclarar los puntos. Es mejor hacer una pregunta abierta como: "por favor, hábleme sobre el dolor que siente", en lugar de una pregunta cerrada como: "¿el dolor es punzante o sordo?". Mientras toma el historial anote cualquier punto clave en un bloc de notas de manera que no repita las preguntas porque olvidó la respuesta. Después de entrevistar al paciente, pida a los miembros de la familia o a los cuidadores que aclaren lo que le acaba de informar el paciente. Tenga cuidado de no ofender a este último. Tomar algunos minutos para obtener un historial preciso ahorra tiempo a la larga al proporcionar información sobre la cual se puedan basar decisiones apropiadas.

Una mala técnica para obtener el historial puede afectar la comunicación. Debe ser capaz de ganar la confianza

> **Tips para el TUM-B**
>
> Para minimizar la distracción y confusión, haga que sólo un miembro del equipo de respuesta hable por vez con el paciente. Otro puede obtener el historial de los parientes o el cuidador o examinar la escena en busca de información útil.

del paciente, lo cual se logra mejor al tratarlo con respeto, tomando un método lento deliberado y explicando lo que hace. Pregunte su nombre al paciente, luego, diríjase a éste empleando títulos de cortesía, como "señor", "señora" o "señorita" y su apellido. Evite la familiaridad excesiva con el paciente y no use nombres de pila ni apodos a menos que él se lo pida.

Con frecuencia, cuando varios servicios responden a la llamada, todos preguntan al mismo tiempo. Esta técnica puede dar como resultado la obtención de un historial confuso sin importar la edad del paciente. Para los pacientes geriátricos que pueden tener problemas de comunicación o perceptuales, esto puede hacer casi imposible obtener un historial SAMPLE. Además, muchas personas están renuentes a discutir sus problemas frente a una multitud. Asegúrese de que un TUM-B obtenga el historial del paciente, con una pregunta a la vez y proporcionando la mayor privacidad posible Figura 34-3 ▶.

Los pacientes geriátricos con frecuencia han tenido episodios semejantes y pueden comparar el padecimiento actual con éstos. En pacientes geriátricos, es común que una afección se presente en episodios que empeoran de modo progresivo con el tiempo. Un paciente con enfermedad cardiaca y que sufre angina puede tener muchos episodios de dolor del tórax a lo largo del tiempo, pero éstos pueden empeorar y el paciente puede presentar ataque cardiaco en algún punto. También hay padecimientos que pueden cambiar la manera en que se presenta una afección en el paciente. Es posible que un paciente diabético no sienta dolor por un evento cardiaco debido a la pérdida de células nerviosas con el tiempo debido a la diabetes. La "M" en el diamante GEMS representa historial médico y medicamentos. Durante su historial SAMPLE evaluará el historial médico y los fármacos que la persona toma en ese momento. Esto jugará parte importante en la evaluación del paciente geriátrico.

Uso de medicamentos

Los medicamentos pueden convertirse en un gran problema para los pacientes geriátricos. El paciente promedio mayor de 65 años tomará cuatro o más medicamentos y es posible

Figura 34-2 Al evaluar a un paciente mayor, haga contacto visual y tome la mano de la persona para sentir su temperatura, la fuerza de sujeción y la condición de la piel.

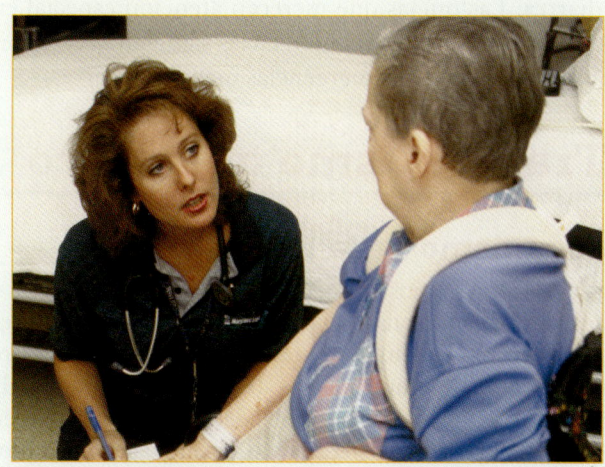

Figura 34-3 Un método lento y deliberado para obtener el historial del paciente, con un TUM-B que haga las preguntas, es por lo general la mejor estrategia para evaluar a un paciente geriátrico.

que también emplee fármacos que no requieren receta. La <u>polifarmacia</u> ocurre cuando un paciente toma medicamentos múltiples que pueden interaccionar entre sí. Durante la evaluación de los fármacos del paciente deberá examinar los diversos tipos de problemas que pueden ocurrir.

Haga una lista de los medicamentos prescritos al paciente. Luego pregunte a la persona si toma todos los fármacos de la lista. Es frecuente que un paciente deje de tomar un medicamento debido a sus efectos secundarios sin consultarlo con su médico. Por ejemplo, los fármacos para la presión arterial pueden hacer que el paciente se sienta mareado. A la persona no le gusta la sensación y suspende el medicamento. El efecto es que la presión arterial se eleva y provoca una emergencia médica.

Busque medicamentos cuyo uso se haya iniciado o suspendido en las últimas dos semanas. Es poco probable que los fármacos que un paciente ha empleado durante un largo tiempo ocasionen un problema repentino, no obstante, iniciar o suspender un medicamento puede afectar al cuerpo. Pregunte al paciente si ha tomado algún otro medicamento. Es posible que la persona se haya tomado el fármaco recetado a su cónyuge o a otro miembro de la familia si piensan que tienen los mismos síntomas. Pregunta también sobre los medicamentos como ácido acetilsalicílico o complementos herbales como ginkgo biloba. Estos medicamentos pueden parecer inofensivos al paciente, pero pueden interactuar con los medicamentos de prescripción. Cuando sea posible, deberá reunir los fármacos del paciente y llevarlos al hospital para que el médico los evalúe.

Examen físico enfocado

La queja principal y el historial médico le ayudarán a guiarse en la realización de un examen físico enfocado del paciente geriátrico. Este examen se efectúa sobre pacientes médicos conscientes o pacientes de traumatismo con un ML limitado. Le permite concentrarse en problemas específicos que puedan requerir mayor aclaración. Dada la complejidad del paciente geriátrico y la vaguedad de las quejas, deberá considerar ampliar el examen físico para incluir más áreas en lugar de menos. Esto puede ayudar a separar los problemas crónicos de los más agudos.

Examen físico rápido

Es típico que el examen físico rápido se realice antes de obtener los signos vitales y el historial. El objetivo es identificar amenazas ocultas no identificadas en la evaluación inicial. Esta rápida evaluación de cabeza a pies se efectúa en pacientes médicos que no responden y los pacientes que presentan un ML más significativo. Recuerde, sin embargo, que el cuerpo geriátrico es más frágil que un organismo joven. Se requiere un ML menor para producir lesiones significativas. Por esta razón, deberá considerar un examen rápido de cabeza a pies en la mayoría de los pacientes geriátricos de traumatismo antes de obtener signos vitales y el historial SAMPLE.

Signos vitales iniciales

Los signos vitales normales cambiarán con la edad. La irregularidad del pulso prevalecerá más a medida que envejece el paciente. La presión sanguínea aumentará ligeramente, ya que los vasos sanguíneos se bloquearon de modo parcial

Situación de urgencia — Parte 2

Llegan a la escena y encuentran abierta la puerta principal. La señorita Gladys les grita desde la sala que entren. La encuentran sentada en el borde del sofá apretándose el tórax con la mano. Está pálida y diaforética. Su respiración es superficial y rápida. Cuando se acerca, ella comienza a llorar y señala que cree que tiene un ataque cardiaco. Le aplica con rapidez oxígeno de flujo elevado, realiza una evaluación de la paciente y la prepara para transportarla.

3. ¿Qué tratamiento le proporcionaría a esta paciente?

debido a la ateroesclerosis. Después de que una persona alcanza los 65 años, el aumento en la presión sistólica por lo general es de sólo 1 mm Hg por año. Tenga en mente que muchos medicamentos que se emplean para tratar arritmias e hipertensión pueden evitar un incremento en la frecuencia del pulso cuando se necesita. Por ejemplo, un paciente con presión arterial baja y una frecuencia de pulso de 84 puede estar en estado de choque. La frecuencia, el ritmo y la calidad de las respiraciones varían de acuerdo con la salud del sistema respiratorio del paciente. Las pupilas también pueden reaccionar con mayor lentitud a la luz. La revisión de las pupilas puede complicarse con las cataratas o la cirugía en ojos.

Examen físico detallado

De todos los pacientes que atenderá, el geriátrico es alguien a quien debe realizarse un examen físico en la mayoría de las situaciones. Los cambios que ocurren debido a la edad alteran la manera en que la persona se queja del dolor. Los cambios crónicos pueden enmascarar a los problemas agudos y estos últimos pueden confundirse con padecimientos crónicos. La vaguedad de las quejas puede impedir la identificación de un problema grave. Un examen detallado a conciencia de cabeza a pies, cuando se correlaciona con el historial y los signos vitales, puede ayudar a identificar posibles trastornos.

Evaluación continua

Los pacientes prioritarios requieren reevaluación frecuente, los pacientes geriátricos no son diferentes. Dado que los pacientes geriátricos no pueden lograr que sus cuerpos generen un buen esfuerzo compensatorio para la pérdida de la oxigenación de la sangre, es muy importante registrar los signos vitales cada cinco minutos para observar a dónde se dirige la tendencia. Conversar con el paciente es una buena manera de vigilar el NDC.

Quejas comunes de pacientes geriátricos

Las principales quejas comunes de los pacientes geriátricos incluyen las siguientes: falta de aire, dolor de tórax, estado mental alterado, mareo o debilidad, fiebre, traumatismo, caídas, dolor generalizado, náusea, vómito y diarrea. Las quejas que merecen atención especial en pacientes geriátricos se cubren en las siguientes secciones sobre traumatismo y emergencias médicas.

Traumatismo geriátrico

Mecanismo de la lesión

Las caídas son la causa principal de traumatismo, muerte y discapacidad en personas mayores. La mayoría de los pacientes sobreviven, sin embargo, un número significativo requiere hospitalización. El traumatismo por vehículos de motor es la segunda causa principal de mortalidad por traumatismo en la población geriátrica. Un paciente geriátrico tiene una probabilidad cinco veces mayor que un paciente joven de sufrir lesiones fatales en un choque de automóviles, aunque la velocidad excesiva rara vez es una causa entre el grupo de mayor edad. Los accidentes de peatones y las quemaduras también son ML comunes en pacientes geriátricos, lo cual resulta en fallecimiento, lesión grave o discapacidad.

El traumatismo en personas mayores puede complicarse con padecimientos médicos. Con frecuencia la causa del traumatismo estará relacionada con un padecimiento médico, como un mareo del paciente y luego su caída. Intente determinar si el paciente tuvo una queja médica antes del traumatismo.

Evaluación del traumatismo

Las prioridades en la evaluación rápida del trauma no cambian con los pacientes geriátricos. No obstante, hay varios factores de confusión que deben revisarse. Cuando evalúe el estado mental de un paciente, recuerde que los pacientes mayores pueden presentar padecimientos médicos como la enfermedad de Alzheimer o eventos cerebrovasculares previos que pueden afectar su evaluación. Emita su juicio con base en el estado inicial del paciente cuando sea posible. Muchos pacientes geriátricos se han sometido a algún tipo de trabajo dental en el curso de su vida. Dentaduras postizas, puentes e implantes dentales pueden aflojarse durante el evento traumático. Revise la vía aérea con cuidado en busca de signos de dientes flojos o rotos. Los pacientes geriátricos presentan una menor capacidad de incrementar el volumen o la frecuencia respiratoria para compensar la hipoperfusión. Evalúe la capacidad del paciente para determinar si la respiración es adecuada. La medición del pulso puede complicarse por lesiones previas o reducción de la circulación debido a problemas médicos. Si le cuesta trabajo encontrar el pulso radial, pregunte al paciente o la familia si esto es normal. Muchos pacientes geriátricos tendrán cambios en la circulación a medida que envejezcan. Por último, si tiene dudas acerca de la prioridad del paciente, créale a este último y asegúrese de administrar el cuidado apropiado.

El examen físico seguirá la dirección del examen rápido o enfocado del trauma según se requiera. El

Cuadro 34-1 ▼ señala algunos cambios asociados con el envejecimiento que pueden afectar el examen.

Después de finalizar su examen, asegúrese de obtener los signos vitales y de completar un historial SAMPLE, porque éstos pueden mostrar razones de preocupación. Un ejemplo sería un paciente que perdió la conciencia y que ya no puede informar al personal de la sala de urgencias que toma un medicamento para la tensión arterial. Dado que un paciente mayor no compensa bien para el traumatismo, los cambios pequeños en la tensión arterial o el pulso pueden indicar un cambio en la capacidad del paciente para compensar el traumatismo.

Lesiones en columna vertebral

Las lesiones en columna son un problema frecuente en las personas mayores, éstas se pueden clasificar en estables e inestables. Una lesión espinal estable es aquella que posee bajo riesgo para conducir a deficiencia neurológica permanente o deformidad estructural; una lesión espinal inestable es aquella que posee alto riesgo de deficiencia neurológica permanente o de deformidad estructural. Las lesiones en las cuales con frecuencia incurren los pacientes geriátricos mientras realizan las actividades diarias normales casi siempre son del tipo estable, mientras que las inestables tienden a ser el resultado de un traumatismo significativo, como caídas desde una altura sutancial o colisiones de automóviles.

Las lesiones en la parte superior cervical pueden ser potencialmente letales, porque los nervios que innervan al diafragma se originan en este sitio. Una lesión a este nivel o más alto suelen conducir a la muerte como producto secundario de la incapacidad para respirar. Muchas lesiones en vértebras cervicales en pacientes geriátricos pueden resultar de la hiperextensión del cuello como resultado de una caída o de un golpe en la cabeza contra el parabrisas durante la colisión de un vehículo. Debido a la presencia de artritis, lesiones relativamente menores de hiperextensión pueden hacer que la médula espinal sea presionada, lo cual conduce a una disfunción llamada síndrome de médula espinal, el cual da como resultado una función motora débil o ausente, que es mucho más pronunciada en las extremidades superiores que en las inferiores. Aunque este tipo de lesión en la médula espinal por lo general no es permanente, la recuperación puede requerir varios meses o incluso años.

CUADRO 34-1 Cambios asociados con el envejecimiento que pueden afectar el examen

Parte del cuerpo	Cambios posibles con el envejecimiento	Cómo examinar
Pupilas	Pueden tener cataratas, cicatrices por cirugía o ceguera (uno o ambos lados)	Informe lo que vea. No siempre es tan importante darle nombre al padecimiento como observar un cambio.
Cuello y espalda	Xifosis (la curva en la parte superior de la espalda y el cuello formada por el envejecimiento normal)	Observe cualquier DCAP-BLS-TIC (**D**eformidades, **C**ontusiones, **A**brasiones, **P**unciones/Penetraciones, Quemaduras (**B**urns), **L**aceraciones y Edema, **S**ensibilidad al **T**acto, **I**nestabilidad y **C**repitación) y aplique un collarín cervical cuando sea necesario. Se requerirá acojinamiento adicional para completar la inmovilización. El uso de un colchón de vacío o de un cojín inflable sobre una tabla larga puede ayudar a llenar los huecos que deja la forma cambiante.
Tórax	Examine el tórax para determinar si hay simetría. Los cambios en los sonidos pulmonares pueden deberse a padecimientos previos como insuficiencia cardiaca congestiva o enfermedad pulmonar crónica. La pared del tórax es más quebradiza en los pacientes geriátricos busque costillas rotas.	Escuchar los sonidos pulmonares al inicio y reevaluarlos de modo periódico puede ayudar a identificar el problema. El oxígeno en concentraciones elevadas siempre está indicado en pacientes con dificultades respiratorias.
Abdomen	El abdomen siente menos dolor a medida que envejecemos.	Tenga cuidado de buscar signos de traumatismo si el mecanismo lo indica, incluso si el paciente no se queja de dolor.
Extremidades	Los exámenes de las extremidades pueden complicarse por varios factores: lesiones o heridas, cirugías previas que hayan producido deformación al paciente, reducción de la sensación debido a menor número de receptores de dolor y sistema nervioso más lento, y disminución de la circulación a puntos distales.	Intente determinar si los signos son nuevos o viejos. Registre su evaluación de acuerdo con sus observaciones para que proporcione información en la toma de decisiones.

La osteoporosis en las vértebras torácicas y lumbares contribuye a la elevada tasa de lesiones en esta área en la población mayor. Hay tres tipos de fracturas comunes en la región toracolumbar: por compresión, por estallido y por cinturón de seguridad. Las <u>fracturas por compresión</u> son lesiones estables en las cuales con frecuencia sólo se colapsa el tercio anterior de la vértebra. Este tipo de fractura con frecuencia es el resultado de un traumatismo mínimo, por el solo hecho de agacharse, levantarse de una silla o sentarse con fuerza. Éste es, con mucho, el tipo más común de fractura de columna observado en la población de pacientes geriátricos. Es típico que las <u>fracturas conminutas</u> se produzcan debido a un mecanismo de mayor energía como un choque de vehículos o una caída desde una altura considerable. Estas fracturas son inestables y pueden conducir a lesiones neurológicas secundarias al desplazamiento de las vértebras con daño en la médula espinal. Las <u>fracturas por cinturón de seguridad</u> implican la flexión y hay un componente de distracción (la energía que se dispersa en dos direcciones opuestas) que causa una fractura a través del cuerpo vertebral entero y del arco óseo. Es típico que esta clase de fractura ocurra en las personas que sólo llevaban un cinturón que cruzaba su regazo y no uno con arnés en el hombro.

Las lesiones en la columna vertebral por lo general se asocian con deficiencias neurológicas. Estas deficiencias pueden ser completas o incompletas. Un ejemplo de una lesión incompleta es el síndrome del cordón central descrito antes. Los pacientes con lesiones incompletas de la médula espinal pueden recuperar la función con el tiempo, mientras que aquellos con lesión completa de médula espinal no tienen muchas probabilidades de recuperar sus funciones.

Como con todos los pacientes, la pronta inmovilización de columna vertebral es un método eficaz para reducir un daño adicional en médula espinal y preservar la función neurológica del paciente mayor. Con frecuencia, es probable que encuentre a los pacientes en posiciones en las cuales el cuello o el cuerpo no se encuentren en la posición neutra, como la cabeza rotada hacia un lado. Para facilitar la aplicación de un collarín cervical, el proveedor debe devolver despacio la cabeza a la línea media. En ningún momento deberán continuar estos intentos si el paciente desarrolla cambios en el estado neurológico o se queja de un aumento en el dolor. Si se presentan estas quejas, la cabeza debe asegurarse en la posición en la cual la encontró por medio de cobijas y cinta adhesiva para evitar movimientos adicionales (Figura 34-4 ▶).

Los pacientes geriátricos presentan diversos retos únicos para los proveedores de SMU cuando se tratan lesiones en columna. Para inmovilizar al paciente xifótico, es probable que se requieran varias cobijas y cojines o férulas de vacío para proporcionar sostén a la cabeza o la parte superior de la espalda (Destrezas 34-1 ▶):

1. **Aplique y mantenga la estabilización cervical.** Evalúe las funciones distales en todas las extremidades (**Paso 1**).
2. **Aplique un collarín cervical.** Si éste no ajusta, no intente enderezar el cuello del paciente (**Paso 2**).
3. **Los rescatistas se arrodillan a un lado del paciente** y colocan las manos en el lado opuesto de la persona (**Paso 3**).
4. A una orden, **los rescatistas ruedan al paciente hacia ellos y examinan con rapidez la espalda de la persona** (**Paso 4**).
5. **Deslice la camilla espinal larga debajo del paciente y ruede a la persona sobre ésta** (**Paso 5**).
6. **Acojine el espacio vacío debajo de la región dorsal de la columna** con cojines y cobijas. Éstas deberán ser tan amplias como la camilla espinal larga para permitir una inmovilización y sostén eficaces. Coloque toallas enrolladas o hule espuma sobre la superficie de la tabla junto a la cabeza del paciente (**Paso 6**).
7. **Sujete el torso sobre la camilla espinal larga con correas** (**Paso 7**).
8. **Sujete la cabeza del paciente y el acojinamiento** sobre la camilla espinal larga con cinta médica de 5 cm (2") de ancho. Aplique dicha cinta a través de la frente y el collarín cervical para evitar que el acojinamiento se zafe. Inmovilice el resto del cuerpo de la manera acostumbrada (**Paso 8**).

Lesiones en la cabeza

Debe asumirse que los pacientes geriátricos con signos o síntomas de una lesión significativa en la cabeza, como pérdida de la conciencia, sufrieron una lesión sustancial incluso si el paciente se encuentra intacto en el aspecto neurológico en el momento del examen. Además, debe sospecharse que los pacientes que han sufrido lesiones en cabeza, incluso de apariencia menor, y que toman anticoagulantes, tienen lesión cerebral y deben tratarse como tal. Es posible que estos pacientes requieran persuasión para buscar tratamiento médico porque es factible que se sientan por completo normales y crean que no es nece-

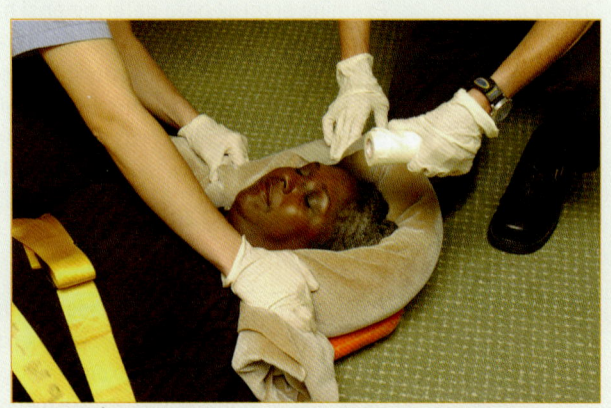

Figura 34-4 Si el intento por mover la cabeza del paciente a la línea media resulta en cambios en el estado neurológico o quejas de aumento en el dolor, asegure la cabeza en la posición en la cual la encontró por medio de cobijas y cinta adhesiva.

Capítulo 34 Evaluación y manejo geriátricos 1011

Inmovilización de un paciente xifótico sobre una camilla espinal larga

Destrezas 34-1

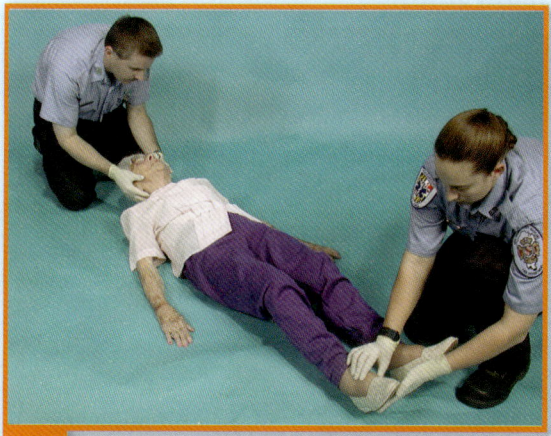

1 Aplique y mantenga la estabilización cervical. Evalúe las funciones distales en todas las extremidades.

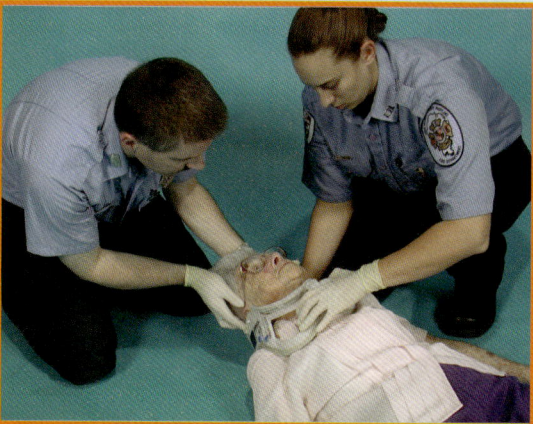

2 Coloque un collarín cervical. Si éste no ajusta, no intente enderezar el cuello del paciente.

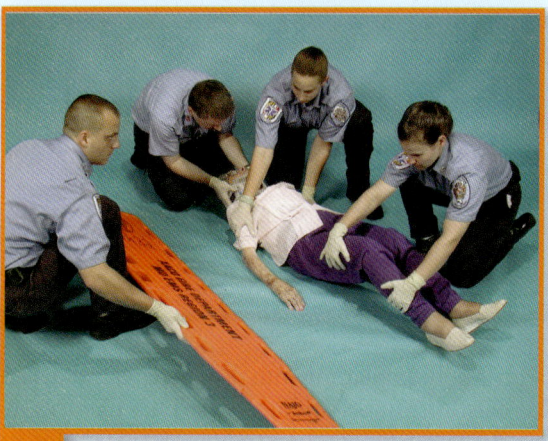

3 Los TUM-B se arrodillan a un lado del paciente y colocan las manos en el lado opuesto del paciente.

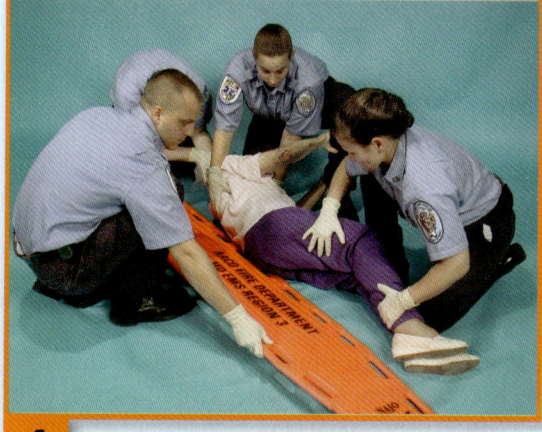

4 A una orden los rescatistas ruedan al paciente hacia ellos y examinan con rapidez la espalda de la persona.

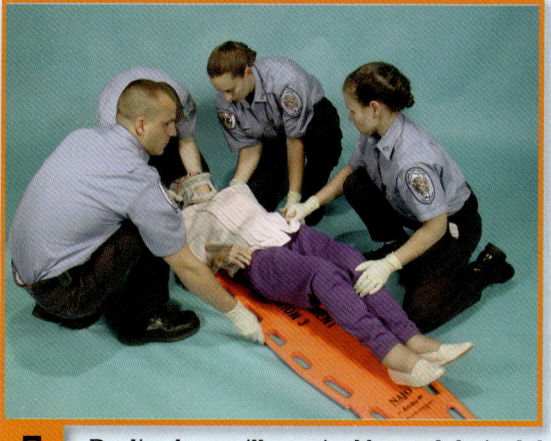

5 Deslice la camilla espinal larga debajo del paciente y ruede a la persona sobre ésta.

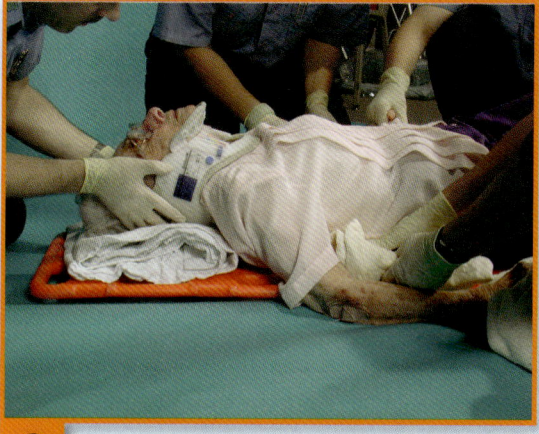

6 Acojine el espacio vacío debajo de la región xifótica de la columna con cojines y cobijas. Coloque toallas enrolladas o hule espuma sobre la superficie de la camilla espinal larga junto a la cabeza del paciente.

Continúa.

Destrezas 34-1

Inmovilización de un paciente xifótico sobre una camilla espinal larga continuación

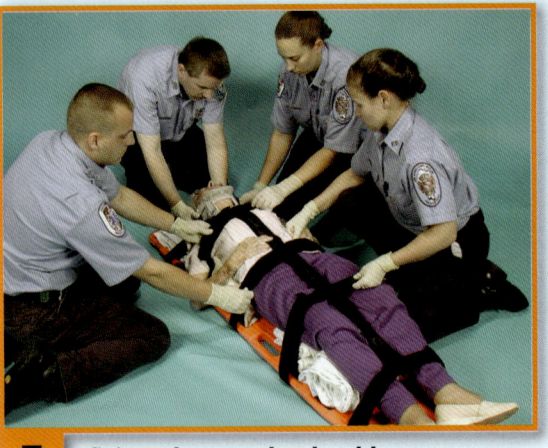

7 Sujete el torso sobre la tabla con correas.

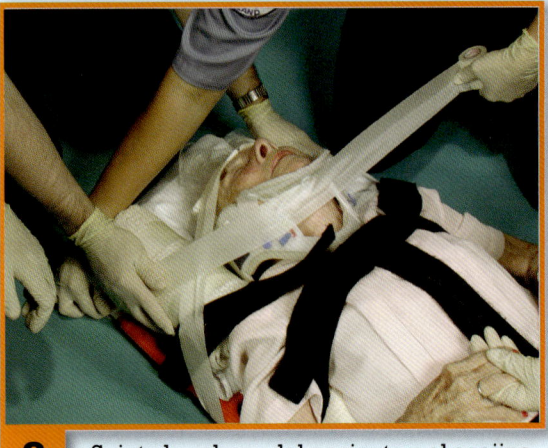

8 Sujete la cabeza del paciente y el acojinamiento sobre la tabla. Inmovilice el resto del cuerpo de la manera acostumbrada.

sario dicho tratamiento. En situaciones en las cuales los pacientes rechacen la atención y sin embargo tengan un alto riesgo de lesión cerebral, deberá indicarse a parientes y vecinos para que estén pendientes de cambios sutiles en el estado neurológico que podrían indicar deterioro.

El tratamiento prehospitalario de pacientes geriátricos con lesiones en la cabeza debe dirigirse al mantenimiento de una administración máxima de oxígeno al cerebro. Los pacientes con signos de lesión en la cabeza y sin evidencia de hipotensión o estado de choque también pueden beneficiarse de una ligera elevación de la cabeza, ya que es posible que esta posición ayude a reducir la presión intracraneal e incremente la presión de perfusión cerebral **Figura 34-5**.

Lesiones en pelvis

Las fracturas de la pelvis en pacientes geriátricos con frecuencia ocurren como resultado de una combinación de reducción de la fuerza ósea debido a la osteoporosis y un mecanismo de baja energía, como la caída cuando se encontraban de pie. Las fracturas pélvicas pueden significar una amenaza importante para la vida. Las lesiones de este tipo se pueden encontrar en una persona que cayó desde una altura importante, que estuvo implicada en una colisión de vehículos a alta velocidad o que fue atropellada por un auto, pueden dar como resultado la fractura en dos sitios de la pelvis con desplazamiento de un segmento del anillo pélvico (disrupción del anillo pélvico). La disrupción del anillo pélvico puede conducir a hemorragia de los vasos sanguíneos que pasan a través de la pelvis o daño en vejiga, intestinos o el plexo del nervio lumbosacral. Los pacientes geriátricos son menos capaces que los pacientes más jóvenes para tolerar la pérdida sanguínea o lesiones en otros sistemas de órganos que se asocian de manera común con disrupción de alta energía en el anillo pélvico.

El acetábulo es otro sitio en la pelvis que se puede haber dañado como resultado del traumatismo de alta energía en personas mayores. Las lesiones en el acetábulo pueden ocurrir como resultado de una lesión en la cual la rodilla se clava en el tablero o el suelo y el fémur es empujado a través del acetábulo. Debido a la fuerza reducida del hueso, los pacientes geriátricos se encuentran en mayor riesgo de este tipo de lesión con percances de menor energía que la que se requeriría para causar este tipo de lesiones en pacientes más jóvenes.

Fracturas de cadera

Una lesión musculoesquelética común que ocurre en pacientes geriátricos es la fractura de cadera, la cual ocurre en la cabeza, el cuello o la porción proximal del fémur. Después de una fractura, los pacientes con frecuencia pre-

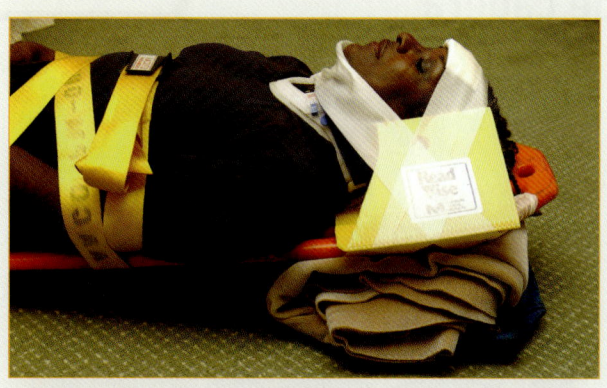

Figura 34-5 Los pacientes con signos de lesiones en la cabeza que carecen de evidencia de estado de choque se podrían beneficiar de una ligera elevación de la cabeza, ya que esto ayuda a reducir la presión intracraneal e incrementa la presión de perfusión cerebral.

sentan reducción de movilidad e independencia y pueden requerir rehabilitación prolongada. Esto puede constituir un reto físico y emocional para el paciente y su familia. A pesar de los avances logrados en el tratamiento, un gran número de personas mayores permanecen incapacitadas de modo permanente y casi 20% morirá dentro de los primeros 12 meses siguientes a la lesión.

Las fracturas de la cadera deberán tratarse mediante el entablillamiento de la extremidad lesionada con un rollo de cobijas o con férulas de tablas largas. Las fracturas de la cadera no requieren necesariamente el uso de férulas de tracción. Los propósitos del rollo de cobijas son mantener la pierna en una posición estática, de manera que no ocurra daño adicional y ayudar a controlar el dolor del paciente (Destrezas 34-2 ▶):

1. **Evalúe el pulso, la función motora y sensorial de la extremidad.** Cubra las heridas con vendajes secos y estériles. Aplique presión directa si es necesario (**Paso 1**).
2. **Coloque al paciente sobre una camilla tipo espátula/tijera o una camilla espinal larga** rodándolo sobre la pierna sana mientras otro proveedor sostiene la extremidad lesionada (**Paso 2**).
3. Mientras sigue sosteniendo la extremidad lesionada en su posición deformada su compañero deberá colocar un rollo de cobijas entre las piernas del paciente (**Paso 3**).
4. **Coloque las cobijas y almohadas debajo de la extremidad lesionada** para proporcionar sostén al sitio fracturado en su posición deformada (**Paso 4**).
5. **Asegure ambas piernas y el acojinamiento a la camilla espinal larga con por lo menos tres bandas o correas** (**Paso 5**).
6. **Reevalúe el pulso, las funciones sensorial y motora** (**Paso 6**).

Emergencias médicas geriátricas

Determinar la queja principal de un paciente mayor con frecuencia es un reto. Es común que los pacientes geriátricos tengan quejas múltiples de afecciones diversas. Preguntar al paciente qué problema lo molesta en mayor grado ese día puede hacer que se concentre en un solo trastorno. Esto puede ser útil o requerir más preguntas para determinar el problema. El paciente puede quejarse de dolor en un pie y tobillo, pero su examen revela que las piernas están hinchadas debido al edema producido por la insuficienca cardiaca congestiva. Es posible que a este paciente siempre le falte un poco de aire y este día puede ser apenas ligeramente diferente.

Tenga en mente que la sensación de dolor puede reducirse en los pacientes geriátricos, lo cual conduce al TUM-B a subestimar la gravedad de la afección. Esto se asocia con el sistema nervioso en envejecimiento. Por ejemplo, 20 a 30% de los pacientes geriátricos padecen ataques cardiacos "silenciosos" sin el síntoma típico de dolor de tórax. Además, el temor a la hospitalización con frecuencia ocasiona que el paciente subestime o minimice los síntomas.

En los siguientes párrafos se analizan diversos padecimientos que pueden tener una presentación diferente en los pacientes geriátricos.

Emergencias cardiovasculares

Dado que muchos pacientes geriátricos no tienen el dolor de tórax agobiante que sufren los pacientes más jóvenes, una queja común en un paciente mayor cuando presenta un

---

Situación de urgencia — Parte 3

Minutos más tarde, llegan al hospital. Transfiere el cuidado de la paciente, incluida la presentación de un informe completo sobre ésta y completa su hoja de verificación. Antes de dejar el hospital, pasa a ver a la Srita. Gladys. Cuando abre la puerta, ve a su compañero de pie junto a la cama de la paciente mientras le comenta que los doctores la cuidarán muy bien y que no dude en llamar a urgencias al 065 siempre que lo necesite.

4. ¿Por qué es necesario tratar cada llamada con igual importancia, incluso si su paciente con frecuencia llama a urgencias?

Destrezas 34-2

Cómo entablillar una fractura de cadera

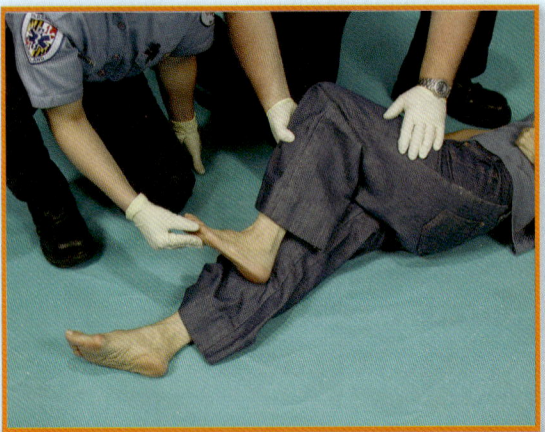

1 Evalúe el pulso, la función motora y sensorial de la extremidad. Cubra las heridas con vendajes secos y estériles. Aplique presión directa si es necesario.

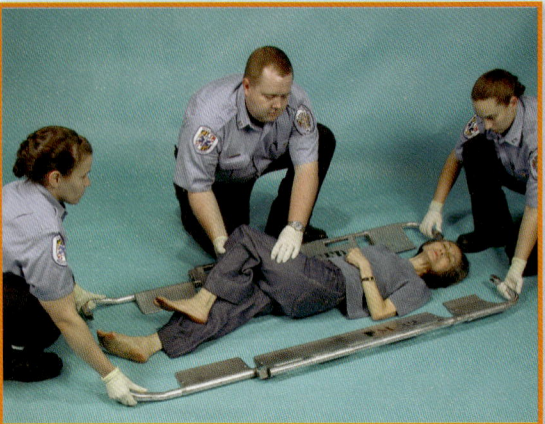

2 Coloque al paciente sobre una camilla de cuchara/tijera o una tabla larga rodándolo sobre la pierna sana mientras otro proveedor sostiene la extremidad lesionada.

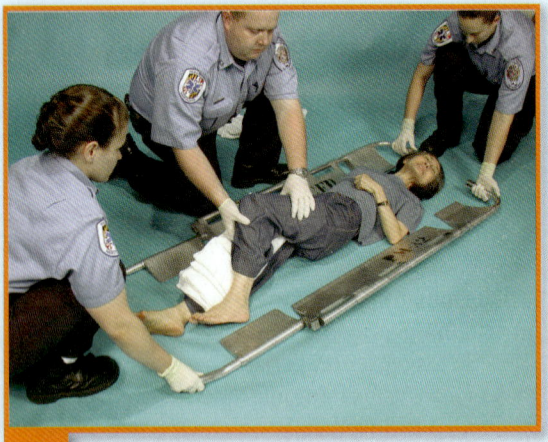

3 Continúe sosteniendo la extremidad lesionada mientras otro proveedor coloca un rollo de cobijas entre las piernas del paciente.

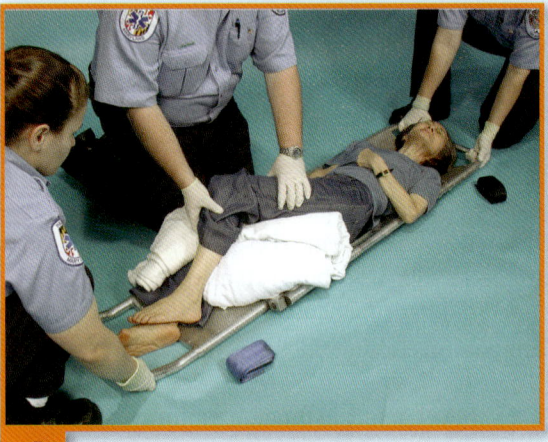

4 Coloque las cobijas y almohadas debajo de la extremidad lesionada.

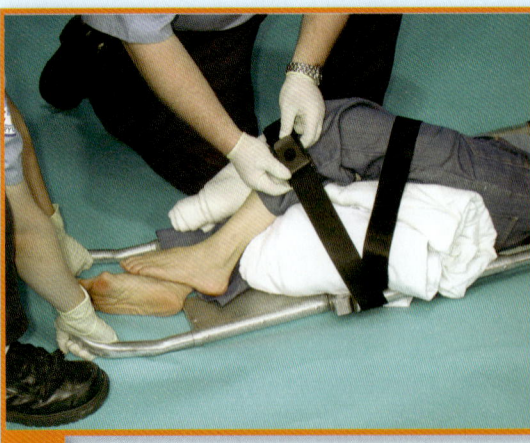

5 Asegure ambas piernas y el acojinamiento a la tabla con por lo menos tres bandas o correas.

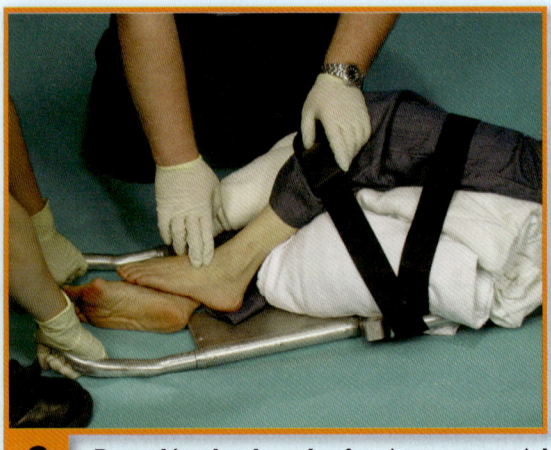

6 Reevalúe el pulso y las funciones sensorial y motora.

infarto de miocardio (IM) es la dificultad para respirar. De igual modo, los pacientes geriátricos también se pueden quejar de un dolor de dientes, dolor en el tórax o en la espalda. Esto puede hacer que la enfermedad cardiaca sea difícil de detectar. Con frecuencia es mejor preguntar por molestias en el tórax más que por un dolor. Pregunte al paciente si ha sentido esto antes y luego averigüe en qué es diferente. Si el paciente la dice que siente lo mismo que sintió con un ataque cardiaco, es muy probable que éste sea otro ataque.

Falta de aire

La falta de aire, o disnea, puede relacionarse con muchas causas. No todas ellas se vinculan con la dificultad para respirar. Las causas de disnea incluyen asma, enfermedad pulmonar obstructiva crónica, insuficiencia cardiaca congestiva y neumonía. No obstante, un IAM, el sangrado o incluso la hiperglucemia pueden causar que el paciente sienta falta de aire. Para evaluar a estos pacientes debe analizar el cuadro completo. Realice el historial SAMPLE y el examen físico. Evalúe el trabajo respiratorio del paciente, incluidos sonidos pulmonares, retracciones, sentarse en posición de trípié y cianosis. ¿El paciente presenta falta de aire cuando entra en actividad? ¿Se presenta la dificultad con la misma cantidad de actividad o con menos actividad que antes? ¿El paciente duerme recargado sobre varias almohadas? Esto puede indicar problemas respiratorios cuando el paciente se acuesta por completo, con frecuencia implica acumulación de líquido en los pulmones. Todos los pacientes que presentan falta de aire deben recibir oxígeno.

Síncope

La pérdida repentina de conciencia (síncope) o la sensación de casi perder el sentido (casi síncope) pueden ocurrir por muchas razones en la población mayor. Las causas simples como ponerse de pie demasiado de prisa o intentar tener un movimiento intestinal cuando se está estreñido pueden provocar que un paciente mayor se desmaye. Otras causas más letales de síncope incluyen un IAM o el choque diabético o insulínico (hipoglucemia). La evaluación para el síncope incluirá un historial SAMPLE y un examen físico. Durante su recabación del historial, pregunte qué sucedía antes de que ocurriera el síncope. Asimismo intentar tomar la tensión arterial mientras el paciente está acostado, sentado y de pie. Las caídas en la tensión arterial sistólica de más de 10 mm Hg pueden indicar deshidratación, estado de choque o trastorno cardiaco.

Estado mental alterado

El inicio agudo de un estado mental alterado no es normal para ningún paciente sin importar su edad. Incluso los pacientes con enfermedad de Alzheimer no deben presentar cambios repentinos en su estado mental. Los cambios indican un problema en la provisión de nutrimentos al cerebro, necesarios para su funcionamiento correcto. Infecciones, hipoglucemia, hipoxia, hipotensión, evento vascular cerebral (apoplejía), traumatismo, convulsiones, interacciones medicamentosas, desequilibrios electrolíticos y episodios psicóticos son factores que pueden cambiar el funcionamiento del cerebro. La mayoría de los cambios repentinos son producto de un padecimiento reversible. Evalúe y trate para hipoxia o hipoglucemia si están presentes. Transporte al paciente a la institución más apropiada para una mayor evaluación.

Abdomen agudo

En pacientes geriátricos, la respuesta del sistema nervioso al dolor en el abdomen se reduce. Cuando un paciente mayor se queja de dolor abdominal, por lo general es un evento más grave que en un paciente más joven. Pregunte si el paciente ha tenido un cambio en sus movimientos abdominales. El enlentecimiento del sistema gastrointestinal en las personas mayores puede ocasionar estreñimiento o sangrado. Cuando palpe el abdomen, busque una masa pulsante, que indicaría un aneurisma aórtico abdominal. Estos se encuentran de modo más común en pacientes geriátricos de 70 años y pueden encontrarse ligeramente por arriba y a la izquierda del ombligo.

Sepsis y enfermedades infecciosas

Las infecciones en una persona mayor pueden ser graves y peligrosas. La **sepsis** es el estado patológico que resulta de la presencia de microorganismos o sus productos tóxicos en el torrente sanguíneo. Es un problema grave que todo proveedor de SMU debe saber reconocer y tratar. Emplee las precauciones ASC apropiadas cuando crea que un paciente puede presentar una infección. Piense en sepsis siempre que encuentre un paciente caliente, con rubor que también tenga taquicardia y taquipnea. Pueden estar presentes síntomas de infección como escalofríos, tos o ardor al orinar. Con frecuencia la infección causará un estado mental alterado. Piense en choque séptico cuando también esté presente la hipotensión. El término "sepsis" se usa de manera laxa y con frecuencia de modo intercambiable con septicemia y bacteremia. La **bacteremia** es la presencia de bacterias en sangre, esté presente o no un proceso de enfermedad.

Respuesta para instituciones de asistencia y cuidados especializados

Responder a las llamadas para atender pacientes de instituciones de asistencia o de cuidados especializados es un tipo de contacto común para los TUM-B. Antes de proporcionar transporte para el paciente, deberá obtener la siguiente información crítica del personal de enfermería:

- ¿Cuál es la queja principal del paciente hoy?
- ¿Qué problema inicial provocó que el paciente fuera admitido en la institución?

Para determinar la naturaleza del problema por lo general tendrá que comparar la condición presente del paciente con su condición antes de que se iniciaran los síntomas. Pregunte al personal sobre la movilidad del paciente, sus actividades de vida cotidiana y su capacidad para hablar. Esto le ayudará a trazar un cuadro de la condición inicial del paciente y le indicará si la condición de ese momento difiere.

Muchas instituciones que transfieren a los pacientes incluirán un registro de transferencia que contiene el historial del paciente, una lista de sus medicamentos y las dosis, diagnósticos previos, signos vitales, alergias y más (Figura 34-6 ▼). Estos registros proporcionan a los miembros del equipo médico información esencial y ahorran tiempo, en especial cuando el paciente no puede hablar por sí mismo. Asegúrese de obtener este registro esencial antes de salir hacia el hospital y entréguelo al personal de éste cuando presente su informe.

DEATON SPECIALTY HOSPITAL & HOME
611 South Charles Street
Baltimore, Maryland 21230
(410) 547-8500

PATIENT INFORMATION AND TRANSFER FORM

Name: ______ Date of Birth: ______ Sex: ___ Race: ___ Religion: ______
Social Security #: ______ Marital Status: M S W D Sep. **Deaton Adm. Date:** ______
Patient's Home Address: ______
Medicare #: ______ Medicaid #: ______ Other Ins.# ______
Responsible Party: ______ Relationship: ______ Home Phone: ______
Address: ______ Work Phone: ______

Date of Transfer: ______ Time: ______ Transferred To: ______
Unit Transferred From: ______ Nurse Manager: ______ Extension #: ______
Reason for Transfer: ______ Mode of Transport: ______
Physician in Charge at Time of Transfer: ______ Physician's Phone Number: ______

MAJOR DIAGNOSIS: ADVANCE DIRECTIVE: YES NO
CPR STATUS: ______

Vital Signs at Time of Transfer: BP: ______ Pulse: ______ Resp.: ______ Temp.: ______
Pertinent Medical Information: ______

Communicable Disease: YES NO Type: ______
Isolation: YES NO Type: ______
Suctioning: YES NO How Often: ______ Site: Oral ______ Trach ______
Ventilator Dependent: YES NO Vent Orders: ______

DRUGS AND OTHER THERAPY:
(at time of discharge)

Name	Frequency	Route

Diet Orders: ______
Method of Feeding: ______

LAB DATA
CXR: Date: ______ Result ______
CBC: Date: ______ Result ______

Form # 612 Rev. 9/94 Original Copy to go with Patient - Yellow Copy to be retained in Patient's Record

ADL'S	Independent	Needs Assistance	Unable to Do
Bed Activity: Turns, Sits			
Personal Hygiene:			
Feeding:			
Transfer: Sitting, Standing, Toilet			
Locomotion: Wheelchair, Walking			

Eyeglasses: YES NO Sent with pt.: YES NO **Dentures:** YES NO Sent with pt.: YES NO

Patient Uses: ___ Cane ___ Crutches ___ Prosthesis ___ Walker ___ Chair ___ Stretcher
Bed Type: **Side Rails:** YES NO ___ Regular ___ Clinitron ___ Other ______
Usual Mental Status: (please circle) Alert Minimally Reactive Confused Forgetful Unresponsive
Communication Ability: Speech ___ Normal ___ Impaired; Hearing ___ Normal ___ Impaired; Appliance: YES NO
Incontinence: Bowel ___ Bladder ___ Colostomy ___ Catheter/Suprapubic ___

ADDITIONAL PERTINENT INFORMATION

ALLERGIES

Skin Condition:

Signature of Nurse Completing Transfer Form ______ Date ______

NOTIFICATION TO EMERGENCY / TRANSPORTING PERSONNEL

This patient is diagnosed as having one of the following communicable diseases: (please circle)
1. HIV 2. Hepatitis B 3. Meningococcal Meningitis 4. Tuberculosis 5. Malaria 6. Rabies 7. Mononucleosis 8. NONE OF THE ABOVE
and is being transported to another facility - emergency or otherwise. Persons handling the transfer must be notified in writing by the transferring nurse of any of the above diseases. Disease notification must be made to:
- Law Enforcement Officer
- Firefighter
- Rescue Squad Personnel
- Emergency Medical Technician(s)

as required by the annotated Code of Maryland Article Health - General - Section 18-213-(D)-(2).

You are hereby notified . . . Signature of Nurse: ______ Date ______
Transport Representative: ______ Job Classification: ______ Date ______

Form # 612 Rev. 9/94 Original Copy to go with Patient - Yellow Copy to be retained in Patient's Record

Figura 34-6 El registro de transferencia de una institución de cuidados a largo plazo contiene información vital para miembros del equipo de cuidados de salud.

Situación de urgencia — Resumen

En ocasiones, las personas mayores pueden llamar a urgencias debido a quejas que nos parecen triviales, sin embargo son importantes para ellas. Nunca suponga que una llamada es innecesaria. Considere toda escena como una verdadera emergencia. Sea amable y solidario. Nunca haga sentir a los pacientes como si fueran una molestia, recuerde que en algún momento de la vida usted llegará a esa etapa y que una de las características que lo hacen diferente a otros proveedores de SMU es su principio de humanidad.

Resumen

Listo para repaso

- Aunque la evaluación de un paciente geriátrico implica el mismo método básico que el de cualquier otro paciente, debe mantenerse más alerta en el caso del primero.

- La lesión o afección médica puede ser peor de lo indicado por los signos y síntomas existentes, y las lesiones y condiciones que se encuentren pueden tener un efecto más profundo que el que tendrían en un paciente más joven.

- Además de las necesidades críticas que puede ocasionar un problema médico subyacente, la condición de los pacientes geriátricos es más inestable que la de una paciente más joven, y hay un posibilidad creciente de un deterioro repentino y rápido.

- Para obtener un historial preciso para el paciente geriátrico son esenciales las competencias de paciencia y buena capacidad para comunicarse. Un método lento y deliberado para obtener el historial del paciente, con un solo TUM-B que haga las preguntas, es por lo general la mejor estrategia.

- La polifarmacia y los cambios en los medicamentos pueden ocasionar problemas graves para el paciente geriátrico. Efectúe un historial de medicamentos como parte de su evaluación.

- Las quejas comunes de los pacientes geriátricos incluyen falta de aire, dolor en tórax, estado mental alterado, mareo o debilidad, fiebre, traumatismo, caídas, dolor generalizado, náusea, vómito y diarrea.

- Las prioridades en la rápida evaluación del traumatismo no cambian con los pacientes geriátricos, aunque existen varios factores de confusión, como estado mental alterado y otros cambios fisiológicos asociados con el envejecimiento que deben revisarse.

- Las afecciones como emergencias cardiovasculares, disnea, síncope, estado mental alterado, sepsis y abdomen agudo pueden presentarse de manera diferente en los pacientes geriátricos.

- Cuando responda al llamado de instituciones de asistencia y cuidados especializados deberá determinar la queja principal del paciente en ese día y qué problema inicial ocasionó que el paciente fuera admitido en la institución.

Resumen continuación...

Vocabulario vital

acetábulo   Depresión en la parte lateral de la pelvis, donde se unen sus tres huesos componentes y donde embona a la perfección la cabeza del fémur.

bacteremia   Presencia de bacterias en sangre, ya sea que esté presente o no un proceso de enfermedad.

fracturas conminutas   Fracturas por compresión de las vértebras que son el resultado típico de un mecanismo de alta energía como un choque con un vehículo motorizado o una caída desde una altura considerable.

fracturas por compresión   Lesiones estables en médula espinal en las cuales es frecuente que sólo el tercio anterior de la vértebra se colapse. Este tipo de fractura con frecuencia se produce con un trauma mínimo, con tan sólo agacharse, levantarse de una silla o sentarse con fuerza.

fracturas por cinturón de seguridad   Aquellas que incluyen una flexión con un componente de distracción (energía que se dispersa en dos direcciones opuestas) que ocasiona una fractura a través del cuerpo vertebral y del arco óseo, es el resultado típico de una eyección u ocurre en las personas cuyo cinturón de seguridad sólo abarca el regazo sin arnés en el hombro.

lesión espinal estable   Lesión en columna vertebral que tiene bajo riesgo de conducir a deficiencias neurológicas permanentes o a deformidad estructural.

lesión espinal inestable   Lesión en columna vertebral que posee alto riesgo de deficiencia neurológica permanente o de deformidad estructural.

polifarmacia   Uso simultáneo de muchos medicamentos.

sepsis   Estado patológico que resulta de la presencia de microorganismos u otros productos tóxicos en el torrente sanguíneo.

síndrome de médula espinal   Una forma de lesión incompleta de la médula espinal en la cual no se reciben algunas de las señales que envía el cerebro al cuerpo; da como resultado función motora débil o ausente, la cual es más pronunciada en las extremidades superiores que en las inferiores.

Qué evaluar

Los envían a la intersección de Ruta del Halcón y Camino del Gavilán debido a un choque entre automóviles. A su llegada encuentran a una paciente mayor al volante de un vehículo grande de modelo antiguo. Parece que se trata de un accidente a baja velocidad: el auto golpeó un poste del alumbrado, pero se observan daños mínimos. La paciente traía puesto el cinturón y aunque no se nota evidencia de daño en el interior del vehículo ni lesión obvia alguna, la mujer no responde a sus preguntas y sólo mira sin expresión hacia el horizonte.

¿Es significativo el mecanismo relacionado con el choque de vehículos? ¿Cuál podría ser el problema de esta paciente?

Temas: Mecanismo de lesión en el paciente geriátrico; Padecimientos médicos subyacentes en el traumatismo del paciente geriátrico.

Autoevaluación

Los envían a una residencia local en busca de una mujer que sufrió una caída. Llega para encontrar una mujer mayor que yace en el piso de mosaico de su cocina. Está alerta y orientada respecto a personas, lugar, tiempo y evento. Les dice que caminaba hacia su sala cuando, de pronto, tropezó con algo. Usted revisa el área y no ve razón alguna para la caída; el piso está limpio y seco, y libre de cualquier riesgo de tropezar.

La paciente niega tener falta de aire, mareos o antecedente médico alguno importante además de osteoporosis. Su única queja es dolor en la pierna derecha (en especial con el movimiento). Sus signos vitales incluyen presión arterial de 104/60 mm Hg, pulso de 92 latidos/min y regular, y respiraciones de 32 inhalaciones/min.

1. Dada su queja principal, antecedentes médicos y la condición del piso, ¿cuál es la causa más probable de la caída de esta paciente?
   A. Ataque cardiaco
   B. Episodio de síncope
   C. Bajo nivel de glucosa
   D. Ninguno de los anteriores

2. Una de las lesiones musculoesqueléticas más debilitantes que ocurren en los pacientes geriátricos es la:
   A. fractura en pelvis.
   B. fractura en fémur.
   C. fractura en cadera.
   D. ambas, B y C.

3. Las lesiones por hiperextensión que resultan en función motora débil o ausente que es más pronunciada en extremidades superiores se denominan:
   A. fracturas por estallido.
   B. fracturas por compresión.
   C. síndrome de cordón central.
   D. ambas, A y B.

4. El tipo más común de fractura en columna que se observa en la población geriátrica es:
   A. fractura por compresión.
   B. fractura por estallido.
   C. fractura debida al cinturón se seguridad.
   D. ninguna de las anteriores.

5. Cuando coloque la férula en una posible fractura de cadera, deberá evaluar pulso y funciones motora y sensorial:
   A. antes de inmovilizar la extremidad.
   B. después de inmovilizar la extremidad.
   C. cuando tenga tiempo.
   D. ambas, A y B.

6. Cuando tome la presión arterial de un paciente para determinar la presencia de deshidratación, el paciente deberá estar:
   A. acostado.
   B. sentado.
   C. de pie.
   D. todas las opciones anteriores.

Preguntas desafiantes

7. ¿Cuáles son las quejas principales comunes de los pacientes geriátricos y cuáles son algunas de las causas posibles para ellas?

8. ¿Qué tipo de impacto puede tener tomar una gran cantidad de medicamentos de prescripción para las condiciones del paciente?

9. ¿Cómo influyen las capacidades de comunicación en la atención de urgencia de la población geriátrica?

10. ¿Cómo puede afectar la enfermedad de Alzheimer la evaluación y el tratamiento del paciente?

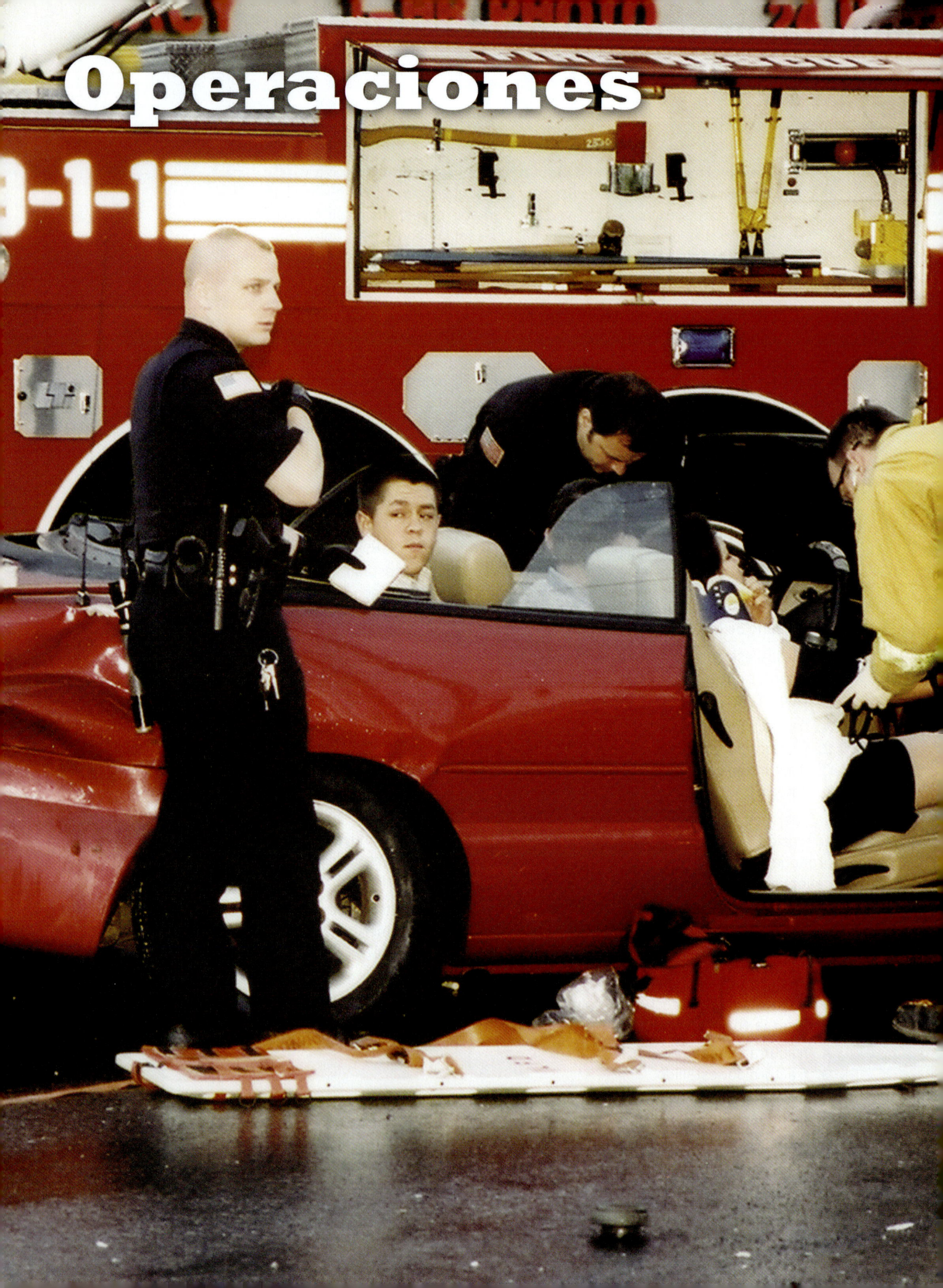
Operaciones

Sección 7

35	**Operaciones en ambulancia**	**1022**
36	**Obtención de acceso**	**1056**
37	**Operaciones especiales**	**1072**
38	**El TUM ante las epidemias y pandemias**	**1098**

Operaciones en ambulancia

Objetivos

Cognitivos

7-1.1 Estudiar el equipo médico y no médico necesario para responder a una llamada. (pp. 1028, 1029)

7-1.2 Enumerar las fases de una llamada para la ambulancia. (p. 1026)

7-1.3 Describir las provisiones generales de las leyes relacionadas con la operación de la ambulancia y los privilegios en cualquiera de o todas las categorías siguientes:
- velocidad
- luces de advertencia
- sirenas
- derecho de paso
- estacionamiento
- vueltas (pp. 1046, 1047)

7-1.4 Enumerar los factores que contribuyen a una conducción riesgosa. (p. 1040)

7-1.5 Describir las consideraciones que deben darse a:
- la solicitud de escoltas
- seguir a un vehículo con escolta
- las intersecciones (p. 1047)

7-1.6 Discutir la "atención debida a la seguridad de todos los demás" mientras se opera un vehículo de emergencia. (p. 1047)

7-1.7 Establecer qué información es esencial con el fin de responder a una llamada. (p. 1035)

7-1.8 Analizar diversas situaciones que podrían afectar la respuesta a una llamada. (p. 1036)

7-1.9 Diferenciar entre los diversos métodos para trasladar a un paciente a la unidad sobre la base de la lesión o enfermedad. (p. 1032)

7-1.10 Aplicar los componentes de la información esencial sobre el paciente en un informe escrito. (p. 1038)

7-1.11 Resumir la importancia de preparar la unidad para la siguiente llamada. (p. 1040)

7-1.12 Identificar qué es esencial para atender en forma completa una llamada. (p. 1040)

7-1.13 Distinguir entre los términos: limpieza, desinfección, desinfección de alto nivel y esterilización. (p. 1040)

7-1.14 Describir cómo limpiar o desinfectar los materiales después de atender a un paciente. (p. 1040)

Afectivos

7-1.15 Explicar el razonamiento para realizar un informe apropiado de los datos sobre el paciente. (p. 1038)

7-1.16 Explicar el razonamiento para tener una unidad preparada para responder. (p. 1034)

Psicomotores

Ninguno

Objetivos adicionales

Cognitivos

1. Discutir los elementos que dictan el uso de luces y sirenas en dirección a la escena y al hospital. (p. 1046)

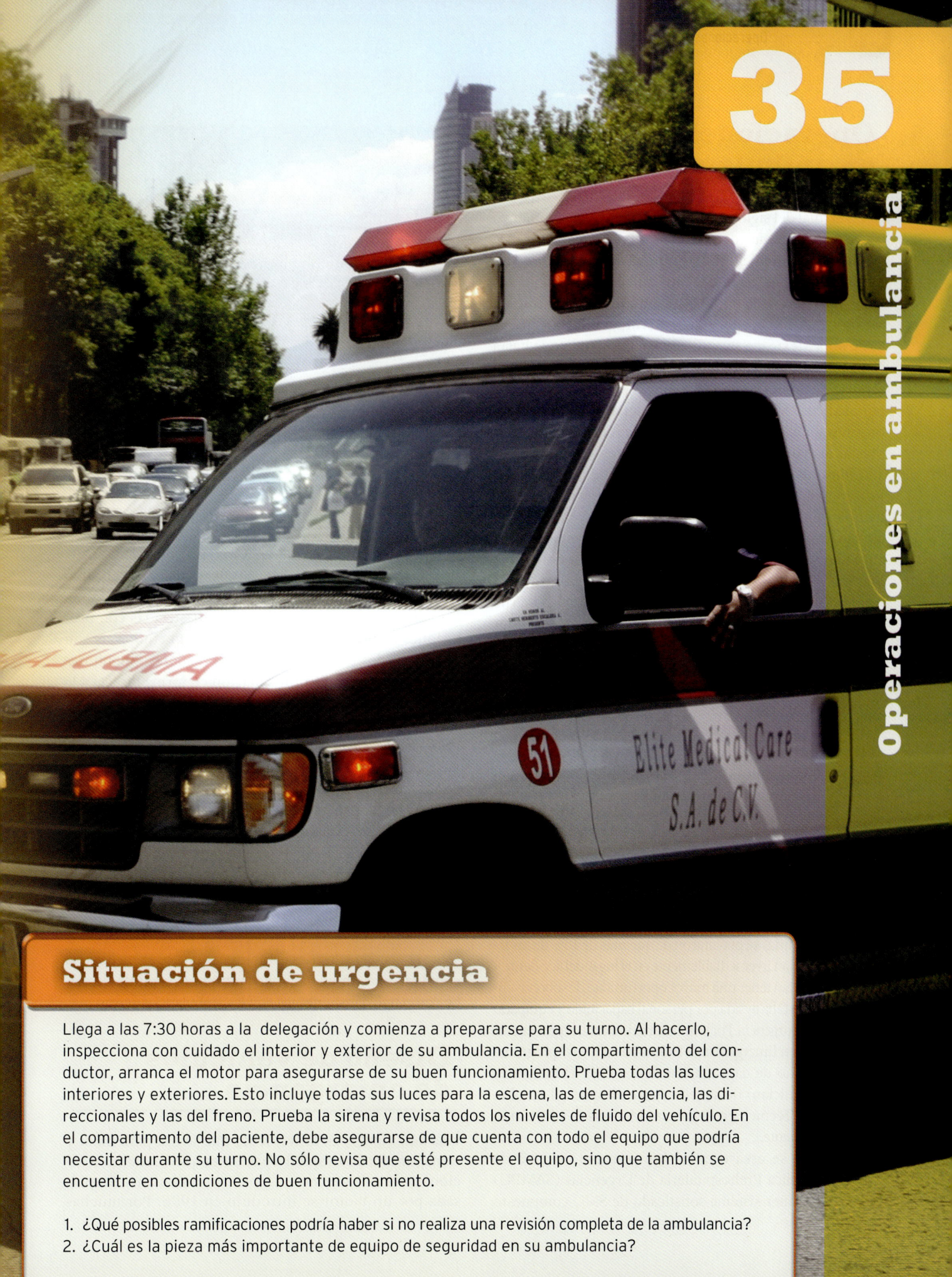

35

Operaciones en ambulancia

Situación de urgencia

Llega a las 7:30 horas a la delegación y comienza a prepararse para su turno. Al hacerlo, inspecciona con cuidado el interior y exterior de su ambulancia. En el compartimento del conductor, arranca el motor para asegurarse de su buen funcionamiento. Prueba todas las luces interiores y exteriores. Esto incluye todas sus luces para la escena, las de emergencia, las direccionales y las del freno. Prueba la sirena y revisa todos los niveles de fluido del vehículo. En el compartimento del paciente, debe asegurarse de que cuenta con todo el equipo que podría necesitar durante su turno. No sólo revisa que esté presente el equipo, sino que también se encuentre en condiciones de buen funcionamiento.

1. ¿Qué posibles ramificaciones podría haber si no realiza una revisión completa de la ambulancia?
2. ¿Cuál es la pieza más importante de equipo de seguridad en su ambulancia?

Operaciones en ambulancia

Hacia el final del siglo XVIII, Napoleón Bonaparte comenzó uno de los sistemas de cuidados a pacientes de urgencia más avanzado del mundo. Ya para ese tiempo se empleaban ambulancias tiradas por caballo en todo Estados Unidos **Figura 35-1**. No es sino hasta 1911 que en México, durante la época de la Revolución Mexicana, la Cruz Roja Mexicana se empieza a perfilar en lo que hasta el día de hoy es uno de sus servicios más característicos: el servicio de urgencias en ambulancias, el cual era prestado por médicos y voluntarios que asistían a los heridos de las manifestaciones de la época en unidades adaptadas para prestar la ayuda y movilizar a los heridos.

Durante múltiples eventos históricos, tales como la Revolucion Mexicana, la Decena Trágica, eventos estudiantiles en Tlatelolco en 1968, el gran terremoto de la ciudad de México en 1985, diversos desastres naturales, etc., se ha contado con la participacion de la Cruz Roja Mexicana a tráves de este servicio de urgencias.

En 1941 se crea la "Unidad Motorizada" de la Cruz Roja Mexicana, que es uno de los primeros intentos por iniciar con un sistema prehospitalario. Esta unidad motorizada estaba conformada por personal voluntario que prestaba los primeros auxilios a heridos y enfermos en la vía pública en ambulancias de la época.

En los años sesenta se da un giro a la unidad motorizada y se crea la Escuela Nacional de Socorrismo dedicada a capacitar en técnicas avanzadas de primeros auxilios al personal del servicio de ambulancias de urgencias. Uno de los avances más notables de esa época es el inicio de las radiocomunicaciones de urgencias.

Sin embargo, es hasta 1981 cuando los doctores Álvaro Zamudio T. y Alejandro Grife C. (entonces jefes de Urgencias y Terapia Intensiva, respectivamente, de lo que era el Hospital Central de la Cruz Roja Mexicana en la ciudad de México, hoy Centro de Trauma) se percataron de que más de 15% de los lesionados fallecían irremediablemente en el lugar del accidente y que éstos podrían tener una mayor oportunidad de sobrevivencia si se les prestaba ayuda por personal capacitado y equipado en el lugar de la urgencia. Por lo anterior se impartió el primer curso de Técnico en Emergencias Médicas basado en el programa norteamericano de capacitacion de los EMT (Emergency Medical Technician) de aquella época; después el nombre cambió al de Técnico en Urgencias Médicas (TUM) como se usa actualmente.

En 1988 se crea e inicia funciones el Sistema de Atención Médica Prehospitalaria de Urgencias (SAMPU) que era el primer sistema sofisticado de SMU compuesto

Figura 35-1 Durante el siglo XIX, se empleaban ambulancias tiradas por caballos en las ciudades principales de Estados Unidos

por ambulancias, unidades especiales de rescate, centros de urgencias, TUM básicos, intermedios y avanzados, operadores de vehículos de emergencia, especialistas en rescate urbano, radio operadores, etc., lo que ha ido evolucionando hasta nuestros días formando así nuestro el actual SMU.

Las ambulancias de hoy están abastecidas con provisiones médicas estándar. Muchas están equipadas con tecnología de punta, incluidos desfibriladores y monitores que pueden transmitir información en forma directa a la sala de urgencias, equipo para hacer pruebas de sangre y oxígeno, ventiladores automáticos, máquinas de RCP automatizadas, sistemas de posicionamiento global y envíos auxiliados por computadora. En la actualidad, el énfasis en una respuesta rápida coloca al TUM-B en gran peligro mientras conduce hacia las llamadas.

Este capítulo analiza el diseño de la ambulancia y cómo equipar y mantener dicho vehículo. También se concentra en las técnicas y el jucio que necesitará para aprender a conducir la ambulancia o un vehículo de servicio de ambulancia, lo cual incluye las consideraciones de estacionamiento, el control de vehículos de emergencia y su operación, los efectos del clima sobre el manejo y los riesgos comunes que se encuentran al conducir una ambulancia. Por último, el capítulo describe cómo trabajar sin riesgos con las ambulancias aéreas.

Diseño de vehículos de emergencia

Una <u>ambulancia</u> es un vehículo que se usa para tratar y transportar a un hospital a pacientes que necesitan atención médica de urgencia. La primera ambulancia impulsada por un motor se introdujo en 1906. Por muchas

Figura 35-2 El personal de primera respuesta, como los bomberos y la policía, con frecuencia es el primero en llegar a la escena.

décadas el vehículo de uso más común como ambulancia era de tipo carroza fúnebre, ya que era el único con suficiente espacio para que una persona viajara acostada dentro de él. Se llevaban pocas provisiones a bordo y había poco espacio para los asistentes.

La carroza-ambulancia desapareció igual que su predecesora tirada por caballos. Las ambulancias en la actualidad están diseñadas de acuerdo con estrictos reglamentos gubernamentales basados en estándares nacionales. Los estándares mismos están basados en gran medida en sugerencias de la industria fabricante de ambulancias, incluido el personal de SMU. Uno de los desarrollos más significativos en el diseño de ambulancias ha sido el agrandamiento del compartimento del paciente. Otro desarrollo es el uso de <u>vehículos de primer contacto</u> Figura 35-2 ▲ , que acuden en un inicio a la escena con personal y equipo para tratar a las personas enfermas o lesionadas hasta que puede llegar una ambulancia.

De acuerdo con la Secretaría de Salud, la ambulancia moderna es un vehículo para la atención médica de urgencia que presenta las siguientes características:

CUADRO 35-1 Diseños básicos de ambulancia

Tipo I	Camión convencional con cabina y chasis, posee un cuerpo modular de ambulancia que puede transferirse a un chasis más nuevo si se requiere
Tipo II	Ambulancia estándar de vagoneta que posee un cuerpo de cabina integral de control delantero
Tipo III	Ambulancia tipo vagoneta especializada, posee un cuerpo de cabina integral con control delantero

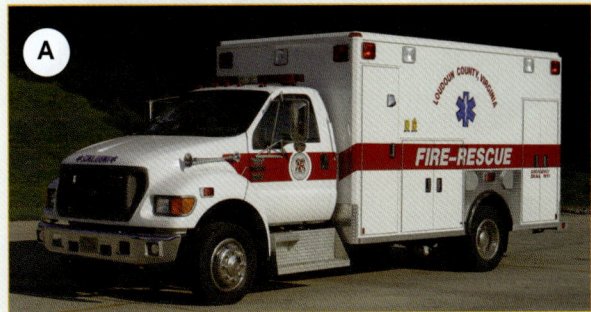
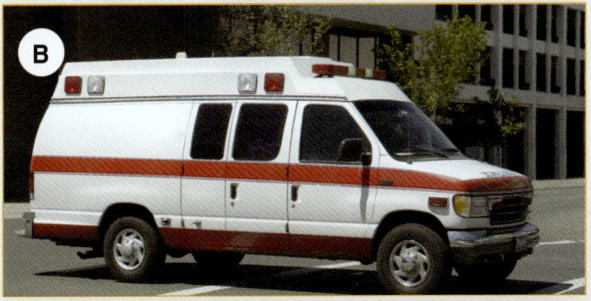

Figura 35-3 A. El camión convencional con cabina y chasis posee un cuerpo modular de ambulancia que puede transferirse a un chasis más nuevo (Tipo I). **B.** La ambulancia estándar de vagoneta posee un cuerpo de cabina integral de control delantero (Tipo II). **C.** La ambulancia tipo vagoneta especializada posee un cuerpo de cabina integral con control delantero (Tipo III).

- Un compartimento para el conductor
- Un compartimento para el paciente que puede albergar dos TUM-B y dos pacientes en posición supina (uno en una camilla y otro en una banca) colocados de manera que por lo menos uno de ellos pueda recibir RCP durante el transporte.
- Equipo y provisiones para administrar atención médica en la escena y durante el transporte, a fin de salvaguardar al personal y los pacientes de condiciones de riesgo, y para llevar a cabo procedimientos de rescate ligeros.
- Comunicación bidireccional por radio, de manera que el personal de la ambulancia pueda hablar con el operador, el hospital, las autoridades de seguridad pública y dirección médica.
- Diseño y construcción que garantizan seguridad y comodidad máximas de conformidad con las normas oficiales vigentes (Figura 35-3) y (Cuadro 35-1).

El emblema de la Estrella de la vida® (Figura 35-4) identifica los vehículos que cumplen con las especificaciones federales como ambulancias autorizadas o certificadas. El emblema debe aparecer en los lados, la parte de atrás y el techo de la ambulancia. Las autoridades reguladoras locales determinan qué emblemas pueden colocarse en el lado de una ambulancia de cuidados prehospitalarios. Sin embargo, de conformidad con los lineamientos institucionales tanto nacionales como internacionales, las

Figura 35-4 Estrella de la Vida ®.

Figura 35-5 Las ambulancias autorizadas o certificadas requieren luces de advertencia y sistemas de megáfono.

Situación de urgencia — Parte 2

Lo envían junto con su compañero a atender una colisión vehicular múltiple en la calle 10. Tiene un tiempo estimado de arribo (TEA) de 15 a 20 minutos. El CECOM les informa que hay por lo menos 12 pacientes y que cinco unidades adicionales también van en camino. Además, se enviaron dos helicópteros. Debido a la urgencia de la llamada, responden con luces y sirenas.

Debe manejar cerca de 5 km a través de la ciudad antes de llegar a la vía rápida que los llevará directo a la escena de la colisión. Mientras manejan por la ciudad, presta especial atención a su entorno para garantizar la seguridad de todo el mundo. Llega al alto total antes de avanzar en cada intersección. Al prepararse para entrar a la vía rápida ingresa sin riesgos hasta el carril de la extrema izquierda, enciende sirenas de nuevo y sigue su camino hacia el sitio de la llamada.

3. ¿Cuáles son los protocolos de tráfico local para un vehículo de emergencia?
4. ¿Por qué es importante detenerse en una intersección si tiene luces y sirenas encendidas?

CUADRO 35-2 Fases de la llamada de una ambulancia

1. Preparación para la llamada
2. Envío
3. En camino
4. Llegada a la escena
5. Transferencia del paciente a la ambulancia
6. En camino a la institución receptora (transporte)
7. En la institución receptora (entrega)
8. En camino a la delegación
9. Posterior al servicio

ambulancias de la Cruz Roja Mexicana se identificarán por el uso del emblema de la Cruz Roja de acuerdo con el manual de identidad institucional. La Figura 35-5 ilustra algunas de las características requeridas en una ambulancia autorizada o certificada.

Fases de la llamada de una ambulancia

La llamada de una ambulancia tiene nueve fases: preparación, envío, en camino, llegada a la escena, transferencia del paciente a una ambulancia, en camino a la institución receptora (transporte), llegada en la institución receptora (entrega), en camino a la delegación y posterior a la llamada, como muestra el Cuadro 35-2. Estas nueve fases abarcan al vehículo y su tripulación, y a sus papeles en la respuesta a una urgencia médica. Los detalles del cuidado al paciente no se incluyen en estas nueve fases.

Fase de preparación

Asegurarse de que el equipo y las provisiones se encuentran en su lugar adecuado y listas para su uso es una parte importante de preparar la llamada. Los artículos faltantes o que no funcionan son inútiles para el TUM-B o su paciente. Como regla básica general, entre más compleja sea una pieza de equipo y más difícil sea aprender su uso, mayor probabilidad habrá de que funcione mal durante una urgencia. Muchos aparatos de SMU nunca se han probado de manera rigurosa bajo condiciones de campo y podrían producir errores costosos. Por esta razón, un equipo nuevo sólo deberá colocarse en la ambulancia después de consultar con el director médico.

El equipo y las provisiones deben ser duraderas y, hasta donde sea posible, estar estandarizadas. Esto facilita un intercambio rápido de equipo con otras ambulancias o con la sala de urgencias, lo cual ahorra tiempo durante la transferencia del paciente.

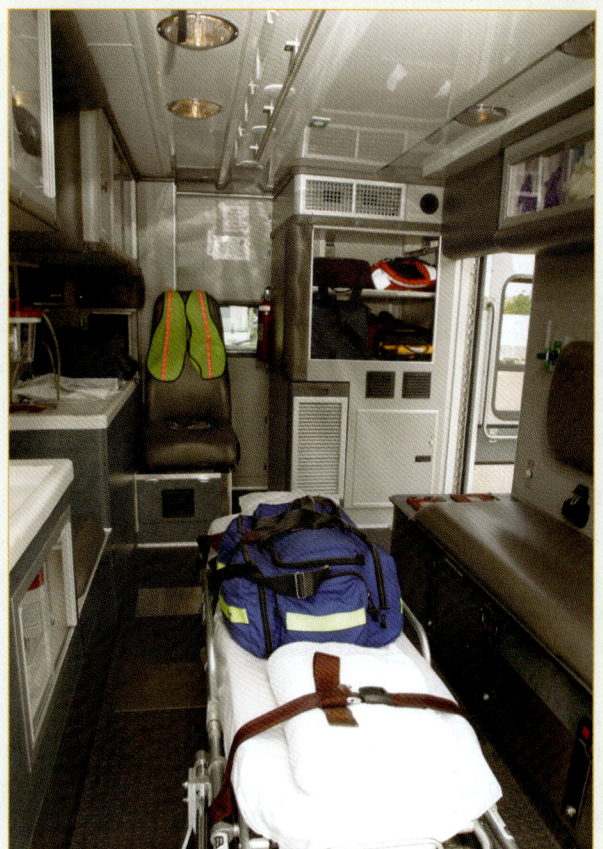

Figura 35-6 Almacene el equipo y las provisiones en la ambulancia de acuerdo con la urgencia y frecuencia con las cuales se usan.

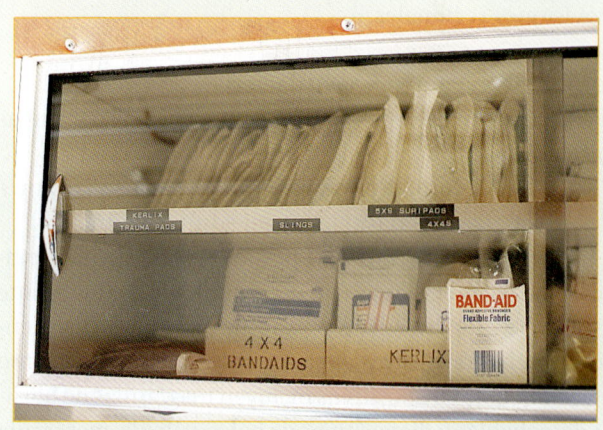

Figura 35-7 Deberán colocarse contenedores en gabinetes y cajones con la parte del frente transparente para su fácil identificación.

Almacene el equipo y las provisiones en la ambulancia de acuerdo con la urgencia y frecuencia con que se usan Figura 35-6. Dé prioridad a los artículos necesarios para atender los problemas letales. Esto incluye el equipo para manejo de vía aérea, la ventilación artificial y la administración de oxígeno. Coloque este equipo en lugares de fácil acceso, en la cabecera del carro camilla. Coloque el equipo para la atención cardiaca, el control de sangrado externo y la vigilancia de la tensión arterial al lado de la camilla.

Los gabinetes de almacenamiento y los paquetes especializados deberán abrirse con facilidad. También deberán cerrarse de modo seguro de manera que no se abran de repente cuando la ambulancia está en movimiento. Los frentes de gabinetes y cajones deben ser transparentes, de manera que le sea posible identificar con rapidez su contenido, si no lo son, asegúrese de marcarlos adecuadamente Figura 35-7 .

Equipo médico

Como TUM-B, tiene acceso a una gran variedad de equipo y provisiones médicas, muchas más de las que se pueden describir aquí. Ciertos artículos deben estar disponibles en la ambulancia en todo momento.

Provisiones básicas

El Cuadro 35-3 enumera las provisiones comunes que se llevan en las ambulancias. Éstas incluyen provisiones básicas, como guantes y agujas desechables, equipo para vía aérea y ventilación, artículos básicos para la atención de heridas, provisiones para ferular, para atender partos, un desfibrilador externo automatizado, equipo para transferir pacientes, medicamentos y otras provisiones, como un equipo para atender mordeduras de víbora o provisiones regionales.

Equipo de vía aérea y ventilación

El equipo de manejo de vía aérea que debe llevarse en las ambulancias incluye lo siguiente:

- Cánulas orofaríngeas para adultos, niños y lactantes
- Cánulas nasofaríngeas para adultos y niños

Es importante que dos dispositivos portátiles de ventilación que operen de manera independiente de una fuente de oxígeno se lleven en la ambulancia: uno para su uso dentro del vehículo y otro para su uso fuera de éste o como refacción. Estos dispositivos incluyen mascarillas de bolsillo desechables y dispositivos de bolsa-válvula-mascarilla (BVM). Además, también deben llevarse en la ambulancia dispositivos de BVM capaces de enriquecimiento del oxígeno que, cuando se conectan a una fuente de oxígeno con el reservorio de oxígeno en su lugar, son capaces de proporcionar oxígeno casi al 100%. Las mascarillas de estos dispositivos vienen en una gran variedad de tamaños, desde lactante hasta adulto y son materiales necesarios para llevar en la ambulancia. También hay disponibles dispositi-

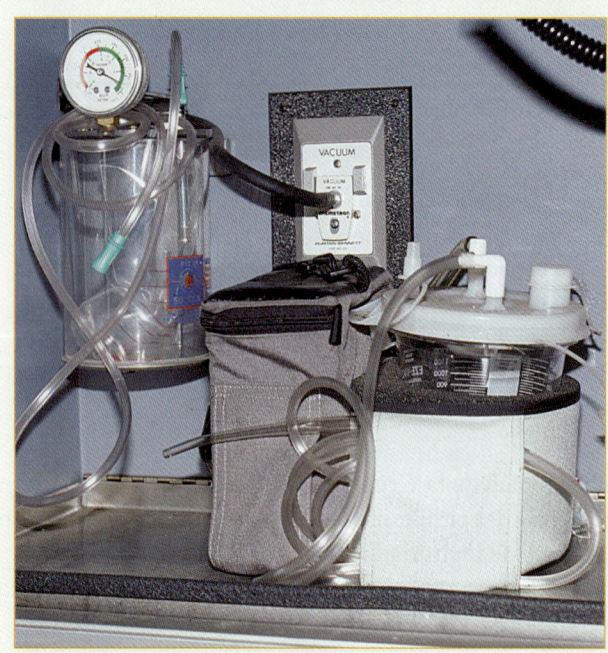

Figura 35-8 La ambulancia debe llevar ambas unidades de succión, la montada y la portátil.

vos impulsados por oxígeno para proporcionar ventilación al paciente. Deberá seguir los lineamientos locales en la identificación del equipo de ventilación específico que se lleva en la ambulancia.

La ambulancia debe contar tanto con unidades de succión montadas como portátiles Figura 35-8 . Tales unidades deben poseer la suficiente potencia para proporcionar un flujo de aire de 30L/m hasta el final del tubo y generar un vacío de 300 mm Hg cuando el tubo está sujeto con su abrazadera. La fuerza de succión debe ser ajustable para su uso en lactantes y niños. Las unidades deben incluir tubos indeformables de succión con una sección de entrada grande y punta faríngea semirrígida, con sondas semirrígidas adicionales disponibles. La unidad instalada debe incluir una percha de succión, un frasco de colección irrompible, agua para enjuagar las sondas y los tubos de succión, y que sea de fácil acceso cuando el TUM-B se encuentra sentado a la cabecera de la camilla. Los tubos deben llegar hasta la vía aérea del paciente, sin importar la posición de este último. Todos los componentes de la unidad de succión deben ser desechables o estar hechos de un material de fácil limpieza y descontaminación.

La ambulancia debe contar, por lo menos, con dos unidades de provisión de oxígeno: una portátil y una instalada. La unidad portátil debe localizarse cerca de una puerta o en el equipo de primeros auxilios, para su fácil uso fuera de la ambulancia. Debe tener una capacidad mínima de 300 L de oxígeno y estar equipado con percha,

CUADRO 35-3 Lista de equipo para ambulancia

Artículos básicos
Almohadas y fundas para almohada
Sábanas estériles
Cobijas
Toallas
Bolsas desechables o palanganas para emesis
Cajas de pañuelos desechables
Cómodo (opcional)
Orinales (uno para hombre y otro para mujer, opcionales)
Brazaletes para presión arterial (pediátrico, de adulto, grande para adulto)
Estetoscopio
Paquete de vasos desechables
Recipiente irrompible de agua
Paquete de toallitas húmedas
"Compresas" frías (paquetes químicos)
Líquido estéril para irrigación
Dispositivos de restricción
Paquete de bolsas de plástico para desechos o miembros desprendidos
Guantes desechables de látex hipoalergénico, vinil o de otro material (diversos tamaños)
Recipiente para material punzocortante (mínimo)
Juego de protectores de oídos

Equipo de vía aérea y ventilación
Equipos de control de infecciones (*goggles*, mascarillas, trajes a prueba de agua)
Vía aérea orofaríngeas y nasofaríngeas de diversos tamaños
Provisiones para atención avanzada de vía aérea, si lo permite el protocolo local (LMA, Combitubo, PtL, equipo de intubación ET), con dispositivos de confirmación de colocación secundaria
Tubos gástricos
Dispositivos de bolsa-válvula-mascarilla (adulto y pediátrico)
Unidades de succión montada y portátil (ambas)
Dispositivos diversos de administración de oxígeno (adulto y pediátrico)
Unidades de provisión de oxígeno (tanto portátil como instaladas)
Humidificador desechable (para sistemas montados de oxígeno)
Soporte de RPC

Provisiones básicas para atención de heridas
Par de tijeras de trauma
Sábanas estériles
Sábanas estériles para quemaduras
Cinta adhesiva de diversos anchos
Vendas de enrollado suave autoadherentes, 10 cm x 4.5 m
Vendas de enrollado suave, autoadheribles, 5 cm x 4.5 m
Vendas estériles, gasa 5 x 5 cm
Vendas estériles, parches ABD o de laparotomía, por lo general de 15 x 20 cm o 20 x 25 cm
Vendas universales para traumatismo estériles, por lo general de 25 x 90 cm dobladas en paquetes de 22.5 x 25 cm
Vendas estériles, oclusivas y no adherentes (esterilizadas en papel de aluminio dentro de su paquete original)
Tamaños surtidos de vendoletas
Torniquete (dependiendo de los protocolos locales)
Traje neumático antichoque en talla para adulto (PNA), denominado antes pantalones MAST (dependiendo de los protocolos locales)

Provisiones para entablillado
Férula de tracción para adulto
Férula de tracción para niño
Diversas férulas para brazos y piernas, como de tipo inflable, de vacío, de cartón, de plástico, moldeables en escalera recubiertas de hule espuma o de tabla acojinada. (El número y tipo de férulas deberá determinarse de acuerdo con los reglamentos estatales y el director médico.)
Diversos vendajes triangulares y en rollo
Un dispositivo de soporte corto (tabla)
Una camilla rígida larga (tabla)
Collarines cervicales de tamaño ajustable o de varios tamaños

Provisiones para parto
Paquete de emergencia OB
Par de tijeras quirúrgicas
Hemostatos o pinzas especiales para cordón umbilical
Cinta para cordón umbilical o cordón estéril
Jeringa de bulbo pequeña
Toallas
Esponjas de gasa
Pares de guantes estériles
Toallas sanitarias
Una bolsa de plástico
Cobija para bebé

Desfibrilador automático externo
Equipo semiautomático de desfibrilación

Equipo para transferencia de pacientes
Carro camilla para ambulancia
Silla de ruedas para subir escaleras
Camilla rígida larga
Camilla rígida corta/dispositivo de inmovilización corto
Otros dispositivos que también se llevan en la ambulancia incluyen:
Camilla tipo espátula o tijera
Camilla plegable/portátil (marina)
Camilla flexible
Camilla de canasta

Medicamentos y otras provisiones
Carbón activado
Agua potable y vasos
Glucosa oral
Oxígeno
Provisiones para irrigar piel y ojos
Equipo para tratar mordeduras de serpiente y otros equipos regionales, de acuerdo con el área y el protocolo local.
Broncodilatadores nebulizados dependiendo del protocolo local

medidor de presión, medidor de flujo, tubos para provisión de oxígeno, mascarilla no recirculante y cánula nasal. Esta unidad debe ser capaz de administrar oxígeno con velocidades variables entre 2 y 15 a 25 L/min. Debe mantenerse en la ambulancia por lo menos un cilindro portátil adicional de 300 L. Muchos servicios equipan el cilindro de repuesto con su propia percha, medidor, regulador y tubos, de manera que pueda usarse para un segundo paciente.

La unidad montada de oxígeno debe tener una capacidad de 3,000 L de oxígeno **Figura 35-9**. También debe estar equipada con medidores de flujo visibles que sean capaces de administrar de 2 a 25 L/min y sean accesibles cuando el TUM-B se encuentra a la cabecera de la camilla. Las mascarillas de oxígeno, con y sin bolsas no recirculantes, deben ser transparentes y desechables, en tamaños para adultos, niños y lactantes.

Los servicios de ambulancia que con frecuencia transportan pacientes en traslados que duran más de una hora, deberán considerar el uso de humidificantes desechables de un solo uso para el sistema de oxígeno montado. En traslados de menos de una hora, por lo general no es necesaria la humidificación. Esta última puede incrementar el riesgo de infección del paciente a menos que el equipo tenga un mantenimiento riguroso.

Equipo de RCP

Un soporte de RPC proporciona una superficie firme bajo el torso del paciente, de manera que el TUM-B pueda aplicar compresiones efectivas en el tórax **Figura 35-10A**. También establece un grado adecuado de inclinación

Tips para el TUM-B

Sin importar la localización, los tanques de oxígeno siempre deben estar asegurados mediante abrazaderas o cubiertas fijas.

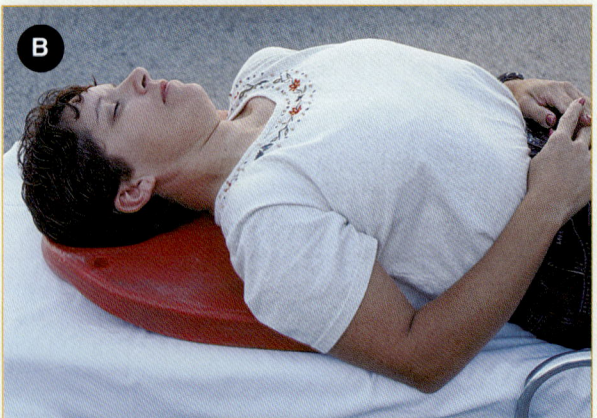

Figura 35-9 La ambulancia debe contar con una unidad de oxígeno con capacidad de 3,000 L de oxígeno montada en el vehículo.

Figura 35-10 A. Deberá contar con un soporte de RCP en la ambulancia. **B.** Un paciente sobre un soporte RCP presenta el grado apropiado de inclinación de cabeza para una ventilación artificial eficaz.

de la cabeza (Figura 35-10B). Si carece de un soporte de RPC adecuado, puede colocar una tabla larga o corta bajo el paciente en la camilla. Emplee una sábana o toalla enrolladas apretadamente para elevar los hombros del paciente de 5 a 10 cm esto también mantendrá la cabeza del paciente en una posición de inclinación máxima hacia atrás y mantendrá hombros y tórax en una posición recta. Advertencia: no use este rollo para hiperextender el cuello si sospecha que hay una lesión de columna.

También existen dispositivos mecánicos que operan con gas comprimido y administran compresiones del pecho y ventilaciones.

Provisiones básicas para el cuidado de heridas

Es necesario incluir en la ambulancia provisiones básicas para curar heridas abiertas. Éstas incluyen un par de tijeras de trauma, sábanas estériles, sábanas estériles para quemaduras; cinta adhesiva en diversos anchos; vendajes de rollo suave autoadheribles; vendas estériles, gasa; parches ABD o para laparotomía, vendas universales para traumatismo estériles, vendas no adheribles, estériles y de oclusión (esterilizadas con papel aluminio en su propio empaque), curitas (vendoletas) surtidas, un torniquete (de acuerdo con los protocolos locales) un traje neumático antichoque de tamaño adulto (PNA), antes llamados pantalones MAST (de acuerdo con los protocolos locales).

Provisiones para entablillado

La (Figura 35-11) muestra ejemplos de provisiones para entablillado de fracturas y dislocaciones que pueden llevarse en la ambulancia. Éstas incluyen férula de tracción para adultos, férula de tracción pediátrica, diversas férulas para brazos y piernas, como las inflables, de vacío, de cartón, plástico, moldeable en escalera recubierta con hule espuma o tabla acojinada, diversos vendajes triangulares y en rollo; un dispositivo de sostén corto, un dispositivo largo y collarines cervicales de tamaño ajustable o en diversos tamaños.

Provisiones para parto

Deberá incluir un equipo obstétrico (OB) estéril de emergencia (Figura 35-12) que incluya las provisiones que se indican en el cuadro 35-3, incluido un par de tijeras quirúrgicas, hemostatos o pinzas especiales para cordón umbilical, cinta para cordón umbilical o cordón esterilizado, una pequeña jeringa de bulbo, toallas, esponjas de gasa, pares de guantes estériles, toallas sanitarias, una bolsa de plástico y una cobija para bebé.

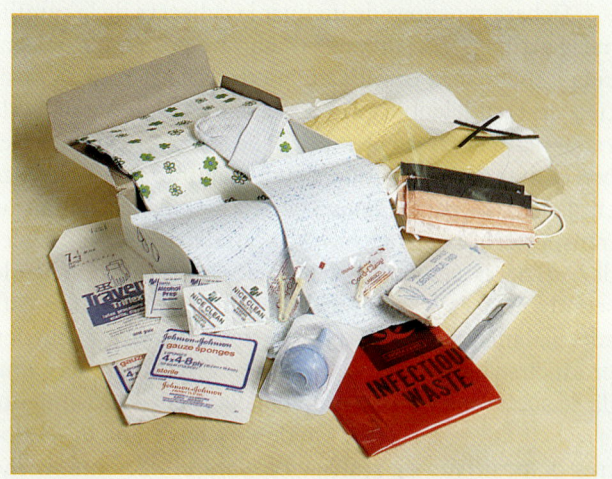

Figura 35-12 La ambulancia debe incluir un equipo obstétrico estéril de emergencia.

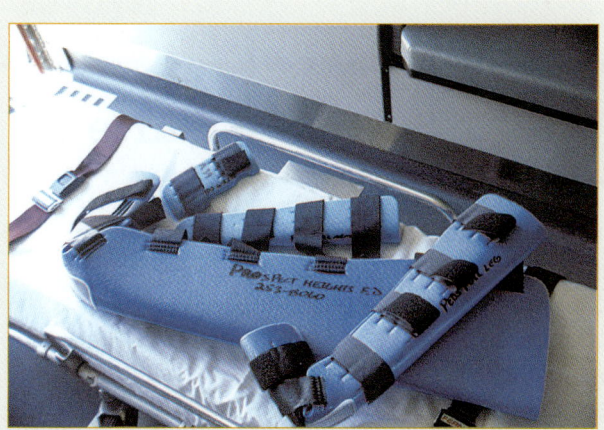

Figura 35-11 Deben llevarse en la ambulancia provisiones para ferular fracturas y dislocaciones.

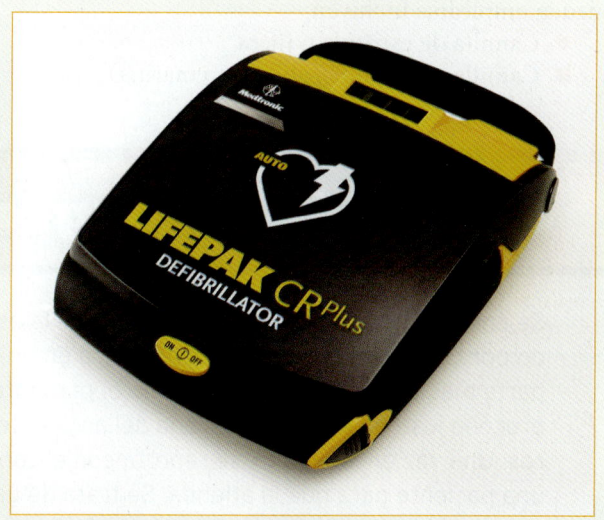

Figura 35-13 Toda ambulancia debe llevar un desfibrilador automático externo.

Desfibrilador automático externo

Convertido ahora en cuidado prehospitalario estándar, el equipo semiautomatizado de desfibrilación siempre debe llevarse en la ambulancia de acuerdo con lo autorizado por los reglamentos y el director médico local (Figura 35-13).

Equipo para la transferencia del paciente

Cada ambulancia debe llevar el siguiente equipo para la transferencia del paciente:

- Un carro camilla para ambulancia
- Una silla de ruedas para escalera para su uso en espacios estrechos
- Una camilla rígida (tabla) larga
- Un soporte (tabla) corto o un dispositivo corto de inmovilización

Deberá ser capaz de inclinar la cabecera de la camilla hacia arriba por lo menos 60° en una posición semisentada e inclinar la camilla entera de 10° a 15° de la posición de Trendelenburg (cabeza abajo) para la atención de vía aérea y el tratamiento del choque. Las camillas deben contar con sujetadores para asegurarlas con firmeza en el piso o las paredes laterales de la ambulancia durante el transporte. Los sujetadores de la camilla deben ser capaces de sostener la camilla en su lugar en caso de que el vehículo se voltee. Asegúrese de que la camilla con ruedas esté adecuadamente asegurada en su posición, ya que pueden producirse lesiones en el paciente y el TUM-B si la camilla se suelta mientras la ambulancia está en movimiento (Figura 35-14). Asegúrese de que haya por lo menos tres dispositivos de restricción para el paciente, como cinturones para frenado o alto total sobre los hombros, para evitar que el paciente continúe en un movimiento hacia el frente en caso de que la ambulancia desacelere o se detenga de manera repentina. Otros dispositivos que pueden emplearse incluyen:

- Camilla de espátula o tijera
- Camilla portátil/plegable (tipo marina)

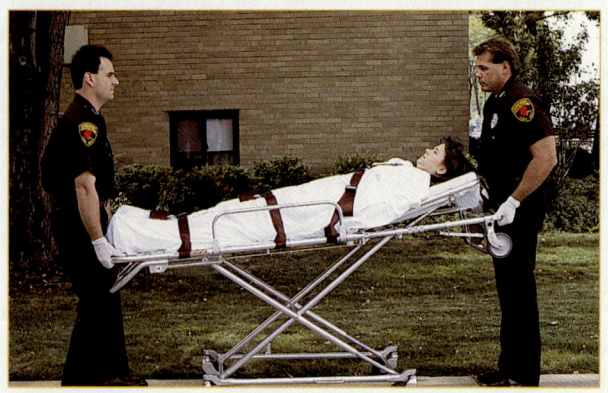

Figura 35-14 La camilla con ruedas debe asegurarse en su sitio a una altura apropiada.

- Camilla flexible
- Camilla de canasta

El capítulo 6 presenta una descripción completa de estos dispositivos y sus usos.

Medicamentos

Es importante que la ambulancia cuente con medicamentos apropiados. Asegúrese de llevar en la ambulancia el número telefónico y la frecuencia de radio de control médico o del centro local de control de venenos. La parte de atrás de su tablilla sujetapapeles es un buen sitio para llevar esta información.

Equipo de primer contacto

La ambulancia debe estar equipada con un equipo de primer contacto o **maleta de trauma portátil**, durable y a prueba de agua que el TUM-B pueda llevar hasta donde se encuentra el paciente (Figura 35-15). Considere el equipo de primer contacto como el "paquete de cinco minutos", debe contener todo lo que podría necesitar los primeros cinco minutos con el paciente, con excepción del desfibrilador externo au-

Situación de urgencia — Parte 3

Se encuentra aproximadamente a 5 km de la escena cuando se topa con que el tráfico está detenido por completo. Dado que se encuentra en una vía rápida dividida, decide continuar su viaje por la parte media. Llama por radio a control para informar que se acerca a la escena. Le recomiendan que proceda justo al este de la escena del accidente para permitir un acceso más fácil de los helicópteros. Una vez en la escena, se reporta con el comandante de incidente. Se transfiere rápidamente a una paciente para que la atienda. Se trata de una mujer de 34 años. Está consciente, alerta y orientada y se le aplicó inmovilización total de la columna.

5. ¿Por que se requiere un comandante de incidente en esta escena?
6. ¿Qué información necesitaría obtener antes de dejar la escena con esta paciente?

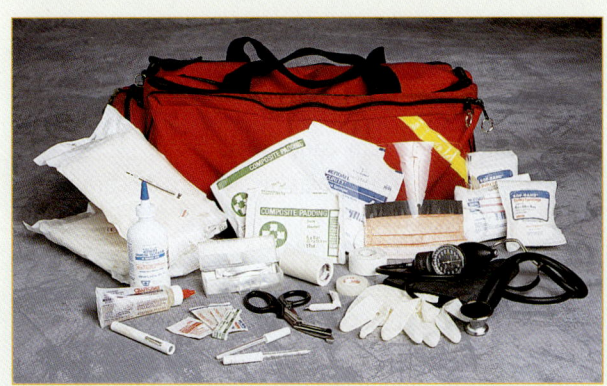

Figura 35-15 El equipo portátil de primeros auxilios debe contener casi todo lo que requerirá durante los primeros cinco minutos de atención al paciente.

tomatizado, quizás el cilindro de oxígeno y la unidad portátil de succión. El equipo de primer contacto debe ser fácil de abrir y sujetar. El Cuadro 35-4 indica los artículos que se encuentran típicamente en un equipo de primer contacto.

Equipo de seguridad y operaciones

Además del equipo médico, una ambulancia bien equipada lleva varios tipos de equipo para la seguridad del personal de respuesta, las operaciones de rescate y la localización de escenas de emergencia. Para realizar el trabajo con eficacia, el personal de TUM necesitará el siguiente equipo:

CUADRO 35-4 Artículos que incluye el equipo de primer contatco

Guantes de látex, vinil u otro material

Vendajes triangulares

Tijeras de trauma

Cinta adhesiva de diversos anchos

Vendas universales para traumatismo

Vendas autoadherentes de rollo suave, 10 cm x 4.5 m y de 5 cm x 4.5 m

Vía aérea orofaríngea en tamaños para adulto, niño y lactante*

Dispositivo de BVM con mascarilla para adultos, niños y lactantes*

Manguito para tensión arterial

Estetoscopio

Lamparita en forma de pluma

Apósitos estériles de gasa, 10 x 10 cm

Vendas estériles (parches ABD), 15 x 22.5 cm o 20 x 25 cm

Tiras adhesivas

Glucosa oral

Carbón activado

*Esto podría llevarse en un equipo separado para vía aérea, junto con el cilindro portátil de oxígeno.

- Equipo de protección personal
- Equipo para áreas de trabajo
- Guías de planeación previa/navegación
- Equipo de rescate

Equipo de seguridad personal

Siempre deberá llevar consigo equipo protector personal que le permita trabajar con seguridad en una variedad limitada de situaciones de riesgo o contaminación. Estas situaciones incluyen los bordes de un incendio o explosión estructurales, rescate de vehículos y en multitudes. El equipo deberá protegerle de la exposición a sangre y a otros líquidos corporales potencialmente infecciosos. Nótese que no estará equipado para enfrentar todos los materiales de riesgo y otras situaciones de exposición que pueda encontrar, éste es el trabajo de técnicos y equipos de respuesta especializados en materiales peligrosos. Su equipo podría incluir lo siguiente:

- Caretas
- Batas, cubiertas para zapatos, gorras
- Trajes protectores para bombero
- Cascos con caretas o *goggles* de seguridad
- Zapatos o botas de seguridad

Equipo para áreas de trabajo

Un compartimento impermeabilizado que pueda alcanzar desde afuera del compartimento del paciente deberá contener equipo para salvaguardar la seguridad de pacientes y del TUM-B, controlar el tráfico y a los curiosos e iluminar las áreas de trabajo Figura 35-16. Se recomiendan los siguientes artículos:

- Dispositivos de advertencia con luces intermitentes o reflectores (las antorchas de camino no son acep-

Figura 35-16 La ambulancia debe contar con un compartimento impermeabilizado que pueda alcanzarse desde fuera del compartimento del paciente. Éste deberá contener equipo para salvaguardar la seguridad de pacientes y TUM-B, controlar el tráfico e iluminar las áreas de trabajo.

tables porque pueden implicar un riesgo adicional, como el incendio de líquidos o gases inflamables)
- Dos linternas de halógeno de alta intensidad de 20 000 candelas del tipo con batería recargable y de pie
- Extintor de incendios, tipo BC, polvo seco, mínimo de 2 kg.
- Cascos con caretas o *goggles* de seguridad
- Lámparas portátiles

Equipo de planeación previa y navegación

Asegúrese de que en el compartimento del conductor de la ambulancia cuenta con mapas detallados de las calles y del área, si su SMU cuenta con él, un sistema de posicionamiento global satelital (GPS), junto con las indicaciones para llegar a lugares clave, como hospitales locales. Familiarícese con los caminos y los patrones de tráfico en su poblado o ciudad, de manera que pueda planear rutas alternativas a destinos comunes. Preste particular atención a los caminos para rodear puentes conflictivos, tráfico congestionado o cruces de ferrocarril bloqueados. Con frecuencia cambiar a una ruta alternativa ahorrará más tiempo que manejar a mayor velocidad. Asimismo, familiarícese con instituciones y sitios especiales dentro de su área regional de operación, como otras instalaciones médicas, aeropuertos, arenas, estadios y sitios donde se manejan químicos o se realiza investigación científica que podrían presentar problemas desusados (las áreas donde se presentan espectáculos podrían predefinirse para operaciones de emergencia).

Equipo de rescate

Un compartimento impermeabilizado fuera del compartimento del paciente debe contener el equipo que se requiere para rescates simples y ligeros, incluso si hay unidades de rescate y extracción fácilmente disponibles. El Cuadro 35-5 señala los artículos que deben incluirse en este compartimento.

Si los servicios de rescate y extracción no se pueden obtener con facilidad, es posible que se necesite equipo adicional.

Personal

Toda ambulancia debe estar tripulada por lo menos con un TUM-B en el compartimento del paciente siempre que se transporte a uno de ellos; se recomienda con énfasis que haya dos TUM-B, independientemente de que el operador de la ambulancia debe ser un TUM de conformidad con lo estipulado en la NOM 237.

Inspecciones cotidianas

Estar completamente preparado significa que el TUM-B y su equipo deben inspeccionar ambos, ambulancia y equipo, a diario para asegurar que todo está en buen funcionamiento. La inspección de la ambulancia debe dar seguimiento a:

CUADRO 35-5 Equipo de rescate

Llave de tuercas de 30 cm, ajustable, de extremo abierto
Destornillador de 30 cm, con barra cuadrada estándar
Destornillador de 20 cm, cabeza Phillips #2
Sierra para metales con hojas de alambre de carburo de 30 cm
Alicates con mango de tornillo, de 25 cm
Martillo de 5 lb con mango de 38 cm
Hacha para bomberos, con mango de 60 cm
Barra de uña con mango de 60 cm. Ésta puede ser una herramienta combinada con un martillo y un hacha.
Barra (palanca) de 1.3 m, con punto de división
Cortador de pernos con abertura de quijada de 2.5 a 3.5 cm
Pala plegable con punta aguda
Tijeras para hojalata, doble acción 20 cm mínimo
Manoplas, reforzadas, con cubierta de piel más allá de medio antebrazo, un par por miembro del equipo
Cobija de rescate
Cuerdas, con fuerza de tensión de 5,400 lb en largos de 15.5 m en bolsas protectoras
Cuchillo para masilla (capaz de cortar el tejido de cinturones de seguridad)
Perforador de resorte central
Sierra para podar
Bloques de apuntalamiento, de alta resistencia de 5 x 4 cm y 10 x 10 cm en diversos largos

- Niveles de combustible
- Niveles de aceite
- Niveles de líquido de la transmisión
- Sistema de enfriamiento del motor y niveles de líquido refrigerante
- Baterías
- Líquido de frenos
- Sujetadores del motor
- Ruedas y llantas, incluida la de refacción, si la hay. Revisar la presión de inflado y buscar signos de desgaste desusado o disparejo
- Todas las luces interiores y exteriores
- Limpiadores del parabrisas y líquido para éstos
- Claxon
- Sirena
- Aire acondicionado y calefacción
- Sistema de ventilación
- Asegurarse de que las puertas abren y cierran bien y que los seguros funcionan
- Sistemas de comunicación, del vehículo y portátiles
- Todas las ventanillas y espejos. Revisar limpieza y posición.

Revise todo el equipo y las provisiones médicas, por lo menos a diario, incluidas las provisiones de oxígeno, el equipo de trauma, apósitos y vendajes, soportes y otros elementos para la inmovilización y el equipo OB de emergencia. ¿Funciona de modo adecuado el equipo? ¿Están limpias las provisiones? ¿Hay suficientes? Todo el equipo que opere con baterías, incluido el desfibrilador, deberá operarse y revisarse todos los días Figura 35-17. Rote las baterías de acuerdo con un programa establecido.

Qué documentar

Dado que los aspectos mecánicos del trabajo de emergencia como conducir o mover pacientes impactan en gran medida su seguridad y la de otros, su servicio deberá contar con procedimientos específicos para las inspecciones diarias. Seguirlos lo protege en el aspecto físico y documentar su cumplimiento es una protección legal importante. Los procedimientos requerirán estar fechados y presentar firmas o iniciales de las hojas de verificación y de un lugar de archivo donde puedan encontrarse después si es necesario.

Precauciones de seguridad

Una parte final de la fase de preparación es la revisión de las precauciones de seguridad. Estas precauciones, que incluyen las reglas y reglamentos de seguridad estándar del tráfico, deben seguirse en cada llamada. Revise para asegurarse que los dispositivos de seguridad, como cinturones de los asientos, se encuentran en buen estado. Sin importar su localización, los tanques portátiles de oxígeno siempre deben estar sujetos por abrazaderas o cubiertas fijas. Nunca intente sujetar un tanque en la camilla o la banca, los tanques pueden convertirse en proyectiles si la ambulancia se ve implicada en un choque de vehículos de motor.

La fase de envío

El centro de operación debe ser de fácil acceso y estar en servicio las 24 horas del día Figura 35-18. Puede ser operado por el SMU local o por un servicio compartido que también cubra los departamentos de policía y bomberos. El centro de operación podría servir para una sola jurisdicción, como una ciudad o población, o ser un área o centro regional que atiende varias comunidades o un país entero. En cualquier caso, debe contar con personal capacitado familiarizado con las agencias que envían a las llamadas y con la geografía del área de servicio. Por cada solicitud de emergencia, el radio operador debe reunir y registrar la siguiente información mínima:

- Naturaleza de la llamada
- Nombre, localización actual y teléfono para devolver la llamada de la persona que solicitó apoyo
- Localización de los pacientes
- Número de pacientes y cierta idea de la gravedad de su situación
- Cualquier otro problema especial u otra información pertinente sobre riesgos o condiciones climáticas

Muchas áreas implementan servicios de asistencia médica de urgencia telefónica, los cuales proporcionan

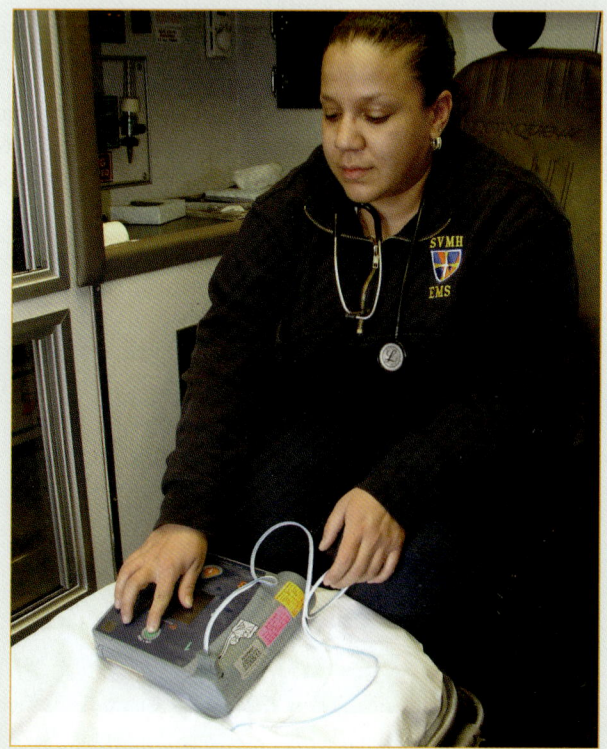

Figura 35-17 Revise siempre el desfibrilador al inicio de cada día.

Figura 35-18 El operador es el vínculo clave de comunicaciones a través de todas las fases del servicio de una ambulancia.

a la persona que llama instrucciones para la atención del paciente mientras llega la ambulancia.

En camino a la escena

En muchas formas, la fase en camino de respuesta a la llamada es la más peligrosa para el TUM-B. Los choques entre automóviles y vehículos de emergencia ocasionan muchas lesiones graves entre el personal del SMU. Más adelante en este capítulo se analizan técnicas que el TUM-B puede emplear para hacer que la operación del vehículo sea más segura. Mientras usted y su compañero se preparan para responder al llamado, asegúrese de colocarse los cinturones de seguridad y los arneses para los hombros antes de mover la ambulancia. En este punto, deberá informar a la central que su unidad responderá para confirmar la naturaleza y localización de la llamada. Éste es también un momento excelente para pedir cualquier otra información disponible sobre la localización. Por ejemplo, podría enterarse de que el paciente está en el tercer piso y que la puerta más accesible se encuentra dando la vuelta al edificio.

Mientras va en camino hacia la escena, el equipo deberá prepararse para evaluar y atender al paciente. Revise la información de la central acerca de la naturaleza de la llamada y la localización del paciente. Asigne tareas iniciales específicas y tareas de manejo de la escena a cada miembro el equipo, y decida qué tipo de materiales llevarán inicialmente. De acuerdo con sus procedimientos de operación, quizá también decida qué camilla llevar hasta donde está el paciente. Llegar a la escena de modo seguro y transportar al paciente sin riesgos son dos de los mayores retos de ser TUM-B. Para mayor información sobre cómo operar la ambulancia sin riesgos, consulte la sección de conducción defensiva de la ambulancia.

Llegada a la escena

Si es el primero en llegar a la escena de un incidente con múltiples víctimas, deberá informar a la central que ha llegado y proporcionar un informe breve sobre lo que ve. Asimismo, reporte cualquier situación inesperada, como la necesidad de unidades de respaldo, una unidad de rescate pesado o un equipo para materiales peligrosos Figura 35-19). No entre a la escena si hay cualquier peligro para usted. Si existen riesgos en la escena, deberá mover al paciente a un sitio seguro antes de iniciar la atención. Es posible que el paciente tenga que ser transferido por otras personas si el TUM-B no está equipado de la manera adecuada.

Evalúe de inmediato la escena por medio de los siguientes lineamientos:
- Determine si hay riesgos para la seguridad.
- Evalúe la necesidad de unidades adicionales u otro tipo de apoyo.
- Determine el mecanismo de la lesión en pacientes de traumatismo o la naturaleza de la enfermedad en las llamadas médicas.

Figura 35-19 Si es el primero en llegar a la escena de un incidente con múltiples víctimas, deberá informar a control y pedir unidades de respaldo, rescate o personal de materiales peligrosos, según lo requiera.

- Evalúe la necesidad de estabilizar la columna.
- Asegúrese de seguir las precauciones de ASC. El tipo de cuidado que espera administrar dictará el equipo de protección personal que usará.

Si es el primer TUM-B en llegar a la escena de un incidente con víctimas múltiples, estime con rapidez el número de pacientes Figura 35-20 ▼ . Informe al CECOM que requiere unidades de apoyo en la escena. Los incidentes con víctimas múltiples implican una organización compleja del personal bajo el sistema de comando de incidentes (véase el capítulo 37). En este sistema, es posible que se asignen funciones a cada TUM-B, por ejemplo, iniciar el proceso de clasificación de víctimas, asistir en el tratamiento de pacientes y transferir a los pacientes a vehículos para su transporte al hospital.

Estacionamiento seguro

Al evaluar la situación, deberá decidir dónde estacionar la ambulancia. Elija una posición que permita el control y flujo eficientes del tráfico en torno a la escena de una

Figura 35-20 En un incidente con múltiples víctimas, siga instrucciones del comandante de incidente que asigne funciones, las cuales pueden incluir: asistir en la clasificación de víctimas, tratar a los pacientes o prepararlos para su transporte al hospital.

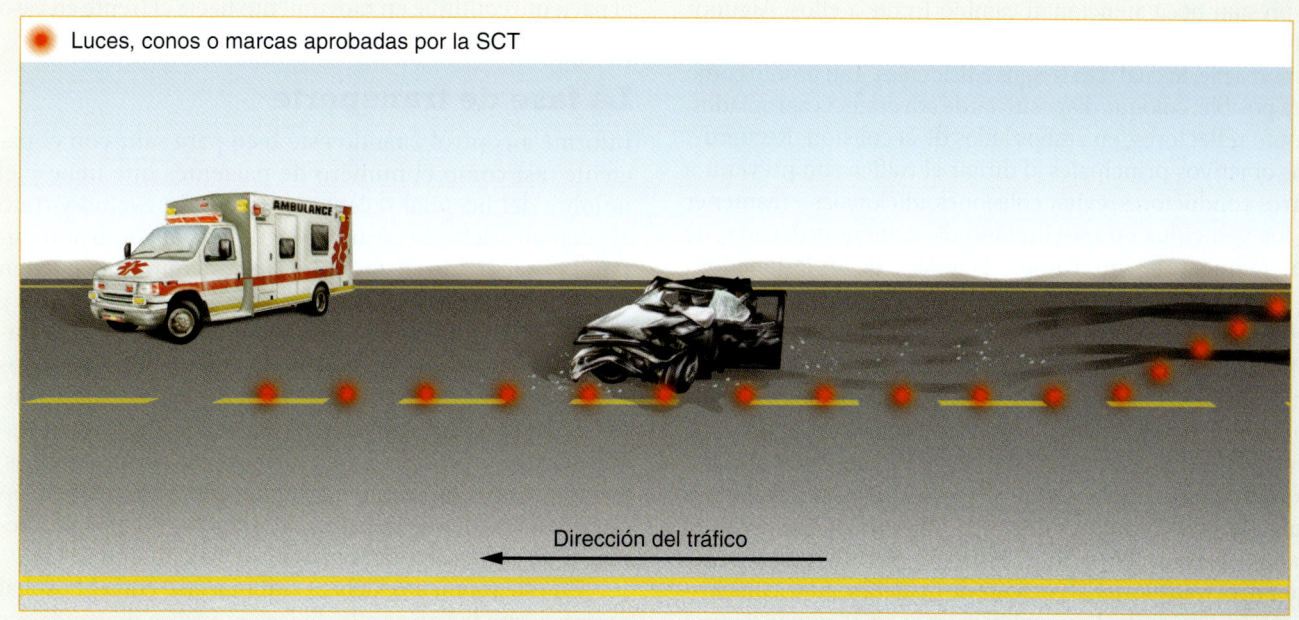

Figura 35-21 Estacione la ambulancia cerca de 30 m después de la escena del mismo lado del camino. Coloque el vehículo cuesta arriba y en dirección contraria del viento en caso de que haya materiales peligrosos presentes.

colisión. No se estacione junto a la escena, ya que podría bloquear el movimiento de otros vehículos de emergencia. En lugar de ello, estaciónese cerca de 30 metros después de la escena del mismo lado del camino. Lo mejor es estacionarse cuesta arriba y en dirección contraria al viento si hay presentes humo o materiales peligrosos (Figura 35-21). Si debe estacionarse en la parte trasera de una colina o una curva, deje sus luces intermitentes encendidas o señales de advertencia colocadas en sitios adecuados. Haga lo mismo cuando se estacione por la noche. Siempre estaciónese como para proporcionar un margen de espacio entre su vehículo y las operaciones en la escena. Asuma que alguien podría chocar con su vehículo y arrollar a las personas en la escena (Figura 35-22).

Manténgase alejado de cualquier fuego, riesgo de explosión, cables caídos o estructras que podrían colapsarse. Asegúrese de activar el freno de mano. Si su vehículo bloquea parte del camino, deje las luces intermitentes de emergencia encendidas. Deje sólo las luces intermitentes amarillas encendidas si su vehículo cuenta con ellas. Otros conductores tienden a manejar hacia los vehículos de emergencia con luces intermitentes rojas o rojas y blancas. Dentro de estos lineamientos de seguridad, deberá intentar estacionar su ambulancia lo más cerca que sea posible de la escena para facilitar la atención médica de urgencia. Si es necesario, puede bloquear el tráfico en forma temporal para descargar equipo o para subir a los pacientes con rapidez y seguridad. Si debe hacer esto, intente hacerlo con rapidez, de modo que el tráfico no se bloquee más tiempo del absolutamente necesario. Asimismo, estaciónese en un lugar que no le dificulte salir de la escena.

Control del tráfico

Después de garantizar su propia seguridad, su primera responsabilidad en una escena de choque automovilístico es atender a los pacientes. Sólo hasta que todos los pacientes han recibido tratamiento y la situación de emergencia está bajo control, deberá preocuparse por restaurar el flujo del tráfico. Si la policía tarda en llegar a la escena, entonces quizá necesite entrar en acción.

El propósito del control del tráfico es asegurar un flujo ordenado del tráfico y evitar otro accidente. Bajo circunstancias ordinarias, el control de tráfico es difícil. Una escena de colisión o siniestro presenta problemas adicionales graves. Los conductores que pasan con frecuencia "estiran el cuello"

Figura 35-22 Estacionar la ambulancia en un lugar poco seguro puede provocar la colisión con otros vehículos y lesionar al personal.

y prestan poca atención al camino frente a ellos. Algunos curiosos pueden estacionarse más adelante del camino y regresar a pie, lo cual crea riesgos adicionales. Tan pronto como sea posible, coloque dispositivos de advertencia apropiados, como reflectores, en ambos lados de la colisión. Recuerde, los objetivos principales al dirigir el tráfico son prevenir a otros conductores, evitar colisiones adicionales y mantener a los vehículos en movimiento de manera ordenada, de modo que no se interrumpa el cuidado de los lesionados.

La fase de transferencia

Muchos pacientes han dicho que una de las partes más aterradoras de enfermar o lesionarse de repente es el viaje en ambulancia al hospital. Ya de por sí ansioso, el paciente puede angustiarse más con un viaje rápido y accidentado con el sonido de la sirena. A veces, tal viaje en realidad les salva la vida. No obstante, en la mayoría de los casos, el exceso de velocidad es innecesario y peligroso. Lo que se requiere es transportar al paciente de manera segura a una institución adecuada de atención médica en el menor tiempo práctico. Esto exige sentido común y técnicas defensivas de conducción de vehículos. La velocidad no sustituye dichas cualidades. En casi todos los casos, proporcionará cuidados que salven la vida justo donde encuentre al paciente, antes de pasarlo a la ambulancia. Luego, es posible que inicie medidas menos críticas, como vendar y ferular. A continuación, deberá preparar al paciente para el transporte, sujetándolo a un dispositivo como una camilla rígida, una camilla tipo espátula o el carro camilla de la ambulancia. Luego se dirigirán a la ambulancia y levantarán al paciente de modo apropiado para introducirlo al compartimento correspondiente de la ambulancia.

No importa cuan cuidadoso sea el operador, viajar al hospital mientras se encuentra acostado sobre una camilla puede ser incómodo e incluso peligroso. Así pues, asegúrese de sujetar al paciente por lo menos con tres cinturones cruzándole el cuerpo **Figura 35-23**. Utilice correas para frenado o desaceleración sobre los hombros para evitar que el paciente continúe en movimiento hacia el frente en caso de que la ambulancia desacelere o se detenga de repente.

La fase de transporte

Informe a control cuando esté listo para salir con el paciente, así como el número de pacientes que tiene y el nombre del hospital receptor. Aunque ya evaluó y trató al paciente, deberá continuar vigilando su condición durante el recorrido. Estas valuaciones continuas pueden descubrir cambios en los signos vitales del paciente y en su condición general; asegúrese de verificar esto durante el camino. La frecuencia de revisión de los signos vitales depende de la situación, pero revisarlos cada 15 minutos para un paciente estable y cada cinco para uno inestable es una práctica que muchos servicios usan. Además, es importante que reevalúe de modo continuo la situación clínica del paciente, registre y atienda los nuevos problemas y las respuestas del paciente al tratamiento inicial.

En este momento, deberá comunicarse con el hospital receptor para informar a la dirección médica acerca de sus pacientes y la naturaleza de los problemas. De acuerdo con el número de TUM-B en su equipo y de la cantidad de cuidados que necesite el paciente, también podría desear comenzar a trabajar sobre su informe escrito mientras está en camino.

Por último, y lo más importante, no abandone al paciente en el aspecto emocional. No se concentre tanto en el papeleo y las continuas evaluaciones que ignore los temores del paciente: usted está ahí para ayudarlo como persona, así que use este tiempo para tranquilizarlo. Algunos pacientes, como las personas muy jóvenes o muy grandes, pueden beneficiarse de la atención adicional durante el transporte. Tenga en mente los diferentes tipos de necesidad de los distintos pacientes.

La fase de entrega

Informe a CECOM tan pronto llegue al hospital. Luego, siga estos pasos para transferir al paciente al hospital receptor:

1. Informe de su llegada a la enfermera y/o médico encargado de clasificar a los pacientes o a otro personal de recepción.
2. Transfiera físicamente al paciente de la camilla a la cama que le sea asignada.
3. Presente un informe verbal completo junto a la cama a la enfermera o el médico que se encargará del cuidado del paciente.
4. Complete un informe detallado por escrito (FRAP) y deje una copia con un miembro adecuado del personal.

El informe escrito deberá incluir un resumen del historial de la enfermedad o lesión actual del paciente con los aspectos positivos y negativos pertinentes, el mecanismo de la lesión y las observaciones realizadas a su llegada. Asimismo, deberá incluir una lista de signos vitales y mencionar brevemente antecedentes médicos o quirúrgicos relevantes, lo mismo que la información acerca de medicamentos y alergias. Además, asegúrese de incluir cualquier tratamiento y su efecto durante el periodo prehospitalario.

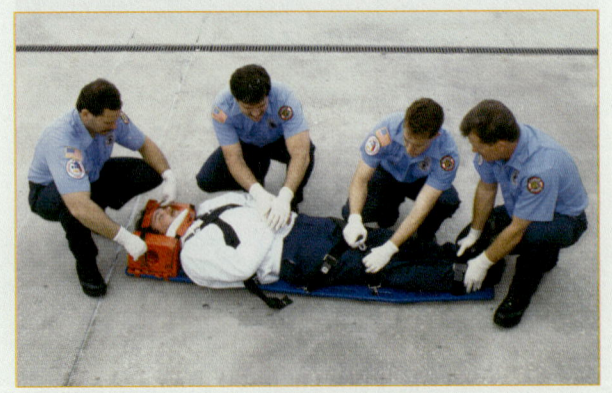

Figura 35-23 Asegúrese de sujetar al paciente de modo apropiado para su protección durante el transporte.

Mientras se encuentra en el hospital, podrá reabastecer cualquier artículo que haya empleado durante el servicio, como mascarillas de oxígeno o vendas y vendajes Figura 35-24 ▼ . Recuerde, sin embargo, que su prioridad es transferir al paciente y la información sobre éste al personal del hospital. Reabastecer la ambulancia es secundario.

En camino a la delegación y/o base

Una vez que deje el hospital, informe a la central si está o no en servicio y a dónde se dirige. Tan pronto regrese a la delegación deberá hacer lo siguiente:

- Limpie y desinfecte la ambulancia y cualquier equipo que haya empleado, si es que no lo hizo antes de dejar el hospital Figura 35-25 ▼ .
- Reabastezca cualquier provisión que no haya conseguido en el hospital.

La fase posterior al servicio

Durante la fase posterior al servicio, deberá completar y archivar cualquier informe adicional por escrito e informar de nuevo a control sobre su estado, localización y disponibilidad.

También es responsable de dar mantenimiento a la ambulancia, de manera que ésta sea segura y esté disponible al momento que se requiera. Esto significa inspecciones de rutina. Emplee una lista escrita para documentar

Figura 35-24 Después de transferir al paciente y proporcionar la información sobre éste al personal del hospital, deberá reabastecer cualquier artículo que haya utilizado durante el servicio.

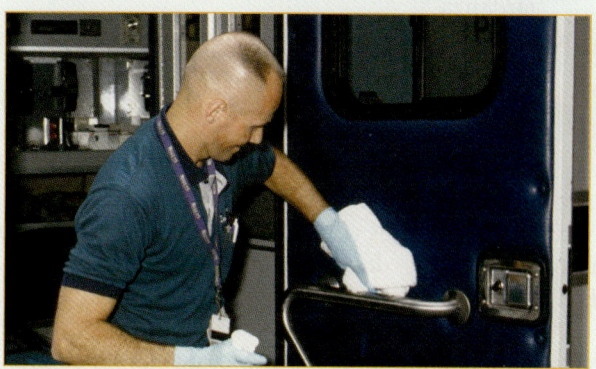

Figura 35-25 Asegúrese de limpiar y desinfectar la ambulancia y su equipo en la delegación si no lo hizo en el hospital.

Situación de urgencia — Parte 4

El informe sobre la paciente dice que ésta llevaba su cinturón de seguridad cuando la minivagoneta rodó tres veces. Una evaluación rápida reveló ausencia de sangrado externo o de deformidades. Sus signos vitales iniciales incluyeron una presión arterial de 134/88 mm Hg, frecuencia del pulso de 140 latidos/min y frecuencia respiratoria de 22 inhalaciones/min. Los sonidos pulmonares eran claros e iguales bilateralmente, las pupilas eran iguales y reactivas a la luz. Administra oxígeno de flujo elevado vía mascarilla no recirculante.

Procede al centro de trauma más cercano. Reevalúa con rapidez a su paciente y encuentra que su condición permanece relativamente estable. Decide transportarla en tráfico normal e informa a la central que viajará por tráfico normal y la institución a la cual se dirige. Mientras realiza su reevaluación, encuentra que la persona aún está consciente, alerta y orientada respecto a personas, lugares y sucesos. Su queja principal aún es el dolor en cuello y espalda. También señala que el brazo derecho le duele mucho. Repite la evaluación inicial para asegurarse de que sus ABC están intactos. Reúne el historial SAMPLE. Encuentra que es alérgica a sulfas y eritromicina. Toma vitaminas a diario, pero no consume ningún otro medicamento. Tiene antecedentes de asma y úlceras estomacales. Su última ingesta oral fue una hamburguesa y papas fritas cerca de dos horas antes del incidente. Iba dormida en el asiento del copiloto de la vagoneta cuando ocurrió la colisión. Después de obtener otro juego de signos vitales, completa un examen físico detallado.

7. ¿Con qué frecuencia debe repetir los signos vitales en esta paciente?
8. ¿Por qué es importante el historial SAMPLE de la paciente para el tratamiento que proporcione?

las reparaciones y reemplazos necesarios del equipo y las provisiones. Además, deberá asegurarse de que se realicen los siguientes pasos después de cada viaje:

- Limpiar sangre, vómito y otras sustancias de los pisos, paredes y techos con agua y jabón.
- Limpiar y <u>descontaminar</u> el interior de la ambulancia, de acuerdo con los reglamentos estatales y locales. (Puede usar una solución al 10% de cloro en agua para limpiar la ambulancia después de cualquier contaminación.)
- Descarte cualquier desecho contaminado de la manera prescrita por su agencia.
- Limpie el exterior de la ambulancia según se requiera.
- Reemplace o repare el equipo roto o dañado sin tardanza.
- Reemplace cualquier otro equipo o provisiones que se hayan utilizado.
- Reabastezca el tanque de combustible del vehículo si el nivel de este está por debajo de las reservas requeridas. El nivel de aceite deberá revisarse cada vez que cargue combustible para el vehículo.

Es importante que conozca los significados de los términos "limpieza", "desinfección", "desinfección de alto nivel" y "esterilización", como sigue:

- <u>Limpieza</u>. Proceso de eliminar tierra, polvo, sangre u otros contaminantes visibles de una superficie.
- <u>Desinfección</u>. Eliminación de agentes patógenos por la aplicación directa de una sustancia química especial para este propósito sobre una superficie.
- <u>Desinfección de alto nivel</u>. Matar agentes patógenos por medio del uso de medios potentes de desinfección.
- <u>Esterilización</u>. Un proceso, tal como el uso de calor, que elimina toda contaminación microbiana.

Deseche cualquier material contaminado que no desinfecte colocándolo en el contenedor adecuado empleado para eliminación de material biológico peligroso.

Técnicas de conducción defensiva de ambulancias

Cada año un número considerable de ambulancias se ven involucradas en accidentes fatales, en los cuales no sólo han resultado lesionados los civiles; un gran número de prestadores de los SMU han sufrido lesiones serias, incapacitantes e incluso la muerte (Figura 35-26). Aprender cómo operar de manera apropiada su vehículo es tan importante como aprender a cuidar a los pacientes cuando llega a la escena. Una ambulancia implicada en una colisión retrasa la atención del paciente, como mínimo, y puede costar las vidas de los TUM-B o de peatones o conductores inocentes, en el peor de los casos. La siguiente sección tiene como objeto presentar al TUM-B las técnicas de conducción segura; no obstante, no es posible ser un operador proficiente y seguro de ambulancia sin capacitación y práctica especializadas. Lo alentamos con gran énfasis a que participe en un programa de manejo defensivo certificado, como los que ofrece su organización SMU, antes de intentar operar un vehículo de emergencia.

Figura 35-26 Cada año, las colisiones de ambulancias son causa de miles de lesiones a peatones, automovilistas, pasajeros de ambulancias y personal de SMU.

Características del conductor

No cualquier conductor de automóvil está calificado para conducir un vehículo de emergencia. En algunos estados e instituciones, como es el caso de la Cruz Roja Mexicana, es necesario terminar con éxito un curso aprobado de operación de vehículos de emergencia (OVER) antes de que le autoricen para conducir una ambulancia en las llamadas de emergencia. En cualquier estado, diligencia y precaución son características importantes, lo mismo que una actitud positiva acerca de su capacidad y tolerancia con los demás conductores.

Un requerimiento básico es la buena condición física. Muchas colisiones ocurren como resultado de la incapacidad física del conductor. No debe conducir si toma medicamentos que pueden ocasionar mareos o hagan lentos sus tiempos de reacción. Esto incluye remedios para el resfriado, analgésicos o tranquilizantes y, desde luego, no debe conducir nunca o proporcionar atención médica después de beber alcohol. Trabajar turnos largos o turnos múltiples consecutivos también pone al operador en riesgo de tener reacciones lentas y de quedarse dormido detrás del volante. Aunque muchos servicios tienen reglamentos contra trabajar un número determinado de horas, la mayoría no tienen en cuenta a los TUM-B que pueden trabajar para más de un servicio. Es su responsabilidad notificar a su patrón si trabajó el turno anterior y si se siente incapacitado para operar sin riesgos un vehículo de emergencia.

Otro requerimiento es el bienestar emocional. Las emociones no deben tomarse a la ligera. La personalidad con

> ### Tips para el TUM-B
>
> La actitud adecuada es muy importante para un conductor de ambulancia. El buen juicio que se necesita para manejar una ambulancia requiere práctica, incluso entre los mejores conductores.

> ### Seguridad del TUM-B
>
> Las colisiones de ambulancias que matan a TUM-B, pacientes u ocupantes de los otros vehículos son inquietantemente comunes. El conductor de la ambulancia podría prevenir la mayoría de ellas. Atender a conciencia sus propias capacidades de conducción, manejar de acuerdo con estándares establecidos y resolver cualquier deficiencia obvia en las capacidades de conducción de su compañero son aspectos cruciales para la seguridad en su trabajo.

frecuencia cambia una vez que la persona se coloca detrás del volante. La madurez y estabilidad emocionales se relacionan estrechamente con la capacidad de operar bajo tensión. Además de conocer con exactitud lo que debe hacer, debe ser capaz de realizarlo bajo condiciones difíciles.

La actitud apropiada es muy importante para un conductor de ambulancia. Ser capaz de conducir a su destino sin interrupción y moverse hacia el carril opuesto son capacidades valiosas y que ahorran tiempo, y deben practicarse de manera consistente. Nunca se coloque detrás del volante de un vehículo de emergencia con el pensamiento de que puede hacer lo que desee por el simple hecho de contar con luces y sirenas. Se considera que el conductor de una ambulancia debe enfrentar una mayor responsabilidad y, por lo general, se requiere de una menor carga de pruebas para encontrar que un TUM-B fue la causa de una colisión. Como regla básica, siempre que se usan luces y sirenas en una llamada de emergencia, y se presenta una colisión, las acciones del operador del vehículo de emergencia caen bajo el mayor escrutinio.

Prácticas de manejo seguro

La primera regla del manejo seguro de un vehículo de emergencia es que la velocidad no salva vidas, el buen cuidado sí. La segunda regla es que el conductor y todos los pasajeros deben emplear cinturones de seguridad y arneses para los hombros en todo momento. Éstos son los artículos más importantes del equipo de seguridad en toda ambulancia. Otros TUM-B deberán emplear cinturones en camino a la escena y siempre que no estén administrando atención directa al paciente. Asimismo, los pacientes también deben sujetarse de manera adecuada. Los estudios muestran que menos de la mitad de los TUM-B usan cinturones de seguridad mientras el vehículo se encuentra en la modalidad de emergencia, algunos emplean cinturones sobre su regazo cuando van en el compartimiento trasero mientras atienden al paciente. Si debe retirar su cinturón de seguridad para atender al paciente, vuelva a colocárselo tan pronto como sea posible. Además, los pacientes y el equipo médico sin sujetar o mal sujetos (en especial los tanques portátiles de oxígeno) pueden volar por los aires en una colisión, y colocar al paciente y al TUM-B en riesgo adicional. Todo el equipo y los gabinetes deben sujetarse, lo mismo que el paciente y cualquier pasajero que lo acompañe.

Aprenda cómo acelera, da la vuelta, se balancea y se detiene su vehículo. Debe familiarizarse con la forma exacta en que responderá su vehículo al girar el volante, frenar y acelerar bajo condiciones diversas.

Lograr el sentido de la presión exacta para frenar viene con la experiencia y la práctica. Cada vehículo posee una acción de frenado diferente. Por ejemplo, los frenos de los vehículos tipo I y III se sienten más pesados que los de los vehículos tipo II. Frenar en una unidad impulsada por diesel será diferente a frenar con una unidad equipada de modo idéntico pero impulsada por gasolina. Ciertos vehículos pesados emplean frenos de aire, que proporcionan otra sensación. Conozca cada vehículo que conduzca y asegúrese de comprender sus características de frenado y las mejores técnicas de desaceleración.

Cuando conduzca una ambulancia sobre una carretera de varios carriles, por lo general deberá permanecer en el de la extrema izquierda (el más rápido). Esto permite a otros conductores moverse hacia la derecha cuando lo vean o escuchen acercarse.

El **Cuadro 35-6** ▶ señala los lineamientos adicionales a seguir cuando va en camino a una llamada.

Aviso al conductor

Suponga siempre que el conductor no escuchó su sirena/altavoz ni lo vio hasta que se compruebe lo contrario mediante sus acciones. Los conductores de ambulancia con frecuencia cometen el error de suponer que automovilistas y peatones harán lo que se espera de ellos cuando un vehículo de emergencia está cerca. Sin duda, los automovilistas pueden hacerse hacia la derecha y detenerse o manejar lo más cerca de la banqueta que les sea posible, pero usted no puede dar por hecho esta conducta. En cualquier momento, los otros conductores pueden detenerse de repente frente a la ambulancia o desviarse hacia la izquierda. Ambas respuestas de los conductores pueden producir una colisión. La conducción agresiva de la ambulancia puede tener un efecto opuesto en los otros conductores, ya que es posible que no les dé tiempo para reaccionar y responder ante la ambulancia, o es posible

CUADRO 35-6 Lineamientos para la conducción segura de ambulancias

Tenga en mente los siguientes lineamientos siempre que vaya en camino a una llamada:

1. Seleccione la ruta más corta y menos congestionada hacia la escena en el momento de la llamada.
2. Evite las rutas con tráfico pesado, conozca rutas alternativas hacia cada hospital durante las horas pico.
3. Evite las calles de un solo sentido, pueden bloquearse. No vaya en sentido contrario sobre calles de un solo sentido a menos que sea absolutamente necesario.
4. Observe con cuidado si no hay personas cerca de la escena. Los curiosos rara vez abren paso para la ambulancia.
5. Estacione la ambulancia en un lugar seguro una vez que llegue a la escena. Si se estaciona de frente al tráfico, encienda sus fanales de manera que no deslumbren a los automóviles que se acercan a menos que sean necesarios para iluminar la escena. Si el vehículo bloquea parte del camino, mantenga sus luces intermitentes encendidas para alertar a los conductores que se acercan, de lo contrario, apáguelas.
6. Maneje con el límite de velocidad mientras transporta pacientes, excepto en una rara emergencia extrema.
7. Circule con el flujo del tráfico.
8. Use la sirena lo menos posible mientras va en camino.
9. Maneje siempre de manera defensiva.
10. Mantenga siempre una distancia segura entre su vehículo y el de adelante. Emplee la "regla de los cuatro segundos". Permanezca por lo menos cuatro segundos detrás de otro vehículo que viaje en el mismo carril.
11. Trate de mantener un espacio abierto o margen en el carril de junto como ruta de escape en caso de que el vehículo que viaja frenta a la ambulancia se detenga de repente.
12. Use la sirena si enciende las luces de emergencia, excepto cuando se encuentre en una vía rápida.
13. Asuma siempre que otros conductores no escucharán la sirena ni verán su luces de emergencia.

que se pongan nerviosos y no actúen de manera racional. Siempre que un automovilista le proporcione el derecho de paso, el operador del vehículo de emergencia deberá establecer contacto visual con el otro conductor. Cuando considere cómo responderán los conductores ante sus luces y sirenas, asuma siempre que lo harán de una manera que ocasionará una colisión. También puede observar la dirección de la llanta delantera del otro vehículo para obtener una determinación anticipada sobre la dirección hacia la cual dará vuelta éste.

Con frecuencia es bastante difícil para los automovilistas, en especial si traen los vidrios cerrados, escuchar instrucciones que se gritan desde el sistema de altavoz del vehículo de emergencia. El sistema de magnavoz incluso puede empeorar la situación, ya que el otro conductor puede dudar o realizar movimientos inesperados con el fin de escuchar o seguir las instrucciones. Más aún, gritar instrucciones a los conductores y peatones con el magnavoz distrae al operador de la ambulancia y lo fuerza a manipular el equipo cuando debería tener ambas manos sobre el volante. Dicho esto, el sistema de altavoz de la ambulancia no debe usarse con frecuencia, si es que se usa, durante la conducción de urgencia.

Lo más importante, siempre debe manejar de modo defensivo. Nunca confíe en lo que otros automovilistas harán a menos que obtenga una señal visual clara. Incluso entonces, deberá estar preparado para tomar medidas defensivas en caso de un malentendido, de pánico o de conducción descuidada de parte de otros conductores. Siempre piense cuál sería la peor acción que en ese momento puede tomar el automovilista y prepárese para ello, ya que si lo hace usted estará listo para reaccionar y no lo tomarán por sorpresa.

El margen de seguridad

Con el fin de operar un vehículo de emergencia de modo seguro, deberá mantener una distancia de seguimiento segura respecto a los vehículos frente a la ambulancia y asegurarse de que no hay un vehículo "pegado" en la parte de atrás. También deberá asegurarse de que los **puntos ciegos** en los espejos de su vehículo no le impidan ver vehículos o peatones en ambos lados de la ambulancia. Mantener una dstancia segura entre su vehículo y el que le antecede, verificar que no hay alguien muy cerca detrás de la ambulancia y estar consciente de los vehículos que podrían estar ocultos en los puntos ciegos de su espejo se considera como mantener un **margen de seguridad**. Para garantizar que tendrá tiempo de reacción y distancia suficientes para detenerse respecto al vehículo frente a la ambulancia, siga al vehículo a distancia segura, proporcionando al conductor suficiente tiempo para desviarse a la derecha o para que la ambulancia pueda evadirlo. Esto implica manejar cerca de cuatro o cinco segundos detrás de un vehículo que viaja a velocidad promedio.

Mientras opera en modo de emergencia, es posible que otros automóviles vayan detrás de la ambulancia, en peligrosa cercanía dentro de áreas congestionadas, simplemente con el fin de usar la ambulancia para atravesar el tráfico. Esto implica un gran peligro para la tripulación y el paciente. Si la ambulancia se detiene de pronto para evitar una colisión (lo cual no debería suceder si se ha mantenido el margen de seguridad), el vehículo que la sigue de cerca podría chocar con la parte de atrás de la ambulancia, lo cual quizás ocasionaría que el conductor de ésta perdiera el control y golpeara a otros vehículos o peatones. Revise siempre sus espejos retrovisor y laterales en busca de autos que le sigan de cerca. Indique a su compañero que se mantenga alerta respecto a tales vehículos mientras se encuentran en el compartimento trasero proporcionando cuidados y que le informe si detecta cualquier automóvil cercano en la parte de atrás.

Si hay vehículos que le sigan de cerca, nunca acelere para crear mayor distancia, ya que el otro vehículo puede aumentar también su velocidad para continuar en su persecución a través del tráfico, lo cual reduce su margen de seguridad y tiempo de reacción, e incrementa el tiempo y distancia que requiere para evitar una colisión. Pisar repentinamente el freno para asustar al otro conductor por lo general tampoco funciona y puede ocasionar un accidente. El mejor método para separarse del vehículo por lo general es reducir la velocidad. Con frecuencia, los perseguidores de ambulancias son personas impacientes y acelerarán para rebasarlo. También puede pedir al radio operador que llame a la policía local para informarle que alguien conduce de manera irresponsable detrás de la ambulancia.

Nunca, bajo ninguna circunstancia, salga de la ambulancia para confrontar a un conductor. Esto sólo retrasará su respuesta a la urgencia o el transporte del paciente y puede conducir a una situación peligrosa. Asimismo, es poco profesional que un TUM-B se involucre en un altercado verbal con cualquier miembro del público y puede conducir a acciones disciplinarias o a la terminación de su servicio, de acuerdo con los reglamentos de conducta del mismo.

Por último, hay tres puntos ciegos alrededor de la ambulancia que no es posible ver con los espejos:

- El propio espejo crea un punto ciego que obstruye la vista hacia delante e impide al conductor ver objetos como un peatón o un auto. Muchos conductores novatos de ambulancias no estarán acostumbrados al uso de los espejos de gran tamaño de este vehículo, lo que crea un riesgo especial del cual deben estar conscientes los conductores. Para eliminar este punto ciego, el conductor debe inclinarse hacia delante en su asiento de manera que el espejo no obstruya su vista, en especial al dar vuelta en las intersecciones.
- La parte trasera del vehículo no puede verse en su totalidad a través del espejo y, por tanto, es un punto ciego. Dada la configuración de las ambulancias actuales, y la altura relativa del vehículo, el espejo retrovisor por lo general le proporciona al conductor, en el mejor de los casos, una visión del compartimento del paciente, y no tiene la finalidad de emplearse para alertar al conductor del vehículo que va detrás de la ambulancia. Debido a este punto ciego, ocurren muchas colisiones cuando se maneja la ambulancia en reversa. Se recomienda ampliamente que se emplee un **retrovisor** para ayudar al conductor a manejar en reversa el vehículo.
- Es frecuente que el vehículo no se pueda ver a través de los espejos del conductor y el copiloto en cierto ángulo. Es posible que automóviles enteros no se detecten en el espejo incluso si están junto a la ambulancia. Para eliminar este problema, muchos servicios de SMU colocan espejos redondos pequeños sobre los espejos laterales para ayudar en la visualización de este punto ciego. No obstante, si estos espejos no están disponibles, el conductor deberá inclinarse hacia delante o hacia atrás sobre su asiento para ayudar a eliminar dicho punto ciego. Ésta es una técnica cuyo uso es especialmente importante para cambiar de carril o dar la vuelta. Recuerde, el solo hecho de que dé una vuelta sobre el carril adecuado no significa que otro automovilista no intentará cerrarse sobre la ambulancia o que no hay ciclistas que viajan en el camino junto a ella.

Siempre deberá revisar sus espejos para resolver cualquier riesgo que pudiera afectar su margen de seguridad. No obstante, es importante comprender que sus espejos pueden darle información falsa y ocultar personas o vehículos. Ajuste los puntos ciegos de los espejos ajustando su posición en el asiento del conductor. Emplee siempre una persona como retrovisor que le pueda informar desde el espejo del lado del copiloto y con señales predeterminadas de las manos cuando maneje la ambulancia en reversa.

El problema de la velocidad excesiva

Incluso en emergencias extremas de vida o muerte, la velocidad excesiva no está indicada. En la mayoría de los casos, si evalúa y estabiliza al paciente de manera adecuada en

Situación de urgencia — Parte 5

Después de completar su evaluación, se comunica con el hospital receptor y proporciona un informe telemétrico de su paciente. Su evaluación detallada muestra numerosas abrasiones en cara, brazos y parte superior del pecho. Hay posible fractura del brazo derecho, así que entablilla el brazo y cubre las abrasiones. A su llegada al hospital, notifica a la central sobre su localización. Toma un último juego de signos vitales antes de transferir a su paciente al hospital.

9. ¿Por qué es importante informar a la central dónde se encuentra?
10. ¿Como qué tipo de lesión se considerarían el brazo roto y las abrasiones en este escenario?

la escena, acelerar durante el transporte es innecesario e indeseable. Sin importar la situación, nunca deberá viajar a una velocidad que es poco segura para las condiciones dadas del camino.

Las velocidades excesivas, además de ser innecesarias, no incrementan las probabilidades de supervivencia del paciente. Casi siempre, el uso de velocidad excesiva mientras se maneja hacia y desde la escena ha resultado en colisiones en las cuales mueren el TUM-B, el paciente y los ocupantes de otros vehículos. Una vez que el paciente se clasifica y se determina que es estable, el uso del <u>modo de emergencia</u> no está indicado. En muchos sistemas, las respuestas a llamadas no críticas se realizan sin luces ni sirenas. La velocidad también reduce el tiempo de reacción del conductor y aumenta el tiempo y la distancia requeridos para detener la ambulancia. Aunque muchas leyes estatales permiten que los vehículos de emergencia viajen más allá de los límites de velocidad en emergencias, ofrecen poca o ninguna protección contra la prosecución, en caso de que el conductor se viera involucrado en una colisión mortal. Las ramificaciones legales de manejar un vehículo de emergencia se cubrirán más adelante en esta sección.

Reconocimiento del síndrome de la sirena

La sirena puede tener un efecto psicológico sobre los conductores. Reconocer esto le ayudará a estar consciente de sus tendencias y las de otros conductores a manejar con mayor rapidez en presencia de las sirenas. Aunque una sirena significa una solicitud para que los conductores cedan el derecho de paso, esto no siempre sucede.

Tamaño vehicular y cálculo de la distancia

El largo y ancho de los vehículos son factores críticos para maniobrar, conducir y estacionar un vehículo de emergencia. Poseen especial importancia para los vehículos de tipos I y III, los cuales son más anchos de lo que parecen al estar detrás del volante. Para frenar y pasar con eficiencia, debe conocer el largo y ancho de su vehículo. Es frecuente que ocurran colisiones cuando el vehículo funciona en reversa. Use siempre a alguien que se encuentre fuera de la ambulancia como punto de referencia cuando utilice la reversa para evitar cualquier sorpresa. El tamaño y peso del vehículo influye en gran medida las distancias para frenar y detenerse. La buena visión periférica y la percepción de profundidad le ayudarán a juzgar distancias, pero no son sustituto para la capacitación intensiva, la experiencia y la evaluación frecuente del vehículo.

Posicionamiento en el camino y forma de tomar las curvas

Posicionar en el camino se relaciona con la colocación del vehículo en el camino con relación a los bordes interno y externo de la superficie pavimentada. Para tomar las curvas de manera eficiente, debe conocer la posición presente y su camino proyectado. El objetivo es tomar la esquina con la velocidad que lo pondrá en la trayectoria adecuada sobre el camino al salir de la curva **Figura 35-27**. El ápice de la vuelta a través de una curva es el punto en el cual el vehículo se encuentra más cerca del borde interno de la curva. Si alcanza el ápice en forma prematura en la curva, el vehículo será impulsado al exterior del camino al salir de la curva. Si alcanza el ápice en forma tardía dentro de la curva, el vehículo tenderá a permanecer en la parte interior del camino, esto la ayuda a mantener a la ambulancia en el carril adecuado.

Clima y condiciones del camino

Aunque la mayoría de las colisiones de ambulancias ocurren en días claros con caminos secos, hay ciertas condiciones que pueden limitar su capacidad de controlar el vehículo. Las ambulancias no se conducen igual que un automóvil, requieren un mayor tiempo de frenado y más distancia para detenerse. Además, el peso de la ambulancia no está distribuido de manera homogénea, lo cual hace que sea más susceptible a sufrir volcaduras. Estos factores, además de las condiciones ambientales adversas, incrementan en gran medida la probabilidad de que ocurra un incidente. Por tanto, debería estar alerta al cambio del clima, el camino y las condiciones de manejo **Figura 35-28**. Ya sea que vaya o venga de atender una emergencia, debe modificar su velocidad de acuerdo con las condiciones del camino. Tome en serio las advertencias sobre la presencia de hielo o de condiciones peligrosas y manténgase preparado para tomar una ruta alternativa si es necesario. Durante un desastre mayor, todos los servicios de seguridad pública y de emergencia deben estar coordinados.

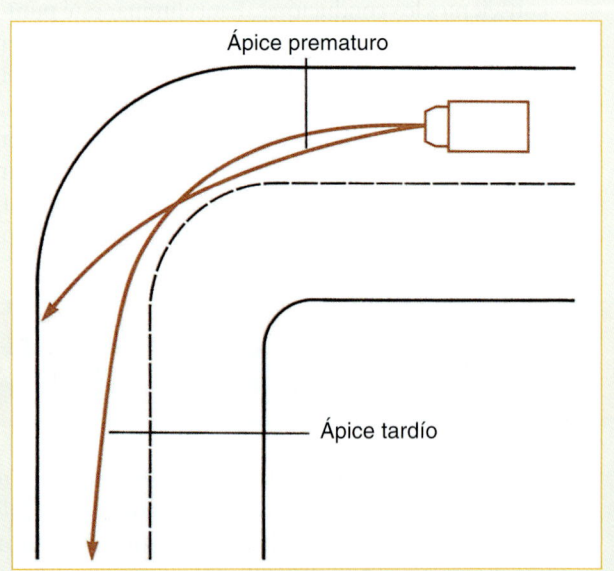

Figura 35-27 Para mantener a la ambulancia en el carril adecuado sobre una curva debe conocer la posición presente del vehículo y la trayectoria proyectada, y tomar la curva a la velocidad correcta.

Si se topa con una congestión inesperada de tráfico, notifique a la central de manera que otros vehículos de emergencia puedan seleccionar rutas alternativas.

No obstante, si maneja a una velocidad apropiada para el clima y las condiciones del camino y mantiene un margen adecuado de seguridad, minimizará estas situaciones. Por tanto, es más seguro si reduce la velocidad en las situaciones de clima que incluyen niebla, lluvia, nieve o hielo. Los siguientes son ejemplos de condiciones que requieren que el operador del vehículo de emergencia reduzca la velocidad, aumente la distancia respecto al vehículo de adelante y se mantenga alerta.

Hidroplanear

En un camino mojado, las llantas por lo general desplazan el agua sobre la superficie de éste y se mantienen en contacto directo con el asfalto. No obstante, a velocidades mayores de 50 kmph, la llanta puede separarse del camino a medida que el agua se "acumula" debajo de ella y el vehículo se siente como si flotara. Esto se conoce como **hidroplanear**. A velocidades mayores sobre los caminos mojados, las llantas delanteras pueden de hecho desplazarse sobre una capa de agua, lo cual le resta al conductor control sobre el vehículo. Si ocurre la hidroplaneación, deberá reducir la velocidad de manera paulatina sin pisar de pronto los frenos. Oscilar el volante como vibrando también puede ayudar a cortar el agua y permitir que las llantas recuperen la superficie del camino, pero esta técnica requiere una buena cantidad de práctica.

Agua en el camino

Los frenos mojados enlentecerán al vehículo y lo jalarán hacia un lado u otro. Si le es posible, evite atravesar grandes charcos, pues con frecuencia no es posible determinar su profundidad. Si debe atravesar charcos, asegúrese de reducir la velocidad y encender los limpiadores del parabrisas. Después de atravesar el charco, golpee ligeramente los frenos varias veces hasta que se sequen. Si el vehículo está equipado con frenos antibloqueo, aplique una presión estable y ligera sobre los frenos para secarlos. Atravesar agua en movimiento deberá evitarse siempre.

Visibilidad reducida

En áreas de niebla, smog, nieve o lluvia torrencial, reduzca la velocidad después de advertir a los vehículos detrás del suyo. Por la noche, use sólo los faros delanteros para visibilidad máxima sin reflejos. Siempre deberá usar los faros delanteros durante el día para incrementar su visibilidad para otros conductores. Asimismo, observe con cuidado en busca de vehículos que se mueven con lentitud.

Hielo y superficies resbalosas

Una brisa ligera en un camino aceitoso y polvoso puede hacerlo tan resbaloso como un trozo de hielo. Contar con buenas llantas para todo clima y conducir a velocidad adecuada reducirá los problemas de tracción en forma significativa. Si está en una zona que con frecuencia presenta condiciones climáticas de nieve o hielo, considere usar llantas especiales para nieve si la ley lo permite. Debe ser especialmente cuidadoso en los puentes y pasos a desnivel cuando las temperaturas sean cercanas a la de congelación. Estas superficies del camino se congelarán con mucha mayor rapidez que las superficies circundantes porque carecen del efecto de calentamiento de la tierra debajo de ellas.

Leyes y reglamentos

Los reglamentos acerca de la operación de vehículos varían de un estado a otro y de una ciudad a otra, pero algunas reglas son las mismas sin importar la localidad. Los conductores de vehículos de emergencia poseen ciertos privilegios limitados en cada estado. No obstante, estos privilegios no reducen su responsabilidad en una colisión. De hecho, en la mayoría de los casos, se presume que el

Figura 35-28 Modifique su velocidad de acuerdo con los cambios del clima y de las condiciones del camino y de conducción.

Tips para el TUM-B

Aunque lo ideal es prevenir patinadas y deslizamientos, es probable que se patine o deslice por lo menos de vez en vez, en especial si vive en un clima donde hay hielo y nieve. Su capacitación debe incluir la técnica para corregir deslizamientos durante las vueltas. Si es probable que conduzca sobre hielo y nieve, deberá practicar hasta que esto se vuelva automático: a bajas velocidades en un área donde no haya peligro de colisiones. Recuerde que los vehículos todo terreno y los de tracción delantera se comportan de maneras diferentes cuando se deslizan que los vehículos de tracción trasera.

conductor es culpable si ocurre una colisión mientras la ambulancia opera con las luces de advertencia y la sirena. Los accidentes entre vehículos de motor son la mayor fuente de juicios legales contra el personal y los SMU.

Mientras se encuentra en una llamada de urgencia, es típico que los vehículos de emergencia se encuentren excentos de las operaciones acostumbradas de estos medios de transporte. Si se encuentra en una llamada de emergencia y emplea las luces de advertencia y la sirena, es posible que se le permita hacer lo siguiente:

- Estacionarse o detenerse en un sitio que en otras circunstancias sería ilegal
- Continuar su camino a pesar de una luz roja o una señal de alto total
- Conducir a mayor velocidad que el límite indicado en las señales
- Conducir en sentido contrario del tráfico en una calle de un sentido o dar una vuelta en un sitio donde esto normalmente es ilegal
- Viajar a la izquierda del centro para pasar de un modo que en otras circunstancias sería ilegal

Recuerde que estas excenciones varían por estado y jurisdicción local. Por tanto, debe revisar los estatutos locales en lo tocante a los reglamentos de su área.

Por lo general, está prohibido que un vehículo de emergencia rebase a un camión de escuela que se detuvo para subir o bajar niños y que encendió sus luces intermitentes rojas o extendió su "brazo de alto". Si se acerca a un camión de escuela que tiene las luces rojas intermitentes encendidas, deberá detenerse antes de alcanzarlo y esperar hasta que el conductor se asegure de que los niños están a salvo, cierre la puerta del camión y apague las luces de advertencia. Hasta entonces podrá proceder a rebasar el camión de escuela que se detuvo.

Uso de las luces de advertencia y la sirena

Tres principios básicos gobiernan el uso de las luces de advertencia y la sirena en una ambulancia:

1. La unidad debe estar en una llamada de verdadera emergencia dentro de su mejor conocimiento.
2. Los dispositivos de advertencia audibles y visuales deben emplearse de manera simultánea.
3. La unidad debe operarse con la consideración debida por la seguridad de los demás, dentro y fuera del camino.

Es probable que la sirena sea la pieza de equipo de la ambulancia de la que más se abusa. En general, la sirena no ayuda al conductor mientras maneja ni ayuda a otros automovilistas. Los conductores que manejan al límite de velocidad con los vidrios cerrados, el radio encendido y el aire acondicionado o la calefacción a su máxima potencia no pueden oír la sirena hasta que la ambulancia está muy cerca. Si la radio está a alto volumen, es posible que no escuchen la sirena en absoluto.

Si debe usar la sirena, asegúrese de informar al paciente antes de encenderla. Tenga la suficiente conciencia para no aumentar la velocidad de la ambulancia sólo porque la sirena está en uso. Viaje siempre a una velocidad que le permitirá detenerse sin peligro en cualquier momento, en especial de manera que esté preparado para enfrentar conductores que no le cedan el derecho de paso. Nunca suponga que las luces de advertencia y sirenas le permitirán atravesar un área congestionada sin detenerse o enlentecerlo. Disminuya la velocidad para asegurarse de que todos los conductores se detuvieron cuando se acerque a una intersección, luego, proceda con precaución.

Algunos faros delanteros de ambulancia están equipados con una unidad de luces altas intermitentes. Éstas son los dispositivos de advertencia más visibles y eficaces para abrir el tráfico delante del vehículo.

Privilegios del derecho de paso

Los estatutos y códigos para vehículos de motor con frecuencia le otorgan a un vehículo de emergencia, como una ambulancia, el derecho para ignorar las reglas del camino cuando responden a una emergencia. No obstante, al hacerlo, el operador de un vehículo de emergencia no debe poner en peligro a personas ni propiedades bajo ninguna circunstancia.

Considere este caso: una ambulancia se acerca a una intersección que está controlada por un signo de alto de cuatro sentidos. La ambulancia, con luces y dispositivo de advertencia audible en funcionamiento, procede a atra-

---

Situación de urgencia — Parte 6

Usted y su compañero descienden de la ambulancia a la paciente y la llevan a la sala de urgencias. Una vez que le asignan cuarto, la transfieren de su camilla a la cama del hospital. Mientras le proporciona a la enfermera un informe completo sobre la paciente, su compañero comienza a limpiar y desinfectar la ambulancia. Reabastece todo el equipo que emplearon en esta paciente antes de salir del hospital. Ahora que han transferido el cuidado de la paciente y que la enfermera firmó su informe, le notifican a la central que ya salieron del hospital y que están de nuevo en servicio.

11. ¿Hay algo más que deben hacer antes de preparar la ambulancia para la siguiente llamada?

vesar la intersección sin reducir la veocidad ni detenerse y choca con un auto que viene de la derecha de ésta. ¿El conductor de la ambulancia actuó en forma apropiada al atravesar la intersección de esta manera?

Los privilegios de derechos de paso para las ambulancias varían de un estado a otro. Algunos estados permiten que la ambulancia proceda sin obedecer una luz roja ni un signo de alto total después de detenerse y asegurarse de que es seguro continuar. Otros estados permiten que el conductor proceda a través de la intersección controlada "a discreción", empleando las luces intermitentes y la sirena. Esto significa que puede proceder sólo si considera la seguridad de todas las personas que están usando la vía rápida. Si no emplea la discreción, es posible que su servicio reciba una demanda. Si se determina que es culpable, quizá deba pagar personalmente por los daños o enfrentar ambos tipos de sanciones, civiles y criminales.

Familiarícese con los privilegios de derecho de paso de su localidad. Ejérzalos sólo cuando sea absolutamente necesario para el bienestar del paciente. El uso de las luces y los dispositivos de advertencia audibles es un asunto de práctica y protocolo estatales y locales.

Uso de escoltas

El uso de una escolta de paramédicos o policías es una práctica en extremo peligrosa. Cuando otros conductores escuchan una sirena y ven pasar una patrulla de policía pueden asumir que la única ambulancia o patrulla que pasó es el único vehículo de emergencia y pueden no ver a su ambulancia. El único momento en que se justifica una escolta es cuando no está familiarizado con el territorio y en verdad necesita un guía más que una escolta. En tales casos ninguno de los vehículos debe usar las luces de advertencia ni la sirena. Si lo están guiando, asegúrese de seguir al otro vehículo a una distancia segura.

Riesgos en las intersecciones

Las colisiones en intersecciones son las más comunes y por lo general las más graves en las que se involucran las ambulancias. Manténgase alerta y tome precauciones al acercarse a una intersección. Si se encuentra en una llamada urgente y no puede esperar a que cambien las luces del tráfico, de todas formas deberá llegar a un alto momentáneo en la luz, mirar alrededor en busca de otros automovilistas y peatones antes de proceder a atravesar la intersección.

Los conductores que "miden el tiempo" de las luces de los semáforos presentan un riesgo grave. Es posible que su ambulancia llegue a una intersección cuando la luz está en verde. Al mismo tiempo, un conductor que mide el tiempo de las luces en la calle que cruza llega a la intersección. El automovilista tiene la luz roja, pero sabe que está a punto de ponerse en verde y espera cruzar. La escena está lista para una colisión grave.

Otro riesgo común que se presenta en las intersecciones ocurre cuando el conductor de un vehículo de emergencia sigue a otro vehículo de emergencia a través de una intersección sin determinar la situación con cuidado. Puede suceder que el conductor que cedió el derecho de paso al primer vehículo cruce la intersección sin esperar un segundo. Deberá ejercer extrema precaución en estas situaciones. Para indicarle a un conductor que se acerca una segunda unidad, emplee un tono de sirena diferente de aquel del primer vehículo.

Operaciones médicas aéreas

Las <u>ambulancias aéreas</u> se usan para evacuar pacientes médicos y de traumatismo. Éstas aterrizan en o cerca de la escena y transportan pacientes a instituciones de traumatismo todos los días en muchas áreas. Hay dos tipos básicos de unidades médicas aéreas: de alas fijas y de alas rotatorias, conocidas en otra forma como helicópteros **Figura 35-29**. Las unidades de alas fijas por lo general se usan para transferencias interhospitalarias de pacientes sobre distancias mayores de 160 a 240 km. Para distancias más cortas el transporte por tierra o los helicópteros son más eficientes.

Tripulaciones de vuelo con entrenamiento especial acompañan todos los vuelos en ambulancias aéreas. Es probable que su papel en las transferencias en naves aéreas estará limitado a proporcionar transporte por tierra para el paciente y la tripulación médica del vuelo entre el hospital y el aeropuerto.

Los aeronaves de alas rotatorias se han vuelto una herramienta importante para proporcionar atención médica de emergencia. La supervivencia de los pacientes de traumatismo está relacionada de manera directa con el tiempo que transcurre entre la lesión y el tratamiento definitivo. La mayoría de los helicópteros que se usan para operaciones médicas de emergencia volarán a más de 160 kmph en línea recta, sin riesgos debidos al camino o el tráfico. La tripulación puede incluir TUM-B, paramédicos, enfermeras de vuelo o médicos.

Tips para el TUM-B

Debe familiarizarse con las capacidades, protocolos y métodos para el acceso de los helicópteros en su área. Los servicios de helicóptero proporcionan capacitación para TUM-B sobre las operaciones en tierra y seguridad.

Figura 35-29 A. Las aeronaves de alas fijas por lo general se usan para transferir pacientes de un hospital a otro a distancias mayores de 160 a 240 km. **B.** Una aeronave de alas rotatorias, o helicóptero, se usa para proporcionar ayuda a pacientes que necesitan ser transportados con rapidez a distancias cortas.

Debe estar familiarizado con las capacidades, los métodos y protocolos para el acceso de los helicópteros en su área. Los servicios de helicóptero proporcionan capacitación para TUM-B respecto a las operaciones y la seguridad en tierra. El siguiente tema es un introducción sobre cómo realizar operaciones seguras y no está destinada a sustituir los cursos más extensos disponibles en su localidad.

Operaciones de evacuación aeromédica en helicóptero

La evacuación médica se conoce de manera común como evacuación aeromédica, y por lo general la realizan de modo exclusivo los helicópteros. La mayoría de las jurisdicciones rurales y suburbanas de SMU y muchos sistemas urbanos tienen la capacidad de realizar ambulancias aéreas con helicóptero, o tienen un acuerdo mutuo con otra agencia como policía o helicópteros con un hospital base para proporcionar tal servicio. El TUM-B debe familiarizarse con las capacidades, los protocolos y procedimientos de su servicio SMU particular. Los siguientes son algunos lineamientos generales que debe conocer bien el TUM-B cuando considere si debe o no iniciar una operación de ambulancia aérea.

Para llamar a la ambulancia aérea

Cada agencia posee criterios específicos para el tipo de paciente que puede recibir evacuación médica y cómo y cuándo solicitar una ambulancia aérea. Estos lineamientos básicos le ayudarán a comprender mejor el proceso.

- ¿Por qué solicitar una ambulancia aérea? El tiempo de transporte al hospital con la ambulancia de tierra es muy largo considerando la condición del paciente. Los problemas del camino, el tráfico o el entorno limitan o prohíben por completo el uso de una ambulancia terrestre.
- ¿Quién recibe una ambulancia aérea? Las evacuaciones médicas se usan con frecuencia para pacientes en los que se sospecha una lesión grave de médula espinal, como aquéllas sufridas en una colisión de vehículos de motor o por clavarse en una alberca o caer de un caballo. Las condiciones graves que pueden requerir el uso de un helicóptero se pueden encontrar en áreas remotas e implicar accidentes de buceo, casi ahogamientos o accidentes de esquí o en medios silvestres. Otros pacientes con traumatismo o candidatos a reimplante de miembros (por amputaciones), enviados a centros para quemados, una cámara hiperbárica o un centro por mordidas venenosas también pueden requerir el uso de la evacuación aeromédica. Dado que los criterios específicos difieren entre servicios, debe familiarizarse con los criterios empleados para llamar a este servicio para salvar vidas.
- ¿A quién llamar? Por lo general, debe notificar primero a su radio operador. En algunas regiones, después de iniciar la alerta a la ambulancia aérea, la tripulación de tierra del SMU puede tener acceso a la tripulación de vuelo con una radio frecuencia designada de manera especial para comunicaciones de uno a uno. Si está disponible, es importante mantener dicha frecuencia libre de plática y conversaciones interminables. Es posible que se le pida al TUM-B que proporcione una presentación o una actualización breve sobre la condición del paciente. En este caso, debe ordenar sus pensamientos y hablar de manera clara y concisa, evitando la información que no sea pertinente de inmediato. Otro tema importante de comunicación entre las tripulaciones de tierra y de vuelo del SMU será dónde aterrizará el helicóptero. Esto se cubrirá en la siguiente sección.

Establecimiento de una zona de aterrizaje

Aunque un helicóptero puede volar en línea recta hacia arriba y hacia abajo, éste es el modo más peligroso de operación. La manera más segura y eficaz para aterrizar y despegar es semejante a la que se usa en una nave aérea de alas fijas. Aterrizar con un ligero ángulo permite mayor seguridad en las operaciones. El despegue combina una elevación paulatina y el movimiento hacia delante para desplazarse hacia arriba y salir con un ángulo ligero.

La parte más importante de conducir una ambulancia aérea consiste en elegir la mejor localización. Establecer una zona de aterrizaje es más que buscar simplemente un espacio libre y es la responsabilidad del personal de tierra del SMU. Por tanto, el TUM-B debe estar preparado para tomar ciertas medidas con el fin de asegurarse de que la tripulación de vuelo es capaz de aterrizar y despegar con seguridad. Las consideraciones que deben tenerse cuando se selecciona y establece una zona de aterrizaje incluyen:

- El área debe ser una superficie plana, dura o con pasto que mida 30 × 30 m (100 × 100 pies (recomendado) y no menos de 18 × 18 m (60 × 60 pies) **Figura 35-30** ▼. Si el sitio no es plano, debe notificarse a la tripulación de vuelo la inclinación y dirección de la pendiente.
- El área debe estar libre de cualquier material suelto que pudiera volar por el aire y golpear, ya sea al helicóptero o al paciente y la tripulación. Esto incluye ramas, botes de basura, antorchas, cinta de accidentes y equipo y provisiones médicas.
- El TUM-B debe supervisar el área inmediata en busca de cualquier riesgo por arriba de la aeronave, como cables de corriente eléctrica o telefónicos, antenas o árboles altos o inclinados. La presencia de éstos debe comunicarse de inmediato a la tripulación de vuelo, ya que puede requerirse un sitio alternativo de aterrizaje. La tripulación de vuelo puede solicitar que el factor de riesgo se marque o ilumine con conos con peso o colocando un vehículo de emergencia con las luces encendidas junto o debajo del posible riesgo.
- Para marcar el sitio de aterrizaje emplee conos con peso o coloque un vehículo de emergencia en las esquinas de la zona de aterrizaje con los faros delanteros dirigidos hacia dentro formando una "X". Este procedimiento es esencial también durante los aterrizajes nocturnos. Nunca use cinta de accidente o personas para marcar el sitio. De igual manera, no se recomienda el uso de antorchas, porque no sólo pueden volar por el aire, sino que es posible que inicien un incendio o causen una explosión.
- Asegúrese de que todas las personas y los vehículos no esenciales se coloquen a una distancia segura fuera de la zona de aterrizaje.
- Si el viento es fuerte, informe por radio la dirección de éste a la tripulación de vuelo. Ésta puede solicitar que se improvise algún tipo de dispositivo que indique la dirección del viento para auxiliar su llegada. Puede usarse una sábana atada fuertemente a un árbol o poste para ayudar a la tripulación a determinar la dirección del viento y la fuerza de éste. Nunca use cinta.

Seguridad de la zona de aterrizaje y transferencia de pacientes

La seguridad de un helicóptero es una combinación de sentido común y la conciencia constante de la necesidad de la seguridad personal. Debe asegurarse de no hacer nada cerca del helicóptero y de ir sólo hacia donde el piloto o un miembro de la tripulación le indique. La regla más importante es mantener una distancia segura respecto a la aeronave siempre que ésta se encuentre en tierra y "caliente", lo cual significa que están en funcionamiento las hélices. La mayor parte del tiempo, éstas se mantendrán en funcionamiento porque la tripulación de vuelo por lo general no espera permanecer en tierra por largo tiempo. Esto significa que todos los TUM-B deben permanecer fuera del perímetro de aterrizaje. Por lo general, la tripulación de vuelo podría acudir con los TUM-B portando su propio equipo y sin requerir asistencia alguna dentro de la zona de aterrizaje. Si le piden que entre a la zona de aterrizaje, manténgase alejado del rotor de la cola, ya que las puntas de sus aspas se mueven con tal rapidez que son invisibles. Nunca se acerque al helicóptero desde atrás,

Figura 35-30 La zona de aterrizaje debe ser una superficie plana que mida 30 × 30 m.

incluso si no está en funcionamiento. Si debe moverse de un lado del helicóptero al otro, dé la vuelta por el frente. Nunca se agache debajo del cuerpo, el fuselaje secundario o la sección trasera del helicóptero. El piloto no puede verlo en estas áreas. Otra área de preocupación es la altura de la hélice principal.

En muchas naves, es flexible y puede bajar hasta a 1.20 m (4 pies) del suelo Figura 35-31. Cuando se acerque a la nave, camine agachado. Las corrientes de aire pueden alterar la altura de la hélice sin advertencia, así que asegúrese de proteger el equipo cuando lo lleve debajo de las hélices. La turbulencia aérea creada por las hélices puede volar sombreros y perder equipo. Estos objetos, a su vez, pueden convertirse en peligros para la nave y el personal dentro del área.

Cuando acompañe a un miembro de la tripulación de vuelo, deberá seguir las instrucciones con exactitud. Nunca intente abrir la puerta de la nave ni mover equipo a menos que un miembro de la tripulación se lo indique. Cuando se le ordene que se acerque al helicóptero, emplee precaución extrema y preste atención continua a los riesgos.

Tenga los siguientes lineamientos en mente cuando opere en la zona de aterrizaje:

- Familiarícese con las señales de manos para helicópteros que se usen en su jurisdicción Figura 35-32.
- No se acerque al helicóptero a menos que se le indique y vaya acompañado por la tripulación de vuelo.
- Asegúrese de que todo el equipo de cuidado para el paciente esté sujeto de manera adecuada a la camilla y de que el paciente también esté asegurado. Esto incluye tanques de oxígeno, collarines cervicales e inmovilizadores de cabeza. Es más que probable que cualquier artículo suelto u objetos como sombreros, sacos o bolsas que pertenezcan al paciente o al personal deban transportarse al hospital por tierra, así que no deben llevarse a la zona de aterrizaje.
- Tenga en mente que algunos helicópteros podrían cargar los pacientes por la derecha, mientras que otros tienen la entrada por la parte posterior. Independientemente del lugar por donde se carga el paciente, acérquese siempre a la nave por el frente a menos que la tripulación de vuelo le in-

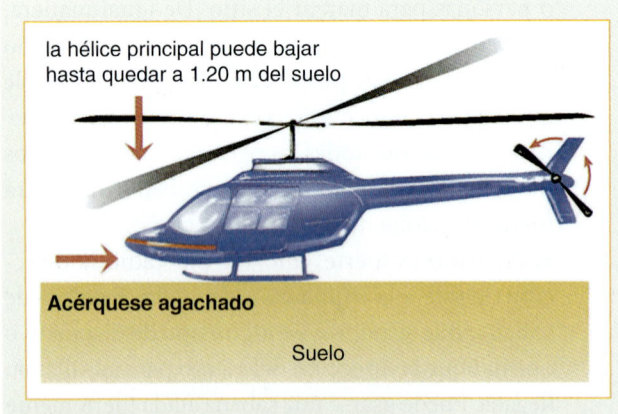

Figura 35-31 La hélice principal del helicóptero es flexible y puede bajar hasta quedar a 1.20 m del suelo.

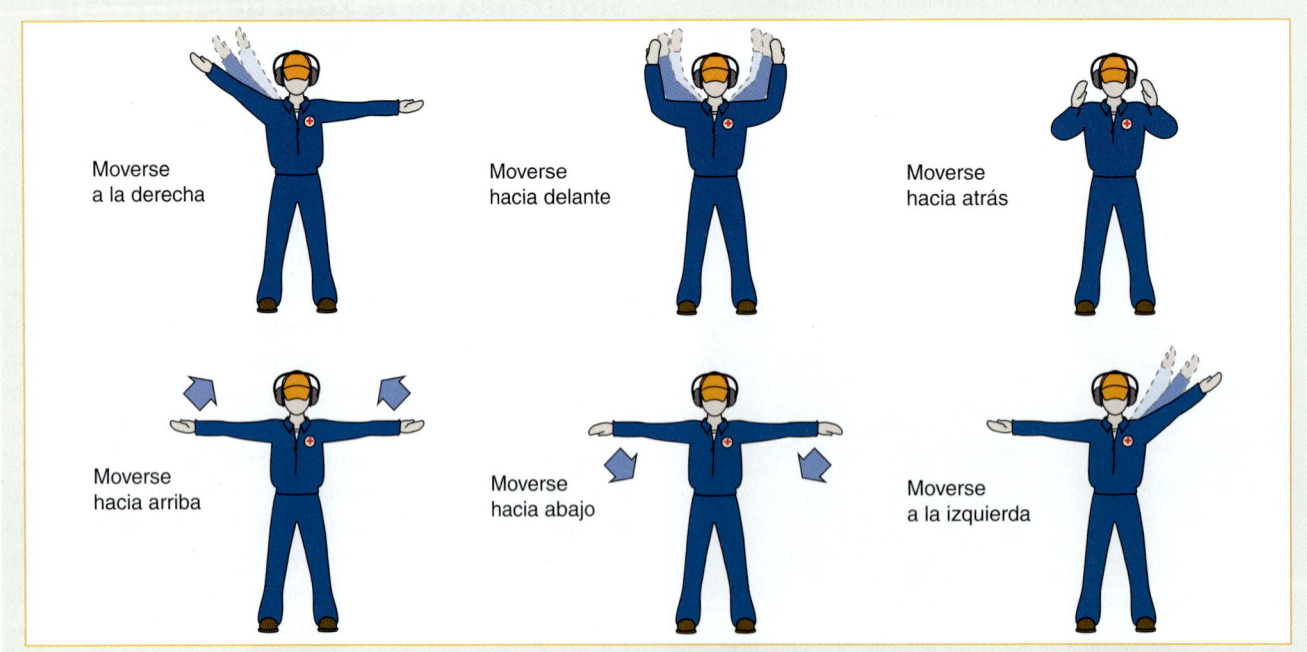

Figura 35-32 Algunos ejemplos de señales de manos para helicópteros. Familiarícese con los que se usan en su jurisdicción.

dique otra coasa. Siempre siga el mismo camino cuando salga y se aleje del helicóptero, y mueva al paciente siempre con la cabeza por delante.

- Está prohibido fumar, usar luces abiertas o flamas y antorchas a una distancia de 15 m (50 pies) de la nave en todo momento.
- Durante toda la operación el personal del SMU deberá usar sus cascos protectores con careta o *goggles*.

Consideraciones especiales

Aterrizajes nocturnos

Las operaciones nocturnas son mucho más peligrosas que las diurnas debido a la oscuridad. Es posible que el piloto vuele sobre el área con las luces del helicóptero endendidas para detectar obstáculos y las sombras de los cables que cuelgan, los cuales pueden ser difíciles de ver. No ilumine con linternas, lámparas ni ninguna otra luz hacia el helicóptero para ayudar al piloto, ya que podrían deslumbrarlo temporalmente. En lugar de ello, encienda los faros de baja intensidad de su vehículo o linternas para iluminar el suelo en el sitio de aterrizaje desde esquinas opuestas para formar una X en el centro de la zona de aterrizaje. Apague todas los faros o linternas que estén de frente a la dirección de la nave una vez que ésta aterrice. Después del aterrizaje del helicóptero, no deberá dirigir luces cerca de la nave. Asegúrese siempre de que la tripulación de vuelo esté consciente de cualquier riesgo u obstáculo en alto, e ilumine éstos si es posible.

Aterrizaje sobre superficies disparejas

Si el helicóptero debe aterrizar sobre una pendiente (superficie dispareja), se aconseja precaución adicional. La hélice principal puede estar más cerca del suelo en el lado de la cuesta arriba. En esta situación, acérquese a la nave desde el lado de la cuesta abajo o sólo de acuerdo con las indicaciones de la tripulación de vuelo Figura 35-33. No traslade al paciente al helicóptero hasta que la tripulación le indique que está lista para recibirlos.

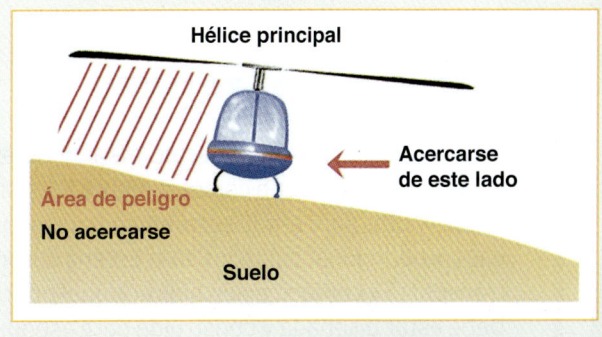

Figura 35-33 Acérquese al helicóptero que se encuentra sobre una pendiente sólo desde el lado de la cuesta abajo.

Ambulancias aéreas con incidentes de materiales peligrosos

Debe notificar de inmediato a la tripulación de vuelo sobre la presencia de materiales peligrosos (HazMat) en la escena. La nave genera corrientes de aire tremendas y puede diseminar con facilidad cualquier vapor de HazMat presente. Consulte siempre a la tripulación de vuelo y al comandante de incidente sobre el mejor modo y la distancia más adecuada de la escena para una ambulancia aérea. La zona de aterrizaje deberá establecerse en dirección contraria al viento y cuesta arriba respecto a la escena de HazMat. Cualquier paciente expuesto a un HazMat debe descontaminarse de modo adecuado antes de poder introducirlo a la nave. El capítulo 37 contiene los procedimientos apropiados para incidentes con HazMat.

Situación de urgencia — Resumen

Cuando conduce un vehículo de emergencia es su responsabilidad velar por la seguridad de todos los que le rodean. Aunque se hacen ciertas concesiones en las leyes de tráfico para una ambulancia, es preferible que exagere siempre en el lado de la seguridad. Es importante que conozca y siga las diferentes etapas de una llamada. Cuando atiende a un paciente en un incidente con múltiples víctimas, no es raro que no se haya realizado una evaluación completa antes de su llegada. Siempre deberá realizar tal evaluación si no se ha realizado. La condición de un paciente puede cambiar con rapidez y depende del TUM-B vigilarla, tratarla y documentarla. La buena documentación no sólo lo protege, sino que ayuda a determinar la atención continua que puede necesitar el paciente.

Resumen

Listo para el repaso

- Una ambulancia es un vehículo médico de emergencia que contiene un compartimento para el conductor y otro para el paciente, equipo y provisiones para proporcionar cuidados en la escena durante el transporte y comunicación bidireccional por radio. Debe estar diseñada y construida para asegurar el máximo de seguridad y comodidad.

- Es común que el exterior de una ambulancia sea blanco con emblemas reflejantes; sin importar los colores externos empleados, las ambulancias deben ser visibles. La estrella de la vida, un emblema de seis puntas que identifica las ambulancias que cumplen con las especificaciones federales, puede aparecer en los lados, la parte trasera y el techo de la ambulancia; sin embargo en la Cruz Roja Mexicana el único emblema que se usa para identificar sus ambulancias es la Cruz Roja con las leyendas de Ambulancia, la delegacion a la que pertenecen y las siglas del estado y número económico de la unidad incluyendo una cruz de mayor tamaño en el techo para su identificacion desde el aire.

- La ambulancia debe contar con clima artifical, aislamiento y ser fácil de limpiar.

- El compartimiento del paciente debe ser lo bastante grande para albergar dos pacientes en camilla, dos TUM-B y todo el equipo, y las provisiones necesarias para cuidar de los pacientes.

- Las nueve fases de una llamada de ambulancia son preparación para la llamada, envío, en camino a la escena, llegada a la escena, transferencia del paciente a la ambulancia, en camino a la institución receptora, estancia en la institución receptora, en camino a la delegación y posterior al servicio.

- Deben llevarse en la ambulancia provisiones específicas para la atención del paciente, incluido el equipo médico básico, equipo para manejo de vía aérea y dispositivos de ventilación, equipo de succión, equipo de administración de oxígeno, equipo para RCP y provisiones básicas para la atención de heridas. Asimismo, debe asegurarse de contar a bordo con provisiones para ferulización, parto y medicamentos apropiados. Siempre deberá tener en el vehículo un desfibrilador automático externo, de acuerdo con lo permitido por dirección médica. También son necesarios el equipo de trauma, equipo para la transferencia del paciente, provisiones no médicas y equipo para la extracción y rescate iniciales.

- El operador debe estar capacitado para manejar la ambulancia, debe tener buenas condiciones físicas y emocionales, y la actitud correcta; debe conocer y seguir las prácticas de manejo seguro.

- Además de las ambulancias por tierra, las ambulancias aéras en forma de naves de alas fijas o de helicópteros se usan para evacuar pacientes, aterrizar en la escena de la colisión y transportar pacientes a las instituciones de trauma.

Vocabulario vital

ambulancia Vehículo especializado para tratar y transportar pacientes enfermos o lesionados.

ambulancias aéreas Aeronaves de ala fija y helicópteros modificados para la atención médica; se emplean para evacuar y transportar pacientes con lesiones que amenazan sus vidas hasta instalaciones donde los tratarán.

descontaminar Eliminar o neutralizar material peligroso radiactivo, químico o de otro tipo que se encuentre en ropa, equipo, vehículos o personal.

desinfección Eliminar agentes infecciosos por aplicación directa de compuestos químicos.

desinfección de alto nivel Eliminar agentes patógenos a través de medios potentes de desinfección.

esterilización Proceso, como el calentamiento, que elimina la contaminación microbiana.

Estrella de la vida Estrella de seis picos que identifica los vehículo que cumplen con las especificaciones federales como ambulancias autorizadas o certificadas.

evacuación areomédica Evacuación médica de un paciente mediante un helicóptero.

hidroplanear Situación en la cual las llantas de un vehículo pueden separarse de la superficie del camino a medida que se acumula agua debajo de ellas, lo cual hace que se sienta como si el vehículo flotara.

limpieza Proceso de eliminar tierra, polvo, sangre u otros contaminantes visibles de una superficie.

maleta de trauma portátil Equipo portátil que contiene artículos que se usan en la atención inicial del paciente.

margen de seguridad Mantener una distancia segura entre su vehículo y otros vehículos a cualquiera de sus lados.

modo de emergencia El uso de luces y sirenas.

puntos ciegos Áreas del camino que quedan fuera del campo visual del conductor por bloqueo del vehículo o de los espejos.

retrovisor Persona que auxilia al conductor como apoyo en la ambulancia para compensar los puntos ciegos en la parte trasera del vehículo.

soporte de RCP Dispositivo que proporciona una superficie firme bajo el torso del paciente.

vehículos de primer contacto Vehículos especializados empleados para transportar equipo y personal SMU a las escenas de urgencias médicas.

Qué evaluar

Está atendiendo a un paciente con traumatismo grave y solicitó un transporte por helicóptero. El tiempo estimado de arribo (TEA) del helicóptero es de 10 minutos. Le indica a los bomberos que preparen la zona de aterrizaje. Es de día con vientos variables desde el sureste. ¿Qué tamaño se requiere para la zona de aterrizaje? ¿Qué información necesitan los rescatistas de incendios para comunicarla al helicóptero? ¿Qué información sería útil se le comunicara al personal médico del helicóptero?

Temas: Seguridad de la escena; Interacción con otras agencias.

Autoevaluación

Ha sido un día muy lento y ha llovido la mayor parte del tiempo. Comienza el tráfico de la hora pico. Lo envían a atender a una persona que ha tenido dolor en un pie durante siete días. La llamada está a varios kilómetros de su delegación y su compañero es nuevo en el puesto.

1. La ambulancia es una vagoneta especializada y tiene una cabina integrada de control delantero. ¿Qué tipo de ambulancia es ésta?
   A. Tipo I
   B. Tipo II
   C. Tipo III
   D. Tipo IV

2. El CECOM señala que tiene un paciente alerta y orientado que ha presentado dolor en un pie varios días. No parece haber ninguna lesión letal. Su compañero le pregunta que cómo quiere responder a esta llamada. ¿Cuál es su respuesta?
   A. Usar las sirenas. Todas las llamadas de urgencia deben tratarse como una amenaza a la vida.
   B. Usar las sirenas. De lo contrario, el tiempo de viaje será muy largo en el tráfico de la hora pico.
   C. No usar las sirenas. Esta persona no debería haber llamado al servicio de urgencias.
   D. No usar las sirenas. No hay una situación de riesgo para la vida en esta llamada.

3. Mientras conduce en el tráfico debe frenar de repente. La manera más segura para aplicar los frenos es:
   A. en línea recta.
   B. mientras esquiva un objeto frente a la ambulancia.
   C. al tiempo que enciende la sirena.
   D. cambiando a neutral.

4. La lluvia ha formado varios charcos en el camino. Mientras maneja siente que la ambulancia comienza a hidroplanear. ¿Qué debe hacer?
   A. Pisar a fondo el freno
   B. Reducir la velocidad poco a poco sin frenar en seco
   C. Girar las llantas para sacar al vehículo de ahí
   D. Acelerar para salir de ahí

5. Transporta al paciente al hospital. ¿Cuándo termina esta llamada?
   A. Una vez que coloca al paciente en una cama de hospital
   B. Después de presentar un informe verbal y dejar una copia por escrito de éste en el hospital
   C. Después de conseguir una taza de café
   D. Cuando regresa a la delegación

6. Ahora está disponible y lo envían a una colisión de autos en la interestatal. Es posible que haya lesiones fatales y responde con luces y sirenas. ¿Qué significa esto para el tráfico de civiles?
   A. Salga del camino a cualquier costo.
   B. Está solicitando el derecho de paso.
   C. Puede ignorar las luces rojas sin detenerse.
   D. Puede manejar a la velocidad que desee.

7. Cuando llega a la escena ve dos vehículos sobre el carril del lado izquierdo. El departamento de bomberos ya está en la escena y bloquea la visión del tráfico circulante. ¿Dónde debe estacionar la ambulancia?
   A. Detrás del carro de bomberos
   B. Junto a la escena en el siguiente carril
   C. En el acotamiento del lado derecho
   D. En el carril del lado izquierdo, enfrente de la escena

8. Su paciente sufrió un paro cardiaco y su departamento no cuenta con soportes de RCP. ¿Cuál sería el mejor método para transportar al paciente?
   A. Sobre una camilla rígida larga
   B. En un dispositivo de extracción de Kendrick (KED)
   C. En decúbito prono (boca abajo)
   D. Sobre el piso de la ambulancia

Preguntas desafiantes

9. Responde a una llamada de emergencia. ¿Puede acudir a la escena con las luces encendidas, pero sin la sirena o viceversa?

10. Le ponen a cargo de abastecer los equipos de primero auxilios, pero los maletines no son muy grandes y sólo puede usar uno de ellos. ¿Qué equipo colocaría en el maletín?

Obtención de acceso

Objetivos

Cognitivos
7-2.1 Describir el propósito de extracción. (p. 1058)
7-2.2 Discutir el papel de los TUM-B en la extracción. (p. 1059)
7-2.3 Identificar qué equipo de seguridad personal se requiere para el TUM-B. (p. 1058)
7-2.4 Definir los componentes fundamentales la extracción. (p. 1059)
7-2.5 Indicar lo pasos que deben tomarse para proteger al paciente en la extracción. (p. 1062)
7-2.6 Evaluar diversos métodos para ganar acceso hasta el paciente. (p. 1061)
7-2.7 Distinguir entre el acceso simple y el complejo. (p. 1062)

Afectivos
Ninguno

Psicomotores
Ninguno

36

Obtención de acceso

Situación de urgencia

Los envían a atender un choque automovilístico entre una vehículo de pasajeros y una pipa-tráiler. A su llegada, observa un vehículo de pasajeros de cuatro puertas incrustado en un lado de la pipa. Esta última está recargada contra un poste eléctrico. El conductor del vehículo de pasajeros está atrapado detrás del volante.

1. ¿Qué riesgos de seguridad pueden esperarse en esta escena?
2. ¿Qué equipo de protección personal deben usar los TUM-B en esta escena?

Obtención de acceso

Como TUM-B por lo general no será responsable del rescate y la extracción. El rescate implica muchos procesos y entornos diferentes. También requiere una capacitación más allá del nivel del TUM-B. En este capítulo aprenderá los conceptos básicos para la extracción.

El capítulo comienza con un análisis de la seguridad en la escena de un incidente de rescate, seguido por las 10 fases para la extracción. Ganar el acceso es una de las fases que se examinan. Esto incluye cómo obtener el acceso hasta los pacientes y mantener al TUM-B, a los pacientes y a los testigos seguros en el proceso. Su principal preocupación es alcanzar al paciente de manera que pueda empezar a proporcionar atención. En la mayoría de los casos, una vez que el TUM-B llega al paciente, la liberación ocurre en torno a éste y al paciente. La comunicación entre el TUM-B que está al cuidado del paciente y el personal que realiza la extracción es vital.

Seguridad

Siempre debe estar preparado, en lo mental y lo físico, para cualquier incidente que requiera un rescate o una extracción. La parte más importante de esta preparación es pensar acerca de su seguridad y la de sus compañeros. La seguridad comienza con el estado mental adecuado y el equipo de protección apropiado.

El equipo que emplee y el traje que lleve puesto dependerán de la situación Figura 36-1. No obstante, la importancia de usar guantes impermeables para la sangre y otros líquidos en todo momento durante su contacto con el paciente no puede enfatizarse lo suficiente. Si participará en una extracción deberá utilizar un par de guantes de cuero sobre los guantes desechables para protegerse contra lesiones al manejar cuerdas, herramientas, vidrios rotos, objetos calientes o fríos o metal filoso. Más adelante en este capítulo se proporciona información adicional sobre ropa protectora.

Sistemas de seguridad vehicular

En los vehículos modernos se usa una diversidad se sistemas de seguridad. Aunque muchos de estos dispositivos son útiles cuando el automóvil está en movimiento, pueden presentar riesgos para el TUM-B una vez que el automóvil estuvo implicado en una colisión.

Las defensas de absorción de impactos proporcionan al vehículo protección contra colisiones a baja velocidad. Después de un golpe desde el frente o por atrás, las piezas de absorción de impactos de las defensas pueden comprimirse o "cargarse". Debe evitar pararse directamente en frente de dichas defensas, porque pueden liberarse y lesionar sus rodillas y piernas.

Los fabricantes tienen ahora la obligación de incorporar sistemas complementarios de restricción o bolsas de aire en los vehículos. Las bolsas de aire se llenan con un gas inocuo al impacto y se desinflan con rapidez después de la colisión. Las bolsas de aire se localizan en el volante y el tablero frente al pasajero y se despliegan cuando el automóvil recibe un golpe de frente o por detrás. Puede suceder que existan bolsas adicionales para proteger al conductor y a los pasajeros de golpes laterales. Estas bolsas pueden estar localizadas en las puertas o los asientos. A estas bolsas de aire se les conoce como de cortina y deben desplegarse de modo normal y desinflarse antes de que el TUM-B llegue. No obstante, las bolsas se llegan a inflar cuando el TUM-B se encuentra atendiendo a un paciente, lo cual puede causar lesiones al proveedor médico. Debe tener precaución cuando se trabaja en vehículos dañados en los cuales las bolsas de aire no se hayan inflado. Por lo general, debe mantener un espacio de por lo menos 13 cm (5") alrededor de la bolsas de aire para impactos laterales que no se hayan desplegado, 35 cm (10") alrededor de las bolsas de aire para el conductor que no se hayan activado y 50 cm (20") alrededor de las bolsas laterales para el copiloto que no se hayan desplegado. Girar la llave de la ignición a la posición de "apagado" y desconectar la batería, comenzando con el lado negativo, deberá reducir la posibilidad de que se desplieguen las bolsas de aire.

Es posible que note una neblina similar a humo dentro de los vehículos donde se desplegaron las bolsas de aire. Los fabricantes usan almidón de maíz o talco sobre

Figura 36-1 El equipo protector adecuado varía de acuerdo con la situación.

Seguridad del TUM-B

La escena de una colisión vehicular puede presentar muchos riesgos para la seguridad del rescatista y del paciente, incluidos los derrames de combustible, que implican riesgos de fuego y explosión, cables eléctricos caídos, vidrios rotos y metal desgarrado, lo mismo que la exposición a líquidos corporales potencialmente infecciosos. Su seguridad en cualquier tipo de escena de emergencia comienza con, y depende de, una evaluación inicial de la escena que conduce a decisiones sobre el tipo de equipo protector personal que debe usar y si debe solicitar apoyo adicional o especializado.

CUADRO 36-1 Las 10 fases del desprensamiento

1. Preparación
2. En camino a la escena
3. Llegada y evaluación
4. Control de riesgos
5. Operaciones de apoyo
6. Obtención del acceso
7. Cuidado de emergencia
8. Liberar
9. Liberación y transferencia
10. Terminación

las bolsas, que pueden causar una irritación menor en la piel. La ropa protectora adecuada, incluida la protección ocular, reducirá la posibilidad de tal irritación.

Fundamentos para la extracción

Durante todas las fases del rescate, la preocupación primaria del TUM-B debe ser la seguridad, y su papel principal es proporcionar atención médica de emergencia y evitar daños adicionales al paciente. El TUM-B administrará los cuidados a medida que la extracción se realiza a su alrededor a menos que esto resulte demasiado peligroso para el TUM-B o el paciente. La extracción es liberar a la persona atrapada en una situación o posición peligrosa. Prensado significa estar apresado dentro de un área cerrada sin forma de salir o tener una extremidad u otra parte del cuerpo prisionera. En el contexto de este capítulo, la extracción significa extraer al paciente de un automóvil destrozado. No obstante, los mismos principios y conceptos se aplican a otras situaciones.

Hay diez fases para el proceso de extracción Cuadro 36-1. Muchas son semejantes a las fases de una ambulancia analizadas en el capítulo 35. Cada una se estudiará con énfasis en las fases en las cuales participa el TUM-B.

Preparación

Prepararse para un incidente que requiere extracción implica capacitarse para los diversos tipos de situaciones que podría enfrentar su equipo. Algunos se analizan más adelante en este capítulo. Del mismo modo en que debe revisar el equipo que se lleva en la ambulancia, el personal de rescate también debe revisar de rutina las herramientas para la extracción y su vehículo de respuesta para asegurar que opere de modo adecuado. Tales preparaciones reducen la posibilidad de falla del equipo en una escena de emergencia.

En camino a la escena

Cuando se responde a una llamada de rescate se emplean procedimientos y precauciones de seguridad semejantes a las que se analizan en las fases de una llamada de ambulancia.

Llegada y evaluación de la escena

Cuando llegue a la escena, deberá colocar la unidad en un lugar seguro que no añada un riesgo al incidente. Antes de proceder, asegúrese de que la escena está marcada en forma apropiada y que el camino está cerrado o que el flujo del tráfico se desvía con seguridad alrededor de la escena Figura 36-2. La evaluación es el proceso continuo de reunión de información y de valoración de la escena para determinar las estrategias y tácticas apropiadas para manejar una emergencia. Una de las responsabilidades importantes de la evaluación de la escena es determinar cuáles, si los hay, serán los recursos adicionales que se necesitarán. Estos recursos pueden incluir unidades y personal adicionales de SMU. Si es el primero en llegar a la escena, es posible que requiera iniciar una respuesta de rescate o llamar a la policía o a equipos especializados, como el departamento de manejo de materiales peligrosos o de servicio público.

Deberá coordinar sus esfuerzos con los del equipo de rescate. Si respeta su trabajo, ellos respetarán el suyo. Deberá comunicarse con los técnicos en extracción vehicular durante todo el proceso de la extracción. Comience

Figura 36-2 La escena de un choque debe marcarse de manera apropiada, además de desviar al público, de forma que los servicios de respuesta tengan suficiente espacio para trabajar.

por hablar con el líder del equipo de rescate tan pronto llegue a la escena. Bajo el sistema de comando del incidente (que se describe en el capítulo 37), las operaciones de rescate se integran como un grupo separado. El TUM-B se convierte en miembro de este grupo y entra al vehículo y proporciona atenciones para el paciente cuando el líder de los técnicos en extracción vehicular lo apruebe.

El equipo de rescate es responsable de asegurar y estabilizar de manera adecuada el vehículo, de proporcionar entrada segura y <u>acceso</u> a los pacientes (la capacidad de llegar hasta ellos), la extracción de cualquier paciente, corroborar que los pacientes estén debidamente protegidos durante este proceso u otras actividades de rescate, y proporcionar espacio adecuado de manera que los pacientes puedan liberarse en forma apropiada.

El personal del SMU es responsable de evaluar y proporcionar atención médica inmediata, clasificar y asignar la prioridad a los pacientes; de la preparación para su transporte, provisión de evaluación y atención adicionales, según se requiera una vez que los pacientes son rescatados, así como proporcionar transporte al departamento de urgencias.

Control de riesgos

Es posible que exista una diversidad de riesgos en la escena de la extracción. El personal policiaco es responsable del control y la dirección del tráfico, de mantener el orden en la escena, investigar la escena de colisión o del crimen, y estabilizar y mantener las líneas de manera que los curiosos se mantengan a una distancia segura y fuera del camino de los rescatistas. Los bomberos son responsables de extinguir cualquier fuego, evitar la ignición adicional, asegurar que la escena sea segura y retirar cualquier combustible derramado (Figura 36-3 ▶).

Los cables eléctricos caídos son un riesgo común en las escenas de colisiones vehiculares. Nunca deberá intentar mover líneas eléctricas caídas. Si los cables están tocando un vehículo implicado en la colisión, deberá indicarse a las víctimas que permanezcan en el vehículo hasta que se corte la corriente. Tanto los TUM-B como la ambulancia deben permanecer fuera de la <u>zona de peligro (zona caliente)</u>. Una zona de peligro es el área donde las personas pueden exponerse a bordes metálicos filosos, vidrios rotos, sustancias tóxicas, rayos letales o incendio o explosión de materiales peligrosos.

Los curiosos y familiares pueden ser riesgos por sí mismos. Si les permite acercarse demasiado, están en riesgo de lesionarse y también pueden interferir con el manejo general del incidente. Por estas razones, el equipo de rescate establecerá una zona fría que esté fuera de límites para los curiosos (Figura 36-4 ▶). Debe ayudar para establecer y mantener esta zona. Si llega antes que el equipo de rescate, deberá coordinar el control de la muchedumbre junto con la policía.

El vehículo también puede ser un peligro. Un automóvil inestable apoyado sobre un lado o el techo puede ser un peligro para el TUM-B. El personal de rescate puede estabilizar al vehículo con diversos gatos o bloques de madera.

Situación de urgencia — Parte 2

El comandante de incidente del departamento de bomberos señala que la pipa tiene una fuga de gasolina. Se enviaron unidades de rescate, pero aún tardarán 10 minutos en llegar. El conductor del vehículo de pasajeros parece estar inconsciente. La puerta del conductor está atorada y el vidrio trasero está roto. Los bomberos colocan una cubierta de espuma debajo de la pipa y alrededor del vehículo.

3. ¿Es ésta escena lo bastante segura para que pueda entrar?
4. Si se determina que el área es segura, ¿debe intentar ganar acceso hasta el paciente?

Figura 36-3 Toda colisión requiere cooperación, cada equipo de respuesta tiene una función específica en la escena. Bomberos, policía, el equipo de rescate y el personal de SMU, todos tienen papeles individuales.

Figura 36-4 Deberá establecerse una zona de peligro para evitar que los testigos entren en el área alrededor de un incidente.

Operaciones de apoyo

Las operaciones de apoyo incluyen iluminar la escena, establecer áreas para colocar herramientas y equipo, y marcar las zonas de aterrizaje para helicópteros. El personal de bomberos y rescate trabajará junto en estas funciones.

Obtención de acceso

Una fase crítica en la extracción es obtener acceso hasta el paciente. Recuerde, no debe intentar obtener acceso al paciente ni entrar al vehículo hasta que esté seguro de que dicho vehículo es estable y que cualquier riesgo ha sido identificado y controlado o eliminado de manera apropiada. Cuando esté presente un técnico en extracción vehicular, el TUM-B sólo estará autorizado a entrar cuando estas consideraciones se hayan cubierto.

La manera exacta en que obtenga acceso o llegue hasta los pacientes depende de la situación. Depende del TUM-B identificar la manera más segura y eficiente de lograr el acceso. La oscuridad, un terreno accidentado, pastos altos, arbustos y trozos de carrocería, puede dificultar encontrar a los pacientes Figura 36-5 ▶. Pueden estar implicados múltiples vehículos y pacientes. Si éste es el caso, deberá localizar y clasificar con rapidez a cada paciente para determinar quién necesita atención urgente. Este paso es importante antes de proceder con cualquier tratamiento y la preparación de los pacientes para traslado. Asegúrese de tomar en cuenta estos factores en la evaluación de su escena. Recuerde que esta última es un proceso continuo, porque la situación cambia con frecuencia. Como resultado, es posible que requiera cambiar sus planes para ganar acceso y proporcionar tratamiento.

Para determinar la localización y posición exactas del paciente debe considerar, junto con su equipo, las siguientes preguntas:

Figura 36-5 La manera exacta de lograr el acceso depende de muchos factores, incluido el terreno, la manera en que se sitúa el vehículo y el clima.

- ¿Está el paciente dentro de un vehículo o en alguna otra estructura?
- ¿Están el vehículo o la estructura gravemente dañados?
- ¿Qué riesgos existen que impliquen riesgos para el paciente y los rescatistas?
- ¿En qué posición está el vehículo? ¿Sobre qué tipo de superficie? ¿Está en posición estable o podría rodar o voltearse?

También debe tomar en cuenta las lesiones del paciente y su gravedad. Es posible que tenga que cambiar su curso de acción al adquirir más información sobre la condición del paciente. No intente tener acceso a este último hasta que el vehículo se encuentre estable y los riesgos se hayan identificado y se consideren seguros. Los riesgos pueden incluir cables eléctricos o tuberías de gas.

¿Qué debe hacer si tiene que retirar a un paciente con rapidez debido a que el entorno es amenazador o necesita

Figura 36-6 Explique siempre al paciente por qué está ahí y qué es lo que hace.

Figura 36-7 Use una camilla rígida larga o una cobija para proteger al paciente y a cualquier rescatista que esté proporcionando cuidados.

realizar RCP? La RCP no es eficaz cuando el paciente se encuentra sentado o acostado en el asiento suave de un vehículo. En estos casos, es posible que el TUM-B y su equipo deban emplear la técnica de extracción rápida para mover a un paciente de la posición sedente dentro del vehículo a la posición supina sobre una camilla rígida larga. Un equipo de TUM-B con experiencia en esta técnica debe ser capaz de retirar con rapidez a un paciente que no esté atrapado, teniendo siempre en mente la condición del paciente y la seguridad del grupo. Utilice una técnica de extracción rápida sólo como último recurso.

Mientras obtiene acceso hasta el paciente y durante la extracción, debe asegurarse de que el paciente no corra riesgos. Siempre hable con él y describa lo que se va a hacer antes de hacerlo y mientras lo hace, incluso si piensa que el paciente está inconsciente **Figura 36-6**. En muchos casos, usted o su compañero pueden proporcionar inmovilización de la columna vertebral u otro cuidado durante la extracción. El paciente y el personal del SMU deben cubrirse con una cobija gruesa y no inflamable para protegerse contra trozos de vidrio u otros objetos que salgan disparados. También se puede emplear una camilla rígida o soporte largo como escudo protector **Figura 36-7**. Intente mantener calor, ruido y fuerza en un mínimo. Emplee sólo lo que es necesario para liberar al paciente de modo seguro.

Acceso simple

Su primer paso es el acceso simple, intente llegar al paciente de la manera más rápida y simple que sea posible sin usar herramientas ni romper cristales. Los automóviles se construyen para facilitar la entrada y la salida, no obstante, puede ser necesario emplear herramientas u otros métodos de entrada forzada. Siempre que sea posible, deberá intentar primero abrir las puertas (o pedir al paciente que las abra) o bajar los vidrios. Intente abrir cada puerta por medio de la manija de ésta para ganar acceso antes de romper los cristales o usar otros métodos de entrada forzada **Figura 36-8**. Entre por las puertas cuando no exista peligro para el paciente. El equipo de rescate debe proporcionar la entrada que necesita para obtener acceso hasta el paciente.

Acceso complejo

El acceso complejo requiere el uso de herramientas y capacitación especiales que incluyen romper los cristales u otra forma de entrada forzada. La mayoría de estas habilidades son demasiado avanzadas para el curso de TUM-B y no se cubren en este texto.

Cuidados de urgencia

Proporcionar atención médica a un paciente que está atrapado en un vehículo es básicamente lo mismo que para cualquier otro paciente. A menos que exista una amenaza inmediata de incendio, explosión u otro peligro, una vez que se haya logrado la entrada y acceso al paciente, deberá realizar una evaluación inicial y proporcionar cuidados antes de que se inicie la extracción adicional, como sigue:

1. Proporcione estabilización manual de la columna cervical, según se requiera.
2. Abra la vía aérea.
3. Proporcione oxígeno en flujo elevado.
4. Asista para proporcionar una ventilación adecuada.
5. Controle cualquier sangrado externo significativo.
6. Trate todas las lesiones críticas.

Figura 36-8 Llegue al paciente de la manera más rápida y sencilla que le sea posible abriendo las puertas sin usar herramientas ni romper los cristales.

> **CUADRO 36-2 Técnicas para liberar**
> - Desplazamiento de los pedales del freno y el acelerador
> - Doblar hacia arriba el tablero
> - Retirar las puertas
> - Abrir y retirar el techo
> - Desplazar los asientos
> - Desplazar el eje del volante
> - Cortar el volante

La buena comunicación entre los miembros del equipo y un líder claro son esenciales para proporcionar atención de emergencia segura, eficiente y adecuada. Aunque sus aportaciones en la escena son importantes, un miembro de su equipo debe estar a cargo. La evaluación del paciente y de la escena efectuadas por el líder del equipo dictará la manera en que procederán la atención médica, preparación para el transporte y el transporte del paciente. Por lo general, el jefe de servicio, quien casi siempre está indicado con claridad en la hoja del turno, es responsable de este papel. Si no es así, debe identificarse un jefe de equipo y llegar a un acuerdo sobre el papel asignado a la persona antes de llegar a la escena.

En algunas áreas, es posible que no haya suficiente personal para dos o más unidades. En estas zonas, es posible que el TUM-B y su equipo tengan dos papeles. No obstante, una persona debe estar a cargo de la operación general de rescate. La carencia de liderazgo identificable en la escena retrasa los esfuerzos de rescate y la atención del paciente. Los líderes deben identificarse como parte de un sistema más grande de mando del incidente. Ellos deben contar con capacitación media y estar calificados para juzgar las prioridades de la atención del paciente, y también deben contar con experiencia en la extracción vehicular.

Liberar

Liberar implica la eliminación de las partes del vehículo de motor que rodean al paciente. El personal de rescate debe coordinarse con los TUM-B para determinar la mejor vía para retirar al paciente del vehículo Cuadro 36-2 ▲. Aunque un accidente puede requerir que el paciente se extraiga a través de la puerta del conductor, un accidente semejante puede necesitar la eliminación completa del techo del vehículo.

Liberar requiere el uso de diversas herramientas complejas de mano, eléctricas e hidráulicas. Se requiere instrucción especializada para operarlas sin peligro.

Como parte de su evaluación, deberá participar en la preparación para la extracción. Determine la urgencia con la cual debe hacerse la extracción del paciente, dónde debe colocarse para proporcionar protección óptima al paciente y, una vez que éste sea liberado, cuál será la mejor manera de trasladarlo del vehículo a la férula espinal larga y luego a un carro camilla. Examine con cuidado el área expuesta de la extremidad o de otra parte del paciente que esté atrapada para determinar el alcance de la lesión y si existe la posibilidad de sangrado oculto. Si es posible, también debe evaluar la sensación en el área atrapada, de manera que sepa si el aumento en el dolor indica que un objeto está comprimiendo o se clavó en el paciente durante la extracción.

Durante este tiempo, el equipo de rescate evalúa con exactitud la manera en que está atrapado el paciente y determina, paso a paso, la manera más segura y fácil para liberarlo. Las aportaciones del TUM-B son esenciales de manera que las lesiones del paciente se consideran a medida que el equipo de rescate planee un movimiento que proteja al paciente de daño adicional. Una vez que el plan se haya diseñado y que todo el mundo comprenda lo que se hará, deberá determinar cuál es la mejor manera de proteger al paciente. Con frecuencia, es posible que se coloque a un TUM-B en el vehículo junto al paciente para que vigile su condición y bienestar mientras se corta, dobla o desarma el auto. Asegúrese de usar ropa protectora adecuada.

Como es natural, su seguridad y la del paciente son primordiales durante este proceso. Tanto el TUM-B como el paciente deberán estar cubiertos con una lona o cobija gruesa, a prueba de llamas, para protegerse contra vidrios rotos, partículas voladoras, herramientas u otros riesgos durante cualquier maniobra de extracción forzada, el cual con frecuencia es en extremo ruidoso. Debe asegurarse de que puede comunicarse con eficiencia con el paciente y el grupo de rescate, de manera de que pueda informar al instante a los rescatistas si es necesario que se detengan.

Liberación y transferencia

Una vez que liberen a la persona, evalúe con rapidez a cualquier paciente que previamente se haya encontrado inaccesible para ello y reevalúe a cualquier otro paciente que haya evaluado antes. Asegúrese de que la columna se inmovilice en forma manual y aplique un collarín cervical si esto no se hizo antes ▶ Figura 36-9 ▶. Reevalúe si el paciente debe ser transferido de inmediato por medio de la inmovilización manual y la técnica de extracción rápida o si la condición del paciente y la escena permiten la inmovilización por medio de un chaleco de extracción o un tabla corta antes de moverlo más. En la mayoría de los casos es impráctico y difícil aplicar de modo apropiado férulas para extremidades dentro del vehículo. Las lesiones en extremidades por lo general se pueden sostener e inmovilizar con rapidez mientras se mueve al paciente si se sujeta el brazo lesionado al cuerpo y, si una pierna está lastimada, sujetando una pierna a la otra. Esto será adecuado hasta que el paciente pueda ser asegurado sobre un soporte o el tiempo permita una evaluación más detallada y el enferulamiento de cada lesión.

Mover al paciente en un solo paso rápido y continuo aumenta el riesgo de daño y confusión. Para asegurar que cada TUM-B pueda colocarse de manera que sea capaz de levantar y mover adecuadamente en todo momento, mueva al paciente en una serie de pasos homogéneos, lentos y controlados, con altos diseñados entre ellos para permitir el reposicionamiento y ajuste que se necesiten. Planee los pasos exactos y el camino que se seguirá al mover al paciente desde la posición sentada en su vehículo hasta acostarlo en posición supina en el soporte largo y la camilla preparada de la ambulancia. Elija una trayectoria que requiera la menor manipulación del paciente y el equipo. Asegúrese

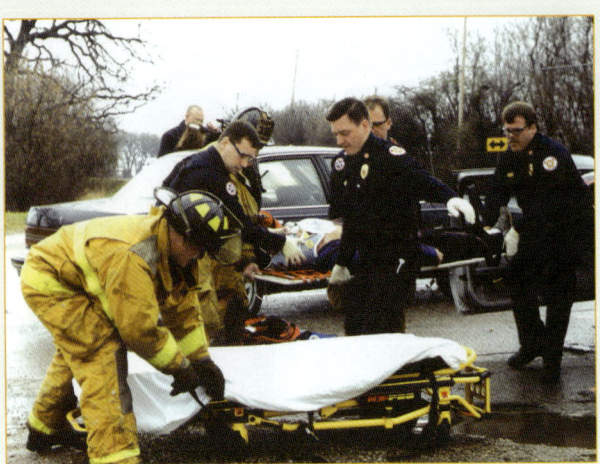

Figura 36-9 Una vez que se logra acceso al paciente, evalúelo y asegúrese de que la columna se estabilice de manera manual. Aplique un collarín cervical si esto no se hizo antes.

de contar con suficiente personal. Una vez que se asegura de que todos comprenden los pasos y están listos, puede mover al paciente con seguridad. Asegúrese de mover al paciente como una unidad. Resista la tentación de mover en su lugar al dispositivo de inmovilización. Mientras mueve al paciente, siga protegiéndolo de cualquier riesgo.

Una vez que coloque al paciente en la camilla, continúe con cualquier evaluación y tratamiento adicional que se haya diferido. Si hace un frío o calor extremos, si llueve o nieva, deberá cargar la camilla con el paciente en la ambulancia con clima controlado antes de continuar la evaluación y el tratamiento. Si la condición del paciente requiere que se inicie le transporte sin retraso adicional debe proporcionar sólo la atención adicional esencial o necesaria para prepararlo para su transporte. Deje los pasos restantes para realizarlos en el camino al hospital.

Terminación

La terminación implica el regreso de las unidades de emergencia al servicio. Para las unidades de rescate, este proceso puede ser bastante complicado. Todo el equipo

Situación de urgencia — Parte 3

La unidad de rescate llega a la escena, evalúa la situación e inicia el desprensamiento. Se elimina la puerta del conductor, se dobla el tablero y se abre el techo. Le entregan al paciente para que continúe con su cuidado y lo transporte a la institución médica.

5. ¿Qué preocupaciones de seguridad persisten en la escena?
6. ¿Qué cuidados iniciales de emergencia deben proporcionarse al conductor atrapado?

que se usó en la escena, incluidas las herramientas hidráulicas, eléctricas y de mano, deben revisarse antes de volver a cargarlas en el aparato. Aunque algunas herramientas requieren sólo limpieza general, otras requerirán volver a cargarles combustible y revisión de diversos líquidos.

También deberá revisar la ambulancia a conciencia, reemplazar las provisiones usadas y cumplir con las necesidades de limpieza requeridas por los estándares para patógenos transmitidos por sangre.

Por último, las unidades de rescate y médicas deberán presentar todos los informes necesarios.

Situaciones de rescate especializado

En la mayoría de las llamadas puede conducir la ambulancia hasta una distancia corta de la localización del paciente y, con acceso simple o complejo, puede llegar a éste y tratarlo. No obstante, en algunas situaciones, sólo son capaces de llegar al paciente equipos capacitados en rescate técnico y especialidades. Las capacidades especiales de estos equipos incluyen lo siguiente:

- Rescate en cuevas
- Rescate en espacios confinados
- Rescate agreste
- Rescate de buceo
- Búsqueda y rescate de personas perdidas
- Rescate en minas
- Rescate de alpinismo en montañas, rocas y hielo
- Rescate en estructuras colapsadas
- Respuesta y rescate tácticos (SWAT)
- Rescate técnico con cuerdas (rescate en ángulos bajo y alto)
- Rescate en zanjas
- Rescate en agua y de naves pequeñas
- Rescate en aguas con corriente (rápidos)

Situaciones de rescate técnico

Las <u>situaciones de rescate especial</u> pueden comprender peligros ocultos, se necesitan capacidades técnicas especiales para que el personal entre con seguridad y se mueva en el espacio. No es seguro incluir personal que no cuenta con la capacitación y experiencia necesarias en tales rescates. Un <u>grupo especial de rescate</u> está formado por individuos de una o más delegaciones en una región capacitados y en servicio para ciertos tipos de rescate técnico. Muchos miembros de un grupo especial de rescate también están capacitados como primer grupo de respuesta o TUM-B de manera que puedan proporcionar la atención inmediata necesaria cuando sólo ellos pueden llegar sin peligro hasta el paciente. Incluso cuando el grupo especial de rescate incluye un paramédico o médico, por lo general no se proporciona sino atención simple hasta que los rescatistas pueden llevar al paciente hasta el punto más cercano donde exista un lugar seguro y estable.

Si es necesario un grupo especial de rescate, pero no está presente cuando llegue el TUM-B, deberá verificar de inmediato con el mando del incidente para asegurar que se haya llamado al grupo y éste se encuentre en camino hacia el lugar. El <u>comandante de incidente</u> es la persona con mando general en la escena en el campo **Figura 36-10**. Si no está presente un comandante de incidente, siga los lineamientos locales (en el capítulo 37 se estudia el mando de incidente en mayor detalle.)

Cuando llegue a una escena donde esté en curso un rescate especial, por lo general lo recibirá un miembro del grupo especial de rescate y éste lo conducirá al sitio de rescate. Si dicho sitio está a cierta distancia del camino, es posible que deba dejar la ambulancia en éste. El uso de la camilla de la ambulancia es impráctico en estas situaciones, en lugar de ésta deberá llevar una camilla rígida o de canasta, o una camilla semejante de rescate para llevar al paciente hasta la ambulancia en espera. Asegúrese de llevar consigo todo el equipo portátil que necesite para tratar e inmovilizar al paciente en el sitio de rescate.

Cuando llegue al sitio de rescate, identifique la localización estable a la cual el equipo especial de rescate llevará al paciente, e instale su equipo ahí. Tan pronto como el grupo especial de rescate traiga al paciente a esta zona de preparación, usted deberá efectuar una evaluación rápida y, después de proporcionar el tratamiento indicado, preparar al paciente para su transporte de inmediato. Aunque los TUM-B que respondieron con la ambulancia asumirán

Figura 36-10 El comandante de incidente es la persona con mando general en la escena.

la responsabilidad principal por el cuidado del paciente, en este punto por lo general se requiere un esfuerzo cooperativo del equipo especial de rescate y el de SMU para llevar al paciente hasta la ambulancia en espera. Considere usar una unidad médica aérea si el paciente debe ser llevado o transportado a través de una distancia extensa.

Búsqueda y rescate de una persona extraviada

Cuando alguien se pierde en un medio al aire libre y se inicia un esfuerzo de búsqueda, por lo general se envía una ambulancia a la base de operaciones de ésta. Cada equipo de búsqueda se organizará para incluir un miembro capacitado al nivel de primera respuesta o como TUM-B, que lleve equipo esencial para proporcionar atención inmediata simple. Su papel, y el de otros TUM-B que lleguen con la ambulancia, es permanecer a la espera en la base de operaciones hasta que la persona o personas perdidas hayan sido encontradas.

Tan pronto como llegue a la escena y le proporcionen un informe breve sobre la situación, deberá aislar y preparar el equipo que necesitará para llevarlo hasta donde se encuentre el paciente, de manera que no se pierda tiempo una vez que lo hayan encontrado o en caso de que un miembro del equipo de búsqueda se lesione. El equipo portátil preparado, incluido un soporte largo y otros aditamentos que necesitará para inmovilizar al paciente, debe dejarse en la parte posterior de la ambulancia de manera que se proteja contra el clima. De este modo, si debe cambiar de lugar la ambulancia, no será necesario volver a cargar el equipo ni lo dejará olvidado. Por lo general se le proporcionará un radio portátil sintonizado en la frecuencia de búsqueda de manera que pueda seguir el progreso de la operación y comunicarse con las personas a cargo y que éstas puedan comunicarse con usted.

En ocasiones, es posible que le pidan que permanezca con los familiares de la persona perdida que se encuentran en la escena. Averigüe con los parientes si la persona presenta cualquier antecedente médico que deba atenderse y comunique esta información a los que se encuentran a cargo de la búsqueda. A menos que se le haya indicado otra cosa, sólo el comandante del incidente puede comunicar a la familia cualquier noticia o avance de la búsqueda. Por esta razón, debe asegurarse de que su radio esté ajustado a un volumen discreto.

Una vez que haya encontrado a la persona perdida, alguien del personal de búsqueda lo guiará a la localización o el punto de intersección acordado previamente donde será llevado el paciente para reducir la cantidad de tiempo que necesitará para llegar hasta la persona e iniciar el tratamiento. Debe estar seguro de que el equipo portátil está distribuido de modo homogéneo entre el personal y que el paso es tal que todos puedan mantenerse juntos con facilidad. En ocasiones el tiempo y esfuerzo requeridos para llegar hasta el paciente y transportarlo se puede reducir al mover la ambulancia a otro punto o, si está disponible, mediante el uso de un vehículo 4×4 o todo terreno. Como con otros rescates especializados, aunque el personal de la ambulancia asumirá la responsabilidad de la atención del paciente una vez que se encuentren al lado de éste, es necesario un esfuerzo cooperativo del SMU y del equipo de búsqueda para llevar sin peligro al paciente hasta la base y a la ambulancia en espera.

Rescate en zanjas

Debido a las fuerzas físicas implicadas, en muchos derrumbes de cuevas y de zanjas se obtienen malos resultados para las víctimas. Los derrumbes por lo general implican grandes áreas de caída de tierra que pesan cerca de 50 kg por cada 30 cm^3 (pie cúbico). Las víctimas con miles de kilogramos de tierra sobre sus pechos no pueden expandir por completo sus pulmones y pueden llegar a estar hipóxicos.

El riesgo de un colapso secundario durante la operación de rescate es una preocupación para el personal de rescate y para los TUM-B. Las medidas de seguridad pueden reducir el potencial de sufrir leciones debido a éste y otros peligros. Cuando llegue a una zona de derrumbe de una cueva o una zanja, deberá estacionar el vehículo de respuesta por lo menos a 150 m de la escena. Dado que la vibración es una causa primaria de colapso secundario, todos los vehículos, incluido el equipo de construcción que se encuentre en la escena, debe apagarse. Asimismo, todo el tráfico del camino deberá desviarse del área de seguridad a 150 m. Otros riesgos incluyen cables eléctricos caídos o expuestos y tuberías de agua o vidrios rotos. Además, el equipo de construcción que se encuentra en el sitio de derrumbe puede estar en un sitio inestable y caer dentro del sitio del colapso.

Debe identificarse a cualquier testigo del incidente, ya que puede resultar valioso para proporcionar información sobre el número de víctimas y su localización dentro del área del derrumbe. Cualquier individuo no atrapado debe recibir ayuda para salir del área. En ningún momento debe entrar personal médico ni de rescate a una zanja con una profundidad mayor de 1.20 m (cuatro pies) sin apuntalamiento adecuado.

Durante el desprensamiento de cualquier víctima viva, el personal médico capacitado en el rescate de derrumbes de cuevas o zanjas proporcionará la mayor parte de la atención médica. Debe estar preparado para recibir a los pacientes una vez que se hayan extraído del sitio.

Apoyo médico táctico de urgencia

Un aumento continuo de la violencia en todo el país ha dado como resultado que los TUM-B tomen precauciones para asegurar la seguridad personal. Normalmente, cuando existe la posibilidad de violencia –como en tiroteos, apuñalamientos o intentos de suicidio– las unidades de respuesta deben actuar hasta que la escena sea asegurada por personal de la policía. No obstante, algunos incidentes implican un mayor riesgo para los TUM-B y el personal de policía. Los incidentes con toma de rehenes, sujetos atrincherados y francotiradores requieren el uso de unidades policiacas con tácitcas especializadas del **equipo de armas y tácticas especiales (SWAT)**.

Debido a la elevada posibilidad de sufrir daño en estos incidentes, muchas direcciones de seguridad pública han incorporado TUM-B, paramédicos, enfermeras e incluso médicos con capacitación especial en sus unidades SWAT. Estos SMU proporcionan un nivel especial de cuidados a los enfermos y lesionados en estos incidentes volátiles. Su capacitación va mucho más allá de las prácticas que se observan en la atención médica estándar de urgencia. Por tanto, las capacidades empleadas pueden no parecer apropiadas ni adecuadas. Por ejemplo, la inmovilización de columna no se usa dentro de un área insegura donde todavía puede surgir un tiroteo. El tiempo y la fuerza humana requeridos para asegurar por completo a una víctima sobre un soporte con collarín, correas e inmovilización de las cabeza puede exponer a los proveedores del SMU y a los oficiales SWAT a lesiones o la muerte debido a heridas de bala **Figura 36-11**. Tales procedimientos médicos alterados son semejantes a los empleados por los proveedores militares de SMU en el campo de batalla y no se aplican en las situaciones "estándar" que enfrentan los TUM-B.

Figura 36-11 Los proveedores tácticos de SMU revisan a un oficial caído, sólo la atención médica más básica se proporciona en un área no segura.

Cuando lo llamen a la escena de una **situación táctica** policiaca, deberá determinar la localización del **puesto de mando** (localización del comandante de incidente) y reportarse con éste para pedir instrucciones. Luces y sirenas deben estar apagadas cuando se acerque a la escena, y no deberán emplearse altoparlantes externos de radio. El puesto de mando por lo general está localizado en un área fuera de la vista del sospechoso y del alcance de posibles disparos. Deberá permanecer en esta zona y no alejarse. Las áreas cercanas pueden ser visibles para el sospecho y éste podría lesionarlo.

Un sinnúmero de medidas de planeación deben iniciarse después de reportarse con el comandante de incidente. Tal planeación reducirá la posibilidad de caos en caso de que ocurra una contingencia masiva. La información debe incluir la dirección con la calle donde se encuentra el edificio en cuestión y las calles laterales a éste. El comandante de incidente debe determinar un punto seguro donde pueda reunirse con los meimbros del SWAT o del SMU táctico en caso de que se presenten lesionados. Los proveedores u oficiales del SMU tácticos trasladarán al paciente a esta área para que el TUM-B continúe el tratamiento y transporte a la persona a una institución médica. El comandante de incidente también debe determinar una ruta segura hasta este punto de reunión.

Designe zonas de aterrizaje primarias y secundarias para helicópteros si su región emplea evacuación aeromédica. Tal planeación previa ahorrará tiempo valioso en situaciones críticas.

Deberá identificar el hospital, centro para quemados y centro de traumatología más cercanos. La ruta de viaje hasta estas instituciones también debe señalarse. Muchas de estas medidas se incorporan en el plan de operación empleado por los proveedores de SMU tácticos. Si se emplean SMU tácticos en su jurisdicción, coordínese con ellos al llegar al puesto de mando.

Seguridad del TUM-B

Los peligros físicos como incendios, enfermedades infecciosas y electricidad no son los únicos riesgos para su seguridad durante las respuestas de urgencia. Algunas llamadas implican la posibilidad de que exista violencia deliberada contra los rescatistas. Las situaciones tácticas formales son ejemplos obvios, pero las llamadas "simples" que implican ataques, posible uso de alcohol o drogas y riñas domésticas pueden ser igualmente peligrosas. Su capacitación, su actitud al responder a las llamadas y sus procedimientos cotidianos o de rutina deben tomar en cuenta todos estos riesgos. Nunca se vuelva complaciente.

Fuegos estructurales

En la mayoría de las áreas, la ambulancia se envía junto con el camión de bomberos a cualquier incendio estructural, ya sea que se haya informado que existen o no lesionados. Un fuego en una casa, edificio de departamentos, oficina, escuela, planta, almacén u otro edificio se considera un **fuego estructural**. Cuando responda a una escena de incendio mayor, deberá determinar si, debido al fuego, es necesario tomar alguna ruta especial. Una vez que llegue a la escena, deberá preguntar al comandante de incidente dónde estacionará la ambulancia. Es esencial que este vehículo esté lo bastante alejado del fuego para estar a salvo del propio incendio o del colapso de un edificio. También deberá asegurar que la ambulancia se encuentre lo bastante cerca para ser visible y para transportar a los pacientes hasta ella sin dificultad. El oficial de bomberos que sea el comandante de incidente determinará esta localización.

Su siguiente paso es determinar si hay pacientes lesionados en la escena o si le llamaron para permanecer a la espera. Es posible que se envíen varias ambulancias a un incendio mayor para asegurar que una o más unidades estarán siempre disponibles en la escena cuando otras salgan del sitio para transportar a los lesionados.

Lo mismo que con otras situaciones especializadas de rescate, la búsqueda y rescate en un edificio en llamas requieren capacitación y equipo especiales. Ambas actividades están a cargo de equipos de bomberos equipados en su totalidad para enfrentar un incendio además de llevar **equipo de respiración autónoma (ERA)**, herramientas y mangueras con carga total. Estos equipos sacarán a los pacientes del edificio en llamas al área donde espera la ambulancia. Por tanto, a menos que se lo ordenen de otra manera, siempre deberá permanecer en la ambulancia. No deje la escena incluso después de apagado el fuego, en caso de que un bombero se lesione durante el salvamento y la supervisión. La ambulancia deberá dejar la escena sólo si transporta a un paciente o si el comandante de incidente así lo autoriza.

En ocasiones, la escena en una colisión o incendio se complica aún más por la presencia de materiales peligrosos. Un **material peligroso** es cualquier sustancia tóxica, venenosa, radiactiva, inflamable o explosiva que puede causar lesiones o muerte al ser expuesto a ella, además de implicar una amenaza para el TUM-B y otras personas en el entorno inmediato, los materiales peligrosos pueden implicar una amenaza para una zona y población mucho mayores. Siempre que exista la posibilidad de que esté implicado un material peligroso, tendrá que seguir un sinnúmero de procedimientos especiales adicionales. El capítulo 37 cubre los aspectos específicos de los procedimientos con materiales peligrosos

Situación de urgencia — Resumen

El incidente que implica a un vehículo de pasajeros y una pipa proporciona una diversidad de retos al personal de respuesta de emergencia en general y, de modo más específico, al TUM-B. Una diversidad de aspectos de seguridad son un factor de preocupación en esta escena. Entre ellos se incluyen:

- El tráfico: la circulación de autos en dirección del incidente es una preocupación para todos los incidentes con vehículos de motor.
- La electricidad: la posición de la pipa contra el poste de cableado eléctrico puede haber causado que cayeran los cables.
- Material peligroso: la pipa en sí misma puede tener fugas de una sustancia desconocida. Ambos vehículos, el de pasajeros y la pipa, pueden tener fugas de diesel, combustibles, gasolina u otro producto peligroso.

El equipo de seguridad puede limitar las posibilidades de lesionarse. En esta escena, debe emplearse equipo de extinción: casco, saco, pantalones, botas, guantes y protección ocular. Debe emplearse protección respiratoria si hay fugas de materiales peligrosos.

El comandante de incidente le indicará cuando la escena sea segura para que haga su entrada. En este caso, la espuma de las mangueras de los bomberos debe permitirle obtener acceso a través de la ventana trasera rota. Se mantiene la preocupación de una fuga de gasolina y la posibilidad de que los cables de electricidad caigan. Además, el proceso de desprensamiento puede ocasionar lesiones debido a trozos de vidrio que salen disparados, metal roto y las propias herramientas de rescate.

La atención inicial de emergencia implicará la inmovilización cervical manual, asegurar la vía aérea, proporcionar ventilación adecuada y oxígeno en flujo elevado. Asimismo, deberá controlar el sangrado significativo y verificar si hay lesiones críticas.

Resumen

Listo para el repaso

- Durante todas las fases del rescate su principal preocupación es la seguridad, sus papeles principales son proporcionar atención médica de emergencia y evitar mayores lesiones al paciente.

- Cuando no hay suficiente personal para ambos equipos, el del SMU y el de rescate, es posible que el TUM-B y su equipo también deban actuar como rescatistas.

- La seguridad durante el rescate o la extracción comienza con la mentalidad adecuada y el equipo protector apropiado.

- Durante la evaluación de la escena, deberá identificar la manera más segura y eficiente de tener acceso hasta el paciente. Intente llegar a éste tan sencilla y rápidamente como sea posible sin usar herramientas ni romper cristales.

- Asegúrese de que ambos, usted y el paciente, estén protegidos con una cobija no inflamable.

- A menos que exista un peligro inmediato, realice una evaluación del paciente mientras éste se encuentra todavía en el vehículo. Inmovilice la columna cervical antes de retirar al paciente del vehículo.

- Si determina que se requiere un equipo especial, infome a control.

- Cuando la escena requiera una búsqueda o rescate especializado, es posible que tenga que solicitar un grupo especial de rescate, o quizá resulte que uno se encuentra ya en la escena cuando llegue. Su interacción y cooperación con este grupo y con un comandante de incidente, cuando se haya designado uno, son importantes para aligerar el rescate.

- Estará implicado en cierto grado con la logística de la colocación de vehículos y el movimiento de pacientes, además de cuidar de estos últimos.

- Los equipos con capacitación especial manejan mejor las situaciones tácticas. Su papel con frecuencia consistirá principalmente en permanecer fuera de peligro y cooperar con el comandante de incidente o con la policía u otro personal especializado si no hay un comandante de incidente, además de permanecer listo para atender a cualquier paciente que le traigan.

Resumen continuación...

Vocabulario vital

acceso   Capacidad de poder entrar a un área cerrada y llegar a un paciente.

acceso complejo   Entrada complicada que requiere herramientas especiales y capacitación, e incluye romper ventanas o usar otra fuerza.

acceso simple   Acceso que se logra con facilidad sin el uso de herramientas ni fuerza.

comandante de incidente   Persona que tiene el mando completo de la escena en el campo.

equipo de armas y tácticas especiales (SWAT)   Unidad táctica especial de aplicación de la ley.

equipo de respiración autónomo (ERA)   Respirador con provisión de aire independiente empleado por los bomberos para entrar en atmósferas tóxicas y peligrosas en otros aspectos.

extracción   Liberar a un paciente del apresamiento o de una situación o posición peligrosas, como liberación de un vehículo accidentado, un accidente industrial o el colapso de un edificio.

fuego estructural   Incendio en una casa, edificio de departamentos, escuela, planta, almacén u otra construcción.

grupo especial de rescate   Equipo de personas de una o más delegaciones en una región que está entrenado y en servicio para ciertos tipos de rescate técnico.

liberar   Liberación de un paciente de un vehículo de motor que lo tiene atrapado.

material peligroso   Sustancia tóxica, venenosa, radiactiva, inflamable o explosiva que causa lesiones o la muerte con la exposición a ella.

prensado   Estar atrapado (prensado) dentro de un vehículo, habitación o contenedor, sin modo de salir o que un miembro u otra parte del cuerpo esté apresada.

puesto de mando   Localización del comandante del incidente en la escena de una emergencia, donde se centralizan el mando, la coordinación y comunicación.

situación de rescate especial   Rescate que requiere capacidades técnicas especiales y equipo en una de muchas áreas de rescate, como rescate técnico con cuerdas, rescate en cuevas y rescate subacuático.

situación táctica   Una situación de rehenes, robo o de otro tipo en la cual existe amenaza de conflicto armado o ha habido disparos y permanece la amenaza de violencia.

zona de peligro (zona caliente)   Área donde las personas pueden exponerse a bordes afilados de metal, vidrios rotos, sustancias tóxicas, rayos letales o ignición o explosión de compuestos peligrosos.

Qué evaluar

Los envían a atender un choque entre un camión escolar y un tráiler con semirremolque. A su llegada encuentra un camión escolar amarillo que yace de lado con varios niños aún adentro y otros tantos que caminan alrededor de la escena. El tráiler transportaba una sustancia desconocida que comienza a derramarse sobre el suelo. Mientras evalúa la escena, los padres de los niños comienzan a llegar y están alterados.

¿Qué recursos necesitaría para responder a esta escena? ¿Cómo obtendría acceso al camión escolar? ¿Cómo manejaría la fuga de líquido y la llegada de los padres?

Temas: Interacción con niños; Interacción con los padres; Consentimiento; Seguridad de la escena.

Autoevaluación

Es el TUM-B y es el primer día de su compañero en este trabajo.
Los envían a una choque de vehículos.

1. Su vehículo es el primero en llegar a la escena. Después de estacionar su vehículo, ¿cuál es su prioridad principal?
   A. Realizar la evaluación de la escena
   B. Efectuar la evaluación del paciente
   C. Dirigir el tráfico
   D. Estabilizar el vehículo

2. Determina que hay dos vehículos implicados con daño estructural grave que se encuentran en medio de una activa intersección. Un líquido claro comienza a salir de uno de los vehículos. ¿Qué recursos necesitará?
   A. Equipo de materiales riesgosos
   B. Policía
   C. Bomberos
   D. Todo lo anterior

3. Se estabiliza el vehículo y el comandante de incidente señala que es seguro entrar en él. ¿Cuál es su mayor prioridad?
   A. Extraer al paciente
   B. Evaluar lo atrapado que está el paciente
   C. Realizar una evaluación inicial
   D. Romper todas las ventanas del vehículo

4. Durante la evaluación de su paciente, se encuentra una herida de neumotórax abierto. El paciente aún conserva la vía aérea. El tratamiento debe incluir:
   A. esperar hasta que se extraiga al paciente.
   B. aplicar un vendaje oclusivo y vigilar.
   C. tapar la herida con gasa.
   D. todo lo anterior.

5. Su paciente entra en paro cardiaco repentino. El TUM-B debe:
   A. iniciar la RCP en el vehículo.
   B. pronunciar al paciente fallecido en la escena.
   C. colocar al paciente en un chaleco de extracción.
   D. realizar una extracción rápida.

6. Mientras inicia la RCP en el paciente que yace junto al vehículo, un curioso corre hacia usted y dice que es doctor y desea ayudar. ¿Cuál es su respuesta?
   A. Deja que el doctor se encargue.
   B. Pide a la policía que lo retiren.
   C. Pide a un proveedor de SMU que le explique que debe pedir la aprobación de su asistencia con control médico y que debe seguir sus protocolos y viajar junto con el paciente.
   D. Le pide al médico que conduzca la ambulancia.

Preguntas desafiantes

Un camión de tomates se voltea en la carretera y varios trabajadores migrantes son expulsados del vehículo. A su llegada hay cuatro pacientes en la escena. El mando del SMU está a su cargo. Inicia la clasificación. El paciente 1 está en paro respiratorio, pero tiene pulso. El paciente 2 presenta una fractura de cadera evidente y grita de dolor. El paciente 3 presenta paro cardiaco. El paciente 4 camina por ahí, confundido.

7. ¿Qué paciente sería la mayor prioridad?
8. ¿Qué paciente se transportaría al último?
9. ¿Cómo trataría al paciente 3?

Operaciones especiales

Objetivos

Cognitivos

7-3.1 Explicar el papel desempeñado por los TUM-B durante una llamada que implica materiales peligrosos. (p. 1008)

7-3.2 Explicar lo que debe hacer el TUM-B si hay alguna razón para pensar que hay riesgo en la escena. (p. 1087)

7-3.3 Describir las acciones que debe realizar el TUM-B para garantizar la seguridad del espectador. (p. 1087)

7-3.4 Mencionar el papel desempeñado por el TUM-B apropiadamente entrenado cuando llega a la escena de una situación de material peligroso. (p. 1087)

7-3.5 Mencionar los pasos al acercarse a una situación peligrosa. (p 1088)

7-3.6 Exponer los diversos riesgos ambientales que afectan al SMU. (p. 1085)

7-3.7 Describir los criterios con relación a una situación con múltiples víctimas. (p. 1079)

7-3.8 Evaluar el papel desempeñado por el TUM-B en la situación con múltiples víctimas. (p. 1079)

7-3.9 Resumir los componentes de la selección (triage) básica. (p. 1081)

7-3.10 Definir el papel desempeñado por el TUM-B en una operación de desastre. (p. 1084)

7-3.11 Describir los conceptos básicos del manejo de incidentes. (p. 1074)

7-3.12 Explicar los métodos para prevenir la contaminación de sí mismo y la del equipo y servicios. (pp. 1089, 1092)

7-3.13 Revisar el plan local de incidentes con víctimas masivas. (p. 1074)

Psicomotores

7-3.16 Dado un escenario de incidente con víctimas masivas, practicar una selección (triage). (p. 1082)

Objetivo adicional *

Afectivo

1. Exponer la repercusión psicológica de tener que esperar para actuar, pero reconociendo que la escena no es segura para ingresar. (p. 1085)

*Este es un objetivo no curricular.

37

Operaciones especiales

Situación de urgencia

Junto con su compañero TUM-B, es despachado a una colisión de múltiples vehículos en la carretera. El despacho indica que hay cuando menos dos vehículos implicados, uno semitráiler. Aproximadamente a 3.2 km (dos millas) de la escena, nota que el tráfico hacia el este está detenido. Continúa dirigiéndose hacia la escena por medio de la vía de acotamiento. Al acercarse a la escena, encuentra un camión semitráiler de 18 ruedas volcado de lado. Al lado de la carretera ve una camioneta de pasajeros que ha sufrido una volcadura y está sobre su costado derecho.

1. ¿Cuál es su primer paso en la escena?
2. ¿Qué temas de seguridad debe considerar?

Operaciones especiales

La primera sección de este capítulo lo introducirá al sistema de comando de incidentes. El propósito de esta sección es darle una idea de lo que sucede durante incidentes complejos. Se explica el papel que desempeña dentro del sistema.

La siguiente sección describe los diversos papeles desempeñados por los TUM-B durante los incidentes con víctimas masivas. De nuevo, bajo el sistema de comando de incidentes, el personal del SMU desarrollará uno de varios papeles identificados para tratar un número grande de personas en un evento simple. La respuesta usual del SMU de seleccionar tres o cuatro pacientes será difícil cuando hay 25 o más víctimas. Para asegurar que cada paciente recibe cuidados y transporte al hospital apropiados, consistentes con la gravedad de sus lesiones, se requiere una operación más organizada, con tres principales responsabilidades asignadas: selección (triage), tratamiento y transportación.

La sección final describe sus responsabilidades ante un incidente con materiales peligrosos. Cuando está respondiendo a este tipo de incidente no puede precipitarse en proporcionar cuidados del paciente. Más bien, debe cooperar con el sistema de comando de incidentes, tomando tiempo para valorar acuciosamente la escena, identificando el tamaño del área peligrosa, encontrando un sitio seguro al cual los pacientes puedan trasladarse y tomando medidas autoprotectoras. La seguridad es su consideración primaria. Si no se maneja cuidadosamente un incidente con materiales peligrosos, muchas personas, incluyendo el personal de rescate, pueden lesionarse o morir.

Sistemas de comando de incidentes

En años recientes se han desarrollado varios sistemas de liderazgo y comando para mejorar el manejo de situaciones de urgencias en la escena. El servicio de bomberos de California, en Estados Unidos, ha sido el primero en desarrollar estos programas para ayudar a controlar, dirigir y coordinar respondientes y recursos de urgencias. Estos programas se llaman sistemas de comando de incidentes. Han sido adaptados y usados por muchas organizaciones del SMU para organizar mejor sus propias operaciones. El sistema de comando de incidentes está diseñado para usarse en actividades diarias. Sin embargo, es sumamente eficaz cuando se usa para organizar números grandes de personas en incidentes complejos, como derrames de materiales peligrosos e incidentes con víctimas masivas.

Componentes y estructura de un sistema de comando de incidentes

En un incendio grande, un incidente con materiales peligrosos, o con víctimas masivas, usualmente se implicarán, en alguna forma, unidades de bomberos, rescate, HazMat (del inglés *hazardous materials*, o materiales peligrosos), policía y unidades del SMU de muchas áreas diferentes. Para asegurar líneas claras de responsabilidad y autoridad, se necesita un sistema preestablecido para identificar quién está dirigiendo las diferentes actividades y quién informa a quién. Aun en presencia de una llamada, con sólo un paciente y sin necesidad de otros servicios, el establecimiento de un sistema de comando de incidentes es útil para identificar los papeles y responsabilidades de cada miembro del equipo, en particular si el evento comienza a escalar.

El sistema de comando de incidentes está estructurado en forma tal que haya una autoridad simple con responsabilidad global para manejar el incidente. Esta persona se identifica como **comandante de incidente** y suele permanecer en un **puesto de mando**, el designado puesto de comando del campo. Un puesto de comando del campo es típicamente un vehículo o un edificio en la escena, donde el comandante de incidente establece una "oficina". Desde ahí, él supervisa y coordina las actividades de los varios grupos y líderes.

Las funciones centradas normalmente en el puesto de mando incluyen información, seguridad y enlace con otras agencias y grupos que están respondiendo. En una operación típica de sistema de comando, toda la información al público y a los medios noticiosos se origina en el puesto de mando. Usualmente, el comandante de incidente nombrará a un oficial de seguridad que circulará entre el personal respondedor. Es esencial que cada TUM-B comprenda que cada orden, o directiva, emitida por un oficial de seguridad, tiene la autoridad completa del comandante de incidentes y debe seguirse de inmediato. Muchas veces los TUM-B no pueden ver un peligro o un problema al cual se están dirigiendo y el oficial de seguridad es el responsable de proteger a todo el personal y cualesquier víctimas del incidente. Finalmente, el comandante de incidente puede nombrar a un oficial para coordinar la llegada de los bomberos, policía y unidades del SMU.

En la respuesta inicial, el comandante de incidente puede asumir control directo sobre los grupos y fuerzas de tarea que se están estableciendo. En esta circunstancia, puede nombrarse un supervisor del grupo médico para coordinar toda la actividad del SMU, o un supervisor del grupo de rescate, para atender lo referente a personas atrapadas en el siniestro. En operaciones extendidas, que pueden prolongarse por horas, días, o más tiempo, la estructura típica del comandante de incidente puede tener múltiples sectores, incluyendo operaciones, planeación, logística y finanzas. La (Figura 37-1 ▼) muestra un diagrama de organización del sistema de comando de incidentes que incluye estos sectores. Cada una de estas secciones tendrá a un oficial simple actuando como la persona encargada, el **comandante de sector**. No todas las posiciones se usan en cada incidente. El comandante de incidentes seleccionará las posiciones y equipos individuales, y elegirá cuáles usar, dependiendo de la naturaleza del incidente.

Los incidentes mayores suelen requerir otro nivel de dirección, conocido como comando unificado. Con dicho comando, el comandante de incidente está unido, en el puesto de mando, con un oficial que está a cargo de todas las operaciones de bomberos, uno que está a cargo de todas las operaciones de rescate o HazMat, uno que está a cargo de todas las operaciones del SMU y uno que está a cargo de todo el cumplimiento de la ley. Este grupo, bajo la dirección del comandante de incidente, dirige las operaciones globales en la escena. Como los diferentes oficiales de salud pública están estacionados en el puesto de mando, pueden encontrarse fácilmente y asesorar colectivamente al comandante de incidente sobre cambios y problemas que le son comunicados. El comandante de incidente también puede implicarlos en tomar las decisiones necesarias y en transmitir rápidamente órdenes a los que están bajo su comando. Además del comando unificado, este sistema asegura que las acciones de cada diferente tipo de respondedor estén coordinadas apropiadamente.

Cómo trabajan juntos estos sistemas depende de la naturaleza del evento. Por ejemplo, en un choque mayor de avión, la agencia que dirige es típicamente el departamento de bomberos. En esta situación, el SMU suele ser una parte del sistema general de comando de bomberos. Dentro de su propio sistema, el personal del SMU establece y realiza sus tareas. Sin embargo, el control final del incidente estará con el comandante de bomberos. Otras situaciones, como lesiones generalizadas en un concierto de rock, son principalmente eventos civiles. La fuerza pública tomará la dirección, estableciendo un plan de comando de incidente. Bomberos y SMU seguirían la decisión del comandante de la policía. Los SMU rara vez son agencias que dirigen.

En un momento u otro, su unidad probablemente será la primera en responder a un incidente que implicará a más de una unidad del SMU, o una o más agencias que no son del SMU. Un ejemplo puede ser el de 10 a 20 adolescentes, con reacciones adversas a un rociador de pimienta llevado a la escuela por un estudiante, u otro evento en el

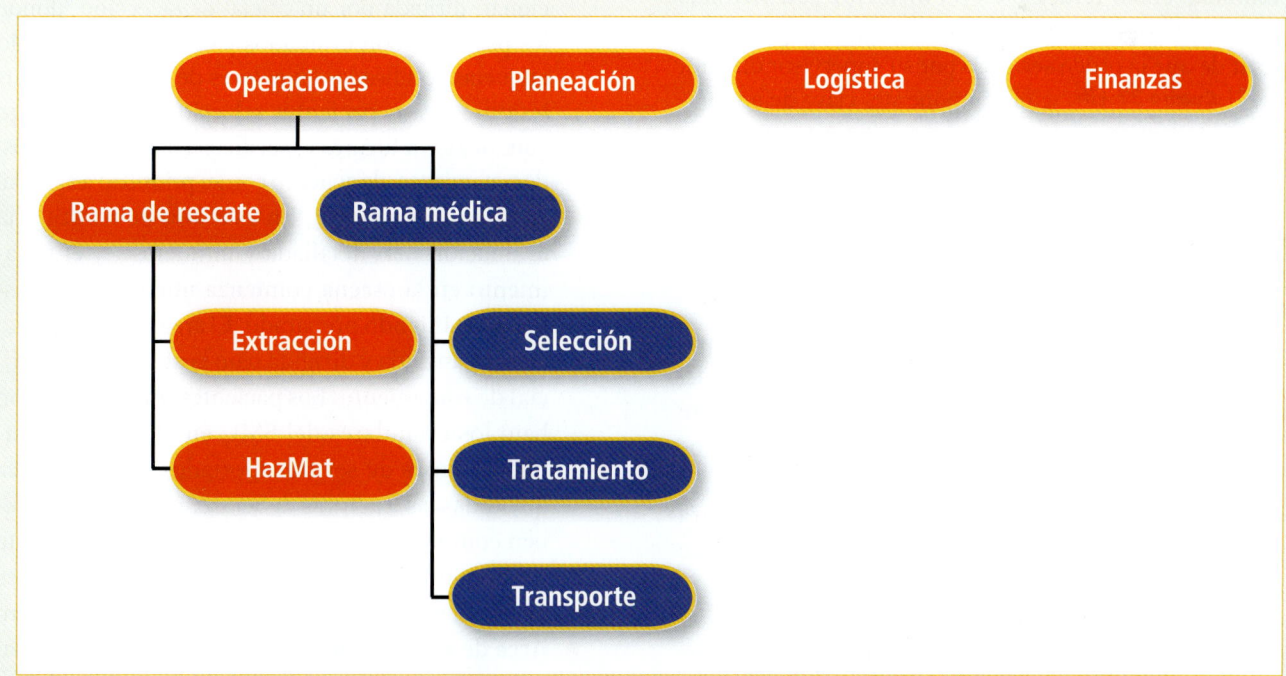

Figura 37-1 Estructura del comando de incidente. No todas las posiciones se llenarán en cada incidente. Sin embargo, el comandante de incidente es responsable de toda la actividad. Pueden nombrarse subordinados para asistir en el manejo del incidente.

cual hay motivo limitado para intervención inmediata de la policía o los bomberos. En esta situación, el TUM-B con más experiencia debe establecer el comando e informar al despachador diciendo: "despacho, ésta es la unidad 71 estableciendo comando en el lugar". A partir de ese punto, todas las comunicaciones del despachador a la escena se dirigirán a "comando de incidente unidad 71". Si llega después de que el comando se ha establecido, avise al despachador que está en la escena e "informando al comando". Luego, encuentre el puesto de comando y preséntese para asignación.

Cuando responde a un incidente en el cual el sistema de comando de incidentes ya se ha establecido, será asignado a un área específica y a su oficial designado. Preséntese al área y realice sólo lo deberes que son funciones del área que le han asignado. Por ejemplo, si está seleccionando pacientes, no debe apartarse al área de tratamiento para ayudar. Errar ofreciendo ayuda o no seguir los deberes asignados (como no estar donde fue asignado) lo coloca a usted, a sus compañeros y al cuidado general de los pacientes en riesgo. En muchos casos, los TUM-B que no cumplen sus tareas asignadas dentro de la estructura del comando de incidentes pueden ser considerados responsables de abandono del deber.

Los sistemas de comando de incidentes variarán de un sitio a otro y pueden usarse términos diferentes. Debe familiarizarse con los términos específicos y con la cadena de comando que se usan en su área. Cuando responde a otra comunidad como refuerzo en un incidente con víctimas masivas debe seguir las instrucciones y órdenes que reciba, a pesar de que la orden sea dada por su supervisor directo.

El **Cuadro 37-1** cita componentes clave de un incidente con víctimas masivas, y la **Figura 37-2** muestra los componentes importantes de un sistema de comando de incidentes en un caso de víctimas masivas, en formato de carta. Como un ejemplo de cómo pueden asignarse las responsabilidades en un incidente mayor de SMU, considere las asignaciones típicas siguientes:

- **Centro de comando.** Éste es típicamente un vehículo o un edifico en la escena, donde el comandante del SMU establece una "oficina". De ahí, el comandante supervisa y coordina todas las actividades de varios grupos y líderes.
- **Área de espera.** Ésta es un área de retención para las ambulancias y equipos que llegan, hasta que son asignados a una tarea particular.
- **Área de extracción.** En esta área, los pacientes son extraídos y retirados de un ambiente peligroso, permitiendo que se muevan a un área de selección.
- **Área de descontaminación.** Cualquier incidente que implique algún material peligroso o use un agente nuclear o radiológico, químico o biológico, requerirá un área especial para retirar el agente de cualesquier pacientes o respondedores. Si se establece, esta área estará situada fuera del área de extracción y antes de la de selección.
- **Área de selección (triage).** El área de selección, como su nombre lo indica, es un área para seleccionar, dirigida por un oficial de selección, donde los pacientes son evaluados y etiquetados, usando etiquetas codificadas en colores de acuerdo con sus lesiones. Estos pacientes seleccionados son luego conducidos a lugares específicos en el área, o áreas, de tratamiento, de acuerdo con su prioridad asignada.
- **Área de tratamiento.** En esta área se realiza una evaluación más detallada y minuciosa, y el tratamiento en la escena comienza mientras el transporte está siendo preparado. El área de tratamiento está organizada y dirigida bajo la autoridad del oficial de tratamiento. Los pacientes reciben atención bajo los estándares del SMU en el área de tratamiento antes de ser transportados. Esto significa que todas las fracturas deben ser enferuladas y deben completarse todos los cuidados normalmente proporcionados en una evaluación enfocada, antes de que el paciente sea liberado para transportación.
- **Área de abastecimiento.** Ésta es un área en la cual se reúnen equipo y abastos extras, como cobijas, cilindros de oxígeno, vendas, y camillas rígidas, para distribuirlos a otras áreas, según se necesite.

CUADRO 37-1 Componentes clave de un incidente con víctimas masivas

- Comandante de incidente, puesto de mando, sistema de comando de incidentes
- Sistema de comunicaciones en el sitio
- Abastecimiento adecuado de equipamiento médico
- Área de extracción y equipo de recuperación
- Oficial de selección y área designada de selección (triage)
- Personal de colección de pacientes reunidos
- Personal del área de tratamiento de pacientes
- Sitio de abastos adyacente al área de tratamiento
- Oficial de transportación y área de transporte
- Área de estación para retener recursos hasta que se necesiten
- Personal de bomberos y policía
- Un perímetro de seguridad

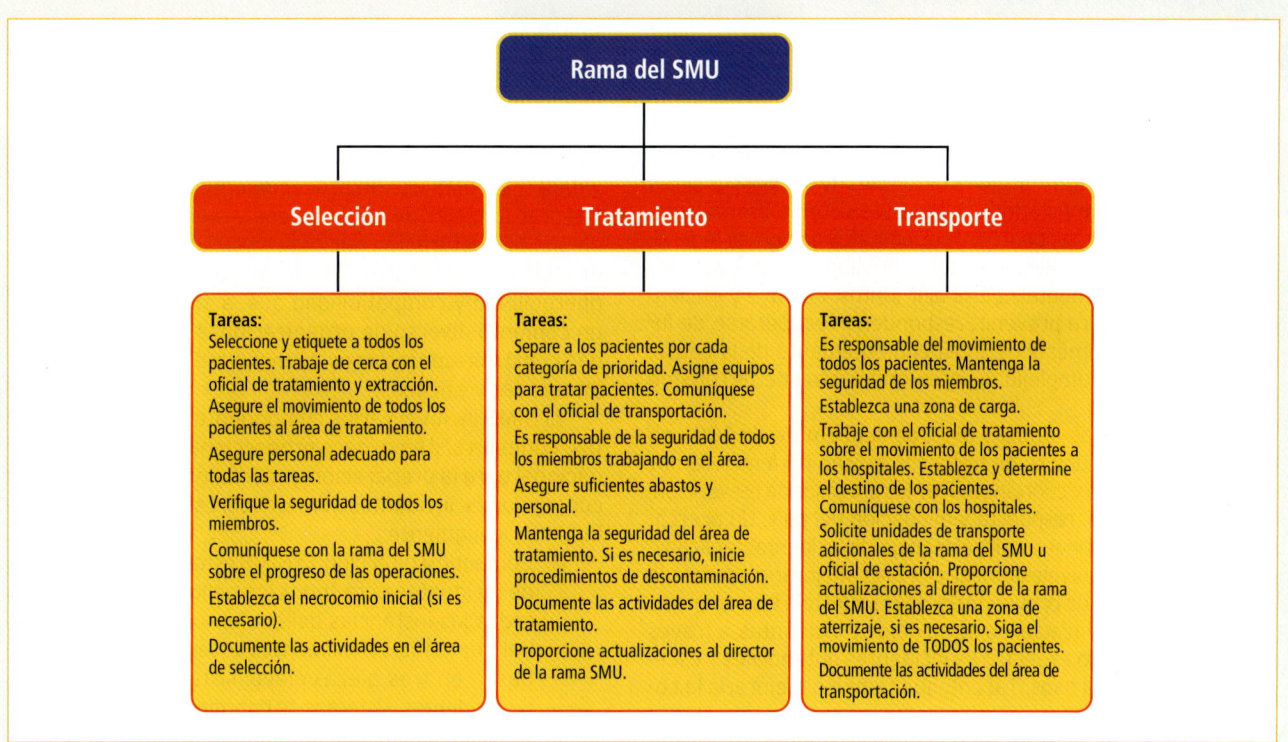

Figura 37-2 Componentes importantes en el sistema de manejo de incidentes, en un incidente con víctimas masivas.

- **Área de transporte.** En esta área se organizan ambulancias y equipos para transportar pacientes del sector de tratamiento al área de hospitales. El área de transportación es dirigida por el **oficial de transportación**, quien asignará pacientes a las ambulancias que esperan.
- **Área de rehabilitación.** Esta área proporciona tratamiento y descanso a los respondientes de urgencias que trabajan en la escena. Al entrar y salir de la escena, los trabajadores son vigilados médicamente y reciben cualquier cuidado que sea necesario (como rehidratación con líquidos o nutridos con pequeños refrigerios). Esto ayuda a garantiza la seguridad y salud de los trabajadores de urgencias, que pueden lesionarse o enfermar durante el desarrollo de su trabajo.

Situación de urgencia — Parte 2

Llama solicitando apoyo inmediato. Notifica al despacho que asumirá el comando del incidente hasta nuevas órdenes. Antes de salir de la ambulancia, ambos examinan la escena por cualquier signo de derrame de materiales peligrosos. Ve un rótulo rojo en el semitráiler con los números 1202. Busca información sobre ese rótulo en su Libro Guía de Respuesta a Emergencias y encuentra que es una clasificación de combustible diesel. No ve derrame alguno, decide salir de la ambulancia y completar una evaluación de la escena.

3. ¿Cómo puede verificar lo que contiene realmente el tanque?
4. ¿Cuál es su primer paso en el cuidado del paciente?

Tips para el TUM-B

Sistema Nacional Estadounidense para el Manejo de Incidentes

En 2003, el presidente estadounidense pidió al secretario de Seguridad Doméstica fundar y administrar un Sistema Nacional para el Manejo de Incidentes (NIMS, por sus siglas en inglés) en Estados Unidos. Este sistema proporciona una plantilla nacional para permitir a los gobiernos federal, estatales y locales, y al sector privado y organizaciones no gubernamentales, trabajar juntos, efectiva y eficientemente para prevenir, responder y recuperarse de incidentes domésticos, independientemente de la causa, tamaño o complejidad, incluyendo actos de terrorismo catastrófico.

Desde los ataques del 11 de septiembre de 2001, en Estados Unidos se ha trabajado mucho para mejorar las capacidades y coordinación de los procesos de prevención, preparación, respuesta y mitigación del país. Un acercamiento nacional amplio al manejo de incidentes, aplicable a todos los niveles jurisdiccionales, mejoraría además la eficacia de los proveedores de respuesta a las urgencias y a las organizaciones de manejo de incidentes, a través de un amplio espectro de incidentes potenciales y escenarios peligrosos. Tal enfoque también mejoraría la coordinación y cooperación entre las entidades privadas y públicas en una variedad de actividades domésticas del manejo de incidentes. Los incidentes pueden incluir:

- Actos de terrorismo
- Incendios en despoblado y urbanos
- Inundaciones
- Derrames de materiales peligrosos
- Accidentes nucleares
- Accidentes aéreos
- Terremotos
- Huracanes
- Tornados
- Tifones
- Desastres relacionados con guerras

Construyendo sobre las bases de sistemas de respuesta a urgencias y manejo de incidentes existentes, usados por disciplinas jurisdiccionales y funcionales a todos los niveles, el NIMS integra las prácticas que han probado ser más eficaces a través de los años, en una amplia estructura para ser usada por organizaciones de manejo de incidentes, en el contexto de todos los peligros a nivel nacional. Para proporcionar la interoperabilidad y compatibilidad entre las capacidades federales, estatales y locales, el NIMS incluye un conjunto central de conceptos, principios, terminología y tecnología que se refieren a lo siguiente:

- Sistema de comando de incidentes
- Sistema de coordinación de múltiples agencias
- Comando unificado
- Entrenamiento
- Identificación y manejo de recursos
- Calificaciones y certificación
- Reunión, seguimiento e informe de incidentes y recursos de incidentes

Aunque la mayor parte de los incidentes se maneja con base diaria por una jurisdicción simple a nivel local, hay casos importantes en los cuales el éxito de las operaciones de manejo de incidentes domésticos depende de la participación de múltiples jurisdicciones, agencias funcionales y disciplinas respondedoras a las urgencias. Estos casos requieren coordinación eficaz y efectiva a través de un espectro amplio de organizaciones y actividades. El NIMS usa un procedimiento de sistemas para integrar lo mejor de los procesos y métodos existentes, en una estructuración nacional unificada para el manejo de incidentes. La estructura forma la base para la interoperabilidad y compatibilidad que, a su vez, permitirá a un conjunto diverso de organizaciones públicas y privadas construir operaciones de manejo de incidentes bien integradas y eficaces.

El NIMS incluye varios componentes que actúan juntos, como un sistema, para proporcionar una estructura nacional para la preparación, prevención, respuesta y recuperación de incidentes domésticos. Estos componentes incluyen lo siguiente:

1. Comando y dirección: El NIMS estandariza el manejo de incidentes para todos los peligros y a través de todas las instancias del gobierno. Las estructuras del comando de incidentes estándar del NIMS se basan en tres piezas clave: sistema de comando de incidentes, sistemas de coordinación de múltiples agencias y sistemas de información pública.

2. Preparación: El NIMS establece medidas y capacidades específicas que deben desarrollar e incorporar jurisdicciones y agencias en un sistema integral que favorece la preparación operacional para el manejo de incidentes con base regular en un contexto de todos los peligros.

3. Manejo de recursos: El NIMS define mecanismos estandarizados para describir, inventariar, seguir la pista y despachar recursos, antes, durante y después de un incidente; también define procedimientos estándar para recuperar equipamiento cuando ya no es necesario para el incidente.

4. Manejo de comunicaciones e información: Las comunicaciones eficaces, el manejo de la información y compartir información e inteligencia, son aspectos importantes del manejo de incidentes domésticos. Los sistemas de comunicación e información permiten disponer de las funciones esenciales necesarias para proporcionar un cuadro operatorio e interoperabilidad comunes para el manejo de incidentes en todos los niveles.

5. Tecnologías de soporte: El NIMS promueve estándares e interoperabilidad nacionales para soportar tecnologías, para poner en efecto con éxito las tecnologías y estándares de NIMS para disciplinas profesionales o tipos de incidentes específicos. Proporciona una arquitectura para soporte de ciencia y tecnología para el manejo de incidentes.

6. Dirección y mantenimiento continuos: El Departamento de Seguridad Doméstica establecerá un centro de integración multijurisdiccional y multidisciplinario del NIMS. Este centro proporcionará dirección estratégica para vigilancia del NIMS, dando soporte al mantenimiento regular y mejoramiento continuo del sistema a largo plazo.

Incidentes con víctimas masivas

En este texto, incidente con víctimas masivas se refiere a cualquier llamada que implique tres o más pacientes, cualquier situación que requiera una demanda tan grande del equipamiento o personal disponible que el sistema necesitara una respuesta de ayuda mutua (un acuerdo entre sistemas del SMU vecinos para responder a incidentes de víctimas masivas, o desastres en la región de cada uno de ellos, cuando los recursos locales son insuficientes para manejar la respuesta), o cualquier incidente que tiene el potencial de crear una de las situaciones mencionadas previamente (Figura 37-3). Los choques de trenes o autobuses, o los terremotos, son ejemplos obvios de incidentes con víctimas masivas. Sin embargo, otras causas de esos incidentes son mucho más comunes que estos desastres, y ordinariamente de extensión mucho menor. La (Figura 37-4) es un ejemplo diagramado del incendio de un edificio residencial que está confinado a un departamento que puede producir sólo un paciente, pero tiene el potencial de generar docenas de pacientes, entre rescatadores y residentes. La pérdida de energía eléctrica en un hospital o residencia de ancianos y víctimas no ambulatorias, dependientes de ventilación, se considera un incidente con víctimas masivas, aunque nadie resulte lesionado.

Todos los sistemas tienen diferentes protocolos sobre cuándo declarar un incidente con víctimas masivas e iniciar el sistema de comando de incidentes; sin embargo, como TUM-B, hágase las siguientes preguntas cuando considere si la llamada es un incidente con víctimas masivas:

- ¿Cuántos pacientes seriamente lesionados o enfermos puede atender eficazmente y transportar en su ambulancia? ¿Uno? ¿Dos?
- ¿Qué pasa cuando tiene tres pacientes que atender?
- ¿Cuánto tardará en llegar ayuda adicional?
- ¿Qué hacer cuando un autobús escolar choca dando por resultado ocho pacientes críticamente lesionados y tiene sólo tres ambulancias disponibles?

Obviamente, usted y su equipo no pueden tratar y transportar a todos los pacientes lesionados al mismo tiempo. En un incidente con víctimas masivas, frecuentemente experimentará una demanda creciente de equipo y personal. Por ejemplo, puede darse cuenta de que es posible que haya 15 o más minutos de espera antes de que llegue la siguiente ambulancia. ¿Debe permanecer en la escena poniendo en cierto riesgo a los pacientes que están listos para partir? Nunca debe dejar la escena con pacientes ya cargados si hay otros enfermos o lesionados; esto

Figura 37-3 Los incidentes con víctimas masivas pueden ser grandes, como el ataque a las torres gemelas, en Estados Unidos, del 11 de septiembre de 2001, o de extensión mucho menor.

dejaría a los pacientes en la escena sin cuidados médicos, y puede considerarse abandono. Si hay múltiples pacientes y no se dispone de suficientes recursos para atenderlos sin abandonar víctimas, debe declarar un incidente con víctimas masivas (cuando menos por el tiempo presente), solicitar recursos adicionales e iniciar el sistema de comando de incidentes y los procedimientos de selección (descritos más adelante) (Figura 37-5). Aunque esto puede causar cierto retraso en la iniciación del tratamiento de todos los pacientes, no afectará adversamente el cuidado del paciente. Siempre siga su protocolo local. Muchos sistemas del SMU despliegan unidades de incidentes con víctimas masivas o vehículos con cuartos de urgencias móviles, que pueden tratar docenas de pacientes en la escena (Figura 37-6).

Tips para el TUM-B

La terminología usada para describir un incidente con múltiples pacientes varía en diferentes comunidades; muchas usan el término situación de múltiples víctimas para describir una urgencia que implica más de un paciente, pero usan el término incidente con víctimas masivas para describir eventos en mayor escala, como aquellos con más de 20 pacientes. En este texto se usa el término incidente con víctimas masivas para describir cualquier llamada que incluye a tres o más pacientes.

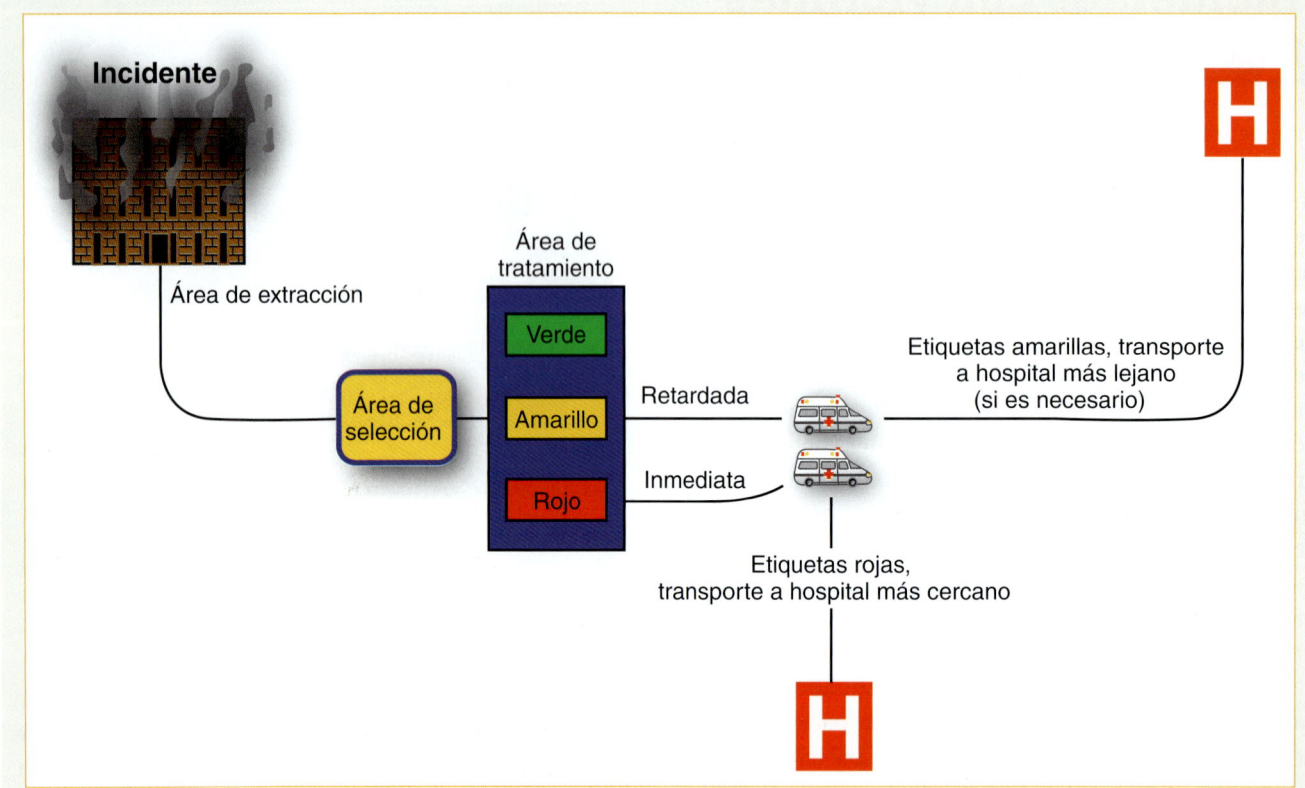

Figura 37-4 Diagrama de un incidente con víctimas masivas. El sistema de comando de incidentes establecido en la escena del incendio de un edificio puede verse en forma similar a este diagrama.

Selección (triage)

La selección es esencial en todos los incidentes de víctimas masivas. La selección es la elección de dos o más pacientes según la gravedad de sus lesiones a fin de establecer prioridades para los cuidados con base en los recursos disponibles (Figura 37-7 ▶).

En un incidente con víctimas masivas de escala menor, el primer proveedor en la escena con el nivel de entrenamiento más alto usualmente inicia el proceso de selección. Cuando ambulancias y equipos de respaldo están fácilmente disponibles, los pacientes son clasificados en orden de la gravedad de sus lesiones. El paciente que

Figura 37-5 Los incidentes con víctimas masivas requieren ambulancias y proveedores de SMU adicionales de la región inmediata.

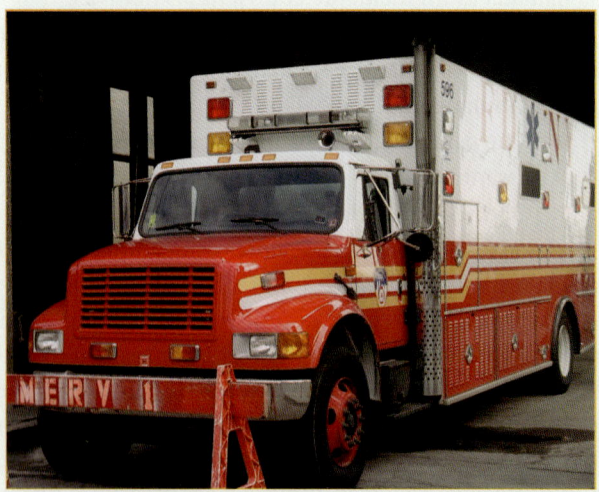

Figura 37-6 Este vehículo de rescate pesado SN-039 tiene personal TUM y paramédicos que son capaces de proporcionar cuidados de vida avanzados a muchos pacientes simultáneamente en la escena de un incidente con víctimas masivas.

tiene las lesiones más graves (pero aún es viable) recibe atención prioritaria. Después de contar el número de pacientes y notificar al despachador la ayuda adicional que es necesaria, se inicia la evaluación inicial de todos los pacientes. Al llegar el personal, debe asignar equipos y equipamiento a los pacientes prioritarios primero.

La selección en un incidente grande con víctimas masivas debe hacerse en varios pasos, los cuales son aceptados por la mayoría de las operaciones de incidentes con víctimas masivas de escala más grande:

- Cuidados de soporte vital básico administrados rápidamente a los que los necesitan.
- Codificación con colores para indicar prioridad de tratamiento y transportación en la escena. Los pacientes con etiqueta roja son la primera prioridad, los que tienen etiqueta amarilla son la segunda prioridad y aquéllos con etiqueta verde o negra son la prioridad más baja.
- Se dispone del retiro rápido de los pacientes con etiquetas rojas para tratamiento en el campo y transportación.
- Se usa un área de tratamiento separada para los pacientes con etiquetas rojas si no se dispone de transporte inmediatamente. Los pacientes con etiquetas amarillas también pueden ser vigilados y atendidos en el área de tratamiento mientras esperan ser transportados.
- Cuando hay más pacientes esperando ser transportados que ambulancias, el oficial del sector de transportación decide cuál paciente es el siguiente que se trasladará.
- Los recursos de transportación especializados (como ambulancias aéreas, ambulancias con paramédicos) requieren decisiones separadas, cuando esos recursos están disponibles pero son limitados.

Prioridades de la selección (triage)

Los pacientes deben ser codificados con colores lo más pronto posible para identificar de manera visual la gravedad del trastorno y eliminar la necesidad de que se realicen evaluaciones individuales de los pacientes por cada TUM-B que llegue después. Para lograr esto, se usan etiquetas de selección, como las que se ven en la Figura 37-8. Como hay varios fabricantes diferentes de etiquetas de selección o "triage", debe asegurarse de estar familiarizado con las que son proporcionadas, y de que dispone de una cantidad suficiente de etiquetas. Las etiquetas están perforadas, lo que permite que el paciente sea graduado sólo hacia arriba, nunca hacia abajo. Por tanto, en un paciente etiquetado "amarillo" en la evaluación inicial, cuya situación se empieza a deteriorar después, la porción amarilla de la etiqueta se puede arrancar dejando sólo las secciones roja y negra. La mayor parte de las etiquetas tiene números seriados, o códigos de barras, que permiten que sus pertenencias se localicen de la escena al hospital. Con las preocupaciones recientes sobre la posibilidad de un incidente que incluya armas de destrucción masiva, algunas etiquetas son a prueba de agua y pueden descontaminarse junto con el paciente.

Los pacientes etiquetados en rojo deben ser luego reevaluados en el área de tratamiento para determinar quién debe recibir recursos limitados, como evaluación y cuidados de un paramédico. La elección de múltiples pacientes etiquetados con rojo en el área de tratamiento, que necesitan ser vistos inmediatamente por paramédicos, dependerá del número de paramédicos disponibles en ese momento. El orden en el cual los pacientes serán transportados es determinado después de que se completan la selección inicial y el tratamiento.

Si los pacientes están atrapados se requiere su extracción. Si existen circunstancias como humo denso o exposición a materiales peligrosos, la selección puede ser difícil o imposible. La preocupación inmediata será retirar al paciente a un área segura para una selección posterior. El área de selección es el nombre que suele darse a tal área de colección para pacientes a fin de ser seleccionados y codificados con colores inicialmente. En los pacientes situados en áreas no peligrosas, la selección inicial puede comenzarse de inmediato. Las prioridades de la selección se resumen en el Cuadro 37-2.

Procedimientos de selección

Si no hay una dirección médica, o no es capaz de determinar el destino de hospital apropiado para cada paciente, puede usarse un sistema de rotación para distribuir

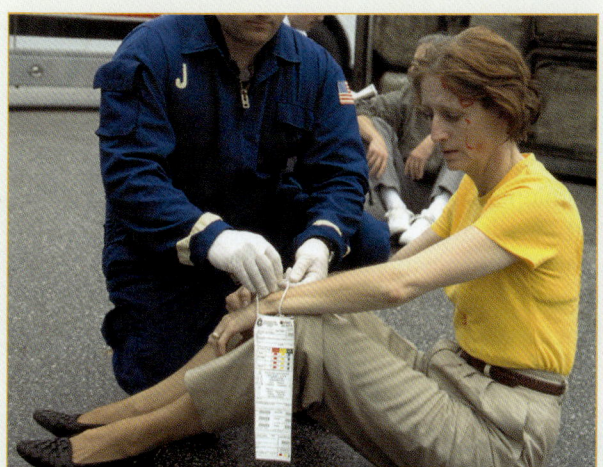

Figura 37-7 La selección es un componente esencial de las operaciones en un incidente con víctimas masivas.

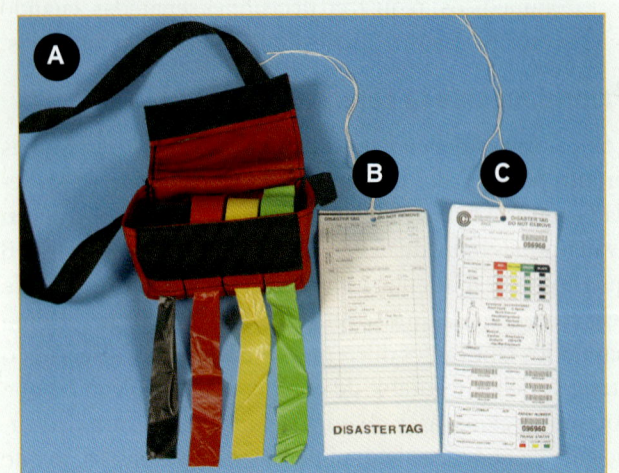

Figura 37-8 Etiquetas de selección. **A.** Etiquetas de armas de destrucción masiva a prueba de agua. **B.** Atrás. **C.** Adelante.

Tips para el TUM-B

Las definiciones para incidentes con víctimas masivas varían de un lugar a otro, es posible que el entrenamiento en estos tópicos especializados no sea frecuente. Como un nuevo TUM-B, puede ser que tenga que hacer cierta investigación y estudio para asegurarse de que comprende y puede aplicar política y procedimientos locales en incidentes de gran escala.

pacientes apropiadamente a cada hospital, con base en la capacidad y habilidades del hospital. Naturalmente, cualquier centro de traumatismos designado debe usarse para recibir a los pacientes más críticos, siguiendo los protocolos locales. En muchos casos, el hospital cercano se usará para pacientes etiquetados con rojo y los pacientes etiquetados con amarillo serán transportados a hospitales más lejanos. Este procedimiento distribuye el flujo de pacientes a través de todos los hospitales del sistema y, por tanto, no sobrecarga a un hospital en particular. El oficial de transportes es el responsable de enviar la ambulancia al hospital apropiado o al siguiente hospital en turno. Ocasionalmente, esta rotación debe alterarse para permitir que pacientes específicos sean llevados al servicio más apropiado, como un centro pediátrico u otro hospital, porque un hospital ha notificado al campo que debe pasarse por alto por una rotación.

Normalmente no se colocan más de dos pacientes en la misma ambulancia. Sin embargo, con condiciones atmosféricas serias, un paciente con etiqueta verde puede sentarse en una ambulancia junto al conductor para transportarse a un área segura, cómoda, bajo techo, en el hospital.

Al cargarse los pacientes a la ambulancia, el oficial de transporte registra el número de la tarjeta de triage, el estado general de cada paciente y el hospital al que lo llevarán. Al dejar la ambulancia, el oficial de transporte radia al hospital receptor y describe brevemente a los pacientes, la unidad que los transporta y la hora en que abandonaron la escena. Para minimizar el tráfico de radio durante estos incidentes, el personal en las ambulancias individuales no suele usar sus radios, excepto para recibir asesoría de control médico o para notificar al oficial de transporte que están saliendo del hospital y retornando al campo.

Situación de urgencia — Parte 3

Envía a su compañero a verificar a los ocupantes de la camioneta de pasajeros mientras ve al conductor del semitráiler. El conductor está consciente, alerta y orientado. Manifiesta que no siente dolor importante, pero está un poco aturdido. Confirma que está transportando combustible diesel. Considera realizar una doble verificación del documento del transporte para confirmación, una vez que ha efectuado su evaluación inicial y cualquier asistencia salvavidas inicial. Su compañero le notifica que hay seis pasajeros en la camioneta y que necesita su ayuda. Como se considera que éste es un incidente con víctimas masivas y debe iniciarse una selección, pide al conductor que se acueste en el suelo y permanezca quieto, le explica rápidamente porque lo deja ahí. Asegura que la vía aérea, respiración y circulación del paciente son permeables. Con la condición actual del paciente le asigna una etiqueta verde.

5. ¿Qué significan los colores en una etiqueta de selección?
6. ¿El hecho de que dejó a su paciente se considera abandono de la situación?

CUADRO 37-2 Prioridades de selección (triage)

Categoría de selección	Lesiones comunes
Etiqueta roja: Primera prioridad (Inmediata) Pacientes que necesitan cuidados y transporte inmediatos. Trate a estos pacientes primero y transporte tan pronto como sea posible.	■ Dificultades de la vía aérea y respiratorias ■ Hemorragia no controlada o intensa ■ Disminución del estado de conciencia ■ Signos de choque (hipoperfusión) ■ Quemaduras intensas
Etiqueta amarilla: Segunda prioridad (Retrasada) Pacientes cuyo tratamiento y transportación pueden retrasarse temporalmente.	■ Quemaduras sin problemas de la vía aérea ■ Lesiones óseas o articulares mayores o múltiples ■ Lesiones de la espalda con o sin daño de la médula espinal
Etiqueta verde: Tercera prioridad (Herido ambulatorio) Pacientes que no requieren tratamiento alguno o cuyo tratamiento y transportación pueden retrasarse hasta el final.	■ Fracturas menores ■ Lesiones menores de los tejidos blandos
Etiqueta negra: Cuarta prioridad (DOA) Pacientes ya muertos o que tienen poca probabilidad de sobrevivir. Si los recursos son limitados, trate los pacientes con posibilidades de sobrevivencia antes de tratar a estos pacientes.	■ Muerte obvia ■ Lesión con la que obviamente no puede sobrevivir, como un traumatismo abierto del encéfalo ■ Paro respiratorio (si hay recursos limitados) ■ Paro cardiaco

Después de dar un informe verbal al personal del hospital y transferir a los pacientes, la ambulancia retorna al área de espera sin más demora, ayudando a conservar el flujo continuo de ambulancias moviéndose entre el sitio del incidente con víctimas masivas y el hospital. El equipo que es colectado en el hospital o abastos adicionales que son necesarios en el campo son llevados al área de espera.

Si se necesitan ambulancias adicionales, el oficial de transporte radia al centro de comando, que luego dirige los recursos del área de espera. Si no las hay en el área de espera, el jefe del SMU notifica al despachador para obtenerlas en otra parte. Para prevenir una falta de ambulancias, solicite ambulancias extra tan tempranamente como sea posible en una situación de selección.

Después de que han sido transportados todos los pacientes de primera prioridad (etiquetados en rojo), se transportan los de la segunda prioridad (etiquetados en amarillo), seguidos por la tercera prioridad (etiquetados en verde). Luego de que todos los pacientes han sido transportados, varias unidades suelen permanecer en el sitio del incidente para proteger a los respondientes restantes en caso de lesión. A menudo se necesitarán las ambulancias para transferir pacientes del servicio al cual fueron llevados inicialmente a otro servicio más apropiado.

El tratamiento y la selección continúan hasta que todos los pacientes han sido tratados y transportados. Después de que el incidente con víctimas múltiples ha terminado, todo el personal que estuvo implicado debe ser interrogado y evaluado para determinar si necesita asesoría o atención médica. El éxito de cualquier sistema de comando de incidentes depende de que todo el personal realice sus tareas asignadas y trabaje dentro del sistema como un miembro del equipo. Por tanto, recuerde siempre que el costo de trabajar independientemente puede incluir la pérdida de vidas.

Tips para el TUM-B

Situaciones especiales de selección (triage)

Los pacientes que han sido contaminados con radiación, u otros materiales peligrosos, son situados en otra categoría de selección. Ésta es la más alta y urgente categoría de todas. Los pacientes contaminados deben mantenerse alejados de todos los otros pacientes. No se debe permitir que contaminen a otros pacientes, personal del SMU, ambulancias u hospitales.

Ciertas áreas urbanas grandes, que ofrecen cuidados regionalizados, usan otro concepto de selección. Los pacientes con problemas médicos específicos, como quemaduras, traumatismos, cardiacos o neonatales son seleccionados para enviarlos a centros regionales especializados para recibir tratamiento. Tomar la decisión de transportar a un paciente a un centro especializado de tratamiento es difícil. La decisión se basa en muchos factores, incluyendo (pero no limitados a) los siguientes:

- La enfermedad o lesión específica
- La intensidad de la enfermedad o lesión
- La disponibilidad de recursos locales en el momento del evento
- Reglas y protocolos locales

Estas decisiones se hacen frecuentemente sólo después de la comunicación en línea con la dirección médica.

Si hay centros especiales de tratamiento en su área, debe saber los protocolos de elección específicos que aplican. Además, note que en el evento de un incidente con víctimas masivas es posible que estos protocolos no se usen. Por ejemplo, un choque de autobús escolar en el cual los 30 o 40 pacientes son niños puede agobiar un hospital pediátrico. En forma similar, 10 pacientes quemados en un incendio de una planta de petróleo pueden inmovilizar a un centro de quemados. En estos casos son esenciales una buena selección y comunicación con dirección médica para proporcionar a cada paciente el mejor tratamiento disponible.

La mayoría de las áreas urbanas tiene centros regionales de trauma. Las lesiones graves, que ponen en peligro la vida, pueden tratarse en servicios que están preparados para enfrentarse inmediata y completamente con el problema. De manera ideal, los pacientes gravemente lesionados deben ser identificados en el campo y enviados a un centro de traumatismos designado.

Manejo de desastres

Un <u>desastre</u> es un evento generalizado que perturba las funciones y los recursos de una comunidad, amenaza vidas y propiedad. Es posible que muchos desastres no incluyan lesiones personales. Las sequías generalizadas causantes de daños en las cosechas son un ejemplo. Por otra parte, muchos desastres como las inundaciones, incendios y huracanes también dan como resultado lesiones generalizadas. A diferencia de un incidente con víctimas múltiples, que en general no dura más de unas cuantas horas, los respondientes de urgencias generalmente estarán en la escena del desastre por días o semanas, y a veces meses. Aunque usted puede declarar un incidente con víctimas múltiples, sólo un oficial autorizado puede declarar un desastre.

El papel que le toca desempeñar en un desastre es responder cuando se le solicita y presentarse al sistema de comando de incidentes para los papeles asignados. En un desastre con un número agobiante de víctimas, los hospitales del área pueden decidir que no pueden tratar a todos los pacientes en sus servicios. En este caso, suelen movilizar equipos de médicos y de enfermeras con equipamiento. Usando algunas instalaciones, como un almacén cercano a la escena del desastre, instalarán un <u>área de colección de víctimas</u>. Una vez en el área de colección de víctimas se puede efectuar la selección, proporcionarse cuidados médicos transportarse a los pacientes al hospital con base en prioridades.

Si se ha establecido un área de colección de víctimas, será coordinada a través del sistema de comando de incidentes en la misma forma que todas las otras ramas u áreas de la operación. Esto suele hacerse sólo en caso de un desastre mayor, como en un terremoto, cuando la transportación a un hospital es imposible o implica demoras prolongadas. Puede tomar varias hora establecer un área de colección de víctimas y esta demora puede limitar el número de eventos en los que tal área es eficaz para manejar el incidente.

Introducción a materiales peligrosos

Su entrenamiento le ha enseñado que una respuesta rápida a la escena de un choque puede salvar vidas. Sin embargo, cuando llega a la escena de un posible <u>incidente con materiales peligrosos</u>, primero debe detenerse y valorar la situación. Esto puede serle muy estresante, en particular si le es posible ver al paciente. No obstante, introducirse de manera acelerada en tales eventos puede producir re-

Tips para el TUM-B

Los incidentes con víctimas masivas y los desastres producen un costo físico y emocional en los respondientes de urgencias. Asegúrese de ser médicamente evaluado si ha sido lesionado, entrado en contacto con cualquier material peligroso o inhalado polvos, vapores o humo. A menudo los efectos de estas exposiciones sobre la salud no se manifiestan durante años y es difícil relacionarlos con un evento particular en el pasado. Además, esté consciente en sus propios signos de estrés y de sus compañeros. Tome ventaja total de la oportunidad de descargar el estrés después de un incidente.

- Acumulación de metano u otros productos intermediarios de la descomposición de desechos en albañales o plantas de procesamiento.
- Un choque de vehículo motor en el cual se ha roto un tanque de gasolina.

Con frecuencia, la presencia de materiales peligrosos se reconoce fácilmente mediante signos de advertencia, rótulos o etiquetas que se encuentra en los siguientes sitios Figura 37-10 :

- En edificios o áreas en las que se producen, usan o almacenan
- En camiones o vagones de ferrocarril que transportan cualquier cantidad de materiales peligrosos
- En barriles o cajas que contienen materiales peligrosos

sultados catastróficos. Si es alcanzado por una sustancia peligrosa, no sólo sufrirán los pacientes, porque no será capaz de atenderlos, sino además sumará una tensión a su sistema, ya que también requerirá cuidados de urgencias. Debido a los aspectos singulares de responder y trabajar en un incidente con materiales peligrosos, o HazMat (contracción del inglés de hazardous materials, o materiales peligrosos), en Estados Unidos la Administración de Seguridad y Salud Ocupacional (OSHA, por sus siglas en inglés) ha establecido requerimientos adicionales de entrenamiento específicos en la publicación 29 CFR 1910.120 – *Hazardous Waste Operations and Emergency Respond Standard* (Estándar de respuesta de operaciones y urgencias de materiales peligrosos), que todos los individuos, incluyendo los TUMB, deben cubrir antes de implicarse en estas situaciones. Como este texto no incluye información para cubrir estos requerimientos, necesita verificar con su agencia para obtener información sobre tratamiento adicional específico.

Pueden estar implicados **materiales peligrosos** en las siguientes situaciones Figura 37-9 :

- Un choque de un camión o un tren en el cual una sustancia escapa de un tanque de camión o ferrocarril.
- Un escape, incendio u otra urgencia en una planta industrial, refinería u otro complejo en el cual se producen o almacenan sustancias químicas o explosivos.
- Una fuga o rotura de una tubería de gas enterrada.
- Deterioro de tanques de combustible enterrados, e infiltración de aceite o gasolina en el terreno circundante.

Figura 37-9 Dos ejemplos de incidentes de materiales peligrosos.

Por desgracia aún puede ser difícil identificar materiales. Hay poca consistencia en las etiquetas y rótulos y, a veces, transportadores deshonestos no etiquetan los contenedores o recipientes apropiadamente. Las leyes y regulaciones que cubren el etiquetado de empaques y vehículos de transporte también pueden ser desorientadoras. En la mayor parte de los casos, el empaque o tanque debe contener cierta cantidad de material peligroso antes que se requiera un rótulo. Por ejemplo, debido a las pequeñas cantidades de materiales peligrosos implicadas, es posible que un camión que transporta 45 kg de HazMat # 1 y 45 kg tanto de HazMat # 2 como de HazMat #3 no requiera, por ley, exhibir etiquetas o rótulos. El camión puede mostrar sólo un rótulo que indique "favor de manejar cuidadosamente", implicando que no transporta materiales peligrosos. Por tanto, un choque que involucra a este camión es una situación grave, pero usted no sabría esto necesariamente si se confiara en etiquetas o rótulos. Mantenga siempre un alto índice de sospecha cuando se acerque a la escena de un accidente de camión o tanque de ferrocarril.

Algunas sustancias no son peligrosas, pero cuando se mezclan con otra sustancia pueden volverse altamente tóxicas. Es posible que no existan regulaciones sobre transportar tales sustancias juntas en un camión o vagón de ferrocarril (o en vagones tanques adyacentes). Sin embargo, el conductor de un camión comercial o el conductor de un tren, deben llevar papeles que identifiquen lo que está siendo transportado bajo su cuidado. Estos papeles pueden ser su primer indicio de que existe un posible problema con materiales peligrosos, aunque dependiendo de la naturaleza del incidente puede ser que los papeles no estén disponibles.

En caso de una fuga o derrame, un incidente con materiales peligrosos se indica a menudo por la presencia de lo siguiente:

- Una nube visible o humo de aspecto raro, como resultado del escape de la sustancia
- Una fuga o derrame de un tanque, contenedor, camión o vagón de ferrocarril, con o sin etiquetas o rótulos de materiales peligrosos
- Un olor picante poco común, fuerte, malsano en el área

Para indicar la presencia de gases o líquidos tóxicos normalmente inodoros durante una fuga o derrame, es posible que los fabricantes agreguen una sustancia que produce un fuerte olor fétido. Sin embargo, un número grande de gases y líquidos peligrosos son esencialmente inodoros (o no tienen un olor desagradable distintivo), aun cuando se ha producido un escape o derrame sustancial. En algunos incidentes, un gran número de personas están expuestas o pueden lesionarse o morir antes de que se identifique la presencia de materiales peligrosos. Si se acerca a una escena en la que más de una persona se ha colapsado o está inconsciente, o con dificultad respiratoria, debe asumir que se ha producido una fuga o derrame de materiales peligrosos y que es inseguro entrar al área.

Es importante que comprenda el peligro potencial de los materiales peligrosos y que sepa cómo operar en forma segura durante un incidente con éstos. Si no sigue las medidas de seguridad apropiadas usted y muchos otros pueden terminar innecesariamente lesionados o muertos. Su seguridad, la de su equipo, de los otros respondientes y del público deben ser su preocupación más importante.

Habrá ocasiones en las cuales la ambulancia es la que llega primero a la escena. Si, al acercarse, algunos signos sugieren que ha ocurrido un incidente con materiales peligrosos, debe detenerse a una distancia segura. Después de medir la escena rápidamente llame al equipo de HazMat. Si no reconoce el peligro hasta que está muy cerca, abandone inmediatamente la <u>zona de peligro</u>. Una vez que ha

Figura 37-10 **A.** Rótulos de advertencia que se encuentran en carros de ferrocarril que transportan materiales peligrosos. **B.** Etiquetas que también están fijas a cajas que contienen materiales peligrosos.

Seguridad del TUM-B

Las consideraciones de seguridad en las escenas de materiales peligrosos difieren considerablemente de las implicadas en la respuesta de urgencias en general. Los materiales peligrosos requieren un grado de alerta aún más grande que el usual para evitar entrar en un ambiente peligroso y ayudar a otros a evitarlo. Hay también una necesidad de prevenir la propagación de la contaminación a usted mismo y a su ambulancia. Comprender estos dos conceptos es un buen punto de partida para operaciones seguras en presencia de materiales peligrosos.

alcanzado un lugar seguro, intente evaluar rápidamente la situación y proporcione tanta información como sea posible cuando llame al equipo HazMat, incluyendo el sitio específico, el tamaño y la forma de los contenedores del material peligroso, lo que ha observado y le han dicho de lo que ha ocurrido. No reingrese a la escena y no abandone el área hasta que haya sido liberado por el equipo HazMat, o podrá contribuir a la situación esparciendo materiales peligrosos. Finalmente, no permita a civiles entrar a la escena, si es posible.

Identificación de materiales peligrosos

Hasta que el equipo HazMat llegue para determinar la zona de peligro, debe estar consciente de los perímetros de seguridad que son necesarios para los materiales peligrosos que son tóxicos (venenosos) y aquellos en los que no hay peligro de incendio o explosión. La determinación del perímetro de seguridad debe implicar la evaluación de varios factores relacionados con la sustancia, el ambiente, la contención, y el entrenamiento. Algunas fuentes sugieren situarse en dirección a favor del viento, a cuando menos 30 m (100 pies). Los cambios en la dirección del viento, los grandes volúmenes de material y las propiedades de la sustancia, pueden hacer que este mínimo sea muy cercano. Siempre esté más atrás de lo que cree necesario, solicite el equipo de HazMat de su jurisdicción y siga los protocolos locales. En un área montañosa debe situarse hacia la cima de la colina y en la dirección del viento. Recuerde, la dirección del viento puede cambiar rápidamente. Un fragmento de un rollo de vendas, de aproximadamente 60 cm (dos pies) de largo, atado en la punta de su antena, actuará como una guía de la dirección del viento. Asegúrese de verificar la dirección del viento periódicamente y reubicarse, si lo dicta un cambio en su dirección.

Si puede ver y leer el rótulo u otro signo de advertencia, note su color, fraseo y símbolos que tiene y, si está incluido, el número de cuatro dígitos que está presente o cualquier tablero de color naranja cerca de él (Figura 37-11 ▶). Este número, que puede estar precedido por las letras UN o NA, identifica el material peligroso específico. También puede estar exhibido el nombre del material en los papeles del embarque y en el empaque del material. Si no puede leer el rótulo o la etiqueta, no se acerque y arriesgue a exposición. El equipo de HazMat tendrá binoculares que permitirá a los miembros del equipo leer los rótulos y etiquetas a una distancia segura. Si puede leer el rótulo a simple vista puede estar demasiado cerca y debe considerar alejarse. La (Figura 37-12 ▶) muestra una carta que ilustra los rótulos de advertencia de materiales peligrosos, la (Figura 37-13 ▶) una que muestra las etiquetas de advertencia. Deberá estudiar y familiarizarse con estos materiales de advertencia.

Situación de urgencia — Parte 4

Al dirigirse a la camioneta notifica al despacho que ha iniciado la selección y pregunta el tiempo de arribo estimado de su apoyo; las unidades de apoyo indican tres minutos. En la camioneta encuentra seis pacientes, todos con cinturón de seguridad. La bolsa de aire del lado del conductor se desplegó, hay aproximadamente 25.4 cm (10") de penetración en el techo. Su compañero le dice que todos los pacientes están conscientes, alertas y orientados. Ha verificado los ABC de todos ellos. Juntos verifican las lesiones de todos los pacientes y asignan las etiquetas de selección apropiadas.

7. ¿Qué tipos de lesiones o trastornos médicos corresponderían a los colores de las cuatro categorías de selección?
8. ¿A quién proporcionaría tratamiento primero?

Operaciones de HazMat en la escena

Una vez que ha reconocido el incidente como uno que implica materiales peligrosos y ha solicitado el equipo de HazMat, debe enfocar sus esfuerzos en actividades que garantizarán la seguridad y supervivencia del mayor número de personas. Use el sistema de comunicación al público de la ambulancia para alertar a los individuos que están cerca de la escena y dirigirlos a moverse a un sitio donde estén suficientemente lejos del peligro. Con ayuda de otras personas de su equipo, intente establecer un perímetro para detener el tráfico y a individuos para que no entren a la zona de peligro.

El equipo de HazMat está preparado para identificar la sustancia específica implicada y, usando varios factores complejos, determinar el tamaño, dirección, forma, y perímetro de la zona. Conociendo el tipo, toxicidad o concentración y cantidad del material peligroso, ayudará al equipo a determinar la ubicación y distancia segura de la zona de peligro. La determinación de la zona de peligro será afectada también por la cantidad de viento y otros factores climatológicos, además del potencial de incendio o explosión. El equipo determinará qué material peligroso específico está implicado y marcará el perímetro de la zona de peligro o riesgo con una cinta de advertencia. Una vez que el área está establecida, no debe entrar en ella.

Sólo individuos entrenados en HazMat, usando el nivel apropiado de ropa protectora, deben entrar a la zona

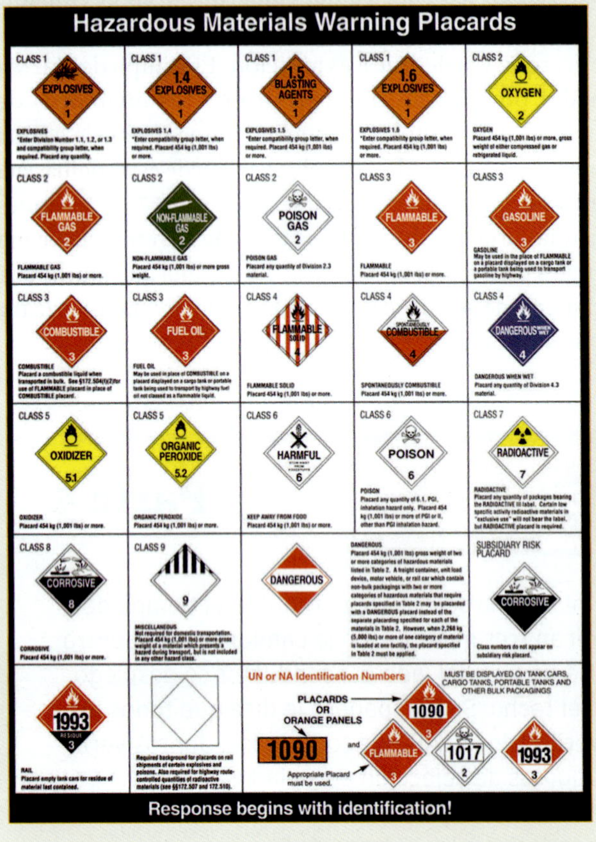

Figura 37-11 El número de cuatro dígitos que aparece en el rótulo de identificación describe el material peligroso específico.

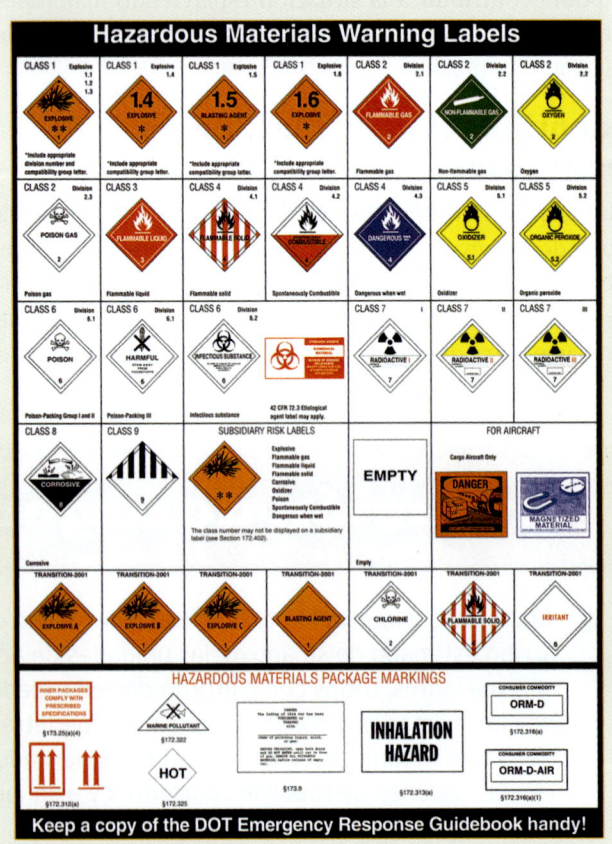

Figura 37-12 Rótulos de advertencia de materiales peligrosos.

Figura 37-13 Etiquetas de advertencia de materiales peligrosos.

de peligro. Como un TUM-B, su trabajo es informar a un área designada fuera de la zona de peligro y proporcionar selección, tratamiento, transporte o rehabilitación cuando miembros del equipo de HazMat le lleven pacientes.

La piel y ropa de los pacientes puede contener material peligroso, por lo que debe establecerse un área de descontaminación entre las zonas de riesgo y de tratamiento. El área de descontaminación es el área designada donde se retiran los contaminantes antes de que el individuo pase a otra área. <u>Descontaminación</u> es el proceso de retirar o neutralizar, y disponer apropiadamente, de los materiales peligrosos, del equipo, pacientes y personal de rescate. El área de descontaminación debe incluir contenedores especiales para ropa contaminada y bolsas especiales para aislar, en forma segura, los efectos personales del paciente, hasta que puedan ser descontaminados (Figura 37-14 ▼). El área también contendrá varios artefactos especiales para lavar y enjuagar minuciosamente pacientes y camillas rígidas. El agua que se use debe ser capturada y llevada a contenedores sellables especiales.

Quien deje la zona de peligro debe pasar por el área de descontaminación. La ropa protectora exterior de los bomberos y miembros del equipo de HazMat se lava y enjuaga en el área de descontaminación antes de retirarse (Figura 37-15 ▶). Para prevenir contacto y comunicación innecesarios de salpicaduras o residuos se usa personal diferente en las áreas de descontaminación y tratamiento. No debe ingresar al área de descontaminación a menos que esté apropiadamente entrenado y equipado. Debe esperar a que le lleven los pacientes.

Clasificación de los materiales peligrosos

El estándar 704 de Clasificación de Materiales Peligrosos de la Asociación Nacional de Protección Contra Incendios (NFPA, por sus siglas en inglés) clasifica los materiales peligrosos de acuerdo con niveles de peligro para la salud o toxicidad, riesgo de incendio, riesgo de reactivo químico, y riesgos especiales (como radiación o ácidos) de sitios fijos que almacenan materiales peligrosos. Los niveles de protección de toxicidad también están clasificados de acuerdo con el nivel de protección personal requerido. Por su propia seguridad debe conocer el tipo y grado de protección de salud, incendio y riesgo reactivo necesario para operar en forma segura cerca de estas sustancias antes de entrar a la escena; la (Figura 37-16 ▶) muestra la clasificación de materiales peligrosos de la NFPA.

Nivel de toxicidad

Los <u>niveles de toxicidad</u> son medidas del riesgo para la salud que posee una sustancia para alguien que entra en contacto con ella. Hay cinco niveles de toxicidad: 0, 1, 2, 3 y 4. Mientras más alto es el número, mayor es la toxicidad, como sigue:

- El **nivel 0** incluye materiales que causan poco, si es que algún, riesgo para la salud si se entra en contacto con ellos.
- El **nivel 1** incluye materiales que causarían irritación al contacto, pero sólo lesión residual leve, incluso sin tratamiento.
- El **nivel 2** incluye materiales que podrían causar daño temporal o lesión residual, a menos que se

Figura 37-14 La descontaminación del paciente previene que se propaguen contaminantes a otros.

Figura 37-15 La zona de descontaminación es donde la ropa protectora exterior de los bomberos y los miembros del equipo de HazMat se enjuaga y lava antes de quitarse.

Figura 37-16 Los estándares de peligro de NFPA están exhibidos claramente en una instalación que contiene material peligroso.

proporcione pronto tratamiento médico. Los niveles 1 y 2 se consideran ligeramente peligrosos, pero requieren el uso de aparatos de respiración autocontenidos (SCBA, por sus siglas en inglés), si entra en contacto con ellos.

- El **nivel 3** incluye materiales que son extremadamente peligrosos para la salud. El contacto con estos materiales requiere equipo protector completo, en forma que no se exponga parte alguna de la piel.
- El **nivel 4** incluye materiales que son tan peligrosos que el contacto mínimo causará la muerte. Para las sustancias del nivel 4 necesita equipo protector especializado, diseñado para protección del peligro particular.

Debe notar que todos los niveles de riesgo para la salud, con excepción del 0, requieren equipo protector respiratorio y químico, que no es estándar en la mayor parte de las ambulancias, y entrenamiento especial. El (Cuadro 37-3 ◀) describe adicionalmente las cuatro clases de riesgo.

Cuidados de los pacientes en un incidente con materiales peligrosos

Por lo general, los miembros del equipo de HazMat que están entrenados en cuidados de urgencias prehospitalarios iniciarán los cuidados de los pacientes que han sido expuestos a un material peligroso. Sin embargo, debido a los peligros, restricciones del tiempo y el equipo protector voluminoso que usan los miembros del equipo, sólo es práctico proporcionar la evaluación y cuidado esencial más simple en la zona de riesgo y en el área de descontaminación. Además, para evitar entrampamiento y propagación de contaminantes, no se aplican vendajes ni férulas —excepto apósitos compresivos necesarios para controlar hemorragia— hasta que el paciente "limpio" (descontaminado) ha sido movido al área de tratamiento. Por tanto, el TUM-B que está proporcionando cuidados en el área de tratamiento debe atender y evaluar al paciente en la misma forma que lo hubiera hecho a un paciente que no hubiera sido evaluado y tratado previamente.

Sus cuidados de pacientes en un incidente de HazMat deben atender los siguientes asuntos:

- Cualquier traumatismo que haya sido resultado de otros mecanismos relacionados, como colisión de un vehículo, incendio o explosión
- La lesión o el daño que haya resultado por la exposición a la sustancia tóxica peligrosa

Las lesiones más graves y muertes por materiales peligrosos son el resultado de problemas de la vía aérea y respiratorios. Por tanto, debe estar seguro de mantener la vía aérea y, si el paciente parece estar en dificultad, dar oxígeno a 10 a 15 L/min con una mascarilla no recirculante. Vigile la respiración del paciente constantemente. Si ve signos que indiquen que la dificultad respiratoria está aumentando, puede necesitar proporcionar ventilación asistida con un dispositivo de bolsa-válvula-mascarilla y oxígeno en flujo alto.

CUADRO 37-3 Niveles de toxicidad de materiales peligrosos

Nivel	Riesgo para la salud	Protección necesaria
0	Poco o ningún peligro	Ninguna
1	Levemente peligroso	Sólo SCBA (traje nivel C)
2	Levemente peligroso	Sólo SCBA (traje nivel C)
3	Extremadamente peligroso	Protección completa, sin piel expuesta (traje nivel A o B)
4	La exposición mínima causa la muerte	Traje especial HazMat (traje nivel A)

Corresponde tratar las lesiones en la misma forma en la que trataría cualquier lesión. Hay pocos antídotos específicos o tratamientos para la exposición a la mayoría de los materiales peligrosos. Diferentes personas pueden responder en forma distinta al contacto con el mismo material peligroso. Por tanto, su tratamiento del paciente con exposición a la sustancia tóxica debe enfocarse principalmente en cuidados de soporte básico e inicio del transporte al hospital, con un mínimo de demora adicional.

Si deben iniciarse en el campo la aplicación de antídotos especiales, u otros tratamientos especiales, serán ordenados por control médico y pasados al oficial encargado de operaciones del éstos SMU en la escena. Si el tratamiento incluye administración de medicamentos, líquidos intravenosos u otros cuidados avanzados, se enviarán paramédicos u otro personal de cuidados avanzados para trabajar con usted en el área de tratamiento.

Cuidados especiales

En algunos casos, antes de que el área de descontaminación haya sido completamente instalada, el equipo de HazMat encontrará uno o dos pacientes que necesitan tratamiento y transporte inmediato sin demora adicional, si han de sobrevivir. Aun después de que el área de descontaminación sea establecida, algunos pacientes pueden tener tal dificultad respiratoria, u otro trastorno crítico urgente, que el tiempo necesario para la descontaminación completa puede ser letal. Si la demora adicional para realizar la descontaminación apropiada parece poner en peligro la vida en exposiciones no tóxicas, puede ser necesario simplemente cortar y retirar toda la ropa del paciente y enjuagarlo rápidamente, para eliminar la mayor parte del material contaminante antes del transporte.

Si está tratando y transportando a un paciente que no ha sido completa y apropiadamente descontaminado, necesitará aumentar la cantidad de ropa protectora que emplee, incluyendo el uso de SCBA. Cuando menos debe incluir dos pares de guantes, lentes o un escudo facial, un traje protector, protección respiratoria y un delantal desechable impermeable a líquidos o vestidura similar. Muchos equipos de HazMat llevan trajes protectores ligeros, impermeables a líquidos fáciles de usar, con este propósito. Sin embargo, recuerde que transportar a un paciente contaminado simplemente aumenta el tamaño del evento. La decisión de transportar a un paciente con lesiones críticas corresponde al comandante del incidente, quien basa su decisión en las recomendaciones hechas por el equipo de HazMat.

Para hacer más fácil la descontaminación de la ambulancia, cierre con cinta adhesiva las puertas del gabinete. Cualquier juego de equipo, monitores y otros elementos que no se usarán en ruta deben retirarse del compartimento del paciente y colocarse en el frente de la ambulancia o en compartimentos exteriores. Antes de cargar al paciente debe activar el ventilador del techo y el ventilador de la unidad de aire acondicionado del compartimento del paciente. A menos que el clima sea muy intenso, las ventanas en el área del conductor y las ventanas deslizantes en el compartimento del paciente deben estar abiertas parcialmente para evitar crear una "caja cerrada" dentro de la ambulancia y asegurar que está adecuadamente ventilada para la seguridad del paciente y los TUM-B.

Cuando abandone la escena informe al hospital que está transportando a un paciente críticamente lesionado, que no ha sido descontaminado por completo en la escena. Esto permitirá al hospital prepararse para recibir al paciente. Pocas salas de urgencias tienen instalaciones para descontaminación y personal entrenado para esa situación. Es posible que lo deriven a un servicio con esas capacidades si el hospital receptor no está equipado. Asegúrese de que un TUM-B entre en la sala de urgencias, después de dar al personal del hospital el informe, y advertirle nuevamente la descontaminación incompleta, obtenga instrucciones antes que el paciente sea descargado e ingresado. Si hay suficientes ambulancias en una escena de materiales peligrosos, una puede ser aislada y usarse solamente para transportar estos pacientes. Recuerde, la ambulancia necesita ser descontaminada antes de transportar a otro paciente.

Recursos

Cada ambulancia y el CECOM deben tener una copia de la *Guía naranja* o *Guía de respuesta en caso de emergencias* (Emergency Response Guidebook) preparada por el

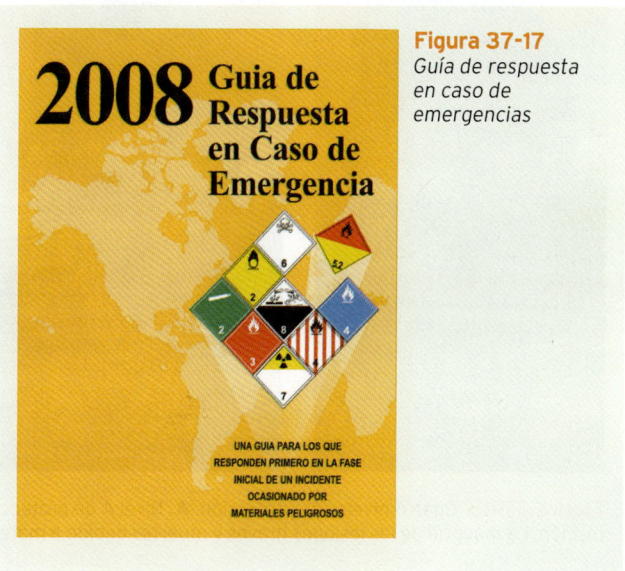

Figura 37-17
Guía de respuesta en caso de emergencias

departamento de Transporte de Canadá, Departamento de Transporte de Estados Unidos y la Secretaría de Comunicaciones y Transportes de México (Figura 37-17). Esta publicación enlista la mayor parte de los materiales peligrosos. Describe para cada uno la acción inicial de urgencias apropiada para controlar la escena y proporcionar cuidados de urgencias. Algunas agencias gubernamentales estatales y locales también pueden tener información sobre materiales peligrosos que se encuentran comúnmente en esas áreas. Asegúrese de mantener esas publicaciones actualizadas, y a mano en la unidad.

Otro recurso valioso es el <u>Sistema de Emergencias en Transporte para la Industria Química (SETIQ)</u>. Es un sistema de emergencia que proporciona telefónicamente información técnica y específica para atender en toda la República Mexicana emergencias e incidentes en los cuales se encuentran involucrados productos químicos; opera las 24 horas del día los 365 días del año.

El número de emergencias es 01-800 00-214 y en la ciudad de México 01-55-5230 5100.

Su función es servir de enlace con otros grupos de emergencia: bomberos, Cruz Roja, policía federal, protección civil, seguridad pública, brigadas de emergencia, grupos de ayuda mutua industriales, etc., y así coordinar la atención adecuada del accidente o incidente químico.

Mecánica de operación

1. Al ocurrir un accidente en el que esté involucrado algún producto químico, cualquier persona que esté cerca del lugar del accidente solicita ayuda al SETIQ.
2. El comunicador del sistema recibe la llamada y verifica que se trata de una emergencia.
3. El SETIQ da aviso a los organismos de auxilio, según sean requeridos.
4. El SETIQ llama al propietario del producto y empresa transportista, da aviso del accidente y

Figura 37-19 Trabajadores con nivel de protección B.

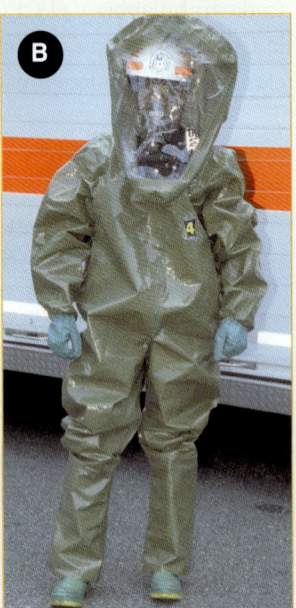
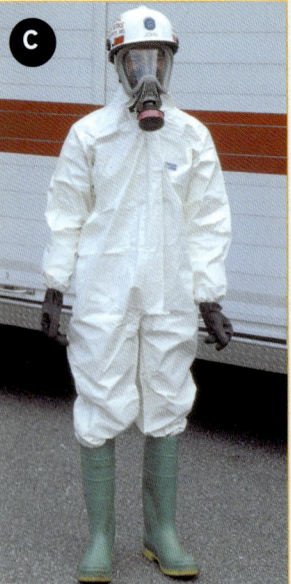

Figura 37-18 Cuatro niveles de protección. **A.** Nivel A de protección. **B.** Nivel B de protección. **C.** Nivel C de protección. **D.** Nivel D de protección. La mayoría de las lesiones graves y muertes debido a materiales peligrosos se debe a problemas de la vía aérea y respiratorios.

coordina a los involucrados en la atención de la emergencia.
5. El SETIQ se mantiene en contacto continuo hasta que la situación vuelve a la normalidad.

Si está interesado en aprender más sobre incidentes de materiales peligrosos puede consultar lo siguiente:
- NFPA, estándar 479.
- NOM-043-SCT-2003. "Documentos de embarque de substancias, materiales y residuos peligrosos" (DOF: 27-enero-2004).
- NOM-021-SCT2-1994. "Disposiciones generales para transportar otro tipo de bienes diferentes a las sustancias, materiales y residuos peligrosos en unidades destinadas al traslado de materiales y residuos peligrosos" (DOF: 25-septiembre-1995).
- NOM-005-SCT-2008. "Información de emergencia en transportación para el transporte terrestre de materiales y residuos peligrosos" (DOF: 14-agosto-2008).

Nivel de equipo protector personal

Los niveles de equipo protector personal (EPP), indican la cantidad y tipo de vestidura protectora que necesita para prevenir lesión por una sustancia particular. Los cuatro niveles de protección reconocidos, A, B, C y D, son Figura 37-18:

- **Nivel A**, el más peligroso, requiere ropa protectora, completamente encapsulada, resistente a sustancias químicas, que proporciona protección corporal total, así como SCBA y equipo sellado especial.
- **Nivel B**, requiere ropa protectora no encapsulada, o ropa diseñada para proteger contra un peligro particular Figura 37-19. Usualmente esta ropa está hecha con material que dejará pasar sólo cantidades limitadas de humedad y vapor (no permeable). El nivel B también requiere respirar a través de dispositivos que contengan su propio abasto de aire, como SCBA y protección de los ojos.
- **Nivel C**, como el nivel B, requiere el uso de ropa no permeable y protección de los ojos. Además, deben usarse mascarillas faciales que filtran todo el aire exterior inhalado.
- **Nivel D**, requiere un uniforme de trabajo, como overol, que proporciona protección mínima.

Todos los niveles de protección requieren el uso de guantes. Se necesitan dos pares de guantes para protección, en caso de que un par tenga que quitarse debido a una contaminación intensa.

Situación de urgencia — Resumen

El camión de bomberos ha llegado. Su compañero permanece con los pacientes en la camioneta mientras le da el informe al capitán en la máquina. Usted transfiere el comando de incidente al capitán y asiste con los cuidados del paciente.

Como con cualquier escena, la seguridad debe ser siempre su prioridad número uno. No es ayuda alguna como rescatador si se convierte en víctima. Solicite un relevo si siente que va a necesitarlo. Es mejor encontrar que los recursos adicionales no son necesarios y tener que regresarlos a la estación, que no llamarlos en absoluto, o llamarlos demasiado tarde. Intente identificar cualquier material peligroso antes de salir de la ambulancia. Recuerde que en cualquier momento en que su número de pacientes exceda sus recursos, debe considerar a la escena como un incidente con víctimas masivas y reaccionar de acuerdo con ello.

Resumen

Listo para repaso

- Los sistemas de comando de incidentes permiten la coordinación de las actividades de la policía, bomberos y SMU en una situación de urgencias. En incidentes mayores suele haber un comando unificado con un puesto simple de comandando donde se toman las decisiones por los líderes de las agencias.

- Si su unidad llega primero a un incidente que implica a más de una unidad o agencia, debe establecerse un comando. De lo contrario, tiene que presentarse al puesto de comando para su asignación.

- Puede ser asignado a uno de los siguientes sectores: espera, extracción, selección, tratamiento, abastecimiento, transporte o rehabilitación.

- En un incidente de víctimas masivas, el personal médico más altamente capacitado en la escena dirige la selección. Esto significa asignar prioridades de tratamiento y transporte, de acuerdo con la gravedad y posibilidad de supervivencia de las lesiones del paciente.

- Hay cuatro niveles de selección (triage), cada uno con un área de tratamiento separada. La prioridad más alta se da a pacientes cuyas lesiones son críticas, pero con posibilidad de supervivencia con un pronto tratamiento.

- La regla cardinal de la selección es dar el mayor beneficio al mayor número de personas, el tratamiento y la selección continúan hasta que todos los pacientes han sido transportados.

- En áreas urbanas, con centros especiales de tratamiento, se usan protocolos especiales para seleccionar a los pacientes con lesiones específicas a los centros apropiados.

- La comunicación con la dirección médica es esencial para una buena selección.

- Los desastres son eventos extensos que pueden amenazar vidas y propiedad, a veces pueden causar lesiones personales. El sistema de comando de incidentes se usa para desastres, así como para otros tipos de incidentes de víctimas masivas. Sin embargo, si el número de pacientes es agobiante para los hospitales del área, se puede establecer un área alternativa de colección de servicios y víctimas para selección y tratamiento.

- En un incidente con materiales peligrosos la seguridad suya y de su equipo, el paciente y el público, es su preocupación más importante.

- Si llega primero, evalúe la situación teniendo cuidado en protegerse y luego solicite un equipo de HazMat entrenado. El paso más importante en ese incidente es darse cuenta, primero, de que está en una situación peligrosa y luego intentar identificar las sustancias implicadas (de ser posible).

- No entre a la zona de peligro, su trabajo es proporcionar cuidados de soporte una vez que el paciente es movido, en forma segura, fuera del área.

- Los materiales peligrosos se clasifican de acuerdo con cinco niveles de toxicidad. Cuatro niveles de protección son indicados por la cantidad y tipo de ropa protectora que necesita. Los niveles indican la cantidad y tipo de vestidura protectora que requiere para prevenir lesiones de una sustancia particular.

- Las lesiones más graves y muertes por incidentes de materiales peligrosos son el resultado de problemas de la vía aérea y respiratorios. Las lesiones de los pacientes deben tratarse en igual forma que como trataría cualquier lesión.

- Los recursos disponibles para los incidentes de HazMat incluyen el libro *Guía de respuesta en caso de emergencias* (GRENA) y el SETIQ que está abierto 24 horas al día para ayudarlo a identificar y manejar incidentes del transporte de materiales peligrosos.

Vocabulario vital

área de colección de víctimas Área designada para médicos, enfermeras y otro personal hospitalario cerca de la escena de un desastre mayor donde los pacientes pueden recibir triage adicional y atención médica.

área de descontaminación Área designada en un incidente de materiales peligrosos donde todos los pacientes y rescatistas deben descontaminarse antes de ir a otra zona.

área de rehabilitación Zona que provee protección y tratamiento a bomberos y otro personal que trabaja en casos de emergencia. Aquí, los trabajadores reciben vigilancia médica y la atención necesaria al llegar y dejar la escena.

área de selección Área designada en un incidente masivo donde se encuentra el oficial de selección y los pacientes son clasificados de modo inicial antes de ser enviados al centro de tratamiento.

área de transporte El área en un incidente masivo donde se organizan las ambulancias y su tripulación para transportar pacientes desde el área de tratamiento hasta los hospitales receptores.

área de tratamiento Localización en un incidente masivo a la cual se llevan los pacientes, después de recibir triage y de asignarles una prioridad, en la cual se reevalúan, tratan y vigilan hasta transportarlos al hospital.

comandante de incidente Persona que tiene el mando completo de la escena en el campo.

comandante de sector Persona asignada para supervisar y coordinar la actividad en un sector de manejo de incidente; trabaja bajo las órdenes del comandante de incidente.

desastre Evento extenso que interrumpe los recursos de comunicación y sus funciones, amenaza a su vez la seguridad pública, la vida y las propiedades de los ciudadanos.

descontaminación Proceso de eliminar o neutralizar y desechar de manera adecuada los materiales peligrosos del equipo, los pacientes y el personal de rescate.

incidente con materiales peligrosos Incidente en el cual la sustancia peligrosa ya no está almacenada ni aislada en forma adecuada.

incidente con víctimas masivas Situación de emergencia que incluye tres o más pacientes o que puede implicar grandes exigencias para el equipo o el personal del sistema SMU o que posee el potencial para producir múltiples víctimas.

materiales peligrosos Cualquier sustancia tóxica, venenosa, radiactiva, inflamable o explosiva que causa lesión o muerte al exponerse a ella.

niveles de equipo protector personal (EPP) Medición de la cantidad y tipo de equipo protector que requiere un individuo para evitar lesiones durante el contacto con materiales peligrosos.

niveles de toxicidad Mide el riesgo que posee un material peligroso para la salud de una persona que entra en contacto con él.

oficial de selección Persona a cargo del sector de selección del comando de incidente, quien dirige la clasificación de los pacientes en categorías de selección en un incidente masivo.

oficial de transportación Persona a cargo del sector de transporte en un incidente masivo que asigna pacientes del área de tratamiento a las ambulancias en espera en el área de transporte.

oficial de tratamiento La persona, casi siempre un médico, que está a cargo de y dirige al personal de SMU en el área de tratamiento en un incidente masivo.

puesto de mando Localización del comandante del incidente en la escena de una emergencia, donde se centralizan el mando, la coordinación y comunicación.

respuesta de ayuda mutua Acuerdo entre sistemas SMU vecinos para responder a incidentes masivos o desastres en la región de cada uno cuando los recursos locales son insuficientes para manejar la respuesta.

selección (triage) El proceso de clasificar a los pacientes con base en su gravedad y necesidad médica para establecer las prioridades de tratamiento y transporte.

sistema de comando de incidentes Sistema de organización que ayuda a controlar, dirigir y coordinar al persona y los recursos de urgencias; también se conoce como sistema de manejo de incidentes (SMI).

Sistema de Emergencias en Transporte para la Industria Química (SETIQ) Agencia que asiste al personal de urgencias para identificar y manejar los incidentes de transporte de sustancias peligrosas.

zona de peligro Área donde las personas pueden exponerse a sustancias tóxicas, rayos letales o ignición o explosión de materiales peligrosos.

Autoevaluación

Ha sido llamado a la piscina de un deportivo local por un informe sobre un pequeño derrame de cloro. Cuando llega a la escena encuentra que las autoridades ya han llegado y han pedido a los espectadores que se alejen de la escena.

Un grupo de padres y niños estaban cerca del área cuando se produjo el derrame. Solicita un equipo de HazMat para que acuda a la escena y espera su llegada. Luego dice a los padres y a los niños que se ha llamado a un equipo especial y que viene en camino.

1. Uno de los papeles desempeñados por el TUM-B en la escena de un derrame de materiales peligrosos es asistir:

   A. en la descontaminación del paciente.
   B. en evaluar la cantidad del material derramado.
   C. en mantener a los espectadores alejados.
   D. con la selección en la zona de riesgo.

2. Hasta que llega el equipo de HazMat para determinar la zona de riesgo, siempre debe estar consciente de los perímetros que es necesario mantener para mantenerse seguro. El área de seguridad que debe establecerse cuando hay un agente desconocido debe ser:

   A. contra el viento y de cuando menos 30 m (100 pies).
   B. a favor del viento y de cuando menos 300 m (1000 pies).
   C. a favor del viento y de cuando menos 30 m (100 pies).
   D. contra el viento y de cuando menos 300 m (1000 pies).

3. ¿En cuál de los siguientes sitios se reconoce, frecuentemente, la presencia de materiales peligrosos, por signos de advertencia, rótulos o etiquetas?

   A. En edificios o áreas en las cuales se usan materiales peligrosos
   B. En carros de ferrocarril que trasladan materiales peligrosos
   C. En cajas que contienen materiales peligrosos
   D. En todo lo indicado en A, B y C

4. El proceso de retirar o neutralizar y disponer apropiadamente de materiales peligrosos de equipamiento, pacientes y personal de rescate se conoce como:

   A. desinfección.
   B. esterilización.
   C. descontaminación.
   D. contaminación.

5. Los niveles de protección indican la cantidad y tipo de ropa protectora que necesitará para prevenir lesionarse por una sustancia particular. ¿Cuántos niveles de protección existen ahora?

   A. 3
   B. 4
   C. 5
   D. 6

6. Fue informado que los técnicos de HazMat están usando ropa protectora totalmente encapsulante, resistente a sustancias químicas, que proporciona protección corporal total, así como SCBA completamente incluido. ¿Qué nivel de protección está siendo usado?

   A. Nivel A
   B. Nivel B
   C. Nivel C
   D. Nivel D

7. Las lesiones más graves y muertes por materiales peligrosos son el resultado de:

   A. deterioro cardiaco.
   B. problemas de la vía aérea y respiratorios.
   C. quemaduras.
   D. infección.

Preguntas desafiantes

8. ¿Qué nivel de toxicidad se usa para describir una sustancia que causará la muerte con una exposición mínima?

9. ¿Qué tipo de equipamiento protector personal se debe usar?

Qué evaluar

Es despachado a una escuela secundaria local para una urgencia desconocida. Al entrar a la escuela es recibido por el director, quien le dice que el profesor de química no responde en el laboratorio. El director le informa que el profesor fue encontrado por uno de sus estudiantes y ahora está siendo atendido por la enfermera de la escuela. Al entrar al laboratorio es inmediatamente sobrecogido por un fuerte olor químico. Observa ahora a dos personas en el piso y el director se empieza a quejar de fuerte cefalea y náusea.

¿Cuáles son los indicios de que éste es un incidente de HazMat? ¿Intentaría acarrear al exterior a los dos pacientes o efectuaría una evacuación inmediata? ¿Qué otra información necesita reunir? ¿Debe solicitar recursos adicionales?

Temas: Seguridad de la escena, Incidentes de HazMat.

Técnicas de SVA

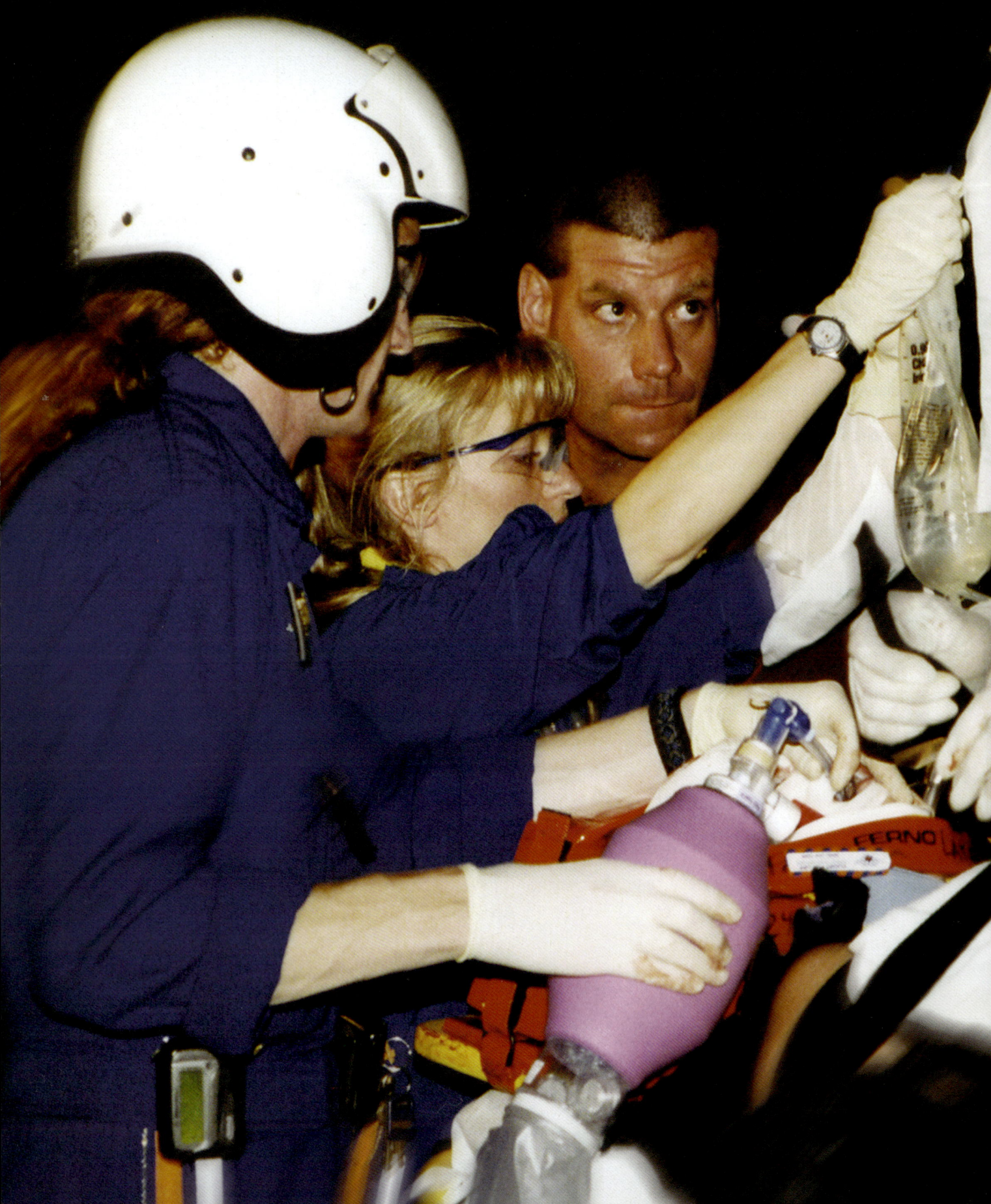

Sección 8

38 Asistencia con la terapia intravenosa 1100

Asistencia con la terapia intravenosa

Objetivos*

Cognitivos
1. Conocer los tipos de líquidos IV usados en la atención prehospitalaria. (p. 1167)
2. Analizar y diferenciar entre las diversas aplicaciones intentadas para cada una de las soluciones IV. (p. 1167)
3. Analizar y diferenciar entre los equipos de administración y sus aplicaciones apropiadas. (p. 1167)
4. Analizar y diferenciar entre los diversos tipos de catéteres utilizados en terapia IV y su uso apropiado.
5. Analizar y exponer la necesidad de asegurar de forma apropiada la tubería IV al paciente después de la inserción IV. (p. 1170)
6. Analizar la necesidad de disponer de sitios de punción y equipamiento alternativos, y diferenciar entre ellos:
    - Cierres salinos (*buff caps*)
    - Agujas intraóseas
    - IV yugulares externas (p. 1170)
7. Analizar y diferenciar entre los diversos tipos de complicaciones locales y sistémicas de la terapia IV:
    - Infiltración
    - Flebitis
    - Oclusión
    - Irritación venosa
    - Hematoma
    - Reacciones alérgicas
    - Embolia gaseosa
    - Desgarro del catéter
    - Sobrecarga circulatoria
    - Reacción vasovagal (pp. 1172-1175)
8. Definir de manera correcta los siguientes términos:
    - Entrada de acceso
    - Cristaloide
    - Bayoneta
    - Equipo de goteo
    - Macrogoteo
    - Microgoteo
    - Cámara de goteo
    - Mantener-la vena-abierta (MVA)
    - Catéter de mariposa
    - Catéter sobre aguja (pp. 1167, 1168)
9. Analizar y reconocer las diferencias en el tratamiento requerido de la terapia IV pediátrica. (p. 1175)
10. Analizar y reconocer las diferencias en el tratamiento requerido de la terapia IV geriátrica. (p. 1175)

Afectivos
11. Aplicar y mantener el aislamiento apropiado de las sustancias corporales durante el proceso total de terapia IV. (p. 1166)
12. Explicar el proceso de armado del equipo IV antes de cualquier inserción de catéter. (p. 1166)
13. Explicar y reconocer los requerimientos especiales y entrenamiento necesarios para sitios de IV alternativos:
    - Cierres salinos (buff caps)
    - Agujas intraóseas
    - IV yugulares externas (p. 1170)
14. Comprender las posibles complicaciones asociadas con la terapia IV. (pp. 1172, 1175)
15. Explicar cómo tratar problemas y corregir complicaciones asociadas con la terapia IV. (p. 1175)
16. Reconocer los límites en la administración de líquidos en pacientes tanto pediátricos como geriátricos. (p. 1175)

Psicomotores
17. Demostrar la técnica estéril apropiada para reunir el equipo IV, incluyendo:
    - Guantes
    - Apósitos de gasa de 4×4
    - Cinta IV apropiada (p. 1168)
18. Preparar la bolsa IV con la venoclisis IV apropiada. Llenar correctamente la venoclisis, incluyendo la cámara de goteo. (p. 1168)
19. Demostrar la técnica apropiada para asegurar la venoclisis al paciente. (p. 1170)
20. Demostrar la técnica apropiada para elegir catéteres de tamaños apropiados para pacientes pediátricos y geriátricos. (p. 1175)

*Todos los objetivos en este capítulo son objetivos no curriculares.

38

Asistencia con la terapia intravenosa

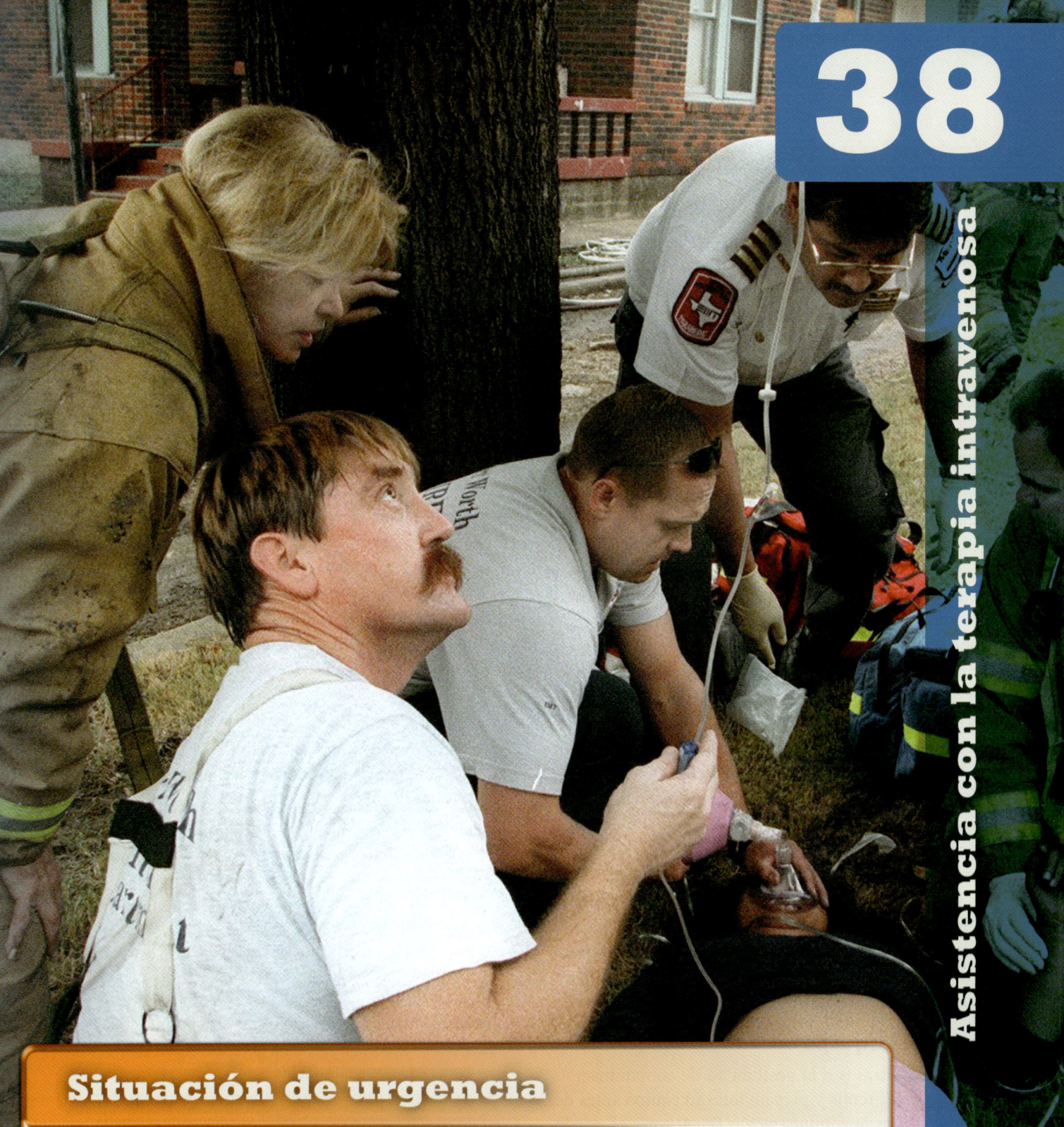

Situación de urgencia

Es despachado a una residencia privada por una llamada que implica dificultad respiratoria. Al llegar encuentra a una mujer de 74 años de edad sentada en una silla de la cocina, en posición de trípié, quejándose de dificultad para respirar. La piel de la paciente es pálida y diaforética. Su pulso es entre 120 y 130 latidos/min e irregular, una tensión arterial de 90/54 mm Hg, y sus respiraciones de 32/min y superficiales. Está tosiendo esputo espumoso en un pañuelo de papel. Niega tener dolor de pecho, pero pone una mano sobre el pecho y murmura "presión". Se entera que se puso muy disneica después de caminar varias cuadras porque a su auto se le desinfló una llanta. Su lista de medicaciones, encontrada en un "frasco de vida" en su refrigerador, incluye Lasix, Lanoxin, Coumadin, potasio y un inhalador de albuterol.

1. ¿Qué otros signos y síntomas esperaría encontrar?
2. ¿Qué tratamiento inmediato puede iniciar para ayudarla a aliviar su molestia?

Introducción

Este capítulo está diseñado para familiarizarlo en asistir a un compañero de soporte vital avanzado (SVA) en el establecimiento del equipo necesario para lograr un acceso intravenoso (IV). Aprenderá lo referente al equipo usado, comprenderá la importancia del acceso temprano y cómo reconocer las complicaciones cuando se presentan.

Técnicas y administración IV

Lo más importante que se debe recordar sobre las técnicas y administración de líquidos IV es mantener estéril el equipo IV. La previsión ayudará a evitar errores, mentales y de procedimientos, mientras se inserta una aguja o un catéter.

El trabajo en grupo es crítico en los buenos cuidados del paciente. Como TUM-B, usted es un miembro muy valioso del equipo. Aprender cómo reunir el equipo se efectúa con frecuencia sobre la marcha. Podrá escuchar a su compañero SVA pedir "púrgame 1 000 de Hartmann con una macro y deme un catéter calibre 16". "Purgar" significa fijar o unir la venoclisis a una bolsa o botella de solución IV; "1 000" indica el número de mililitros, o tamaño, de la bolsa o botella; Hartmann quiere decir solución lactada de Ringer; "macro" denota el tamaño de la cámara de goteo para elegir el equipo de venoclisis, y "calibre 16" se refiere al tamaño del catéter.

Una forma de asegurar una técnica apropiada consiste en desarrollar una rutina para seguirla mientras reúne el equipo apropiado. Una práctica rutinaria lo ayudará a no perder de vista su equipo y a dar los pasos necesarios para completar con éxito la administración IV.

Armar el equipo

Para evitar retrasos o la posibilidad de contaminación del sitio de IV, reúna y prepare todo su equipo antes de intentar iniciar la administración IV. A veces el estado y la presentación del paciente dificultan la preparación completa. En esta situación, trabajar en equipo se vuelve crítico. Anticipando las necesidades de su compañero del SVA, puede ayudar a que la reunión del equipamiento IV sea posible. El **Cuadro 38-1** muestra una secuencia lógica de pasos para reunir su equipo. Dependiendo de los protocolos locales, su compañero del SVA se hará cargo de insertar el catéter, pero su asistencia será muy útil en otras áreas.

Elección de una solución IV

Aunque es probable que los proveedores de SVA seleccionen la solución para usar, esta sección expone algunas posibilidades, en forma que pueda familiarizarse con ellas. En situaciones prehospitalarias, la elección de una solución IV está limitada a los **cristaloides**, solución salina normal y solución lactada de Ringer. La glucosa al 5% (dextrosa al 5% en agua) se reserva con frecuencia para administrar una medicación.

Cada bolsa o botella de solución IV, envuelta en una bolsa plástica estéril protectora, está garantizada para permanecer estéril hasta la fecha de caducidad impresa. Una vez que la envoltura protectora se rompe y se desecha, la solución IV tiene una vida de 24 horas en el anaquel. La base de cada bolsa de IV tiene dos entradas: una entrada de inyección para el medicamento y un **puerto de acceso** para conectarse con la bayoneta de la venoclisis **Figura 38-1**. El puerto de acceso estéril está protegido por una conexión en espiral removible, una vez que se quita, la bolsa debe usarse de inmediato o descartarse.

Las bolsas con solución IV vienen con diferentes volúmenes líquidos **Figura 38-2**. Los volúmenes pre-

---

CUADRO 38-1 Pasos del TUM-B en el armado del equipo IV

1. ¡Póngase los guantes! Las precauciones del ASC no pueden enfatizarse lo suficiente.
2. Obtenga la solución solicitada por su compañero del SVA, verifique la bolsa con relación a claridad, fecha de caducidad y solución correcta.
3. Elija un equipo de venoclisis apropiado para el paciente.
4. Obtenga el catéter solicitado por su compañero del SVA. Tenga un par de catéteres listos para inserción.
5. Perfore la bolsa insertando la venoclisis en la entrada de la bolsa de líquido.
6. Permita que pase líquido a través de la venoclisis para desplazar por completo todo el aire dentro de la tubería.
7. Corte cinta adhesiva o prepare los dispositivos adheribles o autoadheribles para asegurar el sitio de IV.
8. Abra un limpiador de alcohol.
9. Tenga fragmentos de gasa de 4 × 4 listos para "atrapar" sangre.
10. Después que su compañero del SVA ha insertado el catéter, disponga adecuadamente de los materiales afilados.
11. Ensamble la tubería IV y ajuste el flujo.

hospitalarios más comunes son de 500 y 1 000 mL. Los volúmenes más pequeños (100 y 250 mL) contienen más comúnmente glucosa al 5%, se usan para mezclar y administrar medicaciones.

Elección de un equipo de venoclisis

Una venoclisis desplaza líquido de la bolsa IV al sistema vascular del paciente. Como sucede con las bolsas de solución IV, los juegos de administración estarán estériles mientras permanezcan en su empaque protector. Una vez que son retirados de su empaque no puede garantizarse su esterilidad. Cada venoclisis tiene una bayoneta protegida por una cubierta plástica. De nuevo, una vez que la bayoneta se expone y el sellado de la tapa se rompe, el juego debe usarse de inmediato o descartarse.

Existen diferentes tamaños de juegos de administración para distintas situaciones y pacientes. La mayoría de los sistemas de goteo tiene un número visible en el empaque (Figura 38-3 ▶) que indica el número de gotas que forman un 1 mL de líquido para pasar a la cámara de goteo. Los sistemas de goteo usados con más frecuencia en el ambiente prehospitalario vienen en tres tamaños principales: microgoteo, normogoteo y macrogoteo. Los sistemas de microgoteo permiten el paso de 60 gotas/mL por el pequeño orificio, como de aguja, dentro de la cámara de goteo. Los microgoteos son ideales para la administración de medicamentos o entrega pediátrica de líquidos porque es fácil controlar el flujo del líquido. Los normogoteros permiten el paso de 15 a 20 gotas/mL dependiendo de la marca del equipo. Los sistemas de macrogoteo permiten

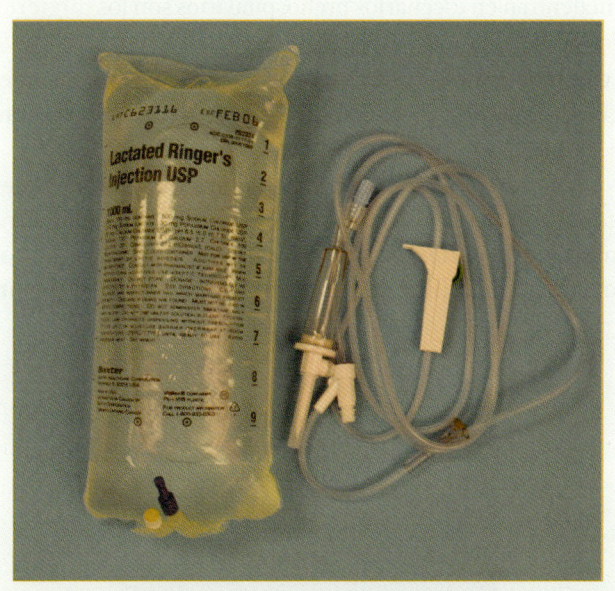

Figura 38-1 Una bolsa IV con una venoclisis.

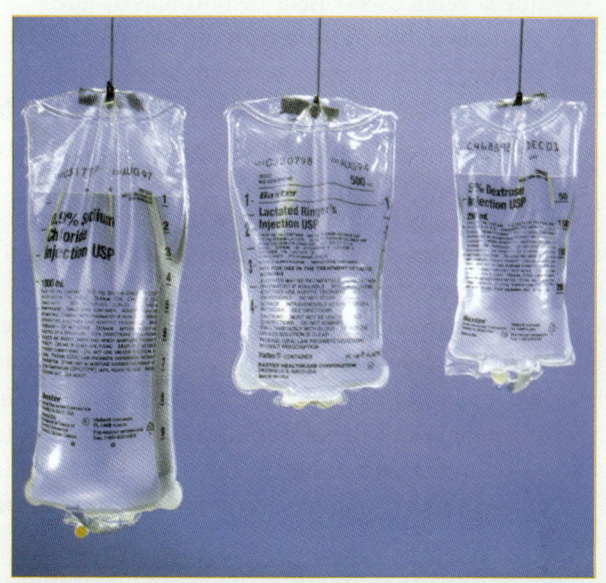

Figura 38-2 Ejemplos de diferentes tamaños de bolsas IV.

Situación de urgencia — Parte 2

Nota que los pies y tobillos de la paciente están hinchados. Ella le dice que vio a su médico hace tres días y se le dijo que tenía fibrilación auricular, pero rehusó ser hospitalizada. Está tomando Lasix, que reconoce como un diurético, y Lanoxin para controlar su trastorno cardiaco. Menciona que su inhalador de albuterol no está ayudándola a respirar mejor. La lectura de su oximetría del pulso es 87%. Parece estar poniéndose muy agitada durante su interrogatorio.

3. ¿El edema en sus extremidades inferiores es un hallazgo significativo?

el paso de 10 gotas/mL a través de una abertura entre la bayoneta y la cámara de goteo; se usan más para el remplazo rápido de líquidos, pero también se pueden utilizar para el sistema IV para mantener la vena abierta (KVO).

Preparación de la venoclisis

Después de elegir el equipo de venoclisis IV y la bolsa de solución IV, verifique la fecha de caducidad, así como la claridad de la solución. Prepárese para perforar la bolsa con la bayoneta de la venoclisis como sigue (Destrezas 38-1 ▶):

1. **Retire la conexión en espiral** que se encuentra en la base de la bolsa IV tirando de ella. La bolsa está aún sellada y no escurrirá sino hasta que la bayoneta de la venoclisis fije las punciones de esta entrada, de preferencia coloque la llave reguladora de flujo pegada a la cámara de goteo y ciérrela para evitar que la venoclisis se llene de burbujas de aire.
2. **Quite la cubierta protectora de la bayoneta** (recuerde, ¡la bayoneta está estéril!) (**Paso 1**).
3. **Deslice la bayoneta al interior de la entrada de la bolsa IV** hasta que vea líquido entrar en la cámara de goteo y llene la mitad de la cámara. (**Paso 2**).
4. **Permita que la solución corra libremente** a través de la cámara de goteo y de la tubería para permitir que escape el aire fuera ésta (**Paso 3**).
5. **Retire parcialmente la cubierta protectora** en el extremo opuesto a la tubería IV para permitir que escape el aire. Separe con cuidado la cubierta sin infringir la esterilidad. Permita que fluya el líquido hasta que se eliminen las burbujas de aire de la línea antes de girar la rueda de la llave reguladora para detener el flujo (**Paso 4**). Coloque de nuevo la cubierta.
6. A continuación, cierre la llave reguladora y **verifique la cámara de goteo**, debe estar llena sólo hasta la mitad. El nivel del líquido debe estar visible para calcular la frecuencia de las gotas. Si el nivel del líquido es demasiado bajo, exprima la cámara hasta que se llene; si la cámara está demasiado llena, invierta la bolsa y la cámara para vaciar el líquido de vuelta a la bolsa (**Paso 5**).
7. **Cuelgue la bolsa** en el sitio apropiado con el extremo de la venoclisis IV fácilmente accesible.

Catéteres

Un catéter es una aguja hueca afilada con láser dentro de un tubo plástico insertado en una vena para mantenerla abierta (Figura 38-4 ▼). Los tipos más comunes de catéteres que se encuentran en escenarios prehospitalarios son los catéteres de mariposa y los catéteres sobre aguja (Figura 38-5 ▶). Los proveedores de soporte vital avanzado seleccionan el catéter basados en la necesidad de la IV, la edad del paciente y la ubicación para la IV.

Los catéteres son medidos por sus diámetros y referidos como calibre del catéter. Un catéter de diámetro más grande corresponde a un calibre menor. Por tanto, un catéter de calibre 14 tiene un diámetro mayor que un

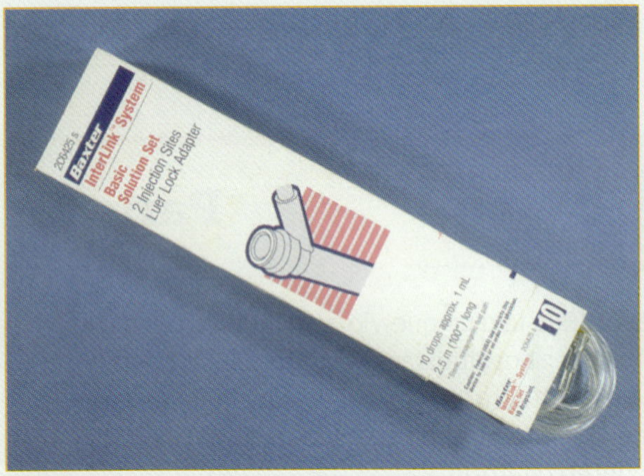

Figura 38-3 El número visible en el sistema de goteo se refiere al número de gotas que le toma a 1 mL de líquido para pasar a través del orificio y al interior de la cámara de goteo.

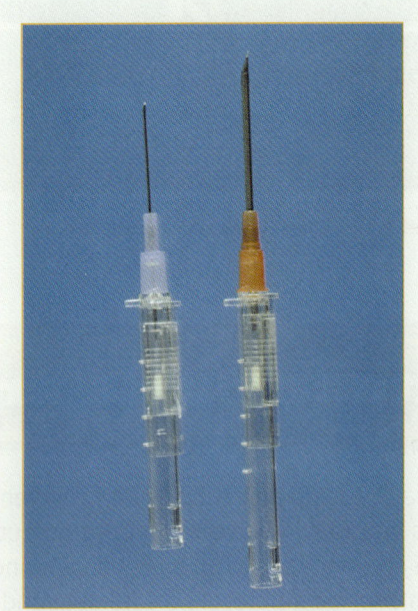

Figura 38-4 Los catéteres sobre aguja se usan con más frecuencia en situaciones prehospitalarias.

Capítulo 38 Asistencia con la terapia intravenosa 1105

Perforación de la bolsa

Destrezas 38-1

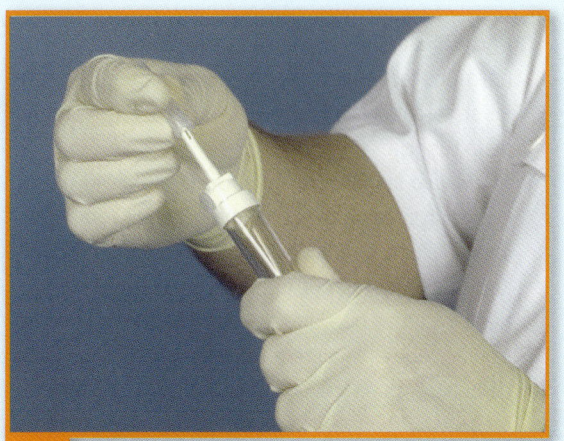

1 Retire la conexión en espiral que se encuentra en la base de la bolsa IV tirando de ella. Quite la cobertura protectora de la bayoneta.

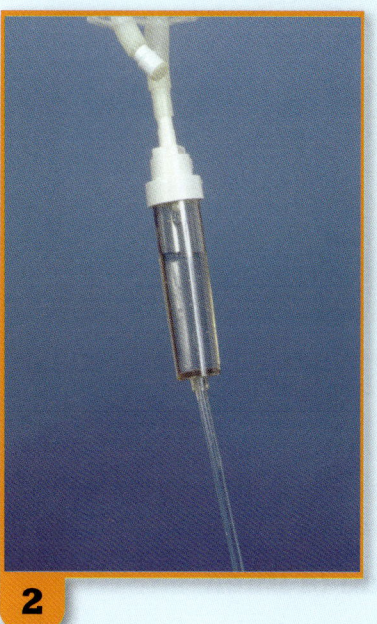

2 Deslice la bayoneta en la entrada de la bolsa IV hasta ver líquido entrar en la cámara de goteo.

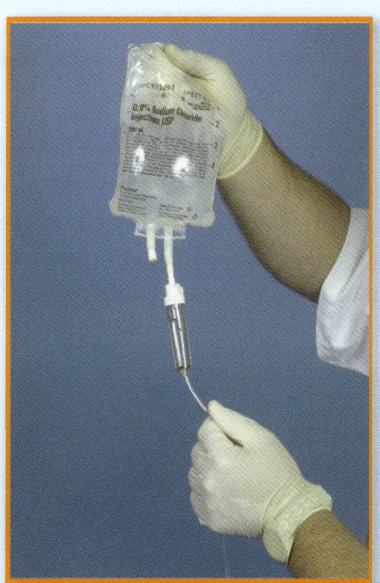

3 Permita que el líquido fluya libremente a través de la cámara de goteo y al interior de la tubería para purgar la línea y expulsar el aire fuera de la tubería.

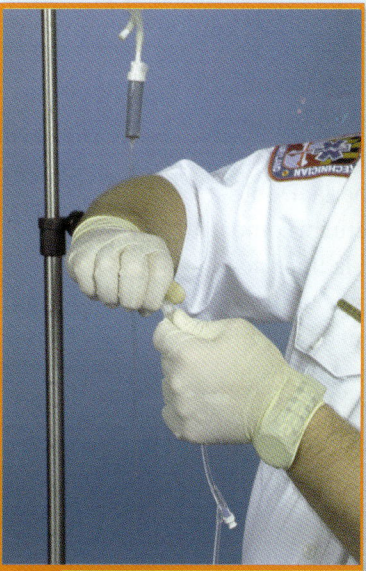

4 Separe la cobertura protectora en el lado opuesto de la tubería IV para permitir que el aire escape. Quite la cubierta parcialmente. Deje al líquido fluir hasta que se eliminen las burbujas de aire de la línea antes de girar la llave reguladora para detener el flujo. Coloque de nuevo la cubierta.

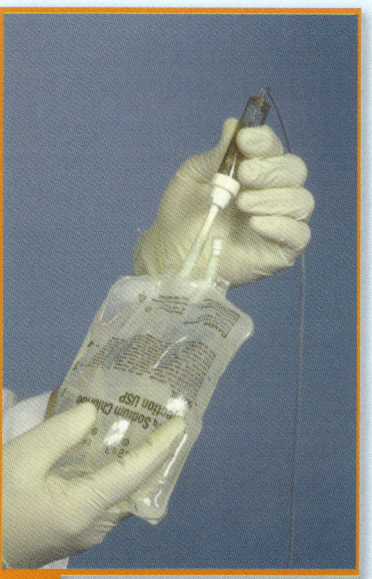

5 Verifique la cámara de goteo, debe estar llena sólo hasta la mitad. Si el nivel del líquido es muy bajo, exprima la cámara hasta que llene; si la cámara está demasiado llena, invierta la bolsa y exprima la cámara para vaciar el líquido de vuelta a la bolsa.

Cuelgue la bolsa en el sitio apropiado con el extremo de la tubería IV fácilmente asequible.

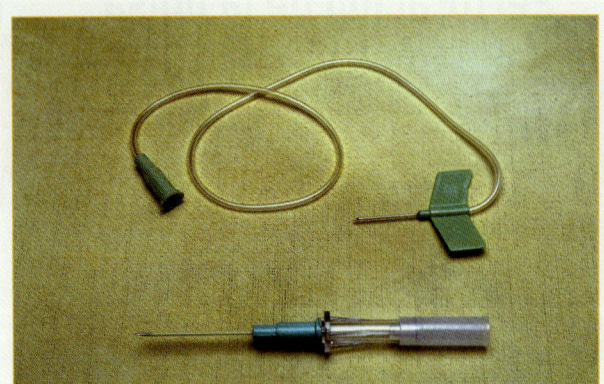

Figura 38-5 Un catéter de mariposa (arriba) y un catéter sobre aguja (abajo).

> ### Tips para el TUM-B
>
> Para diferenciar entre sistemas de macrogoteo, normogoteo y microgoteo, recuerde que los prefijos se refieren al tamaño de las gotas, no al tamaño de la tubería.
>
> *Macro* significa grande. Un juego de 10 gotas, que es un sistema de macrogoteo, tiene 10 gotas que igualan a 1 mL de líquido. *Micro* significa pequeño. Un juego de 60 gotas, que es un sistema de microgoteo, tiene 60 gotas que igualan a 1 mL de líquido. *Normo* significa que es un sistema de normogoteo, que tiene de 15 a 20 gotas/mL.

catéter calibre 22. Con catéteres de diámetro más grande puede entregarse más líquido a la vena con mayor rapidez.

Aseguramiento de la línea

Una vez que el catéter está en posición y el contenido de la bolsa está fluyendo de manera apropiada, el sitio debe asegurarse. Cubra el área con cinta para que el catéter y la venoclisis estén anclados con firmeza en caso de un tiro súbito de la línea **Figura 38-6**. Debe fragmentar las porciones de la cinta antes de insertar el catéter IV porque necesitará una mano para estabilizar el sitio mientras aplica la cinta al catéter IV y a la tubería. Doble hacia atrás la tubería para formar un asa que actuará como absorbente de impacto en caso que se tire de la línea accidentalmente. Evite la aplicación circunferencial de la cinta alrededor de una extremidad porque puede actuar como una banda constrictora e interrumpir la circulación, también se pueden utilizar los dispositivos adhesivos comerciales para fijarlo, en los casos de extrema urgencia y condiciones especiales la fijación del sitio de punción y de la venoclisis se puede utilizar el método de fijación con plástico autoadherible.

Sitios y técnicas alternativas de IV

Los <u>tapones de solución salina</u> (buff caps o bionectores) son una forma de mantener un sitio IV activo sin tener que pasar líquidos por la vena. Estos dispositivos de acceso son usados principalmente para pacientes que no necesitan líquidos adicionales, pero pueden requerir una rápida entrega de medicación. Un tapón de solución salina se fija

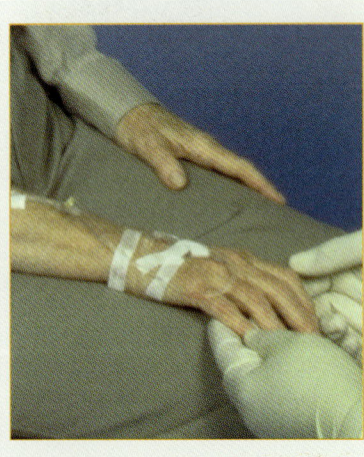

Figura 38-6 Fije con cinta adhesiva el área para que el catéter y la tubería estén anclados de forma segura.

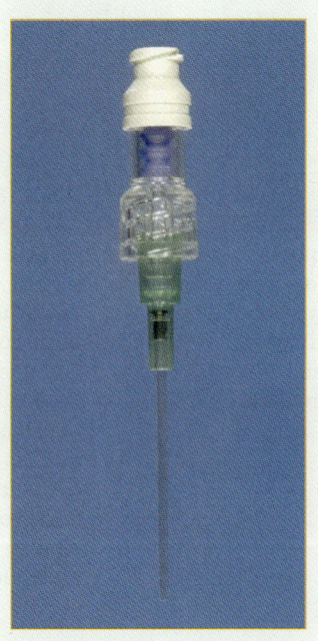

Figura 38-7 Un tapón de solución salina se fija al extremo de un catéter IV y se llena con cerca de 2 mL de solución salina normal.

Tips para el TUM-B

Cuando se inicia una IV en un paciente con temor a las agujas, asegúrese que esté acostado antes de que el paramédico comience la inserción del catéter. Anuncie al paciente cada paso, aun cuando sólo esté limpiando el sitio.

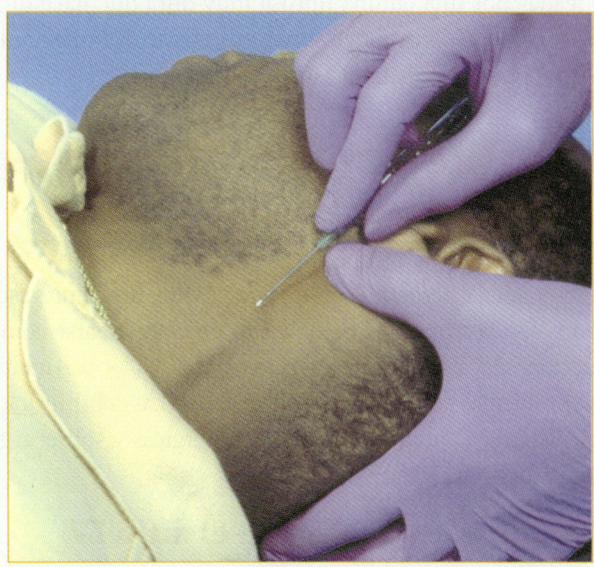

Figura 38-8 La IV en yugular externa requiere un sitio muy específico de inserción, a la mitad de la distancia entre el ángulo de la mandíbula y la línea medioclavicular, con el catéter apuntado hacia el hombro del mismo lado de la punción.

en el extremo de un catéter IV y se llena con cerca de 2 mL de solución salina normal para evitar que la sangre se coagule en el extremo del catéter (Figura 38-7). La solución salina permanece en la entrada sin introducirse a la vena.

Las agujas intraóseas (IO) se usan para un acceso venoso de urgencia en pacientes pediátricos, según es definido en el protocolo, cuando el acceso IV inmediato es difícil o imposible. A menudo estos niños están experimentando una situación que pone en peligro su vida, como un paro cardiaco, estado epiléptico o choque progresivo. Las agujas IO se insertan en la tibia proximal con un catéter perforador sólido conocido comúnmente como aguja de Jamshedi. Esta aguja doble consiste en una aguja perforadora sólida dentro de una aguja hueca afilada, que se empuja hacia el hueso con una acción enroscada, como de tornillo.

Las IV en yugular externa proporcionan acceso venoso a través de las venas yugulares externas del cuello. Éstas son las mismas venas que se usan para evaluar la distensión venosa yugular (DVY). La vena es comprimida colocando un dedo sobre ella, por encima de la clavícula, causando el llenado de la vena.

El catéter se inserta en la vena de la misma forma que cualquier otro catéter IV, excepto que el punto de inserción es muy específico. El catéter se inserta en la mitad de la distancia entre el ángulo de la mandíbula y la línea media clavicular, con el catéter apuntando hacia el hombro en el mismo lado del sitio de la punción (Figura 38-8). Este tipo de punciones son difíciles porque dichas venas están

Situación de urgencia — Parte 3

Prepara una mascarilla no recirculante e intenta aplicarla a su paciente. Ella se hunde en su asiento y parece estar letárgica. Mantiene la mascarilla en su cara y jadea por más respiración. Puede escuchar ruidos pulmonares húmedos sin el estetoscopio, su compañero escucha atentamente para determinar ruidos disminuidos o ausentes en campos pulmonares específicos. Usted activa el aparato portátil de aspiración y, con permiso de la paciente, comienza la aspiración. Su compañero ha desplegado el equipo de la vía aérea en anticipación a la necesidad de intubar.

Después de eliminar algunas secreciones, se toma la decisión de proporcionar ventilación con presión positiva y 100% de oxígeno. Después de explicar a la paciente lo que va a hacer, su compañero le pide que apreste el equipo IV para una posible intubación y busca un sitio para la IV.

4. ¿Por qué se beneficiará esta paciente con la terapia IV?
5. ¿Por qué se volvió letárgica?

rodeadas por una lámina fibrosa muy dura que hace difícil el acceso. Comprender el procedimiento es importante porque puede necesitar asistirlo.

Posibles complicaciones de la terapia IV

La inserción IV periférica conlleva riesgos. Los problemas asociados con la administración IV pueden categorizarse como reacciones locales o sistémicas. Las reacciones locales incluyen problemas como infiltración y flebitis. Las complicaciones sistémicas incluyen reacciones alérgicas y sobrecarga circulatoria.

Reacciones locales en el sitio IV

La mayoría de las reacciones locales requieren que el catéter IV se retire y reinserte en un sitio alternativo. Algunos ejemplos de reacciones locales comunes incluyen los siguientes:

- Infiltración
- Flebitis
- Oclusión
- Irritación venosa
- Hematoma

Infiltración

La infiltración es el escape de líquido en el tejido circundante. Este escape de líquido puede causar un área localizada de edema o simplemente inflamación. Algunas de las razones más comunes para la infiltración incluyen a las siguientes:

- El catéter IV ha atravesado por completo la vena y salió del otro lado.
- El paciente se está moviendo en exceso.
- La cinta usada para asegurar el área se ha aflojado o desprendido.
- El catéter se insertó a un ángulo demasiado superficial y ha penetrado sólo al tejido que rodea la vena (esto es más común con catéteres IV en venas más grandes, como las del brazo y cuello).

Los siguientes son algunos signos y síntomas de infiltración:

- Edema en el sitio del catéter.
- Flujo IV extremadamente lento a pesar de usar un catéter grande.
- Queja del paciente de tirantez y dolor alrededor del sitio IV.

Para corregir la infiltración, un proveedor del SVA debe quitar el catéter IV y reinsertarlo en un sitio alternativo. Después de hacerse esto, puede aplicar presión directa sobre el área hinchada para reducir la hinchazón o hemorragia adicionales en el tejido. Evite envolver con cinta alrededor de la extremidad para aplicar presión directa.

Flebitis

La flebitis es la inflamación de la vena. No suele verse en los pacientes con urgencias prehospitalarias, aunque puede encontrarla en individuos con abuso de drogas IV, en pacientes que reciben terapia IV en un tratamiento ambulatorio de hospital o en un programa domiciliario de cuidados de la salud. Con frecuencia la flebitis se asocia con fiebre, hipersensibilidad y líneas rojas a lo largo del trayecto de la vena asociada. Algunas de las causas más comunes de flebitis incluyen la irritación localizada e infección por equipo no estéril, terapia IV prolongada y soluciones IV irritantes. Si la flebitis se asoció con la administración IV en la cual asistió, el proveedor del SVA debe discontinuar y restablecer la terapia IV en otro sitio, usando equipo nuevo.

Oclusión

En terapia IV, oclusión es el bloqueo físico de una vena o catéter. Si la velocidad del flujo no es suficiente para mantener el líquido en movimiento fuera de la punta del catéter y penetra sangre en éste, puede formarse un coágulo y ocluir el flujo. El primer signo de una posible oclusión es una disminución de la frecuencia del goteo o la presencia de sangre en la venoclisis IV. A menudo, la proximidad de una válvula es la razón de este problema. Otras causas pueden estar relacionadas con movimientos del paciente que permiten que la línea se bloquee físicamente, como descansar sobre la línea IV o cruzar los brazos. También se puede desarrollar una oclusión si la bolsa IV está casi vacía y la tensión arterial excede al flujo y hace que regrese sangre al interior de la línea.

Irritación venosa

En ocasiones un paciente experimentará irritación venosa en reacción al líquido IV. Esto es más común con la administración IV de medicamentos y muy poco frecuente con la de líquidos IV puros. Los pacientes que tienen este problema con frecuencia se quejan de inmediato que la IV está molestándolos, pueden sentir hormigueo, ardor o comezón. Note estas molestias y observe al paciente de cerca por si acaso se desarrollan reacciones alérgicas más serias.

La causa de la irritación venosa suele ser la administración excesivamente rápida de una solución irritante. Si se presenta enrojecimiento en el sitio IV con flebitis temprana, el líquido IV debe suspenderse y guardarse la venoclisis para análisis posterior. El proveedor del SVA debe restablecer un sitio de IV nuevo distante del sitio de la reacción inicial usando un equipo nuevo.

Hematoma

Un hematoma es una acumulación de sangre de los tejidos que rodean un sitio de IV. Los hematomas son el resultado de una perforación venosa o el retiro inapropiado de un catéter, que permiten que se acumule sangre en los tejidos circundantes. Puede verse la sangre acumulándose rápidamente alrededor del sitio de IV, conduciendo a hipersensibilidad y dolor (Figura 39-9 ▶). Los pacientes con un historial de enfermedades vasculares (como en la diabetes) o que reciben ciertas terapias medicamentosas (como corticoesteroides) pueden tener una predisposición a rotura venosa o una tendencia a desarrollar hematomas rápidamente con una inserción IV.

Si se desarrolla un hematoma cuando se intenta una inserción de catéter IV, el procedimiento debe suspenderse y aplicarse presión directa para ayudar a minimizar la hemorragia. La aplicación de hielo puede ayudar. Si se desarrolla un hematoma después de una inserción de catéter exitosa, evalúe el flujo IV y el hematoma. Esto puede hacerse descendiendo la bolsa IV y observando reflujo de sangre al interior de la línea. Si el hematoma parece estar controlado y el flujo no se afecta, vigile el sitio IV y deje la línea en su lugar. Si el hematoma se desarrolla como resultado de la suspensión de la IV aplique presión directa sobre el sitio con un fragmento de gasa de 4 × 4 pulgadas (10 × 10 cm).

Complicaciones sistémicas

Pueden producirse por reacciones o complicaciones asociadas con la inserción IV. Las complicaciones sistémicas suelen implicar otros sistemas corporales y pueden poner en peligro la vida. Las complicaciones sistémicas comunes son las siguientes:

- Reacciones alérgicas
- Embolia gaseosa
- Desgarro del catéter

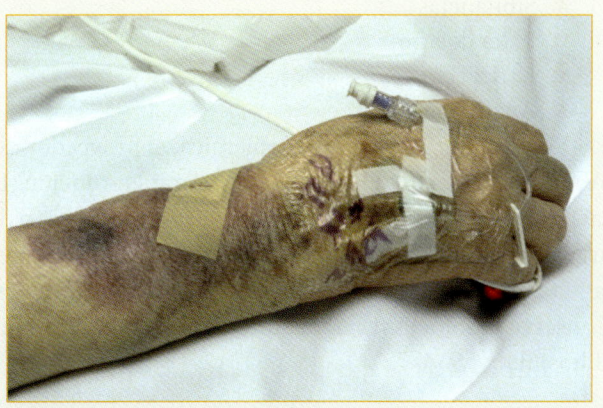

Figura 38-9 Los hematomas pueden ser causados por el retiro inapropiado del catéter, dando lugar a una acumulación de sangre alrededor del sitio de la IV que causa hipersensibilidad y dolor.

- Sobrecarga circulatoria
- Reacciones vasovagales

Reacciones alérgicas

Con frecuencia las reacciones alérgicas son menores, pero la anafilaxia verdadera es posible y debe tratarse de forma enérgica. Las reacciones alérgicas pueden estar relacionadas con sensibilidad individual inesperada a un líquido IV o (mucho más comúnmente) medicación. Tal sensibilidad puede ser un trastorno desconocido del paciente; por tanto, debe mantenerse vigilancia con cualquier terapia IV por una posible reacción.

La apariencia del paciente depende del grado de la reacción. Los signos y síntomas más comunes incluyen los siguientes:

- Prurito
- Edema de cara y manos
- Broncoespasmo

Situación de urgencia — Parte 4

Coloca a la paciente en posición sentada sobre la camilla y se prepara para el transporte. Mientras va en ruta, nota que el color de la paciente ha mejorado, parece estar más alerta y la saturación de oxígeno es ahora de 94%. Suspende el dispositivo BVM y fija de nuevo la mascarilla no recirculante al oxígeno, aplicándola a la paciente. El acceso IV se logra con una aguja de calibre 20 y un juego de microgoteo, su compañero administra medicación IV, escucha de nuevo los ruidos respiratorios y toma otro conjunto de signos vitales. La paciente es transportada sin más incidentes.

6. ¿Mantendrá la mascarilla no recirculante la saturación de oxígeno de la paciente en un nivel aceptable?
7. ¿Por qué no permite que la paciente se recueste durante el transporte?

- Sibilancias
- Falta de aire
- Urticaria
- Anafilaxia

Si se produce una reacción alérgica, el proveedor del SVA debe suspender el líquido IV y retirar la solución. El catéter se dejará colocado como una vía de medicación de urgencia. Dirección médica debe ser notificada. Mantenga la vía aérea abierta, vigile los ABC y los signos vitales. Conserve la solución y la medicación para evaluación en el hospital.

Embolia gaseosa

Los adultos sanos pueden tolerar hasta 20 mL de aire introducidos en el aparato circulatorio, pero los pacientes que ya están enfermos o lesionados pueden afectarse si se introduce cualquier cantidad de aire. Purgar de forma apropiada una línea ayudará a eliminar cualquier potencial de introducción de aire a un paciente. Las bolsas IV están diseñadas para colapsarse al vaciarse para ayudar a prevenir este problema, pero el colapso no siempre se produce. Asegúrese de remplazar bolsas IV vacías por bolsas llenas.

Si su paciente comienza a desarrollar dificultad respiratoria, considere la posibilidad de una embolia gaseosa. Otros signos y síntomas asociados incluyen los siguientes:

- Cianosis (aun en presencia de un flujo alto de oxígeno)
- Signos y síntomas de choque
- Pérdida de la conciencia
- Paro respiratorio

Trate a un paciente con sospecha de embolia gaseosa colocándolo sobre su lado izquierdo con la cabeza hacia abajo. Esté preparado para ventilar al paciente si experimenta una falta de aire creciente. La embolia gaseosa sintomática es un evento extremadamente raro y debe considerarse sólo después de que se han excluido otras explicaciones más comunes de los síntomas de presentación del paciente.

Corte del catéter

El <u>corte del catéter</u> ocurre cuando parte del catéter es pellizcado contra la aguja y ésta corta el catéter creando un segmento que flota libremente. Esto causa que el segmento del catéter se desplace a través de la circulación y tal vez termine en la circulación pulmonar, causando una embolia pulmonar.

El tratamiento implica extracción de la punta desgarrada. Las juntas de los catéteres son radioopacas (es decir, aparecen blancas en los rayos X) para ayudar en el diagnóstico de este tipo de problema, el cual es causado por enhebrar de nuevo agujas a través de catéteres después de que han sido retiradas. Para evitar este problema, un catéter nunca debe ser enhebrado de vuelta a una aguja.

Los pacientes que han experimentado corte del catéter se presentan con falta de aire y, posiblemente, disminución de los ruidos respiratorios. Simularán las presentaciones de un paciente con embolia gaseosa y pueden ser tratados de igual manera. Estos pacientes necesitarán acceso IV continuo. De ser posible, debe usarse otra extremidad.

Sobrecarga circulatoria

Una bolsa IV no vigilada puede conducir a una sobrecarga circulatoria. Los adultos sanos pueden tolerar hasta 2 a 3 L adicionales de líquido sin deterioro. Los problemas se presentan cuando el paciente tiene disfunción cardiaca, pulmonar o renal. Estos tipos de trastornos no permiten que el sujeto tolere las demandas adicionales asociadas con el incremento del volumen circulatorio. La causa más común de sobrecarga circulatoria es la falta de reajuste de la frecuencia del goteo después de purgar inmediatamente la línea IV tras insertarla. Vigile siempre las bolsas IV para asegurar la frecuencia de goteo apropiada.

La presentación del paciente incluye falta de aire, DVY y aumento de la tensión arterial. Con frecuencia se escuchan crepitaciones cuando se evalúan los ruidos respiratorios. La presencia de edema periférico agudo también puede indicar sobrecarga circulatoria.

Para tratar a un paciente con sobrecarga circulatoria, haga más lenta la frecuencia del goteo IV para mantener la vena abierta y levante la cabeza de paciente para aliviar la dificultad respiratoria. Administre oxígeno en flujo alto, vigile los signos vitales y la falta de aire. Debe contactar e informar de inmediato a dirección médica del problema que se está desarrollando porque se dispone de fármacos que pueden emplearse para reducir el volumen circulatorio.

Reacciones vasovagales

Algunos pacientes tienen ansiedad con relación a las agujas o como respuesta a ver sangre. Tal ansiedad puede llevar a un descenso de la tensión arterial y el sujeto se puede colapsar. Los pacientes se pueden presentar con ansiedad, diaforesis, náusea y síntomas sincopales.

El tratamiento de los pacientes con <u>reacción vasovagal</u> se centra en tratarlos de choque:

1. Colocar al paciente en posición de choque.
2. Administrar oxígeno en flujo alto.
3. Vigilar los signos vitales.

4. El proveedor de SVA debe insertar un catéter IV por si acaso se necesita una reanimación de líquidos.

Tratamiento de problemas

Varios factores pueden influir sobre la frecuencia del flujo IV. Por ejemplo, si la bolsa IV no se cuelga a una altura adecuada, la velocidad del flujo no será suficiente. Siempre es útil realizar las siguientes verificaciones después de completar la administración IV. Además, si hay un problema de flujo, verificar de nuevo estos puntos ayudará a determinar el problema.

- **Verificar su líquido IV.** Los líquidos espesos, viscosos, se infunden con más lentitud y pueden ser diluidos para acelerar su entrega. Los líquidos fríos fluyen más lentamente que los calientes. De ser posible, durante los meses fríos deben administrarse líquidos calientes.
- **Verificar su venoclisis.** Los macrogoteos se usan para una entrega rápida de líquido, mientras que los microgoteos están diseñados para entregar un flujo más controlado.
- **Verificar la altura de la bolsa.** La bolsa IV debe estar colgada a una altura suficiente para exceder la propia tensión arterial del paciente. Cuelgue la bolsa tan alta como sea posible.
- **Verificar el tipo de catéter usado.** Mientras más amplio sea el catéter (el menor calibre), más líquido se puede entregar; el calibre 14 es el más amplio, el calibre 27 el más estrecho.
- **Verificar la banda constrictiva (torniquete).** El proveedor del SVA aplica una banda constrictiva durante el proceso de inserción IV. Dejar colocada la banda constrictiva en el brazo del paciente, después de establecer el acceso IV, puede evitar que el líquido IV fluya a la velocidad apropiada.

Consideraciones específicas a la edad

Las poblaciones pediátricas y geriátricas requieren atención específica. Lo que sitúa aparte a estas poblaciones son sus diferencias físicas y barreras de comunicación que pueden impedir que estos pacientes se expresen por sí mismos.

De acuerdo con esta situación, los pacientes pediátricos y geriátricos tienen diferentes necesidades médicas que la población médica general, por lo que a veces es necesario usar otros métodos de evaluación y tratamiento.

Terapia IV para pacientes pediátricos

Los mismos equipos y soluciones IV utilizados para adultos pueden usarse para pacientes pediátricos con unas cuantas excepciones.

Si se usa un catéter IV sobre aguja, los catéteres de calibres 20, 22 o 26 son mejores para las inserciones (Figura 38-10). Los catéteres de mariposa son ideales para los pacientes pediátricos y pueden colocarse en los mismos sitios que los catéteres sobre aguja, así como en venas visibles del cuero cabelludo. Las venas del cuero cabelludo son usadas mejor en lactantes. Las agujas intraóseas se pueden usar para infusiones de líquidos difíciles y de urgencias. El equipo de administración intraósea contiene agujas especiales que puncionan la tibia proximal, dejando colocado el catéter rígido. La venoclisis IV se fija al catéter rígido igual que con catéteres flexibles. La estabilización es crítica en estas líneas para mantener un flujo adecuado. Una vez establecidas, estas líneas actúan tan bien como las líneas periféricas.

El control del líquido es importante para los pacientes pediátricos. El uso de un tipo especial de sistema de microgoteo llamado Buretrol o Metriset IV le permite llenar la cámara de goteo grande con una cantidad específica de líquido y administrar sólo esa cantidad para evitar la sobrecarga. La cámara de goteo calibrada a 100 mL puede cerrarse desde la bolsa IV.

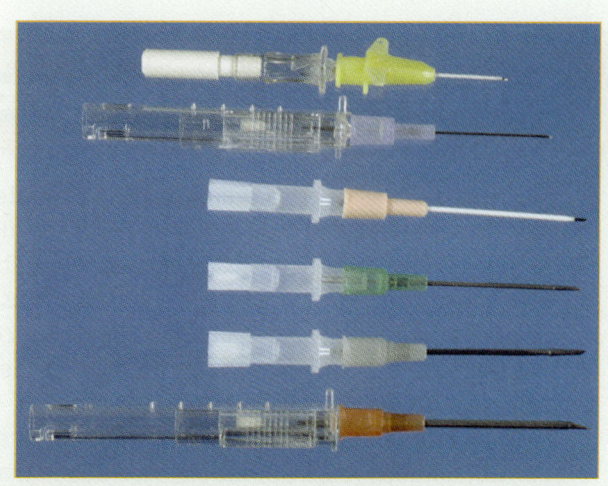

Figura 38-10 Note las diferencias en los tamaños de los catéteres.

Terapia IV para pacientes geriátricos

Los catéteres menores son preferibles para los pacientes geriátricos a menos que se necesite un rápido reemplazo de líquidos. Muchos de los medicamentos usados comúnmente por pacientes de edad avanzada tienen la tendencia a crear piel y venas frágiles. Con frecuencia, con sólo puncionar una vena causará un hematoma masivo. El uso de cinta adhesiva puede causar daño en la piel, por lo que debe ser cuidadoso cuando fije con ésta catéteres y venoclisis en pacientes mayores.

El uso de catéteres más pequeños (como los catéteres de calibres 20, 22 o 24) puede ser más cómodo para el paciente y reducir el riesgo de extravasación. Si es necesario líquido de reanimación, debe usarse un catéter de tamaño apropiado.

Sea cuidadoso cuando use macrogoteos porque pueden permitir una rápida infusión de líquidos que puede conducir a edema si no se vigila de cerca. Con los pacientes tanto pediátricos como geriátricos la sobrecarga de líquido es una posibilidad real. De ser necesario use el sistema Buretrol IV para prevenir sobrecargas de líquidos (Figura 38-11 ▶).

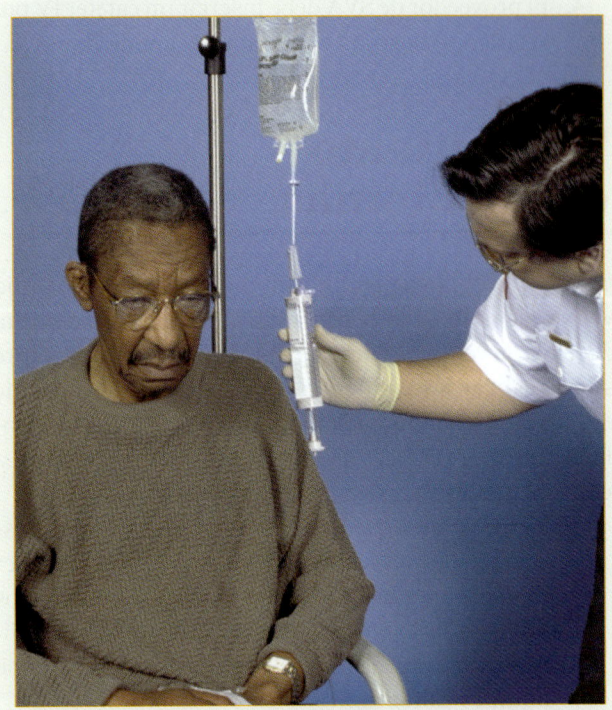

Figura 38-11 Puede ser necesario usar el sistema Buretrol o Metriset IV para prevenir la sobrecarga.

Situación de urgencia — Resumen

Muchas personas de edad avanzada no buscan atención médica, a menos que se convierta en una situación de urgencias, debido al temor de perder su independencia. Discuta sus preocupaciones con el paciente, explicando por qué una evaluación en el hospital es necesaria. El acceso IV es necesario para entregar medicaciones que ayudarán a aliviar sus síntomas. La paciente no necesita líquido adicional, a pesar de la baja tensión arterial. Su disminución del nivel de conciencia se debió al desarrollo de hipoxia.

Después del tratamiento con 100% de oxígeno por dispositivo BVM, que forzó a algún líquido a salir de sus pulmones y mejoró su oxigenación, su estado mental también mejoró. Si la mascarilla no recirculante falló en mantener su estado mejorado, la ventilación BVM debe restituirlo. Los pacientes con dificultades respiratorias siempre deben transportarse en una posición cómoda o en una que les ayude a respirar fácilmente. Si están conscientes, es muy raro, si alguna vez sucede, que quieran quedarse acostados.

Resumen

Listo para repaso

- Conocer el equipo usado en el acceso IV y aprender a usarlo le ayudará a ser un miembro activo del equipo del SVA.

- Anticipar las necesidades de su compañero y seguir una secuencia lógica de pasos en la reunión de su equipo le ayudará a facilitar el acceso IV.

- Es absolutamente esencial tomar las precauciones del ASC en cualquier llamada que implique terapia IV.

- En situaciones prehospitalarias, la elección de la solución IV está limitada a solución salina normal o solución lactada de Ringer.

- Las áreas en las cuales los TUM-B pueden asistir con la terapia IV incluyen reunir y preparar todo el equipo; verificar la bolsa respecto a claridad, fecha de caducidad y solución correcta; elección del venoclisis apropiado; obtención del catéter solicitado por el proveedor del SVA y perforar la bolsa.

- Además, una vez que el catéter está en posición y los contenidos de la bolsa IV están fluyendo de forma apropiada, debe asegurar el área fijándola con cinta adhesiva.

- Un venoclisis desplaza líquido de la bolsa IV al sistema vascular del paciente. Cada venoclisis tiene una bayoneta protegida por una cubierta plástica.

- Los sistemas de goteo usados con más frecuencia en el ambiente prehospitalario vienen en tres tamaños primarios: microgotero, normogotero y macrogotero. Los sistemas de microgoteo permiten 60 gotas/mL en la cámara de goteo. Los sistemas de normogoteo permiten de 15 a 20 gotas/mL. Los sistemas de macrogoteo permiten de 10 gotas/mL en la cámara de goteo.

- Un catéter es una aguja hueca afilada con láser dentro de un tubo hueco de plástico, insertado en una vena para mantenerla abierta. Los tipos más comunes en condiciones prehospitalarias son los catéteres de mariposa y los catéteres sobre aguja.

- Los sitios y técnicas alternativas IV incluyen los tapones de solución salina, acceso IO e IV yugulares externos. Un tapón de solución salina se fija en el extremo de un catéter IV y se llena con aproximadamente 2 mL de solución salina normal para evitar que se coagule la sangre en el extremo del catéter. El acceso por la vía IO se establece en la tibia proximal con un catéter perforador rígido. Los IV yugulares externos proporcionan acceso venoso a través de las venas yugulares externas del cuello.

- Comprender las posibles complicaciones y saber cómo tratar problemas es un conocimiento que le ayudará a hacer que las emergencias transcurran más suavemente.

- Las posibles complicaciones de la terapia IV incluyen reacciones locales y complicaciones sistémicas. Las reacciones locales incluyen infiltración, flebitis, oclusión, irritación venosa y hematoma. Las complicaciones sistémicas incluyen reacciones alérgicas, embolia gaseosa, corte del catéter, sobrecarga circulatoria y reacciones vasovagales.

- Si encuentra problemas con la IV que esté fluyendo con eficacia, las causas potenciales son el líquido usado, la venoclisis, la altura de la bolsa, el tipo de catéter usado y la presencia de una banda constrictora o torniquete.

- Las poblaciones pediátricas y geriátricas requieren atención específica. En estos pacientes pueden usarse equipo y sitios diferentes. La piel envejecida es más delicada y debe tratarse con cuidado.

Resumen continuación...

Vocabulario vital

aguja de Jamshedi Tipo de aguja doble intraósea que consta de una aguja sólida y resistente dentro de una aguja hueca puntiaguda.

aguja intraósea (IO) Catéter rígido y resistente que se coloca dentro de un hueso para proporcionar líquidos IV.

bayoneta Espiga de plástico dura y afilada al final del sistema de perfusión diseñada para penetrar la membrana estéril de la bolsa IV.

calibre Medida del diámetro interior del catéter. Es inversamente proporcional al diámetro verdadero del catéter.

cámara de goteo Área del sistema de perfusión donde se acumula el líquido de manera que los tubos permanezcan llenos con éste.

catéter Estructura hueca y flexible que drena o administra fluidos.

catéter de mariposa Dispositivo hueco y rígido de canulación venosa que se identifica por "alas" de plástico que actúan como puntos de anclaje para asegurar el catéter.

catéter sobre aguja Estándar prehospitalario para la canulación IV, consta de un tubo hueco sobre una aguja de acero afilada por láser.

complicaciones sistémicas Complicaciones moderadas a graves que afectan a los sistemas del cuerpo; después de la administración de medicamentos, la reacción podría ser sistémica.

corte del catéter Corte del catéter efectuado por la aguja durante una reintroducción inadecuada de ésta; el trozo de catéter que se desprende puede entrar entonces al sistema circulatorio.

cristaloides Tipo principal de líquidos que se usan en el medio prehospitalario para remplazo de fluidos debido a su capacidad de sostener la tensión arterial al permanecer dentro del compartimiento vascular.

flebitis Inflamación de una vena. Con frecuencia se asocia con un coágulo en la vena.

infiltración Escape de líquido hacia los tejidos circundantes.

IV en yugular externa Acceso IV establecido en la vena yugular externa del cuello.

oclusión Bloqueo casi siempre de una estructura tubular, como un vaso sanguíneo.

puerto de acceso Eje sellado en un equipo de venoclisis diseñado para acceso estéril para el líquido IV.

reacciones locales Reacciones leves a moderadas hacia un irritante sin consecuencias sistémicas.

reacción vasovagal Hipotensión y desmayo repentinos, asociado con sucesos traumáticos o médicos.

sistema de goteo Otro nombre para el sistema de venoclisis.

sistema de macrogoteo Sistema de administración que recibe su nombre del gran orificio entre la bayoneta y la cámara de goteo; permite un flujo rápido hacia el sistema vascular.

sistema de microgoteo Sistema de administración que recibe su nombre del pequeño orificio entre la bayoneta y la cámara de goteo; permite un control cuidadoso del flujo de líquidos y es el sistema ideal para la administración de fármacos.

sistema IV para mantener la vena abierta (KVO) Frase que se refiere a la velocidad de flujo de una línea de mantenimiento IV establecida para acceso profiláctico.

tapones de solución salina Aparatos IV especiales, también llamados *buff cap*, o cuando es de heparina, *hep-cap* o *hep-lock*.

tibia proximal Localización anatómica para la inserción del catéter intraóseo; la porción ancha de la tibia localizada justo debajo de la rodilla.

venoclisis Tubos que conectan a la bolsa IV con el puerto de acceso y el catéter para administrar el líquido IV.

Qué evaluar

Es asignado a trabajar con un nuevo paramédico joven que es muy agresivo y no siempre muestra compasión por los pacientes. En varios casos, el paramédico insertó catéteres IV de calibres 16 y 14 en las manos de pacientes médicos. Los pacientes mostraron un dolor significativo durante la inserción y aun después de que se colocó el catéter.

¿El paramédico está haciendo algo errado? ¿Cómo manejaría esta situación?

Temas: Tratamiento excesivamente agresivo; Compasión por los pacientes; Atendiendo temas con compañeros de trabajo.

Autoevaluación

Responde junto con su compañero paramédico a un paciente cardiaco. Al llegar, su compañero le pide que establezca una IV.

1. Todo lo siguiente debe verificarse cuando se selecciona una solución IV, con EXCEPCIÓN de:

   A. claridad
   B. fecha de caducidad
   C. tipo de solución
   D. tensión arterial

2. Su compañero quiere que use un sistema de microgotero. Su tubería IV no está marcada así. ¿A qué sistema se refiere su compañero?

   A. sistema de 60 gotas
   B. sistema de 15 gotas
   C. sistema de 10 gotas
   D. use cualquier sistema disponible

3. Su compañero obtiene acceso IV y le pide que asegure la línea. ¿Cuál de los siguientes abastos NO es necesario?

   A. Apósito biooclusivo
   B. Cinta clara
   C. Banda constrictiva
   D. Vendaje de Kling

4. Después de fijar la venoclisis IV al catéter IV, nota que el líquido IV no está fluyendo. ¿Cuál de los siguientes elementos NO es una posible causa?

   A. Tubo retorcido
   B. Baja tensión arterial
   C. Válvulas cerradas en la línea IV
   D. Bolsa IV colgada muy baja

5. Su paciente indica que siente temor a las agujas y no quiere una IV. ¿Cómo se acerca a este paciente?

   A. Explica los beneficios de la terapia IV. Si el paciente está alerta y orientado respecto a persona, tiempo y lugar, y aún se rehúsa, hace que firme un formato de rechazo.
   B. Somete al paciente e inserta el catéter IV.
   C. Dice al paciente que tiene que recibir líquido IV si quiere ir al hospital.
   D. No inserta el catéter IV.

Preguntas desafiantes

6. ¿Qué solución suele usarse para administrar medicación?

7. Ha asistido al paramédico para establecer un acceso IV, pero el paciente comienza a tener falta de aire. ¿Cuáles son las causas posibles?

Apéndice A: Repaso del SVB

Objetivos*

Cognitivos

1. Identificar la necesidad del soporte vital básico, incluyendo la urgencia que rodea su rápida aplicación. (p. A-3)
2. Listar las responsabilidades del TUM-B en la iniciación y terminación de la RCP. (pp. A-6, A-7)
3. Describir la forma apropiada de posicionar a un paciente adulto para recibir soporte vital básico. (p. A-8)
4. Describir la forma apropiada de posicionar a un lactante y a un niño para recibir soporte vital básico. (p. A-8)
5. Describir las tres técnicas para abrir la vía aérea en lactantes, niños y adultos. (pp. A-8 a A-10)
6. Listar los pasos para proporcionar ventilación artificial en lactantes, niños y adultos. (pp. A-17, A-19)
7. Describir cómo se produce la distención gástrica. (p. A-18)
8. Definir la posición de recuperación. (p. A-20)
9. Describir temas de las enfermedades infecciosas relacionados con la liberación de la respiración. (p. A-3)
10. Enlistar los pasos para proporcionar compresiones torácicas en un adulto. (pp. A-23 a A-25)
11. Enlistar los pasos para proporcionar compresiones torácicas en un lactante y en un niño. (pp. A-28 a A-30)
12. Enlistar los pasos para proporcionar RCP con un rescatador en un lactante, un niño y un adulto. (pp. A-23, A-28, A-29)
13. Enlistar los pasos para proporcionar RCP con dos rescatadores en un lactante, un niño y un adulto. (pp. A-25 a A-27)
14. Distinguir la obstrucción de la vía aérea por un cuerpo extraño de otros trastornos que causan insuficiencia respiratoria. (p. A-11)
15. Distinguir una obstrucción completa de la vía aérea de una obstrucción parcial de las mismas. (p. A-11)
16. Describir los pasos para extraer un cuerpo extraño en una obstrucción en un lactante, un niño y un adulto. (pp. A-12, A-15)

Afectivos

17. Reconocer y respetar los sentimientos del paciente y la familia durante el soporte vital básico. (p. A-6)
18. Explicar la urgencia que rodea a la rápida iniciación de las medidas de soporte vital básico. (p. A-3)
19. Explicar las responsabilidades del TUM-B en la iniciación y terminación de la RCP. (pp. A-6, A-7)
20. Explicar el fundamento de la extracción de un cuerpo extraño en una obstrucción. (p. A-11)

Psicomotores

21. Demostrar cómo posicionar al paciente para abrir la vía aérea. (p. A-9)
22. Demostrar cómo practicar la maniobra de inclinación de cabeza-levantamiento del mentón en lactantes, niños y adultos. (p. A-10)
23. Demostrar cómo practicar las maniobras de tracción mandibular y tracción mandibular modificada en lactantes, niños y adultos. (p. A-11)
24. Demostrar cómo colocar a un paciente en la posición de recuperación. (p. A-20)
25. Demostrar cómo efectuar compresiones del tórax en un adulto. (p. A-22)
26. Demostrar cómo efectuar compresiones del tórax en un lactante y un niño. (p. A-29)
27. Demostrar cómo practicar RCP con un rescatador en un lactante, un niño y un adulto. (pp. A-24 a A-25)
28. Demostrar cómo practicar RCP con dos rescatadores en un lactante, un niño y un adulto. (pp. A-26 a A-27)
29. Demostrar cómo extraer un cuerpo extraño en un lactante, un niño y un adulto. (pp. A-12, A-13, A-15)

*Estos son objetivos no curriculares.

Repaso del SVB

Los principios del SVB (soporte vital básico) fueron introducidos en Estados Unidos en 1960. Desde entonces, las técnicas específicas se han repasado y revisado cada cinco a seis años. Las directrices actualizadas están publicadas en el Journal of the American Medical Association. La revisión más reciente se produjo como resultado de la Conferencia de 2005 sobre Reanimación Cardiopulmonar y Cuidados Cardiacos de Urgencia. Las directrices en este apéndice siguen a las propuestas en la conferencia de 2005.

Este apéndice se inicia con una definición y exposición general del SVB. Las siguientes secciones describen métodos para abrir y mantener una vía aérea, proporcionar ventilación artificial a una persona que no está respirando, suplir circulación artificial a una persona sin pulso, y extraer un cuerpo extraño en una obstrucción de la vía aérea. Cada una de estas secciones es seguida por un repaso de los cambios en técnica que son necesarios para tratar lactantes y niños. En el capítulo 4 se presenta una exposición sobre los métodos de prevención de las enfermedades infecciosas.

Elementos del SVB

El soporte vital básico (SVB) es un conjunto de maniobras y cuidados de urgencias, que no requiere maniobras invasivas (no implica penetración en el cuerpo, como la cirugía o la aguja hipodérmica), que se usa para tratar trastornos médicos, incluyendo obstrucción de la vía aérea, paro respiratorio y paro cardiaco. Estos cuidados se enfocan en los que a menudo se denominan, por sus siglas en inglés, ABC: vía aérea (**a**irway, obstrucción), respiración (**b**reathing, paro respiratorio), y circulación (**c**irculation, paro cardiaco o hemorragia intensa) (Figura A-1 ▶). El SVB sigue una secuencia específica para adultos, y para lactantes y niños (Cuadro A-1 ▶). Idealmente sólo deben pasar segundos entre el momento en que se reconoce que el paciente necesita SVB y la iniciación del tratamiento. Recuerde, las células del encéfalo mueren cada segundo que están privadas de oxígeno. Puede producirse un daño encefálico permanente si el encéfalo está sin oxígeno de cuatro a seis minutos. Después de seis minutos sin oxígeno, el daño encefálico es muy grave e irreversible (Figura A-2 ▶).

Si un paciente no respira bien, o no lo hace en absoluto (paro respiratorio), usted necesita abrir la vía aérea. Con frecuencia esto ayudará al paciente a respirar normalmente de nuevo. Sin embargo, si el paciente no tiene pulso, usted debe combinar ventilación artificial con circulación artificial. Si la respiración se suspende antes de que el corazón se detenga, el paciente tendrá suficiente oxígeno en los pulmones para seguir vivo por varios minutos, pero cuando el paro cardiaco ocurre primero, el corazón y el encéfalo dejan de recibir oxígeno de inmediato.

La reanimación cardiopulmonar (RCP) se usa para restablecer la ventilación y la circulación en un paciente que no está respirando y no tiene pulso.

Los pasos para la RCP incluyen lo siguiente:
1. Apertura de las vía aéreas
2. Restauración de la respiración por medio de respiración de rescate (ventilación de boca a boca, ventilación de boca a nariz o el uso de dispositivos mecánicos).
3. Restauración de la circulación por medio de compresiones del tórax para hacer circular la sangre en el cuerpo

Para que la RCP sea eficaz, debe ser capaz de identificar fácilmente a un paciente que está en paro respiratorio o en paro cardiaco, o en ambos, y empezar el tratamiento con medidas de SVB de inmediato (Figura A-3 ▶).

La respiración de rescate puede darse por uno o dos TUM-B, por primeros respondientes o por espectadores entrenados. No requiere equipo alguno, sin embargo, debe procurar usar un dispositivo de barrera cuando realice respiración de rescate. La respiración de rescate entrega aire exhalado de usted al paciente. Este aire contiene 16% de oxígeno, que es suficiente para mantener la vida del paciente. Una vez que determina que el paciente necesita SVB, debe iniciar de inmediato respiración de rescate, junto con esfuerzos para dar soporte a la circulación y corregir problemas cardiacos.

El SVB difiere del soporte vital avanzado (SVA) en que incluye procedimientos salvavidas avanzados, como monitoreo del corazón, administración de líquidos y medicamentos intravenosos, y el uso de dispositivos avanzados de la vía aérea.

Seguridad del TUM-B

Aunque sus probabilidades de contraer una enfermedad durante su capacitación en RCP, o la RCP real en un paciente son muy bajas, el sentido común y las directrices de la Secretaría del Trabajo y Previsión Social demandan que tome precauciones razonables para prevenir la exposición innecesaria a enfermedades infecciosas. El uso de las medidas estándar hace el riesgo extremadamente bajo; entonces, no tiene que estar ansioso en practicar y efectuar la destreza.

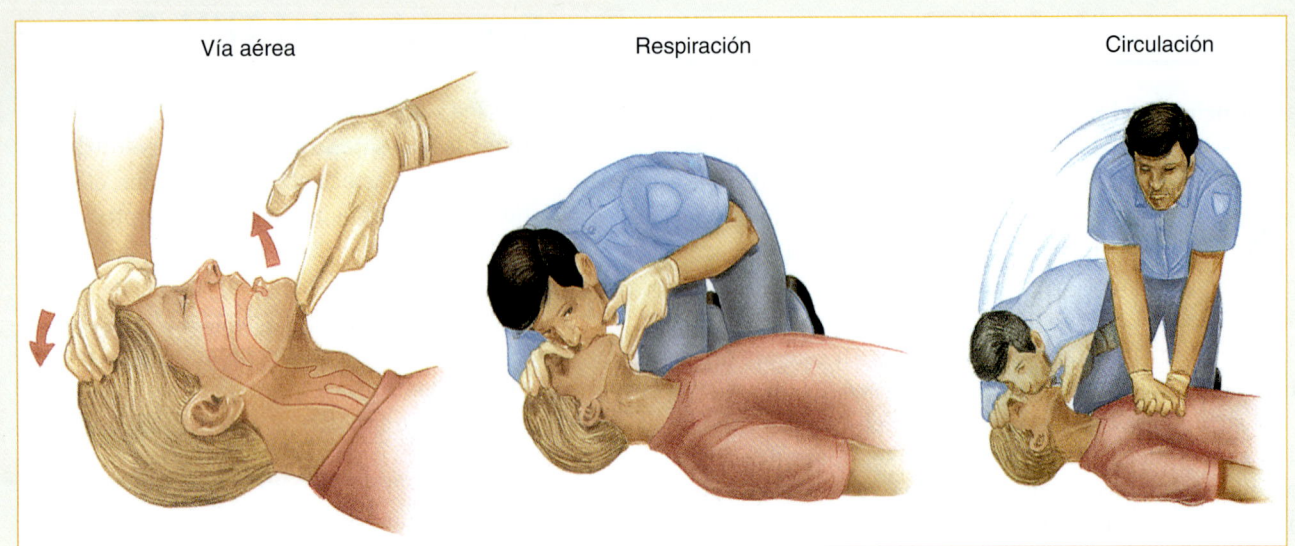

Figura A-1 El ABC del SVB es: vía aérea, respiración y circulación.

CUADRO A-1 Repaso de los procedimientos pediátricos del SVB

Procedimiento	Lactantes (menores de un año)	Niños (de 1 año al inicio de la pubertad)
Vía aérea	Inclinación de cabeza-levantamiento del mentón; tracción mandibular, si hay sospecha de lesión de la columna vertebral	Inclinación de cabeza-levantamiento del mentón; tracción mandibular, si hay sospecha de lesión de la columna vertebral
Respiración		
Respiraciones iniciales	2 respiraciones con duración de 1 segundo cada una, con suficiente volumen para elevar el tórax	2 respiraciones con duración de 1 segundo cada una, con suficiente volumen para elevar el tórax
Respiraciones subsecuentes	1 respiración cada 3 a 5 segundos (12 a 20 respiraciones/min)	1 respiración cada 3 a 5 segundos (12 a 20 respiraciones/min)
Circulación		
Verifique el pulso	Arteria braquial	Arteria carótida o femoral
Área de compresión	Inmediatamente por debajo de la línea de los pezones	En el centro del tórax, entre los pezones
Amplitud de la compresión	2 dedos o técnica de pulgares de 2 manos rodeando el tórax	"Talón" de una o dos manos
Profundidad de la compresión	De una tercera a la mitad de la profundidad del tórax	De una tercera a la mitad de la profundidad del tórax
Frecuencia de la compresión	100/min	100/min
Relación de las compresiones a las ventilaciones	30:2 (un rescatador); 15:2 (dos rescatadores)[2]	30:2 (un rescatador); 15:2 (dos rescatadores)[2]
Obstrucción por cuerpo extraño	Conscientes: palmadas en la espalda y empujones del tórax	Conscientes: empujones abdominales
	Inconscientes: RCP	Inconscientes: RCP

[1]El inicio de la pubertad es aproximadamente de los 12 a los 14 años de edad, se define por las características sexuales secundarias (p. ej., desarrollo de las mamas en las niñas y vello axilar en niños).
[2]Haga pausas en las compresiones para entregar ventilaciones.

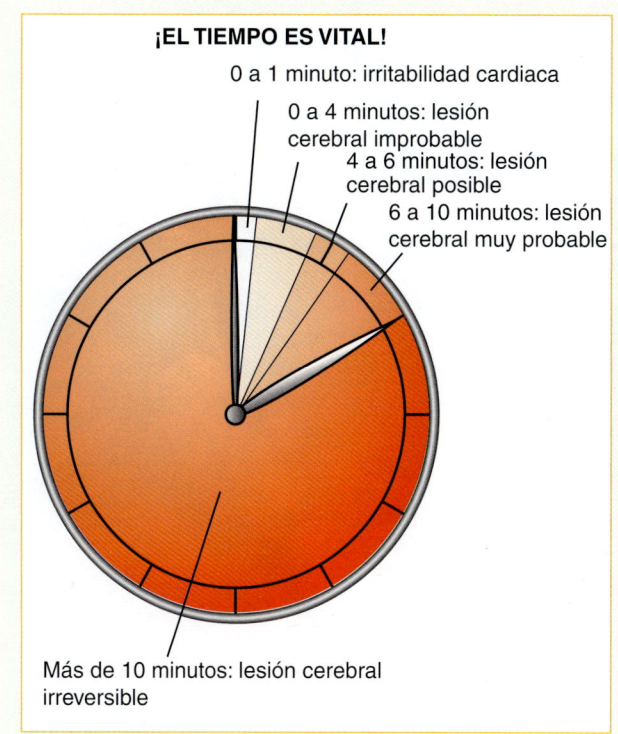

Figura A-2 El tiempo es crítico para los pacientes que no están respirando. Si el encéfalo es privado de oxígeno de 4 a 6 minutos es probable que se produzca daño encefálico.

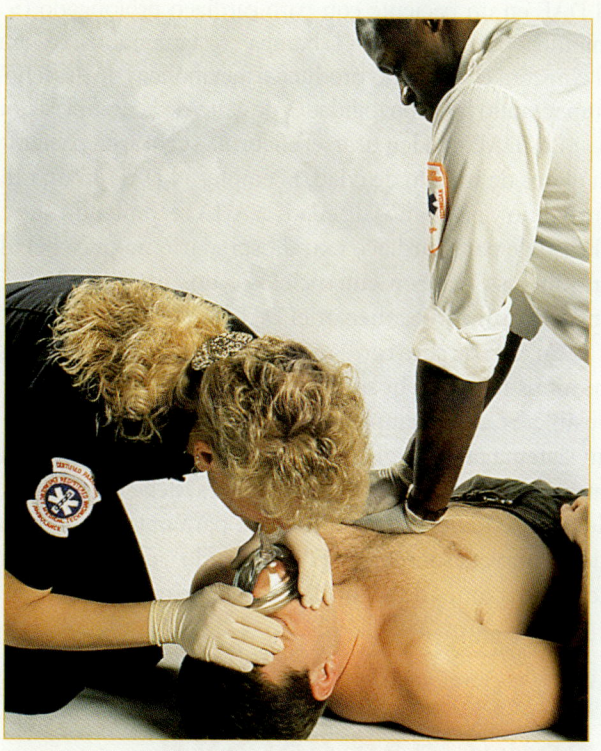

Figura A-3 Debe identificar rápidamente pacientes en paro respiratorio o cardiaco, o ambos, para que las medidas de SVB puedan empezar inmediatamente.

Sin embargo, el SVB es la base para el SVA. Cuando se efectúa de manera correcta, el SVB puede mantener la vida por un tiempo corto, hasta que puedan iniciarse medidas de SVA. En algunos casos, como asfixia, casi ahogamiento, o lesiones por rayos, es posible que las medidas iniciales de SVB sean todo lo que se necesita para restaurar el pulso y la respiración de un paciente. Naturalmente, estos pacientes también requieren transporte al hospital para evaluación.

Las medidas de SVB sólo son eficaces dependiendo de la persona que las aplica. Sus destrezas serán muy buenas después de la capacitación; sin embargo, con el paso del tiempo sus destrezas se deteriorarán, a menos que las practique regularmente.

Desfibrilación automática externa

La mayor parte de los paros cardiacos que se producen fuera del hospital ocurren como resultado de perturbaciones súbitas del ritmo cardiaco (disritmias), como la fibrilación ventricular (FV) o la taquicardia ventricular sin pulso (TV sin pulso). De acuerdo con la Asociación Americana del Corazón (AHA), la desfibrilación temprana es el eslabón en la cadena de supervivencia que tiene mayor probabilidad de mejorar las tasas de supervivencia. Por cada minuto que el paciente permanece en FV o TV sin pulso, hay de 7 a 10% de menor probabilidad de sobrevivir.

El desfibrilador automático externo (DAE) debe usarse con cualquier paciente que presente paro cardiaco no traumático, mayor de un año de edad, tan pronto como sea posible; la desfibrilación, si se indica, debe efectuarse sin demora. La desfibrilación por medio del DAE no se indica en niños menores de un año de edad, independientemente de la causa de su paro cardiaco.

El diseño simple del DAE lo hacen fácil de usar por el TUM-B, primeros respondientes y personas comunes, ya que requiere muy poco entrenamiento.

Si es testigo del paro cardiaco de un paciente, inicie el algoritmo de SVB, solicite la ayuda del SMU (Servicio Médico de Urgencias), si usted es el SMU solicite el apoyo de sus compañeros, inicie la RCP, administre oxígeno y conecte el DAE cuando esté disponible y siga las instrucciones.

El fundamento de esto es que hay más probabilidades que el corazón responda a la desfibrilación dentro de los primeros pocos minutos de la iniciación de la fibrilación ventricular. Sin embargo, si el intervalo del paro es prolongado, se acumulan en el corazón productos metabólicos de desecho, las reservas de energía se agotan rápidamente y las probabilidades de éxito con la fibrilación se reducen. Por tanto, un periodo de dos minutos de RCP antes de aplicar el DAE en un paciente con paro cardiaco prolongado (> 5 minutos) puede "preparar la bomba", restaurando así oxígeno al corazón, eliminando productos metabólicos de desecho y aumentando las probabilidades de éxito de la desfibrilación.

Los DAE pueden usarse, en forma segura, en pacientes mayores de un año de edad. Si emplea el DAE en un niño entre uno y ocho años de edad, la AHA recomienda que en el caso de paro cardiaco extrahospitalario no presenciado en niños se realicen cinco ciclos o dos minutos de RCP antes de utilizar y conectar el DAE.

En caso de paro cardiaco intrahospitalario o de colapso en niños fuera del hospital, utilizar el DAE en cuanto sea posible. Se deben emplear parches de tamaño pediátrico y un sistema atenuador de dosis (reductor de energía). Sin embargo, si éstos no están disponibles, debe usar un DAE de adulto. Refiérase al capítulo 12 para obtener información completa sobre el DAE, incluyendo su uso apropiado, consideraciones de seguridad y el algoritmo del DAE.

Evaluación de la necesidad del SVB

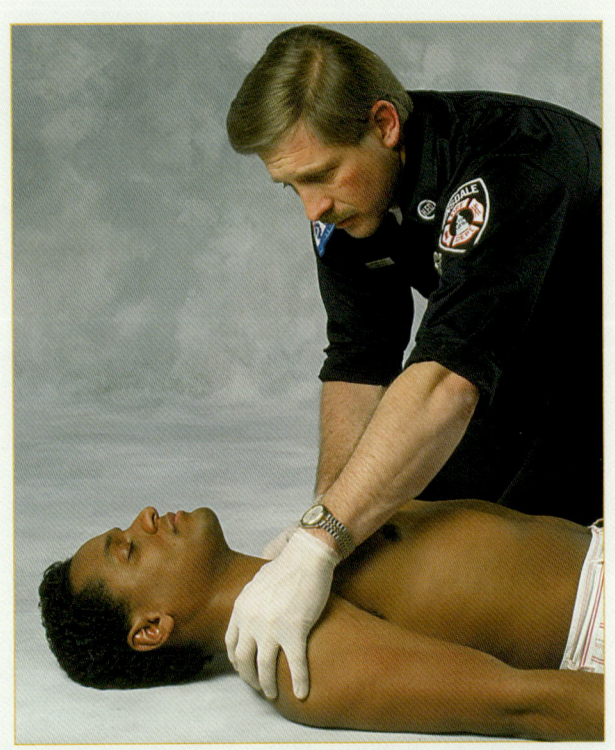

Figura A-4 Evalúe la vía aérea, respiración y circulación en un paciente inconsciente, intentando primero despertarlo.

Como siempre, empiece evaluando la escena. ¿Es segura? ¿Cuántos pacientes hay? ¿Cuál es su impresión inicial de los pacientes? ¿Hay espectadores que puedan tener información? Mantenga comunicación abierta con miembros de la familia durante el SVB. ¿Sospecha trauma? Si fue despachado a la escena, ¿la información del despacho concuerda con lo que está viendo?

Debido a la urgente necesidad de iniciar RCP en un paciente sin pulso, que no respira, debe completar su evaluación inicial tan pronto sea posible, evaluando el ABC. El primer paso es determinar si el paciente no responde **Figura A-4 ▶**. Es claro que un paciente que está consciente no necesita RCP, pero una persona que no responde puede necesitar RCP, basada en una evaluación posterior.

Si sospecha la presencia de una lesión de la columna cervical, debe proteger la médula espinal de una lesión adicional si practica la RCP. Si hay una posibilidad, aun remota de este tipo de lesión, debe comenzar tomando precauciones apropiadas durante la evaluación inicial.

Los principios del SVB son los mismos para lactantes, niños y adultos. Por lo que se refiere al SVB, cualquier persona menor de un año se considera un lactante. Un niño está entre un año de edad y la iniciación de la pubertad (12 a 14 años). La edad adulta va desde el inicio de la pubertad a la edad mayor. Los niños varían en tamaño. Algunos niños pequeños pueden tratarse mejor como lactantes; niños más grandes, como adultos.

Hay diferencias básicas en proporcionar RCP a lactantes, niños y adultos.

Las urgencias en las cuales lactantes y niños requieren RCP suelen tener diferentes causas que originan un paro cardiorespiratorio, siendo las más frecuentes problemas con las vías respiratorias (enfermedades previas, cuerpos extraños, etc.), que originan una deficiente oxigenación y esto desencadena posteriormente un fallo cardiaco y paro, mientras que en los adultos las causas más frecuentes son por problemas de origen cardiaco (infarto, arritmias, FV, TV sin pulso, etc.). Otra distinción es que hay diferencias anatómicas en adultos, niños y lactantes, como vía aérea más pequeña y más recta en lactantes y niños respecto a los adultos.

Aunque el paro cardiaco en los adultos suele producirse antes que el paro respiratorio, en lactantes y niños es lo contrario. En la mayor parte de los casos, el paro cardiaco en los niños es el resultado de un paro respiratorio. Si no se trata, el paro respiratorio conducirá rápidamente a paro cardiaco y muerte. El paro respiratorio en lactantes y niños tiene una diversidad de causas, que incluyen la aspiración de cuerpos extraños, como partes de hot dogs, cacahuates, caramelos o juguetes pequeños; infecciones de las vías respiratorias, como CRUP y epiglotitis, incidentes de casi ahogamiento o electrocución, y el síndrome de muerte súbita del lactante (conocido también como SIDS, por sus siglas en inglés).

Inicio y suspensión del SVB

Como TUM-B, es su responsabilidad iniciar la RCP en prácticamente todos los pacientes que están en paro cardiaco. Hay sólo dos excepciones generales a la regla.

En primer lugar, no debe iniciar RCP si el paciente tiene signos obvios de muerte, los cuales incluyen ausencia de pulso y respiración, junto con una de las siguientes situaciones:

- Rigidez cadavérica (rigor mortis) o endurecimiento del cuerpo después de la muerte
- Lividez dependiente (livor mortis), cambio en la coloración de la piel por acumulación de sangre Figura A-5 ▼.
- Putrefacción o descomposición del cuerpo
- Evidencia de lesión, como decapitación, desmembramiento o quemadura de grado irreconocible.

La rigidez cadavérica y la lividez dependiente se desarrollan después de que el individuo ha estado muerto por un tiempo prolongado.

En segundo lugar, no debe iniciar la RCP si el paciente y su médico han acordado previamente lo referente a órdenes de no resucitar o no RCP Figura A-6 ▶. Es posible que aplique esto sólo a situaciones en las cuales se sabe que el paciente está en etapa terminal de una

Qué documentar

El manejo correcto de las situaciones cuando elige no iniciar una RCP en un paciente con paro cardiaco, comienza con el cumplimiento de los protocolos y termina con la documentación detallada. En particular, registre los signos del examen físico que lo llevaron a la decisión y haga referencia al protocolo que establece esos signos, como una razón para no iniciarla. Si hay circunstancias extenuantes, como el entrampamiento físico, que prevengan los intentos de reanimación, registre las condiciones minuciosamente. Estas decisiones dan origen, en ocasiones, a cuestionamientos, que con frecuencia se pueden anular inmediatamente con referencia a un informe bien escrito.

enfermedad incurable; en esta situación, la RCP sólo sirve para prolongar la muerte del paciente. Sin embargo, éste puede ser un asunto complicado. Las directivas por adelantado, como los testamentos en vida, pueden expresar los deseos del paciente; no obstante, es posible que estos documentos no se produzcan rápidamente por la familia y quien atiende al paciente. En esos casos, el curso más seguro es asumir que existe una urgencia, e iniciar la RCP bajo la regla de consentimiento implícito, y contactar a control médico para recibir directrices adicionales. En caso contrario, si se produce una orden de no

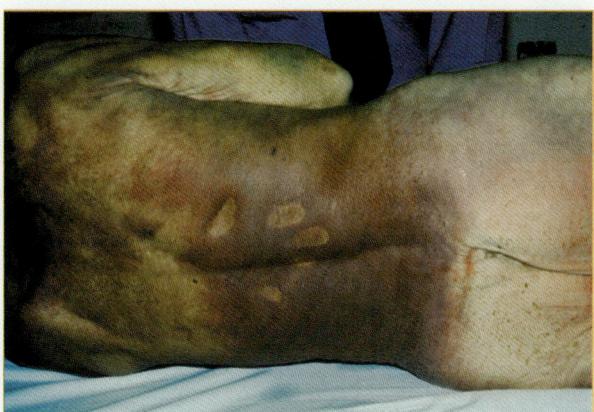

Figura A-5 La lividez dependiente es un signo obvio de muerte, causado por asentamiento de sangre en las áreas del cuerpo que no están en contacto firme con el suelo. La lividez en esta figura se ve como una alteración de color morado en la espalda, excepto en áreas que están en contacto firme con el piso (escápulas y nalgas).

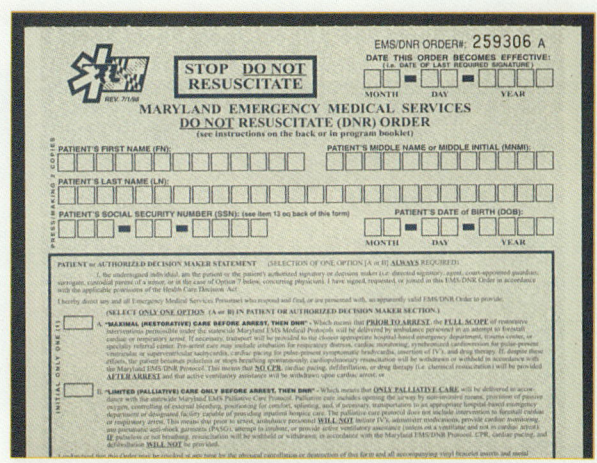

Figura A-6 No debe iniciar una RCP si el paciente y su médico han acordado previamente en ODNR o no RCP. Aprenda sus protocolos locales para el tratamiento de pacientes enfermos terminalmente.

resucitación o testamento en vida válidos, los esfuerzos de reanimación se pueden retener. Aprenda sus protocolos locales y los estándares de su sistema para tratar pacientes con enfermedades terminales. Algunos sistemas de SMU tienen notas computarizadas de pacientes que se han registrado a ellos; éstas suelen especificar la cantidad y el grado de tratamiento que se desea. Otros estados tienen formas de SMU ODNR que permiten a los proveedores del SMU retener cuidados cuando el paciente, familia y médico han acordado por adelantado que ese curso es sumamente apropiado. Es crítico que comprenda sus protocolos locales y esté consciente de las restricciones específicas que implican esas directivas por adelantado.

En todos los demás casos, debe iniciar una RCP en cualquier paciente que esté en paro cardiaco. Usualmente es imposible saber cuánto tiempo ha permanecido el paciente sin oxígeno llegando al encéfalo y órganos vitales. Algunos factores, como la temperatura del aire y la salud de inicio de los tejidos y órganos del paciente, pueden afectar su habilidad para sobrevivir. Por tanto, la mayoría de los asesores legales recomienda que, ante la duda, siempre dé el cuidado adecuado de cualquier paciente grave. Invariablemente debe comenzar con la RCP en caso de cualquier duda.

Usted no es responsable de tomar la decisión de detener (STOP por las siglas en inglés) la RCP. Una vez que comience la RCP en el campo, debe continuar hasta que ocurra uno de los eventos siguientes:

- S El paciente **comienza** (Starts) a respirar y tiene pulso.
- T El paciente es **transferido** (Transferred) a otra persona entrenada en SVB, a personal entrenado en SVA o a otro respondiente con conocimiento de urgencias médicas.
- O Se encuentra **agotado** (Out), para continuar.
- P Un **médico** (Physician) que está presente, o proporcionando dirección médica en línea, asume responsabilidad del paciente y da instrucción de suspender la RCP.

"Se encuentra agotado" no significa estar cansado; más bien se refiere a no ser ya físicamente capaz de practicar la RCP. En resumen, la RCP siempre debe continuarse hasta que el cuidado del paciente es transferido a un médico o a una autoridad médica más alta en el campo. En algunos casos, su director médico o un médico designado de la dirección médica puede ordenarle detener las maniobras de RCP, con base en la condición del paciente.

Cada sistema del SMU debe tener órdenes en efecto o protocolos claros, que proporcionen directrices para iniciar y suspender la RCP. Su director médico y su asesor legal del sistema deben concordar en estos protocolos, los cuales deben ser entregados y revisados por usted en conjunto con su director médico.

> ## ⚠ Necesidades pediátricas
>
> La abertura de la vía aérea de un lactante o niño se realiza usando las mismas técnicas que se emplean en el adulto. Sin embargo, como el cuello del niño es tan flexible, la maniobra de inclinación de cabeza-levantamiento del mentón debe modificarse para que al inclinar la cabeza la esté moviendo sólo en la posición neutral, o ligeramente extendida **Figura A-7**. También puede usar la maniobra de tracción mandibular sin inclinación de cabeza. De hecho, éste es el mejor método, si sospecha una lesión de la columna vertebral en un niño. Si hay presente un segundo rescatador, debe inmovilizar la columna cervical del niño.

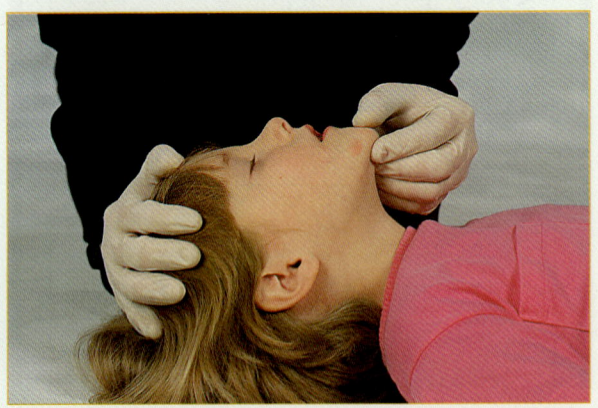

Figura A-7 La maniobra de inclinación de cabeza-levantamiento del mentón en el niño es levemente modificada: al inclinar la cabeza hacia atrás, la mueve sólo en la posición neutral o en una posición ligeramente extendida.

Posicionamiento del paciente

El siguiente paso en proporcionar la RCP es posicionar al paciente para asegurar que la vía aérea esté abierta. Para que la RCP sea eficaz, el paciente debe estar acostado en posición supina, sobre una superficie firme, con suficiente espacio libre a su alrededor para que dos res-

Posicionamiento del paciente

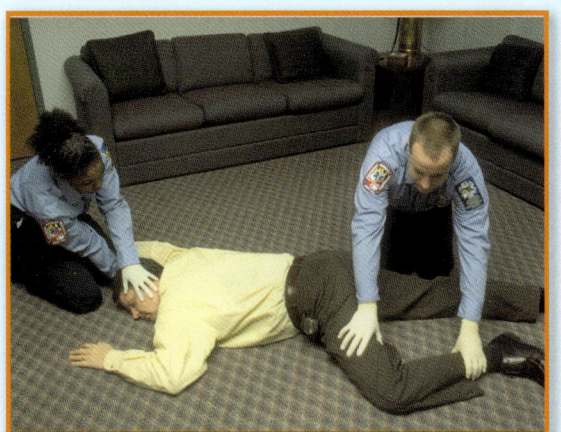

1 Arrodíllese junto al paciente, dejando espacio para girarlo hacia usted.

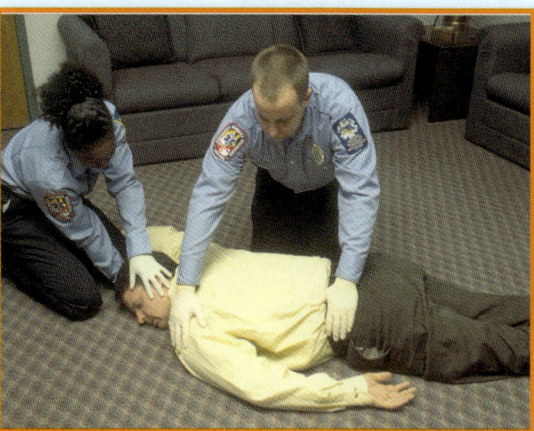

2 Sujete al paciente estabilizando la columna cervical, si es necesario.

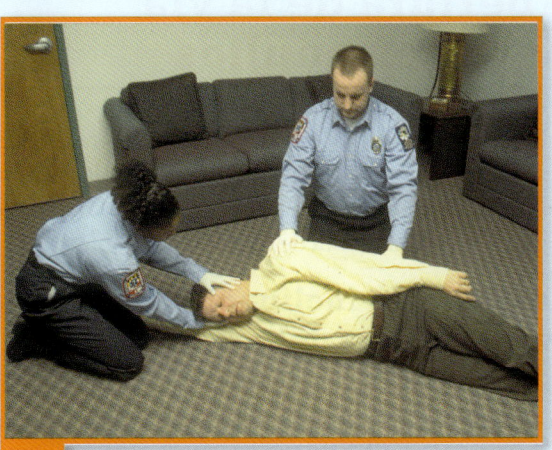

3 Mueva la cabeza y el cuello como una unidad con el torso, mientras su compañero tira del hombro y cadera distantes.

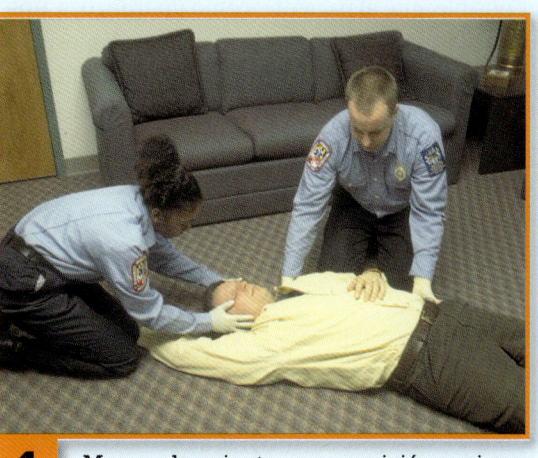

4 Mueva al paciente a una posición supina con las piernas rectas y los brazos a los lados.

catadores practiquen la RCP. Si el paciente está encogido hacia arriba, o acostado con la cara hacia abajo, necesitara posicionarlo de manera correcta. Los pocos segundos que usa en posicionar al paciente apropiadamente mejorarán en forma considerable la entrega y eficacia de la RCP.

Siga los pasos de (Destrezas A-1 ▲) para restituir el posicionamiento correcto a un adulto inconsciente a fin de dar tratamiento de la vía aérea:

1. **Arrodíllese junto al paciente.** Junto con su compañero, debe estar suficientemente lejos del paciente para que cuando ruede hacia ustedes no venga a descansar en su cintura (**Paso 1**).
2. Primer TUM-B: **Coloque sus manos** detrás de la espalda, la cabeza y el cuello del paciente para proteger la columna cervical, si sospecha lesión de la columna vertebral. Segundo TUM-B: Coloque sus manos en el hombro y la cadera distantes (**Paso 2**).
3. Segundo TUM-B: **Gire al paciente hacia usted** tirando del hombro y cadera distantes. Primer TUM-B: Controle la cabeza y el cuello, en forma tal que se muevan como una unidad con el resto del torso. Este movimiento simple permitirá que la cabeza, cuello y espalda estén en el mismo plano vertical y minimiza el agravamiento de cualquier lesión vertebral (**Paso 3**).
4. Primer TUM-B: **Coloque al paciente en posición supina** con las piernas rectas y ambos brazos a los lados (**Paso 4**).

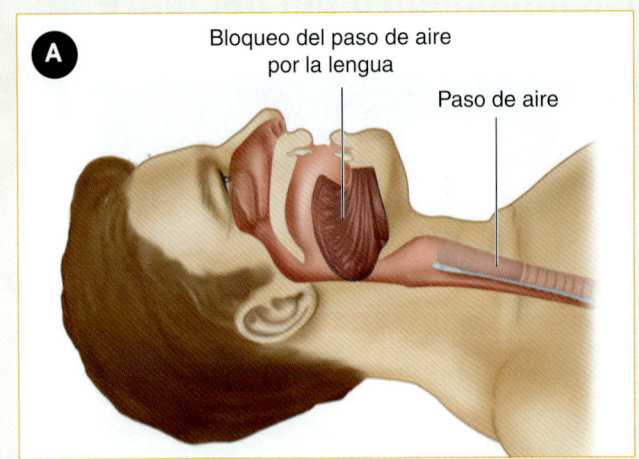
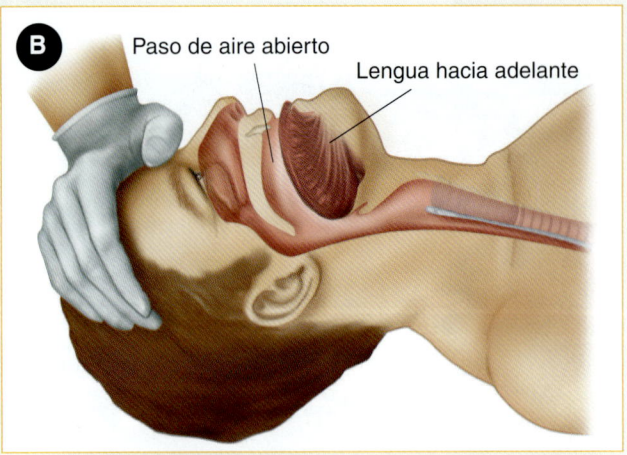

Figura A-8 **A.** La relajación de la lengua hacia atrás al interior de la garganta causa obstrucción de la vía aérea. **B.** La maniobra de inclinación de cabeza-levantamiento del mentón combina dos movimientos de abertura de la vía aérea.

De ser posible, gire al paciente, como un tronco, a una camilla rígida al posicionarlo para la RCP. Este dispositivo proporcionará soporte durante el transporte y cuidados del departamento de urgencias, una vez que el paciente está posicionado apropiadamente.

Abertura de la vía aérea en adultos

Sin la correcta apertura de la vía aérea, la respiración de rescate no será eficaz. Hay dos técnicas para abrir la vía aérea en adultos: la maniobra de inclinación de cabeza-levantamiento del mentón y la maniobra de tracción mandibular.

Maniobra de inclinación de cabeza-levantamiento del mentón

La abertura de la vía aérea para aliviar una obstrucción, causada por la relajación de la lengua, con frecuencia puede lograrse rápida y fácilmente con la **maniobra cabeza inclinada-levantamiento del mentón** Figura A-8. En pacientes que no han sufrido un trauma, a veces esta simple maniobra es todo lo que se requiere para que el paciente restablezca la respiración. Si el paciente tiene cualquier material extraño o vómito en la boca debe despejarlo de inmediato. Limpie todos los materiales líquidos de la boca con un pedazo de tela sujeto entre sus dedos índice y cordial, y use su índice doblado para extraer cualquier material sólido. Debe efectuar la maniobra de inclinación de cabeza-levantamiento del mentón en la forma siguiente Figura A-9:

1. Asegure que el paciente está en posición supina: Arrodíllese cerca del lado del paciente.
2. **Coloque una mano en la frente del paciente** y aplique presión firme hacia atrás con la palma, para inclinar la cabeza hacia atrás. Esta extensión del cuello moverá la lengua hacia adelante, alejándola de la parte posterior de la garganta, y despejará la vía aérea, si la lengua la está bloqueando.

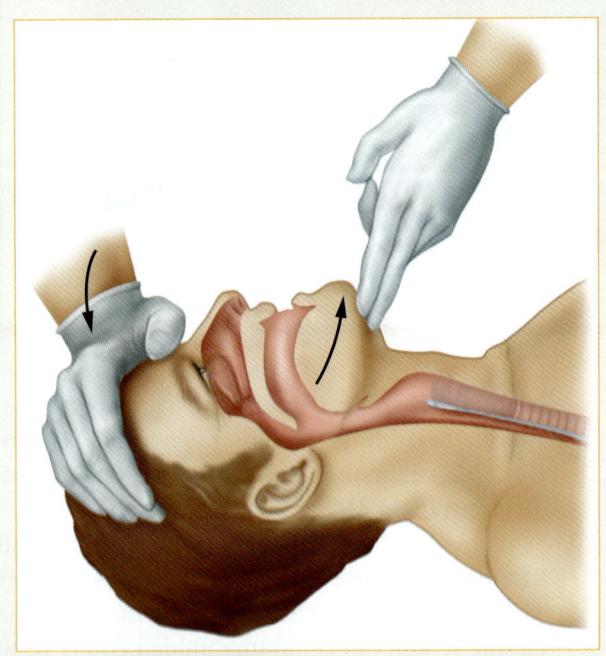

Figura A-9 Para practicar la maniobra de inclinación de cabeza-levantamiento del mentón, coloque una mano en la frente del paciente y aplique presión firme hacia atrás con su palma, para inclinar la cabeza hacia atrás. Luego, coloque las puntas de sus dedos de su otra mano bajo la mandíbula, cerca de la parte ósea del mentón. Levante el mentón hacia adelante, trayendo con él la totalidad de la mandíbula, ayudando a inclinar la cabeza hacia atrás.

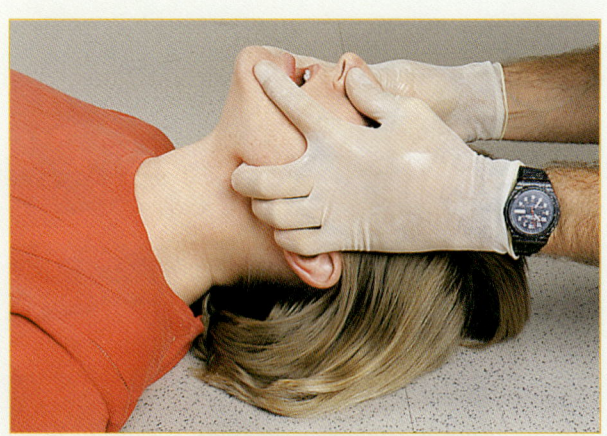

Figura A-10 Para practicar la maniobra de tracción mandibular, mantenga la cabeza en alineamiento neutral, y use los dedos índice y cordial para empujar la mandíbula hacia adelante.

3. **Coloque las puntas** de los dedos de su otra mano bajo la mandíbula, cerca de la parte ósea del mentón. No comprima el tejido blando bajo el mentón porque bloquearía la vía aérea.
4. **Levante el mentón hacia adelante**, acarreando toda la mandíbula con ello, ayudando a inclinar la cabeza hacia atrás. No use el pulgar para levantar el mentón. Levante hasta que los dientes estén casi juntos, pero evite cerrar la boca completamente.

El levantamiento del mentón tiene la ventaja agregada de mantener las dentaduras postizas flojas en su sitio, haciendo menos probable la obstrucción por los labios. La práctica de las ventilaciones es mucho más fácil cuando las dentaduras están colocadas, aunque las que no permanecen fijas en su sitio deben retirarse. Las dentaduras parciales (placas) pueden aflojarse como resultado de un accidente o mientras proporciona cuidados; por tanto, verifíquelas de manera periódica.

Maniobra de tracción mandibular

La maniobra de inclinación de cabeza-levantamiento del mentón es eficaz para abrir las vías respiratorias en la mayor parte de los pacientes. Sin embargo, en casos de sospecha de lesión de la columna vertebral, deseará minimizar el movimiento del cuello de los pacientes. En ese caso, efectúe la <u>maniobra de tracción mandibular</u>. Para realizar una maniobra de tracción mandibular, coloque sus dedos detrás de los ángulos del maxilar inferior, o mandíbula, del paciente y luego mueva la mandíbula para adelante. Mantenga la cabeza en una posición neutral al mover la mandíbula al frente y abrir la boca. Si la boca del paciente permanece cerrada, puede usar sus pulgares para tirar hacia abajo el labio inferior del paciente y permitirle respirar. Si la tracción mandibular falla en abrir la vía aérea, debe usarse la inclinación de cabeza-levantamiento del mentón para abrir las vías respiratorias. La vía aérea es un objetivo primario al tratar pacientes con traumatismos, y debe asegurarse para mejorar la supervivencia. También puede aplicar fácilmente una mascarilla facial u otro dispositivo de barrera con ambas manos mientras practica la tracción mandibular.

Realice la maniobra de tracción mandibular como sigue **Figura A-10**.

1. **Arrodíllese sobre la cabeza del paciente.** Coloque su dedo índice o cordial detrás del ángulo de la mandíbula del paciente, en ambos lados, y con fuerza muévala hacia adelante, sin manipular el cuello del paciente.
2. **Use sus pulgares para abrir la boca** y permitir la respiración.
3. **La nariz puede sellarse con su mejilla** cuando proporcione respiración de rescate usando la maniobra de tracción mandibular.

Obstrucción de la vía aérea por un cuerpo extraño en adultos

La obstrucción de la vía aérea puede ser causada por muchas cosas, incluyendo la relajación de los músculos de la garganta en un paciente inconsciente, contenidos estomacales vomitados o regurgitados, un coágulo de sangre, tejido dañado después de una lesión, piezas dentales o cuerpos extraños. Ocasionalmente se aspira un cuerpo extraño grande y bloquea la vía aérea superior.

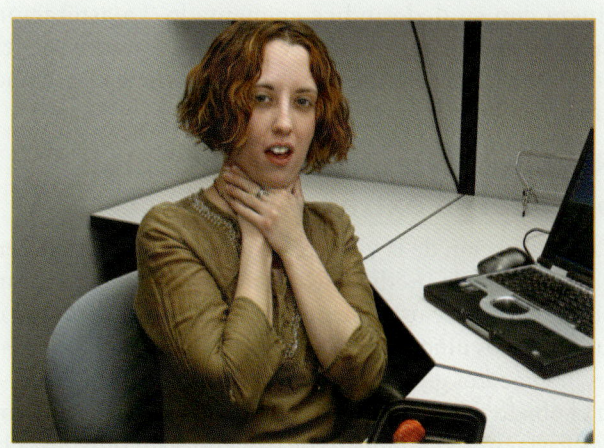

Figura A-11 Las manos a la garganta son el signo universal que indica sofocación.

Tips para el TUM-B

Si se encuentra un paciente consciente sofocándose acostado en el piso, pueden aplicarse compresiones abdominales montándose a horcajadas sobre el paciente, colocando sus manos justo encima del ombligo, y dando empujones fuertes rápidos hacia arriba, debajo de la caja costal Figura A-12 ▼.

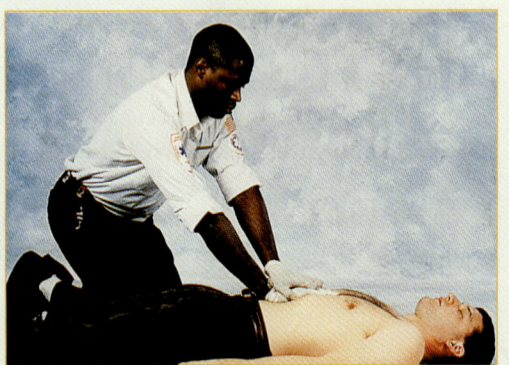

Figura A-12 En el caso improbable de que la víctima de sofocación inconsciente se encuentre acostada en el piso, los empujones abdominales de pueden administrar montándose a horcajadas sobre las piernas del paciente y aplicando empujones, usando las mismas áreas anatómicas de referencia que con el paciente sentado o de pie.

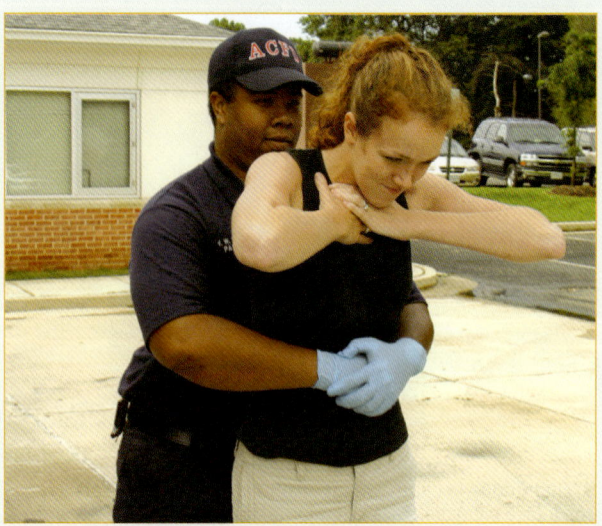

Figura A-13 Maniobra de tracción abdominal en un adulto consciente. Párese detrás del paciente y abrace alrededor de su cintura. Presione sus puños al interior del abdomen del paciente y dé empujones rápidos, hacia adentro y hacia arriba.

Los objetos grandes que no pueden ser retirados de la vía aérea con aspiración, como piezas dentales sueltas, fragmentos grandes de alimentos vomitados o coágulos de sangre, deben ser desplazados hacia adelante y hacia afuera con su dedo índice enguantado. La aspiración puede usarse luego, según se necesite, para mantener despejada la vía aérea de secreciones más delgadas, como sangre, vómito y moco.

Reconocimiento de obstrucción por cuerpo extraño

La obstrucción de la vía aérea por un cuerpo extraño en un adulto suele producirse durante una comida. En un niño, se produce usualmente durante la hora de comer o jugando. Los niños por lo común se sofocan con cacahuates, fragmentos grandes de alimentos o juguetes pequeños. Si el objeto extraño no se retira rápidamente, los pulmones gastarán su suministro de oxígeno; esto provocará la inconsciencia y posteriormente la muerte. Su tratamiento se basa en el tipo de obstrucción de la vía aérea que el paciente está experimentando, leve o intenso.

Pacientes conscientes

Una obstrucción intensa, súbita, de la vía aérea, suele ser fácil de reconocer en alguien que está comiendo o acaba de hacerlo. La persona es súbitamente incapaz de hablar o toser, se agarra del cuello, se pone cianótica y hace esfuerzos exagerados por respirar. No se está moviendo aire hacia adentro ni hacia afuera de la vía aérea o el movimiento de aire es tan leve que no es detectable. Al principio, el paciente estará consciente y capaz de indicar con claridad la naturaleza de su problema. Pregunte al paciente: "¿Se está ahogando?", usualmente responderá con un gesto afirmativo. De manera alternativa, puede usar el signo universal para indicar bloqueo de las vías aéreas Figura A-11 ◄.

Pacientes inconscientes

Cuando descubre a un paciente inconsciente, su primer paso es determinar si está respirando y tiene pulso. La inconsciencia se puede deber a obstrucción de la vía aérea, paro cardiaco o muchos otros problemas. Recuerde que primero debe despejar la vía aérea del paciente, antes de

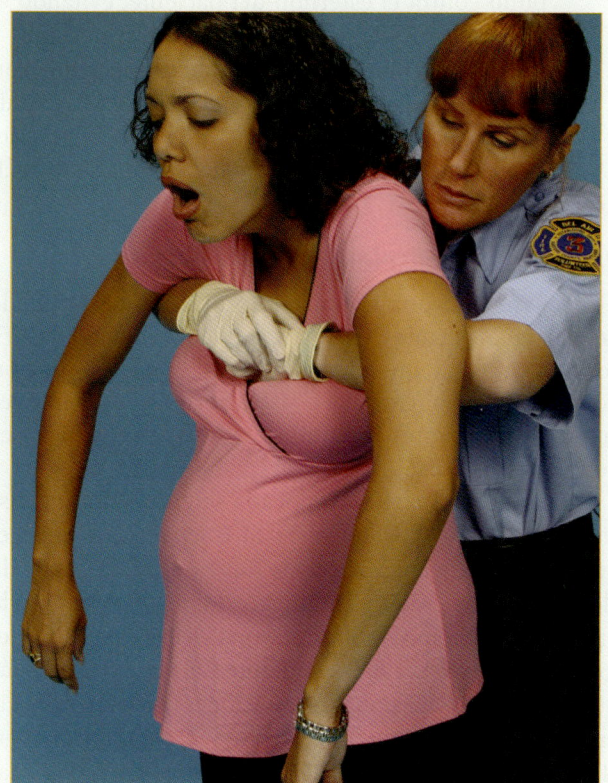

Figura A-14 Extracción de una obstrucción de cuerpo extraño en un paciente adulto usando empujones del tórax. Párese detrás del paciente y abrácelo alrededor del tórax. Coloque el lado del pulgar de un puño contra el tórax mientras sujeta el puño con la otra mano. Presione su puño en el interior del tórax dando apretones hacia atrás.

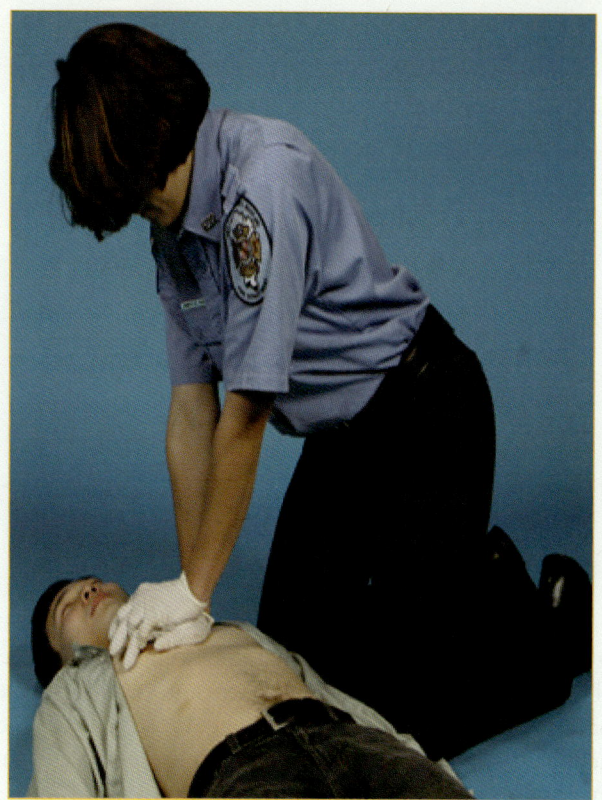

Figura A-15 Un paciente inconsciente que se puede estar sofocando requiere RCP.

atender otros problemas, como paro cardiaco. En primer lugar debe asegurar una vía abierta y no obstruida, antes de verificar el pulso.

Debe sospechar obstrucción de la vía aérea si las maniobras estándar para abrir la vía aérea y ventilar los pulmones no son eficaces. Si siente resistencia al insuflar al paciente o si se aumenta la presión en su boca, el paciente probablemente tiene algún tipo de obstrucción.

Tips para el TUM-B

Es probable que si encuentra a una víctima que no responde, no sepa si una sofocación fue su causa inicial. Inicie los pasos de la RCP y evalúe durante la fase de la respiración para detectar un buen flujo de aire viendo el tórax elevarse. Si el tórax no se eleva, posicione de nuevo la vía aérea, vea su interior y ventile de nuevo.

Extracción de un cuerpo extraño de una obstrucción en pacientes mayores de un año de edad

La maniobra recomendada para extraer obstrucciones serias de la vía aérea, en el adulto consciente y en el niño, es la de tracción abdominal (la maniobra de Heimlich). Esta técnica crea una tos artificial causando un aumento súbito en la presión intratorácica cuando se aplican tracciones o compresiones a la región subdiafragmática; es un medio muy eficaz para extraer un cuerpo extraño que está obstruyendo la vía aérea.

Pacientes conscientes

Maniobra de compresión abdominal

La <u>maniobra de compresión abdominal</u>, llamada también maniobra de Heimlich, es la forma preferible para desalojar una obstrucción seria de la vía aérea en adultos y niños conscientes. El aire residual, que siempre está presente en los pulmones, se comprime hacia arriba y se usa para expulsar el objeto. En pacientes conscientes con una obs-

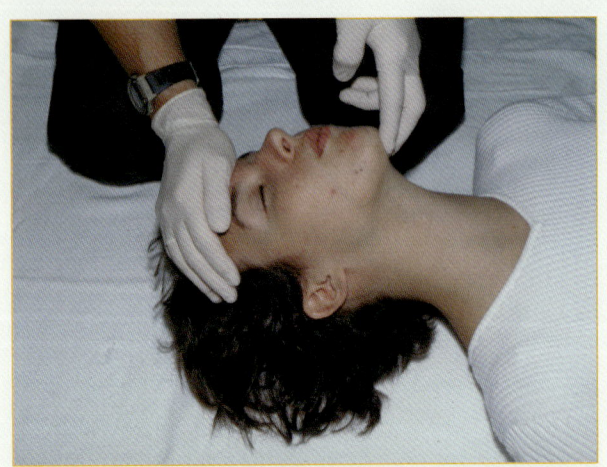

Figura A-16 La maniobra de inclinación de cabeza-levantamiento del mentón es una técnica simple para abrir la vía aérea, en un paciente en el que no se sospecha lesión de la columna cervical.

trucción intensa de la vía aérea debe repetir tracciones abdominales hasta que el cuerpo extraño se expulse, o el paciente quede inconsciente. Cada compresión debe ser deliberada, con la intensión de expulsar un cuerpo extraño que está obstruyendo la vía aérea.

Para efectuar tracciones abdominales en un adulto consciente (Figura A-13 ◀) use la siguiente técnica:

1. **Párese detrás del paciente** y abrácelo alrededor de su cintura.
2. **Forme un puño con una mano** y prenda el puño con la otra mano. Coloque el pulgar del lado del puño contra el abdomen del paciente, inmediatamente por encima del ombligo y bastante abajo del apéndice xifoides.
3. **Presione con el puño** el abdomen del paciente con un apretón rápido hacia adentro y hacia arriba.
4. **Continúe las compresiones abdominales** hasta que el objeto sea expulsado de la vía aérea, o el paciente esté inconsciente.

Tracciones del tórax

Puede practicar la maniobra de compresión o apretón abdominal en forma segura en todos los adultos y niños. Sin embargo, debe usar preferentemente compresiones del tórax en mujeres, en etapas avanzadas de embarazo, y en pacientes que son muy obesos.

Para practicar compresiones del tórax en el adulto consciente use la siguiente técnica (Figura A-14 ◀):

1. **Párese detrás del paciente** con sus brazos directamente debajo de sus axilas y abrácelo alrededor del tórax.
2. **Haga un puño con una mano** y prenda el puño con la otra mano. Coloque el pulgar del lado del puño contra el esternón del paciente, evitando el apéndice xifoides y los bordes de la caja costal.
3. **Presione su puño contra el tórax del paciente**, con apretones hacia atrás, hasta que el objeto es expulsado de la vía aérea, o el paciente esté inconsciente. Si el paciente cae inconsciente debe empezar la RCP (Figura A-15 ◀).

Pacientes inconscientes

El paciente con una obstrucción de la vía aérea puede quedar inconsciente y requiere cuidados adicionales. El conocimiento de que el paciente tuvo una obstrucción de la vía aérea obligará al TUM-B a abrir la vía aérea y ver en su interior, antes de completar los pasos adicionales de la reanimación.

Cuando una víctima sofocada se encuentra inconsciente, es improbable que el TUM-B sepa lo que causó el problema. Inicie los pasos de la RCP. Valore el estado de alerta, abra la vía aérea y administre dos insuflaciones. Si la primera ventilación no produce una elevación visible del tórax, recoloque la cabeza e intente nuevamente ventilar (Figura A-16 ◀). Si ambas respiraciones fallan en producir una elevación visible el tórax, efectúe 30 compresiones en el tórax, luego abra la vía aérea y vea dentro de la boca. Si hay un objeto visible intente retirarlo. *Nunca practique "barridos" ciegos con el dedo en ningún paciente; hacerlo así puede empujar la obstrucción más adentro de la vía aérea.* Después de abrir la vía aérea y ver dentro de la boca, intente de nuevo ventilar al paciente. Continúe las compresiones del tórax, abriendo la vía aérea y viendo dentro de la boca, y haciendo intentos para ventilar, hasta que la vía aérea está despejada o llega la ayuda del soporte vital avanzado.

Obstrucción leve de la vía aérea

Los pacientes con una obstrucción leve (parcial) de la vía aérea son capaces de intercambiar cantidades adecuadas de aire, pero aún tienen signos de dificultad respiratoria. La respiración puede ser ruidosa sin embargo, el paciente suele tener una tos fuerte, productiva. ¡Deje a estos pacientes en paz! Su principal preocupación es prevenir que una obstrucción leve de la vía aérea se convierta en un obstrucción intensa de la vía aérea. La compresión abdominal no se indica en pacientes con una obstrucción leve de la vía aérea.

En los pacientes con una obstrucción leve de la vía aérea, primero debe estimularlos a toser o continuar tosiendo si ya lo están haciendo. No interfiera con los intentos del propio paciente de expulsar el cuerpo extraño. En vez de esto, administre oxígeno al 100% con mascarilla no recirculante y transporte pronto al hospital. Vigile de cerca al paciente y observe por posibles signos de obstrucción intensa de la vía aérea (tos débil o ausente, disminución del nivel de conciencia, cianosis).

Obstrucción de la vía aérea por un cuerpo extraño en lactantes y niños

La obstrucción de la vía aérea es un problema común en lactantes y niños, suele ser causado por un cuerpo extraño, o una infección como CRUP o epiglotitis, que da por resultado hinchazón y estrechamiento de la vía aérea. Debe tratar de identificar la causa de la obstrucción tan pronto como sea posible. En los pacientes que tienen signos y síntomas de una infección de las vías respiratorias no debe perder tiempo tratando de desalojar un cuerpo extraño. El niño necesita 100% de oxígeno con una mascarilla no recirculante y transporte inmediato a urgencias.

Un niño sano, que está comiendo o jugando con objetos pequeños, o un lactante que está gateando por la casa y súbitamente tiene dificultad para respirar, tal vez ha aspirado un cuerpo extraño. Como en los adultos, los cuerpos extraños pueden causar obstrucción leve o intensa de la vía aérea.

Con una obstrucción leve de la vía aérea, el paciente puede toser enérgicamente, aunque puede haber sibilancias entre las tos. Mientras el paciente pueda respirar, toser o hablar no debe interferir con sus intentos para expulsar el cuerpo extraño. Como con el adulto, estimule al niño a continuar tosiendo. Administre oxígeno al 100% con una mascarilla no recirculante (si la tolera) y proporcione transporte al hospital.

Sólo debe intervenir cuando se desarrollen signos de obstrucción intensa de la vía aérea, como una tos débil improductiva, cianosis, ausencia de movimiento de aire o disminución del nivel de conciencia. Si esto sucede, párese o arrodíllese detrás del niño y aplique apretones abdominales hasta que el objeto se expulse, o el niño quede inconsciente (Figura A-17 ▶).

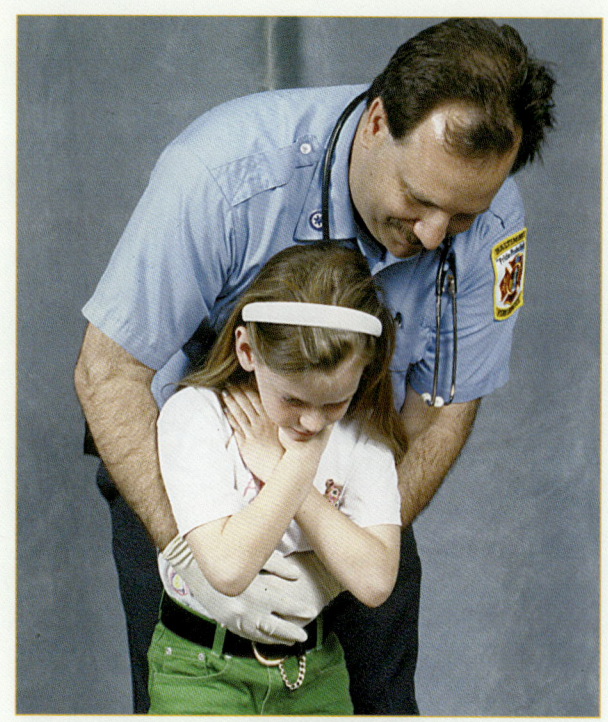

Figura A-17 Párese detrás del niño, coloque sus manos bajo las axilas y abrácelo alrededor del abdomen y tórax. Presione sus puños en el abdomen del paciente y de apretones rápidos hacia arriba.

Extracción de un cuerpo extraño de una obstrucción de la vía aérea en lactantes

Lactantes conscientes

La maniobra de compresión abdominal puede lesionar el hígado u otros órganos abdominales en un lactante. Por tanto, use la siguiente técnica para extraer un cuerpo extraño en un lactante (Figura A-18 ▶):

1. **Coloque una mano sobre la espalda y cuello**, la otra en su tórax, mandíbulas y cara, sujetando firmemente la mandíbula para soportar la cabeza a un nivel más bajo que el tronco. Esto atrapa al lactante entre sus manos y brazos. Su antebrazo debe descansar sobre su muslo, para soportar al lactante.
2. **Dé cinco palmadas rápidas sobre su espalda**, entre las escápulas, usando la eminencia tenar ("el talón") de la mano.
3. **Luego, voltee al lactante con la cara hacia arriba**, asegurando que soporta la cabeza y el cuello. Sostenga al lactante en posición supina sobre su muslo, con la cabeza ligeramente más baja que el tronco.
4. **Dé cinco compresiones rápidas sobre el esternón** en igual forma que para la RCP, sólo que con una frecuencia ligeramente más lenta. Si el lactante es grande y las manos de usted son pequeñas, quizá tenga que colocarlo sobre sus rodillas para aplicar los empujones del tórax.

Lactantes inconscientes

Inicie la RCP con un paso extra: Vea dentro de la vía aérea antes de ventilar, cada vez, y retire el objeto si lo ve.

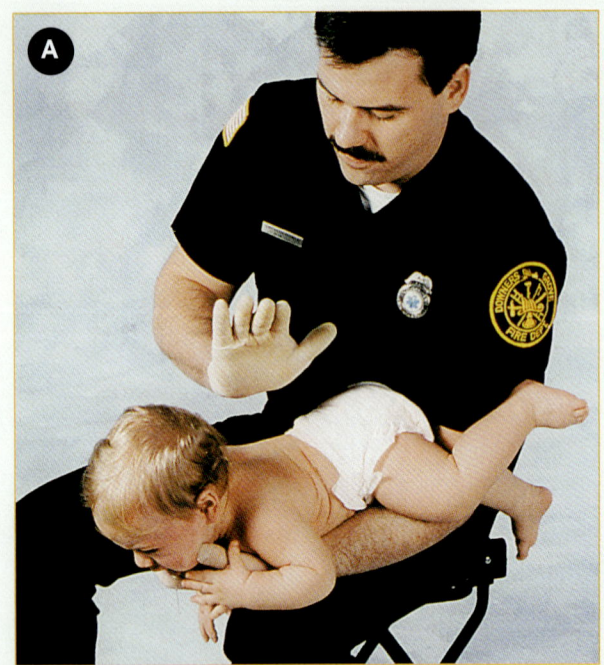

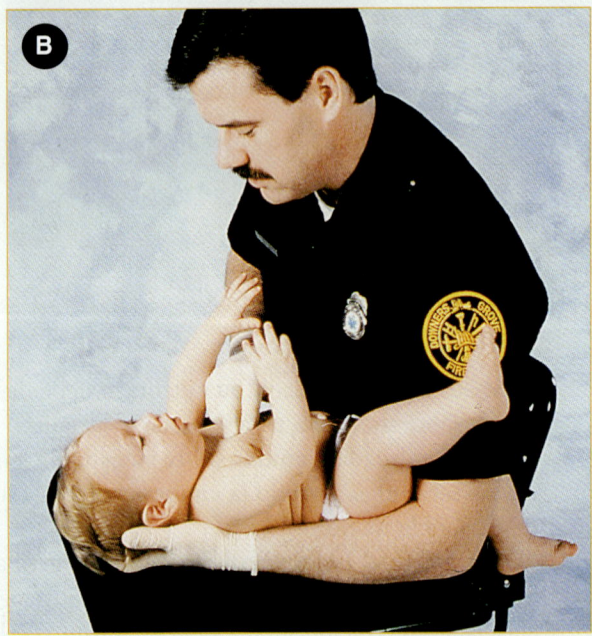

Figura A-18 A. Aplique cinco palmadas rápidas en la espalda, entre las escápulas, usando el "talón" de la mano. **B.** Dé cinco empujones rápidos en el tórax, sobre el esternón, a una frecuencia ligeramente más lenta de la que usaría en la RCP.

Respiración de rescate en adultos

Una vez que abra la vía aérea, verifique la respiración colocando su oreja aproximadamente a 2.5 cm (una pulgada) por encima de la nariz y boca del paciente; escuche cuidadosamente por sonidos de respiración. Gire su cabeza para que pueda ver su movimiento del tórax y abdomen (Figura A-19 ▼). Esto se llama técnica de ver, escuchar y sentir. Sabrá que el paciente está respirando si ve al tórax y abdomen ascender y descender y, lo que es más importante, si siente y escucha movimiento de aire durante la espiración. Con una obstrucción de la vía aérea, es posible que no haya movimiento de aire, aunque el tórax y abdomen asciendan y desciendan cuando el paciente trata de respirar. También puede tener dificultad para ver los movimientos del tórax y el abdomen si el paciente está completamente vestido. Por último, podrá ver poco o ningún movimiento en algunos pacientes, en particular en los que tienen enfermedades pulmonares crónicas. Por tanto, si no puede ver movimiento de aire alguno, al ver, escuchar y sentir, debe iniciar ventilación artificial. Esta evaluación debe tomar cuando menos cinco segundos, pero no más de 10 segundos.

La falta de oxígeno combinada con demasiado bióxido de carbono en la sangre es mortal. Para corregir esta situación, debe proporcionar ventilaciones lentas, sostenidas, que duren un segundo. Este método lento, suave, de ventilar

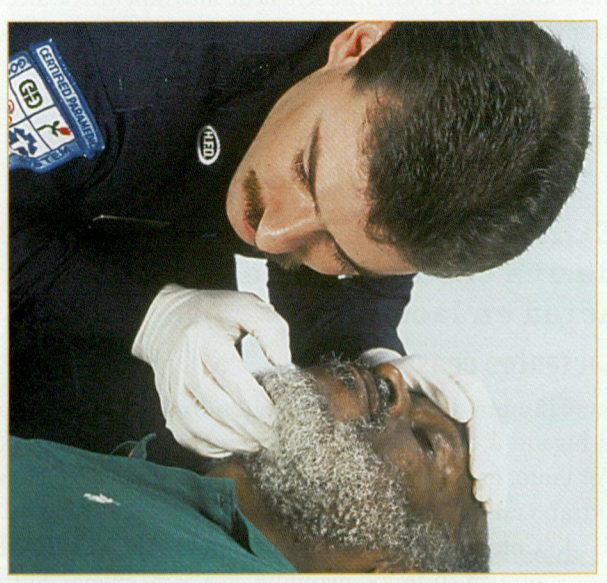

Figura A-19 Vea, escuche y sienta por signos de respiración.

al paciente previene que se fuerce aire al estómago, lo que puede provocar que el paciente vomite y se broncoaspire.

Ventilación

Las ventilaciones se hacen ahora regularmente con dispositivos de barrera, como las mascarillas. Estos dispositivos presentan una barrera plástica que cubre la boca y nariz del paciente, y una válvula unidireccional para prevenir la exposición a secreciones y contaminantes exhalados (Figura A-20 ▼); estos dispositivos también proporcionan buen control de la infección. Aplicar ventilación sin un dispositivo de barrera sólo debe practicarse en situaciones extremas. El TUM-B debe usar dispositivos que suplen oxígeno suplementario, cuando es posible. Los dispositivos que tienen un reservorio de oxígeno proporcionarán porcentajes más altos de oxígeno al paciente. Independientemente de que esté ventilando al paciente, con o sin oxígeno suplementario, debe observar al paciente para ver una buena elevación del tórax y valorar la eficacia de sus ventilaciones.

Debe practicar respiración de rescate en un adulto con un dispositivo simple de barrera, en la siguiente forma (Figura A-21 ▶):

1. **Abra la vía aérea** con una maniobra de inclinación de cabeza-levantamiento del mentón (paciente no traumatizado).
2. **Presione la frente** para mantener la cabeza inclinada hacia atrás. Pince los orificios nasales del paciente, juntándolos con su pulgar y dedo índice.
3. **Deprima el labio inferior** con el pulgar que está levantando el mentón. Esto ayudará a mantener la boca abierta.
4. **Abra la boca el paciente ampliamente** y coloque el dispositivo de barrera sobre su boca y nariz.

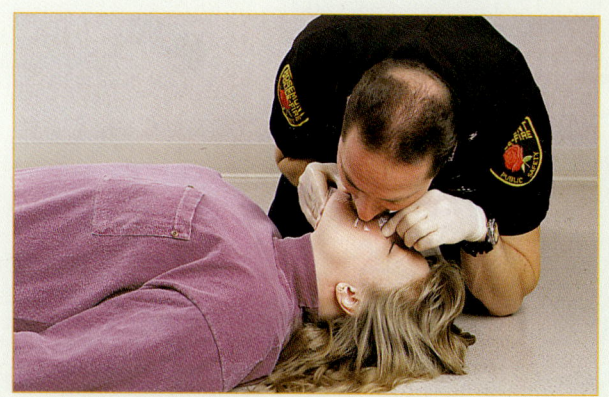

Figura A-21 Para efectuar ventilaciones, asegure que hace un sellado justo con su boca alrededor del dispositivo de barrera, y luego dé dos respiraciones suaves, de un segundo de duración cada una.

5. **Tome una inspiración profunda** y luego forme un sellado estrecho con su boca alrededor del dispositivo de barrera. Dé dos respiraciones de rescate lentas, cada una de un segundo de duración, seguidas por 10 ó 12 respiraciones/min.
6. **Retire su boca** y permita que el paciente espire pasivamente. Gire un poco la cabeza para observar el movimiento del tórax del paciente.

Cuando use una maniobra de tracción mandibular para abrir la vía respiratoria (en sospecha de lesión del cuello o de la columna vertebral), colocarse a la cabeza del paciente facilitará la estabilización de la columna cervical y la ventilación simultáneamente. Mantenga abierta la boca del paciente con ambos pulgares y selle la nariz colocando su propia mejilla sobre sus orificios nasales (Figura A-22 ▶). Note que esta maniobra es un tanto difícil; la práctica con un maniquí le ayudará a familiarizarse con esta técnica.

Ventilación por estoma

Los pacientes que han sido sometidos a una extirpación quirúrgica de la laringe con frecuencia tienen un estoma traqueal permanente en la línea media del cuello. En este caso, un estoma es una abertura que conecta directamente la tráquea con la piel (Figura A-23 ▶). Como está en la línea media, el estoma es la única abertura que moverá aire a los pulmones del paciente; debe ignorar cualesquier otras aberturas. Los pacientes con un estoma deben ventilarse

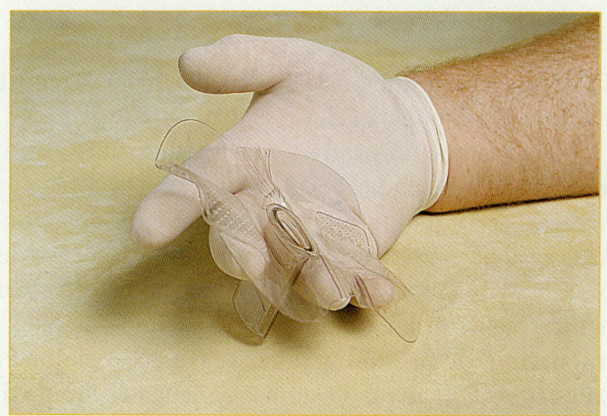

Figura A-20 Se usa un dispositivo de barrera al practicar la ventilación porque previene la exposición a la saliva, la sangre y el vómito.

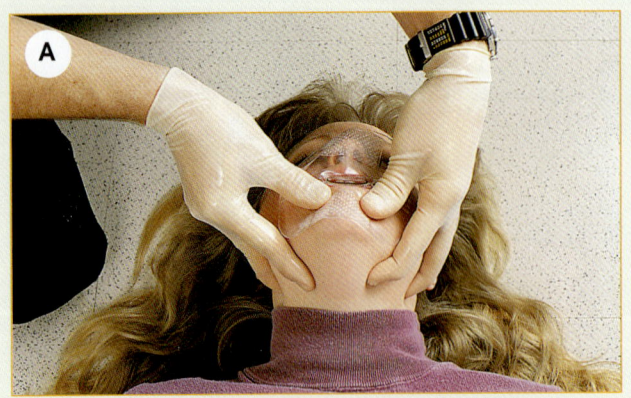
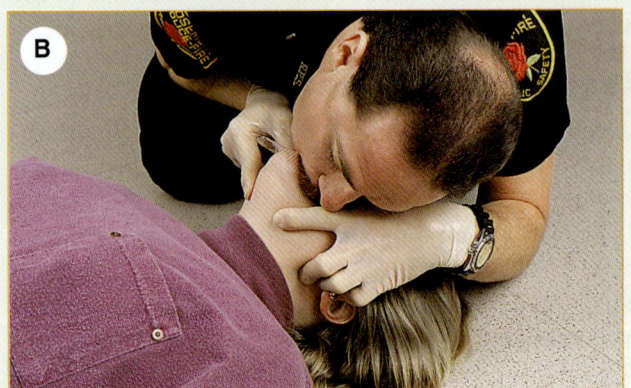

Figura A-22 **A.** Si usa la maniobra de tracción mandibular para abrir la vía aérea, mantenga abierta la boca del paciente al moverse de arriba de su cabeza a su lado. **B.** Selle la nariz aplicando su mejilla contra los orificios nasales del paciente.

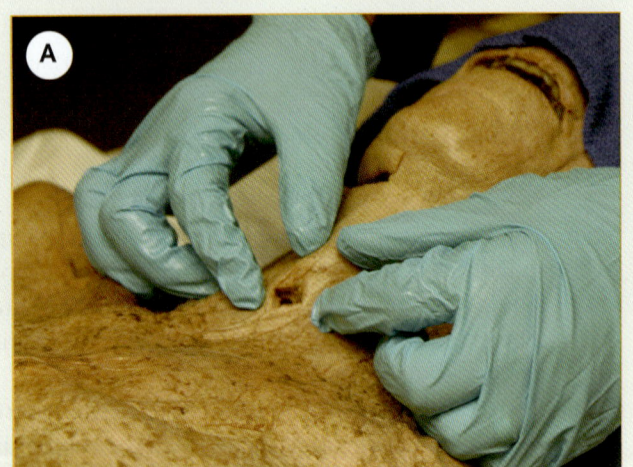
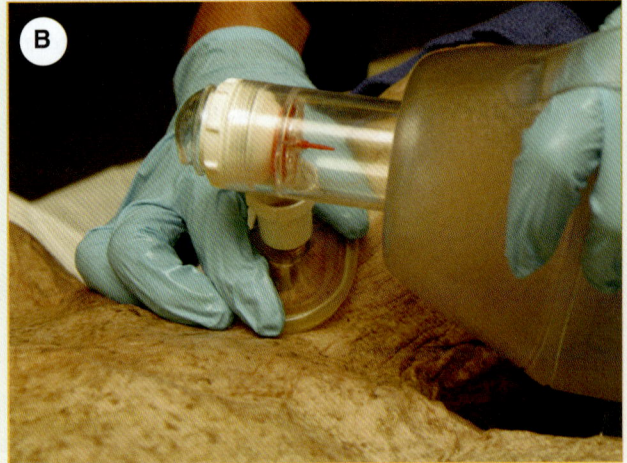

Figura A-23 **A.** Este estoma conecta la tráquea directamente con la piel. **B.** Use un dispositivo de BVM o mascarilla de bolsa, para ventilar a un paciente con un estoma.

con un dispositivo BVM o mascarilla de bolsa, como se describe en el capítulo 7.

Distensión gástrica

La ventilación artificial puede dar lugar a que el estómago se llene de aire, trastorno que se llama <u>distensión gástrica</u>. Aunque ocurre más fácilmente con niños, también pasa con frecuencia en adultos. Puede producirse distensión gástrica si insufla demasiado rápido al ventilar, si da demasiado aire o si la vía aérea del paciente no está abierta adecuadamente. Por tanto, es importante que proporcione respiraciones suaves, lentas; estas respiraciones son también más eficaces para ventilar los pulmones. La inflación intensa del estómago es peligrosa porque puede causar que el paciente vomite durante la RCP; también puede reducir el volumen pulmonar al elevar el diafragma.

Si la distensión gástrica masiva interfiere con la ventilación adecuada, debe contactar a la dirección médica. Verifique de nuevo la vía aérea y posicione otra vez al paciente, observe el aumento y descenso del tórax, y evite dar respiraciones forzadas. La dirección médica puede ordenarle girar a su paciente de lado y proporcionarle presión manual suave en el abdomen para expulsar el aire del estómago. Tenga el equipo de aspiración listo y a mano, esté preparado para una gran cantidad de vómito. Si la distensión gástrica interfiere con su capacidad para efectuar ventilaciones artificiales adecuadas, debe tratarse.

Necesidades pediátricas

Los niños con dificultades respiratorias con frecuencia están luchando por respirar. Como resultado, suelen adoptar, ellos mismos, una posición que mantiene la vía aérea lo suficientemente abiertas para mover aire. Déjelos permanecer en esa posición mientras la respiración sea adecuada. Si usted y su compañero llegan a la escena, y encuentran que el lactante o niño no está respirando, o tiene cianosis, es esencial el tratamiento inmediato (es decir, respiración de rescate con oxígeno suplementario). Considere solicitar asistencia adicional, si está disponible.

Con los lactantes, la técnica preferida de respiración de rescate es la ventilación de boca a nariz y boca; con esta técnica debe lograrse un sellado sobre la boca y nariz. Para esta técnica se recomiendan varias mascarillas y otros dispositivos de barrera. Si el paciente es un niño grande (de 1 a 8 años de edad), en el cual no se puede hacer un sellado apretado sobre la boca y nariz, debe proporcionar ventilación de boca a boca, como lo haría para un adulto.

Una vez que ha hecho un sellado a prueba de aire sobre la boca, proporcione dos respiraciones suaves, cada una de un segundo de duración. Estas respiraciones iniciales lo ayudarán a evaluar una posible obstrucción de la vía aérea y a expandir los pulmones. Como los pulmones de los lactantes y los niños son mucho más pequeños que los de los adultos, no necesita soplar una gran cantidad de aire. Limite la cantidad de aire a la que es necesaria para causar elevación del tórax.

Recuerde también que la vía aérea de los niños es menor que la del adulto, por lo cual hay una mayor resistencia al flujo de aire. Como resultado, necesita usar un poco más de presión ventilatoria para inflar los pulmones. Sabrá que está dando la cantidad correcta de aire tan pronto como vea el tórax elevarse. Los lactantes y los niños deben ventilarse una vez cada 3 a 5 segundos, o 12 a 20 veces por minuto.

Si el aire entra libremente con sus respiraciones iniciales y el tórax se eleva, la vía aérea está despejada, debe entonces examinar el pulso. Si el aire no entra libremente, debe verificar la vía aérea por una posible obstrucción. Posicione de nuevo al paciente para abrir la vía aérea e intente dar otra respiración. Si el aire aún no entra libremente, debe seguir los pasos para aliviar la obstrucción.

Figura A-24 La posición de recuperación se usa para mantener la vía aérea abierta en un paciente que respira adecuadamente, con una disminución del estado de conciencia y que no tiene lesiones traumáticas. Permite que se drenen de la boca vómito, sangre y cualquier otras secreción.

Posición de recuperación

La posición de recuperación ayuda a mantener la vía aérea despejada en un paciente con disminución del estado de conciencia que no tiene lesiones traumáticas y está respirando adecuadamente por sí solo (Figura A-24). Además permite drenar el vómito de la boca. Gire al paciente a un lado en forma tal que la cabeza, hombros y torso se muevan como una unidad, sin retorcimientos. Luego ponga las manos del paciente bajo sus mejillas. Nunca coloque a un paciente con sospecha de lesión de la cabeza o la columna vertebral en posición de recuperación, porque así es imposible mantener el alineamiento vertebral y puede dar por resultado una lesión vertebral adicional.

RCP en el adulto

Una vez que ha llegado a la escena y determinado que el paciente no responde, y no está respirando, debe posicionarlo y administrar dos insuflaciones. Después de haber administrado las dos insuflaciones debe evaluar la circulación del paciente.

El paro cardiaco se determina por la ausencia de un pulso palpable en la arteria carótida. Palpe buscando la arteria carótida localizando la laringe frente al cuello y luego deslizando dos dedos hacia un lado. El pulso se siente en el surco que se forma entre la laringe y el músculo esternocleidomastoideo, con la pulpa del índice y los dedos largos sostenidos juntos (Figura A-25). Presión ligera es suficiente para palpar el pulso. Verifique el pulso por lo menos cinco segundos, pero no más de 10; si no se puede sentir pulso, inicie RCP.

Figura A-25 Sienta la arteria carótida localizando la laringe, y luego deslizando los dedos hacia un lado. Puede sentir el pulso en el surco entre la laringe y el músculo esternocleidomastoideo.

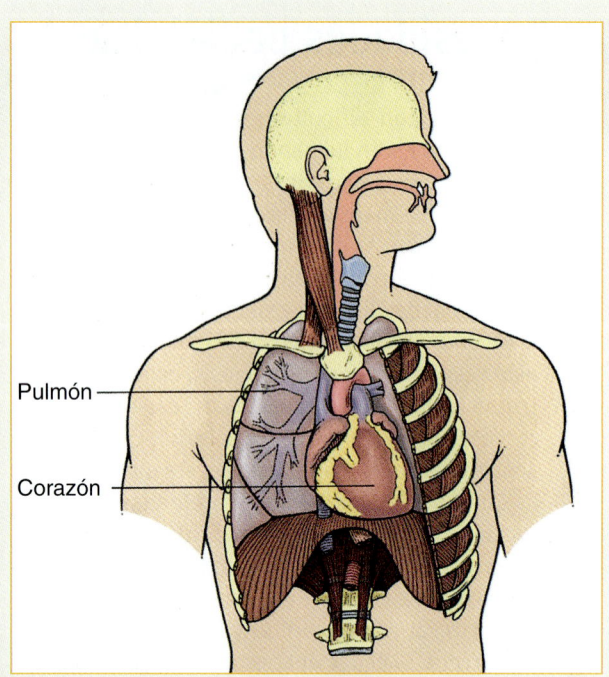

Figura A-26 El corazón está situado ligeramente a la izquierda de la mitad del tórax, entre el esternón y la columna vertebral.

Compresión externa del tórax

Puede proporcionar RCP aplicando presión y relajación rítmica a la mitad inferior del esternón. El corazón está situado ligeramente a la izquierda de la línea media del tórax, entre el esternón y la columna vertebral Figura A-26 . Es probable que la sangre que circula a través de los pulmones por compresiones del tórax reciba oxígeno adecuado para mantener la vida cuando se acompaña con ventilación artificial. Sin embargo, tenga presente que la compresión externa del tórax proporciona sólo la tercera parte de la sangre que es bombeada normalmente por el corazón, por lo que es importante hacerla de manera apropiada.

El paciente debe ser colocado sobre una superficie plana, firme, en posición supina. La cabeza no debe estar elevada a un nivel superior al corazón porque esto reducirá todavía más el flujo al encéfalo. La superficie puede ser el suelo, o un tablón en una camilla. No podrá practicar compresiones del tórax adecuadamente sobre una cama; por tanto, un paciente encamado debe ser movido al piso o tener un tablón colocado bajo su espalda. Recuerde además que las compresiones externas del tórax siempre deben ser acompañadas por ventilación artificial.

Posición apropiada de la mano

La posición correcta de la mano se establece colocando el "talón" (eminencia tenar) de una mano sobre el esternón (el centro del tórax) entre los pezones del paciente (mitad inferior del esternón). Siga los pasos de Destrezas A-2 :

1. Coloque el "talón" de la mano sobre el esternón, entre los pezones (**Paso 1**).
2. Coloque el "talón" de su otra mano sobre la primera mano (Paso 2). (**Paso 2**).

> ### ✳ Tips para el TUM-B
>
> Practicar la RCP en el campo es una experiencia diferente que hacerlo en el salón de clases, requiere preparaciones especiales. Usted y su compañero deben planear primero cómo harán el mejor uso de sus destrezas, equipamiento y personal disponible para asistir. Además de mejorar los cuidados del paciente, practicar cómo usar el equipamiento, asignar papeles y mover a los pacientes con equipos de bomberos que pueden responder para ayudarlo, es también una forma excelente para desarrollar buenas relaciones de trabajo.

Práctica de compresiones del tórax

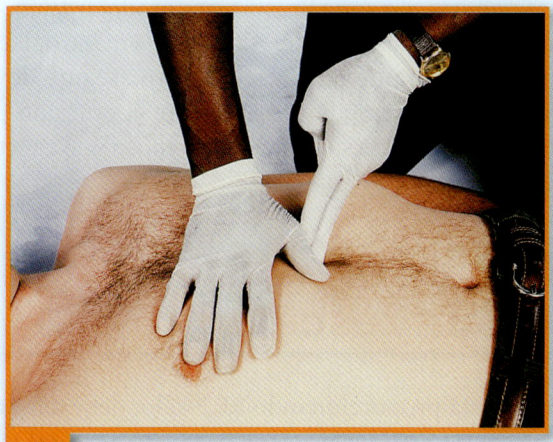

1 Coloque el "talón" de una mano sobre el esternón, entre los pezones.

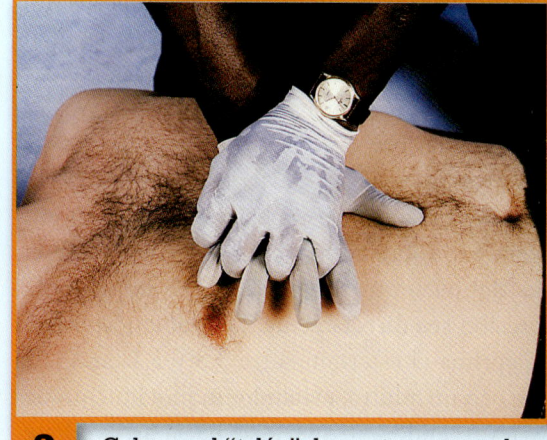

2 Coloque el "talón" de su otra mano sobre la primera mano.

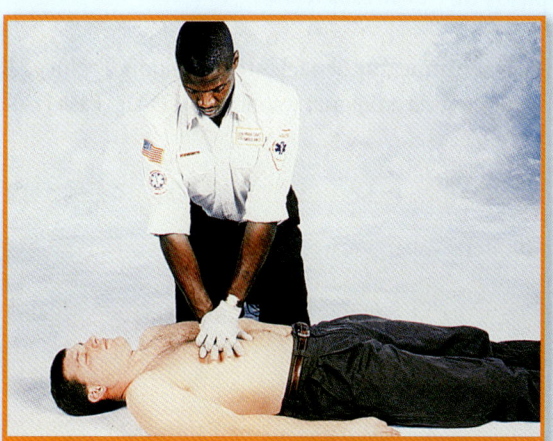

3 Con sus brazos rectos, trabe los codos, posicione sus hombros directamente sobre sus manos. Deprima el esternón de 3.8 a 5.1 cm (1 1/2 a 2 pulgadas), usando un movimiento directamente hacia abajo.

3. **Con los brazos derechos**, trabe los codos y posicione sus hombros directamente sobre sus manos, que queden sobre la línea media del paciente. Deprima el esternón entre 3.8 y 5.1 cm (1 1/2 y 2 pulgadas), usando un movimiento directo hacia abajo y luego subiendo con suavidad; es importante que permita que el tórax vuelva a su posición normal. Su técnica puede mejorar, o hacerse más cómoda, si entrelaza los dedos de su mano inferior con los de la superior; en cualquier forma, sus dedos deben mantenerse separados del tórax del paciente (**Paso 3**).

 Necesidades geriátricas

La posición apropiada de la mano y la profundidad de la compresión, que son siempre importantes, adquieren una prioridad adicional en los pacientes geriátricos, que probablemente tienen huesos y cartílagos torácicos frágiles. No hay garantía contra causar lesiones en esos tejidos, debe comprimir de manera apropiada para proporcionar una perfusión adecuada de órganos vitales. Sin embargo, poner una atención particular a su técnica de compresiones ayudará a reducir lesiones evitables.

Técnica apropiada de compresión

Las complicaciones por compresiones del tórax son raras, pero pueden incluir costillas fracturadas, hígado lacerado y esternón fracturado. Aunque estas lesiones no pueden evitarse por completo, puede minimizar las probabilidades de que ocurran si usa una buena técnica suave y colocación apropiada de las manos.

Las compresiones apropiadas comienzan trabando sus codos con los brazos rectos y posicionando sus hombros directamente sobre su mano, que queden sobre la línea media del paciente, en forma que el impulso de cada compresión sea directamente hacia abajo, sobre el esternón. Deprima el esternón entre 3.8 y 5.1 cm (1 ½ y 2 pulgadas) en un adulto, evitando un movimiento de balanceo y levantando con suavidad hacia arriba. Este movimiento permite que la presión se aplique verticalmente hacia abajo desde sus hombros. La presión vertical hacia abajo produce una compresión que debe ser seguida de inmediato por un periodo igual de relajación. La relación de tiempo dedicado a la compresión *versus* relajación debe ser 1:1.

Los movimientos efectivos deben ser suaves, rítmicos e ininterrumpidos (**Figura A-27A** ▼). Las compresiones cortas, súbitas, no son eficaces para producir flujo sanguíneo artificial. No retire el "talón" de la mano del tórax del paciente durante la relajación, pero asegure de que libera completamente la presión sobre el esternón para que pueda retornar a su posición de reposo normal entre las compresiones (**Figura A-27B** ▼).

RCP en el adulto con un rescatador

Cuando está proporcionando RCP solo, debe dar tanto ventilaciones artificiales como compresiones del tórax en una relación de compresiones a ventilaciones de 30:2. Para realizar la RCP en el adulto con un rescatador, siga los pasos de (**Destrezas A-3** ▶):

1. **Determine que el paciente no responde** y luego llame por ayuda adicional y solicite un DAE (**Paso 1**).

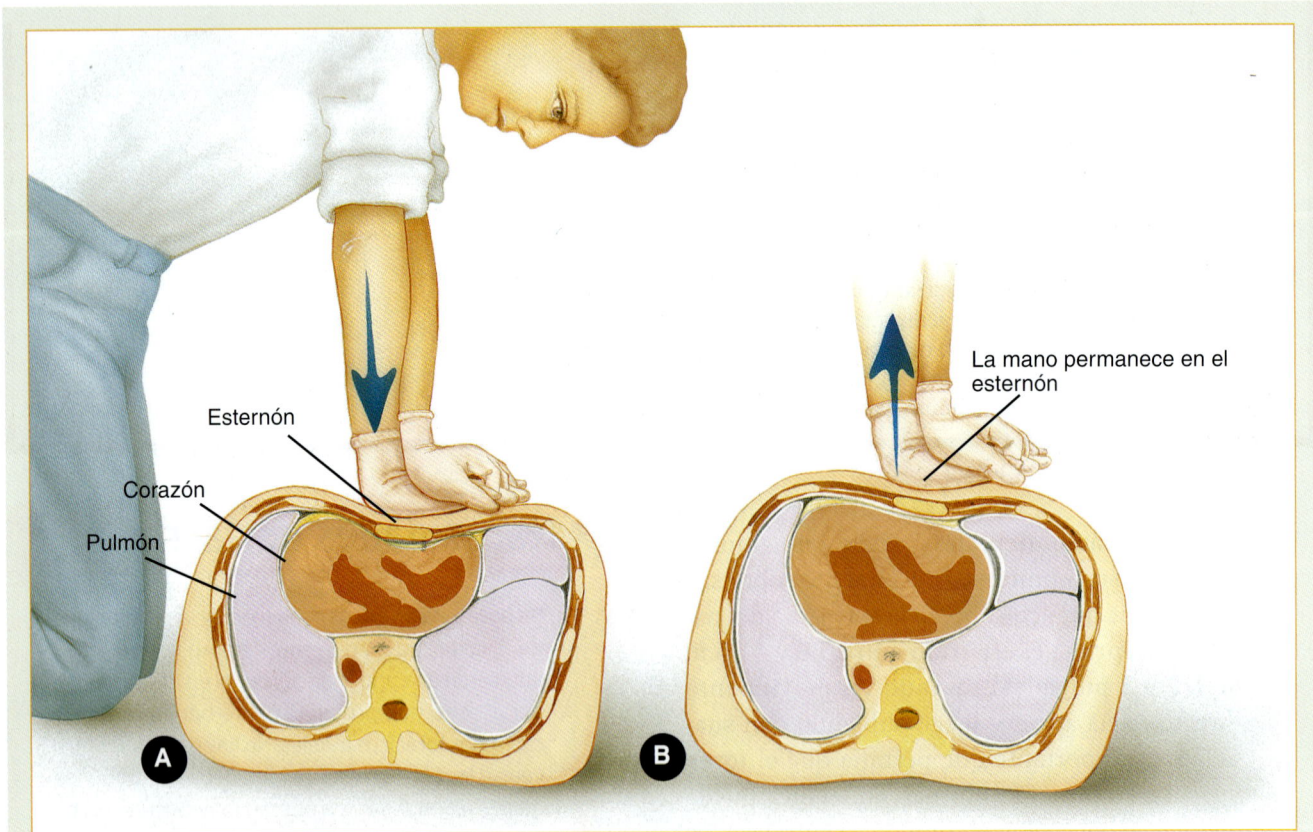

Figura A-27 A. La compresión y la relajación deben ser rítmicas y de igual duración. **B.** La presión sobre el esternón debe liberarse para que éste pueda retornar a su posición normal de reposo entre las compresiones. Sin embargo, no retire del esternón el "talón" de la mano.

2. Posicione al paciente apropiadamente (supino) y **abra la vía aérea** de acuerdo con la sospecha de lesión de la columna (**Paso 2**).
3. **Determine la ausencia de respiración** usando la técnica de ver, escuchar y sentir. Si el paciente está inconsciente, pero respirando de manera adecuada, colóquelo en la posición de recuperación y mantenga la vía aérea abierta (**Paso 3**).
4. **Si el paciente no está respirando, comience respiración de rescate**, administre dos respiraciones de un segundo cada una (**Paso 4**).
5. **Determine la ausencia de pulso** verificando el pulso carótideo (**Paso 5**). Si tiene un DAE, aplíquelo ahora.
6. **Si está sin pulso, inicie compresiones**. Coloque sus manos en la posición apropiada para entregar compresiones externas del tórax, como se describió previamente.
7. **Dé 30 compresiones** a una frecuencia aproximada de 100/min para un adulto. Cada conjunto de 30 compresiones debe tomar cerca de 20 segundos. Usando un movimiento rítmico, aplique presión verticalmente desde los hombros hacia abajo, hasta los brazos, para deprimir el esternón de 3.8 a 5.1 cm (11/2 a 2 pulgadas), en un adulto, y luego elévelo suave y completamente. Cuente las compresiones en voz alta (**Paso 6**).
8. **Abra la vía aérea** y luego dé dos ventilaciones de un segundo cada una.
9. Localice la posición apropiada y **comience otro ciclo** de compresiones del tórax. Efectúe cuatro ciclos de compresiones y ventilaciones.
10. **Después de cinco ciclos** de compresiones y ventilaciones detenga la RCP verificando el posible retorno del pulso carótideo. Analice al paciente con el DAE, si presenta un ritmo desfibrilable (FV o TV sin pulso), administre una descarga y reanude la RCP inmediatamente iniciando con las compresiones, realice cinco ciclos.
11. Si no indica el DAE dar una descarga y no se palpa aún el pulso, restablezca la RCP. Si el paciente tiene pulso, verifique la respiración. Si el paciente no está respirando, o respira inadecuadamente, proporcione respiración de rescate. Si el paciente tiene un pulso, está respirando adecuadamente, pero no responde, colóquelo en posición de recuperación y vigile de cerca su condición.

RCP en el adulto con dos rescatadores

Usted y su equipo deben ser capaces de practicar una RCP con un rescatador y una RCP con dos rescatadores. La RCP con dos rescatadores siempre es preferible, porque requiere un menor desgaste físico de cada rescatador y facilita efectuar compresiones eficaces del tórax. Una vez que la RCP con un rescatador está en progreso, puede agregarse un segundo rescatador muy fácilmente. El segundo rescatador debe entrar en el proceso después de un ciclo de 30 compresiones y dos ventilaciones. Siempre que sea posible, debe usar dispositivos adjuntos de la vía aérea, como la ventilación de boca a mascarilla. Para efectuar una RCP en el adulto con dos rescatadores, siga los pasos de (**Destrezas A-4** ▶):

1. Al mover la cabeza del paciente, **establezca que no responde**, mientras su compañero se mueve al lado del paciente para estar listo y practicar compresiones del tórax (**Paso 1**).
2. Posicione al paciente para **abrir la vía aérea** (**Paso 2**).
3. **Verifique la respiración** usando la técnica de ver, escuchar y sentir. Si el paciente está inconsciente, pero respirando adecuadamente, colóquelo en la posición de recuperación y mantenga la vía aérea abierta (**Paso 3**).
4. **Si el paciente no está respirando, comience respiración de rescate**, entregando dos respiraciones de un segundo cada una (**Paso 4**).
5. **Determine la ausencia de pulso** verificando el pulso carótideo (**Paso 5**). Si el paciente no tiene pulso, y dispone de un DAE, aplíquelo ahora.
6. **Inicie las compresiones del tórax** a una relación de 30:2 (**Paso 6**). Una vez que la vía aérea está asegurada (intubada), los rescatadores ya no deben realizar ciclos de RCP. Las compresiones del tórax deben efectuarse continuamente (100/min) y las respiraciones de rescate a 8 ó 10 respiraciones/minuto, es decir, una cada 5 ó 6 segundos aproximadamente.
7. **Después de cinco ciclos de RCP**, el rescatador que realiza las compresiones debe intercalarse con el rescatador que está dando las ventilaciones. Si se dispone de un tercer rescatador, hágalo colocarse en el lado del tórax opuesto al compresor y haga el cambio cuando ambos rescatadores estén listos, manteniendo el tiempo del cambio tan corto como sea posible (no

Destrezas A-3

Práctica de la RCP en el adulto con un rescatador

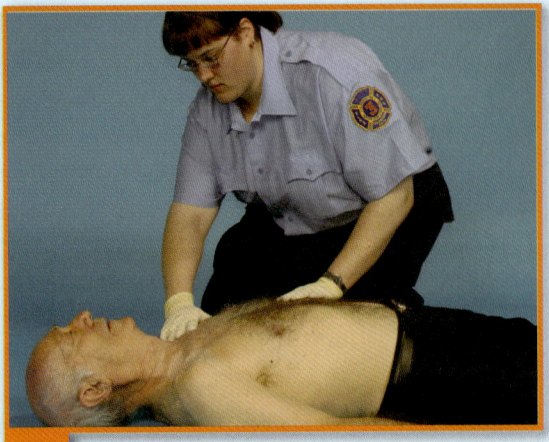

1 Establezca el estado de alerta, si no responde, pida ayuda y solicite un DAE.

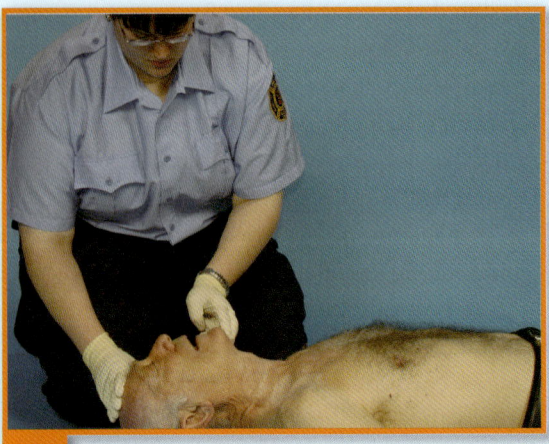

2 Abra la vía aérea.

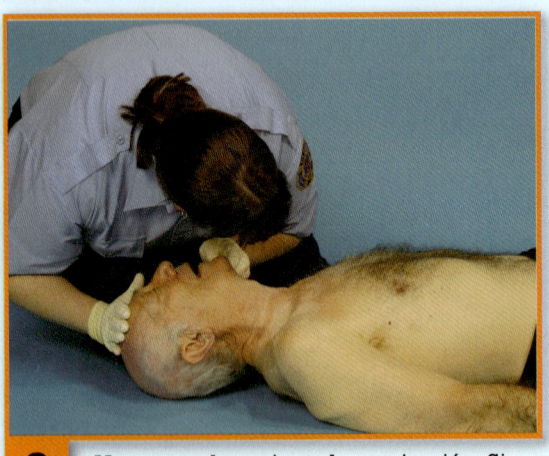

3 Vea, escuche y sienta la respiración. Si la respiración es adecuada, coloque al paciente en la posición de recuperación, y vigile.

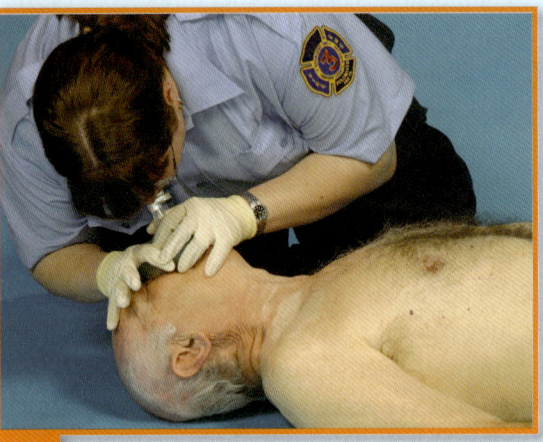

4 Si no está respirando, proporcione dos respiraciones de un segundo cada una.

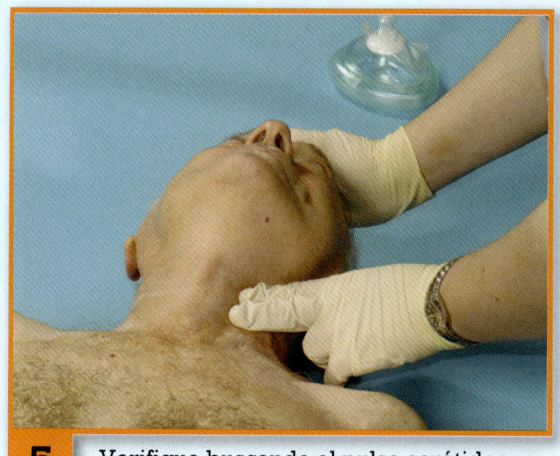

5 Verifique buscando el pulso carótideo.

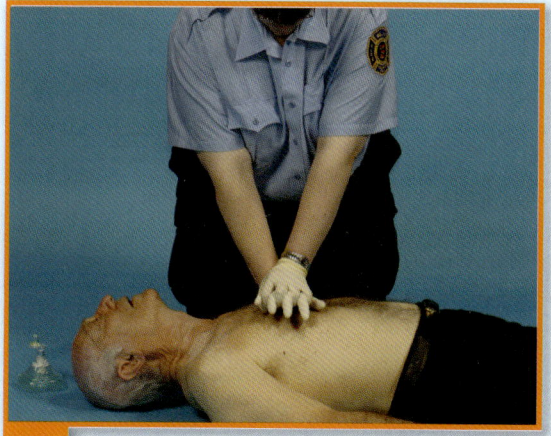

6 Si no se encuentra pulso, aplique su DAE. Si no hay un DAE, coloque sus manos en la posición apropiada para compresiones del tórax.

Dé 30 compresiones a una frecuencia de cerca de 100/min.

Abra la vía aérea y dé dos ventilaciones de un segundo cada una.

Efectúe cinco ciclos de compresiones y ventilaciones.

Detenga la RCP y examine buscando pulso carótideo, analice al paciente con el DAE y en caso necesario aplique una descarga.

Dependiendo de la condición del paciente, continúe la RCP, siga con la respiración de rescate solamente, o coloque al paciente en posición de recuperación y vigile la respiración y el pulso.

Práctica de la RCP en el adulto con dos rescatadores

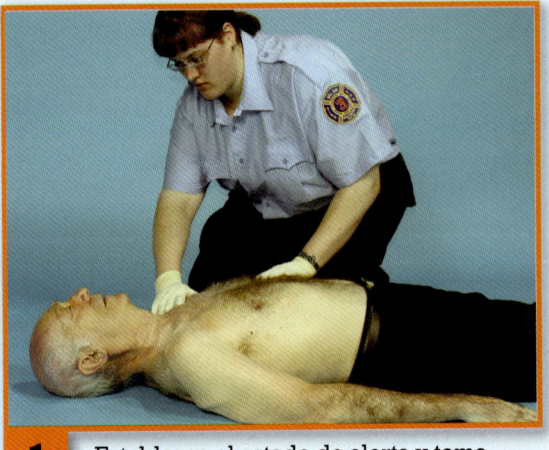

1 Establezca el estado de alerta y tome posiciones.

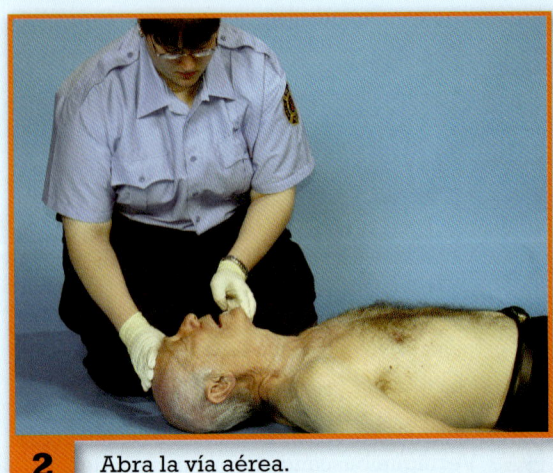

2 Abra la vía aérea.

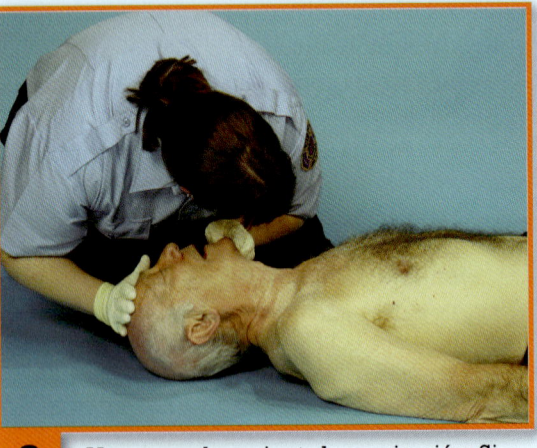

3 Vea, escuche y sienta la respiración. Si la respiración es adecuada, coloque al paciente en la posición de recuperación, y vigile.

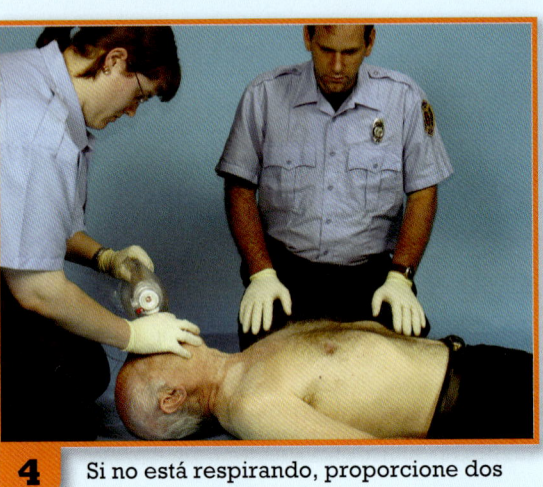

4 Si no está respirando, proporcione dos respiraciones de un segundo cada una.

más de 5 a 10 segundos). Si cuenta con el DAE, enciéndalo y analice al paciente y dé una descarga en caso necesario.

8. **Verifique el pulso cada dos minutos o cinco ciclos.** Las verificaciones del pulso no deben tardar más de 10 segundos. Si cuenta con un DAE, enciéndalo y analice al paciente; en caso necesario aplique una descarga y continúe con la RCP. Si no hay pulso y el DAE no indica una descarga, continúe la RCP; si el paciente tiene pulso, verifique la respiración. Si el paciente no está respirando, proporcione ventilaciones. Si el paciente tiene pulso y está respirando, pero permanece sin responder, colóquelo en posición de recuperación y vigile de cerca su estado.

Cambio de posiciones

El cambio de la posición de los rescatadores durante la RCP beneficia la calidad de la RCP administrada al paciente. Después de dos minutos de RCP, el rescatador que aplica las compresiones comenzará a fatigarse y la calidad de la compresión empezará a disminuir. Por tanto, se recomienda cambiar cada dos minutos al rescatador que practica las compresiones. Si hay sólo dos rescatadores, cambiarán posiciones. Si se dispone de

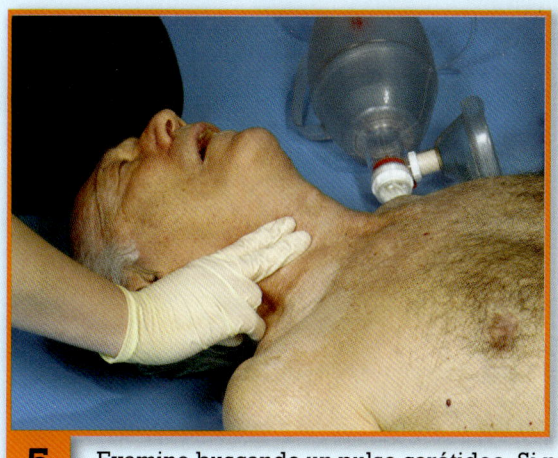

5 Examine buscando un pulso carótideo. Si no se siente pulso en 10 segundos, inicie RCP.

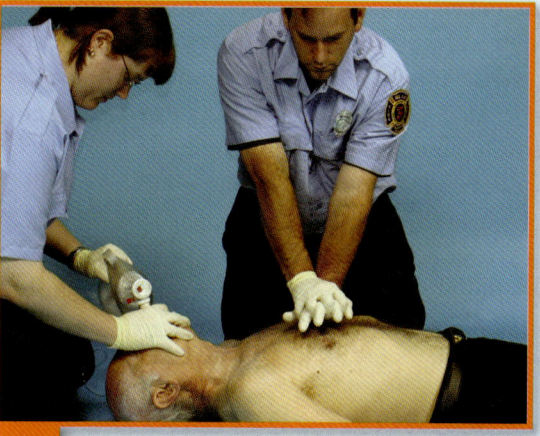

6 Si no se encuentra pulso pero se dispone de un DAE, aplíquelo ahora. Si no se dispone de un DAE, comience compresiones del tórax a una frecuencia de cerca de 100/min (30 compresiones en dos ventilaciones).

Después de cada cinco ciclos, cambie posiciones de los rescatadores para minimizar la fatiga. Mantenga el tiempo de cambio de 5 a 10 segundos.

Analice al paciente con el DAE y en caso necesario aplique una descarga. Dependiendo de la condición del paciente, continúe la RCP, siga con las ventilaciones solamente, o coloque al paciente en posición de recuperación.

rescatadores adicionales, se requiere la rotación del rescatador que realiza las compresiones cada dos minutos. Durante los cambios, debe hacerse todo esfuerzo posible para minimizar el tiempo en el que no se efectúan compresiones, el cual debe ser aproximadamente de cinco segundos, no de más de 10 segundos de interrupción entre el ciclo de compresiones.

El cambio debe hacerse por los dos rescatadores, cada uno de los cuales sabe lo que hará el otro. El rescatador uno parará de comprimir y el rescatador dos empezará, continuando hasta que se hayan completado 30 compresiones. El rescatador uno, entonces, entregará dos ventilaciones y los ciclos de RCP continuarán como es necesario.

RCP en lactantes y niños

En la mayor parte de los casos, el paro cardiaco en lactantes y niños es a consecuencia de un paro respiratorio, que desencadena la hipoxia y la isquemia del corazón. Los niños consumen oxígeno dos o tres veces más rápidamente que los adultos, por lo cual debe enfocarse primero en abrir una vía aérea y proporcionar ventilación artificial. A menudo, esto será suficiente para permitir que un niño restablezca de manera espontánea la respiración y, así, prevenga el paro cardiaco.

Una vez que la vía aérea está abierta, y ha entregado dos respiraciones, necesita evaluar la circulación. Como sucede con un adulto, primero debe buscar un pulso palpable en una arteria central grande. La ausencia de un pulso palpable en una arteria central grande significa que debe iniciar compresiones externas del tórax. Por lo general es posible palpar una arteria carótida en un niño mayor de un año de edad, pero es difícil en lactantes que tienen cuellos cortos y a menudo grasosos. Por tanto, en los lactantes palpe la arteria braquial, que está situada en el lado interno del brazo, a la mitad de la distancia entre el codo y el hombro. Coloque su pulgar en la superficie exterior del brazo, entre el codo y el hombro, luego ponga la punta de sus dedos índice y cordial en el interior del bíceps, presione suavemente hacia el hueso Figura A-28.

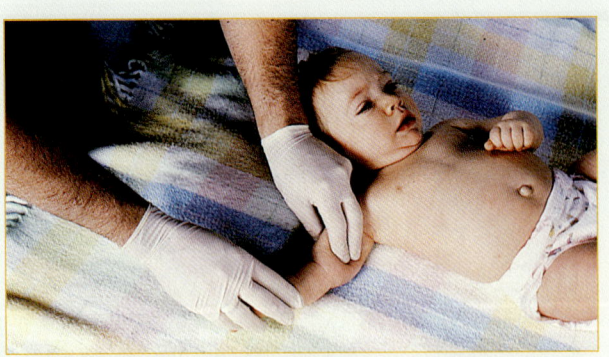

Figura A-28 Para evaluar la circulación en un lactante, palpe la arteria braquial en el lado interior del brazo a distancia media entre el codo y el hombro.

Compresión externa del tórax

La mayoría de las técnicas de SVB son las mismas para lactantes, niños pequeños, niños grandes y adultos. Como con un adulto, un lactante o niño debe estar acostado sobre una superficie dura para obtener mejores resultados. Si está cargando a un lactante, la superficie dura puede ser su antebrazo, soportando con la mano su cabeza. En esta forma, sus hombros están elevados y la cabeza ligeramente inclinada hacia atrás, en una posición que mantendrá abierta la vía aérea. Sin embargo, debe asegurar que la cabeza del lactante no esté más alta que el resto del cuerpo. La técnica para las compresiones del tórax en lactantes y niños difiere debido a varias diferencias anatómicas, incluyendo la posición del corazón, el tamaño del tórax y los órganos frágiles del niño. El hígado es relativamente grande, situado justo debajo del lado derecho del diafragma, y muy frágil, en especial en lactantes. El bazo, a la izquierda, es mucho más pequeño, y mucho más frágil en niños que en adultos. Estos órganos son fácilmente lesionados si no se es cuidadoso al practicar las compresiones del tórax, por lo que debe de asegurarse de que la posición de su mano es correcta antes de comenzar.

Posición apropiada de la mano y técnica de compresión

El tórax de un lactante es más pequeño y más flexible que el de un niño más grande o un adulto, por tanto, debe usar sólo dos dedos para comprimirlo. En los niños, en especial en los mayores de ocho años, puede usar el "talón" de la mano, de una o ambas manos, para comprimir el tórax.

Lactantes

En un lactante hay dos métodos para efectuar compresiones del tórax: la técnica de dos dedos y la técnica de los pulgares de dos manos rodeando el tórax.

La técnica de dos dedos es el método preferido para practicar compresiones del tórax si está un solo rescatador. Coloque dos dedos de una mano, aproximadamente a una distancia del ancho de un dedo, por debajo de una línea imaginaria situada entre los pezones Figura A-29A. Comprima el esternón aproximadamente de la tercera parte a la mitad de la profundidad del tórax del lactante. Con dos dedos efectúe 30 compresiones a una frecuencia de cuando menos 100/min y después dos ventilaciones por cinco ciclos Figura A-29B. La posición del dedo es importante porque debe evitar comprimir el apéndice xifoides.

La técnica de los pulgares de dos manos rodeando el tórax es el método preferido para practicar la RCP con dos rescatadores, cuando es físicamente factible Figura A-30. Coloque los dos pulgares juntos sobre la mitad inferior del esternón, a una distancia aproximada del ancho de un dedo por debajo de una línea imaginaria situada entre los pezones. Asegure que los pulgares no compriman el apéndice xifoides o un área cercana. En lactantes muy pequeños puede ser necesario sobreponer los pulgares. Rodee el tórax del lactante y apoye su espalda con los dedos de ambas manos. Con sus manos rodeando el tórax, use ambos pulgares para deprimir el esternón, aproximadamente de la tercera parte a la mitad de la profundidad del tórax del lactante. Efectúe compresiones a una frecuencia aproximada de 100/min. Después de 15 compresiones haga una pausa breve para que un segundo rescatador entregue dos ventilaciones. Las compresiones y las ventilaciones deben ser coordinadas para evitar entrega simultánea, y asegurar una ventilación y expansión del tórax adecuadas, en especial cuando la vía aérea del lactante no ha sido protegida definitivamente (intubada).

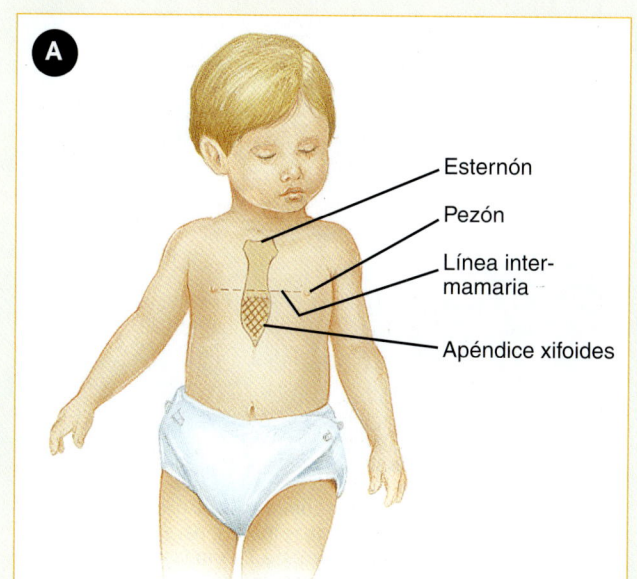 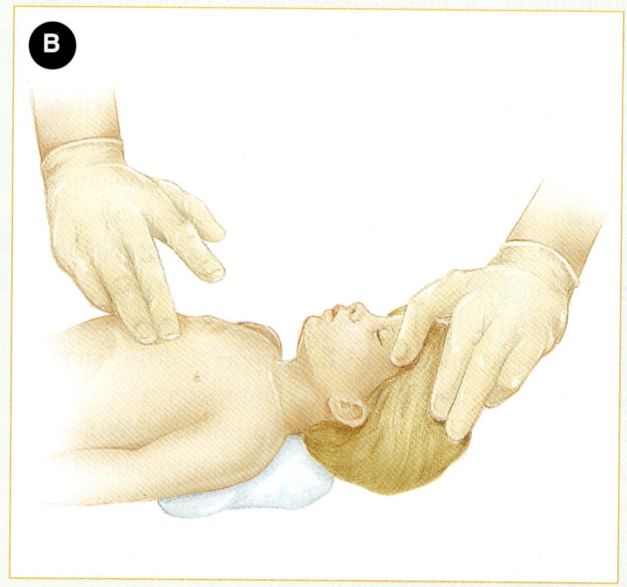

Figura A-29 **A.** La localización apropiada para las compresiones del tórax en un lactante es en la línea media, el ancho de un dedo por debajo de una línea imaginaria trazada entre los pezones y el esternón. **B.** Con dos dedos comprima el esternón, aproximadamente de la tercera parte a la mitad de la profundidad del tórax del lactante. Realice 30 compresiones a una frecuencia aproximada de 100/min.

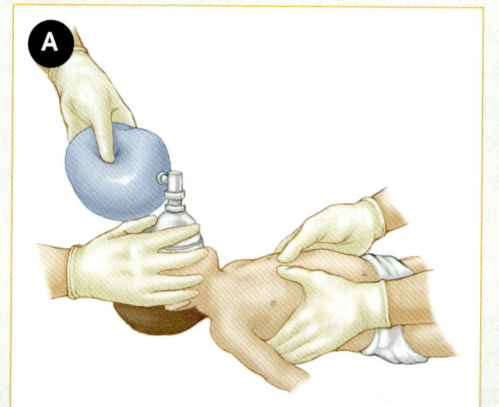 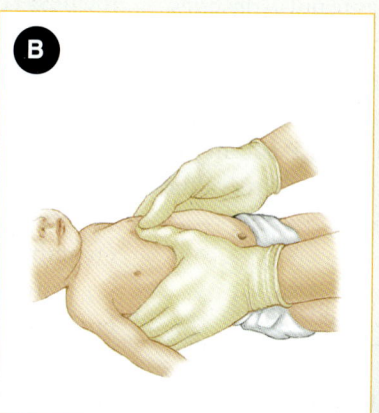 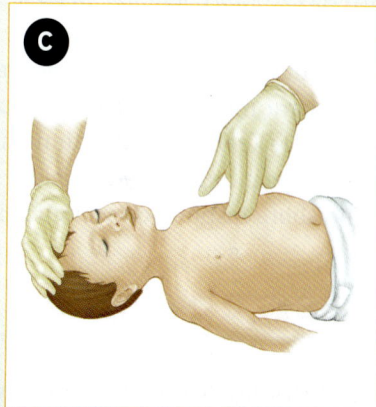

Figura A-30 **A.** Coloque ambos pulgares, uno junto al otro, sobre la mitad inferior del esternón del lactante, aproximadamente al ancho de un dedo por debajo de una línea imaginaria localizada entre los pezones. **B.** En lactantes muy pequeños puede ser necesario sobreponer los pulgares. **C.** En lactantes mayores, puede usar la técnica de dos dedos.

Después de cada compresión, libere la presión sobre el esternón, sin retirar los dedos (o pulgares) del tórax del paciente. Use movimientos suaves, rítmicos, para aplicar las compresiones, como en la RCP del adulto.

Cuando practique RCP con un rescatador en un lactante sobre una superficie dura (por ejemplo el suelo, una mesa), asegure que la mano más cercana a la cabeza permanece sobre la frente del lactante durante las compresiones del tórax. Su otra mano debe mantenerse sobre el tórax mientras da respiraciones de rescate. Si el tórax no se eleva, retire la mano que está sobre el tórax del paciente y vuelva a posicionar la vía aérea usando la maniobra de inclinación de cabeza-levantamiento del mentón. Luego, localice de nuevo el punto de referencia anatómica apropiado y retorne al tórax la mano que ejerce la compresión.

Niños

En un niño mayor de un año difiere la forma en que se efectúan las compresiones del tórax. Necesitará usar más fuerza con un niño que con un lactante, comprimiendo el esternón con el "talón" de una, o ambas manos (dependiendo del tamaño del niño), a una profundidad que es aproximadamente de la tercera parte a la mitad de la profundidad del tórax del niño. Realice 30 compresiones a una frecuencia de 100/min, posteriormente dos ventilaciones por cinco ciclos. Su otra mano (si está usando sólo una mano para comprimir el tórax) debe usarse para mantener la posición de la cabeza del niño, en forma tal que pueda proporcionar respiración de rescate sin cambiar la posición de su cabeza Figura A-31 . Las compresiones deben realizarse en forma suave, rítmica, en la cual el tórax retorne a su posición de reposo después de cada compresión.

Como con el adulto, las compresiones externas del tórax deben ser coordinadas con las ventilaciones. La relación de compresiones a ventilaciones para los niños con un rescatador es de 30:2 y de 15:2 con dos rescatadores.

Reevalúe al niño después de cinco ciclos (cerca de dos minutos) de RCP, utilice un DAE en mayores de un año y si se requiere aplique una descarga y continúe inmediatamente la RCP cada dos minutos en lo sucesivo. Las verificaciones de pulso, que deben tomar cuando menos cinco segundos, pero no más de 10, deben efectuarse en la arteria carótida o femoral. Si no se siente pulso después de 10 segundos, continúe la RCP.

El cambio de la posición de los rescatadores es el mismo para niños que para adultos, después de cada cinco ciclos (cerca de dos minutos) de RCP. El mejor momento para cambiar las posiciones es cuando reevalúa al niño sobre respiración y circulación.

Interrupción de la RCP

La RCP es una acción importante de retención que proporciona circulación y ventilación mínima, hasta que el paciente puede recibir cuidados adecuados, bajo la forma de desfibrilación o cuidado adicional en el hospital. Sin embargo, independientemente de lo bien que se realice, la RCP rara vez es suficiente para salvar la vida del paciente. Si no se dispone del SVA en la escena, debe

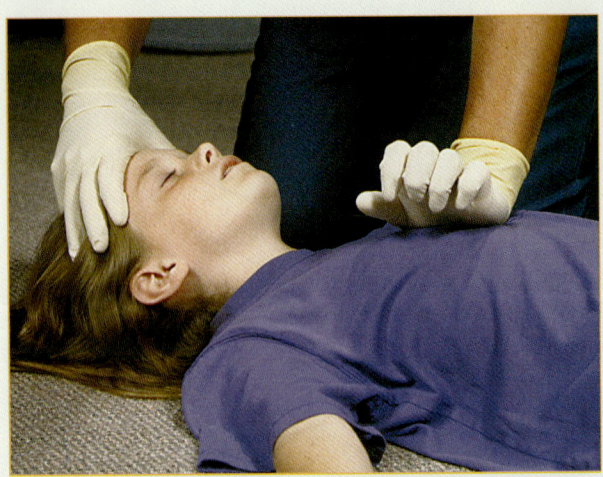

Figura A-31 Cuando realice compresiones del tórax en un niño use el "talón" de una o ambas manos, para comprimir el esternón a una profundidad que es, aproximadamente, de una tercera parte a una mitad de la profundidad del tórax del niño. Realice compresiones a una frecuencia de 100/min. Si está usando sólo una mano para comprimir el tórax, la otra mano debe permanecer sobre la cabeza del niño para mantener abierta la vía aérea.

proporcionar transportación, basado en sus protocolos locales, continuando la RCP en el camino. En ruta al hospital, debe considerar solicitar una reunión con una ambulancia de SVA, si está disponible, lo que proporcionará cuidados del SVA del paciente más tempranamente, mejorando sus posibilidades de supervivencia. Sin embargo, note que no todos los sistemas de SMU tienen soporte de SVA disponible para ellos, en especial en ambientes rurales.

Intente no interrumpir la RCP por más de unos cuantos segundos, excepto cuando sea absolutamente necesario. Por ejemplo, si tiene que mover a un paciente arriba o debajo de escaleras, debe continuar la RCP hasta que llega arriba o abajo de ellas, interrumpa la RCP, de acuerdo con una señal acordada, y muévase rápidamente al siguiente nivel donde la puede restablecer. No mueva al paciente sino hasta que todos los arreglos para el transporte se hayan hecho, con el objeto de mantener sus interrupciones de la RCP a un mínimo.

Vocabulario vital

distención gástrica   Trastorno en el que se llena el estómago de aire como resultado de un volumen y presión altos, u obstrucción de la vía aérea, durante la ventilación artificial.

maniobra de cabeza inclinada-levantamiento del mentón   Técnica para abrir la vía aérea, que combina la inclinación hacia atrás de la frente y la elevación del mentón.

maniobra de compresión abdominal   El método preferible para desalojar una intensa obstrucción de la vía aérea; llamada también maniobra de Heimlich.

maniobra de tracción mandibular   Técnica para abrir la vía aérea colocando los dedos detrás de los ángulos de la mandíbula del paciente y moviendo forzadamente la mandíbula hacia adelante; puede practicarse con o sin inclinación de la cabeza.

posición de recuperación   Posición que ayuda a mantener una vía aérea permeable, en un paciente con una disminución del estado de conciencia que no tiene lesiones traumáticas y está respirando por sí mismo.

reanimación cardiopulmonar (RCP)   Combinación de rescate de la respiración y compresiones del pecho, usada para establecer una ventilación y circulación adecuadas en un paciente que no está respirando y no tiene pulso.

soporte vital avanzado (SVA)   Procedimientos avanzados para salvar vidas, como monitoreo cardiaco, administración de líquidos y medicamentos intravenosos, y uso de adjuntos avanzados de la vía aérea.

soporte vital básico (SVB)   Cuidados de urgencias, no invasores, salvadores de vida, que se usan para tratar obstrucción de la vía aérea, paro respiratorio y paro cardiaco. Aunque este término representa una amplia variedad de procedimientos practicados por los TUM-B, en este capítulo se usa como sinónimo de RCP.

Índice

NOTA: Los números de páginas con *f* indican figuras y con *c* indican cuadros.

A

Abandono, 75
 abuso de niños y, 929
 abuso de ancianos y, 998, 998*f*
 diagnóstico de evento vascular cerebral y, 444
ABC del SVB, 271, A-4*f*, A-4*c*
Abdomen. *Véase también* Abdomen agudo; órganos específicos
 anatomía del, 102-4, 103-4*f*, 467*f*, 798-99
 envejecimiento y, 1009*c*
 examen físico detallado, 304
 examen físico enfocado, 291
Abdomen agudo
 anatomía, 466
 atención de emergencia, 474
 causas, 467-70, 468*c*
 comunicación y documentación, 474
 evaluación, 471-74
 intervenciones, 473-74
 pacientes geriátricos y, 992-93
 pacientes mayores, 468
 signos y síntomas, 470-71
Abducción, 94, 94*f*
Abejas, 501, 501*f*, 502-3, 503*f*
Aborto, 603, 619-20
Abrasiones, 704, 704*f*
Abreviaturas, 335. *Véase también* Nemotecnia
Absceso cerebral, convulsiones y, 451
Absorción de medicamentos, 345, 345*c*
Abuso
 de mayores, 718, 996-98, 997*c*
 de niños, 718, 927-30
 de sustancias, 40-41
 informes, 81
 sexual, 929-30
Abuso de ancianos, 718, 996-98, 997*c*
Abuso de cocaína, 531

Abuso de drogas, *véase* Abuso de sustancias
Abuso de sustancias, 40-41, 336, 518-19. *Véase también* Envenenamientos; Tolerancia y Adicciones, 528
Abuso infantil, 718, 927-30, 928*f*
Abuso sexual, 336, 929-30
Academia Americana de Cirujanos Ortopedistas, 7, 13
Acarreo directo, 192, 193*f*
Acceso. 1060, *Véase también* Extracción vehicular
 obtención, 1058
Acceso complejo, 1062
Acceso simple, 1062, 1063*f*
Accidente Vehículo Motor (AVM), 634-37
 con peatones, 641, 641*f*
 consideraciones de seguridad, 1059
 energía cinética y, 632-33, 633*f*
 frontal, 637-39, 638-39*f*
 indicaciones de lesión de la cabeza en el parabrisas, 881*f*
 lateral, 639-40, 640*f*
 pacientes geriátricos y, 992, 1008
 parte trasera, 639, 639*f*
 patrones de lesión pediátrica por, 925
 rotatorio, 641
 volcadura, 640-41, 640*f*
Acción, medicación, 344
Aceptación, pesadumbre y, 26
Acetábulo, 104, 1012-13
Acetaminofén, envenenamiento, 533
Ácido acetilsalicílico (ASA), 351
Ácidos grasos, 483-84
Acidosis
 diabética, 483
 respiratoria, 377
Acidosis respiratoria, 377
Acoso sexual, 39-40
Acromioclavicular (A/C), articulación, 848, 849*f*
Acrónimos. *Véase* Nemotecnia
Acta de Incapacidades Estadounidenses (ADA), 50
Acta de Portabilidad y Responsabilidad del Seguro de Salud (HIPAA) de 1996, 81, 335
Acta de prácticas médicas, 74

Acta de Seguridad de Carreteras de 1966, 7
Acta de Urgencia Médica de 1973, 7
Actividades de la vida diaria (AVD), 584-85
Actividades involuntarias, 875
Actividades voluntarias, 875
Adaptabilidad pulmonar, 249-250
Adicción, 527
Administración Nacional de Seguridad en el Tráfico de Carreteras (NHTSA), 7, 638
 currículo del TUM y, 8
Administración de fármacos, 345-46, 345*c*
Administración oral de fármacos, 345
Administración rectal de medicamentos, 345*c*, 346
Administración transcutánea de fármacos, 345*c*, 346, 348, 348*f*
Adolescentes, 920-21, 921*f*
Adsorción, de fármacos, 350
Aducción, 94, 94*f*
Afasia expresiva, 444
Afasia receptiva, 444
Agarres potentes, 173-74, 173*f*
Agencias de seguridad pública, 15
Agente tensoactivo pulmonar, 221
Agentes colinérgicos, 533
Agotamiento por calor, 554-57, 556*f*
Agotamiento, estrés y, 36
Agresión, definición de, 78
Agua
 en la carretera, 1045
 pánico en el, 560, 560*f*
 reacciones químicas con, 523
Aguja de Jamshedi, 1171
Agujas
 disposición de, 47, 47*f*
 intraóseas, 1171
 temor del paciente de, 1171
Agujero occipital, 758
Ahogamiento o casi ahogamiento, 559-62, 565-67. *Véase también* Emergencias de descenso
Aislamiento de sustancias corporales (ASC), 44-47
 evaluación de la escena y, 265, 265*f*
Albuterol, 385
Alcalosis respiratoria, 377
Alcohol etílico, 533-34

Alcoholismo, diabetes contra, 493
Alergenos, 375, 500
Alimentos, reacciones alérgicas a, 501
Alucinógenos, 532, 532c
Alumbramiento. *Véase también*
Aparato reproductor femenino; Reanimación neonatal
atención posparto, 612-13, 613f
hemorragia excesiva y, 618
informes, 82
madres adictas, 620
material, 607f, 1029c, 1031
parto, 608-9, 609-11f, 611-12
partos múltiples, 620
predicciones de la fecha, 601
preparación del campo para el parto, 606-8
presentación de extremidades, 617, 618f
presentación de nalgas, 616-17, 618f
prolapso cordón umbilical, 618, 619f
sin materiales estériles, 622
Alupent, 385, 386c
Alvéolos, 113, 113f
intercambio de gas en los, 218
Ambulancias, 13, 1024-26, 1024-26f. *Véase también* Transporte
carga una camilla a, 199-200, 199f, 200c
diseños básicos, 1025c
equipo para área de trabajo, 1033-34, 1033f
escoltas para, 1047
inspecciones cotidianas, 1034-35, 1035f
limpieza, 56, 1040
luces de advertencia, 1046
mantenimiento, 14f, 1039-1040
peligros de intersección, 1047
personal, 1034
planeación previa y equipo de navegación, 1034
posicionamiento y forma de tomar las curvas en carretera, 1044, 1044f
privilegios de derecho de paso, 1047
sirena, 1046
tamaño vehicular y cálculo de la distancia, 1044

Ambulancia aérea (evacuaciones médicas), 1048, 1051
Ambulancias aéreas, 1047
Amnesia, 879
Amnesia anterógrada (postraumática), 879
Amnesia retrógrada, 879
Amputaciones, 713, 714f
Anafilaxis/choque anafiláctico, 374, 500, 680, 689c
picaduras de insectos y, 501
sensibilización y, 683
signos de, 504, 683c
tratamiento de, 691
AnaKit, 508-9, 510-11f
Analgésicos, 359c
Anatomía topográfica, 92
Anemia, enfermedades pediátricas y, 944
Anémonas de mar, 574-75, 575f, 575c
Aneurisma aórtico abdominal, 992-93
Aneurisma, 442, 683, 990
aórtico, 468c, 469
aórtico abdominal, 993-94
Anfetaminas, 531-32, 531c
Angina de pecho, 408
Angioplastia, 418
Angioplastia coronaria transluminal percutánea (ACTP), 419
Angioplastia de globo, 736
Ángulo costovertebral, 100
Ángulo de Louis, 100, 101f
Animales marinos, lesiones debidas a, 574-75, 575f
Animales rabiosos, 725
Anorexia, 470
Ansiedad, 27-28
Antebrazo, 107
fracturas, 854, 854f
Antibióticos, 360c
Anticolinérgicos, agentes, 532-33
Antídotos, 519, 569
Antimicóticos, medicamentos, 360c
Aorta, 122, 402, 651
Aórtica, válvula, 403
Aórtico, aneurisma, 468c, 469
Aparato cardiovascular
anatomía y fisiología, 402-4, 402-4f, 650-53, 651f
efectos del envejecimiento, 423, 989

triángulo de perfusión, 678, 679f
Aparato circulatorio, 118-25, 119f
Aparato digestivo, 131, 133-34. *Véase también* Aparato gastrointestinal
Aparato gastrointestinal. *Véase también* Abdomen; Abdomen agudo; Aparato digestivo
Envejecimiento y, 990
Aparato genital, 135, 136f
Aparato genitourinario
anatomía del, 807, 807f
hemorragia rectal, 811
lesiones de la vejiga urinaria, 809
lesiones del riñón, 808, 809f
Aparato renal. *Véase* Riñones
Aparato reproductor femenino, 135, 136f. *Véase también* Embarazo
anatomía, 600-601f, 600-602, 807-8, 808f
lesiones de los órganos genitales, 810-11
Aparato reproductor masculino, 135, 136f, 807-8, 808f
lesiones genitales, 809-810
Aparato respiratorio. *Véase también* Pulmones
anatomía, 112-18, 112-18f, 214, 215f, 216-17, 217f, 366-68, 367-68f, 1114-1116, 1114-15f
efectos del envejecimiento, 576, 989
en niños, 115, 116f, 916-17, 917f
fisiología, 115-18, 116-18f, 217-21, 218-219f, 366-68, 367-68f, 1114-16f, 113-34f,
intercambio de gases en, 1114-16, 1115-16f
vía aérea inferior, 112, 112f
vía aérea superior, 112-13, 112f
Aparato urinario, 134-35, 134f
Apéndice, 102, 103f, 134
dolor abdominal y, 468
Apéndice xifoides, 100, 101f, 102, 968
Apendicitis, 468c, 470-71
Apgar, puntuación, 614, 64c
Ápice (apicales), posición o localización, 93
Apnea, 242, 976
Apófisis mastoides, 96, 97f, 758

Apósitos,
- de abdomen abierto, 712f, 803f
- de presión, 600, 601f, 764f
- heridas de tórax, 785, 785f
- lesiones de tejidos blandos, 726-27, 726f
- oclusivos, 708, 785
- ojo, 745-46f

Apósitos de presión, 660, 661f, 764f
Apósitos oclusivos, 708, 785
Araña reclusa parda, 569, 570f
Araña viuda negra, 569-70, 569f
Arco costal, 100, 101f, 102, 103f
Arco reflejo, 875, 875f
Área de abasto en incidente de víctimas masivas, 1077
Área de descontaminación, 1076, 1089, 1089f
Área de espera en incidentes de múltiples víctimas, 1076
Área de extracción vehicular, en incidentes con múltiples víctimas, 1076
Área de servicio primario (ASP), 12
Áreas de colección de víctimas, 1084
Áreas de rehabilitación en incidentes con múltiples víctimas, 1079
Áreas de selección, 1076
Áreas de tratamiento, 1076-77
Arrastre o carga de bombero (un rescatador), 187f
Arritmias cardiacas, 409-10, 410f
Arteria carótida, 122
Arteria pulmonar, 122-23
Arteria tibial posterior, 123
Arterias, 121-23, 122f, 405f, 651-52
- en músculo, 109, 110f
- hemorragia de las, 655, 656f

Arterias coronarias, 120f, 403
Arterias cubitales, 122
Arterias dorsales del pie, 122
Arterias femorales, 122
Arterias radiales, 123
Arterias tibiales, 191
Arteriolas, 123, 651
Arteriosclerosis, 989
Articulación carpometacarpiana, 107, 108f
Articulación, 108 *Véase también* Articulaciones

Articulaciones, 108-9, 109f, 822, 822f. *Véase también* Luxaciones
- evaluación del dolor, 286, 297
- trabadas, 828

Articulaciones de bola y cuenca, 108, 109f
Articulaciones de gozne, 108-9, 109f
Articulaciones trabadas, 828
ASA (ácido acetilsalicílico), 351
Asalto sexual, 812
ASC, *véase* aislamiento de sustancias corporales
Asfixia traumática, 788
Asistolia, 410, 410f
Asma, 220, 373, 373f, 386c, 387, 389-90
Asociación Nacional de médicos del SMU, 13
Asociación Nacional de protección de Incendios (NFPA), 1089, 1090f, 1093
Aspiración, 231-34
- equipamiento para, 231-32, 232f, 1028, 1028f
- límites de tiempo, 234
- precauciones, 488
- técnicas, 232-34, 234f

Aspirina, 351, 415
- envenenamiento, 533

Ataque sexual, 812
Ataques cardiacos. *Véase también* Infarto de miocardio
- pacientes geriátricos y, 992, 993f
- signos y síntomas, 408-9

Aterosclerosis, 405, 407.8, 407f, 443, 443f, 989
Aterrizajes nocturnos, helicóptero, 1051,
Atrovent, 386c
Aurícula/aurículas, 118, 402
Auriculoventricular (AV), nódulo, 121, 121f, 403
Auscultación, 158, 159f, 289
Automaticidad de las células cardiacas, 111
Avulsiones, 704-5, 705f, 760, 761f, 810
- cuidados de, 765, 765f

Ayudantes para guiar el movimiento de retroceso de la ambulancia, 1043

B

Bacteriemia, 1015
Barbitúricos, 530, 530c
Bariatría, 196-97
Barrera placentaria, 600-601, 601f
Batas, y mascarillas, 45-46, 48
Bebés. *Véase* Lactantes
Beclometasona, dipropionato de, 386c
Beclovent, 386c
Benzodiacepinas, 530-530c
Beta agonistas, 385
Beta bloqueadores, 383
Bíceps, 107, 107f
Bilateral, definición de, 94
Blindaje del cuerpo, 63
Boca
- digestión y, 131
- hemorragia de la, 666
- lesiones en tejidos blandos, 764, 764f

Boca a mascarilla, ventilación, 242-44, 243f
Bolsas de aire, 1058-59. *Véase también* Lesiones por cinturones de seguridad, 638, 638f, 801, 801f
Bolsas para vómito, 519, 523
Botas, 62, 62f
Botiquín en la ambulancia, 1032, 1033f, 1033c
Botiquines obstétricos estériles, 607, 607f, 622, 1031
Bradicardias, 154, 410, 410f,
- en niños, 946
- sumersión en agua fría y, 562

Bradipnea en niños, 945
Brethine, 385
Bronquitis, 370c
- medicamentos en inhalación para, 386c

Buen intercambio de aire, 249
Buena relación, 327
Búsqueda y rescate de una persona perdida, 1066
BVM (bolsa-válvula-mascarilla), dispositivos, 47, 240c, 243-46, 1028
- indicaciones adecuadas, 247
- pediátricos, 956-7, 956f
- ventilación con dos rescatistas, 246f, 958
- ventilación con un rescatista, 246f, 957-58, 957f

C

C7 (vértebra), 98, 99f, 101f
Cabeza. *Véase también* Cara
  anatomía de la, 758-60
  examen físico detallado, 300
  examen físico enfocado, 289
Cabeza del radio, fractura, 853
Cabeza femoral, 105
Cables de energía, 58
Cadera, fracturas de la, 1013, 1014f
Cadera, luxación de la, 857-58, 857-58f
Caídas, 641-43, 642f
  envejecimiento y, 991-92, 1008
  lesiones musculoesqueléticas y, 824
  sobre los talones, 862, 863
Calambres por calor, 554-55, 554f
Calcáneo, 862
Cálculo renal, 468
Cámara de goteo, 1103
Cámaras hiperbáricas, 565, 565f
Camilla espinal larga, 179, 179f, 201
  cortas, 898, 900, 900f
    para inmovilizar pacientes sentados, 893-94, 895-96f
    para inmovilizar pacientes de pie, 896, 897f
  largas, 900, 900f
    para inmovilizar pacientes supinos, 891, 892-93f, 893
Camillas, 200, 200-2f, 202
  con ruedas para ambulancia, 177-79, 179f, 197-99f, 197-200
  cóncavas, 193-95, 194f, 202-3, 202f
Camillas con ruedas para ambulancia, 177-79, 179f, 197-99f, 197-200
Camillas de ambulancia. *Véase* Camillas con ruedas para ambulancia
Camillas flexibles, 201, 201f
Camillas SKED, 200
Camillas tipo canastilla, 202, 202f
Camillas tipo espátula (scoop), 193-95, 194f, 202-3, 202f
Campo de la práctica, 72
Canal de nacimiento, 600
Canales, radio, 317
Cánulas nasales, 240c, 241, 241f
  pediátricas, 956, 956f
Capacidad de respuesta, evaluación de la, 274, 274f
Capilares, 123, 651-52,
  hemorragia de, 655, 656f
  esfínteres, 678
Cápsula articular, 108, 109f
Cápsulas, 347, 347f
Cara. *Véase también* Cabeza
  cuidados de urgencias, 764-65
  evaluación de lesiones, 761-64
  fracturas, 767
  huesos de la, 759f, 876, 876f
  lesiones, 251, 251f, 758, 760, 761f,
  lesiones del oído, 766-67
  lesiones de nariz, 765-66, 766f
Carbón activado, 349, 350, 350f, 522, 523f, 527
Carga de espaldas, 187f
Carga en posición diamante, 174-75, 175f, 176f
Cartílago articular, 821
Cartílago cricoides, 98f
Casco, quitar el, 900-902, 901-3f, 904
Cascos, 58f, 59, 61-62, 62f
Casi ahogamiento, 559-60. *Véase también* Ahogamiento
Cataratas, 989, 1009c
Catéteres con punta de silbato, 231, 232f
Catéteres de aspiración, 231
Catéteres French, 231, 232f
Catéteres mariposa, 1104, 1106f
Catéteres para terapia IV, 1104, 1104f, 1106
Cavidad peritoneal, 798
Cavitación, 643
Cefaleas, 442, 454
Células infartadas, 442
Centro de comando, 1076
Centro Nacional de Control de Venenos, 519
Centro Regulador de las Urgencias Médicas (CRUM), 324
Centros de control de venenos, 519
Centros para la Prevención y Control de Enfermedades (CDC), 47, 1040
Centros regionales de cuidados para traumatizados, 1084
Cerebelo, 126, 126f, 872, 873f
Cerebro, 126, 126f, 872, 873f
  anatomía del, 126-27, 126f, 441-42, 441f, 872, 873f
  colisiones vehiculares y, 636f
  hemorragia en el, 879, 879f, 886
  otras lesiones del, 879-80
  necesidades de oxígeno del, 217-218, 218f
  signos y síntomas de trastornos del, 444-45
  sistema de órganos correspondiente al, 654c
  trastornos del, 441-42
Certificación
  educación continua, 17
  estándares locales, 74
  instructores, 15
  TUM-B, 4
Cérvix, 600, 600f
Cetoacidosis diabética, 484-85
Cetonas, 483-84
Choque. *Véase también* Choque cardiogénico
  causas del, 680-83
  cuidados médicos de urgencias, 686, 687f, 688, 690-91
  definición de, 678
  en niños, 925, 926f, 976-77
  evaluación del, 685-86
  fisiopatología, 653
  hipoxia y, 220
  progresión del, 684, 684c
  signos y síntomas, 411
  tipos de, 689c
Choque cardiogénico, 410, 411, 680-81, 681f, 689c
  tratamiento, 688, 690
Choque descompensado (tardío), 683, 993
Choque frontal, 637, 638, 637f, 637-39
Choque hipovolémico, 689c
  definición de, 655
  hemorragia interna y, 669
  pérdida de sangre o líquidos y, 682
  signos y síntomas, 655
  tratamiento de, 690
Choque insulínico, 484-87, 485f, 488-89
Choque irreversible, 684
Choque neurogénico, 682, 689c, 690
Choque psicogénico. *Véase también* Desmayo
  tratamiento, 691
Choque séptico, 682-83, 689t, 690-91
Cianosis, 155, 278, 387, 781
  choque anafiláctico y, 683
  enfermedad pediátrica y, 942

Ciego, 102
Cilindros de oxígeno, 235-40, 235f, 1028, 1030f
　duración del flujo, 236c
　flujómetros, 237-38, 237-38f
　instalación de, 1030
　consideraciones de seguridad, 235-36
　tamaños llevados en ambulancias, 235c
　sistema de indicación con agujas, 236, 236f
　reguladores de presión, 236, 237, 237f
　procedimientos de operación, 238-40, 239f
Cintura escapular, 106, 107f
Cinturones de seguridad. *Véase* Bolsas de aire
　lesiones por, 801-801f
Circulación. *Véase también* Aparato cardiovascular
　al corazón, 403f, 404f
　evaluación, 277-278, 413
　lesiones de las extremidades y deterioro de, 830
　sangre, 402-4
Cistitis, 468, 468c
Clasificación inversa, 569
Clavículas, 100, 101f, 102
　lesiones de las, 847-849, 848f
Clostridium, 535
Coagulación, 278, 656
Cobertura, para situaciones violentas, 64
Cóccix, 9, 99f
Colágeno, 988
Colecistitis, 466, 467f, 468, 468c, 470
Colegio Americano de Cirujanos, 13
Colegio Americano de Médicos de Urgencias, 13
Cólico, 466
Cólico renal, 468
Colisión en la parte trasera del vehículo, 634, 639, 639f
Colisión rotacional (vehicular), 634, 641
Colisión rotatoria (vehicular), 634, 640-41, 640f
Colisiones de órganos, 636-37, 637f

Colisiones laterales (vehiculares), 634, 639-40, 640f
Columna cervical, 97-99, 99f. *Véase también* Inmovilización vertebral
　collarines para inmovilización de la columna cervical, 882, 898, 898f, 899f
　estabilización de la, 889-90, 890f
　examen físico detallado, 300
　examen físico enfocado, 288
Columna lumbar, 98, 99f
Columna torácica, 98
Columna vertebral, 99-100, 99f, 100f, 876. *Véase también* espina.
Coma. *Véase también* Escala de coma de Glasgow; Niveles de conciencia; Pacientes diabéticos inconscientes o sin respuesta, 485
　flujo sanguíneo al cerebro y, 442
Coma diabético, 484-485, 485f
Comandante del sector, 1075
Comandantes de incidente, 1065, 1065f, 1074
Comisión Federal de Comunicaciones (FCC), 319-20
Competencia, 79, *véase también* Consentimiento
Complicaciones sistémicas a terapia IV, 1173-74
Comportamiento, medicaciones para el, 539c
Comportamientos violentos, 594, 594f
Compresiones del pecho. *Véase también* Reanimación cardiopulmonar
　para adultos, A-21–A-22, A-23, A-25f, A-25, A-27
　para lactantes, 616, 617f, 968, 969f, A-27–A-31, A-30f
　para niños, 968-70, A-27, A-31, A-30f
Compresiones del tórax, A-14–A-15, A-14f
Computadoras, comunicaciones con uso de, 11-12
Comunicación digital, equipo, 318
Comunicaciones, 316. *Véase también* Documentación
　con niños, 330, 330f
　con otros profesionales de la salud, 326-27, 326f

　con pacientes, 273, 327-32, 328-32f
　con pacientes con deterioro de la audición, 327, 330-31, 331f
　con pacientes con deterioro visual, 331, 332f
　con pacientes de edad avanzada, 328-30, 329f, 329c, 986-87, 1006, 1006-7f
　con pacientes que no hablan el idioma local, 331-32
　coordinando movimientos de pacientes, 179-80
　directrices de los informes, 325-26
　escritas, 332-33, 333f, 334c, 335-36, 336-37f
　la dirección médica, 321-24, 322f
　radio, 319-26, 322-23f, 325c
　repetición de órdenes, 324
　sistemas y equipo, 316-19
　urgencias cardiovasculares, 415
　verbales, 326-32
Comunicaciones escritas, 332-33, 333f, 334c, 335-36, 336-37f
Comunicaciones verbales, 326-32
Condición física, emergencias ambientales y, 544
Condiciones de la carretera, 1044-46, 1045f
Condiciones meteorológicas, 1044-46, 1045f
Conducción a velocidad excesiva, 1044
Conducción defensiva, 1040
　anticipación del conductor, 1042
　características del conductor, 1040-41
　clima y condiciones del camino, 1044-46
　leyes y reglamentos, 1045-7
　margen de seguridad, 1042-44
　posicionamiento y curveo en la carretera 1044, 1044f
　prácticas seguras, 1041-47
　síndrome de la sirena, 1044
　tamaño vehicular y cálculo, distancia, 1044
　velocidad excesiva y, 1043
Conducción, definición de, 545
Conducta, definición de, 584
Conducto auditivo externo, 766
Conducto vertebral, 877f
Conductos biliares, 133-34
Conductos deferentes, 135

Confidencialidad, 81-82
Congelamiento, 279, 551-52f, 552-53
Congelamiento de porciones pequeñas aisladas, 551-52
Conjuntiva, 155, 202, 278
Conjuntivitis, 740, 741f
Consentimiento,
 adultos mentalmente incompetentes, 77
 definición de, 75
 directivas por adelanto, 79
 evaluación inicial y, 271
 expresado, 76
 implícito, 75-76
 menores y, 76, 76f
 rechazo de los cuidados, 30, 35, 78-79, 335, 337f, 996
 restricción forzada, 76-77, 77f
 urgencias derivadas del comportamiento y, 591
Consentimiento de los padres, 76
Consentimiento expresado, 76
Consentimiento implícito, 76
Consentimiento informado, 75
Consideraciones medicolegales, 76
Contacto directo de enfermedades infecciosas, 43c, 44
Contacto indirecto de enfermedades contagiosas, 43c, 44
Contacto visual, 273, 327, 330f, 943, 943f
Contaminación. *Véase también* Descontaminación; Control de la infección
 enfermedades infecciosas, 51-52, 704
 radiación y otros materiales peligrosos, 1084-1085
Contracciones de Braxton-Hicks, 602c
Contracciones ventriculares prematuras (CVP), 409-10
Contraindicaciones de medicamentos, 344
Control de calidad, 12
Control de la infección, 44-47, 55-56
Control de peligros, 1060-61, 1061f
Control de tráfico, 1037-38
Control médico, 12. *Véase también* Médicos
 comunicación con, 321-24, 322f, 663

 papel desempeñado por el, 322-24, 323f
 uso de carbón vegetal activado, 527
 uso de epinefrina, 507
 uso de PNA, 661
Contusión, 879
Contusión del miocardio, 789. *Véase también* Ataques cardiacos
 agudo, 407-8, 407f
 hipoxia y 220
Contusión pulmonar, 788
Contusiones, 668, 700, 700f. *Véase también* Magulladuras
 del encéfalo, 879
 del miocardio, 789
 pulmonares, 788
Convección, definición de, 545
Convulsiones, 440
 causas, 451-52, 451c
 comunicación y documentación, 456
 cuidado definitivo de, 456
 diabéticas, 492
 en niños, 923, 923c, 977-78
 estado posictal, 452
 evaluación, 453-55, 453f
 importancia del reconocimiento, 452
 intervenciones, 455
 pacientes ancianos y, 454
 signos y síntomas, 451
 tipos de, 450-51
 vía aérea nasofaríngea y, 227
Convulsiones; Evento Vascular Cerebral; Ataques isquémicos transitorios.
 causas, 457-58
 diabéticos y, 489, 492
 enfermedades médicas como causa de, 586
 evaluación, 458
 pacientes geriátricos y, 329, 454, 993, 1005, 1013
 tips en las vocales nemónicas en la revisión de causas posibles de, 440
 vía aérea orofaríngea y, 227
Convulsiones de gran mal, 451
Convulsiones de pequeño mal, 451
Convulsiones epilépticas, 451
Convulsiones febriles, 451-52

 en niños, 923, 978
Convulsiones generalizadas, 451
Convulsiones tónico clónicas, 451
Convulsiones tónico clónicas generalizadas, 923
Convulsiones y auras, 451
Coralillos, 570, 571f, 573
Corazón, 118-21. *Véase también* Miocardio
 anatomía y función, 402-4, 402-4f, 623f, 650
 arritmias, 1187-89, 1187-90f, 1191
 cirugía, marcapasos y, 418-20, 419-20f
 complejo EKG, 1184, 1184f
 flujo sanguíneo dentro del, 120-21, 120f, 403f
 localización, A-22f
 sistema de órganos correspondiente a, 654c
 sistema eléctrico de conducción, 121, 121f, 403f, 1182-84, 1183f
Cordón umbilical, 601
 alrededor del cuello, 611
 prolapso del, 618, 619f
Córnea, 736
Cornetes nasales medio e inferior, 97f
Coronación, 602
Corte del catéter, 1110
Costillas, 100, 101f. *Véase también* Tórax
 en niños, 925f
 fracturas, 787
Costillas flotantes, 100
Cráneo, 96-97, 97f, 876, 876f
 fracturas, 878, 878f, 886
 hemorragia en el, 879, 879f, 886
Crepitación, 289, 787, 826
Crepitaciones respiratorias, 381, 959
Cresta ilíaca, 103f, 105
Crisis de ausencia, 451
Cristalino, 737
Cristaloides, 1167
Cromolín sódico, 386c
Croup, 370c, 371f, 958
CRUM (Centro Regulador de las Urgencias Médicas), 324
Cruz Roja Mexicana, 8, 1040
Cuadrantes abdominales, 94, 95f, 102, 103f, 799f
Cúbito, 107, 853

Cuello. *Véase también* Garganta
　anatomía, 97-99, 785-60, 760*f*
　control de la hemorragia en, 770*f*
　en niños, 924
　envejecimiento y 1009c
　examen físico, 289, 300
　lesiones, 644, 714, 714*f*, 767-69
　lesiones penetrantes, 769, 769*f*
Cuero cabelludo, 96
　laceraciones, 877-78, 878*f*, 886, 887*f*
Cuerpo humano
　abdomen, 102-4, 103-4*f*
　aparato circulatorio 118-25
　aparato digestivo, 131, 133-34
　aparato respiratorio, 111-18, 112-18*f*
　aparato urinario, 134-35, 134*f*
　articulaciones, 108-9, 109*f*
　cráneo, 96-97, 97*f*
　extremidad inferior, 105-6, 106*f*
　extremidad superior, 106-7, 107-8*f*
　pelvis, 104-5, 104*f*
　piel, 128-30, 130*f*
　terminología, 92-96
　sistema endocrino, 130-131, 131*f*
　sistema esquelético, 96-109, 96*f*
　sistema musculoesquelético, 108-10, 111*f*
　tórax, 101-2, 101-2*f*
Cuerpos extraños
　abdominales, 799-800
　en adultos, A-12–A-15*f*, A-12–A-16
　en el ojo, 741-44, 742-43*f*, 745*f*
　en lactantes y niños, 958-60, 958-62*f*, 962-63, A-16–A-17*f*, A-16–A-18
　objetos impactados, 713-14, 713*f*
　obstrucciones de la vía aérea, 249-51, 375, 390
　remoción manual de, A-15, A-15*f*
Cuidados, *Véase también* Secuencia ininterrumpida de atención, 16
　cuándo empezar y detenerse, A-7–A-9, A-8*f*
　deber de actuar, 50-51, 74
　estándares de, 72-74, 74*f*
　rechazo, 29, 75, 77, 335, 336*f*, 996
Cuidados médicos de urgencia, 72
Cuidados y transportación de urgencia del enfermo y lesionado, 7
Culpabilidad, 28

Cuna anterior (un rescatador), 187*f*
Curiosos, 1060-61, 1061*f*
Currícula Nacional Estándar, 7-8, 146
Currículo Estándar Nacional de la NOM 237 de la SSA, 5
Currículo Nacional Estándar, 5, 7-8, 146

D

Deber de actuar, 50-51, 78
Defectos del tubo neural, 876
Definición de medial, 93, 93c
Deformidades, 826, 826*f*
Delirio, 994
Delirium tremens (DT), 528-529
Demencia, 994
Departamento de Salud y Servicios Humanos, 7
Departamento de Transportación (U.S. DOT), 4, 5, 7, 1091
Dependencia, 28
Depresión, 25, 28, 585, 995-96
Derecha (término que indica dirección), 92, 93*f*, 93c
Derecho de paso, privilegio de, 1047
Derivaciones del tórax, 112
Derivaciones, para niños, 935
Dermis, 129, 698-99, 698*f*
Derrames pleurales, 374-75, 374*f*, 390
Desarrollo psicosexual, 82
Desastres, efectos sobre la salud, 1085
Desastres, manejo de, 1084
Descompresión (enfermedad por descompresión), 564-65
Descontaminación, 203, 1040, 1091
Desfibrilación, 410, 422-23, 424, 426-27. *Véase también* Desfibriladores automáticos externos; Desfibriladores cardiacos, implantables automáticos
Desfibriladores Automáticos Externos (DAE), 9, 420-24, 421-22*f*, 425. *Véase también* Desfibrilación
　algoritmo, 430*f*
　consideraciones de seguridad, 422
　cuidado posterior, 427, 429
　dirección médica y, 423-424
　llevados en ambulancia, 1029c, 1031*f*, 1032
　mantenimiento, 423-24, 425*f*

　pediátrico, 969
　preparación, 413
　RCP y 422-23, 426-27, 428-29*f*
　SVB básicos y, A-6-A-7
　tips operacionales, 431
Desfibriladores cardiacos implantables automáticos (AICD), 419-20, 420*f*
Deshidratación, 682, 921, 978-79, 979*f*, 979c
Desinfección, 1040
Desmayo, 683, 689c. *Véase también* Choque psicogénico
Despacho Médico de Urgencia (DMU), 11, 320-21, 321*f*
Desprendimientos de la retina, 737
Deterioro, 1102
DHCEF tratamiento, 703
Diabetes
　atención de urgencia, 490-92, 490*f*, 491*f*
　complicaciones, 492
　comunicación y documentación, 490
　definición de, 482
　emergencias, 482, 486c
　evaluación, 487-90
　gestacional, 603
　glucosa, insulina, y, 483-84, 484*f*
　hiperglucemia, hipoglucemia y, 484-85
　intervenciones, 488
　problemas asociados, 492-93
　tipos, 482-83
Diabetes adulta o de la madurez, 483
Diabetes gestacional, 603
Diabetes insípida, 482
Diabetes juvenil, 483
Diabetes mellitus, 130, 482
　insulinodependiente, 482-83
Diabetes no insulinodependiente, 483
Diabetes tipo 1, 482-83
Diabetes tipo 2, 483
Diafragma, 100, 101*f*, 102*f*, 114, 115*f*
Diamante GEMS (nemotecnia de términos en inglés), 987-88, 987c, 1004
Diástole, 124-25
Dieta, estrés y, 34, 34*f*
Difusión, 127*f*
　en respiración, 218, 219*f*
Digestión, 131
Distensión, 403

Distensión de las narinas, 117, 276, 946
Dióxido de carbono
  estímulo hipóxico, 116, 220, 367
  intercambio de, 218, 218*f*, 369*f*,
  respiración y, 115-16, 116*f*, 117*f*
  retención de, 367
Directivas por adelantado, 79, 995-96
Directores médicos, SMU, 12-13, 72.
  Entrenamiento de desfibrilación
  y, 424
Directrices de seguridad para alcanzar
  pacientes, 182-83*f*, 182-84
Disartria, 444
Discos Advair, 387*c*
Discos intervertebrales, 877
Dislocación, 822-2, 823*f*, 828, 828*f*
  cadera, 857-58, 857-58*f*
  codo, 852, 853*f*
  hombro, 849-51, 850-51*f*
  rodilla, 860
  rótula, 860-61, 862*f*
Disnea, 220, 370*c*. *Véase también*
  Urgencias respiratorias
  ataque cardiaco y 993*c*
  de dos a tres palabras, 276
  definición de, 368
  en pacientes geriátricos, 1015
  enfermedades asociadas con, 370*c*
  lesiones/heridas del tórax y, 781
Disposición de desechos médicos, 56
Disposición de materiales cortantes,
  47, 47*f*
Dispositivos de barrera, 46-47, 241,
  242*f*, A-18, A-18*f*
Dispositivos de bolsa-válvula-
  mascarilla. *Véase* BVM,
  dispositivos
Dispositivos de exploración
  (scanners), 318-19, 322
Dispositivos de ventilación de
  flujo restringido, activados por
  oxígeno, 246-48, 247*f*
Distensión de la vena yugular, 1171
Distensión gástrica, 247, 248,
  A-19–A-20
Distracción vertebral, 880
Diversidad cultural, 38-39
Diverticulitis, 467, 468*c*, 470
  Documentación y, 333
Documentación, 56. *Véase también*
  Órdenes de no reanimar
  abdomen agudo, 473, 474
  abuso de ancianos, 998

administración de oxígeno, 349
alumbramiento, 612
apósitos oclusivos de heridas del
  tórax, 785
asalto sexual, 811
bitácora de Triage, 1083
colección de datos, 332
colocación de un dispositivo de
  vía aérea avanzado, 1154
conjunto mínimo de datos, 332,
  333*f*
cuándo no iniciar RCP, A-8
cuidados prehospitalarios, 332-33,
definición emergencias de la
  conducta psiquiátrica, 585, 590
despliegue de bolsas de aire, 802
errores en, 335, 336*f*
escrupulosidad de, 81
estado del volante de dirección, 802
estado respiratorio, 385
exposiciones a enfermedades, 82
ferulización, 838
heridas por arma de fuego, 707,
  707*f*
inspección DAE, 425*f*
inspecciones de ambulancias, 1035
lesiones de columna vertebral, 881
mecanismo de la lesión por
  traumatismo, 637
medicaciones, 352
patrones de quemaduras, 715
precisión, 80
protocolos pediátricos, 916
rechazo a los cuidados, 78, 336,
  337*f*
signos vitales, 382
tipos de formatos, 333
Dolor. *Véase también* Escala AVDI
  abdominal, 286, 297
  ataque cardiaco, 409
  documentación del, 295
  en pacientes críticamente
    enfermos, lesionados o
    moribundos, 27
  evaluación, 415*c*
  fracturas y, 827
  respuesta al, 161, 161*f*
  tracción y, 840*f*
Dolor /molestias del tórax
  evaluación, 286, 297
  impresiones generales, 413
  pleurales, 374

Dolor abdominal, 289, 297. *Véase
  también* Abdomen agudo
Dolor o molestia referidos, 466, 669
Dolor torácico pleurítico, 374
Donadores de órganos, 85
  tarjetas para, 84*f*
Dosis/dosificaciones de medicación,
  344
Duelo, 25-26, 27*c*, 931*c*

E

Eclampsia, 603
Edad, Emergencias ambientales y, 544
Edema
  cerebral, 880
  pulmonar, 681, 681*f*
Edema cerebral, 880
Edema dependiente, 412
Edema pulmonar
  agudo, 369, 371, 371*f*, 389
  hipoxia y, 220
Educación
  continua, 17-18
  instructores TUM-B, 15
Efectos adversos de fármacos, 344
Ejercicio
  estrés y, 37, 37*f*
  frecuencia cardiaca y, 1187
Elastina, 988
Electrolitos, 554
Elevación lengua-mandíbula, 959,
  960, 960*f*
Embarazo. *Véase también* Aparato
  reproductor femenino; Urgencias
  obstétricas
  ectópico, 469, 603
  etapas del trabajo de parto, 602-3
  extracción de cuerpo extraño y,
    A-14–A-15, A-14*f*
  lesiones del útero durante, 810-11
  signos y síntomas del trabajo de
    parto, 602*c*
  síndrome hipotensivo supino,
    603, 811
Emblema de la Estrella de la Vida,
  1026, 1026*f*
Embolia (émbolo), 375
  cerebral, 442, 443, 44*f*
Embolia gaseosa/embolismo, 564,769
Embolia pulmonar, 375-76, 376*f*, 390
Embolismo cerebral, 442
Emergencias ambientales, 544-45

Emergencias cardiovasculares, 402
  cirugías cardiacas, 418-20, 419-20f
  compromiso cardiaco, 404-12
  en niños, 420
  en pacientes geriátricos, 1015
  evaluación, 413-16, 418
  examen físico detallado, 416, 418
  paro cardiaco, 419-31
Emergencias de descenso (buceo), 564
Emergencias de la conducta, 584-85
Emergencias en buceo, 562, 564-66,567. *Véase también* Ahogamiento o casi ahogamiento
Emergencias relacionadas con la conducta, 64-65, 584-85
  evaluación, 587-90, 588c, 589f
Emesis (vómito), 470, 529
Emociones, 25
En ruta a la base, 1039, 1039f
Encubrimiento, por situaciones violentas, 64
Energía cinética (EC), 632-33
Energía potencial, 633
Energía, traumatismos y, 632-33, 633f
Enfermedad de la arteria coronaria (EAC), 408
Enfermedad de Lyme, 574, 574f
Enfermedad en un huésped, 42
Enfermedad pélvica inflamatoria (EPI), 469
Enfermedad por descompresión, 564-65
Enfermedad pulmonar obstructiva crónica (EPOC),
  hipoxia y, 220
  medicamentos respiratorios inhalados, 386c
  urgencias respiratorias, 371-72, 372f, 389
Enfermedades contagiosas, 42-50, 43c, 50c. *Véase también* Enfermedades infecciosas
  informes, 82
Enfermedades infecciosas, 42, 52, 1015
Enfermedades transmitidas por el aire, transmisión y precauciones, 43c, 44, 369
Enfisema, 372-73
  subcutáneo, 289, 768-69, 787
Entrampamientos, 1059
Entrenamiento, 15-16. *Véase también* Educación
Envejecimiento
  cambios cardiovasculares y, 423
  cambios del aparato respiratorio y, 376
  enfermedades contagiosas y, 54
Envenenamiento, 500, 569-74. *Véase también* Mordidas y picaduras de animales; Mordeduras de víbora
  animales marinos, 574-75, 575f, 575c
Envenenamiento con comida, 534-35, 534c
Envenenamiento por alcohol, 528-29
Envenenamientos
  abuso de sustancias y, 518
  alimentos, 534-35, 534c
  alteración del estado mental y, 458
  cuidados médicos de urgencias, 527
  documentación, 524
  en niños, 923-24, 923f, 923c
  evaluación, 524-26
  identificación de paciente y veneno, 518-19
  intervenciones, 526-27
  plantas, 535-36, 536-37f, 536c
Enzimas, 131
Epidermis, 129, 130f, 698-99, 699f
Epiglotis, 112, 112f, 917
Epiglotitis, 370c, 371f, 958, 958f
Epinefrina, 351, 876
  administración de, 351-52
  autoadministración del paciente de, 352-53, 354
  autoinyectores de, 349, 507-8, 508f, 509f
EpiPen, autoinyectores, 352f, 507-8, 508f
Epistaxis, 666, 667f, 765, 766f
Equimosis, 688, 700, 826, 878, 878f
Equipamiento. *Véase también* Equipamiento protector personal
  ambulancias, 1033-34, 1033f
  comunicaciones, 316-19
  descontaminación, 203
  extracción vehicular, 1034, 1034c
  movilización de pacientes, 197-203, 197-203f
  TUM-B, 13
Equipamiento protector personal (EPP), 266, 1033
  enfermedades contagiosas y, 45, 48
  materiales peligrosos y, 1091
  niveles, 1093, 1093f
  seguridad en la extracción vehicular 7, 1058, 1058f, 1062
Equipo de navegación, 1034
Equipo especial de armas y táctica (SWAT), 1067-68
Equipo médico y materiales, vía aérea y ventilación, 1028f, 1030
  aspiración, 231-32, 232f, 1028, 1028f
  básico, 1028, 1029c
  botiquines obstétricos estériles, 607, 607f, 622, 1031
  férulas y ferulización, 1029c, 1031, 1031f
  intubación endotraqueal, 1138-44, 1138-44f
Equipo para incendios, 59-60, 61f
Equipos de administración para la terapia IV Administración, conjuntos de, para terapia IV, 1103
Equipos de respiración autónomo (ERA), 1068, 1089, 1091
Errores, informes de, 335, 336f
Escala AVDI, 161, 274, 378, 657, 943c
  lesión de la cabeza y, 885
  modificaciones pediátricas, 943
Escala de coma de Glasgow (GCS), 448, 488c, 455, 885, 885f
Escala del evento vascular cerebral de Cincinnati, 448, 448c
Escaleras, cargando al paciente en, 180-81, 181f
Escápula, 100, 101f, 849-50
Escenas de la investigación, 82, 83-84, 83f
Escherichia coli (*E. coli*), 54
Esclerótica, 155, 278, 736
Escoltas, uso de, 1047
Escopetazo, heridas por, 336, 643, 643f, 707, 707f
Escotadura yugular, 101f, 102
Escucha reflexiva, 588-89
Escuchar de manera activa, 273
Esfenoides, 97f
Esfínteres capilares, 678
Esguinces, 823, 828, 828f, 853
Espacio pleural, 113
Espacio retroperitoneal, 856
Espacios intercostales, 101
Espalda. *Véase también* Columna vertebral

alineación al levantar cargas, 171-74, 172-74*f*
envejecimiento y, 1009*c*
Espina bífida, 619, 876
Espinas ilíacas anteriores y superiores, 103
Espiración, 216-17, 217*f*,
componentes de la, 218, 219*f*
Espondilosis, 195-96, 196*f*
Esqueleto, 96-109, 96*f*, 821-22, 822*f*
Estacionamiento de ambulancia, 1036-37, 1037*f*
Estado asmático, 390
Estado de Choque compensado (temprano), 684, 993
Estado epiléptico, 451
Estado Mental Alterado (EMA) 440, 456-57
Estado posictal, 444-45, 452, 453*f*
Estándar 1581 de Control de la Infección, 47
Estándar de cuidado, 72-74, 74*f*
Estándar de Operaciones de Desechos Peligrosos y Respuesta a la Urgencia (OSHA), 1085
Estándar de respuesta de urgencias a operaciones con desechos peligrosos, 1085
Estándar Nacional de Clasificación de Materiales Peligrosos 704, 1089, 1090*f*
Estándares impuestos por costumbre local, 72-73
Estándares institucionales de cuidados, 73-74, 74*f*
Esterilización, 1040
Esternocleidomastoideo, 98, 98*f*, 760
Esternón, 98, 101*f*, 102
Estertores (ruidos respiratorios), 378, 381, 500, 945, 959
Estimulantes, 531
Estoma, traqueal, 248-49
aspiración, 231-32, 249*f*
ventilación, A-19, A-20
Estómago, 103*f*, 133
lesiones abdominales pediátricas y aire en, 956
medicaciones para, 360c
Estrés, 32-33
nutrición y, 34, 34*f*, 36-37, 37*f*
manejo del, 35, 38, 35*c*
pacientes geriátricos, medicaciones, y, 383

signos de advertencia, 32-33, 36*c*
Estridor, 151, 304, 378, 505, 945, 959
Ética, 16-18
consideraciones, 72
deber de actuar, 50-51, 78
responsabilidades, 80
Evaluación de la escena, 1059-60, 1060*f*,
gráfica de flujo, 264
seguridad de la escena, 265-67, 266*f*
Evaluación del paciente. *Véase también* Pacientes médicos
circulación, 277-79
componentes, 263
consideraciones de recursos adicionales, 268-69
estado mental, 272*f*, 274-75
evaluación inicial, 146
hemorragia externa, 278
identificación de pacientes prioritarios, 278-80, 279*f*
inmovilización de la columna vertebral, 269
mecanismo de la lesión, 267, 267*f*
naturaleza de la lesión, 267-68
perfusión, 278-79
respiración, 276-77, 276*f*
selección, 268, 268*f*
vía aérea, 275-77, 276*f*
Evaluación del vehículo, 633
Evaluación médica rápida, 296
Evaluación OPQRST, 148-49, 283
Evaluación rápida de trauma, 293
Evaluaciones DCAP-BTLS
en personas de edad avanzada, 1007*c*
examen físico detallado, 299-300
examen físico enfocado, 284
examen físico rápido, 283
lesiones abdominales, 805-6
lesiones espinales y, 884
pacientes hemorrágicos, 658, 668
para lesiones del tórax, 781, 783
Evaluaciones en curso, 307-8, 307*f*
Evaluaciones iniciales,
abdomen agudo, 471
convulsiones, 453-54
dolor de pecho o paro cardiaco, 413
envenenamientos, 525-27
emergencias de ahogamiento y buceo, 565-66
evento vascular cerebral, 445-46
hemorragia, 657

impresión general, 271-72, 271*f*, 272*f*, 274
lesiones por calor, 558
lesiones por frío, 548-49
obtención de consentimiento para tratar, 272
pedir permiso para tratar, 271
reacciones alérgicas, 503-5
repetición, 307
reunión de información, 146-47, 146*f*
urgencias obstétricas, 604-5
urgencias relacionadas con el comportamiento, 587-88
vía aérea y respiración, 378-79
Evaporación, definición de, 545
Evento cerebral vascular hemorrágico, 442
Evento vascular cerebral isquémico, 443
Evento vascular cerebral, 440
comunicación y documentación de, 449
cuidados definitivos por, 449-50
definición de, 442
evaluación, 445-49
hemorrágicos, 442
hipoxia y, 220
intervenciones, 449, 509
signos y síntomas, 444,45
tipos de, 442-44
tips sobre cuidados de los pacientes, 450*c*
tomografía computarizada de, 450, 450*f*
Eventos aparentes que ponen en peligro la vida (EAPPV), 931-32
Eventos Vasculares Cerebrales (EVC), 442. *Véase también* Apoplejía
Evisceración abdominal, 711-12, 712*f*, 802-3, 803*f*
Examen físico detallado, 299-300, 301-3*f*, 303-4
Examen físico rápido, 283-84, 285-86*f*
Examen médico enfocado, 284, 286, 287-88*f*
Exámenes físicos. *Véase también* Historia clínica y examen físico enfocados; Evaluación del paciente
detallados, 299-300, 301-3*f*, 303-4

rápidos, 283-84, 285-86f
técnicas, 289
urgencias cardiovasculares, 415
Examinador médico, casos del, 83-84, 83f
Exposición al calor, 553-59
Exposición al frío, 60, 545-53, 546c, 547f, 551-52f
Exposición al plan de control, 48
Exposiciones
a enfermedades contagiosas, 44
informes de, 82
Extender o extensión (movimiento), 94, 94f, 108-9
Extracción vehicular, 1058
control riesgos, 1060-61, 1061f
cuidados de urgencias, 1062
equipamiento, 1033, 1033c
fases, 1059c
fundamentos, 1059-65
liberación vehicular, 1063-64, 1063c
obtención acceso, 1061-62, 1061-62f
operaciones de apoyo, 1061
liberación y transferencia, 1064-65, 1064f
seguridad, 1058
sistemas de seguridad del vehículo y, 1058-59
situaciones de rescate especializado, 1065-68
técnica de extracción rápida, 186-90, 186c, 188-89f
terminación, 1065
Extremidad superior, 106-7, 107-8f. *Véase también* huesos específicos
Extremidades. *Véase también* Antebrazo; Manos
envejecimiento, 1009c
evaluación de la fuerza en, 884, 884f
examen físico detallado, 304
examen físico enfocado, 291
inferiores, 105-6, 106f
lesiones pediátricas de, 926
superiores, 106-107, 107-8f
Extremidades inferiores. *Véase también* huesos específicos
anatomía, de los, 105-6, 106f

F

Factores estresantes, 32

Fajas, 840, 849, 849f
Falso trabajo de parto, 602c
Falta de aire, 411. *véase* Disnea
Familia
equilibrio de trabajo, salud, y, 37-38
manejando el sufrimiento, 27
muerte de un niño, 30-31, 931c, 932-33
notificación de, 30
síndrome de muerte súbita del lactante y, 921
urgencias geriátricas y, 1005, 1005f
urgencias pediátricas y, 921
Farmacología, 344. *Véase también* Medicaciones
Fármacos sedantes-hipnóticos, 530, 530c
Fascia, 97
Fase de entrega de una llamada, 1038-39
Fase de envío, 1035, 1035f
Fase de transición de la llamada, 947
Fémur, 105, 106f, 858-59, 859f
Férula de Kendrick, 841
Férula de tracción Hare, 841-44, 844-45f
Férula de vacío, 840, 843f
Férulas, 840, 849-50, 849f
Férulas con almohadas, 840, 863f
Férulas de aire, 660, 662f, 840, 841f, 842f
Férulas de Sager, 841, 844-46, 846-47f
Férulas de tracción, 841-46
Férulas formables, 840, 841f
Férulas rígidas, 838-39, 839f
Férulas SAM, 840
Férulas y ferulación, 836-38, 836f
control de la hemorragia usando, 661-62, 662f
equipamiento y abastos, 1029c, 1031, 1031f
férula de Sager, 841, 844-46, 846-47f
formable (blanda), 840, 841-43f
fracturas de la cadera, 1014f
mano y muñeca, 855f
peligros por las inapropiadas, 846-47
rígida, 838-38, 839f
tracción, 841-46
tracción de Hare, 841-44, 844-45f
tracción en línea, 838, 838f, 840f

Feto, 600
Fibrilación ventricular (V-fib), 409, 410, 410f
Fiebre de heno, 374
Fiebre manchada de las Montañas Rocallosas, 574
Fiebre(s). *Véase también* Temperatura corporal
manchada de las Montañas Rocallosas, 574
niños, 921-22
viral hemorrágica, 1101c
Flanco, 800
Flexión, definición, 108
Flovent, 386c
Fluido peritoneal, 466
Flujómetros calibrados Bourdon, 237-38, 238f
Flunitrazepam (Rohypnol), 530
Fluticasona, propionato, 386c
Folículos pilosos, 129, 130f
Formato de Registro de Atención Prehospitalaria (FRAP), 332-33, 334c
Fosa glenoidea, 849
Fracturas con estallamiento de la órbita del ojo, 748-749f
Fracturas conminutas, 825, 826f, 1010
Fracturas de la rótula, 824
Fracturas desplazadas, 824
Fracturas en rama verde, 825, 826f
Fracturas epifisarias, 825, 826f
Fracturas no desplazadas, 825
Fracturas patológicas, 825, 826f
Fracturas por compresión, 1010
Fracturas tipo de cinturón de seguridad, 1010
Fracturas y dolor, 825
Fracturas, 822, 823f, 825, 826f. *Véase también*, Lesiones musculoesqueléticas
abiertas, 824-25, 827f, 862f
abuso de niños y 928
cerradas, 824-25
clasificaciones, 824-25
con estallamiento de la órbita ocular, 747, 749f
de la cadera, 1013
de la laringe, 768f
de la pelvis, 856-57, 856-57f
de la tráquea, 768f
de las rodillas, 860

del antebrazo, 853, 854f
del cráneo, 878, 878f, 886
del húmero, 851-52, 851c, 852f,
faciales, 766, 767f
por compresión, 1010,
por estallamiento, 1010
por protección, 826
proximal del fémur, 858-59, 859f,
tipo cinturón de seguridad, 1010
fragata portuguesa, 574-75, 575f, 575c
Frecuencias cardiacas. *Véase también* Pulso(s)
    intubación endotraqueal y, 1150, 1151-2
    normal, 121c
    pediátrica, 917, 917c
Frecuencias del pulso, 153-54
    en lactantes y niños, 121c, 277, 277c
    promedio, por edad, 154c
Frecuencias respiratorias, 150
    normal, 159c
    pediátrica, 118c, 917, 917c
Frontal (hueso), 97f
Función motora, 290, 832
Función sensorial
    envejecimiento y 989
    examen físico, 290
    lesiones muscloesqueléticas y, 832
    lesiones vertebrales y, 779f, 885, 886f
Furosemida, 358c

G

Gangrena, 551, 552f
Garganta. *Véase también* Cuello
    evaluación de lesiones, 761-64
    lesiones, 644, 758
Garrapatas, mordedura de, 574, 574f
Gases para inhalación, 349-50, 348f
Geles, administración de medicamentos en, 348, 348f
Gemelos, parto de, 620
Geriatría, 986
Giro del cuerpo con cuatro personas, 891
Glándulas endocrinas, 132c
Glándulas lacrimales, 202
Glándulas salivales, 131
Glándulas sebáceas, 129
Glándulas sudoríparas, 129

Global MED-NET (sistema de información del paciente), 147
Globo ocular (ojo), 736
Glóbulos blancos, 123, 124f, 652-53, 652f
Glóbulos rojos, 123, 124f, 652-53, 652f
Glucómetros, 484, 484f
Glucosa
    administración de, 349, 350-51, 490-92, 491f
    diabetes y, 482, 483-84, 483f
    oral, 348f
Glucosa oral, 490-92, 491f
Gobierno. *Véase* Sistemas legales,
Gorgoteo (ruidos respiratorios), 378
Gráficas de flujo de evaluación del paciente, 262
    evaluación en curso, 306
    evaluación inicial, 270
    examen físico detallado, 298
    historia clínica y examen físico enfocados, 282
    juzgamiento de la escena, 264
    pacientes médicos, historia clínica y examen físico enfocados, 294
    traumatismos, historia clínica y examen físico enfocados, 292
Grandes vasos, laceraciones de los, 789
Grave, síndrome respiratorio agudo (SARS), 55, 370c
Gruñido, 945
Grupos especiales de rescate, 1065-66
Guantes protectores
    control de infección, 44-45. 45f
    de bomberos, 61f, 62
    equipo protector personal, 48
    pacientes hemorrágicos y, 657, 707-8
    para extracción vehicular, 1058
    técnicas apropiadas para quitarlos, 46f

H

Hantavirus, 54
Heimlich, maniobra de, 250-51, A-3–A14f
Helicópteros
    aterrizajes en tierra irregular, 1051, 1051f

aterrizajes nocturnos, 1051
    establecimiento de zona de aterrizaje, 1049, 1049f
    operaciones de evacuación aeromédica, 1048
    para operaciones médicas aéreas, 1047-48, 1048f
    seguridad de la zona de aterrizaje y transferencia del paciente, 1045-50, 1050f
    señales manuales, 1050f
Hematemesis, 529, 668
Hematomas, 668, 700, 700f
    faciales, 760f
    intercraneales, 879, 879f, 886
    terapia IV y, 1173, 1173f
Hematuria, 800, 856
Hemiparesia, 452
Hemofilia, 656
Hemoneumotórax, 786, 787f
Hemoptisis, 668, 781
Hemorragia cerebral, 444
Hemorragia intracraneal, 879, 879f, 886
Hemorragia rectal, 811
Hemorragia subdural, 445, 445f
Hemorragias, 654-55, 655f. *Véase también* Sangrado
    cerebral, 444
Hemotórax, 786, 787f
Hepatitis, 51-52, 52-53c
Heridas aspirantes del tórax, 784-85, 785f
Heridas punzantes, 643f. *Véase también* Heridas penetrantes
Hernias, 469
Hernias encarceladas, 469-70
Hernias estranguladas, 470
Hernias reducibles, 469-70
Herpes simple, 51
Hidratación, 36-37, 37f
    urgencias ambientales y, 544
Hidroplaneación, 1045
Hígado, 103f, 133
Hinchazón
    fracturas e, 826, 827f
    obstrucción de la vía aérea e, 250
Hipema, 747-48, 748f
Hiperglucemia, 484-85, 486c. *Véase también* Diabetes
Hipersensibilidad en un punto, 825, 826f, 848

Hipertensión inducida por el embarazo, 603
Hipertensión, 160, 603
Hipertensión, medicaciones, 358c
Hipertermia, 553
Hiperventilación, 390
Hipnóticos, agentes, 528. *Véase también* Sedantes-hipnóticos, fármacos
Hipófisis, 132c
Hipoglucemia, 350-51, 457, 484-85, 486c
  convulsiones e, 451
  estado mental alterado e, 444-45
Hipoperfusión,
  choque e, 678
  hipoxia e, 220
Hipotensión, 160
Hipotermia, 279, 546-47, 546c, 547f
  choque neurogénico e, 682
Hipoventilación, 917
Histaminas, 500
Historia clínica y examen físico enfocados, 283-91
  examen físico rápido, 283-84, 285-86f
  niños, 947-49
  pacientes médicos no responsivos, 296-97, 296f
  pacientes médicos responsivos, 295-96, 295f
  pacientes traumatizados con ML significativa, 286
  pacientes traumatizados sin ML significativa, 286
  repetido, 308
  técnicas de examen físico, 289-291, 290f
Historia clínica. *Véase* Historial de enfermedades
Historial de enfermedades, 380-81, 414-15. *Véase también* enfermedades específicas; grupos especiales de pacientes
Historia (l) SAMPLE (SAMPLE por nemotecnia de términos en inglés), 148
  de niños, 949
  elementos de, 148
  evaluación enfocada, 283
  evaluación rápida de trauma, 293
  pacientes no responsivos, 296-97
  pacientes responsivos, 295, 296-97
  signos vitales de línea basal y, 146

Homeostasis, 678, 876
Hora dorada, 279-80, 280f, 688, 829
Hormigas, picadura de, 502, 502f
Hormonas, 130, 131f, 482
Hospitales. *Véase también* Incidentes con múltiples víctimas
  comunicación con los, 321-24, 322f
  dirección médica de SMU, 12-13
  trabajando con personal, 15, 15f
Hostilidad, 27-28
Hueso malar, 97f
Hueso(s). *Véase también* Sistema musculoesquelético
  Examen enfocado del dolor en, 286, 297
  Fracturas y protrusión de, 826, 827f
Hueso, etmoides, 97f
Huesos nasales, 97f
Húmero, 107-8, 107f, 850
  fracturas, 851-52, 851c, 852f

I

Ictericia, 155, 278
Íleo, 470
Ílion, 104
Impresión general, 271, 271f
Impulso hipóxico, 116, 220, 368
Incendios de estructuras, 1068
Incidentes con material peligroso, 1085
  cuidado de los pacientes en, 1090-91
Incidentes con múltiples víctimas, 336, 1079-83f, 1079-84
  componentes clave en, 1076c, 1077f
  definiciones, 1082
  efectos sobre la salud, 1085
  eventos terroristas contra, 113
Incisiones, 704
Incontinencia, 452, 885
Incumplimiento del deber, 74-75
Indicaciones de medicaciones, 344
Índice de sospecha, 632, 644c
Infarto, 407-8
Infarto agudo del miocardio (IAM), 407-8, 407f
Infección(es), 42, 451, 458
Infiltración, 1172
Informe de lesiones durante la comisión de, 82
Informe de lesiones relacionadas con drogas, 82
Infusión intraósea (IO), 345, 345c

Ingestión, 518
Inhalación, 216, 217f
Inhalación de humo, 220
Inhaladores con dosis medidas (IDM), 347-48, 347f, 354f
  administración de, 386-87, 387-88f
  administración por TUM-B de, 349
  autoadministración por el paciente de, 352, 353-54
  de epinefrina, 354
  de nitroglicerina, 355
  dispositivo espaciador para, 386, 386f
Inhaladores. *Véase también* Inhaladores con dosis medida
  administración por TUM de, 381
  prescritos, 385-87
Inhaladores de rescate, 381
Inhalantes, abusados, 530-31
Injerto de derivación de la arteria coronaria (CABG), 418-19
Inmovilización vertebral, 269
  collarín cervical, 882
  dispositivos pediátricos, 971, 972-73f, 973, 974f
  dispositivos, 896, 898-900f, 900
  en ancianos, 1010-12f
  respaldos cortos, 893-94, 895-97f, 896
  respaldos largos, 891, 892-93f, 893, 1010, 12f
Inmovilización. *Véase* Camillas rígidas; Collarines de inmovilización de la columna vertebral; inmovilización vertebral
Inmunidad,
  enfermedades infecciosas, 48-50, 50c
  parcial, 79
Inmunizaciones, 49-51
Insectos, mordeduras y picaduras de, 500, 501-3, 501-3f
  arañas, 569-70, 569-70f
  cuidados de urgencias, 507-9, 509-11f, 512
Insolación, 557-58, 558f
Inspección en el examen físico, 289
Inspecciones cotidianas, 1034-35, 1035f
Instituto Mexicano del Seguro Social, 196
Instructores, certificación de, 15

Insuficiencia cardiaca congestiva (ICC), 410, 411, 412
Insuficiencia respiratoria, 683, 689c, 691
Insulina, 482, 483-84, 483f
Intercambio de aire, 249
Intercambio de gases deficiente, 249
Intestino delgado, 102-3, 103f, 134
Intestino grueso, 103f, 133
Intoxicación, 457
Intuición clínica, 308
Inyecciones intramusculares (IM), 345, 345c, 351-52, 352f
Inyecciones intravenosas (IV), 345, 345c
Inyecciones subcutáneas, 345, 345c, 351-52f, 352f
Inyecciones, administración de, 345, 345c, 351-52, 352f
Ipecacuana, 522-23
Ipratropio, bromuro, 386c
Ira, 26, 27
Iris, 737
Irritación venosa, terapia IV e, 1172-73
Isquemia, 404-5
 accidentes cerebrovasculares e, 442
 hipoxia e, 220
Isquemia Cerebral Transitoria (ICT), 443-44, 450c
Isquion, 104
ITAM (nemotecnia), A-9
IV yugular externa, 1107-08, 1107f
Izquierda (término de dirección), 93, 93f, 93c

J

Jeringa, 1143, 1143f
Juegos de IV de mantener la vena abierta (KVO), 1168
Juramento del TUM, 79

L

Laceraciones, 704, 704f
 cuero cabelludo, 877-78, 878f, 886, 887f
 grandes vasos en el tórax, 789-90
 ojos, 746-747, 747f
 pene, 810
Lacrimal (hueso), 97f
Lactantes mayores, 918-19, 919f

Lactantes prematuros, 620-21
 hipoxia y 221
Lactantes, 918f. *Véase también* Alumbramiento; Urgencias neonatales; Reanimación neonatal
 compresiones de pecho, 616, 617f, 968, 969f, A-27–A-31, A-30f
 definición de, 918
 deshidratación en, 979f
 formación del estilete para, 1142, 1142f
 frecuencias cardiacas normales, 121c
 frecuencias respiratorias normales, 118c
 inmovilización en asiento del auto, 973f
 inmovilización fuera del asiento del auto, 973, 974f
 límites de tensión arterial, 160c
 muerte durante el alumbramiento de, 25,
 obstrucciones de la vía aérea en, 962-63, 962f, A-16–A-18, A-17f
 palpación del pulso, 153, 153f
 respiración de rescate en, A-20
 síndrome de muerte súbita infantil, 930-33
Laringe, fractura de la, 768f
Laringospasmo, 559, 1151
Lavado apropiado de manos, 44, 44f
Legales, sistemas
 estándar de cuidado y, 72-73
 inmunidad, 79
 registros e informes, 82
Lengua
 del niño, 917
 maniobra de inclinación de cabeza-levantamiento de mentón y, 225, 225f, A-11, A-11f
 obstrucción de la vía aérea con la, 225f, 375, 375f
Lenguaje corporal, 327, 328f
Lenguaje de signos, 331, 331f
Lentes de contacto, 749-50, 750f
Lesiones abdominales, 645, 711-12, 712f, 798
 abiertas o cerradas, 799-800
 contusas, 800-801
 en niños, 925
 evaluación, 804-7

 evisceración, 711-712, 712f, 802-3, 803f
 pediátricas, aire en estómago y, 956
 penetrantes, 802, 802f
 signos y síntomas, 799-800
 tipos de, 800-803
Lesiones abiertas
 abdominales, 711-12, 799-800, 800f
 cabeza, 877
 del pecho, 780, 780f
 fracturas, 824-25, 827f, 862f,
 tejidos blandos, 699, 704-11, 705-7f,
Lesiones cerradas
 abdominales, 799
 de la cabeza, 877
 de los tejidos blandos, 699-703, 700f
 fracturas, 824-25
 torácicas, 779, 780f
Lesiones de la cabeza, 634, 872, 877-80
 cuidados médicos de urgencias, 890-91
 dispositivos de inmovilización, 896, 898-900f, 900
 en niños, 904-5, 904-5f, 924, 925
 en personas de edad avanzada, 1012, 1013f
 evaluación, 880-88
 pacientes sentados, 893-94, 895-96f
 pacientes de pie, 894, 896, 897f
 pacientes supinos, 891, 892-93f, 893
 para niños, 971, 972-73f, 973, 974f
 Preparaciones de transporte remoción de casco, 900-902, 901-3f, 904
Lesiones de tejidos blandos, 698. *Véase también* Quemaduras
 abdominales, 711-12, 712f
 abiertas, 704-11, 705-7f
 amputaciones, 714, 714f
 apósitos y vendajes, 726-27, 726f
 cerradas, 700-703, 700f
 control de la hemorragia de, 711f
 cuello, 714, 714f
 facial, 760, 761f
 intubación endotraqueal y 1151
 mordeduras, 725-26, 725-26f

objetos incrustados, 713.14, 713*f*
  tipos, 699
Lesiones del codo, 852-53, 853*f*
Lesiones del encéfalo de golpe-contragolpe, 454, 636, 637*f*
Lesiones del escroto, 810
Lesiones del peroné, 861-6
Lesiones del tórax/ heridas, 645, 778, 780-81, 788-789
  complicaciones, 784-88
  en niños, 925
  evaluación, 781-84
  hipoxia y, 219
  laceración de los grandes vasos, 789-90
Lesiones genitales, 798, 810*f*
  ataque sexual, 812
  femeninas externas, 811
  femeninas internas, 810-11
  masculinas externas, 809-10
Lesiones musculoesqueléticas, 822-29
  clavícula, 848-50, 848*f*
  codo, 852-53, 853*f*
  cuidados médicos de urgencias, 836-48, 836-48*f*
  escápula, 849-50
  evaluación, 830-32, 833-34*f*, 834-35
  fractura del húmero, 851-52, 851*c*, 852*c*
  fracturas del antebrazo, 854, 854*f*
  fracturas del cuerpo del fémur, 859
  fracturas pélvicas, 856-57, 856-57*f*
  fracturas proximales del fémur, 858-59, 859*f*
  luxación de la cadera, 857-58, 857, 58*f*
  luxación del hombro, 850-51, 850-51*f*
  manos, 854-55, 855*f*
  muñecas, 845-55, 855*f*
  pie, 862-63, 863*f*
  rodilla, 859-61, 861*f*
  sistema de gradación para, 829, 829*c*
  tibia y peroné, 861-62
  tobillo, 862, 862*f*
Lesiones penetrantes, 633, 643, 643*f*
  abdominales, 802, 802*f*
  de tejidos blandos, 706-7, 706-7*f*
  del cuello, 769, 769*f*

Lesiones por aplastamiento
  abiertas, 707*f*
  cerradas, 700-701, 700*f*
  de la cara, hemorragia y, 767*f*
Lesiones por compresión, 700, 700*f*
Lesiones por desaceleración, 638
Lesiones por inmersión, 927. *Véase también* Ahogamiento o casi ahogamiento
Lesiones vertebrales, 872, 880
  Bazo, 123, 633*f*
  choque y, 682, 682*f*
  cuidados médicos de urgencia, 888-89*f*, 888-90
  dispositivos de inmovilización, 896, 898-900*f*, 900
  en ancianos, 1009-10
  en niños, 904-5, 904-5*f*
  espina. *Véase también* Columna vertebral
  evaluación, 880-88
  evaluación de la vía aérea y, 275-276
  giros (choques vehiculares), 634, 641
  intubación endotraqueal y agravamiento, 1151
  lesiones por incidentes de sumersión, 560, 563*f*
  preparando a los pacientes supinos para transporte, 891, 892-93*f*, 893
  preparando a los pacientes de pie para transporte, 894, 896, 897*f*
  preparando a los pacientes sentados para transporte, 893-94, 895-96*f*
  respiración y, 779, 779*f*
  retiro del casco, 900-902, 901-3*f*, 904
Lesiones vertebrales estables, 1009
Lesiones vertebrales inestables, 1009
Leucotrienos, 500
Levantamiento. *Véase también* Movimientos del paciente
  indicaciones adicionales, 180-81
  indicaciones y órdenes, 80
  distribución de peso para el, 174-79, 175-79*f*
  mecánica corporal para el, 171-74, 172-74*f*
  uso de una camilla, 175*c*

uso de una sábana, 175*f*
Levantamiento de extremidades, 191, 192*f*
Levantamiento directo del piso, 191, 191*f*
Levantamientos potentes, 172-73, 174*f*
Ley General de Salud
  Reglamento de Prestación de Servicios de Atención Médica de, 72
Leyes de Newton, 634-35
Leyes del buen samaritano, 79
Leyes legislativas, 79
Liberar, 1063-64, 1063*c*
Libro guía de respuesta a la urgencia estadounidense (NAERG, DOT), 57, 57*f*. *Véase también* Libro guía de respuesta a la urgencia del SETIQ
Libro guía de respuesta a la urgencia, 1091, 1091*f*. *Véase también* Libro guía estadounidense de respuesta a la urgencia
Libro Guía de respuesta en caso de emergencia, 1091, 1091*f*
Libro Guía Estadounidense de Respuesta en caso de Emergencia del SETIQ, 57
Libro naranja, 7
Licenciatura, 74
Ligamento inguinal, 104
Ligamentos, 108, 109*f*, 822
  lesiones de la rodilla, 859-60
Limpieza, 58, 1040
Línea basal, signos, 149-62, 149*f*. *Véase también* Signos vitales
  historia (l) SAMPLE (SAMPLE, nemotecnia de términos en inglés) y, 146
  llenado capilar, 155-56
  nivel de conciencia, 160-62
  piel, 154-55
  tensión arterial, 156-60
  pulso, 152-54
  respiraciones, 149-52
Línea medial, 93, 93*c*, 93*f*
Línea medioaxilar, 92
Línea medioclavicular, 92-93
Líneas de dirección, 92*c*
Líneas dedicadas, radio, 317
Líneas enrutada (dedicadas), 317

Líneas IV centrales en niños, 935, 934f
Líquido cefalorraquídeo (LCR), 126, 872
   prueba del halo para, 668f
   escape de, 765, 874, 884, 887
Líquidos. *Véase también* Deshidratación; Exposición al calor; Hidratación
   electrolitos, 554
Lividez dependiente, 83, 83f, 930
Llamadas 065, 11, 273, 318, 320-21
Llegada a la escena, 1036f
   Extracción vehicular y, 1059
Llenado capilar /tiempo de llenado capilar, 155-56, 156f, 946, 947f
   lesiones musculoesqueléticas y, 832
   niños en choque y, 977
   perfusión y, 278
Localización lateral (cuerpo), 93, 93f, 93c
Logro de acceso, 1058, 1061-62, 1061-62f. *Véase también* Desenredo de vehículos accidentados
LSD (dietilamida del ácido lisérgico), 532
Luces de advertencia, 1046
Luxación del hombro, 850-51, 850-51f
Luz, 407

M

Macrogoteo, juegos de, 1168, 1170
Madres, muerte durante el alumbramiento de, 25, 25f
Magulladuras. *Véase también* Contusiones
   abuso infantil y, 928
   fracturas y, 826, 827f
Malares, 96
Malas noticias, comunicación de, 28
Mandíbula, 96, 97f, 758
Manejo de vía aérea. *Véase también* Maniobra de inclinación de cabeza-levantamiento de mentón; Maniobra de tracción mandibular; Ventilación
   aspiración, 230-33, 232-33f,
   diabetes y, 492
   equipamiento y material 1028f, 1029c, 1030

estoma traqueal, 248-49, 249f, A-17, A-18f
extracción vehicular y, 1063
lesiones de la cabeza 890-91, 890f
lesiones de la columna vertebral, 888, 888f
oxígeno suplementario, 234-40, 235-40f, 235c
posición de recuperación para, 95f, 234, 234f, 966, 966f, A-21, A-21f
tubos de traqueostomía, 248-49, 249f, 934, 934f
Manejo en superficies con hielo y resbalosas, 1045-46
Maniobra de compresión abdominal, 250-51, A-13, A-15f
   para niños conscientes, 960, 962, 962f, A-15, A-16f
   para niños inconscientes, 961, A-14
Maniobra de inclinación de cabeza-levantamiento de mentón, 224-25, 225f, A-10–A-11, A-11f
   en niños, 944, 945f, 966, 966f, A-9–A-9f
   respiración de rescate y, A-19
Maniobra de tracción mandibular, 225-26, 266f, 888f, A-11–A-12, A-12f
   en niños, 944, 945f, 966, 967, A-9
   respiración de rescate y, A-19, A-19f
Manos. *Véase también* Extremidades superiores
   anatomía, 107, 108f
   lesiones, 854-55, 855f
Mantenimiento de registros, 81, 82. *Véase también* Documentación
Manubrio, 100
Manzana de Adán, 98, 758f
Marcapasos, 419, 419f
Marcas de medicamentos, 345
Mareo, 286, 297
Margen de seguridad, 1042-44
Marihuana, 532
Mascarillas con bolsa, 47, 47f, 48
Mascarillas no recirculantes, 240-41, 240f, 240c, 350f
   pediátricas, 955, 955f
Mascarillas protectoras, 45-47, 47f, 48
   aspiración y, 231

ventilación de boca a mascarilla, 242-44, 243f
Materia gris, 126
Materiales peligrosos (HazMat), 1068, 1085-86f, 1085-87
   ambulancia aérea y, 1051
   clasificación de, 1089, 1090f
   etiquetas de advertencia, 1088f
   identificación de, 1087-88, 1088f
   letreros de advertencia, 1088f
   manejo y operaciones en la escena, 56-58, 57f, 1088-89
   niveles de toxicidad, 57c, 1089-90, 1090f
Maxilares superiores, 96, 97f, 758
Mecánica corporal para cargar pesos, 171-74, 172-74f
Mecanismos de la lesión (ML). *Véase también* Traumatismo contuso; Lesiones penetrantes
   choques en vehículos motores, 639f
   de traumatismos, 632, 633, 644c
   documentación, 802
   evaluación del paciente, 267, 267f
   fracturas o luxaciones, 824, 825f
   importancia de, 268
Meconio, 604, 964
MED, canales médicos, 319
Medicaciones
   administración de, 355-57
   asistida por paciente, 352-55
   de pacientes ancianos, 357, 991, 1007
   documentación, 352
   estado mental alterado y complicaciones por, 457
   formularios, 346-49
   llevadas en la unidad de SMU, 349-52, 350f, 1029c, 1032
   mecanismo de acción, 344
   nombres, 344-45
   paciente, 357
   prescritos más comúnmente, 358-60c
   reacciones alérgicas, 500-501, 501f
   vías de administración, 345-46
Medicaciones de las vías intestinales, 360c
Medicaciones endocrinas, 359c
Medicaciones hormonales, 359c
Medicaciones respiratorias, 358c

Medicaciones sublinguales (SL), 345, 345c
Medicaciones tópicas, 348
Medicaciones transdérmicas, 348
Medicamentos de prescripción, 345
Medicamentos de venta libre (MQNR), 345, 991, 991f
Medicamentos para trastornos cardiacos, 358c
Médicos. *Véase también* Control médico, Directores médicos de SMU
    Interacciones del TUM-B con, 12
Médula espinal, 99, 127, 127f, 441f, 872
Medusa, 574-75, 575,
Mejoramiento continuo de calidad (MCC), 12-13
Melena, 668
Membrana cricotiroidea, 98, 98f
Membranas mucosas, 129, 699
Meninges, 872
Meningitis, 52-53, 022, 922f, 978
Menores, consentimiento y, 76
Mental, estado. *Véase también* Nivel de conciencia
    ataque cardiaco y, 409
    evaluación, 272f, 274-75
    en pacientes críticamente enfermos, lesionados o moribundos, 28
Mentales, enfermedades, 584. *Véase también* Urgencias relacionadas con el comportamiento
Mentales, trastornos, 585-86
Mentalmente incompetentes, adultos, 77
Metabolismo, 128
    respiración y, 217-18
Metaprel, 385
Metaproterenol, 385
Metaproterenol, sulfato, 386c
Método de arrastre con sábana, 193, 193f
México, Secretaría de Comunicaciones y Transportes, 1091
"Mickey Finn", 530
Microgoteros, sets de, 1168, 1170
Miocardio, 119, 403
Mittelschmertz (dolor pélvico intermenstrual), 469
Mocasín acuática, 570

Mocasín o cabeza de colores (serpiente), 570, 71f
Moco, 129
Moco sanguinolento, 600
Modo de urgencia, 1044
Molestia principal, 147-48, 272, 274, 286, 295-96, 297
Monóxido de carbono, 60, 156-57
Montelukast sódico, 386c
Mordedura de perro, 82, 336
Mordeduras de araña, 569-70, 569-70f
Mordeduras de víbora, 570-73, 571-72f
Mordeduras humanas, 726, 726f
Mordidas y picaduras de animales, 569-74, 725-26, 725-26f
Movimiento de flexión, 94, 94f
Movimiento falso, 827
Movimiento libre, 827
Movimientos de la cabeza en niños con inspiración y espiración, 945
Movimientos de urgencia, 184-86,185-86f
Movimientos paradójicos, 289, 787
Movimientos, del paciente. *Véase también* Levantamiento
    bariatría y, 196
    consideraciones generales, 184
    equipo, 197-203, 197-203f
    forma segura de alcanzar y jalar, 182-83f, 182-84
    geriátricos, 196
    indicaciones adicionales, 180-81
    indicaciones y órdenes, 80
    movimientos urgentes, 186-90
    no urgente, 190-95
    urgencias, 184-86, 185-86f
Muerte e incapacidad accidental: La enfermedad ignorada de la sociedad moderna (1966), 7
Muerte. *Véase también* Síndrome de muerte súbita infantil
    declaración de, 82
    de niños, 30-31, 931c, 932-33
    en paciente geriátrico, 988
    fetal, 621-22
    moribundo y, 25-29
    proceso de duelo, 26-27
    regulaciones locales, 32
    SIDS, 930-33 SMSI
    signos definitivos de, 83
    signos físicos de, 88

    signos presuntivos de, 83, 83c, A-7–A-8
    súbita, 409-10
Muerte fetal, 621-22
Muerte súbita, 409-10
Muertos, retiro de los, 24, 24f
Multigrávida, 602
Multípara, 602
Municiones especiales de demolición atómica (SADM), 1102
Muñecas, 107, 108f
    lesiones, 854-55, 855f
Músculo cardiaco, 110f, 111, 820, 820f
Músculo esquelético, 108, 110f, 820-21, 820-21f
Músculo estriado, 108-109
Músculo liso, 110, 110f, 111, 111f, 820, 820f, 821, 821f
Músculo voluntario, 108, 156
Músculos accesorios, 221-22, 222f, 276, 945
Músculos involuntarios, 110
Muslo, 105, 106f
Mycobacterium tuberculosis, 53-54

N

Nacimiento de nalgas, 616-17
Narcóticos, hipoxia y, 220
Narinas, 946
Nariz, 96, 97, 765f
    hemorragia de la, 666, 667f
    lesiones, 765, 66f
Nasofaringe, 112, 112f
Naturaleza de la enfermedad (NE), 267-68
Negación, 25
Negligencia, determinación de, 74-75
Negociacion, pesadumbre y, 26
Neisseria meningitidis, 922- 922f
Nematocistos, 574-75
Nemotecnia
    Abuso del Menor, 928c
    GEMS diamante, 987-88, 987c, 1004
    PIRRL, 162
    RICES, tratamiento, 703
    SAMPLE, 148
    STOP, A-9 ITAM
    Tips en las vocales, 440
    nemotecnia, 928c
Neonatos, definición de, 918

Nervio ciático, 857
Nervio óptico, 737
Nervios,
   en músculo, 188, 188*f*
   lesiones en extremidades y, 832
Nervios conectores, 127-128, 874, 875*f*
Nervios motores, 127, 874
Nervios sensitivos 127-28, 874
Neumonía, 370*c*
Neumotórax, 248, 373*f*, 784-85, 785*f*
   espontáneo, 373-74, 389, 786
   tensión, 786, 786*f*
Neumotórax a tensión, 786, 786*f*
Neumotórax espontáneo, 373-74, 389, 786
Niños. *Véase también* Adolescentes; Lactantes
   abuso de, 718, 927-30, 928*f*
   ahogamiento y casi ahogamiento, 559
   anatomía y fisiología, 916-18
   aparato respiratorio de los, 115, 116*f*
   asistencia de ventilación y oxigenación, 954
   caídas y, 641
   características de la respiración, 150*c*
   choque, 926*f*, 976-77
   choque insulínico por diabetes y, 485
   compresión del tórax, 968-69, A-27–A-31, A-30– A-31*f*
   comunicación con, 330, 330*f*
   con necesidades especiales, 933-35, 934-35*f*
   convulsiones, 451, 924, 924*c*
   convulsiones febriles, 923
   crecimiento y desarrollo, 918-20*f*, 918-21
   críticamente enfermo, 30
   deformidades del tubo neural, 876*c*
   desfibrilación, 423
   dispositivos de administración de oxígeno, 955-58, 955-57*f*
   emergencias cardiovasculares, 420
   emergencias médicas, 975-79
   emergencias respiratorias, 385, 387*f*, 975-76, 976*f*
   envenenamientos, 533, 924, 923*f*, 923*c*
   estado mental alterado en, 458
   estimados para tubo endotraqueal, 1141-42, 1141-42*f*
   evaluación de traumatismos, 971
   evaluación del estado mental, 275
   evaluación y tratamiento, 942-50
   eventos que aparentan amenazar la vida, 931-32
   fiebres, 921-22
   frecuencias cardiacas normales, 121*c*
   frecuencias del pulso, 277, 277*c*
   frecuencias respiratorias normales, 118*c*
   inmovilización, 971, 972-73*f*, 973, 974*f*
   lesiones de la cabeza o columna vertebral, 904-5, 904-5*f*
   lesiones de la placa de crecimiento, 853
   lesiones del cuello, 924
   límites de tensión arterial, 160*c*
   maniobra de inclinación de cabeza-levantamiento de mentón, 944, 945*f*, 966, 966*f*, A-10, A-10*f*
   maniobra de tracción mandibular, 944, 945*f*, 950, 966, 967, A-9
   medicamentos y, 353
   muerte de, 30-31, 931*c*, 932-33
   obstrucción de la vía aérea, 958-60, 958-62*f*, 962-63, A-16–A-17*f*, A-16, A-18
   paro cardiopulmonar, 970-71
   posicionamiento de la vía aérea, 950, 950*c*, 951*f*
   quemaduras, 717, 717*t*
   respiración de rescate, A-16
   respiración normal en, 117
   síndrome de muerte súbita infantil, 930-933
   suceso aparentemente mortal, 964-67*f*, 964-69, 964*c*, 969-70*f*
   terapia IV para, 1111, 1111*f*
   tiempo de rellenado capilar, 977
   tratamiento de traumatismos, 975
   traumatismos, 924-27, 925-27*f*, 927*c*
   vía aérea cánula orofaríngea, 951-52, 953*f*
   vía aérea nasofaríngea, 951, 954*f*
   vía aérea oral, 227
Niños de edad preescolar, 910-20, 919*f*
Niños en edad escolar, 920, 920*f*
Nitroglicerina (NTG), 347*f*, 415-16, 416*f*
   administración de, 349, 417*f*
   autoadministración por el paciente, 352, 354-55
   parche, 348*f*
   Viagra y, 355
Nitrostat, 415
Nivel de conciencia, 160-62. *Véase también* Escala de coma de Glasgow
   consentimiento y, 76*f*
   pacientes geriátricos y, 1005
Nodo sinoauricular (SA), 121, 121*f*
Nombre genérico de fármacos, 344
Nutrición
   estrés y, 34*f*, 35, 36-37, 37*f*
   emergencias ambientales y, 544

O

Obesidad
   extracción de cuerpo extraño y, A-14–A-15, A-14*f*
   transferencia de paciente y, 196
Objetos empalados, 713-14, 713*f*
Obstrucción completa de la vía aérea, 249
Obstrucción parcial de la vía aérea, A-15–A-16
Obstrucciones de la vía aérea, 248-51, 390. *Véase también* Cuerpos extraños
Obstrucciones intestinales, 994
Occipital, hueso, 97*f*
Occipucio, 96, 758, 759*f*, 917, 917*f*
Oficial de transportación, 1077
Oficiales de selección, 1076,
Oficiales de tratamiento, 1076-77
Oficiales designados, 55
Oídos, 766*f*
   hemorragia de los, 666, 667*f*, 668*f*
   lesiones, 766-67, 767*f*
   protección, 63
Ojo morado, 747-748*f*
Ojos artificiales, 750
Ojos de mapache, 878, 878*f*
Ojos en posición al frente, 889
Ojos. *Véase también* Pupila, tamaño de la,
   anatomía y fisiología, 736-37, 736-37*f*

artificial, 750
cuerpos extraños en los, 741-44, 742-43f, 745f
cuidados de urgencias, 740-49, 741f
necesidades geriátricas, 740
irrigación, 741f, 746f
laceraciones, 746-47, 747f
lentes de contacto, 749-50, 750f
lesiones, 736, 737-40, 741f
protección, 44-45, 45f, 48, 61-62, 231
quemaduras por la luz, 745-46
quemaduras químicas, 521, 522f, 744, 744f
quemaduras térmicas, 745-747, 747f
traumatismo contuso, 747-49, 748-49f
Olécranon, fractura del, 853
Ombligo, 103f
OnStar (sistema de información al paciente), 147
Operaciones de ambulancia, 1024. *Véase también* Operaciones médicas aéreas; Extracción vehicular
control de tráfico, 1037-38
en camino a la base, 1039, 1039f
en camino a la escena, 1036, 1059
estacionamiento seguro, 1036-37, 1037f
fase de envío, 1035, 1035f
fase de entrega, 1038-39, 1039f
fase de preparación, 1027-28, 1027-28f, 1029c, 1030-33f, 1030-35, 1034c, 1035f
fase de transferencia,1038-1038f
fase de transporte, 1038
fases de 1026-28, 1030-40
llegada a la escena, 1036, 1036f, 1059-60, 1060f
técnicas de conducción defensiva, 1040-47
Operaciones especiales, 1074
incidentes con múltiples víctimas, 1079-84
manejo de desastres, 1084-85
sistemas de comando de incidentes, 1074-79
Operaciones médicas aéreas, 1047-51
Operadores de ambulancia, 13, 1040-41

Opioides (opiáceos), 518, 529-30, 529c
Órbitas, 96-97, 736
Órdenes de no reanimar (ODNR), 79, 995-96, 995f, A-8. *Véase también* Directivas por adelantado; Consentimiento
Órdenes en curso, 326
Oreja, 97f, 758, 759f
Órganos huecos, 798, 798f
Órganos retroperitoneales, 104, 104f, 466, 467f
Órganos sólidos, 789-99, 799f
Orientación, pruebas de, 274-75
Orofaringe, 131
Orofaringea (oral), vía aérea, 226-27, 227f, 1028
para niños, 951-52, 953f
inserción de, 228f
inserción con rotación de 90°, 229f
Osteoporosis, 195-96, 824, 992, 1010
Ovarios, 132c, 135, 466, 468-69
Oxígeno. *Véase también* BVM dispositivos; Oximetría de pulso
administración de, 234, 348f, 385
administración por el TUM-B de, 349-50
dispositivos de entrega, 240-41, 240-41f, 240c
documentando la administración de, 349
durante reacciones alérgicas, 507
humidificado, 237, 237f
intercambio, 218, 218f, 369f, 1114-16, 1115-16f
metabolismo celular y, 217-18, 218f
peligros, 240
respiración y, 115-16, 116f, 117f
Oximetría de pulso, 152, 152f

P

Paciente con Trauma Multisistémico, 645
Paciente(s). *Véase también* Levantamiento; Movilización del paciente; Selección, trastornos específicos
asustado por las agujas, 1171
comunicación con, 273, 327-32, 328-32f

críticamente enfermo o lesionado, 28-30, 29f
duelo, 25-26, 27c, 931c
médicos, 295-297, 296f
que no hablan inglés, 331-32
Pacientes con deterioro de la audición, 328, 330-31, 331f
Pacientes con deterioro visual, 331, 332f
Pacientes de edad avanzada. *Véase* Pacientes geriátricos
Pacientes geriátricos, 986
abdomen agudo, 470
abuso de ancianos, 996-98, 997c
agentes infecciosos, 54
caídas y, 642
cambios fisiológicos de, 988, 988f
causas principales de muerte, 988
compresiones del tórax para, A-22
comunicación con, 328-30, 329f, 329c, 986-87, 1006, 1006f
con quemaduras, 716
diabetes y, 489
diamante GEMS (nemotecnia de términos en inglés), 987-88c
directivas de avance de, 995-96
efectos del calor o frío en, 557
emergencias de la conducta, 584
estado mental alterado, 454, 994
estrés, medicaciones y, 383
evaluación, 1004-8
fracturas de la cadera, 1012, 1014f
frecuencias cardiacas normales, 121c
lesiones de la cabeza, 1010, 1013f
lesiones espinales, 1009-10, 1010-12f
lesiones pélvicas, 1012
mecanismo de la lesión, 1008
medicaciones y, 353
osteoporosis, 824, 992, 1010
polifarmacia y, 357, 991, 1007
quejas comunes de, 1008
respuesta a la atención y servicios de cuidados diestros, 1015
terapia IV para, 1111-12, 1112f
transporte, 383
tratamiento, 1004
traumatismos y, 991-92, 1008-9
urgencias médicas, 992, 1013, 1015
urgencias psiquiátricas, 994-95
vía aérea oral para, 227

Pacientes inconscientes o no responsivos, 275. *Véase también* Escala AVDI
    apretones del tórax, A-14-A-15, A-14f
    diabético, 487-88
    evaluación de la vía aérea, 275
    intubación endotraqueal en, 1137-38, 1138f
    maniobra de apretón abdominal, A-13, A-14f
    obstrucciones de la vía aérea por un cuerpo extraño, 250, 250f, 374, 960-961f, A-13-A-14
    Posicionamiento para evaluación de la vía aérea, 223-24, 224f
Pacientes médicos. *Véase también* trastornos específicos
    historia clínica y examen físico, 295-97, 296f
Pacientes pediátricos. *Véase* Niños; Lactantes
Pacientes que no hablan inglés, 331-32
Pacientes sentados
    inmovilización, 893-94, 895-96f
    moviéndose de una silla a la silla de ruedas, 195, 195f
Padres. *Véase* Familia
Palatino (hueso), 97f
Palidecer, 952
Palpación, 158, 159f, 277, 289
Páncreas, 132c, 133, 466
Pancreatitis, 468, 468c, 471
Pantalón neumático antichoque (PNA), 661-63, 840
    aplicación de, 664f
    niños y, 926
    para fracturas pélvicas, 857, 857f
    para administración de medicamentos, 345c, 346
Parálisis, 779f, 885, 886f
Paratiroides (glándula), 132c
Paredes abdominales (musculares), 103f
Parietal (hueso), 97f
Paro cardiaco, 407, 420, A-19,
    DAE y, 420-24, 421-22f, 425f
    durante transporte, 427
Parto. *Véase* Alumbramiento
Patógenos, definición de, 42
Peatones
    accidentes geriátricos, 1008
    colisiones vehiculares con, 641, 641f
Pecho. *Véase también* Tórax
    anatomía y fisiología, 778-79, 778f
    costillas, 100, 101f, 779f, 787
    envejecimiento y, 1009c
    examen físico detallado, 300, 302-3
    examen físico enfocado, 289-90
Pediatría como especialización médica, 916
Peligros de la escena de incendio, 59-60
Peligros eléctricos, 58-59
Peligros en intersecciones, 1047
Pélvica, inflamación, 468c
Pelvis
    anatomía, 104, 104f
    examen físico detallado, 304
    examen físico enfocado, 290
    fracturas, 809, 810f, 856-57, 856-57f
    lesiones geriátricas, 1012-13
    renal, 134
Pene, 809-10. *Véase también* Aparato reproductor masculino
"pequeño cerebro", 126
Per os (Vía oral) (VO (PO)), 345
Per rectum (Vía rectal) (VR (PR)), 346
Perfusión, 124, 125f, 653-54, 653f
    ataque cardiaco y, 409
    choque y, 678, 680
    de órgano terminal, 946
    evaluación, 154, 278-79
Pericardio, 789
Perineo, 600
Peristaltismo, 134
Peritoneo, 466
Peritoneo parietal, 466
Peritoneo visceral, 466
Peritonitis, 466, 470, 798
Personal, 1034
Peso, pacientes, 174-180
Picaduras de abejas, 501, 501f, 502-3
    administración de AnaKit, 508-9, 510-11f, 512
    choque anafiláctico y, 691, 691f
    extracción del aguijón, 503f
Picaduras de alacrán, 573, 573f
Picaduras por hormigas (Formicoidea), 502, 502f
Pie de inmersión, 551-52
Piel. *Véase también* Cianosis
    anatomía, 129-30, 130f, 698-99
    condición, perfusión y, 278-79
    envejecimiento y, 988-89
    evaluación, 154-55
    funciones, 699
    moteado, enfermedad pediátrica y, 944, 944f
    niños en choque y, 977
    protección, 63
Piel diaforética, 155
Piel laxa, 948, 979f
Piernas, 106. *Véase también* Fémur; Lesiones del peroné; Extremidades inferiores; Tibia
Pies
    anatomía de los, 105, 106f
    lesiones, 862-63, 863f
PIRRL (nemotecnia), 162
Placas de crecimiento, 918
    lesiones, 853
Placenta, 600-601, 613
Placenta previa, 603, 603f
Placenta, desprendimiento prematuro de la, 603, 603f
Plan de control de la exposición, 49, 49c, 55
Plano anterior, 92
Plano posterior, 92
Planos anatómicos, 92-93
Plantas
    reacciones alérgicas a, 501f
    tóxicas, 536c
Plaquetas, 123, 124f, 652-53, 652f
Plasma, 123-124, 124f
Pleura, 113, 114f
Pleuresía, 781
PNA. *Véase* Pantalón Neumático Antichoque
Polidipsia, 483
Polifagia, 483
Polifarmacia, 357, 991, 1007
Poliuria, 483
Portadores, enfermedades infecciosas, 51
Posición anterior o localización (cuerpo), 93c, 403
Posición de choque, 96
Posición de Fowler, 95, 95f
Posición de función, 855
Posición de olfateo, 151, 151f, 388-89, 944
Posición de recuperación, 95f, 234, 234f, 966, 966f, A-21, A-21f

Posición de tripié, 118, 118f, 151, 381f, 975
Posición o localización distal, 93, 93f, 93c
Posición o localización dorsal, 92, 93c
Posición o localización posterior, 93c, 404
Posición o localización proximal, 93, 93f, 93c
Posición o localización superior (cuerpo), 93, 93f, 93c, 404
Posición o localización ventral (cuerpo), 93, 93c
Posición o situación inferior, 93, 93f, 93c, 404
Posición prona, 94, 95f
Posición supina, 94, 95f
Posiciones anatómicas, 92, 95-96, 95f
Precauciones universales, 42-44, 43c
Precedente, concepto de, 81
Preeclampsia, 603
Preparación de fase de llamadas, 1027-28, 1027-28f, 1029c, 1030-33f, 1050-35, 1034c, 1035f, 1059
Presentación de miembros, 618, 618f
Presentación, en parto, 616
Presión cricoidea, 246. *Véase también* Maniobra de Sellick
Presión diastólica, 157
Presión sistólica, 157
Priapismo, 135
Primera Escuela Nacional de Socorristas, 8
Primeros respondientes (socorristas), 9, 9f
vehículos de, 1024
Primigrávida, 602
Primípara, 602
Privacidad de adolescentes, 921f
Problemas de compresión en urgencias de buceo, 564
Problemas de lenguaje, 331-32
Profesionalismo
comunicación con pacientes, 29-31, 29f
estándar de cuidado y, 72-73
TUM-B, 16-18, 17f
Profundo (término direccional), 93
Prolapso del cordón umbilical, 618, 619f
Próstata (glándula), 135
Protección, 471, 669, 805

fracturas y, 826
hemorragia interna y, 669
luxaciones del hombro y, 850, 850f
personal, 41-42
Prótesis dentales, 251
Protocolos, 72. *Véase también* Control médico
desfibrilación, 430-31
pediátricos, 916
Proventil, 385, 386c
Psicológicos, problemas. *Véase* Estado mental alterado
Pubis, 103f, 104
Puesto de mando, 1067, 1074
Pulmones, 113-14, 113f. *Véase también* Pulmonar
anatomía y función, 366-68, 367-68f
intercambio de oxígeno y dióxido de carbono en, 115-16, 116f
intubación del bronquio principal derecho, 1150
neumotórax, 373f, 784-85, 785f
neumotórax de tensión, 786, 786f
neumotórax espontáneo, 373-74, 389, 786
sistema de órganos correspondiente a, 654c
Pulso braquial, 406, 406f
del lactante, 153f, 946, 946f
Pulso carotídeo, 153f, 406, 406f
en niños, 946, 946f
Pulso de la arteria dorsal del pie, 406, 406f
Pulso femoral, 406, 406f, 946, 946f
Pulso radial, 153f, 406, 406f
Pulso tibial posterior, 406, 406f
Pulso(s), 120, 124f, 406, 406f. *Véase también* Arterias; Frecuencias cardiacas
ataque cardiaco y, 409
central, 946
en lactantes, 946, 946f
en niños, 277, 977
evaluación, 152-54, 153f, 277-78, 413, A-21, A-21f
examen físico, 290
lesiones musculoesqueléticas, 832
neurovascular, 833-34f
Pulsos centrales, 946
Puntas de amígdala, 231, 232f

Puntos ciegos, vehículo, 1042, 1043-44
Puntos de presión, 660, 662f
Pupila, tamaño de la, 160-62, 162f, 737-38, 738f
lesión de la cabeza y, 749, 749f, 884, 884f
Pupilas, envejecimiento y, 1009c
Putrefacción, 83c

Q

Quemaduras, 699, 714-27
abuso infantil, 928, 928f
clasificación, 715-16, 715c, 717f
cuidados médicos de urgencia, 720-21, 721f
eléctricas, 723-24f, 723-25
evaluación, 718-9
intervenciones, 719-20
niños y, 717, 717c, 927, 927f, 927c
ojos, 744-46, 744f, 747f
pacientes geriátricos, 1008
químicas, 521-22, 522f, 722-23, 722-23f
Quemaduras de espesor completo, 715, 717f
Quemaduras de espesor parcial, 716, 7y17f
Quemaduras eléctricas, 723-24f, 723-25
Quemaduras químicas, 521-22, 522f, 722-23, 722, 23f
Quemaduras superficiales, 716, 717f

R

Radiación. *Véase también* Terrorismo nuclear/radiológico
definición de 545
efectos penetrantes de la, 1103f
Radio, 107, 853
Radioactivo, material, 1102
Radiocomunicaciones, 319-26, 322-23f, 325c
Radios de estación base, 316-317
Radios móviles, 317, 317f
Radios portátiles, 317, 317f
Rayos, 59, 568-69
RCP asincrónica, A-25
RCP. *Véase* Reanimación cardiopulmonar
Reacciones alérgicas, 500-514

atención médica de urgencia, 507-9, 510-11f, 512
evaluación, 503-6
intervenciones, 506-7
mordeduras y piquetes de insectos, 501-3, 501-3f
signos y síntomas comunes, 506c
terapia IV y, 1109
Reacciones locales a la terapia IV, 1172-73
Reanimación cardiopulmonar (RCP), 5
básico, A-3–A-5
DAE y, 422-23, 426-27, 428-29f
dos rescatadores, A-26–A-27, A-28
entrenamiento del público en, 8-9
inicio y suspensión, A-7–A-8
interrupción de la, A-30
para adultos, A-9, A-21-22, A-21–A-24f
para lactantes y niños, 968-69, 969f, A-27–A-30, A-29f
posicionamiento del paciente, A-8–A-9, A-9f
seguridad del TUM-B y, A-3
Soporte para RCP, 1030
un rescatador, A-24–A-25, A-26–A-27f
Reanimación neonatal, 963-64, 963f, 963c, 964c
Escala de Apgar, 614-15, 614c
dificultad respiratoria, 615-16, 615f, 617f
Rechazo de atender al paciente, 30, 75, 78, 79
ataque sexual, 812
deber de actuar y, 74, 78
documentación, 336, 337f
pacientes ancianos, 996
Rechazo de tratamiento, 77-78, 336, 33cf
deber de actuar y, 74
inicial, 29
pacientes geriátricos y, 996
Recién nacidos. *Véase* Urgencias neonatales; Reanimación neonatal
Recto, 103f, 134
Reducción de articulaciones luxadas, 828
Reflejo de buceo, 562
Reflejos
de buceo, 562
nauseosos, 226

Regiones parietales, 96
Registro Nacional de Técnicos en Urgencias Médicas (NREMT), 8
Registro Nacional de Traumatismos Pediátricos, 924
Regla de los nueves, 716, 718, 718f
Relajación, estrés y, 36
Religión, respeto a la, 31
Repetidores, estación base, 317-18, 318f
Repitiendo órdenes, 324
Requerimientos de los informes, 325-26. *Véase también* Documentación
Resbalones y resbaladizo, corrección de, 1045
Rescate de zanjas, 1066-67
Resfriado común, 370c
Respiración con labios fruncidos, 381f, 382, 390
Respiración laboriosa, 151, 221-22
en niños, 945-46
Respiración(es). *Véase también* Frecuencias respiratorias
ataque cardiaco y, 409
atáxicas, 222
con intercambio de gases, 115-16, 116f, 117f
emergencias ambientales y, 545
en niños, 151
en urgencias respiratorias, 384
espontáneas, 149-50
evaluación inicial de, 148, 150f
límites normales, 118c, 221c
ventilación contra, 778
Respiración. *Véase también* Disnea; Urgencias respiratorias; Frecuencias respiratorias: Vía aérea
con labios contraídos, 381f, 382
control, 115-16, 218-19
espontánea, 149-50
estructuras de la, 214, 215f, 216
evaluación, 221-223, 276-77, 378-79, 413
inadecuada, 118, 118f, 379c
laboriosa, 151, 221-22,
normal, 117,18
rescate, A-6, A-6f, A-18f - A-21
ruidosa, 151-52
trabajo en la, 943, 944, 944f
Respiraciones agónicas (respiración), 118, 222
Respiraciones atáxicas, 222

Respiraciones de Cheyne-Stokes, 222, 223f
Respiraciones de Kussmaul, 484, 485
Respiraciones en sube y baja, 117
Respiraciones espontáneas, 149-50
Respiradores, 46-47, 48
Respiradores HEPA, 46, 47f, 48
Respuesta de ayuda mutua, 1079
Restricción, 77, 82
asalto y agresión, 78
Restricción forzada, 77, 77f
Restricciones
forzadas, 77-78
urgencias relacionadas con el comportamiento, 592-93, 593f
Retina, 737
Retracciones del tórax, 222, 289, 387, 944, 945
Rigidez cadavérica, 83c, 930
Riñones, 134
dolor abdominal y, 466, 468c
envejecimiento y, 989
lesiones, 809, 809f
sistema de órganos correspondiente a, 654c
Ritmo sinusal normal, 1185
Rodilla
anatomía, 105, 106f
ferulización, 861f
lesiones de los ligamentos, 859-60
luxación, 860-61, 862f
Rohypnol (flunitrazepam), 530
Ronchas, 502, 503f
Roncus (ruidos respiratorios), 303, 378, 381
Ronquidos (ruidos respiratorios), 378
Ropa protectora, 60-63
Rotación del cuerpo, 195, 195f, 801
cuatro personas, 891
examen de la espalda y, 805
Rótulas, 106, 106f, 824, 860-61, 862f
Ruidos respiratorios bilaterales, 221
Rupturas arteriales, 442

S

Saco amniótico, 600-601
sin romper, 611
Sacro, 99, 99f, 103f
Salmerterol xinafoato, 386c
Salmonella, 534
Sangrado epidural, 445, 445f

Sangrado, 650. *Véase también* Hemorragias
  características del, 655-56
  control del, 661f, 711f, 770f
  cuidados médicos de urgencia en, 665f, 670
  de nariz, oído y boca, 666, 667f
  durante el parto, 619
  en el cerebro, 444
  en niños, 925, 926f
  evaluación, 656-58, 669-70
  externo, 278, 661f
  fisiopatología y perfusión, 653-54, 653f
  gastrointestinal en pacientes geriátricos, 991
  interna, 667-70
  intervenciones, 658-59
  intracraneal, 879, 879f, 886
  laceraciones del cuero cabelludo, 877-78, 878f, 886, 887f
    seguridad de la escena, 654, 654f
  lesiones del cuello, 714f
  lesiones faciales, 251, 251f, 767f
Sangre. *Véase también* Aparato cardiovascular; Perfusión
  componentes de la, 123-24, 124f, 404-405f, 652-53, 652f
SARS (síndrome respiratorio agudo grave), 55, 370c
Secretaría de Salud (SSA), 43, 49
Secretaría del Trabajo y Previsión Social (STPS), 47, 47, 48, 49
  directrices, A-3
Secuencia ininterrumpida de atención, 16
Sedantes, 528
  hipoxia y, 220
Seguridad de la escena. *Véase también* Seguridad, respondedor
  cables de energía, 58
  evaluación, 265-67, 266f
  hacer segura una escena insegura, 266-67
  incendios, 59-60
  materiales peligrosos, 56-58, 1087
  protección personal y, 41-42, 41-42f, 266, 266f
  rayos, 59
Seguridad en rescate acuático, 561, 561f

Seguridad, respondedor. *Véase también*, Aislamiento de sustancias corporales; Seguridad de la escena
  colocación de un dispositivo de vía aérea avanzado, 1154
  convulsiones y, 452
  envenenamientos, 572
  exposición al calor, 554
  exposición al frío, 553
  extracción vehicular, 1058
  mecanismos de la lesión de la cabeza y columna vertebral y, 881
  pacientes hemorrágicos y, 654, 654f
  quemaduras eléctricas y, 723
  repaso de la fase de preparación, 1035
  rescate acuático, 561, 561f
  soporte táctico médico de urgencia y, 1067
  toxinas inhaladas o absorbidas, 521, 522
  urgencias relacionadas con el comportamiento, 586, 586c
Selección (triage), 268, 1081, 1081f
  prioridades, 1081-82, 1083c
  procedimientos, 1082-84
  situaciones especiales, 1084
  tarjetas, 1082f
Semen, 135
Sensibilización, 683
Sepsis, 1015
Serevent, 386c
Servicio de cuidados diestros 1016, 1016f
Sesión del estrés del incidente crítico (SEIC), 34-35
Sidenafil, precauciones con nitroglicerina para, 355
Sífilis, 54
Signos, 147-48, 147f
Signos vitales
  dificultad respiratoria, 382-83
  evaluación enfocada, 293, 296
  examen físico detallado, 291
  geriátricos, 1008
  línea basal, 146, 149-62, 149f
  pediátricos, 948, 949c
  progresión de choque, 684
  reevaluación, 162, 307
  urgencias cardiovasculares, 415

Silla de ruedas, 179, 179f, 180-81, 181f, 203, 203f
Sillas. *Véase* Silla con peldaño de ruedas
Simpaticomiméticos, 531-32, 531c
Síncope de detención de la respiración, 567-68
Síndrome compartimental, 829
Síndrome de compartimiento, 701, 829
Síndrome de encéfalo orgánico (SEO), 586
Síndrome de fetopatía alcohólica, 620
Síndrome de hiperventilación, 376-77
Síndrome de médula espinal, 1009
Síndrome de muerte súbita infantil (SMSI), 930-33
Síndrome de sirena, 1044
Síndrome del bebé sacudido, 928-29
Síndrome general de adaptación, 32-33
Síndrome hipotensivo supino, 603, 811
Sínfisis del pubis, 103f, 104, 856
Singulair, 386c
Síntomas, 147-48, 147f
  pacientes geriátricos y, 992, 993f, 1015
Sirena, uso de la, 1046
Sistema de Apoyo Psicológico Telefónico (SAPTEL), 35
Sistema de emergencia en Transporte Químico (CHEMTREC), 1092-93
Sistema de goteo, 1103
Sistema de indicación con agujas, 236, 236f
Sistema de servicios médicos de urgencia (SMU). *Véase también* TUM-Básico; TUM-Intermedio; TUM-Avanzado (Paramédico)
  administración y política, 12
  componentes, 11-16
  descripción, 4-5
  dirección médica y control, 12-13
  historia, 6-7
  medicaciones que lleva, 349-52, 350f, 1029c, 1032
  radiocomunicaciones, 316-26, 322-23f, 325c
  regulación, 13
Sistema endocrino, 130-31, 132f
Sistema esquelético. *Véase también* Aparato musculoesquelético,
  anatomía y fisiología, 876-77

pediátrico, 918
Sistema Estándar Estadounidense, 236
Sistema FRAP (Formato de Registro de Atención Prehospitalaria), 316, 332, 334c
Sistema lacrimal, 737f
Sistema linfático
Sistema musculoesquelético, 109-11
　anatomía y fisiología, 820-22, 876-77
　Envejecimiento y, 990
Sistema Nacional de información SMU (NEMSIS), 332
Sistema Nacional de Manejo de Incidentes, 1078
Sistema nervioso autónomo (involuntario) (SNA), 125-26, 653, 678, 680, 875-76
Sistema nervioso central (SNC), 125-27, 872, 873-74. *Véase también* Encéfalo
　estructuras óseas protectoras del, 875
Sistema nervioso periférico (SNP), 127-29, 872, 873-74f, 874
Sistema nervioso somático (voluntario), 125, 875
Sistemas de comando de incidente, 1074-77, 1075f, 1078, 1079
Sistemas de comunicación dúplex, 319
Sistemas de comunicación simplex, 319
Sistemas de seguridad del vehículo, 1058-59
Sistemas nerviosos, 125-29. *Véase también* el sistema nervioso específico
　anatomía y fisiología, 872, 873f, 874-76
　envejecimiento y, 989-90
　requerimientos de oxígeno, 217-18
Sístole, 124-25
Situaciones inciertas, respuesta a, 32
Situaciones tácticas, 1067
Situaciones técnicas de rescate, 1065-66
Situaciones violentas, 63-64, 63f
Sobrecarga circulatoria, terapia IV y, 1110
Sobredosis de fármacos. *Véase también* Estado Mental Alterado; Envenenamientos, 458
　signos y síntomas, 519c
Sobredosis, 220
Sofocación, 249-50, 250f, A-12f
Soluciones, 347
Sonidos adventicios (respiración), 378
Sonidos respiratorios, 276-77, 276f
　evaluación inicial, 378
　examen físico, 289-90, 290f
　examen físico detallado, 304
　niños, 945-46, 959, 959f
　reacciones alérgicas, 505
Soporte para RCP, 1030, 1030f
Soporte táctico médico de urgencias, 1067-68, 1067f
Soporte Vital Avanzado (SVA, desfibrilación 426-427
　SVB contra, A-6
Soporte Vital Básico (SVB), 8. *Véase también* Reanimación cardiopulmonar
　cuando empezar y detener, A-7 – A-9, A-8f
　desfibrilación automática externa externa automatizada, A-6, A-7
　elementos de, A-4, A-6
　entrenamiento público en, 8-9
　evaluando necesidad de, A-7, A-7f
　pediátrico, 964, 67f, 964-69, 964c, 969-70f, A-4c
Staphylococcus, 535
Subluxación, 823
Suicidios, 590c, 995
Sulfato de albuterol, 386c
Suministros para cuidados de heridas, 1029c, 1031
Superficial (término de dirección), 93
Superficie palmar, 93, 93c
Superficie plantar, 93c, 94
Supervivencia, cadena de, 422
Suprarrenal, glándula, 132c
Suspensiones, 347
Sustancias químicas
　reacciones alérgicas a las, 501
　reacciones del agua con las, 523
SVB, tratamiento. *Véase* Soporte vital básico
SWAT (equipo especial de armas y tácticas), 1067-68

T

Tabique, 952
Tabletas, 346-47, 347f, 355
Taponamiento pericárdico, 789, 789f
Tapones buff, 1170 *Véase también* Cierres de solución salina
Tapones de solución salina, 1170, 1170f
Taquicardia ventricular (V-taq), 410, 410f
Taquipnea, 780, 944, 946
Tarjeta de identificación médica, 84f, 85, 297, 504, 504f
Técnica de extracción rápida, 186-90, 186c, 188-89f
Técnica de carga con una mano, 176-77, 177f
Técnica de paso de gas, 955, 955f
Técnicas de un rescatista, 184-86, 957-58, 957f
Técnicos de Urgencias Médicas (TUM), 4, 8. *Véase también* TUM-Básico
　entrenamiento, 8-11
　juramento, 79
Tecnología GPS (sistema de posicionamiento global), 11
Tejido subcutáneo, 129, 130f
Teléfonos celulares, 11, 318-19
Telemetría, 318
Temor
　cuidados iniciales para, 29f
　en pacientes críticamente enfermos, lesionados y moribundos, 28
Temperatura ambiente, 553
Temperatura central, 546, 546c
Temperatura corporal. *Véase también* Muerte, signos presuntivos; Fiebre; Hipertermia; Hipotermia
　central, 546, 546c
　en paciente geriátrico, 557
　evaluación de la, 155
　perfusión y, 278
Temperatura. *Véase también*, Temperatura corporal
　ambiente, 553
Temporal (hueso), 97f
Temporales, regiones, 96
Temporomandibular, articulación (ATM), 97, 758, 759f

Tendones, 820
Tensión arterial, 124-125. *Véase también* Muerte, signos presuntivos de
    ataque cardiaco y, 409
    evaluación, 156-58, 159*f*
    límites normales, 160*c*
    manguitos, 157, 663,
    mediciones pediátricas, 977
Terapia intravenosa (IV), 4, 1166
    aseguramiento de la línea, 1170, 1170*f*
    catéteres, 1168, 1168*f*, 1170
    consideraciones específicas para la edad, 1175-76, 1175-76*f*
    corrección de problemas, 1175
    elección de soluciones, 1166-67, 1167*f*
    equipamiento, 1166, 1166*c*
    juegos de administración, 1167-68, 1167*f*
    para niños, 934, 934*f*
    perforación de la bolsa, 1169*f*
    posibles complicaciones, 1172-75
    técnicas y sitios alternos, 1170-72
Terbutalina, 385
Terminología médica
    comúnmente deletreada en forma errónea, 335
    cuerpo humano, 92-96
    uso de, 127
Terminología. *Véase* Terminología médica
Términos de dirección, 92-94, 93*f*, 93*c*
Termómetros de hipotermia rectales, 547, 547*f*
Termómetros, hipotermia rectal, 547, 547*f*
Testículos, 132*c*, 135
Tibia, 105, 106*f*
    lesiones, 861-62, 862*f*
    proximal, agujas intraóseas en, 1171
Tibia proximal, 1171
Tímpano, membrana del, 766
Tiras de prueba de glucosa, 484, 484*f*
Tiro, directrices de seguridad sobre, 182-83*f*, 182-84
Tiroides, cartílago, 97, 98*f*
Tiroides, glándula, 132*c*
TLC, *Véase* Llenado capilar/tiempo de rellenado capilar

Tobillos, 105, 106*f*
    lesiones, 861, 862*f*
Tolerancia a drogas, 528
Tomografía computarizada, 449-50, 450*f*
Torácica, caja, 99, 215*f*
Tórax inestable, 787-88, 787-88*f*
Tórax. *Véase también* Pecho
    anatomía, 99-102, 101-2*f*
Torniquetes, 663, 665*f*, 666
Torso, 96,
Tos ferina, 54
Tos ferina, 54
Tos/toser, 249
Toxicidad, niveles de, 1089-90, 1090*f*
Toxicólogos médicos/centros de toxicología, 519
Toxinas, 502, 527. *Véase también* Venenos
    hepatitis y, 51-52, 52-53*c*
Trabajo de parto
    etapas del, 602-3
    signos y síntomas, 602*c*
Trabajo respiratorio, 943, 944, 944*f*,
Tracción, 838, 838*f*, 840*f*
Tracción en línea, 838, 838*f*, 840*f*
Trago, 758
Trailers de ambulancias, 1042-43
Transferencias, paciente, 1038, 1038*f*
    de residencias de salud a servicios de cuidados diestros, 1016, 1016*f*
    equipamiento para, 1029*c*, 1032, 1032*f*
    movimientos para, 192-95, 193-95*f*
Transmisión biológica de enfermedad, 43*c*
Transmisión de enfermedad por núcleos de gotitas, 43*c*
Transmisión de enfermedad por polvo, 43*f*
Transmisión de enfermedad, 42, 43*c*
Transmisión directa de enfermedades, 44
Transportación, área de, en incidentes con múltiples víctimas, 1077
Transporte, 1038
    centros de especialidad, 14
    de niños, 947
    entre entidades de atención, 14-15

    evaluación del paciente, 279-80
    lesiones musculoesqueléticas y, 847-48
    pacientes médicos responsivos, 296
    pacientes no responsivos, 297
    pacientes traumatizados, 293
    paro cardiaco durante, 429-30
Transporte Canadá, 1091
Tráquea, 97, 98*f*
    del niño, 917
    fractura, 768*f*
Traqueostomía, tubos de, 248-49, 933-34, 934*f*, 968
Trasmisión de enfermedad por vehículo, 43*c*
Trastorno de estrés postraumático (TEPT), 33
Trastornos funcionales, 586
Tratamiento del estrés del incidente crítico (TEIC), 33, 33*f*
Traumatismo contuso, 633. *Véase también* Lesiones cerradas
    abdominal, 799, 799*f*, 800-801, 800*f*
    choques vehiculares, 634-41
    fracturas faciales, 767, 767*f*
    nasal, 765-66
    ocular, 747-49, 748-49*f*
Traumatismos en deportes, 925
Traumatismos. *Véase también* Niños; Pacientes geriátricos
    abastos de cuidado de heridas, 1029*c*, 1031
    anatomía y fisiología, 644-45
    caídas, 641-43, 642*f*
    cinemática de, 632
    contuso, 634-41
    energía y, 632-33, 633*f*
    envejecimiento y, 991-92
    hemorragia subdural o epidural y, 445
    pacientes con ML significante, 293
    pacientes sin ML significante, 293
    penetrantes, 643, 643*f*
    perfiles del mecanismo de la lesión y, 633, 644*c*
    reconocimiento del desarrollo de problemas, 644*c*
    vía aérea nasofaríngea y, 227
Trendelenburg, posición de, 95*f*, 96, 688

Triángulo de evaluación pediátrica
 (TEP), 943-44, 943-44*f*
Triángulo de perfusión, 678, 679*f*
Tríceps, 107, 107*f*
Trocánter mayor, 105
Trombosis, 442
Trompas de Eustaquio, 766
Trompas de Falopio, 135, 136*f*
Tronco, 103*f*
Tronco encefálico, 126-27, 126*f*,
 872, 873*f*
Tuberculosis, 53-54
Tubos de gastrostomía, 934-35, 935*f*
TUM-Avanzado (Paramédico)
 (TUM-A), 4, 8, 9, 10
TUM-Básico (TUM-B), 4
 abuso de sustancias, 40-41
 acoso sexual, 39-40
 atributos profesionales, 16-17, 17*f*
 autoridad legal de, 591-92
 bienestar de los, 24
 compresiones del tórax en el
  campo y, A-22
 control regular de la infección,
  55-56, 56*f*
 cuidados de los pacientes
  críticamente enfermos o
  lesionados, 27-29-31, 29*f*
 cuidado inicial del paciente
  moribundo, críticamente
  enfermo o lesionado, 27-29
 deber de actuar, 50-51
 descripción del curso, 4-5, 5*f*, 5*c*
 destrezas para, 9-10
 diversidad cultural, 38-39
 emociones, 25
 enfoque y requisitos de
  entrenamiento, 5-6
 funciones y responsabilidades
  que desempeña, 16-18, 17*c*
 inmunidad, 48, 50*c*
 inmunizaciones, 49-50
 instructores de entrenamiento,
  15-16
 muerte de un niño, 30-31
 muerte y morir, 25-29
 peligros de la escena, 56-60
 ropa protectora, 60, 63
 seguridad de la escena y
  protección personal, 41-42,
  41-42*f*
 situaciones estresantes, 30-37
 situaciones violentas, 63-64, 63*f*
 temas del sitio de trabajo, 38-41
TUM-Intermedio (TUM-I), 4, 8, 9, 10
Tumor canceroso, convulsiones y, 451*c*
Turgencia, 559

U

UFH (ultra alta frecuencia), 317
Úlceras, 467, 468*c*
 presión, 988-89
Uréteres, 134
Uretra, 135
Urgencias ginecológicas, 600,
 622. *Véase también* Aparato
 reproductor femenino
Urgencias neonatales. *Véase también*
 Reanimación neonatal,
 aborto, 619-20
 espina bífida, 619
 gemelos, 620
 hemorragia excesiva, 619
 madres adictas, 620
 muerte fetal, 621-22
 nacimientos prematuros, 620-21,
  621*f*
 parto de miembros, 618, 618*f*
 parto de nalgas, 616-17, 618*f*
 parto sin material estériles, 622
 prolapso de cordón umbilical,
  618, 619*f*
Urgencias neurológicas, 440. *Véase*
 también Encéfalo,
Urgencias obstétricas, 600. *Véase*
 también Alumbramiento
 previo al parto, 603-4
 Urgencias relacionadas con el
  comportamiento, 591-93
Urgencias respiratorias, 366. *Véase*
 también Tratamiento de la vía aérea
 asma, 373, 373*f*, 389-90
 causas, 368-77, 370*c*
 cuidados de urgencia, 384-87
 derrames pleurales, 374-75,
  374*f*, 390
 edema pulmonar agudo, 369,
  371, 371*f*, 389
 embolia pulmonar, 375-76, 376*f*,
  390
 EPOC, 372-73, 372*f*, 389
 evaluación, 377-84
 examen físico detallado, 384
 fiebre de heno, 374
 hiperventilación, 390
 historia clínica y examen médico
  enfocados, 380-83
 infecciones, 369, 370*c*, 388-89
 inhaladores prescritos, 385-87
 intervenciones, 383-84
 medicaciones, 386*c*
 neumotórax espontáneo, 373-74,
  373*f*
 obstrucciones de la vía aérea,
  375, 375*f*, 390
 pediátricas, 387, 9875-76, 976*f*
 reacciones anafilácticas, 374
 signos y síntomas, 379*c*
 síndrome de hiperventilación,
  376-77
 tratamientos específicos, 388-90
Urgencias, definición de, 72, 73*f*
Urticaria, 500, 500*f*
Útero, 468-69, 600, 600*f*

V

Vagina, 136, 600, 600*f*
Válvulas de aleteo de, 785, 785*f*
Vasoconstricción, 152, 989
Vasodilatación, síncope y, 993*c*
Vasos sanguíneos, 651-52*f*, 651-
 53. *Véase también* Arterias;
 Capilares; Pulso(s): Venas,
 vasos específicos
Vejiga urinaria, 134
Vena cava inferior, 123
Vena cava superior, 123
Venas, 123, 405*f*, 651
Venas pulmonares, 120*f*
 hemorragia de, 655, 656*f*
Vendajes, *Véase también* Apósitos;
 Cabestrillos; Férulas
 para lesiones de tejidos blandos,
  726-27
Venenos, 518-19. *Véase también*
 Toxinas; agentes específicos
 absorbidos, 520*f*, 521-22
 ingeridos, 520*f*, 522-23
 ingeridos mortales, 534*c*
 inhalados, 520-21, 520-21*f*
 inyectados, 520*f*, 523-24, 523*f*
 vías de administración, 520-24, 520*f*
venenos, 520-21, 520-21*f*
Ventilación, 214, *Véase también*
 Tratamiento de la vía aérea
 artificial, en niños, 934
 asistida y artificial, 240

boca a boca, 242
boca a mascarilla, 242-44, 243*f*
BVM de dos personas, 246*f*
BVM de una persona, 246*f*
dispositivos BVM para, 244-47, 244*f*, 246*f*
dispositivos de barrera y, 242*f*, A-18-A-19, A-18*f*
dispositivos de flujo restringido activados con oxígeno, 247-48, 247*f*
distensión gástrica y, 247
equipo, 1029*c*
hemorragia facial y, 251, 251*f*
mecánica, 779
métodos (en orden de preferencia), 242
presión cricoidea para, 245
prótesis dentales y, 251
respiración contra, 778
tasas, 242
Ventilación pulmonar, volumen de, 152, 216, 995
Ventolin, 385, 386*c*
Ventrículos, 118, 402
Vértebras, 98, 99*f*, 876-77, 876*f*, 877*f*, lumbares, 100, 101*f*
Vesícula biliar, 103*f*, 133. *Véase también* Colecistitis
Vesículas seminales, 135

Vestidura de buceo. *Véase también* Emergencias de zambullimiento
VHF (muy alta frecuencia), 317
Vía aérea de la luz faringotraqueal (PtL), contraindicaciones, 1155
Vía aérea mascarilla laríngea (LMA), 1156-57,1157-58*f*
  contraindicaciones, 1156
  tamaños, 1156*c*
Vía aérea. *Véase también* Manejo de la vía aérea; Aparato respiratorio
  abertura, 222-26, 224-26*f*
  evaluación inicial, 378-79
  evaluaciones, 274-77, 276*f*
  mantenimiento, 233
Vía aérea, adjuntos de, 10*f*, 951, 950*c*. *Véase también* dispositivos específicos
Viagra, precauciones de nitroglicerina con, 355
Vía aérea oral. *Véase* Vía aérea orofaríngea
Vía aérea nasal. *Véase* Vía aérea nasofaríngea,
Vía aérea nasofaríngea, 227-30, 229*f*, 1028
  inserción de, 230*f*
  para niños, 952, 954*f*
Vía aérea permeable, 217, 217*f*
Víboras de cascabel, 570, 571*f*
Víboras de hoyos, 571-72, 571-72*f*

Víctimas múltiples, situaciones de, 1079
VIH, infección, 47, 48, 51
Virulencia, enfermedades infecciosas, 52
Virus del Occidente del Nilo, 55
Visibilidad, decremento durante el manejo, 1045
Vocales, tips en las (nemotecnia), 440
Voceo, comunicaciones, 321
Volmax, 386*c*
Volumen minuto, 216
Vómer, 97*f*
Vómito (emesis), 470, 529, 886

X

Xifosis, 196, 196*f*, 990, 990*f*, 1009*c*
  inmovilización vertebral y, 1010, 1010-12*f*

Z

Zona caliente (de peligro), 1060, 1061*f*
Zona de aterrizaje del helicóptero, 1049-50, 1049*f*
Zona de lesión, 824, 824*f*
Zona de peligro (zona caliente), 1060, 1061*f*, 1086

Créditos

Contenido
Page XV Courtesy of Carol B. Guerrero

Section Openers
Section 1 © Chris Jensen; Section 5 © Craig Jackson/IntheDarkPhotography.com; Section 7, Section 8 © Dan Myers

Capítulo 1
Opener © Corbis; 1-1 Courtesy of District Chief Chris E. Mickal/New Orleans Fire Department, Photo Unit; 1-3 © Craig Jackson/IntheDarkPhotography.com

Capítulo 2
2-1 © James Schaffer/PhotoEdit, Inc.; 2-2 Courtesy of Richard E. Ahlborn (#NV8-RA10-13)/The American Folklife Center, Library of Congress; 2-3 © Keith D. Cullom; 2-4 © Craig Jackson/IntheDarkPhotography.com; 2-6 Data from USDA [www.mypyramid.gov]; 2-12 © Craig Jackson/IntheDarkPhotography.com; 2-13 © Glen E. Ellman; 2-14 Courtesy of Kimberly Smith/CDC; 2-21 © Mark Winfrey/ShutterStock, Inc.; 2-22 Courtesy of U.S. Department of Transportation; 2-27 © Ellis & Associates; 2-29 Courtesy of George Roarty/Virginia Department of Emergency Management

Capítulo 3
Opener © Glen E. Ellman; 3-2 Courtesy of Journalist 1st Class Mark D. Faram/U.S. Navy; 3-3 © Eddie M. Sperling; 3-4 © Kenneth Murray/Photo Researchers, Inc.; 3-6 © Keith D. Cullom; 3-8 © Mike Alexander/AP Photos; 3-10 Courtesy of the MedicAlert Foundation®. © 2006, All Rights Reserved. MedicAlert® is a federally registered trademark and service mark.

Capítulo 4
Opener © Maria Taglienti-Molinari/Brand X Pictures/Alamy Images; 4-43 © Phototake/Alamy Images

Capítulo 5
Opener © Mark C. Ide; 5-5 Courtesy of Health Resources and Services Administration, Maternal and Child Health Bureau, Emergency Medical Services for Children Program; 5-9 © St. Bartholomew's Hospital, London/Photo Researchers, Inc.

Capítulo 6
6-22A, 6-22B © Dr. P. Marazzi/Photo Researchers, Inc.; 6-27 Courtesy of Ferno Washington, Inc.; 6-29B Courtesy of Skedco, Inc.; 6-30 Courtesy of James Tourtellotte/U.S. Customs and Border Protection

Capítulo 7
Opener © Keith D. Cullom; 7-39 © Eddie M. Sperling

Capítulo 8
Opener © Glen E. Ellman 8-2 © Nathan Combs/ShutterStock, Inc.; 8-4 © Dan Myers; 8-5 © Peter Willott, *The St. Augustine Record*/AP Photos; 8-10 © Eddie M. Sperling

Capítulo 9
9-9 © Lawrence Migdale/Photo Researchers, Inc.; 9-12 Courtesy of the Guide Dog Foundation for the Blind. Photographed by Christopher Appoldt; 9-13 Courtesy of MedLink Atención Prehospitalaria de Emergencia; 9-14 Report courtesy of MedLink Atención Prehospitalaria de Emergencia. Photo © Jones and Bartlett Publishers

Capítulo 10
10-1 © ajt/ShutterStock, Inc.

Capítulo 12
12-7 © Phototake/Alamy Images; 12-11A, 12-11B, 12-11C, 12-11D, 12-11E From Arrhythmia Recognition: The Art of Interpretation, courtesy of Tomas B. Garcia, MD; 12-15A Courtesy of Physio-Control, Inc.

Capítulo 16
16-1 © Rob Byron/ShutterStock, Inc.; 16-2 Courtesy of Carol B. Guerrero; 16-3A © Borut Gorenjak/ShutterStock, Inc.; 16-3B © Heintje Joseph T. Lee/ShutterStock, Inc.; 16-4A Courtesy of Scott Bauer/USDA; 16-4B Courtesy of Daniel Wojcik/USDA; 16-7 Courtesy of the MedicAlert Foundation®. © 2006, All Rights Reserved. MedicAlert® is a federally registered trademark and service mark; 16-8A Used with permission of Dey Pharma, L.P.

Capítulo 17
Opener © Mark C. Ide; 17-1C © Jaimie Duplass/ShutterStock, Inc.; 17-1D © Cate Frost/ShutterStock, Inc.; 17-2 © Neil Schneider/911 Pictures; 17-5 © Oscar Knott/FogStock/Alamy Images; 17-6 Courtesy of the DEA; 17-7 © Michael Heller/911 Pictures; 17-8A © Wolfgang Amri/ShutterStock, Inc.; 17-8B © Robert Johnson/ShutterStock, Inc.; 17-8C © David Kollmann/Dreamstime.com; 17-8D © H. Brauer/ShutterStock, Inc.; 17-8E © Stephen Aaron Rees/ShutterStock, Inc.; 17-8F © Kateryna Khyzhnyak/Dreamstime.com; 17-8G © Travis Klein/ShutterStock, Inc.; 17-8H Courtesy of Walter Siegmund (http://commons.wikimedia.org/wiki/File:Zigadenus_venenosus_0102.jpg); 17-8I © LianeM/ShutterStock, Inc.; 17-8J © Forest & Kim Starr [http://www.hear.org/starr/plants/]. Used with permission; 17-8K © Thomas Photography LLC/Alamy Images; 17-8L © Thomas J. Peterson/Alamy Images; 17-8M Courtesy of U.S. Fish & Wildlife Service

Capítulo 18
Opener © Dennis Wetherhold, Jr.; 18-4 (right) © Charles Stewart, MD; 18-5 Courtesy of Dr. Jack Poland/CDC; 18-6 Courtesy of Neil Malcom Winkelmann; 18-11 © Ellis & Associates; 18-12 Courtesy of Perry Baromedical Corporation; 18-13 © Crystal Kirk/ShutterStock, Inc.; 18-14 Courtesy of Kenneth Cramer, Monmouth College; 18-15 Courtesy of Department of Entomology, University of Nebraska; 18-16A © Amee Cross/ShutterStock, Inc.; 18-16B Courtesy of Ray Rauch/U.S. Fish & Wildlife Service; 18-16C Courtesy of Luther C. Goldman/U.S. Fish & Wildlife Service; 18-16D © SuperStock/Alamy Images; 18-19 © EcoPrint/ShutterStock, Inc.; 18-20 © Joao Estevao A. Freitas (jefras)/ShutterStock, Inc.; 18-21 Courtesy of James Gathany/CDC; 18-22A © Creatas/Alamy Images; 18-22B Courtesy of NOAA; 18-22C © Photos.com; 18-Skill Drill 2 © Ellis & Associates

Capítulo 19
19-1 © Craig Jackson/IntheDarkPhotography.com; 19-4 © Tom Carter/911 Pictures

Capítulo 20
20-11 Courtesy of David J. Burchfield, MD

Capítulo 21
Opener © Dennis Wetherhold, Jr.; 21-1 © M. English, MD/Custom Medical Stock Photo; 21-2 © Terry Dickson, *Florida Times-Union*/AP Photos; 21-3 © michael ledray/ShutterStock, Inc.; 21-4 Courtesy of Captain David Jackson, Saginaw Township Fire Department; 21-5 © Dr. E. Walker/Photo Researchers, Inc.; 21-9 © Dennis Wetherhold, Jr.; 21-10, 21-11 © Dan Myers

Capítulo 22
Opener © Dave Olsen, *The Columbian*/AP Photos; 22-4 © Phototake/Alamy Images; 22-6 © Craig Jackson/IntheDarkPhotography.com

Capítulo 23
Opener © Steve L. Smith; 23-6 Used with permission of Dey Pharma, L.P.

Capítulo 24
Opener © Craig Jackson/IntheDarkPhotography.com; 24-3 © Mediscan/Visuals Unlimited; 24-6 (top) © English/Custom Medical Stock Photo; 24-8 (top) © E.M. Singletary, M.D. Used with permission; 24-10 Courtesy of Andrew N. Pollak, MD, FAAOS; 24-13 © E. M. Singletary, M.D. Used with permission; 24-16A (bottom) © Amy Walters/ShutterStock, Inc.; 24-16B (bottom) © E. M. Singletary, M.D. Used with permission; 24-23A, 24-23B © Charles Stewart, MD; 24-25A Courtesy of Moose Jaw Police Service; 24-25B © Charles Stewart, MD

Capítulo 25
Opener © Mark C. Ide; 25-14 © Ian Scott/ShutterStock, Inc

Capítulo 26
Opener © Eddie M. Sperling; 26-4 Courtesy of Rhonda Beck

Capítulo 27
Opener © Craig Jackson/IntheDarkPhotography.com

Capítulo 28
28-5 © Garry Watson/Photo Researchers, Inc.; 28-6 © Eddie M. Sperling

Capítulo 29
Opener © Keith Srakocic/AP Photos; 29-12, 29-16 © Charles Stewart, MD; 29-17 © Dr. P. Marazzi/Photo Researchers, Inc.; 29-18 Courtesy of the Late Professor Jeff Oliphant, Director of Athletic Training, University of Wisconsin-Eau Claire. Permission given by his wife, Ruth, in his memory; 29-22 © K. Shea/Custom Medical Stock Photo; 29-43 © Science Photo Library/Photo Researchers, Inc.

Capítulo 30
Opener © Dan Myers; 30-12 © Joe Gough/ShutterStock, Inc.

Capítulo 31
31-3 © Eddie M. Sperling; 31-11 © Mediscan/Visuals Unlimited; 31-16A, 31-16B Courtesy of Ronald Dieckmann, MD; 31-19 Courtesy of Cindy Bissell

Capítulo 32
32-1 Used with permission of the American Academy of Pediatrics, Pediatric Education for Prehospital Professionals, © American Academy of Pediatrics, 2000; 32-2 © Johanna Goodyear/ShutterStock, Inc.; 32-3, 32-4 Courtesy of Health Resources and Services Administration, Maternal and Child Health Bureau, Emergency Medical Services for Children Program; 32-33 Courtesy of Ronald Dieckmann, MD

Capítulo 33
33-1 Courtesy of National Cancer Institute; 33-3 © Dr. P. Marazzi/Photo Researchers, Inc.; 33-7 © Jeff Greenberg/PhotoEdit, Inc.

Capítulo 35
Opener © Frontpage/ShutterStock, Inc.; 35-1 © National Library of Medicine; 35-3B © David Scheuber/ShutterStock, Inc.; 35-3C © Dan Myers; 35-4 Courtesy of NHTSA/DOT; 35-13 Courtesy of Physio-Control, Inc.; 35-19 Courtesy of Journalist 1st Class Mark D. Faram/U.S. Navy; 35-20 © John Sartin/ShutterStock, Inc.; 35-22 © Craig Jackson/IntheDarkPhotography.com; 35-26 © Gary Lloyd, *The Decatur Daily*/AP Photos; 35-28 Courtesy of Bryan Dahlberg/FEMA; 35-29A Courtesy of Rega, Swiss Air-Rescue; 35-29B Used with permission of STARS Trauma Air Rescue Society. Photographed by Mark Mennie; 35-30 © Karl R. Martin/ShutterStock, Inc.

Capítulo 36
Opener © Chris Abraham, *Wilkes-Barre Time Leader*/AP Photos; 36-2 © Tony Freeman/PhotoEdit, Inc.; 36-3 Courtesy of Steve Redick; 36-4 © Craig Jackson/IntheDarkPhotography.com; 36-5 © Jack Dagley Photography/ShutterStock, Inc.; 36-6, 36-9 © Dan Myers; 36-11 © Kathy Easthagen, *The Minnesota Daily*/AP Photos

Capítulo 37
Opener © John A. Bone, *Cumberland Times-News*/AP Photos; 37-1 Courtesy of National Wildfire Coordinating Group; 37-3 Courtesy of Michael Rieger/FEMA; 37-5 © Kevork Djansezian/AP Photos; 37-9 (bottom) Courtesy of George Roarty/Virginia Department of Emergency Management; 37-10 (top) Courtesy of Rob L. Jackson/U.S. Marines; 37-10A © NDP/Alamy Images; 37-11 © Mark Winfrey/ShutterStock, Inc.; 37-12, 37-13 Courtesy of U.S. Department of Transportation; 37-16 © NFPA; 37-17 Courtesy of U.S. Department of Transportation

Capítulo 38
Opener © Glen E. Ellman; 38-9 Courtesy of Rhonda Beck

Unless otherwise indicated, all photographs and illustrations are under copyright of Jones and Bartlett Publishers, courtesy of Maryland Institute for Emergency Medical Services Systems, or were provided by the American Academy of Orthopaedic Surgeons.